建筑地基与基础工程

黄熙龄　钱力航　主编

中国建筑工业出版社

图书在版编目（CIP）数据

建筑地基与基础工程/黄熙龄等主编. —北京：中国建筑工业
出版社，2016.10
ISBN 978-7-112-19644-9

Ⅰ. ①建⋯ Ⅱ. ①黄⋯ Ⅲ. ①地基-基础（工程） Ⅳ. ①TU47

中国版本图书馆 CIP 数据核字（2016）第 178529 号

本书全面论述各种地基土环境下的各种类型基础工程的设计与施工技术问题，内容涵盖岩土的鉴别与工程分类、地基土的工程特性、地基评价与计算、地基设计原则、软弱地基、湿陷性黄土地基、膨胀土地基、冻土地基、扩展基础与柱下条形基础、筏形与箱形基础、桩基础、沉箱与沉井、基础梁计算、地下结构、基坑与边坡、地基处理、地下连续墙、地下水、检测与监测等共 22 章。紧紧围绕地基与基础设计与施工规范的内容，论述深入，资料翔实，内容全面，堪称是一部不可多得的专业百科全书。

参与本书策划及编审人员有 50 多位，许多是该专业国家标准或地方标准的主要编制成员、全国主要科研、设计、施工单位的专家及大学土建专业的知名教授。从酝酿选题、提纲，多次审稿、修改成书，历时 30 多年。

本书是土木工程地基基础专业、岩土工程、土建勘察等专业人员的重要参考书，亦可供该专业大学师生学习参考。

责任编辑：朱象清　王　梅
责任设计：王国羽
责任校对：王宇枢　姜小莲

建筑地基与基础工程

黄熙龄　钱力航　主编

*

中国建筑工业出版社出版、发行（北京西郊百万庄）

各地新华书店、建筑书店经销

北京红光制版公司制版

北京圣夫亚美印刷有限公司印刷

*

开本：787×1092 毫米　1/16　印张：88　字数：2193 千字
2016 年 10 月第一版　　2016 年 10 月第一次印刷
定价：**198.00** 元
ISBN 978-7-112-19644-9
（29155）

前　　言

　　经过近 30 年的酝酿和辛勤耕耘，《建筑地基与基础工程》终于和大家见面了。编写本书的目的是为了承前启后，总结新中国成立 60 多年来建筑地基基础工程设计施工的基本经验和理论研究成果，围绕着该专业的国家标准和行业标准这根主线，把海量的调查实例、科技成果、成熟的理论、先进的技术归纳、总结成书，为该领域的科研和设计施工人员、土建专业师生提供一本比较全面、实用的参考书籍，以促进该领域的持续快速发展。

　　地基与基础是一门从工程实践中发展起来又服务于工程建设的科学。它随着国家经济建设的发展而进步。20 世纪 50 年代，我国经济比较落后，建设刚刚起步，建筑物多为中低层房屋和工业厂房，多采用独立基础、条形基础和一般桩基础。为了解决当时西北地区"三线"建设中突出的黄土湿陷性问题，对黄土的研究取得了显著的成绩。60 年代为解决软土地区的工程问题，进行了大规模的软土调查与工程特性的研究，结合软土高结构性和高压缩性的特点，提出了控制地基压力和建筑物长高比等建筑措施和结构措施，以及合理设置沉降缝，增加结构刚度等减少建筑物差异沉降的方法等等。70 年代针对国内外发生的膨胀土引起的工程事故，开展了全国性的膨胀土研究工作，完成了膨胀土分布调查，建立了试验研究基地，建造了试验性房屋，根据研究成果提出了膨胀土地基处理原则及措施，编制了《膨胀土地区建筑技术规范》，大大减少了膨胀土地区的工程事故，保证了工程质量。这一时期高层建筑逐渐增多，箱形和筏形基础被广泛采用，对箱筏基础的研究也得到重视，进行了大规模的工程实测，编制了《高层建筑箱形基础设计与施工规程》。1976 年的唐山大地震给震区房屋造成了巨大损害，国家建委组织了唐山大地震灾害调查，针对震区房屋特点、地基基础损害程度，提出了房屋结构、地基基础的加固措施和方法。

　　进入 80 年代以后，随着我国经济的腾飞，高层建筑和超高层建筑飞速发展，高度越来越高，建筑平面和建筑结构越来越复杂，对地基基础设计和施工的要求也越来越严格。为适应这一形势，适时开展了群楼厚筏基础模型试验、工程实测和上部结构与地基基础共同作用的研究。

　　桩基工程技术为适应城市建设对环境的要求，形成了灌注桩的成套技术，编制了《建筑桩基技术规范》。上海、天津等地建成的高度超过 600m 的超高层建筑，体现了我国桩基工程的设计施工水平。随着高层建筑的发展和城市地下空间的开发利用，超深超大基坑工程技术也随之发展，桩墙、锚杆、内支撑、地下连续墙等支护体系得到充分应用，成功建成的基坑面积大至数万平方米，最大深度达到 40 多米，并且编制了行业标准《建筑基坑支护技术规范》。

　　我国地基处理技术的研究开发也具有自己的特色。20 世纪 60 年代开发了注浆法，用碱液法加固湿陷性黄土地基效果显著；70 年代开发了适合我国软土特性的真空预压法、堆载预压法、振冲法、强夯法等地基加固方法。特别是强夯法处理高填方地基取得了良好的技术经济效益。石灰桩、水泥搅拌桩、水泥粉煤灰碎石桩等地基处理方法，都纳入了行业标准《建筑地基处理技术规范》，得到了广泛的推广应用。

20世纪70年代以来，对建筑地基基础技术来说，最重要的事件莫过于我国第一本国家标准《工业与民用建筑地基基础设计规范》（TJ 7—74）（简称《74规范》）的诞生。这本规范是由全国60多个单位近百名工程技术人员和教师，搜集并总结新中国20多年的工程实践经验和资料编写的。其主要内容是：总则、地基土的分类与允许承载力、基础埋深、地基计算、山区地基、软弱地基、基础等。由于黄土、膨胀土、多年冻土的物理力学性质的特殊性，《74规范》规定尚不适用于这几类土的地基。《74规范》的特点是结合我国的地质情况，根据解决生产实际问题的经验、载荷试验和沉降观测资料，做出关于地基设计的规定。考虑到山区地基的软硬不均、软弱地基的变形过大等特点，分别采用以处理为主，或者以加强上部结构刚度为主的设计措施，使普遍原则与特殊的地基条件结合起来，使地基处理、结构处理、基础选型结合起来。对于极为复杂的岩溶、土洞、滑坡防治、边坡稳定、冻害、大面积堆料等提出了相应的措施。《74规范》吸收了国外设计计算方法中的合理部分，并按我国实践经验进行了修正或简化，如沉降计算公式、挡土墙计算公式、地基允许变形值等。《74规范》的颁布实施，结束了我国一直沿用苏联地基基础设计规范（НиТУ 127-55）的历史。随着建设的发展和科技的进步，根据地基基础技术的发展和工程实践经验的积累，1989年对《74规范》进行了修订，规范编号改为GBJ 7—89。2002年和2011年又经两次修订，成为现行国家标准《建筑地基基础设计规范》GB 50007—2011。现行规范增加了地基基础设计使用年限不应小于建筑结构的设计使用年限、泥炭和泥炭质土的工程定义、地基回弹再压缩变形计算方法及岩石地基设计等许多内容。现行规范与《湿陷性黄土地区建筑规范》、《膨胀土地区建筑技术规范》、《吹填土地基处理技术规范》、《冻土地区建筑地基基础设计规范》、《盐渍土地区建筑技术规范》、《建筑桩基技术规范》、《建筑地基处理技术规范》、《高层建筑筏形与箱形基础技术规范》、《建筑基坑支护技术规范》等专项规范一起构成了我国建筑地基基础的标准体系，也确立了我国建筑地基基础设计理论和相应的施工方法及检测的完整体系。

编写本书的计划由来已久，自《74规范》出版后就酝酿组织编写，20世纪90年代初就写出了部分初稿，但随着规范修订的开始，本书的定稿工作只得后延，又随着本专业其他国家标准及地方标准的出版，为求得书稿内容的更加完善，框架要调整，内容要充实，编写队伍要扩大。又经过20年的磨炼，今天已经成书，这是全国各主要土建科研、设计、施工、勘察单位及全国各主要土建院校的集体成果，是劳动的丰收、智慧的结晶，希望得到广大读者的厚爱！技术在进步，不断修订，永葆该书的青春常在，这才是众望！我们要发扬这种优良传统！

本书共分22章，由黄熙龄、钱力航、朱象清总成，各章的编写人员如下：

第1章　岩土的鉴别与工程分类：郭明田　顾宝和（审改）

第2章　地基土的工程特性及其测定：杜坚　滕延京（审改）

第3章　地基评价：高岱　滕延京（审改）

第4章　地基计算：黄熙龄

第5章　地基基础设计原则：黄熙龄

第6章　软弱地基：孙更生　杨敏

第7章　湿陷性黄土地基：秦宝玖　罗宇生

第 8 章　膨胀土地基：陈希泉　陆忠伟

第 9 章　冻土地基：朱磊　王公山

第 10 章　扩展基础与柱下条形基础：钱力航

第 11 章　基础梁的计算与分析：曹名葆

第 12 章　筏形基础：侯光瑜　宫剑飞　薛慧立

第 13 章　箱形基础：侯光瑜　薛慧立　钱力航

第 14 章　地下结构：巢斯

第 15 章　桩基础：裴捷　刘耀峰　袁内镇

第 16 章　沉箱与沉井：李耀良

第 17 章　边坡工程：吴曙光　胡岱文　黄求顺　朱桐浩（审稿：梅全亭）

第 18 章　基坑工程：顾晓鲁

第 19 章　地基处理：滕延京

第 20 章　地下连续墙与逆作法：钟显奇　滕延京（审改）

第 21 章　地下水：刘小敏

第 22 章　检验与监测：唐孟雄　陈玉桂

陈志德、封光炳、许惟阳、唐杰康、彭大用、庄皓、施履祥等曾分别撰写过第 1、7、8、9、10、15、20、21、22 章的初稿，但写作年代较久，所依据的标准规范已几经修订，在本书重新编写时参考了这些初稿的有关内容，仅此向他们表示诚挚的谢意。

侯学渊、赵锡宏、童翊湘、叶政青、胡文尧等专家参加了在本书最早的策划工作，朱玉明和周圣斌参加了本书的部分编写工作。在本书即将出版之时，也向他们表示由衷的感谢。

由于本书涉及的内容和作者较多，研究的深度和各地的经验也不尽相同，因此全书难免存在不协调之处，敬请读者谅解。

目　录

第1章　岩土的鉴别与工程分类

1.1　概　述

任何工程的承力结构系统都是由上部结构、基础结构和地基三部分组成。上部结构是工程的主体，是根据使用的要求设计的，它本身要能承受自己的重力和外加的荷载（包括动荷载），并通过基础将这些荷载安全地传递给地基。

地基是工程的支承体，接受基础传递来的全部荷载。在保证地基稳定的同时，需满足基础和上层结构的变形不致危及工程安全和正常使用要求；另一方面，地基本身又是个地质体，工程场地会选在人类能够生存的任何地方，如平原、山陵、近海、沼泽、冻土带等，而这些地方的地质构成千差万别。构成地基岩土的工程性质各不相同，对建筑物的承载能力迥然不同，因此，岩土的鉴定和工程分类成为工程建设首先需要解决的问题。

1.1.1　岩土的形成

上部结构和基础是工程师设计出来的，其材料如混凝土、钢材等是人工制造，并由工程师选定的。作为地基岩土则完全不同，是在漫长地质时期中自然形成的，工程师只能认识它，利用它，或采用适当方法改造它。因此，首先应当了解岩土的形成过程。

1. 岩石的形成

地球上的一切岩石，按其成因，可归纳为岩浆岩、沉积岩、变质岩三大类。

岩浆侵入地壳或喷出地面冷却凝结形成的岩石称岩浆岩，又称火成岩。侵入地壳形成的称侵入岩；喷出地面形成的称喷出岩。

已有岩石经风化、剥蚀、搬运、沉积、成岩等外力作用形成的岩石称沉积岩。外力作用包括风、流水、冰川等。

先成岩经热力、压力或两者综合作用，使矿物成分和结构构造发生质的变化形成的岩石称变质岩。变质作用有的局部分布，如接触变质；有的大面积分布，如区域变质。

岩石是天然产出的单一矿物或多种矿物的集合体。工程上将各类结构面及其切割岩石构成的地质体称为岩体，岩体突出了各种结构面对岩石工程特性的影响。由于漫长地质历史时期的多次地壳运动，形成了褶曲、断层、节理等各种地质构造，显示出块状、层状、囊状等各种不同的形态，层状岩石又有厚层、薄层和各种不同的倾斜角度（包括水平、垂直和倒转）。

2. 土的形成

地球上的土大部为沉积土，由岩石经风化、剥蚀、搬运、沉积形成，与沉积岩的差别在于未经成岩作用。按外力和沉积环境的不同分为坡积土、洪积土、冲积土、海积土、风积土、湖相沉积土、冰碛土等。

非沉积土有：岩石风化后未经搬运、沉积，原地残留的残积土；主要由腐殖物构成的泥炭土；建筑垃圾、生活垃圾、尾矿、灰渣等固体废弃物构成的人工土；工程建设形成的压实和未经压实的回填土等。

由于成因和形成环境的不同，土体有各种不同的形态，如厚层、薄层、互层、夹层、透镜体等。

岩石和土的形成见图1.1.1和表1.1.1。

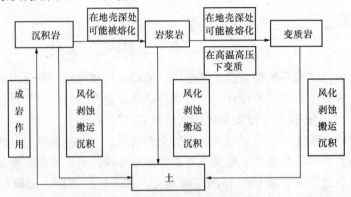

图1.1.1 岩石和土的地质循环示意图

岩石的风化和土的形成   表1.1.1

种 类	岩土状态		描 述
岩石	新鲜岩石	完整的	未风化、未破裂
		有损伤的	未风化、破裂成块、不连续
过渡性岩石	被分解的岩石	完整的	风化，岩石仍保持其结构及组成，但矿物构成有变化，且其实体软化
		有损伤的	风化、软化、变质、破裂并出现不连续性
土	残积土		岩土继续分解，使大多数矿物成分改变，但结构保持原状或不分离
	沉积土		残积土扰动搬运过程中，矿物颗粒离散混杂分选，分选程度随搬运模式（如：风、水、重力、冰川等）而异
有机物	煤、油、气		埋藏的动、植物原地分解，形成有机质沉积，如：煤、油、气及其他有机物质

表1.1.1中的过渡性岩土是指界于岩石和土之间，似岩非岩，似土非土，包括风化、构造作用改造的岩石和新生代沉积的半成岩，如强风化岩、全风化岩、破碎岩、极破碎岩、软岩、极软岩。

1.1.2 岩土的复杂多变性

由于岩土为漫长地质历史时期自然形成，故具有复杂多变性，包括地质结构的复杂多变和岩土材料的复杂多变。前者需通过地质勘探查明，后者需通过岩土试验测定。

岩体地质条件对工程影响较大的是软夹层和破碎带，可溶性岩石中的溶洞更是工程的"陷阱"，必须查明而又很难查明。土体地质条件对工程影响较大的是软夹层、水平方向突变和透镜体，需增加勘探手段和密度查明。

岩土参数的测试有较大难度，其原因：一是取样扰动，严重影响试验的质量；二是试样尺寸太小，代表性不足；三是即使同一岩土层，其性质也是有差别的。与混凝土、钢材等人工材料不同，人工材料测试结果的变异性是较为单一的随机性；而岩土材料除了与人工材料同样的随机性外，还随位置的不同而不同。同一层岩土，随位置的改变指标也会变化，必须取得一定数量的测试成果，经统计分析给出代表值。

由于岩土中孔隙和裂隙的存在，多数情况存在透水性（也称渗透性）。但透水性的差别非常大，致密岩石不透水，黏土的透水性极小，而溶洞和宽裂隙、碎石土，透水性很强。

1.1.3　岩土工程分类的原则

工程分类是为工程建设服务的分类，工程上最关心的是岩土的强度、变形和渗透特征。因此工程分类既要简便易行，又要体现岩土这三大力学性质。

岩土作为工程地基，主要着眼于它的承载力、变形性质、透水性能以及它在自然环境和人类活动影响下的稳定性等问题。这需要针对岩土的特点、类型进行分类。这种分类不宜采用单一的分类方法，而应根据各种地基的工程要求和岩土各种特性确定分类的指标和等级，以便在勘察工作中做出正确的评价，在设计工作中确定参数以及在施工方面采取合理正确的措施。

岩土作为工程的支承体基本分为三大类型：即岩石地基（岩体）、砂卵石地基（无黏性土）、粉土和黏性土地基（可塑或低塑性土）。它们不论在组织结构方面、相态方面、强度及变形方面都是很复杂的，而且存在着历史的变异性。因此，岩土分类指标采用数据统计、经验总结及合理的理论估算。选定的参数是概括性的代表值，使用时应掌握其基本机理及性状，而不拘泥于细小的数值差别。

岩石除了工程分类外，还有地质分类，即岩石学分类，这是不可或缺的基础性分类，将在 1.3 节中阐述。

岩石的坚硬程度直接体现岩石的强度和变形特征，越硬强度越高，变形模量越大，这是显而易见的。岩体中有或密或稀、或宽或窄的裂隙，裂隙破坏了岩体的完整性，降低了强度和变形模量，增加了透水性，也必须充分关注。因此，规范将岩石的坚硬程度和岩体的完整程度作为工程分类的主要因素。

土的工程分类首先按颗粒粗细分为粗粒土（包括碎石土和砂土）和细粒土（包括粉土和黏性土）。这是因为：从土的渗透性角度考虑，粗粒土的渗透系数比细粒土高几个数量级，越粗渗透系数越大。从土的强度角度考虑，粗粒土只有内摩擦角，没有黏聚力，且颗粒越粗，内摩擦角越大；细粒土则兼有内摩擦角和黏聚力，且黏性越大，黏聚力越占主要地位。从土的变形角度考虑，粗粒土在压力作用下变形较小，且很快完成；而细粒土变形较大，且需长时间才能完成。

此外，还存在各种各样性质特殊的岩土，如软土、湿陷性土、膨胀岩土、红黏土、冻土、盐渍岩土、混合土、污染土等，称特殊岩土，专门分出，以便针对其特殊性质重点试验研究，并在工程设计时采取专门措施。这是我国岩土工程分类的重要特色。

1.1.4　岩土的鉴定

为了确定岩石的名称，进行地质分类，需鉴定岩石的结构和矿物成分。对于岩土工程，主要借助目力鉴别，必要时才进行镜下鉴定。所谓目力鉴别是指主要依靠肉眼，有时借助放大镜、小刀、稀盐酸等简易工具。鉴定砂岩、泥岩、石灰岩等沉积岩一般不会有什么问题。对于结构和矿物成分比较复杂的岩浆岩、变质岩，有时目力难以鉴定，可借助偏光显微镜进行镜下鉴定。

岩石工程分类的主要因素是坚硬程度和完整程度，勘察人员通过野外观察即可作出初步判断。坚硬程度的定量指标是饱和单轴抗压强度，需取样试验；完整程度的定量指标是岩块波速和岩体波速，需取样进行波速测试和在野外进行岩体波速测试。

土的工程分类也是首先由勘察人员进行目力鉴别，然后根据分类指标进行校核。砂土主要是颗粒分析，粉土和黏性土主要是阿太堡界限（液限和塑限）。当需鉴定碎石土、砂土的密实度时，则需进行标准贯入试验或动力触探试验等。

1.2 岩土物理性指标与分类指标

1.2.1 岩土的三相关系

岩石和土一般由固体矿物（岩土实体）、气体和水三相组成，当孔隙被水完全充满时，则由固相和液相两相组成。图 1.2.1 为土的三相示意。

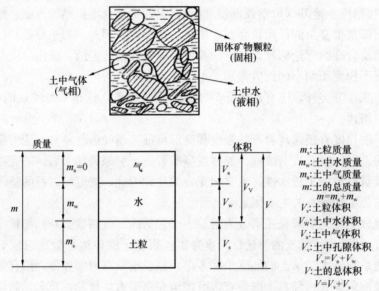

图 1.2.1 岩土体中固体、液体、气体含量分解图

土的三相关系中，由液相和气相组成的孔隙互相贯通，固相呈互不连接的大小不同的颗粒形态，如图 1.2.1 所示。岩石的三相关系中，固相一般互相连接，由液相和气相组成的孔隙则不一定贯通，但由于岩体存在结构面，岩石被结构面分割成不连续体。结构面问题将在 1.2.3 节中阐述，本节和 1.2.2 节阐述的是岩块的基本物理性指标。

1.2.2 岩土基本物理性指标

1. 岩土物理指标的意义和测试方法

岩土物理指标的名称、物理意义和测试方法见表 1.2.1。

指标的名称、物理意义及测试方法   表1.2.1

指标名称	符号	单位	物理意义	测求方法
颗粒比重（土粒相对密度）	G_s (d_s)		岩土固体质量与4℃纯水质量之比	试验室直接测定
天然密度	ρ	g/cm³	岩土总质量与总体积之比	试验室直接测定
干密度	ρ_d	g/cm³	岩土实体质量与总体积之比	计算求得
饱和密度	ρ_{dat}	g/cm³	岩土饱水质量与总体积之比	计算求得
浮密度（有效密度）	ρ'	g/cm³	岩土实体密度与同体积水密度之差	计算求得
含水量	w	%	水质量与固体质量的比值，以百分数计	试验室直接测定
饱和度	S_r	%	土中水的体积与土中孔隙体积之比，以百分数计	计算求得
孔隙率	n	%	土中孔隙体积与土的总体积之比，以百分数计	计算求得
孔隙比	e		土中孔隙体积与土粒体积之比，以百分数计	计算求得

以上各项指标中，颗粒比重又称颗粒相对密度；浮密度又称有效密度；含水量又称含水率；岩石的天然密度称块体密度；对于岩石，饱和密度和浮密度一般不用。

2. 颗粒比重（G_s）

颗粒比重多用颗粒相对密度（d_s）表示，为岩土实体中的各种矿物的混合比重，绝大多数岩矿比重在2.65～2.80，少数重矿物如：重金属矿（barnblende）、辉石（augute）及赤铁矿（hematite）等比重在3.0～5.0，而火山岩（tuff）、页岩（shale）等的比重仅1.4～2.4。G_s为物理性指标计算中的基本参数。

3. 岩土密度（ρ）

岩土工程设计时，密度主要用作岩土体重力计算，故常使用重力密度（简称重度），其代号为γ。它是随其中土粒比重及密实程度而不同，也因含水量的大小而变化，在计算地下水位以上的土重时，应采用天然重度（γ），在地下水位以下的土体重力应减去水的浮力，是为浮重度（γ'）。土体干燥时的重力密度称为干重度（γ_d），它可衡量土的实际密实程度。一般岩土干重度γ_d为20kN/cm³～30kN/cm³，土的干重度（γ_d）为12.5 kN/cm³～18.0kN/cm³，而有的有机质淤泥γ_d仅9.0kN。

4. 孔隙率（n）与孔隙比（e）

岩石中含有的孔隙量取决于形成时的环境。缓慢冷却的岩浆岩凝结后几乎无孔隙；而急速冷却的岩浆，气体来不及逸出而生成气孔状岩石。岩石的孔隙率与岩石中的胶结物含量、沉积颗粒大小及颗粒的排列有关，其值的大致范围如下：

致密岩石   0.1%～0.5%

中等岩石   0.5%～5%

风化岩石   5%～30%

开裂破碎岩石难以确定，一般依据其透水情况估计。

土的孔隙率与其沉积条件、颗粒大小和级配的均匀性有关。黏性土更与其矿物成分的特性和沉积条件及应力历史有关,一般为 30%~60%。由于土的孔隙率大,土粒间结合力小,在自重和外力影响下,变形较大。土体的压密基本上就是比隙率的减小。为了计算方便,一般用孔隙比(e)这个指标来反映。因此,土的孔隙比在土的应力应变计算中具有十分重要的地位。

土的孔隙比 e 值:砂 0.5~1.0,黏性土 0.55~1.2,淤泥质土及红黏土可达 2.00。

5. 含水量(w)和饱和度(S_r)

岩土中的含水量是随着外部气候条件、地下水的变化而变化的,它的含量对土体结构强度、固结速度及冻害有很大影响。

饱和度就是土体中水分所占的体积与总孔隙体积之比,当岩土中孔隙完全无水时饱和度为 0,孔隙完全为水充填时,即成饱和状态,饱和度为 100%。在饱和情况下,土体受压后除非水能从孔隙中排出,否则认为土体是不可压缩的。

6. 饱和密度(ρ_{sat})

土的孔隙完全被水充满时的密度称为饱和密度,即土的孔隙中全部充满液态水时的单位体积质量,可用 ρ_{sat} 表示:

土的饱和密度由公式计算:

$$\rho_{sat} = (m_s + V_v \times \rho_w)/V \tag{1.2.1}$$

7. 土的基本物理指标之间的相互关系

土的基本物理指标之间的相互关系见表 1.2.2。

1.2.3 细粒土的黏性和胶结

细粒土以可塑性(液限、塑限、塑性指数)为分类指标,可塑性与黏性直接有关,黏性越大,可塑性越高。因此,了解细粒土黏性的来源很有必要。粗粒土的胶结作用显而易见;细粒土的胶结作用则不易察觉,需予适当说明。

1. 黏粒的比表面积与电化学引力

土粒的表面积与体积之比称为比表面积,土粒越细,比表面积越大。公式计算比表面积时,假设土粒为球体,而实际上黏粒多为鳞片状或针叶状,故实际比表面积比计算值大得多。

土粒表面具有静电荷,土粒面上为 O^{-2} 或 OH^- 的负电荷,而在土粒的边角处为正电荷。当土粒十分微小时,这种电化学力比土的重力显著得多。电化学引力与土的比表面积成正比,比表面积越大,静电键形成的结合力越大,这是细粒土黏聚力的基本来源。

图 1.2.2 表示不同粒径土粒积聚时的不同结构;其中:

图 1.2.2(a)为砂粒结构。颗粒靠自身重力相互支撑,疏松时孔隙大,密实时颗粒相互镶嵌,孔隙减小。

图 1.2.2(b)为黏粒结构。由于土粒扁平,土粒表面的静电键形成相邻土粒的面和边角的结合,而使土粒间造成蜂窝状结构。图为单一的蜂窝状构。受力后,蜂窝状结构逐渐压扁,黏粒趋于平行排列,密度增大。

图 1.2.2(c)为粉土质黏土结构。当黏土中混有粉粒和砂粒时,黏粒常依附于分散的粉粒四周,或者许多黏粒蜂窝架构组成团粒结构。这类结构多种多样,导致黏性土组织的复杂性。不少学者提出各种各样的模型,所谓蜂窝状、凝絮状、海绵状、叠片状以及具

土的基本物理性质指标换算公式

表 1.2.2

已知指标	所求指标					
	相对密度 d_s	密度 ρ	干密度 ρ_d	孔隙比 e	孔隙率 $n(\%)$	饱和度 $S_r(\%)$
w、d_s、ρ			$\dfrac{\rho}{1+0.01w}$	$\dfrac{d_s\rho_w(1+0.01w)}{\rho}-1$	$100-\dfrac{100\rho}{d_s\rho_w(1+0.01w)}$	$\dfrac{wd_s\rho}{d_s\rho_w(1+0.01w)-\rho}$
w、d_s、ρ_d		$(1+0.01w)\rho_d$		$\dfrac{d_s\rho_w}{\rho_d}-1$	$100-\dfrac{100\rho_d}{d_s\rho_w}$	$\dfrac{wd_s\rho_w}{d_s\rho_w-\rho_d}$
w、d_s、e		$\dfrac{d_s\rho_w(1+0.01w)}{1+e}$	$\dfrac{d_s\rho_w}{1+e}$		$\dfrac{100e}{1+e}$	$\dfrac{wd_s}{e}$
w、d_s、n		$\begin{array}{c}(1+0.01w)\\(1-0.01n)d_s\rho_w\end{array}$	$(1-0.01n)d_s\rho_w$	$\dfrac{n}{100-n}$		$\dfrac{(100-n)wd_s}{n}$
w、d_s、S_r		$\dfrac{S_rd_s\rho_w(1+0.01w)}{wd_s+S_r}$	$\dfrac{S_rd_s\rho_w}{wd_s+S_r}$	$\dfrac{wd_s}{S_r}$	$\dfrac{100wd_s}{wd_s+S_r}$	
w、ρ、e	$\dfrac{(1+e)\rho}{(1+0.01w)\rho_w}$		$\dfrac{\rho}{1+0.01w}$		$\dfrac{100e}{1+e}$	$\dfrac{w(1+e)\rho}{(1+0.01w)e\rho_w}$
w、ρ、n	$\dfrac{100\rho}{(1+0.01w)(100-n)\rho_w}$		$\dfrac{\rho}{1+0.01w}$	$\dfrac{n}{100-n}$		$\dfrac{100w\rho}{n(1+0.01w)\rho_w}$
w、ρ、S_r	$\dfrac{S_r\rho}{S_r\rho_w(1+0.01w)-w\rho}$		$\dfrac{\rho}{1+0.01w}$	$\dfrac{w\rho}{S_r\rho_w(1+0.01w)-w\rho}$	$\dfrac{100w\rho}{S_r\rho_w(1+0.01w)}$	
w、ρ_d、e	$\dfrac{(1+e)\rho_d}{\rho_w}$	$(1+0.01w)\rho_d$			$\dfrac{100e}{1+e}$	$\dfrac{w(1+e)\rho_d}{e\rho_w}$
w、ρ_d、n	$\dfrac{100\rho_d}{(100-n)\rho_w}$	$(1+0.01w)\rho_d$		$\dfrac{n}{100-n}$		$\dfrac{100w\rho_d}{n\rho_w}$

续表

已知指标	含水量 $w(\%)$	相对密度 d_s	密度 ρ	干密度 ρ_d	孔隙比 e	孔隙率 $n(\%)$	饱和度 $S_r(\%)$
w、ρ_d、S_r		$\dfrac{S_r\rho_d}{S_r\rho_w-w\rho_d}$	$(1+0.01w)\rho_d$		$\dfrac{w\rho_d}{S_r\rho_w-w\rho_d}$	$\dfrac{100w\rho_d}{S_r\rho_w}$	
w、e、S_r		$\dfrac{eS_r}{w}$	$\dfrac{eS_r(1+0.01w)\rho_w}{(1+e)w}$	$\dfrac{eS_r\rho_w}{(1+e)w}$		$\dfrac{100e}{1+e}$	
w、n、S_r		$\dfrac{nS_r}{(100-n)w}$	$\dfrac{nS_r(1+0.01w)\rho_w}{100w}$	$\dfrac{nS_r\rho_w}{100w}$	$\dfrac{n}{100-n}$		
d_s、ρ、ρ_d	$\dfrac{100\rho}{\rho_d}-100$				$\dfrac{d_s\rho_w}{\rho_d}-1$	$100-\dfrac{100\rho_d}{d_s\rho_w}$	$\dfrac{100(\rho-\rho_d)d_s}{d_s\rho_w-\rho_d}$
d_s、ρ、e	$\dfrac{100\rho(1+e)}{d_s\rho_w}-100$			$\dfrac{d_s\rho_w}{1+e}$		$\dfrac{100e}{1+e}$	$\dfrac{(1+e)\rho-d_s\rho_w}{e}\times100$
d_s、ρ、n	$\dfrac{100\rho}{d_s\rho_w(1-0.01n)}-100$			$(1-0.01n)d_s\rho_w$	$\dfrac{n}{100-n}$		$\dfrac{100\rho-(100-n)d_s\rho_w}{0.01n}$
d_s、ρ、S_r	$\dfrac{S_r(d_s\rho_w-\rho)}{d_s(\rho-0.01S_r\rho_w)}$			$\dfrac{d_s(\rho-0.01S_r\rho_w)}{d_s-0.01S_r}$	$\dfrac{d_s\rho_w-\rho}{\rho-0.01S_r\rho_w}$	$\dfrac{100(d_s\rho_w-\rho)}{d_s-0.01S_r}$	
d_s、ρ_d、S_r	$\dfrac{S_r(d_s\rho_w-\rho_d)}{d_s\rho_d}$		$\dfrac{0.01S_r(d_s\rho_w-\rho_d)}{d_s}+\rho_d$		$\dfrac{d_s\rho_w}{\rho_d}-1$	$100-\dfrac{100\rho_d}{d_s\rho_w}$	
d_s、e、S_r	$\dfrac{eS_r}{d_s}$		$\dfrac{(d_s+0.01eS_r)\rho_w}{1+e}$	$\dfrac{d_s\rho_w}{1+e}$		$\dfrac{100e}{1+e}$	

续表

已知指标	含水量 $w(\%)$	相对密度 d_s	密度 ρ	干密度 ρ_d	孔隙比 e	孔隙率 $n(\%)$	饱和度 $S_r(\%)$
d_s,n,S_r	$\dfrac{nS_r}{(100-n)d_s}$		$\dfrac{0.01nS_r\rho_w(+100-n)d_s\rho_w}{100}$	$(1-0.01n)d_s\rho_w$			
ρ,ρ_d,e	$\dfrac{100\rho}{\rho_d}-100$	$\dfrac{(1+e)\rho_d}{\rho_w}$				$\dfrac{100e}{1+e}$	$\dfrac{100(\rho-\rho_d)(1+e)}{e\rho_w}$
ρ,ρ_d,n	$\dfrac{100\rho}{\rho_d}-100$	$\dfrac{100\rho_d}{(100-n)\rho_w}$			$\dfrac{n}{100-n}$		$\dfrac{100(\rho-\rho_d)}{0.01n}$
ρ,ρ_d,S_r	$\dfrac{100\rho}{\rho_d}-100$	$\dfrac{S_r\rho_d}{S_r\rho_w-100(\rho-\rho_d)}$			$\dfrac{\rho-\rho_d}{0.01S_r\rho_w-\rho+\rho_d}$	$\dfrac{100(\rho-\rho_d)}{0.01S_r}$	
ρ,e,S_r	$\dfrac{eS_r\rho_w}{\rho(1+e)-0.01eS_r\rho_w}$	$\dfrac{(1+e)\rho-0.01eS_r}{\rho_w}$		$\rho-\dfrac{0.01eS_r\rho_w}{1+e}$		$\dfrac{100e}{1+e}$	
ρ,n,S_r	$\dfrac{nS_r\rho_w}{100\rho-0.01nS_r\rho_w}$	$\dfrac{100\rho-0.01nS_r\rho_w}{(100-n)\rho_w}$		$\rho-\dfrac{0.01nS_r\rho_w}{100}$	$\dfrac{n}{100-n}$		
ρ_d,e,S_r	$\dfrac{sE_r\rho_w}{(1+e)\rho_b}$	$\dfrac{(1+e)\rho_d}{\rho_w}$	$\dfrac{0.01eS_r\rho_w}{1+e}+\rho_d$			$\dfrac{100e}{1+e}$	
ρ_d,n,S_r	$\dfrac{0.01nS_r\rho_w}{\rho_d}$	$\dfrac{100\rho_d}{(100-n)\rho_w}$	$\dfrac{0.01nS_r\rho_w}{100}+\rho_d$		$\dfrac{n}{100-n}$		

所 求 指 标

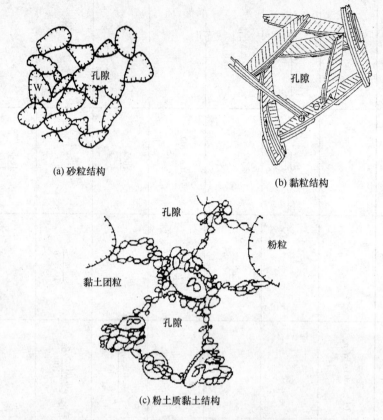

(a) 砂粒结构

(b) 黏粒结构

(c) 粉土质黏土结构

图 1.2.2　不同粒径土粒积聚时的不同结构

有多层次的团粒状等等结构模型。不过靠几种标准化模型来描述各类黏性土结构是难以概括的。

黏粒的架空结构，导致了土体受力下的低强度和高压缩性。

2. 吸附水的作用

水是极性分子，当黏粒与土中水接触时，紧贴黏粒表面的水分子层由于静电引力和氢联结力的作用，牢牢吸附在黏粒表面，形成强结合水，其物理性质与自由水完全不同，密度可达 $1.2 \mathrm{g/cm^3} \sim 2.4 \mathrm{g/cm^3}$，具有高黏度和一定的强度，外力很难将其与黏粒分开。随着水膜增厚，水分子与固体表面的距离逐渐增大，水与土粒的结合力减弱，成为弱结合水。水分子与土粒距离继续增大，最终其物理性质与普通自由水一样，成为重力水。其原理如图 1.2.3 所示。

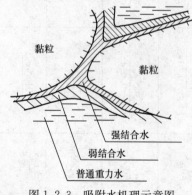

图 1.2.3　吸附水机理示意图

吸附结合力随着水分子与固体表面的距离而逐渐变弱，直至其物理性质与普通重力水（自由水）一样，其中强结合水的厚度与土粒矿物成分与水溶液成分有关。据研究，可能在 $20\mu\mu \sim 100\mu\mu$ 之间。

3. 铁铝氧化物的胶结

湿热环境下的红土化过程中，有些矿物在强烈风化分解中成为更细的铁铝氧化物，其粒径小于

0.0001mm，呈胶粒状。在酸性环境下带有正电荷，与黏粒表面的负电荷相吸，形成较强的结合力，特别在凝集脱水转化为结晶状态时，能形成稳定的团粒结构。因此，红黏土虽然孔隙比较高，但强度高于类似孔隙比的一般黏土，压缩性也不大。

4. 可溶盐的胶结

地下水中含有碳酸盐、硫酸盐、氯盐等可溶性盐时，蒸发作用下盐分结晶析出，形成晶体附于土粒，使土粒胶结，形成一定的强度。但是，当土中水分增加，结晶盐会重新溶解，结合力消失，强度降低，产生湿陷、溶陷。黄土、盐渍土等常显示这样的特性。

5. 黏土矿物的活动性

不同的黏土矿物吸附水分子的能力即其亲水性差别很大，亲水性强的矿物如蒙脱石，当土粒外部的水分较多时，能吸附大量水分，体积膨胀；而当外部水分减少时，土粒失水收缩。膨胀土体积随气候和环境的变化而显著变化，反复显现，含有较多亲水矿物是其根本原因。

对于黏土矿物的胀缩性，斯肯普顿（Skenpton，1955）提出用活动性 A 表征，活动性 A 定义为：塑性指数 I_p 除以粒径小于 2μ 土粒含量百分率。

$A<0.75$，非活动性土；

$0.75<A<1.25$，一般活动性土；

$A>1.25$，高活动性土。

主要黏土矿物的活动性见表 1.2.3。

主要黏土矿物的活动性

表 1.2.3

黏土矿物	活动性 A	物理状态
钠蒙脱土	7.20	极高膨胀土
钙蒙脱土	1.5	高膨胀土
伊利土	0.90	一般膨胀土
高岭土	0.33～0.46	低膨胀土
云母	0.23	不膨胀
石英	0	不膨胀

1.2.4 岩体结构和分类指标

1. 岩体结构

岩体结构由两个基本单元要素组成，即结构面与结构体。所谓结构面，是指岩体中的一切地质界面，如层面、断裂、节理、风化卸荷裂隙等，统称为结构面，是地质作用形成的分割面、不连续面、弱面。所谓结构体，是指被结构面切割成的块体。在岩体结构中，结构面居主导地位，随着结构面性状、发育程度和组合情况的不同，表现出各种不同的结构形式。图 1.2.4 为岩体结构基本类型示意。

控制岩体质量的主要因素有两方面：一是岩块的强度；二是岩体的结构面，包括结构面的宽度、密集程度、组合特征等，一般用完整性表示。

2. 岩块强度指标

岩体受力，除结构面起重要作用外，岩块性状亦不可忽视。为简便起见，一般用岩块

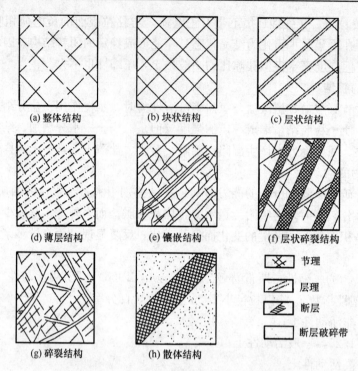

图 1.2.4　岩体结构基本类型示意图

的单轴抗压强度表达，包括干燥单轴抗压强度、饱和单轴抗压强度和天然湿度单轴抗压强度。为安全起见，一般以饱和单轴抗压强度为分类指标。

3. 岩体完整性指标

岩体完整性就是岩体的裂隙发育、裂隙开裂或破碎程度。表达岩体完整性的指标有：以单位长度、单位面积或单位体积内结构面数目的多少为指标；以单位长度、单位面积或单位体积内结构面密度之和或体积之和所占的比值为指标；以标准的岩心采取率即岩石质量指标 RQD 为指标；现行规范则以弹性波传播速度为依据，指标为岩体完整性指数。

岩体完整性指数定义为：岩体纵波速度和岩块纵波速度之比的平方。由于岩块的纵波速度不含裂隙或结构面，而岩体的纵波速度含有裂隙或结构面，故该指标较好地反映了岩体的完整性。

1.2.5　土的分类指标

1. 颗粒级配曲线及其特征指标

通过标准孔径的筛子筛选出各粒组的粗粒土，并称其重，筛余用比重计法或移液管法求得细粒土中各粒组的土重，然后建立颗粒分析图表（图 1.2.5）。

颗粒级配曲线的纵坐标用等分尺度表示大于或小于某一粒径的土重百分率；横坐标用对数尺度表示粒径大小。根据曲线的特征指标可进行土的工程分类。颗粒级配曲线主要用于粗粒土，细粒土则采用可塑性指标分类，但颗粒级配曲线也可反映某种粒径的含量和级配的均匀性。

颗粒级配曲线反映了土粒大小分布范围的宽窄，可以判别级配的均匀性，其特征指标

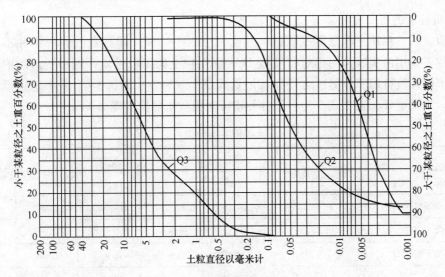

图 1.2.5　颗粒级配累计曲线

按下列公式计算：

$$土的不均匀系数：\qquad C_u = \frac{d_{60}}{d_{10}} \qquad\qquad (1.2.2)$$

$$土的曲率系数：\qquad C_c = \frac{d_{30}^2}{d_{10}d_{60}} \qquad\qquad (1.2.3)$$

式中 d_{10}、d_{30}、d_{60} 分别为对应于曲线图上的小于某一粒度的重量百分率为 10%、30%、60% 的粒径。

当土粒级配均匀时，$C_u < 5$；

当土粒级配良好时，$C_u > 5$，C_c 在 1～3 之间。

从颗粒级配曲线可以看出：有的曲线涉及粒径的范围很宽，而且呈不规则弯曲，说明这类土缺失某种粒径。

d_{10} 称"有效粒径"，除用作颗粒级配曲线判别值外，还可对土体的透水性能做出大致的判别。根据伯迈斯特（Burmeister 1951）提供的资料，在土体疏松到中密的情况下，其水文地质特性如表 1.2.4 所示。

不同土类对水流动性、毛细管、冻胀的粗略判别　　　　　　　表 1.2.4

土的细度	细　砂	粉　砂	粗粒土	细粒土	粉土质黏土
有效粒径 d_{10}（mm）	0.40～0.20	0.20～0.075	0.075～0.02	0.02～0.01	<0.001
水流动状态	在重力下很好地自由流动	重力下流动好	可以流动	流动慢，困难	困难或基本不透水
渗透系数 K（cm/s）	0.5～0.1	0.04～0.02	0.006～0.001	0.004～0.002	0.0001
毛细管上升高度 H_c（ft）	0～0.5	1.0～0.5	3.0～7.0	10.0～15.0	25.0
冻胀（当地下水位在 $H_c/2$ 内）	无冻胀	稍冻胀	中等-显著	显著	显著-中等
适用的降水方法	深井	井点	井点	井点	—

2. 粗粒土的密实度

经验表明，粗粒土即使密度相同，其密实度也不一样，即其强度和压缩性不一定相同。工程界采用击实试验用相对密实度 D_r 表征粗粒土的工程性质，因砂土难以取到原状试样，国内外流行用原位测试方法如标准贯入试验（SPT）的锤击数 N 来确定粗粒土的密实度，效果更好。表 1.2.5 为利用各种指标对粗粒土的密实度分类。

土的密实度分类　　　　　　　　　　　　表 1.2.5

	很松	松	中密	密	很密
欧洲触探会议 SPT-N 值	<4	4~10	10~30	30~50	>50
中国规范 SPT-N 值	<10	10~15	15~30	>30	
静力触探（CPT，kg/cm^2）	<50	50~100	100~150	150~200	>200
等值相对密实度 D_r（%）	<15	15~35	35~45	65~85	85~100
内摩擦角 φ（°）	<30	30~32	32~35	35~38	>38
出现液化的振动应力比	<0.04	0.04~0.1	0.1~0.35	>0.35	

注：1. 我国规范指国家标准《岩土工程勘察规范》GB 50021 以及《建筑地基基础设计规范》GB 50007，N 均为实测值。

2. 除中国规范外，均为欧洲第二届触探会议总报告的数据。

3. 细粒土的阿太堡（Atterberg）界限含水量

颗粒级配曲线不适用于黏性土分类。决定黏性土工程性质的主要因素不在颗粒大小的差异，而在其矿物成分及土粒的比表面积作用。黏性土与水的混合形成土的"可塑性"，是综合反映各类黏性土的不同工程特性，诸如黏性、压缩、膨胀、强度及透水性等。工程界引用了农业方面的"阿太堡界限含水量"来评定土的可塑性，从而对细粒土进行分类。

细粒土的含水量不同，分别可处于流动状态、可塑状态、半固体状态及固体状态。阿太堡界限含水量的定义如下：

（1）液性界限（液限 w_L）：认为这时的含水量是土体由流动状态过渡到可塑状态的界限。大于此含水量时，其快速剪切强度接近于零（实际剪切强度约为 3.0kPa）。

需要说明的是，液限试验在国际上流行两种方法。一种是卡氏碟式仪法，一种是锥式仪法。我国广泛采用76g圆锥仪入土 10mm 为液限的测定方法，并积累了大量经验；欧美国家多用碟式仪法。为了与碟式仪法"等效"，我国还有采用 76g 圆锥仪入土 17mm 为塑限的方法。因此，我国实际上现在三种方法并存，造成一定程度的混乱。

（2）塑性界限（塑限，w_p）：认为含水量小于这个界限时，土体进入半固结状态，已不能任意塑造。塑限测定的标准方法是滚搓法，国内外通用。此外，我国还有液塑限联合测定法，以 76 克圆锥仪入土 2mm 为塑限。

（3）缩性界限（w_S）：当土体中含水量继续减少到这个界限时，土体不再收缩，呈固体状态，此时土中吸附结合水产生显著的胶结作用，土体不能再任意变形。

（4）塑性指数（I_P）：$I_P = w_L - w_P$，塑性指数（I_P）表示土的可塑性，也就是反映土的塑性的量度，国际上有些代表性土类其塑性指数如表 1.2.6 所示。

一些代表性土类的可塑性　　　　　　　　　　　　表 1.2.6

土类名称	黏粒含量（%）	粉粒含量（%）	砂粒含量（%）	w_L（%）	w_P（%）	I_P
蒙脱土-钠	100	0	0	710	54	656
伊利土-钠	100	0	0	120	53	67
高岭土-钠	100	0	0	53	32	21
德里黏土	15	70	15	32	22	10
伦敦黏土	50			74	23	49
波士顿黏土	54			48	25	23
中国黄土	8～26	52～74	11～29	21～33	17～21	7～13
热带红土	蒙脱石含量高 60～80			50～100	25～50	25～55

4. 细粒土的稠度和液性指数

黏性土体在土粒、水、气的不同比例的变化中，状态的区别显示了其力学上的重大差异。在工程界常用"状态"或"稠度"定性地作为抵抗或承受外力的量度，其判别指标可以根据液限、塑限试验指标，即液性指数 I_L，也可用野外测试获得。

液性指数：
$$I_L = \frac{w - w_P}{I_P} \qquad (1.2.4)$$

液性指数愈小，抵抗外力的能力愈大，反之则小。

稠度指数：
$$I_c = \frac{w_L - w}{I_P} \qquad (1.2.5)$$

稠度指数与液性指数表示方法不同，但均表征细粒土因含水量不同而显示的软硬差异。

我国黏性土按状态分类见第 1.4 节。欧美国家常用表 1.2.7 分类。

稠　度　分　类　　　　　　　　　　表 1.2.7

稠　度	手　试	I_L	N 值	强度 U_C（kPa）
坚硬	很难贯入	$\leqslant 0$	＞30	＞400
硬塑	用指甲可刻入	0.0～0.25	15～30	200～400
近硬塑	用手指可贯入	0.25～0.50	8～15	100～200
可塑	用力可捏塑	0.50～0.75	4～8	50～100
软塑	稍用力可捏塑	0.75～1.0	2～4	25～50
流塑	手指间可挤出	＞1.0	＜2	0～25

注：1. 摘自 Rog. E. Hunt. Geotechnical Engineering Investigation Manual，1984.

　　2. N 值用于黏性土并非反映其密实度，而是表示其稠度，其值与无黏性土 N 的表示相对密度值，不能横向比拟。

1.3　岩石（岩体）的工程分类与鉴定

根据《建筑岩土工程勘察术语标准》JGJ 84，岩石（rock）的定义是"天然产出的单一或多种矿物的集合体"；岩体（rock mass）的定义是"赋存于一定地质环境，由各类结构面和被其切割的岩石结构体构成的地质体"。简单地说，岩石指的是不含结构面的岩块，岩体则有不同程度的节理、裂隙或断裂，将岩石分割为不连续体，不同程度上失去了岩石的完整性，削弱了它的力学性质，因此，岩石试样的物理力学指标仅是岩石地基工程性质的一个方面，不能反映整个岩体的全部工程性质。

岩土（岩体）的工程分类主要是考虑下列方面：

（1）挖、钻、凿的难易程度；

（2）斜坡、隧洞的稳定性；

（3）承载能力和变形性能；

（4）透水性能。

1.3.1　简明岩石学分类和鉴定

岩石学分类和定名是岩石（岩体）工程分类的基础，岩土工程实践也离不开岩石学名称，只有工程分类而无岩石学名称是难以想象的。岩石学分类考虑的主要因素是成因、矿物成分和结构。世界上岩石的种类多得不可胜数，但有些岩石工程上很少遇到，适用于工程地质和岩土工程的分类主要着眼于常见岩石。地质学研究和矿产资源勘查的岩石分类十分重视矿物成分，分得很细。工程地质和岩土工程注重的是岩石的工程性质，关注主要矿物成分即可，故简明岩石学分类更为简捷、合理和适用（见表 1.3.1～表 1.3.3）。

1. 岩浆岩

简明岩浆岩分类　　　　　　　　　　　　　　　　　表 1.3.1

成因	酸性	中　性		基性	超基性
喷出	火山角砾、火山灰、浮石、黑耀岩、火山角砾岩、火山凝灰岩				
	流纹岩	粗面岩	安山岩	玄武岩	
浅层侵入	花岗斑岩	正长斑岩	闪长玢岩	辉绿岩	橄榄玢岩
深层侵入	花岗岩	正长岩	闪长岩	辉长岩	橄榄岩

注：1. 酸性岩类主要矿物为石英、正长石、斜长石；

　　2. 中性岩类粗面岩、正长岩主要矿物为正长石、斜长石；

　　3. 中性岩类安山岩、闪长岩主要矿物为斜长石、角闪石；

　　4. 基性岩类主要矿物为斜长石、辉石；

　　5. 超基性岩类主要矿物为斜长石、辉石、橄榄石；

　　6. 喷出岩常有气孔状、杏仁状构造，非晶质、隐晶质结构；

　　7. 浅层侵入体为块状构造，斑状、全晶质细粒结构；

　　8. 深层侵入体为块状构造，全晶质中粒、粗粒结构。

主要岩浆岩的特征如下：

（1）橄榄岩：主要矿物为橄榄石和少量辉石，橄榄绿色，块状构造，全晶质，中、粗粒结构。橄榄石易风化为蛇纹石和绿泥石，新鲜橄榄岩很少见。

（2）辉长岩：主要矿物为辉石和斜长石，次要矿物为角闪石和橄榄石，灰黑至暗绿色，中粒全晶质结构，块状构造，多以小型侵入体产出。

（3）闪长岩：主要矿物为角闪石和斜长石，次要矿物有辉石、黑云母、正长石和石英，多为灰或灰绿色，全晶质中、细粒结构，块状构造，常以小型侵入体产出。

（4）正长岩：SiO_2 含量略高于闪长岩、安山岩，主要矿物为正长石、黑云母、辉石，浅灰或肉红色。全晶质粒状结构，块状构造，多为小型侵入体。

（5）花岗岩：主要矿物为石英、正长石和钾长石，次要矿物为黑云母、角闪石等，多为肉红、灰白色，全晶质粒状结构，块状构造，是酸性深成岩，产状多为岩基和岩株，可作为良好的建筑地基及天然建筑材料。

（6）辉绿岩：主要矿物为辉石和斜长石，有典型的辉绿结构，特征是粒状的微晶辉石充填于微晶斜长石组成的空隙中，暗绿和绿黑色，为基性浅成岩，多以小型侵入体产出，蚀变后易产生绿泥石等次生矿物，使强度降低。

（7）闪长斑岩：矿物成分同闪长岩，灰绿色至灰褐色，斑状结构，斑晶多为灰白色斜长石，少量为角闪石，基质为细粒至隐晶质，块状构造，多为岩脉，相当于闪长岩的浅成岩。

（8）正长斑岩：矿物成分同正长岩，多为浅灰或肉红色，斑状结构，斑晶多为正长石，有时为斜长石，基质为微晶或隐晶结构，块状构造。

（9）花岗斑岩：矿物成分同花岗岩，灰红或浅红色，斑状结构，斑晶和基质均由钾长石、石英组成，酸性浅成岩，多为小型岩体或为大岩体边缘。

（10）玄武岩：矿物成分同辉长岩，多为隐晶和斑状结构，斑晶为斜长石、辉石和橄榄石，灰绿或暗紫色，常有气孔、杏仁状构造，分布很广。

（11）安山岩：主要矿物同闪长岩，灰棕、灰绿色，斑状结构，斑晶多为斜长石，基质为隐晶质或玻璃质，块状构造，有时含气孔、杏仁状构造。

（12）粗面岩：矿物成分同正长岩，浅红或灰白色，斑状或隐晶结构，块状构造。为正长岩的喷出岩，断裂面粗糙不平，故名粗面岩。

（13）流纹岩：酸性喷出岩，矿物成分与花岗岩相近，灰白、粉红、浅紫色。斑状或隐晶结构，斑晶为钾长石、石英，基质为隐晶质或玻璃质，块状构造，具有明显的流纹和气孔状构造。

（14）火山碎屑岩：主要由火山作用形成的碎屑物堆积而成，根据粒径可进一步分为集块岩、火山角砾岩和凝灰岩。

2. 沉积岩

简明沉积岩分类 表 1.3.2

岩 类	结 构	岩石名称	亚 类	其他说明
碎屑岩类	砾粒状 粒径大于 2mm	砾岩 角砾岩	按胶结成分冠以硅质、钙质、铁质、泥质	圆形、亚圆形称砾岩；棱角形称角砾岩
	粒状 粒径 0.05～2.0mm	砂岩		石英砂岩矿物成分以石英为主
				长石砂岩矿物成分以长石为主
	粉粒状 粒径 0.005～0.05mm	粉砂岩		主要由石英、长石、黏土矿物组成
黏土岩类	黏土、胶质 粒径小于 0.005mm	黏土岩	泥岩	块状或厚层状构造
			页岩	页状构造

续表

岩 类	结 构	岩石名称	亚 类	其他说明
化学生物岩类	晶体结构	泥灰岩		方解石含量50%～75%，余为黏上矿物
		石灰岩	石灰岩	方解石含量75%以上
			白云质灰岩	方解石含量50%～75% 白云石含量25%～50%
		白云岩	白云岩	白云石含量75%以上
			灰质白云岩	白云石含量50%～75% 方解石含量25%～50%
	非晶质	煤	烟煤、无烟煤、泥煤等	以碳为主要成分

主要沉积岩的特征如下：

（1）砾岩：由大小不等、性质不同磨圆度较好的卵石堆积胶结形成，胶结物有硅质、铁质、钙质和黏土，砾石未被磨圆棱角明显者称角砾岩。

（2）砂岩：由砂粒胶结而成，颜色与胶结物成分有关，硅质与钙质胶结者颜色较浅，铁质胶结者呈黄龟或红色，强度取决于胶结物成分，硅质最高，泥质最低，钙质胶结易被酸性水溶蚀。

（3）粉砂岩：由粉砂粒胶结而成，成分以石英为主，其次是长石、云母和岩石碎屑。

（4）黏土岩：又称泥质岩，主要由粒径小于0.005mm的黏粒组成，主要矿物成分为高岭石、蒙脱石、水云母等黏土矿物，含少量细小的石英、长石、云母、等矿物，颜色多样，吸水膨胀，易于风化。层理特别发育，沿层理易裂成薄片的称页岩；层理不明显呈块状的称泥岩。

（5）石灰岩：以方解石为主要组分的碳酸盐岩，常混入有黏土、粉砂等杂质，灰色或灰白色，滴稀盐酸会剧烈起泡。

（6）白云岩：以白云石为主要组分的碳酸盐岩，常混入有方解石、黏土、石膏等杂质。外貌与石灰岩相似，滴稀盐酸缓慢起泡或不起泡。

（7）泥灰岩：介于石灰岩和黏土岩之间的过渡型岩石，呈微粒或泥质结构。

（8）硅藻土、燧石岩、碧玉岩等硅质岩：化学成分以 SiO_2 为主，主要矿物为石英、玉髓和蛋白石，多为隐晶质结构，灰黑、灰白等色，多数致密坚硬，性质稳定，不易风化，燧石岩常以结核状、透镜状、薄层状产于碳酸盐中。

3. 变质岩

简明变质岩分类 表1.3.3

变质类型	岩石名称	构造	结构	主要矿物
区域变质	板岩	板状	变余结构部分变晶结构	黏土矿物、云母、绿泥石、石英、长石等
	千枚岩	千枚状	显微鳞片变晶结构	绢云母、石英、长石、绿泥石、方解石等
	片岩	片状	显晶鳞片变晶结构	云母、角闪石、绿泥石、滑石等
	片麻岩	片麻状	粒状变晶结构	石英、长石、云母、角闪石、辉石等

变质类型	岩石名称	构造	结构	主要矿物
区域变质	大理岩		粒状变晶结构	方解石、白云石
接触变质	石英岩		粒状变晶结构	石英
接触变质	矽卡岩	块状	不等粒变晶结构	石榴石、符山石、方柱石等，橄榄石、透辉石、尖晶石等
交代变质	蛇纹岩		隐晶质结构	蛇纹石
交代变质	云英岩		粒状变晶结构	白云母、石英
动力变质	断层角砾岩	似层状	角砾状、碎裂状结构	岩石碎块、碎屑
动力变质	糜棱岩	似层状	糜棱状结构	石英、长石、绢云母、绿泥石等

主要变质岩特征如下：

（1）板岩：具板状构造，由黏土岩、粉砂岩或中酸性凝灰岩轻微变质形成，常具变余结构和变余构造，致密隐晶质，颗粒很细，有时板理面上有少量绢云母、绿泥石等，沿板状破裂面可将板岩成片剥下，作为房瓦、铺路等建筑材料。

（2）片岩：具明显片状构造，一般以云母、绿泥石、滑石、角闪石等片状或柱状矿物为主，并定向排列．粒状矿物主要为石英和长石，变质程度比千枚岩高，矿物肉眼易于分辨。

（3）千枚岩：具千枚状构造，原岩与板岩相同，变质程度比板岩稍高，主要由细小的绢云母、绿泥石、石英、钠长石等矿物组成。

（4）片麻岩：以长石、石英为主要矿物，具明显片麻状构造，一般为区域变质形成，片麻状构造不明显与花岗岩类似的称花岗片麻岩。

（5）矽卡岩：由中酸性侵入体与碳酸盐类岩石接触时，发生交代作用形成，主要矿物为石榴石、辉石、符山石、方柱石等富钙的硅酸盐矿物，称为钙质矽卡岩；主要矿物为镁橄榄石、透辉石、尖晶石、金云母等富镁的硅酸盐矿物，称为镁质矽卡岩。

（6）石英岩：石英质量百分数大于 85%，由石英砂岩或硅质岩经区域变质或热接触变质形成，一般具粒状变晶结构及块状构造，部分具条带状构造，是优良的建筑材料和制造玻璃的原料。

（7）角岩：又称角页岩，细粒状变晶结构，块状构造，中高温热接触变质形成，原岩基本上全部重结晶，一般不具变余结构，有时具不明显的层状构造。

（8）云英岩：主要由花岗岩在高温热液影响下经交代作用形成，一般为浅色，矿物成分主要为石英、云母、黄玉、电气石等。

（9）蛇纹岩：主要矿物为蛇纹石，黄绿至黑绿色，致密块状，有时可见网纹状构造。

（10）混合岩：由混合岩化作用所形成的各种变质岩，主要特点是矿物成分、结构、构造不均匀，根据混合岩化的方式、强度和构造特征，可分为眼球状混合岩、条带状混合岩、混合片麻岩、混合花岗岩等。

（11）大理岩：以碳酸盐矿物（方解石、白云石）为主，由石灰岩、白云岩等经区域变质或接触变质形成，结构均匀，质地致密的白色细粒大理岩称汉白玉。

（12）断层角砾岩：为动力变质破碎程度最低的岩石，由岩石的碎块组成，角砾内部无矿物成分或结构的变化，角砾之间主要为更细的碎屑基质胶结，也有岩石压溶物质或地下水带来物质（铁质、碳酸盐、硅质等）。

（13）糜棱岩：原岩遭受强烈挤压破碎后形成，粒度很细，主要由细粒的石英、长石及少量重结晶矿物（绢云母、绿泥石等）组成，粒度一般小于 0.5mm，呈明显的定向排列，形成糜棱结构，坚硬致密，见于断层破碎带中。

（14）碎裂岩：破碎程度较断层角砾岩高，挤压和碾搓得更为细碎，原岩矿物颗粒破碎，但少见矿物颗粒定向排列。

1.3.2 岩石按风化程度分类

工程勘察设计时岩石定名，总是岩石学名称前冠以风化程度，如强风化花岗岩、微风化砂岩等。这是因为未风化的新鲜岩石一般强度很高，变形很小，而风化作用强烈改变岩石的物理力学性质，故岩土工程界历来非常重视。

根据我国《岩土工程勘察规范》GB 50021，风化程度按表 1.3.4 划分。

岩土风化程度的划分 表 1.3.4

风化程度	野外特征	风化程度参数标	
		波速比 k_v	风化系数 k_f
未风化	岩质新鲜，偶见风化痕迹	0.9～1.0	0.9～1.0
微风化	结构基本未变，仅节理面有渲染或略有变色，有少量风化裂隙	0.8～0.9	0.8～0.9
中等风化	结构部分破坏，沿节理面有次生矿物，风化裂隙发育，岩体被切割成岩块。用镐难挖，岩芯钻方可钻进	0.6～0.8	0.4～0.8
强风化	结构大部分破坏，矿物成分显著变化，风化裂隙很发育，岩体破碎，用镐可挖，干钻不易钻进	0.4～0.6	<0.4
全风化	结构基本破坏，但尚可辨认，有残余结构强度，可用镐挖，干钻可钻进	0.2～0.4	—
残积土	组织结构全部破坏，已风化成土状，镐易挖掘，干钻易钻进，具可塑性	<0.2	—

注：1. 波速比 k_v 为风化岩石与新鲜岩石压缩波速度之比；

2. 风化系数 k_f 为风化岩石与新鲜岩石饱和单轴抗压强度之比；

3. 岩石风化程度，除按表列野外特征和定量指标划分外，也可根据当地经验划分；

4. 花岗岩类岩石，可采用标准贯入划分，$N \geqslant 50$ 为强风化；$50 > N \geqslant 30$ 为全风化；$N < 30$ 为残积土；

5. 泥岩和半成岩，可不进行风化程度划分。

下面是对岩石风化的简要说明：

风化岩的物理性质及工程性质变化很大。即使在单一场地内，其风化程度也很不均匀。在工程实践中，一般用目测鉴定，除波速外很难作定量规定。

风化岩表层一般已形成残积土，随深度增加由全风化、强风化、中等风化、微风化逐渐过渡到新鲜岩石。各分带的厚度常不均匀，时有强风化厚度相当大的风化槽，有时甚至中等风化下又有强风化出现。由于风化岩石很难取得芯样，其物理力学性质很难在室内试验，只能采用现场载荷试验或其他原位测试，并结合经验进行判断。

要注意风化层中混有较大的岩块，易误认为新鲜基岩而造成工程事故。

有些岩石挖露后，遇到空气、浸水或失水、表面快速风化，产生膨胀或崩解，页岩、泥岩、薄层砂岩、煤矸石等常有这种情况。故开挖基坑时应在坑底保留一定厚度，在浇筑混凝土垫层之前再予清除。

1.3.3　岩石按坚硬程度分类

1. 岩石的硬度分级

硬度定义为岩石抵抗磨损或抵抗刻划的能力。岩石硬度主要取决于其矿物成分的硬度，与密度、单轴抗压强度、声波速度成正比相关。岩石的主要矿物和风化程度是硬度的控制因素。

工程勘察中钻探进尺的速率及施工挖方的难易，牵涉到使用什么样的工程设备，这取决于岩石硬度。

硬度的判别一般采取现场简单试验确定其等级，见表 1.3.5。

岩石硬度的判别的现场试验　　　　　　　　　　　　　　　表 1.3.5

等级	硬度	现 场 试 验
Ⅰ	极硬	用地质锤需要很多锤才能击碎试样
Ⅱ	很硬~硬	手持试样用锤尖一般就一击就开裂
Ⅲ	中等硬度	用刀不能刮伤或剥削，用镐对手持试样，中等一击即破裂
Ⅳ	软	用刀能刮伤或剥削，用镐中等砍击可进入试样约 1cm~3cm
Ⅴ	很软	用镐中等一击即碎，并可用刀刮削，做三轴试验时，试样很难手工修整

2. 岩石坚硬程度分类

《岩土工程勘察规范》GB 50021 及《建筑地基基础设计规范》GB 50007 均按岩石试样的饱和单轴抗压强度划分其坚硬程度，见表 1.3.6。为了实施方便，又规定了野外目测的定性鉴别方法，见表 1.3.7。

岩石坚硬程度分类　　　　　　　　　　　　　　　　　　表 1.3.6

坚硬程度	坚硬岩	较硬岩	较软岩	软岩	极软岩
饱和单轴抗压强度 MPa	$f_r>60$	$60 \geqslant f_r>30$	$30 \geqslant f_r>15$	$15 \geqslant f_r>5$	$f_r \leqslant 5$

注：1. 当无法取得饱和单轴抗压强度数据时，可用点荷载试验强度换算，换算方法按现行国家标准《工程岩体分级标准》GB 50218 执行；

　　2. 当岩体完整程度为极碎时，可不进行坚硬程度分类。

岩石坚硬程度等级的定性分类　　　　　　　　　　　　表 1.3.7

坚硬程度等级		定性鉴定	代表性岩石
硬质岩	坚硬岩	锤击声清脆，有回弹，震手，难击碎，基本无吸水反应	未风化—微风化的花岗岩、闪长岩、辉绿岩、玄武岩、安山岩、片麻岩、石英岩、石英砂岩、硅质砾岩、硅质石灰岩等
	较硬岩	锤击声较清脆，有轻微回弹，稍震手，较难击碎，有轻微吸水反应	1. 微风化的坚硬岩； 2. 未风化—微风化的大理岩、板岩、石灰岩、白云岩、钙质砂岩等

续表

坚硬程度等级		定性鉴定	代表性岩石
软质岩	较软岩	锤击声不清脆，无回弹，震手，较易击碎，浸水后指甲可刻出印痕	1. 中等风化—强风化的坚硬岩或较硬岩； 2. 未风化—微风化的凝灰岩、千枚岩、泥灰岩、砂质泥岩等
	软岩	锤击声哑，无回弹，有凹痕，易击碎，浸水后手可掰开	1. 强风化的坚硬岩或较硬岩； 2. 中等风化—强风化的较软岩； 3. 未风化—微风化的页岩、泥岩、泥质砂岩等
极软岩		锤击声哑，无回弹，有较深凹痕，手可捏碎，浸水后可捏成团	1. 全风化的各种岩石； 2. 各种半成岩

1.3.4 岩体按完整程度分类

岩体具有节理、裂隙以至断层，使岩石不再具有整体性和连续性。岩体作为工程的岩石地基，其承载能力不仅取决于岩块的坚硬程度，还取决于岩体结构，也就是岩体的不连续面（结构面）及其组合。

1. 按完整程度分类的规范方法

《岩土工程勘察规范》GB 50021 及《建筑地基基础设计规范》GB 50007 均对岩体的完整程度按完整性指数进行划分，见表 1.3.8。为了便于实施，还制定了野外定性的分类规定。表 1.3.9 为《岩土工程勘察规范》GB 50021 的定性划分规定。

岩体完整程度分类 表 1.3.8

完整程度	完整	较完整	较破碎	破碎	极破碎
完整性指数	>0.75	0.75～0.55	0.55～0.35	0.35～0.15	<0.15

注：完整性指数为岩体纵波速与岩块纵波速之比的平方，选定岩体和岩块测定波速时，应注意其代表性。

岩体完整程度的定性划分 表 1.3.9

名称	结构面发育程度		主要结构面的结合程度	主要结构面类型	相应结构类型
	组数	平均间距（m）			
完整	1～2	>1.0	结合好或结合一般	裂隙、层面	整体状或巨厚层状结构
较完整	1～2	>1.0	结合差	裂隙、层面	块状或厚层状结构
	2～3	1.0～0.4	结合好或结合一般		块状结构
较破碎	2～3	1.0～0.4	结合差	裂隙、层面、小断层	裂隙块状或中厚层状结构
	≥3	0.4～0.2	结合好		镶嵌碎裂结构
			结合一般		中、薄层状结构
破碎	≥3	0.4～0.2	结合差	各种类型结构面	裂隙块状结构
		≤0.2	结合一般或结合差		碎裂结构
极破碎	无序		结合很差		散体状结构

注：平均间距指主要结构面（1～2 组）间距的平均值。

2. 岩体完整性分类的其他方法

1）按岩石质量指标分类

岩石质量指标（Rock Quality Designation，RQD）是国际上流行的鉴定岩体工程性质好坏的方法，由美国伊利诺斯大学提出和发展起来。该法采用直径为 75mm 的金刚石钻头和双层岩芯管在岩石中钻进，连续取芯，回次钻进所取岩芯中，长度大于 10cm 的岩芯段长度之和与该回次进尺的比值，以百分数表示。迪尔提出通过波速指数（V_s/V_e）来估计；V_s、V_e 分别表示场地原位及试验室岩芯试样的地震波速。对岩体的变形比值即 E_d/E_t 也列出了对应的数值。其中 E_d 为岩体原位变形模量，E_t 为岩芯试样单轴抗压强度（U_c）曲线上的 50% 时的切线模量。岩石质量指标和相关参数如表 1.3.10 所示。

岩石质量指标及相关参数　　表 1.3.10

RQD（%）	岩体质量评估	估计承载力（MPa）	波速指数 V_s/V_e	变形参数比 E_d/E_t
90～100	很好	32.2	0.80～1.00	0.80～1.00
75～90	好	21.5	0.60～0.80	0.50～0.80
50～75	中等（一般）	7.0	0.40～0.60	0.20～0.50
25～50	较差	3.1	0.20～0.40	低于 0.20
0～25	很差		0～0.20	低于 0.20

2）迪尔和比尼亚夫斯基分类

迪尔（D. U. DEER，1963）和比尼亚夫斯基（Z. T Bieniawski，1974）曾提出有关裂隙密集程度对地基的评价，分类法见表 1.3.11。

裂隙密集程度的划分与评定　　表 1.3.11

裂隙间距（cm）	描述分类	岩体评定
>300	很宽	整体
100～300	宽	集块体
30～100	中等间距	块体
5～30	近距	破碎体
<5	很近距	粉碎体

3）按不连续面规模的工程分类

我国铁道系统在工程实践中，常把结构面的规模与工程地基的规模比较，分为三级。

第一级：贯穿整个工程场地的大的或较大的断裂。在山坡地带或削坡处，对工程稳定性有全局性影响，应进行场地稳定性分析，但大断裂处在工程地基以外则没有直接影响。

第二级：发育于岩体一定范围内的不连续面。它延伸几米到十几米，把岩体切割成块。这些结构面主要是小的断裂、裂隙和一些次生结构面，它对边坡稳定、隧洞开挖是十分重要的。作为工程地基，如四周围岩稳定，则对承载力与变形的影响可能不大。

第三级：延伸仅几厘米到几十厘米的小裂隙节理。它们对工程的影响是通过削弱岩体的整体强度及刚度表现出来。当为数不多时，对岩体承载力及变形影响不大，但当分布很密时，则将明显降低岩石的质量，甚至使岩体变成松散体。

迪尔及比尼亚夫斯基曾提出有关裂隙密集程度对地基的评价。分类如下，见表1.3.12。

裂隙密集程度的划分与评定 表1.3.12

裂隙间距（cm）	描述分类	岩体评定
>300	很宽	整体
100～300	宽	集块体
30～100	中等间距	块体
5～30	近距	破碎体
<5	很近距	粉碎体

3. 不连续岩体的应力分布

岩体完整，或虽然风化或已粉碎，但只要宏观上均匀、各向同性，则受力后的应力分布仍可按布辛奈斯克（Boussinesq）理论确定。但岩体成层分布时，其不连续面将明显影响应力的分布，使布氏应力理论不能正确应用。影响应力分布的因素很多，如不连续面方向、块体形状及块体间的接触强度等。1971年 Gaziev 及 Erlikman 的模型试验表明，在竖向荷载作用下的应力分布的轮廓如图1.3.1所示。

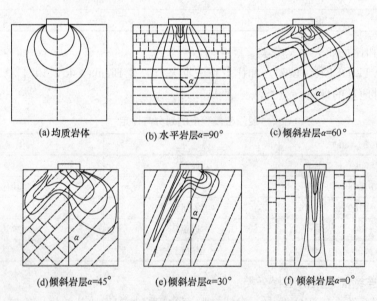

(a)均质岩体 (b) 水平岩层α=90° (c)倾斜岩层α=60°

(d)倾斜岩层α=45° (e)倾斜岩层α=30° (f) 倾斜岩层α=0°

图1.3.1　在各种不同产状岩体竖向荷载下的应力分布

由图可以看出，在有定向结构面的岩体中，所有情况都显示应力开展的深度大于布氏理论均质体的开展深度。这可能是由于沿节理出现的变形较小的缘故。水平地层变形最大而应力开展深度却最小；垂直地层变形最小而其应力开展深度最大。

1.3.5　岩体的综合工程分类

1. 岩体基本质量等级

《工程岩体分级标准》GB 50218 和《岩土工程勘察规范》GB 50021 均在岩石坚硬程

度划分和岩体完整程度划分的基础上，将二者结合起来，对岩体的基本质量等级进行综合划分，划分标准两本规范基本一致，前者更具体详细，后者较简明，《岩土工程勘察规范》GB 50021 的划分方法见表 1.3.13。

岩体基本质量等级分类 表 1.3.13

坚硬程度 ＼ 完整程度	完整	较完整	较破碎	破碎	极破碎
坚硬岩	I	II	III	IV	V
较硬岩	II	III	IV	IV	V
较软岩	III	IV	IV	V	V
软岩	IV	IV	V	V	V
极软岩	V	V	V	V	V

岩石按软化系数 k_R 可分为软化岩石和不软化岩石。当软化系数 k_R 值小于或等于 0.75 时，为软化岩石；当软化系数 k_R 大于 0.75 时，为不软化岩石。

当岩石具有特殊成分、特殊结构或特殊性质时，应定为特殊性岩石，如易溶性岩石、膨胀性岩石、崩解性岩石、盐渍化岩石等。

2. 比尼阿夫斯基的裂隙岩体分类

比尼阿夫斯基在1974年根据岩石的强度、岩体的质量评价、裂隙的密集程度、产状以及地下水情况等各种因素综合考虑，通过加权统计，提出"裂隙岩体的地质力学分类表"，见表 1.3.14。

比尼阿夫斯基分类 表 1.3.14

1	完整岩石	点荷载试验强度（MPa）	>8	4~8	2~4	1~2	—	—	—
		单轴抗压强度（MPa）	>200	100~200	50~100	25~50	10~25	3~10	1~3
		等级加权百分率（%）	15	12	7	4	2	1	0
2		岩芯质量指标 RQD（MPa）	90~100	75~90	50~75	25~50	<25		
		等级加权百分率（%）	20	17	13	8	3		
3		裂隙间距（cm）	>300	100~300	30~100	5~30	<5		
		等级加权百分率（%）	30	25	20	10	5		
4		裂隙条件	岩面粗糙、不连续、不分离、硬裂隙墙面	岩面较粗糙、分离<1mm、硬裂隙墙面	岩面较粗糙、分离<1mm、软裂隙墙面	裂面平滑或裂隙泥厚<5mm、裂隙连续	裂隙软泥>5mm、开裂>5mm、裂隙连续		
		等级加权百分率（%）	25	20	12	6	0		
5	地下水	每米隧道的涌水量（L/min）	无	无	<25	25~125	>125		
		裂隙水压力/最大主应力	0	0	0~0.2	0.2~0.5	>0.5		
		一般条件	干燥	干燥	稍湿	中等水压	有严重水的问题		
		等级加权百分率（%）	10		7	4	0		

3. 岩土按剪切波速分类

考虑到剪切波速为工程勘察设计的常用指标，综合反映了岩块强度和岩体完整性，与岩土的工程特性指标相关性强，顾宝和根据核电厂岩石地基的经验，建议用剪切波速对岩土进行统一分级（岩石地基承载力的几个认识问题，《工程勘察》2012 年 8 月），见表 1.3.15。

岩土按剪切波速分级 表 1.3.15

岩土按剪切波速分级		剪切波速度平均值（m/s）	分级名称	代表性岩土
Ⅰ 硬岩	Ⅰ-1	$v_s > 2000$	极硬岩	未风化和微风化花岗岩、石英岩、致密玄武岩等
	Ⅰ-2	$2000 \geqslant v_s > 1500$	坚硬岩	微风化花岗岩等
	Ⅰ-3	$1500 \geqslant v_s > 1100$	中硬岩	中等风化花岗岩等
Ⅱ 软岩/硬土	Ⅱ-1	$1100 \geqslant v_s > 800$	中软岩	强风化花岗岩等
	Ⅱ-2	$800 \geqslant v_s > 500$	软弱岩，坚硬土	新生代泥岩、全风化花岗岩等、密实碎石类土等
	Ⅱ-3	$500 \geqslant v_s > 300$	中硬土	硬塑—坚硬黏性土、中密—密实砂土等
Ⅲ 软土	Ⅲ-1	$300 \geqslant v_s > 150$	中软土	可塑黏性土、稍密—中密砂土等
	Ⅲ-2	$150 \geqslant v_s > 100$	软弱土	软塑黏性土、松散砂土等
	Ⅲ-3	$v_s \leqslant 100$	极软土	淤泥、吹填土等

注：1 剪切波速 1100m/s 基于核电工程规定，大于该值可不作地基与结构协同作用计算；
2 剪切波速 800m/s 及 500m/s 基于《建筑抗震设计规范》，大于该值分别为岩石地基和可作为基底输入（核电工程基底输入大于 700m/s）；
3 剪切波速 300m/s 为核电厂地基的下限；
4 剪切波速 150m/s 为《建筑抗震设计规范》中软土与软弱土的分界。

该方案只用剪切波速一个指标，对从极硬岩到极软土进行统一分级，共 3 大档 9 小档。

1.4 土的工程分类与鉴定

1.4.1 粒组分类

1. 粒组划分

各国对粒组的划分界限并不相同，近年来通过学术交流，分类标准渐趋一致。我国及其他一些主要国家的粒组划分标准见表 1.4.1。

粗粒土与细粒土的分界在欧洲为 0.06mm，我国及美国、日本为 0.075mm，（原）苏联为 0.1mm。各国标准虽有差异，但对工程性质的判别，影响不大。

2. 各粒组的物质组成及其物理特性

（1）漂石（块石）——矿物成分与母岩一致，形状不规则，相互独立，无黏性，依赖重力堆积，圆形和亚圆形为漂石，棱角形为块石。

各国划分粒组的界限 表 1.4.1

界限值 粒组　　　　各国标准	大块碎石 漂石（块石）（mm）	粗粒土（无黏性土）			细粒土（黏性土）	
		卵石（碎石）（mm）	砾石（角砾）（mm）	砂粒（粗、中、细、粉）（mm）	粉粒（mm）	黏粒（mm）
我国《土的工程分类标准》GB 50145—2007	＞200	200～60	60～2.0	2.0～0.075	0.075～0.005	＜0.005
美国统一标准 ASTM. D2487—83 USCS1983	＞305	305～76	76～4.76	4.76～0.075	＜0.075	
日本 TUSCS 1972	＞300	300～75	75～2.0	2.0～0.075	＜0.075	
苏联设计工程师手册	＞200	200～10	10～2.0	2.0～0.1		
联邦德国 DIN 18196—70	＞200	200～63	63～2.0	2.0～0.06	0.06～0.002	＜0.002
英国 BS5930 1981	＞200	200～63	63～2.0	2.0～0.060	＜0.06	

注：漂石粒径直接量测，粗粒土用筛分法量测，细粒土用比重计或吸液法量测。

（2）卵石、砾石（碎石、角砾）——矿物组成与母岩一致，但经搬运，各种母岩碎块互相石撞击，软弱岩石消失，留下的基本上是耐磨蚀抗风化的坚硬碎石，多数呈亚圆形、椭圆形，称卵石或砾石。搬运距离较短时，未经磨损呈棱角形的，依赖重力堆积，称碎石或角砾。相互间接触紧密，无黏性。

（3）砂粒——又可细分为粗、中、细、粉砂，其物质组成是岩石风化后，解体为单一矿物颗粒。主要成分是耐磨蚀的石英，并杂有一些矿物和岩屑。磨圆度涟搬运介质和搬运距离而有所不同，无黏性。不过，粉细砂在一定湿度下，由于水表面张力及毛细管水的负压作用，能使砂粒相互凝聚，形成"假黏聚力"，但在干燥时或水中，黏性即行消失。

（4）粉粒——其组成的物质与砂粒类似，也杂有黏粒性质的微粒，因粒径很小，已形成粉末状。颗粒的表面作用显著增长，而重力影响相对减小，颗粒间出现微弱的黏结力，呈低塑性，其物理性质介于砂粒和黏粒之间，颗粒间的相互接触的紧密程度受外力影响而不同。

（5）黏粒——当母岩矿物进一步风化分解，不可溶解的物质形成高岭石、伊利石、蒙脱石等黏土矿物。土粒粒径小于 0.005mm（或 0.002mm），一般呈片状和针状，表面有显著的电化学引力，相互粘结，且远大于土粒本身重力，呈蜂窝状、絮状等各种形式的架空结构。在各粒组中，黏粒含量及其性质对土的工程特性的影响最大。

（6）有机物质——外来的物质，可能是纯粹的腐殖质，也可能是无定形物质，多呈黑色，略具黏性。后者常与细粒土相混合，有机物含量可根据土工试验规范中的烧失量试验计算。土粒重量应在烧失试验后确定。有机质具有很低的天然密度、很高的天然含水量，干燥时明显的收缩，工程性质最差。

1.4.2　《建筑地基基础设计规范》和《岩土工程勘察规范》的土分类法

1. 碎石土和砂土按粒径分类

粒径大于 2mm 的颗粒质量超过总质量 50% 的定名为碎石土，并按表 1.4.2 进一步分类。

碎石土分类　　　　　　　　　　　　　　　表 1.4.2

土的名称	颗粒形状	颗粒级配
漂石	圆形及亚圆形为主	粒径大于 200mm 的颗粒质量超过总质量 50%
块石	棱角形为主	
卵石	圆形及亚圆形为主	粒径大于 20mm 的颗粒质量超过总质量 50%
碎石	棱角形为主	
圆砾	圆形及亚圆形为主	粒径大于 2mm 的颗粒质量超过总质量 50%
角砾	棱角形为主	

注：定名时，应根据颗粒级配由大到小以最先符合者确定。

粒径大于 2mm 的颗粒质量不超过总质量的 50%，粒径大于 0.075mm 的颗粒质量超过总质量 50% 的土，定名为砂土，并按表 1.4.3 进一步分类。

砂土分类　　　　　　　　　　　　　　　表 1.4.3

土的名称	颗粒级配
砾砂	粒径大于 2mm 的颗粒质量占总质量 25%～50%
粗砂	粒径大于 0.5mm 的颗粒质量超过总质量 50%
中砂	粒径大于 0.25mm 的颗粒质量超过总质量 50%
细砂	粒径大于 0.075mm 的颗粒质量超过总质量 85%
粉砂	粒径大于 0.075mm 的颗粒质量超过总质量 50%

注：定名时应根据颗粒级配由大到小以最先符合者确定。

2. 碎石土和砂土按密实度分类

碎石土的密实度可根据圆锥动力触探锤击数按表 1.4.4、表 1.4.5 分类。

碎石土密实度分类　表 1.4.4

重型动力触探锤击数 $N_{63.5}$	密实度
$N_{63.5} \leqslant 5$	松散
$5 < N_{63.5} \leqslant 10$	稍密
$10 < N_{63.5} \leqslant 20$	中密
$N_{63.5} > 20$	密实

碎石土密实度分类　表 1.4.5

超重型动力触探锤击数 N_{120}	密实度
$N_{120} \leqslant 3$	松散
$3 < N_{120} \leqslant 6$	稍密
$6 < N_{120} \leqslant 11$	中密
$11 < N_{120} \leqslant 14$	密实
$N_{120} > 14$	很密

注：本表适用于平均粒径等于或小于 50mm，且最大粒径小于 100mm 的碎石土。对于平均粒径大于 50mm，或最大粒径大于 100mm 的碎石土，可用超重型动力触探或用野外观察鉴别。

砂土的密实度根据标准贯入试验锤击数实测值 N 按表 1.4.6 划分为密实、中密、稍密和松散。

砂土密实度分类　　　　　　　　　　　　表 1.4.6

标准贯入锤击数 N	密实度	标准贯入锤击数 N	密实度
$N \leqslant 10$	松散	$15 < N \leqslant 30$	中密
$10 < N \leqslant 15$	稍密	$N > 30$	密实

3. 粉土和黏性土

粒径大于 0.075mm 的颗粒质量不超过总质量的 50%，且塑性指数等于或小于 10 的土，应定名为粉土。

塑性指数大于 10 的土定名为黏性土，并进一步分为粉质黏土和黏土。塑性指数大于 10，且小于或等于 17 的土，应定名为粉质黏土；塑性指数大于 17 的土应定名为黏土。塑性指数由 76g 圆锥仪沉入土中深度为 10mm 时测定的液限计算而得。

黏性土根据液性指数 I_L 划分为坚硬、硬塑、可塑、软塑和流塑 5 种状态，见表 1.4.7。

黏性土状态的分类　　　　　　　　　　　　　　　　　　表 1.4.7

液 性 指 数	状 态	液 性 指 数	状 态
$I_L \leq 0$	坚 硬	$0.75 < I_L \leq 1$	软 塑
$0 < I_L \leq 0.25$	硬 塑	$I_L > 1$	流 塑
$0.25 < I_L \leq 0.75$	可 塑		

4. 土的描述

《岩土工程勘察规范》对土的描述作了如下规定：

（1）碎石土应描述颗粒级配、颗粒形状、颗粒排列、母岩成分、风化程度、充填物的性质和充填程度、密实度等；

（2）砂土应描述颜色、矿物组成、颗粒级配、颗粒形状、黏粒含量、湿度、密实度等；

（3）粉土应描述颜色、包含物、湿度、密实度等；

（4）黏性土应描述颜色、状态、包含物、土层结构等；

（5）特殊性土除应描述上述相应土类规定的内容外，尚应描述其特殊成分和特殊性质；如对淤泥尚需描述臭味，对填土尚需描述物质成分、堆积年代、密实度和厚度的均匀程度等；

（6）对具有夹层、互层、夹薄层特征的土，尚应描述各层的厚度和层理特征。

5. 几点说明

《建筑地基基础设计规范》和《岩土工程勘察规范》的土分类法有下列特点：

（1）碎石土和砂土的强度、压缩性和透水性，颗粒粗细是决定性因素，颗粒越粗，内摩擦角越高，压缩性越小，透水性越强，反之亦然。分类抓住了这个主要因素，简明而适用。

（2）黏性土的工程特性取决于它的可塑性，故以塑性指数为分类指标；粉土性质介于砂土和黏性土之间，上限用粒径，下限用塑性指数。

（3）碎石土和砂土除了颗粒粗细外，密实度有举足轻重的影响；细粒土除了可塑性外，稠度状态是主要因素，故对碎石土和砂土的密实度、黏性土的状态均作了分类规定。

（4）我国特殊土种类多，分布广，工程问题主要与这些土的特殊性质有关。特殊土从一般土中划分出来，是我国土分类的一个重要特点和优点。

（5）概括地说，该分类法的主要特点，一是与土的力学性质紧密挂勾，二是密切结合工程设计，三是简明、可操作性强，四是经历了约半个世纪的探索和改进，成为成熟的工程界习惯应用的分类方法。

1.4.3　《土的工程分类标准》GB 50145 的土分类法

《土的工程分类标准》要点如下：

1. 巨粒土类

巨粒类土的分类按表 1.4.8 进行。

巨粒土分类　　　　　　　　　　表 1.4.8

土类	粒组含量		土类代号	土类名称
巨粒土	巨粒含量>75%	漂石含量大于卵石含量	B	漂石（块石）
		漂石含量不大于卵石含量	Cb	卵石（碎石）
混合巨粒土	50%<巨粒含量≤75%	漂石含量大于卵石含量	BSl	混合土漂石（块石）
		漂石含量不大于卵石含量	CbSl	混合土卵石（碎石）
巨粒混合土	15%<巨粒含量≤50%	漂石含量大于卵石含量	SlB	漂石（块石）混合土
		漂石含量不大于卵石含量	SlCb	卵石（碎石）混合土

2. 粗粒土分类

粗粒组含量大于 50% 的土称粗粒类，其中，砾粒组含量大于砂粒组含量的土称砾类土；砾粒组含量不大于砂粒组含量的土称砂类土。

砾类土按表 1.4.9 分类，砂类土按表 1.4.10 分类。

砾类土的分类　　　　　　　　　　表 1.4.9

土类	粒组含量		土类代号	土类名称
砾	细粒含量<5%	级配 $C_u \geq 5$, $1 \leq C_c \leq 3$	GW	级配良好砾
		级配不同时满足上述要求	GP	级配不良砾
含细粒土砾	5%≤细粒含量<15%		GF	含细粒土砾
细粒土质砾	15%≤细粒含量<50%	细粒土中粉粒含量不大于50%	GC	黏土质砾
		细粒土中粉粒含量大于50%	GM	粉土质砾

砂类土的分类　　　　　　　　　　表 1.4.10

土类	粒组含量		土类代号	土类名称
砂	细粒含量<5%	级配 $C_u \geq 5$, $1 \leq C_c \leq 3$	SW	级配良好砾
		级配不同时满足上述要求	SP	级配不良砂
含细粒土砂	5%≤细粒含量<15%		SF	含细粒土砂
细粒土质砂	15%≤细粒含量<50%	细粒土中粉粒含量不大于50%	SC	黏土质砂
		细粒土中粉粒含量大于50%	SM	粉土质砂

3. 细粒土类

试样中细粒组含量不小于 50% 的土为细粒类土。细粒类土按下列规定划分为：粗粒组含量不大于 25% 的土称细粒土；粗粒组含量大于 25% 且不大于 50% 的土称含粗粒的细粒土；有机质含量小于 10% 且不小于 5% 的土称有机质土。

细粒土分类按表 1.4.11 进行。

细粒土分类　　　　　　　　　　　　　　　　　表 1.4.11

土的塑性在塑性图中的位置		土类代号	土类名称
$I_P \geqslant 0.73(w_L - 20)$ 和 $I_P \geqslant 7$	$w_L \geqslant 50\%$	CH	高液限黏土
	$w_L < 50\%$	CL	低液限黏土
$I_P < 0.73(W_L - 20)$ 或 $I_P < 4$	$w_L \geqslant 50\%$	MH	高液限粉土
	$w_L < 50\%$	ML	低液限粉土

注：黏土～粉土过渡区（CL—ML）的土可按相邻土层的类别细分。

塑性图见 1.4.1。

图中横坐标为土的液限 w_L，纵坐标为塑性指数 I_P；图中液限为用碟式仪测定的液限含水率或用质量 76g、锥角为 30° 的液限仪锥尖入土深度 17mm 对应的含水率；图中虚线之间区域为黏土—粉土过渡区。

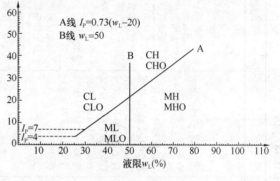

图 1.4.1　塑性图

含粗粒的细粒土应根据所含细粒土的塑性指标在塑性图中的位置及所含粗粒类别，按下列规定划分：粗粒中砾粒含量大于砂粒含量，称含砾细粒土，在细粒土代号后加代号 G；粗粒中砾粒含量不大于砂粒含量，称含砂细粒土，在细粒土代号后加代号 S。

两点说明：

（1）因国际上多数国家采用美国土的统一分类法，故该规范对粗粒土着重考虑了级配曲线上的不均系数、曲率系数两个特征参数；对细粒土则以塑性图为分类平台。为了适应塑性图，将液限定义为 76 克圆锥仪入土 17mm，与我国传统液限入土为 10mm 不同。

（2）由于在我国缺乏实践经验和积累，未能与工程紧密挂钩，操作也不如 1.4.2 节的方法简便。例如级配良好砂与级配不良砂，在现场如何鉴别，工程特性有何不同？A 线上下的粉土和黏土，在现场如何鉴别，工程特性有何不同？尚待积累经验。

1.4.4　其他土的工程分类法

1. 美国土的统一分类系统

美国土的统一分类系统，也即 ASTM. D2487 标准，见表 1.4.12。

2. 联邦德国 DIN18196（1970）[1982 版]

联邦德国 DIN18196（1970）[1982 版] 与美国 ASTM 不同点为：

（1）将粗粒土、粗细混合土、细粒土、有机质土及泥炭五类并列；

（2）其命名根据主要粒组的含量占总重的 40% 以上；

（3）混合土中细粒含量比例分为 <5%、5%～15%、15%～40% 三档。>40% 时属细粒土；

（4）表中列有各类土的代表性成因类型，其细粒土类有手感或器测的简易鉴别方法；

表 1.4.12

美国土的统一分类系统（ASTM. D2487标准）

主 要 分 类			分类符号	典型土名称	试验室分类准则
粗粒土（大于第200号筛孔的颗粒占50%以上）	砾石（大于第4号筛孔的颗粒占50%以上）	净砾石（含少量或不含细粒）	GW	级配良好的砾石、砾、砂混合料，含少量或不含细粒	$C_u = \dfrac{D_{60}}{D_{10}} > 4,\ C_c = \dfrac{(D_{30})^2}{D_{10} \times D_{60}} = 1 \sim 3$
			GP	级配不良的砾石、砾、砂混合料，含少量或不含细粒	不满足对 GW 所需要的全部级配要求
		含细粒土砾石（含可观数量的细粒）	GM① ｛d / u｝	粉土质砾石、砾、砂、粉土混合料	阿太堡限度在"A"线以下目塑性指数小于 4 ／ 阿太堡限度在"A"线以上目塑性指数 >7
			GC	黏土质砾石、砾、砂、粉土混合料	在"A"线以上目塑性指数为 4～7，界于两界限之间需用两组分类符号
	砂（小于第4号筛孔的颗粒占50%以上）	净砂（含少量或不含细粒）	SW	级配良好砂、砾质砂，含少量或不含细粒	$C_u = \dfrac{D_{60}}{D_{10}} > 6,\ C_c = \dfrac{(D_{30})^3}{D_{10} \times D_{60}} = 1 \sim 3$
			SP	级配不良的砂、砾质砂，含少量或不含细粒	不满足对 SW 所需要的全部级配要求
		含细粒土砂（含可观数量的细粒）	SM① ｛d / u｝	粉土质砂、砂、粉土混合料	阿太堡限度在"A"线以下且塑性指数小于 4 ／ 阿太堡限度在"A"线以上且塑性指数大于 7
			SC	黏土质砂、砂、黏土混合料	在塑性图中的斜线部分塑性指数为 4～7，界于两界限之间需要用两组界分类符号
细粒土（小于第200号筛孔的颗粒占50%以上）	粉土和黏土（液限小于50%）		ML	无机粉土和极细砂、岩粉、粉土质或黏土质细砂，或具有微塑性的无机黏土	
			CL	具有低到中等塑性的无机黏土、砾质黏土、砂质黏土、粉质黏土、瘦黏土	
			OL	低塑性的有机粉土和有机质黏土	
	粉土和黏土（液限大于50%）		MH	无机粉土、云母或硅藻细砂，或粉土质有机黏土，弹性粉土	
			CH	高塑性的无机黏土、肥黏土	
			OH	中等到高塑性高有机黏土、有机土	
	高有机质土		Pt	泥炭和其他高有机质土	

从颗分曲线确定砾石和砂的含量百分数。根据第200号筛那部分的含量百分数，粗粒土划分如下：<5% 为 GW、GP、SW、SP；>12% GM、GC、SM、SC，5%～12% 界于两界限之间需用两组界分类符号②

塑性图（塑性指数—液限）

① GM 和 SM 再分为 d 和 u，只限于道路和机场。再分法是根据阿太堡限度的；下标 d 用于当液限≤28%而塑性指数≤6；下标 u 用于当液限大于28%；

② 界于两界限之间的分类（用于具有两类两特征的土）用分类符号的组合表示，例如，GW-GC 表示具有有黏土结合良好的级配良好的砾石、砂混合料。

（5）塑性图中增加了 C 线，其坐标在 $w_L=35\%$，与 B 线并行，将横坐标的 w_L 分为高、中、低三档；

（6）$I_P=4\sim7$ 为粉土和黏性土的过度范围。

3. 英国 BS5930. 1981 土的工程分类

与联邦德国大致相同，不过塑性图中的液限坐标分为 $<35\%$、$35\%\sim50\%$、$50\%\sim70\%$、$70\%\sim90\%$ 等多个档次，其粗细混合土中的细粒土含量比例分 $<5\%$、$5\%\sim15\%$、$15\%\sim40\%$ 三个档次，$>40\%$ 时属细粒土。

1.5　特殊岩土

成分和性质特殊的岩土在我国分布广泛，工程事故往往由于这些岩土的特殊性质引起，我们称之为特殊性岩土。将这些岩土从一般岩土中划分出来十分必要，这是我国规范的重要特点，与国际上其他规范比，也是明显的优点。本节对我国特殊岩土做概略介绍。

1.5.1　软土

1. 软土的概念和分类

天然孔隙比大于或等于 1.0，且天然含水量大于液限的细粒土称为软土。软土包括淤泥、淤泥质土、泥炭、泥炭质土等。

淤泥为在静水或缓慢的流水环境中沉积，并经生物化学作用形成，其天然含水量大于液限，天然孔隙比大于或等于 1.5 的黏性土。当天然含水量大于液限而天然孔隙比小于 1.5、但大于或等于 1.0 的黏性土或粉土为淤泥质土。泥炭和泥炭质土为沼泽相沉积，含大量纤维状未完全分解的腐殖质。

土体中有机质含量小于 10% 时称有机质淤泥；有机质含量等于 10%～50% 时，属于泥炭质土；如含量大于 50% 时，则为泥炭层。

分类标准见表 1.5.1。

软土的分类标准   表 1.5.1

土 的 名 称	划 分 标 准	土 的 名 称	划 分 标 准
淤　泥	$e\geqslant1.5$, $I_L>1$	泥　炭	$W_U>60\%$
淤泥质土	$1.5>e\geqslant1.0$, $I_L>1$	泥炭质土	$10\%<W_U\leqslant60\%$

注：e——天然孔隙比；I_L——液性指数；W_U——有机质含量。

2. 我国软土的分布

我国软土主要分布在沿海地区，如东海、黄海、渤海、南海等沿海地区以及内陆平原与一些山间洼地。我国软土的主要分布区域见表 1.5.2。

3. 软土的工程特性

（1）触变性：当原状土受到振动或扰动以后，由于土体结构遭破坏，强度会大幅度降低。触变性可用灵敏度 S_t 表示，软土的灵敏度一般在 3～4 之间，最大可达 8～9，故软土属于高灵敏度或极灵敏土。软土地基受振动荷载后，易产生侧向滑动、沉降或基础下土体挤出等现象。

我国软土主要分布区域　　　　　　　　　　　　　　　　表 1.5.2

主要成因类型	主要分布区域
滨海与三角洲沉积软土	天津塘沽、连云港、上海、舟山、杭州、宁波、温州、福州、厦门、泉州、漳州、广州
湖泊沉积软土	洞庭湖、洪泽湖、太湖、鄱阳湖四周、古云梦泽地区
河滩沉积软土	长江中下游、珠江下游、淮河平原、松辽平原
沼泽沉积软土	昆明滇池周边、贵州水城、盘县

（2）流变性：软土在长期荷载作用下，除产生排水固结引起的变形外，还会发生缓慢而长期的剪切变形。这对建筑物地基沉降有较大影响，对斜坡、堤岸、码头和地基稳定性不利。

（3）高压缩性：软土属于高压缩性土，压缩系数大而压缩模量小，故软土地基上的建筑物沉降量大。

（4）低强度：软土不排水抗剪强度一般小于 20kPa，故软土地基的承载力很低，软土边坡的稳定性极差。

（5）低透水性：软土的含水量虽然很高，但透水性差，特别是垂直向透水性更差，垂直向渗透系数一般在 $7 \times 10^{-6} \mathrm{cm/s} \sim 8 \times 10^{-8} \mathrm{cm/s}$ 之间，属微透水或不透水层。对地基排水固结不利，软土地基上建筑物沉降延续时间长，一般达数年以上。在加载初期，地基中常出现较高的孔隙水压力，影响地基强度。

（6）孔隙比高：软土孔隙比高，一般在 1.0～1.8 之间，有的可高达 5.8（滇池淤泥）。

软土的工程地质问题和防治措施：软土地基的变形破坏主要是承载力低，地基变形大或发生挤出，造成建筑物的破坏，且易产生不均匀沉降。

1.5.2　湿陷性土

1. 湿陷性土的概念

湿陷性土为浸水后产生附加沉降，其湿陷系数大于等于 0.015 的土。

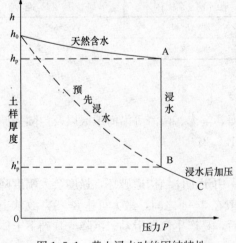

图 1.5.1　黄土浸水时的固结特性

具有湿陷性的黄土称为湿陷性黄土。图 1.5.1 为湿陷性黄土浸水固结示意图。

典型的代表性的湿陷现象发生在干旱和半干旱的黄土地层上部，特别是风积成因的高原原生黄土，其次是冲洪积河谷的冲积黄土。除黄土外，盐渍土及其他黏性土类处在干旱及地下水位很深的地层，在常年地质淋溶作用下，也会出现湿陷现象。有些未处理的人工填土（非夯实土）在地下水位很低的情况下，也常具湿陷性（如北京城区）。

由于黄土地层具有世界性广泛分布，特别是在我国华北、西北地带普遍存在，其是否具有湿陷现象，对工程建设影响很大，我国把它当做特殊土处理，有专门的勘察设计规范。

黄土地层的划分见表 1.5.3。

黄土地层的划分 表 1.5.3

年　代		黄　土　名　称		成　因		湿陷性
全新世 Q_4	近期 Q_4^2	新黄土	新近堆积黄土	次生黄土	以水成为主	强湿陷性
	早期 Q_4^1		黄土状土			一般具湿陷性
晚更新世 Q_3			马兰黄土	原生黄土	以风成为主	
中更新世 Q_2		老黄土	离石黄土			上部部分土层具湿陷性
早更新世 Q_1			午城黄土			不具湿陷性

注：1. 测定黄土湿陷性的试验压力为 200kPa～300kPa。

　　2. 深层离石黄土（Q_2）在大压力（超过 300kPa）作用下有时会呈现湿陷性。

2. 黄土湿陷性分类

（1）黄土层浸水后，沉积年代较新的黄土层（Q_3、Q_4），仅凭土层的自身重力就出现湿陷，称为自重湿陷性黄土。

（2）当黄土浸水后，土层自身重力不发生湿陷，但在附加压力下才发生湿陷，称为非自重湿陷性黄土。

（3）非湿陷性黄土：在地层沉积年代较久如 Q_1、Q_2 的黄土地层，孔隙比较小，同时其孔隙及胶结结构已固化，不易溶解，一般不具有湿陷性。

（4）次生黄土：即原生黄土经过崩陷或流水搬运，形成新的土层，其性质在干燥环境下仍可能有湿陷性，但其胶结力较弱，常具有一般松软土层的高压缩性。

3. 黄土湿陷性的工程判别

黄土的湿陷性和湿陷程度，应按室内浸水（饱和）压缩试验，在一定压力下测定的湿陷系数 δ_s 判定，并应符合下列规定：

（1）当 $\delta_s \geqslant 0.015$ 时，应定为湿陷性黄土；当 $\delta_s < 0.015$ 时，应定为非湿陷性黄土。

（2）湿陷性黄土的湿陷程度，可根据湿陷系数 δ_s 值分为下列三种：

① 当 $0.015 < \delta_s \leqslant 0.030$ 时，湿陷性轻微；

② 当 $0.030 < \delta_s \leqslant 0.070$ 时，湿陷性中等；

③ 当 $\delta_s > 0.070$ 时，湿陷性强烈。

湿陷性黄土场地和地基的湿陷类型与等级，根据自重湿陷量计算值或实测值和湿陷量计算值，按表 1.5.4 判定。

湿陷性黄土场地的湿陷类型与地基湿陷等级 表 1.5.4

场地湿陷类型 Δ_{zs} (mm) / Δ_s (mm)	非自重湿陷性场地 $\Delta_{zs} \leqslant 70$	自重湿陷性场地	
		$70 < \Delta_{zs} \leqslant 350$（一般）	$\Delta_{zs} > 350$（强烈）
$0 < \Delta_s \leqslant 150$	Ⅰ（轻微）	Ⅰ（轻微）	Ⅱ（中等）
$150 < \Delta_s \leqslant 300$		Ⅱ（中等）	

续表

场地湿陷类型 Δ_{zs}（mm） Δ_s（mm）	非自重湿陷性场地 $\Delta_{zs} \leqslant 70$	自重湿陷性场地	
		$70 < \Delta_{zs} \leqslant 350$ （一般）	$\Delta_{zs} > 350$ （强烈）
$300 < \Delta_s \leqslant 700$	Ⅱ（中等）	①Ⅱ（中等）或Ⅲ（严重）	Ⅲ（严重）
$\Delta_s > 700$	Ⅱ（中等）	Ⅲ（严重）	Ⅳ（很严重）

① 当湿陷量的计算值 $\Delta_s > 600$mm、自重湿陷量的计算值 $\Delta_s > 300$mm 时，可判为Ⅲ级；其他情况可判为Ⅱ级

4. 我国湿陷性黄土地区的分布

根据我国《工程地质手册》（2007 年版），我国湿陷性黄土分布情况概括如下：

（1）陇东、陇西、陕北——自重与非自重湿陷性土分布很广，厚度也较大，湿陷等级大都在Ⅱ级～Ⅲ级，对工程危害较严重。

（2）关中、豫西、山西地区——除高阶地有部分自重湿陷性黄土外，低阶地多为非自重湿陷性黄土，湿陷系数（及湿陷性等级）为中等。

（3）河南大部、冀鲁地区——一般为非自重湿陷性黄土，唯湿陷土层薄，湿陷系数小，湿陷量等级属Ⅰ级～Ⅱ级，局部地区不具湿陷性。

（4）黄土区边缘地带——为非自重湿陷性黄土，湿陷土层厚度小，湿陷性系数小，湿陷量也小，且分布不连续。

5. 湿陷性黄土的特性

1）结构性

湿陷性黄土在一定条件下具有保持土的原始基本单元结构形式不被破坏的能力。这是由于黄土在沉积过程中的物理化学因素促使颗粒相互接触处产生了固化联结键，这种固化联结键构成土骨架具有一定的结构强度，使得湿陷性黄土的应力应变关系和强度特性表现出与其他土类明显不同的特点。湿陷性黄土在其结构强度未被破坏或软化的压力范围内，表现出压缩性低、强度高等特性，但当结构性一旦遭受破坏时，其力学性质将呈现屈服、软化、湿陷等性状。

2）欠压密性

湿陷性黄土由于特殊的地质环境条件，沉积过程一般比较缓慢，在此漫长过程中上覆压力增长速率始终比颗粒间固化键强度的增长速率要缓慢得多，使得黄土颗粒间保持着比较疏松的高孔隙度组构而未在上覆荷重作用下被固结压密，处在欠压密状态。

在低含水量情况下，黄土的结构性可以表现为较高的视先期固结压力，而使得超固结比 OCR 值常大于 1，一般可能达到 2～3。这种现象完全不同于表征土层应力历史和压密状态的超固结。湿陷性黄土实质上是欠压密土，而由于土的结构性所表现出来的超固结称为视超固结。

1.5.3 红黏土

1. 红黏土的概念

红黏土是指由石灰岩、白云岩等碳酸盐类在亚热带温热气候条件下经风化作用而形成

的褐红色的黏性土。

2. 红黏土分类

1）红黏土的成因分类

红黏土分为原生红黏土和次生红黏土。次生红黏土由于在搬运过程中掺合了一些外来物质，成分较复杂，固结程度也差。经验表明，当物理性质指标数值相似时，次生红黏土的承载力往往只及原生红黏土的 3/4。次生红黏土中可塑、软塑状态的比例高于原生红黏土，压缩性也高于原生红黏土，因此，在红黏土勘察中查明红黏土的成因分类及其分布是必要的。

2）红黏土的状态分类

为查明红黏土上硬下软的特征，勘察中应详细划分土的状态。红黏土状态的划分可采用一般黏性土的液性指数划分法，也可采用红黏土特有的含水比划分法，划分标准见表 1.5.5。

红黏土的状态分类　　　　　　　　　　　　　　　　　　　表 1.5.5

状　态	含水比 α_w	液性指数 I_L
坚　硬	$\alpha_w \leqslant 0.55$	$I_L \leqslant 0$
硬　塑	$0.55 < \alpha_w \leqslant 0.70$	$0 < I_L \leqslant 0.33$
可　塑	$0.70 < \alpha_w \leqslant 0.85$	$0.33 < I_L \leqslant 0.67$
软　塑	$0.85 < \alpha_w \leqslant 1.00$	$0.67 < I_L \leqslant 1.00$
流　塑	$\alpha_w > 1.00$	$I_L > 1.00$

3）红黏土的结构分类

红黏土的结构可根据其裂隙发育特征按表 1.5.6 分类，其主要依据为野外观测的裂隙密度。红黏土网状裂隙分布与地貌有一定联系，如坡度、朝向等，且呈向深处递减的趋势。裂隙影响土的整体强度，降低其承载力，对土体稳定不利。

4）红黏土的地基均匀性分类

红黏土的地基均匀性可按表 1.5.7 分类。

红黏土的结构分类　　表 1.5.6

土 体 结 构	裂隙发育特征
致密状的	偶见裂隙（<1 条/m）
巨块状的	较多裂隙（1～5 条/m）
碎块状的	富裂隙（>5 条/m）

红黏土的地基均匀性分类　　表 1.5.7

地基均匀性	地基压缩层 z 范围内岩土组成
均匀地基	全部由红黏土组成
不均匀地基	由红黏土和岩石组成

红黏土地区地基的均匀性差别很大。当地基压缩层范围内均为红黏土时，为均匀地基；当为红黏土和岩石组成土岩组合地基时，为不均匀地基。

在不均匀地基中，红黏土沿水平方向的土层厚度和状态分布都很不均匀。土层较厚地段其下部，较高压缩性土往往也较厚；土层较薄地段，则往往基岩埋藏浅，与土层较厚地段的较高压缩性土层标高相当。当建筑物跨越布置在这种地段时，就会置于不均匀地基上。

3. 红黏土的形成条件

1）岩性条件

在碳酸盐类岩石分布区内，经常夹杂着一些非碳酸盐类岩石，它们的风化物与碳酸盐类岩石的风化物混杂在一起，构成了这些地段红黏土成土的物质来源，故红黏土的母岩是包括夹在其间的非碳酸盐类岩石的碳酸盐岩系。

2）气候条件

红黏土是红土的一个亚类。红土化作用是在炎热湿润气候条件下进行的一种特定的化学风化成土作用。在这种气候条件下，年降水量大于蒸发量，形成酸性介质环境。红土化过程是一系列由岩变土和成土之后新生黏土矿物再演变的过程。我国南方更新世以来，曾存在过较长期的湿热气候条件，有利于红黏土的形成。

4. 红黏土的分布规律

1）红黏土分布的地域性

我国红黏土主要分布在南方，以贵州、云南和广西最为典型和广泛；其次，在四川盆地南缘和东部、鄂西、湘西、湘南、粤北、皖南和浙西等地也有分布。在西部，主要分布在较低的溶蚀夷平面及岩溶洼地、谷地；在中部，主要分布在峰林谷地、孤峰准平原及丘陵洼地；在东部，主要分布在高阶地以上的丘陵区。

我国北方红黏土零星分布在一些较温湿的岩溶盆地，如陕南、鲁南和辽东等地，多为受到后期营力的侵蚀和其他沉积物覆盖的早期红黏土。

2）红黏土土性的变化规律

各地区红黏土不论在外观颜色、土性上都有一定的变化规律，一般具有自西向东土的塑性和黏粒含量逐渐降低、土中粉粒和砂粒含量逐渐增高的趋势。

有的地区基岩之上全部为原生红黏土所覆盖，有的地区则常见到红黏土被泥砾堆积物及更新世后期各类堆积物所覆盖。在河流冲积区低洼处，常见有经过迁移和再搬运的次生红黏土覆盖于基岩或其他沉积物之上；在岩溶洼地、谷地、准平原及丘陵斜坡地带，当受片状及间歇性水流冲蚀时，红黏土的土粒被带到低洼处堆积成新的土层——次生红黏土，其颜色浅于未搬运者，常含粗颗粒，但总体上仍保持红黏土的基本特征，而明显有别于一般黏性土。这类土分布在鄂西、湘西、粤北和广西等山地丘陵区，远较原生红黏土广泛。次生红黏土的分布面积约占红黏土总面积的 10%～40%，由西部向东部逐渐增多。

3）红黏土厚度变化规律

各地区红黏土厚度不尽相同，贵州地区约为 3m～6m，超过 10m 者较少；云南地区一般为 7m～8m，个别地段可达 10m～20m；湘西、鄂西和广西等地一般为 10m 左右。

红黏土的厚度变化与原始地形和下伏基岩面的起伏变化关系密切。分布在盆地或洼地中的红黏土大多是边缘较薄、中间增厚；分布在基岩面或风化面上的红黏土厚度取决于基岩面起伏和风化层深度。当下伏基岩的溶沟、溶槽、石芽等发育时，上覆红黏土的厚度变化极大，常出现咫尺之隔厚度相差 10m 之多的现象。

5. 红黏土物理力学性质的基本特点

红黏土的物理力学性质指标与一般黏性土有很大区别，主要表现在：

（1）粒度组成的高分散性。红黏土中小于 0.005mm 的黏粒含量为 60%～80%，其中小于 0.002mm 的胶粒含量占 40%～70%，使红黏土具有高分散性。

（2）天然含水率 w、饱和度 S_r、塑性界限（液限 w_L、塑限 w_p、塑性指数 I_p）和天然孔隙比 e 都很高，却具有较高的力学强度和较低的压缩性，这与具有类似指标的一般黏性土力学强度低、压缩性高的规律完全不同。

（3）很多指标变化幅度都很大，如天然含水率、液限、塑限、天然孔隙比等，与其相关的力学指标的变化幅度也较大。

（4）土中裂隙的存在，使土体与土块的力学参数尤其是抗剪强度指标相差很大。

6. 红黏土的特点

1）厚度分布特征

（1）红黏土层总的平均厚度不大，这是由其成土特性和母岩岩性所决定的。在高原或山区分布较零星，厚度一般为 5m～8m，少数达 15m～30m；在准平原或丘陵区分布较连续，厚度一般约 10m～15m，最厚超过 30m。因此，当作为地基时，往往是属于有刚性下卧层的有限厚度地基。

（2）土层厚度在水平方向上变化很大，往往造成可压缩性土层厚度变化悬殊，地基沉降变形均匀性条件很差。

（3）土层厚度变化与母岩岩性有一定关系。厚层、中厚层石灰岩、白云岩地段，岩体表面岩溶发育，岩面起伏大，导致土层厚薄不一；泥灰岩、薄层灰岩地段则土层厚度变化相对较小。

（4）在地貌横剖面上，坡顶和坡谷土层较薄，坡麓则较厚。古夷平面及岩溶洼地、槽谷中央土层相对较厚。

2）上硬下软现象

在红黏土地区天然竖向剖面上，往往出现地表呈坚硬、硬塑状态，向下逐渐变软，成为可塑、软塑甚至流塑状态的现象。随着这种由硬变软现象，土的天然含水率、含水比和天然孔隙比也随深度递增，力学性质则相应变差。

据统计，上部坚硬、硬塑土层厚度一般大于 5m，约占统计土层总厚度的 75% 以上；可塑土层占 10%～20%；软塑土层占 5%～10%。较软土层多分布于基岩面的低洼处，水平分布往往不连续。

当红黏土做为一般建筑物天然地基时，基底附加应力随深度减小的幅度往往快于土随深度变软或承载力随深度变小的幅度。因此，在大多数情况下，当持力层承载力验算满足要求时，下卧层承载力验算也能满足要求。

3）岩土接触关系特征

红黏土是在经历了红土化作用后由岩石变成土的，无论外观、成分还是组织结构上都发生了明显不同于母岩的质的变化。除少数泥灰岩分布地段外，红黏土与下伏基岩均属岩溶不整合接触，它们之间的关系是突变而不是渐变的。

4）红黏土的胀缩性

红黏土的组成矿物亲水性不强，交换容量不高，交换阳离子以 Ca^{2+}、Mg^{2+} 为主，天然含水率接近缩限，孔隙呈饱和水状态，以致表现在胀缩性能上以收缩为主，在天然状态下膨胀量很小，收缩性很高；红黏土的膨胀势能主要表现在失水收缩后复浸水的过程中，一部分可表现出缩后膨胀，另一部分则无此现象。因此，不宜把红黏土与膨胀土混同。

5）红黏土的裂隙性

红黏土在自然状态下呈致密状，无层理，表部呈坚硬、硬塑状态，失水后含水率低于缩限，土中即开始出现裂缝，近地表处呈竖向开口状，向深处渐弱，呈网状闭合微裂隙。裂隙破坏土的整体性，降低土的总体强度；裂隙使失水通道向深部土体延伸，促使深部土体收缩，加深加宽原有裂隙，严重时甚至形成深长地裂。

土中裂隙发育深度一般为 2m～4m，已见最深者可达 8m。裂面中可见光滑镜面、擦痕、铁锰质浸染等现象。

6）土中地下水特征

当红黏土呈致密结构时，可视为不透水层；当土中存在裂隙时，碎裂、碎块或镶嵌状的土块周边便具有较大的透气、透水性，大气降水和地表水可渗入其中，在土体中形成依附网状裂隙赋存的含水层。该含水层很不稳定，一般无统一水位，在补给充分、地势低洼地段，才可测到初见水位和稳定水位，一般水量不大，多为潜水或上层滞水。水对混凝土一般不具腐蚀性。

1.5.4 膨胀岩土

1. 膨胀岩土的概念

膨胀土是土中黏粒成分主要由亲水性矿物组成，同时具有显著的吸水膨胀和失水收缩两种变形特性的黏性土。它的主要特征是：

（1）粒度组成中黏粒（粒径小于 0.002mm）含量大于 30%；

（2）黏土矿物成分中，伊利石、蒙脱石等强亲水性矿物占主导地位；

（3）土体湿度增高时，体积膨胀并形成膨胀压力，土体干燥失水时，体积收缩并形成收缩裂缝；

（4）膨胀、收缩变形可随环境变化往复发生，导致土的强度衰减；

（5）属液限大于 40% 的高塑性土。

具有上述（2）、（3）、（4）项特征的黏土类岩石称膨胀岩。

2. 膨胀岩土的分类

1）膨胀土的成因性质分类

根据资料分析国内外膨胀土的成因多数属残、坡积型，其生成一是由基性火成岩或中酸性火成岩风化而成，二是与不同时代的黏土岩、泥岩、页岩的风化密切相关。洪积、冲积或其他成因的膨胀土也有，但其物质来源主要与上述条件有密切联系。掌握这一规律对现场初步判别膨胀土具有实际意义。国外著名膨胀土的成因见表 1.5.8。中国膨胀土按成因和性质等分成四类见表 1.5.9。

国外著名膨胀土的成因性质分类　　　　表 1.5.8

国家	当地名称	成因	母岩性质
印度	黑棉土	残积	玄武岩
加纳	阿克拉黏土	残、坡积	页岩
委内瑞拉		残积	页岩
加拿大	渥大华黏土	残积	海相沉积
美国		残积	页岩、黏土岩

中国膨胀土按成因和性质分类　　　　　　　　　　表 1.5.9

类型		岩　性	孔隙比 e	液限 w_L（%）	自由膨胀率 δ_{fe}（%）	膨胀力 p_p（kPa）	线缩率 e_{Sl}（%）	分布地区
Ⅰ（湖相）		1. 黏土、黏土岩，灰白、灰绿色为主，灰黄、褐色次之	0.54～0.84	40～59	40～90	70～310	0.7～5.8	平顶山、邯郸、宁明、个旧、鸡街、襄樊、蒙自、曲靖、昭通
		2. 黏土，灰色及灰黄色	0.92～1.29	58～80	56～100	30～150	4.1～13.2	
		3. 粉质黏土、泥质粉细砂、泥灰岩，灰黄色	0.59～0.89	31～48	35～50	20～134	0.2～6.0	
Ⅱ（河相）		1. 黏土，褐黄、灰褐多色	0.58～0.89	38～54	40～77	53～204	1.8～8.2	郧县、荆门、枝江、安康、汉中、临沂、成都、合肥、南宁
		2. 粉质黏土，褐黄、灰白色	0.53～0.81	30～40	35～53	40～100	1.0～3.6	
Ⅲ（滨海相）		1. 黏土，灰白、灰黄色，层理发育，有垂向裂隙，含砂	0.65～1.30	42～56	40～52	10～67	1.6～4.8	湛江、海口
		2. 粉质黏土，灰色、灰白色	0.62～1.41	32～39	22～34	0～22	2.4～6.4	
Ⅳ（残积土）	Ⅳ-1（碳酸岩石地区）	1. 下部黏土，褐黄、棕黄色	0.87～1.35	51～86	30～75	14～100	1.2～7.3	贵县、柳州、来宾
		2. 上部黏土，棕红、褐色等色	0.82～1.34	47～72	25～49	13～60	1.1～3.8	昆明、砚山
	Ⅳ-2（老第三系地区）	1. 黏土、黏土岩、页岩、泥岩，灰、棕红、褐色	0.50～0.75	35～49	42～66	25～40	1.1～5.0	开远、广州、中宁盐池、哈密
		2. 粉质黏土、泥质砂岩及粉质页岩等	0.42～0.74	24～37	35～43	13～180	0.6～6.3	
	Ⅳ-3（火山灰地区）	黏土，褐红夹黄、灰黑色	0.81～1.00	51～58	81～126		2.0～4.0	儋县

2）膨胀岩的分类

膨胀岩可以按照表 1.5.10 分为典型的膨胀性软岩和一般的膨胀性软岩。

膨胀岩的分类　　　　　　　　　　表 1.5.10

指　标	典型的膨胀性软岩	一般的膨胀性软岩	指　标	典型的膨胀性软岩	一般的膨胀性软岩
蒙脱石含量（%）	≥50	≥10	体膨胀量（%）	≥3	≥2
单轴抗压强度（MPa）	≤5	>5，≤30	自由膨胀率（%）	≥30	≥25
软化系数	≤0.5	<0.6	围岩强度比	≤1	≤2
膨胀压力（MPa）	≥0.15	≥0.10	小于 2μ 的含量（%）	>30	>15

3）膨胀土按膨胀潜势分类

膨胀土的膨胀潜势可根据自由膨胀率分为三类，见表1.5.11。

膨胀土的膨胀潜势 表 1.5.11

膨胀潜势	自由膨胀率（%）	膨胀潜势	自由膨胀率（%）
弱	$40 \leqslant \delta_{ef} < 60$	强	$\delta_{ef} \geqslant 90$
中	$65 \leqslant \delta_{ef} < 90$		

3. 膨胀岩土的分布

膨胀土在我国的分布主要有以下规律：

（1）在盆地边缘与丘陵地区：以蒙脱石为主，如云南蒙自、鸡街，广西宁明，河北邯郸，河南平顶山，湖北襄樊等地区。

（2）河流阶地：以伊利石为主，如安徽合肥，四川成都，湖北枝江，郧县，山东临沂等地区。

（3）岩溶地区、准平原谷地，如广西贵县、来宾、武宣等地区。

我国膨胀土的分布：从东北到西南，从沿海到内地都有局部地带出露。大多数分布在二级阶地或更高的阶地、山前和盆地边缘地形平缓、无明显自然陡坡的地带。

4. 膨胀土的野外特征

（1）地貌特征：多分布在二级及二级以上的阶地和山前丘陵地区，个别分布在一级阶地上，呈垄岗-丘陵和浅而宽的沟谷，地形坡度平缓，一般坡度小于12°，无明显的自然陡坎。在流水冲刷作用下的水沟、水渠，常易崩塌、滑动而淤塞。

（2）结构特征：膨胀土多呈坚硬—硬塑状态，结构致密，呈棱形土块者常具有胀膨性，棱形土块越小，胀膨性越强。土内分布有裂隙，斜交剪切裂隙越发育，胀缩性越严重。

膨胀土多为细腻的胶体颗粒组成，断口光滑，土内常包含钙质结核和铁锰结核，呈零星分布，有时也富集成层。

（3）地表特征：分布在沟谷头部、库岸和路堑边坡上的膨胀土常易出现浅层滑坡，新开挖的路堑边坡，旱季常出现剥落，雨季则出现表面滑塌。膨胀土分布地区还有一个特点，即在旱季常出现地裂，长可达数十米至近百米，深数米，雨季闭合。

（4）地下水特征：膨胀土地区多为上层滞水或裂隙水，无统一水位，随着季节水位变化，常引起地基的不均匀膨胀变形。

5. 影响膨胀土胀缩变形的主要因素

（1）膨胀土的矿物成分主要是次生黏土矿物——蒙脱石（微晶高岭土）和伊利石（水云母），具有较高的亲水性，当失水时土体即收缩，甚至出现干裂，遇水即膨胀隆起，因此，土中含有上述黏土矿物的多少直接决定膨胀性的大小。

（2）膨胀土的化学成分则以 SiO_2、Al_2O_3 和 Fe_2O_3 为主，黏土粒的硅铝分子比 $\dfrac{SiO_2}{Al_2O_3 + Fe_2O_3}$ 的比值愈小，胀缩量就小，反之则大。

（3）黏土矿物中，水分不仅与晶胞离子相结合，而且还与颗粒表面上的交换阳离子相结合。这些离子随与其结合的水分子进入土中，使土发生膨胀，因此离子交换量越大，土的胀缩性就越大。

（4）黏粒含量愈高，比表面积大，吸水能力愈强，胀缩变形就大。

（5）土的密度大，孔隙比就小，反之则孔隙比大，前者浸水膨胀强烈，失水收缩小，后者浸水膨胀小，失水收缩大。

（6）膨胀土含水量变化，易产生胀缩变形，当初始含水量与胀后含水量愈接近，土的膨胀就小，收缩的可能性和收缩值就大；如两者差值愈大，土膨胀可能性及膨胀值就大，收缩就愈小。

（7）膨胀土的微观结构与其膨胀性关系密切，一般膨胀土的微观结构属于面—面叠聚体，膨胀土微结构单元体集聚体中叠聚体越多其膨胀就越大。

1.5.5 冻土

1. 冻土的概念

冻土是指具有负温或零温度并含有冰的土（岩）。

2. 冻土的构造与野外鉴别

冻土的构造可分为整体构造、层状构造和网状构造。野外鉴别可按表1.5.12进行。

冻土构造与野外鉴别 表 1.5.12

构造类别	冰的产状	岩性与地貌条件	冻结特征	融化特征
整体构造	晶粒状	1. 岩性多为细颗粒土，但砂砾石土冻结亦可产生此种构造； 2. 一般分布在长草或幼树的阶地和缓坡地带以及其他地带； 3. 土壤湿度：稍湿，$w < w_p$	1. 粗颗粒土冻结，结构较紧密，孔隙中有冰晶，可用放大镜观察到； 2. 细颗粒土冻结，呈整体状； 3. 冻结强度一般（中等），可用锤子击碎	1. 融化后原土结构不产生变化； 2. 无渗水现象； 3. 融化后，不产生融沉现象
层状构造	微层状（冰厚一般可达1mm～5mm）	1. 岩性以粉砂或黏性土为主； 2. 多分布在冲-洪积扇及阶地其他地带，植被较茂密； 3. 土壤湿度：潮湿，$w_p \leqslant w < w_p + 7$	1. 粗颗粒土冻结，孔隙被较多冰晶充填，偶尔可见薄冰层； 2. 细颗粒土冻结，呈微层状构造，可见薄冰层或薄透镜体冰； 3. 冻结强度很高，不易击碎	1. 融化后原土体积缩小现象不明显； 2. 有少量水分渗出； 3. 融化后，产生弱融沉现象
	层状（冰厚一般可达5mm～10mm）	1. 岩性以粉砂为主； 2. 一般分布在阶地或塔头沼泽地带； 3. 有一定的水源补给条件； 4. 土壤湿度：很湿 $w_p + 7 \leqslant w < w_p + 15$	1. 粗颗粒土如砾石被冰分离，可见到较多冰透镜体； 2. 细颗粒土冻结，可见到层状冰； 3. 冻结强度高，极难击碎	1. 融化后土体积缩小； 2. 有较多水分渗出； 3. 融化后产生融沉现象

续表

构造类别	冰的产状	岩性与地貌条件	冻结特征	融化特征
网状构造	网状（冰厚一般可 10mm～25mm）	1. 岩性以细颗粒土为主； 2. 一般分布在塔头沼泽与低洼地带； 3. 土壤湿度：饱和 $w_p+15 \leqslant w < w_p+15$	1. 粗颗粒土冻结，有大量冰层或冰透镜体存在； 2. 细颗粒土冻结，冻土互层； 3. 冻结强度偏低，易击碎	1. 融化后土体积明显缩小，水土界限分明，并可呈流动状态； 2. 融化后产生融沉现象
	厚层网状（冰厚一般可达 25mm）以上	1. 岩性以细颗粒土为主； 2. 分布在低洼积水地带，植被以塔头、苔藓、灌丛为主； 3. 土壤湿度：超饱和 $w > w_p+35$	1. 以中厚层状构造为主； 2. 冰体积大于土体积； 3. 冻结强度很低，极易击碎	1. 融化后水土分离现象极其明显，并呈流动体； 2. 融化后产生融陷现象

注：w——冻土总含水量（%），w_p——冻土塑限含水量（%）。

3. 冻土的分类

1）按冻结状态持续时间分类

按冻结状态持续时间，分为多年冻土、隔年冻土和季节冻土。

多年冻土：指持续冻结时间在 2 年或 2 年以上的土（岩）。季节冻土：地壳表层冬季冻结而在夏季又全部融化的土（岩）。隔年冻土：指冬季冻结，而翌年夏季并不融化的那部分冻土。

根据形成与存在的自然条件不同，将多年冻土分为高纬度多年冻土和高海拔多年冻土。高纬度多年冻土主要分布在我国东北大小兴安岭地区，面积（380～390）×10^3km^2。高海拔多年冻土主要分布在青藏高原和喜马拉雅山、祁连山、天山和阿尔泰山、长白山等高山地区，面积 1769×10^3km^2，其中青藏高原多年冻土面积 1500×10^3km^2。

我国季节冻土主要分布在长江流域以北、东北多年冻土南界以南和高海拔多年冻土下界以下的广大地区，面积 514 万 km^2。

2）按冻土中的易溶盐含量或泥炭化程度分类

（1）盐渍化冻土

冻土中易溶盐含量超过表 1.5.13 中数值时，称为盐渍化冻土。

盐渍化冻土的盐渍度限界值 表 1.5.13

土 类	含细粒土砂	粉 土	粉质黏土	黏 土
盐渍度 ζ（%）	0.10	0.15	0.20	0.25

（2）泥炭化冻土

冻土中的泥炭化程度超过表 1.5.14 中的数值时，称为泥炭化冻土。

泥炭化冻土的泥炭化程度限界值 表 1.5.14

土 类	粗颗粒土	黏性土
泥炭化程度 ξ（%）	3	5

3）按冻土的体积压缩系数（m_v）或总含水量（w）分类

（1）坚硬冻土：$m_v \leqslant 0.01\text{MPa}^{-1}$，土中未冻水含量很少，土粒由冰牢固胶结，土的强度高。坚硬冻土在荷载作用下，表现出脆性破坏和不可压缩性，与岩石相似。坚硬冻土的温度界限对分散度不高的黏性土为 $-1.5℃$，对分散度很高的黏性土为 $-5℃\sim-7℃$。

（2）塑性冻土：$m_v > 0.01\text{MPa}^{-1}$，虽被冰胶结但仍含有多量未冻结的水，具有塑性，在荷载作用下可以压缩，土的强度不高。当土的温度在零度以下至坚硬冻土温度的上限之间、饱和度 $S_r \leqslant 80\%$ 时，常呈塑性冻土。塑性冻土的负温值高于坚硬冻土。

（3）松散冻土：$w \leqslant 3\%$，由于土的含水量较小，土粒未被冰所胶结，仍呈冻前的松散状态，其力学性质与未冻土无多大差别。砂土和碎石土常呈松散冻土。

4. 冻土的冻胀性和融沉性分级

1）季节冻土和季节融化层土的冻胀性分级

季节冻土和季节融化层土的冻胀性，根据土冻胀率 η 的大小，按表 1.5.15 划分为：不冻胀、弱冻胀、冻胀、强冻胀和特强冻胀五级。冻土层的平均冻胀率 η 按下式计算：

$$\eta = \frac{\Delta_z}{Z_d} \times 100(\%) \qquad (1.5.1)$$

式中　Δ_z——地表冻胀量（mm）；

Z_d——设计冻深（mm），$z_d = h - \Delta_z$；

h——冻土层厚度（mm）。

季节冻土与季节融化层土的冻胀性分级　　　　　　表 1.5.15

土的名称	冻前天然含水量 w（%）	冻结期间地下水位距冻结面的最小距离 h_w（m）	平均冻胀率 η（%）	冻胀等级	冻胀类别
碎（卵）石，砾、粗、中砂（粒径<0.075mm）含量<15%，细砂（粒径<0.075mm）含量<10%	不考虑	不考虑	$\eta \leqslant 1$	I	不冻胀
碎（卵）石，砾、粗、中砂（粒径<0.075mm）含量>15%，细砂（粒径<0.075mm）含量>10%	$w \leqslant 12$	>1.0	$\eta \leqslant 1$	I	不冻胀
		≤1.0	$1 < \eta \leqslant 3.5$	II	弱冻胀
	$12 < w \leqslant 18$	>1.0			
		≤1.0	$3.5 < \eta \leqslant 6$	III	冻胀
	$w > 18$	>0.5			
		≤0.5	$6 < \eta \leqslant 12$	IV	强冻胀
粉砂	$w \leqslant 14$	>1.0	$\eta \leqslant 1$	I	不冻胀
		≤1.0	$1 < \eta \leqslant 3.5$	II	弱冻胀
	$14 < w \leqslant 19$	>1.0			
		≤1.0	$3.5 < \eta \leqslant 6$	III	冻胀
	$19 < w \leqslant 23$	>1.0			
		≤1.0	$6 < \eta \leqslant 12$	IV	强冻胀
	$w > 23$	不考虑	$\eta > 12$	V	特强冻胀

土的名称	冻前天然含水量 w（%）	冻结期间地下水位距冻结面的最小距离 h_w（m）	平均冻胀率 η（%）	冻胀等级	冻胀类别
粉土	$w \leqslant 19$	>1.5	$\eta \leqslant 1$	I	不冻胀
		≤1.5	$1 < \eta \leqslant 3.5$	II	弱冻胀
	$19 < w \leqslant 22$	>1.5			
		≤1.5	$3.5 < \eta \leqslant 6$	III	冻胀
	$22 < w \leqslant 26$	>1.5			
		≤1.5	$6 < \eta \leqslant 12$	IV	强冻胀
	$26 < w \leqslant 30$	>1.5			
		≤1.5	$\eta > 12$	V	特强冻胀
	$w > 30$	不考虑			
黏性土	$w \leqslant w_P + 2$	>2.0	$\eta \leqslant 1$	I	不冻胀
		≤2.0	$1 < \eta \leqslant 3.5$	II	弱冻胀
	$w_P + 2 < w \leqslant w_P + 5$	>2.0			
		≤2.0	$3.5 < \eta \leqslant 6$	III	冻胀
	$w_P + 5 < w \leqslant w_P + 9$	>2.0			
		≤2.0	$9 < \eta \leqslant 12$	IV	强冻胀
	$w_P + 9 < w \leqslant w_P + 15$	>2.0			
		≤2.0	$\eta > 12$	V	特强冻胀
	$w > w_P + 15$	不考虑			

注：1. w_P——塑限含水量（%），w——冻前天然含水量在冻层内的平均值；
　　2. 盐渍化冻土不在表列；
　　3. 塑性指数大于 22 时，冻胀性降低一级；
　　4. 粒径小于 0.005mm 的含量大于 60% 时，为不冻胀土；
　　5. 碎石土当填充物大于全部质量的 40% 时，其冻胀性按填充物土的类别判定。

2) 多年冻土的融沉性分级

多年冻土的融化下沉性，根据土的融化下沉系数 δ_0 的大小，按表 1.5.16 划分为：不融沉、弱融沉、融沉、强融沉和融陷五级。冻土层的平均融沉系数 δ_0 按下式计算：

$$\delta_0 = \frac{h_1 - h_2}{h_1} = \frac{e_1 - e_2}{1 + e_1} \times 100(\%) \tag{1.5.2}$$

式中　h_1、e_1——分别为冻土试样融化前的高度（mm）和孔隙比；
　　　h_2、e_2——分别为冻土试样融化后的高度（mm）和孔隙比。

多年冻土的融沉性分级　　　　　　　　　　表 1.5.16

土的名称	总含水量 w（%）	平均融沉系数 δ_0	融沉等级	融沉类别	冻土类型
碎石土，砾、粗、中砂（粒径 <0.075mm）的颗粒含量不大于 15%	$w < 10$	$\delta_0 \geqslant 1$	I	不融沉	少冰冻土
	$w \geqslant 10$	$1 < \delta_0 \leqslant 3$	II	弱融沉	多冰冻土

土的名称	总含水量 w （%）	平均融沉系数 δ_0	融沉等级	融沉类别	冻土类型
碎石土，砾、粗、中砂（粒径＜0.075mm）的颗粒含量大于15%	$w<12$	$\delta_0\leqslant1$	I	不融沉	少冰冻土
	$12\leqslant w<15$	$1<\delta_0\leqslant3$	II	弱融沉	多冰冻土
	$15\leqslant w<25$	$3<\delta_0\leqslant10$	III	融沉	富冰冻土
	$w\geqslant25$	$10<\delta_0\leqslant25$	IV	强融沉	饱冰冻土
粉砂、细砂	$w<14$	$\delta_0\leqslant1$	I	不融沉	少冰冻土
	$14\geqslant w<18$	$1<\delta_0\leqslant3$	II	弱融沉	多冰冻土
	$18\leqslant w<28$	$3<\delta_0\leqslant10$	III	融沉	富冰冻土
	$w\geqslant28$	$10<\delta_0\leqslant25$	IV	强融沉	饱冰冻土
粉土	$w<17$	$\delta_0\leqslant1$	I	不融沉	少冰冻土
	$17\leqslant w<21$	$1<\delta_0\leqslant3$	II	弱融沉	多冰冻土
	$21\leqslant w<32$	$3<\delta_0\leqslant10$	III	融沉	富冰冻土
	$w\geqslant32$	$10<\delta_0\leqslant25$	IV	强融沉	饱冰冻土
黏性土	$w<w_P$	$\delta_0\leqslant1$	I	不融沉	少冰冻土
	$w_P\leqslant w<w_P+4$	$1<\delta_0\leqslant3$	II	弱融沉	多冰冻土
	$w_P+4\leqslant w<w_P+15$	$3<\delta_0\leqslant10$	III	融沉	富冰冻土
	$w_P+15\leqslant w<w_P+35$	$10<\delta_0\leqslant25$	IV	强融沉	饱冰冻土
含土冰层	$w\geqslant w_P+35$	$\delta_0>25$	V	融陷	含土冰层

注：1. 总含水量 w 包括冰和未冻水；
2. 本表不包括盐渍化冻土、冻结泥炭化土、腐殖土、高塑性黏土。

1.5.6　填土

1. 填土的分类

填土系指由人类活动而堆填的土。填土根据其物质组成和堆填方式分为素填土、杂填土、冲填土和压实填土四类。

1）素填土

由天然土经人工扰动和搬运堆填而成，不含杂质或含杂质很少，一般由碎石、砂或粉土、黏性土等一种或几种材料组成。按主要组成物质分为：碎石素填土；砂性素填土；粉性素填土；黏性素填土等，可在素填土的前面冠以其主要组成物质的定名，对素填土进一步分类。

2）杂填土

含有大量建筑垃圾、工业废料或生活垃圾等杂质的填土。按其组成物质成分和特征分为：

（1）建筑垃圾土：主要为碎砖、瓦砾、朽木、混凝土块、建筑垃圾夹土组成，有机物含量较少。

（2）工业废料土：由现代工业生产的废渣、废料堆积而成，如矿渣、煤渣、电石渣等以及其他工业废料夹少量土类组成。

（3）生活垃圾土：填土中由大量从居民生活中抛弃的废物，诸如炉灰、布片、菜皮、陶瓷片等杂物夹土类组成，一般含有机质和未分解的腐殖质较多。

3）冲填土

冲填土又称吹填土，是由水力冲填泥砂形成的填土，它是我国沿海一带常见的人工填土之一，主要是由于整治或疏通江河航道，或因工农业生产需要填平或填高江河附近某些地段时，用高压泥浆泵将挖泥船挖出的泥砂，通过输泥管排送到需要加高地段及泥砂堆积区，前者为有计划、有目的填高，而后者则为无目的堆填，经沉淀排水后形成大片冲填土层。上海的黄浦江，天津的海河、塘沽，广州的珠江等河流两岸及滨海地段不同程度地分布着这类土。

4）压实填土：按一定标准控制材料成分、密度、含水量，分层压实或夯实而成。

另外，因为填土的性质与堆填年代有关，因此可以按堆填时间的长短划分为古填土（堆填时间在 50 年以上）、老填土（堆填时间在 15 年至 50 年）和新填土（堆填时间不满 15 年）。按堆填方式可分为有计划填土和无计划填土。按堆填施工情况可分为压实填土和非压实填土。某些因矿床开采而形成的填土又可按原岩的软化性质划分为非软化的、软化的和极易软化的。我国岩土工程工作者根据各地的特殊条件对填土的分类各自积累了自己的经验，如北京地区把杂填土中的炉灰单独进行分类，并根据堆积年代进一步细分为炉灰和变质炉灰。

2. 填土的工程性质

一般来说，填土具有不均匀性、湿陷性、自重压密性及低强度、高压缩性。

1）素填土的工程性质

素填土的工程性质取决于它的均匀性和密实度。在堆填过程中，未经人工压实者，一般密实度较差、但堆积时间较长，由于土的自重压密作用，也能达到一定密实度。如堆积时间超过 10 年的黏性素填土，超过 5 年的砂性素填土，均具有一定的密实度和强度，可以作为一般建筑物的天然地基。

杂填土的工程性质

（1）性质不均，厚度和密度变化大

由于杂填土的堆积条件、堆积时间，特别是物质来源和组成成分的复杂和差异，造成杂填土的性质很不均匀，密度变化大，分布范围和厚度的变化均缺乏规律性，带有极大的人为随意性，往往在很小范围内，变化很大。当杂填土的堆积时间愈长，物质组成愈均匀，颗粒愈粗，有机物含量愈少，则作为天然地基的可能性愈大。

（2）变形大，并有湿陷性

就其变形特性而言，杂填土往往是一种欠压密土，一般具有较高的压缩性。对部分新的杂填土，除正常荷载作用下的沉降外，还存在自重压力下沉降及湿陷变形的特点；对生活垃圾土还存在因进一步分解腐殖质而引起的变形。在干旱和半干旱地区，干或稍湿的杂填土，往往具有湿陷性。堆积时间短、结构疏松，这是杂填土浸水湿陷和变形大的主要原因。

（3）压缩性大，强度低

杂填土的物质成分异常复杂，不同物质成分，直接影响土的工程性质。当建筑垃圾土的组成物以砖块为主时，则优于以瓦片为主的土。建筑垃圾土和工业废料土，在一般情况下优于生活垃圾土。因生活垃圾土物质成分杂乱，含大量有机质和未分解的腐殖质，具有很大的压缩性和很低的强度。即使堆积时间较长，仍较松软。

（4）土中孔隙大且渗透性不均匀

杂填土由于其组成物质的复杂多样性，造成杂填土中孔隙大并且其渗透性不均匀，因此在地下水位较低的地区地下水位以上的杂填土中经常存在鸡窝状上层滞水。

在古老城市范围内及人类活动待，人工开挖堆积的扰动素土、建筑、生活、工业等垃圾，分布紊乱，无自然层次，其工程性质也缺乏规律性。其中有自然堆积的扰动土、夯实垫层、人工填土，以及非岩土类的各类垃圾等。

2）冲填土的工程性质

（1）不均匀性

冲填土的颗粒组成随泥砂的来源而变化，有砂粒也有黏土粒和粉土粒。在吹泥的出口处，沉积的土粒较粗，甚至有石块，顺着出口向外围则逐渐变细。在冲填过程中由于泥砂来源的变化，造成冲填土在纵横方向上的不均匀性，故土层多呈透镜体状或薄层状出现。当有计划有目的地预先采取一些措施后而冲填的土，则土层的均匀性较好，类似于冲积地层。

（2）透水性能弱、排水固结差

冲填土的含水量大，一般大于液限，呈软塑或流塑状态。当黏粒含量多时，水分不易排出，土体形成初期呈流塑状态，后来虽土层表面经蒸发干缩龟裂，但下面土层由于水分不易排出仍处于流塑状态，稍加触动即发生触变现象。因此冲填土多属未完成自重固结的高压缩性的软土。土的结构需要有一定时间进行再组合，土的有效应力要在排水固结条件下才能提高。

土的排水固结条件，也决定于原地面的形态，如原地面高低不平或局部低洼，冲填后土内水分排不出去，长时间仍处于饱和状态；如冲填于易排水的地段或采取了排水措施时，则固结进程加快。

3）压实填土的工程性质

压实填土的性质与填土材料、压实程度有关。

1.5.7　盐渍岩土

1. 盐渍岩土的概念

盐渍岩土系指含有较多易溶盐类的岩土。易溶盐含量大于或等于 0.3% 且小于 20% 并具有溶陷或盐胀等工程特性的土称为盐渍土；对含有较多的石膏、芒硝、岩盐等硫酸盐或氯化物的岩层，则称为盐渍岩。

2. 盐渍岩土的形成条件

盐渍岩是由含盐度较高的天然水体（如泻湖、盐湖、盐海等）通过蒸发作用产生的化学沉积所形成的岩石。

盐渍土是当地下水沿土层的毛细管升高至地表或接近地表，经蒸发作用水中盐分被析出并聚集于地表或地下土层中形成的。

盐渍岩土一般形成于下列地区：

（1）干旱半干旱地区：因蒸发量大，降水量小，毛细作用强，极利于盐分在地表聚集；

（2）内陆盆地：因地势低洼，周围封闭，排水不畅，地下水位高，利于水分蒸发盐分聚集；

（3）农田、渠道：农田洗盐、压盐，灌溉退水，渠道渗漏等，也会使土地盐渍化。

3. 盐渍岩土的分布

1）盐渍岩的分布

我国的盐渍岩主要分布在四川盆地、湘西、鄂西地区（中三叠纪），云南、江西（白垩纪），江汉盆地、衡阳盆地、南阳盆地、东濮盆地、洛阳盆地等（下第三纪）和山西（中奥陶纪）。

2）盐渍土的分布

盐渍土主要分布在西北干旱地区的青海、新疆、甘肃、宁夏、内蒙古等地区；在华北平原、松辽平原、大同盆地和青藏高原的一些湖盆洼地也有分布。由于气候干燥，内陆湖泊较多，在盆地到高山地区，多形成盐渍土。滨海地区，由于海水侵袭也常形成盐渍土。在平原地带，由于河床淤积或灌溉等原因也常使土地盐渍化，形成盐渍土。

盐渍土的厚度一般不大。平原和滨海地区，一般在地表向下 $2m \sim 4m$，其厚度与地下水的埋深、土的毛细作用上升高度和蒸发强度有关。内陆盆地盐渍土的厚度有的可达几十米，如柴达木盆地中盐湖区的盐渍土厚度可达 $30m$ 以上。

绝大多数盐渍土分布地区，地表有一层白色盐霜或盐壳，厚数厘米至数十厘米。盐渍土中盐分的分布随季节、气候和水文地质条件而变化，在干旱季节地面蒸发量大，盐分向地表聚集，这时地表土层的含盐量可超过 10%，随着深度的增加，含盐量逐渐减少。雨季地表盐分被地面水冲淋溶解，并随水渗入地下，表层含盐量减少，地表白色盐霜或盐壳甚至消失。因此，在盐渍土地区，经常发生盐类被淋溶和盐类聚集的周期性的发展过程。

4. 盐渍岩土的分类

1）盐渍岩的分类

盐渍岩可分为石膏、硬石膏岩、石盐岩和钾镁质岩三类。

2）盐渍土的分类

（1）按分布区域分

滨海盐渍土：滨海一带受海水侵袭后，经过蒸发作用，水中盐分聚集于地表或地表下不深的土层中，即形成滨海盐渍土。滨海盐渍土的盐类主要是氯化物，含盐量一般小于 5%，盐中 Cl^-/SO_4^{2-} 比值大于内陆盐渍土；$Na^+/Ca^{2+}+Mg^{2+}$ 的比值小于内陆盐渍土。滨海盐渍土主要分布在我国的渤海沿岸、江苏北部等地区。

内陆盐渍土：易溶盐类随水流从高处带到洼地，经蒸发作用盐分聚集而成。一般因洼地周围地形坡度大，堆积物颗粒较粗，因此，盐渍化的发展，向洼地中心愈严重。这类盐渍土分布于我国的甘肃、青海、宁夏、新疆、内蒙古等地区。

冲积平原盐渍土：主要由于河床淤积或兴修水利等，使地下水位局部升高，导致局部地区盐渍化。这类盐渍土分布于我国东北的松辽平原和山西、河南等地区。

（2）按含盐类的性质分

按含盐类的性质可分为氯盐类（NaCl、KCl、CaCl$_2$、MgCl$_2$）、硫酸盐类（Na$_2$SO$_4$、MgSO$_4$）和碳酸盐类（Na$_2$CO$_3$、NaHCO$_3$）三类。

盐渍土所含盐的性质，主要以土中所含阴离子的氯根（Cl$^-$）、硫酸根（SO$_4^{2-}$）、碳酸根（CO$_3^{2-}$）、重碳酸根（HCO$_3^-$）的含量（每100g土中的毫摩尔数）的比值来表示，其分类如表1.5.17。

盐渍土按含盐化学成分分类 表 1.5.17

盐渍土名称	$\dfrac{c(Cl^-)}{2c(SO_4^{2-})}$	$\dfrac{2c(CO_3^{2-}) + c(HCO_3^-)}{c(Cl^-) + 2\,c(SO_4^{2-})}$
氯盐渍土	>2.0	—
亚氯盐渍土	1.0～2.0	—
亚硫酸盐渍土	0.3～<1.0	—
硫酸盐渍土	<0.3	—
碱性盐渍土	—	>0.3

注：表中 c(Cl$^-$)、c(SO$_4^{2-}$)、c(CO$_3^{2-}$)、c(HCO$_3^-$) 分别表示氯离子、硫酸根离子、碳酸根离子、碳酸氢根离子在0.1kg土中所含毫摩尔数 mmol/0.1kg。

（3）按含盐量分

当土中含盐量超过一定值时，对土的工程性质就有一定影响，所以按含盐量（%）分类是对按含盐性质分类的补充。其分类如表1.5.18。

盐渍土按含盐量分类 表 1.5.18

盐渍土名称	盐渍土层的平均含盐量（%）		
	氯盐渍土及亚氯盐渍土	硫酸盐渍土及亚硫酸盐渍土	碱性盐渍土
弱盐渍土	0.3～<1.0	—	—
中盐渍土	1.0～5.0	0.3～2.0	0.3～1.0
强盐渍土	5.0～8.0	2.0～5.0	1.0～2.0
超盐渍土	≥8.0	≥5.0	≥2.0

5. 盐渍岩土的工程性质

1）盐渍岩的工程性质

（1）整体性

盐渍岩是易溶和中溶的化学沉积岩。埋藏在地下深处呈整体结构，无裂隙、不透水，因此，它是固体核废料理想的储存场所。

（2）易溶性

盐渍岩一般具有强可溶性。在石膏-硬石膏岩分布地区，都有岩溶化现象发育。岩溶洞隙的形状、大小和分布与石膏、硬石膏的存在形状有关。成层分布的石膏、硬石膏，可能导致地面塌陷；而呈透镜体状或斑点状分布的石膏、硬石膏，则可能造成蜂窝状或鸡窝状溶蚀现象，而使地面或基础产生不均匀沉陷。

几种常见易溶和中溶盐类矿物的溶解度如表 1.5.19。

易溶和中溶盐类矿物在水中的溶解度 表 1.5.19

矿物名称	分 子 式	相对密度	溶解度（g/l）
石 膏	$CaSO_4 \cdot 2H_2O$	2.3～2.4	2.0
硬石膏	$CaSO_4$	2.9～3.0	2.1
芒 硝	$NaSO_4 \cdot 10H_2O$	1.48	448.0
无水芒硝	Na_2SO_4	2.68	398（40℃）
钙芒硝	$Na_2SO_4 \cdot CaSO_4$	2.70～2.85	不一致
泻利盐	$MgSO_4 \cdot 7H_2O$	1.75	262
六水泻盐	$MgSO_4 \cdot 6H_2O$	1.76	308
石 盐	$NaCl$	2.1～2.2	264
钾石盐	KCl	1.98	340

（3）膨胀性

硫酸盐类盐渍岩脱水后形成硬石膏（$CaSO_4$）、无水芒硝（Na_2SO_4）、钙芒硝（$Na_2SO_4 \cdot CaSO_4$）等，在水的作用下，具有吸水结晶膨胀性，导致地质体变形（如岩层形成肠状褶曲）、岩体变形（如隧道底鼓）或造成工程破坏。无水芒硝吸收 10 个结晶水后变成芒硝（$Na_2SO_4 \cdot 10H_2O$），体积增大 10 倍，膨胀压力可达 10MPa。岩石的膨胀还将导致岩石强度和弹性模量降低。

（4）腐蚀性

腐蚀性是盐渍岩，尤其是硫酸盐类盐渍岩的固有特性。硫酸盐对混凝土的腐蚀性是进入水中的硫酸根（SO_4^{2-}），通过毛细力作用进入混凝土中与水泥中的钙离子（Ca^{2+}）结合，形成石膏（$CaSO_4 \cdot 2H_2O$），由于石膏体积膨胀而使混凝土造成结构破坏。或无水芒硝（Na_2SO_4）溶液进入混凝土后，芒硝（$CaSO_4 \cdot 10H_2O$）结晶膨胀，体积增大 10 倍，而使混凝土强烈腐蚀、破坏。

2）易溶盐的基本性质

影响盐渍土基本性质的主要因素是土中易溶盐的含量。土中易溶盐主要有氯盐类、硫酸盐类和碳酸盐类三种，其基本性质如表 1.5.20。

易溶盐的基本性质 表 1.5.20

盐 类 名 称	基 本 性 质
氯化物盐类 （$NaCl$、KCl、$CaCl_2$、$MgCl_2$）	1. 溶解度大； 2. 有明显的吸湿性，如氯化钙的晶体能从空气中吸收超过本身重量 4～5 倍的水分，且吸湿水分蒸发缓慢； 3. 从溶液中结晶时，体积不发生变化； 4. 能使冰点显著下降

盐　类　名　称	基　本　性　质
硫酸盐类 （Na_2SO_4、$MgSO_4$）	1. 没有吸湿性，但在结晶时有结合一定数量水分子的能力； 2. 硫酸钠从溶液中沉淀重结晶时，结合 10 个水分子形成芒硝（$Na_2SO_4 \cdot 10H_2O$），体积增大；在 32.4℃时芒硝放出水分，又成为无水芒硝（Na_2SO_4），体积减小；硫酸镁结晶时，结合 7 个水分子形成结晶水化合物（$MgSO_4 \cdot 7H_2O$），体积也增大；在脱水时逐渐转化为无水分子的结晶水化物，体积随之减小； 3. 硫酸钠在 32.4℃以下时溶解度随温度增加而增加，在 32.4℃时溶解度最大，在 32.4℃以上时溶解度下降
碳酸盐类 （Na_2CO_3、$NaHCO_3$）	1. 水溶液有很大的碱性反应； 2. 能使黏土胶体颗粒发生最大的分散

3）盐渍土的工程特性

（1）盐渍土的溶陷性

盐渍土中的可溶盐经水浸泡后溶解、流失，致使土体结构松散，在土的饱和自重压力下出现溶陷；有的盐渍土浸水后，需在一定压力作用下，才会产生溶陷。盐渍土溶陷性的大小，与易溶盐的性质、含量、赋存状态和水的径流条件以及浸水时间的长短等有关。盐渍土按溶陷系数可分为两类：当溶陷系数 δ 值小于 0.01 时，称为非溶陷性土；当溶陷系数 δ 值等于或大于 0.01 时，称为溶陷性土。

（2）盐渍土的盐胀性

硫酸（亚硫酸）盐渍土中的无水芒硝（Na_2SO_4）的含量较多，无水芒硝（Na_2SO_4）在 32.4℃以上时为无水晶体，体积较小；当温度下降至 32.4℃时，吸收 10 个水分子的结晶水，成为芒硝（$Na_2SO_4 \cdot 10H_2O$）晶体，使体积增大，如此不断的循环反复作用，使土体变松。盐胀作用是盐渍土由于昼夜温差大引起的，多出现在地表下不太深的地方，一般约为 0.3m。碳酸盐渍土中含有大量吸附性阳离子，遇水时与胶体颗粒作用，在胶体颗粒和黏土颗粒周围形成结合水薄膜，减少了各颗粒间的黏聚力，使其互相分离，引起土体盐胀。资料证明，当土中的 Na_2CO_3 含量超过 0.5％时，其盐胀量即显著增大。

（3）盐渍土的腐蚀性

盐渍土均具有腐蚀性。硫酸盐盐渍土具有较强的腐蚀性，当硫酸盐含量超过 1％时，对混凝土产生有害影响，对其他建筑材料，也有不同程度的腐蚀作用。氯盐渍土具有一定的腐蚀性，当氯盐含量大于 4％时，对混凝土产生不良影响，对钢铁、木材、砖等建筑材料也具有不同程度的腐蚀性。碳酸盐渍土对各种建筑材料也具有不同程度的腐蚀性。腐蚀的程度，除与盐类的成分有关外，还与建筑结构所处的环境条件有关。

（4）盐渍土的吸湿性

氯盐渍土含有较多的一价钠离子，由于其水解半径大，水化胀力强，故在其周围形成较厚的水化薄膜，因此，使氯盐渍土具有较强的吸湿性和保水性。这种性质，使氯盐渍土在潮湿地区土体极易吸湿软化，强度降低；而在干旱地区，使土体容易压实。氯盐渍土吸湿的深度，一般只限于地表，深度约为 10cm。

（5）有害毛细作用

盐渍土有害毛细水上升能引起地基土的浸湿软化和造成次生盐渍土，并使地基土强度降低，产生盐胀、冻胀等不良作用。影响毛细水上升高度和上升速度的因素，主要有土的矿物成分、粒度成分、土颗粒的排列、孔隙的大小和水溶液的成分、浓度、温度等。

（6）盐渍土的起始冻结温度和冻结深度

盐渍土的起始冻结温度是指土中毛细水和重力水溶解土中盐分后形成的溶液开始冻结的温度。起始冻结温度随溶液浓度的增大而降低，且与盐的类型有关。根据铁一院的试验资料，当水溶液浓度大于 10% 后氯盐渍土的起始冻结温度比亚硫酸盐渍土低得多。当土中含盐量达到 5% 以上时，土的起始冻结温度下降到 −20℃ 以下。

盐渍土的冻结深度，可以根据不同深度的地温资料和不同深度盐渍土中水溶液的起始冻结温度判定；也可在现场直接测定。

4）盐渍土含盐类型和含盐量对土的物理力学性质的影响

（1）对土的物理性质的影响

氯盐渍土的含氯量越高，液限、塑限和塑性指数越低，可塑性越低。资料表明，氯盐渍土的液限要比非盐渍土低 2%～3%，塑限小 1%～2%。

氯盐渍土由于氯盐晶粒充填了土颗粒间的空隙，一般能使土的孔隙比降低，土的密度、干密度提高。但硫酸盐渍土由于 Na_2SO_4 的含量较多，Na_2SO_4 在 32.4℃ 以上时为无水芒硝，体积较小；当温度下降到 32.4℃ 时吸水后变成芒硝（$Na_2SO_4 \cdot 10H_2O$）使体积变大；经反复作用后使土体变松，孔隙比增大，密度减小。

（2）对土的力学性质的影响

盐渍土的含盐量对抗剪强度影响较大，当土中含有少量盐分、在一定含水量时，使黏聚力减小，内摩擦角降低；但当盐分增加到一定程度后，由于盐分结晶，使黏聚力和内摩擦角增大。所以，当盐渍土的含水量较低且含盐量较高时，土的抗剪强度就较高，反之就较低。三轴试验表明，盐渍土土样的垂直应变达到 5% 的破坏标准和达到 10% 的破坏标准时的抗剪强度相差较大：10% 破坏标准的抗剪强度要比 5% 破坏标准小 20% 左右。浸水对黏聚力影响较大，而对内摩擦角影响不大。

由于盐渍土具有较高的结构强度，当压力小于结构强度时，盐渍土几乎不产生变形，但浸水后，盐类等胶结物软化或溶解，模量有显著降低，强度也随之降低。

氯盐渍土的力学强度与总含盐量有关，总的趋势是总含盐量增大，强度随之增大。当总含盐量在 10% 范围内时，载荷试验比例界限（p_0）变化不大，超过 10% 后 p_0 有明显提高。原因是土中氯盐含量超过临界溶解含盐量时，以晶体状态析出，同时对土粒产生胶结作用，使土的强度提高。相反，氯盐含量小于临界溶解含盐量时，则以离子状态存在于土中，此时对土的强度影响不太明显。

硫酸盐渍土的总含盐量对强度的影响与氯盐渍土相反，即盐渍土的强度随总含盐量增加而减小，原因是由于硫酸盐渍土具有盐胀性和膨胀性。资料表明，当总含盐量为 1.0%～2.0% 时，即对载荷试验比例界限（p_0）产生较明显的影响，且 p_0 随总含盐量的增加而很快降低；当总含盐量超过 2.5% 时，其降低速度逐渐变慢；当总含盐量等于 12% 时，可

使 p_0 降低到非盐渍土的一半左右。

1.5.8　混合土

1. 混合土的概念

在自然界中，有一种粗细粒混杂的土，其中细粒含量较多。这种土如按颗粒组成分类，可定为砂土甚至碎石土，而其可通过 0.5mm 筛后的数量较多又可进行可塑性试验，按其塑性指数又可视为粉土或黏性土。这类土在一般分类中找不到相应的位置。为了正确地评价这类土的工程性质，《岩土工程勘察规范》将它定名为混合土。

由细粒土和粗粒土混杂且缺乏中间粒径的土称为混合土。当碎石土中粒径小于 0.075mm 的细粒土质量超过总质量的 25% 时，应定名为粗粒混合土；当粉土或黏性土中粒径大于 2mm 的粗粒土质量超过总质量的 25% 时，应定名为细粒混合土。

2. 混合土的成因和性质

1）混合土的成因

混合土的成因一般为冲积、洪积、坡积、冰积、崩塌堆积和残积等等。残积混合土的形成条件是在原岩中含有不易风化的粗颗粒，例如花岗岩中的石英颗粒，另外几种成因形成的混合土的重要条件是要有提供粗大颗粒（如碎石、卵石）的条件。

2）混合土的性质

混合土因其成分复杂多变，各种成分粒径相差悬殊，故其性质变化很大。混合土的性质主要取决于土中的粗、细颗粒含量的比例，粗粒的大小及其相互接触关系和细粒土的状态。资料表明，粗粒混合土的性质将随其中细粒的含量增多而变差，细粒混合土的性质常因粗粒含量增多而改善。在上述两种情况中，存在一个粗、细粒含量的特征点，超过此特征点后，土的性质会发生突然的改变。例如，按粒径组成可定名为粗、中砂的砂质混合土中当细粒（粒径小于 0.1mm）的含量超过 25% 时，标准贯入试验击数 N 和静力触探比贯入阻力 p_s 值都会明显地降低，内摩擦角 φ 减小而 c 值增大。碎石混合土随着细粒含量的增加，内摩擦角 φ 和载荷试验比例界限 p_0 都有所降低而且有一个明显的特征值，细粒含量达到或超过该值时，φ 和 p_0 值都将急剧降低。

3. 混合土的分类

混合土的分类是一个复杂的问题，常常由于分类不当而造成错误的评价，例如，对于含多量黏性土的碎石混合土，将它作为黏性土看待，过低地估计了这种土的承载性能，造成浪费；反之，若将它作为碎石土看待，则又可能过高地估计了其承载性能，而造成潜在的不安全。因此，混合土的定名和分类的原则，应当根据其组成材料的不同，呈现的性质的不同，针对具体情况慎重对待。例如，土中以粗粒为主，且其性质主要受粗粒控制，定名和分类时，应以反映粗粒为主，可定为黏土质砂、砂土质砾石等，同样，如以细粒为主，则可定为砂质黏性土、砾质黏性土等。

冰碛土随冰川携带的土体沉积而成，土体颗粒大小紊乱，多数属于前节所述混合土。它的性质取决于颗粒级配情况和细粒土含量，多数情况下，由于原冰川的压力，土体整体滑移，待冰川缓慢消失，土体常呈超固结状态。

1.5.9 风化岩和残积土

1. 风化岩的概念

风化岩和残积土都是新鲜岩层在物理风化作用和化学风化作用下形成的物质，可统称为风化残留物。风化岩和残积土的主要区别，是因为岩石受到的风化程度不同，使其性状不同。风化岩是原岩受风化程度较轻，保存的原岩性质较多，而残积土则是原岩受到风化的程度极重，极少保持原岩的性质。风化岩基本上可以作为岩石看待，而残积土则完全成为土状物。两者的共同特点是均保持在其原岩所在的位置，没有受到搬运营力的水平搬运。

2. 岩石的风化剖面

1）风化剖面的划分原则

从工程角度出发，对岩石风化后剖面的划分时应注意以下几点：

（1）风化程度：岩石风化时常呈分带性，从地表到深处常可分为残积土、全风化、强风化、中等风化、微风化和未风化等风化程度不同的风化带。

（2）工程定名：相应于上列风化程度不同的带的物质，常相应地定名为残积土、全风化岩石、强风化岩石、中等风化岩石、微风化岩石和新鲜岩石。

（3）岩石风化程度，除按照有关规范规定的野外特征和定量指标划分外，也可根据当地的经验划分。

（4）泥岩和半成岩，可不进行风化程度划分。

2）国标《岩土工程勘察规范》GB 50021—2001 风化岩石的划分（见表 1.3.4）

3）深圳地区花岗岩的风化剖面（如表 1.5.21）

花岗岩风化剖面的划分

表 1.5.21

层序	分解程度	野外特征	名称	厚度（m）
1		不具原岩结构，石英颗粒分布均匀，粗粒呈不规则状，呈网纹结构，含氧化铁结核	坡积土（红色）	2～5
2	完全分解	保留原岩结构，斜长石、碱性长石均已风化成高岭土，石英颗粒基本保持原岩中的形态，含白云母碎片	残积土	15～40
3	高度分解	斜长石风化剧烈，正长石黑云母略有风化，颗粒间连接力减弱，岩块用手易折断，$N \geqslant 50$ 击	强化风花岗岩	5～15
4	中度分解	斜长石略有风化，正长石、黑云母风化轻微，岩石普遍改变颜色，岩块用手不易折断	中风化花岗岩	1～5
5	微 分解	岩块断口新鲜，岩石强度接近新鲜岩石，仅沿节理、裂隙面略有风化痕迹	微风化花岗岩	5～10
6	未 分解	岩石新鲜且完整，节理、裂隙中充填矿物完全新鲜	新鲜花岗岩	

注："分解"相当"风化"，完全分解相当全风化，余类推。

1.5.10　污染土

1. 污染土的概念

由于致污物质的侵入改变了其物理力学性状的土称为污染土。污染土的定名，可在原分类名称前冠以"污染"两字。致污物质主要有酸、碱、煤焦油、石灰渣等。污染源主要有制造酸碱的工厂、石油化纤厂、煤气工厂、污水处理厂以及燃料库和某些行业，如印染、造纸、制革、冶炼、铸造等行业。

2. 地基土受污染作用的过程

(1) 当地基土被污染时，首先是土颗粒间的胶结盐类被溶蚀，胶结强度被破坏，盐类在水的作用下溶解流失，土的孔隙比和压缩性增大，抗剪强度降低。

(2) 土颗粒被污染后，形成的新物质在土的孔隙中产生相变结晶而膨胀，并逐渐溶蚀或分裂成小颗粒，新生成含结晶水的盐类，在干燥条件下，体积减小，浸水后体积膨胀，经反复作用土的结构受到破坏。

(3) 地基土遇酸碱等腐蚀性物质，与土中的盐类形成离子交换，从而改变土的性质。

3. 污染土的危害

地基土受污染后发生两种变形特征：

(1) 由于污染使地基土的结构破坏而造成沉陷变形，如福建某造纸厂由于地下管道断裂，废碱液渗入地下，使地基土由原来硬塑状的杏红色、红褐色黏土因受污染变成软塑和流塑状的黑褐色土，强度大幅度降低，导致建筑物不均匀沉降。又如昆明某厂硫铵工段建成后由于地坪封闭不严，生产中大量的硫酸和硫铵浸入残坡积的红黏土地基中，仅两年时间，使基础产生不均匀下沉，墙体和地坪开裂，屋面板拉裂，行车轨道扭曲。

(2) 由于污染使地基土膨胀，造成基础和墙体开裂、破坏，如甘肃某冶炼厂的几个车间，建在戈壁土上，由于硫酸等废液浸入地基土中，使戈壁土中的碳酸钙等与硫酸反应，生成硫酸钙等盐类，体积增大，土体膨胀，造成地坪、墙体开裂；又如，太原某厂的苯酸厂房碱液部的框架柱、梁因地基受碱液腐蚀而膨胀，引起基础上升而开裂，该厂的电解车间碱液槽边的排架柱，也因地基腐蚀而膨胀，使基础抬起，造成吊车梁不平和屋面排水反向。

4. 污染使地基土的性质发生变化

土的污染不仅改变其强度、变形参数等力学性质，更改变土的化学性质，可能对混凝土、钢材等产生腐蚀性，并对人体健康和生态环境造成影响。

参　考　文　献

[1] 中华人民共和国国家标准：土的工程分类标准(GB 50145—2007). 北京：中国计划出版社，2008.

[2] 中华人民共和国国家标准：建筑地基基础设计规范(GB 50007—2011). 北京：中国建筑工业出版社，2012.

[3] 中华人民共和国国家标准：工程岩体试验方法标准(GB/T 50266—2013). 北京：中国计划出版社，2013.

[4] 中华人民共和国国家标准：土工试验方法标准(GB/T 50269—1999). 北京：中国计划出版

社，1999.

[5] 中华人民共和国国家标准：岩土工程勘察规范（GB 50021—2001）. 北京：中国建筑工业出版社，2002.

[6] 中华人民共和国国家标准：湿陷性黄土地区建筑规范（GB 50025—2004）. 北京：中国建筑工业出版社，2004.

[7] 中华人民共和国国家标准：膨胀土地区建筑技术规范（GB 50112—2013）. 北京：中国计划出版社，2013.

[8] 中华人民共和国国家标准：盐渍土地区建筑技术规范（GB 50942—2014）. 北京：中国计划出版社，2014.

[9] 工程地质手册（第四版）. 北京：中国建筑工业出版社，2007.

[10] 王钟琦等. 岩土工程测试技术. 北京：中国建筑工业出版社，1986.

[11] 李生林，王正宏等. 土质分类及其应用. 北京：水利电力出版社，1986.

[12] 蒋国澄，黏性土的结构稳定性及某些特殊土的形状. 北京：水电科学研究院，1984.

[13] James K. Mitchell. 岩土工程土性分析原理. 高国瑞等译. 南京：南京工学院出版社，1988.

[14] H. F. 温特科恩，方晓阳等，基础工程手册. 钱鸿缙，叶书麟等译. 北京：中国建筑工业出版社，1986.

[15] J. KLee. 岩土工程. 余调梅等译. 北京：中国建筑工业出版社，1983.

[16] Roy E. Hunt，《Geotechnical Engineering Investigation manual》. Mc. Gvaw-Hill Book Co.，1984.

[17] Roy E. Hunt，《Geotechnical Engineering Analysis and Evaluation》. Mc. Gvaw-Hill Book Co.，1986.

[18] F. S. MErritt：《Civil Engineering Reference Guide》Section 6《Geotechnical Engineering》. Mc. Gvaw-Hill Book Co.，1986.

[19] Joseph E. Bowles《Physical and Geotechnical Properties of soil》. Mc. Gvaw-Hill Book Co.，1984.

[20] F. G. Bell：《Grannd Engineer's Reference Book》. Butterworth Co London，1987.

[21] 《Dictionary of Geo techincs》. Butterworth Co. london，1983.

[22] Kael Keil：《Ingenieurgeologie und Geotechnik》. Veb Wilhelm Knapp verlag，1954.

[23] Grasshoff. Heinz《handbuch des Erd-Gvundbaus》. Werner Verlag，1982.

[24] Fuchs. Evwin and Klengel：《Baugyund und bodenmechanik》. Berlin，1971.

[25] Reter L. Beng and Bavid Reid《An Intvoduction to Soilmechanics》. Mc. Gvaw-Hill Book Co.，1987.

第 2 章　地基土的工程特性及其测定

2.1　地基土的工程特性

在地基上设置基础，或在地基中建造地下建筑，进行基坑开挖、降水、支撑安装、基础砌筑、沉井、沉桩、顶管、地基处理等等，改变了地基的原有应力状态和应力水平。随着建筑物的建造过程，各种附加荷载也随之增加，地基、基础与建筑物相互间的共同作用使地基变形、应力状态和应力水平进一步产生变化。研究地基土的工作性状，即应力、应变、强度与时间的关系，是地基基础工程技术最重要的课题之一。

上部结构、基础组成的结构与地基的共同工作体系，是多次超静定体系。由基础和结构的建造过程，地基土的性状经历卸荷回弹、再加荷回弹再压缩变形、附加荷载固结变形几个阶段，基础下地基反力的变化较为复杂。在一般的工程实践中，为了应用方便，常常在作了某些简化后，用一些力学特性参数反映它的性状。常用的力学特性可划分为三类：1. 变形；2. 强度；3. 渗透。这三类特性各有相应的室内试验和原位试验，有些可直接求取参数，有些则间接求取。室内试验是对从地基中取出的天然结构和原始应力状态或多或少有所改变的土样，在控制的应力或应变条件下进行的，原位试验则是在天然土层状态不改变或基本不改变的工程现场进行。

考虑用何种试验方法或途径获取土的力学性状参数时，必须注意它与地基土将经受的工作过程和状态是否一致或类似，否则很可能会导致不恰当的结论，造成工程的失败或费用剧增。如某软土地基拟建一分级堆荷的料场，为确定地基的稳定性，用无侧限抗压试验和三轴不排水试验进行了大量室内试验工作，得出土层抗剪强度为 20 kPa～24kPa。由此计算得到的安全系数为 0.5，不得不采取地基加固措施（初步设计为挤密砂桩加固方案）。实际上对于这样的堆场地基，其抗剪强度应该用现场十字板试验，而且还应该考虑先期堆载的强度增长因素。事实上，仅仅考虑后者一项，即可将稳定安全系数提高到 0.7。在该场地，十字板抗剪强度远较无侧限强度和三轴不排水强度更能代表地基土的工程特性。例如地表下 10m～20m 范围内的一层淤泥质黏土的平均十字板抗剪强度为 42.3kPa，而无侧限强度和三轴不排水强度仅分别为 21.91kPa 和 28.3kPa。由于上述两项改变，地基的稳定安全系数可达 1.06，满足了稳定性的设计要求，不需要采取任何加固措施。仅此，即可节省加固费用 1.2 亿元。

由于天然地基是自然地质作用的产物，大多不很均一，往往有微结构差异和各向异性，而且不论是室内试验或原位试验，试验数量都很有限，因此，对试验结果的解释、分析和应用，需运用土工基本原理，结合经验，加以判断。

2.2 土 的 变 形 特 性

2.2.1 基本概念和原理

当地基内部或边界的受力条件改变时，土体原始应力状态和应力水平也将改变，地基产生了变形。土是由土骨架、水和空气组成的三相体，与土骨架相比，土颗粒和水的压缩性很低。所以，可以认为，饱和土的变形是由于土中水的排出或吸入造成土骨架的变形所引起的。土体排出或吸入水量所产生的体积压缩或膨胀变形需要一定时间，这一变形的全过程，称为固结。

饱和土体因应力变化产生瞬时变形时，土骨架承担了一部分应力，称为有效应力 σ'，另一部分由孔隙水承担的应力，称为孔隙水压力 u。总应力等于有效应力 σ' 和孔隙水压力 u 之和。控制土的变形和强度的是有效应力 σ'，即总应力 σ 与孔隙水压 u 之差 $\sigma - u$，这就是有效应力原理。饱和土体受到外力作用时所产生的孔隙水压力增量 Δu，常采用亨开尔（Hen-Kel）所建议的表达式计算：

$$\Delta u = \Delta \sigma_{oct} + 3\alpha \Delta \tau_{oct}$$

$$= \frac{\Delta \sigma_1 + \Delta \sigma_2 + \Delta \sigma_3}{3} + \alpha \sqrt{(\Delta \sigma_1 - \Delta \sigma_2)^2 + (\Delta \sigma_2 - \Delta \sigma_3)^2 + (\Delta \sigma_3 - \Delta \sigma_1)^2} \quad (2.2.1)$$

式中　　$\Delta \sigma_{oct}$——八面体主应力增量；

　　　　$\Delta \tau_{oct}$——八面体剪应力增量；

　　　　α——孔隙压力系数。

当 $\Delta \sigma_2 = \Delta \sigma_3$ 时

$$\Delta u = \Delta \sigma_3 + (\frac{1}{3} + \alpha \sqrt{2})(\Delta \sigma_1 - \Delta \sigma_3)$$

$$= \Delta \sigma_3 + A(\Delta \sigma_1 - \Delta \sigma_3) \quad (2.2.2)$$

式中　A——孔隙压力系数。

式（2.2.2）即为 skempton 提出的表达式。

土层中某点在历史上承受过的最大垂直有效应力，称为该点的先期固结压力 p_c。先期固结压力 p_c 与同一点的现有有效覆盖压力 p_o 之比称为超固结比 OCR。根据 OCR 的大小，可把土分为超固结土（OCR>1）、正常固结土（OCR=1）和欠固结土（OCR<1）。

严格地说，地基土的压缩变形、一般都是三向变形。但实用上，常作为单向固结压缩问题来处理，即认为土体无侧向变形。应该指出，只有当受压缩土层较薄且受荷面积较大时才相当于单向固结压缩的情况。

非饱和土体由于含有一定数量的可压缩性气体，其压缩性比饱和土体复杂得多。在压缩过程中，与外界连通的气体部分将从土体中排出，未排出的气体在压力作用下体积会发生变化，密度改变，而且少量气体要溶解于孔隙水中。另外，土中封闭气体也会被压缩和溶解。

土的变形参数一般通过室内试验或原位试验来测定。室内试验主要有单向固结试验和单轴压缩试验。单向固结试验包括常规固结试验和连续加荷固结试验。连续加荷固结试验按控制条件可分为等加荷速率试验、等应变试验和控制梯度试验。原位试验主要包括载荷试验、螺旋板载荷试验、旁压仪试验和静力触探试验等。

2.2.2　室内试验

1. 单向固结试验

1) 常规固结试验

常规固结试验方法是将试样放在没有侧向变形的固结仪容器中。分级施加垂直荷载，测记加压后不同时间的压缩变形，一直到各级荷载下的超孔隙水压力全消散光为止。这种试验可提供试样的孔隙比 e（或试样在侧限条件下的垂直变形）与有效应力的关系，提供土的先期固结压力 p_c 和土的压缩性指标。

（1）单向固结压缩曲线

土的单向固结压缩曲线可在普通坐标中绘成 e-p 曲线（图 2.2.1），也可在半对数坐标中绘成 e-$\log p$ 曲线（图 2.2.2）。

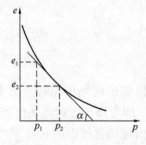

图 2.2.1　e-p 曲线

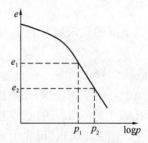

图 2.2.2　e-$\log p$ 曲线

e-p 曲线上某压力范围内的割线的斜率称为压缩系数 a，可由下式计算：

$$a = \frac{e_1 - e_2}{p_2 - p_1} = \frac{\Delta e}{\Delta p} \qquad (2.2.3)$$

从图 2.2.1 可以看出，a 随着压力的增大以及压力增量取值的增大而减小。为了便于统一比较，在工程中习惯采用 $p_1 = 98$kPa，$p_2 = 196$kPa 所对应的压缩系数作为区别地基土压缩性的指标。

土的 e-$\log p$ 曲线的后段接近直线，其斜率称为压缩指数 C_c，按下式确定：

$$C_c = \frac{e_1 - e_2}{\log p_2 - \log p_1} = \frac{\Delta e}{\log\left(\dfrac{p_1 + \Delta p}{p_1}\right)} \qquad (2.2.4)$$

根据 e-p 曲线，可以求得另一个压缩性指标——体积压缩系数 m_v，其定义为单位有效压力增量作用下的单位体积的变化，即：

$$m_v = -\frac{1}{1+e}\frac{\mathrm{d}e}{\mathrm{d}p} \qquad (2.2.5)$$

体积压缩系数的倒数 $E_s\left(=\dfrac{1}{m_v}\right)$，称为土的压缩模量，它反映了单向固结压缩时土体对压缩变形的抵抗能力。

（2）确定前期固结压力的方法

确定前期固结压力 p_c 最常用的方法是 Casagrande 的经验图解法，其步骤如下（图 2.2.3）：

① 在 $e\text{-}\log p$ 曲线上选取曲率半径最小的一点 A，过 A 点做水平线 AE、切线 AT，以及它们的平分线 AM；

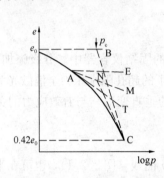

图 2.2.3 Casagrande 法求 p_c

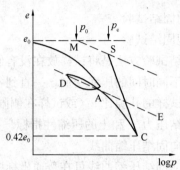

图 2.2.4 超固结土压缩曲线修正

②把压缩曲线下部的直线段 C 向上延伸交 AM 于 N 点，这一点的压力就是所求的前期固结压力 p_c。

（3）$e\text{-}\log p$ 曲线的修正

对于正常固结土，由 p_c 和初始孔隙比 e_0 值可以定出现场压缩起点 B（图 2.2.3），再由 B 点与相应于孔隙比为 $0.42e_0$ 的 C 点连成直线，即为修正后的现场压缩曲线。

对于超固结土（图 2.2.4），可先由 e_0 和 p_0 定出现场再压缩的起点 M，再通过 M 点作 DE 的平行线交 p_c 的位置线于 S 点，MS 即为修正后的现场再压缩曲线。另外，按 $0.42e_0$ 定出 C 点后，连接 SC 即为修正后的现场压缩曲线。

（4）固结系数

为了计算土的固结速率，需要确定固结系数 C_v（$C_v=kE_s/\gamma_w$，其中 k 为渗透系数，E_s 为压缩模量，γ_w 为水的重度）。由试验曲线推求 C_v 的方法有时间平方根法、时间对数法和三点法等。下面简要介绍前两种方法。

① 时间平方根法

试验测得的量表读数 R 与时间的平方根的关系曲线如图 2.2.5 所示。把试验曲线上部的直线段延长与纵轴相交，得到理论零点 R_0，再从 R_0 点作一直线 R_0M，使其斜率为第一条直线斜率的 1.15 倍，则 R_0M 与试验曲线的交点 A 所对应的时间为固结度达 90% 所需的时间 $\sqrt{t_{90}}$。

C_v 按下式计算：

$$C_v=\frac{0.848}{t_{90}}H^2 \tag{2.2.6}$$

式中 H——试样的平均厚度。

② 时间对数法

试验测得的 $R\text{-}\log t$ 曲线如图 2.2.6 所示。延长曲线中部和尾部的两条直线段，相交于主固结度为 100% 的一点。另根据抛物线规律，理论零点 R_0 的位置可以从曲线的开始段上任意选取其时间比为 1:4 的两点而求得。位于 R_0 点和 R_{100} 点之间一半处的 R_{50} 所对应

的时间为 t_{50}。固结系数 C_v 按下式计算：

$$C_v = \frac{0.197}{t_{50}} H^2 \tag{2.2.7}$$

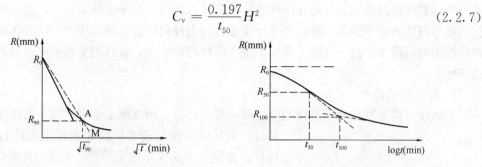

图 2.2.5　时间平方根法推求 C_v 值　　　　图 2.2.6　时间对数法推求 C_v 值

（5）次固结

在土体固结后期，尽管有效压力不变，土的体积仍随时间增长继续发生压缩，这种现象称之为次固结。许多室内和现场试验都证实，在主固结完成之后，次固结的大小与时间的关系在半对数坐标上接近于直线，可用下式表示：

$$\Delta e = C_\alpha \log \frac{t_2}{t_1} \tag{2.2.8}$$

式中　　C_α ——半对数曲线上直线段的斜率，称为次固结系数；

t_1、t_2——分别为主固结达到 100% 的时间和需要计算次固结的时间。

2）连续加荷固结试验

为了克服常规固结试验历时长、所取数据少和试样变形很不均匀等缺点，国外已研究采用连续加荷固结试验的新方法，国内也开始进行探索。连续加荷固结试验按控制条件不同，可分为等加荷速率试验、等应变试验和控制梯度试验等。

连续加荷固结的理论依据是太沙基固结理论的延伸，即当以等加荷速率加荷、等应变速率加荷或等梯度加荷时，孔隙水压力分布趋向于一稳定状态。可以证明，这三种加荷方法在稳定状态时的孔隙水压力分布的表达式基本一致，因而这三种方法实质上是相同的。

2. 单轴压缩试验

单轴压缩试验在土样上施加单轴应力，因此它是 $\sigma_3 = 0$ 的三轴压缩试验，它测定试样在无侧限条件下的应力应变关系，从而确定土的变形指标。

在无侧限条件下，土的应力与应变之比称为变形模量。若假定土体为非线性弹性体，则变形模量就是割线弹性模量，而应力增量与应变增量之比称为切线弹性模量。

根据 Kondner 等人的研究，三轴试验的应力应变近似为双曲线关系。基于这一假定，邓肯—张提出了非线性弹性模型，目前已被广泛采用。这一模型需由三轴排水试验确定弹性模量 E 和泊松比 μ。

2.2.3　原位试验

原位试验就是在土原来所处的位置测定土的性能，从而基本上保持土的天然结构、天然含水量以及天然应力状态。

1. 载荷试验

载荷试验是一种模拟建筑物基础受荷条件的现场模型试验，由此可以确定地基的承载力和加荷与沉降量的关系。此法系在刚性承压板上加荷，由于费钱费时间，一般在重要的建筑物地基评价时采用。目前在国外已将螺旋板载荷试验用于实际工程中，此法把螺旋板作为承压板旋入地下预定深度，用千斤顶通过传力杆向螺旋板施加压力，同时在地面上观测螺旋板的沉降量。这一方法主要用于难于取样的砂土中，也有用于黏土中，最大深度可达 30m。

2. 旁压仪试验

旁压仪试验是利用钻孔进行的原位横向载荷试验，用以测定水平方向土的强度和变形

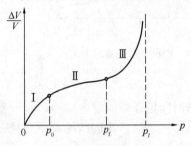

图 2.2.7 预钻式旁压仪试验典型结果

特性。旁压仪有预钻式旁压仪和新近出现的自钻式旁压仪。自钻式旁压仪克服了预钻孔引起的扰动影响。

图 2.2.7 为预钻式旁压试验的典型结果。图中 ΔV 为压力室的体积变化量，p_0 为原位的水平应力，p_f 为开始屈服压力，p_l 为极限压力。旁压试验曲线第 II 阶段的变形模量称为旁压模量，其值与土的变形模量相近。如假定土体为线性弹性各向同性体，则旁压模量可由下式计算：

$$E_M = (1+\mu)(r_0+\delta_r)+\frac{dP}{d\delta_r} \tag{2.2.9}$$

式中 μ ——泊松比；

r_0 ——钻孔内径；

δ_r ——径向变形。

3. 静力触探试验

静力触探是将一金属探头压入土层，根据连续测得的探头贯入阻力的大小，间接判定土的物理力学性质的原位测试方法。主要用于黏性土、粉性土及中密以下的砂土层。静力触探探头有单桥及双桥两种类型，分别提供比贯入阻力 p_s 和锥尖阻力 q_c 及侧壁摩阻力 f_s，详见本章第 2.6 节。

理论研究和经验对比都表明，比贯入阻力 p_s，锥尖阻力 q_c 与变形模量 E 或压缩模量 E_s 有一定的关系。国内外都有许多这方面的经验公式。

2.2.4 影响压缩性和变形特征的主要因素

影响土的压缩性和变形特征的主要因素有应力历史、应力路径和土样的扰动等。

1. 应力历史

土的压缩性和变形特征受前期固结压力的影响较大。土的超固结比 OCR 愈大，表明土所受的超固结作用愈强，在其他条件相同的情况下，其压缩性愈小。土的不排水变形模量 E_u 在 OCR 较大时将明显地减小。

2. 应力路径

室内试验表明，不同的应力途径将使土的变形特征发生变化。在单轴压缩试验中，土的不排水变形模量 E_u 与平均固结压力成正比，而与主应力比 (σ_1'/σ_3') 成反比。Simous 对伦敦黏土所做的应力途径试验表明，土的体积压缩系数 m_v 主要是轴向大主应力的函数，而受侧压力或固结前不排水加荷的应力途径的影响较小。

3. 土样扰动

当土样从地基中取出时，部分应力解除，土样趋于膨胀状态，产生了负孔隙水压力，从而土样上原有的不等向应力系被等向应力系所代替。另外，取土操作、运送和制备试样等都将对土样有扰动作用，使土的天然结构部分受到破坏，并减小了负孔隙水压力。土样的扰动，使得室内试验曲线低于原位曲线。

2.2.5　压缩性指标的选择、取值及应用

由室内和原位试验测定的压缩性指标，因应力状态不同，其值往往显著不同。虽然原位试验接近于实际应力状态，减少了取土扰动的影响，是今后发展的方向，但目前还不够成熟，有些尚难以全面推广应用。国内采用最多的还是通过室内试验测定压缩性指标。

在选择土的压缩性指标时，首先应考虑土的应力历史。对于正常固结土和欠固结土，可利用原始压缩曲线选取压缩指数 C_c。对于超固结土，可利用原始压缩和回弹曲线分别选取土的压缩指数 C_c 和回弹指数 C_e。经验表明，对于软至较软的土体，这一方法能得到好和较好的结果。

对于硬至较硬土体，鉴于钻孔取样受扰动和应力释放的影响所造成的附加压缩性，宜采用三轴静弹性变形模量代替压缩模量。

对于深层土，考虑到室内试验不易模拟地基深部的实际应力状态，而且采取不扰动土样比较困难，可采用自钻式旁压试验测得的旁压变形模量作为压缩性指标。

对于深基础，开挖基坑不但引起地基膨胀回弹，并且基底下土体因卸荷剪切，使变形性能有所改变。此时，常规压缩试验得出的指标就不适用。看来应按照应力途径进行试验，并结合原位测试，才能得出合适的压缩性指标。

土的压缩性指标主要用于计算地基土的沉降量、沉降差和土体的倾斜以及土体的沉降速率。

2.2.6　压缩性指标的经验数据

按 Terzaghi 和 Peck 建议，对于具有低到中等灵敏度的正常固结黏土，其压缩指数可粗略地用液限来表示：

$$C_c = 0.009(w_L - 10) \tag{2.2.10}$$

对于无机的粉质黏土，Hough 建议压缩指数可以用初始孔隙比 e_0 来表示：

$$C_c = 0.30(e_0 - 0.27) \tag{2.2.11}$$

根据初始含水量 w_0，西田（Nishida）建议另一个近似表达式：

$$C_c = 0.54(2.6w_0 - 0.35) \tag{2.2.12}$$

上述各式都是按曲线拟合法导得的，真实的压缩指数与上述各式所确定的数值比较，误差约为 $\pm 30\%$。

对于上海黏性土，土的压缩指数 C_c 明显地随 w_L 而增大，有如下的经验公式：

$$C_c = 0.022(w_L - 24) \tag{2.2.13}$$

对于黏性土的压缩模量 E_s 与静力触探比贯阻力 p_s 的关系，国内外已有许多经验公式。其通式可写为：

$$E_s = ap_s + b \tag{2.2.14}$$

式中的 a、b 为经验参数。在实际应用上，可以根据实际压缩层范围，计算 p_s 的综合平均值，据此可确定任一基础尺寸的建筑物地基的压缩模量 E_s。

2.3 土 的 抗 剪 强 度

2.3.1 基本概念和基本理论

1. 库仑定律

土的抗剪强度是指土体具有的抵抗剪切破坏的最大应力，它是土的极其重要的指标之一。在实用上，一般采用法国工程师库仑（Culomb，C. A.）提出的表达式来表示土的抗剪强度与土中应力的关系，称为库仑定律。

$$\tau_f = c + \sigma \tan\varphi \tag{2.3.1}$$

式中　τ_f——土的抗剪强度（MPa）；

　　　σ——剪切面上的法向应力（MPa）；

　　　c——土的黏聚力（MPa），对于砂土，$c=0$；

　　　φ——土的内摩擦角（°）。

根据有效应力原理，土的抗剪强度 τ_f 通常表示为有效应力 σ' 的函数，即

$$\tau_f = c' + \sigma'\tan\varphi' = c' + (\sigma - u)\tan\varphi' \tag{2.3.2}$$

式中　c'——土的有效黏聚力（MPa）；

　　　φ'——土的有效内摩擦角（°）。

2. 莫尔—库仑强度理论

当某种材料承受的最大正应力、最大剪应力或最大正应变、最大剪应变的任一因素或几个组合因素达到某一极限值时，材料发生破坏。基于这些不同因素，通常有四种强度理论，即拉梅（Lame-navier）理论、圣维南（st. vanant）理论，莫尔-库仑（Mohr-Coulomb）理论和能量理论。

对于土来说，莫尔-库仑强度理论可以较全面概括其性状，因此，土力学中广泛采用莫尔-库仑强度理论，如图 2.3.1，库仑强度包线与莫尔圆相切，则土体处于极限平衡状态，此时存在关系：

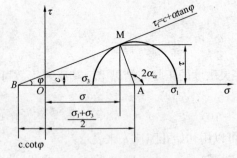

图 2.3.1　莫尔-库仑强度理论图

$$\sigma_1 = \sigma_3 \tan^2\left(45° + \frac{\varphi}{2}\right) + 2c \cdot \tan\left(45° + \frac{\varphi}{2}\right) \tag{2.3.3}$$

$$\sigma_3 = \sigma_1 \tan^2\left(45° - \frac{\varphi}{2}\right) - 2c \cdot \tan\left(45° - \frac{\varphi}{2}\right) \tag{2.3.4}$$

3. 应力路径

应力路径通常是指土中某一点在任意选定的某一方向上的应力发生和发展的变化过程，或者说是在应力空间里某一应力点的应力变化的轨迹线，如图 2.3.2 所示。

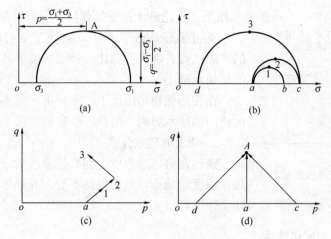

图 2.3.2　应力路径示意图

图 2.3.2 (a) 表示某一点的应力状态：大主应力 σ_1，小主应力 σ_3。要达到这样的应力状态可以有不同方法，例如图 2.3.2 (b)，先等向加荷到 a 点，然后保持 σ_3 不变，增加 σ_1 到 b 点再到 c 点。到了 c 点后，保持 σ_1 不变，减小 σ_3 直至 d 点，使得应力的大小与图 2.3.2 (a) 相同。把各应力圆的代表性点（图 2.3.2 (b) 中的 a、1、2、3）连接起来，如图 2.3.2 (c) 所示，折线 o-a-1-2-3 就表示了达到上述应力状态的路径。除了这条路径外，还可以有很多条路径，如图 2.3.2 (d)。

以 $p = \dfrac{\sigma_1 + \sigma_3}{2}$、$q = \dfrac{\sigma_1 - \sigma_3}{2}$ 为坐标绘出的应力路径称为总应力路径，记作 TSP。如果以 $p'\left(= \dfrac{\sigma'_1 + \sigma'_3}{2}\right)$、$q\left(= \dfrac{\sigma'_1 - \sigma'_3}{2} = \dfrac{\sigma_1 - \sigma_3}{2}\right)$ 为坐标绘出应力路径，则为有效应力路径，记作 ESP。TSP 线与 ESP 线之间的距离表示孔隙水压力的大小，如图 2.3.3。

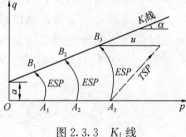

图 2.3.3　K_f 线

根据试验，可以得到一组 ESP 线，各 ESP 线终点的连线即为 K_f 线，如图 2.3.3。根据 K_f 线的截距 a 和坡角 α 可以得到有效抗剪强度指标 c' 和 φ' 为：

$$\varphi' = \sin^{-1}(\tan\alpha) \tag{2.3.5}$$

$$c' = \frac{a}{\cos\varphi'} \tag{2.3.6}$$

2.3.2　砂土的剪切特性

1. 砂土的应力-应变-体变关系

砂土的初始孔隙比不同，在受剪过程中将显示出完全不同的性状。松砂受剪体积减小——剪缩；密砂受剪体积增加——剪胀，如图 2.3.4，然后，密砂的这种剪胀趋势随周围压力的增大，颗

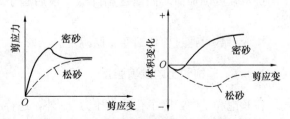

图 2.3.4　砂土受剪时的应力-应变-体变关系

粒的挤碎而逐渐消失。在高围压作用下，不论砂土的松密如何，受剪后都将剪缩。

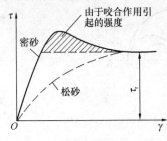

图 2.3.5　砂土的残余强度

砂土在低围压作用下，对应于受剪时体积保持不变的孔隙比称为临界孔隙比。砂土的临界孔隙比随周围压力的增加而减小。

在相同低初始围压下，密砂由固结不排水剪测得的强度比固结排水剪测得的高，松砂则相反。

2. 砂土的残余强度

密砂在剪切过程中达到峰值强度后，随着应变继续增加，强度将减小，最后保持不变，并趋于松砂的强度，如图 2.3.5，这一不变的强度称为残余强度，用 τ_r 表示。

2.3.3　黏土的剪切特性

1. 黏土的应力-应变-体变关系

黏土的剪切特性与其超固结比 OCR 的大小有很大关系。正常固结和欠固结黏土在受剪过程中类似于松砂，应力-应变曲线呈应变强化型或略有峰值，同时产生剪缩；强超固结黏土在受剪过程中类似于密砂，应力-应变曲线最后呈应变软化型，而体积开始稍有剪缩，继而有剪胀。

2. 黏土的残余强度

超固结黏土在剪切试验中当强度随剪应变达到峰值后，如果剪切继续进行，则强度显著降低，最后达到某一定值，该值就称为黏土的残余强度。正常固结黏土一般也有此现象，只是降低的幅度较超固结黏土小而已，如图 2.3.6 为应力历史不同的同一种黏土在相同竖向压力 σ_0 下进行直剪试验的结果，残余强度可以表示为：

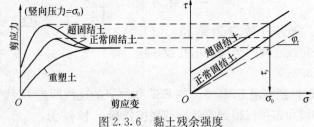

图 2.3.6　黏土残余强度

$$\tau_r = \sigma \tan\varphi_r \tag{2.3.7}$$

3. 黏土的蠕变

黏土在持续剪应力作用下应变随时间而逐渐增大的现象称为蠕变。在蠕变作用下，黏土的抗剪强度随加荷时间而逐渐降低，最后趋于某一定值，这个最后数值称为蠕变破坏强度。

蠕变参数可通过剪切蠕变试验确定。

2.3.4　非饱和土的抗剪强度

在非饱和土中，除了孔隙水压力 u_w 外，还存在着孔隙气压力 u_a 和表面张力，有效应力 σ' 可按下式计算：

$$\sigma' = \sigma - u_a + x(u_a - u_w) \tag{2.3.8}$$

式中 x 为与饱和度 S_r 有关的参数。对于饱和土（$S_r = 100\%$），$x = 1$，对于干土（$S_r = 0$），$x = 0$。

非饱和土的抗剪强度可用下式表示：

$$\tau = c' + [\sigma - u_a + x(u_a - u_w)] \tan\varphi' \tag{2.3.9}$$

式中 c'、φ' 为饱和土试验结果，参数 x 可取经验值，也可根据试验确定。

2.3.5　室内试验测定抗剪强度

1. 直接剪切试验

直接剪切试验可用来测定黏性土或无黏性土预定破坏面上的抗剪强度。通过对一组土样（至少 3～4 个）施加不同的法向力 σ，然后施加水平剪应力把土样剪坏，同时测出剪坏时的剪应力 τ_f，然后根据这些 σ、τ_f 值绘出抗剪强度曲线，即可求得抗剪强度指标。

根据剪切土样的固结度、剪切时的排水条件以及加荷快慢情况，直接剪切试验可以分为快剪、固结快剪和慢剪三种试验方法。对于现场土体土层较厚、渗透性较小、施工速度较快、基本上来不及固结就迅速加载而剪坏的情况，应采用快剪试验；对于现场土体在自重和正常荷载作用下已达到完全固结状态，以后又遇到突然施加荷载或因土层较厚、渗透系数较小、施工速度较快的情况，应采用固结快剪；实际工程中符合慢剪条件的并不多，所以这种方法较少采用，但此法所测定的强度指标可用于有效应力分析。

2. 三轴剪切试验

三轴剪切试验是以莫尔—库仑强度理论为依据而设计的试验方法，它具有直接剪切试验无法比拟的优点，其原理是通过在圆柱形土样上施加轴向主应力 σ_1 和四周主应力 σ_3，保持其中之一（一般是 σ_3），改变另一个，使土样中的剪应力逐渐增大，直至剪坏。通过对一组土样（至少 3～4 个）进行试验，测定其剪坏时的 σ_1、σ_3 值，可画出一组极限应力图，求诸圆的强度包线，即可求得强度指标。

和直剪试验相对应，根据剪切土样的固结度、剪切时的排水条件以及加荷快慢情况，三轴剪力试验也可分为三类，即不固结不排水剪（UU）试验、固结不排水剪（CU）试验和固结排水剪（CD）试验。

UU 试验用于测定总应力强度指标 c_u、φ_u；CU 试验中不测孔压时所测定的指标 c_{cu}、φ_{cu}，也为总应力强度指标，通过测孔压可以测定有效应力指标 c'、φ'；CD 试验主要用于测定有效强度指标 c_d、φ_d。

3. 单轴（无侧限）压缩试验

单轴压缩试验用于确定饱和土的不排水抗剪强度 S_u，即

$$S_u = \frac{q_u}{2} \tag{2.3.10}$$

式中 q_u 为无侧限抗压强度。

单轴试验只适用于处在无支护条件下的渗透系数十分低以致实际上整个试验期间都存在不排水条件的土。这种试验会低估土的原位强度。

4. 单剪试验

单剪仪是直剪仪的改良形式，它是为了克服直剪仪试样应变不均匀、不能控制排水条

件以及预先规定剪切面等缺点而在仪器结构上做了改进。

单剪试验的试验方法与直剪试验相同，即在不同的法向压力下进行剪切，直至试样被剪坏为止，其成果整理计算方法与直剪试验也基本相同。也可根据法向应力不变时单剪试验的最大主应力和最小主应力绘出剪切时的应力图，从而求出抗剪强度。最大主应力和最小主应力的计算如下：

$$\sigma_1 = \frac{(1-K_0)\sigma_V^2 + \tau}{(1-K_0)\sigma_V} \tag{2.3.11}$$

$$\sigma_3 = K_0\sigma_V \tag{2.3.12}$$

式中　σ_V——法向应力；

　　　τ——剪应力；

　　　K_0——静止侧压力系数。

5. 环剪试验

环剪试验也称为扭剪试验。按试样制备不同，环剪仪可分为实心圆柱环剪仪和多力系三轴空心环剪仪两大类。它应用范围较广，尤其适合于纯剪试验、三向应力状态试验、球应力和偏应力组合试验及 K_0 条件下固结-剪切特性的研究。

2.3.6　原位试验测定土的抗剪强度

1. 十字板剪切试验

十字板剪切试验常用来测定黏土的天然不排水抗剪强度。由十字板试验结果计算抗剪强度可用下式：

$$S_{uv} = \frac{2T}{\pi D^3\left(\frac{H}{D} + a/2\right)} \tag{2.3.13}$$

式中　T——最大扭矩；

　　　D——十字板直径；

　　　H——十字板高度；

　　　a——与顶面及底面剪应力在破坏时的分布有关的系数。当分布为均匀时，$a = \frac{2}{3}$；

　　　为三角形时，$a = \frac{1}{2}$；为抛物线时，$a = \frac{3}{5}$。

2. 旁压仪试验

旁压仪试验可用来测定黏性土的不排水抗剪强度 $c_u(\varphi_u = 0)$ 和砂土的排水抗剪强度 $\varphi'(c' = 0)$。根据旁压仪试验结果求 c_u 和 φ' 有多种方法，其中比较简单的方法是利用净极限压力 P'_l 求 c_u 和 φ'，如可以采用下列式子求 c_u 和 φ'：

$$c_u = \frac{P'_l}{\beta} \tag{2.3.14}$$

$$P'_l = 2.5 \times 2^{\frac{\varphi'-24}{4}} \tag{2.3.15}$$

式中，参数 β 一般在 5~10 之间。

2.3.7　影响抗剪强度的因素

影响土的抗剪强度的因素很多，可以分为天然因素和人为因素两大类。天然因素包括土粒的矿物成分、形状与级配的影响，原始密度的影响，含水量的影响，土结构的影响，有效法向压力的影响和预加压力（超固结比 OCR）的影响；人为因素包括试验方法的不同、资料整理方法和习惯的不同等。在抗剪强度的取值和应用时，必须充分考虑这些因素的影响。

2.3.8　抗剪强度指标 c、φ 的经验数据

砂土的内摩擦角一般随其粒度变细而逐渐降低。砾、粗、中砂的 φ 值约为 $32°\sim40°$，细、粉砂的 φ 值约为 $28°\sim36°$。松散砂的 φ 角与天然坡度角相近，密砂的 φ 角比天然坡度角大，饱和砂土比同样密度的干砂 φ 值少 $1°\sim2°$ 左右。

黏性土的抗剪强度指标变化范围很大，诸如土的结构、法向有效压力、固结度、剪切方式等因素对它们的影响要比对砂土大得多。黏性土内摩擦角 φ 的变化范围约为 $0°\sim30°$，黏聚力 c 一般为 $1.0\text{kPa}\sim10\text{kPa}$，有的硬黏土甚至更高。

各地区在总结地区抗剪强度指标的基础上分别建立了抗剪强度指标的统计平均值，需要时可按各地区地方标准参考查阅。

2.3.9　抗剪强度指标的取值和应用

由于土体的剪应力-剪应变关系有应变硬化型和应变软化型两种类型，因此在确定抗剪强度计算值时就存在按峰值强度还是按残余强度取值的问题。对于土坡稳定及挡土墙和地下洞室的土压力计算，要考虑土的残余强度问题。

关于抗剪强度的取值问题，现有不同的方法。如《上海市地基基础设计规范》规定取峰值剪应力的 70% 作为抗剪强度；水利电力部《土工试验操作规程》规定：在出现峰值时取峰值剪应力作为抗剪强度；在没有明显峰值时，参照已有资料取剪切变形为试样直径的 $\frac{1}{15}\sim\frac{1}{10}$（直剪试验）或试样的轴向应变达到 15%（三轴试验）作为剪损标准，按此计算抗剪强度。因此，抗剪强度的取值问题并非一成不变，应视具体工程对地基变形的要求及强度安全系数的大小等因素做出适当的选择。

2.4　土 的 渗 透 性

2.4.1　基本概念

法国学者达西（H. Darcy）根据自由水在砂土中流动的实验结果得到了如下的渗透规律（也称达西定律）：

$$v=ki \tag{2.4.1}$$

或

$$q=kiA \tag{2.4.2}$$

式中　v——渗流速度（m/s）；

i——水头梯度，$i=\dfrac{h_1-h_2}{L}$，即土中两点的水头差（h_1-h_2）与其距离 L 之比；

q——渗流量（m²/s），即单位时间内流过土截面积 A 的流量；

k——渗透系数（m/s），其值为$i=1$时的渗流速度。与土的性质有关，需测定，也可参阅表 2.4.1 选用。

土的渗透性是土的重要工程性质之一，它直接影响土的强度和变形，基坑开挖时排水方案的选择和抽水泵容量的确定等。

土的渗透性和试验方法　　　　　　　　　　　　　　　　　　　　　　表 2.4.1

渗透系数 k(cm/s)	10　1.0　10^{-1}　10^{-2}　10^{-3}　10^{-4}　10^{-5}　10^{-6}　10^{-7}　10^{-8}　10^{-9}				
渗透性能	高	中等	低	极低	实际不透水
土的种类	干净的砾	干净的砂及砂砾	板细砂，粉土，砂，粉土、黏土混合物，层状黏土等		不透水的土，例如风化的均质黏土
			受植物及风化影响而形成的"不透水的土"		
渗透系数直接测定方法	现场抽水试验		现场注水试验		
	特殊的变水头试验	常水头试验	变水头试验	特殊的室内渗透试验	
渗透系数间接测定方法	从颗粒大小分布计算（适用于干净的砂和砾）			从固结试验推算	

2.4.2　测定渗透系数的试验类型和方法

测定土的渗透系数的方法一般可分为直接测定法和间接测定法两类，详见表 2.4.1。

1. 室内试验

1）常水头试验

试验装置如图 2.4.1 所示。试验时试样两端的水头差不变。渗透系数可表达为：

$$k = \frac{Q}{At}\frac{L}{h} \tag{2.4.3}$$

式中　Q——t 时间内断面为 A 的试样的水流量；

　　　k——渗透系数；

　　　h——水头损失；

　　　L——对应于 h 的渗透路径长度。

2）变水头试验

试验装置如图 2.4.2 所示。试验过程中试样两端的水头是变化的，渗透系数的表达式为：

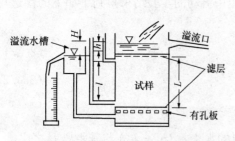

图 2.4.1　常水头试验示意图

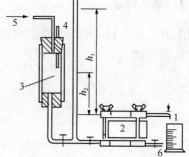

图 2.4.2　变水头试验示意图

1—出水口；2—试样；3—预滤器；4—温度计；5—接水源

$$k = 2.30 \frac{La}{A(t_2 - t_1)} \log \frac{h_1}{h_2} \qquad (2.4.4)$$

式中　t_1、h_1——初始时间和滴管中水头;

　　　t_2、h_2——终止时间和滴管中水头;

　　　　a——滴管断面积。

3) 根据固结试验推算渗透系数

土的渗透系数与固结系数之间有如下的关系:

$$k = C_v m_v \gamma_w \qquad (2.4.5)$$

式中　C_v——固结系数,由固结试验求得;

　　　m_v——土的体积压缩系数;

　　　γ_w——水的重度。

对于连续加荷的固结试验;

$$k = C_v \gamma_w m_v = \gamma_w m_v \frac{\Delta \sigma}{\Delta t} \frac{H^2}{2u_b} \qquad (2.4.6)$$

式中　H——试样高度;

　　　u_b——底部孔隙水压力。

先计算出固结系数 C_v,并与有效应力 σ' 绘制关系曲线,即可推算出渗透系数 k。

2. 原位试验

1) 抽水试验

各种抽水试验渗透系数的计算公式见表 2.4.2。不同降深时的有效带深度见表 2.4.3。

渗透系数 k 值计算公式　　　　　　　　　　　　　　　　表 2.4.2

公　式	使用条件
$k = 0.73Q \dfrac{\log R - \log r}{H^2 - h^2} = 0.73Q \dfrac{\log R - \log r}{(2H - S)S}$	潜水完整井,无观测孔
$k = 0.73Q \dfrac{\log x_1 - \log r}{y_1^2 - h^2} = 0.73Q \dfrac{\log x_1 - \log r}{(2H - S - S_1)(S - S_1)}$	潜水完整井,一个观测孔
$k = 0.73Q \dfrac{\log R - \log r}{H_a^2 - h_a^2}$	潜水非完整井,无观测孔
$k = 0.366 \dfrac{Q}{MS} \log \dfrac{R}{r}$	承压水,完整井,无观测孔
$k = 0.366Q \dfrac{\log x_1 - \log r}{M(S - S_1)} = 0.366Q \dfrac{\log x_1 - \log r}{M(y_1 - h)}$	承压水,完整井,一个观测孔
$k = 0.366Q \dfrac{\log R - \log r}{M_a S} \sqrt{\dfrac{M_a}{l}} \sqrt[4]{\dfrac{M_a}{2M_a - l}}$	承压水,非完整井,井壁进水,无观测孔
$k = \dfrac{Q}{4rS}$	潜水,承压水,非完整井,井底进水,探井或民井,平底,无观测孔,当为正方式平底时,$\gamma = 0.55a$,a—试坑边长

续表

公　式	使 用 条 件
$k = 0.34 \dfrac{r}{t} \log \dfrac{S}{S'}$	潜水，透水性弱，孔底进水，孔深小于 1/2 含水层厚，利用水位恢复法计算
$k = \dfrac{1.57r\Delta h}{t(S+S')}$	承压水，孔底进水，水头高大于 0.5m，水位降深小于 0.5m，利用水位恢复法计算

表 2.4.2 的公式中：

k——渗透系数（m/昼夜）；

Q——涌水量（m³/昼夜）；

r——孔的半径（m）；

R——影响半径（m）；

h——由抽水孔底标高算起完整井的动水位（m）；

H——潜水含水层厚度（m）；

M——承压水含水层厚度（m）；

H_a——潜水含水层有效带深度（见表 2.4.3）（m）；

M_a——承压水含水层有效带深度（见表 2.4.3）（m）；

h_a——潜水含水层有效带底部至抽水稳定后水位的高度（$h_a = H_a - S$）（m）；

l——过滤器进水部分长度（m）；

S——抽水孔内的水位下降（m）；

S_1——第一个观测孔的水位下降（m）；

x_1——第一个观测孔距抽水孔的距离（m）；

y_1——第一个观测孔内的水位（m）；

S'——恢复后水位上升高度（m）；

Δh——由 S 至 S' 间的水柱高（m）；

t——由 S 恢复至 S' 所需的时间（昼夜）。

不同降深时的有效带深度　　　　　　　　　　　表 2.4.3

水位降低 S （m）	有效带的深度 $M_a(H_a)$ （m）	备　　注
$S = 0.2(S+l)$ $S = 0.3(S+l)$ $S = 0.5(S+l)$ $S = 0.8(S+l)$ $S = 1.0(S+l)$	$M_a(H_a) = 1.3(S+l)$ $M_a(H_a) = 1.5(S+l)$ $M_a(H_a) = 1.7(S+l)$ $M_a(H_a) = 1.85(S+l)$ $M_a(H_a) = 200(S+l)$	S——水位降低值（m）； l——过滤器进水部分之长度（m）； $M_a(H_a)$——承压水（潜水）有效带深度（m）

注：有效带是指在非完整井中抽水时，其影响深度不能达到含水层的底板，只能影响到某一定深度，此深度称为有效带深度。

当抽水试验无观测孔时，计算 k 值的公式中有两个未知数 k 和 R，需按经验先假定一个 R 值，代入公式计算出 k 值，再由 k 值计算 R 值，如此反复直至计算的 R 值与假定的相近，此时的 k 值和 R 值即为所求之值。

影响半径 R 的计算，可根据经验式或相关关系确定（见表 2.4.4 与 2.4.5）。

影响半径（R）经验公式　　　　　　　　　　　表 2.4.4

公　式	适 用 条 件
$R = 575S\sqrt{Hk}$（k 单位为 m/s） $R = 2S\sqrt{Hk}$（k 单位为 m/昼夜）	1. 潜水，抽水已稳定，对于小口径井计算结果偏大； 2. 用于承压水时，H 为含水层底到承压水位的距离； 3. 适于群井抽水
$R = 3000S\sqrt{k}$（k 单位为 m/s） $R = 10S\sqrt{k}$（k 单位为 m/昼夜）	1. 地下水是稳定流； 2. 潜水或承压水

注：式中符号意义同表 2.4.2。

2）注水试验

根据注水试验，可用下式计算渗透系数：

$$k = 0.423 \frac{Q}{h^2} \cdot \lg \frac{4h}{d} \tag{2.4.7}$$

式中　h——注水造成的水头高（m）；

　　　d——钻孔或过滤器直径（m）；

　　　Q——吸水量（t/昼夜）；

　　　k——渗透系数（m/昼夜）。

该式的应用范围为 $6.25 < h/d < 25$；$h \leqslant L$，L 为试验段或过滤器长度（m）。

根据单位降深或单位涌水量求 R 表 2.4.5

单位涌水量（L/s・m）	单位降深（m/L・S）	影响半径（m）
≥2.0	≤0.5	300～500
2.0～1.0	1.0～0.5	100～300
1.0～0.5	2.0～1.0	50～100
0.5～0.33	3.0～2.0	25～50
0.33～0.20	5.0～3.0	10～25
<0.20	>5.0	<10

注：单位降深：$S_0 = S/Q$，单位涌水量 $q = Q/S$。

2.4.3　影响渗透系数的因素

影响渗透系数的因素很多，下面主要讨论水温、孔隙比、饱和度和颗粒特征。

1. 水温

水的温度对水的密度和动力黏滞系数有影响。前者在常温常压下可以看作常数，而后者可通过修正为标准值予以消除，例如水利电力土工试验规程以 10℃ 作为标准温度，故校正方法为 $k_{10} = k_t \dfrac{\eta_t}{\eta_{10}}$。

2. 土的孔隙比 e

一般认为渗透系数与 $e^2/1+e$ 成正比。对于黏性土，大量资料表明，e 和 $\lg k$ 是直线关系。

3. 饱和度

许多资料表明，饱和度低的土，其渗透系数小，故在常规试验中，为了得到稳定的 k 值，试样采用真空饱和；对于击实土，采用反压饱和对提高饱和度较有效。

4. 颗粒大小及级配

颗粒大小及级配影响土的渗透特性，对于粗粒土的渗透试验，应选择合适的水力梯度，使渗流处于层流状态。

2.4.4　渗透系数的经验数据

渗透系数的经验数据见表 2.4.6。

渗透系数的经验数据   表 2.4.6

土的种类	k(m/ 昼夜)	土的种类	k(m/ 昼夜)
粉质黏土、黏土	<0.1	含黏土的中砂及纯细砂	20~25
砂质粉土	0.1~0.5	含黏土的粗砂及纯中砂	35~50
含粉质黏土的粉砂	0.5~1.0	纯粗砂	50~75
纯粉砂	1.5~5.0	粗砂夹砾石	50~100
含黏土的细砂	10~15	砾石	100~200

2.5 土的动力特性与液化

2.5.1 土的动力特性

土的动力特性是指其在各种动力作用下直接或间接表现出来的某种反应和效应。动力与静力之区别在于：①动力作用一般是往复循环的；②动力作用导致物体的波动变形或质点的往复位移；③动力的作用伴随着交变运动的加速度。因此，土的动力特性也就是在这三项条件下所产生的反应和效应。这些反应和效应可归结为土的动强度和动变形问题，或土的动应力-应变关系问题。

1. 土的动应力-应变关系

土的动应力-应变关系是表征土动力学特性的基本关系，也是分析土体动力失稳过程-系列特性的重要基础。由于土在动力作用下的变形常常包括弹性变形和塑形变形两部分，土的动应力-应变关系一般是非线性的；另外由于土的黏滞性，土的动应力-应变关系具有滞后性。由于土动应力-应变关系的复杂性，出现了多种动应力-应变关系模型，如双线性模型、等效线性模型、Iwan 模型、Martin-Finn-Seed 模型、弹塑性模型和内时模型等。实际工程中采用哪种模型，应视具体情况而定。

2. 土的动强度

动强度是在一定应力往返次数 N 下产生某一指定破坏应变所需的动应力。如果这个破坏应变的数值不同，相应的动强度也就不同，故动强度与破坏标准密切相关。因此，讨论动强度首先要合理地指定破坏应变。通常，土的动强度表示为达到某种破坏标准时的振次 N_f 与作用动应力 σ_d (或 τ_d) 的关系，即 σ_d-$\log N_f$ 或 τ_d-$\log N_f$ 曲线，称为土的动强度曲线。由于影响土动强度的因素主要有土性、静应力状态和动应力三个方面，故土的动强度曲线除需标明不同的破坏标准外，还需标明它的土性条件(如密度、湿度和结构)和起始静应力状态(如固结应力 σ_{1c}、σ_{3c}、或 σ'_v，固结应力比 $k_c = \sigma_{1c}/\sigma_{3c}$，起始剪应力比 τ_0/σ_{3c} 等)。

土的强度是随着动荷载作用的速率效应和循环效应而不同的。加荷速率增大，动强度增长；在同一周期荷载作用下，循环次数越少即荷载作用时间越短，动强度越高；循环次数越多，动强度越低。

3. 土的动力特性指标

土的动力特性指标一般有动模量(如杨氏模量、剪切模量、体积模量)、泊松比、阻尼、液化参数和动强度等。

由于土在小应变幅动力作用和大应变幅动力作用两种情况下反映出明显不同的特性，我们研究土的动力特性指标也应区分小应变和大应变两种情况。一般在小应变(纵向应变$<10^{-4}$或剪应变$<10^{-4}$弧度)情况，主要考虑动剪切模量和阻尼比；在大应变情况下，除了考虑动剪切模量和阻尼比外，土的强度(包括液化)和变形问题尤为重要。下面主要讨论动剪切模量和阻尼比。

由于土的动应力-应变曲线具有非线性和滞后性，其形状一般如图 2.5.1 所示。动剪切模量 G_d 为骨干线 $\tau_m - \gamma_m$ 的平均斜率，即

$$G_d = \frac{\tau_m}{\gamma_m} \qquad (2.5.1)$$

阻尼比 D 定义为

$$D = \frac{\Delta w}{2\pi w} \qquad (2.5.2)$$

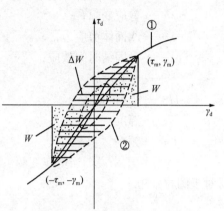

图 2.5.1　土的动应力-应变曲线
①骨干曲线—$\tau_m \sim \gamma_m$ 曲线
②滞回曲线—$\tau_d \sim \gamma_d$ 曲线

动剪切模量 G_d 和阻尼比 D 取决于应变的量级、应力的反复次数、作用在土上的有效约束力、应力历史以及土的孔隙比等因素。下面采用等效线性模型说明各因素的影响程度以及动剪切模量 G_d 和阻尼比 D 的计算和取值。

动剪切模量 G_d 可表示为

$$G_d = \frac{1}{1+\gamma_h} G_0 \qquad (2.5.3)$$

式中　G_0——起始剪切模量；

$\gamma_h = \dfrac{\gamma_d}{\gamma_r}\beta$——修正归一化剪应变。

β——$\beta = 1 + ae^{-b\gamma_d/\gamma_r}$，为修正系数，$a$、$b$ 可参考表 2.5.1 取值；

γ_r——$\gamma_r = \tau_y/G_0$，为参考剪应变；

τ_y——最大动剪应力。

a、b 值　　　　　　　　　　　　　　表 2.5.1

土的种类	计算动剪模量或阻尼	a	b
洁净干砂	动剪模量	$a = -0.5$	$b = 0.16$
	阻尼	$a = 0.6(N^{-1/6}) - 1$	$b = 1 - N^{-1/12}$
洁净饱和砂	动剪模量	$a = -0.2\log N$	$b = 0.16$
	阻尼	$a = 0.54(N^{-1/16}) - 0.9$	$b = 0.65 - 0.65N^{-1/12}$
饱和黏性土	动剪模量	$a = 1 + 0.25\log N$	$b = 0.13$
	阻尼	$a = 1 + 0.2f^{1/2}$	$b = 0.2fe\sigma_0' + 2.25\sigma_0' + 0.3\log N$

注：f 为每秒周数，σ_0' 的单位为 10kN/m^2。

只要根据试验曲线确定了 G_0 和 τ_y，就可求相应于任意动剪应变 γ_d 的动剪切模量 G_d。

G_0 受到一系列因素的影响，这种影响可表达为

$$G_0 = f(\sigma'_m, e, \gamma, t, H, f, C, \theta, \tau_0, S, T) \tag{2.5.4}$$

式中　σ'_m —— 平均有效主应力；

　　　C —— 颗粒特性；

　　　e —— 孔隙比；

　　　θ —— 土的结构；

　　　γ —— 剪应变幅；

　　　τ_0 —— 八面体剪应力；

　　　t —— 次固结时间效应；

　　　S —— 饱和度；

　　　H —— 受荷历史；

　　　T —— 温度；

　　　f —— 频率。

对于无黏性土来说，当剪应变幅 $< 10^{-4}$ 时，除 σ'_m 和 e 外，其他因素的影响很小，此时对于圆粒砂土

$$G_0 = 6934 \frac{(2.97 - e)^2}{1 + e} (\sigma'_m)^{1/2} \tag{2.5.5}$$

对于角粒砂土

$$G_0 = 3229 \frac{(2.97 - e)^2}{1 + e} (\sigma'_m)^{1/2} \tag{2.5.6}$$

对于黏性土，除考虑 σ'_m 和 e 外，还应考虑超固结比 OCR 的影响，此时

$$G_0 = 3229 \frac{(2.97 - e)^2}{1 + e} (\text{OCR})^k (\sigma'_m)^{1/2} \tag{2.5.7}$$

式中 k 值可从表 2.5.2 根据塑性指数 I_P 内插得到，G_0 和 σ'_m 均以 kPa 计。

			k 值			表 2.5.2
塑性指数 I_P	0	20	40	60	80	$\geqslant 100$
k	0	0.18	0.30	0.41	0.48	0.50

最大动剪应力 τ_y 可按下式确定：

$$\tau_y = \lambda_1 (\tau_y)_{\text{静}} \tag{2.5.8}$$

$$\tau_{y\text{静}} = \left\{ \left[\frac{(1 + k_0)}{2} \sigma'_v \sin\varphi' + c' \cos\varphi' \right]^2 - \left[\frac{(1 - k_0)}{2} \sigma'_v \right]^2 \right\}^{1/2} \tag{2.5.9}$$

式中　k_0 —— 静止侧压力系数，$k_0 = 1 - \sin\varphi'$；

　　　σ'_v —— 垂直有效覆盖压力；

　　c'、φ' —— 土的有效强度指标；

　　　λ_1 —— 考虑应变速率效应的系数，可根据土性和荷载形式确定。

阻尼比 D 可按下式确定：

$$D = \frac{\gamma_h}{1 + \gamma_h} D_{\max} \tag{2.5.10}$$

式中　　γ_h——按前面的方法确定；

　　D_{max}——最大阻尼比，可参考下式确定；

洁净干砂 $D_{max} = 33 - 1.5\log N$

洁净饱和砂 $D_{max} = 28 - 1.5\log N$

饱和黏性土 $D_{max} = 31 - (3 + 0.03f)(\sigma'_m)^{1/2} + 1.5f^{1/2} - 1.5\log N$

式中　　N——循环加载次数；

　　　　f——每秒周数（Hz）；

　　　　σ'_m——平均有效主应力（10kN/m²）。

2.5.2　动力作用下土的液化

1. 土的液化机理

液化问题实质上虽是一个动强度问题，但它又具有强度丧失的急剧性和突发性，而不同于一般的动强度问题。根据美国岩土工程师学会土动力学委员会 1978 年 2 月组织的广泛讨论，认为："液化是使任何物质转变为液体的作用和过程。在无黏性土中，这种转变是由固态到液态，它是孔压增加、有效应力减小的结果"。"液化定义为一种状态的改变，而与起始扰动的原因、变形或地面运动等无关，液化常产生一种强度的瞬时丧失，但常不产生剪切强度较长时期的减小。"土的液化往往伴随喷砂冒水、基础不均匀沉降或倾斜，以致倾覆。土的液化机理一般可分为下面三种典型情况：

（1）渗透压力引起的土的液化——砂沸；

（2）单程加荷或剪切引起的土的液化——流滑；

（3）循环荷载或剪切引起的土的液化——循环活动性。

2. 影响土液化的因素

影响土液化的因素主要有：

（1）土性条件：主要指土的颗粒特征（包括颗粒组成、颗粒形状）、土的密度特征以及土的结构特征；

（2）起始应力条件：主要指动荷载施加以前土所承受的法向应力、剪应力以及它们的组合；

（3）动荷条件：主要指动荷的波形、振幅、频率、持续时间以及作用方向等；

（4）排水条件：主要指土的透水程度、排水路径以及排渗边界条件等。

一般来讲，细的颗粒，均匀的级配，浑圆的土粒形状，光滑的土粒表面，较低的结构强度，低的密度，高的含水量，较低的渗透性，较差的排水条件，较高的动荷强度，较长的振动时间，较小的法向应力，都是不利于土抗液化的因素，反之，土的抗液化性能较好。

3. 评价土液化的方法

评价土液化可能性是一个十分现实的问题。为解决这一问题，已经提出了一系列的方法。

1）应力比法

由地震引起的地层的均匀循环剪应力 $(\tau_d)_{aN}$ 为

$$(\tau_d)_{av} = 0.65\frac{a_{max}}{g}\sigma_v\rho_d \tag{2.5.11}$$

式中 σ_v ——上覆总压力（MPa）；

ρ_d ——由土层的黏弹性引起的动剪应力降低系数，$\rho_d = 1 - 0.015z$，z 为上覆土层的厚度，以 m 计；

a_{max} ——地面最大加速度。

将上式计算所得的 $(\tau_d)_{av}$ 与试验所得的土层抗液化强度 τ_l 进行对比，即可判定液化可能性。当 $\tau_l < (\tau_d)_{av}$ 时判为液化，而当 $\tau_l \geqslant (\tau_d)_{av}$ 时，则判为不液化。液化强度 τ_l 按下式计算

$$\tau_l = c_r\frac{\sigma_a}{2\sigma'_{3c}}\sigma'_v \tag{2.5.12}$$

式中 σ'_v ——有效上覆压力（MPa）；

c_r ——考虑室内试验与现场条件差别所采用的修正系数，一般在 $0.55 \sim 0.65$ 之间；

$\sigma_a/2\sigma'_{3c}$ ——动三轴试验所得的液化应力比。

2）动剪应变法

动剪应变法的出发点是门槛剪应变 γ_{cr}。不排水循环荷载下的饱和砂土，当 $\gamma_a < \gamma_{cr}$ 时，不产生孔隙水压力，当然不会发生液化；反之，当 $\gamma_a > \gamma_{cr}$ 时，孔隙水压开始形成，并随着 γ_a 增大而增大，则有液化的可能。

土层的动剪应变达到 γ_{cr} 时，地面最大加速度—地面临界加速度 $(a_p)_{cr}$ 可按下式计算

$$(a_p)_{cr} = 1.54\alpha\beta\frac{G_{max}}{\sigma_v\rho_a}\gamma_{cr}g \tag{2.5.13}$$

式中 G_{max} ——最大动剪切模量（MPa）；

α ——考虑室内试验和现场条件差别以及液化标准过于严格采用的一个修正系数，一般可取 1.5；

β —— $\beta = (G_d/G_{max})_{cr}$，$G_d$ 为动剪应变达 γ_{cr} 时的动剪切模量。

当 $a_{max} > (a_p)_{cr}$ 时判为液化，当 $a_{max} \leqslant (a_p)_{cr}$ 时判为不液化。

3）标准贯入试验法

当地基在地表下 15m 深度范围内有饱和砂、粉土时，可用标准贯入试验判别其在地震时的液化可能性。当实测标贯击数 $N_{63.5}$ 小于按下式算出的 N_{cr} 时判为液化，否则为不液化。

$$N_{cr} = N_0\beta[\ln(0.6d_s + 1.5) - 0.1d_w]\sqrt{3/\rho_c} \tag{2.5.14}$$

式中 N_{cr} ——液化判别标准贯入锤击数临界值；

N_0 ——液化判别标准贯入锤击数基准值，可按表 2.5.3 采用。

d_s ——饱和土标准贯入点深度（m）；

d_w ——地下水位（m）；

ρ_c ——黏粒含量百分率，当小于 3 或为砂土时，应采用 3；

β——调整系数,设计地震第一组取 0.80,第二组取 0.95,第三组取 1.05。

液化标准贯入锤击数基准值 N_0 表 2.5.3

设计基本地震加速度(g)	0.10	0.15	0.20	0.30	0.40
液化判别标准贯入锤击数基准值	7	10	12	16	19

4)静力触探试验法

利用机械或油压装置将带有探头的触探杆压入土层,用电阻应变仪测出土的比贯入阻力 p_s,也可用下面经验关系式计算出 p_s。

$$p_s = 11.51 + 6.52 N_{63.5} \tag{2.5.15}$$

然后将 p_s 与液化临界比贯入阻力值 p_{scr} 进行对比,即可判别液化。

2.5.3 土的动力试验方法

1. 室内试验

土的动力室内试验就是将土的试验按要求的粒度、湿度、密度结构和应力状态制备于一定的试样容器中,然后施加不同形式和不同强度的振动荷载,再量测出在振动作用下试样的应力(包括孔压)和应变,从而对土性和有关指标的变化规律做出定性和定量的判断。目前国内常用的室内试验有动三轴剪力试验、动单剪试验和扭剪共振柱试验。

1)动三轴剪力试验

动三轴剪力试验是从静三轴试验发展而来的,在前面我们已论述了静三轴试验的方法和原理,动三轴剪力试验即利用相似的轴向应力条件,通过对试样施加模拟的动主应力,测量试样在承受所施加的动力荷载作用下所表现的动态反应,如动应力与相应的动应变的关系,动应力与相应的孔隙水压力的关系等,从而可求得土的动力特性指标:动模量、阻尼和动强度(包括液化)。

2)动单剪试验

动单剪试验是利用一种特制的剪切容器,力图使土样各点所受剪应力均布,从而其应变也是均等的。动单剪试验优于动三轴之处,主要在于它所提供的动力作用条件更接近于天然土层遭受地震作用时的实际受力情况,而且还可以根据实际情况决定是否向试样施加初始剪应力。

动单剪试验和动三轴剪力试验一样,可以求得土的动模量、阻尼和动强度(包括液化)。

3)扭剪共振柱试验

扭剪共振柱试验是对在一定湿度、密度和应力条件下的土柱(实心和空心)上,施加扭转型振动,并逐渐改变驱动频率,测出土柱的共振频率,再切断动力,测记出振动衰减曲线,然后根据这个共振频率以及试验的几何尺寸和端部限制条件,计算出试验的动剪切模量 G_d,根据衰减曲线计算出阻尼比 D,通过记录孔压变化曲线,还可以确定液化势。

2. 原位试验

原位试验是研究土动力特性和土体稳定性的重要手段,属于这一类的方法有波速试验、面波传播试验和块体模型振动试验等。

1)波速试验

波速试验的原理是根据测得的振源与接收器之间的距离和剪切波（或压缩波）达到接收点经过的时间算出波速 $c_s(c_P)$，然后求取弹性模量：

$$G = c_s^2 \cdot \rho$$
$$E = c_p^2 \cdot \rho$$

(2.5.16)

式中　ρ——土的质量密度。

波速试验按其激振和接收方式的不同可分为检层（上孔、下孔）波速试验和跨孔波速试验，如图 2.5.2 所示。

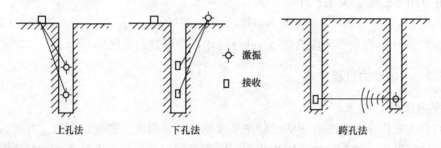

图 2.5.2　波速试验

2）面波传播试验

面波传播试验也叫稳态振动试验。于地基土表面用激振器竖向激振，振波以激振器为中心向四周传播，其中瑞利波占总能量的 67%，而且瑞利波在地表随距离的衰减远比体波缓慢。在面波传播方向上距振源不同距离 r 处竖直安放拾振器，可收到各处瑞利波的垂直分量。当激振频率为 f，r 等于瑞利波波长 L_R 时，有

$$v_R = fL_R$$

(2.5.17)

波速 v_R 反映了一个波长深度范围内土层的平均性质。改变激振器的频率，也就是改变波长，这样就能测定不同深度处土层的动弹性性质。

3）块体模型振动试验

块体模型振动试验是把模型基础块体和地基土作为一个振动体系进行振动试验，即化简为一个集中质量作用在带有阻尼器的无质量弹簧上的集总体系，使体系起振，记录有关振动参数（如振幅、频率、位移与扰力的相位差角等），计算得地基土的刚度、阻尼系数等参数。按起振方法，它可分为自由振动试验和强迫振动试验。

2.6　静力触探与标准贯入试验

2.6.1　静力触探试验

1. 试验机理

静力触探是将锥形探头按一定速率匀速压入土中，量测其贯入阻力，从而确定地基土的容许承载力和变形模量等工程特性的一种原位试验方法。本法适用于黏性土和砂性土。

2. 探头类型和常用规格

1）单用探头

构造如图 2.6.1，仅能测定比贯入阻力 p_s，常用规格见表 2.6.1。

单用探头参数　　　　　　　　　　　　　　　　　表 2.6.1

投影面积 $A(cm^2)$	10	15	20
有效侧壁长度 $L(mm)$	57	70	81
直径 $D(mm)$	35.7	43.7	50.4
锥角 $\alpha(°)$	60	60	60

2）双用探头

构造如图 2.6.2，能同时测定锥头阻力 q_c 和侧壁摩阻力 f_s，常用规格见表 2.6.2。

双用探头参数　　　　　　　　　　　　　　　　　表 2.6.2

投影面积 $A(cm^2)$	10	15	20
摩擦筒表面积 $S(cm^2)$	200	300	300
直径 $D(mm)$	35.7	43.7	50.4
锥角 $\alpha(°)$	60	60	60

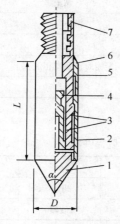

图 2.6.1　单用探头示意图

1—锥头；2—顶柱；3—电阻应变片；4—传感器；

5—外套筒；6—探头管；7—探杆接头

3. 影响贯入阻力的因素

1）贯入速度

当贯入速度在 1cm/s～2cm/s 内变化时，不论土的种类如何，影响可以忽略。

2）探头几何形状的影响

（1）在密实土中，探头直径直至 100mm 只有很小的影响。

（2）当 q_c 超过 2.0MPa 时，探头形状不会影响结果；当 q_c 小于 2.0MPa 时，随着探头阻力的减小，探头形状的影响变得更加明显。

3）贯入连续或间断的影响

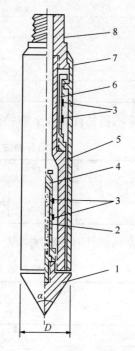

图 2.6.2　双用探头示意图

1—锥头；2—顶柱；3—电阻应变片；4—锥头传感器；5—传力筒；6—侧壁传感器；7—摩擦筒；8—探杆接头

连续贯入得出的探头阻力比间断获得的探头阻力约高 8%～15%。

4）地下水影响

在地下水位以下，在砂土中贯入速度为 10cm/s 时约比贯入速度为 1cm/s 时的贯入阻力小 20%；而地下水位以上贯入阻力基本上没有影响。

5）贯入深度影响

贯入阻力随深度的增大而增加，直至达到一个极限值，此后就不再随深度的加深而变化。

4. 贯入阻力指标的应用及取值

1）均匀土层的分类

当土层均匀时，探头静阻力 q_c 和侧摩擦力值 f_s 实际上保持常值。根据 q_c 与 f_s 的比值可确定地基土的类型（表 2.6.3）。

土类划分表（湖北水电勘察设计院提供）　表 2.6.3

$\dfrac{f_s}{q_c} \times 100(\%)$	土　类
>5	黏土
2～5	粉质黏土
<5	黏质粉土
<1	淤泥质土及湖相沉积土
<1	粉、细砂

2）根据 P_s 值估计黏性土的状态（表 2.6.4）

P_s 值与黏性土状态关系（中南电力设计院提供）　表 2.6.4

P_s(MPa)	<0.4	0.4～1.0	1.0～3.0	3.0～5.0	>5.0
液性指数 I_L	>1	1.0～0.75	0.75～0.25	0.25～0.0	<0
状态	流塑	软塑	可塑	硬塑	坚硬

3）根据 P_s 估计砂土密度（表 2.6.5）

P_s 值与砂土密度关系（中南电力设计院提供）　表 2.6.5

砂土分类	P_s值(MPa)		
	密实	中密	稍密
中粗砂	$P_s \geqslant 8.0$	$8.0 > P_s \geqslant 3.0$	$3.0 > P_s$
粉细砂	$P_s \geqslant 12.0$	$12.0 > P_s \geqslant 6.0$	$6.0 > P_s$

5. 贯入阻力指标与土的力学性指标的经验关系

1）黏性土的不排水抗剪强度 S_u（表 2.6.6）

S_u 与 q_c（或 P_s）的经验关系　表 2.6.6

提供单位	经验公式	样品数 N	相关系数 r	适用条件
铁路触探细则	$S_u = 0.05P_s + 0.016$	325	0.871	$P_s < 15$ 饱和黏性土
华东电力设计院	$S_u = 0.0534P_s$	—	—	理论推导

提供单位	经验公式	样品数 N	相关系数 r	适用条件
同济大学	$S_u = 0.071q_c + 0.0128$	61	0.726	镇海滨海相软黏土
四川建筑科学研究所	$S_u = 0.0543q_c + 0.048$	76	0.84	上海广州软黏土
航局设计院	$S_u = 0.0308P_s + 0.04$	133	0.9	$P_s = 1 \sim 15$ 新港饱和软黏土
武汉静探联合小组	$S_u = 0.0696P_s - 0.027$	21	0.874	$P_s = 3 \sim 12$ 饱和软黏土

2）确定土的容许承载力（表 2.6.7）

土的容许承载力　　　　表 2.6.7

经验公式	适用土层	制定单位
$[R] = 0.083P_s + 0.546$ $[R] = 0.097P_s + 0.76$	$3 \leqslant P_s \leqslant 30$ 淤泥、淤泥质黏性土、一般黏性土 $30 \leqslant P_s \leqslant 60$ 老黏性土	《工业与民用建筑地基基础设计规范》
$[R] = 0.1P_s$ $[R] = 0.58\sqrt{P_s} - 0.46$ $[R] = 0.162P_s^{0.63} + 0.144$ $[R] = 0.04P_s + 0.75$ $[R] = 0.04P_s + 0.50$ $[R] = 0.04P_s + 0.25$	$30 \leqslant P_s \leqslant 60$ 老黏土 软土及一般黏土、砂黏土、一般黏砂土、饱和砂土，陕西、山东黄土，山西、河南黄土，甘肃黄土	铁道部《静力触探使用技术暂行规定》
$R_s = 0.05P_s + 0.726$ $R_s = 0.129P_s + 0.25$	一般第四纪冲积层 $P_s < 15$ 的软黏土	原建工部综合勘察院

注：R_s——临塑荷载；$[R]$——地基容许承载力。

3）确定土的变形模量（表 2.6.8）

土的变形模量　　　　表 2.6.8

经验公式	适用土层	制定单位
$E = 6.897P_s - 67.93$ $E = 6.06P_s - 9.03$	$P_s > 16$ 的一般第四纪冲积层 $P_s < 16$ 的一般第四纪冲积层	原建工部综合勘察院
$E_s = 2.14P_s + 21.74$ $E_s = 8.505P_s^{0.665}$	$13 < P_s \leqslant 80$ 黏土、砂性土 $P_s \leqslant 13$	铁道部《静力触探使用技术暂行规定》
$E_s = 1.74P_s + 49$ $E_s = 1.71P_s + 29$	$10 < P_s \leqslant 90$ 老黏性土 $7 < P_s < 40$ 新近沉积黏性土	北京勘察处

4）根据 p_s 值估算地震时饱和砂土液化的可能性

铁道部"静力触探使用技术暂行规定"中建议：当在饱和砂土中测得贯入阻力 p_s 的计算值 P_{sca} 小于下列公式算出的 p'_s 值时，则认为它可能液化。

$$p'_s = p_{s0}[1 - 0.065(H_w - 2)] \times [1 - 0.05(H_0 - 2)] \qquad (2.6.1)$$

式中　H_w——地面到地下水位距离（m）；

H_0——饱和砂土层上的黏性非液化土覆盖层厚度（m）；

p_{s0}——当非液化土覆盖层厚度 $H_0 = 2m$，当地下水位深度 $H_w = 2m$ 时，砂土液化的临界静力触探贯入阻力（kg/cm²）。

根据地震设计烈度可以查表 2.6.9。

临界静力触探贯入阻力 表 2.6.9

设计烈度	7	8	9	10
p_{s0}（MPa）	6.0~7.0	12.0~13.5	18.0~20.0	22.0~25.0

饱和砂层的贯入阻力计算值 P_{sca} 按下述方法确定：

（1）当砂层厚度大于 1 时，取该层贯入阻力 P_s 的平均值作为该层的 P_{sca} 值。

当砂层厚度小于等于 1m，并且上下土层均为阻值较小的土层时，取其较大值作为该层的 P_{sca} 值。

（2）当砂层厚度较大，力学性质显著不同可明显分层时，应分别计算分层的平均贯入阻力值进行判别。

5）预估单桩承载力

上海市桩基研究协作组提出，其计算公式如下：

$$Q_u = a \, \bar{q}_c A_p + U \sum^n \frac{q_{ci}}{C_i} l_i \qquad (2.6.2)$$

式中　a——对长桩取为 1；

　　　$\bar{q}_c$——取值范围及计算方法见表 2.6.10（t/m²）；

　　　$\bar{q}_{ci}$——第 i 层土的平均贯入阻力（t/m²）；

　　　C_i——第 i 层的侧摩阻力换算系数，上海地区按表 2.6.11 取值。

根据桩尖持力层条件 q_c 的取值范围 表 2.6.10

桩尖持力层的条件	取值范围		计算方法
	桩尖以上	桩尖以下	
中密砂或可塑硬塑黏性土	8d	3.75d	分别计算桩尖以上及桩尖以下贯入阻力的平均值取其和之半
淤泥质或流塑至软塑黏性土	3.75d	1d	
桩尖下 3.75d 范围内有厚度超过 2d 的软层时	8d	3.75d	取桩尖以上阻力的平均值与桩尖以下贯入阻力最小值之和之半
桩尖穿过硬层进入软层	1d	4d	取加权平均值

注：d——桩的直径。

上海地区土的摩擦阻力换算系数 表 2.6.11

土　层	取用条件	C_i
灰色淤泥质黏性土、灰色黏性土		0.20
暗绿色黏性土	1.0MPa< $\bar{q}_{ci}$ <3.0MPa	0.20~0.30 间内插
	$\bar{q}_{ci}$ =10MPa	0.20
	$\bar{q}_{ci}$ ≥30MPa	$\frac{\bar{q}_{ci}}{C_i}$ = 0.1MPa
质粉黏性土、砂质粉土、粉砂	$\bar{q}_{ci}$ ≤50MPa	0.50
	$\bar{q}_{ci}$ >50MPa	$\frac{\bar{q}_{ci}}{C_i}$ = 0.1MPa

土　　层	取用条件	C_i
$I_p \approx 10$ 流动到软塑粉质黏土	贯入阻力曲线起伏较大	0.50
	贯入阻力曲线比较平滑	0.20
浅土层（地表面 6m～8m 深度范围内）		$0.20 \dfrac{\overline{q_{ci}}}{C_i} \leqslant 0.2MPa$

2.6.2　标准贯入试验

1. 试验机理

标准贯入试验是用质量为 63.5kg 的穿心锤，以 76cm 的落距，将一定规格的标准贯入器打入土中 15cm，再打入 30cm，用后 30cm 的锤击数作为标准贯入试验的指标 N。标准贯入试验一般适用于砂性土和黏性土。

2. 标准试验及非标准试验的修正方法

1）标准试验

标准贯入器的组成及具体尺寸如图 2.6.3 所示。将贯入器竖立打入试验土中 15cm 后，开始记录每 10cm，累计 30cm 的锤击数 N，并记录贯入深度和试验情况。

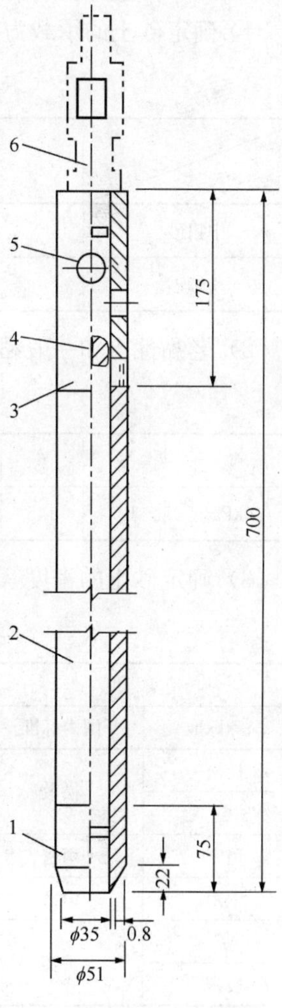

2）非标准试验的修正方法

（1）非标准贯入深度锤击数的修正

当砂层比较紧密，贯入 30cm 的锤击数超过 50 击时，可选记贯入小于 30cm 的锤击数，并按下式换算成贯入 30cm 的锤击数（N）：

$$N = \frac{30n}{\Delta s} \quad \text{(勘察规范} n=50\text{)}$$

（2.6.3）

式中　n——所选取得任意贯入深度的锤击数；

　　　Δs——对应锤击数 n 的贯入深度（cm）。

（2）钻杆长度的修正

当钻杆长度大于 3m 时，锤击数应按下式修正：

$$N = \alpha N'$$

（2.6.4）

式中　N'——实测锤击数；

　　　α——实测锤击数钻杆长度修正系数，见表 2.6.12。

图 2.6.3　标准贯入器结构图
1—贯入器靴；2—贯入器身；
3—贯入器头；4—钢球；
5—排水孔；6—钻杆接头

实测锤击数钻杆长度修正系数　　　　　　　　　　表 2.6.12

钻杆长度(m)	≤3	6	9	12	15	18	21
修正系数(α)	1.00	0.92	0.86	0.81	0.77	0.73	0.70

（3）特殊土层的修正

由于有效粒径在 0.1mm～0.05mm 范围内的饱和粉砂和细砂，其密度大于某一临界密度（相应的锤击数为 15）时，透水性小，贯入阻力偏大，故在此类土质中当贯入击数大于 15 时，其有效击数可按下式修正得：

$$N = 15 + \frac{1}{2}(N'' - 15) \tag{2.6.5}$$

式中 N''——饱和细砂、粉砂土中标准贯入试验击数。

3. 贯入击数的影响因素和取值

1）确定砂土的承载力标准值（kPa）（表 2.6.13）

砂土的承载力标准值　　　　表 2.6.13

土类 ＼ N	10	15	30	50
中粗砂	180	250	340	500
粉细砂	140	180	250	340

2）老黏性土和一般黏性土承载力标准值（kPa）（表 2.6.14）

黏性土承载力标准值　　　　表 2.6.14

N	3	5	7	9	11	12	15	17	19	21	23
f_k(kPa)	105	145	190	235	280	325	370	430	515	600	680

3）确定砂土的密度（表 2.6.15）

N 与砂土密度关系　　　　表 2.6.15

密实程度		相对密实度 D_r	标准贯入击数 N		
国际标准	国内标准		国际标准	南京水科院经验	冶金部规范
极松	松散	0.00～0.20	0～4	<10	<10
松			4～10		
稍密	稍密	0.20～0.33	10～15	10～30	10～15
中密	中密	0.33～0.67	15～30		15～30
密	密实	0.67～1.00	30～50	30～50	>30
极密			>50	>50	

4）根据 N 估计土的内摩擦角 φ（表 2.6.16）

N 值与土的内摩擦角的关系　　　　表 2.6.16

研究者 ＼ N 值	<4	4～10	10～30	30～50	>50
Peck	<28.5°	28.5°～30°	30°～36°	36°～41°	>41°
Meyerhof	<30°	30°～35°	35°～40°	40°～45°	>45°

5）Mitchell 和 Katt，1981 年给出了 N 值与砂土密实程度的关系系数（表 2.6.17）

标准贯入试验 N 值和砂土密实程度的关系　　　　　表 2.6.17

	很疏松	疏松	中密	密实	很密实
N 值[①]	<4	4~10	10~30	30~50	>50
静力触探贯入阻力（MPa）[①]	<5	5~10	10~15	15~20	>20
相对密实度（%）[②]	<15	15~35	35~65	65~85	85~100
干重度（kN/m³）	<14	14~16	16~18	18~20	>20
内摩擦角（度）	<30	30~32	32~35	35~38	>38
引起液化的应力比[③]（τ/σ'_0）	<0.04	0.04~0.10	0.10~0.35	>0.35	

注：①有效压力为 100kPa 时；②正常固结砂层；③根据 Seed（1979）。

6）根据 N 估计黏性土的状态（表 2.6.18）

N 与黏性土稠度状态关系（冶金部武汉勘察公司提供）　　　表 2.6.18

N	<2	2~4	4~7	7~18	18~35	>35
液性指数 I_L	>1	1~0.75	0.75~0.5	0.5~0.25	0.25~0	<0
稠度状态	流塑	软塑	可塑	可塑~硬塑	硬塑	坚硬

7）确定黏性土的状态和无侧限抗压强度（表 2.6.19）

黏性土的无侧限抗压强度　　　　　表 2.6.19

锤击数 N	<2	2~4	4~8	8~15	15~30	>30	资料来源
状态	极软	软	中等	硬	很硬	极硬	Terzaghi 和 Peck
无侧限抗压强度 q_u（kPa）	<25	25~50	50~100	100~200	200~400	>400	

4. 贯入击数与土的力学性质指标的经验关系

1）干砂的极限承载力

（1）条形、矩形基础

$$R_j = \gamma(DN_q + 0.5BN_\gamma) \tag{2.6.6}$$

（2）方形、圆形基础

$$R_j = \gamma(DN_q + 0.4BN_\gamma) \tag{2.6.7}$$

式中　R_j——干砂的极限承载力（kPa）；

　　　D——基础埋置深度（m）；

　　　B——基础宽度（m）；

　　　γ——砂的重度（kN/m³）

　　N_q、N_γ——承载力系数，取决于砂的内摩擦角，见图 2.6.4。

2）确定砂土地基的容许承载力

（1）独立基础或条基

① 当容许最大沉降量为 2.5cm，或容许最大沉降差为 2cm 时，标准贯入击数与基础下砂土地基容许承载力的关系见图 2.6.5。

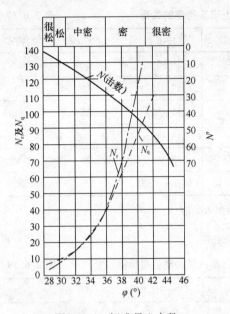

图 2.6.4　标准贯入击数

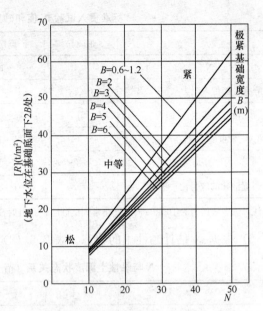

图 2.6.5　脚基下砂土地基容许承载
力标准贯入击数的关系

② 当容许最大沉降量为 S_a(cm)，或容许最大沉降差为 ΔS_a(cm) 时，则由图 2.6.5 得出的容许承载力应乘以系数 $S_a/2.5$ 或 $\Delta S_a/2$。

③ 地下水位应在基础底面下两倍基础宽度处。当地下水位接近或高于基础底面标高时，则需考虑基础埋深与基础宽度的比值 D/B 的影响。当 D/B 很小，则从图 2.6.5 得的容许承载力应乘 0.5 系数；D/B 接近 1 时，则乘以 0.67。

(2) 筏基

① 当容许最大沉降量为 5cm 时，可从图 2.6.6 中查得容许承载力值。

② 当容许最大沉降量为 S_a(cm)时，则图 2.6.6 值乘以 $S_a/5$ 系数。

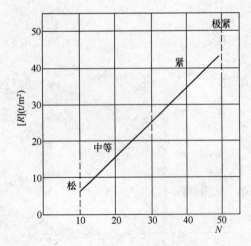

图 2.6.6　筏基下砂地基容许承载力与
标准贯入击数的关系

3) 推算出的抗剪强度

(1) 砂土

$$\varphi = 0.3N + 17 \qquad (2.6.8)$$

(2) 黏性土

$$c = \frac{1}{1.6}N \qquad (2.6.9)$$

4) 评估土在地震作用下强度降低的可能性

日本《土构筑物设计施工指南》认为，当设计地震烈度为 (0.2~0.3)g(重力加速度)时，地震时土的强度按下列规定处理：

(1) 砂土

① $N > 20$，地震时土的强度不减小；

② $N = 5~20$，砂土的内摩擦角按下式

减小

$$\varphi' = \varphi - \theta$$
$$\theta = \left(\frac{20-N}{15}\right)\tan^{-1}K \qquad (2.6.10)$$

式中　φ'——地震时土的内摩擦角（°）；

　　　φ——非地震时土的内摩擦角（°）；

　　　θ——由于地震而减小的内摩擦角（°）；

　　　N——标准贯入击数；

　　　K——水平地震加速度系数。

③ $N<5$，地震时会发生液化现象而丧失强度。

（2）黏性土

对于 $N<5$ 的软弱土，地震时其内聚力减小 70%。

5）根据 N 判定砂土和黏质粉土的地震液化，《饱和黏质粉土液化判别暂行规定》给出了以下关系：

$$N' = \bar{N}[1 + 0.125(d_s - 3) - 0.05(d_w - 2) - 0.10(p_c - 3)] \qquad (2.6.11)$$

式中　N'——临界标准贯入击数；

　　　$\bar{N}$——$d_s=3$m、$d_w=2$m 时的临界贯入击数，7°地震时为 6，8°地震时为 10，9°地震时为 16；

　　　d_s——试验地层深度（m）；

　　　d_w——地下水位深度（m）；

　　　p_c——黏粒含量（%），当 $p_c<3$ 时取 3，当 $p_c>12$ 时取 12。

参 考 文 献

[1]　华东水利学院土力学教研室. 土工原理与计算. 北京：水利水电出版社，1980.

[2]　华南工学院等四院校，地基与基础. 北京：中国建筑工业出版社，1981.

[3]　陈仲颐，叶书麟. 基础工程学. 北京：中国建筑工业出版社，1991.

[4]　南京水利科学研究院. 土工试验方法标准，GB/T 50123. 北京：中国计划出版社，1999.

第3章 地 基 评 价

3.1 地基评价的准则

正确的地基评价，对于经济合理地选定地基基础方案、准确地计算地基、保证基础设计安全至关重要，具有实际意义。

地基评价之前必须具备下列两个条件：

第一，掌握建筑场地和地基的各项基本资料，包括场区的气象、水文、地形地貌、区域稳定分析、工程水文地质条件、岩土工程勘察、当地的建筑材料、施工条件、建筑理念、技术经济和社会因素等，并确保其完整性与使用的有效性。

第二，掌握建（构）筑物的特点与使用要求，包括上部结构的尺寸、结构类型、荷载及其对地基承载力、沉降变形、施工技术、工期、使用维护等要求。

根据建筑经验总结以及实际工程实践，对拟建工程进行地基评价时，宜遵循下列准则。

1. 技术与经济的统一

遵循这一准则，地基评价尤为重要。根据相同类型、规模且相似地基条件工程的经济分析表明：基础工程费用占土建造价的比例相差悬殊，由 5%～50%，表征基础工程较之上部结构具有很大的技术与经济潜力。基础工程的技术先进性必然体现其经济合理性，而经济合理性又必须以工程技术的先进性为其前提。故要求在地基基础设计与整治方案比选时，必须坚持多方案的技术经济比较。在浅基或深基选择时，宜择优选用浅基；在天然地基与人工地基的选择中，优先考虑天然地基；对不良条件地段整治方案比选时，是采用地基处理措施还是采用加强上部结构？宜首先考虑采用地基处理为主要措施等。无疑择用前者，在技术经济与实施难度上都具有明显的优越性。

2. 划分阶段认识由浅入深

地基评价是一项系统性工作，评价的深度与广度宜划分阶段来进行，由面到点，由定性到定量、由综合分析到专题论证，不同的工作阶段都有各自不同的着重点、评价内容与要求。定性评价应对场地的整体稳定、地基条件与工程方案的适宜性作出结论并为地基基础与整体工程方案的确定提供依据；定量评价时应对岩土体的各类极限状态承载力、变形与使用要求等和各种土性状态（湿陷、液化、胀缩等）做出评价与判断，确定地基岩土与上部结构协同工作等，为地基基础及整治工程的设计提供数据与资料。

3. 结合场地与环境条件综合评价

众所周知，任何一座建筑物总是落置在范围较其大得多的建筑场地上。因此，其一单项工程的地基评价不能仅限于一小块地段孤立地进行，而必须结合整个建筑场地以及考虑环境的影响进行综合分析。场地整体的稳定性必然要影响到地基的稳定；而因工程活动使局部地段上地基稳定程度的削弱或增强也将在一定程度上波及场地的整体稳定。例如在不稳定斜坡上修建建筑物，即使局部地段地基是稳定的，也未必可靠；久之局部大挖大填也会诱发整体的斜坡失稳。当选择基础方案时，也必须考虑因工程实施而导致周围环境的不利影响。如降排水工程对环境水质的污染或由于土粒流失导致邻近建筑物地基的变形；桩孔泥浆护壁钻进对市政设施的干扰；在人口密集区浇筑石灰桩由于石灰粉尘对大气污染等。这些不良影响有时将动摇预定基础方案实施的可能性，有时也必须为此同步采取必要的防患措施。

4. 按场地条件与工程特点有区别地进行评价

地基评价须具明显的针对性，要结合工程对象不同的特点、要求与所在场地条件有区别地进行。相似的地基条件，对不同的工程建筑，评价的方法、内容以及结论可以差别很大。例如对工程破坏后可以导致重大损失与影响的工程、永久性的一般建筑或暂时性建筑评价的标准、计算参数的取值等都应有所区别，体现出因地、因工程制宜的特点。在对允许沉降变形评价中砖石承重结构房屋可按局部倾斜控制设计；框架和单层排架结构房屋，由相邻柱沉降差值控制；高层建筑或高耸构筑物则按整体倾斜控制等。

5. 按地基条件的差异性，分区（段）评价

场地范围内，影响地基建筑条件的综合因素在多个地段工程常是不尽相同的，假如这种差异已达到某一种限度且具有明显平面分布趋势时，地基评价就有必要分区分段进行。例如河流阶地上的古河道、暗湖以及滨、塘、古穴的分布，都使地基条件在平面上具不均性，故应区分开来。区别对待的评价准则在丘陵山区建筑尤为必要，常见在一栋建筑物不大的范围内，地基条件差别很大，若不予以区别，必酿成工程隐患或损失。例如在不稳定斜坡的纵剖面上，对牵引阻滑与抗滑段的评价以及整治处理的方法都是迥然不同的。

6. 地基、基础与上部结构三者一体综合考虑

上部结构荷载通过基础传递于地基，而地基在外荷下产生的作用效应必然要通过基础反映到上部结构，当基础与上部结构接收由此产生的次应力而相应变形，其内力、基底反力必将进行一系列调整，这又将影响到地基的应力变形的改变。如此自上而下，自下而上的周而复始的调整，使三者共同作用达到新的应力应变平衡。然而不同的地基、基础和上部结构类型，对这种反复调整的敏感性与适应性是不相同的，当基础和上部结构对这种调整不适应时，必造成开裂破损。因此，地基评价必须结合稳定的基础和上部结构特点来分析，而不是脱离它们孤立地进行。例如地基容许沉降差的评价，就必须考虑地基的压缩性、基础和上部结构的类型或特点、并考虑使用要求等进行综合分析。

7. 动态的评价

除对地基岩土现状评价之外，还应考虑地基岩土应力变形的历史状况，并预测其发展趋势，即动静结合的分析评价。构成地基现今性状是它的形成演变历史及变化着的环境因素作用的结果，这些因素包括自然与人为活动。因此地基评价不仅只分析现状，也应着眼于岩土性质变化历史并预测其发展。例如，具有相同物理性指标的土，其形成时间早些的，其承载力高于新近沉积土；某些地区坚硬饱和土的湿度具有显著的季节性变化，更易受变动着的水体湿润而软化；一些不易溶盐岩的地基，在水的作用下，溶蚀远较碳酸盐岩迅速；不当的工程措施、不善的使用维护都可使岩土体工程性能恶化或受力状况的改变。如今不恰当的边坡削方导致上缘坡体不稳，坡脚任意堆载容易引起下侧坡体滑移等。

8. 地基评价要突出重点，分清主次矛盾

在综合分析研究基础上，不是泛泛而是要针对影响场地或地基建筑条件的主要问题进行评价。影响建筑条件的因素众多，实践证明，对一个不大的建筑场地或建筑地基而言，影响建筑需要特殊查明与评价的问题也只是一至两个，地基评价时，通过各种因素的敏感性分析，使主要问题脱颖而出，并对此深入细致地分析评价，解决与之相关联的其他问题，也就基本上完成地基评价的任务。相对于无针对性面面俱到的评价，据此做出的设计与处理无疑是事半功倍。

9. 强调理论分析与工程实践相结合

在定量分析中，按现规则理论方法计算评价时，应重视当地的建筑理念以及类似条件工程活动的信息反馈和反演分析结果。基础工程学尚是一门比较年轻的应用学科，兼之我国地域广阔，地基地质条件复杂多样，许多问题理论尚不圆满，随着工程增多还将不断提出新课题。现今地基的多种定量计算都是归纳模拟一定条件而建立起来的，其结果与地基实际情况总有一定差距，有时还相距甚远。因此在地基最终评价时应珍惜相同条件的建筑类工程的成败经验，对重要和复杂条件的工程计算数据和判断，可借鉴反演分析结果以验证其可靠性。例如利用房屋沉降观测成果确定计算公式的修正，反求岩土变形参数值；根据对既有滑坡整体稳定状态的判断反推滑面抗剪强度指标；根据地基孔隙水压力的量测控制预压地基的加荷值和速率等。

在确定地基岩土计算参数时，应充分考虑测试方法的模拟条件与地基实际工作状况间的差异。同一指标模拟采用条件不同的测试方法，测试值可以相差很大，取值时应对模拟条件的差异程度进行必要的修正。

10. 评价与措施可靠性分析相结合

地基评价及相应工程设计整治措施的提出，要充分估计当地施工技术条件与实施的可能性。地基处理的一些措施常具地区适用的局限性，选用时不可简单地搬用，例如岩溶地区使用打入或预制桩就会遇到许多麻烦。也要注意在施工中可能会出现一些地基条件的不利情况，而使措施本身难以达到预期效果。例如在斜坡上削土方作业，开挖过程中某些地段的稳定系数可能小于按设计全面完成施工后的状况，这可能成为导致施工中坡体不稳的原因之一，有时不得不放弃原定方案；又如削方减载大面积清除植被，改变原有地表水的径流条件，降水沿新开挖面入渗也可导致坡体不稳。

3.2 均 质 地 基

3.2.1 均质地基含义与研究目的

自然界中形成的岩土，哪怕是相邻的地段，其外观与内涵都不会是完全相同的，真正同性同质的，在自然界是不存在的。工程评价时，人们总是把条件相近的那部分岩土体划归一类，视为均质。因此，所谓均质的岩土层，是指分布连续、工程性能指标变幅在限定范围内且不具分布上突变趋势的岩土体。但是，划属同一类的岩土，当将其作为建筑物地基时，将原来不一定是均质地基，称谓为均质地基，除需具备岩土自身相对均匀性条件之外，还与地基上下不同建筑物的特定条件与要求有关。同一条件的地基与不同类型的建筑物组合时，其地基均匀性评价，可以不尽相同，对这类建筑认为是均匀的，对另一类则是不均的。例如只有当同一类地基上，建筑物条件与特点又是一致的，地基上各点假想的沉降变形才是相同的。其实也不尽然，纵向较长的建筑地基下，由于土中附加应力的叠加，即使变形参数是一致的，建筑物中心部分的沉降也要大于边缘部分，导致沉降不均；只有当建筑物长度比较小、建筑物刚度大于地基刚度，且地基与上部结构协同工作过程中，调整基底的应力分布，才迫使地基表现出相近的变形量。因此，所谓均匀与不均匀，都是有条件的，不均匀是绝对的、均匀是相对的，均质地基是不均匀地基的特例。二者是有联系的、可互为转化，而不均匀地基的处理，正是促使其建筑物的沉降与地基变形协调。

广义而言，地基均匀性评价，包括地基稳定条件的均一性、承载力值的一致性和地基变形的均匀性等内容，本节讨论的重点是后者。

研究地基变形条件的均匀性的目的在于从地基构成与建筑物容许地基变形特点分析，力求从不均匀地基中，能划出在一定条件下，产生的变形量在限定值以内的若干情况，并视此条件下地基是相对均匀的，以便为量大面广的工程在地基均匀性评价上，提供判断的方便。其次，分析地基不均匀性的特点及程度，以便寻求不均匀地基的工程对策。本节讨论的主要内容是判别评价。

3.2.2　不均匀地基的类型与特点

均质地基寓于不均地基之中，认识与判别确定了不均匀地基，余下的也就是均质地基了。归纳工程中常见不均地基的岩土构成以及基底以下主要受力层或沉降计算深度内的土层和岩土组合的不同情况，仅从地基条件分析上，将不均地基划分为两大类，即土质不均匀地基与岩土组合不均匀地基。其下再按岩土层的起伏情况和构成，又可划分为九种类型。这一归纳是假定坐落在这类地基上的量大面广、一般结构类型的建筑物，而其结构特征，对地基产生的沉降要求以及荷载条件等在建筑物多个部分都大体相近。现将不均地基类型的划分列于表 3.2.1 中。

不均地基的类型划分　　　　　　　　　　表 3.2.1

地基类别＼分布特征	界面起伏	压缩层组合	图式	代号
土质不均匀地基 I	土层水平（A）	上硬下软 $E_{s1} > E_{s2}$		IA-1
		上软下硬 $E_{s1} < E_{s2}$		IA-2
	土层倾斜（B）	上硬下软 $E_{s1} > E_{s2}$		IB-1

续表

分布特征 地基类别	界面起伏	压缩层组合	图式	代号
土质不均匀地基 I	土层倾斜（B）	上软下硬 $E_{s1} < E_{s2}$	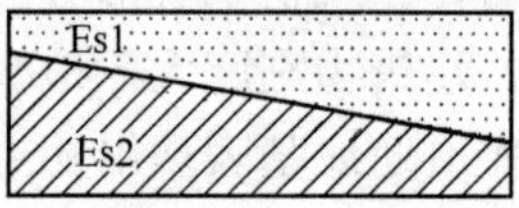	IB-2
		局部软弱 $E_{s1} > E_{s2}$	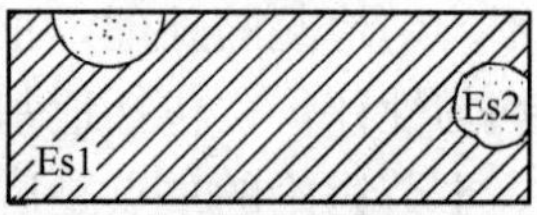	IB-3
岩土组合不均匀地基 II	岩面起伏小（A）	上土下岩 $E_{s1} < E_{s2}$	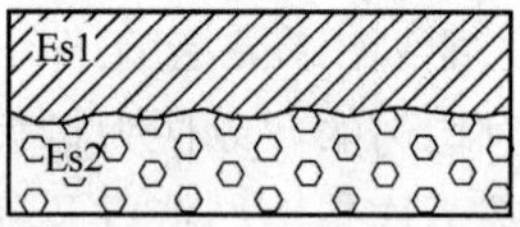	IIA
	岩石起伏（B）	石芽密布 $E_{s1} < E_{s2}$	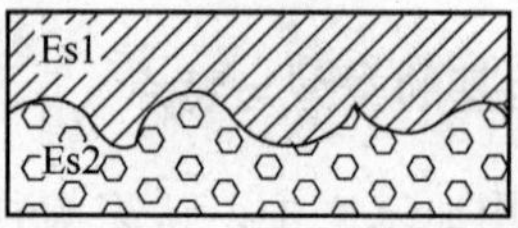	IIB-1
		石芽局部外露 $E_{s1} < E_{s2}$	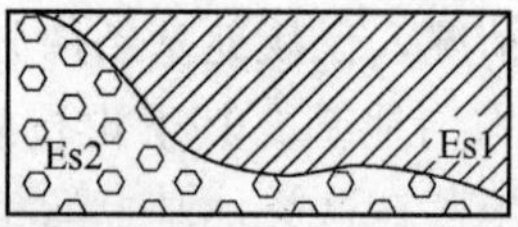	IIB-2
		上土下岩岩面 倾斜 $E_{s1} < E_{s2}$	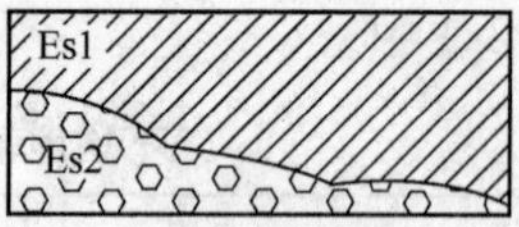	IIB-3

　　该类地基的主要沉降变形特征及工程处理措施中的地基处理对策，分述如下。

　　1. 土质不均地基 I

　　1）土层界面水平 IA

　　（1）压缩层内土质上硬下软（IA-1），基础持力层坚实可靠，附加荷载作用下地基沉降均匀，沉降差与沉降量取决于软层的压缩性，传至其上的附加应力值与基础持力层厚度有关。地基设计与处理时，宜使基础尽量浅置，充分利用上部坚实土层作持力层，也可调整基础底面形状，减小传至软层上的附加应力。当硬层很薄，可挖除部分软层进行置换处理。

　　（2）压缩层内土质上软下硬（IA-2），由于基础持力层压缩性高，导致总沉降量大，差异沉降也相应增大，其值决定于基底下附加应力图形在软层中分布的比例以及软层的压缩性指标。地基作业条件差，软层土易受扰动，可用置换处理，改善持力层的承载力与压缩性；条件允许时，可适量加大基础埋深，减小传至软层内附加应力的承担比例；当软层不可清除时可采用短桩，将荷载转由硬层来承担。

2）土层界面倾斜 IB

（1）压缩层内土质上硬下软（IB-1），地基沉降不均，其差异取决于基础各点下硬层的厚度及下卧软层的压缩性。可调整基础各点埋深，使基底下保留的硬层厚度（或坡度）在计算容许范围内。亦可调整基础纵向多段的宽度，使传至软层上的附加应力值接近。若部分地段软层出露较浅，可考虑置换处理。

（2）压缩层内土质上软下硬（IB-2），地基沉降量大且不均，取决于基础下多点软层的厚度（或层底坡度）与压缩性。可按软层作为持力层的可用性，选择调整基础下各点埋深，或置换处理，使基底下保留的软层厚度在计算容许范围内，若软层不可用，则清除，或用短桩把荷载传递至下部硬层，转由硬层承担。

（3）局部软土，如暗流、古河道、塘坑、穴等为松软土充填（IB-3），造成地基沉降局部不均，其不均程度取决于软层的出露位置、厚度及压缩性，其危害还取决于能否被地基勘察工作所揭示。可选用局部增强、减小沉降、加强基础与上部结构或跨越等处理。

2. 岩土组合不均匀地基 II

（1）上土下岩，岩面起伏小（IIA），地基沉降小且较均匀，一般无需进行处理。

（2）上土下岩，岩面起伏大（IIB）：

① 石芽密布（IIB-1），地基不均程度决定于石芽间距与密度，当间距较大时还取决于其间的土质与土源。若基底下二石芽距离小于 2.0m，其间充填密实土，对一般性建筑，可以不予处理。当间距小于基宽且具有足够支承长度时，亦可不予考虑。不符合此条件，宜采用适用土岩组合地基的局部增强的地基处理。

② 石芽局部外露（IIB-2），地基不均性程度取决于上覆土层厚度（岩面坡度）与压缩性，其危害程度还取决于石芽出露在建筑物（或基础）的不同部位上，最为不利的情况是出露在长宽比较小的建筑物条基的中间部位。评价时，当基底下各点土层厚度小于计算值时，可不予考虑；如超过时，可调整基础各段埋深使之达到变形允许值，对于岩面坡度陡峻的外露石芽部位，主要进行局部"软处理"如做褥垫等。

③ 上土下岩，岩面倾斜（IIB-3），地基均匀性随着岩面倾斜方向而变好。其不均匀程度取决于验算地基变形段以内土层的厚度、变化程度与压缩性。当土质均一，基底下多点的土厚差满足计算要求时，可不予考虑；对超差者，可在厚度较大端采取"软处理"，如做适当厚度砂石垫层，也可调整基础埋深使之满足要求。

3.2.3 不均匀地基的评价

上述不均地基类型按土质和岩土组合划为二大类及九个亚类，它们有其各自构成及地基变形的特征。划分了亚类，在地基条件分析中，可以突出主要问题，有利于勘察与检验。但是，它们又有许多共性，例如影响沉降均匀性的变量，仅是在检验段长度内，地基沉降计算深度以上，具有不同压缩性指标和厚度的若干土层的空间组合而已。因此，在判别地基均匀性时，还可进一步归纳为下列的三种情况，并分别给予评价。

1. 土质不均匀地基，基底下土层厚度大于沉降计算深度

1）按压缩性指标评价

（1）按变形模量评价

这是原苏联技术标准 HиTY127-55 对地基沉降均匀性的评价方法。当沉降计算深度,按附加应力等于土自重压力的 0.2 倍确定,分层总和法变形计算式中的无因次系数,对不同土类分别取用 0.43~0.67 时,具备下列条件之一,即认为地基沉降是均匀的。

① $E_{0min} \geq 20MPa$;

② 当 $15 < E_{0min} \leq 20MPa$ 时,$1.8 \leq E_{0max}/E_{0min} \leq 2.5$;

③ 当 $7.5 < E_{0min} \leq 15MPa$ 时,$1.3 \leq E_{0max}/E_{0min} \leq 1.6$。

上述 E_{0max}、E_{0min} 分别为地基土由静载荷试验确定的最大、最小变形模量值。对于 a 的评价是由于土的压缩性低,总沉降量小,其差异沉降量的绝对值也随之减小,故而都可控制在允许值之内。

（2）按检验段内压缩性指标变化幅度的评价

设沉降检验段的长度为常见的柱距或勘探点最小间距,取值 6.0m,沉降计算条件符合《建筑地基基础设计规范》有关规定,其中沉降计算修正系数 m_s 取 1.0。在检验段内基底下各点可按各土层厚度的加权平均值确定压缩层计算厚度以上各层土的平均压缩模量。当已知段内的一端平均压缩模量为 E_{s1}（该点计算沉降量满足要求）时,只要另一端的平均压缩模量值 E_{s2} 在表 3.2.2 值范围内,即可认为段内变化最大的两点沉降差满足《建筑地基基础设计规范》规定的容许值范围。

平均压缩模量 E_{s2} 的限定值　　　　　表 3.2.2

基础类型		荷载　E_{s1}（MPa）　类别	检验段"1"端		
			（平均）20	（平均）15	（平均）10
单独基础	框架	2000kN	≥16	11~19	8~14
		1000kN	≥14	10~≥20	8~16
		500kN	≥12	9~≥20	8~18
	排架	2000kN	≥12	9~≥20	7~18
		1000kN	≥10	8~≥20	7~≥20
		500kN	≥7	7~≥20	6~≥20
条形基础		250kN/m	≥15	11~≥20	8~14
		200kN/m	≥14	10~≥20	8~15
		150kN/m	≥13	9~≥20	8~16
		100kN/m	≥11	8~≥20	8~19

注：表列结果均未考虑相邻基础应力的影响。

按《建筑地基基础设计规范》公式计算地基沉降时,压缩层计算深度的确定,对于地基为单一压缩性层,在未考虑相邻基础影响的情况下,仅与基础形式及基宽有关。因此,对不同条件下,压缩层计算深度可按表 3.2.3 值取用。对独立基础考虑两侧柱距为 6.0m 的相邻基础影响,或条形基础只考虑一个与其直交、基础宽度为 4.0m 的基础影响时,压缩层计算深度约增加表 3.2.3 中数值的 1.04~1.12 倍。

压缩层计算深度（基础宽度倍数）　　　　　　表 3.2.3

基础形式 A/B	基础宽度 B (m) 1.0	2.0	3.0	4.0	8.0	10.0
圆形	3.8	3.2	2.6	2.2	1.5	1.4
1.0	4.2	3.4	2.8	2.3	1.6	1.5
2.0	4.9	4.1	3.3	2.8	2.0	1.7
≥10	7.5	6.1	4.7	3.8	2.4	2.1

对这类不均地基评价时，压缩层深度以上岩土层的平均压缩模量还可以按下式确定：

$$E_{s1-2} = \frac{(h_1 + h_2)E_{s1}E_{s2}}{E_{s2}h_1 + 0.5h_2(E_{s1} + E_{s2})} \qquad (3.2.1)$$

式中：E_{s1}、E_{s2}、h_1、h_2 分别表示基底以下第一、二层土的压缩模量和土层厚度，当其下存在第三层土时，可将 E_{s1-2}、$h_1 + h_2$ 与 E_{s3}、h_3 代入公式计算三层土的平均模量。

2）按土层界面坡度和参数变异性评价

（1）《建筑地基基础设计规范》对地基均匀性的评价

在现行《建筑地基基础设计规范》GB 50007—2011 第 3.0.3 条中，提出对地基主要受力层内，各土层的界面坡度及承载力在限定范围且其上的建筑类型也符合表列规定时，可以不进行沉降变形验算。其实，满足该条件时只要满足地基承载力设计要求，实际计算的沉降值已经满足变形允许值。此时，可视地基为均质地基。

在规范 GB 50007—2011 的第 6.2.2 条中，也有类似的规定，在丘陵山区某些地基土承载力较高的地段，其下为倾斜产出的基岩，由于不考虑岩石的压缩变形，故当岩面坡度较大时，对拟定的建筑物条件，亦可视为均质地基。

（2）按岩土参数的变异性质评价

按参数的变异系数 $\delta(\sigma_f / f_m)$，即标准差与平均值的比值进行评价（见表 3.2.4），当参数变化与深度具相关规律时，如 $\delta < 0.3$，为均一型；$\delta \geqslant 0.3$ 为剧变型。

变异系数　　　　　　　　　　表 3.2.4

δ	<0.1	0.1~0.2	0.2~0.3	0.3~0.4	>0.4
差异性	很低	低	中等	高	很高

2. 石芽出露的岩石地基

当石芽分布密度大，芽峰间距小于 2m 或小于基础底面宽度时，虽其间充填可压缩性土，一般仍可视其为均质地基。若芽峰间距较大，在沉降变形检验段或基底范围内，可能出现一端为充填于石芽间的可压缩性土，另一端为不可压缩的岩体，便构成了地基的不均性，如图 3.2.1（a）。从有刚性下卧层及有限厚度压缩层地基的沉降量 S 与压缩土层厚度之间的关系曲线分析可知：当一端为岩石，沉降为零，另一段的沉降随土层厚度而增大，若土层厚度小于或等于某一数值 T 时，检验段两端的变形差 ΔS 小于等于允许值时，可以视其为均质地基；如土层厚度 $h_2 > T$ 则为不均地基。设检验段长度为 6.0m，经计算 T 的临界值列于表 3.2.5。

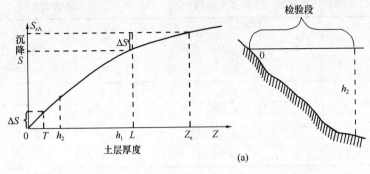

图 3.2.1　不均匀地基沉降与土厚关系

压缩层土层厚度临界值　　　　　　　　　　　表 3.2.5

p(kPa)	E_s(MPa)	压缩土层厚度 T/B	
		条形基础	单独基础
100	5	<0.40	<0.50
150	10	<0.60	<0.65
200	15	<0.65	<0.75
250	20	<0.80	<0.80
300	30	<1.00	<1.00

注：p——基底平均压力；B——基础宽度。

　　由于基础底面各点地基的变形不均匀，使基础和上部结构承受挠曲或扭曲导致房屋开裂。这种开裂是否出现，客观上似乎取决于沉降差，实质上完全取决于基底变形的曲率及其变化幅度。例如，当出现变形曲率突变情况或因检验段确定不当，虽沉降差在允许值 ΔS 以内，但仍然出现开裂。在图 3.2.2 中，岩土交界的两侧，岩石端 AB 无变形，变形曲率半径 R 为无穷大、曲率 $\left(\dfrac{1}{R}\right)$ 为零，变形曲率变化很小，使得检验段内的变形均匀；变形曲率为折线 ABC，也设 $S_c \leqslant \Delta S$，但是，在岩土交界面的位置，由于变形曲线的转折，曲率突变，出现了折屈角 θ 及角变位集中。BC 段有似悬臂梁，在固定端 B 点处梁的挠曲变形的曲率最大，曲率变化率也最大，出现变形集中，而 BC 段土层沉降越大，集中状况就更为显著。由此，在岩土交界处，哪怕沉降差并不大，则可以产生较大的弯矩，房屋极易出现弯曲受拉裂缝。而且角变形的影响随房屋的加高而增大，高度越大，允许的角位移值就越小。

　　从图 3.2.2 还可看出，基岩或石芽突起分布在建筑物基础的不同部位，所造成的影响是有差别的，例如它可出落在纵向条基的中部或端部，实践可知，

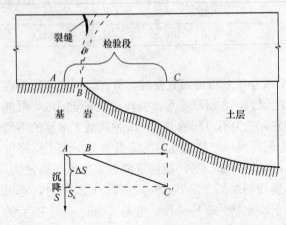

图 3.2.2　岩土交界处的变形曲率与角变位

凡属于前者，建筑物砌体无一不开裂，所不同的仅是程度的差异。这是因为在垂直芽峰的砌体断面上，有二个变位角相叠加即 $\theta_1 + \theta_2$，它相当于两边悬臂梁的中间支座处，角变位集中的情况一样。

在地基与基础协同工作过程中，基础传递上部荷载促使地基沉降的同时，也同步产生相应调整，以适应地基的沉降，使各段的变形曲率趋于雷同。由于建筑物的强度和刚度在各段上是不相同的，在协同工作中，它要按各自的特点产生适应于地基沉降的相应变形，如果这种变形超过了限定，只有以出现开裂来适应了。岩土交界处房屋变形开裂问题性质的分析，为不均匀地基的工程处理提出了方向。

3. 岩土组合的不均匀地基

在沉降计算深度 Z_n 范围内，地基由可压缩土层与岩石共同组成时，如图 3.2.1(b) 中所示。在沉降检验段的一端土层厚度大于 Z_n，在不均匀地基评价时，沉降可取与 Z_n 对应的 S_{zn}，另一端的沉降在压缩性指标既定的条件下，主要取决于土层的厚度。当土层 $h_1 \geqslant L$ 时，如图所示，检验段两端的地界沉降差小于允许值 ΔS，此时可视为均质地基；当 $h_1 < L$ 时，则为不均地基。经验算，土层较薄的那一端土层的临界值见表 3.2.6。

薄端压缩土层厚度临界值　　　　　　　　　　表 3.2.6

Q(kPa)	E_s(MPa)	薄端土层厚 L/B	
		条形基础	单独基础
100	5	>2.70	>0.75
150	10	>2.60	>0.55
200	15	>2.50	>0.55
250	20	>2.50	>0.55
300	30	>1.50	>0.20
400	40	>1.50	>0.20

若两端土层模量均小于 E_n 时，可按既定的地基基础及荷载条件，由计算所得的 E-S 关系曲线，按允许变形值 ΔS 进行评价。其中，当地基土为硬塑状态、$E_s = 12\text{MPa}$、基底应力 P 取 250kPa 条件时，可按图 3.2.3 曲线进行评价。

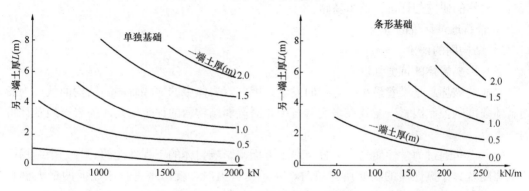

图 3.2.3　岩土组合地基均匀性评价

3.3 岩 石 地 基

我国是个多山之国，山区与丘陵占据国土面积的比例很大，在这些地区进行工程建设，总离不开岩石地基的评价、利用与改造问题。因此，岩石地基评价是我国基础工程在地基评价中的一个重要组成部分。以往由于建筑规模与荷载都不大，在宏观上总认为岩石坚实可靠，对其研究较为肤浅，工程上多是在确定岩石坚固性、风化程度后，进行少量岩样试验提出经验值作为地基设计的依据。随着"高重"建筑的兴建，必须在岩石地基的不良地段上（如断层、风化层等地基不均匀处）布置建筑物，对岩石地基的评价提出更高的要求，进而促进了岩石地基问题的深入研究。

3.3.1 几个基本概念与评价要点

1. 岩块与岩体的不同内涵

岩石是一个广义的含义，构成地基的岩石实际上是岩体，对岩石地基的评价实际上是对岩体工程性能的评价。自然界的岩体都是由形状大小不同的岩块及其间的分割面所构成，若从岩体结构上进行划分，前者称为结构体，后者谓之结构面，岩体即谓两者的聚合。岩体与岩块间既有内在的联系，又有明显的差别。岩块是岩矿颗粒的结合，是各向同性均质连续的弹性体；岩体则是岩块和结构面的集合，是各向异性不连续的弹塑性体。由于构成岩块的多种岩矿颗粒间连接力远大于构成岩体的岩块间的连接，即岩块间结构面的连接，所以大多数岩块强度颇高，而岩体的强度，尤其是沿结构面方向的强度却往往很低。岩体与岩块这一对矛盾除了有相对对立的一面之外，还有着统一性的方面，如岩体中的结构面稀少，岩体结构趋于完整时，二者的强度就趋于接近；又如岩体在垂直结构面方向承受剪力以及一些较软弱的结构面强度接近岩块强度时，二者强度也较为接近。正确认识岩体与岩块的异同，在岩石地基评价中，就有可能抓住岩体的强度，特别是结构面的强度进行岩石地基的工程分析，而在特定的条件下，又可利用对岩块的试验成果，经过处理后来评价岩体。鉴于上述岩体构成的复杂性及技术条件的限制，以往在对工程进行岩石地基评价时，岩体的原位测试做得不多，往往是在宏观调查的基础上，借助分层岩块的测试参数，结合岩体的主要特征（如岩块体量、风化程度、裂隙发育状况等）做一些经验的修正，给出评价。随着各种无损伤检测技术的普及，尤其是波速测试方法的发展与应用，为直接对岩体的研究与评价开辟了新路。

2. 岩石地基评价的重点

1）结构面的评价

（1）影响岩体的抗剪强度

岩体的破坏总是沿着最小阻力方向发生。因此，岩体中的那些软弱的结构面就成为影响岩体强度的控制因素，尤其在坚实岩石中，对软弱结构面的评价使其成为岩石地基评价的侧重点。

软弱面是通过力学性质与应力分布两个方面来影响岩体的工程性能的。当一个结构面由低强度及具摩擦性质的物质所充填时，在承受剪力时，就出现平行于此面的最大剪切面，此时在软弱面破坏之前，岩体不会破坏的，如图 3.3.1 所示。

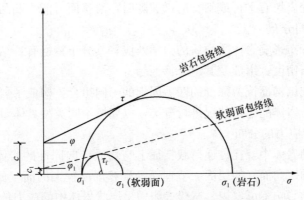

图 3.3.1　最大剪切面上软弱结构面的效应

影响结构面抗剪强度的因素有：

① 按结构面的形态可分为：平直、波浪起伏和曲折形。显然，在平行结构面的剪力作用下，它们对滑移的阻抗是不同的，反映它的形态可用起伏倾斜角 α 与起伏高度 h 来描述。起伏程度可按表 3.3.1 分级。

起伏程度分级　　表 3.3.1

起伏程度分级	平的	弱起伏	起伏	强起伏
起伏倾斜角	$0°\sim5°$	$5°\sim10°$	$10°\sim20°$	$>20°$

② 按结构面的胶结与充填物形态可分为：

a. 闭合、无充填的刚性接触，其抗剪强度取决于起伏高度、起伏程度与两侧的岩性；

b. 闭合、其间有泥质或矿物的薄膜，其抗剪强度除①中所述之外，还取决于薄膜矿物的种类与亲水性。

c. 张开、充水的，此时结构面上的抗剪强度已丧失；

d. 两侧未直接接触，其间有充填物，其抗剪强度取决于起伏高度及充填物的性质与厚度的不同组合。

按结构面张开性分级详见表 3.3.2。

张开性分级　　表 3.3.2

分级	紧闭	微张	张开	宽张
张开缝宽（mm）	<1	$1\sim3$	$3\sim5$	>5

③ 结构面两侧的岩性及其差异，可有下列组合：

a. 软硬相间

受力滑移时，滑面可发生在界面上，也可发生在软层中。

b. 均为软层

滑移时，滑面不一定在界面，也可能在软层破裂。

c. 两侧为坚硬岩块

当邻近结构面处岩块有平行或斜交的微裂隙时,滑移面可能为凹凸不平。

④ 结构面的空间分布

结构面的空间分布影响岩体受力后的力学效应,其分布特征有:结构面的产状及其变化、延伸规模、分布密度、组数及其组合特征等。

总之,上述影响结构面抗剪强度的四项因素的不同组合,构成了岩体工程性能的巨大差异,进而有必要对岩体的结构状况进行分类,以期按不同类型具体对待。

(2) 影响岩体中应力的分布

存在有结构面的岩体中,在传递荷载特征上与均质各向同性的岩体有着明显的区别,特别是一些有规律的定向面(如层面、节理面等)和规模较大的面(如断层、软夹层等)对岩体中应力分布的影响不可忽视。试验表明,呈层状岩体中的应力传递取决于加荷方向与层面的夹角,见图 3.3.2,当夹角为 90°时,应力曲线呈现出沿着加荷方向伸展的形式,

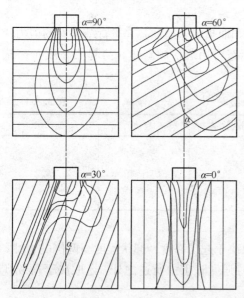

最大压应力方向与加荷方向一致,应力图形为对称的梨形;当夹角为 0°时,虽然最大压应力方向有似桩一样,通过层间的剪力向深部传递,应力图形为对称的狭长形;当夹角为 60°时,应力分别沿层面与垂直层面方向传递,出现两个相对较大的应力方向,应力图形呈现歧义,其中垂直层面传递深度大于沿层面方向。但其应力值及延伸范围均小于夹角呈 90°时的状况;当夹角呈 30°时,应力也是两个方向传递,与夹角呈 60°时相反,即沿层面方向出现应力集中,传递深度大,在垂直层面方向应力分散,传递深度明显减小。由此可见,荷载作用方向与大型结构面相对关系对岩体中应力分布的特征,如有效作用带的宽窄、传递深度、应力的集中与分散、应力等值线的转折与弯曲

图 3.3.2 不同倾角岩层的竖向应力分布概略

等的影响都是显著的。为此,采用基于均匀、各向同性假定的弹性理论来分析这些岩体中的应力分布将会导致很大的误差。

2) 对风化岩的评价

由于各种不同成因的岩石其形成的环境(温度和压力等)与外露地表后条件迥然不同,岩石自身将在物理特性与化学组分上作一系列的调整,以适应新的介质环境。促成这一调整的作用称为风化作用,其强度,总趋势有随着风化作用,表面强度逐渐减弱的规律。因此,作为建筑物基础持力层的岩体,大都是外露地表或埋藏不深、已遭到不同程度风化作用破坏了的岩体。基础工程技术经济分析表明:在岩石地基上,当基础埋置每增深1m,所需增加的费用随深度增加明显上升。除生产工艺或基础结构构造要求之外,基础埋置加深,随风化程度的减弱而提高岩石地基承载力的所获,远不能抵挡由于加深之所失。因此岩石地基上,尽量使基础浅埋使成为一条普遍可以接受的准则。基础浅置,意味着大量的基础都将坐落在各种不同风化的岩体上,包括必须嵌入岩体一定深度的桩基亦不例外。所谓新鲜或未风化的岩石在地表浅处是难以见到的。建筑工程中所指的岩石地基,

多指不同风化的岩体，由此，风化岩便成为基础工程岩石地基研究的主要对象和评价的重点。

风化岩按风化程度从风化剖面连续性上有划分为全风化、强风化、中等风化、微风化四级，也有分为三级，后者把全风化视为松散土。但这些划分，尤其是分界线的划定都有一定随意性，而以波速划分，具有科学性。可比较的特征见表 3.3.3。不同岩性的岩石，由于自身物质构成的差异，在相同风化环境中，表现出来的外观特征各不相同，每类岩石都应有各自风化特征的单独描述，为取其共性，表 3.3.4 中按坚硬性分类后的风化特征描述可供参考。

按波速的风化程度分类   表 3.3.3

分类	新鲜	微风化	中等风化	强风化	全风化
$\dfrac{V_{p新}-V_{p风}}{V_{p新}}$	0	0~0.2	0.2~0.4	0.4~0.6	0.6~1.0

注：$V_{p新}$、$V_{p风}$ 为新鲜与风化岩体的纵波速。

岩石风化特征描述   表 3.3.4

岩石坚固性	风化程度	特征与描述	K_f
硬质岩石	微风化	岩石表面或裂隙面上稍见风化迹象，裂隙数量少，间距大于 50cm	>0.75
	中等风化	少量矿物风化质变，颜色变浅，岩体结构或层理清晰，裂隙发育，把岩体切割成 20cm~50cm 的块状，锤击声脆	0.4~0.75
	强风化	大部分矿物风化质变，但岩体结构或层理仍保存可辨，颗粒间连接强度显著降低，裂隙呈网状分布，将岩体切割成 2cm~20cm 碎状块，岩块用于可折断式碾碎	0.2~0.4
软质岩石	微风化	岩石表面或裂隙面稍有风化迹象，裂隙数量不多，间距大于 50cm	>0.75
	中等风化	有较多矿物风化质变，颜色变浅，裂隙面附近的矿物多风化呈土状砂状，裂面中常被黏性土充填，岩体中裂隙密集，将岩体切割成 2cm~10cm 岩块，用锤易击碎	0.4~0.75
	强风化	大部分矿物已风化呈黏土矿物，外观干时呈碎粒状，且浸水或干湿交替可迅速软化，岩体结构或层理只隐约可见，岩块可碾成粒状	0.2~0.4

注：K_f——风化岩石与新鲜岩石的饱和单轴抗压强度之比。

3. 岩石地基检验与评价

岩石地基与土质地基一样，为确保其正常工作，检验评价的内容仍然是地基承载能力、稳定状态与变形性状三项。即使是风化岩体，由于其不同程度上仍然保留岩体原有的组织结构，密度明显比松散土大，压缩性一般偏低，就是其中压缩性较高的黏土质的强风化层，压缩模量也多在 15MPa 以上。故而对大多数岩石地基上的建筑物，一般较少验算在外荷作用下的地基压密变形，亦即大多岩石地基都满足沉降变形的要求。这是它区别于土质地基的特点之一。岩体稳定破坏的形式有滑动、崩塌与流动。其中流动是岩体破碎、沿重力的作用方向流动，它比较少见；崩塌是岩体中的不稳定部分，以某一点为中心发生转动而破坏，而滑动是最为常见的失稳形式。在较完整的岩体中，破坏机制受岩石力学性质控制，并多呈张裂形式破坏，而在完整性较差的岩体中，结构面起着制约的作用，使岩体稳定评价独具特色。这类岩体在外力作用下，应力是通过岩体中的相互连接的结构体来传递，优先破坏的方式是结构体沿结构面滑移，显示出结构效应，见图3.3.3。

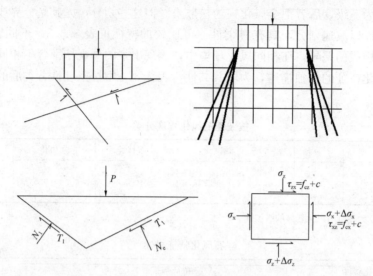

图3.3.3　岩体中的应力

　　当岩体被数组结构面切割成菱块状，更加促使地基岩体的滑移破损。在承载力评价中，鉴于已有的评价方法较为粗糙，对承载力的使用普遍留有较大余地，高重建筑的兴建，以技术经济考虑，都要求充分挖掘利用地基的潜在能力，然而使用的方法就显得很不适应。因此，如何更加科学地确定地基的承载力，便成为岩石地基评价中的重要问题。

3.3.2　岩石地基的分类

1. 按工程实用的分类

岩石根据不同的服务目的可有不同的分类，但总的说来，它可归纳为二大类：一类是普遍性实用的工程分类；一类是为专门工程目的服务的分类，如开挖分类、可钻性分类、爆破分类等。在此只介绍几种可供岩石地基划分参考的分类。

1）按单轴抗压强度的分类：一般是取饱和状态下的抗压强度30MPa为界线值，将岩石分为硬质与软质或坚硬与软弱两大类，之下再根据需要可细分。具有代表性的是以岩石坚固性的分类，详见《建筑地基基础设计规范》，还有建筑、铁路系统按岩石强度的分类，见表3.3.5、表3.3.6。

我国建工系统的岩石强度分类表　　　　　　　　　　　　　　　表3.3.5

类别	名称	饱和抗压强度（MPa）	代表性岩石
A	硬质岩	＞60	新鲜的中细粒花岗岩、花岗片麻岩、花岗闪长岩、辉绿岩、安山岩、流纹岩等；石英砂岩、石英岩、硅质灰岩、硅质砾岩、厚层石灰岩等
B	中等坚硬岩	30～60	新鲜的中厚—薄层石灰岩、大理岩、白云岩、砂岩、钙质砾岩；某些粗粒岩浆岩、斑岩；微—弱风化的硬质岩

类别	名称	饱和抗压强度（MPa）	代表性岩石
C	软质岩	＜30	新鲜的泥质岩、泥质砂岩、页岩、泥灰岩、绿泥石片岩、千枚岩、部分凝灰岩及煤系地层；弱—强风化的硬质岩与中等坚硬岩等

我国铁路系统的岩石强度分类表　　　　　表 3.3.6

分类名称	饱和抗压强度（MPa）	抗风化能力	代表性岩石
硬岩	＞60	暴露后数月至一、二年一般不易风化	花岗岩、闪长岩与玄武岩等岩浆岩类；硅质、铁质砾岩与砂岩、石灰岩、泥质灰岩、白云岩等沉积岩类；片麻岩、石英岩、大理岩、板岩、片岩等变质岩类
	30～60		
软岩	5～30	暴露后数日至数月即出现风化壳	凝灰岩、浮石等喷出岩类，泥质砾岩、泥质、炭质页岩、泥灰岩、泥岩、黏土岩、劣煤等沉积岩类；云母片岩或千枚岩等变质岩类
	＜5		

2）D. H. 斯特普尔顿的分类（见表 3.3.7）

斯特普尔顿的分类（1968）　　　　　表 3.3.7

岩石分类		单轴抗压强度		常见的岩石						
名称	符号	Psi（磅/吋²）	MPa							
很软	VW	＜1000	＜7							板岩
软	W	1000～3000	7～20					砂岩	石灰岩	粉砂岩	
中等强	MS	3000～10000	20～70				大理岩				
强	S	10000～20000	70～140			石英岩、片岩					
很强	VS	＞20000	＞140	花岗岩	玄武岩	片麻岩					

3）D. U. 迪尔与 R. F. 米勒提出的综合性工程分类。它根据岩石二项重要参数，单轴抗压强度 f_r 与弹性模量 E 来划分，其中 E 是在应力应变曲线上以岩石极限抗压强度的 50% 时得到的切线模量。它先依 f_r 将岩石划为五级：A、B、C、D、E，如表 3.3.8；再以 E/f_r 之比即模量比分为三级 H、M、L，如表 3.3.9。然后综合两个分级将岩石划为若干类型。统计分析一些最常见的岩石所划分的工程类别为：花岗岩为 BM 型、辉绿岩为 AM 型、玄武岩及其地喷出岩为（A-D）M 型、石灰岩与白云岩为（B-C）（M-H）型、砂岩为（B-E）（M-L）型、页岩为（B-E）L 型、石英岩为（A-B）m 型、片麻岩为 BM 型、大理岩为 CH 型，片岩中片理陡倾时为（C-E）（M-H）型，缓倾时划为（C-E）（M-L）型等。

迪尔米勒的岩石抗压强度分类表　　　　　表 3.3.8

级	描　　述	单轴抗压强度	
		Psi（磅/吋²）	MPa
A	强度极高的	＞32000	＞224
B	强度高的	16000～32000	112～224

级	描　　述	单轴抗压强度	
		Psi（磅/吋²）	MPa
C	中等强度的	8000～16000	56～112
D	强度低的	4000～8000	28～56
E	强度极低的	＜4000	＜28

迪尔米勒的岩石模量比分级表　　　　　表 3.3.9

级	描述	模量比（E/f_r）
H	高模量比	＞500
M	中等模量比	200～500
L	低模量比	＜200

2. 按岩体结构的分类

不同结构的岩体，反映出工程特性差别很大，例如岩体反映的不均性，主要是由于岩块的组合，岩性的变化、在不同方向上各种结构面发育程度和特性差异所致，又如结构面的存在，岩体受力后呈现不连续性，应力在传递过程中将产生曲折绕行或局部的应力集中。结构面的存在破坏了岩体的完整性，降低了其整体强度，也对岩体中地下水的运动起到控制的作用，因此，就有必要按结构特征，对作为地基的岩体进行分类。在分类时要充分注意岩石的组合特征和变形破坏程度，即考虑到结构面和结构体的自然特性、组合状况及其连接状况等。

按结构类型将岩体划为四大类和八亚类。

1）整体块状结构（Ⅰ）

（1）整体结构（Ⅰ₁），岩性单一、结构面不发育、岩体呈完整或基本完整状态。

（2）块状结构（Ⅰ₂），岩性单一或有强度相近的岩层组成，结构面将岩体切割成岩块，但岩块之间结合力强。

2）层状结构（Ⅱ）

（1）层状结构（Ⅱ₁）岩层组合单一或互层，有时其间夹有薄的软弱层，结构面接近平行，主要为层面，软弱夹层的层间错动等。

（2）板状结构（Ⅱ₂）岩性变化大，组合复杂，以薄层为主，岩体呈薄板状，结构面为层理，软夹层、层间错动，但结合力差。

3）碎裂结构（Ⅲ）

（1）镶嵌结构（Ⅲ₁），岩性单一，质地坚硬，裂隙发育，使岩块呈棱角，彼此镶嵌咬合。

（2）层状碎裂结构（Ⅲ₂），岩性复杂多变，软硬相间，即一组近于平行的软弱破碎节理与完整程度相对较好的骨架岩层相间存在。

（3）碎裂结构（Ⅲ₃），岩性组合繁简不一，具明显多向导性，有多组结构面存在，组合复杂多被软弱物质所充填，岩块的大小、形状多不相同。

4）散体结构（Ⅳ），岩性复杂，随破碎的规模和破碎程度明显变化，基本呈松散状态，有的为块泥混杂。

各分类的特征参见表 3.3.10。

表 3.3.10

岩体结构类型及其特征

结构类型		地质背景条件	主要结构面的特征				结构体特征		水文地质特征
大类	亚类		地质特征	tanφ值	组数	间距	性状与大小	饱和抗压强度（MPa）	
I 整体块状结构	整体结构 I₁	构造变动轻微的巨厚层与大型岩体，岩性均一	主要是节理，延展性差，紧闭，粗糙，面间连接力强	≥0.6	<2	100	巨大块状	>60	含水很少
	块状结构 I₂	构造变动中等以下的厚层与大型岩体的岩性均一	主要是节理，多闭合，少量无充填或薄膜，面间有一定连接接力	0.4~0.5	3	100~50	较大块状，柱状与菱形体	>30	沿裂隙有水
II 层状结构	层状结构 II₁	构造变动中等以下的中厚层岩体，单层厚>30cm，岩性均一或互层	层、片、面为主，延展面有依带，面间结合力差	0.3~0.5	2~3	50~30	较大的厚板状，块状，柱状	>30	多层水文地质结构，水动力条件复杂
	板状结构 II₂	构造变动较强烈的中薄层岩体，单层厚<30cm	具片理发育，层间错动面多充填泥质，多互层	0.3	2~3	30	较大的薄板状	30~20	多层水文地质结构，水动力条件复杂
III 碎裂结构	镶嵌结构 III₁	压碎岩带	节理裂隙发育，但延展性差，面粗糙，闭合或充填少，彼此穿插切割	0.4~0.6	>3	几~几十	大小不一，形状多样，多具棱角	>60	为统一含水体，但透水性不强
	层状碎裂结构 III₂	软硬相同，完整性较好的，前者与破碎岩相间，后者为骨架者为松软带	主要结构面大致平行，骨架肉具裂隙	0.2~0.4	>3	100	骨架中呈块状，松软带中呈碎块，岩粉与泥状	30	层状水文地质结构，软岩带为隔水体，骨架为含水体
	碎裂结构 III₃	构造变动强烈，具有明显岩性复变化风化	小断层与节理裂隙发育，多充填泥质，面较平整支离整切割得破碎	0.2~0.4	4~5	50	呈碎块状，形状多样	<20~30	为统一含水体，地下水作用活跃
IV 散体结构		构造变动最强烈的断层破碎带，人破碎带，剧烈风化带，岩浆岩化带	节理裂隙极多，岩体呈碎乱无章，分布，岩块松散土体状		无数	很小	碎块，岩粉与泥状	接近土体	起隔水作用，其两侧富水

3.3.3 岩石地基评价

1. 岩体质量评价

岩石地基的研究对象是岩体，如前所述，岩块（样）与岩体有本质差别，前者质量可以用一系列特征指标来描述，但由岩块与结构面集成的岩体是不均匀、各向异性和不连续的介质，对其质量评价必须考虑这一结构特点的内在因素。

1）岩体的完整性

岩体的完整性即破碎程度是岩体工程特性差异之源，其间结构面愈密集，被切割而成的岩块就愈小、形态就愈复杂。表达岩体完整性的指标众多，如单位长度（面积、体积）内结构面所占据的比值、结构面平均间距、岩心采取率、岩石质量指标 RQC 等。随着弹性波测试技术的广泛应用，可用岩体纵波速 V_{mp} 与岩块（揭）纵波速 V_{rp} 平方比所确定的岩体完整性系数 I 来表征岩体的破碎程度。

$$I = V_{mp}^2 / V_{rp}^2 \tag{3.3.1}$$

I 值基本上接近于岩体动弹性模量 E_{md} 和岩样动弹性模量 E_{rd} 之比。表 3.3.11 列举了按完整性系数的岩体质量评价方案。

几种岩体完整性系数分类标准对比　　　　　　　　　　　　表 3.3.11

提出单位	分类及评价				
中科院地质所	稳定性良好（整体结构）	稳定性好（块状结构）	稳定性中等（裂隙块状、层状结构）	稳定性较差（碎裂结构）	稳定性很差（松散结构）
	≥0.8~0.9	<0.8~0.9	<0.70~0.65	<0.40~0.30	<0.20~0.10
中科院岩土所	完整性好		完整性较好	完整性差	
	0.75~0.9		0.45~0.75	<0.45	
铁科院西南所	新鲜完整的好岩体		裂隙中等微风化岩体	裂隙极发育、强风化之破碎岩体	
	≥0.75(0.75~0.9)		0.50~0.70	0.20	

岩体的完整性还可用裂隙系数 L_s 来表示：

$$L_s = \frac{V_{rp}^2 - V_{mp}^2}{V_{rp}^2} = \frac{E_{rd} - E_{md}}{E_{rd}} \tag{3.3.2}$$

式（3.3.2）中 V_{mp}、V_{rp} 分别为岩体和岩块纵波速。按 L_s 分类评价见表 3.3.12。

岩体裂隙系数分类　　　　　　　　　　　　表 3.3.12

分类	最好的岩石	好的坚固岩石	坚固岩石	稍差的岩石	不好的岩石
L_s 值	<0.25	0.25~0.50	0.50~0.65	0.65~0.80	>0.8

2）岩体的不均匀性

可按岩体各向异性系数进行评价，即垂直于主要结构面与平行结构面的波速比，若比值接近 1.0，表明是各向同性，其胶结情况良好。评价标准参见表 3.3.13。

岩体的各向异性划分　　　　　　表 3.3.13

不均性状况	良好	好	中等	差	极差
各向异性系数	1.0	0.83～0.1	0.66～0.83	0.50～0.66	＜0.50

岩体不均性还可按不均匀系数 n 来评价。

$$n = T/a \tag{3.3.3}$$

$$a = \frac{1}{L} \sum_{i=1}^{n} v_{pi} \cdot l_i \tag{3.3.4}$$

$$T = \sqrt{\frac{\sum_{i=1}^{n} (v_{pi} - a)^2 l_i}{L - 1}} \tag{3.3.5}$$

式中　L——区段全长，等于 $L_1 + L_2 \cdots + L_n$；

　　　n——区段内波速测定段数；

　　　l_i——每一测量段长度。

n 数愈大，不均匀性愈大，此式还可用以判断区段划分的合理性。

3）结构面的抗剪强度

结构面所在位置即是岩体强度的薄弱部位。评价时，尤其应注意对有利于滑移方向、阻抗能力较小的结构面的分析。通常以结构面上的抗剪强度（摩擦系数）来表征阻抗能力的大小。在表 3.3.10 中列有多结构类型的经验数值。结构面上的抗剪强度难以准确测定，岩样试验时，受试样加工的扰动影响，试样尺寸也难以具有代表性。虽提倡在结构面原位试验，但受种种制约，所做的数量不可能很多。兹介绍一些经验值供参考取用，见表 3.3.14～表 3.3.16。

平行结构面方向岩体的剪力强度参数　　　　　表 3.3.14

弱面类型	内摩擦系数 $\tan\varphi$	内摩擦角 φ (°)	内摩擦力 c (10kPa)
黏土岩泥层面	0.16～0.30	9～17	0.03～0.25
黏土岩泥化层面	0.27～0.67	15～30	0.64～1.11
安山凝灰 块岩 黏土泥化夹层	0.19	11	1.25
板岩泥化层面	0.28	16	0.57
页岩泥化层面	0.19～0.39	11～21.5	0.04～0.00
页岩泥化层面	0.38～0.48	21～26	0.10～0.00
石灰岩实碳质页岩泥化层	0.30	17	1.0
页岩泥化膜	0.49	26.5	0.12
断层带（角砾碎屑夹少量泥）	0.36	20	0.33
黏土岩夹层层面	0.37	20.5	0.85
碳质夹层	0.48	26	0.11
泥质岩与砾岩接触面	0.53	28	2.48
黏土质泥灰岩与砂岩接触面	0.53	28	0

续表

弱面类型	内摩擦系数 tanφ	内摩擦角 φ(°)	内摩擦力 c (10kPa)
泥灰岩层面	0.70	35	0.45
钙泥质灰岩层面	0.79	38.5	0.80
风化碳质页岩层面	0.80	39	4.00
黏土质粉砂岩层面	0.91	42.5	0.80
石英闪长岩断层带	0.86	41	1.00
新鲜碳质页岩夹层	0.49	43.5	5.50
混合岩构造裂隙面（顺倾向）	0.86	41	2.20
混合岩构造裂隙面（逆倾向）	0.86	41	4.20
大理岩裂隙面	0.78	38	5.00
石英闪长岩构造裂隙面	1.14	49	1.20
方解石岩脉	0.89	42	0.90
方解石岩脉	1.02	46	1.55

各类软弱结构面的抗剪强度参数　　　　表 3.3.15

软弱面类型	岩壁岩性	基本特征	抗剪强度参数	
			tanφ	c (10kPa)
节理面	石灰岩	方解石充填	1.02	1.55
		黏土充填，厚1～2mm	0.65	7.10
		黏土充填，厚5～10mm	0.42	2.00
		黏土充填。厚>20mm	0.265	0.50
	花岗岩	无充填，起伏高度1mm～4mm	0.61	0
		黏土充填，起伏高度3mm～5mm	0.51	0
		黏土充填，起伏高度25mm	0.55	0.20
	石英闪长岩	黄铁矿粉充填，厚0～50mm	1.14	1.20
断层带	石灰岩 石英砂岩 闪长岩	方脉石胶结，宽1cm～11cm	0.7～0.9	1.50～10.80
		断层泥带	0.4～0.65	10～0.20
		绿泥石充填，宽2cm～5mm	0.58	2.00
	辉长岩	破碎带，宽几十厘米	0.47	0.90
		含水泥质充填，宽4cm～5cm	0.38	0.22
	角闪石片岩 泥岩	断层泥带	0.58	0.20
		层间错动带，呈粉状	0.39	0.60
夹层	黏土岩	泡水7d	0.38	0.60
	石英砂岩	夹泥层	0.18～0.46	0.02～0.50
		页岩夹层	0.33～0.70	0.06～0.70
	煤	页岩夹层，泥化	0.35～0.49	0.14～0.70
		泡水7d	0.48	1.10
	石灰岩	泥质灰岩与泥岩夹层	0.43	0.40

软弱面类型	岩壁岩性	基本特征	抗剪强度参数	
			$\tan\varphi$	c（10kPa）
层面	泥岩与石灰岩 黏土岩与黏土岩 黏土岩与细砂岩 黏土岩与粉砂岩	半风化	0.44 0.52～0.66 0.31～0.43 0.46	0.80 1.60～2.80 0 0
	砂岩	一般 层面有云母富集，有黏土碎屑	0.52 0.43	1.44 1.50

几种类型结构面的摩擦系数简表 表3.3.16

结构面状态	$f=\tan\varphi$		备注
	数据范围	一般值	
不含碎块或不含大于泥厚的颗粒的泥化夹层	0.13～0.27	0.2	泥厚越大其值越小
泥厚小于所夹碎块的块度，或小于结构面的起伏差，碎屑起控制作用的破碎夹层	0.25～0.57	0.3～0.5	包括铁锰质薄膜
闭合无充填的结构面（受岩性及粗糙度控制）	0.53～1.2	0.5～0.7	包括含少量碎屑

结构面抗剪强度一般由摩擦强度与凝聚力组成，也可用库仑公式来表述，只不过其中凝聚力所占比例不如岩块那样高，它们的数值取决于面壁上的矿物成分、粗糙与起伏、充填物成分、含水量及厚度等。其中黏土矿物影响最为明显，其 $\tan\varphi$ 仅有 0.4～0.8，湿度高时仅有 0.2 左右。面壁曲折（台阶、锯齿状）由于两壁相互咬合，滑移时，出现"爬坡作用"，所增大的摩擦角值相当于起伏倾斜角（表3.3.1 中之 α 角），如该角很大，而岩性相对软弱，即可发生啃断作用，此时结构面的抗剪强度被那部分岩状的抗剪强度所代替。面壁平直，尤其呈光滑镜面时抗剪强度最小，呈波浪状时居于其中。佩顿（Patton）用呈锯齿状石膏试件进行直剪试验，认为试验结果可用双直线关系

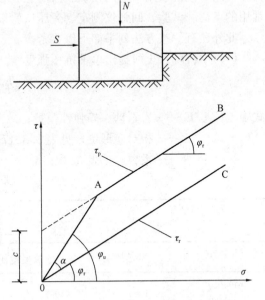

图 3.3.4 试验结果双直线关系示意图

来描述（图3.2.4）。试验所得 $\sigma-\tau_p$ 关系线 OAB 为双直线，剪破损后复剪还可得残余强度 $\sigma-\tau_r$ 关系线 OC。

OA 段的方程为：

$$\tau_p = \sigma \cdot \tan\varphi_u$$

而 $\varphi_u = \varphi_r + \alpha$，其中 φ_r 为石膏的摩擦角，α 为起伏倾斜角。当法向应力 N 较高时，AB段的方程为：

$$\tau_n = c + \sigma \cdot \tan\varphi_r$$

实际 AB 与 OC 两直线方程间差一常数即石膏的凝聚力 c。

巴顿（Barton）提出在未充填的结构面有啃断又有爬坡情况下，抗剪强度 τ_p 的经验公式：

$$\tau_p = \sigma_n \tan\left[R \log_{10}\left(\frac{f_r'}{\sigma_n}\right) + \varphi\right] \quad (\sigma_n < f_r') \tag{3.3.6}$$

式中　σ_n——结构面上有效正应力；

$\quad\quad f_r'$——面壁突起部分岩块单轴抗压强度；

$\quad\quad \varphi$——面上的摩擦角；

$\quad\quad R$——石壁起伏粗糙系数，由镜面与锯齿状变化于 $0\sim20$ 之间。

4）岩块的强度

岩块是岩体组成的基本单元，借结构面与周围其他岩块相连接。在受力过程中，虽如前述结构面起着重要作用，但岩块的特性（大小、强度、对变形的抗力）也起一定的作用，尤其当岩体完整性良好，岩块呈紧密的刚接或岩块强度很低时，它在一定程度上反映了岩体的强度。表示岩块强度特性通常是用单轴抗压强度指标，它必须符合所处环境的客观性，也要考虑在工程作用下的变化趋势。由岩样试验所得强度值要具有真实性、可比性的结果，受到一系列条件，如分组、数量、制备要求、尺寸、试验技术、标准等的影响。实际使用时，也引用一些间接试验及与经验相关的确定方法，间接通过换算试验方法，如常用的点荷载试验、回弹仪测定、旁压试验以及强风化层的重型动力触探等。

此外还有一些方法列举如下供参考。

（1）中科院岩土所提出单轴抗压强度 f_r'（MPa）

$$f_r' = \varepsilon \cdot E_s = \varepsilon \cdot \frac{E_{rd}}{\beta} \tag{3.3.7}$$

式中　E_{rd}、E_s——岩石动、静弹性模量；

$\quad\quad \varepsilon$——相对变形量，见表 3.3.17；

$\quad\quad \beta$——系数，见表 3.3.18。

相对变形量 ε 值　　　　　　　　　　　　　　　　表 3.3.17

岩石质量	坚硬致密	中等	软弱
ε（‰）	$1\sim1.5$	$2\sim3$	$3\sim2$

动静弹模比与 β 系数　　　　　　　　　　　　　　　表 3.3.18

动弹模 E_{rd}（10^5MPa）	$1\sim5$	$5\sim10$	$10\sim30$	$30\sim60$	$60\sim80$	$80\sim100$
β	$20\sim15$	$15\sim10$	$10\sim7$	$7\sim5$	$5\sim3$	$3\sim1.5$

（2）动弹模 E_{rd} 与抗压强度的关系：

$$f_r' = (E_{rd}^{0.583} \cdot \delta^{-0.127})^{0.00703} \tag{3.3.8}$$

式中　δ——对数衰减系数。

（3）波速与抗压强度（MPa）的关系

a. 按《水利水电工程地质手册》，二者关系见图 3.3.5。

b. 按类比贵州省建筑设计院的试验分析，当试样为圆柱状、径高比为 1.0 时，纵波速（m/s）与自然状态岩样单轴抗压强度（MPa）关系如式（3.3.9）所示：

白云岩：$f'_r = 0.0174V_p - 15.1$

泥质白云岩：

$$f'_r = 0.01172V_p + 0.4 \quad (3.3.9)$$

泥质页岩：$f'_r = 0.03175V_p - 76.6$

泥页岩：$f'_r = 0.01718V_p - 25.4$

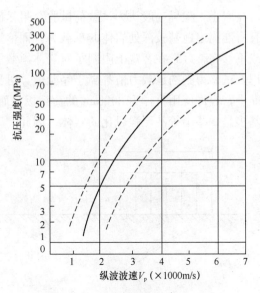

图 3.3.5 纵波波速与抗压强度关系

5）岩体综合质量评价

谷德振提出岩体综合性半定量指标岩体质量系数 Z 用以分析岩体质量优劣。

$$Z = I \cdot F \cdot S \quad (3.3.10)$$

式中 I——岩体完整性系数；

F——$\tan\varphi$ 为结构面摩擦系数；

S——岩块坚强系数 $f_r/10$；

f'_r——饱和单轴抗压强度（MPa）。

Z 值愈大岩体质量愈好。三个系数中，F 权值最大、I 次之、S 也是不可忽略的。岩体质量综合性评价 N，巴顿也提出由多因素确定的综合指标 Q，由于过繁，不予详细介绍。

2. 岩体承载力评价

岩石地基承载力评价，也就是岩体强度评价的方法，有经验相关分析法、原位试验、岩块（样）强度修正和理论公式计算等，评价时应综合考虑。

1）经验相关分析法

以往使用较广，在现行若干技术标准中，根据不同的服务对象，分类特征都推荐该方法。根据工程经验或试验资料提出的承载力表和用表的规定，简便易行，易于被采用。由于编表都是经过概括与取舍的加工，所推荐的数值一般都较多地从安全方面考虑，它对一般工程的岩石地基仍可适用。若需更多的发挥地基潜力，就还需要有其他方法的配合验证。除承载力表之外，也有根据波速测定与岩体质量评定结果，提出岩体准强度 f_{r0} 的建议方法：

$$f_{r0} = If_r \quad (3.3.11)$$

式中 f_r——岩块（样）单轴抗压强度；

I——岩体的完整性系数。

2）原位试验

在岩石地基上进行原位试验，常用的方法有静载荷试验、直剪试验、旁压试验等。当前在岩土工程界一般认为，载荷试验结果是确定岩土承载力的较准方法，而高压旁压试验有可能测定地基较深处岩体的承载力。而恰恰限于条件，这些试验在以往工程中做得不多或不够完整，它在客观上限制了对岩体承载能力的认识与潜力的发挥。大凡做过试验的工程，试验得到的承载力值都高于经验值，可见投入一定测试所需代价的效益。现行技术标准中，容许使用直径为 300mm 的荷载板，而工程中，要求通过试验确定承载力的岩石地基多是一些中等甚至强风化的岩体。因此，广泛开展岩基原位试验是可以办到的。

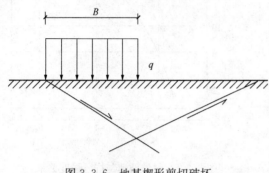

图 3.3.6　地基楔形剪切破坏

3）理论公式计算

已见的公式众多，不予一一介绍。但选用公式时，需充分注意岩体变形特征和不同的破坏模式，代入参数的可靠性亦至关重要。理论公式对实际复杂条件都作了简化，故计算结果尚需结合其他方法综合评定。

（1）地基沿两个结构面发生楔形剪损，见图 3.3.6。

$$f_r = 0.5\gamma B \tan^5\left(45° + \frac{\varphi}{2}\right) + c\left[\tan^4\left(45° + \frac{\varphi}{2}\right) - 1\right]\Big/\tan\phi + q\tan^4\left(45° + \frac{\varphi}{2}\right)$$

(3.3.12)

式中　γ、c、φ——岩石重度与强度参数；

　　　　B——条基宽度。

（2）破裂面弯曲，岩体有一定塑性变形，且基底上存在剪应力时：

$$f_r = 0.5rBN_r + CN_c + qN_q$$

(3.3.13)

式中　$N_r = \tan^6\left(45° + \frac{\varphi}{2}\right) - 1$

　　　　$N_c = 5\tan^4\left(45° + \frac{\varphi}{2}\right)$（适于条基）

　　　　$N_c = 7\tan^4\left(45° + \frac{\varphi}{2}\right)$（适于方、圆形基础）

　　　　$N_q = \tan^6\left(45° + \frac{\varphi}{2}\right)$

（3）岩体呈脆性由基础外某点应力达到极限而开始破坏。

$$f_r = 3\pi f'_r (Y/B)^2 (1 - Y/B)^{1/2}$$

(3.3.14)

式中　B——条基宽度；

　　　　Y——基础边缘至开始破裂点距离；

　　　　f'_r——岩样抗压强度。

（4）荷载或基础是倾斜的，受荷而破坏，见图 3.3.7。

荷载倾斜时

$$f_r = [1 - 0.8(\beta/\varphi)^{1/2}][0.5\gamma BN_r + (cN_c + qN_q)]$$

(3.3.15)

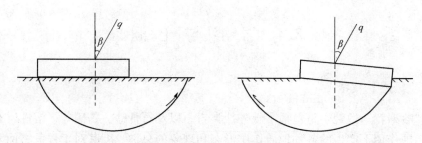

图 3.3.7　荷载与基础倾斜

基础倾斜时

$$f_r = [1 - 0.3(\beta/\varphi)^{1/2}][0.5\gamma B N_r + (c N_c + q N_q)] \qquad (3.2.16)$$

式中　β——荷载偏斜度；其余符号与公式（3.3.13）相同。

以上各式均为极限承载力值，使用时尚需修正。

4）按岩块强度修正

如前所述，在一定条件下，可以研究岩样抗压强度进而确定岩石地基承载力，即将岩样抗压强度乘以小于 1.0 的综合修正系数。由于考虑因素的不同，已见的推荐方案虽很多，但差异较大，系数取值介于 $\frac{1}{2} \sim \frac{1}{20}$ 之间。在此仅列举葛洲坝工程提出的修正值供参考，见表 3.3.19。在现行国家标准《建筑地基基础设计规范》中，提出了变化于 $\frac{1}{3} \sim \frac{1}{6}$ 的折减系数，但它要求岩样尺寸为 $\phi 50mm \times 100mm$，测定值须经分组统计修正，由确定的标准值再乘以折减系数。

容许承载力修正系数值　　　　　　　　　　　　　表 3.3.19

岩石名称	容许承载力			
	节理不发育间距 $>1.0m$	节理较发育间距 $1.0 \sim 0.3m$	节理发育间距 $0.3 \sim 0.1m$	节理极发育间距 $<0.1m$
坚硬和半坚硬岩石 $f_r > 30MPa$	$\frac{1}{7}$	$\frac{1}{7} \sim \frac{1}{10}$	$\frac{1}{10} \sim \frac{1}{16}$	$\frac{1}{16} \sim \frac{1}{20}$
软弱岩石 $f_r < 30MPa$	$\frac{1}{5}$	$\frac{1}{5} \sim \frac{1}{7}$	$\frac{1}{7} \sim \frac{1}{10}$	$\frac{1}{10} \sim \frac{1}{15}$

3. 岩体稳定性评价

当岩石地基承受较大水平荷载或基底附加应力扩散范围内有临空面时，需进行抗滑稳定评价。一般通过工程地质比拟和力学计算综合评定。在分析中应充分注意岩体的可能失稳形式及不利方向上结构分布及其组合的不利影响，对所确定的可能滑移岩体，逐一进行评价验算。岩体参数取值时，应注意人为或环境因素促使岩质软化减弱的预测。在岩体中存在影响地基稳定的洞隙空间时，需进行顶板岩体塌落、稳定验算与评价。岩体移滑和塌落的评价计算细则，详见有关章节。

3.4 岩溶与土洞

3.4.1 概述

岩溶"喀斯特"地貌，是包括了碳酸盐类岩石以及石膏盐、芒硝等可溶性岩石，在水的溶（侵）蚀作用下产生的各种地质作用形态和现象的总称。就其对工程危害而言，由于石膏、岩盐等易溶岩的溶解速度大，不像碳酸盐类岩石中的溶蚀作用需经历漫长的岁月才能发生和发展。因此，对易溶岩中岩溶的工程地基评价，不但要考虑其现状，更要着眼于在工程有效使用期限内溶蚀作用的继续发展对工程的不利影响。但是，就各类可溶岩的分布及其对工程不利影响总体发生频数而言，由于碳酸盐类岩石在我国各类可溶岩中分布面积占有绝对优势，在存在岩溶问题的工程中，它所占比例也高，因此，狭义上工程界往往把岩溶认为是在碳酸盐类岩石中对工程建设有影响，而必须予以专门考虑的一种现象。因而本节所述也仅限于这类岩石中的岩溶地基评价问题。

3.4.2 岩溶对工程的影响

由于地表水长期流动产生溶蚀，碳酸盐类岩石的表面形成犬牙起伏、溶沟石芽相连以及石林耸立的地貌，它们有的直接外露地表，有的则为后期不同成分和厚度的沉积物所掩埋。地下水流不断地溶蚀冲蚀，在流经的岩体中也形成了奇特多样的洞隙与暗流，由于不同时期的地下水流可以在不同高度水平的岩体内活动，也就可以见到多层次的水平岩溶形态分布。在地下水和地表水的联合作用下，也可将地表与地下的岩溶形态贯通，形成多种形状和规模的竖向通道等。这些岩溶形态为人类活动提供了可资利用的良好地下空间、旅游胜地、可供开采量大质优的水源和其他洞穴矿床，也可利用洞内具有相对稳定的气流与湿度作为其上建筑物室内天然空调等。但是除了这些有益方面之外，也由于各种岩溶形态的存在，给工程建设，特别地基基础工程带来了许多不利条件，归纳起来主要有下列几点：

1) 对地基压缩变形均匀性的影响

被不厚沉积物覆盖的多种岩溶表面形态的分布，由于岩面凹凸不平，致使上覆土层厚度不一，石芽往往外露，还经常遇到水平距离不远（如 1m～2m）的两点，土厚相差悬殊；在一些深切溶沟的底部往往与地下水有着联系，其间局部埋藏着软弱土。这些都造成地基在水平和垂直方向上压缩性的不均匀，由此使得位于其上的建筑物地基产生差异沉降。

2) 岩溶洞穴顶板塌落造成地基破坏、房屋倒塌

岩体中浅埋岩溶洞隙，由于顶板薄且破碎，在天然状态下处于极限平衡状态，尤其是一些扁平状、洞跨大、顶板岩体被几组裂隙切割的浅层洞体，在自然或人为作用下，塌落造成其上建筑地基的局部破坏。

3) 涌水或流水不畅影响建筑施工和使用

雨季深处的岩溶地下水往往上涨，通过连接地表的纵向通道（漏斗、落水洞等）向地面涌泄；由于各种原因使通道堵塞，失去消排地面水的功能，造成场地暂时性淹没。岩溶

水具有分布不均、无统一水面、呈网状或管状水流以及水位、水量骤变等特点。旱季时，场地某一深度范围内岩体干枯，雨季可突然涌水，它的出没无常，使基础施工措手不及，若其补给区地势较高，管状水流可具巨大的动水压力，以致冲毁建筑地坪及基础底板。

4）土洞塌落造成地表塌陷

土洞是岩溶发育区邻近岩面的土体在特定条件下形成的岩洞和洞内塌落堆积物的总称。这些土中洞穴在一定条件下可保持一段时间的相对稳定，若因环境条件的改变，可逐渐塌落，最后波及地表形成地表塌陷和地面破坏。土洞较之岩洞具有发育速度快、分布密的特点，对场地造成的危害以及对建筑地基安全的威胁不容忽视。

3.4.3　岩溶地区工程建筑的基本经验

岩溶地基评价在于利用或改造岩溶，以便为工程服务。多年来，在岩溶地区的工程实践，已经在认识、利用与改造岩溶方面取得成功而有效的经验，可归纳为以下四点：

（1）岩溶地基也有适宜建筑的情况

可用下列几点证明：

① 岩溶地质中，分布的非（弱）可溶性岩石地段就不存在岩溶问题。我国碳酸盐系出露区约 206.4 万 km^2，而其中纯净的碳酸盐类岩石分布地段仅 90.7 万 km^2，而这些地方有的岩石深埋，上覆土层较厚且不具形成土洞的条件。

② 存在岩溶问题的地基中，原威胁建筑安全使用的溶（土）洞问题的比例仅占较少的一部分。根据某地质抽查 42 项遇到岩溶的工程统计，属水平状溶洞及存在土洞问题的工程不足 20%，而大量存在的是不均匀地基。

③ 岩溶发育因素中，岩性（内因）与水的运动条件（外因）在不同段落上是不尽相同，以致同一场地各地段岩溶发育程度具明显的差异。在建筑总图布置时，可以避强就弱。

④ 岩溶地基上已有建筑物调查表明，有些地基经不同程度的处理，使用情况正常。

（2）土洞对建筑的危害远大于岩洞

工程实践一再证明，影响建筑安全使用的往往不是岩体中的岩溶形态本身，而是那些与岩溶有直接相关、与水的活动紧密相连的一些现象，如土洞、地表塌陷、涌水淹没、动水压力的冲击等。

（3）土洞对建筑的危害中，尤以人工降低地下水位而引发的土洞与地表塌陷危害最甚。

（4）岩溶地区地基正确评价与经济合理的处理，关键在于对稳定、变形条件影响的范围内，查明岩溶形态。

3.4.4　岩溶地基评价

岩溶地基评价分为建筑区与地基的评价二部分。前者是按岩溶发育强度在平面上区划出对建筑稳定性不同影响的分区，作为场地选择、建筑总图布置的依据；而地基下有影响的深度范围内，个体岩溶形态的评价，是为地基设计与处理提供依据。

1. 建筑区评价

建筑区评价时根据岩溶的分区（带）结果，可作以下考虑：

（1）主要建筑区宜避强就弱，布置在非（弱）岩溶地段上，在总图布置时，使建筑物等级与岩溶发育程度分区相适应；

（2）当地形或工艺流程要求必须在不利地段布置建筑时，宜使建筑长度方向与岩溶带垂直或斜交。

（3）建筑场地地坪标高的确定，尽可能使建筑物基底与某一水平洞隙层之间有一定距离，或使之能在施工整平时被揭露挖除；

（4）避开岩溶水位高而集中流动的地带，避免地下结构物挡堵地下水的正常流动通道。

土洞以及地表塌陷是岩溶发育区内的一种发生在土层中的区段及地表的一种形态。在总图布置时，可以在已划定的岩溶发育区内，根据土与水的条件，并参照下列各点确定土洞分布的有利地段。虽然不能说在这些地段之外就不存在土洞与地表塌陷，但工程总体布局时据此有可能避开那些成片密集分布的土洞带。

土洞分布的有利地段，可按以下条件确定：

（1）土层薄、土中裂隙多、地表无植被或为新挖方区，地表水入渗条件好的部位；

（2）石芽与上覆土交接处，地表水集中入渗且其下基岩为深切溶沟溶槽、有暗流通过或接近基岩有软弱土；

（3）断层裂隙带上，或两组裂隙交会处；

（4）地势低洼、地面水体近旁；

（5）人工降水的降落漏斗中心；当岩溶导水性相对均匀时，在漏斗中地下水流的上游部位；当岩溶水呈集中管道流时，在漏斗中地下水流的下游部位。

在一些地下水最高水位仍低于基岩面的地段，一般无需考虑土洞与塌陷问题。地基评价有定性与定量评价两种方法，鉴于当前认识水平，仍以定性为主。

1）定性评价

定性评价是一种经验的比拟方法，若能仔细分析比较，仍可作出中肯结论。评价时应考虑：

（1）根据洞（隙）的各项边界条件，对影响洞隙稳定的诸因素进行综合分析作出评价，主要因素有：可溶岩性状与层厚、围岩裂隙、岩层产状、洞隙形态与埋藏条件、顶板与充填状况，地下水条件等。综合评价由工程地质勘察予以确定。

（2）以洞隙现状条件与已有成功和失败的工程实例进行对照评价。在各地见到的一些基底下埋藏有洞隙的各类建（构）筑物，它们大多未经处理、迄今使用完好，这些实例如表 3.4.1 所示。

自然岩溶洞隙上建筑物统计表　　　　　　　表 3.4.1

序号	工程名称	顶板厚度 h (m)	跨度 L (m)	h/L	顶板形态	洞内特征	上部荷载性质
1	遵义某办公楼	2.5	5.2	0.48	基岩裸露，顶板成拱形	围岩完整坚硬，无水	三层砖木结构使用多年
2	贵阳某公司仓库	0.4~2.0 洞口0.4	3.2~2.0	0.2~0.6	上覆 0~1.0m 黏土，平拱形	无水、拱脚坚固、洞宽3.7m	单层木结构，灰板条墙体，块石基础

序号	工程名称	顶板厚度 h (m)	跨度 L (m)	h/L	顶板形态	洞内特征	上部荷载性质
3	广西某水泥厂回转窑	3~4	—	约0.5~0.57	洞顶覆土6~7m,洞高5m		基墩总荷重480t
4	贵阳某厂胶管车间	0.3~0.8	4~5	0.1~0.16	顶板拱形,仅于洞口加盖板		12m跨5t吊车单层厂房,钢混凝土柱,24墙现浇基础
5	云南某变电所	6.5	4.0	0.62	顶板有一条通缝	竖状洞穴	单层钢筋混凝土厂房75t吊车梁,角柱下设托梁
6	贵阳某水泥厂窑基础	5	3.6	1.38	较完整	充填软土	覆入1.0m
7	某厂房间道路	3.5	4.0	0.875	整体灰岩无裂隙,因炸破有些裂缝		按"汽-20""托-100"计算使用十多年
8	某门型吊车轨道梁基础	1	1	1	拱形		按拱计算上部荷载为30t/m
9	三相线下营盘路基	6	10	0.6		每3m加一支墩,实际h/L为2	通车后发现溶洞,补设支墩
10	某线百步隧道进口	5.6	8	0.7		洞高4m	未处理
11	某线1451号涵洞	2.7	8	0.34		长10~16m	涵洞
12	贵昆线K243+738路基	8.5	3	2.83	斜面	顶板完整,有水流	
13	融安车站路基	4	8	0.5	近水平	完整,有土洞	路基石至洞顶板约3m,人工填土、碎石
14	盘西沙坡隧道	2.5	3	0.83	倾斜2°~8°	顶板完整,节理被石灰填充	有浆砌片石支柱,净距3m
15	贵昆线K15+500路基	14	3	4.66	水平	薄层,顶板完整	
16	襄渝线老鱼泉隧道	22	8	2.75	近水平	顶板完整,有水流	
17	贵昆四旗路基	17	6.5	2.6	近不平	岩层倾角28°,顶板完整,水深2m	
18	来合线的鹤站路基	3	1	3.0	略成拱形		

序号	工程名称	顶板厚度 h（m）	跨度 L（m）	h/L	顶板形态	洞内特征	上部荷载性质
19	贵昆线 K145+900 路基	2.7	3	0.9	略成拱形		干砌片石支顶上作涵洞
20	贵昆线 K173+100 路基	12.5	10	12.5	拱形	顶板完整	
21	川黔线响水河桥头路基	25~30	30	0.91	拱形	顶板完整，有水流	

据上述，可以列出在一定条件下，不需考虑岩溶对地基稳定性影响，及未经妥善处理不宜作为天然地基的若干情况。在这两种情况之间的地基条件，其稳定性参照定量方法与借助建筑经验来评价。

2）定量评价

目前的一些定量评价都是基于一定假定条件，很难全面概括洞隙的客观实际，兼之限于探测手段，要详尽查明洞隙各项边界条件也不是每项工程都能办到，因此，定量评价的结果还应结合定性评价及当地建筑经验综合判断。

（1）荷载传递曲线交会法

从基础边缘按应力扩散角向外作应力传递线，扩散角视顶板岩体完整性情况取 $30°$～$45°$。当洞体在该线划定的范围以外时，可认为洞体的存在不致危及基础的安全，反之，则要配合其他方法验算稳定性。

（2）洞顶塌落自行堵塞估算

对顶板为块状、碎块状岩体时，当顶板塌落后则产生岩体体积膨胀，其胀余体积有可能与洞体空间保持平衡，此时在不存在水流作用的条件下，可认为洞顶塌落至一定高度后就不再向上发展，设塌落前后洞体为矩形，则塌落高度 Z 可按式（3.4.1）计算：

$$Z = \frac{H_0}{k-1} \tag{3.4.1}$$

式中　H_0——洞口高度；

　　　k——顶板岩石胀余系数，一般取 1.1～1.3。

当有外荷载时，塌落高度还要加上荷载作用所需的岩体厚度。

（3）近似结构力学分析法

① 按抗弯曲验算顶板厚度 Z' 时，当洞顶板岩体较完整，可视其为四边嵌固的板验算其稳定：

$$Z' = \sqrt{\frac{Q^2}{2[\sigma]b}} \tag{3.4.2}$$

式中　Q——为基础长边每延米的均布荷载；

　　　b——洞体的长径与短径；

　　　$[\sigma]$——岩石弯曲应力计算值，对岩一般取 0.100～0.125 的抗压强度计算值。

② 按抗剪验算顶板厚度 Z''：

$$Z' = \frac{Q_1 + Q_2}{U \cdot f} \tag{3.4.3}$$

式中 Q_1、Q_2 ——上部荷载，顶板自重；

$\quad\quad U$ ——洞体平面的周长；

$\quad\quad f$ ——顶板岩体的抗剪强度计标值，对岩一般取 $0.06 \sim 0.15$ 抗压强度计算值。

（4）按破裂拱分析法

洞体顶板呈块状、碎块状，塌落后洞顶是拱状，其上岩体由拱身自承担，此时破裂拱高 H 为：

$$H = \frac{0.5b + H_0 \tan(90 - \psi)}{f} \tag{3.4.4}$$

式中 b、H_0 ——洞体宽度与高度；

$\quad\quad \psi$ ——洞壁岩体的内摩擦角；

$\quad\quad f$ ——洞体围岩的坚实系数。

破裂拱高加上上部荷载作用所需的岩体厚度才是洞顶板安全的厚度。

（5）有限元分析法

应用弹性力学有限元法，可以分析洞体的整体和局部稳定，计算出洞体围岩应力值及位移值，以评价稳定性。

① 岩体力学与计算模型选择：考虑岩体力学模型时，可将岩体视为连续介质，同时也考虑了不连续面的影响，当不同方向上岩体力学参数相差不大时，可采用多向同性力学模型，否则宜采用正交各向异性力学模型分析计算。在外荷施加前，洞周岩体承受着自重与地质构造引起的初始应力。实测表明，对于浅埋岩体，初始应力以自重应力为主，构造应力影响不大，此时岩体内侧压系数可取 $\mu/(1-\mu)$（μ 为泊松比）。

② 计算模型与参数选择。对大多数浅埋洞体可按以下情况考虑：

a. 考虑形成洞体卸荷应力，当上边界是地面线，边界各结点有建筑物荷载，洞体形成后围岩应力可视为初始应力，叠加上成洞卸荷产生的应力。

b. 不考虑成洞卸荷应力，边界条件虽与 a 相同，但初始应力仅考虑岩层自重引起的竖向应力和地质构造应力。

c. 对边界条件的处理，一般取位移或应力边界两种情况，但多数采用前者，其下边界两端加双向约束，两侧边界则加单向约束，上边界为地面，采用自由边界。围岩的计算范围根据弹性理论，参照开挖明洞的影响范围，取洞径的 $4 \sim 6$ 倍。

d. 计算参数：洞体稳定分析计算中所需参数有：围岩的分布与产状、物理力学指标、外荷载及其分布。物理力学参数中，有重度、平行或垂直层的弹性模量、泊松比、剪切系数与饱和抗压强度等。

③ 有限元分析：按已有工程实例，在作洞体稳定的分析时，按平面应变问题考虑，适用于各向同性或成层各项异性的洞体稳定评价。计算时可采用三种单元形式，即：三节点的三角形单元、只计算轴向力的杆单元以及计算轴向力、剪力和弯矩的梁单元。编制有各种电算程序，可供参考。

④ 成果的整理

有限元计算成果，主要指应力与应变。根据结点位移分量，即可给出位移图线。在应力成果整理中，当用三角形常应变单元计算所得的应力，认为是该图形单元形心的应力，而不是单元内的平均应力。为了由计算成果推算出围岩的某一点上接近实际的应力值，还必须通过某种平均计算和插值推算。

a. 洞体周边结点应力

采用二单元平均法求得二相邻单元的平均应力，以表示二单元公共边中点的应力。以图 3.4.1 为例，A、B 两三角单元的平均应力为 $(\sigma_x)_1$、$(\sigma_y)_1$、$(\tau_{xy})_1$ 分别表示 1 号点内的三个应力分量：

$$(\sigma_x)_1 = \frac{1}{2}\big[(\sigma_x)_A + (\sigma_x)_B\big]$$

$$(\sigma_y)_1 = \frac{1}{2}\big[(\sigma_y)_A + (\sigma_y)_B\big] \tag{3.4.5}$$

$$(\tau_{xy})_1 = \frac{1}{2}\big[(\tau_{xy})_A + (\tau_{xy})_B\big]$$

图 3.4.1 中 2、3 点的应力分量亦然。由上式可求得垂直周边方向内点的应力，若干 1、2、3 等内点光滑连续曲线与边界相交于 0 点，则 0 点处的应力可由上述内点的应力，用抛物线插值公式推算出来。插值公式的一般形式如下，并见图 3.4.2。

$$f = \frac{(x-x_2)(x-x_3)}{(x_1-x_2)(x_1-x_3)}f_1 + \frac{(x-x_1)(x-x_3)}{(x_2-x_1)(x_2-x_3)} + \frac{(x-x_1)(x-x_2)}{(x_3-x_1)(x_3-x_2)}f_3 \tag{3.4.6}$$

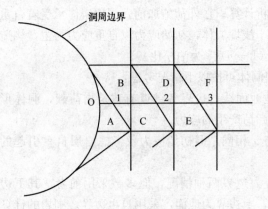

图 3.4.1 洞体周边结点

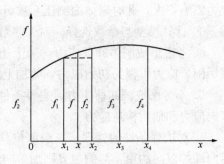

图 3.4.2 抛物线插值

在 $x=0$ 处，插值函数的值 f_0 由上式可得出：

$$f_0 = \frac{x_2 x_3}{(x_1-x_2)(x_1-x_3)}f_1 \frac{x_1 x_3}{(x_2-x_1)(x_2-x_3)}f_2 + \frac{x_1 x_2}{(x_3-x_1)(x_3-x_2)}f_3 \tag{3.4.7}$$

在推算周边点或周边结点的应力时，可先推算周边应力分量，再求出应力。

b. 围岩内结点应力

为了求得层间错动面上结点及岩体内结点的应力，可采用绕结点平均法，即将环绕某一结点的各单元中的常量应力加以平均，以表示该结点处的应力，要求环绕该结点各个单元的面积不宜相差过大，它们在该结点所张的角度也不能相差过大。以图 3.4.3 中求出结点处 σ_x 为例，即取：

$$(\sigma_x)_1 = \frac{1}{8}\left[(\sigma_x)_A + (\sigma_x)_B + (\sigma_x)_C + (\sigma_x)_D + (\sigma_x)_E + (\sigma_x)_F\right] \tag{3.4.8}$$

2. 土洞的评价

鉴于土洞具有分布密集、数量多、埋藏浅、发育快和工程处理后常出现再发生的特点，故而凡经工程查明的土洞都需进行处理，迄今尚未看到某个土洞经洞体稳定评价，不经工程处理，其上建筑物使用完好的实例。

当土洞波及地表，将危及工程的安全。地基评价时，往往需要预测塌陷的直径和塌坑的可能范围，以作为评价与工程对策的依据。

1）塌坑直径的计算

（1）EA SOROCHAN 等对地表塌陷性状的研究表明，它的发展过程可分为二个阶段，第一阶段地面出现圆柱形塌坑，坑壁近于垂直或呈陡窿状，第二阶段坑壁滑动才使塌陷趋于稳定。若为非黏性土，两个阶段可相继出现。考虑建筑物荷载、基础形式、尺寸及埋深情况，圆柱形塌坑直径 d_p 为：

$$d_p = 4\frac{\sum c_j \Delta h_j + \sum[p_0\alpha_j + \sum\gamma_i\Delta h_i + (\gamma_j\Delta h_j/2)]k_j\tan\varphi_j\Delta h_j}{p_0\alpha_j + \gamma_j\Delta h_j + \sum\gamma_i\Delta h_i} \tag{3.4.9}$$

式中　　　Δh_j —— j 层土的厚度；

$\quad c_j$、φ_j、γ_j —— 洞体层土的凝聚力、内摩擦角、重度；

$\quad\quad\alpha_j$ —— 土中应力分布系数；

$\quad\quad p_0$ —— 基底平均压力，包括静水压力；

$\quad\quad k_j$ —— 侧压力系数，可取 $1-\sin\varphi_j$。

（2）Г. М. ЩАХУНЯНМ 从极限平衡条件出发，认为塌坑是由于土洞到地面这部分尚未破坏的土柱体不能承受自重或外荷条件下形成的，见图 3.4.4。

$$d_p = \frac{2(2ch_0 + \gamma h_0 M_1\tan\varphi - 2ch_0 M_2\tan\varphi)}{g_e + \gamma h_0} \tag{3.4.10}$$

式中　g_e 为作用在 $\pi d_p^2/4$ 面积上的均布荷载。

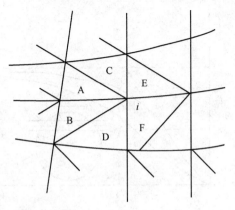

图 3.4.3　围岩内结点

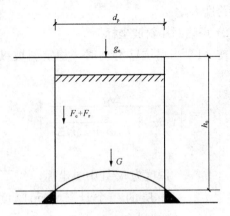

图 3.4.4　塌坑形成

当无外荷时，$g_e = 0$：

$$d_p = \frac{2(2c + \gamma M_1 \tan\varphi - 2cM_2 \tan\varphi)}{\gamma} \quad (3.4.11)$$

式中　　h_0——移动的土柱高度；

　　c、φ、γ——沿深度 h_0 加权平均的土的黏聚力、内摩角和重度；

$$M_1 = \frac{(1 - c\tan\beta\tan\varphi)}{(1 - \tan^2\varphi - 2\tan\beta\tan\varphi)}$$

$$M_2 = \frac{(2\tan\varphi + c\tan\beta \cdot \tan\varphi)}{(1 - \tan^2\varphi - 2\tan\beta\tan\varphi)}$$

$$\tan\beta = \tan\varphi + \sqrt{1/(2(1 + \tan^2\varphi))}$$

（3）EA SOROCHAN 等还从勘察工作难以探测到岩溶的深度具体位置和发展的实际出发，提出通过统计概率的途径，以便对岩溶的危险性作出评价。认为场区塌陷直径频率接近于对数正态分布的均值，假定尺寸为 A_n 的某一建筑物的可靠度为 p，塌陷影响频率的平均值为 $\bar{\lambda}$，塌陷直径正态分布的均值 $\bar{d}$、标准差 σ_d^2，可以得到在使用期间 t_n 内，建筑物不受直径大于 L_r 塌陷所影响的概率 P 为：

$$P = 1 - p_r \quad (3.4.12)$$

式中　　p_r——危险概率。

$$p_r = \left[(1 - P_{dr})\frac{A_n}{A} + \frac{\bar{d}}{d_{max}}(1 - P_{Lr})\frac{A_n}{A}\right](1 - P_a) \quad (3.4.13)$$

式中　　$A = A_n + A_0$

　　A_0——距离建筑物周边为 $\dfrac{d_{max}}{2}$ 范围内的面积；

$$d_{max} = \bar{d} + 3\sigma d$$

$$P_a = \exp(-\bar{\lambda} A t_n)_1$$

在图中 3.4.5 中，L_r——预估的塌陷临界尺寸；P_{Lr}——基础下出现 L_r 时的概率。

建议用统计方法求解各个不同结构部位的曲线 P_{Lr}，利用式（3.4.12）可计算建筑物的合理最小安全度。由于考虑了损坏后的社会经济后果，就不难估算出 P_{Lr} 值以及相应的设计跨度 L_d。

2）塌陷漏斗斜坡坐标

按（1）当塌坑壁滑动时，稳定斜坡纵坐标为：

$$Y_i = \left(\frac{\Delta h_i}{\tan\varphi_i + \dfrac{c_i}{P_o\alpha_i + \Sigma r_i \Delta h_i}}\right)$$

$$(3.4.14)$$

式中　　Y_i——深度为 h_i 处中纵坐标；

　　Δh_i——土层的一个计算单元厚度

　　　　　　（建议取 $0.1m\sim0.25m$）。

3）塌陷漏斗的直径

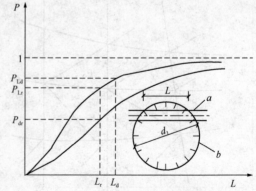

图 3.4.5　d 及 L 分配积分曲线

（a—条形基础；b—塌陷）

塌陷漏斗的直径 d_e 见图 3.4.6。

$$d_e = 2\left\{\frac{\sum y_i^2}{n} + \left[\left(\frac{\sum y_i}{n}\right)^2 - \frac{\sum y_i^2}{n}\right.\right.$$
$$\left.\left. + d_p^2 \cdot \frac{h_0}{4\sum \Delta h_i}\right]^{\frac{1}{2}}\right\}$$

(3.4.15)

式中　n——计算单元土层数；

　　　h_0——基底压下伏基岩厚度。

上述计算除 $d_e \leqslant 2y_i$ 或 $\sum h_i = h_i \geqslant h_0$ 之外，都可求得。

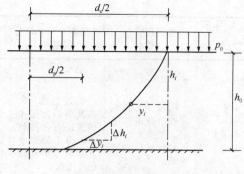

图 3.4.6　塌陷范围

属于本节岩溶评价的重要组成部分——由表面岩溶造成地基不均性的评价，详见本章第 3.2 节。

3.5　地　下　水

3.5.1　地下水的分类与特征

地下水是一种自然体埋藏于作为地基的岩土中。由于其埋藏条件以及储存水体的空间状态不一，以致表现出不同的形态与特征，对工程的影响也各异。在基础工程对地下水评价中，首先要求对地下水进行分类，以区别对待，求得最佳对策。地下水的分类方案众多，按不同的要求可以有不同的分类法。下面仅介绍基础工程中常见的、按埋藏条件与含水层性状的分类，并相应提出各类型地下水的主要特征，见表 3.5.1。

地下水的分类与特征　　　　　　　　　　　　　　表 3.5.1

性质分类＼含水层	松散沉积层中的孔隙水	坚实岩层中的裂隙水	岩溶化岩层中的水	多年冻结区的水	主要特征
上层滞水	其统一水面的第一个潜水面与地表间、局部隔水层上的暂时集水	外露地表的基岩强、中等风化层或密实黏土的表层中的水	垂直循环层中各种通道中的水	季节融冻层中的水	分布不广，埋藏浅，不连续，受大气或地表水补给，动态不稳定，一般水量不大，无压，易受污染
潜水	由各种原因（如冲、洪、坡积等）形成的含水层中的水	纵横裂隙贯通的岩土层中的层状水或在宽长裂隙中的脉状水以及岩层层间的无压水流	水平循环层的岩溶通道中呈网状或脉状流动的水	冻结层上部和冻结层间水	无隔水顶板，在重力作用下，向低处流动，主要由大气降水或地表水补给，基本为渗入形成，水位变动决定补给量，随其隔层渗透，水温、水质常随外界影响而变动

含水层 性质 分类	松散沉积层中的 孔隙水	坚实岩层中的 裂隙水	岩溶化岩层 中的水	多年冻结区的水	主要特征
承压水	向斜及单斜地质构造或山前地带，在潜水面以下的含水层中的水流	构造盆地、向斜及单斜岩层中的深层有压层状水，构造裂隙节其他裂隙中局部的有压水	构造盆地、向斜及单斜岩层中的有压岩潜水，深部循环中岩通道中的有压水流	冻结层以下的水	位于两个隔水层之间，水位高于隔水顶板，承受静水压力，补给区与分布区不一致，动态受外界影响不明显，水压高低决定水压传递动态变化较小，不易受污染

3.5.2　地下水对建筑地基建筑条件的影响

当地基岩土中不存在地下水的情况下，建筑场地的地基条件通常是简单和良好的，但这种情况并不多见，大量的地基中都普遍存在着地下水。有的场地在建筑物有影响的范围内，还同时存在 2～3 种类型的地下水。因此，水文地质条件便构成了场地和地基条件复杂程度的重要影响因素。有时在地基基础方案比选中，它对决定取舍具有举足轻重的作用。地下水的存在、作用与动态给地基评价带来许多问题，它在不同程度上影响着施工条件与建筑物的使用。因此，在地基评价中，应重视对场地水文地质条件的查明与研究，注意地下水的作用及其影响，在此基础上提出预测与措施，以尽量减少它对基础工程的危害。

1. 地下水对地基条件的影响

1）对岩土体工程性能的影响

（1）结构松散含较多次生黏土矿物或易溶盐组分的风化岩体，具湿化性、胀缩性质的岩土，由于地下水的机械与溶解作用，以及随着水的动态变化而往复对水的吸附与蒸发，从而产生的软化、崩解与胀缩等。

（2）具较高酸碱浓度的地下水，往往是受污染的水体长期作用下，由于离子置换等胶体化学反应，使某些黏土的结构强度遭到削弱，工程性能明显变差。

（3）冻土地区，当地下水位上升到接近冻结深度时，在冻结期间，由于土的冻胀引起对基础和桩的侧向冻切力，对基础底、桩承台与地梁的隆胀；在冻融后，又可造成地基融陷和道路翻浆等病害。

2）排水与疏干

在地下水位以下展开基础工程施工作业，必须对涌入基坑的水体进行排除与疏干，解决由此而引起的一系列工程问题。

3）对地基基础的力学作用

（1）设计位于常年地下水位以下的建（构）筑物时，应考虑水体的浮托，特别要估计在最不利组合时浮托力的作用。

（2）注意由于人为和自然因素引起地下水位波动造成的不良后果。当地下水位下降时，在其影响范围内，可能出现地面变形或地表土层塌陷；由于浮托力消除，地基土自重增大，有可能引起已有建筑物的附加变形；当地下水位上升时，由于地下水的浮托，也可能引起地基土的回弹。

（3）验算边坡及支挡构筑物稳定时，应根据不同情况考虑浮托力及静、动水压的影响。

（4）由于水头压差以及基坑作业面以下承压含水层的水头压力而出现流砂、潜蚀、坑底涌土等现象。

（5）在丘陵山区某些山前、山麓的岩石地基上，由于裂隙水的补给区地势较高，通道较宽大，在雨季呈脉状的裂隙水流可具较大的动水压力，以至冲毁地坪，使基础底面承受较大的压力而开裂破损。

4）积水与淹没

出露地表的岩溶垂直通道被堵，在雨季流水不畅或因地下水位骤涨出现涌水，都可能造成建筑场地暂时性的淹没，并有随水流而携带的大量泥砂堆积。

5）腐蚀作用

地下水质的腐蚀成分达到某一限定值时，可对长期处于水下的建筑材料，如混凝土、各种金属材料（如钢铁、铝、铅等），产生腐蚀。

2. 地下水作用与影响的评价

1）浮托力的评价

当考虑处于水下建筑或基础的浮托作用时，浮托力的计算按土质条件可区分为下列三种情况：

（1）含水层系粉土、砂土、碎石土以及风化或破碎呈砂状、碎块状的岩石时，可按设计水位计算浮力。

（2）含水层为裂隙发育且呈块状的岩石时，按裂隙的连通性采用设计水位的 30%～70%计算。

（3）当系裂隙性黏土、中等风化的岩石，应按具体情况确定。若岩土中水不呈统一水面，水流为网、脉状流时，可不考虑浮托力。

2）潜蚀与流砂的评价

（1）潜蚀：一般系指机械潜蚀，它是在动水压力作用下，使土中细颗粒被冲蚀，破坏原有土体结构，以致形成土中洞穴甚至地面变形。潜蚀往往也是造成堆积层滑坡的原因之一。潜蚀的产生，首先必须具备一定的水动力条件，当以水力坡度表示时，潜蚀产生的临界水力坡度 I_0 由下列计算式确定：

$$I_0 = (d_s - 1)(1 - n) \tag{3.5.1}$$

$$I_0 = (d_s - 1)(1 - n) + 0.5n \tag{3.5.2}$$

$$I_0 = \frac{\gamma(\tan\varphi - \tan\theta)\cos\theta}{\rho_w \cos(\theta - \beta) + \tan\varphi(\theta - \beta)} \tag{3.5.3}$$

式中　d_s——土的相对密度（比重）；

　　　n——孔隙度（以小数表示）；

　γ、ρ_w——土、水的密度；

　　　θ——斜坡坡角；

β——斜坡内浸润线切线在逸出坡面处与水平线夹角。

上列式（3.5.1）、式（3.5.2）是理论式及其修正式，有人认为还要考虑 1.5～2.0 的安全系数，也有认为只有渗透水流的水力坡陡大于 5 呈紊流状态时，才可产生潜蚀。式（3.5.3）是根据在斜坡条件下考虑土粒自重摩擦力与动水压力平衡条件来确定。

综合有关成果，认为在动水压力作用下，潜蚀易在下列条件下发生和发展：

① 土体特征

a. 0.25mm～0.005mm 颗粒含量大于 70%，并随含量增高而越易发生；

b. 黏粒含量小于 10%，并随含量减小而越易发生，尤其在浸水不到 1h 即崩解的土体；

c. 不均系数（d_{60}/d_{10}）大于 3.5（有的认为大于 10），并随系数增大而越易出现；

d. 随土颗粒的浑圆度、有机质含量或风化岩的疏松程度增高而越易发生；

e. 土的渗透系数呈 10^{-4}m/s～10^{-5}m/s 之间。

② 在二种不同渗透系数土层的交界部位，且当 $K_1/K_2>2$ 时，容易发生。

（2）流砂：流砂是饱和土在水动力条件下产生的一种塑流现象，其发生也是由于过大的水力坡度和流速，使土中细粒由被冲动进而处于悬浮而形成的。理论上此时的临界水力坡度同式（3.5.1）。此外，也还可因土中的细颗粒周围吸附着亲水胶粒，当其吸水饱和时，使细粒可在不大的水动力条件下，处于悬浮流动状态。在砂土中，由于振动作用、结构破坏、体积缩小，使颗粒悬浮随水而流动。

流砂一般常在粉细砂、粉土中，由于工程活动而引发。当土的孔隙愈大、渗透性相对愈小，含有较多片状矿物时更易形成。根据上海地区的实践总结，认为流砂多在黏性土中粉细砂夹层厚度大于 25cm，其粉细砂粒含量大于 75%，黏粒含量小于 10%，孔隙比大于 0.75，不均系数 1.6～3.2，并在人为造成较大的动水压差的条件下发生。为防止流砂，必须根据不同开挖深度、土质条件选用不同的排水方法。

3）基坑涌水的评价

（1）基坑涌水量的评价：在地下水位以下施工作业，必然要考虑基坑涌水的排除，它直接影响施工条件、工期和造价。在众多处理方法如冻结法、气压沉箱、化学灌浆、联锁钢板桩以及围堰等之中，较为常见的仍然是人工降水法。在降水工程施工组织设计时，首先必须预估在一定降浮条件下，需要排除的水量。

通常是假定把开挖的基坑视为一个单一的渗坑或圆井，并确定流向井坑中的水量，即将矩形的基坑及基围布设的排水井点用一等效的大圆井来代替，如图 3.5.1。设平均水力坡度为 $(H-h)/(R-r)$，并将图中所示的参数代入各种不同渗流与井条件的涌水量公式中求解。当属潜水条件时的涌水量 Q 为：

$$Q = 1.366 \frac{K(H^2 - h^2)}{\lg R - \lg r} \tag{3.5.4}$$

式中　K——含水层的渗透系数。

当属承压水且基坑底与承压含水层顶的距离为 M 时的涌水量 Q 为：

$$Q = 1.366 \frac{K(2H-M)M}{\lg R - \lg r} \tag{3.5.5}$$

若基坑附近有地面水体时，而它又是地下水的主要补给来源，则将式中 R 用基坑中

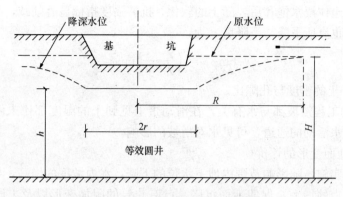

图 3.5.1　以等效圆井计算抽水量

心距水体距离 L 的 2 倍 $2L$ 代入求解。限于篇幅，其他条件的涌水量可参照相关手册所列公式计算。

（2）基坑底承压水涌突的评价：当基坑底面以下有承压水存在的条件下，由于深挖使承压含水层上的顶板减落到一定限度时，承压水头压有可能冲毁基坑底造成水的突涌，其限定值可以残留的顶板厚 H 与水头高 h 的平衡条件求得，见图 3.5.2。

$$H \geqslant \frac{\rho_\mathrm{w}}{\gamma} \cdot h \qquad (3.5.6)$$

式中　ρ_w、γ——水与土残留的密度。

4）对斜坡稳定影响的评价

在有地下水浸流斜坡土体中以及在浸水条件下，斜坡和支挡结构物的稳定计算，必须考虑由于地下水的作用而带来的问题，它们主要是：

（1）对浸水部分对岩土体承重浮托力，其方向朝上。

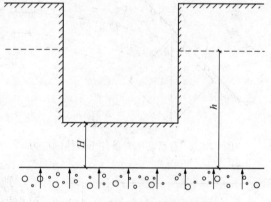

图 3.5.2　基坑开挖与突涌

（2）由于地下水位升高，使原处于干燥重度为 γ，岩土体充水饱和密度增大至 γ'，此时 γ' 为：

$$\gamma' = \gamma + \rho_\mathrm{w} \frac{e}{1+e} \qquad (3.5.7)$$

若设 $\gamma = 1.3$，孔隙比 $e = 1.0$，饱和后单位体积增加了 $0.5\mathrm{t/m^3}$。

（3）支挡结构物墙背土饱水时将承受静水压力 $\left(\frac{1}{2}\rho_\mathrm{w}h^2\right)$，力的方向为水平，合力作用点为下 $\frac{1}{3}h$（h 为破裂面上浸水高度）。

（4）考虑动水压力（$D = \rho_\mathrm{w}n \cdot I$）的不利影响。它沿坡体内地下水流线的切线方向上作用于土体，构成了附加的下滑力，见图 3.5.3。愈接近地面，水从坡面渗出，边坡越陡以及在雨后坡内地下水位升高时，水力坡度 I 愈大，动水压力也越大。D 的方向与水力坡度相向，合力作用点假定在土体重心上。

（5）斜坡岩土体浸水饱和后，随土的软化，抗剪强度指标显著削减，除黏聚力降低之外，土的摩擦角也有所下降，下降后 φ 为：

$$\tan\varphi_w = \left(\frac{\gamma-1}{\gamma-e}\right)\tan\varphi \qquad (3.5.8)$$

式中　γ、e——土的密度与孔隙比。

由于 90% 的工程滑坡都与水有关，在滑动带上见到土的湿度都比未滑前高，有的滑动带就成了地下水活动的通道，可见水对滑坡的影响。

5）降水对地面变形的评价

降水工程的实施，随影响范围内地下水位的下降，水力坡度的增高，导致流砂、潜蚀以及土中有效应力的增大，促使地面沉降。已有建筑的附加变形以及土层地表塌陷见第3.4节。这些现象以当前的认识水平欲作定量评价尚有困难。但在宏观上仍可定性地看出，其作用与影响强度都明显符合距离降水工程越近越强烈的规律。图 3.5.4 及图 3.5.5 是上海与广东某工程的实例资料，可以证明。

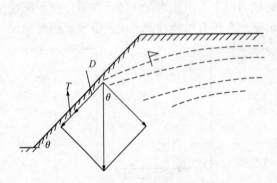

图 3.5.3　有水动压力条件下坡体的应力

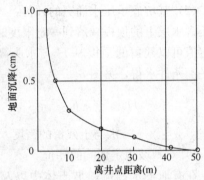

图 3.5.4　上海某工程地面沉降与井距关系

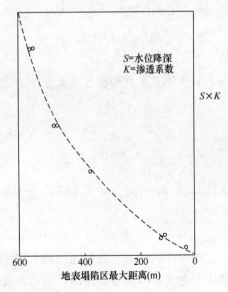

图 3.5.5　广东某工程塌陷区与降深、
渗透系数的关系

地下水位下降引起已有建筑的附加沉降，也可根据抽降前后水位的变动，按沉降计算的分层总和法予以估算。

6）对冻胀性的评价

对不同土性与含水条件，在冻结期间，地下水位与当地冻结深度之间的关系直接影响到土的冻胀性强度。详见《建筑地基基础设计规范》中附录 G。

7）对建筑材料腐蚀的评价

地下水对混凝土的腐蚀可分为结晶、分解和结晶分解复合性三类，并按水质与环境条件提出相应的判定标准，详见有关国家标准的规定。近来，昆明有色冶金勘察院提出了水对混凝土这三类腐蚀性评价的新建议以及水对钢铁、铝、铅的腐蚀性评价标准。这些建议在一定程度上已被人们接受并拟纳入有关技术标准中，详见表3.5.2～表3.5.8中。

建筑场地的环境分类 表 3.5.2

环境分类		混凝土所处的环境条件
Ⅰ类环境	高寒山区	混凝土处于海拔 3000m 以上地区，直接临水或在土层的地下水中，或处于有湿润可能的岩层或土层中，且均具有干湿交替或冻融交替作用
	干旱区或半干旱区	混凝土直接临水，或在强透水性土层或岩层的地下水中，或处理于有湿润可能的强透水性土层或岩层中，且均具有干湿交替或冻融交替作用
	湿润区或半湿润区	混凝土一个侧面直接临水，或在土层或岩层的地下水中，或与有湿润可能的土层或岩层相接触，另一个侧面暴露于大气之中
Ⅱ类环境	干旱区或半干旱区	混凝土处于弱透水性土层或岩层的地下水中，或处于有湿润可能的弱透水性土层或岩层中，且均具有干湿交替或冻融交替作用
	湿润区或半湿润区	混凝土直接临水，或在土层或岩层的地下水中，或处于有湿润可能的土层或岩层中，且均具有干湿交替或冻融交替作用
Ⅲ类环境		各气候区中，混凝土处于弱透水性土层或岩层或其他地下水中，且均不具有干湿交替或冻融交替作用

注：强透水性土层系指细砂及颗粒大于细砂的土层；弱透水性土层系指粉砂及颗粒小于粉砂的土层。

水对混凝土结晶腐蚀评价 表 3.5.3

腐蚀等级	SO_4^{-2} 在水中的含量 （mg/L）		
	Ⅰ类环境	Ⅱ类环境	Ⅲ类环境
无腐蚀	<200	<300	<500
弱腐蚀	200～500	300～1500	500～3000
中等腐蚀	500～1500	1500～3000	3000～6000
强腐蚀	>1500	>3000	>6000

水对分解类腐蚀评价 表 3.5.4

腐蚀等级	酸型腐蚀		碳酸型腐蚀		微矿化水型腐蚀	
	直接临水或强透水土层	弱透水土层	直接临水或强透水土层	弱透水土层	直接临水或强透水土层	弱透水土层
	pH 值		侵蚀性 CO_2 （mg/L）		HCO_3^- （me/L）	
无腐蚀	>6.5	>5.0	<15	<30	>1.0	—
弱腐蚀	6.5～5.0	5.0～4.0	15～30	30～60	1.0～0.5	—
中等腐蚀	5.0～4.0	4.0～3.5	30～60	60～100	<0.5	—
强腐蚀	<4.0	<3.5	>60	>100	—	—

注：三型腐蚀中，有两型或两型以上腐蚀共存时，以腐蚀强度最大者，作为分解类腐蚀评价结论。

水对结晶分解复合型腐蚀评价 表 3.5.5

腐蚀等级	Ⅰ类环境		Ⅱ类环境		Ⅲ类环境	
	$Mg^{2+}+NH_4^+$	$Cl^-+SO_4^{2-}+NO^{3-}$	$Mg^{2+}+NH_4^+$	$CL^-+SO_4^{2-}+NO^{3-}$	$Mg^{2+}+NH_4^+$	$CL^-+SO_4^{2-}+NO^{3-}$
	mg/L					
无腐蚀	<1000	<3000	<2000	<5000	<3000	<10000
弱腐蚀	1000～1500	3000～5000	2000～3000	5000～8000	3000～4000	10000～20000
中等腐蚀	1500～2000	5000～8000	3000～4000	8000～10000	4000～5000	20000～30000
强腐蚀	2000～3000	8000～10000	4000～5000	10000～20000	5000～6000	30000～50000

注：1. 表中阳离子（$Mg^{2+}+NH_4^+$）与阴离子（$Cl^-+SO_4^{2-}+NO^{3-}$）的腐蚀共存时，以两者中腐蚀强度最大者为结晶分解复合类腐蚀的评价结论。

2. 当水中的 pH>10 时，表中阳离子应按（$Mg^{2+}+NH_4^++Na^+$）计算，阴离子应按（$CL^-+SO_4^{2-}+NO_3^-+OH^-$）计算。

水对钢铁的腐蚀评价 表 3.5.6

当环境水的 pH 值如表中数值时，($Cl^- + SO_4^{2-}$)mg/L 如下所示，则构成腐蚀	腐蚀等级
pH 3~11；($Cl^- + SO_4^{2-}$)mg/L < 500	中等腐蚀
pH 3~11；($Cl^- + SO_4^{2-}$)mg/L > 500	强腐蚀
pH < 3；($Cl^- + SO_4^{2-}$)mg/L，任何浓度	强腐蚀

注：1. 表中系指氧能自由溶入的水及地下水；
　　2. 必要时，应取结构物所用钢材进行专门的腐蚀试验确定水的腐蚀率。

水对铝材的腐蚀评价 表 3.5.7

测定项目	单位	腐蚀等级与指标					
		弱腐蚀		中等腐蚀		强腐蚀	
		水的腐蚀	土的腐蚀	水的腐蚀	土的腐蚀	水的腐蚀	土的腐蚀
pH 值	—	6.0~7.5		4.0~5.9 7.6~8.5		< 4.5 > 8.5	
Cl^-	水 mg/L 土 g/kg	< 5	< 0.01	5~50	0.01~0.05	> 50	> 0.05
Fe^{3+}	水 mg/L 土 g/kg	< 0.1	< 0.02	1.0~10	0.05~0.10	> 10	> 0.10

注：表中各项，若有两项或两项以上具有腐蚀时，取具有较高等级者作为腐蚀等级的评价结论。

水对铅的腐蚀评价 表 3.5.8

测定项目	单位	腐蚀等级与指标					
		弱腐蚀		中等腐蚀		强腐蚀	
		水的腐蚀	土的腐蚀	水的腐蚀	土的腐蚀	水的腐蚀	土的腐蚀
pH 值	—	6.0~7.5		5.0~6.4 7.6~9.0		< 5.0 > 9.0	
有机质	水 mg/L 土 g/kg	< 20	< 0.10	20~40	0.10~0.20	> 40	> 0.20
NO_3^-	水 mg/L 土 g/kg	< 10	< 0.001	10~20	0.001~0.010	> 20	> 0.010
总硬度	水 mg/L	> 5.3		5.3~3.0		< 3.0	

注：表中各项，若有两项或两项以上有腐蚀时，取具有较高腐蚀等级者作为腐蚀等极的评价结论。

3.6　不良地质条件及其应注意的问题

　　所谓不良地质条件，应该包括二类情况：一类是场地或地基存在具有特殊性质，不能单纯采用常规方法进行评价的岩土，如软土、填土、湿陷性土、膨胀土、冻土、污染土、混合土以及盐渍土等；另一类是存在影响场地或地基稳定或构成不良地基条件的现象和作用，如岩溶、滑坡、崩塌、泥石流、采空区、地面沉降、断裂、强震区场地地基以及地震液化等。对这些不良地质条件中的许多问题，在本书的有关章节已有论述，为拾遗补漏，避免重复，本节仅就其中影响地基条件（不是指场地）的一些常见问题，提出在地基评价时应注意的某些问题。

3.6.1　坡地建筑与滑坡

　　（1）在坡地上建筑，除主体建筑之外，经常还须布置一些为确保主体工程的安全使用，而又不可少的维护工程。失败工程的教训不止一次地告诫我们，在安排工程施工顺序上，要坚持维护工程实施在前的原则；对一些危险斜坡，要坚持先支护后开挖，否则将酿成事故。力图早上主体早得益的良好愿望，往往事与愿违，一旦事故发生，再行处置就事倍功半了。

（2）坡地建筑，难免有一定土石方挖填，不恰当地开挖可造成斜坡岩土稳定条件的恶化，导致斜坡变形与破坏。大量无组织的堆填除带来填土的利用评价问题之外，还由于堆填加载造成自身和诱发其下方斜坡土体的失稳。因此，斜坡上建筑，尤其是由坡顶往下布置一系列跨越等高线的建筑时，地基评价就不可仅局限于单体建筑，而必须瞻上顾下，结合坡体自然条件和稳定状况，在确保斜坡整体稳定的前提下，做到因地制宜，依山就势、挖填适度、合理布局。把必要的工程设施如支挡结构，布置在斜坡土体下滑力最小的有利部位上。

（3）地基滑动稳定评价时，除对斜坡自然状况验算外，还应对由于建筑而改变了的现状以及考虑建筑荷载进行验算。实践证明，在经验算自然稳定的斜坡上注意布置建筑，并非可以万事大吉。由于工程作业而产生的工程滑坡中，九成都是由于没有进行挖填设计所致。实践也证明不是任意的削方减载都有利于斜坡稳定。

（4）斜坡失稳与水的影响与作用息息相关。据统计近九成的工程滑坡与水有关。在斜坡综合整治中，对地表水与地下水控制总是一项不可少的重要措施，尤其是那些规模大、无法用工程抵御的滑坡。水可以从不同方面影响斜坡的稳定，如土饱和后的荷载增量、动水压力、冲刷潜蚀及减小滑面强度参数等。因此，所谓治山即治水，治得了水，斜坡稳定状况就改善了。对水的整治宜疏导忌堵截。

（5）通过验算确定的斜坡稳定状况不是一成不变，坡体滑动稳定系数是影响矛盾的主要方面，抗滑与下滑的各项因素是时间和空间变动的随机变量。只有分析了各项影响因素随时间、地点和条件的波动及其不利组合出现概率的判断，才能使工程对策防患于未然。

（6）对滑面上抗剪强度参数的正确确定至关重要，尤其对体量很大的滑体，参数值相差无几（如 φ 值差 $1°$），处理工程量差别甚巨，工程中往往需要分毫计较。参数的准确确定，除受人们认识、测试手段的限制之外，还受到岩土体变形的复杂性和自然现象内在矛盾暴露程度的局限。往往要借助综合条件类比以及反演分析等方法的校验。因此，正确的评价还需建立在岩土体变形及应力信息反馈的基础上才能完成。

（7）尚未整体滑动的危险斜坡，其可能滑面上的抗剪强度高于已经发生整体位移，已经由位能化为势能的滑体滑面的强度；而经多次位移的滑体，其滑面上的强度，往往随滑移量或次数增加而降低。由此得出，以防为主，工程处理宁早勿晚，是有效的评价处理准则。

3.6.2　填土地基

填土可分为自然填积与设计压实两类。后者系按既定设计要求有计划有组织分层压实而成的人工填筑物，是良好的人工地基。自然堆积填土由于填料物质、堆填时间与条件的随意性，以致其与压实填土、天然沉积土相比，具有成分杂、结构松散且不均的特点，本节主要讨论这部分填土作为天然地基的有关评价问题。

（1）填土按其物质构成可分为以无机成分为主体的素填土、冲填土，以及某些废料等含有机成分的垃圾（生活、建筑）杂填土等。成分与成因不同的填土，建筑性能差别很大，在一个建筑地基内，可能同时存在几种填土，在评价时不能一概而论。当具有可能被利用价值时，还可根据其结构与密实度划分亚类，以区别对待。

（2）填土的密实度，当粒度成分为细粒土时，可通过静力触探确定；如需进行试验研究，应注意取样方法不当对土的附加压实使成果失真以及试样的代表性；当粒度成分属于粗粒土时，可用各种锤重的动力触探、定性半定量来确定。各类填土的承载力及变形参数主要通过载荷试验结合上述方法综合确定。填土荷载试验所得的直线变形段一般较短，P-S 关系曲线转折，甚至载荷板周边开裂，只要 S-t 曲线关系可保持随时间的延续而沉降稳定，仍可认为其处在压密阶段。

（3）填土建筑性能差，主要表现在土有高压缩性及变形的不均匀上，尤其是后者。填土地基压缩变形包括自重及附加应力作用下以及饱水后的压密，填土堆载造成其下软弱土的压密以及有机物分解长期附加变形。评价变形不均匀性，可借各层填土的分布、密度及压缩性参数，计算建筑物范围内各点沉降，绘制沉降等值线图，来作出评价和考虑采取相应的对策。注意建筑物邻近地段由于填土变形，使位于其上（中）各种管道的正常使用和坡度的改变。

（4）表层填土一般较密实，欲利用时，使基础尽量浅埋，由粗颗粒构成骨架的素填土、无机废料（煤矸石、山体作业的排渣、矿渣），也应首先考虑利用，评价时可不受堆填年限的限制。粗细混合填土，宜通过各种压密手段加固，饱和细粒土、冲填土等可用多种预压法加密后给予利用。

（5）采取减少地基总沉降的结构与地基措施，如预压加密、置换、各类复合地基；调整结构刚度，增强对不均变形的适应性，如对多层纵横隔墙较多的砖混结构，可控制建筑长高比、设置沉降缝、平面造型平直、设封闭的地梁、加强墙体薄弱处，以及调整荷载使之相对均匀等；对空间刚度较差的中小型单层厂房、仓库等，则应降低刚度，减小其对不均沉降的敏感性，如屋架梁及吊车梁可按副支考虑，即使出现不均变形，也能及时调整梁面标高以补救。

（6）填土多呈高孔隙状，又分布在表层，可接受降水和地表水的补给，形成上层滞水，当补给充分，孔隙连通性好时，水量可较大，影响着地基的建筑与施工条件。由于自身成分的复杂性及受污染补给源的影响，如土中常见的含硫燃煤灰渣，是水中 SO_4^{2-} 离子主要的来源，使水质呈酸性。故而，上层滞水多对建筑材料（混凝土、金属等），具腐蚀性。

（7）填土地基利用的成功率高低，关键在于是否查明了填土的状况，局部软弱情况的错判、漏查是失败之源。实践表明：实行勘察、设计、施工结合，加强调查访问，坚持施工验槽，做好施工监测都是行之有效的经验。

3.6.3　震害与液化

1. 震害种类与特征

地震对建筑物的破坏，除震动直接造成，还有由于地基失稳所致。引起地基失稳的震害现象有震陷、液化、地裂、滑坡与崩塌等。这些现象在评价震害时，都应予注意，其中造成最普遍的地震灾害是地震液化。

（1）震陷：由地震引起的地面沉陷。在震动反复作用下，可使非饱和砂土、粉土增密，饱和砂土、粉土液化，可使软黏性土变形而出现地面沉陷，其危害程度取决于震陷量。而在相同震动力条件下，还与土的初始密度、厚度、所处的初始应力状态有关。具高含水量与压缩性的软土，在往复应力作用下其刚度随着应变的增大而降低。在地下采空区，由于强震可产生面广、量巨的震陷，导致灾难性的后果。

（2）液化：饱和松散土体受震后产生超孔隙水压力，使土体有效抗剪强度降低或消失，使土中水连同土颗粒喷出的现象。液化过程中，虽然受震动增密出现类似震陷区地面下沉，与此同时，更为严重的是由于瞬时的强度丧失，而使地基彻底破坏。

（3）地震滑坡：地震力的作用，使原来稳定的斜坡或可能发生滑坡的滑动。它具突发性、规模大，在河库岸坡还会因此出现堵塞水流、巨浪等次生危害的特点。震滑的发生除与坡体外观状况、岩土体稳定状态、震前抗剪强度变化、不利软弱面的分布以及地震烈度、强震持续时间有关，还与在多次震动作用下，岩土体的滑移量的逐渐累积，使滑面上抗剪强度逐次降低有关。

（4）地裂：产生地面裂缝的自然因素众多，但地震时，总会伴随着地裂的出现。与地震有关的地裂有二类：一是其产生机制与发震构造有关的构造性地裂，它系较厚覆盖层中错动，并非深部基岩中构造断裂的延伸，在地面的分布具有方向性，出现重复性的特点，其长度可达数千米，有水平和垂直错位，所延之处地面或地下浅层设施无不受损；另一类是沿一倾斜滑面产生的地震滑坡造成的重力式地裂，它多出现在地形或岩土层变化较大的斜坡、河岸、古河道、半挖半填的地段，它的分布可及坡高的 5～6 倍，可造成此范围的地面或房屋破坏。

2. 地震液化

（1）当建筑地基所处的建筑场地属于抗震设防裂度大于或等于七度，在地表以下 15m 深度范围内，有饱和砂土和粉土存在时，就应考虑在地震作用下产生液化的可能性。

（2）在场地选择时，根据工程重要性，力求选择在地形地貌与地质条件对抗震有利的地段，尽量避开不利地段和危险地段。在比较有利的场地中，当存在不同的场地土类型分布时，宜选择地基承载力标准值大于 200kPa 的坚硬土所在区域，而且在出露岩石较浅的部位布置建筑，尽量不使用承载力标准值低于 130kPa 有软弱土分布的区域。

（3）地基土产生地震液化的评定方法，可分为宏观判定和微观判定二种。一般情况下，对平坦场地上的天然土层，以宏观判定为主；对倾斜场地或人工填筑的土体，以微观判定为主。宏观判定考虑的主要因素，包括区域地震地质条件、历史地震背景及发震的地质条件，场地地形地貌特征，地基土中判定层的形成年代与成因、埋藏条件、边界条件与土中地下水位，土的物理力学性状等。微观判定采用室内试验、力学计算和原位测试相结合的方法进行。在判定中，强调宏观、微观方法的综合对照。两种液化势的判别程序参见图 3.6.1、图 3.6.2。其中宏观判定是考虑了液化重复性规律及历史地震液化遗迹，场地微地形地貌条件及标贯 N 值的模糊性等宏观因素。

（4）饱和砂土、粉土可根据它的形成时代、埋藏条件、粉土中的黏粒含量及地下水位深度等条件，按《建筑抗震设计规范》GB 50011 的规定，判定其是否属于不液化或可不考虑液化的影响，以及当实验室判定认为需进一步判别时，所采用标贯试验的判别标准，并据此计算液化指数，划分出存在液化层地基的液化等级。

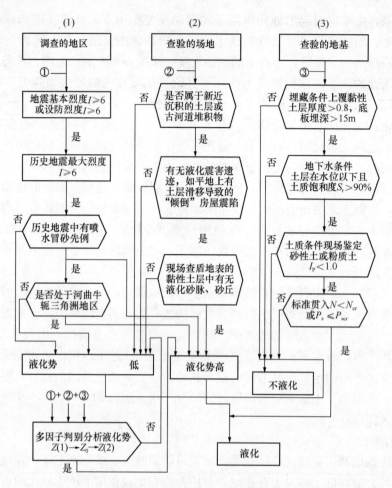

图 3.6.1 液化势宏观判断框图

（5）地震宏观震害效应评价时，要考虑液化层在特定条件下，可能起到的隔震作用，从而相对减轻震害。这是因为一旦液化发生，液化层对剪切波自下而上的传播起一定的阻隔，由液化及伴随的喷水冒砂消耗了部分能量，使分配到地面运动的能量相应减少，从而缩短地面运动的震动历时，使发生液化场地的宏观烈度往往比同一震中距离内，未液化场地的烈度低。液化在宏观震害中的双重作用，对抗震设计是有意义的。

（6）调查表明，液化发生时，液化层直接处于基础底面以下或与基底间有非液化层相隔时，产生的震害不同。后者的危害程度将大大减轻。因此地基评价时，应尽量用上层非液化层作为基础持力层。同时，提高密封地坪标高，以填土增加液化层上的覆盖压力也是有效的。

（7）历史震害分析，曾发生过液化的地区，在预后的地震中，在原处再出现液化的可能性要比未发生液化地区大。这是由于喷水、冒砂通道一旦形成，在以后的地震运动中，仍可沿着旧的喷冒孔或其近旁重复发生，其规模取决于二次地震在场地动力反应的大小以及液化层的密度变化等。

3. 对震陷、液化的地基评价

对震陷、液化的地基评价，还应注意使同一建筑或建筑物中的某一结构单元，不要布

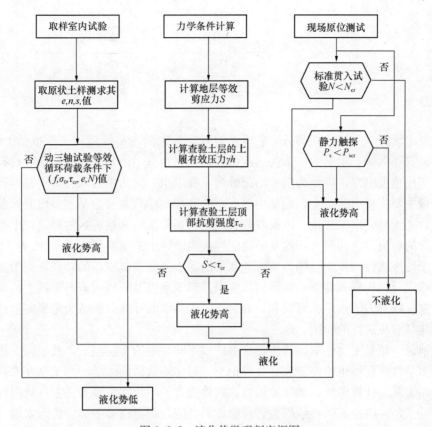

图 3.6.2　液化势微观判定框图

置在土性类别特性差别大的不同地基上；基础选型时，也不宜选用工作条件差别很大的基础形式，如天然地基与桩基混用；也不宜采取不同的基础埋深。条件允许时，适当加深基础将对抗震有利，如设置地下室、采用桩基等。

对地震滑坡、地裂地段的地基评价，应使建筑布置避开危险斜坡、滑坡可能活动的影响范围之内，并距地裂或可能地裂两侧一定距离，切不可跨越其上而布置。

参 考 文 献

[1]　陈仲颐，叶书麟. 基础工程学. 北京：中国建筑工业出版社，1990.

[2]　王锺琦. 建筑场地与地基评价. 北京：中国建筑工业出版社，1990.

[3]　车用大等. 岩体工程地质力学入门. 北京：科学出版社，1983.

[4]　谷德振. 岩体工程地质力学基础. 北京：科学出版社，1979.

[5]　水电部水利电力规划院主编. 水利水电工程地质手册. 北京：水利电力出版社，1985.

[6]　铁道部第二勘测设计院. 岩溶工程地质. 北京：中国铁道出版社，1964.

[7]　中华人民共和国国家标准. 岩土工程勘察规范 GB 50021. 北京：中国建筑工业出版社，2011.

[8]　高岱等. 岩溶与土洞(内部资料).

第4章 地 基 计 算

地基是半无限空间体的一部分，它承受着基础传来的各类荷载，又传布到土体中去。荷载的类型有竖向的、水平的，永久的或瞬间的，在地基中产生的应力和应变具有较大的差别。从实用角度出发，可分为以竖向荷载为主和以水平向为主的两大类。房屋建筑传给地基的荷载主要为竖向荷载，在地基中所产生的变形对建筑的安全是主要研究对象，但对坡上建筑、挡土墙、水工建筑、风荷载较大地区的高耸结构和地震区的建筑，水平荷载在地基中引起的剪应力往往很大，地基的稳定性成为设计中的主要研究对象。

土属于可压缩性的弹塑性体，对流塑状态的黏土还具有流变体的特征，更为重要的是土的物理组成及结构极其复杂，在不同地区因其形成条件及环境因素差异甚大，很难以简单的分类来反映其力学性质，所以到目前为止，土力学的计算只能认为是半经验性的，现场试验往往具有决定性的作用。

严格地说，地基土属于非均质体，它由许多不同性质的土层组成，甚至同一层土内各处的物理力学性质往往也相差较大。在理论上，对非均质体的力学问题至今并未获得满意的解答；而实际的计算参数，如压缩模量、抗剪强度等不仅在试验方法上有局限性，而且取样数量甚少，以少量的试验结果去评价整体的性能，带有许多不确定性因素以及难以遇见的安全隐患，这些问题集中表现在地基事故的多发性。

地基计算包括土中应力、地基变形、地基承载力、地基稳定、边坡及土压力等内容。其中应力与变形问题属于线性变形体的应力-应变范畴，其他方面属于刚塑性极限平衡问题。前者用于预估建筑物的沉降是否满足设计功能的要求，属于按正常使用极限状态设计；后者用于评价坡体或水平力较大时地基的稳定性，确保在极限状态下不发生倾覆，属于按承载能力极限状态设计。两者计算模式完全不同，但在设计上均需满足要求。

本章所提供的计算方法或计算公式分为两类，一类为理论公式，一类为修正后的公式。理论公式仅限于常规的或经典的，以反映国际动态；修正公式是根据实践证明的且易于使用的公式，两者都有其局限性，所以在介绍公式时给以附加说明，以便结合实际选用。

有限元计算方法或电算程序不易给设计者以明确的物理概念，并不能完全解决某些复杂的土力学问题。一些电算程序不仅篇幅过多，故未列入。

4.1 地 基 承 载 能 力

4.1.1 基本原则

浅基础的埋深较浅，如多层房屋基础；或者埋深虽大，但与宽度之比小于 $1.5 \sim 2.0$，如箱基、筏基等。浅基础承载能力计算模型与深基础的根本区别在于基础假定放在地平面上，埋深部分土重作为超载放在基础的四周，忽略了基础周围土的抗剪强度对地基承载能力的影响（见图 4.1.1b）。在此基础上从地基极限平衡条件出发，可导出极限荷载公式，它用来反映地基作为刚体失去平衡面临倾覆的极限承载能力。如果从容许地基在正常使用过程中出现局部塑性区的原则出发，可导出临塑荷载公式或局部塑性荷载公式，它反映地基处于压缩状态下的最大荷载，也是容许采用弹性理论确定土中应力分布的极限值。

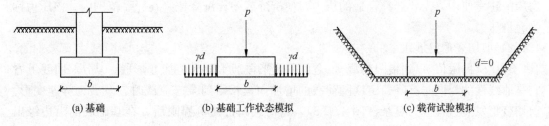

<table>
<tr><td>(a)基础</td><td>(b)基础工作状态模拟</td><td>(c)载荷试验模拟</td></tr>
</table>

图 4.1.1　基础模拟示意图

用于确定地基承载力的另一途径是原位测试。其中载荷试验使用较为广泛。由于载荷试验是模拟试验，所得到的荷载-沉降以及沉降-时间的关系可直接判定在各级荷载下地基的工作性状，所以载荷试验可同时确定极限承载力及承载力特征值。载荷试验实际上相当于埋深为零时小压板加荷试验。压板宽度不宜太小，太小易于过早出现刺入变形和侧向挤出；压板宽度过大则所需费用昂贵，不利于生产实践。根据许多学者从事过的系统试验，压板宽度大于 30cm 时，载荷试验曲线能较好地符合地基上作用的局部荷载与沉降的关系。从大量载荷试验特性研究及理论分析表明，地基受荷后的力学性能在不同加荷阶段有其基本特征，一般分为 3 个阶段，见图 4.1.2。

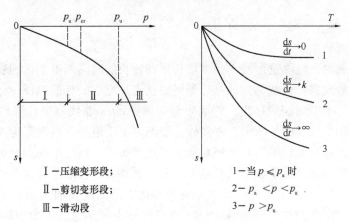

Ⅰ—压缩变形段；
Ⅱ—剪切变形段；
Ⅲ—滑动段

1—当 $p \leqslant p_a$ 时
2—$p_a < p < p_u$ 时
3—$p > p_u$ 时

图 4.1.2　地基变形的三种状态

1）线性变形段

当作用在载荷板上的压力小于比例极限 p_a 时，压力与沉降存在近似的直线关系。根据这个特征，可将土体当成线性变形体，即地基中应力按弹性半无限空间理论计算，但采用压缩模量计算变形。

线性变形段中另一重要特征是土的压缩需要经过一段时间才能完成。在加荷后的较短期间沉降速率往往很大，但随着时间逐渐减少并趋于零。这个特性说明线性变形段内土的变形主要为固结或压缩变形。该段内任何荷载都可选用为设计计算压力，而最大值 p_a 通常称为比例界限。

土的压缩模量很小，一般在 $2\sim20$ MPa 之间。对高压缩性地基，多层房屋沉降为数十厘米，沉降稳定需要数年乃至数十年。中压缩性地基上十余层房屋沉降也可达到十余厘米，由于这个缘故，许多体形复杂、刚度不协调以及地质不均匀的房屋常常开裂。为保证房屋的正常使用，需要选择合适的压力，使沉降或差异沉降控制在允许范围内。该压力称为允许压力。

2）剪切变形发展段

从比例极限值 p_a 到极限荷载 p_u 之间的变形段通常划为剪切变形段。从 p-s 曲线上看它是非线性的，同时沉降稳定期随荷载的增加而延长，到某一荷载时它发展为等速变形。剪切变形发展过程极为复杂（图 4.1.3），当荷载超过比例界限后，在基础底面沿边缘出现小的塑性区。区内土中的剪应力均大于抗剪强度，但区外仍为压缩区。地基变形主要由压缩产生。换句话说，仍具有压缩变形的特点，也可因此用来确定地基承载能力。

但是，荷载继续增加后，塑性区将向深处发展，剪切变形比重逐渐增加，当塑性区相连时，基础犹如放在塑性体上，极易发生倾斜或倾覆。这类状态称为危险应力状态，通过地基中的剪应力与抗剪强度相等原则，可求得危险应力状态时的应力。

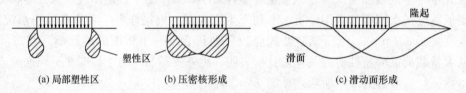

图 4.1.3　剪切变形示意图

3）破坏段

继续增加荷载时，沉降量可能大幅度增长，在较长的时间内不能达到稳定，或者会出现沉降速率增大的现象。这些都是地基达到极限状态，濒临破坏的象征。如果地基内出现连续滑动面、土体不断向四周挤出、地面隆起等现象，p-s 曲线将呈徒降段趋势，称为整体剪切破坏，见图 4.1.4 中 a 所示。密实砂、淤泥等土质地基，当埋深为 0 时常发生整体剪切破坏的情况。加拿大特纳谷仓的倾覆亦属于此类破坏。极限平衡理论也建立在整体剪切破坏的基础上。然而，大量载荷试验结果表明，地基处于极限平衡状态或整体剪切破坏

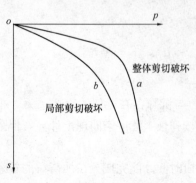

图 4.1.4　剪切变形示意图

模式只在极少的土质情况及加载条件下出现，多数的情况如中 4.1.4 中 b 所示曲线，太沙基称为局部破坏，并认为它是由于土在加载过程中产生压缩造成的。这个概念已被大家所接受，问题在于如何确定地基的破坏状态及相应的极限荷载并没有一致的看法。太沙基明确建议用 1 英尺宽的方形载荷板，取 0.5 英寸时的沉降对应荷载的一半作为容许承载力，它回避了极限承载力的破坏数值，并说明这样做法旨在解决取值方法的混乱情况。实际上他是从实际应用要求，按经验取值的一种方法，如果取安全度为 2，太沙基将极限荷载定为沉降

为 0.042 基宽所对应的荷载。太沙基的这个建议在美国及一些西方国家广泛使用。

其他国家如英国、加拿大等，斯开普顿的建议受到广泛的重视，他认为相应于极限荷载的压板下沉降，对无埋深基础大约为基础宽度的 3%～7%，对埋深基础可达 25%。这说明从载荷试验曲线判定极限荷载除非能较早的得到地基破坏的明显迹象，多数情况下只能采用经验的限制沉降的方法，一般按基础宽度的 0.06 考虑。

综上所述，载荷试验曲线各个阶段的性状具有规律性，但是应当看到各阶段的特征界限值随基础宽度、埋深、加载速率而有所不同，所以用标准载荷试验所得到的容许承载力，并不等于基础宽度与埋深不同时的相应值，还需根据土的性质加以修正。至于修正方法完全凭各国经验制定。本章各节所提供的常见公式也存在同样的问题。各国工程界在使用时均结合具体情况做了程度不同处理。

4.1.2　极限荷载公式

极限荷载公式很多，出发点及基本假定大体相近，除了索科洛夫斯基较为严格外，其他都属于近似解。但索科洛夫斯基解较为繁琐，适用范围有限，在实际上仍采用近似解。

各种公式都立足于平面变形假定条件，按照地基完全破坏模式，不考虑土体压缩条件，基础形状因素和偏心荷载因素等影响。此外，基础底面以上的土层只考虑其自重作用。以下就基本解及其他因素的处理方法分述如下。

现有承载力理论是在古典塑性理论中有关刚塑体问题解的基础上加以经验补充发展的。对于塑性体极限状态的模式由 L. 普朗德尔（Prandtl）1921 年提出，其基本假定为：基础底面光滑，即没有摩擦力，基底压力垂直于地面；地基土没有质量，即基底以下土的重度为 0；荷载为无限长的条形荷载。当土体处于塑性平衡状态时，塑性边界为如图 4.1.5 所示的 d'c'bcd。地基土分为三个区，区域 I 为主动朗肯区，破裂面与水平面成 45°+φ/2；III 区为被动朗肯区，破裂面与水平线夹角为 45°−φ/2；II 区为放射推挤区，滑动线 c'b 为对数螺线（图 4.1.6），对数螺线的方程为：

$$r = r_0 e^{(\theta \tan\varphi)} \tag{4.1.1}$$

式中　r——起点 0 到任意点 m 的距离；

$\quad\ \ r_0$——II 区起始半径；

$\quad\ \ \theta$——on 和 om 之间的夹角；

$\quad\ \ \varphi$——内摩擦角，即 m 点半径与该点的法线成 φ 角。

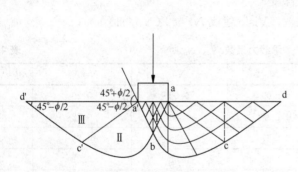

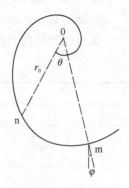

图 4.1.5　条形刚性板下的滑动线　　　　图 4.1.6　对数螺线

（1）当 $\varphi = 0$ 时，对数螺线为一圆弧，基础埋深为 d，将基底水平面以上的土重用均布超载代替，地基土的极限承载能力为：

$$p_u = (\pi + 2)c + \gamma_0 d \tag{4.1.2}$$

式中　p_u——极限承载能力；

　　　$c、\varphi$——土的抗剪强度指标，c 为土的黏聚力，φ 为土的内摩擦角；

　　　γ_0——基础底面以上土的加权平均重度，地下水位以下取有效重度。

当基础为方形时，（按 Ishlinskii，1944）

$$p_u = 5.71c + \gamma_0 d \tag{4.1.3}$$

当基础为矩形，按（Shield，1960）$b/l > 0.53$ 时，

$$p_u = (5.24 + 0.47b/l)c + \gamma_0 d \tag{4.1.4}$$

当 $b/l < 0.53$ 时，

$$p_u = (5.14 + 0.56b/l)c + \gamma_0 d \tag{4.1.5}$$

上述公式用于黏土极限承载能力，经与载荷试验对比，其结果偏于安全。

（2）当 $\varphi \neq 0$，不考虑体积力时，

$$p_u = cN_c + \gamma_0 d N_q \tag{4.1.6}$$

其中 $N_q = \exp(\pi \tan\varphi) \tan^2(45° + \varphi/2)$；

　　　$N_c = (N_q - 1)\cot\varphi$。

（3）基础底面往往是粗糙的，太沙基假定基底与土之间的摩擦力阻止了在基底处的剪切位移的发生，使它不能处于极限平衡状态，基底下的土体形成一个刚性核，与基础称为一个整体竖直向下移动，这时 I 区滑裂面与水平面成 ϕ 角，一般 $\varphi < \phi < 45° + \varphi/2$，$\phi$ 角是未知的，需要用试算法确定；当考虑地基土的重度时，II 区为对数螺线过渡区，bc 在圆弧与螺线之间变化。这种情况下边界条件复杂，目前的解答是经验性的，通常先假定刚性核的滑裂面的形状，将古典刚塑性理论中的 N_c 和 N_q 值与在 $c = 0$，$d = 0$ 条件下得到的 N_r 值叠加而成。承载力系数见表 4.1.1。这就是著名的太沙基表达式：

$$p_u = cN_c + qN_q + \frac{1}{2}\gamma b N_r \tag{4.1.7}$$

式中　c——地基土的黏聚力；

　　　γ——地基土的重度；

　　　q——基础水平面以上基础两侧的超载；$q = \gamma_0 d$；

$b、d$——基础的宽度和埋置深度；

　　　N_r——无量纲的承载力系数，Visic 建议 $N_r = 2(N_q + 1)\tan\varphi$。

承载力系数 N_c、N_q、N_r　　　　　　　　　　　　　　表 4.1.1

$\varphi(°)$	N_c	N_q	N_r	N_q/N_c	$\tan\varphi$
0	5.14	1.00	0.00	0.20	0.00
3	5.90	1.31	0.24	0.22	0.05
5	6.49	1.57	0.45	0.24	0.09
8	7.53	2.06	0.86	0.27	0.14
10	8.35	2.47	1.22	0.30	0.18

续表

φ (°)	N_c	N_q	N_r	N_q/N_c	$\tan\varphi$
12	9.28	2.97	1.69	0.32	0.21
14	10.37	3.59	2.29	0.35	0.25
16	11.63	4.34	3.06	0.37	0.29
18	13.10	5.26	4.07	0.40	0.32
20	14.83	6.40	5.39	0.43	0.36
22	16.88	7.82	7.13	0.46	0.40
24	19.32	9.60	9.44	0.50	0.45
26	22.25	11.85	12.54	0.53	0.49
28	25.80	14.72	16.72	0.57	0.53
30	30.14	18.40	22.40	0.61	0.58
32	35.49	23.18	30.22	0.65	0.62
34	42.16	29.44	41.06	0.70	0.67
36	50.59	37.75	56.31	0.75	0.73
38	61.35	48.93	78.03	0.80	0.78
40	75.31	64.20	109.40	0.85	0.84

式（4.1.7）为极限承载能力通用表达式，极限承载力公式很多，实质性差别在于 N_r 值，这些差别主要来自于 N_r 随 φ 的剧烈改变。由于该公式建立在刚塑体平面问题基础上，其代表性有限，过深的讨论它的精确性已无太大的实际意义。工程师的兴趣在于如何根据实际情况及地区地质条件选取安全度。

地基完全破坏的范围甚小，当土存在压缩性时，能否发挥土的抗剪强度以及滑裂面的形成均值得怀疑。特别重要的是基宽越大，承载力与基宽成正比增加这种概念在一般黏性土中不能得到证明，其原因在于基宽越大，应力扩散越深，沉降也越大。另一方面，当荷载增加到某一限值时，基础以下部分土层将发生冲切破坏，造成地基土的大量下沉，但是到目前为止，还未能就此问题得到合理的解决。

太沙基从土的压缩性出发，采用经验折减的方法来满足局部剪切破坏下的极限承载力计算问题，其方法是将抗剪强度折减，用折减后的 c' 和 φ' 计算承载力公式中的系数 N_c、N_q、N_r。

$$c' = \frac{2}{3}c \tag{4.1.8}$$

$$\varphi' = \arctan\left(\frac{2}{3}\tan\varphi\right) \tag{4.1.9}$$

这种折减方法实际上限制了承载力的上限值，解决了砂类土由于内摩擦角较大带来的承载能力急剧增大问题。但是载荷试验结果证实：当 $\varphi = 0$ 时，将黏聚力 c 折减 1/3 后，极限承载能力略大于塑性荷载，如果采用固结排水剪切试验指标，对饱和软土将得到过大的内摩擦角，即使加以折减，它的承载能力比完全破坏条件下的承载力大得多，其原因在于室内固结程度远比载荷试验条件下地基的实际固结程度高。

为了对土的压缩性和基础尺寸对地基极限承载能力的影响作出充分的评价，Visic (1970) 给出了下列压缩性系数的表达式：

$$I_r = \frac{G}{c + q\tan\varphi} = \frac{E}{2(1+\nu)(c + q\tan\varphi)} \tag{4.1.10}$$

$$\zeta_{qc} = \exp\left[(-4.4 + 0.6B/L)\tan\varphi + \frac{3.07\sin\varphi(\lg 2I_r)}{1 + \sin\varphi}\right] \tag{4.1.11}$$

$$\zeta_{cc} = 0.32 + 0.12B/L + 0.6\lg I_r \tag{4.1.12}$$

$$\zeta_{rc} = \zeta_{qc} \tag{4.1.13}$$

式中　　E——土的变形模量；

　　　　ν——地基土的泊松比；

　　　　c——地基土的黏聚力；

　　　　φ——地基土的内摩擦角；

　　　　q——基础的侧面荷载，$q = \gamma_0 d$，d 为基础的埋置深度；γ_0 为埋置深度以上土的重度。

当 $\zeta_{qc} < 1$ 时，压缩系数才有意义，按可压缩地基考虑。

Visic 所提的方法仍是经验性的，因为公式中的三个重要参数取自固结排水剪，在工程中如果地基土属于低压缩性的，其折减的幅度很小，也不能证明低压缩性地基的破坏均属于完全破坏，至少有埋深的黏土就不属于此类。至于高压缩性土，施工期间的固结量可能只有 10%～30%，这时的抗剪强度指标难以选择。

鉴于理论公式本身带有较多的不定因素，太沙基建议的折减方法有其适用性，对某些土中能给出满意的结果，但将黏聚力 c 折减对于 φ 值较小的黏性土和粉土都不合适，并与载荷试验不符。建议使用公式（4.1.7）时，只将 φ 值用 φ' 代入，求出各承载力因子，这时土的抗剪强度采用三轴不排水剪。

以上均系平面问题的研究结果，其适用范围应限于条形基础，在讨论理论公式时，其误差已经很大并难于证实其可靠范围，所以各国就以计算结果为依据采用经验的安全度，以求得地基容许承载力。就目前已知的情况，安全度一般达到 3～4。在这种情况下再考虑形状因素，上覆土层抗剪强度的影响等因素，其意义十分有限。以下仅列入 Hansan、DeBeer、Vesic 所提供的公式，供读者参考。

$$p_u = cN_cS_ci_c + qN_qS_qi_q + \frac{1}{2}\gamma bN_rS_ri_r \tag{4.1.14}$$

式中　　S_c、S_q、S_r——为基础形状系数，见表 4.1.2；

　　　　i_c、i_q、i_r——荷载倾斜系数，见表 4.1.3。

如为偏心荷载，基础面积应折减为有效面积，其形心为竖向分力作用所经之点，有效面积宽度与长度应按图 4.1.7 所示确定。

在考虑土的压缩性时，需将内摩擦角 φ 按式 4.1.9 折算后求 N_c、N_q、N_r。黏聚力 c 不需折减。

浅基础形状系数 S_c、S_q 和 S_r　　　　　　表 4.1.2

基础形状	S_c	S_q	S_r
条形	1.00	1.00	1.00
矩形	$1+\dfrac{b}{l}\dfrac{N_q}{N_c}$	$1+\dfrac{b}{l}\tan\varphi$	$1-0.4\dfrac{b}{l}$
圆形和方形	$1+\dfrac{N_q}{N_c}$	$1+\tan\varphi$	0.60

荷载倾斜系数 i_r、i_q 和 i_c 值　　　　　　表 4.1.3

i_r	i_q	i_c
$\left(1-\dfrac{p}{Q+b'l'c\cot\varphi}\right)^2$	$\left(1-\dfrac{p}{Q+b'l'c\cot\varphi}\right)^3$	$i_q-\dfrac{1-i_q}{N_c\tan\varphi}$

公式（4.1.14）为极限承载力的经验的普遍表达式。由于各系数属于经验性的，各国及一些地区取值上并不统一。由欧洲共同体 11 国岩土工程学会编写的地基基础规范给出的表达式与式（4.1.14）相同。对于 N_c、N_q 和 N_r 随着内摩擦角的增加而迅速增大的现象，要求在采用内摩擦角时慎重考虑。当地基土和岩石类的结构类型不连续或呈层

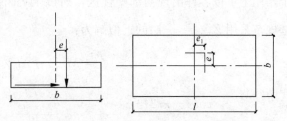

图 4.1.7　偏心荷载有效面积示意图

注：Q 和 q 为倾斜荷载的垂直和水平分力；基础面积为 $b\times l$，有偏心时取有效面积 $b'\times l'$，$b'=b-2e$，$l'=l-2e_l$。

状时，这些影响应当也考虑在选择土的力学参数内，如果为层状地基，各土层内摩擦角变化范围超过平均值 3° 以上，就需要使用圆弧滑动面法。规范的这些提示性要求说明承载能力公式主要用来解决地基整体性稳定问题，对于普通房屋基础的地基稳定性问题不太可能发生，而斜坡、岸坡、路堤、地下采空区以及水平荷载为主的建筑地基的稳定性在设计中极其重要，不过这些地区的地质条件又比较复杂，往往并不能靠极限承载能力公式计算求出。至于由极限荷载推断容许承载能力纯属经验判断，一般采取保守态度。

4.1.3　塑性荷载

前面已经详述了线形变形体的物理概念。在比例界限范围内地基中的应力可借用弹性理论求出。如果载荷试验 $P-S$ 曲线为非线性时，亦可用弹性理论求近似解。根据地基中的应力状态及土的强度可预测塑性区出现的部位及大小，当然，这种推算只有当塑性区较小时可以采用。

普泽列夫斯基曾推导临塑荷载公式，临塑荷载相当于比例界限值，其假定条件为：

（1）地基中应力按弹性理论计算，在塑性区出现时，泊松比 $\mu=0.5$；

（2）各点主应力满足下式时，出现塑性平衡状态：

$$\sin\varphi=\frac{\sigma_1-\sigma_3}{\sigma_1+\sigma_3+2c\cot\varphi}\tag{4.1.15}$$

式中：σ_1 和 σ_3 为地基中某点的最大和最小主应力，显然，土的抗剪强度应当在三轴剪力状态下求出。

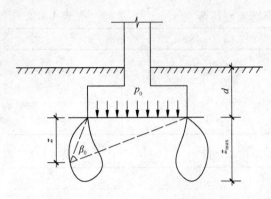

图 4.1.8 条形基础底面塑性区

该解仅限于平面应变问题，设塑性区开展的最大深度为 Z_{max}，如图 4.1.8 所示，则相应荷载 p_z 为：

$$p_z = \frac{\pi(\gamma_0 d + c/\tan\varphi + \gamma Z_{max})}{\cot\varphi - \pi/2 + \varphi} + \gamma_0 d$$

$$(4.1.16)$$

当 $Z_{max} = 0$ 时，表示地基中刚要出现但尚未出现塑性区，相应的荷载 p 即为临塑荷载 p_{cr}，当作用在地基上的局部荷载为均匀的，临塑荷载与基础宽度无关。

公式（4.1.16）是较严格的，问题在于实用上可以容许出现局部塑性区，所以 Пузыревский 提出局部临塑荷载公式，苏联地基规范采用 $Z_{max} = \frac{b}{4}$ 时的近似解为：

$$p = M'_b \gamma b + M_d \gamma_0 d + M_c c \qquad (4.1.17)$$

式中　$M'_b = \dfrac{0.25\pi}{\cot\varphi - \pi/2 + \varphi}$；

$\quad M_d = \dfrac{\pi}{\cot\varphi - \pi/2 + \varphi} + 1$；

$\quad M_c = \dfrac{\pi}{(\cot\varphi - \pi/2 + \varphi)\tan\varphi}°$。

该近似公式只能用于塑性区较小的情况。如果使塑性区开展深度 Z_{max} 与基础宽度成比例增加，基础小时塑性荷载偏低；基础较大时，塑性区开展深度的绝对值偏大，从而引起主要受力层的侧向变形过大的情况，所以在局部塑性荷载公式中，Z_{max} 应当有一个限值，即它随着基础宽度增大而趋于某个常数。

在局部塑性荷载的检验过程中，发现内摩擦角大于 $26°$ 以后，载荷试验结果要比计算结果高很多。

利用埋深为 0 时载荷试验的比例界限值或 $s = 0.015b$ 对应的荷载为局部塑性荷载，得到试验值与计算值两条曲线如图 4.1.9 所示，因此，对于砂类土的 M'_b 值作了修正，成为我国地基基础规范容许承载能力公式：

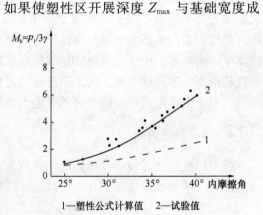

1—塑性公式计算值　2—试验值

图 4.1.9　砂类土承载能力系数 M_b 与内摩擦角的关系

$$f_a = M_b \gamma b + M_d \gamma_0 d + M_c c_k \qquad (4.1.18)$$

式中　　　f_a——由土的抗剪强度指标确定的地基承载能力特征值；

M_b、M_d、M_c——承载力系数，按表 4.1.4 确定；

γ——基础底面以下土的重度，地下水位以下取浮重度；

γ_0 ——基础底面以上土的加权平均重度，地下水位以下取浮重度；

c_k ——基础下相当于短边长度的深度范围内的土的黏聚力标准值。

该式的形状与极限荷载公式相同，但承载力系数 M_b、M_d、M_c 不同。另外规范规定基础宽度大于 6m 时按 6m 考虑。对于砂土小于 3m 时按 3m 考虑。对塑性区的开展深度作了限制。按公式（4.1.18）计算的地基承载能力不再考虑安全系数，同时也按线性变形计算的极值。

M_b、M_d、M_c 承载力系数　　　　　　　　表 4.1.4

土的内摩擦角标准值（°）	M_b	M_d	M_c
0	0	1.00	3.14
2	0.03	1.12	3.32
4	0.06	1.25	3.51
6	0.10	1.39	3.71
8	0.14	1.55	3.93
10	0.18	1.73	4.17
12	0.23	1.94	4.42
14	0.29	2.17	4.69
16	0.36	2.43	5.00
18	0.43	2.72	5.31
20	0.51	3.06	5.66
22	0.61	3.44	6.04
24	0.80	3.87	6.45
26	1.10	4.37	6.90
28	1.40	4.93	7.40
30	1.90	5.59	7.95
32	2.60	6.35	8.55
34	3.40	7.21	9.22
36	4.20	8.25	9.97
38	5.00	9.44	10.80
40	5.80	10.84	11.73

塑性荷载公式尚无空间问题解，也无偏心荷载作用下的解答，一般来说，表 4.1.4 中的系数经过与载荷试验验证，可直接用于空间问题。至于偏心荷载的影响，当偏心距小于 $0.033b$ 时仍可使用，如果超过该值，需增大基础面积，否则计算误差较大。

将公式（4.1.18）与考虑压缩性后的太沙基极限荷载公式比较，塑性荷载公式值为极限荷载公式值的 0.5～0.6 倍，虽然这个关系具有经验性，但不失为衡量极限荷载公式结果可靠程度的参考。地基规范承载力系数与承载力因素对比见图 4.1.10～图 4.1.12。

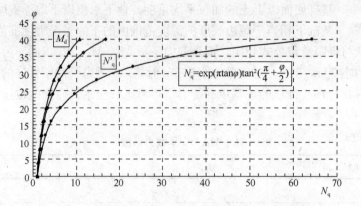

图 4.1.10　承载力因素 N_q、N'_q 和承载力系数 M_d

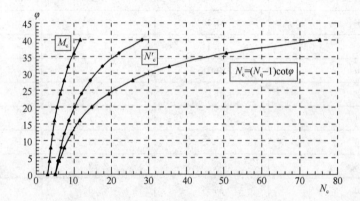

图 4.1.11　承载力因素 N_c、N'_c 和承载力系数 M_c

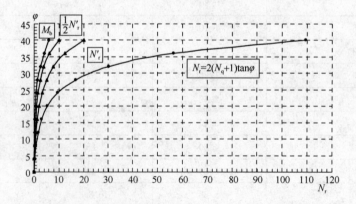

图 4.1.12　承载力因素 N_r、N'_r 和承载力系数 M_b

【例 4-1】 在均匀的黏性土地基上建筑一高层房屋，基础埋深 5m，地下水位 −3.0m，土的各项指标：$\gamma = 0.9\text{kN/m}^3$、$c = 20.0\text{kPa}$、$\varphi = 16°$，基础面积为 100m×18m，求地基承载能力特征值。

解： 在塑性荷载公式 $f_a = M_b \gamma b + M_d \gamma_0 d + M_c c_k$

$$M_b = 0.36、M_d = 2.43、M_c = 5.00$$

地下水位为－0.3m，地下水位以下取浮重度，

$\gamma_0 d = 19\times3+(19-10)\times2=75kN/m^2$，基础宽度大于 6m 时按 6m 计算，

$\gamma b = (19-10)\times6=54kN/m^2$，

$f_a = 0.36\times54+2.43\times75+20\times5=19.44+182.25+100=301.69kN/m^2$。

计算分析结果表明基础埋深对地基承载力影响甚大，在本例中占 60%。此外，地下水位以下，土的抗剪强度将有所降低，在地下水位升降幅度范围内应该考虑用饱和不排水快剪或饱和快剪强度指标。

地基承载力不等于地基土的强度，影响承载力的因素除土的抗剪强度外，还包括基础埋深、基础面积、地下水位以及荷载的作用位置、基础的刚度等。塑性荷载作用下的应力状态比较明显，并与地基土变形性质相一致。极限荷载作用时的应力状态除以一定安全系数后的情况则很不明确。在我国，工业与民用建筑部门多习惯用塑性荷载 $p_{1/4}$ 公式，但在系数上有局部的修改。

4.1.4　按统计或经验确定的承载力

有些国家或一些教科书上及文献给出了程度不同的承载力表。表中数据有的来自当地已建建筑物的经验，有些则按照载荷试验资料统计，对中小建筑物地基设计来说是很宝贵的资料，因为这些建筑物的荷载一般不大，且基础埋深较浅，有些基础为砌体结构，有一个最小构造尺寸的要求，所以按承载力表中给出的数据设计基础不会出现太大的偏差。随着建筑的发展，积累的数据越多，有些城市编制了小区地质图，它的内容包括地质剖面、各土层物理力学性质、地下水位及其变化情况、冻结深度及其他有关资料，它可供该地区的地基设计与勘察提供比较切合实际的资料及有益的经验。此外，比较复杂的问题是如何根据地基土实际情况确定地基承载力，即当地基土物理指标有离散性时，怎样确定地基承载力。在实际工程中，应对物理试验指标进行修正，即提高或降低计算指标，然后查表以确定某地基的承载能力。

1) 按规范承载力表确定

在我国 GBJ 7—89 规范中将容许承载力表改为地基承载力基本值，明确表示该值没有考虑某一场地的物理特征指标的变异系数，作为某一地基的承载能力特征值可在基本值基础上进行概率分析后确定。至于那些难以用物理特征指标确定地基承载力的碎石类土和岩石类土，给出其区段值，例如强风化硬质岩石其承载力范围为 500kPa～1000kPa，由工程地质人员根据具体情况及经验评定。

1974 年编制《建筑地基基础设计规范》TJ 7－74 集合了全国当时已有的载荷试验两千余份，作了认真细致的回归分析，建立经验关系，而且与土的抗剪强度计算值进行了比较，与建筑物沉降实测和变形分析进行比较，以求与工程实际经验符合，编制了带有普遍性质的土类容许承载能力表及其适用范围。少数如新近沉积土及老黏土具有突出的地区影响因素，在编制 GBJ 7—89 规范时予以取消。经过 30 多年的工程实践检验，证明其多数是适用的，虽然现行的国家规范《建筑地基基础设计规范》GB 50007—2002 和《岩土工程勘察规范》GB 50021—2001 取消了承载力表，但这些成果仍可根据情况加以利用。下面列出 GBJ 7—89 规范给出的地基承载力标准值和基本值。

岩石承载力标准值（kPa） 表 4.1.5

岩石类别	风化程度		
	强风化	中等风化	微风化
硬质岩石	500~1000	1500~2500	≥4000
软质岩石	200~500	700~1200	1500~2000

注：1. 对于微风化的硬质岩石，其承载力如大于 4000kPa 时，应由试验确定；
2. 对于强风化的岩石，当与残积土难于区分时按土考虑。

碎石类土承载力标准值（kPa） 表 4.1.6

土的名称	密实度		
	稍密	中密	密实
卵石	300~500	500~800	800~1000
碎石	250~400	400~700	700~900
圆砾	200~300	300~500	500~700
角砾	200~250	250~400	400~600

注：1. 表中数值适用于骨架颗粒空隙全部由中砂、粗砂或硬塑、坚硬状态的黏性土或稍湿的粉土所填充；
2. 当粗颗粒为中等风化或强风化时，可按其风化程度适当降低承载力；当颗粒间呈半胶结状时，可适当提高承载力。

粉土承载力基本值（kPa） 表 4.1.7

第一指标：孔隙比 e	第二指标：含水量 ω（%）						
	10	15	20	25	30	35	40
0.5	410	390	(365)				
0.6	310	300	280	(270)			
0.7	250	240	225	215	(205)		
0.8	200	190	180	170	(165)		
0.9	160	150	145	140	130	(125)	
1.0	130	125	120	115	110	105	(100)

注：1. 括号内数字供内插用；
2. 第二指标的折算系数为 0；
3. 在湖、塘、沟、谷与河漫滩地段，新近沉积的粉土，其工程性质一般较差，应根据当地实践经验取值。

黏性土承载力基本值（kPa） 表 4.1.8

第一指标：孔隙比 e	第二指标：液性指数 I_L					
	0	0.25	0.50	0.75	1.00	1.20
0.5	475	430	390	360		
0.6	400	360	325	295	(265)	
0.7	325	295	265	240	210	170
0.8	275	240	220	200	170	135
0.9	230	210	190	170	135	105

第一指标：孔隙比 e	第二指标：液性指数 I_L					
	0	0.25	0.50	0.75	1.00	1.20
1.0	200	180	160	135	115	
1.1		160	135	115	105	

注：1. 括号内数字供内插用；

　　2. 第二指标的折算系数为 0；

　　3. 在湖、塘、沟、谷与河漫滩地段，新近沉积的粉土，其工程性质一般较差；第四纪晚更新世（Q_3）及其以前沉积的老黏性土，其工程性质通常较好，这些土均应根据实践经验取值。

沿海地区淤泥和淤泥质土承载力基本值（kPa）　　　　　　表 4.1.9

天然含水量 w（%）	36	40	45	50	55	65	75
f_0（kPa）	100	90	80	70	60	50	40

注：对内陆淤泥和淤泥质土，可参照使用。

洪黏土承载力基本值（kPa）　　　　　　表 4.1.10

土的名称	第二指标：液塑比 $I_r = w_L/w_P$	第一指标：含水比 $a_w = w/w_L$					
		0.5	0.6	0.7	0.8	0.9	1.0
红黏土	≤1.7	380	270	210	180	150	140
	≥2.3	280	200	160	130	110	100
次生红黏土		250	190	150	130	110	100

注：1. 本表适用于广州、贵州、云南地区的红黏土。对母岩、成因类型、物理力学性质相似的其他地区的红黏土，可参照使用；

　　2. 折算系数为 0.4。

素填土承载力基本值（kPa）　　　　　　表 4.1.11

压缩模量 E_{s1-2}（MPa）	7	5	4	3	2
f_0（kPa）	160	135	115	85	65

注：本表只适用于堆填时间超过 10 年的黏性土，以及超过 5 年的粉土。

　2）按触探确定地基承载力

　触探是地基土原位测试的一种重要手段，它的种类很多，从大的方面划分有动力触探和静力触探。动力触探按其探头形式及锤重又分为标准贯入及重型、中型和轻型锥形触探。标准贯入在美国及日本比较流行。10kg 锥形触探系我国简易的适用于槽探及浅层地基的工具。静力触探在欧洲一些国家流行，特别适用于土质较软的地质条件。无论用哪种方法进行现场测试，都有速度快、分层清楚和测深大的优点，当用其确定承载力时都属于间接测定法范畴，其经验成分较多，虽然这些测试工具已标准化，但各国将测得的结果转化为地基承载力的取值方法并不统一，究其原因，除了探头形状，操作方法等因素外，土质组成的复杂性往往成为主要因素，所以这类原位测试尚应与物理力学指标、载荷试验等因素结合起来。以下介绍我国 GBJ 7—89 规范推荐的标准贯入试验锤击数 $N_{63.5}$ 和轻便触探试验锤击数 N_{10} 与地基承载力的关系供参考，见表 4.1.12～表 4.1.15。

砂类土承载力标准值　　　　　　　　　　表 4.1.12

土类	标准贯入试验锤击数 $N_{63.5}$			
	10	15	30	50
中砂、粗砂	180	250	340	500
粉砂、细砂	140	180	250	340

黏性土承载力标准值　　　　　　　　　　表 4.1.13

$N_{63.5}$	3	5	7	9	11	13	15	17	19	21	23
f_k (kPa)	105	145	190	235	280	325	370	430	515	600	680

黏性土承载力标准值　　　　　　　　　　表 4.1.14

N_{10}	15	20	25	30
f_k (kPa)	105	145	190	230

素填土承载力标准值　　　　　　　　　　表 4.1.15

N_{10}	10	20	30	40
f_k (kPa)	85	115	135	160

注：本表只适用于黏性土与粉土组成的素填土。

需要注意的是，对于地基评价宜采用钻探取样、室内土工试验、触探，并结合其他原位测试方法进行综合判断。设计等级为甲级的建筑物应提供载荷试验指标、抗剪强度指标、变形参数指标和触探资料；设计等级为乙级的建筑物应提供抗剪强度指标、变形参数指标和触探资料；设计等级为丙级的建筑物应提供触探及必要的钻探和土工试验资料。

4.2　土体中的应力分布与地基变形

在地基土层上建造建筑后，地基中原有的应力状态发生变化，引起地基变形。当应力引起的变形量在容许范围以内，不会影响建筑物的正常使用；但当外荷载在土体中引起的应力过大时，则会使建筑发生不能容许的过量的变形，甚至使土体发生整体破坏而失去稳定性。因此，研究土中应力分布的规律是研究地基基础变形和稳定性的依据。

基底压力作用下土中应力分布状况，与基础面积大小、荷载分布形态和基础埋置深度密切相关。当基底压力超过比例极限后，由于塑性变形的出现，压力分布更为复杂。但是，在目前的沉降计算中，仍借用弹性理论来求土中应力分布，这种做法比较简单实用。同时，当基底压力不超过比例极限值时，误差亦较小，若地基中出现局部塑性区的范围不大时，仍可采用上述假定。

计算地基附加应力时，把基底压力看成柔性荷载，并假定地基土是各向同性、均质的线形变形体，而且在深度和水平方向上是无限延伸的，这样就可以直接采用弹性力学中关于弹性半空间的理论解答。本节先介绍属于空间问题的集中力、矩形荷载和圆形荷载作用

下的解答，然后介绍属于平面问题的线荷载和条形
荷载作用下的解答，最后，再概要介绍一些非均质
地基的竖向应力分布。

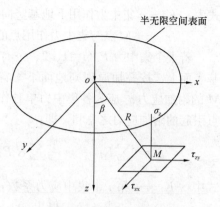

图 4.2.1　集中力作用下
地基应力示意图

4.2.1　集中力作用下的应力分布

　　在弹性半空间表面上作用一个竖向集中力时，
半空间内任意点处所引起的应力和位移弹性解答是
由法国 J·布辛奈斯克（Boussinesq，1885）得出
的，它可以方便地用来计算半空间内任意点由于分
布在表面的不规则面积上的法向压力所引起的应力。

　　半空间中任意点 $M(x, y, z)$ 处的 6 个应力分量
的解答如下：

$$\sigma_x = \frac{3P}{2\pi}\left[\frac{x^2 z}{R^5} + \frac{1-2\mu}{3}\left(\frac{R^2 - Rz - z^2}{R(R+z)} - \frac{x^2(2R+z)}{R^3(R+z)^2}\right)\right] \qquad (4.2.1)$$

$$\sigma_y = \frac{3P}{2\pi}\left[\frac{y^2 z}{R^5} + \frac{1-2\mu}{3}\left(\frac{R^2 - Rz - z^2}{R(R+z)} - \frac{y^2(2R+z)}{R^3(R+z)^2}\right)\right] \qquad (4.2.2)$$

$$\sigma_z = \frac{3P}{2\pi} \cdot \frac{z^3}{R^5} = \frac{3P}{2\pi R^2}\cos^3\theta \qquad (4.2.3)$$

$$\tau_{xy} = \tau_{yx} = -\frac{3P}{2\pi}\left[\frac{xyz}{R^5} - \frac{1-2\mu}{3} \cdot \frac{xy(2R+z)}{R^3(R+z)^2}\right] \qquad (4.2.4)$$

$$\tau_{yz} = \tau_{zy} = -\frac{3P}{2\pi} \cdot \frac{yz^2}{R^5} = -\frac{3Py}{2\pi R^3}\cos^2\theta \qquad (4.2.5)$$

$$\tau_{xz} = \tau_{zx} = -\frac{3P}{2\pi} \cdot \frac{xz^2}{R^5} = -\frac{3px}{2\pi R^3}\cos^2\theta \qquad (4.2.6)$$

式中　σ_x、σ_y、σ_z——分别平行于 x、y、z 坐标轴的正应力；

　　　τ_{xy}、τ_{yz}、τ_{xz}——剪应力，其中前一角标表示与它作用的微面的法向方向平行的坐标
　　　　　　的坐标轴，后一角标表示与它作用方向平行的坐标轴；

　　　　　P——作用于坐标原点 o 的竖向集中力；

　　　　　R——M 点至坐标原点 o 的距离；

　　　　　θ——R 线与 z 坐标轴的夹角。

　　集中力作用下布辛奈斯克解是其他荷载作用下地基应力计算的基础，公式（4.2.3）
通常简化为：

$$\sigma_z = K\frac{P}{z^2} \qquad (4.2.7)$$

$$K = \frac{3}{2\pi}\frac{1}{\left[1+\left(\frac{r}{z}\right)^2\right]^{5/2}} \qquad (4.2.8)$$

式中 K ——集中力作用下地基竖向附加应力系数，可以从表4.2.1中直接查出；

r —— M 点与集中力作用点的水平距离。

若干个集中力 P_i $(i=1、2、\cdots n)$ 作用在地基表面上，按叠加原理则地面下 z 深度处某点 M 的附加应力 σ_z 应为各集中力单独作用时在 M 点引起的附加应力之总和，即：

$$\sigma_i = \sum_{i=1}^{n} K_i \frac{P_i}{z^2} = \frac{1}{z^2} \sum_{i=1}^{n} K_i P_i \quad (4.2.9)$$

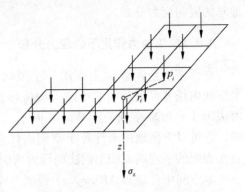

图 4.2.2　等代荷载法计算应力

式中 K_i ——第 i 个集中应力系数，可由 r_i/z 查表 4.2.1 得出，r_i 是第 i 个集中荷载作用点到 M 点的水平距离。

集中应力系数表　　　　　　　　　　　表 4.2.1

r/z	K	r/z	K	r/z	K	r/z	K	r/z	K
0	0.4775	0.50	0.2733	1.00	0.0844	1.50	0.0251	2.00	0.0085
0.05	0.4745	0.55	0.2466	1.05	0.0744	1.55	0.0224	2.20	0.0058
0.10	0.4657	0.60	0.2214	1.10	0.0658	1.60	0.0200	2.40	0.0040
0.15	0.4516	0.65	0.1978	1.15	0.0581	1.65	0.0179	2.60	0.0029
0.20	0.4329	0.70	0.1762	1.20	0.0513	1.70	0.0160	2.80	0.0021
0.25	0.4103	0.75	0.1565	1.25	0.0454	1.75	0.0144	3.00	0.0015
0.30	0.3849	0.80	0.1386	1.30	0.0402	1.80	0.0129	3.50	0.0007
0.35	0.3577	0.85	0.1226	1.35	0.0357	1.85	0.0116	4.00	0.0004
0.40	0.3294	0.90	0.1083	1.40	0.0317	1.90	0.0105	4.50	0.0002
0.45	0.3011	0.95	0.0956	1.45	0.0282	1.95	0.0095	5.00	0.0001

当局部荷载的平面形状或分布不规则时，可采用等代荷载法求土中应力，即将荷载面分成若干个形状规则的矩形面积单元，每个单元上的分布荷载近似地用作用在单元面积形心上的集中力代替。如图 4.2.3 所示，将基底压力面积化为若干个小块，单元划分得越大，误差越大，单元划分得越多时，计算结果越接近于真实值。当矩形面积单元的长边小于面积形心到计算点的距离的 1/2、1/3、1/4 时，所算得的附加应力误差一般分别不大于 6%、3% 和 2%。

4.2.2　矩形均布荷载面积下的应力分布

在实际工程中，多数基础底面积为矩形。在这种条件下，可以用较简便的计算方法来确定地基中的应力。目前使用最多的为角点应力公式，根据应力叠加原理对整个矩形面积进行积分可得其表达式如下：

$$\sigma_z = \frac{p_0}{2\pi} \left[\frac{lbz(l^2 + b^2 + 2z^2)}{(l^2 + z^2)(b^2 + z^2)\sqrt{l^2 + b^2 + z^2}} + \arctan \frac{lb}{z\sqrt{l^2 + b^2 + z^2}} \right] \quad (4.2.10)$$

当矩形边长 l、b 为已知，z 为所求点的深度时，式 (4.2.1) 可简化为：

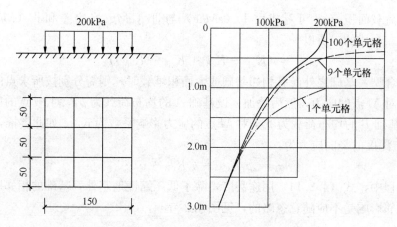

图 4.2.3　等代荷载法划分单元示意图

$$\sigma_z = K_c p_0 \qquad (4.2.11)$$

式中　　K_c——角点应力系数，可由表 4.2.2 查得。

利用角点应力公式和叠加原理，可以计算平面上任意点 M 下任意深度 z 处由均布荷载 p 引起的 σ_z 值。通过 M 点做一些辅助线，则 M 点为几个矩形的公共角点，M 点以下 z 深度的应力 σ_z 就等于这几个矩形在该深度引起的应力之和，见图 4.2.4。这种应力计算方法称为角点法。根据 M 点位置的不同，角点法的应用分为以下三种情况：

（1）M 点位于矩形受荷面积以内，如图 4.2.5（a）所示。

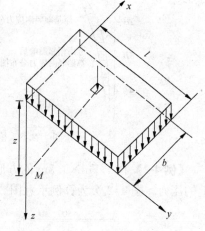

图 4.2.4　均布矩形荷载角点
下附加应力

通过 M 点作矩形Ⅰ、Ⅱ、Ⅲ、Ⅳ，则 M 均为角点。分别求出四个矩形荷载面积对 M 点的角点应力系数，则 M 点的竖向应力为：

$$\sigma_z = (K_{cⅠ} + K_{cⅡ} + K_{cⅢ} + K_{cⅣ})p_0 \quad (4.2.12)$$

式中　　　　　　p_0——基础底面平均附加压力；

$K_{cⅠ}$、$K_{cⅡ}$、$K_{cⅢ}$、$K_{cⅣ}$——小矩形Ⅰ、Ⅱ、Ⅲ、Ⅳ的角点应力系数。

（2）M 点位于矩形受荷面积以外，如图 4.2.5(b) 所示。

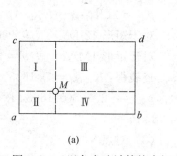 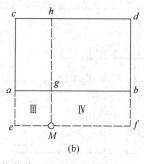

(a)　　　　　　　　(b)

图 4.2.5　以角点法计算均布矩形荷载作用下的地基附加应力

此时，荷载面积 $abcd$ 可看成由 Ⅰ（$eMhc$）与 Ⅲ（$eMga$）之差和 Ⅱ（$Mhdf$）与 Ⅳ（$Mgbf$）之差合成的，所以

$$\sigma_z = (K_{cⅠ} - K_{cⅡ} + K_{cⅢ} - K_{cⅣ})p_0 \qquad (4.2.13)$$

（3）组合型：基础之外尚有相邻基础或大面积堆载时，则需分别按所求点的位置求出各基础荷载对 M 点的应力，然后叠加。设基础 A 的均布荷载为 p_1，对 M 点的应力影响系数为 K_{CA}，基础 B 的均布荷载为 p_2，对 M 点的应力影响系数为 K_{CB}。如此类推，可得基础 A 下 M 点 z 深度的竖向应力为：

$$\sigma_z = p_1 K_{CA} + p_2 K_{CB} + \cdots\cdots \qquad (4.2.14)$$

实际工程中，式（4.2.14）用途甚广，除了低压缩性地基外，基础的相邻影响以及整栋建筑的相邻影响是不应随意忽略的，见图 4.2.6。

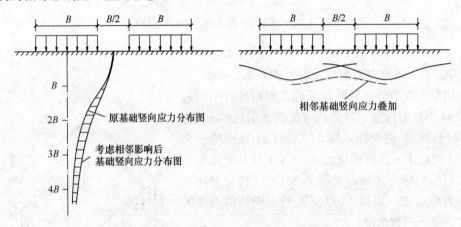

图 4.2.6　相邻荷载对地基压应力分布的影响

【例 4-2】在 1.5m×1.5m 的方形基础上作用均布荷载 200kPa，求 $z=1$m 处 xx' 轴线上的压力。图 4.2.7 为算例示意图。

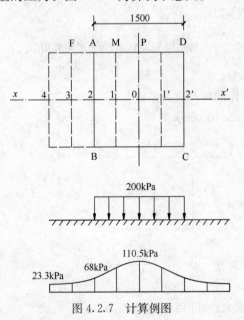

图 4.2.7　计算例图

解： 在 xx' 轴线上取 6 等分，每等分长 $B/4$

（1）对中点 0

$$p_{zo} = 4K_{0PA2}\, p$$

$$l/b = 1 ; z/b = 1.33$$

查表得：　$K_{0PA2} = 0.1381$

$p_{zo} = 4 \times 0.1381 \times 200 = 110.5$ kPa。

（2）对点 1

$$p_{z1} = 2(K_{12'DM} + K_{1MA2})p$$

对于矩形 $12'DM$　$l/b = 1.5 ; z/b = 1.33$

对于矩形 $1MA2$　$l/b = 2 ; z/b = 2.66$

查表得：$K_{12'DM} = 0.1603$，$K_{1MA2} = 0.0846$

$p_{z1} = 2 \times (0.1603 + 0.0846) \times 200 = 98$ kPa。

（3）对点 3

$$p_{z3} = 2(K_{32'DF} + K_{32AF})p$$

对于矩形 32′DF $l/b = 2.5$；$z/b = 1.33$

对于矩形 32AF $l/b = 2.0$；$z/b = 2.66$

查表得：$K_{32'DF} = 0.1745$，$K_{32AF} = 0.0846$

$p_{z3} = 2 \times (0.1745 - 0.0846) \times 200 = 35.9$ kPa。

同理，可以求得 $p_{z2} = 68$kPa $p_{z4} = 23.2$kPa。

矩形面积上均布荷载作用下角点附加应力系数表

表 4.2.2

z/b	l/b											
	1.0	1.2	1.4	1.6	1.8	2.0	3.0	4.0	5.0	6.0	10.0	条形
0.0	0.250	0.250	0.250	0.250	0.250	0.250	0.250	0.250	0.250	0.250	0.250	0.250
0.2	0.249	0.249	0.249	0.249	0.249	0.249	0.249	0.249	0.249	0.249	0.249	0.249
0.4	0.240	0.242	0.243	0.243	0.244	0.244	0.244	0.244	0.244	0.244	0.244	0.244
0.6	0.223	0.228	0.230	0.232	0.232	0.233	0.234	0.234	0.234	0.234	0.234	0.234
0.8	0.200	0.207	0.212	0.215	0.216	0.218	0.220	0.220	0.220	0.220	0.220	0.220
1.0	0.175	0.185	0.191	0.195	0.198	0.200	0.203	0.204	0.204	0.204	0.205	0.205
1.2	0.152	0.163	0.171	0.176	0.179	0.182	0.187	0.188	0.189	0.189	0.189	0.189
1.4	0.131	0.142	0.151	0.157	0.161	0.164	0.171	0.173	0.174	0.174	0.174	0.174
1.6	0.112	0.124	0.133	0.140	0.145	0.148	0.157	0.159	0.160	0.160	0.160	0.160
1.8	0.097	0.108	0.117	0.124	0.129	0.133	0.143	0.146	0.147	0.148	0.148	0.148
2.0	0.084	0.095	0.103	0.110	0.116	0.120	0.131	0.135	0.136	0.137	0.137	0.137
2.2	0.073	0.083	0.092	0.098	0.104	0.108	0.121	0.125	0.126	0.127	0.128	0.128
2.4	0.064	0.073	0.081	0.088	0.093	0.098	0.111	0.116	0.118	0.118	0.119	0.119
2.6	0.057	0.065	0.072	0.079	0.084	0.089	0.102	0.107	0.110	0.111	0.112	0.112
2.8	0.050	0.058	0.065	0.071	0.076	0.080	0.094	0.100	0.102	0.104	0.105	0.105
3.0	0.045	0.052	0.058	0.064	0.069	0.073	0.087	0.093	0.096	0.097	0.099	0.099
3.2	0.040	0.047	0.053	0.058	0.063	0.067	0.081	0.087	0.090	0.092	0.093	0.094
3.4	0.036	0.042	0.048	0.053	0.057	0.061	0.075	0.081	0.085	0.086	0.088	0.089
3.6	0.033	0.038	0.043	0.048	0.052	0.056	0.069	0.076	0.080	0.082	0.084	0.084
3.8	0.030	0.035	0.040	0.044	0.048	0.052	0.005	0.072	0.075	0.077	0.080	0.080
4.0	0.027	0.032	0.036	0.040	0.044	0.048	0.060	0.067	0.071	0.073	0.076	0.076
4.2	0.025	0.029	0.033	0.037	0.041	0.044	0.056	0.063	0.067	0.070	0.072	0.073
4.4	0.023	0.027	0.031	0.034	0.038	0.041	0.053	0.060	0.064	0.066	0.069	0.070
4.6	0.021	0.025	0.028	0.032	0.035	0.038	0.049	0.056	0.061	0.063	0.066	0.067
4.8	0.019	0.023	0.026	0.029	0.032	0.035	0.046	0.053	0.058	0.060	0.064	0.064
5.0	0.018	0.021	0.024	0.027	0.030	0.033	0.043	0.050	0.055	0.057	0.061	0.062
6.0	0.013	0.015	0.017	0.020	0.022	0.024	0.033	0.039	0.043	0.046	0.051	0.052
7.0	0.009	0.011	0.013	0.015	0.016	0.018	0.025	0.031	0.035	0.038	0.043	0.045
8.0	0.007	0.009	0.010	0.011	0.013	0.014	0.020	0.025	0.028	0.031	0.037	0.039
9.0	0.006	0.007	0.008	0.009	0.010	0.011	0.016	0.020	0.024	0.026	0.032	0.035
10.0	0.005	0.006	0.007	0.007	0.008	0.009	0.013	0.017	0.020	0.022	0.028	0.032

z/b	l/b											
	1.0	1.2	1.4	1.6	1.8	2.0	3.0	4.0	5.0	6.0	10.0	条形
12.0	0.003	0.004	0.005	0.005	0.006	0.006	0.009	0.012	0.014	0.017	0.022	0.026
14.0	0.002	0.003	0.003	0.004	0.004	0.005	0.007	0.0009	0.011	0.013	0.018	0.023
16.0	0.002	0.002	0.003	0.003	0.003	0.004	0.005	0.007	0.009	0.010	0.014	0.020
18.0	0.001	0.002	0.002	0.002	0.003	0.003	0.004	0.006	0.007	0.008	0.012	0.018
20.0	0.001	0.001	0.002	0.002	0.002	0.002	0.004	0.005	0.006	0.007	0.010	0.016
25.0	0.001	0.001	0.001	0.001	0.001	0.002	0.003	0.003	0.004	0.004	0.007	0.013
30.0	0.001	0.001	0.001	0.001	0.001	0.001	0.002	0.002	0.003	0.003	0.005	0.011
35.0	0.000	0.000	0.001	0.001	0.001	0.001	0.001	0.002	0.002	0.002	0.004	0.009
40.0	0.000	0.000	0.000	0.000	0.001	0.001	0.001	0.001	0.001	0.001	0.003	0.008

4.2.3　圆形面积上均布荷载和三角形分布荷载下地基的应力分布

圆形建筑物多为塔、油罐、烟囱、筒仓等，其基础也分为圆形、环形或方形。有的圆形建筑物高度大，荷载重，比萨斜塔就是其中一例。

1）圆形面积上的均布荷载（图4.2.8）

为求出地基中任意点 $M(\theta, l, z)$ 的 σ_z 的值，用 $\mathrm{d}Q = p_0 r\mathrm{d}\theta\mathrm{d}r$ 代替式（4.2.3）中的 p，并以 $R = (r^2 + z^2 + l^2 - 2lr\cos\theta)^{1/2}$ 代入该式，再在全部荷载面积内积分，得：

$$\sigma_z = \frac{3p_0 z^3}{2\pi} \int_0^{2\pi}\int_0^a \frac{r\mathrm{d}\theta\mathrm{d}r}{(r^2 + z^2 + l^2 - 2lr\cos\theta)^{5/2}} = K_0 p_0 \qquad (4.2.15)$$

式中　p_0——基底附加压力（kPa）；

　　　a——圆面积的半径（m）；

　　　K_0——应力系数，可根据 l/a 及 z/a 值查表4.2.3得出；

　　　l——应力计算点 M 至 Z 轴的水平距离。

对圆心下深度 z 处的点，有：

$$\sigma_z = \frac{3p_0 z^3}{2\pi} \int_0^{2\pi}\int_0^a \frac{r\mathrm{d}\theta\mathrm{d}r}{(r^2 + z^2)^{5/2}} = p_0\left[1 - \left(\frac{1}{1 + a^2/z^2}\right)^{3/2}\right] \qquad (4.2.16)$$

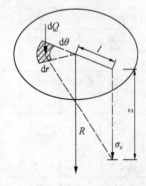

图 4.2.8　圆面积上的均布荷载积分

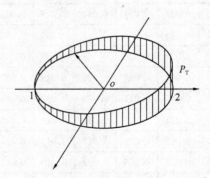

图 4.2.9　圆面积上的三角形荷载

2）圆形面积上三角形分布的荷载（图 4.2.9）

对于这种情况，可采用均布荷载下类似办法进行积分，求出任意点处的 σ_z 值。对圆周上压力为零的点（点 1）下 z 深度处 σ_{z1} 可由下式求得：

$$\sigma_{z1} = K_{T1} p_T \tag{4.2.17}$$

式中　K_{T1}——应力系数；

　　　p_T——分布荷载最大值。

对于圆周上压力最大的点 p_T 下 z 深度的压力 σ_{z2} 可由 $\sigma_{z2} = K_{T2} p_T$ 求出，应力系数 K_{T1} 和 K_{T2} 可由表 4.2.4 查出。

圆形面积上均布荷载作用下的竖向附加应力系数 K　　　表 4.2.3

z/a	l/a										
	0.0	0.2	0.4	0.6	0.8	1.0	1.2	1.4	1.6	1.8	2.0
0.0	1.000	1.000	1.000	1.000	1.000	0.500	0.000	0.000	0.000	0.000	0.000
0.2	0.993	0.991	0.987	0.970	0.890	0.468	0.077	0.015	0.005	0.002	0.001
0.4	0.949	0.943	0.922	0.860	0.712	0.435	0.181	0.065	0.026	0.012	0.006
0.6	0.864	0.852	0.813	0.733	0.591	0.400	0.224	0.113	0.056	0.029	0.016
0.8	0.756	0.742	0.699	0.619	0.504	0.366	0.237	0.142	0.083	0.048	0.029
1.0	0.646	0.633	0.593	0.525	0.434	0.332	0.235	0.157	0.102	0.065	0.042
1.2	0.547	0.535	0.502	0.447	0.337	0.300	0.226	0.162	0.113	0.078	0.053
1.4	0.461	0.452	0.425	0.383	0.329	0.270	0.212	0.161	0.118	0.086	0.062
1.6	0.390	0.383	0.362	0.330	0.288	0.243	0.197	0.156	0.120	0.090	0.068
1.8	0.332	0.327	0.311	0.285	0.254	0.218	0.182	0.148	0.118	0.092	0.072
2.0	0.285	0.280	0.268	0.248	0.224	0.196	0.167	0.140	0.114	0.092	0.074
2.2	0.246	0.242	0.233	0.218	0.198	0.176	0.153	0.131	0.109	0.090	0.074
2.4	0.214	0.211	0.203	0.192	0.176	0.159	0.140	0.122	0.104	0.087	0.073
2.6	0.187	0.185	0.179	0.170	0.158	0.144	0.129	0.113	0.098	0.084	0.071
2.8	0.165	0.163	0.159	0.150	0.141	0.130	0.118	0.105	0.092	0.080	0.069
3.0	0.146	0.145	0.141	0.135	0.127	0.118	0.108	0.097	0.87	0.077	0.067
3.4	0.117	0.116	0.114	0.110	0.105	0.098	0.091	0.084	0.076	0.068	0.061
3.8	0.096	0.095	0.093	0.091	0.087	0.083	0.078	0.073	0.067	0.061	0.055
4.2	0.079	0.079	0.078	0.076	0.073	0.070	0.067	0.063	0.059	0.054	0.050
4.6	0.067	0.067	0.066	0.064	0.063	0.060	0.058	0.055	0.052	0.048	0.045
5.0	0.057	0.057	0.056	0.055	0.054	0.052	0.050	0.048	0.046	0.043	0.041
5.5	0.048	0.048	0.047	0.045	0.045	0.044	0.043	0.041	0.039	0.038	0.036
6.0	0.040	0.040	0.040	0.039	0.039	0.038	0.037	0.036	0.034	0.033	0.031

圆形面积上三角形分布荷载作用下的边点的竖向附加应力系数 *K*   表 4.2.4

z/a	点 1	点 2	z/a	点 1	点 2	z/a	点 1	点 2
0.0	0.000	0.500	1.6	0.087	0.154	3.2	0.048	0.061
0.1	0.016	0.465	1.7	0.085	0.144	3.3	0.046	0.059
0.2	0.031	0.433	1.8	0.083	0.134	3.4	0.045	0.055
0.3	0.044	0.406	1.9	0.080	0.126	3.5	0.043	0.053
0.4	0.054	0.376	2.0	0.078	0.117	3.6	0.041	0.051
0.5	0.063	0.349	2.1	0.075	0.110	3.7	0.040	0.048
0.6	0.071	0.324	2.2	0.072	0.104	3.8	0.038	0.046
0.7	0.078	0.300	2.3	0.070	0.097	3.9	0.037	0.043
0.8	0.083	0.279	2.4	0.067	0.091	4.0	0.036	0.041
0.9	0.088	0.258	2.5	0.064	0.086	4.2	0.033	0.038
1.0	0.091	0.238	2.6	0.062	0.081	4.4	0.031	0.034
1.1	0.092	0.221	2.7	0.059	0.078	4.6	0.029	0.031
1.2	0.093	0.205	2.8	0.057	0.074	4.8	0.027	0.029
1.3	0.092	0.190	2.9	0.055	0.070	5.0	0.025	0.027
1.4	0.091	0.177	3.0	0.052	0.067			
1.5	0.089	0.165	3.1	0.050	0.064			

4.2.4　矩形面积上三角形分布荷载下地基的应力分布

设竖向荷载沿矩形面积一边 b 方向呈三角形分布，另一边 l 的荷载分布不变，荷载最大值为 P。见图 4.2.10。在整个矩形荷载面积进行积分后得到荷载零值边角点 1 下任意深度 z 处竖向应力 σ_z：

$$\sigma_z = K_{t1} P_0 \tag{4.2.18}$$

式中　K_{t1}——三角形分布的矩形荷载零值边角点附加应力系数。

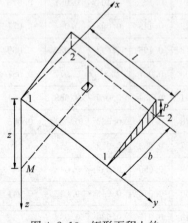

图 4.2.10　矩形面积上的三角形荷载

同理利用叠加原理可以求得荷载最大边的角点 2 下任意深度 z 处的竖向附加应力 σ_z：

$$\sigma_z = K_{t2} P = (K_c - K_{t1}) P$$

式中　K_{t2}——三角形分布的矩形荷载最大值边角点附加应力系数；

K_c——矩形均布荷载角点附加应力系数。

实用上，经常遇到由三角形荷载与均布荷载构成的梯形分布荷载。作用在基础上的荷载出现偏心情况时，假定基底反力为线形分布，就将出现梯形荷载。计算沉降时，按角点法分别求得三角形荷载和均布荷载产生的应力，然后进行叠加。

矩形面积上三角形分布荷载作用下的边点的竖向附加应力系数 K 　　　表 4.2.5

z/b	l/b									
	0.2		0.4		0.6		0.8		1.0	
	点1	点2	点1	点2	点1	点2	点1	点2	点1	点2
0.0	0.0000	0.2500	0.0000	0.2500	0.0000	0.2500	0.0000	0.2500	0.0000	0.2500
0.2	0.0223	0.1821	0.0280	0.2115	0.0296	0.2165	0.0301	0.2178	0.0304	0.02182
0.4	0.0269	0.1094	0.0420	0.1604	0.0487	0.01781	0.0517	0.1844	0.0531	0.01870
0.6	0.0259	0.0700	0.0448	0.1165	0.0560	0.1405	0.0621	0.1520	0.0654	0.1575
0.8	0.0232	0.0480	0.0421	0.0853	0.0553	0.1093	0.0637	0.1323	0.0688	0.1311
1.0	0.0201	0.0346	0.0375	0.0638	0.0508	0.0852	0.0602	0.0996	0.0666	0.1086
1.2	0.0171	0.0260	0.0324	0.0491	0.0450	0.0673	0.0546	0.0807	0.0615	0.0901
1.4	0.0145	0.0202	0.0278	0.0386	0.0392	0.0540	0.0483	0.0661	0.0554	0.0751
1.6	0.0123	0.0160	0.0238	0.0310	0.0339	0.0440	0.0424	0.0547	0.0492	0.0628
1.8	0.0105	0.0130	0.0204	0.0254	0.0294	0.0363	0.0371	0.0457	0.0435	0.0534
2.0	0.0090	0.0108	0.0176	0.0211	0.0255	0.0304	0.0324	0.0387	0.0384	0.0456
2.5	0.0063	0.0072	0.0125	0.0140	0.0183	0.0205	0.0236	0.0235	0.00284	0.0318
3.0	0.0046	0.0051	0.0092	0.0100	0.0135	0.0148	0.0176	0.0192	0.0214	0.0233
5.0	0.0018	0.0019	0.0036	0.0038	0.0054	0.0056	0.0071	0.0074	0.0088	0.0091
7.0	0.0009	0.0010	0.0019	0.0019	0.0028	0.0029	0.0038	0.0038	0.0047	0.0047
10.0	0.0005	0.0004	0.0009	0.0010	0.0014	0.0014	0.0019	0.0019	0.0023	0.0024

z/b	l/b									
	1.2		1.4		1.6		1.8		2.0	
	点1	点2	点1	点2	点1	点2	点1	点2	点1	点2
0.0	0.0000	0.2500	0.0000	0.2500	0.0000	0.2500	0.0000	0.2500	0.0000	0.2500
0.2	0.0305	0.2184	0.0305	0.2185	0.0306	0.2185	0.0306	0.2185	0.0306	0.2185
0.4	0.0539	0.1881	0.0543	0.1886	0.0545	0.1889	0.0546	0.1891	0.0547	0.1892
0.6	0.0673	0.1602	0.0684	0.1616	0.0690	0.1625	0.0694	0.1630	0.0696	0.1633
0.8	0.0720	0.1355	0.0739	0.1381	0.0751	0.1396	0.0759	0.1405	0.0764	0.1412
1.0	0.0708	0.1143	0.0735	0.1176	0.0753	0.1202	0.0766	0.1215	0.0774	0.1225
1.2	0.0664	0.0962	0.0698	0.1007	0.0721	0.1037	0.0738	0.1055	0.0749	0.1069
1.4	0.0606	0.0817	0.0644	0.0864	0.0672	0.0897	0.0692	0.0921	0.0707	0.0937
1.6	0.0545	0.0696	0.0586	0.0743	0.0616	0.0780	0.0639	0.0806	0.0656	0.0826
1.8	0.0487	0.0596	0.0528	0.0644	0.0560	0.0681	0.0585	0.0709	0.0604	0.0730
2.0	0.0434	0.0513	0.0474	0.0560	0.0507	0.0596	0.0533	0.0625	0.0553	0.0649
2.5	0.0326	0.0365	0.0362	0.0405	0.0393	0.0440	0.0419	0.0496	0.0440	0.0491
3.0	0.0249	0.0270	0.0280	0.0303	0.0307	0.0333	0.0331	0.0359	0.0352	0.0380
5.0	0.0104	0.0108	0.0120	0.0123	0.0135	0.0139	0.0148	0.0154	0.0161	0.0167
7.0	0.0056	0.0056	0.0064	0.0066	0.0073	0.0074	0.0081	0.0083	0.0089	0.0091
10.0	0.0028	0.0028	0.0033	0.0032	0.0037	0.0037	0.0041	0.0042	0.0046	0.0046

z/b	l/b									
	3.0		4.0		6.0		8.0		10.0	
	点1	点2	点1	点2	点1	点2	点1	点2	点1	点2
0.0	0.0000	0.2500	0.0000	0.2500	0.0000	0.2500	0.0000	0.2500	0.0000	0.2500
0.2	0.0306	0.2186	0.0306	0.2186	0.0306	0.2186	0.0306	0.2186	0.0306	0.2186
0.4	0.0548	0.1894	0.0549	0.1894	0.0549	0.1894	0.0549	0.1894	0.0549	0.1894
0.6	0.0701	0.1638	0.0702	0.1639	0.0702	0.1640	0.0702	0.1640	0.0702	0.1640
0.8	0.0773	0.1423	0.0776	0.1424	0.0776	0.1423	0.0776	0.1426	0.0776	0.1426
1.0	0.0790	0.1244	0.0794	0.1248	0.0795	0.1250	0.0796	0.1250	0.0796	0.1250
1.2	0.0774	0.1096	0.0779	0.1103	0.0782	0.1105	0.0783	0.1105	0.0783	0.1105
1.4	0.0739	0.0973	0.0748	0.0982	0.0752	0.0986	0.0752	0.0987	0.0753	0.0987
1.6	0.0697	0.0870	0.0708	0.0882	0.0714	0.0887	0.0715	0.0888	0.0715	0.0889
1.8	0.0652	0.0782	0.0666	0.0797	0.0673	0.0805	0.0675	0.0806	0.0675	0.0808
2.0	0.0607	0.0707	0.0624	0.0726	0.0634	0.0734	0.0636	0.0736	0.0636	0.0738
2.5	0.0504	0.0559	0.0529	0.0585	0.0543	0.0601	0.0547	0.0604	0.0548	0.0605
3.0	0.0419	0.0451	0.0449	0.0482	0.0469	0.0504	0.0474	0.0509	0.0476	0.0511
5.0	0.0214	0.0221	0.0248	0.0256	0.0283	0.0290	0.0296	0.0303	0.0301	0.0309
7.0	0.0124	0.0126	0.0152	0.0154	0.0186	0.0190	0.0204	0.0207	0.0212	0.0216
10.0	0.0066	0.0066	0.0084	0.0083	0.0111	0.0111	0.0128	0.0130	0.0139	0.0141

4.2.5 平面问题条件下的应力分布

在地基表面作用有无限长条形分布荷载,地基中应力只与该点的平面坐标 (x,z) 有关,而与荷载长度方向 y 轴无关,这种情况属于平面应变问题。平面问题条件指条形基础、堤坝、路堤、挡土墙等建筑荷载引起的地基中应力问题。在计算时纵向长度取为1。在地基的承载能力极限分析中,由于空间问题应力解比较复杂,在前述的有关地基承载能力的公式解答中除轴对称圆形基础外,都借用平面问题解。在需要研究基础特别是高耸建筑基础地基应力,能否在水平荷载及偏心荷载作用下出现危险状态时,也可以近似的利用平面问题求解地基中的 σ_z、σ_x 和 τ_{xy},然后与土的三轴抗剪强度 c、φ 值联立进行地基塑性区分析。

1)竖向线荷载作用下地基中的应力

线荷载是在贝拉空间表面上一条无限长直线上的均布荷载,见图 4.2.11,这种情况下应力分布的解是由 Flamant 求得,以极坐标表示的应力公式为:

$$\sigma_r = \frac{2\overline{p}}{\pi r}\sin\theta \qquad (4.2.19)$$

$$\sigma_\theta = 0 \qquad (4.2.20)$$

$$\tau_{r\theta} = 0 \qquad (4.2.21)$$

由上式可以看出，地基的应力状态为单纯的径向压应力。地基内任意点 (x,z) 的应力用直角坐标表示为：

$$\sigma_x = \frac{2\overline{p}}{\pi} \cdot \frac{x^2 z}{(x^2 + z^2)^2} \qquad (4.2.22)$$

$$\sigma_z = \frac{2\overline{p}}{\pi} \cdot \frac{z^3}{(x^2 + z^2)^2} \qquad (4.2.23)$$

$$\tau_{xz} = \frac{2\overline{p}}{\pi} \cdot \frac{xz^2}{(x^2 + z^2)^2} \qquad (4.2.24)$$

由于线荷载沿 y 坐标轴均匀分布且无限延伸，因此，与 y 坐标轴垂直的任何平面上的应力状态完全相同。这种情况就属于弹性力学中的平面问题。

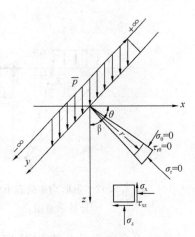

图 4.2.11　线荷载下应力
分量示意图

2）均布的条形荷载

线荷载的公式并无实际的工程意义，但通过积分，可以得到条形面积上作用各种分布荷载时地基的应力计算公式。均布的条形荷载公式为：

$$\sigma_z = \frac{p_0}{\pi} \big[\sin\beta_2 \cos\beta_2 - \sin\beta_1 \cos\beta_1 + (\beta_2 - \beta_1) \big] \qquad (4.2.25)$$

$$\sigma_x = \frac{p_0}{\pi} \big[-\sin(\beta_2 - \beta_1)\cos(\beta_2 + \beta_1) + (\beta_2 - \beta_1) \big] \qquad (4.2.26)$$

$$\tau_{xz} = \tau_{zx} = \frac{p_0}{\pi} (\sin^2\beta_2 - \sin^2\beta_1) \qquad (4.2.27)$$

当 M 点位于荷载分布宽度两端点之间时，见图 4.2.12，β_1 取负值，将上式带入材料力学公式，可以求得 M 的最大主应力 σ_1 和最小主应力 σ_2。

$$\beta_0 = \beta_2 - \beta_1 \qquad (4.2.28)$$

$$\sigma_1 = \frac{\sigma_x + \sigma_z}{2} + \sqrt{\left(\frac{\sigma_x - \sigma_z}{2}\right)^2 + \tau_{xz}^2} = \frac{p_0}{\pi}(\beta_0 + \sin\beta_0) \qquad (4.2.29)$$

$$\sigma_3 = \frac{\sigma_x + \sigma_z}{2} - \sqrt{\left(\frac{\sigma_x - \sigma_z}{2}\right)^2 + \tau_{xz}^2} = \frac{p_0}{\pi}(\beta_0 - \sin\beta_0) \qquad (4.2.30)$$

当 M 点的应力处于极限平衡状态时，表达式为：

$$\frac{1}{2}(\sigma_1 - \sigma_3) = \sin\beta_0 = \left[c\cot\varphi + \frac{1}{2}(\sigma_1 + \sigma_3)\right]\sin\varphi = \left[c\cot\varphi + \frac{p_0}{\pi}\beta_0\right]\sin\varphi$$

$$(4.2.31)$$

式中　　c ——土的黏聚力；

　　　　φ ——土的内摩擦角。

上式为塑性区的边界条件，它表示塑性区边界上任一点的 z 与 β_0 的关系，根据上式可以画出塑性区的边界线，见图 4.2.13。对于饱和软黏土，$\varphi = 0$，该式简化为 $\frac{1}{2}(\sigma_1 - \sigma_3)$ $= \sin\beta_0 = c$，物理意义更加直观。

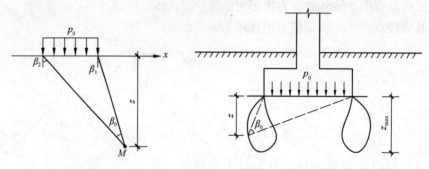

图 4.2.12　条形均布荷载下应力
　　　　　 分量示意图

图 4.2.13　基底塑性区示意图

在唐山大地震中大量的房屋下沉，经过分析后证明它是在地震剪应力作用下地基中产生塑性挤出而下沉的，如果事先进行类似的分析，通过减少基底压力、适当增加基础面积和埋深，减少塑性区的最大深度，软土地基上的房屋将不至于在地震力作用下出现大量下沉。

4.2.6　软弱下卧层面的压应力

前面所介绍的地基中应力分布均属于各向同性均匀土体，实际上这类土层极少。但作为房屋地基，其影响范围和深度有限，在有限的地基土层范围内，一般而言土层情况随深度变化不大，按上述应力计算方法是可以的。但某些情况下，误差较大，比较特殊的主要有两种。（1）上层土经过长期的地质变化，形成粉质黏土、厚度为 $1\sim5\mathrm{m}$ 不等，其下为淤泥质土或泥炭，这类土通称为软弱下卧层。（2）另一种情况是持力层较薄，其下为基岩，它的压缩模量极高或者属于不可压缩层，通常称为不可压缩硬质岩层，这种情况在山区可常遇见。

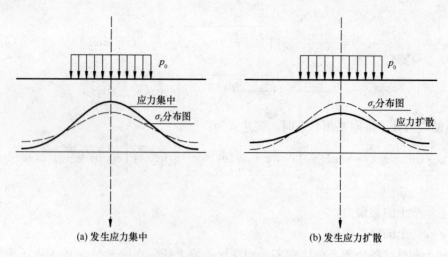

(a) 发生应力集中　　　　　　　　　　　　　(b) 发生应力扩散

图 4.2.14　非均质地基对附加应力的影响

这两种地基应力见图 4.2.14，当上覆土层较好时有扩散作用，可降低作用在软层土表面上的压力；下卧土层很坚硬时，上层土中应力有集中现象，土层越薄，集中现象越明显。图 4.2.15 为条形均布荷载作用下，可压缩层厚度不同时荷载对称轴上的 σ_z 分布。当土层厚度≤0.5 倍基础宽度时，沿深度垂直压力可按均匀分布计算，相当于压缩试验中在环刀内受压的应力状态，在这种情况下，太沙基提出的压缩定律与实际情况符合。

在实际工程中，较引人注意的问题是软弱下卧层存在时的土中竖向应力的分布问题，确定软弱层顶面的压力目前主要有以下两种途径。

（1）按双层地基的不同形变性质，直接求出软弱层顶的压力。

假定土层分界面上的摩擦力为 0，条形竖向均布荷载作用下，双层地基竖向应力的分布与参数 m 有关：

$$m = \frac{E_1(1-\mu_2^2)}{E_2(1-\mu_1^2)} \tag{4.2.32}$$

式中　E_1，μ_1——上层土的变形模量和泊松比；

　　　E_2，μ_2——下层土的变形模量和泊松比。

计算模型示意图见图 4.2.16。

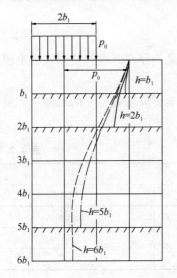
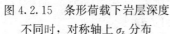

图 4.2.15　条形荷载下岩层深度
不同时，对称轴上 σ_z 分布

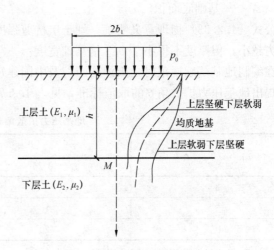

图 4.2.16　双层地基上条形均
布荷载计算示意图

耶格洛夫对条形基础均布荷载作用下软弱下卧层顶面最大竖向压力 σ_z 的应力系数的理论解如下表。

条形均布荷载下双层地基中 M 点应力 σ_z 的应力系数　　　　　表 4.2.6

h/b_1	$m=1$	$m=5$	$m=10$	$m=15$
0.0	1	1	1	1
0.5	1.02	0.95	0.87	0.82
1.0	0.90	0.69	0.58	0.52
2.0	0.60	0.41	0.33	0.29
3.33	0.39	0.26	0.20	0.18
5	0.27	0.17	0.16	0.12

条形基础的横轴基底接触压力可看成均布荷载，可以直接使用上式。对于矩形基础来说，基底接触压力与刚度有关，刚度较大的基础，其边缘反力将大于中点反力，从而在上覆土层中产生较大的剪应力区，有可能造成冲剪破坏，同时，由于该解未考虑接触面上的摩擦力，其值偏大。

（2）压力扩散角法。

压力扩散角法，当地基由上下两层区别较大的土层组成，基础底面的压力可以按一定的扩散角 θ 向下传播。英国的道门林松认为：如果硬土层有足够厚度时，应将此层看成一个天然土板，其条件是土板下软土不至于从受荷范围向外挤出，他建议基础下硬土层厚度大于 0.5 倍基础宽度时，传至软弱层顶面的压力 p_z 为：

$$p_z = \frac{Q - p_s}{A} \tag{4.2.33}$$

式中　Q——基础底面上总荷载；

　　　p_s——剪切抗力，其值等于基础周边长度乘以基础底至软弱土层顶面底距离后再乘以硬土底抗剪强度；

　　　A——基础底面积。

公式（4.2.33）物理意义明确，硬土层抗剪强度越高，厚度越厚，传至软弱土层顶面底压力越小，但厚度不得小于 0.5 倍基础宽度。

在编制地基基础规范时，天津建研院及中国建筑科学研究院对这个问题做过大量的研究，提出地基压力扩散角 θ 的取值标准，见表 4.2.7。

地基压力扩散角 θ　　　　　　　　　　　　　　　　　　　　表 4.2.7

E_{s1}/E_{s2}	z/b	
	0.25	0.50
3	6°	23°
5	10°	25°
10	20°	30°

注：1. E_{s1} 为上层土压缩模量；E_{s2} 为下层土压缩模量。

　　2. $z/b < 0.25$ 时取 $\theta = 0°$，必要时，宜由试验确定；$z/b > 0.50$ 时 θ 值不变。

同时，软弱下卧层顶面还需满足承载力要求，以下软弱下卧层顶面的附加应力是近似的计算方法，但能适用于实际工程的需要。

$$p_z + p_{cz} \leqslant f_{az} \tag{4.2.34}$$

式中　p_z——相应与荷载效应标准组合时，软弱下卧层顶面处的附加压力值；

　　　p_{cz}——软弱下卧层顶面处土的自重压力值；

　　　f_{az}——软弱下卧层顶面处经深度修正后地基承载能力特征值。

对于条形基础和矩形基础，式（4.2.34）中的 p_z 值可按下列公式简化计算：

条形基础

$$p_z = \frac{b(p_k - p_c)}{b + 2z\tan\theta} \tag{4.2.35}$$

矩形基础

$$p_z = \frac{lb(p_k - p_c)}{(b + 2z\tan\theta)(l + 2z\tan\theta)} \qquad (4.2.36)$$

式中　b——矩形基础或条形基础底边的宽度；

　　　l——矩形基础底边的长度；

　　　p_c——基础底面处土的自重压力值；

　　　z——基础底面至软弱下卧层顶面的距离；

　　　θ——地基压力扩散线与垂直线的夹角。可按表 4.2.7 取值。

下面是关于应力扩散的几点说明：

（1）基础宽度大于硬土层厚度 4 倍时，硬土层的扩散作用较小，不宜考虑上覆土层的扩散作用，其根本原因在于土是属于松散的低结构粘结介质，不具有足够的抗剪强度。

（2）验算软弱土层的压力是否满足承载能力的目的，在于避免发生软土的大量侧向塑性变形。这时要区分房屋建筑与堆料两种情况，后者主要产生凹陷，前者可能出现高速率沉降。

（3）在可能情况下应尽量利用硬土层可避免软土底结构破坏，减少中低层房屋底沉降。

【**例 4-3**】矩形基础宽 3m，长 4m，总荷载为 600kN，基础埋深 1m，硬土层厚度 3m，$f_a = 400\text{kPa}$，$E_{s1} = 15000\text{kPa}$，软土层厚 10m，$f_a = 60\text{ kPa}$，$E_{s2} = 3000\text{kPa}$，求软土层顶面底附加压力。

解： 基底平均压力 $p_0 = 600/(3 \times 4) = 50\text{kPa}$

$$p_c = \gamma \times h = 1.8 \times 1 = 18\text{kN/m}^2$$

$$E_{s1}/E_{s2} = 15000/3000 = 5$$

基础底面至软弱下卧层顶面的距离 $z = 3 - 1 = 2$

$$\frac{z}{b} = \frac{2}{3} \approx 0.67，查表 4.2.7，\theta = 25°$$

$$p_z = \frac{3 \times 4(50 - 18)}{(3 + 2 \times 2\tan25°)(4 + 2 \times 2\tan25°)} = 16.9\text{kPa}$$

可见，附加压力扩散后，传到软土层顶面底压力减少 50% 以上。验算结果说明原基础面积 3×4（m²）偏大，可改用 1×1.5（m²）基础，这时，基底平均压力 $p_0 = 400\text{kPa}$，软弱下卧层顶面处的附加压力值为 59.6kPa，仍然满足要求。

4.3　地基的变形计算

建筑物的沉降是引起上部结构变形的一个重要因素，由于差异沉降使得上部结构产生次应力和变形，造成上部结构的损坏或沉降过大，引起使用上的困难，如管道的开裂，雨水倒灌等。因此，在基础设计时，对某些建筑物应当谨慎的考虑地基变形可能产生的后果，将其控制在容许范围内。此外，从地基和基础相互作用的观点出发，分析地基上梁和板的内力和变形，以便设计较为复杂的连续基础。因此，地基的变形是设计可压缩性地基上建筑物最重要的控制因素之一。地基的变形特性、基础的最终沉降量以及沉降与时间的关系是本节讨论的重点。

4.3.1　沉降计算范围

地基变形种类及因素很多，大体上可分为以下几类：

1）弹性变形

在外力作用下土结构产生变形，当卸荷后，该变形可以恢复，这类变形称为土的弹性变形。它是在瞬时荷载或反复快速加载-卸荷条件下出现的变形，例如风荷载、振动、地震荷载等。这类变形对精密设备的影响往往很大，对建筑物的稳定性也会产生不利的影响，所以在设计上前者由振幅控制，后者由地基承载能力控制。

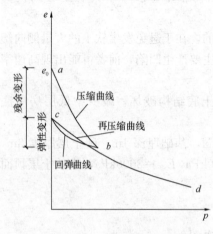

图 4.3.1　土的回弹再压缩曲线

弹性变形还出现在深基坑开挖后土的回弹以及再加荷后的弹性恢复。图 4.3.1 为土的回弹再压缩曲线。在高层建筑施工期间，它随施工的进展而迅速恢复，基坑开挖面积越大，深度越深，挖方引起的隆起达到 5cm，当施工所加给地基的荷载与挖去的土重相等时，隆起的变形将全部恢复，表现为弹性下沉，其特点是下沉随荷载的终结而终止。在一般情况下，隆起变形量系由土的弹性变形所控制，其值甚小，对工程影响较小，所以在计算沉降时不考虑。在深基坑开挖后建造房屋时，有时需考虑再压缩沉降，用 S_e 表示，计算时采用重复加荷到天然状态下的再压缩系数，它是卸荷段和再压缩段的平均斜率，对于密实的砂、卵石、硬黏性土，再压缩系数极小，其模量为 10MPa～70MPa。

2）压缩变形

在附加压力作用下土压缩下沉。所谓附加压力即基底压力减去基底标高以上挖去的土的自重压力，前面提到，由土的自重所产生的压缩在土的形成历史过程中已经完成，而挖土后的再压缩过程属于弹性恢复，与附加压力所产生的压缩变形相比，再压缩变形量可能很小，在基础及上部结构砌筑过程中随即完成，对上部结构内力的影响可忽略不计，因此，通常沉降计算只计算附加压力所产生的压缩变形。

中、高压缩性土的压缩模量在 1MPa～10MPa 之间，引起的房屋下沉量随着附加压力增加而成正比增加，多者达数十厘米，一般也在 5cm～10cm，加上相邻基础荷载的影响，地质条件的差异，沉降的差异往往造成上部结构次应力的过多增加，使房屋开裂或使用年限降低，这就是建筑物地基设计时需考虑沉降的原因。除沉降量之外，还需计算沉降完成的时间。大家知道土的沉积过程非常复杂，成因不同，其颗粒矿物成分、形状、土的结构和水在孔隙中的状态都有所区别，目前研究较多的是高孔隙比软土的压密过程，以及加速压密的技术措施。在这一类土中，土的结构强度较低，黏粒含量较多，渗透系数多小于 1×10^{-6} cm/s，压缩系数均超过 0.5MPa，一旦外加压力超过土的结构强度，土体处于未压密的破坏状态，这时外力将完全由水承受，随着水的排除，这一部分压力将逐渐传递到土颗粒中，压密作用方开始，当水压全部消散，压力全部传到土颗粒上时，土体压缩始告结束，这个过程称为固结过程，软土层越厚，排水越困难，所需时间往往达到数年乃至数十年，所以，在这类土上的建筑物除了计算最终沉降量以外，还需计算各沉降阶段完成沉降的情况。

至于某些饱和黏土，其孔隙水处于非自重水流动状态时，与非饱和土压缩条件基本相似，沉降也需一段时间才能完成，但所需时间决定于外力大小、土的孔隙、颗粒排列形状和土颗粒间的黏结强度。到目前为止，还缺少精确有效的计算方法，但是从房屋沉降观测结果看，达到相对稳定的时间约需一年左右。

3) 次压缩变形或次固结变形

主压缩变形量是按相对稳定标准求出的，实际上，土体在侧限条件下，颗粒之间还存在着蠕变，在局部受荷条件下，基础边缘下的土还存在着局部塑性区，区内土颗粒还有向外挤出的可能性，故主压密完成后，还有相当一段时间才能达到完全稳定，所以，对于软土上的建筑和高重建筑还需预测次压缩或次固结变形量。

上叙三类变形不需在所有建筑地基设计中加以考虑，严格地说低压缩性土、砂、卵石地基等，如果附加压力不超过载荷试验比例界限，只需计算压缩变形即可满足实际的要求。

4.3.2 深基坑开挖引起的隆起变形

大面积开挖基坑时的地基应力释放，应力水平降低会引起地基的弹性恢复，在计算回弹量的方法中大多仍以弹性理论为基础，如竖向应力分析法、Balada（1968）提出的挖方分析法。近期有有限元数值计算、实用估算法等，有些方法涉及到坡体卸荷后的水平位移以及斜坡稳定性不足，致使挖方底部隆起，这个问题在软土地区时有发生，其后果往往造成边坡水平位移过大甚至出现滑坡，在建筑基坑施工中应预先考虑。因此在确定挖方造成基坑隆起时，其先决条件是坡体稳定，支挡结构不出现水平位移或少量水平位移。

研究卸荷造成坑底回弹量，并不在于它与沉降量的比值。例如密实砂卵石或坚硬状态的黏土，其回弹量可占沉降量的 50%，补偿式基础所占比例可能更大，但是，由于总沉降量的绝对值小，对建筑物的安全并不构成威胁；另一方面，地下空间的开发和利用使基坑的宽度与深度不断扩展，除了施工场地较大或土质较好的基坑采用放坡以外，许多深基础的基坑壁常采用柱列法、板桩、连续墙、深层搅拌水泥土桩予以加固。由于以上原因，使基坑以下土层的应力状态在卸荷过程中变得十分复杂。目前的计算回弹量的方法与实测比较，基坑中部误差较小，坑壁附近受边界条件限制误差较多，因此以下介绍的计算方法仍属于估算性质。

1) 基本概念

假定作用在基坑底面的卸荷压力为挖方土自重压力，如图 4.3.2 所示为土质较好适于放坡条件，其土压力分布为梯形，符号向上；图 4.3.3 为需要进行边坡支护的情况，在板桩、柱列桩、连续墙等支护条件下，基坑以下，支护结构入土深度以下的土体处于侧限膨胀状态。当基坑宽度大于 3 倍开挖深度时，卸荷压力仍可按均匀分布来确定最大隆起量。

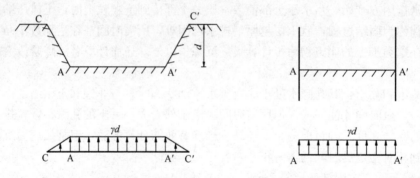

图 4.3.2　放坡基坑卸荷示意图　　　　图 4.3.3　边坡支护基坑卸荷示意图

关于挖方后的土体应力分布问题有许多研究著作。如果考虑到土体的回弹参数的误差，严格的计算分析并不能提高隆起量的计算精度，回弹参数直到目前为止仍需从侧限压缩及卸荷曲线求得，试验的条件与实际有差别。这里推荐采用近似方法。经过比较，用布辛奈斯克应力解至少在求中部隆起量方面没有太大差别，至于设有支撑的边缘部分，由于受到侧壁的摩擦影响，其隆起量接近于 0，其影响范围按圣维南原理将不会超过 2~3m。

隆起量仍按分层总和法计算，每层厚度 Δz 以 2m 为宜，5m 以下采用 1m 计算。取每层中点的原始应力与挖方消除后的压力在回弹曲线上求回弹参数。

2）回弹变形及参数

目前回弹变形仍通过压缩仪测定，在加载后进行卸荷，每级卸荷稳定后得到试样的回弹量，这种方法适用于大面积基坑开挖过程中土的变形形状，为区别周期性加载卸载中土的变形特性，由此得到的曲线称为回弹曲线，曲线斜率称为回弹系数。

MN 为加荷压缩曲线，NQ 为卸荷曲线，两者并不重合，在卸荷曲线中，卸荷剩余压力小于 p_d 后，曲率急剧增大，呈非线性。例如，在该试验中，DN 的斜率为 0.006MPa^{-1}；而 QD 段的平均斜率为 $0.16\ \text{MPa}^{-1}$。在 DN 段回弹稳定很快；而 QD 段稳定时间随剩余压力减少而延长，饱和黏土具有较大的吸附力，稳定需时间更长些。由于 DN 段斜率极小，在基坑开挖过程中的回弹量可以忽略，故卸荷试验的重点在于确定 p_d 后的曲线形态。为此，加荷压力应不大于土的天然结构强度和前期固结压力。卸荷等级在压力大于 150kPa 前，可采用 100~200kPa，压力小于 150 kPa 后，应采用小的卸荷等级，每级卸荷以不大于 50kPa 为宜。所有试验中土样的回弹值应减去仪器的回弹值。

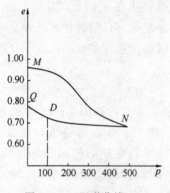

图 4.3.4　回弹曲线 e-p

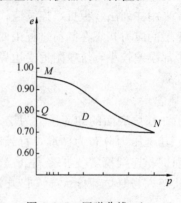

图 4.3.5　回弹曲线 e-$\log p$

目前试验曲线有两种表达方式：e-p 法和 e-$\log p$ 法。e-p 曲线可较好地反映 p_d 值，而 e-$\log p$ 曲线能较好地反映压缩段的先期固结压力或结构强度，但卸荷段则不明显，回弹曲线比较平缓，两者的比较可以从图 4.3.4 和图 4.3.5 中看出。

试验统计表明，p_d 一般小于 150kPa，大于 p_d 的卸荷段斜率普遍在 $0.001\sim0.01$ MPa^{-1}范围内，故计算回弹深度可采用：

$$z = \frac{p_d}{\gamma} \tag{4.3.1}$$

回弹系数 α_e 的定义与压缩系数 α 相同，符号相反。在土力学中，压力为正，拉力为负。

$$\alpha_e = -\frac{de}{dp} \approx -\frac{\Delta e}{\Delta p} = -\frac{e_1 - e_n}{p_1 - p_n} \tag{4.3.2}$$

式中　Δp——土的天然压力与卸荷后的剩余压力之差；

　　　p_1——土的天然压力；

　　　p_n——剩余压力；

e_1，e_n——为 p_1，p_n 所对应的孔隙比。

如果采用 e-$\log p$ 曲线，可采用回弹指数 $C_e = -\dfrac{e_1 - e_n}{\log p_1 - \log p_n}$，如果回弹曲线为折线，则应分别采用 C_{e1} 和 C_{e2}，如图 4.3.6 所示。

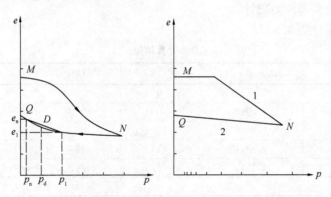

图 4.3.6　回弹曲线 e-$\log p$

为保证试验的可靠性，加荷最大值不宜超过土自重压力 100kPa，卸荷等级以 50kPa 为宜。如果土质较均匀，最大加荷值可稍微增加，但实际上土的压缩试验与卸荷试验系同一试样，加荷值要考虑附加压力，有时还需求先期固结压力，在国外最大加荷值达到 900kPa 或更多，在这种条件下卸荷等级宜为：当卸荷至 200kPa 以前为 200kPa；低于 200kPa 时为 100kPa、50kPa、10kPa、0kPa，每级卸荷稳定时间分别为：压力大于 200 kPa 时约半小时；此后各级荷载不低于 1 小时。

3）回弹变形的计算

当建筑物地下室基础埋置较深时，需要考虑基坑地基土的回弹，该部分回弹变形量可按下式计算：

$$s_c = \psi_c \sum_{i=1}^{n} \frac{p_c}{E_{ci}}(z_i \bar{\alpha}_i - z_{i-1} \bar{\alpha}_{i-1}) \tag{4.3.3}$$

式中　s_c——地基回弹变形量；

ψ_c ——考虑回弹影响的沉降计算经验系数;

p_c ——基坑底面以上土的自重,地下水位以下应扣除浮力;

E_{ci} ——土的回弹模量。

【例 4-4】 某工程采用箱形基础,基础平面尺寸 $64.8m \times 12.8m$,基础埋深 $5.7m$,基础底面以下各土层分别在自重压力下做回弹试验,测得回弹模量为:

土层计算参数 表 4.3.1

土层	层厚（m）	回弹模量			
		$E_{0-0.25}$	$E_{0.25-0.5}$	$E_{0.5-1.0}$	$E_{1.0-2.0}$
粉土	1.8	28.7	30.2	49.	570
粉质黏土	5.1	12.8	14.1	22.3	280
卵石	6.7	100（无试验资料,估算值）			

基底卸荷压力为 p_c 108kPa,计算中点最大回弹量。图 4.3.7 为基坑回弹计算示意图。

在计算过程中,应注意以下几点:

1）坑底面上的卸荷压力 p_c 为负压,在深度为 z 的点引起的卸荷压力为 p_z;深度为 z 的点处自重压力为 p_{cz};

2）E_{ci} 基础底面第 i 层土的压缩模量应取土的自重压力和卸荷压力之和（即前面所述剩余压力）至土的自重压力段计算。

回弹计算结果见表 4.3.2。

回弹计算结果 表 4.3.2

z_i	$\bar{\alpha}_i$	$z_i\bar{\alpha}_i - z_{i-1}\bar{\alpha}_{i-1}$	$p_z + p_{cz}$	E_{ci} (MPa)	$p_c(z_i\bar{\alpha}_i - z_{i-1}\bar{\alpha}_{i-1})/E_{ci}$
0	1.000	0	0	—	—
1.8	0.996	1.7928	41	28.7	6.75mm
4.9	0.964	2.9308	115	22.3	14.17mm
5.9	0.950	0.8814	139	280	0.34mm
6.9	0.925	0.7775	161	280	0.3mm
合计					21.56mm

从计算过程以及回弹试验曲线的特征可知,地基土回弹的初期,回弹模量很大,回弹量较小,地基土的回弹变形土层的计算深度是有限的。

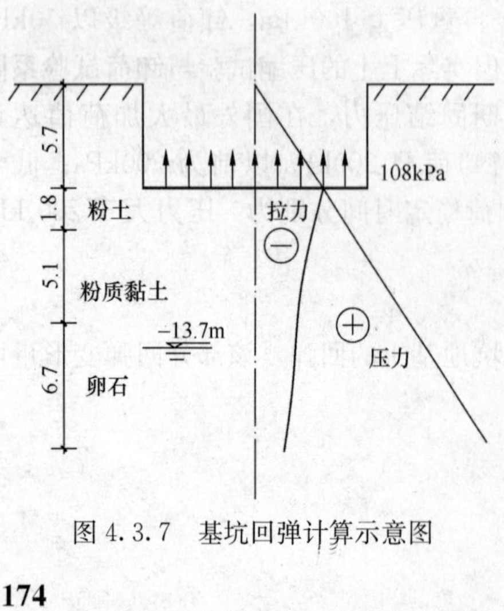

4.3.3 地基的最终沉降量

房屋建筑设计中最重要的问题就是预估它的沉降,包括平均沉降、最大沉降、倾斜、挠曲、局部挠曲等。它既可以充分发挥地基承载潜力,又能保证正常使用。

由于房屋体形的复杂性,结构及材料抵抗变形能力的差异,地基土层分布的不均匀性以及测定土的变形参数的困难以及较大的离散性;尽管几十年来发表了许多论文,提出了许多新的计算

图 4.3.7 基坑回弹计算示意图

方法，包括三向应力状态变形计算、应力路径法、非线性弹性理论以及有限元等方法，力使计算结果与实际相符合，但目前尚难大量采用，另一方面，各种方法在地基应力场方面基于弹性理论解，它并未解决多层地基及土的沉降历史与环境引起的复杂地层问题；建筑物刚度引起的地基应力场的变化对变形的影响知之甚少。仅这两项所带来的沉降计算误差大约在 $10\%\sim30\%$，这就是当前世界范围内用于实际的计算方法比较简单，大体一致，并采用地区性修正系数的原因。

1）分层总和法

该计算方法常用于大面积均匀荷载作用下的沉降计算，如图 4.3.8 所示。当可压缩土层厚度 $H<0.5b$ 时，可视为薄压缩层地基。薄层中的自重应力与附加压力沿层厚变化不大，相当于室内压缩试验模拟条件，可直接用室内压缩模量 E_s 求得地面下沉量。大多数地基的可压缩层厚度常大于 2 倍基础宽度，应考虑地基中附加应力随深度的衰减以及地基的成层性和同一土层中压缩性的可能变化。为此，可将地基分为若干个薄层，就可认为沿薄层厚度方向的土中附加应力分布和压缩性基本均匀，在计算时取某层土的附加压力平均值，从而地基的最终沉降量 s 可按单向压缩分层总和法求解。

$$s = \sum_{i=1}^{n} \frac{\sigma_{zi}+\sigma_{zi-1}}{2E_{si}}H_i \qquad (4.3.4)$$

式中　σ_{zi}，σ_{zi-1}——第 i 层土顶面和底面的附加应力值；

　　　　E_{si}——第 i 层土的压缩模量；

　　　　H_i——第 i 层土的厚度。

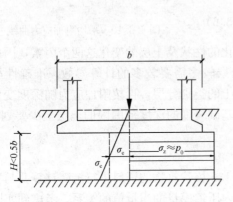
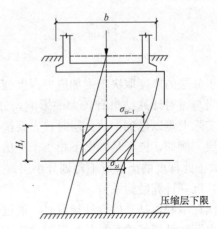

图 4.3.8　薄压缩层地基沉降计算　　　图 4.3.9　地基沉降计算的分层总和法

由于附加应力的分布是非线性的，为了避免产生较大的误差，计算中土层的分层不宜过大，一般每分层的厚度不超过基础宽度的 0.4 倍或 $1\sim2$m，成层土的层面和地下水面是当然的分层面。

2）《建筑地基基础设计规范》GB 50007—2011 推荐的沉降计算公式

我国《建筑地基基础设计规范》所推荐的地基最终沉降量计算方法是另一种形式的分层总和法，它也采用侧限压缩性指标，并应用平均附加应力系数计算；还规定了地基沉降计算深度的标准，并提出了地基的沉降计算经验系数 Ψ_s，使得计算结果接近于实际值。计算公式如下：

$$s = \Psi_s \sum_{i=1}^{n} \frac{p_0}{E_{si}} (z_i \bar{\alpha}_i - z_{i-1} \bar{\alpha}_{i-1}) \qquad (4.3.5)$$

式中　　　s ——地基最终变形量；

　　　　　Ψ_s ——沉降经验调整系数；

　　　　　p_0 ——对应与荷载效应准永久组合时的基础底面处附加压力；

　　　　　E_{si} ——基础底面下第 i 层土的压缩模量，应取土的自重压力至土的自重压力与附加压力之和的压力段；

z_i，z_{i-1} ——基础底面至第 i 层土，$i-1$ 层土底面的距离；

$\bar{\alpha}_i$，$\bar{\alpha}_{i-1}$ ——基础底面至第 i 层土，$i-1$ 层土底面范围内平均应力附加系数。

以下是对这个变形公式中一些计算参数的说明：

（1）平均附加压力系数的意义

规范所采用的平均附加压力系数的意义：分层总和法中各层的平均附加压力系层顶与层底附加应力平均值，当 H_i 较小时才能代表该层底平均值。因此，较精确的算法为：根据 Boussinesq 应力计算公式计算附加应力系数 K 对土层的深度积分，求得从基础底面起算到任一深度时附加应力系数的平均值，即为该深度处的平均附加力系数 $\bar{\alpha}_i$，表达式为：

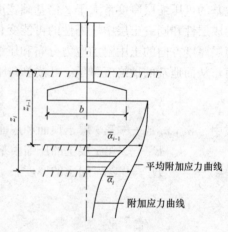

图 4.3.10　平均附加应力曲线

$$\bar{\alpha}_i = \frac{\int_0^{z_i} K \mathrm{d}z}{z} \qquad (4.3.6)$$

由于分层的厚度取决于附加应力深度变化的性状及土层的变化这两个因素，因此，分层的适当与否对计算结果有较大的影响，分层较多需要较多的计算参数，准确性虽可提高，但实际上难以做到，故分层时首先要按土的类别分层，再按附加应力随深度变化程度划分小层。例如，位于基础以下相当于 1 倍基础宽度的深度范围内的土层至少要划分 2～3 层，大于此深度的土层可不再划分小层。

（2）沉降计算经验系数

我国在编制地基基础设计规范时，通过 132 栋建筑物的资料进行沉降计算并与实测值对比得出沉降计算经验系数与变形深度范围内压缩模量的当量值的关系，考虑到实际工作中有时设计压力小于地基承载能力特征值的情况，这也对沉降有一定的影响。因此，将基底压力小于 $0.75 f_{ak}$ 时另列一栏。

沉降计算经验系数 ψ_s 　　　　表 4.3.3

$\overline{E_s}$(MPa)	2.5	4.0	7.0	15.0	20.0
$p_0 \geqslant f_{ak}$	1.4	1.3	1.0	0.4	0.2
$p_0 \leqslant 0.75 f_{ak}$	1.1	1.0	0.7	0.4	0.2

注：$\overline{E_s}$ 为变形计算深度范围内压缩模量的当量值，应按下式计算：

$$\overline{E_s} = \frac{\sum A_i}{\sum \dfrac{A_I}{E_{si}}}$$

式中：A_i ——第 i 层土附加应力系数沿土层厚度的积分值。

根据实测的统计数据：高压缩性土 Ψ_s 变化幅度大致为 $1.0\sim1.4$，中压缩性土 ψ_s 变化幅度大致为 $0.7\sim1.0$，而低压缩性土的 ψ_s 变化较小。变化幅度较大的原因在于当中高压缩性土的一般承载能力特征值按载荷试验曲线 $s=0.01b\sim0.015b$ 条件确定，这时包含一部分塑性变形，而低压缩性土一般采用比例界限值，因此确定 ψ_s 时考虑了 p_0 值的大小。

由于 Ψ_s 值来源于实测结果，它是由整个地基土层性质、上部结构荷载大小、结构刚度调整地基变形的能力、计算假定、试验误差等许多因素综合得来，故称为沉降计算经验影响系数。采用沉降计算经验影响系数后，计算误差可以降到 $10\%\sim20\%$ 范围内，如不乘该系数，除中等压缩性地基计算误差较小外，高压缩性和低压缩性地基的计算结果误差大约在 $30\%\sim50\%$。

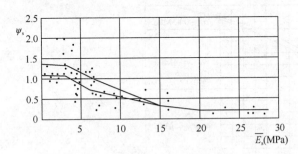

图 4.3.11 沉降计算经验系数实测统计图

（3）地基压缩层计算深度的确定

关于压缩层厚度的选择，从土的特性出发，如附加压力加上其埋深的原始应力小于土的结构强度时，并不产生压缩变形，所以，虽然附加压力扩散很深，但实际上压缩层范围并没有那么大。另一方面，当压力扩散到一定深度时，其数量小而且比较均匀，虽有沉降，其值亦比较小。以下是从工程实际意义考虑选择压缩层深度的一些说明。

对于土的结构强度的影响及其确定方法，需要进行大量严格的试验，尼奇鲍罗维奇建议浸水条件下压力平衡法，与测定平衡法相同，这些尚处于研究阶段，实际并未应用。

英国采用附加压力为 $10kPa\sim20kPa$ 的深度作为计算沉降的深度。应当注意，它们的压缩系数系根据土的应力历史条件将所得室内压缩曲线修正后选用，显然，超压密土将满足上述条件，新近沉积的淤泥、泥炭等则难以实施。

苏联 НиТУ 127—55 规范采用附加压力与土的自重应力的比例确定地基压缩层的深度，即：$p_z=0.2p_{cz}$（p_z，p_{cz} 分别为基础底面下土层深度 z 处的附加压力与土的自重压力）。它主要存在以下两个问题：

① 它过大考虑荷载对计算压缩层深度的影响。不同承载力特征值的匀质地基上进行的载荷板试验深标点实测资料表明：在匀质地基上，压板面积相同，其变形沿深度衰减的规律基本相同，与荷载大小无关。另外，工程实测资料也证实了这一规律，上海某直径为 41.42m 的油罐沿不同压缩性土层的地基变形表明：基底压力在承载能力特征值范围内的各级荷载下，各土层的变形率基本一致，即使基底压力大于地基承载能力特征值 $1\sim2$ 倍时，其变形率的增量也甚微。

某油罐标杆占基础边缘平均沉降的百分率（%） 表 4.3.4

日期	70.12.8	70.12.14	70.15.18	70.12.23	71.1.3	71.1.11	71.2.2	71.2.27	71.12.6
荷载（kPa）	12.85	58.7	85.3	10.92	13.34	15.21	16.02	15.40	14.10
测点沉降	37.21	37.78	38.71	40.65	47.61	52.46	64.26	65.16	82.05

续表

	日期	70.12.8	70.12.14	70.15.18	70.12.23	71.1.3	71.1.11	71.2.2	71.2.27	71.12.6
标杆编号及埋深	1 0.1B	63.0	63.0	64.0	64.6	65.5	66.5	68.2	69.4	72.6
	2 0.22B	40.8	40.8	41.6	42.0	42.0	42.6	44.7	45.2	51.6
	3 0.34B	37.6	27.0	28.4	28.5	27.5	27.5	29.0	29.7	36.5
	4 0.64B	3.5	3.2	4.4	4.9	4.6	4.6	6.2	6.1	6.8
	5 0.75B	1.6	1.3	2.1	2.5	2.5	2.5	3.6	3.4	4.0
	6 0.88B	0.5	0.3	0.8	1.2	1.3	1.3	2.2	2.0	2.6

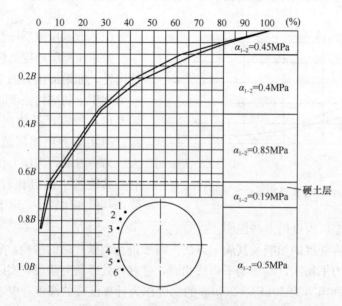

图 4.3.12 某油罐地基变形沿不同压缩性土层的衰减规律

② 完全没有考虑到土层的应力历史和压缩性，只要基础宽度和基底附加压力相同，对任何土质的压缩层深度都是不变值。实际上土层的构造及其压缩性对压缩层深度是有一定影响的。上述油罐，按苏联 НиТУ 127—55 规范计算压缩层深度大于 1B；而按《建筑地基基础设计规范》GB 50007—2002 计算，其压缩层深度 0.66B，即算到硬土层里 1m 为止。实测的资料也证明了这一点，0.64B 以下土层内，各级荷载下标竿沉降值均小于 4.9％，见图 4.3.12。说明硬土层起到扩散压力的作用，致使此层以下的变形显著减少。

规范 GB 50007—2002 根据具有分层深标的 19 个载荷试验面积（面积 0.5～13.5m²）和 31 个工程实测资料统计分析，给出了无相邻荷载影响，基础宽度在 1～30m 范围内，基础中点的地基变形计算深度的简化计算深度：

$$z_n = b(2.5 - 0.4\ln b) \tag{4.3.7}$$

式中　b——基础宽度。在计算深度范围内存在基岩时，z_n 可取至基岩表面；当存在较厚的坚硬黏性土层，其孔隙比小于 0.5、压缩模量大于 50MPa，或存在较厚的密实卵石层，其压缩模量大于 80MPa 时，z_n 可取至该层土表面。

以上公式和实测资料表明：

A. 对于一定的基础宽度，地基压缩层的深度不一定随着荷载 p 的增加而增加；基础形状（圆形、矩形和方形）和地基土的类别（如软土和非软土）对压缩层深度的影响并无显著性规律，而基础大小和压缩层深度之间有明显的规律性。

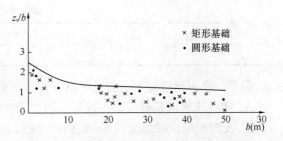

图 4.3.13　基础宽度与深度的实测点和回归曲线

B. 地基的非均匀性对压缩层深度有明显的影响。例如，对于计算深度范围内存在硬土层与无硬土层相比，压缩层计算深度相差可达 $1b$ 或更多。

对于压缩层深度的影响，相邻基础和大面积填土及其他堆载的情况也是不可忽视，例如在图 4.3.14 的房屋中，在两侧的条形基础上，基宽 1m，荷重为 $110kN/m^2$，按照计算，附加压力在 7m 深度为 10kPa，但在靠近中央大厅部分，由于中央大厅基础荷重的影响，相应附加压力为 10kPa 的深度达到 19m。实际工程中，由于忽略这些因素，计算沉降偏低，造成的工程事故颇多。

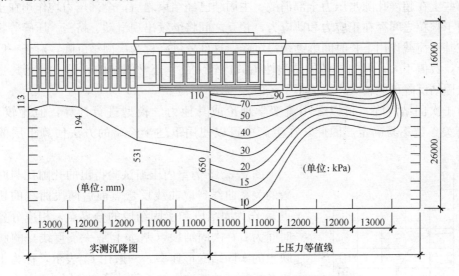

图 4.3.14　相邻基础对压力分布及沉降的影响

将以上方法综合起来，通过变形模量将应力转为变形，能较为方便的确定地质条件复杂、基础密集和建筑物相邻等情况下的沉降计算深度。规范 GB 50007—2002 给出地基变形计算深度 z_n 应符合下式要求，并考虑相邻荷载的影响。

$$\Delta s_n' \leqslant 0.025 \sum_{i-1}^{n} \Delta s_i' \tag{4.3.8}$$

式中　$\Delta s_n'$——在计算深度范围内，第 i 层土的计算变形值；

$\Delta s_i'$——在由计算深度向上取厚度为 Δz 的土层计算变形值，Δz 按表 4.3.5 确定。

如确定的计算深度下部仍有较软土层时，应继续计算。

计算厚度 Δz 值 表 4.3.5

b(m)	$b \leqslant 2$	$2 < b \leqslant 4$	$4 < b \leqslant 8$	$8 < b$
Δz(m)	0.3	0.6	0.8	1.0

但是，在下列情况下，Δz 小于 1m 按 1m 考虑：

A. 同一建筑内基础面积占投影面积大于 50% 时；

B. 大面积地面堆载附近 6m 以内的基础，或软弱地基上有大面积填土时；

C. 紧邻高大建筑物的轻型建筑物基础。

以上各点并非在任何情况下都需考虑。例如，低压缩性土上的房屋相互影响很小，有时可不考虑沉降计算，但是，一切事物都是相对的，目前在高层建筑设计施工中，裙房的沉降并不大，但如果建筑物不允许设沉降缝时，就必须考虑高层部分对低层裙房的影响及其范围。当前在施工中多采用后浇带措施，是否必要需依据具体情况按变形计算确定，而计算的准确性取决于高大建筑荷载对临近基础附加应力影响深度和大小，而不仅是地层基础本身，故确定沉降计算深度时 Δz 以取 1m 为宜。

3）次固结或次压缩沉降

有些土在超静孔隙水压力全部消散、主固结已经结束之后，全部压力均作用在土颗粒上，由于颗粒之间存在正应力和剪应力，相互之间将继续出现滑动、挤密、压碎等物理现象，在基础荷载作用下长时间继续缓慢沉降。这部分沉降称为次固结沉降，对于一般黏性土来说，数值不大，但如果考虑是塑性指数比较大的、正常固结的软黏土，尤其是有机土，次固结沉降可能较大，不能不予考虑。

对于次固结沉降，可以采用流变学理论或其他力学模型进行计算，但比较复杂，而且有关参数不易确定。因此，在生产中可以使用下述半经验的方法估算土层的次固结沉降。

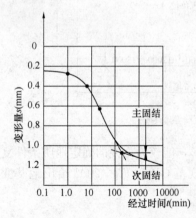

图 4.3.15 孔隙比与时间的对数关系

图 4.3.15 为室内压缩试验得出的孔隙比与时间对数的关系曲线，取曲线反弯点前后两段曲线的切线交点 m 作为固结段和次固结段的分界点，相应分界点的时间为 t_1；次固结段（基本上是一条直线）的斜率反映土的次固结变形速率，一般用 C_s 表示，称为土的次固结指数。地基次固结沉降计算的分层总和法公式为：

$$s_s = \sum_{i=1}^{n} \frac{H_i}{1 + e_{1i}} C_s \lg \frac{t_2}{t_1} \qquad (4.3.9)$$

式中 H_i 和 e_{1i} 分别为土层的厚度和初始孔隙比；t_2 为欲求次固结沉降的那个时间。地基土的次固结指数 C_s 与下列因素有关：土的种类；塑性指数越大，C_s 越大，尤其对有机土而言；含水量越大，C_s 越大温度越高，C_s 越大。C_s 一般的取值范围见表 4.3.6。

次固结指数 C_s 值 表 4.3.6

土类	正常固结土	塑性大的土；有机土	超固结土（OCR>2）
C_s	0.005~0.020	$\geqslant 0.03$	< 0.001

由于加荷速率的变化，附加应力沿深度逐渐减少，使各土层的次固结指数受到影响，因此，利用沉降观测资料推算次固结沉降量具有重要的现实意义。

图 4.3.16 为某五层砖石结构房屋的沉降曲线，从施工期到 26 个月实测沉降为 36cm，在以后的 54 个月内下沉 11cm，沉降与时间具有对数关系，其斜率为次固结系数。

$$C_{\mathrm{s}} = \frac{s_t - s_{t_1}}{\lg \frac{t}{t_1}} \qquad\qquad (4.3.10)$$

式中　s_t——根据沉降观测，时间为 t 的下沉量；

　　　s_{t_1}——时间为 t_1 的沉降量；

　　　t_1——主固结完成的时间。

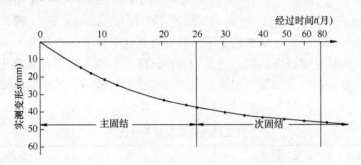

图 4.3.16　某砖石结构房屋沉降随时间增长曲线

由此，次固结的沉降量为：

$$\Delta s_{t-t_1} = C_{\mathrm{s}} \lg \frac{t}{t_1} \qquad\qquad (4.3.11)$$

对于淤泥质土地区，可以用上述方法预估地基最终沉降量。应当指出：主固结完成的时间并不像理论公式计算那样精确，根据沉降曲线也只能作出相对的判断。在选择沉降经验系数 ψ_{s} 时，已经考虑到次固结影响，因此，按式（4.3.5）计算最终沉降量后不必再予考虑。

4.3.4　建筑物的沉降稳定时间

计算沉降指附加应力大于土的天然重力或先期固结压力时产生的压缩沉降。如果考虑地下建筑所排出的土重引起的回弹再压缩变形，则需说明该沉降由附加应力压缩变形和回弹再压缩变形所引起。由于回弹再压缩变形几乎与施工荷载完成时同时完成，它属于弹性变形性质，一般不影响建筑的安全，也非沉降控制指标，故各国规范控制的容许变形值均指压缩变形，当地下建筑深度很大，例如有的超过 10m 或 15m，而建筑总平均压力小于排出的土重时，或者小于水的浮力时，都存在浮起的可能性，应在变形计算时加以考虑。例如，浮力大于总压力时，地下建筑可能上浮几厘米至几十厘米，施工过程中就可能引起局部开裂或错位，当然，这些情况很少发生。

对于补偿式基础，需要注意统计相当于土重时建筑的下沉量。特别是那些未从基底开始沉降观测的资料中属于弹性变形部分，以免和压缩变形混淆。

压缩变形随着时间的推移逐渐停止。土的含水量、饱和度、渗透性，压缩性都对沉降稳定的时间有密切的关系。砂类土的渗透性较好，沉降稳定很快。无论它在饱和状态或非饱和状态，随着荷载的增加，大部分的压缩均随即完成。从这个意义讲，砂土地基上的房屋在建成后不久沉降就停止了。但对于稍密或松散的砂土，或者未压实的砂填土，其沉降将有 10％左右需要两三年后完成，遇到地下水变化或地震力及机器振动力作用时，粒间摩擦力可能减少，有再度下沉可能。

根据 64 栋沉降观测资料分析，建筑物在施工期间的沉降所占比重与最终沉降量有关。最终沉降量越大，施工后的沉降比重亦愈大，沉降稳定时间愈长。如表 4.3.7 所示，平均沉降小于 2cm 时，施工期完成的沉降约占 50％～80％；平均沉降大于 20cm 时，施工期所占沉降仅占 5％～20％，即大部分沉降都要在施工若干年后完成。例如，某六层混合结构，土的渗透系数为 10^{-6}cm/s，压缩模量为 1.3MPa～3.5MPa，三年期间下沉 47.8cm，以后 8 年又连续下沉了 14.4cm，这时的沉降速率仍有 0.035mm/day。通常认为沉降速率达到 0.1mm/day 时，房屋就基本稳定了，但要看到这个数字仍然是个不小的数字，不过在后期沉降中，沉降速率较慢，同一建筑物各点沉降差基本上没有什么变化，一些工程实测也证实了这一点。当然，如果房屋体形复杂，荷载差得较多，后期的沉降差异也是不能忽视的。

施工期间完成沉降百分比 表 4.3.7

平均最终沉降量（cm）	≤2	4	6	8	10	15	≥20
施工期沉降占最终沉降比值（％）	50～80	40～60	30～50	20～40	15～35	10～30	5～20

粉土及粉质黏土的孔隙比常在 0.65～0.85 之间，多为中压缩性土，多层房屋在施工期的沉降可完成 50％以上，因总沉降量小，后期沉降在一年内即可完成，高层建筑的基础面积大，压缩层深度一般超过 10m，施工时间按主体结构完成计算亦需一年以上，因此，后期沉降稳定时间大约需要 3～5 年，但沉降速率较低，最有效的估算方法，还是从施工起开始沉降观测，测出主体结构完成时的沉降量，继续观测一年以后再推算沉降稳定的时间及沉降量。

下面重点介绍固结沉降的计算问题。常用的计算公式均基于太沙基关于固结概念发展起来的，其基本假定如下：

（1）对于饱和土均匀加载时，加荷后瞬间全部压力由孔隙水承担，随着水的排出，传至土骨架的压力随之增加，当全部压力为土颗粒骨架承受时，固结过程全部停止。水的排除量等于土中孔隙的减少量，即：

$$\frac{\partial q}{\partial z} = -\frac{\partial n}{\partial t} \qquad (4.3.12)$$

式中 q——流量，与渗透系数有关；

n——土的孔隙；

z——土的厚度。

（2）水在土中渗透速度与水力坡降成正比。

根据荷载在土中产生的附加应力状态，很容易得到在 t 时间内的固结下沉量 s_t 与最终沉降量 s 之比，又称为固结度 U。在垂直方向称为垂直固结度 U_v；径向（砂井排水时）称

为径向固结度 U_{r}。如果仅考虑竖向荷载所产生的垂直附加应力的固结作用，则固结度可近似用通式表示：

$$U_{\mathrm{v}} = \frac{s_{\mathrm{t}}}{s} = 1 - \frac{8}{\pi^2} \exp\left(-\frac{\pi^2}{4} T_{\mathrm{v}}\right) \tag{4.3.13}$$

$$T_{\mathrm{v}} = \frac{c_{\mathrm{v}} t}{H^2} \tag{4.3.14}$$

$$c_{\mathrm{v}} = \frac{k_{\mathrm{v}}(1+e)}{\gamma_{\mathrm{w}} \alpha} \tag{4.3.15}$$

式中　　T_{v}——竖向固结时间因素；

　　　　c_{v}——竖向固结系数；

　　　　H——压缩层最远的排水距离，当土层为单面排水时，H 为土层厚度；双面排水时，水由土层中心分别向上下两个方向排出，H 为土层厚度的一半；

　　　　k_{v}——竖向渗透系数；

　　　　γ_{w}——水的容重；

　　　　α——土的压缩系数。

如果土中压力分布曲线不同时，可以得出不同固结度公式。为便于计算，将常见的压力分布形式分为三种，分别建立其垂直固结度与时间因素的关系，见图 4.3.17 和表 4.3.8。

单向排水时压力分布简化型式

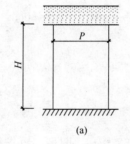 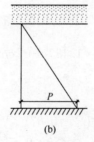 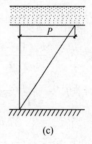

(a)　　　　　　　　　(b)　　　　　　　　　(c)

图 4.3.17　压力分布简化形式

垂直固结度与时间因素之间的关系　　　　　　　　表 4.3.8

垂直固结度	T_{v}［对应（a）］	T_{v}［对应（b）］	T_{v}［对应（c）］
0.1	0.008	0.047	0.003
0.2	0.031	0.100	0.009
0.3	0.071	0.158	0.024
0.4	0.126	0.221	0.048
0.5	0.197	0.294	0.092
0.6	0.287	0.383	0.160
0.7	0.403	0.500	0.271
0.8	0.567	0.665	0.440
0.9	0.848	0.940	0.720

注：双面排水时，最长排水路径为 $H/2$。

对于比较复杂的压力分布图形可以简化为上述三种基本形式，求其固结度。然后分别取面积加权平均值作为平均固结度。如图 4.3.18 中，压力面积 ［A］可分解为 ［B］及 ［C］两部分，设 U_A、U_B 和 U_C 分别为 ［A］、［B］和 ［C］在同一时间的固结度，则：$U_A = \dfrac{U_B[B]+U_C[C]}{[A]}$。

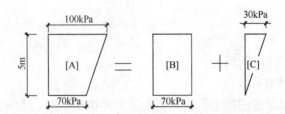

图 4.3.18　梯形压力分布固结度示意图

【例 4-5】 在一厚 $H=10m$ 的淤泥层上，进行大面积填土，单位压力为 100kPa。淤泥各项参数为 $\alpha = 2.1 [MPa]^{-1}$，$e_0=1.6$，$k_v=1.2\times10^{-7}$ cm/s，求两年的沉降量。

解： 由于淤泥层顶及层底均有排水砂层，为双面排水，故最长排水路径为 $H/2=10/2=5m$。

大面积填土在土中附加应力类似于固结试验中在环刀内受力状态，按第一种基本压力分布求固结度与时间因素的关系。

总沉降为：$s = H \times \dfrac{\alpha}{1+e_0} \times p = 10\times100\times\dfrac{2.1}{1+1.6}\times\dfrac{100}{1000}=80cm$

竖向固结系数 $c_v = \dfrac{k_v(1+e)}{\gamma_w \alpha} = 1.48\times10^{-3} cm^2/s$

当 $t=2$ 年时，$T_v = \dfrac{c_v t}{H^2}=0.37$

查表 4.3.7，当 $T_v=0.37$ 时，$U_v=0.67$。

所以 2 年末的下沉量 $s_t = s \times U_v = 80\times0.67=53.6cm$。同理，可求得 5 年末的沉降量为 73.4cm。在本例中，如果是单面排水，$H=10m$，则竖向固结时间因素 T_v 将减少，当 $t=2$ 年时，$T_v=0.092$，$U_v=0.34$，$s_{t=2年}=s\times U_v=27.2cm$。可见单面排水所需时间比双面排水增加 1 倍以上。

【例 4-6】 方形基础宽 10m，基底附加压力为 100kPa，压缩层厚度为 5m，单面排水，淤泥变形模量 2MPa，渗透系数 $k_v=1.2\times10^{-7}$ cm/s，计算最终沉降量为 20cm，求 2 年末的下沉量。

解： 由于附加压力沿深度分布为梯形，故应分为矩形和梯形两个部分。

单面排水，最长排水路径为 5m，$T_v = \dfrac{k_v E}{\gamma_w} \times \dfrac{t}{H^2}=0.061$，查表可得：［B］部分固结度为：$U_B=0.275$；［C］部分的固结度为：$U_C=0.413$，则可得：$U_A = \dfrac{U_B[B]+U_C[C]}{[A]}=$

$\dfrac{0.275\times70\times5+0.413\times0.5\times30\times5}{(70+15)\times5}=0.299$

故 $s_{t=2年}=0.299\times20=5.98cm$。

但是，应当看到理论公式中的缺点：

（1）在大面积填土，且土的附加应力呈直线等值分布时，公式计算所得的结果可代表填土中部的地表下沉与时间的关系，填土的边缘部分计算结果将不可靠。如果土中附加应力呈三角形分布，梯形分布，计算结果只能作参考值使用。

（2）土层的均匀性、横向排水的可能性，均影响所用的物理参数。很难确定非均质土的物理参数平均值，特别是影响结果最大的渗透系数平均值。有些学者如苏联的 H. A. 崔托维奇（Цытович）提出等值平均值公式，也是一种近似方法：

$$k_{vm} = \frac{H}{\sum_1^n \frac{h_i}{k_{vi}}} \tag{4.3.16}$$

式中　k_{vm}——竖向渗透系数平均值；

　　　h_i——第 i 层土厚度；

　　　k_{vi}——第 i 层土竖向渗透系数。

$$c_v = \frac{k_{vm}(1+e_0)}{\gamma_w \alpha} = \frac{k_{vm}}{E_m \gamma_w} \tag{4.3.17}$$

式中　E_m——压缩模量平均值，可采用压缩模量当量值。

因此，最有效的方法，仍是通过沉降观测求综合的 c_v 值，一般采用第 3 个月和第 6 个月的沉降观测值，然后推算出最终沉降需要的时间。如果在同类场地上已有建筑沉降观测资料，亦可利用 s-t 曲线求 c_v 值。

在饱和淤泥质土上建筑时，为解决地基承载能力不足以及沉降过大时，常采用堆载预压方法，近年来亦采用真空预压方法，这种方法如果结合建筑物本身的储水荷载（油罐等）及砂井排水措施，可收到节约工程造价、缩短工期的效果。砂井的作用主要为缩短排水距离，增大砂井直径和减少其间距，也可较好地增加地基承载能力。一

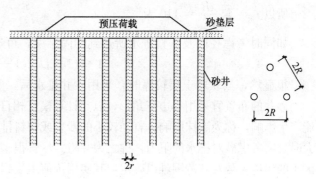

图 4.3.19　砂井排水预压示意图

般砂井的中心间距为 2m～3m，排水路径转为径向，距离缩短到 1m～2m，流至砂井中的水向上排到砂垫层。如图 4.3.19，砂井的半径为 r，中心间距为 $2R$，土的径向渗透系数为 k_h，则径向固结时间因素 T_r 和径向固结系数 c_h 为：

$$T_r = \frac{c_h t}{4R^2} \tag{4.3.18}$$

$$c_h = \frac{k_h(1+e_0)}{\gamma_w \alpha} \tag{4.3.19}$$

1962 年里奥纳德（Leonads）按垂直应变的假定找到径向固结度与径向固结时间因素的关系如表 4.3.9。

径向平均固结度 $U_{(t)r}(\%)$	径向固结时间因素 T_r			
	$\frac{R}{r} = 5$	$\frac{R}{r} = 10$	$\frac{R}{r} = 15$	$\frac{R}{r} = 20$
5	0.006	0.010	0.013	0.014
10	0.012	0.021	0.026	0.030
15	0.019	0.032	0.040	0.046
20	0.026	0.044	0.055	0.063
30	0.042	0.070	0.088	0.101
40	0.060	0.101	0.125	0.144
50	0.081	0.137	0.170	0.195
60	0.107	0.180	0.226	0.258
70	0.137	0.231	0.289	0.330
80	0.188	0.317	0.397	0.453
90	0.270	0.455	0.567	0.648

径向固结度与径向固结时间因素的关系　　　　　　　　　表 4.3.9

【例 4-7】 如图 4.3.19，$R=150\text{cm}$，$r=15\text{cm}$，$\alpha=1.5\ \text{MPa}^{-1}$，$\alpha=1.3$，$k_h=2\times10^{-7}$ cm/s，求径向排水固结度 $U_h=0.8$ 时所需的时间。

解： 径向固结系数 $c_h = \dfrac{k_h(1+e_0)}{\gamma_w\alpha} = 0.003\text{cm}^2/\text{s}$

$\dfrac{R}{r} = \dfrac{150}{15} = 10$，当 $U_h=0.8$ 时，$T_r=0.317$

所以 $t = T_r \dfrac{4R}{c_h} = 110$ 天

如同时考虑径向及垂直排水所达到的固结度，可近似用下列公式：

$$U = 1 - (1-U_r)(1-U_v) \tag{4.3.20}$$

很显然，当软弱土层较厚时，采用砂井排水后，竖向固结的作用就大大减少了。

砂井的布置宜采用等边三角形，以与计算模式相符，在施工时可能产生因土的扰动对渗流产生影响，称为涂抹影响。直径较小的沙袋或塑料排水板的涂抹影响可能很小，但深度较大时又需考虑砂对排水的阻力，称之为井阻。尽管很多学者对此作了许多研究，但是对扰动区土的渗透系数及其范围难以确定，其实用价值也受到了限制，故直接用孔压计测定现场孔隙水压力消散的速率决定加荷速率和加荷时间，用沉降测定其沉降比理论计算可靠而方便。

参 考 文 献

[1] 工业与民用建筑地基基础设计规范 TJ 7—74 [S]. 北京：中国建筑工业出版社，1974.

[2] 中华人民共和国国家标准. 建筑地基基础设计规范 GBJ 7—89 [S]. 北京：中国建筑工业出版社，1989.

[3] 中国建筑科学研究院地基所等. 软土地基设计施工主要问题及其经验[R]. 北京：科学技术文献出版社，1982.

[4] 黄熙龄. 秦宝玖. 地基基础设计与计算[M]. 北京：中国建筑工业出版社，1981.

[5] 顾晓鲁. 钱鸿缙. 刘惠珊. 汪时敏. 地基与基础[M]. 北京：中国建筑工业出版社，2003.

第5章 地基基础设计原则

在第四章已经介绍了土的力学特性及变形、稳定设计方法，在本章前两节重点说明地基设计状态及引起地基破坏的因素，提出按变形设计的重要性，此节主要结合具体情况简要介绍设计原则、内容，以供设计人员参考。

地基设计还包括勘察、地基评价、基础选型及地基处理等，它的最终目的是使用，因此，地基设计过程是一个综合系统工程，是上部结构、基础及地基的共同工作的过程。

5.1 地基基础设计基本规定

5.2.1 勘察要求

地基土是土、岩、水的复杂组合，建筑物重量由土、岩来承担，这就需要对土质情况有所了解，建筑物种类很多，大小不同，对勘察要求有所差别，在设计上需要解决的问题有以下几点：

（1）建筑场地的稳定性包括在自然条件下有无滑坡现象，有无断层破碎带，岩溶土洞的发育程度，在地震力作用下的危险程度，以及在洪水或暴雨作用下产生危及人的生命的地质活动，包括泥石流、崩塌，河流变迁等。凡是对建筑物有威胁的不良地质地段均应查明，以确保建筑物的稳定性。在山区建筑中稳定性尤其重要，此外还应查明在施工过程中因挖填方、堆载和卸载对山坡稳定性的影响。稳定性评价应在选场阶段勘察中完成。

（2）岩土分布及其工程性质在地基设计阶段极为重要，岩土作为地基材料应当根据岩性分析做出工程地质分类，包括岩石的坚硬程度、岩石的完整程度及裂隙走向、有无软弱结构面等，对岩体边坡的稳定性做出工程评价。

当岩体埋深较浅或荷载过大时，基岩成为建筑物最佳持力层，作为桩基的持力层，应取岩样做单轴饱和抗压试验，作为柱基础应采用岩石锚杆基础，并补充现场抗拔试验。

土质地基的勘察可分为两大类：一类是钻孔取样试验，包括探孔及各土层土样室内物理力学试验，如压缩试验、抗剪试验等，钻探试验可以得到土层分布及物理力学指标，用以计算各层土的承载力及变形；另一类是原位试验，包括地基土载荷试验、桩基载荷试验、复合地基试验、十字板剪切试验、静力触探试验、标贯试验以及施工验槽钎探试验。原位试验没有取土扰动等问题，它最大的优点是保持场地土中应力状态，就地获取相应的土的变形规律及破坏规律，比较符合建筑物地基工作状态，故常用作地基评价的最终评价，它的困难在于现场试验工作繁重，需时较久，试验规模较小，各种试验结果有所差别，还需与室内试验、理论计算进行综合分析。

由于建筑规模相差很大，使用功能与要求不同及地质复杂程度的差异，在实际设计中一般采用分级设计概念，我国地基基础规范根据建筑类型与使用要求将设计分为三级，见

表 5.1.1。

地基基础设计等级

表 5.1.1

设计等级	建筑和地基类型
甲级	重要的工业与民用建筑物
	30 层以上的高层建筑
	体型复杂，层数相差超过 10 层的高低层连成一体建筑物
	大面积的多层地下建筑物（如地下车库、商场、运动场等）
	对地基变形有特殊要求的建筑物
	复杂地质条件下的坡上建筑物（包括高边坡）
	对原有工程影响较大的新建建筑物
	场地和地基条件复杂的一般建筑物
	位于复杂地质条件及软土地区的二层及二层以上地下室的基坑工程
	开挖深度大于 15m 的基坑工程
	周边环境条件复杂、环境保护要求高的基坑工程
乙级	除甲级、丙级以外的工业与民用建筑物
	除甲级、丙级以外的基坑工程
丙级	场地和地基条件简单、荷载分布均匀的七层及七层以下民用建筑及一般工业建筑物；次要的轻型建筑物
	非软土地区且场地地基条件简单、基坑周边环境条件简单、环境保护要求不高且开挖深度小于 5m 的基坑工程

我国《建筑地基基础设计规范》50007—2011 规定地基设计等级为甲、乙、丙三级。凡地质条件复杂、30 层以上或体型复杂的高层建筑，大面积地下建筑，对变形有特殊要求的建筑如化工塔架、精密机床等按甲级地基进行勘察，其主要项目包括载荷试验、原位试验、物理力学试验等。地基平板载荷试验同一类不少于三台，最大最小差值不大于30％，试桩，最小不少于三根，同时还应进行标贯或静力触探试验。剪切试验宜采用三向剪切设备，在相当天然土压下进行快速弹性压缩，使其符合土样原始状态，稳定后进行不排水快剪，当采用预压地基时，则采用预压荷载相当的压力条件下进行固结排水快剪，总之剪切试验方法必须与土样实际状态相符合。

乙类建筑物指房屋高度低于 30 层，地基为中低压缩性土，地质为中等复杂程度的建筑，这些建筑物需要按地基变形原则设计，与甲级不同之处在于可不进行载荷试验确定地基承载力。当变形不满足设计要求或地基承载力不满足荷载要求需采用桩和人工地基时，仍需采用现场试验以确定桩的承载力和人工地基承载力。

丙级建筑指建筑场地稳定，地基岩土均匀良好，荷载分布均匀的 7 层及 7 层以下的民用建筑和一般工业建筑以及次要的轻型建筑物。这类建筑荷载较小，在地基承载力特征值大于 130kPa 的一般黏性土沉降大约仅为数厘米，多在房屋允许沉降范围内一般可免沉降计算，但现场勘察仍需重视，触探和标贯试验是常用有效而简便的勘察手段。

上述分级应当看成为相对性的，由于自然界及人类文化活动，土质的复杂性、变异性都难以预料，所以很多特殊地质在勘察时被遗漏了。例如土洞、溶洞溶槽、旧河道、古墓、新垃圾场等由于疏漏勘察引起的工程事故很多。勘察工作的质量也及其重要，没有好的勘察质量是不能保证地基质量的。

5.2.2　设计功能要求及设计表达式

所有的建筑结构设计都必须满足下列各项功能：

（1）能承受在正常施工和正常使用时可能出现的各种作用；

（2）在正常使用时具有良好的工作性能；

（3）在正常维护下具有足够的耐久性能；

（4）在偶然事件发生时及发生后，仍能保持必需的整体稳定。

第一项功能和第四项功能属于结构安全性的要求，第二项功能指在使用期间 50 年内原定的设计功能保持良好的状态，第三项功能指材料性能不致恶化到影响结构的安全。整个结构或结构的一部分超过某一特定状态就不能满足设计规定的某一功能要求时，此特定状态称为该功能的极限状态，它可分为承载能力极限状态和正常使用极限状态。地基基础设计时，所采用的荷载效应最不利组合与相应的抗力限值应按下列规定：

（1）按地基承载力确定基础底面积及埋深或按单桩承载力确定桩数时，传至基础或承台底面上的荷载效应应按正常使用极限状态下荷载效应的标准组合。相应的抗力应采用地基承载力特征值或单桩承载力特征值。

（2）计算地基变形时，传至基础底面上的荷载效应应按正常使用极限状态下荷载效应的准永久组合，不应计入风荷载和地震作用。相应的限值应为地基变形允许值。

（3）计算挡土墙土压力、地基或斜坡稳定及滑坡推力时，荷载效应应按承载能力极限状态下荷载效应的基本组合，但其荷载分项系数均为 1.0。

（4）在确定基础或桩台高度、支挡结构截面、计算基础或支挡结构内力、确定配筋和验算材料强度时，上部结构传来的荷载效应组合和相应的基底反力，应按承载能力极限状态下荷载效应的基本组合，采用相应的荷载分项系数。

当需要验算基础裂缝宽度时，应按正常使用极限状态荷载效应标准组合。

① 承载能力极限状态

当结构某一截面上作用的荷载效应 S 值等于材料的抗力 R 时，结构处于承载能力极限状态，为保证设计有足够的安全度，最简单的极限状态表达式可写为：

$$\gamma S \leqslant R \tag{5.1.1}$$

γ 为荷载效应 S 的安全系数，如果存在着多个荷载效应，考虑到各类效应的影响，目前在结构体系设计时采用多系数，我国荷载规范所采用的组合如下：

A. 由可变荷载效应控制的基本组合

$$S = \gamma_G S_{Gk} + \gamma_{Q1} S_{Q1k} + \sum_{i=2}^{n} \gamma_{Qi} \psi_{ci} S_{Qik} \tag{5.1.2}$$

式中　γ_G——永久荷载的分项系数；

S_{Gk}——按永久荷载标准值 G_k 计算的荷载效应值；

γ_{Qi}——第 i 个可变荷载的分项系数；

S_{Qik}——按可变荷载标准值 Q_{ik} 计算的荷载效应值，其中 S_{Q1k} 为诸可变荷载中起控制作用者。

ψ_{ci} ——可变荷载 Q_i 的组合值系数；

B. 由永久荷载效应控制的基本组合：

$$S = \gamma_G S_{Gk} + \sum_{i=1}^{n} \gamma_{Qi} \psi_{ci} S_{Qik} \qquad (5.1.3)$$

基础及支护结构所承受的荷载主要为永久荷载时，承载能力极限状态下荷载效应的基本组合可简化为：

$$S = 1.35 S_k \leqslant R \qquad (5.1.4)$$

式中 S_k ——荷载效应的标准组合。

上述分项系数是依据失效概率与可靠指标之间的相应关系，考虑现行规范的继承性，经综合分析优选得出的，它反映结构安全的度量。由于资料的缺乏及设计可靠度中含有近似成分，它仍然属于相对度量，对此应用需注意以下情况。

在保证结构整体稳定性及节点构造措施的条件下，在没有其他因素如温度、地震、沉降等间接作用影响下，满足式（5.1.1）条件下，构件安全可靠度是有保障的，但没有考虑应力所带来的变形问题，结构构造越复杂，变形所造成的问题越多，可能危及结构的安全和正常使用。

式（5.1.1）中的抗力 R 属于构件材料的性能、质量、生产等方面的综合指标，所谓性能不仅指力学特征，还包括热学、化学等特征。目前的建筑材料主要为钢筋混凝土、砖、石、砂；地基主要为土、石。对建筑物而言，它需要在数十年使用过程中经受环境气候的自然作用，例如，温度和湿度的变化、空气或水的作用等。常见的损坏如地坪开裂、墙体开裂，混凝土中产生碱集料反应而膨胀崩裂，不同材料间因变形差异而开裂等，为保证材料质量，必须在选料、生产工艺、保养，质量检验等各个环节加以控制，只有在了解和实施材料质量水平标准后，才能制定计算模型、应力水平以及相应的材料力学特征参数，最终制定出分项安全系数。

② 正常使用极限状态

正常使用极限状态指结构达到正常使用或耐久性能达到规定限值，它包括：

A. 影响正常使用或外观的变形；

B. 造成某些构件的损坏，开裂；

C. 影响设备工艺的正常运转；

D. 引起人的不舒适感。

以往对变形的控制仅限于是否可能对结构造成损坏，在现代化日益发展的今天，它同时需要满足建筑结构使用功能的需求。例如地面同步卫星接收站，规定沉降差为零；超高层建筑对倾斜的要求限值在 2‰，有些高耸结构如化工设备装置塔其倾斜严格限制在 1‰ 等。由此可见，正常使用极限状态的核心是变形的问题。

正常使用极限状态设计表达式如下：

$$S \leqslant C \qquad (5.1.5)$$

式中 S ——结构或构件变形计算值；

C ——结构或构件按使用要求规定的变形值，如裂缝宽度等。

5.2.3 地基基础设计状态

地基的物质材料是自然沉积的土体，承受着上部结构荷载，当确定地基的受力状态及其对上部结构产生的影响时，首先应当明确上部结构－基础－地基是一个不可分割的整体，其次要弄清楚土体的自然形成过程，土的物质构成及其力学特性。

土体是由矿物颗粒、水和空气组成的三相体，颗粒粒径有大于 200mm 的块石，有大于 0.075mm 小于 2mm 的砂，有粒径小于 0.005mm 的黏粒、有粒径小于 0.002mm 的胶粒。在沉积过程中，这些不同大小的颗粒的组合非常复杂，大体上可分为碎石土、砂土、粉土、黏性土及黏土。由于沉积环境的差别，土的物理力学性质与区域地质条件有关。上部结构材料系由人工制造，可给出各类材料特征指标供设计者使用，但地基土的特征指标只能根据试验值确定。不同的地基土其物理力学性质差异较大，在其上修建的建筑出现的问题也有所不同。

土的变形与土的孔隙比有关，土的孔隙比一般为 0.6～0.7，最大的可达到 2.7。高压缩性土孔隙比在 1.0 以上，其压缩模量低于 2.0MPa，在其上修建的 6 层民用建筑的沉降有的超过 80cm。一般中压缩性土孔隙比为 0.75～0.85，压缩模量低于 10MPa，20 层左右的高层建筑沉降可达 10cm。较大的沉降量将增加上部结构的次应力，体型复杂的结构调整变形能力较差，往往在高底层连接处、房屋平面变化处、荷载差异较大处出现较大的沉降差和次应力，最终导致结构的破坏。

土的变形特点还在于它在荷载作用下，孔隙水的排出速度与土粒间相互挤压及重新排列所需时间相关。砂土的排水速度快，稳定时间很短；黏土的渗透系数在 10^{-6}～10^{-7}s/cm，排水很慢，故沉降稳定时间一般在 5 年以上；位于淤泥土地基上的 6 层房屋实测的稳定时间为数十年，约有 50% 的沉降需要在使用期完成。过大的荷载将出现土体蠕变，土的长期变形对建筑物耐久性是不利的。

图 5.1.1 为某配煤房沉降图，施工期间建筑物下沉很少，略向南倾，使用时加煤到 830t 时，结构物突然下沉，即出现倾斜，这时地基处于临塑状态。

以上说明了土质材料与钢筋混凝土、砖石砌体材料主要的不同之处，因此设计地基

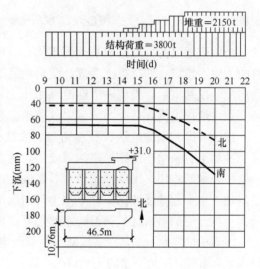

图 5.1.1　配煤房沉降与时间关系曲线

必须从土的变形属性及对建筑功能影响的程度出发，考虑在规定的使用期限内可能出现的问题，采取与之相适应的措施，保证建筑使用功能的正常作用与发挥。

土的变形大、稳定时间长是地基设计方法考虑的两个重要因素，从大量的房屋损坏事故的原因分析，环境因素亦至关重要，它包括地基的地质条件、水的作用、气候的变化、邻近建筑的影响。

（1）复杂地质环境有两类成因：一种是自然条件形成的，以山区地区与丘陵地带的斜坡地层为代表；另一种是千百年来人类文化活动造成的，以各类杂填土和古河道古墓为代表。

一般地基都由多种土层组成。如果各层土质差异较大且土层坡度大于 10% 时均应视作

非均匀土，其变形影响足以造成建筑物损坏，例如某火车站服务楼的沉降与淤泥层的厚度变化基本一致（见图 5.1.2）。斜坡地层的主要特点是岩土交错，覆盖土层厚薄不匀，土性复杂，基岩表面起伏变化，甚至石牙林立，溶沟溶槽密布，一般勘察难以查明地基真实情况。

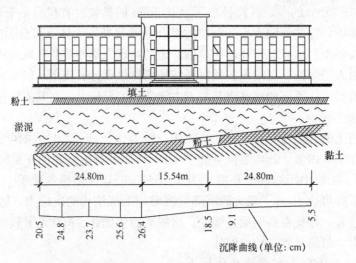

粉土

淤泥

粉土

黏土

24.80m   15.54m   24.80m

20.5 24.8 23.7 25.6 26.4   18.5   9.1   5.5

沉降曲线（单位：cm）

图 5.1.2　倾斜地层上房屋沉降及裂缝情况

　　杂填土地层的特点是地基软而不均，有的建筑垃圾，如碎石、瓦片、石砂、弃土等；有的为生活垃圾，如草根、瓜皮、塑料物品等。堆填土是在无序的状态下进行的，某栋 6 层房屋开挖基坑后，发现一半在池塘填土上；某栋三层宿舍楼，一角下沉超过 20cm，外墙开裂，地坪下沉，后查明该区为坟葬地。杂填土一般要经过处理，才能消除沉降差异。

　　山区坡度较大的地层、石芽密布、大块孤石土层、岩土交错地层、岩溶土洞发育地层、冲填土、杂填土及暗塘暗沟等土层，这类不均匀土层不易发现，但危害较大。

　　（2）水的作用。山洪冲刷地带，基底土被掏空；洪水淹没地段，土质被泡软；大面积抽取地下水引起地面凹陷；地下水上升引起地下室底板开裂。由于房屋四周排水不良引起局部下沉开裂的事故比较普遍，水对地基的破坏作用不可低估。

　　大面积抽取地下水，深基坑降水对邻近建筑变形影响较大，房屋开裂及倾斜事故较多。抽取地下水破坏了地下水的平衡情况，以抽水井为中心，井中水位下降，井周围土层中的地下水流向中心，形成降水漏斗，在漏斗范围内的地面亦随之下沉，抽水量愈大，漏斗面愈大，引起地面下沉范围越广，在漏斗区的房屋随之不均匀下沉，并导致房屋倾斜或开裂。

　　城市管道漏水，增加了土的含水量，在流水经过的土层，土质变软，造成不均匀沉降，在漏水严重地段，还可能造成水土流失形成空洞，危害巨大。

　　（3）气温变化带来的问题极为严重，我国东北、华北、新疆、青海有大面积冻融土；西藏有高原永久冻土。在多年冻土地基上建筑发生变形的基本原因为永久冻层的冻融，活层冻土的冻胀以及活层土中水向地面上升引起的冰锥。在地下水丰富地区，冻胀引起的建筑破坏最为严重。气候变化指所在地区季节性气候及多年气候的变化，在季节性严寒地区，冬季土温低于零度，土中水结冰膨胀，形成季节性冻胀。春季气温回暖，土中冰融化，土体孔隙回缩而下沉称之为冻融。轻型建筑因周期性的上升下沉变形，损坏者极多。与土的冻胀性相对应，冷藏库温度低于零度，如果房屋隔热系统不佳，库温传至土中将引起土体膨胀，库房开裂；另一种情况为隧道窑，窑温高达数百度，如果隔热层不好，地基土将收缩下沉，窑体将损坏。上述两种情况均在工程中出现。

（4）振动的影响包括地震运动及机械振动对土的变形作用。地震运动属于自然力的运动，人类不能左右这种力的发生，只能了解它的性质，在地震力作用下饱和砂土将液化，造成建筑物的下沉或倾斜，高孔隙比的软土可能产生附加沉降。图 5.1.3 是唐山地震作用下饱和松散的沙因孔隙水压力增高而液化的现象，图 5.1.4 反映饱和软黏土地基的忽然下沉。

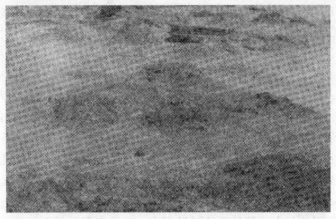

图 5.1.3　砂土液化喷砂冒水

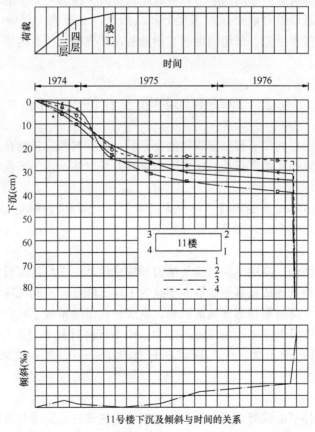

11 号楼下沉及倾斜与时间的关系

图 5.1.4　地震前后建筑物的倾斜

193

机械振动是为改变土的性质而采取的动力措施，如重锤夯实、强夯及动力打桩等，大功率的振动压路机也可归于这类措施。动力压实方法具有增加地基承载力及减少沉降的效果，但同时可能造成邻近建筑物下沉，震裂以及扰民等问题。目前这类施工方法已经禁止在大城市使用，从设计的角度上看，振动的影响不宜忽视。

(5) 相邻建筑及大面积堆载的影响：在已建房屋邻近新建房屋，这些荷载作用下土中应力的一部分将传到已有建筑物的地基土中，增加了已有建筑物地基的附加应力，从而引起已有建筑物的下沉，建筑物越高，荷载越大，影响也越大。这个问题在软土地区比较严重。近年来城市高层建筑增多，相邻影响问题日渐严重，在深基坑开挖时卸土可引起邻近建筑的沉降不均匀或倾斜。在高层建筑使用阶段，高层主楼的沉降将引起裙房的局部倾斜。

(6) 特殊土地基的沉降：我国地域广阔，除了一般黏性土外，还有大面积的特殊土。这些特殊土的变形除了附加应力引起的压缩变形外，还有其他影响变形的因素，在甘肃、陕西、山西、青海一带有自重湿陷性黄土，在水浸泡后。颗粒间胶结构溶解，土体将在自重作用下产生下沉。属于自重作用下变形的土类还有沿海新近沉积的高孔隙比淤泥，它的孔隙比超过 2。除此外含有蒙脱石的膨胀性黏土，它遇水膨胀，失水收缩，在房屋覆盖及气温变化情况下，房屋随土中含水量的转移而引起上升或下降。

综上所述，鉴于地基土与其他建筑材料相比，属于大变形材料，位于这种材料的上部结构又承受地基差异沉降引起的次应力，导致建筑物易于损坏，且不能满足建筑物的使用年限。所以在地基基础设计时必须以满足上部结构允许变形值为目标，合理选用基础形式，善于运用各种技术措施，采用因地制宜的地基设计方案，所有这些构成按正常使用极限状态的实施内容。

5.2　地基变形特征及允许变形值

地基变形计算的目的在于预估建筑物的变形量，从而判断建筑物在长期使用过程中可能出现损坏的部位及损坏的严重性，从早做出预判并予以防治，保证在规定的使用年限中建筑功能的正常发挥。

大量工程实践证实地基变形特征可分为沉降量、沉降差、倾斜、局部倾斜和相对挠曲，这些变形指标在变形设计中具有指导意义。

1) 沉降量

沉降量指高耸结构、高层结构、排架结构和独立柱基的平均沉降量，通常取 3 点的平均值，高层建筑箱型基础或筏基至少取 5 个点的平均沉降量，控制沉降量的目的在于保证使用安全，以及减少高层对相邻建筑的影响。高层结构沉降量取平均值计算的理由是高层建筑具有足够的刚度及调整不均匀沉降的能力。由于沉降计算本身是按柔性结构模拟的，其计算结果是相对弯曲很大，但工程实测只有 0.2‰～0.5‰，故采用平均值更结合实际。

2) 沉降差

沉降差指相邻柱基的沉降差，一般分为排架结构相邻柱基沉降差及框架结构相邻柱基沉降差。排架结构本身具有适应变形的能力，对无吊车厂房，柱间沉降差并不影响柱的安全，在这种情况下不需要计算柱间沉降差，但对有吊车工作的厂房，柱间沉降将引起吊车滑轨，造成停产或安全事故，所以从使用角度看，控制柱间沉降差非常重要，根据工艺要求，纵向倾斜达 3‰时，小车滑轨，这类事故一旦发生，生产停止，损失巨大，这就是排架结构设计时，必须从使用要求控制柱的沉降差的原因。

钢筋混凝土框架结构具有一定的调整不均匀沉降的能力。但是，一旦基础出现不均匀沉降，在框架内将产生附加应力。如果附加应力过大，将引起框架节点转动，并在离节点三分之一梁柱范围内引起开裂。引起不均匀沉降的原因主要是柱荷载差异过大。

例如多跨框架的中跨柱荷载远大于边跨柱，常引起边跨柱梁开裂。高低层框架相连接时，低跨框架因沉降低于高跨而开裂。最常见的门斗框架开裂的原因在于主楼荷载大，下沉多，故引起门斗梁柱开裂。

至于框架内有填充墙时，不均匀沉降引起的附加压力有一部分将转移给墙体，往往造成墙体斜裂缝。

根据沉降观测，在中低压缩性地基土上钢筋混凝土框架差异沉降达到 0.002 l（柱跨）时，框架将出现开裂。在软土地区由于体型复杂所引起的沉降差异往往引起建筑物的损坏，图 5.2.1 为某乙形建筑物开裂沉降情况。

3）相对弯曲

在建筑荷载作用下，地基的变形是一个弯曲面，任何剖面弯曲的矢高 f 与弦长 l 之比称为相对弯曲，在土的压缩情况下，荷载均匀的长形房屋将表现为正向挠曲，在冻胀或膨胀情况下，表现为反向挠曲（图 5.2.2）。

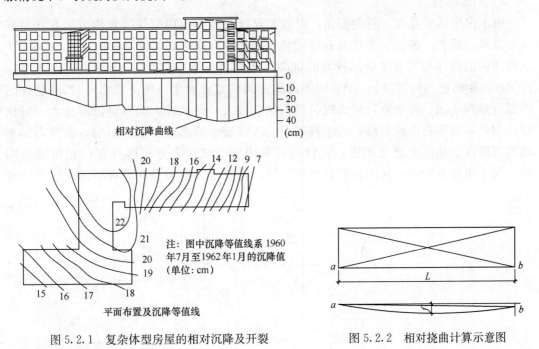

图 5.2.1　复杂体型房屋的相对沉降及开裂　　　图 5.2.2　相对挠曲计算示意图

相对弯曲的大小与房屋的长高比有关，长高比较小的建筑物，相对弯曲较小，根据实测建筑物沉降统计，长高比小于 2.5 以内的建筑，相对弯曲最多达到 0.001，高层建筑物一般在 0.02%～0.05%，在此范围内建筑物不会出现裂缝。

相对弯曲较大的房屋多来自软弱地基，荷载较轻，沉降在 10cm 以内的低层房屋，相对弯曲可通过沉降计算确定。通过少量三层砖木结构房屋测定，允许变形值约为 0.0015。沉降量较大时，最好将房屋长高比约束在 2.5 以内，利用房屋刚度调整不均匀沉降，使相对弯曲减少，房屋不致开裂。较长的房屋可将其分为若干个长高比较小的房屋，效果较好。

对于筏板基础，其相对弯曲超过 1‰时容易开裂，并影响使用，许多地下室漏水问题是由底板混凝土开裂引起的。引起裂缝的原因很多，有施工质量的问题，有温度变化问题，还有底板变形问题。规范 GB 50007－2002 规定板式基础台阶的宽高比小于或等于 2.5，其截面满足变阶处受冲切承载力条件，抗弯计算公式中反力可按线性分布计算等，其核心是满足板的厚度要求。即在上述条件下，其相对弯曲不至于超过 0.001。规范中对柱下板式筏基也同样规定高跨比和厚跨比满足 1/6 时基底反力可按线性分布计算局部弯曲。这些规定实质上是说明板厚对变形的重要性。

当土层局部松软或受水浸泡时会出现局部弯曲，如为柱基础，可按相邻柱基沉降差计算，如为砌体承重结构基础，可按局部倾斜计算。

对于膨胀土地基及冻胀土地基的变形在膨胀时期，在膨胀力作用下出现反向相对弯曲，底层房屋出现倒八字裂缝，墙体外斜，地面隆起。反向相对弯曲允许值不大于 0.0005。因此，在设计基础时，宜增加基底压力，减少膨胀量，可减少反向相对弯曲。

4）局部倾斜

由于房屋体型复杂，刚度变化，荷载差异以及地质不均匀等因素均可能在拐角部位、纵墙转折初、高低层连接处和刚度突变处出现沉降中心，受其影响，自 A 点至 B 点范围内的墙体均可出现局部较大的沉降，超过 B 点影响较小，AB 两点的沉降差除以 AB 间距离称为局部倾斜，AB 间距离随开间的宽度而定（图 5.2.3）。当建筑物的两部分结构不同、荷载差异较大时，结构刚度较大，荷载较大的部分沉降虽大，但比较均匀，一般不会出现裂缝；而结构较弱、沉降较小的部分将受其影响，形成局部不均匀沉降区。从这个意义出发，设计时可利用这个规律去分析哪些部位是可能较弱的，易于出现开裂的，从而有针对性地计算，再确定采取适当的处理措施，这是按变

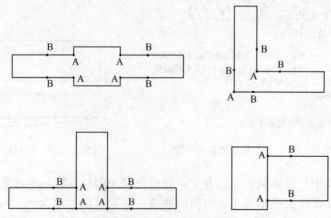

图 5.2.3　平面布置复杂及结构变化处计算局部倾斜部位示意图

形设计的最终目的。

在常见的公共建筑中，戏院、礼堂、展览馆、体育馆等建筑出现的问题可分为两类：礼堂，剧院等建筑舞台及前厅荷载较大，刚度较大，而观众厅边墙荷载较小，窗洞面积较大，刚度很弱，如图 5.2.4 舞台及前厅下沉后，观众厅边墙呈反向挠曲，窗间柱断裂。展览馆建筑往往设有高大的钢筋混凝土柱组成的中央大厅，大厅两侧为展览厅，其结果是中央大厅沉降大而均匀，展览厅则破坏严重。

从大量房屋调查情况看，软土地区上房屋沉降大，因局部倾斜较大而损坏甚多，往往需要进行地基处理，砂垫层、砂桩、碎石桩等方法处理效果一般较差，应引起注意。

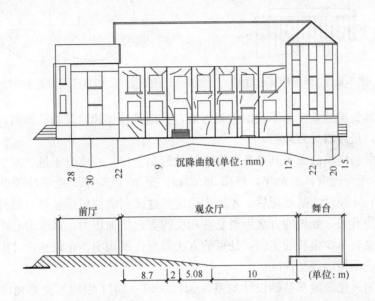

图 5.2.4 某礼堂由于前厅及舞台荷重较大，引起观众厅方向挠曲产生严重裂缝

5）倾斜

倾斜是用来控制高层结构正常使用的指标，当倾斜超过某一范围时，就将影响建筑使用功能的发挥，例如化工塔架，塔架中设有化工反应装置，其中主要为高压高温管道及罐体，工艺要求倾斜不超过 1‰，否则易造成产品质量不合格甚至严重事故；又如高层住宅，倾斜超过 4‰，影响人居环境。高耸构筑物愈高对对倾斜要求愈严，其原因在于它给人一种危险感觉。所以规范规定的倾斜要求是从使用角度考虑的，不存在能否倒塌的问题。

整体倾斜通常取倾斜方向两端点的沉降差与其距离的比值，也可取建筑物顶点偏斜量与高度的比值（图 5.2.5）。

引起倾斜的因素如下：地基主要受力层范围内，土质有明显的不均匀性，包括有暗塘、堤埂、土层坡度变化大等；偏心荷载较大；两高耸结构距离过近，引起地基内部分土中附加应力叠加（图 5.2.6）；造成相向倾斜；建筑物附加有大面积堆载，以致建筑物向堆载一侧倾斜；坡体处于蠕变状态，其上建筑随坡体位移产生向滑移方向倾斜。

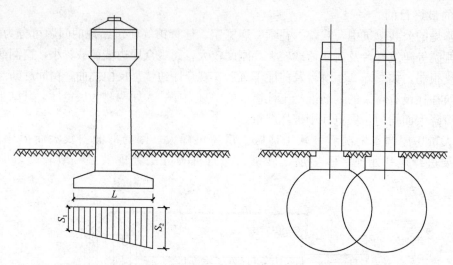

图 5.2.5　倾斜计算示意图　　　图 5.2.6　相邻建筑的地基应力叠加

偏心荷载是促进地基变形不均的重要因素，其结果是加速建筑物的倾斜，这是一个循环的发展过程，最终将导致倾覆。

意大利比萨斜塔事故源于其地基中存在较软的黏土层，在塔身重量下发生倾斜，该塔建于 1174 年，至今已有八百余年，塔高 56.27m，至 20 世纪末，建筑物顶点向倾斜方向偏离了约 480cm，经过地基处理后，才逐步稳定。这么大的偏斜量显然与偏斜过程中，偏心荷载逐渐增加有关，处理的方法主要是在相反的方向增加压力，减少偏心距，达到纠偏的目的，我国也有不少偏斜的实例，处理的方法是反压及掏土。在地基设计中，必须控制偏心荷载，基底不能出现塑性区。

表 5.2.1 为《建筑地基基础设计规范》GB 50007—2011 中地基变形允许值。该表明确规定了建筑物的地基变形允许值的范围，该表不仅是设计的标准，同时也是建筑出现问题时的法律评判的标准。

对于表中某些未涉及到的某些建筑的变形允许值，在规范中指明应根据上部结构对地基变形的适应能力和使用上的要求确定，例如，60t 级精密机床，在 32m 长的轨道上运行工作时，最大沉降为 0.32m。这是工艺要求，否则不可能保证加工精度，对此类工艺标准，地基设计时是必须遵守的。

建筑物的地基变形允许值　　　　　　表 5.2.1

变形特征		地基土类别	
		中、低压缩性土	高压缩性土
砌体承重结构基础的局部倾斜		0.002	0.003
工业与民用建筑相邻柱基的沉降差	框架结构	0.002l	0.003l
	砌体墙填充的边排柱	0.007l	0.001l
	当基础不均匀沉降时不产生附加应力的结构	0.005l	0.005l
单层排架结构（柱距为 6m）柱基的沉降量（mm）		(120)	200

变形特征		地基土类别	
		中、低压缩性土	高压缩性土
桥式吊车轨面的倾斜 （按不调整轨道考虑）	纵向	0.004	
	横向	0.003	
多层和高层建筑的 整体倾斜	$H_g \leqslant 24$	0.004	
	$24 < H_g \leqslant 60$	0.003	
	$60 < H_g \leqslant 100$	0.0025	
	$H_g > 100$	0.002	
体型简单的高层建筑基础的平均沉降量（mm）		200	
高耸结构基础的倾斜	$H_g \leqslant 20$	0.008	
	$20 < H_g \leqslant 50$	0.006	
	$50 < H_g \leqslant 100$	0.005	
	$100 < H_g \leqslant 150$	0.004	
	$150 < H_g \leqslant 200$	0.003	
	$200 < H_g \leqslant 250$	0.002	
高耸结构基础的沉降量 （mm）	$H_g \leqslant 100$	400	
	$100 < H_g \leqslant 200$	300	
	$200 < H_g \leqslant 250$	200	

注：1. 本表数值为建筑物地基实际最终变形允许值；

2. 有括号者仅适用于中压缩性土；

3. l 为相邻柱基的中心距离（mm）；H_g 为自室外地面起算的建筑物高度（m）；

4. 倾斜指基础倾斜方向两端点的沉降差与其距离的比值；

5. 局部倾斜指砌体承重结构沿纵向 6m～10m 内基础两点的沉降差与其距离的比值。

5.3 基础设计一般原则

基础是建筑物的重要组成部分，它传递着上部结构荷载，通过扩大基础底板面积或增大埋深等措施，保证结构在使用过程中安全、稳定。

远在新石器时代，人类已开始建筑简易的房屋以结束穴居的生活，从这时起，就开始有基础，在仰韶文化遗址中，墙下有基槽，槽内夯填卵石，或夹有大块平整砾石层，陕西半坡村遗址中发现木柱下掺有陶片的夯土基础，浙江河姆渡遗址有架空木桩基础，在西欧及埃及地区也发现在水中架木桩构筑的房屋，在新石器时代，工具为石斧、石刀、石凿，建筑材料为土、石、木，只能建筑简易的低层居所。但是，它在基础上采用的挖坑填土夯实、栽木成桩等措施都具有历史意义。

在铁制工具时代，我国建筑有进一步发展，根据历史记载，河南偃师二里头发现商代夯土筏基，在安阳殷墟有夯土台基，明代修建的宫殿除灰土夯实片筏外，还有木筏及桩筏基础。

建筑的大规模发展来自18世纪工业革命及生产工具的机械化，作为基础工程而言，钢筋混凝土材料的出现是基础发展的里程碑。目前除农村房屋仍采用灰土、三合土、片石等基础外，多层房屋、高层建筑、工业厂房、地下建筑等均采用钢筋混凝土材料，基础形式有独立基础、筏板基础、箱形基础、桩基础、沉井沉箱以及动力基础等。基础设计理论也有了进步，由于高层结构及公共建筑日益增多，使用要求愈加严格，地下空间利用多能化，使基础设计从简单向复杂化发展，上部结构、基础及地基在土层变形过程中相互影响，相互制约。有些理论并不十分清楚，带有经验性质，在本节中一方面介绍各类基础设计共同遵守原则，另一方面纳入近年来基础工程实践中的一些进展情况，供设计施工参考。

按地基承载力确定基础底面积及埋深或桩数，传至基础或承台底面上的荷载效应按正常使用极限承载力状态下荷载效应的标准组合，传至基础底面上的平均竖向压力应等于或小于地基承载力特征值；作用在承台下单桩轴向压力应等于或小于单桩承载力特征值。

（1）当基础位于天然土层上，基础底面压力应符合下式要求：

当轴心荷载作用时

$$p_k \leqslant f_a \tag{5.3.1}$$

式中 p_k——相应于荷载效应标准组合时，基础底面处的平均压力值；

       f_a——修正后的地基承载力特征值。

当偏心荷载作用时，除符合（5.3.1）要求外，尚应符合下式要求：

$$p_{kmax} \leqslant 1.2 f_a \tag{5.3.2}$$

式中 p_{kmax}——相应于荷载效应标准组合时，基础底面边缘的最大压力值。

基础底面的压力，可按下列公式确定：

① 当轴心荷载作用时

$$p_k = \frac{F_k + G_k}{A} \tag{5.3.3}$$

式中 F_k——相应于荷载效应标准组合时，上部结构传至基础顶面的竖向力值；

       G_k——基础自重和基础上的土重；

       A——基础底面面积。

② 当偏心荷载作用时

$$p_{kmax} = \frac{F_k + G_k}{A} + \frac{M_k}{W} \tag{5.3.4}$$

$$p_{kmin} = \frac{F_k + G_k}{A} - \frac{M_k}{W} \tag{5.3.5}$$

式中 M_k——相应于荷载效应标准组合时，作用于基础底面的力矩值；

       W——基础底面的抵抗矩。

设计基础面积时必须保证基底压力的合力作用线与基底面上作用的外荷载相重合。由于土的抗拉强度极低，对筏板基础而言，不允许偏心荷载产生的偏心距超过 1/6 基础长度，在正常情况下，偏心距不大于 0.033 倍基础宽度。

（2）对于桩基础，承台下的桩数可以从下式求得：

$$Q_k = \frac{F_k + G_k}{n} \tag{5.3.6}$$

$$Q_k \leqslant R_a \tag{5.3.7}$$

式中 F_k——相应于荷载效应标准组合时，作用于桩基承台顶面的竖向力；

G_k ——桩基承台自重及承台上土自重标准值；

Q_k ——相应于荷载效应标准组合轴心竖向力作用下任一单桩的竖向力；

n ——桩基的桩数；

R_k ——单桩竖向承载力特征值。

单桩竖向承载力是从现场桩基的载荷试验得出的，规范规定试桩总数为总桩数的 1%，并且不小于三根。因此，单桩竖向承载力特征值可保证使用期内桩的安全，且沉降少而稳定快。由于桩长、桩径可根据荷载及地层情况预先考虑选择，唯一要注意桩的制作可靠性。但当地层的复杂性，施工成孔的工艺的难度，灌注混凝土的质量保证率，与天然地基基础的制作相比，深基础的制作可信度要低得多，例如常见的事故有断桩、缩径、斜桩等。由于桩的承载压力很高，任何一根桩的破坏，均可导致整个桩基失效，因此，施工后验桩必不可少，发现问题应进行补救。

上面介绍的基础的面积或桩数的计算中，都采用国际通用计算模式，这个模式借用弹性材料力学中杆柱结构截面在中心受压条件下的应力计算公式，它适用于具有一定刚性的基础。

5.3.1　单独钢筋混凝土基础的设计要点

单独基础是基础最基本的形式，简单地说，它由柱及平板两个构件组成，柱的作用是将上部结构荷载均匀地传到底板上，底板的作用在于使集中荷载均匀地扩散到地基土上，因此设计的重点在于板的大小、板的抗冲切承载力以及抗弯能力能否满足作用在截面上的剪力及弯矩，在满足上述条件后，还有考虑板的挠曲大小，能否达到板底土压力均匀分布的目的，以及按刚度方法计算基础的可能性。

在确定基础厚度、计算结构内力、确定配筋和验算材料强度时，上部结构传来的荷载效应组合和相应的基底反力应按承载力极限状态下荷载效应的基本组合，采用相应的分项系数。对由永久荷载效应控制的基本组合，也可采用简化规则，荷载效应基本组合的设计值可按荷载效应的标准组合值乘以分项系数 1.35。

目前在国际上基础的设计均采用刚性方法。钢筋混凝土板的厚度由抗冲切承载力控制。在中心受压、反力呈均布条件下，验算柱与基础交接处以及基础变阶处的受冲切承载力。冲切破坏锥体自交接处或变阶起算，锥体破坏面与垂直面呈 45°角向下扩大，直至有效高度 h_0 位置。冲切破坏锥体斜截面见图 5.3.1 和图 5.3.2。

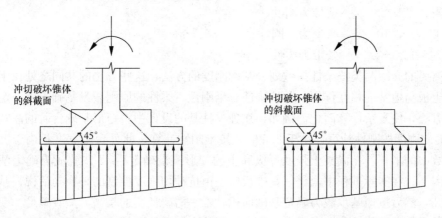

图 5.3.1　阶形基础柱与基础交接处冲切面　　图 5.3.2　阶形基础变阶处与基础交接处冲切面

在计算抗冲切承载力值时，一般不考虑抗剪钢筋的作用。在计算弯矩时，其临界截面应在钢筋混凝土柱边或墙边，从中国建筑科学研究院地基基础研究所进行中心柱下方形底板压坏的性状分析，板底首先受弯开裂，裂缝延柱四边向外发展至底板边缘，呈井字形，因此，方形底板计算配筋应均匀分布在基础的全宽范围内。矩形基础的弯矩在纵方向上大于短边方向，纵向配筋应均匀分布在短边宽带上。

目前，钢筋混凝土板的弯矩计算采用刚性方法计算，国际上划分基础刚性的方法是根据基础与土的相互作用原则推导出来的。一类是以温克尔假定为基础，由 Vesic（1961）提出划分基础刚度的指标 λL（L 为基础长度）。

当 $\lambda L < 0.8$ 基础是刚性的；

  $0.8 < \lambda L < 3$ 基础是半刚性的；

  $3 < \lambda L$ 基础是柔性的。

特征指数 λ 由 Hetenyi（1946）确定为：

$$\lambda = \sqrt[4]{\frac{k_b b}{4 E_b I}} \qquad (5.3.8)$$

式中 k_b——地基基床系数；

  b——片筏基础条带的宽度；

  E_b——混凝土的弹性模量；

  I——宽度为 b 的条带的惯性矩。

在上述划分基础刚度的指标中，按温克尔假定得出的基床系数较难确定，现有方法差别很大，比较复杂的是压板太小时，压力影响深度较浅，与实际基础压力影响深度相差较大。

另一类是按半无限空间体模型由葛尔布诺夫·巴沙道夫提出的，条带基础柔性指数如下：

$$t \approx 10 \frac{E_0}{E_b} \times \frac{l^3}{h^3} \qquad (5.3.9)$$

式中 E_0——土的变形模量；

  l——基础板的半长；

  h——基础板的厚度。

当 $t < 1$ 条带为刚性；

  $1 < t < 10$ 条带为半刚性；

  $t > 1$ 条带为柔性。

上述简要的介绍两类按柔性指数划分基础刚度的方法，这些方法的共同之处在于考虑钢筋混凝土板与地基的相互作用，并按刚性、半刚性、柔性的原则假设基础长度一定时确定板厚的方法，使复杂计算简化。例如，在独立柱基的设计中，矩形基础台阶的高宽比等于 1，基础的刚度按刚性计算，小于 2.5 时，按半刚性计算，此处台阶宽度相当于巴沙道夫柔度指数中的半长。在混凝土强度等级和土的变形模量确定后，l/h 就成为确定基础刚性的重要因子。在实际工程中，任一基础板厚是由抗冲切强度控制的，换句话说，基础板厚度为已知，然后按地基承载力确定基础面积，唯一需要证实的是当 l/h 值满足 2.5 条件下，基底反力能否按线性分布考虑，能否直接用静力法计算配筋。

　　1987 年中国建筑科学研究院地基基础研究所结合昆明某科技楼框筏基础进行了在轴心荷载作用下方形筏板反力分布及破坏特征试验，基础板边长 l 为 100cm，厚度 h 分别为 10cm、12.5cm、16cm、20cm，混凝土强度为 15.0MPa，钢筋配筋量为双向 $\phi 8@70$，目的在于在其他影响底板刚度因素完全相同下，筏板厚度所起的抗弯作用（图 5.3.3～图 5.3.5）。

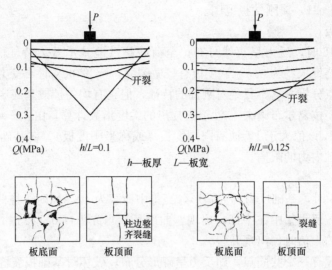

图 5.3.3　柔性板反力及破坏

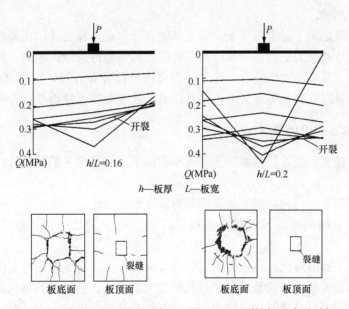

图 5.3.4　半刚性板反力及破坏　　图 5.3.5　刚性板反力及破坏

　　从试验结果看，筏板厚度与长度之比对反力分布形态、破坏特征、板的挠度均有重要作用，它与按温克尔假定及半无限假定导出的刚度分类大体相同，由于某些参数取值不一，分类标准也有差别，根据试验结果，按厚跨比可将板的刚度分为三类：

　　（1）刚性板

当 $h/l = 0.2$ 时，在荷载作用下，边缘反力逐渐增大，中部反力逐渐减小。这种类型的反力分布显示出筏板具有较大的抗弯能力，使反力从地基变形较大的中部转移到边缘，达到均匀沉降的目的。但是当集中压力接近抗冲切承载力时，出现反力向中部集中及冲切破坏的情况。破坏性状呈锥形，筏板的承载能力由抗冲切承载力决定，属刚性板范围。对比葛尔布诺夫·伯沙道夫提出的柔度指数 t 的判别方法，当 $h/l = 0.2$，钢筋混凝土板的柔度指数 $t = 0.855 < 1$，属刚性板范围。

（2）半刚性板

当 $h/l = 0.16$ 时，反力呈直线分布。至荷载超过地基承载力特征值后，出现挠曲。加荷至 260kN，挠度大约为 0.5‰，筏板有轻微裂缝；至 320kN 时，发生冲切破坏。从反力线性分布的特点分析，它不具绝对刚性的特征，但它有均匀扩散基底压力的能力，属于有限刚度的范围。按葛尔布诺夫-伯沙道夫提出的柔度指数计算，由 $h/l = 0.2$ 计算出的柔度指数 $t = 1.472$，该值大于 1，属有限刚度板（或称半刚度板）。在基础设计中常用作按线性分布计算基础内力的限值。

（3）柔性板

当 $h/l = 0.1$ 时，基础反力均为碟形，当集中荷载为 100kN 时，挠曲达 0.8‰，出现开裂，继续加载，反力集中在中部，出现弯曲破坏；当 $h/l = 0.125$ 时，情况基本相同，但集中荷载增加约 1 倍时，出现开裂。

上述两种情况有三个共同点，即反力呈碟形分布，破坏时基础板裂缝如井字形，为受弯破坏。地基承载力没有充分发挥，亦不能采用按刚性板进行载荷试验所得的地基承载力设计，属柔性板范围。

上述试验结果证实了五十多年来，独立基础现行弯矩计算公式的正确性，将宽高比限制在 2.5 内，此处宽度为矩形基础从柱边或台阶边到基础内边缘的距离，其物理含义是在此情况下，基础板具有半刚性特点，地基反力可按线性分布计算，弯矩可按静力法计算，如果不满足这个界限，基底板属柔性板，其反力及挠度均按弹性地基板计算。

5.3.2 筏板基础设计要点

筏板是高层建筑、高耸构筑物、地下车库、地下商场最常见的基础形式，它的功能主要有以下三种：

（1）保证基底反力均匀，满足地基承载力及变形要求；

（2）筏板有足够的厚度及配筋，在墙柱荷载作用下满足冲切、剪切及抗弯承载力要求；

（3）筏基有足够的埋深，以保证在地震力及荷载作用下有足够的稳定性；

筏板基础形式可分为格式基础及厚筏基础两大类，格式基础包括箱基及十字交叉梁基础，箱基以墙体刚度调整建筑物纵向挠度。厚筏基础底板厚度较大，具有一定的抗剪切抗弯能力，加上高层建筑长高比较小的特点，在上部结构刚度与地基相互作用下，同样能保证整个结构物的纵向挠度满足设计要求。

关于上部结构与地基共同作用的问题，在概念上已为大家所认识，然而由于地质条件的复杂性，结构特征的多样性，很难采取某个简单的公式来表达地基变形与结构刚度之间的关系。实用上多从经验出发提出刚性、半刚性上部结构的概念。

在提出上部结构刚度具有调整地基变形能力时，有两个必要条件，一是地基土具有压缩性并且是均匀的，二是上部结构荷载比较均匀，换句话说，当地基为岩石时，上部结构不可能产生次应力。对于软土而言，上部结构调整地基不均匀变形能力较大，但是软土承载力很低，它不具备承载高层建筑荷载的能力，因为超过土的承载力时，软土上地基将出现塑性变形而失去稳定。

结构荷载的均匀性包括两种情况，当结构平面较为简单，建筑物荷载偏心很小，基础反力分布较为均匀时，高层建筑不可能产生偏斜，沉降亦可以按平均值考虑，当地基中存有不均匀软弱夹层，上部结构偏心较大时，高层建筑发生倾斜后很难治理，倾斜对居民心理压力很大，将会造成社会影响，因此，防止高层建筑倾斜是设计中的主要课题。

对于体型复杂的建筑，如 L 形、Y 形、工字形，上部结构很难起到调整差异变形的作用，现有的解决方案如桩基、复合地基等。箱基及厚筏基础皆有加强基础刚度的调整作用，都有成功的事例，它的核心是减少地基沉降，使得上部结构的相对挠度控制在 0.5‰ 以内。

控制长高比对增强建筑物的刚度减少相对沉降具有重要的作用，20 世纪 60 年代检查软土地区房屋质量时发现长高比小于 2.5 后，房屋的相对弯曲值不随地基的沉降增加而增加。在调查 59 栋房屋中，凡不出现裂缝者，其长高比均在 2.5 以内。长高比超过 2.5 倍者均易出现开裂，这次调查结果显示房屋刚度可以用长高比这个概念来表达。该项结果已列入《工业与民用建筑地基基础设计规范》TJ 74－7 中，经过数十年的应用，证明该项指标具有实际意义。

20 世纪 80 年代以后，所有高层建筑包括箱基、框筏基础均未出现挠曲开裂事故。主要原因是高层建筑的长高比很少超过 2 的，多数在 1.5 以下，从少量的有沉降观测资料的高层（12 层以上）建筑工作状况看，其纵向挠曲大致在 0.2‰ 以下，因此，高层建筑上部结构与地基之间的变形协调可按刚性原则考虑，在这种情况下计算筏板内力可按连续梁考虑，但纵横方向的底部钢筋尚应有 1/2～1/3 贯通全跨，且其配筋率不应小于 0.15%。

筏板设计与一般基础设计原则相同，均要满足抗剪切抗弯承载能力。对于高层建筑箱形基础的反力分布性状自 70 年代后期，我国积累了许多科研实测资料并制成地基反力系数表供单栋建筑箱形基础设计使用，对箱基底板设计计算起了很大作用。

关于厚筏的设计基本上停留在理论计算方法上，最新的理念是考虑利用上部结构刚度调整地基变形作用的综合设计方法，由于计算上的繁琐及结构刚度作用假定上的缺陷，梅耶霍夫提出的比较简化的计算模型，它的特点是采用综合上部结构刚度与筏板刚度形成具有同样总刚度效应的等代筏板。但是作为高层建筑的筏板通常是与地下结构不可分割的部分，建筑物长高比对整体挠曲的作用不容忽视的。因此，中国建筑科学研究院地基基础研究所于 1987 年结合昆明 14 层框筏结构进行模拟实验。由于条件限制采用部分模拟，按原设计取 12 柱按 3×4 排列，平面尺寸 3700mm×2500mm，面积 9.25m²，厚度 150mm，跨距 1000mm，短柱截面 200mm×200mm，柱距为 1m，均按原型 1：8 模拟。为考虑上部框架的作用，按梅耶霍夫等代刚度方法按在三榀框架上设刚度梁，在梁与柱节点上加载试验分别在粉质黏土及碎石土上进行（图 5.3.6 和图 5.3.7）。

试验结果显示出模拟实验模型具有下列特点：

（1）由于框架-柱与地基的相互作用，沉降比较均匀，以中轴纵向挠曲为例，B-2 挠

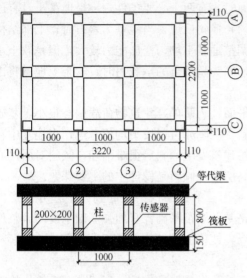

图 5.3.6　模型试验模型图

度仅 0.1‰，边跨挠度稍大，约 0.1‰～0.3‰，具有与箱型基础相近的抗弯性能。

（2）反力图形显示等代框架具有一定的调整内力的作用，自加载开始，边端反力大于中部，两柱之间反力稍小。等代框架-筏板相互工作具有半刚性结构的性质。

上述试验说明，当上部结构荷载比较均匀，筏板的厚跨比不小于 1/6，上部结构长高比较小（现有的高层建筑长高比多数小于1.5）刚度较好的情况下，整体挠曲可以满足0.5‰的要求。在计算筏板内力时，基底反力可采用直线分布，基础筏板可取单位宽度按连续梁计算，但边跨的反力增大 1.2 系数，或采用与箱基反力分布系数计算。必须注意，不计算整体弯矩并不意味没有整体挠曲，因此，纵横方向的底部钢筋需 1/2～1/3 贯通全跨，且其配筋率不应小于 0.15%，顶部钢筋按计算配筋全部贯通。板底的厚度按冲切和剪切计算，该厚度亦需大于 1/6 柱跨。

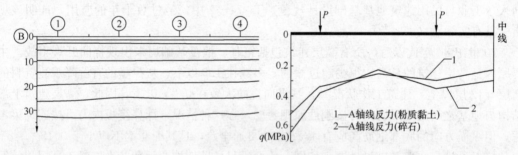

图 5.3.7　模型试验反力和沉降图

当高层结构为框筒或筒中筒时，两者荷载差异较大，为减少外框架与内筒的差异沉降，框与筒必须位于同一厚度的筏板上，其厚度按内筒下筏板满足冲切承载力要求。筏板内力应按弹性地基梁板筏板进行分析计算，为简化计算可仍采用等代刚度梁板作用在地下室顶板模型。筏板挠度应控制在 0.5‰，筏板的弯矩除考虑局部挠曲外，还应该考虑整体弯矩。

从已建高层的结构体系分析，减少内筒与外框之间的差异沉降，应当采用筒与框之间的连接，使筒的荷载在沉降过程中不断的向外转移，超高层采用的转换层对传递竖向荷载是很有效的。为保证基础的整体作用，筒筏板厚度宜与框架等厚度。

当天然地基上的筏板不能满足变形要求可采用箱基或桩基，也可采用有减沉作用的复合地基。

对于非规则的框筒结构可根据实际情况采用相应的措施，北京国际饭店平面，呈翼形，中间筒刚度大，两翼为框架，两者间依靠楼板连接，整体刚度不足以调整内筒与两翼之间的不均匀沉降，为了保证将内筒荷载转移一部分至两翼，将地下两层三层做墙将内筒尖顶与翼边端连接，另在两层柱之间墙加强，形成较好的传力体系，饭店建成后实测反力分布证明该措施是有效的（图 5.3.8）。

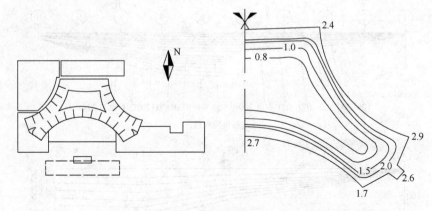

图 5.3.8　北京国际饭店平面布置图和基底压力图

5.3.3　多塔楼厚筏基础工作性状

城市地下空间利用得到广泛重视以后，单塔楼的地下空间已经不能满足使用要求，因此出现了大面积框架厚筏基础，其上有一个或多个高层，这种结构从整体上看，高层部分荷载很大，刚度大，沉降大而均匀，但除了高层以外的地下二层或三四层框架厚筏结构的荷载较均匀，荷载较轻，甚至出现上浮问题，因此，作用在框架厚筏之上的高层建筑的工作状态可以认为相当于大面积筏板上的局部荷载，在局部荷载作用下，筏板将因地基变形而出

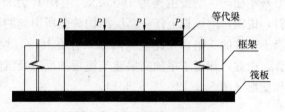

图 5.3.9　简化计算模型

现局部挠曲。如果筏板局部挠曲不超过 0.5‰，则整个筏板的变形将是连续光滑，不至出现开裂，从而保证大面积厚筏与地基组成相互协调共同工作状态，如图 5.3.9 所示高层部分相近于嵌固在扩大的厚筏之上，一方面减少了竖向沉降，另一方面增加抗倾覆的稳定性。

按上述实测所揭示的局部荷载作用下厚筏的工作状态，中国建筑科学研究院地基所进行了室内大型模型试验，模型底板面积 5420mm×2270mm，9 跨，中间三跨上设等代梁，等代梁上设均匀荷载（图 5.3.10），在此荷载作用下，梁的挠度将限制在 0.2‰以内。

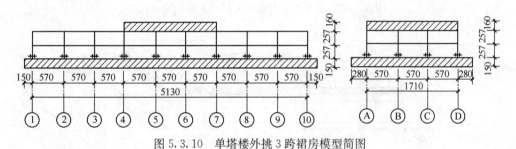

图 5.3.10　单塔楼外挑 3 跨裙房模型简图

局部荷载的扩散作用可从图 5.3.11 曲线看出，当扩大部分为三跨后，地基反力按比例逐渐减少至 0，而整个筏板的挠度增加到 1.84‰，说明框架厚筏的扩散能力是有限的。

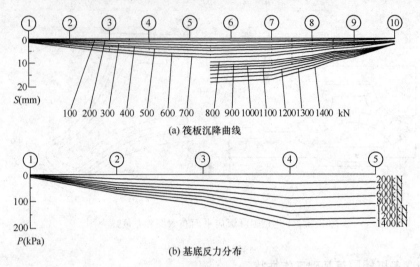

(a) 筏板沉降曲线

(b) 基底反力分布

图 5.3.11　单塔楼 3 跨裙房时筏板沉降及反力曲线

当两高层距离为 3 跨而共有一个框架厚筏，且荷载同为 800kN 或 1600kN 时，两者反力基本相同，当按主楼为 1600kN、主楼 B 为 8000kN 时，主楼 B 受 A 楼的影响而有倾斜，说明，由筏板上任一高层结构荷载所引起的筏板的变形范围是有限的，其影响范围相当于框柱的三倍，在此范围内如果存在其他高层，其沉降和筏板的反力可按叠加原理计算，由此，知道了单独高层建筑筏板的反力及沉降范围，就可叠加计算大面积筏板的反力和变形（图 5.3.12～图 5.3.14）。

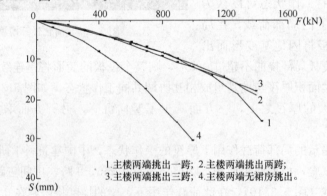

1. 主楼两端挑出一跨；2. 主楼两端挑出两跨；
3. 主楼两端挑出三跨；4. 主楼两端无裙房挑出。

图 5.3.12　扩大部分柱跨数不同时主楼沉降对比

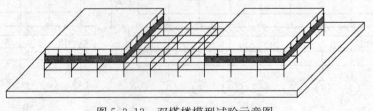

图 5.3.13　双塔楼模型试验示意图

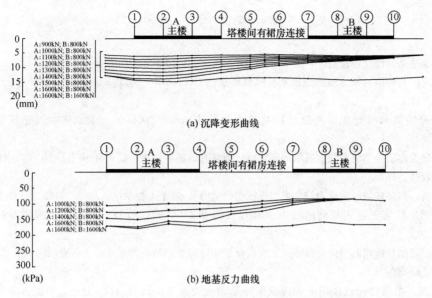

图 5.3.14　并列双塔楼沉降变形与地基反力曲线

由于室内模型受试件比例尺寸限制，可能对室内模型试验结果有所影响，又进行了整体式大底盘厚筏基础的现场测试，以下就北京中石油大厦实测结果做简短的介绍，以便设计参考。

北京中石油大厦项目位于北京市东直门桥西北部，该建筑由 4 栋 22 层办公楼组合而成，地下 3 至 4 层，为大底盘多塔联体结构，采用现浇钢筋混凝土框架剪力墙结构，筏板基础，平面形状为矩形，长 294.3m，宽 57.7m，柱尺寸 900mm×900mm，板混凝土强度等级 C35，基础埋深约 18m。

经计算，将原方案中间两栋高层建筑及其邻近裙房基础筏板厚度由 1.85m 改为 2.5m，原方案的柱下承台取消，其他区域板厚及柱下承台方案不变。原设计方案沿高、低层间设置的 5 条沉降后浇带全部取消，基础筏板整体连接。

工程封顶后主楼下基础最大沉降 34mm，中庭平均沉降 15mm，地下车库平均沉降 10mm，其他裙楼部分平均沉降 20mm，主裙楼差异沉降均满足要求。

中华全国总工会中国职工对外交流中心工程位于北京市西长安街，建筑层数为主楼地上 25 层，裙房地上 7 层，局部地上 3 层，主裙楼大底盘基础地下室 3 层，主楼为现浇钢筋混凝土框架-核心筒结构；裙楼地下为框架-剪力墙结构，地上为钢结构；基础形式为天然地基筏板基础，建筑物地基持力层为第四纪卵石、粉质黏土和第三纪强风化黏土岩、粉质黏土岩、砾岩组成，中低压缩性。

原设计方案为解决高低层沉降差问题在主裙楼间设置沉降后浇带，后浇带距离主楼南侧边缘（F 轴）2850mm，后浇带宽度 800mm。由于工期原因和裙房抗浮问题，通过增加基础刚度调整差异沉降的方法取消主裙楼间的沉降后浇带。

沉降观测结果表明，建筑物的绝对沉降、差异沉降及倾斜均满足设计要求，截至目前，建筑物使用正常，未出现异常情况。

参 考 文 献

[1] 建筑地基基础设计规范 GB 50007—2002[S]. 北京：中国建筑工业出版社，2002.

[2] 中华人民共和国国家标准建筑地基基础设计规范 GB 50007—2011[S]. 北京：中国建筑工业出版社，2012.

[3] 中华人民共和国行业标准建筑桩基技术规范 JGJ 94—2008[S]. 北京：中国建筑工业出版社，2008.

[4] 国家建委建筑科学研究院地基基础研究所. 地基基础震害调查与抗震分析[R]. 北京：中国建筑工业出版社，1978.

[5] 黄熙龄. 高层建筑厚筏反力与变形特征试验研究[J]，岩土工程学报，2002，24(2)：131-136.

[6] 郭天强. 框架下筏式基础的反力及其在极限状态下的性状[D]. 北京：中国建筑科学研究院，1988.

[7] 袁勋. 高层建筑局部竖向荷载作用下大底盘框架厚筏变形特征与基底反力研究[D]. 北京：中国建筑科学研究院.

[8] 宫剑飞. 多塔楼荷载作用下大底盘框筏基础反力及沉降计算[D]. 北京：中国建筑科学研究院，1999.

[9] 宫剑飞、石金龙、朱红波等. 高层建筑下大面积整体筏板基础沉降原位测试分析，岩土工程学报[J]，2012，34(6)：1088-1093.

[10] 王曙光. 竖向荷载作用下梁板式筏型基础基底反力及变形特征研究[D]. 北京：中国建筑科学研究院，2002.

[11] 邸道怀. 圆形框筒高层结构大底盘框筏基础反力及变形特征研究[D]. 北京：中国建筑科学研究院，2004.

[12] 朱红波. L形高层建筑下大底盘框架厚筏基础反力及变形特征研究[D]. 北京：中国建筑科学研究院，2007.

[13] 周圣斌. 圆形(框筒)和方形荷载作用下大底盘框架厚筏基础反力及变形特征研究[D]. 北京：中国建筑科学研究院，2008.

[14] 刘鹏辉. 复杂高层建筑厚筏基础反力及变形试验研究[D]. 北京：中国建筑科学研究院，2013.

第6章 软 弱 地 基

6.1 我国主要软土地区地基土的一般工程特性

6.1.1 土的物理力学性指标

我国沿海一带软土分布很广,如渤海湾及天津塘沽、长江三角洲、浙江、珠江三角洲以及福建省沿海地区都存在海相或湖相沉积的软土,是在盐水或淡水中沉积形成的,为有机质和矿物质的综合物,具有松软、孔隙比大、压缩性高和强度低的特点,其厚度由数米至数十米不等,土层呈带状分布。

此外,贵州、云南的某些地区还存在山地型的软土,是泥灰岩、炭质页岩、泥砂质页岩等风化物和地表的有机物经流水搬运、沉积于低洼处,长期泡水软化或间有微生物作用而形成。沉积的类型属于坡洪积、湖沉积和冲积为主,其特点为分布面积不大,但厚度变化很大,如贵州省不少建设工地的软土面积在 $500m^2$ 以内,最大厚度不超过 20m,但相距只有 2m~3m,厚度变化达 7m~8m。湖沉积软土一般厚度较小,约为 10m 左右,最深不超过 25m。云南部分地区分布泥炭土层。泥炭土经特定的水文地质及气候条件形成,一般由水、有机质及黏性土颗粒组成,有机质含量高且结构复杂。泥炭土的工程特性包括:天然密度小,天然孔隙比很大,天然含水量很高,压缩性高,液、塑限很大,抗剪强度低,富含有机质且有机质含量对其物理力学指标影响很大。高压缩性是泥炭土的显著特性之一,当其结构比较松散时灵敏度很高,还具有触变和流变特性,这对工程都很不利。泥炭土地基上的工程固结沉降变形大,长期变形显著且持续时间长,不利于地基的稳定。一般对泥炭土地基进行工程处理时,云南地区近年来采用真空联合堆载预压方法,处理泥炭土大含水量、大变形与不稳定问题,具有明显成效。各地软土的一般物理力学性指标如表6.1.1所示。

6.1.2 上海软土的特性

上海地区浅层土为第四纪沉积层,地质年代较近,固结度低,比较软弱,土层呈带状分布,各主要土层的物理力学性指标大体如表 6.1.2 所示。地下水(潜水)埋藏颇浅,离地表(年平均)仅 50cm~70cm。土层的分布虽有一定的规律性,但土层的起伏和厚薄仍有较多变化,有的土层在某些地段缺失。例如,往往引起注意的砂质粉土,有的直接卧于表土层下,有的却在地表下 20m 左右的深处,可是在较多情况下缺失;又如暗绿色粉质黏土一般埋藏在 20 多米以下,但有的地方在 7m~8m 处找到,也有缺失之处。

《上海市地基基础设计规范》在修订时,将地基土层次及名称整理如表 6.1.3。

全国各地软土物理力学性指标

表 6.1.1

地区	土层深度 (m)	含水量 (%)	重度 (kN/m³)	孔隙比	饱和度 (%)	液限 (%)	塑限 (%)	塑性指数	渗透系数 (cm/s)	压缩系数 (1/kPa×10⁻²)	无侧限抗压强度 (kPa)
天津	7~14	34	18.2	0.97	95	36	19	17	1×10^{-7}	0.051	34~40
塘沽	8~17,	47~39	17.7~18.1	1.31~1.07	99	42	20	22	2×10^{-7}	0.097	
	0~8, 17~24				96	34	19	15		0.065	
上海	6~17,	50~37	17.2~17.9	1.37~1.05	98	43	23	20	6×10^{-7}	0.124	20~40
	1.5~6, >20				97	34	21	13	2×10^{-6}	0.072	
杭州	3~9	47~35	17.3~18.4	1.34~1.02	97	41	22	19		0.117	
	9~19				99	33	18	15			
宁波	2~12	50~38	17.0~18.6	1.42~1.08	97	39	22	17	3×10^{-8}	0.095	60~48
	12~28				94	36	21	15	7×10^{-8}	0.072	
舟山	2~14	45~36	17.5~18.0	1.32~1.03	99	37	19	18	7×10^{-6}	0.110	
	17~32				97	34	20	14	3×10^{-7}	0.063	
温州	1~35	63	16.2	1.79	99	53	23	30	2×10^{-6}	0.193	
福州	3~19,	68~42	15.0~17.1	1.87~1.17	98	54	25	29	8×10^{-8}	0.203	5~18
	1~3, 19~35				95	41	20	21	5×10^{-7}	0.070	
龙溪	0~6	89	14.5	2.45	97	65	34	31		0.233	
广州	0.5~10	73	16	1.82	99	46	27	19	3×10^{-6}	0.118	
昆明 淤泥	41~270	12~18		1.1~5.8		—	—		$i\times10^{-4}$	0.12~0.4	2~35
泥炭	300~600	10.2~11.5		3.0~6.0		250~500	150~300		$i\times10^{-8}$	0.5~0.9	
贵州 淤泥	<20	54~127	13~17	1.7~2.8					$i\times10^{-4}$	0.12~0.42	1~18
泥炭		140~264	12~15	1.6~5.9					$i\times10^{-8}$	0.17~0.73	

212

上海地区各土层的物理力学性指标

表 6.1.2 (a)

土层	土层顶部在地表下的深度 (m)	土层厚度 (m)	重度 (kN/m³)	含水量 (%)	孔隙比	稠度	液限 (%)	塑限 (%)	塑性指数	压缩系数 (1/kPa×10⁻²)	压缩模量 (MPa)
褐黄色粉质土	2~3	2~3	19	25~30	0.7~1.0	0.8~1.0	30~37	19~22	10~17	0.02~0.03	4~8
灰色淤泥质粉质土	2~3	6~7 也有较薄	18	35~40	1.0~1.3	>1.0	33	21	10~17	0.04~0.07	2.7~4
灰色淤泥质土	8~10, 3~4	10 也有较薄	17.5	50~60	1.3~1.6	1.15~1.80	36~45	20~24	17~24	0.10~0.15	1.8~2.4
草黄色砂质粉土	18~20, 2~3 有的地区缺失	8~10	18.5	35	0.8~0.9	>1.0				0.04	8~12
灰色粉质土	18~22 有的地区较浅, 有的缺失	2~40	18.5	33	1	>1.0	32	20	12	0.02~0.04	5~6
暗绿色粉质土	20~35, 7~8 有的地区缺失	2~4	19.5	25	0.65~0.75	0.40~0.47	31~35	19	12~16	0.015~0.025	12~25
褐黄色粉质土	22~37, 9~10 有的地区缺失	3	19.5	25	0.8	0.21~0.40	40	20	16~20	0.015~0.025	12~25
灰色粉质土	27~40 有的地区缺失	16~23	18.5	33	1	>1.0	33	21~35	8~15	0.02~0.04	5~6
草黄色砂质粉土、粉砂	27~56		19	27	0.8~0.85					0.022~0.027	12~25
草黄色粉砂、细砂	27~56		19.5	25							25~40

表 6.1.2 (b)

上海地区各土层的物理力学性指标

| 土层 | 固结系数×10⁻³ (cm²/s) | | 抗剪强度指标 | | | | | | $q_u/2$ (kPa) | S_v (kPa) | 标贯值 (N) | p_s (MPa) | 静止侧压力系数 K_0 |
	竖向	横向	CU直剪 φ(°)	CU直剪 c(kPa)	三轴CU φ(°)	三轴CU c(kPa)	三轴UU φ(°)	三轴UU c(kPa)					
褐黄色粉质黏土	2.67	2.33	17~20	15~18	22	24	0	40~50	40	60~80	5~10	2~3	0.44~0.51
灰色淤泥质粉质黏土	5.37	8.14	13~18	7~14	30	5	0	30~40	20~40	35~55	2~5	0.4~1.0	0.50~0.54
灰色淤泥质黏土	0.72~1.51	1.26~1.79	8~12	9~12	26	0	0	30~40	20~40	40~55	2~3	0.4~0.8	0.67~0.74
草黄色砂质粉土	8.60				34	0					30	2	0.38
灰色粉质黏土			14~24	5~10	32	0	0	40~80	30~50		10	0.6~1.0	
暗绿色粉质黏土			14~24	12~25							30	2~4	
褐黄色粉质黏土	2.69		15~22	21~34	20	13					30	2~4	
灰色粉质黏土	7.97		24	8							15~20	1~2	
草黄色砂质粉土、粉砂											≥50	10	
草黄色粉砂、细砂											≥50		

注：CU直剪——未充分固结不排水直剪；
三轴CU——三轴固结不排水剪；
三轴UU——三轴不排水剪；
S_v——十字板抗剪强度；
p_s——静力触探比贯入阻力；
q_u——无侧限抗压强度。

表 6.1.3

上海市地基土层次名称表

土层地质时代			顶板厚度(m)	常见厚度(m)	土层名称	土层编号	成因类型	野外鉴别特征	分布状况
第四纪	全新世 Q₄	Q₃³	0.5~2	0.5~2	人工填土	①₁		含碎砖、石块、垃圾、植物根茎等	市区遍布
				1~4	暗浜土	①₂		黑色、流塑、有臭味	暗浜区
				1.5~4	褐黄色黏性土	②	滨海~河口相	可塑、含铁质锈斑及结核	遍布。部分地区，顶板 2m~5m 处有一层厚 2m~1.5m 的灰色砂质粉土、粉砂、含云母、土质不均匀，为黄浦江、苏州河古河道，也可见川沙、南汇、崇明等地
		Q₄²	3~7	5~10	灰色淤泥质粉质黏土	③	滨海~浅海相	软塑—流塑、含云母、层状及鱼鳞状、夹薄层粉砂	遍布
			7~12	5~10	灰色淤泥质黏土	④		流塑含有机质及粉砂团粒，局部夹贝壳碎屑、微臭	
		Q₄¹	15~20	5~10	灰色黏性土	⑤或⑤₁	滨海沼泽、溺谷相	软塑—可塑、含黄褐色泥质~钙质结核及半腐芦苇等根茎	
			20~30	5~10	灰色砂质粉土、粉砂	⑤₂		稍密—中密、薄层状、含天然气	遍布
			25~35	10~20	灰黑色黏性土	⑤₃		含有机质、局部富集泥炭土、底部有 2m 灰绿、暗蓝色次生黏性土层	分布于 Q₃² 暗绿色黏性土缺失

续表

土层地质时代		顶板厚度 (m)	常见厚度 (m)	土层名称	土层编号	成因类型	野外鉴别特征	分布状况
第四纪 · 晚更新世 Q3	Q_3^3	25~30	3~5	暗绿、草黄色黏性土	⑥	河~湖相	可塑—硬塑、含氧化铁斑点、偶夹结核	分布较广，局部因为河道切割缺失
		25~35	5~10	草黄色砂质粉土、粉砂	⑦₁	河口~滨海相	中密—密实、薄层状、含云母、夹薄层黏性土	分布较广，但厚度不稳定
		35~40	10~20	灰色粉细砂	⑦₂			
		40~50	10~20	灰色粉质黏土夹粉砂	⑧₁	滨海~浅海相	可塑、具有斜层理及交错层理、呈"干层饼"状	分布较广，但市区东南部、川沙、上海县北部缺失
		50~60	5~10	灰色粉质土与粉砂互层	⑧₂		同上、砂性增强、呈"千层饼"状	
	Q_3^1	70~75	20~30	灰色细、中、粗砂	⑨	滨海~河流相	中密—密实、砂粒自上而下变粗、夹砾石及黏性土透镜体	遍布、厚度稳定、局部缺失
中更新世 Q2	Q_2^2	90~110	3~10	蓝灰、绿灰色黏性土	⑩	湖相	可塑—硬塑、富含钙质及铁质结核	遍布、厚度较稳定

注：1. 在上海地区西部太湖湖沼沉积区、如青浦、松江西部、余山北部、淀山湖等地区、埋深3m~7m左右、分布有 Q_3^2 上部的暗绿、草黄色黏土性土层、厚度3m~5m。
2. 层次标号中、脚注表示亚层。

上海地区有的勘察单位经常采用固结快剪（直剪）确定土的抗剪强度指标，规定土样的厚度为 2cm 时，砂质粉土的固结时间为 2h，粉质黏土、黏土的固结时间为 4.5h，其实未达到完全固结，只能称为未完全固结不排水剪。《上海市地基基础设计规范》（1963 年）称为快固结快剪。

上海的淤泥质黏土的有效内摩擦角可取 26°～30°，此时的固结度为 100％。用未完全固结不排水直剪求得的内摩擦角为 8°～12°，其固结度约为 25％～40％。

在软土中一般以采用十字板原位剪切试验测定抗剪强度为宜。此法自卡尔迅（L. Carlson）于 1948 年提出以来，国际上已广泛应用，其优点较多，例如：在现场测定软土的原位强度，可避免钻探取土、运输以及试验土样时对土样的扰动；设备较简单轻便，操作方便；在填土施工时可随时用以测定地基抗剪强度的变化，以便和理论推算结果校核；便于与 $\varphi=0°$ 稳定分析法或承载力公式配合应用。但在国际上曾有一些建造于软土地基上的堤坝，用十字板测定的抗剪强度配合圆弧法进行分析，结果表明破坏时的安全系数很大，有的达 1.65，因而，一度引起科技界的分歧，曾有学者对十字板测定值表示怀疑，也有学者建议采用较大的安全系数，如 1.6。后来卞仑（L. Bjerrum）曾对 16 个堤坝加以分析和总结，发现破坏时的安全系数与塑性指数（国际上许多国家通常采用碟式液限仪，而我国一般采用锥式液限仪，两者测定的液限是有差别的）成直线关系。换言之，塑性指数愈大，破坏时安全系数也愈大。这样，在一定程度上可把意见统一起来。卞仑还提出了十字板抗剪强度的修正系数与塑性指数的关系曲线，当塑性指数为 20～40 时，修正系数为 1.0～0.82。我国软土的塑性指数大多数在 35 以下，不少单位根据多年来应用十字板试验的实践经验，认为是满意的。几个土坝和试验性堤用十字板强度配合圆弧法分析，破坏时的安全系数在 0.98～1.07 之间。宁波地区水电局、慈溪水利局、浙江大学土木系在《砂井在杜湖水库的应用》研究成果报告中指出：反算的安全系数不大于 0.9。因此，十字板是一种值得推广的仪器设备，用来测定软土的抗剪强度是合适的；如用圆弧分析法，对于我国塑性指数不高的软土，不必采用过大的安全系数。

对于上海地区淤泥质粉质黏土和黏土，用未完全固结不排水直剪求得的 c、φ 值和土的自重压力计算得到的天然抗剪强度大体上接近于用十字板的试验结果。

采用无侧限抗压试验与三轴不排水剪切试验取得的抗剪强度都偏小很多，尤其当钻探时用通常的厚壁取土器，土样受到扰动的程度更大。因此，无侧限抗压试验在二十多年前已不列入勘察项目。

曾在一重要工程的工地进行数量较多的十字板试验，对于地表下 10m～20m 的淤泥质黏土，其抗剪强度（kPa）为：$s_u = 35.6 + 1.4(z-10)$。

式中 z 是从地表下 10m 处起算的土层埋深（m）。该层土的抗剪强度平均值为 $\overline{s_u} = 42.3\,kPa$，而用无侧限试验求得的 $\overline{s_u}/2 = 21.9\,kPa$，三轴不排水抗剪强度 $\overline{c_u} = 28.3\,kPa$。

如果采用偏小很多的抗剪强度，将会造成很大的浪费，在工程实践中曾遇到这种情况，故选择合理的抗剪强度在软土地区是非常重要的课题。

地基土在荷载作用下（例如堆载），随着时间的推移，固结度有所增加，从而抗剪强度也有增长，可用公式（6.1.1）表达：

$$s = c_u + \Delta c \tag{6.1.1}$$

式中 c_u——天然抗剪强度；

Δc——地基土在荷载作用下抗剪强度的增长值，可由式（6.1.2）计算得到：

$$\Delta c = \Delta\sigma_1 \cdot K_1 \cdot \overline{U} \tag{6.1.2}$$

式中　K_1——地基土在荷载作用下的抗剪强度增长率；

　　　$\overline{U}$——为地基土的平均固结度；

　　　$\Delta\sigma_1$——大主应力增量，可用竖向压应力代之，偏于安全。

K_1值可按公式（6.1.3）估算：

$$K_1 = \frac{\sin\varphi'}{1 + \sin\varphi'} \tag{6.1.3}$$

式中　φ'——有效内摩擦角，按上海软土试验值统计，其值在 $26°\sim30°$ 之间，取平均值 $28°$，求得 $K_1=0.32$。

K_1值也可从天然抗剪强度随深度的变化估算，即把不同深度处的天然抗剪强度与土的有效覆盖压力的比值平均，但表土因深度小，K_1值偏大，故应剔除。

如果不考虑在荷载作用下抗剪强度增长的因素，也会造成设计上的保守，例如大型钢厂的矿石堆场，因抗剪强度采用值偏小而需加固地基时，要多花上亿元的工程费用。

上海地区地基土统称为软土，但不是每层土都是软土，要具体分析，才能取得合理的设计、施工和加固处理方案。

表土层是褐黄色粉质黏土，孔隙比为 $0.7\sim1.0$，压缩模量 E_{1-2} 虽然只有 4MPa～8MPa，但在上海地区是较好的土层，比喻为"硬壳层"，尽可能利用作为浅基础的持力层，容许承载力在解放前称为"老八吨"，即 80kPa；目前根据变形控制，绝大多数地区的容许承载力都有了相当的提高，最大达 140kPa。这层土的厚度仅 2m～3m，且地下水（潜水）水位高，故力求基础埋得浅些，一般为 50cm，可少挖除一些好土。在表土层中暗浜和墓穴较多，必须勘察清楚并予以处理，否则会引起建筑物的不均匀沉降。在上海，天然地基载荷试验的荷重最大达到 350kPa，大面积堆场的荷重最大达到 800kPa，而且紧靠江边，未发生地基滑裂破坏，只是沉降量很大，存在这种现象与软土层上有硬壳层作为垫层有关，而且为探索软土地基破坏规律提供了论据。

表土层下的淤泥质黏土和粉质黏土，孔隙比为 $1.0\sim1.6$，含水量大于液限，压缩模量 E_{1-2} 只有 1.8MPa～2.4MPa，是上海地区最软弱的土层，厚度达 10m 多，是引起天然地基上建筑较大沉降的根源。解放前很多建筑标准较高的三层房屋采用了桩基，以减少沉降和不均匀沉降，把大量木材埋没于地下。解放后，广大科技人员边实践边研究，采取了控制建筑物平面、立面布置，以减少地基中应力的突变和集中，以及加强上层结构刚度等措施，有效地减少或防止建筑物的开裂，现在采用天然地基的住宅已高达 6 层，节约了大量地基处理所需材料和工程费用，成功地克服了软土的弱点。淤泥质粉质黏土竖向的渗透系数很小，为 $2\sim4\times10^{-6}$cm/sec。乍看起来土中水分很难排出，对于能否采用井点降水技术，开始时有一番争论，但经过试验终于成功，主要因为淤泥质粉质黏土层夹有薄层粉砂，每层厚度只有 1mm～2mm，但层数很多，勘察人员常以"千层糕"作比喻，因而土层水平方向的渗透系数较大。同济大学地基基础教研室曾做过一些试验，约为垂直向渗流系数的 $50\sim100$ 倍，有利于排水，为在上海地区开挖基坑时，采用井点降水技术提供了良好的条件。由于淤泥质粉质黏土和黏土土层较厚，很多地下工程埋设其中，施工和防水都很困难，而且沉降往往较大，就以盾构法隧道施工而言，虽挖土的土重远超过衬砌和施工完成后运行车辆和载客的重量,但因施工时不可避免地扰动四周软土,引起衬砌和地面的沉降,需要有特殊的技术措施,如采用土压式盾构等。

砂质粉土的工程性质接近粉砂。在浅层中如有砂质粉土或粉砂存在,可减少浅基础的沉降和不均匀沉降,并可提高地基容许承载力;但在此层中施工,如开挖基坑、下水道沟槽等,容易发生流沙现象,需采用井点降水措施以克服。在较深地层中出现砂质粉土或粉砂时,如有适当厚度,可作为桩基持力层,对减少沉降和不均匀沉降能起良好作用;但隧道工程遇到砂质粉土或粉砂时须引起注意,当采用盾构法施工时,如不采用井点降水或气压、泥水、土压平衡等措施,不能稳定开挖面土体;如采用井点降水技术,砂质粉土或粉砂变得很坚硬,盾构前面需采用机械方法切削土体。

暗绿色粉质黏土一般埋藏在 20 多米深度,孔隙比为 0.65~0.75,压缩模量 E_{1-2} 达 12MPa~25MPa,是桩基的良好持力层,但有的地区缺失。此层埋深有一定起伏,使一个工地需要的桩长不一,故必须用触探等简易勘察方法探明,否则可能要凿平大量的桩头。此层土不厚,仅 2m~4m,其下仍可能有较软的土层,故桩基仍有一定数量的沉降,但较均匀。有的地区在此层下即为粉砂层,则尽可能将桩基打入粉砂层,可有效地减少沉降和不均匀沉降。

上海地区的基岩一般很深,基岩上有好几层厚度很大的砂层与黏土层上下间隔,砂层中的水压很高。有的工业区因在夏季大量开采砂层中的地下水作为冷却水,深井又过于集中,使水位大幅度下降,砂层中水压降低,引起城市大面积沉降,这种现象虽非一般工程活动所引起,但其实质也是土力学问题。国外很多城市发生地面沉降,国内除上海外,天津也如此,由于都是软土地区,地面沉降量很大,对生产和生活的影响颇大,也是近代土力学中值得研究的一个新的实际问题。同时,这也是一个重大的城市建设技术政策问题,将地下水作为工厂降温冷却水,无非为了节省人工制冷设备费,但因防止地面沉降的危害而需加高或新建防洪墙的工程费用大大超过制冷设备费,而且地面沉降后不能升起,后患无穷,真是得不偿失。

上海地区软土工程的一般经验简介如下。

1. 天然地基

如前所述,由于按变形控制设计,既提高了绝大多数地区的地基容许承载力,又防止了建筑物的大量开裂,6 层建筑物的平均沉降量与长高比及地层条件有关,当长高比为 4 时,平均沉降量为 15cm~30cm。住宅及其他民用建筑量大面广,20 世纪 50 年代后广泛采用天然地基后节约大量工程费用和材料,卓有成效。这与上海地区较早对各类建筑物进行长期的沉降观测与裂缝分析研究直接有关。

重大建筑物的天然地基如不进行沉降计算和采取措施防止过大的不均匀沉降,将带来严重后果。上海展览馆是新中国成立初期由苏联专家设计的,中央大厅为箱形基础,面积为 46.5m×46.5m,半地下室,基底总压力约 130kPa,附加应力约 120kPa,未进行沉降计算就确定了地基容许承载力,结果沉降值达 1.7m,沉降影响范围超过 30m,使相邻单元产生严重开裂。

地基土容许承载力可用临塑荷载公式初估;当有静力触探试验资料时,也可用式 $f = 29.1 + 0.074P_s$ 估算。式中 P_s 为静力触探探头的比贯入阻力(kPa)。但是,确定容许承载力必需计算基础的平均沉降量,与容许值比较。

沉降计算可采用分层总和法，压缩层算至附加压力等于自重压力的 10％处。计算值应乘以地区性经验系数 ψ_s；当基础底面附加压力 $p_0 \leqslant 40\text{kPa}$ 时，可取 0.7；$p_0 = 60\text{kPa}$ 时，$\psi_s = 1.0$，$p_0 = 80\text{kPa}$ 时，$\psi_s = 1.2$；$p_0 \geqslant 100\text{kPa}$ 时，$\psi_s = 1.3$，中间值可内插。

2. 条形基础与筏板基础

原上海工业建筑设计院曾对 20 世纪 70 年代设计的七十余项采用条形基础的工程进行了调查分析，设计者多数采用倒梁法（连续梁弯矩系数或经验弯矩系数）；部分采用文克尔假定；很少采用弹性半空间的假设，因其计算结果与其他两法相比，配筋量大得多，而实践证明，按其他两法设计的工程，建成后情况正常。

按文克尔假定计算，当基床系数 k 取 $0.5\text{N/cm}^3 \sim 1.0\text{N/cm}^3$ 时，大致与半空间弹性理论算得的结果接近；取 $5\text{N/cm}^3 \sim 50\text{N/cm}^3$ 时，则与倒梁法接近。对于上海软土地基，基床系数 k 可参考表 6.1.4 选用。

基床系数 *k*   表 6.1.4

基底持力层名称	k（N/cm^3）
褐黄色表土层（黏土、粉质黏土）或灰色粉质黏土	10～20
灰色淤泥质粉质黏土	5～10
灰色淤泥质黏土	3～5

柱荷载相差悬殊时，条基宜按文克尔假定计算；地基土较好，柱荷载均匀且不太大时，可采用倒梁法作近似计算。

条形基础梁纵向受力筋的配筋率初估值可采用如下值：第一内支座 0.6％～1.0％；中间跨支座 0.4％～0.8％；跨中 0.3％～0.6％。

条形基础梁的跨高比，当梁底土反力 $q = 150\text{kN/m} \sim 250\text{kN/m}$ 时，宜用 4.5～6.0；当 $q = 250\text{kN/m} \sim 400\text{kN/m}$ 时，宜用 4.0～5.5。

跨中受压筋一般不宜大于同一断面上的受拉筋面积。

设置基础梁的筏板厚度宜取 200mm～400mm，且板厚与计算区段的最小跨度之比不宜小于 1/20。

筏板弯曲内力计算可采用倒楼盖法；但当上部结构刚度与筏板刚度都较小时，可采用弹性地基基床系数法计算。筏板厚度应根据抗剪与抗冲切强度验算确定。

当筏板厚度小于等于 250mm 时，分布钢筋的直径可取 8mm，间距为 250mm；板厚大于 250mm 时，直径可取 10mm，间距为 200mm。对于双向悬臂挑出，但基础梁不外伸的筏板，应在板底布置放射状附加钢筋，间距不大于 200mm。

3. 桩基础

桩基础的工程造价较高，一般占工业与民用建筑总造价的 20％～30％，但重大工程较广泛地采用桩基，因沉降量较小且沉降很均匀。当桩长为 21m～40m 的桩基，持力层为暗绿色粉质黏土时，平均沉降为 10cm～30cm，相对倾斜只有 0.001～0.004，如桩基能打入粉砂层时，沉降和不均匀沉降均很小，如电视塔和卫星接收站的桩基，桩长 27.5m～30.5m，打入粉砂层，沉降仅 2cm，相对倾斜仅 0.00012～0.00038。卫星接收站对不均匀沉降的安装要求极为严格，开始由国外设计，外国专家认为在软土上建造卫星接收站是不可思议的，后来改为我国自己设计，参加这项工程咨询工作的上海专家认为把桩打入粉砂可以满足设计要求，事实证明这个设计方案是正确的，运行情况极佳。

根据大量单桩垂直载荷试验资料，统计分析了预制桩与灌注桩桩周土极限摩阻力和桩端土极限端承力值，如表6.1.5所示。安全系数一般采用2。

预制桩、灌注桩桩周土极限摩阻力 f_s 值与桩端土极限端承力 f_p 值　　表6.1.5

土层编号	土层名称	埋藏深度 (m)	预制桩		灌注桩	
			f_s (kPa)	f_p (kPa)	f_s (kPa)	f_p (kPa)
②	褐黄色黏性土	0～4	15		15	
	灰色黏质粉土	4～15	20～40	500～1000	15～30	
	灰色砂质粉土	4～15	30～50	1000～2000	25～40	600～800
	灰色粉砂	4～15	40～60	2000～5000	30～45	700～900
③	灰色淤泥质粉质	4～15	15～30	200～500	15～25	150～300
	黏土	15～25	30～40	500～1000	25～35	250～350
	灰色砂质粉土	15～23	35～55	1500～2500	30～45	800～1000
	粉砂	23～32	45～65	2500～3000	35～55	1000～1200
④	灰色淤泥质黏土	15～35	40～55	1000～2500	30～45	250～550
⑤或⑤₁ ⑤₂ ⑤₃	灰色黏性土	20～35	45～65	1500～2500	35～45	350～650
	灰色砂质粉土	20～35	50～70	2000～3500	40～50	1000～1500
	灰色粉砂	20～35	70～100	4000～6000	60～80	1500～2000
	灰黑色黏性土	25～40	50～70	1500～3000	40～50	450～750
⑥	暗绿、草黄色黏	22～26	60～80	1500～2500	60～80	750～1000
	性土	26～30	80～100	2000～3500	60～80	1000～1200
⑦₁	草黄色砂质粉土、粉砂	30～45	70～100	4000～6000	60～80	1500～2000
⑦₂	灰色粉细砂	35～50	100～120	6000～8000	70～90	2000～3000
⑧₁	灰色粉质黏土夹粉砂	40～55	55～70	2000～3000	50～80	1000～1500
⑧₂	灰色粉质黏土与粉砂互层	50～65	65～80	3000～4000	55～70	1500～2000
⑨	灰色细、中、粗砂	70～100	110～120	8000～10000	80～100	2500～3500

近年来在上海地区进行了以静力触探成果估算预制桩的单桩垂直承载力的试验研究工作，取得了大量资料。统计分析，可按公式（6.1.4）估算预制桩的单桩容许垂直承载力 N_d （kN）：

$$N_d = \frac{1}{K} (d_b \cdot P_{sb} \cdot A_p + U_p \cdot \sum f_i \cdot l_i) \tag{6.1.4}$$

式中　d_b——桩端阻力修正系数，按表6.1.6取用；

P_{sb}——桩端附近静力触探比贯入阻力平均值（kPa）；

f_i——用静力触探比贯入阻力估算的桩周各层土的极限摩阻力（kPa）；

A_p——桩端横截面面积（m²）；

U_p——桩身截面周长（m）；

l_i——第 i 层土厚度（m）。

桩端阻力修正系数 d_b 值   表 6.1.6

桩长 L	$L\leqslant7\text{m}$	$7\text{m}<L\leqslant30\text{m}$	$L>30\text{m}$
d_b	2/3	5/6	1

桩端附近的静力触探比贯入阻力平均值 P_{sb} 按公式（6.1.5）或公式（6.1.6）计算：

当 $P_{sb1}\leqslant P_{sb2}$ 时 $\qquad\qquad P_{sb}=\dfrac{P_{sb1}+\beta\cdot P_{sb2}}{2}$ $\qquad\qquad$ (6.1.5)

当 $P_{sb1}\leqslant P_{sb2}$ 时 $\qquad\qquad P_{sb}=P_{sb2}$ $\qquad\qquad\qquad$ (6.1.6)

式中 P_{sb1}——桩端全断面以上 8 倍桩径范围内的比贯入阻力平均值（kPa）；

        P_{sb2}——桩端全断面以下 4 倍桩径范围内的比贯入阻力平均值（kPa）；

        β——折减系数，按 P_{sb2}/P_{sb1} 的值从表 6.1.7 中取用；

折减系数 β 值   表 6.1.7

P_{sb2}/P_{sb1}	<5	$5\sim10$	$10\sim15$	>15
β	1	5/6	2/3	1/2

用静力触探阻力估算各层土的极限侧摩阻力时，应结合土的性质分别按下列情况确定：

（1）地表下 6m 范围内的浅层土，可取 $f_i=15\text{kPa}$；

（2）黏性土：当 $P_s\leqslant1000\text{kPa}$ 时，$f_i=P_s/20\text{kPa}$；当 $P_s>1000\text{kPa}$ 时，$f_i=0.025P_s+25$（kPa）；

（3）粉性土及砂性土：$\qquad\qquad f_i=P_s/50\text{kPa}$。

式中 P_s——桩身所穿越土层的比贯入阻力平均值（kPa）。

安全系数 K 一般采用 2。

用静力触探资料估算的桩端极限阻力不宜超过 8000kPa；桩侧极限摩阻力不宜超过 100kPa。对于比贯入阻力值为 2500kPa～6500kPa 的浅部粉性土及稍密的砂土，估算桩端阻力和桩侧摩阻力时应慎重。

钢筋混凝土预制桩为上海地区常用，长度一般为 20m～30m，断面一般为 45cm×45cm，配筋率一般为 1‰左右。按桩用钢板接头或硫磺胶泥浆锚法接桩。一般 24m 长的单桩容许垂直承载力为 600kN～800kN。桩距一般不小于 3.5～4.0 倍桩径。桩基的垂直容许承载力等于单桩容许承载力之和，不考虑折减系数。一般来说，桩基是以容许变形值作为设计的控制因素，而适当减小安全系数或桩的根数对变形控制影响不大。原上海工业设计院曾在一些工程中有意识地将安全系数降低到 1.8 左右，对工程没有影响，这样对一个大型的桩基工程，可节约 10 万元～20 万元，甚至更多些；而且密集的群桩，打桩时会引起地面隆起，近基础中心处沉桩有困难，有的达不到设计标高。原南京水利科学研究所与原上海工业建筑设计院在上海港务局第二装卸区散粮筒仓桩基工程中进行了量测，筏基平面尺寸为 35.2m×69.4m，其下采用了 45cm×45cm，长 30.7m 的预制桩 604 根，桩距 1.9m，在打桩期间，超静水压力普遍大于或等于土的上覆荷重，最大达 1.4 倍，说明密集的桩连续沉入土中时产生水平向挤压力引起土体隆起和水平位移，有一个打桩区段土体隆起的总体积约占沉入土中桩的总体积的 40%。当活荷载所占比重较大时，即使采用桩基，在可能条件下，加荷亦宜分期进行，有利于减少沉降和不均匀沉降。上述散粮筒仓，活荷重达 40 万 kN，由于控制了加荷速度，有计划地分批加荷，效果良好，沉降量仅为 6cm～8cm。

上海是软黏土地区，地下水位较高，一般在 0.5m～1.0m，地基土成层分布。对于桩基础来说，一般常以深度为 10m 左右的砂性土层、深度为 25m 左右的硬黏土层和深度为 40m 左右的砂土层作为桩尖持力层，相应的桩也可分别称为短桩、中长桩和长桩。随着建筑高度的增加，深度超过 50m 的超长桩也得到了广泛的应用。由下面的实测结果可以看出，对上海地基来说，桩长的选择对基础沉降影响很大。

上海有许多桩基建筑物从基础施工开始就进行了沉降观测。20 世纪 80 年代末曾对上海地区 26 幢桩箱基础的建筑物沉降实测结果进行了统计分析。沉降观测从箱底板浇筑时开始，历时 3 年～6 年，其中包括：

桩长 l＝36m～50m 的建筑物　　　7 幢
桩长 l＝17m～26m 的建筑物　　　15 幢
桩长 l＝7.5m～8m 的建筑物　　　4 幢

图 6.1.1 是上海某宾馆的实测沉降-时间曲线。该宾馆大楼 26 层，设计采用长度为 40.5m 的混凝土预制桩。由图可知，在建到第 5 层之前沉降速率并不大，因为此时结构荷载与开挖的土重相当，以后，沉降速率显著增大，并保持到结构封顶相当长一段时间之后，这种情况与天然箱基的实测沉降曲线是类似的。从图上也可看出，沉降稳定需要很长一段时间，长桩基础也需 5 年左右时间才能稳定。如按 4mm/年的

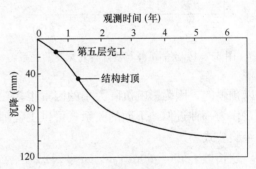

图 6.1.1　上海某宾馆实测沉降-时间曲线

稳定标准衡量，长桩一般要 3 年～5 年时间达到稳定，而短桩基础在 5 年之后沉降速率仍相当大，上海有座冷库其沉降 10 年后还未稳定，这主要是因为短桩下面往往存在一层较厚的软土层。稳定的快慢直接与桩尖下面是否存在黏土层有关。

基础沉降可分为瞬时沉降，主固结沉降和次固结沉降，最终沉降等于这三部分沉降之和。瞬时沉降一般指在荷载作用下直接产生的沉降值，而在实际工程中，有结构封顶时的沉降、整个施工（包括装修）期间的沉降和大楼交付使用时的沉降，图 6.1.2 与图 6.1.3

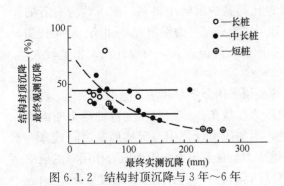

图 6.1.2　结构封顶沉降与 3 年～6 年最终实测沉降的比值

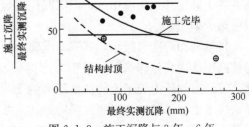

图 6.1.3　施工沉降与 3 年～6 年最终实测沉降的比值

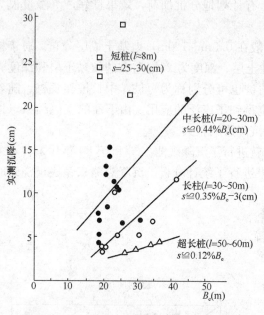

图 6.1.4　实测沉降与基础等效宽度的关系

分别给出了结构封顶沉降和施工沉降与 3 年～6 年最终观测沉降的比值。由图可以看出，结构封顶沉降的比值是比较低的，约为 25%～45%，并且沉降越大比值越低，这也说明长桩的固结沉降较小，而短桩的固结沉降很大，或者在某种程度上也可以说，桩基沉降的大小与固结沉降所占的比例有很大关系，该比例越大其最终沉降也越大。图 6.1.3 说明施工沉降所占比例均为 45%～70%。

图 6.1.4 给出了 3 年～6 年最终观测沉降与基础等效宽度的关系，其中等效宽度按基础实际面积的平方根计算，在英国伦敦硬土地区也曾经做过类似的统计。图 6.1.4 中同时也给出了一些采用超长桩建筑物的沉降实测值。由图中结果可见，沉降与等效宽度之间的关系比较离散，这是可以预料的，因为影响沉降大小的因素很多，例如各基础的实际安全系数也并不相同。然而，作为一种近似，下面的关系式可供工程师作为初步设计时迅速估算上海地区桩基沉降的经验公式：

超长桩 $l \geqslant 50$～$60\mathrm{m}$　　　$s \approx 0.12\% B_\mathrm{e}$（cm）

长桩 $l = 30\mathrm{m}$～$50\mathrm{m}$　　　$s \approx 0.35\% B_\mathrm{e} - 3$（cm）

中长桩 $l = 20\mathrm{m}$～$30\mathrm{m}$　　　$s \approx 0.44\% B_\mathrm{e}$（cm）

其中，B_e 为基础等效宽度，计算时以 cm 计。

在图 6.1.5 中给出了 26 幢桩箱基础建筑物沉降与横向倾斜之间关系的实测结果，为了对比分析，同时还给出了 21 幢箱基的相应实测结果。注意该图是双对数坐标，从比较可以明显看到，桩箱基础的倾斜比箱基的倾斜小得多。即便对于 8m 左右的短桩基础，虽然沉降达到 30cm，与箱基的沉降差不多，但短桩基础的倾斜值明显要小，如箱基的倾斜最大的达到 7‰，而桩箱基础最大的倾斜约为 1.2‰。这说明桩能够较有效的阻止基础倾斜。由图 6.1.5 还可以看出，桩箱基础的沉降也比箱基的沉降小得多，前者约为后者的 1/3～1/2。短桩基础以上海局部地区存在的浅砂层作为桩基持力层曾在 20 世纪 80 年代初期的若干高层建筑中应用过，但实践证明短桩基础的沉降值较大，与设计预期相差较大，以后很少采用。

桩基的相对变形较小，其平均沉降量的计算也可采用分层总和法。把桩基承台、桩群与桩间土作为实体深基础，且不考虑沿桩身的压力扩散角；压缩层厚度自桩端全断面算起，算到附加压力等于土的自重压力的 20% 处，附加压力计算中与天然地基沉降计算一样，应考虑相邻基础的影响；采用地基土在自重压力至自重压力加附加压力作用时的压缩模量 E_s，曾根据很多的已建桩基沉降观测资料反算出各种持力层的压缩模量 E_s，如表 6.1.8 所示：

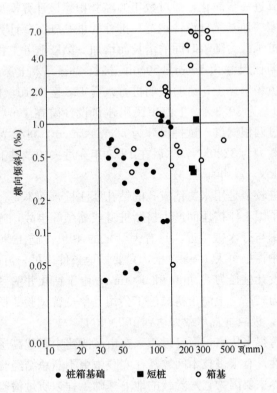

图 6.1.5 桩箱基础平均沉降与横向倾斜的关系

桩基沉降计算中的地基土压缩模量 E_s 表 6.1.8

深度（m）	土层名称	天然孔隙比	E_s（MPa）
20～30	灰色砂质粉土、粉质黏土、黏土	0.9～1.10	6～12
25～35	暗绿色黏性土	0.65～0.75	12～25
30～40	粉砂	0.8～0.85	15～25
35～40	细砂	0.7～0.80	25～40

平均沉降量的计算值还需乘以地区性的经验系数 ψ_s，可参考表 6.1.9 的数值确定。

桩基沉降计算经验系数 ψ_s 表 6.1.9

桩端入土深度（m）	<20	30	40	50
ψ_s	1.1	0.9	0.6	0.5

上海从 20 世纪 80 年代开始有多个单位开展了桩土相互作用课题的研究工作，提出了采用 Mindlin（明德林）应力公式计算桩基沉降的方法，与上述传统的实体深基础计算模型相比，这种方法的优点是可以考虑桩与桩之间的相互作用问题。基本做法是采用 Mindlin 应力公式根据各桩桩侧分布摩阻力和桩端力计算出地基压缩层中的应力值，然后采用分层总和法计算桩的沉降。其中采用 Geddes（盖得斯）解答的方法预先假定桩侧摩阻力

分布和桩端力值使计算进一步简化，通过数年的经验积累该计算模型逐步成为《上海地基基础设计规范》及国家《地基基础设计规范》推荐的桩基础沉降计算方法。

通过试验发现单桩承载力随着时间的增长而增加。第三航务工程局曾经在张华浜码头打了 4 根试桩，桩的断面尺寸为 50cm×50cm，桩长 28m，入土深度为 23.5m～24.5m。桩端持力层为可塑灰色粉质黏土，试验表明桩打入后 12d 至 121d，极限承载力由 1220kN 增加到 1700kN，增加率为 39.3％。上海市民用建筑设计院在 1964 年设计上海市人民广场大楼工程中，曾打过两根试桩，试桩尺寸为 50cm×50cm，桩长为 37.5m，持力层为暗绿色黏性土，极限承载力为 3220kN，尔后在 1975 年在过去的试桩上再进行荷载试验，得到极限承载力为 4550kN，11 年增加 37％。

目前采用的灌注桩较多是用水文钻成孔的钻孔灌注桩，而不是过去曾采用过的冲击式振动灌注桩，故防止了因土体挤压而产生挤断桩身或缩颈等事故，施工时噪声、振动都能符合环境的要求，费用与打入桩接近，只有钢管桩的 40％。施工速度也较快，60m 深桩每天 1 根，40m 左右中深桩每天 1.5～2 根，只要场地条件许可，可采用 2～3 台钻架，以加快进度。目前主要设计桩径为 800mm 和 600mm。由于钻孔井壁呈波纹形，增加了摩阻力，故单桩垂直承载力较高。上海市机械施工公司等单位曾试验 2 根长 60.9m、设计直径850mm 的钻孔灌注桩，极限垂直承载力达到 10000kN。

尽管钻孔灌注桩有很多优点，而且近年来在市区改建中新建高层建筑下较为广泛地采用，但也有它的局限性，有很多技术问题需在实践中更不断总结经验在试验研究中逐步完善解决的方法和措施。主要因为它是隐蔽的地下基础工程，质量检验比较困难，而且限于工程费用一般工程只抽查总桩数的 10％，目前监测的方法大致有四种：

（1）静荷载试验，需二个月时间，当然可以结合工程桩做静载荷试验，节约时间，但试验的桩数有限，一个工地 2～3 根

（2）动测，有大应变、小应变等多种方法，可以发现明显的缺陷，但对于局部的混凝土离析，桩的显微裂缝，桩的形态及缩颈部位等都难以检测清楚，尤其对于大直径深桩更难判断深部桩的状况。

（3）超声波探测，需预先埋入 2 根 2 英寸铁管，比较麻烦，但这种方法除了能探测桩的缺陷外，还可描述探测处的桩的外形，有的单位还计划研究改进与提高这种探测方法，使孔径孔型能自动记录，并以投入介质和声波反射数控测出沉渣位置和水泥浆在灌注过程中的准确液面。

（4）金刚石取芯探测，是直观的方法，但费用较大，有的单位认为根据桩在上部密度较差的特点，可以在 10m 深度内钻取桩芯直观和试压。

为保证钻孔灌注桩的质量，首先要求施工单位有正确的施工工艺，严格的操作规程和丰富的施工经验，并严格执行，不断提高。特别要控制孔底回淤沉渣厚度不大于 10cm；钢筋笼放入孔内后，应进行第二次清孔，在测得回淤厚度符合上述规定后半小时内必须灌注混凝土；浇筑的混凝土量不得小于计算体积；灌注桩凿去浮浆层后的桩顶混凝土强度等级必须符合设计要求等。

有的施工单位通过实践不断总结经验，对促进钻孔灌注桩技术进步是十分有利的，例如武汉地质勘察基础工程公司上海第二工程处有的经验值得参考，他们认为上海的土层在20m 以上大部分为淤泥质层，为防止坍孔采用浓浆护壁，在 20m 以下的粉质黏土可用稀

泥浆，进入暗绿色黏性土层用清水施工，使孔壁基本完整，不出现大量超径，在主要层段尽量少产生泡沫状泥皮，以充分发挥各层的摩阻力。在 20m 以上层段采用轻压慢速，以保径为主，在 20m 以下层段采用快速，有意识的加大孔径和形成纹形孔壁。凡能钻出上小下大波纹形井壁的孔，浇注水下混凝土后，其质量和承载力必佳。例如曾对一组试桩，把 25m 以下的孔段扩大，桩径 850mm，桩深 39m，充盈系数 1.7，静载荷单桩极限承载力达 8400kN。为达到清底后沉渣不大于 10cm 的要求，孔内泥浆密度控制在 1.2 左右，使浆液有一定的悬浮力，泥屑不致迅速下沉，故二次冲孔主要用稀泥浆置换孔内浓泥浆，不容许用清水置换。他们还采用了投石垫底碾压清底工艺，碎石用钻头压碾的厚度不超过 10cm。钻孔灌注桩混凝土强度等级不低于 C20，坍落度控制在 18cm～20cm。

钻孔灌注桩的另一个较大的问题是废浆处理，目前用运浆罐车运至郊区找排放场地排放，以后如大量使用钻孔灌注桩，将影响农业生产，只是权宜之计，绝非良策；而且白天交通繁忙，只能在夜间运输，成本很高，占整个费用的 1/7～1/8。设想中的高速离心脱水机，形成淤泥质土晒干外运以及经絮凝后进行压滤，成为含水量小的泥团等技术，试验未取得突破。

过去上海地区大口径钢管桩只在特殊情况下采用，例如在陈山海边建造卸油码头工程时，因考虑到海域水流速度大，达 2.8m/s，驳船挤力很大，桩深自由长度大，采用开口钢管桩是适宜的，进行了单桩载荷试验，桩长 44m，自由长度 16m，入土 28m。桩端持力层为灰绿色黏性土，桩端打入持力层两倍桩径，即 2.4m。外径 1200mm 的单桩极限承载力为 4600～5600kN，极限抗拔力为 3650～3800kN；外径 800mm 的单桩极限承载力 1360kN，极限抗拔力为 1350kN。上海黄浦江上游的大桥也采用 1200mm 外径的开口钢管桩。30 年前首先在新建的大型钢厂工程中使用，由外国设计，大量采用外径为 406mm、609mm、914mm 的开口钢管桩，而且要求打入砂层，桩长 60m。近年来建造大量高级宾馆，外国设计的也有用 60m 左右长度的钢管桩，其用意是尽量减少沉降量，其实若采用因打桩设备能力限制而稍短的 45m 长的桩，或 60m 长的钻孔灌注桩，可节约大量费用，钢管桩的费用约为混凝土桩的 2.5～3 倍，而且当年需进口。45m 的预制桩虽沉降大一些，但桩基沉降是均匀的，大体上可预估沉降值，使上部结构不受影响。

在工业建筑的桩基临近有大面积堆料的情况下，采用 60m 钢管桩沉降量很小，在桩身承受的负摩阻力反而较大。

钢管桩还有被腐蚀的问题，有关单位曾在淤泥质黏性土中用电测发现有低阻层，而且该层的地下水的氯离子含量达 2700mg/L～4000mg/L，对钢管有强腐蚀性。目前对付措施是管壁加厚 2mm，大致估计每年腐蚀 0.02mm，100 年为 2mm。国外也有一些实际资料，如 1933 年墨西哥湾打的钢管桩，31 年被腐蚀的厚度为 1.5mm～12.7mm；1932 年在旧金山湾打的熟铁管桩，50 年间腐蚀约 3mm。

上海地区对于预应力混凝土管桩的研究和开发也做了一些工作，目前应用已比较广泛，因为它有钢管桩开口进土，减少桩间土挤压的优点，也有混凝土预制桩质量容易保证和费用较钢管桩低得多的优点；而且遇到粉砂、细砂土层时，有可能水冲锤击穿越，故桩身长度可较预制方桩长些。

关于桩的负摩阻力问题，国外计算公式很多，但负摩阻力的计算值相差很多，却未见实测数据。例如在上述大型钢厂的设计中，外国专家对 60m 长 406mm 外径钢管桩的负摩阻力，估计为1380kN，与厂房传递给桩上的荷重几乎相同；而另一国家的专家估计为730kN，两者出入很大。60m长406mm外径的钢管桩由于考虑负摩阻力的影响，单桩容许承载力只定为1800kN，而长45m的550mm外径的混凝土管桩因持力层不是砂层，沉降要大些，可不考虑负摩阻力的影响，其容许承载力为1950kN，反而比前者要大些。无缝钢管厂管坯库地坪荷载为100kPa～120kPa，外国专家设计，除厂房柱基采用60m长406mm钢管桩外，地坪也要打40m长的满堂钢管桩予以加固。这与上海过去的经验截然不同，桩基旁堆载达300kPa，一般认为并不需在地坪下打满堂桩。该钢厂工程指挥部曾进行堆载试验，堆载面积为22m×30m，用碎石堆至荷重150kPa，在堆载边缘邻近设一基础，面积为5.4m×5.4m，其下打入4根长60m外径为600mm的钢管桩，基础上不加荷载，这个基础将来就是无缝钢管厂的基础。试验结果表明：桩的沉降值只有10mm，占桩在加荷后的总沉降量的百分比较小，桩的侧向变形值也不大，最大值为37mm，发生在地表下7.5m处，故实际上负摩阻力的影响不大。如果持力层不要选择砂层，桩短些，容许桩基增加少许沉降量，则可不考虑负摩阻力，也许这是解决负摩阻力问题的一个办法。

近十多年以来，上海的超高层建筑有了新的发展，尤以浦东陆家嘴金融贸易区的88层金茂大厦（420m）、101层上海环球金融中心（492m）和121层上海中心大厦（632m）等最具代表性。这些建筑均采用了超长摩擦桩基础，桩长均不少于80m。这些建筑的基础承受的荷载水平很高，对基础承载能力和变形的要求也相应提高。

由于软土地区钻孔灌注桩难以彻底解决桩周泥皮和桩底沉渣的问题，承载能力始终不能得到充分发挥，而桩端后注浆则是解决该问题的一项重要技术措施。20世纪90年代后期，桩端后注浆灌注桩技术在上海地区得到逐步应用，先后应用于花旗银行大厦、合生国际大厦、上海铁路南站、越洋广场等30余项工程。从现有上海地区静载荷对比试验资料分析，桩端后注浆灌注桩的地基土极限承载力与常规灌注桩相比，提高幅度一般为19%～53%，最大可达136%。上海中心大厦进行了大直径超长灌注桩的现场试桩试验，发现注浆类型影响超长灌注桩的荷载传递及桩侧摩阻力发挥性状，桩端后注浆改善了灌注桩的桩端承载特性，该试验证明了大直径超长灌注桩在400m以上超高层建筑中应用的可行性，也为上海软土地区600m超高层建筑首次采用灌注桩打下了基础。

另一方面，上海在20世纪80年代开始开展的桩土相互作用课题研究中还提出了减少沉降桩基础的概念和设计方法。众所周知，设计采用桩基础的原因不外乎两个：或是因为天然地基承载力不能满足安全度要求，或是因为基础的沉降量过大。传统的桩基设计理论主要以满足承载力（强度）要求为设计前提，认为所有荷载均由桩承担，不考虑桩间土对荷载的分担作用，由此确定所需的用桩数量。然而，国内外桩土相互作用课题的研究成果均表明，为建立竖向刚度较大的桩土混合地基所需要的桩数并不多。也就是说，满足沉降控制要求所需的桩数要比按常规设计方法的桩数少，采用少量的桩就可以达到减小沉降的作用。

在上海软土地区有大量建筑物采用桩基的主要目的是防止基础产生过大的沉降量，在这种情况下，桩可视作减少沉降的构件来使用，只要能将沉降值控制在建筑物的容许变形范围以内，即可以按沉降量控制值进行桩基础的设计。按此设计理念设计的桩基础就称为减少沉降桩基础（简称减沉桩）、或称为减沉疏桩、沉降控制复合桩基或疏桩基础等。到目前为止，减沉桩已在我国多个地区得到应用，并被列入行业标准《建筑桩基技术规范》（JGJ 94—2008）。

与传统的桩基础设计方法相比，采用减沉桩基础设计一般可减少相当数量的用桩数，有一定的经济效益。以下是早年作为优化设计完成的 2 个减沉桩基础工程实例。

实例一：上海某美容品厂主厂房为 5 层钢筋混凝土框架结构，局部为 6 层。厂房长宽分别为 52.64m×25.10m。根据地质勘察报告，主厂房地区存在较好的硬表土层，承载力基本能够满足厂房荷载要求，可作为浅基础的持力层。但浅部硬土层以下存在较厚的下卧软土，按规范验算的基础沉降可达 550mm 以上，超过规范所容许的沉降范围，因此不能完全采用浅基础。

为将沉降量减少到规范容许的范围内，决定采用桩基础。根据当时的上海市地基基础设计规范和实际的场地地质条件，设计采用 300mm×300mm 钢筋混凝土预制方桩，桩长为 21m，独立承台桩基，总桩数为 236 根。虽然该桩基础设计方案能够满足基础沉降要求，但造价同时也增加较多。为尽可能降低造价，设计人员到同济大学技术咨询，决定采用减少沉降桩理论重新进行设计。设计仍采用原来的桩型和尺寸。图 6.1.6 给出了当时完成的该工程桩基础用桩量

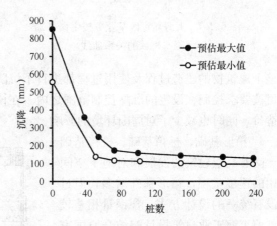

图 6.1.6　上海某美容品厂主厂房基础沉降与桩数的关系曲线

与沉降之间的计算曲线。可以看出，采用桩基础后沉降减少明显，尤其在用桩数量较少的范围内采用桩对减少沉降的作用十分有效，而当桩数超过一定数量时沉降减少的幅度就变得很小，表明用桩量超过一定数量时继续增加桩数实际上已对减小沉降没有多大的作用。最终设计采用 138 根桩，相较原设计采用 236 根桩，节省了基础造价，取得了可观的经济效益。该大楼自 1992 年 11 月开始打桩施工，至次年 10 月结构竣工。竣工时基础的差异沉降实测值很小，总沉降量也只有 46mm，根据上海以往的桩基沉降特性来推算，本建筑物最终沉降应不超过 120mm。1994 年初，经上海市有关单位的评选，该厂房工程荣获"白玉兰"奖，使用至今完好正常。该工程充分说明了减少沉降桩基础不仅理论合理，在实践中也是安全可靠的。

实例二：上海嘉定区某业务楼主楼设计为地面 8 层～10 层不等高的高层综合楼，设有 1 层地下室。总建筑面积 6751.3m² （其中主楼 6650m²，附属用房 101.3m²），由于设备荷载较重，该建筑物从荷载来说相当于 12 层～14 层。建筑场地的地下水稳定水位埋深为 1.50m，第③－1 层灰色淤泥质粉质黏土和第 4 层灰色淤泥质黏土，是场地的主要软弱持力层。原设计 110 根直径 650mm 的桩基础，有效桩长为 27.0m 的钻孔灌注桩，桩端持力层为⑦－1 层的灰绿色草黄砂质粉土，预估单桩竖向承载力标准值约为 970kN。

根据建设单位的委托，同济大学承担了该工程桩基础的技术咨询工作。采用减沉桩基

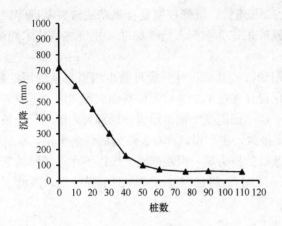

图 6.1.7　上海嘉定区某业务楼主楼基础
沉降与桩数的关系曲线

础对原设计作了修改，计算得到如图 6.1.7 所示的桩数与沉降关系曲线。由该图可以看出，桩数在达到 60 根（此时的计算沉降约为 7.3cm）以后，随着用桩数量的增加，基础沉降的减小并不显著，也即桩用来减小沉降的效果不明显。按容许沉降 10cm 为沉降控制标准，最终设计采用 76 根桩，图 6.1.8（a）和（b）分别为原设计和修改设计后的基础平面桩位布置图。

该工程于 1998 年 3 月竣工，并于当年 10 月全部装饰完成。该工程在整个建筑物的建造过程及使用过程都进行了沉降观测，按实测结果推算，该建筑物的沉降可按要求控制在设定的沉降控制范围之内。在该工程中，桩数的减少不仅直接降低了基础造价，同时也减少了对周围环境的影响。

4. 箱形基础、桩箱基础、桩筏基础

随着高层建筑的发展和对地下空间利用的逐步重视，箱形基础增多，但过去没有统一的设计方法，含钢量相差较多。原上海工业建筑设计院结合原国家建筑工程总局标准《高层建筑箱形基础设计与施工规程 JGJ 6—80》的编制工作，对上海地区的高层建筑的设计进行了调查分析，并进行了沉降观测和基底反力量测，计算箱形基础整体弯曲时考虑上部结构协同工作，采用等代梁法计算上部结构的总折算刚度，提出了箱形基础平均沉降量的经验系数和基底反力系数。原上海工业建筑设计院还总结了设计经验，主编了《上海市软土地基上高层建筑箱形基础（天然地基）设计试行规定 DBJ 08—1—81》。

近年来上海市区的高层建筑的建设有了新的发展，不仅数量多，而且高度

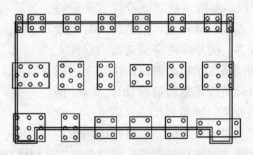

(a) 原桩基础的承台和布桩情况

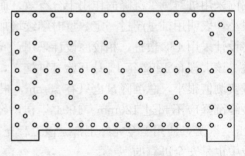

(b) 修改以后的桩位图

图 6.1.8　上海嘉定区某业务楼主楼基础
平面桩位布置图

越来越高，为减少沉降和控制建筑物倾斜，很多采用桩箱基础和桩筏基础。例如高 153m 的新锦江、167m 的上海展览中心北馆、420m 的金茂大厦、492m 的环球金融中心和 632m 的上海中心大厦，都采用了厚筏加超长桩。同济大学地下建筑与工程系进行了一些研究，认为：

（1）在设计中能否考虑桩筏箱的荷载分担问题，是一个争论已久的课题。早在 20 世纪 30 年代，上海高层建筑根据简单的共同作用原理，已采用地基土分担老 8t（即 80kN/m²）的规定对上海高层建筑进行桩基设计。当时按照这种设计方法设计的大楼，例如国际饭店，上海大厦等，至今均安全无恙。自 20 世纪 80 年代开始有的建筑还适当增加了层数，说明筏板可以分担一部分上部荷载。表 6.1.10 给出了部分桩箱和桩筏基础的实测概况，通过对国内外 30 余幢高层建筑的桩筏（箱）荷载分担的现场测试结果进行分析后发现，桩筏（箱）荷载分担的确存在，地基好，筏箱分担荷载的多（如湖北武汉地区）；反之，地基差，分担荷载的少（如上海地区）。如果规范能明确可节省 5%～10%，也能为国家节省大量基建投资。但需要指出的是，桩与筏或桩与箱的荷载分担是一个十分复杂的问题，与地基条件、桩的类型、数量、桩距、沉桩方法、桩长、超孔隙水压力的消散及上部结构与基础刚度等因素均有关。因此从保证安全角度出发，建议对于武汉和上海的两种不同地基，筏箱底板分别可承担 15%～20% 和 5%～10% 建筑物的荷载。

（2）基础上桩顶荷载以角桩最大，对平均桩顶反力之比为 1.32～1.50，边桩次之，中间桩最小，故宜合理布置桩的位置，角边桩密些，中间桩疏些，宜大于 4～5 倍桩径，以改善桩顶反力分布。

（3）抽桩分析表明，减少 10% 的桩数，对基础沉降增大的影响甚微。

（4）曾对 26 幢桩箱基础进行实测，建筑物的高度为 35cm～90m，层数为 10～26 层，桩长为 7.5m～50m。实测表明，平均沉降一般小于 15cm，而短桩除外；桩能显著地减少建筑物的整体倾斜，其值一般小于 1‰。88 层的金茂大厦的竣工沉降（1998 年 5 月 25 日）为 70mm，9 年（2007 年 12 月 31 日）后沉降为 85mm。101 层的环球中心竣工沉降（2008 年 5 月 13 日）为 126.3mm，最终沉降（推算）约为 150mm。121 层的上海中心建筑封顶时（2013 年 8 月 3 日）的沉降为 79.08mm，最终沉降（推算）约为 120mm。

（5）当桩长为 50～100 桩径时，桩再加长对减小桩基沉降的作用已不明显，故桩长与桩径的比值不宜大于 100，此时桩属摩擦桩。

（6）目前筏厚和箱基底板厚度的设计有较大潜力可以发掘，不同设计者设计的筏板厚度往往相差很大，由外资一方设计的筏厚达 2.5m～4.0m，比我方设计的 1.5m～2.0m 厚得多，乘以 1.5 的桩的平均荷载验算十几幢已建成的高层建筑筏基的抗冲剪强度，表明厚度可减薄 0.2m～2.0m。

上述观点有参考价值，虽然有的问题如桩与筏或箱共同分担荷载的问题较为复杂，尚需进一步量测研究，但总的说明桩筏基础或桩箱基础的设计潜力较大，值得进一步总结经验或试验研究，可节约可观的工程费用。

5. 沉降量的简化计算和地基容许变形值

沉降量的计算涉及的因素太多，故不易算准，采用较为复杂的理论计算也不讨巧，一般认为沉降计算对地区经验依赖较大。上海地区有关研究单位积累分析了大量建筑物的沉降观测资料，研究简化的计算方法。

分析表明，天然地基的平均沉降量或中心点的沉降量与不均匀沉降约略呈直线关系，故一般计算地基或基础中心点的沉降量，与容许沉降量作比较，桩基的沉降较均匀，故中心点的沉降量更具有代表性。

建筑地基与基础工程

17幢国内外桩箱和桩筏基础实测概况表

表 6.1.10

序号	地点	上部结构	层数	基础形式	总压力 (kN/m²)	基础尺寸 (m²)	基础埋深 (m)	桩长 (m)	桩径×宽 (mm)	桩数	桩距 (m)	实测沉降 (cm)	荷载分担比例/% 筏或箱	荷载分担比例/% 桩
1	上海	剪力墙	18~20	桩箱	250	29.7×16.7	2.0	7.5	400×400	183	1.20~1.35	39.0	15	85
2	上海	剪力墙	12	桩箱	228	25.2×12.9	4.5	25.5	450×450	82	1.80~2.10	7.1	28	72
3	上海	框剪	16	桩箱	240	44.2×12.3	4.5	27.0	450×450	203	1.65~3.30	2.0	17	83
4	上海	剪力墙	32	桩箱	500	27.5×24.5	4.5	54.0	500×500	108	1.60~2.25	2.4	10	90
5	上海	框筒	26	桩筏	320	38.7×36.4	7.6	53.0	Φ609	200	1.90~1.95	3.6	25	75
6	上海	筒仓		桩筏	288	69.4×35.2	1.0	30.7	450×450	604	1.9	5.2	-10~0	90~100
7	上海	剪力墙	35	桩筏			5.0	28.0	450×450		1.5~1.7	10.0	15	85
8	武汉	框筒	22	桩箱	310	42.7×24.7	5.0	28.0	Φ550	344	1.7~2.0	2.5	20	80
9	西安	框筒	39	桩箱			13.0	60.0	Φ800	271		1.7	14	86
10	英国	剪力墙	22	桩筏	270	47.5×25.0	2.0	17.0	450×450	222	1.6	3.2	15~10	85~90
11	英国	剪力墙	16	桩筏	190	43.3×19.2	2.5	13.0	Φ450	351	1.6	1.6	45~25	55~75
12	英国	框筒	31	桩筏	368	25×25	9.0	25.0	Φ900	51	1.9	2.2	40	60
13	英国	框筒	30	桩筏	625	2(22×15)	2.5	20.0	Φ900	2×42	2.70~3.15	>4.5	25	75
14	英国	框架	11	桩筏	235	56×31	13.65	16.75	Φ1800	29	6.90~10.0	2.0	70	30
15	德国	框筒	57	桩筏	526	3800	21.00	20.30	Φ1500	112	3.0~6D	2.5	15	85
16	德国	框筒	64	桩筏	543	3457	14.00	20~35	Φ1300	64	3.5~6D	14.4	45	55
17	德国	框筒	53	桩筏	483	2940	13.00	30.00	Φ1300	40	3.8~6D	11.0	50	50

232

估算地基最终沉降量时，可用下列简化方法：

（1）单独基础地基压缩层厚度，当基础呈方形时，取 2 倍基础宽度；当基础的长宽比等于 6 时，取 3 倍基础宽度，中间值可内插。

（2）条形基础地基压缩层厚度可按公式（6.1.7）估算：

$$h = w \cdot B \cdot (C' \cdot p_0 + 1) \tag{6.1.7}$$

式中　h——地基压缩层厚度（m）；

w——基础面积系数，即基础净面积和基础外包总面积之比；

B——基础外包宽度（m）；

C'——系数（kPa）$^{-1}$，当基础外包平面呈方形时取零，长宽比等于 6 时取 0.02，中间值可内插；

p_0——基础底面附加压力（kPa）。

当基础外包长宽比等于 6 时，按公式（6.1.7）算得的地基压缩层厚度不宜大于 2 倍外包宽度。当基础面积系数大于 0.6 时，可将建筑物总重分布在基础外包总面积上进行计算，此时，采用分层总和法公式中的基础宽度，改用基础外包宽度 B，基础外包总面积底面的附加压力等于基础地面附加压力 p_0 乘以面积系数 w。

（3）相邻基础的荷载计算：对于单独基础，当基础的净距大于相邻基础宽度时，可按集中荷载计算；对于条形基础，当基础的净距大于 4 倍相邻基础宽度时，可按线荷载计算。在一般情况下，相邻基础的净距大于 10m 时，可略去其影响。

既然沉降量的计算是粗略的，就不可能硬性规定容许沉降量，上海地区的特点是强调在规范中反映各类建筑的实测变形值的幅度，在这个幅度内，大量建筑物经调查证明不会出现显著的裂缝，因此设计者可根据具体条件选择容许变形值。建筑物地基容许变形值和实测变形值详见表 6.1.11。表中也列有各类建筑物的地基容许变形值，只是从实测变形值中选用统计较集中或从建筑经验判断较合适的范围，故规范用词采用有弹性的一档。

前述研究桩筏、桩箱基础的学者认为容许沉降量可提高为 15cm～30cm，根据桩长确定，这个观点是正确的，与表 6.1.11 所示数值也无矛盾。

6. 地基与土体的加固和处理

上海地区石化工业发达，油罐地基充水预压技术已有长期的经验，利用油罐充水，工程费用较低，效果显著。金山石化厂直径为 40 多米的 30 万 kN 油罐，地基经预压后容许承载力达 250kPa。充水预压地基的垂直变形速率控制在 10mm/日～20mm/日。

近年来强夯法加固地基土在码头工程中采用较多，在堆场上夯实后地基极限承载力有的可达 500kPa，设计值达 200kPa，由于地基土上覆钢筋混凝土垫板，日久后如稍有不均匀沉降，容易填平。工程费用较其他加固方法节约。强夯法适用于含水量低于 25% 的回填土，塑性指数小于等于 17 或粒径小于 0.005mm 占 30% 以下的表层或浅黏性土。淤泥质黏土应通过试验确定。当地下水位较高不利于施工或表层为饱和土和农田耕植土时，可铺填 0.5m～2.0m 厚的中粗砂、砾砂或山皮土、煤渣以及建筑垃圾和性能稳定的工业废料等材料后进行夯击，加固区周围需设置排水沟。当加固区边长大于 30m 时，中间应设置网格形排水沟，最大排水距离为 15m。强夯法有效加固深度可按公式（6.1.8）估算：

表6.1.11

建筑物地基容许变形值和实测变形值

建筑结构和地基基础类型		容许变形值			实测变形值			实测建筑物的说明
建筑物	地基基础类型	地基基础中心的沉降量(cm)	相对倾斜 纵向	横向	沉降量(cm)	相对倾斜或局部倾斜 纵向	横向	
砖承重结构 建筑物长高比 3	天然地基	25~30			20~40	0.007~0.03	(相对弯曲)0.0003~0.0008	6层及6层以下房屋，一般有圈梁
砖承重结构 长高比 5	条形基础	15~20			10~20			
单层排架结构柱距6m 天然地基	天然地基	20~30	桥式吊车轨面 0.003		20~50	0.004~0.008	0.003~0.006	天然地基的基础总压力70kPa~110kPa
	桩基				10~30	0.001~0.004	0.0005~0.003	桩长21m~40m，桩台压力100kPa~250kPa
露天跨柱基		20~30	0.003		10~20	0.008~0.015		地面堆载50kPa~60kPa，均匀调整倾斜
多层框架结构 天然地基 现浇式结构	独立基础和条形基础				15~30	0.004~0.005	0.0002~0.004	3~6层工业建筑、无吊车，基础总压力90kPa~130kPa
	筏板基础				10~20	0.001~0.003	0.001~0.002	2~5层民用和工业建筑，基础总压力60kPa~70kPa
箱型基础	箱型基础	25~35	0.003~	0.004	16~42	相对倾斜小于0.006 相对弯曲0.006	基础底板0.006	5~10层民用和工业建筑，基础总压力60kPa~80kPa
装配式结构	独立基础和条形基础	15~25			10~30	0.003~0.005	0.002~0.003	2~4层工业建筑、无吊车，基础总压力70kPa~90kPa
多层和高层建筑	桩基				5~35	相对倾斜0.001~0.002 纵向弯曲0.0001~0.0004		6~26层民用和工业建筑，框架、框剪、剪力墙结构、钢筋混凝土预制桩、管桩、钢管桩，桩长8m~50m，桩台总压力110kPa~360kPa

234

续表

建筑结构和地基基础类型		容许变形值			实测变形值			实测建筑物的说明
		地基基础中心的沉降量 (cm)	相对倾斜 纵向	相对倾斜 横向	沉降量 (cm)	相对倾斜或局部倾斜 纵向	相对倾斜或局部倾斜 横向	
地上式钢油罐	浮顶		0.004~0.006		20~190	0.002~0.013		容积为 1000m³~30000m³，侧壁下设有钢筋混凝土环墙基础，有砂石垫层，采用充水预压法加固，沉降量中包括预压期沉降
	拱顶		0.006~0.010					
水封式煤气柜	天然地基				5			容积 10 万 m³，直径 50m，2.5m×2.5m 独立柱基，埋深 2m
	天然地基				111~112	0.002		容积 8 万 m³，高 53m，直径 44m，环形箱基，砂石垫层，宽 2.5m，埋深 2m，无水 1.5 万 m³ 预压，单位压力 118kPa
	桩基				21	0.0006		容积 10 万 m³，直径 50m，环形桩基，50cm 方桩，长 31m~39m，桩端处压力 390kPa~410kPa，单位处承载力 108kN

235

续表

建筑结构和地基基础类型		允许变形值			实测变形值			实测建筑物的说明
		地基基础中心的沉降量(cm)	相对倾斜 纵向	相对倾斜 横向	沉降量(cm)	相对倾斜或局部倾斜 纵向	相对倾斜或局部倾斜 横向	
高耸构筑物	$H \leqslant 20m$	40		0.008	2~35	小于0.008		高30m~180m的烟囱，桩长20m~23m，桩台总压力100kPa~150kPa，高200m，电视塔，桩长30.5m
	$20 < H \leqslant 50m$	40		0.006				
	$50 < H \leqslant 100m$	40		0.005				
	$100 < H \leqslant 150m$	30		0.004				
	$150 < H \leqslant 200m$	30		0.003				
	$200 < H \leqslant 250m$	20		0.002				
石油化工塔类罐	天然地基	20	0.0025~0.004		10~20	0.0005~0.004		主要为炼油厂减压塔、冷凝塔、吸收塔、缓冲罐
	桩基	20			3~10			
高炉	桩基	15~25	0.0015		29~31	0.0009~0.0014		容积255m³，17m×18m承台，直径49cm，长22m，混凝土管桩85根，炉顶无钢架，煤气升降管内无耐火砖衬砌
					9	0.00013~0.0007		容积1060m³，34m×34m承台，直径90cm，长64m钢管桩144根，高压炉顶
焦炉	桩基	10~15	0.001		3~5			6m大孔型焦炉，径60m，长64m

注：1. 实测变形值倾系指建筑物不发生显著裂缝，不影响使用而沉降已趋稳定的数值；

2. 桥式吊车轨面的容许倾斜值受工艺控制，所列数值供调整轨面时使用；

3. 油管或煤气柜地基如在使用前采用充水预压法加固，则沉降量无严格要求。

$$h = a \cdot \sqrt{E} = a \cdot \sqrt{H \cdot Q} \qquad (6.1.8)$$

式中　E——锤的夯击能量（kN·m）；

　　　Q——锤重（kN）；

　　　H——有效落距（m）；

　　　a——修正系数，一般取 0.16～0.22，若地基中设置排水通道时，a 值可适当提高。

当要求有效加固深度大于 12m，或遇到淤泥质黏土时，可预先在地基土中打入袋装砂井或塑料排水板，而后进行夯击。

近年来上海地区采用压注水泥浆加固处理土体的技术有所发展。当越江隧道采用盾构法施工时，盾构在施工竖井顶出洞时，由于洞门直径将近 12m，临近钢结构门拆除前，如洞门外软土未经加固处理，将会发生洞外土体坍入井内的重大事故。过去采用喷射井点降水法疏干土体，提高土体稳定性，但容易导致地表沉降，影响周围建筑。黄浦江第二条隧道即延安东路隧道位于市中心，不能采用降水法，而试验成功注浆加固法，形成防水帷幕，稳定土体，保证盾构安全出洞，盾构穿越驳岸及建筑物，也用此法加固土体。

上海市人防科研所与有关单位协作，经两年时间的试验研究，使水泥土搅拌桩作为基坑支护取得重大进展。在基坑面积为 5400m² 、深 6m 的基坑取得成功。该施工方法具有无振动，无噪声，不需降水，地面沉降小，对周围建筑物和地下管线影响小及施工周期短等优点，且机具简单，成本较低。在上述地下车库基坑施工中，南京工程兵学院和该所合作试验爆扩桩新技术也获得成功。软土经爆破形成稳定的空腔，然后放入钢筋，浇筑混凝土形成大头桩，可作成基坑支护或加固地基。过去这种桩在黏土、粉质黏土、夹砂层或碎石的杂填土中应用，这次在上海软土中试验成功。

7. 锚杆技术

由于软土摩阻力小，过去未注意锚杆技术，近年通过试验和工程应用，有了较大发展。

1）抗浮竖直锚杆

上海龙华污水处理厂为日处理污水 105 万 kN 的大型污水处理厂。其二次沉淀池采用四座内径为 40m、池深在地表面下 4.70m～5.18m 的钢筋混凝土半地下式水池。因地下水位较高，需要解决施工时的抗浮问题。过去一贯用的老办法是在池内浇筑大量的压载混凝土，不仅工程费用大，而且加大了大面积基坑的开挖深度，增加施工难度；压载混凝土增加基底压力，而基底土层本来容许承载力低，压缩性大，势必增加变形；又因水池底板直径大，很小的上托力使底板产生巨大的负弯矩，易使底板开裂。上海市政工程设计院、上海特种基础工程研究所、同济大学地下建筑与工程系合作进行了抗浮锚杆的试验研究，并应用于此工程，获得成功。

本工程每池采用锚杆 257 根，四个水池共用 1028 根。锚杆长为 18m，直径 180mm，锚杆端进入灰色粉砂夹黏土层。经现场上拔力测定，每根锚杆的极限上拔力为 340kN，使用荷载采用 140kN，安全系数为 2.43。当试验的最大荷载为使用荷载 140kN 的 1.5 倍时，平均变形值为 7.83mm。据轴拉试验测定，当控制锚固体裂缝宽度等于 0.2mm 时，轴心拉力为 158kN，故当设计拉力为 140kN 时，裂缝宽度小于 0.2mm。单锚间的间距为 2.4m。

采用 xu300-2A 型工程探矿钻机成孔，合金钻头直径为 150mm。在钻进时为防止孔口坍方，孔口处放置加大一级口径的套管，长度为60cm～70cm。采用清水循环，自行造浆护壁，清水泵压力为300kPa～500kPa。通过黏性土时，下钻速度控制在0.5m/min以内；当通过粉砂层时，控制在0.2m/min。当钻进到设计孔深2/3左右时，换上水力扩孔钻头，即将合金钻头端部封住，中间留一直径为10mm的孔，还在钻头侧面均匀分布三个直径为10mm的斜孔，与钻头竖向轴线呈45°角。当射水压力保持500kPa～1500kPa，钻进速度为0.5m/min时，可获得直径为200mm～300mm的钻孔。如果钻进速度减小，则钻孔直径还可以增大些。

锚杆的受拉构件用了3根$\Phi20$钢筋组合而成，采用绑扎或点焊连成一体，为了增加锚固力和能在钻孔中居中，每隔不到3m处设置一个定位环。钢筋接头必须采用对接焊接。

当钻孔完成后，立即放入受拉钢筋和两根直径为3/4英寸的黑铁管，作为注浆管，进行第一次注浆，采用普通的单缸柱塞式压浆机，压力为300kPa～500kPa，流量为100l/min。为了防止在放入注浆管时泥水进入管中，管底口采用双层聚氯乙烯塑料薄膜封住，并做压水试验，使其在压力300kPa时可以冲破。管底标高要高出孔底50cm～70cm，待浆液达到初凝强度后，进行第二次注浆，采用BW200－40/60型泥浆泵，控制压力2000kPa，是注入纯水泥浆，浆液冲破第一次浆体迅速向锚固体与土体接触面之间扩散，使锚固体直径扩大。浆液是从第二根注浆管的花管段及底部管口溢出的，花管形式是在锚固段的管侧钻成$\Phi8mm$的出浆管组成，每排间隔为10cm～12cm。在放入钻孔前亦应用聚氯乙烯塑料薄膜将孔封住。第二次注浆管底标高比第一次注浆管高50cm。第二次注浆压力开始时较小，当升至200kPa时，再稳压2min，便完成注浆工序。浆液的充盈系数约为1.3。

注浆材料的重量比可采用表6.1.12的数值。

注浆材料及配比 表6.1.12

注浆次序	浆液名称	42.5级硅酸盐水泥	水	砂（D小于0.5mm）	H型复合早强剂
第一次	水泥砂浆	1	0.4	0.3	0.035
第二次	水泥浆				

在设计时，对于重要工程确定单锚杆竖直容许抗拔力时，应进行抗拔试验；一般工程可采用表6.1.13所示锚固土层的极限摩阻力值。

锚固土层极限摩阻力值 表6.1.13

土层名称	埋藏深度（m）	极限摩阻力（kPa）
褐黄色粉质黏土层	0～3	33
灰色粉质黏土层	1.5～7.5	43
灰色淤泥质黏土层	3.0～6.5	22
灰色粉质黏土层	6.5～14.0	22～40
灰色黏土层	14.0～20.0	32
灰色粉砂层	>20	64

当锚杆的使用年限在二年以上即为永久性锚杆时，安全系数可取 2.5；当使用年限小于二年即为临时性锚杆时，可取 1.5。

永久性锚固体轴心受拉最大裂缝宽度应控制在 0.2mm，可按公式（6.1.9）计算：

$$\delta_{f,max} = 2.1\psi \cdot \frac{\sigma_g}{E_g} \cdot L_f$$

$$\psi = 1 - 0.5 \cdot \frac{f_l}{f_g} \cdot \frac{A_s}{A_g} \qquad (6.1.9)$$

$$L_f = 1.04 + 0.23\frac{d}{\mu}$$

式中 $\delta_{f,max}$——锚固体最大裂缝宽度（cm）；

      σ_g——锚固体纵向钢筋应力（MPa）；

      E_g——锚固体纵向钢筋弹性模量（MPa）；

      ψ——二条裂缝间的纵向钢筋应力（应变）不均匀系数；

      f_l——砂浆抗压强度（MPa）；

      A_s——锚固体砂浆截面积（cm^2）；

      f_g——钢筋抗拉设计强度（MPa）；

      A_g——纵向钢筋面积（cm^2）；

      L_f——平均裂缝间距（cm）；

      d——钢筋直径（cm）；

      μ——纵向钢筋配筋率。

锚杆工程应验算整体抗浮稳定，其抗浮稳定安全系数可取 1.05。

锚杆受拉钢筋伸入到基础内的锚固长度应大于 35 倍受拉钢筋的直径。

本工程如采用压载抗浮技术，工程费用需 120 万元，采用锚杆抗浮新技术，降低到 58 万元，节约造价 50%；而且锚杆还能承受压力，当二次沉淀池使用满载时，沉降及不均匀沉降都大大减小，防止外接管道拉断。

抗浮锚杆施工设备都利用现成的，故此法值得推广应用。

2）斜锚杆

1986 年日本鹿岛建设株式会社承包上海展览中心北馆工程，最高部分 48 层，建设高度 164.8m，采用 50cm 直径钢管桩，共 2666 根。基坑面积 158.4m×131m，挖土深度 9.1m。为方便施工，缩短施工周期，采用斜锚杆试验，取得成功，并应用于工程。

该工程地层，自地面至地下 14.5m 为淤泥质粉质黏土，$\varphi=0°$，$c=25kPa\sim30kPa$；14.5m~20m 为淤泥质黏土，$\varphi=0°$，$c=40kPa$；20m~30m 为粉质黏土，$\varphi=°0$，$c=60kPa$；30m 以下为砂质粉土，$\varphi=0°$，$c=100kPa$。在基坑周围采用井点降水。

钢板桩用斜锚杆拉住。第一道锚杆离地面 2.5m，第二道在第一道下面 4m，试验锚杆与水平线的角度为 35°和 40°。锚杆长度分别为 51m 和 48.5m。锚固段设在地面下 14.5m 以下的土层，故自由段分别为 21.1m 与 18.8m。锚固体直径为 13.5cm。锚索由高强钢绞线组成，直径为 12.7mm，钢材的屈服强度为 1600MPa，锚索套入塑料管内，并灌入润滑油，以便在基坑挖土完成、基础工程结束拔除钢板桩时可将锚索在塑料管中拔出，以后可重复利用。在锚固段内埋设三块阻力钢板，其上有小洞，将锚索塑料管从一洞向下穿入，在对面小洞中向上穿出，阻力钢板在锚固段注浆后固定在其中，而锚索塑料管以阻力钢板为依托可以在锚头处张拉，完工后锚索又可从塑料管中抽出，这种构造是很科学的。锚固体一次注浆，压力为0.25MPa。

实验结果：当锚杆总长为51m时，6索单锚的设计荷载为470kN；当张拉力为设计荷载的1.5倍即705kN时，情况也是正常的。

该工地紧靠道路，51m长的斜锚杆将伸出道路红线而在道路下。虽然锚索可以伸出，但水泥锚固段及阻力钢板都留在地下，给建筑管理提出了新问题。

1987年宝钢二十冶分指挥部在上海太平洋大饭店基坑工程中试验斜锚杆锚固混凝土预制板挡土结构，取得成功并应用于该工程。

该建筑是一座大型高层建筑，地面以上29层，地面以下3层，基坑开挖面积约为6000m²，平面呈多边形，主要边长分别为80m及120m，开挖深度为12.55m～13.65m。施工场地狭窄，南部有正在施工的扬子江大酒店，基础距基坑仅8m，北面和东西面紧靠道路，距路边仅4m，如采用型钢支撑板桩，施工很困难，费用增加，工期延长。

该工地土质很差，地表下2m～20m为淤泥质粉质黏土，呈饱和流塑状态，三轴不排水剪力试验值 $\varphi=0°$，$c=16$kPa～17kPa，标准贯入阻力 $N=0$～2。20m～30m为淤泥质黏质粉土层，N 值为4倍左右。到70m左右为粉砂层，N 值大于40。锚杆锚固在 $N<2$ 的淤泥质粉质黏土层中，国际上先例不多，在国内系属首次开发。

斜锚杆除零道外共设四道，第一道为4索×30m，水平间距5m；第二道为4索30m长，间距为2m；第三道、第四道为5索35m长，间距均为1.86m。上下两道锚杆之间距离为2m。30m长的锚杆，锚固段长度为25m，自由段长度为5m。锚杆钢索由高强钢绞线组成，直径为15.2mm，钢材的屈服强度为1700MPa，在注浆体达到强度后用专用千斤顶进行张拉，建立对板桩及土体的预加应力，控制板桩的位移。4索钢绞线组成的锚杆容许拉力取值为700kN，张拉控制拉力为1000kN。本工程共用锚杆219根。

锚杆由从意大利引进的专用钻机施工，套管外径为168mm。主要施工工艺为：钻干在套管内水冲钻进；拔出钻干；插入锚杆注浆管及钢索；进行第一次注浆，水泥浆的水灰比为0.45，注浆压力为1MPa～1.5MPa。在锚固段与自由段间设置土工织布堵浆袋，当锚固段第一次注浆满后，将注浆管从洞底拨至堵浆袋，向袋内注浆，压力提高到2MPa，起扩孔作用，防止第二次注浆时漏浆。当第一次注浆停放一昼夜左右，水泥浆的抗压强度已达3MPa，即可进行第二次注浆，压力逐渐提高到6MPa，将第一次压注的并已凝固的水泥浆胀裂，利用高压把水泥浆穿过裂缝压向钻孔壁，使局部范围内得到扩孔，注浆2～4min后即可暂停，把注浆管上拔50cm，这样注一段，拔一段，再注一段，直到锚固段注完，锚固段即成"糖葫芦"状。采用二次注浆的锚固能力，可由一次注浆的440kN提高到1000kN，提高达一倍以上。

本基坑工程的施工过程大致为：采用井点降水，开挖至-4.9m，打入长度16m、厚度为45cm的混凝土预制板桩，在板桩上部设置第一道锚杆，以后逐次挖土至-6.9m、-7.9m、-10m，分别设置2～4道锚杆，锚杆的倾斜角度为30°～35°。采用锚杆板桩支护方案开挖基坑，可使基坑内无支撑，即可节省支撑钢材，且便于挖土机直接下坑作业，对大面积基坑开挖可简化施工工序，加速施工进度，同时具有良好的经济效果，按当时价格初步估计，用本法的支护系统直接费用为1.35万元/m，比钢板桩加钢支撑系统每延长米至少可节约 1 万元左右，本工程可节约 260 万元。

根据现场实测，由于软土的蠕变引起锚杆应力损失二个月约为 10%，且很快趋于稳定，板桩锚住后半年之久位移稳定，锚杆应力长期稳定不变。

上述两个以斜锚杆锚住板桩的实例开拓了工程界对锚杆在软土应用的视野。一般来说，在软土中的锚杆是很长的，可能要超出道路红线或进入邻近建筑物的地基中，但任何地基加固和处理方法都有一定的适应范围。可喜的是上海地区近年来对深基坑支护方法的试验研究的积极性很高，探索并试验成功了许多新的技术，如斜锚杆、钻孔灌注桩、地下连续墙、水泥土搅拌桩等，并在积累经验和技术经济分析的基础上，确定了各种方法的适用条件以及选择出因地制宜具有优势的方法，研制并开发了基坑工程支护结构设计分析软件，并编制了相应的基坑设计规范。

8. 边坡稳定

老规范也是采用简单条分圆弧法进行计算，但抗剪强度采用固结快剪峰值的 70%，安全系数采用 1.0～1.2。

近年来为修订规范，上海市政设计院对已建的较多稳定边坡与若干产生滑动的边坡进行复核分析，提出了新的见解，并为同行专家接受。认为采用固结快剪峰值及安全系数为：对于一般工程 1.25～1.30，对已建构筑物进行复合验算时，采用 1.25；进行设计时，采用 1.30，对于重要工程，安全系数也可提高 10%，及分别为 1.375 和 1.43。

根据各类土的抗剪强度实验，认为黏质粉土及砂质粉土等渗透性大的土，快剪和固结快剪试验结果接近于排水剪；对于粉质黏土及黏土等渗透性小的土，则快剪和不排水剪以及固结快剪和固结不排水剪试验结果较为接近。对于天然边坡和板桩岸壁等的稳定验算，当使用总应力法时，推荐使用固结快剪试验所得的强度指标验算边坡稳定。

对于较多稳定的边坡进行复核，采用固结快剪峰值，安全系数最小为 1.23，一般均大于 1.35。对于若干产生滑动的边坡进行分析，安全系数大多为 0.92～1.17，只有个别为 1.20～1.30，故这套计算方法得出的结果较为合理。

如果采用直剪快剪抗剪强度峰值指标，安全系数在 0.81～1.16 之间，平均在 0.94；对于滑坡实例核算，安全系数在 0.51～0.91 之间，一般在 0.9 以下。可见采用直剪快剪指标较不合理。

对于黄浦江防汛墙 127 段的断面进行复核，采用固结快剪峰值计算，安全系数 $K > 1.57$，占 26%；$K = 1.43～1.57$，占 21%；$K = 1.375～1.43$，占 12%；$K < 1.375$，占 41%。如果采用固结快剪峰值的 70% 计算，则安全系数要小得多，大多小于 1.2，有的小于 1.0，显得太小。

对老规范做这样的修改，不仅较为合理，而且节约工程费用，有显著的经济效益，黄浦江防洪墙工程是重大工程，以当时价格费用可能超过 10 亿元，按修改后的指标计算估计节约 2 亿元。

9. 井点降水

上海地区在地表下 1m 左右就见到地下水，故开挖较深基坑必须采取井点降水，对基坑边坡的稳定也是十分有利的，近年来外地单位到上海承包基础工程，有的不熟悉上海的工程经验，开挖基坑时未采用井点降水，发生了坍方事故，在坑底作业的工人来不及避开而导致伤亡。故在上海地区开挖较深基坑，决不能掉以轻心。

轻型井点适用于渗透系数为 $10^{-3}\,cm/\sim10^{-6}\,cm/s$ 的土层。近年来试验和开发了水射泵，较过去常用的真空泵有较多优点，机械真空泵是干式泵，只适用于抽气而不能直接抽水，所以机组中设置有水气分离筒，再利用离心泵将进入水气分离筒的地下水排出，因而抽汲高度受离心泵的吸水扬程的限制而只能达到 $6.0m\sim7.5m$，水射泵是直接抽汲地下水的，抽汲高度可达到 $8.0m\sim9.5m$，如将水射泵落深放置，还可超过一些。

如土层的渗透系数小于 $10^{-6}\,cm/s$，可采用电渗降水。

如基坑临近有已建建筑物，为防止降水对它的不利影响，可采用回灌措施。

喷射井点适用于渗透系数为 $10^{-3}\,cm/s\sim10^{-6}\,cm/s$ 和要求降低地下水位 $8m\sim20m$ 的粉砂、砂质粉土、黏质粉土、富含薄层粉砂夹层的淤泥质粉质黏土和黏土等土层。

10. 地下连续墙

地下连续墙挡土结构的常用形式有单道或多道支撑（或锚）式墙，格形半重力式、π形重力式墙及竖井（圆形、方形或矩形）等。

某大型浮法玻璃厂的全地下式大型熔窑深基坑的平面尺寸达 $90m\times50m$，开挖深度达 $13m$，是上海最大的深基坑工程之一，且深坑建成后，工艺上不允许在坑内留有任何永久性的水平支撑或隔墙。该工地地面以下 $20m$ 深度内的土层依次为素填土、杂填土、吹填土（高灵敏性、易触变）、暗浜淤泥层、淤泥质黏土及粉质黏土等，$20m$ 以下有一层 $3m\sim4m$ 厚的砂质粉土夹淤泥质黏土，再往下是淤泥质粉质黏土，上海地区常见的暗绿色黏性土硬层此处缺失。本厂是中外合资的企业，据外方在全世界范围内业已建成的 80 多条浮法生产线的资料表明，在如此软弱、含水饱和的淤泥质土层中建造这样大型的熔窑尚属首例。熔窑坑四周的地面构筑物比较密集，其基础主要是桩基，从技术上都要求沉设在原状土层中，也即不要将大量桩基设置于深层土方开挖后造成的回填土中；而且为确保中外合资合同所规定的在一年多一点时间内完成这项大面积的深基坑工程，必须安排深坑开挖和邻近建筑物基础打桩同时进行，上述要求都增加了深坑工程的技术难度。经多方案的技术经济分析和论证，采用了格形半重力式地下连续墙方案，该方案比较稳妥可靠，无须动用大量外汇引进材料、设备或由外方承包，国内施工单位已掌握 T 形槽段及刚性接头等施工技术。格形半重力式地下连续墙体系，由若干单元板墙块组成，每个单元板墙块可分为内墙、外墙、剪力墙三部分。内墙为主要挡土结构，外墙相当于锚墙，剪力墙两端为刚性接头，把内外墙联成一体，组成空间结构，内外墙的距离最大为 $13m$，最小为 $9m$，内墙为 "T" 形槽段，每个标准 "T" 形槽段，翼墙长 $2.5m$，厚 $0.8m$，深 $15.1m$，其抗弯能力约为直线形槽段的 4 倍，外墙厚 $0.6m$，由 "T" 形槽段和直线形槽段间隔组成。剪力墙厚 $0.6m$，两端连缝处，特殊设计了穿孔钢板形式的刚性接头。本工程由上海市基础工程公司施工，获上海市 1987 年重大科技进步奖一等奖，刚性接头已申请专利。

大型 π 形重力式地下连续墙是国际贸易中心大楼深基坑开挖的支挡工程，由于上海市基础工程公司以比外国公司低得多的造价中标施工。该大楼系中外合资建造的具有国际一流水平的综合大楼，地上 37 层，地下二层，地下室平面尺寸为 $116.2m\times63.4m$，开挖深度是 $10.3m$。大楼东临扬子江大酒店，基地红线距其地下车库仅 $6m$，车库下无桩基并已先行施工。东北临太平洋大饭店。南侧为通往虹桥机场的重要干道，西侧为新建道路，两条道路下地下管线密集，故深基坑施工的环境条件相当复杂，技术难度较大。地表下 $3m\sim36m$ 深度内均为饱和淤泥质黏性土，是市区地基土条件最差的地区之一。大楼的基础型式为大型箱形基础加桩基，其打入 Φ609.6×11mm 长 64m 的进口 SKK-41 钢管桩 681 根，桩尖入土深度达到 74m，包括送桩 10m，设计要求土方开挖后的桩顶平面偏差小于 10cm。围护结构方案曾比较过放坡大开挖，刚板桩支撑系统，混凝土板桩加土锚护壁，深层水泥搅拌加固地基法等，以 π 形地下连续墙方案在技术经济上较合理。墙身设置在地下室外围，为减少地下室边桩送桩 10m 对地下室连续墙成槽施工的影响及地下连续墙在深坑开挖后的结构变形对桩位的影响，决定地下连续墙的平面内净尺寸为 120.2m× 67.4m。π 形地下连续墙的单元槽段由一段翼墙和与之正交的二段肋墙组成，墙厚均为 60cm。单元槽段的长度为 6.34m，肋墙间距（墙中～墙中）为 3.17m，肋长（不包括半圆形端头）为 1.8m。翼墙（周边墙）的成槽深度为 23.5m，比墙内设置内撑系统的稍深一些，以防止土体滑动和基底隆起。肋墙深度为 18.5m，比周边墙浅 5m。墙顶标高均在天然地面下 3.8m 左右。为增加墙体结构的整体性和水平刚度，减少水平位移，在地下连续墙顶部设置 50cm 厚 4m 宽的钢筋混凝土板式锁口圈梁，其平面形状为四角带斜撑的矩形框架，钢筋混凝土斜撑的断面尺寸为：厚 50cm，宽 100cm。斜撑的设置，将 120m 左右的长边分成约 16.5m+87m+16.5m 三跨，68m 左右的短边分别成约 16m+36m+16m 三跨，故整个圈梁的水平刚度得到加强。土方施工采用中心岛式的开挖方案，整个施工过程分为三个阶段进行：第一阶段为沿基坑内壁保留一圈土堤的大开挖，即先挖中心岛部分的土方，10.3m 深度分两期开挖（约 3.8m+6.5m），由于坑内无支撑，故挖土机械及运土车辆均可直接下坑作业，施工方便，工效高，进度快。第二阶段为待中心岛部分的钢筋混凝土底板（包括底板上挑出的牛腿）浇筑完成并达到设计规定强度后，便可在地下连续墙上部与底板牛腿间设置 Φ609.5×11mm 的临时钢支撑，平均长度约为 12m，间距为 3.17m，并在支撑作用下挖去全部护壁土堤，至此时坑内土方可全部挖去。第三阶段则将中心岛部分的钢筋混凝土底板扩大浇筑至地下连续墙边，待后浇底板部分的混凝土达到设计规定强度后，即可拆除全部钢支撑，至此便形成围护大面积地下室施工的悬臂挡土结构。上述三阶段工况可根据施工设备、材料供应、劳动力配备等情况，在整个平面上分段开挖及浇筑混凝土，进行交叉流水作业以节约支撑材料和加快工程进度。整个施工过程还可以在及时掌握监测数据（如墙顶位移、墙体变形、支承应力等）的情况下进行信息化施工。π 形地下连续墙是格形地下连续墙围护大型深坑开挖技术的新发展，其主要特点是结构的占位尺寸小，仅为同样深度格形地下连续墙 20%～30%，墙体的折算厚度较小，约为格形地下连续墙的 50%～60%，故在深度为 10m 左右的大型基坑开挖中，其经济效益及对场地的要求均优于格形地下连续墙；但对深度在 13m～14m 以上的软土层大面积开挖，格形地下连续墙的安全度和可靠性方面仍有其独特的优势。

某大型钢厂的热轧铁皮坑是一座内径 25.1m、外径 27.5m 的圆筒形钢筋混凝土构筑物，坑内挖土深度为 32.18m，由于邻近厂房结构，已建于软土地基中，不宜进行大开挖施工，也不宜做深井施工，为此沿铁皮坑外径用地下连续墙筑起挡土墙，然后在墙内挖土，进行铁皮坑构筑物的本体结构施工。地下连续墙平面为 32 边多边形，外切圆直径 30.08m，内切圆直径 27.54m，墙厚 1.2m，墙深 50.7m，槽段长度 9.72m，这样又深又厚的地下连续墙在国内算是首例。

上述三个大型地下连续墙工程，为防止成槽时槽壁坍方以及为了基坑挖土时土坡的稳定，都采用了井点降水。

11. 沉井

上海地区采用沉井较多，最大内径达 64m，最大深度 30 多米。在建筑第一条黄浦江水底隧道时，岸边段用很多沉井（长度约 30m）间隔下沉连接起来，成为几百米长的隧道，相邻沉井的标高差小于 5cm。对薄壁沉井的助沉和防止厚壁沉井的突然下沉（几秒钟内自动下沉 3m 多），均有有效措施，在技术经济方面比钢板桩支撑系统或沉箱优越。但是，近年来地下连续墙取得了丰富经验，在一定条件下，替代了沉井。

12. 隧道工程

上海地区的圆形断面的隧道工程采用盾构法施工，使用盾构约 19 台，盾构外径为 3.5m～11.3m，每条隧道的长度为 68m～2960m。黄浦江越江隧道的盾构外径最大，为 11.3m，地下铁道试验段盾构外径为 6.4m，排水隧道、过江电缆隧道盾构外径为 3.0m～4.35m。出海、出江排水隧道在出口处还设置垂直顶升口，是探索成功的创新技术。

延安东路越江隧道是第二条黄浦江水底隧道，全长 2261m，其中采用盾构法施工的圆形隧道长 1476m，除去竖井部分，圆形管片隧道实际长度为 1441m。盾构外径为 11.3m，衬砌为 8 块钢筋混凝土预制管片组合而成，并用纵横向螺栓连接，外径为 11.0m，内径为 9.9m，管片厚度为 0.55m，采用 C50 高强度混凝土制成，预制管片生产时采用高精度钢模，其几何尺寸精度可达±1mm。盾构的开挖面构造采用网格型半挤压式，胸板上开有液压启闭的闸门，推进时根据需要开启闸门，网格切土，通过闸门进土，以水力冲搅成泥浆，由水力输送排出泥浆。盾构内装有 48 只 2250kN 的千斤顶，可同时或分别驱动，顶在盾构尾部已拼装好的管片上，推动盾构前进。全部启动时最大推力可达 108000kN。

黄浦江第一条水底隧道，即打浦路隧道，1970 年建成通车对开发浦东地区，改善过江条件，尤其在大雾、台风来临时，轮渡停航，使市民安然过江，有很大的经济效益和社会效益。但是，最初设计试验和施工都缺乏经验，管片接缝采用环氧树脂，其粘结性能及抗压强度虽很好，但呈脆性，经不起隧道的不均匀沉降。加上施工时正值"十年浩劫"，乱改图纸，把设计的沉降缝也取消，因此接缝处开裂点及漏水点很多，隧道与竖井的接头处渗水量大，部分管片内的钢筋长期受水分及潮气的侵蚀，生锈膨胀致使混凝土保护层不断剥落，部分电缆长期浸泡水中，曾多次出现事故苗子。从这个教训可见，对隧道的不均匀沉降不能掉以轻心。虽然从静态分析，隧道挖去的土重远较衬砌和营运后车辆的重量大得多，隧道底的土体上未增加荷载，但隧道在施工中对土体的扰动会引起沉降，其数值可达几十厘米，细长的隧道的不均匀沉降相当可观，国外资料及国内教科书上对此强调不够，而我们是以很大代价得到这个观点和结论的。

黄浦江第二条隧道建设中根据第一条隧道的经验教训，做了较多改进：对接缝防水工艺试验采用了三道防线方案，第一道采用氯丁橡胶弹性密封垫，由于它是首道防水线，是至关重要的关键防水措施，经过大量试验并不断改进，使弹性密封垫在十字缝拼装时，即使环缝拼装发生 20mm 误差，环缝张开 5mm，纵缝张开 8mm 时均能抵抗 0.8MPa 水压。第二道防水措施是在管片内面接缝处做成膨胀水泥嵌缝沟槽。第三道防水措施是在管片各环向、纵向接缝内留有后期注浆孔槽，为将来长期变形后可能还有意外漏水时，可以采取压注遇水膨胀的堵漏材料。根据打浦路隧道在竖井与隧道存在较大沉降差的情况，在连接处做成有一定变形余地的柔性接头；在隧道纵向可能出现较大沉降差的位置，如地基土性不同处，也设置了变形缝。根据隧道完工后的观察，防水质量有很大提高，消除了漏泥情况，仅在隧道与竖井接头处 10m 范围内还有滴漏现象，经过第二道防水措施处理后，对全部管片进行监测统计表明，漏水量每昼夜仅 $0.024L/m^2$，达到基本无漏水、局部有渗水的要求。还有较多突出的改进，例如，对衬砌封顶管片的拼装，改变过去环向顶出的"内八字"形式，成为纵向插入"外八字"方案，防止了封顶管片向内的位移。盾构尾部密封装置采用引进技术的钢丝刷加密封油膏的方案，减少了损坏。隧道内出土方式采取水力机械密封管道输送方案，改变过去采用大刀盘接刮板运输机，再装入盛土箱用电机车拉出隧道，以致隧道中泥泞不堪的状况，不仅改善了劳动环境，而且有利于保证管片接缝防水质量。

　　越江隧道采用盾构法施工，在岸边段发生地面沉降是难以避免的。在浦东盾构推出竖井 60m 范围内，虽采取了加气压、软土分层注浆、用盾构前面液压启闭闸门控制开挖面进土量等措施，轴线上地面最大沉降量（包括降水影响、施工沉降和固结沉降）仍达 60cm。当盾构推进到浦西，由于进入市区密集建筑区，采取附加适量气压，加强盾尾后压浆，防止盾构后退，严格掌握出土量，尽量减少纠偏幅度等一系列精心施工措施，当盾构上土层厚 10m（约 1.0 倍盾构直径）及地基未经处理的情况下，地面最大沉降量（包括施工沉降和半年固结沉降）达 35cm，沉降槽宽度约为 45m。因此，即使在精心施工条件下，盾构在建筑物下穿过，或在建筑物侧面经过，引起建筑物较大沉降和变形仍是一个严重的问题，一般建筑如果地基未经特殊加固是无法承受的，尤其当覆土较薄（<0.5 倍盾构直径）时，盾构推进扰动引起地层水平位移对建筑物的危害性更大，因为一般建筑结构承受竖向不均匀变形能力比水平向承受能力强得多。

　　第二条越江隧道与第一条隧道不同，在浦西有很多建筑物。因此，必须试验和应用地基加固措施。在岸边，有一座 48.65m 高的气象信号塔，是近代保护建筑，盾构在塔的侧面 14.5m～25m 处通过，采用树根桩群减少盾构施工时土体水平位移对塔身的影响，由于上海地区海相成因的软土沉积地层中存在不同程度夹有薄层粉砂的情况，水平向渗透系数比竖直向大数十倍，故在小直径钻孔灌注桩（树根桩）内压浆时，使水泥浆扩向桩体四周的土体内，单桩所压入的浆液常常超过理论计算体积的三倍，故控制好树根桩间距后，可以形成以桩身为主柱的"隔墙"，不但可以承受土体的侧向压力，还起到抗渗、防流砂和抵抗土体水平变形的作用。桩的钻孔直径为 20cm，内放 $4\Phi25mm$ 钢筋，桩中心间距为 30cm，前后两排间距 60cm，桩长 30m，共 94 根，形成一道长 14m、厚 60cm 的钢筋混凝土墙。在墙顶浇注一道 $1.0m \times 1.0m$ 的钢筋混凝土梁，把所有树根桩连成一体，再在墙体后面 16m 处设置二群锚桩，也是和前面同样尺寸的树根桩，锚桩共 46 根，用 $\Phi50mm$ 的圆钢作拉杆与前面墙体相连，以减少盾构在塔身木桩基础下侧向经过时，可能引起树根桩向隧道方向的水平位移。由于树根桩"隔墙"的保护，塔尖偏斜最大值仅 3.6cm，倾斜度仅 2.55°，工程费用为 46.2 万元。此方法还在盾构经过一仓库侧面时使用过，也取得较理想的效果。

　　此外，还试验应用软土地基分层注浆法，对盾构出洞的竖井外土体加固，防止竖井外土体向井内坑底管涌，减少地面建筑及地下管线因盾构施工引起的沉降等，都起到了良好的作用，但加固费用较大，往往一处达数十万元，故在使用时应考虑经济效益，对被加固建筑物使用的重要性和社会效益进行全面权衡。

　　隧道施工也可采用沉管法，此法也称作预制管段沉放法。先在隧道址以外的预制场

（多为临时干坞，亦有利用造船厂的船台）制作矩形断面的钢筋混凝土的隧道管段，每节管段长度 60m～140m，多数 100m 左右，最长达 268m。管道两端用临时钢封墙密闭，制成后用拖轮拖运到隧址指定位置上。此时在隧道纵向轴线方向已挖好一个水底沟槽，以接收管段的沉放。待管段定位就绪后，往管段里灌水压载，使之下沉，然后与前面已沉设完毕的管段在水下连接起来，利用管段后端的巨大水压力，使安装在管段前端端面周边上的一圈橡胶垫环发生压缩变形，并构成一个水密性良好的管段接头。如此循序进行，完成整个水底隧道，再覆土回填，然后将隧道内的水抽去，在隧道内用压砂法或压浆法使槽底表面与管段底面间存在众多不规则空隙得到充填整平。此法与盾构法比较有很多优点，例如，断面为矩形，空间可充分利用，同时可容纳 4～6 车道，最多达 8 个车道；而用盾构法建成的圆形隧道，内径虽将近 10m，但空间不能充分利用，只能设二车道，如需四车道，还需增建一条隧道，不经济，且盾构施工时，要求隧道顶上覆盖土厚 6m，隧道较长，也增加工程费用。又如管段在干坞内制作，混凝土质量容易保证；接头少得很，黄浦江一般宽度 500m，如每节管段长 50m，则接头不到 10 个，防水质量也容易得到保证。当然，沉管法施工时要得到港务部门的合作，对航运的干扰减少到最小程度。

关于地下铁道区间隧道的施工方法只能采取盾构法，但盾构对前面土体的开挖有各种方法，要选择地面沉降尽可能小的方案，尽量减少对穿越的地下管线和建筑物的影响和损坏，因为地下铁道建设在道路下管线密集和建筑物密集的市区。过去常用的网格加气压的方法不太理想，因为难以满足上述要求。土压式盾构的开挖面装有旋转的刀盘以切削土体，避免了网格对土体的挤压，刀盘后有用隔板加以密封的土仓。被刀盘切削下来的土片充满土仓形成土压力，与开挖面前的土水压力相平衡，并减少地面沉降。土仓内的土逐渐用螺旋输送机排送至盾构外，运出隧道。

在基坑工程下部进行盾构施工可能会造成不利影响，一旦盾构施工控制不当，盾构前方土体积聚及盾构过后地层损失过大，将引起开挖见底的深基坑的一系列问题：①围护结构沉降或侧向变形过大，引起围护结构接缝错开，造成基坑围护结构渗漏水；②对于上海地铁车站普遍采用的"叠合墙"设计，深基坑地下连续墙围护沉降变形过大，围护上的接驳器与主体结构的底板、顶板主筋无法连接；③盾构施工引起周边地层应力、位移场发生变化，使得围护结构向基坑内移动，降低了基坑稳定性，甚至导致基坑失稳。因此，如何考虑和处理盾构施工与基坑支护之间的相互作用问题关系到整个工程的安全与顺利进行，故有必要对盾构在基坑底下推进后的变形规律进行分析研究，指导后续工程施工。

上海市地铁 10 号线同济大学站至国权路站区间长 690.4m，采取了上下双层隧道的布置方式。其中上下并行的纵向距离为 630.0m，最下部为采用双线盾构施工的地铁隧道，上一层为采用基坑开挖施工的公路隧道。盾构隧道外侧与基坑地下连续墙外侧的净距 D 约为 2.0m，暗埋段公路隧道底板底与地铁隧道顶的距离为 6.1m～9.3m。基坑暗埋段围护结构采用 0.6m 厚地下连续墙，设计墙底到地铁隧道顶的竖向间距 S 不小于 1.5m，以减少盾构推进时地下连续墙的沉降。横剖面如图 6.1.9、地连墙与隧道底的相对位置如图 6.1.10、平面位置与纵剖面分别如图 6.1.11 与图 6.1.12。沉降点沿基坑纵向间隔 25m 布点，以观测地下连续墙顶部沉降变化规律，如图 6.1.13。除进行现场实测外，通过数值模拟进行了较为详细的参数研究，采用的土层力学指标如表 6.1.14。

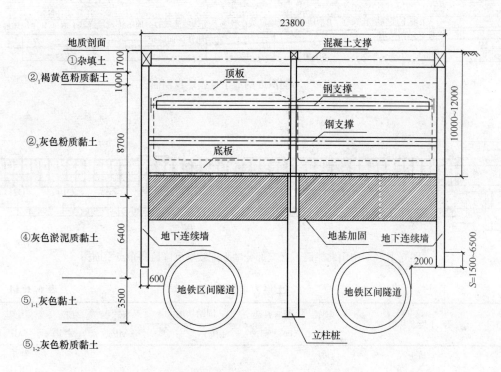

图 6.1.9 同济大学至国权路站双线隧道与中山北二路下立交横剖面图

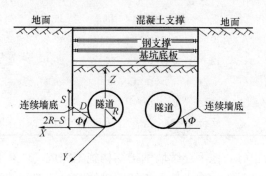

图 6.1.10 地下连续墙与隧道底的相对关系

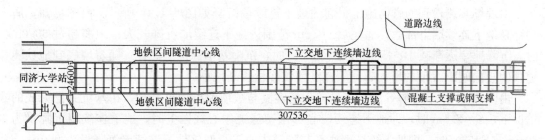

图 6.1.11 同济大学站至国权路站双线隧道与中山北二路下立交平面图

图 6.1.12 不同深度的地下连续墙纵剖面图

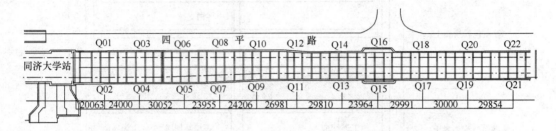

图 6.1.13 中山北二路下立交部分地下连续墙沉降监测布点平面图

土层力学指标　　　　　　　　　　　　　　　表 6.1.14

层序	土层名称	层厚 (m)	渗透系数 $(cm \cdot s^{-1})$	固结快剪		E_{50}^{ref} (MPa)	E_{oed}^{ref} (MPa)	E_{ur}^{ref} (MPa)
				c (kPa)	φ (°)			
①₁	填土	1.80	—					
②₁	褐黄色~灰黄色粉质黏土	1.22	5.0×10^{-6}	18.0	21.5	5.92	5.92	17.76
②₃	灰色砂质粉土	4.70	3.0×10^{-4}	8.0	28.5	7.40	7.40	22.20
④	灰色淤泥质黏土	6.07	1.5×10^{-6}	13.0	11.5	2.18	2.18	6.54
⑤₁₋₁	灰色黏土	3.54	3.0×10^{-6}	16.0	12.5	2.84	2.84	8.52
⑤₁₋₂	灰色粉质黏土	12.00	3.0×10^{-6}	16.0	20.0	4.35	4.35	13.05
⑤₂	黏质粉土	4.24	3.0×10^{-4}	13.0	28.5	5.38	5.38	16.14
⑤₃	灰色粉质黏土夹砂	8.13	3.0×10^{-5}	15.0	21.5	4.43	4.43	13.29
⑤₃	粉质黏土	2.77	2.0×10^{-5}	52.0	14.5	6.71	6.71	20.13

工程施工工况分为：（1）地下连续墙围护结构施工完成；（2）明挖法开挖至设计坑底深度；（3）底板未浇筑，双线盾构沿地下连续墙轴线方向下部穿越深基坑；（4）公路隧道底板及边墙等结构施工。

由现场实测得到的盾构施工引起的地下连续墙沉降如图 6.1.14 所示。由图可知，盾构穿越地下连续墙下部后，盾尾后 60.0m 范围内地下连续墙沉降较大；距离超过 60.0m 时，沉降速率逐渐减小；距离达到 100.0m 时，沉降基本稳定。此外，随着墙底到地铁隧道顶的竖向间距 S 值的增大，地下连续墙沉降量逐渐减小。

由图 6.1.15 给出的 S 与沉降量的现场实测与数值模拟结果可知，在基坑开挖完成的情况下，$S=2.5m$ 时，即地下连续墙底部位于隧道中心线以上时，地下连续墙沉降量为 30mm；$S=3m$ 时，即地下连续墙底部与隧道中心平行时，地下连续墙沉降量为 5mm；$S=6m$ 时，即地下连续墙底位于隧道底部时，地下连续墙沉降量为 1mm。

为进一步研究，定义 Φ 为地下连续墙底和地铁隧道底部中心点连线与水平线构成的

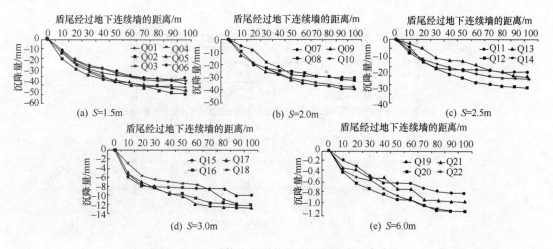

图 6.1.14 盾构施工引起的地下连续墙沉降曲线

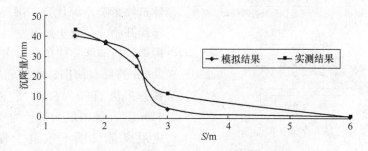

图 6.1.15 S 与地下连续墙沉降量的数值模拟与实测结果对比

夹角，即 $\tan\varPhi＝$（地铁隧道直径$-S$）／（地铁隧道半径$+D$），如图 6.1.10。通过数值模拟并结合现场实测发现：当 $S\geqslant 6\mathrm{m}$ 时，即 $\varPhi\leqslant 0°$ 时，地下连续墙沉降量基本为零；当 $3\mathrm{m}\leqslant S＜6\mathrm{m}$ 时，即 $0°＜\varPhi\leqslant 32°$ 时，随着 $\varPhi$ 不断变大，地下连续墙沉降量逐渐增大，最大沉降量为 5mm；当 $0\mathrm{m}\leqslant S＜3\mathrm{m}$ 时，即 $32°＜\varPhi\leqslant 51°$ 时，随着 $\varPhi$ 不断变大，地下连续墙沉降量逐渐增大，最大沉降量为 40mm；当 $S＜0\mathrm{m}$ 时，即 $\varPhi＞51°$ 时，地下连续墙沉降量达到最大，沉降量大于 40mm。图 6.1.16 表示了 $\varPhi$ 与地下连续墙墙沉降的关系曲线。

针对双线盾构平行推进穿越深基坑底部引起地下连续墙沉降的类似工程，有如下建议：（1）将地下连续墙深度设置在 $\varPhi＝32°$ 的位置；（2）基坑底板浇筑并达到设计强度后再进行下部盾构隧道开挖，以减小地下连续墙的沉降量；（3）基坑底板留设注浆孔，自盾构开挖开始，依据沉降

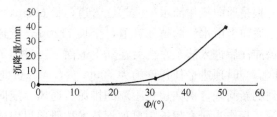

图 6.1.16 $\varPhi$ 与地下连续墙墙沉降的关系曲线

观测对基坑底板下土体注浆，以达到控制基坑底板沉降的目的。图 6.1.17 与图 6.1.18 分别为该工程采用的注浆孔布置形式与注浆孔剖面图。

13. 水下超长距离顶管技术

水下长距离顶管是在地下水位下的土层中长距离顶进管道的技术，很多在江河底下顶进，无需挖槽或在水下挖泥，也不用井点降水。与盾构法相比，在一定的管径范围内，具

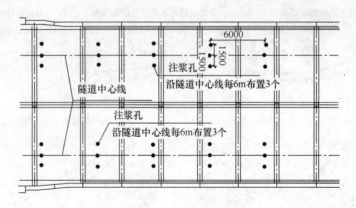

图 6.1.17　注浆孔平面图

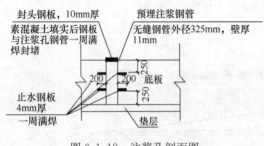

图 6.1.18　注浆孔剖面图

有施工速度快、质量好、造价低和对地面建筑物影响小等优点。国外自 20 世纪 70 年代开始，在软土地区发展很快。据信息检索，目前能完成单向一次顶进长度超过 500m 的只有德国、中国和美国。在美国顶管最大直径为 4m，最长顶进距离为 640m。在德国最大管径为 4.2m，最长顶进距离是汉堡下水道工程中的一次顶进 1200m。

上海市特种基础工程研究所为主研究的水下长距离顶管技术，于 1981 年在浙江镇海穿越甬江的顶管工程中，采用一只三段双铰型工具管和五只中继环将管径为 2.6m、壁厚为 24mm 的钢管，在地层深处从甬江的一岸向另一岸推进 581.9m，首先获得成功，创造了我国顶管史上的新纪录。三段双铰型工具管获国家发明三等奖，水下长距离顶管技术获上海市重大科技成果一等奖。从此这种技术在上海广泛采用，1986 年有四根钢管管道先后开工穿越黄浦江，其中两根是煤气管道，直径为 2.4m，长度各为 694m 和 654m，均在当年先后获得成功；另两根为黄浦江上游引水工程中的输水管道，管径均为 3.0m，其中一根是通向杨树浦水厂的越江管道，长 690m，于 1987 年 1 月穿越成功；另一根输水管道是通向南市水厂的越江管道，全长 1120m，管道从浦西的工作进顶出后，顶进 450m 穿越黄浦江后进入浦东，往后在陆上地面下顶进约 700m 范围内要穿越一个溶剂厂和大片居民区。当时顶进最佳长度约为 700m 左右，超过此长度称为超长距离顶管，需要研究试验遇到的新问题，例如超长距离的排泥、通风、定向测量、供电、补浆等问题，故南市水厂顶管工程作为研究超长距离顶管技术科研项目中试工程进行的，由上海市特种基础工程研究所负责技术，上海市基础公司负责施工，历时约七个月的试验，采用合理的措施，解决了上述技术问题，获得中试成功。管道焊接质量一次合格率为 97.7%，其中一级片占 74%，管道终点偏差为：偏下 1.3cm，偏左 16.3cm，管道轴线除过江段最大偏差为 34.4cm，其余部分为 26.8cm，管道最大椭圆度为 4.0cm，工程质量达到优良，最高月顶进长度为 224m，无中继环顶进长度为 382m。中继环控制采用微机。由于精心施工，严格遵守操作规程，保证管道顶进与出泥为等体积置换，因此地面沉降很小。顶管施工结束后不久，根据地面十个观测点的观测，最大地面沉降为 15.4mm，平均 6.9mm。一个月后又进行观测，最大的地面沉降为 23.3mm，平均为 12.4mm，避免了大量建筑物的拆迁，而且进行了实地走访，溶剂厂和居民对地下有管道穿过毫无觉察，故超长距离顶管新技术取得很好的经济效益和社会效益。

14. 城市地基与基础的综合研究

20 世纪 60 年代上海市规划建筑管理局在全市组织工程地质普查工作，将各勘察单位在上海地区勘察得到的钻孔和土工试验资料尽可能地集中，并得到各勘察单位的支持和协作，补充了一定勘察工作量，研究编制工程地质图集的方法，最后确定了反映软土地基特点的，以变形控制计算地基容许承载力为主要内容的工程地质图集，范围除市区外还包括郊县城镇和工业区，比例为 1/10000，为城市规划和工业与民用建筑设计提供了必需的工程地质资料。利用这本图册，可缩短勘察周期和节约勘察费用，有较好的经济效益和较高的制图科学的水平。1963 年印制出版第一版，以后陆续补充了新的工程地质资料，不断扩充图集的内涵。1984 年城乡建设部推广了这种编制研究工作，现在天津、深圳都编制了这种图集。

60 年代组织了全市有关勘察、设计单位的大协作，总结了工业、民用、市政工程方面地基与基础的经验，研究编制了《上海市地基基础设计规范》，1975 年又进行了修订，1978 年获上海市重大科技成果奖，近年来根据新的科研成果和经验总结，又先后进行了多次修订，分别于 1989 年及 2010 年更新出版。研究编制地方性地基基础设计规划对保证工程质量、节约工程费用和提高科技水平都起了积极作用。目前天津、深圳等多地也编制了这类规范。

6.1.3 天津塘沽新港区软土的特性

天津塘沽新港区地基土系第四纪全新世滨海沉积，地面下 2m～4m 多为吹填土和杂填土；地面下 10m 左右有较厚的淤泥质土层，含水量多在 50% 左右，孔隙比达 1.6，压缩性高，渗透性很低，竖向渗透系数为 1.2×10^{-7} cm/s～7.3×10^{-8} cm/s；再往下至 18m 左右大多为黏土和粉质黏土，含水量和孔隙比逐渐减小，夹薄层粉砂；18m 以下为砂质粉土，为桩基的良好持力层。各土层的一般物理、力学性指标如表 6.1.15 所示。

天津塘沽新港各土层物理力学性指标　　　　　　　　表 6.1.15

土层名称	厚度(m)	含水量(%)	重度(kN/m³)	饱和度(%)	孔隙比	液限(%)	塑限(%)
淤泥质黏土(粉质黏土)	4	38～58	16.7～18.0	96～100	1.09～1.60	34～45	17～22
黏土(粉质黏土)	2	26～60	18.4～19.5	94～100	0.76～1.09	25～36	13～18
淤泥质黏土	5	47～56	16.9～17.6	98～100	1.32～1.54	42～55	21～26
黏土(粉质黏土)	6	28～47	17.6～19.5	96～100	0.79～1.27	28～43	15～22
砂质粉土、粉砂	地面下 18m 以下	25	20.1	99	0.69	23～29	17～23

土层名称	塑性指数	相对稠度	固结快剪		快剪		压缩系数
			c(kPa)	φ(°)	c_u(kPa)	φ(°)	(m²/kN×10⁻²)
淤泥质黏土(粉质黏土)	17～23	1.22～1.82	8～15	15～19	3～14	2～7	0.073～0.121
黏土(粉质黏土)	12～18	1.06～1.22	8	22			
淤泥质黏土	21～30	1.02～1.32	15	11～14	11～17	2～6	0.12～0.149
黏土(粉质黏土)	13～23	0.87～1.29	5	20～33	14～16	1	0.03～0.045
砂质粉土、粉砂	4～6						

软土的抗剪强度指标随试验方法而异，曾对标高－13m以上的淤泥质黏土的指标进行统计，其值如表6.1.16所示。

各种试验方法得出的抗剪强度指标　　　　　　　表 6.1.16

试验方法	抗剪强度指标		试验方法	抗剪强度指标	
	c (kPa)	φ (°)		c (kPa)	φ (°)
十字板剪切试验	23		直剪固结快剪	6.9	18.2
无侧限抗压强度之半	16		三轴固结快剪	13	18
直剪快剪	21.4	7.4	三轴有效剪	11	19
三轴快剪	12	0	直剪慢剪	21	27

软土的矿物性质采用X射线衍射分析和电子显微镜照相进行鉴定。黏土矿物为水云母、蒙脱石、高岭石及埃洛石（二水）、绿泥石；非黏土矿物为石英、方解石及少量长石。

新港地区在建筑工程中采用的地基容许承载力随着地基处理方法和实践经验的发展而不断提高。过去曾用片石垫层和石灰土垫层加固地基，一般只建造二层的房屋。条形基础的容许承载力只采用40kPa～50kPa；以后曾采用石灰桩加固地基，并与灰土垫层合用，石灰桩直径一般为20cm，加固深度为1.5m～2.5m；而后推广砂垫层，做成条形或满堂式，基础仍为条形，建造三层住宅，基底压力提高到70kPa～80kPa，也有采用90kPa～95kPa的。近年来住宅又向四层发展。建筑物平均沉降量为25cm～30cm，施工阶段的平均沉降量约占45%～55%，倾斜多在3‰以内。

1976年唐山大地震波及天津地区，由于地震对软土的动力作用，浅基础的建筑物一般都产生15cm～20cm的附加沉降，少数达30cm～40cm。新建的四层以上住宅，为提高基础的抗震能力，有的采用筏式梁板基础，底板厚度30cm左右，其下铺设60cm～100cm的砂垫层，基础造价超过总造价的三分之一。为节约基础造价，目前又有采用钻孔灌注桩和井式梁结合的基础方案，钻孔灌注桩的直径为60cm～80cm，桩长为25m左右，每根桩的容许承载力一般为1300kN，造价比筏式梁板基础节约四分之一，且仍具有较好的抗震能力。

交通部一航局科研所、一航局四公司、天津大学、南京水利科学研究院等单位自1983年开始在新港区，结合四港池集装箱泊位空箱堆场等具体工程，进行砂井－真空预压加固研究（国家科技攻关项目），通过58000m²的工程实践，至1986年在国内首次试验成功。

真空预压法是将不透气的薄膜铺设在需要加固的软土地基表面的砂垫层上，借助抽真空装置和埋设于砂垫层中的管道，将薄膜下土体中的空气抽出而形成真空，利用真空作用，使土体加速排水而压密。每块预压区的面积采用3000m²。为加速排水，采用直径为7cm，长度为10m、15m，间距为1.3m、1.5m、1.8m的袋装砂井；还采用了100mm×4mm的塑料板作比较。实验研究表明：

（1）薄膜下的真空度稳定在530mmHg柱，最大可达600mmHg柱。抽气的时间3d～10d，即可达到上述真空度，相当于80kPa的堆载。

（2）真空预压40d～70d，沉降可达60cm～80cm，砂井范围内的固结度达80%～90%。

（3）两个预压区的间隔不宜过大，须根据工程要求和土质确定，一般以2m～6m为宜。两区之间有无砂井对土的强度和沉降量影响不大，可能与土体中有较多薄层粉砂有关。

（4）真空预压后，土的物理力学性指标都有较大的变化：含水量平均降低5%，密度提高8%，孔隙比降低15%；十字板抗剪强度提高20%～133%；地基土的容许承载力自

74kPa 提高到 221kPa，压缩模量自 2890kPa 提高到 8630kPa，大大高于堆载预压提高的数值。

（5）当固结度达到 80%～90% 时，真空预压比堆载预压节省 50%～60% 的时间。如果砂井间距从 1.3m 扩大到 1.5m，真空预压比堆载预压节省 30%～40% 的时间。

（6）本法工艺简单，操作方便，主要设备可以分拆和拼装。一套动力为 7.5kW 的设备可加固 1000m²～1500m² 的面积。若加固面积小，一套设备可同时加固几块地基。若加固面积大，可用几套设备同时加固一块地基。

本试验一块 3000m² 的真空预压区采用 2.5 套抽真空装置，连续运转 70d，加固每平方米的耗电量为 10.5 度，如算进供水、照明等用电，则耗电量为 12 度/m²。与堆载预压比较，可节约能源 45%～53%。

（7）真空预压的费用为 15.14 元/m²，其中直接费为 11.39 元/m²，比堆载预压节约 38%。

（8）真空预压加固区的沉降大部分发生在砂井上部范围内，这说明砂井的重要性。在透水性小的软土中，真空预压必须与砂井结合。10m 以下的沉降量占总沉降量的 26%，超过堆载预压时的 20%，故真空预压的影响深度较大。

真空预压时土体的水平位移向着预压区，使土体进一步压密，而且不会发生侧向挤出，因此真空压力可一次加上，不必分期，从而节约了加荷时间；但堆载预压时间相反，水平位移背着预压区，产生侧向挤出。

（9）垂直排水通道如袋装砂井或塑料板，都能同时起传递真空度和排水的作用，两者具有相同的排水固结效果。真空预压的影响深度与袋装砂井或塑料的长度有关。

（10）真空预压的固结模型，在总应力不变的情况下，孔隙水压力降低，有效应力增加，可用太沙基的固结方程和比奥固结理论进行求解。

（11）研制出 SSD20 型袋装砂井和塑料板打设机，空载接地平均压力为 10kPa，打设深度为 20m，效率为 1500m/台班，适用于超软地基。

真空预压加固法在三年内已在浙江宁波自来水公司蓄水池、连云港港区、苏北盐区、镇江大港港区、福建工业与民用建筑、浙江炼油厂等工程中推广应用，都取得了良好的效益。

6.1.4 福建省软土的特性

1. 软土的物理力学性指标

福建省软土分布较广，主要分为三种类型：第一类为盆地型软土，福州、泉州一带属之，为海成溺谷相沉积，一般厚度较大，层理呈带状，水平方向变化较少；第二类为滨海型软土，如厦门、闽东一带的软土，是近代海退所形成的浅湾沉积，常多泥砂混杂，具有向海倾斜的层理，厚度一般不大，但变化和层理起伏较大；第三类是内陆型软土，零星分布于山间盆地或河谷一侧，范围不大，但种类较多，各类腐殖土、沼泽土和淤泥质土都有。各主要软土地区淤泥及淤泥质土的物理力学性指标如表 6.1.17 所示。

2. 福州软土

福州地区的淤泥埋藏很浅，其上只有 1.5m 左右的可塑性黏土表土层，在市区虽有城市杂填土堆积，厚度大一些，但覆盖厚度也只有 2m～3m，个别地段 4m～5m。此外，池塘、河滨比比皆是，地层结构遭到破坏，淤泥上面的表土层缺失。淤泥厚度为 5m～15m，局部地区达 20m；第一层淤泥下面为可塑性黏土或粉质黏土，厚 3m～8m，此层以下，有的地段有第二层淤泥或淤泥质土，其下为可塑到硬塑黏性土；局部地段还有第三层淤泥或淤泥质土出现。

福建省主要软土地区淤泥及淤泥质土的物理力学性指标　　　　表 6.1.17

项 目	地区					
	福州	马尾	厦门	漳州	泉州	诏安
含水量（%）	45～90	46～63	37～68	50～90	45～76	36～51
重度（kN/m³）	14～17.5	16～17.5	14.5～18	14～17	15～17	16.9～18.5
孔隙比	1.1～2.7	1.15～1.7	1.0～2.0	1.3～2.5	12.5～2.05	0.99～1.4
饱和度（%）	90～98	90～100	85～100	85～96	96～99	86～100
液限（%）	35～75	35～75	35～60	50～78	40～60	50～78
塑性指数	16～35	16～35	16～30	20～35	20～30	20～35
灼热减量（%）	5～10					
压缩系数（m²/kN×10^{-2}）	0.08～0.27	0.08～0.20	0.07～0.19	0.1～0.24	0.07～0.18	0.06～0.18
压缩模量 E_{1-2}（MPa）	1.2～3.0	1.2～3.3	1.5～3.5	1.3～4.0	1.6～3.0	1.5～3.4
未充分固结不排水 φ（°）	10～15	9～28	4～16	4～16	8～14	14～22
直剪 c（kPa）	1～15	2～17	3～15	2～20	3～15	5～12
无侧限抗压强度（kPa）	9～36					
灵敏度	2.5～7					
渗透系数×10^{-7}（cm/s）	0.5～5					

福州有的地段在淤泥下面为粉砂或细砂与淤泥互层，或淤泥夹中、粗砂层；有的地段淤泥下为残积黏性土，属花岗岩或流纹斑岩的风化物；有的地段属闽江河道冲积层，表层1～2m 为松散中细砂，逐步过渡到中粗砂，常出现薄层淤泥夹层；有的地段表土层为淤泥或淤泥夹砂层，厚度为 2m～25m，底部为火成岩，岩面起伏较大，风化带岩性变化大。

福州地区淤泥的天然含水量大于液限，结构性很强，结构未被破坏时外观无流动现象，但一经扰动破坏，即呈稀软状态。孔隙比平均为 1.9，最大达 2.7，是引起建筑物较大沉降的主要土层，当淤泥层顶面附加压力小于 50kPa 时，建筑物的平均沉降为 10cm～20cm；当附加压力为 50kPa～90kPa 时，建筑物的平均沉降为 20cm～50cm。淤泥的含水量和孔隙比均随液限的增加而增加，其统计规律也可粗略地用直线变化表达，当液限自 50%增至 90%，则孔隙比自 1.4 增至 2.3，含水量自 45%增至 65%。淤泥的压缩模量随着含水量的增加而减小，其统计规律也可粗略地用直线变化表达，当含水量自 45%增至 85%，压缩模量 E_{1-2} 自 2.4MPa 减至 1.0MPa。淤泥在外力作用下，三轴不排水剪的内摩擦角等于零，内聚力在不排水直剪情况下，不随垂直压力而变化，在三轴不排水剪力试验情况下，不随侧压力而变化；在排水条件下，随着固结时间的延伸，孔隙水压力逐渐消散，土体进一步压密，抗剪强度也有所提高。兹举一组固结不排水直剪试验为例，当固结时间分别为 0.5、1、12、72h，则相应的内聚力为 5、7、9、12kPa，内摩擦角则变化不大，都接近 10°。

福州淤泥在不排水直剪条件下，内聚力一般为 8kPa～14kPa，φ 接近 0°。当埋深 1m 时，临塑荷载为 41kPa～56kPa；如有足够的时间得以充分固结，内聚力虽无多大增加，但内摩擦角则增至 12°～14°，相应的临塑荷载可增至 80kPa～120kPa，可见淤泥的固结条件对地基强度的影响较大。淤泥受到扰动时，强度则降低很多，现举两例，一组原状土的不排水直剪抗剪强度 $S_q=13\text{kPa}$，$\varphi=0°$，扰动后的 S_q 降为 4kPa；另一组原状土的 $S_q=5\text{kPa}$，$\varphi=8°$，扰动后的 S_q 降为 1.5kPa，$\varphi=4°$。

福州淤泥的强度和压缩特性与荷载历史有密切的联系。在天然状态下，淤泥承受自重压力 p_0，压缩曲线的前段比较平缓，但压力增至 p_b 以后，曲线有了转折，压缩量显著增加，说明福州淤泥是一种前期固结类型的结构性土。一般压缩模量取自压力间隔为 10MPa～20MPa，超过 p_b，压缩性与 p_0 至 p_b 范围内有明显差别，特别在小压力和淤泥埋藏浅的情况下，应妥善选用适当的压缩模量。

福州淤泥在沉积过程中，没有得到正常的压密和固结，含水量不随深度的增加而减小，一般在层顶小些，其下变化不大。强度和压缩性也类似，如直剪强度和静力触探比贯入阻力上下无明显变化。因此，淤泥在水平和竖向的分布较均匀，这是海浸影响和沉积环境相对稳定的缘故。

福州市区用地紧张，新建的住宅区向近郊发展。由于近郊地表比市区少一层厚约 1m～4m 的杂填土，持力层厚度仅为 1m～2m，下面的淤泥层又更为软弱，很多浅基础的建筑物在竣工后一年内的平均沉降量超过 50cm，最大的达 70cm～80cm，出现大小问题的房屋约有数十幢之多。为此，福建省建筑设计院曾组织力量对近郊部分 5～6 层的住宅建筑进行了调查研究，分析了主要原因如下：

（1）持力层（硬壳层）薄，淤泥层面的附加压力一般都超过 50kPa，有的达到 60kPa，超过了淤泥的临塑荷载。一般施工至四层时，沉降速率有明显的增大，这时淤泥层面的附加压力已高达 45kPa，有较明显的侧向变形。

（2）上部结构荷载偏心是造成建筑物倾斜的主要原因，偏心距虽不大，为 4cm～13cm，但由于地基软弱，造成较大的倾斜。

（3）片筏基础纵向基础板外伸长度过大，因而两端基底压力明显地较中部为小，从而加剧了建筑物的正向弯曲。加上基础梁的刚度不够，施工期间墙面就出现裂缝。

（4）相距 6～10m 以内大面积地面荷载对建筑物已有明显影响。对于荷载差异较大的相邻建筑单元，即使设置了沉降缝也未能奏效。

（5）当基底压力较大时，土的侧向变形对建筑物的沉降有明显影响，特别是当建筑物离池塘、河岸、边坡较近时，要注意地基土的塑性挤出。

（6）对于地基土的不均匀性与有过人类活动的地段未勘察清楚。

查明了上述主要原因，设计时就可采取相应的措施，并在施工时加强观测，使沉降速率控制在 1.5mm/d 以内（10d 平均数）。

3. 沿海软土

福建省沿海地区软土分布较广，厚度自数米至数十米，由于沉积过程中的不均匀性以及取样时的扰动、试验方法、仪器设备、试验操作等人为因素的影响，使物理力学性指标具有很大的分散性。福建省水利电力勘测设计院曾根据九个使用正常的围垦海堤、码头等工程实例，一方面将大量的物理力学性指标进行数理统计，找出相关规律，在一定程度上消除了人为因素的影响；另一方面对软土的十字板强度、直剪强度、无侧限抗剪强度和工程实际采用的强度做了初步的分析比较，以探讨采用不同室内外测试手段取得的抗剪强度，在地基的稳定分析中选择较为合理的安全系数。这种在现实条件下，尽可能使计算公式、测试成果、安全系数和建筑经验结合起来综合分析的工作方法有参考价值。

分布在连江、莆田、宁德、霞浦、晋江等沿海地区九个工程的地基土，在地表下20m范围内大致可分为三层：

第一层（0～2m），多为表面硬壳层，除汛期高潮期外，大部时间暴露地表，受气候影响颇巨，表土常因失水而固结、干裂，此层多为黑褐色淤泥质黏土，其物理力学性指标大致为：含水量51％，重度17.2kN/m³，孔隙比1.37，液限50％，塑限26％，塑性指数24，压缩系数0.123×10^{-2}m²/kN，直剪仪快剪指标为：$\varphi = 3° \sim 0°30'$，$S_q = 6 \sim 16$kPa。在浸水条件下，此层并不显示硬壳层的作用，其力学特性将大为恶化。

第二层（1m～10m），深灰或黑色淤泥，厚度变化较大，夹有砂层透镜体，有时还含有泥炭、贝壳等，其物理力学性指标的平均值为：含水量65.5％，重度16.1kN/m³，孔隙比1.81，液限49.1％，塑性26.8％，塑性指数22.3，压缩系数0.16×10^{-2}m²/kN，固结系数$C_v = 14 \times 10^{-4}$cm²/s，直剪仪快剪指标为：$\varphi = 1°13'$，$S_q = 8.3$kPa，固结快剪指标为：$\varphi = 16°43'$，$S_q = 6$kPa。

此层土由于埋藏颇浅，为海堤等围垦构筑物的重要持力层，也是决定堤身稳定及变形的控制层。

第三层（4m～16m），多为黏土层，黏土夹砂或粗砂和砂砾石等，含水量为46％～52％，力学性质比第二层好，直剪仪快剪指标为：$\varphi = 5°$，$S_q = 24$kPa。

以上三层，对围垦工程起决定作用的是第一、二两层，统称为软土。

软土的物理力学性指标之间的相关关系，根据工程地区，分为闽东（宁德、连江、霞浦）、闽南（莆田、晋江）和全省沿海统计整理如表6.1.18所示。

物理力学性指标相关关系　　　　　　表 6.1.18

统计项目	工程地区		
	闽东沿海	闽南沿海	全省沿海
(1)塑性指标 I_p 与液限 w_L	$I_p = 0.62w_L - 7.62$	$I_p = 0.779w_L - 15.4$	$I_p = 0.579w_L - 63$
相关系数	0.99	0.998	0.996
w_L 适用范围	34～60	35～55	39～68.5
统计组数	218	63	1237
(2)压缩系数 a(m²/kN×10^{-2})与塑性指数	$a = 0.00328I_p + 0.087$	$a = 0.000812I_p + 0.078$	
相关系数	0.99	0.68	
I_p 适用范围	10～35	10～30	
统计组数	132	29	
(3)固结系数 C_v(cm²/s)与液限 w_L	$C_v = (22.78 - 0.205w_L) \times 10^{-4}$	$C_v = (53.79 - 0.995w_L) \times 10^{-4}$	
相关系数	0.81	0.945	
w_L 适用范围	30～60	30～50	
统计组数	79	12	

室内外试验证明滨海沉积软土的抗剪强度随深度递增的直线规律是存在的，如表6.1.19所示。

抗剪强度随深度的直线变化

表 6.1.19

工程编号	物理性指标						无侧限抗剪强度 $q_u/2$ (kPa)		
	地面下深度 H (m)	组数	含水量 (%)	液限 (%)	塑限 (%)	塑性指数 I_p	地面下深度 H (m)	组数	$q_u/2 - H$ 关系式
1	10~15	20	53	45.7	23	22.7			
2	1~12.5	34	63.6	48.4	23.1	25.3			
3	0~8	31	63.1	43.1	26.6	16.5			
4	10	89	54.9	43.9	23.1	20.8			
5	1~8	12	69.6	50.7	27.5	23.2			
6	0~12	46	72.1	52.9	27.8	25.1	0~12	32	$2.26+0.441H$
7	1~11		70	51.5	31.5	20			
8	1~8	52	56.9	49.4	24.9	24.5	1~7	60	$0.61+1.94H$
9	0~5.2	31	56.1	41.6	25	16.6			

工程编号	直剪快剪强度 s_q (kPa)			轻型十字板剪切强度 s_v (kPa)		
	地面下深度 H (m)	组数	$s_q - H$ 关系式	地面下深度 H (m)	组数	$s_v - H$ 关系式
1	1.5~18.1	20	$12.6+1.07H$			
2	1~12.5	34	$9.5+1.69H$			
3	0~8	31	$2.7+3.4H$			
4	1~10	89	$7.68+0.458H$	0.5~7	327	$7.84+0.532H$
5	0~7.5	11	$3.2+1.26H$			
6	0~12	38	$1.88+1.4H$			$4.9+0.82H$
7	1~11	36	$1.75+0.761H$	1.5~8	33	$3.7+0.96H$
8	1~8	51	$7+1.03H$	2~7	62	$3.0+2.27H$
9	1~5.2	31	$6+0.53H$	0~6	478	$7.45+1.4H$

采用不同仪器设备测定的不排水抗剪强度大体有如下规律：十字板不排水抗剪强度＞直剪不排水抗剪强度＞无侧限不排水抗剪强度，这是由于原位十字板试验对软土的扰动最少，故试验成果值最大；无侧限试验不能反映土样在现场的应力分布，土样在制备时又易受扰动，故试验成果值最小，而直剪试验成果值介于两者之间。根据设计经验，设计抗剪强度与室内外试验值的比值详列于表 6.1.20。

抗剪强度的设计采用值与室内外试验实测值的比较　　　　　　　　　表 6.1.20

工程编号	工程设计采用的抗剪强度 s（kPa）		设计采用抗剪强度的室内外实验值的比较		
	地面下深度 H（m）	s-H 关系式	$s/(q_u/2)$	s/s_q	s/s_v
4	0～10	11.25+0.625H		1.46～1.43	1.43～1.35
6	0～12	3.9+0.723H（东堤）	1.73～1.66	2.07～0.67	0.83～0.80
		3.5+0.762H（北堤）	1.55～1.68	1.86～0.68	0.85～0.73
7	1～11	3+0.5H		1.39～0.84	0.73～0.62
8	2～7	3.2+2.2H	1.69～1.30	1.31～0.84	1.01～0.98
9	0～5.2	8.0+1.0H		1.30～1.22	1.01～0.88

在饱和软土上建造堤坝，斯开普顿（A. W. Skempton）曾提出 $\varphi=0°$的稳定分析方法，引入的主要计算指标是不排水抗剪强度。国内外研究表明，采用现场十字板、直剪快剪、无侧限抗压、不固结不排水三轴等不同的室内外试验，由于试样扰动、软土强度及其应力应变的各向异性、试验应变速率等因素对试验成果的影响不一样，须采用不同的稳定安全系数。就是以当前软土勘测主要手段之一的现场十字板试验而言，其成果的可靠性仍不甚明确，例如剪切速率由 20s 降为 40s 时，抗剪强度降低 1/3 左右。

由此可见，综合分析失稳的和稳定的工程实例，总结地区性的经验，是当前解决实际问题的有效途径。为此对福建省沿海软土地基上正常运行的五个重点围垦工程进行了分析，当不考虑地基土的天然抗剪强度因填土预压引起的强度增长，其设计采用的抗剪强度与测试强度以及稳定安全系数与塑性指数的关系如表 6.1.21 所示。

设计采用的抗剪强度与室内外试验强度的比值和稳定安全系数　　　　　表 6.1.21

塑性指数 I_p		设计采用的抗剪强度与室内外试验强度的比较 μ			稳定安全系数 K	
范围	平均值	直剪快剪 $\mu_1=s/s_q$	轻型十字板 $\mu_2=s/s_v$	无侧限抗压 $\mu_3=s/(q_u/2)$	$s=\mu_1 s_q$	$s=\mu_2 s_v$
10～17	14.8	1.171	1.341		0.854	0.746
17～20	18.8	1.204	1.011		0.831	0.989
20～26	23.9	1.003	0.900	1.319	0.997	1.111
26～30	26.7	0.915	0.912		1.09	1.096

由上表可见，设计采用的抗剪强度与室内外试验强度的比值 μ，或称抗剪强度校正系数，与塑性指数有一定关系。塑性指数是反映黏土状态及其物理力学特性的一种重要指

标。软土的强度主要受加荷速率、逐渐破坏、试样扰动等影响，而这些影响是与塑性指数有内在联系。

真正的稳定安全系数是不明确的，但由于五个围垦工程实例运行正常，故偏于安全。稳定安全系数虽有小于 1.0 的，表面上看来似乎不合理，但实际上这个系数只是一种适合于采用的计算理论和抗剪强度的经验系数。

6.1.5 云南滇池泥炭土的特性

泥炭土一般为泥炭和泥炭质土的统称，我国泥炭土分布具有明显的区域性。云南泥炭土大多处于第四系湖相及河湖相沉积层上，云南地区由于阳光充足，水温适宜，又有湖泊、河流、洼地等地貌条件，有利于水生、湿生植物的生长蔓延，向沼泽化辟落发展，所以泥炭、泥炭质土的广泛分布是有其地区特点的。

泥炭是一种煤化程度最低的泥化煤炭，常被称为草炭、泥煤或草煤。泥炭土的形成需要特定的水文条件及气候条件，水系发育，水源丰富而稳定的地区易形成泥炭，而温和湿润，适宜沼泽植物生长的气候条件下，堆积速度快，分解减弱，有利于泥炭土的形成。大量原始水生、湿生的草本植物的根、茎、叶、果实和种子等经历复杂的泥炭化作用阶段形成泥炭。当裸露的泥炭沉积物掩埋后，上覆沉积物产生的静压作用使泥炭排出大量的孔隙水，煤化程度逐渐加深，不仅排出孔隙水，而且随着腐殖凝胶水和分子水逐步流失，泥炭也逐步转化成褐煤。昆明盆地数百米晚新生代沉积物中便赋存了多层泥炭和褐煤层。

泥炭土由于其生成条件的特殊性及富含有机质等组成成分，物理力学性质和工程性质与岩土工程中常见软土有很大不同。泥炭土一般由水、有机质及黏性土颗粒组成，是一种混杂植物腐殖质纤维的土，富含尚未完全分解的植物有机质。与含有少量有机质的淤泥或淤泥质土相比，泥炭土具有如下特点：天然密度小，天然孔隙比很大，天然含水量很高，压缩性高，液、塑限很大，抗剪强度低，富含有机质且有机质含量对泥炭土性质影响很大；泥炭土结构比较松散时灵敏度很高，具有触变和流变特性，以及长期的蠕变性，对工程不利。以云南滇池地区泥炭质土为例，与珠三角和长三角地区的淤泥和淤泥质土的主要物理力学指标进行对比见表 6.1.22。

滇池泥炭土与珠三角、长三角淤泥软土参数对比　　　　　表 6.1.22

土分类	天然密度 ρ (g/cm³)	孔隙比 e	含水量 w (%)	有机质含量 w_u (%)	液限 w_l (%)	塑限 w_p (%)	压缩系数 a_{1-2} (MPa⁻¹)	压缩模量 E_s (MPa)
滇池地区泥炭质土	1.02~1.15	3.0~6.0	300~600	40~60	250~500	150~300	5.0~9.0	1.0~2.0
珠三角地区淤泥软土	1.55~1.75	1.5~2.5	60~110	15~30	60~90	20~40	1.0~2.0	2.0~3.0
长三角地区淤泥质土	1.70~1.80	1.0~1.5	30~60	10~15	30~50	20~30	0.5~0.8	4.0~7.0

我国规范关于泥炭与泥炭质土，在 1974 版《工业与民用建筑地基基础设计规范》及稍后颁发的《工业与民用建筑工程地质勘察规范》中，以及 1989 版与 1999 版《建筑地基

基础设计规范》中均未提及。2002 版与 2011 版的《建筑地基基础设计规范》，以及 2002版《岩土工程勘察规范》中，根据有机质含量对泥炭土进行了分类，如表 6.1.23 所示。

泥炭与泥炭质土分类表 表 6.1.23

分类名称	有机质含量 w_u（%）	现场鉴别特征	说 明
无机土	$w_u < 5\%$		
有机质土	$5\% \leqslant w_u \leqslant 10\%$	深灰色，有光泽，味臭，除腐殖质外，尚含少量未完全分解的动植物体，浸水后水面出现气泡，干燥后体积收缩	①现场能鉴别有机质土或有地区经验时，可不做有机质含量测定 ②当 $w > w_L$，$1.0 \leqslant e < 1.5$ 时称淤泥质土 ③$w > w_L$，$e \geqslant 1.5$ 时称淤泥
泥炭质土	$10\% < w_u \leqslant 60\%$	深灰或黑色，有腥臭味，能看到未完全分解的植物结构，侵水体胀，易崩解，有植物残渣浮于水中，干缩现象明显	根据地区特点和需要有机质含量细分为： 弱泥炭质土（$10\% < w_u \leqslant 25\%$）； 中泥炭质土（$25\% < w_u \leqslant 40\%$）； 强泥炭质土（$40\% < w_u \leqslant 60\%$）
泥 炭	$w_u > 60\%$	除有泥炭质土特征外，结构松散，土质很轻，暗无光泽，干缩现象极为明显	

泥炭土的有机质含量对含水量或孔隙比、土粒相对密度、压缩系数和液塑限等指标均有较大影响，一般呈正相关性或负相关性。一般当有机质含量增加时，孔隙比相应增大，含水量也相应增大，呈正相关性；由于有机质密度一般低于矿物质，当有机质含量增加时，泥炭土粒比重减小，呈负相关性。试验测得云南昆明地区泥炭土有机质含量与含水量和土粒比重的变化趋势分别如图 6.1.19 和图 6.1.20 所示。泥炭土压缩系数随含水量的增大而增大，图 6.1.21 所示为昆明南市区泥炭土压缩系数与含水量的变化规律，由于含水量与有机质含量的正相关性，则压缩系数与有机质含量有相似的变化规律。另一方面，泥炭土因其孔隙比大，具有较强的渗透性。但随着荷载的增大，其渗透系数迅速减小，渗透性下降，表现在压缩系数上如表 6.1.24 所示。

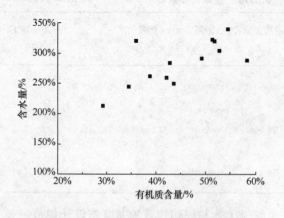

图 6.1.19 含水量与有机质含量的关系

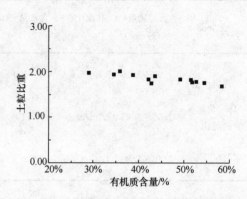

图 6.1.20 土粒相对密度与有机质含量的关系

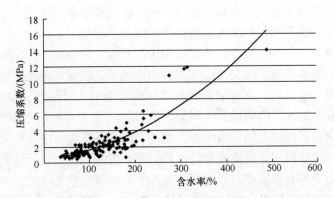

图 6.1.21　压缩系数与含水率的关系

泥炭质土压缩试验表　　　　　　　　　　　　　　　表 6.1.24

试验压力（MPa）	0.0	0.1	0.2	0.3	0.4
孔隙比 e	8.185	5.34	4.40	3.601	2.77
压缩系数（MPa^{-1}）	28.39	9.46	8.39	8.31	8.31

从表中数据可以看出，初始加压时泥炭土压缩系数达到 28.39MPa^{-1}，表明初始渗透性很强；随后逐级加压，压缩系数变化较小，反映出泥炭土加压后渗透性减小，表现出一般黏性土的渗透特征。

表 6.1.25 是云南滇池泥炭土进行原位十字板剪切试验的数据，可以看出泥炭土具有高灵敏性，受振动或挠动后土的剪切强度大幅降低，触变性质明显。处于加压条件下的泥炭土，其蠕变特性亦会导致地基沉降长期不稳定。

现场十字板试验剪切强度（单位：kPa）　　　　　　　表 6.1.25

土类状态指标	泥炭质土样 A		泥炭质土样 B		淤泥土	
	原状	重塑	原状	重塑	原状	重塑
算术平均	8.44	1.77	14.34	2.47	4.89	2.98
小值平均	6.31		11.62		13.23	
灵敏度	4.8		5.4		5.0	

对昆明地区泥炭土样进行室内固结不排水和不固结不排水三轴剪切实验后，发现其破坏形态有如下规律：

（1）固结不排水中的大多数土样呈中鼓破坏，有少量的弯曲和腰鼓型破坏，没有明显的剪切带；

（2）不固结不排水试样多数无明显的破坏特征，少量有明显的剪切面；

（3）剪切过的土样干缩现象严重，经过一个月以后，由原来高 6cm～7cm，直径 4cm，变成高为 4cm，直径为 2.5cm，体积变为原来的四分之一。这也反映了泥炭土高含水率及高孔隙比的特性。

高压缩性是泥炭土的显著特性之一，这是由泥炭土的高孔隙比、富含有机质和低天然密度等自然特性决定的。泥炭土微观结构复杂，自然组分特殊，使得泥炭土固结渗透机理复杂，地基沉降规律与常规软土地基有显著不同。国内外学者对泥炭土的固结沉降理论已开展了一定的研究分析工作，但尚无成熟的研究成果及应用于工程实践的普遍规律，尤其国内对泥炭土的研究工作涉及甚少。从固结理论的角度，Berry 较早对泥炭土的固结渗透机理进行了分析，主要考虑了泥炭土压缩系数和渗透系数降低，以及其流变固结特性。泥炭土的主固结一般迅速完成，并持续有明显的次固结变形，Mesri、Dhowian 等人通过室内试验分析了泥炭土的次固结特性及主固结压缩指数 C_c 和次固结压缩指数 C_a 的变化规律。另外，高有机质含量是泥炭土的自然特性，也是引起其高压缩性的本质原因，有机质自身的变形特性以及对含有机质土骨架变形特性的影响，也是对泥炭土固结沉降机理分析的关注点之一。泥炭土中的有机质在自然情况下易产生甲烷等生物气，使泥炭土易包裹封闭气体而变为非饱和状态，对泥炭土的固结渗透产生影响。可见泥炭土的固结沉降比常规软土更复杂，泥炭土地基上的工程沉降变形大，长期变形显著且持续时间长，不利于地基的稳定。

根据泥炭土的基本特性，近年来对泥炭土的工程处理采用过多种技术方法，包括掺入固化剂如水泥、石灰、石膏等对泥炭土的性状进行改良，碎石桩挤密加固法，水泥土搅拌桩加固法、CFG 桩复合地基法、砂井排水固结法等，但效果均不够理想，处理后的地基沉积变形依然较大，沉降变形持续时间也较长，地基也不够稳定。针对泥炭土孔隙比大、含水量大、前期渗透性强的特点，利用泥炭土的固结变形规律，可采用真空联合堆载预压方法，处理泥炭土大含水量、大变形与不稳定问题，具有明显成效。云南地区实际工程中已开始采用该方法对泥炭土层上的地基进行工程处理。以下是昆明某工程泥炭土地基处理工程实例。

本工程位于昆明滇池地区，属典型的高原湖沼沉降地层。根据勘察资料，场地泥炭质土埋深为 5m～6m，各土层的主要物理力学指标见表 6.1.26，地基处理面积约 5 万 m^2。

泥炭质土③层：呈软塑状态，属高压缩性土及欠固结土。层位相对稳定，强度低，高灵敏度，受扰动破坏后强度降低较大，为场地内软弱下卧层，不能作为基础持力层。地基处理的目标层为泥炭质土③层，通过真空联合堆载预压处理，使泥炭质土③层排水固结后，为基坑开挖与桩基施工提供良好的作业条件。地基处理后的主要技术指标为：120 天排水预压处理后总沉降≥1.0m，交工面承载力 60kPa，基坑地下室施工无需降水。

土层主要物理力学指标 表 6.1.26

土 层	平均厚度 (m)	天然重度 γ (kN/m³)	含水量 w (%)	承载力特征值 f_a (kPa)	压缩模量 E_{s1-2} (MPa)	内摩擦角 φ (°)	黏聚力 c (kPa)
人工填土①	1.6	18	—	60	—	5	10
黏 土②	1	17.5	36	140	4.5	5.0	26
泥炭质土③	7.3	12.5	181	50	1.5	2.0	10
粉质黏土④	5.3	17.0	41	60	3.0	4	18
黏 土⑤	5	17.0	42	100	3.5	4.5	25

真空联合堆载预压方案设计如下：时间按 120 天计；考虑到昆明高海拔条件（海拔高度近 1900m），真空压力设计不小于 60kPa。采用超载方式进行真空联合堆载预压，超载采用堆水方式，水深 1.2m～1.5m，总荷载约为 120kPa。为满足土建施工需要，将场地

分为 A、B 两区,中间设置隔水围堰分隔。地基处理土层设计主要计算参数见表 6.1.27 和表 6.1.28。泥炭质土层③100 天的沉降计算结果见表 6.1.29。

地基处理施工前翻挖平整场地,密封系统采用黏土密封墙、双层密封膜加土工布、真空管组成,每台真空泵工作面积约为 800m²。真空压力基本稳定在 68kPa～71kPa 之间,地基沉降平稳增长,孔隙水压力在不同深度范围均呈消散趋势,特别是在 0～9m 范围,孔隙水压力消散幅度较大,说明排水效果良好,符合真空预压规律。

泥炭质土与粉质黏土计算参数 表 6.1.27

土 层	孔隙比 e_0	压缩指数 C_c	压缩模量 E_s (MPa)	水平固结系数 C_v (cm²/s)	竖向固结系数 C_v (cm²/s)	先期固结压力 P_c (kPa)
泥炭质土③	3.88	0.988	1.2	7.0×10^{-4}	7.0×10^{-4}	56.8
粉质黏土④	1.13	0.366	3.2	3.5×10^{-4}	3.5×10^{-4}	101.4

真空联合堆载参数 表 6.1.28

真空压力 (kPa)	真空稳压时间 (d)	堆载厚度 (m)	砂垫层厚度 (m)	排水板宽度 (mm)	排水板厚度 (mm)	排水板间距 (mm)
60	30	4	0.8	100	4.5	900

各土层典型断面沉降计算结果 表 6.1.29

最终竖向变形 S_f (m)	预压期满固结度	预压期满沉降 (m)
1.262	0.961	1.109

A 区三个监测点的地基沉降监测结果如图 6.1.22 所示。沉降速率为 A1 点平均日沉降 1.19cm,A2 点平均日沉降 1.2cm,A3 点平均日沉降 1.51cm。相关数据和曲线正常反映了真空球状应力特点与作用规律,真空预压作用明显,处理效果良好。A1 点和 A2 点与 A3 点表现出来的沉降差异,反映出 A 区乃至整个场地的填土层与粉质黏土层厚度变化很大,A1 点和 A2 点所处区域老旧基础与杂填土层厚度达 3m～6m,粉质黏土层厚度达 2m～3m,形成平均厚度约

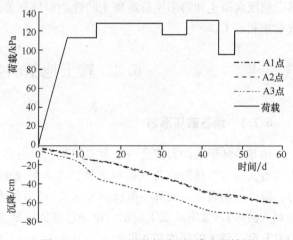

图 6.1.22 A 区监测点地基沉降监测结果

4m～6m 且强度较高的硬壳层,而其下覆泥炭质土层的实际厚度约 4m～5m,层厚相对较薄,因此在真空预压条件下,泥炭质土的主固结沉降相对较小。A3 点所处区域杂填土层与粉质黏土层较薄,约为 1.5m～2m,经翻挖后泥炭质土已基本出露,其实际厚度约为 6m～8m,层厚相对较大,真空预压直接作用于泥炭质土层,因而主固结沉降也相对较大。

孔隙水压力监测曲线以 A2 点为例,如图 6.1.23 所示。孔隙水压力时程曲线正确反

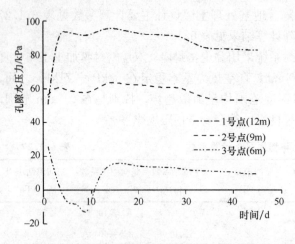

图 6.1.23　A 区 A2 点孔隙水压力监测结果

映了真空压力沿深度方向变化的特点，主要有三点：一是 16m 深度的孔隙水压力仍存在减小的现象，说明真空压力已传递至该深度范围，产生的作用是在该深度范围内，随着孔隙水压力的减小与消散，泥炭质土层中的孔隙水通过排水板被正常排出，主固结沉降可持续至该深度范围；二是在深度 6m 以浅的范围，形成较大的压力降，甚至出现负压现象，表明真空泵工作状态良好，密封系统满足要求，排水作用明显，实测地下水位平均下降超过 2m；三是对深度 6m 以下的泥炭质土层，真空预压与排水作用处于持续增长阶段，该阶段的主固结沉降随着预压时间的增加而呈线性增长。只要满足预期的真空预压时间，即能达到预期的主固结沉降。

根据监测数据和沉降时程曲线，真空预压开始阶段日均沉降平均为 12mm～15mm，预压 60 天，固结沉降在 0.744m～0.889m；90 天后的计算推测固结沉降在 112cm～129cm，实际现场最终的沉降监测数据为 1.08m，达到预期沉降 $S_{90} \geqslant 1$m 的要求。泥炭质土的 c、φ 值可由原来的 16.0kPa 和 3.6°，提高到 27.2kPa 和 6.1°，根据勘察报告提供的土工试验数据，该强度指标对应的地基承载力约为 70kPa～90kPa，与第⑤层黏性土接近。第③层泥炭质土和第④层粉质黏土的性能得到显著改善，有利于建筑物基础选择布置及基坑支护和施工。

6.2　软土地基的变形特点

6.2.1　地基破坏形态

地基破坏形态的假定是一个重要问题，因为它是推导极限承载力公式的根据，假定是否接近实际，直接影响公式的可靠性。在各种文献中介绍的地基剪切破坏主要有三种形态：整体剪切破坏（或称一般剪切破坏）、局部剪切破坏（或称逐渐破坏）、冲剪破坏（或称刺入破坏），如图 6.2.1 所示。由于这些假定缺乏实测资料的证实，且导致地基破坏的因素复杂，就土的强度和变形而言，名义上讲的是剪切破坏，实际上剪切和变形是伴随着的，这些都使被推导出的公式带有较大的局限性。

整体剪切破坏的概念是普朗德尔（L. Prantl）于 1920 年、卡柯（A. Caquot）于 1934 年、俾斯曼（A. S. K. Buisman）于 1935 年、太沙基（K. Terzaghi）于 1943 年提出的。地基中有连续的滑裂面，延伸到地表面，基础突沉，并有较大的倾侧，具有破坏性，基础两旁邻近的土体隆起，如图 6.2.1（a）所示。

局部剪切破坏的概念是太沙基于 1943 年、狄别尔（E. E. De Beer）和魏西克（A. B. Vesic）于 1958 年提出的。地基中有滑裂面，自基础底下某一深度处开始，但在某

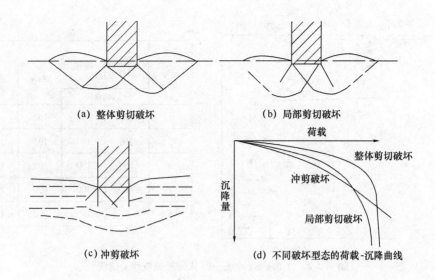

(a) 整体剪切破坏   (b) 局部剪切破坏

(c) 冲剪破坏   (d) 不同破坏型态的荷载-沉降曲线

图 6.2.1　浅基础地基土主要破坏型态的假定

处中止，并不延伸到地面。地基土有一定程度的压缩，如压缩量达到基础宽度或直径的一半时，滑裂面可能延伸至地面，但基础不会倾侧，不具有危险性，地面微有隆起，如图6.2.1（b）所示。局部剪切破坏具有整体剪切破坏和冲剪破坏的一些特征，实际上是一种过渡型态。

冲剪破坏的概念是狄别尔于 1958 年、魏西克于 1958 年及 1963 年提出的。随着基础承受的荷重的增加，基础底下的土体产生大量压缩，基础边缘底下的土体又产生竖向剪切，基础不断贯入土内，基础外侧的大部分土体相对地不受或少受扰动，几乎没有或有很小的位移，地面无隆起现象，基础没有明显的倾侧，如图 6.2.1（c）所示。

三种破坏型态的荷载—沉降曲线如图 6.2.1（d）所示。整体剪切破坏时，极限荷载明显可见，其他两种型态则不易明确地定出。

影响地基破坏型态的因素甚多，但研究得很不够。地基土的压缩性是个重要因素，若压缩性较小且有一定的抗剪强度的地基土，将会发生整体剪切破坏；若是高压缩性的，将会发生冲剪破坏。所以，建在密实砂土上的基础，在一般情况下将会发生整体剪切破坏；若建在松散的砂上，将会发生冲剪破坏。然而，地基土的压缩性也不是唯一的因素，建在密实土内的基础，若埋置深度大或外力为瞬时动荷载，也可能发生冲剪破坏；同样，若建在密实砂层上而有松散砂或软黏土的下卧层，也可能发生冲剪破坏。建在饱和正常固结黏土上的基础，若在加载时不发生体积变化，将会发生整体剪切破坏；然而若加载充分缓慢，使地基土能充分地发生体积变化，将会发生冲剪破坏。

上海地区于 1958 年进行了大型载荷试验，反映的主要现象与冲剪破坏有所类似，如图 6.2.2 所示，当荷载增加时沉降量也逐渐增加。当载荷板宽度为 100cm，荷载达350kPa 时，沉降量为 24cm；载荷板宽度为 200cm，荷载达 220kPa 时，沉降为 15cm；载荷板宽度为 300cm，荷载为 200kPa 时，沉降为 33cm，都未发生破坏现象。

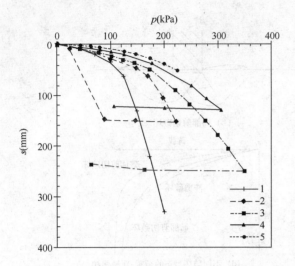

编号	荷载板宽度	埋深	$q_{比例}$	$q_{0.02}$
	(cm)			
1	300	100	100	120
2	200	100	100	140
3	100	100	100	120
4	70.7	100	100	110
5	50	100	100	100

图 6.2.2　上海闵行地区不同载荷板宽度 p-s 曲线

6.2.2　以变形为控制因素的地基容许承载力

上海用一些工程地质普查资料和工程实例数据与常用的承载力公式的计算结果曾进行了比较,这里摘录一部分列于表 6.2.1。

表中上海规范 q 是用变形计算求得的容许承载力,平均沉降量为 15cm,下卧层强度做了验算。$q_{1/4}$ 为塑性剪损区在基础边缘下的深度,相当于 1/4 基础宽度时的临界荷载,当基础宽度大于 6m 时按 6m 考虑。q_0 为塑性剪损区的深度为零时的临界荷载。φ、c 值采用固结快剪法求得。编号 9 的箱形基础地基土的容许承载力,设计时采用 162kPa,情况正常。编号 10 的箱形基础地基土的容许承载力,设计时采用 99kPa,6 年后实测平均沉降为 33cm,最大为 41cm,最小为 24cm。

从表 6.2.1 中所列计算值可归纳以下各点:

(1) 上海规范 q 是按变形计算求得的,平均沉降量 15cm 为一般建筑物能承受的,包括相应的不均匀沉降。不仅与建筑经验相结合,而且强化了经验的理论性,发展了建筑经验,过去上海地区的地基土习用"老八吨"(80kPa),自从用上述方法编制工程地质图案后,有的地区提高到 130kPa～140kPa,建筑物裂缝很少。

以变形为控制的地基容许承载力考虑了较深软土的高压缩性,且各土层的压缩模量又较抗剪强度指标稳定,故此法较为实用。

(2) 各常用的承载力公式的计算值,大多比建筑经验结合变形计算的数值为大,有的过大。"TJ-7-74"规范表载容许承载力一般偏大,只是对较弱的土有时接近;$q_{1/4}$ 和 q_0 大多偏大;太沙基公式,若以 $\varphi=0$,$c=q_u/2$ 计算,对较好的黏性土偏高较多,但对较弱的黏性土则偏小,且各地区表土层的 q_u 值相差数倍,不符合实际情况,说明无侧限抗压强度试验的适用性很差。采用斯开普顿公式的计算结果也不理想;采用汉森(J. B. Hansen)公式计算,当 φ 值小时极限承载力偏小;反之则偏高过多。

(3) 抗剪强度指标 φ、c 对承载力的计算影响颇大,试验方法理应和地基土的固结程度相适应,但由于涉及新的仪器设备的试制和更新费用等原因,对一般工程很多仍采用固

各种承载力公式计算值比较表　　表 6.2.1

编号	工程	地基土	层次	层厚 (m)	w (%)	γ (kN/m³)	e	W_L	W_P	I_p	I_L	E_{1-2} (MPa)	φ (°)	c (kPa)	q_u (kPa)
1	工程地质图计算点	粉质黏土	1	2.05	27.5	19.5	0.82	32.7	20	12.7	0.59		22.5	8	73
2	同上	黏土	1	2.65	29.7	19.2	0.86	37.3	20.1	17.2	0.56		11.5	29	167
3	同上	粉质黏土	1	2.42	30	19.1	0.87	34.1	19	15.1	0.73		24	5	185
4	同上	粉质黏土	1	4.45	33	18.3	0.98	34	18.8	15.2	0.94	4.6	5.5	40	32
5	同上	粉质黏土	1	3	31.6	18.7	0.92	37.3	20.7	16.6	0.66	5.2	9.5	35	45
6	同上	淤泥质黏土	1	2.6	42.5	17.8	1.12	37.8	18.5	19.3	1.34	3	8.5	10	36
7	某电梯厂	粉质黏土	1	2.5	31.6	18.6	0.93	35.8	21.8	14	0.7		19.8	12	
8	某校教学楼	黏土	1	1.85	34.4	18.3	1.01	41.6	23.5	18.1	0.66		14.5	14	
9	某12层住宅	砂质黏土	1	2.8	35.8	18.5	1					4.4	20	10	
		砂质黏土	2	14.2	39.6	17.7	1.13					6.1	24.5	6	
10	某7层大楼	黏土	1	3.7	37	18.1	1.07					3.9	19.3	17	

编号	基础类型	基础宽度 (m)	基础埋深 (m)	地下水埋藏深度 (m)	TJ 7—74 q (kPa)	上海规范 q (kPa)	$q_{1/4}$ (kPa)	q_0 (kPa)	太沙基公式 q_f (kPa) 除安全系数 2
1	条形	1.5	1	0.5	196	100~110	107	100	200
2	条形	1.5	1	0.5	180	100~110	155	150	189
3	条形	1.5	1	0.5	170	100~110	97	88	247
4	条形	1.5	1	0.5	110	80	165	163	163
5	条形	1.5	1	0.5	161	80	169	167	190
6	条形	1.5	1	0.5	85	80	63	62	66
7	条形	1.5	1	0.5	155	100~110	115	110	59
8	条形	1.5	1	0.5	140	80~90	106	98	
9	箱型	12.1×67.8	5.5		127	176	273	244	
10	箱型	13.75×50.65	2.35		100	90~100	158	140	

结快剪。试验时土样厚度为 2cm，砂质粉土固结 2h，粉质黏土和黏土固结 4.5h，实际上为未充分固结条件下的快剪。此外，由于上海的黏性土内夹有薄层粉砂，切土时人为因素使 φ、c 值更为分散，在一个地区内往往以 φ、c 值计算的容许承载力变化很大，而用变形计算的变化较小。

以变形为控制因素的地基容许承载力有两层意思：一是用常用的强度公式计算的容许承载力一般都大于用容许变形值计算求得的数值；二是，当沉降量很大时，用强度公式计算容许承载力不能觉察可能发生的沉降量，因而会产生不良的后果，但是，采用沉降计算就可直接发现这种情况，因而会降低容许承载力。

兹举一个在上海沉降量最大，达 1.6m 的箱形基础的实例，该工程是 1953 年至 1954 年建成的，由外国专家设计。基础平面尺寸为 46.5m×46.5m，埋深 2m。地基土为褐黄色黏土，固结快剪指标为：$\varphi = 19°$，$c = 36$kPa。在现场进行了载荷试验，$q_{0.02} = 140$kPa，以 $q_{1/4}$ 公式计算为 150kPa，设计采用值为 128kPa，附加压力为 107kPa。但是，由于未作沉降计算，实际上采用了过大的容许承载力，发生了意料不到的沉降，完工后十一年平均沉降量达 1.6m，相对倾斜为 0.44%。沉降—时间曲线见图 6.2.3。平均沉降速率在施工期间自 5.4mm/d 减至 3.4mm/d，施工完成后一年逐渐减至 0.7mm/d，二年减至 0.33mm/d，三年减至 0.1mm/d。

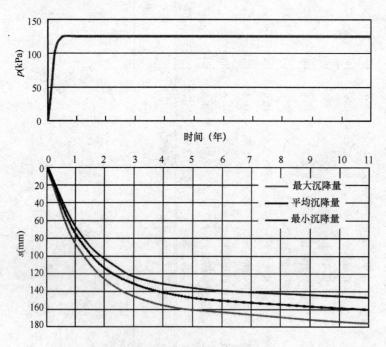

图 6.2.3　某展览馆中央大厅箱形基础的沉降—时间曲线

尽管该箱形基础的沉降量很大，邻近地表没有隆起现象，基础的倾斜值尚属容许，从这些现象看来，似乎接近冲剪破坏型态。但是，地基的设计是不成功的，因为这么大的沉降量，给使用和相邻建筑带来不良影响。箱形基础上面为展览馆正门的中央大厅，标高是建筑群中最高的，居高临下，气势宏伟，观众通过阶梯，自上而下进入两侧标高较低的展览厅。由于中央大厅沉降过大，标高反而比两侧展览厅为低，必须重铺自下而上的阶梯，观众的感觉迥然不同，大为逊色，影响了建筑艺术。还由于沉降过大，把贴邻的条形基础建筑也带着下沉，使相邻房间严重开裂，支撑加固，不能使用。

像这种重要的公共建筑，单纯用载荷试验或强度公式确定容许承载力是非常不慎重的，必须估算沉降量，虽然当时沉降量的计算比现在更少把握，但六、七成总能估计到的，1m 以上的沉降量也是以引起注意，必须降低容许承载力并采取消除相邻基础影响的措施，也很可能改变基础方案。因此，不管具体条件，把国外的经验或硬土地区的经验，把根据特定假设的公式，生搬硬套用到某一软土地基中，是会出问题的，我国幅员广大，土类繁多，要强调进行地区性的地基基础的科学研究和经验总结，以及编制地区性的规范，就是这个道理。

这里还要指出的，载荷试验提供的沉降值与建筑物沉降观测成果相比，不仅差距太大，而且载荷试验耗费人力、物力、时间较大，故不是勘察的好方法，仅在某些科学研究中或在特别复杂的地基土，如较厚的杂填土中偶尔为之。

上述某展览馆中央大厅箱形基础地基土的载荷试验，当总压力为 128kPa 时，沉降量只有 8mm；200kPa 时，只有 18mm；300kPa 时，只有 50mm。从上海地区一般经验而言，$q_{0.02}$ 值偏大，采用时可能使建筑物发生偏大的沉降量。载荷试验一般历时 1~2 个月，相应于 $q_{0.02}$ 时的沉降量仅 1.5cm~2cm，而建筑物的沉降量在施工期只占总沉降量的 25%左右，要延伸到 10 多年后才趋于稳定，沉降量一般在 15cm 以上。再举一个具有代表性的工程实例：某学院教学大楼，砖承重结构，用宽度为 70.7cm 的载荷板进行载荷试验，埋深 120cm，所得试验结果为：$q_{(比例)}$＝140kPa，$s_{(比例)}$＝12.2mm；$q_{0.02}$＝152kPa，$s_{0.02}$＝14.1mm，$q_{(极限)}$＝200kPa，$s_{(极限)}$＝43.3mm；但容许承载力只采用 87kPa，建筑物建成 14 年后的沉降实测值为 146mm。由此可见，载荷试验难以反映建筑物的实际沉降量，上海地区从 20 世纪 50 年代就发展建筑物的沉降观测，至今仍继续进行，其成果已成为分析各类基础沉降量估算的重要数据，而载荷试验一般早已不进行。

在上海地区，大面积堆载的实例很多，地基土受到的压力比一般建筑物或构筑物的载荷大得多，远远超过浅基础的容许承载力，表现为很大的沉降和不均匀沉降，但并未发生强度破坏或失稳现象，兹举几个实例，如表 6.2.2 所示。

大面积堆载实例 表 6.2.2

大面积堆载实例	堆载范围 (m)	堆载最大高度 (m)	荷载 (kPa)	堆载历时	最大沉降 (m)	圆弧法安全系数 (采用固结快剪指标)	附注
某钢厂钢渣堆场	170×200	40	800	2~3 年	5~6	0.92	坡脚离黄浦江仅 100m
某土方堆场		16	300	数月		0.95	
某公园堆土	80×120	25	400	2 年	2		
某重型机器厂钢锭堆场	24×162		160	1.5 年	1		
某场油罐充水预压			250	1 年	2		

上述实例中地基土发生很大的沉降量和不均匀沉降，对建筑物或构筑物的地基是不许可的；但对于料场，在不影响相邻建筑物或构筑物的条件下是容许的。这些实例实际上也是特大型的载荷试验，证明在软土地基上，如加荷按照一般的施工或堆方速率，土体中的孔隙水得以逐步消散，土层逐步经受预压，随着容许沉降量和不均匀沉降量的适当增加，容许承载力也可适当提高，后者是受前者控制的。

6.2.3 加荷速率对基础沉降均匀性的影响

1. 慢速加荷对地基有预压加固作用，且沉降较均匀

慢速，是和一般施工条件下加荷速率相对而言，而且是在条件许可下进行的。最典型的是油罐充水预压，因为油罐具有可以充水预压地基的独特条件，是提高软土地基承载力的有效方法，且可节约工程费用，但关键是必需适当控制加荷速率，使油罐的沉降比较均匀，倾斜度得以控制在容许范围内。上海、天津等软土地区都有了成熟的经验。

上海高桥炼油厂于 1972 年对 2 万 m^3 油罐进行充水预压试验，吹填土地基的容许承载力只有 50kPa，经过充水预压提高 2.4 倍，达 170kPa。加荷速率用实测油罐的平均沉降速率控制，计划为 5mm/d 左右，实际上最大为 8.43mm/d，该油罐直径为 40.65m，高 15.89m，建成后七年多的平均沉降为 103.5cm，其中充水后的沉降为 87.6cm，油罐的倾斜为 0.0033，完全符合要求。工程费用比桩基方案节约 75%，达 45.7 万元；比挖土换砂节约 60%，达 24.6 万元。在上海第一次取得较为完整的充水预压测试资料，试验很成功。厂区推广充水预压后，其他约 20 座 1000m^3～10000m^3 的油罐地基，效果均良好，平均沉降量为 14.5cm～66.4cm，倾斜为 0.0008～0.016，荷重达 112kPa～130kPa，比预压前的地基临塑强度大 1～2 倍。

上海金山石油化工厂 1974 年起，对 35 台 1000m^3～10000m^3 的油罐地基也进行充水预压，效果显著，预压后基底压力最大达 164.3kPa。现对该厂 10000m^3 的 101 号油罐地基充水预压的情况简介于后：油罐直径为 31.4m，固定拱顶。罐底下铺有 1.9m 厚的砂垫层，可垫高罐底高程以抵消预压后的沉降量，沿罐底周边设有钢筋混凝土环形基础，包括砂垫层在内，充水预压时的基底压力达 164.3kPa，充水时仅用 41d 的时间加至最高水位 13.54m，于 148d 开始卸载，不包括地基土的次固结与土的蠕变，罐中心的固结度达 93%，边缘的固结度估算约为 90%，固结相当快，主要因为有的土层中夹有很多的粉砂薄层，排水条件相当好。卸荷后回弹较小，约 3.5cm。随后，仅用一天时间进油至满载，情况良好。油罐地基中心点及油罐边缘 16 个测点沉降或平均沉降和时间曲线如图 6.2.4 所示。

油罐边缘最大沉降 s_{max} 与边缘 16 个测点的平均沉降 s_m 之比，即 $s_{max}/s_m = 1.05$；预压结束时边缘对称点的最大沉降差为 8.1cm，与油罐直径之比为 2.5‰。

油罐钢底板在充水预压前，中心比边缘提高了 40cm，坡度为 2.5%，预压期间，随着荷载和沉降的增加，底板原来中心上凸的形状逐渐变成平锅底的形状，下凹最大是距中心约 1/3 半径处，曲度最大处是中心点。中心和边缘的高差从 40cm 减至 7.7cm（148d）。油罐中心点沉降与油罐边缘平均沉降之差为 47.7cm（148d），此值与底板半径之比值为 3.04%。充水预压引起罐外地面隆起，最大值为 5.9mm，该点距环基外缘 12.5m，合 0.8 倍底板半径，隆起范围 31.5m，合 2 倍底板半径。以往在某些工程中控制沉降速率为

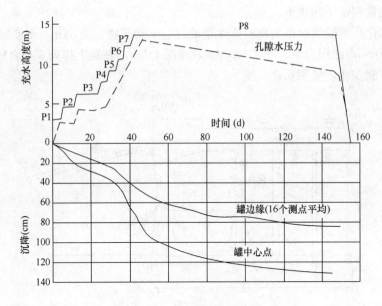

图 6.2.4 沉降与时间曲线

10mm/d，但本工程最大值达 24mm/d，未发生地基破坏现象，主要因地基土夹有薄层粉砂，固结条件较好，故沉降速率可提高到 16mm/d～18mm/d。

由于上海地区油罐地基充水预压的实践不断发展，后来对 3 万 m^3 油罐地基的预压，荷重提高到 250kPa，为预压前地基容许承载力 80kPa～100kPa 的 2.5～3 倍，而且沉降比较均匀。

天津新港初次试验油罐充水预压也获成功，油罐容量为 5000m^3，直径 22.72m，钢底板做成 3.5% 的坡度，在地基上铺设厚约 2.4m 的砂垫层，为节约起见，砂垫层周围以干砌石护坡代替钢筋混凝土环形基础。垫层顶面铺以沥青砂，对钢底板起防护作用。通过充水预压，地基容许承载力从原来的 60kPa 提高到 110kPa。实测沉降值为 61.2cm，约为预估最终沉降量的 70%，由于地基土侧向变形，估计沉降量增加 10%～15%。从实测结果分析，地表下 10m 内的土层是主要压缩层，当荷载自 40kPa 增至 114kPa 时，该层的沉降量约占总沉降量的 65%～73%，而 10m 至 20m 土层的沉降量约占 35%～23%，20m 以下土层的沉降量仅占 4% 不到，故有效压缩层的下限取地面下 22.5m，约等于油罐直径。油罐基础在基础半径的距离内地表变形较大，因此两相邻油罐基础的净距应不小于基础的直径。在充水过程中，为防止过量的不均匀沉降，控制基础的相对倾斜率为 10‰，充水期沉降速率控制为 7.9mm/d，平均不超过 5.9mm/d，各次充水间歇后期的平均沉降率控制在 2.99mm/d，小于该值时即可施加下一级荷载。

2. 快速加荷引起地基破坏或基础过度倾侧

国外曾发生油罐充水速率过大而地基遭到破坏的实例，如挪威在费特列斯塔市建造 6000m^3 油罐，地基为不均匀的海相软黏土，采用十字板试验确定的抗剪强度为 20kPa～30kPa。在 35h 内将 5000m^3 的水充入试验，基底附加压力为 112kPa，基础两侧地基土在 2h 内隆起达 40cm。

下面举一上海的工程实例，由于无控制的快速加荷，引起了构筑物的较大倾斜，不得不在一侧用大量钢锭压回扶正。

上海某焦化厂的配煤房系大型整体性钢筋混凝土构筑物，高 31m。钢筋混凝土肋形浮筏基础，厚 30cm，面积为 46.5m×10.76m，埋深 1.5m，基础上排列 5 个直径为 8m 的圆形钢筋混凝土储煤斗，如图 6.2.5 所示。

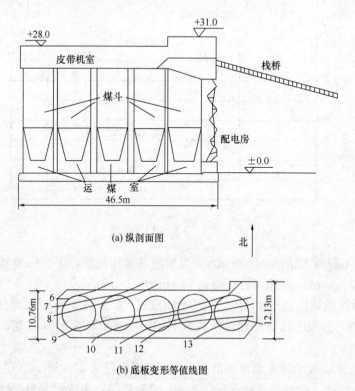

(a) 纵剖面图

北

(b) 底板变形等值线图

图 6.2.5 配煤房快速加煤引起倾斜

配煤房静重 38000kN，活重 21500kN，总荷载为 120kPa，构筑物自重压力为 76kPa。地基土较软弱，物理力学性指标如表 6.2.3 所示。南面 6m 以下淤泥质黏土孔隙比稍大，西南面表土层中有暗浜被填覆。淤泥质黏土的抗剪强度，按固结快剪试验，$\varphi=13°$，$c=12kPa$；按三轴快剪，$\varphi=0°$，$c=20kPa$；十字板抗剪强度为 22kPa。按固结快剪指标计算，$q_{1/4}$ 为 122kPa；按三轴快剪指标，$q_{1/4}$ 为 90kPa；按十字板抗剪强度计算，极限荷载为 135kPa。

配煤房地基土的主要物理力学性指标 表 6.2.3

取土深度 (m)	土名	北面钻孔				南面钻孔			
		$w(\%)$	$\gamma(kN/m^3)$	e	$E_{1-2}(MPa)$	$w(\%)$	$\gamma(kN/m^3)$	e	$E_{1-2}(MPa)$
1.5~2.0	粉质黏土	29.9	19.8	0.796	5.12	31	19	0.883	3.49
3.5~4.0	淤泥质黏土	54.2	16.6	1.528	1.64	51.8	17.4	1.383	1.98
4.0~4.5	淤泥质粉质黏土	44.6	17.9	1.202	2.94	42.7	17.9	1.167	
6.0~6.5	淤泥质黏土	47.8	17.2	1.352	1.89	50	17.3	1.383	1.58
7.0~7.5	淤泥质黏土	51.2	17.2	1.403	1.82	56	16.8	1.537	1.83
9.0~9.5	淤泥质黏土	49.1	17.4	1.341	1.51	56.4	16.9	1.537	1.35

本工程完工前后三个月内平均沉降为 4.7cm，沉降速率平均为 0.5mm/昼夜，沉降略有不均匀，南边稍大，但倾斜较小，为 0.0027。

完工后 6 个月投入生产时，于 5d 内快速加煤 21500kN，基础平均压力达 120kPa，沉降速率骤增，加煤停止时，基础南边每昼夜沉降 10mm，北边每昼夜沉降 8mm；加煤停止后 4d，南边每昼夜沉降 45mm，北边每昼夜下沉 27mm，以后又逐步减小，加煤时配煤房向南倾斜 0.006；加煤后 7 个月倾斜已达 0.018，这一阶段沉降和倾斜都急剧发展，以后仍有增加，但速率已缓和；至加煤后 2 年 3 个月，沉降速率虽逐渐降至 0.52mm/昼夜，但平均沉降已增至 67cm；北边沉降 57cm，南边沉降 78cm，倾斜已达 0.024，对于重心高的构筑物是不容许的，必须采取措施纠偏。

加煤后基础沉降速率如图 6.2.6 所示。

从本工程实例的分析可见，采用 120kPa 的容许承载力偏大，基础南北的土质稍有不均，很可能产生基础的不均匀

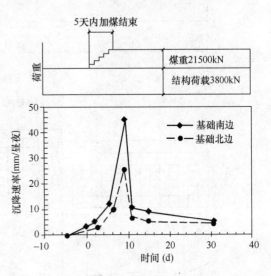

图 6.2.6　加煤后基础沉降速率

沉降；但发生过大的倾斜，主要原因是快速加荷。因为后来在北侧堆放钢锭，荷载为 125kPa，但加荷速率稍慢，历时两个月，就能使孔隙水压力有所消散，地基的稳定性并未破坏，并达到了预期的纠偏目的。任何经验与理论都基于一定的条件，地基容许承载力是由多因数决定的，加荷速率是一种因数。在一般的工程施工中，荷重的逐渐增加，历时至少数月，而当只花 5d 的时间完成加荷历程，条件有了很大的改变，就有不同的反应。

6.3　地基设计、施工注意要点

6.3.1　对地基土要勘察清楚

在设计前都应对地基土进行勘察，但近年来乡村建设发展很快，与城市比较，勘察设计力量相对薄弱，或因仓促上马，或因认为房屋不高，或因附近勘察资料可以利用，个别少数工程可能不重视勘察工作，掉以轻心。为此应该对勘察提高要求，设计前对建设场地一定要勘察清楚。例如，软土地区从地质宏观角度，土层一般呈带状分布，有一定规律；但从基础工程微观看来，局部有一定变化，有时变化很大，地下软土厚薄不等，暗浜随便填没，如不勘察清楚，将使浅基础遭受不均匀沉降。下面举一实例，虽是 30 年前的事，但不失为前车之鉴。

福州火车站服务楼工程，平面呈长条形，中部为 4 层，两旁为 3 层，带有地下室，是一座包括旅馆、饭店等综合服务性大楼，其平立面图如图 6.3.1 所示。三层与四层交界处未设沉降缝。三层中间各有一排钢筋混凝土桩，其他部分都为砖墙承重的混合结构，除底

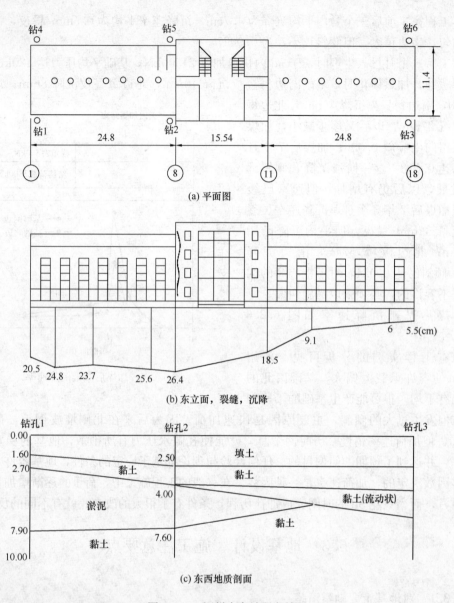

(a) 平面图

(b) 东立面，裂缝，沉降

(c) 东西地质剖面

图 6.3.1　福州火车站服务楼

层和中间楼梯走道外，其他各层均系木楼面、木搁栅支承在横向的钢筋混凝土梁上。地下室墙是用 M2.5 砂浆砌的毛石墙，砌至底层窗台处，断面很大，因而很重，施工快速，砖墙不到一个月全部砌完。

　　当建筑物四层砖墙砌到顶后不久，墙身出现裂缝。最初发现接近轴线 8 附近的三层部分有二排窗倾斜很大，窗顶发生严重的开裂现象，窗框歪斜得无法开关，只得将窗拆除，改用直径 60cm 的圆窗，其外圈用钢筋混凝土框加强。随后在轴线 11 附近的东西两立面也都普遍产生裂缝。在轴线 8 的四层部分产生一道竖直裂缝，宽度上大下小，最上的裂缝在三层女儿墙处终止，最大宽度达 4cm 左右。左右三、四层交界的横隔墙沿三层部分女儿墙顶上都出现了一道水平裂缝。为了减小沉降差，曾加宽了部分基础，但无济于事，裂缝仍继续发展。三层部分各层钢筋混凝土连续梁，其两端支在外墙上，中间支在钢筋混凝土柱上，由于独立柱基和纵墙的条形基础间沉降差较大，以轴线7为例，条形基础的沉降量为22.1cm，而柱基沉降量为13.9cm，使钢筋混凝土梁出现了裂缝，虽经加固，但裂缝再度出现。墙身裂缝出现后，即布置沉降观测点，自1958年完工后至1963年各测点的沉降量见图6.3.1（b）。同时，在建筑物两侧布置6个钻孔进行钻探，地质剖面见图6.3.1（c）。发现淤泥层厚度相差很大，南端1号及4号钻孔处的厚度为5.9m，而北端6号钻孔处为1.6m，淤泥的含水量达60.3%，孔隙比为1.63～1.94，产生了较大的不均匀沉降，是造成建筑物裂损的主要原因，加上建筑物结构刚度较差，三、四层间未设沉降缝，又采用了对不均匀沉降比较敏感的连续梁，因而使裂损程度更趋严重。

以上海地区而言，地基土呈带状分布，大的土层在竖向的层次分布也有一定的规律性，但在各个地段，各土层的埋藏深度、厚度及排列程序有所区别，甚至有的土层缺失。由于各土层都有不同的工程特性，对工程建设有不利或有利的一面，或两者兼而有之。填埋的暗浜及淤泥质黏性土，导致浅基础的不均匀沉降。砂质粉土和粉砂的存在，在开挖基坑及地下工程施工时，容易发生流砂现象，但它使地基承载力有所提高，沉降和不均匀有所减少。有如，暗绿色硬黏性土是良好的桩基持力层，但较薄，还会产生一定的沉降量，不过比天然地基的沉降和不均匀沉降小得多，当下卧层为软土时，沉降要大些；当下卧层为粉砂时则小些，如对沉降有严格的限制，可将桩基打入粉砂层。无论以暗绿色硬黏性土或粉砂作为桩基持力层，其埋深在一个工地中可能有较大变化，必须用触探等方法勘察清楚，以确定预制桩的长度，减少凿桩数量。凡此种种，要求在设计前做出详细的勘察工作。

为便于说明问题，略举数例：

（1）在上海，当表土层下只有灰色淤泥质黏土，而缺失砂质粉土时，一般四、五层的住宅，长度为30m～40m，钢筋混凝土平屋面，平面为一字形的砖承重结构，地基土容许承载力采用80kPa～100kPa，往往在顶层的两端6m～10m范围内，墙上出现典型的八字形斜裂缝；但曾发现一幢同样的住宅，容许承载力采用100kPa～130kPa，仅在顶层两端一个开间有轻微的裂缝。究其原因，主要因地表下2.5m开始有一层3.5m厚的砂质粉土，不均匀沉降有所减小。

（2）有一幢平面为山字形的五层住宅，地基容许承载力采用105kPa。山字形的平面布置一般应予避免，因交叉处应力集中，容易开裂；但这幢建筑物的不均匀沉降并不显著，仅五层墙上有轻微的裂缝，原来在地表下3.5m开始有一层厚达9m的砂质粉土层。

（3）有一幢五层大楼，长120余米，平面布置基本上是一字形。由于在一端的地表下1～3m间夹有砂质粉土，动力触探的指标为每50cm30～40击，其他地段只有10击。建成两年后，下有砂质粉土的一端，在10m长度范围内沉降只有3m～4m，而在10m以外，沉降达20cm以上，造成严重开裂。

（4）新建某水闸，河道宽30m，底宽10m，直接受黄浦江潮水影响，大汛期水流湍急，流量很大。

闸址表土层为褐黄色粉质黏土，厚4m，其下为6m厚的饱和粉砂层，水闸基础底在地表下5.5m，恰在粉砂层内，但勘察、设计、施工技术人员对地基问题掉以轻心，只引用闸址25m处的土质资料，对粉砂层的存在不重视。

水闸为单孔，净宽 6m，为通航小型船只的挡潮排涝的节制闸，闸身长 10m，为整体式钢筋混凝土结构，闸底标高离地面 4m，底板厚 1m，闸孔上下游各用混凝土重力式一字形的翼墙垂直河流纵轴与两岸连接，都采用天然地基。闸身岸墙与翼墙间设有带金属片的垂直止水带，把闸身岸墙与翼墙连成一起，组成"Ⅱ"字形，闸身岸墙外填土。闸身上游河底设有混凝土铺盖，厚 50cm，长 8m。铺盖前设有长 10m、厚 40cm 的干砌块石护底；闸身下游设有混凝土消力塘，长 10m，厚 70cm。消力塘底板与水闸底板间设有水平止水带，组成整体的不透水的构造。消力塘前端再接有长 15m、厚 40cm 的铺柴压石海漫。海漫末端还设有砌石防冲槽。翼墙附近的堤岸采用浆砌块石护坡，其余干砌块石防护。

完工后使用了几次，一时未发现问题；但于两个月后的一次涨潮时，闸身下游东隅处突然发生急而深的漩涡，不久东岸两翼与闸身岸墙间的填土突然下陷，成一大洞，其上种植的树木瞬间陷落，当晚东边两个翼墙即和闸身岸墙撕裂，向东岸倾斜，墙的两端高差达 1.5m，水流涌进，水闸失去控制河水的作用。

在修复时，筑坝抽水后发现：翼墙基础板折断，墙身与基础板脱开，形成宽约 2.5m、高约 0.8m 的空洞，基础板下也被流水冲刷成空洞。闸身底板向东倾斜，沉降差约 9cm，有纵向裂缝 4 条，两条贯穿底板，裂缝宽度约 1mm。消力塘素混凝土底板设计厚度为 70cm，凿开检查发现只有 20cm～70cm，有裂缝 3 条，两纵一横，宽度为 5mm～20mm。闸身上游素混凝土铺盖也有横向裂缝两条。

发生事故的主要原因是对基础下的粉砂层不重视，没有进行勘察，更无法提出其工程特点及设计、施工中应注意的问题，以致渗径太短，渗径系数（渗径长度与水头差之比）在粉砂内一般应达到 6～8，而流水渗过翼墙的实际渗径系数只有 4.6，使翼墙下渗流出逸速度超过粉砂内发生管涌的临界速度，土粒流失，由小而大，逐渐发生管涌现象。一字形翼墙只适用于流量小及狭窄的河道，不适用于本工程。因为河道宽 30m，至水闸处突然缩小至 6m，造成上下游水流紊乱，水闸前后四隅都有漩涡，加以进潮时下游入口处水冲西岸淤东岸，流至闸址处又冲东岸，浆砌块石护坡本来不能作为防渗材料，再加以施工质量较差，以致流水透过护坡，渗过了翼墙基础板。在水闸工程中，底板下忌用碎石和块石垫层，但本工程翼墙基础板下误用了大石块作为处理流砂现象的措施，更增加了基底的渗透性，促使管涌现象的发展。此外，闸身底板的开裂，主要因为翼墙间填土高达 5m，使底板产生不均匀沉降所致。

本工程修复时，采用井点降水以稳定粉砂，并采用压力灌浆填塞大石块垫层的空隙。废弃了原来的翼墙，改用八字形翼墙，并在墙后回填黏性较好的土，以提高防渗效果。消力塘长度不够，修复时放长，并新建上游防冲槽。

6.3.2 采用适当的地基处理方法

地基处理手册和书刊等介绍的地基处理方法很多，可以说琳琅满目，但适用于具体地点和工程的方法必须经过技术经济的比较，而且应该进行试验才能推广。下面列举的实例中有处理不当而造成损失的，虽是很久以前没有经验的情况下发生的，但是现在少数工程因地基处理不当而造成裂损的仍有发生，应予注意。

1. 舟山水产联合加工厂冷库工程

舟山水产联合加工厂冷库工程采用砂井预压方法加固软弱地基是成功的。冷库长

54m，宽 36m，是一座三层钢筋混凝土无梁楼盖的框架结构，梁板式片筏基础，基底压力为 120kPa。地表下 50m 深度内，除上面有 2m 左右的人工填土和粉质黏土外，下面主要为淤泥质黏性土，只是在深度 13m～16m 处有一层厚度为 1.00m～3.25m 的粉砂层。对于这种软弱地基，既不能不处理，又不能采用桩基，因地制宜采用砂井预压处理方案是适当的，而且还可利用薄层粉砂层作为排水层。

打设砂井的面积为 44m×60m。砂井打入粉砂层 0.5m～1.5m，砂井长度为 14.0m～17.5m，直径为 33cm，井距为 2.5m，呈梅花形排列。施工采用蒸汽打桩机，单动蒸汽锤重 33kN，钢管和锤重 52.5kN，自重贯入度为 3.0m～12.3m，平均 7.62m，可见土质软弱程度。汽锤冲程为 40cm～50cm，每井锤击次数为 27～187 次，平均 74 次，打入粉砂层时贯入度骤减，以此作为施工时控制深度的依据。用混凝土桩尖。利用砂的自重及拔钢管时的振动力进行灌砂，拔管速度不宜过快，一般控制在 1.5m/min 左右。砂井共 562 根，灌砂率（即松砂体积与钻孔体积之比）在 1.3 左右，砂砾的粒径采用小于 20mm 和大于 3mm。砂井施工期为 40d。在每根砂井顶部打好后立即堆 0.15m³ 的粗砂，以保护井口，全部砂井打好后，铺粒径为 5cm 砾石排水层，上铺 25cm 粗砂，最后用 10cm 厚细砂盖面，构成 40cm 厚的排水砂垫层，这样使砂井上下都有排水层，预压时孔隙水自由地由排水系统流出。

1959 年 2 月开始堆土预压，4 个月堆完，预压 85d，同年 9 月中旬开始卸荷，10 月中旬全面展开土建施工，1960 年完工，建筑物未见到因不均匀沉降而产生的裂缝。

共堆土石方 2.1 万 m³，平均单位容重为 16.5kN/m³，为了控制地基和堆土土体的稳定，进行了地面沉降、边桩水平位移和竖直升降、砂井排水量等观测，以便控制堆土速率和防止地基破坏。堆土期间和堆土完毕后地面沉降速率见表 6.3.1 及表 6.3.2。

堆土期间地面沉降速率　　表 6.3.1

平均堆土高度（m）	折合单位荷重（kPa）	平均地面沉降速率（mm/d）
0～2	0－33	3.0
2～4	33-66	7.5
4～5	66-82.5	8.1
5～6	82.5-99	9.7
6～7	99-115.5	11.1

堆土完毕后地面沉降速率　　表 6.3.2

距堆土完毕时间（d）	沉降递减阶段时间（d）	平均地面沉降速率（mm/d）
0～8	8	10.0
9～16	8	6.5-5.5
17～25	9	5.5-4.5
26～39	14	4.5-3.5
40～59	20	3.5-2.5
60～86	26	2.5-1.5

堆土速率规定以每天地面沉降不超过 20mm，水平位移不超过 4mm 作为控制。在堆土期间地面沉降均未超过此规定，即使当水平位移超过 4mm 时，地面沉降亦未超过 20mm。边桩水平位移具有较高的灵敏度，当堆土停止即迅速递减为零。堆土高度在 3m 以下时基本上无水平位移；3m～5m 时靠近坡脚地段水平位移速率达 1mm/d～2mm/d，个别达 3mm/d；5m 以上时为 1mm/d～3mm/d；当堆土过快时最大水平位移速率达 7mm/d～8mm/d。堆土时远距坡脚 43m 以外的 1m 长木桩产生 1.2mm 的上升，故对相邻的制冰车间和鱼片车间产生了影响，外墙普遍产生裂缝。鱼片车间外墙还有水平裂缝，内横墙上有斜裂缝，砖墩向外倾斜，其水平位移达 1.5cm～2.0cm。这说明对建筑群的地基处理应统一考虑，施工程序要有合理安排。

堆土高度在 3m～4m（即压力为 49.5kPa～66kPa）时的排水量为 6L/min～10L/min，5m～7m（即压力为 82.5kPa～115.5kPa）时为 15L/min～20L/min，堆土停止后渐小。

卸土前地面最大沉降量为 121cm，最小为 96cm，9 个观测点的平均沉降量为 111.7cm。差异沉降量为 25cm，为最大沉降量的 20.6%，平均沉降速率为 1.5mm/d。差异沉降在堆土期间增长比较显著，约为平均沉降量的 13.3%～24.2%，堆土完毕后，所占比例与其波动幅度均趋减小。

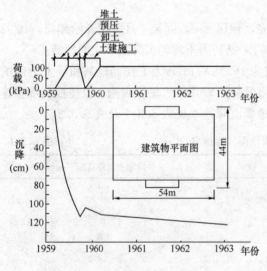

图 6.3.2　实测沉降与时间曲线

预压后地基土有所改善，砂井深度范围内的土层，愈接近地表改善愈明显，含水量、孔隙比、压缩系数都有一定程度的减小，容重则有所增加。粉砂层以下土层则未见改善。

堆土预压期间平均总沉降量为 111.7cm，卸土后平均回弹 7.2cm，冷库施工期间平均沉降为 5.8cm，建成两年 10 个月时间（自 1960 年 2 月起至 1962 年 12 月）平均沉降为 11.4cm。从预压起算平均总沉降量为 121.7cm，见图 6.3.2。

预压后的不均匀沉降有显著的减小，预压期间最大差异沉降为 25cm；而预压后到 1962 年底仅为 3.5cm。预压后的沉降速率也有显著减小，预压期间平均为 1.5mm/d；预压后从 1961 年 2 月 8 日至 1962 年 12 月 15 日的 675d 内已减小到 0.116mm/d，沉降逐渐稳定。如果采用天然地基，在这样短的时间内，沉降速率减小的这样快，是不可能的。

2. 天津某公司新港办公楼工程

天津某公司新港办公楼工程，由于对单桩载荷试验成果缺乏科学分析，未进行桩基沉降计算，造成建筑物较为严重的开裂。

建筑物为 T 形二层建筑，正面长度为 69.88m，前部中部为大厅，两旁为售货厅，后部为办公用房。外墙为承重砖墙，内部有两排高柱，现浇钢筋混凝土楼板及屋顶。基地靠近海滨，是 20 年前用淤泥吹填而成的，地面下 17m～18m 深度内是淤泥质黏性土，孔隙比为 1.038～1.697。

曾做过 3 根单桩载荷试验：1 根长 9.4m，截面为 20cm×20cm 钢筋混凝土方桩，极限承载力为 80kN。1 根长 8.9m，截面为 25cm×25cm，极限承载力为 160kN。1 根长 16.9m，截面为 25cm×25cm，极限承载力为 380kN，持力层已达较硬土层。结果采用了长 8m 的短桩，截面为 25cm×25cm，预应力方桩，分为两段接桩，每段长 4m。每根桩的容许承载力采用 60kN。

竣工时已发现建筑物中部沉降量为 12cm，两侧为 7cm，产生了不均匀沉降，数月后建筑物两侧及售货厅窗口下角先后发现了裂缝，其后沉降逐年增加，竣工 4 年后中部沉降量已达 27.2cm，两侧已达 13.5cm，裂缝亦逐步发展。虽然沉降速率有减小趋势，但尚未稳定。

产生这种情况的主要原因有二：一是未认识到软土中桩基主要应掌握沉降问题，短桩下有淤泥质黏性土，沉降量必然较大，事后估算桩基沉降量与天然地基沉降量接近，故短桩未发生减小沉降的作用，如采用 17m 较长桩，因已达较硬的土层，则可避免因较大不均匀沉降引起的裂损；二是未认识到单桩载荷试验的沉降量根本不能反映桩基的实际沉降量。

3. 温州展览馆工程

温州展览馆工程采用砂垫层处理淤泥层，不能减少不均匀沉降，引起建筑物较严重开裂。温州展览馆系内框架混合结构物，面积为 2088m²。中部为中央大厅，两翼设展览厅。中央大厅为 2 层，高 16m，内由直径 62cm 的钢筋混凝土柱承重，采用条形基础；外由砖墙承重，基础以下为整片砂卵石垫层，厚 3m，设计荷载为 130kPa。两翼展览厅亦为 2 层，高 9.2m，长 44m，宽 15m，内由砖柱承重，外由空斗墙承重，墙宽 34cm，设有三道圈梁，采用浆砌块石基础，下铺砂卵石垫层，厚 1.8m～2.0m。中央大厅与展览厅相距 4m，有连接过道相通。建筑物全长 117.7m。

表土为粉质黏土，厚 80cm，其下 20 多米都是淤泥层，含水量达 65%，塑性指数为 28，孔隙比为 1.8。曾进行载荷试验，当不铺砂垫层时，比例极限值为 50kPa；当铺设厚为 1.5m 砂垫层时，比例极限值增至 120kPa。承压板宽为 1.0m。

该工程施工一年半，竣工时中央大厅四大立柱平均下沉 37.1cm，沉降速率为 0.88mm/d，半年后减为 0.81mm/d，一年五个月后降为 0.25mm/d。中央大厅由于门厅正面立柱及耳房、楼梯间的影响，下沉量又多于北面。两翼展览厅受中央大厅大量沉降的影响，在靠近大厅附近约 18m 的部分，出现了显著的不均匀沉降，而南墙又较北墙严重。根据竣工后一年五个月的沉降观察，中央大厅的平均沉降量：西端为 53.1cm，中部为 63.3cm，东端为 58.8cm。东翼展览厅的平均沉降量：西端为 58.8cm，中部为 24.3cm，东端为 18.7cm。西翼展览厅的平均沉降量：西端为 11.5cm，中部为 19.4cm，东端为 53.1cm。据估算，中央大厅的最终平均沉降量可能达到 80cm。

建筑物的裂缝主要发生在展览厅外墙、连接过道、门厅、耳房等部分。较典型的有：展览厅外墙砖柱挠曲裂缝，呈水平状，其原因在于墙身随地基反弯变形而挠曲，但因圈梁楼板的水平刚度较大，不能作相应的挠曲及伸长，这就等于在下沉较多的一端砖柱上作用了水平推力，该力使砖柱产生了附加弯矩，由于砖柱的抗弯能力很差，使各层砖柱下部外侧及顶部内侧发生水平裂缝，以二层楼板裂缝最宽。东翼展览厅与耳房在二楼处相接，由于挤压而产生 45°斜向裂缝。展览厅与中央大厅间的连接过道刚度很大，而沉降缝宽度太小，因此当展览厅向中央大厅倾斜时，由于连接过道的顶压作用，使山墙上出现水平裂缝。在连接过道的墙面及耳房的墙身上，因墙身挠曲过大而出现斜向裂缝，裂缝均向中央大厅方向升高。由于南北两纵墙挠曲程度不一，因此两翼大厅均有挠曲变形，故在靠近中央大厅的山墙北半部尚出现水平裂缝。

由此可见，砂垫层虽有扩散基础压力的作用，但不能克服软弱地基较大的不均匀变形所造成的危害。本工程设计前做了天然地基与砂垫层地基的载荷试验，但这种成果不能反映建筑物沉降和不均沉降的状况，迷信了它，反而对软土地基复杂性的认识起麻痹作用。

4. 上海某厂碳化炉烟囱

上海某厂碳化炉烟囱，因地基与基础处理不当，造成倾斜。烟囱高度为 35m，原设计基础直径为 8.9m，部分地基为拆除的沉水池及泵房的地基。场地狭窄，东边受围墙限制，南面为新建的高达 27m 的碳化炉，西面为锅炉房，北边为水池及泵房。由于场地不足，基础直径不能放足，故将圆形基础改为 8.60m×8.45m 的矩形基础，因为原来筒身坐标维持不变，故筒身中心与基础形心不相重合。

基础施工时，仅拆除东面原有水池及砖地墙；但地墙下有 38cm×61cm 的钢筋混凝土地梁及梁下的一排 9m 长的木桩均未挖除，因此基础东西两部分地基压缩性显著不同。

地基土除上面有 1.15m 填土外，下面有 10.07m 厚的淤泥质粉质黏土，孔隙比为 0.982～1.231；9.23m 厚的淤泥质黏土，孔隙比为 1.167～1.491；再下面为厚 5.42m 的粉质黏土，孔隙比为 0.877～0.955，但设计者采用天然地基，故极为软弱。

南面紧邻碳化炉基础，由于其荷载很大，势必对烟囱产生一定的附加沉降，且靠近碳化炉的部分沉降要大些。

由于上述诸原因，烟囱向东南方向倾斜，顶部偏离达 75cm，倾斜率为 1/47。在基础的西北角上用 700kN 重的砖加压，但纠偏效果不显著。

6.3.3 建筑物体形、基础类型和荷载分布都不宜复杂化

建筑物平面布置不宜复杂，例如：Ⅱ、Y、L、山等形状，在转角交接处或层差的相邻处往往出现裂损，故同一建筑物的各组成部分的高度和荷载不宜有过大的差别，一般也不宜采用不同的基础类型。

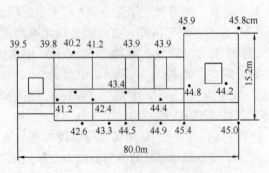

图 6.3.3 平面布置简单，沉降较均匀

1. 上海某试验楼

其平面图如图 6.3.3 所示，主楼共六层（包括半地下室），部分是七层，长 80m，宽 15.2m，高 19.5m，砖承重结构，天然地基，基底总压力为 110kPa。由于平面布置为一字形，虽平均沉降量较大，完工后 4 年的平均沉降量达 48cm，但沉降较均匀。

此外，本工程还采取了其他的措施，如纵横砖墙在每层楼盖处均设置钢筋混凝土圈梁，与楼盖连接在一起；为了减轻地基压力，七层部分的顶层采用支承在砖墙上的钢筋混凝土框架结构，用陶土空心砖作为围护结构；墙身有空洞处，设置钢筋混凝土方框加强，有利于防止开裂。

2. 上海某教学大楼

平面呈不对称工字形，中间部分为五层，其余为四层，如图 6.3.4 所示。用变形缝将整个建筑物分为两部分，缝宽仅 3cm，嵌以木丝板，基础未断开。采用砖墙承重，窗孔较大，一般为 1.5m×2.5m。钢筋混凝土条形基础，基底总压力为 120kPa。

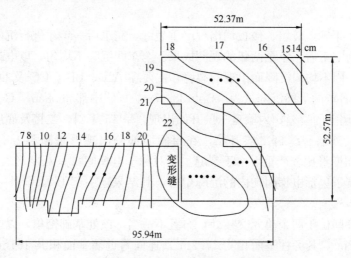

图 6.3.4　平面图呈工字形，引起开裂

完工后 18 个月的沉降观测成果画在平面图上。大楼外墙裂缝较多，尤其与五层贴近的外墙，及开孔较大的门廊外墙。

造成裂损的主要原因是平面布置复杂，不均匀沉降较大。五层部分较重，使四层部分向它倾挤；另外，沉降缝构造不合理，未形成足够宽度的空隙；基础未断开；开窗面积也太大，有的部位占墙身的 40%。

3. 上海某车间

其为四层内框架结构，平面呈山字形，如图 6.3.5 所示。

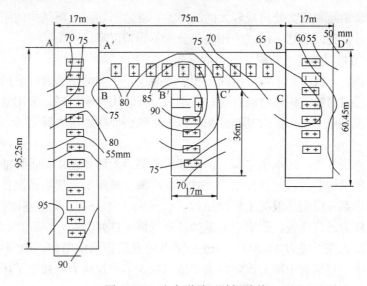

图 6.3.5　山字形平面引起开裂

各单元断面结构相同，外砖墙承重，钢筋混凝土条形基础，底宽 3m，在一层楼板及顶层处均设有圈梁，内部为钢筋混凝土梁柱结构，柱网（7＋3＋7）×6。车间中部两单元交接处，设有电梯间，采用钢筋混凝土片筏基础，埋深 1.7m，基底总压力达 110kPa。

地表 3m 以下，大多为淤泥质粉质黏土，含薄砂层；9m 以下土质更差，为淤泥，孔隙比高达 1.5 以上。

施工完成半年后，砖墙、楼板均出现严重裂缝，完工后一年才进行沉降观测。图中所示沉降等高线为完工后一年至两年的观测成果。全车间沉降不均匀，以电梯间附近沉降较大，为 9.2cm。因不均匀沉降而出现的裂缝，主要在 AA′、BB′、CC′ 及 DD′ 四处砖墙上。据估算，BC 墙各点的最终沉降量为：B 点 38.3cm，B′C′ 中部 56.8cm，C 点 38.3cm。

BB′ 与 CC′ 墙上的裂缝，内墙自三层开始出现，呈 45°下斜，二楼及底层裂缝甚多，但大多是发丝缝。外墙裂缝自二层开始，在窗间墙部分出现严重断裂者有三处，缝宽达 7mm，窗框受扭变形比较严重。由于裂缝主要对称于电梯间，呈八字形展开，说明在 BC 墙中部地基出现了包括电梯间在内的沉降中心，其结果还引起 B′ 及 C′ 处一层大梁底端发生张拉裂缝。

可见，电梯间位于两个单元交接处，布置不适当。该处基础密集，以电梯间筏基面积最大，为 107.7m²，其旁柱基面积为 17.2m²，连同附近墙基面积共 161m²，且基地压力较大，平均为 110kPa，形成大面积重载区域，沉降最大，造成较大的不均匀沉降。因此，在其他条件相同时，合理的平面布置，会减少地基的不均匀沉降，防止或减少上部结构的开裂。

电梯间刚度很大，又与邻接的框架结构相连，刚度更大；而 BC 墙窗洞面积占 38%，二层与三层均为预制板，又无圈梁，其刚度远比电梯间为小，对于刚度相差较大的邻接建筑物，往往很难相互协调，以调整地基反力并减少两者间的差异沉降。相反，当沉降差较大时，刚度小的结构就遭到损坏。因此，承重砖墙的窗洞不能过大，以免形成砖柱承重的状况。对于间隔墙较少的内框架混合结构工业厂房，宜在每层楼板处安设圈梁，以增加刚度。

在结构物转角处和相交处出现较大的沉降差，要适当加强上部结构的刚度，如增设圈梁，或在相交处设置沉降缝，以减少相关部分的不均匀沉降。

4. 减少建筑物对地基土的附加压力的措施

减少附加压力，沉降和不均匀沉降会相应地减少，一般的措施有：采用轻型结构、轻质材料，以减轻建筑物或构筑物的自重；减小填土或采用轻质填料；采用空心基础或在建筑物适当部位设置地下室；扩大基础面积，减少基础底面附加压力等。

兹举数例：

（1）有一六层大楼，砖承重结构，但局部为七层，为防止该层荷重可能引起较大的不均匀沉降，采取了钢筋混凝土框架结构，并用空心陶土砖围护，建后情况良好。

（2）某仓库系三层钢筋混凝土框架结构，长 60m，宽 48m，筏形基础，其间不回土，而以梁板体系作为底层底板，形成空心基础，建后情况良好。

（3）某医院病院大楼为 44.5m×14m 一字形的五层砖承重结构，中间 12.6m 范围内设有地下室。由于建筑物中部的沉降最大，适当减少了附加压力，调节了压力分布，减少了整个建筑物的不均匀沉降，效果很好。

但是，不能随意选择减轻附加压力的位置，如选择不当，反而会加剧建筑物的裂损，如图 6.3.6 所示，某医院内科大楼，平面为工形，南翼为四层，中间部分为三层。三层下设有地下室，附加压力相当小，与四层部分的附加压力差别更大，使邻接处差异沉降过大，引起严重开裂。

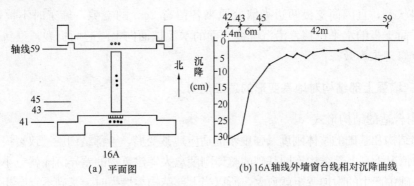

图 6.3.6　地下室设置不当，增加了差异沉降

（4）某耐火材料厂隧道窑，长 156m，宽 9.8m，要求倾斜不大于 3‰，为了减少沉降和不均匀沉降，达到对倾斜的要求，将基础面积扩大，基底压力减少到 57.4kPa，结果很好。

5. 上海某学院教学大楼

该教学大楼平面布置较简单，但层高差别较大，主体为四层，部分为五层和二层，砖承重结构，钢筋混凝土条形基础。地基土是上海最软弱的，表土下为厚度约 25m 的淤泥质粉质黏土，地基容许承载力为 80kPa～90kPa，但设计时基底压力采用偏高值，为 100kPa。附近已建的三层房屋一般都出现一些裂缝。设计时考虑到二层与四层交接处的沉降差可能较大，故设置沉降缝一道，将建筑物分隔成三个单元，如图 6.3.7 所示。

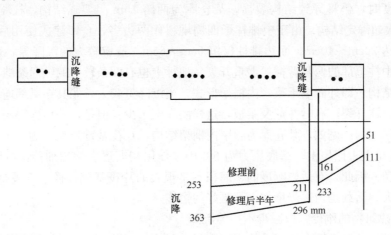

图 6.3.7　层高差别大，引起开裂

由于二层单元的设计采用挑梁，搁于四层单元的基础上，而四层单元的沉降较大，估算最终平均沉降量达 53cm，沉降缝两侧的沉降差至少有 4cm，挑梁随之倾转，发生断裂，其上部结构当然向沉降量大的一面倾斜挤压，且设置的沉降缝宽度太小，使二层单元被挤压开裂，沉降缝之间又填塞了木丝板，只要房屋稍有倾侧，则将水平力传递过去。该建筑

物于施工完成后不久，在靠近沉降缝的二层单元的纵墙上出现斜向裂缝及窗间墙上水平裂缝，底层裂缝宽度最大达1cm，从室外可清晰地看到室内。由于开裂严重，即进行修理，拆除靠近四层单元处的三间，第一间以钢筋混凝土简支板代替原来的瓦屋顶，二层楼板以简支板处理；纵墙拆除后重行砌筑；但由于软土地基上建筑物的沉降持续若干年，简支板不久呈倾斜状态，且因简支板两边靠墙处原来各留有2cm的空隙，施工时不慎嵌以水泥浆，阻碍了简支板的水平位移，沿沉降缝表面的水泥抹面向上隆起而折裂，重新砌墙的墙面仍开裂，修理未奏效。

6.3.4 增强上部结构对地基变形的适应能力

1. 采用合适的结构形式

当上部结构和基础的整体刚度及强度不能适应地基变形，上部结构就遭致裂损。在其他条件相同的情况下，上部结构连同基础的整体刚度愈大，建筑物的差异沉降就愈小，但在上部结构和基础中产生的附加弯矩就愈大，所以当上部结构柔性大时，基础不宜有相当大的刚度。水池、油罐常采用柔性底板，使能适应较大的不均匀沉降量，就是典型的实例。

选择结构形式时，由于地基变形引起的结构物的整体或局部稳定问题必须重视。某仓库采用组合屋架的屋盖系统，由于室内大面积地面堆载使基础向内倾转，引起屋架拉条内力松弛，危及安全。

单层钢筋混凝土柱及钢筋混凝土屋盖系统的排架结构，当基础倾斜时，柱内产生附加弯矩，常使柱发生水平裂缝。为了解决这个矛盾，有些承受大面积地面堆载的小型仓库和厂房，曾采用了静定的三铰门架结构，使基础转动时，上部结构不产生次应力，取得较好的效果。

基础做成铰接，虽能解决转动问题，但若上层结构仍用超静定结构，则在不均匀沉降达到一定程度时，仍将导致结构裂损。某仓库为两跨15m门架式结构，柱距6m，总长60m，系一次超静定结构。由于中排柱子四周堆料比两边多，仓库建成使用后不到一年，中排柱沉降达20cm～40cm，而边排柱仅沉5cm～6cm，造成较大的沉降差，影响悬挂吊车的运行，中柱上部的两悬臂横梁严重开裂，地坪上也有两条较大的纵向裂缝。

内框架结构，即外砖墙承重，内框架形式，当沉降量较大，尤其在局部地区有较大荷载时，外墙往往开裂，有时并危及梁板，这样的实例不少。但是，若措施得当，内框架结构也是可以采用的。例如，某仓库为三层内框架结构，片筏基础，尺寸为18m×21m，埋深1.3m，基础上未回填土，基底压力为60kPa。使用初期逐次均匀加荷，沉降不大，未发现结构损裂。因此，有适当刚度的、面积不是很大的片筏基础，换土以减少附加荷载，基底压力不大，活载均匀逐步增加，都是好的措施。

2. 增强建筑物的刚度，以减少不均匀沉降

砖承重结构的纵横墙布置对整体刚度有很大影响，对调整不均匀沉降起重要作用，要求纵墙贯通，横墙密布，犹如空腹多肋深梁，刚度甚大。例如图6.3.3所示六层住宅，除外纵墙外，中间还有一道通常的内纵墙，横墙很密，最大间距不超过8.2m，由于内外墙纵横交叉密布，基础空隙面积不大，故刚度较大。估算平均沉降达63cm，大大超过容许平均沉降量15cm～20cm，但相对挠度很小，建筑良好。反之，如果纵墙中断，则刚度有所削弱，例如某医院病房为一长94m、宽12.4m的一字形建筑物，中间四层，两端三层，

由于中部和两端纵墙中断，削弱了建筑物的刚度，以致开裂严重。因此，在可能条件下，纵墙要贯通，横墙间距要小，一般小于建筑物宽度的 1.5 倍。

有时预估到建筑物不均匀沉降较大时，也可在局部墙体内配置钢筋，以加强砌体强度。某校教学楼为 Π 形砖承重结构，两翼四层，主楼五层，主楼中间局部为六层，建造在已有 40 余年历史的吹填土上，基底压力为 90kPa，预估可能有较大的不均匀沉降，故在外墙窗盘下均配置了钢筋，效果较好。

砖承重结构在墙体内设置钢筋混凝土圈梁或钢筋砖圈梁，是加强建筑物刚度和强度的重要措施，一般可隔层设置，多层建筑物在基础和顶层处一般均设置。圈梁在平面内必须呈封闭系统，圈梁内的钢筋截面一般凭经验配置。

砖承重结构中采用较高大的条形基础，能收到一定的效果。有的设计中将室内地坪以下至基础顶面的一段砖墙，改用现浇混凝土代替。

砖承重结构的开孔或开窗不能过大，以防止墙体的刚度和强度受到削弱；当必须开较大的孔洞时，可采用钢筋混凝土边框加强。

当建筑物受到邻近建筑物或地面荷载的影响而产生附加变形时，可适当加强其强度。

3. 设置沉降缝

当建筑物各单元的高度和荷载需适当相差，或平面形状较复杂，又不能将各单元分开适当距离，或地基土不均匀，可能产生较大的差异沉降；或当建筑物分期建造时，则各单元连接处应设置沉降缝。设置沉降缝时应注意以下各点：

(1) 沉降缝需有足够的宽度，缝中不可填塞，使相邻单元可以自由移动，否则会引起互相顶住、挤压和损坏。沉降缝的宽度一般为：二、三层时，5cm～8cm；四、五层时，8cm～12cm；五层以上，不小于 12cm；当地基土有显著不均匀时，应适当加宽。

某校教学大楼的平面图呈 U 形，中部五层长 75.6m，宽 16m；两翼四层长 69m，宽 16m；两翼与中部相距 8.4m，插入一连接廊，如图 6.3.8 所示；但由于沉降缝的宽度不足，沉降以后，相互顶住，造成连接体的墙体开裂。

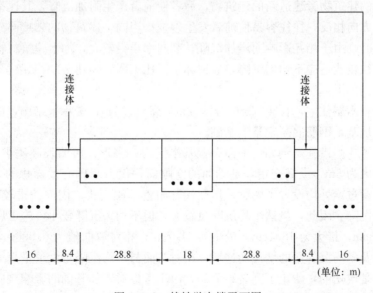

图 6.3.8　某教学大楼平面图

（2）沉降缝须从建筑物顶部开始断开，直至基础底部。利用伸缩缝作沉降缝是不可取的。

（3）沉降缝不能消除地基中的应力重叠，故在条件许可时将建筑物划分为几个单元为妥，各单元间相隔一定距离，并可先建临时性通道，待沉降基本稳定后，再建造永久性建筑；如必须同时建造永久性建筑，则可插入具有足够刚度和强度的结构；或采用简单结构过渡，但沉降缝必须处理得当，否则也不能生效。

4. 预估沉降量，在建筑和构造上留有调整或沉降余地

当预估建筑物或构筑物沉降过多而有碍使用或美观，或采用天然地基在技术和经济上优越但沉降量较大时，可有意将标高适当提高。例如，上海共和新路旱桥为立交桥，桥上行驶市内客货车辆，桥下通过火车，五孔，跨度为 16.55m～22.2m，底梁高 5.5m，装配式简支梁；南北桥台为重力式，用浆砌块石砌筑，钢筋混凝土基础底板宽 5.3m，埋深 1.5m，基础下面围有 3m 长的企口板桩；四个桥墩底面积各为 20.5m×4m，埋深 1.5m，采用天然地基。设计时估算桥台沉降 65cm，桥墩沉降 12cm，桥台和桥墩的沉降差为 53cm，采用预留净空的办法调整。根据建成后七年的实测沉降曲线推算，南台沉降 100cm，北台沉降 84cm，南一墩沉降 40cm，南二墩沉降 35cm，北一墩沉降 40cm，北二墩沉降 37cm。这样，南台和南一墩的沉降差为 60cm，北台和北一墩的沉降差为 44cm，与设计时的估算值相差不大，使用良好，节约了基础打桩费用，是一个成功的实例。

当有管道与建筑物相接时，建筑物的过大沉降将使管道断裂，可在穿墙孔洞上方留有余地。外接管道若有支架，可将支架标高适当降低，支架与管道间暂以垫片垫之，随着建筑物下沉逐步抽出，调整标高，直至建筑物的沉降基本结束，再将管道和支架的联系固定。也可采用特制的活络接头，允许相对位移和转动，目前有些油罐和气柜的接出管采用了这种接头以适应较大的地基变形。

6.3.5 防止相邻基础的影响

在已建成的建筑物旁建造新的建筑物，后者使前者产生附加沉降，其速率较大，曲率半径小而弯曲方向相反，往往容易使前者发生裂损；当同一建筑物的邻接部分或相邻两建筑物同时建造时，由于相互影响而增加沉降，其曲率半径较大，加上建筑材料在施工初期的蠕变性质往往较能适应不均匀沉降，故损坏情况比不同时间建造的相邻建筑物轻些。

现举些实例如下：

（1）某新村六层住宅，长 49.2m，宽 9.2m，高 20.87m，砖承重结构，如图 6.3.9 所示。采用天然地基，钢筋混凝土条形基础。

由于采取了一些措施，例如：平面布置基本上为一字形，砖墙长高比小；内墙密集，间距很小，最大为 5m，纵横交错，基础间的空隙面积仅占基础有效面积的 25%；在一、三、六层外墙窗过梁处均设置了圈梁；房屋端部附近基础密集，因而荷重较中间部分大，减小了不均匀沉降。因此，虽然平均沉降量较大，但不均匀沉降较小，施工后两年的平均沉降量为 44.8cm，最大为 48.1cm，最小为 41.7cm，相对弯曲值为 0.0006，相对弯曲值随时间的延续及平均沉降量的增加而递增，相对弯曲与平均沉降量大致呈直线关系，建筑物本身的设计是成功的，防止了开裂；但是，由于考虑对相邻基础的影响欠周，产生了一些缺点，紧贴东南角同时建造了一幢单层商店，平面尺寸为 15.27m×8.61m，高 5.45m，

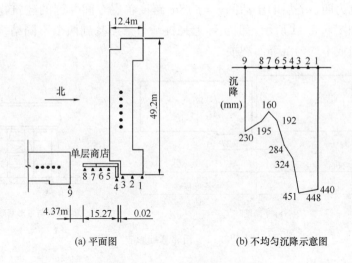

(a) 平面图   (b) 不均匀沉降示意图

图 6.3.9　相邻基础影响实例

天然地基，其砖墙直接砌在住宅的钢筋混凝土基础上；而且在商店的内侧还新建一幢五层住宅，距离仅 4.3m。由于六层住宅和单层商店沉降量的差异较大，如图 6.3.9（b）所示，商店建筑物严重开裂，北墙与六层住宅毗邻处断开，裂缝宽度达 1cm。砖墙在屋檐梁处裂断，并向外错开 3cm，下雨时严重漏水。东墙裂缝自右上角开始贯穿窗角直至地面，最大裂缝宽度约 1cm。钢筋混凝土屋面板的端部明显地向下弯曲，挠度约 15cm。西墙北端与六层住宅连接处及门窗附近均有 45°斜裂缝。屋檐、门窗水平线明显地向六层部分倾斜。门窗均因变形过大而屡经修理。

另外，建筑物四周地坪被带动下沉，下雨时雨水向房屋四周集中。

（2）图 6.3.10 所示某试验室大楼，其本身的设计较合理，防止了开裂；但附属的锅炉房为一层砖承重钢筋混凝土平屋面结构，在大楼一端的后侧接连长 5.7m 的过道，受到大楼荷重的影响，基础受到反向弯曲，完工后四年五个月测量，房屋勒脚线的相对沉降值如图 6.3.10（a）所示，锅炉房与过道发生严重裂损。

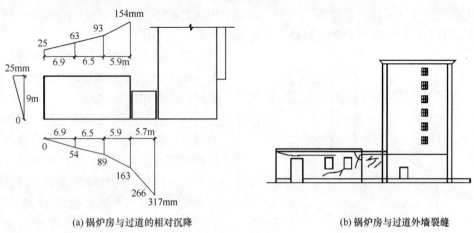

(a) 锅炉房与过道的相对沉降   (b) 锅炉房与过道外墙裂缝

图 6.3.10　相邻基础影响实例

287

（3）本实例为四、五层的生活间，与 18m 跨度单层车间并列的建筑物，虽然平面布置为一字形，如图 6.3.11 所示，但实际上是桩基与条形基础两个不同结构、不同基础邻接的建筑物，造成不均匀沉降而裂损。

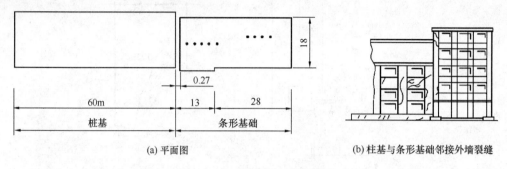

（a）平面图　　　　　　　　　　　　（b）柱基与条形基础邻接外墙裂缝

图 6.3.11　相邻基础影响实例

生活间长 40m，五层高 18.65m，四层高 14.65m，砖承重结构，各层都设有圈梁，条形基础。车间长 60m，高 15m，拱形屋架，设有 500kN 吊车，柱基，地基压力为 100kPa。

建筑物在使用后不久逐渐出现裂缝，尤其在车间邻近生活间的一端，有些填充墙裂缝宽度已达 1cm，部分里外裂通。生活间山墙上出现弧形裂缝。

沉降观测是在裂缝出现后才开始的，从一年的记录可知生活间与车间邻接处沉降量最大，为 17.6cm；车间另一端沉降较小，为 6.8cm，估算最终沉降量分别为 32.9cm 和 16.9cm。

由于生活间的一部分基础压力传到邻接的车间柱基，使其发生较大沉降，而车间的其他柱基则沉降较小，两端柱基的差异沉降达 9.8cm，车间邻近生活间的一跨两个柱基的差异沉降达 7.5cm。

生活间因楼层多，荷重较大，沉降量也较大；但由于各层都设有圈梁，刚度较大，故不均匀沉降较小。生活间与车间邻接处的差异沉降不大，但因车间屋架向生活间山墙挤压，使山墙出现与屋架形状相似的弧形裂缝。

生活间与车间邻接处虽设置了一条沉降缝，但因处理不当而未见效，应考虑车间与生活间各设有山墙，中间再设置沉降缝，可避免屋架向山墙挤压而产生裂缝。

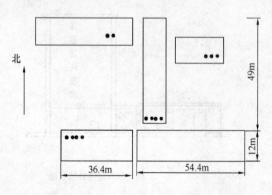

图 6.3.12　相邻基础影响实例

像这两个建筑物，最好分开建造，相距 10m 以上，或在邻接处采用少量桩基，是可以消除相邻影响的。

（4）相邻基础的影响不但与距离，且与相对位置有关，因地基中应力叠加分布状态随相对位置而异。为防止或尽可能减少开裂，被影响的建筑物主要方向的刚度要适当提高，避免形成反向弯曲。图 6.3.12 为某医院病房大楼平面布置，呈工字形，南翼为四层砖承重结构，长

91.2m，在距西端 36.4m 处用伸缩缝断开，与之邻近的工字形中间部分高四层，其荷重对南翼起了附加影响，使伸缩缝西侧的纵向砖墙产生了反弯曲，并受扭曲，这部分长高比虽仅为 2.75，但因刚度较小，纵墙仍有斜向裂缝；但在伸缩缝东侧并未开裂，主要因纵横向刚度较大，对结构整体起调节作用，纵向仍承受正向弯曲。这座建筑物的各部分是同时建造的，如果中间部分是后建的影响将更大。

（5）桩基往往是消除或减少相邻基础影响的有效措施，举实例如下：

①某厂跨度为 27m，全长 198m，柱距 6m，150kN 吊车，柱基采用桩基。厂房内设有焙烧炉，炉宽 22.76m，长 92.4m，设两道伸缩缝，基础埋深 5m，天然地基，基地压力为 120kPa，建成后五年，炉子基础沉降达 1m 以上；但由于厂房柱基采用了长 30m 的桩基，打入硬黏土层，厂房沉降和不均匀沉降都较小，使用正常。

②某学院新建五层教学大楼，平面布置为一字形，尺寸为 60m×21m，高 22.8m，砖承重结构，采用天然地基及带有地梁的钢筋混凝土条形基础。在东侧有一幢建于 19 年前的旧建筑物，其平面尺寸、形式均与新教学大楼相同，高度为 25.33m；但结构采用框架承重，基础系整片筏基支承在 265 根木桩上，桩长 18.3m。新旧两建筑物的基础相距仅 4m。

新建教学大楼在三个月的施工期内平均沉降为 9cm，完工后六年半的平均沉降为 49.4cm，纵向两端最大沉降差为 8.6cm，相对倾斜值为 0.00143；旧建筑物两端沉降差为 5.8cm，相对倾斜值为 0.00097，两建筑物略有对向倾斜，但倾斜值均不大。因此，新建教学大楼采用天然地基是成功的；若采用桩基，反而将应力传至旧建筑物桩基下的土层，引起不均匀沉降。换言之，如两建筑物相距很近，其中一幢可采用桩基，可基本消除相邻基础的影响。

但是，采用桩基还必须考虑相邻两建筑物的沉降差，并使其在时间上得到协调，才能奏效，对重要的或对倾斜和防止开裂有严格要求的建筑物，尤须注意。如某七层冷库，采用 26～28m 长的预制桩，毗邻的理鱼间为两层框架结构，钢筋混凝土条形基础，但两者沉降不一，同一时间理鱼间沉降 24.4cm，冷库沉降 11.9cm，致使理鱼间挑梁被冷库的墙肩顶裂。又如某电厂厂房和发电机都采用长桩，但发电机还是向厂房荷载集中部分的方向倾斜。过去一般采用的桩基持力层为暗绿色硬黏土，埋深多在 30m 左右，但其下也可能是较软土层，仍有一定的沉降，只要两相邻桩基距离较近，也有一定的影响。如有必要，桩基入土深度可逐渐增加，如暗绿色硬黏土下有粉砂层，则进入粉砂层的桩基沉降很小，相邻桩基的影响基本消除。

在烟囱一类的高耸建筑物邻近建造厂房，常易使烟囱倾斜；精密设备基础常受厂房基础的影响而产生不均匀沉降，都要引起重视。

③用不同桩长的桩基调整建筑物不均匀沉降。

上海地区近年来高层建筑发展很快，有些高层建筑伴有低层裙房，如一些高级办公楼与宾馆。由于主楼与裙房荷重相差悬殊，导致有较大的差异沉降，但从建筑造型和使用功能考虑，一般要求主楼与裙房的沉降能协调一致。由于减少沉降的要求，高层建筑的桩基要求进入地下 50m～60m 的粉砂层或砂层中，造价很高；有些建设单位或设计单位，尤其是中外合资、外国独资建设的高层建筑，往往在主楼与裙房下采用相同长度的桩，要多花钱。根据我国国情，希望设计方案既能满足沉降和使用要求，又能节约投资，这样的设

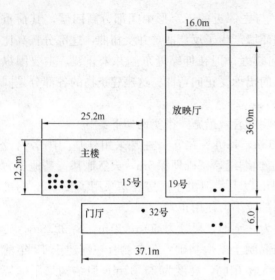

图 6.3.13　建筑平面示意图与沉降观测点

计才具有较高的水平。

上海市民用建筑设计院曾在一个工程中，在主楼和裙房下采用不同桩长的桩基础，以调整不均匀沉降，取得成功。

该工程主楼为 12 层办公楼，裙房由二层放映厅及门厅组成，如图 6.3.13 所示。主楼基底总荷载为 228kPa，放映厅基底总荷载为 133kPa，门厅基底总荷载为 106kPa，主楼与裙房的荷载差异较大。建筑物三部分之间的基础是分开的，并设沉降缝，但在使用功能上在二楼设一大展览厅，将主楼与门厅联成一体，地坪标高相同。

地基土的主要物理力学性指标如表 6.3.3 所示。

地基土的物理力学性指标　　　　　　　　　　　　　　　　　　表 6.3.3

土层	深度（m）	含水量（%）	孔隙比	压缩模量 E_{1-2}（MPa）
填土	1.3	37.1	1.023	3.31
褐黄色粉质黏土	2.9	37.1	1.023	3.31
灰色淤泥质粉质黏土	7.5	48.5	1.321	2.12
灰色淤泥质黏土	13.8	50.5	1.384	1.78
灰色黏土	19.1	40.5	1.139	3.15
灰色粉质黏土	28.4	32.6	0.929	4.61
暗绿色粉质黏土	31.1	21.6	0.619	8.86
暗绿色黏质粉土	32	22.6	0.637	8.86
粉砂	38.5	29.2	0.839	11.31

该实例研究者采用明德林（Mindlin）公式计算土体中的应力值，而不是常用的布辛涅斯克（Boussinesq）公式，认为计算的沉降值与实测值较为接近。

主楼基础根据上部建筑荷重及使用要求，采用了补偿式筏形基础下打钢筋混凝土预制方桩的方案。筏形基础埋深 4.5m，桩长 25.5m，桩尖入土深度 30m，持力层为暗绿色粉质黏土。

实际建筑物施工一般按先高后低、先重后轻、先深后浅的顺序进行。在确定裙房下桩的长度时，需考虑先施工的主楼部分在裙房开始施工时已完成的沉降量。由于裙房下的桩较短，桩距较大，排列稀疏，应考虑承台下地基土分担部分荷载。

在初步确定主楼桩基方案后，即可进行裙房基础形式的选择。对放映厅和门厅基础分别按浅基础和桩长 8m、16m、21m 四种方案进行了比较分析，结果表明：在满足地基承载力的前提下，裙房基础采用桩长为 21m，桩尖入土深度为 22.8m 的钢筋混凝土预制桩方案，有可能取得与主楼沉降量基本协调的结果。沉降计算和实测推算的沉降值列于表 6.3.4 中。放映厅以独立基础为承台，中间加联系梁，桩数为 81 根。门厅以 1.1m 宽条形基础为承台，桩数为 31 根。

本工程先建主楼，一年后至主楼结构封顶后再建放映厅，此时主楼基础已下沉 4cm；待放映厅结构封顶后再造门厅时，主楼基础下沉 5.4cm，而放映厅基础下沉 1.6cm。这样就可以根据预估的主楼与裙房的差异沉降量，在施工过程中用调整后建的放映厅和门厅在 ±0.00 处的施工标高，进一步协调主楼与裙房的最终沉降。

目前该工程已交付使用，从基本竣工时，建筑物各单体的楼面地坪找平后一年，主楼、放映厅、门厅的沉降速率分别为 0.032、0.023、0.028mm/d。实测结果表明，从预估和实测推算最终沉降量的吻合程度以及基本竣工后的沉降速率基本一致的情况看来，已到达了预期的效果。

④采用减沉桩控制沉降。

在软土地基上的基础设计中，有时不能采用天然地基浅基础方案的原因，并不是因为天然地基强度明显不足，而是由于地基会产生过大沉降的缘故。在上海西南地区特别是软弱的漕河泾、虹桥、梅陇等地区，地表 2m～3m 以下一般都分布有厚度达十几米的高压缩性淤泥质土层，若用天然地基浅基础方案，6 层居住建筑的最终沉降量最大可达 50cm～60cm，严重影响正常使用。因此，按沉降量控制设计的减沉桩（沉降控制复合桩基）成功地应用到这类工程中，下面兹举一例。

某 6 层住宅楼基础总面积为 572m²，基底总荷载约为 68770kN，所在场地浅层土是上海除局部存在明浜或暗浜外，地基土层组成规律大致相似。图 6.3.14 为该建筑的场地工程地质剖面图，天然地面下 3m 范围内为填土和褐黄色粉质黏土层，其下分布有厚达 10.5m 的高压缩性淤泥质黏土层，地表下 13.6m 开始为第 5 层土，力学性质略有改善，但仍属高压缩性土，地表下 26m 处才见属中等压缩性的暗绿色粉质黏土层。

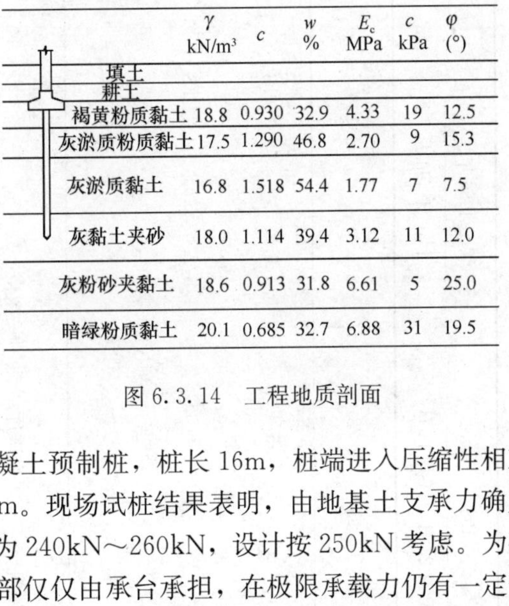

	γ kN/m³	c	w %	E_c MPa	c kPa	φ (°)
填土 / 耕土						
褐黄粉质黏土	18.8	0.930	32.9	4.33	19	12.5
灰淤质粉质黏土	17.5	1.290	46.8	2.70	9	15.3
灰淤质黏土	16.8	1.518	54.4	1.77	7	7.5
灰黏土夹砂	18.0	1.114	39.4	3.12	11	12.0
灰粉砂夹黏土	18.6	0.913	31.8	6.61	5	25.0
暗绿粉质黏土	20.1	0.685	32.7	6.88	31	19.5

图 6.3.14　工程地质剖面

设计采用断面为 20cm×20cm 的钢筋混凝土预制桩，桩长 16m，桩端进入压缩性相对较低但仍属高压缩性的灰黏土夹砂层 2m～3m。现场试桩结果表明，由地基土支承力确定的单桩极限承载力为 240kN～300kN，多数为 240kN～260kN，设计按 250kN 考虑。为确保桩基有足够的安全度，可先假定外荷载全部仅仅由承台承担，在极限承载力仍有一定安全储备的原则下，初步确定承台埋深及底面尺寸。计算不同桩数对应的沉降从而得到基础沉降量与桩数之间的关系曲线。最后根据建筑物的容许沉降量确定实际需要的桩数。本工程按容许沉降 20cm 考虑，实际用桩量为 252 根，较常规桩设计方法减少用桩数 52%。在已完成施工图设计的工程中，实际用桩量和按常规方法设计的用桩量比值大部分在 0.3～0.7 之间变化，包括承台在内的基础工程总造价比常规桩基础平均降低约 30%。表 6.3.5 为整理的 18 幢已竣工建筑物的沉降观测资料。可以看出，当结构到顶时建筑物平均沉降约为 2.9cm，最大约为 3.4cm。建筑物竣工时平均沉降约为 5.8cm，最大约为 6.6cm。根据实测数据推算的基础最终沉降量约为 15cm。

表 6.3.4

建筑物沉降计算值和实测值汇总表（单位：cm）

日期\测点	1985年 8月28日	11月14日	1986年 7月31日	11月8日	1987年 7月30日	11月13日	1988年 5月5日	最终沉降值 实测推算	计算
与上次测量相隔天数	450	78	259	100	264	106	174		
主楼 平均/15#	4.0/3.9	4.6/4.5	5.4/5.8	5.9/6.3	6.5/6.8	6.7/7.3	7.2/7.7	8.7/10.1	12.7/12.8
放映厅 平均/19#		0.4/0.7	1.6/2.0	2.2/2.8	2.8/3.9	3.3/4.2	3.7/4.5	7.3/8.8	10.5/12.6
门厅 平均/32#			0.6/0.7	1.7/1.4	1.9/1.9	2.2/2.2			7.7/9.5
工况	主楼内外墙及放映厅条砂基础施工	放映厅结构封顶、门厅条砂基础开工	主楼、放映厅装修、门厅结构封顶	基本竣工	竣工验收	准备使用			

注：表中15#、19#、32#分别为主楼、放映厅、门厅邻近沉降观测点编号。

表 6.3.5

18幢建筑物施工期沉降观测资料

建筑物序号		1	2	3	4	5	6	7	8	9	10	11	12	13	14	15	16	17	18	总平均
沉降量(cm)	结构到顶 平均	3.2	3.4	3.8	3.1	3.5	4.1	3.5	2	1.7	1.7	2.2	3.2	1.8	4	1.7	3.5	1.8	3.5	2.9
	结构到顶 最大	3.8	4.5	4	3.4	3.5	4.2	3.5	2.1	2	2	2.5	4	2.7	4.5	2.5	4.1	2.5	4.2	3.4
	竣工 平均	6.8	7.5	7.2	5.5	5.2	6.6	5.3	4	3.4	3	4.3	4.5	3.9	10.5	5.3	8	4	7.3	5.8
	竣工 最大	8.2	8.7	7.5	5.9	5.4	6.8	5.5	4.3	3.9	3.2	5.4	5	5.4	11.9	5.5	9.3	5.5	8.5	6.6

减沉桩也可应用于某些要求特殊的情况，如在城市建设中有不少建筑物需要建造在已废弃的地下管道上，常规处理方法是将这些废弃管道清除并填上新的地基土，这种做法在管道埋置深度较大时，往往费工费时且费用较大。此时，可考虑采用减沉疏桩技术应用于地下管道上的建筑物基础。上海手工业局某职工住宅（5 号和 6 号楼）均为六层砖混结构，两幢楼房进深均为 10m，总长度各为 33.5m，面积共计为 4200m²。原设计采用钢筋混凝土条形基础，后因规划部门的要求而向北移位。移位后刚好有一根废弃的地下污水管纵向穿过 5 号楼，且通过 6 号楼将近一半长度。此外，相邻处新埋设一根地下污水管，埋设时大开挖放坡边线紧靠 5 号、6 号楼北墙的基础边缘。废弃的地下管道和新埋设的地下管道同样为 1.2m 直径的钢筋混凝土圆管，管底埋设在地面以下 6m。由于废弃的管道埋置较深，以及其他原因，不能将其拆除填实后再造房屋，建设方要求设计人员能采取措施直接将两幢楼房建在地下埋有大口径管道的地基土上，这对设计人员提出了未曾遇过的挑战。

六层砖混结构的房屋的自重较大，如果采用钢筋混凝土条形基础，基底附加压力将达到 80kPa，地下钢筋混凝土管道能否承受该荷载并不清楚。此外，地基不均匀沉降有可能使地下管道的接头松脱。经综合考虑后，设计人员提出了三个方案：

（1）在整个管道内灌入素混凝土。

（2）采用注浆加固的方法，将地下管道外用水泥砂浆包裹。

（3）采用桩骑梁跨过管道的办法，将上部结构的部分荷载通过桩传到比管道更深的地基土中，为防止不均匀沉降，其他部位布置疏桩（轴线位置），按减沉桩设计，控制基础的沉降。

上述三个方案中，前两个方案经测算因费用大，施工困难未予采用。方案 3 不但能减少基础沉降（特别是不均匀沉降），将建筑物对地下管道的不利影响可减少到最低程度，同时又能解决场地土质不均、北墙下基础紧靠松土等地基土处理的困难。对 5 号楼进行计算分析，最终确定采用 143 根 $200 \times 200 \times 7000$ 的钢筋混凝土短桩基础，计算的基础最终沉降约 3.11cm～4.35cm，计算沉降量满足要求。

基础自 1989 年底施工，至 1991 年初全面竣工。施工期间的沉降观测表明，从基础施工至结构完成，最大沉降仅 14mm，1991 年底实测平均沉降为 15mm，最大沉降不到 20mm，说明采用减沉疏桩基础确实能够有效减少基础的沉降和不均匀沉降。图 6.3.15 给出了两幢楼房的沉降实测曲线，该工程的最后实测沉降时间离基础开工已大约 3 年时间，且包含了竣工后的 1 年时间，根据上海类似桩基础的沉降特性，推算该工程两楼房

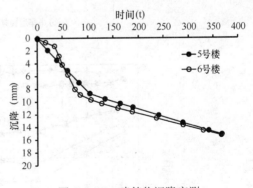

图 6.3.15 建筑物沉降实测

的最终实际平均沉降约为 25mm～38mm，最大沉降为 33mm～50mm。从该工程的实际施工以及至今的使用情况来看，采用减沉疏桩基础的方案有效地控制了基础总沉降和差异沉降，从而对地下埋有大口径管道的场地上直接安全建造六层住宅楼带来了可能。

6.3.6 防止吊车动荷载引起地基不均匀沉降的危害

1. 有重级制吊车的厂房

由于重级制吊车反复作用的动荷载，使基础的沉降比静荷载作用时有显著增加，并由于外力的偏心作用，基础倾斜往往较大。

图 6.3.16 所示为某钢厂第二转炉车间，单层装配式钢筋混凝土结构，由 15m 主跨、

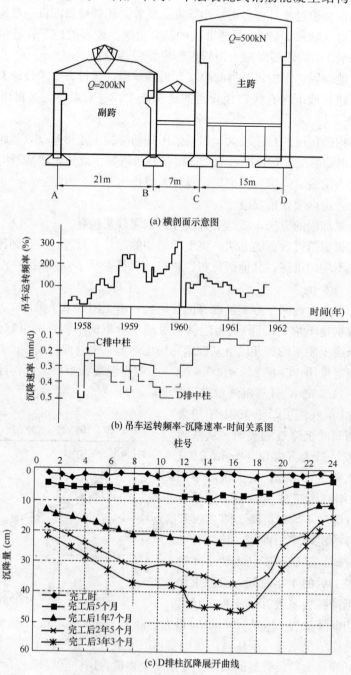

图 6.3.16 第二转炉车间主跨不均匀沉降

7m平台跨和21m副跨组成，柱间距为6m，主跨长度为138m。主跨屋架为钢筋混凝土薄腹梁，副跨为拱形屋架。天然地基。主跨D排之间布置有六个转炉，其基础和相邻柱基联成整体，面积为10.3m×8.0m；D排端部柱基和C排柱基均为单独的钢筋混凝土杯形基础。最大基底压力为120kPa，平均压力为100kPa。主跨有两台500kN吊车。表土层下14m范围内为高压缩性黏性土，孔隙比为1.0～1.5。

建成后四年，主跨中部柱子下沉35cm～46cm，端部柱子下沉20cm～30cm，较大的差异沉降发生在端部3～7排柱中间，纵向相对倾斜达0.004～0.007；中部横向平均差异沉降也达5cm～10cm，相对倾斜为0.003～0.006。

由于地基过大的沉降和差异沉降，柱子倾斜过多，又因柱顶的位移遭到屋架的阻挠，使柱子受到附加弯矩，主跨内50个柱子有17个开裂，裂缝宽度达0.3mm以上。

由于柱子倾斜，严重地影响吊车的正常运行，吊车轮子卡轨，并与部分小柱擦边，不得不将小柱的混凝土保护层凿去，勉强行车。由于柱列的纵向和横向的倾斜超过0.003，吊车发生自行滑行，影响安全生产。

造成上述情况的主要原因为：

（1）基础面积大，影响范围深。

（2）相邻基础影响大，压缩层增厚，沉降大，稳定慢。B、C两排柱相距仅7m，工作平台的荷重和回填土都与大面积荷重相似，分别有24kPa和9kPa的附加压力。此外，在车间东西两侧端部都堆放炉壳和设置化铁炉，对相邻基础都有影响。因相邻荷载的影响而引起的附加沉降量，估算约占总沉降量的30%～50%。

（3）吊车活荷重所占比重较大，引起的附加应力占基础底面下总的附加应力的22%～40%，高产时超荷运转严重，500kN吊车经常起吊650kN，有时甚至超吊800kN。

鉴于两年中吊车荷重重复作用的程度有所降低；同时软土也有一定程度的固结，故下沉速率有了显著的减小，但沉降量还在缓慢地增加。在这种情况下，对车间的上部结构进行了补强，对车间刚度也作了适当加强，并控制了地面荷载和吊车荷重。

为防止或减轻重级制吊车运行引起的不均匀沉降的危害，一般可采用以下措施：

（1）当设有起重量大于300kN的重级制吊车时，柱基可考虑采用桩基。

上述钢厂的第三转炉车间，如图6.3.17所示，长198m，宽57.9m，中间为双跨车间，主跨18.7m，副跨21.2m，两侧为披屋。钢筋混凝土拱形屋架。柱间距为6m。C排和D排柱采

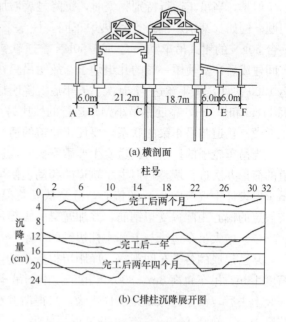

(a) 横剖面

(b) C排柱沉降展开图

图6.3.17　第三转炉车间主跨采用桩基础

用桩基，长21m，桩尖打入暗绿色粉质黏土中。主跨设有一台750kN，两台500kN和一

台 300kN 吊车，副跨设有一台 500kN 和六台 300kN 吊车。

完工后两年四个月的沉降情况如下：

①各排柱中最大沉降量（cm）

B 排	6 号柱	23.7
C 排	10 号柱	23.1
D 排	5 号柱	20.5

②各排柱中最大纵向沉降差（cm）

B 排	2～3 号柱	4.0
C 排	11～12 号柱	2.3
D 排	2～3 号柱	1.0

③横向最大沉降差（cm）

B～C 排	20 号柱	6.6
C～D 排	24 号柱	2.2

④柱子的纵向倾斜一般较小，只有 5 个数值超过 3‰，其中以 B 排 2～3 号柱最大为 6.7‰；横向倾斜也较小，只有一个数值达 3.1‰。

⑤各排柱沉降速率（mm/d）

B 排柱，投产初期 0.5，投产后四个月 0.12

C 排柱，投产初期 0.4，投产后四个月 0.1

D 排柱，投产初期 0.35，投产后四个月 0.1

由此可见，主要柱基采用了桩基，情况比第二转炉车间有了很大的改善，最大沉降量约减少了 50%，而且较为均匀，车间使用正常。

但是，当吊车运行特别频繁时，沉降显著增加，采用一般长度的桩基往往亦不能解决问题。例如，某钢厂的一个均热炉车间，柱基采用了 23m 长的桩基，设有一台 100kN、一台 50kN 的钳式吊车和一台 300/50kN 普通软钩吊车，钳吊钳运进出炉子加热的钢锭。车间建成后，只使用一端的几组炉子，故钳吊只在一端频繁运行，以每台钳吊每天三班开运 1300 次计，每年竟达 47 万次。五年后沉降明显不均，一端的两排柱子比另一端分别多沉 17cm 和 13cm，靠近钳吊小跑车运行的柱比另一边的柱平均多沉 10cm。

（2）轨道与吊车梁的联系，要便于轨道的适当移动。

当吊车轮子的护边与轨道发生严重摩擦时，造成卡轨。为了正常生产，可采取移动轨道的简单办法进行调整；但由于轨道的移动，使吊车梁承受偏心受扭，而一般钢筋混凝土吊车梁设计中仅考虑 2cm 的偏心，且是从安装误差着眼的，若考虑轨道的移动，则必须按假定的偏心距配置受扭钢筋，并加宽梁的腹部，提高吊车梁的抗扭性能。

（3）增大吊车边缘与上部小柱边缘的净距。

从已建成的各类车间观察，净距留得较小的，投产后常发生问题。如某厂铸钢车间，跨度 18m，吊车轨高 8m，300kN 吊车，由于吊车与小柱边的设计净距仅 50mm，当吊车安装上去后，吊车边缘就碰小柱边缘，只得凿开小柱进行加固处理；又如某厂转炉车间，跨度 15m，轨高 14.9m，有 500kN 的桥式吊车，重级工作制，设计净距仅 5mm，因车间高跨比较大，吊车吨位大，使用频繁，并受设备基础的影响，投产后不久就发生吊车摩擦小柱边，只得凿去小柱混凝土，但一年后又逐步发展，吊车无法行驶，不得不将小柱内边的主钢筋割去，用角钢包箍加固，随后仍继续发生擦边，不得不在大修时将混凝土小柱全部割除，改为钢小柱。

目前上海地区对此净距已逐步增大，通常轻级和中级 300kN 以下的吊车，净距不小于 100mm，一般为 120mm～200mm；当有重级工作制吊车，且地面超载较大时，净跨不小于 150mm，一般为 200～400mm。

（4）加大吊车小跑车最高点与屋架下弦间的净空距离。

当柱基纵向和横向产生不均匀沉降时，就要垫高轨道进行调整，使净空减小，如净空留得小，碰到屋架下弦，必须顶升屋架，则工程大，费钱费时，并影响生产，故在设计时应适当放大净空，留有调整余地。

某厂转炉车间系两跨单层厂房，主跨 18.7m，500kN 吊车，净空 450mm；副跨 21.2m，300kN 吊车，净空 650mm。主跨两排柱基均为桩基，副跨一边搭在桩基上，另一边为天然地基，仅在基础底下铺设 0.8m 厚的砂垫层。投产使用 15 年后，副跨砂垫层一排柱基沉降量比桩基大，且系铸锭车间，吊车运行频繁，又因生产需要，300kN 吊车改为 500kN，故沉降越来越大，经多次垫轨调整，净空已减至 122mm，大修时吊车又需调高 120mm，已碰到屋架，只得用顶升屋架的办法解决。主跨两排桩基的沉降比较均匀，设计净空满足需求。因此，当柱基的类型不同，不均匀沉降较大时，特别如转炉车间的炉子区段，吊车运行很频繁，沉降量很大时，设计中应适当增大净空。

某钢厂转炉车间，两跨，跨度分别为 21m 和 18m，车间纵向长度为 199m。天然地基。300kN 吊车，净空 600mm，吊车与小柱间净距为 400mm。十多年后车间柱基最大沉降量达 1m，两端约为 70cm，纵向沉降差为 30cm，由于净空与净距都留得较大，可供调整，故使用正常。

在上海地区，如采用天然地基，一般对重级工作制 300kN 以上吊车，净空至少要考虑 600mm；200kN 以下或中轻级工作制吊车，为 300mm～500mm；当土质较差，地基处理比较复杂，局部超载较多，且有先后投产的区段时，应相应地放大净空。

2. 露天栈桥

上海地区的露天栈桥普遍存在一些问题，有的比较严重，故普遍地采用了调整措施。

1）柱子倾斜

由于柱基两侧的地面堆载不同，使柱子内倾，造成吊车卡轨，妨碍运行。某厂轧辊露天堆场，堆载 100kPa，100kN 吊车，轨高 7m，投产后一年柱子倾斜，最大水平位移达 240mm，吊车严重卡轨，不能使用，迫使停产大修。

某汽轮机厂铸钢露天跨，堆载 100kPa，轨高 8m，柱顶水平位移 125mm，只得敲柱子杯口，拉柱纠正，并减少堆载至 40kPa～50kPa，但九年后又发现柱顶水平位移达 80mm。

根据调查，当轨高 7m～8m，堆载平均为 30kPa～50kPa 时，柱顶水平位移为 80mm～120mm；堆载平均为 50kPa～80kPa 时，柱顶水平位移为 120mm～250mm。

由于柱子向内倾斜，使吊车的轨距缩小，当缩小的数值超过轮子护边与轨道间的空隙（20～30mm）时，吊车就卡轨，使柱子承受水平力，且有可能使轮子沿轨道爬起而滑出轨外，这种事故已有发生。

2）柱基纵向沉降不均

大多数情况是沿纵向中间部分低而两端高，如某厂中板露天铸钢跨，中间与端部沉降差达 220mm，吊车行走困难，经常要垫高轨道；另一种情况是沿纵向一端较高，另一端较低，如某钢厂炉渣破碎露天堆场，一端因吊车经常吊重球，柱基由于振动和吊车行走频繁，比另一端多沉 100mm。有一次台风袭击时，吊车受风力吹动而淌向低端，并有两只轮子已越出端部车挡，十分危险。

3）柱子开裂

当柱子内倾时，柱顶承受水平力。经估算，400mm×800mm 工字形、C20 混凝土柱子，基础面到轨顶为 8m 时，如柱顶移动 10mm，卡轨水平力为 14.3kN，柱底的附加弯矩为 115kN·m。

某厂露天跨，由于柱子倾斜卡轨，使用一年左右发现柱子摇晃厉害，经查看，柱子底部已有很宽的裂缝，肉眼可见钢筋，削弱了柱子的刚度，产生摇晃，只好停产，用角钢包箍柱底，并将工字形柱子包大断面，捣成实心的矩形柱子。

某厂有一露天跨，平均堆载 100kPa，一台 50kN 吊车，轨高 8m。堆料一年就发生卡轨严重，用杠杆法抬正基础，灌浆纠偏，后又加盖屋面，随之发现所有的平腹杆双肢柱的内角均有裂缝。

6.3.7 防止大面积堆载引起地基不均匀沉降的危害

对于某些堆载较重、堆放面积较大的仓库或厂房，除在设计中可参考重级制吊车厂房和露天栈桥，采取适当措施外，宜注意以下诸点，尤须重视使用中的措施。

1. 控制荷载分布

在投产开始就要十分注意，要求有计划地均匀堆物，并防止在基础上堆。某两层钢筋混凝土框架结构土产冷库，在使用初期，短时间内集中在某一部分堆货，以致该部分急骤下沉，与未堆货部分有较大的沉降差，幸及早发现，立即纠正，未造成建筑物的裂损。某钢厂轧辊堆放车间，跨度为 18m，轨高 7m，50kN 吊车，钢筋混凝土矩形断面柱子，杯形基础，钢屋架。车间使用后，轧辊堆得很高，平均堆载为 100kPa，并靠近边柱堆放，直接压在基础上方。约一年后，发现柱子在基础杯口处断裂，不得不进行加固，并调整堆荷范围。

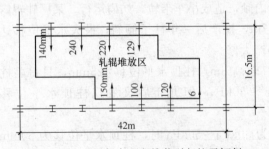

图 6.3.18 局部大面积堆载引起柱子倾斜

某厂轧辊露天栈桥，使用初期即集中堆荷，局部竟达 150kPa，不到一年，整个车间的柱子都倾斜，吊车轨道最大水平位移达 240mm，如图 6.3.18 所示，且中间柱子的沉降比两端大 100mm 左右，柱间支撑被拉断，吊车不能行使，只得对柱子进行纠偏。值得注意的是，荷载直接压在柱基上方的部分，水平位移较大，达 140mm～240mm。从观察可知，对于相同的堆载值，堆放时间长的，沉降或倾斜比堆放时间短的为大。

2. 控制加荷速率

控制加荷速率，对减少沉降和不均匀沉降起一定作用。某厂一个车间，地面荷载达

100kPa，但由于50kPa～60kPa是十年期间分期加上去的，未发生严重后果。

某厂老露天栈桥，轨高8m，轨距22.5m，100kN吊车，刚投产时地面堆料一次堆满，达100kPa，不到半年，吊车严重卡轨，两边柱子均内倾，吊车轨道处水平位移75mm，被迫停止使用，随后取去堆料，调整轨道，并在柱子外侧加压，稍有好转，但效果不显著，可能加压时间不够长。当卸去外侧荷载时，柱子仍回弹，只得采用敲杯口，扶正柱子的办法调整。尔后堆载虽然限制到60kPa～80kPa，柱仍倾斜，柱顶水平位移最大达167mm；但是，紧接老露天栈桥，接长60m的新露天栈桥，条件相同，除了在结构上做了些改进外，主要注意了初期堆载的重量、速率、范围、均衡性，不像老露天栈桥堆载那样迅猛和集中，至今运行正常，说明初始加荷情况对地基变形的影响是很大的。

对于活荷载占总荷载的百分比很大的建筑物或构筑物，如料仓，在投产初期，活荷载也应有控制地分期均匀施加，本章分析了油罐地基充水预压和配煤房快速加煤形成倾斜，提供了正反两方面的经验。

3. 当均匀堆放的大面积地面堆载超过40kPa时，可考虑采用桩基础

某钢厂中板车间为单层装配式钢筋混凝土结构，共两跨，跨度为24m，车间全长为216m，柱距一般均为6m，部分跨越设备处为12m和18m，厂房高10m，吊车轨面标高为7.06m。基础形式，除在12m和18m柱距处采用桩基外，其他均为天然地基，基底压力为120kPa。主跨吊车为一台300/50kN，一台150/30kN，一台100kN，每班行驶218次，300kN吊车满载每周仅三、四次，属中级工作制；副跨为四台100kN，每班行驶318次属重级工作制。副跨局部地段堆放大量钢坯，在13m×13m范围内共堆放49堆，平均堆载50kPa；主跨局部地段集中堆放重型轧辊15只，平均堆载60kPa，轻型轧辊堆放处平均堆载30kPa。根据沉降观测资料，可见堆荷范围，沉降凹陷和柱列开裂情况均相符合，沉降最大处即为堆放钢坯及轧辊部分，三年二个月的沉降量达40.5cm，估计最终沉降量为52cm，大面积堆载引起的沉降值估计约占总沉降量的58%，压缩层厚度增加1.5倍。无大面积堆载处沉降尚称均匀为10cm～15cm。桩基沉降量最小，为10.7cm，但相邻的天然地基沉降量为20.9cm，差异沉降达10.2cm。沉降和差异沉降大的部分柱子开裂，水平裂缝的宽度一般为0.1mm～0.2mm，有的达0.4mm，间距为200mm～300mm。从本例可见，在上海软土地区，地面堆载仅为30kPa～50kPa，对临近天然地基的柱基已有较大影响，除柱子开裂后，还造成吊车局部滑行和卡轨，影响生产。

某化工厂原料车间，如图6.3.19所示，系装配式钢筋混凝土单层厂房，分高低两跨，主跨为24m宽，90m长的高跨，设50kN抓斗桥式吊车一台，吊车轨面标高为9m。钢筋混凝土柱基，天然地基，基底压力采用150kPa。

车间施工完成后半年开始使用，堆积密度为20kN/m³的硫化铁矿75000kN，堆料高度平均为2m～3m，平均堆载60kPa，持续一年后，突然迅速增加堆料，在短短一月余，堆料达20万kN，堆高最大为8m左右，呈波形自东向西逐渐降低，堆载在最高处达160kPa，两个月左右发现吊车卡轨，局部地段滑车，经观测检查，北排柱子沉降量较大，施工后两年的沉降最大达364mm，且自东向西逐渐减小，沉降不均匀，柱子开裂者占总数的70%，裂缝长度一般为300mm～400mm，宽度为0.3mm～0.7mm；最长裂缝达600mm，占柱子截面的2/3，宽度达3.7mm。南排柱子沉降量较小，最大为152mm，且较均匀，无裂缝出现，这是由于堆料偏于北部的缘故。南北排柱子最大沉降差达228mm，

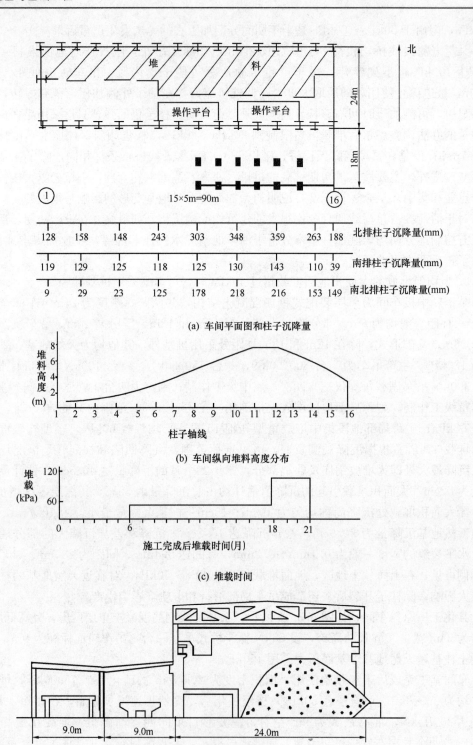

(a) 车间平面图和柱子沉降量

(b) 车间纵向堆料高度分布

(c) 堆载时间

(d) 车间横剖面图

图 6.3.19　大面积堆载引起的不均匀沉降

均向内倾侧。北部柱子基础上还直接堆料高 1.5m 左右，重 40kPa，使沉降更大。

地基容许承载力 150kPa 取得偏高，但估算建筑物静重产生的沉降量仅占总沉降量的

18%，由于大面积堆料引起的沉降量约占82%，而且在迅速加荷后发生严重问题。

南排柱子离堆料10m左右，影响已较小，故大面积堆料的影响范围不很大。

车间发生上述裂损情况后进行了加固，在柱子周围包了角钢；吊车轨道下填以钢块，重新调整轨道；在屋架纵向加设水平支撑，以增强屋面刚度，并防止屋架下弦发生挠曲。但是上述加固措施不能根本解决问题，还要控制堆料高度、范围、分布和速度，才能保证厂房继续使用。在本例情况下，以采用桩基为妥，但仍需控制堆料。

4. 大面积堆载的厂房和露天车间

单层建筑及天然地基，应按下述方法计算附加变形，并符合公式（6.3.1）的要求。

$$s_g' = [s_g'] \tag{6.3.1}$$

式中 s_g'——由地面荷载引起柱基内侧边缘中点的地基附加变形计算值；

$[s_g']$——由地面荷载引起柱基内侧边缘中点的地基附加变形容许值，可按表6.3.6取值。

地基附加变形容许值 $[s_g']$（单位：mm）　　　　　表6.3.6

b \ a	6	10	20	30	40	50	60	70
1	40	45	50	55	55			
2	45	50	55	60	60			
3	50	55	60	65	70	75		
4	55	60	65	70	75	80	85	90
5	65	70	75	80	85	90	95	100

注：表中 a 为地面荷载的纵向长度（m）；b 为车间跨度方向基础底面边长（m）。

由于地面荷载引起柱基内侧边缘中点的地基附加变形计算值 s_g' 可按下述简化方法计算：

1）s_g' 可按分层总和法计算，但不乘以经验系数 ψ_s。

2）地面荷载包括地面堆载和基础完工后的新填土。地面荷载按均布荷载考虑，其计算范围：横向宽度取 $5b$，纵向长度为 a，其作用面在基底平面处。

3）如荷载范围横向宽度超过 $5b$ 者，按 $5b$ 计算。小于 $5b$ 或者荷载不均匀者，应换算成宽度为 $5b$ 的等效均布地面荷载 q_g。

4）换算时，将柱基两侧地面荷载按 $0.5b$ 宽度分成10个压段，如图6.3.20所示，设柱内侧第 i 区段内的平均地面荷载为 q_i（kPa），柱外侧第 i 区段内的平均地面荷载为 p_i（kPa），第 i 段的地面荷载换算系数为 β_i，可按表6.3.7采用，则等效均布地面荷载 q_g 值可按公式（6.3.2）求得：

图6.3.20　地面荷载区段分布

地面荷载换算系数 β_i 表 6.3.7

区段 i	0	1	2	3	4	5	6	7	8	9	10
$a/(5b) \geqslant 1$	0.30	0.29	0.22	0.15	0.10	0.08	0.06	0.04	0.03	0.02	0.01
$a/(5b) < 1$	0.52	0.40	0.30	0.13	0.08	0.05	0.02	0.01	0.01	—	—

$$q_g = 0.8 \left[\sum_{i=0}^{10} \beta_i \cdot q_i - \sum_{i=0}^{10} \beta_i \cdot p_i \right] \tag{6.3.2}$$

如 q_g 为正值时，说明柱基将发生内倾；如为负值，将发生外倾。

计算举例：

单层工业厂房，跨度 $l=4$m，柱基底面边长 $b=3.5$m，基础埋深 1.7m 地基土的压缩模量 $E_s = 4$MPa，堆载纵向长度为 $a=60$m。厂房填土在基础完工后填筑，荷载为 15.2kPa，荷载范围横向宽度 24m 超过了 $5b$（5×3.5m $=17.5$m），按 $5b$ 计算，按 $0.5b$（1.75m）宽度分成 10 个区段。地面堆载为 20kPa，横向宽度为 14m，分成 8 个区段。柱外侧填土荷载为 9.5kPa，横向宽度为 7m，分成 4 个区段。求由于地面荷载作用下柱基内侧边缘中点的地基附加变形值，并验算是否满足天然地基的设计要求。

（1）等效均布底面荷载 q_g 的计算如表 6.3.8 所示。

等效均布地面荷载 q_g 的计算 表 6.3.8

区段 i		0	1	2	3	4	5	6	7	8	9	10
$\beta_i (a/(5b) > 1)$		0.30	0.29	0.22	0.15	0.10	0.08	0.06	0.04	0.03	0.02	0.01
	堆载	0	20.0	20.0	20.0	20.0	20.0	20.0	20.0	20.0	0	0
q_i (kPa)	填土	15.2	15.2	15.2	15.2	15.2	15.2	15.2	15.2	15.2	15.2	15.2
	合计	15.20	35.2	35.2	35.2	35.2	35.2	35.2	35.2	35.2	15.2	15.2
p_i (kPa)	填土	9.5	9.5	9.5	4.8							
$\beta_i q_i - \beta_i p_i$ (kPa)		1.7	7.5	5.7	4.6	3.5	2.8	2.1	1.4	1.1	0.3	0.2

$$q_g = 0.8 \sum_{i=0}^{10} (\beta_i \cdot q_i - \beta_i \cdot p_i) = 0.8 \times 30.9 = 24.7 \text{kPa}$$

（2）柱基内侧边缘中点 A 的地基附加变形值 s_q'，如表 6.3.9 所示，计算时取 $a'=30$m，$b'=17.5$m。

柱基内侧边缘中点 A 的地基附加变形值 s_q' 表 6.3.9

Z_i	a'/b'	Z_i/b'	C_i	$Z_i C_i$	$Z_i C_i - Z_{i-1} C_{i-1}$	E_{si}	$\Delta s_{gi}' = q_g / E_{si}(Z_i C_i - Z_{i-1} C_{i-1})$	$s_g' = \sum \Delta s_{gi}'$	$\Delta s_{gi}' / s_g'$
0	30.0/17.5=1.71	0	—	—	—	—	—	—	—
28.8m	—	28.8/17.5=1.65	$2\times0.2069=0.4138$	11.92m	—	4.0MPa	73.6mm	73.6mm	—
30.0m	—	30.0/17.5=1.71	$2\times0.2044=0.4088$	12.26m	0.34m	4.0MPa	2.1mm	75.5mm	0.028 > 0.025
29.8m	—	29.8/17.5=1.70	$2\times0.2049=0.4098$	12.21m	—	4.0MPa	—	75.4mm	—
31.0m	—	31.0/17.5=1.77	$2\times0.2020=0.4040$	12.52m	0.31m	4.0MPa	1.9mm	77.3mm	0.0246 < 0.025

根据地面荷载宽度 $b'=17.5m$，由地基变形计算深度 Z_n 处向上取计算层 Δz 厚度为 1.2m，从上表计算中得知 Z_n 为 31.0m，故由于地面荷载引起的柱基内侧边缘中点的地基附加变形值 $s'_q=77.3mm$。按照 $a=60m$，$b=3.5m$，查表 6.3.6 得地基附加变形容许值 $[s'_q]=80mm$，故满足天然地基设计的要求。

5. 对有反复加卸载的厂房基础应考虑对桩基础的不利影响

上海某钢厂炼钢渣处理厂房，由外国专家以外国厂房为参考而设计。在设计中未对软土地基进行特别处理，经过十多年来的生产运作，地基基础和厂房结构设计方面的缺陷日益显现，如部分厂房行车频繁啃轨，最终于 1998 年 1 月 10 日清晨 6 时 55 分坍塌，如图 6.3.21。

(a) 房屋顶坍塌时的情况　　　　　　　　(b) 房屋顶坍塌中心

图 6.3.21

坍塌厂房基础平面布置如图 6.3.22（a）所示。其中轴线①～⑤之间的屋盖系统全部坍塌，塌落中心位于轴线②～③之间，如图中虚线框所示。轴线①～⑤之间的屋架全部变形、扭曲、撕裂、拉断或压屈而塌落在地上，天窗架也随之砸落在屋架上，支撑屋架的上柱一致向坍塌中心弯扭，屋架及天窗的檩条因连接固定螺栓的崩断而脱落，屋面板和墙面板被撕落交错在一起，造成全线生产停止。

在坍塌事故发生后，因抢修和事故现场清理同时进行，事故现场的保护较差，给工程事故的分析造成了一定的困难。为了查清事故发生的原因，对破坏厂房附近另一座受力和

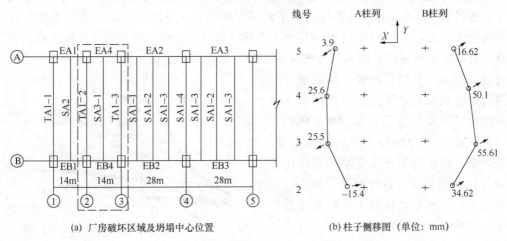

(a) 厂房破坏区域及坍塌中心位置　　　　　　(b) 柱子侧移图（单位：mm）

图 6.3.22

运行条件相似的一炼整脱模厂房进行了检测，结果发现柱子发生了较大的侧移，如图6.3.22（b）所示。

该场地地基主要分为三层，即上部黏土层、下部粉砂层以及黏土层与粉砂层之间的过渡层，其中，上部黏土物理力学性质较差，尤其是位于地下 2.5m 与 22.5m 之间的淤泥质粉质黏土与淤泥质黏土，孔隙比大，含水量与压缩性高，强度低。该场地第四层软土，其含水量 39％～50％，压缩模量 2.4MPa～3.6MPa。基础采用了长达 60m 的 609 钢管桩，承台与承台之间具有宽高各 1m 的连系梁。

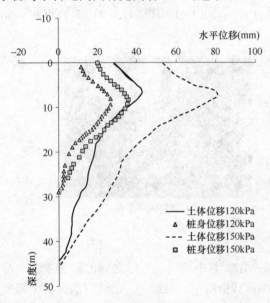

图 6.3.23　试桩实测桩身与土体位移

同济大学地下建筑与工程系受钢厂委托，对事故进行了调查和分析，认为导致厂房坍塌的主要原因在于厂房内长期堆载卸载导致地基土变形，并引起邻近桩基较大的变形累积。

在黏土地基中，临近桩基堆载引起的地基与桩基变形问题早已被提出。如在厂房兴建前，曾在该场地进行了被动桩堆载足尺试验。该试验桩基础底面积为 5.4m×5.4m，其下设置 4 根 60m 长的开口 609 钢管桩。堆载分四级（60kPa、90kPa、120kPa 及 150kPa），观测时间分别为 32 天、98 天、126 天、161 天，合计 417 天。试验结果为：在第三级荷载（120kPa）下，桩的最大挠度为 26.8mm，桩顶位移则仅有 11mm；而堆载边缘处土的最大侧

移为 42mm。试桩曲线见图 6.3.23。由试桩数据和厂房坍塌时的桩顶水平位移对比可见，该厂房运行 10 年后桩顶水平位移达到了试桩桩顶位移的 2 倍以上。

该事故厂房设计堆载（钢渣、钢锭等）高度约为 3m，但由于生产不断扩大，导致厂房常常超负荷运行。现场第四层土体的蠕变实验表明：当偏应力较大时，表现为定常蠕变甚至加速蠕变，且应变速率随偏应力水平的增大而增大，见图 6.3.24。此时土体呈现一种不可控的蠕变，产生 5％以上的剪应变，土体已破坏。因此，超载以及反复加卸载引起的软土地基变形是导致基础偏位或破坏的一个主要原因。事故发生后，周洪波（2005）、李忠诚（2006）分别按两种不同的研究思路进行了分析研究。周洪波考虑地基土单元重复加载下塑性应变累积，李忠诚则考虑地基土单元长时间作用下的黏性蠕变。研究表明，软土地基在反复堆卸载作用下的地基软化和次固结特性在地基沉降过程中发生着重要作用，地基土在反复加载下引起的塑形变形具有累积性。

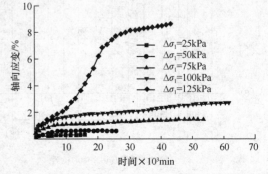

为减少堆载对邻近桩基础的影响，可　图 6.3.24　轴向应变-时间关系（淤泥质粉质黏土）

在堆载区进行地基加固，也可考虑在桩移动方向设置水泥土搅拌桩，进行所谓主动加固或被动加固，如图 6.3.25。有限元分析表明，对于堆载软土地基，采用深层搅拌法加固地基以控制邻近桩基的侧向位移时，主动加固比被动加固的效果好，但若主动加固深度不足则会起到相反的效果，可能会增大桩侧土压力及桩身变形。

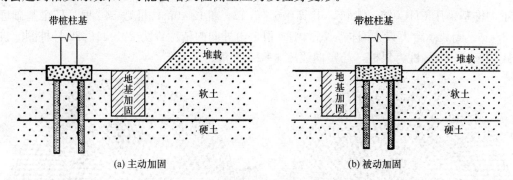

(a) 主动加固　　　　　　　　　　　(b) 被动加固

图 6.3.25　水泥搅拌桩地基加固示意图

储煤筒仓是一种典型的受到重复堆卸载作用的建筑，在筒仓内每 1～2 月发生一次堆煤卸煤的作业。上海某发电厂设圆形煤场 2 座，每座直径均为 120m，位于老大堤与新大堤之间，现场是经吹填新造的地，虽经地基加固处理过但强度仍非常低。筒仓上部拱形屋顶落在周围挡墙上，堆场地坪基础与挡墙基础互为独立。设计平均堆载高度 17.5m，最大堆载高度 32.9m，附加荷载远大于地基土自身的承载能力。堆场地基拟采用 PHC 桩复合地基（路堤桩形式）。

软土地区储煤筒仓的地基基础设计包括下列内容：

（1）圆形煤仓内部堆煤区采用 PHC 桩复合地基（路堤桩形式）。设计内容包括刚性桩复合地基的竖向承载力验算，沉降量计算，煤与加筋刚性桩复合地基的共同作用分析。共同作用分析应计算在堆载下的桩基中性点及桩分担比，使桩基设计经济合理。

（2）圆形煤仓结构（环梁下）桩基竖向承载力验算，沉降量计算。在计算环梁沉降时应考虑大面积堆煤—环梁桩基—堆煤区刚性桩复合地基的相互作用，宜采用有限元进行整体分析。

（3）环梁下桩基水平承载力验算，环梁—仓壁结构的水平变形分析，环梁—仓壁结构的抗倾覆、整体稳定性验算。环梁—仓壁结构受到的水平向堆煤压力直接传递给环梁下的桩基础。

（4）反复堆卸载下环梁桩基的水平（附加）位移计算。筒仓环梁下桩基是一种典型的被动桩，由大面积堆卸载引起的土体水平向挤出会造成桩基的弯曲变形，应进行满堆荷载下的桩基水平变形计算。而软土地区重复堆卸载下土体水平向挤出较大，且已有因重复堆卸载而造成上部结构破坏的工程案例，应进行重复堆卸载下的变形计算。

（5）堆煤临空面滑动稳定分析。在堆煤区由大角度堆煤形成的临空面，其潜在的滑动面穿过刚性桩复合地基，应进行滑动面稳定性分析和堆煤区桩基附加弯矩分析，验算桩的结构强度。

（6）多种荷载组合下结构受力变形分析。主要包括不同温度下不同堆载工况下环梁—仓壁的应力、变形分析。

该筒仓的地基基础的具体设计方案简述如下（见图 6.3.26 与图 6.3.27）：堆场采用桩承土工合成材料加筋垫层复合地基，基桩采用 PHC0.5×0.10、0.6×0.11～0.13，桩长 40.0m，外半圈取大直径，内半圈取小直径，进入⑦₂层。桩帽（小承台）边长为 1.5m～1.75m，厚度 0.4m～0.5m。上部钢塑性双向土工格栅 2～5 层组成的加筋土垫层。环梁下的桩基采用 PHC0.6×0.11，上节 0.6×0.13，桩长 40m，桩数 540 根，环梁基础埋深 3.4m。圈梁承台下设 3 圈桩，每圈 180 根，由外向内依次设为 22、21、20 号桩圈。桩间距为 2m，22 号桩为斜桩，与竖向线成 1∶10 夹角。

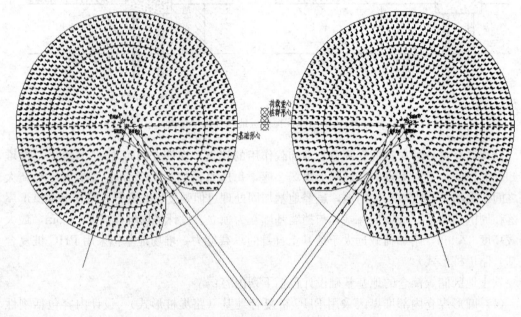

图 6.3.26　煤堆场桩位基础平面图

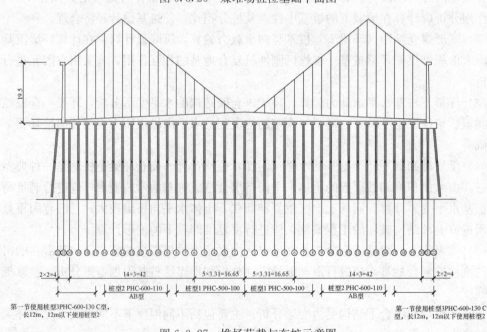

图 6.3.27　堆场荷载与布桩示意图

关于该煤仓的沉降计算，在设计阶段通过同济启明星和 FLAC3D 软件进行过专门分析，结果表明：筒仓中心沉降量约为 30cm，环梁沉降为 12cm 左右。由于相邻煤场的中心距离仅有 143m，基础边靠得较近。基础沉降有相互影响现象，因此相邻处的环梁沉降增加到约 20cm，外侧的环梁沉降约 12cm，相邻堆场存在一定程度的对倾现象。环梁下的桩水平位移约 12mm，预计反复堆卸载 200 次（约 15 年）造成的环梁下桩基水平位移约为静力时计算值的 2～3 倍，可达 30mm。

筒仓使用以来，进行了详细的检测，其筒仓仓壁下的环梁沉降如图 6.3.28 所示，经过近 4 年的使用，外围环梁沉降约 60mm，最大沉降量 82.12mm。

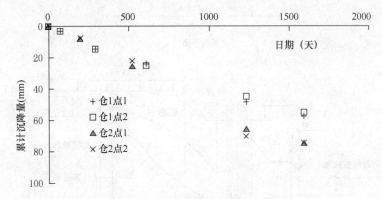

图 6.3.28　煤仓部分环梁测点沉降图

6.3.8　施工中应注意的问题

有些建筑物或构筑物因基础施工不妥，引起不良后果，应予以注意，并采取有效措施预防之，举一些实例和应注意的问题如下：

1. 深基坑边坡滑动

某厂重型设备基础，长 52.6m，宽 15.2m，深 11.45m，地基土为厚约 40m 的淤泥质软弱土层，按固结排水快剪试验 $\varphi=18°$，$c=0.008MPa$，按三轴不排水快剪试验 $\varphi=0°$，$c_u=0.013MPa$。在基坑施工过程中发生了滑坡现象，由于及时发现并采取了紧急措施，才避免了事故。

基础的中间部分较深，基底离地表 11.45m，两翼较浅，为 7.5m，支承于 39m 长的钢筋混凝土方桩上。离基础南北端约 8m 处有厂房桩基，每一桩基系由 16 根 45m 长桩所组成，桩基间净距约为 6m，如图 6.3.29 所示。

基坑开挖面东西长 78.9m，南北长 46.6m，原考虑采用两层井点降水及钢板桩结合的方案，井点原计划分别设于 -3.5m 及 -7.5m 处，相距 8m。钢板桩长 9.4m，部分 8m，深入基坑 3.5m。在板桩上端用 Φ25 钢筋锚固于基础两旁的混凝土桩上，借以增强板桩的稳定性。

当上层井点使用后，挖土至 -5.5m 处，发现土较干燥，即挖试井至 -11.45m，当时亦无地下水渗入，为此，取消了下层井点。与此同时，部分挖出的土方直接堆放在板桩外侧，部分堆积在基坑的东南与西北两侧，高达 8m～9m，平均荷重约 62.5m，对边坡稳定不利。

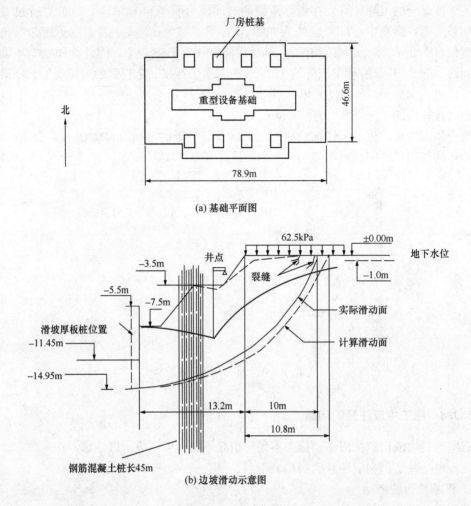

图 6.3.29　深基坑滑坡

　　当挖土至设备基础中间最深部分时，发现基坑南面地面上出现细裂缝两条，分别距离基坑边 6m 和 10m 成圆弧形。随即在该处设立三个观察桩，以观察滑动发展情况。至第三天，下小雨，基坑南 3m 处地面下沉 1.5cm，两观察桩各位移 1.2cm 和 1.5cm。至第七日早晨，设备基础中部已有三分之一挖到 -11.45m 时，发现裂缝宽度开展达 2cm，午后裂缝急剧扩大，半小时内竟达到 10cm，大量土方有显著滑动现象，同时在 -3.5m 平台处出现第三条裂缝，基坑西面底部出现泉眼，并有流砂及土涌现象，至此边缘滑动已趋发展。在这种情况下，施工单位采取了紧急措施，首先在 -8m 处，用 30cm 方木及 36 号工字钢架设钢板桩的水平对撑，以 Φ15cm 杉木组成排撑撑于基底的钢筋混凝土桩上；同时在钢板桩顶部用钢绳拉锚，在已挖到设计标高处分段抢做 1m 厚的钢筋混凝土的成台板。至第十天，土坡已趋稳定。由于土坡滑动，不仅使整个基坑边缘下沉，而且钢板桩向北移动了约 1.5m；厂房桩基也发生了位移和倾斜，其中以中部靠近挖土最深处的桩基位移最大，向北移动达 1.07m。

　　事后采用圆弧滑动法进行边坡的稳定计算，稳定安全系数如表 6.3.10 所示。

各种施工方式的稳定安全系数 表 6.3.10

施工方式 抗剪强度	一层井点降水		两层井点降水	
	堆土重 62.5（MPa）	无堆土	堆土重 62.5（MPa）	无堆土
三轴快剪 $\varphi=18°$，$c_u=0.008$（MPa）	0.39	0.54		
固结快剪 $\varphi=18°$，$c_u=0.008$（MPa）	0.63	0.77	0.77	0.97

如在钢板桩间采用水平横撑，其维持土坡稳定所需支撑力见表 6.3.11。

钢板桩横撑支撑力（kN/m） 表 6.3.11

施工方式	抗剪强度	堆土重 62.5（MPa）	无堆土
一层井点降水	$\varphi=0°$，$c_u=0.018$（MPa）	1590	825
	$\varphi=18°$，$c_u=0.018$（MPa）	1010	418
两层井点降水	$\varphi=18°$，$c_u=0.008$（MPa）	602	54

上述估算可见：

（1）如果采用一层井点降水而不采用其他相应措施，则在任何情况下将发生滑动；

（2）如果采用两层井点降水，则在堆土情况下，不能保持土坡稳定；在无堆土情况下，其边坡稳定系数接近于1；

（3）如果采用一层井点降水，同时在钢板桩间加设横撑时，才可保证土坡的稳定性，但每延米约需用8根36号工字钢分成两层对撑，对施工很不方便。

由此可见，本实例产生基坑滑坡的直接原因是改用一层井点后，钢板桩不足以抵抗来自土坡的侧压力和动水压力的作用，钢板桩外拉杆因处于滑动范围内而失效，边坡稳定系数本已不足，再加上两侧堆土的影响，以至滑坡不可避免。因此，在软土内开挖深基坑时，事先应估算边坡的稳定性，虽然圆弧滑动法是一种近似的估算方法，但有参考价值，尤其当稳定性较差时，更能反映出问题。采用井点降水以消除动水压力的影响，加速土体的固结，提高抗剪强度，保证基底干燥以利于施工，效果是显著的，尤其在上海地区，软土内夹有薄层粉砂，降水效果很好。在任何情况下，应立即运出基坑挖出的土。只有在深层土体稳定的情况下，才可以考虑采用板桩外拉锚固的办法。在一般情况下，采用板桩对撑及围檩仍然是有效的抗滑措施。

尚有一深基坑边滑动实例，情况颇为突出。某污水站长 28.7m、宽 14.05m，建造在河床下淤泥质软土中，站底挖深距地面 10m 左右，在基坑挖土过程中发生滑动坍塌事故。

在基站西侧，用一临时明沟排泄上游的河水，明沟用木板桩打入土中构成，并用两道横撑支固，沟底铺干砌块石。

基坑采用两层钢板桩，上层挡土 4m，在东面采用锚碇固定，西侧则用拉条外拉在明沟的木板桩上；下层钢板桩挡土 6m，采用三道支撑，第一道用 15cm×15cm 的方木，第二道用 20cm×20cm 的方木，第三道用 25cm×25cm 的方木，且外加二块槽铁包固，用螺栓拴牢。下层钢板桩包围的基坑尺寸为 31.5m×17.0m。

当施工进行到在下层钢板桩内挖土时，曾发现明沟内的水，经由干砌块石下渗，从西首的钢板桩缝内流入坑内，并终于将土层掏空，加上明沟内水流颇急，顿时使基坑全部淹水。施工单位急将明沟上下游用草包堵住，紧急改排两个直径为 150cm 的沟管。

由于考虑到基坑淹水时，第三道支撑有部分未安装好，故在抽去基坑内积水时特别慎重。尽管如此，已发现地面上有裂缝，待抽水到底，正在检查第三道支撑时，即听见支撑轧轧作响，乃令工人全部登上地面，嗣而响声大作，木料自坑内迸出，于是轰然一声，基坑全部坍塌。

事后进行边坡稳定估算，稳定安全系数只有 0.592，由于采用了支撑系统，从而保证了挖土的安全；但由于明沟漏水造成基坑淹水，又淘刷土体，第三道支撑又未完成，故加大了钢板撑承受的主动土压力，当基坑内积水抽去时，减小了坑内水压，第三道支撑东面未做支撑的部分首先抵挡不住土压力而垮掉，并波及全部基坑。

事故发生后，即将钢板桩拔出，采取了下列措施，重新施工。

（1）明沟改用沟管后，再在沟槽外缘布设井点，抽汲地下水；

（2）用两层井点系统，降低地下水；

（3）用 12m～14m 长的钢板桩作挡土之用，但并不密打，而是采用打一根，隔两倍钢板桩宽度处再打一根的方法，而坑内不用支撑。

（4）挖到基底时留数十厘米土，分段分块挖土，挖好后即灌混凝土。

由于采用了上述措施，完成了此工程。通过总结经验教训，认为唧站结构宜用沉井施工；在软土中开挖深基坑，采用井点降水的措施为好；基坑边缘的临时排水不宜采用明沟。

上述两个滑坡事故发生在较久前，但近年来在上海地区仍发生严重事故，特别是外地承包单位，不熟悉软土特性，或掉以轻心，既不做边坡稳定分析，又不采用井点降水，且在边坡贴近地面上堆积土方，引起坍方事故，甚至发生个别工人来不及躲避而死亡。故在软土地区进行深基坑的大开挖施工，技术人员一定要提高责任感，精心计算，精心施工。

此外，在基坑附近打桩或有强烈振动，可能产生的影响宜加以考虑；深基坑开挖后，由于挖土卸载引起坑底回弹，在设计中应考虑建筑物或构筑物建造后有附加的沉降量。

2. 大面积填土的影响

当条件许可时，大面积填土宜在建筑物或构筑物施工前完成，否则将产生由填土引起的附加沉降量，即使填土在前完成，但因填土的高度、范围、填筑速率、填土与施工的间隔、时间以及软土的厚度等因素，有时还会有一定的影响。例如，某码头泊位后侧有数米填土，大部分在码头施工前已填妥，但码头建成后不均匀沉降较大，桩受负摩擦力而断裂，填土的影响是重要原因。

上海曾发生一起因将基坑开挖并将土方堆在建筑物旁边而使该建筑物整体倾倒的重大事件。上海闵行区一栋在建的 13 层住宅楼（7 号楼），于 2009 年 6 月 27 日 5 时 30 分左右往南整体倾倒，如图 6.3.30。该大楼高度：大屋面 37.7m，小屋面 40.2m，水箱间顶 43.0m。凹凸平面，外包 46.2m×15.5m，标准层 502.6m²，其中，楼面总面积约 7600m²。大楼结构属剪力墙结构。该楼外装修已完成，内部均未装修，总重量 98MN。

大楼基础采用桩承双向条基，宽 0.6m×高 0.7m，埋深为设计室外地面下 2.1m（天然地面下 1.6m）。桩基为 118 根预应力空心混凝土桩（PHCΦ400AB 型），外径 400mm，

图 6.3.30 楼房倾倒后照片

内径 240mm，预应力筋 9Φ9.0，桩长 33m（＝3×11m），桩端进入粉砂层 1～3m。

该地区为软土地基，地表下 3m～4m 为砂性软土，该层土（厚度约为 17～18m）被当地工程界称为"铁板砂"，呈青色细砂或黄色，地下水位上承载力很高，而水位下承载力极低。在该层内进行基坑开挖，一旦降水与防渗等措施不力，就可能出现基坑喷砂冒水，形成流砂。在压力水作用下，坑外水土流失严重且发展很快，几小时后坑外即可能出现大的塌陷。

7 号楼南侧是 0 号车库的基坑，于倒楼前一日（26 日）完成 6 与 7 号楼前的挖土和垫层。坑底设计标高为－5.5m，室外天然地面标高为－0.9m，坑深 4.6m。基坑内未设水平支撑，基坑侧壁采取喷浆护坡，基坑北侧距 7 号楼外墙有 7～8m 的水平距离。楼房倒塌时，7 号楼前东侧有 1/4 楼的长度未开挖或放坡开挖。在基坑开挖过程中，一直保持降水。

7 号楼北侧堆土（堆土南侧为楼房，北侧为莲花河）分两次进行：第一次发生在半年之前，坡脚北侧距离河流南堤岸 10m，坡脚南侧距离 7 号楼北侧 20m，堆土高度 3～4m；第二次堆土在 6 月 20～26 日进行，堆土区域为第一次堆土与 7 号楼之间，跛脚紧靠楼房北侧墙根，堆土较快，且堆高达 10.3m。

倒楼前日与当日（6 月 26 与 27 日），该地区连续降雨，降雨量分别为 11.3 与 7.7mm。

综合多方调查分析，可以总结楼房倒塌主要由以下三方面导致：

1）基坑降水

由于 0 号基坑开挖深度为 4.6m，坑内降水深度应在 5m 以下，考虑到室外地下水位一般在 1m 左右，则在 7 号楼下部与基坑底下水位差达 4m。由此引起的动水压力，可引起以下两种不利情况：一是降水引起的附加沉降分布不均匀。由于基坑距离 7 号楼房较近（约为 7m），且该楼房无地下室，基础埋深应在地下 2m 左右，而基坑降水不可避免地降低基础下水位。由于接近基坑 7 号楼南面基础下部地下水位下降得比北面多，由此产生的建筑附加沉降也应是南面比北面大，而基础的附加沉降差会导致建筑物产生倾斜。二是抽水造成了向基坑方向渗流，即使基坑开挖期间未出现流砂现象，7 号楼下地基土内的孔隙水也会随基坑降水而渗流流向基坑，使土体受到水平向渗流力，产生位移。

2）开挖与堆土

在软土地区，短期内堆载很容易导致地基的过大变形，甚至出现塑性流动破坏。就本案例而言，在一星期之内在楼房北侧堆土高度达 10.3m，以土体重度 16kN/m³ 计算，等同于在原地表加载约160kPa的附加压力。据报道称，楼房倒塌前，已经引起堆土北侧莲花河的防洪墙滑动。而7号楼之所以第二天凌晨倾倒，一个可能原因是其下部桩基起到了一定的侧向抗滑作用，进而减慢了堆土下地基土向南侧滑。与此同时，楼房南侧基坑开挖起到了对周围地基土卸荷的作用。如图6.3.31所示，对7号楼房的桩基形成了主动区（楼房北侧）加载，而被动区（楼房南侧）卸载，基坑开挖加大了因堆土产生的应力差。

该楼房采用的桩基为预应力空心管桩，单桩竖向承载力高，属于细长构件，其竖向承载力的充分发挥需要沿桩身地基土对其起到水平向的约束作用。而该楼房桩基不但没有得到周围地基土的水平约束，反而受到水平向土压力作用。在楼房上部荷载作用下，整个结构属于高悬臂状态，下部即使有较小的偏移，将会产生很大的倾覆力矩。

3）施工顺序

莲花河畔景苑小区的施工方是在建完高层住宅楼后，才施工室外地下室的。施工方可能在考虑施工组织总设计时，为使设计为地下室的场地能作为主楼施工的材料堆场和车间场地而延后施工。若要在地下室顶板上做施工场地并要满足重车通行的话，地下室顶板下就要做满堂支撑架，相应施工费用较高，顶板混凝土的防护也颇费精力。因此，施工方将室外地下室的土建施工安排在主楼建完后再进行。而施工程序和施工流向的一般原则是：分部工程是先地下后地上、先主体后围护，基础工程是先深后浅。

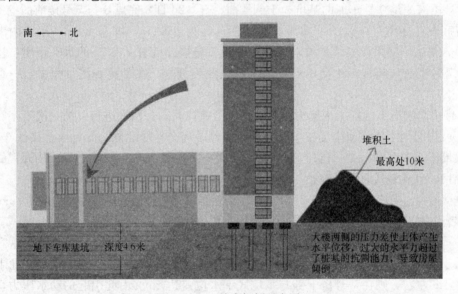

图6.3.31　楼房倾倒示意图

3. 房屋高差较大的相邻部分不同施工进度的影响

当同一建筑物由高差或重量差异较大的相邻部分组成时，一般应先建重的和高的部分，间隔相当时间后，再建造轻的和低的部分，以减少相邻基础的影响。

某大楼由四层、五层、六层三部分组成，由于施工进度安排不当，产生不少裂缝。该大楼六层部分基底压力为88kPa，其相邻接的四层部分基底压力为80kPa，基础为断开。四层部分施工速度较快，当重量基本加上，沉降速率已逐渐减小时，六层部分还在继续加荷，沉降速率也相当大，对四层部分有较大影响，使邻接的8m范围内产生了严重开裂。当然，在软土地基上建筑物高差较大，基础不断开，都是不好的设计方案，但施工进度安排不当也是造成开裂的重要原因。

4. 沉井突然下沉

某厂建造椭圆形沉井，长 28.1m，宽 8.6m，下沉至 $-9.7m$，外壁厚 0.8m，分成四仓，隔墙厚 0.5m，总重约 20000kN，作为热处理车间井式加热炉、油槽、水槽之用。

沉井原施工方案采用井点降水，人工开挖，施工开始时为节约井点设备，人力和用电，改用水中抓土、水中封底，抓斗容量 $0.8m^3$，沉井结构的施工采用两次浇捣，一次下沉。下段井壁高 7.87m，下沉至设计标高时，浇捣底板，然后再浇捣高为 1.86m 的上段井壁。

水中挖土下沉速度较慢，每天平均下沉 10cm～20cm。为加速下沉和纠正倾侧，曾采用高压水枪冲刷背面刃脚下的土体，为减少井壁与土的摩擦力，又用水枪冲刷沉井外侧，但效果不大，一个月只下沉了 5m 左右。数天后，下大雨，沉井突然在长方向倾侧，东高西低，相差达 75cm，经研究认为突然下沉的主要原因沉井底部土体挖得过深。由于抓斗挖土只能挖到沉井中间部分，而沿刃脚旁约 80cm 范围内的土体不能抓到，故在沉井底部形成很深的洼坑，坑底在刃脚标高下 3m，洼坑边坡约为 2：1，当沉井内外土重的压力相差过大时，形成井外土体的滑动和涌入井内，而雨水的流动助长了这种趋势。

尔后沉井下沉速度仍慢，且由于浇捣水下混凝土的设备不落实，故又改用抽水下沉，并用人工挖去刃脚边的土体，与抓斗挖土结合。但在抽水后六天一场大雨后，沉井又突然下沉，南北倾斜 63cm，东西倾斜 31cm，此时先在沉得较多的背面抛大石块，使其稳定，再在南面刃脚边和内隔墙底下挖土，沉井倾斜才逐渐纠正，但此时沉井刃脚标高已达 $-10.9m$～$-11.0m$ 之间，超过原设计标高 $-9.73m$，当时准备在沉井原槽口封底，但在半个月后又逢大雨，沉井外坍土严重，下段沉井顶的标高已在 $-3.13m$。为防止土体涌入井内，在沉井外打木桩栏板并放坡到 1：2mm 以上。数日后清出原槽口标高上的大石块时，沉井下沉极快，东西倾斜 116cm，已难纠正，只得又向井中抛大量石块，稳定沉井。由于已不可能在原槽口进行封底，决定在原设计底板标高处另凿槽口封底，然后将井壁接高到原设计标高。施工结束时沉井西面已超沉 2.9m，东面超沉 1.6m，偏差 1.3m，沉井周围地面下陷和裂缝开展范围达 5m。

从本实例可见，仅靠大抓斗挖土，不能挖到刃脚边土体，无法做到对称均衡地逐渐挖土下沉的要求，不如采用多台小蟹斗挖土为有利，并用人力清理刃脚处土方。对于较大的沉井以采用井点降水为妥，尤其遇到流砂层时是稳定土体的有效措施。这些经验已为尔后的工程所证实，如建设越江隧道岸边段时，大部分采用很多只沉井分别间隔下沉连接而成，防止了突然下沉，都成功地下沉到设计标高，标高误差只有 $\pm 5cm$。

5. 钢筋混凝土管桩的施工质量问题

某工程的基础为单独桩基，打入 $\Phi 49cm$ 的钢筋混凝土管桩。在打桩时，发现打桩处地面下沉 20cm，引起桩架向前倾斜；并发现桩周 2m 内地面有裂缝和地下水上冒，管桩全部打完后，全区地形呈现中部凹陷状态。六个月后选择两桩进行载荷试验。对甲桩逐级加荷至 500kN 时，桩顶沉降为 11mm，加至 600kN 时，仅加荷后 1h 内沉降即达 26.6mm，即停止试验，桩顶总沉降量为 5cm；27h 后作第二次试压，加荷至 500kN 时沉降量为 9mm，继续加荷则迅速下沉，停止试压时总沉降量为 10cm 左右；7 天后进行第三次试压，加荷至 600kN 时沉降 10.2mm，且只要保持 600kN 的荷载，桩就继续下沉，故停止试压。在第三次试压结束后即送桩，用千斤顶逐段将桩压下，连同前述三次试压，桩顶总被送下 4.94m，推算桩尖已进入暗绿色硬黏土 1m。第四次试压时，逐级加荷至 550kN 时，沉降量只有 5.6mm，加荷至 600kN 时，沉降 36.9mm，加荷至 650kN 时，沉降达 156mm，即停止试压。

乙桩试压逐级加荷至 650kN，沉降 15mm，加荷至 800kN 时，沉降 29.5mm；加荷至 950kN 时，沉降 43.6mm，已超过规定的 40mm；加荷至 1000kN 时，沉降 83.2mm。

从两个试桩资料对比，可断定甲桩是断了，因甲桩已打入暗绿色硬黏土层，桩的极限荷载应大于乙桩，但实际上反而比乙桩低约三分之一。

发生工程事故的主要原因是管桩的制作质量不佳，如法兰盘螺孔位置不准，螺孔对不齐，螺栓通不过，应装 12 个螺栓，实际上只能装上 3~4 个至 7~8 个，使管节间连接很差，加上打桩时的振动和偏心冲击作用，使连接螺栓逐渐松动，甚至脱落，影响桩的承载力。

由于打桩时没有认真进行观测与记录，很难估计哪些桩可能发生问题，故只得将单独桩基改为筏基，以防止由于桩的承载力不一致而产生不均匀沉降的危害。

6. 桩的水平位移

在打桩过程中，由于软土的侧向挤压，使部分桩发生水平位移，桩顶位移 20cm~30cm 不是偶然的，桩基位移的影响范围达 40 余米。桩基主要由变形控制，因此桩数过多，间距过小，非但不经济，而且产生土体的过大水平位移与隆起。

上海某大型钢厂的地基为：除地面下 3m~5m 粉质黏土硬壳层外，其下为淤泥质粉质黏土和黏土，厚达 20m；再下为粉质黏土，标贯值逐渐增加，为 10~30，至 60m 左右达到粉细砂层，标贯值为 30~50，为桩基的持力层。国外设计采用 60m 长的钢管桩。

由于基坑开挖及井点降水，使已打好的桩向基坑方向位移。基坑深度最大达 20 余米。桩顶位移量最大的是边坡上的桩，为基坑深度的 1%~2%，少数（10% 以下）达 3%，数值大部分为 100mm~200mm，小部分为 200mm~300mm，个别达 500mm。桩顶位移量小于 300mm 的占 90% 以上，大于 300mm 的占 5% 左右。桩基浇筑混凝土基础的位移较小，约 10mm~20mm。土体位移量还与基坑的边坡有关，1:1 比 1:2.5 的位移量有显著增加，前者边坡稳定安全系数在 1.0 以下，后者为 1.0~1.3。离基坑 70m 的已建建筑物发生裂缝。

桩基位移后，用精度较高的采矿竖井测斜仪"陀螺测斜仪"进行钢管桩变形实测，变形属于挠曲变形，零值点约位于 $-30m$~$-35m$ 区域。

为验证桩的水平位移对于承载力的影响，选择两根 $\Phi406.4 \times 10mm$ 的钢管桩进行承载力的载荷试验，打入桩的长度分别为 58m 与 62m，试验长度分别为 50m 与 54m，桩顶水平位移分别为 361mm 和 376mm。试验结果表明：当桩顶分别施加 2250kN 和 2500kN 的垂直荷载，桩身应力分别达到 180.7MPa 和 200.8MPa，相当于单桩长期设计容许应力 140.0MPa 的 1.29 和 1.43 倍。但是两根试桩均未达到屈服点，表明位移桩的承载能力仍能满足设计要求。

采用弹性体模型，即水平基床系数法进行分析，基床系数采用 $15N/cm^3$，安全系数采用 1.25~1.5，则 $\Phi406$、$\Phi609$、$\Phi914$ 钢管桩的水平位移容许值分别为 300mm~400mm、200~270mm、130mm~180mm。由于本工程为重要工程，凡水平位移超过容许值的均在桩内浇筑混凝土作为加固措施。

从本例可见，在软土地基中打桩、开挖、降水的施工程序的合理安排十分重要。桩群的大量水平位移对工程质量总有一些影响，只要施工安排得当，可将水平位移减小至一定范围内。

7. 基础工程施工对周围环境的影响

城市建设发展很快，而市区人口和建筑物密集，基础工程施工对四周环境影响很大，如沉桩时的噪声和振动对邻近居民的身心有碍，沉桩、井点降水、基坑开挖对邻近建筑及工厂的精密设备和仪器有不利影响。有些施工单位的员工粗枝大叶，尤其过去在旷野地区习惯于"大手大脚"，入城承包工程后不细致地对工地的地下管线进行调查，以至损坏电缆，造成大片地区停电，对生产、建设和人民生活的损失很大，而施工单位也需付出巨额赔偿。

(1) 根据工程和周围环境的具体条件，必要时可选择下列一种或几种措施，以减少沉桩的挤土影响。

① 合理安排沉桩顺序，原则上宜背离保护对象由近向远处沉桩，在场地空旷的条件下，宜先中央后四周，由里及外的顺序沉桩；

② 控制沉桩速度，每天沉桩数不宜过多，当邻近建筑物发现有裂损迹象时，应根据监测资料和裂损发展情况做适当调整；

③ 设置垂直排水通道，如塑料排水板、袋装砂井等；

④ 在桩位或桩区外钻孔取土；

⑤ 在地下管线附近设置防挤沟。

沉桩影响监测范围，即保护对象至沉桩区近侧的距离；对于陈旧的三层以下砌体结构建筑物为 $1.0\sim1.5l$（l 为桩的入土深度）；对于三至五层砌体结构房屋，简易工房，砖砌人防，采用脆性材料的管道和接头等为 l；对于五层以上采用浅基础的建筑物为 $0.5l$。

(2) 设计井点降水系统时，必须考虑降水对邻近建筑物及各种设施可能造成的影响，必要时，可选用下列一种或几种措施来防止或减少其影响：

① 在降水系统的布置和施工方面，减小原有设施下地下水位变化的幅度；

② 设置回灌水系统以保持原有设施下的地下水位；

③ 设置地下帷幕以隔断井点系统降水对原有设施地下水位的影响；

④ 采取钢板桩挡土措施时，将井点设于钢板桩内侧，以减轻对周围设施的影响。

井点系统施工时，应避免采用可能危害原有设施的施工方法，如在相邻已建基础旁用水冲法沉设井点，确保井点过滤层的施工质量，防止抽水时带出土粒。

回灌井点过滤段的长度应大于抽水井点过滤段的长度。井管与井壁之间应填中、粗砂作为过滤层。回灌水量以保持原有地下水位为控制原则，为保证连续供水，可设水箱，通过连续管上的闸阀调节供水量。

(3) 选择基坑开挖方式时，要注意由于土体内应力场变化和软土流变特性而导致周围土体向开挖区方向的位移，和引起邻近原有设施产生相应的位移的危害性。深基坑的开挖，必须经过认真的技术经济分析，选择合理的方案，提出设计图纸和施工组织设计。相邻基坑深浅不等时，一般按先深后浅的顺序施工，否则须采取必要的保护措施。

敞口开挖基坑时，坑底隆起，边坡土体位移和下沉较大，可考虑采取下列措施以减轻对邻近原有设施的影响：

① 降低基坑范围的地下水位，有助于提高边坡的稳定性；

② 验算边坡稳定性，选用合理的安全系数，确定适当的坡度。在基桩布置密集的区域，要注意超孔隙水压力对边坡稳定的影响；

③ 挖出的土方不得堆积在基坑坡顶上。基坑顶上如需行走重型建筑机械和堆放材料时，应事先对边坡稳定进行验算，规定其位置和限载数量；

④ 雨季时，可在边坡上覆盖塑料薄膜或抹水泥砂浆，同时做好坑顶地表水的疏干、排除工作。

如敞口开挖基坑不能解决问题时，可采用板桩（包括支撑或锚固系统）、地下连续墙等。

6.3.9 其他问题

（1）有一新建冷库，长 60m，宽 48m，系钢筋混凝土无梁楼盖结构，周边围护墙砌筑在圈梁上，圈梁每层一道，用边长 20cm 三角形断面的拉梁，与邻近的桩头相连。桩基采用 26m～28m 长的钢筋混凝土管桩。施工后两年的平均沉降量为 20cm，且相当均匀。冷库底层不与地基土相接触，而保留一定的空间以利通风，防止地基土冻胀。但是，使用后三个月外墙四角逐渐出现竖向裂缝，两年后一至七层的四角外墙均已产生连通的裂缝，最大宽度达 8mm，最大深度在 25cm 以上，个别圈梁下有横向裂缝，长达 6m。这些裂缝的产生并非基础的不均匀沉降所致，而系温度影响造成。冷库的底层为速冻间，室内温度为 −23℃，二至七层为冷藏间，室内温度为 −18℃。当各层混凝土楼板受到低温影响而收缩时，通过拉梁将墙身向内拉，但在墙的四角处，两垂直方向的墙体互为支承，使墙面的内凹受到抵制而产生裂缝。此外，冷库长达 60m，而外墙未做伸缩缝，亦与开裂有一定关系。由此可见，在处理冷库的内部承重结构和外部围护结构的联系构造时，一方面要保证围护结构的稳定性，另一方面也必须注意到温度引起的影响。

（2）上海地区过去曾采用过的瓦屋顶的四层一字形砖承重结构，长度超出 40m～50m 一定程度时，砖墙并不开裂；但当其他条件相同而采用钢筋混凝土平屋面时，往往在建筑物的顶层两端内外纵墙，或者再有一部分横墙，会产生斜向裂缝，即使采取了一些措施，如设置钢筋混凝土圈梁，仍不能防止这类开裂。对此有一种意见认为开裂主要由温度变化引起的；也有认为是温度变化和地基沉降共同引起的。

（3）建设单位和设计单位在工业建筑设计中，有时重视厂房设计，而对设备基础的工艺要求不重视或不熟悉，待基础施工完成后，发现基础的形式不能满足使用要求，但已难予改正。上海某厂高压机基础，采用天然地基，基础平面尺寸为 14.2m×11.65m，基础计算压力为 89kPa，附加压力为 53kPa。工地内原有一条小河，河床深约 3m，施工前已将河床内淤泥清除，并用黏土回填，基础一角位于此小河河床上。工艺单位在安装机器时才提出机座水平准确度不得超过 15 丝/m（1 丝＝0.01mm），即万分之 1.5，要求在基础长度 23.3m 内（设计时将二台机的基础连在一起）的沉降差不得超过 3.5mm，但基础完工后一年的实际倾斜度已发展至 45 丝/m，已超过工艺提出的控制值。

6.4 基础纠偏措施

6.4.1 加载纠偏

（1）前述图 6.2.5 所示配煤房快速加煤引起倾斜的实例，在加煤后两年三个月，于基础北侧，离基础 30cm 处开始，5m 范围内堆放 30000kN 钢锭，历时两个月，平均压载 125kPa。加载后立即见效，基础北边的沉降速率迅速增长，在两个月的加载过程中，自 0.5mm/昼夜增至 3.5mm/昼夜；而基础南边的沉降速率仍保持在 0.5mm/昼夜左右，尔后北边的沉降速率减小，南边也略有减少，两者渐渐接近，加钢锭后半年，已减至 0.1～0.2mm/昼夜，如图 6.4.1 所示。

在北侧堆放钢锭后仅两个月，倾斜就以 0.024 减至 0.016，并继续减少。加载三年后逐渐卸载。由于侧载增加了地基附加应力，总沉降有所增加，卸载后六年实测最大沉降量达 122cm，最小沉降量为 110cm。

（2）上海某厂储气柜，储气量为 54000m^3，系钢结构，基础直径为 44.5m，高为 52m，共分五层，底层为 10m 高的水池，上部四层可借导轨导轮自动升降，基础为钢筋混凝土环形的箱型基础，中间为 15cm 厚的钢筋混凝土底板。气柜自重 8000kN，水重 152000kN，基础重 6240kN，总重为 166240kN，基底压力为 107kPa。

地基土除厚为 3.9m 的褐黄色粉质黏土表土层外；其下约 20m 均为淤泥质粉质黏土和淤泥质黏土，孔隙比最大达 1.255。估算基础沉降量为 100cm 多一些。

气柜竣工后，由于生产单位急需投入生产，因此在水池内加水速度很快，20 天内充满 10m 高度，基础南北沉降差一个月后即达 7cm，三个月为 10cm，而上部结构的容许沉降差为 10cm，故决定采取钢锭加压纠偏措施，共堆放钢锭 14000kN，分成 7 堆，每堆为 2000kN，历时两个月。在堆放过程中南北沉降差逐渐减小，堆放结束后两个半月沉降差已减少到 5cm。但后因钢锭使用单位收回全部钢锭，卸载后沉降差又有些增加，由此证明压载纠偏方法是有效的，但必须有足够的加压时间。一年后北边沉降 53cm，南边沉降 44cm，沉降差为 9cm，就采用千斤顶将柜壁顶起调整，沉降差减至 2cm。因此，对于气柜、油罐等构筑物，可在设计时考虑安放千斤顶的构造措施。

6.4.2　拉、顶柱子纠偏

露天栈桥由于柱基两侧的地面堆载不同，可能使柱子内倾，除移动钢轨或吊车梁外，尚可采用以下措施对柱子纠偏：

（1）凿杯口，拉柱子：某厂曾将柱子插入基础杯口的灌浆凿去，将钢丝绳绑在柱顶，用卷扬机拉正。三至四根柱子同时拉动，拉前先将相邻两边未拉动的吊车梁支承点焊缝吹掉或螺栓松帽，使吊车梁能自由转动。柱子搬正后用钢楔楔紧，再将基础杯口灌浆，待所有柱子纠正好并待灌浆混凝土达到设计强度后，将吊车梁支承点焊缝补好或螺栓上好螺帽后，才可继续使用。

（2）割断柱子内边主钢筋，顶正柱子：某厂曾成功地采用此法，距基础顶面约 40cm 高度范围内，将柱子倾斜方向的内面混凝土保护层凿去，露出主筋，用槽钢与螺栓将柱子夹紧，并在基础面安放千斤顶，置于槽钢的悬臂下方；随后将露出的内边主筋割断。将千斤顶往上顶，使柱子在割断主筋的截面处开裂口，上部柱身就随千斤顶的上升而纠正。为周转使用千斤顶，可用钢垫块楔紧后，取出千斤顶；将被割断的主钢筋用绑条逐一焊接；最后在柱子开口处灌入密实的砂浆，并在裂口部约 50cm 范围内用钢筋混凝土包箍加强之。待所有柱子的加强混凝土达到强度要求时，可卸去夹具，调整轨道。

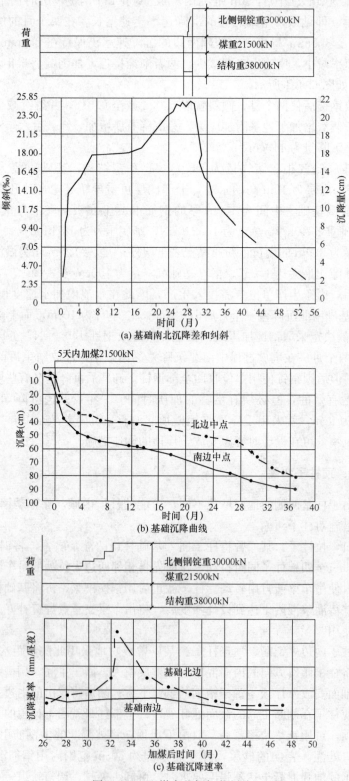

(a) 基础南北沉降差和纠斜

(b) 基础沉降曲线

(c) 基础沉降速率

图 6.4.1　配煤房北侧加载纠偏

6.4.3 扛基础纠偏

某厂用杠杆原理，将露天栈桥内倾的柱子进行纠偏，如图 6.4.2 所示。

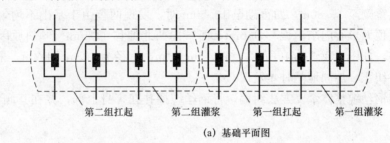

(a) 基础平面图

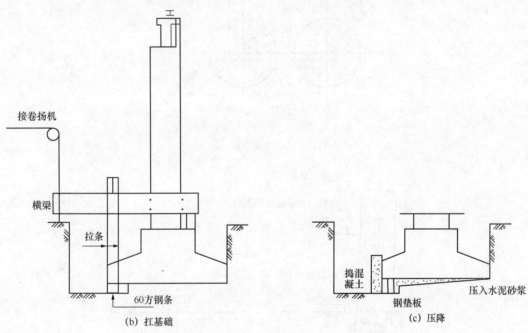

图 6.4.2 内倾柱子利用扛基础的方法纠偏

先将柱基础的内边开挖至基础底面，将方钢条置于基础底面作为吊耳；架设拉条和横梁，横梁的一端用垫块支承在基础杯口面，另一端用钢丝绳连至卷扬机；启动卷扬机将横梁的一端抬起，就可使基础向倾斜的相反方向转动，使柱子得到纠偏；柱子扶正到要求位置后，在方钢下方垫入钢板垫，以固定和支承基础；在基础边先捣混凝土，为基底压浆做好准备。装入压浆管，在基础底压入 1∶1 的水泥砂浆，压力为 0.4MPa～0.8MPa；回填土并调整轨道，在灌浆达到强度要求时方可使用。为了使吊车梁挺直，一般四个基础一组同时起扛，先灌三个基础，留一个与第二组柱子扛起后一起灌浆。

6.4.4 构筑物整体牵拽纠偏

广州某砖厂石灰窑呈圆筒形，系砖块砌成，高 18.3m，窑身外径为 4.42m，内径为 2.0m，钢筋混凝土圆形基础的外径为 6.0m，基础埋深为 2.5m。基础下为 30cm 厚的砂石垫层，垫层下用砂桩处理地基，桩长 3.8m，直径 22cm，桩距 50cm。两窑呈东西向排列，中心距为 7.5m。

地基土层依次为 1.5m 的填土，1.5m～3.0m 为粉质黏土，3.0m～5.6m 为淤泥，下为细砂及淤泥夹层。

当东窑砌至 15.80m，西窑砌至 13.50m 时，发现两窑由于基础不均匀沉降而产生倾斜，东窑顶面形心向东南偏移 96mm，西窑向西北偏移 112mm。倾斜原因是部分基底下有旧木桩，如图 6.4.3（a）所示，桩长 3m～4m，直径为 10cm～12cm，未勘察到，而是后来倾斜纠正、加固地基时才发现。

采用钢丝缆整体牵曳方法纠偏，将钢丝缆捆扎在窑身上部，并在其倾斜的相反方向，

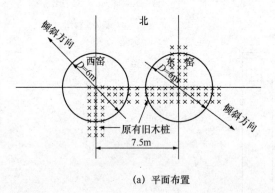

(a) 平面布置

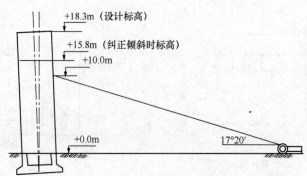

(b) 纠偏施工立面示意图

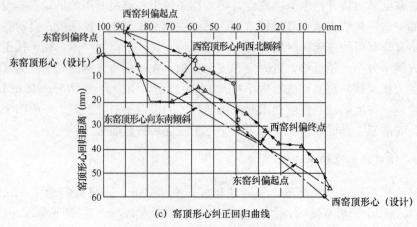

(c) 窑顶形心纠正回归曲线

图 6.4.3 石灰窑整体牵拽纠偏

用手绞车牵曳，使基底接触压力迅速改变。在每次绞动手绞车，增大张拉力后的二、三天内，偏斜有相应的减少。如果沉降已接近稳定的构筑物采用此法纠偏，可能难以奏效。在纠偏过程中要经常观测基础的沉降和窖身倾斜的变化情况，以便调整手绞车的位置。例如，西窖在纠偏过程中，倾斜方向与东西轴的夹角由原来的 38° 增加到 46°，当即改变钢丝缆的牵引方向，把手绞车移动安装在与东西轴成 46° 的方向上。窖顶形心纠正的回归曲线如图 6.4.3（c）所示。

基底压力已达 176kPa，砂桩处理没有效果，故原有基础需加宽成 7.5m×7.5m 方形基础，加宽部分基底下打入直径为 10cm 的木桩，长 3m~4m，间距为 70cm。

参 考 文 献

[1] 建筑工程部建筑科学研究院. 上海地区软土地基问题调查单项工程报告集. 北京：1963.

[2] 建筑工程部建筑科学研究院. 软土地基调查单项工程报告集. 北京：1964.

[3] 株洲玻璃工业设计研究所. 软土地基调查资料汇编. 1973.

[4] 福建省水利电力勘测设计院. 福建沿海软土基本特征分析. 1979.

[5] 孙更生，郑大同. 软土地基与地下工程. 北京：中国建筑工业出版社，1984.

[6] 交通部第一航务工程局，天津大学，南京水利科学研究所. 真空预压加固软土地基（论文汇编）. 1985.

[7] 千吨钻孔灌注桩开发小组. 千吨钻孔灌注桩试桩报告. 上海：上海市特种基础工程研究所. 1986.

[8] 工业与民用建筑地基基础设计规范 TJ7-74 修订本送审稿. 1986.

[9] 上海特种基础工程研究所杨永浩，俞南园，上海市政工程设计院曹正康，同济大学李相范，崔铁军. 龙华污水处理厂二次沉淀池抗浮土锚工程试验. 1986.

[10] 上海市政工程设计院曹正康，周质炎. 在饱和软黏土地基中土锚用于地下式水池抗浮技术的工程实践. 1986.

[11] 上海市基础工程公司. 无支撑，无锚锭大型地下连续墙工程施工. 1986.

[12] 严人觉，马凤田. 被动桩群的足尺试验. 中国土木工程学会第四届土力学及基础工程学术会议论文选集，1986：221-228.

[13] 上海市特种基础工程研究所王承德. 水下超长距离顶管施工工艺研究. 1987.

[14] 武汉地质勘察基础工程公司上海第二工程处朱德利. 上海市软土层钻孔摩擦灌注桩若干问题. 1987.

[15] 上海宝钢二十冶分指挥部. 软土锚杆在太平洋大饭店深基坑开挖工程上的应用. 1988.

[16] 周俊英. 记打浦路隧道抢修及大修工程. 地下工程与隧道. 1988 年第 4 期.

[17] 宝钢冶金建设公司王锦成. 地下连续墙施工实例. 宝钢工程技术. 1988 年第 4 期.

[18] 上海市隧道工程设计院王世明. 延安东路越江隧道施工评价初探. 地下工程与隧道. 1988 年第 4 期.

[19] 上海市地基基础设计规范(送审稿). 1988 年 6 月.

[20] 赵锡宏. 上海高层建筑桩筏或桩箱基础共同作用的理论与实践. 同济大学，1988.

[21] 刘立礼. 上海延安东路隧道地基处理和施工监控. 上海隧道第 1 期，1988 年 10 月.

[22] 翁可儿，杨我清. 盾构法建造电厂取、排水隧道工程，上海隧道第 1 期. 1988 年 10 月.

[23] 上海市特种基础工程设计所. 软土层中的 π 形地下连续墙工程. 1988 年 11 月.

[24] 黄绍铭，裴捷，贾宗元，魏汝楠. 用不同桩长的桩基础调整建筑物不均匀沉降的工程实例及分析. 上海市土木工程学会. 上海市建筑学会结构工程论文集. 1988 年 12 月.

[25] 刘立礼. 上海地下工程之最——延安东路隧道施工简介. 建筑施工，1989 年第一期.

[26] 四平路大型人防地下车库施工——水泥土深层搅拌桩和爆扩桩新技术获得成功. 上海建设简讯，1989 年 1 月 5 日.

[27] 丁万太，杨敏，赵锡宏. 上海地区高层建筑物桩基础的沉降分析. 上海地质，第 3 期. 1989.

[28] 黄绍铭，王迪民，裴捷等. 减少沉降量桩基的设计与初步实践. 中国土木工程学会第六届土力学及基础工程学术会议论文集，1991：405-410.

[29] 黄绍铭，王迪民，裴捷等. 按沉降量控制的复合桩基设计方法（上）. 工业建筑，1992，22(7)：34-36.

[30] 黄绍铭，王迪民，裴捷等. 按沉降量控制的复合桩基设计方法（下）. 工业建筑，1992，22(8)：41-44.

[31] 杨敏，赵锡宏. 分层土中的单桩分析法. 同济大学学报，第 4 期，1992.

[32] 杨敏，赵锡宏，董建国. 上海软土桩基沉降的基本特性及计算方法. 上海软土的理论与实践（高大钊主编）. 北京：中国建筑工业出版社，1992.

[33] 杨敏，Tham L. G.，CheungY. K. 分层土中的群桩分析法. 同济大学学报. 第 2 期. 1993.

[34] 葛文浩，杨敏. 地下管道上住宅建筑物的基础设计实例. 建筑结构. 第 10 期. 1993.

[35] 杨敏，葛文浩. 减少沉降桩在厂房桩基础上的应用. 软土地基变形控制设计理论和工程实践（侯学渊、杨敏主编）. 上海：同济大学出版社. 1996.

[36] 杨敏. 以控制沉降为设计目标的减少沉降桩基础之研究. 98'上海科技论坛活动之一"以沉降量为控制指标的复合桩基设计学术研讨会". 大会特邀报告. 1998. 11.

[37] 杨敏，周融华，王伯钧，张俊峰，裴健勇. 按变形控制设计上海某 10 层办公楼桩筏基础. 建筑科学，第 2 期，2000.

[38] 杨敏，朱碧堂，陈福全. 堆载引起某工业厂房坍塌事故的初步分析. 岩土工程学报，第 4 期，2002.

[39] 阮永芬，刘岳东，王东等. 昆明泥炭与泥炭质土对建筑地基的影响. 昆明理工大学学报（理工版），2003，28(3).

[40] 杨敏，朱碧堂. 超载软土地基被动加固控制邻近桩基变形的分析. 岩石力学与工程学报，Vol23，No. 11，2004.

[41] 周洪波. 长期反复荷载作用下土体与临近桩基相互作用研究. 同济大学博士学位论文，2005.

[42] 赵锡宏，龚剑. 桩筏（箱）基础的荷载分担实测：计算值和机理分析. 岩土力学，2005，26(3).

[43] 熊恩来. 云南泥炭. 泥炭质土的力学特性及本构模型研究. 昆明理工大学硕士学位论文，2005.

[44] 李忠诚. 长期反复荷载作用下被动桩性状及被动桩计算模式研究. 同济大学博士学位论文，2006.

[45] 王卫东，吴江斌，李进军等. 桩端后注浆灌注桩的桩端承载特性研究. 土木工程学报，2007，40(s1).

[46] "莲花河畔倒楼事故机理仍待进一步研究——访事故调查组专家、国家勘察设计大师顾国荣". 建筑时报，2009，10. 09.

[47] 上海市工程建设规范. 地基基础设计规范 DGJ08-11-2010. 上海：2010.

[48] 宋洁人. 上海莲花河畔景苑 7 号楼整体倾覆原因分析. 建筑技术. 2010(9).

[49] 中华人民共和国国家标准. 建筑地基基础设计规范 GB 50007—2011. 北京：中国建筑工业出版社，2011.

[50] 王卫东，李永辉，吴江斌. 上海中心大厦大直径超长灌注桩现场试验研究. 岩土工程学报，2011，33(12).

[51] 曾英俊，杨敏，熊巨华，孙庆，朱继文. 双线盾构长距离穿越深基坑底部引起地下连续墙沉降分

析与控制. 建筑结构学报，第 33 卷第 2 期，2012 年 2 月.

[52] 赵锡宏，龚剑，张保良，肖俊华，汤永净，周虹. 上海环球金融中心 101 层桩筏基础现场测试综合研究. 北京：中国建筑工业出版社，2014.

[53] 刘侃，杨敏. 泥炭土的概念模型和一维固结理论分析. 水利学报，46(S1)，2015.

[54] 刘小敏. 昆明某项目地基处理工程技术总结报告. 深圳市勘察研究院有限公司，2015.

第7章 湿陷性黄土地基

7.1 概　　述

7.1.1 我国黄土的分布和地层

黄土是第四纪地质历史时期干旱气候条件下的沉积物。在天然状态下，一般呈黄色、灰黄色或褐黄色，具有大孔和垂直节理。接近地表的黄土孔隙比大、含水量小，具有遇水湿陷的特性，叫作湿陷性黄土；有的黄土含水量较大或是孔隙比较小而不具湿陷性，叫作非湿陷性黄土。一般泛指的黄土则是包括湿陷性黄土和非湿陷性黄土的总称。

黄土在我国分布很广，据1959年中国科学院地质研究所会同北京大学地理系编制的"中国黄土分布图"所公布的面积为635280km^2。在分布的地理位置上大体可概括为：东起山东的泰山，西经伏牛山、秦岭至青海、新疆境内的昆仑山，是为黄土分布的南部界限，北部的沙漠戈壁可为黄土分布的北部界限，大致上是北纬30°至49°之间的地区，而以北纬34°至45°间最为集中，其间黄河中游的黄土高原区是我国黄土分布的中心地带，在这里除了个别石质山的基岩出露外，黄土整片的覆盖于全区地表，而且黄土厚度大，各个时期沉积的黄土地层俱全，是我国黄土的典型分布区。至于其他地区，如河北、山东、内蒙古、辽宁、吉林、黑龙江以及青海、新疆等地的黄土，则不及黄河中游区的典型，而且这些地区的黄土分布，多是在山坡、山洼处，或是在山前坡角附近，或是在山间和山前的河谷阶地上，总之，并不形成区域性的连续分布，黄土的厚度也比较小。

黄土的形成时期，贯穿了整个第四纪地质时期。黄土地层自上而下可分为：

早更新世黄土（Q_1黄土），即早更新世期间所形成的黄土，以山西省隰县午城镇的Q_1黄土为标准，又称午城黄土。这种黄土一般在古地形比较低洼的地方可以见到，岩性变化较大，不具湿陷性。

中更新世黄土（Q_2黄土），即中更新世期间所形成的黄土，以山西省离石的Q_2黄土为标准，又称离石黄土。黄河中游地区Q_2黄土有的厚达170m，是该区黄土地层的主体。Q_2黄土土质致密，天然地基强度可达600～700kPa，一般不具湿陷性。

晚更新世黄土（Q_3黄土），即晚更新世期间所形成的黄土，以北京市门头沟区马兰村的Q_3黄土为标准，又称马兰黄土。Q_3黄土的一般厚度要小于Q_2黄土，但分布面积很广，且孔隙比大，有肉眼可见的大孔，具有湿陷性。

全新世黄土（Q_4黄土），即全新期间所形成的黄土，一般土质较为疏松，并且有湿陷性。Q_4黄土又分为Q_4^1和Q_4^2，其中Q_4^2为新近堆积的黄土，形成年代较短，成岩作用差，故而土质疏松，在工程性质上，往往是压缩性大、强度低，并且具有湿陷性，其分布的规律是，在滑坡体及其附近地段，沟口洪积扇地段。阶地边缘以及阶地后缘与塬、梁地形相接的缓坡地段，往往有新近堆积的 Q_4^2 黄土。

从黄土形成的年代来讲 Q_1、Q_2、Q_3、Q_4 黄土应该是连续衔接的，但是由于古地形和古气候的不尽相同，Q_1 到 Q_4 的黄土往往并非完全按顺序整合接触。例如，有的在下层见不到 Q_1 黄土，而 Q_2 黄土直接与基岩或第三纪红土接触；有的上层没有 Q_3 或 Q_4 黄土覆盖，Q_2 黄土直接出露地面；更有的只有 Q_3、Q_4 黄土，下部 Q_1、Q_2 黄土缺失（图 7.1.1）。

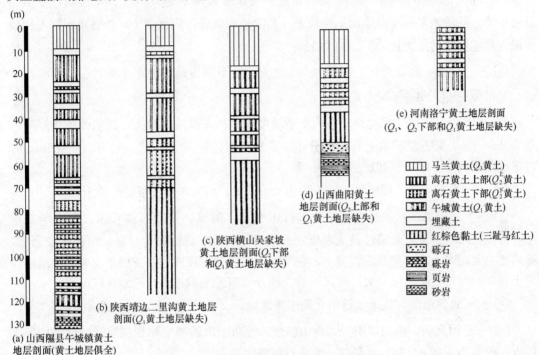

图 7.1.1　不同地区黄土地层的柱状剖面图

国内各地黄土地层的厚度不一，以黄河中游的黄土高原厚度最大，其中泾、洛河流域的中、下游，黄土层厚度经常在 100m 以上，由此向东或向西，黄土层厚度均逐渐减薄。如前所述，并非所有的黄土都具有湿陷性，所以，尽管黄土地层厚度甚大，但具有湿陷性的只是黄土层接近地表 10m～20m 的一部分，而这一部分正是一般工程所要用做地基的部分。

7.1.2　我国湿陷性黄土的工程地质分区

根据各地湿陷性黄土工程性质的不同，现行的《湿陷性黄土地区建筑规范（GB 500025)》将全国湿陷性黄土分为以下 7 个区：

①——陇西地区，包括甘肃、青海和宁夏的部分地区。西自青海东部，东至六盘山，北至祁连山东部的乌鞘岭。湿陷性黄土厚度一般大于 10m，土的黏粒含量少，天然含水量低，湿陷性强烈，湿陷量大而敏感，多具有自重湿陷性，不少地方还存在潜蚀、溶洞等不良地质现象，对工程的危害性大，建筑物的湿陷事故多而严重。

②——陇东、陕北、晋西地区，包括宁夏南部、甘肃庆阳地区、陕西北部和山西西部。西临六盘山，东接吕梁山，北界白于山南麓，南至渭河谷地北侧的北山、子午岭和黄龙山一带，为典型的黄土高原地带。湿陷性黄土厚度在高阶地一般为 10m～16m，低阶地一般

为 4m～8m，黏粒含量少，湿陷性强烈也较敏感，多属自重湿陷黄土，但在坡脚处情况比较复杂，有时有非自重湿陷黄土，甚至有非湿陷性黄土存在，陡坡处黄土容易发生坍塌。

Ⅲ ——关中地区，包括陕西的关中、山西西南部和河南西部，西至宝鸡峡谷，东接三门峡一带和中条山北支，北至北山、黄龙山，南至秦岭。湿陷性黄土厚度在高阶地一般为 6m～12m，低阶地为 4m～8m，黏粒含量和含水量都高于 Ⅰ、Ⅱ 区，湿陷性和敏感程度中等，低阶地多属非自重湿陷性黄土。高阶地有自重湿陷性黄土，但自重湿陷发展较缓慢，对建筑物的危害比 Ⅰ、Ⅱ 区轻。

Ⅳ ——山西、冀北地区，南到中条山北支，北至蒙古高原，东至太行山，西临吕梁山，又可分成 Ⅳ₁ 和 Ⅳ₂ 两个地区：

Ⅳ₁ ——汾河流域、冀北区，区内低阶地多属非自重湿陷性黄土，湿陷性黄土厚度一般为 2m～6m，新近堆积黄土有较多分布。高阶地湿陷性黄土厚度一般为 5m～20m，有自重湿陷性黄土，湿陷性和敏感程度中等。

Ⅳ₂ ——晋东南区，湿陷性黄土一般为 2m～6m，多为非自重湿陷性黄土。

Ⅴ ——河南地区，北至中条山、太行山南麓，南至伏牛山、熊耳山，东临华北平原，西至三门峡一带，湿陷性黄土厚度一般为 4m～8m，黏粒含量较高，结构比较密实，湿陷量不大，多为非自重湿陷性黄土，在个别湿陷性黄土较厚的地方偶尔也有自重湿陷性黄土存在，但自重湿陷量不大。该区浅处往往分布新近堆积黄土，压缩性较高。

Ⅵ ——冀鲁地区，位于太行山北麓以东地区，又可分为 Ⅵ₁ 和 Ⅵ₂ 两个亚区：

Ⅵ₁ ——河北区，燕山以南、太行山以东，分布于山麓和平原相接地带，湿陷性黄土厚度一般为 2m～6m，黏粒含量高，为非自重湿陷黄土。

Ⅵ₂ ——山东区，分布于鲁中低山丘陵北部的山间盆地和山麓地带，在泰山北麓到覆盖在与华北平原相邻的低缓丘陵地带，一般厚度为 2m～6m，多为非自重湿陷黄土。个别湿陷性黄土较厚的地方偶见有自重湿陷，但自重湿陷轻微。

Ⅶ ——边缘地区，可分为 Ⅶ₁、Ⅶ₂、Ⅶ₃、Ⅶ₄ 等四个亚区：

Ⅶ₁ ——宁、陕区：湿陷性黄土分布于山西、陕西的北部边缘和宁夏的部分地区，厚度在 4m 以内，为非自重湿陷性黄土。

Ⅶ₂ ——河西走廊区：东南到乌鞘岭，东至贺兰山，西至玉门关，处于龙首山以南、祁连山以北的走廊地带，湿陷性黄土层厚度一般为 2m～5m 间，为非自重湿陷性黄土。

Ⅶ₃ ——内蒙古中部、辽西区：靠近陕西、山西的地区，湿陷性黄土层厚度一般为 5m～10m。低阶地新近堆积黄土分布较广，土的结构松散，压缩性较高。

Ⅶ₄ ——新疆、甘西、青海区：一般为非自重湿陷性黄土场地，湿陷性黄土层厚度小于 8m，天然含水率较低，湿陷性黄土层厚度和湿陷性变化大。主要分布于沙漠边缘，冲、洪积扇中、上部，河流阶地及山麓斜坡，北疆呈连续条状分布，南疆呈零星分布。

附中国湿陷性黄土工程地质分区略图（图 7.1.2、图 7.1.3）及湿陷性黄土的物理力学性质指标表 7.1.1。

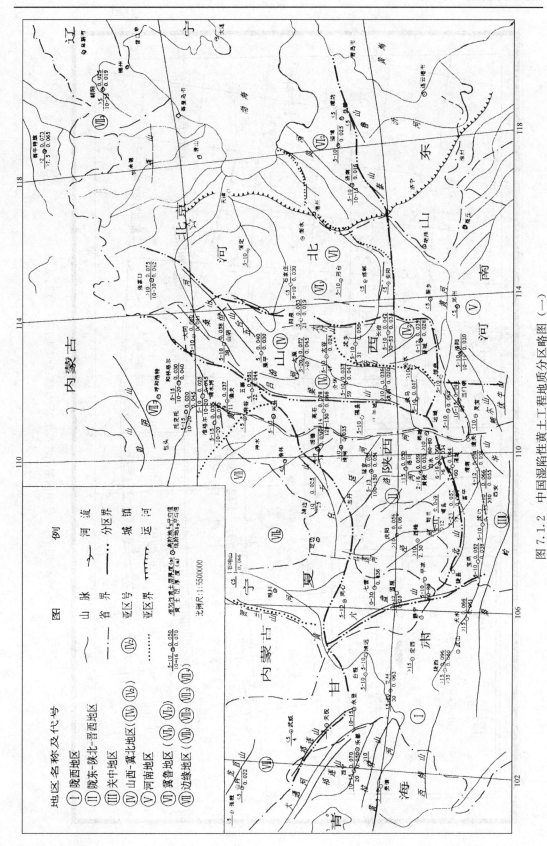

图 7.1.2 中国湿陷性黄土工程地质分区略图（一）

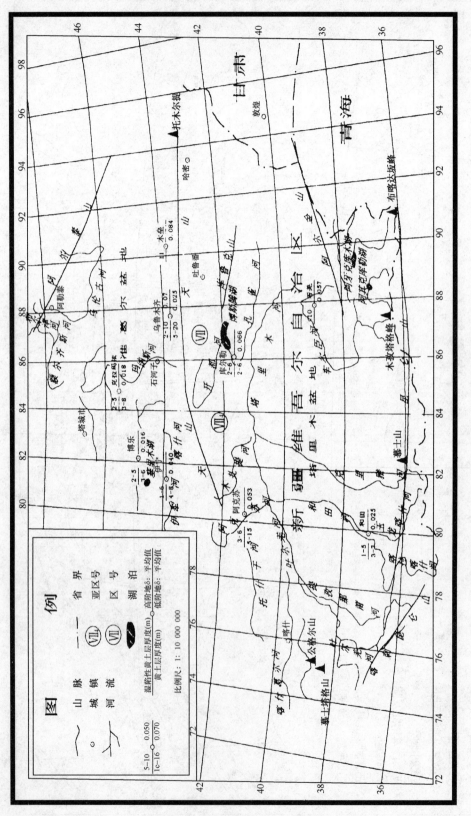

图 7.1.3 中国湿陷性黄土工程地质分区略图（二）

表 7.1.1

湿陷性黄土的物理力学性质指标

分区	亚区	地貌	黄土层厚度 (m)	湿陷性黄土层厚度 (m)	地下水埋藏深度 (m)	含水量 w (%)	天然密度 ρ (g/cm³)	液限 w_L (%)	塑性指数 I_p	孔隙比 e	压缩系数 a (MPa⁻¹)	湿陷系数 δ_s	自重湿陷系数 δ_{zs}	特征简述
陇西地区 ①		低阶地	4~25	3~16	4~18	6~25	1.20~1.80	21~30	4~12	0.70~1.20	0.10~0.90	0.020~0.200	0.010~0.200	自重湿陷性黄土分布很广，湿陷性黄土层厚度通常大于10m，地基湿陷等级多为Ⅲ～Ⅳ级，湿陷性敏感
		高阶地	15~100	8~35	20~80	3~20	1.20~1.80	21~30	5~12	0.80~1.30	0.10~0.70	0.020~0.220	0.010~0.200	
陇东—陕北—晋西地区 ②		低阶地	3~30	4~11	4~14	10~24	1.40~1.70	20~30	7~13	0.97~1.18	0.26~0.67	0.019~0.079	0.005~0.041	自重湿陷性黄土分布广泛，湿陷性黄土层厚度通常大于10m，地基湿陷等级一般为Ⅲ～Ⅳ级，湿陷性较敏感
		高阶地	50~150	10~15	40~60	9~22	1.40~1.60	26~31	8~12	0.80~1.20	0.17~0.63	0.023~0.088	0.006~0.048	
关中地区 ③		低阶地	5~20	4~10	6~18	14~28	1.50~1.80	22~32	9~12	0.94~1.13	0.24~0.64	0.029~0.076	0.003~0.039	低阶地多属非自重湿陷性黄土，高阶地和黄土塬多属自重湿陷性黄土，湿陷性黄土层厚度一般大于10m；在渭河流域两岸有的小于4m～10m，秦岭北麓地带有的小于4m，地基湿陷等级一般为Ⅱ～Ⅲ级，自重湿陷性黄土层一般埋藏较深，湿陷发生较迟缓
		高阶地	50~100	6~23	14~40	11~21	1.40~1.70	27~32	10~13	0.95~1.21	0.17~0.63	0.030~0.080	0.005~0.042	
山西—冀北地区 ④	汾河流域区 IV₁ 冀北区	低阶地	5~15	2~6	4~8	6~19	1.40~1.70	25~29	8~12	0.58~1.10	0.24~0.87	0.030~0.070	—	低阶地多属非自重湿陷性黄土，高阶地（包括山麓堆积地）多属自重湿陷性黄土。湿陷性黄土层厚度多为5m～10m，个别地段小于5m或大于10m。地基湿陷等级一般为Ⅱ～Ⅲ级。在低阶地新近堆积（Q₄）黄土分布较普遍，土的结构松散，压缩性较高。冀北部分地区黄土含砂量大
		高阶地	30~100	5~20	50~60	11~24	1.50~1.60	27~31	10~13	0.97~1.31	0.12~0.62	0.015~0.089	0.007~0.040	
	晋东南区 IV₂		30~53	2~6	4~7	18~23	1.50~1.80	27~33	10~13	0.85~1.02	0.29~1.00	0.030~0.070	0.015~0.052	

续表

分区	亚区	地貌	黄土层厚度 (m)	湿陷性黄土层厚度 (m)	地下水埋藏深度 (m)	含水量 w (%)	天然密度 ρ (g/cm³)	液限 w_L (%)	塑性指数 I_P	孔隙比 e	压缩系数 a (MPa⁻¹)	湿陷系数 δ_s	自重湿陷系数 δ_{zs}	特 征 简 述
河南地区 Ⅴ			6~25	4~8	5~25	16~21	1.60~1.80	26~32	10~13	0.86~1.07	0.18~0.33	0.023~0.045	—	一般为非自重湿陷性黄土。湿陷性黄土层厚度一般为5m，土的结构较密实。压缩性较低。该区浅部分布有新近堆积黄土，压缩性较高
冀鲁地区 Ⅵ	河北区 Ⅵ₁		3~30	2~6	5~12	14~18	1.60~1.70	25~29	9~13	0.85~1.00	0.18~0.60	0.024~0.048	—	一般为非自重湿陷性黄土。湿陷性黄土层厚度一般小于5m，局部地段为5m~10m，地基湿陷等级一般为Ⅱ级。土的结构密实，压缩性低。在黄土边缘地带及鲁山北麓的局部地段，湿陷性黄土层薄，含水量高，湿陷系数小，地基湿陷等级为Ⅰ级或不具湿陷性
	山东区 Ⅵ₂		3~20	2~6	5~8	15~23	1.60~1.70	28~31	10~13	0.85~0.90	0.19~0.51	0.020~0.041	—	湿陷性黄土，地的湿陷性低，含水量高，湿陷性黄土层薄，湿陷系数及地基湿陷等级为Ⅰ级或不具湿陷性
	宁陕区 Ⅶ₁		5~30	1~10	5~25	7~13	1.40~1.60	22~27	7~10	1.02~1.14	0.22~0.57	0.032~0.059	—	为非自重湿陷性黄土，湿陷性黄土层厚度一般小于5m，地基湿陷等级一般为Ⅰ~Ⅱ级。土中含砂量较多，土的湿陷性分布不连续
	河西走廊区 Ⅶ₂		5~10	2~5	5~10	14~18	1.60~1.70	23~32	8~12	—	0.17~0.36	0.029~0.050	—	一般为非自重湿陷性黄土，地基湿陷等级一般为Ⅰ级，湿陷性黄土新近堆积（Q₄²）连续
边缘地区 Ⅷ	内蒙古中部—辽西区 Ⅷ₁	低阶地	5~15	5	5~10	6~20	1.50~1.70	19~27	8~10	0.87~1.05	0.11~0.77	0.026~0.048	0.040	靠近山西、陕西的黄土地区，一般为非自重湿陷性黄土，地基湿陷等级一般为Ⅰ级，湿陷性黄土层厚度一般为5m~10m，低阶地新近堆积（Q₄²）黄土分布较广，土的结构松散，压缩性较高。高阶地的结构密实，压缩性较低
		高阶地	10~20	8	12	12~18	1.50~1.90	—	9~11	0.85~0.99	0.10~0.40	0.020~0.041	0.069	
	新疆—甘肃—青海区 Ⅷ₂		3~30	2~10	1~20	3~27	1.30~2.00	19~34	6~18	0.69~1.30	0.10~1.05	0.015~0.199	—	一般为自重湿陷性黄土场地，地基湿陷等级为Ⅰ~Ⅱ级，局部为Ⅲ级，湿陷性黄土厚度一般小于8m，天然含水量较低，黄土层厚度及湿陷性变化大。主要分布于沙漠边缘、冲、洪积扇前中上部、河流阶地及山麓斜坡、高阶地。北疆呈连续状分布及新疆呈零星分布

7.2 湿陷性黄土的工程特性及其评价

7.2.1 颗粒组成和土结构

我国湿陷性黄土的土质主要为粉质土，其颗粒组成以粉土颗粒为主，约占总重的 50%～70%，而粉土颗粒中又以 0.05mm～0.01mm 的粗粉土颗粒为多，约占总重的 40% ～60%，小于 0.005mm 的黏土颗粒较少，约占总重的 14%～28%，大于 0.1mm 的细砂颗粒占总重的 5% 以内，大于 0.25mm 的中砂以上颗粒则基本不见。从各地湿陷性黄土颗粒成分对比来看：有着从西北向东南逐渐变细的规律（表 7.2.1）。

湿陷性黄土的颗粒组成　　　　　　　　　　表 7.2.1

地 名	>0.05mm		0.05mm～0.01mm		0.01mm～0.005mm		<0.005mm	
	平均	常见	平均	常见	平均	常见	平均	常见
兰　州	19	10～25	57	50～65	10	5～10	14	5～25
西　安	9	5～15	50	40～60	16	10～20	25	20～30
洛　阳	11	5～15	48	40～60	13	10～15	28	20～35
太　原	27	15～35	50	40～60	7	5～15	16	10～20
延　安	24	20～30	48	40～55	11	9～15	17	10～25

上述颗粒的矿物成分，粗颗粒中主要是石英和长石，黏粒中主要是中等亲水性的伊利石（表 7.2.2）。此外，在湿陷性黄土中又含有较多的水溶盐，呈固态或半固态分布在各种颗粒的表面。

各地区湿陷性黄土的矿物成分和水溶盐含量　　　　表 7.2.2

地区	粗颗粒的主要矿物	细颗粒的主要矿物	水溶盐含量（%）		
			易溶盐	中溶盐	难溶盐
山　西	石英、长石	伊利石	0.02～0.66	甚　微	11～13
陕　西	石英、长石	伊利石	0.03～0.95	极　少	9～14
甘　肃	石英、长石	伊利石	0.10～0.90	0.5～1.4	10

黄土是干旱气候条件下的沉积物，在生成初期，由于土中水分不断蒸发，土孔隙中水的毛细作用，使水分逐渐集骤到较粗颗粒的接触点处。同时，细粉粒、黏粒和一些水溶盐类也随之不同程度地集聚到粗颗粒的接触点形成胶结，便成了图 7.2.1 所示的黄土结构。

研究表明：粗粉粒和砂粒在黄土结构中起骨架作用，由于在湿陷性黄土中砂粒含量甚少，观测表明，在黄土中，砂粒间的平均距离约为砂粒粒径的 1.7～1.9 倍，大部分砂粒不能直接接触，因此颗粒结构直接接触的大多为粗粉粒。细粉粒往往依附在较大颗粒表面，特别是集聚在较大颗粒的接触点处与胶体物质一起作为填充材料。黏粒以及土体中所含的各种化学物质如铝、铁物质和一些无定型的盐类等，多集聚在较大颗粒的接触点起胶结和半胶结作用。可以看出，作为黄土骨架的砂粒和粗粉粒，天然状态下，由于上述胶结

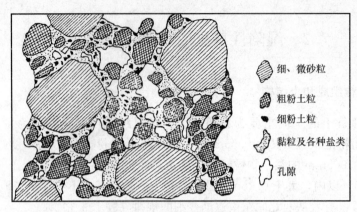

图 7.2.1　黄土结构示意图

图例：细、微砂粒；粗粉土粒；细粉土粒；黏粒及各种盐类；孔隙

物的凝聚结晶作用被牢固地粘结着，使黄土地基表现为具有较高的强度，而在遇水时，水对各种胶结物的软化或散化作用，使黄土的强度突然下降而形成黄土地基的湿陷。

7.2.2　湿度和密度

黄土之所以在受水时产生突然性的湿陷变形，除上述在遇水时颗粒接触点处胶结物的软化或散化之外，还在于黄土的欠压密状态。在干旱气候条件下，无论是风积或是坡积和洪积的黄土层，其蒸发影响深度大于大气降水的影响深度，在其形成的过程中，对于土层的压密来讲，充分的压力和适宜的湿度往往不能同时具备。如图 7-2-2 所示，接近地表 2m~3m 的土层 A，受大气降水的影响可能持有适宜压密的湿度，但这时的上覆土重甚小，由于压力不足使土层得不到充分的压密（图 7.2.2a）。当这层土上又堆积了新的土层 B 时，土层 A 所受的上覆土压力虽然增加，但这时土层 A 所处的位置却超出了降水影响范围，而仍处于大气蒸发影响范围内（图 7.2.2b），由于水分不断蒸发，土粒间的胶体物质凝固形成所谓的加固黏聚力，所以 A 土层又由于湿度不足而得不到充分的压密，同样，新堆积的黄土层 B 也将经历类似的过程，如此年复一年，便形成了目前存在的低湿度、高孔隙率的湿陷性黄土。

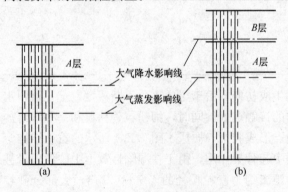

图 7.2.2　黄土欠压实状态的形成

显然，黄土在天然状态下保持低湿度和高孔隙率的特点是其产生湿陷的充分条件。我国的黄土分布区大部分年平均降雨量在 250m~500mm 左右，而蒸发量却远远超过了降雨量，因而湿陷性黄土的天然湿度一般在塑限含水量左右，或是更低一些（表 7.2.3），而孔隙比（或孔隙率）却比较高（表 7.2.4）。在垂直剖面上，我国湿陷性黄土的孔隙比往往随着深度的增加而减小（图 7.2.3a、b），同时，其含水量又随深度的增加而增加，有的地区这种现象比较明显，且湿陷性土层又比较薄，则往往不具自重湿陷或自重湿陷不明显。而有的地区地下水位较深，湿陷性土层较厚，上述孔隙比和含水量随深度的变化不太明显（图 7.2.3c），则往往具有明显的

自重湿陷性。

我国湿陷性黄土的天然含水量和塑限、液限值　　　　表 7.2.3

地　名	天然含水量 w（%）		塑限（%）		液限（%）	
	平均值	常见值	平均值	常见值	平均值	常见值
兰　州	11	7～16	17	14～20	27	20～30
西　安	19	12～25	18	15～22	32	25～37
太　原	14	5～20	17	15～22	26	20～30
子　长	14	7～20	19	18～20	28	25～30
延　安	14	7～20	18	16～22	29	25～33
平　凉	16	12～22	19	16～22	30	25～35

我国湿陷性黄土的孔隙比　　　　表 7.2.4

地　名	孔　隙　比 e	
	平　均　值	常　见　值
兰　　州	1.08	0.85～1.27
西　　安	1.04	0.85～1.22
太　　原	0.96	0.82～1.13
洛　　阳	0.93	0.82～1.03
延　　安	1.17	1.00～1.32
子　　长	1.04	0.89～1.22

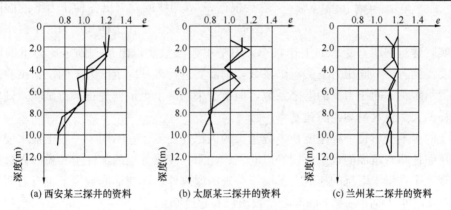

图 7.2.3　湿陷性黄土天然孔隙比随深度的变化

7.2.3　湿陷性的鉴定和地基评价

黄土湿陷性的鉴定是以室内压缩试验得出湿陷系数 δ_s 进行判定的，即以天然含水量和天然结构的土样进行逐级加压，达到规定的压力并待变形稳定后，进行浸水并达到再次稳定，将浸水前后土样的高度（或孔隙比）代入下式，求得土的湿陷系数 δ_s（见图 7.2.4）。

$$\delta_s = \frac{h_p - h'_p}{h_0} \tag{7.2.1}$$

或
$$\delta_s = \frac{e_p - e'_p}{1 + e_0} \qquad (7.2.2)$$

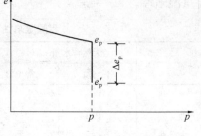

图 7.2.4　用单线法测定湿陷系数

式中　h_0——土样的原高度（mm）；

　　　h_p——土样在压力 p 的作用下变形稳定后的
　　　　　　　高度（mm）；

　　　h'_p——在压力 p 作用下的土样，浸水变形稳
　　　　　　　定后的高度（mm）；

　　　e_0——土样的原孔隙比；

　　　e_p——土样在压力 p 的作用下，变形稳定后
　　　　　　　的孔隙比；

　　　e'_p——在压力 p 作用下的土样，浸水变形稳定后的孔隙比。

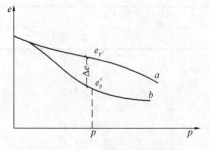

图 7.2.5　用双线法测定湿陷系数

　　湿陷系数的试验方法，有单线法和双线法两种。单线法是用一个土样在天然状态时分级加压至某一固定压力 p 后，浸水得出在压力 p 下的湿陷系数 δ_s。双线法是用同一地点同一深度的两个土样，一个在天然状态下分级加压直至 0.4MPa 或 0.5MPa（或所需要的更大压力），得出天然含水量时的压缩曲线 a，另一个土样则需在浸水饱和状态下分级加压直至 0.4MPa 或 0.5MPa（或所需的更大压力），得出土在浸水饱和状态下的压缩曲线 b，然后根据 a、b 两线的差求出各种压力下的湿陷系数（图 7.2.5）。单线法是在土样受压条件下浸水的，它接近于实际建筑物地基受水的工作状态，但是单线法只能得出某一固定压力下的湿陷系数，如要得到各种不同压力下的湿陷系数，则需要进行多种固定压力下的浸水试验。双线法能够得出多种不同压力下的湿陷系数，但由于采用两个土试样进行平行试验，则要求两个土试样的天然含水量和孔隙比基本一致。

　　黄土的湿陷变形是一种速度快、数量大的失稳性变形。它不同于一般土被水浸湿时所表现的压缩性略有增加的现象，曾经以北京、沈阳、广州等地的黏性土和粉砂做过对比试验，发现除了在浸水下沉的速度上不同于黄土的湿陷外，在变形的数量上也有着明显差别（表 7.2.5），可以看出一般土的湿陷系数值没有超过 0.01 的。

各种土室内湿陷性试验成果　　　　　　　　　　表 7.2.5

土　名	取土地点	w (%)	γ (kN/m³)	e	$\delta_{s0.5}$	$\delta_{s1.0}$	$\delta_{s2.0}$	$\delta_{s3.0}$
黏性土	北　京	26.6	2.37	0.47	—	0.0001	0.0020	0.0045
黏性土	沈　阳	29.9	2.36	0.52	—	0.0011	0.0000	0.0025
黏性土	广　州	38.0	2.18	0.75	—	—	0.0000	0.0018
黏性土	北　京	18.3	2.26	0.43	—	0.0026	0.0089	0.0058
黏性土	沈　阳	26.7	2.28	0.51	—	0.0010	0.0004	0.0048
黏性土	广　州	18.2	2.35	0.32	—	0.0002	0.0027	0.0003

续表

土　名	取土地点	w (%)	γ (kN/m³)	e	$\delta_{s0.5}$	$\delta_{s1.0}$	$\delta_{s2.0}$	$\delta_{s3.0}$
粉　砂	北　京	15.4	2.22	0.41	—	0.0008	—	—
粉　砂	沈　阳	19.4	1.40	1.11	—	—	0.0004	—
粉　砂	广　州	16.5	1.38	1.27	—	—	0.0005	—
黄　土	兰　州	10.2		1.09	—	0.1420	0.1390	0.1580
黄　土	西　安	16.3	1.45	1.18	0.0060	0.0540	0.0870	0.0710
黄　土	太　原	11.4	1.38	1.19		0.0860	0.1010	0.0990

注：$\delta_{s0.5}$、$\delta_{s1.0}$、$\delta_{s2.0}$、$\delta_{s3.0}$ 分别为 50、100、200、300kN/m² 压力下的湿陷系数。

试验表明，湿陷性黄土的湿陷系数与压力的关系曲线具有图 7.2.6 的规律，一般认为 oa 段为土样浸水后的增湿压缩阶段，ab 段才是土的湿陷阶段，据此，对各地黄土的 p-δ_s 曲线进行统计，得出 a 点所对应的 δ_s 值均在 0.01～0.02 之间，因此，国内现行的《湿陷性黄土地区建筑规范》GB 50025 规定：

当 $\delta_s <$ 0.015 时，应定为非湿陷性黄土；

$\delta_s \geqslant$ 0.015 时，应定为湿陷性黄土。

湿陷性黄土的地基评价，在现行规范中采用了以湿陷量的计算值 Δ_s 和场地自重湿陷量的计算值 Δ_{zs} 确定地基湿陷等级的方法，其地基湿陷量的计算值 Δ_s 按下式计算：

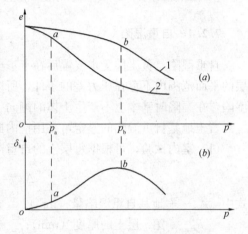

图 7.2.6　湿陷性黄土的 p-δ 关系

$$\Delta_s = \sum_{i=1}^{n} \beta \delta_{si} h_i \tag{7.2.3}$$

式中　δ_{si}——第 i 层土的湿陷系数，测定 δ_s 的压力为：基础底面以下 10m 内的土层应用 200kPa；10m 以下至非湿陷土层顶面应用其上覆土的饱和自重压力（当大于 300kPa 时，仍用 300kPa）；

h_i——第 i 层土的厚度（mm）；

β——考虑地基土的侧向挤出和浸水几率等因素的系数，基底以下 5m（或压缩层）深度内可取 1.5，基底以下 5～10m 取 1.0。在此深度以下，在非自重湿陷性黄土场地，可不计算；在自重湿陷性黄土场地，可按表 7.2.6 取用。

自重湿陷性黄土场地 β 系数　　　　　　　　表 7.2.6

地区	陇西	陇东、陕北、晋西	关中	其他
β 值	1.5	1.2	0.9	0.5

湿陷性量值 Δ_s 应自基础底面（初勘时，可自地面下 1.5m）起算，在非自重湿陷黄土场地，累计至基底下 10m（或压缩层）深度为止；在自重湿陷性场地，累计至非自重湿陷性土层顶面为止，其中湿陷系数小于 0.015 者不计在内。

湿陷性黄土场地自重湿陷量的计算值 Δ_{zs} 按（7.2.4）式计算（见 7.2.4 节）。湿陷性黄土地基的湿陷等级按表 7.2.7 确定。

湿陷性黄土地基的湿陷等级　　　　　　　　　　　　表 7.2.7

湿陷类型　　　　　　　　　Δ_{zs} （mm） Δ_s （mm）	非自重湿陷性场地	自重湿陷性场地	
	$\Delta_{zs} \leqslant 70$	$70 < \Delta_{zs} \leqslant 350$	$\Delta_{zs} > 350$
$\Delta_s \leqslant 300$	Ⅰ（轻微）	Ⅱ（中等）	—
$300 < \Delta_s \leqslant 700$	Ⅱ（中等）	*Ⅱ（中等）或Ⅲ（严重）	Ⅲ（严重）
$\Delta_s > 700$	Ⅱ（中等）	Ⅲ（严重）	Ⅳ（很严重）

　* 当湿陷量的计算值 $\Delta_s > 600$mm，自重湿陷量的计算值 $\Delta_{zs} > 300$mm 时，可判为Ⅲ级，其他情况可判为Ⅱ级。

7.2.4　自重湿陷

自重湿陷是黄土层受水浸湿后在上覆土层的自重作用下产生的湿陷，由于在被浸湿土层的平面范围内不存在压力差的条件，所以地基的自重湿陷现象不同于附加压力作用下的湿陷，在湿陷时基本上不产生土体的侧向挤出。

黄土地基自重湿陷的鉴定可采用室内试验和野外实测确定：

（1）室内试验，可根据每层土的自重湿陷系数用下式计算地基的自重湿陷量 Δ_{zs}：

$$\Delta_{zs} = \beta_0 \sum_{i=1}^{n} \delta_{zsi} h_i \tag{7.2.4}$$

式中　Δ_{zs}——地基自重湿陷量（mm）；

　　　h_i——第 i 层土的厚度（mm）；

　　　β_0——因地区土质而异的修正系数，按表 7.2.6 采用的系数；

　　　δ_{zsi}——第 i 层土在上覆土的饱和（$s_1 > 0.85$）自重压力下测得的自重湿陷系数。

δ_{zs} 按下式确定：

$$\delta_{zs} = \frac{h_z - h'_z}{h_0} \tag{7.2.5}$$

式中　h_z——保持天然湿度和结构的土样，加压至土的饱和自重压力时，下沉稳定后的高度（mm）；

　　　h'_z——上述加压稳定后的土样，在浸水作用下，下沉稳定后的高度（mm）；

　　　h_0——土样的原始高度（mm）。

计算自重湿陷量 Δ_{zs} 时，应自天然地面算起（当挖、填方的厚度和面积较大时，应自设计地面算起），至其下全部湿陷性黄土层的底面为止，其中自重湿陷系数 δ_{zs} 小于 0.015 的土层不应累计在内。上述计算结果 Δ_{zs} 大于 70mm 时，定为自重湿陷性黄土地基。

（2）野外实测，是在现场开挖一个圆形（或方形）试坑，直径（或边长）不应小于湿陷性黄土层的厚度，并不小于 10m。试坑深度一般为 500mm，坑底铺 50mm～100mm 厚的砂或石子，在坑内设不同深度的沉降观测点，坑外设地面沉降观测点。试坑内浸水并保持水深 300mm，同时进行上述沉降观测直至最后 5 天的平均湿陷量小于 1mm。根据各地区自重湿陷量的实测结果（表 7.2.8），并考虑建筑结构对此类自重湿陷的适应性，定为实测自重湿陷量大于 70mm 时，为自重湿陷性黄土地基。

各地野外试坑浸水试验结果   表 7.2.8

试验地点	自重湿陷性土层厚度 (m)	试坑尺寸 (m)	浸水时间 (昼夜)	实测自重湿陷量 Δ_{zs} (mm)	试坑周围地面开裂情况
兰州安宁堡	6.0	4.0×4.0	32	115.0	环形裂缝最宽 20mm
兰州龚家湾	12.0	11.7×12.0	51	567.0	环形裂缝最宽 60mm
兰州砂井驿	6.0	10.0×10.0	44	150.0	环形裂缝最宽 10mm
兰州西固	10.0	3.0×1.0	42	168.0	环形裂缝最宽 20mm
陕西三原	—	10.0×10.0	—	304.9	环形裂缝
西安韩森寨	11.0	12.0×12.0	41	364.0	环形裂缝最宽 20mm
西安交通大学	—	10.0×10.0	26	8.1	无
陕西武功	—	7.0×7.0	60	14.0	无
山西太原	—	7.0×7.0	30	13.4	无
河南灵宝	—	7.0×7.0	—	12.9	无

7.2.5 湿陷起始压力

实践证明，黄土的湿陷与所承受压力的大小有关，例如，在陕西关中地区和河南的大部分地区，一般轻型建筑物的湿陷事故较少，也看不到地表塌陷的自重湿陷现象，在这些地区进行的自重湿陷试验（半径或边长为 4m～10m 的圆形或方形试坑的浸水试验），有的浸水长达 2～3 个月，但周围地表和坑底的下沉一般都小于 20mm，没有周围地表开裂的现象；野外浸水载荷试验，在 200kN/m² 压力下的下沉可达 300mm～500mm，而在 100kN/m² 压力下的下沉则在 50mm 以内。这些现象说明，黄土湿陷是在一定的压力（包括附加压力和上覆土自重）下产生的，也就是说在某一压力界限值以内黄土地基不产生湿陷，只有压力超过此界限值时黄土地基才产生湿陷。这种产生湿陷的界限压力就叫湿陷起始压力。

湿陷起始压力可用室内试验或野外试验的方法确定。用室内试验（双线法或单线法）确定时，可取 δ_s 为 0.015 所对应于 p-δ_s 曲线上的压力作为湿陷起始压力 p_{sh} 值。用野外载荷试验确定时，应在 p-s_s 曲线上取浸水下沉量与承压板宽度之比不大于 0.017 所对应的压力为湿陷起始压力 p_{sh}。

无论室内试验或是野外试验均有单线法和双线法两种试验方法，野外试验的单线法是在同一场地、同一土层的同一标高处做三个以上不同压力下的浸水载荷试验，绘出 p-s_s 曲线，得出湿陷起始压力 p_{sh}（图 7.2.7）。双线法是用两个载荷试验，一个在天然状态下加压得出 p-s 曲线 1，另一个是在地基浸水饱和状态下加压得出 p-s 曲线 2，根据两条曲线在各个压力下的沉降差绘出曲线 3，再根据曲线 3 得出湿陷起始压力 p_{sh}（图 7.2.8）。

从图 7.2.8 中可以看出，天然黄土的地基强度大于饱和黄土的地基强度，曲线 1 在湿陷起始压力范围内基本处于直线变形阶段，曲线 3 的转折点基本上决定于曲线 2，因此也可用饱和黄土地基的 p-s 曲线确定湿陷起始压力 p_{sh}。

必须指出野外载荷试验得出的湿陷起始压力是一定范围内地基的湿陷起始压力，对于多层土的湿陷起始压力，则须要有一定数量的室内试验辅助。

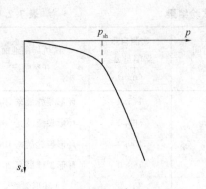

图 7.2.7　以野外单线法确定湿陷起始压力

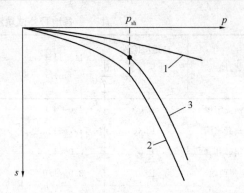

图 7.2.8　以野外双线法确定湿陷起始压力

7.2.6　新近堆积黄土

黄土的工作性质与它形成的年代有着密切的关系，新近堆积的黄土则表现为压缩性高（特别是在较小压力段有较高的压缩性）、地基承载力低、有湿陷性、均匀性差，在同一场地上其承载力和湿陷性往往有较大的变化。根据形成环境，新近堆积黄土多存在于以下地段：

（1）滑坡圈谷的前缘平台；

（2）阶地后缘与高台交接的缓坡地带；

（3）冲沟出口处的洪积扇堆积区；

（4）泥流沟床下游的两侧和沟床出口处；

（5）河流泛滥的洪积区；

（6）古河道上部和自然堆埋的池、沼、坑洼地段。

其主要外观为：结构疏松、大孔排列紊乱、多虫孔和植物根孔，在裂隙和孔壁上常有钙质粉末或菌丝状白色条纹。

新近堆积黄土的湿陷性判定同一般黄土，但其天然地基承载力一般均比较低，故在确定承载力时，应以现场载荷试验为主，也可用下列表格取得：

（1）当根据土的物理力学指标确定时，可按表 7.2.9 取用。

新近堆积黄土 Q_4^2 承载力 f_0（kPa）　　　　　　　　表 7.2.9

f_0　w/w_l α（MPa^{-1}）	0.4	0.5	0.6	0.7	0.8	0.9
0.2	148	143	138	133	128	123
0.4	136	132	126	122	116	112
0.6	125	120	115	110	105	100
0.8	115	110	105	100	95	90
1.0	—	100	95	90	85	80
1.2	—	—	85	80	75	70
1.4	—	—		70	65	60

注：压缩系数 α 值，可取 50kPa～150kPa 或 100kPa～200kPa 压力下的大值。

（2）当利用静力触探的比贯入阻力确定时，可按表 7.2.10 取用。

新近堆积黄土 Q_4^2 承载力 f_0（kPa）　　　　　　　　　表 7.2.10

p_s（MPa）	0.3	0.7	1.1	1.5	1.9	2.3	2.8	3.3
f_0	55	75	92	108	124	140	161	182

（3）当根据轻便触探锤击数确定时，可按 7.2.11 取用。

新近堆积黄土 Q_4^2 承载力 f_0（kPa）　　　　　　　　　表 7.2.11

锤击数（N_{10}）	7	11	15	19	23	27
f_0	80	90	100	110	120	135

7.3　黄土地基湿陷变形的特征

湿陷变形是在水的作用下黄土地基强度突然减小、变形急剧增加的一种失稳性的变形，湿陷变形往往使建筑物在短期间产生较大的沉降和沉降差，造成建筑物的开裂或倾斜，因此，正确认识和掌握黄土湿陷变形的特征和规律，对建筑工程具有重要的意义。

7.3.1　湿陷变形速度

在天然状态下黄土具有强度高、变形小和受荷后稳定较快的特点，一般建筑物建成之后一年左右即可达到稳定。但是一旦受水浸湿后还会发生湿陷变形，而且变形数量较大，一般都要达到几十厘米以上。断绝水源后，变形又会很快停止。图 7.3.1 为西安某三个浸水载荷试验的 $s-t$ 曲线，曲线明显地可以分成两个阶段，第一阶段是在浸水之后不久发生的，在 1d～2d 内完成，显然是黄土结构遭到破坏所形成的地基"突陷"现象，其特点是变形速度快、数量大，约占总变形量的 $80\%\sim90\%$。第二阶段变形速度变缓、数量变小，并在一周内达到了稳定，其变形量约为总量的 $10\%\sim20\%$。在建筑物地基受水变形的观测中，也发现在断水不久湿陷即行停止的现象，而且无论是非自重或是自重湿陷性黄土地基都有类同的现象。图 7.3.2 为某自重湿陷性黄土地基上的三层楼地基受水的变形过程，可以看出建筑物地基的湿陷变形主要发生在浸水开始不久，其湿陷变形量约为总变形量的 $80\%\sim90\%$，停水后变形立即明显减小，并在 1～2 个月内达到稳定。由此可见湿陷变形的发展决定于水在地基中的渗透速度，对于非自重湿陷性黄土地基，整个湿陷变形要在水分湿透整个附加压力影响区之后方可完全停止。对于自重湿陷性黄土地基，则要湿透整个自重湿陷性土层后，湿陷变形方可完全停止。

7.3.2　湿陷变形的影响深度

湿陷性黄土地基在自重压力或自重压力与附加压力共同作用下的湿陷变形深度与地基土的湿陷类型密切相关，非自重湿陷性黄土地基的湿陷变形深度决定于基础压力的大小和基底的面积，自重湿陷性地基则决定于自重湿陷性土层的厚度。例如在西安 11m 厚的非自重湿陷性黄土地基上进行载荷浸水试验时，就因荷载不同、承压底板面积不同，而有不同的湿陷量和不同的湿陷变形深度（见表 7.3.1）。对于自重湿陷性黄土地基的湿陷变形深度，从大小试坑的具体资料可以看出，在浸湿较为彻底的试坑中，其湿陷变形深度均达

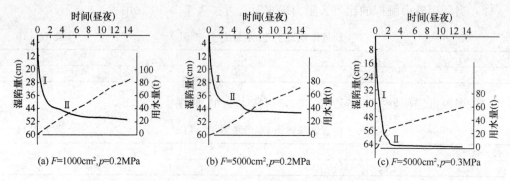

图 7.3.1　湿陷量和浸水量随时间变化曲线图

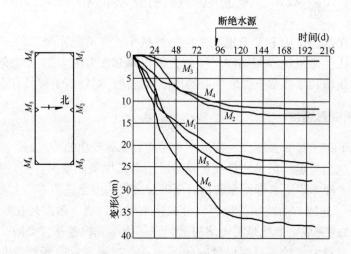

图 7.3.2　某三层楼自重湿陷性黄土地基的浸水变形图

到自重湿陷的全部土层，因此，在确定湿陷变形深度时，应以湿陷起始压力大于附加压力与土自重压力之和为准。

不同面积不同压力的载荷试验结果　　　　　　　　　　　　　表 7.3.1

方形底板面积 （cm²）	单位面积采用压力 （kg/cm²）	总湿陷量 （cm）	湿陷变形的深度 （cm）
10000	2	51.720	200
5000	2	46.158	160
5000	3	65.815	220

7.3.3　地基湿陷变形过程中土的侧向挤出

湿陷性黄土在外加荷载作用下浸水发生湿陷变形时，除了土层的垂直压缩外，还伴随着相当大的侧向挤出，这已被大量的野外试验所证实。例如在某非自重湿陷的黄土地基上，进行不同外加压力和不同面积的压板浸水试验时得到图 7.3.3、图 7.3.4、图 3.3.5 的试验结果：

上述试验说明，湿陷性黄土受水后强度突然减弱，在外加压力作用下，地基中不同深度的水平面上应力扩散区的区内区外存在着压力差（图 7.3.6），侧向挤压力的作用使土

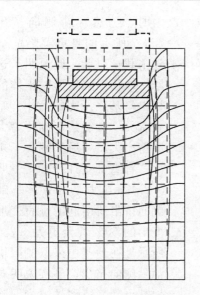

图 7.3.3　10000cm² 压板浸水变形实例

$F=10000\text{cm}^2$；$p=0.2\text{MPa}$；$s_1=2.729\text{cm}$；

$s_2=51.720\text{cm}$

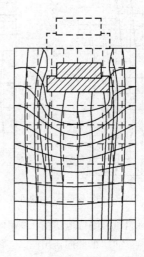

图 7.3.4　5000cm² 压板浸水变形实例

$F=5000\text{cm}^2$；$p=0.2\text{MPa}$；$s_1=1.562\text{cm}$；

$s_2=46.158\text{cm}$

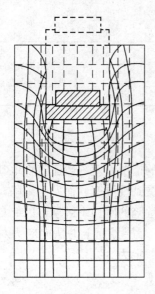

图 7.3.5　5000cm² 压板浸水变形实例

$F=5000\text{cm}^2$；$p=0.3\text{MPa}$；$s_1=9.997\text{cm}$；

$s_2=65.815\text{cm}$

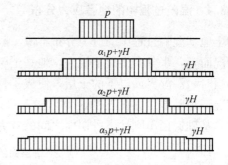

图 7.3.6　地基湿陷时变形区内的压力差示意

体在产生垂直压密的同时也产生了侧向的挤出。图中可见，随着压应力在地基中的扩散，下部水平面上的压差逐渐减小，侧向挤出也就相应变小，在承压底板附近，由于土与底板摩擦的影响，侧向挤出亦小，而最大侧向挤出的部位往往出现在相当于 0.5～1.0 倍的底板宽度的深度范围内。自重湿陷地基在上覆土自重压力下产生的自重湿陷变形，由于湿陷变形区内不同深度的水平面上不存在压差，故而没有侧向挤出现象，但在局部存在外加压

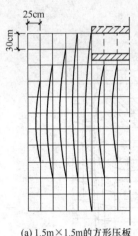

(a) 1.5m×1.5m的方形压板

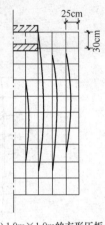

(b) 1.0m×1.0m的方形压板

图 7.3.7　自重湿陷性地基在 0.2MPa 附加压力下的侧向挤出图

力时，仍然存在侧向挤出，图 7.3.7 所示的自重湿陷地基上的浸水载荷试验，便说明了这个问题。地基湿陷变形时土体的侧向挤出与基底压力的大小、基础形式有关，一般是基础压力大则侧向挤出大，条形基础大于矩形基础。有些地区的试验表明，在 0.2MPa 压力下的方形基础由于侧向挤出所引起的垂直变形占总变形的 50% 甚至更大。表 7.3.2 所示是在地基中采取侧限措施以消除侧向挤出，事实说明对减少地基沉降，特别是减少湿陷变形具有十分显著的效果。

限制侧向挤出的实际效果　　　　表 7.3.2

压板尺寸（cm）	压力（MPa）	沉降量（cm）		湿陷量（cm）		备　注
		天然地基	加侧限	天然地基	加侧限	
50×50	0.20	2.58	1.18	10.6	3.2	侧限措施是在地基中设置封闭的加筋砖砌体
70.7×70.7	0.20	3.37	2.30	18.7	7.0	
100×100	0.20	5.92	4.00	30.3	8.0	

7.3.4　湿陷过程中的地基应力分布

黄土地基湿陷过程中的应力分布不像一般均质地基的情况，就一般建筑物地基受水湿陷的情况而言，水分由上而下浸入，地基土层将是逐层受到浸湿变软而发生湿陷，在产生湿陷的当时，浸湿界面以下的土层，便成了暂时未发生湿陷的刚性下卧层，因此自上而下浸水情况下地基湿陷界面上的应力可按双层地基刚性下卧层界面上的法向应力对待（表 7.3.3），基础底面至刚性下卧层面之间的应力分布，可假定为直线变化。

刚性下卧层面的垂直应力系数　　　　表 7.3.3

h/b_1	圆　形（半径＝b_1）	矩　形　α＝长度				条　形
		$\alpha=1$	$\alpha=2$	$\alpha=3$	$\alpha=10$	$\alpha=\infty$
0	1.000	1.000	1.000	1.000	1.000	1.000
0.25	1.009	1.009	1.009	1.009	1.009	1.009
0.5	1.064	1.053	1.033	1.033	1.033	1.033
0.75	1.072	1.082	1.059	1.059	1.059	1.059
1.0	0.965	1.027	1.039	1.026	1.025	1.025
1.5	0.684	0.762	0.912	0.911	0.902	0.902
2.0	0.473	0.541	0.717	0.769	0.761	0.761

续表

h/b_1	圆 形 (半径$=b_1$)	矩 形　$\alpha=$长度				条 形 $\alpha=\infty$
		$\alpha=1$	$\alpha=2$	$\alpha=3$	$\alpha=10$	
2.5	0.335	0.395	0.593	0.651	0.636	0.636
3.0	0.249	0.298	0.474	0.549	0.560	0.560
4.0	0.184	0.186	0.314	0.392	0.439	0.439
5.0	0.098	0.125	0.222	0.287	0.359	0.359
7.0	0.051	0.065	0.113	0.170	0.262	0.262
10.0	0.025	0.032	0.064	0.093	0.181	0.185
20.0	0.006	0.008	0.016	0.024	0.068	0.086
50.0	0.001	0.001	0.003	0.005	0.014	0.037
∞	0	0	0	0	0	0

注：b_1——基础宽度之半（cm）；

　　h——所求某点距基底的垂直距离（cm）。

实际上，黄土地基的湿陷除了有自上而下的浸水之外，还有自下而上的浸水情况，如地下水位上升就是一例，对于这种情况下的地基应力分布，可参照软弱下卧层层面的应力分布（表 7.3.4）

条形均布荷载下双层地基中 M 点（图 7.3.8）

的应力系数　　　　　　　　　　　　　表 7.3.4

$\dfrac{h}{b_1}$	$\nu=1.0$	$\nu=5.0$	$\nu=10.0$	$\nu=15.0$
0.0	1.00	1.00	1.00	1.00
0.5	1.02	0.95	0.87	0.82
1.0	0.90	0.59	0.58	0.52
2.0	0.60	0.41	0.33	0.29
3.33	0.39	0.26	0.20	0.18
5.0	0.27	0.17	0.16	0.12

表中 ν 值按下式计算

$$\nu=\frac{E_{01}}{E_{02}}\cdot\frac{1-\mu_2^2}{1-\mu_1^2} \qquad (7.3.1)$$

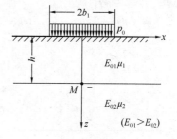

图 7.3.8　双层地基上的条形均布荷载

式中　E_{01}、E_{02}——分别为持力层与下卧层的变形模量；

　　　μ_1、μ_2——分别为持力层与下卧层的泊桑比。

7.3.5　水在黄土地基中的扩散

水是黄土发生湿陷的外界主导因素，所以在研究黄土地基的湿陷问题时，必须了解水在黄土地基中的扩散和移动情况。另外研究水在黄土地基中的扩散，对于确定建筑物与室外输水管线必须保持的安全距离，以及在输水管线等一旦漏水时，根据水量预估漏水渗透的影响范围，都有十分重要的意义。

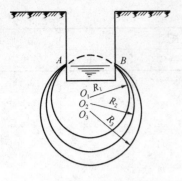

图 7.3.9 试坑浸水的漫流球体示意

1. 水的扩散

在非饱和地基中，试坑浸水所得到的浸湿土体从理论上说应是一连串的圆心下移的球体（图 7.3.9），而西安、太原、兰州试坑浸水实测的结果（图 7.3.10）说明由于地基的不均匀性，使浸湿球体呈一系列不断增加的椭圆球体，在西安和太原其横向与竖向长度之比约为 3∶4，在兰州由于试验场地存在着水平层而使二者之比约为 5∶4（见图 7.3.10c）。实践中常见由于管道漏水而扩散影响了建筑物地基造成湿陷事故，例如兰州西固某厂食堂的地基事故，就是距建筑物 8m 的地下水管道长期漏水，而使水分下渗扩散至建筑物的一角，形成了建筑物局部下沉墙身开裂（图 7.3.11）。因此在建筑设计中必须考虑防护距离，其含意也就是管道距建筑物要保持一定的距离，在此距离以内的管道就要采取防护措施，以免管道漏水时影响建筑物地基。如前所述，水在黄土地基中扩散浸湿的土体是一系列不断扩大的"椭圆球体"，那么"防护距离"也就是该椭圆球体横轴的一半，即：

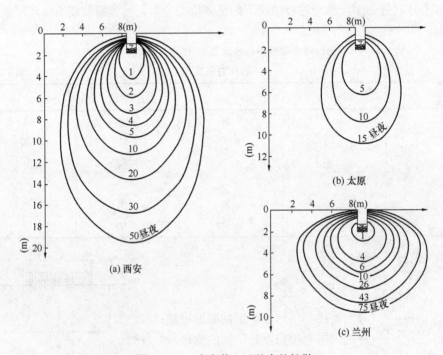

图 7.3.10 水在黄土地基中的扩散

$$L = \alpha \frac{Z}{2} \qquad (7.3.2)$$

式中 L——防护距离（m）；

Z——水分下渗的最大深度（m）；

α——浸湿土体横、竖向长度比，一般采用 0.75～1.25。

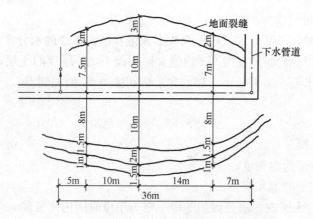

图 7.3.11　因下水管道漏水而引起的工程事故

　　水分下渗的最大深度 Z 与漏水量有关，在长期漏水的情况下，可以得出图 7.3.12 所示的结果，即当水分下渗与地下水位接触之后，将形成局部地下水位的涌起，继续发展外形成较大面积的地下水位上升，这时已脱离了"防护距离"的概念。同样，水分下渗至成层的不透水层时也将引起类似现象。因此，在确定水分下渗的最大深度 Z 时，可以地下水位或成层不透水层的埋深为准。

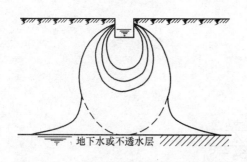

图 7.3.12　在非饱和地基中浸湿土体的发展

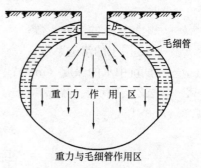

图 7.3.13　试坑浸水时的水分扩散示意

　　如图 7.3.13 所示，随时间增大的浸湿土体内割于浸水试坑的水面 $A-B$，而由于土孔隙的毛细作用，随着时间的增长浸湿土体的上部界限必然要高出 $A-B$ 面达到一定高度，即毛细管上升高度，因此在长期浸水的情况下，浸湿土体的左右和上部都存在着一定厚度的毛细管带，只有浸湿土体的下部才是重力水作用下的下渗带。如图 7.3.14 将各个不同时期的水平最远浸湿点 a 以直线连接，其与垂直线的夹角 θ 叫作水分扩散角，并可以简单的几何关系求出最远浸湿点 a 的深度 h：

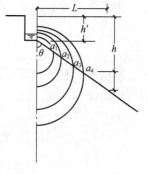

$$h=h'+L\cot\theta \qquad (7.3.3)$$

式中　h'——浸水面的深度（m）；

　　　　L——水分的水平扩散距离（m）；

　　　　θ——水分扩散角，一般可以 40°～45°代入，水平层理发育的土以 65°～70°代入。

图 7.3.14　横向最远扩散点的深度

2. 水的下渗速度

黄土地基浸水时，一部分水量被土吸收形成饱和区，多余的水分才能通过饱和区达到以下的非饱和区，当我们研究在时间 t 内饱和区界面下 ΔZ 厚度的土层时，可以发现流入的水量大于流出的水量，结果使该土层的含水饱和度由 S_{r1} 增加到 S_{r2}，这时该土层单位面积的吸水量为：

$$\Delta V = n \, (S_{r2} - S_{r1}) \, \Delta Z \tag{7.3.4}$$

式中　n——土的孔隙率；

　　　S_{r2}——吸水后土的饱和度；

　　　S_{r1}——吸水前土的饱和度。

在此 ΔZ 厚度的土层内，水分体积的增率则为单位时间内水分渗入量与渗出量之差。

$$\frac{dv}{dt} = U_1 - U_2 \tag{7.3.5}$$

式中　U_1——渗入水量，在稳定水流条件下，可以流速代之，即：$U_1 = k \dfrac{(Z+h)}{Z}$；

　　　U_2——渗出水量，在稳定水流条件下，可以流速代之，即：$U_2 = k_t$

(7.3.5) 式可化为：

$$\frac{dv}{dt} = k \frac{(Z+h)}{Z} - k_t \tag{7.3.6}$$

式中　k——饱和区土的渗透系数；

　　　k_t——ΔZ 层土的渗透系数；

　　　h——试坑中水的深度（mm）；

　　　Z——ΔZ 层距坑底的距离（cm）。

将 (7.3.4) 式代入得：

$$\frac{dz}{dt} = \frac{k \dfrac{Z+h}{Z} - k_t}{n \, (S_{r2} - S_{r1})}$$

在 $k = k_t$ 时得出：

$$k = Z^2 \frac{n \, (S_{r2} - S_{r1})}{2th} \tag{7.3.7}$$

式中　t——时间。

为了得出浸水后某一时间的水分下渗深度 Z，可变换 (7.3.7) 式求得：

$$Z = \sqrt{\frac{2kth}{n \, (S_{r2} - S_{r1})}}$$

根据 Z 可代入 (7.3.2) 式得出浸水影响的水平距离，并利用 (7.3.3) 式得出最远浸湿点的深度，通过以上计算可以初步估计浸水对建筑物的影响。

7.4　湿陷性黄土地基上的建筑设计

设计前首先应对建筑场地进行勘察。湿陷性黄土地基的工程地质勘察除满足一般地基的勘察内容外，应着重查明建筑场地黄土层的成因、时代、湿陷类型和湿陷等级；对于非自重湿陷场地，应提出地基的湿陷起始压力及其沿深度的变化；对于自重湿陷场地，应提出自重湿陷量及其沿深度的分布情况，这样，才能使建筑物的地基设计建立在可靠的工程地质勘察的基础上，符合建筑场地的地基实际情况。

7.4.1 场址选择和总图设计

在场地选择时，除应满足一般场地选择的原则和要求外，还应考虑黄土地基遇水湿陷的特点，将建筑场地设置在排水通畅或有利于组织场地排水的地段，同时要尽量避开不良地质现象（如滑坡、岩溶、泥流等）发育或由于建设可能引起工程地质条件恶化的地段，避开有洪水威胁的地段和由于新建水库等可能引起地下水位上升的地段，以免事后造成事故，增加基建投资，贻误生产，有的还留下多次处理无法根治的问题。

场地确定后的总图设计，重点在于围绕排水、防水，避免造成建筑物地基的严重湿陷，因此首先应根据地形全面规划好场地的道路、铁路以及建筑物的位置，尽量做到地表排水通畅，同时还应注意提高建筑物的设计标高，避免集水造成事故。在建筑物的布置上，应尽量使主要的建筑物布置在地基湿陷等级低的地段，同一建筑物范围内地基的压缩性、湿陷性不宜变化太大。对于水池、喷水冷却塔以及有水生产过程的厂房，宜布置在地下水流向的下游或是地势较低的地段。埋地水管、排水沟、雨水沟和水池等，应与建筑物之间拉开一定的防护距离（见表 7.4.1），在此防护距离以内的，应根据建筑物类别、地基湿陷等级采取相应的防水措施。

埋地管道、排水沟、雨水明沟和水池等与建筑物之间的防护距离（m）　　表 7.4.1

各类建筑	地基湿陷等级			
	Ⅰ	Ⅱ	Ⅲ	Ⅳ
甲	—	—	8～9	11～11
乙	5	6～7	8～9	10～12
丙	4	5	6～7	8～9
丁	—	5	6	7

注：1. 陇西地区和陇东—陕北—晋西地区，当湿陷性土层的厚度大于12m时，压力管道与各类建筑之间的防护距离，宜按湿陷性土层的厚度值采用。

2. 当湿陷性土层内有碎石土、砂土夹层时，防护距离可大于表中数值。

3. 采用基本防水措施的建筑，其防护距离不得小于一般地区的规定。

对于新建水渠，由于渗漏往往浸湿影响范围较大，必须与建筑物拉开更大距离，根据经验，在非自重湿陷性黄土场地不得小于12m，在自重湿陷性黄土场地不得小于25m。

7.4.2 建筑分类

为了合理利用建设资金，设计时应根据建筑物的规模、重要性、地基受水的可能性以及在使用上对不均匀沉降的要求等，将建筑物分为甲、乙、丙、丁四类，区别对待。

1. 甲类建筑

以大型的、重要的建筑为主，如高度大于60m的高层建筑、14层及14层以上的体形复杂的建筑或高度大于50m的筒仓，高度大于100m的电视塔，大型展览馆、博物馆，一级火车站主楼，6000人以上的体育馆，标准游泳馆，跨度不小于36m、吊车额定起重量不小于100t的机加工车间，不小于10000t的水压机车间，大型热处理车间，大型电镀车间，大型炼钢车间，大型轧钢压延车间，大型电镀车间，大型煤发生站，大型火力发电站的主体建筑，大型选矿、选煤车间，煤矿主井多绳提升井塔，大型水厂、大型污水处理厂，大型漂染车间，大型屠宰车间，10000t 以上的冷库，净化工房，有剧毒或有放射污染的建筑，以及其他与上述规模类似的建筑等。

2. 乙类建筑

以受水可能性小的重要建筑和受水可能性大的一般建筑为主，如高度为 24m～60m 的高层建筑，高度为 30m～50m 的筒仓，高度为 50m～100m 的烟囱，省（市）级影剧院，民航机场指挥及候机楼，铁路信号、通信楼，铁路机务洗修库，高校试验楼，跨度大于或等于 24m、小于 36m 和吊车额定起重量大于或等于 30t、小于 100t 的机加工车间，小于 10000t 的水压机车间，中型轧钢车间，中型选矿车间，中型火力发电厂的主体建筑，中型水厂，中型污水处理厂，中型漂染车间，中型屠宰车间，大、中型浴室，以及其他与上述规模类似的建筑等。

3. 丙类建筑

除乙类外的一般建筑，如多层住宅楼、办公楼、教学楼，高度不超过 30m 的筒仓、高度不超过 50m 的烟囱，跨度小于 24m 和吊车额定起重量小于 30t 的机加工车间，单台锅炉小于 10t 的锅炉房，一般浴室、食堂，县、区影剧院，理化试验室，一般的工具、机修、木工车间、成品库，以及其他与上述规模类似的建筑等。

4. 丁类建筑

以次要建筑为主，如 1 层～2 层简易房屋，小型机加工车间，小型工具、机修车间，简易辅助库房、小型库房，简易原料棚、自行车棚，以及其他与上述规模类似的建筑等。

7.4.3 设计措施

湿陷性黄土地区的设计措施主要有地基处理措施、防水措施和结构措施三种。

1. 地基处理措施

目的在于消除或减少地基受水时的湿陷量，又分为全部消除地基湿陷量和部分消除地基湿陷量两种：

(1) 全部消除地基湿陷量的方法，可采用处理全部湿陷性土层，也可采用经基础或桩基穿透湿陷性土层，将建筑物基础支撑在不具湿陷性的地基上。在非自重湿陷性黄土场地，还可利用湿陷起始压力进行设计，将基底压力控制在湿陷起始压力以内（图 7.4.1）。有时限于湿陷起始压力的数值不能满足基底压力的要求时，亦可采用处理部分厚度的设计方法（图 7.4.2）。

(2) 部分消除地基湿陷量的方法，多数用于乙类以下的建筑物，即处理整个湿陷性土层厚度的一部分，使地基的湿陷量减小至建筑物允许的程度，一般可用剩余湿陷量进行控制。

地基处理是目前湿陷性黄土地区建筑设计中的一个主要措施，具体内容可参见本章第 5 节。

2. 防水措施

目的在于杜绝或减少地基受水的可能性，可分为三种：

(1) 基本防水措施：是在建筑物布置、场地排水、屋面排水、地面防水、散水、排水沟、管道敷设、管道材料和接头等方面采取措施，防止雨水或生产、生活用水渗漏影响地基。这是湿陷性黄土地区建筑物防水的基本要求，除了消除地基的全部湿陷量外，一般情况下都要采取基本防水措施。

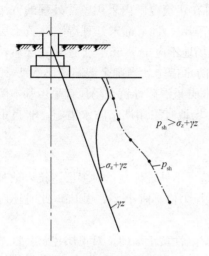 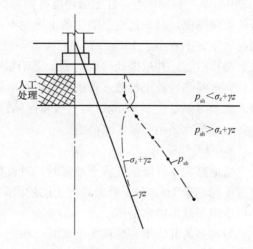

图 7.4.1　按湿陷起始压力设计（一）　　图 7.4.2　按湿陷起始压力设计（二）

p_{sh}—湿陷起始压力；σ_z—建筑物基底附加应力；

γ—土的重度；z—计算点深度

（2）检漏防水措施：是在基本防水措施的基础上对防护距离范围内的地下管道增设检漏管沟和检漏井。一旦管道漏水时，则水沿管沟流入检漏井，以便在检查时及时发现并进行维修。

（3）严格防水措施：是在检漏防水措施的基础上，提高防水地面、排水沟、检漏管沟和检漏井等设施的材料标准，如增设卷材防水层、采用钢筋混凝土排水沟等。

3. 结构措施

目的在于增加建筑物对地基湿陷的抵御能力，一般是通过选用适宜的结构体系和基础形式、加强结构的整体性与空间刚度、预留设备净空等，以减少建筑物的不均匀沉降，或是使结构适应地基的变形。

7.4.4　设计措施的综合应用

在进行建筑物设计时，应根据建筑物类别、建筑场地的地基湿陷类型、湿陷等级，以及湿陷起始压力、湿陷性系数和自重湿陷系数沿深度的变化情况等，并结合当地经验综合考虑采取措施。

1. 甲类建筑

一般应采取全部消除地基湿陷量的方法，其中包括处理全部湿陷性土层、采用深基础或桩基穿过湿陷性土层，以及在非自重湿陷性地基按湿陷起始压力设计等。这时的防水措施和结构措施可与一般非湿陷性土地区的设计相同。

2. 乙类建筑

可采用部分消除地基湿陷量的地基处理方法。对非自重湿陷性黄土场地，地基的处理厚度不小于地基压缩层厚度的 2/3，且下部未处理湿陷性黄土层的起始压力值不应小于 100kPa，对自重湿陷性黄土场地，处理厚度不小于自重湿陷性土层厚度的 2/3，并控制其处理后的剩余湿陷量不大于 150mm。如果遇有基础宽度大或湿陷性土层厚度大，而处理 2/3 压缩厚度和处理湿陷性土层厚度有困难时，可在建筑范围内采用整片处理的方法，这时的处理厚度，对非自重湿陷性黄土场地不应小于 4m，且下部未处理湿陷性黄土层的湿陷起始压力不宜小于 100kPa；对自重湿陷性黄土场地不应小于 6m。上述处理之后，还应采取结构措施，并根据处理后的剩余湿陷量采取防水措施。当剩余湿陷量不大于 150mm 时，自重湿陷性黄土场地宜采用检漏防水措施，非自重湿陷性黄土场地宜采用基本防水措施。剩余湿陷量大于 150mm 时，自重湿陷性黄土场地宜采用严格防水措施，非自重湿陷性黄土场地宜采用检漏防水措施。

3. 丙类建筑物

当地基为Ⅰ级湿陷性黄土地基时，对单层建筑可不处理地基；对多层建筑，地基处理厚度不应小于 1m，且下部未处理土层的湿陷起始压力值不宜小于 100kPa，此时还应采取结构措施和基本防水措施。

当地基为Ⅱ级湿陷性黄土地基时，在非自重湿陷性黄土场地，对单层建筑，地基处理厚度不应小于 1m，且下部未处理土层的湿陷起始压力不宜小于 80kPa；对多层建筑，地基处理厚度不应小于 2m，且下部未处理土层的湿陷起始压力不宜小于 100kPa；在自重湿陷性黄土场地，地基处理厚度不应小于 2.5m，且下部不处理土层的剩余湿陷量不宜大于 200mm。此时还应采取结构措施和检漏防水措施。

当地基为Ⅲ、Ⅳ级湿陷性黄土地基时，对多层建筑宜采用整片处理，厚度分别为 3m 和 4m，且下部未处理土层的湿陷量不宜大于 200mm，此时还应采取结构措施和检漏防水措施。

4. 丁类建筑

一般可不处理地基，而根据地基的湿陷等级和建筑物受水的可能性采取结构措施和防水措施。Ⅰ级湿陷性黄土地基可仅采用防水措施；Ⅱ级湿陷性黄土地基可采取结构措施和基本防水措施；Ⅲ、Ⅳ级湿陷性黄土地基应采取结构措施和检漏防水措施。

由于每栋建筑物的具体地基情况千变万化多种多样，所以上述设计措施的选择只能作为多种方案中的一例，实际应用时，还要结合当地经验灵活运用，原则上以消除地基湿陷量的内容为主，再根据地基处理后消除湿陷量的程度，相应采取结构措施和防水措施。

7.5 湿陷性黄土地基处理

7.5.1 湿陷性黄土地基处理的原则

湿陷性黄土在天然湿度下，其压缩性较低，强度较高，但遇水浸湿时，土的强度则显著降低，在附加压力或在附加压力与土的饱和自重压力的共同作用下，并具有突然下沉的性质。工程实践表明，当工业与民用建（构）筑物（以下统称建筑物）的地基不处理或处理不足时，建筑物在使用期间，由于各种原因的漏水或地下水位上升往往引起湿陷事故。因此，在湿陷性黄土地区进行建设，对建筑物地基需要采取处理措施，以改善土的物理力学性质，减小或消除湿陷性黄土地基因偶然浸水引起湿陷变形，保证建筑物的安全与正常使用。

湿陷性黄土地基的变形，包括压缩变形和湿陷变形两种。压缩变形是地基土在天然湿度下由建筑物的荷载所引起，并随时间增长而逐渐减小，建筑物竣工后一年左右即趋于稳定。湿陷性黄土地区的年降雨量稀少（约 300mm～500mm），蒸发量远大于年降雨量，属于干旱及半干旱气候地区，湿陷性黄土的天然湿度一般在 10%～22% 以内，其饱和度大都在 40%～60% 以内。当基底压力不大于地基土的承载力特征值时，压缩变形值很小，通常不超过上部结构的容许变形值，对建筑物不致产生有害影响，故从压缩变形的角度考虑，除压缩性较高、承载力较低的新近堆积黄土及高湿度黄土需要处理地基外，压缩性较低、承载力较高的黄土可不采取措施处理地基。

湿陷变形是当地基的压缩变形还未稳定或稳定后，建筑物的荷载未改变，由于地基局部受水浸湿引起的附加变形（即湿陷），它经常是突然发生的，而且很不均匀，尤其是地基受水浸湿初期，一昼夜内往往可产生 15cm～25cm 的湿陷量，因而建筑物的上部结构很难适应和抵抗这种数量大、速率快及不均匀的地基变形，故对建筑物的破坏性较大。湿陷性黄土地基处理的目的：一是消除其全部湿陷量，使处理后的地基变为非湿陷性黄土地基，或采用深基础、桩基础穿透全部湿陷性土层，使上部荷载通过基础或桩基础转移至非湿陷性的土（或岩）层中，防止地基产生湿陷；二是消除地基的部分湿陷量，减小被处理地基的总湿陷量，控制下部未处理湿陷性土层的剩余湿陷量不大于设计规定。

鉴于甲类建筑的重要性，地基受水浸湿的可能性和使用上对不均匀沉降的严格限制等与其他建筑都有所不同，而且甲类建筑的数量少、投资规模大、工程造价高，一旦出问题，在政治上或经济上将会造成严重影响和损失。为此不允许甲类建筑出现任何破坏性的变形，也不允许因变形而影响使用，故对其地基处理从严，要求消除地基的全部湿陷量。

乙、丙类建筑涉及面广。地基处理过严，建设投资明显增加，不符合我国现有的技术经济水平，因此只要求消除其地基的部分湿陷量，然后根据地基处理的程度或剩余湿陷量的大小，采取相应的防水措施和结构措施，以弥补地基处理的不足，防止建筑物产生有害变形。

7.5.2　湿陷性黄土地基处理厚度的确定

湿陷性黄土地基的湿陷变形包括由基底附加压力与上覆土的饱和自重压力（以下简称外荷）引起的湿陷和仅由浸湿土体的饱和自重压力引起的湿陷两种。由外荷引起的湿陷，在基础底面下产生竖向位移的同时，还伴随着明显的侧向位移，并与基础类型、基底面积及其压力大小有关。据测试，由外荷引起的湿陷通常发生在基础底面下一定深度（即受力层）的湿陷性土层内，而由浸湿土体的饱和自重压力引起的自重湿陷往往发生在全部湿陷性土层内，并与湿陷性土层的厚度及自重湿陷系数沿深度的分布有关。

湿陷性黄土地基的处理厚度，根据其变形范围，可分为处理湿陷变形范围内的全部湿陷性土层和处理湿陷变形范围内的部分湿陷性土层两种。前者在于消除建筑物地基的全部湿陷量，后者在于消除建筑物地基的部分湿陷量。

1. 消除建筑物地基全部湿陷量的处理厚度

试验研究成果表明，在非自重湿陷性黄土场地，仅在上覆土的自重压力下受水浸湿，往往不产生自重湿陷或自重湿陷量小于 7cm，在外荷作用下，建筑物地基受水浸湿后的湿陷变形范围，通常发生在基础底面以下各土层的湿陷起始压力值（p_{sh}）小于或等于该层底面处的附加压力（p_z）与土的自重压力（p_{cz}）之和的全部湿陷性土层内，湿陷变形范围以下的湿陷性土层，由于附加应力很小，地基即使充分受水浸湿，也不会产生湿陷变形，故对非自重湿陷性黄土地基，消除其全部湿陷量的处理厚度，应自基础底面起，处理至附加压力与上覆土的饱和自重压力之和大于或等于湿陷起始压力的土层为止，即：

$$p_z + p_{cz} \geqslant p_{sh} \tag{7.5.1}$$

式中　p_z——地基处理后下卧层顶面的附加压力（kPa）；

p_{cz}——地基处理后下卧层顶面的土自重压力（kPa）；

p_{sh}——地基处理后下卧层顶面土的湿陷起始压力（kPa）。

如果湿陷起始压力资料缺乏，消除地基全部湿陷量的处理厚度，也可按地基受压层深度的下限确定，即：处理至附加压力等于土自重压力 20%（即 $p_z = 0.2p_{cz}$）的土层深度。

在自重湿陷性黄土场地，建筑物地基浸水时，外荷湿陷与自重湿陷往往同时产生，处理基础底面下部分湿陷性土层，只能减小地基的湿陷量，欲消除建筑物地基的全部湿陷量，应处理基础底面以下的全部湿陷性土层。

2. 消除建筑物地基部分湿陷量的处理厚度

根据湿陷性黄土地基充分受水浸湿后的湿陷变形范围，消除地基部分湿陷量应主要处理基底以下湿陷性大（$\delta_s \geqslant 0.07$，$\delta_{zs} \geqslant 0.05$）及湿陷性较大（$\delta_s \geqslant 0.04$，$\delta_{zs} \geqslant 0.03$）的土层，因为贴近基底下湿陷性大及湿陷性较大的土层，所承受的附加应力大，容易受管道和地沟等漏水引起湿陷，故对建筑物的危害性大。

工程实践表明，消除建筑物地基部分湿陷量的处理厚度太小时，一是地基处理后的剩余湿陷量大，二是防水效果不理想，难以做到阻止生产、生活用水以及大气降水渗入下部未处理的湿陷性土层，潜在的危害性未全部消除，因而不能保证建筑物不发生湿陷事故。

建筑物的调查资料也说明，当地基处理后的剩余湿陷量大于 22cm 时，建筑物在使用期间，地基受水浸湿均产生严重及较严重的湿陷事故；当地基处理后的剩余湿陷量介于 22cm～13cm 时，建筑物在使用期间，地基受水浸湿均产生轻微湿陷事故，见表 7.5.1。

建筑物的湿陷事故和剩余湿陷量的关系　　　　　　　　　　表 7.5.1

单位名称	工程名称	总湿陷量（cm）	处理厚度（m）	剩余湿陷量（cm）	浸水情况	损坏程度
兰　石	第二分厂（西南角）	70	1.5	47	水管冻裂漏水	严重
兰　石	锻钢车间（北跨）	46	1.0	37	地面和室外浸水	严重
兰　石	锻铁车间	29	1.0	24	室内地面和管沟漏水	严重
兰　机	空压站	55	1.0	47	地沟漏水	严重
兰　机	锻工车间	59	3.5	25	下水倒灌	中等
兰　铁	热处理车间	41	3.5	33	地沟漏水	严重
兰　钢	二炼车间	40	2.0	30	电炉循环水浸入地基	严重
兰　钢	三轧车间（副跨）	31	1.5	24	地沟漏水	严重
安宁某厂	1号厂房	30	1.0	24	下水堵塞室内漏水	严重

续表

单位名称	工程名称	总湿陷量 （cm）	处理厚度 （m）	剩余湿陷量 （cm）	浸水情况	损坏 程度
兰　棉	纺织车间	29	1.2	24	明沟漏水	中等
兰　机	大联合车间	50	3.5	22	室内下水倒灌	轻微
兰　铁	锻工车间（主跨）	41	5.1	22	室外水管冻裂漏水	轻微
兰　钢	二轧车间	27	1.5	20	明沟漏水	轻微
兰　钢	15 号厂房	40	3.0	17	下水管道漏水	轻微
兰　钢	三轧车间（主跨）	24	1.5	16	室内明沟漏水	轻微
岷山厂	锻工车间	23	1.5	13	室外雨水浸入地基	轻微

注：剩余湿陷量是湿陷性黄土地基湿陷量的计算值减去基底下已处理土层的湿陷量。

鉴于乙类建筑包括高度为 24m～60m 的建筑、高度为 50m～100m 的高耸结构以及地基受水浸湿可能性较大的重要建筑等，其重要性仅次于甲类建筑，基础之间的沉降差亦不宜过大，防止建筑物产生不允许的倾斜或裂缝。为此要求乙类建筑消除地基部分湿陷量的最小处理厚度：在非自重湿陷性黄土场地不应小于地基受压层深度的 2/3，且下部未处理湿陷性土层的湿陷起始压力值不宜小于 100kPa；在自重湿陷性黄土场地不应小于湿陷性土层深度的 2/3，且下部未处理湿陷性土层的剩余湿陷量不应大于 15cm。

当湿陷性的黄土厚度大或基底宽度大，处理 2/3 受压层或 2/3 湿陷性黄土深度确有困难时，在建筑物范围内可采用整片处理，因为整片处理既能消除地基的部分湿陷量，又具有防水、隔水作用。整片处理的厚度：在非自重湿陷性黄土场地，不应小于 4m；在自重湿陷性黄土场地，不应小于 6m，且下部未处理湿陷性土层的剩余湿陷量不宜大于 15cm。

丙类建筑包括 7 层及 7 层以下的多层办公楼、住宅楼和教学楼等，建筑物的内外一般装有上、下水管道和供热管道，使用期间建筑物的局部范围内存在漏水的可能性，地基浸水时，容易使建筑物产生不均匀沉降，并容易导致建筑物倾斜和破坏，地基处理的好坏直接关系到城乡用户的财产和安全，消除地基部分湿陷量的最小处理厚度，宜按场地湿陷类型和地基湿陷等级确定。

在非自重湿陷性黄土场地，Ⅰ级湿陷性地基的湿陷起始压力值较大，湿陷性轻微，考虑单层建筑荷载较轻，基底压力较小，为发挥湿陷起始压力的作用，地基可不处理，而多层建筑的基底压力一般大于湿陷起始压力值，地基不处理，在使用期间地基受水浸湿，湿陷难以避免，故对多层丙类建筑地基处理厚度不应小于 1m，且下部未处理湿陷性土层的湿陷起始压力值不宜小于 100kPa；Ⅱ级湿陷性地基的湿陷起始压力值比Ⅰ级湿陷性地基的湿陷起始压力值小，地基浸水时，湿陷性中等，对单层建筑的地基处理厚度不应小于 1m，且下部未处理湿陷性土层的湿陷起始压力值不宜小于 80kPa，多层建筑的地基处理厚度不应小于 2m，且下部未处理湿陷性土层的湿陷起始压力值不宜小于 100kPa。

自重湿陷性黄土场地的湿陷起始压力值小，无使用意义，因此，在Ⅱ级湿陷性地基上的单层或多层建筑，其地基处理厚度均不宜小于 2.5m，且下部未处理湿陷性土层的剩余湿陷量不应大于 20cm。

Ⅲ级和Ⅳ级湿陷性地基，均属自重湿陷性黄土场地，湿陷性黄土层厚度较大，湿陷性分别属于严重和很严重，地基受水浸湿，湿陷性敏感，湿陷速度快，湿陷量大，对多层建筑地基宜采用整片处理，其处理厚度分别不应小于 3m 和 4m，且下部未处理湿陷性黄土层的剩余湿陷量不应大于 20cm。

采用整片处理Ⅲ、Ⅳ级湿陷性黄土地基的目的：一是通过整片处理消除拟处理湿陷性土层的湿陷量，减小下部未处理湿陷性土层的剩余湿陷量；二是借助整片处理减小其渗透性，增强整片处理土层的防水、隔水作用，保护下部未处理的湿陷性土层不受水或少受水浸湿，使其剩余湿陷量不产生或不全部产生，确保建筑物安全使用。

3. 下卧层的验算

经处理后的地基承载力特征值，可根据现场测试结果或结合当地建筑经验确定，同时应验算下卧层顶面的承载力符合下式要求：

$$p_z + p_{cz} < f_{az} \qquad (7.5.2)$$

式中 p_z——下卧层顶面的附加压力（kPa）；

p_{cz}——下卧层顶面的土自重压力（kPa）；

f_{az}——下卧层顶面经深度修正后地基承载力特征值（kPa）。

地基处理后，下卧层顶面的附加压力 p_z，对条形基础和矩形基础，可分别按下列公式计算：

条形基础

$$p_z = \frac{b(p - p_c)}{b + 2z\tan\theta} \qquad (7.5.3)$$

矩形基础

$$p_z = \frac{lb(p - p_c)}{(b + 2z\tan\theta)(l + 2z\tan\theta)} \qquad (7.5.4)$$

式中 b——条形（或矩形）基础底边的宽度（m）；

l——矩形基础底边的长度（m）；

p——基础底面的平均压力值（kPa）；

p_c——基础底面土的自重压力值（kPa）；

z——基础底面至处理土层底面的距离（m）；

θ——地基压力扩散线与垂直线的夹角，一般为 22°～30°，用素土处理宜取小值，用灰土处理宜取大值，当处理厚度小于基底短边长度的 1/4 时（即 $z < 0.25b$），取 $\theta = 0$。

7.5.3　湿陷性黄土地基处理宽度的确定

建筑物的地基处理，在平面上可分为局部处理和整片处理。局部处理地基的面积应大于基础的面积，超出基础底面的宽度应能阻止基础下已处理的土层不产生侧向挤出。对非自重湿陷性黄土地基，超出基础底面的宽度，每边不宜小于其短边长度的 0.25 倍，并不应小于 0.5m；对自重湿陷性黄土地基，超出基础底面的宽度，每边不宜小于其短边长度的 0.75 倍，并不应小于 1.0m，也可分别按下式计算：

非自重湿陷性黄土地基　　　　　$A = 1.5a(b + 0.5a)$ 　　　　　(7.5.5)

自重湿陷性黄土地基　　　　　　$A = 2.5a(b + 1.5a)$ 　　　　　(7.5.6)

式中 A——地基处理的面积（m^2）；

a、b——分别为基础底面短边和长边的长度（m）。

整片处理超出建筑物外墙基础外缘的宽度，每边不宜小于处理土层厚度的一半，并不应小于 2m。

7.5.4 湿陷性黄土地基处理方法的选择

湿陷性黄土地基处理方法的选择，应根据建筑物的类别、场地的湿陷类型、湿陷性黄土的厚度，湿陷系数沿深度的分布、材料来源和施工条件，并通过技术经济分析比较确定，做到因地制宜、保护环境。湿陷性黄土地基常用的处理方法可按表 7.5.2 选择。

湿陷性黄土地基常用的处理方法　　　　　　　　　　　　表 7.5.2

名　　称		适　用　范　围	一般可处理（或穿透）基础下的湿陷性土层厚度（m）
土（或灰土）垫层法		地下水位以上的湿陷性黄土，局部或整片处理	1～3
夯实法	强夯	$S_r \leqslant 60\%$ 的湿陷性黄土，局部或整片处理	3～9
	重夯		1～2
土（或灰土）挤密桩法		$w \leqslant 24\%$、$S_r \leqslant 70\%$ 的湿陷性黄土，局部或整片处理	5～15
预浸水法		Ⅲ、Ⅳ级强自重湿陷性黄土场地，可消除地面下 6m 以下土层的全部湿陷性	地下面 6m 以上可用土（或灰土）垫层法或夯实法处理
化学加固法	单液硅化法	一般用于加固地下水位以上的已有建筑物地基	≤20
	碱液加固法		≤10
桩基础		基础荷载大，有可靠的受力层	30～40

地基处理施工前，对已选定的地基处理方法宜在有代表性的场地上进行试验或试验性施工，通过必要的测试，以检验设计参数和处理效果，当不能满足设计要求时，应查明原因采取措施或修改设计。

在雨季、冬季选择土（或灰土）垫层法、夯实法或土（或灰土）挤密桩法处理地基时，施工期间应采取防雨、防冻措施，保护土料不受雨水淋湿或冻结，并应防止地面水流入已处理和未处理的基坑或基槽内。

7.5.5 土（或灰土）垫层法

1. 设置土（或灰土）垫层的作用

土（或灰土）垫层系指用素土或灰土做成的垫层，并可将其分为局部垫层和整片垫层。此法是一种浅层处理湿陷性黄土地基的传统方法，在我国西北和华北等湿陷性黄土地区使用较广泛，具有因地制宜、就地取材和施工设备简单等特点，处理厚度自基础底面起，一般为 1～3m。在湿陷性黄土地基上设置局部或整片土（或灰土）垫层具有下列作用：

（1）通过处理基底下或建筑物范围内的部分湿陷性土层，可消除地基的部分湿陷量，减小湿陷性黄土层的厚度和地基湿陷量的计算值；

（2）可降低土（或灰土）垫层地基的压缩性，提高其承载力；

（3）基础荷载通过垫层扩散，可减小其下卧层顶面的附加压力；

（4）整片土（或灰土）垫层除上述作用外，还可防止下部未处理的湿陷性土层不受上部管道等设施漏水引起湿陷。

在湿陷性黄土地基上设计土（或灰土）垫层，首先应明确是消除地基的全部湿陷量还是部分湿陷量，并应按本节 7.5.2 及 7.5.3 所阐述的有关原则，确定垫层的厚度、宽度和垫层地基承载力特征值，使所设计的垫层既经济合理，又满足建筑物地基变形及稳定的要求。

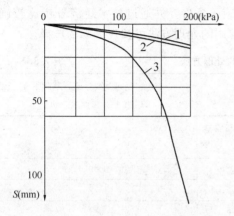

图 7.5.1　压板沉降与荷载关系曲线
1—素土垫层厚度 1.5m；2—素土垫层
厚度 1.0m；3—天然黄土地基。

局部土（或灰土）垫层一般设置在矩形、方形或条形的基础底面下，其平面处理范围超出基础底面的宽度较小，地基处理后，地面水及管道漏水仍可从垫层侧向渗入下部未处理的湿陷性土层引起湿陷，因此，设置局部垫层不考虑起防水、隔水作用，对地基受水浸湿可能性大及有防渗要求的建筑物，不得采用局部土（或灰土）垫层处理地基。

在地下水位不可能上升的自重湿陷性黄土场地，当未消除地基的全部湿陷量时，对地基受水浸湿可能性大或有严格防水要求的建筑物，宜采用整片土（或灰土）垫层处理地基，但地下水位有可能上升的自重湿陷性黄土场地，尚应考虑水位上升后，对下部未处理的湿陷性土层引起湿陷的可能性。

2. 土（或灰土）垫层地基的变形

土（或灰土）垫层地基是由垫层及其下卧天然土层所组成。这两部分土层的变形，包括压缩变形和浸水后引起的湿陷变形，并与基底面积、基底压力和垫层的厚度、宽度、施工质量以及下部天然土层的性质等因素有关。

在非自重湿陷性黄土场地所做的静载荷试验资料表明，土垫层的宽度各自相同，而厚度不同，其地基浸水前在 200kPa～250kPa 压力下的压缩变形量很小（1.0cm～1.7cm），压板沉降与压力的关系接近直线变化（图 7.5.1），土垫层地基的变形模量为 11MPa～14MPa，灰土垫层地基的变形模量达 20MPa 以上。

土（或灰土）垫层地基浸水后，在上述压力作用下产生的湿陷量与垫层的厚度、宽度有密切关系。厚度和宽度大的土（或灰土）垫层，其地基的湿陷量小，反之，地基的湿陷量大。宽度相同、厚度不同的土（或灰土）垫层，其地基受水浸湿后的湿陷量见表 7.5.3。

宽度相同、厚度不同的土（或灰土）垫层与湿陷量的关系　　　　　表 7.5.3

垫层尺寸 长×宽×厚 (cm)	基　　底		实测 湿陷量 (cm)	湿陷量 减小的比例 (%)	垫层 材料
	面积 (cm²)	压力 (kPa)			
200×200×50	10000	200	24.050	33.0	素土
200×200×100	10000	200	6.346	82.3	素土

续表

| 垫层尺寸
长×宽×厚
（cm） | 基　底 | | 实测
湿陷量
（cm） | 湿陷量
减小的比例
（%） | 垫层
材料 |
	面积 （cm^2）	压力 （kPa）			
200×200×100	10000	200	6.488	82.0	素土
200×200×150	10000	200	1.285	96.4	素土
天然黄土地基	10000	200	35.850		素土
250×250×60	5000	250	17.450	64.6	素土
250×250×105	5000	250	5.820	88.2	素土
天然黄土地基	5000	250	49.320		素土
210×210×68	10000	200	0.230	99.6	灰土
200×200×100	10000	225	0.070	99.9	灰土
天然黄土地基	10000	200	55.240		

从表 7.5.3 的数据可看出，在 1m^2 的方形基础底面下，土垫层地基浸水后的湿陷量随垫层厚度增大而明显减小或基本消除。未处理的天然黄土地基受水浸湿引起的湿陷量主要发生在相当于 1.5 倍方形基础底面宽度的深度内，而在 0.5～1.0 倍方形基础底面宽度的深度内湿陷量更为集中。因此，土垫层的厚度不应小于 1 倍方形基础底面的宽度，并不应小于 1m。

厚度相同、宽度不同的土垫层，其地基受水浸湿后的湿陷量见表 7.5.4。

厚度相同、宽度不同的土垫层与湿陷量的关系　　　　表 7.5.4

| 垫层尺寸
长×宽×厚
（cm） | 基　底 | | 实测
湿陷量
（cm） | 湿陷量
减小的比例
（%） | 垫层
材料 |
	面积 （cm^2）	压力 （kPa）			
130×130×105	5000	250	17.560	64.4	素土
160×160×105	5000	250	10.566	78.6	素土
250×250×105	5000	250	5.820	88.2	素土
天然黄土地基	5000	250	49.320		

由表 7.5.4 可见，土垫层的厚度各自尽管相同，但由于其宽度超出基底边缘的宽度不同，垫层地基受水浸湿后的湿陷量则有很大的不同，超出基底边缘宽度小的垫层，不能有效地阻止土的侧向挤出，湿陷量较大。而超出基底边缘宽度大的垫层，湿陷量大大减小。

3. 土（或灰土）垫层的施工与质量检验

在湿陷性黄土地基上设置土（或灰土）垫层，应按设计要求先将拟处理范围内的湿陷性黄土挖出，验槽合格后，将含水量合适的土料或灰土，经过筛，并根据所选用的夯（压）实设备，按一定厚度分层铺土，分层夯（压）实，至设计标高止，作为地基的受力层，用素土回填夯（压）实的垫层，称为土垫层；用灰土回填夯（压）实的垫层，称为灰土垫层。其消石灰与土的体积配合比宜为 2∶8 或 3∶7。垫层下部未处理的湿陷性黄土由于受水浸湿会引起湿陷，故不允许使用砂石等粗颗的透水性材料做垫层。

垫层底面宜为同一标高，如深度不同，基坑底应挖成阶梯或斜坡搭接，并按先深后浅的顺序进行回填夯（压）实。采取分段施工时，不得在柱基、墙角及承重窗间墙下接缝，所有接缝（或搭接）处均应夯、压密实。灰土应拌和均匀，并应当日铺填夯（压）实。

为了确保土（或灰土）垫层的质量，在施工中每夯（压）完一层，应及时检验该层土的平均压实系数，检测结果符合设计要求才能铺填上层。对不合格的垫层，应采取补夯（压）或其他补救措施。

压实系数 λ_c 是土（或灰土）垫层的控制（或设计）干密度 ρ_d 与室内击实试验在最优含水量状态下测得的最大干密度 ρ_{dmax} 之比值（即 $\lambda_c = \dfrac{\rho_d}{\rho_{dmax}}$）。对地基受水浸湿可能性大和厚度大于 3m 的土（或灰土）垫层，宜取 $\lambda_c \geqslant 0.97$；对其他情况和厚度小于 3m 的土（或灰土）垫层，宜取 $\lambda_c \geqslant 0.95$。

当采用环刀法取样时，取样点应位于每层 2/3 的深度处。取样点数量：大型基坑每 $50m^2 \sim 100m^2$ 不少于 1 处；基槽每 10m～20m 不少于 1 处；每个单独柱基不少于 1 处。

土（或灰土）垫层施工结束后，应及时进行基础施工与基坑回填，防止垫层晒裂和雨水浸泡。

7.5.6 夯实法

1. 概述

夯实法是指借助起吊设备，将所需质量的夯锤提升至预定高度，然后自由落下，直接在基础底面标高以上预留夯实的土层上反复进行夯击，使基础底面下一定深度内的土层得以夯实，改善拟处理范围内土的物理力学性质。

夯实法包括重锤表层夯实法和强夯法两种：前者是苏联 IO. M. 阿别列夫教授于 20 世纪 50 年代提出来的；后者是法国 Ménard 于 20 世纪 60 年代末提出来的，原名为动力固结法或动力压密法，当初仅用于处理粗粒土（如松散砂土、碎石土）地基，随着施工方法的改进，后来逐步推广应用于细粒土地基的处理。由于强夯法处理地基的有效厚度大，效果显著，设备较简单，施工速度快和造价较低等优点。我国于 20 世纪 70 年代后期引进强夯法处理地基的技术后，在湿陷性黄土地区迅速获得推广应用。

夯锤质量、落距、锤底面积、锤底静压力等参数以及夯击次数与夯实效果，均可在现场通过试夯确定，也可根据土性和设计所要求的有效夯实厚度确定。

夯锤可用金属制作或在现场用 C30 钢筋混凝土预制。为了使夯锤落下时保持平稳和垂直，锤的重心尽量接近锤底，锤底面积宜为圆形。

地基夯实的质量除与锤的质量、落距、锤底面积及其静压力有关外，同时还与地基土的含水量关系密切。工程实践表明，含水量小于 10% 的土，呈坚硬状态，表层土容易夯松，深部土层不易夯实，有效夯实厚度小；含水量太大的土，夯击时呈软塑状态，容易出现"橡皮土"；处于或接近最优含水量的土，夯击时土粒间阻力较小，土颗粒易于互相挤密，夯击能量向纵深方向传递，在相应的夯击次数下，夯击总下沉量和有效夯实厚度均大。为了方便施工，在工地常以塑限含水量 $w_p - (1\% \sim 3\%)$ 或 $0.6w_L$（液限）含水量作为最优含量。

当天然土的含水量低于 10% 时，宜对拟夯实的地基土加水增湿，其增湿的水量可按下式计算：

$$Q = v\overline{\rho}_{\mathrm{d}}(w_{\mathrm{op}} - \overline{w})k \tag{7.5.7}$$

式中　　Q——拟夯实土层范围内的计算加水量（m³）；

$\quad\quad v$——拟夯实土层范围内土的总体积（m³）；

$\quad\quad \overline{\rho}_{\mathrm{d}}$——拟夯实土层范围内土的平均干密度（t/m³）；

$\quad\quad w_{\mathrm{op}}$——将拟夯实范围内的土增湿至最优含水量；

$\quad\quad \overline{w}$——拟实夯土层范围内土的平均含水量；

$\quad\quad k$——损耗系数，可取 1.05～1.10。

增湿土的计算水量，应于夯前 3d～4d 均匀地浸入拟夯实的土层内，如土的含水量过大，为了避免出现"橡皮土"，待土晾干或采取其他措施（如夯入吸水性的干土、砖碴、生石灰等）处理后，再进行夯击。

地基经夯实后，土的干密度如同夯击能和振动波的传递一样，自上向下随土层深度增大而减小，其变化见图 7.5.2、图 7.5.3。

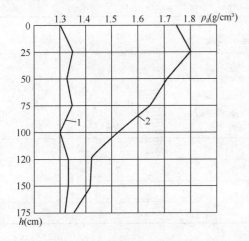

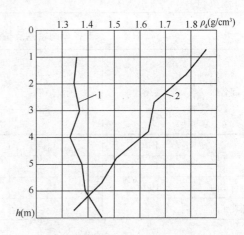

图 7.5.2　重锤表层夯实　　　　　　　图 7.5.3　强夯
1—天然土；2—重夯土　　　　　　　1—天然土；2—重夯土

有效夯实厚度的大小是评价夯实效果好坏的重要参数。它是从起夯面起，其下部界限以湿陷系数 $\delta_{\mathrm{s}} < 0.015$，或以土的最小干密度 $\rho_{\mathrm{d}} \geqslant 1.5\mathrm{g/cm}^3$ 为准。在有效夯实厚度内，土的平均干密度 $\rho_{\mathrm{d}} \geqslant 1.6\mathrm{g/cm}^3$，压缩性降低，承载力和压缩模量显著提高，渗透性减小，湿陷性消除，水稳性增强。地基处理后，通常利用有效夯实厚度作为建筑物地基的主要受力层。

2. 重锤表层夯实法

重锤表层夯实法适用于处理地下水位以上、土的饱和度 $S_\gamma \leqslant 65\%$ 的 Ⅰ、Ⅱ 级非自重湿陷性黄土地基，采用 1.8t～3.5t 的重锤，落距 $\geqslant 4.0\mathrm{m}$。在同一位置连续夯击 8～12 次，可以获得 1m～2m 的有效夯实厚度。

我国于 20 世纪 50～60 年代中期，在西北、华北等地区，广泛采用重锤表层夯实法处理湿陷性黄土地基，建造了大量的工业与民用建筑物，地基经重锤表层夯实后，没有发生严重湿陷事故。轻微湿陷事故也罕见。例如：（1）河北保定某厂，地基采用重锤表层夯实后，在使用期间建筑物地基曾经受洪水浸泡，没有发生湿陷事故；（2）河南三门峡印染厂的漂染车间，生产时大量用水，地面直接受水浸湿，属于地基受水浸湿可能性大的生产车间，湿陷性黄土层厚度为14m，按基础下5m计算的湿陷量为27.9cm，地基采用重锤表层夯实消除湿陷性的土层厚度为1.75m，该车间于1965年建成投产以来，地基未发生湿陷事故，建筑物沉降最大为5cm，一般为1cm～3cm，使用正常，沉降观测结果见表7.5.5、表7.5.6。重锤表层夯实地基的载荷试验结果见表7.5.7。

各车间柱基沉降量（mm）　　　　　　　表7.5.5

车间名称	柱基（个）	投产前的平均沉降量	投产四年后的平均沉降量	累计沉降量
漂染车间	9	7	8	15
染色车间	4	5	4	9
印花车间	8	5	6	11
整装车间	7	4	—	

各车间墙基及柱基沉降量（mm）　　　　　表7.5.6

车间名称	轴线号	屋面板安装后的沉降量（$p=115$kPa）	土建主体完成后的沉降量（$p=145$kPa）	土建全部完成三个月后的沉降量（$p=145$kPa）	投产四年后的沉降量
漂染车间	F-20	3	4	17	53
	F-25	1	3	7	23
染色车间	H-10	3	4	6	12
印花车间	P-20	3	6	7	29

重锤表层夯实地基的载荷试验结果　　　　表7.5.7

地点	基底		重夯		变形模量（MPa）	下沉量（cm）	
	面积（m²）	压力（kPa）	锤重（t）	锤底直径（m）		浸水前	浸水后
西安东郊	1.00	200	2.8	1.5	6.6	2.248	1.644
	1.00	200	天然黄土地基		1.2	11.987	35.850
	2.25	200	2.8	1.5	—	—	1.117
	2.25	200	天然黄土地基				56.400
三门峡印染厂	4.00	180	3.0	1.5	18.0	1.296	2.120
	4.00	180	天然黄土地基		22.0	1.062	28.720

从表7.5.7的数据不难看出，在非自重湿陷性黄土场地，重锤表层夯实地基的厚度大于1m的，在荷载作用下浸水后的附加下沉量很小，湿陷性消除，效果良好。

3. 强夯法

强夯法是利用10t以上的重锤自由下落时，在夯击能和冲击波的作用下，将地表下一定深度内的湿陷性黄土夯至密实状态。它是对重锤表层夯实法的发展，二者的工艺和设备基本类似，但强夯法的夯击功能较重锤表层夯实法的夯击功能大得多，因此，强夯地基的夯击下沉量（以下简称夯沉量）和有效夯实厚度亦大得多。此外，强夯法在预留夯实的土层上可以直接将其夯成基坑或基槽，从而大大减少地基处理土方的开挖。

目前，我国在湿陷性黄土地区采用的锤重一般为 10t～25t，最大锤重达 44t，锤底面积为 $4m^2 \sim 8m^2$，锤底净压力为 25kPa～60kPa，落距为 10m～30m，湿陷性黄土的天然含水量较小，孔隙中一般无自由水，夯击时不需要等孔隙水消散，采取连续夯击可减少吊车移位，提高施工速度，试夯结束后，可挖探井取土样，通过室内试验确定消除湿陷性的土层厚度，按梅纳公式确定有效夯实厚度时，可在 $H = \sqrt{Mh}$ 公式中乘以 $\alpha = 0.3 \sim 0.5$ 系数进行修正。强夯法处理湿陷性黄土地基的静载荷试验结果见表 7.5.8。

强夯法处理湿陷性黄土地基的静载荷试验结果　　　　　　　　　表 7.5.8

地点	基底		重夯		变形模量	下沉量（cm）	
	面积 （m^2）	压力 （kPa）	锤重 （t）	锤底直径 （m）	（MPa）	浸水前	浸水后
渭河电厂 冷却塔	4	250	10	2.3	16.9	2.290	0.890
	1	200	10	2.3	10.6	2.510	7.204
	1	200	天然黄土地基		9.7	2.690	31.630
内蒙古梧桐花 铅锌矿厂	4	200	13	2.3	14.5	2.142	1.200
	1	150	饱水黄土地基		—	—	17.300
三门夹 纸浆厂	1	250	10	2.3	17.9	0.920	0.240
	1	200	天然黄土地基		6.6	8.610	21.100 （未稳定）

近些年来，我国湿陷性黄土地区的有关施工、设计、科研和高校等单位，在山西潞城、陕西蒲城和河南三门峡等地，结合大型工程建设先后采用 6250kN·m～8000kN·m 能级的强夯，在大厚度的湿陷性黄土场地上进行了较系统的试验研究，取得大量试验资料，试验结果表明，采用 6250kN·m～8000kN·m 能级的强夯（以下简称高能量强夯）处理大厚度的湿陷性黄土地基，可使起夯面下 9m～12m 土层内的干密度显著增大，孔隙体积缩小，压缩性降低，承载力提高，湿陷性消除，地基湿陷量计算值大大减小，自重湿陷性黄土场地可降为非自重湿陷性黄土场地，利用该土层作为高、重型建筑物地基的主要受力层，使用期间，上部结构未产生过大的附加沉降及有害变形，从而为湿陷性黄土地区的高、重型建筑物，采用高能量强夯处理大厚度的湿陷性黄土地基提供了经验和依据。

1）高能量强夯的设备和工艺

（1）设备：目前，我国湿陷性黄土地区，采用高能量强夯的起吊设备一般为 50t 履带式起重机，根据高、重型建筑对消除湿陷性土层厚度不小于 9m 的要求，前述 3 个试夯场地的单击夯能分别为 6250kN·m、8000kN·m、7980kN·m，夯锤质量及有关参数见表 7.5.9。

夯锤的质量及有关参数 表 7.5.9

试夯地点	夯锤质量 (t)	锤 底			夯锤落距 (m)
		直径 (m)	面积 (m²)	净压力 (kPa)	
山西潞城化肥厂	25	2.99	7.0	35.7	25.0
陕西蒲城电厂	44	3.20	8.0	55.0	18.3
河南三门峡电厂	30	2.52	5.0	60.0	26.6
	25	2.52	5.0	50.0	21.6

为了利用现有起吊设备进行高能量强夯，地基强夯试验和施工过程中，在起重机的臂杆顶部，采取增设门架或人字架等装置用以承受夯锤，并借助滑轮组和自动脱钩装置起落夯锤，从而强夯对起重机的倾覆和振动以及钢丝绳的摩损等影响均可大大减小，夯锤在现场移位也由上述装置完成，这种改进能充分发挥起吊能力不足的履带式起重机的作用。

（2）工艺：高能级的强夯工艺与低、中（1000kN·m～4000kN·m）能级的强夯工艺基本相同，一般分为主夯、满夯和拍夯三道工序。

主夯系采用高能量进行夯击，目的在于消除夯坑底面以下拟处理深度内的土层湿陷性，主夯点通常按正三角形布置，或按拟处理的基础底面的形状布置，主夯点之间的中心距离宜为锤底直径或边长的2～2.2倍，当地基土接近塑限（或最优）含水量时，主夯点宜采取连续夯击，至最佳（或额定）击数止，最佳击数可通过试夯从夯击次数和夯沉量的关系曲线上确定，一般为12～18击，其累计夯沉量随夯击次数增加而增大，最大值超过500cm，并与夯锤的质量、落距、锤底净压力、主夯点之间的间距和土的性质等因素有关，具体数值见表7.5.10。

各地主夯点的总夯沉量 表 7.5.10

试夯地点	夯 锤			夯击次数	主夯点间距 (m)	总夯沉量 (cm)
	质量 (t)	落距 (m)	底面积 (m²)			
山西潞城化肥厂	25	25.0	7	18～22	5.0	377
陕西蒲城电厂	44	18.3	8	18	6.4	357
河南三门峡电厂	30	26.6	5	17	5.1	558
	25	26.0	5	22	5.1	409

在夯击过程中，主夯点地面除产生大量下沉外，夯坑周围地面还出现隆起和环向裂缝，夯击次数越多，隆起量越大，说明侧向挤出严重，因此，达到最佳击次数时，应停止夯击，否则，增加夯击次数，消除湿陷性的土层厚度并不增大。

主夯点夯击完后，立即用推土机平整夯坑及夯坑周围地面，随后进行满夯，满夯一般采用中能量（3000kN·m～4000kN·m）夯击。主要对夯坑内的填土和主夯点之间未夯击的土层进行夯实，以消除其上部土层的湿陷性，并促使夯坑周围地面裂缝闭合或消失，满夯点的间距一般为30cm～50cm，基本上一个夯点挨一个夯点布置，每个点连续夯击9～12次，平均总夯沉量为110cm～120cm。

经满夯处理后的土层有的贴近基础底面，或离基础底面很近，有些是在整个建筑物的平面范围内进行夯击，夯点多，夯击工作量大，尤其雨季，大面积基坑不易采取防雨措施，基坑内容易积水，土的含水量增大，夯击时呈软塑状态或"橡皮土"。因此，妥善解决好满夯这一环节，对高能强夯处理地基的质量、速度和经济效益等都有明显的影响。

满夯结束后，再次用推土机平整夯坑和夯坑周围地面，最后采用低能量（1000kN·m～2000kN·m）进行夯击，每个点夯击2～3次，将表层土夯实拍平。

2）强夯地基的质量检验

为防止采用强夯法处理地基的质量不符合设计要求，导致建筑物产生有害变形，在强夯施工过程中和施工结束后，对强夯地基的质量应进行检验，尤其强夯施工中的检验更为重要。

强夯施工中主要是检查夯锤落距、夯击次数和夯沉量以及施工记录等。施工结束后，主要是在已夯实的场地内挖探井取土样进行室内试验，检测土的干密度、压缩系数、湿陷系数等指标。经强夯处理的地基，其强度随时间增长而逐步恢复和提高，当需要采用静力触探或静载荷试验在现场测定强夯地基的承载力时，宜于强夯结束1个月左右进行。否则，测试结果可能偏小。

强夯地基质量检验的数量，可根据场地湿陷类型和建筑物的重要性确定。在非自重湿陷性黄土场地，每幢建筑物的检验点不应少于3处；在自重湿陷性黄土场地，应适当增加检验点数。检验点的深度不应小于设计规定的处理深度。

3）高能量强夯处理大厚度湿陷性黄土地基的效果

从各地试夯结束后的原位测试和室内土工试验结果来看，大厚度的湿陷性黄土地基经高能量强夯处理后，在起夯面下9m深度内，土的干密度和湿陷系数等主要指标获得显著改善，强夯前后有关土性指标的比较见表7.5.11。

各地强夯前后有关土性指标的比较　　　　　　　　　　表7.5.11

山西潞城化肥厂2号冷却塔场地				陕西蒲城电厂主厂房场地				河南三门峡电厂主厂房场地			
土样深度（m）	干密度 ρ_d	压缩模量（MPa）	湿陷系数 δ_s	土样深度（m）	干密度 ρ_d	压缩模量（MPa）	湿陷系数 δ_s	土样深度（m）	干密度 ρ_d	压缩系数 a （MPa^{-1}）	湿陷系数 δ_s
2	$\dfrac{1.563}{1.348}$	$\dfrac{8.90}{1.83}$	$\dfrac{0.0000}{0.0568}$	12	$\dfrac{1.80}{1.48}$	$\dfrac{18.3}{22.6}$	$\dfrac{0.0000}{0.0184}$	5	$\dfrac{—}{1.32}$		
3	$\dfrac{1.637}{1.323}$	$\dfrac{7.5}{2.1}$	—	13	$\dfrac{1.78}{1.69}$	$\dfrac{30.2}{31.8}$	$\dfrac{0.002}{0.001}$	6	$\dfrac{1.71}{1.35}$	$\dfrac{0.17}{0.14}$	$\dfrac{0.004}{0.037}$
4	$\dfrac{1.577}{1.433}$	$\dfrac{9.3}{2.9}$	$\dfrac{0.0010}{0.0322}$	14	$\dfrac{1.79}{1.46}$	$\dfrac{29.8}{30.7}$	$\dfrac{0.0000}{0.0304}$	7	$\dfrac{1.86}{1.35}$	$\dfrac{0.10}{0.08}$	$\dfrac{0.005}{0.064}$

山西潞城化肥厂2号冷却塔场地				陕西蒲城电厂主厂房场地				河南三门峡电厂主厂房场地			
土样深度(m)	干密度 ρ_d	压缩模量(MPa)	湿陷系数 δ_s	土样深度(m)	干密度 ρ_d	压缩模量(MPa)	湿陷系数 δ_s	土样深度(m)	干密度 ρ_d	压缩系数 a (MPa^{-1})	湿陷系数 δ_s
5	1.650 / 1.373	16.2 / 3.5	0.001 / 0.0327	15	1.80 / 1.47	37.1 / 20.2	0.000 / 0.026	8	1.83 / 1.37	0.13 / 0.10	0.000 / 0.034
6	1.653 / 1.456	14.7 / 2.4	0.001 / 0.0256	16	1.68 / 1.36	5.2 / 7.0	0.0019 / 0.0411	9	1.83 / 1.30	0.11 / 0.24	0.000 / 0.064
7	1.609 / 1.535	39.1 / 5.2	0.001 / 0.0304	17	1.77 / 1.43	37.5 / 18.6	0.0000 / 0.0402	10	1.76 / 1.361	0.13 / 0.18	0.004 / 0.044
8	1.581 / 1.506	11.6 / 6.9	0.001 / 0.0144	18	1.60 / 1.41	23.7 / 6.7	0.0000 / 0.0181	11	1.78 / 1.38	0.10 / 0.18	0.003 / 0.030
				19	1.46 / 1.47	6.5 / 13.0	0.0104 / 0.0181	12	1.78 / 1.38	0.21 / 0.12	0.000 / 0.066
				20	1.49 / 1.46	20.7 / 30.4	0.0122 / 0.0220	13	1.72 / 1.37	0.09 / 0.14	0.000 / 0.059
								14	1.49 / 1.32	0.05 / 0.08	0.006 / 0.038
								15	1.46 / 1.49	0.14 / 0.10	0.014 / 0.014
								16	1.44 / 1.41	0.07 / 0.08	0.031 / 0.018

7.5.7 土（或灰土）挤密桩法

1. 概述

土（或灰土）挤密桩法适用于处理地下水位以上稍湿的湿陷性黄土和人工填土（杂填土、欠压实的素填土）等地基，通过成孔设备或爆炸所产生的能量及其横向挤压作用形成桩孔，孔内的土被挤向周围，使桩间土得以挤密，然后将备好的素土（粉质黏土或粉土）或灰土，按一定厚度分层填入桩孔内，并分层夯（或捣）实，至设计标高止。用素土回填夯实的桩体，称为土挤密桩；用灰土回填夯实的桩体，称为灰土挤密桩。二者分别与挤密后的桩间土组成复合地基，共同承受基础的上部荷载。

桩孔内的填料应根据工程要求和拟处理地基的目的确定。当以消除地基土的湿陷性为主要目的时，桩孔内宜用素土回填夯实；当以提高地基土的承载力或增强水稳性为主要目的时，桩孔内宜用灰土回填夯实。灰与土的体积配合比，一般为 2∶8 或 3∶7，土中掺入消石灰后产生离子交换及凝硬等反应，灰土强度可大大提高。但当地基土的含水量 $w \geqslant$ 24%、饱和度 $S_r \geqslant 70\%$ 时，桩孔及其周围地面容易缩颈和隆起，挤密效果差，故此法不适用于处理很湿的黄土及地下水位以下的饱和黄土。

用土挤密桩法处理湿陷性黄土地基是苏联 IO. M. 阿别列夫教授于 1934 年提出来的，在工程中推广应用达 60 多年之久，桩孔可采用沉管（锤击、振动）、爆炸或冲击等方法取得，施工工艺日臻完善，至今它仍是俄罗斯和东欧各国广泛应用于处理深层湿陷性黄土地基的主要方法。

我国自 20 世纪 50 年代开始，结合工程通过试验研究，应用土挤密桩法对兰州西站车辆厂某些车间的湿陷性黄土地基进行了处理，技术效果良好。20 世纪 60 年代以来此法已扩大到民用建筑的地基处理中使用。

用灰土挤密桩法处理杂填土地基和湿陷性黄土地基，是我国于 20 世纪 60 年代中期在土挤密桩法的基础上发展起来的，二者的作用和工艺设备基本上相同，但灰土挤密桩对降低土的压缩性、提高承载力、增强水稳性和减小变形等效果更为显著。

2. 设计

土（或灰土）挤密桩处理地基的设计，包括确定桩孔的深度、间距和数量以及桩孔的平面布置等。

桩孔深度系根据成孔设备和消除地基的部分湿陷量或全部湿陷量的要求确定，一般为 7m～9m。桩孔间距通常为桩孔直径的 2.0～2.5 倍，确定桩孔间距应能保证桩间土的平均压实系数不小于 0.93，桩孔直径多为 0.3m～0.5m，按正三角形布置的桩孔，地基处理较均匀，其间距可按下式计算：

$$S = 0.95d \sqrt{\frac{\bar{\lambda}_c \rho_{dmax}}{\bar{\lambda}_c \rho_{dmax} - \bar{\rho}_d}} \qquad (7.5.8)$$

式中　S——土（或灰土）挤密桩的桩孔间距（m）；

　　　d——土（或灰土）挤密桩的桩孔直径（m）；

　　　$\bar{\lambda}_c$——地基处理后，桩间土的平均压实系数，宜取 0.93；

　　　ρ_{dmax}——地基处理后，桩间土的最大干密度（g/cm³）；

　　　$\bar{\rho}_d$——地基处理前，土的平均干密度（g/cm³）。

按正三角形布置桩孔，排距为 0.87S。孔内填料的夯实质量一般用压实系数 λ_c 控制：当用素土回填夯实时，宜取 $\lambda_c \geqslant 0.95$；当用灰土回填夯实时，宜取 $\lambda_c \geqslant 0.97$。

桩孔数量和桩孔的直径、间距以及拟处理地基的面积有关，并可按下式计算：

$$N = \frac{A}{\Omega} \qquad (7.5.9)$$

式中　N——桩孔数量（个）；

　　　A——拟处理地基的面积（m²）；

　　　Ω——1 根土（或灰土）挤密桩所承担的处理地基面积（m²）。

在建筑物平面范围内采取局部处理时，布置在基础短边的桩孔：对非自重湿陷性黄土地基，不应少于 2 排；对自重湿陷性黄土地基，不应少于 3 排。在建筑物平面范围内采取整片处理时，桩孔宜满堂布置。

土（或灰土）挤密桩处理地基的承载力特征值，可按静载荷试验结果绘制的 Q-S 曲线确定．当 Q-S 曲线上的拐点不明显时，对土挤密桩地基，可按相对沉降 $S/b=0.01\sim0.015$ 所对应的荷载确定；对灰土挤密桩地基，可按相对沉降 $S/b=0.006\sim0.008$ 所对应的荷载确定。土（或灰土）挤密桩地基按相对沉降（S/b）确定的承载力特征值可见表 7.5.12。

按相对沉降（S/b）确定的地基承载力特征值　　　　表 7.5.12

地基 孔内填料		湿陷性黄土		杂　填　土	
		$f_{sp,k}$ (kPa)	E_{sp} (MPa)	$f_{sp,k}$ (kPa)	E_{sp} (MPa)
黄　土	范围值	170～250	12～18	120～180	8～12
	平均值	210	15	150	10
灰　土	范围值	240～280	25～35	180～240	20～28
	平均值	260	30	210	24

当无试验资料时，对土挤密桩地基的承载力特征值，不宜大于地基处理前的 1.4 倍，并不宜大于 180kPa；对灰土挤密桩地基的承载力特征值，不宜大于地基处理前的 2 倍，并不宜大于 250kPa。

3. 施工与质量检验

土（或灰土）挤密桩施工前，应做好场地平整，清除地上和地下管道及其他障碍物，然后按设计布置的桩孔平面图在拟建的建筑物或基础的平面范围内放线定位。成孔施工，我国目前大都采用锤击或振动沉管，即采用柴油打桩机或振动沉桩机将带有特制桩尖的无缝钢管打入土中设计深度后，再徐徐拔出钢管即成桩孔。沉管法成孔的孔径较均匀，孔壁光滑，施工技术较易掌握，但由于受桩架高度的限制，桩孔所需深度也受到限制，当湿陷性黄土层的厚度大于 10m 时，采用此法处理地基往往需要对桩架及成孔设备进行加高或改制。

地基土的含水量对成孔施工与桩间土的挤密效果极为重要，工程实践表明，当土的含水量小于 12% 时；土呈坚硬状态，成孔挤密很困难，且容易损坏设备；当土的含水量大于 24%、饱和度大于 0.70 时，桩孔容易缩颈，其周围地面隆起，挤密效果差；当土的含水量接近塑限（或最优）含水量时，成孔施工速度快，桩间土的挤密效果好。因此，在成孔施工过程中，应掌握好地基土的含水量不要太大或太小，最优含水量是成孔挤密施工的理想含水量，而现场土质情况往往并非恰好是最优含水量，如只允许在最优含水量状态下进行成孔施工，小于最优含水量的土便需要加水增湿，大于最优含水量的土则要采取晾干等措施，这样施工很麻烦，而且不易掌握准确和加水均匀。为此对含水量小于 12% 的土，除应按计算加水量增湿外，对含水量介于 12%～24% 的土，只要成孔施工顺利，桩孔不出现缩颈，桩间土的挤密效果符合设计要求，不一定要采取增湿或晾干措施。

成孔和回填夯实的施工顺序，宜由外向里，即先外排后内排，同一排间隔 1～2 孔进行。孔成后应及时检查桩孔的直径、深度和垂直度以及桩孔有无缩颈、回淤等现象，经检查凡符合设计要求的桩孔，应尽快回填夯实，防止雨水、土块和杂物落入孔内，并应有专人记录和监测成孔及回填夯实的质量。

施工结束后，对土（或灰土）挤密桩地基的质量、效果，应及时抽样检验。

桩间土的挤密效果一般通过检测桩间土的平均干密度及压实系数确定，桩孔内填料夯实质量的检验，可采用触探、深层取样或开剖取样试验等方法。由于灰土的胶凝强度随时间增长而提高，当采用上述方法检验孔内为灰土夯实的桩体时，宜于施工结束后第二天检测完毕。

对重要工程以及挤密效果或桩孔内夯实质量较差的一般工程，尚应进行静载荷试验或其他原位测试，也可在地基处理的全部深度内取土样测定土的压缩性和湿陷性，综合评价土（或灰土）挤密桩地基的质量。

4. 土（或灰土）挤密桩处理地基的效果

根据室内外测试结果，采用土（或灰土）挤密桩处理湿陷性黄土地基的效果，主要反映在桩间土的干密度增大、压缩性降低、承载力提高和湿陷性消除等方面，挤密前与挤密后桩间土的物理力学指标可见表 7.5.13、表 7.5.14。

非自重湿陷性黄土地基挤密前与挤密后桩间土的物理力学指标　　　表 7.5.13

地基	桩孔直径(cm)	桩孔间距(cm)	孔内填料	取土深度(m)	密度(g/cm³) 湿	干	含水量(%)	饱和度(%)	孔隙比	压缩系数(MPa⁻¹)	压缩模量(MPa)	湿陷系数 δ_s	承载力特征值(kPa)
挤密前	—	—	—	1.5	1.63	1.40	16.1	47.0	0.926	0.29	6.7	0.095	150
				5.0	1.65	1.32	25.8	66.1	1.054	0.24	7.9	0.022	—
挤密后	32.5	2.0d (65)	素土	1.5	2.00	1.67	20.0	87.8	0.614	0.22	7.5	0.006	200
				5.0	1.92	1.54	24.3	87.2	0.751		9.4	0.002	—
挤密后	32.5	2.5d (81.3)	素土	1.5	1.99	1.65	20.7	87.0	0.631	0.22	7.4	—	200
				5.0	1.93	1.56	23.7	87.9	0.727	0.16	10.9	—	—
挤密后	32.5	3.0d (97.5)	素土	1.5	1.82	1.61	20.0	67.1	0.772	0.18	9.7	0.012	200
				5.0	1.79	1.42	20.2	78.4	0.903		9.7	0.000	—
挤密前	—	—	—	3~4		1.42	18.76	66.5	0.900	0.63	4.0	0.050	100
挤密后	36	2.2d (79.2)	灰土	3~4		1.65	18.30	78.1	0.630	0.22	11.5	0.010	170

自重湿陷性黄土地基挤密前与挤密后桩间土的物理力学指标　　　表 7.5.14

地基	桩孔 直径(cm)	间距(cm)	孔内填料	取土深度(m)	密度(g/cm²) 湿	干	含水量(%)	饱和度(%)	孔隙比	压缩系数(MPa⁻¹)	湿陷系数 δ_s	承载力特征值(kPa)
挤密前	—	—	—		1.47~1.63	1.30~1.44	9.9~15.6	30~46	0.88~1.09	0.29~0.34	0.069~0.129	140
挤密后	30	2.0d (60)	灰土	1.0~3.0	1.85~1.99	1.60~1.77	15.8~16.6	61~65	0.59~0.70	0.12~0.21	0.001~0.007	180
		2.5d (75)	灰土		1.712~1.830	1.51~1.57	12.9~16.7	44~62	0.73~0.79	0.122~0.160	0.011~0.030	170

地基	桩孔		孔内填料	取土深度(m)	密度(g/cm²)		含水量(%)	饱和度(%)	孔隙比	压缩系数(MPa⁻¹)	湿陷系数 δs	承载力特征值(kPa)
	直径(cm)	间距(cm)			湿	干						
挤密前	—				1.44~1.49	1.30~1.35	10.5~10.9	27~28	1.00~1.08	0.19~0.64	0.066~0.074	—
挤密后	30	2.0d(60)	灰土	3.0~5.0	1.74~1.81	1.55	12.1~16.7	44~60	0.75	0.12~0.15	0.005~0.004	240
		2.5d(75)			1.54~1.71	1.39~1.47	11.1~14.6	31~48	0.82~0.96	0.16~0.27	0.013~0.029	230
挤密前	—				1.38~1.41	1.22~1.24	13.2~13.3	29~30	1.19~1.23	0.63~0.78	0.080~0.081	—
挤密后	30	2.0d(60)	灰土	5.0~7.0	1.72~1.75	1.51~1.53	14.1~14.2	48~50	0.77~0.80	0.12	0.002	—
		2.5d(75)			1.56~1.61	1.38~1.42	12.8~13.0	36~39	0.90~0.96	0.17~0.20	0.010~0.016	—

表 7.5.13、表 7.5.14 中的测试数据说明,在处理深度内桩距为 2.0d~3.0d,非自重湿陷性黄土地基桩间土的湿陷性已全部消除;桩距为 2.0d,自重湿陷性黄土地基桩间土的湿陷性也全部消除,桩距为 2.5d,其桩间土由强湿陷性降为轻微(或弱)湿陷性。在地基设计和施工中,适当缩小桩距或适当增大土的含水量,使其接近塑限(或最优)含水量,桩间土的湿陷性也可全部消除。

此外,通过现场静载荷试验可看出,经土(或灰土)挤密桩处理的地基,在 165kPa~200kPa 压力下浸水引起的附加下沉量很小,达到了消除地基湿陷性的目的,见表 7.5.15。

土 (或灰土) 挤密桩地基浸水后引起的附加下沉量 (cm)　　　　　表 7.5.15

地点 \ 地基	基底压力(kPa)	天然地基	土挤密桩	灰土挤密桩
陕西西安	200	13.24	1.03	0.57
陕西张桥	165	51.00	—	5.30
甘肃天水	200	60.60	0.60	0.50
山西闻喜	200	14.40	0.80	1.05

7.5.8 预浸水法

1. 概述

预浸水法适用于处理湿陷性黄土层厚度大于 10m 和自重湿陷量的计算值等于或大于 50cm 的自重湿陷性黄土场地,浸水结束后,地面下 6m 以下湿陷性土层的湿陷性可全部消除,地面下 6m 以内湿陷性土层的湿陷性也可大幅度减小。

采用预浸水法处理自重湿陷性黄土地基不需要机械设备和建筑材料,但需要耗用一定的水量，浸水时间一般需要 40d～60d 或更长，二者与处理地基面积和消除湿陷性的土层厚度有关。停止浸水后，半年左右土体内的水分可恢复或接近正常，基础施工前尚应进行补充勘察工作，重新评定地基土的湿陷性，并应采用垫层法或其他方法处理上部湿陷性土层。

为确保预浸水法处理地基顺利实施并取得预期效果，地基浸水前宜在现场通过试坑浸水试验，确定浸水时间、耗水量和湿陷量等参数。

浸水坑边缘至既有建筑物的距离不宜小于 50m，否则应采取措施防止由于浸水影响邻近建筑物的安全使用和场地边坡的稳定性。

为量测预浸水处理地基的湿陷变形，在浸水坑底部的不同部位和不同深度内，宜设置若干观测湿陷变形的深、浅标点，设置后坑底面铺 10cm～15cm 厚的砂石，并立即对深、浅标点观测一次，然后向坑内昼夜浸水，在浸水过程中应每天定时测量 1 次湿陷量和浸水量，当地表出现裂缝时，还应观测和记录地面裂缝的发展情况，浸水坑内的水头高度宜为 20cm～30cm，连续浸水时间以湿陷变形稳定为准，其稳定标准为最后 5d 的平均湿陷量小于 1mm/d。

2. 工程实测

青海省地质局物探队的拟建工程场地，位于西安市西郊西川河南岸Ⅲ级阶地，湿陷性黄土层厚度为 13m～17m，在勘察期间为确定该场地上的湿陷类型，青海省建筑勘察设计研究院于 1977 年在现场曾进行过 15m×15m 的试坑浸水试验，后为消除拟建住宅楼地基土的自重湿陷量，1979 年又在同一场地进行了 53m×33m 的大面积预浸水处理地基，前后两次浸水的实测自重湿陷量和地表开裂范围见表 7.5.16。

拟建工程场地预浸水处理结果　　　　表 7.5.16

时间（年）	试坑尺寸 长×宽（m）	浸水时间（昼夜）	自重湿陷量的实测值（cm）		地表开裂范围（m）	
			一般	最大	一般	最大
1977	15×15	64	30～40	—	14	18
1979	53×33	120	65	90.4	30	37

从表中数值不难看出，前后两次浸水除试坑面积大小和浸水时间有所不同外，其他条件基本相同，但自重湿陷量的实测值和地表开裂范围相差较大。浸水试坑面积大、浸水时间长，自重湿陷量的实测值和地表开裂范围均大，否则小。由此可见，按浸水试坑面积大小和浸水时间长短确定浸水的影响距离为 50m 是合适的。

7.5.9　化学加固法

化学加固法系利用某些溶液注入地基土中，通过化学反应生成胶凝物质或使土颗粒表面活化，在接触处胶结固化，以增强土颗粒间的连接，提高土体的力学强度。

湿陷性黄土地区较常用的化学加固法有硅化加固法和碱液加固法。

1. 硅化加固法

1）概述

硅化加固法以往都是通过打入带孔的金属灌注管，在一定压力下将硅酸钠（俗称水玻璃）一种溶液注入土中，或将硅酸钠及氯化钙两种溶液先后分别注入土中，前者称为单液硅化，后者称为双液硅化。单液硅化适用于加固地下水位以上渗透系数为 0.1m/d～2.0m/d 的湿陷性黄土，双液硅化适用于加固渗透系数为 2m/d～8m/d 的砂土，或用于防渗止水，形成不透水的帷幕。

硅化加固法需耗用水玻璃和氯化钙等工业原料，成本较高，其优点是能很快地抑止地基的变形不继续发展，土的强度也有很大提高，但对于已渗入石油产品、树胶和油类的地基土，不宜采用硅化法加固。

湿陷性黄土的孔隙率很高，常达其总体积的 50%，地下水位以上土的天然含水量较小，孔隙内一般无自由水，溶液入土后不致稀释，这样有利于采用单液硅化加固湿陷性黄土地基，而且能获得较好的加固效果。

2）加固土的作用

单液硅化是以浓度低、黏滞度小的硅酸钠溶液掺入 1.5%～2.5% 的氯化钠组成，溶液入土后，经一定时间，钠离子与土中水溶性盐类中的钙离子（主要为 $CaSO_4$）产生化学反应，即：

$$Na_2OnSiO_2 + CaSO_4 + mH_2O = nSiO_2(m-1)H_2O + Na_2SO_4 + Ca(OH)_2$$

用 X 光镜和显微镜观察研究，可看到土颗粒表面生成硅酸凝胶，最初硅胶薄膜的厚度只有几微米，因而不妨碍溶液注入土中，但相隔 4h～5h 后，由于硅胶形成的作用很强烈，土中的毛细管网很快被堵塞，土的渗透性即减小，随着胶膜逐渐地增厚和硬化。土的强度亦随时间增长而提高，溶液入土 15d 天左右，土的强度增长速度最快，将硅化加固的黄土长期浸泡在水里，其强度无明显变化。

单液硅化加固湿陷性黄土的物理化学过程，一方面是基于浓度不大、黏滞度很小的硅酸钠溶液渗入土粒间的孔隙中，另一方面是由于溶液与土接触后产生化学变化，析出硅酸凝胶增强土颗粒间的联结，从而消除土的湿陷性，并提高其抗压和抗剪强度。

3）设计

（1）灌注孔的布置：灌注孔的布置原则应使欲加固的土体在平面及深度范围内形成整体，灌注孔的平面距离与土的渗透系数、灌注溶液的压力、时间以及溶液的黏滞度等因素有关，并可通过单孔灌注试验确定，在正常情况下，单孔加固半径为 0.4m～0.6m，对新建工程，灌注孔宜按正三角形布置，超出基础底面的宽度。每边不应小于 0.5m，灌注孔之间的距离为 1.73r（r 为土的加固半径），排距为 1.5r，当自上向下分层打（或钻）孔、分层灌注溶液时，每层高度可按灌注管的有孔部分长度再加 0.5r。

加固既有建筑物的地基，灌注孔的布置宜根据基础形式、基底面积和单孔的加固半径确定。对带形基础一般沿其两侧布置 1～2 排竖向灌注孔，对面积较大的独立基础，在其周围除布置 1～2 排竖向灌注孔外，还应在基础内设置穿透其基础的竖向灌注孔，或在靠近基础边缘布置斜向基础中心的灌注孔，以使溶液直接注入基础底面以下的土层中。

硅化加固形成的土柱与土垫层有所不同，其作用类似于桩基础和礅式基础。每个灌注孔的加固深度，应自基础底面起至其下全部湿性土层的底面止，或至湿陷系数 $\delta_s < 0.03$ 的土层底面止。加固全部湿陷性土层，可以消除地基的全部湿陷量，加固部分湿陷性土层，可以减小地基的全部湿陷量。

（2）溶液用量的计算：采用硅化法加固地基，一般使用液体硅酸钠，其颜色多为透明或稍许混浊，不溶于水的杂质含量不超过 2%，硅酸钠的模数 M 值可按下式计算：

$$M = \frac{SiO_2(\%)}{Na_2O(\%)} \times 1.032 \qquad (7.5.10)$$

M 值愈大，意味着硅酸钠中含 SiO_2 的成分愈多，因为硅化加固主要是由 SiO_2 对土的胶结作用，所以硅酸钠的模数值直接影响加固土的强度，试验研究证明，M 值为 1 $\left(\frac{SiO_2\%}{Na_2O\%}=1\right)$ 的纯偏硅酸钠加固土的强度很小，不能用于加固地基，M 值在 2.6～3.3 范围内，加固土的强度可达 $300kPa \sim 1000kPa$，满足工程要求，M 值大于 3.3 以上时，随着 M 值的增大，加固土的强度反而降低，说明 SiO_2 过多对土的强度有不良影响。因此，采用硅化法加固地基，硅酸钠的模数值应为 2.6～3.3。

硅化加固土的溶液用量与土的孔隙体积及土粒粗、细等因素有关，土的孔隙体积愈大或土的颗粒愈细，土的表面积愈大，吸收溶液的能力则愈强。

单液硅化加固每 $1m^3$ 黄土，需要的溶液量可按下式计算：

$$Q = Vnkd_1 \qquad (7.5.11)$$

式中　V——欲加固的土体积（m^3）；

　　　n——加固前土的平均孔隙体积；

　　　k——溶液填充孔隙的系数，一般为 0.6～0.8；

　　　d_1——硅酸钠溶液稀释后的相对密度，一般为 1.13～1.15。

当硅酸钠溶液的浓度大于欲加固地基所要求的浓度时，应将其加水稀释，每 1L 硅酸钠的加水量可按下式计算：

$$q = \frac{d - d_1}{d_1 - 1} \times N \qquad (7.5.12)$$

式中　d——硅酸钠溶液稀释前的相对密度，一般为 1.45～1.53；

　　　N——硅酸钠溶液稀释前的数量（L）。

配溶液时，先将拟稀释的硅酸钠溶液送入金属或木制的容器内，然后加入计算的加水量及 1.5%～2.5% 氯化钠，搅拌均匀，并用比重计测其浓度，符合要求即可使用。

4）施工

单液硅化加固湿陷性黄土地基的施工，分为传统工艺和新工艺两种。前者成孔及灌注溶液自上向下分层进行，即先将带孔的金属灌注管送入第 1 加固层，随即利用加压设备将配好的溶液压入该土层中，灌注压力为 $50kPa \sim 50kPa$，灌注速度为 $5L/min \sim 10L/min$，其他各层依此进行，各加固层的计算溶液量压注完后，及时拔出灌注管，用水清洗干净，晾干再用；后者先成孔至设计深度，孔成后，将配好的溶液送入孔中，溶液借助孔内水柱压力自行向土中渗透和扩散，在溶液自渗过程中，每隔一定时间或当溶液面低于基础底面 $1m \sim 2m$ 时，再向孔内添加溶液，全部加固深度内的计算溶液量注完为止。

新工艺的成孔与灌注溶液截然分开，二者无须自上向下分层交替作业，也不需要特制带孔的金属灌注管和加压等设备，有利于一次同时加固大量的土体。与传统工艺相比，新工艺的设备简单，溶液自渗速度缓慢，加固土体均匀，加固既有建筑物的附加下沉量小，不致影响其安全使用，对既有建筑物地基的加固特别适用。

5）工程实例

应用单液硅化法的新工艺灌注硅酸钠溶液加固湿陷性黄土地基的工程实例有：

（1）兰州地区两幢工业建筑物地基的加固：一幢是 4 层锅炉房，框架结构；另一幢是有吊车的单层厂房，排架结构。其建筑面积分别为 $2096m^2$、$3104m^2$，基础埋深分别为 $-2.5m$、$-3.5m$，基底下均设有 $1m$ 厚的整片 $3:7$ 灰土垫层处理地基。垫层底面以下为 $10m\sim16m$ 厚度的新近堆积的自重湿陷性黄土。两幢建筑物建成投产后，使用 $2\sim3$ 年，由于生产用水浸入地基引起严重湿陷而停止生产，部分柱基的沉降差超过 $30cm$，墙体出现不少裂缝，吊车轨道高低不平，影响运行，加之尾矿坝离厂区较近，坝内水面升高后，向厂区渗流的水量日益增多，形成地下水位大面积上升，促使现有建筑物和设备基础的沉降、倾斜和裂缝进一步增大及恶化。据预测，厂区地下水位存在继续上升的趋势，为了防止地基再发生湿陷，避免拆除上述建筑物，经技术经济比较后，确定采用单液硅化法的新工艺灌注硅酸溶液加固地基。

灌注孔沿柱基和设备基础边缘及台阶布置，孔距$\leqslant50cm$，孔深随基底下的湿陷性土层厚度不同而不同，最浅的孔深 $7m$，最深的孔深 $19.5m$，一般为 $14m\sim16m$。从 1983 年 4 月下旬开始钻孔与灌注溶液，同年 10 月上旬结束，历时近 6 个月，加固土体积 $11000m^3$，向地基内注入相对密度为 1.15 的硅酸钠溶液 $4323m^3$，在注溶液过程中，锅炉房和单层厂房的柱基累计沉降为 $1.5cm\sim1.95cm$，地基加固结束后，每月观测 1 次，连续观测 1 年，其沉降均达稳定，地基加固后两幢濒临报废的建筑物已恢复使用，达到了加固目的。

（2）西安地区一幢 6 层招待所楼的地基加固，砌体结构，建筑面积 $2880m^2$，该楼的南、北纵墙分别为Ⅲ级和Ⅰ级非自重湿陷性黄土地基，但南纵墙基底下土的含水量（20% 左右）较小，压缩性中等偏低，承载力为 $150kPa$，而北纵墙基底下土的含水量达 25%，压缩性高，承载力仅 $100kPa$，由于二者差异较大，在施工期间，建筑物由南向北整体倾斜，部分外纵墙出现明显裂缝。为了防止地基浸水湿陷，避免建筑物的不均匀沉降、倾斜和裂缝继续发展及恶化，针对场地土质特点，在该建筑物交付使用前，采用单液硅化法的新工艺灌注硅酸钠溶液，对南、北外纵墙的地基进行加固。自 1985 年 5 月下旬开始钻孔和灌注溶液，同年 7 月下旬结束，历时近 2 个月，加固土体积约 $900m^3$，地基加固后该建筑物已交付使用，建筑物的沉降、裂缝和倾斜均无新的发展。

2. 碱液加固法

采用 NaOH 溶液（简称碱液）对黏性土地基进行加固的方法，称为碱液加固法。碱液对土的加固作用不同于其他的化学加固方法，它不是从溶液本身析出胶凝物质，而是碱液与土发生化学反应后，使土颗粒表面活化，彼此自行胶结，从而增强土体的力学强度及水稳性。为了促进反应过程，宜将溶液温度升高至 $80℃\sim100℃$ 再注入土中。加固湿陷性黄土地基，一般使溶液通过灌注孔自行渗入土中，黄土中的钙、镁离子含量较高，采用单液即能获得较好的加固效果。

7.5.10 桩基础

1. 采用桩基础的作用

随着高层建筑与大型工业建筑的发展，有些浅埋基础与地基的承载力往往不能满足设计要求，因而近些年来，在湿陷性黄土地区采用桩基础的工程日益增多。

众所周知，桩基础既不是天然地基，也不是人工地基，它与土垫层地基、强夯地基、土（或灰土）挤密桩复合地基完全不同。桩基础是将上部荷载传递给桩侧和桩底端以下的土（或岩）层，采用挖、钻孔等非挤土方法而成的桩，是在成孔过程中将土排除孔外，桩孔周围土的性质并无改善。试验研究资料表明，设置在湿陷性黄土场地上的桩基础，桩周土受水浸湿后，桩侧阻力大幅度减小，甚至消失，当桩周土产生自重湿陷时，桩侧的正摩擦力迅速转化为负摩擦力。因此。在湿陷性黄土场地上，不允许采用摩擦型桩，设计桩基础除桩身强度必须满足要求外，还应根据场地工程地质条件，采用穿透湿陷性黄土层的端承型桩（包括端承桩和摩擦端承桩），其桩底端以下的受力层：在非自重湿陷性黄土场地，必须是压缩性较低的非湿陷性土（岩）层；在自重湿陷性黄土场地，必须是低压缩性的非湿陷性土（岩）层。这样，当桩周的土受水浸湿，桩侧的正摩擦力一旦转化为负摩擦力时，便可由桩底端的下部非湿陷土（岩）层所承受，同时桩基地基也不致因浸水引起湿陷，以保证建筑物的安全与正常使用。

2. 灌注桩和预制桩的应用

灌注桩和预制桩作为端承型桩，在湿陷性黄土地区都获得应用，但二者的成型工艺各有特点，选用时应根据场地工程地质条件确定。

灌注桩有扩底和不扩底的灌注桩两种。桩孔直径一般为 60cm～80cm，底端扩大直径一般为 90cm～120cm，最大直径达 180cm，入土深度一般为 10cm～25m，最大深度达 40m。二者可采用人工挖孔，也可采用钻机或其他设备成孔。

为了提高桩基的承载力，充分发挥和利用桩底端下部土（岩）层的潜力，通常采用扩底灌注桩。1966～1968 年在陕西、甘肃等省的建筑物中，广泛采用爆扩灌注桩，此种桩型也属于扩底灌注桩。

桩孔直径为 80cm～100cm 的不扩底灌注桩，在工程实践中通常称为井桩。20 世纪 60～70 年代，兰州连城铝厂，兰州 279 厂等单位，建成投产后，有些车间地基受水浸湿发生严重湿陷事故，影响安全使用，采用井桩（直径为 80cm，桩底端支承在卵石层，入土深度为 28m～32m）对原有基础进行托换后，使濒临报废的若干车间得以恢复生产，给国家挽回了巨大的经济损失。

采用桩基础成功的实例尽管很多，但也有一些由于设计、施工不周而出事故的工程，例如：兰州刘家峡化肥厂的造粒塔，建在Ⅲ级自重湿陷性黄土场地上，采用爆扩桩基础，该场地的湿陷性黄土层厚度为 16m，爆扩桩底端设置在地面下 8m，试产结束后，由于未将水引入排水系统，水直接浸入地基，导致该塔沉降不均，产生严重倾斜和破坏，后来采取措施重新加深爆扩桩基础，将其穿透湿陷性土层，支承在可靠的卵石层上，沉降的发展才得以制止，推迟正式投产近 3 年。又如，兰州连城铝厂的电解铝车间，也是建在Ⅲ级自重湿陷性黄土场地上，湿陷性黄土层厚度近 30m，爆扩桩基础的埋深为 12m，在使用期间，地基多次受水浸湿引起严重湿陷，并多次加固地基和上部结构，效果不佳，最后采用井桩对原有基础进行托换，使井桩底端支承在卵石层上，吊车梁的柱基沉降才得以稳定。

从上述工程事故实例不难看出，采用桩基础不穿透湿陷性黄土层，只要桩底端下部土层受水浸湿，湿陷事故是不可避免的。

预制桩是施工前在混凝土预制厂（或工地）按设计图提前预制好，养护期满后将其运至施工现场，一般使用方桩，其边长多为 35cm×35cm～45cm×45cm，入土深度为 15m～30m，并可将其分为打入式预制桩和静力压入式预制桩两种。前者一般采用锤重为 1.8t～2.5t 的打桩设备将桩送入土中设计深度，后者是采用 160t～400t 的全液压压桩设备将桩送入土中设计深度。桩在打或压过程中将土挤向周围，使其周围一定范围内土的性质获得挤密及改善。

但由于灌注桩和预制桩的成型及施工工艺不同，它们的侧阻力和端阻力等都有差异。设计时应根据场地土的性质和工程要求对桩型进行合理的选择。

3. 桩的侧阻力和端阻力

自 20 世纪 70 年代以来，我国在湿陷性黄土地区先后采用悬吊法和在桩体内埋设滑动测微计等方法，对端承型桩的侧阻力和端阻力进行了较系统的试验研究，试测结果表明，桩周的湿陷性黄土受水浸湿以前，桩顶上的荷载由桩侧的正摩擦力和桩底端土的反力共同所承受，桩周土受水浸湿以后，在非自重湿陷性黄土场地，桩侧的正摩擦力显著降低，甚至消失，桩顶上的大部或全部荷载由桩身传给桩底端的受力层所承受。故单桩的侧阻力和端阻力均应按饱和状态下的土性指标确定，饱和状态下的液性指数可按下式计算：

$$I_L = \frac{\dfrac{S_r e}{d_s} - w_p}{w_L - w_p} \qquad (7.5.13)$$

式中　I_L——土的液性指数；

　　　S_r——土的饱和度，可取 0.85；

　　　e——土的天然孔隙比；

　　　d_s——土粒的相对密度；

　　　w_L——土的液限含水量；

　　　w_p——土的塑限含水量。

在自重湿陷性黄土场地，当桩周土层受水浸湿产生自重湿陷时，其相对位移远远大于桩的下沉量，因而沿桩身侧面产生向下作用的负摩擦力，此负摩擦力相当于给桩施加一个向下的附加荷载（简称下拉荷载），并与桩顶上的荷载全部由桩身传给桩底端的受力层所承受。确定单桩承载力时，除不计算湿陷性土层范围内桩侧的正摩擦力外，还应扣除桩侧的负摩擦力。

桩身钢筋混凝土的压缩变形很小，通常忽略不计，建（构）筑物在使用过程中，桩侧之所以产生负摩擦力，主要是由于防水措施失效，管道长期漏水或地面经常积水等原因，致使桩周土体由浅至深受水浸湿引起自重湿陷，此外，采用桩基的自重湿陷性黄土场地，大面积地下水位上升亦能导致桩侧产生负摩擦力。

据测试结果，在湿陷性黄土层厚度、湿陷量和自重湿陷量的计算值均较大的自重湿陷性黄土场地，不论预制桩或挖、钻孔灌注桩，当桩周土层充分浸水时，桩侧平均负摩擦力可达 16kPa～20kPa，甚至更大，具体数值见表 7.5.17。

桩侧平均负摩擦力（kPa）　　　　　　　　　　表 7.5.17

自重湿陷量（cm）	挖、钻孔灌注桩	预制桩
7～20	10	15
>20	15	20

4. 桩侧负摩擦力的计算深度

目前国内外，一般以桩身的中性点作为计算桩侧负摩擦力深度的下部界限，而桩身的中性点取决于桩和桩周土层的相对位移为零的位置。

当桩的下沉量小于桩周土层的下沉量时，桩周土对桩侧往往产生向下作用的负摩擦力，反之，桩周土对桩侧产生向上的正摩擦力。一般认为。桩的承台底面以下，桩身的中性点以上，桩周土层的下沉量大于桩的下沉量。桩侧的摩擦力为负值，桩身的中性点以下，桩底端以上，桩周土层的下沉量小于桩的下沉量，桩侧的摩擦力为正值，在负摩擦力过渡为正摩擦力的相交处，桩与桩周土层的下沉量相等，摩擦力为零，在工程实践中通常称此点为中性点，见图 7.5.4。

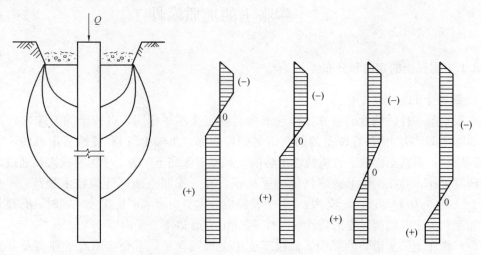

图 7.5.4　桩周正、负摩擦力和中性点随土层浸水深度的变化

由上述可见，桩身的中性点位置取决于桩和桩周土层的相对位移，并与土的湿陷性质、浸水时间、浸入土层中的水量和浸湿范围等因素有关，只有当桩周的湿陷性土层充分浸水引起的下沉量完全稳定后，桩身的中性点位置方可固定不动。

当桩底端支承在岩石或砂卵石层上时，桩基的下沉量一般很小，主要是桩周土层自重湿陷引起的下沉量，桩身侧面几乎都是负摩擦力，在此种情况下，可将岩石或砂卵石层顶面作为桩身的中性点，而桩侧的负摩擦力可按入土深度的全部长度计算。在其他情况下，为简便起见，可按桩入土深度的 0.7～0.9 倍长度作为桩侧负摩擦力的计算深度。

端承型单桩承载力，宜直接按现场浸水载荷试验结果确定，且桩侧的正、负摩擦力均包含在承载力内。当无条件进行现场浸水载荷试验时，可按国家有关现行规范规定确定。

参 考 文 献

[1]　工业与民用建筑地基基础设计规范 TJ 7—74. 北京：中国建筑工业出版社，1974.

[2]　中华人民共和国行业标准. 建筑地基处理技术规范 JGJ 79—2012. 北京：中国建筑工业出版社，2012.

[3]　中华人民共和国国家标准. 建筑地基基础设计规范 GB 50025—2004. 北京：中国建筑工业出版社，2011.

[4]　中华人民共和国行业标准. 建筑桩基技术规范 JGJ 94—2008. 北京：中国建筑工业出版社，2008.

[5]　钱鸿缙. 湿陷性黄土地基. 北京：中国建筑工业出版社，1985.

第8章 膨胀土地基

8.1 膨胀土的地质属性

8.1.1 膨胀土的定名和分布

1. 膨胀土的定名

膨胀土是一种区域性的特殊土。它的命名或定义不尽相同，有按土的裂隙发育定名的，如称之谓"裂土"；有按土的颜色定名的，如称"黑棉土"；有按地名定名的，如称"伦敦黏土"；有按土膨胀、收缩特性定名的，如称"胀缩土"等。中国科技人员通过多年试验研究工作，并按国际上的惯例统一了认识，在《膨胀土地区建筑技术规范》[1]（GB 50112—2013）中对膨胀土定义为："土中黏粒成分主要由亲水矿物组成，同时具有显著的吸水膨胀和失水收缩两种变形特性的黏性土"。它包含以下三个内容：

（1）膨胀土膨胀潜势的强弱，取决于土中蒙脱石含量，可交换阳离子种类及其交换量，小于 $2\mu m$ 黏粒含量，它们具有较强的亲水性能，是导致膨胀土显著胀缩变形的物质基础；

（2）膨胀土的微观结构属于面-面叠聚体，它比团粒结构有更强的吸水膨胀和失水收缩能力；

（3）膨胀土显著的胀缩变形具有反复循环的可逆性，超过 15mm 的胀缩量就可能造成低层房屋的开裂破坏，影响安全和正常使用，此时，应按膨胀土的有关技术要求进行设计、施工和维护。

2. 膨胀土的分布

膨胀土在世界各地分布广泛。自 20 世纪 40 年代起，关于膨胀土造成的工程事故的报导屡见不鲜。1965 年以来，国际上每 4 年就召开一次专题会议，讨论有关膨胀土的技术问题，发表论文上千篇。据不完全统计，在全世界约 40 多个国家和地区都发现有膨胀土造成的工程事故。

美国对膨胀土引起的工程问题认识较早，文献[2]、[3]中报导美国有 14 个州发现有膨胀土，其中科罗拉多、得克萨斯和怀俄明等州的危害最为严重。

除美国外，澳大利亚、加拿大、印度、以色列、墨西哥、南非、苏旦、英国、西班牙和委内瑞拉以及苏联等国都对膨胀土有较多的试验研究成果。

中国是世界上发现膨胀土工程问题较多的国家之一。虽然研究工作起步较晚，但在进行了多年的系统试验研究后，我国建筑、铁道、公路和水利等部门都对膨胀土有了较为深刻的认识。中国的膨胀土主要分布于黄河流域及其以南地区。其中以云南、广西、湖北、河南、安徽和陕西等地的山前丘陵和盆地边缘一带的膨胀土造成的工程危害最为严重。建筑行业通过 20 世纪 70 年代以来 10 多年试验研究，总结了我国 20 多个地区有关膨胀土的工程经验，于 1987 年编制了第一本有关膨胀土的国家技术标准，使我国因膨胀土造成的工程事故大为减少。

需要说明的是，我国膨胀土的分布具有局域性和分散性。埋藏深度和成层厚度差异很大，有的厚达百米之多，有的仅为数米；有的上层是非膨胀土，下层是膨胀土；有的呈窝状分布。这是由于不同成因类型所致。

8.1.2　膨胀土的成因、时代和工程地质特征

中国幅员辽阔，膨胀土的类型繁多，不仅成因、时代和发育规律各异，且与地质特征如地形地貌、土的构造和矿物组成以及膨胀潜势等密切相关。长期地质调查和试验研究[4,5,6]表明，我国膨胀土多数为各种火成岩、变质岩和沉积岩建造中的黏土岩以及泥灰岩、碳酸盐类岩石等经长期风化、淋滤和堆积而成。

1. 膨胀土的类型与分布

在早更新世和中更新世中晚期的南温气候带、北亚热气候带地区分布着湖积、冲积和洪积（局部为冰水沉积）的膨胀土。

（1）湖相沉积膨胀土广泛分布在云南、广西、湖北、河南、山西和陕西的二级以上阶地、山前平原和盆地边缘的丘陵地带，其岩性为灰绿、灰白和灰棕、黄色斑状黏土。有的沿深度与粉细砂或砂砾互层，含有钙质团块及铁锰结核，裂隙发育。土中小于 $2\mu m$ 的黏粘含量为 $35\%\sim50\%$，矿物成分蒙脱石为 $10\%\sim35\%$（全干土重的百分数）。阳离子交换量为 $180\mathrm{mmol/kg}$ 土～$360\mathrm{mmol/kg}$ 土。其中云南蒙自、曲靖两地土的物理指标较为特殊，土的天然含水量高，天然孔隙比大，地基的收缩变形量大。

（2）冲、洪积膨胀土在我国的河谷阶地与部分盆地和平原都有广泛分布，其岩性以深色为主，夹有褐、黄红、棕等有序或无序排列的杂色黏土。土的裂隙较发育，裂隙面间常充填灰白色黏土条带或薄膜，呈蜡质光泽，含钙质结核或富集成层的钙盘。膨胀土层的厚度较大，如汉江阶地处约为 $20\mathrm{m}\sim30\mathrm{m}$，南襄盆地处厚达 $40\mathrm{m}\sim80\mathrm{m}$。

（3）洪积膨胀土在我国分布较少，常位于山麓与山间盆地边缘，有时呈阶地龙岗形的局部，在我国伏牛山北麓、襄樊的山前地带和山间盆地边缘以及淮河坡积裙等地区较为发育，其岩性因地区和地貌的差别而不同，一般为棕黄或褐色黏土，土中常含砾石。

（4）冰水沉积膨胀土在我国也是局部呈现，主要分布于成都平原的二、三级阶地和金沙江和安宁河流域以及太行山麓平原区域。

（5）残积、坡积膨胀土是国外膨胀土的主要类型之一，美国、印度、南非和以色列等国都有分布[5]。我国残积、坡积类膨胀土面积较小，但地域分布却较广泛。在云南、贵州、两广、湖北和山东等地的岩溶地区及黏土岩地区的丘陵、山麓斜坡地带分布较多；在热带、亚热带气候环境和植物繁茂的生态环境下，易发生化学风化特别是生物化学风化而形成很厚的残积土，其岩性与母岩有直接关系，泥质岩如泥岩、页岩、泥灰岩等富含蒙脱石矿物，如云南小龙潭电厂的膨胀土由三叠纪泥岩生成；而中、基性的火成岩、火山岩如玄武岩、安山岩等在富镁的湿热环境中可发生较强烈的蒙脱石化，如广东雷州半岛及海口的膨胀土为玄武岩风化而成；碳酸盐类岩石风化的残积土，表层为高岭石化铁铝质红土，其下才是含蒙脱石的膨胀土，如广西贵县、柳州等地的

膨胀土，但土的含水量和孔隙比均大于一般黏土，其膨胀潜势为弱到中等，收缩性强。

（6）除上述在我国分布的沉积型和残、坡积型外，尚有火山灰风化和热液蚀变、断层泥类膨胀土。

2. 膨胀土的工程地质特征

（1）地形地貌：多出露于二级及二级以上阶地、山前和盆地边缘的丘陵地带，地形较平缓，无明显的自然陡坎。

（2）在自然条件下呈坚硬或硬塑状态，其天然含水量接近于塑限，常以"天晴一把刀，雨天乱糟糟"来形容地表土遇水膨胀软化，失水收缩变硬的特性。

（3）土中裂隙发育，有人俗称膨胀土为"裂土"，裂隙的形态常有平行斜向排列、水平及斜向排列、羽毛形排列等[20]。裂隙中有的充填灰白、灰绿等杂色黏土，裂隙面光滑或因循环胀缩变形而产生的擦痕。

（4）常发生浅层塑性滑坡和地裂，新开挖的基坑侧壁易坍塌。滑坡宽度最大的近百米，长度数十米，深度与当地大气影响深度相近。滑裂面呈单层或多层，一般发生在裂隙的薄弱面处。地裂是膨胀土地区的不良地质作用，与其他地区不同的是膨胀土地区的地裂多发生少雨的旱季，雨季后会缩小或闭合。地裂的走向多平行于场地的等高线或位于隐藏河床、沟谷两侧。因此，不排除由水平位移—因滑坡牵引导致。凡有地裂通过处，房屋、道路和其他设施都会遭到破坏。

（5）低层的砌体结构房屋当未采取预防措施时，常在角端和门、窗处产生斜裂缝或倒八字裂缝，在外墙面出现水平和"X"形裂缝，室内地坪出现鼓胀而导致放射性开裂。裂缝随气候变化而张开和闭合。

8.1.3　膨胀土的颗粒组成及矿物成分

1. 膨胀土的颗粒组成

膨胀土的颗粒成分以细粒为主，小于 $2\mu m$ 的黏粒含量一般大于 30%。残、坡积和冲、洪积形成的土中常有较粗的角状碎屑物或砂砾。湖相沉积的土中常富含钙质或铁锰质结核并与砂、砂砾层互层。中国部分地区膨胀土的颗粒成分见表 8.1.1。

中国部分地区膨胀土粒度成分　　　　　　　　　　　　　表 8.1.1

地区	深度（m）	粒级含量（%）			
		>0.05mm	0.05mm~0.005mm	0.005mm~0.002mm	<0.002mm
云南鸡街	1	34	23.5	7.5	35
	2	18.5	13.5	5.5	62.5
	3	5.5	12.5	8	74
	4	0	7.5	8.5	84
安徽合肥	2	1	47	3	49
	3	3.7	32.5	8	55.8

续表

地区	深度 （m）	粒级含量（%）			
		＞0.05mm	0.05mm～0.005mm	0.005mm～0.002mm	＜0.002mm
河北邯郸 试验场	1	15	51	15.5	18.5
	2	18.5	37	19	25.5
	3	3.5	39	25.5	32
	4	2.5	22	28	47.5
四川成都		6	44	15.3	34.7
新疆阿塞	1	3	17	11	69

2. 膨胀土的矿物成分

膨胀土的黏土矿物中常见的蒙脱石、伊利石和高岭石以及绿泥石等都属于含水铝硅酸岩矿物。蒙脱石是在富镁的微碱性水环境中生成的，其结构式（分子式）为$[(Mg \cdot Al)_2 (Si_4 O_{10})(OH)_2 \cdot nH_2O]$。晶格单元由两层硅氧四面体中间夹一层氧化铝八面体组成（图8.1.1a），其间连结极弱，水分子易进入，亲水性强，充分吸水后晶格间距可增大30倍左右，能产生强烈的晶间膨胀。同时，由于同晶的置换作用，它具有很强的吸附能力。使大量的Na^+、Ca^{2+}等阳离子聚集于氧化铝八面体中，吸附极性水分子形成厚层的结合水膜而产生粒间膨胀。脱水后，也会逆向产生强烈的收缩。因此，蒙脱石可定义为膨胀性矿物。

伊利石常由原生矿物白云母、钾长石等风化或蒙脱石等矿物在富钾的水环境中蚀变生成，为形成其他黏土矿物的过渡性矿物。它的结构式为$KAl[(Si, Si)Si_3 O_{10}](OH)_2$，晶格单元与蒙脱石类似。所不同的是两个晶间结合的是K^+离子(图8.1.1b)。因此，其联结牢固，水分子不能进入，遇水时只能靠置换的阳离子吸附极性水分子形成双电层的结合水膜，产生少量"粒间膨胀"，其量值仅为蒙脱石的1/10。因此，伊利石的亲水性较弱，应定义为"非膨胀性矿物"。

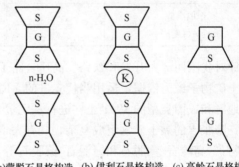

(a)蒙脱石晶格构造 (b) 伊利石晶格构造 (c) 高岭石晶格构造

图 8.1.1 黏土矿物结构示意
G—三氧化二铝；S—二氧化硅；K—钾离子

高岭石是由原生矿物长石等在酸性水环境中蚀变或由蒙脱石、伊利石转化而成。它的结构式为$Al_2O_3 \cdot 2SiO_2 \cdot 2H_2O$，晶格由一层硅氧四面体和一层氧化铝八面体相连而呈堆垛形（图8.1.1c）。高岭石的晶间为O^{2-}和OH^-联结紧密，水分子不能进入，且同晶置换的阳离子少，形成的结合水膜很薄。亲水性很弱，吸水后粒间膨胀也很小，应定为"非膨胀性矿物"。

关于我国膨胀土中黏土矿物成分的定量研究，随着测试方法和仪器设备精度的改进，有一个逐步认识和提高的过程。20世纪80年代，膨胀土地基专题研究和我国第一本相关规范编制期间，对河北邯郸、河南平顶山、云南蒙自和个旧、湖北荆门、广西宁明以及安徽合肥等有代表性的几个地区的土样，采用亚力山大和杰克逊系统分析方法并与 X 射线、差热分析法相配合，进行了膨胀土的黏土矿物成分相对含量的测定。关乎土的膨胀潜势和对工程具有实用价值的蒙脱石绝对含量（蒙脱石占干土全重的百分比），则采用了较简单可靠的极性有机染料次甲基蓝吸附法测定。同时对伊利石、高岭石和砭石对其有不大于 5％的吸附量进行了修正。结果见文献［7］和表 8.1.2。

我国部分地区膨胀土蒙脱石含量　　　　　　　　　　　表 8.1.2

地　区		蒙脱石含量 （％）	地　区		蒙脱石含量 （％）
邯郸某部营房 F1、F6 孔		14	山东即墨地区 段村、溜村		21
		23			14
平顶山	37-38 宿舍	28			10
	试验性建筑	25	合肥工业大学 小食堂招待所		13
云南鸡街 东方红小学		5			17
		10			14
		30	荆门	352 厂	15
个旧冶炼厂		9		试验房	16
蒙自三普营 某部新办公楼		11		电厂	7
		19	宁明		12
		36		水厂	14
个旧冶金 机械修配厂		20			
		35			

　　针对我国西部大开发和铁路、高速公路工程中遇到的膨胀土问题，曲永新研究员以混层黏土矿物学说为依据，运用当代先进的 XRD 联合测试及计算机信息处理技术，对我国不同地区和成因类型的 19 个土样进行了定量分析，其结果参见文献［8］和表 8.1.3。并认为：膨胀土的黏土矿物组成复杂，既有大量膨胀性矿物，如蒙脱石和混层结构的伊利石/蒙脱石、高岭石/蒙脱石和绿泥石/蒙脱石等，又含有非膨胀性矿物，如伊利石、高岭石和绿泥石等。膨胀性矿物的绝对含量（占全土重）通常在 30％以上。我国广泛分布的中（晚）更新世膨胀土为 40％～50％中等混层比膨胀性矿物。并以不同混层比的伊利石/蒙脱石居多，并非以伊利石含量为主，且纯蒙脱石很少。

　　燕守勋研究员对邯郸一永年、南阳盆地、平顶山和湖北钟祥、襄樊等地的 56 个不同颜色湖相沉积的膨胀土样，采用文献［8］同样的方法进行矿物定量分析，结果表明[9]：XRD 测试的蒙脱石和伊蒙混层膨胀性矿物含量大于 50％的占总数的 82％，而伊利石相对含量大于 50％的仅为 7％。说明我国膨胀土的黏土矿物绝大多数为蒙脱石及其以混层结构存在的膨胀性矿物。然而，由 XRD 和次甲基蓝测定的蒙脱石绝对含量，存在一定的误差，前者大于后者约为试样总数的 29％（16 个土样）。如以次甲基蓝吸附法基准，XRD 法测定误差大于 20％，占总土样的 39％，其中有 9％的土样误差达 50％左右。对于工程来说，最关心的是土中蒙脱石的绝对含量。笔者建议采用方便、简单且较可靠的次甲基蓝法测定土的蒙脱石绝对含量更为适宜。

表 8.1.3

中国膨胀土黏土矿物定量测试结果[引自曲永新]

地区	时代（成因）	名称	<2μm (%)	表面积 (m²/g)	黏土矿物相对含量 (%)							混层比 St(%)			黏土矿物绝对含量 (%)							蒙脱石含量 (%)
					S	I/S	I	K	K/S	C	C/S	I/S	K/S	C/S	S	I/S	I	K	K/S	C	C/S	
南阳盆地西部	N_2	三趾马红土	40.45	298.3		82	13	5				60				33.17	5.26	2.02				36.18
	N_1^2	褐黄色硬黏土	40.50	191.40		70	14	3	12	1		35~40	40			28.35	5.67	1.22	4.86	0.41		23.42
	N_1	灰绿色硬黏土	46.90	296.9	93		4	3				100			43.62		1.88	1.41				45.43
南阳盆地西南（镇平、内乡）	Q_1^l	深灰色黏土	38.40	177.40		61	12	5		2	20	40		50		23.42	4.61	1.92		0.77	7.68	21.46
	Q_2	黄褐色硬黏土	36.00	183.65		64	12	6			16	40		50		23.04	5.04	2.16			5.76	22.22
	Q_2	棕黄色硬黏土	53.20	239.54		80	14	6				40				42.46	7.45	3.19				29.63
	$N_1^2(Q_2)$	黄褐色硬黏土	41.60	2323.83		87	8	3		2		55				36.19	3.33	1.29		0.83		29.28
	N_1	灰绿色硬黏土	49.60	394.91		92	6	1		1		80				36.43	2.38	0.40		0.40		47.90
江苏泗洪	N_1	灰绿色硬黏土	46.00	328.26		86	7	7				70				39.00	3.32	3.22				34.33

建筑地基与基础工程

续表

地区	时代(成因)	名称	<2μm(%)	表面积(m²/g)	黏土矿物相对含量(%)							混层比 S(%)			黏土矿物绝对含量(%)							蒙脱石含量(%)
					S	I/S	I	K	K/S	C	C/S	I/S	K/S	C/S	S	I/S	I	K	K/S	C	C/S	
湖北荆门团体	Q_{2(3)}	褐灰色硬黏土	38.5	217.4		83	6	3	7	1		35~40	35			31.96	2.31	1.16	2.70	0.38		18.62
	Q_{2(3)}	棕黄色硬黏土	39.70	250.0		81	7	3	8	1		35~40	40			32.16	2.78	1.19	3.18	0.40		18.50
	Q_{2(3)}	深褐色硬黏土	38.10	188.8		65	10	3	21	1		35~40	20			24.77	3.81	1.14	8.0	0.38		18.29
湖北枝江	Q_{2(3)}	棕黄色硬黏土	45.70	205.2		51	10	7	32			35~40	25			23.31	4.57	3.20	14.62			18.24
	Q_{2(3)}	棕色硬黏土	51.30	302.92		52	4	4	40			50	40			2668	2.05	2.05	20.52			26.32
重庆巫山	Q_{2(3)}	褐黄色硬黏土	32.63	138.69		71	4	3	21			50	50			23.17	1.31	0.98	6.85			13.86
安徽利辛	Q_4^1	深灰色黏土	41.60	199.67		77	15	4		4		40				32.03	6.24	1.66		1.66		22.10
安徽定远	Q_{2(3)}	黄褐色硬黏土	44.80	222.91		75	20	5				40				33.60	8.96	2.24				21.58
广西田东	残积	米黄色黏土	47.30	223.96		70	20	10				70				33.11	9.46	4.73				22.95
广西田东	残积	灰绿色黏土	54.90	209.08		52	17	10	17	4	4	60	40	20		28.55	9.33	5.49	9.33		2.22	22.64

注:1. 黏土矿物 X—射线衍射分析样品为<2μm提取样;

2. S—蒙脱石,I—伊利石,K—高岭石,C—绿泥石,I/S—伊利石/蒙脱石混层矿物,K/S—高岭石/蒙脱石混层矿物,C/S—绿泥石/蒙脱石混层矿物;

3. 混层比为蒙脱石在混层矿物中所占比例。

382

8.1.4 膨胀土的物理化学性质

1. 膨胀土的物理性质

中国部分地区膨胀土的天然含水量为 20％～30％，天然孔隙比为 0.6～0.8，天然重度为 17kN/m³～20kN/m³，液限为 35％～50％，塑限为 20％～30％，与天然含水量接近，一般呈硬塑或坚硬状态。但云南和广西的膨胀土有些特殊，天然含水量高达 30％～40％，天然孔隙比高达 1.0～1.4，天然重度为 16kN/m³～18kN/m³，液限和塑限也高，分别为 60％～70％和 30％以上，地基的收缩量大于膨胀量。

2. 膨胀土的化学性质

中国部分地区膨胀土的化学成分见表 8.1.4。

中国部分地区膨胀土的化学成分　　　　　　表 8.1.4

地区		SiO_2	Fe_2O_3	Al_2O_3	TiO_2	CaO	MgO	K_2O	Na_2O	硅铝比	阳离子交换量（mmol/kg 土）	比表面积（m²/g）
云南	蒙自Ⅱ	49.20	4.47	31.65	0.76	0.31	1.18	1.15	0.58	2.41	424.9	304
	蒙自Ⅲ	52.45	7.37	26.13	0.86	0.34	1.43	1.34	0.77	2.89	437.9	459
	鸡街	50.91	7.12	27.73	0.50	0.31	0.80	1.75	0.18	2.68	393.6	115
广西宁明		54.79	3.23	28.54	—	0.29	1.64	2.97	0.34	3.05	227.0	248
河北邯郸		51.90	9.80	23.09	0.70	1.00	2.90	1.80	0.80	3.00	324.0	347
河南平顶山		54.90	6.35	24.16	0.30	0.60	2.50	2.16	0.80	3.30	386.0	330
河南南阳		59.22	3.49	15.92		2.80	0.63	1.56	0.42	6.32	477.3	238
安徽合肥		52.23	6.59	25.81		0.34	2.30	2.98	0.75	2.95	310.4	182
湖北荆门		52.98	5.76	25.93		0.27	2.44	3.17	0.48	3.04	295.9	336
陕西安康		48.00	7.40	20.00	0.50	7.15	4.05	4.05	0.85	3.60	493.0	270
山东郯墨		54.34	7.70	23.33	0.20	0.27	1.94	2.23	0.56	3.26	308.3	118
四川成都		66.26	6.98	16.33		0.80	1.14			3.40	306.8	

从表 8.1.4 可知，土中主要为 SiO_2、Al_2O_3、和 Fe_2O_3，其次是 MgO、CaO，而 TiO_2 和 Na_2O 含量甚微。阳离子交换量均大于 200mmol/kg 土，云南蒙自、河南安阳和陕西安康地区膨胀土的阳离子交换量高达 400mmol/kg 土以上，广西宁明地区的膨胀土由于

经历了强烈风化淋滤作用，其盐基饱和度仅为 35％左右，PH 值约为 5.5，阳离子交换量仅为 200mmol/kg 土，其胀缩性能也较弱。土的膨胀潜势不但与阳离子交换量有关，而且与阳离子的种类和价数相关联。文献［11］介绍了各种交换阳离子对其膨胀潜势的影响，见表 8.1.5。

在各种交换阳离子情况下萨尔马特黏土的相对膨胀量[引自索洛昌]　　表 8.1.5

阳离子种类	Na	Mg	Ca	K	Fe	H
相对膨胀量（％）	29	26	23	21	18	15

从表 8.1.5 可知，钠黏土与钙黏土的膨胀潜势不同，前者比后者大 25％，这与钠蒙脱石呈胶状体时体积能增大 10 倍一致。文献[4]对我国 16 个地区的膨胀土进行的化学分析表明，土中交换阳离子以二价钙为主，钙离子占交换性盐基总量的 80％左右，因此，其膨胀潜势多数处于中等。需要注意的是土中镁的含量，高含量氧化镁的炉渣或灰土地基可导致高的膨胀量。如我国某厂房建于 5∶5 灰土炉渣的人工地基上，氧化镁含量很高，建成 7 年后厂房开裂，室内地坪隆起 400mm。因此，文献[11]建议含镁率 $MgO/(SiO_2 + Al_2O_3)$ 应不大于 0.6。

8.2　膨胀土的胀缩特性

8.2.1　膨胀特性

1. 自由膨胀率 δ_{ef}

自由膨胀率 δ_{ef}（％）是指人工制备的松散烘干土样在水中充分吸水膨胀后，增加的体积与原体积之百分比，按下式计算：

$$\delta_{ef} = \frac{V_w - V_0}{V_0} \times 100 \qquad (8.2.1)$$

式中　V_w——土样在水中膨胀稳定后的体积（ml）；

V_0——土样原有体积（ml）。

自由膨胀率是用来测定黏性土在无结构力和无约束条件下的潜在膨胀能力，是初步判别膨胀土和膨胀潜势强弱的主要指标。自由膨胀率的大小主要与土的矿物成分及其含量、可交换阳离子种类及其交换量和黏粒含量多少等因素有关。试验装置见图 8.2.1。试验方法如下：

取代表性的风干土 100g，全部碾碎，过孔径为 0.5mm 的筛，去掉姜石、结核等，拌匀土样在 105℃～110℃下烘到恒重，在干燥器内冷却到室温。

将漏斗、量土杯按图 8.2.1 安装，取适量土样倒入漏斗，使土样渐渐流满量土杯，刮去多余的土，重复以上操作，进行二次量土、称重。要求两

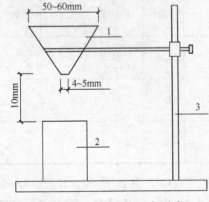

图 8.2.1　漏斗与量土杯示意
1—无颈漏斗；2—量土杯；3—支架

次称量的差值不得大于 0.1g。

在经过标定的刻度为 50ml 的量筒内注入 30ml 纯水，加入 5ml 浓度为 5% 的纯氯化钠溶液，将土样倒入量筒内，用搅拌器上、下各搅拌 10 次，用纯水清洗搅拌器及量筒壁，使悬液达 50ml。土样在水中充分膨胀，待膨胀稳定（每隔 5h 读一次土面高度，直至两次读数差值不大于 0.2ml，可认为膨胀稳定），读取土样膨胀稳定高度，若土面倾斜，读数可取中值。按公式 8.2.1 计算自由膨胀率 δ_{ef}。

为了解该试验结果的离散性，曾由三人分别进行了每人两种土、每种土 12 个土样的对比试验[10]。试验过程中严格控制土样制备、土样体积测量和土样入水后搅拌方法、次数三个操作环节，其结果列于表 8.2.1。

自由膨胀率试验结果　　　　　　　　　　　　　　　　表 8.2.1

操作者	土样号	土样数 (n)	自由膨胀率 δ_{ef} (%)		$\delta_{ef} = \overline{\delta}_{ef} \pm \sigma$ (%)
			最大值	最小值	
W_a	1	12	65	50	57.58±3.77
	2	12	70	62	66.25±2.74
S_u	1	12	60	52	57.25±2.52
	2	12	72	59	66.33±4.01
C_h	1	12	59	50	53.83±3.65
	2	12	75	61	69.25±3.39

将三人试验结果按两种土混合统计为：

1 号土：$\delta_{ef1} = 56.22 \pm 3.76$（$n=36$）；

2 号土：$\delta_{ef2} = 67.28 \pm 3.69$（$n=36$）；

其变异系数分别为 0.07 和 0.05，离散性甚小。

2. 不同压力下的膨胀率

膨胀率 δ_{epi}（%）是天然结构土样或重塑土样在有侧限条件下，上覆压力为 P_i 时浸水膨胀稳定后，其膨胀量与原体积之比值。试验在固结仪的环刀内进行。设 δ_{epi} 为压力 P_i 下的膨胀率，则：

$$\delta_{epi} = \frac{h_w - h_0}{h_0} \times 100 \qquad (8.2.2)$$

式中　h_w——某级荷载下土样在水中膨胀稳定后的高度（mm）；

　　　h_0——土样原始高度。

膨胀率的大小除了与土的性质（如土的矿物组成、含量、化学成分、黏粒含量、土的结构等）有关外，还取决于土的初始状态（密度和含水量）和作用在土上的压力大小。

图 8.2.2 和表 8.2.2 为河南平顶山地区膨胀土不同起始含水量（重力密度）时膨胀率与压力的关系。

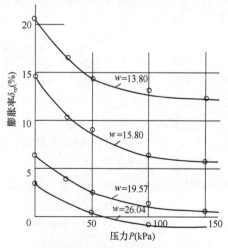

图 8.2.2　膨胀－压力关系

不同起始含水量土样的试验结果　　　　　　　　　　　　表 8.2.2

编号	γ (kN/m³)	e_0	w（%）试前/试后	各级压力下的膨胀率 δ_{epi}（%）				
				0kPa	25kPa	50kPa	100kPa	150kPa
1	21.9	0.40	13.80/25.40	20.36	16.57	14.86	13.37	12.31
2	21.4	0.46	15.80/25.50	14.57	10.52	9.27	7.15	6.42
3	20.7	0.56	19.67/25.30	6.92	3.75	2.62	1.33	0.76
4	19.7	0.75	26.04/27.72	3.44		0.37	−0.71	−0.90

由图 8.2.2 和表 8.2.2 可知，土的膨胀率随含水量和压力的增加而减小，当含水量为 13.8% 时，孔隙比为 0.40，在 100kPa 压力下的膨胀率高达 13.37%；而含水量为 26.04% 时，孔隙比为 0.75，在 100kPa 的压力下已经不是膨胀而是压缩了。由此可以判定，含水量再高一些，在此压力下必将出现较大的压缩变形。因此，土的膨胀率必定受取土时土的含水量这个重要条件的制约。膨胀率 δ_{epi} 主要为地基评价和变形计算提供参数，它是在室内有侧限条件下的固结仪中土样施加一定压力，经过充分浸水测定的。因此，可称为"相对膨胀量"。

室内试验确定土的膨胀率有三种方法[10]：多试件法、双试件法和单试件法。

（1）多试件法是苏联规定的试验方法[11,12]，是将同一种土取多个环刀土样在各自的膨胀仪上施加不同压力使其先固结稳定，然后再浸水膨胀并达到稳定状态，见图 8.2.3（a）。

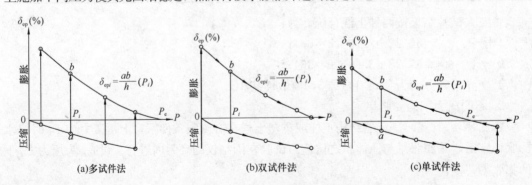

图 8.2.3　膨胀土的试验图式示意

为了得到 $\delta_{ep} = f(p)$ 曲线，至少要有三个以上的土样。因此，多试件法占用仪器多，花费时间长，同时受土样不均匀及切土质量的影响，以及各台仪器试验偏差不等因素的干扰，试验结果离散性大，难以得出较为理想的 $\delta_{ep} = f(p)$ 关系。

（2）双试件法是由詹宁斯和奈特（Jenings，Knighe）提出。做法是同时切取两个环刀土样，一个在固结仪上做压缩试验，另一个在固结仪上以很小压力（或不加压）条件下浸水使之膨胀达稳定状态，然后再分级加压到相应荷载达稳定，见图 8.3.2（b）。显然它比多试件法试件少，省工省时，但由此法测得的膨胀率和膨胀力偏大很多。

（3）单试件法的试验图式见图 8.2.3（c），其做法是用一个试件在固结仪上先分级加压至预估最大荷载，然后浸水使之膨胀稳定，再分级退荷至零。由此可得出一条光滑的 $\delta_{ep} = f(p)$ 的曲线，该法省工省时。

（4）上述三种试验方法得到数据差别较大，无论是膨胀率还是膨胀力皆以双试件法最大，单试件法最小，多试件法居中，其主要原因是试件加、退荷以及浸水膨胀的过程不同。文献 [11] 曾将三种方法的试验结果进行了对比，见表 8.2.3。

三种试验方法结果[引自索络昌] 表 8.2.3

压力 （kPa）	三种方法得到的膨胀率（%）			$\delta_{ep}^2/\delta_{ep}^1$	$\delta_{ep}^3/\delta_{ep}^1$
	多试件法 δ_{ep}^1	双试件法 δ_{ep}^2	单试件法 δ_{ep}^3		
0	20	20	13.6	1	0.68
50	9.6	15.2	5.9	1.6	0.62
100	7.2	14	5	1.9	0.7
200	4.8	11.8	4.6	2.5	0.96
300	4.5	10.2	4.5	2.3	1

此外，使用试验仪器的不同，试验结果也会带来显著的差异。文献 [11] 报导，用固结仪测定的膨胀率仅为用瓦西里耶夫膨胀仪测定结果的 60% 左右。

（5）室内膨胀率的试验数据并不能代表膨胀土地基膨胀的实际变形量，它仅为地基的评价和设计计算提供一个相对稳定且与工程实际较为接近的参数。因此，当进行系统的试验研究和工程应用时，应固定一种试验方法和试验仪器。在 20 世纪《膨胀土地基设计》专题研究和国家标准《膨胀地基建筑技术规范》编制过程中，

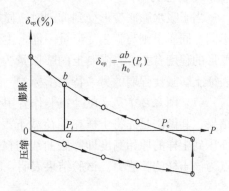

图 8.2.4　现行规范膨胀试验图式示意

均采用了改进的单试件法来确定膨胀率 δ_{ep} 这一参数，其试验图式见图 8.2.4。与图 8.2.3（c）不同的是在加荷时，分级在 1min～2min 内连续加载到工程要求的且略大于预估其膨胀力的荷载并达稳定状态。然后浸水使之膨胀稳定，再按加荷等级分别退荷至零。退荷膨胀时应逐级达到膨胀稳定。试验资料整理时要按试验仪器的校正值对其校正，最后得出以土样试前的孔隙比（即试件的原始厚度 h_0）为起始点的各级荷载下的膨胀率 δ_{epi}。详细操作要求和过程见文献 [1] 的附录 F。

上述试验图式更为接近现场浸水载荷或实体基础膨胀变形的状况[13]。图 8.2.5 中，曲线 AB 表示在上部荷载作用下，基础的沉降即地基的压缩变形过程，而线段 BC 和 CND 代表地基浸水后膨胀变形的状况。结合图中曲线作如下说明：

（1）在直线 AA' 以下部分的各线段 AB、BC、CN 上的各点，其孔隙比皆小

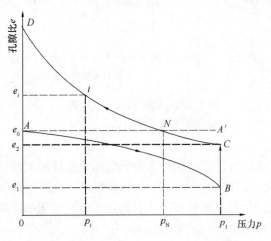

图 8.2.5　膨胀土加压、浸水、退荷试验曲线

于 e_0，意味着只要压力大于 P_N，其最终反映的性质是压缩，而与加荷退荷路程无关。也就是说，当在试样上施加一个大于 P_N 的压力并同时浸水时，其结果将是下沉而不是上升。在 N 点，它的孔隙比等于 e_0，P_N 即为土的膨胀力；

（2）在直线 AA' 以上的 DN 段上的各点，其孔隙比皆大于 e_0，且压力值皆小于 P_N。所以 DN 为在不同压力下的膨胀曲线，曲线上各点的膨胀量等于 $e_i - e_0$。它具有一个重要的特性，即压力大时，膨胀量小；压力小时，膨胀量大；同时，膨胀量与压力之间呈非线性关系；

（3）图 8.2.6 中的 FB 为地基加载后的卸荷回弹曲线。它也反映出一定的膨胀势能，但它属于土的颗粒及骨架在外力消除后的弹性恢复。例如，在开挖深基坑时，由于卸荷作用，坑底出现隆起；反之，如果不去挖土，这个隆起就不会发生。这与图 8.2.5 中的 DN 曲线性质根本不同，对 DN 段来说，外力不消去，有水的补给条件时，也将产生膨胀。

3. 膨胀力

当土吸水膨胀变形受到抑制时，便在其接触面上产生压力。不同质土的膨胀压力大小不同，同质土则与膨胀变形量一样，主要取决于土的初始含水量和密度，同时与允许膨胀变形的程度有关。当限制土的膨胀量为零时，膨胀压力最大，称为土的膨胀力 P_e，它是表征土膨胀性强弱的另一特性指标。

（1）图 8.2.7 是文献 ［11］ 作者用 10 种不同性质的原状土样在室内固结仪上的试验结果，其做法是先将土样在零荷载下浸水使其膨胀至稳定，然后以每 25kPa 的压力逐级加压到土样的原始高度即膨胀曲线与横坐轴的交点处，见图 2.2.3（b）的膨胀曲线。此点为该土样的膨胀力。试验结果表明，膨胀力与零荷载下的膨胀率基本呈直线关系。

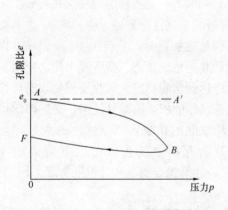

图 8.2.6　土的压缩、回弹曲线

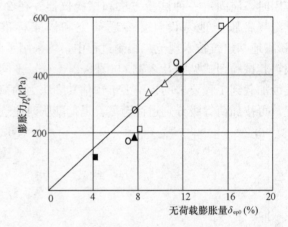

图 8.2.7　膨胀力与无荷载下
膨胀量的关系（引自索络昌）

（2）图 8.2.8 是文献 ［17］ 中，R. F. Dowson 介绍的同种土不同含水量土样的试验结果，可看出膨胀土的膨胀力随含水量降低而增大的状况。试验采用德克萨斯地区的重塑土，图中的曲线 1 是在固结仪上对土样浸水的同时不断加载阻止其膨胀变形至稳定的膨胀力；曲线 2 和 3 是分别允许 0.2% 和 0.35% 体积变形时的膨胀压力。

比较图 8.2.8 和图 8.2.3 可知，土样允许较小的膨胀变形就可大大降低其膨胀压力。

这一性质可为工程采取处理措施提供技术支持。

同样，膨胀力因试验方法不同而异，现场浸水载荷试验方可得到具有工程意义的膨胀力。

8.2.2　收缩特性

失水收缩是膨胀土的另一属性，膨胀土的收缩量比一般黏土大得多。国外对膨胀土收缩性能的重视和系统研究的报导较少。过大的地基收缩（一般是不均匀的）是导致房屋开裂破坏的另一主要原因，特别是在土的含水量和孔隙比偏大的我国云南、广西地区更甚。土的收缩与其成分、密度与起始含水量有关。

1. 收缩量与起始含水量的关系

就同一性质的膨胀土而言，在相同条件下，其初始含水量 w_0 越高（饱和度越高，孔隙比越大），在收缩过程中失水量就越多，收缩变形量也就越大。表 8.2.4 和图 8.2.9 是广西原状土样室内收缩试验所测得的收缩量与含水量之间的关系。图中的三条曲线表明，当土样的起始含水量分别为 36.0%～44.7%，并同样干燥到缩限 w_s 时，其线缩率 δ_s 从 3.7% 增大到 7.3%。所谓缩限，是土样在收缩变形过程中，由半固态转入固态时的界限含水量。土样达到缩限后，收缩变形已很小，从对建筑工程的影响来说，已失去其实际意义。

同质土的线缩率 δ_s 与含水量 w 关系　　　　　　　　　　表 8.2.4

土号	γ (kN/m³)	w_0 (%)	e_0	δ_s (%)	w_s (%)	收缩系数 λ_s (%)
I-1	17.6	44.7	1.22	7.3	25.5	0.38
I-2	18.0	41.9	1.13	5.7	26.0	0.37
I-3	18.9	36.0	0.94	3.7	26.0	0.37

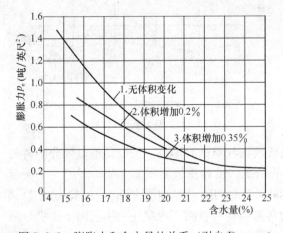 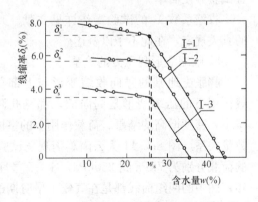

图 8.2.8　膨胀力和含水量的关系（引自 Dowson）　　图 8.2.9　同质土的线缩率 δ_s 与含水量 w 关系

2. 收缩系数 λ_s

膨胀土的收缩除与其起始含水量有关外，还与土本身的收缩性能即土的成因类型、颗粒组成和矿物成分及其含量等因素相关联。表 8.2.5 和图 8.2.10 为分别取至云南个旧

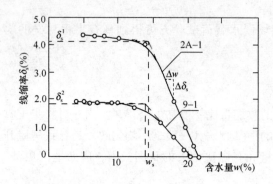

图 8.2.10　不同质土的线缩率 δ_s 与含水量 w 关系

(2A-1) 和广西南宁（9-1）两种不同性质的土样，在收缩仪上进行试验的结果。比较图 8.2.9 和图 8.2.10 可知，各土样从起始含水量失水到缩限含水量时，收缩率与含水量呈直线关系。同质土的变化率和缩限相同，不同质土的变化率和缩限各异。考虑到除局部热源影响外，即使是在最干旱的季节，建筑物基础埋深以下土的含水量不会达到其缩限的情况，取图中直线段的斜率（即 $\Delta\delta_s/\Delta w$ 比值）作为膨胀土收缩性能的参数，称为收缩系数 λ_s：

$$\lambda_s = \frac{\Delta\delta_s}{\Delta w} \tag{8.2.3}$$

式中　$\Delta\delta_s$——收缩试验关系曲线中直线段上相邻两点线缩率之差（%）；

Δw——与两点线缩率之差相对应的两点含水量之差（%）。

不同质土的线缩率 δ_s 与含水量 w 关系　　　　　　　　　　表 8.2.5

土号	γ（kN/m³）	w_0（%）	e_0	收缩系数 λ_s（%）
2A-1	20.2	22.0	0.63	0.55
9-1	20.4	20.6	0.59	0.28

收缩系数的物理意义明确，是单位厚度的土体，当其含水量减少 1% 时的收缩变形量，能符合实际地反映土体的收缩性能以及收缩量与含水量间的变化关系，可用来作为膨胀土地基评价和设计计算的参数，且试验方便简单。

收缩系数 λ_s 的试验操作详见文献［1］的有关规定，在此不予以赘述。

3. 收缩变形与压力的关系

膨胀土地基的竖向收缩变形与上部荷载作用下的压缩变形是同向的，都是孔隙

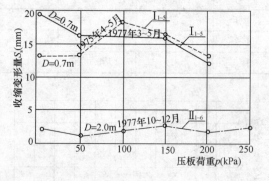

图 8.2.11　云南鸡街野外收缩试验 S_s-p 关系
（图中 D 为基础埋深）

减小，密度增高的结果。荷载作用下的室内或现场收缩试验困难，关键是难以区分两者的数量关系。图 8.2.11 为云南鸡街现场试验的结果。试验压板面积 0.5m²，每组 5 个压板的荷载分别为 7kPa 到 250kPa，Ⅰ 1-5 号埋深 0.7m，Ⅱ 1-6 号埋深 2.0m，试验历时 3～5 年，图中的两组曲线都是在气候干旱时期的实测值。可看出，埋深浅的压板因土中水分蒸发流失多收缩量大；埋深深的压板因土中水分蒸发流失少而收缩量小，看不出收缩量随荷载大小有较显著关系。

土失水收缩产生的内部压力可用吸力概念性地理解。土的吸力也称为负孔隙水压力，吸力由土的毛细性、吸附性和渗透性决定。吸力大小可用毛细水高度表示，见图 8.2.12。图中曲线表明，与吸水膨胀土中吸力减小相反，土在收缩过程中，吸力随含水量的减小很

快增高。

土的吸力与含水量变化的相关性是土的基本特性。含水量减少导致吸力（即对土颗粒的压力）以对数（log）的量级增高。单就其中的纯毛细压力来说，土在失水收缩过程中，孔隙比即毛细管直径逐次递减，毛细压力依次增高，太沙基曾就两种黏土计算出在缩限条件下的毛细压力分别达到 18MPa 和 36MPa。再者，我国的膨胀土一般呈半坚硬状态，压缩模量较高。例如，平顶山和广西的土样在 50kPa～150kPa 压力范围内的压缩模量分别为 23.2MPa 和 55.8MPa，且土一旦收缩便处于超压密状态，在上述压力范围内土的压缩变形很小。

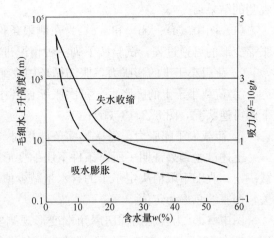

图 8.2.12　胀缩过程中吸力与含水量关系

由此可知，低层房屋荷载对土的收缩变形量的影响甚微。鉴于上述讨论，可不考虑荷载对收缩变形的影响。

8.2.3　胀缩变形的可逆性与胀缩总率

从文献 [1] 对膨胀土定名中的"同时具有显著的吸水膨胀和失水收缩两种变形特性"可知，土随含水量的增减具有胀缩变形的可逆性。图 8.2.13[13,14] 是室内试验和现场变形

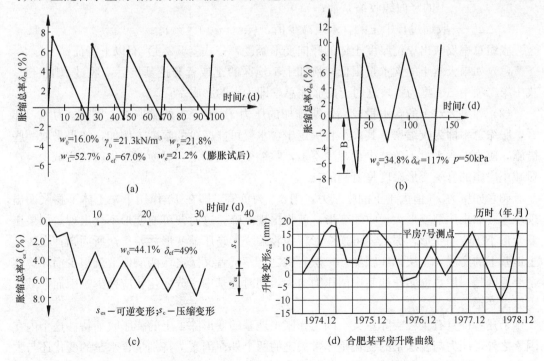

图 8.2.13　膨胀土的胀缩可逆性

（引自黄熙龄）

观测的结果。

（1）图中（a）、（b）和（c）为在侧限条件下室内膨胀、收缩循环试验模拟自然条件胀缩变形的可逆过程，试验按下列三种情况进行：

① 荷载小于土的膨胀力，胀缩循环中收缩条件相同，图 8.2.13（a）；

② 荷载小于土的膨胀力，每次胀缩循环中收缩条件不同，研究起始含水量不同条件下的可逆状况，图 8.2.13（b）；

③ 荷载大于膨胀力，每次膨缩条件相同，图 8.2.13（c）。

上述试验结果证明了所有条件下胀缩变形的可逆性。特定土的膨胀上限值由所给定荷载决定；收缩下限值决定于土的含水量减少值。胀缩总量与胀缩循环过程中含水量变化无关，即胀缩总率为定值。

图中（d）为合肥两栋房屋角端变形观测实例，在五年观测期中，1976 及 1978 为旱年，期中 1978 年为该地百年不遇的大旱年。从变形观测曲线看，每年自 3 月开始下沉，到 8 月后又开始上升，每年下沉幅度并不相同，但上升后均达到 16mm～17mm。这不仅证明室内的可逆试验可用于实际，同时还说明各地含水量在气候条件经常变化情况下存在着最小含水量值，它需经过多年统计才可得到。

（2）设土的天然含水量为 w_0，在压力 p_i 作用的膨胀率为 δ_{ep_i}，含水量收缩后减少到 w_m 时的线缩率为 δ_s，则胀缩总率 δ_{es}（％）为：

$$\delta_{es} = \delta_{epi} + \delta_s = \delta_{epi} + \lambda_s \cdot \Delta w \qquad (8.2.4)$$

式中　　δ_{epi}——压力 P_i 作用下的膨胀率（％）；

　　　　λ_s——土的竖向线收缩系数；

　　　　Δw——收缩过程中土的含水量减少值，$(w_0 - w_m)$（％）。

胀缩总率反映出单位厚度土体的竖向变形幅度，公式（8.2.4）有以下特征：

（1）如果天然土的含水量很低，例如干旱地区的土或者开挖基坑后，经过暴晒的土，式中第二项中 Δw 将为零，这时土的胀缩总率即为土的膨胀率；

（2）如果天然土的含水量较高，所施加的压力 P_i 等于土的膨胀力，则 δ_{epi} 为零，那么，胀缩总率即为收缩率，其大小将决定于含水量可能减少的幅度。例如，如果采取一些措施，使土中含水量不致减少或减少不多，收缩变形就少了，可逆变形也就相应减少。这对减小房屋的升降变形幅度是有利的；

（3）如压力 P_i 值大于土的膨胀力，则 δ_{epi} 为负值，即在 P_i 作用下，土体不膨胀而出现压缩。如果压缩变形大于收缩变形，就将出现沉降，这时，可逆变形不会出现。如果压缩变形小于收缩变形，那么，可逆变形仅为收缩变形与压缩变形之差。众所周知，在膨胀土地基上的房屋，一层损坏剧烈，二层者次之，三层者又次之，四层以上就很少损坏。其主要原因是：层数愈多，地基中的压力愈大，同时地基中水分变化相应减少，因而，减少了胀缩变形总量。

上述特征具有工程实际意义。因为膨胀土地基的变形除了土的膨胀收缩特性这个内在因素之外，压力与含水量的变化是非常关键的两个外在因素。特别是含水量的变化还与大气影响，地形、覆盖条件等密切相关。当查明了某一场地土的胀缩性质，以及该地在四季循环中土的含水量变化幅度，就可以预估场地的胀缩等级，以及房屋将产生的变形形态和幅度，并采取相应的预防措施。

8.3　膨胀土的抗剪强度与地基承载力

膨胀土场地上，不仅低层轻型房屋因幅度过大的不均匀升降位移而开裂破坏，坡体滑动、挡土墙和基坑坍塌以及河渠库岸失稳也是常见的工程事故。两者均涉及土的抗剪强度和承载力问题。为此，曾选择河北邯郸、安徽合肥、湖北荆门和云南蒙自、鸡街等有代表性的膨胀土分布地区进行试验研究工作[15]。期间共完成了 65 台载荷试验、85 台旁压试验和 64 孔标准贯入试验以及 87 组室内剪切试验，各项试验分天然和浸水两种状态。结果表明，膨胀土抗剪强度和地基承载力都随其含水量的增高而降低，且离散性较大。

8.3.1　抗剪强度及其影响因素

膨胀土与一般黏性土相比具有显著的胀缩性能、较高的超固结性和繁多的裂隙，对其抗剪强度影响显著。

1. 胀缩性对抗剪强度的影响

我国天然状态下的膨胀土，多呈半坚硬—坚硬状态，强度较高。一旦吸水膨胀，因体积增大而"胀松"，土的结构遭受破坏，强度降低。图 8.3.1～图 8.3.3 是邯郸膨胀土的抗剪强度试验结果[15]。

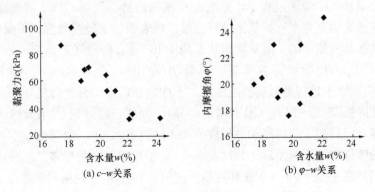

(a) c–w关系　　　　(b) φ–w关系

图 8.3.1　邯郸膨胀土直接快剪 c、φ－w 关系

（引自翟礼生）

试验场区的面积为 15m×35m，土的天然含水量为 13.4％～24.5％，平均值 $\overline{w}_0$ = 18.3％，天然重度 γ_0 为 19.8kN/m³～21.7kN/m³，平均值 $\overline{\gamma}_0$ =20.7kN/m³，自由膨胀率 δ_{ef} 为 44％～125％，平均值 $\overline{\delta}_{ef}$ =77％；蒙脱石含量为 42％～71％，平均 58.5％。

图 8.3.1 和图 8.3.2 是 12 个不同含水量土样室内直接快剪的试验资料。含水量从 18％增至 24％，黏聚力 c 由 98kPa 降到 33kPa，降低了 66％；抗剪强度由 640kPa 降为 220kPa，降低了 65.6％。而内摩擦角的 φ～w 关系较为离散，可能与土中含有不等量的钙质结核有关。12 个土样的无侧限抗压强度同样表明膨胀土的抗剪强度随含水量增加而大幅降低的特性，见图 8.3.3。

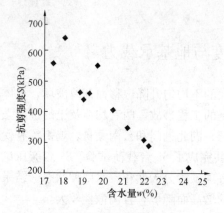

图 8.3.2 邯郸膨胀土直剪试验 $s-w$ 关系
(引自翟礼生)

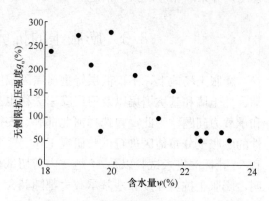

图 8.3.3 邯郸膨胀土 q_u-w 关系
(引自翟礼生)

上述结果与国内外有关报导类似。例如，张永双[16]对邯郸—永年地区膨胀性第三系硬黏土进行了直接快剪、三轴固结不排水剪和无侧限抗压试验，都得出强度随含水量增加而降低的结果。其中直接快剪的土样含水量从 16.95％增至 25.9％，c 值由 205kPa 降为 85kPa，φ 值由 38.5°降为 27°，且离散性较大。索洛昌[11]用含水量 32％～37％的土样快剪的 c 值由 67kPa 降至 15kPa，降低了 78％；φ 值由 17°降为 7°，降低了 59％。试验研究表明，膨胀土在反复胀缩变形过程中，强度有衰减的趋势。例如，H.J 吉勒斯[18]用德克萨斯州蒙脱石膨胀土的重塑土和原状土进行三轴试验表明，土经过浸湿、干燥再浸湿后，强度依次递减。如：重塑土的 c 值从初始状态的 14lb/in²，分别降至 0.7lb/in² 和 0.4lb/in²；而原状土的 c' 值从初始状态的 4.5lb/in² 降为 2.2lb/in²、0.9lb/in²。表 8.3.1 是文献[16] 三个地区膨胀土进行类似试验的结果，土样饱和后平均强度降低 30％～50％；风干再饱和后强度降低 55％～76％（因不同土而异）。同样，廖济川[19]用天然含水量约 28％的滑坡后土样，经过先干缩再浸水进行快剪和固结快剪，c 和 φ 值降低 50％以上，而李妥德等用直接慢剪进行的干湿循环次数试验表明，c' 值随循环数的增多急剧减小，而 φ' 值却略有增大，但都是在经过 2～3 次循环后趋于定值。刘特洪[32]对南阳膨胀土进反复胀缩后进行室内和现场试验表明，前两次循环强度降低 17％～22％，第三次循环后则趋于稳定值，该值处于天然土体的峰值强度与残余强度之间。上述结果与膨胀土的胀缩总率经过 2～3 次干湿循环后达到稳定值类同。

部分地区膨胀土干湿交替作用对强度的影响[引自张永双]   表 8.3.1

地区	类型	无侧限抗压强度 q_u (kPa)		
		天然	天然饱和	风干再饱和
南阳盆地	灰绿色黏土	160～420（270）	110～350（190）	40～260（120）
方城—宝丰	灰绿灰棕色黏土	150～890（380）	90～290（160）	50～140（90）
邯郸—永年	灰绿夹棕色黏土	140～330（190）	70～140（102）	70～100（85）

注：（）内数值为平均值。

2. 超固结性对抗剪强度的影响

膨胀多生成于上三叠纪至晚更新世，在沉积后的漫长地质年代间，覆盖层在地质作用

下剥蚀或冰川的融化等，使其具有较高的前期
固结压力，特别是膨胀土的显著收缩等使土的
超固结性更加强化。

此理论首先由斯坎普顿提出。

超固结黏土的剪切特征，即有较高的峰值
强度 S_p 和较低的残余强度 S_r，它们都服从有效
应力的库伦定律，即：$S_p = c' + \sigma' \tan\varphi'$ 和 $S_r = c'_r + \sigma' \tan\varphi'_r$。

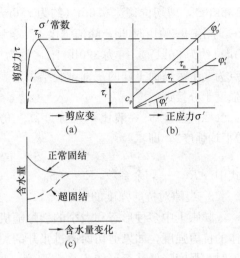

图 8.3.4 为超固结和与此同质的正常固结
黏土的剪切特性。试验用伦敦黏土进行排水慢
剪。图中（a）为超固结土的应力-应变曲线
（实线部分），在定值的有效正应力下剪应力很
快达到峰值 τ_p，即为峰值强度 S_p。试验继续，
当土中剪应力超过 τ_p 后，土产生"剪胀效应"，
土的含水量增加见图 8.3.4（c），土颗粒沿剪力

图 8.3.4　超固结和正常固结黏土剪切特性示意
（引自 Skempton）

方向定向排列，随着剪应力的增加，抗剪强度下降，最终达到定值"残余强度"S_r（也称
剩余强度）。在此过程中，剪位移可达 25mm～50mm。c'_r 很小，有时为零。而 φ' 降低 1°～
2°，有的可降低 10°。斯坎普顿认为，在一定有效正应力 σ' 下，黏土的剩余强度无论是超
固结还是正常固结，因 φ'_r 是常数，S_r 也是定值。

超固结黏土常有裂隙，也是"剪切软化"的原因之一。膨胀土不但具有超固结性，而且裂
隙由于反复胀缩，比一般黏土要多，裂隙中常充填极软的黏土矿物，剩余强度应更低。

图 8.3.5 为斯坎普顿采用直接慢剪的试验资料。有效应力 σ' 保持在 22.2lb/in² （约为

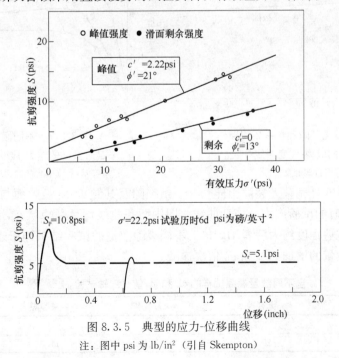

图 8.3.5　典型的应力-位移曲线

注：图中 psi 为 lb/in²（引自 Skempton）

395

156kPa），剪切位移达 0.3in（约为 7.6mm）后，退回原位再剪，如此反复，直到剩余值 S_r 为止，试验历时 6d。峰值强度 S_p 为 10.8lb/in²（约为 76kPa）；剩余强度 S_r 为 5.1lb/in²（约为 36kPa），c' 为 320lb/ft²（约为 15.6kPa），φ' 为 21°；$c'_r = 0$，$\varphi'_r = 13°$。图中的黑点为几个滑坡面土样的三轴试验结果，表明滑面土的强度与原状土经大位移剪切后的残余强度十分接近。

峰值强度 S_p 一般比剩余强度高三倍左右，斯坎普顿还建议在坡体稳定分析时采用"平均强度"，即：

$$\overline{S} = RS_r + (1-R)S_P \tag{8.3.1}$$

式中 R——剩余系数，$R = (S_P - \overline{S})/(S_P - S_r)$，$R$ 值 0~1.0。

3. 裂隙对抗剪强度的影响

膨胀土中多种形态和大小的裂隙随机存在是其工程地质特征属性之一。裂隙影响着土体的抗剪强度，如果剪切面通过张开的裂隙则该部位的强度为零；闭合的裂隙当形成剪切面时，强度降低甚至可能为剩余强度。根据格利非斯破坏准则，裂隙可导致土中应力集中，当剪力超过峰值强度时可引发连续滑动。裂隙特别是张开的裂隙使水分渗入，造成土的"胀松"软化使强度降低。

关于土中裂隙的数量、倾角和宽度以及裂隙中充填物对抗剪强度的影响，胡卸文等[20]对成都黏土做了较系统的试验研究。试验是在室内三轴仪上进行的，见图 8.3.6~图 8.3.8 和表 8.3.2~表 8.3.4。

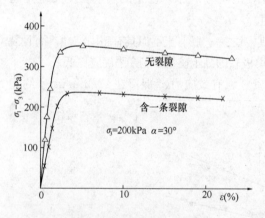

图 8.3.6 无裂隙和含一条裂隙
试样的应力-应变曲线
（引自胡卸文）

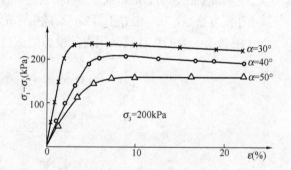

图 8.3.7 不同倾角原状
试样的应力-应变曲线
（引自胡卸文）

（1）图 8.3.6 是完整无裂隙土样和含一条裂隙及其倾角 α（裂隙面与最大主应力作用面夹角）为 30°时的试验应力—应变曲线。图中两条曲线均呈微峰状态，说明土的超固结较弱。前者的抗剪强度约为后者 1.5 倍。不同裂隙数量的试验结果列于表 8.3.2，表明土的强度随裂隙数量的增加，C_u 和 φ_u 依次递减。

含不同数量裂隙试样的 C_u 和 φ_u 值（三轴试验）[引自胡卸文]　　表 8.3.2

裂隙数量	无裂隙	一条裂隙	二条裂隙	三条裂隙
C_u (kPa)	151	78	30	24
φ_u (°)	27.2	8.0	11.0	7.8

（2）裂隙形态主要是裂隙的倾角 α 对抗剪强度影响，见图 8.3.7 和表 8.3.3。从图中看到：相同应力水平下，应变量随倾角的增大而增高，100kPa 应力差时，$\alpha=50°$ 的应变量是 $\alpha=30°$ 的 3.3 倍。在倾角 30°～50°范围内，抗剪强度随倾角的增大而降低，倾角 30°土样的强度是倾角 50°土样强度的 1.56 倍。

成都膨胀土原状在不同裂隙倾角下三轴试验成果表[引自胡卸文]　表 8.3.3

裂隙倾角	0°	30°	40°	45°	50°	55°	60°	65°	70°
C_u (kPa)	108	78	64	64	57	54	78	45	33
φ_u (°)	22.5	8.0	8.0	8.5	5.5	9.0	10.2	13.1	13.9

表 8.3.3 的数据表明，倾角 α 在 0°～70°范围内，φ_u 由大趋小，然后随 α 增大变大。α 在 50°左右时，φ_u 达到最小值。李妥德[21]对 5 个地区 26 个膨胀土样进行无侧限抗压强度试验，得到类似的结果。土样的裂隙倾角 25°～83°，强度 q_u 随倾角的增大减小后又增大，最小值时的倾角为 53°～54.4°，平均 53.7°。该土样沿裂隙面进行慢剪试验数据为：φ 角 16°～18.8°，平均 17.3°，C 值 0.8kPa～1.9kPa，平均 1.46kPa，即裂隙面上的 C 值很小接近于零。上述试验表明，裂隙倾角在 $45°+\varphi/2$ 左右时强度最低，与库伦-莫尔强度理论相符。

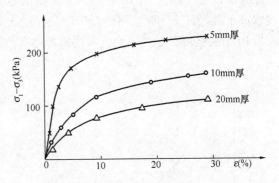

图 8.3.8　含不同厚度隙壁膨胀土原状试样的应力-应变关系
（引自胡卸文）

（3）膨胀土的裂隙中通常由淋滤作用形成不同颜色的软弱充填物，厚度一般为 2mm～10mm，最大可达 100mm 以上，最小的为由肉眼可见的薄膜。土体的强度与其厚度关联。有人将上述杂色的充填物称为"隙壁"。图 8.3.8 为裂隙倾角 30°时，不同隙壁厚度的三轴试验资料。从图中可知，随其厚度增加应变增加而强度降低。当取应变 $\varepsilon=15\%$ 时，20mm 厚的强度仅为 5mm 厚的 44%。C_u 和 φ_u 数据列于表 8.3.4，同样显示强度随隙壁厚增加而减小的规律。

含不同厚度隙壁膨胀土的天然含水率原状土试验的强度参数[引自胡卸文]　表 8.3.4

厚度（mm）	5	10	20
C_u (kPa)	78	42	33
φ_u (°)	8.0	7.2	5.3

（4）各种小试件测试的强度，由于难以代表现场土体中裂隙的分布形态、大小和数量，与后者的实际强度相差很大。斯坎普顿结合伦敦某滑坡的分析，认为采用小试件的三轴快剪强度比坡体的平均强度高 80%；而太沙基认为滑坡坡体的实际强度最多为室内小试件强度的 1/10。因此，国内外学者对试件尺寸与抗剪强度的关系进行了较多的试验研究。李妥德[21]用直径分别为 60mm～205mm 的试样进行无侧限抗压试验，试样取至含水量较低的旱季，试验结果示于图 8.3.9。表明当试样直径为 D' 且大于 120mm 时，强度达

到稳定值，土中裂隙的影响已充分呈现。此时 q_i 可认为是实际土体的强度。并据此导出不同直径 D 试样的 q_u 与 q_i 之比值和 $D \cdot \rho$（即 $q_u / q_i \sim D \cdot \rho$）的关系曲线，即当 $D > 30/\rho$ 时，试件的无侧限抗压强度为坡体的综合强度和相应的 c、φ 值。其中 ρ 为单位体积土块的裂隙面积。赵泽三[22]通过试验也表明，成都黏土试件越大含有的裂隙就越多，贯通的潜在破坏面会增大，从而降低了土体的总体强度。土块的不排水强度 C_u 与其裂隙面面积 S_a 服从负指数关系，并与罗（L_0，1970）对伦敦黏土强度的尺寸效应研究结论一致。

廖济川[19]对国内外膨胀土抗剪强度的研究概况做了较为详细的介绍和评述，并认为抗剪强度的取值应考虑水上、水下的分界。根据使用期限，按长、短期分别采用排水及不排水强度；鉴于膨胀土的胀缩特性、超固结性可能为渐近性破坏，裂隙使强度降低，长期浸水或干湿循环土的强度可能低于残余强度（剩余强度）。使用时建议采用表 8.3.5 和图 8.3.10 中的强度值，其中的表示法笔者略有改动。

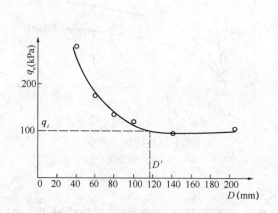

图 8.3.9　无侧限抗压强度 q_u 随试样
直径 D 变化曲线
（引自李妥德）

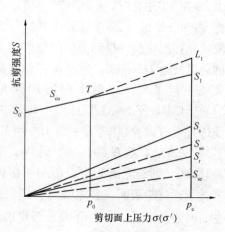

图 8.3.10　抗剪强度建议值示意
（引自廖济川）

膨胀土抗剪强度建议值[引自廖洛川]

表 8.3.5

稳定期	膨胀潜势	土体部位	
		水上	水下
短期	强、中、弱	S_{cu} （$S_0 T$ 或 $S_1 T$ 段，$0 \leqslant SR < 1$）	S_{cu} （$S_0 T$ 或 $S_1 T$ 段，$SR = 1$）
长期	强	取 S_{se} 或 S_r 中的低值 （浸水或干湿循环）	取 S_{se} 或 S_r 中的低值 （$SR = 1$）
	弱	S_s （$0 \leqslant SR < 1$）	S_s $SR = 1$
沿老滑动面		取 S_s 或 S_r 中的低值	

图中 P_0 和 P_c 分别表示剪切面上的现有有效压力和超固结压力，L_1 和 T 点为历史和当前的强度，$S_0 T$ 和 $S_1 T$ 分别代表卸荷段和加荷段的不排水强度曲线（S_{cu} 或 S_{uu}），并应考虑应力路径。S_s 线为峰值强度过渡到残余强度 S_r 间的完全软化强度；S_{se} 为土浸水膨胀后

的膨胀软化强度。表中的 SR 为土的饱和度（仅为与残余强度 S_r 区别开来）。文献［19］同时建议当土中裂隙较发育时，室内试验应采用直径 $D \geqslant 10\text{mm}$ 的试样。

关于膨胀土抗剪强度的试验研究，国内外多着重于坡体稳定分析方面。关键的问题除如何确定强度外，是找到潜在的滑动面。笔者认为，强度的分带取值，只有在河渠库岸或有地下水时，考虑水上、水下。一般情况下，应以大气影响深度为界。因为在此深度内，土中裂隙发育，水分和胀缩变形活动频繁，土的强度易软化衰减。在坡体稳定分析时采用反算法较为合理并得到认可。铁道部门曾对分布于晋、豫、鄂、皖坡高 3m～5m 的 74 处土质相近的路堑滑坡、太焦线 15 处滑坡和四川渡口的某滑坡采用反算法都取得较满意成果，其中渡口滑坡反算 c 为 10kPa，φ 为 5°，而室内顺滑面试验值 c 为 9kPa～26kPa，φ 为 5°43′～7°，与之接近。

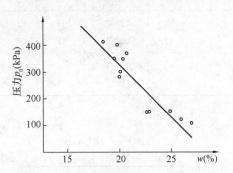

图 8.3.11　邯郸膨胀土 $p_0 \sim w$ 关系图
（引自翟礼生）

8.3.2　地基承载力

1. 承载力与含水量的关系

大量现场的天然和浸水条件下原位试验表明，膨胀土地基承载力高低除因地质成因、超固结度和裂隙等不同外，最直观的试验结果是随含水量的增大而减小。表 8.3.6 和图 8.3.11 是邯郸膨胀土 13 台现场载荷试验在天然和浸水条件下承载力 p_0（比例界限）与含水量的关系[15]。

邯郸膨胀土载荷试验 $p_0 \sim w$ 关系^{引自翟礼生}　　　　　表 8.3.6

项目　　条件	试验条件											
	天然状态							浸水（砂井双面浸水）状态				
含水量 w（%）	18.3	19.4	19.7	20	20	20.3	20.6	22.6	22.7	22.9	24.9	26.0	26.9
承载力 p_0（kPa）	410	350	400	280	300	350	370	150	150	150	150	120	110

该处试验土层为深厚的 Q_2 与冰川有关的湖相杂色黏土，土中含有不连续的砂、砾石薄层和纵横交错的裂隙。上部覆盖有约 0.5m 厚的白钙土和厚约 0.3m～2.0m 的黄土状粉质黏土。试验土层的自由膨胀率 δ_{ef} 为 44%～125%，平均值 77%，蒙脱石含量 14%～32%，平均值 24.8%，塑限平均值 21.6%。试验是在 8 月～12 月旱季实施，土的天然含水量为 18.3%～20.6%，低于塑限含水量。承载力 p_0 平均值 350kPa；而浸水后的含水量平均值为 24.3%，承载力 p_0 值为 110kPa～150kPa，平均为 138kPa，降低约 60%。旁压和标贯试验与之类似。

5 个地区的现场载荷试验资料汇总于表 8.3.7。

5 个地区荷载试验资料汇总　　　　　表 8.3.7

地区	天然含水量 w_0（%）	孔隙比 e_0	塑限 w_p（%）	自由膨胀率 δ_{ef}（%）	含水量变化（%）	含水量增量 Δw（%）	承载力变化 p_0（kPa）	p_0 最大降幅（%）
邯郸	13.4～24.5 (18.3)	0.41～0.49 (0.54)	17.5～28.9 (21.6)	44～125 (77)	18.3～26.9	8.6	410～110	73

续表

地区	天然含水量 w_0（%）	孔隙比 e_0	塑限 w_p （%）	自由膨胀率 δ_{ef} （%）	含水量 变化 （%）	含水量增量 Δw （%）	承载力变化 p_0 （kPa）	p_0 最大降幅 （%）
合肥	21.8～27.8 (24.2)	0.58～0.74 (0.65)	19.9～27.9 (23.0)	45～105 (74)	24.3～27.3	3.0	200～125	38
荆门	19.3～29.3 (24.1)	0.51～0.83 (0.67)	18.1～25.5 (21.8)	52～74 (63)	17.3～25.6	8.3	350～200	43
鸡街	15～24 (18.8)	0.42～0.72 (0.61)	17～26 (23.7)	49～76 (59)	16.7～32.0	15.3	650～110	83
蒙自	30～42 (37)	0.96～1.25 (1.11)	35～41 (38)	54～124 (85)	31.0～41.7	10.7	290～50	83

注：( ) 中为平均值

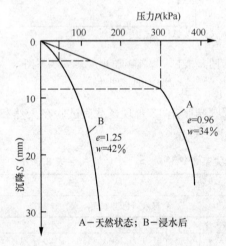

图 8.3.12　蒙自的膨胀土载荷试验曲线
（引自黄熙龄）

5 个地区土的天然含水量是长期试验观测的统计值，其中邯郸和鸡街的天然含水量平均值均小于 20%，约为塑限的 80%；而天然孔隙比在 0.5～0.6 之间，两者均远小于其他地区。天然状态下承载力为 400kPa 和 650kPa，平均值约为 350kPa，大于其他地区 40% 以上。图 8.3.12 是蒙自地区荷载试验的压力-沉降（变形）曲线[14]，从图中可看出浸水后承载力 p_0 仅为 50kPa，比天然状态的承载力降低 4 倍之多。两条曲线的性状截然不同，浸水载荷试验的曲线直线段短而陡峻，局部剪切阶段很小，很快即达到塑性区急剧扩大的整体剪切阶段。这是由于浸水后土的含水量和孔隙比大幅增加，强度软化衰减所致。

2. 地基承载力的取值

我国膨胀土的成因类型复杂，气候条件和地形地貌都影响着土中含水量的变化。上述 5 个地区的载荷试验资料是各地区特定土层的试验结果。然而，膨胀土大多是成层分布的，土的胀缩性能参差不齐，如南阳的灰白、棕黄色和灰褐色膨胀土的膨胀潜势从高到低差异很大；再如，图 8.3.12 中试验曲线是蒙自灰白色的中更新世膨胀土，其上有褐红色上更新世土层，该层土的天然含水量平均值为 28%，孔隙比为 0.84，自由膨胀率 δ_{ef} 为 46，仅为下层土的 54%，属于弱膨胀土。因此，膨胀土的承载力取值应根据土层分布，当地含水量变化情况以及基础埋深、主要受力层深度以及建筑物使用期间受水状况等因素综合确定。

(1) 我国膨胀土的含水量多数在其塑限附近，处于半坚硬、坚硬状态。对四层以下的房屋，选取承载力时，尚应兼顾地基胀缩变形的控制，尽量用足承载力值。最好使地基上的平均压力在其膨胀力左右。当初步设计时可参考表 8.3.8[1]。

膨胀土地基承载力特征值 f_{ak}（kPa）　　　　　　　　　表 8.3.8

含水比＼孔隙比	0.6	0.9	1.1
0.5	350	280	200
0.5～0.6	300	220	170
0.6～0.7	250	200	150

表中含水比为天然含水量与液限的比值；适用于基坑开挖时土的天然含水量小于等于勘察取土试验时土的天然含水量。

（2）对于高重和重要的以及使用期间常年受水浸湿的建筑物，应采用现场原位测试，特别是浸水载荷试验，并结合当地经验综合各种不利因素如临坡等情况确定承载力。对于基础埋深大于大气影响深度的建筑物可按一般地基进行设计。浸水载荷试验的荷载－变形曲线示于图 8.3.13[1]。图中的 OA 段表示分级加荷至 A 的设计荷载，稳定后浸水使之膨胀稳定至 B 点，然后停止浸水继续逐级加荷至极限荷载。

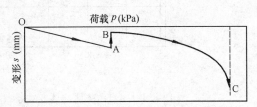

图 8.3.13　现场浸水载荷试验 *P-S* 关系曲线示意[1]
OA：分级加载至设计荷载；AB：浸水膨胀稳定；
BC：分级加载至极限荷载。

上述用载荷试验确定的地基承载力较符合实际，当图中的 B 点与 A 点重合时，表明地基上的压力为土的膨胀力，采用这样设计既满足承载力要求又控制膨缩变形。当 B 点位于 A 点之下时，表明只可能产生收缩和压缩变形。

（3）当土中的裂隙较少且分布较均匀时，也可用室内试验的强度指标 c、φ 值用公式计算承载力。但小试件的三轴饱和快剪试验往往只沿裂隙或软弱面剪损，强度往往太低甚至离散性太大而无法得到满意的结果，同时也不符合半无限体上集中受压的条件，因此，室内试验结果应结合其他原位测试和当地经验综合确定地基承载力。

8.4　膨胀土的判别、场地与地基评价

8.4.1　膨胀土的判别

1. 国内外膨胀土判别方法和分类

（1）美国 W. G. 荷尔兹和 H. J. 吉勃斯[17]首先提出用自由膨率 δ_{ef} 来判别膨胀土并分类，见图 8.4.1。图中横坐标的自由膨胀率 δ_{ef} 是将烘干并通过 40 号筛（筛孔直径 0.425mm）的土样 10ml，缓缓倒入充满纯水的 100ml 量瓶中，待其膨胀稳定后，量测最终体积，计算自由膨胀率。图中的纵坐标是同质原状土样风干后，在固结仪上用 $1lb/in^2$ 压力浸水至膨胀稳定后的体积变化率。并以此分为很高到低四类。他们认为，虽图中的关系点位较为离散，但趋势较明显，对于初步判别和分类已足够适用。当 $\delta_{ef} \geqslant 100\%$ 时，在较小荷载下将会产生显著膨胀，应认真对待；而 $\delta_{ef} < 50\%$ 时，不可能产生明显的体变。

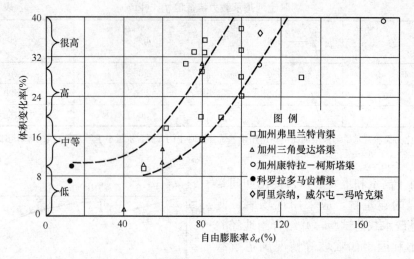

图 8.4.1　自由膨胀与体变关系（在 1lb/in² 荷重下风干至饱和状态）
(引自 Holtz 和 Gibbs)

为进一步试验研究膨胀潜势与土的物理和胀缩指标的关系，选择了胶粒含量、塑性指数和缩限以及 1lb/in² 压力下土样风干至浸水饱和后的体积变化率作为判别和分类指标，见表 8.4.1。

加州两渠系膨胀土可能体变的估计资料[引自Holtz和Gibbs]　表 8.4.1

标准试验数据			估计可能的膨胀*（风干到饱和）（%）	膨胀程度
胶粒（<1μm）含量（%）	塑性指数	缩限（%）		
>27	>32	<10	>30	很高
18~37	23~45	6~12	20~30	高
12~27	12~34	8~18	10~20	中
<17	<20	>13	<10	低

　* 以垂直荷载 1lb/in² 为准，用单向固结仪试验［引自 Hoctz 和 Gibbs］。

　　表 8.4.1 和图 8.4.2 是 38 个原状土样的试验结果，从图中相关联的指标分布状况看，离散较大，特别是塑性指数和缩限偏离更多，只能表示其趋势。

　　采用 1lb/in² 压力（相当于 7kPa）风干土样的体变率据说只考虑河渠衬砌的荷载，而河渠现场土的含水量远大于土的缩限值。对实际工程设计仅能作为概念性的参考。

　　(2) 希德（Seed1962）等[24]用商用黏土矿物掺入不等比例的砂，以美国各州公路局协会的压实标准，制成以最优含水量和最大干密度的试样，以 1lb/in² 荷载下浸水膨胀的百分数建立与土的黏粒含量、活动性之间的关系式如下：

$$S = 3.6 \times 10^{-5} A^{2.44} C^{3.44} \tag{8.4.1}$$

式中　　S ——膨胀势（%）；

　　　　A ——土的活动性，$A = \dfrac{I_\mathrm{P}}{C}$，其中 I_P 为塑性指数（%）；

　　　　C ——土中 <2um 的颗粒的含量（%）。

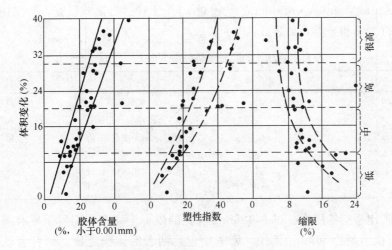

图 8.4.2　体积变化与胶体含量、塑性指数及缩限的关系

（1lb/in² 荷载下风干至饱和条件）（引自 Holtz 和 Gibbs）

同时又建立了膨胀势 S 与土的塑性指数 I_P 的关系式：

$$S = 60K \, (I_P)^{2.44} \tag{8.4.2}$$

式中 $K = 3.6 \times 10^{-5}$；其他符号同前。

希德等认为上式适用于黏粒含量为 $8\%\sim65\%$ 的黏性土。$S > 25\%$ 为很强；$S = 5\%\sim 25\%$ 为强，$S = 1.5\%\sim5\%$ 为中等；$S = 0\%\sim1.5\%$ 为弱。其误差不大于 33%。

（3）陈孚华[2]也曾用单一的塑性指数 I_P 对膨胀土进行判别和分类：

$$S = 0.2558e^{0.0838I_P} \tag{8.4.3}$$

上式是根据美国 321 个原状土样试验结果建立的。$I_P > 35$ 为很高；$I_P = 20\sim35$ 为高；$I_P = 10\sim35$ 为中等；$I_P \leqslant 15$ 为弱。适用条件：含水量为 $15\%\sim20\%$，干重度为 16.0kN/m³$\sim$17.6kN/m³。

（4）南加纳珍等[25]用印度南部不同地区的四种黑棉土进行验证。结果表明，式（8.4.1）最大误差为 65%；式（8.4.2）的误差最大为 47%。因而对希德公式进行变换改进，提出用缩性指数来对膨胀土进行判别和分类。公式如下：

$$SP = \beta \, (SI)^P \tag{8.4.4}$$

式中　SP——膨胀势，压力 1lb/in²（约为 7kPa）固结仪中的膨胀量（%）；

　　　　β——试验常数，原状土为 1/6.3，压实土为 1/256；

　　　　SI——缩性指数，为土的液限与缩限之差（%）；

　　　　P——试验常数，原状土为 1.17，压实土为 2.37。

以缩性指数为依据的膨胀潜势判别见表 8.4.2。

按土的缩性指数分类[引自南加诊]　　　　　　　　　　　　　　　　表 8.4.2

缩性指数 SI（%）	膨胀潜势	缩性指数 SI（%）	膨胀潜势
0~20	低	30~60	高
20~30	中	>60	很高

（5）K·prakshand A·sridharan[26]曾对70个土样进行试验研究，提出用土的自由膨胀比对其进行判别和分类，如表8.4.3。

按自由膨胀比的膨胀潜势分类^[引自K·praksh and A·sridharan]   表8.4.3

按自由膨胀比的膨胀潜势分类[引自K·praksh and A·sridharan]　　　　表8.4.3

自有膨胀比	膨胀性	黏土类型	主要黏土矿物成分
≤1.0	无	非膨胀性	高岭石族
1.0~1.5	低	膨胀性与非膨胀性 黏土混合物	高岭石与 蒙脱石族
1.5~2.0	中强	膨胀性	蒙脱石族
2.0~4.0	强	膨胀性	蒙脱石族
>4.0	很强	膨胀性	蒙脱石族

自由膨胀比系指各用10g过0.425mm筛孔的烘干土样，分别置于盛有蒸馏水和煤油（或 Ccl_4）有机溶剂的50ml量筒中，膨胀稳定后两者的体积之比。研究者认为，煤油等有机溶剂对土中的蒙脱石膨胀有抑制作用，而非膨胀性矿物如高岭石的膨胀性能可自由发挥。据此，余颂[27]和查浦生[28]曾分别对安徽合肥至六安高速公路和合肥的土样进行了试验研究，表明该指标与土的蒙脱石含量、阳离子交换量和比表面积都有较好相关性。他们认为，此法简单方便，克服了人为因素等对自由膨胀率 δ_{ef} 的干扰。

（6）苏联建筑法规（СНиПШ-15-74）[12]规定，当按下列公式计算的指标 П≥0.3时，认为该黏土为膨胀土：

$$\prod = \frac{e_L - e_0}{1 + e_0} \tag{8.4.5}$$

式中　e_L——液限状态时土的孔隙比；

　　　e_0——原状土的天然孔限比。

E·A索洛昌[11]指出，式（8.4.5）判别式实际为土从天然含水量增加到液限含水量时膨胀率。上式视为初步判别指标，不能依据它对建筑物进行地基设计和采取预防措施来保证其安全，因此，建议用无荷载下原状土样的膨胀率 δ_{ep0} 按表8.4.4进行分类。

膨胀土的膨胀性分[引自索洛昌]　　　　表8.4.4

无荷载下的膨胀率 δ_{ep0}（%）	膨胀性	无荷载下的膨胀率 δ_{ep0}（%）	膨胀性
$\delta_{ep0} \geq 12$	强	$4 \leq \delta_{ep0} < 8$	低
$8 \leq \delta_{ep0} < 12$	中	$\delta_{ep0} < 4$	非膨胀土

笔者认为苏联的判别和分类方法，不能反映土的膨胀潜势。膨胀土对水敏感，同一种土含水量不同，δ_{ep0} 差异很大。

（7）我国《公路工程地质勘察规范》（JTGC 20—2011）规定[29]，膨胀土的判别和分类首先根据场地的工程地质特征和自由膨胀率按表8.4.5进行初判，再按表8.4.6进行分级。

膨胀土的初判标准　　　　表8.4.5

项目	特征
地层	以第四系中、上更新统为主，少量为全新统及新第三系
地貌	地形平缓开阔，具垄岗式地貌，垄岗与沟谷相间，无明显的天然陡坎，自然坡度平缓，坡面沟槽发育

项目	特　征
颜色	以褐黄、棕黄、棕红色为主，间夹灰白、灰绿色条带或薄膜，灰白、灰绿色多呈透镜体或夹层出现
黏土	土质细腻，手触摸有滑感，旱季呈坚硬状，雨季黏滑，液限大于40%
含有物	含有较多的钙质结核，并有豆状铁锰质结核
结构	结构致密，易风化成碎块状，更细小的呈鳞片状
裂隙	裂隙发育，呈网纹状，裂面光滑，具蜡状光泽，或有擦痕，或有铁锰质薄膜覆盖。常有灰白、灰绿色黏土充填
崩解性	遇水易沿裂隙崩解成碎块状
不良地质	常见浅层溜塌、滑坡、地裂、新开发的路堑、边坡、基坑易产生塌陷
自由膨胀率	$F_S \geqslant 40\%$

膨胀土分级　　　　　　　　　　　　　　表 8.4.6

级别 分级指标	非膨胀土	弱膨胀土	中等膨胀土	强膨胀土
自由膨胀率 F_S（%）	$F_S < 40$	$40 \leqslant F_S < 60$	$60 \leqslant F_S < 90$	$F_S \geqslant 90$
塑性指数 I_P	$I_P < 15$	$15 \leqslant I_P < 28$	$28 \leqslant I_P < 40$	$I_P \geqslant 40$
标准吸湿含水率 w_f	$w_f < 2.5$	$2.5 \leqslant w_f < 4.8$	$4.8 \leqslant w_f < 6.8$	$w_f \geqslant 6.8$

（8）我国《铁路工程特殊岩土勘察规程》（TB 10038—2012）规定，膨胀土的判别和分类，按初判和详判两阶段实施。

初判时按场地土的工程地质特征和自由膨胀率由表 8.4.7 确定。

膨胀土的初判标准　　　　　　　　　　　表 8.4.7

地貌	山前丘陵、盆地边缘的堆积、残积地貌，常呈垄岗与沟谷相间景观；地形平缓开阔，坡脚少见自然陡坎，坡面沟槽发育
颜色	多呈棕、黄、褐色，间夹灰白、灰绿色条或薄膜；灰白、灰绿色多呈现出透镜体或夹层出现
结构	具多裂隙结构，方向不规则，裂面光滑、可见擦痕，裂隙中常充填灰白、绿色黏土条带或薄膜，自然状态下常呈坚硬或硬塑状态
土质情况	土质细腻，有滑感，土中常含有钙质或铁锰质结核或豆石，局部可富集成层
自然地质现象	坡面常见浅层溜坍、滑坡、地面裂缝，当坡面有数层土时，其中膨胀土层往往形成凹形坡，新开挖的坑壁易发生坍塌，膨胀土上浅基础建筑的墙体裂缝，有随气候的变化而张开或闭合的现象
自由膨胀率 F_S	$F_S \geqslant 40\%$

详判时分别按表 8.4.8 和表 8.4.9 进行判定和分类。

膨胀土的详判指标　　　　　　　　　　　表 8.4.8

名　称	判定指标
自由膨胀率 F_S（%）	$F_S \geqslant 40$
蒙脱石含量 M（%）	$M \geqslant 7$
阳离子交换量 CEC（NH_4^+）（mmol/kg）	CEC（NH_4^+）$\geqslant 170$

注：CEC 表示 1kg 干土的阳离子交换量。

膨胀土的膨胀潜势分级 表 8.4.9

分级指标	弱膨胀土	中等膨胀土	强膨胀土
自由膨胀率 F_S（%）	$40 \leqslant F_S < 60$	$60 \leqslant F_S < 90$	$F_s \geqslant 90$
蒙脱石含量 M（%）	$7 \leqslant M < 17$	$17 \leqslant M < 27$	$M \geqslant 27$
阳离子交换量 CEC（NH_4^+） （mmol/kg）	$170 \leqslant CEC（NH_4^+）< 260$	$260 \leqslant CEC（NH_4^+）< 360$	$CEC（NH_4^+）\geqslant 360$

注：当土质符合表列任意 2 项以上指标时，即判定为该等级。

（9）我国《膨胀土地区建筑技术规定》（GB 50112—2013）[1]规定，膨胀土应根据土的自由膨胀率 δ_{ef}、场地的工程地质特征和建筑物破坏形态综合判定。必要时尚应根据土的矿物成分、阳离子交换量等试验验证。

当场地具有下列工程地质特征及建筑物破坏形态，且土的自由膨胀率 δ_{ef} 大于等于 40% 的黏性土，应判定为膨胀土：

① 土的裂隙发育，常有光滑面和擦痕，有的裂隙中充填有灰白、灰绿等杂色黏土，自然条件下呈坚硬或硬塑状态；

② 多出露于二级或二级以上的阶地、山前和盆地边缘的丘陵地带，地形较平稳，无明显自然陡坎；

③ 常见有浅层滑坡、地裂，新开挖坑（槽）壁易发生坍塌等现象；

④ 建筑物多成"倒八字"、"X"或水平型裂缝，裂缝随气候变化而张开和闭合。

按表 8.4.10 将膨胀潜势分为三类。当建筑工程的规模较大、功能要求严格或对膨胀土的判别有疑问时可按表 8.4.11 的规定进行验证。

膨胀土的膨胀潜势分类 表 8.4.10

自由膨胀率 δ_{ef}（%）	膨胀潜势	自由膨胀率 δ_{ef}（%）	膨胀潜势
$40 \leqslant \delta_{ef} < 65$	弱	$\delta_{ef} \geqslant 90$	强
$65 \leqslant \delta_{ef} < 90$	中		

膨胀土的自由膨胀率与蒙脱石含量、阳离子交换量的关系 表 8.4.11

自由膨胀率 δ_{ef}（%）	蒙脱石含量（%）	阳离子交换量 CEC（NH_4^+）（mmol/kg 土）	膨胀潜势
$40 \leqslant \delta_{ef} < 65$	$7 \sim 14$	$170 \sim 260$	弱
$65 \leqslant \delta_{ef} < 90$	$14 \sim 22$	$260 \sim 340$	中
$\delta_{ef} \geqslant 90$	> 22	> 340	强

注：1. 表中蒙脱石含量为干土全重含量的百分数，采用次甲基蓝吸附法测定；

2. 对不含碳酸盐的土样，采用醋酸铵法测定其阳离子交换量；对含碳酸盐的土样，采用氯化铵-醋酸铵法测定其阳离子交换量。

（10）以上是人们较为关注的判别和分类方法，尚有塑性图、吸力势、活动性以及胀缩总率和风干含水量法等，不再详细介绍。

2. 判别和分类方法的讨论

膨胀土判别的重要性不言而喻。上述国内外众多判别方法，说明膨胀土的复杂性和认识的不一致。同时也表明随着工程建设规模扩大和科学技术的进步，人们在不断探索，力图找到较为合理的方法，为自己所属行业服务。例如，姚海林等[31]经试验研究提出标准吸湿含水率作为判别和分类指标之一，并已纳入规范[29]。从发表的文献看出，它是在特定条件下土样脱水收缩后达到的稳定含水量值，是特定条件下黏性土持水特征曲线或吸力势的一种量度。之所以同种土样在其过程中脱水和吸水稳定后表征含水量值不重合，是土样起始孔隙比和干密度不同的结果。土在吸水和脱水过程呈现的滞回环可解释上述现象。膨胀土特别是残积型膨胀土中常有碎屑颗粒，仅采用3g～4g土样进行试验，不知试验结果的离散性如何。因此，其适用性尚需在工程实践中验证。

　　国外的判别方法笔者在介绍时，已作了简约评述。以下仅对国内三部技术标准的方法进行讨论。

　　建筑、公路和铁道部门都是从各自的工作目的和用途出发，根据行业的工程需求选择判别指标和技术路线，但都以膨胀土的工程地质特征和自由膨胀率作为初步判别方法。很显然，膨胀土的工程地质特征是土长期经过水分变化而导致反复膨胀变形和强度软化衰减的结果。而自由膨胀率的大小能直观反映土的体积变化的显著程度。膨胀土上房屋的胀缩位移幅度和开裂破坏形态、严重程度都与之关联。这是对膨胀土识别的第一步，也是总结大量工程经验的成果。接下来各自选择判别指标或进行详细判别和分级，这符合对复杂事物认识的方法论。

　　各行业对膨胀土的判别和分类的用途各不相同，公路和铁道系统主要以强、中、弱来确定路堑、路堤的坡高、坡率和基床土质种类的选取以及防护措施。而建筑行业的判别和分类主要用在可行性勘察或场址选择阶段，以识别场区有无膨胀土及其膨胀潜势。并据此确定在初步勘察和详细勘察阶段是否按规范[1]进行原状土样胀缩指标等试验工作，为进一步对房屋的地基进行评价（可以认为是定判）提供技术支持。

　　在"膨胀土地基设计"专题研究和规范编制过程中，对全国主要膨胀土分布地区2497个膨胀土土样和643个非膨胀土土样，综合地基的胀缩变形观测资料、房屋开裂形态和严重程度以及土的蒙脱石含量和阳离子交换量等对比分析选取自由膨胀率进行了研究和分析。例如，蒙自某场地的自由膨胀率大于100%，地基的胀缩变形幅度最大值在180mm左右，墙体裂缝的宽度80mm～200mm，严重损坏；合肥和荆门某场地的自由膨胀率平均值为63%～74%，地基胀缩幅度50mm～55mm，房屋开裂破坏程度为低到中等；而湖北武钢、小哨和崇左等非膨胀土地区的自由膨胀率小于40%，房屋完好。众所周知，黏性土中蒙脱石的含量是导致土显著体变的物质基础；土中阳离子换交量和种类，是土黏粒中晶格外表面吸附极性水分子形成较厚结合水膜产生粒间膨胀的主要因素，它们都是膨胀土的本质特性，都与自由膨胀率密切相关。

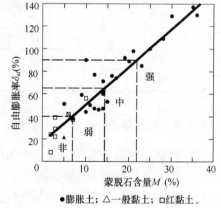

●膨胀土；△一般黏土；□红黏土。

$\delta_{ef} = 3.3459M + 16.894$　$R^2 = 0.8114$

图 8.4.3　蒙脱石含量与自由膨胀率关系[1]

　　图 8.4.3 和图 8.4.4 是全国有代表性自由膨胀率与蒙脱石含量和阳离子交换量的统计结果，它们都有较好线性相关关系。图 8.4.5 是文献[9]

根据南水北调中线工程的河北邯郸、河南南阳和平顶山以及湖北钟祥和襄樊等地区 56 个膨胀土样统计分析的结果。自由膨胀率 40％，对应的蒙脱石含量在 7％左右，与图 8.4.3 基本一致。说明自由膨胀率作为膨胀土的初步判别指标的科学性和合理性，且直观、方便、适用。只要按规范[1]的试验要求操作，试验结果的偏差能符合试验技术标准的要求。表 8.4.12 是文献[32]对南阳三种膨胀土 200 多组土样试验研究的结果，表明自由膨胀率试验变异系数在 0.12～0.13 之间，比其他胀缩特性指标的变异系数小很多。同时，也表明膨胀土的胀缩特性指标随自由膨胀率的增高而增高的趋势。

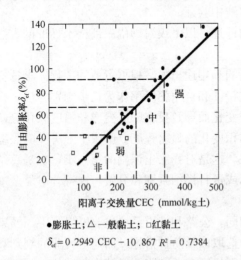

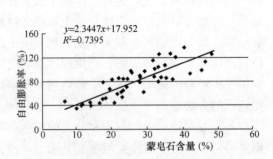

图 8.4.4　阳离子交换量与自由膨胀率关系[1]　　　图 8.4.5　膨胀土蒙皂石含量与自由膨胀率关系
（引自燕守勋）

膨胀土钻孔取样试验结果[引自刘特洪]　　　　　　　　　　表 8.4.12

土名	项目	含水量 w（%）	自由膨胀率 δ_{ef}（%）	线膨胀率 δ_{ep}（%）	膨胀力 P_e（kPa）	缩限 w_s（%）	线缩率 δ_{si}（%）	体缩率 δ_v（%）
灰白色膨胀土	均值	23.8	102.0	8.2	82.0	10.4	6.3	20.4
	变异系数	0.12	0.12	0.48	0.53	0.27	0.36	0.36
棕黄色膨胀土	均值	22.9	76.0	5.1	62.0	11.3	5.3	16.2
	变异系数	0.09	0.13	0.46	0.50	0.21	0.39	0.23
灰褐色膨胀土	均值	23.5	49.0	3.0	30.0	12.1	3.4	13.6
	变异系数	0.14	0.13	0.44	0.43	0.18	0.33	0.14

8.4.2　建筑场地

我国膨胀土一般分布于二级以上河谷阶地、低山丘陵地带，在外营力的作用下，受到剥蚀、切割形成坡向各异的垄岗地形，土中裂隙发育。在大气影响深度内，由于土中水分的变化常出现沿地形等高线的地裂和浅层塑性滑坡。调查统计表明，位于坡地上的低层房屋开裂损坏普遍严重，例如，湖北郧县 1200 栋新建房屋 80％以上遭受严重开裂破坏。胀缩变形是膨胀土的固有特性，土的含水量变化是胀缩变形的重要条件。自然环境不同，对土的含水量影响也随之而异，必然导致胀缩变形的显著区别。平坦场地和坡地场地处于不同的地形地貌单元上，具有各自的自然环境，便形成了独自的工程地质条件。

表8.4.13是我国8个省9个研究点不同场地上房屋破坏状况的调查统计结果，可看出，平坦和坡脚场地上的房屋破坏程度较轻或基本完好，与坡腰和坡顶场地上房屋的破坏数量和破坏程度截然不同。

坡地上建筑物损坏情况调查统计 表8.4.13

序号	建筑物位置	调查统计
1	坡顶建筑物	调查了324栋建筑物，损坏的占64.0%，其中严重损坏的占24.8%
2	坡腰建筑物	调查了291栋建筑物，损坏的占77.4%，其中严重损坏的占30.6%
3	坡脚建筑物	调查了36栋建筑物，损坏的占6.8%，其损坏程度仅为轻微～中等
4	阶地及盆地中部建筑物	由于地形地貌简单，场地平坦，除少量建筑物遭受破坏外，大多数完好

1. 坡地

为研究边坡的变形特点和坡地上房屋的位移特征，曾选择有代表性场地进行坡地变形、坡体土中含水量和房屋位移等观测工作。

1）边坡的变形特点及对房屋的危害

湖北郧县人民法院附近的斜坡上，曾布置两个剖面的变形观测点，测点布置见图8.4.6，观测结果列于表8.4.14。从观测结果来看，在边坡上的各测点不但有升降变形，而且有水平位移；升降变形幅度和水平位移量都以坡面上的点最大。如边4经过2年多的观测，该点的水平位移达到34.2mm，竖向位移达47.07mm。而边1点也因地裂的影响有4mm的水平移动，见图8.4.7。从表8.4.14可知，水平位移随离坡肩距离的增大而逐

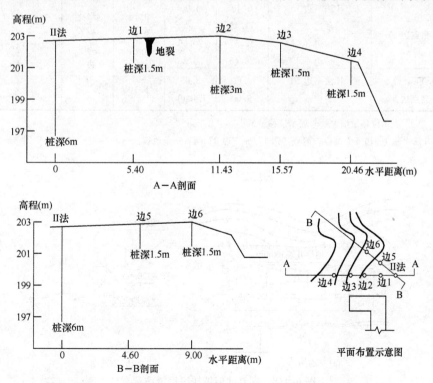

图8.4.6 湖北郧县人民法院边坡变形观测测点布置示意[1]

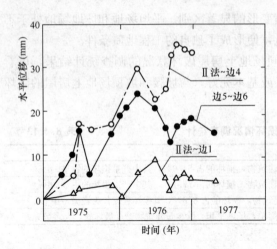

图 8.4.7 郧县法院边坡水平位移状况

渐减小；当距离坡肩 15m 时，尚有 9mm 的水平位移，也就是说，边坡的影响距离至少在 15m 左右，水平位移的发展可引发坡肩处地裂的产生。从图 8.4.7 看到，持续多年的水平位移，导致土体竖向位移加剧，竖向位移在其过程中随着气候变化，土中含水量增减虽可引起土体小幅度升降变化，但大幅度的下沉不可逆转。一旦土体抗剪强度遇水软化衰减，就造成坡体滑动，房屋遭受严重损坏，如该县城北门某单位房屋，因坡体滑动造成室内地坪开裂达 300 多 mm，外墙临坡一面外移近 200mm，房屋严重扭曲，见图 8.4.8[23]；再如，广西宁明某部原工作房，位于 15° 的斜坡上，坡高 5.1m。因坡脚处挖方，坡体失稳。坡上树木呈"醉林"状，滑坡导致室内地坪出现平行等高线的两条裂缝，宽度分别为 50mm 和 40mm，地坪下错 50mm，墙体裂缝最大宽度 100mm。

湖北郧县人民法院边坡观测结果　　　　　　　　　　　　表 8.4.14

剖面长度 (m)	点号	间距 (m)	水平位移（mm）		点号	升降变形幅度 (mm)
			"＋"	"－"		
					Ⅱ法	10.29
20.46 (Ⅱ法～测点边 4)	Ⅱ法～边 1	5.40	4.00		边 1	49.29
	～边 2	11.43		3.10	边 2	34.66
	～边 3	15.57	20.60	9.90	边 3	47.45
	～边 4	20.46	34.20	10.70	边 4	47.07
9.00 (Ⅱ法～测点边 6)	Ⅱ法～边 5	4.60	3.00		边 5	45.01
	～边 6	9.00	24.40	6.10	边 6	51.96

注：1. "＋"表示位移量增大；－表示位移量减小；

　　2. Ⅱ法、边 1～边 6 为测点，测点"边 1"～"边 2"间有一条地裂。

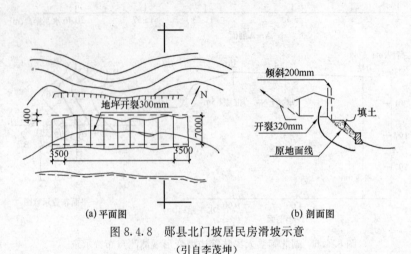

图 8.4.8 郧县北门坡居民房滑坡示意

（引自李茂坤）

临坡房屋靠坡肩一侧临空面积大，膨胀和收缩幅度也大，房屋开裂损坏是普遍现象，如河南平顶山一排平行的 5 栋 3 层砌体结构楼房，垂直于坡坎布置。基础埋深 1.0m，建成 4 年后，临坎一端的内外纵墙处均出现上宽下窄的竖向裂缝，缝宽最大 60mm，山墙向外倾斜。图 8.4.9[23] 为其中一栋的变形观测资料和房屋开裂状况。

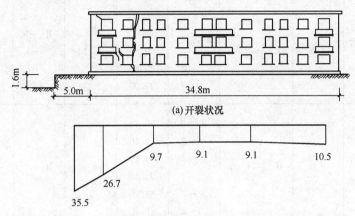

(a)开裂状况

(b)升降变形幅度展开曲线 （mm)(1974.7～1977.6)

图 8.4.9 平顶山市某临陡坎住宅变形破坏情况

(引自李茂坤)

2）坡地上房屋的位移特征

云南个旧东方红农场小学教室及个旧冶炼厂 5 栋家属宿舍，均处于 5°～12°的边坡上，7 年的升降观测表明，临坡面的变形与时间关系曲线是逐年渐次下降的，非临坡面基本上是波状升降。观测结果列于表 8.4.15。从观测结果可知，临坡面观测点的变形幅度是非临坡面的 1.35 倍，边坡的影响加剧了建筑物临坡面处的变形，从而导致建筑物的损坏。

云南个旧东方红农场等处 5°～12°边坡上建筑物升降变形观测结果　　表 8.4.15

建筑物名称	至边坡距离（m）	坎高（m）	临坡面（前排）变形幅度（mm）			非临坡面（后排）变形幅度（mm）		
			点号	最大	平均	点号	最大	平均
东方红农场小学教室（I₁）	4.0	3.2	I₁～1 ～2 ～3 ～4 ～5	88.10 119.70 146.80 112.80 125.50	118.60	I₁～7 ～8 ～9 ～10	103.30 100.10 114.40 48.10	90.00
个旧冶炼厂家属宿舍（II₂）	4.4	2.13～2.60	II₂～1 ～2 ～3	25.20 12.20 12.30	16.60	II₂～4 ～5	8.10 20.10	14.10
个旧冶炼厂家属宿舍（II₃）	4.0	1.00～1.16	II₃～1 ～2 ～3 ～4	28.70 11.50 25.10 32.30	24.40	II₃～4 ～5	8.70 11.80	10.25

建筑物名称	至边坡距离（m）	坎高（m）	临坡面（前排）变形幅度（mm）			非临坡面（后排）变形幅度（mm）		
			点号	最大	平均	点号	最大	平均
个旧冶炼厂家属宿舍（II₄）	4.6	1.75～2.61	II₄～1 ～2 ～3 ～4 ～8	36.50 11.00 20.80 30.60 27.00	25.18	II₄～5 ～6 ～7	12.90 22.60 10.60	15.37
个旧冶炼厂家属宿舍（II₅）	2.0	0.75～1.09	II₅～1 ～2 ～3 ～4 ～7 ～8	50.30 23.50 34.70 24.30 62.20 42.10	49.40	II₅～6	44.20	44.20
总体比较					46.80			34.78

注：1. I₁建筑物：地形坡度为5°，一面临坡，无挡土墙；

2. II₂～II₅栋建筑物：地形坡度为12°，II₃～II₅栋两面临坡，有挡土墙。

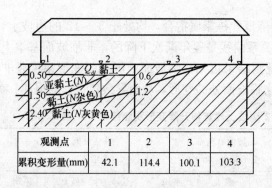

观测点	1	2	3	4
累积变形量(mm)	42.1	114.4	100.1	103.3

图 8.4.10　东方红小学土质与变形量的关系
（引自李茂坤）

表 8.4.15 中 I₁ 建筑物，建于原地形坡度 5°的斜坡地带。经挖方整平后，房屋两端距坡肩分别为 6m～7m。一端落于胀缩性较强的灰黄色黏土上（δ_{ef} = 55.4%）；另一端位于胀缩较弱杂色黏土上（δ_{ef} = 40.7%）。建成后 4 年开裂损坏，位于灰黄色黏土一端变形幅度 103.3mm（4# 观测点），裂缝宽度 20mm，纵墙外倾并错开 30mm～40mm，山墙缝宽 20mm，其下与宽度 60mm～70mm 的地裂相连，见图 8.4.10[23]。

表 8.4.15 中的 II₂～II₅ 4 栋单层房屋建于地形坡度 12°的斜坡上。II₂一面临坡无挡土墙，II₃～II₅栋两面临坡设有挡土墙。临坡面的胀缩幅度都大于非临坡面，且两面坡的变形幅度大于单面坡。

3）坡地上房屋的位移特征揭示出坡地场地的复杂性

它具有独特的工程地质条件：

（1）场地的地形地貌控制着地质组成，一般情况下地质的成层性基本与山坡一致。在坡地上建房时，往往要挖填平整场地。首先造成地基的不均匀，同时挖方卸荷导到土体膨胀，长时间裸露造成土体失水收缩。房屋建成后，由于地基土的含水量与起始状态的差异，在新的环境下重新平衡，从而产生土的不均匀胀缩变形，对房屋造成不利影响。

（2）坡地场地在切坡平整后，在场地的前缘形成陡坡或土坎。土中水的蒸发既有坡肩蒸发，也有临空的坡面蒸发。根据两面蒸发和随距蒸发面的距离增加而蒸发逐渐减弱的性状，边坡楔形干燥区呈近似三角形（坡脚至近坡肩处一点的连线与坡肩与坡面形成的三角形）。若山坡上冲沟发育而遭受切割时，就可能形成二向坡或三向坡，楔形干燥区就相应地增加。蒸发作用是如此，雨水浸润作用也同样如此。两者比较，以蒸发作用最为显著，边坡的影响使坡地场地楔形干燥区内土的含水量急剧变化。根据东方红农场小学教室边坡地带土的含水量观测结果表明：楔形干燥区内，土的含水量变化幅度为 $4.7\% \sim 8.4\%$，楔形干燥区外土的含水量变化幅度为 $1.7\% \sim 3.4\%$，前者是后者的 $2.21 \sim 3.36$ 倍。由于楔形干燥区内土的含水量变化急剧，导致建筑物临坡面的变形是非临坡面的 1.35 倍，见表 8.4.16 和图 8.4.11。

东方红农场小学（I₁）场地含水量变化[引自李茂坤]   表 8.4.16

至坡肩的水平距离（m）	2		6		10		15	
深度（m）	平均	幅度	平均	幅度	平均	幅度	平均	幅度
0.5～1.0	12.9	8.4	20.2	4.3	19.9	4.8	23.7	2.3
1.0～1.5	22.3		23.6	4.9	24.7	3.1	24.6	4.5
1.5～2.0	18.9	7.5	20.0	7.1	23.1	3.3	20.1	3.4
2.0～2.5	11.8	5.5	15.1	5.3	21.6	3.3	18.1	2.1
2.5～3.0	15.7	4.7	15.5	4.1	24.5	2.9	22.9	1.7
3.0～3.5	19.7	3.7	20.4	1.6	24.3	3.2	22.1	2.1
3.5～4.0	19.8	2.7	21.6	2.4	22.7	2.6	23.3	2.3

从表 8.4.16 和图 8.4.11[23] 可知，微地貌条件是影响场地中水分变化的主要因素之一，势必导致坡位不同地段胀缩变形量的差异。表 8.4.17 和图 8.4.12[23] 是云南蒙自某营区深层测标长期观测的结果。坡腰处的地表变形幅度为 28mm，临近坡肩的坡顶处变形幅度为 12.8mm，而坡脚的平坦地带仅为 2.4mm，说明坡地对其上的建筑物影响极为显著且复杂。

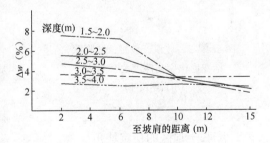

图 8.4.11　不同距离的含水量变化幅度
（引自李茂坤）

坡顶、坡腰、坡脚分层深标变形幅度（mm）[引自李茂坤]   表 8.4.17

位置 深度	0m	0.5m	1.0m	1.5m	2.0m	2.5m	3.0m	3.5m	4.0m	4.5m	5.0m	坡度%
坡顶	12.8	6.7	2.4	1.9	1.6	0.7	0.8	0.7	0.9			5
坡腰	28.0	14.8	12.6	11.9	7.9	2.2	1.1	0.8	1.1	1.5	0.7	3.4
坡脚	2.4	1.5	1.0	1.0	1.1	0.7	0.6	0.5	0.7	0.8	0.7	1.2

（3）场地平整开挖边坡形成后，由于土的自重应力和土的回弹效应，坡体内土的应力要重新分布：坡肩处产生张力，形成张力带；坡脚处最大主应力显著提高，愈靠近临空面

增加愈大。最小主应力急剧下降，在坡面上降为"0"，有时甚至转变为拉应力。最大最小主应力差相应而增，形成坡体内最大的剪力区。

膨胀土边坡，当其土因受雨水浸润而膨胀时，土的自重压力对竖向变形有一定的制约作用。但坡体内的侧向应力有愈靠近坡面而显著降低和在临空面上降至"0"的特点，在此应力状态下，加上膨胀引起的侧向膨胀力作用，坡体变形便向坡外发展，形成较大的水平位移。同时，坡体内土体受水浸润，抗剪强度大为衰减，坡顶处的张力带必将扩展，坡脚处剪应力区的应力更加集中，更加促使边坡的变形，甚至演变成蠕动。

文献［11］中垂直边坡的浸水试验也得出相似的结果，图 8.4.13 是浸水 80d 后的变形观测资料。由于浸水膨胀，地表上升 90mm，而坡肩处的水平移达 125mm。两位移随离开坑边的距离增大而递减。离坑边 7.5m 深 1.0m 处、离坑边 6m 深 2.5m 处和离坑边 4m 深 4.0m 处，均未测到水平位移。鉴于上述情况，将浸水后的坡体分为两个区域：SON 区，同时发生竖向和水平位移；而 SK 和 SN 所包围区域，仅发生竖向位移。两区的交界处即 MSN 曲线处可能产生剪切，并能发展成滑动面。

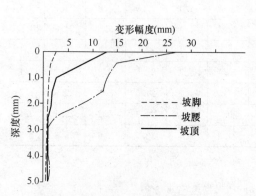

图 8.4.12 坡顶、坡腰、坡脚深
标变形幅度与深度关系曲线
（引自李茂坤）

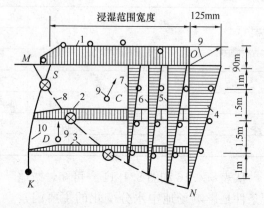

图 8.4.13 浸湿土体位移示意
1—地表垂直位移；2、3—深度 2.5m 和 4m 处土层垂直位移；
4～7—土层水平位移；8—水平位移区域界线；
9——O、C、D 点的位移向量；10——垂直位移区域界线。
（引自索络昌）

2. 膨胀土地区的稳定坡角

对我国主要膨胀土分布地区，调查了有代表性的 62 个自然稳定边坡和 33 个不稳定边坡。分析表明，膨胀土地区的稳定边坡坡角较小，当边坡位于不易于积水且土中不存在与边坡倾向一致的软弱夹层的边坡，坡脚不大于 14°是较稳定的[23]。

综上所述，平坦场地与坡地场地具有不同的工程地质条件，为便于有针对性地对坡地场地地基采取相应可靠、经济的处理措施，把建筑场地划分为平坦场地和坡地场地两类：

1）平坦场地：地形坡度小于 5°，或地形坡度为 5°～14°且距坡肩水平距离大于 10m 的坡顶地带；

2）坡地场地：地形坡度大于等于 5°，或地形坡度小于 5°且同一建筑物范围内地形高差大于 1m 的场地。

3. 平坦场地

平坦场地的地形地貌简单，地基土相对较为均匀，地面蒸发是单向的，形成与坡地场地工程地质条件大不相同。

8.4.3　地基评价

我国膨胀土的成因类型和矿物成分复杂，此外，作为地基的膨胀土，地层的分布规律和均匀性较差。有些地层上部是膨胀土，下部不是膨胀土；即使上下各层都属于膨胀土，各层的膨胀性能也不一致。这样的例子很多。因此，自由膨胀率和其他判别指标，不能作为判别和分类或分级的唯一依据。更不能反映建筑地基在多种环境因素影响下，工程的实际胀缩变形量。黏性土都会因水分变化而导致相应的体积变化，所以，膨胀土的判别和分类或分级不能拘泥于土质学和矿物学等的理论分析，应以是否对工程造成危害和危害程度作为最终的客观标准，这样才有工程意义。只有根据工程地质特征和土的胀缩可逆性及其指标，以及对建筑工程的危害程度，按地基的分级变形量进行综合评价才符合实际。

1. 评价依据和假定条件

膨胀土的地基评价采用工程经验与理论计算相结合的方法。对全国有代表性的 100 余栋房屋，其中配套观测资料较完整的房屋 54 栋进行分析表明，地基的胀缩变形幅度、房屋开裂损坏程度等与土的胀缩性能、场地的工程地质特征、复杂多变的环境因素以及房屋适应地基变形的能力密切关联。在特定条件下，主要取决于地基承受的荷载和土中水分的变化量。例如，云南蒙自某部 6 号楼实测最大变形幅度 187.2mm，承重墙最大裂缝宽度 120mm，严重损坏，不得不拆除。河南平顶山 37～38 栋，最大变形幅度 47.2mm，最大裂缝宽度 20mm，中等损坏。再如，安徽合肥工业大学招待所，最大变形幅度 15.2mm，墙体裂缝最大宽度 5mm，属于轻微损坏。曾对我国主要膨胀土地区平坦场地上的 33 栋房屋的位移观测资料整理分析表明，完好房屋的胀缩变形幅度在 4mm～15mm 之间。因此，评价的标准将以房屋的最大胀缩幅度和承重墙最大裂缝宽度为依据，列于表 8.4.18。

地基评价依据　　　　　　　　　　　　　　　　　表 8.4.18

最大胀缩幅度（mm）	承重墙最大裂缝宽度（mm）	损坏程度
<15	无或发丝裂缝	完好
15～35	<15	轻
35～70	15～50	中等
>70	>50	严重

在进行理论计算时的假定条件为：

(1) 场地平坦，地形坡度小于 5°；

(2) 单层砌体结构，基底平均压力为 50kPa；

(3) 基础埋置深度 1.0m；

(4) 土中的水分变化仅受自然气候影响。

2. 分级变形量的计算

依据膨胀土地基上房屋位移的形态和土的胀缩总率的概念，建立场地地基分级变形量计算方式：

$$s_c = \psi(s_e + s_s) = \psi \sum_{i=1}^{n} (\delta_{\mathrm{ep}50i} + \lambda_{si} \cdot \Delta w_i) h_i \tag{8.4.6}$$

式中　s_c——地基分级变形量（mm）；

　　　ψ——经验系数，可取 0.7；

　　　s_e——50kPa 压力下地基土的膨胀变形量（mm）；

　　　s_s——地基土的收缩变形量（mm）；

　　δ_{ep50i}——50kPa 压力下，第 i 层土的膨胀率（以小数记）；

　　　λ_{si}——第 i 层土的收缩系数；

　　Δw_i——第 i 层土可能产生含水量减小幅度（以小数记）；

　　　h_i——第 i 层土的分层厚度（mm）；

　　　n——基础深埋为 1.0m 时，其下所划分的土层数。

式（8.4.6）中，当场地地表下 1.0m 处（基础埋深）土的含水量 $w_0 \geqslant 1.2\,w_p$ 时，s_e 取零；当 $w_0 \leqslant 0.8\,w_p$ 时，s_s 取零。计算时当 δ_{ep50i} 为负值时取零。各土层中 Δw_i 的取值见 8.6 节的变形计算。

通过对 54 栋房屋的计算并与实际观测资料的对比分析，其可信度为 89%。以云南鸡街的 8 栋房屋为例：计算的分级变形量每栋的平均值为 82.9mm，而观测资料的每栋平均变形幅度为 75.7mm，其误差约为 9.5%。因此，可用表 8.4.19[1] 将地基的胀缩等分成 Ⅰ、Ⅱ、Ⅲ 三级。并以此对场地进行评价和采取相应的预防措施。

膨胀土地基的胀缩等级　　　　　　　　　　　　　　　　　表 8.4.19

地基分级变形量 s_c（mm）	等级	地基分级变形量 s_c（mm）	等级
$15 \leqslant s_c < 35$	Ⅰ	$s_c \geqslant 70$	Ⅲ
$35 \leqslant s_c < 70$	Ⅱ		

8.5　膨胀土上房屋的位移及其影响因素

8.5.1　膨胀土地基上房屋的位移[33]

弄清膨胀土地基上房屋的位移规律及其影响因素，对查明房屋开裂破坏以及解决膨胀土地基设计问题至关重要。中国建筑科学研究院地基基础研究所会同全国有关单位，从 1974 年起，先后在云南、安徽、湖北、河南、河北、广东和广西的 16 个地区，对 167 栋有代表性的不同结构类型的房屋及构筑物（其中包括新建的试验建筑 23 栋）进行了竖向位移、基础转动、侧向压力、墙体裂缝、室内外不同深度的地基变形和含水量变化、地温等进行了观测研究工作。并在湖北郧县、云南蒙自、广西宁明等地进行了斜坡场地的竖向和水平位移、含水量变化以及树木对地基变形的影响等观测工作。

各地的观测研究工作历时 4～10 年，其间曾经受了特大干旱及丰水年等各种气候条件的考验。现有较完整观测资料的房屋及构筑物 158 栋，其中，砖木及混合结构的宿舍、办公楼 127 栋；食堂、礼堂、仓库 20 栋，单层排架厂房 8 栋，水塔、烟囱和水池等构筑物 3 座。

分析观测资料得知，膨胀土地基上房屋的位移及其幅度与下列因素有密切关系：

（1）土的胀缩性能；

（2）当地的气候条件；

（3）地形地貌；

（4）土中压力；

（5）房屋的覆盖；

（6）地温变化；

（7）局部浸水和局部热源；

（8）植被情况等。

1. 房屋位移的一般特征

我国膨胀土主要分布在亚干旱和亚湿润气候区，各地又因气候、覆盖、地形等因素的差异，房屋的位移大致可分为三种形态：上升型、波动型和下降型，如图 8.5.1 所示。表 8.5.1 是我国云南、广西等主要膨胀土地区 155 栋有数年位移观测资料的房屋位移形态的统计结果。

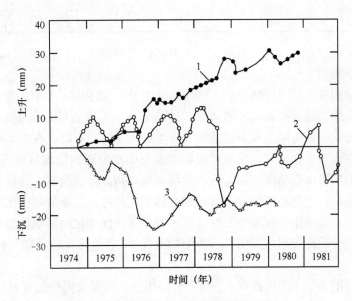

图 8.5.1　膨胀土上房层的变形形态

1—上升型变形；2—升降循环型变形；3—下降型变形。

膨胀土地基上房屋位移统计　　　　　　　　　　　　　　　表 8.5.1

地　　区		位移形态		
		上升型 （栋数）	下降型 （栋数）	波动型 （栋数）
云南	蒙自	1	10	5
	江水地	1	4	2
	鸡街	4	14	6
广西	南宁	1	5	5
	宁明		10	5
	贵县	1	2	1
	柳州	2		1

地　区		位移形态		
		上升型（栋数）	下降型（栋数）	波动型（栋数）
广东	湛江	2		4
河北	邯郸	1		5
河南	平顶山	12	9	
安徽	合肥		3	14
湖北	荆门	3		3
	郧县		5	8
	枝江		1	2
	卫家店			3
小计	（占％）	28（18％）	63（40.7％）	64（41.3％）

由表 8.5.1 可以看出，就全国而言，上升型的房屋较少（仅占 18％），下降和波动型房屋的总数几乎相当。

上升型位移的特点是房屋建成后，持续多年上升，如图 8.5.1 中的曲线 1，它多出现在气候干旱、土的天然含水量偏低的地区。地基土被房屋覆盖后，阻止了土中水分蒸发，在地温差异的影响下，房屋下水分逐渐增加产生膨胀上升。有时，在施工期间基槽开挖后长期暴晒，土中水分大量蒸发，房屋建成后地基土中水分逐渐增加致使房屋上升。此外，长期受水浸湿的房屋也会出现持续上升的位移。应当指出，房屋在上升位移过程中各点的上升量是不均匀的，上升需持续多年方可相对稳定，其间，随季节的变化略有起伏。

波动型的特点是房屋位移随季节性降雨、干旱等气候变化而周期性地上升和下降，一个水文年基本为一循环周期，如图 8.5.1 中的曲线 2。各地房屋位移随气候变化的特征十分明显。

下降型（见图 8.5.1 中的曲线 3）与上升型相反，房屋变形的趋势是持续下降。原因之一是建房初期土中含水量偏高或受热源的长期影响；原因之二是斜坡上的房屋，除有持续的下沉外，尚伴有水平位移。它们同样在气候影响下略有上下波动。

2. 房屋位移的不均匀性

在位移过程中，常见房屋呈现正向和反向挠曲的交替变形。初始裂缝往往在反向挠曲时，在局部倾斜（条形基础）过大的部位出现。图 8.5.2 中的（a）、（b）和（c）是宁明、平顶山和枝江三栋房屋外墙的位移展开曲线。可以看出，同一墙上各部位的位移是极不均匀的，致使墙体可能同时出现正向、反向挠曲，在差异位移的较大处出现裂缝。并随气候变化张开或闭合，同时，随位移量的增加而加宽。

对 39 栋房屋的观测资料统计表明，97％房屋外墙的位移幅度大于内墙，角端最为敏感，86 栋房屋中 77％角端变形幅度大于外墙。图 8.5.3 是平顶山某三层楼不同部位的位移—时间曲线，表明膨胀土地基上房屋在升降过程中，其角端临空面大，受气候影响剧烈，因而位移幅度最大。内墙由于房屋覆盖作用受气候影响比外墙小得多，故位移幅度最小。

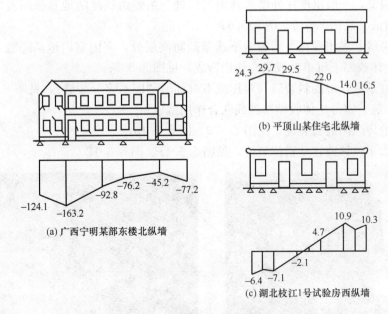

图 8.5.2　房屋位移的展开曲线

3. 房屋的破坏特征

平坦场地上房屋损坏主要由于过大的胀缩差异位移引起,一般具有以下特征:

(1) 房屋大多建成 3～5 年,甚至有的 20 年后才开裂破坏。主要是地基土中含水量变化较缓慢,膨胀隆起和收缩下沉有一个时间积累的过程;

(2) 在地质条件相同的情况下,单层砌体结构损坏最为严重,2～3 层次之,4 层及 4 层以上房屋开裂破坏罕见;

(3) 木结构、钢结构和钢筋混凝土框、排架结构的房屋,由于承重结构有较好适应不均匀变形的能力,除围护结构外,很少遭到损坏;

(4) 房屋裂缝随气候变化周期性地张开或闭合;

(5) 裂缝形态常见有以下几种:

① 角端斜裂缝,呈上宽下窄状,见图 8.5.4;

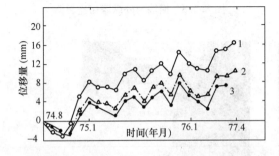

图 8.5.3　平顶山某楼不同部位的位移曲线

1—角端位移幅度 20.9mm；2—外墙位移幅度 13.7mm；
3—内墙位移幅度 11.1mm。

图 8.5.4　角端斜裂缝

② X 型裂缝，一般出现在外墙或外墙窗口处，主要由反复的地基胀缩差异变形产生过大剪应力造成，见图 8.5.5、图 8.5.6；

③ 水平裂缝，多出现在外墙窗台下或基础防潮层处，多因室内地基膨胀（向上和向外）和室外土体收缩下沉单独或联合作用造成，见图 8.5.7；

④ 横隔（承重）墙的斜裂缝（对称或不对称的"倒八字"裂缝），见图 8.5.8，主要由室内土体膨胀、室外土体收缩单独或联合作用造成；

⑤ 室内地坪纵向鼓胀裂缝，见图 8.5.9、图 8.5.10；

⑥ 基础水平位移或转动错位裂缝，见图 8.5.11、图 8.5.12。

图 8.5.5　X 型裂缝

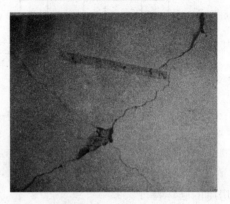

图 8.5.6　X 型裂缝

图 8.5.7　外墙的水平裂缝

图 8.5.8　横墙与外纵墙相连裂缝

图 8.5.9　室内纵向裂缝

图 8.5.10　地坪错台裂缝

图 8.5.11　基础水平位移或转动错位裂缝

图 8.5.12　基础水平位移或转动错位裂缝

8.5.2　环境因素对膨胀土上房屋位移的影响

1. 膨胀土中的水分转移

当膨胀土被房屋覆盖后，基本上隔离了大气降水和蒸发对土中水分变化的直接影响。由于土中温度和湿度梯度的变化，土中的水分将重新分布，产生积聚和逸散，使房屋产生不均匀变形而导致开裂破坏。

关于温度、湿度梯度作用下在黏土中水分迁移现象，国外文献中已有不少研究成果。中国建筑科学研究院地基所陈希泉等[34]在室内研究了一维条件下膨胀土水分热转移规律，图 8.5.13 是自制热导仪。图 8.5.14 是初始含水量 w_0 为 15.7%、不同干重度时水分在试样中的转移状况。在温度梯度作用下，试样靠近加热端的左半部，土的含水量依次递减，在近热端处变化率最大。而右半部土的含水量依次增加，在冷端处含水量增加得最多且达到最大值。在土中水分和密度均匀条件下，当土中温度按直线变化，

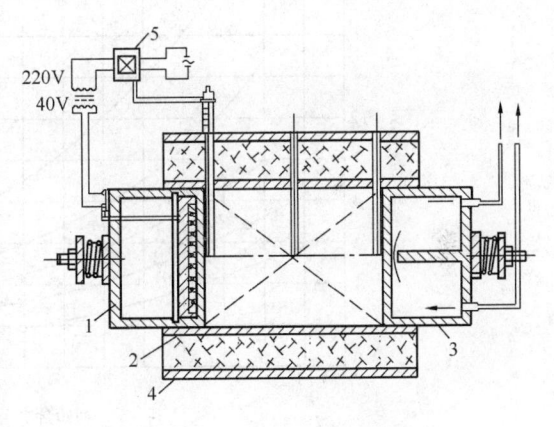
图 8.5.13　热导仪的构造
1—加热器；2—试样筒；3—冷却器；
4—隔热护套；5—自动控温系统

即温度梯度为常数时，试后土中含水量基本上按线性分布。试验结果说明土中水分由温度高处向温度低处转移，不同边界条件下，水分热转移的性状和数量差别较大。中国长江以北地区，膨胀土上房屋在冬、春季降雨量小时会膨胀上升，而在夏、冬季雨量较多时收缩下沉，主要是温度梯度变化引起土中水分转移的结果。

膨胀土中水分热转移服从于毛细多孔体的热质转移规律。当土的初始含水量为 $15\% \leqslant w_0 \leqslant 30\%$，初始干重度为 $13.8\mathrm{kN/m^3} \leqslant \gamma_d \leqslant 17.1\mathrm{kN/m^3}$ 时，土中水分的热转移量随 w_0 和 γ_d 的增加而有规律地减少，随温度梯度的增加而增加（见图 8.5.15）。

在地表覆盖与外界无水分交换时，土的温度梯度系数 δ 是 w_0 和 γ_d 的函数。当

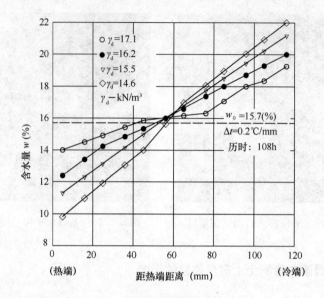

图 8.5.14　不同 γ_d 时的水分转移状况

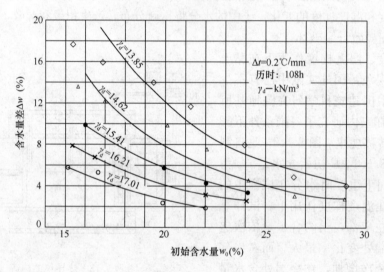

图 8.5.15　水分转移量与 w_0 和 γ_d 的关系

$0.8w_p \leqslant w_0 \leqslant 1.2\,w_p$ ，饱和度 $s_r \geqslant 80\%$ 时，δ 的值可由下列公式确定：

$$\delta = \frac{7150.4}{w_0^{2.5} \cdot \gamma_d^{6.2}} \tag{8.5.1}$$

在温度梯度作用下，某时刻土中水分热转移的总水流密度 J_m 为：

$$J_m = -\gamma_d a_m (\nabla w + \delta \cdot \nabla t) \tag{8.5.2}$$

式中　J_m ——水流总密度（$kN/m^2 \cdot h$）；

　　　γ_d ——土的干重度（kN/m^3）；

　　　a_m ——水分转移的势传导系数（m^2/h）；

　　　∇w ——土中的含水量梯度（$\%/m$）；

∇t——土中的温度梯度（℃/m）；

　　δ——由含水量差确定的温度梯度系数（%/℃），由公式 8.5.1 确定。当 $w_0 = (0.8-1.2)w_p$ 时，δ 值为 0.15～0.19。

2. 气候对膨胀土上房屋位移的影响[33]

膨胀土是一种对气候反应十分敏感的土，大气降水、蒸发和地温的变化，直接影响土层温度梯度和湿度梯度的变化，从而引起地基土中水分的转移，导致房屋位移。

表 8.5.2 是中国几个膨胀土地区气候与房屋位移情况的统计，广西、云南等南方地区房屋大概在二、三季度的雨季因土中水分增加而膨胀上升，四、一季度的旱季因土中水分减少而收缩下沉。但是在长江以北的中原、江淮和华北地区情况却相反。观测资料说明，这种升降运动大体一年往复循环一次。

各地气候与房屋位移　　　　　　　　　　　　　　　　表 8.5.2

项目　　地区	年蒸发量（mm）——年降雨量（mm）	雨季		旱季		地温深度	最高（日期）——最低（日期）
		起止日期——降雨占总数%	位移	起止日期——降雨占总数%	位移		
蒙自鸡街	2369.3——852.4	5～8月——75	上升	10～4月——25	下降	0.2米	25.8（8月）——14.0（1月）
南宁宁明	1681.1——1356.6	4～9月——69	上升	10～3月——31	下降	0.5米	28.0（9月）——15.6（1月）
郧县荆门	1600——100	4～10月——89	下降	11～3月——11	上升	0.5米	26.5（8月）——5.5（1月）
平顶山	2154.6——759.1	6～9月——64	下降	10～3月——36	上升	0.4米	27.6（8月）——5.2（1月）
合肥	1538.9——969.5	4～9月——62%	下降	10～3月——38	上升	0.2米	32.1（8月）——4.9（1月）
邯郸	1901.7——603.1	7～8月——70	下降	11～5月——30	上升	0.5米	25.2（7月）——2.5（1月）

3. 大气影响深度[35]

大气影响深度是在自然气候影响下，由降水、蒸发、地温等因素引起地基土升降变形的有效深度，它是进行膨胀土地基设计和处理的一个重要参数，确定大气影响深度主要考虑下列因素：

（1）若干年内土层含水量沿深度的变化幅度小于 2% 的深度；

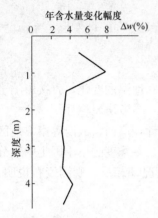

图 8.5.16 由含水量变化幅度
确定大气影响深度示意图
(引自何信芳)

(2) 埋在土层内不同深度的标志在若干年内升降变形小于 2mm 的深度;

(3) 若干年内每月地温沿深度变化,年变化幅度小于 10℃ 的深度;

(4) 不受人为因素影响,土层产生的裂缝深度;

(5) 其他因素,如地下水变化幅度,土层厚度及地形地貌等。

图 8.5.16～图 8.5.18 分别是土中含水量沿深度变化幅度、地温年变化幅度和深标升降变化幅度的示意图。由图看出,大气对地基土的影响是随着深度减弱的。

大气影响急剧层深度是指大气影响特别显著的深度,平坦场地的大气影响急剧层深度为大气影响深度的 45%。当基础埋深大于该深度时,房屋的变形幅度能大大减小。按这个深度设计或处理地基,将会收到合理、可靠和经济的效果。

综合考虑上述诸因素得到中国几个主要膨胀地区的大气影响急剧层深度值[35],见表 8.5.3。

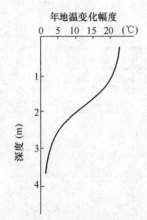

图 8.5.17 由地温年变化幅度
确定大气影响深度示意图
(引自何信芳)

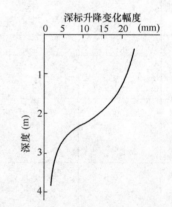

图 8.5.18 由深标升降变化幅度
确定大气影响深度示意图
(引自何信芳)

部分地区大气影响急剧层深度　　　　　　　　　　　　　表 8.5.3

地　区	大气影响急剧层深度 (m)	地　区	大气影响急剧层深度 (m)
河北邯郸(平坦)	1.5	云南鸡街(坡地)	3.0～4.0
安徽合肥(平坦)	1.5	云南江水地(坡地)	3.0～5.0
河南平顶山(平坦/坡坎)	1.5/2.5	广西南宁(坡地)	2.5～3.0
湖北荆门(平坦)	1.5	广西宁明(坡地)	4.0
湖北郧县(坡地)	4.0～5.0	湖北郧县(平坦)	2.0～3.0
四川成都(平坦)	1.5		

4. 湿度系数 ψ_w

湿度系数是指自然气候影响下，地表下 1m 处土层含水量可能达到的最小值与其塑限含水量比值，由下式表示：

$$\psi_w = \frac{w_{min}}{w_p} \tag{8.5.3}$$

湿度系数是计算收缩变形的一个重要参数，可以根据当地 10 年以上土中含水量实测资料来预估土的湿度系数值。无此资料时，可按下式计算：

$$\psi_w = 1.152 - 0.726\alpha - 0.00107c \tag{8.5.4}$$

式中　α——当地 9 月至次年 2 月的蒸发力之和与全年蒸发力之比值（月平均气温小于 0℃的月份不参与统计）；

　　　c——全年中干燥度大于 1.0 且月平均气温大于 0℃月份的蒸发力与降水量差值之总和（mm），干燥度为蒸发力与降水量之比值，北方采暖地区，采暖期的 c 值不计。

湿度的系数大小间接反映了本地区的收缩变形状况，其值大的地区表示可能产生的收缩变形较小，而值小的地区可能产生较大的收缩变形。

根据中国规范中提供的气象资料，按公式（8.5.4）计算求出各地的湿度系数，见表 8.5.4。

部分地区湿度系数　　　　　　　　　　　　　　　　　　表 8.5.4

地点	ψ_w	地点	ψ_w	地点	ψ_w	地点	ψ_w
汉中	0.95	合肥	0.90	桂林	0.85	绵阳	0.89
安康	0.91	荆门	0.80	百色	0.80	成都	0.89
通州	0.70	枝江	0.80	田东	0.80	昭通	0.70
唐山	0.70	郧县	0.76	贵县	0.80	昆明	0.60
衡水	0.60	平顶山	0.80	南宁	0.87	开远	0.60
泰安	0.65	许昌	0.70	上思	0.80	文山	0.70
兖州	0.64	南阳	0.79	来宾	0.85	蒙自	0.60
临沂	0.86	邯郸	0.67	宁明	0.70	贵阳	0.97
文登	0.77	江陵（荆州）	0.90	韶关	0.80	个旧	0.60
南京	0.96	钟祥	0.89	广州	0.80	鸡街	0.60
蚌埠	0.90	全州	0.80	湛江	0.80		

5. 地形对房屋位移的影响

中国膨胀土多出露于二级及二级以上阶地山前丘陵和盆地边缘的缓坡地带。在 8.4 节中已对坡地上房屋的损坏情况、边坡的变形特征和对房屋造成的危害作了概括介绍。当土的胀缩特性、房屋结构形式和荷载大小等确定后，地形条件的差异与地基土土层分布和土中含水量变化是密切关联的。而土中含水量的变化受其影响最为显著，也是导致房屋过大不均匀变形造成严重损坏的主要原因。

图 8.5.19 是郧县某斜坡场地土中含水量的观测资料[36]。图（a）中的 O 点是平坦场地与斜坡交接点；M 点位于距 O 点 17m 远的平坦场地上；N 点位于距 O 点 11m 的斜坡

面上。图中（b）是O、M、N点处含水量随深度变化曲线。表明在干旱季节斜坡内土体水分蒸发作用下，同一深度1m处，O点的含水量为14.5%，N点为17%，而M点为19.6%。可见离斜坡边缘越远蒸发作用越小。图中（c）表示O、M剖面中含有水量随距离变化曲线，土中含水量随季节变化，最大增量为7%，发生在离O点5m处。图中（d）表示斜坡面方向含水量增量 Δw 的等值线，几乎平行于斜坡坡面。地表下1m内的含水量增量大于6%，在坡地内形成了一个楔形干燥区。在该干燥区内含水量变化急剧，致使房屋临坡面墙的位移远大于非临坡面墙的位移。

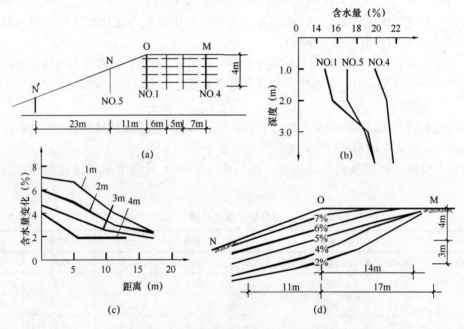

图 8.5.19　斜坡地基土含水量分布

（引自 X. L. Huang）

　　坡地上地基土的含水量变化除受地形地貌形态影响外，还与地形的坡位有关。表8.5.5 和表 8.5.6 是湖北郧县同一地质单元下三个剖面共 11 个不同坡位含水量变化的实测资料，由表看出，坡度大于 16°的陡坡或多向坡的含水量变化幅度大于缓坡处。在同一边坡的坡肩部位，由于临空面较大，容易产生地裂等现象，土中含水量变化要比坡腰和坡脚处剧烈。根据实测资料，本地区大气对土中含水量影响深度，平坦场地为 2m～3m，大于 16°陡坡地段为 4m～5m。

不同坡位上土中含水量变化幅度（%）　　　　　　　　表 8.5.5

坡位	深度	深度（0.5～4.0m）							
		0.5	1.0	1.5	2.0	2.5	3.0	3.5	4.0
	坡肩	6.6	6.9	7.6	5.4	5.3	6.0	5.4	4.3
	坡腰	6.0	6.2	5.7	5.1	4.9	4.2	3.1	4.1
	坡脚	6.9	6.5	6.0	5.0	3.5	3.0	—	—

深度 坡位	深度（0.5～4.0m）							
	0.5	1.0	1.5	2.0	2.5	3.0	3.5	4.0
缓坡（小于8°）	6.8	4.5	4.2	4.8	3.7	3.4	3.7	3.7
中坡（8°～16°）	6.2	5.4	5.6	5.1	3.0	4.2	3.6	3.7
陡坡（16°以上）	5.9	6.6	6.9	5.5	6.3	4.4	4.2	4.5

不同坡度上土中含水量变化幅度（％）　　　　　表 8.5.6

此外陡坡地段上土中含水量分布很不均匀的，图 8.5.20 是鸡街某一陡坡地形上不同部位含水量的变化曲线[37]。

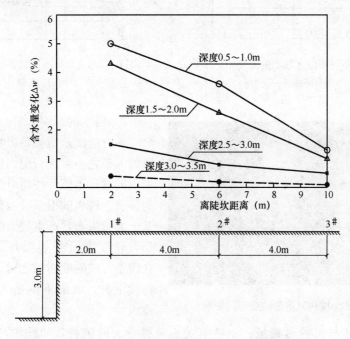

图 8.5.20　鸡街某陡坎处土中水分变化

6. 覆盖及树木对地基变形的影响

1）覆盖的影响[38]

膨胀土地基被房屋覆盖后，基本上隔绝了大气降水和蒸发作用对土中水分变化的直接影响，破坏了原来裸露场地水分自然平衡的状态。土中水分重新积聚和转移，直至达到新的平衡。文献［38］对混凝土覆盖后地基土中水分和变形进行了试验研究，得到如下结论：

（1）在覆盖宽度小于 3m 的盖区边缘下卧地基土的湿度变化受气候变化影响，雨季土的含水量增高，旱季土的含水量减少。覆盖宽度大于 3m 的区域内，地基土湿润变化受气候变化影响甚微。

（2）覆盖面下 3m 深度内土的含水量，覆盖后随时间而持续增高。土中水分由下向上，由边缘向中心递增，形成"帽形湿度分布区"。帽顶部湿度增长速度最快，见图 8.5.21。这是地基土被覆盖后，土中水分向覆盖区中心转移积聚的结果。

（3）覆盖面边缘浅层土雨季产生膨胀上升，旱季干缩下沉，随气候作周期性升降运动。覆盖面内地基土持续膨胀上升，中部上升量最大，两侧上升量较小，使之在纵剖面上形成与"帽形湿度分布区"相似的倒锅形变形曲线，见图 8.5.22。

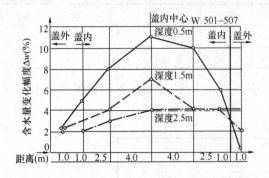

图 8.5.21　盖区不同部位地基土的湿度增量变化
（引自陈林）

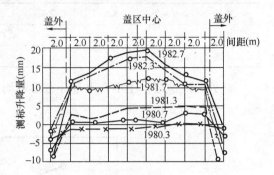

图 8.5.22　盖面下卧地基土的变形特征
（引自陈林）

图 8.5.23　桉树对房屋的变形的影响

2）树木的影响[39]

南方地区，植被是影响膨胀土地基变形的因素之一。在云南、广西地区，房屋周围的常年不落叶桉树对房屋位移影响最为显著。桉树的根系吸水蒸腾作用，使地基土大量失水，产生较大的不均匀收缩变形，导致房屋开裂损坏，见图 8.5.23。在雨季，或隔断树根之后，地基土会出现持续上升，收缩下沉量大的部位回升量也大。

植被影响还与树种蒸腾量、土性有关。蒸腾量大的树种，如桉树，每昼夜可蒸发 0.457 吨水。树的蒸腾量与树龄、树径大小相关联，树龄 10 年、树径 0.15m 以上的桉树，对地基土变形将产生较大影响，特别在土孔隙比和含水量高的云南蒙自地区更为严重。图 8.5.24 是桉树林与空旷场地上实测的地表处变形曲线。

从图中可看出，在桉树林区段，土中含水量变化幅度大，胀缩变形幅度也随之增大。而无桉树的空旷场地的分层测标的观测资料表明，土中的含水量变化幅度和胀缩变形量均小于桉树林处，见表 8.5.7。

空旷、桉树处深标和含水量变化[引自陈林]　　　　　　　表 8.5.7

观测总深度（m）		1.0		1.5		2.0		2.5		3.0	
场地情况		空地	桉树林	空地	桉树林	空地	桉树林	空地	桉树林	空地	桉树林
含水量（%）	雨季	36	38	36	38	37	36	41	41	39	37
	旱季	32	26	30	26	31	26	35	30	35	29
	变化幅度	4	12	6	12	6	10	6	11	4	8
测点变形幅度（mm）		12.6	105.1	11.9	99.1	7.7	96.2	3.8	74.5	3.2	42.8

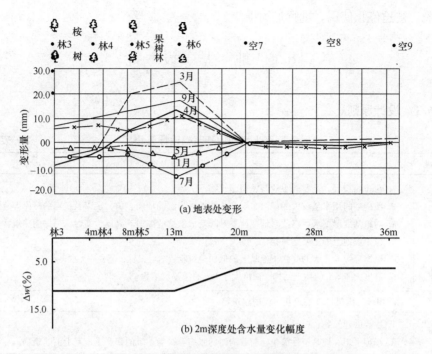

图 8.5.24　主长期桉树影响区地表变形和土中含水量变化

(引自陈林)

文献［39］的实测资料表明，桉树的作用主要是在干旱季节吸取土中水分，导致地基产生不均匀收缩造成附近房屋开裂破坏。在云南、广西地区，桉树临近的房屋普遍遭到损害。成年桉树的影响半径约为树高的 1.4 倍，影响深度为 3.5m～8.0m。距树愈近，影响愈大。桉树的根系特别发育，笔者曾见到桉树根穿越破裂的污水管，一直延伸到二楼的实例。该建筑为蒙自某Ⅳ－6 二层砌体结构房屋，在距桉树 3m～6m 处产生了 187.2mm 的收缩下沉量，导致房屋严重破坏，最大裂缝宽度达 240mm。

7. 局部浸水和热源的影响

(1) 当房屋局部长期被水浸湿时，往往会导致局部膨胀上升，从而增大房屋的差异位移量，使墙体开裂破坏。使用过程中对水源管理不当，或房屋施工过程中，大量生活、生产用水浸泡致使房屋开裂的事故常有发生。国外曾有资料报导，膨胀土上房屋膨胀上升遭受的严重破坏，多数是供水和排水管道泄漏或房屋附近植被的频繁浇水引起的。

(2) 局部热源主要为热工建筑，如工业用窑、炉、烟囱及北方地区冬季取暖用的火炕等，热工建筑作业中排出大量的热量传递到地基土中会使其含水量减少而产生下沉，引起承重结构的整体倾斜或地基土较大的不均匀干缩变形，从而影响其正常使用或被迫停产的事故。例如，某大型焦炉在建造时就进行了沉降观测，建成后沉降已达到基本稳定状态。生产时，炉体三面的烟道温度达 200℃ 左右，经过 60 天高温的烘烤，地基土产生较大收缩，炉体的附加下沉量分别增加 19mm～60mm。使本来因地基土不均匀导致的炉体倾斜急剧加大，造成底板纵横方向多处开裂，不得不停产采取补救措施。

文献［40］介绍了在膨胀土地区某工业建筑中的烟囱，由于不均匀的 350℃～500℃ 高温长期烘烤，造成地基土干缩下沉了 50mm～120mm，烟囱倾斜达 2.6%。钢筋混凝土简身开裂，被迫停止使用，进行加固维修。

8.6 地 基 设 计

8.6.1 设计原则

膨胀土场地地基基础设计等级 表 8.6.1

设计等级	建筑物和地基类型
甲级	1. 覆盖面积大、重要的工业与民用建筑物； 2. 使用期间用水量较大的湿润车间、长期承受高温的烟囱、炉、窑以及负温的冷库等建筑物； 3. 对地基变形要求严格或对地基往复升降变形敏感的高温、高压、易燃、易爆的建筑物； 4. 位于坡地上的重要建筑物； 5. 胀缩等级为Ⅲ级的膨胀土地基上的低层建筑物； 6. 高度大于 3m 的挡土结构、深度大于 5m 的深基坑工程
乙级	除甲级、丙级以外的工业与民用建筑物
丙级	1. 次要的建筑物； 2. 场地平坦、地基条件简单且荷载均匀的胀缩等级为Ⅰ级的膨胀土地基上的建筑物

　　鉴于建筑物规模和结构形式繁多，影响膨胀土上房屋地基变形的因素复杂，技术难度较高等状况，设计时，应根据建筑物和地基土的特性、当地的气候条件、地形地貌形态等因素按表 8.6.1 中规定的设计等级，结合当地经验，注重总平面和竖向布置。遵循预防为主，综合治理的方针，采取消除或减少地基胀缩变形量和适应地基差异变形能力的建筑及结构措施，并应遵守以下原则：

　　（1）坡地上的房屋开裂破坏程度比平坦场地严重，因此，建筑物的总平面和竖向布置应顺坡就势，避免大挖大填，做好房前屋后边坡的防护和支挡工程；同时，尽量保持场地天然地表水的排泄系统和植被，并组织好大气降水和生活用水的疏导，防止地面水大量积聚；对环境进行合理绿化，涵养场地土的水分等都是宏观的预防措施；设置具有防水保湿功能的挡土墙，是阻止水分侧向蒸发及水平变形的有效措施。

　　当采取了上述有效措施后，坡地上房屋的地基可按平坦场地进行设计。

　　（2）膨胀土上的建筑物遭受开裂破坏多为砌体结构的低层房屋，四层以上的建筑物很少有危害产生。低层砌体结构的房屋一般整体刚度和强度较差，基础埋深较浅，土中水分变化容易受环境因素的影响，长期往复的不均匀胀缩变形使结构遭受正反两个方向的挠曲变形作用，即使是在较小的位移幅度下，也常可导致建筑物的破坏，且难于修复。因此，膨胀土地基的设计除基础埋深和地基承载力以及稳定性应符合现行规范 [1] 的规定外，必须按变形计算控制，严格控制地基的变形量不超过建筑物地基允许的变形值。这对设计等级为甲级的建筑物尤为重要。

　　（3）对于设计等级为丙级的建筑物，当其地基条件简单，荷载差异不大，且采取有效的预防胀缩措施时，可不作变形验算。

　　（4）对于高重建筑物，作用于地基主要受力层中的压力大于土的膨胀力时，地基变形主要受土的压缩变形和可能的失水收缩变形控制，应对其压缩变形和收缩变形进行设计计算。

（5）木结构、钢和钢筋混凝土排架结构以及建造在地下水位较浅的低洼场地上的建筑物和基础（或地下室）埋深大于当地大气影响深度的建筑物，可按一般地基进行设计。

8.6.2　膨胀土地基的胀缩变形计算

根据预估的地基胀缩变形的形态，分别计算其膨胀变形量、收缩变形量和胀缩变形量。

1. 地基膨胀变形量计算

平坦场地天然地表下 1m 处，土的含水量小于其 $0.8\,w_p$（塑限）或地面有覆盖且无蒸发可能，以及建筑物在使用期间，经常有水浸湿的地基，可按下式计算地基的膨胀变形量：

$$s_e = \psi_e \sum_{i=1}^{n} \delta_{epi} \cdot h_i \tag{8.6.1}$$

式中　s_e——地基土的膨胀变形量（mm）；

　　　ψ_e——计算膨胀变形量的经验系数，宜根据当地经验确定，无可依据经验时，三层及三层以下建筑物可采用 0.6；

　　　δ_{epi}——基础底面下第 i 层土在平均自重压力与对应于荷载效应准永久组合时的平均附加压力之和作用下的膨胀率（用小数计），由室内试验确定；

　　　h_i——第 i 层土的计算厚度（mm）；

　　　n——基础底面至计算深度内所划分的土层数。膨胀变形计算深度 z_{en}（图 8.6.1）应根据大气影响深度确定，有浸水可能时可按浸水影响深度确定。

2. 膨胀变形计算的经验系数

室内和原位的膨胀试验以及房屋的变形观测资料，都能反映地基土的膨胀变形随土中含水量和上覆压力的不同而变化的特征，为我们提供了用室内试验指标来计算地基膨胀变形量的可能性。但是，由室内试验指标提供的计算参数，是用厚度和面积都较小的试件，在有侧限的环刀内经充分浸水而取得的。而地基土在膨胀变形过程中，受力情况及浸水和边界条件都与室内试验不同。上述因素综合影响的结果，给计算膨胀变形量和实测变形量之间带来较大的差别。为使计算膨胀变形量较为接近实际，必须对室内外的试验、观测结果进行全面的计算分析和比对，找出其间的数量关系，这就是膨胀变形计算的经验系数 ψ_e。

对河北邯郸、河南平顶山、安徽合肥、湖北荆门、广西宁明、云南鸡街和蒙自等地的 40 项浸水载

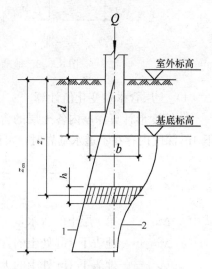

图 8.6.1　地基土的膨胀变形
计算图式示意图

1—自重压力曲线；2—附加压力曲线

荷试验和 6 栋试验性房屋以及 12 栋民用房屋的室内外试验资料分别计算膨胀量，与实测最大值进行比对。根据统计分析，$\psi_e = 0.47 \pm 0.12$，取 $\psi_e = 0.6$。

3. 地基收缩变形量计算

平坦场地天然地表下 1m 处，土的含水量大于 $1.2w_p$（塑限）或直接受高温作用的地基，可按下式计算地基的收缩变形量：

$$s_s = \psi_s \sum_{i=1}^{n} \lambda_{si} \cdot \Delta w_i \cdot h_i \qquad (8.6.2)$$

式中　s_s——地基土的收缩变形量（mm）；

　　　ψ_s——计算收缩变形量的经验系数，宜根据当地经验确定，无可依据的经验时，三层及三层以下建筑物可采用 0.8；

　　　λ_{si}——基础底面下第 i 层土的收缩系数，由室内试验确定；

　　　Δw_i——地基土收缩过程中，第 i 层土可能发生的含水量变化平均值（以小数表示），按式（8.6.3-1）和式（8.6.3-2）计算；

　　　n——基础底面至计算深度内所划分的土层数，收缩变形计算深度 z_{sn}（图 8.6.2）应根据大气影响深度确定；当有热源影响时，可按热源影响深度确定；在计算深度内有稳定地下水位时，可计算至水位以上 3m。

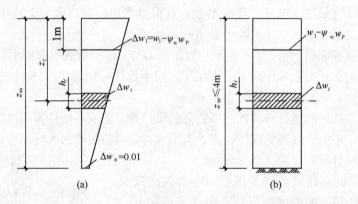

图 8.6.2　地基土收缩变形计算含水量变化示意图

1）土层含水量变化值计算

收缩变形计算深度内各土层的含水量变化值（图 8.6.2），应按下列公式计算。地表下 4m 深度内存在不透水基岩时，可假定含水量变化值为常数，见图 8.6.2（b）。

$$\Delta w_i = \Delta w_1 - (\Delta w_1 - 0.01)\frac{z_i - 1}{z_{sn} - 1} \qquad (8.6.3-1)$$

$$\Delta w_1 = w_1 - \psi_w w_p \qquad (8.6.3-2)$$

式中　Δw_i——第 i 层土的含水量变化值（以小数表示）；

　　　Δw_1——地表下 1m 处土的含水量变化值（以小数表示）；

　　　w_1、w_p——地表下 1m 处土的天然含水量和塑限（以小数表示）；

　　　ψ_w——土的湿度系数，在自然气候影响下，地表下 1m 处土层含水量可能达到的最小值与其塑限之比。

2）土的湿度系数

土的湿度系数应根据当地 10 年以上土的含水量变化确定，无资料时，可根据当地有关气象资料按第 5 节中的式（8.5.4）计算。

3）大气影响深度

大气影响深度 d_a 应由各气候区场地土的深层变形测标或含水量及地温观测确定，无资料时，可按表 8.6.2 采用。

大气影响深度 （m）　　　　　　　　　　　　　表 8.6.2

土的湿度系数 ψ_w	大气影响深度 d_a	土的湿度系数 ψ_w	大气影响深度 d_a
0.6	5.0	0.8	3.5
0.7	4.0	0.9	3.0

4. 收缩变形计算的经验系数

与膨胀变形量计算的道理一样，小土样的室内试验提供的计算指标与原位地基土在收缩变形过程中的工作条件不同，为使计算值与实测的收缩变形量较为接近，在全国几个膨胀土地区结合实际工程，进行了室内外的试验、观测工作。并按收缩变形计算公式进行计算与统计分析，以确定收缩变形量计算值与实测值之间的关系。对四个地区 15 栋民用房屋室内外试验资料进行计算并与实测值比对，收缩变形量计算经验系数 $\psi_s = 0.58 \pm 0.23$，取 $\psi_s = 0.8$。

5. 地基胀缩变形量计算

当平坦场地地表下 1m 处土的天然含水量为 $0.8w_p \leqslant w_o \leqslant 1.2w_p$ 时，可按下式计算地基的胀缩变形量：

$$s_{es} = \psi_{es} \sum_{i=1}^{n} (\delta_{epi} + \lambda_{si} \cdot \Delta w_i) h_i \tag{8.6.4}$$

式中　s_{es}——地基土的胀缩变形量（mm）；

　　　ψ_{es}——计算胀缩变形量的经验系数，宜根据当地经验确定，无可依据的经验时，三层及三层以下可取 0.7。

6. 建筑物地基变形允许值

（1）我国规范[1]规定，建筑物的地基变形计算值不应大于地基变形允许值。建筑物地基变形允许值按表 8.6.3 采用，表中未包括的建筑物，应根据上部结构对地基变形的适应能力及功能要求确定。

建筑物地基变形允许值　　　　　　　　　　　　表 8.6.3

结构类型	相对变形		变形量 (mm)
	种类	数值	
砌体结构	局部倾斜	0.001	15
房屋长度三到四开间及四角有构造柱或配筋砌体承重结构	局部倾斜	0.0015	30
工业与民用建筑相邻柱基 1　框架结构无填充墙时 2　框架结构有填充墙时 3　当基础不均匀升降时不产生附加应力的结构	变形差 变形差 变形差	0.001 l 0.0005 l 0.003 l	30 20 40

注：l 为相邻柱基的中心距离（m）。

（2）膨胀土地基变形量取值，应符合下列规定：

① 膨胀变形量应取基础某点的最大膨胀上升量；

② 收缩变形量应取基础某点的最大收缩下沉量；

③ 胀缩变形量应取基础某点的最大胀缩变形量；

④ 变形差应取相邻两基础的变形量之差；

⑤ 局部倾斜应取砌体承重结构沿纵墙6m～10m内基础两点的变形量之差与其距离的比值。

（3）表 8.6.3 是通过对 55 栋新建房屋位移观测资料的统计[33]，并结合国外有关资料的分析，得出膨胀土上建筑物地基变形允许值。上述 55 栋房屋有的在结构上采取了诸如设置钢筋混凝土圈梁（或配筋砌体）、构造柱等加强措施，其结果按不同状况分述如下：

① 砌体结构

表 8.6.4 和表 8.6.5 为砌体结构的实测变形量与其开裂破坏的状况。

从 46 栋砌体承重结构的变形量可以看出：29 栋完好房屋中，变形量小于 10mm 的占其总数的 58.62%；小于 20mm 的占其总数的 79.31%。17 栋损坏房屋中，88.24% 的房屋变形量大于 10mm。

从 32 栋砌体承重结构的局部倾斜值可以看出：18 栋完好房屋中，局部倾斜值小于 1‰的占其总数的 38.89%；小于 2‰的占其总数的 83.33%。14 栋墙体开裂房屋的局部倾斜值均大于 1‰，在 1‰～2‰时其损坏率达到 57.14%。

综上所述，对于砖石承重结构，当其变形量小于等于 15mm，局部倾斜值小于 1‰时，房屋一般不会开裂破坏。

砖石承重结构的变形量　　　　　　　　　　　　表 8.6.4

变形量（mm）		<10	10～20	20～30	30～40	40～50	50～60
完好 29 栋	栋数	17	6	1	3	1	1
	%	58.62	20.69	3.45	10.34	3.45	3.45
墙体开裂 17 栋	栋数	2	7	5	2	1	0
	%	11.76	41.18	29.41	11.76	5.88	0

砖石承重结构的局部倾斜值　　　　　　　　　　表 8.6.5

局部倾斜（‰）		<1	1～2	2～3	3～4
完好 18 栋	栋数	7	8	2	1
	%	38.89	44.44	11.11	5.56
墙体开裂 14 栋	栋数	0	8	5	1
	%	0	57.14	35.72	7.14

② 墙体设置钢筋混凝土圈梁或配筋的砌体结构

表 8.6.6 列出来 7 栋墙体设置钢筋混凝土圈梁或配筋砌体房屋的变形和损坏状况，其中完好的房屋有 5 栋，变形量为 4.9mm～26.3mm；局部倾斜为 0.8‰～1.55‰。两栋开裂损坏的房屋变形量为 19.2mm～40.2mm；局部倾斜为 1.33‰～1.83‰。其中办公楼（三层）上部结构的处理措施为：在房屋的转角处设置钢筋混凝土构造柱，三道圈梁，墙

体配筋。由于建筑场地地质条件复杂且有局部浸水和树木影响,房屋竣工后不到一年就开裂破坏。招待所(二层)墙体设置两道圈梁,内外墙交接处及墙端配筋。房屋的平面为"┌┐"形,三个单元由沉降缝隔开,场地的地质条件单一。房屋两端破坏较重,中间单元整体倾斜,损坏较轻。因此,设置圈梁或配筋的砌体结构,房屋的允许变形量取小于等于 30mm;局部倾斜值取小于等于 1.5‰。

承重墙设圈梁或配筋的砖砌体　　　　　　　　　　　　　　　　表 8.6.6

工程名称	变形量(mm)	局部倾斜(‰)	房屋状况
宿舍(I-4)	26.3	1.52	完好
宿舍(I-5)	21.4	1.03	完好
塑胶车间	19.7	0.83	完好
试验房(I-5)	4.9	1.55	完好
试验房(2)	6.3	0.94	完好
办公楼	19.2	1.33	损坏
招待所	40.2	1.83	损坏

③ 钢筋混凝土排架结构

钢筋混凝土排架结构的工业厂房,只观测了两栋,其中一栋仅墙体开裂,主要承重结构完好无损,见表 8.6.7。

钢筋混凝土排架结构　　　　　　　　　　　　　　　　　　　　表 8.6.7

工程名称	变形量(mm)	变形差	房屋状况
机修车间	27.5	$0.0025\,l$	墙体开裂
反射炉车间	4.3	$0.0003\,l$	完好

机修车间 1979 年 6 月外纵墙开裂时的最大变形量为 27.5mm,相邻两柱间的变形差为 $0.003\,l$。究其原因,归咎于附近一棵大桉树的吸水蒸腾作用,引起地基土收缩下沉,从而导致墙体开裂,但主体结构并未损坏。

单层排架结构的允许变形值,主要由相邻柱基的升降差控制。对有桥式吊车的厂房,应保证其纵向和横向吊车轨道面倾斜不超过 3‰,以保证吊车的正常运行。

我国现行的地基基础设计规范规定:单层排架结构基础的允许沉降量在中压缩性土上为 120mm;吊车轨面允许倾斜:纵向 $0.004\,l$,横向 $0.003\,l$。苏联 1978 年出版的《建筑物地基设计指南》中规定:由于不均匀沉降在结构中不产生附加应力的房屋,其允许沉降差为 $0.006\,l$,最大或平均沉降量不大于 150mm。对膨胀土地基,将上述数值分别乘以 0.5 和 0.25 的系数。即升降差取 $0.003\,l$,最大变形量为 37.5mm。结合现有有限的资料,可取最大变形量为 40mm,升降差取 $0.003\,l$ 为单层排架结构(6 米柱距)的允许变形量。

④ 从全国调查研究表明:膨胀土上损坏较多的房屋是砌体结构,钢筋混凝土排架和框架结构房屋的破坏较少。砖砌烟囱有因倾斜过大被拆除的实例,但无完整的观测资料。对于经常受水浸湿房屋和高温构筑物主要应做好防水和隔热措施。对于表中未包括的其他

房屋和构筑物地基的允许变形量，可根据上部结构对膨胀土特殊变形状况的适应能力以及使用要求，参考有关规定确定。

⑤ 上述变形量的允许值与国外一些报道的资料基本相符，如苏联的索洛昌认为：膨胀土上的单层房屋不设置任何预防措施，当变形量达到 10mm～20mm 时，墙体将出现约为 10mm 宽的裂缝。对于钢筋混凝土框架结构，允许变形量为 20mm，对于未配筋加强的砌体结构，允许变形量为 20mm；配筋加强时可加大到 35mm。根据南非大量膨胀土上房屋的观测资料，J. E. 詹宁斯等建议当房屋的变形量大于 12mm～15mm 时，必须采取专门措施预先加固。

⑥ 膨胀土上房屋的允许变形量之所以小于一般地基，原因在于膨胀土变形的特殊性。在各种外界因素（如土质的不均匀性、季节气候、地下水、局部水源和热源、树木和房屋覆盖的作用等）影响下，房屋随着地基持续的不均匀变形，常常呈现正反两个方向的挠曲。房屋所承受的附加应力随着升降变形的循环往复而变化，使墙体的强度逐渐衰减。在竖向位移的同时，往往伴随有水平位移及基础转动。几种位移共同作用的结果，使结构处于更为复杂的应力状态。从膨胀土的特征来看，土质一般情况下较坚硬，调整上部结构不均匀变形的作用也较差。鉴于上述种种因素，膨胀土上低层砌体结构往往在较小的位移幅度时就产生开裂破坏。

文献［11、12］提供了苏联关于膨胀土上房屋的地基允许变形值，见表 8.6.8 和表 8.6.9，可供设计时参考。

苏联建筑法规推荐地基极限变形值[12]　　　　表 8.6.8

建筑物类型		地基极限变形		
		沉降差 $\Delta s/l$	倾斜度 i	平均沉降 s 括号内为最大值（mm）
1. 具有整体结构的工业和民用单层和多层建筑	钢筋混凝土结构	0.001		(20)
	钢结构	0.002		(30)
2. 不均匀沉降对结构不产生附加内力的建筑物		0.003		(35)
3. 有承重墙的多层非框架建筑物	承重墙为大型预制板	0.0008	0.0025	25
	承重墙为配筋砖体	0.0010	0.0025	25
	承重墙为配有钢筋混凝土圈梁的砖砌体	0.0012	0.0025	40
4. 大型钢筋混凝土结构筒仓	同一基础板上整体结构厂房和筒仓		0.0015	100
	同一基础板上装配结构厂房和筒仓		0.0015	75
	单独整体框架结构筒仓		0.002	100
	单独装配式框架结构筒仓		0.002	75
5. 高度为 H（m）的烟囱	$H \leqslant 100$		0.0025	100
	$100 < H \leqslant 200$		$\frac{1}{4H}$	75
	$200 < H \leqslant 300$			50
	$H > 300$			25

学者索洛昌提供的地基容许变形值[11]　　　　　　　　表 8.6.9

结构类型	变形种类	变形数值
未配筋的低层砖石房屋	容许差异变形	0.0003
有圈梁的低层砖石房屋	容许差异变形	0.0004～0.0005
未配筋的单层工业厂房	容许差异变形	0.0005～0.0006
有钢筋混凝土圈梁的单层厂房	容许差异变形	0.0006～0.0007
未配筋的多层居民房屋	容许差异变形	0.0005
配筋多层居民房屋	容许差异变形	0.0006
钢筋混凝土刚架民用房屋和工业产房	容许绝对变形	20mm
未配筋的大型墙板和砌体房屋	容许绝对变形	25mm
配筋的多层大型砌体或砖石房屋	容许绝对变形	35mm
筏基上谷仓	容许绝对变形	100mm

7. 胀缩变形量计算算例

（1）某单层住宅位于某平坦场地，基础形式为墩基加地梁，基础底面积为 $800\text{mm} \times 800\text{mm}$，基础埋深 $d = 1.0\text{m}$，基础底面处的平均附加压力 $p_0 = 100\text{kPa}$。基底下各层土的室内试验指标见表 8.6.10。根据该地区 10 年以上有关气象资料统计并按规范公式 (5.2.11)[1] 计算结果，地表下 1m 处膨胀土的湿度系数 $\psi_w = 0.8$，查规范表 5.2.12[1]，该地区的大气影响深度 $d_a = 3.5\text{m}$。因而取地基胀缩变形计算深度 $Z_n = 3.5\text{m}$。

土的室内试验指标　　　　　　　　表 8.6.10

土号	取土深度 (m)	天然含水量 w	塑限 w_p	不同压力下的膨胀率 δ_{epi}				收缩系数 λ_s
				0 (kPa)	25 (kPa)	50 (kPa)	100 (kPa)	
1#	0.85～1.00	0.205	0.219	0.0592	0.0158	0.0084	0.0008	0.28
2#	1.85～2.00	0.204	0.225	0.0718	0.0357	0.0290	0.0187	0.48
3#	2.65～2.80	0.232	0.232	0.0435	0.0205	0.0156	0.0083	0.31
4#	3.25～3.40	0.242	0.242	0.0303	0.0303	0.249	0.0157	0.37

（2）将基础埋深 d 至计算深度 z_n 范围的土按 0.4 倍基础宽度分成 n 层，并分别计算出个分层顶面处的自重压力 p_{ci} 和附加压力 p_{0i}，见图 8.6.3。

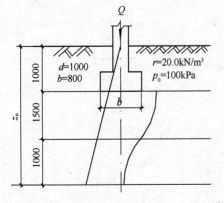
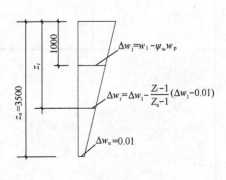

图 8.6.3　地基胀缩变形量计算分层示意

（3）求出各分层的平均总压力 p_i，在各相应的 δ_{ep}-p 曲线上查出 δ_{epi}，并计算 $\sum\limits_{i=1}^{n}\delta_{epi}\cdot h_i$，见表 8.6.11。

$$s_e = \sum_{i=1}^{n}\delta_{epi}\cdot h = 40.7\text{mm}$$

膨胀变形量计算表　　　　　　　　　　　　　表 8.6.11

点号	深度 z_i (m)	分层厚度 h_i (mm)	自重压力 p_{ci} (kPa)	$\dfrac{l}{b}$	$\dfrac{z_i-d}{b}$	附加压力系数 α	附加压力 p_{zi} (kPa)	平均值（kPa） 自重压力 p_{0i}	平均值（kPa） 附加压力 p_{zi}	平均值（kPa） 总压力 p_i	膨胀率 δ_{epi}	膨胀量 $\delta_{epi}\cdot h_i$ (mm)	累计膨胀量 $\sum\limits_{i=1}^{n}\delta_{epi}\cdot h_i$ (mm)
0	1.00		20.0		0	1.000	100.0						
		320						23.2	90.00	113.20	0	0	0
1	1.32		26.4		0.400	0.800	80.0						
		320						29.6	62.45	92.05	0.0015	0.5	0.5
2	1.64		32.8		0.800	0.449	44.9						
		320						36.0	35.30	71.30	0.0240	7.7	8.2
3	1.96		39.2		1.200	0.257	25.7						
		320						42.4	20.85	63.25	0.0250	8.0	16.2
4	2.28		45.6	1.0	1.600	0.160	16.0						
		220						47.8	14.05	61.85	0.0260	5.7	21.9
5	2.50		50.0		1.875	0.121	12.1						
		320						53.2	10.30	63.50	0.0130	4.2	26.1
6	2.82		56.4		2.275	0.085	8.5						
		320						59.6	7.50	67.10	0.0220	7.0	33.1
7	3.14		62.8		2.675	0.065	6.5						
		360						66.4	5.65	72.05	0.0210	7.6	40.7
8	3.50		70.0		3.125	0.048	4.8						

注：基础长度为 l（mm），基础宽度为 b（mm）。

（4）表 8.6.10 查出地表下 1m 处的天然含水量为 $w_1 = 0.205$，塑限 $w_p = 0.219$，则

$$\Delta w_1 = w_1 - \psi_w w_p = 0.205 - 0.8 \times 0.219 = 0.0298$$

按规范 [1] 公式（5.2.10-1），$\Delta w_i = w_1 - (w_1 - 0.01)\dfrac{z_i - 1}{z_n - 1}$，分别计算出各分层土的含水量变化值，并计算 $\sum\limits_{i=1}^{n}\lambda_{si}\cdot\Delta w_i\cdot h_i$，见表 8.6.12。s

$$s_s = \sum_{i=1}^{n}\lambda_{si}\cdot\Delta w_i\cdot h_i = 18.5\text{mm}$$

收缩变形量计算表 s　　　　　　　　　　　　　表 8.6.12

点号	深度 z_i (m)	分层厚度 h_i (mm)	计算深度 Z_n (m)	$\Delta w_1 = w_1 - \psi_w w_p$	$\dfrac{z_i-1}{z_n-1}$	Δw_i	平均值 Δw_i	收缩系数 λ_{si}	收缩量 $\lambda_{si}\cdot\Delta w_i\cdot h_i$ (mm)	累计收缩量 (mm)
0	1.00				0	0.0298				
		320					0.0285	0.28	2.6	2.6
1	1.32				0.13	0.0272				
		320					0.0260	0.28	2.3	4.9
2	1.64				0.26	0.0247				
		320					0.0235	0.48	3.6	8.5
3	1.96				0.38	0.0223				
		320					0.0210	0.48	3.2	11.7
4	2.28		3.50	0.0298	0.51	0.0197				
		220					0.0188	0.48	2.0	13.7
5	2.50				0.60	0.0179				
		320					0.0166	0.31	1.6	15.3
6	2.82				0.73	0.0153				
		320					0.0141	0.37	1.7	17.0
7	3.14				0.86	0.0128				
		360					0.0114	0.37	1.5	18.5
8	3.50				1.00	0.0100				

（5）由规范［1］公式（5.2.14），求得地基胀缩变形总量为：

$$s_{es} = \psi_{es}(s_e + s_s) = 0.7 \times (40.7 + 18.5) = 41.4\text{mm}$$

8.7 预 防 措 施

建造在平坦场地上的低层房屋，若不采用预防措施，10mm～20mm 的胀缩变形量就可导致开裂损坏。引起膨胀土上房屋位移的因素很多，虽然国内外进行了多年试验研究，有些问题目前尚不清楚，有些问题则须通过复杂的长期试验研究和计算才能得知。例如，坡地上房屋位移量比平坦场地大得多，增大部分是由坡体在干、湿环境下反复胀缩变形引起的水平位移造成的。据此，可定性地说明一些问题，但在理论计算上尚未找到合理而简化的方法。土力学中类似问题很多，出路在于找到影响事物的主要因素，通过技术措施的设防，使其不起或少起作用，才具有现实的工程意义。下面介绍的预防措施是大量国内外工程经验的总结。

8.7.1 基础形式与基础埋置深度

1. 基础形式

表 8.7.1 是中国膨胀土地区 180 多栋不同基础形式的砌体结构房屋多年沉降观测资料的统计结果。由表中数据可知，桩基、墩基和柱基比条形基础的变形要小；新建房屋的条形基础，由于埋深较大，变形量也比较小。

不同基础形式的基础变形幅度 表 8.7.1

基础形式 变形幅度（mm）	爆扩桩	墩基、柱基	新建条基	旧建筑条基	条基加三合土垫层
最大变形幅度	23.5	19.3	21.1	39.6	30.8
平均变形幅度	11.3	11.2	12.4	26.9	19.9

桩基、墩基、柱基是"点状"基础，有利于调整基底压力，减少地基胀缩变形量，同时有利于降低地裂对房屋的不良影响，减少土方开挖，节省材料和施工时间等优点，因此，是首选的基础形式。例如，在平顶山已损坏拆除的房屋地基上，新建的试验房采用了墩基础加砂垫层措施后，基础埋深只有 0.5m，经过数年的观测，未见开裂损坏。

2. 基础埋置深度

当以基础埋深作为主要处理措施时，因平坦场地和坡地的地形和地质条件不同，我国规范［1］规定如下：

（1）平坦场地上的房屋，基础埋深不应小于大气影响急剧层深度。经过多年的工程实践，在我国主要膨胀土分布地区，积累了一些有效的工程经验，如在安徽合肥、湖北荆门、四川成都等地区认为 1.5m 的基础埋深是有效深度，各地区的有效基础埋置深度见表 8.7.2。

平坦场地上基础有效埋深   表 8.7.2

地区	有效埋深 （m）	地基胀缩 等级	地区	有效埋深 （m）	地基胀缩 等级
宁明	1.5	Ⅰ级	郧县	1.5	Ⅰ级
宁明	2.0	Ⅱ级	郧县	2.0	Ⅱ级
宁明	2.5	Ⅲ级	合肥	1.5	Ⅰ、Ⅱ级
南宁	1.5	Ⅰ级	南阳	1.5	Ⅰ级
南宁	1.5~2.0	Ⅱ级	南阳	2.0	Ⅱ级
南宁	2.0~2.5	Ⅲ级	平顶山	1.5	Ⅰ、Ⅱ级
鸡街	2.5~3.0	Ⅰ、Ⅱ级	邯郸	1.5	Ⅰ级
蒙自	2.5	Ⅰ级	邯郸	2.0	Ⅱ级
蒙自	3.0	Ⅱ级	荆门	1.5	Ⅰ、Ⅱ级
蒙自	1.5	Ⅰ、Ⅱ级	成都	1.5	Ⅰ、Ⅱ级

注：1. 深度从室外设计地面算起；
    2. 表中数字幅度应根据地基评价胀缩等级和地貌条件确定。

（2）坡地场地上的房屋，在坡肩处设置了挡土墙或坡面进行了防护处理，坡体处于稳定的条件下，我国规范[1]规定：坡角为 $5°\sim14°$，基础的外边缘至坡肩的水平距离 5m~10m 时（图 8.7.1），基础埋深可由下式确定：

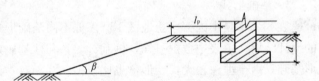

图 8.7.1　坡地上基础埋深计算示意

$$d = 0.45d_a + (10 - l_p)\tan\beta + 0.30 \tag{8.7.1}$$

式中　d——基础埋置深度（m）；

　　　d_a——大气影响深度（m）；

　　　β——设计斜坡坡角（°）；

　　　l_p——基础外边缘至坡肩的水平距离（m）。

需要指出的是，大量深标和含水量观测资料表明，即使在同一地区，因地形地貌差异和土的胀缩性能不等，大气影响深度不尽一致，所以，当对地基变形有特殊要求时，基础埋深应通过理论计算与当地经验综合确定。

8.7.2　地基处理措施

膨胀土地基常用的地基处理措施有换土、补偿垫层和化学加固等。

1. 换土

换土是将主要胀缩变形层内的膨胀土全都或部分挖掉，填以非膨胀性材料，以消除或减少地基的胀缩变形量。

换土厚度应由计算确定，使剩余部分土的胀缩变形量在容许范围内。

常用于换土的材料有：非膨胀性土、中粗砂、级配砂石和灰土等。施工时应注意回填质量，非膨胀性土应以土的最优含水量和最大干密度控制；碎石、砂等控制压实后的干重度不小于 $15.5\mathrm{kN/m^3}$，并做好防、排水处理。

2. 补偿垫层

（1）补偿垫层通常以级配良好的中、细砂为原料，它可以对地基胀缩变形起到缓冲和调整作用。还有一种在基础的内外侧同时填筑一定厚度砂、豆石等而形成所谓的"砂包基础"，其功能主要是减轻或消除水平膨胀力对基础的危害。无论何种补偿垫层，都必须做好防水，以免引起地基土浸水膨胀和软化造成的危害。

补偿垫层作用的机理如图 8.7.2 所示，该补偿垫层由中、细砂构成。图中 p 为基底压力，p_e 为土的膨胀压力，q 是基槽回填土的超载。当膨胀土局部受水浸湿时，在上部荷重和土膨胀压力共同作用下，基底下垫层中将形成一锥形压密核。迫使砂向外挤出，从而减少基础的上升量，发挥其补偿作用。

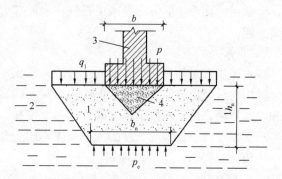

图 8.7.2 补偿垫层作用力示意
（引自索洛昌）

1—砂；2—膨胀土；3—基础；4—压密核；
b_n、h_n—补偿垫层宽度和厚度；b——基础宽度

（2）索洛昌[11]通过对补偿垫层的试验研究得出如下结论：

① 垫层的效果由补偿系数 k 评价。k 为基础上升量与垫层底下部土层上升量之比。系数 k 越小，补偿作用越大；

② 下卧土层膨胀上升 $30\mathrm{mm}\sim50\mathrm{mm}$ 时就能形成压密核。当砂沿压密核边缘挤出后，可使基础上升量减少 50%，同时减少了基础纵向不均匀上升量；

③ 条形基础下宜采用补偿垫层，由于其刚度远大于扩展式基础，故能承受压密核形成前产生的膨胀压力；

④ 补偿垫层合理尺寸，可根据条形基础宽度按表 8.7.3 中数值采用；

补偿垫层尺寸   表 8.7.3

基础宽度 b（m）	垫层尺寸	
	厚度 h_n	宽度 b_n
$0.5 < b \leqslant 0.7$	$1.5b$	$2.2b$
$0.7 < b < 1.0$	$1.15b$	$2.0b$
$1.0 \leqslant b < 1.2$	$1.1b$	$1.8b$

⑤ 垫层应有足够的密实度，砂的重度应不小于 $16\mathrm{kN/m^3}$，方可保证有效的补偿性能；

⑥ 基础宜承受最大容许压力，这将有助于压密核的形成；

⑦ 尽量减少基槽填土的超载，不宜大于 0.25 倍的基底压力；

⑧ 膨胀压力大于 $250\mathrm{kPa}$ 时，宜用细砂或中砂，膨胀压力小时可采用粗砂作补偿垫层。

国内对补偿垫层的室内、野外试验资料[41,42]也认为：当砂垫层厚度为 $0.5\mathrm{m}\sim0.8\mathrm{m}$ 时，可以降低膨胀力 $25\%\sim30\%$ 左右。建议垫层厚度 h_n 和宽度 b_n 采用下列数值：

中等以下膨胀土：

$$h_n \geqslant 0.75b \qquad b_n \geqslant 1.5b \tag{8.7.2}$$

中等膨胀土：

$$h_n \geqslant 1.00b \qquad b_n \geqslant 1.6b \tag{8.7.3}$$

式中 b 为基础宽度，基础埋深应大于 $1.2m$，垫层材料采用中砂分层夯实到中密。符合以上条件时，砂垫层将起到显著的调节和补赏作用。

3. 化学加固

常用的化学加固方法是采用石灰、水泥等对膨胀土进行化学稳定处理，以降低土的胀缩性能。

1）水泥或石灰拌和法

水泥或石灰拌和法是将膨胀土破碎，掺入一定数量的水泥或生石灰（或熟石灰），充分拌均匀后回填夯实。由于水泥或生石灰与膨胀土产生阳离子交换以及絮凝、团聚、碳化和胶凝作用，使土的胀缩幅度降低，强度增高。

文献［12］提供的天然膨胀土与掺不同配合比例石灰混合土样的物理力学和胀缩性能变化的试验资料，见表 8.7.4。

膨胀土与掺不同生石灰混合土的物理力学、胀缩性能比较　　　　表 8.7.4

指标 试样类别	天然击实土	混合土 掺生石灰 3%	掺生石灰 6%	掺生石灰 9%
液限 w_L（%）	36.2	33.6	31.8	31.5
塑限 w_P（%）	14.9	23.1	24.6	24.4
塑性指数 I_P（%）	21.3	10.5	7.2	7.1
膨胀力 P_e（kPa）	63	7	7	3
收缩系数 λ_S	0.35	0.19	0.24	0.16
线收缩率 δ_S（%）	2.84	1.72	1.59	1.37
缩限 w_S（%）	11.4	12.1	12.3	12.3
黏聚力 c（kPa）	68	150	159	209
摩擦角 φ（°）	21°18′	30°32′	31°48′	27°13′
无侧限抗压强度 P_H（kPa）	264	465	585	
pH 值	7.3			10.1
阳离子交换量（me/100g）	32.0			106.0
交换 C_a 阳离子（me/100g）	17.6			89.6
小于 0.005mm 颗粒含量（%）	38.0	30.0	21.0	27.5
0.05mm～0.005mm 颗粒含量（%）	53.0	60.5	61.5	61.5
大于 0.05mm 颗粒含量（%）	9.0	9.5	11.0	11.5

由表 8.7.4 看出，膨胀土掺入 3%～9% 生石灰以后，其混合土的工程性质发生了很大变化，膨胀土的工程性质得到改善。主要表现为：

（1）细颗粒成分减少，粗颗粒成分增加；

（2）液限降低，塑限增高；

（3）土的亲水性降低，膨胀与收缩性能大大减弱；

（4）强度得到显著提高。

文献［43］提供了两种膨胀土在室内掺入一定量 42.5 普通硅酸盐水泥后室内的试验资料，见表 8.7.5。

两种掺入水泥膨胀土试验资料　　　　表 8.7.5

水泥：土比例	荆门土					安康土				
	w_L (%)	w_P (%)	I_P (%)	δ_{ef} (%)	δ_{ep0} (%)	w_L (%)	w_P (%)	I_P (%)	δ_{ef} (%)	δ_{ep0} (%)
0：100	44.1	22.0	22.1	63	11.3	44.7	20.9	23.8	67	15.4
3：100	43.7	30.6	13.1	20	1.6	44.2	30.8	13.4	34	1.2
6：100	42.3	31.3	11.0	19	0.6	43.3	31.9	11.4	25	1.1
9：100	40.7	31.7	8.7	15	0.4	43.2	30.9	12.3	20	0.7

从表 8.7.5 看出，掺入一定量水泥后，试样液限略有降低，但塑限含水量有很大提高，自由膨胀率 δ_{ef} 和无荷重下膨胀率 δ_{ep0} 大为减小，土的收缩性也降低许多。掺入 6％水泥后上述两种膨胀土的工程性质得到了改善。

已有的研究说明，掺入 5％～10％的水泥、生石灰能大大改善膨胀土的工程性质，但室内试验资料在现场大面积使用时，要解决好土块破碎、掺合料均匀拌和及回填土质量控制等施工技术问题。而且还应进行必要的室内和现场试验和检测工作，以确定其可行性。

2）石灰浆液压入法

石灰浆液压入法是用钻机在建筑场地或建筑物周围钻孔至所需加固深度，然后从钻杆中注入高压石灰浆液，通过钻杆预设的细孔将石灰浆液喷射到土层中去，形成一个防水隔离栅，有助于屏蔽水分向建筑物地基土内转移。

石灰浆液压入法灌注压力一般为 350kPa～1400kPa，灌注深度为 3m～4m，钻孔间距 1.5m 左右。灌注后地表 100mm～150mm 厚的土体会鼓胀破碎，应重新碾压或夯实。

石灰浆液压入法要求浆液配比为每升纯水加入 300g 石灰，并要求在高压下连续压灌施工。在国外有试验成功的例证，但在我国两广地区的试验研究工作，由于技术难度等问题，其效果欠佳，应慎用。

8.7.3　桩基础

室内外的试验研究和工程实践证明，采用桩基础穿透胀缩活动土层，将上部荷载传递到下部稳定土层后，可消除胀缩变形对房屋的危害，是确保建筑物安全和正常使用的最有效措施。

1. 膨胀土中桩的工作性状

桩在膨胀土中的工作性状相当复杂，桩的工作性状和承载性能与土性、土中水分变化幅度和桩顶作用荷载大小密切相关。上部土层因水分变化而产生的胀缩变形对桩有以下两种效应：

1）土体膨胀时，因含水量增加和密度减小导致桩侧阻和端阻降低，同时，由于桩周土的隆胀导致桩的上拔。国内外室内和现场试验资料表明：土体膨胀隆起时对桩周产生胀

443

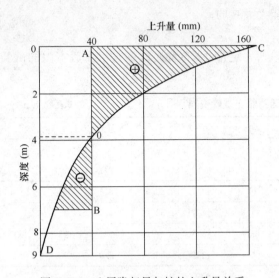

图 8.7.3　土层隆起量与桩的上升量关系
（引自索洛昌）

切力造成桩的上拔，土层的膨胀隆起量决定桩的上拔量。上部土层隆起量较大，下部土层隆起量小甚至不膨胀将抑制桩的上拔，起到"锚固作用"，如图 8.7.3 所示。图中 CD 表示 9m 深度内土的膨胀隆起量随深度的变化曲线，AB 为 7m 长单桩上拔量达 40mm。CD 和 AB 线交点 O 处土的隆起量与桩的上拔量相等，即称为"中性点"。需要指出，点 O 在土膨胀过程中是逐渐移动的，到桩周土膨胀稳定后，"中性点" O 基本稳定在 0.5 倍桩长处。O 点以上桩承受着由胀切力产生的胀拔力；以下则为"锚固力"。当由土的胀拔力大于"锚固力"时，桩就会被上拔，为抑制上拔量，在桩基设计时，桩顶荷载应等于或略大于土的胀拔力，或加大桩长，使"锚固力"大于胀拔力。

2）土体收缩时，可能引起该部分土体产生裂缝，甚至可使基桩脱离土体而丧失桩侧阻力，同样导致桩的承载力降低。

2．桩基础设计

1）单桩承载力

当受水浸湿后，由于膨胀土的"软化"，单桩承载力将有较大幅度降低。文献［11］的现场浸水载荷试验表明，浸水后的单桩承载力比天然状态降低约 30%～60%，且与土的特性和桩长有关。当土的胀缩性能不变时，承载力降低幅度随桩长的增加而减小，主要因浸湿部分桩周侧阻降低之故，因此，文献［11］建议：浸水后单桩的承载力按天然状态的 50% 取值。

2）在天然气候条件下，基桩的承载性能在大气影响深度内同样因土的胀缩变形产生上述两种效应，因此，桩基设计应以桩端进入大气影响急剧层以下或非膨胀土层的深度控制，按下列要求确定桩的长度：

（1）按膨胀变形计算时，应符合下式要求：

$$l_a \geqslant \frac{v_e - Q_k}{u_p \cdot \lambda \cdot q_{sa}}$$

(8.7.4)

（2）按收缩变形计算时，应符合下式要求：

$$l_a \geqslant \frac{Q_k - A_p \cdot q_{pa}}{u_p \cdot q_{sa}}$$

(8.7.5)

式中　l_a——桩端进入大气影响急剧层以下或非膨胀土层中的长度（m）；

v_e——在大气影响急剧层内桩侧土的最大胀拔力标准值，应由当地经验或试验确定（kN）；

Q_k——对应于荷载效应标准组合，最不利工况下作用于桩顶的竖向力，包括承台和承台上土的自重（kN）；

u_p——桩身周长（m）；

λ——桩侧土的抗拔系数，应由试验或当地经验确定，当无此资料时，可按国家现行标准《建筑桩基技术规范》JGJ 94 的相关规定取值；

A_p——桩端截面积（m²）；

q_{pa}——桩的端阻力特征值（kPa）；

q_{sa}——桩的侧阻力特征值（kPa）。

按胀缩变形计算时，计算长度应取式（8.7.4）和式（8.7.5）中的较大值，且不得小于 4 倍桩径及 1 倍扩大端的直径，最小长度应大于 1.5m。

3）关于胀拔力

基桩的胀拔力等于位于大气影响急剧层或受水浸湿深度内桩身表面积与胀切应力的乘积。土体在吸水膨胀过程中的隆起量是逐步增大而趋于稳定的，胀拔力的产生、发展直到稳定与之同步。图 8.7.4 是文献［11］报导 1m～4m 桩长现场浸水 7 个半月的试验结果。从图中可知，桩间土吸水膨胀初期，胀拔力随时间增长而增大，并达到最大值 v_{emax}；然后逐渐减小，直至稳定值也是最小值 v_{emin}。

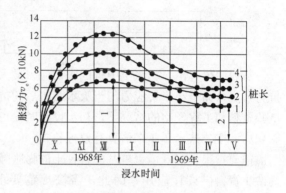

图 8.7.4　桩上胀拔力随浸水时间变化

1— v_{emax}；2— v_{emin}

（引自索洛昌）

在试验过程中还观测到胀拔力随深度增加而增大，其原因有：一，桩间土在膨胀过程中，由于土的自重压力随深度增大，土层的膨胀受到抑制，土的强度也降低较少；二，桩间土作用在桩周的水平应力随深度增加，土在膨胀隆起时，由于桩土的相互作用，桩周土呈现如图 8.7.5 的变形特征。

为研究桩周土在膨胀隆起过程中的变形特征，在距桩 100mm、200mm、300mm 和 400mm 以及更大距离范围内设置了 1m、2m、3m 和 4m 的深层测标，以观察土体在浸水膨胀过程中的位移状况。

试验表明，桩周土的位移是不均匀的，见图 8.7.5。桩周处与远处地表的差异隆起量为 20mm。在距桩 200mm～400mm 范围内土层产生了弯曲，最大弯曲面出现在最大胀切应力时期。弯曲的产生是桩间土相对于桩身产生剪切位移的结果，这种弯曲和剪切位移随深度减小。因此，胀切应力的大小可用桩周土的抗剪强度量度。该论点可从桩拔出地面后桩周带有一薄层土予以旁证，即桩在受荷时，桩土的滑移面位于桩周近处的土中，并非在桩土的界面上。

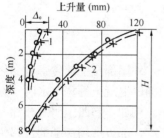

图 8.7.5　土膨胀变形图

1—土的弯曲变化；2—土层的上升量

（引自索洛昌）

胀切应力与土的抗剪强度关系试验结果见表 8.7.6。

膨胀土的抗剪强度和胀切应力[引自索洛昌]　　　　　　　　　表 8.7.6

土名	桩长 (m)	桩侧摩阻力（kPa）		胀切应力（kPa）		$\dfrac{q_{s0}}{v_{emax}}$	$\dfrac{q_{sw}}{v_{emin}}$
		天然 q_{s0}	浸水 q_{sw}	v_{emax}	v_{emin}		
萨尔马特	3.0	37	24	35.8	21.8	1.03	1.1
	4.0	32	24	33	21.2	0.97	1.13
	5.0	35	22	32	19.5	1.09	1.13
赫瓦伦	1.0	32	19	30.1	14.3	1.06	1.33
	1.5	32	23	33	25.4	0.97	0.91
	2.5	40	26	40	22.3	1.0	1.16

从表中可看出，膨胀土中桩的胀切应力最大值相当于天然含水量土的侧阻力，即土的抗剪强度；而最小胀切应力与土吸水膨胀后的抗剪强度基本一致。据此，笔者认为，在无试验资料和工程经验的情况下，初步设计时，可用初始含水量为 w_0 时土的抗剪强度代之胀切力，按公式 8.7.4 来估算有效桩长。

需要指出，对低承台桩基而言，土的膨胀隆起对承台底面产生的上举力，其数值目前尚缺少资料供设计应用，因此，需按规范要求将承台与地基土顶面之间留有不少于 100mm 的空间，以消除土体膨胀对建筑物带来的不利影响。

8.7.4　建筑和结构措施[44]

膨胀土上建筑物设计时，通常采用一些必要的建筑和结构措施来保证其安全和正常使用。常用的建筑措施和结构措施如下：

1. 建筑措施

建筑措施主要包括：沉降缝的设置、散水和地坪等。

1）沉降缝的设置

建筑体型应力求简单。将建筑物分成若干具有较大刚度的独立单元，以减少地基差异变形带来的危害。符合下列情况应设置沉降缝：

（1）挖方与填方交界处或地基土显著不均匀处，包括土的胀缩性强弱不等处和土层厚度不均匀处，例如同一建筑物地基的分级变形量大于 35mm 时；

（2）建筑物平面转折部位或高度（荷重）有显著差异处；

（3）建筑结构（或基础）类型不同部位。

2）散水

（1）房屋四周受季节性气候和其他人为活动的影响较大，外墙部位土的含水量变化和结构的位移幅度都较室内偏大，容易遭到破坏。当房屋四周辅以混凝土等宽散水时（宽度大于 2m），能起到防水和保湿的作用，使外墙的位移量减小。例如，广西宁明某相邻办公楼间有一混凝土铺设的球场，尽管房屋的另两端均在急剧下沉，邻近球场一端的位移幅度却很小。再如四川成都某仓库，两相邻库房间由三合土覆盖，此端房屋的位移幅度仅为未覆盖端的 1/5。同样在湖北郧县种子站仓库前有一用混凝土建造的大晒场，房屋四周也设有宽散水，整栋房屋的位移幅度仅为 3mm 左右，而同一地区未设置宽散水的房屋的位移幅度都远大于这一数值，多数遭受严重开裂破坏。

图 8.7.6 是成都军区后勤部营房设计所在某试验房散水下不同部位的深标升降位移的试验资料。从图中曲线可以看出，房屋四周一定宽度的散水对减小膨胀土上基础的位移起到了明显的作用。这与现场盖板"覆盖效应"试验成果是一致的。应当指出，大量的实际调查资料证明，作为主要预防措施来说，散水对于地势平坦、胀缩等级为Ⅰ、Ⅱ级的膨胀土能起到较好的预防效果。

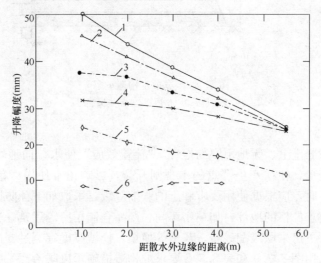

图 8.7.6　散水下不同部位的位移

1—0.5m 深标；2—1.0m 深标；3—1.5m 深标；

4—2.0m 深标；5—3.0m 深标；6—4.0m 深标。

（2）鉴于上述的试验研究和工程实践，膨胀土上建筑四周设置一定宽度的散水（与一般地区上房屋散水不同），是一种既经济又实惠的预防措施。因此，我国规范［1］对其结构构造和宽度的要求作了如图 8.7.7 和表 8.7.7 的规定。

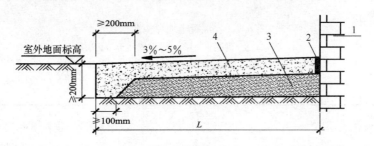

图 8.7.7　散水构造示意

1—外墙；2—交接缝；3—垫层；4—面层。

散水构造尺寸　　　　　　　　　　　　　　　　　　表 8.7.7

地基胀缩等级	散水最小宽度 L（m）	面层厚度（mm）	垫层厚度（mm）
Ⅰ	1.2	≥100	≥100
Ⅱ	1.5	≥100	≥150
Ⅲ	2.0	≥120	≥200

（3）当以宽散水作为处理措施时，对于平坦场地的Ⅰ级膨胀土，散水宽度不应小于2m；Ⅱ级膨胀土散水宽度不应小于3m，并应符合图8.7.8的构造要求，以取得防水、保湿和保温作用。

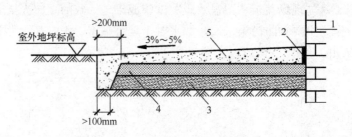

图 8.7.8　宽散水构造示意
1—外墙；2—交接缝；3—垫层；4—隔热保温层；5—面层

3）室内地坪

直接设置在膨胀土上、无地下室的地坪，"覆盖效应"使水分向地坪中心部位转移和积聚，引起鼓胀变形，往往产生严重的不规则开裂，影响正常使用，且后期的处理费用高、难度大。设计时，应根据使用要求和土的胀缩等级，采取如下预防措施：

（1）对使用要求严格的地坪，如精密车间、药品仓储用房等建筑，当土的胀缩等级为Ⅰ～Ⅱ级时，地坪下可采取级配砂石、灰土等换填，换填厚度宜通过变形计算控制剩余变形量确定，也可采用图8.7.9和表8.7.8要求的构造措施予以防治。

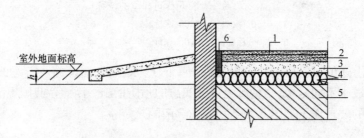

图 8.7.9　混凝土地坪构造示意
1—面层；2—混凝土垫层；3—非膨胀土填充层；
4—变形缓冲层；5—膨胀土地基；6—变形缝

混凝土地面构造要求　　　　　　　　　　　　　　　　表 8.7.8

设计要求 \ δ_{ep0}（%）	$2 \leqslant \delta_{ep0} < 4$	$\delta_{ep0} \geqslant 4$
混凝土垫层厚度（mm）	100	120
换土层总厚度 h（mm）	300	$300 + (\delta_{ep0} - 4) \times 100$
变形缓冲层材料最小粒径（mm）	≥150	≥200

位于Ⅲ级膨胀土上使用要求严格的地坪，可在按图8.7.9和表8.7.8要求采取措施的基础上，采用钢筋混凝土地坪并与四周墙体采用如图8.7.10所示的接缝进行处理，或采用架空地坪。

（2）对于使用要求不太严格的室内外地坪，可采取分格、分块设置变形缝或预制块体建造。接缝处应充填柔性防水材料，以便于修复。

2. 结构措施

砌体结构的低层房屋，包括：办公楼、住宅、食堂等。基础埋深浅，基底压力较小，地基土升降变形量较大；墙体强度较低，加上门窗洞的削弱，易使墙体开裂破坏，因此，设计时适当采取一种或多种结构措施，以增强房屋抵抗不均匀正反向挠曲变形的能力。常用的结构措施主要有设置圈梁、构造柱和配筋砌体等。需要注意的是：在我国抗震

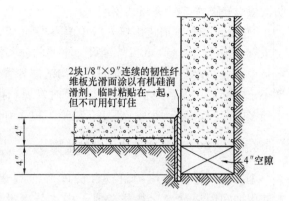

2块1/8″×9″连续的韧性纤维板光滑面涂以有机硅润滑剂，临时粘贴在一起，但不可用钉钉住

4″

4″

4″空隙

图 8.7.10　地坪与基础墙之间的典型滑动接缝
（引自陈孚华）

设防地区，应与抗震设防的结构构造要求相协调，按要求高的规格执行，不应重复叠加。上述结构措施在我国规范［1］中已有详细的规定和要求，不再赘述。

8.7.5　植被绿化和防排水

1. 植被绿化

植被和绿化是改善环境，增进人民健康的必要措施，同时也是预防膨胀土中水分变化导致房屋受损的重要措施。在规划、设计时，就应保护对环境影响较大的植被不遭破坏。并在此基础上选择根系不太发育、蒸腾量小的树木进行合理绿化，以涵养土中水分，对房屋起到保护作用。主要措施如下：

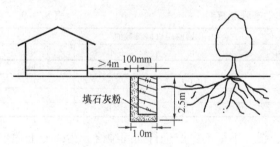

>4m　100mm

填石灰粉

2.5m

1.0m

图 8.7.11　石灰沟隔断法示意图
（引自陈林）

1）建筑物周围散水以外的空地，宜多种植草皮和绿篱，如冬青等灌木；

2）在距离建筑物 4m 以外可选种低矮、耐修剪和蒸腾量小的果树、花树或松柏等针叶树种，如棕榈、女贞子和刺柏、银杏等；

3）在湿度系数小于 0.75 或孔隙比大于 0.9 的地区，种植桉树、木麻杨、滇杨等速生树种时，应设置石灰隔离沟。沟与建筑物距离不应小于 4m，见图 8.7.11。

2. 防排水措施

导致土中水分增加造成膨胀变形的原因，除了自然因素以外，尚有人为因素，因此，有序地疏导场区、房屋内外的生产和生活用水，是防止土体膨胀危害的预防和维护措施之一。

1）场区排水，首先要做好截水沟，特别注意利用原有自然排水系统，顺势利导，切忌挡水，将其有序排出场区之外。

2）室内外生产和生活用水应通过房屋四周明沟有序排放。明沟要有质量好的砖、石块砌筑或用混凝土浇筑，排水沟内应设防渗层，并常保持畅通，及时清理堵塞物和积水。

明沟应设在散水之外并与其相连。

3) 给、排水管道进出口处应预留不小于 100mm 的空间。管道接口宜采用柔性接头，主干管必须距离房屋 3m 以外铺设。重要的公共设施，如食堂、礼堂和影院等的各类管道应集中架设在钢筋混凝土管沟内，管沟末端和管沟沿线应分段设置捡漏井。井内设置深度不小于 300mm 的集水坑，使积水能及时发现和排除，管沟宽度以便于修理为宜。对于用水较多的车间，基础埋深应不小于管道下皮 1.0m。

8.7.6 热工和冷冻设施的预防措施

烟囱、炉窑等高热构筑物和冷库等冷藏建筑，在使用期间因温度变化往往造成土中水分大量转移而导致基础或建筑产生过大不均匀胀缩变形或开裂破坏，影响其安全和正常使用，因此，应采取隔热保温措施预防。现就以下两个工程实例予以说明[40]。

1) 图 8.7.12 为某烟囱及烟道的平面图。该工程建于膨胀土地基上。烟囱的钢筋混凝土底板直径 6.4m，板厚 0.5m，埋深 3.0m。烟囱为钢筋混凝土结构，高 40m。地下燃烧窑和两个与之相连的烟道温度分别为 650℃～800℃ 和 160℃～360℃。由于长期烘烤，土中含水量大幅度降低，导致Ⅰ号和Ⅱ号区域土体过大的差异收缩下沉。从而使烟囱出现连续几年倾斜，见表 8.7.9。

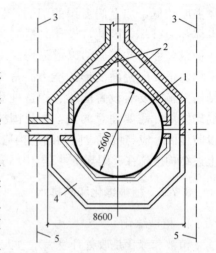

图 8.7.12　烟囱及烟道平面图
1—烟囱基础；2—现有烟道；3—Ⅰ号区域界限；
4—拟设置的附加烟道；5—Ⅱ号区域界限

烟囱变形动态观测资料　　　　　　　　　　　　　　　　表 8.7.9

变形参数	开始使用以后参数值			
	4 年	5 年	6 年	7 年
烟囱上部位移（mm）	480	600	690	690
位移平均速度（mm/月）	10.2	10.0	7.5	0
烟囱倾斜	0.012	0.015	0.017	0.017
倾斜发展速度（°/月）	$2.6×10^{-4}$	$1.6×10^{-4}$	$1.6×10^{-4}$	0

当倾斜达到 0.017 时，烟囱筒身出现开裂，不得不停产进行加固维修。为改变上述烟囱底板不均匀受热状况，在原有半环形烟道的对面，对称增设了附加的半环形烟道，见图 8.7.12 中的 4。经采取上述处理措施后，基础板下地基土的受热状况和温度场逐渐向均匀平衡方向发展。表 8.7.10 是处理后三年间的变形改善状况。从表中可看出，经过三年的热平衡，烟囱的倾斜由 2.6‰ 减少到 1.5‰；上部因基础板倾斜导致的位移，由 1032mm 减小到 648mm，纠偏取值得了满意的效果。

附加烟道使用后烟囱变形　　　　　　　　　　　　　　　表 8.7.10

变形参数	开始状态	干燥过程				
		第一年	第二年			第三年
烟囱上部位移（mm）	1032	970	862	862	747	648
烟囱倾斜	0.026	0.023	0.021	0.20	0.017	0.015
位移速度（mm/月）	—	2.6	27.5	26.5	38.3	33
基础最大点沉降（mm）	0	5	20	27	66	85

2）图 8.7.13 为某援非陶瓷厂炉窑的剖面图。该炉窑建于膨胀土上，一年后，由于上千度高温的烘烤，膨胀土地基严重失水收缩，导致窑体不均匀下沉产生开裂，生产轨道不能运转而停产。

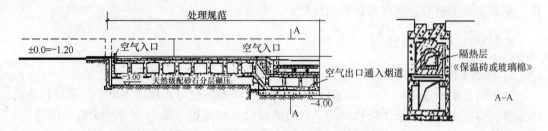

图 8.7.13　架空处理后的锦窑基础剖面

图 8.7.14 分别是窑体外墙处的地面温度、窑体沉降和窑体裂缝开展状况。从图中可知，在窑体高温区沉降为 131mm，而低温的沉降最大值仅为 29mm。过大不均匀沉降引起正反两个方向的挠曲变形，不得不拆除重建。

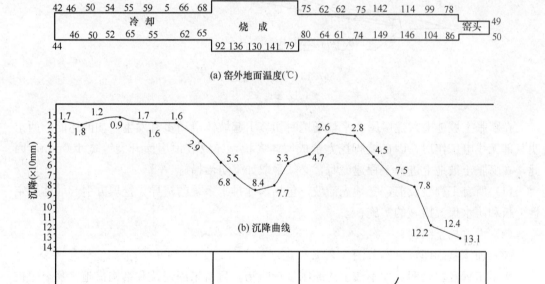

图 8.7.14　温度位移和开裂状况

重建时，采取了如下预防措施：

（1）将处理范围内窑体的基础埋深设置于 3m～4m 处，为减少烟道两侧的热量散发，用保温砖或玻璃棉设置保温隔热处理；

（2）窑体下部设置高 1.4m 的钢筋混凝土箱形基础将其架空，在基底以下用分层压实的级配砂石换填，同样起到保温隔热作用；

（3）在基础内增设通风道降温，使进风口和出风口间形成高差，以利于空气流通，并使出风口与烟道、烟囱连接在一起，利用烟囱的抽力加速空气流动，起到快速降温的作用，采取上述措施后，新建的炉窑运行顺利、安全。

8.7.7 坡地支护措施

1. 坡地上的工程问题

在膨胀土坡地上进行工程建设时，应特别注意坡体的稳定和地基土水平位移对其造成的危害。膨胀土地区的坡体失稳分为自然坡体滑动和场地挖方破坏坡体平衡造成的滑动。自然边坡失稳多属于浅层牵引式滑动，例如，安康某路堑在两年多的时间内曾发生四次滑动，直到修筑挡土墙后才处于稳定状态，见图 8.7.15。

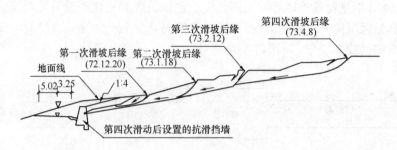

图 8.7.15　安康某路堑滑坡
（引自廖世文）

在膨胀土坡地上兴建房屋，平整场地时切坡引起坡体滑动多有发生，如前述的广西宁明某部无线电工作房，因在坡脚挖方造成坡体失稳，导致坡顶房屋开裂缝宽 100mm，因此，在膨胀土坡地上进行工程建设时，必须采取如下防治措施：

（1）所有工程建设前，必须先治坡，包括场地排水系统的疏导、挖填方引起坡体稳定性分析和防水保湿措施的实施；

（2）设置挡土结构；

（3）加深基础埋，见本节图 8.7.1。

大量工程经验表明，如不按上述原则进行防治，盲目采用建筑和结构措施，甚至短桩基础，同样会造成房屋严重开裂损坏。

2. 挡土墙

1）稳妥的支护结构是防止坡体滑动、抑制土体水平位移的有效措施

构筑有防水保湿性能的挡土墙是膨胀土坡地上最适宜的支护结构。大量的工程实践表明，具有挡土墙的坡地房屋，遭受损坏的几率很少。图 8.7.16 是云南鸡街地区沿 $6°\sim8°$ 斜坡兴建的 5 栋平房，在坡的下方共设置了 6 道重力式挡土墙。房屋的四周设有散水，并与排水明沟连接一起，其下与排水主干道相通。各建筑的基础形式和埋深有所不同，其中 II-2 采用四角加深至 2.5m 的墩基；II-5 为埋深 0.7m～1.0m 的条形基础；其他均为埋深 2m～3m 的墩式基础。经过上述处理后，既保持了坡体的稳定，又减轻了地表水分蒸发散失和雨水的渗入。建成后；实测的房屋位移幅度仅为 15mm～20mm。前墙以下沉为主；

后墙则以膨胀上升为主,房屋开裂轻微。说明先治坡,后建房原则的正确性。

需要说明是,$3°\sim14°$的边坡,当土中的裂隙面与坡面的夹角较小时,仍有滑动的可能。因此,在平整场地进行工程建设时,应单独或分级设置高度较小的挡土墙,并做好防水保湿措施,以保证工程的安全和正常使用。

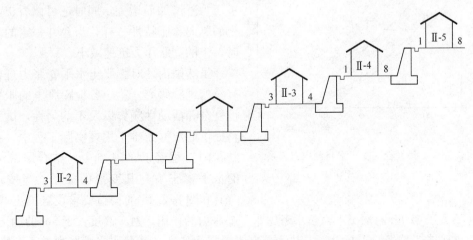

图 8.7.16 云南鸡街坡坎上建筑和挡土墙

(引自黄熙龄)

2) 挡土墙的设计

与一般土质不同,膨胀土地区的挡土墙,除墙后和墙趾处土体因受水膨胀软化使土体强度降低外,墙后还承受着水平膨胀压力。这是膨胀土地区挡土墙失效的主要原因。如何确定水平膨胀力是土的三向膨胀问题,它比单一的竖向膨胀复杂得多。为此,国内外曾就此进行了室内外的试验研究。文献〔45〕曾在湖北荆门的现场试验房基础内外侧、试验地沟和一个长 13.6m、高 4.0m、顶宽 2.8m、底宽 3.6m 的重力式挡土墙进行了长达 5 年多的试验观测。测得的水平膨胀力为 10kPa~16kPa。张颖钧[46]在自制的三向膨胀仪上,对安康、成都狮子山和云南蒙自等地的膨胀土样进行了试验研究。得出原状土的水平膨胀力为 7.3kPa~21.6kPa,约为竖向膨胀力的 50%;而击实重塑土样的水平膨胀力为 15.1kPa~50.4kPa,约为竖向膨胀力的 65%。在初始含水量一致的前提下,后者约为前者的 2 倍。同时,对安康、西宁、勉西和成都狮子山 4 个坡高约为 8m~12m、坡率 1:1.5~1:1.75 的边坡进行了两年多坡体内含水量和竖向及横向变形的试验观测。试验观测结果表明,坡体内含水量增加 1%~2% 时,原状土的水平膨胀力为 10kPa~15kPa。索洛昌[11]在现场通过浸水对萨尔马特黏土测试了土的水平膨胀力,挡土结构后方填土的含水量为 31.1%,干重度为 13.8kN/m³,在深度 1.0m~3.0m 范围内,水平膨胀力随深度增加,最大值分别为 49kPa、51kPa 和 53kPa。随着土体的膨胀软化,水平膨胀力降低,稳定值分别为 41kPa、41kPa 和 43kPa。考虑到水平膨胀力沿深度而变化,建议设计时按 80% 取值。方向[48]用非洲黑棉土在改进的三轴仪上进行了膨胀土侧向变形特性的试验研究,重塑土样的含水量为 35%,干重度为 12.4kN/m³,试样直径 65.4mm,高度 80mm。图 8.7.17 为竖向压力(σ_1)分别为 30kPa、50kPa 和 80kPa 时的最大径向膨胀率和侧向压力的关系曲线。从图中可看出,径向变形为定值时,侧向压力随竖向压增加而增大,横

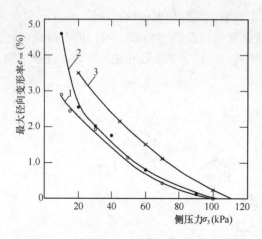

图 8.7.17　最大径向膨胀率与侧压力关系
1—$\sigma_1=30\text{kPa}$；2—$\sigma_1=50\text{kPa}$；3—$\sigma_1=80\text{kPa}$
（引自方向）

向变形为零时的侧向压力最大，即为土的水平膨胀力。这与现场在土自重压力下浸水膨胀试验的结果一致。即当土性和初始含水量和干重度为定值时，水平膨胀力随深度（自重压力）增加而增大，同时还可以看出，与土的竖向膨胀特性一样，当允许一定的变形时，土的膨胀压力迅速减小。

虽然国内外对膨胀土水平膨胀力进行了有益的试验研究，鉴于各地膨胀土的胀缩特性复杂和活动性频繁以及不均匀性，试验资料提供的数据尚难于用在实际工程中。在总结我国工程经验的基础上，结合图 8.7.17 的水平膨胀力与其变形的关系，当按规范[1] 和图 8.7.18 的构造要求设置挡土墙时，在墙高不大于 3.0m 的情况下，可不考虑水平膨胀力的作用。对于高度大于 3m 的挡土墙，应通过试验或当地经验进行设计，并注重土体膨胀后强度衰减及水平膨胀力的不利影响。无此项资料时，宜采用多级的低矮挡土墙替代。

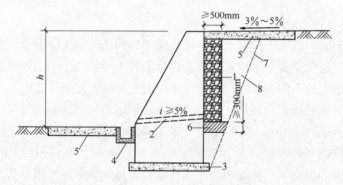

图 8.7.18　挡土墙构造示意图
1—滤水层；2—泄水孔；3—垫层；4—防渗排水沟；
5—封闭地面；6—隔水层；7—开挖面；8—非膨胀土

3. 护坡和排水

可根据当地经验进行护坡，在坡面上干砌或浆砌片石设置护坡，设置支撑盲沟，种植草皮等，也可采用土钉墙加固边坡。

排水措施，在坡地上建房，首先要做好截水沟，尽量利用原有自然排水系统，防治洪水、地面水浸入坡体。场地内的排洪沟、截水沟和雨水明沟，其沟底均应采取防渗处理。排洪沟、截水沟的沟边土坡应设支挡，防止坍塌。对裂缝、地裂等必须进行灌浆处理。

4. 膨胀土坡地上工程建设实例

云南小龙潭电厂是一座建于膨胀土上的大型电厂，厂区地质条件复杂，基岩为三叠系砂岩和黏土岩，上覆厚 3m～5m 的第四纪残积、坡积层，且残、坡积土和风化黏土岩都具有胀缩性。自由膨胀率在 42％～78％，其膨胀潜势属于中等。据统计，厂区共有挡土墙 5500m，各类边坡总投影面积 10.6 万 m²。其中挖方为 70%，填方 30%。由于认真按国家规范的要求进行设计和施工，使工程得以顺利建成投产，使用状况良好，其经验可归纳有以下几点[47]：

（1）多挖少填。填方边坡的稳定性差，膨胀土填土上不宜布置建筑物。总图布置时，尽量避开上述不利地段。

（2）因地制宜采用不同的放坡比，一般情况下，按土质边坡稳定坡比 1：5、黏土岩和砂岩互层稳定坡比 1：3 进行放坡。

（3）高大边坡采用支挡和放坡相结合或分级设挡墙并增设马道平台等措施，平台宽 4m，一则可减缓边坡的总坡度，并为边坡的维护提供方便。

（4）老滑坡必须清除。厂区内浅层滑坡发育，大部分边坡都处于不稳定状态，如图 8.7.19。该滑坡是因坡顶过大的堆载，导致了土岩间的切层滑动。治理老滑坡做法是：首先挖出滑体，然后把滑面挖成阶梯状，最后回填夯实，并根据需要加设不露出地面的埋入式抗滑挡土墙，如图 8.7.20。

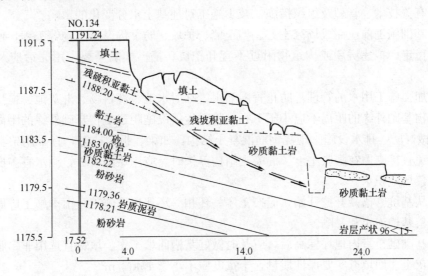

图 8.7.19　小龙潭电厂水管托盘滑坡局部

（5）认真做好排水设施。当地雨季降水集中，暴雨强度大。对坡顶以上的地表水均设排水沟或截洪沟进行集中疏导。排水沟一般在马道平台或挡土墙顶设置，避免设在挡土墙墙脚，以免影响挡土墙的稳定。坡面或滑坡处有地下水出露时，则采用埋管或设盲沟将水引至排水沟中。

（6）坡面均设护面。一般对填土和坡积土采用干砌块石盲沟支撑，并在坡面种

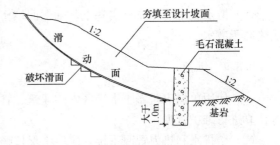

图 8.7.20　滑坡处理

植草皮。对风化岩石坡面，涂刷热沥青作为隔水措施，以防止雨水浸入坡体。然后再在沥青层上做现浇混凝土或预制混凝土块面层。

（7）坡顶避免布置高重建筑物。坡顶加载对边坡稳定极为不利，如图 8.7.19 所示滑坡，因此，设计时，避免将高重建筑物布置在坡顶。个别建筑难以避免时，则加大基础埋深，使基底置于基岩上，并让基底外侧至边坡坡脚之坡度满足边坡稳定坡角的要求。

（8）做好施工设计，精心施工。对于挖方形成的边坡，全部喷涂水泥砂浆封闭。填方形成的边坡，采用人工夯实或机械压实，并确保其密实度符合要求。

8.8 施 工 与 维 护

减少膨胀土的水分变化和胀缩变形幅度是综合治理的原则。除设计外，合理的施工和精心维护是其不可或缺的重要环节。唯此，方可保证工程的安全和正常使用。

8.8.1 施工

膨胀土上建筑工程的施工，应根据设计要求、场地条件和施工季节，做好施工组织设计，制定有关技术、管理及组织措施，减少施工对地基土水分变化的影响。

（1）基础施工前应完成场区土方、挡土墙、护坡、防洪沟及排水沟等工程，使排水畅通，边坡稳定。拟建房屋或构筑物附近不宜开挖坑、槽，如确需要，用完后应及时回填夯实。

（2）加强施工用水的管理，防止管网漏水。临时水池、洗料场、淋灰池、搅拌站等设施距建筑物基础外缘的距离不应小于 10m。临时生活设施距建筑物基础外缘的距离应大于 15m，并做好防、排水设施。现浇钢筋混凝土结构，如梁、板、柱等，宜采用架空或桁架支模，避免直接支撑在膨胀土上。混凝土结构养护时，应用草垫覆盖，洒水宜多次、少量为宜，严禁场地积水。

（3）从基坑（槽）开挖开始，应按工序一环扣一环地连续施工，雨季施工应做好防水措施，严禁基槽泡水和暴晒。

（4）基础砌至室内地坪标高后，应及时做好基槽回填工作。填料宜选用非膨胀土、弱膨胀土或灰土。回填夯实要保证质量，干重度应不小于 $15kN/m^3$。

（5）管道和电缆穿过建筑物基础时，要做好接头。管道敷设完毕后，应及时回填、加盖或封闭。

（6）散水施工前应先夯实基土，确保回填土质量，伸缩缝内的防水材料应填密实，并应略高于散水。

8.8.2 维护

（1）使用单位应对膨胀土场区内的建筑、管道、地面排水、环境绿化、边坡、挡土墙等认真进行维护管理。

（2）给排水和热力管网系统，应经常保持畅通，遇有漏水或故障应及时检修。经常检查排水沟、雨水明沟、防水地面、散水等使用状况，发现开裂、渗漏、堵塞等现象，应及时修补。

（3）定期观察检查建筑物使用状况，发现变形、裂缝、隆起、下沉等应及时研究处理。

（4）建筑物周围的树木应定期修剪，管理好草坪等绿化设施。

参 考 文 献

[1]　中华人民共和国国家标准．膨胀土地区建筑技术规范(GB 50112—2013)．北京：中国建筑工业出版社，2012．

[2]　Chen F. H. Foundation on Expansive soils. 2nd edition. Elsevier. New York：1988.

[3]　国外膨胀土研究新技术．第五届膨胀土大会论文选译集．成都：成都科技大学出版社，1986．

[4]　王思义等．膨胀土工程地质分类．膨胀土地区建筑技术规范编制说明之六．1995.

[5]　曲永新等．中国膨胀性岩、土一体化工程地质分类的理论与实践．中国工程地质五十年．北京：地震出版社，2000．

[6]　刘文连等．百年一遇干旱对云南鸡街膨胀土及建筑物影响研究报告．中国有色金属工业昆明勘察设计研究院．2011.

[7]　付景春等．蒙脱石对地基土胀缩性能的研究．全国首届膨胀土科学研讨会论文集．峨眉：西南交通大学出版社，1990．

[8]　曲永新等．中国膨胀土黏土矿物组成的定量研究．工程地质学报 2002.10(增刊).

[9]　燕守勋等．蒙皂石含量与膨胀土膨胀势指标相关关系研究．工程地质学报 2004.12(1).

[10]　陈希泉．膨胀土的特性指标及其试验方法．工程勘察 1986 年第 6 期．

[11]　索洛昌．E. A. 膨胀土上建筑物设计与施工．北京：中国建筑工业出版社，1980．

[12]　苏联建筑法规(CHиПⅡ-15-74). 莫斯科出版社．1975.

[13]　黄熙龄．膨胀土特性及地基设计．建筑科学研究报告，中国建筑科学研究院 1980. No. 2.

[14]　陈仲颐，叶书麟等．基础工程学．北京：中国建筑工业出版社，1990．

[15]　翟礼生等．中国膨胀土地基承载力的选用．建筑科学研究报告．中国建筑科学研究院 1988. No. 23.

[16]　张永双等．南水北调中线中第三系膨胀性硬黏土的工程地质特性研究．工程地质学报 2002.10(04).

[17]　W. G. 荷尔兹，H. J. 吉勃斯．膨胀土的工程性质．土工译丛第三集．长江水利水电出版社．

[18]　H. J. 吉勃斯．膨胀黏土的剪切问题．黏性土抗剪强度研究会议论文集．1960，胀缩性地基土译文汇编(四). 轻工业部第二设计院，1975.

[19]　廖济川．膨胀土抗剪强度的研究概况．全国首届膨胀土科学研讨会论文集．峨眉：西南交通大学出版社，1990．

[20]　胡卸文等．裂隙黏土的力学特性．岩土工程学报第 16 卷第四期：1994.

[21]　李妥德等．〔1〕膨胀土土体抗剪强度参数测定时试样尺寸的选择方法；〔2〕测定膨胀土裂隙面强度的一种简易方法．全国首届膨胀土科学研讨会论文集．峨眉：西南交通大学出版社，1990.

[22]　赵泽三等．成都黏土的力学特性．全国第三次工程地质大会论文选集．成都：成都科技大学出版社，1988．

[23]　李茂坤等．膨胀土斜坡稳定性评价与临坡建筑设计．建筑科学研究报告．中国建筑科学研究院 1988. No. 2.

[24]　Seed H. B. Woodward R. J. and Lundgren R. Prediction of swelling potential for compacted clays. Journal of the American Society of Civil Engineers. Soil Mechanics and Foundations Division，1962，8(3)：53~87.

[25]　南加纳珍等．预测压实膨胀性黏土膨胀势的合理方法．土工译丛第三集：长江水利水电出版社．

[26] K. Prakash and A. Sridharan. Free Swell Ratio and Clay Mineralogy of Fine-Grained Soils. Geotechnical Testing Journal. 2004，27(2).

[27] 余颂等．膨胀土的自由膨胀比试验研究．岩石力学与工程学报第 25 卷增 1，2006.

[28] 查浦生等．自由膨胀比指标评价改良膨胀土．岩土工程学报第 30 卷第 10 期．2008.

[29] 公路工程地质勘察规范(JTGC 20—2011).北京：人民交通出版社，2011.

[30] 铁路工程特殊岩土勘察规范(TB 10038—2012).北京：中国铁道出版社，2012.

[31] 姚海林等．膨胀土标准吸湿含水率试验研究．岩石力学与工程学报第 23 期第 17 卷．2004.

[32] 刘特洪等．工程建设中的膨胀土问题．北京：中国建筑工业出版社，1997.

[33] 陈希泉，陆忠伟．膨胀土上房屋的位移及计算．建筑科学研究报告．中国建筑科学研究院 1986，No. 2.

[34] 陈希泉等．一维条件下膨胀土水分转移的室内试验研究．建筑科学研究报告．中国建筑科学研究院 1983，No. 12.

[35] 何信芳等．按膨胀土急剧胀缩变形层设计处理地基基础．中国建筑科学研究院地基所论文集．1991.

[36] X. L. Huang. Problems of Building on Slopesof Expansive Soils. Proc. Of the Int. Conf. on Engineering Problems of Regional Soils，1988.

[37] 陈希泉．环境因素对膨胀土水分变化的影响．国家建委建筑科学研究院地基所．1975.

[38] 陈林．膨胀土地基的覆盖效应．工程勘察 1991 年第 6 期．

[39] 膨胀专题研究去南第一协作组．蒙自膨胀土研究成果综述．1986.

[40] 陆忠伟．膨胀土中热工建筑的变形．建筑结构 2001 年第 4 期．

[41] 况礼文．膨胀土地基处理砂垫层问题探讨．全国首届膨胀土科学研讨会论文集．峨眉：西南交通大学出版社，1990.

[42] 铺设砂垫层降低膨胀压力的室内试验研究．铁道部科学院论文集(下).铁道部科学研究院西北研究所，1988.

[43] 廖世文．试验膨胀土土质改良的效应作用．铁道科学研究院论文集(上).铁道部科学研究院西北研究所，1988.

[44] 陆忠伟．膨胀土上建筑物的建筑结构措施．建筑结构 1988 年第 6 期．

[45] 膨胀土试验报告(二).水平膨胀力试验．设计技术．81-31，土建-14.第三机械工业部第四规划设计研究院，1981.

[46] 张颖钧．裂土三向膨胀特性及其对边坡稳定的影响．全国首届膨胀土科学研讨会论文集．峨眉：西南交通大学出版社，1990.

[47] 徐洪凯．在膨胀土坡地上建筑小龙潭电厂设计与施工实录．水利电力部西南电力设计院，1985.

[48] 方向．膨胀土的侧向变形特性．中国建筑科学研究院硕士研究生论文，1990.

第 9 章 冻 土 地 基

9.1 概 述

自 17 世纪俄罗斯发现西伯利亚有多年冻土以来，冻土研究已经有 300 多年的历史，但直至 1927 年苏联学者苏姆金（М. И. Сумтин）出版了第一部冻土学专著《苏联境内的多年冻土》，才标志着冻土学科的建立。进入 20 世纪 50 年代以来，冻土研究在欧洲、北美、中国、日本等许多国家广泛兴起，1963 年在美国举办了第一届国际冻土会议，1983 年第四届国际冻土会议期间，国际冻土协会成立，并由来自 18 个国家的代表组成理事会，苏联 P. I. 麦尔尼科夫任国际冻土协会第一任主席。目前冻土学已经发展成为一门独立的学科，并形成了区域与历史冻土学、冻土物理学、冻土力学、冻土热物理学、工程冻土学、农业生物冻土学、动力冻土学、冷生岩石学等分支学科。随着冻土科学理论的不断进步，冻土科研成果已经广泛应用在公路、铁路、水利、建筑、矿业、军事等领域。

我国冻土研究具有悠久的历史，早在 17 世纪，我国伟大的地理学家徐霞客就已经发现了五台山地区坡向对冻结与融化过程的影响，并报道了石海（由寒冻、风化、重力等作用形成的平缓碎石场）的存在。新中国成立以来，为了满足开发大小兴安岭森林和矿藏资源的工程需要，首先在东北开展了系统的冻土研究，随后，青藏公路的建设，东北地区的水利工程、房屋建设和公路建设等都对我国的冻土研究起了一定的推动作用。进入 70 年代，我国的建设、水利、交通、林业、铁路等行业相继开展了大规模的冻土研究，其科研成果在 80 年代后期和 90 年代陆续编入各行业的相关标准。目前我国的冻土研究水平已经进入世界先进行列。

我国冻土地区覆盖东北、华北、西北、西南广大的区域，冻土地区面积 729×10^4 km²，占国土总面积的 76.3%，其中约 70% 是季节冻土。我国多年冻土主要分布在西部高原地带，工程建设相对较少，因此，多年冻土部分在本章中只做简要介绍。季节冻土部分亦仅叙述与建筑地基基础有关的工程冻土。

9.1.1 冻土分类

温度低于或等于 0℃ 且含有冰的土岩统称为冻土。冻土的组成主要有矿物颗粒、冰、未冻水和气体等，属多成分的多相体物质。而冻土学就是研究冻土及其有关过程和现象的一门科学，工程冻土学则以冻土力学、冻土物理学为理论基础，研究保证冻土区域各类建筑物稳定性的原理和方法。冻土的分类方法较多，根据冻土与工程有关的性质，通常可采用下述方法进行分类。

1. 按冻土的存在时间分类

按存在时间，冻土可分为多年冻土、季节冻土和短期冻土。

1) 多年冻土

冻结状态持续二年以上的岩土称为多年冻土。多年冻土主要分布在极地周围和高山地带，围绕极地的多年冻土又称为高纬度多年冻土，其分布有明显的纬度地带性，我国东北地区北部的多年冻土属于高纬度多年冻土。在北半球，自北而南多年冻土分布的连续程度逐渐减小而分别称为连续多年冻土、不连续多年冻土和岛状多年冻土。岛状多年冻土的南部界限为多年冻土的南界，南界以南，一定的海拔高度上出现的多年冻土称为高海拔多年冻土，其分布有明显的垂直地带性，我国青藏高原的多年冻土就属于高海拔多年冻土。我国多年冻土面积为 $215 \times 10^4 km^2$，占世界第三位，其中高海拔多年冻土占 70%，是世界上高海拔多年冻土面积最大的国家。

多年冻土的含水量差别很大，其冰的形态、大小、相互位置取决于多年冻土的成份、含水量、冻结速度和形成方式，冰的存在对多年冻土的物理、力学、水文地质、工程地质等性质有重要影响。在多年冻土地区进行工程建设时，必须采取解决这些影响的措施。

大部分多年冻土层的上部存在一季节冻融层（或称季节活动层），该层土每年寒季冻结，暖季融化，其年平均地温低于 0℃。该层土的冻融过程对建筑工程的影响与季节冻土相近，因此，冻土分类时常将其划分在季节冻土中。

2) 季节冻土

地壳表层寒冷季节冻结、温暖季节全部融化的岩土层称为季节冻土。季节冻土层年平均地温高于 0℃，季节冻土分布北界与多年冻土相接，南界以地面 1 月份最低温度 −0.1℃等值线为界，广泛分布于中、低纬度地区。季节冻土的厚度变化总趋势服从于纬度分布规律，即纬度越高厚度越大，从高纬度向低纬度逐渐减薄，同时受土的类型、含水量、坡度、坡向、植被、积雪、地表沼泽化程度和地表水渗流的影响。我国的季节冻土遍布于长江流域以北的十多个省，其南界西从云南的章风向东经过昆明、贵阳、绕四川盆地北缘到长沙、安庆、杭州一带，总面积约为 $514 \times 10^4 km^2$，占国土面积的 54%。

隔年冻土（冻结状态持续时间超过一年，但不超过两年的冻土）属于过渡型冻土类型，其冻融过程对建筑的影响与季节冻土差别不大，在冻土分类时一般也将其划分在季节冻土中。

季节冻土在冻融过程中，其物理、力学性质有较大变化，当季节冻土厚度小于 0.5m 时，其冻融过程对建筑物影响不大，当季节冻土厚度大于 0.5m 时，其冻融过程对轻型建（构）筑物将产生较大的影响。

3) 短期冻土

冻结状态仅持续数天的冻土称为短期冻土。短期冻土分布在季节冻土南界边缘，冬季气温相对较高的年份可能不出现，当冬季寒流袭来时冻结，寒流过后马上融化，冻土层厚度一般只有几厘米，对建筑基本没有影响，除农牧业外，一般很少对其进行研究。

2. 按冻土的含冰量分类

多年冻土按含冰量，可分为少冰冻土、多冰冻土、富冰冻土、饱冰冻土。

1) 少冰冻土

冻土的体积含水量少于 25%，含有少量过剩冰（土体中冰的体积超过未冻结状态土的孔隙体积时，超过部分称为过剩冰），这种冻土称为少冰冻土。由黏性土、粉土组成的少冰冻土融化后，通常呈硬塑或可塑状态，土的压缩性较低，强度较高，其冻融过程对建筑造成的影响很小。

2) 多冰冻土

冻土的体积含水量在 25%～50% 之间，含有过剩冰，融化体积变化较明显。由黏性土组成的多冰冻土融化时多呈软塑或可塑状态，属于中等或高压缩性土，土的强度中等或偏低。

3) 富冰冻土

冻土的体积含水量大于 50%，含有较多的过剩冰，各种粒度的富冰冻土融化时多呈流动状态或软塑状态。该种冻土融化时表现出较强烈的融沉现象，土的压缩性较高，承载力很低。

4) 饱冰冻土

土中所有的孔隙均被冰充填的多年冻土称为饱冰冻土。饱冰冻土含有大量过剩冰，融化时融沉想象强烈。

3. 冻土按物理状态分类

按物理状态，冻土可分为坚硬冻土、塑性冻土和松散冻土。

1) 坚硬冻土

坚硬冻土又称低温冻土，指冻土的温度较低，土中含的水大部分已经冻结，孔隙冰将土颗粒牢固的胶结在一起。坚硬冻土冻结状态强度较高，当荷载小于 50kPa 时，压缩系数小于 $0.01MPa^{-1}$，破坏特征属脆性破坏。对于分散性不高的黏性土（如细粒高岭矿物成分为主的土）坚硬状态的近似温度界限是 -1.5℃，对于分散性较高的黏土（如含蒙脱矿物的黏土）坚硬状态的温度界限是 -5℃～-7℃。

2) 塑性冻土

塑性冻土又称高温冻土，所有负温值高于坚硬冻土状态温度界限值的冻结黏性土均属塑性冻土。塑性冻土含有较多的未冻水（通常未冻水含量超过全部孔隙水的一半），具有明显的黏滞性和较大的可压缩性。

3) 松散冻土

冻结粗颗粒土的总含水量小于等于 3% 时，称为松散冻土。由于粗颗粒土的持水能力差，当土中的总含水量很小时，在负温条件下所形成的胶结冰太少，不足以把大部分土颗粒牢固的胶结成坚硬的整体，土中水冻结后，土体仍然处于散体状态。松散冻土的物理、力学性能与其处于未冻结状态时相近。

4. 冻土按盐类和有机物含量分类

按含盐量和有机物含量，多年冻土可分为盐渍化冻土和冻结泥炭化土。

1) 盐渍化冻土

冻土中易溶盐含量超过某一限值时，称为盐渍化冻土。因盐溶于水后，使溶液的冰点降低，溶液的易溶盐浓度越高，冰点降低越甚。在同一负温下，土中易溶盐含量越高，冻土中的未冻水含量就越高，则冻土的力学性能就越差，如强度指标降低，变形指标增大。在进行冻土地基设计时，应了解冻土的盐渍度，以便确定是否是盐渍化冻土，如果是，则应根据盐渍度确定冻土的强度指标下降情况。

冻土的盐渍度是指单位体积冻土中易溶盐的质量与冻土干密度的比值；

$$\zeta = \frac{m_s}{\rho_d} \times 100\% \qquad (9.1.1)$$

式中　ζ——冻土的盐渍度；

　　　ρ_d——冻土的干密度（g/cm³）；

　　　m_s——单位体积冻土中易溶盐的质量（g/cm³）。

当冻土的盐渍度超过表 9.1.1 的界限值时，定为盐渍化冻土。

盐渍化冻土的盐渍度界限值　　　　　　　　表 9.1.1

土分类	砂土	粉土	粉质黏土	黏土
盐渍度（%）	0.10	0.15	0.20	0.25

2）冻结泥炭化土

当冻土中的植物残渣和泥炭的含量超过某一限值时，称为冻结泥炭化土。冻结泥炭化土的有机质含量越高，力学性能越差，即强度降低，变形增大。冻结泥炭化土根据泥炭化程度确定：

$$\xi = \frac{m_p}{\rho_d} \times 100\% \qquad (9.1.2)$$

式中　ξ——冻结泥炭化土的泥炭化程度；

　　　m_p——单位体积冻土中植物残渣和泥炭的质量（g/cm³）。

冻结砂土的泥炭化程度大于 3%，粉土、黏性土的泥炭化程度大于 5%，在确定冻土的强度指标时应考虑土的泥炭化程度指标。泥炭化程度由试验确定，当土的有机质含量不超过 15% 时，采用重铬酸钾容量法，超过 15% 时用烧失量法进行泥炭化指标试验。

5. 人工冻土

由人工冻结的土岩称为人工冻土。在工程建设中，利用冻土在物理、力学方面的某些特性（如强度高、变形小、不透水），用人工冻结的方法，创造特定的施工条件或使用性能。例如，在复杂的水文地质条件下用人工冻结法进行矿山掘井、隧道掘进；用人工冻结土壁作地下水位较高的软土地基中的深基坑支护结构；用冻土防渗坝芯防止水坝渗漏等。

冷桩也属于人工冻土的一种。冷桩利用液-气两相介质的自然对流循环，利用天然冷源将地基土人工冻结，提高冻土地基的强度，或在季节冻土地区制造多年冻土地基条件。该种方法在昼夜温差和季节温差大的地区，在建筑工程、桥梁涵洞、塔桅结构基础、铁路路基、水库坝芯、地下冷库等有非常广泛的应用前景。例如美国在阿拉斯加的输油管线基础中应用冷桩达十余万根，取得了良好的效果。

地下低温液化气储罐和冷库周围形成的冻土也属于人工冻土。

9.1.2　冻土基本性质指标

1. 冻土构造

冻土构造也称冻土结构，是指微观水平上矿物质点及其聚合体、冰晶的形状、大小及冰胶结的形式。当土质、土层层理、水分状况和外界冰冻条件不同时，冻土将形成不同的构造。观察冻土构造，亦可粗略评估冻土的主要工程特征。

1）整体状构造

整体状构造又称接触式构造，土体冻结时，外界冷却强度很大，冻结面推进速度很快，土中的水份来不及从下卧的未冻土层向冻结面迁移，原孔隙中的水分基本在原位置冻结，冻结后冰晶体均匀地分布在土的孔隙中，其冻土构造称为整体状构造。冻结前土的含水量较小，且冻结期间没有补给水源的土，即使冻结速度较慢，冻结后也容易形成整体状构造。该种冻土用肉眼基本看不到冰晶的存在，或肉眼可见少量粒状冰。

整体状构造的冻土由于形成时水分重分布作用不显著，因此冻融过程体积变化不明显，经冻融作用后土的物理力学性质变化不大。

2）层状构造

层状构造又称片状构造，当外界冷却强度较小，冻结速度缓慢，或土的含水量较大，冻结面以下水分补给较充分时，水分将大量向冻结面迁移，在冻结面处结冰并形成冰层，用肉眼可明显看到土中有均匀分布的层状冰透镜体，其冻土构造称为层状构造。冻结时，冻结面下补给水源越充分，冻结面在某一深度停留时间越长，形成的冰透镜体越厚，且越密集。通常层状构造只在黏性土中出现，有时含水量较大的细、粉砂土冻结条件适宜时也出现层状构造。

层状构造冻土冻结和融化过程体积变化较大，冻土融化后物理、力学性质出现较大的变化，融化下沉现象明显，承载力大幅度降低。

3）网状构造

当地基土冻结速度较慢，土的含水量较大，冻结面下水分补给充分时，如果土层中存在原生纹理、裂隙，冻结时除生成层状冰透镜体外，还沿原生纹理和裂隙产生大量的纵横交错的冰脉，肉眼观察可见网状冰层分布在土体中，这就是网状冻土构造。网状冻土构造一般只在黏性土中出现，该种土冻结时，水分迁移现象强烈，体积变化大，融化后出现较大的融沉现象，承载力降低严重。

4）冰包裹状构造

冰包裹状构造又称基底式构造，发生在固体颗粒以砾、卵石为主的多年冻土中，砾、卵石颗粒被冰包裹，甚至使颗粒之间相互分离，处于完全被冰包裹的"悬浮"状态。冰包裹状构造一般出现在多年冻土的上限附近，虽然属砂卵石土层，但融化时将伴随有强烈的融沉现象。

2. 冻土的主要物理性质指标

1）冻土的含水量

也称总含水量，指冻土中处于液相和固相水的总质量与土的骨架质量之比值，用百分数表示。由于水分是冻土的重要组成部分和最活跃的因素，所以冻土的含水量与冻土的物理、力学、物理化学、热学等一系列性质有密切的关系，工程实践中往往直接用冻土的含水量指标判断冻土与工程有关的性质。

冻土的含水量指标由试验确定，试验通常采用烘干法，对于整体结构冻土，其试验与计算方法与未冻土类似，只是称量湿土重时应在冻结状态进行，对于层状和网状结构冻土，为保证试验结果的准确性，可采用平均试样法，试样质量不宜少于1000g。

2）冻土的密度

冻土的密度旧称冻土的容重，指单位体积冻土的质量（g/cm³）。

$$\rho_{\mathrm{f}} = \frac{m_{\mathrm{f}}}{V} \qquad (9.1.3)$$

式中　　ρ_{f}——冻土的密度（g/cm³）；

　　　　m_{f}——冻土试样的质量（g）；

　　　　V——冻土试样的体积（cm³）。

冻土试样的干密度按下式计算：

$$\rho_{\mathrm{fd}} = \frac{\rho_{\mathrm{f}}}{1 + 0.01w} \qquad (9.1.4)$$

式中　　ρ_{fd}——冻土的干密度（g/cm³）；

　　　　w——冻土的总含水量（%）。

冻土的密度是冻土的基本物理指标之一，也是计算冻结（融化）深度、冻融变形和验算地基强度等不可缺少的重要指标。土在冻结时体积增大，因而冻土的密度通常比未冻土的小，同时由于冻结期间的水分迁移，致使冻土的密度随深度、地点和季节的不同有很大变化。

冻土的密度由试验确定，根据冻土的特点和试验条件，可选用液体称量法、联合测定法或充砂法测定，有些塑性冻土也可用环刀法测定。

3）冻土的含冰量

指冻土中含冰多少的指标，有质量含冰量、体积含冰量和相对含冰量之分，其中质量含冰量是指土中冰的质量与干土质量之比；体积含冰量是指冰的体积与冻土的体积之比；冻土相对含冰量是指冰的质量与冻土中全部水的质量之比。

冻土的含冰量与冻土的温度有关，温度越低，含冰量越大。含冰量指标由试验确定，试验方法多采用传统的热量平衡法，该方法操作和计算较复杂，有条件时也可采用微波吸收法和核磁共振法，其操作简单，试验精度较高。

4）冻土的未冻水含量

未冻水指存在于冻土中的液态水，未冻水含量是冻土中未冻水质量与干土质量之比值，以百分数表示。

土中的未冻水含量与相对含冰量有如下关系：

$$w_{\mathrm{u}} = w(1 - i_{\mathrm{c}}) \qquad (9.1.5)$$

式中　　w_{u}——冻土中未冻水含量（%）；

　　　　i_{c}——冻土相对含冰量（%）。

土中的结合水、毛细水均受到土颗粒表面分子引力的作用，因而冰点降低。强结合水在−78℃时仍不冻结，弱结合水在−20℃～−30℃时才全部冻结，毛细水的冰点也稍低于0℃。因此，在负温条件下，冻土中仍有一部分水不冻结，这就是未冻水。冻土中未冻水含量主要取决于冻土的温度，当冻土温度在0℃～−5℃之间变化时，未冻水含量变化较剧烈，低于−5℃以后变化较缓。另外，土中水所溶解的盐的成分和含量、土粒接触面上的压力、土颗粒的粗细等都影响着未冻水的形成。

冻土中的未冻水使土颗粒被冰胶结程度变差，未冻水含量越多，冻土的强度越低，同时塑性增强。

试验结果[1]表明，冻土未冻水含量与冻土温度的关系可用下式表示：

$$w_u = A \cdot |T|^B \tag{9.1.6}$$

式中 T——冻土的温度（℃）；

A、B——拟合曲线的常数项。

试验表明，未冻水含量还与土冻结前的初始含水量 w 有关。对于黏性土，式（9.1.6）中 A、B 值见表（9.1.2）。

不同初始含水量时式（9.1.6）中的常数项　　　　　　　　　　　表 9.1.2

w（%）	温度范围（℃）	A	B
15.74	$-1\sim-20$	15.12	-0.364
20.11	$-1\sim-20$	15.56	-0.368
24.12	$-1\sim-20$	16.00	-0.362
28.88	$-1\sim-20$	16.10	-0.346
33.60	$-1\sim-20$	16.47	-0.377
36.52	$-1\sim-20$	16.81	-0.414

行业标准《冻土地区建筑地基基础设计规范》对冻土的未冻水含量给出如下计算公式：

对于黏性土　$w_u = K \cdot |T| \cdot w_P$　　　　　　　　　　　　　　　　(9.1.7)

对于砂土　$w_u = w(1 i_c \cdot |T|)$　　　　　　　　　　　　　　　　　(9.1.8)

式中 K——温度修正系数，可按表 9.1.3 取值；

w_P——土的塑限含水量（%）。

不同温度下的温度修正系数和相对含冰量值　　　　　　　　　　表 9.1.3

土 名	塑性指数		温 度（℃）						
			-0.2	-0.5	-1.0	-2.0	-3.0	-5.0	-10.0
砂土	—	i_c	0.65	0.78	0.85	0.92	0.93	0.95	0.98
粉土	$I_P \leqslant 10$	K	0.70	0.50	0.30	0.20	0.15	0.15	0.10
粉质黏土	$10 < I_P \leqslant 13$	K	0.90	0.65	0.50	0.40	0.35	0.30	0.25
	$13 < I_P \leqslant 17$	K	1.00	0.80	0.70	0.60	0.50	0.45	0.40
黏土	$17 < I_P$	K	1.10	0.90	0.80	0.70	0.60	0.55	0.50
泥炭土	$15 \leqslant I_P \leqslant 17$	K	0.50	0.40	0.35	0.30	0.25	0.25	0.20

3. 冻土的主要力学性质指标

冻土的力学性质与土的类别、土体温度、冻土构造、冻土含冰量、冻土含盐量和荷载作用时间等因素关系极为密切，每一因素的变化都将使冻土的力学性质指标有较大的改变。一般来说，冻土的温度越低，强度越高；含冰量越大，强度越低；盐渍度越大，强度越低；整体构造强度高，层状和网状构造强度低；瞬时强度高，长期强度低。目前尽管有关这方面的科研成果很多，但准确的定量描述各类冻土力学性能与各影响因素的关系还是比较困难的。作为建筑地基常用的力学指标，下面仅对冻土的抗压强度、抗剪强度、弹性模量、冻土地基承载力、冻土与基础之间的冻结强度等做简要的说明。

1) 冻土的抗压强度

冻土的抗压强度是指冻土所能够承受的最大压力。由于冰的胶结作用，与非冻土相比，冻土的抗压强度一般都较高。冻土的抗压强度与温度关系密切，研究表明[2]，当土的温度高于 -4℃时，抗压强度与温度的绝对值成正比，低于 -4℃时，强度与温度绝对值 n 次方成正比，n 是小于 1 的正数。根据荷载的作用时间，冻土的抗压强度可分为瞬时抗压强度、短期抗压强度、长期抗压强度。由于冻土具有强烈的流变性，强度随荷载的作用时间延长而明显降低，所以，冻土的长期抗压强度对工程建设尤为重要。

冻土的瞬时抗压强度试验可在万能材料试验机上进行，长期抗压强度试验可在常荷载单轴蠕变试验机上进行。

2) 冻土的抗剪强度

冻土的抗剪强度是指冻土在一定的应力条件下所能够承受的最大剪应力。如同未冻土一样，冻土的抗剪强度可用库仑定律来表示：

$$\tau = c + \sigma \cdot \tan\varphi \qquad (9.1.9)$$

式中　τ——冻土的抗剪强度（kPa）；

c——冻土的黏聚力（kPa）；

σ——正压应力（kPa）；

φ——冻土的内摩擦角（°）。

一般情况，对于砂砾类冻土，抗剪强度中内摩擦力超过黏聚力，而在黏性冻土中，内摩擦力小于黏聚力，甚至接近于零[3]。冻土的抗剪强度除与土的类别、冻土构造、土体温度、冻土含冰量、荷载作用时间因素有关外，还与外部压力有关，各种因素对抗剪强度的影响与对抗压强度的影响类似。

冻土的抗剪强度指标可以在现场用大型直剪试验取得，在试验室通常采用楔块法或圆球压模法试验取得。

3) 冻土的弹性模量

冻土的弹性模量是指应力-应变曲线上某一点的应力与应变值之比，是用冻土试样反复加荷直到弹性变形为常数的循环荷载下测定的。冻土的弹性模量比未冻土大几倍至几百倍，一般在 30MPa～3000MPa。冻土的弹性模量与土的种类、含冰量、温度、压力等因素有关，各因素对弹性模量的影响与对冻土强度的影响类似。

4) 冻土地基承载力

冻土地基的承载力指在满足地基稳定和变形要求的前提下，冻土地基所能够承受的最大基底接触压力。其数值主要与地基土的颗粒成分、含冰量、温度、含盐量、荷载性质及其持续时间、基础尺寸和基础埋置深度有关。

对于地基基础设计等级为甲级和乙级建筑，冻土地基承载力应由现场试验确定，试验方法见 9.4.3 节。对于地基基础设计等级为丙级，或地基基础设计等级为乙级但有较丰富的地区经验时，可按行业标准《冻土地区建筑地基基础设计规范》JGJ 118—98 附录 A 中给定的承载力（见表 9.1.4、表 9.1.5）并结合地区经验取值。

冻土地基承载力设计值（kPa）　　　　　　　　　表 9.1.4

温度（℃） 土名	−0.5	−1.0	−1.5	−2.0	−2.5	−3.0
碎石土	800	1000	1200	1400	1600	1800
砾砂、粗砂	650	800	950	1100	1250	1400
中砂、细粉砂	500	650	800	950	1100	1250
黏性土、粉土	400	500	600	700	800	900

注：1. 冻土极限承载力按表中数值乘以 2 取值；

2. 表中数值适用于少冰冻土、多冰冻土、富冰冻土；

3. 对于饱冰冻土，表中数值黏性土和粉土乘以 0.8、碎石土和砂土乘以 0.6；对于含土冰层，表中数值黏性土乘以 0.6、碎石土和砂土乘以 0.4；

4. 当含水量小于等于未冻水含量时按不冻土取值；

5. 表中温度是使用期间基础底面下的最高地温；

6. 本表不适用于盐渍化冻土和冻结泥炭化土。

冻结泥炭化土地基承载力设计值（kPa）　　　　　　　表 9.1.5

土名	土的泥炭化程度 （ξ%）	温　度（℃）					
		−1	−2	−3	−4	−6	−8
砂土	3%＜ξ≤10%	250	550	900	1200	1500	1700
	10%＜ξ≤25%	190	430	600	860	1000	1150
	25%＜ξ≤60%	130	310	460	650	750	850
粉土和 黏性土	5%＜ξ≤10%	200	480	700	1000	1160	1330
	10%＜ξ≤25%	150	350	540	700	820	940
	25%＜ξ≤60%	100	280	430	570	670	760
	ξ＞60%	60	200	320	450	520	590

对于多年冻土中的桩基础，其承载力应根据静载荷试验（试验方法见 9.4.3 节）确定，初步估算时，桩端阻力设计值可按表 9.1.6、表 9.1.7 取值。

5）冻土与基础之间的冻结强度

冻土与基础之间的冻结强度指土与基础表面冻结在一起时所能够承受的最大剪应力，冻结强度的影响因素除了与影响冻土的其他强度因素相同外，还与基础的材质和基础侧表面的粗糙度有关，通常采用现场原位试验确定。对于地基基础设计等级为丙级的建筑，当基础材质为混凝土且基础侧表面较光滑时，冻土与基础之间的冻结强度设计值可按表 9.1.7～表 9.1.9 确定，其他材质基础或混凝土基础表面较粗糙时，可按表 9.1.10 进行修正。

桩端冻土端阻力设计值（kPa）　　　　表 9.1.6

土含冰量	土名	桩入土深度(m)	桩端土温度（℃）							
			−0.3	−0.5	−1.0	−1.5	−2.0	−2.5	−3.0	−3.5
<0.2	碎石土	任意	2500	3000	3500	4000	4300	4500	4800	5300
	粗砂	任意	1500	1800	2100	2400	2500	2700	2800	3100
	中砂、细粉砂	3~5	850	1300	1400	1500	1700	1800	1900	2000
		10	100	1550	1650	1750	2000	2100	2200	2300
		≥15	1100	1700	1800	1900	2200	2300	2400	2500
	粉土	3~5	750	850	1100	1200	1300	1400	1500	1700
		10	850	950	1250	1350	1450	1600	1700	1900
		≥15	950	1050	1400	1500	1600	1800	1900	2100
	黏性土	3~5	650	750	850	950	1100	1200	1300	1400
		10	800	850	950	1100	1250	1350	1450	1600
		≥15	900	950	1100	1250	1400	1500	1600	1800
0.2~0.4	上述各类土	3~5	400	500	600	750	850	950	1000	1100
		10	450	550	700	800	900	1000	1050	1150
		≥15	550	600	750	850	950	1050	1100	1300

盐渍化冻土桩端阻力设计值（kPa）　　　　表 9.1.7

土类别	土的盐渍度(%)	土体温度（℃）											
		−1			−2			−3			−4		
		桩入土深度（m）											
		3~5	10	≥15	3~5	10	≥15	3~5	10	≥15	3~5	10	≥15
细砂和中砂	0.1	500	600	850	650	850	950	800	950	1050	900	1150	1250
	0.2	150	250	350	250	350	450	350	450	600	500	600	750
	0.3	—	—	—	150	200	300	250	350	450	350	450	550
	0.5	—	—	—	—	—	—	150	200	300	250	300	400
粉土	0.15	550	650	750	800	950	1050	1050	1200	1650	1650	1550	1700
	0.30	300	350	450	550	650	800	750	900	1050	1000	1150	1300
	0.50	—	—	—	300	350	450	500	550	650	650	750	900
	1.00	—	—	—	—	—	—	200	250	350	350	450	550
粉质黏土	0.20	450	500	650	700	800	950	900	1050	1200	1150	1300	1400
	0.50	150	250	450	350	450	550	550	650	750	750	850	1000
	0.75	—	—	—	200	250	350	350	450	550	500	600	750
	1.00	—	—	—	150	200	300	300	350	450	400	500	650

注：1. 表中数值适用于含冰量小于 0.2 的盐渍化冻土；

2. 墩式基础底面的盐渍化冻土承载力设计值可按本表桩入土深度 3~5m 取值。

冻土与基础之间的冻结强度设计值（kPa）　　　　表 9.1.8

土类别	融沉等级	土体温度（℃）						
		−0.2	−0.5	−1.0	−1.5	−2.0	−2.5	−3.0
黏性土 粉土	Ⅲ	35	50	85	115	145	170	200
	Ⅱ	30	40	60	80	100	120	140
	Ⅰ、Ⅵ	20	30	40	60	70	85	100
	Ⅴ	15	20	30	40	50	55	65
砂土	Ⅲ	40	60	100	130	165	200	230
	Ⅱ	30	50	80	100	130	155	180
	Ⅰ、Ⅵ	25	35	50	70	85	100	115
	Ⅴ	10	20	30	35	40	50	60
小于 0.074mm 的颗粒含量 小于等于 10%的碎石土	Ⅲ	40	55	80	100	130	155	180
	Ⅱ	30	40	60	80	100	120	135
	Ⅰ、Ⅵ	25	35	50	60	70	85	95
	Ⅴ	15	20	30	40	45	55	65
小于 0.074mm 的颗粒含量 大于 10%的 碎石土	Ⅲ	35	55	85	115	150	170	200
	Ⅱ	30	40	70	90	115	140	160
	Ⅰ、Ⅵ	25	35	50	70	85	95	115
	Ⅴ	15	20	30	35	45	55	60

注：1. 土的融沉等级按本章 9.6.1 规定确定；
　　2. 插入桩侧面的冻结强度按Ⅳ类土取值。

盐渍化冻土与基础之间的冻结强度设计值（kPa）　　　　表 9.1.9

土类别	土的盐渍化度 （%）	土体温度（℃）			
		−1	−2	−3	−4
细砂、中砂	0.10	70	110	150	190
	0.20	50	80	110	140
	0.30	40	70	90	120
	0.50	—	50	80	110
粉土	0.15	80	120	160	210
	0.30	60	90	130	170
	0.50	30	60	100	130
	1.00	—	—	50	80
粉质黏土	0.20	60	100	130	180
	0.50	30	50	90	120
	0.75			80	110
	1.00			70	100

冻结泥炭化土与基础之间的冻结强度设计值（kPa）　　　　　表 9.1.10

土类别	土的泥炭化程度 ξ （%）	土体温度（℃）					
		-1	-2	-3	-4	-6	-8
砂土	$3<\xi\leqslant10$	90	130	160	210	250	280
	$10<\xi\leqslant25$	50	90	120	160	185	210
	$25<\xi\leqslant60$	35	70	95	130	150	170
黏性土 粉土	$5<\xi\leqslant10$	60	100	130	180	210	240
	$10<\xi\leqslant25$	35	60	90	120	140	160
	$25<\xi\leqslant60$	25	50	80	105	125	140
	$\xi>60$	20	40	75	95	110	125

冻土与基础之间冻结强度修正系数　　　　　表 9.1.11

基础材质及 表面状况	木质	金属（表面 未处理）	金属或混凝土表面 涂工业凡士林或渣油	金属或混凝土增大 表面粗糙度	预制混凝土
修正系数	0.90	0.66	0.40	1.20	1.00

4. 冻土的主要热物理性质指标

1）冻土的比热

冻土的比热是单位质量冻土温度改变 1K 时吸收或放出的热量，是冻土热工计算的重要参数。冻土的比热决定于土中各成分的比热和比例，通常由试验室试验确定冻土中干土的比热，再根据冻土中冰和未冻水的比热和含量计算冻土的比热。干土的比热可采用绝对热量法或混合法试验取得，冰的比热和未冻水的比热可参考有关比热表。各种土的骨架比热可参考表 9.1.12[4]。

各种土的骨架比热（kJ/kg·℃）　　　　　表 9.1.12

状态	泥炭*	黏土*	草炭粉质黏土	粉质黏土	碎石粉质黏土	粉土	砂砾碎石土
融化	1.92（低位） 1.68（高位）	1.47	1.00	0.84	0.84	0.84	0.79
冻结			0.84	0.77	0.75	0.73	0.71

注：表中注有 * 者引自文献 [5]。

2）冻土的导热系数

在单位温度梯度下、单位时间内通过单位土体的热量称为土的导热系数，单位为 W/m·K。土的导热系数表示土的导热能力，土冻结状态和融化状态相比，导热能力有较大差别，即同样的土冻结后通常导热系数增大。导热系数的大小主要取决于土的成分、含水量、密度、温度和土的结构。冻土和融土的导热系数均与土的干密度近似呈直线关系，即干密度大导热系数也大；当土的干密度相同时，随总含水量和含冰量的增大而增大；干密度和含水量相同时，粗颗粒土比细颗粒土的大；冻土的导热系数随土体的温度降低而缓慢增大，但因变化幅度不大，所以在冻土热工计算时，往往忽略温度对冻土导热系数的影响。

冻土的导热系数是计算土的冻融深度、冻土温度场变化、冻土热量转换等的重要热物理指标，其数值可由试验室试验确定，试验通常采用平板法、热流计法或探针法。当不具备试验条件时，可按《冻土地基基础设计规范》附录 K 取值（见表 9.1.13～表 9.1.16）。

3）冻土的导温系数

冻土的导温系数又称热扩散系数，指土中某一点在其相邻点温度变化时改变自身温度能力的指标，单位为 m^2/h（土中各点温度拉平的速度）。冻土的导温系数是研究温度场变化的基本热学指标，主要取决于土的成分、含水量、密度等参数，其变化规律与导热系数相似。导温系数可通过试验室试验获得，试验方法通常采用谐波法、薄板法或正规状态法。当不具备试验条件时，可按表 9.1.13～表 9.1.16 取值。

4）冻土的容积热容量

冻土的容积热容量是指单位体积冻土温度升高或降低 1K 时吸收或放出的热量，单位为 $kJ/m^3 \cdot K$，是表示土的蓄热能力的指标，与土的比热密切相关，数值上等于冻土的比热与冻土天然密度的乘积，可按表 9.1.13～表 9.1.16 查取。

粉质黏土、粉土计算热参数值   表 9.1.13

干密度 (g/cm^3)	含水量 (%)	容积热容量 ($kJ/m^3 \cdot ℃$)		导热系数 ($W/m \cdot ℃$)		导温系数 (m^2/h)	
		未冻土	冻土	未冻土	冻土	未冻土	冻土
1.20	5	1254.6	1179.3	0.26	0.26	0.73	0.76
	10	1050.5	1405.2	0.43	0.41	1.02	1.04
	15	1756.4	1530.6	0.58	0.58	1.19	1.37
	20	2007.4	1656.1	0.67	0.79	1.21	1.71
	25	2258.3	1781.5	0.72	1.04	1.14	2.10
	30	2509.2	1907.0	0.79	1.28	1.13	2.40
	35	2760.1	2032.5	0.86	1.45	1.12	2.57
1.30	5	1359.2	1279.7	0.30	0.30	0.80	0.80
	10	1631.0	1522.2	0.50	0.48	1.11	1.12
	15	1902.8	1660.3	0.71	0.71	1.33	1.47
	20	2174.6	1794.1	0.79	0.92	1.31	1.85
	25	2446.5	1932.1	0.84	1.21	1.23	2.25
	30	2718.3	2065.9	0.90	1.46	1.19	2.55
	35	2990.1	2203.9	0.97	1.67	1.18	2.74
1.40	5	1463.7	1375.9	0.36	0.35	0.87	0.90
	10	1756.4	1639.3	0.59	0.57	1.22	1.22
	15	2049.2	1785.7	0.84	0.79	1.46	1.58
	20	2341.9	1932.1	0.94	1.06	1.44	1.96
	25	2634.7	2496.7	0.97	1.39	1.33	2.41
	30	2927.4	2224.8	1.06	1.68	1.32	2.73
	35	3220.1	2371.2	1.81	1.93	1.32	2.92

干密度 (g/cm³)	含水量 (%)	容积热容量（kJ/m³·℃）		导热系数（W/m·℃）		导温系数（m²/h）	
		未冻土	冻土	未冻土	冻土	未冻土	冻土
1.50	5	1568.3	1476.2	0.41	0.41	0.93	0.98
	10	1881.9	1756.4	0.67	0.65	1.28	1.32
	15	2191.4	1907.0	0.96	0.91	1.58	1.71
	20	2509.2	2070.1	1.09	1.22	1.57	2.12
	25	2822.9	2229.0	1.13	1.58	1.44	2.55
	30	3136.5	2383.7	1.24	1.89	1.43	2.85
	35	3450.2	2542.7	1.36	2.12	1.42	3.01
1.60	5	1672.8	1572.4	0.46	0.46	1.01	1.05
	10	2425.6	1873.5	0.78	0.74	1.40	1.42
	15	2541.9	2040.8	1.11	1.02	1.72	1.81
	20	2676.5	2208.1	1.24	1.38	1.67	2.25
	25	301.0	2375.4	1.28	1.80	1.52	2.73
	30	3345.6	2542.7	1.42	2.12	1.52	3.01
	35	3680.2	2709.9	1.54	2.40	1.51	3.20

碎石土计算热参数值　　　　　　　　　　　　表 9.1.14

干密度 (g/cm³)	含水量 (%)	容积热容量（kJ/m³·℃）		导热系数（W/m·℃）		导温系数（m²/h）	
		未冻土	冻土	未冻土	冻土	未冻土	冻土
1.20	3	1154.2	1053.9	0.23	0.22	0.72	0.71
	7	1355.0	1154.2	0.34	0.37	0.91	1.15
	10	1505.5	1229.5	0.43	0.52	1.03	1.52
	13	1656.1	1304.8	0.53	0.71	1.16	1.96
	15	1756.4	1355.0	0.59	0.85	1.21	2.26
	17	1856.8	1405.2	0.60	0.94	1.26	2.42
1.40	3	1346.6	1229.5	0.34	0.32	0.89	0.97
	7	1568.3	1346.6	0.50	0.53	1.15	1.44
	10	1756.4	1434.4	0.65	0.74	1.33	1.86
	13	1932.1	1522.2	0.79	0.97	1.48	2.30
	15	2049.2	1580.8	0.88	1.14	1.55	2.59
	17	2166.3	1639.3	0.92	1.24	1.53	2.73
1.60	3	1539.0	1405.2	0.46	0.45	1.07	1.17
	7	1806.6	1539.0	0.68	0.74	1.38	1.73
	10	2007.4	1639.3	0.89	1.00	1.61	2.22
	13	2208.1	1739.7	1.10	1.29	1.80	2.66
	15	2341.9	1806.6	1.28	1.45	1.87	2.90
	17	2475.7	1873.5	1.42	1.57	1.96	3.02

续表

干密度 （g/cm³）	含水量 （％）	容积热容量（kJ/m³·℃）		导热系数（W/m·℃）		导温系数（m²/h）	
		未冻土	冻土	未冻土	冻土	未冻土	冻土
1.80	3	1731.3	1580.8	0.60	0.60	1.25	2.38
	7	2032.5	1731.3	0.92	0.97	1.62	2.43
	10	2258.3	1844.3	1.17	1.31	1.87	2.56
	13	2295.9	1957.2	1.45	1.65	2.10	3.03
	15	2634.7	2032.5	1.60	1.82	2.19	3.23
	17	2785.2	2107.7	1.71	1.93	2.21	3.28

砾砂计算热参数值　　　　　　　　　　　　　表 9.1.15

干密度 （g/cm³）	含水量 （％）	容积热容量（kJ/m³·℃）		导热系数（W/m·℃）		导温系数（m²/h）	
		未冻土	冻土	未冻土	冻土	未冻土	冻土
1.40	2	1229.5	1083.1	0.42	0.49	1.23	1.62
	6	1463.7	1200.2	0.96	1.14	2.36	3.42
	10	1697.9	1317.3	1.17	1.43	2.40	3.91
	14	1932.1	1434.4	1.29	1.67	2.40	4.20
	18	2166.3	1551.5	1.39	1.86	2.27	4.31
1.50	2	1317.3	1162.6	0.50	0.59	1.36	1.84
	6	1568.3	1288.1	1.09	1.32	2.51	3.07
	10	1819.2	1413.5	1.30	1.60	2.58	4.08
	14	2070.1	1539.0	1.44	1.87	2.51	4.38
	18	2321.0	1664.4	1.52	2.08	2.37	4.50
1.60	2	1405.2	1237.9	0.61	0.73	1.56	2.13
	6	1672.8	1371.7	1.28	1.60	1.74	4.21
	10	1940.4	1505.5	1.48	1.86	2.75	4.44
	14	2208.1	1639.3	1.64	2.15	2.67	4.72
	18	4173.6	1773.2	1.69	2.35	2.47	4.79
1.70	2	1493.0	1317.3	0.77	0.94	1.85	2.52
	6	1777.4	1459.5	1.47	1.91	2.99	4.73
	10	2061.7	1601.7	1.68	2.20	2.94	4.96
	14	2346.1	1742.9	1.84	2.48	2.84	5.13
	18	2630.5	1886.1	1.95	2.69	2.66	5.14
1.80	2	1580.8	1392.6	0.95	1.19	2.17	3.09
	6	1881.9	1543.2	1.71	2.27	3.27	5.31
	10	2183.0	1693.7	1.91	2.61	3.17	5.56
	14	2484.1	1844.3	2.09	2.85	3.02	5.58
	18	2785.2	1994.8	2.18	3.05	2，82	5.51

草炭粉质黏土计算热参数值

表 9.1.16

干密度 (g/cm³)	含水量 (%)	容积热容量（kJ/m³·℃）		导热系数（W/m·℃）		导温系数（m²/h）	
		未冻土	冻土	未冻土	冻土	未冻土	冻土
0.4	30	903.3	710.9	0.13	0.13	0.50	0.62
	50	1237.9	878.2	0.19	0.22	0.52	0.92
	70	1572.4	1045.5	0.23	0.37	0.54	1.26
	90	1907.0	1212.8	0.29	0.53	0.56	1.59
	110	2241.6	1380.1	0.35	0.72	0.57	1.87
	130	2576.1	1547.3	0.41	0.88	0.57	2.06
0.5	30	1129.1	890.8	0.17	0.17	0.54	0.69
	50	1547.3	1099.9	0.24	0.31	0.56	1.30
	70	1965.5	1309.0	0.32	0.51	0.59	1.40
	90	2383.7	1518.1	0.41	0.74	0.61	1.76
	110	2801.9	1727.2	0.49	1.00	0.62	2.08
	130	3220.1	1936.3	0.56	1.24	0.63	2.31
0.6	30	1355.0	1066.4	0.22	0.22	0.57	0.76
	50	1856.8	1317.3	0.31	0.42	0.61	1.15
	70	2358.6	1568.3	0.42	0.68	0.64	1.56
	90	2860.5	1819.2	0.53	0.99	0.67	1.95
	110	3362.3	2070.1	0.63	1.32	0.68	2.29
	130	3864.2	2321.0	0.71	1.61	0.68	2.51
0.7	30	1580.8	1246.2	0.27	0.30	0.61	0.87
	50	2166.3	1539.0	0.39	0.56	0.66	1.30
	70	2375.4	1831.7	0.53	0.88	0.70	1.74
	90	3337.2	2124.5	0.66	1.26	0.71	2.14
	110	3922.7	2417.2	0.79	1.67	0.73	2.50
	130	4508.2	2709.9	0.92	2.01	0.73	2.77
0.8	30	1806.6	1421.9	0.32	0.37	0.56	0.94
	50	2475.7	1756.4	0.48	0.68	0.70	1.41
	70	3144.9	2091.0	0.64	1.09	0.73	1.67
	90	3814.0	2425.6	0.80	1.55	0.76	2.32
	110	4483.1	2760.1	0.96	2.05	0.77	2.68
	130	5152.2	3094.7	1.10	2.47	0.78	2.88
0.9	30	1711.0	1342.4	0.38	0.40	0.68	1.03
	50	2785.2	1978.1	0.57	0.73	0.73	1.53
	70	3538.0	2354.5	0.75	1.14	0.77	2.03
	90	4290.7	2370.8	0.95	1.63	0.80	2.49
	110	5043.5	3107.2	1.14	2.12	0.82	2.86
	130	5796.3	3483.6	1.32	2.52	0.82	3.02

5）冻土的热阻

冻土的热阻是指单位面积冻土层阻抗热传播的能力。冻土的热阻与冻土的厚度和冻土的导热系数有关：

$$R = \frac{1}{\lambda} \cdot h \qquad\qquad (9.1.10)$$

式中　R ——冻土的热阻（K/W）；

　　　　λ ——冻土的导热系数（W/m·K）；

　　　　h ——土层厚度（m）。

热阻是计算土体的温度状况的一个重要参数。

9.1.3　冻土现象及其对建筑工程的影响

1. 土的冻结与冻胀

1）土的冻结

当土体温度降到土中水的冰点温度时，土中水开始冻结成冰，冰的胶结作用将土颗粒冻结在一起，形成冻土。纯净的水冰点为 0℃，由于土中水含有盐分，冰点温度一般低于0℃。另外，土的冻结温度还与土的颗粒、含水量、干密度、土层压力等有关，土的颗粒越细、含水量越小、干密度越小、土层压力越大，冻结温度越低。研究结果表明[6]，一般情况下，黏性土的冻结温度为 −0.1℃～−0.3℃，砂性土的冻结温度为 0.0℃～−0.2℃，当土的干密度和含水量都很小时，土的冻结温度可能达到 −2℃～−4℃，土中可溶盐含量增加时冻结温度还要低。

土体冻结后由于冰的胶结作用，土的物理性能和力学性能都有较大的变化，土冻结后强度增高、压缩性降低、渗透性亦明显降低。

2）土的冻胀

土体冻结过程中有聚冰膨胀现象，即土的冻胀现象。水由液态变成固态时，体积膨胀9%，但这种膨胀往往不足以使土体产生明显的冻胀，土体冻结时水分在土中的迁移导致的聚冰现象才是土体冻胀的主要原因。解释水分迁移的理论很多，有毛细管理论、水头压力理论、薄膜理论等，其中薄膜迁移理论获得较广泛的承认。土中水冻结时，首先是孔隙中的自由水冻结，随着温度的继续降低，土颗粒表面的弱结合水的外层开始冻结，弱结合水的冻结导致土颗粒的结合水膜变薄，土颗粒就产生了剩余的分子引力，同时部分薄膜水的冻结导致剩余薄膜水的离子浓度增加，造成渗透压力增加（当两种水溶液的浓度不同时，在它们之间将产生一种压力差，使浓度较小的溶液中的水向浓度较大的溶液渗流），在剩余分子引力和渗透压力的作用下，冻结面以下的未冻结区水膜较厚处的结合水被吸引到冻结区水膜较薄处，造成水分在土体内的迁移，并在冻结面聚集结冰。当冰晶体体积增大到足以引起土颗粒之间的相对位移时，就出现了冻结时的体积膨胀现象，称为土的冻胀。

为了用数值表示土的冻胀程度，把土的冻胀性用冻胀率表示，每层土的冻胀率等于该土层的冻胀量与土层冻前厚度的比值，地基土（全部冻土层）的冻胀率等于最大冻胀量与最大冻深的比值，即：

$$\eta = \frac{\Delta Z}{Z} \times 100\% \qquad\qquad (9.1.11)$$

式中　η——地基土的冻胀率（%）；

　　　ΔZ——地基土的最大冻胀量（mm）；

　　　Z——地基土的最大冻深（mm）。

影响土的冻胀性因素很多，但最主要的因素只有两个，即土的机械组成和土体的水分条件。对于粗颗粒土（粒径小于 0.05mm 的颗粒含量小于 12%），土的比表面积很小，因而其表面吸附能力也很小，不利于薄膜水的存在与迁移，所以在封闭性冻结情况下，一般不会形成明显的冰晶体，冻胀性很小。但这种渗透性很强的土在开放性条件下冻结时，如果有压力水补给，可以形成侵入型冰体，导致较强烈的冻胀。随着土中粒径小于 0.05mm 颗粒含量的增大，土颗粒的比表面积和吸附能力也在增大，土的薄膜水含量也在增高，因而在冻结过程中成冰和水分迁移的能力也在增大，从而导致土的冻胀性增强。当土中以粒径为 0.05mm～0.005mm（粉粒级）颗粒居多时，土体既有较强的吸附能力，又有较好的渗透能力，因而其成冰－冻胀性最强。颗粒进一步变细，粒径小于 0.005mm（黏粒）含量进一步增多，此时虽然薄膜水含量增高，但渗透性却在减弱，在到达一定的级配界限以后，冻胀性反而减小。以粒径<0.005mm 为主的重黏土，由于水与土颗粒间的联系很紧密，同时渗透性很差，在冻结时土中的水分迁移缓慢，冻胀性很弱。有研究表明，各类土的冻胀性强弱按如下顺序递减：黏质粉土>砂质粉土>粉质黏土>黏土>砾石土（粒径小于 0.05mm 颗粒的含量超过 12%）>粗砂>砂砾石。

土的密实程度对土的冻胀性也有一定的影响。同一种土，当土非常疏松时，土体内有较大的空隙，冰只充填空隙而不能使土颗粒出现相对位移，所以冻胀性相对较弱。随着土的密实程度增大，土颗粒间的距离趋于减小，冻结时薄膜水的迁移趋于活跃，而冰的形成将使土颗粒间的距离增大，便显示出冻胀性随土的干密度增大而增大的趋势。但当土的干密度达到某一临界值后，由于土的渗透性降低，土的冻胀性不再增大。

水分条件对土的冻胀性有非常大的影响，土的含水量越高，冻结时地下水位距离冻结面越近，土的冻胀性就越强。当含水量小于塑限时，土的冻胀性很弱，基本表现不出明显的冻胀现象，因此，通常把黏性土的塑限含水量作为土的冻胀界限含水量，即当土的天然含水量超过塑限含水量后，土将具有较明显的冻胀性。冻结期间地下水位距离冻结面越近，水的补给距离也越近，冻结面的补给水源越充足，土的冻胀性就越强。

除土的机械组成和水分条件外，土的冻结速度、土的含盐量等对冻胀性也有一定的影响。

由于土的不均匀性和外界条件的不一致性，同一建筑周围土的冻胀性通常是不均匀的，即使土和水的冻胀条件相同，由于建筑物的影响，建筑周围土的冻结时间、冻结速度和最大冻深将出现差异，这就必然导致同一建筑周围冻土的冻胀不均匀，这对冻土上的建筑物可能造成严重危害。土的不均匀冻胀可导致建筑出现裂缝、倾斜、甚至造成轻型构筑物和简易建筑物的倒塌，这也是工程冻土学研究的主要问题之一。随着冻胀过程伴生的地貌形态称为冻土地貌形态，主要有冰锥、冻胀丘、泥炭丘、冻拔石、冻胀草环、冻融褶坡等。冻土地貌的地质过程对冻土区域的铁路、公路、水利、建筑等工程建设有较大的影响。

2. 冻土的融化及融沉

当天气转暖气温升至 0℃以上时，已经冻结的土体开始融化，冻结时冻土的吸水膨胀变形将在融化过程中逐步消失，已经胀起的地面将恢复原位，冻土出现融沉现象。

冻土的融沉性与冻胀性有直接关系，冻结时冻胀现象越强烈，融化时融沉现象也就越强烈。冻土的融沉过程对冻土上建筑的危害主要表现在融沉的不均匀性和土的冻融软化现象。发生不均匀融沉的原因主要是冻胀的不均匀和建筑周围冻土融化时间不同步。土的冻融软化现象能导致冻土融化后力学性能低于冻结前土的力学性能，其主要原因是土冻结时产生吸水膨胀现象，融化时，由于融化界面以下冻土还没有融透，冻结时吸上来的水无法通过冻土层顺利向下排出，导致融土的含水量在短时间内高于冻结前土的含水量，土的强度降低，表现出冻融软化现象。对于融沉性较强烈的冻土，融化后土的软化现象非常强烈，可导致建筑基础出现融陷，路基翻浆冒泥等现象发生。

多年冻土受自然变化（如气候转暖）或人为因素（如植被破坏、森林采伐、工程建设等）影响，改变了地面的温度状况，引起季节融化深度加大，使多年冻土层或地下冰发生局部融化，称为热融沉陷，对于地下冰融化引起的热融又称热喀斯特。天然情况下发生的热融沉陷往往表现为热融凹地、热融湖沼、热融滑塌等现象。

由人为因素引起的热融沉陷地区称人为融区。人为活动破坏了冻土层存在的平衡状态，导致季节融化深度增大，冻土退化，自然生态环境改变。对工程建设造成的影响主要表现为房屋破坏，路面逐年下沉、高低不平甚至导致路基滑塌。例如 1978～1985 年青藏公路全线由砂石路面改为沥青路面，由于沥青路面比原来的砂石路面吸收太阳辐射热增大了 1～3 倍，致使路面下冻土退化，季节融化深度逐年增大，60% 的路段下形成了 2.0m～5.5m 厚的融化盘，路基产生不均匀沉降，行车速度大为降低，为此，1990～1993 年对全线进行整治，工程投资 8～9 亿元，计划二期整治工程投资 10 亿元以上[8]。由此可见，冻土地区的工程建设必须将生态环境的保护放在首位，否则后果是严重的。

9.2　季节冻土冻结深度与冻胀性

9.2.1　季节冻土的冻结深度

1. 最大冻深

当大气温度降到 0℃ 以后，地面开始冻结并形成一定厚度的冻土层，冻土与暖土的交界面称为冻结面（或称冻结锋面），季节冻土的冻结深度是指冻前自然地面到冻结面的距离。最大冻结深度是指在一个冻融周期内，从冻结前自然地面算起，到冻结面最深处的距离（图 9.2.1）。

如果土在冻结时体积没有膨胀（即不冻胀土），最大冻深数值就是当年冻土层的最大厚度值。如果土在冻结时体积膨胀，地面上抬（即冻胀性土），冻深值为冻土层厚度减掉冻胀量值，最大冻深等于当年最大冻土层厚度减掉地面最大冻胀量。

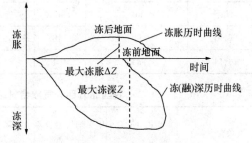

图 9.2.1　土的冻结深度图

有时为了调查建筑场地当年最大冻结深度，在冻结面不再向下发展时（即最大冻深出现时）挖探坑或钻孔测量当年最大冻结深度，并把出现暖土时的坑（孔）深度定为最大冻结深度，这种做法用在不冻胀土上是准确的，但用在冻胀性土上就出现了误差，其误差值刚好等于土的冻胀率。这种做法错误之处是将冻土层的厚度误认为是冻结深度，忽视了土的冻胀。因此在用上述做法探测冻深时，应将实际测量的数值按下式进行修正：

$$z = \frac{H}{1 + \eta} \tag{9.2.1}$$

式中　H——探坑（孔）见到暖土时的深度（即冻土层厚度）（mm）。

　　　　η——冻胀率（%，冻胀量与冻深的比值），可根据本章9.2.2确定。

冻土地区的气象部门对土的冻结和融化过程都进行定期观测，冻结期间每个月的冻结深度和最大冻结深度值均可到当地气象部门查取。为方便使用，将我国东北地区部分气象台（站）多年观测的最大季节冻结深度及其变化情况列于表9.2.1，将我国一些主要季节冻结区的冻土、降雪等气象资料列于表9.2.2～表9.2.8，供设计、施工部门参考。

东北地区最大季节冻结深度表　　　　　　　　　　表 9.2.1

气象台（站）	最大冻深多年平均值（cm）	历年极值（cm）		差值（cm）		观测年代
		最大	最小	极值与平均值之差	最大与最小之差	
塔河	179	230	158	+24～−21	45	1973～1980
呼玛	252	281	225	+29～−27	56	1958～1980
新林	291	329	257	+38～−34	72	1975～1980
加格达奇	253	309	219	+56～−34	90	1968～1980
嫩江	205	252	152	+47～−53	100	1954～1980
北安	201	250	157	+49～−44	93	1962～1980
伊春	235	290	91	+55～−144	199	1958～1980
海伦	185	231	132	+46～−53	99	1958～1980
铁力	129	167	89	+38～−40	78	1963～1980
哈尔滨	177	205	143	+28～−34	62	1954～1980
长春	150	164	115	+19～−35	54	1954～1980
沈阳	110	148	90	+38～−20	58	1961～1980
鞍山	90	118	68	+28～−22	50	1961～1980
营口	84	101	61	+17～−23	40	1961～1980

我国北方部分气象台（站）的气温、冻深及降水量　　　　　　　表 9.2.2

气象台（站）	年平均气温（℃）	年平均气温较差（℃）	年降水量（mm）	最大雪深（cm）		最大冻深（cm）	
				1月平均	历年最大	多年平均	历年最大
黑龙江省							
呼玛	−2.0	48.0	460.3	13.4	42	252	281
塔河	−2.8	44.8	428.2	18.5	28	190	203

气象台（站）	年平均气温（℃）	年平均气温较差（℃）	年降水量（mm）	最大雪深（cm）		最大冻深（cm）	
				1月平均	历年最大	多年平均	历年最大
新林	−3.5	45.0	493.4	13.9	25	315	329
加格达奇	−1.4	43.7	470.5	10.3	30	252	309
爱辉	−0.4	44.7	519.9	13.9	33	235	298
孙吴	−1.6	44.8	540.7	14.6	53	205	228
北安	0.2	44.8	523.7	9.6	23	215	250
伊春	0.4	44.4	630.8	14.7	40	295	290
海伦	1.3	44.0	549.6	8.2	24	227	231
齐齐哈尔	3.2	42.3	415.5	3.0	24	217	225
鹤岗	2.8	39.2	599.5	6.5	40	235	238
明水	2.0	42.8	476.9	3.9	24	180	207
铁力	1.1	44.8	641.1	14.9	34	140	169
绥化	2.1	43.9	531.2	7.0	21	187	221
泰来	4.2	41.0	368.7	3.3	17	215	222
安达	3.2	42.8	432.9	4.1	21	180	214
通河	2.3	43.2	610.0	9.2	43	160	193
虎林	2.8	40.1	566.0	15.9	46	150	187
哈尔滨	3.6	42.2	523.3	5.7	41	177	205
鸡西	3.6	39.0	533.3	9.8	60	195	255
尚志	2.3	42.1	666.1	12.5	40	155	179
牡丹江	3.5	40.5	531.9	9.5	39	156	191
吉林省							
前郭尔罗斯	4.5	41.0	450.8	2.7	18	163	176
乾安	4.6	40.6	417.2	2.0	14	198	204
三岔河	3.7	41.5	528.8	3.8	24	193	209
通榆	5.1	39.9	405.7	1.5	15	165	178
长岭	4.9	39.6	470.6	3.0	23	143	171
九站	4.4	40.9	674.2	8.4	46	150	190
长春	4.9	39.4	539.8	5.5	22	1.38	1.69
敦化	2.6	37.2	621.4	6.6	33	1.53	1.77
磐石烟筒山	4.4	40.3	711.1	10.4	30	1.13	1.40
四平	5.9	38.4	659.6	6.6	19	1.25	1.48

气象台（站）	年平均气温（℃）	年平均气温较差（℃）	年降水量（mm）	最大雪深（cm）		最大冻深（cm）	
				1月平均	历年最大	多年平均	历年最大
华甸	3.9	41.1	748.4	12.6	54	1.85	1.97
延吉	5.0	35.7	504.0	6.0	58	1.50	2.00
通化	4.9	38.2	881.7	14.4	39	1.05	1.33
辽宁省							
开原	6.5	38.2	677.7	5.3	42	1.10	1.43
彰武	7.1	36.6	520.9	3.2	16	1.10	1.48
章党	6.6	37.6	804.2	10.4	26	1.10	1.43
沈阳	7.8	36.6	734.5	6.2	20	1.00	1.48
朝阳	8.4	35.2	486.1	2.4	17	1.00	1.35
恒仁	6.3	36.9	868.8	8.1	29	0.90	1.14
锦州	9.0	33.1	573.9	3.6	23	0.90	1.13
鞍山	8.8	35.0	713.5	6.5	26	0.80	1.18
草河口	6.1	34.7	926.3	9.6	49	0.80	0.93
营口	8.9	34.2	667.4	5.7	21	0.80	1.11
兴城	8.7	32.6	590.9	2.7	16	0.90	1.02
丹东	8.5	31.4	1019.1	5.5	31	0.80	0.88
大连	10.2	28.8	658.7	4.3	37	0.30	0.93
内蒙古自治区							
海拉尔	−2.1	46.4	344.7	8.4	39	2.30	2.42
科右前旗索伦	2.1	37.5	466.8	3.7	24	2.20	＞2.50
东乌株穆沁旗	0.7	42.0	256.8	3.6	26	3.00	3.46
汉贝庙	0.6	42.3	243.2	3.6	23	2.60	＞3.00
林东	4.8	36.3	380.6	1.2	23	1.50	1.49
锡林浩特	1.7	40.6	294.9	3.9	24	2.70	2.89
苏尼特左旗	2.6	40.3	204.7	5.4	22	2.30	2.47
二连浩特	3.4	41.5	142.2	2.7	5	1.90	3.37
开鲁	5.9	38.0	338.8	2.0	16	1.40	1.51
通辽	6.0	38.2	394.7	2.8	14	1.30	1.79
满都拉	4.7	37.2	174.8	2.3	18	1.70	＞2.00
赤峰	6.8	35.2	361.0	2.2	25	1.50	2.01
多伦	1.6	36.8	386.2	2.7	22	1.70	1.99

气象台（站）	年平均气温（℃）	年平均气温较差（℃）	年降水量（mm）	最大雪深（cm）		最大冻深（cm）	
				1月平均	历年最大	多年平均	历年最大
化德	2.1	35.1	333.7	1.4	11	2.20	2.53
百灵庙	3.4	36.4	256.6	3.0	21	2.10	2.68
海流图	4.4	37.1	209.1	1.9	15	1.60	1.93
四子王旗	2.9	35.2	310.2	3.2	18	2.30	2.73
集宁	3.6	33.1	378.9	1.4	30	1.50	1.91
呼和浩特	5.8	35.0	417.5	2.0	30	1.10	1.43
东胜	5.5	32.4	400.2	2.3	28	1.30	1.50
新街	6.1	32.9	393.8	1.8	13	1.40	1.56
鄂托克旗	6.4	33.4	271.4	0.9	10	1.10	1.50
朱日和	4.4	37.3	229.2		11	1.94	2.27
临河	6.8	35.0	141.2		18	1.07	1.16
北京市	11.5	30.4	644.2		24	0.40	0.85
天津市	12.2	30.4	569.9		20	0.32	0.69
塘沽	12.0	30.1	600.9		22	0.34	0.59
河北省							
丰宁	6.2	34.0	494.4		21	1.18	1.42
承德	8.9	33.7	559.7		27	0.98	1.26
张家口	7.8	32.9	427.1		31	1.10	1.36
怀来	8.9	32.3	418.0		20	0.76	0.99
青龙	8.8	33.3	735.6		20	0.88	1.09
蔚县	6.4	34.4	418.1		21	1.32	1.50
唐山	11.1	30.9	623.1		22	0.46	0.73
霸县	11.5	31.6	537.9		29	0.37	0.66
保定	12.3	30.7	566.6		23	0.28	0.55
黄骅	12.0	30.8	642.6		25	0.28	0.52
沧州	12.5	30.4	630.6		21	0.28	0.52
饶阳	12.2	31.0	540.3		21	0.31	0.61
石家庄	12.9	30.5	549.9		19	0.28	0.54
邢台	13.1	29.6	555.2		15	0.18	0.44
河南省							
安阳	13.6	28.7	606.1		23	0.12	0.35

气象台（站）	年平均气温（℃）	年平均气温较差（℃）	年降水量（mm）	最大雪深（cm）		最大冻深（cm）	
				1月平均	历年最大	多年平均	历年最大
三门峡	13.9	27.4	554.9		15	0.09	0.45
开封	14.0	27.6	634.2		30	0.02	0.26
商丘	13.9	28.0	711.9		22	0.07	0.32
卢氏	12.6	27.1	636.4		20	0.04	0.27
栾川	12.2	25.0	880.0		23	0.01	0.24
江苏省							
赣榆	13.1	27.5	952.6		18	0.08	0.36
山东省							
龙口	11.6	28.5	633.3		20	0.16	0.41
威海	12.1	26.1	793.3		21	0.09	>0.47
惠民	12.2	30.3	603.3		18	0.27	0.50
德州	12.9	30.3	590.3		25	0.26	0.48
寿光羊角沟	12.6	29.8	618.5		24	0.22	0.47
莱阳	11.2	29.1	759.0		21	0.22	0.45
淄博	12.9	29.9	630.3		33	0.21	0.48
海阳	11.4	27.6	833.8		12	0.18	0.49
济南	14.2	28.8	685.0		19	0.112	0.44
潍坊	12.3	29.1	671.5		20	0.16	0.50
沂源	11.9	28.2	736.4		20	0.16	0.44
泰安	12.8	29.0	722.6		20	0.20	0.46
莘县	13.2	29.4	582.7		19	0.17	0.36
莒县	12.1	28.6	873.0		25	0.18	0.38
兖州	13.5	28.8	723.2		19	0.08	0.48
日照	12.6	26.8	915.7		12	0.03	0.32
菏泽	13.6	28.7	680.8		14	0.06	0.35
临沂	13.2	27.7	902.3		25	0.05	0.40
青岛	12.2	26.3	775.6		27	0.03	
山西省							
大同	6.5	33.1	384.4		22	1.36	1.86
右玉	3.6	34.4	443.0		21	1.26	1.69

续表

气象台（站）	年平均气温（℃）	年平均气温较差（℃）	年降水量（mm）	最大雪深（cm）		最大冻深（cm）	
				1月平均	历年最大	多年平均	历年最大
河曲	7.8	34.2	415.2		12	1.09	1.27
五寨	4.9	33.2	478.5		20	1.20	1.48
原平	8.4	31.6	453.7		11	0.78	1.10
兴县	8.4	32.7	501.2		17	0.86	1.23
阳泉	10.8	28.2	576.4		23	0.36	0.68
太原	9.5	30.1	459.5		16	0.44	0.77
离石	8.8	30.7	490.6		13	0.84	0.95
榆社	8.8	29.2	578.9		23	0.60	0.76
介休	10.4	29.0	493.8		20	0.37	0.69
隰县	8.8	28.4	566.2		15	0.78	1.03
阳城	11.7	27.7	627.4		20	0.18	0.41
运城	13.6	29.4	553.9		18	0.15	0.43
陕西省							
榆林	8.1	33.4	414.1		15	1.10	1.48
绥德	9.7	31.5	487.2		15	0.80	1.19
延安	9.4	29.3	550.0		17	0.56	0.79
洛川	9.2	27.2	621.7		19	0.55	0.76
横山	8.6	32.2	397.8		13	0.96	1.29
长武	9.1	27.2	585.8		18	0.43	0.68
铜川	10.6	26.5	587.9		15	0.31	0.54
宝鸡	12.9	26.3	679.1		16	0.03	0.29
西安	13.3	27.6	580.2		22	0.07	0.45
武功	12.9	27.2	631.0		23	0.04	0.24
甘肃省							
环县	8.6	29.1	407.3		9	0.83	1.09
靖远	8.8	30.3	239.8		10	0.62	0.93
兰州	9.1	29.1	327.7		10	0.74	1.03
榆中	6.6	27.1	406.7		16	0.82	1.18
庆阳西峰镇	8.3	26.5	561.5		19	0.50	0.82
临夏	6.8	25.5	501.7		13	0.58	0.86

续表

气象台（站）	年平均气温（℃）	年平均气温较差（℃）	年降水量（mm）	最大雪深（cm）		最大冻深（cm）	
				1月平均	历年最大	多年平均	历年最大
平凉	8.6	26.2	511.2	14		0.32	0.62
天水	10.7	25.4	531.0	15		0.19	0.61
宁夏回族自治区							
石嘴山	8.2	32.9	183.3	7		0.76	1.04
陶乐	8.1	33.7	189.9	8		0.93	1.21
银川	8.5	32.4	202.8	17		0.74	0.88
盐池	7.7	31.2	296.5	8		1.00	1.28
中卫	8.4	30.5	185.9	10		0.54	0.83
中宁	9.2	30.8	222.7	8		0.66	0.80
同心	8.4	31.2	277.0	8		1.06	1.37
海原	7.0	26.5	403.2	23		1.03	1.59
固原	6.0	27.2	478.2	19		1.02	1.11

资料来源为1951～1980年气象台（站）。

准噶尔盆地部分站点气象、冻深、降水量资料   表9.2.3

站名	年平均气温（℃）	年平均气温较差（℃）	12～2月总降水量（mm）	最大积雪深度（mm）	历年最大冻结深度（cm）	多年平均冻结深度（cm）
哈巴河	4.0	37.6	22.2	33	170	
啊勒泰	4.0	39.1	43.4	73	＞146	92
福海	3.4	43.2	13.4	28	150	
富蕴	1.8	43.6	20.1	54	172	
青河	−0.2	41.8	26.5	81	242	
克拉玛依	8.0	44.1	9.6	25	197	152
啊拉山口	8.3	43.2	9.9	17	188	
温泉	3.7	34.8	11.0	28	201	
精河	7.3	41.8	10.4	13	137	
蔡家湖	5.7	44.9	16.1	29	＞150	
奇台	4.7	41.8	17.6	42	141	
乌鲁木齐	5.7	38.9	33.9	48	166	96

塔里木盆地部分站点气象、冻深、降水量资料　　　　表9.2.4

站名	年平均气温 (℃)	年平均气温较差 (℃)	12～2月总降水量 (mm)	最大积雪深度 (mm)	历年最大冻结深度 (cm)	多年平均冻结深度 (cm)
库米什	9.1	39.5	1.5	70	157	
拜城	7.4	35.5	9.6	410	89	
轮台	10.5	33.5	4.1	210	91	
库尔勒	11.4	34.2	3.0	210	63	40
库台	11.4	34.3	5.4	150	120	
啊合奇	6.2	28.6	7.9	190	111	
铁干里克	10.7	35.7	0.5	110	82	
啊拉尔	10.7	33.7	1.4	60	78	
巴楚	11.7	33.4	2.6	90	61	33
喀什	11.7	32.2	10.9	460	66	29
若羌	11.5	35.9	2.5	180	96	74
莎车	11.4	32.0	5.2	140	98	
且末	10.1	33.5	1.3	120	62	
民丰安得河	10.4	34.8	1.3	40	83	
皮山	11.9	31.4	6.0	120	82	
和田	12.2	31.1	5.0	140	67	46
民丰	11.1	31.6	3.4	140	79	
于田	11.6	30.8	4.6	170	87	
中三	11.5	33.8	0	0	77	

阿拉善地区部分站点气象、冻深、降水量资料　　　　表9.2.5

站名	年平均气温 (℃)	年平均气温较差 (℃)	12～2月总降水量 (mm)	最大积雪深度 (mm)	历年最大冻结深度 (cm)	多年平均冻结深度 (cm)
额济纳旗呼鲁赤尔特	7.9	37.8	0.8		80	
额济纳旗	8.2	38.7	0.6	11	108	
额济纳旗拐子湖	8.4	38.3	0.6			
阿拉善左旗巴彦毛道	6.8	35.7	1.8		162	

站名	年平均气温 (℃)	年平均气温较差 (℃)	12～2月总降水量 (mm)	最大积雪深度 (mm)	历年最大冻结深度 (cm)	多年平均冻结深度 (cm)
阿拉善左旗 吉兰泰	8.6	35.9	2.1		106	
阿拉善右旗 上井子	8.3	32.5	1.7		124	
阿拉善左旗 巴彦浩特	7.5	32.6	5.9	17	123	97.5
贺兰山高山 气象站	−0.8	25.9				

河西地区部分站点气象、冻深、降水量资料　　　　　　　　表 9.2.6

站名	年平均气温 (℃)	年平均气温较差 (℃)	12～2月总降水量 (mm)	最大积雪深度 (mm)	历年最大冻结深度 (cm)	多年平均冻结深度 (cm)
野马街	3.9	30.6	3.5	8	265	
梧桐沟	6.9	32.9	2.4	7	130	
安西	8.8	35.3	3.6	17	116	
鼎新	8.0	34.0	1.9	10	99	
玉门镇	6.9	32.1	4.3	6	>150	
敦煌	9.3	34.0	3.1	8	144	
酒泉	7.3	31.5	5.3	14	132	102.5
张掖	7.0	31.6	4.7	11	123	87
山丹	5.8	31.6	7.4	12	143	110
民勤	7.8	32.8	1.6	7	115	60
永昌	4.8	27.5	2.9	11	159	
乌鞘岭	−0.2	23.5	7.9	24	146	

柴达木盆地部分站点气象、冻深、降水量资料　　　　　　　　表 9.2.7

站名	年平均气温 (℃)	年平均气温较差 (℃)	12～2月总降水量 (mm)	最大积雪深度 (mm)	历年最大冻结深度 (cm)	多年平均冻结深度 (cm)
冷湖	2.6	30.1	17.6	30	174	
茫崖	1.4	25.9	46.1	90	229	
大柴旦	1.1	29.4	82.0	100	172	
德令哈	3.7	26.9	176.1	90	196	
香日德	3.9	25.9	161.4			
察尔汗	5.1	29.2	23.0			

站名	年平均气温 （℃）	年平均气温较差 （℃）	12～2月总降水量 （mm）	最大积雪深度 （mm）	历年最大冻结深度 （cm）	多年平均冻结深度 （cm）
都兰	2.7	25.5	179.1	180	201	
诺木洪	4.4	27.5	38.9	30	119	
格尔木	4.2	28.5	38.8	50	88	40
小灶火	2.3	28.1	25.2	50		

喜马拉雅山地区部分站点气象、冻深、降水量资料　　　表 9.2.8

站名	年平均气温 （℃）	年平均气温较差 （℃）	12～2月总降水量 （mm）	最大积雪深度 （mm）	历年最大冻结深度 （cm）	多年平均冻结深度 （cm）
波密	8.5	16.6	876.9	120	20	
林芝	8.5	15.3	654.1	110	14	
尼木	6.8	17.9	324.2	140	48	
泽当	8.2	16.3	408.2	100	22	
日喀则	6.3	18.3	431.2	80	67	31
浪卡子	2.4	15.5	376.4	110		53
江孜	4.8	17.8	304.2	70	101	76
察隅	11.8	14.8	793.9	320	8	
定日	2.7	19.2	318.5	80		
隆子	5.0	17.7	279.4	110	46	
聂拉木	3.5	14.4	617.9	1000	66	
错那	−0.4	17.6	377.8	320	73	
帕里	0.0	16.7	411.2	440		

2. 标准冻深

实际上，同一场地每年的冻结深度都有较大的差异，这主要是由于同一地区每年冬季的气温、日照、主导风向、风速等不同所致，这样，用某一年度的冻结深度值作为工程建设的设计、施工依据都显不妥，为此提出了标准冻深的概念。

标准冻深是指在非冻胀性黏性土、地表平坦、裸露、城市之外的空旷场地中不少于 10 年实测最大冻深的平均值。在 20 世纪 70 年代，我国《建筑地基基础设计规范》（TJ7—74）就给出了全国季节冻土地区的标准冻深等值线图，其原始资料取自季节冻土地区 552 个主要气象台（站）从 1961～1970 年 10 年间的最大冻深观测值。到 80 年代末，由于气象台（站）数量的增加和观测时间的延长，又对标准冻深图进行了修订，这次修订又增加了 177 个气象台（站）的观测资料，其中多数台（站）观测数据已经积累了 20 年。现行地基基础设计规范 GB 50007 中的标准冻深图（图 9.2.2）就采用了这次修订后的标准冻深图。

3. 场地冻深

1) 场地冻深的计算

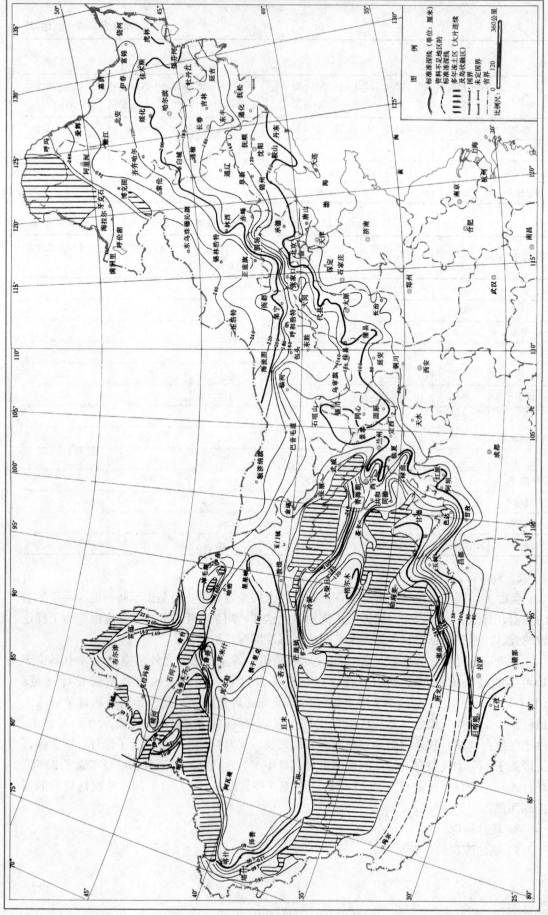

图 9.2.2 中国季节冻土标准冻深图 (cm)

过去建筑行业一直是直接采用标准冻深作为设计的依据，随着冻土科学研究的深入，人们逐渐发现，同一地区当周围环境、地基土类别、土的含水量和冻胀性、地势坡向等不同时，土的冻结深度相差很大。为此，提出将标准冻深值进行修正后的场地冻深值作为设计的依据，即所谓的场地冻深。场地冻深值由下式计算：

$$z_d = z_0 \cdot \psi_{zs} \cdot \psi_{zw} \cdot \psi_{ze} \qquad (9.2.2)$$

式中　z_d——场地冻深（m）；

　　　z_0——标准冻深（m），可按图 9.2.2 查取；

　　　ψ_{zs}——土的岩性对冻深的影响系数，按表 9.2.9 查取；

　　　ψ_{zw}——土的冻胀性对冻深的影响系数，按表 9.2.10 查取；

　　　ψ_{ze}——环境对冻深的影响系数，按表 9.2.11 查取。

2）冻深的主要影响因素

（1）土的性质对冻深的影响

因地基土的性质不同，热物理参数亦不同，在其他条件相同时，土的冻结深度相差较大。粗颗粒土的导热系数比细颗粒土的大，相同条件下砂类土的冻深比黏性土的大，这种现象在工程中经常遇到，但有关的专题研究比较少，可供参考的数据不多，因此，目前我国的《建筑地基基础设计规范》和《冻土地区建筑地基基础设计规范》都采用了苏联1983 年《房屋及建筑地基设计规范》中的规定，其土的性质对冻深的影响系数见表9.2.9。

土的岩性对冻深的影响系数 ψ_{zs}　　　　　表 9.2.9

土的岩性	黏性土	粉土、粉砂、细砂	中、粗、砾砂	碎石土
ψ_{zs}	1.0	1.2	1.3	1.4

（2）土的冻胀性对冻深的影响

土的冻胀性越强，含水量越大，冻结时水分迁移量也越多，单位体积土体放出的热量也越多。在温度不变的条件下，当水由液态变为固态时，1kg 水放出 333.51kJ 的热量，我们称其为水的结晶潜热（或相变热）。土的冻结过程是个放热过程，当热交换条件相同时，含水量高和水分迁移量大的土，冻结时放出的结晶潜热多，这就减缓了土的冻结速度，最终减小了冻结深度。含水量低和水分迁移量小的土则相反，冻结速度快，冻深大。

从图 9.2.1 中可明显看到，冻胀性土冻结后土的厚度增大，即冻土厚度为冻结深度与土的冻胀量之和，而非冻胀性土冻结后冻结深度就是冻土的厚度。当冻结面放出的热量通过冻土层向大气放热时，冻土层的厚度不同，热传导的距离就不同。由于土体的冻胀增加了热传导的距离是冻胀性土冻深减小的一个重要原因。

关于冻胀性对冻深的影响系数，我国的《建筑地基基础设计规范》和《冻土地区建筑地基基础设计规范》采用了我国东北地区一些单位的科研成果，影响系数见表 9.2.10。

土的冻胀性对冻深的影响系数 ψ_{zw}　　　　　表 9.2.10

土的冻胀性	不冻胀	弱冻胀	冻胀	强冻胀	特强冻胀
ψ_{zw}	1.00	0.95	0.90	0.85	0.80

（3）环境对冻深的影响

在同一地区，城市的气温高于附近郊区和旷野的气温，这种现象被称为城市的"热岛效应"。城市建筑物较多，在阳光的照射下建筑物可以吸收较多的热量，城市深色的路面和屋顶吸收太阳辐射的能力也大于旷野的地面，另外城市有工业、交通、生活等热排放，加之建筑林立，风速小，地面对流差等条件，使城市市区包括附近的郊区形成局部小气候，导致城市冻结深度小于旷野的冻结深度。"热岛效应"是一个复杂的现象，它和城市的规模、人口密度、年平均气温、风速、日照、城市绿化等情况有关系。我国的《建筑地基基础设计规范》和《冻土地区建筑地基基础设计规范》根据气象部门对北京、上海、沈阳等 10 个城市的研究，提出了"热岛效应"对冻深的影响系数，见表 9.2.11。

周围环境对冻深的影响系数 ψ_{ze} 表 9.2.11

周围环境	村、镇、旷野	城市近郊	城市市区
ψ_{ze}	1.00	0.95	0.90

注：1. 当城市市区人口为 20 万～50 万时，按城市近郊取值；

2. 当城市人口大于 50 万且小于等于 100 万时，只计入市区影响；

3. 当城市人口超过 100 万时，除计入市区影响外，尚应考虑 5km 的近郊范围。

（4）建筑采暖对冻深的影响

建筑物采暖后，室内温度高于室外温度，室内的热量有一部分通过建筑地基向室外传递，建筑周围地基土的温度升高，导致冻结深度减小。我国原《建筑地基基础设计规范》（GBJ 7—89）规定了采暖对冻深的影响系数，新《建筑地基基础设计规范》（GB 50007）在计算设计冻深时没有考虑采暖影响，而是将其影响在确定基础埋深的冻胀力计算时予以考虑。因此，单纯为了确定采暖后建筑周围的冻结深度时，应考虑采暖对冻深的影响系数，如果确定冻深是为了按规范方法确定基础的埋置深度，在计算设计冻深时不应再考虑采暖影响系数。

（5）地面坡向对冻深的影响

地面的坡度和坡向对冻深也有影响，当坡度和坡向不同时，地面的日照角度、日照时间不同，单位面积光照强度不同，地面接收的辐射热就不同，最后导致冻结深度不同。向阳坡的冻深相对较小，背阴坡的冻深相对较大。同是向阳坡时，坡度大的冻深较小，坡度小的冻深较大。我国《冻土地区建筑地基基础设计规范》根据苏联的研究成果，给出了坡向对冻深的影响系数，其数值为地势平坦时取 1.0、阴坡取 1.1、阳坡取 0.9。新《建筑地基基础设计规范》GB 50007 考虑到国内资料较少，且坡度多大时可定为阴坡或阳坡的依据不充分，因此没有将其列入设计冻深的计算公式中。

【例 9-2-1】已知：建筑场地位于城市郊区距离城区 2km 处，城市人口超过 100 万，地区标准冻深为 1.60m，场地地基土为黏性土，冻胀性分类为强冻胀土。求该场地设计冻深值。

根据已知条件查表 9.2.9 表 9.2.11，冻深影响系数分别为 $\psi_{zs}=1.0$、$\psi_{zw}=0.85$、$\psi_{ze}=0.95$，按式（9.2.2）计算，场地设计冻深为：

$$z_d = z_0 \cdot \psi_{zs} \cdot \psi_{zw} \cdot \psi_{ze}$$
$$= 1.60 \times 1.0 \times 0.85 \times 0.95 = 1.29\text{m}$$

9.2.2 土的冻胀性分类

1. 地基土冻胀性分类原则

土的冻胀性大小与土的岩性、冻结前含水量、冻结期间地下水位、土的密度等关系密切，同时还与降温强度、冬季地面积雪与植被等外部因素有关。工程上对土的冻胀性分类主要根据土的岩性、冻前含水量和冻结期间地下水位三个因素。

土冻胀的基本条件有三：一是土本身是冻胀敏感性土；二是冻结期间有足够的水分和良好的水分补给条件；三是具备可使土冻结的负温环境。其中负温环境是冻土地区固有的，负温降温强度对土冻胀性的影响在自然冻结过程中表现又不明显，因此，工程上在考虑土的冻胀性分类时，忽略降温强度的影响，则冻胀的基本条件只有土与水的条件。土对冻胀性的影响包括土的岩性、颗粒组成、土的天然密度等，其中天然密度对冻胀性的影响问题，对于同类土，当含水量接近时，密度波动范围不大，所以在对土进行冻胀性工程分类时，忽略密度的影响，最后，只考虑土的岩性和水分条件。

多数季节冻土的冻胀主要发生在冻土层的上部三分之二深度范围内，这一深度称为主冻胀区，即冻胀性沿深度的分布是上大下小。对于冻胀性不是很强的土，主冻胀区以下的土冻结时冻胀通常不大，甚至有的基本不冻胀，对于冻胀性很强的土，主冻胀区以下的土仍可表现出较强烈的冻胀。另外，地表面土（一般厚度为 20cm ~50cm）由于风干作用，通常含水量较小，土体松散，冻胀性不强，有时还出现冻缩现象。因此对于某一等级的冻胀性土，不是说从上到下冻胀等级都相同，而是指整个冻深范围内的平均值，某一地基土的冻胀率也是指整个土层的平均冻胀率。

地下水位埋藏深度对冻胀性的影响根据土的颗粒组成不同而不同，细颗粒土由于毛细上升高度大，土颗粒的比表面能大，水分补给的距离就大，粗颗粒土则相反。

过去人们普遍认为，砂土的冻胀性不大，研究成果[9]表明，粗颗粒土的粉黏粒含量大于 12% 时，冻胀率可超过 3%。室内试验[9-10]表明，粗颗粒土黏粒含量每增加 1%，冻胀率增加 1.6%，粉粒含量小于 12% 时，每增加 1%，冻胀率约增加 0.18%，含量大于 12% 时，每单位粉黏粒含量影响冻胀率约 0.6%。说明当粗颗粒土粉黏粒含量较高时具有明显的冻胀性。另外在用粗颗粒土进行防冻胀换填时，由于冬季地下水位较高导致换填失败的工程实例也较多。因此，对于粗颗粒土，当粉、黏粒含量较大，或地下水位较高时，其冻胀性是不容忽视的。

2. 冻胀性分类

根据土层的平均冻胀率，土的冻胀性可分为五个等级，即不冻胀土、弱冻胀土、冻胀土、强冻胀土、特强冻胀土。每个等级的平均冻胀率见表 9.2.12。当场地最大冻结深度和最大冻胀量已经有观测资料时，可根据式（9.1.11）计算平均冻胀率，再根据表 9.2.12 确定土的冻胀性等级。

当无观测资料时，可根据土的岩性、冻前含水量、冻结期间地下水位，按《建筑地基基础设计规范》GB 50007 方法进行判别，见表 9.2.12。

利用表 9.2.12 可以根据工程地质资料评价场地土的冻胀性，但应注意以下两点：一是工程地质资料提供的地下水位必须是冻结期间或地面开始冻结时的秋季地下水位，我国北方地区多数春季是枯水期、秋季是丰水期，地下水位春季较低、秋季较高，如果用春季的勘察资料中的地下水位直接判断土的冻胀性可能出现较大的误差，因此，当只有枯水期的地下水位资料时，应了解当地下水位波动情况，推算出秋季的地下水位后，根据秋季的水位评价地基土的冻胀性；二是地质资料中必须有冻土层土的岩性和含水量指标，由于过去很少将基础埋置在冻土层中，因此很多勘察部门在勘探时习惯于冻土层中不取土样，设计者评价土的冻胀性时没有数据，只能根据地质报告中靠近冻土层的土样分析结果进行评价，这样导致误差较大，因此对于季节冻土地基的工程地质勘察，应在冻土层的主冻胀区（从地面向下约三分之二冻深）深度范围以内取样进行土工分析。

地基土的冻胀性分类表

表 9.2.12

土的名称	冻前天然含水量 w（%）	冻结期间地下水位距冻结面的最小距离 h_w（m）	平均冻胀率 η（%）	冻胀等级	冻胀类别
碎（卵）石，砾、粗、中砂（粒径小于 0.074mm、颗粒含量不大于 15%），细砂（粒径小于 0.074mm、颗粒含量不大于 10%）	不考虑	不考虑	$\eta \leqslant 1$	I	不冻胀
碎（卵）石，砾、粗、中砂（粒径小于 0.074mm、颗粒含量大于 15% mm），细砂（粒径小于 0.074mm、颗粒含量大于 10%）	$w \leqslant 12$	>1.0	$\eta \leqslant 1$	I	不冻胀
		≤1.0	$1 < \eta \leqslant 3.5$	II	弱冻胀
	$12 < w \leqslant 18$	>1.0			
		≤1.0	$3.5 < \eta \leqslant 6$	III	冻胀
	$w > 18$	>0.5			
		≤0.5	$6 < \eta \leqslant 12$	IV	强冻胀
粉砂	$w \leqslant 14$	>1.0	$\eta \leqslant 1$	I	不冻胀
		≤1.0	$1 < \eta \leqslant 3.5$	II	弱冻胀
	$14 < w \leqslant 19$	>1.0			
		≤1.0	$3.5 < \eta \leqslant 6$	III	冻胀
	$19 < w \leqslant 23$	>1.0			
		≤1.0	$6 < \eta \leqslant 12$	IV	强冻胀
	$w > 23$	不考虑	$\eta > 12$	V	特强冻胀
粉土	$w \leqslant 19$	>1.5	$\eta \leqslant 1$	I	不冻胀
		≤1.5	$1 < \eta \leqslant 3.5$	II	弱冻胀
	$19 < w \leqslant 22$	>1.5			
		≤1.5	$3.5 < \eta \leqslant 6$	III	冻胀
	$22 < w \leqslant 26$	>1.5			
		≤1.5	$6 < \eta \leqslant 12$	IV	强冻胀
	$26 < w \leqslant 30$	>1.5			
		≤1.5	$\eta > 12$	V	特强冻胀
	$w > 30$	不考虑			

土的名称	冻前天然含水量 w（%）	冻结期间地下水位距冻结面的最小距离 h_w（m）	平均冻胀率 η（%）	冻胀等级	冻胀类别
黏性土	$w \leqslant w_p + 2$	>2.0	$\eta \leqslant 1$	I	不冻胀
		≤2.0	$1 < \eta \leqslant 3.5$	II	弱冻胀
	$w_p + 2 < w \leqslant w_p + 5$	>2.0			
		≤2.0	$3.5 < \eta \leqslant 6$	III	冻胀
	$w_p + 5 < w \leqslant w_p + 9$	>2.0			
		≤2.0	$6 < \eta \leqslant 12$	IV	强冻胀
	$w_p + 9 < w \leqslant w_p + 15$	>2.0			
		≤2.0	$\eta > 12$	V	特强冻胀
	$w > w_p + 15$	不考虑			

注：1. w_p—塑限含水量（%）；w—冻前天然含水量在冻层内的平均值；

　　2. 盐渍化冻土不在表列；

　　3. 塑性指数大于 22 时，冻胀性降低一级；

　　4. 粒径小于 0.005mm 的颗粒含量大于 60%时，为不冻胀土；

　　5. 碎石类土当充填物大于全部质量的 40%时，其冻胀性按充填物土的类别判定。

【例 9-2-2】已知：场地季节冻土地基标准冻深为 1.60m，地基土为粉质黏土，冻深范围内土的含水量为 28.2%，塑限含水量为 21.5%，冬季地下水位埋藏深度波动在 1.2m～2.5m 之间，判断地基土的冻胀性等级。

根据已知条件，天然含水量大于塑限含水量+5%，小于塑限含水量+9%，冻结期间地下水位距离冻结面的距离小于 2.0m，按表 9.2.12 进行判断，该地基土为强冻胀土，平均冻胀率在 6%～12%之间。

3. 土的冻胀性现场鉴别

根据现场钻孔或探坑勘察，观察冻土构造、冻土中冰层结构和含量、参考周围环境的冻土现象，可以粗略鉴别土的冻胀性等级，但该种方法必须是在有足够的地区经验和熟练的专业技术基础上进行。判断方法见表 9.2.13。

季节冻土冻胀性现场鉴别表　　　　　　　　　　　　　表 9.2.13

冻胀等级	冻土构造	冰层结构及含量	周围环境特征
不冻胀	整体构造，密实，融化后不粘手	肉眼通常不能发现，或可见少量粒状冰	无明显冻害现象
弱冻胀	整体构造，融化后略显粘手	含粒状冰，仔细观察可发现冰透镜体，其厚度一般不超过 0.2mm，数量较少	房屋周围散水坡、台阶有轻微裂缝
冻胀	仔细观察可见层状构造，融化后明显粘手	明显可见冰透镜体，其厚度一般不超过 1.0mm，分布稀疏	散水坡、台阶明显开裂，附近围墙、厕所等发生冻害

冻胀等级	冻土构造	冰层结构及含量	周围环境特征
强冻胀	层状构造，局部有网状构造，融化时有水渗出，融化后略显鳞片状结构	含有较多冰透镜体，单个冰晶体厚度可超过 1mm，分布较密集。土样中冰晶体总厚度可超过土样厚度的 5%	散水坡、台阶开裂、有翘曲现象并与主体脱离，附近围墙、厕所破坏严重，简易道路在春融期出现翻浆现象，简易房屋冬季有外门开启困难现象
特强冻胀	层状或网状构造，融化时有较多水渗出，在容器中融化时可能出现渗出的水将土浸没现象，融化后土体具有明显的鳞片状结构，极易破碎	含有大量冰透镜体，单个冰晶体厚度可达到 2mm～3mm，分布密集，土样中冰晶体总厚度可占土厚度的 10% 以上	散水坡、台阶破碎翘曲，能感觉到室内外高差冬季明显减小，附近简易道路春融期翻浆严重，甚至出现冒水冒泥现象，简易砖砌围墙不出 3～5 年即倒塌，附近简易建筑严重破坏

9.3 季节冻土对建筑基础的冻胀力作用

9.3.1 冻土切向冻胀力对基础的作用

1. 切向冻胀力作用原理

切向冻胀力是指地基土在冻结膨胀时其作用于基础上的方向平行于基础侧面的冻胀力（图 9.3.1）。

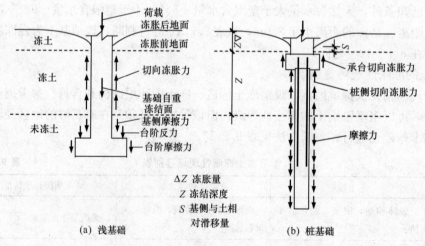

图 9.3.1 切向冻胀力对基础作用示意图

土体冻结时，基础侧面的土与基础冻结在一起，当冻结面下面的土体继续冻结并产生膨胀的趋势时，基础在建筑荷载、基础自重、冻结面下部土对基础的锚固力（摩擦力）等作用下对基础周围土体的膨胀起到约束作用，此时切向冻胀力出现。这一约束作用是通过基础侧面与土的冻结力发生作用的。当切向冻胀力足够大且达到冻结力极限值时，土与基础界面开始出现剪切滑移，土与基础之间力的作用因出现位移而松弛，切向冻胀力变小，然后，相对滑动停止，土与基础又重新冻结在一起，切向冻胀力又继续增长，直至重新出现滑动。由于土与基础的冻结力与冻结面积有关，因此，切向冻胀力随冻深的增加而增加，但不大于冻结力。

切向冻胀力与土的冻胀性、基础侧表面粗糙度有关，还与已经冻结土的厚度有关，冻土层越厚，冻土层的刚度（抗弯）越大，冻胀应力的分布面积越广，切向冻胀力也就越大。

当约束力与切向冻胀力达到平衡后，切向冻胀力不再增大，基础开始随地面的冻胀向上移动，这种位移的出现，对于桩基础，可能将桩拔断，或将桩拔起使桩底悬空，对于浅基础，可能在基础放大角附近将基础拉断。当这种冻胀不均匀时，可能造成建筑冻害的发生。

2. 切向冻胀力设计值

《冻土地区建筑地基基础设计规范》JGJ 118—98（新规范 JGJ 118—2011 给出的值没有变化）给出了桩（墩）基础和条形基础切向冻胀力的设计值（见表 9.3.1），同时规定了基础在切向冻胀力作用下稳定性验算方法。《建筑桩基础设计规范》JGJ 94—2008 也给出了桩基础单位切向冻胀力设计值（表 9.3.2），并考虑了冻深对切向力的影响系数（表 9.3.3）。

冻土规范切向冻胀力设计值 τ_d（kPa）　　　表 9.3.1

冻胀类别 基础类别	弱冻胀土	冻胀土	强冻胀土	特强冻胀土
桩、墩基础	$30 < \tau_d \leq 60$	$60 < \tau_d \leq 80$	$80 < \tau_d \leq 120$	$120 < \tau_d \leq 150$
条形基础	$15 < \tau_d \leq 30$	$30 < \tau_d \leq 40$	$40 < \tau_d \leq 60$	$60 < \tau_d \leq 70$

注：表列数值以正常施工的混凝土预制桩为准，其表面粗糙程度系数 ψ_s 取 1.0，当基础表面粗糙时，其表面粗糙程度系数 ψ_s 取 1.1～1.3。

桩基规范切向冻胀力设计值（kPa）　　　表 9.3.2

冻胀性分类 土类	弱冻胀土	冻胀土	强冻胀土	特强冻胀土
黏性土、粉土	30～60	60～80	80～120	120～150
砂土、砾（碎）石 （黏、粉粒含量>15%）	<10	20～30	40～80	90～200

注：1. 表中数值当冻深大于 2m 时，乘以冻深影响系数 η_f；
　　2. 表面粗糙的灌注桩，表中数值应乘以 1.1～1.3 的系数；
　　3. 本表不适用与含盐量大于 0.5% 的冻土。

冻深对切向冻胀力的影响系数 η_f　　　表 9.3.3

标准冻深（m）	$Z_0 \leq 2.0$	$2.0 < Z_0 \leq 3.0$	$Z_0 > 3.0$
η_f	1.0	0.9	0.8

【例 9-3-1】已知：毛石条形基础埋深 2.8m，场地设计冻深为 2.5m，季节冻土地基土的冻胀性判断为冻胀土，求基础所受到的切向冻胀力值。

按《冻土地区建筑地基基础设计规范》计算，查表 9.3.1，取单位切向冻胀力 35kPa，毛石条形基础表面粗糙度系数 φ_τ 取 1.3，则单位切向冻胀力设计值

$$\tau_d = 35 \times 1.3 = 45.5\text{kPa}$$

每米长基础侧面与土的冻结面积 S 为 $2.5 \times 2 = 5.0\text{m}^2$，切向冻胀力设计值为

$$\tau = \tau_d \times S = 45.5 \times 5 = 227.5\text{kN/m}$$

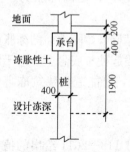

例图 9.3.2　桩基尺寸简图

【例 9-3-2】已知（见例图 9.3.2）：振动沉管灌注桩桩径 $\phi = 0.4\text{m}$，桩距 1.2m，现浇混凝土承台埋深 0.6m，承台宽×高 $= 0.5 \times 0.4\text{m}$，场地地基土为黏性土，设计冻深 2.5m，土的冻胀性分类为冻胀土，试计算每根桩及其承台所受到的切向冻胀力设计值。

1）求桩基础单位面积切向冻胀力设计值。根据已知条件查表 9.3.2 和表 9.3.3，桩所受到的单位切向冻胀力为 70kPa，冻深对切向冻胀力的影响系数 η_f 取 0.95，振动沉管灌注桩表面粗糙程度系数 φ_τ 取 1.3，则单位面积切向冻胀力设计值为

$$\tau_{d_1} = 70 \times 0.95 \times 1.3 = 86.45\text{kPa}$$

2）求承台单位面积切向冻胀力设计值。按条形基础查表 9.3.1，取单位切向冻胀力 35kPa，现浇混凝土表面粗糙程度系数 φ_τ 取 1.1，则单位面积切向冻胀力设计值为

$$\tau_{d_2} = 35 \times 1.1 = 38.50\text{kPa}$$

3）求切向冻胀力作用面积

a. 桩受力面积 $S_1 = 0.4 \times 3.14 \times (2.5 - 0.6) = 2.39\text{m}^2$

b. 每根桩的承台受力面积 $S_2 \times = 0.4 \times 1.2 \times 2 = 0.96\text{m}^2$

4）求每根桩及其承台受到的切向冻胀力设计值

$$\begin{aligned}\tau &= \tau_{d_1} \times S_1 + \tau_{d_2} \times S_2 \\ &= 86.45 \times 2.39 + 38.50 \times 0.96 \\ &= 243.6\text{kN/根}\end{aligned}$$

9.3.2　冻土法向冻胀力对基础的作用

1. 法向冻胀力的影响因素

法向冻胀力作用在基础底面，是指基础底面土冻胀，基础在荷载作用下对冻胀产生约束作用时，基础底面受到的向上的力。法向冻胀力的大小与基底土的冻胀性有直接关系，因此对冻胀性有影响的因素对法向冻胀力都有直接影响。除土的冻胀性因素外，法向冻胀力还与基础尺寸和形状、基础埋置深度、基础的垂直位移量有密切关系。当其他条件都相同而只有基础尺寸不同时，基础受到的法向冻胀力的大小有较大的差别，这也是法向冻胀力的主要特点之一。大量试验研究[11]表明，试验基础的底面积与法向冻胀力之间呈双曲线关系。对于同一场地，基础埋置深度越大，基底冻土层的厚度就越小，法向冻胀力的应力范围就越小，基底的法向冻胀力就越小。当试验约束装置在法向冻胀力作用下发生位移时，冻胀应力出现松弛，所测得的冻胀力就小。

2. 法向冻胀力计算方法

我国冰川冻土研究所的研究结果表明，在综合考虑上述因素基础上，制定特定的标准

试验条件，先确定标准条件下的法向冻胀力值，再对各影响因素进行连续修正，得到的冻胀力值与大量的实测值比较接近[12]。苏联、加拿大、日本等冻土专家都对法向冻胀力进行了系统研究，提出了不同的计算方法，由于基本假定不同，试验条件不同，所得到的结果相差较大，到目前为止，直接应用在工程上还有一定的差距。

黑龙江省寒地建筑科学研究院通过大量的原型试验，总结出一种新的计算方法。该方法把冻土和冻土下的未冻土组成的地基视为双层地基，用弹性层状半空间无限体力学理论计算冻结面的冻胀应力，再根据基础形状和基础底面尺寸确定应力系数，则基础底面受到的单位面积法向冻胀力可按下式计算：

$$\sigma = \frac{\sigma_{fh}}{\alpha_d} \tag{9.3.1}$$

式中　σ——基础底面受到的法向冻胀力（kPa）；

　　　σ_{fh}——冻结面上的法向冻胀应力（kPa），根据土的冻胀性、冻结深度按图 9.3.2 查取；

　　　α_d——应力系数，根据基础形状和基底尺寸按图 9.3.3～图 9.3.4 查取。

【例 9-3-3】已知：场地设计冻深为 1.60m，土的平均冻胀率为 9%，条形基础埋深为 0.8m，基础底面宽度为 1.5m。分别求冻深达到 1.2m 时和最大冻深出现时基础底面受到的法向冻胀力设计值。

1　冻深达到 1.2m 时的法向冻胀力

1）查图 9.3.2 得土的冻胀应力 $\sigma_{fh}=42$kPa，查图 9.3.3 得应力系数 $\alpha_d=0.815$，按式 9.3.1 计算基础底面单位面积法向冻胀力为

$$\sigma_d = \frac{42}{0.815} = 51.5 \text{kPa}$$

2）求每米长条形基础底面受到的法向冻胀力设计值

$$\sigma = 51.5 \times 1.5 = 77.25 \text{kN/m}$$

2　最大冻深出现时的法向冻胀力

1）查图 9.3.2 得土的冻胀应力 $\sigma_{fh}=28$kPa，查图 9.3.3 得应力系数 $\alpha_d=0.47$，按式（9.3.1）计算基础底面单位面积法向冻胀力为

$$\sigma_d = \frac{28}{0.47} = 60.0 \text{kPa}$$

2）求每米长条形基础底面受到的法向冻胀力设计值

$$\sigma = 60 \times 1.5 = 90.0 \text{kN/m}$$

【例 9-3-4】已知：场地设计冻深为 2.8m，土的平均冻胀率为 8%，方形基础埋深为 1.6m，基础宽度为 2.2m，求冻深 2.1m 时和最大冻深出现时基础底面受到的法向冻胀力设计值。

1　冻深为 2.1m 时

1）求图 9.3.2 中 Z^t 值。冻胀率 8% 为强冻胀土，对应图中设计冻深为 1.6m，则

$$Z^t = \frac{1.6}{2.8} \times 2.1 = 1.2 \text{m}$$

2）单位面积法向冻胀力值。查图 9.3.2 得 $\sigma_{fh}=38$kPa，查图 9.3.4 得 $\alpha_d=0.72$，则冻深为 2.1m 时基础底面受到的单位面积法向冻胀力为

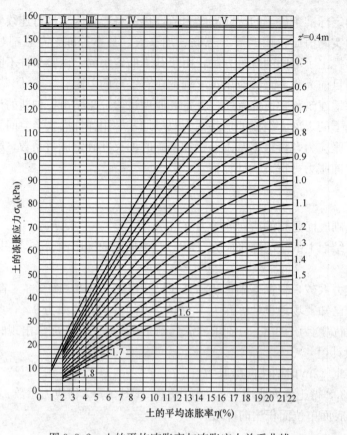

图 9.3.2　土的平均冻胀率与冻胀应力关系曲线

注：1. 平均冻胀率 η 为最大地面冻胀量与设计冻深之比；

2. Z^t 为获此曲线的试验场地从自然地面算起至任意计算断面处的冻结深度，当计算出现最大冻深时的冻胀力时，$Z^t = Z_d$；

3. 该曲线是适用于 $Z_0 = 1890\text{mm}$，设计冻深 Z_d 为 1800mm 的弱冻胀土，冻深 Z_d 为 1700mm 的冻胀土，冻深 Z_d 为 1600mm 的强冻胀土，冻深 Z_d 为 1500mm 的特强冻胀土，在用到其他冻深的地方时，应将所要计算某断面的深度 Z_c 乘以获得该曲线试验场地设计冻深与所要计算的场地的设计冻深的比值，然后按图查取。

$$\sigma_d = \frac{38}{0.72} = 52.8\text{kPa}$$

3）求基底受到的法向冻胀力设计值。基底面积为 $2.2 \times 2.2 = 4.84\text{m}^2$，则每个基础受到的法向冻胀力设计值为

$$\sigma = 52.8 \times 4.84 = 255.6\text{kN}$$

2　最大冻深出现时

1）$Z^t = \dfrac{1.6}{2.8} \times 2.8 = 1.6\text{m}$

2）单位面积法向冻胀力值，查图 9.3.2 得 $\sigma_{fh} = 23.5\text{kPa}$，查图 9.3.4 得 $\alpha_d = 0.245$，则最大冻深出现时基础底面受到的单位面积法向冻胀力为

$$\sigma_d = \frac{23.5}{0.245} = 95.9\text{kPa}$$

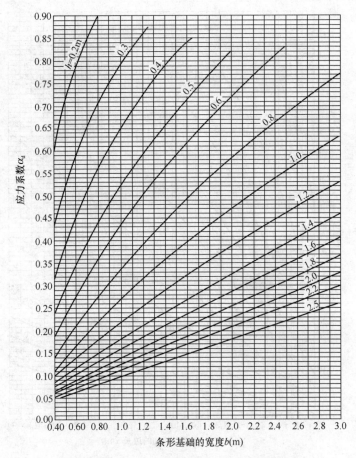

图 9.3.3　条形基础双层地基应力系数曲线

h——自基础底面到冻结界面的冻层厚度（cm）

3）每个基础受到的法向冻胀力设计值为

$$\sigma = 95.9 \times 4.84 = 464.2\text{kN}$$

9.3.3　冻土水平冻胀力对结构的作用

对于挡土结构和基坑支护结构，土体冻结时冻结面从两个方向向土体内部推进，当结构后面的土体为冻胀性土，冻结时产生膨胀也是向两个方向的，挡土或支护结构对土体的侧向膨胀产生约束，结构就会受到冻胀力的作用。由于冻胀力的作用方向总是与冻结面垂直，所以挡土结构受到的冻胀力为水平方向的（见图 9.3.4），称其为水平冻胀力。

水平冻胀力与土的冻胀性、冻结深度、地下水位、挡土结构排水条件和结构刚度等有关，当土的冻胀性较强时，水平冻胀力可以将挡土墙推断，将基坑维护桩推断，将锚杆拔出。如果挡土结构刚度较小，结构可能出现较大的侧向变形。根据水利部门的研究结果[14]，由于水平冻胀力比土的侧压力大许多，所以计算挡土结构受到的水平冻胀力时可以不考虑土压力。

《冻土地区建筑地基基础设计规范》中规定，冻土地区挡土墙的设计应考虑作用于墙背的水平冻胀力，在冬季和夏季应分别进行计算，荷载组合时水平冻胀力和土压力不应同

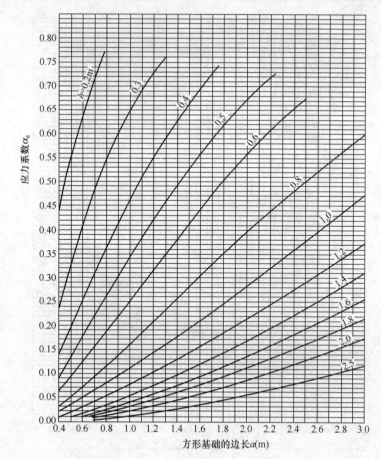

图 9.3.4　方形基础双层地基应力系数曲线

h——自基础底面到冻结界面的冻层厚度（cm）

时考虑，并给出了水平冻胀力的设计值（表 9.3.5）。

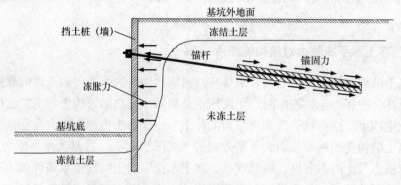

图 9.3.5　基坑水平冻胀力示意图

　　水平冻胀力沿高度的分布应按图 9.3.6 确定。对于粗颗粒土，不论墙高为何值，均可假定水平冻胀力为三角形分布（图 9.3.6a）；对于黏性土和粉土，当墙高小于等于 3 倍冻深时，按图 9.3.6b 计算；当墙高大于 3 倍冻深时，按图 9.3.6c 计算。土中最大水平冻胀力设计值可按表 9.3.4 取值。

土的水平冻胀力设计值 H_0（kPa） 　　　　　表9.3.4

土冻胀等级	不冻胀	弱冻胀	冻胀	强冻胀	特强冻胀
冻胀率 η（%）	$\eta \leqslant 1$	$1 < \eta \leqslant 3.5$	$3.5 < \eta \leqslant 6$	$6 < \eta \leqslant 12$	$\eta > 12$
水平冻胀力	$H_0 < 15$	$15 \leqslant H_0 < 70$	$70 \leqslant H_0 < 120$	$120 \leqslant H_0 < 200$	$H_0 \geqslant 200$

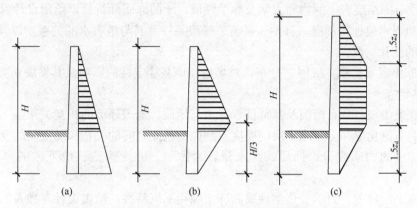

图9.3.6　挡土墙水平冻胀力分布图

【例9-3-5】 已知一挡土墙，墙高6.5m，墙前后地面高差为4.25m，墙后土为粉质黏土，土的冻胀性分类为冻胀土，冻胀率为4.5%，场地设计冻深为1.5m，求土作用在墙背的水平冻胀力。

1）求水平冻胀力作用图形

上部三角形高度为 $1.5z_d = 1.5 \times 1.5 = 2.25$m，下部三角形高度同样为2.25m，水平冻胀力沿墙高度分布图形见图9-3-5。

2）计算水平冻胀力

查表9-3-4，冻胀率为4.5%时水平冻胀力设计值为 $H_0 = 90$kPa，作用在每米长墙背上的水平冻胀力为

$H_1 = 90 \times 2.25/2 = 101.25$kN

$H_2 = 90 \times 2.00 = 180$kN

$H_3 = 90 \times (2.25/2 - 2/2) = 11.25$kN

水平冻胀力合力 H 为

$H = 101.25 + 180 + 11.25 = 292.5$kN

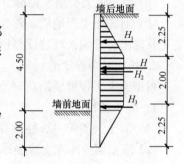

例图9.3.5　水平冻胀力计算简图

9.4　冻土工程地质勘察与冻土试验

9.4.1　冻土工程地质勘察基本要求

1. 主要工作内容

冻土工程地质勘察应包括工程地质调查与测绘、勘探、冻土取样、室内试验、原位测

试、定位观测、冻土工程地质条件评价及其预报，并重点查明下列情况。

1）季节冻土

（1）季节冻结层的厚度、特征及其与地质地理环境的相互关系。

（2）冻土层含冰特征及其剖面上的分布和随空间的变化。

（3）季节冻结层的物质成分与含水特征。

（4）季节冻结层岩土的物理力学及热学性质、土的冻胀性特征，给出设计参数。

（5）地下水位埋藏深度、补给、径流、排泄条件及其与地表水的关系，以及冻结前和冻结期间的变化情况。

（6）冻土现象类型、成因、分布、对场地和地基稳定性的影响及其发展趋势。

2）多年冻土

（1）冻土类型、分布范围及其特征、冻土与地质、地理环境的相互关系。

（2）季节融化层和多年冻土层的厚度、剖面上彼此之间的关系和随空间的变化。

（3）冻土的物质成分、性质、含水量、含冰量、冻土构造、地下冰的厚度和分布特征。

（4）冻土层物理、力学、热学性质和冻土融化下沉特性，给出设计参数及其随温度变化规律。

（5）冻土层年平均地温、地温年变化深度。

（6）融区的形成原因、分布特征及其与冻土条件和自然因素、人为活动的关系。

（7）地表水和地下水的储运条件及其与多年冻土的相互关系。

（8）冻土现象类型、特征、发育规律及其对工程建设的影响。

（9）对冻土工程地质条件作出评价，预报工程建设运营期间冻土、工程、地质条件的变化并提出合理的治理建议与措施。

2. 场地复杂程度的划分

根据冻土工程地质勘察规范，场地复杂程度的划分依据下列条件分为三等。

1）简单场地

（1）岩土种类单一、性质变化不大、地下冰不发育、冻土对基础无影响。

（2）冻土属少冰冻土或多冰冻土，冻土温度低于$-2.0℃$，且变化不大。

（3）冻土现象不发育，无冻土生态环境问题。

2）一般场地

（1）岩土种类较多，性质变化较大，地下冰较发育，对工程有不利影响。

（2）冻土属富冰冻土，冻土温度在$-1.0℃\sim-2.0℃$之间，且变化较大。

（3）冻土现象一般发育，冻土生态环境遭到破坏。

3）复杂场地

（1）岩土种类多，性质变化大，厚层地下冰发育，对工程建设影响大，需要特殊处理。

（2）冻土属饱冰冻土，冻土温度高于$-1.0℃$且变化大。

（3）冻土现象强烈发育，冻土生态环境遭受严重破坏。

3. 勘察工作量的确定

冻土工程地质勘察工作量根据场地复杂程度和勘察阶段进行如下划分。

1) 初步勘察阶段

勘探点、线间距和勘探孔深度按表 9.4.1 确定，并应根据具体情况增减工作量。初步勘察的取土孔和原位测试孔应占勘探孔数的 1/4～1/2，并保证各土层均有取样和测试数据，在不同地貌单元应设置地温观测孔，观测孔深度应大于地温年变化深度。

初步勘察阶段勘察点、线间距和钻孔深度（m）　　　表 9.4.1

间距、深度 场地类别	勘察点、线间距		钻孔深度	
	线距	点距	一般性勘探孔	控制性勘探孔
复杂场地	50～75	20～40	>15	>30
一般场地	75～150	40～60	10～15	15～30
简单场地	150～200	60～100	8～10	10～15

2) 详细勘察阶段

详细勘察阶段勘探点、线间距见表 9.4.2，勘探孔深度见表 9.4.3。对于重大设备基础，勘探点不应少于 3 个点，烟囱、水塔等高耸建筑勘探点不少于 2 个点。在勘探点总数中，控制性勘探孔应占 1/3～1/2。对于复杂场地的大孔径桩墩基础，宜按每一个基础布置一个勘探点进行勘探。

详细勘察勘探点间距（m）　　　表 9.4.2

建筑安全等级 场地复杂程度	一级	二级	三级
复杂场地	10～15	15～20	20～30
一般场地	15～20	20～30	30～50
简单场地	20～35	30～45	40～60

详细勘察勘探孔深度（m）　　　表 9.4.3

条形基础		单独基础	
基础荷载（kN/m）	勘探孔深度	基础荷载（kN）	勘探孔深度
100	6～8	500	6～8
200	8～10	1000	7～10
500	10～15	5000	9～14
1000	15～20	10000	12～16
2000	20～24	20000	14～20
		50000	18～26

注：1. 勘探孔深度从基础底面算起；

2. 当压缩层范围内有地下水时勘探深度取大值，无地下水时取小值；

3. 表内数值应根据地基土类别进行调整，遇到基岩时可以减小，遇到地下冰或饱冰冻土时应增加。

9.4.2 季节冻土工程地质勘察

季节冻土地区工程地质勘察，对于勘察阶段的划分、勘察等级的划分、勘探点的布置和勘探深度、勘察基本要求等在满足《岩土工程勘察规范》要求的同时，还应满足《冻土工程地质勘察规范》的要求。

1. 季节冻土勘察基本要求

1) 现场勘察

现场勘察首先应收集场地季节冻土的有关资料，如地区标准冻结深度、冻结期间地下水位及其变化规律、区域土冻胀性、冻土现象等。同时应对勘察场地附近建筑的冻害情况进行调查，对场地土进行冻胀性判断时应综合考虑这些因素。

当外业勘察在冻结期间进行时，应对地表积雪和植被覆盖情况、冻土层厚度、不同深度处冻土的冰晶含量和冰晶体厚度、冻土构造、冻土坚硬程度等进行描述，并根据现场描述和收集的资料综合判断地基土的冻胀性。在最大冻深范围内应间隔0.5m进行取样，并通过土工试验确定冻土层的密度、总含水量、颗粒组成、有机质含量和土的物理性质等指标。对于冻结深度较大，土的冻胀性不强，建筑基础有可能落在冻土层中时，还应对冻土试样进行室内融沉性试验或现场融沉试验。采取试样时根据冻土的强度和土的类别确定取样方法。

当外业勘察在冻土融化期间进行时，应对融化深度、融土湿度、尚未融透的土层厚度、含冰情况和坚硬程度等进行描述，冻土和融土均应取样进行土工试验，确定土的含水量、密度、颗粒组成、有机质含量和其他物理性质等指标。

当外业勘察在冻土已经完全融化后进行时，在当地最大冻深范围内同样应取样进行土工试验，根据土的试验结果和冻结期间场地地下水位按土的冻胀性分类表进行冻胀性分类和评价。

冻土层勘察应该注意两个问题，一是冻土试样的含水量不能作为冻胀性评价的依据，因为土体冻结时已经发生了水分迁移，冻土含水量大于冻前土的含水量，如果根据冻土的含水量按冻胀性分类表进行冻胀性评价，将导致冻胀性分类过高，此时，只能根据冻土构造、冰晶体厚度和分布情况、冻土融化现象和融沉情况，结合现场调查结果和收集的资料进行综合判断；二是冻土层厚度不能直接描述为冻结深度，因为勘察所揭示的冻土层厚度包含了土的冻胀量部分，实际冻结深度小于冻土层厚度，可根据冻胀性判断结果和冻土层厚度估算冻胀量，并用冻土层厚度减掉冻胀量作为冻结深度值。

2) 室内试验

现场采取冻土试样时，应采取有效措施严格防止试样在取样、保存和运输期间融化，并应对冻土试样做出明显的标注，提示试验室对冻土试样进行特殊保管。当仅做土的物理性质试验时，可在现场完成土含水量试验的湿土称重工作。

冻土的密度试验，对于高温冻土（塑性冻土），可采用环刀法进行试验，对于低温冻土（坚硬冻土），可采用液体称量法或排液法进行试验，其中液体称量法宜在试验室内进行，排液法可在现场进行。

2. 季节冻土的评价

季节冻土地区的工程地质勘察报告除普通勘察应有的内容外，还应包括下列内容：

（1）根据标准冻结深度图给出地区标准冻结深度，根据场地条件和环境条件确定场地设计冻深值。

（2）根据现场勘察结果和试验结果，参考土的冻胀性分类表给出地基土的冻胀性等级判断结果。

（3）冻土可能对建筑造成的不良影响分析和预防措施建议。

（4）对于基础埋置在冻土层范围内的建筑，应提供冻土的融沉性等级判断结果和冻土地基融化后的承载力、变形设计参数。

（5）对于基础埋置深度超过冻结深度的建筑，应根据基础形式提供切向冻胀力设计值，同时提出防止切向冻胀力破坏的措施。

（6）对于当年不能完工的工程，提出基础过冬防护措施建议。

9.4.3　多年冻土工程地质勘察

1. 现场勘察

多年冻土工程地质勘察应执行《冻土工程地质勘察规范》，现场勘察前应先收集气象资料，主要包括当地年平均气温、年平均地温、冻结指数、融化指数、冬季平均风速，调查当地的冻土现象。

外业勘察钻进时，如果遇到高含冰量冻结黏性土层，应采取快速干钻方法钻进，回次进尺不宜大于 0.8m。遇到松散的第四系地层时，宜采用低速干钻法，回次钻探深度不宜过长，一般以 0.2m～0.5m 为宜。对于冻结的碎石土和基岩，钻探时可采用低温冲洗液钻进。最佳勘察时间，当需要查明与冻土融化有关的不良地质现象时，勘察时间宜选在 2 月份至 5 月份，确定多年冻土上限深度的勘察时间宜选在 9 月份至 10 月份。

外业勘察时冻土现场描述定名可按《冻土工程地质勘察规范》中描述定名表（见表 9.4.4）进行。冻土构造野外鉴别可参考表 9.4.5 进行。

冻土的描述与定名　　　　　　　　　　表 9.4.4

土类	含冰特征		冻土定名
未冻土	处于非冻结状态	按《土的分类标准》GBJ 145—90 定名	
冻土	肉眼看不见分凝冰的冻土	胶结性差、宜碎的冻土	少冰冻土
		无过剩冰的冻土	
		胶结性良好的冻土	
		有过剩冰的冻土	
	肉眼可见分凝冰、但冰层厚度小于 2.5cm 的冻土	有单个冰晶体或冰包裹体的冻土	
		在颗粒周围有冰膜的冻土	多冰冻土
		有不规则走向冰条带的冻土	富冰冻土
		有层状或明显定向冰条带的冻土	饱冰冻土
厚层冰	冰层厚度大于 2.5cm 的含土冰层或纯冰层	含土冰层	含土冰层
		纯冰层	冰

冻土构造野外鉴别表   表 9.4.5

构造类别	冰的产状	土的岩性与地貌条件	冻结特征	融化特征
整体构造	晶体状	1. 岩性多为细颗粒土，但砂砾石土冻结亦可产生此种构造； 2. 一般分布在长草或幼树的阶地和缓坡地带及其他地带； 3. 土的湿度：稍湿 $w < w_p$	1. 粗颗粒土冻结，结构较紧密，孔隙中有冰晶，可用放大镜观察到； 2. 细颗粒土冻结呈整体状； 3. 冻结强度中等，可用锤子击碎	1. 融化后原土结构不产生变化； 2. 无渗水现象； 3. 融化后不产生融沉现象
层状构造	微层状，冰厚一般可达 1mm～5mm	1. 岩性以粉砂土或黏性土为主； 2. 多分布在冲—洪积扇及阶地地带，地被物较茂密； 3. 土的湿度：潮湿，$w_p \leqslant w < w_p + 7\%$	1. 粗颗粒土冻结，孔隙被较多冰晶充填，偶尔可见薄冰层； 2. 细颗粒土冻结，呈微层状结构，可见薄冰层及薄透镜体； 3. 冻结强度高，不易击碎	1. 融化后原土体积缩小，现象不明显； 2. 有少量水渗出； 3. 融化后产生弱融沉现象
	层状，冰厚一般可达 5mm～10mm	1. 岩性以粉砂土为主； 2. 一般分布在阶地或塔头沼泽地带，有水源补给条件； 3. 土的湿度：很湿，$w_p + 7\% \leqslant w < w_p + 15\%$	1. 粗颗粒土如砾石被冰分离，可见较多冰透镜体； 2. 细颗粒土冻结可见到层状冰； 3. 冻结强度高，极难击碎	1. 融化后土体积缩小； 2. 有较多水分渗出； 3. 融化后产生融沉现象
网状构造	网状，冰层厚度可达 10mm～25mm	1. 岩性以粉砂土为主； 2. 一般分布在阶地或塔头沼泽地带，有水源补给条件； 3. 土的湿度：很湿，$w_p + 15\% \leqslant w < w_p + 35\%$	1. 粗颗粒土冻结，有大量冰层或冰透镜体存在； 2. 细颗粒土冻结，冻土互层； 3. 冻结强度偏低，易击碎	1. 融化后土体积明显缩小，水土界限分明，并可呈流动状态； 2. 融化后产生融沉
	厚层网状，冰层厚度一般可达 25mm 以上	1. 岩性一般以细颗粒土为主； 2. 分布在低洼积水地带，植被以塔头、苔藓、灌丛为主； 3. 土的湿度：超饱和，$w > w_p + 35\%$	1. 以中厚层状结构为主； 2. 冰体积大于土体积； 3. 冻结强度很低，极易击碎	1. 融化后水土分离现象极其明显，并呈流动体； 2. 融化后产生融沉现象

2. 钻探深度要求

钻孔深度除满足表 9.4.3 要求外，尚应满足以下要求：

（1）多年冻土勘探孔深度应大于多年冻土上限深度的 1.5 倍，控制性勘探孔深度应超过融化盘底面 3m～5m。

（2）对于多年冻土不稳定地带，应将多年冻土层钻透，确定冻土的下限深度。

（3）钻探时，如果发现饱冰冻土或含土冰层，应将其钻透。

（4）当地基设计方法采取保持多年冻土冻结状态法时，勘探孔深度不小于基底下 2 倍基础宽度的深度。采用桩基础时，勘探孔深度应超过桩尖以下 3m～5m。

（5）当地基设计方法采取逐渐融化或预先融化状态法时，勘探孔深度可按普通地基勘察深度要求确定。

（6）对于热影响较大的建筑（如热电站、锅炉房等）和高耸建筑（如烟囱、水塔等），应适当加大勘察深度。

（7）当需要测量冻土温度时，测温孔数量不少于 2 个，测温孔深度应大于地温年变化深度。

3. 桩基础勘察

1）主要勘察内容

（1）查明桩侧及桩端以下冻土分布范围、冻土类别、埋藏条件、物理力学性质、热学性质。

（2）掌握冻土地温年变化规律、季节融化层厚度、变化规律及冻胀性。

（3）查明地下冰的分布范围和厚度变化规律，确定地下冰对桩基稳定性的影响。

（4）查明地下水类型、埋藏条件、水位变化幅度、渗透性能，判断地下水对桩身材料的侵蚀性和对工程建设的影响。

（5）查明基岩的顶板埋深、风化程度、强风化带的冻土发育情况、基岩构造、断裂、裂隙发育程度、破碎带宽度和充填物等。

2）勘察基本要求

（1）勘探点布置应能够查明建筑范围内冻土分布规律，对于群桩基础，应布置在建筑的角点、周边和中心位置，对于排桩基础，勘探点应沿桩列线布置。

（2）勘探点间距应根据冻土的复杂程度确定，一般采用 12m～30m，且不宜大于 30m。

（3）控制性勘探孔数量应占总孔数的 1/3～1/2。

（4）勘探点深度除满足设计要求外，尚应考虑不同建筑特点和桩尖平面下冻土的变化情况，控制性勘探孔应超过桩尖 3m～4m，一般性勘探孔应超过桩尖 1m～2m。

（5）对于基岩持力层，控制性勘探孔的深度应进入微风化层 3m～5m，一般性勘探孔应进入持力层 1m～2m。对于塑性冻土，控制性勘探孔深度应超过融化盘底面 3m～5m，一般性勘探孔可相当于融化盘深度。

（6）多年冻土桩基勘察应根据所选桩型提供设计参数，包括冻土的桩尖阻力设计值、桩周土与桩侧冻结力设计值、冻土层温度分布规律、季节融化层厚度及其冻胀性分类、确定不良冻土现象和地下冰对桩基的影响等。

4. 冻土测试主要内容

冻土试验室测试主要包括以下内容。

（1）土的物理参数，包括土的总含水量、体积含冰量、未冻水含量、天然密度、盐渍化程度、泥炭化程度和普通勘察需要掌握的其他土的基本性质指标。

（2）冻土热物理参数，主要有冻土导热系数、导温系数、容积热容量。

（3）冻土力学参数，包括冻土抗压强度、抗剪强度、冻结强度、冻土桩基阻力、冻土承载力、季节融化层的冻胀力等指标。

（4）冻土变形参数，包括体积压缩系数、融化下沉系数、季节融化层的冻胀率和融土的压缩性指标等。

冻土现场测试主要有冻土承载力测试、融土冻胀力测试、现场融化下沉系数测试、桩基础承载力测试、桩与土冻结强度测试和地温沿深度分布测试等内容。

5. 多年冻土地基承载力确定原则

对于安全等级为一级的建筑，应采用荷载试验和其他原位测试方法综合确定。对于安全等级为二级的建筑，可采用荷载试验或其他原位试验方法，结合地区经验综合确定。当无试验条件时，对于保持冻结状态法的地基，可根据土的物理力学性质和温度状态，按冻土承载力设计值表确定。对于容许融化的地基，应根据融土的基本物理力学指标试验结果确定。

9.4.4 冻土现场试验

1. 冻土载荷试验

（1）冻土地基的静载荷试验应选择在冻土层温度最高的月份进行，当在地温非最高月份进行时，应对试验结果进行温度修正。

（2）试验装置可采用锚桩反力梁法，装置简图见图 9.4.1。载荷板可用混凝土板或钢板制作。在季节融化层冻结期间试验时，传力杆侧面应进行防冻胀处理。

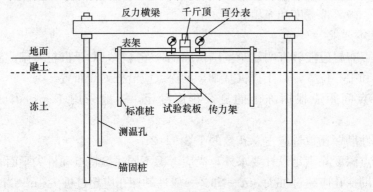

图 9.4.1　冻土载荷试验装置简图

（3）试验土层应保持原状结构和天然湿度，承压板底部应铺厚度为 20mm 的中、粗砂找平层，在整个试验期间应保持冻土层温度场的稳定。

（4）承压板面积不应小于 $0.25m^2$。

（5）加荷级数不应少于 8 级，第一级荷载宜为预估极限荷载的 $15\%\sim30\%$，以后每级荷载宜为预估极限荷载的 $10\%\sim15\%$。

（6）每级加荷后均应测读承压板沉降，以后每间隔 1h 测读一次，当累计 24h 的沉降量：砂土不大于 0.5mm 或黏性土不大于 1.0mm 时，认为本级荷载达到稳定标准，可以施加下一级荷载。

（7）对承压板下深度为 1.5 倍承压板宽度范围内的冻土进行温度测量，试验加荷之前测量一次，以后每 24h 测量一次。

（8）当某级荷载施加后 10d 达不到稳定标准，或沉降量大于 0.06 倍承压板宽度时，可终止试验。

（9）冻土地基承载力基本值按如下方法确定。

① 当试验 p—s 曲线上有明显的比例界限时，取该比例界限所对应的荷载值；

② 当极限荷载能确定，且该荷载值小于比例界限荷载值的 1.5 倍时，取极限荷载值的一半；

③ 在某级荷载下 10d 达不到稳定标准时，取其前一级荷载的一半；

④ 上述取值方法可同时取得两个或两个以上数值时，取低值。

(10) 当同一土层试验点不少于 3 点，基本值极差不超过平均值的 30% 时，可取平均值作为冻土地基的承载力设计值。

2. 多年冻土桩基础承载力试验

(1) 多年冻土中桩基承载力试验，试桩施工后应待冻土地温恢复正常以后开始试验。试桩时间宜选择在夏季或地温较高的季节进行。

(2) 单桩静载荷试验视试验条件和试验要求，可选择慢速维持荷载法或快速维持荷载法进行试验。

(3) 采用慢速维持荷载法时，试验应符合下列要求：

① 加荷级数不应少于 6 级，第一级荷载应为预估极限荷载的 0.25 倍，以后每级荷载可为极限荷载的 0.15 倍，累计荷载不得小于设计荷载的两倍；

② 在某级荷载作用下，桩在 24h 内下沉量不大于 0.5mm 时，应视为沉降稳定，可以施加下一级荷载；

③ 在某级荷载作用下，连续 10d 达不到稳定标准，应视为地基已经破坏，可以终止试验；

④ 沉降观测时间为，加荷前测读一次，加荷后测读一次，以后每 2h 测读一次，当桩下沉加快时观测次数适当增加；

⑤ 冻土温度测量应在试验前测读一次，以后每 24h 测读一次，直至卸载结束；

⑥ 卸载时每级卸载量为每级加载量的两倍，每级卸载后应立即测读桩的回弹值，以后每 2h 测读一次，每级卸载观测时间为 12h。

(4) 采用快速维持荷载法时，试验应符合以下要求：

① 每级荷载的间隔时间应视桩周冻土类型和冻土条件确定，一般不得小于 24h，且每级荷载间隔时间应相等；

② 加荷的级数一般不应少于 6~7 级，荷载差值可采用预估极限荷载的 0.15 倍，当桩在某一级荷载作用下迅速下沉时，或桩的总沉降量超过 40mm 时，可以终止试验；

③ 桩的沉降观测和地温观测方法与慢速维持荷载法相同。

(5) 桩的极限承载力基本值可按如下方法确定：

① 慢速维持荷载法试验，取破坏荷载的前一级荷载值；

② 快速维持荷载法试验，找出每级荷载下桩的稳定沉降速度（稳定蠕变速度），以荷载为横坐标，稳定沉降速度为纵坐标，绘制桩的流变曲线，曲线的延长线与横坐标的交点应为桩极限承载力基本值。

(6) 单桩竖向承载力设计值确定，首先按参加统计的试桩数求基本值的平均值，当极差不超过平均值的 30% 时，取平均值的一半为承载力设计值。

3. 冻结力试验

桩与桩侧土的冻结力试验可采用压入法或拔出法，其试验装置和桩基载荷试验装置相似，所不同的是压入法试验时，桩尖应设气囊，消除桩的端阻力，拔出法可按拔桩试验进行。

9.5　季节冻土地区地基与基础设计

9.5.1　天然地基基础设计

1. 设计基本原则与设计方法

季节冻土地区的工程建设必须考虑地基土冻融作用对建筑稳定性的影响，应根据不同建筑的特点，选择不同的基础形式，采取不同的防冻害措施，保证所选设计方案安全、经济、合理、便于施工。

冻土地区基础设计必须掌握地区标准冻结深度、场地地基土的设计冻深、冻深范围内土的岩性、土的含水量、冻结期间地下水位埋藏深度、建筑荷载特点、建筑对地基的特殊要求等情况。根据上述情况，地基基础设计可选择如下方法。

1) 加大基础埋深法

将基础底面埋置在冻土层之下，保证整个冬季基底不出现冻土。该种方法完全消除了基底法向冻胀力对基础的作用，目前国外多数国家都采用该方法。对于空载越冬的基础、轻型构筑物基础、对变形有特殊要求的基础和重要建筑基础应优先考虑采用该方法。

要想保证基础埋深大于冻深，首先要确定建筑场地的冻结深度。过去对冻深的影响因素了解得不多，通常采用地区标准冻深作为基础埋深的唯一依据，标准冻深有多大，基础埋深就多大，目前我国许多地区依然沿用这种设计方法。应该说该方法偏于安全，但对于冻深较大的地区，基础工程浪费较大。

采用加大基础埋深方法时，应对建筑场地的冻深影响因素有全面的了解，根据标准冻深计算场地冻深值，保证基础埋置深度大于场地冻深就已经达到了彻底消除基底法向冻胀力的目的了。

2) 残留冻土层法

该种方法允许基底有一定厚度的冻土层，主要基于以下两点，一是土的冻胀性沿深度分布上大下小，对于弱冻胀土，冻土层底部有一层土冻而不胀，该层土可以留在基底；二是多数建筑都允许有一定的变形，轻微的冻胀变形不会导致建筑破坏。我国规范从20世纪70年代开始推荐该种方法。当基础可能出现空载越冬或建筑荷载很小时可以采用该方法。

按残留冻土层厚度确定基础最小埋深时，基础的最小埋深按下式确定：

$$d_{\min} = Z_d \psi_t - d_{fr} \tag{9.5.1}$$

式中　　$d_{\min}$——基础最小埋深（m）；

　　　　ψ_t——采暖对冻深的影响因素，按表9.5.1采用；

　　　　d_{fr}——残留冻土层厚度（m）。

对于弱胀土　　　　　$d_{fr} = 0.17 Z_d \psi_t + 0.26 \tag{9.5.2}$

冻胀土　　　　　　　$d_{fr} = 0.15 Z_d \psi_t \tag{9.5.3}$

强冻胀土 $\qquad d_{fr} = 0 \qquad$ (9.5.4)

采暖对冻深的影响系数 ψ_t 表 9.5.1

室内外地面高差（mm）	外墙中段	外墙角段
≤300	0.70	0.85
≥500	1.00	1.00

注：1. 外墙角段系指从外墙顶点算起，至两边各设计冻深 1.5 倍的范围，其余部分为外墙中段。

2. 采暖建筑的不采暖部分（门斗、过道和楼梯间等）基础的采暖影响系数与外墙相同。

3. 采暖对冻深的影响系数适用于室内地面直接建在土上、建筑，采暖期间室内平均气温不低于 10℃ 的，当小于 10℃ 时 ψ_t 采用 1.00。

4. 非采暖建筑的冻深影响系数 $\psi_t = 1.10$。

3）均匀冻胀法（又称加强结构刚度法）

将基础直接埋在冻土层中，地基土冻融过程中出现均匀的冻胀和融沉变形，房屋虽然出现冻胀变形，但由于变形均匀，保证房屋不出现破坏。

该种方法适用与建筑长度小、体形简单、地基土冻胀性比较均匀的单层建筑或简易的临时建筑，有些地区在二层建筑中采用该种方法，并采取了加强结构整体刚度、增设沉降缝的措施，取得了成功经验。使用该种方法时，必须保证土的冻胀性相对均匀，目前除临时性建筑和简易建筑外，不推荐采用该方法。

4）双层地基法

该种方法是现行规范推荐的设计方法。该方法将由冻土层和冻土下面的未冻土层组成的地基视为双层地基，根据双层地基应力理论用有限元法计算冻结面的冻胀应力，求取基础所受到的冻胀力与上部荷载达到平衡时基底冻土层的厚度，并将该冻土层厚度作为基底允许存在的最大冻土层厚度，由此求出基础的最小埋深。由于该种方法考虑了建筑荷载对冻胀的抑制作用，求出的基础最小埋置深度比残留冻土层法还小，使基础设计更合理，但使用该种方法必须准确掌握地基土的冻胀性、并对地基土受冻时基底压力有清楚的了解。计算方法在基础最小埋深中详述。

2. 基础最小埋深的确定

1）法向冻胀力作用下基础最小埋深

当基底允许有冻土层时，根据双层地基法，基础的最小埋深按下式确定：

$$d_{min} = Z_d - h_{man} \qquad (9.5.5)$$

式中 h_{man} ——基底允许最大冻土层厚度（m），当缺乏地区经验时，按表 9.5.2 ～ 表 9.5.5 采用。

弱冻胀土地基基底允许最大冻土层厚度 h_{man} （m） 表 9.5.2

基础形式	采暖情况＼基底平均压力（kPa）	110	130	150	170	190	210
方形基础	采暖	0.94	0.99	1.04	1.11	1.15	1.20
	不采暖	0.78	0.84	0.91	0.97	1.04	1.10
条形基础	采暖	＞2.50	＞2.50	＞2.50	＞2.50	＞2.50	＞2.50
	不采暖	2.20	2.50	＞2.50	＞2.50	＞2.50	＞2.50

冻胀土地基基底允许最大冻土层最大厚度 h_{man}（m）　　　　表 9.5.3

基础形式 \ 采暖情况 \ 基底平均压力(kPa)		110	130	150	170	190
方形基础	采暖	0.64	0.70	0.75	0.81	0.86
	不采暖	0.55	0.60	0.65	0.69	0.74
条形基础	采暖	1.55	1.79	2.03	2.26	2.50
	不采暖	1.15	1.35	1.55	1.75	1.95

强冻胀土地基基底允许最大冻土层厚度 h_{man}（m）　　　　表 9.5.4

基础形式 \ 采暖情况 \ 基底平均压力(kPa)		110	130	150	170
方形基础	采暖	0.42	0.47	0.51	0.56
	不采暖	0.36	0.40	0.43	0.47
条形基础	采暖	0.74	0.88	1.00	1.13
	不采暖	0.56	0.66	0.75	0.84

特强冻胀土地基基底最大允许冻土层厚度 h_{man}（m）　　　　表 9.5.5

基础形式 \ 采暖情况 \ 基底平均压力(kPa)		90	110	130	150
方形基础	采暖	0.30	0.34	0.38	0.41
	不采暖	0.24	0.27	0.31	0.34
条形基础	采暖	0.43	0.52	0.61	0.70
	不采暖	0.33	0.40	0.47	0.53

注：1. 如果基侧存在切向冻胀力，应采取防切向力措施。

　　2. 基础宽度小于 0.6m 时不适用，矩形基础取短边尺寸按方形基础计算。

　　3. 表中数据不适用于淤泥、淤泥质土和欠固结土。

　　4. 表中基底平均压力数值为永久荷载标准值乘以 0.9，可以内插。

2）切向冻胀力作用下基础的设计

（1）求作用在基础侧面的切向冻胀力值

$$\tau = \tau_d \cdot A_\tau \tag{9.5.6}$$

式中　τ——作用在基础侧面的切向冻胀力（kN）；

　　　τ_d——单位面积切向冻胀力设计值（kPa）；

　　　A_τ——基础侧面切向冻胀力作用面积（m²）。

（2）切向冻胀力作用下基础稳定性验算

$$\tau \leqslant F \tag{9.5.7}$$

式中　F——作用在基础上的永久荷载设计值（kPa），取 $0.9G_k$。

当基础所受到的切向冻胀力大于基础上部荷载时，应对基础进行处理，一般采取消除切向冻胀力的措施。对于基础为扩大底板式基础或当切向力作用时有锚固作用的基础，允许切向冻胀力大于基础所受到的荷载，但应验算基础的抗拉强度。

3）切向力作用下基础的抗拉强度验算

$$\tau f_1 \cdot A + F \tag{9.5.8}$$

式中　f_1——基础抗拉强度设计值（kPa）；

　　　A——切向冻胀力作用范围内基础最小截面积（m^2）。

当基础的抗拉强度不足时，可采取消除切向力的方法或加强基础的抗拉强度的方法进行处理，例如增加混凝土基础的抗拉钢筋等。

【例 9-5-1】已知：建筑场地土的冻胀性分类为冻胀土，场地设计冻深为 2.2m，拟建建筑为采暖建筑，条形基础，室内外高差为 0.3m，试按残留冻土层法确定基础的最小埋置深度。

1）确定残留冻土层厚度

查表 9.5.1，ψ_t=0.7（外墙中段）、0.85（外墙角端），冻胀土按式 9.5.3 计算残留冻土层厚度。

外墙中段　$d_{fr} = 0.15 Z_d \psi_t = 0.15 \times 2.2 \times 0.7 = 0.231m$

外墙角端　$d_{fr} = 0.15 Z_d \psi_t = 0.15 \times 2.2 \times 0.85 = 0.281m$

2）计算基础最小埋深（按式 9.5.1）

外墙中段 $d_{min} = Z_d \psi_t d_{fr} = 2.2 \times 0.7 - 0.231 = 1.309m$

外墙角端 $d_{min} = Z_d \psi_t d_{fr} = 2.2 \times 0.85 - 0.281 = 1.589m$

【例 9-5-2】已知：条形基础顶面永久荷载标准值为 90kN/m，基底宽度为 1.0m，地基土的冻胀性为强冻胀土，其余同例 9-5-1，求基础最小埋置深度。

1）计算基底平均压力

按基础埋深 1.4m 试算（如果计算结果与试算埋深相差较大，应调整试算埋深后重新计算基底平均压力），基础顶面荷载设计值取 0.9 倍永久荷载标准值，基底平均压力为

$$p = \frac{(F+G)0.9}{A} = \frac{(90 + 1.0 \times 1.4 \times 20)0.9}{1.0} = 106.2kPa$$

2）确定基底允许冻土层厚度

查表 9.5.4，采暖建筑条形基础当基底平均压力为 110 kPa 时，基底允许冻土层厚度为 0.74m。

3）确定基础最小埋深，按式 9.5.5

$$d_{min} = Z_d - h_{man} = 2.2 - 0.74 = 1.46m$$

【例 9-5-3】已知：毛石独立基础尺寸如图 9.5.1，场地设计冻深为 1.8m，土的冻胀性为冻胀土，基础顶面永久荷载标准值为 F=300kN，计算切向冻胀力作用下基础的稳定性，如果不满足要求，用基侧换填法时确定最小换填深度。

1）计算基础侧表面切向冻胀力作用面积

$$A_\tau = 4(1.4 \times 0.5 + 1.0 \times 0.5 + 0.6 \times 0.5 + 0.37 \times 0.3)$$
$$= 6.444m^2$$

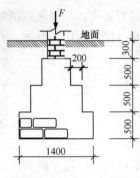

例图 9.5.3 基础尺寸图

2）查表 9.3.1 确定切向力设计值，毛石独立基础按墩式基础，表面粗糙度系数取 1.30，则冻胀土切向力设计值为 $70 \times 1.3 = 91 \text{kPa}$。

3）按式 9.5.6 计算最大冻深时基础受到的切向冻胀力值

$$\tau = \tau_d \cdot A_\tau = 91 \times 6.444 = 586.4 \text{kN}$$

4）切向冻胀力作用下基础稳定性计算荷载设计值为 $300 \times 0.9 = 270 \text{kN} < 586.4 \text{kN}$，稳定性不满足要求，采取基侧换填法消除部分切向力，试计算最小换填深度。按换填 1.3m 试算，并忽略换填材料对基础的摩擦力作用，则 1.3m 以下基础的侧表面积为

$$A_\tau = 4 \times 1.4 \times 0.5 = 2.8 \text{m}^2$$

未换填部分的基侧切向冻胀力值为

$\tau = 91 \times 2.8 = 254.8 \text{kN} < 270 \text{kN}$，满足稳定性要求。

3. 春融期残留冻土层设计

为防止基底冻土融化时基础出现不均匀沉降，一般在春季进行基础施工时，都要求将基底冻土层挖净，过去规范对此有明确规定。由于春季冻结深度已达到最大值，所以这一规定使春季施工的基础埋深必须大于或等于场地的最大冻深，基础浅埋不能实现。20 世纪 80 年代大庆地区首先突破了这一规定，为了减少冻土挖方工作量、降低工程造价、加快工程施工进度、实现基础浅埋，大庆地区经过大量工程实践，总结出一套春融期基底允许残留冻土层设计施工方法（目前已基本不采用，仅在大兴安岭等深厚不融沉和弱融沉季节冻土层中有部分应用），《冻土地区建筑地基基础设计规范》JGJ 118—98 规定（新规范 JGJ 118—2011 也保留了这条），施工时，挖好的基槽底部不宜留有冻土层（包括开槽前已经形成的和开槽后新冻结的），当土质较均匀，且通过计算确认地基土融化、压缩的总沉降量在允许范围内时，或当地有成熟经验时，可在基底下存留一定厚度的冻土层，并在条文说明中给出了融化下沉系数的计算方法。

冻土层的平均融化下沉系数按下式计算：

$$\delta_0 = \frac{h_1 - h_2}{h_1} = \frac{e_1 - e_2}{e_1} \times 100\% \qquad (9.5.9)$$

式中 δ_0——冻土层的平均融化下沉系数（%）；

h_1、e_1——冻土试样融化前的高度（mm）和孔隙比；

h_2、e_2——冻土试样融化后的高度（mm）和孔隙比。

一般情况下，冻土的融化下沉系数应通过试验确定，当不具备试验条件时，可根据土的含水量或干密度计算确定。

当按含水量确定时，对于不冻胀、弱冻胀、冻胀、强冻胀土，可按下式确定：

$$\delta_0 = \alpha_1(w - w_0) \qquad (9.5.10)$$

式中 α_1——经验系数，按表 9-5-6 取值；

w——冻土的总含水量%；

w_0——土的起始融沉含水量，按表 9.5.6 取值。

土的 w_0、α_1 值 表9.5.6

土的岩性	碎石土	砂土	粉土、粉质黏土	黏土
α_1	0.5	0.6	0.7	0.6
w_0（%）	11.0	14.0	18.0	23.0

注：对于粉黏粒（粒径小于0.074mm）含量小于15%者，α_1取0.4。

对于黏性土，其起始融沉含水量 w_0 可按下式计算，并取计算结果与表9.5.6中的小值：

$$w_0 = 5\% + 0.8 w_p \qquad (9.5.11)$$

式中 w_p——土的塑限含水量。

对于特强冻胀土，融化下沉系数可按下式计算：

$$\delta_0 = 3\sqrt{w - w_0} + \delta_0' \qquad (9.5.12)$$

式中 δ_0'——对应于 $w = w_c$ 时的 δ_0 值，w_c 按式9.5.3计算：

$$w_c = w_p + 35\% \qquad (9.5.13)$$

对于粗颗粒土，式中 w_p 可用 w_0 代替，当无试验资料时，w_c、δ_0' 可按表9.5.7查取。

w_c、δ_0' 值 表9.5.7

土的岩性	碎石土	砂土	粉土、粉质黏土	黏土
w_c（%）	46	49	52	58
δ_0'（%）	18	20	25	20

当根据冻土的干密度确定土的融化下沉系数时，对于不冻胀、弱冻胀、冻胀、强冻胀土，可按下式确定：

$$\delta_0 = \alpha_2 \frac{\rho_{d0} - \rho_d}{\rho_d} \qquad (9.5.14)$$

式中 α_2——经验系数，按表9.5.8取用；

ρ_{d0}——起始融沉干密度，大致相当于最大干密度，无试验资料时，可按表9.5.8取用。

α_2、ρ_{d0} 值 表9.5.8

土的岩性	碎石土	砂土	粉土、粉质黏土	黏土
α_2	25	30	40	30
ρ_{d0}	1.95	1.80	1.70	1.65

对于特强冻胀土，冻土融化下沉系数可按下式计算：

$$\delta_0 = 60(\rho_{dc} - \rho_d) + \delta_0' \qquad (9.5.15)$$

式中 δ_0'——同式9.5.11；

ρ_{dc}——对应于 $w = w_c$ 时的冻土干密度，无试验资料时可按表9.5.9取值。

ρ_{dc} 值 表9.5.9

土的岩性	碎石土	砂土	粉土、粉质黏土	黏土
ρ_{dc}	1.16	1.10	1.05	1.00

注：对于粉、黏粒含量（粒径小于0.074mm）小于15%的土，ρ_{dc}取1.2（g/cm³）。

春融期基底冻土融化引起的融沉量根据基底冻土层厚度和融化下沉系数确定。

$$s = \delta_0 \cdot h \tag{9.5.16}$$

式中　s——基底冻土融化下沉量（mm）；

　　　h——基底冻土层厚度（mm）。

春融期施工基础基底残留冻土层时，基础的融沉量和荷载作用下的沉降量之和，应满足建筑地基基础设计规范规定的地基允许变形值。

【例 9-5-4】已知：春融期施工条形基础，经施工勘察确认，设计基底标高以下有 0.5m 厚的残留冻土层，该层土为粉质黏土，天然含水量 $w = 22.8\%$，塑限含水量 $w_p = 18.8\%$，设计上允许最大融沉量为 10mm。试计算该残留冻土层融化时融沉量是否满足设计要求，如果不满足要求，试确定允许残留冻土层厚度。

1) 计算残留冻土层的融沉系数，按式（9.5.11）、式（9.5.10）、表 9.5.6

$$w_0 = 5\% + 0.8 w_p = 5\% + 0.8 \times 18.8\% = 20.04\%$$

查表 9-5-6，w_0 为 18.0%，15 计算值 $w_0 = 20.04$，取小值 $w_0 = 18.0\%$

$$\delta_0 = \alpha_1 (w - w_0) = 0.7 (0.228 - 0.180) = 0.0336$$

2) 计算融沉量 s，按式 9.5.16

$$s = \delta_0 \cdot h = 0.0336 \times 500 = 16.8 \text{mm} > 10 \text{mm（不满足设计要求）}$$

3) 计算允许残留冻土层厚度，由式 9.5.16 得

$$h = \frac{s}{\delta_0} = \frac{10}{0.0336} = 298 \text{ mm}$$

经计算，基底允许残留冻土层厚度不能超过 300mm。

9.5.2　桩基础设计

冻胀性地基中的桩基础，当桩周土冻结时，土对桩产生切向冻胀力作用，此时应进行切向冻胀力作用下基础的稳定性验算。《冻土地区建筑地基基础设计规范》（JGJ 118—2011）给出了桩（墩）基础切向冻胀力作用下基础稳定性验算方法：

$$\sum \tau_{dik} A_{\tau i} \leqslant 0.9 G_k + R_{ta} \tag{9.5.17}$$

式中　τ_{dik}——第 i 层土单位切向冻胀力设计值（kPa），应按实测资料取用，当缺少试验资料时可按表 9.3.2 取值，在同一冻胀类别内，含水量高者取大值；

　　　$A_{\tau i}$——与第 i 层土冻结在一起的基础侧表面积（m²）；

　　　G_k——作用于基础上永久荷载的标准值（kN），包括基础自重的部分（素混凝土基础）或全部（配抗拉钢筋的桩基础），基础在地下水位以下时取浮重度；

　　　R_{ta}——桩和墩基础伸入冻胀层之下，地基土所产生的锚固力设计值（对素混凝土基础不考虑该力）（kN）。

式（9.5.16）中，对于桩、墩基础侧表面与未冻土之间的锚固力（或摩擦力）R_{ta} 按下式计算：

$$R_{ta} = \sum (0.5 \times q_{sia} A_{qi}) \tag{9.5.18}$$

式中　q_{sia}——第 i 层土内土与桩（墩）基础侧表面的单位面积摩擦力标准值（kPa），按桩基受压状态的情况取值，在缺少试验资料时可按现行建筑桩基础技术规范中的极限侧阻力标准值采用；

A_{qi}——第 i 层土内桩（墩）的侧表面积（m^2）。

根据《建筑桩基础设计规范》中桩的抗拔计算方法，桩基稳定性可按如下方法计算。

$$\tau + N_c \leqslant U_K / \gamma_S + N_G + G_P \tag{9.5.19}$$

式中　N_c——承台受到的切向冻胀力（kN）；

　　　U_K——设计冻深以下单桩抗拔极限承载力标准值（kN）；当无试验资料和当地经验时，可按式（9.5.20）计算；

　　　γ_S——桩侧阻力分项系数，可按建筑桩基技术规范确定；

　　　N_G——建筑永久荷载产生的桩顶轴心竖向力设计值（kN），取 $0.9G_K$（G_K 为永久荷载标准值）；

　　　G_P——单桩及承台自重设计值（kN），地下水位以下取浮重度，当桩底为扩底桩时，尚应计入扩大头以上 5 倍桩经范围内土的自重。

设计冻深以下单桩抗拔极限承载力标准值 U_K 可按下式计算：

$$U_K = \sum \lambda_i q_{sik} u_i l_i \tag{9.5.20}$$

式中　λ_i——桩基抗拔系数，按表 9.5.10 取值；

　　　q_{sik}——设计冻深以下桩侧表面第 i 层土的抗压极限侧阻力标准值（kPa），可按建筑桩基技术规范取值；

　　　u_i——设计冻深以下桩周长（m），对于等直径桩，$u = \pi d$，对于扩底桩，按表 9.5.11 取值；

　　　l_i——设计冻深以下桩周各土层厚度（m）。

桩基抗拔系数 λ_i　　　　　　表 9.5.10

土分类	λ_i 值
砂土	0.5～0.7
黏性土、粉土	0.7～0.8

注：桩长与桩径之比小于 20 时 λ_i 取小值。

扩底桩抗拔计算桩周长值 u_i　　　　　　表 9.5.11

自桩底算起的长度 l_i	$\leqslant 5d$	$> 5d$
u_i	πD	πd

注：表中 D 为扩大头直径，d 为桩径。

对于冻胀性地基土中的桩基础，如果桩侧土对桩的冻拔力大于建筑永久荷载产生的桩顶轴心竖向力设计值 N_G（$N_G = 0.9G_K$），桩身钢筋应通常配置，配筋量应按照钢筋混凝土设计规范确定。

【例 9-5-5】已知：桩基础条件同例 9-3-2，桩长 9.0m，桩周土层见图 9.5.5，试计算桩顶永久荷载标准值达到 120kN 时基础越冬，桩基础在切向冻胀力作用下的稳定性。

1）计算冻土层以下单桩抗拔极限承载力标准值，按式 9.5.20

$$\begin{aligned}
U_K &= \sum \lambda_i q_{sik} u_i l_i \\
&= 0.4 \times 3.14(0.7 \times 35 \times 1.9 + 0.7 \times 38 \times 2.1 + 0.7 \times 19 \\
&\quad \times 2.3 + 0.5 \times 50 \times 0.8) \\
&= 192.17 \text{kN}
\end{aligned}$$

例图 9.5.5　桩周土层
分布简图

2）计算荷载设计值、承台与桩基础自重设计值

$$N_G = 120 \times 0.9 = 108.0 \text{kN}$$

$$G_P = 0.5 \times 0.6 \times 1.2 \times 20 + 0.2^2 \times 3.14[24 \times (1.9$$
$$+ 1.9 + 2.1) + 14(2.3 + 0.8)]$$

$$= 30.44 \text{kN}$$

3）抗拔稳定性验算，按式 9.5.19 计算，根据例 9-3-2 计算结果，桩与承台切向冻胀力为 243.6kN，桩侧阻分项系数 γ_S 取 1.75，则

$$U_K/\gamma_S + N_G + G_P = 192.17/1.75 + 108.0 + 30.44 = 248.25$$

$$\tau + N_c = 243.6 \leqslant 248.25 \text{（满足抗拔要求）}$$

9.5.3　基础防冻害措施

基础防冻害方法很多，按地基和基础两方面划分，可分为地基处理法和基础防冻胀法，工程中经常采用的方法见图 9.5.1。下面对几种常用方法进行简要介绍。

1. 地基处理法

1）换填法

换填法是比较传统的地基处理方法，在处理冻胀性地基时，也经常采用此方法，其目的是用非冻胀性材料将冻胀性土换掉，从而消除冻胀对基础的作用。换填范围包括基底土换填和基侧土换填（见图 9.5.2、图 9.5.3）。换填材料根据地方材料资源和价格，可选择中粗砂、炉渣、火山灰、矿渣等材料。基底换填厚度根据设计冻深、基础埋深确定，一般应达到或超过冻土层底面，基侧换填宽度不应小于 200mm。研究结果[14]表明，当基底和基侧都用中粗砂换填后，基础受到的冻胀力可减少 84%～88%，当换填深度达到最大冻深的 78% 时，冻胀力减少 45%～54%。

应该注意的是，当冻结期间地下水位高于换填层底面时，松散材料饱水后冻结会产生一定的冻胀性，尤其是基侧换填时，换填材料和冻土层冻结为整体，周围冻土冻胀时，换填材料会与冻土一起发生冻胀，使换填失去作用，因此，当地下水为较高时，采用换填法时应慎重。

用粉煤灰做地基回填材料也属于换填法的一种，但粉煤灰与普通炉灰不同，当地下水位较高时，粉煤灰的冻胀性不可忽视。为了了解粉煤灰地基的冻胀性，黑龙江省寒地建筑科学研究院对粉煤灰地基的冻胀性进行了较系统的研究[15]，研究结果表明，当地下水位处于冻结面附近时，粉煤灰地基的冻结深度约为同场地粉质黏土冻深的 80%，冻胀率可达到 13.8%，属于特强冻胀土，其法向冻胀力可达到 500kPa，切向冻胀力达到了 80kPa。由此可见，用粉煤灰做换填材料时，必须引起注意。

2）排水、隔水法

排水法分地面排水、垂直排水和水平排水，地面排水主要是防止雨水排泄不畅，灌入地基后引起地基的冻胀发生。垂直排水可采用砂井穿透地基中的隔水层，将上层滞水排向下面的透水层，该种方法可降低局部上层滞水的埋藏深度，疏导冻深范围内土层中的孔隙水通过

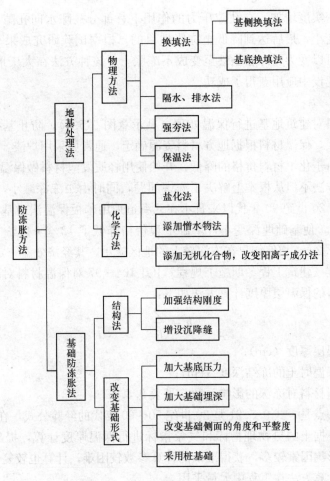

图 9.5.1 基础防冻害方法示意图

隔水层向下排泄，降低土的含水量，加大地下水与冻结界面的距离，从而达到防冻胀的作用。水平排水通常用在山区或坡地中，主要用来疏导坡上排下来的浅层地下水，防止建筑基础堵水后引起局部地基冻胀性增强。隔水法目的在于采用不透水材料阻断水在冻结期间向冻结面的迁移，达到防冻胀的目的。隔水材料通常可采用压实的黏土、塑料薄膜等。

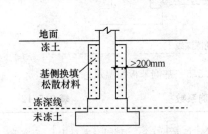

图 9.5.2 基侧换填防止切向冻胀示意图

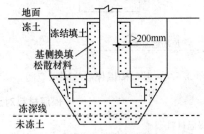

图 9.5.3 基底基侧换填防冻胀示意图

3）强夯法

该种方法主要用在黏性土地基中。黏性土地基强夯时，强大的夯击能量使地基土发生变形，导致土体中水份运动通道被破坏，土的渗透性明显降低，冻结时水分迁移现象减弱，同时使土的密实度增加，在孔隙压力的作用下一部分孔隙水向孔隙压力小的方向排出，土的含水量变小，最后达到降低土冻胀性目的。根据试验研究成果[16]可知，强冻胀黏性土经强夯后可以变为弱冻胀土甚至变成不冻胀土。该种方法在大庆地区的房屋建设、油气储罐、公路建设中应用获得了成功[17]。

4）保温法

采用保温材料对建筑地基进行保温处理（见示意图 9.5.4），防止基础周围地基的冻结和冻胀现象发生，保温材料根据地方材料资源确定，通常可采用炉渣、珍珠岩、火山灰等。近些年来，由于化工材料价格的降低，开始使用轻质发泡材料做保温材料，使保温效果更理想。该种方法不但从根本上解决了冻害问题，同时由于冻深减小，基础可以浅埋，其综合效益较好。20 世纪 90 年代以来日本在北海道采用苯板保温法对基础进行保温处理（见示意图 9.5.5），使基础埋深变小，基础工程价格降低了 $12\% \sim 41\%$[18]，北海道最大冻深一般不超过 1.2m，相信如果在冻深较大的地区应用，其经济效益一定更为可观。

我国行业标准《建筑工程冬期施工规程》JGJ 104—97 对保温材料对冻深的影响，给出了不同保温材料的保温层厚度计算方法如下：

$$h = \frac{Z}{\beta} \tag{9.5.21}$$

式中　　h——保温层厚度（cm）；

　　　　Z——不保温时土的冻结深度（cm）；

　　　　β——保温材料对冻深的影响系数，见表 9.5.12。

应该说明的一点是，式 9.5.21 是 20 世纪 50～60 年代的经验公式，在 20 世纪 80～90 年代的研究中，根据土的热物理指标和气象指标进行保温厚度计算，提出了许多计算方法，但由于计算影响因素较多，获得准确的计算参数较困难，计算也较复杂，目前还没有一个简单可行的计算方法在工程中大量采用。

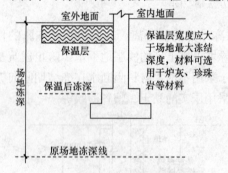

图 9.5.4　基础周围保温防冻示意图

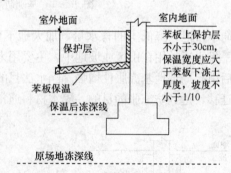

图 9.5.5　基侧苯板保温示意图

保温材料对土的冻结深度影响系数　　　　　　　　　　　　　　　　　表 9.5.12

保温材料 土类别	树叶	刨花	锯末	干炉渣	茅草	珍珠岩	湿炉渣	芦苇	草帘	泥炭土	松散土	密实土
砂土	3.3	3.2	2.8	2.0	2.5	3.8	1.6	2.1	2.5	2.8	1.4	1.12
粉土	3.1	3.1	2.7	1.9	2.4	3.6	1.6	2.04	2.4	2.9	1.3	1.08
粉质黏土	2.7	2.6	2.3	1.6	2.0	3.5	1.3	1.7	2.0	2.31	1.2	1.06
黏土	2.1	2.1	1.9	1.3	1.6	3.5	1.1	1.4	1.6	1.9	1.2	1.0

2. 结构处理方法

1) 加强结构刚度、增设沉降缝法

在允许地基有一定的冻融变形的情况下，为保证结构不被破坏，有时可采取结构方法进行防冻害处理，通常采用加强结构刚度或增设沉降缝的方法。在平面设计时，应尽量使结构平面简单，减少平面局部凸凹现象，控制建筑长高比例，将主体结构以外的附属部分（门斗、台阶、散水坡等）与建筑主体断开，或采取特殊的防冻害措施。通过加大基础梁的尺寸、增设圈梁等措施可以提高结构的整体刚度，抵抗不均匀冻融变形。如果建筑尺寸过长，或地基土的冻胀性变化较大，应缩小沉降缝的间距，并在地基冻胀性或冻胀条件有变化的部位设置沉降缝。

2) 梁底预留空隙法

对于冻胀性地基上的承墙梁或桩基础的承台梁，当梁底处于设计冻深以上时，应采取防冻害措施，如果冻土层较薄，可用不冻胀材料换填，如果冻土层较厚，可采取梁下预留空隙的方法处理，见图 9.5.6。此时，应控制梁下空隙的高度大于梁下土的最大冻胀量。

3) 改变基础侧面形状法

改变基础侧面的形状，可改变切向冻胀力对基础的作用状况。例如将基础的侧面做成斜面状（见图 9.5.7），当斜面倾斜达到一定程度时，可彻底消除切向冻胀力。该种基础首先在围墙工程中应用获得成功[19]。

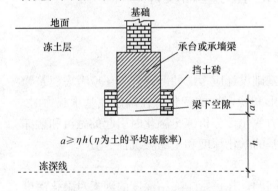

图 9.5.6 梁下预留空隙示意图

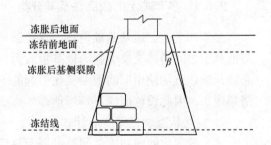

图 9.5.7 斜面基础示意图

斜面基础能够克服切向力的作用，其原理见图 9.5.8。在基侧土冻结时，土产生冻胀，并同时出现两个方向膨胀，即沿水平方向膨胀基础受一水平作用力 H，H 可分解成两个分力，其一是 τ_1，其二是 N_1，τ_1 是由于水平冻胀力的作用施加在基础斜边上的切向冻胀力，N_1 则是由于水平冻胀力作用施加在基础斜边上的正压力。土体冻胀时沿垂直方向产生膨胀基础受一作用力 V。V 也可分解成两个分力，即沿基础斜边的 τ_2 和沿基础斜边法线方向的 N_2，τ_2 是

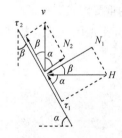

图 9.5.8 斜面上的切向冻胀力

由于土有向上膨胀趋势对基础施加的切向冻胀力，N_2 是由于土有向上膨胀的趋势对基础斜边法线方向作用的拉应力。由于 N_2 为拉力，它的存在将降低基侧受到的正压力数值。当冻结界面不断向下推进，拉力不断增大，达到冻土与基侧抗拉强度极限时，基侧与土将

开裂，由于冻土的受拉呈脆性破坏，一旦开裂很快延基侧向下延伸，这一开裂使基础与基侧土之间产生空隙，开裂部分土层对基础的切向冻胀力作用也就不存在了。由于上层已经冻结的土体随着温度的降低会出现冷缩，下面土体冻胀时膨胀方向是垂直向上的，而基础侧面是倾斜的，所以基侧土冻胀时上面已经冻结的土层的移动方向与基侧有一角度，因此冻土土与基侧之间必然形成空隙，冻胀量越大形成的空隙越大，此时，基侧土与基础接触面积变小，基础受到的切向冻胀力必然很小。根据《冻土地区建筑地基基础设计规范》条文说明中介绍，对于强冻胀黏性土中的预制混凝土基础，当基础侧面的倾角 β 大于 $9°$ 时，切向冻胀力基本可以消除。

4）自锚式基础

钢筋混凝土扩展基础受到切向冻胀力作用时，基础底部的扩大脚在土压力和冻胀反力的作用下，对基础的上拔起约束作用，利用这一约束作用克服基侧的切向冻胀力，这种基础称为自锚基础。扩底桩也属于自锚基础的一种。

研究结果[20]表明，在特强冻胀黏性土地基中，当扩展基础一侧放大脚宽度与放大脚以上基础边长比值不小于 55%（地下水位以下）和 40%（地下水位以上）时，基础的锚固力可以平衡切向冻胀力。

9.6 多年冻土地区地基与基础设计

9.6.1 多年冻土的融沉性及其分类

多年冻土地区地基基础设计，除普通地基基础设计应考虑的问题外，还应考虑建筑物与地基土之间的热交换引起的地基承载力、变形和稳定性的变化。在确定地基承载力时，必须预测建筑物使用期间地温变化引起的承载力变化，分析冻土融化时引起的融沉和融冻滑塌现象。因此设计前应了解场地多年冻土地基的融化深度和土的融沉性。

1. 自然状态融化深度的计算

冻土的融化问题和冻结问题都属于热传导问题，凡是影响冻结深度的因素对融化深度都有影响，所以，土的岩性、含水量（融沉性）、地面覆盖、坡向和坡度等都是影响融化深度的重要因素。

《冻土地区建筑地基基础设计规范》（JGJ 118—2011）规定，冻土的融化深度可按下式计算：

$$z_d^m = z_0^m \cdot \psi_s^m \cdot \psi_w^m \cdot \psi_c^m \cdot \psi_{to}^m \tag{9.6.1}$$

式中　　z_d^m——融深设计值（m）；

z_0^m——标准融深（m）；

ψ_s^m——土的类别对融深的影响系数，按表 9.6.1 取值；

ψ_w^m——融沉性对融深的影响系数，按表 9.6.2 取值；

ψ_c^m——地表覆盖影响系数，按表 9.6.4 取值；

ψ_{to}^m——场地地形对融深的影响系数，按表 9.6.3 取值。

其中标准融化深度应根据当地实测深度确定，无实测资料时，可根据融化指数按式

（9.6.2）～式（9.6.3）计算。

对于高海拔多年冻土地区（青藏高原）：

$$z_0^m = 0.195\sqrt{\sum T_m} + 0.882 \qquad (9.6.2)$$

对于高纬度多年冻土地区（东北地区）：

$$z_0^m = 0.134\sqrt{\sum T_m} + 0.882 \qquad (9.6.3)$$

式中　$\sum T_m$——建筑地段气温融化指数标准值（℃·m），采用当地气象台站 10 年以上观测值的平均值。我国山区以外地区的融化指数标准值，可按图 9.6.1 查取。

融化指数标准值的计算，对于山区，可按式（9.6.4）或式（9.6.6）计算。

1) 东北地区

$$\sum T_m = (7532.8 - 90.96L - 96.75H)/30 \qquad (9.6.4)$$

2) 青海地区

$$\sum T_m = (10722.7 - 141.25L - 114.00H)/30 \qquad (9.6.5)$$

3) 西藏地区

$$\sum T_m = (9757.7 - 71.81L - 140.48H)/30 \qquad (9.6.6)$$

式中　L——建筑地点的纬度（°）；

　　　H——建筑地点的海拔高度（100m）。

ψ_s^m 值	表 9.6.1
土的类别	ψ_s^m
黏性土	1.00
粉土、粉、细砂	1.20
中、粗、砾砂	1.30
碎、卵石	1.40

ψ_w^m 值	表 9.6.2
融沉性	ψ_w^m
不融沉	1.00
弱融沉	0.95
融沉	0.90
强融沉	0.85
融陷	0.80

ψ_{to}^m 值	表 9.6.3
地形	ψ_{to}^m
平坦	1.0
阴坡	0.9
阳坡	1.1

ψ_c^m 值	表 9.6.4
覆盖	ψ_c^m
地表草炭覆盖	0.7
裸露地表	1.0

2. 采暖房屋地基土最大融化深度的计算

1) 多年冻土地基上的采暖建筑，使用期间地基土最大融化深度按下式计算：

$$H_{max} = \psi_J \frac{\lambda_u T_B}{\lambda_u T_B - \lambda_f T_0} \cdot B + \psi_c h_c - \psi_\Delta \Delta h \qquad (9.6.7)$$

式中　H_{max}——采暖房屋地基土最大融化深度（m）；

　　　ψ_J——综合影响系数，按图 9.6.2 查取；

　　　λ_u——地基土融化状态加权平均导热系数（W/m·℃）；

　　　λ_f——地基土冻结状态加权平均导热系数（W/m·℃）；

　　　T_B——室内地面平均温度（℃），以当地同类房屋实测值为准，当地面设有足够的保温层时，可取室内温度减 2.5℃～3.0℃；

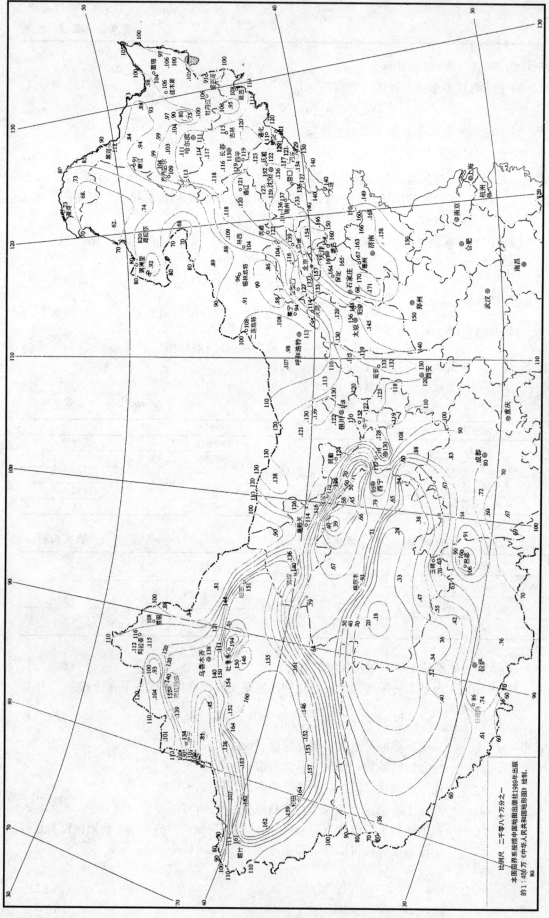

图 9.6.1 中国融化指数标准值等值线图

本图国界系按照中国地图出版社1989年出版
的1:400万《中华人民共和国地形图》绘制。

T_0——年平均地温（℃）；

B——房屋宽度（m）；

ψ_c——粗颗粒土影响系数，可按图9.6.3查取；

h_c——粗颗粒土在计算融深内的厚度（m）；

ψ_Δ——室内外高差影响系数，可按图9.6.4查取；

Δh——室内外高差（m）。

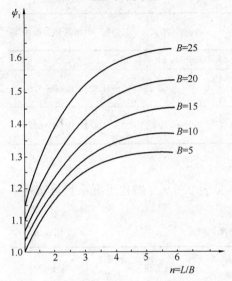

图9.6.2　综合影响系数

B—房屋宽度（m）；L—房屋长度（m）

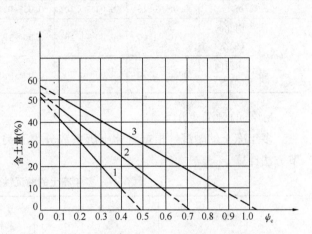

图9.6.3　土质影响系数

1—卵石；2—碎石；3—砂砾

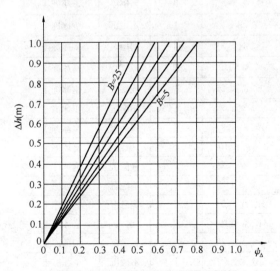

图9.6.4　室内外高差影响系数

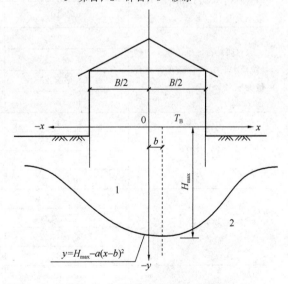

图9.6.5　融化盘形状影响系数

2）确定采暖建筑地基融化盘不同部位融化深度时，可根据图9.6.5按下式计算：

$$y = H_{max}a(x-b)^2 \qquad (9.6.8)$$

式中　y——融化盘横断面不同部位融化深度（m）；

a——融化盘形状系数（1/m），可按表 9.6.5 查取；

b——计算点距离房屋中心点的水平距离（m）；

x——计算点距离坐标原点的距离（m），计算外墙下最大融深时，对于南侧、东侧外墙下，$x=\dfrac{B}{2}$；对于北侧、西侧外墙下，$x=-\dfrac{B}{2}$。

融化盘横断面形状系数 a、b 值　　　　　　　　　表 9.6.5

房屋类别		宿舍住宅	公寓旅店	小医院电话所	各类商店	办公室	车站和类似房屋
a（1/m）		0.06～0.16	0.04～0.10	0.05～0.11	0.05～0.14	0.05～0.12	0.04～0.09
b（m）	南北向（偏东）	0.10～1.00	0.30～1.20	0.50～1.40	0.30～1.00	0.30～1.20	0.30～1.60
	东西向（偏南）	0.00～0.30	0.00～0.60	0.00～0.40	0.00～0.40	0.00～0.50	0.00～0.70

3. 土的融沉性分类

多年冻土的融沉性根据融化下沉系数分为五类，见表 9.6.6。融化下沉系数可按第 5 节方法计算。

多年冻土的融沉性分类　　　　　　　　　表 9.6.6

土的名称	总含水量 w（%）	平均融沉系数 δ_0 %	融沉等级	融沉性分类	冻土类型
碎（卵）石，砾、粗、中砂（粒径小于 0.074mm 的颗粒含量不大于 15%）	$w<10$	$\delta_0 \leqslant 1$	I	不融沉	少冰冻土
	$w \geqslant 10$	$1<\delta_0 \leqslant 3$	II	弱融沉	多冰冻土
碎（卵）石，砾、粗、中砂（粒径小于 0.074mm 的颗粒含量大于 15%）	$w<12$	$\delta_0 \leqslant 1$	I	不融沉	少冰冻土
	$12 \leqslant w<15$	$1<\delta_0 \leqslant 3$	II	弱融沉	多冰冻土
	$15 \leqslant w<25$	$3<\delta_0 \leqslant 10$	III	融沉	富冰冻土
	$w \geqslant 25$	$10<\delta_0 \leqslant 25$	IV	强融沉	饱冰冻土
粉、细砂	$w<14$	$\delta_0 \leqslant 1$	I	不融沉	少冰冻土
	$14 \leqslant w<18$	$1<\delta_0 \leqslant 3$	II	弱融沉	多冰冻土
	$18 \leqslant w<28$	$3<\delta_0 \leqslant 10$	III	融沉	富冰冻土
	$w \geqslant 28$	$10<\delta_0 \leqslant 25$	IV	强融沉	饱冰冻土
粉土	$w<17$	$\delta_0 \leqslant 1$	I	不融沉	少冰冻土
	$17 \leqslant w<21$	$1<\delta_0 \leqslant 3$	II	弱融沉	多冰冻土
	$21 \leqslant w<32$	$3<\delta_0 \leqslant 10$	III	融沉	富冰冻土
	$w \geqslant 32$	$10<\delta_0 \leqslant 25$	IV	强融沉	饱冰冻土
黏性土	$w<w_p$	$\delta_0 \leqslant 1$	I	不融沉	少冰冻土
	$w_p \leqslant w<w_p+4$	$1<\delta_0 \leqslant 3$	II	弱融沉	多冰冻土
	$w_p+4 \leqslant w<w_p+15$	$3<\delta_0 \leqslant 10$	III	融沉	富冰冻土
	$w_p+15 \leqslant w<w_p+35$	$10<\delta_0 \leqslant 25$	IV	强融沉	饱冰冻土
含土冰层	$w \geqslant w_p+35$	$\delta_0 >25$	V	融陷	含土冰层

注：盐渍化冻土、冻结泥炭化土、腐殖土、高塑性黏土不在表列。

9.6.2 多年冻土地基基础设计

利用多年冻土作为建筑地基时，通常可以采用冻结状态、逐步融化状态、预先融化状态这三种状态之一进行设计。

1. 多年冻土以冻结状态用作地基

在建筑物施工和使用期间，采取一定的措施使地基土始终保持冻结状态，充分利用冻土强度高、变形小的特点来保持基础的稳定性和变形性能。

1) 冻结状态设计方法适用范围

(1) 多年冻土的年平均地温低于$-1.0℃$的场地；

(2) 持力层范围内的地基土处于坚硬冻结状态；

(3) 最大融化深度范围内存在融沉、强融沉、融陷土及其夹层的地基；

(4) 非采暖建筑或采暖温度偏低、占地面积不大的建筑。

2) 设计方法

保持冻结状态法设计时，地基基础计算方法与普通天然地基基本相同，所不同的只是冻土地基承载力设计值不进行深度、宽度修正，偏心荷载作用时应考虑基础侧面冻结时切向力产生的偏心力矩。

(1) 当为中心荷载作用时，应符合下式要求：

$$p \leqslant f \tag{9.6.9}$$

式中　p——基础底面处平均压力设计值（kPa）；

　　　f——冻土地基承载力设计值（不进行深、宽修正）（kPa），可按本章第一节中承载力表取值。

基础底面平均压力按下式确定：

$$p = \frac{F+G}{A} \tag{9.6.10}$$

式中　F——上部结构传至基础顶面的竖向力设计值（kN）；

　　　G——基础自重和基础上的土重设计值（kN）；

　　　A——基础底面积（m²）。

(2) 当为偏心荷载作用时，除满足式（9.6.9）外，还应满足下式要求：

$$p_{max} \leqslant 1.2f \tag{9.6.11}$$

式中　p_{max}——基础底面边缘的最大压力设计值（kPa），按式（9.6.12）计算。

$$p_{max} = \frac{F+G}{A} + \frac{M-M_c}{W} \tag{9.6.12}$$

式中　M——作用于基础底面的力矩设计值（kN·m）；

　　　W——基础底面抵抗矩（m³）。

　　　M_c——作用于基础侧面与多年冻土冻结的切向冻胀力所形成力矩的设计值（kN·m），可按式（9.6.13）计算；

$$M_c = f_c h_b L(b+0.5L) \tag{9.6.13}$$

式中　f_c——基础与基侧冻结强度设计值（kPa），按本章第一节承载力表取值；

　　　h_b——基础侧表面与多年冻土冻结的高度（m）；

L——基础底面平行力矩作用方向的边长（m）；

b——基础底面宽度（m）。

3）基础形式及构造措施

保持地基土冻结状态设计，可采用如下基础形式和技术措施：

（1）架空通风基础；

（2）填土通风管基础；

（3）用粗颗粒土垫高地基的基础；

（4）桩基础或热桩基础；

（5）加大基底埋深至最大融化深度以下的基础；

（6）建筑底层地面采用保温隔热地板；

（7）人工制冷降低地基土的温度。

上述基础形式和技术措施可以几种方法同时使用，例如，架空桩基础、粗颗粒土垫高保温地基基础等。

2. 多年冻土以逐渐融化状态用作地基

在建筑施工和使用期间，地基土处于逐步融化状态，允许地基土在融化过程中出现一定变形。此时，基础的沉降变形包括自重作用下的融沉变形和荷载作用下的压缩变形两部分。

1）逐步融化状态设计适用范围

逐渐融化状态设计适用于下列情况：

（1）多年冻土的年平均地温在$-0.5℃\sim-1.0℃$的场地；

（2）持力层范围内的地基土为塑性冻土；

（3）在最大融化深度范围内，地基土为不融沉或弱融沉土；

（4）建筑物使用时室内温度较高，占地面积较大或管道等设备散热对冻土层温度有较大影响的建筑。

2）逐步融化状态设计方法

逐渐融化状态设计时承载力计算应符合建筑地基基础设计规范的规定，其中地基承载力设计值取融化土的承载力设计值，按实测资料确定，无实测资料时，可按现行国家标准《建筑地基基础设计规范》确定。地基沉降量计算按如下方法进行：

在施工和使用期间逐渐融化的地基最终沉降量按下式计算：

$$s = \sum_{i=1}^{n}\delta_{0i}(h_i-\Delta_i) + \sum_{i=1}^{n}m_v(h_i-\Delta_i)p_{ri} + \sum_{i=1}^{n}m_v(h_i-\Delta_i)p_{0i} + \sum_{i=1}^{n}\Delta_i \quad (9.6.14)$$

式中　s——地基总沉降量（mm）；

δ_{0i}——无荷载作用时，第i层土融化下沉系数，应由试验确定，无试验资料时，可按本章第5节方法确定；

h_i——第i层土的厚度（mm）；

Δ_i——第i层土中大于10mm厚的冰夹层总厚度；

m_v——第i层土融化后的体积压缩系数，由试验确定，当无试验资料时，可按表9.6.7确定；

p_{ri}——第i层土中部以上土的自重压力（kPa）；

n——计算深度内土层划分层数；

p_{0i}——基础中心线以下地基土融冻界面处第 i 层土的平均附加应力（kPa），按式 (9.6.15) 计算。

压力在 10kPa～210kPa 时冻土融化后体积压缩系数 m_v 值（MPa）　　　　表 9.6.7

土类别 冻土干密度(t/m²)	砾石、碎石土	砂类土	黏性土	草皮
2.10	0.00			
2.00	0.10			
1.90	0.20	0.00	0.00	
1.80	0.30	0.12	0.15	
1.70	0.30	0.24	0.30	
1.60	0.40	0.36	0.45	
1.50	0.40	0.48	0.60	
1.40	0.40	0.48	0.75	
1.30		0.48	0.75	0.40
1.20		0.48	0.75	0.45
1.10			0.75	0.60
1.00				0.75
0.90				0.90
0.80				1.05
0.70				1.20
0.60				1.30
0.50				1.50
0.40				1.65

基础下多年冻土融冻界面处土的应力系数 α　　　　表 9.6.8

$\dfrac{h}{0.5b}$	圆形基础 （半径 =0.5b）	矩形基础底面长宽比 a/b				条形基础 $a/b>10$	简　图
		1	2	3	10		
0.00	1.000	1.000	1.000	1.000	1.000	1.000	
0.25	1.009	1.009	1.009	1.009	1.009	1.009	
0.50	1.064	1.053	1.033	1.033	1.033	1.033	
0.75	1.072	1.082	1.059	1.059	1.059	1.059	
1.00	0.965	1.027	1.039	1.026	1.025	1.025	
1.50	0.684	0.762	0.912	0.911	0.902	0.902	
2.00	0.473	0.541	0.717	0.769	0.761	0.761	
2.50	0.335	0.395	0.593	0.651	0.636	0.636	
3.00	0.249	0.298	0.474	0.549	0.560	0.560	
4.00	0.148	0.186	0.314	0.392	0.439	0.439	
5.00	0.098	0.125	0.222	0.287	0.359	0.359	
7.00	0.051	0.065	0.113	0.170	0.262	0.262	
10.00	0.025	0.032	0.064	0.093	0.181	0.185	
20.00	0.006	0.008	0.016	0.024	0.068	0.086	
50.00	0.001	0.001	0.003	0.005	0.014	0.037	

$$p_{0i} = (\alpha_i + \alpha_{i1}) \frac{p_0}{2} \tag{9.6.15}$$

式中　α_i, α_{i1}——基础中心线下第 i、第 $i-1$ 层土融冻界面处土的应力系数，按表 9.6.8 确定；

　　　p_0——基础底面的平均附加压力（kPa）。

采用逐渐融化状态设计时，基础形式的选择与普通地基相同，但设计时应考虑采取如下措施：

（1）在建筑施工和使用期间，避免人为地加大冻土的融化深度；

（2）适当加大基础埋深，或选择低压缩性土作为持力层；

（3）架空供热管道和给排水系统，并采用保温隔热地板；

（4）加强结构的整体性和空间刚度，增设沉降缝和圈梁；墙体转角和纵、横墙相交处设置拉筋。

3. 多年冻土以预先融化状态作为地基

1）预先融化状态设计适用范围

（1）多年冻土平均地温不低于 −0.5℃ 的场地；

（2）持力层范围内地基土处于塑性冻结状态；

（3）在最大融化深度范围内，存在变形量为不允许的融沉、强融沉和融陷土及其夹层的地基；

使用期间室内温度较高、占地面积不大的建筑物地基。

2）预先融化状态设计方法

按预先融化状态设计时，冻土层应全部融化，按季节冻土地基设计计算。

3）减少沉降量措施

当按预先融化状态设计，预融深度范围内地基的变形量超过建筑物的允许值时，可采取下列措施：

（1）用粗颗粒土置换细颗粒土或预压加密；

（2）保持基础底面之下多年冻土的人为上限相同；

（3）加大基础埋深。

9.6.3　架空通风基础及填土通风管基础设计

1. 架空通风基础设计

1）架空通风基础结构形式及适用条件

架空通风基础系指采暖建筑物底层地板与自然地面之间用通风空间隔开的一种结构形式，靠通风空间的自然通风或强制通风，保持地基土处于冻结状态。

架空通风基础是多年冻土地区较常见的特殊结构形式，其架空结构可以在地下、半地下，也可以设在地上。架空通风基础结构形式由桩基础、柱下独立基础或墩式基础和上部梁板结构组成，其架空结构分为勒脚处带通风孔的隐蔽形式和全通风的敞开形式，通风方式根据热工计算可采取自然通风方式和强制通风方式。

架空通风基础适用于大片连续及具有岛状融区的多年冻土地区，对于年平均气温高于 −3.5℃ 时不宜采用，年平均气温低于 −3.5℃ 时，应按具体条件根据热工计算和经济分析确定是否可以采用架空通风基础。对于采暖温度不高的低层建筑，当采用架空通风基础不经济时，可以采用填土通风管基础。

2）架空通风基础通风孔面积的计算

（1）自然通风基础通风孔面积按下式计算：

$$A_v = A\mu \tag{9.6.16}$$

式中　A_v——通风空间进气孔和排气孔总面积（m^2），对于敞开式空间为从空间地面或散水坡至桩或墩、柱承台梁底面的距离乘以房屋周长；

A——房屋通风基础的平面外部轮廓面积；

μ——自然通风架空基础的通风模数。

（2）自然通风架空基础通风模数按下式计算：

$$\mu = \eta_f \eta_n \mu_1 2\sqrt{1 + \eta/(v\eta_w)} \tag{9.6.17}$$

式中　μ_1——房屋采暖通风模数，可按表 9.6.9 查取；

η_f——建筑平面形状系数，可按表 9.6.10 查取；

η_n——风速影响系数，可按表 9.6.11 查取；

η——通风孔阻流系数，通风孔设置百叶窗时取 $\eta = 2$；通风孔设置钢丝网时取 $\eta = 0$；

v——风速（m/s）；

η_w——风速调整系数，按式 9.6.18 计算。

$$\eta_w = 1 \frac{t_a}{\sqrt{n}}\delta \tag{9.6.18}$$

式中　t_a——学生氏函数的临界值，可按表 9.6.12 查取；

n——12 月份月平均风速观测年数；

δ——n 年 12 月份月平均风速的变异系数，按式（9.6.19）计算。

$$\delta = \frac{\sigma_v}{v} \tag{9.6.19}$$

式中　v——n 年 12 月份风速平均值（m/s）；

σ_v——标准差，按式（9.6.20）计算。

$$\sigma_v = \sqrt{\frac{\sum_{i=1}^{n} v_i^2 - nv^2}{n-1}} \tag{9.6.20}$$

3）构造要求

（1）自然通风的架空高度（通风空间顶面至底面的净高）不应小于 800mm，当通风空间设置管道时，其高度应满足检修的要求，且不小于 1200mm。当架空高度与建筑物宽度之比小于 0.02 时，应采用强制式通风。

（2）对于隐蔽式通风，架空高度应满足式（9.6.21）的要求。

$$h = a + h_1 + c \tag{9.6.21}$$

式中　h——架空高度（m）；

a——通风孔底至室外散水坡表面最小高度（m），可取 0.30m～0.35m；

h_1——通风孔高度，一般取 0.25m～0.35m；

c ——通风孔上部到通风空间顶面的距离，一般取 $0.25m\sim0.30m$。

通风空间内地面宜采用炉渣、泥炭等覆盖，地面坡度不应小于 2%，坡向外墙或排水沟。

房屋采暖通风模数 μ_1

表 9.6.9

地区	采暖温度（℃） 地板热阻（m²·℃/W） 年平均气温（℃）	16			20		
		0.86	1.72	2.58	0.86	1.72	2.58
东北大小兴安岭	$\leqslant-4.5$	0.005	0.004	0.003	0.006	0.004	0.003
	$-4.4\sim-2.5$	0.006~0.011	0.006	0.005	0.007~0.014	0.007	0.005
	$-2.4\sim-1.5$	0.013~0.025	0.007~0.011	0.005~0.008	敞开	0.008~0.014	0.006~0.010
	$-1.4\sim-0.5$	敞开	0.009~0.017	0.008~0.012		0.014~0.023	0.010~0.014
天山	$\leqslant-3.0$	0.008~0.017	0.006	0.005	0.012~0.029	0.008	0.005
祁连山	$\leqslant-2.0$	0.012~0.022	0.009	0.007	0.018~0.046	0.006~0.012	0.008
青藏高原	$\leqslant-4.0$	0.012~0.022	0.006~0.013	0.005~0.010	0.019~0.027	0.008~0.015	0.006~0.010
	$-3.9\sim-2.0$	0.022~0.032	0.013	0.010	敞开	0.016	0.010
	$-1.9\sim-1.0$		0.016~0.032	0.012		敞开	0.013~0.020

注：1. 年平均气温低时取低值，高时取高值；
2. 基础上部地板热阻由楼板面层、结构层和保温层热阻组成。

平面形状系数 η_f　　表 9.6.10

平面形状	η_f	平面形状	η_f
矩形	1.00	T 形	1.12
Π 形	1.23	L 形	1.28

风速影响系数 η_n　　表 9.6.11

建筑间距（L）和高度（h）	η_n
$L\geqslant5$	1.0
$L=4$	1.2
$L\leqslant3$	1.5

函 数 临 界 值 t_α

表 9.6.12

$n-1$	t_α	$n-1$	t_α	$n-1$	t_α	$n-1$	t_α	$n-1$	t_α
1	12.706	7	2.365	13	2.160	19	2.093	25	2.060
2	4.303	8	2.306	14	2.145	20	2.086	30	2.042
3	3.182	9	2.262	15	2.131	21	2.080	40	2.021
4	2.776	10	2.228	16	2.120	22	2.074	60	2.000
5	2.571	11	2.201	17	2.110	23	2.069	120	1.980
6	2.447	12	2.179	18	2.101	24	2.064	∞	1.960

2. 填土通风管基础设计

填土通风管基础系指将建筑物地板下用非冻胀性材料回填垫高，并在非冻胀性材料中埋设通风管，通过自然通风，保持地基土的冻结状态（见图 9-6-6）。填土通风管基础属于通风基础的一种，适用于年平均气温低于－3.5℃且季节融化层为不冻胀和弱冻胀性土的多年冻土地区。该种方法在青藏地区热源不大的房屋中使用效果较好。

1）填土通风管数量的确定

保持地基土处于冻结状态时需要的通风管数量，是根据一维稳定导热理论，保证将建筑物传给地基的热量全部由通风管通风带走的前提下，将矩形垫层区域变换成同心圆区域（见图 9.6.7），使外圆半圆的弧长等于填土层外轮廓总长，并使内半圆面积等于 n 根通风管的净面积之和，由此求出通风管的数量和通风管的管径。根据流向通风管壁总热量和通风管内壁放出的热量平衡条件，对东北多年冻土地区和青藏多年冻土地区的填土通风管数量进行计算，求出不同条件下管道内半径为 $r_0 = 125mm$ 时的通风管数列于表 9.6.13 和表 9.6.14。

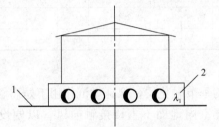

图 9.6.6　通风管基础示意图
1—天然地面；2—填土垫高区域

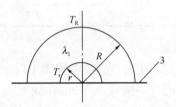

图 9.6.7　区域变换示意图
R—同心圆外径；r—同心圆内径

东北多年冻土地区填土通风管数 n 计算表　　　　　表 9.6.13

室内温度（℃）			16						20					
建筑宽度（m）			6			10			6			10		
L(m) ／ v_1 ／ T_1 ／ R_1(m)			0.86	1.72	2.58	0.86	1.72	2.58	0.86	1.72	2.58	0.86	1.72	2.58
20	2.0	−4.5	10.1	5.7	3.8	19.0	12.3	8.9			9.5			
		−5.5	4.0	2.5	1.8	7.1	5.1	3.9		6.5	4.3		14.2	10.2
	3.0	−3.5	8.9	5.1	3.4	16.4	10.8	7.9			8.5			
		−4.5	2.5	1.6	1.2	4.3	3.2	2.5	7.0	4.1	2.8	12.8	8.7	6.4
		−5.5	1.1	0.8	0.6	1.8	1.4	1.2	2.9	1.8	1.3	5.0	3.7	2.9
40	2.0	−4.5			9.5									
		−5.5		6.5	4.3		14.3	10.2			10.8			
	3.0	−3.5			8.7									
		−4.5	7.2	4.2	2.9	13.1	8.9	6.6			7.1			17.9
		−5.5	2.9	1.9	1.4	5.1	3.8	2.9	8.4	4.8	3.2	15.4	10.2	7.5

青藏高原多年冻土地区填土通风管数 n 计算表　　　　　表 9.6.14

室内温度（℃）			16						20					
建筑宽度（m）			6			10			6			10		
L (m)	v_1	T_1 \ B (m)	0.86	1.72	2.58	0.86	1.72	2.58	0.86	1.72	2.58	0.86	1.72	2.58
20	2.0	−3.5		12.3	7.6			19.3						
		−4.5	6.2	3.7	2.6	11.2	7.7	5.8		9.8	6.2			15.5
		−5.5	2.5	1.7	1.2	4.4	3.3	2.6	7.2	4.2	2.9	13.1	8.9	6.6
	3.0	−3.5	12.0	6.5	4.3		14.3	10.2			10.8			
		−4.5	3.2	2.1	1.5	5.7	4.2	3.2	9.4	5.3	3.5	17.5	11.4	8.3
		−5.5	1.4	1.0	0.7	2.4	1.8	1.5	3.7	2.3	1.7	6.6	4.8	3.7
40	2.0	−4.5		10.1										
		−5.5		6.8	4.5		15.1	10.8		11.4				
	3.0	−4.5	10.5	5.8	3.9	19.8	12.7	9.2		9.8				
		−5.5	4.1	2.6	1.8	7.3	5.2	4.0	12.3	6.7	4.4		14.7	10.5

2) 构造要求

（1）确定填土高度时应考虑填土层下的季节融化层，保证融沉作用不妨碍管道通风所需的预留高度（一般取 0.15m），同时保证室内地面不直接接触通风管以便设置地面保温层。

（2）填土宽度和长度应比建筑物的宽度和长度大 4m～5m，填土材料可选用粗、砾砂或炉渣，并应分层夯实。

（3）通风管宜采用内径为 300mm～500mm 的预制钢筋混凝土管，相互平行卧放在填土层中，走向应与当地冬季主导风向平行。

（4）天然地面至通风管顶的距离不应小于 500mm，外墙外侧的通风管数不得少于一根。

9.6.4　多年冻土桩基础概述

多年冻土中桩基础根据沉桩方式分为钻孔打入桩、钻孔插入桩和钻孔灌注桩三种，现简单介绍如下。

1. 各种桩的特点和设计要求

1) 钻孔打入桩

钻孔打入桩适用于不含大块碎石的塑性冻土地基，该种桩对地基的热扰动小，回冻时间短，承载力高，但选用时应注意，当地基土的温度较低时打桩有困难。

钻孔打入桩的成孔直径应比钢筋混凝土预制桩直径或边长小 50mm，钻孔深度应大于桩的入土深度 300mm，然后填入 300mm 厚的砂石垫层，并应保证沉桩深度达到设计标高。钻孔打入桩的桩身混凝土强度等级不应低于 C30。

2) 钻孔插入桩

钻孔插入桩适用于桩长范围内地基土的平均温度低于−0.5℃的多年冻土地基，成桩方法为先钻孔，然后将预制桩插入桩孔中，最后向桩孔中桩与土之间的空隙灌注泥浆，待泥浆回冻后，靠桩与土的冻结力达到承载的目的。

钻孔插入桩施工时，成孔直径应大于桩径 100mm，桩身混凝土强度不应低于 C20。成桩后不能马上施加荷载，应经过测量确认灌注的泥浆完全回冻，桩基承载力达到设计承载力后方可施加荷载。

3) 钻孔灌注桩

钻孔灌注桩适用于大片连续多年冻土地区和岛状融区冻土地基。该种桩施工简单，省去了大量的预制混凝土工作，但由于混凝土处于负温环境硬化，其养护时间和回冻时间都较长，施工时对地基的热扰动较大。

钻孔灌注桩施工时，应采用负温早强混凝土，混凝土强度等级不应低于 C20，混凝土的硬化应根据地基土的实测温度推断，保证上部结构施工期间桩身混凝土强度满足上部荷载的要求，试桩时经过检测确认桩身混凝土强度达到设计要求后方可进行试验。

2. 构造要求

(1) 用于采暖房屋的桩基础通常采用保持冻结状态设计法，为达到保持冻结状态，可采用架空通风方法防止地基土的融化，建筑底层地面应采取保温措施。

(2) 当上部荷载较大或建筑对变形要求较严格时，可将桩基嵌入融化盘以下的多年冻土中，以此获得较高的承载力和较小的沉降变形。

(3) 对于低承台桩，在承台梁下应留有一定高度的空隙，或用松软的保温材料进行换填，防止承台下土的冻胀将承台破坏。

(4) 桩身配筋应考虑桩侧土的冻胀对桩的冻拔作用，当季节融化层土的冻胀性为冻胀性土时，应沿桩身通长配筋。

(5) 桩的间距不应小于 3 倍桩径，对于钻孔插入桩和钻孔打入桩，在桩尖下应设 300mm～500mm 厚的砂石垫层。

3. 桩基承载力估算

初步设计时可按下式对桩基承载力进行估算：

$$R = q_{\text{fp}} \cdot A_{\text{p}} + U_{\text{p}} \left(\sum_{i=1}^{n} f_{ci} l_i + \sum_{j=1}^{m} q_{sj} l_j \right) \tag{9.6.22}$$

式中　　R ——单桩竖向承载力设计值（kN）；

q_{fp} ——桩端多年冻土承载力设计值（kPa），无实测资料时可按表 9.1.6、表 9.1.7 确定；

A_{p} ——桩身横截面积（m²）；

U_{p} ——桩身周边长度（m）；

f_{ci} ——第 i 层多年冻土桩周冻结强度设计值（kPa），无实测资料时可按表 9.1.8 表 9.1.11 确定；

q_{sj} ——第 j 层季节融化层桩周土摩擦力设计值（kPa），按未冻土确定；当季节融化层为强冻胀和特强冻胀土时，应考虑其融化时对桩的负摩擦力，此时其阻力值应以负值带入公式；

l_i、l_j ——按土层划分的各段桩长；

m ——季节融化层土层分层数；

n —— 多年冻土层土层分层数。

4. 检测与试验

桩基设计前，应进行详细的冻土工程地质勘察，查清地基土的基本物理、力学、热学指标。在施工期间，应对地基土的温度变化、泥浆回冻情况、桩身混凝土的强度增长情况进行监测。

桩基承载力应通过静载荷试验确定，试验桩数量应根据桩基规范按普通桩基础确定，当有足够的同类型场地地区经验或建筑安全等级为三级时，可以根据式（9.6.22）进行估算。

9.6.5 人工冻结法基坑支护与冻土锚杆

1. 人工冻结法基坑支护简介

1）人工冻结法基坑支护的原理、特点和适用条件

人工冻结法基坑支护系指通过人工制冷或利用冬季冷空气通过机械通风在基坑外侧制造人工冻结冻土墙，利用冻土强度高、变形小、抗渗性能好的特点达到基坑支护的目的。该种方法早在 1862 年就已经在英国的深基坑开挖中使用[9-21]，目前在美国、俄罗斯等国家应用较多。该技术我国以前主要应用在矿山人工凿井的井壁维护上，随着制冷成本的降低，目前完全可以在深基坑工程中推广应用。

人工冻结法的原理是在预期要开挖的场地外围插入冻结排管，通过人工使低温液体（低温气体）在冻结管中循环，使管周围土体冻结并形成连续的冻土墙，从而达到挡土、止水的目的。低温液体通常可采用氯化钙或氯化钠溶液，温度一般控制在 $-20℃ \sim -30℃$ 之间。

人工冻结法基坑支护具有如下特点：

（1）土体冻结后强度高、变形小。由于土体冻结后强度可提高数倍至数十倍，状态可由可塑、软塑乃至流塑状变为坚硬状，并且强度可以随着温度监测结果及时掌握和调控，达到安全可靠的目的。

（2）土中水冻结后将土体中的渗水通道堵死，可以作为不透水墙体使用，起到既挡土又隔水的作用。

（3）无须支撑和拉锚，甚至可以取消降水工程，避免由于降水引起周围地基土沉降对相邻建筑的影响。

（4）用电能换取冷能，有利于环境保护和文明施工，同时大量节约建筑材料和运输费用，施工机械简单，冻结管可以重复使用，所以对于地下水位高的软土地基，人工冻结法施工的费用完全可以低于传统的施工方法。

（5）如果基坑开挖时大气温度为正温，坑壁冻土墙暴露部分应及时进行保温防护，同时加强降温强度，保证冻土的强度满足设计要求，因此冻土墙工作期间的维护是非常重要的，这也是人工冻结法基坑支护的特点之一。

（6）人工冻土墙附近有管道时，人工冻结容易使管道内出现冻结而堵塞或因土的冻胀使管道出现破坏。

人工冻结基坑支护方法适用于淤泥质土、黏性土和砂土地基，土的含水量应大于10%，地下水流速应小于 2m/d。

2）冻土墙受力分析

冻土墙所受土压力计算与其他支护结构计算方法相同。冻土墙的厚度计算，对于矩形基坑，可视平面冻土墙两端为铰支，墙底和墙顶分别为固定端和自由端，按弹性理论可得到其自由端中点的最大位移公式如下：

$$u_{max} = \frac{2pH^4}{3\pi D\left[2+\left(\frac{4}{3}-2\mu\right)\right]\frac{\pi H^4}{L}+\frac{1}{10}\left(\frac{\pi H}{L}\right)^4} \leqslant [\mu] \qquad (9.6.23)$$

式中　μ_{max}——平面冻土墙允许变形量，当基坑附近无建筑物时，由冻结管允许挠度确定，可取 $0.02H$（H 为冻土墙计算深度）；

　　　p——冻土墙所受土压力的等效均布值（MPa）；

　　　L——冻土墙跨距（m）；

　　　D——冻土墙的抗弯刚度（MN·m），按下式计算；

$$D = Ee^3/12(1-\mu^2) \qquad (9.6.24)$$

式中　E——冻土长期弹性模量；

　　　μ——冻土的泊松比；

　　　e——冻土墙厚度（m）。

冻土墙受力状态见图 9.6.8，抗倾覆按下式验算：

$$K_g = \frac{\frac{G_e}{2}}{P_a(h_a+h)-p_p h_p} \geqslant 1.5 \qquad (9.6.25)$$

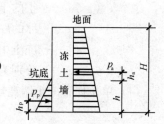

图 9.6.8　冻土墙受力示意图

式中　K_g——抗倾覆系数；

　　$h+h_a$——主动土压力作用点距离墙底的距离（m）；

　　　G——每米长冻土墙自重（kN/m），$G=\rho eH$；

　　　ρ——冻土密度（kN/m³）；

　　　p_a——冻土墙所受主动土压力（kN/m²）；

　　　p_p——冻土墙所受被动土压力（kN/m²）；

　　　h_p——被动土压力作用点距离冻土墙底的距离（m）。

冻土墙的抗剪按下式验算：

$$K_j = \frac{e\tau}{p_a} \geqslant 1.5 \qquad (9.6.26)$$

式中　τ——冻土的抗剪强度（kPa）；

　　　K_j——抗剪系数。

冻土墙的抗弯按下式验算：

$$\sigma_{max} = \frac{3p_a h_a}{e^2} \leqslant [\sigma_e] \qquad (9.6.27)$$

式中　σ_{max}——冻土最大拉应力（kPa）；

　　　$[\sigma_e]$——冻土的最大允许拉应力（kPa）。

3）人工冻结法热工计算

冻结土方量按下式计算：

$$V = eDL \qquad (9.6.28)$$

式中　　V——冻结总土方量（m³）；

　　　　e——冻土墙设计厚度（m）；

　　　　D——冻土墙总高度（m）；

　　　　L——冻土墙总长度（m）。

冻土墙冻结热负荷按如下方法计算：

（1）未冻土降温耗热

$$Q_1 = (C_s^+ + uC_w)\rho_d(\theta_0 - \theta_f) \tag{9.6.29}$$

（2）冻土降温耗热

$$Q_2 = [C_s + w_uC_w + (w - w_u)C_I]\rho_d(\theta_f - \theta_d) \tag{9.6.30}$$

（3）土中水冻结成冰的相变耗热

$$Q_3 = q(w - w_u)\rho_d \tag{9.6.31}$$

式中　　Q_1、Q_2——冻土、未冻土降温耗热量（kJ/m³）；

　　　　Q_3——冰变成水的相变耗热量（kJ/m³）；

C_s^+、C_s、C_w、C_I——分别为未冻土、冻土、水、冰的比热（kJ/kg·℃）；

　　　　ρ_d——土的干密度（kg/m³）；

　　　　q——冰的融化潜热（kJ/kg），计算时取 334.56（kJ/kg）；

　　　　w_u——冻土中未冻水含量（%）；

　　θ_0、θ_f、θ_d——分别为未冻土平均温度、土的起始冻结温度和冻土平均温度（℃）。

（4）单位体积冻土墙耗热量按下式计算：

$$Q_4 = Q_1 + Q_2 + Q_3 \tag{9.6.32}$$

（5）冻结墙体总耗热量为：

$$Q_T = Q_4V \tag{9.6.33}$$

（6）考虑侧向散热时冻土墙总耗热量为：

$$Q_S = 1.15Q_T \tag{9.6.34}$$

式中　　Q_4、Q_T、Q_S——分别为单位体积冻土墙耗热量、冻土墙总耗热量、考虑侧向散热时冻土墙总耗热量；

　　　　V——冻土墙总体积（m³）。

2. 冻土锚杆

锚杆的锚固段伸入多年冻土中，靠锚杆与多年冻土的冻结力平衡锚杆所受拉力，这种锚杆称为冻土锚杆。

冻土中锚杆的承载力按下式计算：

$$f_a = \psi_{LD}f_cA \tag{9.6.35}$$

式中　　f_a——锚杆承载力设计值（kN）；

　　　　ψ_{LD}——锚杆冻结强度修正系数，按表 9.6.15 查取；

　　　　f_c——锚杆与周围冻土的冻结强度设计值（kPa）由现场抗拔试验确定，无试验条件时，按表 9.6.16 查取；

　　　　A——锚杆的冻结面积（m²）。

冻土中锚杆的承载力应根据现场试验确定。

冻土中锚杆周围填料的厚度一般不小于 50mm，锚杆的长度一般不大于 3.0m，当承载力不足时，可采用加大锚杆直径的方法解决。

锚杆冻结强度修正系数 ψ_{LD} 表 9.6.15

锚杆直径（mm） 锚杆长度（mm）	50	80	100	120	140	160	180	200
1000	1.41	1.09	0.98	0.90	0.84	0.80	0.78	0.76
1500	1.35	1.04	0.94	0.86	0.80	0.77	0.75	0.73
2000	1.28	0.99	0.89	0.82	0.77	0.73	0.71	0.69
2500	1.22	0.94	0.85	0.78	0.73	0.69	0.68	0.66
3000	1.15	0.89	0.80	0.74	0.69	0.66	0.64	0.62

钢筋混凝土锚杆与填料之间的冻结强度设计值 f_c（kPa）   表 9.6.16

温度（℃） 填料名称	−0.5	−1.0	−1.5	−2.0	−2.5	−3.0	−3.5	−4.0
水沉砂（粗砂、细砂）	40	60	90	120	150	180	200	230
黏土砂浆（含水量8%～11%）黏土：砂＝1：7.8	20	70	120	170	210	260	310	350
泥浆	30	50	60	70	90	100	120	130

注：锚杆与周围冻土的长期冻结强度尚应乘以 0.7 的修正系数。

参 考 文 献

[1] 陈肖柏等．非饱和土之水理性质及冻胀特性．第三届全国冻土学术会议论文集．北京：科学出版社，1989.

[2] 吴紫汪等．冻土承载力的现场原位试验研究．青藏冻土研究论文集．北京：科学出版社，1983.

[3] 马世敏．冻土抗剪强度的实验研究．青藏冻土研究论文集．北京：科学出版社，1983.

[4] 徐学祖等．冻土中水分迁移的实验研究．北京：科学出版社，1991.

[5] Роман Л. Т. Мерзлые торфяные грунты как основания сооружений. Изд-во Наука, Сибирское отделение

[6] 陶兆祥等．土的冻结温度与土的未冻水含量．第三届全国冻土学术会议论文集．北京：科学出版社，1989.

[7] 童长江等．土的冻胀与建筑物冻害防治．北京：水利电力出版社，1985.

[8] 周幼吾等．中国冻土．北京：科学出版社，2000.

[9] 吴紫汪．多年冻土的工程分类．冰川冻土第 2 期．北京：科学出版社，1979.

[10] 王正秋．粗粒土冻胀性分类．冰川冻土第 3 期．北京：科学出版社，1986.

[11] 童长江等．论法向冻胀力与压板面积的关系．冰川冻土第 4 期．1986.

[12] 童长江等．法向冻胀力试验标准及取值．第三届全国冻土学术会议论文集．北京：科学出版社，1989.

[13] 隋铁龄等．季节冻土区挡土墙水平冻胀力研究．第三届全国冻土学术会议论文集．北京：科学出

版社，1989.

[14] 周有才 . 中粗砂换填地基的防冻害效果 . 冰川冻土 . 第 8 卷第 3 期 . 北京：科学出版社，1986.

[15] Wang Gong Shan . Study on Frost Heaving Characteristics of Foundation with Fly Ash. Cold Regions Engineering International Symposium Collectanea，1996.

[16] 王公山等 . 强夯法处理冻胀性地基 . 寒冷地区发展国际研讨会会议论文集 . 1988.

[17] 韩华光等 . 强夯法防冻胀研究与应用 . 第三届全国冻土学术会议论文集 . 北京：科学出版社 .

[18] 福岛明等 . 裙式隔热工法设计施工手册 . 日本北海道建设部建筑指导课 . 北海道道立寒地住宅都市研究所编辑出版，1997.

[19] 王公山 . 围墙的冻害及其防治措施 . 第三届全国冻土学术会议论文集 . 北京：科学出版社，1989.

[20] 周有才 . 季节性冻结区冻胀反力的计算方法 . 第三届全国冻土学术会议论文集 . 北京：科学出版社，1989.

[21] 龚晓南等 . 深基坑工程设计施工手册 . 北京：中国建筑工业出版社，1998.

第 10 章　扩展基础与柱下条形基础

扩展基础包括无筋扩展基础，是我国量大面广、最为常用的基础形式。无筋扩展基础系指由砖、毛石、混凝土或毛石混凝土、灰土和三合土等材料组成的，且无需配置钢筋的墙下条形基础或柱下独立基础，如混凝土基础、毛石混凝土基础、砖基础、毛石基础、灰土基础、三合土基础等。无筋扩展基础适用于多层民用建筑和轻型厂房。扩展基础通常指配筋的柱下钢筋混凝土独立基础和墙下钢筋混凝土条形基础。柱下条形基础亦是钢筋混凝土条形基础，但其受力条件和构造要求与墙下钢筋混凝土条形基础并不完全相同，为方便计，也在本章叙述。

10.1　无 筋 扩 展 基 础

10.1.1　无筋扩展基础的特性

无筋扩展基础为刚性基础，其构造示意如图 10.1.1 所示。

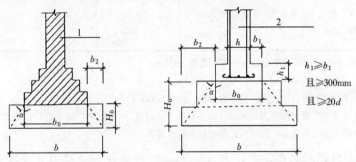

图 10.1.1　无筋扩展基础构造示意图

D—柱中纵向钢筋直径；b—基础底面宽度；b_0—基础顶面的墙体宽度或柱脚宽度；

b_2—基础台阶宽度；H_0—基础高度；α—刚性角；

1—承重墙；2—钢筋混凝土柱

采用刚性基础的目的是为了充分利用混凝土、毛石混凝土、砖、毛石、灰土、三合土等材料抗压性能好，而抗弯性能差的特点。为了达到这一目的，刚性基础在构造上采取了限制刚性角的措施，使基础主要处于受压的状态。设计计算时采用限制基础台阶宽高比的办法，实际上也是限制了刚性角。现行国家标准《建筑地基基础设计规范》GB 50007 规定：无筋扩展基础（图 10.1.1）高度应满足下式的要求：

$$H_0 \geqslant \frac{b - b_0}{2\tan\alpha}$$

(10.1.1)

式中　b——基础底面宽度（m）；

b_0——基础顶面的墙体宽度或柱脚宽度（m）；

H_0——基础高度（m）；

b_2——基础台阶宽度（m）；

$\tan\alpha$——基础台阶宽高比 $b_2 : H_0$，其允许值可按表 10.1.1 选用。

无筋扩展基础台阶宽高比的允许值   表 10.1.1

基础材料	质量要求	台阶宽高比的允许值		
		$p_k \leqslant 100$	$100 < p_k \leqslant 200$	$200 < p_k \leqslant 300$
混凝土基础	C15 混凝土	1：1.00	1：1.00	1：1.25
毛石混凝土基础	C15 混凝土	1：1.00	1：1.25	1：1.50
砖基础	砖不低于 MU10，砂浆不低于 M5	1：1.50	1：1.50	1：1.50
毛石基础	砂浆不低于 M5	1：1.25	1：1.50	—
灰土基础	体积比为 3：7 或 2：8 的灰土，其最小干密度： 粉土 1550kg/m³； 粉质黏土 1500kg/m³； 黏土 1450kg/m³	1：1.25	1：1.50	
三合土基础	体积比 1：2：4～1：3：6（石灰：砂：骨料），每层约虚铺 220mm，夯至 150mm	1：1.50	1：2.00	—

注：1. p_k 为作用标准组合的基础底面处的平均压力值（kPa）；

2. 阶梯形毛石基础每阶伸出宽度，不宜大于 200mm；

3. 当基础由不同材料叠合组成时，应对接触部分作抗压验算；

4. 混凝土基础单侧扩展范围内基础底面处的平均压力值超过 300kPa 时，尚应进行抗剪验算；对基底反力集中于立柱附近的岩石地基，应进行局部受压承载力验算。

  表 10.1.1 中提供的各种无筋扩展基础的台阶宽高比允许值基本上沿用了国家标准《工业与民用建筑地基基础设计规范》GBJ 12—74 规定的允许值，这些规定都是经过长期的工程实践检验且行之有效的，表中混凝土和砌体材料的强度的要求略有提高，与现行的《混凝土结构设计规范》及《砌体结构设计规范》提出的材料最低强度等级要求是一致的。

10.1.2 无筋扩展基础的分类

无筋扩展基础分下列几类：

1. 混凝土基础和毛石混凝土基础

  混凝土基础和毛石混凝土的强度等级，一般采用 C15。在确定混凝土基础和毛石混凝土基础的截面尺寸时，除应符合表 10.1.1 的规定外，尚应考虑方便施工的因素，常常做成阶梯形。分阶时，每一级台阶均应满足宽高比的要求。使用块石时，每一级台阶应有两排块石。使用毛石时，每一级台阶应有三排毛石，以保证毛石之间的连接。根据块石的尺寸，每一级台阶的高度宜为 500mm～600mm，使用毛石时，每一级台阶的高度宜为 500mm。

毛石混凝土施工时，应先灌注厚度为 120mm～150mm 混凝土层，再铺砌毛石，毛石插入混凝土约一半后，再灌注混凝土。填满所有空隙后，再逐层铺砌毛石和灌注混凝土。

2. 砖基础

砖基础使用的砖不应低于 MU10，砂浆不应低于 M5。砖基础通常做成阶梯形，俗称大放脚，大放脚一般是两皮砖一收或两皮砖一收与一皮砖一收相间。后者比较节省材料，广为采用。砖基础砌筑前，应先铺底灰，砌筑时砖应先用水浇透，砌体砂浆应饱满。

3. 毛石基础

毛石基础应用毛石和强度等级不低于 M5 的砂浆砌成。毛石基础一般砌成阶梯形。分阶时，每一级台阶均应满足宽高比的要求。由于毛石的形状不规整，不易砌平，为保证毛石之间的连接，保证毛石基础整体性和均匀传力，每一级台阶应根据毛石的尺寸，以 2～3 排毛石砌成。每阶的伸出宽度，不宜大于 200mm；大于 200mm 时，传力效果不佳。每一级台阶的高度宜为 400mm。

4. 灰土基础

灰土基础是将石灰和土按体积比为 3∶7 或 2∶8 的比例拌合均匀、经夯击密实而成的基础。石灰以块状生石灰为宜，经消化 1～2d 后，通过孔径为 5mm～10mm 筛立即使用。土料可采用粉土、粉质黏土或黏土。粉土的最小干密度宜为 1550kg/m³，粉质黏土宜为 1500kg/m³，黏土宜为 1450kg/m³。土料应粉碎，并过 10mm～20mm 筛后使用。施工时必须保证基坑干燥，防止灰土硬化初期浸水。

相应于荷载标准组合的基础底面平均压力值 $p_k \leqslant 100$kPa 时，灰土基础的宽高比宜为 1∶1.25，当 $100 < p_k \leqslant 300$ 时，宽高比宜为 1∶1.50。

灰土基础在我国北京、天津、西安、太原等地的多层砌体房屋采用甚多，具有丰富的实践经验。在编制国家标准《工业与民用建筑地基基础设计规范》GBJ 12—74 时，原建工部建筑科学研究院和北京市建筑设计院等单位进行了大量试验研究。认为灰土的物理力学性能与其配合比、密实度、含水量及时间等因素有关。试验表明，体积比为 3∶7 的灰土的物理力学性能较好，4∶6 灰土的强度反而不如 3∶7 灰土。2∶8 灰土的强度虽略低于 3∶7 灰土，但具有很好的稳定性。灰土的强度增长较慢，初期强度主要靠密实度，但后期强度还不断增长，28 天极限强度不低于 800kPa，90 天的强度约为 28 天的 1.6～2.0 倍，而且还将随着时间的推移逐渐增长。原北京市建筑工程局曾试验过 40 年的灰土，其强度高达 6280kPa，有三百多年历史的陕西省三原县肖家村八字桥送水坡的护墙灰土强度竟高达 10000kPa。灰土基础台阶的宽高比允许值也是根据北京、天津等地的实践经验和原建工部建筑科学研究院对不同长度、不同承压面、不同龄期的 40 个 3∶7 灰土试件的试验成果确定的。

5. 三合土基础

三合土基础主要用于低层和村镇建筑。三合土基础的强度与骨料的品种有关。矿渣因为有水硬性，作为骨料最好，碎砖也较好，较差的是碎石及河卵石。三合土的强度试验资料很少，几十年来未见研究成果。工程实践中一般是根据经验确定夯填，常用的是每层虚铺厚度约 220mm，夯实至 150mm。三合土基础最大台阶宽高比是根据上海、南京、武汉、重庆等地的已往工程实践确定的，一般当地基反力小于150kPa时取1.5，上海习惯用1：1.75～1：2.0。

10.1.3　试验和工程实践

试验和工程实践表明，当基础截面的台阶宽高比满足表10.1.1规定的允许值时，墙下条形基础和轻型独立柱基在地基反力作用下，基础的剪应力小于材料的抗拉强度设计值，而无须配置钢筋。

表10.1.1注4规定：混凝土基础单侧扩展范围内基础底面处的平均压力值超过300kPa时应进行抗剪验算；对基底反力集中于立柱附近的岩石地基，应进行局部受压承载力验算。

计算结果表明，当基础单侧扩展范围内基础底面处的平均压力值超过300kPa时，应按下式验算墙（柱）边缘或变阶处的受剪承载力：

$$V_s \leqslant 0.366 f_t A \tag{10.1.2}$$

式中　V_s——相应于作用的基本组合时的地基土平均净反力产生的沿墙（柱）边缘或变阶处的剪力设计值（kN）；

f_t——混凝土轴心抗拉强度设计值；

A——沿墙（柱）边缘或变阶处基础的垂直截面面积（m^2），当验算截面为阶形时（图10.1.2），其截面折算宽度按下述方法计算。

计算变阶处截面A_1-A_1、B_1-B_1的斜截面受剪承载力时，其截面有效高度均为h_{01}，截面计算宽度分别为b_{y1}和b_{x1}。

计算柱边截面A_2-A_2和B_2-B_2处的斜截面受剪承载力时，其截面有效高度均为$h_{01}+h_{02}$，截面计算宽度按下式计算：

对A_2-A_2

$$b_{y0} = \frac{b_{y1} \cdot h_{01} + b_{y2} \cdot h_{02}}{h_{01} + h_{02}} \tag{10.1.3}$$

对B_2-B_2

$$b_{x0} = \frac{b_{x1} \cdot h_{01} + b_{x2} \cdot h_{02}}{h_{01} + h_{02}} \tag{10.1.4}$$

对于锥形承台应对A-A及B-B两个截面进行受剪承载力计算（图10.1.3），截面有效高度均为h_0，截面的计算宽度按下式计算：

对A-A

$$b_{y0} = \left[1 - 0.5 \frac{h_1}{h_0}\left(1 - \frac{b_{y2}}{b_{y1}}\right)\right] b_{y1} \tag{10.1.5}$$

对B-B

$$b_{x0} = \left[1 - 0.5 \frac{h_1}{h_0}\left(1 - \frac{b_{x2}}{b_{x1}}\right)\right] b_{x1} \tag{10.1.6}$$

式（10.1.2）是根据材料力学、素混凝土抗拉强度设计值，以及基底反力为均匀分布的条件下确定的，适用于除岩石以外的地基。

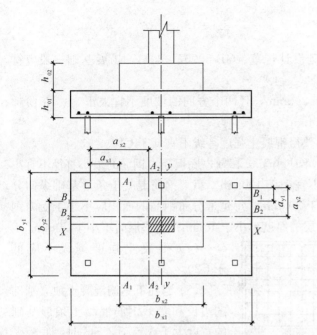

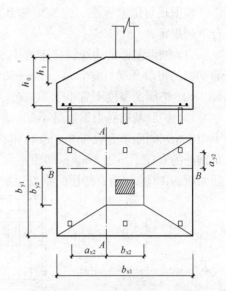

图 10.1.2　阶梯形承台斜截面受剪计算图　　　图 10.1.3　锥形承台受剪计算图

对基底反力集中于立柱附近的岩石地基，基础的抗剪验算条件应根据各地区具体情况确定。重庆大学曾对置于泥岩、泥质砂岩和砂岩等变形模量较大的岩石地基上的无筋扩展基础进行了试验，试验研究结果表明，岩石地基上无筋扩展基础的基底反力曲线是一倒置的马鞍形，呈现出中间大，两边小，到了边缘又略为增大的分布形式，反力的分布曲线主要与岩体的变形模量和基础的弹性模量比值、基础的高宽比有关。由于试验数据少，且因我国幅员辽阔，岩石类别较多，目前尚不能提供有关此类基础的受剪承载力验算公式，因此有关岩石地基上无筋扩展基础的台阶宽高比应结合各地区经验确定。根据已掌握的岩石地基上的无筋扩展基础试验中出现沿柱周边直剪和劈裂破坏现象，提出设计时应对柱下混凝土基础进行局部受压承载力验算，避免柱下素混凝土基础可能因横向拉应力达到混凝土的抗拉强度后引起基础周边混凝土发生竖向劈裂破坏和压陷。

10.1.4　采用无筋扩展基础的钢筋混凝土柱

采用无筋扩展基础的钢筋混凝土柱，其柱脚高度 h_1 不得小于 b_1（图 10.1.1），并不应小于 300mm，且不应小于 20d。当柱纵向钢筋在柱脚内的竖向锚固长度不满足锚固要求时，可沿水平方向弯折，弯折后的水平锚固长度不应小于 10d 也不应大于 20d。d 为柱中的纵向受力钢筋的最大直径。

10.2　扩　展　基　础

扩展基础系指柱下钢筋混凝土独立基础和墙下钢筋混凝土条形基础。钢筋混凝土独立基础又包括现浇柱基础和预制柱基础，预制柱基础又有杯口基础、高杯口基础等。

10.2.1 扩展基础的一般要求

根据现行国家标准《建筑地基基础设计规范》GB 50007—2011，扩展基础一般应符合下列规定：

（1）锥形基础的边缘高度不宜小于200mm，且两个方向的坡度不宜大于1：3；阶梯形基础的每阶高度，宜为300mm～500mm。

（2）垫层的厚度不宜小于70mm，垫层混凝土强度等级不宜低于C10。

（3）扩展基础受力钢筋最小配筋率不应小于0.15%，底板受力钢筋的最小直径不宜小于10mm，间距不宜大于200mm，也不宜小于100mm。墙下钢筋混凝土条形基础纵向分布钢筋的直径不小于8mm；间距不大于300mm；每延米分布钢筋的面积应不小于受力钢筋面积的15%。当有垫层时钢筋保护层的厚度不小于40mm；无垫层时不小于70mm。

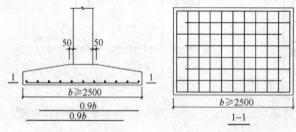

图 10.2.1　柱下独立基础底板受力钢筋布置图

（4）混凝土强度等级不应低于C20。

（5）当柱下钢筋混凝土独立基础的边长和墙下钢筋混凝土条形基础的宽度大于或等于2.5m时，底板受力钢筋的长度可取边长或宽度的0.9倍，并宜交错布置（图10.2.1）。

（6）钢筋混凝土条形基础底板在T形及十字形交接处，底板横向受力钢筋仅沿一个主要受力方向通长布置，另一方向的横向受力钢筋可布置到主要受力方向底板宽度1/4处。在拐角处底板横向受力钢筋应沿两个方向布置（图10.2.2）。

对扩展基础混凝土强度等级的要求，是根据设计使用年限为50年的普通房屋和构筑物，室内潮湿环境；非严寒和非寒冷地区的露天环境；非严寒和非寒冷地区与无侵蚀性的水或土壤直接接触的环境；严寒和寒冷地区的冰冻线以下与无侵蚀性的水或土壤直接接触的使用环境条件下提出的最低标准，并考虑有可靠工程经验时最低混凝土强度等级可降低一个等级。所谓设计使用年限是指规定的时

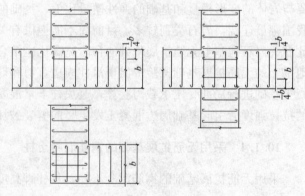

图 10.2.2　墙下条形基础纵横交叉处底板受力钢筋布置图

期内，只需进行正常的维护而不需进行大修就能按预期目的完成预定的功能。这一标准与现行的《混凝土结构设计规范》GB 50010对二a类环境、设计使用年限为50年的结构混凝土耐久性的基本要求是协调的，详见表10.2.1和表10.2.2。当不符合上述要求时，如纪念性建筑、设计使用年限为100年的建筑、干湿交替环境、水位频繁变动环境、海风环境、海岸环境、海水环境、受人为或自然的侵蚀物质影响的环境等，基础的混凝土强度等级尚应按国家现行有关标准《混凝土结构设计规范》、《港口工程技术规范》、《工业建筑防

腐蚀设计规范》来确定。

混凝土结构的使用环境类别　　　　　　　　　　　　　　　表 10.2.1

环境类别	条　件
一	室内干燥环境；无侵蚀性静水浸没环境
二 a	室内潮湿环境；非严寒和非寒冷地区的露天环境；非严寒和非寒冷地区与无侵蚀性的水或土壤直接接触的环境；严寒和寒冷地区的冰冻线以下与无侵蚀性的水或土壤直接接触的环境
二 b	干湿交替环境；水位频繁变动环境；严寒和寒冷地区的露天环境；严寒和寒冷地区冰冻线以上与无侵蚀性的水或土壤直接接触的环境
三 a	严寒和寒冷地区冬季水位变动区环境；受除冰盐影响环境；海风环境
三 b	盐渍土环境；受除冰盐作用环境；海岸环境
四	海水环境
五	受人为或自然的侵蚀性物质影响的环境

注：表中第四类和第五类环境的详细说明及相应的混凝土结构的耐久性要求见有关标准。

　　表 10.2.1 的一类、二类和三类环境中，设计工作寿命为 50 年的结构混凝土应符合表 10.2.2 的规定。

结构混凝土耐久性的基本要求表　　　　　　　　　　　　　表 10.2.2

环境等级	最大水胶比	最低强度等级	最大氯离子含量（%）	最大碱含量（kg/m³）
一	0.60	C20	0.30	不限制
二 a	0.55	C25	0.20	3.0
二 b	0.50（0.55）	C30（C25）	0.15	
三 a	0.45（0.50）	C35（C30）	0.15	
三 b	0.40	C40	0.10	

注：1. 当有工程经验时，对于二类环境中最低的混凝土强度等级可降低一级，但保护层厚度应不小于 40mm；当无垫层时不小于 70mm。

　　2. 处于严寒和寒冷地区二 b、三 a 类环境的混凝土使用引气剂，可采用括号内的有关参数。

　　由于基础底板中垂直于受力钢筋的另一个方向的配筋具有分散部分荷载的作用，有利于底板内力重分布，且因扩展基础底板的厚度一般都由受冲切或受剪切承载能力控制，并非按受弯承载能力确定，因此底板相对较厚，如果套用受弯构件的受拉钢筋最小配筋率将导致底板用钢量不必要的增加。国际上，各国规范中基础板的最小配筋率都小于梁的最小配筋率。美国 ACI 318 规范中基础板的最小配筋率是按温度和混凝土收缩的要求规定为 0.2%（$f_{yk}=275\sim345\text{MPa}$）和 0.18%（$f_{yk}=415\text{MPa}$）；英国标准 BS 8110 规定板的两个方向的最小配筋率：低碳钢为 0.24%，合金钢为 0.13%；英国规范 CP 110 规定板的受力钢筋和次要钢筋的最小配筋率：低碳钢为 0.25% 和 0.15%，合金钢为 0.15% 和 0.12%；早在 1980 年颁布实施的我国《高层建筑箱形基础设计与施工规程》JGJ 6—80 和后来的《高层建筑箱形与筏形基础技术规范》JGJ 6—2011 都规定箱、筏基础底板钢筋配筋率不小于 0.15%。《建筑地基基础设计规范》GB 50007—2000 编制时已按钢筋配筋率为 0.15% 的要求，将扩展基础底板受力钢筋的最小直径由原先的不宜小于 8mm 修改为不宜小于 10mm；间距不宜大于 200mm，也不宜小于 100mm。《建筑地基基础设计规范》GB 50007—2011 进一步明确了扩展基础的最小配筋率为 0.15%，此要求低于美国 ACI 318 规范，与我国《混凝土结构设计规范》对卧置于地基上的混凝土板受拉钢筋的最小配筋率以及英国 CP 110 规范对合金钢的最小配筋率要求相一致。

为减小混凝土收缩产生的裂缝，提高条形基础对不均匀地基土适应能力，《建筑地基基础设计规范》GB 50007—2011 适当加大了分布钢筋的配筋量，条形基础每延米分布钢筋的面积由原先不小于受力钢筋面积的 1/10 修订为 15%。

10.2.2 钢筋混凝土柱和剪力墙与基础的连接

（1）钢筋混凝土柱和剪力墙纵向受力钢筋在基础内的锚固长度（l_a）应符合现行国家标准《混凝土结构设计规范》GB 50010 有关规定。非抗震结构锚固长度（l_a）应满足表 10.2.3 的规定，并应根据钢筋的锚固条件乘以修正系数：当带肋钢筋的公称直径大于 25mm 时，修正系数取 1.10；对环氧树脂涂层带肋钢筋取 1.25；施工过程中易受扰动的钢筋取 1.10；当纵向受力钢筋的实际配筋面积大于其设计计算面积时，修正系数取设计计算面积与实际配筋面积的比值，但对有抗震设防要求及直接承受动力荷载的结构构件，不应考虑此项修正；锚固区保护层厚度为 $3d$ 且配有箍筋时修正系数可取 0.80，保护层厚度为 $5d$ 时修正系数可取 0.70，中间按内插取值，此处 d 为纵向受力带肋钢筋的直径。所有修正后的钢筋锚固长度不应小于 200mm。

非抗震结构最小基本锚固长度 l_a（mm）　　　　表 10.2.3

序号	钢筋种类	混凝土强度等级													
		C20		C25		C30		C35		C40		C45		C50	
		钢筋直径（mm）													
		≤25	>25	≤25	>25	≤25	>25	≤25	>25	≤25	>25	≤25	>25	≤25	>25
1	HPB300	39d	43d	34d	37d	30d	33d	28d	30d	25d	28d	24d	26d	23d	25d
2	HRB335 HRBF335	38d	42d	33d	36d	29d	32d	27d	29d	25d	27d	23d	26d	22d	24d
3	HRB400 HRBF400 RRB400	46d	50d	40d	44d	35d	39d	32d	35d	30d	32d	28d	31d	27d	29d
4	HRB500 HRBF500	55d	61d	48d	53d	43d	47d	39d	43d	36d	39d	34d	37d	32d	35d

抗震设防烈度为 6、7、8 和 9 度地区的建筑工程，纵向受力钢筋的抗震锚固长度（l_{aE}）应按下式计算：

① 一、二级抗震等级纵向受力钢筋的抗震锚固长度（l_{aE}）：

$$l_{aE} = 1.15 l_a \tag{10.2.1}$$

② 三级抗震等级纵向受力钢筋的抗震锚固长度（l_{aE}）：

$$l_{aE} = 1.05 l_a \tag{10.2.2}$$

③ 四级抗震等级纵向受力钢筋的抗震锚固长度（l_{aE}）：

$$l_{aE} = l_a \tag{10.2.3}$$

式中　l_a——纵向受拉钢筋的锚固长度（m）。

当基础高度小于 l_a（l_{aE}）时，纵向受力钢筋的锚固总长度除符合上述要求外，其最小直锚段的长度不应小于 $20d$，弯折段的长度不应小于 150mm。

现浇钢筋混凝土房屋的抗震等级根据现行国家标准《建筑抗震设计规范》GB 50011—2010 按表 10.2.4 确定。

表 10.2.4

现浇钢筋混凝土房屋的抗震等级表

结构类型			设防烈度						
			6		7		8		9
框架结构		高度（m）	≤24	>24	≤24	>24	≤24	>24	≤24
		框架	四	三	三	二	二	一	一
		大跨度框架	三		二		一		一
框架-抗震墙结构		高度（m）	≤60	>60	<24	24～60	>60	<24	24～60	>60	≤24	24～50
		框架	四	三	四	三	二	三	二	一	二	一
		抗震墙	三		三	二		二	一		一
抗震墙结构		高度（m）	≤80	>80	<24	24～80	>80	<24	24～80	>80	≤24	24～60
		剪力墙	四	三	四	三	二	三	二	一	二	一
部分框支抗震墙结构	抗震墙	高度（m）	≤80	>80	<24	24～80	>80	<24	24～80			
		一般部位	四	三	四	三	二	三	二			
		加强部位	三	二	三	二	一	二	一			
	框支层框架		二		二		一				
框架-核心筒		框架	三		二		一				
		核心筒	二		二		一				
筒中筒		外筒	三		二		一				
		内筒	三		二		一				
板柱-抗震墙结构		高度（m）	≤35	>35	≤35		>35	≤35		>35	
		框架、板柱的柱	三	二	二		二	一		一	
		抗震墙	二	二	二		二	一		二	

注：1. 建筑场地为 Ⅰ 类时，除 6 度外应允许按表内降低一度所对应的抗震等级采取抗震构造措施，但相应的计算要求不应降低；

　　2. 接近或等于高度分界时，应允许结合房屋不规则程度及场地、地基条件确定抗震等级；

　　3. 大跨度框架指跨度不小于 18m 的框架；

　　4. 高度不超过 60m 的框架-核心筒结构按框架-抗震墙的要求设计时，应按表中框架-抗震墙结构的规定确定其抗震等级。

（2）现浇柱的基础，其插筋的数量、直径以及钢筋种类应与柱内纵向受力钢筋相同。插筋的锚固长度应满足上述要求外，插筋与柱的纵向受力钢筋的连接方法，应符合现行国家标准《混凝土结构设计规范》GB 50010 的有关规定。插筋的下端宜做成直钩放在基础底板钢筋网上。当柱为轴心受压或小偏心受压，基础高度大于等于 1200mm 或柱为大偏心受压，基础高度大于等于 1400mm 时，可仅将四角的插筋伸至底板钢筋网上，其余插

549

筋锚固在基础顶面下 l_a 或 l_{aE} 处（图 10.2.3）。

（3）预制钢筋混凝土柱与杯口基础的连接，应符合下列规定（图 10.2.4）：

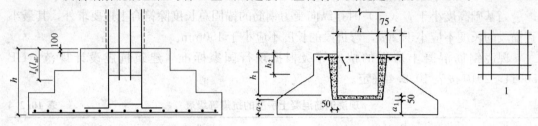

图 10.2.3　现浇柱的基础中插筋构造示意图　　　图 10.2.4　预制钢筋混凝土柱独立基础示意图

注：$a_2 \geqslant a_1$；1—焊接网

① 柱的插入深度，可按表 10.2.5 选用，并应满足上述钢筋锚固长度的要求及吊装时柱的稳定性。

柱的插入深度 h_1（mm）　　　　　　　　　　　　　　表 10.2.5

矩形或工字形柱				双肢柱
$h<500$	$500 \leqslant h<800$	$800 \leqslant h \leqslant 1000$	$h>1000$	
$h \sim 1.2h$	h	$0.9h$ 且 $\geqslant 800$	$0.8h$ $\geqslant 1000$	$(1/3 \sim 2/3)\, h_a$ $(1.5 \sim 1.8)\, h_b$

注：1. h 为柱截面长边尺寸，h_a 为双肢柱全截面长边尺寸，h_b 为双肢柱全截面短边尺寸；

　　2. 柱轴心受压或小偏心受压时，h_1 可适当减小；偏心距大于 $2h$ 时，h_1 应适当加大。

② 基础的杯底厚度和杯壁厚度，可按表 10.2.6 选用。

基础的杯底厚度和杯壁厚度　　　　　　　　　　　表 10.2.6

柱截面长边尺寸 h（mm）	杯底厚度 a_1（mm）	杯壁厚度 t（mm）
$h<500$	$\geqslant 150$	$150 \sim 200$
$500 \leqslant h<800$	$\geqslant 200$	$\geqslant 200$
$800 \leqslant h<1000$	$\geqslant 200$	$\geqslant 300$
$1000 \leqslant h<1500$	$\geqslant 250$	$\geqslant 350$
$1500 \leqslant h<2000$	$\geqslant 300$	$\geqslant 400$

注：1. 双肢柱的杯底厚度值，可适当加大；

　　2. 当有基础梁时，基础梁下的杯壁厚度，应满足其支承宽度的要求；

　　3. 柱子插入杯口部分的表面应凿毛，柱子与杯口之间的空隙，应用比基础混凝土强度等级高一级的细石混凝土充填密实，当达到材料设计强度的 70% 以上时，方能进行上部吊装。

③ 当柱为轴心受压或小偏心受压且 $t/h_2 \geqslant 0.65$ 时，或大偏心受压且 $t/h_2 \geqslant 0.75$ 时，杯壁可不配筋；当柱为轴心受压或小偏心受压且 $0.5 \leqslant t/h_2 < 0.65$ 时，杯壁可按表 10.2.7 构造配筋；其他情况下，应按计算配筋。

杯壁构造配筋			表 10.2.7
柱截面长边尺寸（mm）	$h<1000$	$1000{\leqslant}h<1500$	$1500{\leqslant}h{\leqslant}2000$
钢筋直径（mm）	8～10	10～12	12～16

注：表中钢筋置于杯口顶部，每边两根（图10.2.4）。

（4）预制钢筋混凝土柱（包括双肢柱）与高杯口基础的连接（图 10.2.5），除应符合上述预制钢筋混凝土柱与杯口基础的连接中关于插入深度的规定外，尚应符合下列规定：

① 起重机起重量小于或等于 750kN，轨顶标高小于或等于 14m，基本风压小于 0.5kPa 的工业厂房，且基础短柱的高度不大于 5m。

② 起重机起重量大于 750kN，基本风压大于 0.5kPa，且应符合下式的规定：

$$E_2 J_2/E_1 J_1 \geqslant 10 \qquad (10.2.4)$$

式中　E_1——预制钢筋混凝土柱的弹性模量（kPa）；

　　　J_1——预制钢筋混凝土柱对其截面短轴的惯性矩（m^4）；

　　　E_2——短柱的钢筋混凝土弹性模量（kPa）；

　　　J_2——短柱对其截面短轴的惯性矩（m^4）。

③ 当基础短柱的高度大于 5m，并应符合下式的规定：

$$\Delta_2/\Delta_1 \leqslant 1.1 \qquad (10.2.5)$$

式中　Δ_1——单位水平力作用在以高杯口基础顶面为固定端的柱顶时，柱顶的水平位移（m）；

　　　Δ_2——单位水平力作用在以短柱底面为固定端的柱顶时，柱顶的水平位移（m）。

④ 杯壁厚度符合表 10.2.8 的规定。高杯口基础短柱的纵向钢筋，除满足计算要求外，在非地震区及抗震设防烈度低于 9 度地区，且满足上述①、②、③项的要求时，短柱四角纵向钢筋的直径不宜小于 20mm，并延伸至基础底板的钢筋网上；短柱长边的纵向钢筋，当长边尺寸小于或等于 1000mm 时，其钢筋直径不应小于 12mm，间距不应大于 300mm；当长边尺寸大于 1000mm 时，其钢筋直径

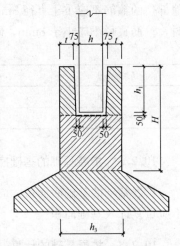

图 10.2.5　高杯口基础示意图
H—短柱高度

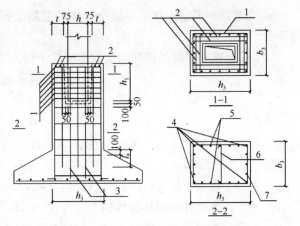

图 10.2.6　高杯口基础构造配筋图

1—杯口壁内横向钢箍 $\phi8@150$；2—顶层焊接钢筋网；3—插入基础底部的纵向钢筋不应少于每米 1 根；4—短柱四角钢筋一般不小于 $\phi20$；5—短柱长边纵向钢筋当 $h_3{\leqslant}1000$ 用 $\phi12@300$，当 $h_3>1000$ 用 $\phi16@300$；6—按构造要求；7—短柱短边纵向钢筋每边不小于 $0.05\%b_3h_3$（不小于 $\phi12@300$）

不应小于 16mm，间距不应大于 300mm，且每隔 1m 左右伸下一根并作 150mm 的直钩支承在基础底部的钢筋网上，其余钢筋锚固至基础底板顶面下 l_a 处（图 10.2.6）。短柱短边每隔 300mm 应配置直径不小于 12mm 的纵向钢筋且每边的配筋率不少于 0.05% 短柱的截面面积。短柱中杯口壁内横向箍筋直径不应小于 8mm，间距不应小于 150mm。短柱中其他部位的箍筋不应小于直径 8mm，间距不应大于 300mm。当抗震设防烈度为 8 度和 9 度时，箍筋直径不应小于 8mm，间距不应大于 150mm。

高杯口基础的杯壁厚度 t 表 10.2.8

h (mm)	t (mm)	h (mm)	t (mm)
600<h≤800	≥250	1000<h≤1400	≥350
800<h≤1000	≥300	1400<h≤1600	≥400

10.2.3 扩展基础的基础底面积

扩展基础的基础底面积，应按本书第 4 章的有关规定确定。在墙下条形基础相交处，不应重复计入基础面积。

10.2.4 扩展基础的计算

(1) 扩展基础的计算应符合下列规定：

① 对柱下独立基础，当冲切破坏锥体落在基础底面以内时，应验算柱与基础交接处以及基础变阶处的受冲切承载力；

② 对基础底面宽度小于或等于柱宽加两倍基础有效高度的柱下独立基础，以及墙下条形基础，应验算柱（墙）与基础交接处的基础受剪切承载力；

③ 基础底板的配筋，应按抗弯计算确定；

④ 当基础的混凝土强度等级小于柱的混凝土强度等级时，尚应验算柱下基础顶面的局部受压承载力。

(2) 柱下独立基础的受冲切承载力应按下列公式验算：

$$F_l \leqslant 0.7\beta_{hp}f_t a_m h_0 \tag{10.2.6}$$

$$a_m = (a_t + a_b)/2 \tag{10.2.7}$$

$$F_l = p_j A_l \tag{10.2.8}$$

式中　β_{hp}——受冲切承载力截面高度影响系数，当 h 不大于 800mm 时，β_{hp} 取 1.0；当 h 大于或等于 2000mm 时，β_{hp} 取 0.9，其间按线性内插法取值；

f_t——混凝土轴心抗拉强度设计值（kPa）；

h_0——基础冲切破坏锥体的有效高度（m）；

a_m——冲切破坏锥体最不利一侧计算长度（m）；

a_t——冲切破坏锥体最不利一侧斜截面的上边长（m），当计算柱与基础交接处的受冲切承载力时，取柱宽；当计算基础变阶处的受冲切承载力时，取上阶宽；

a_b——冲切破坏锥体最不利一侧斜截面在基础底面积范围内的下边长（m），当冲切破坏锥体的底面落在基础底面以内（图 10.2.7a、b），计算柱与基础交接

处的受冲切承载力时，取柱宽加两倍基础有效高度；当计算基础变阶处的
受冲切承载力时，取上阶宽加两倍该处的基础有效高度；

p_j——扣除基础自重及其上土重后相应于作用的基本组合时的地基土单位面积净
反力（kPa），对偏心受压基础可取基础边缘处最大地基土单位面积净
反力；

A_l——冲切验算时取用的部分基底面积（m²）[图 10.2.7（a）、（b）中的阴影面积
ABCDEF]；

F_l——相应于作用的基本组合时作用在 A_l 上的地基土净反力设计值（kPa）。

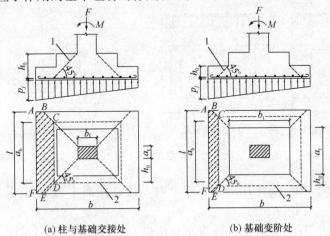

(a) 柱与基础交接处　　　　　　(b) 基础变阶处

图 10.2.7　计算阶形基础的受冲切承载力截面位置图
1—冲切破坏锥体最不利一侧的斜截面；2—冲切破坏锥体的底面线

（3）当基础底面宽度小于或等于柱宽加两倍基础有效高度时，应按下列公式验算柱与
基础交接处截面受剪承载力：

$$V_s \leqslant 0.7\beta_{hs} f_t A_0 \tag{10.2.9}$$

$$\beta_{hs} = (800/h_0)^{1/4} \tag{10.2.10}$$

式中　V_s——柱与基础交接处的剪力设计值（kN），图 10.2.8 中的阴影面积乘以基底平
均净反力；

β_{hs}——受剪切承载力截面高度影响系数：当 $h_0<800$mm 时，取 $h_0=800$mm；当 h_0
>2000mm 时，取 $h_0=2000$mm；

A_0——验算截面处基础的有效截面面积（m²）。当验算截面为阶形或锥形时其截面
折算宽度按 10.1.3 中所述的方法计算。

（4）墙下条形基础底板应按式（10.2.9）验算墙与基础底板交接处截面受剪承载力，
其中 A_0 为验算截面处基础底板的单位长度垂直截面有效面积，V_s 为墙与基础交接处由基
底平均净反力产生的单位长度剪力设计值。

（5）在轴心荷载或单向偏心荷载作用下，当台阶的宽高比小于或等于 2.5 和偏心距小
于或等于 1/6 基础宽度时，柱下矩形独立基础任意截面的底板弯矩可按下列简化方法进行
计算（图 10.2.9）：

$$M_I = \frac{1}{12}a_1^2\left[(2l+a')\left(p_{max}+p-\frac{2G}{A}\right)+(p_{max}-p)l\right] \tag{10.2.11}$$

$$M_{\mathrm{II}} = \frac{1}{48}\,(l-a')^2(2b+b')\Big(p_{\max}+p_{\min}-\frac{2G}{A}\Big) \tag{10.2.12}$$

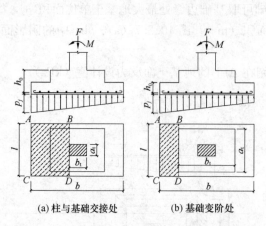

图 10.2.8　验算阶形基础受剪切承载力示意图　　图 10.2.9　矩形基础底板的计算示意图

式中　M_{I}、M_{II}——相应于作用的基本组合时，任意截面Ⅰ-Ⅰ、Ⅱ-Ⅱ处的弯矩设计值（kN·m）；

　　　a_1——任意截面Ⅰ-Ⅰ至基底边缘最大反力处的距离（m）；

　　　l、b——基础底面的边长（m）；

　$p_{\max}$、$p_{\min}$——相应于作用的基本组合时的基础底面边缘最大和最小地基反力设计值（kPa）；

　　　p——相应于作用的基本组合时在任意截面Ⅰ-Ⅰ处基础底面地基反力设计值（kPa）；

　　　G——考虑作用分项系数的基础自重及其上的土自重（kN），当组合值由永久荷载控制时，作用分项系数可取 1.35。

（6）基础底板配筋除满足计算和最小配筋率要求外，尚应符合 10.2.1（3）的构造要求。计算最小配筋率时，对阶形或锥形基础截面，可将其截面折算成矩形截面，截面的折算宽度和有效高度按 10.1.3 中所述的方法计算。基础底板配筋可按下式计算：

$$A_{\mathrm{s}} = \frac{M}{0.9f_{\mathrm{y}}h_0} \tag{10.2.13}$$

式中　A_{s}——钢筋截面积；

　　　M——底板计算弯矩；

　　　f_{y}——混凝土抗拉强度设计值；

　　　h_0——底板截面有效高度。

（7）当柱下独立柱基底面长短边之比 ω 在大于或等于 2、小于或等于 3 的范围时，基础底板短向钢筋按下述方法布置：将短向全部钢筋面积乘以 λ 后求得的钢筋，均匀分布在与柱中心线重合的宽度等于基础短边的中间带宽范围内（图 10.2.10），其余的短向钢筋则均匀分布在中间带宽的两侧。长向配筋应均匀分布在基础全宽范围内。λ 应按下式进行计算：

$$\lambda = 1 - \frac{\omega}{6} \qquad (10.2.14)$$

（8）墙下条形基础（图 10.2.11）的受弯计算和配筋应符合下列规定：

① 任意截面每延米宽度的弯矩，可按式（10.2.15）进行计算：

$$M_{\mathrm{I}} = \frac{1}{6} a_1^2 \left(2p_{\max} + p - \frac{3G}{A} \right) \qquad (10.2.15)$$

② 其最大弯矩截面的位置，应符合下列规定：

当墙体材料为混凝土时，取 $a_1 = b_1$；

当为砖墙且大放脚不大于 1/4 砖长时，取 $a_1 = b_1 + 1/4$ 砖长。

③ 墙下条形基础底板每延米宽度的配筋除满足计算和最小配筋率要求外，尚应符合 10.2.1（3）的构造要求。

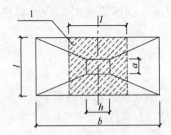 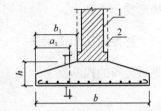

图 10.2.10　基础底板短向钢筋布置示意图　　图 10.2.11　墙下条形基础的计算示意图

1—λ 倍短向全部钢筋面积均匀　　　　　　　　1—砖墙；2—混凝土墙

配置在阴影范围内

10.3　柱 下 条 形 基 础

10.3.1　柱下条形基础的构造

柱下条形基础的构造除应符合 10.2.1 扩展基础的构造要求外，尚应符合下列规定：

（1）柱下条形基础梁的高度宜为柱距的 1/4～1/8，翼板厚度不应小于 200mm，当翼板厚度大于 250mm 时，宜采用变厚度翼板，其顶面坡度宜小于或等于 1∶3。

（2）条形基础的端部宜向外伸出，其长度宜为第 1 跨距的 0.25 倍。

（3）现浇柱与条形基础梁的交接处，基础梁的平面尺寸应大于柱的平面尺寸，且柱的边缘至基础梁边缘的距离不得小于 50mm（图 10.3.1）。

（4）条形基础梁顶部和底部的纵向受力钢筋除应满足计算要求外，顶部钢筋应按计算配筋全部贯通，底部通长钢筋不应少于底部受力钢筋截面总面积的 1/3。

（5）柱下条形基础的混凝土强度等级，不应低于 C20。

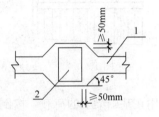

图 10.3.1　现浇柱与条形基础梁

交接处的平面尺寸图

1—基础梁；2—柱

10.3.2 柱下条形基础的计算

柱下条形基础的计算除应符合 10.2.4 中（1）的要求外，尚应符合下列规定：

（1）在比较均匀的地基上，上部结构刚度较好，荷载分布较均匀且条形基础梁的高度不小于 1/6 柱距时，地基反力可按直线分布，条形基础梁的内力可按连续梁计算，此时边跨跨中弯矩及第一内支座的弯矩值宜乘以 1.2 的系数；

（2）当不满足上述要求时，宜按弹性地基梁计算；

（3）对交叉条形基础，交点上的柱荷载，可按静力平衡条件及变形协调条件，进行分配，其内力可按上述（1）和（2）的规定，分别进行计算；

（4）应验算柱边缘处基础梁的受剪承载力；

（5）当存在扭矩时，尚应作抗扭计算；

（6）当条形基础的混凝土强度等级小于柱的混凝土强度等级时，应验算柱下条形基础梁顶面的局部受压承载力。

10.3.3 静定梁法和倒梁法

（1）直线分布的地基反力（图 10.3.2）可按公式（10.3.1）计算：

$$p^{\max}_{\min} = \frac{\sum F_i}{bl} \pm \frac{6 \sum M_i}{bl^2} \tag{10.3.1}$$

式中 $\sum F_i$——上部结构物作用在基础梁上的垂直荷载（包括分布荷载）的总和；

$\sum M_i$——外荷载对基础梁中点的代数和；

b——基础梁的宽度；

L——基础梁的长度；

$p_{\max}$——基础梁边缘处的最大地基反力；

$p_{\min}$——基础梁边缘处的最小地基反力。

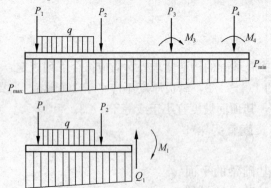

图 10.3.2 直线分布的地基反力

（2）静定梁法

按式（10.3.1）计算地基反力后，视基础梁为荷载和地基反力作用下的静定梁。据此即可计算各个截面的弯矩和剪力，继而进行截面设计。因为基础梁的自重不引起内力，所以式（10.3.1）中的荷载不考虑基础梁的自重，算得的地基反力亦为净反力。

（3）倒梁法

倒梁法是将上部结构的柱视为基础梁的支座，以直线分布的地基反力视为作用在基础梁上的荷载，按倒置的多跨连续梁计算内力的方法（图 10.3.3）。

由于倒梁法在假设中忽略了基础梁的挠度和各柱脚的竖向位移差，没有考虑其与地基的变形协调条件，且采用了基底净反力的直性分布假定，所以算得的支座反力 R_i 往往不等于柱荷载 F_i。实际应用中采用的方法是进行调整。具体做法是：①求出垂直荷载作用下的地基平均净反力；②求在地基平均净反力作用下基础梁的内力；③求出各支座剪力与柱荷载 F_i 的差值（即各支座的不平衡力）；④将各支座的不平衡力换算成作用在该支座两侧各 1/3 跨度范围内的均布荷载，再次求解基础梁的内力；⑤将二次计算的结果叠加，根据叠加的内力图进行基础梁的截面设计。

一般经过一次调整即可满足设计要求，如仍感不满意，可按上法将不平衡力再次进行调整，直到满意为止。

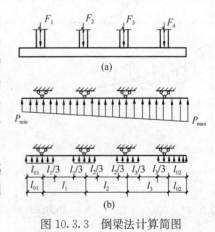

图 10.3.3　倒梁法计算简图

10.3.4　弹性地基梁法

弹性地基梁就是假定地基是弹性体，假定柱下条形基础是置于这一弹性体上的梁。将基础和地基作为一个整体，把它与上部结构隔断开来，上部结构仅仅作为一种荷载作用在基础上。基础底面和地基表面在受荷而变形的过程中始终是贴合的，亦即二者不仅满足静力平衡条件，而且满足变形协调条件。然后经过种种几何上和物理上的简化，用数学力学方法求解基础和地基的内力和变形。

弹性地基梁、板是一种习惯上的称谓，因为地基并不是一种完全弹性体，所以不少专家和学者认为将它们称为基础梁更为科学。

所谓几何上和物理上的简化，对基础梁而言，梁的长度有"有限长"的或"无限长"的，梁的刚度有"有限刚度"的及"绝对刚性"的假定。而最重要的简化则是地基的简化，也就是将地基简化成什么样的"地基模型"是至关重要的。因为采用不同的地基模型进行计算，基础梁将会得到不同的内力和变形，它不仅影响内力的大小，甚至会改变内力的正负号。

确切地说，地基模型就是地基的应力与应变关系的数学表达式，也就是地基中力与变形之间的数学关系。

经典土力学论及的地基模型都是弹性模型，即应力与应变之间的关系呈直线关系。弹性模型主要有文克尔模型和半无限弹性体模型，近代土力学则主要论述弹塑性模型，将地基土的应力与应变之间的关系描述成非线性关系，比较常见的有邓肯-张模型、拉德-邓肯模型、剑桥模型等。无论弹性模型还是弹塑性模型都有丰硕的研究成果，致使地基模型达到 100 种以上，但真正能进入工程实用阶段的仍然为数不多，在我国工程界普遍采用的还是弹性地基模型。本章关于柱下条形基础的弹性地基梁解法，也只是以文克尔地基上的基础梁为例作简单的说明，弹性地基梁板理论的丰富内容将在本书第 11

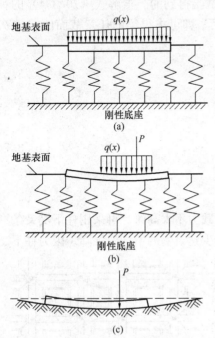

图 10.3.4　文克尔地基模型示意图

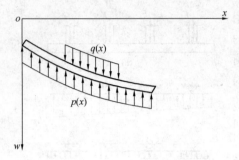

图 10.3.5　梁的受力图式

章中作详细的介绍。

1867 年捷克人文克尔（E. Winkler）提出一个非常著名的假定：地基表面任一点的沉降 w 与该点单位面积上所受的压力 p 成正比。其数学表达式为：

$$p = kw \qquad (10.3.2)$$

式中　k——基床系数，表示使地基产生单位沉降所需的单位面积上的压力（图 10.3.4）。

文克尔地基上梁的计算，首先应建立基础梁挠曲的基本微分方程。该梁的挠度为 $w(x)$，梁所承受的荷载为 $q(x)$，地基的反力为 $p(x)$，如图 10.3.5 所示。不论是否在文克尔地基上，梁的一般挠曲微分方程为：

$$EI \frac{\mathrm{d}^4 w}{\mathrm{d}x^4} = q(x) - p(x) \qquad (10.3.3)$$

式中　E——梁的材料弹性模量；

I——梁的截面惯性矩。

对于文克尔地基上的梁，根据梁的挠曲与地基变形协调的原则，地基的沉降变形与梁的挠度 $w(x)$ 相等；根据静力平衡原则，地基的压力与地基给予梁的反力等值，均为 $p(x)$。这样一来，按照文克尔假定的压力与沉降变形的关系，将式（10.3.2）代入式（10.3.3），可得：

$$EI \frac{\mathrm{d}^4 w}{\mathrm{d}x^4} + kw = q(x) \qquad (10.3.4)$$

本式即为文克尔地基上梁的基本微分方程。式中，$w(x)$ 为欲求解的未知量，E、I、$q(x)$、k 为已知量。其中，基床系数 k 是可以通过试验得到的。求解式（10.3.4）的种种方法，将在本书第 11 章中叙述。求得 $w(x)$ 以后，即可求得梁的任意截面的转角 θ、弯矩 M 和剪力 Q，并据此进行截面设计：

$$\theta = \frac{\mathrm{d}w}{\mathrm{d}x} \qquad (10.3.5)$$

$$M = -EI \frac{\mathrm{d}Q}{\mathrm{d}x} = -EI \frac{\mathrm{d}^2 w}{\mathrm{d}x^2} \qquad (10.3.6)$$

$$Q = \frac{\mathrm{d}M}{\mathrm{d}x} = -EI \frac{\mathrm{d}^3 w}{\mathrm{d}x^3} \qquad (10.3.7)$$

10.3.5　柱下交叉条形基础

当建筑物荷载较大，地基土质不甚均匀，地基承载力不太高时，可采用柱下交叉条形基础，以增加基础的支承面积，提高基础的刚度，减少建筑物的不均匀沉降。因为柱下交叉条形基础通常是由纵横两个方向柱列下的条形基础呈十字形交叉构成的格排状基础，所以常称交叉梁基础或十字交叉梁基础（图 10.3.6）。

柱下交叉条形基础是一种具有一定刚度的整体基础，按弹性地基梁板的理论、采用有限元法进行精确

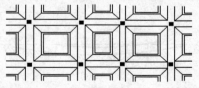

图 10.3.6　柱下交叉条形基础示意图

计算是可行的，但是比较复杂，而且计算结果与实际情况也不完全符合，所以在实际工程的设计计算中，常常采用简化方法。简化计算的方法是将作用在交叉点上的柱荷载按变形协调和静力平衡的原则，分配到纵向和横向基础梁上，也就是说，用经过分配的荷载分别作用在纵向和横向基础梁上时，纵向和横向基础梁在节点（交叉点）处产生的变位应是相等的。节点荷载分配计算通常采用文克尔地基模型，用经过分配的荷载分别作用在纵向和横向基础梁上，纵向和横向基础梁即可按前述柱下条形基础的计算方法分别进行计算。

1. 静力平衡条件

$$F_i = F_{ix} + F_{iy} \tag{10.3.8}$$

式中　F_i——作用在节点 i 上的集中荷载；

F_{ix}、F_{iy}——F_i 分配在 x、y 方向基础梁上的荷载。

2. 变形协调条件

变形协调即纵向和横向基础梁在节点 i 处的竖向位移和转角应相等，且应与该处的地基变形相协调。为简化计算，假设在节点处纵向和横向基础梁为铰接，即一个方向的基础梁发生转角时，在另一方向的基础梁内不引起内力。节点上两个方向的力矩分别由相应的纵梁和横梁承担，因此只考虑节点处的竖向位移的协调条件：

$$w_{ix} = w_{iy} = s \tag{10.3.9}$$

式中　w_{ix}、w_{iy}——纵向和横向基础梁在节点 i 处的竖向位移；

s——节点处的地基沉降。

当十字交叉节点间距较大，纵横间距大致相同，节点荷载相差不多时，可不考虑荷载的相互影响，使节点荷载分配计算大大简化。

3. 节点荷载分配计算

图 10.3.7（a）所示为交叉条形基础梁的边柱节点，在荷载 F_i 作用下，交叉条形基础梁可以分解为在 F_{ix} 作用下的无限长梁和在 F_{iy} 作用下的半无限长梁。根据文克尔弹性地基关于无限长梁的解，在 F_{ix} 作用下，在作用点（$x=0$）处的地基沉降为：

$$w_{ix} = \frac{F_{ix}\lambda_x}{2kb_x} = \frac{F_{ix}}{2kb_x s_x} \tag{10.3.10}$$

$$s_x = \frac{1}{\lambda_x} = \sqrt[4]{\frac{4EI_x}{kb_x}} \tag{10.3.11}$$

式中　k——基床系数；

b_x——x 方向的基础梁的底面宽度；

s_x——x 方向基础梁的刚度特征值；

EI_x——x 方向基础梁的弯曲刚度。

同理，在 F_{iy} 作用下的半无限长梁在作用点（$y=0$）处的地基沉降为：

$$w_{iy} = \frac{F_{iy}}{2kb_y s_y} \tag{10.3.12}$$

$$s_y = \frac{1}{\lambda_y} = \sqrt[4]{\frac{4EI_y}{kb_y}} \tag{10.3.13}$$

式中　b_y——y 方向的基础梁的底面宽度；

s_y——y 方向基础梁的刚度特征值；

EI_y——y 方向基础梁的弯曲刚度。

由变形协调条件 $w_{ix} = w_{iy}$ 得

$$\frac{F_{ix}}{2kb_x s_x} = \frac{F_{iy}}{2kb_y s_y} \qquad (10.3.14)$$

又根据静力平衡条件 $F_i = F_{ix} + F_{iy}$ 与上式联立可解得：

$$F_{ix} = \frac{4b_x s_x}{4b_x s_x + b_y s_y} F_i \qquad (10.3.15)$$

$$F_{iy} = \frac{4b_y s_y}{4b_x s_x + b_y s_y} F_i \qquad (10.3.16)$$

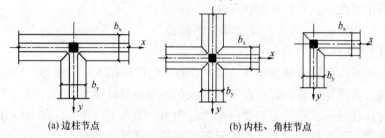

(a) 边柱节点   (b) 内柱、角柱节点

图 10.3.7 交叉梁节点示意图

图 10.3.7（b）所示为交叉条形基础梁的内柱和角柱节点，集中荷载 F_i 同样可以分解成 F_{ix}、F_{iy}。对于内柱按两个方向的无限长梁计算，对于角柱则按两个方向的半无限长梁计算。可得：

$$F_{ix} = \frac{b_x s_x}{b_x s_x + b_y s_y} F_i \qquad (10.3.17)$$

$$F_{iy} = \frac{b_y s_y}{b_x s_x + b_y s_y} F_i \qquad (10.3.18)$$

4. 节点荷载分配的调整

由于上述节点荷载分配中，为了简化计算，没有考虑纵横基础梁在节点处交叉时底板面积重叠部分的地基压力，因此要把这部分压力折算成整个基础底面上的平均压力，作为增量 ΔF 加到已算得的 F_{ix} 和 F_{iy} 中去。

$$\Delta F = \frac{\Delta A \sum F_i}{A^2} \qquad (10.3.19)$$

式中 ΔA——纵横基础梁在节点（交叉点）处重叠部分底板总面积；

    ΔF_i——所有节点集中力之和；

    A——交叉条形基础基底总面积。

平均压力增量 ΔF 同样应分配到每一节点的纵横梁上去，分配可按下列公式进行：

$$\Delta F_{ix} = \frac{F_{ix}}{F_i} \Delta A_i \Delta F \qquad (10.3.20)$$

$$\Delta F_{iy} = \frac{F_{iy}}{F_i} \Delta A_i \Delta F \qquad (10.3.21)$$

调整后的节点集中力为：

$$F'_{ix} = F_{ix} + \Delta F_{ix} \qquad (10.3.22)$$

$$F'_{iy} = F_{iy} + \Delta F_{iy} \qquad (10.3.23)$$

式中　ΔF_{ix}——节点 i 在 x 轴方向集中力的增量；

　　　　ΔF_{iy}——节点 i 在 y 轴方向集中力的增量；

　　　　A_i——节点 i 处交叉梁底板重叠部分的面积 $A_i = b_x b_y$，对处于边缘板带的节点，可取 $A_i = b_x b_y / 2$。

参 考 文 献

[1]　中华人民共和国国家标准.《建筑地基基础设计规范》GB 50007—2011. 北京：中国建筑工业出版社，2011.

[2]　钱力航. 中国土木工程指南(第三篇 8 浅基础). 北京：科学出版社，1993.

[3]　顾晓鲁等. 地基与基础(第二版). 北京：中国建筑工业出版社，1993.

第11章 基础梁的计算与分析

11.1 概　　述

基础梁是把上部结构比较集中的荷载分散地传递给地基土，以减小单位面积上地基所承受的压力。基础梁是土建结构中最常用的一种基础形式，它的平面形式取决于建筑物的柱网布置或结构设计的要求，通常有条形的、十字交叉形的、曲线形的或环形等基础梁。按计算类别，它可分成空间问题，如工业与民用建筑下的柱下条形基础和环形基础等；平面问题，如水工结构中的水闸、船坞，由于作用的荷载沿纵向分布不变（图11.1.1），所以连同地基一起截取单位厚度，并把它作为平面形变的基础梁进行分析。

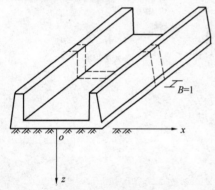

图 11.1.1　弹性地基梁（平面变形问题）

确定基础与地基之间的接触压力是基础梁计算的关键所在，一旦它的大小及其分布形式被确定之后，那么用材料力学的截面法就不难得到基础梁的全部内力。然而，基础梁下的接触压力与基础梁本身刚度和形状、地基土性质以及上部结构刚度等因素有关。在工程实践中，接触压力的分布规律常通过以下三种不同假定的途径获得，即：

（1）假设接触压力按直线分布；

（2）从地基按文克尔（Winkle）假设的模型，即地基某点压力的大小与该点地基变形量成正比 [图 11.1.2 (a)]；

（3）把地基假设为半无限连续弹性体（即弹性半空间模型）[图 11.1.2 (b)]。

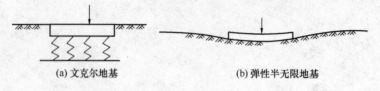

(a) 文克尔地基　　　　　　　　　(b) 弹性半无限地基

图 11.1.2　地基模型

若接触压力按直线分布，则该分布直线可用 $p(x) = Ax + B$ 方程表示，利用静力平衡条件 $\sum Y = 0$、$\sum M = 0$，可求得未知系数 A 和 B 的值。以往，常规基础梁的设计方法（图11.1.3），就是以基础梁为绝对刚性、接触压力为直线分布的假定条件而计算的。不难看出，这种设计方法的最大缺陷是，忽略了地基土的存在以及地基土性质对基础梁受力性能的影响。计算和试验结果表明，即使基础梁截面尺寸以及它所承受荷载都不变的情况下，基础梁的内力也会随着地基土性质变软而增大，因此，采用接触压力直线分布的假定，无法反映基础梁受力的真实情况。

由图 11.1.4 可见，接触压力的分布是与所选用的地基模型有关。绝对刚性基础安置在所假设的弹性半空间地基上，计算得到的接触压力分布不均匀，往往在基础底面边缘处的压力值较大。要是放在文克尔地基上，则接触压力呈均匀分布，两者分布截然不同（图 11.1.4）。上述两种地基模型有各自的优点和适用条件，例如大面积基础下的薄层软土地基，受力后的变形特征类似于文克尔假设的地基模型，因此，在选择地基模型时，要结合现场实际情况而定。

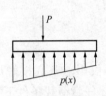

图 11.1.3　基底压力
直线分布

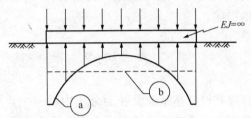

图 11.1.4　两种不同地基模型下的接触压力分布
ⓐ—弹性半无限体地基；ⓑ—文克尔地基

基础梁的分析计算方法，曾有过不少的研究[1,2,3,4]，主要可归纳为：

$$\begin{cases} \text{解析解} \begin{cases} \text{初参数法} \\ \text{叠加法} \\ \text{Hetényi 解} \end{cases} \\ \text{数值解} \begin{cases} \text{级数法} \\ \text{链捍法} \\ \text{有限差分法} \\ \text{矩阵位移法} \\ \text{有限单元法} \end{cases} \end{cases}$$

通过一种数学表达式，能给出所要求未知量在研究体中任一处的数值的解析解，只能在文克尔地基、等截面基础梁等简单情况下才有解答的表达式。对于弹性半空间地基、变截面的或其他复杂情况下的基础梁，只能通过数值方法求解；并且这种求解的途径已越来越被广泛采用。不论采用哪种地基模型或哪种数学求解方法，都需要满足以下两个基本条件：

变形协调条件——基础梁在受荷变形前后，整个基础底面与地基土保持紧密接触，而不发生任何局部的脱开现象；

静力平衡条件——基础梁在外荷与基底接触反力的作用下保持静力平衡。

近年来，随着计算技术的发展，基础梁的计算与分析正向着逐步完善和趋向合理方法发展，以下两方面的内容已引起工程技术人员的关注：

（1）上部结构刚度效应在计算中的反映

在工业与民用建筑中，基础梁与上部结构是一个结构整体的两个不可分割的结构单元体。计算表明，在同一地基条件下，考虑上部刚度后的基础梁内力要比不考虑的为小，因此，严格地说基础梁的计算不能单单列入基础与地基共同作用的研究范畴，而应该纳入到计及上部结构刚度这一影响因素的整体结构分析中。

（2）地基土非线性特征的考虑

如上所述，当基础梁刚度、荷载逐渐增大时，基础边缘处的接触压力要比其他部位来得大，但这种增大现象决不像弹性介质那样，会无限制地延续下去；由于地基土非线性特性的存在，当压力达到某一值后会趋于稳定。由于接触压力这种调整和重分布的结果所导致基础梁的内力，与安置在呈弹性的地基土上的基础梁相比，必然会有很大差别。

本章着重介绍各种基础梁，包括十字交叉形和曲线形基础梁的计算方法，并为工程设计人员提供较正确的分析途径。与此同时，对非线性地基土、上部结构刚度等因素的考虑作扼要的描述。

11.2 地 基 模 型

选择地基模型是基础梁受力分析中的一个重要方面，它不仅影响基底接触压力的分布，而且还会影响基础梁的内力。理想的地基模型，应当能描述任意荷载条件下土的变形特征；然而，要找出一个普遍都能适用的数学模型是既复杂又困难的。这里，就基础梁计算中常用的几种模型作一介绍。

11.2.1 文克尔模型

捷克工程师文克尔提出了地基任一点的变形量 s 仅与该点所受的压力 p 成正比的假设，即

$$p = k \cdot s$$

式中 k——地基基床系数（kN/m³）。

这个假设实质上是把地基看作是与邻近无关的一组独立弹簧，而基床系数则表示弹簧的刚度，因此，地基的变形只产生在局部的基础范围之内。在实践中，基础范围外的地基土也会产生一定量变形 [图 11.1.2 (b)]。可是在某些情况下，如在抗剪强度很低且较薄的土（淤泥、饱和软黏土等）层时，选用这种模型是合适的。另外，由于文克尔地基模型具有计算简便的特点，仍广泛沿用至今。

地基基床系数值可以通过查表和试验加以确定。表 11.2.1 按地基土类名和无侧限抗压强度 q_u 给出了 k 值范围。太沙基（Terzaghi）曾建议可通过载荷板试验，按下式计算：

$$k = k_P \left(\frac{m + 0.5}{1.5m} \right) \tag{11.2.1}$$

式中 k_P——载荷板试验得到的基床系数值；

m——实际基础的长宽比。

层状地基中，一种较好确定地基基床系数的途径是，根据基础的荷载强度（p）和实测到的沉降（s）资料来估算 k 值（$k = p/s$）。对于基础梁而言，受力的性状主要取决于基础的挠曲。实测资料表明，在结构施工结束时基础梁的挠曲基本成形，它并不随着以后结构物沉降的发展，而有显著的变化，因此，可按结构物施工结束时的沉降量来反算相应的 k 值。根据上海地区几幢原型建筑物沉降观测资料，反算得到的 k 值范围为 3000kN/m³ ～ 10000kN/m³（0.3kg/cm³～1.0kg/cm³）。

地基基床系数 k 值的范围　　　　　　　　表 11.2.1

土　类	k（kN/m^3）	k（kg/cm^3）
松砂	4800～16000	0.48～1.60
中密砂	9600～80000	0.96～8.00
密砂	6400～128000	6.40～12.80
黏土质中密砂	32000～80000	3.20～8.00
粉质土中密砂	24000～40000	2.40～4.80
黏性土		
$q_u \leqslant 200kPa$	12000～24000	1.20～2.40
$200 < q_u \leqslant 400kPa$	24000～48000	2.40～4.80
$q_u > 400kPa$	＞48000	＞4.80

11.2.2　弹性半空间模型

把均质的、各向同性的半无限弹性体作为地基模型时，地基变形根据工程类别分别按空间问题和平面形变问题进行计算。

1. 空间问题

地基表面任一点的变形量 $s(x, y)$ 与整个基底压力分布 $p(\xi, \eta)$ 有关（图 11.2.1），可通过对布辛奈斯克解积分求得：

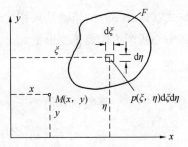

图 11.2.1　地基表面任一点变形量与基底压力分布的关系

$$s(x, y) = \frac{1 - \mu_0^2}{\pi E_0} \iint_F \frac{p(\xi, \eta) \mathrm{d}\xi \mathrm{d}\eta}{\sqrt{(\xi - x)^2 + (\eta - y)^2}} \qquad (11.2.2)$$

式中　$p(\xi, \eta)$——分布荷载；

　　　E_0、μ_0——土的变形模量和泊桑比。

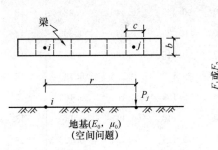

图 11.2.2　计算图

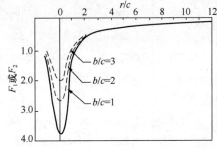

图 11.2.3　系数 F_1、F_2 分布曲线

计算图 11.2.2 所示 n 个矩形网格的地基变形量时，由 j 网络处的均布荷载 $P_j / c \times b$ 对 i 网格中点所产生的变形量 $s_{i,j}$ 可按式（11.2.2）积分求得为：

$$s_{ij} = \frac{P_j (1 - \mu_0^2)}{\pi E_0 c} F_1 \qquad (11.2.3)$$

式中，P_j 为集中荷载（kN），系数 F_1（图 11.2.3）可表达为：

$$F_1 = \frac{c}{b}\left\{ 2\ln\frac{b}{c} - \ln\left[\left(2\frac{r}{c}\right)^2 - 1\right] - 2\frac{r}{c}\ln\left[\frac{2r+c}{2r-c}\right] + \frac{b}{c}\ln\left[\frac{A+\sqrt{A^2+1}}{B-\sqrt{B^2+1}}\right]\right.$$

$$\left. + 2\frac{r}{c}\left[\frac{1+\sqrt{A^2+1}}{1+\sqrt{B^2+1}}\right] + \ln\left[1+\sqrt{A^2+1}\right] + \left[1+\sqrt{B^2+1}\right]\right\}$$

其中　r——网格 i、j 中点之间的距离;

A——系数,其值为 $2\frac{r}{b}+\frac{c}{b}$;

B——系数,其值为 $2\frac{r}{b}-\frac{c}{b}$。

为简单起见,也可近似地用布辛奈斯克的解直接计算,即

$$s_{ij} = \frac{P_j(1-\mu_0^2)}{\pi E_0 r} \tag{11.2.4}$$

与式 (11.2.3) 的精确结果相比 (表 11.2.3),两者相差不大。至于 j 网格的分布荷载对其中心所产生的地基变形量 s_{jj},仍可按式 (11.2.2) 积分求得:

$$s_{jj} = \frac{P_j(1-\mu_0^2)}{\pi E_0 c} F_2 \tag{11.2.5}$$

式中　F_2——系数,其值等于 $r=0$ 时的 F_1 值:

$$F_2 = 2\frac{c}{b}\left\{\ln\left(\frac{b}{c}\right) + \frac{b}{c}\ln\left[\frac{c}{b}+\sqrt{\frac{c^2}{b^2}+1}\right] + \ln\left[1+\sqrt{\frac{c^2}{b^2}+1}\right]\right\}$$

F_1 与 F_2 值　　　　　　　　　　　表 11.2.2

$\frac{r}{c}$	$\frac{c}{r}$	F_1 或 F_2						$\frac{r}{c}$	F_1 或 F_2
		$\frac{b}{c}=\frac{2}{3}$	1	2	3	4	5		
0	∞	4.265	3.525	2.406	1.867	1.542	1.322	11	0.091
1	1	1.069	1.038	0.929	0.829	0.746	0.678	12	0.083
2	0.500	0.508	0.505	0.490	0.469	0.446	0.424	13	0.077
3	0.333	0.336	0.335	0.330	0.323	0.315	0.305	14	0.071
4	0.250	0.251	0.251	0.249	0.246	0.242	0.237	15	0.067
5	0.200	0.200	0.200	0.199	0.197	0.196	0.193	16	0.063
6	0.167	0.167	0.167	0.166	0.165	0.164	0.163	17	0.059
7	0.143	0.143	0.143	0.143	0.142	0.141	0.140	18	0.056
8	0.125	0.125	0.125	0.125	0.124	0.124	0.123	19	0.053
9	0.111	0.111	0.111	0.111	0.111	0.111	0.110	20	0.050
10	0.100	0.100	0.100	0.100	0.100	0.100	0.099		

m 值　　　　　　　　　　　表 11.2.3

两计算网格中心距 r	c	$2c$	$3c$	$4c$	$5c$	$6c$	$7c$	$8c$	$9c$	$10c$
地基变形量的比值 m	1.038	1.016	1.006	1.004	1.000	1.000	1.000	1.000	1.000	1.000

注:m 为式 (11.2.4) 计算值与式 (11.2.2) 计算值之比 (按 $b/c=1$ 计)

2. 平面形变问题

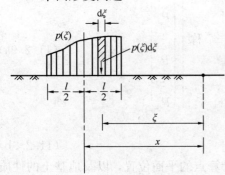 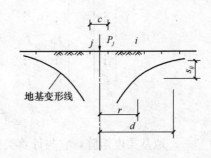

图 11.2.4　弗拉曼解　　　　图 11.2.5　在线分布荷载下，i、j 两点的相对沉降差

截取单位宽度（$B=1$）进行分析（图 11.1.1），地基表面任一点的变形量 $s(x)$ 可通过对弗拉曼解的积分求得（图 11.2.4）

$$s(x) = \frac{2(1-\mu_0^2)}{\pi E_0} \int_{x-\frac{l}{2}}^{x+\frac{l}{2}} p(\xi)d\xi \cdot \ln\frac{d}{\xi} \tag{11.2.6}$$

于是，j 网格处的均布荷载 $P_j/c \times 1$ 对 i 网格中点所产生的变形量，按上式积分后得到：

$$s_{ij} = \frac{P_j(1-\mu_0^2)}{\pi E_0}(F_3 + F_4) \tag{11.2.7}$$

同理，

$$s_{jj} = \frac{P_j(1-\mu_0^2)}{\pi E_0}F_4 \tag{11.2.8}$$

式中　F_3、F_4——系数，其值分别为：

$$F_3 = -2\frac{r}{c} \cdot \ln\left[\frac{2r+c}{2r-c}\right] - \ln\left[\left(2\frac{r}{c}+1\right)\left(2\frac{r}{c}-1\right)\right]$$

$$F_4 = 2 \cdot \ln\frac{d}{c} + 2 + 2 \cdot \ln2$$

由上两式可见，任一点 i 或 j 的绝对沉降量是不能求得的，计算得到的只是相对于某一点 M（离 j 点的距离为 d）的相对沉降量（图 11.2.5）。其他符号同前。

F_3 值　　　　　　　　　　表 11.2.4

r/c	F_3	r/c	F_3	r/c	F_3	r/c	F_3
0	0	6	−6.967	11	−8.181	16	−8.931
1	−3.296	7	−7.276	12	−8.356	17	−9.052
2	−4.751	8	−7.544	13	−8.516	18	−9.167
3	−5.574	9	−7.780	14	−8.664	19	−9.275
4	−6.154	10	−7.991	15	−8.802	20	−9.378
5	−6.602						

有了上述地基变形的计算公式，于是对整个基础梁范围内的地基土而言，其基底接触压力与地基变形量之间的关系式就不难得到：

$$\begin{Bmatrix} s_1 \\ s_2 \\ \vdots \\ s_i \\ \vdots \\ s_n \end{Bmatrix} = \begin{bmatrix} f_{11} & & & & & \\ f_{21} & f_{22} & & 对 & & \\ \vdots & \vdots & \ddots & & 称 & \\ f_{i1} & f_{i2} & \cdots & f_{ii} & & \\ \vdots & \vdots & & & & \\ f_{n1} & f_{n2} & \cdots & f_{ni} & & f_{nn} \end{bmatrix} \begin{Bmatrix} P_1 \\ P_2 \\ \vdots \\ P_i \\ \vdots \\ P_n \end{Bmatrix} \tag{11.2.9a}$$

或简写成

$$\{s\} = [f][P] \tag{11.2.9b}$$

式中　$[f]$——地基柔度矩阵，它与计算类别、计算点的平面位置，以及地基土的性质有关，其中系数 f_{ij}、f_{jj} 分别按式（11.2.4）、式（11.2.7）和式（11.2.5）、式（11.2.8）计算（这里设 $P_j=1$）；

　　　　$\{P\}$——基底各网格中点处的集中荷载（kN）。

应当指出，为了保证地基柔度矩阵 $[f]$ 的对称性，以减少计算机的存贮量，在空间问题中不宜用式（11.2.3）计算地基柔度系数；而在平面形变问题计算中，取 $d = e^{(\ln c - 1 - \ln 2)}$，即取 $F_4=0$。

与文克尔地基模型相比，弹性半空间模型考虑了压力的扩散作用，但未能反映地基土的分层特点。计算中，地基土参数 E_0、μ_0 的选择乃是一个重要和值得注意的问题。

11.2.3　有限压缩层地基模型（分层地基模型）

它是弹性半空间模型的另一种形式，所不同之处是，把地基作为弹性的多层介质，地基内的应力仍按布辛奈斯克解或弗拉曼解积分求得，而地基变形量用熟知的分层总和法计算。这样，基底压力与地基变形量的关系可类似地写成：

$$\{s\} = [f]\{P_0\} \tag{11.2.10}$$

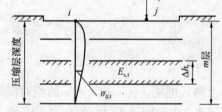

图 11.2.6　分层地基中柔度系数 f_{ij} 的计算

式中　$\{P_0\}$——基底各网格中点处的集中附加压力列向量；

　　　　$[f]$——地基柔度矩阵，形式与式（11.2.9a）同，但其中系数值按下式计算（图 11.2.6）。

$$f_{ij} = \sum_{t=1}^{m} \frac{\sigma_{ij,t} \cdot \Delta h_t}{E_{s,t}} \tag{11.2.11}$$

式中　m——地基的分层数；

　　　　Δh_t——i 网格中点下，第 t 土层的厚度；

　　　　$E_{s,t}$——第 t 土层的压缩模量；

　　　　$\sigma_{ij,t}$——j 网格中点处的单位集中附加力（空间问题）或单位线附加力（平面问题），对 i 网格中点下、第 t 土层中点所产生的竖向附加应力。计算公式可参阅一般土力学教材。

该模型的特点是，能反映基础下各土层的变形情况，土的参数可通过室内常规试验求得。

11.2.4　非线性地基模型——邓肯-张模型

随着计算技术和有限单元法在地基分析中的应用
（图 11.2.7），地基土非线性特性引起工程技术人员的
重视。不少文献对地基的非线性应力-应变关系作过较
多的阐述；可是在工程实际中，以邓肯和张的双曲线
非线性模型应用较广。虽然它忽视了应力路线对变形
的影响，但它把复杂应力状态变成一个简单应力状态，
使问题得到简化。相应的地基参数可在现有试验设备
（即 $\sigma_3 = \sigma_2$ 常规三轴试验）条件下测得。

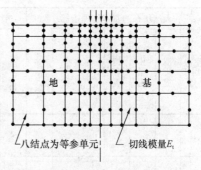

图 11.2.7　非线性地基离散网格

邓肯等人从用双曲线函数描述土的应力-应变这一基本观点出发，建立以下两个基本
关系式（图 11.2.8）：

$$\sigma_1 - \sigma_3 = \frac{\varepsilon_1}{a + b \cdot \varepsilon_1} \tag{11.2.12}$$

$$\varepsilon_1 = \frac{\varepsilon_3}{f + d \cdot \varepsilon_3} \tag{11.2.13}$$

式中　$\sigma_1 - \sigma_3$——偏应力（σ_1、σ_3 分别是地基中某一单元的最大和最小主应力）；

　　　ε_1、ε_3——分别表示轴向与侧向应变；

　　　a、b、f、d——均为试验确定的常数。

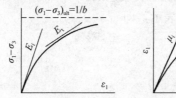

图 11.2.8　邓肯-张地基的
非线性关系 $(\sigma_1 - \sigma_3) \sim \varepsilon_1$ 和 $\varepsilon_1 \sim \varepsilon_3$

经数学推导，得到任一应力水平下的切线模量 E_t 和切线泊桑比 μ_t 的表达式：

$$E_t = \left[1 - \frac{R_f(\sigma_1 - \sigma_3)}{(\sigma_1 - \sigma_3)_f}\right]^2 \cdot E_i = \left[1 - \frac{R_f(1 - \sin\varphi)(\sigma_1 - \sigma_3)}{2c \cdot \cos\varphi + 2\sigma_3 \sin\varphi}\right]^2 K p_a \left(\frac{\sigma_3}{p_a}\right)^n$$

$$\tag{11.2.14}$$

$$\mu_t = \mu_i/(1 - \varepsilon_1 d)^2 \tag{11.2.15}$$

式中　$(\sigma_1 - \sigma_3)_{ult}$、$(\sigma_1 - \sigma_3)_f$——分别为偏应力的极限值和破坏值；

　　　K、n、ε_1、d、R_f——由试验测定的参数，其中 R_f 定义为 $R_f = (\sigma_1 - \sigma_3)_f/$
　　　　　　$(\sigma_1 - \sigma_3)_{ult}$；

　　　E_i、μ_i——分别为初始切线模量和初始切线泊桑比；

　　　c、φ——分别为土的凝聚力和内摩擦角。

在计算时，μ_t 也可近似地取为常数。表 11.2.5 给出宁波镇海饱和软黏土的非线性试验
参数。

饱和软黏土的非线性参数试验结果																		表 11.2.5	
天然状态的基本物理指标							一般剪切、压缩试验				三轴排水剪切试验结果								
含水量	湿重度	孔隙比	饱和度	液限	塑限	液性指数	压缩系数	压缩模量	无侧限抗压强度	灵敏度	侧向压力	偏差应力		破坏比	初始切线模量	线性常数	线性常数	凝聚力	内摩擦角
												破坏值	极限值						
w	γ	e	G	w_T	w_p	I_L	$a_{1\text{-}2}$	$E_{s1\text{-}2}$	q_u	S_t	σ_3	$(\sigma_1-\sigma_3)_f$	$(\sigma_1-\sigma_3)_{ult}$	R_f	E_i	K	n	C_D	φ_D
%	g/cm³	—	%	%	%	—	cm²/kg	kg/cm²	kg/cm²		kg/cm²	kg/cm²	kg/cm²	—	kg/cm²			kg/cm²	度
60.3	1.68	1.623	100	44.9	23.5	1.72	0.161	15.0	0.38	2.92	1.0	1.68	1.92	0.88	58.2	58	0.799	0.4	15.6
											2.0	2.43	2.43	1.00	104.2				
											3.0	5.00	5.00	1.00	131.6				

11.3 条形基础梁的计算

11.3.1 文克尔地基上的基础梁

1. 等截面、无限长和半无限长梁的解析表达式

基础梁的微分方程可用三种形式表示，即

$$EJ\,\frac{\mathrm{d}^2 w}{\mathrm{d}x^2}=-M \tag{11.3.1a}$$

$$EJ\,\frac{\mathrm{d}^3 w}{\mathrm{d}x^3}=-Q \tag{11.3.1b}$$

$$EJ\,\frac{\mathrm{d}^4 w}{\mathrm{d}x^4}=-q-p(x)B=q-kBw \tag{11.3.1c}$$

式中 E、J——分别是梁材料的弹性模量和截面惯性矩；

B、k——分别是梁的宽度和地基基床系数。

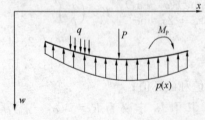

图 11.3.1 q、P、M_P 与 $p(x)$ 的正方向

梁上的外荷载 q、P、M_P 和地基接触反力 $p(x)$ 以及梁的挠度 w 的正方向，如图 11.3.1 所示。而在坐标 x 处梁的内力弯矩 M_x、剪力 Q_x 的正值规定在图 11.3.2 中。由图可见，使梁下缘纤维产生拉应力的内力弯矩 M_x 值为正；而当截面的内剪力 Q 对邻近截面所产生的力矩为顺时针方向时，则剪力符号为正，反之逆时针方向时为负。

若梁上无分布荷载（$q=0$），且设 $k^1=k\cdot B$，$\lambda=(k^1/4EJ)^{1/4}$，则式（11.3.1c）可写成：

$$\frac{\mathrm{d}^4 w}{\mathrm{d}x^4}+4\lambda^4 w=0 \tag{11.3.2}$$

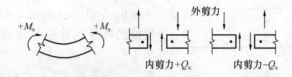

图 11.3.2　梁内弯矩 M 与剪力 Q 值

上式为四阶常系数线性常微分方程，其一般解为

$$w = \mathrm{e}^{\lambda x}(c_1 \cdot \cos\lambda x + c_2 \cdot \sin\lambda x) + \mathrm{e}^{-\lambda x}(c_3 \cdot \cos\lambda x + c_4 \cdot \sin\lambda x) \qquad (11.3.3)$$

式中，c_1、c_2、c_3、c_4 为待定的积分常数。对于分别承受单个集中力和单个集中弯矩的无限长梁（图 11.3.3），通过边界条件（表 11.3.1）可定出积分常数；求出梁的挠度 w 后，再逐次对式（11.3.3）求导，便可解出无限长梁转角 θ、弯矩 M 和剪力 Q 的表达式（表 11.3.2）。

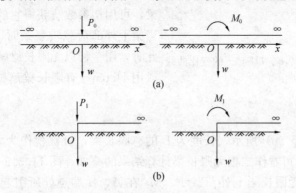

图 11.3.3　无限长梁（a）与半无限长梁（b）

无限长梁的边界条件　　　　　　　　　　　　　　　　　　表 11.3.1

单个集中力作用	单个集中弯矩作用
$(w)_{x+\infty} \to 0$	$(w)_{x+\infty} \to 0$
$\theta = \left(\dfrac{\mathrm{d}w}{\mathrm{d}x}\right)_{x=0} = 0$	$(w)_{x=0} = 0$
$Q = EJ\left(\dfrac{\mathrm{d}^3 w}{\mathrm{d}x^3}\right)_{x=0} = -\dfrac{P_0}{2}$	$M = -EJ\left(\dfrac{\mathrm{d}^2 w}{\mathrm{d}x^2}\right)_{x=0} = \dfrac{M_0}{2}$

同理，也可求得文克尔地基上半无限长梁的解（表 11.3.2、图 11.3.3）。系数 A、B、C、D 与 λx 值相关，如图 11.3.4 和表 11.3.2 所示。

文克尔地基上无限长梁、半无限长梁的解答　　　　　　　　表 11.3.2

	无限长梁		半无限长梁		系　数
	单个集中力	单个集中弯矩	单个集中力	单个集中弯矩	
挠度	$w = \dfrac{P_0\lambda}{2k}A_x$	$w^* = \dfrac{M_0\lambda^2}{k'}B_x$	$w = \dfrac{2P_1\lambda}{k'}D_x$	$w = -\dfrac{2M_1\lambda^2}{k'}C_x$	$A_x = \mathrm{e}^{-\lambda x}(\cos\lambda x + \sin\lambda x)$
转角	$\theta^* = -\dfrac{P_0\lambda^2}{k'}B_x$	$\theta = \dfrac{M_0\lambda^3}{k'}C_x$	$\theta = -\dfrac{2P_1\lambda^2}{k'}A_x$	$\theta = \dfrac{4M_1\lambda^3}{k'}D_x$	$B_x = \mathrm{e}^{-\lambda x} \cdot \sin\lambda x$
弯矩	$M = \dfrac{P_0}{4\lambda}C_x$	$M^* = \dfrac{M_0}{2}D_x$	$M = -\dfrac{P_1}{\lambda}B_x$	$M = M_1 A_x$	$C_x = \mathrm{e}^{-\lambda x}(\cos\lambda x - \sin\lambda x)$
剪力	$Q^* = -\dfrac{P_0}{2}D_x$	$Q = -\dfrac{M_0\lambda}{2}A_x$	$Q = -P_1 C_x$	$Q = -2M_1\lambda B_x$	$D_x = \mathrm{e}^{-\lambda x} \cdot \cos\lambda x$

注：当 $x<0$ 时，凡有"＊"号的公式应取与其相反的符号。$k' = k \cdot B$。

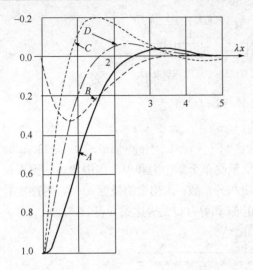

图 11.3.4　系数 A、B、C、D 随 λx 的变比曲线

由图 11.3.4 可见，梁的挠曲曲线具有阻尼波的特征，其振幅随着 λx 值而逐渐减小，当 $\lambda x > 3\pi/2$ 时，四个系数都小于 0.01，这说明了，当梁被支承在距离集中荷载作用点的长度 $x > 3\pi/2\lambda$ 时，支撑的存在与否几乎对梁的挠度形状没有影响。计算表明，承受集中荷载而长度为 $L \doteq 2\pi/\lambda$ 的有限长梁，其挠曲形状与受有同样荷载的无限长梁大体相同。

2. 等截面、有限长梁的解析表达式

对于工程实践中较多见的有限长的基础梁，可用初参数法获得它的解析表达式，但是当梁上外部荷载较复杂时，就显得相当麻烦。此时，用一种以无限长梁解答为基础的叠加法或用 Hetényi 有限长梁解的解析表达式求解，就较为方便。

1) 叠加法

一根如图 11.3.5（a）所示，长度为 L 的有限长梁，可被视作无限长梁的一部分。有限长梁的内力值，可看作二根无限长梁计算结果的叠加 [图 11.3.5（b）、（c）]。首先，利用表 11.3.2 计算无限长梁上外荷载 P、M_P 在 A、B 端点处所引起的弯矩和剪力 M_a、Q_a 和 M_b、Q_b。为了满足有限长梁的边界条件，即在 A、B 处的弯矩和剪力分别为零的条件，必须在无限长梁 A、B 位置处施加未知的"边界条件力"P_A、M_A 和 P_B、M_B [图 11.3.5（c）]，其数值应该服从这样一个原则，即这些"条件力"在 A、B 处所产生的弯矩和剪力 M_a'、Q_a' 和 M_b'、Q_b' 应满足如下的关系：

$$[M_a' \quad Q_a' \quad M_b' \quad Q_b']^T = [-M_a \quad -Q_a \quad -M_b \quad Q_b]^T \tag{11.3.4}$$

或写成：

$$
\begin{bmatrix}
\dfrac{1}{4\lambda} & \dfrac{C_L}{4\lambda} & \dfrac{1}{2} & \dfrac{D_L}{2} \\[2mm]
-\dfrac{1}{2} & \dfrac{D_L}{2} & -\dfrac{\lambda}{2} & -\dfrac{\lambda A_L}{2} \\[2mm]
\dfrac{C_L}{4\lambda} & \dfrac{1}{4\lambda} & \dfrac{D_L}{2} & -\dfrac{1}{2} \\[2mm]
-\dfrac{D_L}{2} & \dfrac{1}{2} & -\dfrac{\lambda A_L}{2} & -\dfrac{\lambda}{2}
\end{bmatrix}
\begin{pmatrix}
P_A \\[2mm] P_B \\[2mm] M_A \\[2mm] M_B
\end{pmatrix}
=
\begin{pmatrix}
-M_a \\[2mm] -Q_a \\[2mm] -M_b \\[2mm] -Q_b
\end{pmatrix}
\tag{11.3.5}
$$

图 11.3.5　用叠加法计算有限长梁

解上述方程组，求出边界条件力 P_A、P_B、M_A、M_B，于是有限长梁 AB 范围内各截面的

内力值（剪力、弯矩）便可按梁上的外荷载和
边界条件力分别所得结果叠加而成。

2）Hetényi 有限长梁解的解析表达式

Hetényi 在他的 1946 年的经典著作[1]中给
出了有限长梁在任意位置的集中力 P_0 和集中
弯矩 M_0 作用下（图 11.3.6）$x \leqslant a$ 区段内的挠
度 $w(x)$、弯矩 $M(x)$ 和剪力 $Q(x)$ 的解析表达
式：

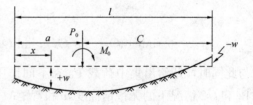

图 11.3.6　有限长梁

$$w(x) = w_{P_0} + w_{M_0} = \frac{P_0\lambda}{k'x}[I_{3P}] + \frac{M_0\lambda^2}{k'x}[I_{3M}] \tag{11.3.6}$$

$$M(x) = M_{P_0} + M_{M_0} = \frac{P_0}{2\lambda x}[I_{1P}] + \frac{M_0}{x}[I_{1M}] \tag{11.3.7}$$

$$Q(x) = Q_{P_0} + Q_{M_0} = \frac{P_0}{x}[I_{2P}] + \frac{M_0\lambda}{x}[I_{2M}] \tag{11.3.8}$$

式中

$$
\begin{aligned}
I_{1P} =\ & 2\sinh(\lambda x)\sin(\lambda x)[\sinh(\lambda l)\cos(\lambda a)\cosh(\lambda c) \\
& - \sin(\lambda l)\cosh(\lambda a)\cos(\lambda c)] - [\sinh(\lambda x)\cos(\lambda x) \\
& - \cosh(\lambda x)\sin(\lambda x)][\sinh(\lambda l)\{\sin(\lambda a)\cosh(\lambda c) - \cos(\lambda a)\sinh(\lambda c)\} \\
& + \sin(\lambda l)\{\sinh(\lambda a)\cos(\lambda c) - \cosh(\lambda a)\sin(\lambda c)\}];
\end{aligned}
$$

$$
\begin{aligned}
I_{2P} =\ & [\cosh(\lambda x)\sin(\lambda x) + \sinh(\lambda x)\cos(\lambda x)][\sinh(\lambda l)\cos(\lambda a)\cosh(\lambda c) \\
& - \sin(\lambda l)\cosh(\lambda a)\cos(\lambda c)] \\
& + \sinh(\lambda x)\sin(\lambda x)[\sinh(\lambda l)\{\sin(\lambda a)\cosh(\lambda c) - \cos(\lambda a)\sinh(\lambda c)\} \\
& + \sin(\lambda l)\{\sinh(\lambda a)\cos(\lambda c) - \cosh(\lambda a)\sin(\lambda c)\}];
\end{aligned}
$$

$$
\begin{aligned}
I_{3P} =\ & 2\cosh(\lambda x)\cos(\lambda x)][\sinh(\lambda l)\cos(\lambda a)\cosh(\lambda c) \\
& - \sin(\lambda l)\cosh(\lambda a)\cos(\lambda c)] + [\cosh(\lambda x)\sin(\lambda x) \\
& + \sinh(\lambda x)\cos(\lambda x)][\sinh(\lambda l)\{\sin(\lambda a)\cosh(\lambda c) - \cos(\lambda a)\sinh(\lambda c)\} \\
& + \sin(\lambda l)\{\sinh(\lambda a)\cos(\lambda c) - \cosh(\lambda a)\sin(\lambda c)\}];
\end{aligned}
$$

$$
\begin{aligned}
I_{1M} =\ & \sinh(\lambda x)\sin(\lambda x)[\sinh(\lambda l)\{\cosh(\lambda a)\sin(\lambda c) + \sin(\lambda a)\cosh(\lambda c)\} \\
& + \sin(\lambda l)\{\cosh(\lambda a)\sin(\lambda c) + \sinh(\lambda a)\cos(\lambda c)\}] + \{\sinh(\lambda x)\cos(\lambda x) \\
& - \cosh(\lambda x)\sin(\lambda x)\}\{\sinh(\lambda l)\cos(\lambda a)\cosh(\lambda c) \\
& + \sin(\lambda l)\cosh(\lambda a)\cos(\lambda x)\};
\end{aligned}
$$

$$
\begin{aligned}
I_{2M} =\ & \{\cosh(\lambda x)\sin(\lambda x) + \sinh(\lambda x)\cos(\lambda x)\}[\sinh(\lambda l)\{\cos(\lambda a)\sinh(\lambda c) \\
& + \sin(\lambda a)\cosh(\lambda c)\} + \sin(\lambda l)\{\cosh(\lambda a)\sin(\lambda c) + \sinh(\lambda a)\cos(\lambda c)\}] \\
& - 2\sinh(\lambda x)\sin(\lambda x)\{\sinh(\lambda l)\cos(\lambda a)\cosh(\lambda c) \\
& + \sin(\lambda l)\{\cosh(\lambda a)\cos(\lambda c)\};
\end{aligned}
$$

$$
\begin{aligned}
I_{3M} =\ & \cosh(\lambda x)\cos(\lambda x)[\sinh(\lambda l)\cos(\lambda a)\sinh(\lambda c) \\
& + \sinh(\lambda l)\sin(\lambda a)\cosh(\lambda c) + \sin(\lambda l)\cosh(\lambda a)\sin(\lambda c) \\
& + \sin(\lambda l)\sinh(\lambda a)\cos(\lambda c)] - [\cosh(\lambda x)\sin(\lambda x) \\
& + \sinh(\lambda x)\cos(\lambda x)][\sinh(\lambda l)\cos(\lambda a)\cosh(\lambda c)
\end{aligned}
$$

$$+ \sin(\lambda l)\cosh(\lambda a)\cos(\lambda c)];$$

$$x = \sinh^2(\lambda l) - \sin^2(\lambda l); \sinh(\lambda l) = \frac{e^{\lambda l} - e^{-\lambda l}}{2}; \cosh(\lambda x) = \frac{e^{\lambda x} + e^{-\lambda x}}{2}$$

与此同时，还给出集中荷载 P_0 在不同作用点位置，即 $a = 0$、$l/12$、$l/6$、$l/4$、$l/3$、$5l/12$ 和 $l/2$ 情况下的无量纲挠度 $\overline{w}$ 和弯矩 $\overline{M}$ 系数的曲线图（如图 11.3.7 中所对应的 7 根曲线（Ⅰ）～（Ⅶ）），而实际的挠度 $w = \dfrac{\overline{w}P_0}{kBl}$、实际弯矩 $M = \dfrac{\overline{M}P_0}{4\lambda}$。

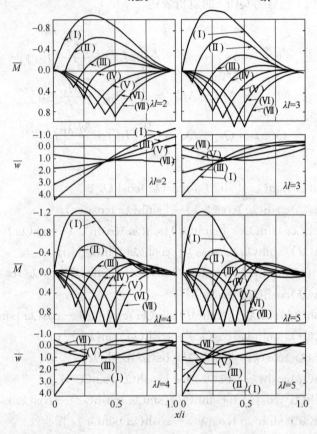

图 11.3.7　无量纲挠度系数 $\overline{w}$ 与弯矩系数 $\overline{M}$

3. 变截面梁的有限差分法解

上面给出文克尔地基梁的解析表达式，用于求解梁上荷载较为简单、梁截面惯性矩不变等简单情况。然而，在实际工程中可能会遇到下列情况：

（1）基础梁截面高度（或宽度）沿梁轴线方向变化；

（2）基础梁与地基土有脱开可能时；

（3）基础梁上某些点有外界约束条件。

此时，就无法采用上面所提供的解析式，而不得不借助于数值法求解。

有限差分是数值法中的一种方法，它是用一组有限个差分方程去代替微分方程，即微分方程的曲线斜率用弦线（割线）斜率来近似替代（图 11.3.8），作数学上的近似。参照等截面基础梁的微分方程式（11.3.1），可得出变截面基础梁微分方程的下列三种形式：

$$\begin{cases} EJ(x)\dfrac{\mathrm{d}^2 w}{\mathrm{d}x^2}=-M & (11.3.9\mathrm{a}) \\[3mm] \dfrac{\mathrm{d}}{\mathrm{d}x}\left[EJ(x)\dfrac{\mathrm{d}^2 w}{\mathrm{d}x^2}\right]=-Q & (11.3.9\mathrm{b}) \\[3mm] \dfrac{\mathrm{d}^2}{\mathrm{d}x^2}\left[EJ(x)\dfrac{\mathrm{d}^2 w}{\mathrm{d}x^2}\right]=q-kBw & (11.3.9\mathrm{c}) \end{cases}$$

接着，将未知函数 $w=f(x)$ 的各阶导数用有限个点上的函数值予以表示，即写出各阶导数的差分表达式。

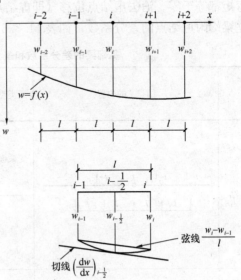

1）各阶导数的差分表达式

把待求的连续函数 $w=f(x)$ 所表示的曲线，等距离地分成若干段，每段长度为 l，分段点的编号如图 11.3.8 所示。点 i 处的曲线如线的斜率近似地用弦线斜率代替，即用点 i 前后二点的函数值除以二点间的距离，于是一阶导数中心差分表达式为

$$\left(\frac{\mathrm{d}w}{\mathrm{d}x}\right)_i \approx \frac{1}{2l}(w_{i+1}-w_{i-1})$$

$$(11.3.10\mathrm{a})$$

参照上述方法，可写出二阶、三阶、四阶导数的中心差分表达式：

图 11.3.8　长度 l 分段点的编号

$$\left(\frac{\mathrm{d}^2 w}{\mathrm{d}x^2}\right)_i = \frac{\mathrm{d}}{\mathrm{d}x}\left(\frac{\mathrm{d}w}{\mathrm{d}x}\right)_i \approx \frac{1}{l}\left[\left(\frac{\mathrm{d}w}{\mathrm{d}x}\right)_{i+\frac{1}{2}}-\left(\frac{\mathrm{d}w}{\mathrm{d}x}\right)_{i-\frac{1}{2}}\right]$$

$$\approx \frac{1}{l^2}(w_{i+1}-2w_i+w_{i-1}) \qquad (11.3.10\mathrm{b})$$

$$\left(\frac{\mathrm{d}^3 w}{\mathrm{d}x^3}\right)_i \approx \frac{1}{2l^3}(w_{i+2}-2w_{i+1}+2w_{i-1}-w_{i-2}) \qquad (11.3.10\mathrm{c})$$

$$\left(\frac{\mathrm{d}^4 w}{\mathrm{d}x^4}\right)_i \approx \frac{1}{l^4}(w_{i+2}-4w_{i+1}+6w_i-4w_{i-1}+w_{i-2}) \qquad (11.3.10\mathrm{d})$$

2）各种边界条件下变截面梁的差分系数

根据式（11.3.9a）可列出变截面梁在结点 $i-1$、i、$i+1$ 处的差分式：

$$M_{i-1} \approx -\frac{EJ_{i-1}}{l^2}(w_{i-2}-2w_{i-1}+w_i) \qquad (11.3.11)$$

$$M_i \approx -\frac{EJ_i}{l^2}(w_{i-1}-2w_i+w_{i+1}) \qquad (11.3.12)$$

$$M_{i+1} \approx -\frac{EJ_{i+1}}{l^2}(w_i-2w_{i+1}+w_{i+2}) \qquad (11.3.13)$$

同理，式（11.3.9b、c）也可展开成

$$Q_i = \frac{\mathrm{d}}{\mathrm{d}x}(M)_i \approx \frac{1}{2l}(M_{i+1}-M_{i-1}) \qquad (11.3.14)$$

$$-q + kBw_i \approx \frac{1}{l^2}(M_{i+1} - 2M_i + M_{i-1}) \qquad (11.3.15)$$

把式（11.3.11~13）分别代入上面两个公式，可得到变截面梁内结点的差分系数（表11.3.3）。在建立梁端附近结点处的差分方程时，会引入虚结点（指在梁端外侧的而实际并不存在的点）的位移值，为此须利用梁端处的边界条件，如梁端为铰接支座处：挠度和弯矩都等于零。消去虚结点位移（即虚结点应移用梁上实结点位移替代）；于是，便可建立梁端附近结点的差分系数，如表11.3.3所示。

基础梁的差分系数和差分表达式（对应公式 11.3.12） 表 11.3.3a

结点 i 的位置	梁类型	位移差分系数					边界条件
		w_{i-2}	w_{i-1}	w_i	w_{i+1}	w_{i+2}	
内结点	变截面	—	J_i	$-2J_i$	J_i	—	
	等截面	—	1	-2	1	—	
梁端附近结点 铰支端	变截面	—	0	$-2J_i$	J_i	—	$w_{i-1}=0$ $M_{i-1}=0$
	等截面	—	0	-2	1	—	
固定端	变截面	—	0	$-2J_i$	J_i	—	$w_{i-1}=0$ $\dfrac{\mathrm{d}w_{i-1}}{\mathrm{d}x}=0$
	等截面	—	0	-2	1	—	
说明 基础梁点 i 的差分表达式	变截面	$\dfrac{E}{l^2}$（表中各项位移差分系数与位移乘积之和）$=-M_i$					
	等截面	$\dfrac{EJ}{l^2}$（表中各项位移差分系数与位移乘积之和）$=-M_i$					

基础梁的差分系数和差分表达式（对应公式 11.3.14）　　　　表 11.3.3b

结点 i 的位置		梁类型	位移差分系数					边界条件
			w_{i-2}	w_{i-1}	w_i	w_{i+1}	w_{i+2}	
内结点		变截面	J_{i-1}	$-2J_{i-1}$	$J_{i-1}-J_{i+1}$	$2J_{i+1}$	$-J_{i+1}$	
		等截面	1	-2	0	2	-1	
梁端附近结点	铰支端	变截面	—	0	$-J_{i+1}$	$2J_{i+1}$	$-J_{i+1}$	$w_{i-1}=0$ $M_{i-1}=0$
		等截面	—	0	-1	2	-1	
	固定端	变截面	—	0	$2J_{i-1}-J_{i+1}$	$2J_{i+1}$	$-J_{i+1}$	$w_{i-1}=0$ $\dfrac{\mathrm{d}w_{i-1}}{\mathrm{d}x}=0$
		等截面	—	0	1	2	-1	
	自由端	变截面	—	—	$-J_{i+1}$	$2J_{i+1}$	$-J_{i+1}$	$M_i=0$ 转角 $\alpha_i=\alpha_{i-1}$
		等截面	—	—	-1	2	-1	
	自由端	变截面	—	0	$-J_{i+1}$	$2J_{i+1}$	$-J_{i+1}$	$M_{i-1}=0$
		等截面	—	0	-1	2	-1	
说明	基础梁点 i 的差分表达式	变截面	$\dfrac{E}{2l^3}$（表中各项位移差分系数与位移乘积之和）$=Q_i$					
		等截面	$\dfrac{EJ}{2l^3}$（表中各项位移差分系数与位移乘积之和）$=Q_i$					

基础梁的差分系数和差分表达式（对应公式（11.3.15）   表 11.3.3c

结点 i 的位置		梁类型	位移差分系数					边界条件
			w_{i-2}	w_{i-1}	w_i	w_{i+1}	w_{i+2}	
内结点	$i-2$ $i-1$ i $i+1$ $i+2$　l l l l	变截面	J_{i-1}	$-2(J_{i-1}+J_i)$	$J_{i-1}+4J_i+J_{i+1}$	$-2(J_i+J_{i+1})$	J_{i+1}	
		等截面	1	-4	6	-4	1	
梁端附近结点	铰支端 $i-1$ i $i+1$	变截面	—	0	$4J_i+J_{i+1}$	$-2(J_i+J_{i+1})$	J_{i+1}	$W_{i-1}=0$ $M_{i-1}=0$
		等截面	—	0	5	-4	1	
	固定端 i $i+1$	变截面	—	0	$2J_{i-1}+4J_i+J_{i+1}$	$-2(J_i+J_{i+1})$	J_{i+1}	$w_{i-1}=0$ $\dfrac{\mathrm{d}w_{i-1}}{\mathrm{d}x}=0$
		等截面	—	0	7	-4	1	
	自由端 i $i+1$ $i+2$	变截面	—	—	J_{i+1}	$-2J_{i+1}$	J_{i+1}	$M_i=0$ 转角 $\alpha_i=\alpha_{i-1}$
		等截面	—	—	1	-2	1	
	自由端 $i-1$ i $i+1$	变截面	—	$-2J_i$	$4J_i+J_{i+1}$	$-2(J_i+J_{i+1})$	J_{i+1}	$M_{i-1}=0$
		等截面	—	-2	5	-4	1	
说明	基础梁点 i 的差分表达式	变截面	$\dfrac{E}{l^3}$（表中各项位移差分系数与位移乘积之和）$= q_i l - p(x_i) l \cdot B$					
		等截面	$\dfrac{EJ}{l^3}$（表中各项位移差分系数与位移乘积之和）$= q_i l - p(x_i) l \cdot B$					

注：$p(x_i)$ 表示点 i 处的基底接触压力（kN/m^2），向上为正；B 为基础梁的宽度。

3）变截面基础梁有限差分方程组的建立

有了各种边界条件下的差分系数（表 11.3.3a、b、c），要建立基础梁的差分方程组是较为方便的。

现有一根宽度为 B、两端自由、等分为（$n-1$）段的变截面基础梁，如图 11.3.9 所示。梁与地基的接触压力为 p_1、p_2、……p_n，且认为在各段的范围内均匀分布，于是基底集中压力 R_i 值为：

$$R_i = p_i \cdot B \cdot \frac{l}{2} = kw_i \cdot B \cdot \frac{l}{2}(i = 1、n) \qquad (11.3.16)$$

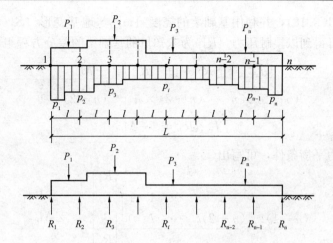

图 11.3.9　弹性地基上变截面基础梁

$$R_i = p_i \cdot B \cdot l = kw_i \cdot B \cdot l \quad (i = 2, 3, \cdots, n-1) \tag{11.3.17}$$

利用表 11.3.3a，列出变截面基础梁上第 2～（n−1）个点的相应差分方程组：

$$\frac{E}{l^2}\begin{bmatrix} J_2 & -2J_2 & J_2 & & & 0 \\ & J_3 & -2J_3 & J_3 & & \\ & & \ddots & \ddots & \ddots & \\ & & & \ddots & \ddots & \ddots \\ 0 & & & J_{n-1} & -2J_{n-1} & J_{n-1} \end{bmatrix}\begin{Bmatrix} w_1 \\ w_2 \\ \vdots \\ w_n \end{Bmatrix}$$

$$= -\left(\begin{bmatrix} l & & & \ddots & & \\ 2l & l & & & 0 \\ \vdots & & \ddots & & \\ (n-2)l & (n-1)l & \cdots & l & 0 & 0 \end{bmatrix}\begin{Bmatrix} R_1 \\ R_2 \\ \vdots \\ R_n \end{Bmatrix} + \begin{Bmatrix} M_{P_2} \\ M_{P_3} \\ \vdots \\ M_{P_{n-1}} \end{Bmatrix}\right) \tag{11.3.18a}$$

上式记作：
$$[J_A]\{w\} = -([L]\{R\} + \{M_i\}) \tag{11.3.18b}$$

式中　M_{P_i}——已知值，它是分段点 i 左侧梁上所有竖向外荷载对 i 点的力矩（使梁下缘受拉者为正）代数和；

　　$[J]$——变截面梁差分系数矩阵 $(n-2) \times n$；

　　$\{R\}$——基底接触压力列向量（kN），也可写成（选用文克尔地基时）：

$$\begin{bmatrix} \frac{2}{klb} & & & & 0 \\ & \frac{1}{klb} & & & \\ & & \ddots & & \\ & & & \frac{1}{klb} & \\ 0 & & & & \frac{2}{klb} \end{bmatrix}\begin{Bmatrix} R_1 \\ R_2 \\ \vdots \\ R_{n-1} \\ R_n \end{Bmatrix} = \begin{Bmatrix} S_1 \\ S_2 \\ \vdots \\ S_{n-1} \\ S_n \end{Bmatrix} \tag{11.3.19a}$$

或记作 $[T]\{R\} = \{S\}$ \tag{11.3.19b}

于是，代入式（11.3.18），并利用基础梁的挠度 $\{w\}$ 与地基变形 $\{S\}$ 相等的变形协调条件，经整理后可得到以接触压力 $\{R\}$ 为未知量的基础梁的差分方程组：

$$[J_A][T]\{R\} + [L]\{R\} = \{-M_i\} \qquad (11.3.20)$$

$$(n-2)\times n \qquad (n-2)\times n \qquad (n-2)\times 1$$

或记作

$$[J_B]\{R\} = \{-M_i\} \qquad (11.3.21)$$

再由基础梁的静力平衡条件，可写出

$$
\begin{bmatrix} 1 & 1 & \cdots & 1 & 1 \\ (n-1)l & (n-2)l & \cdots & l & 0 \end{bmatrix}
\begin{Bmatrix} R_1 \\ R_2 \\ \vdots \\ R_n \end{Bmatrix} =
\begin{Bmatrix} \sum P \\ \sum M_{P_n} \end{Bmatrix} \qquad (11.3.22a)
$$

上式记作：$[C]_{2\times n}\{R\}_{n\times 1} = \{D\}_{2\times 1}$ (11.3.22b)

式中 $\sum P$——作用在基础梁上的竖向荷载（向下为正）的代数和；

$\sum M_{P_n}$——梁上所有竖向荷载（向下为正）对第 n 点（梁的右端点）的力矩代数和。

联合式（11.3.21）、式（11.3.22），便得以梁底接触反力为未知数的基础梁差分方程组：

$$
\begin{bmatrix} [J_B] \\ [C] \end{bmatrix}
\begin{Bmatrix} R_1 \\ R_2 \\ \vdots \\ R_n \end{Bmatrix} =
\begin{Bmatrix} \{-M_i\} \\ \{D\} \end{Bmatrix} \qquad (11.3.23)
$$

$$n\times n \quad n\times 1 \qquad n\times 1$$

解上述方程后，求得基础底的接触压力 R_1、R_2、R_3……R_n。再按式（11.3.19）求得基础梁的位移（w）。把基础梁的位移值 w_1、w_2、w_3、……、w_n 分别代入式（11.3.14）、式（11.3.15），从而得到各结点处的弯矩和剪力。整个计算到此结束。

【例 11-3-1】 一根两端为铰接的等截面基础梁，放置在基床系数 $k=5\times10^4\,\mathrm{kN/m^3}$ 的文克尔地基上（图 11.3.10）。梁长 $L=6.096\mathrm{m}$、梁上均布荷载 $q=14.881\mathrm{kN/m}$，梁材料的弹性模量 $E=20\times10^6\,\mathrm{kN/m^2}$，惯性矩 $J=0.1317\mathrm{m^4}$，梁宽 $B=1\mathrm{m}$。

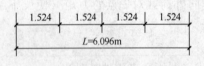

图 11.3.10 ［例 11-3-1］图

全梁等分成四段，每段长 $l=1.524\mathrm{m}$，各结点上的等效集中荷载为 $P_1=P_5=14.881\times\dfrac{1.524}{2}=11.34\mathrm{kN}$，$P_2=P_3=P_4=14.881\times1.524=22.68\mathrm{kN}$，$\dfrac{1}{klb}=0.131\times10^{-4}\,\mathrm{m/kN}$。应用表 11.3.3c 有关公式，写出下列差分方程组：

$$
\left(\frac{EJ}{l^3}\begin{bmatrix} 5 & -4 & 1 \\ -4 & 6 & -4 \\ 1 & -4 & 5 \end{bmatrix}\begin{bmatrix} 0.131\times10^{-4} & & 0 \\ & 0.131\times10^{-4} & \\ 0 & & 0.131\times10^{-4} \end{bmatrix} + \begin{bmatrix} 1 & & 0 \\ & 1 & \\ 0 & & 1 \end{bmatrix}\right)
$$

$$\begin{Bmatrix} R_2 \\ R_3 \\ R_4 \end{Bmatrix} = \begin{Bmatrix} 22.68 \\ 22.68 \\ 22.68 \end{Bmatrix}$$

解得　$R_2 = R_4 = 4.47\text{kN}$；$R_3 = 6.24\text{kN}$。相应的挠度为 $w_2 = w_4 = 0.005864\text{cm}$，$w_3 = 0.008186\text{cm}$；均布基底反力 $p_2 = p_4 = 2.932\text{kN/m}$，$p_3 = 4.093\text{kN/m}$；应用公式 (11.3.12) 可求得 $M_i = 40.16\text{kN} \cdot \text{m}$（点 2、4）和 $52.67\text{kN} \cdot \text{m}$（点 3）。

11.3.2　弹性半空间上的基础梁

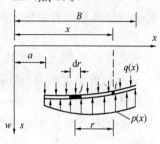

图 11.3.11

当地基采用弹性半空间模型时，基础梁的微分方程，仍以式 (11.3.1)、式 (11.3.9) 的形式表示。地基变形量按公式 (11.2.9) 计算。然而，在平面形变问题计算时，式中基础梁的 E 值要换用 $\dfrac{E}{1-\mu^2}$（μ——梁材料的泊桑比）。

在已知分布荷载 $q(x)$ 作用下（图 11.3.11），等截面梁上 j 点的基底压力 $B \cdot p\ (x-r)\ \mathrm{d}r$ 对 i 点所产生的地基变形量为 $Bp\ (x-r)\ \delta\ (r)\ \mathrm{d}r$，其中 $\delta(r)$ 是 j 点处的单位力对 i 点所引起的变形量。由于地基是连续的弹性介质，所以整个基底压力对 i 点的引起的变形量为：

$$s_i = \int_a^x p(x-r)\delta(r) \cdot B \cdot \mathrm{d}r + \int_x^B p(x+r)\delta(r) \cdot B\mathrm{d}r \qquad (11.3.24)$$

代入式 (11.3.1c) 得

$$EJ\frac{\mathrm{d}^4}{\mathrm{d}x^4}\left[\int_a^x p(x-r)\delta(r)B\mathrm{d}r + \int_x^B p(x+r)\delta(r)\mathrm{d}r\right] = q(x) - p(x)B \qquad (11.3.25)$$

由于被积函数——基底接触压力 $p(x)$ 是个未知的复杂函数，因此直接对式 (11.3.25) 积分求得未知函数 $p(x)$ 是困难的，通常采用近似法求解。

以苏联葛尔布诺夫-伯沙道夫（М. И. Горбунов-Посаяов）[3] 为代表的级数法是一种近似求解方法。解题思路是，先将地基反力 $p(x)$ 近似地用一幂级数表示，即 $p(\xi) = a_0 + a_1\xi + a_2\xi^2 + \cdots + a_{10}\xi^{10}$，其中 a_0、a_1……a_{10} 为 11 个特定的常数，$\xi = \dfrac{x}{l}$ 是无因次坐标，x、ξ 坐标原点在梁的中点，且 l 等于梁长的一半。把 $p(\xi)$ 表达式代入式 (11.3.25)，由于采用级数表示后，则对复杂函数 $p(x)$ 的积分问题转化为对级数逐项积分问题，使问题得到简化。逐项积分后，求得含有 10 个待定常数、梁的挠度表达式 $w(\xi)$。再根据式 (11.2.2) 或式 (11.2.6) 可得到也含有 10 个待定常数的地基变形表达式 $s(\xi)$。利用变形协调条件 $w(\xi) = s(\xi)$ 和比较系数法，即等式两边 ξ 幂次相同项的系数相等条件，便可建立含有 11 个待定常数的 9 个线性方程组。再加 2 个静力平衡方程 $\sum Z = 0$，即 $\int_{-1}^1 p(\xi)\mathrm{d}\xi = \int_{-1}^1 q(\xi)\mathrm{d}\xi$ 和 $\sum M = 0$，即 $\int_{-1}^1 p(\xi)\xi\mathrm{d}\xi = \int_{-1}^1 q(\xi)\xi\mathrm{d}\xi$ 共 11 个方程。解联立方程组求出待定常数值和相应的接触压力 $p(x)$。如前所述，一旦 $p(x)$ 知道后，可用截面法求出基础梁中各截面的弯矩和剪力。为了便于应用，已编有相应表格，但是，这些表格只适用于等截面梁的分析。

除此之外，其他的近似计算方法有：链杆法、有限差分法和矩阵位移法等。

1. 热莫契金（Жемочкин）的链杆法[2]

以热氏为代表的链杆法，是把基础梁分成若干段，各分段梁通过若干根链杆与地基相联系，某一根链杆力表示分布于该段梁底部接触压力的合力。他采用悬臂梁作为基本结构，用混合法求解，其中链杆力（R_1、R_2…R_n）和固定端的附加位移（w_0、ϕ_0）为未知量。于是，根据每一链杆处的地基变形量 $\{S\}$ 与梁的竖向挠度 $\{w\}$ 相等条件，写出其方程为（地基和梁的位移，向下为正，见图 11.3.12 所示）：

$$\{f\}\{R\} = -[V]\{R\} + [V]\{P\} + \{w_0\} + \{a\phi_0\} \tag{11.3.26}$$

上式等号左侧表示地基土的变形量；而等号右侧表示悬臂梁的位移量，其中 $[V]$ $\{P\}$ 表示悬臂梁上所有的外荷载 P_1、P_2、P_3……作用下，在悬臂梁任一点 i 处所产生的位列向量 Δ_{1P}、Δ_{2P}、Δ_{3P}……，它是一组已知数；而 $[V]$ $\{R\}$ 是作用在悬臂梁上的地基反力（链杆力 R_i）所引起悬臂梁上各点位移列向量；链杆法的基本方程数为（链杆数 n）+2 个。

而基础梁的静力平衡方程为：

$$\sum P_i = \sum R_i \tag{11.3.27}$$
$$\sum P_i \cdot x_i = \sum R_i a_i \tag{11.3.28}$$

把式（11.3.26）与式（11.3.27）、式（11.3.28）联合，即得链杆法的基本方程：

$$\left(\begin{bmatrix} & & & 0 & 0 \\ & f & & 0 & 0 \\ & & & \vdots & \vdots \\ -1 & -1 & \cdots -1 & 0 & 0 \\ -a_1 & -a_2 \cdots -a_n & 0 & 0 \end{bmatrix} + \begin{bmatrix} & & & -1 & -a_1 \\ & V & & -1 & -a_2 \\ & & & \vdots & \vdots \\ & & & -1 & -a_n \\ & & 0 & & \end{bmatrix}\right) \begin{Bmatrix} R_1 \\ R_2 \\ \vdots \\ R_n \\ w_0 \\ \phi_0 \end{Bmatrix} = \begin{Bmatrix} \Delta_{1P} \\ \Delta_{2P} \\ \vdots \\ \Delta_{nP} \\ -\sum P \\ -\sum M_P \end{Bmatrix} \tag{11.3.29}$$

式中　w_0、ϕ_0——悬臂梁固定端处的附加线位移和角位移；

$[f]$——地基柔度矩阵，其系数 f_{ij} 为 j 点处的单位集中力对 i 点所产生的地基变形量，可按不同的地基模型，选用相应公式，如空间问题取式（11.2.4）、式（11.2.5），平面问题则取式（11.2.7）、式（11.2.8）；

$[V]$——悬臂梁的柔度矩阵，其中系数 v_{ij} 为 j 点处的单位集中力作用在悬臂梁上时，在 i 点所产生的竖向位移（向下为正），其值为 $v_{ij} = \dfrac{l^3}{6EJ} w_{ij}$，$w_{ij}$ 值见表 11.3.4；

Δ_{ip}——悬臂梁上所有外荷载（$\sum P_i$）作用下，在点 i 处所引起的竖向位移（向下为正），可利用表 11.3.4 计算。

应当指出，链杆法同样适用于文克尔地基梁的计算；此刻，不同的是，式（11.3.29）中的矩阵 $[f]$ 用式（11.3.19）中 $[T]$ 矩阵替代。

当计算类型属于平面形变问题时，计算 v_{ij} 公式中的 E 值要用 $\dfrac{E}{1-\mu^2}$ 替代（μ 为梁材料的泊桑比）。

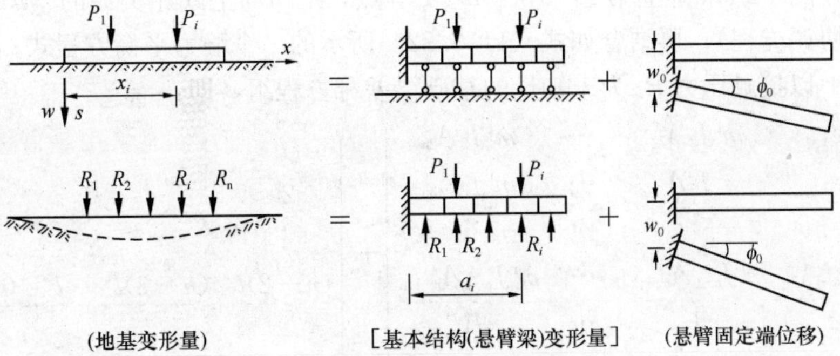

（地基变形量）　　　　　〔基本结构(悬臂梁)变形量〕　　　（悬臂固定端位移）

图 11.3.12　链杆法求解基础梁的图式

由单位集中力所产生的挠度系数 w_{ij}　　　　　　　　　　　表 11.3.4

a_i/l ＼ a_j/l	1	2	3	4	5	6	7	8	9	10
1	2	5	8	11	14	17	20	23	26	29
2		16	28	40	52	64	76	88	100	112
3			54	81	108	135	162	189	216	243
4				128	176	224	272	320	368	416
5					250	325	400	475	550	625
6						432	540	648	756	864
7							686	833	980	1127
8								1024	1216	1408
9									1458	1701
10										2000

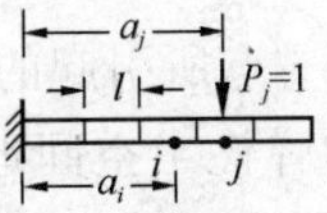

$$v_{ij} = \frac{l^3}{6EJ} w_{ij}$$

2. 有限差分法

弹性半空间地基与文克尔地基不同之处是，第 i 点的地基变形量 s_i 除了与基础梁与地基之间在该点处的接触压力 R_i 有关外，还与其他各点的接触压力有关。此时，若按式 (11.3.9a)，即表 11.3.3a 写出基础梁在第 i 点的变形协调差分方程：

$$\frac{EJ_i}{l^2}(s_{i-1} - 2s_i + s_{i+1}) = -M_i \qquad (11.3.30)$$

上式进一步展开成：

$$\frac{EJ_i}{l^2}\big[(f_{i-1,1} - 2f_{i,1} + f_{i+1,1})R_1 + (f_{i-1,2} - 2f_{i,2} + f_{i+1,2})R_2 + \cdots$$
$$+ (f_{i-1,n} - 2f_{i,n} + f_{i+1,n})R_n\big] = -M_i$$

或简写成

$$\frac{EJ_i}{l^2}\big[(f_{i-1,j} - 2f_{i,j} + f_{i+1,j})\big]_{j=1,2\cdots n} \cdot \begin{Bmatrix} R_1 \\ R_2 \\ \vdots \\ R_n \end{Bmatrix} = -M_i \qquad (11.3.31)$$

对于基础梁（图 11.3.9）上第 2，3，…$n-1$ 等点，可写与上式相类似的（$n-2$）个方程式（即变形协调方程）；再结合如式（11.3.22）所示的二个静力平衡方程式；于是可建立弹性半空间上以接触压力 R_i 为未知量的基础梁差分方程组，即：

$$
\left(
\begin{bmatrix}
m^1 J_2 A_{21} & m^1 J_2 A_{22} & \cdots & m^1 J_2 A_{2n} \\
m^1 J_3 A_{31} & m^1 J_3 A_{32} & \cdots & m^1 J_3 A_{3n} \\
\vdots & & & \vdots \\
m^1 J_{n-1} A_{n-1,1} & m^1 J_{n-1} A_{n-1,2} & \cdots & m^1 J_{n-1} A_{n-1,n} \\
\hline
1 & 1 & \cdots & 1 \\
(n-1)l & (n-2)l & \cdots & 1 & 0
\end{bmatrix}
+
\begin{bmatrix}
l & & & & \\
2l & & l & & & 0 \\
\vdots & & & & \\
(n-2)l & (n-3)l & \cdots & l & 0 & 0 \\
\hline
& & & & \\
& & 0 & & &
\end{bmatrix}
\right)
\left\{
\begin{matrix}
R_1 \\
R_2 \\
\vdots \\
R_i \\
\vdots \\
R_n
\end{matrix}
\right\}
$$

$$
=
\left\{
\begin{matrix}
-M_{P_2} \\
-M_{P_3} \\
\vdots \\
-M_{P_{n-1}} \\
\sum P \\
\sum M_{P_n}
\end{matrix}
\right\}
\tag{11.3.32}
$$

式中　m^1——系数，$m^1 = \dfrac{E}{l^2}$；

　　　A_{ij}——$A_{ij} = f_{i-1,j} - 2f_{i,j} + f_{i+1,j}$；

　　　$f_{i,j}$——地基柔度系数，表示 j 点处作用的单位力对 i 点所引起的地基变形；$f_{i,j}$ 值与地基土的参数（E_0、μ_0）、地基模型（如弹性半空间地基、分层地基模型）以及 i，j 两点的距离有关；根据计算所属的类型（空间或平面问题），分别选用式（11.2.4）、式（11.2.5）和式（11.2.7）、式（11.2.8）或式（11.2.11）；

其他符号 E、l、$M_{P_2} \cdots M_{P_{n-1}}$、$\sum P$、$\sum M_{P_n}$ 的说明与前面的式（11.3.18）和式（11.3.22）相同。

【例 11-3-2】 位于砖墙上的一根变截面梁（平面应力情况），梁长 5m、梁宽 1m；梁上有三个集中力 $P_1 = 400$kN，$P_2 = 1000$kN，$P_3 = 200$kN；梁的惯性矩为 $J_{AB} = 0.010417\text{m}^4$，$J_{BC} = 0.042667\text{m}^4$，$J_{CD} = 0.005334\text{m}^4$，梁的弹性模量 $E = 2.1 \times 10^7 \text{kN/m}^2$，地基的弹性模量 $E_0 = 3 \times 10^6 \text{kN/m}^2$；用有限差分法计算所得结果，示于图 11.3.13 中。

3. 其他几种情况的考虑

1）基础梁分段个数的选择

众所周知，链杆法和差分法都是一种近似的计算方法，它的正确程度与梁的分段数有关；原则上是分段数越多，则计算结果就越精确。文献［9］有趣地对一根变截面悬臂梁进行差分法分析，梁被分成三段，计算结果（指悬臂梁端点的位移值）比精确解的结果偏高仅 3.7%。然而，对地基参与作用的基础梁而言，与通常的梁情况不同；在这里分段数多或少，实际上是反映了梁底呈阶梯状态分布的反力曲线与连续、光滑分布的实际反力曲线之间的吻合程度。显然，分段数越多，则吻合度越高。对图 11.3.14 所示的一根基础梁作不同分段数的差分法计算。结果表明，在工程实用中取用大于 20 的分段数是适宜的。

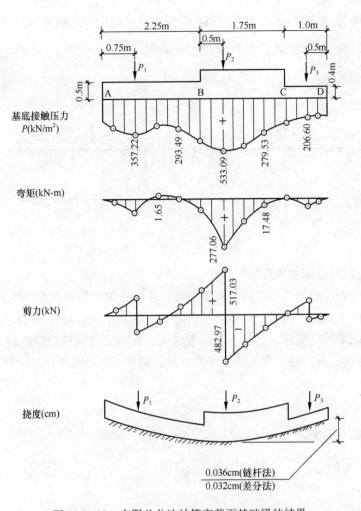

图 11.3.13　有限差分法计算变截面基础梁的结果

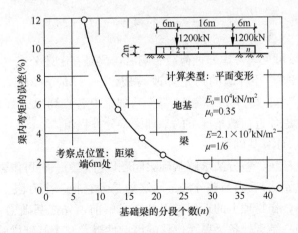

图 11.3.14　基础梁分段个数对计算结果的影响

2）梁上受有集中弯矩的处理

当梁上受有集中弯矩时，在受荷处的梁内弯矩值必会有一个突变。此时，在差分方程中无法给以确切表示；为此可用方向相反、大小相同、相距为 l 的一对集中力 $P\left(P=\dfrac{M}{l}\right)$ 来替代作用在梁上集中弯矩 M，如图 11.3.15 所示。显然，当 l 值较小时，这种处理方式是可取的。

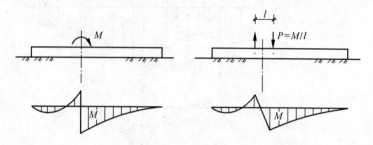

图 11.3.15 用一对集中力来代替梁上的集中弯矩

3）邻近荷载对基础梁变形的影响

在选用弹性分层地基或半空间地基模型时，基础梁附近邻近荷载 $\{P_Q\}$ 的作用，会对基础梁的变形产生影响。此时，基础梁是在梁上荷载 P 以及邻近荷载 $\{P_Q\}$ 共同作用下发生挠曲，即基础梁的挠度为 $y_i=s_i+\Delta_i$，其中 s_i、Δ_i 分别是梁底接触压力 $\{R\}$ 和邻近荷载 $\{P_Q\}$ 在 i 点所引起的地基变形量。于是，基础梁第 i 点处的微分方程为

$$EJ_i\frac{d^2(s_i+\Delta_i)}{dx^2}=-M_i \tag{11.3.33}$$

用差分形式表示，则为

$$\frac{EJ_i}{l^2}(s_{i-1}-2s_i+s_{i+1})+\frac{EJ_i}{l^2}(\Delta_{i-1}-2\Delta_i+\Delta_{i+1})=-M_i \tag{11.3.34a}$$

或写成

$$\frac{EJ_i}{l^2}(s_{i-1}-2s_i+s_{i+1})=-M_i-M_{\Delta_i} \tag{11.3.34b}$$

与式（11.3.30）比较可见，考虑邻近荷载影响后，只是在上述公式（11.3.32）的右端项里增加 $(-M_{\Delta_i})$ 项，即等号右端的列矩阵改写成：$-(M_{P_2}+M_{\Delta_2})$、$-(M_{P_3}+M_{\Delta_3})$、……$-(M_{P_{n-1}}+M_{\Delta_{n-1}})$、$(\Sigma P)$、$(\Sigma M_{P_n})$。基础梁上各点列出式（11.3.32）的类似方程，于是不难获得考虑邻近荷载情况下的基础梁差分方程组。

4）用矩阵位移法计算基础梁

除用级数法、链杆法、差分法求解基础梁问题以外，另一种可供选用的方法是矩阵位移法（即杆系有限单元法）。它与差分法不同之处是，它把一个有限个单元的集合体来代替无限单元的连续体，作物理上的近似。因此，求解前，先把基础梁离散成若干梁单元，然后，根据连接在同一结点处各梁单元位移的谐调性以及整个基础梁的位移与地基变形相协调的条件，列出作用在基础梁各结点上的荷载与位移的总刚度矩阵方程（以位移为未知数），求解方程后便可获得基础梁各结点处位移和接触反力等。具体细节详见第四节 11.4.2。

11.4　曲形基础梁的计算

在工程实践中，由于特种结构布置上的需要，基础梁有可能设计成曲线形的，天线塔、水塔之类结构物下的环形基础，即是其中最典型的一种。曲形基础梁在受力，或在计算分析方面都要比直线形的复杂。本节在叙述曲形构件弯曲、扭转联合作用下受力特性的基础上，着重介绍曲线基础梁与地基共同作用的分析方法。

11.4.1　曲形基础梁的差分法求解

1. 曲形基础梁位移、内力微分方程的建立

1）曲梁单元体的静力平衡方程式

从图 11.4.1 所示坐标系的曲形基础梁中，截取长为 $\mathrm{d}y$ 的单元体。该单元体受到四个外部荷载，即两个分布弯矩 m_x、m_y（kN·m/m）、一个竖向分布荷载 q_z（kN/m）和地基接触反力 p（kN/m²），如图 11.4.2(b)～(d)所示。单元体两端有抵抗内力：剪力 Q_z、弯矩 M_x 以及扭矩 T。外部荷载和内力的正方向规定在图 11.4.2 中。单元体受力后的位移，可用弯曲位移 w（竖直向的）

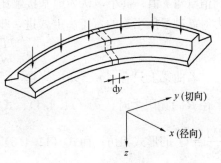

图 11.4.1　曲形基础梁

和扭转角位移 ϕ（绕 y 轴旋转）表示；位移的正方向如图 11.4.2(e) 所示。

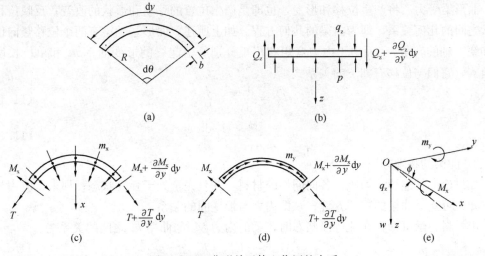

图 11.4.2　曲形单元体上作用的力系

（1）对单元体写出其静力平衡方程式

考虑 z 轴向力系的平衡条件 [图 11.4.2(b)]，因为 $\Sigma F_z = 0$，则有

$$-Q_z + \left(Q_z + \frac{\partial Q_z}{\partial y}\mathrm{d}y\right) + q_z \cdot \mathrm{d}y - pB \cdot \mathrm{d}y = 0$$

即

$$\frac{\partial Q_z}{\partial y} + q_z - pB = 0 \tag{11.4.1}$$

式中 B——基础梁的宽度。

（2）考虑绕 x 轴的力矩平衡条件 ［图 11.4.2(c)］，$\sum M_x = 0$；则有

$$-M_x + \left(M_x + \frac{\partial M_x}{\partial y}dy\right) - Q_z \cdot dy - pBdy \cdot \frac{dy}{2} + q_z dy \cdot \frac{dy}{2} + Td\theta^* + m_x dy = 0$$

略去二次微量，且 $d\theta$ 用 dy/R 代入，则上式为：

$$\frac{\partial M_x}{\partial y} - Q_z + \frac{T}{R} + m_x = 0 \tag{11.4.2}$$

（3）再考虑绕 y 轴的力矩平衡条件 ［图 11.4.2(d)］ $\sum M_y = 0$，则有

$$-T + \left(T + \frac{\partial T}{\partial y}dy\right) - M_x \cdot d\theta + m_y \cdot dy = 0$$

应当指出，基础梁绕 y 轴转动时，部分地基受压，而另一部分受拉；但是考虑到这种转动值（角 ϕ 值）甚小，认为地基接触压力沿 x 向仍为均匀分布，所以这里忽略 x 向地基反力对基础梁所引起的弯矩。上式进一步可写成：

$$\frac{\partial T}{\partial y} - \frac{M_x}{R} + m_y = 0 \tag{11.4.3}$$

若曲梁上只有 $(q_z - pb)$ 荷载，而分布荷载 m_x、m_y 为零时，则当曲形基础梁的曲率半径 R 为无限大时，式（11.4.1）、式（11.4.2）即与材料力学一般直梁表达式 $\frac{dQ}{dx} = q_x$，$\frac{dM}{dx} = Q_x$ 的形式相仿；而式（11.4.3）则此刻表示扭矩为零。即上述三个静力平衡方程式转变为直梁形式。

2）曲梁的几何方程

曲形梁受力后将产生位移和形变，也即是产生位置的移动和形状的改变；反映位移和形状之间的几何关系，即为曲梁的几何方程。如上所述，曲形基础梁有两个位移竖向位移 w 和绕 y 轴的转角 ϕ，而由于内力弯矩和扭矩分别所引起梁的形变曲率 k_x 和单位长度的扭角 ϕ'，它们与位移有如下的关系式[6]：

$$k_x = \frac{d^2 w}{dy^2} - \frac{\phi}{R} \tag{11.4.4}$$

$$\phi' = \frac{d\phi}{dy} + \frac{1}{R}\frac{dw}{dy} \tag{11.4.5}$$

3）曲梁的物理方程

如讨论的是连续、均质、各向同性的材料，并且完全处于弹性状态；那末，应用材料力学知识可建立曲梁的物理方程——即内力与形变间的关系。

由材料力学可知，在纯弯曲状态时，梁的内力 M_x 与曲率 k_x 之间的关系为：

$$M_x = -EJ_x \cdot k_x \tag{11.4.6a}$$

用式（11.4.4）代入后，则

$$M_x = -EJ_x \left(\frac{d^2 w}{dy^2} - \frac{\phi}{R}\right) \tag{11.4.6b}$$

在材料力学中也曾讨论过杆件的受扭问题。焊件的自由扭转是指杆的支承条件和载荷方式等并不阻止杆横断面在纵轴方向自由地凸凹翘曲，于是在纵轴向就不会引起任何法向应

---

* $Td\theta$ 值是扭矩分解在绕 x 轴转动力矩方向的分量，当 $R = \infty$，时 此值为零。

力，也不会因翘曲剪力（由法向应力引起）而产生约束扭转力矩。在这种自由纯扭转情况下，扭矩与扭角的关系式为[8]：

$$T_1 = Gk_T \cdot \phi' = Gk_T\left(\frac{\mathrm{d}\phi}{\mathrm{d}y} + \frac{1}{R}\frac{\mathrm{d}w}{\mathrm{d}y}\right) \tag{11.4.7a}$$

应当指出，若基础梁在受扭时，梁的横断面受到约束而不能沿纵轴向自由翘曲，则杆内产生的单位长度扭角 ϕ' 所需对应的扭矩 T，应该是自由扭转时的扭矩 T_1 和约束扭转时扭矩 T_2 两部分的代数和，即

$$T = T_1 + T_2 = Gk_T\phi' - EJ_w\frac{\mathrm{d}^2\phi'}{\mathrm{d}y^2}$$

$$= Gk_T\left(\frac{\mathrm{d}\phi}{\mathrm{d}y} + \frac{1}{R}\frac{\mathrm{d}w}{\mathrm{d}y}\right) - EJ_w\left(\frac{\mathrm{d}^3\phi}{\mathrm{d}y^3} + \frac{1}{R}\frac{\mathrm{d}^3w}{\mathrm{d}y^3}\right) \tag{11.4.7b}$$

式中　J_x—— 对 x 轴的截面弯曲惯性矩（m^4）；

　　　E——梁的弹性模量（kN/m^2）；

　　　G——梁的剪变模量（kN/m^2）；

　　　k_T——梁纯扭转常数（m^4）；

　　　J_w——梁的翘曲常数（m^6）。

4）曲形基础梁位移、内力微分方程的建立

上述三个内力与荷载的关系式（11.4.1）、式（11.4.2）和式（11.4.3）可通过式（11.4.6b）、式（11.4.7）及其适当的导数与单元体的二个位移值（w，ϕ）建立一定关系，从而可列出曲形基础梁的微分方程式。

对式（11.4.2）取 $\frac{\partial}{\partial y}$，若讨论的 m_x 是均布外力矩，则求导后为：

$$\frac{\partial Q_z}{\partial y} = \frac{\partial^2 M_x}{\partial y^2} + \frac{1}{R}\frac{\partial T}{\partial y}$$

对式（11.4.6b）取二阶导数，对式（11.4.7a）或式（11.4.7b）取一阶导数，并与上式一起代入式（11.4.1），经整理后可得曲形基础梁的第一个位移微分方程式：

$$-\left(EJ_x + \frac{EJ_w}{R^2}\right)\frac{\mathrm{d}^4w}{\mathrm{d}y^4} + \frac{Gk_T}{R^2}\frac{\mathrm{d}^2w}{\mathrm{d}y^2} - \frac{EJ_w}{R}\frac{\mathrm{d}^4\phi}{\mathrm{d}y^4} + \left(\frac{EJ_x}{R} + \frac{Gk_T}{R}\right)\frac{\mathrm{d}^2\phi}{\mathrm{d}y^2} = pB - q_z \tag{11.4.8a}$$

或

$$-EJ_x\frac{\mathrm{d}^4w}{\mathrm{d}y^4} + \frac{Gk_T}{R^2}\frac{\mathrm{d}^2w}{\mathrm{d}y^2} + \left(\frac{EJ_x}{R} + \frac{Gk_T}{R}\right)\frac{\mathrm{d}^2\phi}{\mathrm{d}y^2} = pB - q_z \tag{11.4.8b}$$

同理，把式（11.4.7a）或式（11.4.7b）的一阶导数以及式（11.4.6b）一起代入式（11.4.3）中，便得到第二个位移微分方程式：

$$-\frac{EJ_w}{R}\frac{\mathrm{d}^4w}{\mathrm{d}y^4} + \left(\frac{Gk_T}{R} + \frac{EJ_x}{R}\right)\frac{\mathrm{d}^2w}{\mathrm{d}y^2} - EJ_w\frac{\mathrm{d}^4\phi}{\mathrm{d}y^4} + Gk_T\frac{\mathrm{d}^2\phi}{\mathrm{d}y^2} - \frac{EJ_x}{R^2}\phi = -m_y \tag{11.4.9a}$$

或

$$\left(\frac{Gk_T}{R} + \frac{EJ_x}{R}\right)\frac{\mathrm{d}^2w}{\mathrm{d}y^2} + Gk_T\frac{\mathrm{d}^2\phi}{\mathrm{d}y^2} - \frac{EJ_x}{R^2}\phi = -m_y \tag{11.4.9b}$$

求解式（11.4.8）、式（11.4.9），求出未知位移值 w、ϕ 后，再代入内力公式（11.4.10）[即式（11.4.6）、式（11.4.7）和式（11.4.2）]中，

$$M = -EJ_x\left(\frac{\mathrm{d}^2w}{\mathrm{d}y^2}\right) + EJ_x\frac{\phi}{R} \left.\vphantom{\begin{array}{c}1\\1\\1\\1\\1\\1\\1\\1\end{array}}\right\}$$

$$T = Gk_T\left(\frac{\mathrm{d}\phi}{\mathrm{d}y}\right) + \frac{Gk_T}{R}\left(\frac{\mathrm{d}w}{\mathrm{d}y}\right)$$

或

$$T = Gk_T\left(\frac{\mathrm{d}\phi}{\mathrm{d}y} + \frac{1}{R}\frac{\mathrm{d}w}{\mathrm{d}y}\right) - EJ_w\left(\frac{\mathrm{d}^3\phi}{\mathrm{d}y^3} + \frac{1}{R}\frac{\mathrm{d}^3w}{\mathrm{d}y^3}\right)$$

$$Q = -EJ_x\left(\frac{\mathrm{d}^3w}{\mathrm{d}y^3}\right) + \left(\frac{EJ_x}{R} + \frac{Gk_T}{R}\right)\frac{\mathrm{d}\phi}{\mathrm{d}y} + \frac{Gk_T}{R^2}\left(\frac{\mathrm{d}w}{\mathrm{d}y}\right)$$

(11.4.10)

就可获得曲形基础梁的内力弯矩 M、扭矩 T 以及剪力 Q。

2. 曲形基础梁位移、内力方程用差分表示

一般而言，直接获得式（11.4.8）和式（11.4.9）的解析表达式是困难的，这里采用差分法求解。位移 w、ϕ 对 y 的各阶导数取中心差分形式，其表达式如同式（11.3.10）所示。现讨论两端为自由的曲形等截面基础梁，即梁的横截面沿纵向可自由翘曲；曲梁等分若干段，任一小段的长度为 l。曲梁上有竖向荷载，但无外分布弯矩 m_x、m_y 作用。离散后，曲梁上的结点可分为内结点、端点和近端点三种类别。对于内结点（见表11.4.1），利用式（11.3.10）的差分式，分别代入位移方程式（11.4.8b）、式（11.4.9b）和内力方程式（11.4.10），整理后即可得到相应的差分方程，如表11.4.1中式（11.4.11a）、式（11.4.12a）、式（11.4.13a）所示。

对于近端点，位移、内力方程用差分表示时，要涉及曲梁端点以外虚结点（$i-2$）处的位移值 w_{i-2}，利用 $M_{i-1}=0$ 的条件可消除 w_{i-2}，即虚结点位移用实结点位移加以表示，此时 w_{i-2} 为：

$$w_{i-2} = 2w_{i-1} - w_i + \frac{l^2}{R}\phi_{i-1}$$

把上式代入式（11.4.11a）、式（11.4.12a），整理后可得到不含虚结点（$i-2$）位移值的相应差分方程，如式（11.4.11b）、式（11.4.12b）所示。

对于端点，涉及的虚结点位移有三个：w_{i-1}、ϕ_{i-1} 和 w_{i-2}，分别利用 $M_i=0$、$T_i=0$ 和 $Q_i=0$ 三个条件，获得如下的表达式：

$$w_{i-1} = -w_{i+1} + 2w_i + \frac{l^2}{R}\phi_i$$

$$\phi_{i-1} = \frac{2}{R}w_{i+1} - \frac{2}{R}w_i + \phi_{i+1} - \frac{l^2}{R^2}\phi_i$$

$$w_{i-2} = w_{i+2} - \frac{2l^2}{a}\left(\frac{2a}{l^2} + \frac{b}{R^2} - \frac{c}{R}\right)w_{i+1} + \frac{2l^2}{a}\left(\frac{2a}{l^2} + \frac{b}{R^2} - \frac{c}{R}\right)w_i$$
$$+ \frac{l^4}{Ra}\left(\frac{2a}{l^2} + \frac{b}{R^2} - \frac{c}{R}\right)\phi_i$$

式中　R、l——分别是曲梁的半径和曲梁中任一小段的长度；

　　a、b、c——系数，分别表示 (EJ_x)、(Gk_T) 和 $\left(\dfrac{EJ_x}{R} + \dfrac{Gk_T}{R}\right)$ 值。

将上面三式代入式（11.4.11a）、式（11.4.12a），经整理后，即得到曲梁端点处的位移、内力方程的差分表达形式（11.4.11c）、式（11.4.12c）。此刻，内力方程中位移系数，经整理后其值均为零，这一结果与曲形基础梁自由端点 i 处的边界条件：$M_i=T_i=Q_i=0$ 完全相符（见表11.4.3）。

曲形基础梁（两端为自由）位移和内力方程的差分表达式

表 11.4.1

结点	结点的位置	方程类型		w_{i-2}	w_{i-1}	w_i	w_{i+1}	w_{i+2}	ϕ_{i-1}	ϕ_i	ϕ_{i+1}	方程右端项	方程编号
内结点	（示意图）	位移方程		$-\dfrac{a}{l^3}$	$\dfrac{4a}{l^3}+\dfrac{b}{R^2l}$	$-\left(\dfrac{6a}{l^3}+\dfrac{2b}{R^2l}\right)$	$\dfrac{4a}{l^3}+\dfrac{b}{R^2l}$	$-\dfrac{a}{l^3}$	$\dfrac{c}{l}$	$-\dfrac{2c}{l}$	$\dfrac{c}{l}$	p_ilB-q_il	11.4.11a
		位移方程		0	$-\dfrac{c}{l^2}$	$\dfrac{2c}{l^2}$	$-\dfrac{c}{l^2}$	0	$\dfrac{b}{l^2}$	$-\left(\dfrac{2b}{l^2}+\dfrac{a}{R^2}\right)$	$\dfrac{b}{l^2}$	0	11.4.12a
		内力方程		0	$-\dfrac{b}{2lR}$	0	$\dfrac{b}{2lR}$	0	0	$\dfrac{a}{R}$	0	M_i	$\left.\begin{array}{c} \\ \\ \\ \end{array}\right\}$11.4.13a
		内力方程		0	$\dfrac{2a}{l^3}$	0	$-\dfrac{a}{l^3}$	$-\dfrac{a}{l^3}$	$-\dfrac{b}{2l}$	0	$\dfrac{b}{2l}$	T_i	
		内力方程		$\dfrac{a}{2l^3}$	$-\left(\dfrac{a}{l^3}+\dfrac{b}{2lR^2}\right)$	$\dfrac{2a}{l^3}$	$\dfrac{a}{l^3}$	$-\dfrac{a}{2l^3}$	$-\dfrac{c}{2l}$	0	$\dfrac{c}{2l}$	Q_i	
近端点	（示意图）	位移方程		—	$\dfrac{2a}{l^3}+\dfrac{b}{R^2l}$	$-\left(\dfrac{5a}{l^3}+\dfrac{2b}{R^2l}\right)$	$\dfrac{4a}{l^3}+\dfrac{b}{R^2l}$	$-\dfrac{a}{l^3}$	$\dfrac{c}{l}$	$-\dfrac{2c}{l}$	$\dfrac{c}{l}$	p_ilB-q_il	11.4.11b
		位移方程		—	$-\dfrac{c}{l^2}$	$\dfrac{2c}{l^2}$	$-\dfrac{c}{l^2}$	0	$\dfrac{b}{l^2}$	$-\left(\dfrac{a}{R^2}+\dfrac{2b}{l^2}\right)$	$\dfrac{b}{l^2}$	0	11.4.12b
		内力方程		—	$\dfrac{b}{2Rl}$	$\dfrac{2a}{l^3}$	$\dfrac{c}{l^2}$	$\dfrac{a}{l^3}$	0	0	0	M_i	$\left.\begin{array}{c} \\ \\ \\ \end{array}\right\}$11.4.13b
		内力方程		—	$\dfrac{a}{l^3}+\dfrac{b}{2lR^2}$	0	$\dfrac{b}{R^2l}$	$-\dfrac{a}{l^3}$	0	0	$\dfrac{b}{2l}$	T_i	
		内力方程		—	$\dfrac{a}{2Rl^2}$	0	$\dfrac{b}{2lR^2}$	$-\dfrac{a}{2l^3}$	$\dfrac{b}{2Rl}$	0	$\dfrac{c}{2l}$	Q_i	
端点	（示意图）	位移方程		—	—	$-\left(\dfrac{a}{l^3}+\dfrac{b}{R^2l}\right)$	$\dfrac{2a}{l^3}+\dfrac{b}{R^2l}$	$-\dfrac{a}{l^3}$	—	$\dfrac{a}{Rl}-\dfrac{c}{l}$	$\dfrac{c}{l}$	$\dfrac{p_ilB-q_il}{2}$	11.4.11c
		位移方程		—	—	$\dfrac{2b}{Rl^2}$	$\dfrac{2b}{Rl^2}$	0	—	$-\dfrac{a}{R^2}-\dfrac{b}{l^2}+\dfrac{c}{R}$	$\dfrac{2b}{l^2}$	0	11.4.12c
		内力方程		—	—	0	0	0	—	0	0	M_i	$\left.\begin{array}{c} \\ \\ \\ \end{array}\right\}$11.4.13c
		内力方程		—	—	0	0	0	—	0	0	T_i	
		内力方程		—	—	0	0	0	—	0	0	Q_i	

注：R、l 分别是曲梁的半径和曲梁中任一小段的长度；a、b、c 分别表示 (EJ_x)、(Gk_T) 和 $\left(\dfrac{EJ_x}{R}+\dfrac{Gk_T}{R}\right)$；$p_i$、$q_i$、$B$ 分别为结点 i 处梁底反力（kN/m^2）、梁上分布荷载（kN/m^2）、以及曲梁的宽度（kN/m）。

表 11.4.2

曲形基础梁（两端为固定）位移和内力方程的差分表达式

结点	结点的位置	方程类型	w_{i-2}	w_{i-1}	w_i	w_{i+1}	w_{i+2}	ϕ_{i-2}	ϕ_{i-1}	ϕ_i	ϕ_{i+1}	ϕ_{i+2}	方程右端项	方程编号
内结点	(结点 $i-2$, $i-1$, i, $i+1$, $i+2$)	位移方程	$-\frac{a}{l^3}+\frac{D}{Rl^3}$	$\frac{4a}{l^3}+\frac{b}{R^2l}+\frac{4D}{Rl^3}$	$-\frac{6a}{l^3}-\frac{2b}{R^2l}+\frac{6D}{Rl^3}$	$\frac{4a}{l^3}+\frac{b}{R^2l}+\frac{4D}{Rl^3}$	$-\frac{a}{l^3}+\frac{D}{Rl^3}$	$-\frac{D}{l^3}$	$\frac{c}{l}+\frac{4D}{l^3}$	$-\frac{2c}{l}-\frac{a}{R^2}-\frac{2b}{l^2}-\frac{6D}{l^4}$	$\frac{c}{l}+\frac{4D}{l^3}$	$-\frac{D}{l^3}$	$p_i l B - q_i l$	11.4.14a
		位移方程	$-\frac{D}{l^4}$	$\frac{c}{l^2}+\frac{4D}{l^4}$	$-\frac{2c}{l^2}-\frac{6D}{l^4}$	$\frac{c}{l^2}+\frac{4D}{l^4}$	$-\frac{D}{l^4}$	$\frac{DR}{l^4}$	$\frac{b}{l^2}+\frac{4DR}{l^4}$	$-\frac{a}{R^2}-\frac{2b}{l^2}-\frac{6DR}{l^4}$	$\frac{b}{l^2}+\frac{4DR}{l^4}$	$\frac{DR}{l^4}$	0	11.4.15a
		内力方程	0	$-\frac{a}{l^2}$	$\frac{2a}{l^2}$	$-\frac{a}{l^2}$	0	0	0	$\frac{a}{R}$	0	0	M_i	11.4.16a
		内力方程	$\frac{D}{2l^3}$	$-\frac{b}{2lR}-\frac{D}{l^3}$	0	$\frac{b}{2lR}+\frac{D}{l^3}$	$-\frac{D}{2l^3}$	$\frac{DR}{2l^3}$	$-\frac{b}{2l}-\frac{DR}{l^3}$	0	$\frac{b}{2l}+\frac{DR}{l^3}$	$-\frac{DR}{2l^3}$	T_i	
		内力方程	$\frac{a}{2l^3}$	$-\left(\frac{a}{l^3}+\frac{b}{2lR^2}\right)$	0	$\frac{a}{l^3}+\frac{b}{2lR^2}$	$-\frac{a}{2l^3}$	0	$-\frac{c}{2l}$	0	$\frac{c}{2l}$	0	Q_i	
近端点	(结点 $i-1$, i, $i+1$, $i+2$)	位移方程	—	$\frac{4a}{l^3}+\frac{b}{R^2l}+\frac{4D}{Rl^3}$	$-\frac{7a}{l^3}-\frac{2b}{R^2l}+\frac{7D}{Rl^3}$	$\frac{4a}{l^3}+\frac{b}{R^2l}+\frac{4D}{Rl^3}$	$-\frac{a}{l^3}+\frac{D}{Rl^3}$	—	$\frac{c}{l}+\frac{4D}{l^3}$	$-\frac{2c}{l}-\frac{a}{R^2}-\frac{2b}{l^2}-\frac{7D}{l^4}$	$\frac{c}{l}+\frac{4D}{l^3}$	$\frac{D}{l^3}$	$p_i l B - q_i l$	11.4.14b
		位移方程	—	$\frac{c}{l^2}+\frac{4D}{l^4}$	$-\frac{2c}{l^2}-\frac{7D}{l^4}$	$\frac{c}{l^2}+\frac{4D}{l^4}$	$-\frac{D}{l^4}$	—	$\frac{b}{l^2}+\frac{4DR}{l^4}$	$-\frac{a}{R^2}-\frac{2b}{l^2}-\frac{7DR}{l^4}$	$\frac{b}{l^2}+\frac{4DR}{l^4}$	$\frac{DR}{l^4}$	0	11.4.15b
		内力方程	—	$-\frac{a}{l^2}$	$\frac{2a}{l^2}$	$-\frac{a}{l^2}$	0	—	0	$\frac{a}{R}$	0	0	M_i	11.4.16b
		内力方程	—	$-\frac{b}{2lR}-\frac{D}{l^3}$	$\frac{D}{2l^3}$	$\frac{b}{2lR}+\frac{D}{l^3}$	$-\frac{D}{2l^3}$	—	$-\frac{b}{2l}-\frac{DR}{l^3}$	$\frac{DR}{2l^3}$	$\frac{b}{2l}+\frac{DR}{l^3}$	$-\frac{DR}{2l^3}$	T_i	
		内力方程	—	$\frac{a}{2l^3}$	$-\frac{a}{2l^3}$	$\frac{a}{l^3}+\frac{b}{2lR^2}$	$-\frac{a}{2l^3}$	—	$-\frac{c}{2l}$	0	$\frac{c}{2l}$	0	Q_i	

注：D 表示 (EJ_w/R)，J_w 为梁的翘曲常数 (m^6)；其他符号同前说明。

592

对于两端部为固定端情况的曲形基础梁，由于梁的横断面受到约束而不能沿纵轴向 y 自由翘曲时，故此时位移方程应该采用式（11.4.8a）、式（11.4.9a），则相应于内结点 i，可用差分表示，如式（11.4.14a）、式（11.4.15a）（见表 11.4.2）所示。对于近端点 i 而言，利用表（11.4.3）中固定端的边界条件，可得到如下的关系式：

$$w_{i-2} = w_i \quad \left(因为 \left(\frac{\mathrm{d}w}{\mathrm{d}y} \right)_{i-1} = 0 \right)$$

$$\phi_{i-2} = \phi_i \quad \left(因为 \left(\frac{\mathrm{d}\phi}{\mathrm{d}y} \right)_{i-1} = 0 \right)$$

于是虚结点 $(i-2)$ 的位移 $(w_{i-2}、\phi_{i-2})$ 可用实结点的位移加以表示，同时把上面关系式代入式（11.4.10）；即可得到近端点的位移、内力方程的差分表达式（11.4.14b）、式（11.4.15b）、式（11.4.16b）。

同理，也可建立端部为铰端曲梁的相应位移、内力方程的差分表达式。

若曲梁上中的半径 $R=\infty$，即曲梁演变为直梁时；则曲梁表 11.4.1 中的系数 b、c 值为零；同时，表中内结点位移表达式（11.4.11a）（等式两边同乘以系数"-1"之后）与直梁情况中表（11.3.3c）内结点位移公式完全一致。

曲梁弯曲、扭转的边界条件　　　　　　　　表 11.4.3

曲梁端点 i 的边界状态	弯　曲	扭　转
自由端	$M_i=0$（没有弯矩） $Q_i=0$（没有剪力）	$T_i=0$（没有扭矩） $B_i=0$（没有双力矩）
铰端	$w_i=0$（无竖向位移） $M_i=0$	$\phi_i=0$（没有扭转角） $B_i=0$
固定端	$w_i=0$ $\left(\frac{\mathrm{d}w}{\mathrm{d}y} \right)_i=0$（没有斜率）	$\phi_i=0$ $\phi_i'=0$（没有斜率）

注：1. $B_i = EJ_w\phi''$，$B_i=0$ 表示自由翘曲；

　　2. $\phi_i' = \frac{\mathrm{d}\phi}{\mathrm{d}y} + \frac{1}{R}\frac{\mathrm{d}w}{\mathrm{d}y}$（$\phi_i$—扭转角）。

3. 曲形基础梁有限差分方程组的建立

现讨论一根宽度为 B、两端为自由、等分布 $(n-1)$ 段的等截面曲形基础梁；梁与地基接触压力为 p_1、$p_2\cdots p_n$，且认为 p_i 在各分段范围内均匀分布，于是基底集中压力 R_i 值为 $R_i = p_i B l$（一般点）或 $R_i = p_i \frac{l}{2} B$（梁端点）。根据表 11.4.1 中式（11.4.11a）和式（11.4.12a）不难列出基础梁 n 个结点的相应差分方程组，如下式（11.4.17）所示：

$$
-\begin{bmatrix}
-\left(\dfrac{a}{l^3}+\dfrac{b}{R^2 l}\right) & -\dfrac{c}{l}+\dfrac{a}{Rl} & \dfrac{b}{R^2 l}+\dfrac{2a}{l^3} & \dfrac{c}{l} & -\dfrac{a}{l^3} & & & \\[2ex]
-\dfrac{2b}{l^2 R} & -\dfrac{2b}{l^2}-\dfrac{a}{R^2}+\dfrac{c}{R}-\dfrac{b}{R^2} & \dfrac{2b}{l^2 R} & \dfrac{2b}{l^2} & & & & \\[2ex]
\dfrac{2a}{l^3}+\dfrac{b}{R^2 l} & \dfrac{b}{Rl} & \dfrac{-5a}{l^3}-\dfrac{2b}{R^2 l} & -\dfrac{2c}{l} & \dfrac{4a}{l^3}+\dfrac{b}{R^2 l} & \dfrac{c}{l} & -\dfrac{a}{l^3} & \\[2ex]
\dfrac{c}{l^2} & \dfrac{b}{l^2} & -\dfrac{2c}{l^2} & -\left(\dfrac{a}{R^2}+\dfrac{2b}{l^2}\right) & \dfrac{c}{l^2} & \dfrac{b}{l^2} & & \\[2ex]
\dfrac{-a}{l^3} & & \dfrac{4a}{l^3}+\dfrac{b}{R^2 l} & \dfrac{c}{l} & -\left(\dfrac{6a}{l^3}+\dfrac{2b}{R^2 l}\right) & -\dfrac{2c}{l} & \dfrac{4a}{l^3}+\dfrac{b}{R^2 l} & \dfrac{c}{l} \\[2ex]
& & \dfrac{c}{l^2} & \dfrac{b}{l^2} & -\dfrac{2c}{l^2} & -\left(\dfrac{a}{R^2}+\dfrac{2b}{l^2}\right) & \dfrac{c}{l^2} & \dfrac{b}{l^2} \\[2ex]
& & & & & & & \ddots \\[2ex]
& & -\dfrac{a}{l^3} & & & \dfrac{4a}{l^3}+\dfrac{b}{R^2 l} & \dfrac{c}{l} & -\left(\dfrac{6a}{l^3}+\dfrac{2b}{R^2 l}\right) \\[2ex]
& & & & & \dfrac{c}{l^2} & \dfrac{b}{l^2} & -\dfrac{2c}{l^2} \\[2ex]
& & & & & -\dfrac{a}{l^3} & & \dfrac{4a}{l^3}+\dfrac{b}{R^2 l} \\[2ex]
& & & & & & & \dfrac{c}{l^2} \\[2ex]
& & & & & & & -\dfrac{a}{l^3}
\end{bmatrix}
$$

$$
\begin{bmatrix}
& & & -\dfrac{a}{l^3} & & \\[2ex]
-\dfrac{2c}{l} & \dfrac{4a}{l^3}+\dfrac{b}{R^2 l} & \dfrac{c}{l} & -\dfrac{a}{l^3} & \\[2ex]
-\left(\dfrac{a}{R^2}+\dfrac{2b}{l^2}\right) & \dfrac{c}{l^2} & \dfrac{b}{l^2} & & \\[2ex]
\dfrac{c}{l} & \dfrac{-5a}{l^3}-\dfrac{2b}{R^2 l} & \dfrac{-2c}{l} & \dfrac{2a}{l^3}+\dfrac{b}{R^2 l} & \dfrac{b}{Rl} \\[2ex]
\dfrac{b}{l^2} & -\dfrac{2c}{l^2} & -\left(\dfrac{a}{R^2}+\dfrac{2b}{l^2}\right) & \dfrac{c}{l^2} & \dfrac{b}{l^2} \\[2ex]
\dfrac{2a}{l^3}+\dfrac{b}{R^2 l} & \dfrac{c}{l} & -\left(\dfrac{a}{l^3}+\dfrac{b}{R^2 l}\right) & \dfrac{a}{Rl}-\dfrac{c}{l} \\[2ex]
\dfrac{2b}{Rl^2} & \dfrac{2b}{l^2} & -\dfrac{2b}{Rl^2} & \dfrac{-2b}{l^2}-\dfrac{a}{R^2}+\dfrac{c}{R}-\dfrac{b}{R^2}
\end{bmatrix}
\begin{Bmatrix}
w_1 \\ \phi_1 \\ w_2 \\ \phi_2 \\ \vdots \\ w_i \\ \phi_i \\ \vdots \\ w_{n-1} \\ \phi_{n-1} \\ w_n \\ \phi_n
\end{Bmatrix}
=
\begin{Bmatrix}
-q_1\dfrac{l}{2} \\ 0 \\ -q_2 l \\ 0 \\ \vdots \\ -q_i l \\ 0 \\ \vdots \\ -q_{n-1} l \\ 0 \\ -q_n\dfrac{l}{2} \\ 0
\end{Bmatrix}
+
\begin{Bmatrix}
p_1 B\dfrac{l}{2} \\ 0 \\ p_2 Bl \\ 0 \\ \vdots \\ p_i Bl \\ 0 \\ \vdots \\ p_{n-1} Bl \\ 0 \\ p_n Bl \\ 0
\end{Bmatrix}
$$

$$(11.4.17)$$

或记作
$$\underset{2n\times 2n}{[J]}\underset{2n\times 1}{\{w\}}=\underset{2n\times 1}{\{-P\}}+\underset{2n\times 1}{\{R\}}$$

上式可改写成
$$-[J]\{w\}=\{P\}-\{R\}$$

式中 $[J]$——曲形基础梁的差分系数矩阵；

$\{P\}$——作用在各结处的外部集中力（kN），P 值向下为正，$P_i=q_il$；

$\{R\}$——基底接触压力（kN），为 $[R_1\ 0\ R_2\ 0\ \cdots\ R_n\ 0]^{\mathrm{T}}$，其中 $R_i=p_ilB$。

由于曲梁转角位移中并不引起基底接触压力的变化，故取地基为脱离体后，可写出基底在力 $[R_1、R_2\cdots R_n]^{\mathrm{T}}$ 与地基变形 $[s_1、s_2\cdots s_n]^{\mathrm{T}}$ 的关系式：

$$\begin{bmatrix} f_{11} & f_{12} & \cdots & f_{1n} \\ f_{21} & f_{22} & \cdots & f_{2n} \\ \vdots & \vdots & & \vdots \\ f_{n1} & f_{n2} & \cdots & f_{nn} \end{bmatrix}\begin{Bmatrix} R_1 \\ R_2 \\ \vdots \\ R_n \end{Bmatrix}=\begin{Bmatrix} s_1 \\ s_2 \\ \vdots \\ s_n \end{Bmatrix}\quad\text{（弹性半空间或分层地基）}$$

或
$$\begin{bmatrix} \dfrac{2}{klB} & & & \\ & \dfrac{1}{klB} & & 0 \\ & & \ddots & \\ 0 & & & \dfrac{2}{klB} \end{bmatrix}\begin{Bmatrix} R_1 \\ R_2 \\ \vdots \\ R_n \end{Bmatrix}=\begin{Bmatrix} s_1 \\ s_2 \\ \vdots \\ s_n \end{Bmatrix}\quad\text{（文克尔地基）}$$

式中 f_{ij}——为地基柔度系数，按计算类型可取式（11.2.4）、式（11.2.5）或式（11.2.11）计算。

以上两式可记作：$[f]\{R\}=\{s\}$

或写成： $$\{R\}=[f]^{-1}\{s\}=[K_s]\{s\} \tag{11.4.18}$$

式中 $[K_s]$——地基刚度矩阵，它等于地基柔度矩阵 $[f]$ 的逆矩阵（$n\times n$）。

将 $[K_s]$ 矩阵增广成为 $2n\times 2n$ 矩阵 $[K'_s]$，并利用基础梁竖向挠度 $\{w\}$ 与地基变形 $\{s\}$ 的相容条件 $\{w\}=\{s\}$，则式（11.4.17）可写成：

$$(-[J]+[K'_s])\{w\}=\{P\} \tag{11.4.19a}$$

再以整根曲梁取作脱离体，并对它建立三个静力平衡的方程式，即：

$$\Sigma R_i=\Sigma P$$
$$\Sigma R_i\times Y_i=\Sigma M_{P_{OX}} \tag{11.4.19b}$$
$$\Sigma R_i\times X_i=\Sigma M_{P_{OY}}$$

式中 $\Sigma M_{P_{OX}}$——曲梁上所有荷载（包括：竖直荷载 P 和作用在曲梁上的外部弯矩）对轴 OX 所产生的弯矩；

$\Sigma M_{P_{OY}}$——曲梁上所有荷载（包括：竖直荷载 P 和作用在曲梁上的外部弯矩）对轴 OY 所产生的弯矩；

R_i、P——见式（11.4.17）说明。

求解式（11.4.19a）和式（11.4.19b）组合的曲形基础梁的差分方程组，得到基础梁的位移值 $[w_1\phi_1, w_2\phi_2 \cdots w_n\phi_n]^T$，取出其中竖向位移部分 $[w_1, w_2 \cdots w_n]^T$，代入式（11.4.18）和式（11.4.10），即可分别求得基础梁的接触压力和相应点的内力 M_i、T_i 和 Q_i。

计算式中的扭转常数 k_T 值，可用薄膜比拟途径予以确定。对于任一形状实体截面（如矩形截面、圆形截面），也可应用圣维南给出的近似公式计算，即

$$k_T = \frac{A^4}{40 I_r} \ (\text{m}^4)$$

式中　A——实体形状面积，如对于厚度为 t、宽度为 L 的矩形截面（$L>t$），$A=tL$；

I_r——极惯性矩，其值为 $I_r = I_x + I_y$；对于矩形，则 $I_r = \frac{1}{12}Lt^3 + \frac{1}{12}tL^3 \doteq \frac{1}{12}tL^3$；而

对于圆形，$I_r = \frac{\pi}{64}d^4 + \frac{\pi}{64}d^4 = \frac{\pi}{2}R^4$（$R$、$d$ 分别为圆的半径、直径）。

用上式计算得到的 k_T 值为：

$$k_T \doteq \frac{Lt^3}{3.3}（矩形）; \quad k_T = 0.9\frac{\pi R^4}{2}（圆形）$$

然而，对于工程中所遇到的组合截面，则总截面的扭转常数为各单杆扭转常数的代数和[8]，于是可写成：

$$k_T = \frac{1}{40}\sum_{i=1}^{m}\frac{A_i}{I_{ri}}（对组合截面）$$

对于组合截面时的翘曲常数 J_w，可参考文献[8,9]确定。

11.4.2　曲形基础梁的矩阵位移法求解

如前所述，矩阵位移法是一种物理上的近似方法。计算前，需对连续体离散成许多单元，当离散点数足够多时，用多折线形的基础梁来替代曲形基础梁是可取的。离散后，对基础梁中任一单元的两个结点中每一个结点有三个结点力，其中两个弯矩 $M_{\bar{x}}$、$M_{\bar{y}}$，一个是竖向集中力 $F_{\bar{z}}$；而相应有三个结点位移为 $\theta_{\bar{x}}$、$\theta_{\bar{y}}$ 和 $w_{\bar{z}}$，如图 11.4.3(a) 所示。于是，可写出相对于单元局部坐标（$o\bar{x}\bar{y}\bar{z}$）的结点力和结点位移的关系式：

$$\begin{Bmatrix} F_{\bar{z}}^i \\ M_{\bar{x}}^i \\ M_{\bar{y}}^i \\ F_{\bar{z}}^j \\ M_{\bar{x}}^j \\ M_{\bar{y}}^j \end{Bmatrix} = \begin{bmatrix} c_5 & 0 & -c_4 & -c_5 & 0 & -c_4 \\ 0 & c_2 & 0 & 0 & -c_2 & 0 \\ -c_4 & 0 & c_7 & c_4 & 0 & c_9 \\ -c_5 & 0 & c_4 & c_5 & 0 & c_4 \\ 0 & -c_2 & 0 & 0 & c_2 & 0 \\ -c_4 & 0 & c_9 & c_4 & 0 & c_7 \end{bmatrix} = \begin{Bmatrix} w_{\bar{z}}^i \\ \theta_{\bar{x}}^i \\ \theta_{\bar{y}}^i \\ w_{\bar{z}}^j \\ \theta_{\bar{x}}^j \\ \theta_{\bar{y}}^j \end{Bmatrix} \quad (11.4.20)$$

或写成：$\{\bar{F}\} = [\bar{K}^e]\{\bar{u}\}$，其中 $[\bar{K}^e]$ 为相对于单元局部坐标的单元刚度矩阵。式中的结点力和结点位移的正方向规定在图 11.4.3(a) 中。式中 $c_5 = 12EJ_{\bar{y}}/l^3$；$c_4 = 6EJ_{\bar{y}}/l^2$；$c_7 =$

$4EJ_{\bar{y}}/l$；$c_9 = 2EJ_{\bar{y}}/l$；$c_2 = Gk_{\mathrm{T}}/l$。$J_{\bar{y}}$ 为对 $\bar{y}$ 轴的截面弯曲惯性矩，G 为梁的剪变模量，k_{T} 为扭转常数。

应当指出，上述梁单元刚度矩阵是对单元局部坐标（$o\,\bar{x}\,\bar{y}\,\bar{z}$）而言的，也即是坐标轴 $\bar{x}$ 是沿着梁单元的轴线方向。

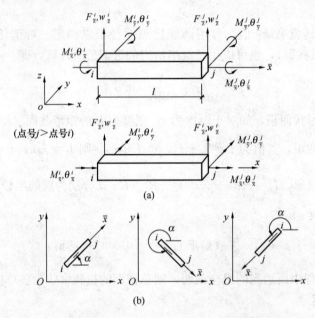

图 11.4.3　结点力和结点位移（对于单元局部坐标 $o\,\bar{x}\,\bar{y}\,\bar{z}$）

若梁单元〔如图 11.4.3（b）所示〕与结构坐标（$oxyz$）呈倾斜方向，则为了得到对结构坐标系的单元刚度矩阵 $[K^{\mathrm{e}}]$，需要对上述的 $[\bar{K}^{\mathrm{e}}]$ 进行坐标变换，其变换后的表达式为：

$$[K^{\mathrm{e}}] = [T]^{\mathrm{T}}[\bar{K}^{\mathrm{e}}][T] \tag{11.4.21}$$

式中　$[T]$——变换矩阵，其形式为：

$$[T] = \begin{bmatrix} 1 & 0 & 0 & & & \\ 0 & \cos\alpha & \sin\alpha & & 0 & \\ 0 & -\sin\alpha & \cos\alpha & & & \\ & & & 1 & 0 & 0 \\ & 0 & & 0 & \cos\alpha & \sin\alpha \\ & & & 0 & -\sin\alpha & \cos\alpha \end{bmatrix} \tag{11.4.22}$$

α——梁单元轴线 $\bar{x}$ 方向与结构坐标系的倾斜角。

根据作用在结构结点上的外荷载与单元内荷载相平衡的静力平衡条件以及结点的位移与连接在该同一结点的各个单元的位移的相谐调的这两个条件，不难列出曲形基础梁的结构刚度方程：

$$[K]\{U\} = \{P\} - \{R\} \tag{11.4.23}$$

式中　$[K]$——基础梁的总刚度矩阵（$3n \times 3n$，n 为基础梁离散后的结点个数）；$[K] = \sum [K^{\mathrm{e}}]$；

$\{U\}$——基础梁各结点的位移 $\{U\} = [w_1 \quad \theta_{\mathrm{x}}^1 \quad \theta_{\mathrm{y}}^1 \quad w_2 \quad \theta_{\mathrm{x}}^2 \quad \theta_{\mathrm{y}}^2 \cdots]^{\mathrm{T}}$；

$\{P\}$——作用在基础梁结点上的外荷载，与图 11.4.3b 所示坐标 $xoyz$ 方向一致的结点力者为正；

$\{R\}$——基础梁底的接触压力 $\{R\} = [R_1 \ \ 0 \ \ 0 \ \ R_2 \ \ 0 \ \ 0 \ \ R_3 \cdots]^T$。

在曲形基础梁计算中，是用多折线形的基础直梁来近似替代，所以变换矩阵 $[T]$ 中的 α 值正确选取颇为重要。要注意：梁单元局部坐标中轴 $\bar{x}$ 的方向是指小号单元端点（i）指向大号单元端点（j）的方向，它与基础梁分段后，结点人为编号顺序有关。一旦编号确定，则各分段单元的 α 值也就可以确定，详见表 11.5.1。图 11.4.3b 中，点号 $j>$ 点号 i。

由于基底接触压力 $\{R\}$ 与所选的地基与地基变形 $\{s\}$ 存在一定关系，如式（11.4.18）所示，则 $\{R\}$ 可一般地表达为：

$$\{R\}_{n\times 1} = [f]^{-1}_{n\times n}\{s\}_{n\times 1} = [K_s]_{n\times n}\{s\}_{n\times 1}$$

将地基刚变矩阵 $[K_s]$ 增广成为 $3n\times 3n$，并利用基础梁竖向挠度 $\{w\}(=[w_1 \ \ w_2\cdots]^T)$ 与地基变形 $\{s\}(=[s_1 \ \ s_2\cdots]^T)$ 的相容条件 $\{w\}=\{s\}$，则式（11.4.23）可写成：

$$([K]+[K_s])\{U\} = \{P\} \tag{11.4.24}$$

解上述联立方程组，得到基础梁各结点的位移 $\{U\}$（注：该位移是相对于结构坐标而言的）。从 $\{U\}$ 中取出任一梁单元两端结点（相对于结构总坐标 $oxyz$）的位移值 $\{u\}(6\times 1)$；因为 $\{\bar{u}\}=[T]\{u\}$ 的关系，故代入下式：

$$\{\bar{F}\} = [\bar{K}^e]\{\bar{u}\} = [\bar{K}^e][T]\{u\} \tag{11.4.25}$$

便可求出曲形基础梁中任一梁单元两端点处的内力：剪力 $F_{\bar{z}}$、扭矩 $M_{\bar{x}}$ 和弯矩 $M_{\bar{y}}$。整个曲形基础梁的计算工作到此结束。

从上述计算过程可见，矩阵位移法也适用于交叉形基础梁的计算。

11.5　交叉形基础梁的计算

当上部结构荷载较大，且沿柱列一个方向设置条形基础还不能满足地基容许承载力时，往往在柱列两个方向设置交叉形的条形基础，增加基础的支承面积和刚度，以减少建筑物的不均匀沉降。

交叉条形基础的荷载通过柱网，将上部结构荷载传递到基础梁交叉结点上，一般说来，这种荷载不单是集中力，也有力矩，但除掉边柱外，在内柱处的弯矩较小。交叉形基础梁的计算，在某些情况下要比基础板的计算更为复杂。这也就是文献[3]著者曾用很大篇幅论述和介绍弹性半空间地基模型，可是在叙述到交叉形基础梁计算时，他不得不改用文克尔地基模型。即使如此，计算仍为麻烦，故在以往计算中，通常还得引进交梁相连接结点为铰接的假定，即不考虑纵向梁与横向梁之间的扭转问题，以简化计算手续。

国内常采用的文克尔地基上交叉基础梁的这种计算模式。由于文克尔地基模型假定某一点的地基变形只与作用在该点上的力有关，因此，其计算的特点主要归结于解决交叉结点处的荷载分配问题，待纵、横两个方向荷载分配比值确定后，就可拆开并按单根条形基础梁进行内力和配筋计算。然而，当采用弹性半空间地基（或分层地基）时，影响交叉基础梁中每一单根基础梁的挠曲，不单与其本身这根梁下的基底压力有关，而且还与其他各根梁有关。因此，这类地基上交叉基础梁的计算，绝不是单靠确定交叉结点处的荷载分配

599

比例所能解决，必须把纵、横梁连同地基一起进行整体分析。鉴于近代计算技术发展和计算机的广泛使用，要解决这类地基上交叉基础梁的计算，至今已没有多大的困难。

目前，国内有些设计院也采用其他简化的计算方法，例如有的不考虑交叉结点处的变形协调条件，而是把作用在交叉点上的外荷载简单地按照汇交该结点处的各根条形基础梁的刚度比进行分配；也有的将柱荷载按两个方向条形基础受压面积大小进行分配。由于简化假定观点不同，因而计算结果差别较大，这里不作一一介绍。

11.5.1 文克尔地基上十字交叉基础梁的计算

若在图 11.5.1 所示的十字交叉基础梁的交叉点上，作用着柱荷载 P_1、P_2…和两个方向的力矩即纵向力矩 M_{y_1}、M_{y_2}…和横向力矩 M_{x_1}、M_{x_2}…

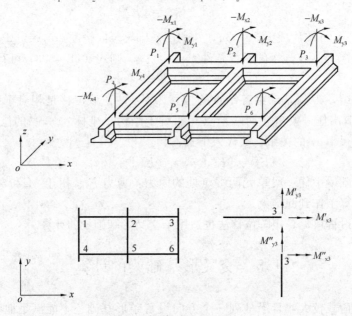

图 11.5.1 交叉形基础梁

对任一交叉点来说，都必须满足下列静力平衡和变形（挠变和转角）协调条件：

（1）对交叉点 i 的垂直方向，则有：

$$P_i = P'_i + P''_i \tag{11.5.1}$$

$$w'_i = w''_i \tag{11.5.2}$$

式中　　P'_i、P''_i——分别指分配传递到纵向和横向基础梁上的力；

　　　　w'_i、w''_i——分别为纵梁和横梁在交叉点处的竖向位移。

为了避免荷载方向上的混淆，凡符号上标有"$'$"者，表示在纵梁上的；有"$''$"者，则表示在横梁上。例 P'_i、m''_i 分别表示外荷载分配给纵梁 i 点上的竖向荷载值和分配到横梁 i 点上的力矩值；其余符号类同。

（2）对交叉点 i 的纵向方向，则有

$$M_{yi} = (M'_{yi})_弯 + (M'_{yi})_扭 \tag{11.5.3}$$

$$(\theta'_i)_弯 = (\theta'_i)_扭 \tag{11.5.4}$$

式中　　$(M'_{yi})_弯$——分配到交叉点 i 处纵梁的弯曲力矩；

$(M''_{yi})_{扭}$——分配到交叉点 i 处横梁的扭转力矩；

$(\theta'_i)_{弯}$——纵梁弯曲线在交叉点 i 处的转角；

$(\theta''_i)_{扭}$——在交叉点 i 处横梁的扭转角。

（3）对交叉点 i 的横向方向，则有

$$M_{xi} = (M'_{xi})_{弯} + (M'_{xi})_{扭} \tag{11.5.5}$$

$$(\theta'_i)_{扭} = (\theta'_i)_{弯} \tag{11.5.6}$$

由上可见，对于每一个交叉点，静力平衡、变形协调方程共有 6 个，所以要解决 n 个交叉点荷载（P_i、M_{xi}、M_{yi}）的分配问题，就须求解含有 $6n$ 个未知量（P'_i、P''_i、M'_{yi}、M''_{yi}、M''_{xi}、M'_{xi}）的线性代数方程组。

为了使问题得到简化，通常假设交叉点为铰接（即不考虑梁的扭转问题），如图 11.5.2 所示。这样，梁上交叉点处的外力矩 M_{yi} 和 M_{xi} 则分别全部地由该点所在的纵梁和横梁所承受。根据静力平衡和变形协调条件，于是可写出在不考虑梁扭转情况下、第 i 交叉点的基本方程：

$$P_i = P'_i + P''_i \tag{11.5.7}$$

$$w'_{P_i} + w'_{M_i} = w''_{P_i} + w''_{M_i} \tag{11.5.8}$$

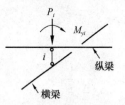

图 11.5.2　交叉结点为铰接的简化假定

式中　w'_{P_i}、w'_{M_i}——交叉点所在同一根纵梁上的所有力 P'（未知）和所有外力矩 M_{yi}（已知），对交叉点所引起的竖向位移；

w''_{P_i}、w''_{M_i}——交叉点所在同一根横梁上的所有力 P''（未知）和所有外力矩 M_{xi}（已知），对交叉点所引起的竖向位移。

将式（11.5.8）改写成如下形式：

$$\sum_{j=1}^{m_1} \delta'_{ij} \cdot P'_j + \sum_{j=1}^{m_1} \overline{\delta'_{ij}} \cdot M_{yj} = \sum_{j=1}^{m_2} \delta''_{ij} \cdot P''_j + \sum_{j=1}^{m_2} \overline{\delta''_{ij}} \cdot M_{xj}$$

由于 M_{yj}、M_{xj} 为已知值，将其移到方程等号右端，则为：

$$\sum_{j=1}^{m_1} \delta'_{ij} \cdot P'_j - \sum_{j=1}^{m_2} \delta''_{ij} \cdot P''_j = \Delta''_i - \Delta'_i \tag{11.5.9}$$

式中　Δ''_i、Δ'_i——即为 w''_{M_i}、w'_{M_i}，其值分别为 $\sum\limits_{j=1}^{m_2} \overline{\delta''_{ij}} \cdot M_{xj}$、$\sum\limits_{j=1}^{m_2} \overline{\delta'_{ij}} \cdot M_{yj}$（为已知量）；

δ'_{ij}、δ''_{ij}——分别为在单根纵梁和横梁上，由于 j 点处的单位竖向荷载而在 i 点处所产生的竖向位移；它与基础梁的几何尺寸、地基土基床系数以及计算点 i 与荷载点 j 的距离有关的系数，可按式（11.3.6）计算；

$\overline{\delta'_{ij}}$、$\overline{\delta''_{ij}}$——分别为在单根纵梁和横梁上，由于 j 点处的单位弯矩而在 i 点处所产生的竖向位移，可按式（11.3.6）计算。

对于整个交叉形基础梁体系中的每个交叉点，均可写出式（11.5.7）、式（11.5.9）的两个方程式。若以图 11.5.1 所示的交叉基础梁（共有交叉点 6 个）为例，其相应的方程组如式（11.5.10）所示。

$$
\begin{bmatrix}
1 & 1 & & & & & \\
\delta'_{11} & -\delta''_{11} & \delta'_{12} & \delta'_{13} & & \delta''_{14} & \\
& & 1 & 1 & & & \\
\delta'_{21} & & \delta'_{22} & -\delta''_{22} & \delta'_{23} & & -\delta''_{25} \\
& & & & 1 & 1 & \\
\delta'_{31} & & \delta'_{32} & & \delta'_{33} & -\delta''_{33} & \delta''_{36} \\
& & & & & 1 & 1 \\
-\delta''_{41} & & & & \delta'_{44} & -\delta''_{44} & \delta'_{45} & \delta'_{46} \\
& & & & & & 1 & 1 \\
-\delta''_{52} & & & \delta'_{54} & & \delta'_{55} & -\delta''_{55} & \delta'_{56} \\
& & & & & & & 1 & 1 \\
-\delta''_{63} & \delta'_{64} & & \delta'_{65} & & \delta'_{66} & -\delta''_{66}
\end{bmatrix}
\begin{Bmatrix} P'_1 \\ P''_1 \\ P'_2 \\ P''_2 \\ P'_3 \\ P''_3 \\ P'_4 \\ P''_4 \\ P'_5 \\ P''_5 \\ P'_6 \\ P''_6 \end{Bmatrix}
$$

$$
= \begin{Bmatrix} P_1 \\ \Delta''_1 - \Delta'_1 \\ P_2 \\ \Delta''_2 - \Delta'_2 \\ P_3 \\ \Delta''_3 - \Delta'_3 \\ P_4 \\ \Delta''_4 - \Delta'_4 \\ P_5 \\ \Delta''_5 - \Delta'_5 \\ P_6 \\ \Delta''_6 - \Delta'_6 \end{Bmatrix} \tag{11.5.10}
$$

解上面方程组，求得外荷载分配到纵梁和横梁上的分配力的值 $[P'_1 \quad P''_1 \quad P'_2 \quad P''_2 \cdots]^\mathrm{T}$；再将上述分配力以及作用在梁上的外弯矩 M_{yi}（或 M_{xi}）分别地施加在单根纵梁（或横梁）上，并由此按式（11.3.6）、式（11.3.7）、式（11.3.8）进行梁的变形和内力计算。

11.5.2 弹性半空间地基（或分层地基）上交叉基础梁的计算

当地基选用半无限连续介质时，任一根梁（纵梁或横梁）的竖向位移，都与整个交叉基础梁下的接触压力有关。因此须把纵、横梁连同地基一起进行计算。计算方法有矩阵位移法、链杆法和差分法等。链杆法[2]是把两个梁系（纵、横梁）通过各自的链杆与地基相连，也即是在交叉点处取两根链杆，并与地基相连，这样，在交叉点处的基底接触反力会产生突变的不合理现象。以方程数的个数来说，用差分法为最少（差分法分析中，每一个结点只有一个竖向线位移未知量），但须建立各类边界条件下的差分方程表达式，较为麻烦，尤其是在斜交的基础梁系情况中，用差分法求解是极其困难的。这里，我们认为取用矩阵位移法求解是适宜的。在计算交叉基础梁时，其计算步骤、所需的单元刚度矩阵（相对于结构坐标系）$[K^e]$ 以及交叉基础梁系的结构刚度方程与 11.4.2 节所述内容以及公式

（11.4.20）～式（11.4.25）完全相同。唯一要注意的是，变换矩阵 $[T]$ 中 α 值的确定。以图 11.5.1 所示的交叉基础梁和离散后的结点编号，如表 11.5.1 所示，则梁单元轴线方向（$\overline{x}$）与图 11-4-3（b）中结构坐标轴（x）的夹角 α 值示于该表内。

表 11.5.1

点 i	点 j	杆 i-j	α	交叉基础梁离散后的结点编号
6	7	6-7	90°	
9	10	9-10	90°	
9	21	9-21	180°	
9	22	9-22	0°	

应当指出，用矩阵位移法可求解任意交叉的基础梁（除十字交叉的特殊情况外），在计算上并无多大困难。

11.6　非线性地基上考虑上部结构刚度因素的基础梁计算方法简介

由于计算技术的发展和有限单元法的广泛采用，使基础梁的计算和分析更趋于完善合理。近些年来，在计算基础梁时，能考虑上部结构刚度的影响和地基土的非线性特性。为了克服结点较多而引起计算机贮存需求量上的困难，一种有效的子结构分析技巧被采用了[10,11]。它通过刚度凝聚的过程，逐层地消除上部结构内结点，最后可求得基础梁（包括上部结构刚度）底处（与地基相接触的点）的等效边界刚度矩阵 $[K_B]$ 和等效边界荷载 $\{S_B\}$：

$$[K_B] = [K_{bb}] - [K_{bi}][K_{ii}]^{-1}[K_{ib}] \tag{11.6.1}$$

$$\{S_B\} = \{P_b\} - [K_{bi}][K_{ii}]^{-1}\{P_i\} \tag{11.6.2}$$

式中　　i——表示内结点；

　　　　b——表示边界结点；

　　$[K_{bb}]$——边界结点（单位）位移在边界本身所引起的结点力；

　　$\{P_i\}$——作用在内结点上的力；其他符号类同。

然后，将 $[K_B]$、$\{S_B\}$ 方便地加入到非线性地基（如图 11.2.7）上，并单独地对地基进行非线性分析。地基被离散并采用八结点等参单元；与此同时用增量法或迭代法等非线性分析法分析，求得地基内各结点的位移、应力（包括地基与基础相连接的这些边界结点位移 $\{U_b\}$ 值）。接着按下式执行回代计算（此时，边界位移 $\{U_b\}$ 为已知），求出所有内结点（上部结构和基础梁）的位移 $\{U_i\}$

$$\{U_i\} = -[K_{ii}]^{-1}[K_{ib}]\{U_b\} + [K_{ii}]^{-1}\{P_i\} \tag{11.6.3}$$

和内力（弯矩、剪力）。

实践表明，上述计算没有多大困难，其结果将更能反映基础梁实际受力情况。

参 考 文 献

[1] M. Hentenyi. Beams on Elastic Foundation，1946.

[2] Б. Н. 热摩奇金. 弹性地基上基础梁和板的实用计算法. 顾子聪等译. 北京：建筑工程出版社，1959.

[3] М. И. 葛尔布诺夫-伯沙道夫. 弹性地基上结构物的计算. 华东工业建筑设计院译. 北京：建筑工程出版社，1955.

[4] 蔡曰维. 弹性地基梁解法. 上海：上海科技出版社，1962.

[5] J. E. Bowles. Analytical and Computer Method in Foundation Engineering(1974). 胡人礼等译. 北京：中国铁道出版社，1982.

[6] S. Timoshenko. Strength of Materials. D. Van Nostrand Company，New York，1930.

[7] A. P. S. Selvadurai. Elastic Analysis of Soil-Foundation Interaction(1979). 范文田等译. 北京：中国铁道出版社，1984.

[8] C. P. Heins.，结构杆件的弯曲与扭转. 常岭，吴绍本译. 北京：人民交通出版社，1981.

[9] S. Timoshenko. Strength of Materials(1972). 胡人礼译. 北京：科学出版社，1978.

[10] 朱百里，曹名葆，魏道垛. 框架结构与地基基础共同作用的数值分析——线性和非线性地基. 同济大学学报，1981，No. 4.

[11] 曹名葆. 上部结构与地基基础的共同作用分析. 软土地基与地下工程第十三章第三节. 孙更生，郑大同主编. 北京：中国建筑工业出版社，1984.

第 12 章 筏 形 基 础

筏形基础是指支承在天然或人工加固处理后的地基或桩上的柱下或墙下连续的平板式或梁板式钢筋混凝土基础[1]，在许多国外的文献里 Raft Foundation 或 Mat Foundation 均指筏形基础。

筏形基础整体性较强，具有一定的刚度和强度，可以扩散上部结构的集中荷载，减小地基土反力和调整不均匀沉降，因此筏形基础适用范围很广。当上部建筑荷载较大、地基承载力较低或基础沉降不满足使用要求时，可将独立基础或条形基础的底面积扩大，形成筏形基础。多年工程实践表明，当按地基承载力计算所需基础底面积占建筑底层面积75％以上时，采用筏形基础更为经济。若地基土局部相对软弱需要调节不均匀沉降，基础下有洞穴需要跨越，遇到液化土等特殊地基土，需要加强基础整体性和刚度以减轻其影响时，采用筏形基础是有效措施之一。由于不影响地下室的灵活使用，筏形基础已广泛用于高层建筑和超高层建筑，也可用于有地下室的多层建筑。当筏形基础下的天然地基承载力或沉降值不能满足设计要求时，可采用桩上的筏形基础。

从广义上说，箱形基础是筏形基础的一种特殊形式，其刚度大于梁板式和平板式筏形基础，其相关内容详见第 13 章。虽然箱形基础整体刚度比筏形基础大，能更有效地调整不均匀沉降以及基底反力，但由于其内隔墙相对较多，使用上受到一定的限制，因此除有特殊要求外，目前筏形基础的应用范围已超过箱形基础。

12.1 筏形基础形式和几何尺寸的确定

12.1.1 筏形基础常用形式

筏形基础分为平板式和梁板式，较常用的类型如图 12.1.1 所示。

平板式筏形基础使用较普遍，其优点是抗冲切和抗剪切承载力强，适应各种布局复杂的结构，施工简便，且有利于地下室空间的利用；其缺点是混凝土用量相对较大。对于竖向荷载较大的柱或混凝土墙筒，等厚度筏板的受冲切或受剪切承载力不能满足要求时，可在筏板上面增设柱墩或局部增加筏板厚度。板面上加墩施工较方便，可节省板下加墩时需要的放坡混凝土和钢筋搭接用量，也可在上反柱墩间敷设机电管线或设置排水沟和集水坑，有抗浮需要时还可填置压重材料，因此条件许可时应优先采用板面加墩。当上反柱墩影响地下室使用高度，也可采用下反柱墩。

梁板式筏形基础是由基础梁和板组成。尽管梁板式筏形基础施工比较复杂，但与平板式筏形基础相比混凝土用量较低，适用于柱距和柱荷载变化不是很大的建筑。梁板式筏基的基础梁应沿上部结构的墙、柱轴线呈交叉网状布置，以利于地基土应力的扩散和约束结构的底层墙和柱，因此梁板式筏基难以适应布局复杂、支承着多个高低层交错的大底盘地

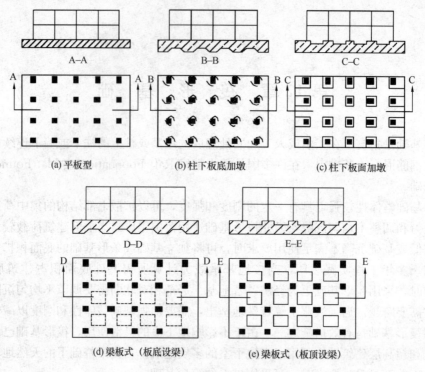

(a) 平板型　　　　　(b) 柱下板底加墩　　　　　(c) 柱下板面加墩

(d) 梁板式（板底设梁）　　　　　(e) 梁板式（板顶设梁）

图 12.1.1　筏形基础常用类型

下结构。

与梁板式筏基相比，平板式筏基自身刚度较大，具有较强的调整部分不均匀沉降和土反力能力，并具有抗冲切及抗剪切能力强的特点。框架—核心筒和筒中筒结构，筒和周边框架柱之间的竖向荷载和刚度相差较大，宜采用具有较强调整能力的平板式筏形基础。

平板式筏形基础和梁板式筏形基础的选型应综合考虑各种因素，应根据地基土质、上部结构体系、柱距、荷载大小、使用要求、施工及经济条件等因素确定。

12.1.2　筏形基础平面尺寸的确定

确定筏形基础的平面尺寸，需要根据上部结构的布置、地下结构底层平面及荷载分布等因素，按地基承载力和变形允许值来确定。

对单幢建筑物，在地基土比较均匀的条件下，基底平面形心宜与结构竖向永久荷载重心重合。当不能重合时，在作用的准永久组合下，偏心距 e 应满足式（13.1.1）的规定。从实测结果来看，这个限制对硬土地区稍严格，当有可靠依据时可适当放松。

设计中当结构竖向永久荷载的合力不能通过基底平面形心时，可采取调整基底面积以减少基础偏心，避免基础产生倾斜，保证建筑物正常使用。调整基底面积时，应优先考虑沿底板短边方向的扩展，以避免由于加大长边尺寸而增加筏形基础的纵向整体弯矩。扩大部分应具有足够的刚度，以保证主体结构下地基反力能有效地向周边扩散。当扩大面积不大时，可将基础底板外伸悬挑，但板的悬挑长度不宜过大；对于梁板式筏形基础，基础梁宜外伸到扩大部分；必要时也可将地下室结构整体外扩，利用与主楼相连的周边地下室、裙房与基础的整体刚度来扩散主楼下地基反力，减小主楼的沉降，此时需注意主楼对相连的裙房或地下室结构构件和基础产生的不利影响。

12.2 筏形基础的内力计算

上部结构、筏形基础和地基土是一个由不同结构、不同材性组成的静力平衡体系，在这体系中各部分的变形和内力或应力不仅取决于荷载大小与分布，而且很大程度上取决于各部分刚度之间的相互关系。此外，由于施工造成结构整体刚度滞后形成以及地基土的不均匀性和非弹性等因素，使筏形基础的力学性状极其复杂，因此，筏形基础的内力不能简单按一般的楼板进行分析，而应根据地基条件、上部结构体系、墙和柱的布置、荷载大小等因素进行分析。

从理论上说，数值分析结果更接近于实际情况，但是确定合理的边界条件和选择准确的计算参数目前仍具有一定难度，致使数值分析结果难以完全符合实测结果。因此，即使在计算机技术已高速发展的今天，在不断研究发展数值分析等精确计算方法的同时，仍然需要结合工程经验采用高效快速的简化方法。为确保筏形基础构件设计的安全性，规范[1][2]针对内力分析方法的局限性，规定了相应的内力放大系数和配筋构造要求。

筏形基础内力分析方法分为：1）不考虑共同作用的结构力学方法；2）仅考虑筏形基础与地基共同作用的方法；3）全面考虑上部结构与基础和地基共同作用的方法。

12.2.1 不考虑共同作用的结构力学方法

将筏形基础与上部结构、地基分割为三个独立部分，上部结构嵌固在筏基顶面，求出外荷载作用下墙、柱底部反力，然后将墙、柱底部反力反向作用在平板式筏形基础的顶面或梁板式筏形基础的基础梁顶面，按上部总荷载确定基底反力并结合工程经验修正基底反力分布，然后按结构力学的静力分析法计算筏形基础的构件内力。上述筏形基础的分析方法虽然形式上满足了上部总荷载和地基总反力的静力平衡条件，但是由于没有考虑上部结构和地基土与筏形基础各接触点上的变形协同，即便是按修正后的地基反力求得的支座反力也不可能与柱轴力平衡，因为上部结构的墙、柱根部轴力以及地基反力的分布是随着基础的整体挠曲度的改变而不断变化，它并不是一个固定值。只有当上部结构整体刚度较大，各墙、柱沉降较均匀，或基础整体挠曲度很小，墙、柱底部近似为筏形基础的不动铰支座时，可假设基底反力为直线分布按倒楼盖方法计算筏形基础内力。

12.2.2 考虑地基基础共同作用的方法

将上部结构作为独立部分求出的墙、柱底部固端反力，作为作用于基础上的外荷载，在基础底面与地基土之间的位移满足连续协调的原则下，按弹性或弹塑性地基上梁和板的理论进行分析，分析时应根据工程具体条件选择合适的地基的力学模型。文献［3］将已见诸报道的地基力学模型归纳为三种：1）线性弹性地基模型，包括弹性半空间模型、有限压缩层分层总和法地基模型、文克尔模型、改进的文克尔模型（双参数和三参数模型）；2）非线性弹性地基模型，包括拟合应力与应变对应关系的双线性与多线性模型、用切线模量和切线泊松比表达的 E-μ 双曲线模型和用体积模量、剪切模量表达的 K-G 模型以及适用于密砂和超固结黏土的应变软化模型；3）弹塑性地基模型，包括采用土体卸载后可恢复的弹性应变向量和不可恢复的塑性应变向量描述土体受荷后总应变的塑性增量理论、考虑了砂土剪胀性的雷德-邓肯（Lade-Duncan）模型以及适用于正常固结黏土和弱超固结黏土的剑桥模型和修正剑桥模型。

我国工程设计中常采用有限压缩层分层总合法地基模型，也有个别单位采用单向压剪非线性模型[4]。

筏形基础可采用两种模型分析：1）将筏形基础按带肋筏板或柱下筏板、墙下筏板离散为矩形或倒 T 形截面的交叉梁系，用弹性地基梁法求解梁内力；2）将结构划分为板单元，按厚板有限元方法求解。

12.2.3　考虑上部结构、基础与地基共同作用的方法

1. 我国工程界对上部结构、基础和地基共同作用概念的认识

对上部结构参与地基作用的概念起源于 1960 年开始的全国范围的软土地基调查。通过调查发现一个很重要的问题，即房屋的开裂主要是体型复杂的情况下由于沉降过大或沉降不均匀导致裂缝的产生。"大跃进"期间建设的很多工程出现了很多质量问题，通过对这些问题的总结，发现仅按提高承载力的方法解决不了问题，沉降是不能忽视的。浙江有些建筑采用砂垫层处理依然开裂，上海地区地基承载力从 80kPa 提高到 120kPa，但是仍然不解决问题。调查过程中还发现并不是所有的建筑物都出现裂缝，六层的建筑物，平均荷载接近 120kPa，建筑平面为很规整的长方形，长高比小，没有拐角，纵墙没有转折，没有高差，沉降达 700mm～800mm，却没有发现一道裂缝。而三、四层的建筑出现开裂的很多，原因就在于这个六层建筑物的上部结构参与了工作，调整了地基的变形（图 12.2.1）。考虑上部结构刚度的影响，通过控制房屋的长高比来调整地基变形的问题是从这个时候开始的，以前没有认识到上部结构有这么大的作用，能够在建筑物沉降较大的情况下保证结构不开裂。

为此，在《工业与民用建筑地基基础设计规范》TJ 7-74 及随后的《建筑地基基础设计规范》GB 50007 中均作了如下规定：对于建筑体型复杂、荷载差异较大的框架结构，可采用箱基、桩基、筏基等加强基础整体刚度，减小不均匀沉降。对于砌体承重结构的房屋，宜采用下列措施增强整体刚度和强度：对于三层和三层以上的房屋，其长高比宜小于

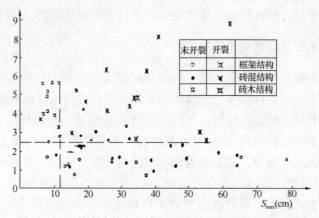

图 12.2.1　控制房屋的长高比可有效调整地基不均匀沉降

或等于 2.5；当房屋的长高比大于 2.5、小于或等于 3 时，宜做到纵墙不转折或少转折，并应控制其内横墙间距或增强基础刚度和强度。当房屋的预估最大沉降量小于或等于 120mm 时，其长高比可不受限制。

2. 共同作用分析方法的发展及主要成果

国际上对于共同作用问题的理论研究可追溯到 20 世纪 40 年代。1947 年，Meyerhof 首先提出框架结构与土的共同作用概念，1953 年，Meyerhof[5] 导出了一个框架结构等效刚度近似计算的公式。1956 年，Chamecki[6] 研究了单独基础上多层多跨框架结构的共同作用。1965 年，Sommer 提出了一个考虑上部结构刚度计算基础沉降、接触应力和弯矩的方法。此后，随着有限元和计算机技术的发展，共同作用课题的研究有了突破性的进展，首先是 1965 年 O. C. Zeinkeiwicz 和 Y. K. Cheung[7] 第一次将有限元用于地基基础的共同作用分析。1968 年，Przemieniecki 提出了子结构的方法，以解决大型结构的计算机存储问题。1972 年，Christian 在高层建筑的规划设计会议上阐述了高层建筑与地基基础共同作用问题，这标志着共同作用问题正式列入岩土工程研究课题。此后，从事该课题的研究的人员日益增多，主要有 Wardle and Frazer（1975）等用有限元法比较详细地分析了框架结构与地基基础地共同作用问题。Hooper（1976，1978）讨论了剪力墙结构与地基基础的共同作用问题。1977 年，在印度召开了第一次"土与结构物共同作用"国际性会议，此后多次国际性学术会议均设有一个"土与结构物共同作用"组进行讨论。

在国内，20 世纪 60 年代曾对高层建筑箱形基础的共同作用问题做过一些研究工作[8]，重点是在地基计算模型上，通过对现场实测结果的分析和讨论，取得了共识，认为有限压缩层分层总和法地基模型能较好反映了地基扩散应力和变形能力，并按此编成地基基础计算程序[9][10]应用在北京饭店东楼（图 12.2.2）等众多工程中。70 年代中后期，随着高层建筑的大量建设，推动了考虑上部结构、基础与地基共同作用的发展。从 1974 年起先后在京沪等地区对 10 幢高层建筑的箱形基础进行比较全面的现场原位测试，这 10 幢高层建筑中的上部结构有剪力墙结构、框架结构以及部分框架-剪力墙结构；基础持力层有北京地区的第四纪黏性土、砂黏与黏砂交互层，上海的亚砂土层、淤泥质黏土，西安的非湿陷性黄土，保定的含淤亚黏土。测试结果表明：（1）由于上部结构参与了工作，高层建筑箱基的挠曲度 Δ_s/L 一般都不大，第四纪硬土地区一般不超过万分之一，软土地区一般不大于万分之三；以北京为例，沉降最大的为 100mm，结构没有出现开裂；（2）实测钢筋应力都很小，一般只有 20MPa～30MPa，按实测的挠曲度反演，箱基混凝土处于弹性受力状态。箱形基础底板的局部弯矩可按《高层建筑筏形与箱形基础技术规范》JGJ 6 中给出的地基反力系数进行计算，箱基整体弯曲的处理参见本书第 13 章；（3）实测的土反力比弹性半无限体理论求得的反力均匀得多，接近于按有限压缩层分层总和法地基模型算得的土反力。大规模的现场实测，为编制箱形基础规程 JGJ 6—80 提供了可靠的依据。同时，在理论上也作了比较系统的探索，如张问清、赵锡宏[11] 提出了计算高层结构刚度的逐步扩大子结构法；钱力航、黄绍铭等[12] 探讨了上部结构刚度对箱形基础整体弯矩的影响；姚祖恩、张季容[13] 对框架、筏基和土系统共同作用机理进行了探讨；宰金珉、张问清等[14] 对高层空间剪力墙结构与地基共同作用的问题进行了研究；裴捷、张问清等[15] 对考虑砖填充墙的框架结构与地基基础共同作用的问题进行了研究。20 世纪 90 年代末至今，中国建筑科学研究院对厚筏基础进行了系列的室内大型模型试验，取得了不少成果，黄熙龄、郭天强[16]通过室内大型模型试验，对框架－筏式基础－地基的共同作用工作的机理进行了分析，提出了从平板式筏基的厚跨比（梁板式筏基的梁的高跨比）入手，切入到基础变形处于均匀沉降状态，由于基础均匀沉降因此设计中可不考虑整体弯矩的影响，基础的局部弯矩可按直线土反力计算。该法计算简单，适用于地基土比较均匀、上部结构刚度较好，柱网和荷载较均匀的筏基设计，已纳入我国规范[1][2]。进入 21 世纪后，由于建筑物的功能上需要，涌现出大底盘基础形式，针对多个高层建筑下的大底盘框架厚筏基础形式，宫剑飞、黄熙龄、滕延京[17][18][19]建立了利用上部结构刚度和筏板刚度调整地基变形的简化共同作用计算模型，通过发挥厚筏基础的刚度调整作用及荷载扩散的有限性，利用不规则柔性大板中的局部刚性或半刚性变形特征，按变形控制原则和有效共同作用范围将复杂的筏板分割计算并利用叠加原理，可实现多个高层建筑下大面积筏板基础的无沉降后浇带的整体设计。

图 12.2.2　长安街北京饭店东楼

3. 上部结构、基础与地基共同作用的协调方程

高层建筑基础设计考虑上部结构、基础和地基共同作用时，可采用子结构有限元法进行分析。分析中采用地基刚度矩阵 $[K_D]$ 表征地基土支承体系的刚度，运用空间子结构方法将上部结构的等效边界刚度矩阵 $[K_s]$ 和等效边界荷载向量 $\{S_s\}$ 叠加到基础子结构上，$[K_F]$ 为基础子结构的刚度矩阵，根据地基与基础接触点静力平衡和位移协调条件，得到考虑三者共同工作的基本方程（式 12.2.1），求解该方程后得到基础子结构的节点位移，再从下向上逐层进行子结构回代，得到上部结构各节点的位移和内力。

$$[K_s + K_F + K_D]\{U\} = \{Q\} + \{S_s\} + [K_D]\{W'\} \qquad (12.2.1)$$

式中　$[K_s]$——上部结构向基础顶面凝聚后的等效边界刚度矩阵；

　　　$[K_F]$——基础子结构的刚度矩阵；

　　　$[K_D]$——地基刚度矩阵；

　　　$\{U\}$——基础子结构的位移向量；

　　　$\{Q\}$——基础子结构的荷载向量；

　　　$\{S_s\}$——上部结构向基础顶面凝聚后的等效边界荷载向量；

　　　$\{W'\}$——相邻建筑引起的沉降。

4. 筏形基础常用程序的计算原理和特点

上部结构－基础－地基的共同作用的分析一般需要用通用有限元分析程序（如 AN-SYS）来完成。目前国内的大部分的专业软件还只能考虑上部刚度对地基基础的影响，暂不能考虑地基基础因变形对上部结构的不利影响（如 PKPM-JCCAD）。为了考虑地基基础对上部结构的影响，实际处理办法是再采用另一软件（如 SAP2000），根据具体的地基基础情况，在程序中根据经验进行模拟来计算上部结构的受力，并与其他软件计算结果比较，取其较大的上部内力。滕延京等[20]提出用于基础设计的上部结构、基础与地基共同作用的分析方法可得到满足工程安全的基础结构计算结果，该方法的要点如下：地基采用有限压缩层地基模型，计算可采用一次形成整体结构刚度、荷载一次施加，或分级形成结构刚度、分级施加荷载，分段增量计算，最后叠加计算结果。计算的地基反力、变形应与输入的地基刚度相匹配，其偏差不应大于 10%，否则应进行迭代计算，直至满足需要的计算精度。

筏板有限元法（板元法）是作用在某种地基模型上的板与地基土共同作用的有限元计算方法，有基于薄板与厚板理论的两种不同算法；在设计中又有倒楼盖模型和弹性地基梁模型的两种选择，两者的区别在于：

（1）弹性地基梁板模型采用的是文克尔假定，地基梁内力的大小受地基土弹簧刚度的影响，而倒楼盖模型中的梁只是普通钢筋混凝土梁，其内力的大小只与板传递给它的荷载有关，而与地基土弹簧刚度无关。

（2）由于模型的不同，基础梁的土反力分布也不同，弹性地基梁板模型支座处土反力大，跨中土反力小，而倒楼盖模型中的土反力假定为直线分布。

（3）弹性地基梁板模型考虑了整体弯曲变形的影响，而倒楼盖模型的底板假定为刚性或半刚性板，不受整体弯曲变形的影响。

（4）对于土反力均匀分布假定的倒楼盖计算模型，计算得到的梁端剪力无法与柱子的荷载相平衡，而弹性地基梁板模型计算出来的梁端剪力与柱子的荷载是相平衡的。

PKPM-JCCAD 设计软件目前被国内设计单位广泛采用。筏形基础常用计算方法的选择分为弹性地基梁法和筏板有限元法，其中弹性地基梁法涵盖 5 种设计模式的选择：

（1）模式 1，按普通弹性地基梁计算：这种计算方法不考虑上部刚度的影响，绝大多数工程都可以采用此种方法，只有按该法计算时基础算不下来时，可考虑其他方法。

（2）模式 2，按考虑等代上部结构刚度影响的弹性地基梁计算：该方法实际上是要求设计人员人为规定上部结构刚度是地基梁刚度的几倍。该值的大小直接关系到基础发生整体弯曲的程度，而上部结构刚度到底是地基梁刚度的几倍并不好确定。因此，只有当上部结构刚度较大、荷载分布不均匀，并且采用模式 1 算不下来时方可采用，一般情况可不用选它。

（3）模式 3，按上部结构为刚性的弹性地基梁计算：模式 3 与模式 2 的计算原理实际上是一样的，只不过模式 3 自动取上部结构刚度为地基梁刚度的 200 倍。采用这种模式计算出来的基础几乎没有整体弯矩，只有局部弯矩，其计算结果类似传统的倒楼盖法。

（4）模式 4，按 SATWE 或 TAT 的上部刚度进行弹性地基梁计算：从理论上讲，对纯框架结构而言这种方法较为理想，因为它考虑的上部结构的刚度相对真实。对于带剪力墙的结构，由于剪力墙的刚度凝聚有时会明显地出现异常，尤其是采用薄壁构件理论的

TAT 软件，其刚度只能凝聚到离形心最近的节点上，因此传到基础的刚度就更有可能异常，所以此种计算模式不适用带剪力墙的结构。

（5）模式 5，按普通梁单元刚度的倒楼盖方式计算：模式 5 是传统的倒楼盖模型，地基梁的内力计算考虑了剪切变形。该计算结果明显不同与上述四种计算模式，因此一般没有特殊需要不推荐使用。

12.2.4 考虑上部结构、基础与地基共同作用的简化计算方法

1. 基于上部等代框架结构与地基基础共同作用的简化计算法

1）上部框架结构等代刚度

在计算机技术相对落后的 20 世纪上、中叶，国内外学者一直致力于研究筏形或箱形基础考虑上部结构刚度的简化计算方法。1953 年英国 Meyerhof 提出上部框架结构抗弯刚度近似公式（12.2.2）[5]后，这个公式相继被美国混凝土学会 336 委员会编写的《联合基础及筏基推荐的分析和设计方法》[21]以及德国 DIN4018 规范编制说明[22]采纳。该式经重新推导、改进为式（12.2.3），并纳入我国《高层建筑箱形基础设计与施工规程》JGJ 6－80。

式（12.2.2）和式（12.2.3），在形式上虽略有不同，但并无本质上的差别，在推导时都基于不考虑柱子的压缩变形；各层框架梁的变形曲线均保持不变，并没有随着距离筏基或箱基高度的增加而衰减。尽管这个近似公式并不完善，但与仅考虑地基与基础协同的计算方法相比无疑是个进步。

$$E_B I_B = \sum_{i=1}^{n=5} \left[E_{bi} I_{bi} \left(1 + \frac{K_{ui} + K_{li}}{2K_{bi} + K_{ui} + K_{li}} \right) m^2 \right] \tag{12.2.2}$$

$$E_B I_B = \sum_{i=1}^{n=5} \left[E_{bi} I_{bi} \left(1 + \frac{K_{ui} + K_{li}}{2K_{bi} + K_{ui} + K_{li}} \right) m^2 \right] \tag{12.2.3}$$

式中　　$E_B I_B$——框架结构等效抗弯刚度；

　　　　E_{bi}——第 i 层框架梁、柱的混凝土弹性模量；

　　　　I_{bi}——第 i 层梁截面惯性矩，当楼板为现浇板或预制板上有现浇层且预浇板与框架梁之间连接较好时，可考虑板对框架梁的贡献，将中间框架梁和边框架梁的惯性矩分别乘以 2 和 1.5 的增大系数；

K_{ui}、K_{li}、K_{bi}——第 i 层上柱、下柱和梁的线刚度，其值分别为 I_{ui}/h_{ui}、I_{li}/h_{li} 和 I_{bi}/l；I_{ui}、I_{li}、I_{bi} 为第 i 层上柱、下柱和梁的截面惯性矩；h_{ui}、h_{li}、l 为第 i 层上、下层柱的高度和弯曲方向的柱距，详见图 12.2.3；

　　　　L——上部结构弯曲方向的总长，$L=ml$；

　　　　m——弯曲方向的柱开间总数；

　　　　n——建筑物的层数。

式（12.2.2）、式（12.2.3）用于等柱距

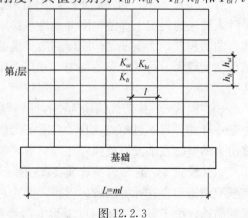

图 12.2.3

的框架结构。对柱距相差不超过 20% 的框架结构也可适用，此时，l 取柱距的平均值。

　　国内许多研究人员的分析结果表明，上部结构刚度对基础的贡献并不是随着层数的增加而简单地增加，而是随着层数的增加逐渐衰减，上部结构刚度的贡献是有限的。式 (12.2.2) 对层数并没有限制，当上部框架层数不断增加时，其总的等代刚度也不断线性增加，以至无限大。然而实际的情况是，当层数较多时，刚度增加的速度不断减缓并衰减。一般情况下，抗弯刚度 $K_{\theta\theta}$ 的贡献从三层开始就不再增长，抗剪刚度 K_{vv} 的贡献虽仍在增长，但呈衰减之势[23]，约在 12 层时趋于停止增长。我国规范 JGJ 6—99 及其随后修订版 JGJ 6—2011 对公式 (12.2.3) 的层数 n 规定，当层数不大于 5 层时，n 取实际层数，当层数大于 5 层时，n 取 5。

　　2）上部等代框架结构与地基基础共同工作的两种不同的简化计算模型

　　为减少计算工作量，文献[24]提出了将上部框架结构化为等代梁，通过结构的底层柱和基础连成一体进行分析的弹性杆法。文献[25]对等柱距的框架与箱基协同工作的计算模型，曾作了以下两种不同模型的比较：

　　第一种结构计算模型：将上部框架结构按式 (12.2.3) 化为等代梁并以结构的底层柱与筏基或箱基连接，计算简图如图 12.2.4 所示。

　　第二种结构计算模型：将上部框架结构按式 (12.2.3) 化为等代梁，按照无楔连接的双梁原理，将上部结构框架等效刚度 $E_B I_B$ 和筏形或箱形基础刚度 $E_F I_F$ 叠加得总刚度，然后根据已知的外荷载和土反力，按静定梁分析各截面的弯矩，按刚度比 $\dfrac{E_F I_F}{E_F I_F + E_B I_B}$ 将弯矩分配给筏形或箱形基础，计算简图如图 12.2.5 所示。式中 $E_B I_B$ 为上部框架结构等效抗弯刚度；$E_F I_F$ 为筏形或箱形基础的刚度；E_F 为筏形或箱形基础的混凝土弹性模量；I_F 为按工字形截面计算的箱形基础截面惯性矩或按倒 T 字形截面计算的梁板式筏形基础的截面惯性矩或按基础底板全宽计算的平板式筏形基础截面惯性矩；工字形截面的上、下翼缘宽度分别为箱形基础顶、底板的全宽，腹板厚度为在弯曲方向的墙体厚度的总和；倒 T 字形截面的下翼缘宽度为筏形基础底板的全宽，腹板厚度为在弯曲方向的基础梁宽度的总和。规范 JGJ 6—80 和 JGJ 6—99 以及德国 DIN 4018 规范均采用这种计算模型。

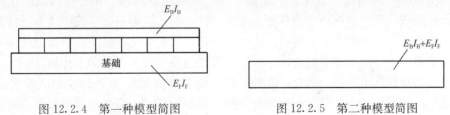

　　图 12.2.4　第一种模型简图　　　　　　　图 12.2.5　第二种模型简图

　　两种模型的计算结果示于图 12.2.6。从图 12.2.6 可以清楚看到，第一种计算模型比第二种计算模型更接近于整体分析的结果；而第二种模型则计算简便，但这种模型不能反映由于上部结构的共同作用而发生的荷载重分布现象，因而也无法估计上部结构中由此而产生的次应力的大小。

　　规范 JGJ 6—2011 总结了多年来工程实践经验，同时考虑到计算机的普及，在第一种结构计算模型的基础上提出：基底为矩形其长宽比大于或等于 1.5 的箱形或筏形基础，可将上部框架结构简化为等代梁并以底层柱与箱形或筏形基础连接成弹性杆组合结构，剪力墙则按实际情况布置在基础上，通过程序进行机算。分析时地基模型可根据工程地质条件和地区经验选择有限压缩层分层总和法模型或其他有效的地基模型，按有限元进行分析；也可按规范 JGJ 6 提供的反力系数确定的地基反力对组合梁进行机算。修改后的计算模型最大优点是，其计算结果可反映由于上部结构参与工作而发生的荷载重分布现象，底层剪力墙构件的剪切变形以及框架柱的压缩变形亦可一并予以考虑，为设计人员提供了一种计算上部结构底层竖向构件次内力的快速简化方法。

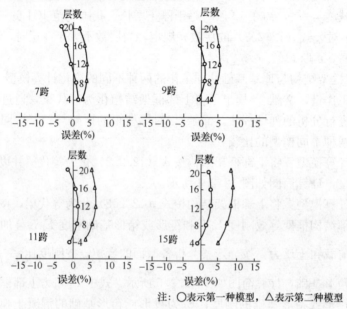

注：○表示第一种模型，△表示第二种模型

图 12.2.6　两种不同模型中点弯矩比较表

2. 基于控制筏板厚跨比（基础梁高跨比）的上部结构与地基基础共同作用的简化计算法

筏形基础的工作属性一般按柔性指数来划分，例如，文克尔模型是通过特征长度 $1/\lambda$ 来判别的，特征长度越大，则基础相对越刚。美国混凝土学会 336 委员会编写的《联合基础及筏基推荐的分析和设计方法》中建议：在柱荷载比较均匀（相邻柱荷载变化不超过20％）及柱距较一致的情况下，当柱距小于 $1.75//\lambda$ 时，筏形基础可按刚性方法计算；半无限体模型则采用柔性指数 t 来判别。这些判别式都是基于仅考虑筏形基础与地基共同作用的条件下得到的，因而都不能全面准确反映高层建筑下筏形基础的工作属性。

对于高层建筑筏形基础，黄熙龄和郭天强在他们的框架柱-筏基础模型试验报告[16]中指出，在均匀地基上，上部结构刚度较好，荷载分布较均匀，且基础梁的截面高跨比大于或等于 1/6 的梁板式筏形基础，可不考虑筏板的整体弯曲，只按局部弯曲计算，地基反力可按直线分布。试验是在粉质黏土和碎石土两种不同类型的土层上进行的，筏基模型平面尺寸为 3220mm×2200mm，厚度为 150mm（图 12.2.7a），其上为三榀单层框架（图12.2.7b）。为考虑上部框架的作用，按梅耶霍夫等代刚度法算得的等代刚度梁放在地下一层顶部，形成简化的等代框架。由于等代框架参与工作，基础的抗弯能力大为增强，试验结果表明，土质无论是粉质黏土还是碎石土，沉降都相当均匀（图 12.2.8），整体挠曲很小，基础内力的分布规律，按整体分析法（考虑上部结构作用）与倒梁法是一致的，且倒梁板法计算出来的弯矩值还略大于整体分析法（图 12.2.9）。

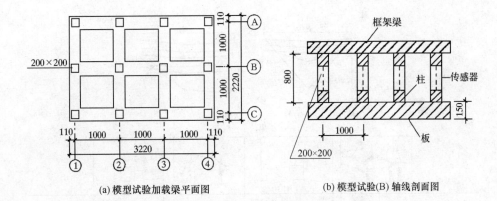

(a) 模型试验加载梁平面图 (b) 模型试验(B)轴线剖面图

图 12.2.7　试验模型

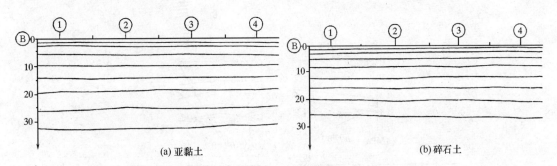

(a) 亚黏土　　　　　　　(b) 碎石土

图 12.2.8　轴线沉降曲线

文献［16］还报告了对不同厚跨比的钢筋混凝土板进行的试验结果，试验板的面积为 1000mm×1000mm，板厚分别为 100mm、125mm、160mm 及 200mm。试验结果表明：在轴向荷载作用下，当 h/l ≤1/8 时，基底反力呈现中部大、端部小，即反力呈碟形分布，（图 12.2.10a、12.2.10b），地基承载力没有充分发挥基础板就出现井字形受弯破坏裂缝，属柔性板范围。

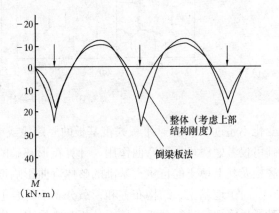

图 12.2.9　整体分析法与倒梁板法弯矩计算结果比较

当 h/l＝1/6 时，地基反力呈直线分布，加载超过地基承载力特征值后，基础板发生冲切破坏（图 12.2.10c）。从反力线性分布的特点分析，它不具有绝对刚性的特征，但它有均匀扩散基底压力的能力，属于半刚性板范围。按葛尔布诺夫—伯沙道夫提出的柔性指数计算，t＝1.472，该值大于 1，属有限刚度板（或称半刚性板）。在基础设计中常用作按线性分布计算基础内力的限值。

当 h/l＝1/5 时，基础边缘反力逐渐增大，中部反力逐渐减小，在加荷接近冲切承载力时，底部反力向中部集中，最终基础板出现冲切破坏（图 12.2.10d），属刚性板范围。

根据试验结果和工程实践，规范[1][2]规定，当地基土比较均匀、地基压缩层范围内无软弱土层或可液化土层、上部结构刚度较好，柱网和荷载较均匀、相邻柱荷载及柱间距的

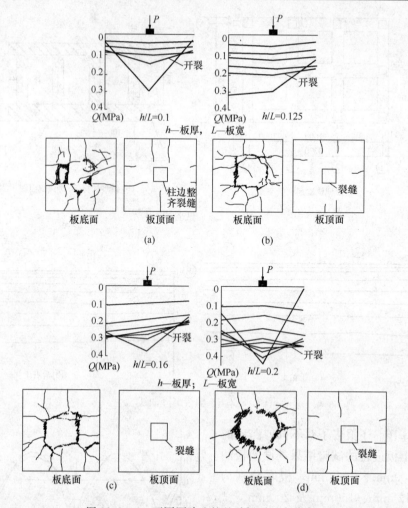

图 12.2.10　不同厚跨比的基础板下反力分布

变化不超过 20％，且平板式筏基板的厚跨比或梁板式筏基梁的高跨比不小于 1/6，筏形基础可仅考虑底板局部弯曲作用，计算筏形基础的内力时，基底反力可按直线分布，并扣除底板及其上填土的自重。基础的整体弯曲影响可按规范规定的构造要求予以处理。

对于地基土、结构布置和荷载分布不符合上述规范要求的结构，筏基内力可按弹性地基梁板等理论进行分析，计算分析时应根据土层情况和地区经验选用地基模型和参数。对框架—核心筒结构等，核心筒和周边框架柱之间竖向荷载差异较大，一般情况下核心筒下的基底反力大于周边框架柱下基底反力，因此不适用于上述简化计算方法，应采用能正确反映结构实际受力情况的计算方法。

当基础下为未风化的基岩等不可压缩的地基土时，基本上不产生整体弯曲，局部弯曲也很小，此时规范规定的简化方法也不适用。

当梁板式筏基的基底反力按直线分布计算时，其基础梁的内力可按连续梁分析，边跨的跨中弯矩以及第一内支座的弯矩值宜乘以 1.2 的增大系数。考虑到整体弯曲的影响，梁板式筏基的底板和基础梁的配筋除应满足计算要求外，基础梁和底板的配筋应符合本章第 4 节的构造要求。

对有抗震设防要求的无地下室的筏形基础，计算柱下基础梁或平板式筏基板带的截面受弯承载力时，柱内力应按地震作用不利组合计算并应乘以与其抗震等级相应的增大系数。

12.3　筏形基础的构件截面设计

《高层建筑箱形与筏形基础技术规范》JGJ 6—99 规范首次较全面和详细地涉及筏形基础的设计计算，其后颁布的国家标准《建筑地基基础设计规范》GB 50007—2002 在此基础上根据试验成果增加了若干新的规定。《建筑地基基础设计规范》GB 50007—2011 又在近十年的研究成果和实践经验基础上进行了条文修订和补充。

筏形基础构件截面尺寸应满足受冲切、受剪承载力的要求，并根据内力分析结果对受弯、受剪钢筋进行承载力验算，同时基础构件的最小截面尺寸和配筋应满足本章第 4 节构造要求。

当柱的混凝土强度等级高于基础的混凝土强度等级时，需按照《混凝土结构设计规范》GB 50010—2010 相关规定进行底层柱下基础梁、板顶面的局部承压承载力验算。验算时局部受压的计算底面积，可根据局部受压面积与计算底面积同心、对称的原则确定。当不能满足时，应适当扩大承压面积，如扩大柱角与基础梁八字角之间的净距，或在柱下配置钢筋网，或采取提高基础梁或上反柱墩混凝土强度等级等有效措施。对抗震设防烈度为 9 度的高层建筑，验算柱下基础梁、板局部受压承载力时，尚应按现行国家标准《建筑抗震设计规范》GB 50011 的要求，考虑竖向地震作用对柱轴力的影响。

12.3.1　平板式筏形基础的截面设计

1. 柱下受冲切承载力

平板式筏基设计时，首先需要通过验算柱下筏板受冲切承载力来确定筏板的厚度，验算时尤其要注意边柱和角柱下板的抗冲切验算。影响筏形基础受冲切承载力的主要因素有：筏板的厚度、混凝土强度等级、冲切荷载的加荷面积、形状、地基土的性状与边界条件等。研究结果表明，板的受冲切极限承载力与板的受弯承载力有关。目前，规范仅以混凝土抗拉强度作为影响受冲切承载力的主要因素，忽略了受弯钢筋的有利影响，因此计算结果是略偏于安全的。

进行柱下基础底板冲切验算时应计入作用在冲切临界截面重心上的不平衡弯矩所产生的附加剪力，对基础的边柱和角柱，其冲切力应分别乘以 1.1 和 1.2 的增大系数。

计算距柱边 $h_0/2$ 处冲切临界截面的最大剪应力公式如下：

$$\tau_{\max} = \frac{F_l}{u_\mathrm{m} h_0} + \alpha_\mathrm{s} \frac{M_{\mathrm{unb}} c_{\mathrm{AB}}}{I_\mathrm{s}} \tag{12.3.1}$$

$$\tau_{\max} \leqslant 0.7(0.4 + 1.2/\beta_\mathrm{s})\beta_{\mathrm{hp}} f_\mathrm{t} \tag{12.3.2}$$

$$\alpha_\mathrm{s} = 1 - \frac{1}{1 + \dfrac{2}{3}\sqrt{\left(\dfrac{c_1}{c_2}\right)}} \tag{12.3.3}$$

式中　F_l——相应于作用基本组合时的冲切力（kN），对内柱取轴力设计值与筏板冲切破坏锥体内的基底反力设计值之差；对基础的边柱和角柱，取轴力设计值与筏板冲切临界截面范围内的基底反力设计值之差；计算基底反力值时应扣除底板及其上填土的自重；

u_m——距柱边缘不小于 $h_0/2$ 处的冲切临界截面的最小周长（m）；

h_0——筏板的有效高度（m）；

M_{unb}——作用在冲切临界截面重心上的不平衡弯矩（kN·m）；

c_{AB}——沿弯矩作用方向，冲切临界截面重心至冲切临界截面最大剪应力点的距离（m）；

I_s——冲切临界截面对其重心的极惯性矩（m⁴）；

β_s——柱截面长边与短边的比值：当 $\beta_s < 2$ 时，β_s 取 2；当 $\beta_s > 4$ 时，β_s 取 4；

β_{hp}——受冲切承载力截面高度影响系数：当 $h \leqslant 800\text{mm}$ 时，取 $\beta_{hp}=1.0$；当 $h \geqslant 2000\text{mm}$ 时，取 $\beta_{hp}=0.9$，其间按线性内插法取值；

f_t——混凝土轴心抗拉强度设计值（kPa）；

c_1——与弯矩作用方向一致的冲切临界截面的边长（m）；

c_2——垂直于 c_1 的冲切临界截面的边长（m）；

α_s——不平衡弯矩通过冲切临界截面上的偏心剪力来传递的分配系数。

　　N. W. Hanson 和 J. M. Hanson 在他们的"混凝土板柱之间剪力和弯矩的传递"[26]试验报告中指出：板与柱之间的不平衡弯矩传递，一部分不平衡弯矩是通过临界截面周边的弯曲应力 T 和 C 来传递，而一部分不平衡弯矩则通过临界截面上的偏心剪力对临界截面重心产生的弯矩来传递的，如图 12.3.1 所示。平板式筏基的受冲切承载力计算公式（12.3.1）右侧第一项是根据我国现行《混凝土结构设计规范》在冲切力作用下的冲切承载力计算公式换算而得，右侧第二项是引自美国 ACI 318 规范[27]中有关的计算规定。

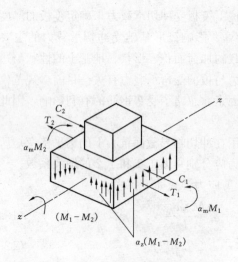

图 12.3.1　板与柱不平衡弯矩传递示意

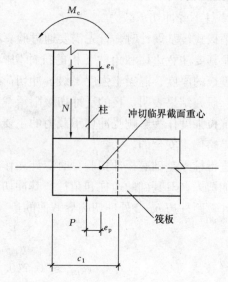

图 12.3.2　边柱 Munb 计算示意

　　关于冲切力 F_l 取值的问题，国内外大量试验结果表明，内柱的冲切破坏呈完整的锥体状，我国工程实践中一直沿用柱所承受的轴向力设计值减去冲切破坏锥体范围内相应的地基净反力作为冲切力；对边柱和角柱，中国建筑科学研究院地基所试验结果表明，其冲切破坏锥体近似为 1/2 和 1/4 圆台体，规范参考了国外经验，取柱轴力设计值减去冲切临界截面范围内相应的地基净反力作为冲切力设计值。

M_{unb} 是指作用在距柱边 $h_0/2$ 处冲切临界截面重心上的弯矩，对边柱它包括由柱根处轴力设计值 N 和该处筏板冲切临界截面范围内相应的地基净反力 P 对临界截面重心产生的弯矩。由于设计中筏板和上部结构是分别计算的，因此计算 M_{unb} 时尚应包括柱子根部弯矩 M_c，如图 12.3.2 所示，M_{unb} 的表达式为：

$$M_{unb} = Ne_N - Pe_P \pm M_c \tag{12.3.4}$$

对于内柱，由于对称关系，柱截面形心与冲切临界截面重心重合，$e_N = e_P = 0$，因此冲切临界截面重心上的弯矩，取柱根弯矩。

国外试验表明，当柱截面的长边与短边的比值 β_s 大于 2 时，沿冲切临界截面的长边的受剪承载力约为柱短边受剪承载力的一半或更低。这表明了随着比值 β_s 的增大，长边的受剪承载力的空间作用在逐渐降低。式（12.3.2）是在我国现行混凝土结构受冲切承载力公式的基础上，参考了美国 ACI 318 规范中受冲切承载力公式中有关规定，引进了柱截面长、短边比值的影响，适用于包括扁柱和单片剪力墙在内的平板式筏基。

需要说明的是，规范[1][2]中的角柱和边柱是相对于基础平面而言的。大量计算结果表明，受基础盆形挠曲的影响，基础的角柱和边柱产生了附加的压力。中国建筑科学研究院地基所石金龙和滕延京在《柱下筏板基础角柱边柱冲切性状的研究》[28]中，将角柱、边柱和中柱的试验冲切破坏荷载与规范公式计算的冲切破坏荷载进行了对比，角柱和边柱的比值偏低，约为 1.45 和 1.6。为使角柱和边柱与中柱抗冲切具有基本一致的安全度，《建筑地基基础设计规范》GB 50007—2011 在修编时将基础角柱和边柱的冲切力乘以放大系数 1.2 和 1.1。

对有抗震设防要求的平板式筏基，尚应验算地震作用组合的临界截面的最大剪应力，此时公式（12.3.1）和式（12.3.2）应改写为：

$$\tau_{E,max} = \frac{V_{sE}}{A_s} + \alpha_s \frac{M_E}{I_s} c_{AB} \tag{12.3.1a}$$

$$\tau_{E,max} \leqslant \frac{0.7}{\gamma_{RE}} \left(0.4 + \frac{1.2}{\beta_s} \right) \beta_{hp} f_t \tag{12.3.2a}$$

式中　V_{sE}——考虑地震作用组合后的冲切力设计值；

　　　M_E——考虑地震作用组合后的冲切临界截面重心上的弯矩；

　　　A_s——距柱边 $h_0/2$ 处的冲切临界截面的筏板有效面积；

　　　γ_{RE}——抗震调整系数，取 0.85。

冲切临界截面的周长 u_m 以及冲切临界截面对其重心的极惯性矩 I_s，应根据柱所处的部位分别按以下公式进行计算：

1）内柱

$$u_m = 2c_1 + 2c_2 \tag{12.3.5}$$

$$I_s = \frac{c_1 h_0^3}{6} + \frac{c_1^3 h_0}{6} + \frac{c_2 h_0 c_1^2}{2} \tag{12.3.6}$$

$$c_1 = h_c + h_0 \tag{12.3.7}$$

$$c_2 = b_c + h_0 \tag{12.3.8}$$

$$c_{A\acute{B}} = \frac{c_1}{2} \tag{12.3.9}$$

式中　h_c——与弯矩作用方向一致的柱截面的边长（m）；

　　　b_c——垂直于h_c的柱截面边长（m）。

2）边柱

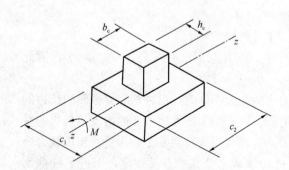

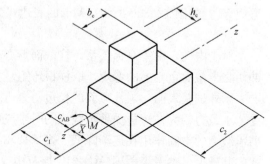

图 12.3.3　内柱冲切临界截面示意图　　　　图 12.3.4　边柱冲切临界截面示意图

$$u_m = 2c_1 + c_2 \tag{12.3.10}$$

$$I_s = \frac{c_1 h_0^3}{6} + \frac{c_1^3 h_0}{6} + 2h_0 c_1 \left(\frac{c_1}{2} - \overline{X}\right)^2 + c_2 h_0 \overline{X}^2 \tag{12.3.11}$$

$$c_1 = h_c + \frac{h_0}{2} \tag{12.3.12}$$

$$c_2 = b_c + h_0 \tag{12.3.13}$$

$$c_{AB} = c_1 - \overline{X} \tag{12.3.14}$$

$$\overline{X} = \frac{c_1^2}{2c_1 + c_2} \tag{12.3.15}$$

式中　$\overline{X}$——冲切临界截面重心位置（m）。

　　式（12.3.10）～式（12.3.15）适用于柱外侧齐筏板边缘的边柱。对外伸式筏板，边柱柱下筏板冲切临界截面的计算模式应根据边柱外侧筏板的悬挑长度和柱子的边长确定。当边柱外侧的悬挑长度小于或等于（$h_0 + 0.5b_c$）时，冲切临界截面可计算至垂直于自由边的板端，计算c_1及I_s值时应计及边柱外侧的悬挑长度；当边柱外侧筏板的悬挑长度大于（$h_0 + 0.5b_c$）时，边柱柱下筏板冲切临界截面的计算模式同中柱。

3）角柱

$$u_m = c_1 + c_2 \tag{12.3.16}$$

$$I_s = \frac{c_1 h_0^3}{12} + \frac{c_1^3 h_0}{12} + c_1 h_0 \left(\frac{c_1}{2} - \overline{X}\right)^2 + c_2 h_0 \overline{X}^2 \tag{12.3.17}$$

$$c_1 = h_c + \frac{h_0}{2} \tag{12.3.18}$$

$$c_2 = b_c + \frac{h_0}{2} \tag{12.3.19}$$

$$c_{AB} = c_1 - \overline{X} \qquad (12.3.20)$$

$$\overline{X} = \frac{c_1^2}{2c_1 + 2c_2} \qquad (12.3.21)$$

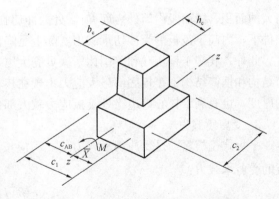

式中 $\overline{X}$——冲切临界截面重心位置（m）。

图 12.3.5　角柱冲切临界截面示意图

式（12.3.16）～式（12.3.21）适用于柱两相邻外侧齐筏板边缘的角柱。对外伸式筏板，角柱柱下筏板冲切临界截面的计算模式应根据角柱外侧筏板的悬挑长度和柱子的边长确定。当角柱两相邻外侧筏板的悬挑长度分别小于或等于 $(h_0 + 0.5b_c)$ 和 $(h_0 + 0.5h_c)$ 时，冲切临界截面可计算至垂直于自由边的板端，计算 c_1、c_2 及 I_s 值应计及角柱外侧筏板的悬挑长度；当角柱两相邻外侧筏板的悬挑长度大于 $(h_0 + 0.5b_c)$ 和 $(h_0 + 0.5h_c)$ 时，角柱柱下筏板冲切临界截面的计算模式同中柱。

当柱荷载较大，等厚度筏板的受冲切承载力不能满足要求时，可在筏板上面增设柱墩或在筏板下局部增加板厚。

2. 内筒下受冲切承载力

对框架-核心筒结构，平板式筏基上内筒下的板厚应符合受冲切承载力的要求（图12.3.6），其冲切承载力可按下式计算：

$$\frac{F_l}{u_m h_0} \leqslant 0.7 \beta_{hp} f_t / \eta \qquad (12.3.22)$$

式中 F_l——相应于作用基本组合时的内筒所承受的轴力设计值与内筒下筏板冲切破坏锥体内的基底反力设计值之差（kN），计算基底反力值时应扣除底板及其上填土的自重；

u_m——距内筒外表面 $h_0/2$ 处冲切临界截面的周长（m）；

h_0——距内筒外表面 $h_0/2$ 处筏板的截面有效高度（m）；

η——内筒冲切临界截面周长影响系数，取 1.25。

当需要考虑内筒根部弯矩的影响时，距内筒外表面 $h_0/2$ 处冲切临界截面的最大剪应力可按式（12.3.1）计算，并应符合 $\tau_{max} \leqslant 0.7 \beta_{hp} f_t / \eta$。

Venderbilt 在他的"连续板的抗剪强度"试验报告[29]中指出：混凝土抗冲切承载力随比值 u_m / h_0 的增加而降低。为此，美国 ACI 318 规范从 1989 版开始，在计算受冲切承载力时考虑了冲切截面周长的影响，计算公式中增加了新的要求。内筒由于使用功能上的要求占有相

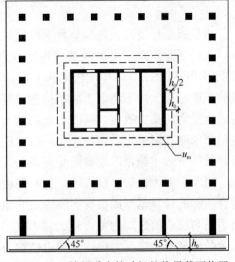

图 12.3.6　筏板受内筒冲切的临界截面位置

当大的面积，因而距内筒外表面 $h_0/2$ 处的冲切临界截面周长是很大的，在 h_0 保持不变的条件下，内筒下筏板的受冲切承载力实际上是降低了，因此需要适当提高内筒下筏板的厚度。此外，我国工程实践和美国休斯敦贝壳大厦基础钢筋应力实测结果表明，框架－核心筒结构和框筒结构下筏板底部最大应力出现在核心筒边缘处，因此局部提高核心筒下筏板的厚度，也有利于核心筒边缘处筏板应力较大部位的配筋。

3. 受剪承载力

平板式筏板除满足受冲切承载力外，尚应按下式验算距内筒边缘或距柱边缘 h_0 处筏板的受剪承载力：

$$V_s \leqslant 0.7\beta_{hs} f_t b_w h_0 \tag{12.3.23}$$

$$\beta_{hs} = \left(\frac{800}{h_0}\right)^{1/4} \tag{12.3.24}$$

式中　V_s——距内筒或柱边缘 h_0 处，扣除底板及其上填土的自重后，相应于作用基本组合的基底平均净反力产生的筏板单位宽度剪力设计值（kN）；

　　　　β_{hs}——受剪切承载力截面高度影响系数：当 $h_0<800\mathrm{mm}$ 时，取 $h_0=800\mathrm{mm}$；当 $h_0>2000\mathrm{mm}$ 时，取 $h_0=2000\mathrm{mm}$；其间按内插值法取值；

　　　　b_w——筏板计算截面单位宽度（m）；

　　　　h_0——距内筒或柱边缘 h_0 处筏板的截面有效高度（m）。

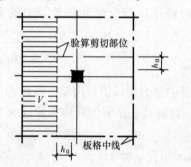 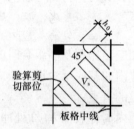

图 12.3.7　内柱下筏板验算剪切部位示意　　图 12.3.8　角柱下筏板验算剪切部位示意

当筏板变厚度时，尚应验算变厚度处筏板的截面受剪承载力。

角柱下验算筏板受剪的部位取距柱角 h_0 处，如图 12.3.8 所示。式（12.3.23）中的 V_s 即作用在图 12.3.8 中阴影面积上的地基净反力平均设计值除以距角柱角点 h_0 处 45°斜线的长度。当采用不考虑上部结构地基基础共同作用的简化计算方法时，需适当考虑角点附近土反力的集中效应，乘以 1.2 的增大系数。设计中，当角柱下筏板受剪承载力不满足规范要求时，可采用适当加大底层角柱横截面，或局部增加筏板角隅处板厚，或适当将筏板外伸等有效措施，以期降低受剪截面处的剪力。

对于上部为框架－核心筒结构的平板式筏形基础，设计人应根据工程的具体情况采用符合实际的计算模型或根据实测确定的地基反力来验算距核心筒 h_0 处的筏板受剪承载力。当边柱与核心筒之间的距离较大时，式（12.3.23）中的 V_s 即作用在图 12.3.9 中阴影面积上的地基平均净反力设计值与边柱轴力设计值之差除以 b，b 取核心筒两侧紧邻跨的跨中分线之间的距离。当主楼核心筒外侧有两排以上框架柱或边柱与核心筒之间的距离较小时，设计人应根据工程具体情况慎重确定筏板受剪承载力验算单元的计算宽度。

4. 受弯承载力

按基底反力直线分布计算的平板式筏基，可按柱下板带和跨中板带分别进行内力分析，柱下板带和跨中板带的钢筋配置应符合本章第 4 节相应的构造要求。

对有抗震设防要求的上部结构，当平板式筏基的顶面作为其嵌固端，计算筏基柱下板带截面组合弯矩设计值时，柱根内力应考虑乘以与其抗震等级相应的增大系数。

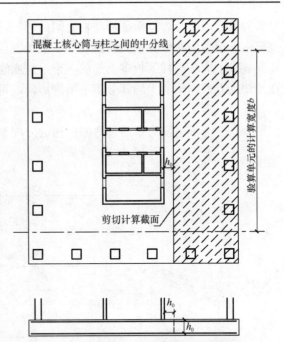

图 12.3.9 框架-核心筒下筏板受剪承载力
计算截面位置和计算宽度

12.3.2 梁板式筏形基础的截面设计

梁板式筏形基础底板的厚度应满足受冲切、受剪切承载力的要求，验算时以板格为单元，用地基反力扣除底板及其上填土自重后作为向上作用的荷载，地基反力应取反力较大的区域，如边角区域的反力。梁板式筏形基础底板受冲切承载力和斜截面受剪切承载力的计算方法可参考本书第 13 章箱形基础底板的冲切和剪切计算。设计中要注意，底板厚度不能过薄，试验结果表明过薄的板厚，板格中间将出现向上隆起，使荷载不能扩散到板格的中间部位，因而不能充分发挥地基的承载能力。

梁板式筏基的基础梁除应符合正截面受弯承载力的要求外，尚应验算柱边缘处或梁柱连接面八字角边缘处基础梁斜截面受剪承载力。基础梁的横截面一般都很大，设计中要特别注意不均匀沉降引起的基础梁附加剪力的影响。关于腰筋的设置问题，加拿大 M. P. Collins 等研究了配有中间纵向钢筋的无腹筋梁的抗剪承载力，试验研究表明，构件中部的纵向钢筋对限制斜裂缝的发展，改善其抗剪性能是有效的，因此，设计中对腰筋的设置不能掉以轻心。

12.4 筏形基础一般构造要求

12.4.1 最小截面尺寸和配筋构造要求

1. 平板式筏形基础

地基反力分布及相应的基础内力与基础刚度密切相关，为保证筏板具有足够的刚度实现上部荷载通过筏板有效地向周边地基土扩散，基础底板厚跨比不宜过小，对高层建筑，规范[1][2]规定筏板的最小厚度不应小于 500mm。

对于平板式筏基，柱下板带尤其是柱宽及其两侧一定范围内的弯矩和剪力相对集中，因此在此范围内的基础底板钢筋配置量应相应加大，使柱下板带应力较为集中的范围具有足够的受弯承载力，以保证板与柱之间的弯矩传递，规范[1][2]根据柱下平板内力分布特点规定柱下板带中在柱宽及其两侧各 0.5 倍板厚且不大于 1/4 板跨的有效宽度范围内，其钢筋配置量不应小于柱下板带钢筋的一半，且应能承受部分不平衡弯矩 $\alpha_m M_{unb}$，M_{unb} 为作用在冲切临界截面重心上的部分不平衡弯矩，α_m 可按下式计算：

$$\alpha_m = 1 - \alpha_s \tag{12.4.1}$$

式中　α_m——不平衡弯矩通过弯曲传递的分配系数；

　　　α_s——按公式（12.3.3）计算。

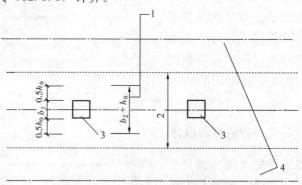

图 12.4.1　两侧有效宽度范围的示意

1—有效宽度范围内的钢筋不小于柱下板带配筋量的一半，且能承担 $\alpha_m M_{unb}$；

2—柱下板带；3—柱；4—跨中板带

按基底反力直线分布计算的平板式筏基，筏板的整体弯曲影响，规范[1][2]通过构造措施予以保证，要求筏板的柱下板带和跨中板带的底部钢筋应有 1/3 贯通全跨，顶部钢筋应按实际配筋全部连通，考虑到测试温度应力、混凝土收缩、整体弯曲等因素，筏板上下贯通钢筋的配筋率均不应小于 0.15%。

国内的框架柱厚筏室内模型试验结果表明[30]，只有当筏板产生裂缝后，钢筋强度才能逐渐发挥出来，并伴随着裂缝的扩展，钢筋应力急剧上升；试验结果还表明，随着柱荷载的增加，筏板的裂缝首先出现在板的角部，筏板的角部、边部是刚度和强度的薄弱区域，图 12.4.2 给出了筏板模型试验中裂缝发展的过程。因此，设计中需适当考虑角点附近土反力的集中效应，乘以 1.2 增大系数。当角柱下筏板受剪承载力不满足规范要求时，可采用适当加大底层角柱横截面或局部增加筏板角隅板厚等有效措施，以期降低受剪截面处的剪应力。

当筏板的厚度大于 2m 时，宜在板厚中间部位设置直径不小于 12mm、间距不大于 300mm、与板面平行的双向构造钢筋网片。此规定与《混凝土结构设计规范》的要求是一致的。厚板中间部位设置的水平钢筋网片不仅可以减少大体积混凝土中温度收缩的影响，而且有利于提高厚板的受剪承载力。日本 Shioya 等通过对无腹筋构件的截面高度变化试验，结果表明，构件的有效高度从

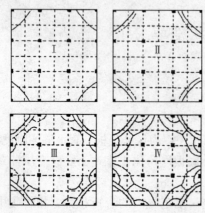

图 12.4.2　筏板模型试验裂缝发展过程

200mm 变化到 3000mm 时，其名义抗剪强度（V/bh_0）降低 64％。加拿大 M. P. Collins 等研究了配有中间纵向钢筋的无腹筋梁的抗剪承载力，试验研究表明，构件中部的纵向钢筋对限制斜裂缝的发展，改善其抗剪性能是有效的。

2. 梁板式筏形基础

梁板式筏基中基础梁的作用在于调整柱下、梁下以及板格的地基反力，高跨比较大的基础梁，可使柱下地基反力向基础梁跨中位置有效地扩散，使基础梁下跨中位置的地基反力接近柱下，因此规范[1][2]要求基础梁的高跨比不宜小于 1/6。试验结果表明[31]，梁的高跨比为 1/4 时，在地基荷载变形的线性段内，随着区格板厚跨比（1/12、1/10、1/8、1/6）的增加，整个梁板式筏基的基底反力分布特征由柱下、梁下不均匀分布逐渐趋于半刚性平板式筏基的反力分布，即地基反力近似于直线分布，但边端反力略大，此时梁板式筏基的力学特征接近于平板式筏基，板的刚度对调整地基反力和变形起主导作用，梁的作用已不明显。在上部结构、基础和地基共同作用下，梁板式筏基整体呈正向挠曲，当区格板为柔性时，区格板的变形呈较明显的反向挠曲特征。试验还表明，当梁的刚度较强，梁对区格板四边约束作用明显，区格板先于梁发生破坏时，裂缝首先出现在板格上表面，呈现对角线破坏形态；当梁的刚度较弱并先于区格板发生破坏时，梁中部顶面首先开裂，随后裂缝延伸至板边，裂缝贯通后呈十字交叉破坏形态。梁板式筏基的荷载传递路线为：柱荷载先向基础梁下扩散，然后通过基础梁向周边的板格传递。梁板式筏板基础中梁的作用在于调整柱下、梁下和板下的地基反力，但其调整作用是有限的；过薄的区格板不具备将柱下、梁下和板下的地基反力调整至均匀状态的能力，荷载不能扩散到板格的中间部位，板格中间将出现向上隆起，因而地基承载能力得不到充分发挥，因此规范[1][2]要求高层建筑的梁板式筏基其底板厚度不应小于 400mm，且板厚与最大双向板格的短边净跨之比不得小于 1/14。

高层建筑梁板式筏基设计中，要特别注意基础梁的受剪问题，基础梁一旦出现剪切破坏，板格节点将联同其上的框架柱冲切其下的底板，引起梁板式筏基的破坏，此外基础梁的截面尺寸较大，不均匀沉降产生的相应附加剪力不能忽略，应通过斜截面承载力验算确定梁箍筋是否满足要求。腰筋能改善梁的抗剪性能；八字角能将剪切斜裂缝向外推移。抗震设计时，不允许基础梁先于框架柱柱根出现塑性铰以达到预期的耗能机制。当基础梁两个主轴的线刚度分别大于框架结构底层柱的线刚度 1.5 倍，能保证塑性铰发生在框架结构底层柱的根部时，基础梁无需按延性要求设计，不必设置箍筋加密区，跨中箍筋间距在满足受剪承载力条件下可适当加大以减小箍筋用量。

按基底反力直线分布计算梁板式筏基内力时，考虑到整体弯曲的影响，基础梁和底板的顶部跨中钢筋应按实际配筋全部连通，纵横方向的底部支座钢筋尚应有 1/3 贯通全跨，基础梁的最小配筋率应符合《混凝土结构设计规范》受弯构件最小配筋率要求。底板上下贯通钢筋的配筋率均不应小于 0.15％。

3. 地下室墙体

地下室内、外墙的布置和厚度以及地下各层楼板尤其地下一层顶板的厚度直接影响基础和地下结构的整体刚度以及水平力的传递作用，设计时应注意加强。筏形基础地下室的外墙厚度不应小于 250mm，内墙厚度不应小于 200mm。墙体内应设置双面钢筋，钢筋不宜采用光面圆钢筋。钢筋配置量除满足承载力要求外，地下室的外墙尚应考虑变形、抗裂及防渗等要求。竖向和水平分布钢筋的直径不应小于 10mm，间距不应大于 200mm。地下室车道入口处的外墙由于室内外温差较大，极易产生裂缝，墙体内水平分布钢筋的直径不应小于 12mm，间距不应大于 200mm。框架柱间仅地下室设置的墙体，应注意按剪压比限值控制其最小截面尺寸，按式（13.4.4）计算，并验算受剪承载力，墙顶处宜配置根数不少于两根、直径不小于 20mm 的通长构造钢筋。

筏板与地下室外墙的连缝、地下室外墙沿高度处的水平接缝应严格按施工要求施工，必要时可设置通长止水带。

12.4.2 底层柱、剪力墙与基础梁连接构造要求

筏基的基础梁作为基础与上部墙、柱的结合部位应有可靠的连接，使墙、柱的底部内力能直接有效地传递给基础梁，并保证墙、柱底基础梁顶面的局部受压承载力满足要求。除竖向钢筋在基础梁内的锚固长度应满足《混凝土结构设计规范》GB 50010 和《建筑抗震设计规范》GB 50011 的相关规定以外，底层柱、剪力墙与基础梁的连接构造应符合下列规定：

（1）当交叉基础梁的宽度小于柱截面的边长时，交叉基础梁连接处应设置八字角，柱角和八字角之间的净距不宜小于 50mm（图 12.4.3a）；在构造上八字角不仅能增强局部受压承载力以及防止拆模时凹角出现裂缝，还能将剪切斜裂缝向外推移，间接增强了基础的抗剪承载力。

（2）当单向基础梁与柱连接，并且柱截面的边长大于 400mm 时，可按图 12.4.3（b）、（c）采用，柱角和八字角之间的净距不宜小于 50mm；当柱截面

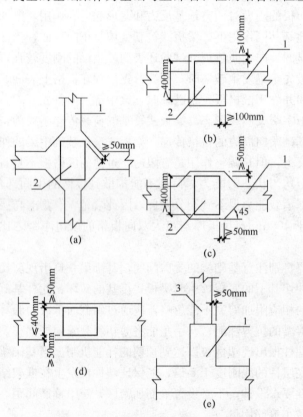

图 12.4.3 地下室底层柱和剪力墙与梁板式
筏基的基础梁连接构造
1—基础梁；2—柱；3—墙

的边长小于或等于 400mm，可按图 12.4.3（d）采用。

（3）当基础梁与剪力墙连接时，基础梁边至剪力墙边的距离不宜小于 50mm（图 12.4.3 e）。

12.4.3 大底盘筏形基础地下室楼板构造要求

大底盘厚筏基础是指根据使用要求通过扩大的地下结构，将地面上不同的建筑单元连

成一体的筏板基础。与塔楼连成一体的扩大了的地下结构，在一定范围内具有分担部分塔楼竖向荷载的能力，同时也可能引起基础偏心使基础出现整体倾斜[32]，设计时需注意因扩大地下结构所带来的影响。

中国建筑科学研究院地基基础研究所滕延京和石金龙对大底盘框架-核芯筒结构筏板基础进行了室内模型试验[33]，试验模型比例为 1∶6。试验基坑内为人工换填的均匀粉土，深 2.5m，其下为天然地基老土，通过载荷板试验，地基土承载力特征值取 100kPa；上部结构为 8 层框架-核心筒结构，其左右两侧各带 1 跨 2 层裙房，筏板厚度为 220mm，一层和二层顶楼板厚度分别为 35mm 和 50mm，框架柱截面尺寸为 150mm×150mm，大底盘结构模型平面及剖面见图 12.4.4。

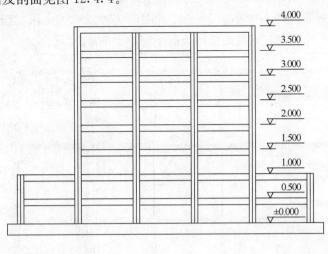

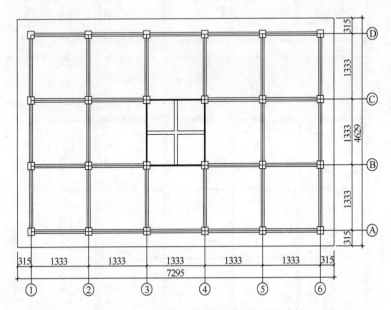

图 12.4.4　大底盘结构试验模型平面及剖面

试验结果显示：

（1）当筏板发生纵向挠曲时，在上部结构共同作用下，外扩裙房的角柱和边柱以及楼板抑制了筏板纵向挠曲的发展，柱下筏板存在局部负弯矩，同时也使顺着基础整体挠曲方向的裙房底层边、角柱下端的内侧，以及裙房的底层边、角柱上端的外侧出现裂缝。

（2）裙房的角柱内侧楼板出现弧形裂缝、顺着挠曲方向裙房的外柱内侧楼板以及主裙楼交界处的楼板均发生了裂缝，图 12.4.5 及图 12.4.6 分别为一层和二层顶楼板板面裂缝位置图。

为加强上述楼板的薄弱环节，当采用大面积整体筏形基础时，与主楼连接的外扩地下室其角隅处的楼板板角，除配置两个垂直方向的上部钢筋外，尚应布置斜向上部构造钢筋，钢筋直径不应小于 10mm、间距不应大于 200mm，该钢筋伸入板内的长度不宜小于 1/4 的短边跨度；与基础整体弯曲方向一致的垂直于外墙的楼板上部钢筋以及主裙楼交界处的楼板上部钢筋，钢筋直径不应小于 10mm、间距不应大于 200mm，且钢筋的面积不应小于受弯构件的最小配筋率，钢筋的锚固长度不应小于 30d。

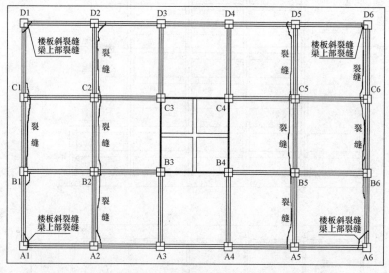

图 12.4.5　一层楼板板面裂缝位置图

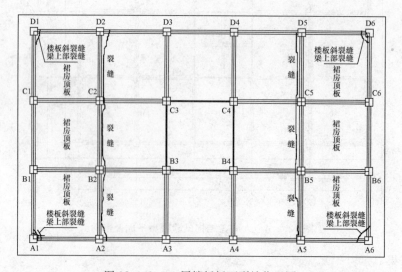

图 12.4.6　二层楼板板面裂缝位置图

12.4.4 基础和地下室的混凝土耐久性和防水抗渗要求

位于土中的基础和地下室，为保证其在使用年限内能正常使用，混凝土应符合耐久性要求。筏形基础的混凝土强度等级不应低于 C30。对混凝土和钢筋有中到强腐蚀性的土，混凝土和钢筋的保护措施应符合相关规范的规定，必要时进行专门论证。

筏形基础底板和地下室外墙尚应按建筑防水等级及其埋置深度确定是否采用相应抗渗等级的防水混凝土，可按表 12.4.1 选用防水混凝土的抗渗等级。对重要建筑，宜采用自防水并设置架空排水层。

防水混凝土抗渗等级　　　　　　　　　　　　表 12.4.1

埋置深度 d（m）	设计抗渗等级	埋置深度 d（m）	设计抗渗等级
$d<10$	P6	$20\leqslant d<30$	P10
$10\leqslant d<20$	P8	$30\leqslant d$	P12

12.4.5 带裙房高层建筑筏形基础的沉降缝和后浇带设置

对带裙房高层建筑的筏形基础，裙房与高层之间是否需要设置沉降缝或后浇带应通过计算确定。当采用沉降缝将裙房与高层建筑分开时，应结合上部结构拟设置的伸缩缝或抗震缝一并考虑。

（1）当裙房与高层建筑之间需要设置沉降缝时，高层建筑的基础埋深应大于裙房基础埋深至少 2m，沉降缝地面以下应用粗砂填实，以保证高层建筑基础具有可靠的侧向约束和地基的稳定性，见图 12.4.7。当不满足要求时应采取有效措施。

在满足勘察报告提出的地下水位设防要求，以及基础差异沉降符合规范要求的情况下，裙房基础可以采用多种形式，如钢筋混凝土柱下独立基础、单向或双向条形基础。

（2）当高层建筑筏形基础与相连的裙房基础之间不设置沉降缝时，宜在裙房一侧设置用于控制沉降差的后浇带，以解决施工阶段的差异沉降问题。沉降后浇带的位置应根据高层建筑基础是否满足地基承载力和变形要求而定，若高层建筑基底面积满足地基承载力和变形要求，沉降后浇带的位置宜设在距主楼边柱的第一跨内；当需要满足高层建筑地基承载力、降低高层建筑沉降量，减小高层建筑与裙房间的沉降差时，沉降后浇带可设在距主楼边柱的第二跨内，此时应满足以下条件：

① 地基土质较均匀；

② 裙房结构刚度较好且基础以上的地下室和裙房结构层数不少于两层；

③ 高层建筑及与其紧邻一跨裙房的筏板应采用相同厚度，见图 12.4.8。

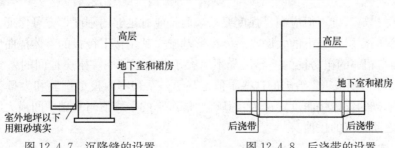

图 12.4.7　沉降缝的设置　　　　　图 12.4.8　后浇带的设置

这些条件是基于中国建筑科学研究院地基所黄熙龄、宫剑飞等对塔裙一体大底盘平板式筏形基础室内模型系列试验结果[18][34]。试验结果表明：厚筏基础（厚跨比不小于1/6）具备扩散主楼荷载的作用，扩散范围与相邻裙房地下室的层数、间距以及筏板的厚度有关。在满足规范[1][2]给定的条件下，塔楼荷载产生的基底反力以其塔楼下某一区域为中心，通过塔楼周围的裙房基础沿径向向外围扩散，影响范围不超过三跨，并随着距离的增大而逐渐衰减。当高层建筑与相连的裙房之间不设沉降缝时，与高层建筑紧邻的裙房基础下的地基反力相对较大，该范围内的裙房基础板厚度突然减小过多时，有可能出现基础板的截面因承载力不够而发生破坏或因变形过大出现裂缝。因此，高层建筑与相连的裙房之间不设沉降缝时，后浇带一侧与主楼连接的裙房基础底板厚度与高层建筑的基础底板厚度相同，裙房筏板的厚度宜从第二跨裙房开始逐渐变化，并应同时满足主、裙楼基础整体性和基础板的变形要求；此外，应进行地基变形和基础内力的验算，验算时应分析地基与结构间变形的相互影响，并采取有效措施防止产生有不利影响的过大差异沉降。

（3）当不允许设置沉降缝，且地基的差异沉降不能满足要求时，应采取相应的有效措施，如在高层建筑基础下设置以控制沉降为目的桩基。

近年来沉降后浇带已成为解决高层与裙房之间的沉降差的常用方法，但是我们也应该看到后浇带给施工单位带来二次作业的问题，工期延长了，造价增加了。采用沉降后浇带与否应结合地基的土质情况、基础的埋置深度、高层建筑基底附加压力的大小、设防地下水位的高低、地下室的用途以及施工条件等因素综合评估后确定。目前已建成的无沉降后浇带大底盘整体变厚度平板式筏基的工程有：北京中国银行大厦、北京中石油大厦、北京三里屯SOHO、北京中国职工对外交流中心等二十余项工程。

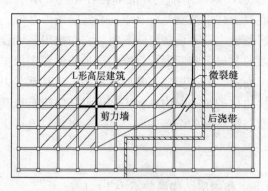

图12.4.9 后浇带（沉降缝）示意图

（4）室内模型试验结果表明，平面呈L形的高层建筑下的大面积整体筏形基础，筏板在满足厚跨比不小于1/6的条件下，裂缝发生在与高层建筑相邻的裙房第一跨和第二跨交接处的柱旁[35]。试验结果还表明，高层建筑连同紧邻一跨的裙房其变形相当均匀，呈现出接近刚性板的变形特征，因此，当需要设置后浇带时，后浇带宜设在与高层建筑相邻裙房的第二跨内（见图12.4.9）。

（5）高层建筑基础不但应满足强度要求，而且应有足够的刚度，方可保证上部结构的安全。带裙房的高层建筑下的大底盘整体筏形基础，其主楼下筏板的整体挠曲度不应大于0.5‰，主楼与相邻的裙房柱的差异沉降不应大于跨度的1‰，裙房柱间的差异沉降不应大于跨度的2‰，规范[1][2]给出的这些限值是基于一系列室内模型试验和大量工程实测分析得到的。基础的整体挠曲度定义为：基础两端沉降的平均值与基础中间最大沉降的差值与基础两端之间距离的比值。

12.5 高层建筑大底盘基础变形控制设计

12.5.1 高层建筑基础的发展历程与形式

我国近代高层建筑起源于上海，到 20 世纪 30 年代，上海已建成 10 层以上高层建筑约 35 栋。50 年代开始，在北京、广州、沈阳、兰州、太原等地相继建造了一批 8～16 层的大型公共建筑。自 1970 年以后，我国在全国各地开始陆续兴建高层建筑，并开始了高层建筑基础设计方法的讨论及实际工程的原位测试，重点解决箱基的设计问题（详见第 13 章）。进入 80 年代，随着改革开放的深入发展，全国各大城市和一批中等城市普遍兴建了高层建筑。90 年代以前，高层建筑上部结构主要为框架、框-剪和剪力墙结构，基础形式主要为箱基，很少有主、裙楼一体结构，对于有裙楼的高层建筑，则通过在高、低层间设置永久沉降缝予以解决。图 12.5.1 为采用箱形基础的北京国际饭店。

图 12.5.1 采用箱形基础的北京国际饭店

20 世纪 90 年代以来经济的迅速发展，使得地下空间的利用提到重要的地位，由于箱形基础不能满足对地下大空间的需求，而筏形基础在发挥地基承载力、调整地基不均匀沉降、抗震性、基础造价经济性、施工周期、地下空间的开发利用等方面有很多的优越性，因此具有很大刚度的箱形基础正在被空间较大的框架厚筏基础所代替。随着改革开放的不断深入，地下空间的利用使高层建筑基础的形式和功能有了较大的变化，地下建筑面积极大地超过了高层建筑投影面积。在厚筏构成的大面积地下建筑上建造一个或多个层数不等的塔楼和低层裙房组成的建筑群，为保证地下结构的整体性，各单个建筑之间不设沉降缝，因此，在设计上提出了塔楼与裙房之间的变形协调可能性、多个高层建筑之间的相互影响及合理距离。这些问题都涉及土力学中沉降计算问题，以及不同类型的上部结构承受变形的能力，最终归结到按变形控制地基设计理论问题。由于已有设计方法无法精确解决筏板整体范围内的反力和沉降问题，当前解决高低层沉降差的问题多用的施工方案，即在主楼与其扩大部分的筏板部位设置宽 1m 的后浇带。筏板钢筋在后浇带部位是连续的，施工期间主楼可以自由沉降，待主楼结构施工完毕后再浇注微膨胀混凝土，使主楼与其扩大部分连成整体。在结构方面，裙房与主楼间的连接梁端头有按柔性连接设计的。

采用施工后浇带方法解决主楼与裙房连接的建筑已有许多，但是采用后浇带也存在一些问题，因为后浇带施工涉及二次作业，大大增加了施工的复杂性，影响了施工工期，拖延了建筑物的交付使用，导致业主及施工单位在经济上受到很大的损失。业主为尽快获得经济利益，多要求尽量缩短施工工期，并希望在上层结构仍在施工的情况下，先将已建成的下面几层投入使用，而后浇带的施工方案很难满足这一要求。为此不得不采取其他一些措施，如桩基础方案等，但桩基又会大大增加工程造价。

随着地下空间的开发和利用，地下建筑占地面积远远超过了地上建筑投影面积，设计上往往通过扩大地下结构将地面上多个层数不等的高层建筑和低层裙房连成一体，这种大底盘厚筏基础已成为未来建筑的主要发展形式。这类建筑具有以下特点：

（1）基础埋深大。由于充分利用地下空间资源，目前建筑基础通常具有 3～5 层地下室，因此建筑埋深通常在 15m～25m。

（2）占地面积大。由于高层建筑与低层裙房及地下车库整体连接，建筑占地面积通常达数万平方米，个别工程达到十几万平方米。

（3）荷载及刚度差异大。由于在同一个大底盘上建造一个或多个层数不等的塔楼和低层裙房，因此造成大底盘上荷载分布极不均匀，结构刚度差异极大，同时也会引起基础偏心使基础出现轻微整体倾斜[32]。

（4）基础整体连接。由于使用功能的要求以及加强地下结构的整体性，这类建筑一般在地面下高低层相连处不采用双墙双柱及永久性沉降缝，甚至投资方要求施工时不设沉降后浇带，基础筏板采用整体连接。

12.5.2 高层建筑大底盘基础模型试验研究

为深入了解大底盘的工作性状，中国建筑科学研究院地基所进行了系列的大型室内模型试验（图 12.5.2），在过去相当长的时期内对上部结构与地基的共同工作研究内容偏重沉降均匀性与沉降量的大小。目前所遇到的问题是如何计算和减小塔楼与裙房之间的沉降差，预估筏板的挠曲对上部结构的损坏可能性，以及长期沉降所带来的影响。

1. 局部荷载作用下厚筏扩散压力的作用[36]

高层建筑下大底盘基础通常采用地下框架厚筏基础，筏板的厚度按抗冲切承载力确定。由于筏厚与其长度之比很小，它的柔度指数很大，故属柔性板，但在局部荷载作用下，它受到上部结构的约束，可能出现刚性板调整沉降的作用。为了查清在高层建筑作用下局部受荷厚筏的变形特征及反力分布，对相邻于高层的地下结构的柱跨数分别定为一跨、二跨、三跨进行了室内模型试验，目的在于研究局部荷载下压力传递最大范围。模型试验按所选定实际工程尺寸 1/14 的比例进行设计，模拟两层地下室，基础筏板按 1/6 厚跨比设计，采用 2m×2m 载荷板试验模拟高层建筑两端无裙房挑出的情况。各组模型规模见表 12.5.1。

<table>
<tr><td colspan="5">模　型　规　模　　　　　　　　　　　　　　　　　表 12.5.1</td></tr>
<tr><td>试验编号</td><td>1</td><td>2</td><td>3</td><td>4</td></tr>
<tr><td>筏基面积（mm×mm）</td><td>3150×1910</td><td>4290×1910</td><td>5430×1910</td><td>2000×2000</td></tr>
<tr><td>主楼面积（mm×mm）</td><td>1910×1910</td><td>1910×1910</td><td>1910×1910</td><td></td></tr>
<tr><td>模拟的主楼跨数</td><td>3×3</td><td>3×3</td><td>3×3</td><td></td></tr>
<tr><td>横向框架柱跨数</td><td>3</td><td>3</td><td>3</td><td></td></tr>
<tr><td>纵向框架柱跨数</td><td>5</td><td>7</td><td>9</td><td></td></tr>
<tr><td>框架柱轴线间距（mm）</td><td>570</td><td>570</td><td>570</td><td></td></tr>
</table>

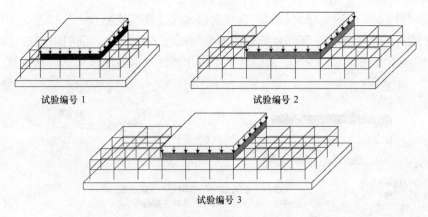

图 12.5.2 高层建筑模型试验示意图

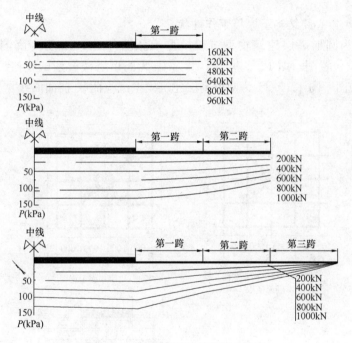

图 12.5.3 模型试验基底压力曲线

试验表明，当主楼扩大部分为一跨时，基底压力较均匀（图 12.5.3），说明二层地下框架柱及筏板组合后有很好的传递荷载的能力；当荷载不超过载荷试验比例界限值（图 12.5.4 中 a 点）时，单位面积承受压力可按扩大一跨后的面积平均计算。当扩大部分为三跨后，扩大部分的反力按比例减少至零（图 12.5.3），而挠度增加到 1.84‰，说明筏板扩散压力的能力有限。图 12.5.5 为在中低压缩性地质条件下大底盘高层建筑和无扩大地下室高层建筑的地基变形曲线计算比

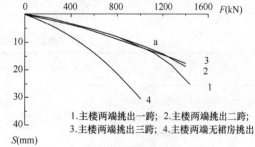

1. 主楼两端挑出一跨； 2. 主楼两端挑出二跨；
3. 主楼两端挑出三跨； 4. 主楼两端无裙房挑出

图 12.5.4 各组模型试验的总荷载～
最大沉降曲线对比

较图，图中曲线 1 与曲线 2 相比较，大底盘高层建筑主楼沉降减少一半以上，主楼外天然地基 1～2 跨区间常见的较大沉降差已被曲率平缓的筏板所代替。证明采用连续的筏板代替后浇带的施工方法完全可行，在数值计算中可用弹性地基变刚度梁板方法计算。

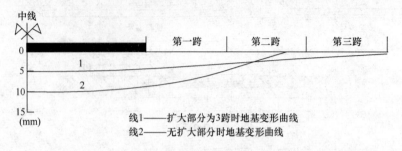

线1——扩大部分为3跨时地基变形曲线
线2——无扩大部分时地基变形曲线

图 12.5.5　地基变形曲线计算结果对比

2. 圆形框架-核心筒结构下厚筏工作性状[37]

图 12.5.6 为圆形高层建筑模型试验模型示意图，图 12.5.7 为降测点位置图，图 12.5.8 为压力盒位置图，图 12.5.9、图 12.5.10 为圆形塔楼模型试验各级荷载下的沉降曲线和地基反力图，图 12.5.11 为圆形高层建筑模型试验荷载-挠曲曲线。

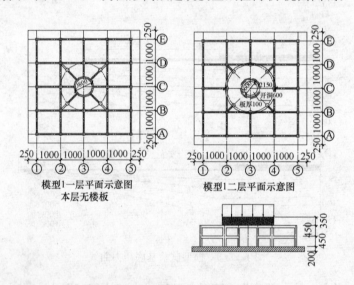

图 12.5.6　圆形框架-核心筒塔楼模型试验

圆形框架-核心筒塔楼模型规模　　表 12.5.2

筏基面积（mm²）	4500×4500	纵向框架柱距（mm）	1000
主楼内筒半径/壁厚（mm）	400/7	地下室层数	2
主楼外筒半径（mm）	1000	板　厚（mm）	200
横向框架柱距（mm）	1000		

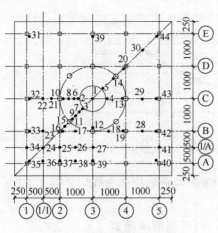

图 12.5.7 降测点位置图

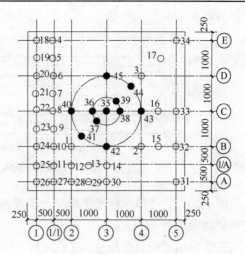

图 12.5.8 压力盒位置图

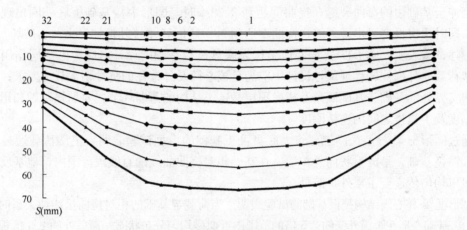

图 12.5.9 C 轴沉降曲线

注：横坐标为沉降观测点（见图 12.5.6）

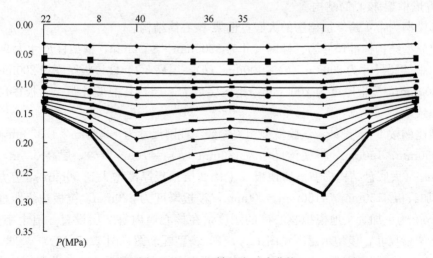

图 12.5.10 C 轴基底反力曲线

注：横坐标为压力盒位置点（见图 12.5.7）

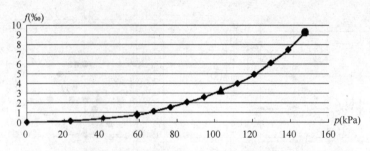

图 12.5.11　圆形塔楼模型试验平均地基反力-筏板挠度关系曲线

由图 12.5.11 可得在地基平均反力接近 60kPa 时，筏板挠曲曲线出现第 1 个拐点，此时筏板挠曲度约为 0.76‰。

当基础的相对挠曲度超过 0.76‰时，基础的相对挠曲随荷载呈非线性增加，主楼竖向荷载的分配开始向外框柱转移；挠曲度达到 1.55‰时，基础板底出现从主楼外框柱沿中线延伸至基础边的弯曲裂缝；挠曲度达到 3.29‰时，圆形主楼基础板底外圈出现弯曲裂缝，同时裙房框架梁出现裂缝；挠曲度达到 9.21‰时，主楼外框柱发生冲切破坏。

上述试验表明，圆形框架-核心筒结构大底盘筏板基础的设计，应考虑共同作用引起的主楼荷载向外框柱转移现象，设计中应满足核心筒及外框柱的抗冲切承载力要求；主楼与裙房交界处的基础、基础四角及裙房顶层是这类结构的薄弱环节，要加强基础和裙房顶板的刚度及主裙楼之间的连接刚度。

通过圆形框架-核心筒高层建筑大底盘筏板基础的模型试验表明，主楼荷载通过裙房框架和厚筏基础，呈放射状向外扩散。在基础相对挠曲曲线的直线段范围内，地基反力和变形可以均匀传递至主楼外 1 跨处。

圆形框架-核心筒结构筏板基础的试验表明，当荷载与基础的相对挠曲呈线性关系时，基底反力、基础变形在距筒外壁约 2.5 倍的范围内近似呈均匀分布状态。筒壁外约 2.5 倍板厚处是基础变形的拐点，在筒体周边筏板发生破坏后，荷载只能传递至筒壁外约 2.5 倍板厚处。

3. 方形框架-核心筒结构[33]

试验模型为带 1 跨 2 层裙房的大底盘框架-核心筒结构。

选定原型结构标准尺寸为：柱网尺寸为 8000mm×8000mm，框架柱尺寸为 900mm×900mm，框架梁尺寸为 800mm（h）×400mm（b），层高 3.0m，楼板厚度为 200mm，剪力墙厚度 300mm，筏板厚度为 2000mm，裙房层数为 2 层，其框架柱距、梁板柱尺寸与主楼完全一致。

模型比例按 1∶6 设计，试验模型相关参数：柱网尺寸为 1333mm×1333mm，框架柱尺寸为 150mm×150mm，框架梁尺寸为 130mm（h）×70mm（b），层高 0.5m，楼板厚度为 35mm（大底盘结构模型裙房顶板及主楼 2 层顶板厚度增大到 50mm），剪力墙厚度 50mm，加载板 4150mm×4150mm×200mm，筏板厚度为 220mm，筏板边缘距柱外侧表面 240mm。为更加真实地模拟核心筒的刚度，在核心筒内每 2 层设置一道十字交叉梁，尺寸同框架梁尺寸，模型示意图见图 12.5.12，模型配筋图见图 12.5.13。

图 12.5.14 为模型试验自第二级荷载归零后各柱下的地基反力变化曲线，从中可以看出，核心筒剪力墙下地基反力与高层外框纵向边柱及角柱下的反力比值约为 1.25∶1；高

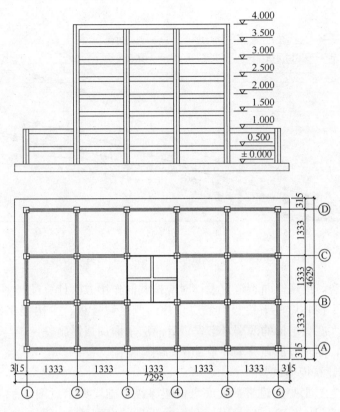

图 12.5.12　模型尺寸示意图

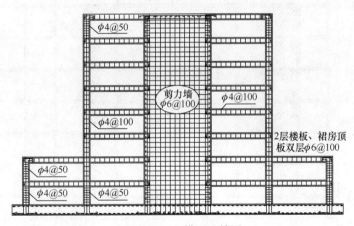

图 12.5.13　模型配筋图

层外框纵向边柱与角柱下的反力比值约为 1∶1。

通过采用不同的加载方式,模型试验得到以下研究结论:

对于带 1 跨 2 层裙房大底盘高层框架-核心筒结构,由于主楼纵向外扩 1 跨裙房,使得纵向刚度减小,呈现柔性板特征。裙房下地基反力平均值约为核心筒下地基反力平均值的 1/2。正常工作状态下,大底盘模型核心筒部分承担了约 1/2 的上部结构荷载,因此,设计时应保证核心筒下筏板厚度满足抗冲剪要求;当筏板产生纵向挠曲时,大底盘模型裙房角柱和边柱以及楼板抑制纵向挠曲作用最显著,应采取结构措施加强边柱和角柱抗弯性

637

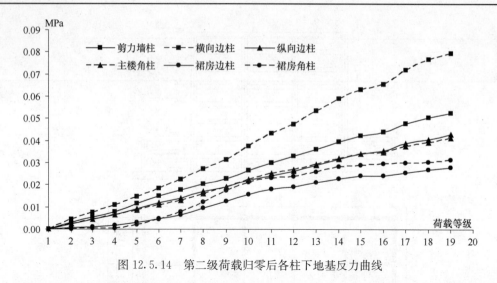

图 12.5.14 第二级荷载归零后各柱下地基反力曲线

能，防止柱身开裂，出现弯曲裂缝。设计时应按共同作用方法计算配筋率，与核心筒柱相接的纵向梁底部、核心筒柱下筏板、各层角柱内侧区域楼板、主裙楼交界处以及裙房角柱、边柱区域为大底盘结构的薄弱环节，设计时应采取加强措施。控制与减小主楼与裙房的不均匀沉降量，同时应加强薄弱环节部位的结构措施。

4. L 形高层建筑模型试验[35]

图 12.5.15 为 L 形高层建筑下大底盘框架厚筏基础模型示意图，A、B、C 三块矩形

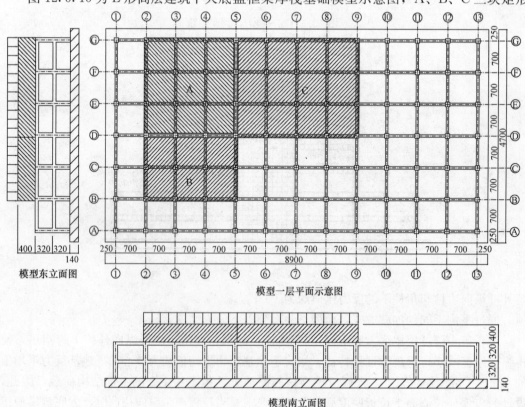

图 12.5.15 模型简图

加载板组合成L形高层建筑,地下室2层,筏板厚度120mm,混凝土强度等级C30。本试验通过采用不同的加载方式,得到如下结论:

L形高层建筑下整体大面积筏板基础的地基反力分布特征为:主楼荷载以L形建筑内折角位置附近为中心,向L形建筑及其内折角部位两翼边端的连线(参见图12.4.11图中虚线)之外1~2跨区域扩散并衰减。

筏板变形特征为:筏板整体为不规则柔性板,其变形以L形主楼内折角附近位置为沉降中心向四周衰减,筏板变形平滑而连续,但高层下筏板为半刚性特征。不同加载路径的试验表明:L形高层建筑下大底盘框架厚筏基础的反力和沉降特点符合叠加原理特征。

5. 塔楼之间的相互影响[17]

塔楼的沉降对相邻建筑的影响在地基设计中极为重要,为进一步研究塔楼相互影响,进行了一字并列双塔楼试验和非对称双塔楼试验。

1) 并列方形双塔楼试验

图12.5.16为试验模型示意图,模型试验规模如表12.5.3所示,加载顺序按表12.5.4进行。

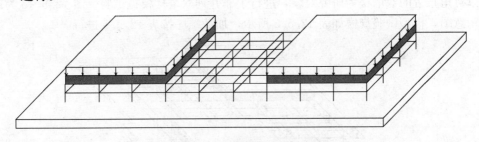

图12.5.16 双塔楼并列模型试验

模型试验规模   表12.5.3

试验名称	双塔楼并列模型试验	试验名称	双塔楼并列模型试验
筏基尺寸(mm×mm)	6270×2850	横向框架柱距及跨数	570mm×3跨
基础面积(m²)	17.87	地下室层数	2层
纵向框架柱距及跨数	570mm×9跨	筏板厚度(mm)	220

加载方式   表12.5.4

试验编号	加载方式	A楼荷载(kN)	B楼荷载(kN)	备注
1	同步加载	0→800	0→800	图12.5.17曲线1
2	A楼加载	800→1600		图12.5.17曲线2
3	B楼加载		800→1600	图12.5.17曲线3

试验结果表明:

图12.5.17中,由主楼A荷载自800kN增加到1600kN时,区间④—⑦段反力和沉降的增加面积abdc与主楼B荷载增加800kN后的增加面积cdfe基本相等。说明由筏板上任一作用荷载引起某点的反力和沉降都可以采用叠加原理计算。在相距3跨情况下,各塔楼沉降与反力相互影响不显著。

2) 非并列方形双塔楼模拟试验

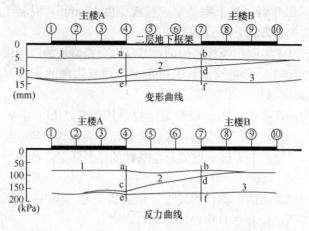

图 12.5.17 双塔楼不同加载路径反力、变形曲线

为了解同一厚筏基础上的多个塔楼彼此间相互影响的程度，探讨叠加原理应用的可行性，以对角布置的双塔楼为研究对象，进行了非并列双塔楼模拟试验。图 12.5.18 为试验模型示意图，模型试验规模如表 12.5.5 所示，加载顺序按表 12.5.6 进行。

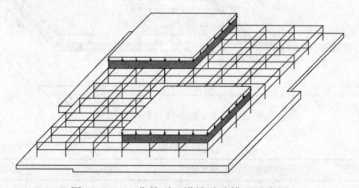

图 12.5.18 非并列双塔楼试验模型示意图

模型规模   表 12.5.5

试验编号	非并列双塔楼试验	试验编号	非并列双塔楼试验
筏基面积（mm²）	5080×4560	纵向框架柱距及跨数	570mm×8 跨
主楼面积（mm²）	1710×1710	地下室层数	2 层
横向框架柱距及跨数	570mm×6 跨	板　厚	220mm（局部 170mm）

加载方式   表 12.5.6

加载方式	A 楼荷载（kN）	B 楼荷载（kN）
同步加载	0→800	0→800
同步卸载	800→0	800→0
A 楼加载	0→1800	

图 12.5.19 为双塔楼模拟试验情况下当 A、B 两塔楼荷载分别为 800kN 时厚筏基础的等沉降线图。图中显示地基的变形是分别以 A、B 两塔楼下面一定范围内的区域为中

心，沿径向向外衰减并相互叠加而形成的。

图 12.5.20 为卸荷后 A 塔楼单独加载至 1800kN 时基础的等沉降线图。可以看出筏板的变形是以塔楼下面一定范围内的区域为中心，沿径向向外衰减，直至距中心一定距离处变形值衰减为零。这说明在单幢塔楼作用下，地基基础的变形范围仅局限在以塔楼为中心的邻近区域内。

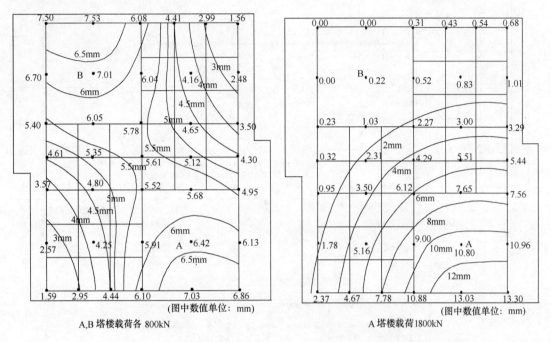

A,B 塔楼载荷各 800kN

A 塔楼载荷 1800kN

图 12.5.19　模拟试验基础等沉降线图　　图 12.5.20　模拟试验回弹再压缩基础等沉降线图

图 12.5.21 给出了模拟试验两塔楼同步加荷至 800kN 时的基底反力等压力线图。图中曲线关系表明，筏板下的基底反力是主楼荷载通过各自邻近的裙房基础扩散后，以 A、B 两塔楼下面一定范围内的区域为中心，各自沿径向向外衰减并相互叠加而形成的。图 12.5.22 为 A 塔楼单独加载至 800kN 时的基底反力等压力线图。图中曲线表明，以塔楼下某一区域为中心，主塔楼荷载通过裙房基础沿径向向外围扩散，荷载扩散有一定的范围，限于邻近主楼的裙房基础范围内。

上述试验结果表明，在一个大面积厚筏结构上，筏板的变形与高层的布置、荷载的大小有关。一般情况下，厚筏基础的变形具有以高层建筑为变形中心的连续变形特征，高层建筑间的相互影响与加载历程无关。框架厚筏结构具有扩散高层建筑荷载的作用。高层建筑下的筏板连同其扩散部分则为一整体弯曲面，其影响范围是有限的。

6. 高层圆形＋方形框架核心筒并列模型试验[38]

图 12.5.23 为模型平面示意图，模型试验柱距 570mm×570mm，筏板边端外挑 150mm，地下室 2 层，圆形塔楼为内筒外框结构，方形塔楼为框架结构，筏板厚 180mm，混凝土强度等级 C30。通过 4 组加载方式：（1）双塔楼相同楼面均布荷载，同步加载；（2）双塔楼相同总荷载，同步加载；（3）双塔楼荷载不同步加载；（4）双塔楼荷载差异加载。

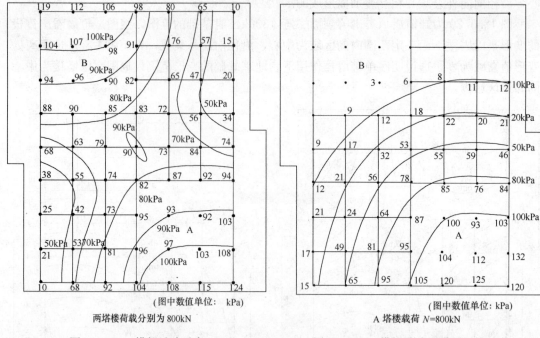

（图中数值单位：kPa）

两塔楼荷载分别为 800kN

图 12.5.21　模拟试验反力
　　　　　　等压力线图

（图中数值单位：kPa）

A 塔楼载荷 N=800kN

图 12.5.22　模拟试验回弹再压缩反力
　　　　　　等压力线图

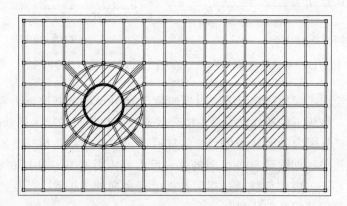

图 12.5.23　试验模型平面示意图

试验研究表明：

圆形（框架-核心筒）主楼作用在框架厚筏基础上时，其主楼荷载的有效扩散范围为距主楼外边缘周向 1 跨，此范围内筏板变形较为均匀，基底反力呈环状向外衰减。当圆形（框架-核心筒）主楼的直径和方形主楼的边长相同时，其主楼荷载扩散范围小于方形主楼的荷载扩散范围。

基础筏板整体上为不规则柔性板，但高层建筑下筏板基础呈现半刚性特征。当大底盘基础四周向外挑 2 跨时，基础的薄弱部位为方形主楼角端、圆形主楼与相邻裙房框架四个角端的连梁部位，以及基础筏板的角端，该部位呈明显的柔性板特征。主楼荷载通过框架厚筏周向扩散，降低了主楼下的基底压力，但扩散程度有限。

7. 高低层连体复杂建筑整体筏板基础反力变形试验研究[39]

图 12.5.24 为整体筏板基础的高低层连体复杂建筑模型示意图，模型试验的加载方式参见图 12.5.25。通过不同的加载方式，试验得到以下结论：（1）中部高层加载时基底反力和基础沉降分布均匀，向外扩散范围受外侧低层荷载影响较小，影响范围主要为高层基础边缘外三跨；（2）高层外侧连体低层部分加载时基底反力和基础沉降在高层基础边缘最大，低层范围的基底反力和基础沉降随远离高层基础边端逐渐减小；（3）两侧连体低层部分荷载相等时，对高层基础倾斜影响很小，高层基础挠度主要由其本身的刚度和荷载决定；（4）高层两侧连体低层部分存在差异荷载时，随着荷载差异增大，高层基础本身的倾

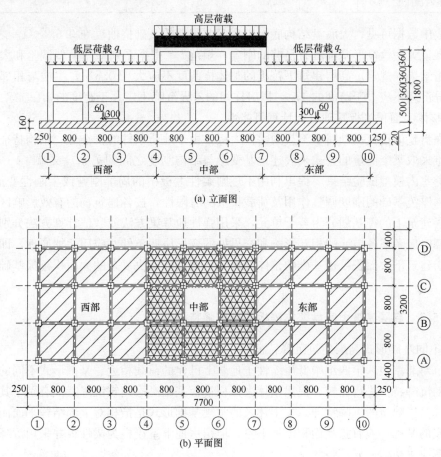

图 12.5.24　试验模型示意图（单位：mm）

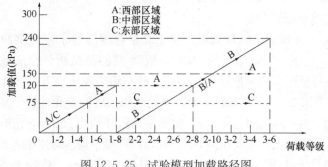

图 12.5.25　试验模型加载路径图

斜呈线性增长，当差异荷载达到一定数值时，高层基础倾斜超过规范规定的限值要求，因此对高低层复杂高层建筑应重点考虑差异荷载对高层倾斜的影响。

8. 大底盘模型试验裂缝与基础挠曲度的关系

表 12.5.7 列出模型试验裂缝出现与挠曲度的关系，裂缝出现一般在荷载-挠曲度曲线直线段的终点。

出现裂缝时挠曲度（‰）　　　　　　　　　　　　表 12.5.7

试 验 编 号	1[36]	2[36]	3[36]	4[37]	5[37]	6[37]	7[28]
出现裂缝时挠曲度（‰）	0.6	0.75	0.65	0.76	0.75	1.04	0.86

由表中数据可见，大底盘结构底板出现弯曲裂缝的基础挠曲度在 0.6‰～1‰之间。

为保证大底盘筏形基础具有足够的刚度，规范[1][2]根据系列室内模型试验和大量工程实测分析结果，规定了高层建筑下筏板的整体挠曲度不应大于 0.5‰，主楼与相邻的裙房柱的差异沉降不应大于跨度的 1‰，裙房柱间的差异沉降不应大于跨度的 2‰。

9. 整体大面积筏板基础近似计算可能性

大底盘整体筏板基础属于不规则柔性大板，由于地质条件的复杂性、结构特征的多样性，很难采取某个简单的公式来表述地基变形与结构刚度之间的关系。文献 [1][2] 根据系列的室内模型试验结果，提出利用不规则柔性大板中的局部刚性或半刚性变形特征，充分发挥厚筏基础的刚度调整作用及荷载扩散的有限性，按各建筑物的有效影响区域，将多个高层建筑下的筏基划分为若干单元，采用弹性地基梁方法或数值计算方法分别进行计算，计算时应考虑各单元的相互影响和交界处的变形协调条件并应用叠加原理，即可实现多个高层建筑下大面积筏板基础的整体设计，从而近似解决复杂的大面积筏板基础的计算问题。

12.5.3　高层建筑大底盘整体筏板基础沉降特点

1. 不同基础形式高层建筑沉降特征

本节对北京地区第四纪中低压缩性土地基上已建的荷载相近、基础形式不同的典型高层建筑的沉降特征进行比较，提出整体大面积筏板基础高层建筑沉降特征有别于其他常规基础形式高层建筑的沉降特征。文中述及的常规基础形式是指相对上部结构平面而言无扩大地下室的基础，或有扩大面积的地下室，但裙房地下室筏板为柔性板并采用沉降后浇带的方式解决主裙楼差异沉降的基础形式。

1）常规基础形式高层建筑沉降特征

（1）单体高层建筑沉降特征

国际信托大厦[40]（现北京国际大厦）位于北京建国门外永定河洪冲积扇的中部偏东地段，地上 28 层，地下 2 层，高度约 104m，框架-核心筒结构，箱形基础，基础埋深约 13m。基底下为中密至密实的一般第四纪卵石、砂与粉质黏土交互。图 12.5.26 为该工程的沉降等值线图，图 12.5.27 为基底压力、平均沉降随时间变化曲线。从实测曲线可以看出，当建筑竣工时（1984 年 9 月 24 日），实测平均沉降约为 55mm，沉降尚未稳定；竣工后至 1986 年 1 月 14 日，实测平均沉降 84.7mm，该阶段平均沉降速率为 0.063mm/d，仍未达到稳定；至 1988 年 4 月 14 日，实测平均沉降 97.3mm，该阶段平均沉降速率为

0.015mm/d，基本趋于稳定。由此可见，常规基础形式的单体高层建筑竣工后的后期沉降占总沉降量比例大，一般能够达到50%，建筑物竣工后4~5年才基本稳定。

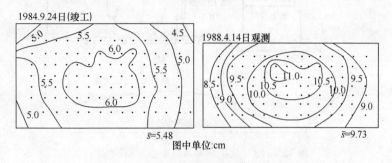

图 12.5.26　国际信托大厦沉降等值线图

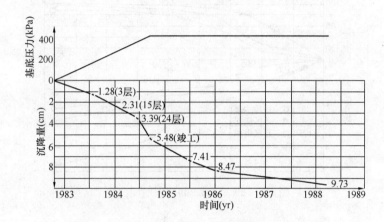

图 12.5.27　基底压力、平均沉降随时间变化曲线

（2）设置沉降后浇带的主裙一体高层建筑沉降特征

沉降后浇带是目前解决高低层建筑差异沉降常采用的方法。设置沉降后浇带的目的是在封闭沉降后浇带前，高层建筑可完成大部分沉降，降低了主裙楼之间的沉降差，使主裙楼之间的差异沉降控制在设计要求范围内。沉降后浇带的浇注时间，通常根据实测沉降值的情况，并考虑后期的沉降差能满足设计要求来确定。

采用后浇带施工的高层建筑在后浇带封闭后，地下结构的整体性有所增强，对减小高层建筑后期沉降起到一定的作用。

北京城乡贸易中心[41]地上为四个高低错落的矩形塔楼和五层商业裙楼，四层地下室，埋深15m（图12.5.28）。塔楼为框架-核心筒结构，裙楼为框-剪结构。地下部分不设永久性沉降缝，全部连成整体，地上在Ⅱ、Ⅲ段塔楼之间设置防震缝，四个塔楼与裙房之间设后浇带，待塔楼主体结构完工后，浇成整体。基底下深度14.1m~24.2m为中密至密实的一般第四纪卵石、砂与粉质黏土交互层，其下为第三纪强-中风化砾岩。

图12.5.29为 p-s-t 曲线，图12.5.30为后浇带浇筑时（1989年9月）的等沉降线图，主、裙房连接处最大沉降差约为16mm；图12.5.30为后浇带浇筑后半年，进入装修阶段时（1990年4月）的测试结果。对比图12.5.30和图12.5.31，可以看到主、裙房连接处的沉降差几乎无变化。

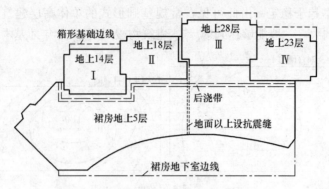

图 12.5.28　北京城乡贸易中心平面示意图

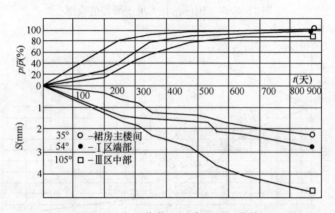

图 12.5.29　荷载—沉降—时间曲线

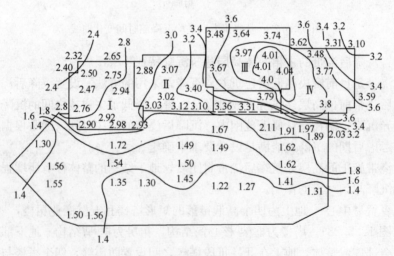

图 12.5.30　后浇带浇筑时的等沉降线图

　　上述实例的沉降测试结果说明，基础底板后浇带浇筑后，地下结构的整体性有所增强，并有裙房分担主楼部分荷载的作用。

2）整体大面积筏板基础高层建筑沉降特征

　　十余年来，在同一大底盘基础上建造一个或多个高层建筑成为目前高层建筑的主要形式，对于这类建筑，地基基础设计的关键在于高层绝对沉降、倾斜及高低层间的变形控制

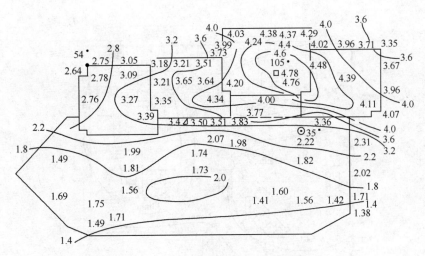

图 12.5.31　进入装修阶段时等沉降线图

设计。以中低压缩性土地基的北京地区为代表，自 20 世纪 90 年代中后期开始探讨这类结构体系在天然地基下基础沉降计算理论与基础设计方法，已取得指导工程实际应用的成果并付诸工程实践中，仅在北京、沈阳等地区就有北京中国银行、北京中国石油大厦、北京 LG 大厦、北京三里屯 SOHO、沈阳茂业中心大厦等三十余项工程成功应用。其中，沈阳茂业中心大厦高度达到 311m，为我国在土质（非岩石）地基上采用天然地基建设的最高楼。这些项目按以往的工程设计概念是需要采用桩基础，抑或是地基处理、主裙楼间设置沉降后浇带进行设计。为说明此类建筑形式的基础沉降特点，本文引用荷载、结构形式与前述列举工程相似的两个代表性工程予以介绍。

北京三里屯 SOHO 工程[42][43]位于北京市朝阳区南三里屯，北区由五栋地上 12～24 层办公楼以及各楼间地上为 4～5 层商业楼（裙房）和四层地下车库组合而成，形成大底盘多塔结构体系，建筑最大高度 97m。本工程地上结构均采用框架-核心筒结构形式，地下车库采用框架-剪力墙结构。工程±0.000 相当于绝对标高 41.00m，基础底板底标高约－19m，基础为变厚度平板式筏基，筏板混凝土强度等级为 C40。场地土质分布均匀，建筑基底持力层为④层粉质黏土，其下为第四纪粉质黏土与砂、卵石交互层，中低压缩性。

图 12.5.32 为三里屯 SOHO 北区竣工后 7 个月实测等沉降线图，图 12.5.33 为三里屯 SOHO 北区荷载、沉降随时间变化曲线图。上述实测沉降结果表明，SOHO 竣工时基础最大沉降 32.5mm，沉降速率为 0.067mm/d；竣工后 7 个月（2010 年 6 月 16 日）时基础最大沉降 37.0mm，沉降速率为 0.006mm/d，沉降达到稳定，竣工后的后期沉降占总沉降量比例为 12%。

中国职工对外交流中心工程[43]位于北京市复兴门外大街 10 号，为集酒店、会议、餐饮、车库以及其他多功能为一体的综合性建筑，主楼地上 25 层，裙房地上 7 层，局部地上 3 层，主裙楼大底盘基础地下室 3 层。建筑高度 98m，裙房高度 28m，基础埋深－18.26m，±0.000 相对绝对高程为 46.850m。主楼为框架-核心筒结构，裙楼地下为框架-剪力墙结构，地上为钢结构，基础形式为天然地基变厚度平板式筏基，混凝土强度等级 C35。建筑物地基持力层为第四纪卵石、粉质黏土和第三纪强风化黏土岩、粉质黏土岩、砾岩组成，中低压缩性。

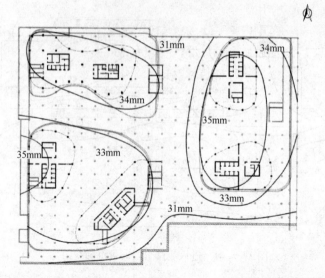

图 12.5.32　三里屯 SOHO 北区竣工后 7 个月实测等沉降线

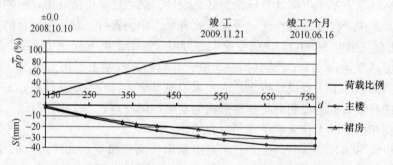

图 12.5.33　三里屯 SOHO 北区荷载、沉降随时间变化曲线

图 12.5.34 为中国职工对外交流中心竣工后 7 个月实测等沉降线图。实测结果表明，工程竣工时基础最大沉降 26.0mm；竣工后 5 个月时的最大沉降 28.5mm，沉降速率为 0.016mm/d；竣工后 7 个月（2009 年 3 月 10 日）时基础最大沉降 29.3mm，沉降速率为 0.013mm/d。按观测的沉降规律推算，工程竣工后 10 个月应达到沉降稳定标准，即沉降速率小于 0.010mm/d，按此推算的工程竣工后的后期沉降占总沉降量比例为 20%。

整体大面积筏板基础高层建筑的上述沉降特点已为大比例室内模型试验[36]和工程原位测试所证实。产生上述沉降特点的根本原因在于：

其一：主裙楼整体连接后，裙房基础具备有限扩散高层建筑荷载的特性，降低了高层建筑基底的平均压力值；

其二：较大的基础埋深充分发挥了地基土的补偿性质，建筑物基本处于回弹再压缩阶段，或附加压力在 $p\text{-}s$ 曲线的比例界限点内的线性段内。

2. 整体大面积筏板基础地基反力分布特征

图 12.5.35 和图 12.5.36 分别为中国职工对外交流中心横向（X 方向 H-H 轴）、纵向（Y 方向 6-6 轴）实测地基反力曲线图。

地基反力测试结果说明，在高层建筑 X 方向挑出一跨裙房的情况下，该裙房具有良好的扩散高层建筑荷载的作用，整个高层连同与其连接的一跨裙房范围内地基反力较均匀。从 Y 方向上看，随着裙房柱跨数的增加，地基反力自高层建筑外柱边缘开始逐渐减小，裙房扩散高层荷载的能力约在二跨，超出三跨已经没有影响。

工程原位测试的地基反力分布状态与大比例室内模型试验[36]（图 12.5.4）结果基本一致。

3. 地基应力状态对比

图 12.5.38～图 12.5.41 为在高层荷载作用下，分别按图 12.5.37 所示的整体分析简化模型、地基按弹性理论计算得到的单独高层建筑、主楼两侧分别连接 1～3 跨裙房时的筏板基础下，不同深度处土层的地基应力分布图。

对比图 12.5.38～图 12.5.41 的地基应力分布图可以看到：

（1）单独高层建筑下同一深度处的地基应力 σ_z 分布不均匀；当高层两侧分别连接 1～3 跨裙房时，裙房具有扩散部分主楼荷载的作用，高层荷载范围内不同深度处的地基应力 σ_z 则分布比较均匀。

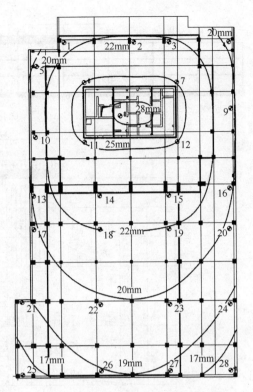

图 12.5.34 中国职工对外交流中心竣工后 7 个月实测等沉降线

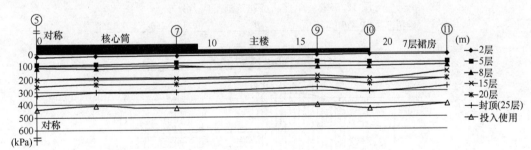

图 12.5.35 中国职工对外交流中心横向（X 向）基底压力曲线

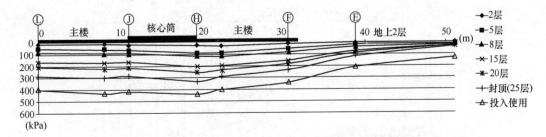

图 12.5.36 中国职工对外交流中心纵向（Y 向）基底压力曲线

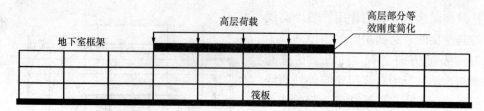

图 12.5.37　简化计算模型

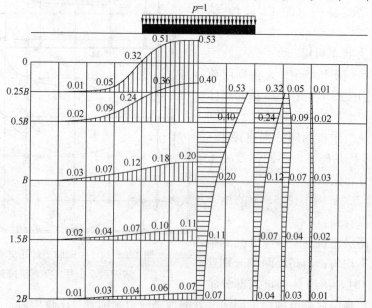

图 12.5.38　单独高层建筑地基应力分布

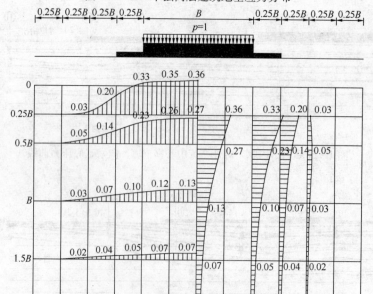

图 12.5.39　双向外挑一跨裙房时地基应力分布

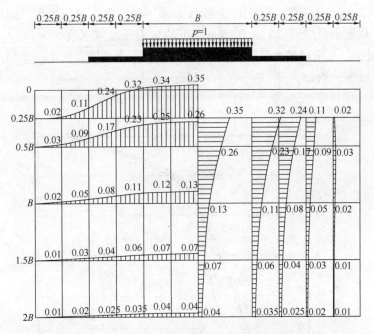

图 12.5.40 双向外挑二跨裙房时地基应力分布

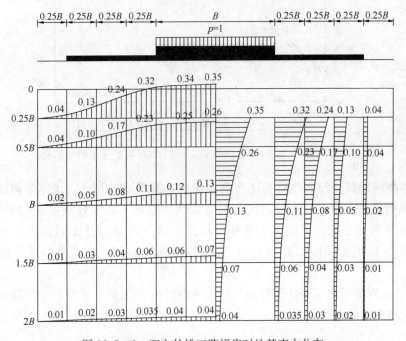

图 12.5.41 双向外挑三跨裙房时地基应力分布

（2）对应于单独高层建筑的基底平均应力等于 $0.1p$ 时的深度约为 $1.5B$。若取 $\sigma_z = 0.1p$ 时的深度作为地基的有效压缩层深度，则带裙房高层建筑的地基压缩层深度降低为 $1.2B$。

（3）相对于单独主楼的地基竖向应力，带裙房高层建筑的整体筏板基础其主楼下的基底地基竖向应力约降低 30%。

图 12.5.42 为北京三里屯 SOHO 工程 A 塔楼下压缩层深度范围内不同深度处土层的变形实测值。从图中可以看出，A 塔楼基础下的地基压缩层深度约为 36m，与 A 塔楼平均宽度 30m 相比，A 塔楼的地基压缩层深度约为 A 塔楼平均宽度的 1.2 倍，该结果与理论分析的结果基本一致。

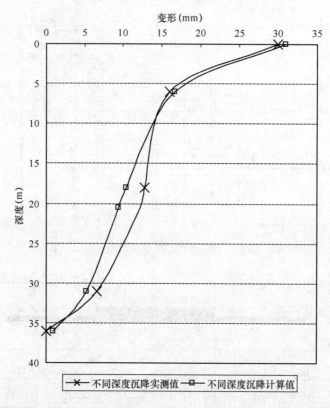

图 12.5.42　A 楼下压缩层深度范围内不同深度处土层的变形值

与单体高层建筑、设置沉降后浇带的主裙一体高层建筑相比，由于主裙楼整体连接后，裙房基础具备有限扩散高层建筑荷载的特性，降低了高层建筑基底的平均压力值。较大的基础埋深充分发挥了地基土的补偿性质，建筑物基本处于回弹再压缩阶段，或大部分荷载处于回弹再压缩段，附加压力大幅降低，地基土的应力路径状态发生显著变化。

表 12.5.8 列举了北京地区部分高层建筑阶段性沉降观测结果及根据沉降观测数据推算的各建筑物的最终沉降值。

北京地区部分高层建筑沉降观测结果及最终沉降推测值　　　　　表 12.5.8

序号	项目名称	埋深 (m)	高度 (m)	结构形式	结构封顶时间/沉降 (mm)	竣工时间/沉降 (mm)	沉降稳定时间/沉降 (mm)	预测最终沉降（mm）	
								Asaoka 法	双曲线法
1	北京国际信托大厦	13	104	剪力墙	1984.06/ 40.0	1984.10/ 54.8	1988.05/ 97.3	103.6	118.2

续表

序号	项目名称	埋深(m)	高度(m)	结构形式	结构封顶时间/沉降(mm)	竣工时间/沉降(mm)	沉降稳定时间/沉降(mm)	预测最终沉降(mm)	
								Asaoka法	双曲线法
2	*北京三里屯SOHO工程	19	97	框架-核心筒	2009.06/23.4	2009.12/32.5	2010.07/37.0	40.9	44.4
3	*中国职工对外交流中心	18	98	框架-核心筒	2008.04/20.3	2008.10/26.0	2009.07/29.3	30.1	31.3
4	*中国石油大厦	18	92	框剪	2006.08/37.6	2008.08/48.4	2008.08/48.4	53.6	55.9
5	*北京LG大厦	24.6	141	框架-核心筒	2004.09/56.2	2005.10/70.6	2007.08/73.9	77.5	81.1

注：1. 中国石油大厦沉降基本稳定后方竣工验收，验收时距结构封顶 24 个月；
　　2. * 为大底盘高层建筑。

4. 小结

通过上述北京地区第四纪中低压缩性土地基上高层建筑荷载相近、基础形式不同的典型高层建筑的沉降特征比较，基础按半刚性设计的整体大面积筏板基础的沉降特征具有如下特点：

1）在相似地质条件下，与体量相似、荷载大小相近的常规基础形式的高层建筑相比，大底盘高层建筑平均沉降量大幅减少。

2）竣工后的后期沉降占总沉降量比例小，一般不超过 20%。

3）沉降稳定时间短，通常竣工后 1 年左右沉降即达到稳定。

对于天然地基而言，当主裙楼基础差异沉降不满足设计要求时，可考虑通过适当增大基础埋深的方法解决。

12.5.4　高层建筑大底盘基础筏板整体弯矩近似计算原则

20 世纪 80 年代以前，我国高层建筑基础形式主要为箱基，当时的重点是解决箱基的设计问题，在编制《高层建筑箱形基础设计与施工规程》（JGJ 6—80）过程中，鉴于高层建筑箱基实测钢筋应力很小，实测的箱基纵向挠曲度也很小，结构没有出现开裂，经按实测的挠曲度反演，箱基混凝土处于弹性受力状态，对比实际已建的工程的经验，箱基的整体弯矩可通过表 12.5.9 为中低压缩性土地质条件下按长期刚度计算得到的各高层建筑筏板的抗裂度汇总表，表中数据系根据实测的基础最大挠曲值反演计算得到的。分析时假定筏形基础自身为一挠曲单元，由于整体挠曲曲线近似为圆弧形，筏基中点的弯矩 $M=8\Delta SB/L^2$，式中：$\Delta S/L$ 为挠度值，B 为筏板的刚度，$B=0.5E_cI$，E_c 为混凝土的弹性模量。按素混凝土受弯构件验算筏基的抗裂度 K_f，抗裂度为筏板正截面开裂弯矩 M_{cr} 与筏基中点弯矩 M 的比值。

$$K_f = \frac{M_{cr}}{M} \tag{12.5.1}$$

$$M_{cr} = \gamma f_{ctk}W = \left(0.7 + \frac{120}{h}\right)\gamma_m \times 0.55 f_{tk}\frac{I}{y} \tag{12.5.2}$$

$$K_f = \frac{M_{cr}}{M} = \zeta \frac{L}{y\left(\frac{\Delta S}{L}\right)} \quad (12.5.3)$$

$$\zeta = \frac{0.55\left(0.7 + \frac{120}{h}\right)\gamma_m f_{tk}}{8 \times 0.5 E_c} \quad (12.5.4)$$

式中　γ——混凝土构件的截面抵抗矩塑性影响系数；

$\quad\quad \gamma_m$——混凝土构件的截面抵抗矩塑性影响系数基本值；

$\quad\quad y$——形心至最远处的距离；对于矩形截面：$y = \frac{h}{2}$。

当 $h > 1600\text{mm}$ 时，取 h 时 $=1600\text{mm}$，对矩形截面：$\gamma_m = 1.55$。代入（12.5.4）式，得：

$$\zeta = 16.52 \times 10^{-2} \frac{f_{tk}}{E_c} \quad (12.5.5)$$

对于等厚度平板式筏基：

按长期刚度：

$$K_f = 2\zeta \frac{L}{h\left(\frac{\Delta S}{L}\right)} \quad (12.5.6)$$

与箱形基础的挠曲值和抗裂度[1]（见表 12.5.10）相比，可以看出平板式筏基的挠曲值要大于箱基而其抗裂度则明显偏低，表明其整体刚度较箱基为低。为保证上部结构和筏基在使用荷载下不致出现裂缝，文献［44］利用已建工程的实测资料，经反演计算和分析对比后，提出将挠曲度和抗裂度两个指标作为是否进行整体弯矩计算的判断依据，部份分析结果参见表 12.5.9。文献［44］依据表 12.5.9 高层建筑基础挠曲度值和抗裂度的情况，提出下列看法：当平板式筏基的整体挠曲度小于或等于 0.2‰，且筏板的抗裂度大于或等于 2 时，平板式筏基仅需考虑局部弯曲，整体弯曲的影响可通过构造配筋处理；当平板式筏基的整体挠曲度大于 0.2‰，或筏板的抗裂度小于 2 时，平板式筏基除考虑局部弯曲外，尚需考虑整体弯曲的影响。

平板式筏基高层建筑筏板抗裂度汇总　　　　　　　　　表 12.5.9

	建筑名称	结构形式	$\frac{\Delta S}{L} \times 10^{-4}$	抗裂度	计算部位
1	全国总工会二期	框架-核心筒	1.18	2.82	核心筒
			1.38	3.50	横向大底盘
			1.42	2.26	纵向高层
			1.11	3.67	纵向大底盘
2	北京 LG 大厦	框架-核心筒	2.77	1.18	纵向高层
			4.26	1.23	纵向大底盘
3	北京世纪财富中心	框架-核心筒	2.3	2.52	纵向高层
4	北京三里屯 SOHO	框架-核心筒	1.5	2.62	纵向高层

续表

建筑名称	结构形式	$\frac{\Delta S}{L}\times10^{-4}$	抗裂度	计算部位
5 休斯敦贝壳大厦 One Sell Plaza	筒中筒	3.5	1.26	纵向筒
		5.2	1.48	纵向高层
		8.5	1.09	纵向大底盘

按实测纵向整体挠曲反演箱基抗裂度　　　　　表 12.5.10

建筑物名称	上部结构	箱高 h (m)	箱长 L (m)	h/L	$\frac{\Delta S}{L}\times10^{-4}$	抗裂度
北京中医病房楼	框架	5.35	86.8	1/12.6	0.47	8.44
北京水规院住宅	框-剪	3.25	63	1/19.4	0.8	5.58
北京总参住宅	框-剪	3.52	73.8	1/21	0.546	9.23

12.5.5　高层建筑大底盘整体筏板基础设计原则

（1）考虑上部结构、基础与地基共同作用。

（2）利用土体补偿性原理和高层荷载的有限扩散性原理，将高层下荷载控制在土体欠补偿状态，或基底附加压力控制在相对较小的状态，充分利用回弹再压缩段模量稍大的特点进行变形控制设计，解决大面积筏板沉降量和差异沉降问题，进而取消沉降缝或沉降后浇带，实现筏板整体设计。

（3）利用不规则柔性大板中的局部刚性或半刚性变形特征，充分发挥厚筏基础的刚度调整作用及荷载扩散的有限性，利用土体回弹再压缩段弹性变形特征和高层荷载扩散的有限影响距离的特点，按各建筑物的有效影响区域，将多个高层建筑下的筏基划分为若干单元，采用弹性地基梁方法或数值计算方法分别进行计算，计算时应考虑各单元的相互影响和交界处的变形协调条件并应用叠加原理，解决多个高层建筑下筏板的沉降计算问题。

（4）根据高层建筑（群）的刚度变化特征、荷载特征及变形特征，确定局部弯矩与整体弯矩的贡献问题，进行筏板弯矩设计。

12.6　高层建筑基础和地下结构抗震设计

12.6.1　地下室结构在强震作用下的表现

高层建筑由于使用功能上的需要，以及充分利用基础埋深的空间，一般都设有地下室，地下室按其构造可分为非基础部分和基础部分。非基础部分除外围挡土墙外，其内部的结构布置基本与上部结构相同。基础部分是指直接将上部结构以及地下室非基础部分的荷载传至地基上的那部分结构。

采用筏形和箱形基础的地下室，由于地下室的外墙参与工作，地下室的侧向刚度一般都大于上部结构相邻层的侧向刚度。此外，地下室与土层接触面积大，逸散阻尼增加，导致振动衰减，降低了结构的动力效应，且地震作用逼使与地下室接触的土层发生相应的变形，导致土对地下室外墙及底板产生抗力，约束了地下结构的变形，从而提高了地下室的刚度。

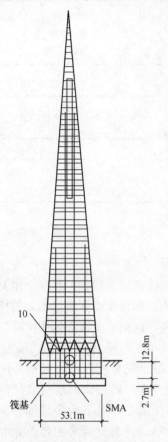

图 12.6.1　Transamerica 大厦测振仪器布置图

1989 年 Loma Prileta 发生了 7.1 级地震，文献[45]报告了通过安置在旧金山市 Transamerica 大厦地下室的仪器测得的该建筑物地下室顶、底板的水平位移。Transamerica 大厦距震中的距离为 97km，是一幢 257.9m 高的金字塔式钢结构建筑，首层平面尺寸为 53.1m×53.1m，五层平面尺寸为 44m×44m，往上按 1∶11 斜率收进至 60 层。地下室共 3 层总高度为 12.8m，地下室采用钢筋混凝土剪力墙加强，其下为 2.7m 厚的筏板。基础持力层为黏性土和密实性砂土，基岩位于室外地面下 48m～60m 处。图 12.6.1 中的"10"和"SMA"分别为设在地下室顶、底板处的单向加速计和强震加速记录仪。地面振动后 10.7 秒测得的地下室顶、板处的最大水平位移分别为 56.2mm 和 52.4mm。实测结果表明，在强震作用下，地下室除了产生 52.4mm 的整体水平位移外，还产生了万分之三的整体转角 $\left(\theta=\dfrac{56.2-52.4}{12800}\right.$

$=2.97\times10^{-4}\big)$。实测记录反映了两个基本情况：其一是地下室四周外墙与土层紧密接触，且具有一定数量纵横内墙的厚筏基础，以及箱形基础在强震作用下其变形呈现出与刚体变形相同的特征；其二是地下结构的转角体现了柔性地基的影响。

国内震害调查表明，唐山地震中绝大多数地面以上的工程均遭受严重破坏，而地下人防工程基本完好，如新华旅社上部结构为 8 层组合框架，8 度设防，实际地震烈度为 10 度。该建筑物的梁、柱和墙体均遭到严重破坏（未倒塌），而地下室仍然完好。天津属软土区，唐山地震波及天津时，该地区的地震烈度为 7～8 度，震后已有的人防地下室基本完好，仅人防通道出现裂缝。国内震害还表明，个别与上部结构交接处的地下室柱头出现了局部压坏及剪坏现象。这表明了在强震作用下，塑性铰的范围有向地下室发展的可能，显示了与上部结构底层相邻的那一层地下层是设计中需要加强的部位。

12.6.2　按刚性地基假定计算地震作用的折减系数

通常在设计中都假定上部结构嵌固在基础结构上，实际上这一假定只有在刚性地基的条件下才能实现。对绝大多数都属柔性地基的地基土而言，在水平力作用下地基以及结构底部都会出现转动，见图 12.6.2。

20 世纪 80 年代，国内王开顺、王有为曾对北京和上海 20 余栋 23m～58m 高的剪力墙结构进行脉动试验[46]，结果表明由于上海的地基土质软于北京，建于上海的房屋自振周期比北京类似的建筑物要长 30%，说明了地基的柔性改变了上部结构的动力特性。上

部结构自振周期增长，将降低水平地震作用，反之上部结构
也影响了地基土的黏滞效应，提高了结构体系的阻尼。脉动
实测试验以及地下室结构在强震作用下的表现，都表明了当
地基为非密实土和岩石持力层时，由于地基的柔性，结构按
刚性地基假定分析的水平地震作用比其实际承受的地震作用
大，因此可以根据场地条件、基础埋深、上部结构刚度等因
素对水平地震作用进行适当的折减。这种土-结构相互作用
的效应，目前在我国抗震规范[47]以及一些国家的抗震规范
中均有所体现。法国规定筏基或带地下室的建筑的地震荷载
比一般的建筑少 20%。希腊抗震规范规定在求建筑的地震
作用时需考虑乘以不同基础类型调整系数，在相同的条件下
箱基和整体式筏基的调整系数比独立基础小 20%；在日本
地表下 20m 深处的地震系数为地表的 0.5 倍。美国 FEMA
368[48]及 IBC[49]规范采用加长结构物自振周期来考虑地基土
的柔性影响，同时采用增加结构有效阻尼来考虑地震过程中
结构的能量耗散，并规定了结构的基底剪力最大可降
低 30%。

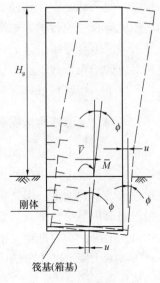

图 12.6.2　柔性地基的结构
变形示意图

　　《建筑地基基础设计规范》GB 50007 以及《高层建筑筏形与箱形基础技术规范》JGJ
6 编制时，对不同土层剪切波速、不同场地类别以及不同基础埋深的钢筋混凝土剪力墙结
构、框架-剪力墙结构和框架-核心筒结构进行分析，结合我国现阶段的地震作用条件并与
美国 FEMA 368 规范进行了比较，提出了对四周与土层紧密接触带地下室外墙的整体式
筏基和箱基，结构基本自振周期处于特征周期的 1.2～5 倍范围时，场地类别为Ⅲ类和Ⅳ
类，抗震设防烈度为 8 度和 9 度，按刚性地基假定分析的基底水平地震剪力和倾覆力矩可
乘以 0.90 和 0.85 折减系数，该折减系数是一个综合性的包络值，它不能与《建筑抗震设
计规范》GB 50011 第 5.2 节中提出的折减系数同时使用。

12.6.3　基础和地下室结构设计的基本原则

　　对有抗震设防要求的高层建筑，为了保证上部结构在强震作用下能实现预期的耗能机
制，设计中，要求结构的刚度大于上部结构刚度，逼使上部结构先于基础结构屈服，同时
要求基础结构应具有足够的承载力，保证上部结构进入非弹性阶段时，基础结构始终能承
受上部结构传来的荷载并将荷载安全传递到地基上。为此，一些国家的规范提出了加强地
下室刚度和强度的要求，如美国 UBC 1997 规范[50]规定：基面与基础间的地下室结构，
其刚度和强度不得低于上部结构；罗马尼亚对嵌固在地下室顶板的剪力墙结构，要求地下
室全部埋入土中，且要求其墙体的惯性矩比上部结构底层墙体的惯性矩大 50%以上[51]。
为了实现上部结构预期的耗能机制，避免塑性铰向地下室发展，1993 年我国胡庆昌在
《带地下室的高层建筑抗震设计》[52]一文中提出了上部结构嵌固在地下室顶板时，剪力墙
和框架的加强部位应从地下一层结构顶板标高处往下延伸一层，并提出地下一层结构侧向
刚度与上部结构相邻层的侧向刚度之比大于或等于 1.5 倍。规范 JGJ 6—99 及其修订版
JGJ 6—2011 在编制时吸纳并完善了该文献提出的内容，以保证地下结构具有足够的刚度

和强度，使荷载能安全传递到地基上。有关地下室的抗震等级、构件的截面设计以及抗震构造措施应符合现行国家标准《建筑抗震设计规范》的相关规定；嵌固端处的框架结构底层柱根截面组合弯矩设计值应按《建筑抗震设计规范》GB 50011 的规定乘以与其抗震等级相对应的增大系数；剪力墙底部加强部位的高度应从地下室顶板算起；当结构计算嵌固端位于地下一层底板或以下时底部加强部位宜延伸至嵌固端。

12.6.4 上部结构嵌固在地下一层结构顶板时的设计要求

在强震作用下，既然四周与土壤接触的具有外墙的地下室其变形与刚体变形基本一致，那么在抗震设计中可假设地下结构为一刚体，上部结构嵌固在地下室的顶板上。为避免塑性铰转移到地下一层结构，保证上部结构在地震作用下能实现预期的耗能机制，上部结构嵌固部位需符合下列规定：

(1) 上部结构为框架、框-剪或框架-核心筒结构时：

① 对采用筏形基础的单层或多层地下室以及采用箱形基础的多层地下室，当地下一层的结构侧向刚度 K_B 大于或等于与其相连的上部结构底层楼层的结构侧向刚度 K_F 的 1.5 倍时，地下一层结构顶板可作为上部结构的嵌固部位；当地下一层的层间侧向刚度小于与其相连的上部结构楼层刚度的 1.5 倍时，建筑物的嵌固部位可设在筏基或箱基的顶部，此时宜考虑基侧土对地下室外墙和基底土对地下室底板的抗力。

② 地下室为单层箱形基础，箱形基础的顶板可作为上部结构的嵌固部位。

(2) 上部结构为剪力墙结构：地下室为单层箱形基础地下室，地下一层结构顶板可作为上部结构的嵌固部位。设计中可能遇到净高较大的箱基，在忽略箱基周边土约束的有利条件下，箱形基础墙的侧向刚度与上部结构相邻层的剪力墙侧向刚度比可能达不到 1.5 倍的要求。如何处理此类结构计算简图的嵌固部位，目前有两种不同的看法：第一种计算简图是将箱基底板视作筏基，将上部结构的嵌固部位定在箱基底板的上皮；第二种计算简图是将箱基视作为箱式筏基，上部结构的嵌固部位定在箱基的顶部，箱基的计算截面简化为一工字形截面。国际上，美国混凝土学会336委员会编写的《联合基础及筏基推荐的分析和设计方法》[21]，将箱基的计算截面简化为两块平行板中间夹有弹性墙体的连续板，上部结构则嵌固在箱基的顶部。从力学角度来看，此假定与上述第二种计算简图基本一致。数据分析表明，在刚性地基的条件下，将上部结构的嵌固部位定在箱基底板上皮和嵌固部位定在箱基的顶部，算得的基底剪力是很接近的。图 12.6.3 为一典型的一梯十户高层住宅，层高为 2.7m，基础为单层箱基，埋深取建筑物高度的 1/15，箱形基础高度不小于 3m。抗震设防烈度为 8 度，场地类别为 II 类，设计地震分组为第一组。上部结构按嵌固在基底和箱基顶部两种计算简图进行计算。计算结果列在表 12.6.1 中，表中 F_0、F_1 分别表示基底和首层结构的总水平地震作用标准值；M_0、M_1 分别表示基底和首层结构的倾覆力矩标准值。从表中我们可以看到，两种计算简图算得的结果是十分接近的。但是，从基础变形角度来看，由于第一种计算简图把底板与刚度很大的基础墙割开，将上部结构置于厚度较薄的底板上，因而算得的地基变形值远大于规范规定的变形允许值，显然是不合理的。此外，考虑到地震发生时四周与土壤接触的箱基，其变形与刚体变形基本一致的事实，对单层箱基的地下室，上部为剪力墙结构时，规范 JGJ 6 规定其嵌固部位取地下一层箱基的顶部。

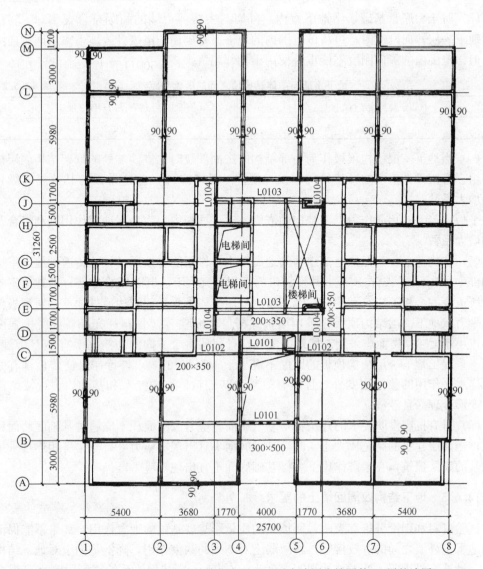

图 12.6.3　一梯十户剪力墙结构住宅平面（图中墙厚为楼层数 21 层的墙厚）

剪力墙结构单层箱基-地基交接面上水平地震作用和倾覆力矩比较　　表 12.6.1

层数	楼高 (m)	箱高 (m)	嵌固在箱基底					嵌固在箱基顶			
			T_1 (Sec)	F_0 (kN)	M_0 (kN·m)	F_1 (kN)	M_1 (kN·m)	T_1 (Sec)	F_0 (kN)	M_0* (kN·m)	M_1 (kN·m)
12	32.4	3.0	0.449	13587	324328	13438	285467	0.416	13590	337814	297044
15	40.5	3.0	0.599	13314	375378	13189	338338	0.562	13526	390538	349460
18	48.6	3.2	0.761	13310	425756	13182	387595	0.721	13197	441788	399558
21	56.7	3.8	0.903	13805	492980	13648	447470	0.856	13609	512933	461239
24	64.8	4.3	1.033	15965	620964	15746	563341	0.975	15643	649564	582299
27	72.9	4.8	1.207	15879	677473	15631	609637	1.148	15684	707500	632217

注：* 表示 $M_0 = M_1 + F_0 \times$ 箱高

（3）对于大底盘基础，当地下室内、外墙与主楼剪力墙的间距符合表 12.6.2 要求，计算地下一层侧向刚度时，可将该范围内的地下室基础墙的刚度计入地下室层间侧向刚度内，但该范围内的侧向刚度不能重叠使用于相邻建筑。

地下室墙与主体结构墙之间的最大间距 *d*   表 12.6.2

抗震设防烈度 7 度、8 度	抗震设防烈度 9 度
$d \leqslant 30\text{m}$	$d \leqslant 20\text{m}$

（4）当地下一层结构顶板作为上部结构的嵌固部位时，嵌固端处的框架结构底层柱根截面组合弯矩设计值应按《建筑抗震设计规范》GB 50011 的规定乘以与其抗震等级相对应的增大系数。

平板式筏基的顶面作为上部结构的嵌固端时，柱根内力应考虑地震作用不利组合及相应的增大系数。

（5）在构造上，为保证上部结构的地震等水平作用能有效通过楼板传递到地下室抗侧力构件中，地下一层结构顶板上开设洞口的面积不宜大于该层面积的 30%；沿地下室外墙和内墙边缘的楼板不应有大洞口；地下室的外墙应能承受上部结构通过地下一层顶板传来的水平力；地下一层结构顶板应采用梁板式楼盖，板厚不应小于 180mm，混凝土强度等级不应小于 C30；楼面应采用双层双向配筋，且每层每个方向的配筋率不宜小于 0.25%。规范[1][2]提出地下一层结构顶板的厚度不应小于 180mm 的要求，旨在保证楼板具有一定的传递水平作用的整体刚度外，且能有效减小基础整体弯曲变形和基础内力，使结构受力、变形合理而且经济。

（6）对有抗震设防要求的建筑物，基础底面零应力区的面积不应超过基础底面面积的 15%；当高层建筑的高宽比大于 4 时，基础底面不宜出现零应力区；与裙房相连且采用天然地基的高层建筑，在地震作用下主楼基础底面不宜出现零应力区。

12.6.5　地下结构四周回填土的要求

试验资料和理论分析都表明，回填土的质量影响着基础的埋置作用，如果不能保证填土和地下室外墙之间的有效接触，将减弱土对基础的约束作用，降低基侧土对地下结构的阻抗。计算结果表明，地下结构埋置深度为 10m 时，土-结构体系的抗侧力刚度可提高约 1.5 倍，而土-结构体系的转动刚度则可提高约 2.2 倍，地下室周边土的约束作用的影响是相当可观的。规范[1][2]要求筏形基础地下室施工完毕后，应及时进行基坑回填工作。填土应按设计要求选料，回填基坑时应先清除基坑中的杂物，并应在相对的两侧或四周同时回填并分层夯实，避免由于填土不均引起基础倾斜，回填土的压实系数不应小于 0.94。

12.7　工 程 实 例 简 介

本节除文中介绍的中华全国总工会中国职工对外交流中心和北京三里屯 SOHO 两个工程案例外，选取了几个代表性的工程实例加以介绍，为工程技术人员提供借鉴和参考。

12.7.1　美国休斯敦贝壳大厦[53]

美国休斯敦贝壳大厦厚筏基础的测试研究，是一份国外实测成果较完整的资料。实测内容包括基底反力、沉降观察、基坑回弹和钢筋应力量测，为结构设计提供了一份了解土与结构物共同工作的参考材料。贝壳大厦是由美国 SOM 建筑事务所设计，实测研究工作由 McClellend 工程公司和 SOM 合作完成。

1. 工程概况

贝壳大厦为一栋地上 52 层，地下 4 层的钢筋混凝土筒中筒结构，楼高为 218m，平面尺寸为 40.26m×58.56m，核心筒平面尺寸为 33.55m×12m，±0.000 以下塔楼四周外墙均伸出 6.1m，地下室和基础平面尺寸扩大为 52.46m×70.76m。地下室外侧为延伸至街区路边线的地下汽车间，地下室平面及地下室纵横剖面分别详图 12.7.1 和图 12.7.2，基础埋深 18.3m。结构全部采用高强轻质混凝土，混凝土重力密度为 1800kg/m³。基

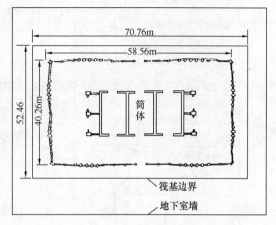

图 12.7.1　壳体广场大楼平面图

础形式为平板式筏基，板厚为 2.52m，混凝土采用 C35 高强轻质混凝土，钢筋屈服强度为 415MPa。贝壳大厦筏板配筋情况如下：

（1）筏板的顶部和底部的两个方向配置了含钢率为 0.75% 的钢筋；

（2）在核心筒边缘筏板底部宽 7.3m 的条带上，沿一个方向设置了含钢率为 0.25% 的钢筋；

（3）在外墙下筏板底部宽 4.6m 的条带上以及核心筒和外墙中间位置的顶部宽 4.6m 的条带上，沿一个方向设置了含钢率为 0.125% 的钢筋。

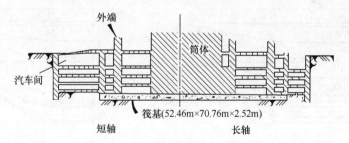

图 12.7.2　大楼地下室的纵横剖面

2. 工程地质概况

建筑物场地下 61m 内的土层基本是均匀的，地基土主要是比较密实夹有砂层的轻微至中等的超固结黏土，其中 24.4m 至 61m 范围内的黏土为中-高塑性，其天然含水量接近塑限，30.5m 深处的黏土的不排水抗剪强度一般在 95.8kPa 至 191.6 kPa 之间。场地下 91.5m 处出现另一层砂层，岩层埋藏很深。土壤剖面示意图详见图 12.7.3。

3. 工程实测结果

为了研究土与结构共同作用，设计人在筏板下埋置了 27 个土压力盒，在筏板底部钢筋设置了 20 个钢筋应力计，此外还进行了回弹试验、基础沉降观察，历时 8 年之久，包括施工 3 年，主体结构完工后 5 年。

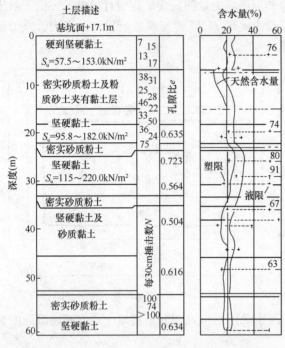

图 12.7.3　土壤纵剖面图

1）沉降观察

（1）回弹变形：在基坑开挖前，在基坑底下 0.61m 处设置了 24 个回弹仪。基坑开挖完毕后，测得基坑中心回弹变形为 102mm～152mm，基坑边缘回弹变形为 25mm～50mm，中心隆起量大于边缘，若按开挖深度 18.3m 计算，最大回弹量为 8.3mm/m。

（2）差异沉降：从图 12.7.4 中可以看到沿核心筒轴线筏基纵、横方向的整体变形曲线均呈盘形，由于核心筒刚度很大，核心筒下筏板的变形近乎直线，核心筒下的平均沉降为 124.5mm，外墙沉降约为 94mm，墙角处为 81mm，筒与外墙之间差异沉降为 30.5mm。

（3）纵向挠曲度：塔楼部分纵向挠曲度为 $0.52‰\left(\dfrac{124.5-94}{58560}=0.52‰\right)$；

筏基的整体纵向挠曲度则为 $0.85‰\left(\dfrac{124.5-65}{70760}=0.85‰\right)$。

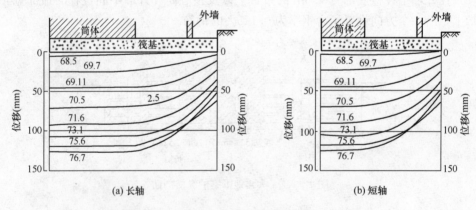

(a) 长轴　　　　　　　　　　(b) 短轴

图 12.7.4　沿核心筒轴线筏基纵、横向沉降图

　　从上述纵向挠曲度的变化，结合核心筒下筏板近乎直线的变形情况，可以清楚看到该工程的基础类型已随着地下结构的扩大，转化为半刚性或柔性基础，因此控制基础的整体挠曲度就显得尤为重要。该工程筏板厚度取 2.52m，经计算分析，贝壳大厦的筏板厚度偏薄，整体纵向挠曲度偏大。

2）基底反力

　　图 12.7.5(a) 和 12.7.5(b) 分别为沿着核心筒轴线筏基的纵、横方向实测基底反力分布示意图，从图中可以看到基底反力分布是不均匀的，相当大的一部分反力集中在核心

筒筏板下，其平均基底反力约为作用在筏基底面上平均总压力的 1.5 倍，该值略高于中国建筑科学研究院地基基础研究所类似大型室内模型试验结果。核心筒和外墙之间的基底反力明显减小，基底反力呈盘形分布。

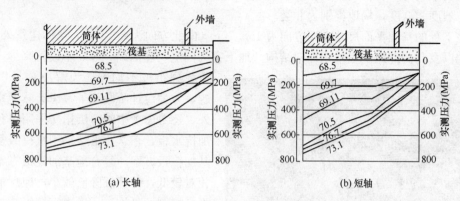

图 12.7.5　实测基底反力

3）筏板的钢筋应力

图 12.7.6(a) 和图 12.7.6(b) 分别为沿着核心筒筏基的纵、横方向筏基钢筋实测应力。从图中可以看到，随着上部结构的升高，最高钢筋应力出现在核心筒的边缘处，钢筋应力随着混凝土开裂急剧增长，应力最大值达 110MPa，但仍小于按开裂断面计算的钢筋设计应力，实测钢筋应力的另一个峰值则出现在外墙处。贝壳大厦筏形基础的含钢率不可谓不高，但筒体边缘处的混凝土仍出现裂缝。分析结果表明，该工程的筏板厚度偏薄是导致筒体边缘处混凝土出现裂缝的主因。贝壳大厦筏形基础实测结果还显示了筏基混凝土浇筑后，混凝土收缩应力高达 53.8MPa，对此设计中应给以足够重视。

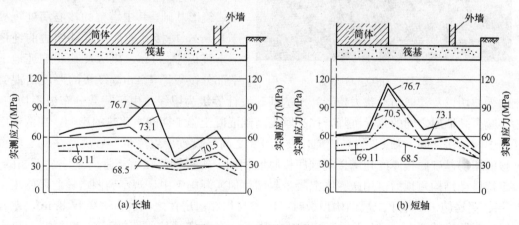

图 12.7.6　实测钢筋应力

12.7.2　北京 LG 大厦[32]

1. 工程概况

北京 LG 大厦位于北京市长安街建国门外，总面积为 151345m^2，地下四层，地上由两幢相距 56m，高度为 141m 的 31 层塔楼和中间 5 层裙房组成，是集办公和商业为一体的综合性建筑，见图 12.7.7。塔楼标准层平面近似椭圆，长轴方向为 44.2m，短轴方向为 41.56m，开间最大尺寸为 9m，采用钢混凝土组合框架-核心筒结构，核心筒至边缘框架柱最大距离为 14.75m。结构地面以上东、西塔楼与中间裙房之间各设防震缝一道。抗震设防烈度为 8 度，场地类别为 Ⅱ 类。

该工程的基础平面尺寸东西方向为 158.70m，南北方向为 60.40m，主体建筑外围东、西两端以及北侧纯地下室采用框架结构。地下室为四层，埋深 24.6m，不设沉降缝。由于

图 12.7.7　北京 LG 大厦

荷载分布极不均匀，为解决差异沉降问题，方案设计阶段除了考虑天然地基方案外，还考虑了中间 5 层裙房采用单独柱基加抗水板、东、西塔楼采用桩筏或复合地基加筏板方案。复合地基加筏板方案造价相对较低，计算沉降值较小，但后期沉降不易控制，且施工质量也直接影响加固效果，需要通过试验方可提供设计依据，因而工期相对较长。桩筏基础的优点是沉降小，技术成熟，缺点是造价高。比较结果表明，天然地基的沉降值虽大于桩筏基础，但其最大沉降量和整体挠曲度仍小于规范要求，优点是工期短，造价比桩筏基础节省了 500 万元（1997 年）。经综合评定，最终选用了天然地基平板式筏基方案。整个建筑物基础采用大底盘变厚度平板式筏形基础，其中塔楼的核心筒处筏板厚 2.8m，塔楼其他部位及其周边的纯地下室筏板厚 2.5m，裙房及其北侧纯地下室部分筏板厚 1.2m，筏板的厚度由混凝土的受冲切以及受剪切承载力控制。地基基础设计等级为甲级。由于荷载分布极不均匀，为了减少高低层之间的差异沉降，控制厚筏基础混凝土施工期间水化热的影响，在两栋塔楼与中间裙房之间（轴 F2 与 G1、轴 N1 与 P2 之间）设置了后浇带，后浇带一侧与塔楼连接的裙房基础底板厚度与塔楼基础底板厚度相同，筏板钢筋在后浇带内是连续不断的，原定待塔楼结构封顶后再用微膨胀混凝土封闭。但实际施工中，观察到西塔核心筒施工至 23 层、裙房施工到地下二层结构顶板时，塔楼与相邻裙房柱之间的沉降差仅 8mm，差异沉降约为跨度的 0.9‰，小于预期的结果。因此，在西塔楼核心筒施工至 23 层时，决定从筏板基础开始往上陆续浇筑后浇带混凝土。基底标准荷载分布图见图 12.7.8，基础平面布置图见图 12.7.9。

2. 地质条件

LG 大厦基础持力层，除中部裙房及纯地下室局部为细砂、中砂⑤1 层（厚约 0.15m）和东、西塔楼的核心筒部位为砂卵石为主的⑦大层（基底以下厚度为 6.22～6.92m）外，其余部位基底以下持力层均为第四纪沉积的粉质黏土、黏质粉土⑥层，黏质粉土、砂质粉

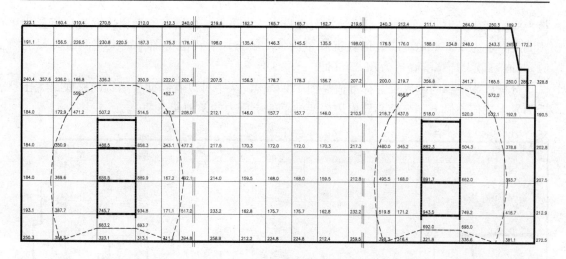

图 12.7.8 基底标准荷载分布图（kPa）

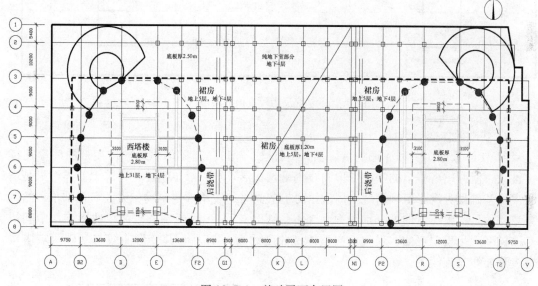

图 12.7.9 基础平面布置图

土⑥$_1$层。该大层在中部裙房基底以下厚约 1.52m～2.89m，其他部位基底以下厚约 0.22m～1.57m。在⑥大层以下，为中密至密实的第四纪沉积的砂卵石、圆砾与黏性土、粉土的交互沉积层⑥$_2$。

3. 沉降分析和观察

该工程共设置了 54 个沉降观测点，其中两幢塔楼范围内共设了 41 个观测点，中间裙房范围内设了 13 个观测点。沉降观测时间自 2003 年 5 月 8 日始至 2007 年 7 月 25 日，历时 4 年另 2 个月，共进行了 51 次沉降观测，最后一次观测距工程竣工后一年另 10 个月，各点的沉降量均已小于 0.01mm/d，整个工程的沉降已经稳定，满足《建筑变形测量规程》规定。沉降观测结果表明：

东塔核心筒下最大实测沉降量为 73.9mm，最大计算沉降量为 76.7mm；东塔楼核心筒周边框架柱下最大实测沉降量为 62.2mm，最大计算沉降量为 61.6mm。西塔核心筒下最大实测沉降量为 68.8mm，最大计算沉降量为 72.8mm；西塔核心筒周边框架柱下最大实测沉降量为 62.9mm，最大计算沉降量为 69.9mm。中间裙房部分最大实测沉降量为 51.9mm，最大计算沉降量为 52.7mm。

分析计算得到的基底反力标准值见图 12.7.10，从中可以看到此类结构的基底最大土反力发生在核心筒下，与核心筒周边框架柱下的土反力的差值超过 20%。

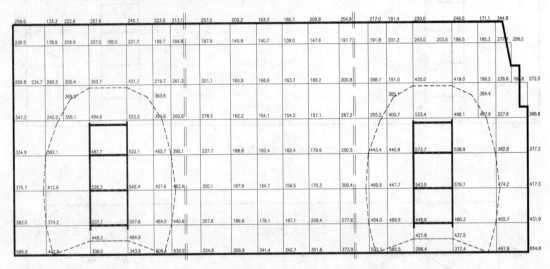

图 12.7.10　基底反力标准值分布图（kPa）

4. 基础整体变形特征

（1）LG 大厦实测和计算的沉降值，见图 12.7.11。基础的纵向整体变形曲线呈连续多波状，但两端塔楼下的基础变形曲线仍呈盘状形，与一般单幢建筑物并无差异，只是塔楼下的基础最大沉降值因荷载向周边裙房扩散而略小于单幢建筑物。大底盘基础东、西两端塔楼的最大整体弯曲度分别约为 0.394‰ 和 0.425‰；受两端塔楼荷载的影响，中间裙房基础变形呈反向弯曲，最大反向整体挠曲度约为 0.15‰，其变形曲线与基础两端塔楼的变形曲线是连续的。

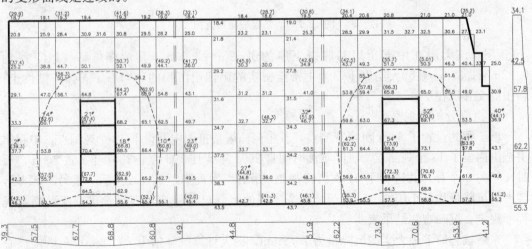

图 12.7.11　沉降值图（mm）

（2）该工程北侧纯地下室挑出主楼 16.35m，由于主楼筏板和四层地下结构同时向外伸展，在一定程度上保证了主楼与外挑地下室之间具有足够刚度以扩散主楼部分荷载，因此在横向主楼与纯地下室间的变形平缓；另一方面，受挑出的纯地下室的影响，荷载重心偏离基底平面形心，基础南北方向出现轻微整体倾斜，根据实测沉降值，最大整体倾斜出现在东塔处其值为 0.00035，小于规范要求的限值 0.002。建筑已投入使用 10 年，基础及结构未发现异常。

LG 大厦结构设计单位为北京市建筑设计研究院，勘察单位为北京市勘察设计研究院有限公司，沉降分析由北京市勘察设计研究院有限公司会同北京市建筑设计研究院共同完成，沉降观察单位为中兵勘察设计研究院。

12.7.3 北京中石油大厦[54][55]

1. 工程概况

中石油大厦位于北京市东城区东直门桥西北侧，总面积约为 20 万 m^2，其中地下部分约为 5 万 m^2，由 4 栋 22 层高的办公楼以及可容纳 500 人报告厅和中庭组成，建筑立面图见图 12.7.12，剖面图见图 12.7.13，办公楼首层层高为 5.7m，2 层为 4.5m，3 层为 4.5m，4 层及以上层高为 3.9m，地面上建筑物总高度为 88.8m，柱网基本尺寸为 8.1m ×8.1m，办公楼采用组合结构，框架柱为型钢混凝土组合柱，框架梁为钢梁，楼电梯间为现浇钢筋混凝土剪力墙。中间两栋高层办公楼相距 40.5m，报告厅位于两栋高层办公楼之间并与两侧办公楼连成一体。报告厅入口设在下沉式广场处，其上为主中庭，其下为两层地下室，主中庭平面尺寸为 40.5m×43.2m。报告厅、主中庭及和上部联桥以及其他中庭（跨度为 16.2m）均采用钢架结构。结构地面以上在 1/6 轴与 7 轴、24 轴与 1/24 轴之间各设防震缝一道。该工程地下室除报告厅下为两层外，其余范围内的地下室均为四层。地下室层高：地下 4 层为 3.7m，地下 3 层为 4.8m，地下 2 层为 3.6m，地下 1 层为 4.5m，底层柱尺 900mm×900mm。由于使用要求，工程地面以下整体向北外扩 44.9m，向东外扩 13.5m，基底平面形状呈一字形，宽为 57.7m，长为 294.3m，基础采用大底盘

图 12.7.12 中石油大厦立面图

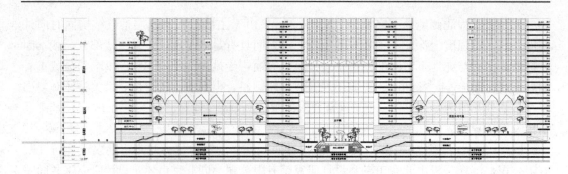

图 12.7.13　中石油大厦剖面图

平板式筏基，将地面上 4 栋高层办公楼以及报告厅在 ±0.000 以下连成一体，不设沉降缝，基础埋深为 19.10m，地面下扩大部分采用纯框架结构。筏形基础混凝土强度等级为C30。抗震设防烈度为 8 度，场地类别为 Ⅱ 类。中石油大厦地基持力层为粉质黏土，其下为第四纪粉质黏土与砂、卵石交互层，中低压缩性。

2. 筏板沉降分析及优化设计

为解决高层办公楼与地下扩大部分之间的沉降差问题，原基础设计方案在主楼两侧地下扩大部分布置了五条宽 1000mm 的后浇带，施工期间主楼可以自由沉降，待主楼结构封顶后再浇注无收缩混凝土，将主楼与地下扩大部分连成整体。原基础平面详见图12.7.14，筏板厚度 1850mm，柱下设有垫板，垫板平面尺寸为 2800mm×2800mm，高700mm。近年来，沉降后浇带已成为解决高层与裙房之间的沉降差的常用方法，但是我们也应该看到沉降后浇带给施工单位带来二次作业的问题，工期延长了，造价增加了，对采用后浇带与否应因地制宜。

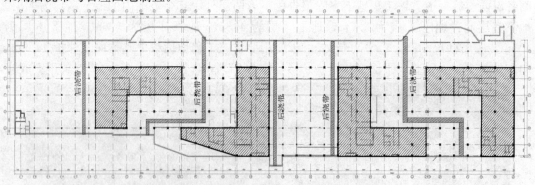

图 12.7.14　中石油大厦原设计方案筏板平面图

中石油大厦筏板基础的沉降分析及优化设计由中国建筑科学研究院地基所承担，北京市建筑设计研究院协同完成。基础沉降分析及优化单位建研院地基所提出：该工程中间两栋高层建筑间由刚度较弱的报告厅连接，报告厅下只有两层地下室，报告厅的整体刚度相对较弱，为保证高、低层建筑物的整体刚度及高层建筑荷载向相邻报告厅扩散，报告厅下的基础筏板需要加厚。通过计算，将报告厅及其邻近的两栋高层建筑部分的基础筏板厚度由 1.85m 改为 2.5m，原方案的柱下垫板取消，其他区域板厚及柱下承台方案不变，优化后的基础平面详见图 12.7.15。原设计方案沿高、低层间设置的五条沉降后浇带全部取消，基础筏板整体连接。

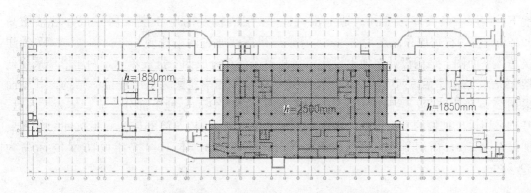

图 12.7.15　中石油大厦优化后基础方案

中国建筑科学研究院地基所提出的优化方案经参加论证会的有关岩土及结构专家论证，认为：中石油大厦基础工程的特点是，地基土质较好，埋深较大，仅挖方产生的卸载就达 343.8 kPa（19.1×18），且高层办公楼的四周有三边与扩大的地下结构相连接，高层办公楼的荷载可向周边的地下室扩散，主楼基底下的平均附加压力以及沉降值都不会很高，充分利用上述有利条件，在满足《建筑地基基础设计规范》GB 50007 要求的条件下，可取消全部后浇带，并认为通过加大报告厅下筏板的厚度来提高该范围的结构整体刚度有利于高层办公楼荷载的扩散。论证会还提出，在施工过程中应考虑混凝土水化热的因素，采用合理的施工方法，并根据现场沉降观察确定施工缝封闭时间。

图 12.7.16 为优化后的中石油大厦最终达到沉降稳定标准时的实测沉降曲线图，从图中可以看到，在取消筏板沉降后浇带、加强报告厅筏板的厚度后，报告厅和高层办公楼两者的沉降实测值是相当接近的，这表明了高层办公楼的部分荷载已扩散到相邻的报告厅筏形基础处。

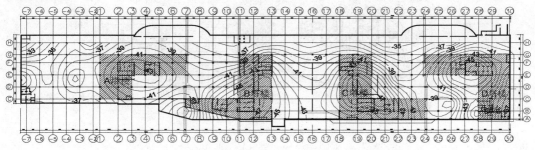

图 12.7.16　中石油大厦达到沉降稳定标准时实测沉降曲线图

北京中石油大厦结构设计单位为北京市建筑设计研究院，勘察单位为建研地基基础工程有限责任公司，优化及沉降分析工作由中国建筑科学研究院地基所承担、北京市建筑设计研究院协同完成，沉降观察单位为建设部综合勘察研究设计院。

12.7.4　北京金融街 B7 大厦[56]

1. 工程概况

金融街 B7 大厦工程位于北京市西城区金融街核心区，为金融街的标志性建筑之一，使用功能包括办公、会议、银行、证券、餐饮及配套等，总建筑面积约 22 万 m²。建筑物地下共四层，最大埋深 21m。地上由两座 24 层塔楼及两座 4 层裙房组成，塔楼檐高 99.2m，屋顶机房层顶高度为 109m，塔楼与裙房间通过四季花园相连。图 12.7.17 为建筑总体平面图。结构设计在地上设防震缝将整个建筑分成四个抗震单元，两座塔楼采用框架-核心筒结构体系，两座裙房采用框架结构体系。四季花园为单层连接体结构，其屋面采用 27m 跨张弦梁，梁两端支承在塔楼与裙房的四层楼面。地下部分连成一体为大底盘，基础采用设反柱帽的平板筏基，塔楼基础筏板厚 2.0m，核芯筒部位为满足抗冲切的需要加厚至 2.5m，裙房部分筏板厚度为 0.6m 和 0.85m。本工程抗浮设防水位标高为 39.580m。

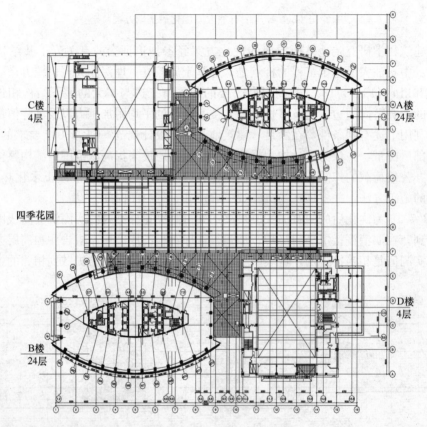

图 12.7.17 建筑总平面图

该工程基础为典型的大底盘基础，高、低层荷载差异大，塔楼部分荷载标准值为 450kN/m²，而裙房部分荷载标准值仅为 150kN/m²。场地抗浮设计水位高，最轻的四季花园部分底板承受的水头约 12.2m，采用下挖回填配重以平衡浮力，故四季花园底板深于塔楼部分。基础平面图见图 12.7.18。

2. 地质条件

(1) 地形地貌：场地整体地势为西高东低，地面标高在 47.740m～50.850m 之间。

(2) 地层土质概述：地面以下 43.50m 深度（最大孔深）范围内的地层划分为人工堆积层及第四纪沉积层二大类，并按地层岩性及其物理力学性质指标可进一步划分为 9 个大层及其亚层。各土层的基本岩性特征参见表 12.7.1。

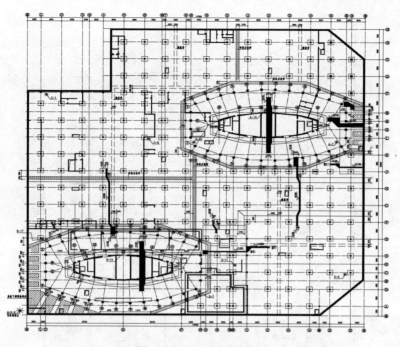

图 12.7.18 基础平面图

持力层主要为第四纪沉积的卵石⑤层，局部为细砂、中砂⑤₁层。土层典型剖面见图 12.7.19。

地层岩性特征一览表　　　　　　　表 12.7.1

成因年代	土层编号	岩　　性	压缩性	压缩模量（MPa）	承载力标准值（kPa）
人工堆积层	①	房渣土、碎石填土	/		
	①₁	粉质黏土填土	/		
第四纪沉积层	②	粉质黏土、黏质粉土	中压缩性	9.5	160
	②₁	砂质粉土、黏质粉土	中低压缩性	22.8	220
	③	圆砾、卵石	低压缩性	65	350
	③₁	细砂、中砂	低压缩性	35	280
	④	黏质粉土、粉质黏土	低～中低压缩性	18.1	260
	④₁	黏土、重粉质黏土	中～中低压缩性	10.9	200
	⑤	卵石	低压缩性	100	420
	⑤₁	细砂、中砂	低压缩性	40	330
	⑥	粉质黏土、重粉质黏土	低～中低压缩性	19.1	240
	⑥₁	黏质粉土、砂质粉土	低压缩性	34.5	300
	⑦	卵石	低压缩性	120	450
	⑦₁	细砂	低压缩性	55	
	⑧	粉质黏土、黏质粉土	低压缩性	20.5	
	⑧₁	重粉质黏土、粉质黏土	低压缩性	19	
	⑨	圆砾、卵石	低压缩性	120	
	⑨₁	中砂、细砂	低压缩性	65	

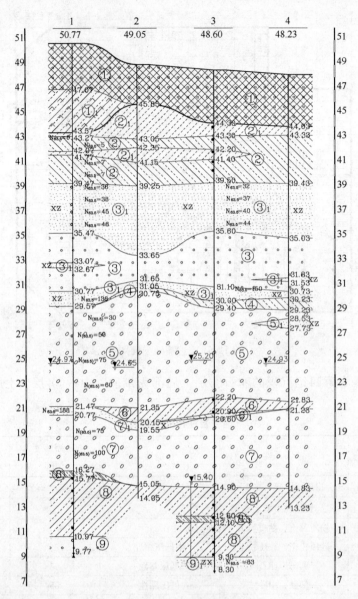

图 12.7.19　土层典型剖面图

3. 沉降观测与分析

由于工程地下室埋深有 20m 左右，土体卸荷很大，基本区域形成超补偿基础。工程所处场区地质条件好，基础持力层选择在较厚的卵石层，且下卧层均为低压缩性土，持力层承载力标准值 $f_{ka}=350\text{kPa}$，压缩模量 $E_s=70\text{MPa}$。经采用 JCCAD 程序分析并与简化计算结果对比，塔楼沉降计算值约为 47mm。裙房部分为超补偿，自身回弹再压缩引起的变形很小，可忽略不计，主要沉降应为塔楼附加应力扩散引起。根据以上分析在高、低层之间设置了沉降后浇带。

该工程进行了系统的沉降观测，共设置观测点 74 个。从基础施工直至主体竣工每 2 层观测 1 次，主体竣工后每 3 个月观测 1 次，至竣工后 9 个月观测结束。图 12.7.20 是 4

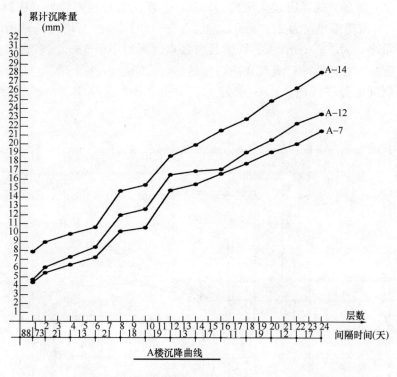

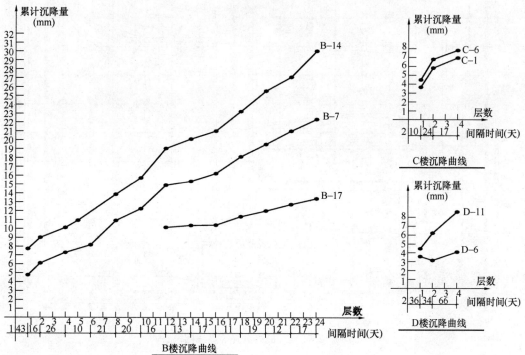

图 12.7.20 沉降观测曲线

栋楼从开始施工直至主体竣工的典型观测点的沉降曲线，可以看出整个建筑的沉降发展与设计预计是一致的。竣工时最大沉降 30mm，出现在 B 楼核心筒处（B-14 点），外框柱处（B-7 点）沉降略小，为 22.5mm。多层部分（B-17 点）与塔楼基础由沉降后浇带分开，沉降很小，为 13.3mm，C、D 楼其余各点沉降均小于 9mm。多层部分沉降除主要受塔楼基底应力扩散影响，表现在离塔楼越远，沉降越小。图 12.7.21 为主体竣工 9 个月后最终沉降值等高线图：B-14 点为 42.75mm、B-7 点为 31.5mm，此时沉降已趋于稳定。

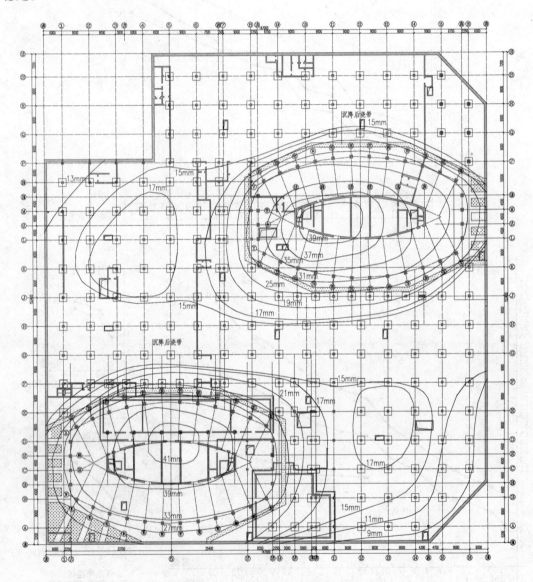

图 12.7.21　最终沉降等高线图

从最终沉降等高线图可以看出：

（1）两个塔楼与相连裙房的沉降呈现出相似性，由核心筒向外沉降趋小，等高线向裙房侧略有偏移。

（2）核心筒与外框柱间沉降差约 8mm。塔楼核芯筒与外框柱之间的沉降差为 11mm～14mm，基础底板的整体挠曲度在 0.27‰～0.37‰ 之间，表明塔楼底板以局部弯曲为主。塔楼上部结构与基础形成的整体刚度较大。塔楼外围柱距 6m，核心筒与外柱间跨度 12.40m，由二者的尺度定性分析，基础受力特征近乎单向，这一点从塔楼基础有限元分析结果可以明显看出，只是大约在柱宽范围内弯矩略大一些，但与无梁楼盖的受力特点是显然不同的。

（3）塔楼与裙房间沉降后浇带可以起到释放合缝前底板沉降差导致的附加内力，但并不起到减少绝对沉降差的作用。

北京金融街 B7 大厦设计单位为中国建筑设计研究院，勘察单位为京岩勘察工程有限公司，沉降观测单位为北京菲迪克智诚建筑咨询有限公司。

12.7.5 北京富景花园[19]

1. 工程概况

北京富景花园为主楼及 2 层地上裙房组成的一字型建筑。主楼呈品字形，高度分别为 12 层、20 层和 14 层；地下部分 3 层，埋深约 15m。主楼采用剪力墙结构，裙房为框架结构，柱网尺寸如图 12.7.22 所示。

2. 地质条件

为中密至密实的一般第四纪卵石、砂与粉质黏土交互层地基，基底以下地基土参见表 12.7.2。

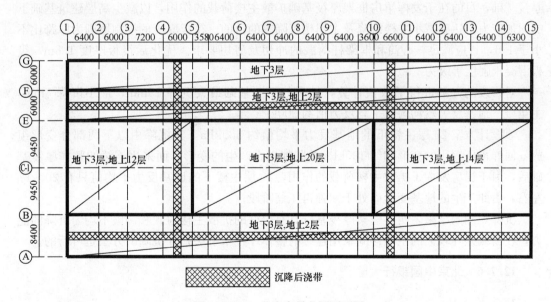

图 12.7.22 北京富景花园平面图

3. 基础方案

原基础方案采用天然地基，基础形式为梁板式基础，梁尺寸：C-1 轴：2500mm（宽）×2100mm（高），其他轴线部位：1200mm（宽）×2100mm（高）；筏板厚度：1000mm；混凝土强度等级 C30。

土 性 指 标　　　　　　　　　　　　　　　　表 12.7.2

土质	厚度（m）	压缩模量（MPa）
卵砾石	1.4	65
粉质黏土-黏质粉土	3.7	15
细中砂	3.9	40
卵砾石	1.2	65
粉质黏土-黏质粉土	11.8	20
卵石	4.0	80
粉质黏土	2.8	22.5
卵砾石	2.9	80
粉质黏土-重粉质黏土	4.1	19
粉细砂	5.8	50
粉质黏土-重粉质黏土	4.0	25
细砂	未揭穿	50

经计算，20 层主楼平均沉降超过 40mm，主、裙楼间的差异变形不满足设计要求。为解决沉降差问题，沿高低层交界处设纵、横各两道沉降后浇带，如图 12.7.22 所示。

沉降缝的设计不仅增加了施工难度，而且还增加施工工期，且建筑物下侧纵向后浇带的设置削弱了施工阶段的挡土作用。为取消沉降后浇带，将原梁板式基础改为连续的整体厚筏基础，目的在于发挥裙房框架厚筏基础扩散主楼荷载的作用，以减少高层建筑基础下的附加应力，达到减小主楼沉降及主裙楼沉降差的目的。筏板厚度的控制原则为厚跨比不小于 1/6，且应满足核心筒和框架柱荷载的冲切及剪切要求。优化后筏板厚度 1.8m，筏板混凝土强度等级为 C30。

对修改的方案进行了数值计算，结果如下：基础最大沉降 15mm，最小沉降 8mm，主裙楼下地基反力较均匀，平均反力值约 200kPa。

原设计方案 20 层主楼下的地基反力平均值约 380kPa，其沉降由以下两部分变形组成：回弹再压缩段的变形和约 100kPa 的附加压力产生的变形；而采用连续的整体厚筏基础后，由于裙房发挥了扩散主楼荷载的作用，20 层主楼下的地基反力平均值只有 200kPa 左右，由此产生的地基变形尚处于回弹再压缩阶段。

沉降观测的结果表明，框架厚筏基础具有很好的扩散主楼荷载和调整不均匀沉降的能力，在荷载差异较大的主裙楼间采用连续的整体厚筏来解决差异沉降的方法是可行的。

12.7.6　北京中国银行大厦[19]

1. 工程概况

北京中国银行大厦（图 12.7.23）占地约 13000m²，地上 16 层，地下 4 层，主体建筑沿周边布置，中央围成一个仅有 4 层地下室、面积达 4200m² 的中庭。柱距 6.9m×6.9m，基础埋深约 22m，如图 12.7.24 所示。

2. 地质条件

为中密至密实的一般第四纪卵石、砂与粉质黏土交互层地基，地质剖面如图 12.7.25

图 12.7.23　北京中国银行大厦

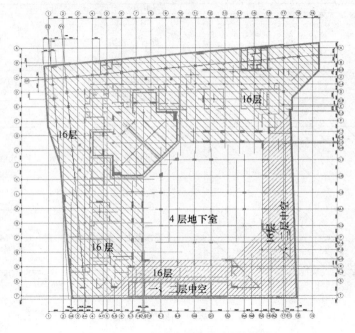

图 12.7.24　北京中国银行大厦平面图

所示。

3. 基础优化设计分析

1）原基础方案

该建筑总荷载设计值约 460×10^5 kN，荷载分布极不均匀，周边高层基底平均压力约 500kPa，中庭部分约 150kPa，由于荷载及结构刚度差异较大，因此差异沉降控制成为该工程筏板设计的关键。

原基础方案筏板的厚度变化较大，筏板厚度及变截面的位置根据上部结构荷载差异情况而变，变化多，施工难度大，为解决差异沉降问题，原方案在主裙楼连接处设置了沉降后浇带。

2）优化设计

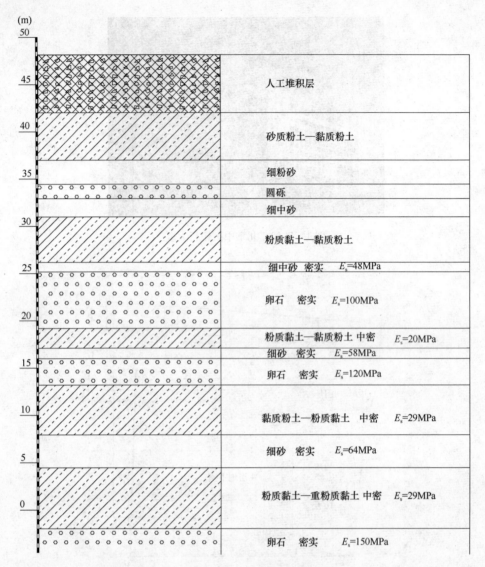

图 12.7.25　场地地质剖面

为解决沉降差问题，充分发挥框架厚筏调整不均匀沉降的能力，经计算分析，最终确定基础采用整体厚筏变板厚设计，取消沉降后浇带，筏板变板厚从高层边缘一跨外逐渐减薄。这样就保证了与主楼相连接的一跨裙房的刚度具备扩散主楼荷载的能力，从而达到调整高低层间沉降差的目的。调整后的基础筏板厚度及变截面位置如图12.7.26 所示。

主楼主体封顶时的实测沉降如图 12.7.27 所示。建筑物投入使用时实测的高层平均沉降约 35mm，中庭平均沉降约 15mm，高低层间筏板变形平缓，局部倾斜值控制在 1‰以内，整个基础筏板的变形是渐变的。目前，该建筑已投入使用 6 年，基础筏板未发现异常。

本工程的沉降结果表明，对于荷载及刚度差异较大的建筑形式，采用整体变板厚的大面积厚筏基础是可行的。

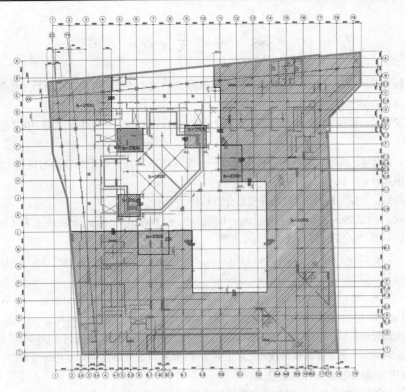

图 12.7.26 优化后筏板厚度分区图

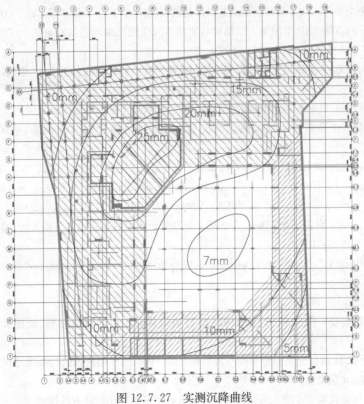

图 12.7.27 实测沉降曲线

参 考 文 献

[1] 中国建筑科学研究院主编.《高层建筑筏形与箱形基础技术规范》(JGJ 6—2011). 北京：中国建筑工业出版社，2011.

[2] 中国建筑科学研究院主编.《建筑地基基础设计规范》(GB 50007—2011). 北京：中国建筑工业出版社，2011.

[3] 宰金珉，宰金璋. 高层建筑基础分析与设计——土与结构物共同作用的理论与应用. 北京：中国建筑工业出版社，1993.

[4] 北京市勘察设计院. 高低层建筑差异变形分析软件.

[5] Meyerhof, G. G. . Some Recent Foundation Research and Its Application to Design. The Structural Engineer. Vol. 31, No. 6, 1953，151~167.

[6] Chamecki, S. . Structural Rigidity in Calculating Settlements. Jour. Soil Mech. And Found. Div. , A. S. C. E. . Vol. 82, SM1, 1956，1~9.

[7] Cheung, Y. K. and Zienkiewicz, O. C. . Plates and Tanks on Elastic Foundation—An Application of Finite Element Method. Jour. of Solids and Structures. Vol. 1, 1965，451~461.

[8] 北京市建筑设计院，北京市勘测处. 民族文化宫工程地基中若干问题的探讨，1966 年.

[9] 北京市勘测处，北京市建筑设计院，北京工业大学. 地基与基础单向协同工作计算程序.

[10] 北京市建筑设计院. 双向弹性地基梁程序.

[11] 张问清，赵锡宏. 逐步扩大子结构法计算高层结构刚度的基本原理. 建筑结构学报，1980 年第 4 期.

[12] 钱力航，黄绍铭. 上部结构刚度对箱形基础弯矩影响的探讨. 建筑结构学报，第二卷第 1 期，1981.

[13] 姚祖恩，张季荣. 框架、筏基和土系统共同作用机理的探讨. 岩土工程学报，Vol. 6(6)，1984.

[14] 宰金珉，张问清等. 高层空间剪力墙结构与地基共同作用三维问题的双重扩大子结构有限元-有限层分析. 建筑结构学报，Vol. 4(5)，1983.

[15] 裴捷，张问清等. 考虑砖填充墙的框架结构与地基基础共同作用的分析方法. 建筑结构学报，Vol. 5 (4)，1984.

[16] 黄熙龄，郭天强. 框架下筏式基础的反力及其在极限状态下的性状，1988.

[17] 宫剑飞. 多塔楼荷载作用下大底盘框筏基础反力及沉降计算[D]. 北京：中国建筑科学研究院，1999.

[18] 黄熙龄. 高层建筑厚筏反力及变形特征试验研究，岩土工程学报[J]，2002，24(2)：131-136.

[19] J. F. Gong, X. L. Huang & Y. J. Teng, Rigidity characteristic and deformation calculation of large-area thick raft foundation, 16th ICSMGE, Volume 3, p1471~1474,Osaka, 2005.

[20] 滕延京，石金龙，宫剑飞，王曙光. 考虑软土地基变形影响的基础内力分析方法. 岩土工程学报[J]. 2013，35(增刊 2)：487-490.

[21] ACI Committee 336. "Suggested Analysis and Design Procedures for Combined Footings and Mats", Reapproved 2002.

[22] Deutsche Industrie Norm 4018.

[23] 朱百里，曹名葆，魏道垛. 框架结构与地基基础共同作用的数值分析. 同济大学学报，Vol. 9 (4)，1981.

[24] 叶于政，孙家乐. 高层建筑箱形基础与地基和上部结构共同作用机理的初步探讨和采用弹性杆的简化计算方法. 北京工业大学学报，1980 年第三期.

[25] 黄绍敏等. 用等代梁法考虑上部结构刚度影响的箱形基础简化计算方法探讨.

[26] Hanson,N. W. and Hanson,J. M. ，"Shear and Moment Transfer between Concrete Slabs and Columns，"Journal，PCA Research and Development Laboratories，V. 10，No. 1，Jan. 1968，2～16.

[27] American Concrete Institue，"Building Code Requirements for Structural Concrete（ACI 318-05）and Commentary（ACI 318R-05）"，2005.

[28] 石金龙.柱下筏板基础角柱边柱冲切性状的研究[D].北京：中国建筑科学研究院，2005.

[29] Vanderbilt，M. D.，"Shear Strength of Continuous Plates，"Journal of the Structural Division，ASCE，V. 98，No. ST5，May，961-973.

[30] 彭安宁.筏板基础力学性状的试验研究.建筑结构学报，1999(6).

[31] 于东健.柱下梁板式基础地基反力变形及破坏特征试验研究[D].北京：中国建筑科学研究院，2015.

[32] 侯光瑜，陈彬磊，沈滨，唐建华.双塔裙房一体大底盘变厚度筏形基础变形特征[J].建筑结构，2009，39：12，144-147.

[33] 石金龙，滕延京. 大底盘框架-核心筒结构筏板基础荷载传递特征的试验研究[J]. 岩土工程学报，2010，32(S2)：89-92.

[34] 宫剑飞，黄熙龄.高层建筑下大面积整体筏板基础变形控制原则.中国土木工程学会第十届土力学及岩土工程学术会议论文集(中册)，p134～141.重庆大学出版社，2007.

[35] 朱红波.L形高层建筑下大底盘框架厚筏基础反力及变形特征研究[D].北京：中国建筑科学研究院，2007.

[36] 袁勋.高层建筑局部竖向荷载作用下大底盘框架厚筏变形特征及基底反力研究[D].北京：中国建筑科学研究院，1996.

[37] 邱道怀.圆形框筒高层结构大底盘框筏基础反力及变形特征研究[D]. 北京：中国建筑科学研究院，2004.

[38] 周圣斌.圆形(框筒)和方形荷载作用下大底盘框架厚筏基础反力及变形特征研究[D].北京：中国建筑科学研究院，2008.

[39] 刘朋辉.复杂高层建筑厚筏基础反力及变形试验研究[D].北京：中国建筑科学研究院，2013.

[40] 张国霞. 箱形基础，基础工程学[M].北京：中国建筑工业出版社，1990.

[41] 马兰，袁霭芸，郝春英. 北京城乡贸易中心岩土工程实录[C]// 第二届全国岩土工程实录交流会岩土工程实录集.北京：中国工程勘察协会，1990.

[42] 宫剑飞，朱红波，石金龙，谢高远，邱道怀，周圣斌. 多塔楼下整体大面积筏板基础设计及反力测试分析. 岩土力学[J]. 2011，32(增刊 2)：366-371.

[43] 宫剑飞，石金龙，朱红波，周圣斌. 高层建筑下大面积整体筏板基础沉降原位测试分析.岩土工程学报[J]. 2012，34(6)：1088-1093.

[44] 宫剑飞，侯光瑜，周圣斌，郑文华. 整体大面积筏板基础沉降特点及筏板弯矩计算.岩土工程学报[J]. 2014，36(9)：1631-1639.

[45] M. Celebi and E. Safak，"Seismic Response of Transamerica Building，Part Ⅰ：Data and Preliminary Analysis"，ASCE. Journal of Structural Engineering，Vol 117，August 1991.

[46] 王开顺，王有为. 土与结构相互作用对地震荷载的影响. 中国抗震防灾论文集，上册.城乡建设环境保护部等编，1986.

[47] 中国建筑科学研究院主编.建筑抗震设计规范(GB 50011—2010). 北京，中国建筑工业出版社，2010.

[48] Building Seismic Safety Council，"NEHRP Recommended Provisions For Seismic Regulations for New Buildings and Other Structures（2000 Edition），Part 1：Provisions（FEMA 368）".

[49] International Code Council，"International Building Code"，Falls Church，VA，2003.

[50] International Conference of Building Officials，"Uniform Building Code"（UBC1997），Whittier，CA，1997.

[51] 罗马尼亚中央建筑研究设计指导院，标准化建筑设计院. 钢筋混凝土剪力墙结构设计规范，P85-82.

[52] 胡庆昌. 带地下室的高层建筑抗震设计. 建筑结构学报，1993(2).

[53] John A. Fochi. Jr.，Fuzlur R. Khan，J. Peter Gemeinhardt（May 1978）"Performance of One Shell Plaza Deep Mat Foundation"，Journal of the Geotechnical Engineering Division，Vol 104 GT5，pp593-608.

[54] 中国建筑科学研究院地基所. 中国石油大厦上部结构、基础与地基共同作用咨询报告. 2004，内部资料.

[55] J. F. Gong. X. L. Huang and Y. J. Teng，Design for control settlement of large-area thick raft foundation，17th ICSMGE，Volume 3，p1997~2000，Alexandria，2009.

[56] 王载，尤天直. 北京金融街 B7 大厦大底盘筏板基础设计研究与沉降观测报告. 2012，内部资料.

第13章 箱 形 基 础

箱形基础是高层建筑常用的一种基础形式，它是由底板、顶板、外围挡土墙以及一定数量内隔墙构成的单层或多层钢筋混凝土结构。箱形基础的优点是：刚度大、整体性好、传力均匀，能适应局部软硬不均的地基，有效调整基底反力；由于基底面积和基础埋深都较大，挖去了大量的土方，卸除了原有的地基自重应力，因而提高了地基承载力、减小了建筑的沉降；由于埋深较大，箱基外壁与四周土壤间的摩擦力增大，因而增强了阻尼作用，有利于抗震；箱基的底板及其外围墙形成整体，有利于防水，还具有兼作人防地下室的优点，适用于高层框架、剪力墙以及框架-剪力墙结构。箱形基础存在的问题是，内隔墙相对较多，支模和绑扎钢筋都需要时间，因而施工工期相对较长，此外，使用上也因隔墙较多而受到一定的影响。

13.1 箱形基础几何尺寸的确定

13.1.1 箱形基础的平面尺寸

箱形基础的平面尺寸通常是先根据上部结构底层平面或地下室的平面尺寸，按荷载分布情况，经验算地基承载力、沉降量和倾斜值后确定。若不满足要求，则需调整基础底面积，将基础底板一侧或全部适当挑出，或将箱形基础整体扩大，或增加埋深，以满足地基承载力和变形允许值的要求。当需要扩大底板面积时，宜优先扩大基础的宽度，以避免由于加大基础的纵向长度而引起箱形基础纵向整体挠曲度的增加。当采用整体扩大箱形基础方案时，扩大部分的墙体应与箱形基础的内墙或外墙拉通连成整体，见图 13.1.1。扩大部分墙体的挑出长度不宜大于地下结构埋入土中的深度，以保证主楼荷载有效地扩散到悬挑的墙体上。箱基扩大部分的墙体可视作由箱基内、外墙伸出的悬挑梁，扩大部分悬挑墙体根部的竖向受剪截面宜符合 $V \leqslant 0.2 f_c bh_0$ 的要求，其中 V 为扩大部分墙体根部的竖向剪力设计值，b 和 h_0 为扩大部分墙体的厚度和墙体的竖向有效高度。

当扩大部分墙体的挑出长度大于地下结构埋入土中的深度时，箱基底反力及内力应按弹性地基理论进行分析。计算分析时应根据土层情况和地区经验选用地基模型和参数。

高层建筑箱形基础的基底平面形心宜与结构竖向永久荷载重心重合，因为在地基土较均匀的条件下，建筑

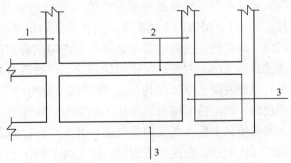

图 13.1.1 整体扩大箱形基础平面示意图
1—箱基内墙；2—箱基外墙；3—扩大部分墙体

物的倾斜与偏心距 e 和基础宽度 B 的比值 e/B 有关，在地基土相同的条件下，e/B 越大则倾斜越大。高层建筑由于质心高、重量大，当箱形基础由于荷载重心与基底平面形心不重合开始产生倾斜后，建筑物总重对箱形基础基底平面形心将产生新的倾覆力矩增量，而倾覆力矩的增量又将引起新的倾斜增量，这种相互影响可能随着时间而增长，直至地基变形稳定（或丧失稳定）为止。因此，对单幢建筑物，在地基均匀的条件下，设计时应尽量使结构竖向永久荷载的重心通过基底平面形心，避免箱基产生倾斜，保证建筑物正常使用。当偏心不可避免时，在荷载效应准永久组合下，偏心距 e 宜符合下式要求：

$$e \leqslant 0.1 \frac{W}{A}$$
（13.1.1）

式中　W——与偏心距方向一致的基础底面边缘抵抗矩；

　　　A——基础底面积。

表 13.1.1 给出了三个典型工程实测倾斜值与 e/B 的关系。从实测结果来看，同属软土地区的上海两幢建筑物，其横向偏心距 e 相差不多，但是由于基底宽度大小不一，偏心距较小的建筑物其实测的倾斜度反而较大，这说明了箱基宽度越窄，e/B 值越大，倾斜越大。因此，规定偏心距的限值是完全必要的。实测结果表明，这个限制对硬土地区稍严格，当有可靠依据时，在满足现行国家标准《建筑地基基础设计规范》GB 50007[1] 要求的整体倾斜允许值的条件下可适当放松。

$$\frac{e}{B}$$ 值与整体倾斜的关系 　　　　　　　　　　　　　　　　表 13.1.1

地基条件	工程名称	横向偏心距 e（m）	基底宽度 B（m）	$\dfrac{e}{B}$	实测倾斜（%）
上海软土地基	胸科医院	0.164	17.9	$\dfrac{1}{109}$	2.1（有相邻影响）
上海软土地基	某研究所	0.154	14.8	$\dfrac{1}{96}$	2.7
北京硬土地基	中医医院	0.297	12.6	$\dfrac{1}{42}$	1.716（唐山地震北京烈度为 6 度，未发现明显变化）

13.1.2　箱形基础的高度

箱形基础的高度应能满足承载力和刚度的要求，其值不宜小于 3m，也不宜小于箱形基础长度（不包括底板悬挑部分）的 1/20。现行行业标准《高层建筑筏形与箱形基础技术规范》JGJ 6 提出的上述要求，旨在保证箱形基础具有一定的刚度，能适应地基的不均匀沉降，满足使用功能的要求，减少不均匀沉降引起的上部结构附加应力。表 13.1.2 列出了北京、上海、西安、保定等地部分工程的箱形基础尺寸统计资料，这些建筑物的结构体系有钢筋混凝土框架结构、框-剪结构、剪力墙结构；施工形式有装配整体式的，也有全现浇的；基础持力层有北京地区的第四纪黏性土、砂黏与黏砂交互层，上海的粉质砂土层、淤泥质黏土层，西安的非湿陷性黄土，保定的含淤粉质黏土，表中提供的统计资料具有较广泛代表性。在这些工程中，除上海个别住宅工程因施工中拔钢板桩将基底下的土带出，使部分外纵墙端部出现上大下小内外贯通裂缝外（裂缝最宽处达 2mm），其他工程并没有出现异常现象，刚度都较好。

表 13.1.2

箱形基础工程实例表

序号	工程名称	上部结构体系	层数	建筑高度 H (m)	箱基埋深 h' (m)	箱基高度 h (m)	箱基长度 L (m)	箱基宽度 B (m)	L/B	箱基面积 A (m²)	h/L	顶板厚/底板厚 (cm)	内墙厚/外墙厚 (cm)	墙体水平截面积/箱基面积		
														横墙	纵墙	横+纵
1	中医病房楼	预制框架	10	38.3	5.2	5.35	86.8	12.6	6.9	1096	$\frac{1}{16.2}$	$\frac{30}{70}$	$\frac{20}{30}$	$\frac{1}{27.7}$	$\frac{1}{12.6}$	$\frac{1}{8.7}$
2	水规院住宅	框剪	10	27.8	4.2	3.25	63	9.9	6.4	624	$\frac{1}{19.4}$	$\frac{25}{50}$	$\frac{20}{30}$	$\frac{1}{28.7}$	$\frac{1}{12.4}$	$\frac{1}{8.65}$
3	总参住宅	框剪	14	35.5	4.9	3.52	73.8	10.8	6.83	797	$\frac{1}{21}$	$\frac{25}{65}$	$\frac{20\sim35}{25}$	$\frac{1}{25.9}$	$\frac{1}{14.4}$	$\frac{1}{9.3}$
4	前三门 604 住宅	剪力墙	11	30.2	3.6	3.3	45	9.9	4.55	446	$\frac{1}{14}$	$\frac{30}{50}$	$\frac{18}{30}$	$\frac{1}{15.3}$	$\frac{1}{12.7}$	$\frac{1}{6.95}$
5	中科有机所实验室	预制框架	7	27.48	3.1	3.2	69.6	16.8	4.12	1169	$\frac{1}{21.1}$	$\frac{40}{40}$	$\frac{25\sim40}{30}$	$\frac{1}{22.3}$	$\frac{1}{14}$	$\frac{1}{8.6}$
6	615 号工程试验楼	预制框架	8	31.3	2.69	3.1	55.8	16.5	3.38	922	$\frac{1}{18}$	$\frac{40}{50}$	$\frac{25\sim30}{30}$	$\frac{1}{21.7}$	$\frac{1}{15.1}$	$\frac{1}{8.9}$
7	宝钢生活区旅馆	框剪	9	28.78	3.9	4.66	48.5	16	5.27	1063	$\frac{1}{18.1}$	$\frac{30}{40}$	$\frac{20\sim30}{25}$	$\frac{1}{15.9}$	$\frac{1}{16.9}$	$\frac{1}{8.2}$
8	华盛路 12 层住宅	框架	12	36.8	5.55	3.55	55.8	12.5	4.46	697.5	$\frac{1}{15.7}$	$\frac{30}{50}$	$\frac{30}{24\sim30}$	$\frac{1}{15.7}$	$\frac{1}{13.3}$	$\frac{1}{7.2}$
9	上海国际妇幼	框架	7	32.3	2.4	3.15	50.6	13.55	3.73	736	$\frac{1}{16.1}$	$\frac{35}{40}$	$\frac{20}{25}$	$\frac{1}{21.2}$	$\frac{1}{19}$	$\frac{1}{10}$
10	西安铁一局综合楼	框架	7~9	25.6~34	4.45	4.15	64.8	14.1	4.6	914	$\frac{1}{15.6}$	$\frac{35}{30}$	$\frac{30}{30}$	$\frac{1}{29.7}$	$\frac{1}{18.41}$	$\frac{1}{11.36}$

表13.1.3给出了北京、上海、西安、保定等地的12项工程的实测最大纵向整体挠曲度 $\frac{\Delta_s}{L}$ 的资料（Δ_s 为基础两端沉降的平均值和基础中间最大沉降的差值，L 为基础两端之间的距离），从实测资料中可以看到，高度和墙体面积率满足现行行业标准《高层建筑筏形与箱形基础技术规范》JGJ 6要求的箱形基础，其实测纵向整体挠曲度都不大，一般第四纪硬土地区 $\frac{\Delta_s}{L}$ 都小于万分之一，软土地区 $\frac{\Delta_s}{L}$ 都小于万分之三。沉降观察和研究分析还表明，箱形基础最大纵向整体挠曲度 $\frac{\Delta_s}{L}$ 一般都出现在上部结构施工到三至五层时。出现的

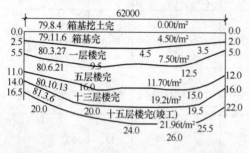

图 13.1.2　西安宾馆箱基纵向整体弯曲图

时间与土质情况、施工条件、上部结构刚度大小以及刚度形成的时间有关。北京604住宅系剪力墙结构，最大纵向整体挠曲度出现在第三层[2]；北京中医病房楼系框架结构，最大纵向整体挠曲度出现在第四层[3]。之后，随着上部结构参与工作，纵向整体挠曲度不仅不随着荷载增加而增加，反而逐渐降低。西安宾馆为15层剪力墙结构，五层后纵向弯曲的增量随荷载的增加明显减少，纵向整体挠曲度变化不大，直至竣工[4]，变形曲线呈盘状形，详见图13.1.2。

建筑物实测最大整体挠曲度　　　　　　　表 13.1.3

工程名称	主要基础持力层	上部结构	层数/建筑总高（m）	箱基长度（m）/箱基高度（m）	$\frac{\Delta_s}{L} \times 10^{-4}$
北京水规院住宅	第四纪黏性土与砂卵石交互层	框架-剪力墙	$\frac{9}{27.8}$	$\frac{63}{3.25}$	0.80
北京604住宅	第四纪黏性土与砂卵石交互层	现浇剪力墙及外挂板	$\frac{10}{30.2}$	$\frac{45}{3.3}$	0.60
北京中医病房楼	第四纪中、轻砂黏与黏砂交互层	预制框架及外挂板	$\frac{10}{38.3}$	$\frac{86.8}{5.35}$	0.46
北京总参住宅	第四纪中、轻砂黏与黏砂交互层	预制框-剪结构	$\frac{14}{35.5}$	$\frac{73.8}{3.52}$	0.546
上海四平路住宅	淤泥及淤泥质土	现浇剪力墙	$\frac{12}{35.8}$	$\frac{50.1}{3.68}$	1.40
上海胸科医院外科大楼	淤泥及淤泥质土	预制框架	$\frac{10}{36.7}$	$\frac{45.5}{5.0}$	1.78
上海国际妇幼保健院	淤泥及淤泥质土	预制框架	$\frac{7}{29.8}$	$\frac{50.65}{3.15}$	2.78
上海中波1号楼	淤泥及淤泥质土	现浇框架	$\frac{7}{23.7}$	$\frac{25.60}{3.30}$	1.30

工程名称	主要基础持力层	上部结构	层数 建筑总高 (m)	箱基长度（m） 箱基高度（m）	$\frac{\Delta_s}{L} \times 10^{-4}$
上海康乐路住宅	淤泥及淤泥质土	现浇 剪力墙	$\frac{12}{37.5}$	$\frac{67.6}{5.7}$	-3.4
上海华盛路住宅	淤泥及淤泥质土	预制框- 剪力墙	$\frac{12}{36.8}$	$\frac{55.8}{3.55}$	-1.8
西安宾馆	非湿陷性黄土	现浇 剪力墙	$\frac{15}{51.8}$	$\frac{62}{7.0}$	0.89
保定冷库	粉质黏土含淤泥	现浇无 梁楼盖	$\frac{9}{22.2}$	$\frac{54.6}{4.5}$	0.37

注：$\frac{\Delta_s}{L}$ 为正值时表示基底变形呈盆状，即"∪"状。

13.1.3 箱形基础的埋置深度

箱形基础应有一定的埋置深度，以保证建筑物抗倾覆和抗滑移稳定性。高层建筑同一结构单元内，箱形基础的埋置深度宜一致，且不得局部采用箱形基础。在确定埋置深度时，应考虑建筑物的高度、体型、工程地质和水文地质条件、相邻建筑的基础埋深以及场地的抗震设防烈度等因素。遇地下水时，在满足地基承载力、变形和稳定性的条件下应将基础埋置在地下水位以上，当必须埋在地下水位以下时，施工时应采取不得扰动地基土的有效降水措施。对位于岩石地基上的高层建筑箱形基础，其埋置深度应满足抗滑移稳定性要求；当箱基埋置在易风化的岩石层上，基坑开挖后应立即铺筑垫层。基础的沉降值与埋深存在一定的关系，埋置较深的基础，可减少建筑物的绝对沉降值和差异沉降，反之亦然。如上海展览馆的箱基埋深仅 0.5m，箱基平面尺寸为 46.6m×46.6m，基底附加压力达到 120kPa，建成 20 年后平均沉降量达 1.606m，最大沉降量为 1.747m。若该箱形基础的埋置深度改为 5m，则附加压力可降至 40kPa，沉降量必然会小得多。此外，箱形基础是一个自然形成的地下室，国内外震害调查指出，带有地下室的上部结构比没有地下室的破坏要轻，这是因为与基础四周外墙接触的土层的阻尼作用，减少了地震面波的影响。日本住宅公团曾用动态分析法，对一幢 12 层的框架-剪力墙结构进行分析，计算结果表明，考虑了地基协同工作后，有地下室建筑的上部结构地震反应要比无地下室的低 20%～30%。《建筑地基基础设计规范》GB 50007 和《高层建筑筏形与箱形基础技术规范》JGJ 6 在处理基础的埋置深度时，首先规定要满足建筑物抗倾覆和抗滑移稳定性的要求，在这前提下提出了抗震设防区，天然地基（岩石地基除外）上的箱形和筏形基础的埋置深度不宜小于建筑物高度的 1/15，并在规范条文说明中介绍了该值是北京市勘察设计研究院张在明等人，考虑了地基各种的不利因素，如地下水位上升等影响，采用圆弧滑动面分析法，对北京 8 度抗震设防区内若干幢高层住宅地基的整体稳定性与基础埋深的关系进行分析，其结论是：当 25 层建筑物的地基埋深 1.8m 时，其稳定安全系数为 1.44；若埋深为 3.8m（$H/17.8$）时，则其安全系数可达 1.64。设计人在确定超高层或高层建筑物的基础埋深时应全面准确理解规范的内容，结合工程具体情况，验算地基抗倾覆稳定性或抗滑移稳定性（岩石地基）后，合理确定基础埋置深度。对桩箱或桩筏，根据工程实践和经验，其埋置深度（不计桩长）不宜小于建筑物高度的 1/18。

进行地基土承载力深宽修正时，箱形基础的埋深一般从室外地面标高算起，挖方整平时应从挖方整平地面标高算起。填方整平应自填方后的地面标高算起，但填方在上部结构施工后完成时，应从天然地面标高算起。

13.1.4 箱形基础的墙体面积率

箱形基础墙体是连接箱基顶、底板并把上部结构的竖向荷载和水平荷载较均匀传到地基上的重要构件。一般情况下，箱形基础的外墙沿建筑物四周布置，内墙沿上部结构柱网和剪力墙的位置均匀布置。现行行业标准《高层建筑筏形与箱形基础技术规范》JGJ 6 提出：（1）墙体水平截面总面积不宜小于箱形基础外墙外包尺寸的水平投影面积的 1/12；（2）基底平面尺寸长宽比大于 4 的箱形基础，其纵向墙体水平截面面积不宜小于箱基外墙外包尺寸的水平投影面积的 1/18 的要求，是为了保证箱形基础具有足够的整体刚度以及纵横墙的受剪承载力。这些墙体面积率的指标主要来源于国内已建工程的统计资料，并控制在统计资料的下限值，详见表 13.1.2 。其中，有些工程经过了 6 度地震的考验，这样的面积率指标在一般的工程中基本都能达到，并且能满足人防使用上的要求。箱形基础的墙身厚度应根据实际受力情况、整体刚度及防水要求确定。外墙厚度不应小于 250mm，内墙厚度不宜小于 200mm。当箱基兼作人防地下室时，其外墙厚度尚应根据人防等级按实际情况计算后确定。

对不符合上述要求的低墙率的箱基、荷载分布极不均匀或竖向构件刚度大小不一的箱形基础，其内力不能套用现行行业标准《高层建筑筏形与箱形基础技术规范》JGJ 6 提出的简化法进行计算，而应根据土层情况和地区经验选用合适地基模型按截条法或按筏板有限元等其他有效方法进行分析。图 13.1.3（a）为某高层通信枢纽工程[5]标准层平面，采用外框内核心筒结构，楼高为 136m，由于功能的要求，地下室亦要求大空间，箱形基础

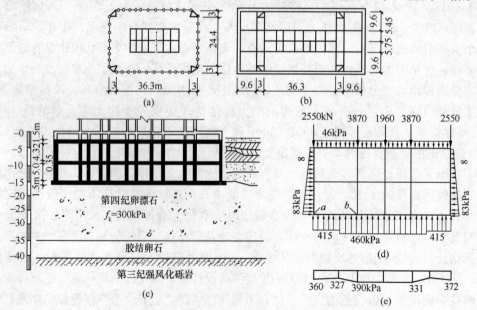

图 13.1.3 低墙率箱基工程实例简图

沿纵向还挑出 9.6m，基础平、剖面分别见图 13.1.3(b) 及图 13.1.3(c)，基底持力层为第四纪卵漂石。由于核心筒的荷载约占总重的 1/2，且墙体的面积率也不满足一般箱形基础的要求，分析时沿箱形基础横向取 1m 宽的截条按弹性地基上平面刚架进行计算，内筒下基底反力与其他区域下的基底反力之比假定为 1.1：1.0，详见图 13.1.3(d)。经与交叉梁有限元分析的基底反力比较大体一致，见图 13.1.3 (e)。

13.1.5　箱形基础底、顶板的厚度

箱形基础底、顶板的厚度应根据荷载大小、跨度、整体刚度、防水要求确定。底板厚度不应小于 400mm，且板厚与最大双向板区格的短边尺寸之比不应小于 1/14[1]。普通地下室顶板厚度一般不宜小于 150mm，顶板厚度除能承受局部弯曲应力外，还应能承受由整体弯曲产生的压力。当考虑上部结构嵌固在箱形基础顶板上时，顶板的厚度尚不应小于 180mm。对兼作人防地下室的箱形基础，其底、顶板的厚度，尚应根据人防等级，按实际情况计算后确定。

13.1.6　箱形基础墙体的洞口

箱形基础墙体的洞口应设在墙体剪力较小的部位，门洞宜设在柱间居中部位，洞边至上层柱中心的水平距离不宜小于 1.2m，以避免洞口上的过梁由于过大的剪力造成截面承载力不足。

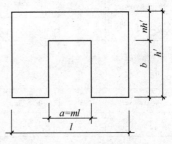

图 13.1.4　墙板洞口示意图

注：l、h' 分别为柱间中心距、箱基的净高。

墙身由于设置了门洞，其刚度必然受到削弱，削弱的程度直接与门洞的大小有关。文献 ［6］ 采用有限元法，按竖向剪切变形推导出洞口位置为任意条件下（图 13.1.4），每开间洞口对墙体刚度的折减系数 c 的通式：

$$c = \frac{n}{m+n-mn} \tag{13.1.2}$$

式中　n——洞口上过梁的截面高度与箱基净高 h' 的比值；

m——洞口的宽度与柱间中心距 l 的比值。

$a = ml$。

表 13.1.4 给出了按式 (13.1.2) 计算得到的部分箱形基础门洞对墙体刚度的折减系数 c 值，从表中可见，1m 左右宽的门洞对高度不大的箱形基础也将削弱其墙体刚度的 50%，而洞口面积大于柱距与箱形基础全高乘积的 1/6 者则刚度降低还要多。因此，设计时要注意门洞的大小，宜将洞口面积控制在小于柱距与箱形基础全高乘积的 1/6，以避免因开设门洞使墙体刚度削弱过大。

统计资料表明，除少数工业建筑因生产需要较大的洞口外，一般的民用建筑其洞宽与柱间中

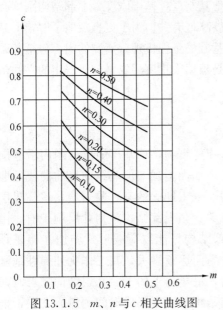

图 13.1.5　m、n 与 c 相关曲线图

心距的比值 m 约为 $0.2\sim0.3$。从图 13.1.5 中 m、n 与 c 的相关曲线中，我们可以看到，当 $n=0.15$ 时，墙体刚度的削弱程度已达 $55\%\sim65\%$，因此，洞口上过梁的截面高度不宜小于层净高的 1/5。门洞上过梁的高度除了要满足正常使用状态下的承载力要求外，还应具有抵抗因差异沉降产生的附加弯矩和剪力，以及增强墙段间的约束能力。

墙体洞口周围应设置加强钢筋，洞口四周附加钢筋面积不应小于洞口内被切断钢筋面积的一半，且不应少于两根直径为 14mm 的钢筋，此钢筋应从洞口边缘处延长 40 倍钢筋直径。

部分箱形基础门洞对墙体刚度的折减系数值　　　表 13.1.4

工程名称	箱高 h（m）	墙宽 l（m）	墙净高 h'（m）	门洞宽 a（m）	门洞高 b（m）	m	n	c	γ
科技情报所 综合楼	3.25	6.00	2.40	1.10	2.00	0.183	0.167	0.522	0.113
邮电 520 厂 交换机生产楼	4.60	6.80	3.85	1.20	2.10	0.177	0.454	0.825	0.081
		4.20	3.85	1.20	2.10	0.286	0.454	0.744	0.109
胸科医院 外科大楼	5.00	5.70	4.10	1.20	2.10	0.211	0.488	0.819	0.088
邮电医院	3.35	3.30	2.45	1.00	2.00	0.303	0.184	0.427	0.181
华盛路住宅	3.55	3.90	2.75	1.10	2.10	0.282	0.236	0.523	0.167

注：$\gamma=$ 洞口面积/柱距与箱形基础全高的乘积。

13.2　箱形基础的工作机理

箱形基础的工作机理是非常复杂的，它不仅与地基刚度、基础刚度、上部结构刚度有关，而且与施工速度、施工顺序以及施工期间的温度高低有关。为了更直观地了解箱形基础的变形和受力特性，兹通过实测资料来说明箱形基础的工作机理。实测的内容包括基础沉降观测、基底接触反力以及箱基钢筋应力。下面是根据大量实测资料分析得出的一些带有共性的成果[7]。

13.2.1　箱形基础纵向整体挠曲变化规律

对平面布置较规则、立面沿高度大体一致的单幢建筑物，箱基压缩层范围内沿竖向和水平向土层较均匀时，基础的沉降值随着楼层的增加而增加，但其纵向挠曲曲线的曲率并不随着荷载的增大而始终增大。最大曲率出现在施工期间的某一临界层，该临界层与上部结构的形式及影响其刚度形成的施工条件有关。当上部结构最初几层施工时，由于其混凝土尚处于软塑状态，刚度还未形成，上部结构只能以荷载形式施加在箱基顶部，因而箱基的整体挠曲曲线的曲率随着楼层的升高而逐渐增大，其工作犹如弹性地基上的空腹梁或空心板。当楼层上升至一定高度之后，最早施工的下面几层结构随着时间的推移，它的刚度就陆续形成，一般情况下剪力墙结构的刚度形成时间约滞后 2 层，框架结构的刚度形成时间约滞后 3 层。刚度形成后，箱基整体挠曲曲线的曲率便开始逐渐减小。上部结构刚度形成后，上部结构要满足变形协调，符合呈盆状形的箱基沉降曲线，中间柱子或墙段将产生附加的拉力，而边柱或尽端墙段则产生附加的压力。上部结构内力重分布[8]的结果是导致箱基早期整体挠曲降低的主要原因。随着结构刚度和上部荷载的再增大，当基底总平均压力逐渐接近土层的自重压力时，基础边缘开始出现塑性变形，其沉降增量稍微大于中部，附加压力再增大沉降曲线边缘便出现反盆形弯曲现象[9]。图 13.2.1 为北京中医病房楼箱形基础纵向平均沉降图，从图中可以清楚看到上述变化的现象。该工程为一幢 10 层的钢筋混凝土框架结构，外墙采用复合式挂板，挂板通过螺栓与支承在外柱上的角钢进行连接，内隔墙为 120mm 厚加气混凝土和空心砖墙。建筑物全长为 86.8m，宽为 12.6m。箱基高度为 5.35m，埋深为 5.7m，基础持力层为重黏砂、轻砂黏。图 13.2.1 中 1# 曲线表示四层的梁、板、柱已吊装完毕，此时箱基纵向挠曲曲线的曲率达到最大值，基底平均反力约为 85kPa，小于挖方的重量。之后，随着上部结构刚度逐渐形成，上部结构的重量接近或大于挖方的重量，基础边缘的沉降增量明显增大。这种始于地基变形，后因上部结构参与工作，导致上部结构内力向边缘集中，反过来又因基础边缘出现塑性变形，缓和了边缘地基反力的增量，使地基反力向边缘附近区域调整的过程将贯彻始终，直至沉降稳定。箱基整体挠曲度和由此产生的整体弯曲应力也随着上部荷载和地基反力的调整而逐渐降低。根据沉降观测资料，中医病房楼最大整体挠曲度出现在四层，其值为 0.46×10^{-4}。

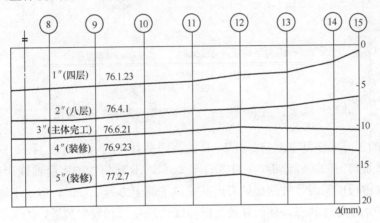

图 13.2.1　北京中医医院病房楼箱形基础纵向沉降图

箱形基础的变形曲线一般呈盘状形，但施工条件对地基变形具有一定的影响。上海康乐路 12 层住宅建筑，上部结构为墙板结构，滑模施工。该工程采用天然地基箱形基础，基础埋深 5.5m，地下室外包尺寸为 67.58m×11.65m，底板南北挑出 1.2m，东西挑出 1.0m，基底总面积为 69.58m×14.05m，持力层为淤泥质砂质粉土、黏土、粉质黏土、粉砂等。基坑施工采用一级轻型井点降水，打钢板桩进行大开挖。降水两周后开始挖土，历时 40 天。图 13.2.2 为上海康乐路 12 层住宅建筑物历次实测纵向平均沉降图，从图中可以看到：(1) 1975 年 1 月 3 日前，建筑物的沉降是均匀的；(2) 1975 年 1 月 3 日至 2 月 18 日，建筑物的沉降曲线呈反弯状，亦即建筑物的沉降值为两头大中间小，且在 2 月 17 日发现地下室东面侧墙出现裂缝，裂缝宽度为上大下小，上口宽约 2mm；(3) 1975 年 2

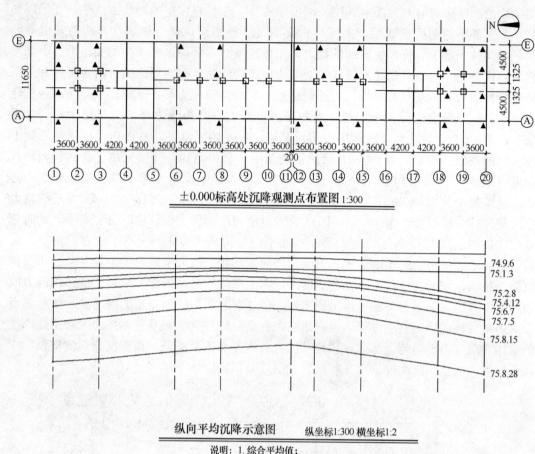

±0.000标高处沉降观测点布置图 1:300

纵向平均沉降示意图　　纵坐标1:300 横坐标1:2

说明：1. 综合平均值；
2. 因缺点只取对称点平均值。

图 13.2.2　上海康乐路 12 号工程箱形基础纵向沉降图

月 18 日以后的沉降曲线基本上与 2 月 18 日的沉降曲线平行，亦即 2 月 18 日后建筑物的沉降基本上又是均匀的。经分析，1 月 3 日至 2 月 18 日建筑物的沉降曲线出现反弯期间，正值现场拔除钢板桩阶段，拔钢板桩带出基底以下的土方近 100m³，造成了地基土的侧向变形，改变了基础边缘状态，从而导致沉降曲线出现反弯和发生裂缝，类似情况也出现在其他工程上，设计和施工单位应对这一问题予以重视。

地基土的特性是影响箱基整体挠曲的重要因素，实测表明，软土地区箱基的整体挠曲度（相对挠曲值）都大于第四纪硬土地区。上海几幢建筑物的箱基持力层为粉质砂土或淤泥质黏性土，持力层压缩模量在 40～75kg/cm² 之间，箱形基础最大整体挠曲度在 0.3‰左右。北京为第四纪硬土地区，实测最大整体挠曲度一般都小于 0.1‰。上海同济大学曾对 4 种不同的地基参数 $E_0 = (10^2 \sim 10^5)$ t/m² 和 5 种不同刚度的上部结构（用 α 表示上部结构刚度与基础刚度之比）进行了一系列的计算。计算结果表明：随着地基参数 E_0 值的减小，基础中点的整体弯矩（挠曲）均有所增加；当 E_0 达到 10^4 或 10^5 时，地基土较为坚硬，外荷载引起的差异沉降极小，上部结构刚度对基础的影响就很小了（图 13.2.3），因此当土层为岩石时，设计时无须考虑上部结构的共同工作。

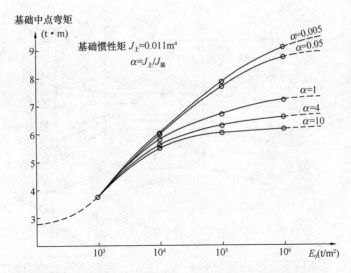

图 13.2.3　地基变形模量（E_0）与基础中点弯矩的关系图

13.2.2　基底反力分布规律

综观实测基底反力的变化情况，地基反力的分布大体上可分为两个阶段：当荷载小于挖土重量，地基处于回弹再压缩变形阶段时，实测反力比较均匀；当上部结构刚度逐渐形成，上部结构的重量接近或大于挖土重量时，边缘处基底反力逐渐增大，但随着附加压力再增大，边缘地基反力因地基出现塑性变形其增量又略小于中部。上部结构体系为剪力墙结构的北京建国门外 16 号楼和前三门 604 号楼，箱基的长宽比分别为 3 和 2.5，其边缘最大地基反力值约为平均值的 1.25 倍；上部为框架结构的中医病房楼，箱基的长宽比为6.6，测得的边缘最大地基反力值约为平均值的 1.2 倍。反力的不均匀性不如按弹性半无限体理论计算的那样大。实测结果表明：硬土地基反力分布一般呈抛物线形；软土地基由于边缘塑性变形较大，基础边缘反力相应减小，最大地基反力出现在边缘附近区域，地基反力分布呈马鞍形。应该指出的是，施工条件也是影响基底反力分布的一个重要因素。图13.2.4 为北京中医病房楼实测纵向反力图，图中施工缝端部的地基反力明显大于中间区段的地基反力，且这个影响一直贯穿始终，因此，设计中宜适当加强施工缝以及沉降缝两侧底板配筋。

13.2.3　实测钢筋应力

国内大量测试表明，箱基底板钢筋实测应力一般只有 $20N/mm^2 \sim 30N/mm^2$，远低于钢筋计算应力，且都有一个共同的变化规律，即随着楼层的升高荷载的增加，钢筋应力不断增长，当楼层达到某一临界层后，钢筋应力开始略有下降。北京前三门 604 住宅楼和中医病房楼箱基底板最大应力分别为 $30N/mm^2$ 和 $59N/mm^2$（未扣除温度变化的影响），出现在三层和四层，之后钢筋应力随着楼层的升高而略有降低。这种现象与箱基纵向挠曲曲率的变化规律是一致的，且钢筋应力达到最大值和曲率为最大时的临界层也是一致的。造成钢筋应力偏低的因素很多，除了上部结构参与工作以及箱基端部土壤出现塑性变形，导致箱基整体弯曲应力降低等因素外，主要原因是：

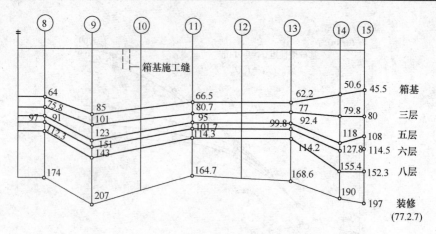

图 13.2.4 箱基纵向反压力平均值图（单位：kN/m²）

（1）箱形基础弯底板受拉区的混凝土参与了工作。为探明钢筋应力偏低的原因，保证箱基在使用荷载下不出现裂缝，现行行业标准《高层建筑筏形与箱形基础技术规范》JGJ 6 将箱基中点的整体弯矩与素混凝土箱基受弯承载力的比值定义为箱基的抗裂度 K_f，$K_f > 1$ 表示箱基在使用荷载下不致出现裂缝。箱基中点的整体弯矩是根据实测的箱基最大挠曲值 $\Delta S/L$ 反演得到的。反演时假定箱形基础自身为一挠曲单元，由于基础的变形值相对于基础的长度很小，整体挠曲曲线可近似为圆弧形，按 $M = 8B\Delta S/L^2$ 求得箱基中点的整体弯矩，式中 B 为混凝土的长期刚度其值取 $0.5E_c I$，E_c 为箱基混凝土的弹性模量，其中 I 为箱形基础横向截面惯性矩，计算时将箱形基础弯曲方向的横向截面折成实腹工字形截面，L 为箱基的纵向长度，混凝土强度等级为 C20。素混凝土箱基受弯承载力按现行国家标准《混凝土结构设计规范》GB 50010 计算。计算结果表明，在中低压缩性土质条件下，箱基具有很高的抗裂度，整体弯矩产生的底板边缘拉应力远小于混凝土的计算拉应力，混凝土及钢筋均处于弹性受力阶段。在高压缩性土质条件下，箱基的抗裂度也大于 1，这说明了截面并未开裂。表 13.2.1 列出了几个典型工程的素混凝土箱基按实测纵向相对挠曲反演箱基抗裂度。应该指出的是，验算时箱形基础的刚度是按实腹工字形截面计算的，没有考虑墙身洞口对刚度的削弱影响，实际的箱基抗裂度要大于计算结果，因此，实测钢筋应力偏低是完全有可能的。

按实测纵向相对挠曲反演箱基抗裂度　　　　　　　　　　　表 13.2.1

建筑物名称	上部结构	箱高 h（m）	箱长 L（m）	$\dfrac{h}{L}$	$\dfrac{\Delta S}{L} \times 10^{-4}$	抗裂度 K_f
北京中医病房楼	框架	5.35	86.8	$\dfrac{1}{16.2}$	0.47	8.44
北京水规院住宅	框剪	3.25	63	$\dfrac{1}{19.4}$	0.8	5.58
北京总参住宅	框剪	3.52	73.8	$\dfrac{1}{21}$	0.546	9.23
上海国际妇幼保健院	框架	3.15	50.65	$\dfrac{1}{16.1}$	2.78	1.13

（2）箱形基础底板下地基反力存在向墙下集中的现象。对 5 个工程的箱形基础的 14 块双向底板的墙下和跨中实测反力值进行多元回归分析，结果表明一般情况下双向板的跨中平均地基反力约为墙下平均地基反力的 85%，这也是钢筋应力偏小的主要原因之一。

由于基础墙体的刚度远大于底板的刚度，墙下基底反力会出现集中现象。为了弄清箱基墙下和双向底板跨中地基反力的分布规律，对北京、上海、保定、浏河 4 个地区 5 个工程的 14 块双向底板的实测反力值资料进行分析，其中底板持力层有北京的第四纪中、轻黏砂、重黏砂、砂卵石交互层，上海的淤泥质粉质黏土，江苏浏河的砂土；双向底板的短边与板厚的比值在 6.6 和 10 之间，14 块双向底板的基本情况列于表 13.2.2。

五个工程 14 块双向底板的实测反力值   表 13.2.2

工程名称	结构体系	$\dfrac{L_d}{h}$	中轻砂黏重黏砂	淤泥质粉质砂土	砂土	X	Y
北京中医病房楼	框架	8.14	✓			1.82	1.35
		8.14	✓			1.84	1.35
		8.14	✓			1.77	1.14
		8.14	✓			1.55	1.81
北京 604 住宅	剪力墙	6.60	✓			2.67	2.20
		6.60	✓			1.98	1.70
		6.60	✓			1.74	1.88
上海华盛路住宅	框-剪	7.80		✓		2.26	1.70
		7.80		✓		2.20	2.12
河北保定冷库	框架	7.50	✓			0.60	0.45
江苏浏河冷库	框架	10.0			✓	1.27	0.63
		10.0			✓	0.94	1.04
		10.0			✓	0.94	0.76
		10.0			✓	1.29	0.92

表中 $\dfrac{L_d}{h}$ 为双向底板的短跨尺寸与板厚的比值，X 表示双向底板四周墙下各测点的平均地基反力值，Y 表示双向底板的跨中地基反力值。在 14 块双向板中有 3 块板的跨中反力稍大于支座平均地基反力，偏大的原因估计与压力盒的埋置条件或土质的局部不均匀有关。

由于各单项工程的基本条件不一致，且测试过程中不可避免地存在误差，为此我们利用多元回归分析方法来确定表中所列的各种变量的关系式，并判断哪些变量的影响是主要的。分析结果表明 $\dfrac{L_d}{h}$ 是主要的变量，双向底板跨中地基反力 $\overline{Y}$ 对墙下平均地基反力 $\overline{X}$ 和 $\dfrac{L_d}{h}$ 的回归方程为：

$$\overline{Y} = 1.03 + 0.702\,\overline{X} - 0.0995\,\frac{L_d}{h}$$

将 14 块双向底板的墙下平均地基反力 $\overline{X} = 1.63357$ 代入上式，上式可改写为：

$$\overline{Y} = 2.1768 - 0.0995 \frac{L_d}{h}$$

上式除以 $\overline{X}$ 后，即可获得双向底板跨中地基反力与墙下平均地基反力比值 K 的通式：

$$K = 1.3325 - 0.0609 \frac{L_d}{h} \tag{13.2.1}$$

从上式中可以清楚地看出，双向底板的跨厚比是影响其墙下和跨中地基反力分布不均匀的主要原因。只有当板厚大于 $\frac{1}{5.5}$ 双向板的短跨尺寸时，跨中地基反力才有可能接近墙下平均地基反力。将 5 个单项工程的 $\frac{L_d}{h}$ 值分别代入上式，并取其平均值，得 $K = 0.845$，也就是说一般情况下，箱形基础双向底板的跨中地基反力约为墙下平均地基反力的 84.5%，这也是测得的双向底板跨中钢筋应力偏小的原因之一。考虑到双向底板与四周基础墙连成整体，现行行业标准《高层建筑筏形与箱形基础技术规范》JGJ 6 提出：当同时考虑局部弯曲和整体弯曲作用时，局部弯曲所产生的弯矩数值乘以 0.8 折减系数。

（3）基底与土之间的摩擦力影响。地基与基础的关系实质上是一个不同材性、不同结构的整体。从接触条件来讲，箱基受力后它与土之间应保持接触原则。箱基整体挠曲不仅反映了点与点之间的沉降差，也反映了基础与地基之间沿水平方向的变形。这种水平方向的变形值虽然很小，但引发出的基底与土之间的摩擦力，却对箱基产生一定的影响。摩擦力对箱基中和轴所产生的弯矩其方向总是与整体弯矩相反。一般情况下，箱基顶、底板在基底摩擦力作用下分别处于拉、压状态，与呈盆状变形的箱基顶、底板的受力状态相反[7]，从而改善了底板的受力状态，降低了底板的钢筋应力，同时也解释了为什么部分底板钢筋实测应力出现压应力的现象。

13.2.4　上部结构刚度贡献的有限性

20 世纪 80 年代初国内一些单位在研究上部结构与地基基础共同工作机理时指出，上部结构刚度对基础的贡献并不与层数的增加而简单的增加，而是随着层数的增加逐渐衰减。文献 [10] 分析了每层楼的剪切刚度 K_v 和抗弯刚度 $K_{\theta\theta}$ 对基础的贡献时指出：在一般情况下，$K_{\theta\theta}$ 的贡献从三层开始就不再增长，K_v 的贡献虽仍在增长，但呈衰减之势。表 13.2.3 给出了 K_v 对基础贡献的百分比。从表中可以看到上部结构刚度的贡献是有限的。分析结果是符合圣维南原理的。

框架结构剪切刚度 K_v 对基础的贡献								表 13.2.3
层	一	二	三	四～六	七～九	十～十二	十三～十五
K_v 的贡献（%）	17.0	16.0	14.3	9.6	4.6	2.2	1.2

文献 [11] 利用二次曲线型内力分布函数，考虑了柱子的压缩变形，并假定各层框架梁的变形曲线相似，各层对应点的变位差互成比例，推导出连分式框架结构等效刚度公式。计算结果也说明了上部结构刚度的贡献是有限的，详见图 13.2.5。

在研究分析的基础上，现行行业标准《高层建筑筏形与箱形基础技术规范》JGJ 6—2011 规定了上部结构参与工作的层数为 5 层，该限制值综合了上部结构竖向刚度、弯曲刚度以及剪切刚度的影响。

上部结构刚度的贡献有限性，不仅反映在框架结构上，这种现象同样存在于剪力墙结构上。文献［12］根据深梁原理并考虑实测资料，建议剪力墙结构参加工作的高度值 h_{super} 取下式中的最小值，可供设计时参考。式中：L 为箱基长度；H 为建筑物的高度；n_s 为平均层高。

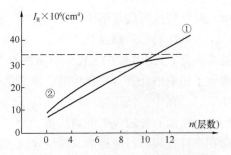

图 13.2.5　等效刚度计算结果比较图

注：1. 按 Meyerhof 等效刚度试计算结果；
　　2. 按连分式等效刚度计算结果。

$$h_{super} \leqslant L/2$$

$$h_{super} \leqslant L/3 \qquad (13.2.2)$$

$$h_{super} \leqslant 4n_s$$

13.3　箱 基 实 用 计 算

箱基的内力应是局部受弯和整体受弯计算结果的叠加，局部受弯是指顶、底板分别在楼面荷载、地基反力作用下产生的局部弯曲；整体受弯是指地基不均匀沉降引起的箱基整体弯曲，其沉降曲线可以是盆状形也可能是反盆形。在第 13.2 节箱形基础工作机理中，我们已了解到无论是箱形基础的整体挠曲，还是基底反力都与土质条件、荷载的情况以及箱基和上部结构刚度密切相关。因此，箱基的内力计算实质上是一个求解上部结构-箱基-地基共同工作的课题。我国箱基的研究工作始于 20 世纪 60 年代[13]，70 年代后期由于建设上需要，北京、上海、西安等地的设计、科研、教学等单位相继在这一课题上合作，结合具体工程在现场进行了包括基础沉降观察以及基底接触反力、箱基钢筋应力等一系列大规模测试[2][3][14][15][16][17][18][19][20]，积累了大量宝贵资料，并在理论分析上作了许多工作[21][22][23][24][25][26][27][28][29]30][31][32]，丰富了我国地基-结构共同工作的成果。理论上讲，上下共同工作的这一复杂课题，在当前计算机软硬件高度发展的今天，具备了解决的条件。然而，由于地基土的复杂性、不均匀性和非弹性，施工造成结构整体刚度滞后性，以及有限元划分大小带来的差异，严格分析仍存在若干困难，尚需经过大量分析、长期沉降实测、不断修正计算参数，进一步完善计算结果。

大量实测资料表明，箱形基础的纵向整体挠曲度是不大的，这种现象，并不因上部结构体系是剪力墙结构或框架结构或框剪结构而异。北京水规院住宅是我们收集到中、低压缩性硬土地区众多箱形基础中纵向整体挠曲度最大、底板配筋最少的一个。该工程是一幢 9 层框剪结构，箱基高度为 3.25m，箱基长度为 63m，箱基底板厚度为 500mm，基础持力层为第四纪中、轻砂黏和黏性土、砂卵石交互层，底板仅按局部弯曲进行计算，底板上、下配筋各为 $\phi12@150$。实测箱基纵向整体挠曲度为 $0.8×10^{-4}$。该工程建于 20 世纪 70 年代，经调查底板未发现异常现象。通过反演，由整体弯矩产生的底板边缘拉应力远小于混凝土的计算拉应力，箱形基础处于弹性受力状态。上海国际妇幼保健院是我们收集到高压缩性软土地区众多箱形基础中纵向整体挠曲度最大的一个，其纵向墙体水平截面面积与箱基外墙外包尺寸的水平投影面积的比值为 1/19，箱基的高度为 3.15m，箱形基础实测纵向整体挠曲度为 $2.78×10^{-4}$，反演的抗裂度为 1.13。计算结果表明，一般情况下符合《高层建筑筏形与箱形基础技术规范》JGJ 6 提出的箱基高度和墙体面积率的箱形基础，其抗裂度可满足结构设计的要求。

为确保箱形基础设计的安全、适用、经济，现行行业标准《高层建筑筏形与箱基基础技术规范》JGJ 6 根据工程地质条件、上部结构布置、箱基的刚度等条件，对箱基的内力规定了相应的计算方法和构造要求。本书在此基础上进一步细化为：

(1) 在中、低压缩性硬土条件下，当地基压缩层深度范围内的土层较均匀，且上部结构平、立面布置较规则的高层剪力墙、框架、框-剪结构的箱形基础，箱基的高度和墙体面积率符合现行行业标准《高层建筑筏形与箱形基础技术规范》JGJ 6—2011 第 6.3.1 和 6.3.2 条要求时，箱基的顶、底板可按局部弯曲计算，计算时基底反力应扣除底板自重。基底反力可按该规范附录 E 反力系数表确定，也可参照其他有效方法确定。硬土地区的箱基一般其整体弯曲很小，依靠箱基自身混凝土强度便足以抵抗，整体弯曲的影响可通过构造措施予以保证，在构造上除要求将跨中钢筋按实配钢筋全部连通外，箱基顶、底板纵横方向的支座钢筋尚应有 1/4 贯通全跨，底板上下贯通钢筋的配筋率均不应小于 0.15%。

(2) 在高压缩性软土条件下，当箱基的纵向整体挠曲度不大于 0.2‰，地基压缩层深度范围内的土层较均匀，且上部结构平、立面布置较规则的高层剪力墙、框架、框-剪结构的箱形基础，箱基的高度和墙体面积率符合现行国家标准《高层建筑筏形与箱形基础技术规范》JGJ 6—2011 第 6.3.1 和第 6.3.2 条要求时，箱基的顶、底板可按局部弯曲计算，箱基的整体弯曲影响可按上述条款 1) 的构造措施予以处理。

(3) 当荷载、柱距相差较大，或建筑物平面布置复杂、地基不均匀，或箱基的高度和墙体面积率不符合现行行业标准《高层建筑筏形与箱形基础技术规范》JGJ 6—2011 第 6.3.1 和第 6.3.2 条要求，或高压缩性软土条件下，箱基的纵向整体挠曲度大于 0.2‰时，应同时考虑局部弯曲及整体弯曲的作用。计算整体弯曲时应根据地基-箱基-上部结构共同工作或地基—箱基协同的计算程序进行分析。计算底板局部弯曲时，考虑到双向板周边与墙体连接产生的推力作用，以及实测跨中反力小于墙下反力的情况，双向底板的局部弯曲内力可乘以 0.8 的折减系数。

(4) 实测沉降表明，基底平面为矩形、平面长宽比大于或等于 1.5 的箱形基础其相对挠曲主要表现为纵向，横向主要是倾斜问题。此类结构的箱基纵向整体弯矩可按本书 12.2.4 节中提供的弹性杆组合结构进行简化计算，计算时箱形基础横截面可简化为工字形截面，其上、下翼缘宽度分别为箱形基础顶、底板的全宽，腹板厚度为弯曲方向的墙体厚度的总和，计算简图如图 12.2.3 所示。分析时地基模型可根据工程地质条件和地区经验选择有限压缩层分层总和法模型或其他有效的地基模型，按有限元进行分析；当上部结构存在剪力墙时，可按实际情况布置在图 12.2.3 上，一并按有限元进行分析；箱基的纵向整体弯矩也可根据现行行业标准《高层建筑筏形与箱形基础技术规范》JGJ 6 附录 E 提供的反力系数确定的地基反力，按计算简图 12.2.2 进行计算。箱形基础的自重应按均布荷载处理。

(5) 现行行业标准《高层建筑筏形与箱形基础技术规范》JGJ 6 附录 E 的地基反力系数表，系中国建筑科学研究院地基所根据北京地区一般黏性土和上海淤泥质黏性土上高层建筑实测反力资料以及收集到的西安、沈阳等地的实测成果经统计、分析、研究后编制而成的，成果反映了地基、基础和上部结构共同工作以及地基的非线性变形的影响。

13.4 箱形基础的构件截面计算

13.4.1 箱形基础底板的受剪承载力计算

我国现行钢筋混凝土板均布荷载斜截面受剪承载力计算公式沿用的是简支梁集中荷载斜截面受剪切承载力公式,实际上均布荷载作用下板的受剪承载力不同于梁的受剪承载力。《钢筋混凝土无腹筋对边简支构件剪压区混凝土强度》试验报告[33]指出:在均布荷载作用下,两对边为简支的矩形板其受剪承载力要高于梁,当板的宽厚比≥5.5时约比梁高出25%,宽厚比大于5.5后其增大值基本不变。此外,箱基底板下地基反力还存在向墙下集中现象,因此,不能将基础底板的受剪承载力等同于梁的斜截面受剪切承载力。1980年颁布的我国《高层建筑箱形基础设计与施工规程》JGJ 6—80中,规定了以距墙边缘 h_0 处作为验算箱基受剪的部位。《建筑地基基础设计规范》GB 50007—2002在编制时,曾对北京市十余栋已建工程的箱形基础进行调查,结果表明按此规定计算的底板并没有发现异常现象,情况良好。验算时将距支座边缘 h_0 处梯形受荷面积上的平均净地基反力摊在 $(l_{n2}-2h_0)$ 上进行分析,详见图13.4.1。由于作用在底板上的反力为永久荷载效应控制的基本组合,荷载分项系数平均值按 GB 50007 取 1.35,混凝土强度设计值按

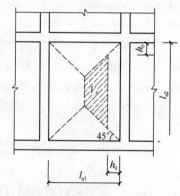

图 13.4.1 V_s 计算方法的示意图

《混凝土结构设计规范》GB 50010—2002。分析结果表明,以距墙边缘 h_0 作为验算双向底板受剪承载力的部位是可行的,计算的板厚与工程实际采用的板厚十分接近。表13.4.1和表13.4.2给出了部分已建工程有关箱形基础双向底板的信息以及按不同规范计算的箱形基础双向底板的结果。

已建工程箱形基础双向底板信息表　　　　　　　　　　　　表 13.4.1

序号	工程名称	板格尺寸 (m×m)	地基净反力标准值 (kPa)	支座宽度 (m)	混凝土强度等级	底板实用厚度 h (mm)
①	海军医院门诊楼	7.2×7.5	231.2	0.60	C25	550
②	望京Ⅱ区1号楼	6.3×7.2	413.6	0.20	C25	850
③	望京Ⅱ区2号楼	6.3×7.2	290.4	0.20	C25	700
④	望京Ⅱ区3号楼	6.3×7.2	384.0	0.20	C25	850
⑤	松榆花园1号楼	8.1×8.4	616.8	0.25	C35	1200
⑥	中鑫花园	6.15×9.0	414.4	0.30	C30	900
⑦	天创成	7.9×10.1	595.5	0.25	C30	1300
⑧	沙板庄小区	6.4×8.7	434.0	0.20	C30	1000

	双向底板剪切计算的 h_0（mm）		按 GB 50007 双向底板冲切计算的 h_0 （mm）	工程实用厚度 h（mm）
序号	GB 50010	GB 50007		
	梯形地基反力摊在 l_{n2} 上	梯形地基反力摊在（$l_{n2}-2h_0$）上		
	支座边缘	距支座边 h_0		
①	600	514	470	550
②	1200	820	710	850
③	760	620	540	700
④	1090	770	670	850
⑤	1880	1260	1000	1200
⑥	1210	824	700	900
⑦	2350	1440	1120	1300
⑧	1300	890	740	1000

已建工程箱形基础双向底板剪切计算分析　　　　表 13.4.2

为此，《建筑地基基础设计规范》GB 50007—2002 规定了当箱形基础的底板区格为矩形双向板时，双向底板斜截面受剪承载力应符合下式要求：

$$V_s \leqslant 0.7\beta_{hs} f_t (l_{n2}-2h_0)\, h_0 \tag{13.4.1a}$$

$$\beta_{hs} = (800/h_0)^{1/4} \tag{13.4.1b}$$

式中　V_s——距梁边缘 h_0 处，作用在图 13.4.1 中阴影部分面积上的地基土平均净反力设计值；

β_{hs}——受剪切时截面高度影响系数，按式（13.4.1b）计算，板的有效高度 h_0 小于 800mm 时，h_0 取 800mm；h_0 大于 2000mm 时，h_0 取 2000mm。

当底板为单向板时，取墙边缘处作为验算底板受剪的部位，其斜截面受剪承载力应按下式计算：

$$V_s = 0.7\beta_{hs} f_t h_0 \tag{13.4.2}$$

式中　V_s——距支座边缘处 h_0 处由地基土平均净反力产生的每延米剪力设计值。

13.4.2　箱形基础底板的受冲切承载力计算

现行行业标准《高层建筑筏形与箱形基础技术规范》JGJ 6 规定箱形基础双向底板受冲切承载力按下式计算：

$$F_l \leqslant 0.7\beta_{hp} f_t\, \mu_m h_0 \tag{13.4.3a}$$

式中　F_l——作用在图 13.4.2 中阴影部分面积上的地基土平均净反力设计值；

μ_m——距基础梁边 $h_0/2$ 处冲切临界截面的周长，见图 13.4.2；

β_{hp}——截面高度影响系数，当 h 不大于 800mm 时，β_{hp} 取 1.0；当 h 大于 2000mm 时，β_{hp} 取 0.9，其间按线性内检法取用。

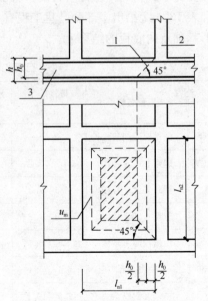

图 13.4.2　底板的冲切计算示意图

1—冲切破坏锥体的斜截面；2—墙；3—底板

当底板区格为矩形双向板时，底板受冲切所需的厚度 h_0 按下式计算：

$$h_0 = \frac{(l_{n1} + l_{n2}) - \sqrt{(l_{n1} + l_{n2})^2 - \dfrac{4 p_n l_{n1} l_{n2}}{p_n + 0.7\beta_{hp} f_t}}}{4} \quad (13.4.3b)$$

式中 l_{n1}、l_{n2}——计算板格的短边和长边的净长度；

p_n——相应于作用荷载效应基本组合的地基土平均净反力设计值。

13.4.3 箱形基础墙身的截面设计

1. 墙身斜截面受剪承载力计算

箱形基础的内、外墙，除与剪力墙连接者外，由柱根轴力传给各片墙的竖向剪力设计值，理论上应根据地基刚度、墙的刚度以及上部结构刚度，按变形协调原则进行分配。这些原则虽然可以通过计算机来完成，但目前的计算程序还不能完善地考虑上部结构空间刚度及刚度形成时间的影响，因而所得的结果是近似的。现行行业标准《高层建筑筏形与箱形基础技术规范》JGJ 6—2011 附录 E 给出的地基反力系数是基于大量工程的实测结果，它已反映了地基、基础和上部结构共同工作以及地基的非线性变形的影响。因此，对符合《高层建筑筏形与箱形基础技术规范》JGJ 6—2011 第 6.3.1 条、第 6.3.2 条和第 6.3.7 条要求的箱形基础，箱形基础的各片墙可按该地基反力系数表确定的地基反力，按基础底板等角分线与板中分线所围区域传给对应的纵横基础墙（图 13.4.3），并假设底层柱为支点，按连续梁计算基础墙上各点竖

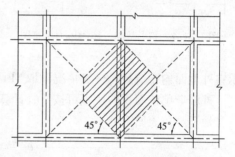

图 13.4.3 计算墙竖向剪力时地基反力分配图

向剪力。对不符合该规范第 6.3.1 条、第 6.3.2 条和第 6.3.7 条要求的箱形基础，尚应考虑整体弯曲产生的墙体附加剪力。

墙身斜截面应按式（13.4.4）控制其截面尺寸并验算受剪承载力。

$$V_w \leqslant 0.2 f_c A_w \quad (13.4.4)$$

式中 V_w——墙身验算截面处的剪力设计值，对带八字角的基础墙体，验算截面取八字角边缘；对无八字角的基础墙体，验算截面取柱边缘或墙边缘；

f_c——混凝土轴心受压强度设计值；

A_w——墙身竖向有效截面积。

箱形基础墙身内应设置双面钢筋，钢筋不宜采用光面圆钢筋。钢筋配置量除应满足承载力要求外，外墙尚应考虑变形、抗裂及防渗等要求。竖向和水平分布钢筋的直径不应小于 10mm，间距不应大于 200mm。地下室车道入口处的外墙由于室内外温差较大，极易产生裂缝，墙体内水平分布钢筋的直径不小于 12mm。除上部结构为剪力墙外，内、外墙的墙顶处宜配置两根直径不小于 20mm 的通长钢筋，以作为考虑箱形基础整体挠曲影响的构造措施。

2. 受水平荷载的墙身受弯计算

墙身承受的水平荷载是指作用在外墙墙面上的土压力、水压力以及由室外地面均布荷

载转换的当量侧压力。对兼作人防地下室的箱形基础，还应根据人防规范的要求，考虑作用在外墙和楼梯间临空内墙墙面上的冲击波荷载。外墙的受弯计算简图应根据工程的具体情况，按多跨连续板进行计算，当墙板的长短边的比值小于或等于 2 时，外墙可按连续双向板计算。计算时墙身与顶、底板的连接可分别假定为铰接和固接。

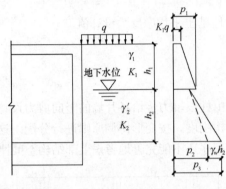

图 13.4.4　箱形基础外墙侧压力示意图

在实际工程中土层都是呈成层状的，为便于叙述，兹以图 13.4.4 所示的 2 层土为例来说明土压力的取值。由于箱形基础在土压力和水压力作用下是不可能出现水平变位的，因此计算土压力时一般采用静止土压力。图 13.4.4 中地下水位处于第二层土的表面；第一层土的重度为 γ_1；第二层土因位于地下水位以下，计算时取浮重度 γ_2'；K_1 和 K_2 分别为第一层土和第二层土的静止土压力系数，由试验或按地区经验取值。表 13.4.3 提供了不同种类土的静止土压力系数，可供设计参考；γ_w 表示水的重度；q 表示室外地面均布荷载，一般情况下取 4kPa～10kPa。

外墙上单位面积的压力可按下式计算：

地下水位表面上处

$$p_1 = K_1(\gamma_1 h_1 + q) \tag{13.4.5a}$$

地下水位表面下处

$$p_2 = K_2(\gamma_1 h_1 + q) \tag{13.4.5b}$$

箱形基础底板上处

$$p_3 = K_2(\gamma_1 h_1 + \gamma_2 h_2 + q) + \gamma_w h_2 \tag{13.4.5c}$$

从图 13.4.4 中可以看到外墙侧压力分布图形比较复杂，因此设计中常将此图形按悬臂梁根部弯矩相等原则简化为三角形分布，此外，一些设计单位也有采用：$K=0.5$ 或 $K=\tan^2\left(45-\dfrac{\varphi}{2}\right)$，其中 φ 为土的内摩擦角。

静止土压力系数 K 表 13.4.3

土的种类	K	备注
碎石	0.18～0.28	
砂土	0.33～0.43	密实取小值 松散取大值
粉土	0.33	
粉质黏土	0.33～0.53	
黏土	0.33～0.72	坚硬状态取大值 流动状态取小值

13.4.4 箱形基础墙身洞口过梁截面计算

1. 洞口上、下过梁斜截面受剪承载力计算

单层箱基墙身洞口上、下过梁的受剪截面应分别符合下列公式的要求:

当 $h_i/b \leqslant 4$ 时

$$V_i \leqslant 0.25 f_c A_i \quad (i=1,\text{为上过梁};i=2,\text{为下过梁}) \quad (13.4.6a)$$

当 $h_i/b \geqslant 6$ 时

$$V_i \leqslant 0.20 f_c A_i \quad (i=1,\text{为上过梁};i=2,\text{为下过梁}) \quad (13.4.6b)$$

当 $4 < h_i/b < 6$ 时,按线性内插法确定。

$$V_1 = \mu V + \frac{q_1 l}{2} \quad (13.4.6c)$$

$$V_2 = (1-\mu) + \frac{q_2 l}{2} \quad (13.4.6d)$$

$$\mu = \frac{1}{2}\left(\frac{b_1 h_1}{b_1 h_1 + b_2 h_2} + \frac{b_1 h_1^3}{b_1 h_1^3 + b_2 h_2^3}\right) \quad (13.4.6e)$$

式中 V_1、V_2——上、下过梁的剪力设计值;

       V——洞口中点处的剪力设计值,按洞口所处的位置以及洞口两侧基础墙所承担的剪力决定;

       q_1、q_2——作用在上、下过梁的均布荷载设计值,对下过梁应扣除底板自重;

       l——洞口的净宽;

       A_1、A_2——上、下过梁的有效截面积,上、下过梁可取图 13.4.5 (a) 及图 13.4.5 (b) 的阴影部分计算,并取其中较大值;

       μ——剪力分配系数。

多层箱基墙身洞口过梁的剪力设计值可参照上列公式计算。

墙体洞口周围应设置加强钢筋,洞口四周附加钢筋面积不应小于洞口内切断钢筋面积的一半,且不少于两根直径为 14mm 的钢筋,此钢筋应从洞口边缘处延长 40 倍钢筋直径。

2. 洞口上、下过梁的受弯计算

单层箱形基础墙身洞口过梁受弯计算时作了以下假设:(1)箱基在整体弯曲状态下过梁的变形以剪切变形为主,并假定梁的反弯点在跨中;(2)在局部荷载作用下,按两端固定梁计算。洞口上、下过梁截面的顶部和底部纵向钢筋分别按式 (13.4.7a)、式 (13.4.7b) 求得的弯矩设计值配置:

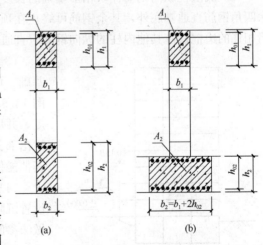

图 13.4.5 洞口上下过梁的有效截面积示意图

$$M_1 = \mu V \frac{l}{2} + \frac{q_1 l^2}{12} \tag{13.4.7a}$$

$$M_2 = (1-\mu)V \frac{l}{2} + \frac{q_2 l^2}{12} \tag{13.4.7b}$$

式中 M_1、M_2——上、下过梁的弯矩设计值。

13.4.5 箱形基础墙体的局部受压承载力计算

为防止混凝土硬化过程中产生的水化热以及混凝土收缩引起的裂缝，箱形基础一般都采用强度等级较低的混凝土。当箱形基础的混凝土强度等级低于底层柱子的混凝土强度等级时，应对柱下墙体的局部受压承载力进行验算。验算时局部受压的计算底面积，可根据局部受压面积与计算底面积同心、对称的原则确定[34]。当不能满足时，应适当扩大墙体的承压面积，如扩大柱角与墙体八字角之间的净距，或在柱下墙体内配置钢筋网，或采取提高墙体混凝土强度等级等有效措施。对抗震设防烈度为 9 度的高层建筑，验算柱下墙体的局部受压承载力时，尚应按现行国家标准《建筑抗震设计规范》GB 50011 的要求，考虑竖向地震作用对柱轴力的影响。

13.5 箱形基础一般构造要求

箱形基础应符合下列构造要求：

（1）箱形基础的混凝土强度等级不应低于 C25。箱形基础的混凝土体积较大，为减少浇注混凝土时产生的水化热，一般不采用强度等级大于 C40 的混凝土。当采用防水混凝土时，防水混凝土的抗渗等级应符合现行国家标准《建筑地基基础设计规范》GB 50007—2011 表 8.4.4 的要求，对重要建筑物宜采用自防水并设置架空排水层。

（2）底层柱纵向钢筋伸入箱形基础的长度为：柱下三面或四面有箱形基础墙的内柱，除四角钢筋直通基底外，其余钢筋可终止在顶板底面下 40 倍钢筋直径处；外柱、与剪力墙相连的边框柱及其他内柱的纵向钢筋应直通至基底。

（3）与高层建筑相连的门厅等低矮结构单元的基础，可采用从箱形基础挑出的基础梁方案，详见图 13.5.1。挑出的长度不宜大于 0.15 倍箱基的宽度，并应考虑挑梁对箱基产生的偏心荷载的影响。挑出部分下面应填充一定厚度的松散材料，或采取其他能保证挑梁自由下沉的措施。

（4）高层建筑箱形基础与相连的裙房之间是否设置沉降缝，可根据工程具体情况确定，有关构造做法参阅本书筏基部分。

（5）当箱形基础的外墙设有窗井时，窗井的分隔墙应与内墙连成整体。窗井分隔墙可视作由箱形基础内墙伸出的挑梁。窗井底板应按支承在箱基外墙、窗井外墙和分隔墙上的单向板或双向板进行

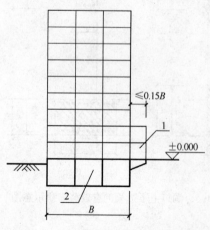

≤0.15B

1

±0.000

2

B

图 13.5.1 箱形基础挑出部位示意图
1—裙房；2—箱基

计算。

（6）当箱形基础兼作人防地下室时，箱形基础的设计和构造尚应符合现行国家标准《人民防空地下室设计规范》GB 50038 的规定。

（7）筏形与箱形基础地下室施工完成后，应及时进行基坑回填。回填土应按设计要求选料。回填时应先清除基坑内的杂物，在相对的两侧或四周同时进行并分层夯实，回填土的压实系数不应小于 0.94。

【例 13.5】图 13.5.2 为一高层建筑的钢筋混凝土内柱，其横截面为 1000mm×1000mm，柱的混凝土强度等级为 C60，柱的轴力设计值为 18500kN，柱网尺寸为 8.4m×8.4m，柱下四面有基础墙，墙宽为 300mm，箱形基础高度为 3300mm，其混凝土强度等级为 C35，荷载标准组合地基净反力为 185kPa。试验算柱下墙体的局部受压承载力、基础墙墙身受剪截面，以及底板受剪和受冲切承载力。

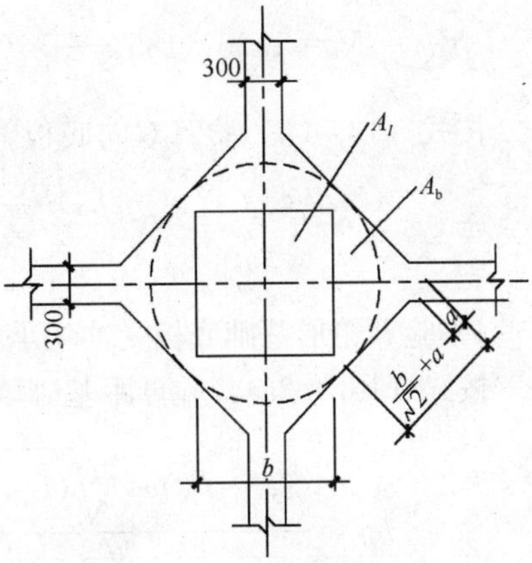

例图 13.5.2　基础墙体局部受压计算底面积示意图

1）验算柱下墙体的局部受压承载力

根据现行国家标准《混凝土结构设计规范》GB 50010，局部受压面积与计算底面积同心、对称原则，取半径为 $\left(\dfrac{b}{\sqrt{2}}+a\right)$ 的圆形面积作为局部受压计算底面积，其中 b 为柱宽，a 为柱角至墙体八字角之间的净距离，取 200mm，详见图 13.5.2。

局部受压面积 A_l：

$$A_l = 1000 \times 1000 = 10^6 \, \text{mm}^2$$

局部受压时计算底面积 A_b：

$$A_b = 3.1416 \times \left(\frac{1000}{\sqrt{2}} + 200\right)^2 = 2.585 \times 10^6 \, \text{mm}^2$$

混凝土局部受压时的强度提高系数 β_l：

$$\beta_l = \sqrt{\frac{A_b}{A_l}} = \sqrt{\frac{2.585 \times 10^6}{10^6}} = 1.608$$

素混凝土的抗压强度设计值 f_{cc}：

$$f_{cc} = 0.85 f_c = 0.85 \times 16.7 = 14.195 \, \text{MPa}$$

$$\omega \beta_l f_{cc} A_l = 1 \times 1.608 \times 14.195 \times 10^6 = 22825560 \, \text{N} > 18500 \, \text{kN} \quad （可）$$

2）验算箱形基础墙身受剪截面

由于对称，每道墙承担的剪力设计值 V'_w 为：

$$V'_w = \frac{1}{4} \times 1.35 \times 185 \times 8.4 \times 8.4 = 4406 \, \text{kN}$$

墙体八字角边缘处的剪力设计值 V_w 为：

$$V_\mathrm{w}=4406\times\frac{(4200-1132.8)}{4200}=3218\mathrm{kN}$$

$$0.2f_\mathrm{c}A_\mathrm{w}=0.2\times16.7\times300\times3200=3206.4\times10^3\ \mathrm{N}\approx V_\mathrm{w}=3218\mathrm{kN}（可）$$

3）验算箱形基础底板斜截面受剪承载力

由本章 13.1.5 节，底板厚度不小于双向板区格短边尺寸的 1/14，设底板厚度为 600mm，距基础墙边缘 h_0 处地基土平均净反力设计值 V_s 为：

$$V_\mathrm{s}=1.35\times185\times\frac{1}{2}\times(8.1-0.55\times2)\times(4.05-0.55)=3059\mathrm{kN}$$

按式（13.4.1）验算双向底板斜截面受剪承载力：

$$0.7\beta_\mathrm{hs}f_\mathrm{t}(l_\mathrm{n2}-2h_0)h_0=0.7\times1\times1570\times(8.1-2\times0.55)\times0.55$$
$$=4231\mathrm{kN}>V_\mathrm{s}=3059\mathrm{kN}（可）$$

4）验算箱形基础底板受冲切承载力

按式（13.4.3a），验算距基础墙边缘处底板受冲切所需的有效厚度 h_0：

$$h_0=\frac{(l_\mathrm{n1}+l_\mathrm{n2})-\sqrt{(l_\mathrm{n1}+l_\mathrm{n2})^2-\dfrac{4p_\mathrm{n}l_\mathrm{n1}l_\mathrm{n2}}{p_\mathrm{n}+0.7\beta_\mathrm{hp}f_\mathrm{t}}}}{4}$$

$$=\frac{(8.1+8.1)-\sqrt{(8.1+8.1)^2-\dfrac{4\times1.35\times185\times8.1\times8.1}{1.35\times185+0.7\times1\times1570}}}{4}$$

$$=0.394\mathrm{m}<0.55\mathrm{m}（可）$$

13.6 箱形基础的地基反力系数

箱形基础地基反力系数系《高层建筑箱形基础设计与施工规程》（JGJ 6—80）编制组[31]对北京地区一般第四纪土和上海软土地基上的高层建筑地基反力实测结果进行统计分析，选择多条反力分布曲线，用最小二乘法以对称 10 次幂级数建立曲线方程，从而得到两个地区纵向和横向地基反力分布规律的曲线方程以及所求坐标点的地基反力值，将这些坐标点作为曲线的分段点，则两端点地基反力的平均值即为该段的平均地基反力系数。纵向和横向分段地基反力系数逐次相乘的积，即为分块系数。由于地基反力系数是基于大量工程的实测结果，因此地基反力系数表已反映了地基、基础和上部结构共同工作以及地基的非线性变形的影响。此后《高层建筑筏形与箱形基础技术规范》JGJ 6—99 又增补了砂土地基反力系数。本节所列的反力系数表即取自该规程。

JGJ 6—80 编制组，利用不同地基模型，考虑上部结构共同作用，对多幢高层建筑进行比较分析，计算结果差异很大。文克尔模型的跨中总是出现最大负弯矩，弹性半无限体模型的跨中总是出现最大正弯矩，而实测反力系数法则介于两者之间，且其弯矩曲线形状相似于弹性半无限体模型，但整体弯矩值却小多了，它提示我们，设计中要结合地区经验选择合理的地基模型。图 13.6.1 为其中的北京某公寓纵向整体弯矩分析的结果。

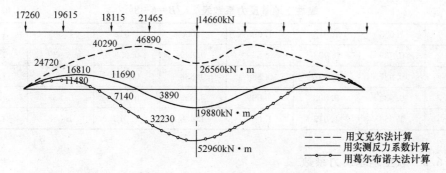

图 13.6.1　某公寓纵向整体弯矩图

13.6.1　黏性土地基反力系数

黏性土地基反力系数可按表 13.6.1-1～ 表 13.6.1-4 确定：

黏性土地基反力系数表　　*L/B*=1　　　　　　表 13.6.1-1

1.381	1.179	1.128	1.108	1.108	1.128	1.179	1.381
1.179	0.952	0.898	0.879	0.879	0.898	0.952	1.179
1.128	0.898	0.841	0.821	0.821	0.841	0.898	1.128
1.108	0.879	0.821	0.800	0.800	0.821	0.879	1.108
1.108	0.879	0.821	0.800	0.800	0.821	0.879	1.108
1.128	0.898	0.841	0.821	0.821	0.841	0.898	1.128
1.179	0.952	0.898	0.879	0.879	0.898	0.952	1.179
1.381	1.179	1.128	1.108	1.108	1.128	1.179	1.381

黏性土地基反力系数表　　*L/B*=2～3　　　　表 13.6.1-2

1.265	1.115	1.075	1.061	1.061	1.075	1.115	1.265
1.073	0.904	0.865	0.853	0.853	0.865	0.904	1.073
1.046	0.875	0.835	0.822	0.822	0.835	0.875	1.046
1.073	0.904	0.865	0.853	0.853	0.865	0.904	1.073
1.265	1.115	1.075	1.061	1.061	1.075	1.115	1.265

黏性土地基反力系数表　　*L/B*=4～5　　　　表 13.6.1-3

1.229	1.042	1.014	1.003	1.003	1.014	1.042	1.229
1.096	0.929	0.904	0.895	0.895	0.904	0.929	1.096
1.081	0.918	0.893	0.884	0.884	0.893	0.918	1.081
1.096	0.929	0.904	0.895	0.895	0.904	0.929	1.096
1.229	1.042	1.014	1.003	1.003	1.014	1.042	1.229

黏性土地基反力系数表　　$L/B=6\sim8$　　表 13.6.1-4

1.214	1.053	1.013	1.008	1.008	1.013	1.053	1.214
1.083	0.939	0.903	0.899	0.899	0.903	0.939	1.083
1.069	0.927	0.892	0.888	0.888	0.892	0.927	1.069
1.083	0.939	0.903	0.899	0.899	0.903	0.939	1.083
1.214	1.053	1.013	1.008	1.008	1.013	1.053	1.214

13.6.2　软土地基反力系数

软土地基反力系数按表 13.6.2 确定：

软土地基反力系数表　　表 13.6.2

0.906	0.966	0.814	0.738	0.738	0.814	0.966	0.906
1.124	1.197	1.009	0.914	0.914	1.009	1.197	1.124
1.235	1.314	1.109	1.006	1.006	1.109	1.314	1.235
1.124	1.197	1.009	0.914	0.914	1.009	1.197	1.124
0.906	0.966	0.811	0.738	0.738	0.811	0.966	0.906

13.6.3　黏性土地基异形基础地基反力系数

黏性土地基异形基础地基反力系数按表 13.6.3-1～表 13.6.3-5 确定：

黏性土地基异形基础地基反力系数表　　表 13.6.3-1

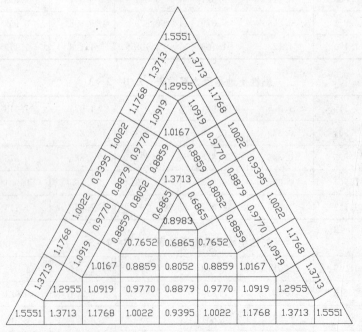

黏性土地基异形基础地基反力系数表　　　　　　　　　表 13.6.3-2

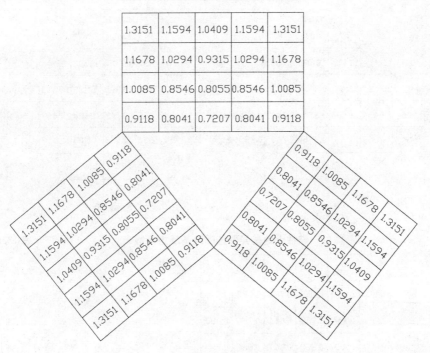

黏性土地基异形基础地基反力系数表　　　　　　　　　表 13.6.3-3

					1.4799	1.3443	1.2086	1.3443	1.4799					
					1.2336	1.1199	1.0312	1.1199	1.2336					
					0.9623	0.8726	0.8127	0.8726	0.9623					
1.4799	1.2336	0.9623	0.7850	0.7009	0.6673	0.7009	0.7850	0.9623	1.2336	1.4799
1.3443	1.1199	0.8726	0.7009	0.6024	0.5693	0.6024	0.7009	0.8726	1.1199	1.3443
1.2086	1.0312	0.8127	0.6673	0.5693	0.4996	0.5693	0.6673	0.8127	1.0312	1.2086
1.3443	1.1199	0.8726	0.7009	0.6024	0.5693	0.6024	0.7009	0.8726	1.1199	1.3443
1.4799	1.2336	0.9623	0.7850	0.7009	0.6673	0.7009	0.7850	0.9623	1.2336	1.4799
					0.9623	0.8726	0.8127	0.8726	0.9623					
					1.2336	1.1199	1.0312	1.1199	1.2336					
					1.4799	1.3443	1.2086	1.3443	1.4799					

黏性土地基异形基础地基反力系数表　　　　表 13.6.3-4

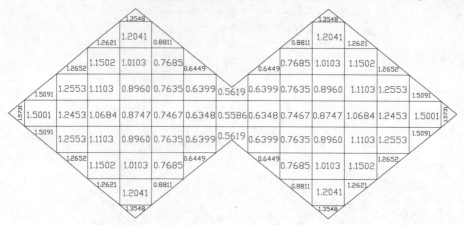

黏性土地基异形基础地基反力系数表　　　　表 13.6.3-5

1.314	1.137	0.855	0.973	1.074				
1.173	1.012	0.780	0.873	0.975				
1.027	0.903	0.697	0.756	0.880				
1.003	0.869	0.667	0.686	0.783				
1.135	1.029	0.749	0.731	0.694	0.783	0.880	0.975	1.074
1.303	1.183	0.885	0.829	0.731	0.686	0.756	0.873	0.973
1.454	1.246	1.069	0.885	0.749	0.667	0.697	0.780	0.855
1.566	1.313	1.246	1.183	1.029	0.869	0.903	1.012	1.137
1.659	1.566	1.454	1.303	1.135	1.003	1.027	1.173	1.314

13.6.4　砂土地基反力系数

砂土地基反力系数按表 13.6.4-1～表 13.6.4-3 确定：

砂土地基反力系数表　　 $L/B=1$ 　　　　表 13.6.4-1

1.5875	1.2582	1.1875	1.1611	1.1611	1.1875	1.2582	1.5875
1.2582	0.9096	0.8410	0.8168	0.8168	0.8410	0.9096	1.2582
1.1875	0.8410	0.7690	0.7436	0.7436	0.7690	0.8410	1.1875
1.1611	0.8168	0.7436	0.7175	0.7175	0.7436	0.8168	1.1611
1.1611	0.8168	0.7436	0.7175	0.7175	0.7436	0.8168	1.1611
1.1875	0.8410	0.7690	0.7436	0.7436	0.7690	0.8410	1.1875
1.2582	0.9096	0.8410	0.8168	0.8168	0.8410	0.9096	1.2582
1.5875	1.2582	1.1875	1.1611	1.1611	1.1875	1.2582	1.5875

砂土地基反力系数表　*L/B*=2～3　　　　　表 13.6.4-2

1.409	1.166	1.109	1.088	1.088	1.109	1.166	1.409
1.108	0.847	0.798	0.781	0.781	0.798	0.847	1.108
1.069	0.812	0.762	0.745	0.745	0.762	0.812	1.069
1.108	0.847	0.798	0.781	0.781	0.798	0.847	1.108
1.409	1.166	1.109	1.088	1.088	1.109	1.166	1.409

砂土地基反力系数表　*L/B*=4～5　　　　　表 13.6.4-3

1.395	1.212	1.166	1.149	1.149	1.166	1.212	1.395
0.992	0.828	0.794	0.783	0.783	0.794	0.828	0.992
0.989	0.818	0.783	0.772	0.772	0.783	0.818	0.989
0.992	0.828	0.794	0.783	0.783	0.794	0.828	0.992
1.395	1.212	1.166	1.149	1.149	1.166	1.212	1.395

13.6.5　关于地基反力系数表的使用说明

（1）L、B 分别表示基础底面的长度和宽度。

（2）以上各表表示将基础底面（包括底板悬挑部分）划分为若干区格，每区格基底反力＝$\dfrac{\text{上部结构竖向荷载加箱形基础自重和挑出部分台阶上的自重}}{\text{基底面积}}$×该区格的反力系数

（3）上述地基反力系数表适用于上部结构与荷载比较匀称的框架结构，地基土比较均匀、底板悬挑部分不宜超过 0.8m，不考虑相邻建筑物的影响以及满足本规范构造要求的单幢建筑物的箱形基础。当纵横方向荷载不很匀称时，应分别将不匀称荷载对纵横方向对称轴所产生的力矩值所引起的地基不均匀反力和由附表计算的反力进行叠加。力矩引起的地基不均匀反力按直线变化计算。

（4）表 13.6.3-2 中，三个翼和核心三角形区域的反力与荷载应各自平衡，核心三角形区域内的反力可按均布考虑。

参 考 文 献

[1]　《建筑地基基础设计规范》GB 50007—2011. 北京：中国建筑工业出版社，2011.

[2]　中国建筑科学研究院地基所，北京市建筑设计院，北京市勘测处，北京工业大学. 北京前三门 604 工程箱形基础试验研究报告，1978.

[3]　中国建筑科学研究院地基所，北京市建筑设计院，北京市勘测处，北京工业大学. 北京中医医院病房楼工程箱形基础测试研究报告，1978.

[4]　孙国栋. 高层建筑箱基实用计算方法的探讨. 建筑结构，1985(2).

[5]　王文明. 高层筒体结构的少隔墙箱形基础. 中国建筑学会地基与基础学术委员会第八、九次会议论文集，1989.

[6]　张问清. 门窗洞对墙板刚度的折减系数.

[7]　侯光瑜. 高层建筑箱形基础工作机理(21 世纪高层建筑基础工程). 北京：中国建筑工业出版社，2000.

[8] M. N. 葛尔布诺夫-帕沙道夫. 弹性地基上结构物的计算. 华东工业建筑设计院译. 北京：中国工业出版，1957.

[9] 张国霞，张乃瑞，张凤林. 病房楼工程基坑回弹和地基沉降的观察分析. 土木工程学报，1980 (1).

[10] 朱百里，曹名葆，魏道垛. 框架结构与地基基础共同作用的数值分析. 1981.

[11] 孙家乐，武建勋. 框架结构与地基基础共同作用的等代刚度公式研究. 1982.

[12] 丁大钧. 高层建筑中上部结构与箱基共同作用. 建筑结构，1995(6).

[13] 北京市建筑设计院，北京市勘测处. 民族文化宫工程地基中若干问题的探讨. 1966.

[14] 北京高层建筑箱形基础试验研究小组. 北京建国门外 16♯公寓箱形基础试验研究报告. 1978.

[15] 北京市地质地形勘测处. 四份关于北京市区高层建筑天然地基的基本资料和初步分析. 1978.

[16] 国家建委建筑科学研究院地基所，上海市市政工程设计研究所，同济大学地基教研组，上海市第四建筑工程公司，上海市民用建筑设计院. 上海康乐路十二层华盛路高层住宅箱形基础测试研究报告. 1976.

[17] 国家建委建筑科学研究院地基所，上海市市政工程设计研究所，同济大学地下建筑工程系，上海市第四建筑工程公司，上海市民用建筑设计院. 上海华盛路高层住宅箱形基础测试研究报告. 1977.

[18] 上海市胸科医院，同济大学地基研究室，上海市第六建筑工程公司，上海工业建筑设计院. 胸科医院外科大楼箱形基础测试研究报告. 1978.

[19] 同济大学结构理论研究所土力学与基础工程研究室. 上海四平大楼箱形基础测试研究报告. 1981.

[20] 国家建委建筑科学研究院地基所，商业部设计院. 保定冷库工程箱形基础实测研究报告. 1977.

[21] 叶于政，孙家乐. 高层建筑箱形基础与地基和上部结构共同工作机理的初步探讨和采用弹性杆的简化计算法. 北京工业大学学报，1980 (1)，26-32.

[22] 张问清，赵锡宏. 逐步扩大子结构法计算高层结构刚度的基本原理. 建筑结构学报，1980(4).

[23] 方世敏. 上部结构与地基基础共同作用的子结构分析法. 建筑结构学报，1980 (4)，71-79.

[24] 黄绍敏等. 用等代梁法考虑上部结构刚度影响的箱形基础简化计算方法探讨.

[25] 钱力航，黄绍敏等. 上部结构刚度对箱形基础整体弯矩影响的探讨. 建筑结构学报，1981(1).

[26] 北京市建筑设计院. 双向弹性地基梁程序.

[27] 北京市勘察设计研究院. 高低层建筑差异变形分析软件.

[28] 宰金珉，张问清，赵锡宏. 高层空间剪力墙结构与地基共同作用三维问题的双重扩大子结构有限元——有限层分析. 建筑结构学报，1983(5).

[29] 董建国，赵锡宏. 高层建筑桩筏和桩箱基础沉降计算的简易理论法(上海高层建筑桩筏与桩箱基础设计理论). 上海：同济大学出版社，1989.

[30] 董建国，赵锡宏. 高层建筑地基基础-共同作用理论与实践. 上海：同济大学出版社，1997.

[31] 何颐华，方寿生，钱力航，王素琼. 高层建筑箱形基础基底反力确定法. 建筑结构学报，1980 (1) .

[32] 裴捷，张问清等. 考虑砖填充墙的框架结构与地基基础共同作用的分析方法. 建筑结构学报，Vol.5(4)，1984.

[33] 井卫星，丁自强. 钢筋混凝土无腹筋对边简支构件剪压区混凝土的强度. 郑州工学院学报，1990 (3).

[34] 混凝土结构设计规范(GB 50010—2010).

第14章 地 下 工 程

14.1 概 述

地下结构在各类建筑、交通、水利、矿山、市政建设以及国防和人民防空工程中已得到了广泛的应用。地下结构工程是介于结构工程和岩土工程之间的一门边缘学科。

传统地下结构理论认为，地下建筑结构是建筑在岩土体内的人工结构物。而地下结构工程新理论，如新奥法理念则认为，地下建筑结构可以看成是建筑在岩土体内的人工结构与围岩（土）体结构共同构成的结构物。因为在岩体中开挖不支护或以锚杆支护为主体的地下结构物，如在土体中开挖窑洞及地道等，均可看作是地下建筑结构。所以，现代理念的地下建筑结构应该是由地下支护结构与地层（或岩土体）结构组成。含有地下建筑结构的工程称为地下建筑工程。

与楼房、桥梁等地面结构物一样，地下结构物也是一种结构体系，但地下与地面结构体系之间在赋存环境、力学作用机理等方面都存在着明显的差异。在荷载方面，除了自重力外，地面结构的荷载都是来自结构外部，如其他结构、设备、车辆、人群及自然力等；而地下建筑结构是一种包括支护结构和地层结构的复合结构体，其中，支护结构埋入地层中，周围都与地层结构紧密接触。

地下建筑结构涵盖各种地下室结构、隧道、隧洞、地下洞室（地下厂房）、矿山巷道及地下采场、地下通道、基坑等。本章将说明土体中的地下室结构及隧道工程。

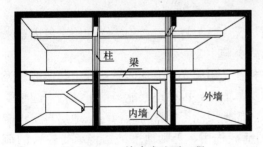

图 14.1.1　单建式地下工程

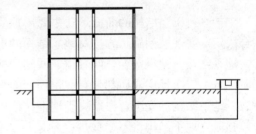

图 14.1.2　附建式地下工程

14.1.1　地下空间利用

按地下空间的用途，传统地分为下列 8 类：

(1) 交通隧道，如铁路隧道、公路隧道、地下铁道及水底隧道等；

(2) 水工隧洞，如水力发电站的各种输水隧洞，为农业灌溉开凿的输水隧洞以及给水排水隧洞等；

(3) 地下工厂，如水力或火力发电站的地下厂房以及各种轻、重工业的厂房等；

（4）地下贮库，如粮食、油料、酿酒和水果、蔬菜等的储藏库、车库及核废料封存等；

（5）矿山巷道，如各类矿山的运输巷道以及开采巷道等；

（6）人防工程，如人员隐蔽部、指挥所、疏散干道、连接通道、医院、救护站以及大楼防空地下室，根据平战结合的原则，平时可用作办公室、会议室、工厂仓库、招待所等；

（7）国防工程，如飞机库、舰艇库、武器库、弹药库、作战指挥所、通信枢纽、医院、工事等；

（8）民用建筑，如地下商店、住宅、旅店、图书馆、体育馆、展览厅、影剧院等。

城市地下空间近年来发展很快，按用途可分为 8 类：

（1）居住空间：过去，居住在地下室或半地下室重的居民是很多的，中国的窑洞至今还有数千万人居住着，美国从建筑节能角度出发，修建了一批半地下覆土住宅；

（2）业务空间：指是办公、会议、教学、实验、医疗设备等各种业务活动的空间；

（3）商业空间：在地下修建商店，甚至商业街，吸引人流到地下去，可改善地面交通和环境条件；

（4）文体空间：像电影、戏剧、音乐、展览、运动等文化娱乐场所，体育空间多采用人工照明，因此地下更合适；

（5）交通空间：包括地下铁道、地下道路、地下步行街、地下车库，地下管道是迄今为止城市地下空间主要内容之一；

（6）生产空间：城市中适合轻工业或者手工业，特别是精密仪器的生产，地下环境更有利；

（7）贮存空间：地下环境适应于贮存粮食、食品、油类、药品等，成本低，质量高；

（8）防灾空间：对于各种自然和人为灾害，如防空和地震，都是有较强的防护能力。

14.1.2 结构形式

支护（衬砌）结构的断面形式主要由地质情况、受力特征、使用需求和施工等因素来综合决定。要注意到施工方法对地下结构的形式会起主要影响。

地下结构与地层接触，两者组成共同的并相互作用的受力变形体系。理论与实践已经证明，各类岩土地层介质都具有一定程度的自支承能力，因而地层能与地下结构一起承受荷载。地下结构的安全首先取决于地下结构周围的地层能否保持持续稳定。地层自支承能力较强时，地下结构将不受或少受地层压力的荷载作用，否则地下结构将承受较大的荷载，直至必须独立承受全部荷载的作用。显而易见，地下结构的选型必须考虑其周围地层的性质。

地层有岩石与土体之分。一般来说，岩石地层的自支承能力强于土体，故两类地层中地下结构的选型有着明显的差别。对于岩石地层，设计计算时常将岩体按完整性和强度进行分类，以选择合理的结构形式和确定适当的计算方法。土层矿物颗粒是岩石极度风化的产物，故土质地层的自支承能力一般都大大低于岩层，土层作用在地下结构上的荷载称为土压力。因为土压力的量值通常大于岩石地层作用在地下结构上的压力，且土的强度低，较易进入塑性受力状态，故土层中的地下结构通常应具有较高的承载能力，圆形和封闭框架等形式常被优先采用。

　　断面形式的选择还需考虑受力特征，即在一定地质条件下的水土压力和一定爆炸或地震等荷载下求出最合理的和最经济的结构形式。地下结构断面可以有图 14.1.3 所示的几种形式：矩形截面，适宜于工业、民用、交通等建筑物，但直线构件不利于抗弯，故常在荷载或跨度较小、埋深较浅和地质条件较好时采用，尤其在附建式地下室采用较多；圆形截面，当受到均匀径向压力时弯矩为零，可充分发挥混凝土结构的抗压强度，当地质较差时应优先采用。其余四种形式是介于以上两者的中间情况，可按具体荷载和尺寸来决定，如顶压较大时用直墙拱形，大跨度结构采用落地拱，底板也可做成仰拱形式。

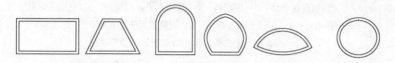

图 14.1.3　地下结构截面形式

　　结构形式也受使用要求的制约，一个地下建筑物中须考虑使用需要，如人行通道，可做成单跨矩形或拱形结构；地下铁道车站或地下医院等应采用多跨结构，既减少内力，又有利于使用；飞机库则中间不能设柱而采用大跨度落地拱；在工业车间和商场建筑中则矩形结构较符合使用要求；当欲利用拱形空间放置通风等管道时，亦可做成直墙接拱形或圆形隧道。

　　施工方案是决定地下结构形式的重要因素之一，在使用、受力和地质条件相同情况下，由于施工方法不同可采用不同的结构形式。

　　本文主要阐述在土层中的地下结构工程。综合地质情况、受力特征、使用需求和施工等因素，土层地下结构的形式可归纳为下列几种：

　　（1）附建式结构：是指房屋建筑下面的地下室，一般有承重的外墙、内墙或柱和板或梁板式顶底板结构（图 14.1.4）。

　　（2）浅埋式结构：平面呈方形或长方形，当顶板做成平顶时，常采用梁板式结构。地下指挥所可以采用平面呈条形的单跨或多跨结构，为了节省材料顶板可做成拱形；平面为条形的地下铁道等大中型结构，则常做成矩形框架结构。

　　（3）地道式结构：采用暗挖法施工的直墙拱形结构或曲墙式结构（图 14.1.5）。

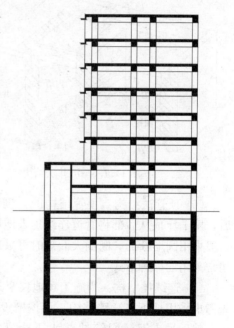

图 14.1.4　附建式结构

　　（4）沉井法结构：施工时，沉井在自重作用下逐渐下沉，达到设计标高时，立即进行封底并浇筑底板和顶板。沉井法结构的水平截面一般做成矩形或圆形，也可做成单孔、双孔或多孔结构等形式（图 14.1.6）。

　　（5）盾构法结构：遇土质较差时，靠其自支承能力可维持稳定时间很短时，对中等埋

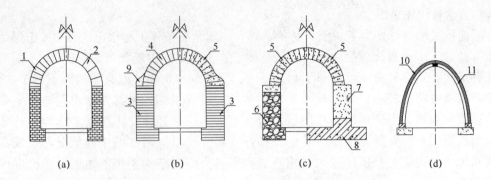

图 14.1.5　地道式结构

1—砖块；2—预制混凝土块；3—毛石料；4—混凝土块或砌块；5—预制钢筋混凝土拱；

6—浆砌毛石；7—混凝土墙或砖墙；8—钢筋混凝土基础板；9—回填料；

10—钢筋混凝土拱板；11—槽形钢筋混凝土拱板

深以上土层的地下结构常采用盾构法施工。盾构推进时，以圆形为最宜，故常采用装配式圆形衬砌（图 14.1.7），有时也做成方形和半圆形。

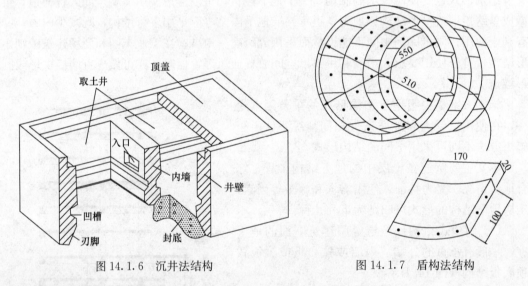

图 14.1.6　沉井法结构　　　　　　　　　图 14.1.7　盾构法结构

（6）顶管法结构：顶管结构的衬砌在地面上整体预制好管道或箱框，管道调入基坑后，用千斤顶从后部将管道连续顶入地层，挤出的土从管内出土。断面小而长的顶管结构一般采用圆形断面，断面大而短时可采用矩形断面或多跨箱涵结构。图 14.1.8 是顶管结构常采用的一种形式。

（7）连续墙结构：当施工场地狭窄时或在地质条件较差情况下基坑开挖较深时，可优先考虑采用地下连续墙结构，用挖槽设备沿墙体挖出沟槽，用泥浆护壁方法维持槽壁稳定，然后吊入钢筋网笼并在水下浇灌混凝土，即可建成地下连续墙结构的墙体（图 14.1.9）。墙体完成后，可以在墙体支护下明挖基坑或用逆作法施工，浇筑地下室底板、顶板和中间楼层，当考虑地下连续墙垂直承载力时，亦可兼作地下室外墙（图 14.1.10）。

（8）沉管法结构：在预先开挖的沟堑或河槽内将预制好的管道沉放就位，然后连接成整体，如图 14.1.11 所示。

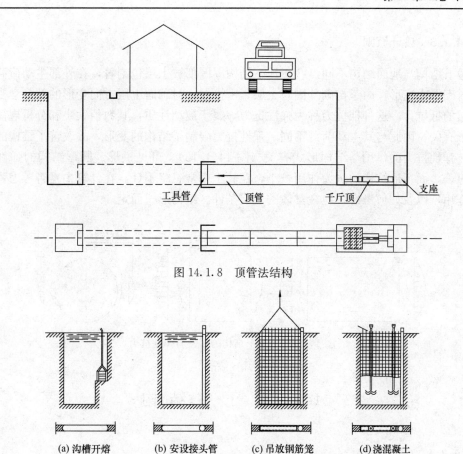

图 14.1.8　顶管法结构

(a) 沟槽开挖　　　(b) 安设接头管　　　(c) 吊放钢筋笼　　　(d) 浇混凝土

图 14.1.9　地下连续墙施工程序

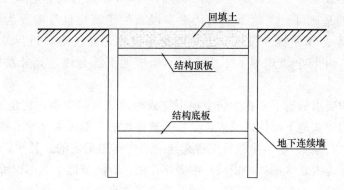

图 14.1.10　地下连续墙结构

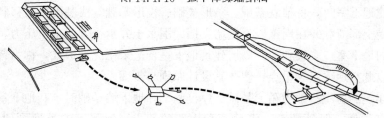

图 14.1.11　沉管结构施工程序示意图

14.1.3　设计原则

地下结构与地面结构不同点在于地下结构周围都被土层包围着，在外部主动荷载作用下，衬砌发生变形，由于衬砌外围与土层紧密接触，衬砌向土层方向变形的部分会受到来自土层的抵抗力。这种抵抗力称为弹性抗力，属于被动性质，其数值大小和分析规律与衬砌变形有关，因此与其主动荷载不同。弹性抗力限制了结构的变形，故改善了结构的受力情况。弹性抗力的作用与结构形式有关（图14.1.12）。可见拱形、圆形结构的弹性抗力作用显著，而矩形结构的抗力作用较小，在软土中常忽略不计。在计算中是否考虑弹性抗力的作用，以及如何考虑，应视具体的土层条件、结构形式而定。

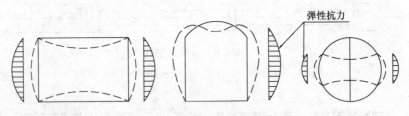

图14.1.12　地下结构的变性与弹性抗力

14.2　地下室结构

14.2.1　结构形式

地下室即附建式地下工程，是整个建筑物的一部分，它为地下空间可供利用，又可作为整个建筑物的基础部分。地下室的用途多以满足建筑物自身需要为主，一般用作设备层、各种贮库、各种服务设施、多功能娱乐设施、办公等，近年常与城市地铁、地下街等相结合，并与单建式地下工程连接而组成地下综合体，充分发挥地下空间的综合效益。

具有一定防护要求的地下室称为防空地下室或附建式人防工事，它是一种防护工程。现代战争中，对附建式地下结构的要求，是根据核爆炸的杀伤因素（冲击波、光辐射、早期核辐射、放射性污染）、化学武器与生物武器的杀伤作用确定的。其中，对承重结构有决定意义的是核爆炸因素（例如冲击波）的破坏作用，即防空地下室不仅承受上部地面建筑物传下来的静荷载外，而且在战争中还承受冲击波的动荷载。

房屋修建地下室时，将独立基础、条形基础、筏形基础等浅基础向下移到地下室底板水平处，承受上部荷载并在周围以外侧墙支挡周围水土并承受侧向水土压力，构成可供地下空间利用的地下室。多层和部分高层建筑地下室普遍采用此种形式，称为普通地下室结构。本节将以此类地下室为重点，叙述其设计原则与步骤。

当高层建筑的房屋基础为箱形基础、厚筏基础和地下墙基础时，其地下室设计原则上与普通地下室类似，但各具有一定计算和构造的特点。地下室的类型可列成表14.2.1所示：

地下室类型

表 14.2.1

类 型	适用范围	主要承重结构
普通地下室结构： 1. 梁板式（图14.2.1）； 2. 板柱式（图14.2.2）	多层民用建筑或中小型工业厂房的地下室	1. 顶板、外墙、梁、柱、地下室基础； 2. 顶板、外墙、柱、地下室基础
箱形结构地下室（图14.2.3）	高层建筑下的地下室	顶板、底板、外墙及内纵横墙形成的空间格子式结构
厚筏基础地下室（图14.2.4）	高层建筑下桩基的地下室	顶板、外墙、内纵横墙、柱、厚底板
地下墙基础地下室（图14.2.5）	高层建筑下的多层地下室、地下停车场、地铁车站等	顶板、底板、内纵横墙、地下连续墙兼地下室外墙

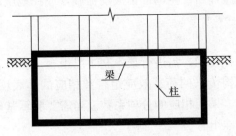

图 14.2.1 梁板式地下室   图 14.2.2 板柱式地下室

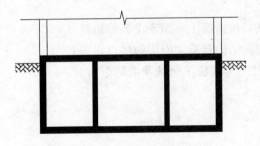

图 14.2.3 箱形结构地下室

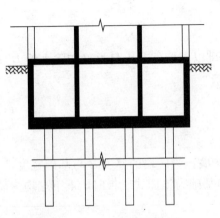

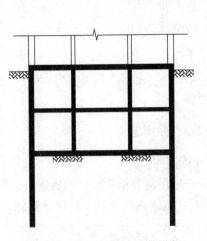

图 14.2.4 厚筏基础地下室   图 14.2.5 地下墙基础地下室

14.2.2　荷载

1. 荷载种类

作用在地下室上的荷载，按其存在状态可分为恒荷载、活荷载和动荷载三大类。动荷载的计算在防护设计中详细说明。

（1）恒荷载：是指长期作用在结构上且大小、方向与作用点不变的荷载，其中包括结构自重、土压力、地下水压力和永久设备自重等。

（2）活荷载：在结构施工和使用期间可能存在的变动荷载，其大小和作用位置都可能变化，包括地下室内部的楼面活荷载（人群、物件和设备重量）、地下车间的吊车荷载、地面附近的堆积物和车辆对地下室结构作用的荷载以及施工安装过程中的临时荷载。

（3）动荷载：指地下建筑物受到来自武器爆炸所产生的冲击波动荷载，或在地震波作用下的地震作用。

2. 荷载组合

上述的几类荷载对结构的作用并不是同时存在的，需进行最不利工况组合。在进行内力计算、确定配筋和验算材料强度时，上部结构传来的荷载效应组合和相应的基底反力，应按承载能力极限状态下的荷载效应基本组合，采用相应的分项系数。当需要验算基础裂缝宽度时，应按正常使用极限状态荷载效应标准组合。

3. 荷载计算

（1）顶板竖向荷载：

$q_{附加}$：顶板附加恒载，包括覆土、固定设备等重量；

$q_{自重}$：顶板自重，包括结构自重、面层做法自重等；

$q_{活}$：顶板活荷载，注意考虑施工荷载及消防车荷载。

（2）侧墙水平荷载：

$q_{土}$：侧向土压力；

$q_{水}$：侧向水压力；

$q_{堆载}$：地表靠侧墙的堆载引起的侧向压力。

（3）底板荷载：

$q_{反}$：地基反力，$q_{反} = \dfrac{F+G}{A}$；

$q_{水}$：水浮力。

其中，F——上部结构竖向力；G——基础以上构件及土自重（扣除水浮力）；A——基础底面积。

14.2.3　外侧墙

1. 计算简图

地下室采用混合结构时，侧墙通常采用砖墙。当砖墙的厚度 d 与基础宽度 d' 之比 $d/d' \leqslant 0.7$ 时，按上端简支、下端固定计算；当基础为整体式底板时，上下端均为简支计算（图 14.2.6）。

地下室采用钢筋混凝土结构时，侧墙有以下几种计算简图。

（1）顶板、外墙、底板分开计算：

没有布置横向、纵向内墙与外墙相连时，此时可将外墙划出单位宽度将外墙和顶板连接处视作铰接、与底板连接处视作固端，外墙作为上端简支、下端固定的压弯杆件（图14.2.7）。

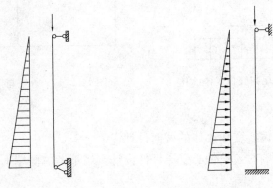

图 14.2.6　两端铰支　　　　　　图 14.2.7　一端固定、一端铰支

外墙与横向、纵向内墙相连时，当外墙的长边与短边之比不大于 2 时，外墙应按双向板计算；当外墙的长边与短边之比大于 2 但小于 3 时，外墙宜按双向板计算；当外墙长边与短边之比大于 3 时，宜按单向板计算。板边界条件（固定或铰接）宜根据具体设计情况，并结合外墙、顶板、底板等的线刚度比综合确定（图 14.2.8、图 14.2.9）。

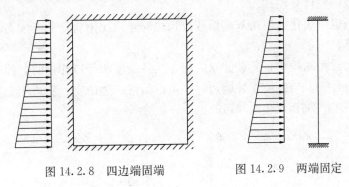

图 14.2.8　四边端固端　　　　　　图 14.2.9　两端固定

（2）顶板、外墙、底板整体计算：

a. 外墙与底板整体计算：假定外墙与顶板作为铰接，外墙与底板画出单位宽度作整体计算（图 14.2.10）。

b. 顶板、外墙和底板整体计算：当地下室结构纵向较长，横向较短，结构所受的荷载沿纵向的大小近似不变时，计算时可沿纵向截取单位宽度作为框架结构来计算（图14.2.11）。

2. 内力计算

根据已定的计算简图和荷载求结构内力，可用静力学的一般方法即弹性分析法，也可用弹塑性分析方法。

对钢筋混凝土超静定结构，一般梁板均可考虑由材料塑性变形引起的结构内力重分布。对超静定结构的杆系框架，若配筋率较低延性较好，也可采用塑性分析方法。

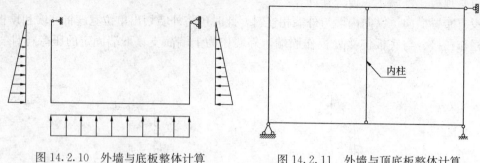

图 14.2.10　外墙与底板整体计算　　　　图 14.2.11　外墙与顶底板整体计算

3. 截面设计

侧墙为砖墙时，按偏心受压砌体的截面设计。

侧墙为钢筋混凝土墙时，按偏心受压杆件设计，当不考虑侧墙上的轴向压力时，可按受弯构件设计。

构件截面设计时应同时满足承载能力要求及正常使用要求（变形及裂缝）。

14.2.4　顶板和底板

1. 计算简图

板一般有两种计算模式，根据板的长边与短边比值的不同，可分为单向（连续）板和双向（连续）板两种计算模式。

双向连续板也可简化为单跨双向板或按长边与短边比值将荷载分配到两个方向上，按单向连续板计算。

各跨荷载大致相同的均布荷载的双向板，当各跨度相等或相近时，此时可近似按照四边固定的双向板计算。当板位于外墙边时，可近似按一边简支、三边固定或二边简支、二边固定计算（图 14.2.12、图 14.2.13）。

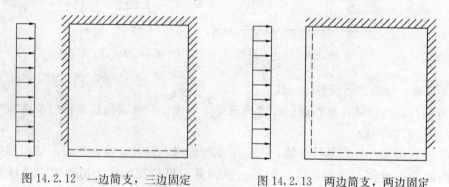

图 14.2.12　一边简支，三边固定　　　　图 14.2.13　两边简支，两边固定

2. 内力计算

1）单向连续板

当连续板两个方向的跨度比大于 2，或者双向板的荷载已经分配简化为单向连续板的情况下，可按下述方法计算：

（1）弹性法计算：等跨或不等跨连续板可通过《建筑结构静力手册》中有关表格系数

直接得到其内力，对某些不等跨的连续板可用弯矩分配法或其他结构力学方法求得其内力。

（2）塑性计算：等跨（两跨相差小于 20％）情况时的简化公式：

$$M = \beta \cdot q \cdot l^2 \tag{14.2.1}$$
$$Q = \alpha \cdot q \cdot l^2 \tag{14.2.2}$$

式中　β——弯矩系数，按表 14.2.2 取用；

　　　α——剪力系数，按表 14.2.3 取用；

　　　q——作用于连续板上的均布荷载；

　　　l——连续板的计算跨度，一般取净跨距离。

塑性计算弯矩系数表　　　　表 14.2.2

载面	边跨中	第一内支座	中跨中	中间支座
β 值	+1/11	−1/14	+1/16	−1/16

塑性计算剪力系数表　　　　表 14.2.3

载面	边支座	第一跨内支座左边	第一跨内支座右边	中间支座边
α 值	0.42	0.58	0.50	0.50

属于不等跨情况时，先按弹性法求出的内力，然后降低支座弯矩值（减少值不大于原弯矩值的 30％），并相应增加跨中正弯矩，增加后的跨中弯矩值见下式，并根据调整后的支座弯矩计算剪力值。

$$M = \frac{1}{8}ql^2 - \frac{1}{2}(M_A + M_B) \tag{14.2.3}$$

式中　M_A、M_B——调整后的支座弯矩值。

2）双向板

（1）弹性法计算：根据已定的计算简图和荷载可通过《建筑结构静力手册》中有关表格直线求得其内力。

（2）塑性法计算：均布荷载作用下，双向板可采用塑性内力重分布法计算（参见《建筑结构静力手册》相关表格）。

14.2.5　地下室基础设计

当建筑物需要地下室时，将独立、条形、筏形等浅基础向下移到地下室底板水平处，承受上部结构传下的荷载和地下室本身的重量。在设计地下室基础时，必须保证地基有足够的强度安全贮备和必须限制基础的不均匀沉降以及过量的沉降变形。对基础来说，要有足够的强度和刚度以及耐久性。

1. 地下室基础形式

当地质条件较好，地下室需要较大的内部空间时，可采用独立基础。独立基础可分为刚性基础（无筋扩展基础）和钢筋混凝土基础（扩展基础）两大类。刚性基础通常采用砖或毛石砌筑。当荷载较大或需要减小基础的构造高度时，可用钢筋混凝土做基础。有时可利用当地地质条件，采用灰土（3：7 或 2：8）基础，三合土（1：2：4 或 1：3：6 石灰：砂：骨料）做基础。

　　钢筋混凝土独立基础的基底面积的长边和短边的值一般取用 1.0～1.5。

　　地下室外墙基础可采用墙下条形基础，条形基础可采用砖或毛石以及混凝土等刚性基础（无筋扩展基础）。当基础上的荷载较大或地基承载力较低时，就需要加大基础宽度，若采用刚性条形基础，高度相应要加大。因此，可以采用钢筋混凝土条形基础（扩展基础），以减小基础高度。

　　当地基承载力低，而上部结构传来的荷载却很大，以致采用钢筋混凝土条形基础还不能提供足够的底面积时，可采用钢筋混凝土筏形基础。特别当地下水位超过地下室底板时，它们本身就需要可靠的防渗底板，筏形基础就成为理想的底板结构。筏形基础在构造上犹如倒置的钢筋混凝土楼盖，可分为梁板式和平板式两类。

　　2. 地下室基础的设计

　　地下室基础的设计包括以下几个方面：

　　(1) 基础底板面积的确定；

　　(2) 基础有效高度的确定；

　　(3) 基础内力计算及配筋；

　　(4) 地基沉降计算；

　　(5) 满足基础的构造要求。

　　无筋扩展基础、钢筋混凝土扩展基础和柱下条形基础的设计计算详见本书第 10 章。对人防地下室的基础还需考虑静、动荷载的作用。

14.2.6　箱形基础地下室

　　箱形结构地下室（图 14.2.3）与普通地下室（如梁板式结构）的区别在于，箱形结构是由外墙、内纵横墙和顶、底板组成的刚度大、整体性好的空间结构，它特别适合在上部结构荷载大，而地基又比较弱的情况下采用，因此是高层和多层建筑中广泛采用的一种基础形式。它以抵抗和协调由于软弱地基在大荷载下产生的不均匀沉降，同时箱形结构底板能外挑，扩大基础底面积和调整基底形心，使基底形心与垂直荷载重心一致。这样能使上部结构荷载均匀地传到地基层上去。另外，利用补偿基础原理，采用箱形结构不但可以提高地基承载能力，而且在同样荷载的情况下，基础的沉降量要比其他类型的天然地基上的基础沉降量小。

　　箱形结构的内力计算、箱基洞口上下过梁计算详见本书第 13 章。

14.2.7　厚筏基础地下室

　　当高层建筑下需要地下空间作为地下车库或地下商场等大空间地下室时，一般常采用厚筏基础，即将桩基的承台连成整体作为地下室的底板。厚筏基础地下室与普通地下室（底板为钢筋混凝土结构）的不同之处在于两者的底板厚度相差较大，以及普通地下室采用天然地基作为持力层，而厚筏基础除采用天然地基外，还常采用人工地基（桩-筏基础）。一般厚筏基础地下室的底板厚度为 1.5m～4.0m 的平板，它起到桩基与上部结构（剪力墙、框筒、筒体结构）的过渡作用。厚筏基础依靠厚度的刚度调整桩基的不均匀沉降及反力和满足桩的抗冲切和抗剪切的需要，又能将上部结构的荷载比较均匀地传给桩基（图 14.2.4）。

厚筏基础的设计计算方法详见本书第 12 章。

14.2.8 地下连续墙基础地下室

利用各种挖槽机械，借助于泥浆护壁的作用，在地下挖出窄而深的沟槽，并在其内浇筑适当的材料而形成的一道具有防渗、挡土和承重功能的连续的地下墙体，称为地下连续墙。墙体材料多采用钢筋混凝土，应用范围从初期的防渗功能，发展到后来的基坑临时支护（水平承载），直至目前集防渗、挡土和承重的"三合一"地下连续墙。

在城市繁闹地区，要充分利用地下空间，建造多层地下室时，由于场地狭窄，基坑深度较深，不能放坡开挖，可利用地下墙作为施工阶段的支护结构，也可采用地下墙基础形式。

地下墙基础的结构形式主要是地下墙作为地下室的外墙，地下室内部为纵横内墙组成的空间盒子结构（箱形结构）。地下墙基础需承受自重、地下室荷载及上部结构荷载。

关于地下连续墙的设计计算和施工详见本书第 15 章桩基础、第 18 章基坑工程和第 20 章地下连续墙和逆作法等相关内容。

14.2.9 人防设计

本节除特别说明外，所指《人民防空地下室设计规范》GB 50038—2005 简称《人防规范》。

根据可能受到的空袭威胁程度将人民防空工程划分为甲、乙两类：

甲类：防常规武器、核武器和生化武器的袭击。

乙类：防常规武器和生化武器的袭击。

1. 防空地下室结构的基本特征

防空地下室是为战时服务、具有预定战时防空功能的特殊地下建筑，在设计原则、设计标准和处理方法上，均与普通地下建筑不同。

与一般民用建筑结构（普通地下室）相比较，防空地下室结构有以下主要特征：承受爆炸（常规武器、核武器）动荷载，结构产生运动，材料强度提高，结构可靠指标降低，大部分钢筋混凝土结构构件可按弹塑性工作状态设计等。掌握这些特征，就可以参照民用建筑结构设计的一般方法，进行防空地下室结构设计。

1）承受爆炸动荷载

防空地下室应能承受常规武器爆炸动荷载或核武器爆炸动荷载作用。常规武器、核武器爆炸荷载均属于偶然性荷载，具有超压瞬时由零增到峰值，作用时间短且不断衰减、一次性作用的脉冲荷载等特点。防空地下室所处位置及埋深不同，作用效应也不同：暴露于空气中的防空地下室结构，如高出地面的外墙、不覆土的顶板，临空墙、防护密闭门及防护密闭门门框墙等部位直接承受地面空气冲击波作用；埋入土中的围护结构，如有覆土的顶板、地下室外墙、基础底板等部位则直接承受土中压缩波作用，此外，防空地下室内部的墙、柱等构件还承受围护结构及上部结构动荷载的作用。

2）结构产生运动

动力作用和静力作用是相对的，主要看外力随时间变化的迅速程度相对于结构自振周期的长、短而定。当升压时间与自振周期的比值超过 4～5 时，已无明显的动力作用。爆炸荷载是瞬时突加的，通常把这种爆炸荷载看成动荷载。

3）材料强度提高

在爆炸动荷载作用下，材料强度取材料动力强度设计值，这是防空地下室结构设计的特点。在爆炸动荷载作用下，材料的力学性能有明显的变化，主要表现为强度提高，而变形性能基本不变。

4）结构可靠指标降低

人防荷载应为偶然荷载，当防空地下室结构构件承受的荷载由人防荷载控制时，其承载能力极限状态的可靠指标，比一般工业与民用建筑结构构件的可靠指标低。

5）大部分钢筋混凝土结构构件可按弹塑性工作状态设计

结构构件在弹塑性工作阶段比在弹性工作阶段可吸收更多的能量，因此，可以考虑由结构构件产生的塑性变形来吸收爆炸动荷载的能量，即在爆炸动荷载作用下，允许结构构件进入弹塑性工作状态，充分利用材料潜力。

在防空地下室结构设计中，对只考虑弹性工作阶段的结构称为按弹性阶段设计，如砌体外墙。对于既考虑弹性工作阶段，又考虑塑性工作阶段的结构称为按弹塑性阶段设计，如钢筋混凝土顶板、底饭、外墙和临空墙等。对于非常重要或密闭要求高的防护结构，如钢筋混凝土防护密闭门的门框墙、防水要求高的结构等，仍限制在弹性工作阶段，应按弹性分析方法计算内力。

2. 防空地下室结构设计基本原则和规定

1）设计原则

（1）防空地下室的结构设计，必须满足预定的抗力要求，在顶定的爆炸动荷载作用下，防空地下室不能破坏，并应具有足够的承载能力。同时应根据防护要求和受力情况作到结构各个部位抗力相协调，即在预定的爆炸动荷载作用下，保证结构各部位都能正常工作，防止由于局部薄弱部分破坏影响主体。协调的主要内容包括：

① 出、入口各部位抗力相协调；

② 出、入口与主体结构抗力应协调；

③ 主体结构各部位抗力应协调；

④ 防护设备与主体结构抗力应协调。

（2）防空地下室的结构设计，必须满足预定的密闭要求，在预定的爆炸动荷载作用下，防空地下室必须满足防毒和辐射防护要求。

（3）在满足设计抗力及防毒密闭要求的前提下，为使结构构件在最终破坏前有较好的延性，应使其具有较好的变形能力。与抗震结构相同，钢筋混凝土结构构件宜体现"强柱弱梁、强剪弱弯"的设计准则。

2）一般规定

（1）防空地下室的结构选型，应根据防护要求、平时和战时使用要求、上部建筑结构类型、工程地质和水文地质条件以及材料供应和施工条件等因素综合分析确定。

防空地下室应选用受力明确、传力简单和具有较好整体性、延性的结构。一般采用钢筋混凝土梁板结构、板柱结构以及箱形结构等，也可采用预制装配整体式（如叠合扳）结构。当柱网尺寸较大时，也可采用双向密肋楼盖结构，现浇空心楼盖结构。防空地下室的结构布置，应结合上部建筑结构体系，应尽量与上部结构的承重构件相对应，从而保证传力的直接性。

（2）防空地下室结构的设计使用年限应为 50 年。当上部建筑结构的设计使用年限超过 50 年时，防空地下室结构的设计使用年限应与上部建筑结构相同。

（3）甲类防空地下室结构应能承受常规武器爆炸动荷载和核武器爆炸动荷载的分别作用。乙类防空地下室结构应能承受常规武器爆炸动荷载的作用。对常规武器爆炸动荷载和核武器爆炸动荷载，设计时均按一次作用。对于甲类防空地下室结构，取常规武器和核武器分别作用时最不利情况进行设计，不应叠加。

（4）防空地下室结构在常规武器爆炸动荷载或核武器爆炸动荷载作用下，其动力分析均可采用等效静荷载法。

爆炸动荷载具有不同于静力结构的特征，即在确定荷载和计算方面，具有其特殊的规律。在工程上为了便于解决实际问题，采用等效静荷载法时的基本假定和原则为：

① 假定结构周边的爆炸动荷载同时均布作用在整个结构上；

② 假定结构或构件为单独的等效单自由度体系，并按照某一假定的振型振动，不论在弹性或弹塑性阶段，认为振型的形状不变；

③ 用动力系数乘以动荷载峰值即可得到等效静荷载，确定等效静荷载的数值时，按结构的工作状态分为按弹性阶段或按弹塑性阶段计算确定，大部分结构构件通常按弹塑性阶段计算确定。

等效静荷载法的优点在于计算简单，并能沿用静力计算的公式和图表，仅材料强度取值不同。但它有一定的局限性，对一般防空地下室结构是适用的，对于大跨度和一些复杂的结构，宜采用有限自由度法直接求其动力解。

对于一般防空地下室结构，其动力分析采用等效静荷载法的误差可归纳为三种情况：

① 挠度的计算误差最小，弯矩次之，剪力（支座反力）及轴向力最大；

② 受均布荷载作用的结构计算误差比受集中荷载作用的结构要小；

③ 梁、板体系的计算误差比拱形结构要小。

（5）防空地下室结构在常规武器爆炸动荷载或核武器爆炸动荷载作用下，应验算结构承载力；由于在确定各种结构构件允许延性比时，已考虑了对变形的限制和防护密闭要求，可不再单独进行爆炸动荷载作用下结构变形、裂缝开展的验算，对钢筋混凝土结构，大部分结构构件可考虑进入弹塑性工作状态。

防空地下室结构在爆炸动荷载作用下的基础设计，可只按平时使用条件验算地基的承载能力及地基变形，不进行战时动荷载作用下地基承载力与地基变形的验算。但为保证基础承载力，应验算战时动荷载作用下基础强度。

从防空地下室引出的各种刚性管道，应采取能适应由于地基瞬间变形引起结构位移的措施，如采取柔性接头。

（6）防空地下室战时与平时考虑的荷载效应组合不同，因此《人防规范》规定，防空地下室结构除按《人防规范》设计外，尚应根据其上部建筑在平时使用条件下对防空地下室结构的要求进行设计（计算和构造），遵守相应的设计规范、规程，并应取其中控制条件作为防空地下室结构设计的依据。防空地下室的构造与三级抗震一致，当所处部位抗震等级大于三级时，需符合所处部位抗震构造要求。

（7）对乙类防空地下室和核 5 级、核 6 级、核 6B 级甲类防空地下室结构，当采用平战转换设计时，应通过临战时实施平战转换达到战时防护要求。

（8）北京地区原则上不允许防空地下室顶板底板高出室外地面，如果因条件限制不能做全埋式防空地下室时，必须经人防工程主管部门核准，并应符合《人防规范》的相关要求。

（9）当地下水位较高时，应验算防空地下室的抗浮。

（10）为节约钢材，选用受力钢筋时，对直径大于或等于 12mm 的钢筋，除锚筋、吊筋、构造钢筋外，不宜选用 HPB300 级钢筋，宜选用强度较高的钢筋，如 HRB335 级或 HRB400 级钢筋。

3. 防空地下室结构设计步骤

防空地下室结构设计和一般民用建筑结构设计一样，一般步骤是：确定结构类别～确定结构体系～确定荷载组合（等效静荷载、静荷载）～内力分析～确定控制内力～截面设计。

防空地下室结构在爆炸动荷载作用下，其动力分析均可采用等效静荷载法。等效静荷载法可以直接利用各种现成的计算图表。等效静荷载及静荷载确定之后，防空地下室结构设计所依据的原则和计算方法与静力结构是一致的，如已知荷载计算结构内力的方法，结构构件变位、转角、弯矩、剪力间的相互关系，已知内力进行承载力计算、截面配筋计算等，仅材料强度取值不同、构件构造要求不同。

1）确定荷载组合

防空地下室战时荷载组合中不考虑一般活荷载，在战时荷载组合中只包括动荷载和静荷载两类。动荷载指战时核武器或常规武器爆炸空气冲击波或土中压缩波形成的荷载。动荷载分正压与负压，除特别注明者外，设计中考虑动荷载的作用方向与结构表面垂直。静荷载指土压力、水压力、地面堆载、上部建筑传来的荷载、结构自重等荷载。静荷载的计算同一般民用建筑结构。

对于防空地下室的结构设计，正确确定等效静荷载具有重要意义，应根据防空地下室的类别（甲类或乙类）、抗力级别、是否考虑上部建筑影响等因素确定防空地下室各部位结构构件的等效静荷载。选用《人防规范》中直接给出的等效静荷载时，应注意使用条件。

防空地下室结构应按甲、乙类防空地下室进行荷载组合，并取各自的最不利的效应组合作为设计依据。甲类防空地下室需考虑常规武器和核武器爆炸动荷载的分别作用，并取分别作用时最不利情况进行设计，不应叠加。乙类防空地下室仅考虑常规武器爆炸动荷载作用。

2）内力分析

防空地下室结构在确定等效静荷载和静荷载后，可按静力计算方法进行结构内力分析。内力分析时，宜根据结构类型、构件布置、材料性能和受力特点等选择分析方法：

（1）由于砌体结构是脆性材料，所以在内力分析中只能采用弹性分析方法；

（2）防空地下室结构的连续梁和连续单向板结构，分析时宜采用考虑塑性内力重分布的分析方法，其内力值可由弯矩调幅确定；

（3）承受均布荷载的周边支承的双向板，宜采用弹塑性计算方法。

3）确定控制内力

根据荷载组合计算出不同受力状态下结构构件的内力值后，应取其控制条件作为截面设计的依据。

4）截面设计

在动荷载和静荷载同时作用或动荷载单独作用下，防空地下室结构构件在承载力设计中采用材料动力强度设计值，其值为静荷载作用下材料强度设计值乘以动荷载作用下材料强度综合调整系数，其余与地面建筑结构的截面设计方法基本相同。

当由战时荷载组合计算出的内力起控制作用时，防空地下室结构截面设计仅需验算结构构件承载力，不需验算结构构件的变形、裂缝开展。

4. 材料

（1）防空地下室结构的材料选用，应在满足防护要求的前提下，做到因地制宜、就地取材。地下水位以下或有盐碱腐蚀时，外墙不宜采用砖砌体。当有侵蚀性地下水时，各种材料均应采取防侵蚀措施。

（2）防空地下室钢筋混凝土结构构件，不得采用冷轧带肋钢筋、冷拉钢筋等经冷加工处理的钢筋。

（3）在动荷载和静荷载同时作用或动荷载单独作用下，材料强度设计值可按下列公式计算确定：

$$f_d = \gamma_d f \tag{14.2.4}$$

式中　f_d——动荷载作用下材料强度设计值（N/mm²）；

　　　f——静荷载作用下材料强度设计值（N/mm²）；

　　　γ_d——动荷载作用下材料强度综合调整系数，可按表 14.2.4 的规定采用。

材料强度综合调整系数 γ_d　　　　　　　　　　　　　　表 14.2.4

材 料 种 类		综合调整系数 γ_d
热轧钢筋 （钢材）	HPB300 级	1.50
	HRB335 级 （Q345 级）	1.35
	HRB400 级 （Q390 级）	1.20 （1.25）
	RRB400 级 （Q420 级）	1.20
混凝土	C55 及以下	1.50
	C60～C80	1.40
砌体	料石	1.20
	混凝土砌块	1.30
	普通黏土砖	1.20

注：1. 表中同一种材料或砌体的强度综合调整系数，可适用于受拉、受压、受剪和受扭等不同受力状态；

　　2. 对于采用蒸气养护或掺入早强剂的混凝土，其强度综合调整系数应乘以 0.90 折减系数。

（4）在动荷载与静荷载同时作用或动荷载单独作用下，混凝土和砌体的弹性模量可取静荷载作用时的 1.2 倍；钢材的弹性模量可取静荷载作用时的数值。

（5）在动荷载与静荷载同时作用或动荷载单独作用下，各种材料的泊松比均可取静荷载作用时的数值。

5. 常规武器爆炸动荷载作用下结构等效静荷载

(1) 常规武器地面爆炸作用在防空地下室结构各部位的等效静荷载标准值，除按《人防规范》公式计算外，也可按本节规定直接选用。

(2) 防空地下室钢筋混凝土梁板结构顶板的等效静荷载标准值 q_{ce1} 可按下列规定采用：

① 当防空地下室设在地下一层时，顶板等效静荷载标准值 q_{ce1} 可按表 14.2.5 采用。对于常 5 级当顶板覆土厚大于 2.5m，对于常 6 级大于 1.5m 时，顶板可不计入常规武器地面爆炸产生的等效静荷载，但顶板设计应符合构造要求；

② 当防空地下室设在地下二层及以下各层时，顶板可不计入常规武器地面爆炸产生的等效静荷载，但顶板设计应符合构造要求。

顶板等效静荷载标准值 q_{ce1}（kN/m²）　　　　　表 14.2.5

顶板覆土厚度 h（m）	防常规武器抗力级别	
	5	6
$0 \leqslant h \leqslant 0.5$	110～90（88～72）	50～40（40～32）
$0.5 \leqslant h \leqslant 1.0$	90～70（72～56）	40～30（32～24）
$1.0 \leqslant h \leqslant 1.5$	70～50（56～40）	30～15（24～12）
$1.5 \leqslant h \leqslant 2.0$	50～30（40～24）	—
$2.0 \leqslant h \leqslant 2.5$	30～15（24～12）	—

注：1. 顶板按弹塑性工作阶段计算，允许延性比 $[\beta]$ 取 4.0；

2. 顶板覆土厚度 h 为小值时，q_{ce1} 取大值；

3. 当符合《人防规范》规定考虑上部建筑影响时，可取用表中括号内数值。

(3) 防空地下室外墙的等效静荷载标准值 q_{ce2} 可按下列规定采用：

① 土中外墙的等效静荷载标准值 q_{ce2} ，可按表 14.2.6、表 14.2.7 采用；

② 对按《人防规范》规定，顶板底面高出室外地面的常 5 级、常 6 级防空地下室，直接承受空气冲击波作用的钢筋混凝土外墙按弹塑性工作阶段设计时，其等效静荷载标准值 q_{ce2} 对常 5 级可取 400kN/m²，对常 6 级可取 180kN/m²。

非饱和土中外墙等效静荷载标准值 q_{ce2}（kN/m²）　　　　　表 14.2.6

顶板顶面埋置深度 h（m）	土的类别	防常规武器抗力级别			
		5		6	
		砌体	钢筋混凝土	砌体	钢筋混凝土
$0 \leqslant h \leqslant 1.5$	碎石土、粗砂、中砂	85～60	70～40	45～25	30～20
	细砂、粉砂	70～50	55～35	35～20	25～15
	粉土	70～55	60～40	40～25	30～15
	黏性土、红黏土	70～50	55～35	35～25	20～15
	老黏性土	80～60	65～40	40～25	30～15
	湿陷性黄土	70～50	55～35	35～20	25～15
	淤泥质土	50～40	35～25	25～15	15～10

顶板顶面埋置深度 h（m）	土的类别	防常规武器抗力级别			
		5		6	
		砌体	钢筋混凝土	砌体	钢筋混凝土
1.5＜h≤3.0	碎石土、粗砂、中砂		40～30		20～15
	细砂、粉砂		35～25		15～10
	粉土		40～25		15～10
	黏性土、红黏土		35～25		15～10
	老黏性土		40～25		15～10
	失陷性黄土		35～20		15～10
	淤泥质土		25～15		10～5

注：1. 表内砌体外墙数值系按防空地下室净高≤3.0m、开间≤5.4m 计算确定；

　　　钢筋混凝土外墙数值系按计算高度≤5.0m 计算确定；

　　2. 砌体外墙按弹性工作阶段计算；钢筋混凝土外墙按弹塑性工作阶段计算，[β] 取 3.0；

　　3. 顶板埋置深度 h 为小值时，q_{ce2} 取大值。

饱和土中外墙等效静荷载标准值 q_{ce2}（kN/m²）　　　　表 14.2.7

顶板顶面埋置深度 h（m）	饱和土含气量 α_1（%）	防常规武器抗力级别	
		5	6
0≤h≤1.5	1	100～80	50～30
	≤0.05	140～100	70～50
1.5＜h≤3.0	1	80～60	30～25
	≤0.05	100～80	50～30

注：1. 表内数值系按钢筋混凝土外墙计算高度≤5.0m，允许延性比 [β] 取 3.0 计算确定；

　　2. 当含气量 α_1＞1%时，按非饱和土取值；当含气量 0.05%＜α_1＜1%时，按线性内插法确定。

　　3. 顶板埋置深度 h 为小值时，q_{ce2} 取大值。

（4）防空地下室底板设计可不考虑常规武器地面爆炸作用，但底板设计应符合《人防规范》规定的构造要求。

（5）防空地下室室外出入口支承钢筋混凝土平板防护密闭门的门框墙（图 14.2.14），

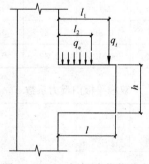

图 14.2.14　门框墙荷载分布

注：l——门框墙悬挑长度（mm）；

　　l_1——门扇传来的作用力至悬臂根部的距离（mm），其值为门框墙悬挑长度 l 减去 1/3 门扇搭接长度；

　　l_2——直接作用在门框墙上的等效静荷载标准值分布宽度（mm），其值为门框墙悬挑长度 l 减去门扇搭接长度。

其常规武器爆炸等效静荷载标准值可按下列规定确定：

① 直接作用在门框墙上的等效静荷载标准值 q_e，可按表 14.2.8 采用。当室外出入口通道净宽大于 3.0m 时，可将表中数值乘以 0.9 采用。

直接作用在门框墙上的等效静荷载标准值 q_e（kN/m²）　　　　表 14.2.8

出入口部位及形式	距离 L（m）	防常规武器抗力级别	
		6	5
室外直通出入口	5	290	580
	10	240	470
	≥15	210	400
室外单向出入口	5	270	530
	10	220	430
	≥15	190	370
室外竖井、楼梯、穿廊出入口	5	160	320
	10	130	260
	≥15	115	220

注：1. L 为室外出入口至防护密闭门的距离（图 14.2.15）；

　　2. 当 5m<L<10m 及 10m<L<15m 时，可按线性内插法确定。

② 由钢筋混凝土门扇传来的等效静荷载标准值，可按下列公式计算确定：

$$q_{ia} = \gamma_a q_e a \qquad (14.2.5)$$

$$q_{ib} = \gamma_b q_e a \qquad (14.2.6)$$

式中　q_{ia}、q_{ib}——分别为沿上下门框和两侧门框单位长度作用力的标准值（kN/m）；

　　　γ_a、γ_b——分别为沿上下门框和两侧门框的反力系数。单扇平板门可按表 14.2.9 采用，双扇平板门可按表 14.2.10 采用；

　　　q_e——作用在防护密闭门上的等效静荷载标准值，可按表 14.2.8 采用；

　　　a、b——分别为单个门扇的宽度和高度（m）。

单扇平板门反力系数　　　　表 14.2.9

a/b	0.40	0.50	0.60	0.70	0.80	0.90	1.0	1.25	1.50
γ_a	0.37	0.37	0.37	0.36	0.36	0.35	0.34	0.31	0.28
γ_b	0.48	0.47	0.44	0.42	0.39	0.36	0.34	0.29	0.24

双扇平板门反力系数　　　　表 14.2.10

a/b	0.40	0.50	0.60	0.70	0.80	0.90	1.0	1.25	1.50
γ_a	0.51	0.50	0.48	0.47	0.44	0.42	0.40	0.35	0.31
γ_b	0.65	0.60	0.54	0.49	0.44	0.40	0.36	0.30	0.25

（6）防空地下室室外出入口通道内的钢筋混凝土临空墙，其等效静荷载标准值可按表 14.2.11 采用。当室外出入口净宽大于 3.0m 时，可将表中数值乘以 0.9 采用。

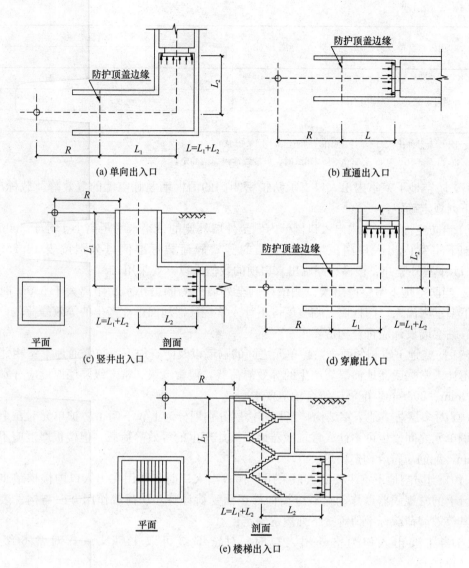

(a) 单向出入口   (b) 直通出入口

(c) 竖井出入口   (d) 穿廊出入口

平面   剖面

(e) 楼梯出入口

图 14.2.15 室外出入口至防护密闭门的距离示意

注：R 为爆心至出入口的水平距离

出入口临空墙的等效静荷载标准值（kN/m²）   表 14.2.11

出入口部位及形式	距离 L（m）	防常规武器抗力级别	
		6	5
室外直通出入口	5	200	390
	10	160	320
	≥15	140	280
室外单向出入口	5	180	360
	10	150	300
	≥15	130	260

出入口部位及形式	距离 L（m）	防常规武器抗力级别	
		6	5
室外竖井、楼梯、穿廊出入口	5	110	210
	10	90	170
	$\geqslant 15$	70	150

注：1. L 为室外出入口至防护密闭门的距离（图 14.2.15）；

2. 当 5m$<$$L$$<$10m 及 10m$<$$L$$<$15m 时，可按线性内插法确定。

（7）防空地下室室内出入口支承防护密闭门的门框墙及临空墙的等效静荷载标准值，可按下列规定确定：

① 当防空地下室室内出入口侧壁内侧至外墙外侧的最小水平距离小于等于 5.0m 时，防空地下室室内出入口门框墙、临空墙的等效静荷载标准值可分别按表 14.2.8、表 14.2.11 中室外竖井、楼梯、穿廊出入口项的数值乘以 0.5 采用；

② 当防空地下室室内出入口侧壁内侧至外墙外侧的最小水平距离大于 5.0m 时，防空地下室室内出入口门框墙、临空墙可不计入常规武器地面爆炸产生的等效静荷载，但门框墙、临空墙设计应符合构造要求。

（8）防空地下室相邻两个防护单元之间的隔墙以及防空地下室与普通地下室相邻的隔墙可不计入常规武器地面爆炸产生的等效静荷载，但常 5 级、常 6 级隔墙厚度应分别不小于 250mm、200mm，配筋应符合构造要求。

（9）对多层防空地下室结构，当相邻楼层分别划分为上、下两个防护单元时，上、下两防护单元之间楼板可不计入常规武器地面爆炸产生的等效静荷载，但楼板厚度应不小于 200mm，配筋应符合构造要求。

（10）当防空地下室主要出入口采用楼梯式出入口时，作用在出入口内楼梯踏步与休息平台上的常规武器爆炸动荷载应按构件正面受荷计算。动荷载作用方向与构件表面垂直，其等效静荷载标准值可按下列规定确定：

① 当主要出入口为室外出入口时，对常 5 级可取 110kN/m²，对常 6 级可取 50kN/m²；

② 当主要出入口为室内出入口，且其侧壁内侧至外墙外侧的最小水平距离小于等于 5.0m 时，对常 5 级可取 90kN/m²，对常 6 级可取 40kN/m²；

③ 当主要出入口为室内出入门，且其侧壁内侧至外墙外侧的最小水平距离大于 5.0m 时，可不计入等效静荷载。

（11）作用在防空地下室室外出入口土中通道结构上的常规武器爆炸等效静荷载，可按下列规定确定：

① 有顶盖的通道结构，按承受土中压缩波产生的常规武器爆炸动荷载计算，其等效静荷载标准值可按本节第（2）～（4）条确定；

② 无顶盖敞开段通道结构，可不考虑常规武器爆炸动荷载作用；

③ 土中竖井结构，无论有无顶盖，均按由土中压缩波产生的法向均布动荷载计算，其等效静荷载标准值可按本节第 3) 条的规定确定。

（12）作用在与土直接接触的扩散室顶板、外墙及底板上的常规武器爆炸等效静荷载可按本节第（2）～（4）条确定。扩散室与防空地下室内部房间相邻的临空墙可不计入常规武器爆炸产生的等效静荷载，但临空墙设计应符合构造要求。

6. 核武器爆炸动荷载作用下常用结构等效静荷载

（1）核武器爆炸作用在防空地下室结构各部位的等效静荷载标准值，除按《人防规范》公式计算外，当条件符合时，也可按本节的规定直接选用。

（2）当防空地下室的顶板为钢筋混凝土梁板结构，且按允许延性比 $[\beta]$ 等于 3.0 计算时，顶板的等效静荷载标准值 q_{e1} 可按表 14.2.12 采用。

顶板等效静荷载标准值 q_{e1}（kN/m²）　　　　　　　表 14.2.12

顶板覆土厚度 h（m）	顶板区格最大短边净跨 l_0（m）	防核武器抗力级别				
		6B	6	5	4B	4
$h \leqslant 0.5$	$3.0 \leqslant l_0 \leqslant 9.0$	40(35)	60(55)	120(100)	240	360
0.5<h≤1.0	$3.0 \leqslant l_0 \leqslant 4.5$	45(40)	70(65)	140(120)	310	460
	$4.5 < l_0 \leqslant 6.0$	45(40)	70(60)	135(115)	285	425
	$6.0 < l_0 \leqslant 7.5$	45(40)	65(60)	130(110)	275	410
	$7.5 < l_0 \leqslant 9.0$	45(40)	65(60)	130(110)	265	400
1.0<h≤1.5	$3.0 < l_0 \leqslant 4.5$	50(45)	75(70)	145(135)	320	480
	$4.5 < l_0 \leqslant 6.0$	45(40)	70(65)	135(120)	300	450
	$6.0 < l_0 \leqslant 7.5$	40(35)	70(60)	135(115)	290	430
	$7.5 < l_0 \leqslant 9.0$	40(35)	70(60)	130(115)	280	415

注：表中括号内数值为考虑上部建筑影响的顶板等效荷载标准值。

（3）防空地下室土中外墙的等效静荷载标准值 q_{e2}，当不考虑上部建筑对外墙影响时，可按表 14.2.13、表 14.2.14 采用；当按《人防规范》的规定考虑上部建筑影响时，应按表 14.2.13、表 14.2.14 中规定数值乘以系数 λ 采用。核 6B 级、核 6 级时，$\lambda = 1.1$；核 5 级时，$\lambda = 1.2$；核 4B 级时，$\lambda = 1.25$。

非饱和土中外墙等效静荷载标准值 q_{e2}（kN/m²）　　　　　表 14.2.13

土的类别		防核武器抗力级别							
		6B		6		5		4B	4
		砌体	钢筋混凝土	砌体	钢筋混凝土	砌体	钢筋混凝土	砌体	钢筋混凝土
碎石土		10～15	5～10	15～25	10～15	30～50	20～35	40～65	55～90
砂土	粗砂、中砂	10～20	10～15	25～35	15～25	50～70	35～45	65～90	90～125
		10～15	10～15	25～30	15～20	40～60	30～40	55～75	80～110
粉土		10～20	10～15	30～40	20～25	55～65	35～50	70～90	100～130
黏性土	坚硬、硬塑	10～15	5～15	20～35	10～25	30～60	25～45	40～85	60～125
	可塑	15～25	15～25	35～55	25～40	60～100	45～75	85～145	125～215
	软塑、流塑	25～35	25～30	55～60	40～45	100～105	75～85	145～165	215～240
老黏性土		10～25	10～15	20～40	15～25	40～80	25～50	50～100	65～125

续表

土的类别	防核武器抗力级别							
	6B		6		5		4B	4
	砌体	钢筋混凝土	砌体	钢筋混凝土	砌体	钢筋混凝土	砌体	钢筋混凝土
红黏土	20~30	10~20	30~45	15~30	45~90	35~50	60~100	90~140
失陷性黄土	10~15	10~15	15~30	10~25	30~65	25~45	40~85	60~120
淤泥质土	30~35	25~30	50~55	40~45	90~100	70~80	140~160	210~240

注：1. 表内砌体外墙数值系按防空地下室净高≤3m，开间≤5.4m 计算确定；钢筋混凝土外墙数值系按构件计算高度≤5.0m 计算确定；

2. 砌体外墙按弹性工作阶段计算，钢筋混凝土外墙按弹塑性工作阶段计算，$[\beta]$ 取 2.0；

3. 碎石土及砂土，密实、颗粒粗的取小值；黏性土，液性指数低的取小值。

饱和土中钢筋混凝土外墙等效静荷载标准值 q_{e2}（kN/m²）　　　　　表 14.2.14

土的类别	防核武器抗力级别				
	6B	6	5	4B	4
碎石土、砂土	30~35	45~55	80~105	185~240	280~360
粉土、黏性土、老黏性土、红黏土、淤泥质土	30~35	45~60	80~115	185~265	280~400

注：1. 表中数值系按外墙构件计算高度≤5.0m，允许延性比 $[\beta]$ 取 2.0 确定；

2. 含气量 $\alpha_1 \leqslant 0.1\%$ 时取大值。

（4）对按《人防规范》规定，高出室外地面的核 6B 级及核 6 级防空地下室，直接承受空气冲击波单向作用的钢筋混凝土外墙按弹塑性工作阶段设计时，其等效静荷载标准值 q_{e2}。当核 6B 级时取 80kN/m²；当核 6 级时取 130kN/m²。

（5）无桩基的防空地下室钢筋混凝土底板的等效静荷载标准值 q_{e3}，可按表 14.2.15 采用；带桩基的防空地下室钢筋混凝土底板的等效静荷载标准值可按本节第（15）条采用。

钢筋混凝土底板等效静荷载标准值 q_{e3}（kN/m²）　　　　　表 14.2.15

顶板覆土厚度 h(m)	顶板短边净跨 l_0(m)	防核武器抗力级别									
		6B		6		5		4B		4	
		地下水位以上	地下水位以下	地下水位以上	地下水位以下	地下水位以上	地下水位以下	地下水位以上	地下水位以下	地下水位以上	地下水位以下
$h \leqslant 0.5$	$3.0 \leqslant l_0 \leqslant 9.0$	30	30~35	40	40~50	75	75~95	140	160~200	210	240~300
$0.5 < h \leqslant 1.0$	$3.0 \leqslant l_0 \leqslant 4.5$	30	35~40	50	50~60	90	90~115	190	215~270	280	320~400
	$4.5 < l_0 \leqslant 6.0$	30	30~35	45	45~55	85	85~110	170	195~245	255	290~365
	$6.0 < l_0 \leqslant 7.5$	30	30~35	45	45~55	85	85~105	160	185~230	245	280~350
	$7.5 < l_0 \leqslant 9.0$	30	30~35	45	45~55	80	80~100	155	180~225	235	265~335

续表

| 顶板覆土厚度 h(m) | 顶板短边净跨 l_0(m) | \multicolumn{10}{c} 防核武器抗力级别 | | | | | | | | | |
| | | 6B | | 6 | | 5 | | 4B | | 4 | |
		地下水位以上	地下水位以下	地下水位以上	地下水位以下	地下水位以上	地下水位以下	地下水位以上	地下水位以下	地下水位以上	地下水位以下
$1.0<h$ $\leqslant 1.5$	$3.0\leqslant l_0\leqslant 4.5$	35	35~45	55	55~70	105	105~130	205	235~295	305	350~440
	$4.5<l_0\leqslant 6.0$	30	30~40	50	50~60	90	90~115	190	215~270	280	320~375
	$6.0<l_0\leqslant 7.5$	30	30~35	45	45~60	90	90~110	175	200~250	260	300~375
	$7.5<l_0\leqslant 9.0$	30	30~35	45	45~55	85	85~105	165	190~240	250	285~35

注：1. 表中核 6 级及核 6B 级防空地下室底板的等效静荷载标准值对考虑或不考虑上部建筑影响均适用；

　　2. 表中核 5 级防空地下室底板的等效静荷载标准值按考虑上部建筑影响计算，当按不考虑上部建筑影响计算时，可将表中数值除以 0.95 后采用；

　　3. 位于地下水位以下的底板，含气量 $\alpha_1\leqslant 0.1\%$ 时取大值。

（6）防空地下室室外出入口土中有顶盖通道结构外墙的等效静荷载标准值可按表 14.2.13、表 14.2.14 采用。当通道净跨不小于 3m 时，钢筋混凝土顶、底板上等效静荷载标准值可分别按表 14.2.12、表 14.2.15 中不考虑上部建筑影响项采用；对核 5 级、核 6 级及核 6B 级防空地下室，当通道净跨小于 3m 时，钢筋混凝土顶、底板等效静荷载标准值可分别按表 14.2.16、表 14.2.17 采用。

通道顶板等效静荷载标准值 q_{e1} （kN/m²） 表 14.2.16

| 顶板覆土厚度 h(m) | 防核武器抗力级别 | | |
	6B	6	5
$h\leqslant 0.5$	40	65	135
$0.5<h\leqslant 1.5$	45	75	150
$1.5<h\leqslant 2.0$	40	70	145
$2.0<h\leqslant 3.5$	40	40	140
$3.5<h\leqslant 5.0$	40	65	135

通道底板等效静荷载标准值 q_{e3} （kN/m²） 表 14.2.17

| 顶板覆土厚度 h(m) | 防核武器抗力级别 | | | | | |
| | 6B | | 6 | | 5 | |
	地下水位以上	地下水位以下	地下水位以上	地下水位以下	地下水位以上	地下水位以下
$h\leqslant 0.5$	30	30~35	50	50~60	100	100~125
$0.5<h\leqslant 1.5$	35	35~40	60	60~75	115	115~145
$1.5<h\leqslant 2.0$	35	35~40	55	55~65	110	110~140
$2.0<h\leqslant 3.5$	30	30~35	55	55~65	105	105~135
$3.5<h\leqslant 5.0$	30	30~35	50	50~60	100	100~125

注：位于地下水位以下的底板，含气量 $\alpha_1\leqslant 0.1\%$ 时取最大值。

（7）防空地下室支承钢筋混凝土平板防护密闭门的门框墙（图 14.2.14），其核武器爆炸等效静荷载标准值可按下列规定确定：

① 直接作用在门框墙上的等效静荷载标准值 q_e，可按表 14.2.18 确定；

② 由钢筋混凝土门扇传来的等效静荷载标准值，可按下列公式计算确定：

$$q_{ia} = \gamma_a q_e a \tag{14.2.7}$$

$$q_{ib} = \gamma_b q_e a \tag{14.2.8}$$

式中　q_{ia}、q_{ib}——分别为沿上下门框和两侧门框单位长度作用力的标准值（kN/m）；

　　　γ_a、γ_b——分别为沿上下门框和两侧门框的反力系数；单扇平板门可按表 14.2.9 采用，双扇平板门可按表 14.2.10 采用；

　　　q_e——作用在防护密闭门上的等效静荷载标准值，可按表 14.2.18 采用；

　　　a、b——分别为单个门扇的宽度和高度（m）。

直接作用在门框墙上的等效静荷载标准值 q_e（kN/m²）　　　　　表 14.2.18

出入口部位及形式		防核武器抗力级别				
		6B	6	5	4B	4
顶板荷载考虑上部建筑影响的室内出入口		120	200	380	—	—
顶板荷载不考虑上部建筑影响的室内出入口，室外竖井、楼梯、穿廊出入口		120	200	400	800	1200
室外直通、单向出入口	$\zeta < 30°$	135	240	550	1200	1800
	$\zeta \geq 30°$	120	200	480		

注：ζ 为直通、单向出入口坡道的坡度角。

（8）防空地下室出入口通道内的钢筋混凝土临空墙，当按允许延性比 $[\beta]$ 等于 2.0 计算时，其等效静荷载标准值可按表 14.2.19 采用。

临空墙的等效静荷载标准值（kN/m²）　　　　　表 14.2.19

出入口部位及形式		防核武器抗力级别				
		6B	6	5	4B	4
顶板荷载考虑上部建筑影响的室内出入口		65	110	210	—	—
顶板荷载不考虑上部建筑影响的室内出入口，室外竖井、楼梯、穿廊出入口		80	130	270	530	800
室外直通、单向出入口	$\zeta < 30°$	90	160	370	800	1200
	$\zeta \geq 30°$	80	130	320		

注：ζ 为直通、单向出入口坡道的坡度角。

（9）甲类防空地下室相邻两个防护单元之间的隔墙、门框墙水平等效静荷载标准值，可按表 14.2.20 或表 14.2.21 采用。设计时，隔墙与门框墙两侧应分别按单侧受力计算配筋。

相邻防护单元抗力级别相同时，隔墙、门框墙的水平等效静荷载标准值　　　　　表 14.2.20

荷载部位	防核武器抗力级别				
	6B	6	5	4B	4
隔墙、门框墙水平等效静荷载标准值（kN/m²）	30	50	100	200	300

相邻防护单元抗力级别不同时，隔墙、门框墙的水平等效静荷载标准值　　表 14.2.21

防核武器抗力级别		荷载部位	
		隔墙水平等效静荷载标准值（kN/m²）	门框墙水平等效静荷载标准值（kN/m²）
6B 级与 6 级相邻	6B 级一侧	50	50
	6 级一侧	30	30
6B 级与 5 级相邻	6B 级一侧	100	100
	5 级一侧	30	30
6B 级与普通地下室相邻	普通地下室一侧	55(70)	100
6 级与 5 级相邻	6 级一侧	100	100
	5 级一侧	50	50
6 级与普通地下室相邻	普通地下室一侧	90(110)	170
5 级与 4B 级相邻	5 级一侧	200	200
	4B 级一侧	100	100
5 级与普通地下室相邻	普通地下室一侧	180(230)	320(340)
4B 级与 4 级相邻	4B 级一侧	300	300
	4 级一侧	200	200

注：当顶板荷载不考虑上部建筑影响时，普通地下室一侧荷载应取括号内数值。

（10）甲类防空地下室室外开敞式防倒塌棚架，由空气冲击波动压产生的水平等效静荷载标准值及由房屋倒塌产生的垂直等效静荷载标准值可按表 14.2.22 采用，水平与垂直荷载两者应按不同时作用计算。

开敞式防倒塌棚架等效静荷载标准值（kN/m²）　　表 14.2.22

防核武器抗力级别	6B	6	5
水平等效静荷载标准值	6	15	55
垂直等效静荷载标准值	30	50	50

（11）当核 5 级、核 6 级及核 6B 级防空地下室战时主要出入口采用室外楼梯出入口时，作用在出入口内楼梯踏步与休息平台上的核武器爆炸动荷载应按构件正面和反面不同时受力分别计算。核武器爆炸动荷载作用方向与构件表面垂直，其等效静荷载标准值可按表 14.2.23 采用。

楼梯踏步与休息平台等效静荷载标准值（kN/m²）　　表 14.2.23

荷载部位	防核武器抗力级别		
	6B	6	5
正面荷载	40	60	120
反面荷载	20	30	60

（12）对多层地下室结构，当防空地下室未设在最下层时，宜在临战时对防空地下室以下各层采取临战封堵转换措施，确保空气冲击波不进入防空地下室以下各层。此时防空

地下室顶板和防空地下室及其以下各层的内、外墙及柱，以及最下层底板均应考虑核武器爆炸动荷载作用，防空地下室底板可不考虑核武器爆炸动荷载作用，按平时使用荷载计算，但该底板混凝土折算厚度应不小于 200mm，配筋应符合构造要求。

（13）当核 5 级、核 6 级及核 6B 级防空地下室的室外楼梯出入口大于等于二层时，作用在室外出入口内门框墙、临空墙上的等效静荷载标准值可分别按表 14.2.16、表 14.2.19 规定的数值乘以 0.9 后采用。

（14）对多层的甲类防空地下室结构，当相邻楼层分别划分为上、下两个抗力级别相同或抗力级别不同且下层抗力级别大于上层的防护单元时，则上、下两个防护单元之间楼板的等效静荷载标准值应按防护单元隔墙上的等效静荷载标准值确定，但只计入作用在楼板上表面的等效静荷载标准值。

（15）当甲类防空地下室基础采用桩基且按单桩承载力特征值设计时，除桩本身应按计入上部墙、柱传来的核武器爆炸动荷载的荷载组合验算承载力外，底板上的等效静荷载标准值可按表 14.2.24 采用。

有桩基钢筋混凝土底板等效静荷载标准值（kN/m²）　　　　表 14.2.24

底板下土的类型	防核武器抗力级别					
	6B		6		5	
	端承桩	非端承桩	端承桩	非端承桩	端承桩	非端承桩
非饱和土	—	7	—	12	—	25
饱和土	15	15	25	25	50	50

（16）当甲类防空地下室基础采用条形基础或独立柱基加防水底板时，底板上的等效静荷载标准值，对核 6B 级可取 15kN/m²，对核 6 级可取 25kN/m²，对核 5 级可取 50kN/m²。

（17）当按《人防规范》规定将核 6 级及核 6B 级防空地下室室内出入口用做主要出入口时，作用在防空地下室至首层地面的楼梯踏步及休息平台上的等效静荷载标准值可按本节第 11 条规定确定。

首层楼梯间直通室外的门洞外侧上方设置的防倒塌挑檐，其上表面与下表面应按不同时受荷分别计算，上表面等效静荷载标准值对核 6B 级可取 30kN/m²，对核 6 级可取 50kN/m²；下表面等效静荷载标准值对核 6B 级可取 6kN/m²，对核 6 级可取 15kN/m²。

7. 荷载组合

（1）甲类防空地下室结构应分别按下列第①、②、③款规定的荷载（效应）组合进行设计。乙类防空地下室结构应分别按下列第①、②款规定的荷载（效应）组合进行设计，并应取各自的最不利的效应组合作为设计依据，其中平时使用状态的荷载（效应）组合应按国家现行有关标准执行。

① 平时使用状态的结构设计荷载；

② 战时常规武器爆炸等效静荷载与静荷载同时作用；

③ 战时核武器爆炸等效静荷载与静荷载同时作用。

（2）常规武器爆炸等效静荷载与静荷载同时作用下，结构各部位的荷载组合可按表 14.2.25 的规定确定。各荷载的分项系数可按《人防规范》规定采用。

常规武器爆炸等效静荷载与静荷载同时作用的荷载组合   表 14.2.25

结构部位	荷载组合
顶板	顶板常规武器爆炸等效静荷载，顶板静荷载（包括覆土、战时不拆迁的固定设备、顶板自重及其他静荷载）
外墙	顶板传来的常规武器爆炸等效静荷载、静荷载，上部建筑自重，外墙自重；常规武器爆炸产生的水平等效静荷载，土压力、水压力
内承重墙（柱）	顶板传来的常规武器爆炸等效静荷载、静荷载，上部建筑自重，内承重墙（柱）自重

注：上部建筑自重系指防空地下室上部建筑的墙体（柱）和楼板传来的静荷载，即墙体（柱）、屋盖、楼盖自重及战时不拆迁的固定设备等。

（3）核武器爆炸等效静荷载与静荷载同时作用下，结构各部位的荷载组合可按表 14.2.26 的规定确定。各荷载的分项系数可按《人防规范》规定采用。

核武器爆炸等效静荷载与静荷载同时作用的荷载组合   表 14.2.26

结构部位	防核武器抗力级别	荷载组合
顶板	6B、6、5、4B、4	顶板核武器爆炸等效静荷载，顶板静荷载（包括覆土、战时不拆迁的固定设备、顶板自重及其他静荷载）
外墙	6B、6	顶板传来的核武器爆炸等效静荷载、静荷载，上部建筑自重，外墙自重；核武器爆炸产生的水平等效静荷载，土压力、水压力
	5	顶板传来的核武器爆炸等效静荷载、静荷载；当上部建筑外墙为钢筋混凝土承重墙时，上部建筑自重取全部标准值；其他结构形式，上部建筑自重取标准值之半；外墙自重；核武器爆炸产生的水平等效静荷载，土压力、水压力
	4B、4	顶板传来的核武器爆炸等效静荷载、静荷载；当上部建筑外墙为钢筋混凝土承重墙时，上部建筑自重取全部标准值；其他结构形式，不计入上部建筑自重；外墙自重；核武器爆炸产生的水平等效静荷载，土压力、水压力
内承重墙（柱）	6B、6	顶板传来的核武器爆炸等效静荷载、静荷载；上部建筑自重，内承重墙（柱）自重
	5	顶板传来的核武器爆炸等效静荷载、静荷载；当上部建筑外墙为砌体结构时，上部建筑自重取标准值之半；其他结构形式，上部建筑自重取全部标准值；内承重墙（柱）自重
	4B	顶板传来的核武器爆炸等效静荷载、静荷载；当上部建筑外墙为钢筋混凝土承重墙时，上部建筑自重取全部标准值；当上部建筑为砌体结构时，不计入上部建筑自重；其他结构形式，上部建筑自重取标准值之半；内承重墙（柱）自重
	4	顶板传来的核武器爆炸等效静荷载、静荷载；当上部建筑外墙为钢筋混凝土承重墙时，上部建筑自重取全部标准值；其他结构形式，不计入上部建筑物自重；内承重墙（柱）自重

结构部位	防核武器抗力级别	荷载组合
基础	6B、6	底板核武器爆炸等效静荷载（条、柱、桩基为墙柱传来的核武器爆炸等效静荷载）； 上部建筑物自重，顶板传来静荷载，防空地下室墙体（柱）自重
	5	底板核武器爆炸等效静荷载（条、柱、桩基为墙柱传来的核武器爆炸等效静荷载）； 当上部建筑为砌体结构时，上部建筑自重取标准值之半；其他结构形式，上部建筑自重取全部标准值； 顶板传来静荷载，防空地下室墙体（柱）自重
	4B	底板核武器爆炸等效静荷载（条、柱、桩基为墙柱传来的核武器爆炸等效静荷载）； 当上部建筑外墙为钢筋混凝土承重墙时，上部建筑自重取全部标准值；当上部建筑为砌体结构时，不计入上部建筑自重；其他结构形式，上部建筑自重取标准值之半； 顶板传来静荷载，防空地下室墙体（柱）自重
	4	底板核武器爆炸等效静荷载（条、柱、桩基为墙柱传来的核武器爆炸等效静荷载）； 当上部建筑外墙为钢筋混凝土承重墙时，上部建筑自重取全部标准值；其他结构形式，不计入上部建筑物自重； 顶板传来静荷载，防空地下室墙体（柱）自重

注：上部建筑自重系指防空地下室上部建筑墙体（柱）和楼板传来的静荷载，即墙体（柱）、屋盖、楼盖自重及战时不拆迁的固定设备等。

（4）在确定核武器爆炸等效静荷载与静荷载同时作用下防空地下室基础荷载组合时，当地下水位以下无桩基防空地下室基础采用箱基或筏基，且按表 14.2.25 及表 14.2.26 规定的建筑物自重大于水的浮力，则地基反力按不计入浮力计算时，底板荷载组合中可不计入水压力；若地基反力按计入浮力计算时，底板荷载组合中应计入水压力。对地下水位以下带桩基的防空地下室，底板荷载组合中应计入水压力。

8. 构造要求

（1）防空地下室结构选用的材料强度等级不应低于表 14.2.27 的规定。

材料强度等级　　　　　　　　　　　　　表 14.2.27

构件类别	混凝土		砌体			
	现浇	预制	砖	料石	混凝土砌块	砂浆
基础	C25	—	—	—	—	—
梁、楼板	C25	C25	—	—	—	—
柱	C30	C30	—	—	—	—
内墙	C25	C25	MU10	MU30	MU15	M5
外墙	C25	C25	MU15	MU30	MU15	M7.5

注：1. 防空地下室结构不得采用硅酸盐砖和硅酸盐砌块；

　　2. 严寒地区，饱和土中砖的强度等级不应低于 MU20；

　　3. 装配填缝砂浆的强度等级不应低于 M10；

　　4. 防水混凝土基础底板的混凝土垫层，其强度等级不应低于 C15。

（2）防空地下室钢筋混凝土结构构件当有防水要求时，其混凝土的强度等级不宜低于C30。防水混凝土的设计抗渗等级应根据工程埋置深度按表14.2.28采用，且不应小于P6。

防水混凝土的设计抗渗等级 表14.2.28

工程埋置深度（m）	设计抗渗等级	工程埋置深度（m）	设计抗渗等级
<10	P6	20～30	P10
10～20	P8	30～40	P12

（3）防空地下室结构构件最小厚度应符合表14.2.29规定。

结构构件最小厚度（mm） 表14.2.29

构件类别	材料种类			
	钢筋混凝土	砖砌体	料石砌体	混凝土砌块
顶板、中间楼板	200	—	—	—
承重外墙	250	490（370）	300	250
承重内墙	200	370（240）	300	250
临空墙	250	—	—	—
防护密闭门门框墙	300	—	—	—
密闭门门框墙	250	—	—	—

注：1. 表中最小厚度不包括甲类防空地下室防早期核辐射对结构厚度的要求；
2. 表中顶板、中间楼板最小厚度系指实心截面，如为密肋板，其实心截面厚度不宜小于100mm；如为现浇空心板，其板顶厚度不宜小于100mm；且其折合厚度均不应小于200mm；
3. 砖砌体项括号内最小厚度仅适用于乙类防空地下室和核6级、核6B级甲类防空地下室；
4. 砖砌体包括烧结普通砖、烧结多孔砖以及非黏土砖砌体。

（4）防空地下室结构变形缝的设置应符合下列规定：
① 在防护单元内不宜设置沉降缝、伸缩缝；
② 上部地面建筑需设置伸缩缝、防震缝时，防空地下室可不设置；
③ 室外出入口与主体结构连接处，宜设置沉降缝；
④ 钢筋混凝土结构设置伸缩缝最大间距应按国家现行有关标准执行。

（5）防空地下室钢筋混凝土结构的纵向受力钢筋，其混凝土保护层厚度（钢筋外边缘至混凝土表面的距离）不应小于钢筋的公称直径，且应符合表14.2.30的规定。

纵向受力钢筋的混凝土保护层厚度（mm） 表14.2.30

外墙外侧		外墙内侧、内墙	板	梁	柱
直接防水	设防水层				
40	30	20	20	30	30

注：基础中纵向受力钢筋的混凝土保护层厚度不应小于40mm，当基础无垫层时不应小于70mm。

（6）防空地下室钢筋混凝土结构构件，其纵向受力钢筋的锚固和连接接头应符合下列要求：

① 纵向受拉钢筋的锚固长度 l_{aF} 应按下列公式计算：

$$l_{aF} = 1.05l_a \tag{14.2.9}$$

式中 l_a——普通钢筋混凝土结构受拉钢筋的锚固长度。

② 当采用绑扎搭接接头时,纵向受拉钢筋搭接接头的搭接长度 l_{lF},应按下列公式计算:

$$l_{lF} = \zeta l_{aF} \tag{14.2.10}$$

式中 ζ——纵向受拉钢筋搭接长度修正系数,可按表 14.2.31 采用。

③ 钢筋混凝土结构构件的纵向受力钢筋的连接可分为两类:绑扎搭接、机械连接和焊接,宜按不同情况选用合适的连接方式;

④ 纵向受力钢筋连接接头的位置宜避开梁端、柱端箍筋加密区;当无法避开时,应采用满足等强度要求的高质量机械连接接头,且钢筋接头面积百分率不应超过 50%。

纵向受拉钢筋搭接长度修正系数 ζ 表 14.2.31

纵向钢筋搭接接头面积百分率(%)	≤25	50	100
ζ	1.2	1.4	1.6

(7) 承受动荷载的钢筋混凝土结构构件,纵向受力钢筋的配筋百分率不应小于表 14.2.32 规定的数值。

钢筋混凝土结构构件纵向受力钢筋的最小配筋百分率(%)   表 14.2.32

分类	混凝土强度等级		
	C25~C35	C40~C55	C60~C80
受压构件的全部纵向钢筋	0.60(0.40)	0.60(0.40)	0.70(0.40)
偏心受压及偏心受拉构件一侧的受压钢筋	0.20	0.20	0.20
受弯构件、偏心受压及偏心受拉构件一侧的受拉钢筋	0.25	0.30	0.35

注: 1. 受压构件的全部纵向钢筋最小配筋百分率,当采用 HRB400 级、RRB400 级钢筋时,应按表中规定减小 0.1;

2. 当为墙体时,受压构件的全部纵向钢筋最小配筋百分率采用括号内数值;

3. 受压构件的受压钢筋以及偏心受压、小偏心受拉构件的受拉钢筋的最小配筋百分率按构件的全截面面积计算,受弯构件、大偏心受拉构件的受拉钢筋的最小配筋百分率按全截面面积扣除位于受压边或受拉较小边翼缘面积后的截面面积计算;

4. 受弯构件、偏心受压及偏心受拉构件一侧的受拉钢筋的最小配筋百分率不适用于 HPB300 级钢筋,当采用 HPB300 级钢筋时,应符合《混凝土结构设计规范》(GB 50010)中有关规定;

5. 对卧置于地基上的核 5 级、核 6 级和核 6B 级甲类防空地下室结构底板,当其内力系由平时设计荷载控制时,板中受拉钢筋最小配筋率可适当降低,但不应小于 0.15%。

(8) 在动荷载作用下,钢筋混凝土受弯构件和大偏心受压构件的受拉钢筋的最大配筋百分率宜符合表 14.2.33 的规定。

受拉钢筋的最大配筋率(%)   表 14.2.33

混凝土强度等级	C25	≥C30
HRB335 级钢筋	2.2	2.5
HRB400 级钢筋	2.0	2.4

(9) 钢筋混凝土受弯构件,宜在受压区配置构造钢筋,构造钢筋面积不宜小于受拉钢筋的最小配筋百分率;在连续梁支座和框架节点处,且不宜小于受拉主筋面积的 1/3。

（10）连续梁及框架梁在距支座边缘 1.5 倍梁的截面高度范围内，箍筋配筋百分率应不低于 0.15%，箍筋间距不宜大于 $h_0/4$（h_0 为梁截面有效高度），且不宜大于主筋直径的 5 倍。在受拉钢筋搭接处，宜采用封闭箍筋，箍筋间距不应大于主筋直径的 5 倍，且不应大于 100mm。

（11）除截面内力由平时设计荷载控制，且受拉主筋配筋率小于表 14.2.32 规定的卧置于地基上的核 5 级、核 6 级、核 6B 级甲类防空地下室和乙类防空地下室结构底板外，双面配筋的钢筋混凝土板、墙体应设置梅花形排列的拉结钢筋，拉结钢筋长度应能拉住最外层受力钢筋。当拉结钢筋兼作受力箍筋时，其直径及间距应符合箍筋的计算和构造要求（图 14.2.16）。

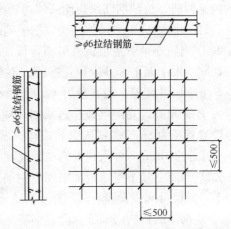

图 14.2.16　拉结钢筋配置形式

（12）钢筋混凝土平板防护密闭门、密闭门门框墙的构造应符合下列要求：

① 防护密闭门门框墙的受力钢筋直径不应小于 12mm，间距不宜大于 250mm，配筋率不宜小于 0.25%（图 14.2.17）；

② 防护密闭门门洞四角的内外侧，应配置两根直径 16mm 的斜向钢筋，其长度不应小于 1000mm（图 14.2.18）；

③ 防护密闭门、密闭门的门框与门扇应紧密贴合；

④ 防护密闭门、密闭门的钢制门框与门框墙之间应有足够的连接强度，相互连成整体。

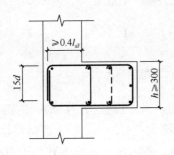

图 14.2.17　防护密闭门门框墙配筋

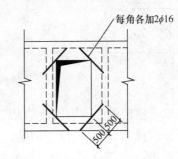

图 14.2.18　门洞四角加强钢筋

（13）叠合板的构造应符合下列规定：

① 叠合板的预制部分应作成实心板，板内主筋伸出板端不应小于 130mm；

② 预制板上表面应做成凸凹不小于 4mm 的人工粗糙面；

③ 叠合板的现浇部分厚度宜大于预制部分厚度；

④ 位于中间墙两侧的两块预制板间，应留不小于 150mm 的空隙，空隙中应加 1 根直径 12mm 的通长钢筋，并与每块板内伸出的主筋相焊不少于 3 点；

⑤ 叠合板不得用于核 4B 级及核 4 级防空地下室。

（14）防空地下室非承重墙的构造应符合下列规定：

① 非承重墙宜采用轻质隔墙，当抗力级别为核 4 级、核 4B 级时，不宜采用砌体墙，

轻质隔墙与结构的柱、墙及顶、底板应有可靠的连接措施；

② 非承重墙当采用砌体墙时，与钢筋混凝土柱（墙）交接处应沿柱（墙）全高每隔500mm设置2根直径为6mm的拉结钢筋，拉结钢筋伸入墙内长度不宜小于1000mm，非承重砌体墙的转角及交接处应咬槎砌筑，并应沿墙全高每隔500mm设置2根直径为6mm的拉结钢筋，拉结钢筋每边伸入墙内长度不宜小于1000mm。

（15）防空地下室砌体结构应按下列规定设置圈梁和过梁：

① 当防空地下室顶板采用叠合板结构时，沿内、外墙顶应设置一道圈梁，圈梁应设置在同一水平面上，并应相互连通，不得断开。圈梁高度不宜小于180mm，宽度应同墙厚，上下应各配置3根直径为12mm的纵向钢筋，圈梁箍筋直径不宜小于6mm，间距不宜大于300mm，当圈梁兼作过梁时，应另行验算，顶板与圈梁的连接处（图14.2.19），应设置直径为8mm的锚固钢筋，其间距不应大于200mm，锚固钢筋伸入圈梁的锚固长度不应小于240mm，伸入顶板内锚固长度不应小于$l_0/6$（l_0为板的净跨）；

② 当防空地下室顶板采用现浇钢筋混凝土结构时，沿外墙顶部应设置圈梁，在内隔墙上，圈梁可间隔设置，其间距不宜大于12mm，其配筋同本条第一款要求；

③ 砌体结构的门洞处应设置钢筋混凝土过梁，过梁伸入墙内长度应不小于500mm。

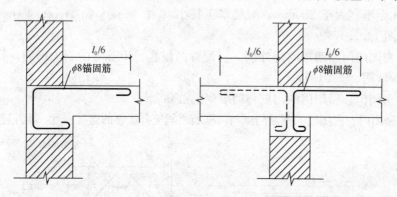

图 14.2.19 顶板与砌体墙锚固钢筋

（16）防空地下室砌体结构墙体转角及交接处，当未设置构造柱时，应沿墙全高每隔500mm配置两根直径为6mm的拉结钢筋。当墙厚大于360mm时，墙厚每增加120mm，应增设1根直径为6mm的拉结钢筋。拉结钢筋每边伸入墙内长度不宜小于1000mm。

（17）砌体结构的防空地下室，由防护密闭门至密闭门的防护密闭段，应采用整体现浇钢筋混凝土结构。

14.3 隧 道 工 程

14.3.1 概述

1. 计算理论概述

隧道工程建筑物是埋置于地层中的结构物，它的受力和变形与围岩（土层）密切相关，支护结构与围岩（土层）作为一个统一的受力体系相互约束，共同工作。这种共同作用正是地下结构与地面结构的主要区别。按照衬砌与地层相互作用考虑方式不同，地下结构的理论计算方法大致可区分为两大类：荷载结构法（结构力学法）和地层结构法（岩体力学法）。

认为地层对结构的作用只是产生作用在地下结构上的荷载（包括主动的地层压力和被动的地层压力），以计算衬砌在荷载作用下产生的内力和变形的方法称为荷载结构法。根据对被动的地层压力（即弹性抗力）的不同考虑方式，荷载结构法又可分为以下几类：①完全不考虑弹性抗力法；②假定弹性抗力法；③弹性支承法。

认为衬砌和地层一起构成受力变形的整体，并可按连续介质力学原理来计算衬砌和四周地层内力与变形的计算方法称为地层结构法。目前地层结构法仅在地下结构复杂的情况下，辅助荷载结构法探讨其受力与变形的规律。

2. 设计方法概述

与地面结构的设计不同，设计地下结构不能完全依赖结构计算。这是因为岩土介质在漫长的年代中经历过多次地质构造运动，影响其物理力学性态的因素很多，而这些因素至今还没有完全被人们所认识，使理论计算的结果常与实际情况有较大的出入，很难用作确切的设计依据。在目前条件下，地下结构的设计仍需要在很大程度上依据经验和实例，因而产生了地下结构设计模型的概念。

按照国内外多年来地下结构设计的实践，采用的设计模型有下列四种：

（1）经验类比模型。根据类似工程的经验，采用类比的方法，直接选定结构的形式及断面尺寸，并据以绘制结构施工图。

（2）荷载结构模型。由地层分类法或实用公式确定地层压力后，在主动外荷载下并考虑弹性抗力的存在，按结构力学计算衬砌内力和截面设计。

（3）地层结构模型。将衬砌和地层视为整体共同受力的统一体系，按变形协调条件分别计算衬砌与地层的内力，并据以验算地层的稳定性和进行结构截面设计。

（4）收敛限制模型。属于观察方法的范畴，即理论与量测相结合的设计法。理论是按弹塑、黏理论推导出地层的收敛线和衬砌的限制性，其交点即代表地层压力和衬砌变形，目前主要按照量测的洞周收敛值进行反馈监控，修正结构设计。

我国工程界对地下结构设计较为注重理论计算，重大的地下工程正逐步过渡到经验、理论、量测相结构的综合设计模型。

3. 施工方式及断面形式概述

修建隧道的方法有矿山法、掘进机法、沉管法、顶进法、明挖法及盖挖法等。矿山法又分传统矿山法和新奥法。掘进机法又分为隧道掘进机法和盾构法。隧道断面一般有圆形、矩形、半圆形、马蹄形等多种形式。软土中隧道多采用盾构法施工，断面形式通常为圆形。围岩中隧道通常采用掘进机法和矿山法，掘进机法隧道断面通常为圆形，矿山法隧道断面多采用马蹄形。实际设计中应综合考虑隧道的使用要求、施工技术可行性、地层特性、隧道受力等因素，据以确定合理的隧道施工方式及隧道断面形式。

本节将首先介绍隧道支护结构的设计计算理论，然后结合当前设计规范详述在软土中盾构法隧道的主要设计方法，最后简单介绍隧道工程中的地面沉降机理及预测。有关围岩中隧道的具体设计方法、围岩压力计算、围岩分级以及土压力计算等内容，请读者参阅相关文献。

14.3.2 荷载结构法

这种方法的基本原理是：认为地层对结构的作用只是产生作用在地下结构上的荷载，当作用在支护结构上的荷载确定后，可应用普通结构力学的方法求解超静定结构的内力和位移。根据对被动的地层压力（即弹性抗力）的不同考虑方式，荷载结构法又可分为以下几类：

（1）主动荷载模型。当地层较为软弱，或地层相对结构的刚度较小，不足以约束结构的变形时，可以不考虑围岩对结构的弹性反力，称为主动荷载模型，如在饱和含水地层中的自由变形圆环、软土基础上的闭合框架等，也常用于初步设计中。

（2）假定弹性反力模型。根据工程实践和大量的计算结果得出的规律。可以先假定弹性反力的作用范围和分布规律，然后再计算，得到结构的内力和变位，验证弹性反力图形分布范围的正确性。这种方法称为假定弹性反力图形的计算方法，如假定弹性反力分布为三角形、月牙形以及二次或三次抛物线等。

（3）计算弹性反力模型。将弹性反力作用范围内围岩对衬砌的连续约束离散为有限的作用在衬砌节点上的弹性支承，而弹性支承的弹性特性即为所代表地层范围内围岩的弹性特性，根据结构变形计算弹性反力作用范围和大小的计算方法，称为计算弹性反力图形的方法。该计算方法需要采用迭代的方式逐步逼近正确的弹性反力作用范围，如弹性地基上的闭合框架、弹性支承法等。

1. 荷载分类、受力变形特性、弹性抗力及弹性抗力系数

作用在衬砌上的荷载，按其性质可以区分为主动荷载与被动荷载。主动荷载是主动作用于结构、并引起结构变形的荷载；被动荷载是因结构变形压缩围岩而引起的围岩被动抵抗力，即弹性抗力，它对结构变形起限制作用。

1）主动荷载

主动荷载 表 14.3.1

编号	荷载分类		荷载名称
1	永久荷载		围岩压力
2			土压力
3			结构自重
4			结构附加恒载
5			混凝土收缩和徐变的影响力
6			水压力
7	可变荷载	基本可变荷载	公路车辆荷载、人群荷载
8			立交公路车辆荷载及其所产生的冲击力、土压力
9			立交铁路列车活载及其所产生的冲击力、土压力
10		其他可变荷载	立交渡槽流水压力
11			温度变化的影响力
12			冻胀力
13			施工荷载

编号	荷载分类	荷载名称
14	偶然荷载	落石冲击力
15		地震作用

注：编号 1～10 为主要荷载；编号 11、12、14 为附加荷载；编号 13、15 为特殊荷载。

衬砌荷载取值的重难点在于围岩压力和土压力的确定。围岩压力和土压力均包含顶部竖向压力和侧向水平压力。围岩荷载结合围岩分级确定，土压力按照土力学理论确定（或根据工程经验确定水平侧压力系数）。不同的地层条件、不同埋深、不同使用功能及不同规范中围岩压力、土压力的计算方法均有所差异。计算时会不同程度地涉及卸载拱理论、松动土压力、水土分算、水土合算等不同理论，可结合现行相关规范及文献查阅围岩压力和土压力的具体计算方法。

2）被动荷载

弹性抗力即属于被动荷载。

隧道衬砌在主动荷载作用下要产生变形，图 14.3.1 所示的曲墙式衬砌，在主动荷载（设围岩垂直压力大于侧向压力）作用下，结构产生的变形用虚线表示。在拱顶其变形背向地层，不受围岩的约束而自由变形，这个区域称为"脱离区"。而在两侧及底部，结构产生朝向地层的变形。并受到围岩的约束阻止其变形，因而围岩对衬砌产生了弹性抗力，这个区称为"抗力区"。为此，围岩对衬砌变形起双重作用：围岩产生主动压力使衬砌变形，又产生被动压力阻止衬砌变形。这种效应的前提条件是围岩与衬砌必须全面地紧密地接触。但实际的接触状态是相当复杂的（实际情况下弹性抗力不仅仅只有压应力，有时还存在剪应力，并且地层的力学性质存在强烈的非线性特征）。由于围岩的性质、施工方法、衬砌类型等因素的不同，致使围岩与衬砌可能是全面接触，也可能是局部接触，可能是面接触，也可能是点接触，有时是直接接触，也有时通过回填物间接接触。为便于计算，一

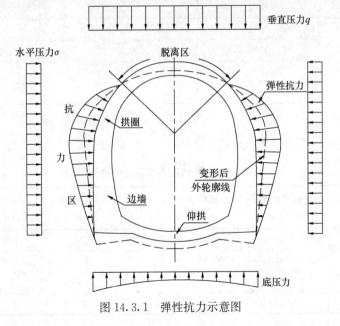

图 14.3.1　弹性抗力示意图

般将上述复杂情况予以理想化，即假定衬砌结构与围岩全面地、紧密地接触，因此，为了符合设计计算要求，施工工序应严格按照施工规范要求进行施工。

所谓弹性抗力就是指由于支护结构发生向围岩方向的变形而引起的围岩对支护结构的约束反力。弹性抗力的大小，目前常用以温克尔假定为基础的局部变形理论（不考虑抗力区的剪应力和地层的非线性力学特性）来确定。它认为围岩的弹性抗力与围岩在该点的变形成正比，用公式表示即为：

$$\sigma = k\delta \tag{14.3.1}$$

式中　　δ——围岩表面上任意一点 i 的压缩变形；

　　　　σ——围岩在同一点上所产生的弹性抗力；

　　　　k——比例系数，称为围者的弹性抗力系数。

文克尔假定相当于把围岩简化为一系列彼此独立的弹簧，某一弹簧受到压缩时所产生的反作用力只与该弹簧有关，而与其他弹簧无关。这个假定虽然与实际情况不符，但简单明了，能满足一般工程设计的精度需要，因此应用较广。由于弹性抗力的作用，限制了衬砌变形，从而改善了衬砌结构的受力条件，提高了结构的承载能力。

地层的（弹性）抗力系数参考值见表 14.3.2。

地层抗力系数参考值　　　　　　　　　　　　　　　　表 14.3.2

地基土分类		I_L、e、N 范围	地层抗力系数（kN/m^3）
黏性土	软塑	$0.75 < I_L \leqslant 1$	3000～9000
	可塑	$0.25 < I_L \leqslant 0.75$	9000～15000
	硬塑	$0 < I_L \leqslant 0.25$	15000～30000
	坚硬	$I_L \leqslant 0$	30000～45000
黏质粉土	稍密	$e > 0.9$	3000～12000
	中密	$0.75 \leqslant e \leqslant 0.90$	12000～22000
	密实	$e < 0.75$	22000～35000
砂质粉土、砂土	松散	$N \leqslant 7$	3000～10000
	稍密	$7 < N \leqslant 15$	10000～20000
	中密	$15 < N \leqslant 30$	20000～40000
	密实	$N > 30$	40000～55000

注：I_L—土的液性指数；e—土的天然孔隙比；N—标准贯入试验锤击数实测值。

围岩的弹性抗力系数参考值如表 14.3.3。

各级围岩的物理力学指标标准值　　　　　　　　　　　　表 14.3.3

围岩级别	重度 γ（kN/m^3）	弹性抗力系数 k（MPa/m）	变形模量 E（GPa）	泊松比 μ	内摩擦角 φ（°）	黏聚力 c（MPa）	计算摩擦角 φ_c（°）
Ⅰ	26～28	1800～2800	>33	<0.2	>60	>2.1	>78
Ⅱ	25～27	1200～1800	20～33	0.2～0.25	50～60	1.5～2.1	70～78
Ⅲ	23～25	500～1200	6～20	0.25～0.3	39～50	0.7～1.5	60～70
Ⅳ	20～23	200～500	1.3～6	0.3～0.35	27～39	0.2～0.7	50～60

围岩级别	重度 γ (kN/m³)	弹性抗力系数 k (MPa/m)	变形模量 E (GPa)	泊松比 μ	内摩擦角 φ (°)	黏聚力 c (MPa)	计算摩擦角 φ_c (°)
Ⅴ	17～20	100～200	1～2	0.35～0.45	20～27	0.05～0.2	40～50
Ⅵ	15～17	＜100	＜1	0.4～0.5	＜20	＜0.05	30～40

注：1. 本表数值不包括黄土地层；
　　2. 选用计算摩擦角时，不再计内摩擦角和黏聚力。

2. 不考虑弹性抗力法（主动荷载模型）

当隧道建在淤泥、流沙、饱和砂土、塑性黏土及其他软塑土层中时，地层对衬砌结构的弹性抗力很小，此时受力的衬砌圆环的假定按自由变形圆环计算。采用弹性中心法，取图 14.3.2 为圆环的基本结构计算图示。

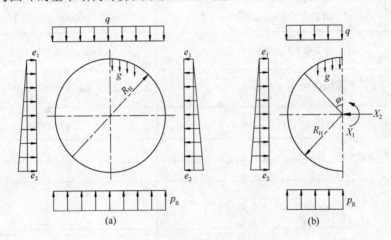

图 14.3.2　不考虑弹性抗力法

根据弹性中心处相对转角和相对位移等于零的条件，列出下列力法方程：

$$\left.\begin{array}{c} X_1\delta_{11} + \Delta_{1p} = 0 \\ X_2\delta_{22} + \Delta_{2p} = 0 \end{array}\right\}$$

(14.3.2)

$$\delta_{11} = \frac{1}{EI}\int_0^\pi \overline{M}_1^2 R_H \mathrm{d}\varphi = \frac{1}{EI}\int_0^\pi R_H \mathrm{d}\varphi = \frac{\pi R_H}{EI};$$

(14.3.3)

$$\delta_{22} = \frac{1}{EI}\int_0^\pi \overline{M}_2^2 R_H \mathrm{d}\varphi = \frac{1}{EI}\int_0^\pi (-R_H\cos\varphi)^2 R_H \mathrm{d}\varphi = \frac{R_H^3\pi}{2EI};$$

(14.3.4)

$$\Delta_{1p} = \frac{R_H}{EI}\int_0^\pi M_P \mathrm{d}\varphi$$

(14.3.5)

$$\Delta_{2p} = -\frac{R_H^2}{EI}\int_0^\pi M_P\cos\varphi \mathrm{d}\varphi$$

(14.3.6)

其中：M_p——基本结构中外荷载对圆环任意截面产生的弯矩；

　　　　φ——计算截面处的半径与竖直轴的夹角；

　　　　R_H——圆环的计算半径。

将上述各系数代回原方程，可得出：

$$\left.\begin{array}{l} X_1 = -\dfrac{\Delta_{1p}}{\delta_{11}} = -\dfrac{1}{\pi}\displaystyle\int_0^\pi M_P \mathrm{d}\varphi \\[3mm] X_2 = -\dfrac{\Delta_{2p}}{\delta_{22}} = \dfrac{2}{\pi R_H}\displaystyle\int_0^\pi M_p \cos\varphi \mathrm{d}\varphi \end{array}\right\}$$ (14.3.7)

任意截面内力：

$$\left.\begin{array}{l} M_\varphi = X_1 - X_2 R_H \cos\varphi + M_P \\[2mm] N_\varphi = X_2 \cos\varphi + N_p \end{array}\right\}$$ (14.3.8)

求得各种荷载下的任意截面的单位宽度下的内力系数表，如表 14.3.4。

单位宽度内力系数表　　　　　　　　　　　　表 14.3.4

荷载	截面位置	内力 M (kN·m)	内力 N (kN)	底部反力
自重	$0-\pi$	$gR_H^2(1-0.5\cos\varphi-\varphi\sin\varphi)$	$gR_H^2(\varphi\sin\varphi-0.5\cos\varphi)$	πg
竖向均布荷载	$0-\dfrac{\pi}{2}$	$qR_H^2(0.193+0.106\cos\varphi-0.5\sin^2\varphi)$	$qR_H(\sin^2\varphi-0.106\cos\varphi)$	q
竖向均布荷载	$\dfrac{\pi}{2}-\pi$	$qR_H^2(0.693+0.106\cos\varphi-\sin\varphi)$	$qR_H(\sin\varphi-0.106\cos\varphi)$	q
底部反力	$0-\dfrac{\pi}{2}$	$p_R R_H^2(0.057-0.106\cos\varphi)$	$0.106 p_R R_H\cos\varphi$	$q+\pi g$
底部反力	$\dfrac{\pi}{2}-\pi$	$p_R R_H^2(-0.443+\sin\varphi-0.106\cos\varphi-0.5\sin^2\varphi)$	$p_R R_H(\sin^2\varphi-\sin\varphi+0.106\cos\varphi)$	$q+\pi g$
均布侧压	$0-\pi$	$e_1 R_H^2(0.25-0.5\cos^2\varphi)$	$e_1 R_H\cos^2\varphi$	0
三角形侧压	$0-\pi$	$e_2 R_H^2(0.25\sin^2\varphi+0.083\cos^3\varphi-0.063\cos\varphi-0.125)$	$e_2 R_H\cos\varphi(0.063+0.5\cos\varphi-0.25\cos^2\varphi)$	0

表中，弯矩 M 以内缘受拉为正，轴力以受压为正。

自由变形圆环法计算简便，概念清晰，但因未考虑地层的弹性抗力，故计算所得的各个截面弯矩值偏大。

3. 假定弹性抗力法

当外荷载作用在隧道衬砌时，由于衬砌变形而产生的地层抗力，其分布规律很难确定，为了便于运算，根据经验预先假定地层侧向抗力的分布模式为三角形、月牙形等。

1）假定抗力为三角形分布的计算方法

（1）基本假定：

假定土的抗力图形分布在水平直径上下各 45° 范围内，其荷载分布规律（图 14.3.3）如下式：

$$p_k = K_h y(1-\sqrt{2}|\cos\varphi|)$$ (14.3.9)

$$y = \dfrac{(2q-2e_1-e_2+\pi g)R_H^4}{24(\eta EI + 0.0454 K_h R_h^4)}$$ (14.3.10)

式中 φ——所讨论截面与竖直轴夹角，当 $\varphi=45°$ 时，$p_k=0$。当 $\varphi=90°$ 时，最大弹性抗
              力值为 $p_k=K_hy$；

          y——水平直径处在主动和弹性抗力作用下的变位；

          η——圆环刚度有效系数，取 $0.28\sim0.8$；

   R_H——衬砌的计算半径；

   K_h——地层侧向弹性反力系数。

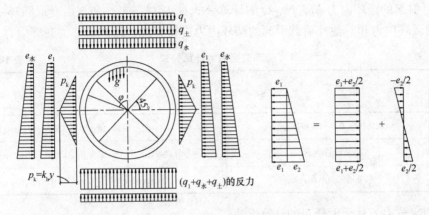

图 14.3.3   三角形分布的抗力

（2）衬砌水平直径处实际变位 y 的求法：

衬砌环水平直径处的实际变位 y 是由主动外荷载作用产生的衬砌变位 y_1 和侧向弹性
反力作用引起衬砌变位 y_2 的代数和，即

$$y=y_1+y_2 \tag{14.3.11}$$

而 y_1 及 y_2 可按结构力学中求解超静定结构变位的计算公式求得，可忽略轴力作用，
在均布竖直荷载和均布侧向荷载作用下其变位公式为：

$$y_1=(q-e)\frac{R_H^4}{12EI} \tag{14.3.12}$$

$$y_2=-0.0454\frac{p_kR_H^4}{EI} \tag{14.3.13}$$

式中 q——竖直外荷载之和；

          e——水平侧向荷载之和。

若考虑结构自重对结构变位的影响，则由此而引起的水平直径处的变位为：

$$y_g=\frac{\pi_gR_H^4}{24EI} \tag{14.3.14}$$

将梯形的水平侧压分解为图 14.3.3 所示，其圆环内力值相同（其中反对称荷载 $e_2/2$
引起的水平直径处的变位为零）。将 $e=e_1+e_1/2$ 及其余各式联立，并考虑接头刚度影响
系数对变位的影响，可求得：

$$y_1=\frac{(2q-2e_1-e_2+\pi g)R_H^4}{24\eta EI} \tag{14.3.15}$$

$$y = \frac{(2q - 2e_1 - e_2 + \pi g)R_H^4}{24(\eta EI + 0.0454K_hR_h^4)} \qquad (14.3.16)$$

解出 y（衬砌环水平直径处的实际变位）值后，再将其乘以地层弹性反力系数 K_h，即可求得最大弹性反力值，然后连接侧向弹性反力为零的上下端点（$\varphi = 45°, \varphi = 135°$），就可以确定整个弹性反力图形的取值。

（3）圆环内力计算：

由 p_k 引起的圆环内力 M、N、Q 的计算公式见表14.3.5。和自由变形圆环一样，将 p_k 引起的圆环内力和其他外荷载引起的圆环内力进行叠加，形成最终的圆环内力。

圆环截面内力计算公式   表 14.3.5

内力	$0 \leqslant \varphi \leqslant \frac{\pi}{4}$	$\frac{\pi}{4} \leqslant \varphi \leqslant \frac{\pi}{2}$
M	$(0.2346 - 0.3536\cos\varphi)p_kR_H^2$	$(-0.3487 + 0.5\sin^2\varphi + 0.2357\cos^3\varphi)p_kR_H^2$
N	$0.3536\cos p_kR_H\varphi$	$(-0.707\cos\varphi + \cos^2\varphi + 0.707\sin^2\varphi\cos\varphi)p_kR_H$
Q	$0.3536\cos p_kR_H\sin\varphi$	$(\sin\varphi\cos\varphi - 0.707\cos^2\varphi\sin\varphi)p_kR_H$

2）假定抗力为月牙形分布的计算方法

假定圆环受到竖向荷载后，其顶部变形方向是朝向衬砌内，不产生弹性反力，形成脱离区，此法假定脱离区在拱顶90°的范围内。其余部分产生朝向地层的变形，因此产生了弹性反力。弹性反力分布图形呈新月形。假定水平直径处的变形为 y_a、底部的变形为 y_b。圆环衬砌承受的荷载图形见图14.3.4。

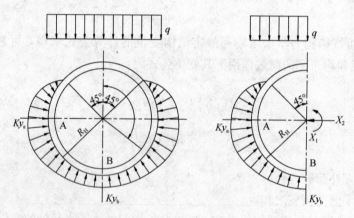

图 14.3.4 月牙形分布抗力

弹性反力图形的分布如下式：

$$当 \varphi = \pi/4 \sim \pi/2 时，p_k = -Ky_a\cos2\varphi; \qquad (14.3.17)$$

$$当 \varphi = \pi/2 \sim \pi 时，p_k = Ky_a\sin^2\varphi + Ky_b\cos^2\varphi; \qquad (14.3.18)$$

式中　p_k——弹性反力分布范围内，任意点的弹性反力值；

　　　φ——衬砌环上一点与竖直轴的夹角；

　　　K——地层弹性反力系数。

可利用下列4个联立方程式解出圆环上的4个未知数 X_1、X_2、y_a 和 y_b。

$$
\left.\begin{array}{l}
X_1\delta_{11}+\delta_{1q}+\delta_{1p_k}=0 \\
X_2\delta_{22}+\delta_{2q}+\delta_{2p_k}=0 \\
y_a=\delta_{aq}+\delta_{ap_k}+X_1\delta_{a1}+X_2\delta_{a2} \\
\sum Y=0
\end{array}\right\}
\tag{14.3.19}
$$

解出方程后，得各个截面上的 M 和 N 值

$$
\left.\begin{array}{l}
M_\varphi=M_q+M_{p_k}+X_1-X_2 R_H\cos\varphi \\
N_\varphi=N_q+N_{p_k}+X_2\cos\varphi
\end{array}\right\}
\tag{14.3.20}
$$

利用上述计算公式，已将由竖向荷载 q、自重 g 和静水压力三种荷载引起的圆环各个截面的内力的计算公式如下所示。

在竖向荷载下，任意截面的弯矩和轴力的计算公式为：

$$
\left.\begin{array}{l}
M_a=qR_H Rb\left[A\beta+B+Cn(1+\beta)\right] \\
N_a=qRb\left[D\beta+F+Cn(1+\beta)\right]
\end{array}\right\}
\tag{14.3.21}
$$

在圆环自重的作用下：

$$
\left.\begin{array}{l}
M_a=gR_H^2 b(A_1+B_1 n) \\
N_a=gR_H^2 b(C_1+D_1 n)
\end{array}\right\}
\tag{14.3.22}
$$

在外静水压力作用下：

$$
\left.\begin{array}{l}
M_a=-R^2 R_H\gamma_w b(A_2+B_2 n) \\
N_a=-R^2\gamma_w b(C_2+D_2 n)+RHb\gamma_w
\end{array}\right\}
\tag{14.3.23}
$$

在内水压作用下：

$$
\left.\begin{array}{l}
M_a=p_w r^2 R_H(A_2+B_2 n) \\
N_a=p_w r^2(C_2+D_2 n)
\end{array}\right\}
\tag{14.3.24}
$$

以上各式中 M_a ——任意截面的弯矩；

       N_a ——任意截面的轴力；

β,n,m —— $\beta=2-\dfrac{R}{R_H}$，$n=\dfrac{1}{m+0.06416}$，$m=\dfrac{EI}{R_H^3 RKb}$；

       q ——竖向均布荷载；

       g ——圆环的自重荷载；

       H ——静水压头；

       p_w ——内水压头；

       γ_w ——水的重度；

R_H、b ——圆环计算半径及圆环（纵向）宽度，取 $b=1\mathrm{m}$；

     R、r ——圆环外半径、内半径；

      EI ——圆环断面抗弯刚度；

       K ——土壤介质弹性反力系数。

计算系数 A、B、C、D、F、G，A_1、B_1、C_1、D_1，A_2、B_2、C_2 和 D_2 见表 14.3.6～表 14.3.8。

计算系数 A、B、C、D、F、G 　　　　　表 14.3.6

截面位置 φ	系数					
	A	B	C	D	F	G
0°	1.6280	0.8720	−0.0700	2.1220	−2.1220	0.2100
45°	−0.2500	0.2500	−0.0084	1.5000	3.5000	0.1485
90°	−1.2500	−1.2500	0.0825	0.0000	10.0000	0.0575
135°	0.2500	−0.2500	0.0022	−1.5000	9.0000	0.1380
180°	0.8720	1.6280	−0.0837	−2.1220	7.1220	0.2240

计算系数 A_1、B_1、C_1、D_1 　　　　　表 14.3.7

截面位置 φ	系数			
	A_1	B_1	C_1	D_1
0°	3.4470	−0.2198	−1.6670	0.6592
45°	0.3340	−0.0267	3.3750	0.4661
90°	−3.9280	0.2589	15.7080	0.1804
135°	−0.3350	0.0067	19.1860	0.4220
180°	4.4050	−0.2670	17.3750	0.7010

计算系数 A_2、B_2、C_2、D_2 　　　　　表 14.3.8

截面位置 φ	系数			
	A_2	B_2	C_2	D_2
0°	1.7240	−0.1097	−5.8385	0.3294
45°	0.1673	−0.0132	−4.2771	0.2329
90°	−1.9638	0.1294	−2.1460	0.0903
135°	−0.1679	0.0036	−3.9413	0.2161
180°	2.2027	−0.1312	−6.3125	0.3509

4. 弹性支承法

弹性支承法也称链杆法，该方法的依据"局部变形"理论考虑衬砌与围岩的共同作用，是计算弹性反力图形解算衬砌内力的一种方法。结合杆件有限元法，弹性支承法的适应性很广，可以适应任意结构形状，适应任意变化的地质条件。对于非均匀地层，可以选用不同的弹性反力系数以确定不同的弹性支承刚度，从而实现对非均匀地层的模拟。

将衬砌结构离散为有限个单元，单元数目视计算精度而定。相应的弹性支承则设置在单元节点处，弹性支承的刚度取值则通过地层弹性抗力系数等效为单元节点弹簧刚度确定。弹性支承的方向应和该方向的弹性反力方向一致，可以是径向的，只传递轴向压力，不计算衬砌与围岩间的摩擦力（图 14.3.6a），也可以和径向偏转一个角度，考虑围岩与衬砌之间的摩擦力（图 14.3.6b）。为了简化计算也可将链杆水平设置（图 14.3.6c）。若衬砌与围岩之间填充密实，接触良好，此时除了设置径向链杆以外，还可以设置切向链杆（图 14.3.6d）。

实际计算中，可以先假定衬砌结构上所有的节点全部作用有弹性支承链杆，然后用迭代的方法逐步去掉出现拉力的弹性支承，直至计算出抗力区、脱离区的确切位置，并得出结构的真实解。

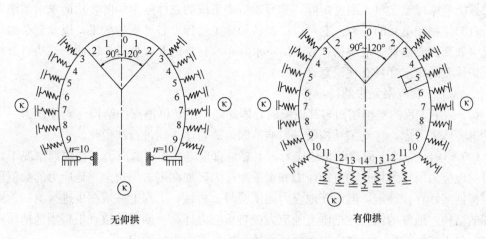

图 14.3.5　弹性支承法计算模型

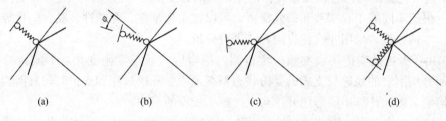

图 14.3.6　弹性支承

14.3.3　地层结构法

地层结构法，又称为连续介质力学方法，其出发点是考虑支护结构与围岩的相互作用，组成一个共同承载体系。其中，围岩是主要的承载结构，而支护结构则相当于镶嵌在无限或半无限介质孔洞上的加劲环。对于这种模型，目前较为成熟的求解方法有：①解析法；②数值法。

解析法，即根据所给定的边界条件，对问题的平衡方程、几何方程和物理方程直接求解。由于数学上的困难，现在还只能对少数典型问题求解。

数值法主要是指有限元法（图 14.3.7）。它把围岩和支护结构都划分为若干单元，然

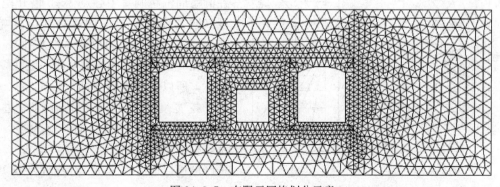

图 14.3.7　有限元网格划分示意

后根据能量原理建立单元刚度矩阵，并形成整个系统的总体刚度矩阵，从而求出系统上各个节点的位移和单元的应力。它可以模拟各种施工过程、各种支护效果，以及复杂的地层情况（如断层、节理等地质构造以及地下水等）和材料的非线性等，因此，该法对分析整个支护体系的稳定性具有理论意义。

1. 地下工程有限元法的特点

（1）地下工程的支护结构与其周围的岩体共同作用，可把支护结构与岩体作为一个统一的组合体来考虑，将支护结构及其影响范围内的岩体一同进行离散化。

（2）作用在岩体上的荷载是地应力，主要是自重应力和构造应力，在深埋情况下，一般可把地应力简化为均布垂直地应力和水平地应力，加在围岩周边上。地应力的数值原则上应根据实际存在确定，但由于地应力测试费时、费钱，工程上一般很少进行测试。对于深埋的结构，通常的做法是把垂直地应力按自重应力计算，侧压系数则根据当地地质资料确定。对于浅埋结构，垂直应力和侧压系数均按自重应力场确定。

（3）通常把支护结构材料视作线弹性体，而围岩及围岩中节理面的应力应变关系视作非线性。根据不同的工程实践和研究需要，可以选用弹塑性、黏塑性、黏弹塑性等不同的材料力学本构模型，采用非线性有限元法进行分析。

（4）由于开挖及支护将会导致一定范围内围岩应力状态发生变化，形成新的平衡状态，因而分析围岩的稳定与支护的受力状态都必须考虑开挖过程和支护时间对围岩及支护的受力影响，因此计算中应考虑开挖与支护施工步骤的影响。

（5）地下结构工程一般轴线很长，当某一段地质变化不大时，且该段长度与隧道跨度相比较大时，可以在该段取单位长度隧道的力学特性来代替该段的三维力学特性。这就是平面应变问题，从而使计算大大简化。

2. 有限元法计算原则

1）计算范围的确定

无论是深埋或浅埋隧道，在力学上都属于半无限空间问题，简化为平面应变问题时，则为半无限平面问题。从理论上讲，开挖对周围岩体的影响，将随远离开挖部位而逐渐消失（圣维南原理），因此，有限元分析仅需在一个有限的区域内进行即可。确定计算边界，一方面要节省计算费用，另一方面也要满足精度要求。实践和理论分析证明：对于地下洞室开挖后的应力和应变，仅在洞室周围距洞室中心点 3～5 倍开挖宽度（或高度）的范围内存在实际影响。在 3 倍宽度处的应力变化一般在 10% 以下，在 5 倍宽度处的应力变化一般在 3% 以下，所以，计算边界即可确定在 3～5 倍开挖宽度（图 14.3.8）。在这个边界上，可以认为开挖引起的位移为零。此外，根据对称性的特点（图 14.3.9），分析区域可以取 1/2（一个对称轴）或 1/4（2 个对称袖）。

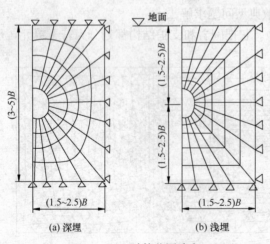

（a）深埋 　　　　（b）浅埋

图 14.3.8　计算范围确定

当要求计算精度较高时，计算边界的确定就比较困难，可考虑采用有限元和无限元耦合算法（图 14.3.10）。

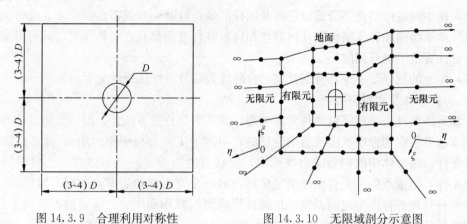

图 14.3.9 合理利用对称性　　　　图 14.3.10 无限域剖分示意图

2）单元选择及划分原则

将岩体与支护结构离散为有限元仅在节点处铰接的单元体的组合是有限单元法的基础。对平面应变问题常采用的有限单元包括线单元（图 14.3.11a）和面单元（图 14.3.11b）。对于地下结构体系离散化后往往是各种类型单元的组合：二节点和三节点杆单元用以模拟锚杆；二节点和三节点梁单元用以模拟喷射混凝土；三节点和六节点三角形常应变元或四节点、八节点四边形等参单元用以模拟围岩和二次衬砌。因四边形等参单元具有应力变化连续、精度较高、便于网格划分的优点，采用四边形单元最为适宜。

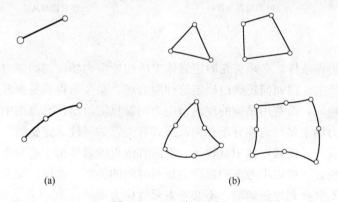

(a)　　　　　　　　　　　(b)

图 14.3.11 单元选择

使用有限元进行地下工程分析，并非任何一种离散形式都可以得到同样的结果。单元划分的疏密、大小和形状都会影响计算精度。理论上讲，单元划分得越密越小、形状越规则，计算精度越高。根据误差分析，应力的误差与单元尺寸的一次方成正比，位移的误差与单元尺寸的二次方成正比。但单元数多要求计算机储存量大，计算时间长。在地下结构物周围区域、地质构造区域等应力、位移变化梯度大以及荷载有突变的区域，单元划分可加密，而其他区域则可稀疏一些。疏密区单元大小相差不宜过大，应尽可能均匀过渡。

在结构体系离散化时需注意以下几点：

（1）单元各边长相差不能过大，邻边夹角不能过小，各夹角最好尽量相等；

（2）单元边界应当划分在材料的分界面上和开挖的分界线上，一个单元不能包含两种材料；

（3）集中荷载作用点、荷载突变处及锚杆的端点处必须布置节点；

（4）地下结构和岩体结构在几何形状和材料特性方面都具有对称性时，可利用该对称性取部分计算范围进行离散；

（5）单元的划分要考虑到分期开挖的分界线和部分开挖区域的分界线。

3）边界条件及初始应力

计算范围的外边界可采取两种方式处理：其一为位移边界条件，即一般假定边界点位移为零（也有假定为弹性支座或给定位移的，但地下工程分析中很少用）；其二是假定为力边界条件，由岩体中的初始应力场确定，包括自由边界（$p=0$）条件。还可以给定混合边界条件，即节点的一个自由度给定位移，另一个自由度给定节点力（二维问题）。当然无论哪种处理都存在一定的误差，且随计算范围的减小而增大，靠近边界处误差最大，称为"边界效应"。边界效应在动力分析中影响更加显著，需妥善处理。图 14.3.12 给出了几种边界条件形式。

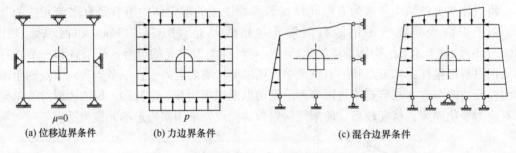

(a) 位移边界条件   (b) 力边界条件   (c) 混合边界条件

图 14.3.12 边界条件

为了确定力边界条件，必须首先确定岩体中的初始应力场。初始应力场主要由岩体自重和地质构造力产生。但如何正确地确定这种应力场，至今未得到妥善解决，因为构造应力常常分布极不均匀，而费用昂贵的现场地应力测量只能给出计算范围中少数几个点的地应力值。构造应力场主要与岩性分布和构造形式有关，如坚硬、完整的岩体中往往构造残余应力较高，而破碎、松软岩体中就较低，沿河谷附近的岩体由于卸荷作用会使地应力方向和大小发生改变。一般也不考虑构造应力场与时间的关系，水电、交通与铁路隧道往往埋深不会太大，不会受到地热影响，不必考虑温度应力场。

当结构浅埋时，上部为自由边界，考虑重力作用，两侧作用三角形分布初始地应力，侧压力系数取为 $u/(1-u)$；当为深埋时，上部及侧部均作用有匀布边界上的初始地应力，侧压力系数以实测或经验确定。围岩初始应力场理论详见岩石力学相关文献。

4）释放荷载及施工过程模拟

地下结构位于地层之中，原始地层中存在初始应力场。施工过程主要包括洞室的开挖及内部衬砌的浇筑，采用新奥法施工时还包括喷混凝土和锚杆锚索的设置等。这些施工过程都相当于在原始地应力场中增加新的荷载或改变地下结构的材料而产生二次、三次或更多次应力场。洞室开挖后，毛洞周边及附近地层中将产生应力重分布现象。理论计算时，可认为开挖围岩的应力场是围岩初始应力场与由开挖洞室引起的附加应力场的叠加应力场。

数值计算中一般采用内部加载方式计算，即由于开挖而在洞周形成释放荷载。在概念上，释放荷载是洞室中被挖去的岩体对原岩地层作用力的反向平衡力，因此它的量值可根据初始应力场计算（图 14.3.13）。将开挖释放的等效节点力反加于开挖边界，对已"挖去"的单元材料赋一小值，形成所谓的"空单元"，这就完成了开挖过程的模拟。值得指出的是，用"空单元"取代开挖单元，可能导致刚度阵病态。为解决此问题，可令已挖去的节点位移为零，并把这些节点相对应的方程从总刚度方程中消去。

地下工程的开挖和支护过程都是分期进行、相互交替的，因此数值分析过程也要模拟这种施工过程。首先，在划分洞室内部单元时就必须考虑整个施工程序，所有开挖和浇筑部分的边线都必须是单元的边线，而不能在单元内部。浇筑建造过程的模拟比较简单，即在开挖之后某一规定的分期内，将浇筑部分对应的"空单元"重新赋予衬砌材料的参数后再进行计算。适当改变开挖和衬砌浇筑方案，比较围岩应力和变形情况，对确定最优施工程序是非常有效的。

对于施工中采用锚喷支护的模拟有如下几种考虑。

（1）锚杆、锚索的设置一般不考虑对整体刚度的影响，而作为一种附加荷载施加于相应位置的节点上，

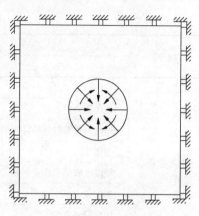

图 14.3.13　释放荷载及施工模拟

尤其是端部锚固的锚杆和锚索都是这样处理的。通过计算两锚固点之间的相对位移，可得到锚杆（索）内的拉应力，乘以锚杆断面面积，则可得到锚固节点力，然后反加到节点上再进行下一期的计算。计算中采用锚杆材料的本构模型进行判断，如锚杆应力超过屈服强度，则进入塑性阶段，超过强度极限则发生拉断，锚杆拉力释放作用到锚固节点上。对于全长锚固的锚杆，可将沿锚杆分布的剪应力，按其分布规律化为等效节点力施加于锚杆通过的各个节点。

（2）喷混凝土层较厚时，可采用壳单元模拟或一般的四节点等参元模拟；较薄时可采用杆单元模拟。

14.3.4 盾构法隧道设计计算

本节结合上海市《地基基础设计规范》DGJ 08-11—2010、上海市《道路隧道设计规范》DG/T J08-2033—2008，介绍软土地区盾构法隧道设计计算方法。

1. 基本要求

1）一般规定

（1）隧道顶部覆土厚度（在水域中指规划航道及水域预测最大冲刷线下）不宜小于 $0.85D$（D 为隧道外径）；平行隧道净距不宜小于 $1.0D$，近工作井区段可逐步减小，但不宜小于 $0.6D$；交叉隧道最小垂直净距不宜小于较大直径隧道的 0.4 倍。

（2）隧道结构上作用的荷载应按表 14.3.9 分类，主要荷载计算应符合下列规定：

① 隧道结构自重可按结构设计断面尺寸及材料重度标准值计算；

② 对于隧道覆土厚度小于等于 $2D$ 的浅埋隧道竖向地层压力应按计算截面以上全部覆

土压力考虑；

③ 深埋隧道上的竖向地层压力可根据其体工程条件（地层性质、埋深）按卸载拱理论或全部覆土重量计算；

④ 施工阶段黏性土水平地层压力可按水土合算，采用经验系数计算；砂土可按水土分算，即按朗肯主动土压力公式计算。对盾构法隧道可适当考虑由衬砌变形所引起的地层抗力；

⑤ 使用阶段水平地层压力应按静止土压力计算，采用水土分算。

隧道荷载分类　　　　　　　　　　　　　表 14.3.9

荷载分类		荷载名称		
		交通隧道	管廊隧道	输水隧道
永久荷载		结构自重		
		地层压力		
		结构上部和破坏棱体范围内的设施及建筑物压力		
		静水压力		
		混凝土收缩及徐变影响		
		预加应力		
		固定设备重量		内水压力
		地基下沉影响		
可变荷载	基本可变荷载	地面汽车荷载及其动力作用		
		地面汽车荷载引起的侧向土压力		
		隧道内部车辆荷载及其动力作用	管道作用的影响	隧道内动水压力（脉动压力）
		外侧水压力变化1	—	
		外侧水压力变化2		
		人群荷载		—
		温度变化影响		
		施工荷载		
偶然荷载		地震荷载		
		人防荷载		—
		沉船、锚击等灾害性荷载		
				水锤压力

注：1. 设计中要求考虑的其他荷载，可以根据其性质分别列入上述三类荷载中；

2. 静水压力按设计常水位计算；

3. 外侧水压变化1、变化2分别对应设计常水位与设计最高水位、设计最低水位差；

4. 施工荷载包括：设备运输及吊装荷载、施工机具、人群荷载、施工堆载、相邻隧道施工影响、盾构法施工千斤顶顶力及压降荷载。

（3）衬砌结构形式应符合下列规定：

① 衬砌环宽度≥1000mm；

② 衬砌环厚度宜取隧道外径的 0.040～0.055 倍。

第14章 地下工程

2）计算原则

（1）应按照施工和使用阶段，分别进行结构的承载能力极限状态和正常使用极限状态的验算，当计入地震荷载或其他偶然荷载时，可不验算结构的裂缝宽度。

（2）正常使用极限状态验算时，结构构件按作用效应的标准组合并考虑长期作用影响的最大裂缝宽度应小于等于0.2mm（当保护层实际厚度大于30mm时，裂缝宽度验算时仍取为30mm）；衬砌结构按作用效应的准永久组合进行变形验算时，其直径变形应小于等于3‰，接缝最大张开限值为2mm～4mm，环间错台限值为4mm～6mm。

（3）隧道结构应进行横断面受力计算，并选取隧洞埋设最深和最浅、顶覆土最厚和最薄、土质条件突变等受力不利位置进行控制。

（4）隧道结构在施工阶段和使用阶段应进行抗浮验算，确保浮力设计值小于等于隧道结构自重与隧道上覆土层有效压重的设计值。

$$F_f \leqslant \frac{W_s}{\gamma_s} + \frac{W_a}{\gamma_f} \qquad (14.3.25)$$

$$F_f = \gamma_b \gamma_w V \qquad (14.3.26)$$

式中　F_f——浮力设计值（kN/m），按（14.3.26）计算；

　　　γ_b——浮力作用分项系数，取1.0；

　　　γ_w——水的重度（kN/m³），可按10kN/m³采用；

　　　V——隧道结构排水的体积（m³/m）；

　　　W_s——隧道结构自重标准值（kN/m）；

　　　γ_s——自重抗浮分项系数，施工阶段取1.1，使用阶段取1.2；

　　　W_a——隧道上覆土层的有效压重标准值（kN/m）；

　　　γ_f——有效压重抗浮分项系数，施工阶段取1.1，使用阶段取1.2。

（5）特殊情况下尚应进行隧道纵向结构分析或按空间结构进行分析。

（6）采用通缝拼接的衬砌结构可取单环按弹性匀质圆环（自由变形的弹性匀质圆环及考虑侧向地层抗力的弹性匀质圆环）或弹性铰圆环考虑。

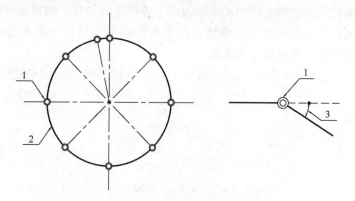

图14.3.14　弹性铰圆环计算模型

1—环向接头回转弹簧；2—管片本体；3—环向接头转角

（7）采用错缝拼接的衬砌结构宜考虑环间弯矩纵向传递模型或梁-接头弹簧模型进行计算。

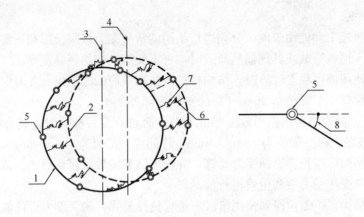

图 14.3.15　梁-弹簧计算模型

1—衬砌环 A 管片本体；2—相邻衬砌环；3—管片本体；4—衬砌环 A 竖直轴；

5—衬砌环 B 竖直轴；6—环向接头回转弹簧；7—环间径向剪切弹簧；

8—环间切向剪切弹簧；9—环向接头转角

2. 浅埋隧道荷载及内力计算

1）浅埋隧道荷载计算

（1）隧道顶部竖向土压力标准值 q_1（图 14.3.16）应按下式计算：

$$q_1 = q_0 + \sum_i \gamma_i \cdot h_i \qquad (14.3.27)$$

式中　q_0——地面超载标准值（kPa），一般取 20kPa；

　　　　γ_i——隧道顶各层土的重度标准值（kN/m³），地下水位以上土层取天然重度，地下水位以下土层，当水土分算时取浮重度，当水土合算时取饱和重度；

　　　　h_i——隧道顶各层土的厚度（m）。

（2）隧道拱背土压力标准值 q_G 应按下式计算：

$$q_G = \gamma_t \cdot R_H \cdot (1 - \cos\alpha) \qquad (14.3.28)$$

式中　γ_t——隧道所穿越的土层内水平轴线以上各层土的加权平均重度（kN/m³），地下水位以上土层取天然重度，地下水位以下土层，当水土分算时取浮重度，当水土合算时取饱和重度。

（3）隧道顶、底部水平向土压力标准值 e_1、e_2 应根据施工阶段与使用阶段分别进行计算：

① 施工阶段

水土分算：

$$e_1 = q_1 \cdot \tan^2(45° - \varphi/2) - 2 \cdot c \cdot \tan(45° - \varphi/2) \qquad (14.3.29)$$

$$e_2 = e_1 + 2 \cdot \gamma'_{t1} \cdot R_H \cdot \tan^2(45° - \varphi/2) \qquad (14.3.30)$$

式中　γ'_{t1}——隧道所穿越土层的加权平均重度（kN/m³），地下水位以上土层取天然重度，地下水位以下土层取浮重度；

　　　　c、φ——隧道所穿越土层的加权平均黏聚力标准值（kPa）、加权平均内摩擦角标准值（°），按直剪固快试验峰值强度指标平均值取用。

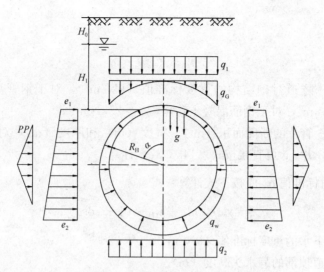

图 14.3.16　浅埋隧道荷载计算简图

h_0—地下水位埋深（m）；H_1—顶部静水头高度（m）；q_1—顶部竖向土压力（kPa）；

q_2—底部地基竖向反力（kPa）；q_G—拱背土压力（kPa）；q_w—静水压力（kPa）；

e_1—顶部水平向土压力（kPa）；e_2—底部水平向土压力（kPa）；PP—侧向三角形抗力（kPa）；

R_H—计算半径（m）；g—衬砌自重（kPa）；

α—计算截面与竖轴的夹角（°），以逆时针为正

水土合算：

$$(e_1) = \lambda \cdot q_1 \tag{14.3.31}$$

$$(e_2) = (e_1) + 2 \cdot \lambda \cdot \gamma_{t1} \cdot R_H \tag{14.3.32}$$

式中　　γ_{t1}——隧道所穿越土层的加权平均重度（kN/m³），地下水位以上土层取天然重度，地下水位以下土层取饱和重度；

(e_1)、(e_2)——顶、底部水平向水土压力标准值（kPa）；

λ——隧道所穿越土层的侧压力系数，在无测试资料的情况下，可根据类似工程的经验在 $0.65\sim0.75$ 的范围内选用。

② 使用阶段

使用阶段采用水土分算，侧压力系数取静止土压力系数：

$$e_1 = K_0 \cdot q_1 \tag{14.3.33}$$

$$e_2 = e_1 + 2 \cdot K_0 \cdot \gamma'_{t1} \cdot R_H \tag{14.3.34}$$

$$K_0 = a - \sin\varphi' \tag{14.3.35}$$

式中　　K_0——隧道穿越土层的静止土压力系数，K_0 由试验测定，也可按式（14.2.35）计算；

a——土层系数，当隧道穿越砂土、粉土时取 $a=1$，当隧道穿越黏性土、淤泥质土时取 $a=0.95$；

φ'——隧道所穿越土层的加权平均有效内摩擦角标准值（°）。

（4）衬砌自重标准值 g 应按式（14.2.36）计算：

$$g = \gamma_c \cdot \frac{A}{b} \qquad\qquad (14.3.36)$$

$$g = \gamma_c \cdot t \qquad\qquad (14.3.37)$$

式中　　γ_c——隧道衬砌结构的重度标准值（kN/m³），对于钢管片，$\gamma_c = 78.5$kN/m³，对于钢筋混凝土管片，$\gamma_c = 25$kN/m³；

　　A、b、t——管片的断面面积（m²）、宽度（m）和厚度（m），对于钢筋混凝土管片，g 可直接按式（14.3.37）计算。

（5）静水压力标准值 q_w 应按下式计算：

$$q_w = \gamma_w \cdot [H_1 + R_H \cdot (1 - \cos\alpha)] \qquad\qquad (14.3.38)$$

式中　　γ_w——地下水的重度标准值（kN/m³）；

　　H_1——隧道顶部的静水头高度（m）。

水土分算时，静水压力 q_w 沿隧道四周布置，方向指向隧道圆心；水土合算时不另计静水压力 q_w。

（6）底部地基竖向反力标准值 q_2 以平衡其他竖向力计。

当按水土分算时，q_2 可按下式计算：

$$q_2 = q_1 + \left(1 - \frac{\pi}{4}\right) \cdot \gamma_t \cdot R_H + \pi \cdot g - \frac{\pi}{2} \cdot \gamma_w \cdot R_H \qquad\qquad (14.3.39)$$

当按水土合算时，q_2 可按下式计算：

$$q_2 = q_1 + \left(1 - \frac{\pi}{4}\right) \cdot \gamma_t \cdot R_H + \pi \cdot g \qquad\qquad (14.3.40)$$

（7）侧向三角形土抗力 PP 应按式（14.3.41）计算。

土抗力图形假设呈一等腰三角形，其范围为隧道水平轴线上下 45° 之内（$45° \leqslant \alpha \leqslant 135°$，$225° \leqslant \alpha \leqslant 315°$）

$$PP = k \cdot y(1 - \sqrt{2} \cdot |\cos\alpha|) \qquad\qquad (14.3.41)$$

$$y = \frac{(2 \cdot q_1 + 0.4292\gamma_t \cdot R_H + \pi \cdot g - e_1 - e_2)R_H^4}{24(\eta \cdot E \cdot I + 0.0454k \cdot R_H^4)} \qquad\qquad (14.3.42)$$

式中　　k——隧道所穿越土层的抗力系数（kN/m³）；

　　y——隧道水平轴线处的变形量（m），按作用效应的准永久组合计算得到，也可按式（14.3.42）近似估算；

　　E——隧道衬砌材料的弹性模量（kPa）；

　　I——管片断面的惯性矩（m⁴）；

　　η——隧道衬砌抗弯刚度折减系数，一般可取 0.5～0.8。

2）自由变形的弹性匀质圆环计算

计算简图如图 14.3.17。

3）自由变形的弹性匀质圆环内力计算表见表 14.3.10。

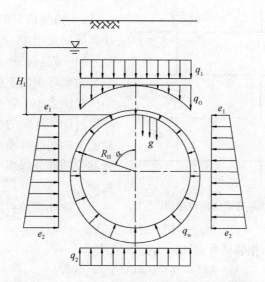

图 14.3.17 自由变形的弹性匀质圆环计算简图

H_1—顶部静水头高度（m）；q_1—顶部竖向土压力（kPa）；q_2—底部地基竖向反力（kPa）；

q_G—拱背土压力（kPa）；q_w—静水压力（kPa）；e_1—顶部水平向土压力（kPa）；

e_2—底部水平向土压力（kPa）；R_H—计算半径（m）；g—衬砌自重（kPa）；

α—计算截面与竖轴的夹角（°），以逆时针为正

左或右半圆环每米环宽的内力计算公式表   表 14.3.10

荷载	截面位置	内力	
		弯矩 M	轴力 N
自重 g	$0 \sim \pi$	$gR_H^2(1 - 0.5\cos\alpha - \alpha\sin\alpha)$	$gR_H(\alpha\sin\alpha - 0.5\cos\alpha)$
竖向地层 压力 q_1	$0 \sim \pi/2$	$q_1 R_H^2(0.193 + 0.106\cos\alpha - 0.5\sin^2\alpha)$	$q_1 R_H(\sin^2\alpha - 0.106\cos\alpha)$
	$\pi/2 \sim \pi$	$q_1 R_H^2(0.693 + 0.106\cos\alpha - \sin\alpha)$	$q_1 R_H(\sin\alpha - 0.106\cos\alpha)$
拱背土压力 q_G	$0 \sim \pi/2$	$\gamma_t R_H^2(0.5\alpha\sin\alpha + 0.25\sin\alpha\sin2\alpha + 0.0436\cos\alpha$ $+ 0.5\cos^2\alpha + 0.3333\cos^2\alpha - 0.84)$	$\gamma_t R_H^2(\sin^2\alpha - 0.25\sin\alpha\sin2\alpha$ $- 0.5\alpha\sin\alpha - 0.0436\cos\alpha)$
	$\pi/2 \sim \pi$	$\gamma_t R_H^2(-0.2146\sin\alpha + 0.0436\cos\alpha + 0.16)$	$\gamma_t R_H^2(0.2146\sin\alpha - 0.0436\cos\alpha)$
静水压力 q_w	$0 \sim \pi$	$-\gamma_w R_H^2(0.5 - 0.25\cos\alpha - 0.5\alpha\sin\alpha)$	$\gamma_w R_H^2(1 - 0.5\alpha\sin\alpha - 0.25\cos\alpha)$ $+ \gamma_w H_1 R_H$
水平均布地层 压力 e_1	$0 \sim \pi$	$e_1 R_H^2(0.25 - 0.5\cos^2\alpha)$	$e_1 R_H \cos^2\alpha$
水平三角形 地层压力 （$e_2 - e_1$）	$0 \sim \pi$	$(e_1 - e_2)R_H^2(0.25\sin_\alpha^2 - 0.125$ $+ 0.083\cos^3\alpha - 0.063\cos\alpha)$	$(e_2 - e_1)R_H\cos\alpha(0.063 + 0.5\cos\alpha$ $- 0.25\cos^2\alpha)$
地层竖向 反力 q_2	$0 \sim \pi/2$	$q_2 R_H^2(0.25 - 0.5\cos^2\alpha)$	$0.106 q_2 R_H \cos\alpha$
	$\pi/2 \sim \pi$	$q_2 R_H^2(-0.443 + \sin\alpha - 0.106\cos\alpha - 0.5\sin^2\alpha)$	$q_2 R_H(\sin^2\alpha - \sin\alpha + 0.106\cos\alpha)$

注：R_H—计算半径；γ_w—地下水的重度；H_1—隧道顶部的静水头高度；γ_t—拱背土的重度。

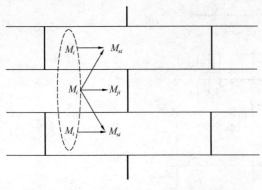

图 14.3.18　错缝拼装弯矩纵向传递简图

4）错缝拼装时弯矩的纵向传递模型计算简图见图 14.3.18。

5）错缝拼装时衬砌环的内力计算：

衬砌环中由于接缝的存在，接缝部位的抗弯能力小于管片主体截面，错缝拼装时通过相邻环间的摩擦力、纵向螺栓或环缝面上的凹凸榫槽的剪切力作用，接头纵缝部位的部分弯矩可传递到相邻环的管片截面上。

衬砌环在接头处的内力按下式计算：

$$M_{ji} = (1-\xi)M_i, \ N_{ji} = N_i \tag{14.3.43}$$

与接头位置对应的相邻管片截面内力按下式计算：

$$M_{si} = (1+\xi)M_i, \ N_{si} = N_i \tag{14.3.44}$$

式中　　ξ——弯矩调整系数，可为 0.2～0.4；

M_i、N_i——分别为匀质圆环模型的计算弯矩和轴力；

M_{ji}、N_{ji}——指调整后的接头弯矩和轴力；

M_{si}、N_{si}——指调整后得相邻管片本体的弯矩和轴力。

14.3.5　地面沉降机理及预测

采用盾构法在软土中建造隧道，会引起地层移动而导致不同程度的地面和隧道沉降，即使采用当前先进的盾构技术，也难完全防止这些沉降。地面沉降和隧道沉降达到一定程度时，就会影响周围地面建筑、地下设施和隧道本身的正常使用。在需要控制地层移动地区，进行盾构隧道设计施工，必须了解地层移动规律，尽可能准确地预测沉降量、沉降范围、沉降曲线最大坡度及最小曲率半径和对附近建筑设施的影响程度，并分析影响沉降的各种因素以及在设计和施工中采取减少地层移动的措施。

1. 地面沉降的原因

盾构施工引起的地层损失和盾构隧道周围受扰动或受剪切破坏的重塑土的再固结，是地面沉降的基本原因。

1）地层损失

地层损失是盾构施工中开挖土体体积和竣工隧道体积之差。竣工隧道体积包括隧道外围包裹的压力浆体体积。地层损失率以占盾构理论排土体积的百分比表示。圆形盾构理论排土体积为 $\pi r_0^2 \cdot L$（r_0 为盾构外径，L 为推进长度）。周围土体在弥补地层损失中，发生地层移动，引起地面沉降。引起地层损失的施工及其他因素是：

（1）开挖面土体移动。当盾构掘进时，开挖面土体受到水平支护应力小于原始侧向应力，则开挖面土体向盾构内移动，引起地层损失而导致盾构上面地面沉降；当盾构推进时，如作用在正面土体的推应力大于原始侧向应力，则正面土体向上向前移动，引起负底层损失（欠挖）而导致盾构前上方土体隆起。

（2）盾构后退。在盾构暂停推进时，由于盾构推进千斤顶漏油回缩而可能引起盾构后退，使开挖面土体坍落或松动，造成地层损失。

（3）土体挤入盾尾空隙。由于向盾尾后面隧道外围建筑空隙中压浆不及时，压浆量不足，压浆压力不适当，使盾尾后坑道周边土体失去原始三维平衡状态，而向盾尾空隙中移动，引起地层损失。在含水不稳定地层中，这往往是引起地层损失的重要因素。

（4）改变推进方向，盾构在曲线推进、纠偏、抬头或叩头推进过程中，实际开挖断面不是圆形而是椭圆，因此引起地层损失。盾构轴线与隧道轴线的偏角越大则对土体扰动和超挖程度及其引起的地层损失也越大。

（5）随盾构推进而移动的盾构正面障碍物，使地层在盾构通过后产生空隙而又无法及时压浆填充，引起地层损失。

（6）特别是推进的盾构外围粘附一层黏土时，盾尾后隧道外围环形成空隙会有较大量的增加，如不相应增加压浆量，地层损失必然大量增加。

（7）盾壳移动时地层的磨蹭和剪切。

（8）在土压力作用下，隧道衬砌产生的变形也会引起少量的地层损失。

（9）隧道衬砌沉降较大时，会引起不可忽略的地层损失。饱和松软地层衬砌渗漏亦引起沉降。

施工引起的地层损失可分为三类：

第一类：正常的地层损失。盾构施工操作精心，没有失误，但由于地质和盾构施工方法的特定条件，在施工中总要引起不可避免的一定地层损失。一般说这种地层损失可以控制在一定的限度内，在此限度内，隧道周围土体基本上可在不排土条件下，通过变形弥补地层损失，因此施工沉降槽体积与地层损失相等，在均匀地质中这种地层损失引起的地面沉降比较均匀。

第二类：不正常的地层损失。因盾构施工操作失误而引起的本来可以避免的地层损失，如隧道气压骤降、压浆不及时、开挖面超挖、盾构后退。这种地层损失引起的地面沉降有局部变化的特征，如局部变化的幅度不大，一般还可以认为是正常的。

第三类：灾害性的地层损失。盾构开挖面发生土体急剧流动或暴发性的崩坍，引起灾害性的地面沉降。这经常是由于遇到水压力、透水性高的颗粒状土的透镜体或遇到地层中的贮水洞穴。在黏性土中由于局部土体强度降低过多而引起灾害性地面沉降的情况，则很少见。

2）受扰动土体的固结沉降

由于盾构推进中的挤压作用和盾尾后的压浆作用等施工因素，使周围地层形成正值的超孔隙水压区，其超孔隙水压力，在盾构隧道施工后的一段时间内消散复原，在此过程中地层发生排水固结变形，引起地面沉降。地层因孔隙水压力变化而产生的地面沉降，称之为固结沉降。

土体受到扰动后，土体骨架还发生持续很长时间的压缩变形。在此土体蠕变过程中产生的地面沉降为次固结沉降。在孔隙比和灵敏度较大的软塑和流塑性土层中，次固结沉降往往要持续几年以上，它所占总沉降量的比例可高达 35% 以上。

2. 地面沉降预测

由于盾构法施工日益广泛地采用，对盾构法施工引起地面沉陷的研究也日益深入，最初对于这个课题的研究是沿用矿山开采中引起地面位移的方法，其中随机介质理论占有很重要的地位。这种理论把地层移动看成是一个随机过程。并用柯莫哥洛夫方程表出，由此推出在地下挖去一块微小介质会引起地面的下沉，其沉盆曲面为高斯曲面，这一点在矿山开采及盾构法施工中都得到了证实。基于这一事实和盾构法施工的时间，派克（Peck）1969年提出了地层损失的概念和估计盾构法施工引起的地面沉降的使用方法，此后不少人做了大量的工作，使之不断完善，成为一种最常用的估算盾构法正常施工引起的沉降的方法。

电子计算机的出现为数值分析提供了强有力的工具，此后不少学者开始用数值分析的方法对这个问题进行研究，也有些学者在数值分析的基础上，结合综合实际提出了估算方法。

1）派克法（peck）

派克认为施工引起的地面沉降是在不排水情况下发生的，所以沉槽的体积应该等于地层损失的体积，根据这个假定并结合采矿引起地面位移的一种估算方法，派克提出了盾构施工引起施工阶段地面沉降的估算方法。此法假定地层损失在隧道长度上均匀分布，地面沉降的横向分布的正态分布曲线如图14.3.19所示。

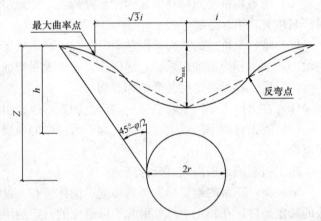

图 14.3.19　派克法横断面示意图

$$S_{\max} = \frac{V_1}{\sqrt{2\pi}i} \approx \frac{V_1}{2.5i} \tag{14.3.45}$$

$$S_x = \frac{V_1}{\sqrt{2\pi}i} \exp\left(-\frac{x^2}{2i^2}\right) \tag{14.3.46}$$

$$i = \frac{Z}{\sqrt{2\pi}\tan(45° - \varphi/2)} = \frac{h+r}{\sqrt{2\pi}\tan(45° - \varphi/2)} \tag{14.3.47}$$

式中　　S_x——距隧道中心线横向距离 x 处的地表沉降，m；

$S_{\max}$——地表最大沉降值，m；

i——沉降槽宽度系数，取为地表沉降曲线反弯点与远点距离；

V_1——盾构隧道单位长度地层损失量；

h——覆盖层厚度；

r——盾构半径。

此横向沉降曲线 S_x 特征如下：其反弯点在 $x=i$ 处，该店出现最大沉降坡度 $S'_{\max}$；在 $x=0$ 及 $x=\sqrt{3}i$ 处，出现最小曲率 $\rho_{\min}$，对应沉降量分别为 $S_{\max}$ 和 $0.22 S_{\max}$。

科洛夫及斯密特在其关于软黏土隧道工程著作中，提出饱和含水塑性黏土中地面沉降槽宽度系数 i，可由下式求出：

$$\frac{i}{r} = \left(\frac{Z}{2r}\right)^{0.8} \tag{14.3.48}$$

Z 为地面至隧道中心深度，r 为隧道半径，在已知 r 和 Z 时，i 值也可由下图查出。

根据派克公式的基本原理和国外有关资料,将正态分布函数运用于实际工程地面沉降纵向分布曲线估算,并取得成功。地面沉降纵向分布的估算公式:

$$S(y) = \frac{V_1}{\sqrt{2\pi} \cdot i}\left[\Phi\left(\frac{y-y_i}{i}\right) - \Phi\left(\frac{y-y_f}{i}\right)\right] + \frac{V_2}{\sqrt{2\pi} \cdot i}\left[\Phi\left(\frac{y-y_i'}{i}\right) - \Phi\left(\frac{y-y_f'}{i}\right)\right]$$

(14.3.49)

式中　$S(y)$——纵向沉降量,负值为隆起值,正值为沉降值;

　　　　V_1——盾构开挖面引起的地层损失,如果欠挖引起负地层损失;

　　　　V_2——盾尾引起的地层损失;

　　　　y——沉降至坐标轴原点距离;

　　　　y_i——盾构推进起始点处,盾构开挖面至坐标轴原点 O 的距离;

　　　　y_f——盾构开挖面至坐标轴 O 的距离;

　　　　$y_i' = y_i - L$;

　　　　$y_f' = y_f - L$;

　　　　L——盾构长度;

　　　$\Phi(y)$——正态分布函数的积分形式。

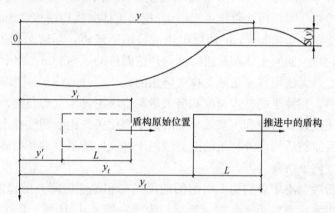

图 14.3.20　盾构推进中地面纵向隆沉曲线

2)有限元法

用有限元法预测地面沉降时,将沉降视为力学过程,用弹塑性理论进行分析,并根据地质和施工条件,把地质假定为弹性介质或弹塑性介质。

(1)弹性介质的有限元计算

将土体视为理想弹性介质,采用弹性理论有限元模拟土体开挖造成的体面沉降。由开挖隧道引起的地面沉降本来是三维问题,为了便于计算可将其简化为一个平面应变问题。材料参数可按下式简化:

$$\overline{E}_s = \frac{\sum E_{si}H_i}{H_c} \quad \overline{\mu} = \frac{\sum \mu_i H_i}{H_c}$$

(14.3.50)

式中　E_{si}——各层土的弹性模量;

　　　　μ_i——各层土的泊松比;

　　　　H_i——各层土厚度;

　　　　H_c——土层总厚度;泊松比变化范围较小,一般可取 $\overline{\mu}$ 为 0.3。

这种方法一般用于地层，施工技术比较好的情况，可作为第一次近似估计。对于较复杂情况，仍需考虑不同土层的弹性模量影响，并结合实测资料对结果加以修正。日本学者竹山乔，曾总结弹性介质有限元分析的成果，并根据实测资料加以修正，读者可查阅其相关文献。

（2）弹塑性介质的有限元计算

如在盾构推进过程中，周围土体受到较大的扰动以及由于建筑空隙未及时注浆而发生较大移动的情况下，仍采用弹性介质的有限元进行分析，会使估算值偏小。此时应考虑土体的材料非线性特性，将土体作为弹塑性介质来进行有限元分析。所以目前多用派克法进行地面沉降估算，对某些重要工程可用有限元法和派克法同时估算，并作分析比较，以供深入研究之用。

3）在饱和含水软至硬黏土中的地面沉降预测

在普通盾构或闭胸机械式盾构施工中，当开挖面支护压力小于原始侧向压力，开挖面土体就以可见或不可见的速度向盾构内发生塑性流动。饱和黏土虽不像含黏土粒状土层易于剥落，但其塑性流动特性，在不适当的盾构施工条件下，会使地面产生较大的沉降范围和沉降量。在上海 4.2m 直径的深层盾构隧道试验工程中，观察到开挖面黏土的挤入现象，当稳定系数为 4.5 时，盾构每推进 1m，开挖面土体向盾构内移动 3mm～4mm。1943年在芝加哥软黏土 $q_u = 0.39\text{kgf/cm}^2$ 地层中建造马蹄形隧道，尽管采用了 83.3.kPa 气压和木板正面支撑，开挖面的土体在暴露时也向开挖面移动了 50mm，此土体移动是在开挖过程中发生的，也是无法用普通正面支撑法防止的。

在盾尾空隙中，黏性土的挤入速度和挤入量与土壤不排水抗剪强度、隧道埋深、隧道内气压压力、盾尾压浆及时性和压浆效果等因素紧密相关。由于塑性黏土的挤入特性，盾尾脱出隧道衬砌后原被盾构向外挤出的隧道两侧土体又向隧道移动，而盾尾隧道顶部土体以明显增大的速度向下沉降。

在饱和含水塑性黏土中盾构施工引起的地层损失和地面沉降，随稳定系数 N_t 增加而迅速加大。当地层稳定系数小于 2 时，地层损失率一般小于 10%。在这种地层采用盾构只是为了防止土体松动并得到一个表面平整的开挖坑道，如使安装衬砌环胀开而直接支撑土体，则施工引起的地面沉降很微小。当未定系数在 2～4 时，采用盾构法施工可将地层损失限制稍小于 2%～3%，这对隧道附近建筑和各种市政设施将产生影响，至于此影响是否在允许限度内，则视建筑与各种设施的特点及沉降槽的几何特征而定。当稳定系数为 4～6 时，施工中就易发生相当大的地层损失。为控制地面沉降，就必须采用有效的正面支护及盾尾压浆措施，特别要尽力采取先进技术，以做好盾尾密封和同步注浆。

在黏性土层中，盾构施工阶段的沉降槽宽度、最大沉降量、最大沉降坡度和最小曲率半径等几何特征，在已知埋深和隧道直径的条件下，可按以下公式估算。

沉降槽宽度为：

$$2w = 2 \times 2.5i = 5R \left(\frac{Z}{2R}\right)^{0.8} \tag{14.3.51}$$

最大沉降坡度为：

$$S'_{\max} = \frac{0.6S_{\max}}{i} = 0.023V_l(\%) \cdot \left(\frac{R}{Z}\right)^{1.6} \tag{14.3.52}$$

最大沉降量为：

$$S_{\max} = \frac{\pi R^2 V_l (\%)}{2.5i} = 0.219 V_l (\%) \cdot \frac{R^{1.8}}{Z^{0.8}} \qquad (14.3.53)$$

最小曲率半径为：

$$\rho_{\min} = \frac{i^2}{S_{\max}} = \frac{Z^{2.4}}{0.038 V_l (\%) R^{1.4}} \qquad (14.3.54)$$

式中 w ——沉降槽边距离隧道中心的距离；

i ——沉降槽宽度系数；

V_l ——地层损失率（%）；

Z ——地面至隧道中心距离。

4）地层损失的取值

计算沉降量中，地层损失的取值，对预测地面的沉降准确度有重要的影响，须仔细分析地质和施工条件并参照已有经验资料后合理确定。在采用适当技术和良好操作的正常施工条件下，可从表14.3.11给出的地层损失范围，适当选取由于各种因素而引起的地层损失率。在盾构穿越较密集的建筑设施时，总是要在初始推进中通过施工监测取到实际地层损失值，并取得控制地面隆起值的施工参数和操作方法，故一般在控制地面沉降要求较严格的地段，常用前一步实测的地层损失值，复算下一步地面沉降曲线，以事实判断盾构前方保护的必要性和恰当方法。在预测中当盾构欠挖应计负地层损失。当实际地层损失超过表14.3.11所列最大值时，派克公式不再适用，这说明施工质量有问题。当同步注浆达到很好效果时，盾尾后地层损失趋近于0，当地表外粘附一层黏土而注浆又不及时、不足量，则盾尾后地层损失大为增加。

地层损失

表 14.3.11

地层损失因素	隧道单位长度内的最大地层损失计算值	地层损失率 V_l（%）
开挖面的地层损失	$\pi R^2 h$	$-1\% \sim +1\%$
切口边缘后的地层损失	$2\pi R t$	$0.1\% \sim 0.5\%$
沿着盾壳的地层损失	$0.1\pi R^2$	0.1%
盾尾后的地层损失 地下水位以下 地下水位以上	$2\pi R(R-R_1)$ $\pi R(R-R_1)$	$0\sim 4\%$ $0\sim 2\%$
改变推进方向的地层损失	$\dfrac{d\% \times L \times \pi R}{Z}$	$0.2\% \sim 2\%$
曲线推进的地层损失	$\dfrac{8L^2}{(R+R_0)} \cdot \pi R$	$0.5\% \sim 1\%$
正面障碍引起的地层损失	A	$0\sim 0.5\%$

在表中：R 为盾构外径；R_1 为隧道衬砌外径；t 为盾构切口边缘后面凸起高度；h 为开挖面土体在盾构推进单位长度中间后的水平位移；L 为盾构长度；R_0 为盾构推进曲线半径；A 为盾构正面障碍物凸起于盾构外围的面积。盾构后退引起的地层损失是不正常的，是不允许的。

14.4 防水排水设计

为了防止地下水渗入地下工程结构内部，采取的措施应遵循"防、排、截、堵"相结合的原则，因地制宜，综合治理，努力达到防水可靠、经济合理。

防水措施，包括卷材防水、防水涂料和结构自防水等。

排水措施，包括自然排水、盲沟排水和机械排水等。

特殊部位防水措施，包括施工缝防水处理、变形缝防水处理、穿墙管防水处理等。

特殊施工法的结构防水，包括盾构法隧道的防水处理、沉井的防水处理、地下连续墙的防水处理等。

14.4.1 防水措施

1. 结构自防水

防水混凝土：调整混凝土配合比或掺加剂方法，在普通混凝土的基础上提高自身密实性和抗渗能力的一种混凝土。

1）防水混凝土结构的一般要求

（1）防水混凝土结构厚度应符合下列规定：结构厚度不应小于 250mm；裂缝宽度不得大于 0.2mm，并不得贯通；迎水面钢筋保护层厚度不应小于 50mm。

（2）抗渗等级应符合表 14.4.1 的规定。

防水混凝土设计抗渗等级 表 14.4.1

工程埋置深度（m）	设计抗渗等级	工程埋置深度（m）	设计抗渗等级
<10	S6	20～30	S10
10～20	S8	30～40	S12

注：1. 本表适用于Ⅳ、Ⅴ级围岩（土层及软弱围岩）；

2. 山岭隧道防水混凝土的抗渗等级可按铁道部门的有关规定执行。

（3）防水混凝土的配比及其保护层：设计防水混凝土结构时，应当优先采用变形钢筋、直径宜用 $\phi8$～$\phi25$，间距≤200mm。钢筋保护层应取 30mm～40mm，迎水面保护层厚度≥35mm，在有侵蚀性环境水时应取 50mm。

2）常用防水混凝土

（1）普通防水混凝土：控制水灰比，适当增加含砂率和水泥用量的方法来提高混凝土的密实性和抗渗性的一种混凝土。

（2）掺外加剂防水混凝土，常用外加剂有加气剂、减水剂、三乙醇胺、氯化铁、明矾石膨胀剂等。

3）防水砂浆

防水砂浆包括普通水泥砂浆、膨胀水泥砂浆和掺有外加剂（如防水剂、减水剂、环氧树脂、膨胀剂等）所配制的水泥砂浆。

防水砂浆主要有：普通水泥砂浆、氯化铁防水砂浆、氯化物金属盐类防水砂浆、金属皂类防水砂浆、掺防水粉的防水砂浆、108 胶水的砂浆、减水剂防水砂浆、膨胀水泥防水砂浆、环氧砂浆等。

2. 卷材防水层

卷材防水层由高聚物改性沥青卷材（包括弹性体改性沥青防水卷材、改性沥青聚乙烯胎防水卷材、自粘聚合物改性沥青防水卷材等）或高分子卷材（如三元乙丙一丁基橡胶防水卷材、氯化聚乙烯—橡胶共混防水卷材等）各自用与其相适应的胶结材料合成粘贴在结构基层的表面而成。

钢筋混凝土结构地下室卷材防水构造见图14.4.1、图14.4.2。

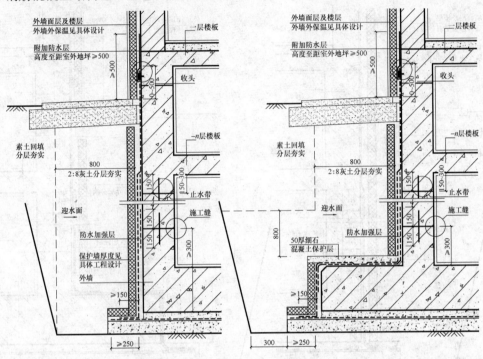

图14.4.1 钢筋混凝土地下室卷材防水构造

收头做法：

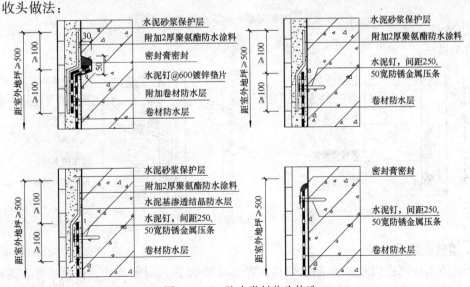

图14.4.2 防水卷材收头构造

3. 防水涂料

防水涂料是在结构物表面涂刷具有一定黏度和附着能力、能生成不适水薄膜的液体，以加强结构物的防水、防潮与防腐作用的一种防水方法。

防水涂料一般以经乳化和改性的沥青材料为主以及个别高分子合成材料制成。防水涂料大致分为三类，即水乳型、溶剂型及反应型。

外涂防水涂料构造见图 14.4.3、图 14.4.4。

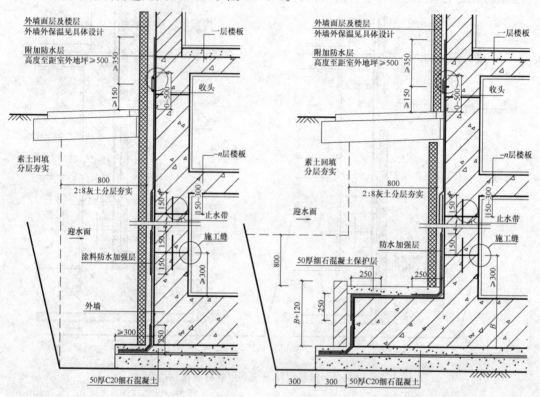

图 14.4.3　钢筋混凝土地下室涂料防水构造

收头做法：

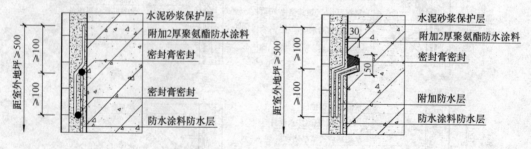

图 14.4.4　防水涂料收头构造

4. 塑料板防水层

塑料防水板可选用乙烯-醋酸乙烯共聚物、乙烯-沥青共混聚合物、聚氯乙烯、高密度聚乙烯类或其他性能相近的材料，宜用于经常受水压、侵蚀性介质或受振动作用的地下工程防水。

铺设塑料防水板之前应先铺缓冲层，缓冲层应采用暗钉圈固定在基面上。

5. 金属防水层

金属防水层可用于长期浸水，水压较大的水工及过水隧道。金属板的拼接应采用焊接，拼接焊缝应严密，竖向金属板的垂直接缝应相互错开。

主体结构内侧设置金属防水层时，金属板应与结构内的钢筋焊牢，也可在金属防水层上焊接一定数量的锚固件，而主体结构外侧设置金属防水层时，金属板应焊接在混凝土结构的预埋件上。

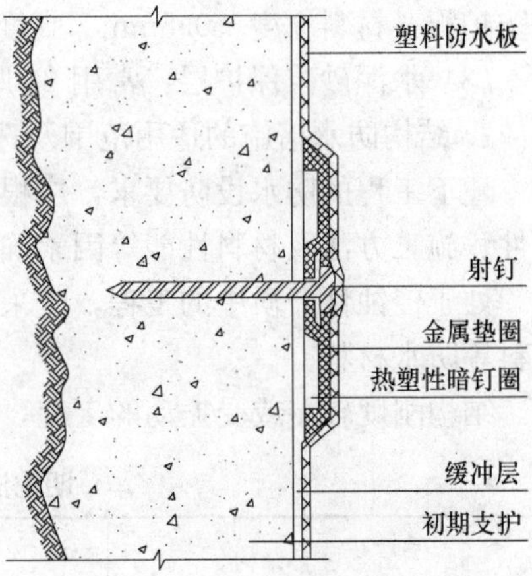

图 14.4.5 塑料板防水层构造

6. 防水层的保护层构造

卷材防水层、有机涂料防水层表面应设保护层，保护层与防水层之间应设置隔离层。

卷材防水层上常用细石混凝土保护层。

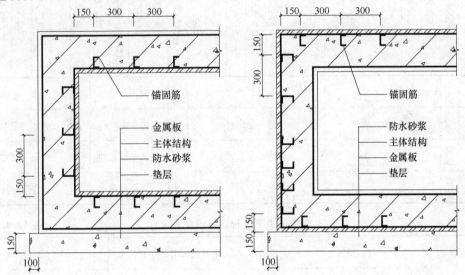

图 14.4.6 金属防水层构造

涂料防水层上常用 40mm～50mm 厚的细石混凝土或 20mm 厚 1：（2.5～3）水泥砂浆保护层。

顶板上的外防水层，当采用人工回填土时，厚度≥50mm；采用机械碾压回填土时，厚度≥70mm。

底板上的细石混凝土保护层厚度≥50mm。

外墙保护层包括砖保护墙、软保护和水泥砂浆保护层三种：

（1）砖保护墙的厚度应根据工程具体情况设定（用于外防外贴时，非黏土砖保护墙与主体结构之间宜留有 30mm～50mm 宽缝隙，并用细砂填实）。

（2）软保护通常采用阻燃型软质材料，常用的有：挤塑型聚苯聚乙烯泡沫板（厚度≥30mm、密度≥30kg/m³）、模压型聚苯乙烯泡沫板（厚度≥7mm、密度≥30kg/m³），塑料防护板（材料厚度≥0.8mm、高度≥8mm）。

（3）水泥砂浆保护层：常用20厚1：2.5水泥砂浆。

7. 结构防水措施的适用范围及选用原则

地下工程的防水设防要求，应根据使用功能、使用年限、水文地质、结构形式、环境条件、施工方法及材料性能等因素确定。

处于侵蚀性介质中的工程，应采用耐侵蚀的防水混凝土、防水砂浆、防水卷材或防水涂料等防水材料。

结构刚度较差或受振动的工程，宜采用延伸率较大的卷材、涂料等柔性防水材料。

明挖法地下工程防水设防要求 表 14.4.2

工程部位		主体结构							施工缝					后浇带				变形缝（诱导缝）				
防水措施		防水混凝土	防水卷材	防水涂料	塑料防水板	膨润土防水材料	防水砂浆	金属防水板	遇水膨胀止水条（胶）	外贴式止水带	中埋式止水带	外抹防水砂浆	外涂防水涂料	预埋注浆管	水泥基渗透结晶型防水涂料	补偿收缩混凝土	外贴式止水带	预埋注浆管	遇水膨胀止水条（胶）	防水密封材料	中埋式止水带	外贴式止水带	可卸式止水带	防水密封材料	外贴防水卷材	外涂防水涂料
防水等级	一级	应选	应选一至二种						应选二种					应选	应选二种			应选	应选一至二种				
	二级	应选	应选一种						应选一至二种					应选	应选一至二种			应选	应选一至二种				
	三级	应选	宜选一种						宜选一至二种					应选	宜选一至二种			宜选	宜选一至二种				
	四级	宜选	—						宜选一种					应选	宜选一种			应选	宜选一种				

暗挖法地下工程防水设防要求 表 14.4.3

工程部位		衬砌结构						内衬砌施工缝						内衬砌变形缝（诱导缝）				
防水措施		防水混凝土	塑料防水板	防水砂浆	防水涂料	防水卷材	金属防水层	外贴式止水带	预埋注浆管	遇水膨胀止水条（胶）	防水密封材料	中埋式止水带	水泥基渗透结晶型防水涂料	中埋式止水带	外贴式止水带	可卸式止水带	防水密封材料	遇水膨胀止水条（胶）
防水等级	一级	必选	应选一至二种					应选一至二种					应选	应选一至二种				
	二级	应选	应选一种					应选一种					应选	应选一种				
	三级	宜选	宜选一种					宜选一种					应选	宜选一种				
	四级	宜选	宜选一种					宜选一种					应选	宜选一种				

14.4.2 排水措施

1. 自然排水

(1) 洞口防水排水做法 (图 14.4.7)

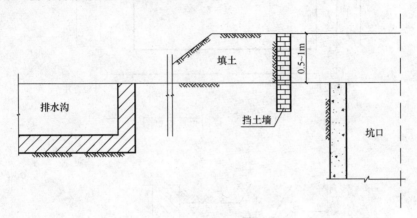

图 14.4.7 洞口地表水排水

(2) 山体截水沟做法 (图 14.4.8)

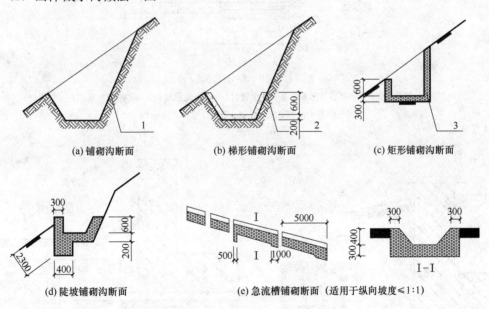

图 14.4.8 山体截水沟断面做法

1—有裂隙处用 M10 水泥砂浆抹面；2—M5 砂浆水泥抹面；3—M5 水泥砂浆抹面

2. 盲沟排水

(1) 盲沟布置平面 (图 14.4.9)

(2) 贴墙盲沟剖面示意图 (图 14.4.10)

(3) 离墙盲沟剖面示意图 (图 14.4.11)

(4) 盲沟与基础的最小水平距离要求 (图 14.4.12)

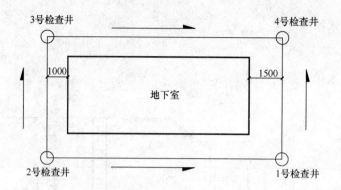

图 14.4.9　盲沟布置示意图

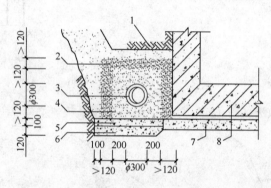

图 14.4.10　贴墙盲沟设置

1—素土夯实；2—中砂反滤层；3—集水管；4—卵石反滤层；5—水泥/砂/碎石层；

6—碎石夯实层；7—混凝土垫层；8—主体结构

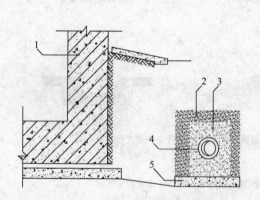

图 14.4.11　离墙盲沟设置

1—主体结构；2—中砂反滤层；3—卵石
反滤层；4—集水管；5—水泥/
砂/碎石层

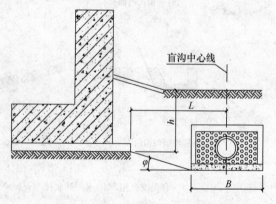

图 14.4.12　盲沟与基础的最小水平距离要求

注：图中 $L = B/2 + (H-h)/\tan\varphi$，式中：$L$—盲沟中心
与基础间最小距离；B—盲沟的总宽度；H—盲沟底
距室外地坪的距离；h—基础底距室外地坪的距离；
φ—土壤内摩擦角。

3. 室内明沟架空墙排水

（1）室内明沟排水构造见图 14.4.13、图 14.4.14。

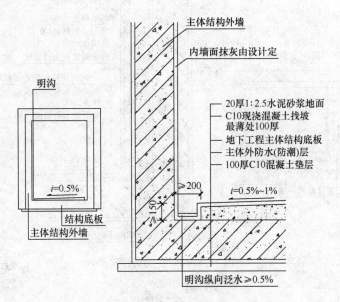

图 14.4.13　室内明沟排水

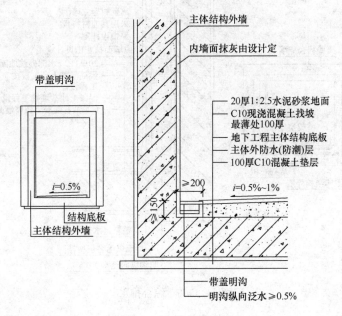

图 14.4.14　带盖明沟排水

（2）夹层墙排水构造见图 14.4.15。

（3）综合排水见图 14.4.16。

（4）机械排水：无法自流排水时，均应在结构内构筑排水沟和集水井，配置排水泵，及时将积水排除。

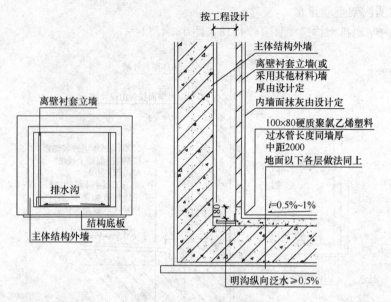

图 14.4.15　夹层墙排水

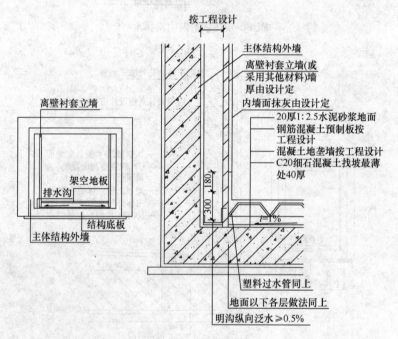

图 14.4.16　综合排水

14.4.3　特殊部位防水措施

1. 施工缝防水处理构造

（1）中埋式钢板止水带和腻子型遇水膨胀止水条复合止水见图 14.4.17。

（2）丁基橡胶钢板止水见图 14.4.18。

（3）钢边橡胶止水带和腻子型遇水膨胀止水条复合止水见图 14.4.19。

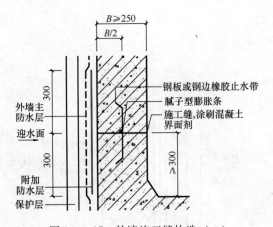

图 14.4.17 外墙施工缝构造（一）
（中埋式钢板止水带和腻子型遇水膨胀止水条复合止水）

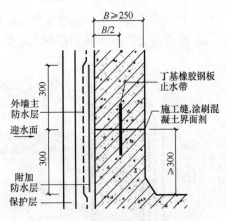

图 14.4.18 外墙施工缝构造（二）
（丁基橡胶钢板止水）

（4）遇水膨胀止水条与改性防水砂浆复合止水见图 14.4.20。

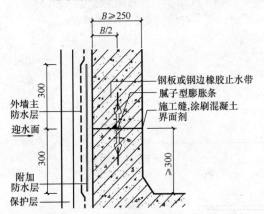

图 14.4.19 外墙施工缝构造（三）
（钢边橡胶止水带和腻子型遇水膨胀止水条复合止水）

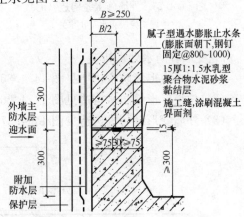

图 14.4.20 外墙施工缝构造（四）
（遇水膨胀止水条与改性防水砂浆复合止水）

（5）遇水膨胀止水条止水见图 14.4.21。

（6）外贴式橡胶止水带止水见图 14.4.22。

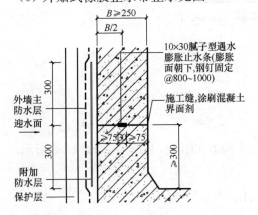

图 14.4.21 外墙施工缝构造（五）
（遇水膨胀止水条止水）

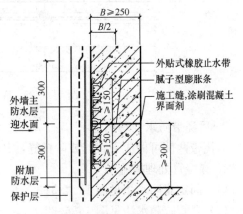

图 14.4.22 外墙施工缝构造（六）
（外贴式橡胶止水带止水）

（7）中埋式橡胶止水带止水见图 14.4.23。

（8）预埋注浆管、界面处理剂止水见图 14.4.24。

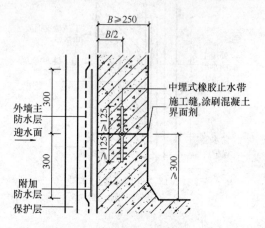

图 14.4.23 外墙施工缝构造（七）
（中埋式橡胶止水带止水）

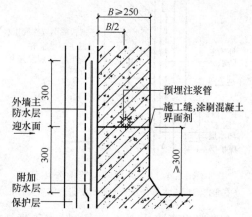

图 14.4.24 外墙施工缝构造（八）
（预埋注浆管、界面处理剂）

2. 变形缝防水处理构造

（1）底板变形缝防水构造见图 14.4.25。

（2）顶板变形缝防水构造见图 14.4.26。

（3）外墙变形缝防水构造见图 14.4.27。

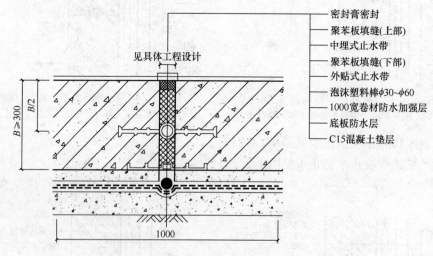

图 14.4.25 底板变形缝防水构造

3. 后浇带防水处理构造

后浇带两侧可做成平直缝或阶梯缝，其防水构造如图 14.4.28～图 14.4.30 所示。

4. 穿墙管处理措施

（1）固定式防水法见图 14.4.31。

（2）套管式防水法见图 14.4.32。

（3）群管穿墙做法见图 14.4.33。

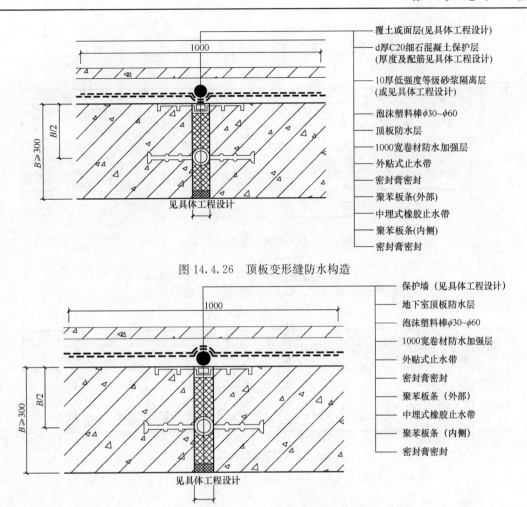

图 14.4.26　顶板变形缝防水构造

覆土或面层(见具体工程设计)

d厚C20细石混凝土保护层
(厚度及配筋见具体工程设计)

10厚低强度等级砂浆隔离层
(或见具体工程设计)

泡沫塑料棒$\phi30\sim\phi60$

顶板防水层

1000宽卷材防水加强层

外贴式止水带

密封膏密封

聚苯板条(外部)

中埋式橡胶止水带

聚苯板条(内侧)

密封膏密封

图 14.4.27　外墙变形缝防水构造

保护墙（见具体工程设计）

地下室顶板防水层

泡沫塑料棒$\phi30\sim\phi60$

1000宽卷材防水加强层

外贴式止水带

密封膏密封

聚苯板条（外部）

中埋式橡胶止水带

聚苯板条（内侧）

密封膏密封

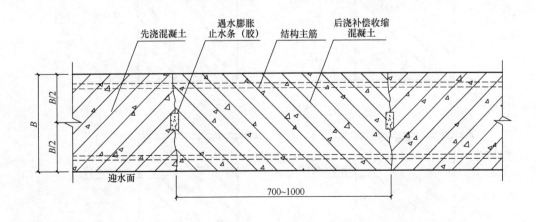

先浇混凝土　遇水膨胀止水条（胶）　结构主筋　后浇补偿收缩混凝土　迎水面　700~1000

图 14.4.28　后浇带防水构造（一）

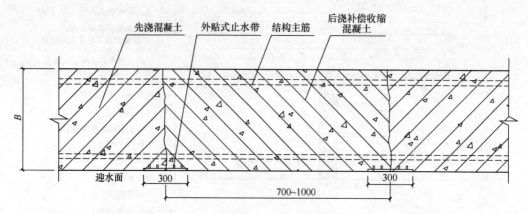

图 14.4.29　后浇带防水构造（二）

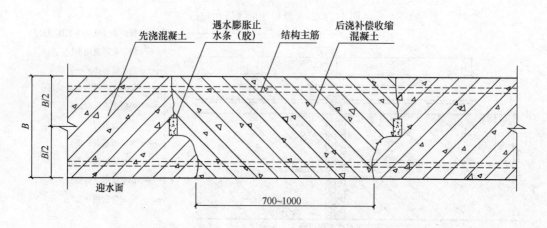

图 14.4.30　后浇带防水构造（三）

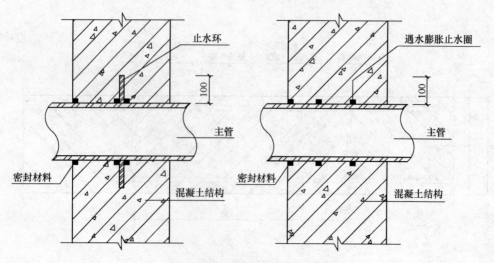

图 14.4.31　固定式穿墙管防水构造

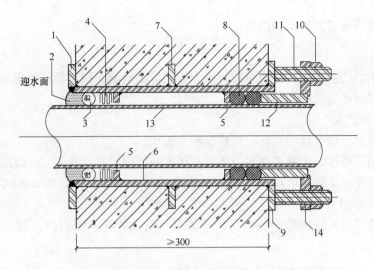

图 14.4.32　套管式穿墙管防水构造

1—翼环；2—密封材料；3—背衬材料；4—充填材料；5—挡圈；6—套管；7—止水环；
8—橡胶圈；9—翼盘；10—螺母；11—双头螺栓；12—短管；13—主管；14—法兰盘

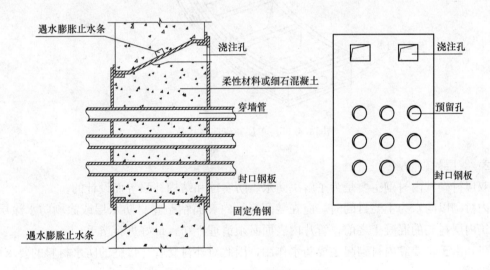

图 14.4.33　穿墙群管防水构造

5. 预埋件防水处理

埋设件端部或预留孔（槽）底部的混凝土厚度不得小于 250mm；当厚度小于 250mm 时，应采取局部加厚或其他防水措施。

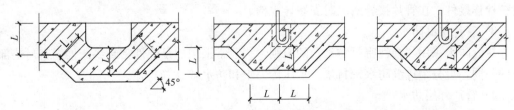

图 14.4.34　预埋件或预留孔（槽）处理（分别为预留槽、预留孔、预埋件）

14.4.4 特殊施工法的结构防水

1. 盾构法隧道

按隧道衬砌的构造不同，分为单层衬砌和双层衬砌两类。解决盾构衬砌防水的关键是管片拼装接缝密封和管片抗裂防渗。

1）单层衬砌防水

（1）选择混凝土的合适配合比，严格控制水灰比。

（2）管片制作精度对于隧道防水效果具有很大的影响。管片常用钢筋混凝土制作，管片外形尺寸精度要求达到±0.6mm，模板的精度达到±0.3mm，如果节点间有衬砌材料则管片精度可放宽到1mm。

（3）管片接缝应采用多道防线的防水形式，一般设置两道密封沟，管片内设置嵌缝槽，见图14.4.35。

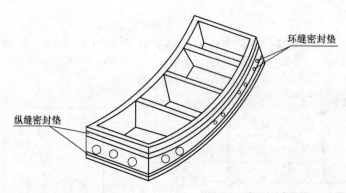

图 14.4.35　单层衬砌防水构造

2）双层衬砌防水

双层衬砌其内衬砌主要是为了解决防水、防腐蚀和结构补强等而设计的。

内衬砌以防水为主要目的时，应在装配管片内表面粘贴卷材防水层或涂刷防水涂层。在浇筑内层衬砌的混凝土之前，管片内表面必须清理干净，最好进行凿毛。

（1）由于主要靠内衬砌起主要防水作用，因此对外衬套管片接缝的防水材料的要求可适当降低。

（2）外衬砌层管片仍要求设置嵌缝槽。这里嵌缝是以堵漏为目的，可选择速凝水泥类材料作局部嵌缝。

（3）构筑内衬砌：浇筑内衬混凝土或采用喷射混凝土。

（4）设置导水槽：导水槽的构造见图14.4.36。它是在衬砌内侧预设一些螺孔，并埋设螺栓连接件，在管片接缝漏水时安装导水槽。

3）管片接缝防水

接缝防水采用"弹性密封防水"的原则，一般常采用的是弹性密封垫。根据密封垫部位的不同，可分为接缝防水密封垫，承压传力垫和防水填（缝）补。

4）管片外层防水

管片的外层防水是在迎水面用粘贴或涂抹的方法成数毫米厚的防水层。常用的防水层

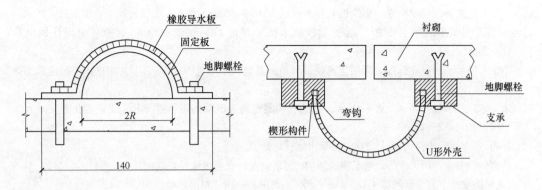

图14.4.36 导水槽

材料有环氧煤焦油系、焦油聚氨酯系、乳胶沥青系、常温硫化的丁基胶、聚酯系（其中常掺有玻璃纤维）。

5）回填注浆

为了增强衬砌的防水效果，将盾尾和衬砌之间的建筑空隙及时注浆填充。注浆方法有两次压注法和一次压注法两种，应根据地层条件选用。

2. 沉井

沉井主体应采用防水混凝土浇筑。

1）沉井干封底的规定

（1）地下水位应降至底板底高程500mm以下，降水作业应在底板混凝土达到设计强度，且沉井内部结构完成并满足抗浮要求后，方可停止。

（2）封底前井壁与底板连接部位应凿毛或涂刷界面处理剂，并应清洗干净。

（3）带垫层混凝土达到50%设计强度后，浇筑混凝土底板应一次浇筑，并应分格连续对称进行。

（4）降水用的集水井应采用微膨胀混凝土填筑密实。

2）沉井水下封底的规定

（1）水下封底宜采用水下不分散混凝土，其坍落度宜为200±20mm。

（2）封底混凝土应在沉井全部底面积上连续均匀浇筑，浇筑时导管插入混凝土深度不宜小于1.5m。

（3）封底混凝土应达到设计强度后，方可从井内抽水，并应检查封底质量，对渗漏水部位应进行堵漏处理。

（4）防水混凝土底板应连续浇筑，不得留设施工缝。

参 考 文 献

[1] （上海市工程建设规范）地基基础设计规范 DGJ 08-11—2010.

[2] 中华人民共和国国家标准. 混凝土结构设计规范 GB 50010—2010. 北京：中国建筑工业出版社，2011.

[3] 中华人民共和国国家标准. 建筑地基基础设计规范 GB 50007—2011. 北京：中国建筑工业出版社，2012.

[4] 中华人民共和国行业标准. 建筑桩基技术规范 JGJ 94—2008. 北京：中国建筑工业出版社，2008.

[5] 中华人民共和国行业标准. 地下工程防水技术规范 GB 50108—2008. 北京：中国计划出版社，2008.

[6] 中华人民共和国行业标准. 高层建筑筏形与箱形基础技术规范 JGJ 6—2011. 北京：中国建筑工业出版社，2011.

[7] 宋克志，王梦恕，孙谋. 基于 Peck 公式的盾构隧道地表沉降的可靠性分析. 北京：北方交通大学学报，2004，28(4)：30-33.

[8] 孙钧，侯学渊. 地下结构. 北京：科学出版社，1987.

[9] 陈建平，吴立，闫天俊等. 地下建筑结构. 北京：人民交通出版社，2008.

[10] 人民防空地下室设计规范 GB 50038—2005. 北京：中国计划出版社，2010.

[11] 全国民用建筑工程设计技术措施-防空地下室. 北京：中国计划出版社，2009.

[12] 防空地下室设计荷载及结构构造 07FG01. 北京：中国计划出版社，2007.

[13] 防空地下室结构设计手册. 北京：中国建筑工业出版社，2008.

[14] 建筑基坑支护结构构造 11SG814. 北京：中国计划出版社，2011.

[15] 丛蔼森. 地下连续墙的设计施工与应用. 北京：中国水利水电出版社，2000.

[16] (上海市工程建设规范)地下连续墙施工规程 DG/TJ 08-2073—2010.

[17] 刘岳东. 高层建筑筏形基础内力分析. 昆明：云南科学技术出版社，2004.

[18] 钱力航. 高层建筑箱形与筏形基础的设计计算. 北京：中国建筑工业出版社，2003.

[19] 夏明耀，增进伦. 地下工程设计施工手册. 北京：中国建筑工业出版社，1999.

[20] 岩土工程手册. 北京：中国建筑工业出版社，1994.

[21] 铁路隧道设计规范 TB 10003—2005. 北京：中国铁道出版社，2005.

[22] (上海市工程建设规范)城市轨道交通设计规范 DGJ 08-109—2004.

[23] (上海市工程建设规范)道路隧道设计规范 DG/TJ 08-2033—2008.

[24] 《地铁设计规范》GB 20157—2013. 北京：中国建筑工业出版社，2013.

[25] (上海市工程建设规范)地铁隧道工程盾构施工技术规范. DG/TJ 08-2041—2008.

[26] 《工程地质手册》. 北京：中国建筑工业出版社，2006.

[27] 《公路隧道设计规范》JTG D70—2004. 北京：人民交通出版社，2004.

[28] 《公路隧道设计细则》JTG D70—2010. 北京：人民交通出版社，2010.

[29] 关宝树，杨其新. 地下工程概论. 成都：西南交通大学出版社，2001.

[30] 李志业，曾艳华. 地下结构设计原理与方法. 成都：西南交通大学出版社，2003.

[31] 李国胜. 多高层建筑基础及地下室结构设计. 北京：中国建筑工业出版社，2011.

[32] 地下建筑防水构造 10J301. 北京：中国计划出版社，2010.

[33] 隧道工程防水技术规范 CECS 370：2014. 北京：中国计划出版社，2014.

[34] (上海市工程建设规范)隧道工程防水技术规程. DG/TJ 08-50—2012.

[35] 地下建筑防水构造. 西南 11J302.

[36] (北京市地方标准)轨道交通地下工程防水技术规程. DB11/581—2008.

第 15 章 桩 基 础

15.1 概 述

桩基础是应用最广泛的基础形式之一。当承载力较高的土层埋藏较深，基础底面土体承载力不能满足上部建筑荷载需要时，通常就要采用桩基础。通过桩的作用，即通过桩侧摩阻力和桩端端承力调节土体中的应力分布，使建筑物达到沉降量小而均匀、后期沉降速率收敛较快的目的；也通过桩侧、桩端极限承载力和承台下土体的极限承载力的共同作用，使之具有承载力高、稳定性好的特点。

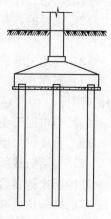

桩基础一直是地基基础行业中最活跃、最具创造力的一部分，每年都有大大小小的改进、发展和创新。桩基础是一种广义的深基础，由桩、承台、基础梁板和地下室结构可靠地连接成一体所组成的结构，如图 15.1.1 所示。依据承台底面埋入土面的情况，通常分为高桩承台和低桩承台两类，本章主要讨论低桩承台的有关问题。习惯上将承台和桩统称为桩基础。在有地下室时，建议将地下室、承台和桩统称为桩基础。桩基础必须能承受上部结构传来的垂直荷载、水平荷载和弯矩，通过桩基础将这些荷载可靠地扩散到土体中。

图 15.1.1 桩基础

本章内容主要根据试验研究、工程经验和工程实测资料探讨桩和桩基础的工作性状、荷载传递机理、安全度表达等问题，叙述中与国家现行标准有不一致之处，在进行工程设计计算时，仍应执行国家现行标准的规定。

15.1.1 历史

人类早在七八千年前的新石器时代，为了防止敌人、猛兽侵犯和不占耕地，在湖上、沼泽地里栽下木桩，在桩上筑平台修建居住点，称为湖上住所，我国浙江省河姆渡就发现了这种原始社会遗址，世界上某些国家也有类似发现。可能这是桩基的起源，古代临水建筑通常都采用桩基。在宋代桩基技术已比较成熟，宋《营造法式》中就载有"临水筑基"一节。到了明清时代，桩基技术更趋完善，并已广泛应用于桥梁、水利、海塘和建筑等各类工程。在清代《工部工程做法》等古文献中对桩基选料，排列布置和施工方法等方面都有了规定。

在西方，较早的文字报道是 16 世纪初，斯德哥尔摩使用了一种瑞典式的打桩机。17世纪报道了斯德哥尔摩木桩桩接头的做法。

近代，我国一直是使用桩基础较早和较多的地区。1930 年第一届国际土力学与基础工程学术会议上就介绍了上海的桩基工程情况，受到国际工程界的重视。

桩基是一种古老的基础形式，桩工技术经历了几千年的历史过程，到目前无论是制桩材料、桩类型、桩工机械和施工方法都有了极大的发展，已经形成了现代化基础工程体系。在某些情况下，采用桩基可以大量减少施工现场工作量和材料的消耗，因而也是经济、合理的基础形式，更重要的是桩基础是最可控、最可靠的基础形式。

15.1.2　桩的适用范围和分类

1. 桩基础的应用范围

桩基础几乎可以应用于各种工程地质条件和各种类型的工程，尤其是适用于建造在软弱地基上的重型建（构）筑物，因此，在我国东南沿海的软土地区应用桩基较广泛，利用桩基的工程特点解决了很多复杂的地基基础工程问题。桩基一般可应用于以下几种情况：

（1）建（构）物自重较重，在天然地基上承载能力极限状态设计或正常使用极限状态两类极限状态设计中有一类设计不能满足时；

（2）重要的、有纪念性的大型建筑物，生产工艺上对基础沉降量控制有较严格的要求时；

（3）当均匀堆放的大面积地面堆载超过 $4t/m^2$ 时；

（4）当建（构）筑物之间或建筑物各单元之间地基压力相互影响，会引起过大的不均匀沉降时；

（5）当单层工业厂房设有重级工作制吊车，且吊车起重量大于 30t 时；

（6）重要、大型、精密机械设备的基础除使用桩基除外，尚应装置机械调平机构；

（7）当活荷载所占比例较大，作用在地基上的单位面积压力较高而不能缓慢加荷时。

我国历次地震后的震害调查发现：在工程中采用桩基作为抗地震液化和处理地震区软弱地基的措施也是有效的。上海地区工程实测发现，有些勘察阶段被判定为液化的土层打入预制桩后，液化就已经被消除。

2. 桩的类型

桩可按多种方法分类：

（1）按制桩材料划分为木桩、混凝土或钢筋混凝土桩以及钢桩等等；

（2）按施工方法划分为预制桩或就地浇筑混凝土灌注桩；

（3）按沉桩的方法分为锤击桩（打入桩）和压入桩；

（4）按桩和地基间荷载传递的关系分为摩擦桩或端承桩；

（5）按桩顶承台高出土面或水面，或低于地面，分为高桩，和低桩；

（6）按桩身是否施加预应力，分为预应力桩和非预应力桩；

（7）桩身采用木材、钢管、型钢或混凝土组合而成的桩称为组合桩；

（8）在土体中成桩过程中桩身挤土作用，可划为排土桩、低排土桩或不排土桩。

上述分类都是 20 世纪二三十年前提出的分类法。每种分类都只突出了桩的某一方面特点。桩基础应该是岩土工程中最活跃、变化最多的部分，近十多年来不断有新的桩型出现，也不断有新的施工机具和施工工艺出现，如载体桩、三岔挤扩灌注桩、预应力混凝土异形预制桩等等。

15.1.3　上海地区应用桩基础的历史

上海及其附近地区是近代我国采用桩基础较早且使用量最多的地区。回顾上海地区应用桩基础的历史，也许就能大致了解桩基础在我国发展的概况。

现在还存在的上海最早桩基工程是上海的龙华塔，建于公元 247 年，距今一千七百多年，公元 977 年重建，1950 年后修建时曾挖开基础，暴露出基础下的松木桩。

20 世纪初上海地区采用的桩主要是短木桩，长度仅几米，主要用于处理暗浜软弱地基。典型的工程就是 1923 年建造的苏州河河南路桥。20 年代开始，高大的建筑用得最多是洋松木桩，典型工程是外滩的中国银行，采用了平均直径 14.5 英寸（368mm），长 75 英尺（22.86m）和平均直径 15 英寸（382mm），长 100 英寸（30.5mm）的洋松木桩。

在三四十年代也研制了多种新型的桩型，例如利用钢芯棒将套于芯棒外波纹状铁皮管打入地下。拔出芯棒浇灌混凝土成桩。这种桩称为雷蒙德（Raymond）桩，见图 15.1.2。预制一种变截面短桩，上节顶着下节连同碎石打入土中，称为武智桩，见图 15.1.3。武智桩主要用于挤密砂土或建筑垃圾。

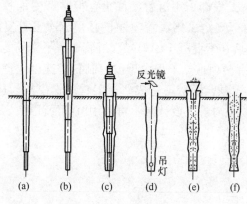

图 15.1.2　雷蒙德（Raymond）桩

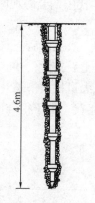

图 15.1.3　武智桩

从 20 年代后期上海地区已经出现了沉管灌注桩，当时称为瓦艾伯鲁（Vibro）桩，而且还有发展。即先将一根 10m～15m 的木桩或钢筋混凝土桩打入土中。再用沉管灌注桩的端部顶住于先打入桩的上部，用沉管再将它继续向土中深入。上部沉管中放入钢筋笼、浇灌混凝土，再拔出沉管。这样形成上下不同材料的组合桩，这种组合桩最长可达 35m（图 15.1.4）。这在当时是很不容易的，主要用于高大的建筑，例如 19 层的百老汇大厦和当属远东最高的 24 层国际饭店都是采用这种桩。

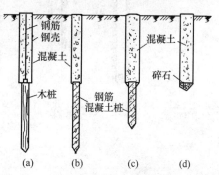

图 15.1.4　各种组合桩

30 年代就开始有了钢筋混凝土方桩，到 40 年代以后，随着打桩机械和起重机械能力的提高，开始越来越多地采用混凝土预制方桩。

20 世纪 50 年代以前，单桩承载力都是按经验值估算。对于上海地区早期的摩擦桩，估算单桩承载力时不考虑桩端支承力，仅估算桩侧摩阻力。单位桩侧摩阻力的取值不考虑土层变化的影响，统一取经验值：10kN/m² ～15kN/m²。这个单桩承载力值按现在的概念应称为单桩容许承载力。因为那时不知道单桩极限承载力，因此当时也没有安全储备和总安全系数的概念。查阅保存下来的 20 世纪 30 年代的某些设计计算资料，他们在最后确定用桩数量时，先考虑基底土体的容许承载力，土的承载力不够部分再由桩来承受。同时，在计算单桩容许承载力时，经常还要减去从桩中心 1.5～3.0 倍桩径范围内土表面的地基容许承载力。

上海市《地基基础设计规范》修编组 1986 年在向 40 年代的打桩老工人调研中，老工人反映，以前有些大公馆（泛指达官贵人的住宅，其结构特征是二层或三层砖墙承重房屋，层高较高；墙厚一般为 490mm）为防止沉降过大，就在墙下打"香炉脚桩"。所谓"香炉脚桩"即在每个房间四角，纵横墙的交汇处打一根木桩。就能非常有效地减少沉降。

50 年代新中国成立后进口的洋松木越来越少，基本采用混凝土方桩，设计方法全面学习苏联，开始采用单桩静荷载试验求得单桩极限承载力，采用总安全度的设计表达形式。用苏联设计规范来统一国内的设计方法。

50 年代中期上海地区的多项较重大工程都采用沉管灌注桩，但常产生缩颈、挤桩等严重质量事故。上海有一个设计院曾内部规定采用沉管灌注桩必须二次复打复灌注混凝土，即第一次沉管后浇筑素混凝土，然后在素混凝土中第二次沉管，再下钢筋笼，浇灌第二次混凝土后拔管。1956 年和 1957 年有两项重点工程由于没控制打桩速度，造成严重挤土现象，大量桩被挤歪、挤断；再加上缩颈、断桩，造成严重工程质量事故。从 50 年代末到 80 年代，由于很难保证施工质量，上海各大设计院不再采用沉管灌注桩。

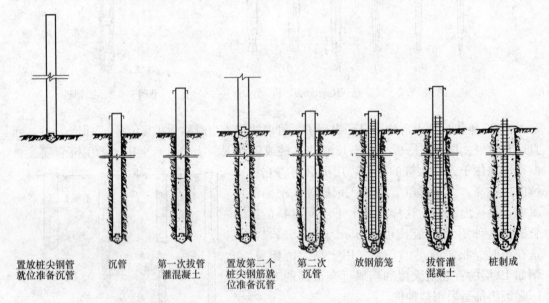

置放桩尖钢管	沉管	第一次拔管	置放第二个	第二次	放钢筋笼	拔管灌	桩制成
就位准备沉管		灌混凝土	桩尖钢筋就	沉管		混凝土	
			位准备沉管				

图 15.1.5　沉管灌注桩的复打

90 年代后期有人再从周边地区引进沉管灌注桩，并进一步在这基础上发展为夯扩桩，但是很快又发现，有些工程桩的钢筋笼上浮，单桩静载荷试验值偏低，甚至达不到设计值的 70%。经过研究发现若桩端坐落在含水量高、黏粒含量高的土层中，沉管时大量的黏性颗粒被急剧扰动后形成一团厚泥浆粘在桩端。当沉管上拔时，管底的活门或混凝土桩尖被糊住一起上提，直至桩下端产生较大真空吸力，活门才被打开，预制混凝土桩尖才落下。由此，刚浇筑的混凝土和钢筋笼整体上抬，桩的端承载力和桩端附近的侧摩阻力基本丧失，单桩承载力明显下降。夯扩桩施工中当内管抽起时，同样由于管端附近这团厚泥浆的作用，会将管外的土体会随内管吸入外管内。甚至第二次抽拔内管时仍会将管下端管外的混凝土和扰动土体一起被吸进管内，同样造成桩端部承载力的丧失。2000 年以后，上海地区基本又不再采用沉管灌注桩或夯扩桩了。浙江地区曾规定沉管灌注桩或夯扩桩不能将桩端持力层选在黏性较强的土层上。在其他类型的桩基施工中，当桩穿过黏性很强的土层时，因强烈扰动产生厚泥浆团的影响也应引起足够的重视。

60 年代起国内不少地方推广应用爆扩短桩，有扩大头或非扩大头两种。因为这种桩身也可采用爆扩成孔，不一定要成孔钻机，在山区中采用较多，但上海基本没有采用。

从 20 世纪 50 年代起到 80 年代在上海地区基本采用非预应力钢筋混凝土预制方桩。

国内的预应力钢筋混凝土预制管桩最早多用于港口、码头和铁路桥梁工程。最早的管桩生产厂是由混凝土电线杆厂转过来的，20 世纪 90 年代逐渐用于房屋建筑工程。由于其采用了高强的钢材和高强度等级混凝土获得了较高的效益，在近二十年来得到了越来越广泛的应用。

20 世纪 70 年代后期在上海宝山钢铁总厂首次采用外径 609mm 壁厚 12mm 的钢管桩。80 年代又将其用于上海地区的首批超高层建筑的桩基础和上海南浦大桥、杨浦大桥的主桥墩基础。80 年代末还曾采用 400mm×400mm 的 H 型钢桩作为高层建筑桩基础。

预制桩的沉桩方法最早是人工拉锤打木桩，后来用蒸汽锤。60 年代以后以柴油锤为主，90 年代开始采用大吨位静压桩架压桩，但由于预制方桩或预应力管桩都是挤土桩，在城市老建筑密集区域受到越来越大的限制。

80 年代上海地区开始采用泥浆护壁成孔的钻孔灌注桩，到了 90 年代，由于预制桩沉桩时的震动、噪声和挤土对环境的不良影响，在市区内越来越多地采用钻孔灌注桩。成孔的方法除了正循环方法以外，渐次发展了反循环方法，引进了旋挖钻机。从那时开始，钻孔灌注桩逐渐成为市区内采用最多的桩基形式，各种施工机具也有较大发展。近年来，各施工机械制造厂纷纷加大钻机的动力和扭矩，增设施工过程数据的自动监测和显示装置。但是我国土建施工机械与国外产品最大的差距还是在自动监测和显示仪器方面。泥浆护壁的施工工艺在施工过程中产生大量泥浆，造成城市污染。近年来，各大城市纷纷加大对泥浆污染的处罚力度和提高泥浆排放的费用。

在 20 世纪末就有人提出在水泥搅拌桩中插入预制桩的成桩方法，经过多年的摸索、改进，更重要的是这种新型桩的挤土效应和泥浆污染都减少到了非常小的程度，近年才得到人们的重视。由于新型预应力管桩的高强度、管桩机械接头的研发、水泥搅拌桩进入较硬土层能力的提高。这种桩的经济指标和成桩速度都高于常规的钻孔灌注桩，非常适合于在大城市中老建筑密集，周围环境保护要求较高的地区采用。这种桩建议称之为加劲组合桩（图 15.1.6）。

这种桩目前最大的问题是对水泥土的强度及摩阻力的机理了解不足：在地下养护条件下水泥土强度的增长低于在地面上强度的增长；水灰比对强度的影响也远小于实验室的状态；强度为 1MPa 左右的水泥土在取芯过程中基本被搅碎，很难完整成型；水泥土的强度还与搅拌机械和搅拌方式有关。由于这些困难，使水泥土强度的研究处于停滞状态。另一方面，混凝土与水泥土之间、水泥土与土体之间的剪力传递机理可能与混凝土与土体之间的传递机理不同。使这种桩的单桩极限承载力大于与其水泥搅拌桩同样外径的预制桩的单

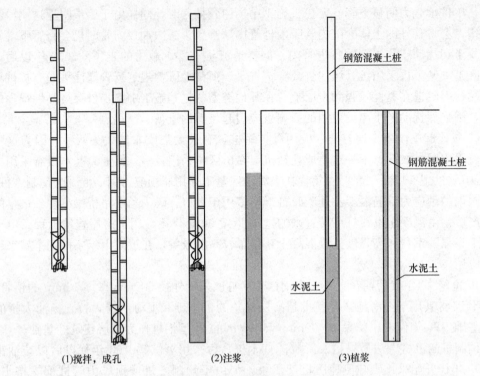

(1)搅拌，成孔　　　　　　(2)注浆　　　　　　(3)植浆

图 15.1.6　加劲组合桩施工工艺

桩极限承载力，这个问题有待于进一步研究。

现今的钻孔机械在入岩能力上已有长足的进展，特别是旋挖钻机和潜孔锤已经可以在硬质岩石中成孔。潜孔锤在花岗岩中钻进直径 1m 以内的孔，每小时进尺可达数米。

近年来，为了解决灌注桩成桩过程中的泥浆污染问题或挤土问题，国外越来越多采用双动力全套管成桩技术，它能适应软、硬不同的各种土层。国内也已开始推广应用。

从 20 世纪 80 年代至今这三十多年中，也不少人采用柔性桩地基处理方法作为建筑基础。还以上海为例，80 年代后期推广采用振冲碎石桩。因为施工单位偷工减料，使上海的一栋小高层建筑的沉降超过 1000mm。由于无法找到可靠的质量控制手段，从此以后上海地区正规的房屋建筑中没有再用振冲碎石桩基础了。

90 年代开始推广采用水泥搅拌桩加固地基做房屋基础，结果出现了更严重的工程质量事故。有两个住宅小区六层住宅的沉降量普遍超过 500mm，经上海市质监总站和上海市建筑科学研究院的联合调查，认为产生问题的原因是多方面的，有对水泥土在地下的实际性状研究不足；有设计方法和施工工艺方面的不足；但更主要的是偷工减料和对偷工减料缺乏相应的监管和检测手段，以后在上海地区也没人敢用于房屋基础了。

从 90 年代末开始，由于无法确保各种地基处理方法的施工质量；无法保证处理后地基的均匀性；无法防止偷工减料；没有有效的监测、监管手段，因此，上海各大设计院基本不采用各种地基处理方法来做正规房屋建筑的基础，其中包括各种堆载预压和真空预压、振冲碎石桩、水泥搅拌桩和 CFG 桩。这类地基处理方法可作为建筑场地的预处理方法，真正用作建筑物的基础还应该采用桩与基础有可靠连接的、荷载传递路径明确的桩基础。

15.1.4　设计计算表达式及有关问题

1. 历史上曾采用的设计表达形式

1) 容许应力设计表达形式

最早时期的地基基础设计都采用容许应力表达形式，因为那时还没有现在的极限承载力、失稳的临界状态等概念，对于桩或地基土都不知道它的极限承载力。根据现在能查到零星资料，在 20 世纪初，上海地区基础设计就用两个容许值：一个是地基土容许承载力值，一个是单桩的容许承载力值。

例如，上海地区浅层埋深 1m～4m 范围内有一层较硬的表土层——褐黄色粉质黏土层。当时的建筑都以这层土为基础持力层，它的地基土容许承载力值即上海地区有名的："老八吨"（80kPa）。由于这层土的平板载荷试验曲线都是渐变型的，很难确定它的极限承载力。若用实际试验曲线来确定这层土的极限承载力，极限值都大于 200kPa。至今，上海地区的勘察报告中还以老八吨为依据，进行微调后作为这层土的地基土承载力特征值。上海地区最早的桩基础设计计算也要用这一数据。传到基底的荷载先减去基底土体的全部容许承载力，其差值除以单桩容许承载力即得到总用桩数。用现在习惯的写法：

$$N + G - A \cdot f_a \leqslant n \cdot R_a \tag{15.1.1}$$

式中　N——上部结构荷载标准值；

　　　G——基础自重标准值；

　　　A——基础底面积；

　　　f_a——地基础容许承载力，在当时就是"老八吨"；

　　　R_a——单桩容许承载力。

现在看来，这种设计方法有许多不正确的概念，但它是考虑了桩土共同承受上部荷载。

如前所述，此处的单桩容许承载力值也是经验值。那时以原木木桩为主，计算单桩承载力时仅考虑桩侧摩阻力，不考虑端承力；不考虑各土层摩阻力不同，都采用 10kPa～15kPa 计算侧摩阻力，再扣去桩的自重和扣去桩中心向外 1.5～3.0 倍桩直径范围内地面的地基土承载力（"老八吨"乘以这块面积），即为单桩承载力容许值。

上海地区浅层地基土容许承载力老八吨这个经验值已被使用了一个多世纪，至今还不知道这层土对应的地基土真正的极限承载力是什么？从平板静载荷试验曲线来看，曲线都是渐变型的，一般加压到 200kPa 都能稳定，只能用累计沉降控制值、稳定控制值等人为指标确定极限承载力，甚至有人问：这层土究竟有没有真正的极限承载力？

由于历史条件的限制，很难实施较大型的试验。公式（15.1.1）的桩基础设计方法是早期工程技术人员的臆测加上大量工程实践的经验总结。承载力的取值都是经验性的，缺少试验支持，对于这类承载力的取值我们称之为容许承载力。对于这种设计方法称之为容许应力设计表达形式。这类早期的设计方法只要求设计满足容许应力一个设计指标。这种容许承载力还没有与极限承载力挂钩，更没有总安全度的概念。

回顾这段历史是想提醒大家：地基基础设计理论中很多问题，最早都是从这种最原始的容许应力设计表达形式开始的，但容许承载力是一种有很多缺陷和不足的设计概念。

2) 总安全系数设计表达形式

1950 年以后，我国在各方面都全面学习苏联。在基础设计方面引进苏联的规范。开始要求用静载荷试验求得桩和地基土的极限承载力，然后除以总安全系数进行设计。在设计理论上这是一种"质"的进步。容许承载力的设计只能是经验性地使设计对象不破坏。总安全系数设计进一步使设计对象有了明确的安全储备的概念。现代设计理论中承载力设计的本质是安全储备量的计算。

按理说，明确了极限承载力和总安全系数就没有容许承载力存在的必要了（包括现在的承载力特征值），但是那时的苏联规范还保留了许多与容许承载力相关的概念和做法，例如保留了容许承载力的概念。提出了在静载荷试验中用沉降指标或比例极限来确定容许承载力等等，这些概念都有明显的缺陷。

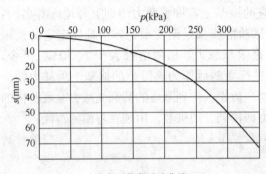

中央大厅荷载试验曲线

图 15.1.7　1m 宽的平板静载荷试验

这种设计概念在上海"中苏友好大厦"设计时就受到了重大的挫败。"中苏友好大厦"现为"上海展览中心"是苏联援建的项目。由苏联专家主持设计，其中心塔楼基础是一个四周都有沉降缝断开的 $64m \times 64m$ 箱形基础。持力层为褐黄色粉质黏土层，即上海老八吨的土层。1953 年进行基础设计时，苏联专家不愿承认上海的地区经验：老八吨，坚持用板宽 1 米的平板静载荷试验来直接确定这层土的承载力（图 15.1.7）。由于地基土的静载荷试验曲线是典型的渐变形的，找不到地基土极限承载力。苏联专家依据苏联的做法，取压板沉降等于 0.01 倍板宽时对应的荷载为该地层地基土容许承载力。从曲线可确定，容许承载力是 $14t/m^2$（140kPa），中心塔楼实际采用的地基容许承载力值为 $13t/m^2$（130kPa）。

上海中苏友好大厦 1954 年 5 月开工，刚建成沉降量急剧增大，一年多后沉降达 600mm，以后很长时期沉降持续快速发展。三年后平均沉降达 1400mm，1965 年平均沉降已经超过 1600mm，估计最终平均沉降将接近 1800mm（图 15.1.8）。但是建筑物是均匀的下沉，周围土体没有发现如教科书中描述的土体整体滑移、失稳的迹象。由于"文革"，1966 年以后没能继续监测沉降。但这个塔楼始终都没进行地基加固，沉降最终还是稳定了。

今天我们再来看这个事故，还真不能说当时设计的错是由于地基承载力不足。以后上海地区的工程实践，例如油罐充水预压、软土上人工堆山、大面积材料堆场等都曾将这层土的地基承载力用到 200kPa～300kPa。真正的问题是苏联专家只作了承载能力极限状态的设计计算，没有作正常使用极限状

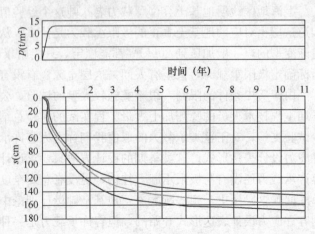

图 15.1.8　中苏友好大厦实测长期沉降曲线

态的设计计算。基础设计应该是承载力和沉降双重控制，在软土地区沉降控制条件常比承载力控制条件更严格。若当时苏联专家作了沉降计算，这个事故可能早就被发现并纠正了。这个事故的直接后果却是，从 20 世纪 50 年代中到 80 年代，在上海地区没人再敢用平板载荷试验来确定地基土承载力。

最近二十年来上海的《地基基础设计规范》又经历了两次修编。为了了解"老八吨"这层土的真正的极限承载力，修编组做了多组平板静载荷试验。曲线都是渐变型的，采用一般规范规定的那些人为因素很强的判别标准。所得到的"老八吨"土层的极限承载力值都不低于 200kPa。

在我们土力学的承载力试验中，经常得到这类渐变型的荷载-变形曲线，没有明显的屈服拐点。只要允许有足够大的累计沉降量和足够长的稳定时间，实验还可以继续做下去。从单纯的承载力概念来说，确实不知道应该怎样来定义这类问题的极限承载能力。

关于上海地区摩擦型桩的单桩承载力问题，从 20 世纪 50 年代起就采用单桩静载荷试验来确定单桩极限承载力的方法。在设计中采用了总安全系数的设计表达形式。上海地区桩基础设计的总安全系数取值 $K=2.0$。查阅资料，国际上有些国家依据不同的情况采取 $K=2.0$ 或 $K=3.0$ 的。

上海地区从 20 世纪 50 年代起，地基基础设计就采用了地基土用容许应力表达形式和桩基础用总安全系数表达形式两者共存的表达形式。回顾过去了半个世纪的历史，还是这种表达形式最符合土力学和地基基础设计理论的现状，概念最清晰，也最实用。

采用了总安全系数的设计计算表达形式，使承载能力设计的理论上了一个台阶。实际上开始了现代的承载能力极限状态的设计计算。人们开始理解了，承载力的设计计算不仅要使结构的实际工作状态远离它的临界破坏状态，更重要的是要使两者之间保持一个规定的距离。这个距离就是总安全系数。承载能力的设计计算的实质是总安全系数的设计计算，即通过设计计算使实际的总安全系数略大于并尽可能接近规定值。实际总安全系数用大了是浪费，用小了不安全。20 世纪五六十年代的设计不要求进行基础沉降计算，因此也不可能出现关于正常使用极限状态设计计算的有关概念和相应的设计要求。

3) 多系数设计表达形式和概率极限设计表达形式

设计人员采用总安全系数的设计方法后，越来越体会到总安全系数在设计中的重要地位。许多人开始钻研总安全系数，希望更确切地解释和优化总安全系数。他们依据影响总安全系数的各方面因素进行了分类研究，在这种研究成果的基础上，我国从 20 世纪 60 年代开始推行多系数设计表达形式，在 80 年代又推行概率极限设计表达形式。这两种设计表达形式在承载力设计方面，即两种表达形式中的安全储备应与前述总安全系数表达形式安全系数完全一致的，其区别仅是安全系数的表达形式不一样，前者是单一系数表达形式，后者是多系数表达形式。多系数设计表达形式的推出使结构设计安全储备的解释和表达形式更精细化、科学化。但是对于绝大部分设计人员而言，并不在乎理论的精细、完备，并不要求对总安全系数的各影响因素都给出计算方法，更希望的是计算公式简洁、计算快捷，希望对安全储备的总体大小有明确的概念。

另一方面，概率极限统计理论的精细化也要求相应结构设计理论的精细化。实际上土力学和地基基础设计理论远达不到这种精细化的要求，对于地基基础设计而言，要求统一采用概率极限表达形式过于超前。

2. 两种极限状态的设计概念比表达形式更为重要

设计计算理论发展到今天，最终在总结概率极限表达形式时，提出了两类极限状态设计计算的概念。在实践中我们体会到，两类极限状态设计这个概念比概率极限表达形式本身更为重要！

这个概念强调：结构设计人员研究的对象是结构的两个客观存在的状态：结构的临界极限状态和结构的实际工作状态。

所谓承载能力极限状态的设计计算就是必须从强度破坏或失稳的临界极限状态出发，使结构的实际工作状态远离临界极限状态。实际工作状态与临界极限状态之间的距离是规定的，就是总安全系数、安全储备或可靠度。

所谓正常使用极限状态的设计计算就是如实地研究结构在实际工作状态种种性状，用不同的限值将实际工作状态规范在合适的范围内。

两类极限状态的设计都必须都得到满足。两者之间有一定的关联，但他们是互相独立存在的，不可能用一个指标完全覆盖两者。在软土地区的地基基础设计经常是：承载力问题比较容易得到满足，而沉降问题较难达到满足。这类设计问题就常被称作沉降控制的设计。同样，在硬土地区的地基基础设计：沉降问题比较容易得到满足，而承载力问题相对较难达到满足。这类设计问题就常被称作承载力控制的设计。

岩土工程就是与岩土直接接触的那部分结构工程。地基基础设计也应是由两类极限状态的设计计算双重控制。

现代结构设计的理论体系主要就是这三点：

（1）两类极限状态的设计计算，设计必须是双重控制；

（2）承载能力极限状态的设计实质上是安全储备的设计；

（3）正常使用极限状态的设计实质上是对结构在实际状态时的平均性状进行控制。

3. 地基基础设计不宜采用多系数表达形式

对于地基基础设计，概率极限的多系数设计表达形式，包括 60 年代的多系数表达形式，都过于超前！由于现在土力学和地基基础设计理论基本还处于经验或半经验的状态。严格的可实验验证的确定性关系并不多。地基土和桩的极限承载力还很难全部都用试验方法确定。还有部分设计计算只能采用容许承载力的表达形式。连总安全系数的设计方法都还不能严格地全面推行的情况下，强行要求全面采用多系数设计表达形式，岂不是拔苗助长，不仅不可能得到理想的结果，反而模糊了设计中最重要的总安全系数的概念。

1）统计母体的界定

多系数表达形式中的多系数主要依赖于大量实测数据的统计分析。由于土体的复杂性，有关地基基础设计的大量实测资料很难整理、统计。按照统计理论的概念，统计资料整理前必须先界定统计母体，例如单桩承载力，将所有的桩都混在一起统计，显然是不合理的。不能将摩擦桩与端承桩混在一起进行统计；预制桩应与灌注桩应分开；在不同土性的持力层上的同一类型的桩也应分开；土性相近但埋深不同的桩也有显著差异，也宜分开。有位大学土力学教授说：严格地说，只能将同一个工程场地上，同一持力层上，同一种类型的桩划分为一个统计母体。在地基基础设计采用概率极限表达形式研究以前，似乎应对统计母体的界定方法先要有明确的说法。

岩石和土体的性状远比钢材、混凝土复杂。在一个工程场地上，土体参数也是渐变的，这类渐变的土体参数如何统计？土层参数又如何结合特定的工程对象进行统计？这本身就是一个在岩土工程实测数据统计分析课题中首先应该解决而又未能解决的难题。

在上述这些统计资料的分类、整理方法的问题都没有解决以前，就要实现多系数表达式，又要不随便改变长期工程实践所产生的总安全度，唯一可行的方法就是抛弃真正的统计资料，对总安全系数采用数字拆分法：$2.0 = 1.25 \times 1.60$。但这样做就丧失了概率统计方法的基本概念，只保留了空洞的形式，只是在设计中增加了一系列没有真正意义的新的系数、新的名词和新的计算公式，凭空增加了设计人员概念上理解的难度和设计工作量。

2）不同的结构设计问题应允许采用不同的总安全系数

我国的概率极限表达体系中有一隐含的重要概念：结构问题的总安全系数都确定为2.0 左右。这对地基基础设计极不合适。地基基础承载力设计中有不少问题是稳定问题。不同的稳定问题，例如抗倾覆、抗滑移和抗浮，都有各自不同的总安全系数要求，但是由于不能采用总安全系数 2.0，这类设计问题竟长期不能写入规范。

许多国家对桩基础竖向承压的总安全系数针对不同情况取 2.0 或 3.0 两个系数。这类常规的做法都成了行不通的问题。

即使以材料强度设计为主的承载能力极限状态问题，总安全系数也不应该全部为2.0。2000 年以后，统计资料发现：以静载为主的高层结构底层柱子安全度偏低。所以增设了"由永久荷载效应控制的组合应取 1.35"的荷载分项系数。但是 1.35 的系数照顾了底层柱子，没考虑地基基础。传至基础的荷载与底层柱子一样，都由永久荷载控制。是否底层柱子有病，整个地基基础都要一起吃药？显然没有足够的统计资料可以证明，应该全面提高基础设计的安全储备。在地基基础设计计算中如果都将系数由 1.20 提高到 1.35，仅此一项每年要浪费多少基建投资！若能将结构设计也全面恢复到总安全系数的表达形式，则只要将高层建筑底层柱子设计的总安全系数一项改动一下，全部问题都圆满解决。我们地基基础的设计人员也不必为理不清的 1.25 还是 1.35 绞尽脑汁了。

地基基础问题比上部结构复杂。在本章后面的叙述中可以知道：同样的桩基础，在不同的场合应该就应采用不同的总安全系数。桩基础整体竖向承压的总安全系数是 2.0。但桩作为一个轴心受压杆件时，桩身强度的总安全系数实际是 2.5。基础整体抗浮验算的总安全系数为 $1.05 \sim 1.10$，但作为轴心抗拉构件验算抗拉强度时仍应为 2.0。

科学的本质就是实事求是。最近两个版本（2000 年以来的版本）的《建筑地基基础设计规范》已经作了较大改进。实际上，已开始将地基承载力问题从上部结构的承载能力极限状态设计计算中单独区分出来。也允许在规范中出现总安全系数的承载力或稳定问题的设计表达式，但这种改进并不彻底的。应该在地基基础设计计算中全面恢复总安全系数的设计表达形式。本章的叙述都采用总安全系数的表达形式。

4. 桩基础设计的基本概念和表达形式

1）承载能力极限状态设计计算的表达形式

桩基础的承载能力极限状态设计计算是指桩基础抗压、抗浮和抗水平荷载的整体承载力设计计算，基础构件的承载力设计计算，它们在本章的总安全系数的表达形式为：

$$Q_a \leqslant \frac{1}{K} R \qquad (15.1.2)$$

式中　　Q_a——国家标准《建筑结构荷载规范》GB 50009—2012 中，荷载作用的标准值和标准组合；

R ——抗力的标准值，即抗力的极限值。当结构或建筑物的自重也为抗力时，则建构自重的统计平均值即为抗力标准值；

K ——总安全系数。每个设计计算公式中只有这一个常数系数，即同类问题中，总安全度是不变的，但在不同问题中，总安全系数可以取不同的值。

如前所述，有些地基的承载力，也包括有些类型的桩，目前还找不到对应的极限承载力，只能采用在工程实践中积累的经验值 R_a 进行设计计算。这种人为经验确定的值 R_a 我们称之为容许承载力值，或称为特征值。容许承载力的计算公式为：

$$Q_a \leqslant R_a \tag{15.1.3}$$

但在本章中我们尽量不出现特征值或容许承载力值。一般都可认为真正的极限承载力总大于容许承载力或特征值与总安全系数的乘积。

桩基础的承载能力极限状态设计计算包含两部分：

(1) 桩基础整体的极限承载力设计计算，应了解整个桩基础开始受荷载到达到临界极限状态的全过程。但设计计算只需要列出临界极限状态时的受力状态，采用总安全系数将实际荷载作用限制住，使桩基础的实际工作状态与桩基础的临界极限状态之间保持足够的安全距离。基础的整体承载能力极限状态设计，除了竖向承压采用的总安全系数为 2.0 以外，基础在承受水平荷载或上浮作用时总安全系数都不是 2.0。

需强调的是，桩基础抵抗竖向压力、抗浮和抵抗水平荷载都是基础的整体作用。整个基础中各桩的实际受力和变形都不均匀，除桩以外的其他构件都一直起应力、应变的调节作用。千万不能认为桩基础中各根桩的受力是完全均等的。

(2) 因为桩基础临近承载力极限状态时土体出现了明显的塑性，因此从开始受荷到临界极限状态的过程中，基础各构件的应力、应变与实际工作状态（正常使用状态）的应力应变不存在线性比例关系。因此，除了确保基础整体的安全储备以外，还要确保基础各个构件在实际工作状态时也有同样的安全储备，这个问题突出地表现在桩的轴向内力上。

按目前的规范规定，这部分设计要先计算出各构件在实际工作状态时的实际平均受力。并将这个平均受力作为荷载标准值，采用相关规范进行构件承载能力设计计算。

2) 正常使用极限状态的设计计算的表达形式

桩基础的正常使用极限状态的设计计算在本章中主要包括两方面设计计算：

(1) 最主要是基础整体的最终平均沉降估算：

$$S_d \leqslant C \tag{15.1.4}$$

按《建筑结构荷载规范》GB 50009—2012 中的规定，计算荷载应采用荷载的准永久组合。实际上，荷载作用的标准组合与荷载作用的准永久组合相差很小，在地基基础的沉降计算中没有必要计较这种微小的差别。在本章中荷载作用值全部采用荷载的标准组合，S_d 是桩基础经过经验修正以后的最终平均沉降计算值，C 是规范给出的沉降容许值，即沉降限值。

(2) 桩基础在实际工作状态时基础各构件的实际受力状态：如前面所述，桩基础整体的承载能力临界极限状态与实际工作状态（正常使用状态）不存在线性比例关系，必须计算基础各类构件的实际平均受力，并以求得的实际平均受力为标准荷载进行各构件的承载能力极限状态设计计算。

15.2 竖向承压桩

15.2.1 单桩竖向抗压极限承载力

所谓单桩极限承载能力，仅仅是指地基土对桩的极限支承能力，这是单桩唯一的客观指标。单桩的容许承载力或单桩承载力特征值都是人为规定的值，是无法用实验的方法直接得到的。单桩极限承载能力也不应包括桩身材料强度验算。通过本章以后的叙述我们可以了解，具有同样单桩极限承载力的桩用于不同的桩基础时，会得到不同的桩身轴向压力值用于桩身强度验算和配筋设计。

设计规范中推荐用于确定单桩竖向抗压极限承载力的常用三种方法：（1）单桩竖向抗压静载荷试验；（2）按各地规范推荐的经验参数计算；（3）按静力触探资料的经验公式计算。第一种是现场实型试验，后两种是与静载荷试验值进行对比后的经验方法。由此可知，所有单桩极限承载力的资料只来自单桩静载荷试验。静载荷试验得到的单桩极限承载力值所包含的误差范围为负 10%～0。后两种方法得到的极限值包含的误差将更大。

1. 单桩竖向抗压静载荷试验确定单桩竖向抗压极限承载力

1）单桩竖向抗压静载荷试验的有关规定

（1）进行单桩竖向抗压静载荷试验的唯一目的就是要得到土体对桩的真正的极限支承能力，若试验得不到真正的极限承载力，都应认为试验没达到目的，试验是失败的。

静载荷试验成败的关键是预先确定一个合理的、足够大的最大加载量。有人说：最大加载量应等于设计单桩承载力特征值的 2 倍，这是本末倒置的错误，特征值不是试验得到的客观的值，设计人员确定特征值时总使它略小于极限承载力的一半，因此，这种最大加载量的确定从一开始就决定了试验做不到极限就结束，试验必然失败。一般情况下，最大加载量的取值应比各种方法预估的单桩极限承载力都大，宜取设计单位估算的最大单桩极限承载力的 1.10～1.20 倍为最大加载量。不管最大加载量取何值，加荷的分级都相同，故试验时间几乎也相同。再次强调：试验前有关各方应注意的最重要问题是：不要因最大

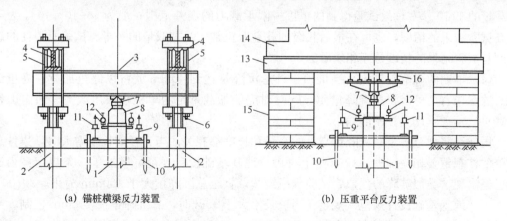

(a) 锚桩横梁反力装置　　　　(b) 压重平台反力装置

图 15.2.1　单桩竖向抗压静载荷试验示意图

1—试桩；2—锚桩；3—主梁；4—次梁；5—拉杆；6—锚筋；7—球座；8—千斤顶；9—基准梁；10—基准桩；11—磁性表座；12—位移计；13—压重平台；14—压重；15—支墩；16—托梁

加载量不足而导致试验失败。

特征值或容许承载力，都是最初采用容许应力表达形式时期的残余概念。本章采用了总安全系数表达形式的体系，实际就没有这种概念存在的必要。特征值是极限承载力值除以总安全系数得到的结果。有些国家桩基础设计就容许依据不同情况选用2.0或3.0的总安全系数，则同一种桩是否就要有两个特征值？在本章以后的叙述中基本隐去了这一概念，只讲最简单、明确的极限承载力。

为了确保试验能真正求出单桩极限承载力，实验前，设计人和试验人还应按确定的最大加载量验算桩身强度，以保证试验过程中桩身不被压碎。只要桩身外形不变，提高试验桩的材料强度或增加桩身配筋对试验没有影响。由于试验是短期加荷，此时的桩身材料强度验算可适当缩小总安全系数。

对于摩擦型的桩，单桩极限承载力仅是指桩周土体全部进入塑性状态时的塑性支承力。只要确保桩身材料不坏，经过一定的休止期后土体强度恢复，对这根桩以后的极限承载力没有任何影响。对于端承型的桩，由于它达到抗压极限状态时的沉降量较小，刺入沉降更小。影响单桩极限承载力的主要因素是持力层的岩土性质。基岩的端承应力是否可按局部承压的概念比岩石单向抗压强度大？在短期荷载和长期荷载作用下，桩侧土体摩阻力与端承力可能会有先后发挥的过程。这些问题都有待于继续深入研究。

（2）由于土体不是理想弹性体，对于桩基础的沉降，土体表现出的主要性质为固结和流变。单桩静载荷试验应该像一般土力学试验一样，充分考虑时间因素的影响。每级加载或卸载到变形的基本完成都需要一定的时间。若不停息地连续加荷，或加荷间隙时间不足，试验得到的单桩极限抗压承载力偏小，因此，单桩静载荷试验每次加荷后都要连续测读沉降，直到沉降基本稳定才能施加下一级荷载。通用的判别稳定标准是：每半小时测读一次，连续二次测读的数据显示沉降速率都小于每小时0.1mm。

（3）试验分级的多少决定了试验结果的精度。真正的极限值可能在最后一级荷载中间的某一点。试验结果是取最后稳定的那级荷载值为极限承载力值。试验结果中可能包含的最大误差就是最后一级加载的荷载增量。规范规定每级荷载不大于最大加载量的1/8，一般取1/10～1/12，因此，在静载荷试验得到的单桩承载力值中，最大误差可能达到最大加载量的1/10左右，故试验得到的单桩极限承载力的误差范围一般为[−10%,0]。为了提高试验结果的精度，也可在最后几级加载量取正常一级加载量的一半。试验所消耗的总时间与试验结果的精度是互相矛盾的。

（4）早期的规范曾规定，当桩顶累计总沉降量达到40mm就可以停止加荷，终止试验。这意味着，可以将总沉降量40mm时对应的加载量定为单桩极限承载力。国内工程实践早已发现，这个控制值偏小。

国外许多规范规定总沉降量与桩的直径和长度都有关。当直径或长度增大时，累计总沉降的控制值要相应加大。1999年上海市《地基基础设计规范》增加了一条规定：当试验已经出现了类似陡降的现象，试验仍应继续，直至总沉降量大于100mm为止。2010年上海市《地基基础设计规范》规定：当桩长不大于40m时，总沉降量按100mm控制。当桩长大于40m时，应考虑桩身压缩变形的影响。2011年国家的《建筑地基基础设计规范》也规定了针对不同情况总沉降控制值分别为60mm～80mm或100mm。《软土地基与地下工程》一书中建议所有不长于40m的桩可都以累计总沉降量100mm为试验终止条件。当桩长大于 40m 时，以总沉降量超过 $100+(L-40)$ mm(其中 L 为桩长)为试验中止条件。

判定试验中止的累计总沉降量适当加大对试验工作量的影响很小，但可增加不少信息，例如关于桩底沉渣的信息。

（5）单桩极限承载力的基本概念就是桩周土体的塑性极限承载力，就是桩周土体全部进入塑性时的土对桩的承载力，具体表现为桩的支承刚度急剧下降，桩开始向土体急剧刺入时，桩所能保持的承载力。试验过程中取最后稳定的那级荷载值为极限承载力值。当试验的累计沉降量大于规定值时；当本级加载后沉降增量大于上级沉降增量的 5 倍；当本级加载后 24h 不能稳定，且沉降增量大于上级的 2 倍，都可认为是不能稳定了，可以终止试验并确定单桩极限承载力。

2）从单桩抗压静载荷试验观察桩的变形特征

（1）典型摩擦型桩单桩静载荷试验的压力-沉降曲线见（图 15.2.2）。曲线可以分为三段：第一段从桩顶荷载为零的初始加荷段，线段 OA，这段的曲线非常接近于直线，常被称为加荷初期的线性阶段；第二段曲线开始产生了弯曲，线段 AB，它反映桩侧土体局部开始进入塑性状态，这一阶段被称为试验的非线性阶段，再继续加荷，曲线弯曲度增加，突然沉降急剧增加，曲线出现了陡降，试验进入了第三阶段：塑性屈服阶段。我们称第一段与第二段曲线的分界点（A）为试验曲线第一拐点，称第二段与第三段曲线的分界点为（B）第二拐点。通常，将第二拐点对应的桩顶荷载值 Q_u 定义为试验得到的单桩极限抗压承载力值。土体对桩的极限承载力是进行桩基础承载能力极限状态设计计算的唯一依据。

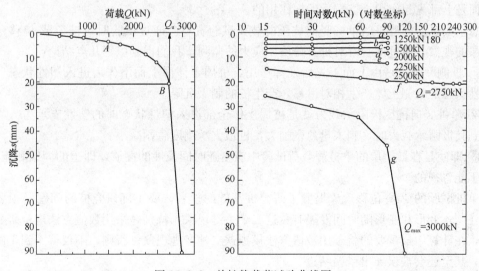

图 15.2.2　单桩静载荷试验曲线图

上面叙述中刻意回避了将第一阶段称为弹性阶段，将第二阶段称为弹塑性阶段。因为单桩静载荷试验的每一级加荷都要等待沉降稳定，也就是每一级沉降增量中都已经包含着由于固结和流变产生的沉降。在土体中以摩擦为主的桩从来就没有过严格意义上的弹性阶段和弹塑性阶段。

我们经常将试验曲线初始直线段的斜率则看作是桩的线性刚度，但如前所述，其中已经包含了一定量的固结和流变，真正的单桩瞬间弹性刚度应比它大，在需要进行细致的数值模拟分析计算时，要注意这些概念上的差别。

还要强调的是，单桩的线性刚度与极限承载力之间没有对应关系。我们不可能从试验曲线前面的任何一段来推论它的极限值，也不可能得到有关单桩承载力的任何结论。

(2) 观察静载荷试验逐级过程中桩顶相对土体变形的现象。可明显看到：桩身产生沉降，但桩侧的土体下沉明显比桩小，桩身侧壁与土体之间，变形是不协调的、是互相错位的。1983 年佟世祥的论文"粉质黏土中桩的承载能力及变形特性的模型试验"用实验方法进行了描述。他指出摩擦桩在土体中受力产生沉降，刺入沉降是沉降中不可忽视的一部分。在单桩试验时绝大部分沉降是刺入沉降。在群桩时，沉降由刺入沉降和桩尖平面以下土体的压缩变形和固结两部分组成。

还有文献更具体地指出，产生错动的滑移面不是在真正的桩体与土的接触面，而是在离开桩的表面几毫米的土体中，桩的刺入沉降是摩擦型桩的一种重要力学特性，研究桩的问题，若回避刺入沉降通常很难得到有用的结论。

(3) 单桩静载荷试验时同步监测桩身轴向压力变化，可发现桩侧上下摩阻力的发挥是有先后的。对于长桩，与上部桩侧接触的土体已经进入了塑性状态，靠近桩尖的土体受力很小，甚至可能没有受力。

上海宝山钢铁总厂曾经对几根直径 609mm 的钢管工程桩进行了监测。设计时按桩侧极限摩阻力和桩端极限阻力进行匡算，桩端的端承力约占桩的极限承载力 20% 以上。但在实际工作状态时，即桩顶荷载接近其极限承载力的一半时，实测桩端承载力仅为其桩顶总压力的 1‰~2‰。大量实测监测资料反复证明了桩侧上下的摩阻力不是同步按比例发挥，而是上部先起作用，桩端后发挥作用的。

总结大量摩擦型桩的单桩竖向抗压静载荷试验资料。通过试验时对桩荷载-位移一系列现象的观察，通过试验时对桩身分段压应力的监测，我们得到以下几点结论：

① 桩侧摩阻力是由上而下先后发挥作用，桩周土体由上而下先后进入塑性状态。进入塑性状态的桩侧土体产生相对滑移，产生桩的刺入沉降。

② 单桩竖向抗压极限承载力就是桩周土体全部进入塑性状态时的塑性支承力。当单桩达到其极限承载力时，刺入量急剧加大，桩顶支承刚度急剧减小。

③ 即使是在最简单的单桩静载荷试验中应变随时间发展的性质，即土的固结和流变，也是不能忽视的。

单桩试验的荷载-位移现象提醒了研究桩基础的学者，要正确研究桩的问题必须要紧紧抓住刺入变形和变形随时间发展有关这二个关键现象，特别是采用数值方法进行研究的学者，在计算中最重要的就是用数值方法模拟这二种客观现象；否则，不仅得不到正确的结果，甚至还会被误导出错误结论。

(4) 单桩承载能力随时间增长而变化。单桩极限承载力随时间增长的现象，在饱和黏性土地基土中比其他地基土明显；打入桩（排土桩）比钻孔灌注桩明显。

早在 1948 年 Terzaghi 和 Peck 就报导了打入夹薄层粉砂的棕色软黏土地基中的 $12'' \times 12'' \times 85'$ 的试桩，经过一个月的时间，表皮摩阻力增加到三倍以上的资料，见图 15.2.2。

但在极少数情况下，由于密实砂性土的剪胀性，在沉桩过程中的桩摩阻力急剧增加，以后几天内桩的承载力可能随着时间的增长反而降低。

在 1960 年前后我国上海地区为了探讨不同歇期打入式钢筋混凝土桩的承载力做了

大量的研究工作，其中典型的试桩资料见图 15.2.4。

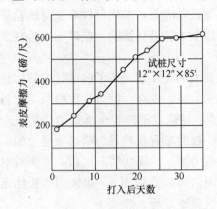

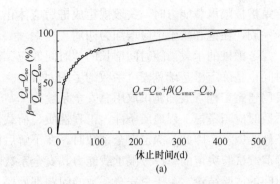

图 15.2.3　摩擦桩极限承载力
随时间增长曲线

图 15.2.4　软黏土中摩擦桩极限承载力
随时间增长的规律

打入饱和黏性土地基中，特别是软黏土地基中的预制桩，破坏了土的天然结构；使桩
周土体受到急剧的挤压、翻动，造成孔隙水压力骤升，桩周小范围内土体的抗剪强度严重
削弱。桩的承载力随时间增长的过程，实质上是桩周土的结构受到破坏以后，土体抗剪强
度恢复的过程。打入饱和黏性土地基中的混凝土桩，其承载力随时间增长的速度，初期较
快，后期较慢，最后趋向于恢复状态。

早期的研究比较强调沉桩过程中孔隙水压力的急剧增长和消散。但查阅现场孔隙水压
力实测资料可发现，沉桩时桩周不大范围内土体中孔隙水压力急剧增高，但一般孔隙水压
力在几天内就能基本消散。以后不可能再对单桩承载力产生明显影响。影响最大的因素是
重塑土或被扰动土强度的恢复；护壁泥浆强度的增长。

上海地区的研究发现，在同一种土质条件下存在下列关系：

$$Q_{ut} = Q_{u0} + \alpha(1 + \lg t)(Q_{umax} - Q_{u0}) \tag{15.2.1}$$

式中　Q_{u0}，Q_{umax}——桩的初期和最终极限承载力；

$\qquad Q_{ut}$——经过休止期 t 后的桩的极限承载力；

$\qquad \alpha$——与承载力增长有关的经验系数，上海地区可取 $\alpha = 0.263$。

图 15.2.5 是试验室内重塑土强度随时间增长的试验曲线。图 15.2.6 是被扰动土随时
间强度恢复的试验曲线。其中，曲线 a 是现场地面以下 8m～17m 十字板试验测定的曲线；

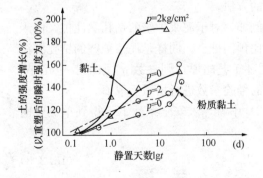

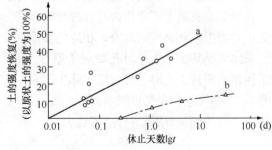

图 15.2.5　重塑土的强度增长

图 15.2.6　扰动土强度的恢复

曲线 b 是室内无侧限抗压试验测定的曲线。

由于在沉桩后很长时间内，单桩极限承载力都在增长，因此，采用单桩静载荷试验确定单桩极限承载能力时，一般规定成桩后应休止二周以上才能进行试验。在砂土中可减少为一周，在饱和软土中应增加为四周。

考虑桩的承载力随时间增长的"时间效应"具有很大的实际意义。了解试桩前的休止时间也是确定桩基础总安全系数的考虑因素之一。我国公路、铁路、港口工程以及工业与民用建筑工程一般都建议取用总安全系数为 2.0，实质上在确定单桩容许承载力选用安全系数时应当考虑工程地质条件、工程性质、荷载性质、桩的布置和数量、制桩质量及施工条件等因素。因此，确定安全系数时，在了解后期承载力增长的确切情况以后，必要时对静荷载试验决定的单桩极限承载能力其安全系数的下限值可以取用 1.8，或采用更长休止时间的试验结论。关于总安全系数的问题都需要非常慎重地处理。

2. 按各地的经验参数计算单桩竖向抗压极限承载力

具体工程设计中不可能都先做单桩静载荷试验，特别在方案讨论时总要对各种可能采用的桩型的单桩极限承载力进行估算，因此在各规范中都提出了经验估算的方法。

1）桩在竖向荷载作用下地基土对桩的极限支承能力，按经验公式（15.2.2）表示：

$$R = R_s + R_p = \sum_{i=1}^{m} U_i \cdot L_i \cdot q_{si} + A \cdot q_p \tag{15.2.2}$$

式中　R——单桩的竖向抗压极限承载力；

R_s——单桩桩身侧面总极限摩阻力；

R_p——单桩桩端的极限阻力；

m——桩侧土层总数；

U_i——对于变断面桩，相应于 i 层土的桩身平均周长，对于等断面桩取 U；

L_i——第 L 层土的厚度；

q_{si}——桩身侧面第 i 层土的单位极限摩阻力；

A——桩端处桩身断面面积；

q_p——桩端的极限阻力。

2）由于式（15.2.2）是一个半经验的公式，式中的参数 q_{si} 和 q_p 是半经验值，原则上都可以通过试验进行实测验证，是临界极限状态时的实际值，但是当各地的规范编制组将它们制成表格时，不得不进行大刀阔斧的归并，因此常带有比较浓重的地区特点。突出当地认为最重要的影响因素，忽略大量被认为不重要的因素，这样的数据表格与实际相比就必然有较大的误差，我们只能将它看成是半经验的方法。

各规范都将施工工艺作为首要的影响因素，例如，对于泥浆护壁的钻孔灌注桩，由于桩侧护壁的泥浆和桩底的沉渣，相应的参数都要比预制桩小。同样是泥浆护壁的钻孔灌注桩，采用反循环施工工艺时孔壁泥浆厚度比正循环工艺略厚，则参数 q_{si} 取值就应略小。当采用新的成桩工艺时，宜依据实际工况对相应的经验参数进行增减后取值。

3）有些文选在单桩极限承载力公式（15.2.2）中就导入安全系数 K，得到单桩竖向抗压承载力特征值 R_a 或容许承载能力：

$$R_a = \frac{1}{K}(R_s + R_p) \tag{15.2.3}$$

将式（15.2.3）进一步推演为：

$$R_a = \frac{1}{K}\left(\sum_{i=1}^{n} U_i \cdot L_i \cdot q_{si} + A \cdot q_p\right) = \sum_{i=1}^{n} U_i \cdot L_i \cdot \frac{q_{si}}{K} + A \cdot \frac{q_p}{K} \quad (15.2.4)$$

最后公式变为：

$$R_a = \sum_{i=1}^{n} U_i \cdot L_i \cdot q_{sai} + A \cdot q_{pa} \quad (15.2.5)$$

这个公式就存在较大的概念错误。因为 q_{sai}、q_{pa} 和 R_a 实际都不存在，也不可能通过试验验证这些值。桩侧摩阻力的监测试验表明，在单桩静载荷试验时，随着桩顶荷载分级增加，桩侧摩阻力是由上而下先后发挥的。可能上部桩侧的土体已经进入了塑性状态，即上部的桩侧摩阻力已经远超过 q_{sai} 的一倍达到 q_{si}，而靠近下部桩端的桩侧土体可能还没有受力。

同样，在考虑桩土共同工作的桩基础中，各桩的实际受力必然大于 R_a。

式（15.2.5）可能造成一种假象，似乎桩顶加荷以后，桩侧、桩端各部分的土反力都随荷载等比例地增加，桩侧和桩端阻力都不会超过 q_{sai} 和 q_{pa}。这是不对的。

4）各本规范中的经验数据：我国从有第一本自己的地基基础设计规范至今已近 50 年多了。从一份份表格中经验系数的改变也反映了我国桩基础的发展和经验总结的过程。

（1）《上海市地基基础设计规范》是最早提供的预制钢筋混凝土方桩的桩侧极限摩阻力及桩尖极限阻力值的一本规范。在 1963 年的规范中提供了第一张经验参数表（表15.2.1）。

单桩的表面摩阻力及尖端阻力　　　　　　　　　　　　　　表 15.2.1

土的名称	埋藏深度 （m）	桩侧面的表面极限摩阻力 f （kPa）	桩尖处的极限阻力 （kPa）
褐黄色表土层（黏土、亚黏土）、灰色亚砂土层	0～4	25～30	—
灰色淤泥质黏土层、灰色淤泥质亚黏土层	3～17	15～25	200～800
灰色黏土层、灰色亚黏土层	16～25	30～60	1000～2000
硬土层（黏土、亚黏土）、粉砂层	24～30	90～120	2500～3000

表中数字的单位原为（t/m²），为便于阅读都改为（kPa）。这张表格较简单，也很粗糙。1975 年版的《上海市地基基础设计规范》对于表格进行了第一次修改。

80 年代上海地区多家单位的设计、科研人员联合起来，对表格进行了较大的修改，表（15.2.2）。在总结大量静荷载试验资料的基础上再将它与静力触探结果进行对比，同时总结出了采用现场静力触探数据估算各地层经验参数 q_{si} 和 q_p 的方法。

预制桩桩周土极限摩阻力 q_s 值与桩端土极限承载力 q_p 值
（1989 年上海市地基基础设计规范）　　　　　　　　　表 15.2.2

层序	土层名称	埋藏深度 （m）	q_s （kPa）	q_s （kPa）
2	褐黄色表土层（黏土或粉质黏土）	0～4	15	
3	灰色黏质粉土	5～15	20～40	500～1000
	灰色砂质粉土	5～15	30～50	1500～2500
	灰色粉砂	5～20	40～70	2500～4500

续表

层序	土层名称	埋藏深度 （m）	q_s （kPa）	q_s （kPa）
4	灰色淤泥质黏土（或淤泥质粉质黏土）	4～15	15～30	200～500
		15～25	30～40	500～900
5	灰色黏土（或粉质黏土）	15～23	35～45	600～1000
		23～32	45～55	1000～1600
	灰色淤泥质黏土（或粉质黏土）夹砂层	15～35	50～65	1200～3000
	黏质粉土	20～40	40～60	2000～4000
	砂质粉土	20～32	50～70	2500～4000
	粉砂	20～35	70～100	6000～8000
6	暗绿色黏土（或粉质黏土）	22～26	60～80	1000～2000
		26～30	80～100	2000～3500
7	草黄色砂质粉土	32～60	70～100	4000～7000
	草黄青灰色粉砂	35～60	100～120	6000～8000
8	灰色黏土（或粉质黏土）	40～47	55～70	1600～2800
	灰色黏土（或粉质黏土）夹砂层	35～55	65～80	3000～4000

80 年代，开始进行了较大规模的市政和住宅建设，上海地区开始推广应用泥浆护壁的钻孔灌注桩。实践中发现，由于钻孔灌注桩有护壁泥浆和桩底沉渣，因此桩侧极限摩阻力和极限端承力都明显小于预制桩，故 1989 年版的《上海市地基基础设计规范》对钻孔灌注桩设计桩侧土摩阻力和桩底端土的阻力值的经验值单独列表，见表 15.2.3、表 15.2.4。

灌注桩桩周土极限摩阻力 q_{sb} 值（kPa）　　　　表 15.2.3

土层名称	状态	深度（m）								
		0～12	12～15	15～18	18～21	21～24	24～27	27～30	30～35	35～40
淤泥质黏土 淤泥质粉质黏土 灰色黏土、粉质黏土	流塑～ 软塑	15	20	25	30	35	40	45		
灰、褐灰、褐黄色 黏土（粉质黏土）	可塑	20	25	30	35	40	44	49	58	68
暗绿色、草黄色黏土（粉质黏土）	硬塑				58	78	78	98	117	
砂质粉土粉砂、细砂	稍密～ 中密	24～29	29～34	34～39	39～44	44～49	78	78	98	117

灌注桩桩端土极限承载力 q_{po} 值（kPa）　　　　表 15.2.4

土层名称	埋藏深度（m）				
	15～20	20～25	25～30	30～35	35～40
黏土、粉质黏土（可塑）	245	340	440	590	735
黏土、粉质黏土（硬塑）		735	980	1225	1470
砂质粉土、粉砂、细砂	735	980	1225	1470	1960

1999 年版《上海市地基基础设计规范》将预制桩和灌注桩的经验参数又合成一张表。在这次修订中发现：（1）对于上海地区泥浆护壁成孔的钻孔灌注桩，当直径大于等于900mm 时单桩承载力明显下降，试验值可能比表格的值小 30％以上。（2）对于预制小方桩（截面为 200mm×200mm 或 250mm×250mm，桩长为 14m～18m）试验承载力也明显偏低于表格数值，但又一时无法解释，以注解的形式引起注意。钻孔灌注桩又推广应用反循环工艺，发现采用反循环工艺成桩的单桩极限承载力略小于正循环工艺，但差别不大，故没有分别列出。

2010 年版的《上海市地基基础设计规范》又做了些微调，见表 15.2.5。

预制桩、灌注桩桩周土极限摩阻力标准值 f_s 与桩端极限端阻力标准值 f_p 表 15.2.5

土层编号	土层名称	埋藏深度(m)	预制桩		灌注桩	
			f_s (kPa)	f_p (kPa)	f_s (kPa)	f_p (kPa)
	褐黄、灰黄色黏性土	0～4	15		15	
②	灰色黏质粉土	4～15	20～40	500～1000	15～30	
	灰色砂质粉土	4～15	30～50	1000～2000	25～40	600～800
	灰色粉砂	4～15	40～60	2000～3000	30～45	700～900
③	灰色淤泥质粉质黏土	4～15	15～30	200～500	15～25	150～300
	灰色砂质粉土、粉砂	4～15	35～55	1500～2500	30～45	800～1000
④	灰色淤泥质黏土	4～20	15～40	200～800	15～30	150～250
⑤或⑤₁	灰色黏性土	20～35	45～65	800～1200	40～55	350～650
⑤₂	灰色砂质粉土	20～35	50～70	2000～3500	40～60	850～1250
	灰色粉砂	20～35	70～100	4000～6000	55～75	1250～1700
⑤₃	灰、灰黑色黏性土	25～40	50～70	1200～2000	45～60	450～750
⑥	暗绿、褐黄色黏性土	22～26	60～80	1500～2500	50～60	750～1000
		26～40	80～100	2000～3500	60～80	1000～1200
⑦₁	草黄色砂质粉土、粉砂	30～45	70～1000	4000～6000	55～75	1250～1700
⑦₂	灰色粉细砂	35～60	100～120	6000～8000	55～75	1700～2550
⑧₁	灰色粉质黏土夹粉砂	40～55	55～70	1800～2500	50～65	850～1250
⑧₂	灰色粉色黏土与粉砂互层	50～65	65～80	3000～4000	60～70	850～1700
⑨	灰色砂、中、粗砂	60～100	110～120	8000～10000	70～90	2100～3000

注：1. 本表适用于滨海平原土层；

2. 表中所列预制桩桩周土极限摩阻力标准值和桩端极限阻力标准值主要适用于预制方桩；预应力管桩可参照取值；开口钢管桩极限端阻力宜考虑闭塞效应系数 η，当桩端进入砂层的深度 LB 与桩径 d 之比 $LB/d \geqslant 5$ 时，$\eta = 0.8$；当 $2 \leqslant LB/d < 5$ 时，$\eta = 0.16LB/d$；

3. 对于桩身大部分位于淤泥质土中且桩端支承于第⑤层相对较软土层的预制桩，单桩紧身承载力宜通过成桩 28 天后的静荷载试验确定；当采用列表数据估算时，宜取表列下限值；

4. 表中所列灌注桩桩侧极限摩阻力和桩端极限阻力和桩端阻力适用于桩径不大于 850mm 的情况。

上海地区的工程技术人员和《上海市地基基础设计规范》的参编人员前后花了 50 多年时间不断地修改表格中的经验参数。我们相信，随着工程实践的发展，表格中的经验值还会继续修改。这些经过 50 多年积累下来经验参数，对于上海及其周边地区的桩基础设计作出巨大的贡献。

由于表中的经验值是大量单桩静载荷试验结果的统计积累。每次单桩静载荷试验的结果中可能包含的误差范围为 -10% 到 0，因此采用这种表格参数方法估算的单桩极限抗压承载力的误差一般将不会小于 10%。

上海地区地势平坦，地层分布比较规则，因此，上海地区的参数表较自然地就按上海地区标准地层分布情况从上而下的进行分类统计。但在国内其他地区，地层的分布、地层的起伏都远比上海复杂。桩的极限侧摩阻力和极限端承力不仅与地层的埋深有关，更重要的是与土性有关。因此全国性的规范或其他地区规范就不宜采用与上海同样的分类统计方法。

(2) 1974 年的国家标准《工业与民用建筑地基基础设计规范》的统计方法主要以土性进行分类，共有三张参数表。"爆扩桩扩大端支承处土的容许承载力 R''_d（表 15.2.6）；"灌注桩和预制桩桩桩尖平面处土的容许承载力 R''_j（表 15.2.7）；"打入式灌注桩和预制桩桩周土的容许摩擦力"（表 15.2.8）。在这几张表格中给出的参数不是极限承载力值，而是容许承载力值。可以简单地将表格中数字放大一倍，作为极限值。

为爆扩桩扩大端支承处土的容许承载力 R_d（t/m²） 表 15.2.6

土的名称		土的状态	R_d(t/m²)
一般黏性土	黏土	$0<I_L<0.25$	80～50
		$0.25\leqslant I_L<0.6$	50～35
	粉质黏土	$0<I_L<0.25$	90～70
		$0.25\leqslant I_L<0.6$	70～40
	轻亚黏土	$0<I_L<0.25$	70～50
		$0.25\leqslant I_L<0.6$	50～35
红黏土		$0<I_L<0.25$	115～70
		$0.25\leqslant I_L<0.6$	70～35
细砂		中密	55～40
中砂、粗砂、砾砂		中密	140～100
碎石土		中密	160～110
岩土		强风化	200～100
		中等风化	300～150

注：1. 表中碎石土，如为卵石时可取高值，如为角砾时可取低值，其余取中间值。

2. 对于硬质岩石可取高值，软质岩石取低值。

打入式灌注桩桩尖平面处土的容许承载力 R_j（kPa） 表 15.2.7

土的名称	土的状态	桩尖土的入土深度		
		5m	10m	15m
一般黏性土	$0.4<I_L<0.6$	500	800	1000
	$0.25<I_L\leqslant0.4$	800	1500	1800
	$0<I_L\leqslant0.25$	1500	2000	2400

续表

土的名称	土的状态	桩尖土的入土深度		
		5m	10m	15m
粉砂	中密、密实	900	1100	1200
细砂		1300	1600	1800
中砂		1650	2100	2450
粗砂		2800	3900	4500
软质岩石	微风化	5000		
硬质岩石		10000		

注：1. 对于振动式灌注桩，如桩尖平面处的土层为细砂、中砂、粗砂时，可将列表数值乘以 1.1～1.2；如为黏性土和岩石时，可按列表数值采用。

2. 对于预制桩，如桩尖平面处土层为黏性土和砂土时，可将表列数值乘以 1.1～1.2；如为岩石，可按列表数值采用。

打入式灌注桩和预制桩桩周土的容许摩擦力（kPa）　　表 15.2.8

土的名称	土的状态	f
淤泥		7～12
黏土、粉质黏土	软塑	15～20
	可塑	20～35
	硬塑	35～40
轻亚黏土	软塑	15～25
	可塑	25～35
	硬塑	35～40
红黏土	软塑	6～15
	可塑	15～35
粉砂、细砂	饱和、中密	20～30
	稍湿、中密	30～35
中砂	中密	30～35
	密实	35～45
粗砂	中密	35～40
	密实	40～50

注：本表适用于入土深度为 15m 以内的桩，如超过 15m 时，表列数值可随深度增加适当提高。

1989 年版的国家标准《建筑地基基础设计规范》GBJ 7—1989 进行了局部修订，见表 15.2.9 和表 15.2.10。但这两张表的表头中"承载力标准值"按实际定义应该为"承载力容许值"，取消了关于爆扩桩的表格。

预制桩土（岩）承载力标准值 q_{pk}（kPa）　　表 15.2.9

土的名称	土的状态	桩的入土深度		
		5	10	15
黏性土	$0.5<I_L\leqslant0.75$	400～600	700～900	900～1100
	$0.25<I_L\leqslant0.5$	800～1000	1400～1600	1600～1800
	$0<I_L\leqslant0.25$	1500～1700	2100～2300	2500～2700

续表

土的名称	土的状态	桩的入土深度		
		5	10	15
粉土	$e<0.7$	1100~1600	1300~1800	1500~2000
粉砂	中密、密实	800~1000	1400~1600	1600~1800
细砂		1100~1300	1800~2000	2100~2300
中砂		1700~1900	2600~2800	3100~3300
粗砂		2700~3000	4000~4300	4600~4900
砾砂	中密、密实		3000~5000	
角砾、圆砾			3500~5500	
碎石、卵石			4000~6000	
软质岩石	微风化		5000~7500	
硬质岩石			7500~10000	

注：1. 表中数值仅作初步设计时的估算；

2. 入土深度超过 15m 时按 15m 考虑。

预制桩桩周土摩擦力标准值 q_s（kPa）　　　　　　　　　表 15.2.10

土的名称	土的状态	q_s
填土		9~13
淤泥		5~8
淤泥质土		9~13
黏性土	$I_L>1$	10~17
	$0.75<I_L\leqslant1$	17~24
	$0.5<I_L\leqslant0.75$	24~31
	$0.25<I_L\leqslant0.5$	31~38
	$0<I_L\leqslant0.25$	38~43
	$I_L\leqslant0$	43~48

注：1. 表中数值仅作初步设计时估算；

2. 尚未完成固结的填土，和以生活垃圾为主的杂填土可不计其摩擦力。

从 2002 年版的国家标准《建筑地基基础设计规范》起，作为国家规范不再详细列出这类经验系数表格。这是相当明智的，因为国内各大省、市都已开始陆续编制当地的地基基础设计规范。这类经验系数应该更具体地反映当地的土层的成因和特性，由各地的地方性地基基础设计规范来收集、整理和总结当地的经验参数将会更确切和具有更好的实用经济价值。

（3）各行业的地基基础设计规范的经验参数：现行行业标准《建筑桩基技术规范》JGJ 94—2008 中的相关表格见（表 15.2.11~表 15.2.13）。

桩的极限侧阻力标准值 q_{sk}（kPa）　　　　　　　　　表 15.2.11

土的名称	土的状态	混凝土预制桩	泥浆护壁钻（冲）孔桩	干作业钻孔桩
填土	—	22~30	20~28	20~28
淤泥	—	14~20	12~18	12~18

续表

土的名称	土的状态		混凝土预制桩	泥浆护壁钻（冲）孔桩	干作业钻孔桩
淤泥质土	—		22～30	20～28	20～28
黏性土	流塑	$I_L>1$	24～40	21～38	21～38
	软塑	$0.75<I_L\leqslant1$	40～55	38～53	38～53
	可塑	$0.5<I_L\leqslant0.75$	55～70	53～68	53～66
	硬可塑	$0.25<I_L\leqslant0.50$	70～86	68～84	66～82
	硬塑	$0<I_L\leqslant0.25$	86～98	84～96	82～94
	坚硬	$I_L\leqslant0$	98～105	96～102	94～104
红黏土	$0.7<a_w\leqslant1$		13～32	12～30	12～30
	$0.5<a_w\leqslant0.7$		32～74	30～70	30～70
粉土	稍密	$e>0.9$	26～46	24～42	24～42
	中密	$0.75\leqslant e\leqslant0.9$	46～66	42～62	42～62
	密实	$e<0.75$	66～88	62～82	62～82
粉细砂	稍密	$10<N\leqslant15$	24～48	22～46	22～46
	中密	$15<N\leqslant30$	48～66	46～64	46～64
	密实	$N>30$	66～88	64～86	64～86
中砂	中密	$15<N\leqslant30$	54～74	53～72	53～72
	密实	$N>30$	74～95	72～94	72～94
粗砂	中密	$15<N\leqslant30$	74～95	74～95	76～98
	密实	$N>30$	95～116	95～116	98～120
砾砂	稍密	$5<N_{63.5}\leqslant15$	70～110	50～90	60～100
	中密（密实）	$N_{63.5}>15$	116～138	116～130	112～130
圆砾、角砾	中密、密实	$N_{63.5}>10$	160～200	135～150	135～150
碎石、卵石	中密、密实	$N_{63.5}>10$	200～300	140～170	150～170
全风化软质岩	—	$30<N\leqslant50$	100～120	80～100	80～100
全风化硬质岩	—	$30<N\leqslant50$	140～160	120～140	120～150
强风化软质岩	—	$N_{63.5}>10$	160～240	140～200	140～220
强风化硬质岩	—	$N_{63.5}>10$	220～300	160～240	160～260

注：1. 对于尚未完成自重固结的填土和以生活垃圾为主的杂填土，不计算其侧阻力；

2. a_w 为含水比，$a_w=w/w_L$；w 为土的天然含水量，w_L 为土的液限；

3. N 为标准贯入击数；$N_{63.5}$ 为重型圆锥动力探触击数；

4. 全风化、强风化软质岩和全风化、强风化硬质岩系指其母岩分别为 $f_{rk}\leqslant15MPa$、$f_{rk}>30MPa$ 的岩石。

桩的极限端阻力标准值 q_{pk}（kPa）　　　　　　表 15.2.12

土名称	桩型		混凝土预制桩长 l(m)				泥浆护壁钻（冲）孔桩长 l				干作业钻孔桩桩长 l（m）		
	土的状态		$l\leqslant9$	$9<l$ $\leqslant16$	$16<l$ $\leqslant30$	$l>30$	$5\leqslant l$ <10	$10\leqslant l$ <15	$15\leqslant l$ <30	$30\leqslant l$	$5\leqslant l$ <10	$10\leqslant l$ <15	$15\leqslant l$
黏性土	软塑	$0.75<I_L$ $\leqslant1$	210～ 850	650～ 1400	1200～ 1800	1300～ 1900	150～ 250	250～ 300	300～ 450	300～ 450	200～ 400	400～ 700	700～ 950
	可塑	$0.5<I_L$ $\leqslant0.75$	850～ 1700	1400～ 2200	1800～ 2800	2300～ 3600	350～ 450	450～ 600	600～ 750	750～ 800	500～ 700	800～ 1100	1000～ 1600

土名称	桩型	土的状态	混凝土预制桩长 l(m)				泥浆护壁钻(冲)孔桩长 l				干作业钻孔桩桩长 l (m)		
			$l≤9$	$9<l≤16$	$16<l≤30$	$l>30$	$5≤l<10$	$10≤l<15$	$15≤l<30$	$30≤l$	$5≤l<10$	$10≤l<15$	$15≤l$
黏性土	硬可塑	$0.25<I_L≤0.50$	1500~2300	2300~3300	2700~3600	3600~4400	800~900	900~1000	1000~1200	1200~1400	850~1100	1500~1700	1700~1900
	硬塑	$0<I_L≤0.25$	2500~3800	3800~5500	5500~6000	6000~6800	1100~1200	1200~1400	1400~1600	1600~1800	1600~1800	2200~2400	2600~2800
粉土	中密	$0.75≤e≤0.9$	950~1700	1400~2100	1900~2700	2500~3400	300~500	500~650	350~750	750~850	800~1200	1200~1400	1400~1600
	密实	$e<0.75$	1500~2600	2100~3000	2700~3600	3600~4400	650~900	750~950	900~1100	1100~1200	1200~1700	1400~1900	1600~2100
粉砂	稍密	$10<N≤15$	1000~1600	1500~2300	1900~2700	2100~3000	350~500	450~600	600~700	650~750	500~950	1300~1600	1500~1700
	中密、密实	$N>15$	1400~2200	2100~3000	3000~4500	3800~5500	600~750	750~900	900~1100	1100~1200	900~1000	1700~1900	1700~1900
细砂	中密、密实	$N>15$	2500~4000	3600~5000	4400~6000	5300~7000	650~850	900~1200	1200~1500	1500~1800	1200~1600	2000~2400	2400~2700
中砂	中密、密实	$N>15$	4000~6000	5500~7000	6500~8000	7500~9000	850~1050	1100~1500	1500~1900	1900~2100	1800~2400	2800~3800	3600~4400
粗砂	中密、密实	$N>15$	5700~7500	7500~8500	8500~10000	9500~11000	1500~1800	2100~2400	2400~2600	2600~2800	2900~3600	4000~4600	4600~5200
砾砂	中密、密实	$N>15$	6000~9500		9000~10500		1400~2000		2000~3200		3500~5000		
角砾、圆砾	中密、密实	$N_{63.5}>10$	7000~10000		9500~11500		1800~2200		2200~3600		4000~5500		
碎石、卵石	中密、密实	$N_{63.5}>10$	8000~11000		10500~13000		2000~3000		3000~4000		4500~6500		
全风化软质岩		$30<N≤50$	4000~6000				1000~1600				1200~2000		
全风化硬质岩		$30<N≤50$	5000~8000				1200~2000				1400~2400		
强风化软质岩		$N_{63.5}>10$	6000~9000				1400~2200				1600~2600		
强风化硬质岩		$N_{63.5}>10$	70000~11000				1800~2800				2000~3000		

注：1. 砂土和碎石土中桩的极限端阻力取值，宜综合考虑土的密实度，桩端进入持力层的深径比 h_b/d，土越密实，h_b/d 越大，取值越高。

2. 预制桩的岩石极限端阻力指桩端支承于中、微风化基岩表面或进入强风化岩、软质岩一定深度条件下极限端阻力；

3. 全风化、强风化软质岩和全风化、强风化硬质岩指其母岩分别为 $f_{rk}≤15MPa$、$f_{rk}>30MPa$ 的岩石。

干作业挖孔桩（清底干净，$D=800\text{mm}$）极限端阻力标准值 q_{pk}（kPa）　　　表 15.2.13

土名称		状　态		
黏性土		$0.25<I_L\leqslant0.75$	$0<I_L\leqslant0.25$	$I_L\leqslant0$
		$800\sim1800$	$1800\sim2400$	$2400\sim3000$
粉土		—	$0.75<e\leqslant0.9$	$e\leqslant0.75$
		—	$1000\sim1500$	$1500\sim2000$
砂土碎石类土		稍密	中密	密实
	粉砂	$500\sim700$	$800\sim1100$	$1200\sim2000$
	细砂	$700\sim1100$	$1200\sim1800$	$2000\sim2500$
	中砂	$1000\sim2000$	$2200\sim3200$	$3500\sim5000$
	粗砂	$1200\sim2200$	$2500\sim3500$	$4000\sim5500$
	砾砂	$1400\sim2400$	$2600\sim4000$	$5000\sim7000$
	圆砾、角砾	$1600\sim3000$	$3200\sim5000$	$6000\sim9000$
	卵石、碎石	$2000\sim3000$	$3300\sim5000$	$7000\sim1100$

注：1. 当桩进入持力层的深度 h_b 分别为：$h_b\leqslant D$，$D<h_b\leqslant4D$，$h_b>4D$ 时，q_{pk} 可相应取低、中、高值。
    2. 砂土密实度可根据标贯击数判定，$N\leqslant10$ 为松散，$10<N\leqslant15$ 为稍密，$15<N\leqslant30$，$N>30$ 为密实。
    3. 当桩的长径比 $l/d\leqslant8$ 时，q_{pk} 宜取较低值。
    4. 当对沉降要求不严时，q_{pk} 可取高值。

（4）现行公路行业《公路桥涵地基基础与基础设计规范》JTG D63—2007 的桩侧阻力和桩端阻力取值如表 15.2.4 所示。

钻孔桩桩侧土的摩阻力标准值 q_{ik}　　　　　表 15.2.14

土　类		q_{ik}（kPa）
中密炉渣、粉煤灰		$40\sim60$
黏性土	流塑 $I_L>1$	$20\sim30$
	软塑 $0.75<I_L\leqslant1$	$30\sim50$
	可塑、硬塑 $0<I_L\leqslant0.75$	$50\sim80$
	坚硬 $I_L\geqslant0$	$80\sim120$
粉土	中密	$30\sim55$
	密实	$55\sim80$
粉砂、细砂	中密	$35\sim55$
	密实	$55\sim70$
中砂	中密	$45\sim60$
	密实	$60\sim80$
粗砂、砾砂	中密	$60\sim90$
	密实	$90\sim140$
圆砾、角砾	中密	$120\sim150$
	密实	$150\sim180$
碎石、卵石	中密	$160\sim220$
	密实	$220\sim400$
漂石、块石		$400\sim600$

注：挖孔桩的摩阻力可参照本表采用。

沉桩桩侧土的摩阻力标准值 q_{ik} 表 15.2.15

土 类	状 态	摩阻力标准值 q_{ik}(kPa)
黏性土	$1.5 \geqslant I_L \geqslant 1$	15～30
	$1 > I_L \geqslant 0.75$	30～45
	$0.75 > I_L \geqslant 0.5$	45～60
	$0.5 > I_L \geqslant 0.25$	60～75
	$0.25 > I_L \geqslant 0$	75～85
	$0 > I_L$	85～95
粉土	稍密	20～35
	中密	35～65
	密实	65～80
粉、细砂	稍密	20～35
	中密	35～65
	密实	65～80
中砂	中密	55～75
	密实	75～90
粗砂	中密	75～90
	密实	90～105

注：表中土的液性指数 I_L，系按 76g 平衡锥测定的数值。

沉桩桩端处的承载力标准值 q_{rk} 表 15.2.16

土 类	状 态	桩端承载力标准值 q_{rk}(kPa)		
黏性土	$I_L \geqslant 1$	1000		
	$1 > I_L \geqslant 0.65$	1600		
	$0.65 > I_L \geqslant 0.35$	2200		
	$0.35 > I_L$	3000		
		桩尖进入持力层的相对深度		
		$1 \geqslant h_c/d$	$4 \geqslant h_c/d \geqslant 1$	$h_c/d \geqslant 4$
粉土	中密	1700	2000	2300
	密实	2500	3000	3500
粉砂	中密	2500	3000	3500
	密实	5000	6000	7000
细砂	中密	3000	3500	4000
	密实	5500	6500	7500
中、粗砂	中密	3500	4000	4500
	密实	6000	7000	8000
圆砾石	中密	4000	4500	5000
	密实	7000	8000	9000

注：表中 h_c 为桩端进入持力层的深度（不包括桩靴）；d 为桩的直径或边长。

（5）现行铁路行业《铁路桥涵地基基础与基础设计规范》JTG D63—2007 的桩侧阻力和桩端阻力取值如下所示。

沉桩桩周土的极限摩擦阻力 f_i（kPa）　　　　　　　　　表 15.2.17

土类	状态	极限侧阻力 f_i
黏性土	$1 \leqslant I_L < 1.5$	$15 \sim 30$
	$0.75 \leqslant I_L < 1.5$	$30 \sim 45$
	$0.5 \leqslant I_L < 0.75$	$45 \sim 60$
	$0.25 \leqslant I_L < 0.5$	$60 \sim 75$
	$0 \leqslant I_L < 0.25$	$75 \sim 85$
	$I_L < 0$	$85 \sim 95$
粉土	稍密	$20 \sim 35$
	中密	$35 \sim 65$
	密实	$65 \sim 80$
粉、细砂	稍松	$20 \sim 35$
	稍、中密	$35 \sim 65$
	密实	$65 \sim 80$
中砂	稍、中密	$55 \sim 75$
	密实	$75 \sim 90$
粗砂	稍、中密	$70 \sim 90$
	密实	$90 \sim 105$

桩尖土的极限承载力 R（kPa）　　　　　　　　　表 15.2.18

土 类	状 态	桩尖承载力标准值		
黏性土	$1 \leqslant I_L$	1000		
	$0.65 \leqslant I_L < 1$	1600		
	$0.35 \leqslant I_L < 0.65$	2200		
	$I_L < 0.35$	3000		
		桩尖进入持力层的相对深度		
		$1 > h'/d$	$4 > h'/d \geqslant 1$	$h'/d \geqslant 4$
粉土	中密	1700	2000	2300
	密实	2500	3000	3500
粉砂	中密	2500	3000	3500
	密实	5000	6000	7000
细砂	中密	3000	3500	4000
	密实	5500	6500	7500
中、粗砂	中密	3500	4000	4500
	密实	6000	7000	8000
圆砾石	中密	4000	4500	5000
	密实	7000	8000	9000

注：表中，h' 为桩尖进入持力层的深度（不包括桩靴），d 为桩的直径或边长。

钻孔灌注桩桩周极限摩阻力 f_i（kPa）

表 15.2.19

土的名称	土的状态	极限摩阻力
软土		12～22
黏性土	流塑	20～35
	软塑	35～55
	硬塑	55～75
粉土	中密	30～55
	密实	55～70
粉砂、细砂	中密	30～55
	密实	55～70
中砂	中密	45～70
	密实	70～90
粗砂、砾砂	中密	70～90
	密实	90～150
圆砾土、角砾土	中密	90～150
	密实	150～220
碎石土、卵石土	中密	150～220
	密实	220～420

注：漂石土、块石土极限摩阻力可采用 400kPa～600kPa；

2. 挖孔灌注桩的极限摩阻力可参照本表采用。

（6）现行港口行业《港口工程桩基规范》JTS 167-4—2012 的桩侧阻力和桩端阻力取值如下所示。

打入桩单位面积极限侧阻力标准值 q_f（kPa）

表 15.2.20

土的名称	土的状态	土层深度（m）							
		0～2	2～4	4～6	6～8	8～10	10～13	13～16	16～19
淤泥	$I_L>1.0$	2～4	4～6	6～8	8～10	12～12	12～14	14～16	16～18
	$1.5<e≤2.4$								
黏土 $I_P>17$	$I_L>1.0$	4～17	6～9	9～12	11～14	13～16	15～18	17～20	18～21
	$0.75<I_L≤1.0$	11～14	14～17	18～21	21～24	23～26	26～29	30～33	33～36
	$0.5<I_L≤0.75$	26～34～	30～38	33～41	36～44	40～48	43～51	47～55	51～59
	$0.25<I_L≤0.5$	30～39	34～43	38～47	41～50	45～54	48～57	53～62	57～66
	$0<I_L≤0.25$	42～51	46～55	50～59	54～63	58～67	61～70	66～75	71～80
粉质黏土 $10<I_P≤17$	$I_L>1.0$	10～12	13～15	16～18	19～21	21～23	23～25	26～28	28～30
	$0.75<I_L≤1.0$	22～25	25～28	28～31	31～34	33～36	36～39	39～42	41～44
	$0.5<I_L≤0.75$	30～37	34～41	37～44	40～47	43～50	46～53	50～57	54～61
	$0.25<I_L≤0.5$	40～48	44～52	47～55	51～59	54～62	57～65	62～70	66～74
	$0<I_L≤0.25$	47～55	51～59	55～63	59～67	62～70	66～74	71～79	75～83

土的名称	土的状态	土层深度(m)							
		0~2	2~4	4~6	6~8	8~10	10~13	13~16	16~19
粉土 $I_P \leqslant 10$	$0.75 < I_L \leqslant 1.0$	21~27	24~30	27~33	30~36	33~39	35~41	39~45	43~49
	$0.5 < I_L \leqslant 0.75$	25~33	28~36	31~39	34~42	36~44	39~47	41~49	44~52
	$0.25 < I_L \leqslant 0.5$	34~42	37~45	41~49	44~52	46~54	49~57	52~60	55~63
	$0 < I_L \leqslant 0.25$	43~51	47~55	50~58	54~62	57~65	60~68	64~72	68~76
细砂、粉砂	稍密	25~33	28~36	31~39	34~42	36~44	39~47	41~49	44~52
	中密	34~42	37~45	41~49	44~52	46~54	49~57	52~60	55~63
	密实	43~51	47~55	50~58	54~62	57~65	60~68	64~72	68~76
中粗砂	$N > 30$	55~65	60~70	64~74	68~78	72~82	76~86	82~92	87~97

土的名称	土的状态	土层深度(m)							
		19~22	22~26	26~30	30~35	35~40	40~45	45~50	50 以上
淤泥	$I_L > 1.0$	18~20	18~20	18~20	18~20	18~20	18~20	18~20	18~20
	$1.5 < e \leqslant 2.4$								
黏土 $I_P > 17$	$I_L > 1.0$	20~23	20~23	20~23	20~23	20~23	20~23	20~23	20~23
	$0.75 < I_L \leqslant 1.0$	34~36	38~41	39~42	43~46	43~46	43~46	43~46	43~46
	$0.5 < I_L \leqslant 0.75$	44~47	56~64	58~66	62~70	64~71	64~71	64~71	64~71
	$0.25 < I_L \leqslant 0.5$	59~63	63~72	65~74	69~78	73~81	73~81	73~81	73~81
	$0 < I_L \leqslant 0.25$	75~84	77~86	79~88	84~93	88~97	88~97	88~97	88~97
粉质黏土 $10 < I_P \leqslant 17$	$I_L > 1.0$	30~32	30~32	30~32	30~32	30~32	30~32	30~32	30~32
	$0.75 < I_L \leqslant 1.0$	43~46	43~46	43~46	43~46	43~46	43~46	43~46	43~46
	$0.5 < I_L \leqslant 0.75$	58~65	59~66	61~68	64~71	64~71	64~71	64~71	64~71
	$0.25 < I_L \leqslant 0.5$	69~77	71~79	73~81	73~81	73~81	73~81	73~81	73~81
	$0 < I_L \leqslant 0.25$	79~87	81~89	83~91	88~96	92~100	92~100	92~100	92~100
粉土 $I_P \leqslant 10$	$0.75 < I_L \leqslant 1.0$	45~52	45~53	45~53	45~53	45~53	45~53	45~53	45~53
	$0.5 < I_L \leqslant 0.75$	46~54	46~54	46~54	46~54	46~54	46~54	46~54	46~54
	$0.25 < I_L \leqslant 0.5$	57~65	58~66	59~67	61~69	61~69	61~69	61~69	61~69
	$0 < I_L \leqslant 0.25$	72~80	73~81	75~83	79~87	82~90	85~93	85~93	85~93
细砂、粉砂	稍密	46~54	46~54	46~54	46~54	46~54	46~54	46~54	46~54
	中密	57~65	58~66	59~67	61~69	61~69	61~69	61~69	61~69
	密实	72~80	73~81	75~83	79~87	82~90	85~93	85~93	85~93
中粗砂	$N > 30$	92~102	94~104	97~107	103~113	108~118	113~123	118~128	118~128

注：1. I_P—土的塑性指数；I_L—土的液性指数；N—土的标准贯入击数；e—土的天然孔隙比；

2. 本表适用于以侧摩阻力为主的摩擦桩，对于以端阻力为主的端承桩应另行确定；

3. 有当地工程经验时宜按当地经验取值。

打入桩单位面积极限桩端阻力标准值 q_r（kPa）　　　　表 15.2.21

土的名称	土的状态	土层深度(m)					
		5～10	10～15	15～20	20～25	25～30	30～35
黏土 $I_P>17$	$1.0<I_L≤1.4$	50～150	150～250	250～350	350～450	450～550	550～600
	$0.75<I_L≤1.0$	100～300	300～500	500～700	700～900	900～1100	1100～1200
	$0.5<I_L≤0.75$	300～500	500～700	700～950	950～1200	1200～1400	1400～1500
	$0.25<I_L≤0.5$	500～700	700～950	950～1200	1200～1400	1430～1650	1650～1800
	$0<I_L≤0.25$	700～970	970～1250	1250～1500	1500～1750	1750～2000	2000～22000
粉质黏土 $10<I_P≤17$	$1.0<I_L≤1.4$	100～250	250～395	395～500	500～600	600～725	725～800
	$0.75<I_L≤1.0$	200～500	500～790	790～1000	1000～1200	1200～1450	1450～1600
	$0.5<I_L≤0.75$	400～700	700～1050	1050～1400	1400～1750	1750～2050	2050～2200
	$0.25<I_L≤0.5$	600～1000	1000～1300	1300～1600	1600～1900	1900～2200	2500
	$0<I_L≤0.25$	800～1300	1300～1800	1800～2200	2200～2500	2500～2800	2800～3100
粉土 $I_P≤10$	$0.75<I_L≤1.0$	600～1000	1000～1400	1400～1800	1800～2150	2150～2400	2400～2650
	$0.5<I_L≤0.75$	720～1170	1170～1620	1620～2070	2070～2385	2385～2700	2700～2800
	$0.25<I_L≤0.5$	800～1360	1340～1840	1840～2320	2320～2680	2680～3000	3000～3200
	$0<I_L≤0.25$	1200～1840	1840～2400	2400～2880	2880～3280	3280～3600	3600～3840
细砂、粉砂	稍密	900～1530	1530～2070	2070～3060	2430～2790	2790～3060	3060
	中密	1350～2070	2070～2700	3700～3060	3060～3420	3420～3690	3690
	密实	1800～2700	2700～3510	3510～3960	3960～4320	4320～4590	4590
中粗砂	$N>30$	2160～3420	3420～4680	4680～5625	5625～6480	6480～7200	7200～7785

土的名称	土的状态	土层深度(m)				
		35～40	40～45	45～50	50～55	大于 55
黏土 $I_P>17$	$1.0<I_L≤1.4$	600～650	650～700	700～750	750～775	775
	$0.75<I_L≤1.0$	1200～1300	1300～1400	1400～1500	1500～1550	1550
	$0.5<I_L≤0.75$	1500～1600	1600～1750	1750～1850	1850～1900	1900
	$0.25<I_L≤0.5$	1800～1950	1950～2100	2100～2250	2250～2350	2350
	$0<I_L≤0.25$	2200～2300	2300～2450	2450～2600	2600～2700	2700
粉质黏土 $10<I_P≤17$	$1.0<I_L≤1.4$	800～875	875～950	950	950	950
	$0.75<I_L≤1.0$	1600～1750	1750～950	1900	1900	1900
	$0.5<I_L≤0.75$	2200	2200	2200	2200	2200
	$0.25<I_L≤0.5$	2500	2500	2500	2500	2500
	$0<I_L≤0.25$	3100	3100	3100	3100	3100
粉土 $I_P≤10$	$0.75<I_L≤1.0$	2650	2650	2650	2650	2650
	$0.5<I_L≤0.75$	2880	2880	2880	2880	2880
	$0.25<I_L≤0.5$	3200	3200	3200	3200	3200
	$0<I_L≤0.25$	3840	3840	3840	3840	3840
细砂、粉砂	稍密	3060	3060	3060	3060	3060
	中密	3690	3690	3690	3690	3690
	密实	4590	4590	4590	4590	4590
中粗砂	$N>30$	7785～8000	8000～8200	8200～8550	8550	8550

注：1. I_P—土的塑性指数；I_L—土的液性指数；N—土的标准贯入击数；e—土的天然孔隙比；
　　2. 未经充分论证并采取适当措施，$I_L>1.0$ 的土层不宜作为永久结构的持力层；
　　3. 本表适用于以摩擦为主的摩擦桩，对于以端阻力为主的端承桩应另行确定；
　　4. 有当地工程经验时宜按当地经验取值。

灌注桩极限单位面积桩侧摩阻力标准值 q_r(kPa)　　　　　表 15.2.22

土的名称	土的状态	推荐值	备　注
淤泥	$I_L>1.0$ $1.5<e≤2.4$	8~18	土层深度 0~2 倍桩径或边长范围内的侧摩阻力不计
淤泥质土	$I_L>1.0$ $1.5<e≤1.5$	12~23	土层深度 0~2 倍桩径或边长范围内的侧摩阻力不计
黏土 $I_P>17$	$I_L>1.0$ $e≤1.0$	18~28	土层深度 0~2 倍桩径或边长范围内的侧摩阻力不计
	$0.75<I_L≤1.0$	28~50	—
	$0.5<I_L≤0.75$	50~65	—
	$0.25<I_L≤0.5$	60~80	—
	$0<I_L≤0.25$	65~95	—
	$I_L≤0$	90~105	—
粉土 $I_P≤10$	$e>0.9$	20~40	
	$0.75<e≤0.9$	30~60	
	$e<0.75$	55~80	
粉砂、细砂	$10<N≤15$	20~40	
	$15<N≤30$	40~60	
	$N>30$	55~80	
中砂	$15<N≤30$	50~70	
	$N>30$	70~94	
粗砂	$15<N≤30$	70~98	
	$N>30$	98~120	
砾砂	$5<N_{63.5}≤15$	60~100	
	$N_{63.5}>15$	112~130	
圆砾、角砾	$N_{63.5}>10$	130~150	—
碎石、卵石	$N_{63.5}>10$	150~170	—
全风化软质岩	$30<N≤50$	80~100	
全风化硬质岩	$30<N≤50$	120~140	
强风化软质岩	$N_{63.5}>10$	140~200	
强风化硬质岩	$N_{63.5}>10$	160~240	

注：1. N—土的标准贯入击数；$N_{63.5}$—重型圆锥动力触探击数；I_P—土的塑性指数；I_L—土的液性指数；e—土的天然孔隙比；
　　2. 全风化、强风化软质岩和全风化、强风化硬质岩系指其母岩分别为饱和单轴抗压强度标准值 $f_{rk}≤30$MPa 和 $f_{rk}>30$MPa 的岩石；
　　3. 有经验时可适当折减。

灌注桩极限单位面积桩端阻力标准值 q_k(kPa)　　　　　表 15.2.23

土名称	土的状态	泥浆护壁钻(冲)冲孔桩泥面以下桩长 l(m)				干作业钻孔桩泥面以下桩长 l(m)		
		5~10	10~15	15~30	$l\geqslant30$	5~10	10~15	$l\geqslant15$
黏土 $I_P>10$	$0.75<I_L\leqslant1.0$	150~250	250~300	300~450	300~450	200~400	400~700	700~950
	$0.5<I_L\leqslant0.75$	350~450	450~600	600~750	750~800	500~700	800~1100	1000~1600
	$0.25<I_L\leqslant0.5$	800~900	900~1000	1000~1200	1200~1400	850~1100	1500~1700	1700~1900
	$0<I_L\leqslant0.25$	1100~1200	1200~1400	1400~1600	1600~1800	1600~1800	2200~2400	2600~2800
粉土 $I_P\leqslant10$	$0.75\leqslant e\leqslant0.9$	300~500	500~650	650~750	750~850	800~1200	1200~1400	1400~1600
	$e<0.75$	650~900	750~950	900~1100	1100~1200	1200~1700	1400~1900	1600~2100
粉砂	$10<N\leqslant15$	350~500	450~600	600~700	650~750	500~950	1300~1600	1500~1700
	$N>15$	600~750	750~900	900~1100	1100~1200	900~1000	1700~1900	1700~1900
细砂	$N>15$	650~850	900~1200	1200~1500	1500~1800	1200~1600	2000~2400	2400~2700
中砂	$N>15$	850~1050	1100~1500	1500~1900	1900~2100	1800~2400	2800~3800	3600~4400
粗砂	$N>15$	1500~1800	2100~2400	2400~2600	2600~2800	2900~3600	4000~4600	4600~5200
砾砂	$N>15$	1400~2000		2000~3200		3500~5000		
角砾、圆砾	$N_{63.5}>10$	1800~2200		2200~3600		4000~5500		
碎石、卵石	$N_{63.5}>10$	2000~3000		3000~4000		4500~6000		
全风化软质岩	$30<N\leqslant50$	1000~1600				1200~2000		
全风化硬质岩	$30<N\leqslant50$	1200~2000				1400~2400		
强风化软质岩	$N_{63.5}>10$	1400~2200				1600~2600		
强风化硬质岩	$N_{63.5}>10$	1800~2800				2000~3000		

注：1. N—土的标准贯入击数；$N_{63.5}$—重型圆锥动力触探击数；I_P—土的塑性指数；I_L—土的液性指数；e—土的天然孔隙比。

2. 砂土和碎石土中桩的极限端阻力取值，宜综合考虑土的密实度，桩端进入持力层的深径比，土越密实，深径比越大，取值可越高。

3. 全风化、强风化软质岩和全风化、强风化硬质岩系指其母岩分别为饱和单轴抗压强度标准值 $f_{rk}\leqslant30$MPa 和 $f_{rk}>30$MPa 的岩石。

4. 有经验时可适当折减。

上述 23 个表格的数据有雷同和互相借鉴的部分，但也反映了我国的桩基工程的实践者和研究人员的辛勤工作和发展历程，有较大参考价值。

3. 根据静力触探资料估算单桩竖向抗压极限承载力的经验方法

我国利用静力触探资料估算单桩承载力的研究方面进行了大量的工作，在 20 世纪 80 年代上海地区的同济大学、华东电力设计院、船舶工业总公司勘测公司等五单位组成的研究小组取得的成果有一定的代表性。当时的工作主要采用单桥探头，建立了比贯入阻力 P_s 值与单桩竖向抗压承载力的经验关系。近年来在采用双桥探头方面也开展了一定的工作，研究途径是通过收集大量的实际试桩资料并与静力触探资料对比，通过计算分析，找出规律，提出估算的方法。当然在有可靠依据的基础上，还可以利用动力触探资料、标准贯入试验资料进行估算。

1) 根据单桥探头静力触探成果估算预制钢筋混凝土桩（排土桩）的单桩承载力

　　静力触探单桥探头贯入过程中获得的比贯入阻力 P_s 值是表示原状土软硬程度的一个间接指标，既代表了土的部分强度性质，又代表了部分压缩性质。既代表土的初始的软硬程度，又代表扰动后的软硬。这种方法无法考虑桩的尺寸效应，无法考虑随时间承载力的增长，因此，这种估算方法还应该考虑地区性土性的特点加以微调，估算公式必然是经验性而不是理论性的。

　　收集了上海及东南沿海（包括宁波、镇海南通及盐城）110 根试桩资料（其中长度 6m～15m 的短桩共 36 根，15m～30m 的中长桩共 44 根，30m～60m 的长桩共 30 根），静力触探以采用 7cm 高摩擦壁，断面积为 $1.5cm^2$，锥角 $\partial = 60°$ 的单用探头为主，贯入速度为 （1.0～1.2） m/min。

　　估算单桩极限承载力值

　　按比贯入阻力估算单桩极限承载力的公式仍为前述的 （15.2.2）：

$$R = R_s + R_p = \sum_{i=1}^{m} U_i \cdot L_i \cdot q_{si} + A \cdot q_p \tag{15.2.2}$$

但桩的极限端阻力标准值：

$$q_p = a_b \cdot P_{sb} \tag{15.2.6}$$

系数 a_b 根据桩长（或入土深度）按表 15.2.24 或表 15.2.25 所列数字取值：

《建筑桩基技术规范》的 a_b 系数表　　　　　　　表 15.2.24

桩长（m）	$L<15$	$15 \leqslant L \leqslant 30$	$30<L<60$
a_b	0.75	0.75～0.90	0.90

《上海市地基基础设计规范》的 a_b 系数表　　　　　　　表 15.2.25

桩长（m）	$\leqslant 7$	$7<L<30$	$L>30$
a_b	2/3	5/6	1

　　比贯入阻力 P_{sb} 值的取值应以桩的全断面最下端位置为中心，分别取桩端全断面以上 8 倍桩径范围内的比贯入阻力平均值 P_{sb1}（kN/m^2）和桩端全断面以下 4 倍桩径范围内的比贯入阻力平均值 P_{sb2}（kN/m^2）。再取加权平均值：

当 $P_{sb1} \leqslant P_{sb2}$ 时： $\qquad P_{sb} = \dfrac{1}{2}(P_{sb1} + \beta \cdot P_{sb2}) \tag{15.2.7}$

当 $P_{sb1} > P_{sb2}$ 时： $\qquad P_{sb} = P_{sb2} \tag{15.2.8}$

β 为折减系数，根据 P_{sb2}/P_{sb1} 值按表 （15.2.26） 采用：

折减系数 β　　　　　　　表 15.2.26

P_{sb2}/P_{sb1}	<5	5～10	10～15	>15
β	1	5/6	2/3	1/2

　　如桩端持力层为密实的砂土层，且比贯入阻力平均值超过 20MPa 时，则需按表 15.2.27 中系数 C 予以折减：

系数 C　　　　　　　表 15.2.27

P_{sb2}	20～30	35	>40
C	5/6	2/3	1/2

桩的极限侧阻力标准值 q_{si} 的取值：

《建筑桩基技术规范》规定可按图 15.2.7 曲线取值：

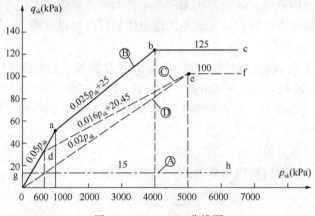

图 15.2.7　q_{si}-P_s 曲线图

直线Ⓐ适用于地表下 6m 范围内的土层；

折线Ⓑ适用于粉土及砂土土层以上（或无粉土及砂土土层地区）的黏性土；

折线Ⓒ适用于粉土及砂土土层以下的黏性土；

折线Ⓓ适用于粉土、粉砂、细砂和中砂。

当桩端穿过粉土、粉砂、细砂及中砂层底面时，折线Ⓓ估算的 q_{si} 值应乘以表（15.2.28）中系数 η_s 值。

系数 η_s　　　　　　　　　　　　　　　　　　　　　表 15.2.28

p_{sk}/p_{sl}	≤5	7.5	≥10
η_s	1.00	0.50	0.33

注：p_{sk} 为桩端穿过的中密、密实砂土、粉土的比贯入阻力平均值；

　　p_{sl} 为砂土、粉土下卧软土层的比贯入阻力平均值。

《上海市地基基础设计规范》规定：

地表以下 6m 范围内的浅层土,可取　　　$q_{si} = 15(\text{kPa})$ 　　　　　　　(15.2.9)

黏性土

当　　　　　　　　　　$P_s \leqslant 1000(\text{kPa})$ 时,$q_{si} = \dfrac{P_s}{20}(\text{kPa})$ 　　　　(15.2.10)

当 $P_s > 1000(\text{kPa})$ 时，　　　$q_{si} = 0.025P_s + 25(\text{kPa})$ 　　　　(15.2.11)

粉性土及砂土　　　　　　　　$q_{si} = \dfrac{P_s}{50}(\text{kPa})$ 　　　　　　(15.2.12)

2）根据双桥探头静力触探成果估算预制钢筋混凝土桩（排土桩）的单桩承载力

双桥探头的圆锥底面积为 15cm²，锥角为 60°，摩擦套筒高 21.85cm，侧面积 300cm²，贯入速度为 (1.0~1.2) m/min。

用双桥探头静力触探测得锥头阻力 q_c 和侧阻力 f_{si}，单桩极限承载力可按《建筑桩基技术规范》推荐的经验计算公式计算：

$$R = R_s + R_p = \sum_{i=1}^{n} U_i \cdot L_i \cdot \beta_i \cdot f_{si} + \alpha \cdot q_c \cdot A \qquad (15.2.13)$$

式中　f_{si}——第 i 层土的探头平均侧阻力（kPa）；

　　　q_c——桩端平面上、下探头阻力，先将桩端以上四倍桩径范围内的探头阻力按土层厚度加权平均，再与桩端平面以下一倍桩径范围内的探头阻力进行平均；

　　　α——桩端阻力修正系数，对于黏性土、粉土取 2/3，饱和砂土取 1/2；

　　　β_i——第 i 层土的桩侧阻力综合修正系数。

黏性土、粉土：

$$\beta_i = 10.04 \, (f_{si})^{-0.55} \tag{15.2.14}$$

砂土：

$$\beta_i = 5.05 (f_{si})^{-0.45} \tag{15.2.15}$$

15.2.2　关于单桩极限承载力的几个待讨论的问题

桩基础问题是一个古老的工程问题，但工程实践中尚有不少问题还有待于进一步探索、研究。在本节中我们列出以下问题，希望在工程实践中遇到这几个问题时要慎重处理，更希望我们共同努力推进这些这类问题的解决。

1. 桩的大直径尺寸效应

《建筑桩基技术规范》（JGJ 94—2008）将直径大于 800mm 的桩定义为大直径桩。认为按公式（15.2.16）估算大直径灌注桩的承载力时，应考虑桩的尺寸效应予以折减。计算公式如下：

$$Q_{uk} = u \sum \psi_{si} \, q_{sik} \, l_{si} + \psi_p \, q_{pk} \, A_p \tag{15.2.16}$$

式中　u——桩身周长；

　　　q_{sik}——桩侧第 i 层极限侧阻力标准值，对于扩底桩斜面及变截面以上 $2d$ 长度范围内不计侧阻力；

　　　q_{pk}——极限端阻力标准值；

　　　A_p——桩端截面积；

　　　ψ_{si}, ψ_p——大直径桩侧阻力、端阻力尺寸效应系数，如表 15.2.29。

大直径灌注桩侧阻力尺寸效应系数及端阻力尺寸效应系数　　　　　表 15.2.29

土类型	黏性土、粉土	砂土、碎石类土
ψ_{si}	$(0.8/d)^{1/5}$	$(0.8/d)^{1/3}$
ψ_p	$(0.8/D)^{1/4}$	$(0.8/D)^{1/3}$

上海软土地区大直径泥浆护壁钻孔灌注桩静载荷试验表明：实际的折减系数比上表 ψ_{si}、ψ_p 数值小得多，实际最小值可能小于 0.7，但现在找不到可解释的原因，因此在上海的《地基基础设计规范》中曾建议在上海不采用直径大于等于 900mm 的大直径钻孔灌注桩。

2. 后注浆提高桩的承载能力

后注浆是采用泥浆护壁施工工艺的钻孔灌注桩的辅助工法，该技术旨在桩身混凝土初凝后，通过桩底或桩侧后注浆固化沉渣（虚土）和泥皮，以提高桩的承载能力。最近还发现，注浆能有效消除上述大直径效应的不利影响，因此有人提出对于直径大于 850mm 的钻孔灌注桩都应增加注浆工艺。

目前，后注浆工艺面对的最大问题是什么？不是在于你能提高多少单桩承载力，而是在于提高效果的稳定性。若甲发明人对我说：我发展了注浆工艺，能确保单桩承载力的提高都在 1.2～1.5 之间。而乙发明人说：我发展的注浆工艺可将承载力提得更高，为 1.3～2.5。我将毫不犹豫地选用甲的工艺。原因很简单，如果我设计的桩基础，最终桩群中各桩的承载力可能相差一倍以上，且这种差别是没有规律的、随机的。这对于我设计的桩基础，其后果可能是灾难性的：将出现房屋倾斜、基础开裂等等，这反映我们这方面研究工作的一种偏向，不够精细。不够精细表现在对注浆提高承载力机理的研究上；表现在工艺本身的研究上；更表现在注浆设备和施工计量、监测设备的研究上。

正由于这样的原因，目前有些规范给出的注浆的参数往往是偏小的值，但如前所说并不一定安全。《建筑桩基技术规范》JGJ 94—2008 和《公路桥涵地基与基础设计规范》JTG D63—2007 均给出了同样的估算公式：

$$Q_{uk} = u \sum q_{sjk} l_j + u \sum \beta_{si} q_{sik} l_{gi} + \beta_p q_{pk} A_p \qquad (15.2.17)$$

式中：β_{si}、β_p 分别为后注浆侧阻力、端阻力增强系数，可按表 15.2.30、表 15.2.31 取值。

《建筑桩基技术规范》后注浆侧阻力增强系数 β_{si}、端阻力增强系数 β_p 　表 15.2.30

土层名称	淤泥 淤泥质土	黏性土 粉土	粉砂 细砂	中砂	粗砂 砾砂	砾石 卵石	全风化岩 强风化岩
β_s	1.2～1.3	1.4～1.8	1.6～2.0	1.7～2.1	2.0～2.5	2.4～3.0	1.4～1.8
β_p	—	2.2～2.5	2.4～2.8	2.6～3.0	3.0～3.5	3.2～4.0	2.0～2.4

《公路桥涵地基与基础设计规范》后注浆侧阻力增强系数 β_s，端阻力增强系数 β_p 　表 15.2.31

土层名称	黏性土 粉土	粉砂	细砂	中砂	粗砂	砾砂	碎石土
β_s	1.3～1.4	1.5～1.6	1.5～1.7	1.6～1.8	1.5～1.8	1.6～2.0	1.5～1.6
β_p	1.5～1.8	1.8～2.0	1.8～2.1	2.0～2.3	2.2～2.4	2.2～2.4	2.2～2.5

两个表格中相关数据差别不大，实际数据比较离散。

3. 扩底桩和多支盘桩

扩底桩和多支盘桩是将桩底部或桩身某部位扩大的桩。施工增加的难度不大，但提高承载力较大，所以在高层建筑的工程实践中，许多业主希望能采用。

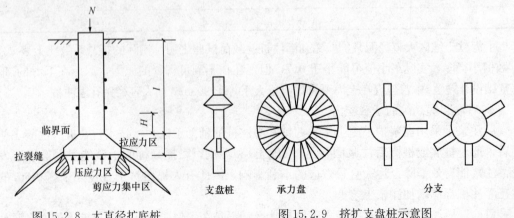

图 15.2.8　大直径扩底桩　　　　　图 15.2.9　挤扩支盘桩示意图

　　当然这里讨论的扩底桩或多支盘桩特别指机械成型的桩。工程问题首要的就是可控、可靠。非机械成形的桩（例如利用旋喷扩径的桩）在外形上已经不可靠、也不可控，特别在研发的初期，外形的不正确可能将许多待研究的因素都搞混了。建议先研究机械成型的扩底桩。

　　扩底桩一般都是对大直径桩再扩底。在软土地区大直径桩的尺寸效应还没有搞清，扩大头后不确定因素更多。

　　扩大头底部面积大大增加，有效地调用了较硬持力层的承载力。但在扩大头的上部，桩受力下沉后会与土体拉开，形成一个较小的拉应力区，这将极大地影响扩大头上部一定范围内的桩侧摩阻力。扩大头的形状，特别是大头上表面的斜率对临近大头的桩侧摩阻力影响较大。

　　对于等直径桩，学术界逐渐认可：在桩、土界面间增设一个容许桩土相对剪切滑移的剪应力摩擦单元可以较好地模拟桩在土体中的大部分性质，但等直径桩桩端土体进入塑性极限状态的机理和数学计算模型尚未完全解决，对于扩大头桩可能更难，影响面更大。

　　挤扩支盘桩是利用专用设备，沿桩身不同深度设置一些分支或承力盘，进一步提高桩的承载力，它可以利用桩身范围内相对较硬的土层的承载力。由于挤扩支盘桩不同于等直径桩，并且多支点支承，其荷载传递机理更复杂，影响因素更多，到目前为止还没有较系统的设计计算理论。

　　4. 加劲组合桩

　　所谓加劲组合桩就是先做一根水泥搅拌桩，然后立即插入一根截面略小的预制钢筋混凝土桩。不同的人对这种桩曾赋予不同的名称。我们建议称为加劲组合桩，历史上不同材料组成的桩习惯都称为组合桩，只有对基础才采用"复合"这个名称。

　　1994 年沧州某机械公司将一根长 4.4m、上端直径 230mm、下端直径 180mm 的圆锥形空心钢筋混凝土电杆插入直径 500mm、长 8.0m 的水泥土搅拌桩内，静载试验结果极限承载力达 450kN，而相同条件搅拌桩极限承载力仅 160kN。值得注意的是试验桩破坏后挖出，发现电杆在深 2.0m 处混凝土破碎、钢筋压曲，说明搅拌桩具有很大的侧摩阻力和端阻力，此桩承载力由桩身强度控制而非侧阻或端阻控制。

　　1998 年，天津大学凌光容等人做了 24 根原型试验桩，其中水泥搅拌桩桩径均为 500mm。可以看出，加入锥形芯桩后，搅拌桩的承载力是原来搅拌桩的 3.55～5.33 倍。

　　相隔 20 年后，最近又兴起了对这类桩研究的热情，其主要原因是：①是这种施工工艺可以将施工过程中的挤土现象和泥浆污染降低到最小，适合于大城市建筑密集区域环境保护的要求；②单桩承载力提高很多，不仅比同直径的水泥搅拌桩承载力高，也比同直径的预制桩承载力高；③施工速度快，性价比高。

　　近年来，也出了几本地方或行业的规程。这方面的研究遇到的最大困难是关于水泥土的。水泥土是引起实测数据离散的主要原因。关于水泥土的强度研究了 30 年，实际没有人真正地肯深入下去。水泥土的强度与两方面因素有关：①与施工机具

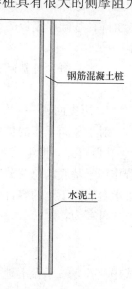

钢筋混凝土桩

水泥土

图 15.2.10　加劲组合桩

和工艺有关，即土体的破碎程度、搅拌的均匀性和水泥浆的流失量有关。在水饱和土体中成桩时，与水灰比的关系不大。因为在结硬的过程中，注入水量大了可以自动渗走；注入水量小了可以自动补给。②与在地下养护条件有关。根据目前不多的资料表明，在地下饱和、高压的条件下同样养护时间的水泥土强度明显低于在地面标准养护池中试块的强度，且挖出来的水泥土试件有见风就硬的现象。许多研究人员都还不知道，地下水泥土取芯实际非常难取。强度为 1MPa～2MPa 水泥土取芯时极大部分都被振碎，水泥土取芯造假现象非常严重。水泥土强度及其结硬规律不清；各种因素对其强度的影响也不清，导致目前工艺产生的水泥土数据离散性较大。

另一方面加劲组合桩过高的承载力值也是一个目前还无法解释的现象。

15.2.3　竖向承压桩基础的承载能力极限状态设计概述

所谓桩基础，所有的桩都必须与基础梁、板厚板承台可靠地连接，若有地下室，还必须通过地下室结构，通过地下室顶部构筑的嵌固面与上部结构可靠地连接。

竖向承压桩基础的整体承载力临界极限状态至少是是桩周土体全部进入塑性后的受力状态，它与桩基础在实际工作时的应力、应变状态有很大的区别。研究基础在实际工作状态（即基础顶面荷载不到基础极限抗力的一半）时的应力、应变，实测工作状态时地基和桩顶的反力，永远不可能得到关于桩基础整体承载能力极限状态的正确结论，必须通过从加载开始到真正进入承载力极限状态的全过程研究才有可能得到桩基础承载能力正确结论。

由于基础沉降不仅是弹性变形，也不仅是弹塑性变形，它的主要部分是由固结和流变产生的。基础沉降在建筑竣工后还要持续发展一个较长的时期，至少在桩基础的沉降完全停止前，上部结构、桩承台和所有的桩之间对各部分的变形和相互间的作用力一直处于不断地变化和调节之中。在实际工程的监测中发现：从成桩开始到竣工后许多年、沉降稳定为止的漫长时期内，桩侧摩阻力的分布由上大下小逐渐变为上小下大；桩顶部可能出现负摩阻力区；原来在土面浇筑的承台底面会逐渐与土面脱开；竣工以后，桩还会不断产生刺入沉降；基础厚筏板的绕曲曲率也一直有微小的变化；与之对应，筏板内力也一直进行调整……。

总之，每个桩基础在漫长的时期内，桩群、土体和基础的所有构件都在互相作用和变化中。

1. 历史回顾

对于竖向承压的桩基础，讨论最多、讨论时间最长的问题就是桩土共同工作的问题。

（1）在 20 世纪三四十年代，上海地区的桩基础设计大部分都考虑了桩土的共同作用。若作用于基底的总荷载为上部结构荷载 N_k 和基础的自重 G_k 之和。桩基础设计时，先扣除桩承台底面下土的容许承载力，余下的荷载全部再由桩的容许承载力承受，用现在的表达方式可写为：

$$F_k + G_k \leqslant Af_k + nR_k \tag{15.2.18}$$

式中　f_k——承台下地基土容许承载力，上海地区一般取 80kPa；

R_k——单桩容许承载力；

  A —— 承台底面面积。

  在 20 世纪 50 年代以前，上海地区的许多桩基础建筑都采用了桩和承台下土的共同工作的设计方法，且这一大批建筑都很好地使用了 60～80 年，没有发现有承载力明显不足的现象。有不少房屋甚至在 20 世纪六七十年代还进行了加层。

  （2）50 年代以后，我国的设计全面学习苏联，采用的桩基设计不再考虑桩土共同作用。即式（15.2.19）：

$$F_k + G_k - A_u \, f_w \leqslant \frac{1}{K} \cdot nR \qquad (15.2.19)$$

式中 R —— 根据单桩抗压静载荷试验得到的单桩极限承载力，也是单桩承载力标准值；

   f_w —— 基底设计水浮力标准值（kPa）；

   A_u —— 基底扣除桩面积后的净面积。

  这是国内外应用最普遍的不考虑桩土共同工作的桩基础承载能力计算表达式，但这种计算方法似乎比式（15.2.18）保守多了。对问题的讨论也变得片面和死板了。

  （3）70 年代，在上海地区的某筒仓，桩筏基础，平面尺寸为 35.2m×69.4m，桩为 45cm×45cm 方桩，长 30.7m，桩距为 1.9m，共 604 根，一个半月打桩完毕。地面隆起约 50cm。该筒仓竣工后 4 年，发现承台下的土面与承台底脱开，间隙达到 15cm。根据这一事实，当时有专家得出两个片面的结论：①承台底面与土面脱开的原因，是由于沉桩挤土先使土面隆起，经过一段时间后土面的回复；②这一现象证明，绝对不能考虑桩土共同承担基础上荷载。

  现在看来这两个结论都不对。土体隆起是由于大量预制桩挤入了土体，土体隆起的体积小于预制桩的体积，土体还是被挤密了。沉桩监测也表明，沉桩时产生的超孔隙水压力在若干天内就已基本消散。超孔隙水压力基本消散后已经没有任何力可使隆起并已挤密的土回复。近二十多年来，在上海地区城市改造过程中拆除了许多桩基础的房屋。发现绝大部分桩基础承台下土面都与承台底脱开。说明脱开是软土地区桩基础的一种较普遍现象，应该有更普遍的客观原因。

  （4）现行的设计方法将桩基础与天然地基基础截然分开，使设计人员常产生一个疑问：若天然地基承载力不足，但差值不大，我们只增补少量的桩，情况会怎样？就如上一节介绍的"香炉脚"桩基础，在天然基础下加了少量的几根桩，有效地减少了基础沉降。按现在的设计概念和设计方法，桩基础的承载力明显是不能满足的。历史上的这种工程实践应该使基础破坏？还是可以产生桩土共同工作？摩擦型桩的桩基础与天然地基上的基础之间有没有一种过渡状态的基础？

  （5）从 60 年代到 70 年代，上海地区曾用 200mm×200mm 截面，8m 长的小方桩加固天然基础中的局部暗浜。当时不知道桩土共同工作的工作机理，凭经验判定桩承担基础传下的 70% 荷载、土承受 30%。也有人认为倒三七，即桩承受 30%、土承受 70%。在南京路有一栋 70 年代建造的四层沿街房屋，房屋中部有一暗浜横向穿过。设计人员仅在暗浜区域采用小方桩加固，其他部位仍采用天然地基，结果因加固区沉降量太小，反而将房屋顶裂了。

  这一事例告诉设计人员，不管设计采用三七开，还是倒三七开，桩总是要充分地发挥其承载作用的。

（6）从 70 年代末起上海开展较大规模的住宅建设，住宅的层数由四层为主变为六层为主。在土质特别软弱区域，六层砖混住宅的平均沉降高达 600mm。工程实践对上海的设计单位提出：五、六层砖混房屋必须要验算沉降，也要采用桩基础。上海地区开始了新一轮桩基础和桩基沉降的研究。

（7）从 80 年代开始又有不少学者研究桩土共同工作的课题。也有人用数值分析方法对桩土共同工作进行研究，但初期研究人员的思维方法简单化，将许多重要的现象忽略了。有限元方法采用的计算模型都较简单，桩的计算单元与土体计算单元都采用弹性单元，且在桩与土体单元在桩侧节点都是变形协调的。这类计算模型得出结论都是：无论在什么荷载水平下，桩与承台下土体都是以一个固定的分担比来承担基础上传下的荷载。

由于这种计算方法不可能模拟桩基础进入承载力极限状态的情况。早期研究人员对于两类极限状态的工程概念不理解，不清楚只有仔细研究承载力临界极限状态，才可能得到关于承载能力的正确结论。他们将正常工作状态、弹性工作状态的性状随意外推，这必然导致错误的结论。在我们土力学的问题中，这是许多研究者初期常犯的错误，但这类错误的影响非常大，它误导了许多人的思维。

（8）上海民用建筑设计院（上海建筑设计研究院前身）在桩基础的长期沉降问题研究的基础上，拓展进行了桩土共同作用的研究。至 1988 年，已基本形成考虑桩土先后参与工作的工程复合桩基础实用设计方法，结合实际工程开展了大量试验和实际工程的长期监测。到 20 世纪 90 年代初，上海地区采用复合桩基础设计的建筑已超过 300 万 m^2，节省大量投资，引起全国同行的重视。

90 年代起，管自立、刘惠珊等人从改进桩基础设计出发提出了"疏桩基础"的概念，并进行了一系列的有意义的工程实践。

2002 年起，《建筑地基基础设计规范》也开始提及承台下桩土共同承受上部荷载，但没有给出可供实际操作的条文，只在背景材料介绍的书中作了详细的说明。

2. 试验和工程长期监测

为了阐述清楚这个问题，提请大家注意研究问题的方法：承载力问题的结论只能从开始受荷到最终达到极限的全过程研究中才能得到，特别是只能从相应的承载力临界极限状态的研究才能得到。

1）华东电力设计院的模型试验

1982 年华东电力设计院的周志洁等人在《上海软土地基科研成果论文选编》中发表了论文"单桩与承台板的共同作用"。介绍了他们在童诩湘的指导下做了桩土共同工作的模型试验。在一个桩基础模型上，荷载从零开始一直压倒破坏。尽管作者最初的出发点是想用试验方法得到桩土共同作用时的支承总刚度、桩的支承刚度和土的支承刚度。希望最后得到桩土共同工作的固定的分担比，但是最终服从于客观实际，得出的结论：上述三种支承刚度在各级荷载下始终是变化的，变化幅度不小，得不到固定的分担比。他们的主要结论是：

（1）在较小荷载下，基础上荷载主要由桩承受；当各种桩顶荷载超出单桩极限承载力时，承台下土的支承力就逐渐变为主要的。

（2）桩土共同作用的极限承载力等于或大于单桩极限承载力和承台下土的极限承载力之和。

他们在结语中指出：承台板下加用了桩，可使桩发挥其极限承载力。相对于天然地基基础，可减少沉降量；对于桩基础，可减少桩用量，使造价有较大的降低。

由于他们第一次用试验方法研究了由开始加荷直到达到极限荷载的桩土共同工作全过程，因此他们就首次得到了最接近于实际的关于"桩土先后参与工作"的正确结论，但是，很长时间内他们的论文没有得到应有的重视。

2）现场工程实型试验

1988 年上海民用建筑设计院（上海建筑设计研究院的前身）在上述模型实验的启发下，做了桩土共同工作的足尺试验，试验一直压到极限，还做了大量工程实型的长期监测。工程地点在上海市区西南部的康健新村小区，这地区的浅层土是上海市土质最软的地区之一。

康健小区工程地质剖面　　　　　　　　　　表 15.2.32

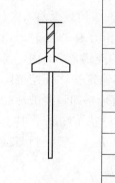

土层	γ (kN/m³)	E	w %	E_s (MPa)	c (kPa)	φ (°)
填土						
耕土						
褐黄粉质黏土	18.8	0.930	32.9	4.33	19	12.5
灰淤质粉质黏土	17.5	1.290	46.8	2.70	9	15.25
灰淤质黏土	16.8	1.518	54.4	1.77	7	7.5
灰黏土夹砂	18.0	1.114	39.4	3.12	11	12.0
灰粉砂夹黏土	18.6	0.913	31.8	6.61	5	25.0
暗绿粉质黏土	20.1	0.685	23.7	6.88	31	19.5

（1）单桩静载荷试验

先做了 9 根桩的单桩垂直静载荷试验。桩的断面为 200mm×200mm，二节桩总长为 16m，在同一住宅小区不同地点分三组试验，其中有两根休止一段时间再进行复压。单桩垂直静载荷试验采用慢速法加荷，极限承载力汇总表见表 15.2.33。单桩极限承载力初压为 210～300kN。休止后单桩极限承载力有明显的提高。将这类桩的最终极限承载力定位 300kN 是合理的。

桩极限承载力汇总表　　　　　　　　　表 15.2.33

桩号	初次试验		重复试验		试验时的沉降(mm)	
	休止期 (天)	极限承载力 (kN)	休止期 (天)	极限承载力 (kN)	初压	复压
试 3-1	46	240			8.98	
试 3-2	32	235			8.58	
试 3-3	54	260			7.78	
试 3-4	43	300	240	340	9.70	6.70

桩号	初次试验		重复试验		试验时的沉降(mm)	
	休止期 （天）	极限承载力 （kN）	休止期 （天）	极限承载力 （kN）	初压	复压
试 5-3	42	275			9.00	
试 5-4	39	300			11.28	
试 12-1	14	210	32	240	5.96	5.34
试 12-2	36	260			7.59	
试 12-3	40	270			7.19	

（2）复合桩基础静载荷试验

桩土共同作用的垂直静载荷试验共做 2 组。桩的断面为 200mm×200mm，二节桩总长为 16m，承台尺寸为 1.0m×1.8m。桩土共同作用的垂直静载荷试验也采用慢速法加荷。加荷分级（kN）为：0、150、250、350、450、550、600、650、700。

先对试 5-2 复合桩进行试验。历时 85.5 小时后，在 650kN 荷重级下累计沉降超过 100mm 不能稳定，复合桩基础达到极限（表 15.2.35）。这一试验最后一级荷载级差太大。

在试验试 5-1 桩时，将 350kN 荷重后的级差都调整为 50kN。加载历时为 58 小时。当加载在 600kN 荷载级时，总沉降量已达到 35.09mm。从 54～56 小时的连续 2 小时内，每小时的沉降量均小于 0.1mm，可以视为稳定。但 2 小时后，由于相邻建筑基坑开挖沉降变形突然又趋大，试验不得不提前结束。可以认为：600kN 为试 5-1 桩地基即将要破坏的极限状态。对于试 5-2 桩，在 650kN 荷载级上历时 19 小时，累计沉降已达 100mm，其上一级荷载 600kN 上历时 33.5 小时才趋于稳定，该时刻沉降已达 63.36mm，所以判断试 5-2 桩的极限承载力也为 600kN（表 15.2.34）。

试 5-1 桩土共同作用时桩与土反力实测值　　　　　　表 15.2.34

荷载 （kN）	桩反力 （kN）	土反力 （kN）	桩承担总荷载的百分比 （%）
150	135	15	90
250	210	40	83
350	259	91	74
400	290	110	72
600	329	271	54

试 5-2 桩土共同作用时桩与土反力实测值　　　　　　表 15.2.35

荷载 （kN）	桩反力 （kN）	土反力 （kN）	桩承担总荷载的百分比 （%）
150	144	6	96
250	238	12	95
350	296	54	85
450	299	151	66
550	306	244	56
600	323	277	54
650	319	331	49

图 15.2.11 是试 5-2 桩土共同工作的试验。为了表达得更清楚，图 15.2.12 采用了无量纲的值。p/p_u 是桩顶实际支承力与单桩极限承载力的比值；f/f_u 是实际土反力与土体极限承载力的比值。这时第一个完整揭示摩擦型桩的桩基础桩土共同工作全过程的试验。试验结论可归纳为，桩土先后参与工作：对于基础传上来荷载，桩和土体总是按照它们的支承刚度来进行分担的。关键问题是，在试验的全过程中桩的支承刚度是变化的。桩顶荷载较小时，桩的刚度远大于土体，初始时荷载主要由桩承受。荷载加大，桩的支承力接近极限，支承刚度接近于零，土体的刚度远大于桩，再增加的荷载才主要由土体承受，土体才能真正开始发挥其支承作用，而且土体最终也能充分发挥其承载力直到极限。固定分担比是不符合实际的，实际状态是桩土先后参与工作，具体的结论为四点：

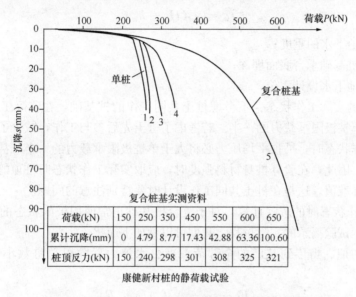

复合桩基实测资料

荷载(kN)	150	250	350	450	550	600	650
累计沉降(mm)	0	4.79	8.77	17.43	42.88	63.36	100.60
桩顶反力(kN)	150	240	298	301	308	325	321

康健新村桩的静荷载试验

图 15.2.11 桩土共同作用的试验

① 桩基础的极限承载力：复合桩基础的极限承载力等于或大于所有桩的极限承载力和承台下土体的极限承载力的总和。因此复合桩基础的承载能力极限状态的设计计算公式

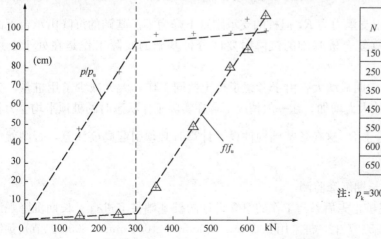

N	p/p_u +	f/f_u Δ
150	48%	20%
250	79%	4%
350	99%	18%
450	100%	50%
550	102%	81%
600	108%	92%
650	102%	110%

注：p_k=300kN，f_u=170kPa

图 15.2.12 桩土先后承担基础上部荷载的实测分析

应为：

$$F_k + G_k - A_u f_w \leqslant \frac{1}{K}(nR + A_u f_u) \qquad (15.2.20)$$

式中　K——总安全系数，桩基础承受竖向荷载时，在我国一般取值 2.0；

　　　　F_k——上部竖向结构荷载作用的标准组合（kN）；

　　　　G_k——桩基承台自重和承台上土自重的标准值（kN）；

　　　　A_u——桩基承台底面净面积，即承台底面积减去所有桩顶面积（m²）；

　　　　n——桩基础的总桩数。

　　　　f_w——承台底面水浮力（kPa），按下式计算：

$$f_w = \gamma_w(H_D - h_w) \qquad (15.2.21)$$

　　　　γ_w——地下水的重度；

　　　　H_D——桩基础承台底面埋深；

　　　　h_w——地下水设计水位。

② 桩基础的实际工作状态：不考虑桩土共同工作的桩基础，在实际工作状态时桩的实际受力小于单桩极限承载力的一半。若考虑了桩土先后参与工作，减少了用桩数量。在桩基础实际工作状态时，桩顶平均压力必将大于单桩极限承载力的一半，甚至会等于其单桩极限承载力，因此，在验算桩身材料强度时，应取实际工作状态时桩顶的平均受力为验算时的荷载的标准值，这是在桩土共同工作设计时要特别注意的问题。

③ 实际工作状态时的沉降计算：对于复合桩基础正常使用极限状态的研究，即基础沉降问题。依据试验揭示的实际过程，我们可以做如下简化：

在加荷的初期，当传到基底的全部荷载减去水浮力后除以总桩数小于单桩极限承载力：

$$(F_k + G_k - A_u f_w)/n < R \qquad (15.2.22)$$

则可认为荷载全部由桩承受。基础的沉降由桩群控制。

当桩顶受力全部达到单桩极限承载力后。即：

$$(F_k + G_k - A_u f_w)/n \geqslant R \qquad (15.2.23)$$

桩能提供的极限支承力为 R，但桩的支承刚度下降为零。基础的沉降由承台下的土面控制。因此，在计算复合桩基础的沉降时要区分桩基础的实际工作是在处于上述那个阶段。

④ 桩的实际受力明显增大：由于考虑了桩土共同工作，大大减少了用桩量，分配到各根桩顶的荷载必然大大增加。在一般情况下，在实际工作状态时的桩顶平均受力将远大于 $\frac{1}{2}R$，甚至可能等于 R。这在各基础构件设计计算时必须引起高度注意，否则就可能产生不安全。

（3）29 栋建筑长期沉降监测

对 18 栋按上述桩土先后参与工作的概念设计的桩基础住宅进行了长期沉降观测，列于表 2.5.36 和表 2.5.37 中。桩采用 200 mm×200mm×16000mm（8000 二节）预制混凝土桩。

18幢建筑物施工期的沉降观测资料

表 15.2.36

街坊	房号	序号	沉降量（cm）结构到顶 最大	沉降量（cm）竣工 平均	沉降量（cm）竣工 最大	备注
1	103	1	3.8	5.8	8.2	三单元
2	106	2	4.5	7.5	8.7	三单元
2	202	3	4.0	7.3	7.5	三单元
2	204	4	3.4	5.5	5.9	三单元
2	205	5	3.5	6.2	6.4	三单元
2	206	6	4.2	6.6	6.8	三单元
2	209	7	3.6	6.3	6.5	点状
5	501	8	2.1	4.0	4.3	点状
5	502	9	2.0	3.4	3.9	点状
5	503	10	2.0	3.0	3.2	点状
5	504	11	2.6	4.3	5.4	三单元
5	505	12	4.0	4.6	5.4	三单元
5	506	13	2.7	3.9	6.0	三单元
12	1210	14	4.5	10.5	5.4	四单元
12	1211	15	2.5	5.3	11.9	三单元
12	1212	16	4.1	8.0	5.6	三单元
12	1213	17	2.5	4.0	9.3	三单元
12	1215	18	4.2	7.3	5.5	三单元
总平均			3.4	5.8	8.5	

10幢建筑物实测推算的最终沉降和计算沉降值

表 15.2.37

序号	街坊	房号	最终沉降量（cm）实测推算最终值	最终沉降量（cm）计算值	计算值与实测推算值之差（cm）	计算值与实测推算值之比	观测天数	备注
1	1	103	15.2	19	3.8	0.80	432	三单元
2	1	106	15.5	19	3.5	0.82	1827	三单元
3	2	202	10.1	13	2.9	0.78	488	三单元
4	2	207	9.2	13	3.8	0.71	662	三单元
5	4	420	13.2	16.4	3.2	0.80	656	三单元
6	5	501	11.8	17	5.2	0.69	620	点状
7	5	505	14	18	4	0.78	645	三单元
8	5	506	12.2	17	4.8	0.72	737	三单元
9	12	1209	13.6	17	3.4	0.80	2147	四单元
10	12	1212	13	15	3	0.83	2202	三单元
总平均			13	16.7	3.7	0.77		

实测的建筑物沉降及其发展可以概括如下：在结构封顶时，沉降量接近且不大于 40（mm）；在竣工时，沉降量接近且不大于 70（mm）；推算其最终沉降量不大于 170（mm）。竣工时的沉降量大约不到最终沉降量的一半。

上述长期沉降监测资料表明，桩基础房屋沉降的发展也是一个较长期和缓慢的过程。在对桩基础沉降性状进行研究时，土体表现的最主要特性不是弹性或弹塑性性质，而是土体的固结和流变性质。

（4）两栋建筑基础下，桩土分担的长期监测

两栋桩基础的房屋进行了近 5 年的长期监测。监测结果表明在这 5 年中，尽管房屋已经竣工很久，但基础下桩土的分担还在缓慢地变化。总的变化趋势为桩分担的荷载还在缓慢地增加，土体分担的荷载缓慢地减少。由于当时条件的限制，没能在基础下埋设更多的监测传感器。但从 7 号楼实测的水土压力来看，水土总压力已经降到 10kPa 左右。这个值应该就是此时承台底面的水浮力。也可以说承台底面已经没有土反力，土体已经开始与承台底面脱开。

从长期监测可以得到以下三个结论：

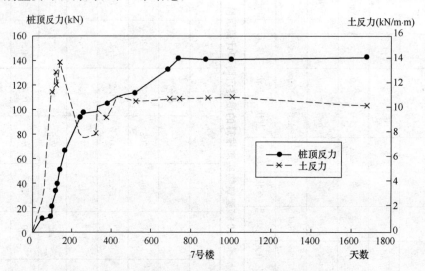

图 15.2.13　7 号楼基底桩顶反力与土反力随时间的变化

① 桩基础在竣工以后的很长时期内桩、土的实际分担比还在缓慢地变化，由此可知，桩基础的各构件的应力、应变也在不断地变化之中；

② 实际工程的监测只能测到结构在实际工作状态的应力应变，由此就想对承载力极限状态的应力应变下结论，肯定是错误的；

③ 一栋采用复合桩基础设计的六层住宅，用桩数量已经减少了约 40％以上，承台底面还是与土面脱开，证明脱开是一种普遍的现象，与土体隆起关系不大。

（5）基础底板绕曲的长期监测

由于土体压缩变形的主要部分是土体的固结和流变，因此从开始加载起，到竣工后若干年沉降完全稳定为止。基础各部分的受力和变形都在不断地变动。下列三张图是实测的厦门市嘉益大厦基础厚板绕曲的等沉线。厦门市的嘉益大厦是在一个矩形地下室上的二栋三十层高层住宅。总共进行了四年多的监测。发现基础的大厚底板的绕曲一直在缓慢的变

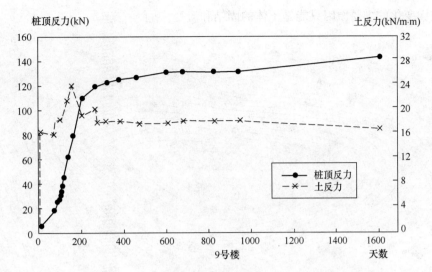

图 15.2.14　9 号楼基底桩顶反力与土反力随时间的变化

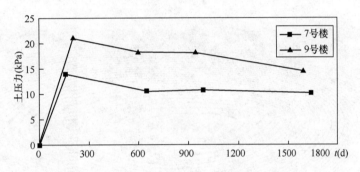

图 15.2.15　7、9 号楼基底土反力随时间的变化

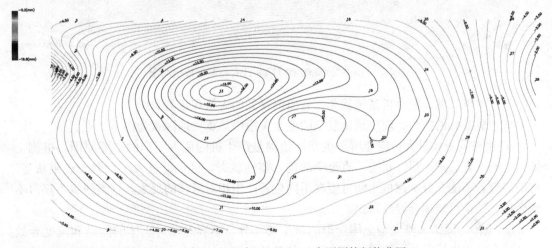

图 15.2.16　2003 年 12 月 16 日实测厚筏板绕曲图

化，直到检测结束，变化也没有完全停止的迹象。给出的三张图是大楼投入使用前后一年的实测结果。给出这些实测数据只是再次证明，一切都在变化中，变化的时期拖得很长。

能产生这样变化的主要原因只能是土体的固结和流变。

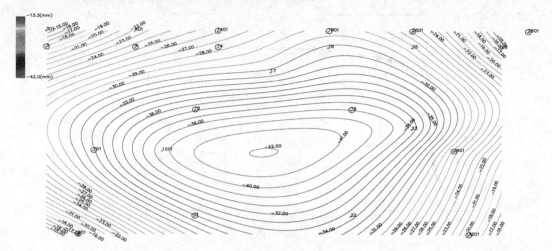

图 15.2.17　2004 年 12 月 2 日实测厚筏板绕曲图

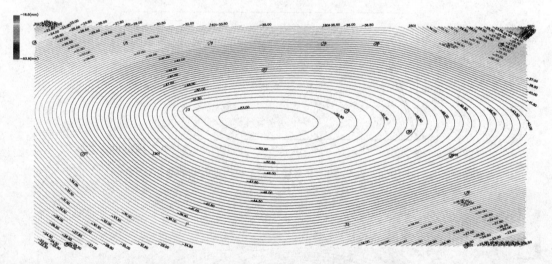

图 15.2.18　2005 年 10 月 29 日实测厚筏板绕曲图

（6）单桩试验、复合桩基试验和工程监测得到的大量现象的总结

桩和桩基础的应力、应变错从复杂的变化关系中最重要的因素为以下二点：

① 由桩周土体最大剪应变所产生塑性错动是产生桩的刺入变形的主要原因。桩侧土体由上到下先后进入塑性状态，直至全部进入塑性状态，桩也就进入了承载力极限状态。桩的研究若不能充分考虑桩土间可能在不同位置产生相对滑移的现象，这类研究不仅得不到合理的结论可能还会导致错误。

② 土体的固结和流变是土体变形的最主要部分，不容忽略。土体的固结和流变导致桩基础在竣工以后很长时期内桩、土体、基础各构件中的应力、应变将一直处于缓慢的变化之中。正确的桩基础的研究、桩基础的设计计算都必须如实考虑这种长期的、缓慢地变化。

15.2.4 竖向承压桩基础的承载能力极限状态的设计计算

对于工程设计，不可能都如实地考虑上述复杂的实际应力、应变变化过程。在长期工程实践中我们已经总结出下述半经验的实用工程设计方法。这种使用方法的最大特点是偏于安全的，已经将长期的各种变化都包络在偏于安全的一边。

1) 全部由桩承受上部荷载的桩基础整体抗压承载能力极限状态设计

对于高桩承台基础（承台底面远离土面）；对于桩端支撑于坚硬岩石而桩侧是压缩性很大土层的基础；即使基础上的荷载增加也无法迫使桩产生足够的刺入沉降的基础。对于这类桩基础，由于无法保证在基础的承载力极限状态时土体能确实参与共同工作，因此只能考虑基础荷载全部由桩群单独承受。

（1）桩基础在轴心竖向荷载作用下，基础整体的总承载力必须满足下列公式要求：

$$F_k + G_k - A_u f_w \leqslant \frac{1}{K} \cdot nR \tag{15.2.24}$$

$$f_w = \gamma_w (H_D - h_w) \tag{15.2.25}$$

式中 R——单桩极限承载力；

K——总安全系数，桩基础承受竖向荷载时，在我国一般取值 2.0；

F_k——相应于作用的标准组合时，作用于桩基承台顶面的竖向力（kN）；

G_k——桩基承台自重和承台上土自重的标准值（kN）；

A_u——桩基承台底面净面积，即承台底面积减去所有桩顶面积（m^2）；

n——桩基础的总桩数。

f_w——承台底面水浮力（kPa）；

γ_w——地下水的重度；

H_D——桩基础承台底面埋深；

h_w——地下水设计水位。

桩基础用桩的总桩数 n 由公式（15.2.24）确定。

（2）工程结构设计中的总安全系数，针对不同类型的工程设计问题可以是不同的。它在一定程度上反映了工程界对结构必须具备的最小安全储备的经验总结，实质上更应是一个综合性的指标，它取决于国家的技术经济政策、技术发展水平以及地区性的实践经验等等。各个国家根据不同的情况规定的安全系数是不同的，例如对于桩基础竖向承压承载力采用的总安全系数，通常为 2.0，也有取 2.5 或 3.0。我国公路、铁路、港口工程以及工业民用建筑工程一般都建议取用安全系数为 2.0。此处的安全系数是针对基础整体而言，笔者不提倡再提单桩承载力特征值，更不提倡基桩这个概念。在正常情况下，桩群中各桩桩顶的实际受力是不均匀的，客观上我们只能对整体进行控制，做不到对每根桩进行控制。前面讲过，这种概念只是最初容许承载力概念的一种残余，除了引起初学者一些误解外没有多大实用意义。

（3）公式（15.2.25）是计算基础底面水浮力的一般公式。在不同场合，地下水设计水位应采取不同的值。当采用公式（15.2.24）进行桩基础整体抗压承载能力极限状态设计时，水浮力是一种对结构有利的荷载作用，因此取用一个可能发生的、偏小的值是偏于安全的。通常取 50 年一遇的最低地下水位。现在城市中建筑物的地下室越来越深，即使取用最低地下水位，产生的水浮力还是非常大的。在桩基础承压设计中完全不考虑水浮力的作用，将造成土建投资的巨大浪费，是不应该的。

进行桩基础整体抗浮设计时，地下水浮力是最主要的外荷载，地下水设计水位应取可能发生的、偏大的值，通常取 50 年一遇的最高地下水位。

工程项目场地的最高、最低水位和常年平均水位都应该请当地的勘察单位在勘察报告中提供。在工程经验较少的地区可请勘察单位进行专门的水文地质勘察，结合常年的地下水位实测资料和地形分析综合给出。

只要计算水位是准确的，计算水浮力是一个非常确定的值。考虑地下水水浮力的作用时，无论在什么土层中，都不应对水浮力进行放大或折减。

（4）桩基础承受地震、风等短期荷载时的验算

当建筑物承受地震荷载或风荷载时，上部结构传到地下室顶板面的荷载可归结为 X、Y 两个方向总弯矩和两个方向总水平力。这几个力通过地下室结构再向下传递时就比较复杂，因为地下室外墙必然会产生水平抵抗力。在本小节内仅讨论因总弯矩产生桩顶短期垂直附加荷载时的验算。为了简化计算，也从偏于安全的角度考虑，假定总弯矩计算时不考虑地下室侧墙上水平力的影响，将上部结构的荷载加上基础荷载直接计算到基础底面。

习惯的设计计算方法是按桩顶反力的分布形式始终呈理想线性分布，由此求出桩群中最大桩顶反力：

$$Q_{kmax} = \frac{F_k + G_k}{n} \pm \frac{M_{xk} \cdot y_{i,max}}{\sum y_i^2} \pm \frac{M_{yk} \cdot x_{i,max}}{\sum x_i^2} \tag{15.2.26}$$

在短期的偏心荷载作用下，应满足：

$$Q_{kmax} \leqslant \frac{1.2}{K}R = \frac{1.2}{2.0}R \tag{15.2.27}$$

$$Q_{kmax} \leqslant \frac{1}{1.67}R \tag{15.2.28}$$

即在偏心荷载作用下，总安全系数：

$$K_{偏} = 1.67。 \tag{15.2.28}$$

在地震荷载作用下，应满足：

$$Q_{kmax} \leqslant \frac{1.5}{K}R \tag{15.2.29}$$

$$Q_{kmax} \leqslant \frac{1}{1.33}R \tag{15.2.30}$$

即在偏心荷载作用下，总安全系数 $K_{震} = 1.33$。

式中 Q_{kmax} ——承台下桩顶反力呈线性分布的假定时，桩群中受力最大桩的桩顶反力；

M_{xk}, M_{yk} ——相应于作用的标准组合时，作用于承台底面通过桩群形心的 X, Y 轴的力矩（kN·m）；

x_i, y_i ——第 i 根桩到桩群形心的 Y, X 轴线的距离（m）。

实际上，承受弯矩后桩顶反力的分布，这又是一个算不准的问题。要满足公式 (15.2.26) 的要求，做到真正平面变形，基础承台及其以上结构的刚度应为无穷大，若不是无穷大，则实际的最大桩顶反力将比公式 (15.2.26) 的计算值小。

若将上部结构和基础结构全部用有限元计算，由于计算中忽略了大量次要因素，计算

得到的上部结构刚度都大大低于实际。用限元分析得到的最大桩顶反力又可能比实际值小。

另一方面，由于土体中的应力叠加，桩群中各根桩的竖向支承刚度都不相同。由于土体变形的时间效应，短期或瞬间荷载作用下单桩刚度比单桩长期的刚度大，这些都是一个很复杂的问题。目前，只能按照习惯，采用上述这种无法进行验证的简化方法进行验算：在验算弯矩时，先假定整个结构上的水平力和弯矩都只传到基础底面，在基底形成总水平力和总弯矩。

2）考虑桩、土先后承受上部荷载的复合桩基础整体抗压承载能力极限状态设计

从上述实测结果出发，我们可以认为：只要单桩静载荷试验证明，桩在达到极限承载力时，能保持这个极限值不减小，并且能向下刺入足够的距离（例如大于 100mm）。即使在实际工作状态时承台底面已经与土面脱开，继续增加荷载总能迫使承台底面与土面压实，迫使土体参加工作共同承受基础上的荷载。这类桩基础的极限承载力应不小于所有桩的极限承载力加上承台下土体的极限承载力的总和。考虑桩土共同工作的桩基础的整体承载能力极限状态设计计算公式为：

$$F_k + G_k - A_u f_w \leqslant \frac{1}{K}(nR + A f_u) \tag{15.2.31}$$

我们强调这个公式表达了桩土共同承受上部结构的荷载的临界极限状态。不等式（15.2.31）右边的两项不是按照固定分担始终按比例分担荷载，而是分先后来承担荷载。先由桩承受荷载，整个桩群都达到极限后再由土体承受荷载。

对于公式（15.2.31）中的总安全系数 K，我们再次强调：这是基础整体的总安全系数。如果将总安全系数乘到括弧中，将括弧中的两项变成相应的"特征值"，可能导致很大的误解。正如前面描述的，桩顶实际受力绝对大于"特征值"，甚至可能为"特征值"的二倍，而土体表面受力绝对到不了"特征值"，甚至可能为零。

由于桩土先后发挥作用，在采用桩土共同工作概念设计的桩基础中，实际起承载作用的依然是桩。在同样的荷载作用下，按公式（15.2.31）确定的桩数比公式（15.2.24）确定的少得多。每根桩承担的荷载更大，必然大于单桩极限承载力的 1/2，甚至等于单桩极限承载力。土体的承载能力主要起整个基础承载力的安全储备作用，因此，对于桩的设计：桩身材料强度验算；桩顶与承台连接；桩身的构造节点设计要求就应更高。这也是将桩土共同工作的概念用于基础设计的注意事项。将在下一节基础构件的承载能力极限状态设计计算中详细讨论。

与不考虑桩土共同工作时一样，在水平荷载或地震荷载作用下，也应进行竖直方向桩基础承载力的验算。因考虑了桩土共同工作后减少了用桩数量，部分甚至全部桩在实际工作状态时都处于塑性极限状态。因此不能再用式（15.2.26）～式（15.2.30）进行验算。考虑到承台下土面可能脱开，整个基础的极限抵抗弯矩仅是桩群的塑性极限抗力：

$$M_{uk} = \frac{R}{K} \sum_{i=1}^{n} y_i^2 \tag{15.2.32}$$

$$M_{uk} = \frac{R}{K} \sum_{i=1}^{n} x_i^2 \tag{15.2.33}$$

式中　K——总安全系数，按公式（15.2.28）或式（15.2.30）采用。

3）两种设计方法的适用范围

一般情况下，第一种方法具有大于 2.0 的安全储备；目前已知的各种桩基础设计都可用。第二种考虑桩土先后承担基础荷载的设计方法，在确保规定的安全储备的条件下，能大大减少总用桩量，得到较高的经济效益。单后一种设计方法所用的桩必须是摩擦型桩，即在单桩静载荷试验时，单桩达到其极限状态时，能保持其极限承载力不减小的条件下，桩整体向下刺入一定距离（例如不小于 100mm）。以确保桩基础达到其极限状态时（基础上的荷载加大一倍以上时），承台底面与土面密切接触，确保土体能将它隐藏的安全储备发挥作用。

同样的原因，端承桩、高桩承台的桩基础都不适合采用桩、土先后承担基础荷载的设计方法。

15.2.5　桩基础的数值模拟计算

1. 正确认识和运用有限元数值计算方法

在应用数值计算的初期，不少人以为只要是用了有限元计算，出来的结果都是对的，都是精确的理论解。大量实际事例警告我们，事实完全不是如此。有限元数值计算是仅是一种工具，用得不对，输入一堆垃圾，最后得到垃圾一堆，甚至还会将我们的思维误导向完全错误的结论。用得对不对，关键在于计算模型的选择、考察和判断。

数值分析计算的实质是模拟，是构造或选择数学模型来模拟客观的研究对象。既然是模拟，就先要努力寻找并抽象出研究对象最本质的变化规律。由于土力学理论的不成熟，构造有限元单元计算模型尤为重要。此处所谈的构造计算模型不同于土力学本构关系的研究，本构关系太难、太高深。在近期内本构关系的研究还很难有实质性的突破，因此，在我们土力学中进行有限元数值计算就需特别小心。构筑土力学的数值计算模型不能贪大、贪全，不求通用，同样的土在不同的问题中表现的主要特性可能不同。先力求对每一类具体问题找出最主要的规律，构造出一种能模拟每一类问题主要规律的、相对可行的、简化的基本计算模型。寻找合适计算模型的艰难过程就是针对各个研究对象建立各自的基本理论的过程。

随便在某个大型通用有限元软件中取几个现成的基本单元，认为这样就一定能较精确地反映实际现象，这是很幼稚，也是危险的。很可能我们以前做的这类数值计算绝大部分都是错的，因此对每次数值分析的结果都要进行比较和反省，仔细将计算结果与客观实际现象或客观规律进行检查和比较。检查的目的不是要急于表白，我的精度是如何的高，除非是造假或凑答数。按目前的水平要想将有限元计算与实际的误差控制在 ±10% 或 ±20% 以内，是不可能的。与土力学有关的数值计算中最重要的工作是通过这些误差来推测计算模型的缺陷，否定或修改原来的计算模型和计算参数。有人称数值计算为数值模拟实验室，也就是通过这样数值实验：领悟——模拟——反省——修正，反复循环，努力最后能得到比较符合实际的简化计算模型。

在前文中反复提到，仔细观察大量试验和工程监测的现象和结果，得到竖向承压桩和桩基础受力-变形的两个最主要特征：

① 桩的刺入变形——桩侧变形不协调；

② 土体的变形随时间的发展——固结和流变。

844

在桩基础的数值模拟计算实践中发现，若能比较如实地模拟上述两个特征，数值计算就能较真实地反应和推测桩基础的实际规律；若不能在一定程度上模拟这两大特征，这类数值计算结果就基本没有参考价值。

2. 桩的刺入变形是由桩-土接触面土体的剪应力-剪切位移的性质决定的

1）桩侧模拟土体受剪产生塑性滑移的接触单元

很早就有关于桩侧土体受剪性质研究的报道，这是可以通过室内试验直接进行研究的。最近又有不少学者重新研究了这个问题。可能是由于桩身与土体的材料性质差别太大，也可能是在成桩过程中与桩接触部分的土体抗剪强度受到明显削弱，当桩侧与土体间剪切变形发展到一定程度，就达到抗剪强度，使桩侧很小距离内的土体就提前产生塑性滑移。试验室可直接测读与桩身材料直接接触的一定厚度的土体上承受剪力和剪切位移之间的关系。典型的实验曲线见图15.2.19。现在还不能明确给出土体剪切区域的厚度，大约为几毫米到十几毫米，也不能明确给出产生滑移的滑移面与桩侧面的距离，但每根试验曲线都有一个明显的拐点，因此我们常将这条曲线简化为图15.2.20的折线。曲线上的拐点也称为屈服点，拐点的横坐标称 $[\Delta]$ 为最大剪切位移；拐点的纵坐标称为最大剪应力 $[\tau]$。拐点以后的曲线经常接近于水平的直线。桩的刺入沉降正是由于桩侧土体的这种性质所决定，拐点以后的曲线不一定是水平直线。依据剪应变增加后剪应力增加或减少，又称之为塑性硬化或塑性软化。对于不同的土体试验得到的简化接触单元曲线是不同的，但是数值计算至少要能模拟剪切应变达到一定程度后会产生滑移，界面上变形不协调。

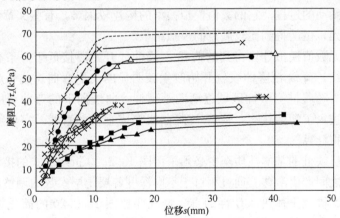

图15.2.19 桩与土体剪切试验曲线

最近，已有文献报告通过对与桩侧接触的不同土体进行剪切实验，例如桩与重塑土、桩与钻孔桩泥皮等等，取得了很好的研究结果，也取得了在整体变化规律上较好的吻合。

2）采用模拟土体受剪性质的简化接触单元就能有效地模拟单桩静载荷试验

有不少文章报道了在桩单元与土单元之间插入接触单元，数值模拟单桩静载荷试验的工作，在这类模拟计算中可暂不模拟土体变形的

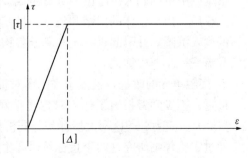

图15.2.20 桩侧接触单元模型

时间效应，仅模拟分步加荷时桩土间相对剪切变形，及由此产生的摩阻力、桩身轴向应力的变化；桩侧塑性区由上而下，由小到大，最终全部进入承载力极限状态的全过程。

最初加荷时，由于桩顶受荷桩身由上而下被压缩，使桩与桩侧土体之间产生相对剪切变形，在有剪切变形的部位也就会产生剪应力。剪应力将桩顶荷载向土体中扩散，同时使桩身的轴向压力减小。这时，由于桩顶荷载较小，桩单元、接触单元和土体单元都还处于弹性状态。同时，桩身的轴向压力是上面大下面小，桩侧与土体的相对剪切位移也是上面大下面小，桩侧面剪应力的分布同样是上面大下面小。桩顶的荷载还不能传到桩尖，就全部由桩侧传到土体中去了。桩顶荷载继续加大，桩身上部进一步压缩，桩侧面与土体之间的剪切位移加大。桩侧有摩阻力的区域向下扩大，各点的摩阻力也加大。这时，试桩的荷载-沉降曲线接近于直线。

桩顶荷载加大到某一值时，桩侧土面最高处桩与土之间的相对剪切位移达到最大值，最高点土体开始进入塑性状态，桩顶荷载再继续加大，桩侧土体的塑性区由上而下逐渐增大。在塑性区中，桩侧与土体之间出现了相对滑移，这就是最早出现的刺入沉降。早期的刺入沉降不是一次全面出现的，而是由点及面，由上而下展开的。从桩顶开始出现塑性区时起，试桩的荷载-沉降曲线开始向下弯曲。

当塑性区扩展到桩侧所有土体，并使桩端下的土体开始产生局部塑性翻动，试桩就达到了临界极限状态，桩的承载能力就达到了极限，即土体对桩的塑性极限承载力。

桩端以下土体进入塑性状态是一个比较复杂的问题。它实际上是桩端附近一个小区域内的塑性滑移、翻动的过程。它的数值模拟模型的构建较困难，有些文章仍选择与桩测一样的简化接触单元，也能得到比较满意的模拟结果。

这一类有限元数值模拟计算得到的荷载-沉降曲线开始段接近于一条直线。当土体最上部开始进入塑性，荷载-沉降曲线就开始产生较明显的向下弯曲。这一点我们称为试验曲线的第一拐点。随着桩侧塑性区域逐渐向下延伸，曲线向下的弯曲程度越来越大。最后，桩端土体也进入了塑性状态，荷载-沉降曲线变成垂直的直线。完成了整个单桩静载荷试验曲线的模拟计算。

要较如实地反映桩的基本性质至少必须采用图 15.2.20 折线形式的接触单元模型，至少要容许桩与土之间产生滑移。通过相对于不同深度各层土层参数的调整，就可较好地模拟真实试桩曲线。桩侧土体进入塑性的真实情况要比图 15.2.20 的简化折线模型复杂得多，桩端土体进入塑性状态更为复杂。进一步改进桩土之间的接触模型，我们就可以模拟桩的更细致的一些性质。

桩基础中桩的刺入沉降由两部分组成。上面所述是初次加载时刺入沉降产生的机理。加载完成后，由于土体的固结和流变，桩基础还要继续产生沉降。在这过程中也会继续产生新的刺入沉降，并引起桩、土和基础各构件里的分布和变形的变化。这在下面考虑土体固结和流变一小节中详述。

3）接触单元的改进，模拟水平围压对桩的摩阻力的影响

最近，不少学者报道了他们对桩土接触单元的实验研究。研究表明，最大剪切位移 $[\Delta]$ 和最大剪应力 $[\tau]$ 这两大指标是与同桩接触的土体性质所确定的，与桩身材料关系不大。通过实验仔细研究这两个指标量值产生影响的影响因素，就能深化对桩的认识，提高数值计算的正确度和精度。

846

正如有些文献提出，最大剪应力的大小与土体中的水平围压有直接关系。若引入公式：

$$[\tau] = c + \alpha \cdot \sigma_Z \tag{15.2.34}$$

式中 σ_Z——入土深度 Z 处土体的自重压力；

c、α——反映与桩测接触面土体性质的参数，可由实验得出。但要着重指出，由于成桩过程中这部分土体抗剪强度的削弱，此处的 c、α 值比未被扰动土体的 c、$\tan\varphi$ 小得多。

在数值方法采用这种修改后的桩土接触单元的提高或模型，就可以模拟计算由于大面积地面堆载或地面卸载，使土体中水平围压 $\alpha \cdot \sigma_Z$ 提高或降低，从而产生桩的侧摩阻力提高或降低，单桩承压承载力提高或降低的现象。

4）模拟负摩阻力的产生及其对桩的极限承载力的影响

桩土接触单元较真实地模拟了桩土截面上的力学现象，也可以用模拟计算方法研究有关桩的其他问题，例如桩的负摩阻力。

首先要深化对接触单元的研究，即要了解在承受反复剪应变时的力学性质。我们可借用桩的大应变波动方程理论中接触单元的力学模型。图 15.2.21 是考虑就剪切变形可能产生反向变化时，接触单元的一般化模型。它可模拟正向剪切与反向剪切变形与剪力直线斜率不同的情况，它还可模拟四种形况：正向剪切变形没有达到 $[\Delta]$ 值时即产生剪切变形的反复；已经产生正向滑移后反向变形较小；已经产生正向滑移后反向变形较大；已经产生正向滑移后反向变形大到产生反向的滑移。图 15.2.22 是简化的桩端接触单元模型。它是描述桩端与桩底土面的相对位移，桩向下位移为正。可模拟由于桩端沉渣，产生间隙的现象；当桩端产生反向位移，即桩端与土面脱开，土反力就为零。

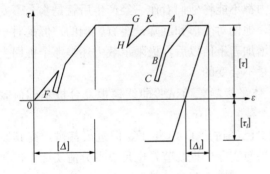

图 15.2.21 考虑剪切变形反复变化的桩侧接触单元模型

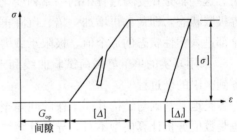

图 15.2.22 考虑因沉渣产生间隙的桩端接触单元模型

采用图 15.2.21 和图 15.2.22 这样的接触单元模型就是表示桩土间的摩阻力是由于桩土间的相对剪切变形直接对应产生的，它还与此处的应力-应变历史有关。相对剪切变形产生了变化，桩侧的摩阻力必然随之变化。

通常的负摩阻力问题，是指当桩顶还没有受力时，桩与桩侧的土体之间已经产生了负向剪切变形（不管是由于桩外欠土体的固结，还是由于原地面上的大面积堆载）。负向剪切变形产生了负向剪应力，这就是所谓的负摩阻力。负摩阻力是上大下小。负摩阻力也使桩身产生了附加的压应力。这个压力又使桩产生向下的运动，桩身整体向下运动，减少了上部部分负摩阻力，同时使桩的下部侧壁产生了可以使桩整体受力平衡的正向摩阻力。

这种现象是客观存在的，也可用本节的数值计算模型模拟计算在桩顶没有受荷以前产生负摩阻力的全过程，并求出所谓中性点的位置。

既然负摩阻力是桩侧桩土之间产生相对剪切变形和变形历史的结果，那么，桩顶正式受荷以后，桩侧各处相对剪切变形必将继续变化。

在已经有负摩阻力作用桩的桩顶加荷后，必然产生新的沉降增量。新的沉降使桩上部的负向剪切变形减小，下部正向的剪切应变增加，即桩顶继续受荷以后，负摩阻力会不断减小。由此用数值计算可以证明，只要桩的后继沉降足够大，总能使原来的负摩阻力由负变正，最终桩侧各处都达到最大剪切位移 $[\Delta]$，得到此桩的极限摩阻力。而我们讨论桩的临界极限状态正是讨论桩的位移（沉降）足够大时的状态，所以我们可以得出结论：随着桩的沉降发展原先某一阶段产生的正、负摩阻力都会不断变化，它们都不会影响单桩极限承载力值。

此处，还要重申一个概念：不要将桩基础的实际工作状态或实际工作过程中的应力、应变实际情况与承载力极限状态直接挂钩，必须将两种状态明确地区别开来，对于实际工作状态的研究得不到关于极限承载力的任何可靠的结论。桩的极限承载力是当桩的位移足够大时桩所能达到的最大抗力。负摩阻力这类现象只对桩的沉降产生影响，对桩在实际工作状态时的内力产生影响。

近年来，对于桩基础的研究发现，几乎每根桩在施工和受力的过程中会经受这样或那样先期产生的摩阻力。除了前面所述由于固结或地面堆载、卸载以外，由于基坑开挖，坑底土体回弹，使原来在土体中还没受荷的桩的桩侧上部经受向上的正摩阻力，同时迫使长桩的下部桩侧经受向下的负摩阻力，整个桩身承受拉力。如果是预制桩，沉桩以后，桩土之间会有残余摩阻力。这些正的或负的摩阻力都不能将他们看作一经产生后就是永久不变的值。这些都是在受力过程中的一系列变化，他们对变形和沉降是会有影响的。但是对于临界极限状态，即荷载再增加一倍、沉降再增加若干倍以后，极限承载力还是那个桩周土体全部进入塑性状态的那个值。极限承载力是不会变的。

3. 采用真实的单桩静载荷试验曲线和土体平板静载荷试验曲线模拟复合桩基础荷载从零到极限的全过程

各类地基基础与结构共同工作的问题至少已经讨论了 40 年了，但进展甚微，究其原因也是数值分析计算模型不对，导致计算结果与实际严重脱节，也是没有分清实际工作状态的研究与承载能力极限状态研究的区别。

最早采用有限元方法研究桩土共同工作问题时，无论是桩还是土体我们都采用理想的弹性单元，且各单元节点间都是理想的变形协调。这类有限元数值计算的结果必然是：桩土各自按照自己的弹性刚度来分担荷载。由于土体的刚度远小于桩群，因此土体永远不可能充分发挥其承载能力，但这种研究方法永远无法使研究进入承载能力临界极限状态。

实际上我们只要将较真实的单桩试桩曲线引入到有限元数值计算中，使有限元计算能够模拟桩进入极限后的状态，这时就永远不可能再算出任何固定分担比，只能算出桩土先后参与工作的客观规律。

介绍一个最简单的算例：一个承台下有两个理想弹塑性柱子支承，在承台上面施加压荷载。图 15.4.23 中由下向上三根折线，最下的表示承台下土体的从加载到达到极限的荷载-沉降曲线，中间是桩的从加载到达到极限的荷载-沉降曲线，最上面是桩和土共同工作时，承台从加载到达到极限的荷载-沉降曲线。

由图可以看到，沿着横坐标可分三个阶段，开始加荷的第一阶段，荷载从零开始，桩和土体上的受力都与总荷载成比例线性增长，桩土之间的受力有固定分担比，但土体能分担的份额很小。很快桩的受力达到极限，进入第二阶段。这时，再增加的荷载增量桩就无法承担，只能由土体承担，这时固定分担比就不可能继续存在，土体起了主要作用。最后土体也进入了极限状态，整个桩基础也进入了承载力极限状态。

上述计算忽略了土体的主要性质——固结和流变。如果在土柱子的荷载-沉降曲线中加上固结和流变的性质，即随着时间增长土柱子

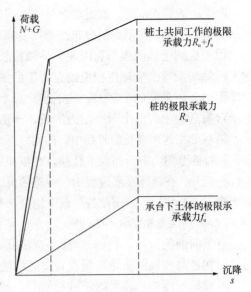

图 15.2.23　最简化的桩土共同工作全过程模拟计算

压缩变形会增加，则第一阶段土体的分担会随着时间逐步减小。

4. 由于土体固结和流变，桩侧摩阻力的分布、桩土荷载的分担和桩的刺入沉降的后续变化

1）桩间土体的固结和流变所产生的一系列后续变化

土体的固结和流变，即土体在不变的应力场作用下土体的变形还会随时间而发展。桩基础建筑在竣工以后，即荷载基本不变的情况下，沉降还会继续发展。大量长期沉降监测资料证明竣工后的逐渐发展的沉降增量要占总沉降量的一半以上。这一事实证明：摩擦桩桩基础的沉降量中，最主要的部分是土体的固结和流变产生的沉降。

仔细思考这个现象，可以发现土体的固结和流变不仅是沉降的主要组成部分，还对桩基础在竣工以后基础各构件应力、应变状态的变化产生非常大的影响，特别是我们若仔细研究桩与桩之间土体的固结和流变，就会得到一系列非常有用的结论，解释一系列以前不能解释的现象。

竣工后（为了简化叙述，假定建筑物竣工以前的固结和流变都忽略不计）承台下的土面与承台底面紧密贴合，承台下的土体多少会分担部分荷载；桩侧摩阻力的分布是上面大、下面小。桩间土体和桩端平面以下的土体都处于附加的压应力作用下。这时混凝土桩和钢桩的弹性变形已完成，但由于固结和流变，受附加压应力影响的土体都要继续产生压缩变形。

桩端以下土体的固结和流变使桩端平面变成一个微凹的曲面向下位移，桩端曲面以上的桩和桩尖土体随着这个曲面向下位移。我们着重讨论桩端平面以上桩间土体的后续变形的影响。桩间土体在附加压应力场的作用下，也要产生固结和流变，土体也要向下位移。桩相对于桩端平面不动，桩间土体向下的位移将在桩与桩侧土体间产生新的剪切变形增量，桩间土体相对于桩侧的向下的相对位移是靠近桩端处最小，越往上越大，这个剪切变形与原来产生桩侧摩阻力的剪切变形是反向的。反向的剪切变形增量将使桩侧摩阻力减小，摩阻力减少的量也是越往上越大，桩侧总摩阻力减小后，桩侧总摩阻力无法与桩顶荷载平衡，桩只能整体下

沉，产生新的刺入沉降。通过增大桩土之间的相对剪切位移来增大桩侧摩阻力，以达到新的平衡。结果使桩侧摩阻力的分布改变：上部摩阻力减小下部摩阻力增大。

由于桩间土体的固结和流变会持续很长时期，桩侧摩阻力分布向下转移和桩继续产生刺入沉降增量这个变化过程也要在竣工后的很长时期内反复循环重演。在这段时期内，桩侧摩阻力将由最初的上部大、往下越来越小，逐渐变为下部大，往上越来越小，甚至在靠近承台附近会出现一个负摩阻力区域，土面与承台底面脱开。

桩基础在这个漫长的时期中，桩端以下土体的压缩沉降继续增长，桩端的刺入沉降也在增长；桩侧摩阻力的分布向下转移，在桩顶周围出现负摩阻力区；承台下土体的表面逐渐与承台底脱开。在沉降发展过程中，各桩的沉降增量是不均匀的，将桩顶连在一起的基础承台必然要起调节作用，力图使各处沉降均匀，基础各构件的变形和内力也都将不断调整。

2）推测端承桩的工作机理

有了前面的叙述，我们就可以进行端承桩工作机理的数值模拟分析。数值计算的模型同样要在桩与较软的土体之间设置前述的接触单元，同样要考虑土体的固结和流变。

不管是摩擦型桩还是端承桩初始受力是一样的。开始荷载很小时都应该是由顶部的摩擦力平衡桩顶荷载，但是，当荷载已经传递到桩底以后，情况就不一样了，较硬基岩表面使整个桩的下沉量就受到限制（此处暂不讨论由于沉渣产生的一系列问题），但对于较长的桩，仅仅桩身的弹性压缩量也足以使桩上部桩侧接触单元进入塑性，上部还会产生部分相对滑移入变形，但桩下部桩侧土的极限摩阻力就不一定能够发挥。

这类桩基础工程竣工以后，桩间土体也同样会因固结和流变继续产生压缩变形，与摩擦型桩不同之处是坚硬岩石的固结和流变极小，不可能通过继续产生刺入沉降调整桩侧摩阻力的分布来保持岩土对桩的支承力。对于端承桩，桩间土体的固结和流变只能使桩侧摩阻力越来越小，端承力越来越大，桩的上部同样可能出现负摩阻力区域，承台下的土面与承台底脱开。上述分析说明，桩身轴向最大压力将可能大于桩顶压力，将等于桩顶压力加上桩侧上部负摩阻力的总和，桩身材料强度验算时的荷载标准值应按实际放大。

桩端压力增大的现象促使了岩石端承力问题的研究。目前估算端承桩端承力的方法显然是严重低估了，在土体中桩的极限端承力可数倍于同样埋深地基土的极限承载力。现行规范规定嵌岩桩的端承力只能与岩石试样的单向抗压强度匹配。在混凝土设计规范中，柱子作用在混凝土基础表面要进行局部承压验算，局部承压的承压面积可扩大为实际受压面积的若干倍，这两种做法都可能预示端承桩端承力值应该大于端承岩层的单向抗压强度。

15.2.6 竖向承压桩基础的正常使用极限状态设计

桩基础的正常使用极限状态的设计计算的工作分两部分，其中最主要的是沉降计算。严格地说桩基础的沉降计算还没有找到理论方法，现行规范推荐的计算方法都是经验性的方法。这种方法只能给出桩基础的最终平均沉降量，且误差还很大。

1. 竖向承压桩基础沉降现象的观察

桩基础的承受荷载、产生沉降是一个十分复杂的过程，要建立反映桩基础真实性能的理论至少要能描述桩基础的两方面主要现象：

① 土体中桩基础沉降的第一特征是刺入变形，即桩与桩侧土体的变形明显是不协调的。

② 桩基础沉降过程的第二特征是它产生沉降的主要部分是随时间而逐渐展现的。

在软土地区的桩基础建筑，从开工到竣工至少也要二三年，竣工时测到的房屋平均沉降量大约仅为最终平均沉降量的 $1/3 \sim 1/2$，即沉降的绝大部分都是随着时间逐渐发展的。建筑物沉降与时间的依赖关系表明桩基础沉降的主要部分不是弹性变形，不是弹性非线性变形，也不是弹塑性变形，而应该是固结和流变。

查阅国内外的有关文献，至今没有这样一种既能反映桩土界面上不连续性又能考软土的固结和流变性质的计算模式。

目前各本规范推荐的桩基础沉降计算方法都是采用弹性理论应力公式的单向分层总和法，这种方法不是理论方法，它只是一种经验方法，计算结果仅是建筑物的最终平均沉降量，结果的精度很低，计算最终平均沉降量中包含的误差大约为计算值的 $\pm 50\% \sim \pm 100\%$。也正因为如此，这类方法不能用于计算建筑物的倾斜或不均匀沉降，因为不均匀沉降计算更加没有精度可言。

2. 竖向承压桩基础中桩顶实际受力

在进行沉降计算前，必须先计算正常工作状态时，在荷载标准值的作用下，桩顶的平均受力。实际上桩群中各桩顶的实际受力是不均匀的，但强调的是桩群的整体工作，用于计算的是桩群中各桩顶的平均压力。采用公式（15.2.35）计算桩顶实际的平均压力 N_p（kN）：

$$N_\mathrm{p} = \frac{1}{n}(F_\mathrm{k} + G_\mathrm{k} - A_\mathrm{u} f_\mathrm{w}) \tag{15.2.35}$$

由于桩基础的特殊性，桩基础整体承受竖向压力时，桩、土承载力先后参加工作。如果在桩基础承载能力设计时仅考虑桩群单独支撑上部荷载，则在实际工作状态时各桩的平均桩顶荷载必然小于其单桩极限承载力 R 的一半。如果在桩基础承载能力设计时考虑桩、土共同支撑上部荷载，则在实际工作状态时各桩的平均桩顶荷载必然大于其单桩极限承载力 R 的一半。当用桩数量较少时按公式（15.2.35）计算得到的 N_p 值会大于桩的极限承载力 R。单桩的承载力达到极限承载力 R 时桩就进入了塑性极限状态。实际上，我们将公式（15.2.35）用作为判断在实际工作状态时承台下土体是否参与工作的一个判别式。

当 $N_\mathrm{p} < R$ 时：桩顶平均荷载即为计算值 N_p；

$$\text{承台下土面荷载} \qquad N_\mathrm{s} = 0 \tag{15.2.36}$$

当 $N_\mathrm{p} \geqslant R$ 时：桩顶平均荷载取值 $\qquad N_\mathrm{p} = R \tag{15.2.37}$

$$\text{承台下土面荷载} \qquad N_\mathrm{s} = \frac{1}{A_\mathrm{u}}(F_\mathrm{k} + G_\mathrm{k} - nR) \tag{15.2.38}$$

计算沉降时桩顶和土面的平均荷载按上述四式计算，并以此为下一步桩身强度设计，基础梁、板强度设计时的桩反力和土反力标准值。

3. 规范推荐的通用的沉降计算方法——单向分层总和法

在弹性力学中每一点的应力都有六个应力分量：三个轴向正应力分量和三个剪应力分量。沉降计算采用了"单向分层总和法"，从一开始就做了一个大胆的简化。所谓"单向"是在六个应力分量中直接抛弃了五个，仅取垂直方向主应力进行计算。曾有人建议恢复完整的六个分量的计算。现在看来完全没有必要。因为土体的性质与弹性体相差太大。抛弃五个分量所产生的误差远比采用弹性理论产生的误差小得多。完全可以通过统一的经验修正所包容。从太沙基创立"土力学"开始就借用了弹性理论的公式来算土体的压缩，至今已经 85 年了。可惜的是，我们还找不到真正的理论计算方法来替代它，还在凑合着用。

单向应力分层总和法的通式为：

$$s = \psi_p \sum_{j=1}^{m} \frac{1}{E_{sj}} \sum_{i=1}^{n_j} \sigma_{j,i} \Delta H_{j,i} \tag{15.2.39}$$

式中　s——桩基础最终平均沉降计算值（mm）；

ψ_p——桩基础沉降计算经验系数，原则上应按类似工程条件下的实测沉降资料确定，各地区的规范都根据当地的工程实测资料统计对比给出；

m——桩端平面以下压缩层范围内土层总数；

E_{sj}——桩端平面下第 j 层土在自重应力至自重应力加附加应力作用段的压缩模量（MPa）；

n_j——桩端平面下第 j 层土的计算分层数；

$\Delta H_{j,i}$——桩端平面下第 j 层土的第 i 个分层厚度（m）；

$\sigma_{j,i}$——桩端平面下第 j 层土第 i 个分层的竖向附加应力（kPa）。在桩基础沉降计算中，竖向附加应力 $\sigma_{j,i}$ 的计算通常借用弹性理论中 Boussinesqc 垂直应力公式或 Mindlin 垂直应力公式进行计算。

规范推荐的采用单向分层总和法计算桩基础沉降的方法有两种。最初都采用实体深基础的方法，土体中的附加应力采用 Boussinesqc 应力公式计算，20 世纪 90 年代以后逐渐出现了采用 Mindlin 应力公式计算土体中附加应力的方法。

4. 不考虑桩土共同工作的桩基础沉降计算

由于不考虑桩土先后参与工作，不利用桩基础在最终进入承载力极限状态前土体的潜在承载能力，使设计用桩数量较多，较多的桩数限制了按公式（15.2.35）的桩顶平均压力不大于单桩极限承载力的一半。

规范推荐的不考虑桩土共同工作的沉降计算方法有两种：

1）采用 Boussinesq 应力公式的实体深基础沉降计算方法

弹性力学中 Boussinesq 课题是在弹性半无限体的表面作用一个单位力，解出弹性半无限体内应力、应变的解析解，在弹性半无限体表面的单位集中力 P 的作用下，弹性体内任意点处的应力应变的解析表达式，其中竖向应力的解析表达式为：

$$\sigma_Z = \frac{3P}{2\pi} \times \frac{z^3}{R^5} \tag{15.2.40}$$

为了应用方便，将上式进行积分求得不同形状表面作用均布力时的解析表达式，例如矩形均布荷载时，角点下任意点处的竖向应力解析表达式为：

$$\sigma_{ZC} = \frac{p}{2\pi} \left[\frac{abz}{\sqrt{a^2+b^2+z^2}} \times \frac{a^2+b^2+2z^2}{a^2 b^2 + z^2(a^2+b^2+z^2)} + \sin^{-1}\left(\frac{ab}{\sqrt{a^2+z^2} \cdot \sqrt{b^2+z^2}} \right) \right]$$

$$\tag{15.2.41}$$

因此，要应用 Boussinesq 课题的竖向应力公式计算沉降前必须再引入两个生硬的假定：

（1）桩基础的荷载都集中作用于土体中的桩尖平面上；

（2）以桩尖平面作为半无限体的表面，桩尖以上的土体的影响以及这部分土体与桩的相互作用都忽略不计。

这就是所谓的等代实体深基础假定。等代实体深基础假定实际上并没有深基础，它将桩尖平面以上所有的东西都抛掉了，把桩群抛掉了，把基础也抛掉了。将桩尖平面看成是弹性半无限体的表面。我们就可以像计算浅基础的沉降一样用 Boussinesq 应力公式来计算桩基础的沉降了。这两个规定都很牵强，它必然大大地扭曲了土体中的实际应力应变状态。有人想用种种扩散角的办法来扩大桩尖平面的受荷面积，希望能改善应力状态使之更符合实际。但是这种应力扩散方式只是一种还没有计算机时代的人为猜想，实际的土体中应力扩散情况与扩散角的概念是不同的。任何一种数值计算方法算不出这类扩散和扩散角。上海地区的统计资料表明：采用各种扩散角方法修正后的计算结果与实测数据对比，扩散角修正后的结果离散性更大。又一次说明了这种说法与实际相违背。

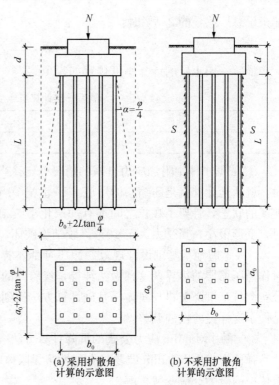

图 15.2.24　实体深基础的底面积

2012 年版的《建筑地基基础设计规范》给出这种桩基础沉降计算的经验修正系数，可按表 15.2.38 推荐的数据选用。

实体深基础计算桩基沉降经验系数 ψ_p　　　　　　　　表 15.2.38

$\bar{E}_s$ (MPa)	≤15	25	35	≥45
ψ_{ps}	0.5	0.4	0.35	0.25

注：表内数值可以内插。

从表 15.2.38 中的经验修正系数可看到，修正系数在 0.25 到 0.5 之间变化。"理论"计算结果是实际发生值的 2 倍到 4 倍！这不是理论，这只是在目前土力学这种现状，无奈用于凑答数的经验工具。

在采用单向分层总和法，用公式 15.2.39 计算桩基础沉降时，可以根据桩尖平面上荷载分布的不同情况计算出桩端平面下第 j 层土第 i 个分层的竖向附加应力 $\sigma_{j,i}$。这就是采用 Boussinesq 课题应力公式的桩基础沉降计算方法。在采用实体深基础方法计算沉降时还有二点简化规定：

（1）作用到桩尖平面的荷载应等于建筑和基础结构传到承台底面的荷载、承台底面承受的水浮力和以群桩的外包面为界的桩和中间土体组成的深基础的自重（在地下水位以下应算浮重度）。

（2）仅计算桩尖下压缩层范围内的土体的压缩量。关于压缩层的确定有过三种做法。

① 依据总沉降量的计算精度确定：当压缩层底部规定厚度 Δz 土层的压缩量小于其上

部土层总压缩量的 2.5% 时:

$$\Delta s'_n \leqslant 0.025 \sum_{i=1}^{n} \Delta s'_i \tag{15.2.42}$$

最后一层土层的计算厚度规定如表 15.2.39 所示。

最后一层计算层厚度 Δz 的规定 表 15.2.39

b(m)	$\leqslant 2$	$2 < b \leqslant 4$	$4 < b \leqslant 8$	$b > 8$
Δz(m)	0.3	0.6	0.8	1.0

② 依据土体中附加应力衰减的情况确定: 当附加应力等于或小于此处自重应力的 0.1 时, 就认为此处就是压缩层的层底。20 世纪 70 年代同济大学俞调梅先生解释说: 像上海地区的软土, 骨架土颗粒之间都有一层化学胶结物。当土骨架受力不超过自重应力 10% 时, 变形很小; 当受力大于 10%, 胶结物破坏, 土体才真正产生变形。

③《上海地基基础设计规范》1975 年版本提出, 以附加应力小于等于自重应力的 0.2 时作为压缩层的边界。这种做法纯粹是经验性的凑答数。当时上海规范的编制组收集了部分实测桩基沉降资料与实体深基础计算方法得到的计算值进行对比, 发现计算值偏大, 于是做了这样经验性的调整。

2) 采用 Mindlin 应力公式的沉降计算方法

弹性力学中 Mindlin 课题是在弹性半无限体的内部作用一个单位力, 求解在弹性半无限体中的应力、应变解析解。

采用 Mindlin 应力公式计算地基中的某点的竖向附加应力值时, 可将各根桩在该点所产生的附加应力, 逐根叠加计算。

$$\sigma_{j,i} = \sum_{k=1}^{K} (\sigma_{ZP,k} + \sigma_{ZS,k}) \tag{15.2.43}$$

式中　$\sigma_{ZP,k}$——为第 k 根桩的桩端阻力在计算点处产生的附加应力;

　　　$\sigma_{ZS,k}$——为第 k 根桩的全部侧摩阻力在计算点处产生的附加应力;

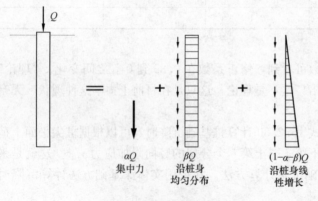

假定, Q 为单桩在竖向荷载的标准值, 由桩端阻力 Q_p 和桩侧摩阻力 Q_s 共同承担, 且: $Q_p = \alpha Q$, α 是桩端阻力比, 可近似按单桩极限端阻力与单桩极限承载力的比值取用。桩的端阻力假定为集中力, 桩侧摩阻力可假定为沿桩身均匀分布和沿桩身线性增长分布两种形式组成, 其值分别为 βQ 和 $(1-\alpha-\beta)Q$, 如图 15.2.25 所示。

图 15.2.25　单桩荷载分担示意图

第 k 根桩的端阻力在计算点 (x, y) 深度 z 处产生的应力

$$\sigma_{ZP,k} = \frac{\alpha Q}{L^2} I_{P,k} \tag{15.2.44}$$

第 k 根桩的侧摩阻力在计算点 (x, y) 深度 z 处产生的应力

$$\sigma_{ZS,k} = \frac{Q}{L^2}\left[\beta I_{S1,k} + (1-\alpha-\beta)I_{S2,k}\right] \qquad (15.2.45)$$

式中 L——为桩长（m）；

Q——为单桩在竖向荷载的准永久组合作用下的有效附加荷载；

I_P, I_{S1}, I_{S2}——应力影响系数，可采用 Geddes 对 Mindlin 应力公式进行积分后导出的公式。

对于桩端的集中力：

$$I_p = \frac{1}{8\pi(1-\mu)}\left\{\frac{-(1-2\mu)(m-1)}{A^3} + \frac{(1-2\mu)(m-1)}{B^3} - \frac{3(m-1)^3}{A^5}\right.$$
$$\left. - \frac{3(3-4\mu)m(m+1)^2 - 3(m+1)(5m-1)}{B^5} - \frac{30m(m+1)^3}{B^7}\right\}$$
$$(15.2.46)$$

对于桩侧摩阻力沿桩身均匀分布的情况：

$$I_{s1} = \frac{1}{8\pi(1-\mu)}\left\{\frac{-2(2-\mu)}{A} + \frac{2(2-\mu)+2(1-2\mu)(m^2/n^2+m/n^2)}{B}\right.$$
$$- \frac{2(1-2\mu)(m^2/n^2)}{F} + \frac{n^2}{A^3} + \frac{4m^2 - 4m^2(1+\mu)(m^2/n^2)}{F^3}$$
$$+ \frac{4m(1+\mu)(1+m)(1/n+m/n)^2 - (4m^2+n^2)}{B^3} - \frac{6m^2(m^4-n^4)/n^2}{F^5}$$
$$\left. + \frac{6m[mn^2-(1+m)^5/n^2]}{B^5}\right\}$$
$$(15.2.47)$$

对于桩侧摩阻力沿桩身线性增长的情况：

$$I_{s2} = \frac{1}{4\pi(1-\mu)}\left\{\frac{-2(2-\mu)}{A} + \frac{2(2-\mu)(4m+1)-2(1-2\mu)(1+m)m^2/n^2}{B}\right.$$
$$+ \frac{2(1-2\mu)m^3/n^2 - 8(2-\mu)m}{F} + \frac{mn^2+(m-1)^3}{A^3}$$
$$+ \frac{4\mu n^2 m + 4m^3 - 15n^2 m - 2(5+2\mu)(m/n)^2(m+1)^3 + (m+1)^3}{B^3}$$
$$+ \frac{2(7-2\mu)mn^2 - 6m^3 + 2(5+2\mu)(m/n)^2 m^3}{F^3}$$
$$+ \frac{6mn^2(n^2-m^2) + 12(m/n)^2(m+1)^5}{B^5}$$
$$- \frac{12(m/n)^2 m^5 + 6mn^2(n^2-m^2)}{F^5}$$
$$\left. - 2(2-\mu)\ln\left(\frac{A+m-1}{F+m} \times \frac{B+m+1}{F+m}\right)\right\}$$
$$(15.2.48)$$

式中 $A^2 = [n^2+(m-1)^2]$、$B^2 = [n^2+(m+1)^2]$、$F^2 = n^2+m^2$、$n = r/L$，$m = z/L$

μ——地基土的泊松比；

r——计算点离桩身轴线的水平距离；

z——计算应力点离承台底面的竖向距离。

将公式（15.2.43）～式（15.2.45）代入公式（15.2.42），得到单向压缩的分层总和法沉降计算公式：

$$s = \Psi_\mathrm{m} \frac{Q}{L^2} \sum_{j=1}^{m} \frac{1}{E_{\mathrm{S},j}} \sum_{i=1}^{n_j} \Delta H_{j,i} \sum_{k=1}^{K} \left[\alpha \cdot I_{\mathrm{P},j,i,\mathrm{k}} + \beta \cdot I_{\mathrm{S1,k}} + (1-\alpha-\beta) \cdot I_{\mathrm{S2,k}} \right]$$

$$(15.2.49)$$

2012年版的《建筑地基基础设计规范》给出这种桩基础沉降计算的经验修正系数，可按表15.2.40推荐的数据选用。

Mindlin方法计算桩基经验沉降修正系数Ψ_m 表 15.2.40

$\bar{E}_\mathrm{s}$ (MPa)	≤15	25	35	≥50
φ_pm	1.00	0.8	0.6	0.3

注：表内数值可以内插。

采用Mindlin应力公式可以放弃牵强的实体深基础假定，但它还是采用弹性理论的公式，还不能如实描述土体压缩变形的真实性质。对于软土，计算值与实际值比较接近，但对于较硬的土，差距就逐渐拉开，也可达到3倍的差距，仍反映了这类计算方法不是理论方法。计算还有下列四点说明：

（1）压缩层边的确定

建议取附加应力大于自重应力0.1的区域为压缩层范围。这种方法使用较方便，当有相邻的长、短桩群时，短桩群下和靠近长桩桩端深度处可能有两个压缩层。

（2）拉应力区问题

在应力叠加后，桩间土体上部靠近地面处，会出现一个附加拉应力区。这一拉应力区在桩群范围内的厚度变化不大。大量实际计算反映，即使有拉应力出现，拉应力值总是小于该处土的自重应力值，如图15.2.26所示算例，在基础中心点地面以下计算附加应力9.65m处，最大拉应力值为$-13.4\mathrm{kPa}$，而在该深度处的土的自重应力约为80kPa。

（3）刺入变形的模拟

前文叙述了桩基的沉降中始终存在着较大的刺入变形。刺入变形这一事实说明：在桩侧、桩尖附近，土体呈非线性，桩的沉降与相邻的土体的沉降是不连续的。Mindlin应力公式在集中力作用点上σ_z值趋于无穷大，是个奇点。Geddes在他的文献中采用离开力作用线很小距离处$n = r/L = 0.002$处的计算值来代替无穷大。若在沉降计算时，采用不同的n值计算，对其他部分的沉降计算值影响不大，仅改变这个力作用线处的沉降，即使这根桩的沉降差一个定值。采用不同的n值，即可经验地模拟各种不同的刺入量。

许多采用Mindlin公式的计算者都希望采用种种数学方法避开奇点，但是他们没想到，利用这一性质恰恰可以模拟和凑出桩的刺入变形。

（4）多项可以调整的参数

以Mindlin应力公式为基础的桩基沉降计算方法是一种经验性的计算方法，只是简单地凑出最终的沉降值。Mindlin应力公式的桩基沉降计算方法还有一个优点是有多项参数可供调整，用于凑合各地区或各种不同的计算要求。前文的n值就是这种参数之一。桩尖承载力占总承载力的比值α、桩侧摩阻力分布的形式β值都是可以用于调整并凑答数的参数。

5. 考虑桩土共同工作的桩基础沉降计算

摩擦型桩桩基础按照桩土先后承担基础竖向荷载的原理共同承担基础上部荷载。沉降计算前用公式 (15.2.32)：$N_p = \dfrac{1}{n}(F_k + G_k - A_u f_w)$ 计算在实际工作状态时桩顶实际承受的平均压力。分两种情况：

(1) $\dfrac{1}{2}R < N_p < R$

如前面小节描述的，桩顶的平均压荷载没有达到单桩极限承载力，桩群不会产生整体刺入的现象。此时不考虑承台底面受力，还是由桩群控制了整个基础的沉降，因此，沉降计算方法与前面不考虑桩土共同工作时完全一样。

(2) $N_p \geqslant R$

当按公式 15.2.32 计算得到的桩顶平均压力 $N_p \geqslant R$ 时，说明桩顶平均压力较大，但各根桩都不可能承受大于 R 的桩顶压力。当桩顶荷载达到 R 值后，桩进入极限状态，桩的支承刚度急剧下降，桩产生较大的刺入沉降，迫使承台底面回落并与其下土面压紧，土体开始发挥其承载作用。由此：承台下各桩桩顶压力 $N_p = R$，其余的荷载由承台下土体承担，即 $N_p \geqslant R$ 时，取 $N_p = R$。土体上的平均压力为：$N_s = \dfrac{1}{A_u}(F_k + G_k - nR)$，基础的沉降完全由承台下的土体所控制。此时，采用单向分层总和法计算桩基础沉降时，不应仅计算桩尖以下土体的压缩量，而应计算从承台底面开始土体的压缩量，且公式 15.2.36 中的土体附加应力 $\sigma_{j,i}$ 应由两部分形成：一部分是有桩顶荷载都为 $N_p = R$ 各桩传到土体中的应力，还要加上承台底面的平均压力 N_s 传到土体中的应力。

6. 土体中的应力分布

采用 Boussinesq 应力公式或采用 Mindlin 应力公式的单向分层总和法进行沉降计算，两种方法的经验修正系数差别较大，除了弹性理论与土的实际性质差别较大以外，对于同一桩基础两种应力公式计算得到的土中应力分布差别也是较大的。图 15.2.26 上下两图分别表示桩数较少的桩基础和桩数较多的桩基础土体中计算应力的等应力曲线。每个图的右半面是按 Boussinesq 应力公式计算的垂直向应力等应力曲线图，左半面是按 Mindlin 应力公式计算的垂直向应力等应力曲线图。在图中也画出了压缩层的范围，可以看到两者相差很大，特别是在桩群总宽度 B 较小、桩长 L 又较长时，差别就很明显。如图 15.2.26 上半图即为宽度相对于桩长较小的情况，可看到在基础中心地面下 26.65m 处，二者应力值相差达 4～5 倍之多。而下半图则表示宽度较大的桩群的情况，虽差别没有几倍之多，但也是非常明显的，因此，采用不同应力公式的沉降计算方法中经验修正系数差别也很大。一般认为，采用 Bousinesq 应力公式计算时，事实上将桩尖平面以上所有物体都抛弃了，不考虑桩群中桩数和分布的影响，不考虑桩尖、桩侧分担和桩侧摩阻力分布的影响，也不考虑桩间土体的作用。显然采用 Mindlin 应力公式计算的土的应力分布可能更接近于实际情况，同时它也可进一步了解桩尖标高以上的桩间土体的应力和压缩情况。

这些工作虽不能真实地反映土体中的应力状态，弹性理论不是土力学理论，但它可能定性地反映应力变化的趋势。

7. 沉降计算经验修正系数的统计分析

通过前文可以知道，在规范推荐的桩基础沉降计算方法中，经验修正系数起了极其重

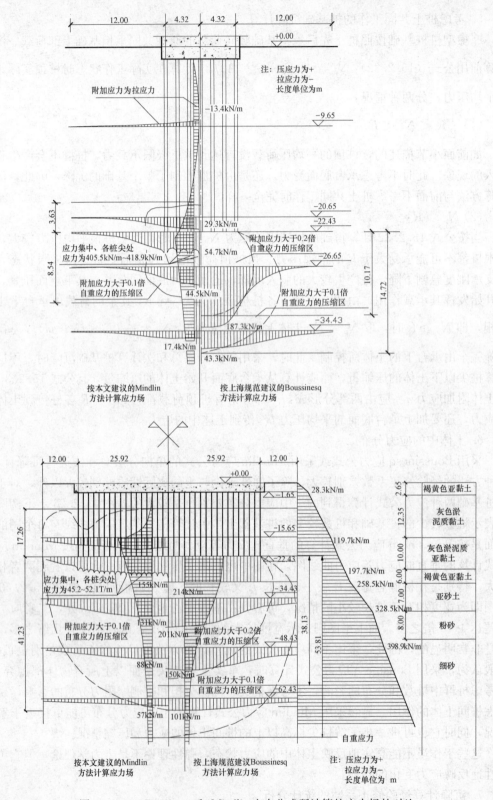

图 15.2.26 Bousinesq 和 Mindlin 应力公式所计算的应力场的对比

要的作用。不考虑经验修正，计算值可能数倍于实际发生的值，沉降计算就变得毫无意义。因此，了解上述规范推荐的桩基础沉降计算方法中经验修正系数是如何得来的，这对我们理解和应用这类经验方法有极大的好处。

1）经验修正系数的统计分析方法

为了用统计方法求得的沉降计算经验修正系数，在 2002 版《建筑地基基础设计规范》修订时，收集了 93 个工程的完整实测沉降资料和计算资料（包括荷载资料和地质资料等）。在随后的资料复查整理中，因地质资料不清和上部荷载不清或有疑问的共放弃了其中的 24 个工程的资料，实际用于分析的建筑物共 69 幢。

在 2012 版《建筑地基基础设计规范》修订时，又搜集了 71 个工程的长期沉降观测资料，桩端埋深小于 50m 的共计 55 个工程，50m～60m（不含 60m）的共计 9 个工程，60m～70m 的共计 4 个工程，70m～80m 的共计 3 个工程。由于长桩工程的长期实测沉降资料不多，这次修订将参与统计分析的工程限制在桩端埋深 65m 以内、摩擦型为主的桩基工程，不考虑多支盘、高承台大直径桩基等特殊桩基，也不考虑基岩、残积土等桩端持力层特别坚硬的桩基工程，最后实际用于统计分析的是 62 个工程的长期沉降观测资料。

在每次资料的统计、分析过程中，必须对资料收集、计算、统计分析进行了各种硬性的假定和规定，说明如下：

（1）所收集的实际沉降资料必须要有实测的建筑物长期平均沉降曲线，每次监测都采用建筑物各观测点实测沉降的算术平均值，搜集到的大部分沉降实测资料，大多数均为建筑物外墙的沉降，很少有基础中心的沉降。尽管单栋建筑物的实际沉降都呈盆状，但沉降差不大，比各种计算方法得到的盆状挠度都小。按时间排列将各次实测平均沉降连成实测的长期沉降发展曲线。

（2）对实测的长期平均沉降曲线采用外推法求出建筑物的实测最终平均沉降量。在进行外推以前，必须对实测沉降曲线进行筛选。参与统计分析的实测沉降资料均应包含工程竣工后若干年内的沉降观测记录。图 15.2.27 是典型的长期沉降观测曲线，曲线应呈反向的大 S 形。若图中曲线第二个反弯点不明确，则往往说明沉降观测的时间不足。这类曲线很难外推得到最终平均沉降值，故应剔除，不参与统计。若监测时间足够长，如图所示，则第一拐点的这段曲线较小。推算前应先将第一拐点及其前面的曲线删除，采用实测沉降的后半部分用曲线外推方法推算建筑物的最终平均沉降值。

（3）对于任一种沉降计算方法，采用计算软件都可以计算出任何一点的沉降值，但是对于求取经验修正系数而言，许多点的沉降计算值不仅无用，反而使经验修正系数变成不确定

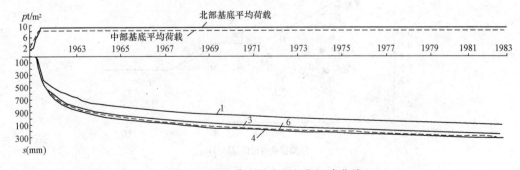

图 15.2.27 典型的实测长期沉降曲线

的了，因此我们在这无穷多个计算值中只选取最大计算值这个唯一的值，用于对比分析。

（4）桩基沉降计算经验系数是用计算最大沉降值与实测沉降推算最终平均沉降量进行统计分析得到比例常数。因此规范推荐的桩基础沉降计算方法是一种比较奇怪的计算方法：计算时，只取各点沉降计算值中的最大值，将这个值乘以经验修正系数后，就得到这个建筑物的最终平均沉降量的估算值。

在工程实践中桩长越来越长。在规范修编的统计工作展开前还讨论了一个问题，是否要将桩身的压缩量单独计算？并分别进行统计分析。据统计资料二者差别不大，但二者分开计算略好于混算。以下仅介绍将桩身压缩量分开计算的统计资料。

桩身压缩量与桩侧摩阻力的分布形式有关，且在桩基础沉降发展的较长时期内，摩阻力的分布形式一直在不断改变。参照行业标准《建筑桩基技术规范》（JGJ 94）的简化方法，采用下式计算：

$$s_e = \xi_e \frac{Q_j l_j}{E_c A_{ps}} \tag{15.2.50}$$

式中　s_e——计算桩身压缩。

ξ_e——桩身压缩系数。端承型桩，取 $\xi_e = 1.0$；摩擦型桩，当 $l/d \leqslant 30$ 时，取 $\xi_e = 2/3$；$l/d \geqslant 50$ 时，取 $\xi_e = 1/2$；介于两者之间可线性插值。

2）采用经验修正系数 ψ_{pm} 后沉降计算值与实际值的误差

这是一个大家都很感兴趣的问题，但这牵涉到统计分析中许多具体问题和小子样统计数学中的一些难点。下文仅介绍采用 Mindlin 应力公式进行沉降计算并用上述经验修正系数修正以后的计算值再与实测值比较，统计其实际误差的结论。

先定义实测最终沉降量与桩身压缩之差和计算沉降量之间的比值为变量 f_1，如下式所示：

$$f_1 = \frac{\text{实测最终沉降量} - \text{桩身压缩量}}{\text{最大计算沉降量}}$$

图 15.2.28 是本次搜集的 62 个工程实例，f_1 与压缩层深度范围内压缩模量当量值的

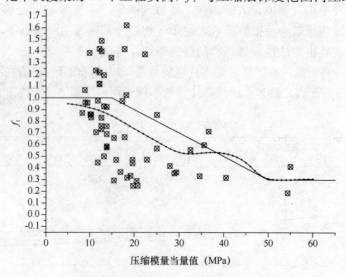

图 15.2.28　各工程的 f_1 值与压缩模量当量值的关系图

关系图。从图上可以看出，随着桩端压缩层范围内压缩模量当量值的增大，f_1 是呈变小的趋势。相对于不同区段压缩模量当量值内的 f_1 平均值就是我们欲求的经验修正系数。表 15.2.41 列出了相应的统计结果。能收集到 62 个有用的长期沉降实测资料已属相当不易，可能除了我国还没有其他国家和地区能做到。但是按压缩模量当量值分区段后，各区段的个数都显得太少了。更由于前述的基本理论上的缺陷，f_1 与压缩模量当量值之间的关系比较离散。f_1 的平均值并不服从某些特定的线性或非线性函数关系，且在压缩模量当量值为 35MPa～40MPa 范围内反常。对此我们进行了人为修改。图中点状的曲线是 f_1 的统计平均值的曲线。为了方便规范使用者的实际应用，图中的细实线是规范给出的经验修正系数的值。

不同压缩模量当量值范围 $f_{平均}$ 统计表　　　　　　　　表 15.2.41

压缩层范围内压缩模量当量值 （MPa）	工程数	$f_{平均}$	离散系数
6～10	5	1.026	0.212
10～15	26	0.937	0.291
15～20	14	0.672	0.427
20～25	5	0.596	0.428
25～30	4	0.525	0.234
30～35	2	0.455	0.154
35～40	3	0.689	0.067
40～55	3	0.343	0.105
平均	62	0.774	0.361

为了进一步分析，采用了局部非参数回归模型（Nadaraya-Watson 核估计），对上述数据进行回归统计，以期得到响应变量 f_1 相对于协变量压缩模量当量值的回归曲线和置信区间，结果详见图 15.2.29。如果以回归曲线本身作为计算沉降量的修正系数，按照非参数统计方法可得，其修正后的计算沉降量 $S_修$ 的 60％置信区间约为 $50\%S_修 \sim 150\%S_修$；

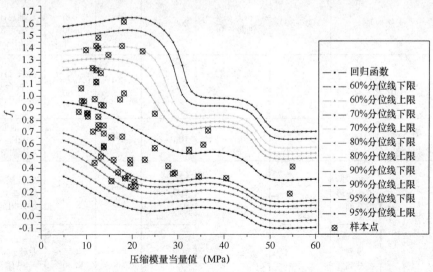

图 15.2.29　f_1 相对于压缩模量当量值的回归函数曲线及不同置信区间分位线

80%置信区间约为 $30\%S_{修}$ ~ $175\%S_{修}$；90%置信区间约为 $15\%S_{修}$ ~ $200\%S_{修}$；95%置信区间约为 $0\%S_{修}$ ~ $215\%S_{修}$。

实际上这就已反映了经过经验修正后相对不同置信要求的沉降计算估计值的正负误差范围。这种误差范围非常大，直观地说：若只要求 60% 的置信度，真实的沉降值应在修正后的计算值±50%修正后的计算值的范围内；若要求 95% 的置信度，真实的沉降值应在修正后的计算值±100%修正后的计算值的范围内。

还应明确地告诉规范的使用者：这种经验方法得到的计算结果仅为建筑物的最终平均沉降值，这个最终平均沉降值中至少还包含了±50%~±100%的误差。因此，这个方法不适用于计算建筑物下各点的不同的沉降值，不推荐用上述两种方法计算房屋的倾斜或不均匀沉降，因为影响房屋倾斜或不均匀沉降的其他因素很多，例如房屋的形状、结构刚度等等，这些因素常常是影响不均匀沉降的主要因素。若硬要用这样方法计算建筑的不均匀沉降，计算结果只能用于定性分析，数值量中可能包含正负百分之几百的误差。

8. 建筑物沉降的允许值

我们先看 1989 年《上海市地基基础设计规范》的"建筑物、构筑物的地基容许变形值和实测变形值"（表 15.2.42）。这是笔者见到过的这类表格中最实用也是最科学的一张表格。

建筑物地基容许变形值和实测变形值（mm）　　　　　表 15.2.42

建筑结构和地基基础类型				容许变形值		实测变形值			实测建筑物说明
				地基或基础中心沉降量	相对倾斜	沉降量	相对倾斜		
							纵向	横向	
砖承重结构	建筑物长高比	3	天然地基条形基础	250~300		200~400	0.007~0.03（相对弯曲 0.0003~0.0008）		6 层及 6 层以下房屋，一般有圈梁
		5		150~200		100~200			
	天然地基			200~300	桥式吊车轨面 0.003	200~500	0.004~0.008	0.003~0.006	天然低级的基础总压力（包括上覆土重）70kPa~110kPa
	桩基					100~300	0.001~0.004	0.0005~0.003	桩长 21m~40m，桩台总压力 100kPa~250kPa
	露天跨柱基				0.003	100~200	0.008~0.015		地面堆载 50kPa~60kPa，均调整过倾斜
多层框架结构	天然地基	现浇结构	独立基础、条形基础	200~300		150~300	0.004~0.005	0.002~0.004	3~6 层工业建筑，无吊车，基础总压力 90kPa~130kPa
			筏型基础			100~200	0.001~0.003	0.001~0.002	2~5 层民用和工业建筑，无吊车，基础总压力 60kPa~70kPa

续表

建筑结构和地基基础类型				容许变形值		实测变形值			实测建筑物说明
				地基或基础中心沉降量	相对倾斜	沉降量	相对倾斜		
							纵向	横向	
多层框架结构	天然地基	现浇结构	箱型基础	250~350	0.003~0.004	160~420	相对倾斜(基础底板相对弯曲)小于 0.0006		5~10 层民用和工业建筑,基础总压力 60kPa~80kPa
		装配	独立基础、条形基础	150~250		100~300	0.003~0.005	0.002~0.003	2~4 层工业建筑,无吊车,基础总压力 70kPa~90kPa
多层和高层建筑		桩基		150~250		50~350	相对倾斜 0.001~0.002 纵向弯曲 0.0001~0.0004		6~26 层工业和民用建筑,框架、框剪、剪力墙结构,钢筋混凝土预制桩,钢筋混凝土管桩,钢管桩,桩长 8m~50m,桩台总压力 110kPa~360kPa
高耸构筑物	$H \leqslant 20m$			400	0.008	20~350	0.000~0.008		高 30m~180m 烟囱,桩长 20m~23m,桩台总压力 100kPa~150kPa;高 200m 电视塔,桩长 30.5m
	$20m < H \leqslant 50m$			400	0.006				
	$50m < H \leqslant 100m$			400	0.005				
	$100m < H \leqslant 150m$			300	0.004				
	$150m < H \leqslant 200m$			300	0.003				
	$200m < H \leqslant 250m$			200	0.002				

注:实测变形值是指建筑物不发生显著裂缝,不影响使用而沉降已趋稳定的数值。

编制这张表的学者很聪明、做法很科学。虽然他们知道对于建筑物的破坏性较大的是不均匀沉降,均匀沉降对建筑物的损害不大,但是他们更清楚:以我们目前土力学的水平仅能勉强估算最终平均沉降量。在每次规范修编过程中花了巨大的人力物力统计出一系列经验修正系数,计算误差也很难小于±50%,且在短期内还很难有重大突破。

因此,他们不是学究气地以为自己的计算可以解决一切。引导大家去做自己都不知道对错的计算。他们为大家做了艰苦、细致的工作。

首先,收集尽可能多的实际长期沉降资料。特别注意那些虽然已经有了明显的沉降,但仍在较好地使用中的建筑。注意统计平均沉降与相对倾斜之间的实际关系。并同时对房屋结构、荷载和实际房屋使用状态进行详尽的调查。最后他们得到了以建筑物平均沉降量为控制指标的容许变形值。例如他们收集了在当时的设计和建造水平下的多层砖混住宅,他们发现即使房屋沉降达到了 400mm,仍能保证建筑物不产生过大的倾斜和裂缝以致影响使用。这些工作都不是可以通过简单的数值模拟计算得到的,只有经过大量踏实、细致、艰苦的实地调查,通过对大量已经产生较大沉降房屋的仔细观察和分析才能得到。由此,他们一举打破了国外通用的最大平均容许沉降为 2 英寸(50mm)、最大容许沉降差为1英寸（25mm）的习惯做法。大大放大了沉降控制值，为我国建立自己的建筑物沉降控制体系打下了坚实的基础。

在这样细致工作的基础上，为了方便设计人员运用，制订了上列"建筑物地基容许变形值和实测变形值"表。他们又将表分成容许变形值和实测变形值两部分。表列右边的实测沉降值数据是表示大量正在正常使用中的实际建筑物的平均沉降与相对倾斜、局部倾斜的对应关系，并从中提炼出平均沉降的容许值，作为设计计算用的控制指标，列于表格的左边。控制指标基本都采用最终平均沉降量。如此，就不再要求设计人员去做没有任何可信度的不均匀沉降计算。沉降的控制指标基本都是平均沉降值，设计人员就有操作的可能性了。这张表格即使到今天也是国际最先进水平的。

房屋产生沉降后是否一定会产生影响使用的不均匀沉降或裂缝？它们之间还与许多其他影响因素有关，例如，还与建筑物结构刚度的布置和均匀性有关，与地基的均匀性有关。在1989年版的《上海市地基基础设计规范》中还增设了一章"预防建筑物或构筑物受到地基变形危害的措施"，强调了这方面的要求。

沉降容许值还与社会对房屋使用舒适度要求的变化有关。随着社会经济的发展将沉降控制的指标适当收小，这时可以理解，也是应该的。但是，对建筑物不均匀沉降最严格的控制方法就是直接控制建筑物的平均沉降，而不是计算。绝对沉降小了，不均匀沉降肯定也小。依据经验，建筑物的最大不均匀沉降差不会大于最终平均沉降的一半。这比任何不均匀沉降的计算更有把握。

应该对设计人员强调：对于沉降控制，结构构造设计的重要性大于沉降计算。对于基础外形比较规则的建筑，若在布桩时能较好地控制荷载重心与桩反力中心的偏心距，就能基本避免产生房屋倾斜。在软土地区最终平均沉降值控制在200mm之内，基本不会因沉降对建筑产生危害。若建筑物是一个大地下室上多栋塔楼，且不设永久沉降缝，则最终平均沉降容许值可取100mm～150mm。

同时还应强调：沉降有明显差异的各部分建筑之间，宜设置沉降缝。平面尺度较大的基础，宜设置收缩缝。在软土地区由于建筑物竣工后沉降继续发展的时间较长，建筑结构本身可能承受和调节的不均匀沉降量也较大，因此平均沉降的控制值可以取得大些。相对应，在硬土地区控制值的取值就要严格些。

15.2.7 竖向承压桩基础构件的承载能力极限状态设计

15.2.3节分析了竖向承压基础整体在实际工作状态时桩顶和承台下土面的平均受力，并强调指出，必须用公式15.2.35求得的 N_p 值进行判断：

当 $N_p < R$ 时：桩顶平均荷载即为计算值 N_p

$$承台下土面荷载 \qquad N_s = 0 \qquad (15.2.36)$$

当 $N_p \geqslant R$ 时：桩顶平均荷载取值 $\qquad N_p = R \qquad (15.2.37)$

$$承台下土面荷载 \qquad N_s = \frac{1}{A_u}(F_k + G_k - nR) \qquad (15.2.38)$$

本章中讨论组成基础的各组成构件的承载能力设计计算时，也必须用上述 N_p 和 N_s 值作为桩、土与承台间、相互作用力的标准值。不能再采用单桩承载力特征值这个概念，在考虑桩土共同工作时桩的实际受力必定大于"特征值"，再用"特征值"进行计算将使桩身配筋不足和构件安全储备不足。

当将上述荷载标准值转变为构件设计的设计值时，如前 15.1.4 节所述，应乘以 1.25 系数，而不应乘以 1.35，或者，直接采用总安全系数表达形式，用荷载标准值进行设计计算，总安全系数取 2.0，希在阅读本章节时注意。

本节主要讨论竖向承压桩基础在满足整体承载能力极限状态和正常使用极限状态的设计计算后，基础构件的整体布置和桩身强度验算、基础承台、基础梁、板构件的承载力验算。

1. 桩基础构件布设的概念设计

在进行竖向承压桩基础结构体系和构件设计、选择基础结构形式、进行构件布置以前，我们必须有一个明确的概念：基础构件的变形和内力在竣工以后很长时期内都在缓慢地变化。按目前土力学的水平，现在还没有能力将基础各部分的内力算得很准，因此，基础设计首先应强调的是基础整体的概念设计，要使基础能经受长期不断应力、应变分布的变化；要能通过基础构件的刚度自行调节，适应这种变化；并在这一长期过程中得到能包络各种可能的最不利状态，并使各构件始终偏于安全的整体设计。

1) 基础的内力分析是算不准的

由于在土体中应力的叠加，使桩群中各根桩的实际支承刚度不同，即使在同样的荷载作用下，各桩的沉降也不一样。但原先已将桩头连接在一起的基础承台将限制各桩的不均匀沉降，在基础梁板或承台中就产生计算以外的应力和变形。

前面已经叙述，在没有真正受荷以前，先期进入土体中桩的桩身局部往往都已经经受了正摩阻力或负摩阻力。这种先期的桩身正、负摩阻力必然会使桩身产生先期的压缩或拉伸，也会对基础承台正常受荷产生没有预计的应力和应变。

由于土体的固结和流变，在建筑物竣工后的很长时期内，桩侧各部分的摩阻力一直不断地调整，迫使各桩产生新的刺入变形。这种变化在基础各处是不均衡的。在基础沉降真正稳定前，土体、桩和基础的各个构件中，它们的应力、应变将一直处于变动中。这种变化也是目前常规的基础设计没有考虑的。

基础设计时，假定基础底面反力分布是线性的。基底反力分布模式又是一个长期以来没有解决的问题。大量实测资料表明，基底反力或桩的实际反力分布与计算用的线性分布有较大差距。总体上讲边缘和角部地基或桩的反力大些，中部小些，但局部荷载较集中的地方，底板下部的土反力也较大。基础竖向刚度大的部位，例如墙体、柱子和筒体底部，土反力也较大。

由于基础的整体设计计算过程中不可能完全如实地进行复杂的计算，必然要采用许多简化假定，每一个简化假定都将使计算结果偏离实际一步。基础设计、计算结果与实际的偏差远比上部结构大得多。

有些人喜欢用有限元计算上部结构与地基基础共同工作，这个热了 40 多年的课题实际更是算不准的。例如上部结构计算建模时忽略了楼板上下所有的附加面层；忽略了所有的非承重填充墙，有人做过匡算，这样简化至少使相应部分的上部结构的刚度缩小一半以上，甚至只有实际的几分之一。而有限元计算恰是利用在结点处连接的各构件刚度进行节点力的分配。刚度差若干倍，计算又如何谈个"准"字呢？

2) 算不准，靠加大基础结构体系的刚度和整体性来弥补整个地基基础，从建造开始到竣工后的很长时期，都要经历应力、应变不断变化的过程。在这个过程中都要靠基础的整体性和刚度来协调、传递各部分构件之间的不均衡的应力和应变，因此，基础设计中最重要的总体概念：基础应该是一个完整的、具有较大刚度的超稳定整体结构，用结构的整体性和整体刚度来弥补计算理论与实际的脱节。不应该采用小梁、小板来构筑基础；更不应该立足在那种不真实的计算模式上去抠数字，用削减基础的刚度和整体性，去追求虚假的经济效益。

另一方面，基础构件不仅要传递垂直方向的荷载，在垂直方向起荷载调节作用，还要能将部分水平方向荷载直接传递到建筑物边缘的土体中。这些客观的实际因素在现行基础构件布局设计中都没有考虑，也只能通过适当放大基础构件的刚度，通过较富裕的刚度来调节和承受计算中被忽略的种种附加次应力。

基础或地下室结构布置时，为确保水平力的传递，地下室在主楼与裙房处的轴线宜直接贯通，并从地下室一侧直接通到另一侧。

对于超高层建筑、高层建筑我们建议采用厚筏板基础或箱形基础，多层或小高层建筑可采用梁板式筏板基础，不宜采用独立承台柱基，如果一定要采用独立承台基础，则要求各承台间纵横两方向都有刚度较大的地基梁连成一个整体。有地下室的建筑不希望采用独立承台加防水板的基础形式。地基梁的高跨比不宜小于 1/10，悬臂板根部的板厚不宜小于跨度的 1/3。

2002 年的国家《建筑地基基础设计规范》指出，在有较大面积裙房或一个大底盘上多个塔楼的情况时，由于裙房、地下室和基础结构的刚度，主楼的荷载必然会向外扩展分布。在一般情况下，可以按向外扩展一个开间考虑，因而大底板上的后浇带可考虑设置在主楼外第二开间的中间。这条看似简单的规定不仅打破了原来基底反力与主体结构的投影面积对齐的框框。主楼荷载可以向外扩展一个开间的建议还有极大的社会经济价值。对于在较硬土质的地区，例如花岗岩残积土或某些老黏土，可因此就由桩基础改为天然地基上的基础。如果是一个大底盘上多栋塔楼的建筑，若没有紧靠塔楼边设置沉降缝，主楼的荷载必然自动向外扩散。则与主楼相邻这一跨的裙房和地下室的梁板结构必须加强，必须验算荷载扩散区根部结构的抗剪能力。

过分相信现在的简化计算方法，以为这样的计算结果就能很准确地反映基础构件的实际内力；以为基础各部分构件的内力和变形是恒定不变的；相信有限元数值方法、相信目前水平的地基与结构共同工作的计算结果是比较精确的。这些都是很书生气的，也是不符合实际的。

2. 桩身轴心抗压强度设计计算

1）正常使用状态时桩基础中桩实际承受的平均轴向压荷载

同一种桩在采用不同设计概念设计的竖向承压桩基础中，桩顶实际受力差别很大。都必须用公式（15.2.35）进行计算，确定桩顶实际承受的平均压荷载 N_p。

在不考虑桩土共同工作时，桩顶的平均压力总是小于单桩极限承载力的一半：

$$N_p \leqslant \frac{R}{2.0}$$

在考虑桩土共同工作时：

$$\frac{R}{2.0} \leqslant N_p \leqslant R$$

桩身材料强度验算是将桩看作为一个轴心受压构件，必须将它在实际工作状态时实际经受的荷载 N_p 作为荷载标准值进行验算，保证它同其他基础构件一样，具有相同的安全储备水平。

由此我们能进一步理解：为什么前文中我们一再强调，单桩极限承载力仅仅是指土体对桩的极限支承能力，而与桩身材料强度无关。

因为在竖向承压复合桩基础中，我们需要将土体对桩的支承力 R 充分贡献出来，希望使 N_p 尽可能地接近于 R。但桩在长期实际承压 N_p 时，不被压坏并具有通常的材料强度安全储备。因此必须将桩当成承受压力标准值为 N_p 的轴心受压杆件进行设计计算，否则就可能产生不安全。

如前文所说，若对于桩群中各桩桩顶的实际受力进行监测，各桩的实际受力是不相等的。各桩的实际受力有正负 10% 左右的误差。但当桩群的平均受力越接近单桩极限承载力时，即考虑桩土共同工作时，各桩实际受力的相对误差较小。我们在进行桩身材料强度验算时，不考虑桩群中各桩受力的实际差异，仅采用桩顶的平均受力。

2）长桩桩身材料强度验算的实际安全储备不足

不少地区做静载荷试验时常发现，长桩的桩身材料强度的安全储备不足。经研究主要是由于以下两方面的原因：

（1）实际桩身材料的不均匀性或曾经经受过微小损伤，例如水下浇筑混凝土的不均匀性造成局部位置强度降低；混凝土预制桩在脱模、运输过程中产生裂缝等。

（2）桩身受力基本可认为是轴心受压，但在桩身的局部区域，实际传力路径可能严重偏离理想的轴心受压状态，例如预制桩在每节桩接头处、混凝土局部损伤处，桩身受力严重偏移，甚至出现应力集中，预应力桩各预应力筋受力不均匀产生的偏心受力等。

上述这两方面损伤的原因有很大的随机性，无法通过设计进行控制。但可能使桩身强度的实际安全储备不足，除上海地区外，也有不少地区发现在静载荷试验时桩身出现提前被压坏的现象。上海市从 1989 年版的《地基基础设计规范》开始提出增加"桩身结构强度验算"的设计要求，并给出了计算公式。公式仍采用轴心受压构件的计算形式，增加了一系列小于 1.0 的折减系数，其实质是将桩身强度验算的总安全系数由原来常用的 2.0 左右提高到 3.0 左右。公式推出后发现，总安全系数 3.0 明显偏大，所以，在以后的 1999 年版的上海规范中将实际总安全系数调整到 2.5 左右。在 2010 年版的上海规范中又进一步做了微调。

在《混凝土结构设计规范》中，正截面受压承载力的多系数表达式为：

$$N_p \leqslant 0.9\varphi(f_c A + f'_y A'_s) \tag{15.2.51}$$

这个公式对应的总安全系数为 2.0 左右。若要将总安全系数由 2.0 提高到 3.0，则上式就变为：

$$N_p \leqslant \frac{2.0}{3.0} \cdot 0.9\varphi(f_c A + f'_y A'_s) = 0.60\varphi(f_c A + f'_y A'_s) \tag{15.2.52}$$

若总安全系数由 2.0 提高到 2.5，则上式就变为：

$$N_p \leqslant \frac{2.0}{2.5} \cdot 0.9\varphi(f_c A + f'_y A'_s) = 0.72\varphi(f_c A + f'_y A'_s) \tag{15.2.53}$$

在桩身材料强度验算时，不考虑长细比问题，$\varphi = 1.0$。习惯上不考虑钢筋的抗力作用。

1999 年版的上海《地基基础设计规范》相应的计算表达式为：

（1）预制桩：

$$R_d \leqslant (0.60 \sim 0.75) f_c A_p$$

（2）预应力桩：

$$R_d \leqslant (0.60 \sim 0.75) f_c A_p - 0.34 A_p \sigma_{pc}$$

（3）灌注桩：

$$R_d \leqslant 0.60 f_c A_p$$

（4）钢管桩：

$$R_d \leqslant 0.55 f A'$$

2010 年版的上海《地基基础设计规范》相应的计算表达式为：

（1）预制桩：

$$R_d \leqslant (0.75 \sim 0.85) f_c A_p$$

（2）预应力桩：

$$R_d \leqslant (0.75 \sim 0.85) f_c A_p - 0.34 A_p \sigma_{pc}$$

（3）灌注桩：

$$R_d \leqslant (0.7 \sim 0.8) f_c A_p$$

（4）钢管桩：

$$R_d \leqslant (0.60 \sim 0.75) f A'$$

从 2002 年起，国家标准《建筑地基基础设计规范》也纳入了这个概念及相关的公式，不过没采用"桩身结构强度"这个名词，在桩身强度验算时，增加了一个小于 1.0 的"工作条件系数"。

2011 年版国家标准《建筑地基基础设计规范》相应的计算表达式为：

（1）预制桩：

$$R_d \leqslant 0.75 f_c A_p$$

（2）预应力桩：

$$R_d \leqslant (0.55 \sim 0.65) f_c A_p$$

（3）灌注桩：

$$R_d \leqslant (0.60 \sim 0.80) f_c A_p$$

回到本章统一的总安全系数表达形式，桩身强度验算的计算公式为：

$$N_p \leqslant \frac{1}{K} (A_p f_{ck} + A'_s f_{stk}) \tag{15.2.54}$$

式中　K ——验算桩身材料强度的总安全系数，取值为 2.5。

3）长桩在土体中没有失稳的问题，可以看作为轴心受压构件

长桩在土体中是否会失稳？工程实践中桩越用越长，长细比已经接近或超过 100。一直有人担心长桩的失稳问题，实际上，这种担心是多余的。

在下一节中从理论上证明，桩进入土体后，只要考虑了土体对桩横向位移的弹性约束，细长桩在软土中的部分就不会有失稳的现象。而且还可以进一步证明，即使桩身有一定初始绕曲，由于土体的侧向弹性约束力的作用，迫使它的实际受力状态仍非常接近没有弯矩的轴心受压状态。

细长桩在土体中，从整体上是处于轴向受力状态且没有整体失稳问题，但并不能排除在桩的接头处或某些局部位置受力不均匀或者预应力钢筋受力不均匀等，引起桩身混凝土偏心受力的现象。

4）具有侧向等距离弹性约束的压杆稳定问题的理论推导

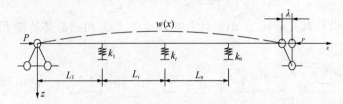

图 15.2.30　轴向压力下杆件的计算模型

假定受压杆件在侧向的挠度为 $w(x)$，轴向压力对图所示体系做功产生的应变能其表达式为：

$$\frac{EI}{2}\int_0^L \left(\frac{\mathrm{d}^2 w}{\mathrm{d}x^2}\right)^2 \mathrm{d}x + \sum_{i=1}^n \frac{1}{2}k_i\, w_i^2 \tag{15.2.55}$$

考虑轴向压力做功平衡后，可得总体势能 E_P 为：

$$E_P = \frac{EI}{2}\int_0^L \left(\frac{\mathrm{d}^2 w}{\mathrm{d}x^2}\right)^2 \mathrm{d}x + \sum_{i=1}^n \frac{1}{2}k_i\, w_i^2 - P\lambda \tag{15.2.56}$$

按照最小势能原因，对式（15.2.56）进行关于挠度 $w(x)$ 所包含待定未知参量的极值求解，即可得出轴向压力 P 与侧向约束弹簧刚度 k_i 的关系。

假定受压杆件的侧向位移表达式 $w(x)$ 为：

$$w(x) = \sum_{j=1}^m C_j \cdot \sin\frac{j\pi}{L}x \tag{15.2.57}$$

$$\frac{\mathrm{d}w(x)}{\mathrm{d}x} = \sum_{j=1}^m C_j \frac{j\pi}{L}\cos\frac{j\pi}{L}x$$

$$\frac{\mathrm{d}^2 w(x)}{\mathrm{d}x^2} = -\sum_{j=1}^m C_j \left(\frac{j\pi}{L}\right)^2 \sin\frac{j\pi}{L}x$$

取式（15.2.57）中任意一项，求曲线轴向压缩量：

$$w_j(x) = C_j \cdot \sin\frac{j\pi}{L}x \tag{15.2.58}$$

根据第一类曲线积分，可得杆件挠曲后轴向的压缩量为：

$$\lambda = \int_0^L \sqrt{1+\left[\frac{\mathrm{d}\,w_j(x)}{\mathrm{d}x}\right]^2}\,\mathrm{d}x - L$$

$$= \int_0^L \sqrt{1+\left[C_j\frac{j\pi}{L}\cos\frac{j\pi}{L}x\right]^2}\,\mathrm{d}x - L \tag{15.2.59}$$

此积分较为复杂，且结果为复变函数的椭圆积分形式，令：

$$t = \left(\frac{\mathrm{d}w}{\mathrm{d}x}\right)^2 = \left(C_j\frac{j\pi}{L}\cos\frac{j\pi}{L}x\right)^2$$

可将上式进行迈克劳林级数展开并化简，则有：

$$\sqrt{1+t} = 1 + \frac{1}{2}t + \cdots + o(t^n)$$

$$\sqrt{1 + \left(C_j \frac{j\pi}{L} \cos \frac{j\pi}{L} x \right)^2} = 1 + \frac{1}{2} \left(C_j \frac{j\pi}{L} \cos \frac{j\pi}{L} x \right)^2 + \cdots \qquad (15.2.60)$$

将式 $w_m(x)$ 代入 $w(x)$ 可得:

$$\lambda = \frac{1}{2} \int_0^L \left(\sum_{j=1}^m C_j \frac{j\pi}{L} \cos \frac{j\pi}{L} x \right)^2 dx \qquad (15.2.61)$$

将式 (15.2.57) 和式 (15.2.61) 代入式 (15.2.53) 可得总体势能 E_P 的正弦级数表述:

$$E_P = \frac{EI}{2} \int_0^L \left[\frac{d^2 \sum_{j=1}^m C_j \cdot \sin \frac{j\pi}{L} x}{d x^2} \right]^2 dx + \sum_{i=1}^{n-1} \frac{1}{2} k_i \left[\left(\sum_{j=1}^m C_j \cdot \sin \frac{j\pi}{n} x \right)^2 \right]_{x=x_i} -$$

$$\frac{P}{2} \int_0^L \left(\sum_{j=1}^m C_j \frac{j\pi}{L} \cos \frac{j\pi}{L} x \right)^2 dx$$

化简可得:

$$E_P = \frac{EI}{2} \int_0^L \left(\sum_{j=1}^m C_j \frac{j^2 \pi^2}{L^2} \sin \frac{j\pi}{L} x \right)^2 dx + \frac{1}{2} \sum_{i=1}^{n-1} k_i \left[\sum_{j=1}^m C_j \cdot \sin \frac{j\pi}{n} x \right]_{x=x_i}^2$$

$$- \frac{P}{2} \int_0^L \left(\sum_{j=1}^m C_j \frac{j\pi}{L} \cos \frac{j\pi}{L} x \right)^2 dx$$

其中:

$$\int_0^L \left(C_j \frac{j^2 \pi^2}{L^2} \sin \frac{j\pi}{L} x \right)^2 dx = C_j^2 \frac{j^3 \pi^3}{L^3} \int_0^L \sin^2 \frac{j\pi}{L} x \, d\left(\frac{j\pi}{L} x \right)$$

$$= C_j^2 \frac{j^3 \pi^3}{L^3} \left[\frac{1}{2} \frac{j\pi}{L} x \right]_0^L = C_j^2 \frac{j^4 \pi^4}{2L^3}$$

$$\int_0^L \left(C_j \frac{j\pi}{L} \cos \frac{j\pi}{L} x \right)^2 dx = C_j^2 \frac{j\pi}{L} \left[\frac{1}{2} \frac{j\pi}{L} x \right]_0^L = C_j^2 \frac{j^2 \pi^2}{2L}$$

$$\int_0^L C_i C_j \sin \frac{i\pi}{L} x \sin \frac{j\pi}{L} x \, dx = \int_0^L C_i C_j \cos \frac{i\pi}{L} x \cos \frac{j\pi}{L} x \, dx = 0$$

代入,得:

$$E_P = \frac{\pi^4 EI}{4L^3} \sum_{j=1}^m C_j^2 j^4 + \frac{1}{2} \sum_{i=1}^{n-1} k_i \left[\sum_{j=1}^m C_j \cdot \sin \frac{j\pi}{n} x \right]_{x=x_i}^2 -$$

$$\frac{\pi^2 P}{4L} \sum_{j=1}^m C_j^2 j^2$$

$$\frac{\partial E_P}{\partial C_j} = \frac{\pi^4 EI}{2L^3} j^4 C_j + \sum_{i=1}^{n-1} k_i \left[\sin \frac{j\pi}{n} x \sum_{j=1}^m C_j \cdot \sin \frac{j\pi}{n} x \right]_{x=x_i} -$$

$$\frac{\pi^2 P}{2L} j^2 C_j \quad (j = 1, 2, 3, \cdots, m) \qquad (15.2.62)$$

根据弹性力学的最小势能原因,只有当 E_P 取极值时挠度参数 C_m 取值与实际情况一致,并对应于系统的一种极限稳定状态。故有:

公式 (15.2.62) 中第一式对参数 C_1 求导,可得:

$$\frac{\partial E_P}{\partial C_1} = \frac{\pi^4 EI}{2L^3} C_1 + k_i \sum_{i=1}^{n-1} \left[\sin \frac{j\pi}{n} x_i \sum_{j=1}^m C_j \cdot \sin \frac{j\pi}{n} x_i \right] - \frac{\pi^2 P}{2L} C_1$$

当 $\frac{\partial E_P}{\partial C_1} = 0$ 时,若系统处于稳定状态或临界稳定状态,则必须有一组非零解。可知当参

数 $C_1 \neq 0$、其他参数 $C_j \equiv 0$ 时，为其中某一稳定临界状态：

$$\frac{\pi^4 EI}{2L^3}C_1 + C_1 \sum\nolimits_{i=1}^{n-1} k_i \sin^2 \frac{\pi}{n} x_i - \frac{\pi^2 P}{2L}C_1 = 0$$

可得失稳的临界压力：

$$P_u = \frac{\pi^2 EI}{L^2} + \frac{2L}{\pi^2} \sum\nolimits_{i=1}^{n-1} k_i \sin^2 \frac{\pi}{n} x_i \qquad (15.2.63)$$

算例：

在土体中一根钢筋混凝土预制方桩，桩的截面为 $500\text{mm} \times 500\text{mm}$，桩长 50m。混凝土强度等级为 C50，抗压强度标准值 $f_c = 32.4(\text{N/mm}^2)$，$E = 3.45 \times 10^4 (\text{N/mm}^2)$，$I = 5208333333 (\text{mm}^4)$。假定按 1‰ 配筋率配 HRB400 钢筋，$A'_s = 2500(\text{mm}^2)$，强度标准值 $f_y = 400(\text{N/mm}^2)$。单桩桩身材料抗压强度极限值不小于：

$$P_u = 32.4 \times 500 \times 500 + 2500 \times 400 = 9100000(\text{N}) = 9100(\text{kN})$$

若将桩看成是一根在空气中的两端受压的压杆，按压杆稳定的欧拉公式可计算出这根杆件的临界压力：

$$P_{u0} = \frac{\pi^2 EI}{L^2} = 709376(\text{N}) = 709(\text{kN})$$

$$P_{u0} / P_u = 709376 \div 9100000 = 0.078$$

压杆失稳时的压力还不到桩身极限强度的 7.8%！但只要桩是在土体中，这种现象就不会产生。我们假定土体对桩的侧向弹性约束用每 1m 长的桩段中加设一个小弹簧。弹簧刚度都为 k。当不断加大弹簧刚度 k 的值，压杆的临界压力值就能不断增大。以下我们就来推求：k 值必须多大后，桩的临界压力就大于桩的抗压极限强度值，即可说这根桩在土体中就不可能出现失稳：

$$P_u = \frac{\pi^2 EI}{L^2} + k \cdot \frac{2L}{\pi^2} \sum\nolimits_{i=1}^{n-1} \sin^2 \frac{\pi}{n} x_i \geqslant 9100000(\text{N})$$

将数据代入，可求出最小侧向弹簧系数 k，再假定每米长的桩身侧向作用一个土体约束弹簧，则公式中 $n = 100$，又有：

$$\sum\nolimits_{i=1}^{n-1} \sin^2 \frac{\pi}{n} x_i = \frac{n\pi}{12}$$

$$k \geqslant \frac{6\pi}{nL}\left(9100000 - \frac{\pi^2 EI}{L^2}\right) = 1.885 \times 10^{-6}(9100000 - 177344)$$

$$= 16.82(\text{N/mm})$$

计算结果表明，对于截面 $500\text{mm} \times 500\text{mm}$、长 100m 的长桩，即使处于最不利的完全端承的状态下，只要土体对每一米桩身提供大于 16.82N/mm 的弹性约束，这根桩就不会产生失稳问题。

15.3　承受水浮力的桩基础

随着城市地下空间开发利用的要求剧增，正确进行基础抗浮设计的问题显得越来越重要，处理不当，一个大型建筑就可能产生几百万到几千万工程投资的差异，因此桩基础抗浮设计问题引起工程界的讨论和兴趣。讨论集中在以下几个问题：桩与结构自重是如何共同抵抗水浮力的？桩基础抗浮设计时，总安全储备应取多大？总安全系数是否可以为变数？

15.3.1 承受水浮力桩基础的整体承载能力极限状态及其设计计算

1. 水浮力的变化和抗浮设计水位

进行基础抗浮设计前，必须对工程场地的地下水位进行详细的了解，如有必要可以请当地的工程地质勘察单位进行专项工程水文地质勘察。结合当地长期水文监测资料，提出工程场地较准确的、科学的地下水常年平均水位、50 年或 100 年一遇的最低水位和最高水位，并由设计人员依据建设后工程场地地面标高的改变、场地坡度、排水系统和河道改变等确定合理可靠的抗浮设计水位。

2. 从中学物理题理解结构自重与抗浮桩先后抵抗浮力的工作机理

我们先看一道中学物理习题：有一个潜水艇潜没于水中，并用二根钢缆下锚于海底。潜水艇总排水量 2000m³，自重 10000kN。问题是：两根钢缆上的拉力是多大？若往潜水艇中再注入 500m³ 水，这时钢缆上的拉力变为多大？若总共注入 1010m³ 水，这时钢缆上的拉力变为多大？这道题很简单：

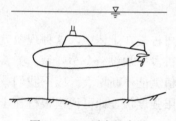

图 15.3.1 浮力的中学
物理习题

排水量 2000m³，产生水浮力 2000×10 = 20000kN；

潜水艇自重即抗力，为 10000kN，两根钢缆上承受总拉力 20000−10000=10000kN；

平均每根钢缆承受拉力 5000kN。

若往潜水艇中注水 500m³，即抗力增加 500kN，为 15000kN。

钢缆上承受的总拉力减少 5000kN 变为 5000kN。

平均每根钢缆承受拉力 2500kN。

若总共注入 1010m³ 水，抗力增大到 20100kN。自重大于浮力，即抗力大于荷载作用，潜水艇沉于海底。钢缆上不受力。此时的总安全系数为 20100÷20000＝1.005。

若将潜水艇看成是建筑物，钢缆就是抗拔桩。这道中学物理题告诉我们：在抗浮基础设计时，结构物自重与抗浮桩是先后工作的。水浮力总是先由结构自重承受，结构自重自始至终都充分发挥作用。只有当结构自重不能完全抵消水浮力，余下的力才由抗拔桩承受。这就是抗浮基础中结构自重与桩先后参加工作的工作原理。

3. 承受水浮力的桩基础承载能力极限状态计算公式

利用建筑物自重能够抵抗水浮力时，基础抗浮承载能力极限状态的计算计算公式为：

$$F_{w1} \leqslant \frac{1}{K_f}(G+N) \tag{15.3.1}$$

式中　F_{w1}——在最高水位 $w1$ 时，计算基底水浮力，是荷载作用；

　　　G, N——基础和上部结构自重标准值，是抵抗浮力的抗力；

　　　K_f——整个基础抗浮设计的总安全系数，取值 1.05～1.10。

以此类推，当建筑物自重不足以抵抗水浮力时，就必须增加桩来抵抗水浮力。桩基础抗浮设计的整体计算公式应为：

$$F_{w1} \leqslant \frac{1}{K_f}(G+N+nR_f) \tag{15.3.2}$$

式中　n——基础抗浮桩的总桩数；

　　R_f——由单桩抗拔桩静载荷试验确定的单桩抗拔承载力极限值。

有人对公式（15.3.2）右边括号中的安全储备提出疑问，担心公式中采用单桩抗拔承载力极限值，但总安全系数仅为 1.05～1.10，是否安全储备太低？

若我们认可基础整体抗浮验算公式（15.3.1），则无理由反对公式（15.3.2）。要强调的是，这两个公式都是讲基础的整体抗浮问题，整体的安全储备应完全相同，只要地下水位取值准确，计算得到的水浮力几乎不会有误差。而最高地下水位的取值已经包含了一定的安全储备，土体对地下室或基础侧壁摩阻力等有利作用也是隐含的安全储备。

关于安全度的担心，实质上是人们的潜意识中认为桩的安全系数都应是 2.0，认为凡是桩都要提到桩的特征值，不习惯针对不同问题应有不同的总安全系数。事实上对于抗浮桩不存在抗拔桩承载力特征值问题，桩基础整体的抗浮安全储备和桩作为一个抗拉构件设计计算时所需的安全系数在概念上是不同的。

15.3.2　承受水浮力桩基础的实际工作状态

依据抗浮基础下桩与结构自重先后工作的原理：自重总是要充分发挥抵抗浮力的作用，其不足的部分才由桩承担。在实际工作状态时，所有桩所承受的拉力仅为实际的总浮力与结构总自重的差值，可算出各根桩桩顶平均承受的最大实际拉力的荷载标准值：

$$Q_{Lk} = \frac{1}{n}(F_{w1} - G - N) \tag{15.3.3}$$

式中　F_{w1}——基础可能承受的最大水浮力。

在最高设计水位时，桩身受的拉力最大。地下水位一直处于变化之中，且极少可达最高水位，实际的 Q_{Lk} 常小于公式（15.3.3）的计算值。水浮力的变化全部转化为桩身拉力的变化，水位的较小变化就会造成桩身拉力的较大变化。不同的抗浮桩基础设计，即使采用了相同的桩，由于结构自重与桩的总抗力之间的比例不同，桩身拉力的变化范围也不同。在抗拔桩基础整体承载能力的讨论中更不应涉及特征值的问题。由于自重与桩的先后参与工作，基础抗浮的整体安全储备全部储存于桩群的承载力中。在实际工作状态时桩身抗拉强度的总安全系数远大于 1.05～1.10。但将抗浮桩作为组成基础的抗拉构件，我们将式（15.3.3）求得的桩身经受的最大拉力作为荷载标准值，采用《混凝土结构设计规范》或《钢结构设计规范》进行抗拉构件设计计算，使构件的抗拉强度总安全系数在 2.0 附近。Q_{Lk} 是抗拔桩在实际工作状态时可能承受的最大拉力。按规范进行设计计算时，抗拔桩桩身承受的拉力设计值 Q_L 可按下式计算：

$$Q_L = 1.25 Q_{LK} \tag{15.3.4}$$

或采用总安全系数的桩身材料抗拉验算公式为：

$$Q_{LK} \leqslant \frac{1}{2.0} R_L \tag{15.3.5}$$

式中　R_L——桩身抗拉承载力标准值（kN）。

15.3.3　规范推荐的基础抗浮设计方法的讨论

目前规范推荐的基础抗浮设计方法与上节叙述的方法都不相同。

1. 《建筑桩基技术规范》JGJ 94—2008 推荐的设计方法

在《建筑桩基技术规范》中强调桩基础和基桩的概念。将桩基础的设计计算都分解到每一根基桩上进行，因此基础抗浮的整体设计计算就变成单根抗拔桩的设计计算：

$$N_{\mathrm{k}} \leqslant T_{\mathrm{uk}}/2 + G_{\mathrm{p}} \tag{15.3.6}$$

式中 N_{k} ——按荷载效应标准组合计算 的每根基桩经受的上拔力；

T_{uk} ——单桩抗拔极限承载力扣去桩身自重以后的值；

G_{p} ——抗拔桩自重的标准值。

将公式（15.3.6）改写为我们习惯的桩基础整体设计计算的形式：

$$\frac{1}{n}(F_{\mathrm{wl}} - G - N) \leqslant T_{\mathrm{uk}}/2 + G_{\mathrm{p}} \tag{15.3.7}$$

$$F_{\mathrm{wl}} \leqslant G + N + n(T_{\mathrm{uk}}/2 + G_{\mathrm{p}}) \tag{15.3.8}$$

考虑到单桩抗拔承载力极限值 R_{f} 为

$$R_{\mathrm{f}} = T_{\mathrm{uk}} + G_{\mathrm{p}} \tag{15.3.9}$$

代入（15.3.8），整理得：$F_{\mathrm{wl}} \leqslant G + N + \dfrac{n}{2.0}(R_{\mathrm{f}} + G_{\mathrm{p}})$

由于上式中最后一项中 G_{p} 的值比 R_{f} 的值要小得多，将其忽略，得：

$$F_{\mathrm{wl}} \leqslant G + N + \frac{n}{2.0} R_{\mathrm{f}} \tag{15.3.10}$$

公式（15.3.10）不等式左边是荷载作用标准值。不等式右边都是抗力标准值。按总安全系数表达式的书写格式，荷载作用与抗力之间应加入总安全系数，见公式（15.3.2）。但公式（15.3.10）中没有总安全系数，只是在第三项上出现安全系数 2.0。这就使基础整体抗浮的安全系数对于 $G + N$ 来说，等于 1.0，对于 R_{f} 来说，等于 2.0，这是不合理的。在自重 $G + N$ 很小时，公式（15.3.10）得到的总用桩量要比公式（15.3.2）的用桩量大，说明总安全系数过大。当自重较大，特别在极端状态 $G + N$ 非常接近 F_{wl} 时，按公式（15.3.10）计算可不布桩，说明总安全系数过小，设计安全储备不足，可能存在隐患。

2. 上海市《地基基础设计规范》（DGJ 08-11—2010）推荐的设计方法

上海市《地基基础设计规范》2010 版的修编组对 2008 版《建筑桩基技术规范》提出了一个改进的公式，弥补了安全储备可能不足的缺陷：

$$F_{\mathrm{wl}} \leqslant \frac{1}{1.05}(G + N) + n \cdot \frac{R_{\mathrm{f}}}{2.0} \tag{15.3.11}$$

这个公式中的符号已经改写成与本章节其他公式相同的形式。上海规范这个公式没有放在桩基础的章节中，而放在第 12 章 "地下工程设计要点" 第 12.3 节 "明挖法地下建筑" 中。很难找到。公式左边是荷载作用，右边都是抗力，但两个抗力前出现了两个不同的安全系数，既不是总安全系数表达形式又不是多系数表达形式，它设计的基础抗浮总安全系数也是变数，在 1.05 到 2.0 之间变化。

上述两种设计计算表达式都反映了一种潜意识：凡是桩的承载力都必须要出现承载力的容许值或特征值；凡是桩都必须使用安全系数 2.0。这两个公式还开创了一个先例，即某一类问题的承载能力设计中总安全系数可以是一个变量。这在设计计算表达形式的发展历史上从来没有过。在采用总安全系数的表达形式中，强调每个算式中只有一个总安全系数，在多系数表达形式中，总是强调要使多系数表达的设计总安全储备必须与原来的总安全系数相当。都不应当出现可变的总安全系数。

综上所述，基础整体抗浮的安全储备与单根桩桩身材料强度的安全储备是不同的概念，在不同的设计问题中完全可以取不同的总安全系数。

15.3.4 算例

为了进一步理解上述概念。给出下述例题：

1. 算例一

某一地面以上一层和地下三层的建筑，地下室底板的底标高为室外地面以下 12.0m。设计水位取室外地面标高，是极端最高水位，常年平均地下水水位在室外地面以下 -1.50m，极端最低地下水位为地面以下 -3.0m，地下室底面面积 $1000m^2$，上部结构和基础的自重 $G+N=70000$kN，抗拔桩采用 $450mm \times 450mm$ 的钢筋混凝土预制方桩，桩的有效长度为 35m，桩的极限抗拔承载力 $R_f=1000$kN。此处的单桩抗拔极限承载力是指直接由单桩静载荷试验得到的值，它应包括桩侧实际极限摩阻力加上桩身自重的总和。

（1）基础抗浮整体承载力极限状态设计计算（按最高水位计算）：

$$F_w = 12.0 \times 10 \times 1000 = 120000(kN)$$

代入公式（15.3.2）：

$$120000 \leqslant \frac{1}{1.05}(70000 + n \cdot 1000)$$

得抗拔桩总用桩数：$n = 56$(根)。

（2）在实际工作状态时，抗拔桩实际承受的最大拉力：

采用公式（15.3.3）可以算出在设计最高水位时，总水浮力为 120000（kN），平均各桩桩顶拉力标准值为：

$$Q_{Lk} = \frac{1}{n}(F_{w1} - G - N) = (120000 - 70000) \div 56 = 893(kN)$$

（3）桩身配筋设计计算：

拉力设计值：$\qquad Q_L = 1.25 \times 893 = 1116(kN)$

按《混凝土结构设计规范》，若采用 HRB400 钢筋，则受拉主筋截面积不应小于：

$$A_s \geqslant 1116000 \div 360 = 3100(mm^2)$$

在这样配筋的抗拉构件，其极限抗拉强度约等于 $893 \times 2 = 1786(kN)$。

上述计算表明抗浮基础的整体抗浮总安全系数是恒定的常数，桩身抗拉强度的总安全系数是另一个由《混凝土结构设计规范》规定的常数。这是二个不同的承载力设计问题，总安全系数应该不同。若还要进行桩身抗裂验算，同样用拉力荷载设计值 Q_L 按有关规范进行。

（4）桩身实际拉力的变化：

在常年平均水位 -1.5m 时，总水浮力 $F_{w2} = 10.5 \times 10 \times 1000 = 105000(kN)$，各桩桩顶平均受力：$Q_{Lk} = \frac{1}{n}(F_{w2} - G - N) = (105000 - 70000) \div 56 = 625(kN)$。

在最高水位时桩顶拉力为 893kN。以此值为荷载的标准值设计计算的轴心受拉构件，按相应的结构规范规定，实际总安全系数约为 2.0。在常年平均水位时，拉力荷载为最高

水位时的 $625 \div 893 = 0.70$ 倍，此时抗拉构件强度的总安全系数放大至 $2.0 \div 0.7 = 2.86$。

在最低水位 -3.0m 时，总水浮力 $F_{w3} = 9.0 \times 10 \times 1000 = 90000(\text{kN})$，各桩桩顶平均受力：$Q_{Lk} = \frac{1}{n}(F_{w3} - G - N) = (90000 - 70000) \div 56 = 357(\text{kN})$。

同样在最低水位时，拉力荷载为最高水位时的 $357 \div 893 = 0.40$（倍），此时抗拉构件强度的总安全系数放大至 $2.0 \div 0.4 = 5.0$。

可见，地下水位从最高设计水位到常年平均水位，再到最低水位间变化时，桩顶所受拉力由 893kN 变到 625kN，再变到 357kN。变化幅度远大于 50%。而在承受垂直荷载的承压桩基础中桩顶压力的变化大约仅为 20%。而且抗拔桩桩身拉力变化的频繁程度也远高于承压桩。同时可知，作为抗拉构件，其抗拉强度的安全储备都远大于 2.0 以上。

2. 不同方法设计计算的比较

1）算例二

仅计算三层地下室 8.6×8.4（m^2）的一个标准开间。基础底板板底距室外地面 15m。若此间为纯地下室，地下室顶板上为 1.20m 覆土。采用预制方桩抗拔桩单桩极限抗拔承载力为 1200kN，抗浮总安全系数 $K_f = 1.05$。

计算到基底的建筑自重为 $94\text{kN}/\text{m}^2$，一个开间建筑物自重：

$$N + G = 94 \times 8.6 \times 8.4 = 6791(\text{kN})$$

最高设计水位为室外地面，一个开间承受的总水浮力：

$$F_{w1} = 15 \times 10 \times 8.6 \times 8.4 = 10836(\text{kN})$$

（1）按本章建议的公式（15.3.2）即 $F_{w1} \leqslant \frac{1}{K_f}(G + N + nR_f)$ 计算得 $n = 3.82$，实际用桩每开间 4 根。

在最高水位时桩顶承受拉力：

$$Q_{Lk} = \frac{1}{n}(F_{w1} - G - N) = (10836 - 6791) \div 4 = 1011(\text{kN})$$

然后就以 1011kN 为荷载作用标准值，计算预制方桩的配筋和验算裂缝。

（2）按《建筑桩基技术规范》的公式（本书式 15.3.10）即 $F_{w1} \leqslant G + N + \frac{n}{2.0}R_f$ 计算，得 $n = 6.74$，实际用桩每开间 7 根。用桩量较按公式（15.3.2）计算的增加 75%。

然后以 $1200/2\ \text{kN}$ 为荷载作用标准值，计算预制方桩的配筋和验算裂缝。

按上海市《地基基础设计规范》的公式（本书式 15.3.11）即 $F_{w1} \leqslant \frac{1}{1.05}(G + N) + n \cdot \frac{R_f}{2.0}$ 计算，得 $n = 7.28$，实际用桩每开间 8 根。用桩量较按公式（15.3.2）计算增加一倍。

然后仍以 $1200/2\ \text{kN}$ 为荷载作用标准值，计算预制方桩的配筋和验算裂缝。

2）算例三

有关数据同算例二，但这一开间上有 6 层裙房。

计算到基底的建筑自重为 $150\text{kN}/\text{m}^2$，一个开间建筑物自重：

$$N + G = 150 \times 8.6 \times 8.4 = 10836 (\text{kN})$$

最高设计水位为室外地面，一个开间承受的总水浮力：

$$F_{w1} = 15 \times 10 \times 8.6 \times 8.4 = 10836 (\text{kN})$$

（1）按本章建议的公式（15.3.2）即 $F_{w1} \leqslant \dfrac{1}{K_f}(G + N + nR_f)$ 计算得 $n = 0.45$，实际用桩每开间 1 根。

在最高水位时桩顶承受拉力：

$$Q_{Lk} = \frac{1}{n}(F_{w1} - G - N) = (10836 - 10836) \div 4 = 0 (\text{kN})$$

说明在本算例中，布设抗拔桩仅是为了确保基础整体抗浮的安全储备。在实际工作状态时，即使在最高水位时，桩仍不受拉力。建议按单桩极限抗拔承载力的一半配筋：

$$Q_{Lk} \geqslant \frac{R_f}{2.0} = 1200 \div 2.0 = 600 (\text{kN})$$

也说明即使在最高水位时桩顶还是没有拉力的，这根桩仅仅是确保基础整体抗浮的安全储备。桩在整体临界极限状态前不会破坏，按拉力荷载标准值 600kN 用于预制方桩的配筋计算和裂缝验算。

（2）按《建筑桩基技术规范》的公式（本书式 15.3.10）即 $F_{w1} \leqslant G + N + \dfrac{n}{2.0} R_f$ 计算，不用布桩。显然这是不安全的。

（3）按上海市《地基基础设计规范》的公式（本书式 15.3.11）即 $F_{w1} \leqslant \dfrac{1}{1.05}(G + N) + n \cdot \dfrac{R_f}{2.0}$ 计算，得 $n = 0.86$，实际用桩也是每开间 1 根。

15.3.5　单桩抗拔极限承载力

1. 单桩抗拔极限承载力的经验取值

确定单桩抗拔极限承载能力的主要方法还是单桩静载荷试验。当具有足够的当地经验时，可按当地经验参数，按公式（15.3.12）估算单桩抗拔极限承载力 R_f

$$R_f = \Sigma \lambda_i q_{sik} u_i l_i + G_p \tag{15.3.12}$$

式中　R_f ——单桩抗拔极限承载力；

　　　λ_i ——桩身周长，对于直径为 d 的等直径桩取 $u = \pi d$；对于大头直径为 D 的扩底桩按表 15.3.1 取值；

　　　q_{sik} ——桩侧表面第 i 层土的抗压极限侧阻力，可按竖向承压桩的经验值取值；

　　　u_i ——抗拔系数，按表 15.3.2 取值；

　　　l_i ——第 i 层土的厚度；

　　　G_p ——桩身材料自重，在地下水位以下部分采用有效重度。

扩底桩破坏表面周长 u_i 表 15.3.1

自桩底起的长度 l_i	$\leqslant (4 \sim 10)d$	$\geqslant (4 \sim 10)d$
u_i	πD	πd

抗拔系数 λ_i

表 15. 3. 2

土　类	λ_i 值
砂土	0.50～0.70
黏性土、粉土	0.70～0.80

采用这种经验方法估算单桩极限抗拔承载力时要注意，能提供参考的完整试桩资料并不多。桩侧摩阻力的大小不仅与土性有关，还与土体对桩侧的水平压力有关，因此在现阶段还是应尽可能以现场单桩试验确定抗拔极限承载力。

2. 单循环单桩抗拔静载荷试验

这个试验是套用了习惯的抗压桩试验的思路。同样，单桩抗拔静载荷试验的目的是土体对桩的抗拔极限摩阻力，若试验得不到真正土体塑性极限承载力，这个试验就应认为是失败了。

目前，得到真正单桩抗拔极限承载力的完整试桩资料不多。这类资料非常宝贵。在没有当地经验的情况下，应该将试验最大加载量适当放大，确保最大加载量大于可能的实际极限值，以免试验失败。

试验采用慢速分级加荷制。试验方法同单桩承压静载荷试验。加荷分级不少于 8 级，一般分 10～12 级。加荷的稳定标准同承压试验，以能取得稳定的最后一级加载量为试验得到的极限抗拔承载力。

1) 静载荷试验时桩底的真空吸力

有人提出：当桩端持力层为细颗粒较多的饱和黏性土层时，桩端上拔时可能产生真空吸力。真空吸引力的现象客观存在，在静载荷试验时很难将真空吸力从总试验值中分析出来，因此在工程实践中暂不考虑这一现象。

2) 在试桩结果中正确处理桩自重的影响

桩的抗拔承载力由桩侧抗拔阻力和桩自重所组成。有人提出，要注意桩的自重的影响，对抗压桩静载荷试验这问题同样存在的，但严格地讲，真正要注意的是抗压桩，而不是抗拔桩。

在抗压试验中，试验加荷值＋桩自重＝土体对桩的极限支持力。

在抗拔试验中，试验加荷值＝土体对桩的极限支持力＋桩自重。

以上二式中，等号左边是荷载作用，等式右边是抗力。对于抗压桩，桩自重是荷载作用，土体对桩的支承力是抗力，而对于抗拔桩，桩自重和土体对桩的支承力都是抗力。总安全系数的承载能力设计计算公式的通式为：

荷载作用标准值 ≤ 抗力标准值／总安全系数　　　　　(15. 3. 13)

应将荷载作用和抗力分列在不等式左右两边。

对于竖向抗拔单桩静载荷试验，桩顶荷载都是向上的荷载作用，桩自重和土体的支承力都是向下的抗力。都应列于式（15.3.2）的右侧括号内，是否区分都一样，但对于抗压桩，桩顶荷载和桩自重都是向下的荷载作用，土体的支承力是向上的抗力。

3. 宜进行多循环加载试验

从前述的物理题和算例中都可看出，当结构自重与抗拔桩同时抵抗浮力时，自重总是充分发挥作用，只有在自重不足时才让桩提供帮助。自重与桩也是先后发挥作用的，因此当浮力变化时，这部分变化全部反映在桩身拉力的变化上，即在实际工作状态中，抗拔桩桩顶荷载是经常不断地变化的。有人据此建议：抗拔桩试验应像锚杆试验那样，除了做单循环极限抗拔试验外，还应做多循环抗拔试验，进一步了解在反复变化荷载下桩的性状。试验方法可参考《岩土锚杆（索）技术规程》CECS 22：2005。

多循环抗拔试验按下表进行分级循环加荷。

多循环抗拔试验加荷等级和观测时间　　　　　　　表 15.3.3

加荷增量（%）	初始加荷	—	—	—	10	—	—	—
	第一循环	10	—	—	30	—	—	10
	第二循环	10	30	—	40	—	30	10
	第三循环	10	30	40	50	40	30	10
	第四循环	10	30	50	60	50	30	10
	第五循环	10	30	60	70	60	30	10
	第六循环	10	30	60	80	60	30	10
观测时间（min）		5	5	5	10	5	5	5

注：1. 第六循环前，加荷速率为 100kN/min。第六循环时，加荷速率为 50kN/min。

2. 每级加荷观测时间内，观测次数不应少于 3 次。

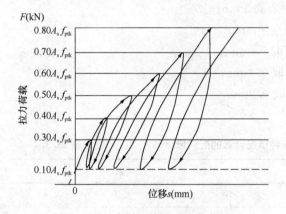

图 15.3.2　多循环抗拔试验荷载-位移曲线

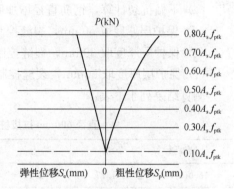

图 15.3.3　多循环抗拔试验荷载-塑性位移曲线

15.3.6　承受水浮力桩基础的正常使用极限状态设计

正常使用极限状态的设计计算中最常做的工作是变形计算，但承受水浮力的桩基础向上的变形一般都很小，故不要求进行计算。但桩身抗腐蚀和裂缝验算是一个有不同意见的问题。

桩在土体中的腐蚀问题是一个非常花时间的研究课题，在国内几乎没有人进行详细的实验研究，目前还没有明确结论。近二三十年来上海地区的城市改造过程中，拆除了许多 20 世纪五六十年代以前建造的桩基础建筑。其中也有不少采用钢筋混凝土桩的，将桩头挖出、凿出钢筋，发现绝大部分钢筋都很少有锈蚀的。土体中桩内钢筋的锈蚀远小于空气中混凝土构件钢筋的锈蚀。在《上海地基基础规范》的修编过程中，有人据此提出，是否可不考虑桩中钢筋的锈蚀问题。

钢筋的锈蚀是一个电化学反应过程。钢筋与土体中的负离子若产生锈蚀反应，周围土体中的可进一步参与化学反应的离子浓度就会明显降低。在地下近于封闭的状态下，地下水和气体的流动都是很缓慢，相关离子的补充远比在空气中慢得多，因此它的锈蚀过程也应比空气中慢得多。这是一个重大的研究课题，可惜没有人耐下性子来做这一件大事！在这种情况下，要求将土体中的抗拔桩与在空气中的混凝土构件同样无区别地进行裂缝验算，这样处理过于轻率。

作为折中过渡办法，有人建议类似我国钢管桩的设计方法一样，对于钢筋的设计计算直径增加一个锈蚀余量。20 世纪 70 年代套用日本的做法，对于钢管桩为单面锈蚀，锈蚀余量为 2mm。因锈蚀是电化学反应，有趋肤效应。锈蚀只发生在钢管外壁，钢管内壁不产生锈蚀。对于钢筋锈蚀余量应是直径的放大，应是上述单面余量的 2 倍，即 4mm。中国建筑科学研究院的钱力航研究员在收集、研究大量国外实验数据的基础上，建议取锈蚀余量为 3mm。

针对上述情况，对一根直径 600mm 的钻孔灌注桩分下述 6 种情况进行测算其主筋配筋率：

（a）不考虑钢筋的锈蚀，不做抗裂计算；

（b）不做抗裂计算，钢筋直径增加腐蚀余量 3mm；

（c）不做抗裂计算，钢筋直径增加腐蚀余量 4mm；

（d）保护层厚度取 50mm，裂缝控制值取 0.3mm；

（e）保护层厚度取 30mm，裂缝控制值取 0.2mm；

（f）保护层厚度取 50mm，裂缝控制值取 0.2mm。

测算结果列于下表：

直径 600mm 抗拔桩按 6 种情况计算的配筋率（%）　　　　　表 15.3.4

上拔荷载	a	b	c	d	e	f
1500(kN)	1.77	2.18	2.63	3.23	3.50	4.30
1000(kN)	1.18	1.56	1.88	2.15	2.42	2.69

为了更直观地说明问题，将上表中的主筋配筋率直接算出主筋的费用（按每吨主筋 3000 元估算）。按抗裂验算进行设计，每立方钢筋混凝土中主筋的造价要增加 230 元到 600 元。若按增加 3mm 锈蚀余量设计，每立方钢筋混凝土中主筋的造价只增加 90 元到 100 元。

直径 600mm 抗拔桩按 6 种情况计算的主筋费用（元）　　　　　表 15.3.5

上拔荷载	a	b	c	d	e	f
1500(kN)	414	510	615	756	819	1006
1000(kN)	276	365	440	503	566	629

可见，这种关于桩内钢筋的锈蚀问题没有得到明确结论以前的过渡做法是非常实用的，它不仅避免了繁复的裂缝验算工作，同时节约了大量工程造价。

15.4 承受水平荷载的桩基础

目前规范中关于桩基础承受水平荷载的设计计算基本还停留在单层工业厂房独立柱基设计的概念。柱脚的水平荷载全部由桩顶承受,也没有区分两类极限状态的设计计算。几十年来我们的设计对象有了很大的变化,面对有深大地下室的建筑物,设计概念和设计方法都应该有较大的改进。

桩基础都要承受一定的水平荷载。地震时土体的运动推动桩和地下室,并将地震运动向上传至整个上部结构;上部结构在地震和风作用下将惯性力下传,再通过地下室或桩将这些力传向土体。所有这些过程都统称为地下结构承受的水平荷载作用。不管是什么水平荷载作用,都会引起整个结构的横向振动,上部结构的每一个构件和地基基础的每一构件都会参与振动。要作这样完整、详尽的动力分析很困难。因为计算模型的简化,特别是地基模型的简化,必然使计算结果与实际产生非常大的误差,因此,在地基基础传递水平荷载的设计计算中我们还是采用简化的拟静力计算方法。其中简化方法的第一步,如以往一样,是将上部结构与地下部分结构分开,分别进行设计计算。

15.4.1 上部结构的嵌固面

1. 嵌固面的力学概念

在高层建筑上部结构进行水平荷载分析计算时,我们都要求先确定上部结构的嵌固面。嵌固面这个概念很重要,但嵌固面这个习惯用的名称并不确切。所谓嵌固面并不是真正要求有一个绝对刚性的固定平面。若允许这个支承平面可有垂直方向的微小位移,允许嵌固面本身能产生适度的绕曲变形。这种变形就能使上部结构振动时的内力减少 10% 以上,对结构是很有利的。所谓嵌固面只是要在整个地下结构中构造一个水平刚度相对较大

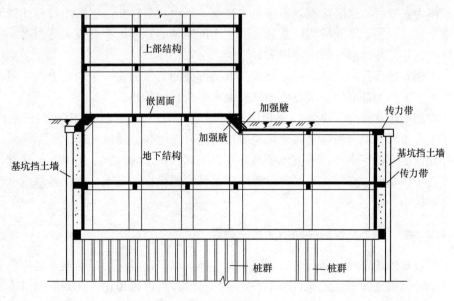

图 15.4.1 上部结构嵌固面

的传递水平荷载的主要传递平面。这个嵌固面是必要的。传递水平力的主要通道必定是某一层楼板面，楼板面的水平刚度主要由楼板本身和楼板下的墙、柱侧向刚度所提供。在规范中常要求板下一层中墙、柱的侧向刚度总和应大于板上一层墙、柱的侧向刚度总和的2.0倍或1.5倍。

既然上部结构的设计计算要求构筑一个嵌固面。我们地基基础设计时，也必须适应这个概念。在具体工程设计时，设计人员通常将地下室顶板作为嵌固面。当建筑物承受水平荷载时，上部结构传下来的水平荷载到达地下室顶板这个嵌固面，就会有较大一部分荷载通过这个平面直接传向地下室外墙。在高层建筑中，基础底板通常也是一个具有较强水平刚度的平面构件，也是传递水平荷载作用的重要通道。水平荷载作用的大部分是通过这两个传递路径互相作用，只有一小部分传到桩顶。因此我们应建立这样的概念：土体的水平地震运动、上部结构下传的水平荷载和水平惯性力是通过地下室顶板以下的整个地下结构向土体传递，不可能全部由桩来传递。

2. 确保嵌固面有效地传递水平力

既然上部结构的水平荷载是通过建筑结构的整个地下结构向土体传递，依据刚度分配的原则，可以肯定主要部分是通过地下室外墙传递的。地下室结构中主要是地下室顶版和各层楼板，尤其是顶板和厚底板（两个嵌固面）。

设计人员确定了嵌固面的位置。则必须在地下结构的设计中注意确保这条传力路径的畅通，即确保这层板的水平刚度没有严重的削弱部位或断点，否则，上部结构的受力分析就将要严重地失真；水平力传递的可靠性也将严重降低。为此，设计中要特别注意以下六点措施：

（1）确保嵌固面楼板下层竖向构件的侧向刚度大于嵌固面上竖向构件侧向刚度的1.5倍，但可将板下距离主楼一定范围内的竖向构件都进入计算；

（2）地下结构的结构轴线宜从地下室一侧外墙向另一侧外墙贯通，若有折弯，则折弯处与轴线垂直的梁的侧向刚度要加强；

（3）作为嵌固面的这层楼板，不仅是主楼下的板面，应包括由主楼向外延伸到地下室外墙的整个楼板，整个梁板结构应是延续的、刚度均匀的，若板中有较大开洞时，应通过洞口设置加强肋弥补这部分的刚度损失；

（4）楼板有局部升高或降低时，要求高低两部分的梁依旧在一条轴线上，不同高度梁的连接处，上下两侧都采用加腋方法加强确保水平荷载的传递；

（5）特别要注意在地下室各层楼板的外侧与基坑围护墙之间的空隙要加设刚性传力带，地下室外墙与基坑围护墙之间要用粗砂或其他可靠材料分层填充；

（6）除单层工业厂房外，不宜采用独立承台基础，高层建筑宜采用厚筏板基础，若必须设置独立承台基础，必须在承台间设置刚度足够大的纵横地基梁，确保各基础承台之间的相对变形较小。

15.4.2 桩、地下室侧墙共同承受水平荷载

以上明确地阐述了地下部分的结构是一个整体，水平荷载作用都是通过这样一个整体在土体与上部结构之间来回传递，而不可能全部都经过桩群来传递。在高层建筑传递水平力的过程中，上部结构的嵌固面起很重要的作用。在具体工程设计中，地下室顶板作为嵌

固面将上部结构与地下结构分为两部分，分别进行设计计算。

在现代的建筑工程中，建筑的地下部分就是一个非常巨大、庞杂的结构。地下结构抗震设计计算的研究才刚刚起步，要仔细分析地下结构在水平荷载作用下，与土体间互相作用的真实力学过程，这是较难的课题。除了土体很难找到合适动力分析模型外，还极大地增加了有限元的单元数量，增加了许多不能确定的人为因素，例如地下室侧墙外土体回填的密实度、新回填土体发挥抵抗侧向力的时间效应等问题。

若干项目的试算发现，地面上结构抗震设计的总原则是"强柱弱梁"，而对埋在地下的结构，抗震设计的总原则可能应改为"强梁弱柱"。

至少承受水平荷载桩基础的设计概念应向前进，不能永远停留在几十年前设计工业厂房独立承台桩基础的状态，也不能将这一基础设计问题停留在两种极限状态不分的设计概念上。

1. 承载能力极限状态的设计计算

1）整体验算

基础承受水平荷载时的承载能力极限状态设计计算与承受竖向压力或浮力的基础一样，基础承受水平荷载承载能力极限状态的设计计算也同样要使基础远离临界极限状态，并保持确定的安全储备。这种状态类似于抗震设计中大震不倒的设计验算，容许此时产生较大的变形和水平位移。建筑物整体在水平荷载作用下的承载能力临界极限状态有两种：整体滑移和整体倾覆，如图 15.4.2、图 15.4.3。

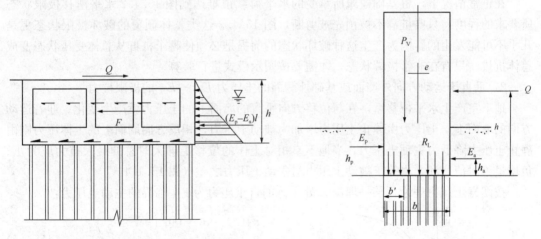

图 15.4.2　水平荷载作用下基础整体滑移　　　　图 15.4.3　基础整体倾覆

（1）在水平荷载作用下桩基础整体滑移的承载能力极限状态验算

$$Q_{\mathrm{x}} \leqslant \frac{1}{K_1}(E_{\mathrm{px}} - E_{\mathrm{ax}} + F_{\mathrm{x}} + \Sigma R_{\mathrm{q}i}) \tag{15.4.1}$$

$$Q_{\mathrm{y}} \leqslant \frac{1}{K_1}(E_{\mathrm{py}} - E_{\mathrm{ay}} + F_{\mathrm{y}} + \Sigma R_{\mathrm{q}i}) \tag{15.4.2}$$

式中　$Q_{\mathrm{x}}, Q_{\mathrm{y}}$ ——作用与基础顶面总水平荷载作用在 x, y 方向的分量（kN）；

　　　　K_1 ——抗水平滑移的总安全系数，一般取 $K_1 = 1.30$；

$E_{px} - E_{ax}$ ——在与 X 轴垂直平面上，作用在地下室外墙面投影面积上的土体的总抗力；

F_x，F_y ——作用在与水平荷载平行平面上，地下室外墙面外土体与墙面的总摩阻力；

$\sum R_{qi}$ ——各桩桩顶水平极限抗力的总和。

（2）在水平荷载作用下整个建筑整体倾覆的承载能力极限状态验算

$$Q_x h \leqslant \frac{1}{K_2} [E_{px} h_p - E_{ax} h_a + P_V b'_x + R_L \sum x_i] \qquad (15.4.3)$$

$$Q_y h \leqslant \frac{1}{K_2} [E_{py} h_p - E_{ay} h_a + P_V b'_y + R_L \sum y_i] \qquad (15.4.4)$$

式中 h——外加水平总荷载离基础底面高度（m）；

K_2 ——抗整体倾覆的总安全系数，一般取 $K_2 = 1.50$；

h_p ——被动土压力等代集中力距基底高度（m）；

h_a ——主动土压力等代集中力距基底高度（m）；

b'_x，b'_y ——建筑自重中心到地下室边缘的距离（m）；

R_L ——单桩抗拔极限承载力；

x_i，y_i ——各根桩中心到地下室边缘的距离（m）。

在正常情况下，桩基础建筑所承受的水平荷载很难达到图 15.4.2 水平滑移极限状态所要求的程度。只要桩群不被预先被剪断，图 15.4.3 这类整体倾覆的破坏极限状态更是几乎不可能发生的。因为产生这种破坏状态的前提是必须使整个桩群从总体受压状态变成总体抗拔。只有在非常极端状态，才需要按图示模式进行验算。

2）垂直于运动方向外墙面或基础外侧面的土压力 $E_{px} - E_{ax}$ 的极限抗力

地下室产生水平位移后，在与位移方向垂直的墙面上的土压力就产生变化。迎着运动方向的墙面上，土压力由静止土压力增加为被动土压力，相反方向墙面上的土体压力则由静止土压力降低为主动土压力。当地下室相对土体的位移足够大时总的最大抗力应为正、负增量绝对值之和，也等于被动土压力与主动土压力之差（图 15.4.4）。

按朗肯土压力理论，某一埋深 Z 处土体的自重压力为 σ_Z，临界的主动土压力：

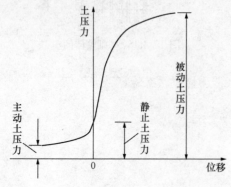

$$E_a(z) = \sigma_Z \cdot \tan^2 \left(45° - \frac{\varphi}{2}\right)$$
$$- 2c \cdot \tan \left(45° - \frac{\varphi}{2}\right) \qquad (15.4.5)$$

临界的被动土压力：

$$E_p(z) = \sigma_Z \cdot \tan^2 \left(45° + \frac{\varphi}{2}\right)$$
$$+ 2c \cdot \tan \left(45° + \frac{\varphi}{2}\right) \qquad (15.4.6)$$

图 15.4.4 主动土压力、静止土压力和
被动土压力

式中 φ，c 为埋深 Z 处土体的摩擦角和内聚力。

当位移足够大时，埋深 Z 处相对两侧产生

的总的最大土抗力 $E_{\max}(z)$ 可达：

$$E_{\max}(z) = E_p(z) - E_a(z)$$

$$= \sigma_Z \left[\tan^2 \left(45° + \frac{\varphi}{2} \right) - \tan^2 \left(45° - \frac{\varphi}{2} \right) \right]$$

$$+ 2c \left[\tan \left(45° + \frac{\varphi}{2} \right) - \tan \left(45° - \frac{\varphi}{2} \right) \right] \tag{15.4.7}$$

利用三角函数半角公式：$\tan\left(\dfrac{\alpha}{2}\right) = \dfrac{\sin\alpha}{1 + \cos\alpha}$，则：

$$\tan \left(45° + \frac{\varphi}{2} \right) = \frac{\sin(90° + \varphi)}{1 + \cos(90° + \varphi)} = \frac{\cos\varphi}{1 - \sin\varphi}$$

$$\tan \left(45° - \frac{\varphi}{2} \right) = \frac{\sin(90° - \varphi)}{1 + \cos(90° - \varphi)} = \frac{\cos\varphi}{1 + \sin\varphi}$$

$E_{\max}(z)$ 的表达式（15.4.7）可表达为：

$$E_{\max}(z) = 4 \left(\frac{\sigma_Z}{\cos\varphi} + c \right) \cdot \tan\varphi \tag{15.4.8}$$

地下室或基础在垂直于运动方向的所有侧面的最大土体抗力 $Q_{1\max}$ 为：

$$Q_{1\max} = \int_{H_2}^{H_1} B \cdot E_{\max}(z)\mathrm{d}z = 4B \int_{H_2}^{H_1} \left(\frac{\sigma_Z}{\cos\varphi} + c \right) \cdot \tan\varphi\,\mathrm{d}z \tag{15.4.9}$$

式中　B ——地下室外包宽度；

H_1，H_2 ——地下室顶板板面和底板板底埋深。

3）平行于运动方向外墙面或基础外侧面的摩阻力

当地下室与土体间产生相对运动时，在与位移方向平行的墙面与土体间产生摩擦力。摩擦力的方向与位移方向相反，与垂直墙面压力成正比。

$$F = c + \sigma_H \tan\varphi \tag{15.4.10}$$

但再深入思考这个问题，可发现有太多的不确定因素。地下室外墙面或基础外侧的土体大部分都是以后回填的。在自重条件下需要较长时间才能使新填土的欠固结状态消失并与墙面很好贴合。实际地下室外除了是新填土外，外面还有原基坑围护结构的挡土墙。实际作用到墙面的土压力更成了很不确定的值。

由于上述原因，建议在分析计算时忽略这部分摩阻力。因为现在讨论的是整体的承载能力临界极限状态，忽略了部分可能实际存在的抗力，是偏于安全的。即使在以下讨论桩基础承受水平荷载的实际工作状态时，忽略了部分可能实际存在的抗力，实际就夸大了其他部分分配到的抗力。以后采用这一偏大的抗力标准值进行各单个构件强度验算时，提高了构件的安全储备。也是偏于安全的。

4）地下室和桩基承台底面与土面之间的摩阻力

摩擦桩桩基础的基础板底与板下土面，在竣工后都有可能逐渐脱开。因此建议也不考虑基础底板板底与土体的摩擦力的实际影响。

5）桩群中各桩桩顶的极限水平抗力

单桩极限水平承载力可以通过单桩水平静载荷试验求得，但是由于在单桩水平静载荷试验中常因桩身承受不了桩身弯矩而折断，这使得极限承载力是由桩身上部的配筋所决定。若通过增加桩身配筋，使桩身能承受桩顶传下的弯矩而不被折断，单桩水平荷载试验的曲线常是渐变型的，这种情况增加了判定单桩水平极限承载力的难度。有关的问题，在本节后面叙述。

2. 正常使用极限状态的设计计算

承受水平荷载桩基础的正常使用极限状态设计包括：在水平荷载标准值的作用下，计算地下室的水平位移；计算分配到桩顶、地下室外墙面的实际反力。最后再以各构件实际分配到的反力为荷载标准值，对各构件进行构件的承载能力极限状态设计计算。

详细分析在水平荷载作用下，相对于一定位移限值的桩顶和墙面各部分的反力是相当复杂和困难的。下面建议一种非常粗略的简化设计计算假定：

（1）上部结构的水平荷载作用在嵌固面的上表面；

（2）整个地下室和基础构件（除桩以外）像一个刚体，整体运动；

（3）各部分抗力大小都与整体水平位移成正比。

这种计算模式可能也不是完全正确的，但至少比原来全部由桩承受水平荷载的设计概念向前探索了一步。在这样假定条件下可列出水平荷载与各反力间的平衡关系：

$$H_X = S_x(k_v B_Y + 2 k_h B_X + \sum_{j=1}^{m} k_{pj}) \tag{15.4.11}$$

$$H_Y = S_y(k_v B_X + 2 k_h B_Y + \sum_{j=1}^{m} k_{pj}) \tag{15.4.12}$$

式中　H_X, H_Y——传到嵌固面上表面的水平荷载标准值在 X, Y 方向的投影；

B_X——基础承台或地下室外墙埋入土体范围内墙面在与 Y 轴垂直平面上的投影宽度；

B_Y——基础承台或地下室外墙埋入土体范围内墙面在与 X 轴垂直平面上的投影宽度；

k_v——在地下室整个埋深范围内单位宽度墙体上，由于垂直于墙面的主动、被动土压力产生的抵抗刚度；

k_h——在地下室整个埋深范围内单位宽度墙体上，由于平行于墙体的摩擦力产生的抵抗刚度；

k_{pj}—— 第 j 根桩桩顶承受水平荷载的水平刚度；

S_x, S_y——与水平荷载相应的地下室整体水平位移的轴向分量。

从前面叙述可知，当桩群布置较密集时，承台下土面常与承台底面脱开。公式（15.4.11）和式（15.4.12）中同样不考虑承台底面与土面的摩擦力。

采用公式（15.4.11）、公式（15.4.12）可计算相对于水平荷载是地下室产生的位移。同时，还可进一步算出地下室墙面和桩顶的反力。

1）垂直于运动方向外墙面或基础外侧面的土压力 $E_{px} - E_{ax}$ 产生的抵抗刚度

地下室垂直于运动方向外墙面或基础外侧面上土压力的变化对地下室与土体间的相对运动产生抗力。计算方法有两种：

（1）方法一：

按被动土压力和主动土压力的概念计算。按公式（15.4.9）得到垂直于运动方向的地下室外墙面可能达到的最大土反力。

在一般情况下，被动土压力达到峰值所需要的墙体位移大于使主动土压力达到峰值所需位移。我们简化为都取其大值 Δ。假定地下室埋于土体中与运动方向垂直墙面所产生的总水平抗力与墙面对土体的相对位移成正比，在 X、Y 轴方向的分力为：

$$Q_{1x} = \frac{S_x}{\Delta} Q_{1max,x} = S_x B_y K_{v,x} \tag{15.4.13}$$

$$Q_{1y} = \frac{S_y}{\Delta} Q_{1max,y} = S_y B_x K_{v,y} \tag{15.4.14}$$

将式（15.4.9）代入得到：

$$K_v = \frac{4}{\Delta} \int_{H_2}^{H_1} \left(\frac{\sigma_Z}{\cos\varphi} + c \right) \cdot \tan\varphi \, dz \tag{15.4.15}$$

（2）方法二：

类似与基坑计算和常规的单桩承受水平荷载计算中的"m法"，即不考虑在静止状态土体的静止土压力。采用与平放在土体表面上的地基梁的计算模式，只考虑迎着墙面运动方向的被动土压力，被动土压力从零开始，其反面的墙体与土体脱开。

按"m法"的定义，土体的侧向刚度系数 C_Z 与入土深度成正比，地基系数；

$$C_Z = mz \tag{15.4.16}$$

与运动方向垂直的地下室外墙面提供的抗力：

$$Q_{1,x} = x B_y \int_{H_2}^{H_1} C_Z dz = x B_y \int_{H_2}^{H_1} mz \, dz \tag{15.4.17}$$

$$Q_{1,y} = y B_x \int_{H_2}^{H_1} C_Z dz = y B_x \int_{H_2}^{H_1} mz \, dz \tag{15.4.18}$$

$$K_v = \int_{H_2}^{H_1} mz \, dz \tag{15.4.19}$$

其中比例常数 m 一般可参考有些文献提出的推荐数值。这些数据绝大部分都是经过人为判别和调整的经验值，原则上应该可以通过单桩水平荷载试验得到验证。但由于在上述概念上与实际情况的差距，各资料中的表述还有一些不同。表 15.4.1 是我国交通部公路系统提出的 m 值。

m 值的推荐值　　　　表 15.4.1

项目	土的名称	$m(kN/m^4)$
1	流塑性的黏土，粉质黏土、砂质粉土、淤泥	3000～5000
2	软塑性的黏土、粉质黏土、粉土、松散砂	5000～10000
3	硬塑性的黏土、粉质黏土、砂质粉土、中砂、细砂	10000～20000
4	坚硬的黏土、粉质黏土、砂质粉土、夹姜石、密实粗砂	20000～30000
5	砂砾、大块碎石类土	30000～85000
6	密实卵石夹粗砂密实漂卵石	85000～180000

《建筑桩基技术规范》JGJ 94—2008 也给出了地基系数 m 值，见表（15.4.2）。

水平抗力地基系数 m 和竖向抗力地基系数 m

表 15.4.2

地基土类别	预制桩、钢桩		灌注桩	
	m (MN/m⁴)	相应单桩在地面处水平位移 (mm)	m (MN/m⁴)	相应单桩在地面处水平位移 (mm)
淤泥、淤泥质土、饱和湿陷性黄土	2~4.5	10	2.5~6	6~12
流塑(I_L>1)、软塑($0.75<I_L\leqslant1$)状黏性土、松散粉细砂、松散、稍密填土	4.5~6.0	10	6.0~14	4~8
可塑($0.25<I_L\leqslant0.75$)状黏性土，湿陷性黄土；$e=0.75\sim0.9$ 粉土；中密填土，稍密细砂	6.0~10	10	14~35	3~6
硬塑($0<I_L\leqslant0.25$)、坚硬($I_L\leqslant0$)状黏性土、湿陷性黄土；$e<0.75$ 粉土；中密的中粗砂、密实老填土	10~22	10	35~100	2~5
中密、密实的砾砂、碎石类土	—	—	100~300	1.5~3

注：1. 当桩顶水平位移大于表列数值或当桩身配筋率较高（≥0.65%）时，m 值应适当降低；当预制桩的水平位移小于 10mm 时，m 值可适当提高；

2. 当水平力为长期或经常出现的荷载时，应将表列数值乘以 0.4 降低采用。

2）地下室侧墙面土面之间的摩阻力

与前文所述一样理由，建议忽略不计。

15.4.3 在水平荷载作用下单桩的计算方法

单桩承受水平荷载的位移和内力计算在许多参考资料中都可以找到。如前所述，计算方法也分两大类：一类沿用类似与主动土压力、被动土压力的概念，因为要使被动土压力能充分激发，必须要有足够大的位移，因此我们可认为这种方法计算的是极限承载力；另一种方法是弹性地基梁的方法，这种方法适用于变形较小的场合，我们可认为是计算桩顶抗水平位移的抵抗刚度的方法。

在具体讨论计算方法前要按桩的相对长度进行分类，分为：短桩、中长桩和长桩。先计算桩的相对刚度系数 T：

$$T=\sqrt[5]{\frac{EI}{m b_0}} \tag{15.4.20}$$

式中 EI——桩的抗弯刚度；

m——地基系数，也称水平抗力比例系数；

b_0——桩的截面计算宽度。

当桩长 $L<2.5T$ 时为刚性短桩；当 $2.5T\leqslant L<4.0T$ 时为中长桩；当 $4.0T<L$ 时为长桩。

1. 极限平衡方法

极限平衡方法有多种。在我国用的最多的是勃鲁姆斯（Broms，B. B）方法。

1) 黏性土地基

在黏性土中的桩，当水平荷载达到极限时，桩一侧土体被推向上隆起，使紧靠地面的土体反力反而减小（图 15.4.5b）。作为简化采用图 15.4.5（c）的反力模式。即地表 1.5 倍桩身宽度（1.5B）的土体反力为零。1.5B 以下土体反力均匀分布。其极限土反力值为 $9C_uB$，C_u 为黏性土不排水抗剪强度。

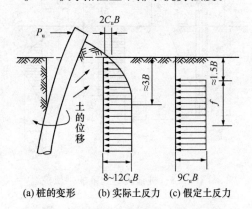

(a) 桩的变形 (b) 实际土反力 (c) 假定土反力

图 15.4.5 黏性土中桩侧土反力的分布

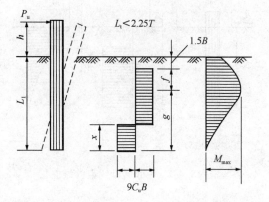

图 15.4.6 黏性土中桩顶自由的短桩、中长桩

假定在水平极限承载力 P_u 作用下，桩身的最大弯矩在地面以下深度 $1.5B+f$ 处。则此处剪力为零，由图 15.4.5（c）可知：

$$f = \frac{P_u}{9C_uB} \tag{15.4.21}$$

（1）桩顶自由的短桩、中长桩

假定桩侧土反力都达到了极限值 $9C_uB$，如图 15.4.6 所示。

依据水平方向力的平衡条件：

$$P_u - 9C_uB[f+(g-x)] + 9C_uBx = 0$$

力矩平衡条件：

$$P_u(L+h) - \frac{1}{2}9C_uB(g+f)^2 + \frac{1}{2}9C_uBx^2 = 0$$

将上二式与公式（15.4.21）联立，解方程式，得单桩水平极限承载力：

$$P_u = 9C_uB^2\left[\sqrt{4\left(\frac{h}{B}\right)^2 + 2\left(\frac{L}{B}\right)^2 + 4\frac{hL}{B^2} + 6\frac{h}{B} + 4.5} - \left(2\frac{h}{B} + \frac{L}{B} + 1.5\right)\right] \tag{15.4.22}$$

桩身最大弯矩：

$$M_{max} = P_u(h + 1.5B + 0.5f) \tag{15.4.23}$$

（2）桩顶转动约束的短桩

假定桩和承台产生平移，如图 15.4.7 所示，仅桩的一侧有土反力且达到其最大值 $9C_uB$，据平衡条件得：

$$P_u = 9C_uB(L - 1.5B) \tag{15.4.24}$$

$$M_{max} = P_u\left(\frac{1}{2}L + \frac{3}{4}B\right) \tag{15.4.25}$$

（3）桩顶转动约束的中长桩

如图 15.4.7、图 15.4.8 所示，在桩顶水平力作用下桩顶先形成塑性铰，继续加大桩顶水平力，使桩身也产生塑性铰，结构变成机动状态，即进入极限状态：

$$P_u - 9C_uB(L - 1.5B) - 2 \cdot 9C_uBx = 0 \tag{15.4.26}$$

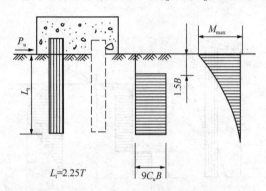

图 15.4.7　桩顶转动约束的短桩　　　　　图 15.4.8　桩顶转动约束的中长桩

对桩底端的弯矩平衡条件：

$$M_{max} - P_uL + \frac{1}{2}9C_uB(L - 1.5B)^2 - 9C_uBx^2 = 0 \tag{15.4.27}$$

联立公式（15.4.26）与式（15.4.27），可解出两个未知数 P_u 和 x。

（4）桩顶自由的长桩

如图 15.4.9 所示，假设桩身配筋上下一致，由配筋确定的桩身塑性铰为 M_{max}，则有：

参考式(15.4.21)　$M_y = P_u(h + 1.5B + f) - \frac{1}{2}f^2(9C_uB) = M_{max} \tag{15.4.28}$

得：

$$P_u^2 + C_uB(18h + 27B)P_u - 18C_uBM_{max} = 0 \tag{15.4.29}$$

解此二次方程，可得 P_u 的值。

（5）桩顶转动约束的长桩

如图 15.4.10 所示在桩顶水平力作用下桩顶先形成塑性铰，继续加大桩顶水平力，使

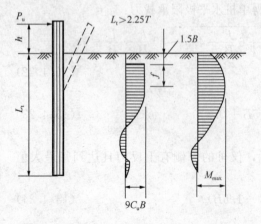

图 15.4.9　桩顶自由的长桩

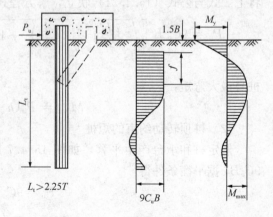

图 15.4.10　桩顶转动约束的长桩

桩身也产生塑性铰，结构变成机动状态，即进入极限状态：

$$P_u\left(1.5B + \frac{1}{2}f\right) = 2\,M_{\max} \tag{15.4.30}$$

$$P_u^2 + 27C_u B^2\, P_u - 36C_u B M_{\max} = 0 \tag{15.4.31}$$

解此二次方程，可得 P_u 的值。

2）砂性土地基

当在砂土中的桩承受水平力时，力作用方向桩的前方土体从地标开始产生屈服。实测数据发现，地基反力约等于朗肯被动土压力的三倍（图 15.4.11）：

$$p(x) = 3\,K_p \gamma x \tag{15.4.32}$$

式中　　K_p ——深度 x 处被动土压力系数 $K_p = \tan^2\left(45° + \dfrac{\varphi}{2}\right)$；

　　　　φ ——深度 x 处土的内摩擦角；

　　　　γ ——深度 x 处土的重度。

土中最大弯矩深度 f 可依据最大弯矩处剪力为零的条件求出：

$$P_u = \frac{3}{2}K_p \gamma B f^2 \tag{15.4.33}$$

（1）桩顶自由的短桩、中长桩

由图 15.4.13，相对于桩底的力矩平衡条件：

$$P_u(h + L) = \frac{1}{2}\cdot\frac{1}{3}\cdot 3K_p \gamma B L^3$$

得：

$$P_u = \frac{K_p \gamma B L^3}{2(L + h)}$$

与公式（15.4.33）并立，得：

$$f = L\sqrt{\frac{L}{3(L + h)}} \tag{15.4.34}$$

最大弯矩：

$$M_{\max} = P_u(h + f) - \frac{1}{6}\cdot 3K_p \gamma B f^3$$

将公式（15.4.33）和公式（15.4.34）代入。

得：

$$M_{\max} = P_u\left[h + \frac{3L\sqrt{L}}{2\sqrt{h + L}}\right] \tag{15.4.35}$$

因在深度 f 处，其上部土反力已经与水平荷载 P_u 平衡。则必须在桩底还有一较大的反向集中土反力 P_B，与深度 f 以下土反力平衡。见图 15.4.12 所示：

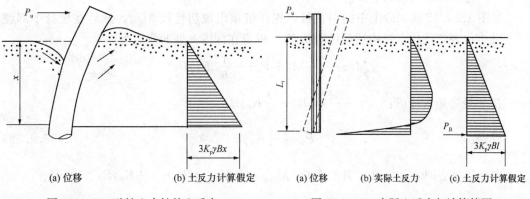

(a) 位移　　(b) 土反力计算假定　　(a) 位移　　(b) 实际土反力　　(c) 土反力计算假定

图 15.4.11　砂性土中桩的土反力　　　　图 15.4.12　实际土反力与计算简图

$$P_B = \frac{1}{2} \cdot 3K_p\gamma BL^2 - P_u = \frac{1}{2}K_p\gamma BL^2\left(\frac{2L+3h}{L+h}\right) \tag{15.4.36}$$

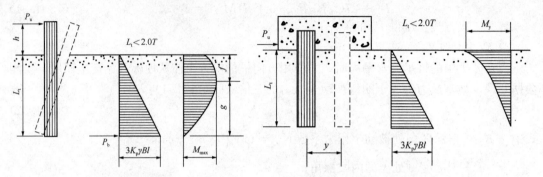

图 15.4.13　桩顶自由的短桩、中长桩　　　　　　图 15.4.14　桩顶转动约束的短桩

（2）桩顶转动约束的短桩

桩顶产生平移，最大弯矩发生在桩顶处，如图 15.4.14 所示。

$$P_u = \frac{1}{2} \cdot 3K_p\gamma BL^2 \tag{15.4.37}$$

$$M_{max} = K_p\gamma BL^3 \tag{15.4.38}$$

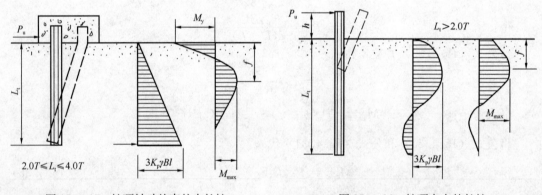

图 15.4.15　桩顶转动约束的中长桩　　　　　　图 15.4.16　桩顶自由的长桩

（3）桩顶转动约束的中长桩

如图 15.4.15 所示砂土中的中长桩：先在桩顶出现塑性铰 M_{max}，然后在桩身中部埋深 f 处也出现塑性铰，结构达到极限状态。桩身在深度 z 处的弯矩为：

$$M(z) = -M_y + P_u z - \frac{1}{6}3K_p\gamma Bz^3$$

在 f 处弯矩为极值：
$$\frac{dM}{dz} = P_u - \frac{3}{2}K_p\gamma Bf^2 = 0$$

得到：
$$P_u = \frac{3}{2}K_p\gamma Bf^2 \tag{15.4.39}$$

在极限状态时，在深度 f 处的弯矩：$M_{max} = -M_{max} + P_u f - \frac{1}{2}K_p\gamma Bf^3$

利用公式（15.4.39）得：

$$M_{\max} = \frac{1}{2} K_{\mathrm{p}} \gamma B f^3 = \frac{1}{3} P_{\mathrm{u}} f \tag{15.4.40}$$

（4）桩顶自由的长桩

如图 15.4.16 所示，埋深 f 处出现塑性铰，结构达到极限状态：

$$M_{\max} = P_{\mathrm{u}}(h+f) - \frac{1}{2} K_{\mathrm{p}} \gamma B f^3$$

$$P_{\mathrm{u}} = \frac{3}{2} K_{\mathrm{p}} \gamma B f^2$$

得到：
$$f = \sqrt{\frac{2 P_{\mathrm{u}}}{3 K_{\mathrm{p}} \gamma B}} \tag{15.4.41}$$

$$M_{\max} = P_{\mathrm{u}} \left(h + \frac{1}{3} f \right) \tag{15.4.42}$$

（5）桩顶转动约束的长桩

同样，先在桩顶出现塑性铰 $M_{\mathrm{y}} = M_{\max}$，然后在桩身中部埋深 f 处也出现塑性铰，结构达到极限状态。

$$M(f) = M_{\max} = - M_{\max} + P_{\mathrm{u}} f - \frac{1}{2} K_{\mathrm{p}} \gamma B f^3$$

$$P_{\mathrm{u}} = \frac{3}{2} K_{\mathrm{p}} \gamma B f^2$$

得到：
$$f = \sqrt{\frac{2 P_{\mathrm{u}}}{3 K_{\mathrm{p}} \gamma B}} \tag{15.4.43}$$

$$M_{\max} = \frac{1}{2} P_{\mathrm{u}} f \tag{15.4.44}$$

2. 在正常工作状态时，计算单桩桩顶抵抗水平力的抵抗刚度

在水平荷载不大时，桩和土体的应力应变性状都接近于理想弹性，通常采用弹性地基梁的计算方法。最常用的弹性地基梁方法有四种（图 15.4.18），四种方法基本思想是一致的，即把竖向的桩看作一根平放在文克尔（Winkler）弹性地基表面的梁，但它毕竟是竖向插入土中的桩，因此在不同深度给出随深度增大的弹性地基系数。四种方法的不同仅在于水平向的文克尔地基弹簧模型不一样。

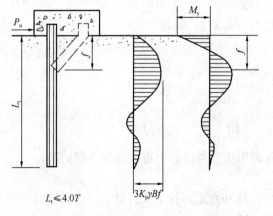

图 15.4.17　桩顶转动约束的长桩

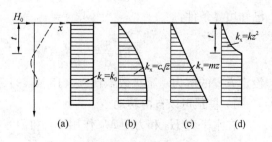

图 15.4.18　地基水平抗力系数的分布图式

四种分析计算方法能具体算出桩中的剪力、弯矩与桩顶水平位移的关系，但分析计算仅局限于弹性阶段，不可能算出单桩的抗水平位移极限承载力。四种方法都假定了文克尔地基弹簧是线性弹簧，弹簧刚度系数 C_z 随深度 z 按不同的规律变化，可以用通式 (15.4.44) 来表示：

$$k(z) = k_0 (z/t)^n \tag{15.4.45}$$

四种方法中：

(1) 称为常数法或张有龄法，$n = 0$，即 $k(z) = k_0$；

(2) 为"k"法，$n = \frac{1}{2}$，$k(z) = k_0 \sqrt{z}$；

(3) 为"m"法，$n = 1$，$k(z) = k_0 z$；

(4) 为"c"法，$n = 2$，$k(z) = k_0 z^2$。

四种常用计算方法中，早期人们认为：张氏法适用桩顶水平位移 y_0 不大的情况，例如用于机器基础、高层房屋下竖直桩抵抗风力的计算。c 法与张氏法类似，比较适用于黏性土，但 c 法比张式法更符合于实际情况。m 法比较适用于砂性土。c 法和 m 法较多应用于铁路、公路工程。k 法在 20 世纪 50 年代桥梁设计中应用较多。

近年来在建筑工程中，特别在基坑工程中，基本都采用 m 法进行计算。下面仅介绍 m 法的计算结论。

单桩桩顶在水平力 Q_0，弯矩 M_0 作用下，半无限长弹性地基梁的弹性曲线微分方程为：

$$EI \frac{\mathrm{d}^4 x}{\mathrm{d}z^4} = k(z) b_0 x \tag{15.4.46}$$

其中　E——桩的弹性模量；

　　　I——桩的截面惯性矩；

　　　b_0——桩的有效截面宽度，或称计算宽度。

我们仅讨论 m 法的情况，公式 (15.4.46) 就写为：

$$EI \frac{\mathrm{d}^4 x}{\mathrm{d}z^4} = m b_0 z x \tag{15.4.47}$$

令：

$$\alpha = \sqrt[5]{\frac{m b_0}{EI}} \tag{15.4.48}$$

α 称为桩的变形系数，将式 (14.4.48) 代入式 (15.4.47)，则得：

$$\frac{\mathrm{d}^4 y}{\mathrm{d}z^4} + \alpha^5 z y = 0 \tag{15.4.49}$$

已知边界条件：　　　$[y]_{x=0} = y_0$　　　$\left[\frac{\mathrm{d}y}{\mathrm{d}z}\right]_{x=0} = \varphi_0$

$$\left[EI \frac{\mathrm{d}^2 x}{\mathrm{d}z^2}\right]_{x=0} = M_0 \qquad \left[EI \frac{\mathrm{d}^3 y}{\mathrm{d}z^3}\right]_{x=0} = Q_0$$

设定方程的解为一幂级数，代入 (15.4.49) 并利用边界条件，可得该微分方程的解：

1）桩顶可以自由转动

在水平力 H_0 和力矩 M_0 作用下，桩身水平位移和弯矩可按下式计算：

$$y = \frac{H_0}{\alpha^3 EI} A_y + \frac{M_0}{\alpha^2 EI} B_y \tag{15.4.50}$$

894

$$M = \frac{H_0}{\alpha} A_m + M_0 B_m \qquad\qquad (15.4.51)$$

若桩顶弯矩 M_0 等于零。可知单桩桩顶抗水平力的抵抗刚度：

$$k_{pi} = \frac{\alpha^3 EI}{A_{y=0}} = 0.41 \alpha^3 EI \qquad\qquad (15.4.52)$$

2）桩顶固定不能转动

若桩顶嵌固于低桩承台，此时桩顶转角始终为零。桩身水平位移和弯矩可按下式计算：

$$y = (A_y - 0.93 B_y) \frac{H_0}{\alpha^3 EI} \qquad\qquad (15.4.53)$$

$$M = (A_m - 0.93 B_m) \frac{H_0}{\alpha} \qquad\qquad (15.4.54)$$

可知单桩桩顶抗水平力的抵抗刚度：

$$k_{pi} = \frac{\alpha^3 EI}{A_{y=0} - 0.93 B_{y=0}} = 1.07 \alpha^3 EI \qquad\qquad (15.4.55)$$

采用上述公式也可计算桩身不同深度的弯矩。上列公式中的系数 A_y、B_y、A_m、B_m，按换算深度 $z_m = z\alpha$ 在下表中取值：

m 法计算用无量纲系数表   表 15.4.3

z_m	A_y	B_y	A_m	B_m
0.0	2.441	1.621	0	1
0.1	2.279	1.451	0.100	1
0.2	2.118	1.291	0.197	0.998
0.3	1.959	1.141	0.290	0.994
0.4	1.803	1.001	0.377	0.986
0.5	1.650	0.870	0.458	0.975
0.6	1.503	0.750	0.529	0.959
0.7	1.360	0.639	0.592	0.938
0.8	1.224	0.537	0.646	0.913
0.9	1.094	0.445	0.689	0.884
1.0	0.970	0.361	0.723	0.851
1.1	0.854	0.286	0.747	0.814
1.2	0.746	0.219	0.762	0.774
1.3	0.645	0.160	0.768	0.732
1.4	0.552	0.108	0.765	0.687
1.6	0.388	0.024	0.737	0.594
1.8	0.254	-0.036	0.685	0.499
2.0	0.147	-0.075	0.614	0.407
3.0	-0.087	-0.095	0.193	0.076
4.0	-0.108	-0.015	0	0

15.4.4 单桩的水平静载荷试验

1. 桩顶承受水平荷载的性状

桩承受桩顶集中水平荷载的承载力和刚度不仅与桩上部的土性有关，还与桩身材料和桩身配筋量有关。对于配筋量很低或不配筋的混凝土灌注桩，它们在承受水平力时的破坏形式接近于脆性破坏。有资料报导这种桩当桩顶位移仅 3mm 左右时，桩身混凝土就严重开裂。一般不允许主要受力构件出现脆性破坏的现象，故承受水平荷载的桩基础不容许采用不配筋或少配筋的混凝土桩。

桩顶的抗水平荷载的刚度还与桩顶在基础中的嵌固状态有关，刚性嵌固与铰接的水平刚度几乎相差一倍。

根据前面的讨论，在设计计算时既要知道桩的极限水平承载力，还要知道抵抗桩顶水平位移的刚度。这就是要进行单桩水平荷载试验的目的。

单桩的水平荷载试验要比垂直抗压静载荷试验复杂多了。实际的水平荷载都是动力荷载，且是反复作用的随机变量。桩的试验应该模拟它的实际动荷载状态，但这太复杂、太难做了，以往都取了折中的做法，即采用多循环的静力试验。

2. 单桩水平静载荷试验

单桩水平静载荷试验常采用一台水平放置的千斤顶同时对两根桩进行加荷，如图15.4.19 所示。桩顶还可以采用图 15.4.20 的装置模拟完全嵌固的状态。

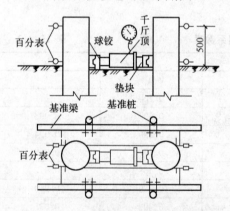

图 15.4.19 水平静载试验装置示意图

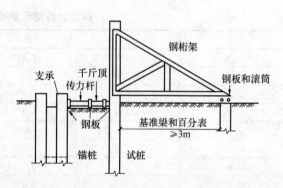

图 15.4.20 模拟桩顶嵌固的试验装置

（1）单桩多循环静载荷试验方法

加荷方法：单桩试验一般应采用分级多循环加载。承受长期作用的恒定水平荷载的桩，可采用分级连续地加载。荷载分级一般可分 10～15 级，极软的土体中的试验可将荷载分级增加一倍。

单桩分级多循环加载的加荷方法：每级加荷后保持 10 秒钟，测读水平位移；然后卸载到零保持 10 秒钟，测读水平位移。如此即为一个循环，每级荷载应施加多个循环，循环数不能小于 3 次，一般为 5 次以上。

连续加载只需每次加载后保持 10 秒钟，测读水平为以后即可加下一级荷载。

终止加荷的条件：当出现下列情况之一时，即可终止试验：

① 桩身已断裂；

② 桩侧地表出现明显裂缝或隆起；

③ 桩顶水平位移超过 20mm～30mm（软土取 30mm）。

（2）资料整理

分级多循环加载试验可绘制桩顶水平荷载-时间-桩顶水平位移 Q_0-T-X_0 曲线（图 15.4.21）。连续加载试验可绘制水平荷载-位移 Q_0-X_0 曲线（图 15.4.22）及水平荷载-位移梯度 $\left(Q_0 - \dfrac{\Delta X_0}{\Delta Q_0}\right)Q - \dfrac{\Delta x_0}{\Delta Q_0}$ 曲线（图 15.4.23）。

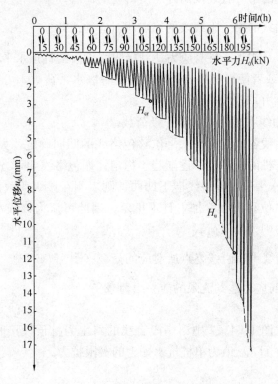

图 15.4.21　单桩水平静载荷试验 Q_0-T-X_0 曲线

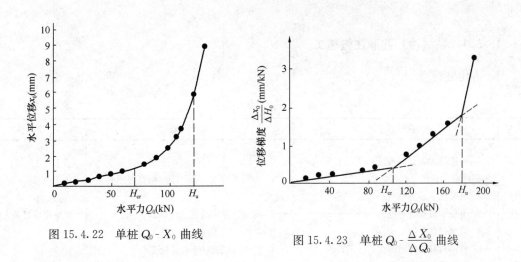

图 15.4.22　单桩 Q_0-X_0 曲线　　　　图 15.4.23　单桩 $Q_0 - \dfrac{\Delta X_0}{\Delta Q_0}$ 曲线

上列各种曲线中两个特征点，这两个特征点所对应的桩顶水平荷载，可称为临界荷载和极限荷载。

① 临界荷载 Q_{cr} 相当于桩身开裂，受拉区混凝土不参加工作时的桩顶水平力，其数值

可按下列方法综合确定：

A. 取曲线出现突变点对应的荷载（在荷载增量相同的条件下，位移增量出现比前一级明显增大时的前一级荷载值）；

B. 取 Q_0-X_0 曲线的第一直线段的终点所对应的荷载；

C. 取 Q_0-$\dfrac{\Delta X_0}{\Delta Q_0}$ 曲线的第一直线段的终点所对应的荷载。

② 极限荷载（Q_u）是相当于桩身应力达到极限强度时的桩顶水平力，使得桩顶水平位移超过 20mm～30mm 或者使得桩侧土体破坏的前一级水平荷载，可作为极限荷载，可根据下列方法确定（Q_u），并取较小值：

A. 取 Q_0-T-X_0 曲线明显陡降的第一级荷载。

B. 按 Q_0-T-X_0 曲线各级荷载下水平位移包络线的凹向确定，如包络线向上方凹曲，则表明在该级荷载下，桩的水平位移逐渐趋于稳定；如包络线朝下方凹曲，在图 15.4.21 中当 Q_0＝195kN 时的水平位移包络线向下凹曲，则表明在该级荷载作用下，随着加卸荷循环次数的增加，水平位移仍在增加，且不稳定，因此可认为该级水平力为桩的破坏荷载，而其前一级水平力则为极限荷载。

C. 取 Q_0-$\dfrac{\Delta X_0}{\Delta Q_0}$ 曲线第二直线终点所对应的荷载（图 15.4.23）。

D. 桩身断裂或钢筋应力达到流限的前一级荷载。

（3）结论

在一般情况下可取图 15.4.22 中第一段直线的斜率为桩顶铰接时抵抗水平荷载的刚度，可取图 15.4.23 中 H_0Q_0 值为单桩抗水平力的极限抗力。

15.5 桩基础施工

15.5.1 钻（冲）孔灌注桩施工

1. 钻孔桩特点

钻孔桩特点 表 15.5.1

类型	优 点	缺 点	施工管理难易度
钻孔桩	1. 可进行大直径桩施工，可获得较高的单桩承载力； 2. 可确认土、岩性质； 3. 可变更桩长、桩径； 4. 可穿过各类岩土层； 5. 桩体材料选择范围大； 6. 抗剪、抗弯能力强	1. 不同施工方法及施工者的因素偏差较大； 2. 泥土、泥浆的处理较难； 3. 对施工工序控制要求高； 4. 桩周土或桩底土容易松弛	管理比较复杂

2. 钻孔桩施工发展阶段

大致可分以下几个阶段（表 15.5.2）

钻孔灌注桩发展阶段　　　　　　　　　　表 15.5.2

时间	成孔工艺	桩径 （mm）	桩长 （m）	嵌岩	混凝土供应方	备注
1980 年以前	正循环为主＋反循环	≤800	≤40	未嵌	现场拌制	不含桥基桩
1980 年～1994 年	正循环＋反循环	600～1000	≤70	嵌	开始用商品混凝土	
1994 年～2000 年	正、反循环＋后压浆	600～1500	≤80	嵌	市区用商品混凝土	
2000 年以后	旋挖＋各种工艺	1500～5000	＞100	嵌	多用商品混凝土	

3. 钻孔灌注桩施工工艺流程

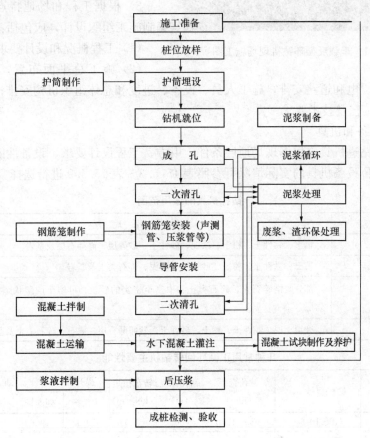

4. 施工准备

1）施工技术准备

进场前，施工单位应踏勘施工现场，熟悉工程图纸（桩位平面图、桩身结构设计图、钢筋笼制作设计图等）、岩土工程勘察资料和必要的水文地质资料，进行必要的研究。

确定可钻性等级，自然造浆能力能否满足孔壁稳定，预计孔深、桩长等，确定采用的成孔工艺。

2）钻孔灌注桩施工应按《建筑施工组织设计规范》GB/T 50502 的规定编制施工组织设计书，宜具备下列主要技术资料。

（1）施工许可证和工程施工合同书；

（2）建（构）筑物场地的岩土工程勘察报告；

图 15.5.1　车载反循环钻机现场施工图

（3）规划红线图、施工总平面图、钻孔灌注桩设计施工图；

（4）对施工场地及周边建（构）筑物进行调查，包括地下文物情况，区域空间输电线、通讯线、地下管线、障碍物等的分布、性质及埋深等；

（5）调查施工场地周围的道路状况，可供施工用的水、电量。

3）根据工程和场地特点，有针对性编制施工组织设计，应包括：

（1）工程概况和设计要求；

（2）施工总平面布置，包括现场布置，施工用水、电和道路安排，施工人员、设备、进度和总体组织机构安排；

（3）施工工艺及技术要求。

5. 成孔设备和机具

（1）桩孔钻进机具应根据现场地层条件、甲方、工程设计要求、设备性能和施工场地条件及施工单位设备机具的实际情况可参照表 15.5.3～表 15.5.9 进行选择。

钻孔机具的适用范围 　　　　　　　　　　　　　　　表 15.5.3

成孔机具	适 用 地 层
旋挖钻	填土、黏性土、粉土、淤泥、砂性土、砂砾层、砾卵石层及基岩
回转钻（正反循环）	填土、黏性土、粉土、砂性土、淤泥、碎石类土及基岩
扩孔钻	部分胶结碎石土、碎石类土、中密至密实的砂土、可塑至硬塑状态黏性土、粉土、岩层
冲击钻	杂填土层、黏性土、粉土、砂性土、砂卵砾石层、漂石、碎石类土及基岩及岩溶发育

几种常用正循环回转钻机主要性能 　　　　　　　　　　表 15.5.4

生产厂家	钻机型号	钻孔直径（mm）	钻孔深度（m）	转盘扭矩（kN·m）	提升能力（kN）		动力功率（kW）	钻机质量（kg）
					主卷扬	副卷扬		
上海金泰	GPS-10	400～1200	50	8.0	29.4	19.6	37	8400
	SPJ-300	500	300	7.0	29.4	29.6	60	6500
	SPC-500	500	500	13.0	49.0	9.8	75	26000
天津探机厂	SPC-600	500	600	11.5	—		75	23900
郑州勘察机械厂	红星-300	560	300	11.5	20.0	5.0	40	9000
	红星-400	650	400	13.2	29.4	10.0	40	9700
石家庄煤机厂	0.8～1.5m/50m	800～1500	50	14.7	60.0		100	—
	1.0～2.5m/60m	1000～2500	60	20.6	60.0		—	—
重庆探机厂	GQ-80	600～800	40	5.5	30.0	—	22.0	2500
张家口探机厂	XY-5G	800～1200	40	25.0	40.0		45	8000
山东省地质探矿机械厂	TS-15	1500	50	18	30	15	30	8000
	TS-20	2000	80	32	30	20	37	10000

几种大口径工程钻机主要性能　　　　　　　　　　表 15.5.5

生产厂家	钻机型号	钻孔直径 (mm)	钻孔深度 (m)	钻杆直径 (mm)	转盘最大扭矩 (kN·m)	主卷扬提升力 (kN)	动力功率 (kW)
天津探机厂	GJC-40H	500~1500	300~40	89	6.35	29.4	40
张家口探机厂	GJD-1500	1500	50	180	39.2	392	—
郑州勘察机械厂	QJ-250	2500	100	—	27.44	—	—
	KT5000	5000	120	350	400	3000	315
	KP3500	3500	120	275	210	1200	30×4
	KT3500	3500	150	300	210	1500	—
	KP3000	3000	100	275	117.8	54(单绳)	95
	KP2500	2500	120	245	80	60(单绳)	45×2
	KP2200	2200	120	245	60	60(单绳)	30×2
原铁道部武汉桥梁机械厂	BDM-1	1250	40	120	12.2	200	14/24
	BDM-2	2500	40	219	29.4	200	18/28
	BDM-4	3000	40	273	80	600	75
上海金泰	GPS-15	1500	50	168	20	30	30
	GPS-18	1800	60	168	26	30	37
	GPS-22	2200	100	219	80	30	55
	GPS-25D	2500	130	245	120	50	75
中南冶金机械厂	YG-15	800~1500	50	—	20	35	37

车载反循环钻机主要性能　　　　　　　　　　表 15.5.6

生产厂家	钻机型号	钻孔直径 (mm)	钻孔深度 (m)	钻杆直径 (mm)	转盘最大扭矩 (kN·m)	主卷扬提升力 (kN)	动力功率 (kW)
河北新河华力桩工机械厂	QDG-150	1600	100	168	19	30(单绳)	50
	QDG-200	2500	120	220	22	30(单绳)	100
清苑县万达钻机厂	QY219	1500	80	225	—	25(单绳)	100

旋挖机主要技术性能　　　　　　　　　　表 15.5.7

钻机型号	发动机功率 (kW)	动力头扭矩 (kN·m)	主卷扬提拔力 (kN)	副卷扬提拔力 (kN)	最大钻深 (m)	最大孔径 (mm)	工作重量 (t)	生产厂家
BG25C	224	237	200/250	80/100	57.35	1900	76	德国宝峨
BG30	354	270	250/317	80/100	70.2	2200	100	
BG26	224/2100	260	230/295	80/100	65.4	2200	86.5	
BG38	354/1800	380	290/370	100/125	91.8	3000	135	
BG39	403	390	400	100/125	92	3600	150	
SR220Ⅱ	250	250	240	110	70	2300	71	北京三一重工
SR220C	250	250	240	110	67	2300	70	
SR250	250	285	256	110	70	2300	72	

钻机型号	发动机功率（kW）	动力头扭矩（kN·m）	主卷扬提拔力（kN）	副卷扬提拔力（kN）	最大钻深（m）	最大孔径（mm）	工作重量（t）	生产厂家
TR220D	213	220	200	110	65	2000	65	南车时代
TR250D	250	261	240	110	80	2500	73	
TR280DH	261	290	250	110	85	2500	67	
TR360D	305	320	300	120	95	2500	105	
TR550C	412	520	440	130	130	4000	172	
XR220	246	220	200	80	65	2000	70	徐工集团
XR250	298	250	230	100	70	2500	80	
TRM140	192	140	150	76	40～50	1600	45	徐州东明
TRM200	224	200	200	90	45～60	2000	65	
SD10-Ⅰ	125	100	140	50	40	1400	40	上海金泰
SD10-Ⅱ	125	100	140	50	50	1400	48	
SD10-Ⅲ	125	20	140	50	100	1400	40	
Sd20	194	194	180	75	60	2000	65	
SD28	263	286	250	75	80	2400	86	
SD25W	221	250	250	75	75	2000	65.5	
FR618	194	180	165	80	55	1500	55	福田雷沃
FR626	250	250	250	100	70	2500	69	
R160	205	180	180	70	52	1800	58	北京罗特锐
R200	224	210	200	100	60	2000	65	
R260	354	260	250	100	80	2200	82	
R400	400	398	360	140	100	3000	110	
SR100	480	245	370	145	92	3500		意大利土力
SR40	187	160	150	64	55	1500		
SR65	300	240	240	140	77	2000		
SR80C	328	292	260	100	77	2000		
ZR280A	261	280	274	110	86	2500	80	中联重科
ZR280B	261	280	283	110	86	2500	88	

冲击式钻机主要技术性能　　　　表 15.5.8

钻机型号	CZ-22	CZ-30	CZ-6B	CZ-6A	CZ-8A	YKC-22	YKC-30
钻孔直径(mm)	700	1000	400～2000	300-1800	300-2500	700	800～1300
最大成孔深度(m)	150	180	300～50	300	300	150	50～40
最大冲程(mm)	1000	1000	—	850	850	1000	1000
钻具最大质量(kg)	1300	2500	3000	5000	7000	1300	2500
工具卷扬提升能力(kN)	20	30	47	68	108	—	—
主机质量(t)	7.0	12.0		9.5	10.5	—	—
动力功率(kW)	28	40	40	55	75	20	40
生产厂家	沈阳矿山机械厂		上海金泰	清苑县鑫华钻机厂		洛阳、太原矿山机械	

冲击反循环钻机主要技术性能 表 15.5.9

钻机型号	CJF-12	CJF-15	YCJF-20	YCJF-25	HCF-20	CFZ-1500
钻孔直径(mm)	1200	1500	2000	2500	2000	1600
最大成孔深度(m)	50	80	80	80	80	100
最大冲程(mm)	1000	1000	1300	1300	1500	1000
钻具最大质量(kg)	2500	2500	6000	8000	3000	3200
工具卷扬提升能力(kN)	15	40	100	100	30	35
主机质量(t)	13	12	14	19	8.5	11
动力功率(kW)	45	45	55	75	37	45
生产厂家	山东省地质探矿机械厂				江苏省无锡探矿机械厂	铁道部第十五工程局

（2）正、反循环回转钻进钻头应根据设计桩孔直径、地层、成孔工艺等综合因素选择。钻头适应性应较强。翼形（二、三翼）钻头靠刀尖进行切削，对淤泥层、黏土层、砂、砂砾石层等 Ⅴ、Ⅳ 级以下的地层最适用，图 15.5.2 两翼鱼尾钻头、图 15.5.3 三翼鱼尾钻头；对黏土、粉细砂、中粗砂、少量砂砾石等地层则通常选用带有笼式导正且能修孔壁的三或四翼合金钻头，如图 15.5.5-1、图 15.5.5-2，对于风化岩等软岩层及较硬的胶结层也有一定的切削能力，所以翼形钻头在钻机上应用较多。一般桩孔口径小、土软地层选用翼片少、翼片夹角小的钻头；桩孔口径大与土、岩硬地层选用翼片较多、翼片夹角较大的钻头；提倡用笼式刮刀钻头。对于中、硬岩层应选用牙轮钻头钻进，见图 15.5.6-1、图 15.5.6-2。钻头直径宜比设计桩径小 10mm～20mm，但当钻进淤泥或淤泥质土及流塑土层时，应与

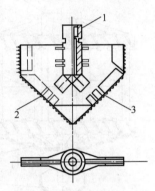

图 15.5.2　两翼鱼尾钻头结构图

1—接头；2—合金片；3—水口

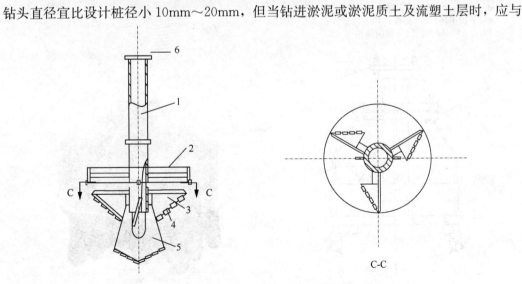

图 15.5.3　三翼鱼尾钻头结构图

1—芯管；2—扶正环；3—主切削翼板；4—合金块；5—导向钻头；6—法兰盘

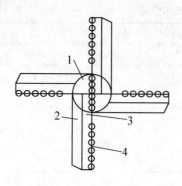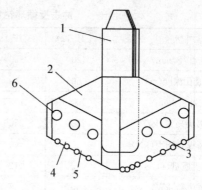

图 15.5.4　四翼刮刀钻头结构图

1—中心管；2—支撑板；3—翼板；4—复合片；5—切削面；6—螺栓

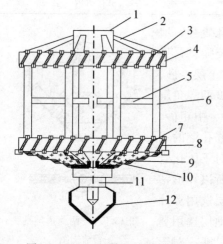

图 15.5.5-1　四翼刮刀钻头结构图

1—中心管；2—斜支撑板；3、7—肋骨块；
4—上扶正环；5—横支撑板；6—支柱；
8—下扶正环；9—翼板；10—合金片；
11—接头；12—导向钻头

图 15.5.5-2　四翼刮刀钻头实物图

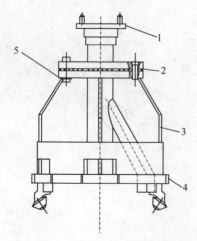

图 15.5.6-1　组合牙轮钻头示意图

1—对接盘；2—密封垫；3—加强
筋板；4—底盘；5—螺栓

图 15.5.6-2　大口径组合牙轮钻头
实物图

设计桩径一致，甚至大 10mm～20mm。在大型桥梁深水钻孔桩施工中，对于硬岩石应选用球齿型滚刀钻头；对于松软岩石和密实土层可选用楔齿滚刀钻头和牙轮钻头。钻头的主要类型适用范围见表 15.5.10。

钻头的形式、种类及适用范围　　　　　表 15.5.10

成孔工艺	钻头种类	钻头形式	适用岩（土）层范围
正循环钻进		鱼尾钻头	松软土层及松散的砂、砾石土层
		笼式钻头	
反循环钻进	刮刀钻头	三翼钻头	软～硬塑的黏性土及淤泥层、强风化岩及软质岩
		四翼钻头	流～硬塑的黏性土层，特别适合含有砾石的砂，强风化岩及软质岩土层
	牙轮（或滚刀）钻头	盘形滚刀	破碎软岩及中硬岩石
		楔齿滚刀	
		球齿滚刀	
	组合钻头		坚硬黏土、砂砾石、卵漂石及岩层
冲击钻进		冲击铲	有漂石、大卵石及软质岩的地层
		捞渣筒	淤泥、黏土及冲散后的砂层
旋挖钻进		锅底式钻头	适用于淤泥、黏性土、砂土、砂砾石和强风化岩层
		锁定式钻头	孤石、块石等
		冲击式钻头	卵石或密实的砂砾层
		螺旋钻头	胶结密实的砂砾岩或破除地下障碍物

6. 钢筋笼制作

钢筋笼的制作应符合下列要求：

(1) 取样钢筋试件和焊接试件合格后，方能进行钢筋笼的制作。

(2) 制作场地应平整，场内运输和到孔位安装较为方便。

(3) 制作钢筋笼的钢筋型号、规格和钢筋笼的结构必须符合设计图纸要求。

钢筋笼制作允许偏差应符合表 15.5.11 的要求：

钢筋笼制作允许偏差　　　　　表 15.5.11

项　目	允许偏差（mm）	项　目	允许偏差（mm）
主筋间距	±10	钢筋笼直径	±10
箍筋间距或螺旋筋间距	±20	钢筋笼长度	±100

(4) 分段制作的钢筋笼，其段长应由起吊高度和钢筋原材料长度确定。段间主筋宜采用焊接或机械接头，并应符合《混凝土结构工程施工及验收规范》GB 50204、《钢筋机械连接通用技术规程》JGJ 107 和《钢筋焊接及验收规程》JGJ 18 的有关规定。钢筋笼制作基本要求宜按《建筑桩基技术规范》JGJ 94 的规定。

(5) 钢筋笼的加筋箍宜设在主筋内侧，其箍平面必须与主筋垂直，并按设计间距与主筋焊牢，防止笼身局部出现椭圆不平直现象。保护层厚度以设计为准。

(6) 分段钢筋笼孔口连接，可采用搭接焊连接和直螺纹套筒连接两种方式。

（7）声测管、压浆管等施工时接头应牢固，不得漏浆，顶底口封闭严实，声测管与钢筋笼用粗铁丝软连接，确保根根检测到底。

7. 水下混凝土制备

水下混凝土制备应符合下列要求：

（1）水下混凝土应具备良好的和易性，配合比应通过试验确定，坍落度宜为180mm～220mm；

（2）水下混凝土的含砂率宜为 40%～45%，宜选用中粗砂；粗骨料可选用碎石或卵石其最大粒径应小于 40mm，有条件时应采用连续级配；

（3）水下混凝土宜掺外加剂，初凝时间应大于单桩灌注时间；

（4）水下混凝土配制强度等级应适当高于桩身混凝土设计强度等级；

（5）混凝土必须留有标养试件；

（6）不同品种、不同强度等级和不同厂家生产的水泥拌制的混凝土，不得用于同一根桩内。

8. 护壁排渣泥浆制备与施工

护壁排渣泥浆应符合下列要求：

（1）钻孔泥浆的主要作用为浮渣、护壁（防塌孔、维护孔壁稳定）和冷却钻头，同时还具有润滑钻具、破碎岩土，作为孔底"发动机动力"等作用。可以把泥浆比作钻孔的"血液"，相对密度、含砂率、黏度等参数是泥浆的主要指标，泥浆相对密度能在较大范围内调节，以建立与地层压力相平衡的泥浆水位压力，以防止漏、塌、卡、埋等孔内复杂情况的发生，使用泥浆应符合环保要求。

（2）泥浆制备、循环（使用）与净化采用泥浆护壁和排渣时，首先考虑自然造浆。

在黏性土层中钻进时，宜注入清水，采用原土造浆护壁，排渣时，泥浆相对密度宜小于1.25。

（3）在砂土层中钻进时，泥浆相对密度宜控制在 1.2～1.4；在穿过砂夹卵石层或易塌孔的地层中钻进时，宜控制在 1.3～1.5；对位于溶洞区域的桩基，选用相对密度大的泥浆，相对密度过大、黏度较大对成孔有利，但会导致桩身和孔壁泥皮过厚，降低侧摩，所以选择泥浆参数前先分析泥浆的失水过程，"瞬时失水"是在岩石裂隙没形成泥皮（旋转剪切），向地层孔隙渗透，逐渐随着泥浆循环，泥皮（饼）建立、增厚，直到相对平衡，失水量由大变小，即"动失水"。随时间推移，钻进继续、泥浆循环，失水继续减少直到恒定（静失水阶段），加大泥浆密度应在"瞬时失水"和"动失水"过程中进行。泥浆的基浆配方为：水＋优质膨润土，采取的改进措施主要有：增加固相含量，将膨润土的加量由 5%增加到 10%；添加 Na-CMC(HV 级)，将其在钻孔液中的含量增至 0.3%。成桩孔前后其添加剂含量和泥浆参数见表 15.5.12。泥浆宜就地选用黏土调制，其孔底指标应符合表 15.5.13 规定。

钻孔前后泥浆参数　　　　　　　　　　　　表 15. 5. 12

参数成桩孔	孔内失水状况	膨胀量	Na-CMC （HV 级）	密度	含砂率	漏斗黏度	胶体率
成孔前	瞬时失水动失水	≥10%	0.3%	>1.3	>8%	>25s	—
成孔后及浇灌前	静失水	≤5%	0.1%	≤1.15	≤4%	18～22s	>90%

制备泥浆的性能指标 表 15.5.13

项次	项 目	性能指标	检验方法
1	相对密度	1.10～1.15	玻璃密度计
2	黏度	18s～25s	500ml/700ml 漏斗式泥浆黏度计
3	含砂率	＜4％	量杯法
4	胶体率	≥95％	量杯法
5	pH 值	7～9	pH 试纸

(4) 采用黏土造浆时所使用的黏土造浆能力不应低于 2.5L/kg。当无较好黏土时，可在浆液中掺入碳酸钠(Na_2CO_3)、氢氧化钠(NaOH)、钠羧甲基纤维素(Na-CMC)或膨润土粉末，以提高泥浆性能指标。掺入量应经试验确定。Na_2CO_3 的掺入量宜为孔中泥浆质量的 0.1％～0.2％。

(5) 配制泥浆的黏土用量可按式（15.5.1）计算：

$$p = \frac{\rho_1(\rho - \rho_2)}{\rho_1 - \rho_2} \qquad (15.5.1)$$

式中　p——配制 $1m^3$ 泥浆需加入黏土的质量（t）；

　　　ρ——配制泥浆的密度（g/cm^3）；

　　　ρ_1——黏土的密度（g/cm^3）；

　　　ρ_2——水的密度（g/cm^3）。

(6) 泥浆护壁应符合下列要求：

① 施工期间护筒内泥浆面应高出地下水位 1.0m 以上，在受水位涨落影响时，应高出最高水位 1.5m 以上；

② 在清孔过程中，应不断置换泥浆，直至灌注水下混凝土；

③ 灌注水下混凝土前，孔底 500mm 以内泥浆相对密度应小于 1.25、含砂率≤8％、黏度≤28s；

④ 在容易产生泥浆渗漏的地层中，应增加泥浆黏度、相对密度或下入套管等维护孔壁稳定的措施；

⑤ 使用泥浆护壁的桩孔，现场应配有泥浆性能指标测定仪，设专人管理。每班测定一次黏度、相对密度和含砂率并作记录。泥浆过稠时，应采用稀泥浆稀释或加入降稠剂。

(7) 泥浆循环和净化系统的设置应符合下列要求：

① 泥浆循环槽宽、深、长应满足现场施工要求，槽底纵向坡度宜小于 1％，在成孔过程中随时清除钻渣；

② 泥浆池宜分为沉淀池和循环池，应设在循环槽末端，容积宜为单孔总体积的 1.5～2 倍；

③ 重要的工程和环境保护要求高的工程，应采用泥浆净化设备，如：泥浆振动筛或旋流除砂器降低泥浆的含砂率，其机械性能见表 15.5.14、表 15.5.15。

振动筛技术性能 表 15.5.14

项目	型号	层次	入料粒径 (mm)	筛孔尺寸 (mm)	振幅 (mm)	振频 (Hz)	倾角 (°)	生产能力 (t/h)	功率 (kW)	机重 (t)
自定中心	SZZ1500×3000	1	100	8、10、12、15	8	13.3	20~25	40~200	10	1.98
	1800×3600	1	100	6、8、10、13、20、25	6	8.3	25±2	250	17	4.48
	1500×4000	1	<100	8、10、12、15、25	8	13.3	15~25	50~250	13	2.5
双轴惯性振动	WP-1	1	<100		9	13.3	0~10		10	5.0
重型	1750×3500	1	<100	25、50、100	8~10	12.5~14.3	20~25	500~800	10	3.5

水力旋流除砂器性能 表 15.5.15

旋流筒直径 (mm)	进浆口直径 (mm)	溢流中最大粒径 (mm)	生产能力（L/min）（进浆压力在 100MPa 以下）
ZX-200	25~100	0.027~0.124	300~350
ZX-250	50~100	0.032~0.125	450~850
ZX-300	75~150	0.037~0.150	800~1000
ZX-350	75~150	0.040~0.180	1000~1500
ZX-500	150~200	0.052~0.240	1500~3000

(8) 废泥浆与钻渣排放（处理）：钻孔桩施工时钻孔和浇灌混凝土会产生废泥浆与钻渣，一般 pH 值增高，尤其以膨润土为主护壁泥浆，处理时难度较大，应特别防范对周围环境造成的污染。废弃时应遵守有关环保规定，不能随意排放。一般分脱水处理和有害杂质的处理，目的是再生利用和消除公害，降减外运成本，以避免污染下水道、土壤。一般通过振动筛等脱水机械处理排除大颗粒岩土屑，对泥浆的浓度进行调整，加一些经过配制的促凝剂与泥浆产生凝结反应，沉淀絮凝物颗粒，再用脱水机分离泥土和水。固态泥土可直接回填现场和外运，而分离的水其水质符合排放标准则可以直接排入下水道或河流。若抓斗和旋挖产生钻渣和废泥浆一般现场沉淀一段时间，自然脱水且符合环保，装车外运至指定堆场。一些废泥浆用密封排浆罐车外运，倒入无影响低洼或坑内但在干化之前应设警示标。

(9) 泥浆循环泵：桩孔施工时，由于孔壁与钻杆之间环状空间较大，为了钻渣有效上返，要求泥浆泵有较大泵量。一般几十个桩孔可能共用同一个泥浆池，泥浆泵离钻机有一定距离，需较长泥浆管道，要求泥浆泵功能上提供一定的泵压。目前施工单位多采用 3PN\4PN 型离心式泥浆泵和 6BS\8BS 砂石泵等。因钻进过程中，泥浆池液面是变化的，特别是混凝土浇灌过程或浇完后泥浆液面会大幅上升，有可能淹没泥浆泵轴或电器，因此，建议使用立式泥浆泵，以适应泥浆池液面的变化。部分常用泵的性能见表 15.5.16。

常用泵的性能　　　　　　　　表 15.5.16

性能 泵型	流量		吸程 （m）	扬程 （m）	转速 （r/min）	功率 （kW）	叶轮直径 （mm）	泵重 （kg）
	（m³/h）	（L/s）						
2PNL	47	13		20	1450	11	265	250
3PNL	108	30		21	1470	22	300	280
3PN \ 4PN 泥浆泵	108 \ 200	30/55.6		21 \ 41-37	1470	22 \ 55	300 \ 340	1000
4PN 衬胶泥浆泵	111	30.8		40	1470	55	380	1000
6PN 泥浆泵	230	64	5.5	27	980	75	420	1200
	280	78	5.3	26				
	320	90	4.2	25				
8PN 泥浆泵	450	125	3.5	65	980	215	635	4000
	550	153		63				
	600	167		62				
4PS 砂泵	90	25.0		37	1470	45	365	610
6PS 砂泵	320	88.9		29	980	115	510	1460
	380	105.6		28.5				
	440	122.2		27				
	500	138.9		26				
8PS 砂泵	500	138.9		29	980	215	635	2100
	650	180.6		37				
	750	208.3		32				
6BS	180	72.2	5.8	13	730	30	450	2600
8BS	600	194	6	18	730	55	450	2400
4pH 灰渣泵	100	27.8	5.5	41	1470	45	340	1000
6pH 灰渣泵	330	92	5	48	1480	115	375	1200
	400	111	5	47				
	480	134	5	45				
8pH 灰渣泵	450	125		65	980	185	635	4000
	550	153	6.5	63				
	600	167		62				
2BL-6 清水泵	20	5.6	7.2	30.8	2900	4	50	
4BA-6 清水泵	90	25.0	3.8	76	2900	55	100	89
4BA-8 清水泵	90	25.0	5.5	54.2	2900	30	100	78
PWL 污水泵	400	111	3.5	12	970	30	200	417
BW/T450/12	27	7.5		1.2MPa	2900			
BW150/70	9	2.5		7.0MPa	222	7.5	缸径70	516

性能 泵型	流量		吸程 （m）	扬程 （m）	转速 （r/min）	功率 （kW）	叶轮直径 （mm）	泵重 （kg）
	（m³/h）	（L/s）						
BW250/80	15	4.17		8.0MPa	500	15	缸径80	760
BW850/150	51	14.2		32.0MPa	470	40	缸径150	1500
BW600/130	36	10.0		6.0MPa	345	30	缸径130	1470

注：不同型号不同厂家参数有差异。

9. 护筒埋设及钻机安装

1）孔口护筒的制作与埋设

（1）护筒宜采用钢护筒、钢筋混凝土护筒。

（2）护筒埋深根据地层情况确定，受水位涨落影响或在水下钻进时，护筒应加高加深，必要时应打入不透水层。底部宜进入稳定层且填筑 0.5m 的黏土，护筒宜穿过地表淤泥等软土。

（3）孔口宜高出地面 200mm 以上，孔口周边夯填密实，应严格控制护筒内外液面差，当地层条件较好时液面差不小于 1.0m，地层条件较差时液面差不小于 1.5m，且不得低于护筒底部标高。

（4）护筒宜选 6mm～15 mm 钢板卷制，其内径宜大于钻头直径 100mm～150mm，冲击成孔时护筒内径应大于钻头直径 150mm～250mm。

2）钻机安装

（1）钻机底盘和转盘面保持水平，转盘面用水准尺从两个方向测水平；

（2）天轮中心、游动滑车中心、转盘中心在同一条铅垂线上；

（3）保证钻机平稳牢固，在钻进过程中不得发生滑移或倾斜，对成孔垂直度、钢笼进行保护，做好前期基础工作；

（4）输出电线附近安装钻机，设备与输电线路应保持一定安全距离，且不得小于钻（塔）机起落范围与输电线最近距离，最近距离应符合表 15.5.17 的要求。

最近距离值（m）   表 15.5.17

输电线电压（kV）	<1	1～10	35～110	110～220	330～500
最近距离（m）	4	6	8	10	15

10. 正循环回转钻进成孔

正循环回转钻进是泥浆（冲洗液）由泥浆泵从泥浆池通过钻杆经钻头出浆口送至孔底后，携带泥渣混合物沿钻杆与孔壁之间环状间隙上升至孔口经泥浆槽沟返回泥浆沉淀池中净化，流入泥浆池（也称储浆池）循环使用，如图 15.5.7 所示。

（1）正循环回转钻进成孔适应地层范围较广，适用于填土、黏土、砂土、淤泥、砂层、卵砾石、岩溶和基岩等各类地层。

（2）正循环回转钻进设备相对简单，其他钻探设备易改进便可应用；场地要求不高；设备故障率相对较低，操作简单，易于掌握；自然造浆能力强；成孔孔壁稳定；工程成本相对较低，但有大直径入坚硬岩桩孔钻进不利于排渣，孔底重复破碎现象严重，钻进效率低，携带钻渣颗粒直径较小，泥浆上返速度低，泥浆护壁的泥皮偏厚等缺点。

（3）硬质合金钻进：硬质合金钻进是钻头上的合金切削具在轴向压力作用下切入岩土，由于回转力矩的作用，挤压、剪切其前端的岩土而获得进尺的。

钻头的钻压可根据地层条件、设备能力和钻头类型等因素来确定。一般应保证泥浆畅通、孔底钻渣及时排除为前提，使硬质合金片既能有效地切入并破碎岩土，又不会过快地磨钝或损坏为原则，因此，钻压 P 常用钻头上合金片的数量 M 和每片合金上的压力 p_0 的乘积来计算：

$$P = mp_0 \qquad (15.5.2)$$

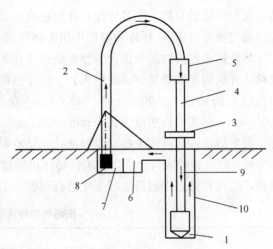

图 15.5.7　正循环示意图

1—钻头；2—泥浆循环方向；3—钻机回转装置；4—主动钻杆；5—水龙头；6—沉淀池；7—泥浆池；8—泥浆泵；9—钻杆；10—钻孔

式中　P——钻压（kN）；

　　　m——合金片数量（片）；

　　　p_0——每片合金上的压力（kN/片），其中：钻土、砂土、软岩石，$p_0 = 0.5 \sim 0.6$；中软、中硬岩石，$p_0 = 0.7 \sim 1.2$；硬岩、较致密岩石，$p_0 = 0.9 \sim 1.5$。

转速可根据地层条件、钻头直径等因素来选择，通常应保证钻头上的合金切削具有适当的线速度，以获得应有的钻进效率。转速可由钻头外刃线速度和钻头直径求得：

$$n = \frac{60V}{\pi D} \qquad (15.5.3)$$

式中　n——转速（r/min）；

　　　V——钻头外刃线速度（m/s）；

　　　D——钻头直径（m）。

钻头外刃线速度可视地层岩性而定，一般砂土层或软岩可取 1.5m/s～2.5m/s；中硬、硬或非均质岩层应取 0.8m/s～1.2m/s。钻头转速均质地层稍高，较硬或非均质地层相应低些，一般 20r/min～80r/min。

泥浆排量应保证孔底钻渣排除及时，并满足环空能够有效地携带钻渣的足够上返速度。从理论上讲，这个上返速度至少应为 0.25m/s～0.30m/s。因此，泥浆排量可由下式计算：

$$Q = 60 \times 10^3 FV \qquad (15.5.4)$$

式中　Q——泥浆排量（L/min）；

　　　F——环空面积（m²）；

　　　V——泥浆上反速度（m/s）。

一般正循环泥浆泵排量为 800L/min～1800L/min，为及时有效地排除钻渣，可以全泵量甚至采用双泵并联循环。

（4）牙轮钻头钻进：牙轮钻头的破岩方式与硬质合金钻头不同，在孔底既有钻头的公转，又有牙轮的自转，而且牙轮在孔底还有滚动和滑动，再加上钻具的振动，因此牙轮钻头即通过碾冲（击）、压碎和剪切作用来破碎岩土。

牙轮钻头钻进时需要比合金钻头钻进更快的转速和更大的钻压，因为只有牙轮快速地滚动，牙轮齿不断地足够深地压入岩土，才可能获得较高的钻进效率。一般要求每厘米钻头直径上的钻压为 300N/cm～500N/cm，对于中硬以上硬岩，则应达到 600N/cm～800N/cm。钻头的转速应达 20r/min～60r/min。

泥浆排量应尽可能大些，以保证孔底钻渣及时排出而不至重复破碎。

（5）钻进参数应符合下列要求：钻压可根据钻头类型、设备能力及岩土力学性质进行选择，也可在钻进中根据地层变化进行调整，参考表 15.5.18 选用。

正循环回转钻进钻压表 表 15.5.18

岩土类别	单轴抗压强度（MPa）	孔径（m）			
		0.6	0.8	1.0	≥1.2
		钻压（kN）			
砂土		3～11	4～15	5～19	6～23
黏性土		11～26	15～35	19～43	23～53
强风化泥岩、泥灰页岩	<5	26～33	35～44	43～55	53～65
强风化—中风化页岩、砾卵石层	5～30	33～75	44～99	55～124	65～149
中风化—微风化砂页岩、砾岩等	>30	75～103	99～137	124～171	149～205

钻头转速可参照表 15.5.19 选用。

钻头转速选择表 表 15.5.19

岩（土）层	线速度（m/s）	钻头直径（m）			
		0.60	0.80	1.00	≥1.20
		钻头转速（r/min）			
稳定性好的土层	1.5～3.5	48～111	36～84	29～67	24～56
稳定性差的土层	0.7～1.5	22～48	17～36	13～29	11～24
极不稳定的砂层、漂石、卵石层	0.5～0.7	16～22	12～17	10～13	8～11
软岩 f_{rk}≤30MPa	1.7～2.0	54～64	41～48	32～38	27～32
硬岩 f_{rk}>30MPa	1.4～1.7	45～54	33～41	27～32	22～27

注：f_{rk} 为岩石饱和单轴抗压强度标准值。

（6）正循环钻进除采用各类往复式泥浆泵、立式泥浆泵外，也可用 4pH 灰渣泵和 4PS 砂泵。当采用两级钻进成孔时，第一级钻头底面积可取桩孔截面积的一半，其钻头直径可取桩孔设计直径的 0.7 倍左右。不论采用何种钻头，当上部岩（土）层有不稳定层段时，泵量所产生的泥浆上返流速应满足式（15.2.5）的要求；当无不稳定层段时，泵量可按表 15.5.20 选用。

$$v = \frac{Q}{1000F} \leq 10 \tag{15.5.5}$$

式中　Q——泥浆量（L/min）；

v——泥浆沿钻孔壁（最大过水断面处）上返流速（m/min）；

F——泥浆上返最大过水断面面积（m²）。

正循环回转钻进泵量选择表

表 15.5.20

地层情况与钻进方法	孔径（m）			
	0.6	0.8	1.0	≥1.2
	泵量（L/min）			
上部无不稳定层（刮刀或牙轮钻进）	500～825	990～1485	1560～2330	2350～3200
上部无不稳定层（钢粒钻进）	200～450	270～600	340～755	480～950
上部有不稳定层	<280	<500	<780	<1000

注：泥浆上返速度宜为 0.4m/s～0.6m/s。

（7）钻进成孔的操作方法应符合下列要求：

① 开孔时先在护筒内放入一定数量的泥浆或黏土，钻头回转中心对准护筒已标定孔中心，稍提钻具空转，从钻杆内注入清水，之后将钻头放至孔底，搅拌成浆，开动泥浆泵进行循环，待泥浆拌匀后采用轻压慢转开始钻进。

② 初钻时低挡慢速钻进，钻至护筒刃脚下 1m 并形成泥皮护壁后，根据地层情况可按正常速度钻进；钻进速度应以钻渣排除及时、泥浆循环畅通为原则。

③ 应先将钻具稍提离孔底，不停泵，泥浆循环几分钟或更长时间后，再加钻杆。

④ 钻进过程中按开钻时先开泵后钻进，停钻时先停钻后停泵的程序操作。

⑤ 黏土层钻进时，由于土层本身造浆能力强，钻渣成泥块状，易造成泥包钻头、蹩泵现象，回转阻力矩增大。此时可选用翼片少（一般三翼片）且尖底的钻头。应用清水作循环液并不断稀释泥浆，降低其黏度。采用低钻压、中高转速、大泵量并经常用卷扬上下活动钻具的操作方法。注意钻头底过尖、翼片少成孔不规则，应勤扫孔，修圆孔壁。

⑥ 在软土或砂土等易缩径、坍塌层中钻进速度快，回转阻力小，但钻渣来不及上返，循环停止时钻渣迅速沉降，易导致埋钻事故。应选用相对密度、黏度和静切力较大的泥浆，以提高泥浆悬浮、携带砂粒的能力。在坍塌孔段，必要时投放黏土和增黏剂。应选用大角度锥形钻头，采用控制钻具升降速度和适当降低回转速度，即低压慢速、大泵量、稠泥浆的操作方法。

⑦ 在碎石层、卵石层，易引起钻具跳动、切削具崩裂、憋钻、憋泵等现象且进尺较慢，要防止钻机超负荷损坏或钻孔偏斜、超径、卡钻等事故。因此，宜采用较高压力、低挡速、中等泵量和相对密度较大、高黏度、底失水量的泥浆，慢进尺钻进；还可采用分级扩孔钻进；钻进中如发现钻具跳动严重，回转阻力大，甚至切削具崩落，可能是孔内砾石、卵石或杂填的砖块等引起，这时可用牙轮钻头破碎或冲击钻头破碎或挤压石块到孔壁；也可用捞渣筒或冲抓锥专门捞除大石块，若遇大卵石时也可用孔内爆破方法排除，然后恢复钻进。地层漏浆时，立即提钻并向孔内投放黏土和及时补充泥浆，一定要确保孔内泥浆液面高度。

⑧ 在坚硬岩层中施工较大直径的桩孔时，由于设备能力所限，钻进效率低，钻进时采用优质泥浆、低挡慢速、大泵量、两级钻进的操作方法；两级钻进时，第一级钻头底面积可取钻孔面积的一半，其钻头直径按式（15.5.6）计算：

913

$$d = \frac{D}{1.5} \tag{15.5.6}$$

式中　d——第一级钻头直径（mm）；

　　　D——第二级钻头直径（mm）。

⑨ 在岩溶发育或较大口径桩孔施工时，可在钻头前加一导向小钻头，或在钻具上加设导向装置，以防钻孔偏斜。

⑩ 易损钻头的岩（土）层中钻进每个台班应至少测量检查一次钻头直径，在松软土层中每钻进 20m～25m 宜测量检查一次钻头直径。

⑪应防止钻进过程中机台、孔口面上金属工具等物品振落孔内，损坏钻头或卡钻。

11. 反循环回转钻进成孔

反循环回转钻进是指泥浆从钻杆与孔壁的环状断面中流入钻孔，利用负压再将孔底混有钻渣的泥浆通过钻头吸渣口经由钻杆内抽吸返回到地面泥浆沉淀池，沉淀净化后的泥浆则由孔口注入孔内。如图 15.5.8。

（1）按形成负压、设备的不同，大口径钻孔桩常采用泵吸反循环和气举反循环。

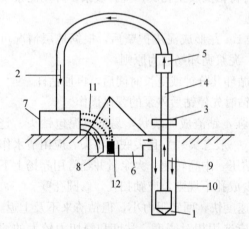

图 15.5.8-1　反循环示意图

1—钻头；2—泥浆循环方向；3—钻机回转装置；4—空心钻杆；5—水龙头；6—沉淀池；7—砂石泵；8—泥浆池；9—钻杆；10—钻孔壁；11—灌浆线；12—泥浆泵

图 15.5.8-2　反循环实物图

（2）反循环钻进工艺适用于填土、黏土、砂土、淤泥、砂层、卵砾石和基岩钻进成孔。

（3）反循环钻进成孔振动小，噪声低；清水作循环液自然造浆，水压法就可保护孔壁稳定；循环液上返流速高，一般为 2m/s～4m/s，可直接排出破碎的岩土屑，清孔时间短；可大直径成孔；因抽吸会使地下水径流孔内同时循环液回流冲刷孔壁带走部分泥皮，利于摩阻（较稳定地层时）；孔底较为干净，桩孔质量好，但反循环钻进中一定要维持孔内液面高度，发现漏浆速度过快或液面突然下降，要及时分析是否遇到卵砾石层或地下溶洞等，并及时停钻，采取增加泥浆相对密度、黏度或投泥球等措施处理后再施钻；因回流冲刷孔壁致孔壁掉块、局部塌孔；管路弯多，流向改变，易卡堵排渣管路，也对泵等经过装置产生严重磨损。

（4）反循环回转钻进成孔工序：测量放桩位点、埋护筒；安装调试钻机及循环设备系统；钻进成孔；第一次清孔；检测孔径、孔深和沉渣厚度。

（5）反循环回转钻机在碎石层（卵石层）中钻进时，地层颗粒粒径不宜超过钻头吸渣口口径的2/3。

（6）一般反循环钻进宜采用泵吸反循环。泵吸反循环是利用砂石泵运转时，在吸口处形成的负压对钻杆内的泥浆产生的抽吸作用，将钻杆内的泥浆抽往地面。同时，为保持压力平衡，在大气压力作用下，钻杆与孔壁间的泥浆流经孔底，携带钻渣沿钻杆内壁上升，经砂石泵排往沉淀池，沉淀后的泥浆经循环槽流回孔内，从而形成泵吸反循环。

（7）水龙头弯管最高点的泥浆压力不小于泥浆的汽化压力；砂石泵吸入口处泥浆压力应大于砂石泵的吸入压力，即泵所能达到的真空度。

（8）钻进速度和孔深关系：泵吸反循环驱动泥浆循环的压力小于一个大气压，这就限制了泵吸反循环的钻进能力，包括钻进深度和钻进过程中排除循环管道堵塞故障的能力。理论和实践都说明，泵吸反循环在孔深60m以内效率较高，随着孔深的增加，钻杆内外液面差和阻力损失都增大，而水头速度将减小，即泥浆上返流速下降，排渣效率降低。孔深超过70m虽然也能工作，但效率逐步降低，不经济。

因此泵吸反循环回转钻进的能力随孔深增加而下降，孔深超过70m的大直径桩孔施工宜采用气举反循环，可以用图15.5.9的曲线表示。

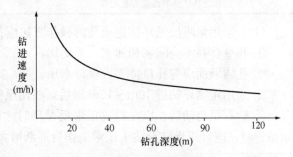

图15.5.9 泵吸反循环钻速与孔深关系曲线

（9）根据不同地层可选用清水钻进和泥浆护壁，钻进过程中必须连续循环。

泵吸钻进参数可按表15.5.21～表15.5.23选择。

钻压选择表（单位：kN）　　　　　　　　　　表15.5.21

钻头类别	规格 mm	地 层			
		黏性土层	砂层、砾石层、卵石层	软岩层	中硬岩
翼片式钻头	800	8～10	6～12	10～30	—
	1000	9～12	8～15	15～35	—
	1200	12～15	10～20	25～40	—
	1500	15～30	12～25	30～45	—
	1800	20～35	15～30	40～50	—
	2000	25～45	20～35	50～80	—
滚刀、牙轮钻头	800	—			
	1000	—	1. 牙轮钻头按钻头直径(0.5kN～1.0kN)/cm选用；		
	1200	—			
	1500	—	2. 滚刀钻头按钻头每把滚刀10.0kN～20.0kN选用		
	1800	—			
	2000	—			

钻头外缘线速度 表 15.5.22

岩土类别	岩石单轴抗压强度（MPa）	钻头线速度（m/s）
土层		1.3～3.5
软质岩层	5～15	1.6～1.8
	15～30	1.4～1.6
中硬岩层	30～60	1.2～1.4
硬岩层	>60	1.0～1.2

反循环钻进泥浆流速经验数据 表 15.5.23

泥浆流动方向	流速（m/s）
钻杆内泥浆上返流速	2～4
孔底泥浆横向流速	0.3～0.56（泥浆取 0.3，清水 0.5）
钻孔外环状间隙泥浆垂直流速	0.02～0.04，不超过 0.16

（10）采用泵吸反循环钻进成孔的操作方法应符合下列要求：

① 孔壁（内）不应漏浆和涌水，不坍塌。

② 孔内液面应与孔口持平，保持水压。

③ 采用正循环钻进 10m～15m 以后，改用泵吸反循环施工。

④ 砂石泵启动后，应在形成正常反循环时才能开钻慢速回转，下放钻头于孔底。开始钻进时，应轻压慢转至钻头正常工作后逐渐增大转速，调整钻压，以不造成钻头吸渣口堵塞为限。

⑤ 砂石泵出水压力应保持在 200kPa 以上。当压力降至 200kPa 以下时，可调节出水阀减少排水量，或反复启闭出水阀，将泵内压力调至正常。

⑥ 在接钻杆、暂停钻进和提升钻具前应停泵，但停钻后必须使砂石泵继续运行 1min～2min；在恢复钻进时，应先把钻头提离孔底 200mm～300mm，待反循环浆液正常流动后下放钻具，继继钻进。

⑦ 根据地层和经验判断选择挡速，若孔内出现坍塌孔等异常情况，应立即将钻具提高孔底控制泵量，但不能停泵，吸除坍落物，同时补充优质泥浆，保持水头压力，恢复钻进时控制泵排量不宜过大，逐步恢复正常泵量。

⑧ 当孔深达设计要求停钻时，钻头应提离孔底 300mm～500mm，维持正常反循环清孔，直到符合清孔要求。

⑨ 尽可能降低砂石泵的安装高度和主动钻杆顶端水龙头的高度，每回次尽量加较短的钻杆，避免主动钻杆顶端压力过低，主动钻杆长度以不超过 3.0m 为宜。

⑩ 钻杆接头连接牢固且密封，吸渣管线要密封严实，不漏气。

⑪ 在砂砾、砂卵、卵砾石层中钻进时，为防止钻渣过多，特别较大颗粒堵塞管道，吸渣口小于钻杆内径，宜采用间断进尺、间断回转的方法控制钻进，加接钻杆时应先停进尺，将钻具提离孔底 100mm 左右，反循环抽 1～2 分钟，再停泵接钻杆。

⑫ 要适当把握钻进速度，提高排渣效率，控制钻杆内泥浆的相对密度，过大会影响反循环的正常运行。

⑬ 防止阻力损失异常增大。钻遇超径卵石或钻速过快可能引起的管路堵塞，是阻力

损失异常增大的主要原因。

（11）气举反循环钻进工艺是压缩空气通过供气管道，送至孔内钻杆的气水混合室，气液混合，降低液体密度，并在钻杆内外造成钻杆内外较大的相对密度差（重度差）和气体动量联合作用下，钻杆内混合器以上的气、液、固三相流混合物，沿钻杆内孔上升，携带岩屑或破碎体，排入地面沉淀池，空气散逸，泥浆回孔，钻屑沉淀，由此形成气举反循环排渣系统。

① 形成气举反循环前提条件：气液混合器沉入水下一定深度（大约 25m）以上，在钻杆内外形成足够大密度反向压力差。钻进能力和效率重要参数：钻头切削具、混合器、淹没深度、送孔内空气流量和压力。

② 随孔深度不断加深，混合器淹没深度增加，空气机压力也相应升高，超过额定压力，需加"倒风管"。

③ 气举反循环宜在淹没比大于 0.5 的情况下使用。

④ 混合器淹没最大深度应与空压机的风压匹配，其匹配关系可按表 15.5.24 选择。

混合器淹没最大深度与风压关系 表 15.5.24

风压（MPa）	0.6	0.8	1.0	1.2	>2.0
混合室最大允许淹没深度（m）	51	72	90	108	192

钻杆内径根据钻孔直径宜按表 15.5.25 选择。

钻孔直径与钻杆内径关系 表 15.5.25

钻孔直径（mm）	800	1100	1500	2300	≥3200
钻杆内径（mm）	150 200	150 200 300	150 200 300 315	200 300 315	300 315

风量应根据钻杆内径按表 15.5.26 选择。

钻杆内径与空压机风量关系 表 15.5.26

钻杆内径（mm）	94	120	150	200	300
空压机风量（m³/min）	3.0	4.5	6.0	6～10	15～20

⑤ 停钻时应保持泥浆正常循环，待孔内钻屑排净后，再停止送风，以免发生管路堵塞。

⑥ 气举反循环的悬挂式风管之间应采用左旋螺纹连接，且必须逐节扭紧。

⑦ 气举反循环回转钻进在开孔 10m～15m 以内，无法形成气举反循环排渣钻进，在实际应用中，常要与其他钻进方法（如正循环、泵吸反循环或射流反循环回转钻进）相结合，以解决浅孔段的钻进效率较低问题。

⑧ 这种在开孔时使用正循环，然后泵吸或射流反循环回转钻进，一定深度后再使用气举反循环回转钻进的方法，通常称为综合反循环回转钻进，可取得较高的钻进效率（见图 15.5.10），因此，在口径大、孔较深的钻孔中应用较多。

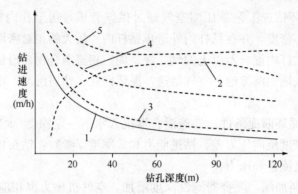

图 15.5.10　几种反循环回转钻进方法的比较

1—泵吸反循环回转钻进；2—气举反循环回转钻进；3—射流反循环回转钻进；

4—射流＋泵吸反循环回转钻进；5—射流＋气举反循环回转钻进

12. 旋挖钻进成孔

旋挖钻进是目前国内外使用较普遍且成孔工艺较为先进一种钻孔方法，见实物示意图 15.5.11。旋挖钻施工法是利用旋挖机的伸缩钻杆传递扭矩并带动钻头的旋转、重力及加压进行干、湿钻进、逐次取土（岩屑）块状颗粒进入短螺旋钻头或钻斗中，提升钻头排出土屑，多回次反复循环作业而成孔。

它是一种专用机械设备由主机、钻杆、钻头 3 部分组成，如图（15.5.12）。

钻头有钻斗、短螺旋钻头（图 15.5.13～图 15.5.17）或其他作业装置。

图 15.5.11　旋挖机示意图

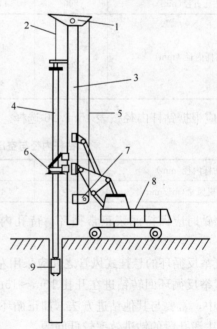

图 15.5.12　旋挖机钻进结构示意图

1—主滑轮；2、5—钢丝绳；3—主桅杆；4—钻杆；

6—动力头；7—卷扬机；8—主机；9—钻斗

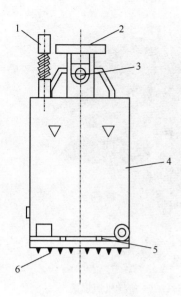

图 15.5.13 旋挖机钻斗
结构示意图

1—活门控制杆；2—钻杆接头；
3—销孔；4—钻斗；
5—活门；6—合金齿

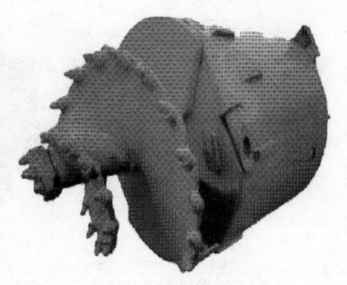

图 15.5.14 旋挖机螺旋钻斗实物图

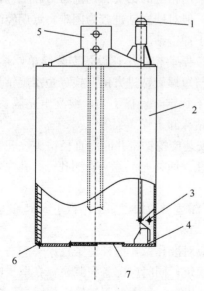

图 15.5.15 旋挖机捞渣钻斗图

1—顶杆；2—斗体；3—锁栓；4—底盖；
5—中心管；6—铰链；7—挡土板

图 15.5.16 旋挖机扩底
钻头实物图

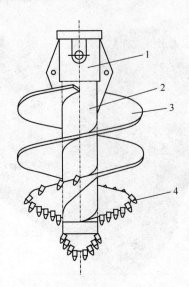

图 15.5.17-1 旋挖短螺旋钻头　　　图 15.5.17-2 旋挖机短螺旋
结构示意图　　　　　　　　钻头实物图

1—方接头；2—芯管；3—螺旋叶片；

4—硬质合金齿

（1）旋挖成孔分干作业（无泥浆）、湿作业成孔（有泥浆）和全套管成孔。

（2）旋挖钻施工成孔适应地层范围较广，适用于填土、黏土、砂土、淤泥、砂层、卵砾石和基岩钻进成孔，但对不同的地层类，应采用相应的钻头、切削刀刃和工艺，才可有效地进行成孔施工。旋挖机特别适用于中软岩，但对硬岩钻进较为困难，近期经改进，采用筒式钻头可进行硬质岩的钻进施工，工效高于冲击钻。

（3）旋挖成孔优点：具有适应地层范围广；振动相对小；设备安装简单，移孔方便；钻进速度快；环境污染小；成孔质量高；方便与短螺旋钻进方法互换，短螺旋钻头和钻斗互换。缺点：对泥浆管理不当时，会引起孔壁不稳定，操作不当，混凝土充盈系数偏大，对大粒径卵石钻进困难，孔底余渣清理困难，钻斗卸土噪声大等。

（4）旋挖成孔顺序：放桩位点、埋护筒→安装旋挖钻机并匹配直径钻头→配制合理参数泥浆→钻进，提钻取土、岩屑等多次重复成孔→回补充泥浆→检测孔径、孔深→清渣钻头第一次清孔并测沉渣厚度。

（5）钢护筒埋设时要高出地面 300mm 且下深适当增加，一般不低于 5m，进入稳定层不小于 1.0m，护筒壁厚宜大于 12mm，周围要填密实。

（6）开孔前应对旋挖钻机调试平衡，钻头应对准孔位，桅杆应竖直。

（7）采用泥浆护壁时泥浆性能指标应符合规定，同时应配备泥浆泵，在取土时随时向孔内补充泥浆，使液面始终高出地下水位 1.0m 以上，且不低于护筒底部标高。

（8）钻进成孔操作方法应符合下列要求：

① 工作场地平整、稳固，减少钻机摆动；经常修正调平系统，使钻杆垂直工作；加压时严禁把钻机顶起来，可加配重，离钻头越近越不易偏斜，也可适当加长钻头高度或钻杆上加扶正器。

② 可借助操作室内的钻杆旋转扭矩切换开关、转速切换开关及推进器压力计，根据

不同地层条件自动调节扭矩、转速、钻压等钻进参数。

③ 钻孔过程中经常检查钻头（钻斗）直径及焊缝和钻杆连接插销以及钢丝绳的状况；大桩钻头直径大，自重大，钻杆负荷大，放到地面后再开门。

④ 钻斗的回次进尺以钻斗的高度为准，钻渣装斗量不宜大于钻斗总容量的 70%，宜使用深度计进行控制。孔底承受钻压经验值不超过钻具重量 80%。

⑤ 提钻前应将钻杆反转 1 圈～2 圈，斗底活门应关闭。

⑥ 下钻时减少钻斗对泥浆产生过大的冲击，保持斗底活门在下降过程中始终处于开启状态；检查钻头底部活门及提引器处销轴运转是否灵活，若有问题及时采用补救措施或及时更换（存在掉渣和其他不安全状况）；严禁钻具底盖没有打开的情况下，高速旋转钻具。

⑦ 严格控制钻斗在孔内的升降速度。装渣斗提升时宜控制在 0.5m/s 左右；空斗下降时，可控制在 0.8m/s 左右，钻斗升降速度可按表 15.5.27 操作。

钻斗升降速度参考值　　　　　　　　　　　　　　表 15.5.27

桩径(mm)		700	800	1000	1200	1500	2000	2500
钻斗升降速度 (m/s)	载重	0.97	0.97	0.86	0.75	0.58	0.44	0.23
	空斗	1.21	1.21	1.02	0.83	0.83	0.62	0.31

⑧ 在钻进过程中随时监控并校核桅杆导轨的垂直度，每钻进 10m 至少校核 1 次，导轨垂直度偏差应小于 0.1%。

⑨ 桩孔上部孔段钻进轻压、慢转，减少超径，钻斗转速参考表 15.5.28。

钻斗转速参考值　　　　　　　　　　　　　　表 15.5.28

地 层 土 质	转速 (r/min)
表土层	<10
淤泥质粉质黏土、淤泥质粉质土、粉质黏土	<20
砂质粉土夹粉砂、粉土、粉砂粉质黏土等	<15
粉细砂、粉砂、粗砂等	<8

⑩ 桩孔成孔后进行第一次清孔（无泥浆循环），采用锅底式或平底式捞砂钻斗，掏出钻渣和虚土。

（9）针对不同的地质条件运用旋挖机进行桩孔钻进的方法也有不同，影响旋挖机成孔的主要问题是：塌孔、缩孔和入岩难且钻具等消耗过大，因此旋挖钻进对不同地层还应注意以下操作方法：

① 在松散土、冲填土、粉细砂等易塌孔的地层中钻进时，上部表层可采用长护筒护壁，下部可采用相对密度较大（1.4～1.5）的泥浆护壁。

② 在淤泥及流塑软土中钻进易缩孔，可适当加大钻头直径和增加扫孔次数，钻斗直径方向两侧宜开窗口或通气孔，轻压慢转，尽量少转圈数，使钻斗内装量减少。严格控制钻进和提升的速度，避免在钻头底部形成真空负压区。

③ 钻进黏土层时宜选用锅底式钻头，可适当提高转速，减少扭矩，持续加压，钻渣装斗量不宜大于钻斗总容量的 60%。

④ 钻进砂层时采用双层底门的捞砂钻斗，加强对泥浆的监测，采用中等压力、低转速、大扭矩作业，防止孔壁坍塌。

钻进卵石层宜采用多刃切削式钻头，保持加压、低转速、大扭矩作业，并采用捞砂钻斗减压扫孔和取渣。

⑤ 钻进岩层时，岩石材料破坏决定于剪切力、岩面正应力，根据岩层强度和入岩深度，选用合适型号的旋挖钻机，采用螺旋钻头结合筒式钻头钻进。

（10）旋挖钻进其他注意事项：

① 成孔湿作业时采用泥浆护壁稳定液，泥浆泵在回次取土时，随时向孔内补充泥浆，泥浆面尽量高抬。上部成孔泥浆参数加大，密度 1.3 以上、黏度 28s 以上、含砂 8% 以上。

② 孔底沉渣难免，若用泥浆（符合密度、黏度、含砂等参数要求）会悬浮一部分，孔底滞后压浆量要确保，规避质量风险。

③ 回转半径大于 7m，应无障碍物和非作业人员进入。

④ 旋挖钻机成孔，因设备较重，在淤泥质土区波动反应明显，应采用跳挖方式，严防已成孔尚未开浇混凝土周边（5m 内）打钻扰动。

⑤ 终孔时孔底沉渣较难控制，应采用清孔钻头进行清渣（第一次无循环清孔），同时，终孔时不急提前，不进尺情况下低速慢转、清渣（最后一钻），提钻速度要慢，防止到孔口突然停升，装渣斗内渣土等惯性扰动脱落，人为造成孔底沉渣。

⑥ 控制好旋挖实际孔深，严禁以超挖钻孔深度的方法预留沉渣深度，致孔底人为沉渣，出现质量问题。

13. 钻孔扩底成孔

钻孔扩底成孔是在钻孔到预定深度后，采用专用扩孔钻头对桩端扩大形成扩底。扩底钻头多为翼状合金钻头，根据其翼片的张开方式可分为：上开式、下开式、滑降式和外推式四种类型，见图 15.5.18～图 15.5.21。翼片的张开有液压驱动和机械加压两种方法。有的液压驱动式扩底钻头属于钻扩两用型钻头，即翼片收拢时，用于基孔钻进，钻进到设计孔深后，张开扩底翼片直接进行扩底。机械加压式扩底钻头多属于单一型钻头，即不能用于基孔钻进，只能用于扩底钻进。

（1）按地下水位情况分干作业扩孔和湿（泥浆）作业扩孔。适用于可塑至硬塑状态的黏性土、粉土、中密至密实的砂土和部分胶结碎石土层和岩层。

（2）钻孔扩底成孔优点：单桩承载力明显提高，节省投资，施工振动小，噪声低等；缺点：扩底效果难以监控，桩端有时会留有虚土或沉渣等。

（3）扩底成孔顺序：放桩位点、埋护筒→安装冲击钻机→适当调整泥浆→钻进等直径成孔→换扩孔钻头（器）→检测孔径（含扩大直径）、孔深→第一次清孔和测沉渣厚度。

（4）钻孔扩底成孔钻进应符合下列要求：

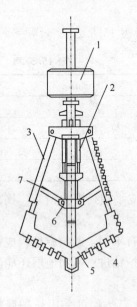

图 15.5.18　上提型下开式
三翼扩底钻头结构图
1—滑动轴、滑动套；
2—钻头体上盘；3—
扩底翼；4—传力器；
5—连杆；6—钻头体
支柱；7—钻头体下盘

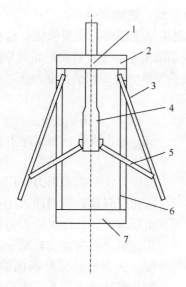

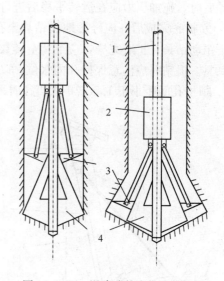

图 15.5.19　液压型下开式
四翼扩底钻头

1—稳定器；2—油缸；3—扩底翼；4—底刀；

5—固定钻头；6—滑套；7—连杆

图 15.5.20　滑降式扩底钻头结构图

1—钻杆；2—伸缩机构；3—扩底翼；4—主钻头

① 桩孔扩底的扩大直径与孔径之比不应大于 2.5，砂性土中扩孔时扩大角（扩大头侧壁与孔中心垂线夹角）不宜大于 $15°$。

② 扩底钻具下孔前，应在地表对钻具各部位焊接、销轴的连接及刮刀及滚刀架等进行整体检验。

③ 扩底钻头下至孔底时，应作好标记，先开动钻机后，再逐渐张开扩底翼，根据扩径设计合理控制给进速度，扩底钻进采取低转速，切削具的线速度宜取 1.5m/s。

④ 扩底钻头严禁反转施工。正常扩底时，若无异常情况，不得无故提动钻具。

⑤ 扩底钻进因孔径较大，产生的钻屑多，且扩径部分肩部悬空，考虑到扩底孔段孔壁的稳定性，宜采用优质泥浆护壁和反循环方式排渣，以确保顺利扩孔。

⑥ 在可塑至硬塑黏性土地层扩底钻进可采用清水护壁；在粉土、砂土和碎石土地层应采用泥浆护壁，并根据地层特性适当调整泥浆的相对密度和黏度，孔内静水压力宜保持在 15kPa～20kPa。

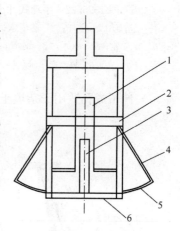

图 15.5.21　滑降式扩底
钻头结构图

1—钻杆；2—钻头体上盘；

3—伸缩机构；4—副切削翼；

5—主切削翼；6—钻头体下盘

⑦ 扩底钻进速度不宜大于 0.5m/h，因此，钻压和转速也不宜过大，一般钻压为12kN～25kN，转速为 13r/min～23r/min。泥浆排量可稍大些，但因钻速慢，岩屑不可能太多，并考虑到泥浆对孔壁的冲刷，也要控制泥浆排量，一般以 2000L/min～3000L/min 为宜。

⑧ 谨慎操作，防止孔内水压激变以及人为扰动孔壁。在裂隙发育、不均质的风化岩

中扩底时，施加压力应在运转平稳后进行，以防卡住钻机，造成事故。

⑨ 扩底完成后，应轻缓地提钻具至孔外。当出现提钻受阻时，不得强提、猛拉，应上下窜动钻具；扩底完毕，应继续空转数圈，待孔底钻渣排净，才可收拢扩底翼并慢慢提升钻具。提钻时应注意保持孔内水位，以防垮孔。提钻完毕，应尽快灌注混凝土。

⑩ 桩孔间距小于 1.5 倍扩大直径时采用跳打施工。

14. 冲击钻进成孔

冲击成孔是利用冲击钻机提升一定重量的冲击钻头，在适当高度内使钻头在重力作用下加速向孔底降落，利用冲击能量破碎土层或岩石，每次冲击提钻时钻头被钢丝绳带动会转动一定的角度，从而形成圆形断面的钻孔，如此循环钻进成孔，再用捞渣筒或泵类循环等方法将钻渣岩屑排出孔外，孔内泥浆主要起护壁作用。一般有手动或自动两种形式钻机，图 15.5.22、图 15.5.23 为手动冲击钻机；图 15.5.24、图 15.5.25 为自动冲击钻机，冲击钻头及捞磕筒型式见图 15.5.26～图 15.5.28。

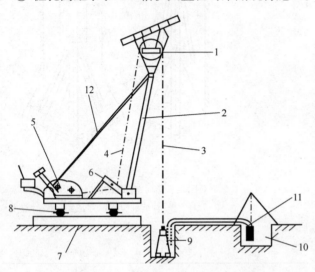

图 15.5.22　手动式冲击钻钻进示意图

1—主滑轮；2—主杆；3—前绳索；4—后绳索；5—双滚筒；
6—导向轮；7—垫木；8—钢管；9—钻头；10—泥浆池；
11—泥浆泵；12—斜拉杆

（1）冲击成孔适用于杂填土层、黏土层、砂卵砾石层、漂石、基岩等各种不同地层。

图 15.5.23　手动式冲击
钻实物图

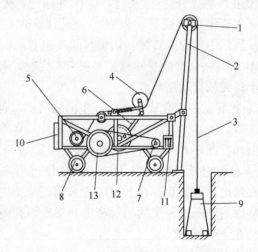

图 15.5.24　自动式冲击钻示意图

1—主滑轮；2—桅杆；3—钢绳；4—压轮；5—卷扬机；6—冲击连杆；7—电动机；8—轮胎；9—钻头；10—配电箱；11—操纵杆；12—皮带；13—传动轮

图 15.5.25 自动式冲击钻实物图

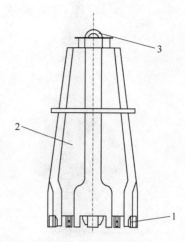

图15.5.26-1 十字形冲击钻头示意图

1—冲击齿；2—钻头体；3—提梁

图 15.5.26-2 十字形冲击
钻头实物图

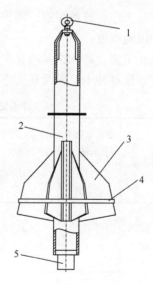

图 15.5.27-1 阶梯形冲击钻头示意图

1—提钩；2—钻头体；3—冲击刃；

4—导正环；5—超前冲击钻头

(2) 冲击成孔优点：设备和工艺方法比较简单，操作方便，易于掌握；适用地层范围广；施工桩孔直径较大，一般 800mm～1500mm，最大逾 2000mm，孔深可超过 100m；在较大卵、砾石层、裂隙岩层中施工成孔效率较高；破碎能耗相对小；对孔壁挤压会对如土层孔壁形成较为坚固从而减少破碎体积等。缺点：振动相对较大，孔底重复破碎严重，捞渣等钻探辅助工作时间较长，易遇斜孔、弯孔、不圆孔、塌孔、卡钻、掉钻等孔内事故；不适用于斜桩的施工。

(3) 冲击成孔可采用正循环、反循环冲击钻进。

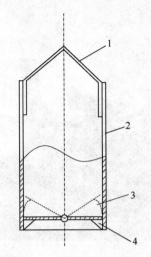

图 15.5.27-2 阶梯形冲击
钻头实物图

图 15.5.28 捞渣筒示意图
1—提杆；2—捞筒；3—活门；4—挡销

（4）冲击成孔工序：放桩位点、埋护筒→安装冲击钻机→钻进成孔→第一次清孔→检测孔径、孔深和沉渣厚度。

（5）冲击成孔主要设备和机具包括主钻机、冲击钻头、捞渣筒、泵类循环装置等，可根据施工需要合理选择冲击钻机及钻头形式。钻进参数选择可参照表 15.5.29。

冲击钻进参数选择表   表 15.5.29

钻头形式	适用地层	单位钻头刃长的钻具重力（N/cm）	冲击高度（m）	冲击次数（次/min）	回次进尺（m）	施工要点
圆形钻头	卵、漂石层，胶结层，岩层	250～300	0.75～1		0.2～0.4	勤提钻，勤捞渣，减少重复破碎，经常检查钻头连接是否牢靠
		150～250			0.3～0.5	注意修整孔壁，保持桩孔圆直
一字、十字、工字钻头	土、砂质地层	100～150	0.5～0.75	40～50	0.5～1.0	勤放绳、少放绳，回次进尺不宜超过抽筒高度的 1/3 或筒身高度的 1/2
抽筒或肋骨抽筒	砾、卵、漂石地层	100～200	0.75～1		0.4～1.0	经常检查活门工作情况，对于大于活门内径的卵、漂石宜先用钻头冲碎再行捞取

（6）冲击钻头质量，可按（式 15.5-7）计算确定：

$$M = PL/g \qquad\qquad (15.5.7)$$

式中 M ——冲击钻头质量（kg）；

P——底刃线压力（N/cm）；

L——底刃总长（cm）；

g——重力加速度（m/s^2）。

对多刃冲击钻头，底刃分布原则是：冲击动能的分配应充分考虑钻头外缘部分的冲击破碎需要及底刃的磨损状况，外缘冲击破碎面积大，底刃数量应比内缘至少多一倍。

冲程和冲击频率的关系见式（15.5.8）

$$f = k/s^{1/2} \qquad (15.5.8)$$

式中　f——冲击频率（次/min）；

k——系数，$k=47\sim51$；

s——冲程（m）。

冲击钻进中，影响钻进效率的钻进技术参数包括单位钻头刃长的钻具重力、冲击高度、冲击次数和回次进尺，这些参数应根据岩层性质而定。

f 与 s 宜按表 15.5.30 选择。

f、s 选择表 表 15.5.30

s（m）	f（次/min）	s（m）	f（次/min）	s（m）	f（次/min）
1.5	34～38	1.1	48～52	0.78	58～60
1.2	40～44	0.95	50～54	0.50	62～64

十字钻头的最大直径应小于设计钻孔直径，以减少钻头上下运动时，孔内泥浆上下流动而产生钻头的"活塞效应"，同时减少钻头运动阻力和对孔壁的冲击、抽吸。一般钻头外径与设计钻孔直径比 0.8～0.9。钻头高度在保证钻头钻进效率（钻头重量、稳定性、底刃和边刃角等）的前提下尽量最小且与直径相当。筒式钻头有单一和带肋骨筒式钻头，其外形尺寸据不同地层及钻机类型确定，并参照十字钻头选取。

捞砂筒也称抽筒，是捞取孔内沉渣的工具，直径约为钻头直径的 0.8 倍，高为钻孔直径 1.5 倍～2.0 倍。捞砂筒底部装有不同形式的单向阀门和双向平板阀等，下端装有切削力很强刀刃的底靴。

（7）冲击钻进成孔的操作方法应符合下列要求：

① 开孔钻进应对准孔位，保持竖直冲击，钻进数米后下入护筒，用黏土或水泥固定。相邻桩孔不要同时施工，采用跳打成孔。

② 泥浆性能及冲程操作应根据钻进地层的具体情况进行调整，应保持孔内液面高于地下水位 2m 以上。

③ 钻具提离孔内液面时，应放慢提升速度，同时向孔内补充泥浆，待孔内液面回升后，方可提出钻具。

④ 在钻进过程中，随孔深增加，应及时调整工作钢绳长度，防止钻头"打空"导致事故。

⑤ 停钻时钻具应随即提出孔口或提至安全孔段，不得停放孔底。

（8）冲击反循环是把反循环和冲击钻进方法结合起来，在钢绳冲击系统基础上安装一套反循环设备和排渣管线，使钻头冲击破碎岩石碎屑（块）通过反循环系统的排渣管排到孔外。其优点为：钻进与排渣同步进行，不存在捞渣工序，缩短钻探辅助工作时间，同时增加纯钻进时间；减少钻探重复破碎；钻头冲击效率高；孔底沉渣少，孔内比较干净，成桩质量高；更利于在大口径钻进推广应用。缺点：对地层稳定性有所要求，如不易坍塌地层；钻进结构及配套复杂，成本稍高；

（9）冲击反循环成孔应符合下列要求：

① 根据不同地层可选用清水钻进和泥浆护壁，钻进时要连续循环，若需停钻，钻头应提离钻孔并放在孔口外安全处，不得停放孔底。在黏性土中钻进，要适量向孔内投入碎石或粗砂，防止糊钻，必要时可改成正循环钻进。在胶结很差或无胶结的砂土层中钻进时，可向孔内投入黏土或黏土球，并停止循环，通过钻头冲击将黏土挤入孔壁，保证孔壁稳定。

② 按孔内 2 倍以上体积储备泥浆，泥浆池设沉淀池和储浆池，并备足优良的造浆黏土和充足水源。若发现孔内泥浆下降，则泥浆漏失，应立即提离孔底钻头，并迅速向孔内补充泥浆。

③ 冲击反循环钻头中心应根据不同地层设适当直径的吸渣口通孔，其直径不小于 100mm。

④ 根据地层特性确定冲程、冲击频率、排渣管底口距孔底的距离，距离过大清渣效果差，距离过小易造成堵管，宜按表 15.5.31 选取。

冲击反循环钻进参数选择表　　　　表 15.5.31

地　层	冲程(m)	冲击频率(次/min)	排渣管底口距孔底距离(m)
砂性土	0.4～0.6	62～64	0.5～0.8
黏性土	0.4～0.6	58～60	0.6～0.8
卵砾石、漂石	0.8～1.2	45～50	0.4～0.6
岩层	1.0～1.5	40～42	0.3～0.5

15. 复杂地质条件下的成孔

（1）岩溶地层钻进成孔时应防止泥浆漏失、孔壁失稳坍塌、斜孔和卡钻埋钻等事故；可在桩位周边布置 3 个～4 个注浆孔，先注浆充填，后钻进成孔；详勘及施工勘察孔应及时注水泥浆封闭。

（2）可采用冲击成孔法及旋挖钻进法。

（3）穿越松散地层、"葫芦串状"溶洞、陡岩面等地层时，工艺选择和操作不当会导致孔壁失稳坍塌、斜孔和卡钻埋钻等事故，可采用多级组合牙轮导正钻头，如图 15.5.29、图 15.5.30 回转钻进，防偏斜，可用成孔工艺配合。出现孔内掉钻事故时，可采用钻具打捞器处理，如图 15.5.31、图 15.5.32。

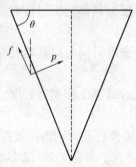

钻头的物理模型和简化几何模型

图 15.5.29　多级组合牙轮导正钻头

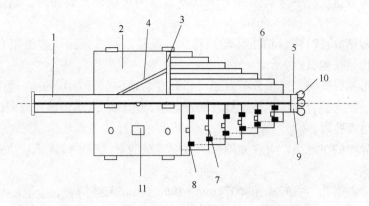

图 15.5.30 多级组合牙轮导正钻头示意图

1—钻具连接器；2—外筒；3—连接盘；4—锥形支撑筒；5—牙轮钻头；6—多
级圆筒；7—出水口；8—合金钻头；9—支撑板；10—牙轮掌；11—合金垫片

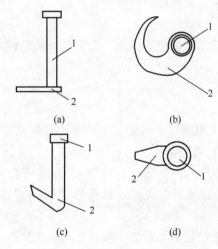

图 15.5.31 钻具打捞器的结构示意图

1—钻具连接器；2—打捞器

图 15.5.32 钻具打捞器的结构

（4）岩溶地区冲击成孔开孔时宜采用较小冲程，以防止孔位偏离或冲坏护筒。当孔位基本定型后，适当加大冲程。孔内应始终保持一定水位，以防止突然漏浆造成塌孔，并使水位低于护筒顶 0.3m。

（5）冲击钻机在接近溶洞顶板时宜采用 0.3m～0.5m 低冲程将顶板击穿。

若溶洞较小可用片石、黏土将其充填后反复冲击，直至整个顶板破除。

（6）溶洞较大，填充无法解决问题，采用钢护筒护壁。

（7）穿越过程中的漏浆及探头石问题。当钻进至溶洞顶以上 0.5m 左右发生漏浆甚至偏孔时，应减少冲程，加大泥浆浓度，抛填片石、黏土包（水泥包）堵漏；并循环超填 1.0m 片石处理偏孔、探头石，直至钻头处于平稳、无弹跳的状态。

组合钻进成孔应采用泥浆护壁，泥浆的相对密度为 1.3～1.5，黏度为 25s 以上，清孔宜采用反循环方式。

(8) 当上部覆盖层与下部岩层或上下软硬岩层的接触面为斜面时，钻进应采用下列措施：

①采用回转钻成孔时应轻钻压高转速钻进，反复扫孔或采用"多级组合牙轮导正钻头"钻进，防止钻孔偏斜；

②采用冲击钻成孔时，回填部分片石 1.5m 左右，应低冲程 0.6m，慢进尺，反复冲砸形成一个较坚硬的混合柱体，使之具有传递足够冲击能，以达到破碎斜面的目的，同时形成坚实导向过渡孔段；

③软硬差异大的接触面，可先充填相应强度等级的素混凝土，或采用"多级组合牙轮导正钻头"钻进；

④可先打取心引孔，一般采用 $\Phi377mm$ 或 $\Phi325mm$ 无缝钢管合金取心钻头，正循环钻进 2m～3m 作导向引孔后，更换冲击或回转低钻速钻进，逐步过渡为正常进尺。

16. 清孔

(1) 清孔方法应因地制宜，根据地层条件、设计要求、成孔工艺和机具状况在满足相应技术要求的前提下，优先利用成孔设备，同时考虑沉渣颗粒和孔壁的稳定性。清孔可选用下列方法：

①抽浆法适用于密实、不易坍塌的土层中正、反循环钻成的桩孔。当泥浆含砂量较高时，严禁用清水清孔。

②当采用反循环成孔时，终孔后提钻前应将钻头提起 100mm～200mm 低转速空转，维持反循环 5min～15min 进行清孔。

③当采用正循环成孔时，宜用气举反循环清孔，用灌注水下混凝土的导管作吸浆管，导管底端距孔底宜为 200mm～300mm，上下窜动进行吸渣清孔。

④换浆法适用于各种土层中正循环钻成的桩孔。终孔后，直接将钻头提离孔底 100mm～200mm，送入相对密度 1.15 左右、含砂率≤6％的泥浆，钻头慢速间断旋转，持续到符合清孔标准。

⑤掏渣法适用于冲击、冲抓钻进的桩孔。在钻进过程中，钻渣一部分连同泥浆被挤入孔壁，大部分用捞渣筒清出；也可在清渣后向孔内投入浸泡过的散碎黏土，再用冲击锥低冲程反复拌浆，使孔底剩余沉渣悬浮排出；掏渣时应及时补充泥浆。

⑥旋挖机成孔持力层确认后，终孔时不急提钻，不进尺情况下低速慢转、清渣（最后一钻），提钻速度要慢，防止到孔口突然停升，装渣斗内渣土等惯性扰动脱落，然后应采用锅底式或平底式专用捞渣钻斗进行第一次无泥浆循环清孔，掏出钻渣和虚土。

(2) 在灌注桩身混凝土前必须检查孔底沉渣厚度，进行二次清孔，应优先采用气举及循环装置进行二次清孔，确保孔底沉渣厚度满足规范要求。

(3) 当采用气举反循环清孔时，应符合下列要求：

①高压风管在导管内的入水深度应大于孔内泥浆面至出浆口高度的 1.5 倍（即淹没比大于 0.5），不宜小于 15m；出水管下放深度以出水管底距沉渣面 300mm～400mm 为宜。

②开始清孔时应先向孔内送泥浆，后送风清孔；停止清孔时，应先停气后停泥浆。

③风压应考虑到供气管道的压力损失，可按式（15.5.9）计算：

$$P = \frac{\gamma_a h_0}{1000} + \Delta P \qquad (15.5.9)$$

式中　P——风压（MPa）；

　　　γ_a——孔内泥浆重度（kN/m^3）；

　　　h_0——混合器淹没深度（m）；

　　　ΔP——供气管道压力损失，一般取 0.05MPa～0.1MPa。

清孔达标后，并测量确认，应在 30 分钟内灌注水下混凝土。否则必须重新验孔，再次清孔。钢筋笼安装后应抓紧时间下导管进行二次清孔和灌注混凝土。若间隔时间长，发生孔底沉淤厚度增加，超出规定、塌孔、缩孔的可能性就加大，处理麻烦。

17. 成桩施工

（1）钢筋笼安装

①已制作好的钢筋笼刚度比较小容易变形，搬运和吊装钢筋笼时应防止变形。起吊时可设单、双吊点，吊点应设在加劲箍处。对于直径大、质量大的钢筋笼，起吊时应加横担或对称起吊点，并人工扶正。

图 15.5.33-1　钢筋笼吊装

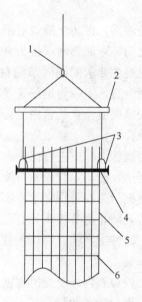

图 15.5.33-2　钢筋笼吊装示意图

1—钢丝绳套；2—钢管；3—千斤头；
4—吊装用横钢杆；5—主筋；6—箍筋

②分段钢筋笼在孔口对接时，主筋直径 25mm 以下钢筋宜采用焊接，可考虑用多名焊工同时操作的方法，并遵守《钢筋焊接及验收规程》JGJ 18 的规定。单面焊搭接长度为 10d，双面焊为 5d，安装钢筋笼耗时较多的是各段之间的焊接，为缩短笼体组装的焊接时间，可采用点焊代替绑扎（搭接长度按绑扎要求）方法（强度应满足吊装需要），当采用点焊时搭接长为 30d（d 为钢筋直径），并应缩短笼体组装焊接时间。主筋直径 25mm以上钢筋宜采用机械连接（套筒连接），并满足《钢筋机械连接通用技术规程》JGJ 107的规定。

③水下灌注混凝土允许偏差±20mm，非水下±10mm，为此下放钢筋笼时，必须有相应措施，为保证钢筋中心和钻孔中心重合，确保主筋保护层的厚度，可在钢筋外沿绑扎

预制混凝土块或焊导正筋。一般沿笼身纵向每隔 5m～6m 设一道，每道沿笼外周对称地设三四块。在孔口对接时，当前一段放入孔内后即用钢管穿入钢筋笼上面的箍筋下面，临时将钢筋笼搁置在钻机大梁或护筒口上，再吊接另一段。

沿海地区，应考虑海水对混凝土、钢筋的强腐蚀防护和特殊处理。钢筋"耳朵"（直径不小于 10mm）长不小于 150mm，高不小于 80mm。焊接钢筋笼主筋外侧，尽管能克服混凝土垫块易脱落或碎落缺点，但笼和孔质量不完好情况下，易挂入孔壁。不仅破坏孔壁且达不到效果，也有施工方探讨导向钢管控制保护层和其他新方法，如上部设钢管，下部设垫块，实施起来比较麻烦。

④安装时应对准孔位，下放时不得强行压入，不得碰撞孔壁，注意保护声测管或其他检测预埋件（传感系统），就位后用吊筋立即固定。

（2）声测管安装

①声测管采用钢管，内径不宜小于 50mm，连接应光滑过渡，连接方式采用套管液压连接。

②声测管防渗漏，即防止灌筑混凝土时有水泥浆渗入管内，造成堵管。声测管螺纹接头与套筒连接之前，声测管两端接头宜包裹防水胶带（或生料带）。

③为在满足检测要求的同时节约材料，声测管的下料以满足桩基在混凝土灌筑结束后，能及时疏通为宜，上端与钢筋笼笼顶齐平，管底到桩端。

④声测管安装前应检查其管内是否有异物等堵塞，同时必须检查管身是否有裂纹、弯曲或压扁等情况。

⑤安装完声测管之后应进行保护。在安装导管水下混凝土灌注过程中应特别注意，应尽量保证导管居中，防止导管撞断声测管。混凝土灌注完毕前，应不定期检查声测管顶端封盖，并用铁丝把封盖在管顶绑紧，不得碰撞敲击。在混凝土灌注结束后，立即用自制探头进行管道检查，防止管节接头处有水泥浆渗入，造成堵塞。若发生堵塞，应采用加重探锤并利用惯性下落冲击，辅以高压水管冲洗方法，进行疏通，并做好记录。

（3）导管安装

①吊放时逐段检查内外壁光滑程度，特别注意内壁有无残留混凝土；钢筋笼由于有柔弹性，易到底，而导管一般丝扣连接刚性强，若成孔垂直度、同心度差点，下到位就困难。这就要求导管连接处有侧角且圆滑，不设陡坎且焊接扣钉等尽量免去，然后下放过程中要慢放，若遇阻力，则不同方向慢转。

②导管应连接可靠、接头应密封不漏水，若需长时间停放时，螺扣应涂油防锈。使用前应试压，试压力为 0.6MPa～1.0MPa，导管总长应备有 20%～30% 的余量，下入孔中的深度和实际孔深必须测量准确，导管底口距孔底应为 300mm～500mm，桩直径小于 600mm 时，可适当加大其距离。

③若对导管下放操作过重不易掌握，则易伤导管的底管口。此时建议导管低端口包上一层外护管（图 15.5.34），以免内卷，导致浇混凝土堵塞，形成断桩或二次浇混凝土等麻烦。

④导管的直径由桩长、桩径和每小时需要通过的混凝土数量决定，一般直径为 250mm～300mm，最小 200mm；导管直径的选择与桩径大小和通过能力相适应，并应符合表 15.5.32 的要求。

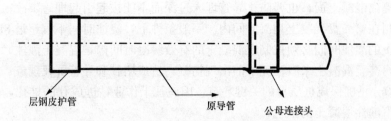

层钢皮护管　　　　原导管　　　公母连接头

图 15.5.34　导管底节端示意图

导管直径与通过能力　　　　　　　　　表 15.5.32

桩径（mm）	导管直径（mm）	导管壁厚（mm）	通过能力（m³/h）
<800	200	3～5	10
800～1200	250	4～5	16
>1200	300	5	25

⑤导管下入孔内应居中，防止卡挂钢筋笼和碰撞孔壁。下入孔内深度与实际测量孔深相匹配，严禁导管不到位情况下浇灌混凝土，导管应在孔口固定以便起卸和防止导管脱落。

⑥导管安装后立即进行二次清孔，第二次清孔目的是清净孔底沉渣，标准是孔深和沉渣达到设计要求，清孔时导管尽量贴近孔底，泥浆边循环边转动导管，使清孔彻底干净。

（4）水下灌注混凝土

在钢筋笼和灌注水下混凝土导管安装好并且第二次清孔达标后，应立即浇灌混凝土。

①首批混凝土应采用大漏斗灌注，并有足够储存量，灌注下去使导管埋深达 0.8m 以上，且后续混凝土量应跟上，以保证浇混凝土连续；

混凝土的初存量可按式（15.5.10）计算：

$$V = \frac{\pi}{4}D^2(H+h+0.5t) + \frac{\pi}{4}d^2\frac{L-H-h}{2}$$　　（15.5.10）

式中　V——混凝土初存量（m³）；

D——桩孔直径（m）；

d——导管内径（m）；

L——桩孔深度（m）；

H——导管埋入混凝土深度（m），宜取 H=0.8m；

h——导管下端距灌注前孔底的距离（m），一般 h=0.3m～0.4m；

t——灌注前孔底沉渣厚度（m）。

②选好适宜栓塞。使用的隔水栓应有良好的隔水性能，且能顺利排出，宜采用耐压的充气球胆或塑料气球，并应保证顺利排出；

③浇灌前，导管应提离孔底 300mm～500mm，灌注必须连续进行，直至桩顶标高。灌注过程中导管埋入混凝土中深度以 2m～6m 为宜，要及时测验导管内外混凝土高度，根据测量数据，先计算好导管埋深，后拔管，防止因桩身扩径造成浇注量过大导管埋深不足而造成断桩等问题。溶岩地层浇注，导管可适当埋深，导管底端越过溶土洞区段时，据经验一般不要低于 3m。可在管外混凝土面上升 4m～5m 时，卸除相应数量的导管，严禁

把导管底端提离混凝土面，也要防止导管埋入过深而不能拔起引起埋管事故；整桩混凝土浇筑时间控制在第一盘混凝土初凝时间内。一般条件下，浇注时间不宜超过 8h；

④混凝土的灌注时间必须控制在混凝土的有效缓凝时间内，混凝土灌注时间过长，其和易性下降，甚至混凝土未灌注完毕前出现初凝，造成堵管和导管屏死现象；桩顶超灌高度不小于 1.0m 是确保成桩质量的关键环节，因此凡干作业钻进成孔的桩孔，若孔底有渗水可采用水下灌注混凝土的工艺；

⑤严防钢筋笼上浮。钢筋笼上浮是钻孔灌注桩通病，特别是非全配筋型钢筋笼、混凝土品质差、混凝土表层初凝、泥浆浓、口径小、钢筋笼不到位、孔口固定不牢、提升导管时挂住钢筋笼、起拔导管在笼底不及时等原因会造成钢筋笼上浮。应测量混凝土坍落度、起拔导管时，注意观察导管是否带动钢筋笼，以免钢筋笼上浮现象发生；

⑥最后一次灌注量应使混凝土面适当超过桩顶设计标高，由于基础越埋越深，作为基础持力体的灌注桩桩顶标高越来越低，如何准确判断水下灌注混凝土是否正好达到适当超过桩顶设计标高，成为影响工程建设质量和工程成本的重要因素。

为此，超灌高度应综合考虑空孔深度因素，如空孔深度大时，需超浇一定高度，若空孔过深，则用测绳测导管内外混凝土面高差判断。

桩顶超灌高度宜为 1.0D（D 为设计桩径）且不小于 1.0m；混凝土充盈系数应满足设计要求，且不得小于 1.0；

18. 后压浆

（1）压浆系统的组成

由储浆筒、压浆泵、压力泵、压浆管等组成，压浆泵的最大压力不小于 7MPa（如 BW-150 型泥浆泵）。

（2）后压浆施工程序：成孔→注浆管材检查→随钢筋笼下注浆管（密封管头）→成桩→注清水冲开喷浆孔→压注浆→先侧压后端压→质量控制和记录注浆参数。

（3）压浆设备机具应根据设计要求、地层条件选择：目前后压浆普遍采用往复式定量泵。选泵时应注意泵压、泵量能满足工艺要求；压浆管可选 $\Phi15mm \sim \Phi30mm$ 的钢管或 PVC 高压软塑管。

压浆管可选用 $\Phi15mm \sim \Phi30mm$ 壁厚不少于 3mm 的钢管；喷孔直径 6mm～8mm（或采用压浆管底部安装 $\Phi33mm \sim \Phi40mm$ 高强 PVC 管，喷射口沿 PVC 环状管均匀布置，射口直径宜为 4mm～6mm），间距 80mm～100mm，梅花形布置，设有具单向阀功能的保护装置。

（4）后压浆管宜沿钢筋笼周围对称设置不应少于 2 根，对于 $D > 1200mm$ 的桩宜对称设置不应少于 3 根；

压浆管安装时，每连接一节应注水试验，检查接头密封和管道破损情况，同时平衡管内外压力，压浆管顶端应露出自然地面 300mm，注意压浆管保护，端压浆管底端与通长配筋的钢筋笼底部平齐，压浆管最上面一个接头距自然地面不宜小于 5m。

（5）压浆参数宜符合下列要求：

①压浆的压力大小与地层特性、喷管埋置深度、输浆管直径、长度及压浆泵的操作参数有关。强调压浆量根据现场工程测试结果来定，通常视地层条件及设计要求确定，以压浆量控制为主，压力控制为辅。

②压浆压力：

初始压力宜为 2.0MPa～5.0MPa；

正常工作压力，侧压浆为 0.5MPa～1.5MPa，端压浆为 0.5MPa～2.0MPa。

③压浆流速控制在（25～50）L/min 范围内，不宜大于 75L/min，并根据设计压浆量进行调整，压浆量较小时，可取较小流量。

④压浆时间选择在成桩后 3d～7d 为宜。先桩侧压浆，后桩端压浆；先压周边桩，后压中间桩。

（6）当满足下列条件之一时可终止压浆：

①压浆总量和压力均达到设计要求；

②压浆总量已达设计值的 80%，且压力超过设计值；

③当终止压浆条件不能满足时，可采用下列措施进行补救：

当压浆量达不到设计要求而泵压值很高无法压浆时，可起用备用压浆管进行压浆直到满足设计要求。

如果出现注浆压力长时间低于正常值，地面出现冒浆或周围桩孔串浆，改为间歇压浆，间歇时间为 30min～60min，间歇压浆时可适当降低水灰比。当间歇的时间超过 60min 时应压入清水清洗压浆管（内）和压浆装置。

当上述措施仍不能满足设计压浆量要求，或因其他原因堵塞、碰坏压浆管无法进行压浆时，可在离桩侧壁 20cm～30cm 位置处钻 Φ150mm 小孔，并埋置压浆管，进行补压浆，直至压浆量满足设计要求，此时的压浆量应大于设计量。

（7）几个常见问题：

①若注浆量达到，而压力达不到，改间歇压浆，如灰岩溶洞地区会出现超量低压，间歇时间可根据情况适当加长，否则终止压浆。

②桩压浆量较少或出现注浆压力长时间低于正常值，应降低压浆压力，同时提高浆液浓度，必要时掺水玻璃；限量压浆，降低或减少单位吸收浆量；采用间歇压浆，间歇时间为 30min～60min，间歇压浆时可适当降低水灰比。若仍无效则将该压浆管用清水或用压力水冲洗干净，等到第 2 天原来压入的水泥浆液终凝固化、堵塞冒浆的毛细孔道时再重新压浆。

③当浆液从附近其他桩或者地面上冒出，压浆量达到设计要求，可以停止压浆；压浆量达不到设计要求则采取如下方法处理：加大工序注浆孔的注浆间距。适当延长相邻两次序孔施工时间间隔，使前一序孔浆液基本凝固或具一定强度时，再开始后序钻孔注浆，相邻同一序孔不要在同高程钻孔中注浆。串浆孔若为在钻孔，立即停钻，待注浆完成后再恢复钻孔。

④压浆过程中遇到压浆喷头（或压浆阀）打不开，当压力达到 5MPa 以上仍然打不开时，说明喷头部位已经损坏，不要强行增加压力，可在另一根管中补足压浆数量。

19. 安全环保

（1）钻孔灌注桩施工应严格执行职业健康安全和环境保护的有关规定，做好废浆渣土的净化处理和排放，严禁违章排放。

（2）钻孔中警惕预防桩孔内产生的有害气体（沼气、硫化氢等），消除事故隐患，特别对于有些冲积地层或垃圾深埋处必须引起注意，这种地层中产生沼气等有害气体的可能性更大。

（3）在市区，施工时应设置隔离围墙（或围栏），实行全封闭施工。出场车辆应冲洗，不得带泥，严禁污染路面。

（4）严格管理场内泥浆循环系统，禁止泥浆污染周围环境。采用冲、抓钻进时，应防止振动对周边建（构）筑物的损害。

（5）夜晚施工不得噪声扰民，必须遵守《建筑施工场界环境噪声排放标准》GB 12523 的规定。

（6）施工现场的所有电源、电路的安装和拆除必须由持证电工操作，电器必须严格接地、接零和使用漏电保护器；各机用电必须分闸，禁止一闸多用，应遵守《施工现场临时用电安全技术规范》JGJ 46 的规定。

（7）对所有机械、电气设备应做好安全防护和保养工作，设备不得带病作业，做到定机定人，严格遵守《建筑机械使用安全技术规程》JGJ 33 的规定。

（8）护筒埋设完毕应加以保护；当桩孔灌注混凝土后上部存在虚孔时，必须及时回填，不得裸孔，以避免人或物件掉入。

（9）当有后压浆工艺时，应检查观测场地附近有无渗浆，防止污染场地周边环境。

20. 常见质量问题及防治

（1）塌孔：在成孔过程中或成孔后，孔壁坍塌。

①主要原因为：地层松散，不稳定；泥浆性能差，相对密度小，起不到护壁作用；孔内水头低，降低了静水压力；孔口土质松软、护筒设置太浅，底部未进入稳定层，护筒下端孔壁坍塌；在松散砂层中钻进速度太快或停在一处长时间空转，转速太快等；冲击钻或捞渣筒倾倒，撞击孔壁。

②预防措施：在松散砂土或流沙层中钻进时，应控制转速和进尺，选用优质泥浆，或投入黏土块；如地下水位变化大，应增高孔内水头；采用冲击钻成孔时，严格控制冲程高度。

③治理措施：如发现孔口坍塌，应先探明位置，将黏土回填至塌孔位置以上 1m～2m，孔口周边夯填密实。护筒应加高加深，高出地面 200mm 以上，并严格控制护筒内外液面差，必要时应打入不透水层，且填筑 0.5m 的黏土。如孔内坍塌严重，应将孔全部回填，等回填土密实后重钻。如轻微塌孔，可增加泥浆黏度和相对密度。塌孔位置写入成孔施工记录表（提醒浇混凝土时注意）。

（2）桩孔偏斜：桩孔不直，出现较大垂直偏差或垂直度超 1%。

①主要原因：钻机底盘和转盘面未调水平，或未安装牢固，产生不均匀沉降；孔内钻进遇较大硬障碍物，或遇有倾斜的软硬岩土层的界面，岩面倾斜等；钻杆弯曲使钻杆、钻头中心线不同轴；开孔或钻孔操作不当；扩孔较大、钻头偏离轴线。

②预防措施：采用导正能力强的钻机和钻头；场地整平夯实，钻机安装水平、牢固；钻进过程中经常校核；探明地下障碍物，并预先清除干净；遇倾斜岩面或孤石时，吊住钻头，轻压慢进，或上下反复扫孔，使孔校正。

③治理措施：对已偏斜的孔，在偏斜处回填黏土或碎石，必要时可填适当强度等级的素混凝土，待密实或一定强度后再钻进；对已偏斜的孔，将钻具吊住，对偏斜处上下反复扫孔，使孔校直。

（3）缩孔或梅花孔

①主要原因：在膨胀土或软、流塑地层中成孔，因其膨胀或时间长应力释放，使已成的孔径收缩变小；泥浆太稠，转向装置失灵，冲击钻不能自由转动；或冲程小，冲击刚提起又落下，无足够的转动时间，变换不了冲击位置；旋挖钻进和提升的速度过快，在钻头底部形成真空负压区。

②预防措施：选用适当黏度和相对密度的泥浆，适时进行掏渣；经常检查转向装置，使其转向灵活，并变换冲程，使冲击锥有足够的转动时间。

③治理措施：（参照"复杂地质条件下成孔"相关要求）在一般塑性土或膨胀土层中，只须上下反复扫孔就可解决。在淤泥或淤泥质土中，若是薄层内轻微缩孔，不用停钻，直接从孔口投入碎砖块或碎石，挤入孔壁淤泥内，效果良好；若是中等缩孔，可按深度在钻杆两侧安装刮泥板也行之有效；当淤泥层深厚且严重缩孔时，从孔口投黄泥，上下反复扫孔即可。

旋挖钻进可适当加大钻头直径和增加扫孔次数，钻斗直径方向两侧宜开窗口轻压慢转，尽量少转圈数，使钻斗内装量减少。严格控制钻进和提升的速度，避免在钻头底部形成真空负压区。

（4）钢筋笼上浮：灌混凝土过程中，钢筋笼向上浮起，悬挂式或半截笼更常见。

①原因分析见鱼翅图 15.5.35。

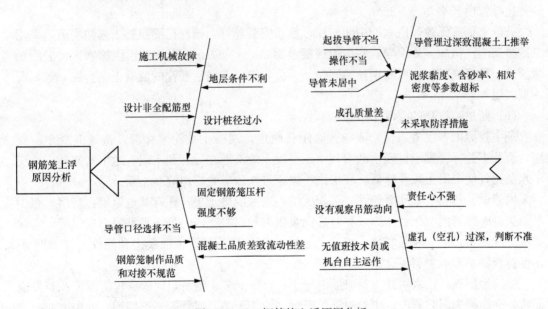

图 15.5.35　钢筋笼上浮原因分析

注：混凝土面升至流沙层时，若泥浆相对密度偏小，流沙涌入铺在混凝土面上，垫住钢筋笼，同样会顶升。

②预防措施：起拔导管时，应注意观察导管是否带动钢筋笼，以免钢筋笼上浮现象发生。笼上浮是钻孔灌注桩通病，特别桩径较小、岩溶地层配置泥浆较浓、非全配筋型钢筋笼时，应采取相应对策。机具控制，用活动刚性双压杆在孔口固定钢筋笼。导管居中，导管接头设置防挂装置；起拔导管不易过快，并观察吊筋动静，当发现吊筋有上抬时，应及时采取必要措施。导管埋入混凝土内不要太深，3 米以内（过溶土洞区段除外）。混凝

土面接近钢筋笼底部时，适当降低灌量，以减小混凝土上返推举力。浇灌前泥浆指标达标，防止灌混凝土过程中塌孔。若发现上浮则适当提动笼子上下窜动归位。

③治理措施：当发现钢筋笼上浮时，立即加强主筋固定，钢护筒钢连接焊；适当提动笼子稍作上、下窜动。灌混凝土时采取以下措施：当混凝土面接近钢筋笼底部时，应尽量不提导管，待导管埋入较深后再提，并适当降低灌注强度或减少混凝土的出料量，以减小超压力。当混凝土面进入钢筋笼 1m～2m 时，应控制混凝土单次灌注量，控制导管埋深在 2m～3m。调整好混凝土坍落度。孔底残留的钻渣能够尽量随泥浆排出。若上浮不可避免，应停止浇灌混凝土，准确计算导管埋深和已浇混凝土面标高，提升导管后再进行浇灌。若出现钢筋笼上浮，均应记录备案并报设计。

(5) 堵管：首批混凝土顺利灌完后，灌注过程中发生的堵塞现象。

①主要原因：混凝土和易性差，坍落度小，导管漏水等；等待混凝土时间过长，不能连续浇灌，已灌入混凝土的流动性减小；导管变形或内壁有混凝土硬结，影响隔水栓通过；导管内产生气堵。

②防治措施：应检查导管质量，并有备用拌制混凝土设备，防止混凝土供应中断；若和易性差，可辅以振动工具，并将导管上下稍作窜动；若导管漏水点接近上口，可适当提升导管，让漏水点露出水面；若漏水点在下部，可加快灌注速度，尽量使管内充满混凝土，压住漏水点；大漏斗出料口与导管不可直接连成一体，应为插入式连接，大斗出料口外径比导管内径小 2cm～3cm。

若以上措施无效，应立即中断灌注，重新安装导管，抢在已灌混凝土未初凝前，采用二次排塞灌注措施（要求导管底离原混凝土面 20cm～30cm，用铁丝系住栓塞，将混凝土缓缓送入导管底部，在剪断铅丝的同时，下放导管，使前后灌注的混凝土结合在一起，而不混入泥浆）。

(6) 断桩：桩身的混凝土不连续。

①主要原因：沉渣超标，或导管底距孔底远，混凝土被泥浆稀释，造成混凝土不凝固；清孔不达标将影响桩端承载力和水下混凝土的浇灌。导管漏水或有地下水流动，改变了水灰比，使混凝土强度降低。埋深浅、提速过快致导管提出混凝土面。

因停电、待料、塌孔等使钻渣沉积成层，夹入混凝土中。还有其他原因：气堵，很少见，满管时导管内空气被压缩，导管外泥浆压力和混凝土压力处于平衡时出现气堵，实际是沉渣或泥浆过浓——假气堵；物堵，杂物、架桥-拱塞，要求混凝土和易性、流动性-坍落度符合要求，原材料不含杂物等。

②防治措施：认真清孔，及时灌混凝土；首批混凝土量备足，保证埋管深度；若发现漏浆，立即换去漏浆管段；应检查导管密封并清洗干净，提管前必须探测，并探准混凝土面高度；灌注前检修设备，并配备备用设备，保证混凝土拌合质量和连续供混凝土。

③对于断桩，常用的处理方法：在原桩位的缺陷桩上利用冲击钻或人工破除等办法，清除已灌注的混凝土，拔出钢筋笼，重新灌注桩身混凝土；根据地质资料，确定护壁方案，人工开挖至断桩部位，凿除顶面浮浆及松散混凝土，并将钢筋笼清洗干净后除去表面锈迹，之后再浇混凝土接桩；利用工程钻机在桩的横截面上钻孔至断桩位置以下一定深度，埋设注浆管（可同时埋入钢筋或厚壁钢管），对断桩部位进行高压注浆，以切割或置换出断桩部位的泥浆及沉渣等，并压入水泥浆进行固化。

15.5.2 预制桩施工

预制桩为常用桩型，其沉桩方法主要为静力压桩法及锤击法，也有成孔植入法，但应用较少。钢管桩、型钢桩及交通部门使用的大直径管桩（柱）也可采用震动沉入法。沉桩方法的选用应依据单桩承载力、地层分布条件、环境条件合理选择。

静力压桩法震动、噪声小，适用于城镇区的预制桩施工，减少扰民，是具有我国特色的一项施工工艺。通过压桩力控制单桩承载力较为直接可靠，但其压桩力受限，目前液压静力压桩机的最大压桩力不超过 10000kN，单桩极限承载力超过 8000kN 时，不宜采用。同时由于压桩机笨重庞大，对场地要求较高，当场地环境条件紧张时，边桩施工空间受限；静力压桩穿透能力不及锤击法，当地层中存在硬塑黏性土、碎石土、密实砂土或卵砾石层时，沉桩困难；当设计桩顶标高埋深较大（超过 12m）时，送桩器拔出困难；当压桩力较大时，夹持油缸持力很大，容易损坏管桩等空心桩的桩身。

锤击法为古老的沉桩方法，目前常用的沉桩设备为筒式柴油锤及导杆式柴油锤，过去曾经采用的单打、双打蒸汽锤及手动操作卷扬机自由落锤沉桩已很少采用。锤击法沉桩产生较大震动和噪声，在城区应用受限。由于锤击设备较静力压桩机相对轻便，受场地限制较小，同时其穿透力强于静力压桩，且造价略低，应用较为广泛。为减少施工震动和噪声，增大穿透力，研发了液压锤、高频锤等沉桩设备，但因国产高频锤性能欠稳定，进口设备价格高，尚未得到广泛应用。

对临时设施的钢管桩、钢板桩、型钢桩常采用震动锤震动沉桩，振动设备为吊车配合震动锤或直接采用挖掘机动力震动沉桩，施工方便快捷。港口及桥梁用的大直径管桩（管柱）则采用大激震力的震动锤沉桩。

为减少预制桩沉桩的挤土效应，克服沉桩困难，引孔植入法也有应用。

1. 静力压桩法

（1）静力压桩法适用于可以穿越的土层，根据经验，可以压入硬塑黏性土、中密砂类土等 10m 左右；进入中密卵、砾石层及密实碎石土、强风化岩 1m 左右。桩端持力层不得为中、微风化硬质岩，特别是岩面起伏较大的石灰岩等。

（2）根据场地岩土工程条件、单桩极限承载力及场地环境条件选择合适的压桩机械。压桩机及压桩用压力表等应具备有效的合格证书，并应定期校验。压桩机总重不得小于最大压桩力的 1.2 倍。

（3）拟采用静压桩的岩土工程勘察，除满足相应勘察规范要求外，尚宜符合下列要求：

①评价浅层土地基承载力；查明浅层明浜、暗浜、淤泥等软弱土范围和深度；探明浅层杂填土、冲填土、碎石土的成分、范围和深度；查明地下障碍物范围和深度。

②对桩基持力层以上（包括持力层）土层应提供原位测试参数；土性变异性大或持力层起伏较大时应加密原位测试间距或增加孔数。

③对饱和黏性土宜测定其灵敏度。

④当采用基岩作为桩的持力层时，应查明基岩的岩性、岩面变化、风化程度，确定其坚硬程度、完整程度等，对岩面坡度对桩基稳定性的影响提出明确的判断结论。

⑤对不良地质现象，如孤石、坚硬夹层、岩溶、土洞、风化软质岩、破碎带的分布和

成因等有明确的判断结论。

⑥压桩过程出现异常情况，应及时查阅勘察报告，必要时应进行补充施工勘察。

（4）拟建场地应进行以下周边环境调查：

①场地内地下管线、高空管线走向。

②场地外影响范围内的建（构）筑物基础形和结构形式、地下管线的材质、埋深等，确定保护要求。

③边桩与周边建（构）筑物、管线的最近距离。

（5）应重视沉桩挤土效应对周边环境的不利影响。挤土效应的强弱及影响范围与桩数及穿透土层的土性有直接关系。穿透深厚饱和软土、桩数较多时，挤土影响范围远达 40m 以外，且地面也发生隆起现象；当穿透可塑、硬塑黏性土及强风化岩时，地面隆起加剧，挤土影响范围减小。穿越松散填土及松散砂类土时挤土效应明显减小。根据上述规律及工程具体情况对挤土影响范围内的建筑物道路、地下管线等采取以下防护措施：

①预钻孔沉桩，孔径宜比桩径（或方桩对角线）小 50mm～100mm，深度视桩距和土的密实度、渗透性而定，宜为桩长的 1/3～1/2，施工时宜随钻随沉桩。

②设置袋装砂井或塑料排水板，以消除部分超孔隙水压力，减少挤土现象。袋装砂井直径一般为 70mm～80mm，间距 1m～1.5m；塑料排水板与袋装砂井的深度根据具体情况确定。

③设置隔离桩、隔离墙或减振沟。

④控制沉桩的施工进度和沉桩顺序，一般情况下，先沉中间桩；为保护周边设施和建筑物，先沉临近周边设施和建筑物的桩。

⑤沉桩施工前应先检查被保护建筑物等设施的现状，必要时进行安全鉴定，根据其完好程度采取预加固处理措施。

⑥沉桩过程应对邻近建筑物、道路、地下管线等设施进行变形监测，发现问题及时处理，实施信息化施工。

（6）沉桩施工前应排除地下障碍物，可采用挖掘机挖除障碍物并回填压实，对一般小粒径障碍物也可采用钢送桩器压入排障，不得采用桩段直接压入。场地应平整压实，地基承载力不小于 120kPa。

（7）桩顶高出地面时，应进行截桩，截桩后桩顶应低于自然地面不少于 200mm，截桩时应确保桩身的完整性。

（8）压桩力可参考表 15.5.33 估算：

压桩力与单桩极限承载力关系　　　　　　　　　　　　　　表 15.5.33

桩入土深度（m） 桩端土类型	≤8	8～20	20～30	>30
黏性土	$(1.2 \sim 1.4)Q_{uk}$	$(1.1 \sim 1.2)Q_{uk}$	$(1.0 \sim 1.1)Q_{uk}$	$(0.9 \sim 1.0)Q_{uk}$
砂类土	$(1.2 \sim 1.5)Q_{uk}$	$(1.2 \sim 1.3)Q_{uk}$	$(1.1 \sim 1.2)Q_{uk}$	$(1.0 \sim 1.1)Q_{uk}$

注：1. 表中 Q_{uk} 为预估单桩极限承载力；

2. 桩径大或桩长较短者取大值。

当桩端持力层以下土层的承载力不小于桩端持力层承载力时，可以压桩力控制桩长，按上表压桩力压桩时，经验表明单桩承载力可满足设计要求。

（9）压桩过程中，可通过油压系统估算压桩阻力。根据油压表读数，压桩阻力可按下式估算：

$$R_r = \sum_{i=1}^{n} \frac{mA_i}{1000} \tag{15.5.11}$$

式中　R_r——压桩阻力（kN）；

n——油缸数量；

m——油压表读数（MPa）；

A——油缸截面积（mm^2）。

当压桩阻力的估算值与实测压桩力值偏差较大时，应检查压桩机的油路系统和工作油缸的大小及数量，重新标定压力表及其读数与压桩力之间的对应关系。

（10）压桩过程中顶压的最大压桩力应符合下列规定：

$$P_{vmax} \leqslant R_k = \psi_c f_{ck} A_p \tag{15.5.12}$$

式中　P_{vmax}——最大压桩力（kN）；

R_k——桩身允许压桩力（kN）；

ψ_c——工艺系数，实心混凝土桩，取 $\psi_c = 0.75 \sim 0.85$；空心混凝土桩取 $\psi_c = 0.65 \sim 0.75$。

f_{ck}——桩身混凝土轴心抗压强度标准值（MPa）；

A_p——桩身横截面面积（m^2）。

选择抱压式液压压桩机时，桩身允许抱压压桩力可按式（15.5.13）～式（15.5.14）估算。

实心混凝土桩：　　　　　$P_{jmax} \leqslant 1.05 f_c A_p \tag{15.5.13}$

空心混凝土桩：　　　　　$P_{jmax} \leqslant 1.00 f_c A_p \tag{15.5.14}$

式中　P_{jmax}——桩身允许抱压允许压桩力（kN）；

f_c——桩身混凝土轴心抗压强度设计值（kPa）。

（11）在正式开工前应先进行试压桩，做好试压桩记录，并分析压桩可行性。出现试压桩达不到设计标高、终压力值达不到预估值或压桩阻力异常等情况时应查明原因，必要时进行桩身完整性检测和静载荷试验。

（12）现场预制的混凝土桩，起吊移位时混凝土强度应达到设计强度 70% 以上；工厂预制桩运输时的混凝土强度应达到设计强度 100%。

桩的吊运应符合下列规定：

①桩在吊运过程中应轻吊轻放，避免剧烈碰撞。

②空心单节桩吊装宜采用专用吊钩勾住桩两端内壁进行水平起吊，吊绳与桩夹角应大于45°；实心桩的吊装宜采用两支点法，吊点位置距离桩端宜为 0.21L（L 为桩长）；超长桩应进行起吊验算，必要时采用三点起吊或在制造时增加抗弯钢筋。

③宜用平板车或驳船进行运输，装卸及运输过程中应采取可靠措施确保桩不产生滑移与损伤。

桩运至现场后，应进行检查验收，除对桩的外观质量和桩身尺寸进行检验外，尚应对桩身在运输过程中是否产生裂缝及碰伤进行检查。严禁使用质量不合格及在运输过程中产生有害裂缝的桩。

(13) 混凝土桩的现场堆放应符合下列规定：

①堆放场地应平整坚实，排水条件良好。

②垫木宜选用耐压的长木方或枕木，不得使用有棱角的金属构件。

③应按不同规格、长度及施工顺序分类堆放；条件许可时，可按工程进度分批供桩，避免重复倒运。

④当场地及供桩条件许可时，宜单层堆放；叠层堆放不宜超过 3 层。

⑤叠层堆放时，应在垂直于桩身长度方向的地面上设置两道垫木，垫木支点应分别位于距桩端 0.21 倍桩长处，上下叠层支点不应错位，两支点间不得有突出地面的石块等硬物；管桩堆放时，底层最外缘桩的垫木处用木楔塞紧。

(14) 施工现场取桩、喂桩应符合下列规定：

①喂桩可用压桩机自带吊机进行，单节桩长超过 15m 时应采用独立的可移动式起重机喂桩。

②压桩机自带吊机作业半径以外的桩，应采用独立的可移动式起重机搬运至其作业半径内起吊喂桩，严禁斜吊或长距离拖拉取桩。

(15) 深基坑中的预制桩工程，宜先施工预制桩再进行基坑开挖，并应符合下列要求：

①不得边沉桩边开挖基坑。

②粉土及饱和黏性土（含淤泥及淤泥质土）基坑开挖，应在沉桩全部完成 10d 后进行。

③基坑开挖时应制定合理的施工方案和施工顺序，桩顶以上 1.0m 内的土方，应采用人工开挖与小型挖土机械相互配合的方法施工。当桩顶高低不齐时，应采用人工逐批开挖出桩头，截桩后再行开挖。

(16) 在毗邻边坡施工时，边坡坡顶距桩位不宜小于 10m，并先压入邻近坡顶的桩，逐次向内推进。

(17) 送桩器应符合下列规定：

①送桩器应加工成与管桩匹配的圆筒形，并有足够的强度、刚度，长度应满足送桩深度的要求。

②送桩器下端面宜封闭，端面应与送桩器中心轴线相垂直。

③送桩作业时，送桩器与管桩桩头之间应设置 1~2 层硬纸板等作衬垫。

④对送桩较深的管桩工程，采用分段式送桩器时，其接头的强度和刚度应满足要求。

(18) 施工现场应配备电焊机、气割工具、索具、撬棍、钢丝刷、锯桩器等施工用具；每台桩机尚应配备必要的测量器具，可随时量测桩身的垂直度。

(19) 沉桩前应完成下列准备工作：

①进行桩机试运转，认真检查桩机各部分的性能。

②对静压桩机，应每半年对压桩力进行标定，合格后方可使用。

③根据施工图编制整个工程的桩位编号图。

④由测量人员分批或全部测定桩位，其偏差不得大于 20mm，同时测量场地地面标高。

⑤施工时，应在桩身或桩架上划出以米为单位的长度标记，并按从下至上的顺序标明

长度，并记录每米沉桩油压值。

（20）沉桩顺序应满足（5）的要求外，尚应综合考虑下列因素：

①对临近湖、塘的场区，宜从远离湖、塘一侧由远及近进行。

②按桩的入土深度，宜先深后浅。

③按管桩的规格，宜先大后小。

④按高层建筑塔楼与裙房的关系，宜先高后低。

⑤应考虑桩机行走及工作时，桩机重量对邻近桩的影响，并采取相应的措施。

（21）沉桩应符合下列规定：

①桩机就位时，应对桩位进行复测。

②沉桩时，管桩的倾斜率应严格控制，第一节管桩起吊就位插入地面时的倾斜率不得大于 0.5%，如果超差应及时调整，调整时必须确保桩身不裂，必要时应拔出重插；当桩尖进入硬土层后，严禁采用移动桩机等强行回扳的方法纠偏。

③静压法施工沉桩速度不宜大于 2m/min。

④沉桩时宜将每根桩一次性连续施工到底，尽量减少中间停歇时间，避免在接近设计深度进行接桩；遇有较难穿透的土层时，接桩宜在穿透该层土后进行。

⑤桩数大于 30 根的群桩基础，承台边缘的桩宜待承台内其他桩施工完毕并重新测定桩位后再插桩施工。

⑥沉桩至设计桩顶标高后，桩头高出地面的部分应小心保护，严禁施工机械碰撞桩头；严禁将桩头用作拉锚点；送桩遗留的孔洞，应立即回填或做好覆盖。

⑦停沉标准应根据场地岩土工程条件、设计桩长、压桩等因素并综合考虑试桩参数后确定。沉桩中应有确认压桩力是否满足设计要求的措施。

⑧施工时应由专职记录员及时准确地填写管桩沉桩记录表，并经当班监理人员（或建设单位代表）验证签名后方可作为有效施工记录。

（22）遇下列情况之一应暂停沉桩，并及时与设计、监理等有关人员研究处理：

①油压值与试桩参数及岩土工程条件不符。

②沉桩深度已达到预定深度，但油压值未达到预定值。

③桩头混凝土剥落、破碎，桩身出现裂缝。

④桩身突然倾斜、跑位。

⑤地面明显隆起、邻桩上浮或位移过大。

（23）送桩应符合下列规定：

①当桩顶沉至接近地面需要送桩时，应测出桩的垂直度并检查桩顶质量，合格后立即送桩。

②静压沉桩到达预定油压值后的稳压时间不少于 3min，稳压时如油压值上升，可以停止沉桩。

③送桩深度超深时，应采取有效的技术措施。

（24）沉桩穿过深厚的黏性土层、全风化岩层、强风化岩层或桩长较短时，由于沉桩挤土效应土体隆起，往往造成先沉入的桩向上浮起，承载力大幅度降低。遇有上述情况，应选择部分先沉入的桩，对桩顶进行浮起监测，浮起 30mm 左右为正常现象，否则应进行复压。当送桩较深时复压困难，则应采取开挖后锤击法复打或采取控制浮起的措施，确保桩基承载力。

（25）必须保证夹持机构的良好工作状态，夹桩器必须与桩身密贴，均匀受力，防止损坏桩身（特别是管桩）或夹桩器打滑，导致桩机突然下沉产生剧烈震动，影响周边环境。

（26）沉桩前必须检查预制桩段质量，包括表观尺寸、混凝土强度等级、钢筋配置及强度、保护层厚度、端板与桩段轴线的垂直度、端板厚度等是否符合产品标准。

接桩时应认真清理端板表面，保证上、下节桩端板的紧密结合及上下节桩轴线顺直。

（27）静压压桩机应根据最大压桩阻力、桩的截面尺寸、单桩竖向极限承载力、桩端持力层情况、穿越土层情况等条件选择，可参考表 15.5.34 进行。

静压压桩机型号选择参数表　　　　表 15.5.34

压桩机型号（吨位）项目	160～180	240～280	300～380	400～460	500～680	1000
最大压桩力（kN）	1600～1800	2400～2800	3000～3800	4000～4600	5000～6000	8000～10000
估算的最大压桩阻力（kN）	1300～1500	2000～2200	2400～3000	3200～3700	4000～4800	6400～8000
适用管桩桩径（mm）	300～400	300～500	400～500	400～550	500～600	500～800
适用方桩桩径（mm）	250～400	300～450	350～450	400～500	450～500	500～600
单桩极限承载力（kN）	1000～2000	1700～3000	2100～3800	2800～4600	3500～5500	5600～7200
桩端持力层	中密～密实砂层、硬塑～坚硬黏土层、残积土层	密实砂层、坚硬黏土层、全风化岩层	密实砂层、坚硬黏土层、全风化岩层	密实砂层、坚硬黏土层、全风化岩层	密实砂层、坚硬黏土层、全风化岩层、强风化岩层	密实砂层、坚硬黏土层、全风化岩层、强风化岩层
桩端持力层标贯击数 N（击）	20～25	20～25	30～40	30～50	30～55	35～60
桩端持力层单桥静力触探比贯入阻力 p_s 值（MPa）	6～8	6～12	10～13	10～16	10～18	12～20
桩端可进入中密-密实砂层厚度（m）	约 1.5	1.5～2.5	2～3	2～4	3～5	4～6

注：1. 压桩机根据工程地质条件、估算的最大压桩阻力、单桩极限承载力、入土深度及桩身强度并结合地区经验等综合考虑后选用。

　　2. 最大压桩力为理论最大压桩力，压桩时压桩机提供的最大压桩力约为其 0.9 倍。

　　3. 表中给出了桩端可进入中密-密实砂层的厚度，对桩端持力层不是中密-密实砂层的工程，桩端可进入持力层的深度宜根据压桩阻力估算值、桩身强度并结合地区经验等因素综合确定。

　　4. 本表仅供参考选择压桩机，不能作为确定贯入度和单桩承载力的依据。

2. 锤击法

锤击法是常用的预制桩沉桩方法，由于其穿透力强，设备较静力压桩机轻便，沉桩费用略低于静力压桩，在环境条件允许的远城区是一种合理的沉桩方法。

（1）沉桩设备包括打桩机架、桩锤、吊车等设备。根据选用的锤重，打桩机架的重量、底盘尺寸、走行方式及机架刚度应符合锤重的要求。

打桩架有万能打桩架、三点支撑桅杆式打桩架、起重机桅杆式打桩架等形式，也有采用落锤式打桩机的桩架改装而成的，但这种改装应保证桩架的稳定性。行走机构分为走管式、轨道式、液压步履式及履带式四种方式。三点支撑履带自行式柴油打桩机行走调头方便，垂直度调整快捷，打桩效率高，应优先选用。柴油锤与打桩架不匹配时，容易发生倒架事故。打桩架与锤的匹配要求，一般在打桩机说明书中列出。

柴油锤爆发力强，锤击能量大，工效高，锤击作用时间长，落距可随桩阻力的大小自动调整，人为掺杂的因素少，比较适合于预制桩的施打。柴油锤分导杆式和筒式两种，导杆式柴油锤性能较筒式柴油锤差。近几年生产的筒式柴油锤，供油油门分为 4 挡，1 挡最小，4 挡最大，打桩一般启用 2 挡～3 挡。"重锤低击"是指相同的锤击能量时优先采用重的锤、小的落距，例如，如果选用 D50 锤开 3 挡～4 挡进行作业，不如选用 D62 锤开 2 挡进行作业更合适。

常用筒式柴油打桩锤性能见表 15.5.35。

交通等部门使用大直径预制桩时，可参考表 15.5.36，选择大吨位导杆式柴油锤。

为减小沉桩中震动和噪声可选用液压锤，常用液压锤重为 7t～15t。

（2）桩帽及垫层的设置应符合下列规定：

①桩帽应有足够的强度、刚度和耐打性。

②桩帽下部套桩头用的套筒应做成圆筒形，圆筒形中心应与锤垫中心重合，筒体深度应为 350mm～400mm，内径应比桩外径大 20mm～30mm。

③桩帽套筒应与施打的管桩直径相匹配，严禁使用过渡性钢套（俗称博士帽）用大桩帽打小直径管桩。

④打桩时桩帽套筒底面与桩头之间应设置弹性衬垫（又称桩垫）。桩垫可采用纸板、胶合板等材料制作，厚度应均匀一致。桩垫经锤击压实后的厚度应为 120mm～150mm，且应在打桩期间经常检查，及时更换或补充。

⑤桩帽上部直接接触打桩锤的部位应设置"锤垫"，锤垫应用竖纹硬木或盘绕叠层的钢丝绳制作，其厚度应为 150mm～200mm，打村前应进行检查、校正或更换。

（3）送桩器及其衬垫设置应符合下列规定：

①送桩应有足够的强度、刚度和耐打性，上下两端面应平整，且与送桩器中心轴线相垂直。送桩器长度应满足送桩深度的要求，器身弯曲度不得大于 1/1000。

②送桩器下端应设置套筒，套筒深度应为 300mm～350mm，内径应比桩外径大20mm～30mm。

③不得使用只在送桩器下端面中间设置小圆柱体的插销式送桩器，也不得使用下端面不设任何限位装置的圆柱形送桩器。

④送桩作业时，送桩器套筒内应设置硬纸板或废旧夹板等衬垫，衬垫经锤击压实后的厚度不宜小于 60mm。

⑤桩帽与桩周围的间隙应为 5mm～10mm，桩帽、送桩器等应设置排气孔。

（4）打桩应符合下列规定：

①第一节管桩起吊就位插入地面后应认真检查桩位及桩身垂直度偏差，桩位偏差不得大于 20mm，桩身垂直度偏差宜先用长条水准尺粗校，然后用两台经纬仪或两个吊线锤在互为 90°的方向上进行检测，校正后的垂直度偏差不得大于 0.5%，必要时，宜拔起管桩并在孔洞内填砂后重插。

DW 系列的水冷筒式柴油打桩锤

表 15.5.35

技术参数	DW19	DW25	DW35	DW45	DW62	DW80	DW100	DW128	DW160	DW200	DW220	DW250	DW320
上活塞重量　kg Upper Piston Weight	1900	2500	3500	4500	6200	8000	10000	12800	16000	20000	22000	25000	32000
上活塞最大冲程 Max. Upper Piston strcke M	3	3.2	3.2	3.2	3.3	3.3	3.3	3.3	3.3	3.3	3.3	3.3	3.3
下活塞最大行程 Max. Bottom Piston stroke m	230	255	230	260	250	260	260	260	300	320	32	320	350
最大打击能量　kN·m Max. energy	57	80	112	144	204	264	330	422	258	660	726	825	1056
打击频率 Blow Frequncy blow/min	38~52	37~52	37~52	37~52	36~50	36~45	36~45	36~45	36~45	36~45	36~45	36~45	36~45
最大爆炸力 Force of explosion pile kN	800	1080	1500	1900	2200	2500	3000	3600	4500	550	6300	7000	9200
燃油耗油量 L/h Oil consumption	7~10	9~12	12~16	17~21	24~30	32~40	40~45	44~52	45~55	48~60	52~64	50~65	60~75
机油耗油量 L/h Oil fuel consumption	1.2	1.5	2	2.5	4	6	6	6	6	6	6	6	6
燃油箱容积 Fuelvo lume L	40	40	48	65	125	200	220	220	260	300	360	360	400

续表

技术参数	DW19	DW25	DW35	DW45	DW62	DW80	DW100	DW128	DW160	DW200	DW220	DW250	DW320
柴油锤总重 Hammer mass kg	3850	5450	7800	11500	16500	21500	25800	29500	34500	43500	48000	54000	68000
柴油锤总高 Hammer height m	4600	4625	4690	4945	6115	6150	6385	7085	7400	7900	8100	8500	9500
下活塞最大外径 Bottom piston raximm overall diameter mm	$\Phi560$	$\Phi610$	$\Phi700$	$\Phi812$	$\Phi860$	$\Phi960$	$\Phi1030$	$\Phi1030$	$\Phi1080$	$\Phi1130$	$\Phi1130$	$\Phi1180$	$\Phi1300$
锤体前后总长度 Hammer length mm	865	908	978	1075	1165	1395	1470	1470	1520	1580	1620	1650	1800
锤体左右总长度 Hammer Weight mm	720	795	865	970	1080	1450	1530	1530	1580	1640	1660	1700	1850
导轨规格 Guide specifications mm	$\Phi70*330$	$\Phi70*330$	$\Phi70*330$	$\Phi70*330$	$\Phi70*330$ $\Phi102*600$	$\Phi102*600$	$\Phi102*600$	$\Phi102*600$	$\Phi102*600$	$\Phi102*600$	$\Phi102*600$	$\Phi102*600$	$\Phi102*600$
锤中心到导轨中心距离 Central Distance of Guiding Rail mm	430	447	482	522	560	720	760	760	800	830	850	880	950
冷却方式 Cooling way	水冷　water-cooled												

表 15.5.36

DD 系列导杆式柴油打桩锤技术参数

参数名称 型号	气缸体质量 kg	气缸体最大冲程 m	频率 min⁻¹	最大能量 kj	燃油消耗量 L/h	最大爆炸力 kN	适宜最大桩重 kg	压缩比	机锤总重 kg	导轨中心距 mm	备注
DD1	150	1.2	60~80	1.8	1.0	110	400	18	300	120/240	
DD3	300	1.5	60~70	4.5	1.6	160	1000	18	610	120/240	
DD6	600	1.9	45~60	10.8	3.1	285	2000	18	1260	300/330	
DD12	1200	2.1	45~60	25.2	4.5	445	4000	18	2360	300/330	
DD18	1800	2.1	45~60	37.8	6.9	596	5000	18	3350	300/330	
DD25	2500	2.5	42~55	57.5	10	968	6000	22	4380	360/330	
DD32	3200	2.8	40~52	89.6	12	1250	7000	22	5360	360/330	
DD36	3600	3.0	40~50	108	13	1320	760	22	6620	360/330	
DD40	4000	3.0	35~50	120	14.5	1430	9000	22	7400	330	
DD53	5300	3.0	35~50	159	16	1690/1880	13000	22	9800	330	
DD63	6300	3.0	35~50	189	18	1980/2190	16000	22	12100	330	
DD73	7300	3.0	35~50	219	21	2280/2480	18500	25	14000	330	
DD83	8300	3.0	35~50	249	25	2560	22000	25	15600	330/600	
DD103	10300	3.0	35~50	309	30	2950	30000	25	19600	330/600	
DD128	12800	3.0	35~50	378	38	3460	38000	28	24200	330/600	
DD150	15000	3.0	35~50	450	43	3970	48000	28	28600	600	
DD180	18000	3.0	35~50	540	48	4510	55000	30	34800	600	
DD200	20000	3.0	35~50	600	50	4750	60000	30	38900	600	
DD220	22000	3.0	32~50	660	56	5100	70000	30	42500	600	
DD300	30000	3.0	35~50	900	64	7060	80000		61000	600/900	
DD400	40000	3.0	30~50	1200	72	8540	100000		83000	600/900	
DD500	50000	3.0	30~50	1500	81	10200	120000		1058000	900	

②当桩一插入地表土后就遇上厚度较大的淤泥或松软的回填土时，柴油锤应采用不点火（空锤）的方式施打；液压锤应采用落距为20cm～30cm的方式施打。

③桩施打过程中，宜重锤低击，应保持桩锤、桩帽和桩身的中心线在同一条直线上，并随时检查桩身的垂直度。当桩身垂直度偏差超过0.8%时，应找出原因设法纠正；在桩尖进入硬土层后，严禁用移动桩架等强行回扳的方式纠偏。

④在较厚的黏土、粉质黏土层中施打桩，不宜采用大流水打桩施工法，宜将每根桩一次性连续打到底，尽量减少中间休歇时间，且尽可能避免在接近设计深度时进行接桩。

⑤桩数多于30根的群桩基础应从中心位置向外施打。桩的接头标高位置宜适当错开。承台四周边缘的桩宜在承台内其他桩全部打完后重新测定桩位再插桩施打。

⑥当需要送桩或复打时，应事先检查管桩内孔的水量，若管桩内孔充满水时，应抽去部分水后才能施打。

⑦打桩深度超过45m时，在停锤焊接后，应先用冷锤击2～3击使周土松动，再开油门连续施打。

(5) 桩的接长可采用桩顶端板圆周坡口槽焊接或机械啮合接头连接法。焊接宜采用手工电弧焊；当天气晴朗无风或采取一定的技术措施后，也可采用二氧化碳气体保护电弧焊。

焊接接桩和钢桩尖的焊接所采用的焊机、焊条、电流、工艺、质量等要求除应符合行业标准《建筑钢结构焊接技术规程》JGJ 81的有关规定外，其现场施工尚应按下列规定进行：

①下节桩的桩头宜高出地面0.5～1.0m。

②上下节桩接头端板表面应用钢丝刷清刷干净并保持干燥，坡口处应刷至露出金属光泽。

③下节桩的桩头处宜设置导向箍或其他导向措施。接桩时上下节桩身应对中，错位不宜大于2mm。若下节桩身略有倾斜，上节桩身应与下节桩身保持顺直，两端面应紧密贴合，不得在接头处出现间隙，严禁在接头间隙中填塞焊条头、铁片、铁丝等杂物。

④当采用手工电弧焊时，施焊宜由两个持证上岗的焊工对称进行。焊条宜采用E4303或E4316，其质量应满足国标《碳钢焊条》GB/T 5117的规定；焊接应逐层进行，层数不得少于2层，内层焊渣必须清理干净后方能施焊外一层。焊接时间不宜过短不宜过长。

⑤当采用二氧化碳气体保护焊时，施焊宜用两台焊机对称进行，焊缝应连续饱满。

⑥焊好的桩接头应自然冷却后方可继续施打，手工电弧焊的接头自然冷却时间不应少于5min；二氧化碳气体保护焊的接头自然冷却时间不应少于3min。严禁用水冷却或焊好立即施打。

⑦钢桩尖对重要工程宜在工厂内焊接；当在工地焊接时，宜在桩堆放现场先焊好桩尖的上半圈，再将管桩轴向转动180°后施焊剩下的半圈。桩尖与桩端面错位应≤3mm。

⑧采用机械啮合接头接桩时，接桩方法应符合相关规定。

(6) 当打桩过程中遇到贯入度突变、桩头桩身混凝土破裂、桩身突然倾斜跑位、锤击数过多以及地面明显隆起、邻桩上浮等情况时，应暂停打桩，并及时与设计、监理等共同分析原因，采取相应措施。

(7) 每根桩的总锤击数及最后1m沉桩锤击数可按下列规定进行控制：

①PC 桩总锤击数不宜超过 2000，最后 1m 沉桩锤击数不宜超过 250；

②PHC 桩总锤击数不宜超过 2500，最后 1m 沉桩锤击数不宜超过 300。

③实心混凝土预制桩的总锤击数与桩身混凝土强度等级及预应力等因素有关，应根据具体情况确定总锤击数及最后 1m 锤击数。

（8）收锤标准原则上应结合工程地质条件、桩的承载性状、单桩极限承载力、桩规格及入土深度、打桩锤性能规格及冲击能量、桩端持力层性状及桩尖进入持力层深度等因素综合考虑确定。收锤标准应以达到的桩端持力层（定性）和最后贯入度或最后 1m～3m 的每米沉桩锤击数（定量）作为主要的收锤控制指标。

（9）工程桩收锤标准贯入度应通过试桩单桩抗压静载荷试验确定。试桩贯入度估算可得用 Hilley（海利）打桩公式估算并结合打桩经验综合确定。

（10）打桩的最后贯入度量测应在下列条件下进行：

①桩头和桩身完好。

②柴油锤油门设在 1～2 挡且跳动正常，液压锤落距约为 80cm 且跳动正常。

③桩锤、桩帽、桩身及送桩器中心线重合。

④桩帽及送桩器套筒内衬垫厚度应符合要求。

⑤打桩结束前即完成测定，不得间隔较长时间后才量测。

（11）打桩自动记录仪可自动量测并记录最后贯入度；人工测量最后贯入度时，宜用一段长约 40cm 的钢卷尺片段沿桩长用胶布粘贴在管桩桩身或送桩器器身上，再用经纬仪测出每 10 击的沉桩测量即为每一阵贯入度，同时应按 5％～10％的工程桩数量测绘收锤回弹曲线。

（12）最后贯入度不宜小于 20mm/10 击，最后贯入度宜连续测量 3 次，当每一阵贯入度逐次递减并达到收锤标准时就可收锤。当持力层为较薄的强风化岩层且下卧层为中、微风化岩层时，最后贯入度可适当减少，但不宜小于 15mm/10 击，此时宜量测一阵锤的贯入度，若达到收锤标准即可收锤。

（13）当桩身穿过一定厚度强度较高的黏性土时，由于锤击桩身的颤动，孔壁黏性土的侧阻力短期内不能恢复，从而影响单桩承载力。载荷试验的休止期应通过试桩确定。

（14）截割桩头或余桩宜采用电动锯桩器。手工截桩时，严禁采用大锤横向敲击或强行扳拉。

（15）收锤后的管桩应采取有效措施封住管口，送桩遗留的孔洞应立即回填或覆盖。

15.5.3　沉管灌注桩施工

沉管灌注桩为有震动和噪声的挤土型桩，常用的钢管直径为 325mm、377mm、426mm、450mm，采用预制混凝土桩尖，用于多层建筑。广东省 20 世纪 80 年代开发了大直径沉管灌注桩，钢管直径达 800mm，采用铸钢桩尖，12t 以上柴油锤打入，桩端可进入强风化岩、中风化极软岩，单桩极限承载力可达 6000kN 以上。沉管桩根据土层情况及单桩承载力要求，可采用一次复打或二次复打，扩大桩径且保证桩身质量。沉管桩沉桩设备为震动锤或柴油锤，桩架的走行方式有走管式、步履式、履带式等，履带式桩架使用方便。由于预制桩的大量使用，加上沉管桩桩身质量控制存在不定因素、桩长受限等，目前沉管桩应用受到影响，大多用在中、小型工程中。

施工要点如下：

（1）常用的沉管桩可穿透填土、软土、可塑状黏性土、松散和稍密砂类土及粉土，进入中密或密实砂类土、硬塑黏性土及全风化岩等持力层一定深度。

（2）沉管桩常用的单桩极限承载力不超过 3000kN，桩长不超过 30m，适用于非城区的多层或小高层建筑。深厚软土中不宜采用密集沉管灌注桩。

（3）混凝土桩尖应有足够的强度、刚度、准确的外形尺寸，并保证桩管和桩尖的接触部位的密封性能，防止桩尖破损、桩管吞桩尖以及管中进水等情况的发生。混凝土桩尖的强度等级不应小于 C40。

（4）应进行试桩，确定最后 10 击贯入度或最后 3 阵击的贯入度，作为设计和工程桩施工的依据。

（5）在软弱土层中，振动沉管灌注桩应当减缓拔管速度，拔管速度不宜超过 1m/min，并减少拔管高度和反插深度，淤泥中不宜使用反插法。

（6）应严格控制混凝土的坍落度，混凝土充盈系数不应小于 1.0，对于混凝土充盈系数小于 1.0 的桩，应全长复打；对有可能出现断桩、缩颈的桩应采用局部复打。成桩后的桩身混凝土顶面标高应高于桩顶设计标高 0.6m，全长复打的桩入土深度宜接近原桩长，局部复打应超过断桩或缩颈的部分以下 0.6m。

（7）合理选择沉桩方式，砂类土可采用震动锤，黏性土选用柴油锤，宜重锤轻击，桩锤的选择可参考预制桩的要求。

（8）当地表浅层存在淤泥、淤泥质土等软土时，容易发生桩身缩颈，应采用复打工艺，桩身直径不宜小于 500mm。

（9）软土地基中施工时必须采用跳打工序，桩距必须满足规范要求，防止沉桩中或桩机碾压挤损邻近桩。

（10）应重视沉桩中桩端标高的控制，施工中应先深后浅，先打群桩中中部桩，当后打入桩打入困难，相邻桩桩端标高相差过大时，应根据具体情况研究对策，必要时对短桩进行静载荷试验。

（11）可采用柴油锤或震动锤沉桩，穿过黏性土时宜采用柴油锤，常用振动打桩锤的技术参数见表 15.5.37。

DZ 系列振动打桩锤技术参数　　　　　　　　　　　　表 15.5.37

	DZ40	DZ60	DZ90A	DZ120A	DZ150A	DZ45KS	DZ60KS	DZ75KS	DZ90KS	DZ110KS	DZ120KS
静偏心力距 N·m	180	230	460	700	2500	225	305	370	468	510	700
振动频率 r/min	1150	1150	1050	1000	800	1000	960	1000	1000	1020	1000
激振力 kN	260	345	570	782	1075	263	320	414	523	593	780
空载振幅 mm	7.5	7.2	10.3	13.33	17.3	9.36	8.8	10.9	8.4	10	8.3
空载加速度 g	11.5	12.4	12.69	14	13	10.5	9.0	12.2	9.42	12.4	11.2

	DZ40	DZ60	DZ90A	DZ120A	DZ150A	DZ45KS	DZ60KS	DZ75KS	DZ90KS	DZ110KS	DZ120KS
许用拔加力 kN	120	150	240	350	680	120	200	200	240	240	400
许用加压力 kN	120	120	120	240	80		120	120	120	120	400
中孔直径 mm						$\Phi400$	$\Phi500$	$\Phi500$	$\Phi600$	$\Phi600$	$\Phi600$
电机功率 kW	37	60	90	120	150	2*22	2*30	2*37	2*45	2*55	2*60
桩锤总质量 kg	3380	4840	6155	7303	10300	3940	4550	4875	7650	6523	11800
电机类型	普通型	普通型	耐振型	耐振型	耐振型	普通型	普通型	普通型 耐振型	耐振型	普通型 耐振型	耐振型
备注								中孔式			

15.5.4 夯扩桩施工

夯扩桩是一种混凝土扩大头的灌注桩,用柴油锤沉入内外夯管,拔出内夯管,在外管内灌入一定高度的混凝土,插入内夯管,通过锤击内夯管将外管内混凝土夯扩成一定直径的扩大头。有利于发挥桩端持力层的承载力。

夯扩桩为挤土型桩,施工中产生噪声和震动,对周边环境有一定影响,沉桩设备为柴油锤,内、外管应选用厚壁无缝钢管,桩架类型同沉管桩或预制桩。夯扩桩分为一次、二次、三次夯扩,根据单桩承载力及土层性状确定夯扩次数。

施工要点:

(1) 夯扩桩桩端持力层宜为起伏不大的中密~密实砂类土、碎石土、粉土、硬塑~坚硬的黏性土,稍密~密实的砂卵石,全风化~强风化岩等,进入持力层的深度宜为 1d~2d。进入持力层过深时扩大头不易形成。桩长不宜大于 20m,单桩极限承载力不宜超过4000kN。可用于 20 层以下建筑物。深厚软土中不宜采用密集夯扩桩。

(2) 夯扩桩机通常由机架、桩锤、外管、内夯管及卷扬等组成,常用的柴油锤型为D18、D25、D32、D40。

此外,还应配有混凝土搅拌机,运输起吊设备及钢筋加工机具等。

(3) 夯扩桩外管一般采用 $\Phi325mm$,$\Phi377mm$,$\Phi426mm$,$\Phi450mm$,$\Phi480mm$,$\Phi500mm$,$\Phi530mm$ 的钢管,相应的内夯管一般采用 $\Phi219mm$,$\Phi247mm$,$\Phi273mm$,$\Phi297mm$,$\Phi325mm$,$\Phi377mm$,$\Phi426mm$ 的钢管配套使用。内夯管底部需加焊一块直径比外管内径小 10mm~20mm 左右的圆形钢板,内夯管长度比外管短 100mm~200mm。

内外管的配置长度与持力层埋深和桩身混凝土灌注充盈系数有关,可按下式确定:

$$L \geqslant \eta_a \cdot L' + Z \qquad (15.5.15)$$

式中 L——桩管长度 (m);

L'——持力层顶面埋深 (m);

η_a——充盈系数 (为实际灌注混凝土体积与按设计桩身直径计算体积之比);

Z——桩管进入持力层的深度（m）。

（4）夯扩桩一般采用干混凝土止淤的无桩靴沉管方式，当封底或沉管有困难时，也可以采用钢筋混凝土预制桩靴沉管。

（5）夯扩桩的桩端扩大头计算直径按下列公式估算：

一次夯扩公式

$$D_1 = \alpha_1 \cdot d_0 \sqrt{\frac{H_1 + h_1 - c_1}{h_1}} \quad (15.5.16)$$

二次夯扩公式

$$D_2 = \alpha_2 \cdot d_0 \sqrt{\frac{H_1 + H_2 + h_2 - c_2}{h_2}}$$

$$(15.5.17)$$

多次夯扩公式

$$D_n = \alpha_n \cdot d_0 \sqrt{\frac{\sum_{i=1}^{n} H_i + h_n - c_n}{h_n}} \quad (15.5.18)$$

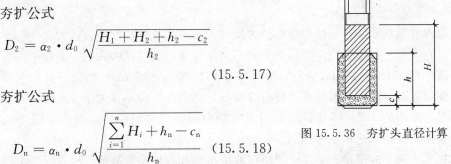

图15.5.36 夯扩头直径计算

式中 D_1、D_2、D_n——一次、二次、多次夯扩的扩大头计算直径（m）；

α_1、α_2、α_n——扩大头直径计算修正系数，可按表15.2.40采用。

d_0——外管内径（m）；

H_1、H_2、H_n——一次、二次、多次夯扩时外管中灌注混凝土高度（m）；

h_1、h_2、h_n——一次、二次、多次夯扩时外管上拔高度（m）；

c_1、c_2、c_n——一次、二次、多次夯扩时外管下沉底端至设计桩底标高之间的距离，一般取 $c = 0.2$m。

夯扩桩施工设计参数 　　　　　　　　　　　　表15.5.38

持力层土类	桩端土比贯入阻力 P_s（MPa）	每次夯扩投料高度（m）	一次夯扩大头直径计算修正系数 α
黏性土	<2.0	3.0~4.0	0.93
	2.0~3.0	2.5~3.5	0.90
	3.0~4.0	2.5~3.5	0.87
	>4.0	2.5~3.5	0.84
粉 土	<2.0	3.5~4.0	0.98
	2.0~3.0	3.0~3.5	0.95
	3.0~4.0	2.5~3.5	0.93
	>4.0	2.5~3.5	0.90
砂 土	<5.0	3.0~4.0	0.95
	5.0~7.0	2.5~3.5	0.92
	7.0~10.0	2.5~3.5	0.89
	>10.0	2.5~3.5	0.86

注：1. 每增加一次夯扩的计算修正系数可将表中 α 值乘以0.9，即有：$\alpha_n = \alpha_1 \cdot (0.9)^{n-1}$。（式中 n——夯扩次数）；

　　2. 根据实际工程资料，一次、二次及三次夯扩计算所得的扩大头最大直径 D 不宜超过桩径的1.5倍、1.9倍及2.3倍。

(6) 桩机设备就位后，必须保持平正、稳固，确保在施工中不发生倾斜、位移。为准确控制沉管深度，应在机架或桩管上设置控制深度的标尺，以便施工中进行观测记录。

桩锤应根据工程地质条件、桩径、桩长、单桩承载力、桩的密集程度及现场施工条件等因素，通过试成桩合理选择使用。

(7) 桩管入土深度的控制一般以试成桩时相应的锤重与落距所确定贯入度为主，以设计持力层标高相对照为辅。

(8) 对上部为松散的杂填土地层，内外管提出地面后，应采用插入式振动器等对上部 2m 的桩身混凝土进行捣实。

以含有承压水的砂层作为桩端持力层时，第一次拔管高度不宜过大。

(9) 混凝土的配合比应按设计要求的强度等级，通过试验确定；混凝土的坍落度对扩大头部分以 40mm～60mm 为宜，桩身部分以 100mm～140mm 为宜。

配制混凝土的粗骨料可选用碎石或卵石，其最大粒径不宜大于 40mm，且不得大于钢筋间最小净距的 1/2；细骨料应使用干净的中粗砂；水泥强度等级宜采用 42.5 号以上，并可根据需要掺入适量的外加剂。

扩大头部分的混凝土灌注应严格按夯扩次数和夯扩参数进行；桩身混凝土灌注应保证充盈系数不小于 1，对一般土质为 1.1～1.2，软土为 1.2～1.3。

(10) 钢筋笼的埋设一般应使其顶端稍低于超灌混凝土面。

(11) 拔管时应将内夯管连同桩锤压在超灌的混凝土面上，将外管缓慢均匀地上拔，同时将内夯管徐徐下压，直至同步终止于施工要求的桩顶标高处，然后将内外管提出地面。

拔管速度要均匀，对一般土层以 1m/min～2m/min 为宜，在软弱土层中和软硬土层交界处以及扩大头与上部桩身连接处宜适当放慢。

(12) 打桩顺序应符合下列规定：

① 一般采取横移退打的方式自中间向两端对称进行或自一侧向单一方向进行；当一侧毗邻建筑物时，应由毗邻建筑物向另一方向打；对密集型桩宜采用跳打工序。

② 根据持力层埋深情况，按先深后浅的顺序进行，必要时可按埋深分区施工。

③ 根据桩径和桩长，按先大后小，先长后短的顺序进行。

(13) 夯扩桩施工工艺示意如图 15.5.37。

(14) 对单桩承载力要求较高及大片密集型夯扩桩工程宜进行地基土孔隙水压力、土体水平和垂直位移等项监测工作，在老城区或周边条件较复杂的地区宜采用有效的隔振和减振措施，有必要时可进行振动影响监测工作。

(15) 对具有深基坑的高承载力夯扩桩工程，应认真做好基坑支护开挖施工，并考虑基坑开挖时边坡土体的侧移及坑底的稳定对工程桩的影响；土体开挖时应按分层开挖的原则进行，避免使桩身两侧出现较大的土压力差。

(16) 桩端持力层为含水量较高的黏性土时，应通过试成桩工艺及试验确定适用性，防止夯扩过程中桩端土孔隙水压力增大成为"橡皮土"，从而降低承载力。

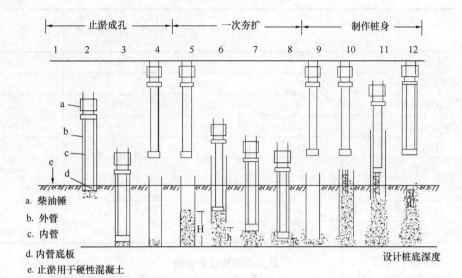

a. 柴油锤
b. 外管
c. 内管
d. 内管底板
e. 止淤用于硬性混凝土

图 15.5.37　夯扩桩施工工序示意图

注：1. 在桩位处按要求放置干混凝土；

　　2. 将内外管套叠对准桩位；

　　3. 通过柴油锤将双管打入地基中至设计深度；

　　4. 拔出内夯管；

　　5. 向外管内灌入高度为 H 的混凝土；

　　6. 内管放入外管内压在混凝土面上，并将外管拔起一定高度 h；

　　7. 通过柴油锤与内夯管夯打外管内混凝土；

　　8. 继续夯打管下混凝土直至外管底端深度略小于设计桩底深度处（其差值为 c），此过程为一次夯扩，如需第二夯扩，则重复 4～8 步骤；

　　9. 拔出内夯管；

　　10. 在外管内灌入桩身所需的混凝土，并在上部放入钢筋笼；

　　11. 将内管压在外管内混凝土面上，边压边缓缓起拔外管；

　　12. 将双管同步拔出地表，则成桩过程完毕。

15.5.5　全护筒原状取土压灌混凝土桩施工

全护筒原状取土混凝土灌注桩施工采用全护筒内置螺旋叶片的双动力钻机下钻切割土体形成桩径，同时将护筒内土体原状取出，压灌混凝土后插入钢筋笼，拔出护筒后形成钢筋混凝土桩。也可采用搓管机旋转压入钢套管（护筒），抓斗等设备取出护筒内土的成孔工艺，成孔后安装钢筋笼，灌注桩身混凝土。适用于黏性土层、粉土、砂性土和高地下水位、高承压水地层。

1) 设备

全护筒原状取土所需设备包括原状取土钻机（配备上下两个动力头装置）、混凝土输送泵、吊车、振动锤、电焊机。原状取土钻机普遍采用液压步履式和履带式行走，常见型号有：JB160、JB180、JB250 和 JB280。主要动力头参数见下表15.5.39～表15.5.40。

上动力头主要技术参数 表 15.5.39

项目 \ 型号	DLT480	DLT580	DLT670-150kW	DLT670-180kW
电机功率（kW）	2×55	2×75	2×75	2×90
电机转速（r/min）	960	960	750	750
传动比	45	69	92	92
输出扭矩（N·m）	43000	84000	180000	210000
输出转速（r/min）	21.3	13.9	8.2	8.2
外形尺寸（长×宽×高，mm）	1550×1350×2280	1980×1500×2700	2220×1740×3050	2220×1740×3050
重量（kg）	4800	6650	11200	11350
适用导轨直径/中心距（mm）	102/600	102/600	102/600	102/600

下动力头主要技术参数 表 15.5.40

项目 \ 型号	UPD-680	UPD-800	UPD-1000	UPD-1200	UPD-1500
电机功率（kW）（变频电机）	8P-45kW×2 8P-55kW×2	8P-45kW×2 8P-55kW×2 8P-75kW×2	8P-54kW×2 8P-75kW×2 8P-90kW×2	8P-75kW×2 8P-90kW×2 8P-110kW×2	8P-75kW×2 8P-90kW×2 8P-110kW×2
额定转速（r/min）	6.82 (0~13.64)	4.94 (0~9.88)	4.76 (0~9.52)	4.72 (0~9.44)	4.01 (0~8.02)
转矩（T·m）	12.610 15.410	17.410 21.440 29.240	22.070 30.500 36.570	30.170 36.400 44.480	35.560 42.900 52.430
内孔最大直径（mm）	Φ710	Φ830	Φ1030	Φ1230	Φ1530
重量（kg）	9800 10200	11300 11800 12500	12300 12800 13500	13500 14100 14800	15200 15800 16500

2）施工工艺

全护筒原状取土压灌桩施工工艺可用如下流程图（图 15.5.38）表示。

3）全护筒原状取土压灌桩施工工艺技术特点

（1）成孔无扩径，节约混凝土；

（2）不使用泥浆护壁，成桩质量高；

（3）无泥浆产生，绿色环保；

（4）成桩速度快；

（5）土体扰动小，施工过程对先施工的桩以及周边环境影响小，尤其适合桩位密度大的工程；

（6）不塌孔，不缩颈，垂直精度高，质量可靠。

4）全护筒原状取土压灌桩施工要求及控制要点

全护筒原状取土压灌桩施工包括施工准备、定位放线、钻孔、泵送混凝土、插筋、护

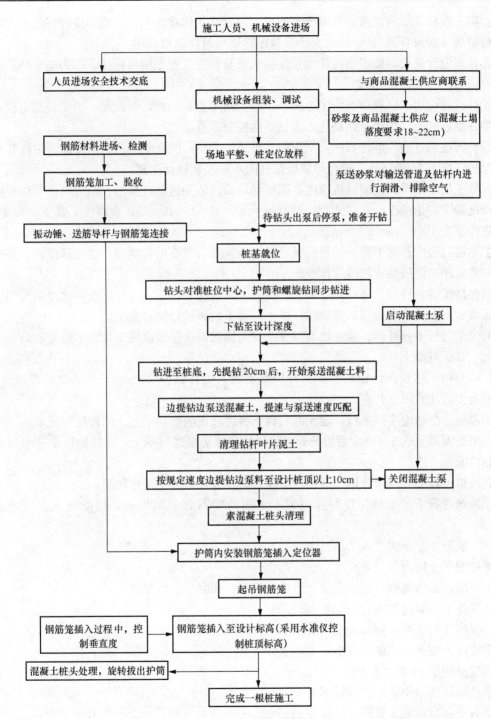

图 15.5.38 全护筒原状取土压灌混凝土桩施工工艺流程图

筒拔出等几个步骤。

（1）钻进成孔及要求：

①检查护筒垂直度：钻机就位并调整机身，应用两台经纬仪在垂直方向上对护筒垂直度进行校核。

②第一根桩开钻前，需将混凝土泵的料斗及管线用清水湿润，然后用搅拌好的水泥砂浆进行泵送（润滑管道），并将所有砂浆泵出管道后封住钻口阀门。

③根据设计桩长，确定钻孔深度并在钻机塔身相应位置做醒目标注，作为施工时控制桩长的依据。

④桩机就位后，以桩位点为中心画一个与护筒等直径的圆，开钻前，护筒与圆定位重合并调好垂直度后，护筒开始钻进，边钻进边控制垂直度。

⑤护筒边钻进边控制垂直度，待护筒钻进 2m～3m，护筒停止钻进，长螺旋钻杆开始钻进至护筒口下方 500mm，护筒与螺旋钻杆同步钻进至设计标高。

⑥钻进过程中严格控制钻进速度，刚接触地面时，钻进速度要慢。钻进的速度应根据土层情况确定：杂填土、黏性土宜控制在 0.5m/min～1.0m/min，素填土、黏土、粉土、砂土宜控制在 1.0m/min～1.5m/min。

⑦钻进过程中若遇卡钻、钻机摇晃、偏斜或发现有节奏的声响时，应立即停钻，查明原因，采取相应措施后方可继续作业。

⑧保持螺旋钻杆与护筒的同步跟进，根据土层情况和施工深度，采取一次性钻入到底直接压灌、单次或多次提拔长螺旋钻杆排土，排土后再进行钻进施工。

⑨施工过程中应及时、准确地填写《全护筒原状取土压灌混凝土桩施工记录表》。

（2）泵送混凝土

护筒和钻头达到设计标高后，保持护筒不动，提升钻杆 200mm，开始泵送混凝土，泵送混凝土应注意以下几点：

①混凝土泵送应连续进行，避免因后台上料慢造成的供料不足、停机待料现象；

②泵送混凝土达 1m 高度后再开始提钻，边提钻边泵送混凝土，并控制提钻速率与泵送量相匹配；

③成桩过程中必须保证排气阀正常工作，防止成桩过程中发生堵管；

④泵送过程中要始终保持料斗内混凝土面高度不低于 400mm，以防吸入空气造成堵管。

（3）混凝土制备要求：

泵送混凝土应满足以下要求：

①供应站必须提供《预拌混凝土质量证明书》和混凝土级配单；

②混凝土初凝时间不宜小于 6 小时；

③混凝土坍落度：180mm～220mm；

④混凝土的水泥用量不宜小于 260kg/m³；

⑤宜选用 P. O42.5 水泥；

⑥应选用洁净中砂，含泥量不大于 3%；

⑦石子宜选用质地坚硬的粒径 5mm～20mm 的豆石或碎石，含泥量不大于 2%；

⑧进场商品混凝土应具有良好的和易性和流动度，坍落度损失应能满足灌注要求；

⑨每车进场的混凝土应检测其坍落度。

（4）混凝土管路要求

①连接混凝土输送泵与钻机的钢管、高强柔性管，内径不宜小于 125mm；

②施工前应检查管路的连接处的密闭性，检验方法为：关紧混凝土出口阀门，按正常

泵送混凝土的泵送压力泵送自来水，管路连接处不漏水说明管路连接完好；若有漏点，对漏点处的接头卡作加强处理，直至漏点消失；

③应在钻塔中部挂接一根弧形钢管作过渡接头，两端连接柔性管，以减少管道的移动量。

（5）护筒拔出要求：

①护筒应在钢筋笼插入完成后拔出；

②护筒刚开始拔出时，先应原地旋转松动后再边旋转边拔出。

5）质量控制标准

全护筒原状取土灌注桩质量标准应符合表 15.5.41 的规定。

混凝土灌注桩质量检验标准　　　　　　　　　表 15.5.41

项目	序号	检查项目	允许偏差或允许值		检查方法
			单位	数值	
主控项目	1	桩位	mm	70、150	开挖前量护筒，开挖后量桩中心
	2	孔深	mm	+300	量护筒的入土深度
	3	桩体质量	按《建筑基桩检测技术规范》		按《建筑基桩检测技术规范》
	4	混凝土强度	设计要求		试件报告或钻心取样送检
	5	承载力	按《建筑基桩检测技术规范》		按《建筑基桩检测技术规范》
一般项目	1	垂直度	%	<1	经纬仪测护筒
	2	桩径	mm	−20	量护筒外径
	3	混凝土坍落度	mm	180～220	坍落度仪
	4	钢筋笼安装深度	mm	±100	用钢尺量
	5	混凝土充盈系数	>1		检查每根桩的实际灌注量
	6	桩顶标高	mm	+30，−50	水准仪，需扣除桩顶浮浆层及劣质桩体

6）全护筒原状取土压灌桩安全施工技术措施

原状取土钻机钻杆高长、整个钻机重心高，安全生产至关重要，应采取以下措施来避免安全事故发生：

（1）在施工前先全面检查机械，发现有问题及时解决，检查后要进行试运转，严禁带病作业。机械操作必须遵守安全技术操作要求，由专人负责，并加强机械的维护保养，保证机械各项设备和部件、零件的正常使用。

（2）机械施工时危险区域严禁站人：钢筋笼起吊必须捆牢固，吊装就位时起吊要慢，有专人指挥吊装，吊钩下方不得站人。

（3）钻进时遇到卡钻，应马上切断电源，停止下钻，未查明原因前，不得强行启动。

（4）钻孔时，如遇到机架摇晃、移动、偏斜或钻斗内发生有节奏的响声时，应立即停钻，经处理后方可继续施钻。

（5）钻孔时，严禁用手清除螺旋片的泥土，发现紧固螺栓松动时，应立即停机重新紧固后方可继续作业。

7）全护筒原状取土压灌桩常出现的故障及处理措施

（1）导管堵塞：由于混凝土配比或坍落度不符合要求、导管过于弯折或者前后台配合不够紧密。

控制措施：

①保证粗骨料的粒径、混凝土的配比和塌落度符合要求；

②灌注管路避免过大变径和弯折，每次拆卸导管都必须清洗干净，导管内径不小于 200mm；

③加强施工管理，保证前后台配合紧密，混凝土应供应及时，必要时加缓凝剂；

④每隔 10min～15min 上下抖动导管，导管埋深不宜大于 6m。

（2）桩位偏桩：一般有桩平移偏差和垂直度超标偏差两种。多由于场地原因，桩机对位不仔细，地层原因使钻孔对钻杆跑偏等原因造成。

控制措施：

①施工前清除地下障碍，平整压实场地以防钻机偏斜。

②放桩位时认真仔细，严格控制误差。

③桩机的水平度和垂直度在开钻前和钻进过程中注意检查复核。

（3）断桩：由于提钻太快泵送混凝土跟不上提钻速度或者是相邻桩太近串孔造成。

控制措施：

①保持混凝土灌注的连续性，可以采取加大混凝土泵量，配备储料罐等措施。

②严格控制提速，确保钻头始终处于混凝土液面以下至少 800mm，如灌注过程中因意外原因造成混凝土供应量不足，应立即将已灌注混凝土钻进取出，改桩位重新进行灌注施工。

采取跳打施工。

（4）桩身混凝土收缩：桩身回缩是普遍现象，一般通过外加剂和超灌予以解决，施工中保证充盈系数＞1。

控制措施：

①桩顶至少超灌 500mm～1000mm，并防止孔口土混入。

②选择减水效果好的减水剂。

（5）桩头质量问题：多为夹泥、气泡、混凝土不足、浮浆太厚等，一般是由于操作控制不当造成。

控制措施：

①及时清除或外运桩口出土，防止下笼时土及杂物混入混凝土中。

②保持钻杆顶端气阀开启自如，防止混凝土中积气造成桩顶混凝土含气泡。

③桩顶浮浆多因孔内出水或混凝土离析造成，应超灌排除浮浆后才终止成桩。

④按规定要求进行振捣，并保证振捣质量。

（6）钢筋笼下沉：一般随混凝土收缩而出现，有时由于桩顶钢筋笼固定措施不当造成。

控制措施：

①避免混凝土收缩从而防止笼下沉。

②笼顶必须用铁丝加支架固定，12h 后方可拆除。

（7）钢筋笼无法沉入：多由于混凝土配合比不好或桩周土对桩身产生挤密作用。

控制措施：

①改善混凝土配合比，保证粗骨料的级配粒径满足要求。

②选择合适的外加剂，并保证混凝土灌注量达到要求。

③吊放钢筋笼时保证垂直和对位准确。

(8) 钢筋笼上浮：由于相邻桩间太近在施工时混凝土串孔或混凝土灌注过快及导管提升过快造成钢筋笼上浮。

控制措施：

①全护筒跟进并进行跳打，保证混凝土不串孔，只要桩初凝后钢筋笼一般不会上浮。

②控制好相邻桩的施工时间间隔。

③记录钢筋笼下端标高，在混凝土灌注到钢筋笼下端附近时应放慢灌注速度。

15.5.6 潜孔锤入岩成孔灌注桩施工

潜孔锤入岩工法是利用压缩空气作为循环介质，并作为驱动孔底冲击器的能源，利用冲击、回转方式来破碎岩石。施工时先用全护筒钻机进行安放护筒及下钻取土，外动力头携带护筒进行切削钻进，内动力头携带螺旋钻杆进行跟进取土，将护筒下至岩面后，提出螺旋钻杆，连接潜孔锤，在护筒内进行嵌岩施工，施工至设计标高后，下放钢筋笼，灌注混凝土。主要针对中风化、微风化岩层或带有孤石等障碍物的地层。该工艺也可用于干成孔作业硬质岩的破碎钻进。

1) 设备

潜孔锤入岩成孔灌注桩施工所需设备包括全护筒原状取土钻机（配备上下两个动力头装置）、吊车、潜孔锤、空压机、电焊机。原状取土钻机普遍采用液压步履式和履带式行走，常见型号有：JB160、JB180、JB250 和 JB280。

潜孔锤分为高风压（压力一般为 1.0MPa～2.4MPa，常用压力为 1.8MPa）和中低风压（压力一般为 0.5MPa～1.0MPa，常用压力 0.7MPa～0.8MPa）。针对不同的地层，使用不同风压的潜孔锤。软质岩石，对打击力要求较低，可采用低风压潜孔锤。硬质岩石使用高风压。潜孔锤正常引孔，一般认为单位直径的压力值在 90kg/cm 左右。

空压机提供的风量要满足冲击器的额定风量，保证冲击器正常做功，同时须保证将孔底岩屑吹出地表，减少岩粉的重复破碎。为达到理想的钻进效率，通常要求孔内风量上返速度≥15m/s，此时气流速度大于岩屑悬浮速度。根据钻孔直径、钻杆外径、排渣通道的上返风速等条件，其风量可按下式粗略计算：

$$Q = 47.1 \times (D^2 - d^2)V \tag{15.5.19}$$

式中　Q——钻进时所需空气量（m³/min）；

　　　D——护筒内径（mm）；

　　　d——钻杆外径（mm）；

　　　V——环状间隙气流上返风速度，不小于 15m/s。

2) 潜孔锤入岩成孔灌注桩施工工艺

潜孔锤入岩灌注桩施工工艺可用如下流程图（图 15.5.39）表示。

3) 潜孔锤入岩成孔灌注桩施工工艺技术特点

(1) 入岩速度快，可达 10min～20min/m；

(2) 采用气举循环和螺旋叶片的复合排岩方式，通过潜孔锤排渣孔排出的岩渣量较

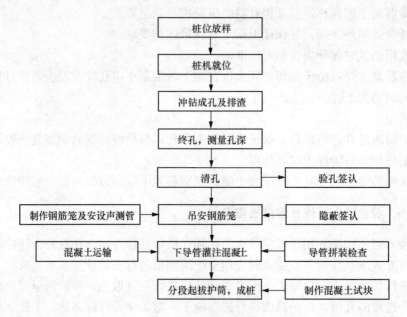

图 15.5.39　工艺流程图

少，尘土飞散程度低；

（3）能有效防止在卵（碎）石层施工时发生的卡钻、埋钻现象；

（4）成孔无扩径，节约混凝土；

（5）不塌孔，不缩颈，垂直精度高，质量可靠；

（6）无泥浆护壁，绿色环保。

4）潜孔锤入岩成孔灌注桩施工要求及控制要点

潜孔锤入岩成孔灌注桩施工包括施工准备、定位放线、钻孔、下放钢筋笼、灌注混凝土、护筒拔出等几个步骤。

（1）钻进成孔及要求

①检查护筒垂直度：钻机就位并调整机身，应用两台经纬仪在垂直方向上对护筒垂直度进行校核。

②根据设计桩长，确定钻孔深度并在钻机塔身相应位置做醒目标注，作为施工时控制桩长的依据。

③桩机就位后，以桩位点为中心画一个与护筒等直径的圆，开钻前，护筒与圆定位重合并调好垂直度后，护筒开始钻进，边钻进边控制垂直度。

④护筒边钻进边控制垂直度，待护筒钻进 2m～3m，护筒停止钻进，长螺旋钻杆开始钻进至护筒口下方 500mm，护筒与螺旋钻杆同步钻进至岩面。

⑤钻进过程中严格控制钻进速度，刚接触地面时，钻进速度要慢。

⑥钻进过程中若遇卡钻、钻机摇晃、偏斜或发现有节奏的声响时，应立即停钻，查明原因，采取相应措施后方可继续作业。

⑦在进入基岩面前钻进时，要保持螺旋钻杆与护筒的同步跟进，并且根据土层情况和施工深度，采取一次性钻入至基岩面、单次或多次提拔长螺旋钻杆排土，排土后再钻进施

工至基岩面的施工方式。

⑧入岩冲钻过程中采用匀速慢进，遇阻力大时潜孔锤向上提升，提升距离 0.3m～0.5m，然后再次旋转振动冲击进尺。

⑨护筒的入岩深度要认真控制，最大进入岩石层 20cm，以减少护筒和岩壁的摩擦，也可延长护筒钻头的使用寿命。

（2）清孔要求

①利用压力风为介质由排渣通道排到长螺旋钻杆上，将长螺旋钻杆提升，钻出的渣就可直接排至孔外，完成钻孔的清孔；

②潜孔锤孔底通过气压清孔时间应控制在 2min～3min，随螺旋杆提升排除沉渣，经检测孔深与沉渣厚度满足设计要求后停止；

③当检测沉渣厚度不满足设计要求时，应将潜孔锤再次下入孔内进行第二次请孔，直到满足实际要求。

（3）护筒拔出要求

①护筒应在混凝土灌注完成后拔出；

②护筒刚开始拔出时，先应原地旋转几圈后再边旋转边拔出。

5）质量控制标准

潜孔锤入岩灌注桩质量标准应符合表 15.5.42 的规定。

质量控制标准
表 15.5.42

项	序号	检查项目	允许偏差或允许值		检查方法
			单位	数值	
主控项目	1	桩位	mm	70、150	开挖前量护筒，开挖后量桩中心
	2	孔深	mm	＋300	只深不浅，用重锤测，或测钻杆长度，嵌岩桩应确保进入设计要求的嵌岩深度
	3	桩体质量	按《建筑基桩检测技术规范》		按《建筑基桩检测技术规范》
	4	混凝土强度	设计要求		试件报告或钻心取样送检
	5	承载力	按《建筑基桩检测技术规范》		按《建筑基桩检测技术规范》
一般项目	1	垂直度	％	＜1	经纬仪测护筒
	2	桩径	mm	－20	量护筒外径、井径仪或超声波检测
	3	混凝土塌落度	mm	70～100	塌落度仪
	4	钢筋笼安装深度	mm	±100	用钢尺量
	5	混凝土充盈系数	＞1		检查每根桩的实际灌注量
	6	桩顶标高	mm	＋30，－50	水准仪，需扣除桩顶浮浆层及劣质桩体

6）潜孔锤入岩灌注桩常出现的问题及处理措施

潜孔锤入岩灌注桩常出现的问题及处理措施基本上与全护筒原状取土灌注桩相似。

参 考 文 献

[1] 工业与民用建筑地基基础设计规范(TJ7—74)(试行)，北京：中国建筑工业出版社，1974.

[2]　中华人民共和国国家标准．建筑地基基础设计规范（GBJ 7—89）．北京：中国建筑工业出版社，1989.

[3]　中华人民共和国国家标准．建筑地基基础设计规范（GB 5007—2002）．北京：中国建筑工业出版社，1989.

[4]　中华人民共和国国家标准．建筑地基基础设计规范（GB 5007—2002）．北京：中国建筑工业出版社，2002.

[5]　中华人民共和国国家标准．建筑地基基础设计规范（GB 5007—2011）．北京：中国建筑工业出版社，2011.

[6]　中华人民共和国行业标准．建筑桩基技术规范（JGJ 94—2008）．北京：中国建筑工业出版社，2008.

[7]　上海市城市建设局．上海市地基基础设计规范（试行草案），1961 年定稿，1963 年印.

[8]　上海市革命委员会工交组．上海市地基基础设计规范（试行）．上海：1975.

[9]　上海市标准．地基基础设计规范（DBJ 08—11—89）．上海：1989.

[10]　上海市工程建设规范．地基基础设计规范（DGJ 08—11—1999）．上海：1999.

[11]　上海市工程建设规范．地基基础设计规范（DGJ 08—11—2010，J 11595—2010）上海：1999.

[12]　中华人民共和国行业标准．高层建筑筏形与箱形基础技术规范（JGJ 6—2011）．北京：中国建筑工业出版社，2008.

[13]　本书编委会．建筑地基基础设计规范理解和应用．北京：中国建筑工业出版社，2012.

[14]　佟世祥．亚黏土中群桩的承载能力及变形特性的模型试验．中国土木工程学会"第三届土力学及基础工程学术会议"论文选集 p.374～p.384．北京：中国建筑工业出版社，1981.

[15]　孙更生，郑大同主编．软土地基与地下工程（第一版）．北京：中国建筑工业出版社，1984.

[16]　顾晓鲁，钱鸿缙，刘惠珊，汪时敏主编．地基与基础（第三版）．北京：中国建筑工业出版社，2003.

[17]　史佩栋主编．实用桩基工程手册．北京：中国建筑工业出版社，1999.

[18]　徐攸在，刘兴满主编．桩的动测新技术（第一版）．北京：中国建筑工业出版社，1989.

[19]　周志洁，强蓉芳，毛金荣，张剑峰．软土地基桩群性能研究（二）单桩与承台板的共同作用．上海软土地基科研成果——论文选编．上海市基本建设委员会．1982.

[20]　黄与宏．高等结构力学丛书之一，板结构．北京：人民交通出版社，1992.

[21]　R. 派克 W. L. 根勃尔．钢筋混凝土板．上海：同济大学出版社，1992.

[22]　郑刚等．水泥搅拌桩复合地基承载力研究[J]．岩土力学，1999 年，2(3)，p46-50.

[23]　凌光容等．劲性搅拌桩的试验研究[J]．北京：建筑结构学报，2001 年，22(2)，p92-96.

[24]　龚晓南，周佳锦，王奎华，严天龙．软土地区静钻根植桩竖向承载性能试验研究[J]．地基处理，2015 年 6 月，Vol. 26No. 2，p15～p29.

[25]　朱火根，孙加平．上海地区深基坑开挖坑底土体回弹对工程桩的影响[J]．岩土工程界，2005，8(3)，p43-46.

[26]　黄茂松，任青，王卫东等．深层开挖条件下抗拔桩极限承载力分析[J]．岩土工程学报，2007，29(11)，p1689-1695.

[27]　陈锦剑，吴琼，王建华，夏小和．开挖卸荷条件下单桩承载力特性的模型试验研究[J]．岩土工程学报，2010 年，Vol. 32(s2)，p85-88.

[28]　王卫东，吴江斌，王向军．桩侧注浆抗拔桩的试验研究和工程应用[J]．岩土工程学报，2010，32（增刊 2）：p284～289.

[29]　李永辉，王卫东，黄茂松，郭园成．超长灌注桩桩-土界面剪切试验研究[J]．岩土力学，2015 年 7 月，Vol. 36 No. 7，p1981-1988.

[30] 中华人民共和国国家标准 . 岩土工程勘察规范 GB 50021. 北京：中国建筑工业出版社，2012.

[31] 中华人民共和国国家标准 . 混凝土结构工程施工及验收规范 GB 50204. 北京：中国建筑工业出版社，2012.

[32] 中华人民共和国国家标准 . 建筑工程施工质量验收统一标准 GB 50300. 北京：中国建筑工业出版社，2013.

[33] 中华人民共和国国家标准 . 建筑施工组织设计规范 GB/T 50502. 北京：中国建筑工业出版社，2009.

[34] 中华人民共和国国家标准 . 钢丝绳夹 GB/T 5976—2006. 北京：中国建筑工业出版社，2006.

[35] 中华人民共和国行业标准 . 钢筋焊接及验收规程 JGJ 18. 北京：中国建筑工业出版社，2012.

[36] 中华人民共和国行业标准 . 普通混凝土配合比设计规程 JGJ 55. 北京：中国建筑工业出版社，2011.

[37] 中华人民共和国行业标准 . 钢筋机械连接通用技术规程 JGJ 107. 北京：中国建筑工业出版社，2010.

[38] 中华人民共和国行业标准 . 大直径扩底灌注桩技术规程 JGJ/T 225. 北京：中国建筑工业出版社，2010.

[39] 中华人民共和国行业标准 . 建筑桩基技术规范 JGJ 94—2008. 北京：中国建筑工业出版社，2008.

[40] 中华人民共和国行业标准 . 施工现场临时用电安全技术规范 JGJ 46. 北京：中国建筑工业出版社，2005.

[41] 湖北省地方标准 . 钻孔灌注桩施工技术规程 DB42/T 831—2012.

[42] 沈保汉主编 . 桩基础施工新技术专题讲座 . 2014(3).

[43] 段新胜，顾湘编著 . 桩基工程[J]. 中国地质大学出版社 . 1994.5：168-171.

[44] 刘耀峰，潘献义 . 广东某钢厂强岩溶地区桩基工程施工技术研究[J]. 四川建筑科学研究 . 2010，6.：100-103.

[45] 昌钰，刘耀峰 . 岩溶地区钻孔灌注桩施工质量分析与对策 . 工业建筑 . 2013，6.：670-674.

第 16 章 沉 箱 与 沉 井

随着城市开发建设的不断深入，城市土地资源越来越稀缺，城市地下空间的开发将越来越成为未来城市发展的趋势和主流方向。在城市中心建筑物密集区开挖建设大深度地下空间，往往面临施工场地狭小、周围重要设施众多的情况。同时，地下施工在开挖时往往会引起地下水位的降低，周围地基的移动与下沉，严重时可能会引起周围地基的塌陷，给邻近地区带来严重的影响。另外，市区地铁、地下高速道路及竖井风井系统工程的施工往往受到各方面的限制。相比之下，沉井与沉箱工法在许多情况下能适应以上这些复杂的需求，因而在工程中具有不可替代的竞争力及广泛的应用前景。

16.1 概　　述

沉井是修筑地下结构和深基础的一种结构形式。首先在地表制作一个井筒状的结构物，然后在井壁的围护下通过从井内不断挖土，使沉井在自重及上部荷载作用下逐渐下沉，达到设计标高后，再进行封底。

沉箱基础又称为气压沉箱基础，它是以气压沉箱来修筑建（构）筑物的一种基础形式。建造地下建（构）筑物时，在沉箱下部预先构筑底板，在沉箱下部形成一个气密性高的钢筋混凝土结构工作室，向工作室内注入压力与刃口处地下水压力相等的压缩空气，使其在无水的环境下进行取土排土，箱体在本身自重以及上部荷载的作用下下沉到指定深度，然后进行封底施工。

沉井与沉箱整体刚度大，抗震性好，对地层的适应性强。沉井与沉箱结构本身可兼作围护结构，且施工阶段不需要对地基作特殊处理，既安全又经济。沉井与沉箱施工时对周围环境的影响较小，尤其是气压沉箱工法，更适用于对土体变形敏感的地区。

沉井与沉箱在工程中的应用已有百余年的历史，早在 1841 年法国工程师特利其尔（Triger）就提出用气压沉箱方法施工桥墩，1849 年首次应用成功，1900 年俄国工程师提出用钢筋混凝土的沉箱。20 世纪 30 年代，莫斯科及西欧的地下隧道、美国的桥梁基础均相应采用了沉井或沉箱结构。自 20 世纪 50 年代起，我国已将该技术应用于许多项工程中，其体积从直径仅 2m 的集水井到巨大的泰州长江大桥中塔沉井（58.4m×44.4m×76m），为使沉井下沉记录能够不断被刷新，各种新型施工技术被开发研制并应用于实际工程中，从最早 1946～1963 年间利用喷射压缩空气和触变泥浆下沉 130m，到江阴长江大桥北锚沉井喷射高压空气减阻法下沉，以及振动法下沉技术，上述技术措施的不断革新都带来了良好的效果。

气压沉箱诞生的初期包括我国过去的沉箱施工也主要是以人工为主，沉箱下部工作空间小，气压高，温度高，噪声大，工作条件差，危险性大，效率低下。如减压顺序控制不当，容易患较严重的职业病（称为沉箱病）。自进入 20 世纪 60 年代以来，不断对该工法

966

进行革新和改良，使其进入了无人化、自动化施工时代，同时在沉箱病的防治上有了新的改进，使得气压沉箱这一古老的施工技术得到了新生。2007 年，上海市基础工程集团有限公司对我国传统的气压沉箱技术进行集成创新，采用国内自主研发的气压沉箱无人化遥控施工系统，通过在沉箱工作室内安装可遥控操作的自动挖机，地面操作人员通过监视系统遥控操作取土，并通过出土系统将土排出箱外。整个施工过程可实现无人化施工，并将该成套技术成功应用于国内首例远程遥控气压沉箱工程——上海市轨道交通 7 号线浦江南浦站至浦江耀华站区间中间风井施工，取得了显著的经济效益与社会效益。

随着城市地下空间的不断开发，需要在越来越多的密集的建筑群中施工，对在施工中如何确保邻近地下管线和建筑物的安全提出了越来越高的要求。下沉施工工艺的不断开发和创新，即使在复杂环境下进行施工作业，周围地表变形也仅趋于微量，故此，沉井（箱）必将以它的优势在日后的桥梁工程、隧道工程、市政工程、给水排水工程中得到充分的运用。

16.2 沉井与沉箱的分类

沉井（箱）的类型很多，以制作材料分类，有混凝土、钢筋混凝土、钢、砖、石等多种类型，应用最多的则为钢筋混凝土沉井（箱）。沉井（箱）一般可按平面形状和竖向剖面形状分类。

16.2.1 沉井（箱）按平面形状分类

沉井（箱）的平面形状有圆形、方形、矩形、椭圆形、端圆形、多边形及多孔井字形等，如图 16.2.1 所示。

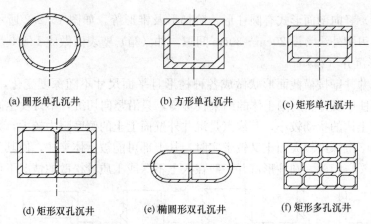

(a) 圆形单孔沉井　　(b) 方形单孔沉井　　(c) 矩形单孔沉井

(d) 矩形双孔沉井　　(e) 椭圆形双孔沉井　　(f) 矩形多孔沉井

图 16.2.1 沉井（箱）平面图

1. 圆形沉井（箱）

圆形沉井（箱）可分为单孔圆形、双壁圆形和多孔圆形沉井（箱）。圆形沉井（箱）制造简单，易于控制下沉位置，受力（土压、水压）性能较好。从理论计算上说，圆形井墙仅发生压应力，在实际工程中，还需要考虑沉井（箱）发生倾斜所引起土压力的不均匀性。如果面积相同时，圆形沉井（箱）周边长度小于矩形沉井（箱）的周边长度，因而井壁与侧面摩阻力也将小些，同时，由于土拱的作用，圆形沉井（箱）对四周土体的扰动也较矩形沉井（箱）小。

但是，为了满足使用和工艺要求，圆形沉井（箱）的建筑面积不能充分利用，在应用上受到了一定的限制。

2. 方形、矩形沉井（箱）

方形及矩形沉井（箱）在制作与使用上比圆形沉井（箱）方便。但方形及矩形沉井（箱）受水平压力作用时，其断面内会产生较大弯矩。从生产工艺和使用要求来看，一般方形、矩形沉井（箱）的建筑面积较圆形沉井（箱）更能得到合理的利用。但方形、矩形沉井（箱）井壁的受力情况远较圆形沉井（箱）不利。同时，由于沉井（箱）四周土方的坍塌情况不同，土压力与摩擦力也就不均匀，当其长与宽的比值越大，情况就越严重，因此，容易造成沉井（箱）倾斜，而纠正方形、矩形沉井（箱）的倾斜也较圆形沉井（箱）困难。

3. 两孔、多孔沉井（箱）

两孔、多孔井字形沉井（箱），由于孔间有隔墙或横梁，可以改善井壁、底板、顶板的受力状况，提高沉井（箱）的整体刚度，在施工中易于均匀下沉。如发现沉井（箱）偏斜，可以通过在适当的孔内挖土校正。多孔沉井（箱）承载力高，尤其适用于平面尺寸大的重型建筑物基础。

4. 椭圆形、端圆形沉井（箱）

因椭圆形、端圆形沉井（箱）对水流的阻力较小，多用于桥梁墩台深基础、江心泵站与取水泵站等构筑物。

16.2.2 沉井（箱）按竖向剖面形状分类

沉井（箱）竖向剖面形式有圆柱形、阶梯形及锥形等，如图 16.2.2 所示。为了减少下沉摩阻力，刃脚外缘常设 20cm～30cm 间隙，井（箱）壁表面做成 1/100 坡度。

1. 圆柱形沉井（箱）

圆柱形沉井井壁按横截面形状做成各种柱形且平面尺寸不随深度变化，如图 16.2.2 (a) 所示。圆柱形沉井受周围土体的约束较均衡，只沿竖向切沉，不易发生倾斜，且下沉过程中对周围土体的扰动较小，其缺点是沉井外壁面上土的侧摩阻力较大，尤其当沉井平面尺寸较小、下沉深度较大而土又较密实时，其上部可能被土体夹住，使其下部悬空，容易造成井壁拉裂，因此，圆柱形沉井一般在入土不深或土质较松散的情况下使用。

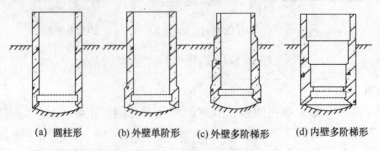

(a) 圆柱形　(b) 外壁单阶形　(c) 外壁多阶梯形　(d) 内壁多阶梯形

图 16.2.2　沉井（箱）剖面图

2. 阶梯形沉井（箱）

阶梯形沉井井壁平面尺寸随深度呈台阶形加大，如图 16.2.2（b）、（c）、（d）所示。由于沉井下部受到的土压力及水压力较上部大，故阶梯形结构可使沉井下部刚度相应提高。阶梯可设在井壁内侧或外侧。当土比较密实时，设外侧阶梯可减少沉井侧面土的摩阻力以便顺利下沉。刃脚处的台阶高度 h_1 一般为 1m～3m，阶梯宽度 Δ 一般为 1cm～2cm。有时考虑到井壁受力要求并避免沉井下沉使四周土体破坏的范围过大而影响邻近的建筑物，可将阶梯设在沉井内侧，而外侧保持直立。

1）外壁阶梯形沉井（箱）

阶梯形沉井分为单阶梯和多阶梯两类。

外壁单阶梯沉井的优点是可以减少井壁与土体之间的摩阻力，并可向台阶以上形成的空间内压送触变泥浆，其缺点是，如果不压送触变泥浆，则在沉井下沉时，对四周土体的扰动要比圆柱形沉井大。外壁多阶梯沉井与外壁单阶梯沉井的作用基本相似，因为越接近地面，作用在井壁上的水、土压力越小。为了节约建筑材料，将井壁逐段减薄，故形成多阶梯形。

2）内壁阶梯形沉井（箱）

在沉井附近有永久性建筑物时，为了减少沉井四周土体的扰动和坍塌，或因沉井自重大，而土质又软弱的情况下，为了保证井壁与土之间的摩阻力，避免沉井下沉速度过快，可采用内壁阶梯形沉井，同时，阶梯设于井壁内侧，达到了节约建筑材料的目的。

3. 锥形沉井（箱）

锥形沉井的外壁面带有斜坡，坡度比一般为 1/20～1/50，锥形沉井也可以减少沉井下沉时土的侧摩阻力，但这种沉井在下沉时不稳定，而且有制作较困难等缺点，故较少采用。

另外，沉井按其排列方式，又可分为单个沉井与连续沉井。连续沉井是若干个沉井的并排组成，通常用在构筑物呈带状，施工场地较窄的地段。上海黄浦江下的打浦路越江隧道、延安东路越江隧道等多条隧道的引道段均采用多节连续沉井施工而成，同时，在隧道两端的盾构工作井也采用大型沉井施工而成。

16.3　沉井与沉箱的设计

16.3.1　沉井（箱）设计条件

为了保证沉箱设计的合理性和效率，必须在设计前收集好设计需要的各种资料，包括对建设区域地基特性，设计过程中所涉及的荷载以及具体施工期间可利用的空间情况。这些资料若收集不充分，会给工期和工程成本带来很大影响。所需具体资料如表 16.3.1 所示。

16.3.2　沉井（箱）设计原则与内容

沉井（箱）在施工过程中作为围护结构，当施工完成后，又常成为深埋基础或地下构筑物的重要组成部分。沉井在施工阶段和使用阶段所承受的外力及作用情况是不同的，因此需要分别对沉井各阶段进行设计计算。

沉井（箱）的设计条件和提供资料 　　　　　表 16.3.1

设计条件	条件项目	细分项目	资料来源
地基特性	土层信息	地基层数，层厚，持力层位置，N 值，周围摩擦力系数，承载力	标准贯入试验，土质柱状图
	强度特性	密度，黏着力，摩擦角 单轴压缩强度	室内土质试验
	变形特性	变形系数，地基反力系数	现场原位试验（载荷试验）
	孔隙压力	工作气压，水位	孔隙水压试验
荷载	作用荷载	结构重量，土压力摩阻力，地基反力	结构形状，地质报告
	设计等级	混凝土等级，钢筋选型等	—
	周边堆载	超载，基础上方填土重量	周边地形，地面高程
施工期间	用地面积	沉箱外包平面尺寸	能够施工的场地
	作业空间	浇筑分段长度，下沉计划	上空限制条件
	所处环境	周边环境，重点保护区域	—
	助沉措施	降低摩阻力的方法	助沉工法

沉井施工阶段的设计计算，与采用的施工方案相关，例如：相同的沉井，当采用排水取土下沉时，井壁所受水土压力比采用不排水取土下沉时要大；当采用触变泥浆辅助下沉时，沉井与土壁之间摩擦力将大大减少。

沉箱施工阶段的设计计算，应考虑沉箱施工阶段底板已先浇筑，在计算模型的选择时考虑底板的作用，考虑空间效应，作整体分析。

沉井（箱）使用阶段计算是对已做好了内部隔墙以及上部结构，已投入使用的沉井（箱）进行验算。此时结构的传力体系及受力情况都不同于施工阶段，须对沉井（箱）再进行设计计算。

1. 沉井（箱）设计的原则

（1）在施工阶段，应结合采用的施工方法，进行结构强度计算和下沉验算，保证下沉的合理性和可靠性。

（2）在使用阶段应进行结构强度计算和裂缝验算。

（3）在施工阶段和使用阶段应进行结构抗浮验算。

（4）荷载取值及构件截面计算应符合国家标准《混凝土结构设计规范》GB 50010 等相关规定。

（5）各构件的截面设计，应按各阶段最不利荷载组合情况下的内力进行配筋设计。

2. 沉井（箱）结构设计计算的内容

（1）沉井尺寸估算：根据使用、工艺要求，拟建场地情况，沉井（箱）内的隔墙、撑梁、框架、孔洞等设施布置情况，并参考类似已建工程，确定沉井（箱）平面和立面尺寸，并确定井壁、刃脚等各构件的截面尺寸。

（2）下沉系数计算：根据土层性质、施工方法和下沉深度等因素，合理确定下沉系数。

（3）抗浮系数计算：沉井抗浮主要包括沉井封底和使用两个阶段，为控制封底及底板的厚度，应进行沉井的抗浮系数验算，保证在封底和使用阶段具有足够的安全性。

（4）荷载计算：沉井所承受的荷载主要为井壁外的水土压力，在设计时应计算外荷载，并绘出水、土压力计算简图，为沉井结构的设计分析提出依据。

（5）施工阶段强度计算：

①沉井平面框架内力计算及截面设计；

②刃脚内力计算及截面设计；

③井壁竖向内力计算及截面设计；

④沉井（箱）底梁竖向挠曲和竖向框架内力计算及截面设计；

⑤下沉阶段沉箱的受力，在气压和水土压力叠加的作用下，可按空间结构计算；

⑥根据沉井施工阶段可能产生的最大浮力，计算沉井封底混凝土的厚度和钢筋混凝土底板的厚度及内力，并进行截面配筋设计。

（6）使用阶段强度计算：

①沉井（箱）结构在使用阶段各构件的强度验算；

②地基强度及变形验算；

③沉井（箱）抗浮、抗滑移及抗倾覆稳定性验算等。

16.3.3　沉井（箱）结构上的荷载

沉井（箱）结构上的作用可以分为永久荷载和可变荷载作用两类。永久荷载主要包括结构与设备的自重、侧向土压力，可变荷载包括平台活荷载、侧向水压力等。

结构自重的标准值，可按结构构件的设计尺寸与相应材料的重度计算确定，钢筋混凝土重度可取 $25kN/m^3$，素混凝土重度可取 $23kN/m^3$。沉井（箱）壁所受的侧向土压力，可按主动土压力计算。侧向水压力可按静水压力计算，沉井井内排水施工时外壁水压力可乘折减系数 0.7。

1. 水压力

水压力计算公式如下：

$$p_w = \alpha \gamma_w h_w \tag{16.3.1}$$

式中　p_w——作用于沉井（箱）壁水平方向的单位面积水压力（kN/m^2）；

γ_w——水的重度，一般取 $10kN/m^3$；

h_w——最高地下水位至计算点的深度（m）；

α——折减系数，砂性土（透水性强）取 1.0；对于黏性土一般在施工阶段取 0.7，使用阶段取 1.0。

2. 侧向土压力

作用于沉井（箱）壁上的侧向主动土压力，一般按朗肯主动土压力公式计算。

$$p_E = (q + \gamma_E h_E) \tan^2 \left(45° - \frac{\varphi}{2}\right) - 2c \tan \left(45° - \frac{\varphi}{2}\right) \tag{16.3.2}$$

式中　p_E——作用于沉井（箱）壁水平方向的单位面积土压力（kN/m^2）；

γ_E——土的重度，地下水位以下的土取浮重度（kN/m^3）；

h_E——天然地面至计算点的深度（m）；

φ——土的内摩擦角（°）；

c——土的黏聚力（kPa）；

q——地面均布荷载（kPa）。

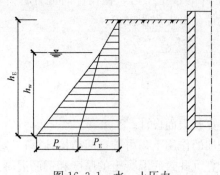

图 16.3.1 水、土压力

沉井（箱）壁受到的侧向压力包括水压力和侧向土压力，水、土压力如图 16.3.1 所示。

当进行沉井结构的平面计算时，可沿沉井（箱）竖向截取单位高度井壁，按水平框架进行计算；当进行沉井（箱）竖向计算时，则应按三角形荷载进行计算。同时需要注意，由于存在不均匀侧向土压力作用，甚至局部产生被动土压力，其计算值远比主动土压力大，在进行沉井结构截面配筋设计时应予以适当考虑。

3. 重液地压公式

前述水、土压力的计算公式似乎很严密，其实由于引入了不切实际的假设以及原始数据不易由原状土获得，计算结果也只是近似的，因此，有人认为水、土压力的计算可以采取更简单的公式表达，可以近似地把含水层作为水、土混合物液体，假定其满足液体压力定律。即：

$$p_{w+E} = \gamma h \qquad (16.3.3)$$

式中 p_{w+E}——作用于沉井（箱）壁水平方向的单位面积水、土压力（kN/m²）；

γ——水、土混合物重度，一般取 $\gamma = 13$kN/m³；

h——计算点至地面的深度（m）。

重液地压公式参数少，我国自 20 世纪 60 年代起已在矿山深井设计中广泛采用，并称为水土合算。由重液地压公式得出的水、土压力随深度呈三角形分布，如图 16.3.2 所示。

4. 荷载作用分项系数

沉井（箱）进行结构强度计算时，荷载作用分项系数应按表 16.3.2 选用。

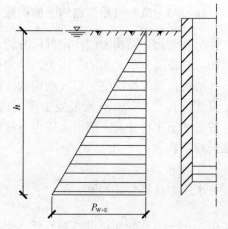

图 16.3.2 重液地压

荷载作用分项系数 表 16.3.2

永久荷载		可变荷载	
结构和设备自重	侧向土压力	地下水侧压力	平台活荷载、气压力
1.2	1.27	1.27	1.4

16.3.4 沉井（箱）下沉计算

为了选择合适的井壁厚度和沉井（箱）各构件的截面尺寸，使沉井（箱）有足够的自重克服摩擦力，顺利下沉至设计标高，应进行下沉系数计算及下沉稳定性计算。

1. 沉井（箱）侧壁摩阻力计算

沉井（箱）侧壁单位面积摩阻力标准值（f_k）应根据工程地质条件，通过实验或对比积累的经验资料确定。当无试验或无可靠资料时，可按表 16.3.3 的规定选用。

井壁和土层单位摩阻力标准值 f_k 　　　　　表 16.3.3

序号	土层类型	f_k (kPa)	序号	土层类型	f_k (kPa)
1	流塑状态黏性土	10～15	5	砂性土	12～25
2	可塑、软塑状态黏性土	10～25	6	砂砾石	15～20
3	硬塑状态黏性土	25～50	7	卵石	18～30
4	泥浆套	3～5	8	空气幕	2～5

注：当井壁外侧为阶梯形并采用灌砂助沉时，灌砂段的单位面积摩阻力可取 $(0.5～0.7) f_k$。

在沉井设计计算中，摩阻力还可以根据各地区的有关规定选用，例如，上海地区的《地基基础设计规范》DGJ 08—11 的规定，对于下沉至暗绿色黏性土层以上的沉井，井（箱）壁单位面积摩阻力标准值可按表 16.3.4 的规定。

上海地区井壁与土层单位摩阻力标准值 f_k 　　　　　表 16.3.4

序号	土层类型	f_k (kPa)	序号	土层类型	f_k (kPa)
1	流塑状态黏性土	10～15	3	粉砂和粉性土	15～25
2	软塑及可塑状态的黏性土	12～25	4	泥浆套	3～5

2. 井壁摩阻力分布图形

沉井（箱）侧壁摩阻力沿井（箱）壁深度方向的分布，根据施工经验和习惯用法，按如下假定计算：在 0～5m 深度范围内，单位面积摩阻力自零值线性增加，在深度 5m 以下，单位面积摩阻力为常数。对于无台阶的沉井（箱），应按图 16.3.3 (a) 进行计算，对于外壁有台阶的沉井（箱），台阶以上的土与土的接触并不十分紧密，摩阻力有所折减，应按图 16.3.3 (b) 所示。

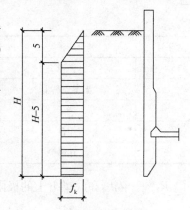

(a) 井壁外侧为直壁式

3. 井壁总摩阻力计算

井壁总摩阻力 T_f 可以按下式计算：

$$T_f = U f_A \qquad (16.3.4)$$

式中　T_f——侧壁与土层的总摩阻力标准值（kN）；

　　　U——侧壁外围周长（m）；

　　　f_A——单位周长摩阻力（kN/m），$f_A = fH$，按图 16.3.3 所示。

　　　H——入土深度（m）；

　　　f——多层土的单位摩阻力标准值的加权平均值（kPa），可按下式计算：

$$f = \frac{\sum\limits_{i=1}^{n} f_i h_i}{\sum\limits_{i=1}^{n} h_i} \qquad (16.3.5)$$

4. 沉井（箱）下沉系数分析

为了保证沉井（箱）平稳顺利下沉至设计标高，应

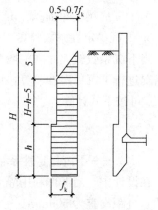

(b) 井壁外侧为阶梯形式

图 16.3.3　井壁摩阻力分布

合理的选择下沉系数，沉井下沉系数 K_c 应按下式计算：

$$K_c = \frac{G_k - F_k}{T_f + R_1 + R_2} \qquad (16.3.6)$$

式中　K_c——下沉系数，取 $1.05 \sim 1.25$，位于淤泥质土层可取大值，位于其他土层中可取小值；

　　　G_k——沉井（箱）自重标准值（包括必要时外加助沉重量的标准值）（kN）；

　　　F_k——下沉过程中水的浮力标准值（kN），采取排水下沉时取 0。对于沉箱取水的浮力标准值及箱内气压向上对顶板的托力标准值之和；

　　　T_f——侧壁与土层的总摩阻力标准值（kN）；

　　　R_1——刃脚踏面及斜面下土的极限承载力（kN），可按下式计算：

$$R_1 = U\left(b + \frac{n}{2}\right)R_d \qquad (16.3.7)$$

　　　b——刃脚踏面宽度（m）；

　　　n——刃脚斜面的水平投影宽度（m）；

　　　R_d——刃脚所在土层地基土承载力极限标准值（kPa），当无地质资料时，可按表 16.3.5 选取；

地基土承载力极限标准值　　　　　　　　　　　表 16.3.5

序号	土的种类	R_d (kPa)	序号	土的种类	R_d (kPa)
1	淤泥	$100 \sim 200$	6	软塑、可塑状态粉质黏土	$200 \sim 300$
2	淤泥质黏土	$200 \sim 300$	7	坚硬、硬塑状态粉质黏土	$300 \sim 400$
3	细砂	$200 \sim 400$	8	软塑、可塑状态黏性土	$200 \sim 400$
4	中砂	$300 \sim 500$	9	坚硬、硬塑状态黏性土	$300 \sim 500$
5	粗砂	$400 \sim 600$			

　　　R_2——隔墙和底梁下土的极限承载力（kN），可按下式计算：

$$R_2 = A_1 R_d + A_2 R_d \qquad (16.3.8)$$

　　　A_1——隔墙支撑面积（m^2）；

　　　A_2——底梁支撑面积（m^2）。

5. 下沉稳定性系数验算

当下沉系数较大时（一般大于 1.5 时），或在下沉过程中遇到软弱土层时，应根据实际情况进行下沉稳定性验算，以防止突沉或下沉标高不能控制。沉井（箱）下沉稳定性系数 K'_c 可按下式计算：

$$K'_c = \frac{G_k - F_k}{T_f + R_1 + R_2} \qquad (16.3.9)$$

式中　K'_c——下沉稳定性系数，可取 $0.8 \sim 0.9$。

在设计中，当考虑利用隔墙或横梁作为防止突沉的措施时，隔墙或横梁底面与井壁刃脚的垂直距离宜为 500mm。

6. 接高稳定性验算

当沉井（箱）多次制作下沉时，接高稳定性系数应按下式进行计算：

$$K_d = \frac{G_k}{T_f + R_1 + R_2 + F_k}$$ (16.3.10)

式中　K_d——接高稳定性系数，取 $K_d \leqslant 1.0$；

若接高时刃脚处进行填砂处理，则 R_1 应按下式计算：

$$R_1 = U\left(b + \frac{n}{2}\right)R'_d$$ (16.3.11)

式中　R'_d——深度修正后的地基土承载力极限值（kPa），可按下式进行修正：

$$R'_d = R_d + \eta\gamma(d - 0.5)$$ (16.3.12)

式中　η——地基土承载力深度修正系数，根据刃脚下土体类型按表 16.3.6 取值；
　　　γ——刃脚填砂的天然重度（kN/m³）；
　　　d——刃脚填砂高度（m）。

地基承载力深度修正系数　　　　表 16.3.6

序号	地基土类型		η
1	淤泥和淤泥质土		1.0
2	e 或 I_L 大于等于 0.85 的黏性土		1.0
3	粉土	黏粒含量≥10%	1.5
4		黏粒含量<10%	2.0
5	e 及 I_L 均小于 0.85 的黏性土		1.6
6	粉土、细砂（不包括很湿与饱和时的稍密状态）		3.0
7	中砂、粗砂、砾砂和碎石土		4.4

注：e——地基土的孔隙比；I_L——地基土的液性指数。

7. 沉井（箱）抗浮稳定验算

沉井（箱）抗浮稳定应按各个时期实际可能出现的最高地下水位进行验算。一般的沉井（箱）依靠自重获得抗浮稳定。抗浮稳定系数应按下式进行计算：

$$K_f = \frac{G_k}{F'_k}$$ (16.3.13)

式中　K_f——沉井（箱）抗浮系数，当不计井壁摩阻力时，取 $K_f = 1.0$；当计入摩阻力时，取 $K_f = 1.5$；
　　　G_k——沉井（箱）自重标准值（包括必要时外加助沉重量的标准值）（kN）；
　　　F'_k——基底的水压、气压托力标准值（kN）。

当封底混凝土与底板间有拉结钢筋等可靠连接时，封底混凝土的自重可作为沉井（箱）抗浮重量的一部分。

16.3.5　矩形沉井（箱）井壁计算

1. 矩形沉井（箱）井壁水平内力计算

1）荷载

作用在井壁外的水压力和土压力沿井壁四周认为是均匀分布的。当沉井下沉至设计标高时，作用于井壁的水平荷载最大。

2）计算模型分析

矩形沉井（箱）水平内力计算时，通常沿井（箱）壁竖向切取单位高度的井壁进行结构内力分析。如果井壁竖向截面沿高度呈阶梯形变化，则应按阶梯形变化情况截取不同的水平框架进行内力计算。在满足使用要求的前提下，为了增加井（壁）刚度与便于施工，需在井（箱）壁内设置撑梁或纵、横隔墙，形成水平框架。

矩形沉井（箱）在水、土压力作用下，可按下述三种情况计算：

（1）当 h（框架间距）大于水平剖面的最长边 L_1 的 1.5 倍时，可以不考虑横梁的影响，沿沉井（箱）竖向截取 1m 高的一段，按水平闭合框架计算。

（2）当水平剖面的最短边 L_2 大于 1.5h 时，可沿水平方向取 1m 宽的截条，按连续梁计算，连续梁的支座反力由横梁与圈梁所构成的水平框架承担。

（3）当上述两种条件都不满足，井壁内力计算可按多块板（双向板或者单向板）计算。

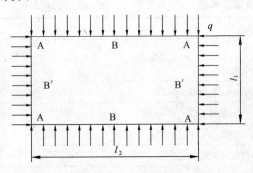

图 16.3.4 矩形单孔沉井水平框架计算简图

需要说明的是，刃脚根部以上一段井壁高度，可视为刃脚悬臂梁作用时的固定端，其本身承受水平荷载，尚需承担刃脚向内、向外挠曲时传来的水平剪力。

3）计算方法

矩形沉井（箱）水平内力计算主要有两种方法，即公式法和弯矩分配法。对于较为复杂的结构，可采用专业软件进行计算。

（1）公式法

矩形单孔封闭框架如图 16.3.4 所示。

矩形单孔封闭框架为矩形结构最简单的一种。

转角处的弯矩：

$$M_A = -\frac{ql_2^2}{12}\frac{K^3+1}{K+1} \tag{16.3.14}$$

长边跨中弯矩：

$$M_B = -\frac{ql_2^2}{24}\frac{3K+1-2K^3}{K+1} \tag{16.3.15}$$

短边跨中弯矩：

$$M_{B'} = -\frac{ql_2^2}{24}\frac{K^3+3K^2-2}{K+1} \tag{16.3.16}$$

作用于长边的轴向力：

$$N_{A-B} = 0.5ql_1 \tag{16.3.17}$$

作用于短边的轴线力：

$$N_{A-B'} = 0.5ql_2 \tag{16.3.18}$$

式中：
$$K = l_1/l_2 \tag{16.3.19}$$

矩形双孔沉井水平框架如图 16.3.5 所示。

转角处的弯矩：

$$M_A = -\frac{ql_2^2}{12}\frac{16K^3+1}{4K+1} \tag{16.3.20}$$

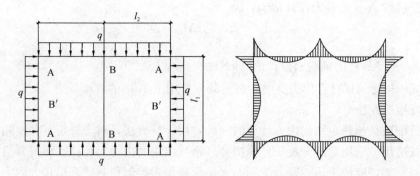

图 16.3.5 矩形双孔沉井水平框架计算简图

长边跨中弯矩：

$$M_B = -\frac{ql_2^2}{12} \cdot \frac{6K+1-8K^3}{4K+1}$$ (16.3.21)

短边跨中弯矩：

$$M_{B'} = -\frac{ql_2^2}{12} \cdot \frac{1-6K^2+8K^3}{4K+1}$$ (16.3.22)

作用于长边的轴向力：

$$N_{A-B} = ql_1$$ (16.3.23)

作用于短边的轴线力：

$$N_{A-B'} = -\frac{ql_2}{2} \cdot \frac{1+3K+4K^3}{1+4K}$$ (16.3.24)

作用于杆件 B-B 的轴力设计值为：

$$N_{B-B} = -\frac{ql_2}{2} \cdot \frac{1+5K-4K^3}{1+4K}$$ (16.3.25)

式中

$$K = l_1/l_2$$ (16.3.26)

矩形三孔以上沉井（箱）水平框架的内力计算公式见表 16.3.7。

内 力 计 算 公 式 表 16.3.7

孔数	M_A	M_B	M_B'
四孔	$-\dfrac{ql_1^2}{12} \cdot \dfrac{K^3+1}{K+1}$	$-\dfrac{ql_1^2}{12} \cdot \dfrac{3K+2-K^3}{2(K+1)}$	$-\dfrac{ql_1^2}{12} \cdot \dfrac{3K+2-K^3}{2(K+1)}$
三孔	$-\dfrac{ql_1^2}{12} \cdot \dfrac{5K^3+3}{5K+3}$	$-\dfrac{ql_1^2}{12} \cdot \dfrac{6K+3-K^3}{5K+3}$	
六孔	$-\dfrac{ql_1^2}{12} \cdot \dfrac{5K^3+6}{5K+6}$	$-\dfrac{ql_1^2}{12} \cdot \dfrac{6K+6-K^3}{5K+6}$	$-\dfrac{ql_1^2}{12} \cdot \dfrac{5K^3+9K^2-3}{5K+6}$
九孔	$-\dfrac{ql_1^2}{12} \cdot \dfrac{K^3+1}{K+1}$	$-\dfrac{ql_1^2}{12} \cdot \dfrac{6K+5-K^3}{5K+5}$	$-\dfrac{ql_1^2}{12} \cdot \dfrac{5K^3+6K^2-1}{5K+5}$

注：$K = l_1/l_2$

作用于杆件 A-B 的轴力设计值为：

$$N_{\text{A-B}} = V_{\text{A-B}'}^{\text{A}} + \frac{M_{\text{A}} - M_{\text{B}}}{l_2} \qquad (16.3.27)$$

式中　$N_{\text{A-B}}$——AB 杆的轴线力设计值（kN）；

　　　$V_{\text{A-B}'}^{\text{A}}$——将 AB′杆看作简支梁，在荷载 q 作用下 A 端的支座反力（kN）。

（2）弯矩分配法

弯矩分配法是超静定结构内力计算的一种常用计算方法，对于分析沉井（箱）结构的内力也比较适用。应用弯矩分配法计算沉井（箱）结构的内力时，往往将沉井沿高度分成若干段水平框架，取位于每一段最下端的水平荷载作为控制荷载。求出最大内力，配筋之后，按计算出来的水平钢筋为准在全段高度上同样进行布置。

如果井壁截面是变化的，则应将井壁分段设计计算。关于弯矩分配法的具体计算方法，可参考有关书籍，在此不再详述。

2. 竖向弯矩计算

1）荷载

当沉井内有横隔墙或横梁时，除井壁自身的重力外，横隔墙或横梁的重力均作为集中力作用在井壁相应的位置上。

2）设置衬垫木时计算模型

在沉井（箱）开始下沉前，抽除支承垫木过程中将使沉井落置于几个定位垫木上。根据下沉前的支承情况，对井壁竖向弯矩进行强度验算。沉井（箱）制作过程中使用承垫木支撑时，不利支承点规定如下：

（1）当沉井（箱）采取排水下沉时，按施工可能产生的支承情况验算。

当沉井（箱）的长宽比不小于 1.5 时，按四点支承计算，设在长边上的两支点间距可按 $l_0 = 0.7l$ 计算。计算时可把沉井（箱）井壁当做一根梁进行内力计算，这种受力情况可按下式计算：

$$M_{\text{A}} = M_{\text{B}} = -0.0113ql^2 - 0.15P_1l \qquad (16.3.28)$$

$$M_{\text{中}} = 0.5ql^2 - 0.15P_1l \qquad (16.3.29)$$

式中　q——沉井（箱）纵墙单位长度井壁自重设计值（kN/m）；

　　　l——沉井（箱）井壁纵向长度（m）；

　　　P_1——沉井（箱）井壁端墙自重的一半（kN）。

对于长宽比小于 1.5 的矩形沉井（箱），宜在两个方向均按上述原则布置定位支点。

（2）当沉井（箱）采取不排水下沉时，按以下两种情况计算：

支承于短边上，将井壁长边作为简支梁，计算其弯矩与剪力；

支承于长边的中心，将井壁作为悬臂梁，计算其弯矩与剪力。

（3）沉井（箱）施工过程中遇到障碍物时计算模型

沉井（箱）在障碍物较多的块石类土层下沉时，可能遇到障碍物，可能会出现以下两种受力状态：

沉井支承于四个角点，这种情况下井壁竖向弯矩为：

$$M_{\text{A}} = M_{\text{B}} = 0 \qquad (16.3.30)$$

$$M_{中} = M_{B} = 0.125ql^2 \tag{16.3.31}$$

沉井处于中间一点支承受力状态，这种情况下井壁竖向弯矩为：

$$M_{A} = M_{B} = 0 \tag{16.3.32}$$

$$M_{中} = -0.125ql^2 - 0.5P_1l \tag{16.3.33}$$

16.3.6　圆形沉井（箱）井壁设计

1. 圆形沉井（箱）井壁水平内力计算

圆形沉井（箱）在井筒稳定的条件下承受径向均布荷载，计算得出的弯矩一般不大，只需进行构造配筋。但是由于沉井（箱）周围土质条件和施工扰动的影响，常会发生偏斜，从而使井壁受到不均匀水、土压力作用，导致井壁的弯矩相当大。

目前圆形沉井（箱）内力计算最常用的方法，是将井体视作受对称不均匀压力作用的封闭圆环，取 1/4 圆环进行计算。假定 90°的井圈上两点的土壤内摩擦角不同，取井壁 A 处的侧压力为 p_A，B 点的侧压力为 p_B，p_B 为较大的侧压力，假定 90°井圈上任意一点的侧压力按下式计算：

$$p_{\theta} = p_A[1 + (m-1)\sin\theta] \tag{16.3.34}$$

内力计算公式如下：

$$N_A = p_A r_c[1 + 0.7854(m-1)] \tag{16.3.35}$$

$$N_B = p_A r_c[1 + 0.5(m-1)] \tag{16.3.36}$$

$$M_A = -0.1488 p_A r_c^2(m-1) \tag{16.3.37}$$

$$M_B = -0.1366 p_A r_c^2(m-1) \tag{16.3.38}$$

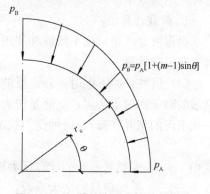

图 16.3.6　井壁水平内力计算模型

式中　N_A——较小侧压力的 A 截面上的轴力（kN/m）；

$\quad\quad N_B$——较大侧压力的 B 截面上的轴力（kN/m）；

$\quad\quad M_A$——较小侧压力的 A 截面上的弯矩（kN·m/m）；

$\quad\quad M_B$——较大侧压力的 B 截面上的弯矩（kN·m/m）；

$\quad\quad r_c$——沉井（箱）侧压力的中心半径（m）；

$\quad\quad m$——土压力不均匀系数，$m = p_A/p_B$。

由同一截面上弯矩、轴力最不利组合计算沉井（箱）环向配筋。对于井壁较厚的沉井（箱），配筋率较小，但不得小于最小配筋率。

对于深度在 6m 以内的沉井（箱），通常只对井壁下部、刃脚上面 1.5 倍壁厚圆环进行内力计算；对于深度大于 6m 的沉井（箱），应将截面沿高度分成多段处理。

2. 竖向内力计算

圆形沉井（箱）应根据实际支承情况，进行井壁竖向内力计算。圆形沉井（箱）一般采用 4 个定位支承点。计算时认为沿井壁圆周外围均匀分布。

如果沉井直径较大，也可适当增加定位支承点的数量，一般以偶数为宜。可将圆形沉井（箱）井壁作为连续水平圆环梁处理。不同支承情况下，圆环梁在垂直均布荷载作用下的剪力、弯矩和扭矩如表 16.3.8 所示。

圆形沉井（箱）剪力、弯矩和扭矩　　　　　　　表 16.3.8

支承点个数	最大剪力 (kN)	弯矩（kN·m）		最大扭矩 (kN·m)
		在两支座间的跨中	支座上	
4	$\pi q r/4$	$0.03524\pi q r^2$	$-0.06430\pi q r^2$	$0.01060\pi q r^2$
6	$\pi q r/6$	$0.01500\pi q r^2$	$-0.02964\pi q r^2$	$0.00302\pi q r^2$
8	$\pi q r/8$	$0.00832\pi q r^2$	$-0.01654\pi q r^2$	$0.00126\pi q r^2$
10	$\pi q r/12$	$0.00380\pi q r^2$	$-0.00730\pi q r^2$	$0.00036\pi q r^2$

注：r——沉井（箱）的半径（m），即沉井的内径加井壁壁厚的一半；q——井壁单位长度自重设计值（kN/m）。

16.3.7　沉井（箱）底梁计算

大型沉井（箱）往往用作取水或排水泵房，这类沉井平面面积较大而又不允许随意设置隔墙，可设置底梁用于分隔，以减少井壁的计算跨度，增加沉井（箱）的整体高度；且有利于控制沉井均匀下沉和进行分格封底，达到减少封底混凝土及底板厚度的目的，降低沉井使用的成本。

1. 荷载计算

根据沉井（箱）施工阶段和使用阶段最不利受力情况，沉井（箱）底梁一般按以下几种工况进行计算。

（1）沉井开始下沉时，若底梁的地面标高与刃脚踏面标高相同，在井壁刃脚下有部分区域的砂子回填不密实，沉降量较大时，底梁处于向上拱起的受力状态。对于分节浇筑、一次下沉的沉井（箱），这种受力状况尤其明显，对此，底梁所承受的计算反力可假定为：

$$q = \gamma_d q_s b \tag{16.3.39}$$

式中　q——底梁所承受的计算反力设计值（kN/m）；

γ_d——平均荷载的增大系数，一般取 1.2～1.3；

q_s——地基平均反力设计值（kN/m），等于沉井自重及施工荷载除以沉井（箱）底面与地基的接触面积；

b——底梁的宽度（m）；

为防止此类工况下沉井底梁上拱的情况，一般设计沉井底面比井壁踏面高处 0.5m～1.5m。

（2）当沉井（箱）自重较大时，在软土地区下沉时，一旦发生突沉，底梁底面与地基土面接触，可能达到地基土的极限承载力，这时底梁所承受的计算反力可假定为：

$$q = b q_j - q_m \tag{16.3.40}$$

式中　q——底梁所承受的计算反力设计值（kN/m）；

b——底梁的宽度（m）；

q_j——地基土的极限承载力（kN/m²）；

q_m——底梁单位长度的自重设计值（kN/m）。

（3）当沉井（箱）在坚硬土层中下沉时，为了减少沉井的下沉阻力，底梁下的土体可能会被掏空，此时需考虑由于底梁的自重和施工荷载对底梁的作用。

（4）竣工空载时，底梁承受底板传来的最大浮力和自重反力应考虑。

（5）在使用阶段，按照整个构筑物最大自重和设备荷载作为均布反力计算。

2. 底梁内力计算模型

（1）当底梁与井壁没有足够嵌固时，按简支梁量计算，跨中弯矩系数取 $1/8$；

（2）当底梁与井壁具有足够的嵌固时，按两端嵌固计算，支座处弯矩系数取 $-1/12$，跨中弯矩系数取 $1/24\sim 1/12$。

（3）设计时尽量减少支座的弯矩，加大跨中弯矩，可改善支座处钢筋过密的状况。

16.3.8　沉井（箱）竖向框架内力计算要点

沉井（箱）在满足使用要求的前提下，底梁、竖向框架与隔墙可同时布置。竖向框架由井壁内侧的壁柱、横梁组成。

1. 荷载计算

根据沉井（箱）施工阶段和使用阶段最不利受力情况，沉井（箱）框架内力一般按以下几种工况进行计算。

（1）沉井（箱）最后一节浇筑完毕前，框架的底梁突然下沉或控制下沉需要承受较大的反力作用，此时最后一节未获得摩阻力。

（2）沉井（箱）下沉结束，但尚未封底。框架荷载主要受水平荷载以及自重的作用。

（3）沉井（箱）封底后，处于空载状态。此时，框架结构承受的水平荷载及竖向荷载都达到施工阶段的最大值，框架底梁和底板受到最大浮力。

（4）在沉井（箱）使用阶段，竖向框架应视为整体的地下结构进行验算。

2. 计算模型

由于沉井（箱）结构和荷载分布的对称性，沉井（箱）隔墙刚度很大，故进行结构简化计算，计算模型的特点如下：

（1）利用对称性，框架结构可取一半计算；

（2）假定各层中横梁在中隔墙及井壁处允许自由转动，即中横梁不分配弯矩；

（3）假定底横梁、顶横梁与框架中立柱节点存在竖向位移，将中立柱视为一连杆；

（4）假定井壁、中隔墙与各层横梁节点不存在竖向位移；

（5）计算框架壁柱和地梁截面的几何性质时，一般取矩形截面，宽度去壁柱及底梁的宽度，高度可加上井壁厚度及底板厚度。

16.3.9　沉井（箱）井壁竖向抗拉验算

在施工阶段，由于受到土体负摩阻力和自重的作用，沉井（箱）井壁会出现拉力。井壁的竖向最大拉力，可以按以下几种假定方法进行拉力计算。

（1）在沉井（箱）下沉至设计标高，沉井在土体负摩阻力和自重的作用下产生拉力。一般认为井壁负摩阻力呈倒三角分布，其最危险截面出现在沉井（箱）入土深度的一半处，其最大拉力可按下式计算：

$$F_{max} = G/4 \tag{16.3.41}$$

式中　F_{max}——井壁最大拉力；

　　　G——沉井总重设计值（kN），自重分项系数取 1.20。

（2）当沉井（箱）上部被土体卡住，而刃脚处的土体已被挖空，处于悬吊状态，可近似假定沉井（箱）在 $0.35h_0$ 处（h_0 为沉井或沉箱高度）被卡住，最大拉力可按下式计算：

$$F_{max} = 0.65G \qquad (16.3.42)$$

通常，等截面井（箱）壁的竖向钢筋应按最大拉力 $F_{max} =$ （0.25～0.65）G 配置，配筋也应不小于构造配筋要求。

（3）当井壁上有预留洞，应对孔洞的影响进行分析。

16.3.10 沉井（箱）刃脚计算

沉井（箱）在下沉阶段应选取最不利情况，分别计算刃脚内外侧的竖向钢筋及水平钢筋。当沉井下沉时其计算荷载为作用在刃脚侧面的水、土压力以及沉井自重在刃脚踏面和斜面上产生的垂直反力和水平推力；在进行沉箱刃脚计算时，应考虑沉箱内气压的影响。

1. 竖向内力计算

1）刃脚向外挠曲计算

当沉井（箱）下沉不深，刃脚已插入土体内，刃脚下部承受到较大的正面及侧面压力，而井壁外侧土压力并不大，此时在刃脚根部将产生向外弯矩。通常按此种情况确定刃脚内侧竖向配筋量，刃脚水平方向仅按构造配筋。

沉井（箱）高度较大时，采用多节浇筑多次下沉的方法减小刃脚根部的竖向向外弯矩。

弯矩
$$M_0 = H\left(h_k - \frac{h_s}{3}\right) + R_j d \qquad (16.3.43)$$

竖向轴力
$$N = R_j - g_l \qquad (16.3.44)$$

$$R_j = R_{j1} + R_{j2} \qquad (16.3.45)$$

$$H = \frac{R_j h_s}{h_s + 2a\tan\theta}\tan(\theta - \beta) \qquad (16.3.46)$$

$$d = \frac{h_k}{2\tan\theta} - \frac{h_s}{6}\frac{1}{h_s + 12a\tan\theta}(3a + 2b) \qquad (16.3.47)$$

式中　R_j ——刃脚底部的竖向地基反力（kN/m），每延米的自重设计值；

M_0 ——刃脚根部的竖向弯矩设计值（kN·m/m）；

N ——刃脚根部的竖向轴力设计值（kN/m）；

H ——刃脚斜面上分布反力的水平合力设计值（kN/m）；

g_l ——刃脚的结构自重设计值（kN/m）；

a ——刃角的底面宽度（m）；

b ——刃脚斜面的入土深度的水平投影宽度（m）；

h_s ——沉井入土深度（m）；

θ ——刃脚斜面的水平夹角（°）；

β ——刃脚斜面与土的外摩擦角，可取等于土的内摩擦角，硬土一般可取 $30°$，软土可取 $20°$；

R_{j1} ——刃脚踏面的竖向地基反力（kN/m）；

R_{j2} ——刃脚斜面的竖向地基反力（kN/m）；

h_k——刃脚的斜面高度（m）；

d——刃脚底面地基反力的作用点至刃脚根部截面中心的距离（m）。

2）刃脚向内挠曲的计算

当沉井下沉至最后阶段，刃脚下土壤被掏空或部分掏空，此时，刃脚在井壁外侧水、土压力作用下，将处于向内挠曲的最不利状态，在刃脚根部水平截面上将产生最大的向内弯矩。

$$M_0 = \frac{1}{6}(2F_{epk} + F'_{epk})h_k^2 \tag{16.3.48}$$

式中　F_{epk}——沉井下沉到设计标高时，沉井刃脚底端处的水平向侧压力（kN/m^2）；

F'_{epk}——沉井下沉到设计标高时，沉井刃脚根部处的水平侧向压力（kN/m^2）。

2. 水平内力计算

1）圆形沉井

圆形沉井（箱）在下沉过程中，根据圆形沉井（箱）始沉时求得的水平推力，求出作用在水平圆环上的环向拉力：

$$N_\theta = H \cdot r \tag{16.3.49}$$

式中　N_θ——刃脚承受的环向拉力（kN）；

H——刃脚斜面上分布反力的水平合力设计值（kN/m）；

r——刃脚根部处的井壁计算半径（m）。

2）矩形沉井

对于矩形沉井，在刃脚切入土体时，由于斜面上的土壤反力产生的横推力，在转角处产生水平拉力，因此需要在刃脚处增大配筋，防止刃脚转角处开裂。

3. 沉井刃脚按悬臂和框架共同作用时的内力计算

当沉井内隔墙的刃脚踏面、底梁的底面与沉井外墙的刃脚踏面之间高差小于50cm，作用在刃脚上的水平外力，一部分可看成由固定在刃脚根部的悬臂梁承受，另一部分可看作由一个封闭的水平框架承受，其分配系数按下式计算。

悬臂作用：

$$\lambda = \frac{0.1l_1^4}{h_k^4 + 0.05l_1^4} \tag{16.3.50}$$

当$\lambda > 1$时，取$\lambda = 1$

框架作用：

$$\varepsilon = \frac{0.1l_1^4}{h_k^4 + 0.05l_2^4} \tag{16.3.51}$$

式中　l_1——沉井外壁支撑于内隔墙的最大计算跨度（m）；

l_2——沉井外壁支撑于内隔墙的最小计算跨度（m）；

h_k——刃脚斜面部分的高度（m）。

16.4　沉井的施工

沉井施工流程如图16.4.1所示。

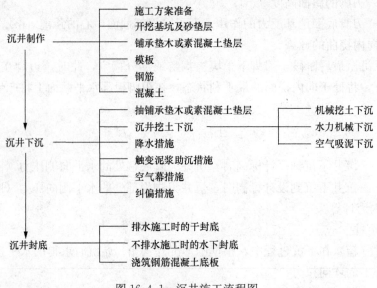

图 16.4.1　沉井施工流程图

16.4.1　沉井施工准备

沉井施工前应做好下列准备工作：

（1）对施工场地进行勘察；

（2）熟悉工程地质、水文地质、施工图纸等资料；

（3）敷设水电管线，修筑临时道路，平整场地及三通一平；

（4）搭建必要的临时设施，集中必要的材料、机具设备和劳动力；

（5）应事先编制施工组织设计与施工方案。

1. 地质勘察和制定施工方案

工程地质和水文地质资料是制定沉井施工方案、编制施工组织设计的重要依据。施工前，应在沉井施工地点进行钻孔，熟悉场地的地质情况（包括土的力学指标、安息角、摩擦阻力、地层构造、分层情况）、地下水以及地下障碍物情况等。除此之外，还应做好现场查勘工作，查清和排除地面和地面 3m 以内的障碍物（如房屋构筑物、管道、树根、电缆线路等）。根据工程结构特点、地质水文情况、施工设备条件、技术的可能性，编制切实可行的施工方案或施工技术措施，以指导施工。

2. 沉井制作准备

1）不开挖基坑制作沉井

当沉井制作高度较小或天然地面较低时可以不开挖基坑，只需将场地平整夯实，以免在浇筑沉井混凝土过程中或撤出支垫时发生不均匀沉陷。如场地高低不平应加铺一层厚度不小于 50mm 的砂层，必要时应挖去原有松软土层，然后铺设砂层。

2）开挖基坑制作沉井

（1）应根据沉井平面尺寸决定基坑地面尺寸、开挖深度及边坡大小，定出基坑平面的开挖边线。整平场地后根据设计图纸上的沉井坐标定出沉井中心桩以及纵横轴线控制桩，并测设控制桩的攀线桩作为沉井制作及下沉过程的控制桩。亦可利用附近的固定建筑物设置控制点。以上施工放样完毕，须经技术部门复核后方可开工。

（2）刃脚外侧面至基坑底内周边的距离一般为 1.5m～2.0m，以能满足施工人员绑扎钢筋及树立外模板为原则。

（3）基坑开挖的深度视水文、地质条件和第一节沉井要求的浇筑高度而定。为了减少沉井的下沉深度也可加深深基坑的开挖深度，但若挖出表土硬壳层后坑底为很软弱的淤泥，则不宜挖出表面硬土。应通过综合比较决定合理的深度。对于不设边坡支护的基坑，当开挖深度在 5m 以内且坑底在降低后的地下水位以上时，基坑最大允许坡度如表 16.4.1 所示。

深度在 5m 以内的基坑边坡的最陡坡度　　　　表 16.4.1

土的类别	边坡坡度（高：宽）		
	坡顶无荷载	坡顶有静载	坡顶有动载
硬塑的黏质粉土	1：0.67	1：0.75	1：1
硬塑的粉质黏土、黏土	1：0.33	1：0.5	1：0.67
软土（经井点降水后）	1：1.0～1：1.5	经计算定	经计算定

（4）基坑底部若有暗浜、土质松软的土层应予以清除。在井壁中心线的两侧各 1m 范围内回填砂性土整平振实，以免沉井在制作过程中发生不均匀沉陷。开挖基坑应分层按顺序进行，底面浮泥应清除干净并保持平整和疏干状态。

（5）基坑及沉井挖土一般应外运，如条件许可在现场堆放时距离基坑边缘的距离一般不宜小于沉井下沉深度的两倍，并不得影响现场交通、排水及下一步施工。用钻吸法下沉沉井时从井下吸出的泥浆须经过沉淀池沉淀和疏干后，用封闭式车斗外运。

（6）排水沟和集水井的施工及井点的设置：基坑底部四周应挖出一定坡度的排水沟与基坑四周的集水井相通。集水井比排水沟低 500mm 以上，将汇集的地面水和地下水及时用潜水泵、离心泵等抽除。基坑中应防止雨水积聚，保持排水通畅。

基坑面积较小、坑底为渗透系数较大的砂质含水土层时可布置土井降水。土井一般布置在基坑周围，其间距根据土质而定。一般用 800mm～900mm 直径的渗水混凝土管，四周布置外大内小的孔眼，孔眼一般直径为 40mm，用木塞塞住，混凝土管下沉就位后由内向外敲去木塞，用旧麻袋布填塞。在井内填 150mm～200mm 厚的石料和 100mm～150mm 厚的砾石砂，使抽汲时细砂不被带走。

采用井点降水时井点距井壁的距离按井点入土深度确定，当井点入土深度在 7m 以内时，一般为 1.5m；井点入土深度为 7m～15m 时，一般为 1.5m～2.5m。

3）地基处理后制作沉井

制作沉井的场地应预先清理、平整和夯实，使地基在沉井制作过程中不致发生不均匀沉降。制作沉井的地基应具有足够的承载力，以免沉井在制作过程中发生不均匀沉陷，以致倾斜甚至井壁开裂。在松软地基上进行沉井制作，应先对地基进行处理，以防止由于地基不均匀下沉引起井身开裂。处理方法一般采用砂、砂砾、混凝土、灰土垫层或人工夯实、机械碾压等措施加固。

4）人工筑岛制作沉井

如沉井在浅水（水深小于 5m）地段下沉，可填筑人工岛制作沉井，岛面应高出施工期的最高水位 0.5m 以上，四周留出护道，其宽度：当有围堰时，不得小于 1.5m；无围堰时，不得小于 2.0m，如图 16.4.2 所示。筑岛材料应采用低压缩性的中砂、粗砂、砾石，不得用黏性土、细砂、淤泥、泥炭等，也不宜采用大块砾石。当水流速度超过表 16.4.2 所列数值时，须在边坡用草袋堆筑或用其他方法防护。当水深在 1.5m、流速在 0.5m/s 以内时，亦可直接用土填筑，而不用设围堰。

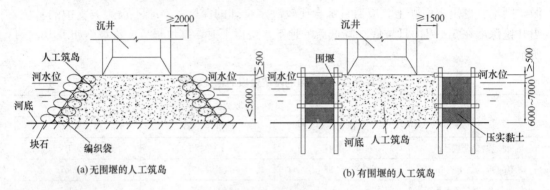

图 16.4.2　人工筑岛（mm）

筑岛土料与容许流速　　　　　表 16.4.2

土料种类	容许流速（m/s）	
	土表面处流速	平均流速
粗砂（粒径 1.0mm～2.5mm）	0.65	0.8
中等砾石（粒径 25mm～40mm）	1.0	1.2
粗砾石（粒径 40mm～75mm）	1.2	1.5

各种围堰的选择条件如表 16.4.3，筑岛施工要求如表 16.4.4。

各种围堰筑岛的选择条件　　　　　表 16.4.3

围堰名称	适用条件		
	水深（m）	流速（m/s）	说明及适用条件
草袋围堰	<3.5	1.2～2.0	淤泥质河床或沉陷较大的地层未经处理者，不宜使用
笼石围堰	<3.5	≤3.0	
木笼围堰			水深流急，河床坚实平坦，不能打桩；有较大流冰围堰外侧无法支撑者用之
木板桩围堰	3～5		河床应为能打入板桩的地层
钢板桩围堰			能打入硬层，宜于作深水筑岛围堰

筑岛施工中的各项要求　　　　　表 16.4.4

项　目	要　求
筑岛填料	应以砂、砂夹卵石、小砾石填筑，不应采用黏性土、淤泥、泥炭及大块砾石填筑
岛面标高	应高出最高施工水位或地下水位至少 0.5m
水面以上部分的填筑	应分层夯实或碾压密实，每层厚度控制为 30cm 以下

项　目	要　求
岛面容许承压应力	一般不宜小于 0.1MPa 或按设计要求
护道最小宽度	土岛为 2m，围堰筑岛为 1.5m，当需要设置暖棚或其他施工设施时须另行加宽
外侧边坡	为 1：1.75～1：3 之间
冬季筑岛	应清除冰层，填料不应含冰块
水中筑岛	防冲刷、波浪等
倾斜河床筑岛	围堰要坚实，防止筑岛滑移

3. 测量控制和沉降观察

按沉井平面设置测量控制网，进行抄平放线，并布置水准基点和沉降观测点。在原有建筑物附近下沉的沉井，应在沉井周边的原有建筑物上设置变形（位移）和沉降观测点，对其进行定期沉降观测。

16.4.2　沉井刃脚下垫层及承垫物的铺设与计算

沉井刃脚下垫层常用混凝土垫层、砂垫层。砂垫层上铺设承垫木或加混凝土垫层。

1. 砂垫层及混凝土垫层计算

1）砂垫层厚度及宽度计算

沉井刃脚下的垫层常用砂垫层及混凝土，其计算简图如图 16.4.3 所示。

（1）砂垫层的厚度应根据沉井的重量和地基土的承载力，按下式计算：

$$p \geqslant \frac{G_0}{2h_s\tan\alpha + L} + \gamma_s h_s \qquad (16.4.1)$$

式中　p——砂垫层底部地基土的承载力标准值（kPa）；

　　　h_s——砂垫层的厚度（m）；

　　　G_0——沉井第一节沿井壁单位长度重量标准值（kN/m）；

　　　γ_s——砂的天然重度标准值（kN/m³）；

　　　L——素混凝土垫层的宽度（m），$L = 2b_1 + b + n$，可取 $b_1 = h$（h 为素混凝土垫层厚度）；

　　　b——刃脚踏面宽度（m）；

　　　n——刃脚斜面的水平投影宽度（m）；

　　　α——砂垫层的压力扩散角（°），可取 30°～40°；

一般沉井刃脚下砂垫层的厚度不宜小于 600mm。

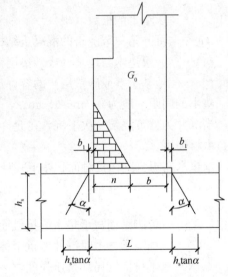

图 16.4.3　砂垫层计算简图

砂垫层的宽度宜根据素混凝土垫层边缘向下按砂垫层的压力扩散角 α 扩散确定，砂垫层的宽度应按下式计算：

$$B \geqslant 2h_s\tan\alpha + L \qquad (16.4.2)$$

式中 B——砂垫层的底面宽度（m）。

（2）素混凝土垫层厚度计算

素混凝土垫层的厚度不应小于 150mm，混凝土的强度等级不应低于 C20，其厚度可按下式计算：

$$h = \frac{\frac{G_0}{R} - (b+n)}{2} \tag{16.4.3}$$

式中 h——素混凝土垫层的厚度（m）；

G_0——沉井与沉箱第一节沿井壁单位长度重量标准值（kN/m）；

R——砂垫层的承载力设计值，一般取 $100kN/m^2$；

b——刃脚踏面宽度（m）；

n——刃脚斜面的水平投影宽度（m）。

2）沉井首节制作高度应根据施工机具及地基下卧层的承载力要求确定，以后各节接高时，刃脚处的应力应小于地基土的极限承载力标准值。

3）多次制作沉井，在下沉前进行接高，进行砂垫层厚度验算时，此时砂垫层或底部地基土的承载力 p 应取标准值，在无试验资料情况下，可按表 16.3.5 选取。

2. 刃脚下承垫木的计算

承垫木的数量应根据沉井第一节浇筑的重量及地基承载力而定，承垫木的根数按下式计算：

$$n = G_k / A[f] \tag{16.4.4}$$

式中 n——承垫木的根数（根）；

G_k——沉井第一节浇筑的混凝土结构重量标准值（kN）；

A——一根垫木与地基（或砂垫层）的接触面积（m^2）；

$[f]$——地基土（或砂垫层）的容许承载力（kPa）；

垫木的间距一般为 0.5m～1.0m。

当沉井为分节浇筑一次下沉，在允许产生沉降时，砂垫层的承载力可以提高，但不得超过木材强度。

承垫木与刃脚踏面接触面积按下式计算：

$$A_0 = \frac{G_k}{R} \tag{16.4.5}$$

式中 A_0——刃脚踏面与承垫木的接触面积（m^2）；

G_k——抽除承垫木时沉井的重量标准值（kN）；

R——木材横纹局部挤压强度，一般可取 3000kPa。

所需承垫木的横截面面积，按木材横截面的允许受剪强度计算：

$$A_1 = \frac{G_k}{2\tau_0} \tag{16.4.6}$$

式中 A_1——承垫木的横断面面积（m^2）；

τ_0——木材横截面允许抗剪强度，可取 2000kPa。

3. 承垫木的铺设

铺设承垫木时应用水平仪抄平，使刃脚踏面在同一水平面上，平面布置应均匀对称，每根承垫木的长度中心应与刃脚踏面中线相重合。承垫木可以单根或几根变成一组铺设，每组之间至少要留 200mm～300mm 的间隙。定位垫木的布置要使沉井最后有对称的着力点。圆形沉井的定位垫木一般可对称设置在互成 90°的四个支点上。矩形沉井可设置在两长边，每边两点。当沉井长边与短边之比在 1.5～2.0 之间时，两定位支点之间的距离为 0.71；当沉井长边与短边之比大于 2 时，两定位支点之间的距离为 0.61。

16.4.3 沉井制作

1. 刃脚支设

沉井制作下部刃脚的支设可视沉井重量、施工荷载和地基承载力情况，采用砖垫座。

2. 沉井壁制作

沉井制作一般有三种方法：

（1）在修建构筑物地面上制作，适用于地下水位高和净空允许的情况；

（2）人工筑岛制作，适于在浅水中制作；

（3）在基坑中制作，适用于地下水位低、净空不高的情况，可减少下沉深度、摩阻力及作业高度。

以上三种制作方法可根据不同情况采用，使用较多的是在基坑中制作。

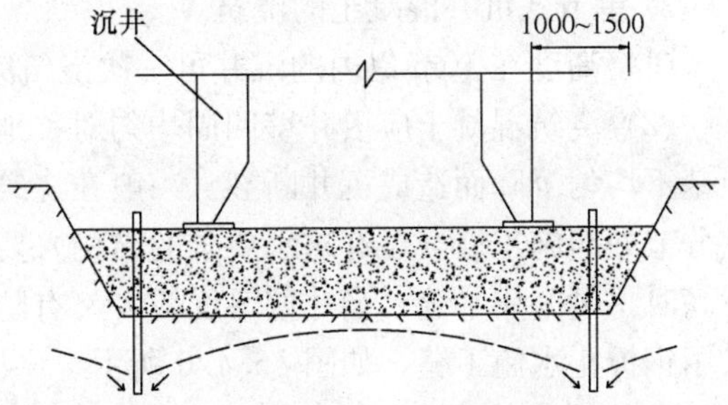

采取在基坑中制作，基坑应比沉井宽 2m～3m，四周设排水沟、集水井，使地下水位降至比基坑底面低 0.5m，挖出的土方在周围筑堤挡水，要求护堤宽不少于 2m，如图 16.4.4 所示。

图 16.4.4 制作沉井的基坑

沉井过高，常常不够稳定，下沉时易倾斜，一般高度大于 12m 时，宜分节制作；在沉井下沉过程中或在井筒下沉各个阶段间歇时间，继续加高井筒。

井壁模板采用钢组合式定型模板或木定型模板组装而成。采用木模时，外模朝混凝土的一面应刨光，内外模均采取竖向分节支设，每节高 1.5m～2.0m，用 $\Phi 12mm$～$\Phi 16mm$ 对拉螺栓拉槽钢圈固定，如图 16.4.5 所示。有抗渗要求的，在螺栓中间设止水板。第一节沉井筒壁应按设计尺寸周边加大 10mm～15mm，第二节相应缩小一些，以减少下沉摩阻力。对高度大的大型沉井，亦可采

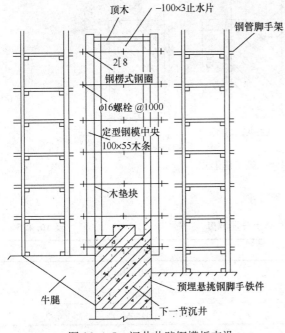

图 16.4.5 沉井井壁钢模板支设

（图中标注：顶木、−100×3止水片、钢管脚手架、2[8、钢楞式钢圈、φ16螺栓@1000、定型钢模中央 100×55木条、木垫块、牛腿、预埋悬挑钢脚手铁件、下一节沉井）

用滑模方法制作。

沉井钢筋可用吊车垂直吊装就位，用人工绑扎，或在沉井近旁预先绑扎钢筋骨架或网片，用吊车进行大块安装。竖筋可一次绑好，按井壁竖向钢筋的 50％接头配置。水平筋分段绑扎。在分不清是受拉区或受压区时，应按照受拉区的规定留出钢筋的搭接长度。与前一节井壁连接处伸出的插筋采用焊接连接方法，接头错开 1/4。沉井内隔墙可采取与井壁同时浇筑或在井壁与内隔墙连接部位预留插筋，下沉完后，再施工隔墙。

沉井混凝土浇筑可采取以下几种方式：

（1）沿沉井周围搭设脚手平台，用 15m 皮带运输机将混凝土送到脚手平台上，用水推车沿沉井通过串桶分层均匀地浇灌。

（2）用翻斗汽车运送混凝土，塔式或履带式起重机吊混凝土吊斗，通过串桶沿井壁作均匀浇灌。

（3）用混凝土运输搅拌车运送混凝土，混凝土泵车沿沉井周围进行分层均匀浇灌。

3. 单节式沉井混凝土的浇筑

（1）高度在 10m 以内的沉井可一次浇筑完成。

（2）浇筑混凝土应沿井壁四周均匀对称地进行施工，避免高差悬殊、压力不均，产生地基不均匀沉降而造成沉井断裂。一般在浇筑第一节井壁时，必须保证沉井均匀沉降。井壁分节处的施工缝（对有防水要求的结构）要处理好，以防漏水。当井壁较薄且防水要求不高时，可采用平缝；当井壁厚度较大又有防水要求时，可采用凸式或凹式施工缝，也可采用钢板止水施工缝，如图 16.4.6 所示。

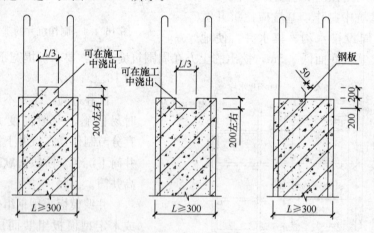

图 16.4.6　施工缝形式

（3）浇筑混凝土分层厚度如表 16.4.5 所示。

浇筑混凝土分层厚度　　　　　表 16.4.5

项　　目	分层厚度应小于
使用插入式振捣器	振捣器作用半径的 1.25 倍
人工振捣	15mm～25mm
灌注一层的时间不应超过水泥初凝时间	$tH \leqslant Qt/A$

注：Q 为每小时混凝土量（m³）；t 为水泥初凝时间（h）；A 为混凝土浇筑面积（m²）。

（4）拆模时对混凝土强度要求：当达到设计强度的 25% 以上时，可拆除不承受混凝土重量的侧模；当达到设计强度的 90% 以上时，可拆除刃脚斜面的支撑及模板。

4. 多节式沉井混凝土的浇筑

（1）第一节混凝土强度达到设计强度的 70% 以上，可浇筑第二节沉井的混凝土，接触面处须进行凿毛、吹洗等处理。

（2）分节浇筑、分节下沉时，第一节沉井顶端应在距离地面 0.5m～1m 处，停止下沉，开始接高施工。

（3）每增加一节不少于 4m（一般 4m～5m）。

（4）接高模板，不可支撑在地面上。

5. 沉井制作的允许偏差

沉井制作的允许偏差应符合表 16.4.6 规定。

制作沉井时的允许偏差　　　　　　　　　　表 16.4.6

偏差名称		允许偏差（mm）
断面尺寸	长、宽	±0.5%，且不得大于 100
	曲线部分的半径	±0.5%，且不得大于 50
	两对角线长度	对角线长的 1%
沉井井壁厚度		±15
井壁、隔墙垂直度		1%
预埋件、预留孔位移		±20

16.4.4　沉井下沉

沉井下沉按其制作与下沉的顺序有三种形式：①一次制作，一次下沉。一般中小型沉井，高度不大，地基很好或者经过人工加固后获得较大的地基承载力时，最好采用一次制作、一次下沉方式。一般来说，以该方式施工的沉井在 10m 以内为宜。②分节制作，多次下沉。将井墙沿高度分成几段，每段为一节，制作一节，下沉一节，循环进行。该方案的优点是沉井分段高度小，对地基要求不高；缺点是工序多，工期长，而且在接高井壁时易产生倾斜和突沉，需要进行稳定验算。③分节制作，一次下沉。这种方式的优点是脚手架和模板可连续使用，下沉设备一次安装，有利于滑模；缺点是对地基条件要求高，高空作业困难。我国目前采用该方式制作的沉井，全高已达 30m 以上。

沉井下沉应具有一定的强度，第一节混凝土或砌体砂浆应达到设计强度的 100%，其上各节达到 70% 以后，方可开始下沉。

1. 凿除混凝土垫层

沉井下沉之前，应先凿除素混凝土垫层，使沉井刃脚均匀地落入土层中，凿除混凝土垫层时，应分区域对称按顺序凿除。凿断线应与刃脚底板齐平，凿断之后的碎渣应及时清除，空隙处应立即采用砂或砂石回填，回填时采用分层洒水夯实，每层 200mm～300mm。

2. 下沉方法选择

沉井下沉有排水下沉和不排水下沉两种方法。前者适用于渗水量不大（每平方米渗水不大于 1m³/min）、稳定的黏性土（如黏土、亚黏土以及各种岩质土）或在砂砾层中渗水量虽很大，但排水并不困难时使用；后者适用于流砂严重的地层和渗水量大的砂砾地层，以及地下水无法排除或大量排水会影响附近建筑物的安全的情况。

1）排水下沉挖土方法

常用人工或风动工具，或在井内用小型反铲挖土机，在地面用抓斗挖土机分层开挖。挖土必须对称、均匀地进行，使沉井均匀下沉。

从沉井中间开始逐渐挖向四周，每层挖土厚 0.4m～0.5m，在刃脚处留 1m～1.5m 的台阶，然后沿沉井壁每 2m～3m 一段向刃脚方向逐层全面、对称、均匀地开挖土层，每次挖去 50mm～100mm，当土层经不住刃脚的挤压而破裂，沉井便在自重作用下均匀地破土下沉，如图 16.4.7 所示。当沉井下沉很少或不下沉时，可再从中间向下挖 0.4m～0.5m，并继续按向四周均匀掏挖，使沉井平稳下沉。当在数个井孔内挖土时，为使其下沉均匀，孔格内挖土高差不得超过 1.0m。刃脚下部土方应边挖边清理。

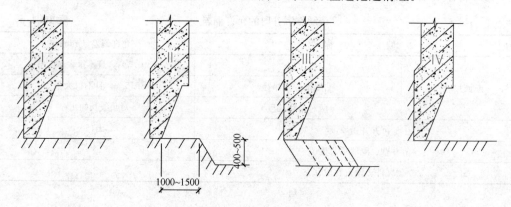

图 16.4.7　排水下沉挖土方法

在开始 5m 以内下沉时，要特别注意保持平面位置与垂直度正确，以免继续下沉时不易调整。在距离设计标高 200mm 左右应停止取土，依靠沉井自重下沉到设计标高。在沉井开始下沉和将要下沉至设计标高时，周边开挖深度应小于 300mm 或更少一些，避免发生倾斜或超沉。

2）不排水下沉挖土方法

通常采用抓斗、水力吸泥机或水力冲射空气吸泥机等在水下挖土。

（1）抓斗挖土。用吊车吊住抓斗挖掘井底中央部分的土，使沉井底形成锅底。在砂或砾石类土中，一般当锅底比刃脚低 1m～1.5m 时，沉井即可靠自重下沉，而将刃脚下的土挤向中央锅底，再从井孔中继续抓土，沉井即可继续下沉。在黏质土或紧密土中，刃脚下的土不易向中央坍落，则应配以射水管松土，如图 16.4.8 所示。沉井由多个井孔组成时，每个井孔宜配备一台抓斗，如用一台抓斗抓土时，应对称逐孔轮流进行，使其均匀下沉，各井孔内土面高差应不大于 0.5m。

（2）水力机械冲土。使用高压水泵将高压水流通过进水管分别送进沉井内的高压水枪和水力吸泥机，利用高压水枪射出的高压水流冲刷土层，使其形成一定稠度的泥浆，汇流至集泥坑，然后用水力吸泥机（或空气吸泥机）将泥浆吸出，从排泥管排出井外，如图 16.4.9 所示。冲黏性土时，宜使喷嘴接近 90°角冲刷立面，将立面底部冲成缺口使之塌落。取土顺序为先中央后四周，并沿刃脚留出土台，最后对称分层冲挖，不得冲空刃脚踏面下的土层。施工时，应使高压水枪冲入井底的泥浆量和渗入的水量与水力吸泥机吸出的泥浆量保持平衡。

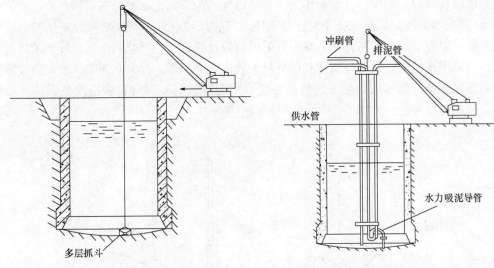

图 16.4.8　抓斗在水中抓土　　　　　图 16.4.9　用水力吸泥器水中吸土

水力机械冲土的主要设备包括吸泥器（水力吸泥机或空气吸泥机）、吸泥管、扬泥管和高压水管、离心式高压清水泵、空气压缩机（采用空气吸泥时用）等。吸泥器内部高压水喷嘴处的有效水压，对于扬泥所需要的水压的比值平均约 7.5。应使各种土成为适宜稠度的泥浆比重：砂类土为 1.08～1.18；黏性土为 1.09～1.20。吸入泥浆所需的高压水流量，约与泥浆量相等，吸入的泥浆和高压水混合以后的稀释泥浆，在管路内的流速应不超过 2m/s～3m/s；喷嘴处的高压水流速一般约为 30m/s～40m/s。

实际应用的吸泥机，其射水管与高压水喷嘴截面的比值约为 4～10，而吸泥管与喷嘴截面的比值约为 15～20。水力吸泥机的有效作用约为高压水泵效率的 0.1～0.2，如每小时压入水量为 100m³，可吸出泥浆含土量约为 5%～10%，高度 35m～40m，喷射速度约 3m/s～4m/s。吸泥器配备数量视沉井大小及土质而定，一般为 2～6 套。

水力吸泥机冲土，适用于亚黏土、轻亚黏土、粉细砂土中；使用不受水深限制，但其出土率则随水压、水量的增加而提高，必要时应向沉井内注水，以加高井内水位。在淤泥或浮土中使用水力吸泥时，应保持沉井内水位高出井外水位 1m～2m。

3）沉井的辅助下沉方法

（1）射水下沉法

一般作为以上两种方法的辅助方法，它是用预先安设在沉井外壁的水枪，借助高压水冲刷土层，使沉井下沉。射水所需水压在砂土中，冲刷深度在 8m 以下时，需要 0.4MPa～0.6MPa；在砂砾石层中，冲刷深度在 10m～12m 以下时，需要 0.6MPa～1.2MPa；在砂卵石层中，冲刷深度在 10m～12m 时，需要 8MPa～20MPa。冲刷管的出水口口径为 10mm～12mm，每一管的喷水量不得小于 0.2m³/s，如图 16.4.10 所示。但本法不适用于黏土中下沉。

（2）触变泥浆护壁下沉法

沉井外壁制成宽度为 100mm～200mm 的台阶作为泥浆槽。泥浆是用泥浆泵、砂浆泵或气压罐通过预埋在井壁体内或设在井内的垂直压浆管压人，如图 16.4.11 所示，使外井壁泥浆槽内充满触变泥浆，其液面接近于自然地面。为了防止漏浆，在刃脚台阶上宜钉一层 2mm 厚的橡胶皮，同时在挖土时注意不使刃脚底部脱空。在泥浆泵房内要储备一定数量的泥浆，以便下沉时不断补浆。在沉井下沉到设计标高后，泥浆套应按设计要求进行处理，一般采用水泥浆、水泥砂浆或其他材料来置换触变泥浆，即将水泥浆、水泥砂浆或其他材料从泥浆套底部压入，使压进的水泥浆、水泥砂浆等凝固材料挤出泥浆，待其凝固后，沉井即可稳定。

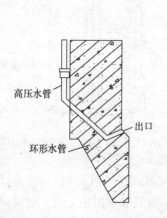

图 16.4.10　沉井预埋冲刷管组

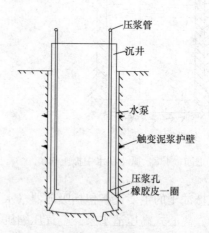

图 16.4.11　触变泥浆护壁下沉方法

触变泥浆的物理力学性能指标详见表 16.4.7。

触变泥浆技术指标　　　　　　　　　表 16.4.7

名　　称	单　位	指　标	试验方法
密度		1.1～1.40	泥浆比重秤
黏度	S	＞30	500cc～700cc/漏斗法
含砂量	%	＜4	
胶体率	%	100	量杯法
失水量	mL/30min	＜14	失水量仪
泥皮厚度	mm	≤3	失水量仪
静切力	Mg/cm^2	＞30	静切力计（10min）
pH 值		≥8	pH 试纸

注：泥浆配合比为：黏土：水＝35%～40%：65%～60%。

（3）抽水下沉法

不排水下沉的沉井，抽水降低井内水位，减少浮力，可使沉井下沉。如有翻砂涌泥时，不宜采用此法。

（4）井外挖土下沉法

若上层土中有砂砾或卵石层，井外挖土下沉就很有效。

（5）压重下沉法

可利用灌水、铁块或用草袋装沙土，以及接高混凝土筒壁等加压配重，使沉井下沉，但特别要注意均匀对称加重。

（6）炮震下沉法

当沉井内的土已经挖出掏空而沉井不下沉时，可在井中央的泥土面上放药起爆，一般用药量为 0.1kg～0.2kg。同一沉井，同一地层不宜多于 4 次。

3. 降水措施

基坑底部四周应挖出一定坡度的排水沟与基坑四周的集水井相通。集水井比排水沟低500mm 以上，将汇集的地面水和地下水及时用潜水泵、离心泵等抽除。基坑中应防止雨水积聚，保持排水通畅。

基坑面积较小，坑底为渗透系数较大的砂质含水土层时可布置土井降水。土井一般布置在基坑周围，其间距根据土质而定。一般用 800mm～900mm 直径的渗水混凝土管，四周布置外大内小的孔眼，孔眼一般直径为 40mm，用木塞塞住，混凝土管下沉就位后由内向外敲去木塞，用旧麻袋布填塞。在井内填 150mm～200mm 厚的石料和 100mm～150mm 厚的砾石砂，使抽吸时细砂不被带走。

采用井点降水时井点距井壁的距离按井点入土深度确定，当井点入土深度在 7m 以内时，一般为 1.5m；井点入土深度为 7m～15m 时，一般为 1.5m～2.5m。

1）明沟集水井排水

在沉井周围距离其刃角 2m～3m 处挖一圈排水明沟，设置 3～4 个集水井，深度比地下水深 1m～1.5m，沟和井底深度随沉井挖土而不断加深，在井内或井壁上设水泵，将水抽出井外排走。为了不影响井内挖土操作和避免经常搬动水泵，一般采取在井壁上预埋铁件，焊接钢结构操作平台安设水泵，或设木吊架安设水泵，用草垫或橡皮承垫，避免震动，如图 16.4.12 所示，水泵抽吸高度控制在不大于 5m。如果井内渗水量很少，则可直接在井内设高扬程小的潜水泵将地下水抽出井外。

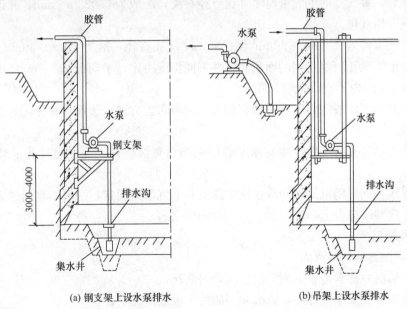

(a) 钢支架上设水泵排水　　　　　　　　　(b) 吊架上设水泵排水

图 16.4.12　明沟直接排水法

2）井点排水

在沉井周围设置轻型井点、电渗井点或喷射井点以降低地下水位，如图 16.4.13 所示，使井内保持于挖土。

3）井点与明沟排水相结合的方法

在沉井上部周围设置井点降水，下部挖明沟集水井设泵排水，如图 16.4.14 所示。

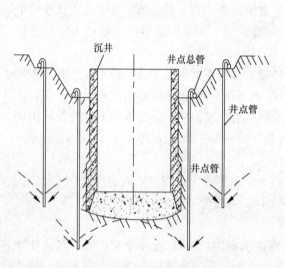

图 16.4.13　井点系统降水

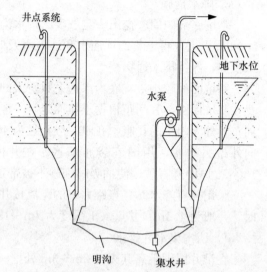

图 16.4.14　井点与明沟排水相结合的方法

4. 空气幕措施

（1）空气幕压气所需压力值与气龛的入土深度有关，一般可按最深喷气孔处理论水压的 1.6 倍计算，每气龛的供气量与喷气孔直径有关，一般为 $0.023m^3/min$，并设置必要数量的空压机及储气包。

（2）喷气龛常为 200mm×50mm 倒梯形，喷气孔直径一般为 1mm～3mm。喷气孔的数量应以每个喷气孔所能作用的面积和沉井不同深度决定，平均可按 1.5m～3m 设 2 个考虑。刃脚以上 3m 内不宜设置喷气孔。

（3）井壁内预埋通气管通常有竖直和水平两种布置方式。预埋管宜分区分块设置，便于沉井纠偏。

（4）防止喷气孔的堵塞，应在水平管的两端设置沉淀筒，并在喷气孔上外套一橡胶皮环。

（5）每次空气幕助沉的时间应根据实际沉井下沉情况而定，一般不宜超过 2 小时。

（6）压气顺序应自上而下进行，关气时则反之。

5. 纠偏措施

1）沉井倾斜偏转的原因

下沉中的沉井常常由于下列原因造成倾斜偏转：

（1）人工筑岛被水流冲坏，或沉井一侧的土被水流冲空；

（2）沉井刃脚下土层软硬不均匀；

（3）没有对称地抽除承垫木，或没有及时回填夯实；

（4）没有均匀除土下沉，使井孔内土面高低相差很多；

（5）刃脚下掏空过多，沉井突然下沉，易于产生倾斜；

（6）刃脚一角或一侧被障碍物搁住，没有及时发现和处理；

（7）由于井外弃土或其他原因造成对沉井井壁的偏压；

（8）排水下沉时，井内产生大量流砂等。

2）纠偏方法

沉井在下沉过程中发生倾斜偏转时，应根据沉井产生倾斜偏转的原因，可以用下述的一种或几种方法来进行纠偏，确保沉井的偏差在容许的范围以内。

（1）偏除土纠偏：如系排水下沉，可在沉井刃脚高的一侧进行人工或机械除土，如图16.4.15 所示。在刃脚低的一侧应保留较宽的土堤，或适当回填砂石。

如系不排水下沉的沉井，一般可靠近刃脚高的一侧吸泥或抓土，必要时可由潜水员配合在刃脚下除土。

（2）井外射水、井内偏除土纠偏：当沉井下沉深度较大时，若纠正沉井的偏斜，关键在于被坏土层的被动土压力，如图 16.4.16 所示。高压射水管沿沉井高的一侧井壁外面插入土中，破坏土层结构，使土层的被动土压力大为降低。这时再采用上述的偏除土方法，可使沉井的倾斜逐步得到纠正。

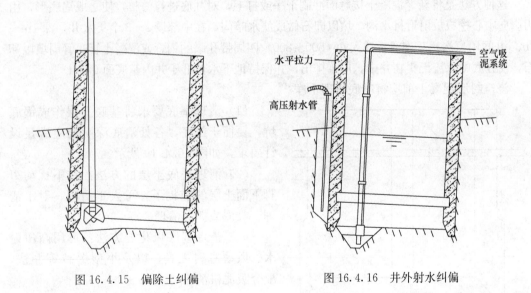

图 16.4.15　偏除土纠偏　　　　　　　图 16.4.16　井外射水纠偏

（3）用增加偏土压或偏心压重来纠偏：在沉井倾斜低的一侧回填砂或土，并进行夯实，使低的一侧产生土偏的作用。如在沉井高的一侧压重，最好使用钢锭或生铁块，如图16.4.17 所示。

（4）沉井位置扭转时的纠正：沉井位置如发生扭转，如图 16.4.18 所示，可在沉井的A、C 二角偏除土，B、D 二角偏填土，借助于刃脚下不相等的土压力所形成的扭矩，使沉井在下沉过程中逐步纠正其位置。

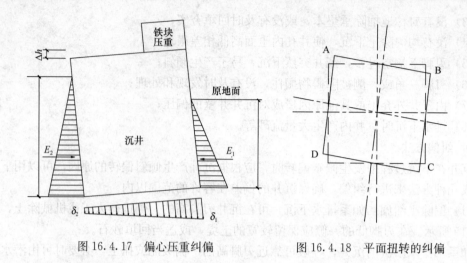

图 16.4.17 偏心压重纠偏　　图 16.4.18 平面扭转的纠偏

16.4.5 沉井封底

沉井下沉至设计标高，经过观测在 8h 内累计下沉量不大于 10mm 或沉降率在允许范围内，沉井下沉已经稳定时，即可进行沉井封底。封底方法有以下两种：

1. 排水封底时的干封底

这种方法是将新老混凝土接触面冲刷干净或打毛，对井底进行修整，使之成锅底形，由刃脚向中心挖成放射形排水沟，填以卵石做成滤水暗沟，在中部设 2～3 个集水井，深 1m～2m，井间用盲沟相互连通，插入 Φ（600～800）四周带孔眼的钢管或混凝土管，管周填以卵石，使井底的水流汇集在井中，用泵排出，并保持地下水位低于井内基底面 0.3m。

浇筑封底混凝土前应将基底清理干净。

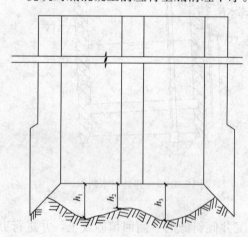

图 16.4.19 清底高度示意图

（1）清理基底要求将基底土层作成锅底坑，要便于封底，各处清底深度均应满足设计要求，如图 16.4.19 所示。

（2）清理基底土层的方法：在不扰动刃脚下面土层的前提下，可人工清理、射水清理、吸泥或抓泥清理。

（3）清理基底风化岩方法：可用高压射水、风动凿岩工具，以及小型爆破等办法，配合吸泥机清除。

封底一般先浇一层 0.5m～1.5m 的素混凝土垫层，达到 50% 设计强度后，绑扎钢筋，两端伸入刃脚或凹槽内，浇筑上层底板混凝土。浇筑应在整个沉井面积上分层，同时不间断地进行，由四周向中央推进，每层厚 300mm～500mm，并用振捣器捣实。当井内有隔墙时，应前后左右对称地逐孔浇筑。混凝土采用自然养护，养护期间应继续抽水，待底板混凝土强度达到 70% 后，对集水井逐个停止抽水，逐个封堵。封堵方法是，将滤水井中的水抽干，在套筒内迅速用干硬性的高标号混凝土进行堵塞并捣实，然后上法兰盘盖，用螺栓拧紧或焊牢，上部用混凝土填实捣平。

2. 不排水封底时的水下封底

不排水封底即在水下进行封底。要求将井底浮泥清除干净，新老混凝土接触面用水冲刷干净，并铺碎石垫层。封底混凝土用导管法灌注。待水下封底混凝土达到所需要的强度后，即一般养护为 7d～10d，方可从沉井中抽水，按排水封底法施工上部钢筋混凝土底板。

导管法浇筑可在沉井各仓内放入直径为 200mm～400mm 的导管，管底距离坑底约 300mm～500mm，导管搁置在上部支架上，在导管顶部设置漏斗，漏斗颈部安放一个隔水栓，并用铅丝系牢。水下封底的混凝土应具有较大的坍落度，浇筑时将混凝土装满漏斗，随后将其与隔水栓一起下放一段距离，但不能超过导管下口，割断铅丝，之后不断向漏斗内灌注混凝土，混凝土由于重力作用源源不断由导管底向外流动，导管下端被埋入混凝土并与水隔绝，避免了水下浇筑混凝土时冷缝的产生，保证了混凝土的质量。

浇筑水下混凝土导管的作用半径大约为 2.5m～4.0m，混凝土流动坡度不宜陡于 1∶5，一根导管灌注范围见表 16.4.8。

一根导管灌注范围　　　　　　　　　　　　表 16.4.8

导管的作用半径 (m)	长∶宽=1∶1		长∶宽=2∶1		长∶宽=3∶1	
	长×宽 (m)	面积 (m²)	长×宽 (m)	面积 (m²)	长×宽 (m)	面积 (m²)
3.0	4.2×4.2	17.6	5.4×2.7	14.6	5.7×1.9	10.8
3.5	5.0×5.0	25.0	6.2×3.1	19.2	6.6×2.2	14.5
4.0	5.6×5.6	31.4	7.0×3.5	24.5	7.5×2.5	18.8
4.5	6.3×6.3	39.7	8.0×4.0	32.0	8.4×2.4	20.2

3. 浇筑钢筋混凝土底板

在沉井浇筑钢筋混凝土底板前，应将井壁凹槽新老混凝土接触面凿毛，并洗刷干净。

（1）干封底时底板浇筑方法

当沉井采用干封底时，为了保证钢筋混凝土底板不受破坏，在浇筑混凝土过程中，应防止沉井产生不均匀下沉，特别是在软土中施工，如沉井自重较大，可能发生继续下沉时，宜分格对称地进行封底工作。在钢筋混凝土底板尚未达到设计强度之前，应从井内底板以下的集水井中不间断地进行抽水。

抽水时，钢筋混凝土底板上的预留孔，如图 16.4.20 所示。集水井可用下部带有孔眼

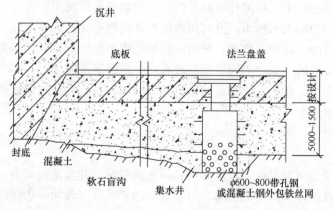

图 16.4.20　沉井封底构造

的大直径钢管，或者用钢板焊成圆形、方（矩）形井，但在集水井上口均应不带法兰盘。由于底板钢筋在集水井处被切断，所以在集水井四周的底板内应增加加固钢筋。待沉井钢筋混凝土底板达到设计强度，并在停止抽水后，集水井用素混凝土填满。然后，用事先准备好的带螺栓孔的钢盖板和橡皮垫圈盖好，拧紧与法兰盘上的所有螺栓。集水井的上口标高应比钢筋混凝土底板顶面标高低 200mm～300mm，待集水井封口完毕后，再用混凝土找平。

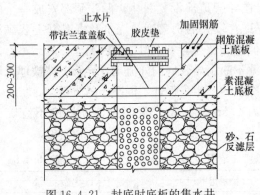

图 16.4.21　封底时底板的集水井

（2）水下封底时底板浇筑方法

当沉井采用水下混凝土封底时，从浇筑完最后一格混凝土至井内开始抽水的时间，须视水下混凝土的强度（配合比、水泥品种、井内水温等均有影响），并根据沉井结构（底板跨度、支承情况）、底板荷载（地基反力、水压力），以及混凝土的抗裂计算决定。但为了缩短施工工期，一般约在混凝土达到设计强度的 70% 后开始抽水。

16.4.6　沉井施工的问题与处理对策

1. 沉井倾斜

原因分析：

（1）沉井刃脚下的土软硬不均匀；

（2）没有对称地抽除承垫木或没有及时回填夯实，井外四周的回填土夯实不均匀；

（3）没有均匀挖土使井内土面高差悬殊；

（4）刃脚下掏空过多，沉井突然下沉，易产生倾斜；

（5）刃脚一侧被障碍物挡住，未及时发现和处理；

（6）排水开挖时井内涌砂；

（7）井外弃土或堆物，井上附加荷重分布不均匀，造成对井壁的偏压。

预防措施及处理方法：

（1）加强下沉过程中的观测和资料分析，发现倾斜及时纠正；

（2）对称、均匀抽出承垫木，及时用砂或砂砾回填夯实；

（3）在刃脚高的一侧加强取土，低的一侧少挖或不挖土，待正位后再均匀分层取土；

（4）在刃脚较低的一侧适当回填砂石或石块，延缓下沉速度；

（5）不排水下沉，在靠近刃脚低的一侧适当回填砂石；在井外射水或开挖，增加偏心压力以及施加水平外力。

2. 沉井偏移

原因分析：

（1）大多由于倾斜引起，当发生倾斜和纠正倾斜时，井身常向倾斜一侧下部产生一个较大压力，因而伴随产生一定的位移，位移大小随土质情况及向一边倾斜的次数而定；测量定位发生差错。

（2）预防措施及处理方法：

①控制沉井不再向偏移方向倾斜；

②有意使沉井向偏位的相反方向倾斜，当几次倾斜纠正后，即可恢复到正确位置或有意使沉井向偏位的一方倾斜，然后沿倾斜方向下沉，直到刃脚处中心线与设计中线位置相吻合或接近时，再将倾斜纠正；

③加强测量的检查复核工作。

3. 沉井下沉过快

原因分析：

（1）遇软弱土层，土的耐压强度小，使下沉速度超过挖土速度；

（2）长期抽水或因砂的流动，使土壁与土之间摩阻力减少；

（3）沉井外部土体液化。

预防措施及处理方法：

（1）用木垛在定位垫架处给予支承，并重新调整挖土；在刃脚下不挖或部分不挖土；

（2）将排水法下沉改为不排水法下沉，增加浮力；

（3）在沉井外壁与土壁间填充粗糙材料，或将井筒外的土夯实，增加摩阻力；如沉井外部的土液化发生虚坑时，可填碎石进行处理；

（4）减少每一节筒身高度，减轻沉井自重。

4. 沉井下沉极慢或停沉

原因分析：

（1）土壁与土壁间的摩阻力过大；

（2）沉井自重不够，下沉系数过小；

（3）遇有障碍物。

预防措施及处理方法：

（1）继续浇灌混凝土增加自重或在井顶均匀加荷重；

（2）挖除刃脚下的土或在井内继续进行第二层"锅底"状破土；用小型药包爆破震动，但刃脚下挖空宜小，药量不宜大于 0.1kg，刃脚应用草垫等防护；

（3）不排水下沉改为排水下沉，以减少浮力；

（4）在井外壁用射水管冲刷井周围土，减少摩阻力，射水管也可埋在井壁混凝土内，此法仅适用于砂及砂类土；

（5）在井壁与土之间灌入触变泥浆，降低摩阻力，泥浆槽距刃脚高度不宜小于 3m，清除障碍物。

5. 发生流砂

原因分析：

（1）井内"锅底"开挖过深，井外松散土涌入井内；

（2）井内表面排水后，井外地下水动水压力将土压入井内；

（3）爆破处理障碍物时，井外土受震动后进入井内。

预防措施及处理方法：

（1）采用排水法下沉，水头宜控制在 1.5m～2.0m；

（2）挖土避免在刃脚下掏空，以防流砂大量涌入，中间挖土也不宜挖成"锅底"形；

（3）穿过流砂层应快速，最好加荷，使沉井刃脚切入土层；

（4）采用井点降低地下水位，防止井内流淤，井点则可设置在井外或井内；

（5）采用不排水法下沉沉井，保证井内水位高于井外水位，以避免涌入流砂。

6. 沉井下沉遇障碍物

原因分析：

沉井下沉局部遇孤石、大块卵石、地下暗道、沟槽、管线、钢筋、木桩、树根等造成沉井搁置、悬挂。

预防措施及处理方法：

（1）遇较小孤石，可将四周土掏空后取出；遇较大孤石或大石块、地下暗道、沟槽等，可用风动工具或用松动爆破方法破碎成小块取出，炮孔距刃脚不少于 500mm，其方法须向刃脚斜面平行，药量不得超过 0.2kg，并设钢板防护，不得裸露爆破；钢管、钢筋、型钢等可用氧气烧断后取出；木桩、树根等可拔出；

（2）不排水下沉，爆破孤石，除打眼爆破外，也可用射水管在孤石下面掏洞，装药破碎吊出。

7. 沉井下沉到设计深度后遇倾斜岩层，造成封底困难

原因分析：

地质构造不均，沉井刃脚部分落在岩层上，部分落在较软土层上，封底后造成沉井下沉不均，产生倾斜。

预防措施及处理方法：

应使沉井大部分落在岩层上，其余未到岩层部分，若土层稳定不向内崩塌，可进行封底；若井外土易向内坍，则可不排水，由潜水工一面挖土，一面用装有水泥砂浆或混凝土的麻袋堵塞缺口，堵完后，再清除浮渣，进行封底。井底岩层的倾斜面，应适当作成台阶。

8. 沉井下沉遇硬质土层

原因分析：

遇厚薄不等的黄砂胶结层，质地坚硬，开挖困难。

预防措施及处理方法：

（1）排水下沉时，可用人力将铁杆打入土中向上撬动、取出，或用铁镐、锄开挖，必要时打炮孔爆破成碎块；

（2）不排水下沉时，用重型抓斗、射水管和水中爆破联合作业。先在井内用抓斗挖 2m 深"锅底"坑，由潜水工用射水管在坑底向四周方向距刃脚边 2m 冲 4 个 400mm 深的炮孔，各放 0.2kg 炸药进行爆破，余留部分用射水管冲掉，再用抓斗抓出。

9. 沉井超沉与欠沉

原因分析：

（1）沉井封底时下沉尚未稳定；

（2）测量有差错。

预防措施及处理方法：

（1）当沉井下沉至距设计标高以上 1.5m～2.0m 的终沉阶段时，应加强下沉观测，待 8h 的累计下沉量不大于 10mm 时，沉井趋于稳定，方可进行封底；

（2）加强测量工作，对测量标志应加固校核，测量数据须准确无误。

16.5　沉箱的施工

16.5.1　沉箱施工的特点

沉箱技术是利用供气装置通过箱体内预置的送气管路向沉箱底部的工作室内持续压入压缩空气，使箱内气压与箱外地下水压力相等，起到排开水体作用，从而使工作室内的土体在无水干燥状态下进行挖排土作业，箱体在本身自重以及上部荷载的作用下下沉到指定深度，最后将沉箱作业室填充混凝土进行封底的一种工法。

沉箱施工技术具有以下特点：

1）气压平衡水压施工

在沉箱施工的过程中，采用气压平衡，使得地下（箱内）挖土过程中的气压始终与地下水压平衡，并要求箱内水位保持在沉箱结构刃脚口以上适当部位，达到箱内出土、控制、电气设施的正常运转的安全要求，同时保持箱内空气不向刃脚外泄漏，减少空气对沉箱结构外的土体扰动。

2）箱内无人化操作

沉箱的施工过程中用地面遥控的方法实行机械自动挖掘及出土，以避免或减少人员在挖土过程中承受气压，保证超深地下结构的施工人员的安全。

3）全程实时监控

对箱内、人员出入塔、物料塔实行供气自动控制，保证气压始终处于平衡状态。对箱内机械挖土及出土实行有效的监控，包括箱内出土的设备正常运转的监视与安全控制。对沉箱所处的状态，用三维图视实时显示，并能分时保存该资料，便于技术人员及时及事后分析，及时调整沉箱的下沉与纠偏措施。对沉箱的人员进出入塔、物料塔的所有门阀进行可靠的安全自动控制，保证箱内的气压稳定，并对箱内地下水位进行监控。

16.5.2　沉箱施工流程

沉箱施工的流程如图 16.5.1 所示。

16.5.3　沉箱施工要点

沉箱施工方法类似沉井，其施工要点如下：

1. 浅基坑开挖，铺设砂垫层

浅基坑的开挖有利于去除表层松散不利于沉箱气密及承载力低的杂填土，铺设砂垫层起到改善下部地基承载力的作用，有利于沉箱首次下沉的均匀及稳定。砂垫层厚度由计算确定，满足沉箱制作的承载力要求，必要时进行软弱下卧层强度验算。

2. 沉箱工作室的构筑

沉箱通过其下部的刃脚、底板（也称工作室顶板）构成密闭作业空间即沉箱工作室，在其内进行土体的开挖、运输作业。作业室中施加与地下水压力相当的空气压力，使作业室处于干燥状态。具体要求有以下几点：

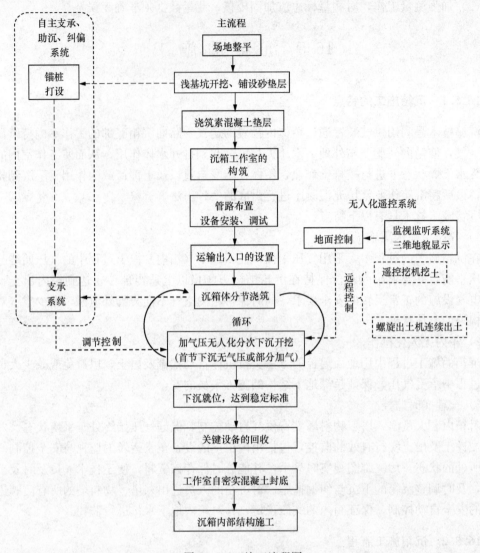

图 16.5.1　施工流程图

（1）沉箱工作室的刃脚及顶板结构一般考虑整体浇筑，刃脚内侧制模宜采用砖胎模形式。刃脚高度也即工作室高度，宜取 2.5m～3.0m。

（2）结构底板（也称作工作室顶板）是承受不断增加的气压与多种施工荷载直接作用的构件，应加强模板、钢筋、混凝土各工序的施工管理，确保结构密实，有良好的气密性。底板支模可采用满堂排架。

（3）工作室整体制作时杜绝在刃脚与底板结合处出现细小裂缝，以防出现后续气压施工时产生大量漏气的后果。如刃脚与底板分次浇筑，两者之间的施工缝应加设钢板止水构造。

（4）底板施工时的另一个重要工序就是预埋件及管路的放置。所有预埋件与管路在底板上下的布置、大小及数量需事先详细计划。

3. 管路布置，设备安装及调试

各种管路与配件的预留和设置，包括供排气、液压油管、水管、混凝土管、封底压浆管路，施工照明、激光扫描三维成像、监控摄像、通讯等控制线路强弱电电缆、线缆，及相应功能的装置及配件。

预埋管路应做好密封闭气处理。刚性管路设阀门封闭，电缆线缆以预埋套管形式穿底板，套管两端采用法兰压紧闭气。

主要遥控施工设备有沉箱自动挖机、皮带运输机及螺旋机出土系统等，在安装完成后均需进行调试，调试通过后方能进行后续施工。

4. 运输出入口的设置

有物料塔、人员塔和螺旋机出土塔，为圆筒形钢制竖井结构。

物料塔提供设备、材料进出通道及作备用出土口用，人员塔提供临时检修环境下的维修人员进出通道。除螺旋机出土塔外，物料塔与人员塔均设闸门段、气闸门或过渡舱等气压调节设施来调节地面大气压与作业室的压力差。

5. 沉箱体的浇筑制作与下沉

沉箱体通常以 4m～7m 的高度分节浇筑制作，其顺序为浇筑→下沉→浇筑循环进行，直到箱体达到所需深度为止。根据下沉难易辅以助沉或防突沉措施，助沉措施主要有触变泥浆减阻、灌水压重、锚拉压沉等，防突沉主要有锚桩支承、加气压等，根据实际情况按需选用。

6. 气压控制

工作室内气压原则上应与外界地下水位相平衡，不得过高或过低，以免气压波动太大，对周边土体造成较大扰动。

在底板上设置进排气阀。在沉箱下沉至某一深度时设定上下限压力值，通过气压传感器进行气压实时量测，超过限值时实时启动警示系统，完成对工作室内的自动充、排气，维持工作室内的气压稳定。

7. 工作室无人化封底

沉箱达到终沉稳定要求、关键设备回收完成后，即可进行无人化封底混凝土施工。施工要点步骤如下：

通过底板预留混凝土导管（设置闸门）向工作室内浇筑自流平混凝土，自然摊铺。封底混凝土应连续浇筑，浇筑顺序为：从刃脚处向中间对称顺序浇筑。过程中通过排气口适当放气，以维持工作室内的气压稳定。

混凝土凝结收缩后通过底板预埋注浆管，压注水泥浆填充封底混凝土与底板之间的空隙。

维持物料塔及人员塔内的气压不变，待封底混凝土达到设计强度后再停止供气。

封底完成后，移除相关设备，封堵底板各预留孔。

16.5.4　支承、压沉系统施工技术

通常沉箱主要是靠沉箱的自重克服下沉阻力（包括井壁与土之间的摩阻力、刃脚地基反力、气压反力等）来下沉的，是一种自然下沉工法。沉箱的下沉存在初期有突沉趋势而后期又下沉困难的特点，主要是首节制作高度较大（包括刃脚、底板及一部分箱壁结构，先形成沉箱工作室）、结构自重大，而浅层地基承载力低，并且起沉时工作室内气压反托

力及沉箱周边摩阻力均较小，导致沉箱初期下沉系数较大。如沉箱下沉速度过快，工作室出土速度不能满足沉箱下沉速度，则势必造成工作室内土体上涌，甚至可能损坏箱内设备；而在沉箱下沉后期，随着下沉深度的增加，工作室内气压也须相应调高。沉箱所受下沉阻力（包括外壁摩擦力、刃脚阻力、气压反力等）相应逐渐增大，导致沉箱下沉困难。

在国内早期的沉箱工艺中往往采取在工作室内设枕木垛作为附加支承的形式。当沉箱下沉一定深度后，沉箱下沉所受综合反力（刃脚反力＋侧壁摩阻力＋气压反力等）可基本平衡结构自重时，再将枕木垛拆除。但枕木垛的拆除要在气压下人工进行，工作环境及施工效率均较差，同时枕木垛放置在工作室内妨碍挖机作业。

在国内的沉井、沉箱施工中，如沉箱需调整下沉姿态或助沉时，往往通过偏挖土，地面局部堆载，加配重物等方式进行，施工烦琐，施工精度和时效性均较差。通过在沉箱外部设置方便调节的外加荷载系统，可较方便地对沉箱进行支承（初沉时）及压沉（后期下沉时），可对沉箱下沉速度作到及时控制。同时可通过分别调节沉箱四角外加荷载的大小，较精确地进行沉箱下沉姿态控制。

1. 施工工艺流程

支承、压沉系统施工顺序如下：

施工准备→钻孔桩施工→沉箱制作→箱壁上安装外挑钢牛腿→安装支承系统（以支承砂筒连接下部桩基与上部钢牛腿）→沉箱在支承作用下挖土下沉→移去支承砂筒安装压沉系统（以穿心千斤顶加探杆连接下部桩基与上部钢牛腿）→沉箱在压沉作用下挖土下沉。支承及压沉工艺流程如图 16.5.2、图 16.5.3 所示。

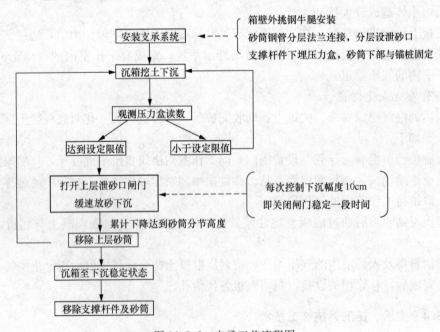

图 16.5.2 支承工艺流程图

2. 施工要点

1) 钻孔灌注桩施工

钻孔桩分别提供支承、压沉工况的锚压、锚拉反力，根据沉箱下沉工况安排，应经计

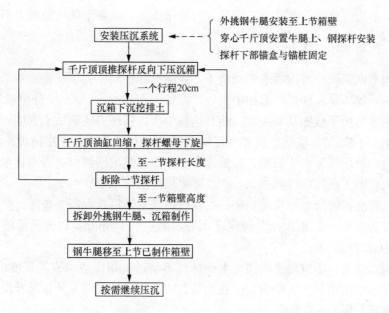

图 16.5.3　压沉工艺流程图

算确定最大锚压与锚拉力，作为桩基设计的抗压抗拔承载力基准。钻孔桩距沉箱外壁的净距应综合考虑施工偏差、土层条件等因素确定。钻孔桩施工工艺流程为：

施工准备→测量放线→护筒埋设→桩位复核→钻机就位→钻进成孔→一次清孔→吊放钢筋笼→安放导管→二次清孔→灌注水下混凝土→钻机移位。

2）桩侧桩底后注浆

钻孔灌注桩在沉箱刃脚底标高以下部分采用桩底桩侧后注浆技术以提高桩基抗压抗拔承载力，同时有利于减少桩长，加快施工进度。桩底注浆器与桩侧注浆环在钻孔桩施工时绑扎定位于钢筋笼上。

3）支承系统操作

支承系统由下部锚桩、中部砂筒、砂筒上支承杆件及上部钢牛腿共同组成。沉箱荷载由上部牛腿传递给支承杆件，支承杆件传递给砂筒内的砂土，最后传递至下部桩基（抗压）。

沉箱开始下沉前，支承系统应安装到位。支承杆件下埋设压力盒，砂筒内砂料为干细砂。当砂筒内压力增加至最大指定限值时，即开始泄砂作业。泄砂应从最上方泄砂孔开始，下层泄砂孔闸门关闭。泄砂下沉量原则上控制每次下降幅度约 10cm。当出现偏斜情况时，可相应仅对局部几个砂筒进行泄砂作业，进行纠偏。支承杆件每下沉 30cm～50cm 左右，将上一段砂筒移除。支承下沉期间，应实时掌握砂筒内压力变化情况及沉箱四角高差情况等数据，以便及时指导与启动泄砂作业。

4）压沉系统操作

压沉系统由下部抗拉桩、中部探杆、上部牛腿及穿心千斤顶共同组成。千斤顶产生的反拉力传递给牛腿，再传递给结构，对结构产生下压力，同时千斤顶产生的反拉力由探杆锚头传递给下部桩基（抗拉）。加压前应仔细检查各锚固点的牢固性，确保锚杆垂直受力，以及各探杆之间的连接牢固情况。开始千斤顶下压力不应太大，具体每次加载重量应根据具体情况进行加压。探杆为分段连接，在沉箱下沉一定深度后，即应考虑换杆。沉箱下沉不均匀时，可一次仅启动局部几个千斤顶进行加压作业，或每个角所加压力不相等。

16.5.5 沉箱结构制作

沉箱结构地面制作前可挖除表面杂填土，并铺设砂垫层。为了保证地基承载力，必须确保砂垫层的铺设质量，砂垫层采用中粗砂，按每层 250mm～300mm 分层铺筑，按 15% 的含水量边洒水边用平板振动器振实，使其达到中密，用环刀法测试干密度，干密度不应小于 1.56t/m³。铺填第二层前必须要下层达到要求，方可进行第二层铺设。为防止雨水及地层潜水对砂垫层质量产生影响，在铺筑砂垫层前在基坑底部设置盲沟将水集至集水井后由水泵抽出。施工期间应连续抽水，严禁砂垫层浸泡在水中。

为保证制作底板时脚手结构的稳定，在基坑内满堂铺设素混凝土垫层。垫层采用 C20 混凝土，厚度为 100mm。混凝土垫层保证水平，误差小于 5mm，以便模板施工，且表面抹光以此作为刃脚的底模。

沉箱的制作高度，不宜使重心离地太高，以不超过沉箱短边或直径长度的一倍为宜，并且不超过 10m。沉箱制作完毕后，应在四角、四面中心绘制明显的标尺及中心线。标尺自踏面向上绘出，以 cm 为单位。

沉箱工程的内模板，一般可一次安装完毕；外模根据具体情况而定；当井壁薄于 60cm 时，一次安装高度不宜超过 1.5m。大型预埋件应专设支撑，不得单独撑架在井壁（隔墙）的模板或钢筋上。

底板、框架、墙壁中的预埋钢筋与相应受力钢筋连接必须焊接、焊接形式为单面焊，焊缝长度不小于 10d。底板、框架、墙壁中预埋钢筋的锚固长度应大于或等于 40d，外露长度应大于或等于 10d。绑扎接头搭接长度 HPB235 应大于 36d，HPB335 应大于 48d。钢筋在孔洞处应尽量绕开，如必须截断时，应从孔洞中心处截断，将截断的钢筋垂直于板面沿洞壁弯入，并焊在洞边加强钢筋或加强环筋上。

1. 刃脚制作

在软弱土层上进行沉井、沉箱结构制作时，一般需采用填砂置换法改善下部地基承载力，随后沉箱结构在地面制作。如果地表面土层为杂填土，沉箱在该层土上进行结构制作，可能在结构过程中出现较大不均匀沉降，对结构不利，且因该层土空隙比大，不密实，在沉箱加气压下沉时气体在该层土中会有大量逸出，不能起到闭气作用。因此沉箱易在土质情况较好的土层上制作。在基坑挖深后，沉箱结构在基坑内制作。在完成刃脚、底板制作后，在结构外围可回填黏性土。沉箱在底板制作后一般需进行工作室内设备安装，施工时间较长。如沉箱此时发生较大沉降，影响后续工序施工的话，可及时向工作室内充入一定气压，利用气压的反托力使沉箱稳定。

刃脚高度也即工作室高度，以往的沉箱施工中常取 1.8m～2.5m 之间。如采用自动挖掘机挖土，同时结合软土地区沉井施工经验，适当提高插入比可有效防止开挖面出现土体隆起现象，其最有效挖掘高度宜在 2.5m 左右。

2. 底板制作

结构底板（也称作工作室顶板）在下沉前制作完毕是沉箱施工的一个特色，以便结构在下沉前可形成由刃脚和底板组成的下部密闭空间。因此该部分结构要求密闭性好，不得产生大量漏气现象，同时需考虑对后续工序的影响。

　　关于底板的制作工艺有多种制作方式。可以将底板与刃脚部分整体浇筑，也可以分开浇筑。前者须考虑刃脚与底板的差异沉降问题，由于工作室内在下沉施工中下部工作室内会充满高压空气，一旦在刃脚与底板结合处出现细小裂缝，也可能导致气压施工时该处产生较明显漏气现象。后者必须考虑底板与刃脚连接部冷缝间的气密性措施。不管采用哪种方法，都着眼于结构密闭性要求，应根据实际工程情况来选择。

　　同时为保证施工需要，需大量电缆、油管、输水从地面进入工作室内。为满足封底施工要求，还需预先在底板上布置输送混凝土、注浆等管路。

　　关于大量电缆、油管、输水管路的布置有多种方案，一种是所有管路直接预埋在井壁中，并随着井壁接高而接高。此方案可确保已埋设管路不易损坏，但井壁中需预埋大量管路，与结构施工相交叉，同时如果管路发生故障，难以维修、调换。另一种是所有管路均穿过底板进入工作室内，因此在底板施工时需要布置大量预埋管路，须考虑管路密封闭气问题。油管、输水管的封闭较简单，预埋时使其上端伸出底板顶面一定长度，上端设阀门封闭。在底板浇筑后即可根据施工需要接长。施工电缆穿底板段也需预先埋设套管，施工用电缆通过套管进入工作室内。为解决电缆与套管间存在间隙的问题，可在套管两端采用法兰压紧闭气。

　　3. 底板以上井壁制作

　　底板以上井壁制作时，内脚手可以直接在底板上搭设，并随着井壁的接高而接高。

　　井壁外脚手可采取直接在地面搭设方式，但由于沉箱需多次制作、多次下沉。为避免沉箱下沉对周边土体扰动较大，影响外脚手稳定性。外脚手须在每次下沉后重新搭设。该工艺的缺点是施工时间较长，外脚手架需反复搭设，结构施工在沉箱下沉施工时无法进行。

　　沉箱外脚手需采用外挑牛腿的方式（图 16.5.4），解决外脚架手搭设问题，从而可使结构施工与沉箱下沉交叉进行，提高施工效率。

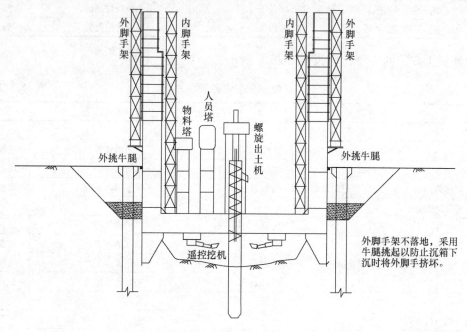

图 16.5.4　外井壁外挑牛腿示意

16.5.6 设备安装及辅助设备配备

1. 主要施工设备的安装

下部工作室内施工设备主要包括：自动挖掘机及其配件、皮带运输机及其配件、螺旋出土机下部储土筒、施工照明灯具、监控用摄像头、三维成像设备、通信设备等。

在底板达到强度，下部脚手体系拆除后开始进行设备安装。由于此时底板已浇筑，因此须将设备分件拆卸后，通过底板上的预留孔洞将设备运输至下部工作室内，再进行组装、安装工作。设备加工时已考虑此因素，各部件拆卸后体积均可满足通过预留孔洞需要。

底板以上施工设备主要包括：人员塔塔身及闸门段、过渡舱，物料塔塔身及闸门段，气闸门，螺旋出土机设备以及相关液压设备的油泵车等。

同时为满足遥控施工的需要，地面上在合适位置还需布置遥控操作室，布置遥控操作、监控等设备，以便操作人员进行遥控操作施工。

安装顺序为先安装底板以下各类设备及电缆布置，随后安装底板以上各类设备并布置供气、排气、油管、电缆等各类管路及线路。

在工作室顶板上安装的主要设备如表16.5.1所示：

顶板安装设备   表16.5.1

序号	设备名称	位置	序号	设备名称	位置
1	轨吊挖机	底板下	8	气压的监控设备	底板下
2	顶轨	底板下	9	紧急报警	底板下
3	皮带式运输机及皮带机提升设备	底板下	10	修理工具设备	底板下
4	监视摄像	底板下	11	备用材料	底板下
5	场内通讯	底板下	12	空气质量的监控设备	底板下
6	地下供电配电箱、线、照明	底板下	13	出土设备封底钢管	底板下
7	中继控制箱、线	底板下	14	三维成像设备	底板下

在底板上安装的主要设备如表16.5.2所示：

底板安装设备表   表16.5.2

序号	设备名称	位置	序号	设备名称	位置
人员塔组成					
1	筒柱	底板上	4	筒内监控	底板上
2	上阀门筒	底板上	5	筒内照明	底板上
3	筒内的供排气与压力控制设施	底板上	6	排气消声设备	底板上
物料备用塔组成包括					
1	筒柱	底板上	6	筒内照明	底板上
2	上阀门筒	底板上	7	排气消声设备	底板上
3	B塔筒内门阀的闭、通设备	底板上	8	操作安全平台	底板上
4	筒内的供排气与压力控制	底板上	9	平台辅助监控	底板上
5	筒内监控	底板上			
出土螺旋机（C塔）					
1	螺旋机驱动设备	底板上	2	千斤顶	底板上

在底板上布置的主要辅助设备如表 16.5.3 所示：

底板主要辅助设备　　　　　　　　　　　　　表 16.5.3

序号	设备名称	位置	序号	设备名称	位置
灌水设备 （下沉压重灌水用）		底板上	出土设备 （吊运出井）		底板上
1	灌水管道及阀	底板上	1	出土斗	底板上
2	排水泵	底板上			

在地面上布置的设备如表 16.5.4 所示：

地　面　设　备　　　　　　　　　　　　　表 16.5.4

序号	设备名称	位置	序号	设备名称	位置
排土设备					
1	门吊	地面上	2	大泥箱	地面上
重要安全设备及备用设备					
1	气压调节设备	地面上	3	专用医疗仓	地面上
2	备用发电机	地面上	4		
空气供给设备					
1	空气压缩机	地面上	5	储气包	地面上
2	冷却器	地面上	6	空气净化处理设备	地面上
3	冷却塔	地面上	7	空气循环系统及空气管道	地面上
4	分离器	地面上	8	人员仓自动控制减压设备	地面上
遥控台					
1	地下施工监控	地面上	4	塔内气压的监控	地面上
2	地下轨吊挖机的操作与控制	地面上	5	供电配电设箱线	地面上
3	塔内的监控	地面上	6	通信设施	地面上

沉箱施工的主要预埋件如表 16.5.5 所示：

主　要　预　埋　件　　　　　　　　　　　　表 16.5.5

序号	设备名称	位置	序号	设备名称	位置
1	预埋供气管及备用管	底板及结构中	8	预埋备用物料塔底座	底板中
2	预埋供电管及备用管	底板中	9	预埋螺旋出土塔底座	底板中
3	预埋控制电线管及备用管	底板中	10	箱内吊轨埋件	底板中
4	预埋压力供水管	底板及结构中	11	皮带机吊架及千斤顶埋件	底板中
5	预埋其他管	底板及结构中	12	箱内起重安装埋件	底板中
6	预埋人员出入塔底座	底板中	13	箱内四角安装埋件	底板中
7	预埋封底套管	底板中	14	预埋封底注浆管	底板中

2. 设备布置的原则

（1）工作室内设备

根据工作室面积大小和挖机设计布置挖机运行轨道，挖机轨道及数量应保证工作室内任何区域的挖土需要。皮带运输机的布置要考虑螺旋机进土口的设置及操作方便。工作室内照明、摄像，通讯等布置以满足施工需要，便于地面遥控室内遥控施工为原则，实际安装中进行了调整。

（2）穿底板预埋管线的布置

考虑到沉箱结构自身的特点，为操作方便，大量电缆管、供气管、排气管、油管等可集中布置。考虑到预埋管路的不可修复性，预埋管路在布置时均考虑用一备一。封底预埋

图 16.5.5　空压机房

管及封底压浆管则根据封底混凝土扩散要求满堂布置。

（3）辅助设备的配备

空压机是沉箱的供气源，在工作室内充气后应持续工作，以不断补充工作室内损失的气压。考虑到沉箱可能会在闹市区施工，空压机施工时应注意控制其施工噪声、振动等对周边环境造成的污染。同时应配备气体净化、冷却装置，以保证工作室内工作人员的健康要求，如图 16.5.5 所示。

沉箱用气消耗公式按下式计算：

$$V_1 = k \cdot (\alpha F + \beta U) \cdot (1 + H/10.33)　　　　(16.5.1)$$

式中　F ——沉箱工作室顶板及四周刃脚内表面积之和（m^2）；

U ——沉箱刃脚中心周长（m）；

α ——经过面积 F 每平方米逃逸的空气量，此值视混凝土的密实程度而定，对表面未喷防水砂浆的可取 $\alpha = 0.5 \sim 0.6 m^3/h$，对内表面喷防水砂浆的取 $\alpha = 0.35 m^3/h$；考虑到该公式为早期沉箱施工时采用，目前混凝土的防渗等级较以往已有极大提高，高压气体通过混凝土表面析出的可能性已极小，因此 α 取小值 $0.30 m^3/h$；

β ——经过刃脚底部四周每延米每小时逃逸的空气量，视土质的透气程度而定，对黏土取 $\beta = 1.0 m^3/h \cdot m$，对砂土取 $\beta = 2 m^3/h \cdot m \sim 3 m^3/h \cdot m$；

k ——施工消耗空气量系数，一般取 $k = 1.25 \sim 1.35$；

H ——沉箱下沉至终沉标高时原静水头高度再加上 2m。

现场应设置备用气源，同时现场需自备发电机，作为紧急备用电源。空压机供气管路上设置了自控和手控两路阀门，平常以自控为主，在自控出现故障时可紧急调换至手控控制。供气管路的耐压性需满足工程需要。由于沉箱需不断接高、下沉，供气管路在靠近沉箱处应为软管，同时在结构接高时，管路还需进行接长，因此现场必须有多路供气管路，以满足管路调换的需要。

同时为控制工作室内气压波动幅度，在底板上还需设置排气阀，在工作室内压力高于设定值时，可打开排气阀降低压力。排气管路需预埋在底板结构中。排气阀可设置自控和手控两路阀门，同时在排气管路上还可以安装气体检测设备，在作业人员进入工作室内时，应对工作室内气体质量进行检验。

3. 其他

(1) 施工用电

由于工程设备多，尤其是空压机在气压施工时连续工作时间长，因此现场施工用电量较大。施工用电需考虑满足施工高峰时用电要求，同时考虑到气压供给的连续性，现场应采取双路供电，并在现场自备发电机以备突然停电情况下应急供电。

由于现场施工，尤其是工作室内部须布置大量强、弱电电缆，因此应对工作室内各类电器线路作详细规划，统一布置，并应采取有效屏蔽措施，防止强、弱电路之间的互相干扰。

(2) 施工通讯

现场各作业点及工作室内部与遥控操作室之间均采用有线电话及对讲机联系。

16.5.7　沉箱下沉

1. 沉箱下沉前需具备的条件

(1) 所有设备已安装、调试完成，相应配套设施已配备完全；

(2) 所有通过底板管路均已连接或密封；

(3) 支承、压沉系统已安装完毕，且井壁混凝土已达到强度。

2. 沉箱出土方法

由于采用远程遥控式沉箱工艺，因此正常状况下工作室内没有作业人员，沉箱出土依靠地面人员遥控操作工作室内设备进行。出土方法可采用螺旋出土法或者吊筒法，简述如下：

1) 螺旋出土法

当进行挖土作业时，悬挂在工作室顶板上的挖机根据指令取土放入皮带运输机的皮带上，当皮带机装满后，地面操作人员遥控皮带机将土倾入螺旋出土机的底部储土筒内。待螺旋出土机的底部储土筒装满土后，地面操作人员启动螺旋机油泵，开动千斤顶将螺旋机螺杆（外设套筒）逐渐旋转并压入封底钢管内，保持螺杆头部有适度压力，通过螺杆转动使土在螺杆与外套筒之间的空隙内上升。最后从设置在外套筒上方的出土口涌出，落入出土箱内，土箱满后，由行车或吊车将出土箱提出，并运至井外。重复上述流程，即可完成进行沉箱出土下沉施工。出土流程如下（图 16.5.6）：

(1) 螺旋机筒体提升至封底钢管进土口上部，待皮带机送土。

(2) 遥控挖机挖土、装土：监视器的显示器显示挖机所在位置的实时情况→电脑显示挖机所在的平面的位置→电脑显示箱内土的标高三维图→遥控挖机动作：动臂上下、斗杆伸缩、斗铲转动、挖机回转、挖机在吊轨上行走→完成相应位置的挖土动作即铲斗装满土→监视器显示皮带机的位置、状态→置皮带机于低位→遥控挖机将土装到皮带机上。

(3) 皮带机运转将皮带机上的土送至螺旋出土机底部储土筒内，并可注入适量水或浆液。

(4) 待土装满到螺旋出土机底部储土筒的腰部开口处，皮带机停止送土，继续待挖机向皮带机装土。

(5) 千斤顶将螺旋机筒向下压，并同时转动螺旋机，对螺旋出土机底部储土筒内的土进行搅拌、加压，待螺旋机筒降到将储土筒腰部开口封住后，钢管内形成一个密闭的土仓，在千斤顶与螺旋机的加压下，土压力升高，打开螺旋机的出土门，在螺旋机的转动下将土送出螺旋机的出口。

（6）在底板上设土斗，待螺旋机出土装满一斗后，即吊出井外。

（7）螺旋机降到储土筒底部后，停止转动，并用千斤顶提升螺旋机筒至封底钢管进土口上部，待皮带机送土。

重复上述出土过程循环。

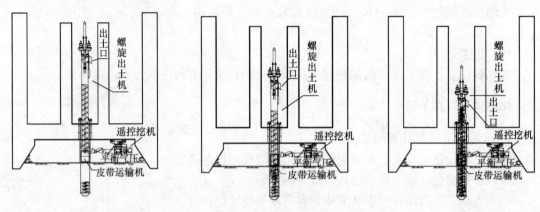

图 16.5.6　施工流程

该出土流程的主要特点是通过螺旋出土机下压建立初始压力，通过螺杆旋转使土在螺旋机内形成连续的土塞，并在螺杆旋转过程中不断从出土口挤出。该出土方式借鉴了土压平衡盾构螺旋出土方式。当土在螺旋机内形成连续的、较密实的土塞后，可以防止工作室内的高压气体向外界渗透。在螺旋机连续出土的过程中，不会有大量气体泄漏，也不必经过物料塔出土须两次开、闭闸门的过程，施工效率较高。

当沉箱穿越砂性土层时，土质不密实，则螺旋机土塞存在漏气的可能，因此在螺旋机上设置了注水、注浆装置。在穿越较差土层时，可向螺旋出土机底部储土筒内的土注水、注浆以改善土质。

2）吊筒出土法

物料塔出土过程：物料塔两道气闸门关闭→挖掘机挖土→经皮带机运输至土斗→土斗提升，下道气闸门打开→土斗提升至上下两道气闸门之间，下闸门关闭，开放气阀→上闸门打开，土斗提升至塔外。

进塔过程：物料塔两道气闸门关闭→上道闸门打开，土斗下降至上下两道气闸门之间→开进气阀，向两道气闸门之间供气，使压力与工作室压力相当→打开下闸门，土斗下降至工作位置→下闸门关闭。

除备用出土外，物料塔还是沉箱下沉至底标高后工作室内主要设备拆除后运出井外的主要通道。

采用物料塔出土，其出土过程稍显烦琐，但如将物料塔出土流程分解后交叉操作，也可使施工效率有一定提高。如在物料塔外设溜槽，当土斗吊出上闸门后，直接翻身倾倒在溜槽内，土从溜槽内运至底板上土箱内，当土箱堆满土后，吊出井外。同时土斗在倾倒完以后可直接下至上下闸门之间进行下一次出土操作。

3. 沉箱挖土下沉

沉箱下沉是一个多工种联合作业的过程。沉箱内挖土、出土由地面操作人员遥控完成，如图 16.5.7 所示。同时沉箱下沉还应与外围支承及压沉系统的施工相协调。各工种之间的协调通过现场实时监测，管理层根据现场监测数据进行各工种之间的协调施工。

图 16.5.7　工作室及控制室

工作室内挖机挖土时按照分层取土的原则，一般按每层 300mm～400mm 左右在工作室内均匀取土。同时应遵循由内向外、层层剥离的原则。开始取土时位置应集中在底板中心区域，逐步向外扩展。使工作室内均匀、对称地形成一个全刃脚支承的锅底，使沉箱安全下沉，并应注意锅底不应过深。

由于刃脚处为气体最容易逸出的通道，因此挖机取土时一般应避免掏挖刃脚处土体，随着沉箱的下沉会逐渐被挤压至中间方向，再依靠挖机取出即可。但沉箱下沉一定深度后，由于气压反力的影响使沉箱下沉缓慢，这时可适当分层掏挖刃脚土体。但应始终保留刃脚处部分土塞，防止气体外泄。同时此时沉箱的下沉可依靠助沉措施，如千斤顶压沉等来进行。

当沉箱一次下沉结束后，工作室内停止挖土，进行结构接高浇筑混凝土，养护等。待接高段混凝土达到一定强度后，再继续下沉。此阶段由于沉箱停止下沉，应注意开挖面可能有隆起现象（因工作室内气压仅能平衡外界水压，并不能完全平衡外界全部水、土压力）。因此在沉箱一次下沉到位，等待接高过程中，应注意下部不可开挖锅底过深。为了防止挖机铲斗内出现黏土粘结现象，在工作室顶板上设置了水枪，可及时冲刷铲斗。同时还可通过适当调整工作室内气压大小改变土体含水率，使土体便于挖掘和倾倒。

16.5.8　沉箱封底技术

沉箱下沉到位后，其工作室内部空间需填充，可采用自密实混凝土进行封底施工。

当沉箱下沉至设计标高后，应进行 8 小时的连续观察，如下沉量小于 10mm，即可进行封底混凝土浇筑施工。施工时将泵车导管与预埋管上口相连，打开闸门，利用泵车压力将混凝土压入工作室内。由于混凝土自重大，且从地面浇筑，可克服工作室内高压气体压力进入工作室内。当一处浇筑完毕后，将闸门关闭，然后将混凝土导管移至下一处进行浇筑。

施工时要求封底混凝土具有足够的流动性。因此采用自密实混凝土，以保证混凝土在工作室内均匀摊铺。施工中应利用多辆泵车连续浇筑，并须保证混凝土浇筑的连续性。浇筑顺序为：从刃脚处向中间对称顺序浇筑。在混凝土浇筑前刃脚处的土应尽量掏除干净。向工作室内浇筑混凝土时，由于工作室内气体空间逐渐缩小，可通过底板上排气装置适当放气，以维持工作室内气压的稳定。

在浇筑混凝土过程中，混凝土导管上应设置闸门，以备当混凝土供应不及时时，可临时关闭闸门，防止高压气体从导管处逸出。

由于封底混凝土与底板之间可能存在空隙，可在封底结束后，通过底板处预埋的注浆管压注水泥浆进行空隙填充，注浆管与封底混凝土导管交叉布置，最后封底混凝土基本充满沉箱底部工作室，此时应维持物料塔及人员塔内的气压不变，待封底混凝土达到设计强度后再停止供气。在封底后进行底板预留孔的封堵。施工示意图如图 16.5.8，沉箱封底现场如图 16.5.9 所示。

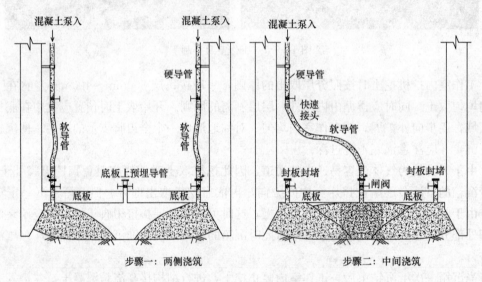

步骤一：两侧浇筑　　　　步骤二：中间浇筑

图 16.5.8　施工示意

16.5.9　沉箱施工过程控制

1. 施工过程的气压控制

1）气压控制原则

沉箱施工时，由于底部气压的气垫作用，可使沉箱较平稳下沉，对周边土体的扰动较小，因此在沉箱下沉过程中，应首先保证工作室内气压的相对稳定。

沉箱下沉过程中，工作室内气压原则上应与外界地下水位相平衡，不得过高或过低。气压过小可能引起工作室内出现涌水、涌土现象，气压过大则可能导致气体沿周边土体形成渗漏通道，发生气体泄漏，严重时可能导致大量气喷，产生灾难性后果。在沉箱下沉过程中，随着沉箱下沉、出土作业交叉进行，工作室内空间的不断变化，使工作室内气压值一直处于波动状态；同时施工过程中会存在少量气体泄漏现象。因此为防止气压波动太大，对周边土体造成较大扰动，在底板上设置了进排气阀，所有阀门可自动控制。在沉箱下沉至某一深度时根据相关施工参数设定上下限压力值，对工作室内进行自动充、排气，

图 16.5.9　沉箱封底现场

以维持工作室内气压的相对稳定。

2）施工过程中的气压控制

工作室内气压的设定应根据沉箱下沉深度以及施工区域的地下水位、土质情况等因素进行设定，以保证气压可与地下水头压力相平衡，因此在沉箱外侧应设置水位观测井。根据地下水位情况，沉箱入土深度，承压水头的大小，穿越土质情况等因素决定工作室气压的大小。

沉箱初期下沉时，一般刃脚必须插入原状土一定深度，并应到达地下水位以下，才可以向工作室内加气压，以保证建舱成功。

在沉箱下沉初期，由于刃脚插入土体深度浅，刃脚周边密闭性差，此时箱内气压值可略低于地下水位值，以防止土体中形成气体渗透通道。在沉箱下沉一定深度后，再逐步将气压值调至与地下水位相当。气压值的设定，随着下沉深度的增加，沉箱内气压应相应调高。实际沉箱下沉过程中，气压的调节还根据开挖面土层干燥度等因素来调节，通过调节气压大小，使开挖面保持在比较干燥状态，有利于挖机挖土施工。

3）防止气压泄漏措施

为避免气体从刃脚处泄漏，实际工作室内的气压可略低于地下水位，这样可使工作室内的地下水位略高于刃脚，起到水封闭的作用，防止气体沿刃脚外泄。工作室内气压的大小对开挖面土体干燥度有直接的影响，应考虑土体含水量过高对出土施工的影响。

当工作室内在加压以后，高压气体在土体中有一个缓慢渗透的过程，这是工作室内气体损失的一个重要因素。施工中发现，沉箱在穿越渗透系数较小土层时，其气体损失率相对较低，但在穿越渗透性较强的砂性土及杂填土层时，其气体损失率则较高。因此沉箱在穿越砂性土等渗透性较高土层时，应特别注意维持气压在等于或略低于地下水位的水平，防止气体大量泄漏。

施工中由于沉箱下沉对周边土体造成扰动，使局部土体松散，则工作室内高压空气有可能从土体缝隙中逸出。施工中表明，此时应及时将沉箱继续下沉一定深度，将刃脚下土体压实，隔绝气体渗透通道，对阻止气体进一步泄漏的效果较明显。同时在沉箱外围设置了触变泥浆套，利用黏度较高的泥浆填充沉箱周边在下沉过程中可能形成的土体缝隙。

为保证气体发生较多泄漏时工作室内气压的维持，现场供气设备须考虑备用措施。在发生较明显气压泄漏时，在采取各种应急措施的同时，还应保持供气系统正常供气，避免工作室内气压下降过多引起开挖面土体上涌。空压机及供气管路均应分多路供气，便于一路发生故障可及时调换，同时现场应自备发电机，以备现场突然停电后空压机可正常运转。

2. 助沉措施

一般助沉措施分加载法和减阻法，工程中常用的几种助沉方法及原理如表 16.5.6 所示。

助沉方法及原理　　　　　　　　　　表 16.5.6

工法名称		概要	适用性能
加载方法	加载荷重	在沉箱顶端堆放重物（各种型钢、预制混凝土块等），从而增加下沉力的方法	1. 在下沉抵抗很大的情况下，仅靠增加上方堆载可能仍然不能满足要求，因此需要同时采用其他辅助工法。 2. 由于上方堆载妨碍挖土作业，需要反复进行加载与卸载作业，导致施工繁琐
	压入	从埋地锚杆获得反力，借助于设置在沉箱顶端的加压桁架通过液压千斤顶将沉箱压入地基的方法	由于采用强制性的垂直输入方式，因此倾斜少而且纠正容易，但是，刃脚以下地基是黏性土的情况下，如果压入下沉采用过多导致黏性土地基固结，会导致刃脚反力增大
减小摩擦方法	涂特殊表面活性剂	在沉箱外表面涂抹表面活性剂，极力降低摩擦系数，从而降低摩擦抵抗的方法	1. 对于黏性土地基有良好效果，但是对于砂质土/硬质地基通常不能期待其效果。 2. 需要同时采用其他辅助施工方法
	高压空气	事前在沉箱侧壁上分段设置空气喷射孔，通过该喷射孔喷射压缩空气，从而降低摩擦抵抗的方法	1. 对于黏性土地基，由于消除了黏着力而有良好效果，但是对于砂质土地基由于空气消散效果较小。 2. 对于鹅卵石/漂石地基几乎没有任何效果
	高压水	用高压水取代压缩空气，通过喷射高压水从而降低摩擦抵抗的方法	1. 对于黏性土/粉土的细颗粒土地基效果明显，但是喷射方法的不同对地基有不同程度的扰动。 2. 对于鹅卵石/漂石地基几乎没有任何效果。 3. 一般同时还采用其他辅助施工方法

工法名称		概要	适用性能
减小摩擦方法	泥水注入	通过设置在沉箱侧壁上的孔向沉箱与侧壁间注入密度大的膨润土等泥水，从而降低摩擦抵抗的方法	对砂质土地基效果明显而且对地基的扰动也小，但是在地下水流动的情况下泥水也有可能流出
	振动爆破	通过炸药爆破振动作用施加在沉箱上从而降低摩擦抵抗的方法	1. 如果火药量过多可能会损伤刃脚。 2. 需要注意对周围浇筑物的影响
	夹入薄膜	在沉箱外周面和地基之间布置薄钢板或是与地基密切结合的高分子强化薄膜从而降低摩擦抵抗的方法	在施工过程中切断夹入薄膜的情况下破坏周围摩擦力的平衡，从而容易导致沉箱下沉倾斜

采用泥浆套、空气幕、减压和压重等助沉措施时，下沉前应检查设备、管路的完好情况。在软土地基必须慎用减压助沉。在减压助沉时，必须严格控制气压，防止地基隆起和流砂现象。在下沉最后 1m 的范围内不能使用减压下沉。采用泥浆套助沉的沉箱，终沉后应及时对箱壁外泥浆进行置换。

16.5.10 沉箱施工的生命保障系统

1. 高压作业的流程控制

由于沉箱施工过程中工作室内的设备、通讯、供电系统可能需要调试维修，在沉箱下沉至底标高时工作室内主要设备还需进行拆除并运出井外。因此施工过程中仍需维修人员在必要时进入工作室气压环境内，作业人员进出沉箱下部工作室是通过人员进出塔的。

1）沉箱内的人员进出程序

维修人员进出人员塔的流程如下：

（1）作业人员从常压环境进入高压环境

若人员塔过渡舱内的主舱有压力：作业人员进入进口闸，关闭进行闸外门；舱内人员检查通讯及应急呼叫状态是否良好，舱外操舱通过电视监控观察舱内人员的工作状态；开始加压，加至与主舱平衡，打开舱外平衡阀，至压力完全平衡；舱内人员打开进口闸内门，即可进入主舱的工作压力环境。该状态一次进入 2 人。

若过渡舱内的主舱没有压力：作业人员通过进口闸进入主舱，并关闭进口闸内门；舱内人员检查通讯及应急呼状态是否良好，舱外操舱通过电视监控观察舱内人员的工作状态；开始加压，加至与下部人舱段平衡，舱外工作人员开启主舱与人舱标准段之间的平衡阀；同时舱内作业人员开启主舱底部舱门上的平衡阀，待完全平衡后开启底部舱门；人员即可进入人舱段的压力环境中。该状态一次进入 2 人。

另一种进舱方法：作业人员通过进口闸进入主舱，并关闭进口闸内门；舱内人员检查通讯及应急呼叫状态是否良好，舱外操舱通过电视监控观察舱内人员的标准段之间的平衡阀；同时舱内作业人员开启主舱底部舱门上的平衡阀，待完全平衡后开启底部舱门，人员即可进入人舱段的压力环境中。该状态一次可进入 6~8 人。人员进入前应先行检测作业环境内的危险有毒气体的情况。

（2）从高压环境回到常压环境（以进入人员塔过渡舱的主舱为例）

作业人员准备回到过渡舱前，舱外工作人员应关闭进口闸内门，并对过渡舱主舱进行加压；将压力加至与下部人舱段平衡后，通知作业人员打开底部舱门上的平衡阀，待舱压完全平衡后，打开舱门；作业人员进入过渡舱主舱内，关闭底部舱门，并通知舱外工作人员开始吸氧，舱外人员应密切注意舱内氧浓度值的变化（氧浓度应严格控制在 25％以下），随时保持通风状态；待压力降至 0.12MPa 时，或继续吸氧减压，按程序逐步减至常压状态，作业人员出舱；或在减压至 0.12MPa 时，不停留直接减压出舱，在 5 分钟之内必须进入移动舱内，再加压至 0.12MPa，继续按程序吸氧减压；后者可大大缩短在过渡舱内停留时间。

2）高气压作业人员要求

（1）自觉遵守制度，主动配合气压医师、兼职医师及气闸工做好保健工作。

（2）进舱人员应在进舱作业前 1 小时用餐完毕。

（3）进舱人员主动向医师或兼职卫生员如实报告身体情况，包括主观感觉，经体检合格后方可进舱。应解大小便、更换工作服及交出一切火种（火柴和打火机）和易受压密闭用品如手机水笔等准备工作；提前 10 分钟集体进入气压闸。

（4）未经医师许可不得擅自进入气压工作舱。

（5）工作人员一律由人行闸进出，禁止由物材料闸出入，严禁在气闸内吸烟。在气压下作业时，要经常变换劳动姿势和体位，注意安全操作。

（6）完成当天高气压作业后，务必在常压下连续休息 12 小时以上，方可参加次日的高气压作业。特殊情况应征得气压医生的同意，应按重复气压施工进行减压，采用延长减压方案。决不允许随意更改或缩短减压时间。

（7）严格遵守减压方案和医学追踪观察规定。减压时，应取坐姿，注意保暖，不要赤膊倚靠闸壁，不要喧闹嬉打。出舱后，应在工地现场休息室，进行医学观察 2～4 小时，不要剧烈活动，医疗观察结束，经医师同意后，方可离开工地。途中，切忌快速骑自行车、跑步。

3）停留站和减压方案的选择

严格按照高气压作业减压表的减压方案进行减压。气压医师根据气压人员在气压环境下工作时间、工作面的深度（压力）和劳动强度等环境因素选择相应的减压方案进行减压，同时做好每天的高气压施工日志和加压、减压过程工作记录和人员在舱内的情况记录，并由当班医生和施工负责人签字。

4）高压氧舱操作规程

如图 16.5.10 所示。

2. 气压状态下的环境控制

1）氧浓度

移动氧舱如图 16.5.11 所示。工作室内有人状态下的氧浓度控制在 19％～23％，（舱门外侧安装一台氧监测仪）另配备携带式测氧仪可在隧道内随时监测氧浓度。

补氧方式：以（空气）通风形式。

通风方式：供气管路持续供气，并适当开启放气阀门，保证工作室内的空气流通。

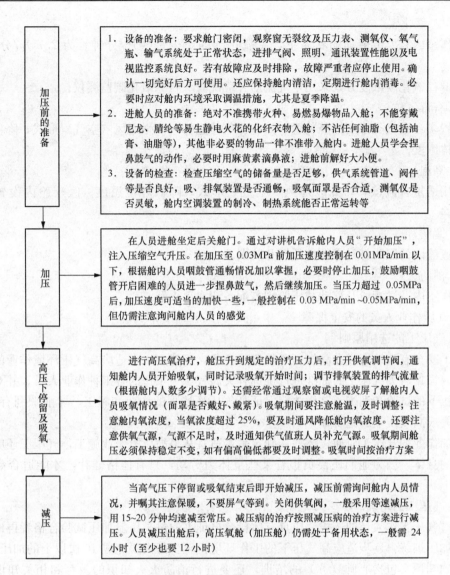

加压前的准备	1. 设备的准备：要求舱门密闭，观察窗无裂纹及压力表、测氧仪、氧气瓶、输气系统处于正常状态，进排气阀、照明、通讯装置性能以及电视监控系统良好。若有故障应及时排除，故障严重者应停止使用。确认一切完好后方可使用。还应保持舱内清洁，定期进行舱内消毒。必要时应对舱内环境采取调温措施，尤其是夏季降温。 2. 进舱人员的准备：绝对不准携带火种、易燃易爆物品入舱；不能穿戴尼龙、腈纶等易生静电火花的化纤衣物入舱；不沾任何油脂（包括油膏、油脂等），其他非必要的物品一律不准带入舱内。进舱人员学会捏鼻鼓气的动作，必要时用麻黄素滴鼻液；进舱前解好大小便。 3. 设备的检查：检查压缩空气的储备量是否足够，供气系统管道、阀件等是否良好，吸、排氧装置是否通畅，吸氧面罩是否合适，测氧仪是否灵敏，舱内空调装置的制冷、制热系统能否正常运转等
加压	在人员进舱坐定后关舱门。通过对讲机告诉舱内人员"开始加压"，注入压缩空气升压。在加压至 0.03MPa 前加压速度控制在 0.01MPa/min 以下，根据舱内人员咽鼓管通畅情况加以掌握，必要时停止加压，鼓励咽鼓管开启困难的人员进一步捏鼻鼓气，然后继续加压。当压力超过 0.05MPa 后，加压速度可适当的加快一些，一般控制在 0.03 MPa/min ~0.05MPa/min，但仍需注意询问舱内人员的感觉
高压下停留及吸氧	进行高压氧治疗，舱压升到规定的治疗压力后，打开供氧调节阀，通知舱内人员开始吸氧，同时记录吸氧开始时间；调节排氧装置的排气流量（根据舱内人数多少调节）。还需经常通过观察窗或电视荧屏了解舱内人员吸氧情况（面罩是否戴好、戴紧）。吸氧期间要注意舱温，及时调整；注意舱内氧浓度，当氧浓度超过 25%，要及时通风降低舱内氧浓度。还要注意供氧气源，气源不足时，及时通知供气值班人员补充气源。吸氧期间舱压必须保持稳定不变，如有偏高偏低都要及时调整。吸氧时间按治疗方案
减压	当高气压下停留或吸氧结束后即开始减压，减压前需询问舱内人员情况，并嘱其注意保暖，不要屏气等到。关闭供氧阀，一般采用等速减压，用 15~20 分钟均速减至常压。减压病的治疗按照减压病的治疗方案进行减压。人员减压出舱后，高压氧舱（加压舱）仍需处于备用状态，一般需 24 小时（至少也要 12 小时）

图 16.5.10　高压氧舱操作规程

图 16.5.11　移动氧舱

2）二氧化碳

工作室内有人员劳动的状态下，二氧化碳的产生量（升/分钟）为 2.7 升/分/人×人数。

降低二氧化碳浓度方式采用空气流通并应配置一台二氧化碳监测仪。

3）有毒气体

配置多台沼气类浓度报警装置。如有毒气体超标，以强通风（空气）形式，降低环境有毒气体浓度。

4）降温

饮用适量含盐饮料，并以通风（空气）形式，降低环境温度。医疗舱内设置空调系统。

5）照明

过渡舱内的照明灯具必须是低压和防爆。

6）消防

工作室内及过渡舱及移动减压舱均需配备清水灭火器。

3. 气压作业人员的安全保障

1）气压工的选用原则

为了安全有效地完成在高气压下的施工任务，应建立一支适应高气压环境作业的施工队伍。应根据有关气压工的标准进行挑选有关高气压下工作的各工种作业人员，并对其进行高气压下的试验和训练，这样才能保证高气压环境下的作业和施工，才能顺利有效地、安全地完成高气压下的施工任务。

参加作业的气压工应通过体检，确定是否适宜从事高压下作业施工，气压工还应有非常健康的身体，因为他们还要负担着某些重体力劳动，只有体格健壮，才能适合高气压作业。

2）气压工的培训

通过气压工作人员的选拔，应具有体检合格证书通过高压舱加压试验合格者再进行作业前的加压训练，逐步适应高气压下的工作环境，至少每人要完成 10 次以上的加压训练、急救基础知识（包括心肺复苏）的培训，还要进行消防灭火知识的教育和相关知识的培训，并了解和掌握消防器材的使用和灭火技能的操作和演练。

训练课程包括下述内容：

（1）概要讲述施工现场高气压作业环境，了解高气压环境下的生理、心理保健；

（2）了解和掌握高气压作业施工技术要求，供气、通讯系统的设备；

（3）了解和掌握高气压作业中有关应急操作程序；

（4）作业环境中的危险因素，如何做好个人防护措施、防寒保暖工作；

（5）加压与减压过程中的医学性，如何做好调教前调节功能，如何急救（包括心肺复苏）等；

（6）气压作业事故处理程序，如何启动应急预案。

3）气压工的医疗保障

（1）气压工在作业前对自己的身体情况应如实向负责气压施工的保健医生汇报，不要隐瞒病情，以防意外发生（如患感冒、发热不宜参与高气压作业，因感冒病人的咽鼓管不易开启，有鼻塞的病人不易通气，如在高气压环境下不能有效地进行咽鼓管功能调节，易引起两耳鼓膜受压破裂，还易引起各种气压伤）。

（2）每次作业前，经一般体检，征得医师同意后，以每次进舱人员为单位，填写高气压施工表，填妥相关内容后进舱。

（3）气压工在作业时应听从指挥，不要随意玩弄气压舱内的管道和阀门，加压和减压过程中不要赤膊依靠舱壁，减压时应取坐姿，注意保暖。避免减压病的发生和各种损伤。

（4）气压作业人员应自觉遵守气压舱的工作制度和操作规程，应在进气压舱作业前一小时用餐完毕。进舱前应解好大小便，更换工作衣，交出火种（火柴和打火机等），严禁在气压舱内吸烟，严禁在气压舱内大小便，保证舱内空气新鲜，防止火灾事故发生。

（5）在气压舱内作业时，要经常变换劳动姿势和体位，注意安全操作。为了防止减压病的发生，应严格遵守气压医师选定的减压方案，不要随意改变减压方案。出舱后应在工地安静休息，有条件应立即进入浴池内泡澡，使体内残留的氮气进一步排出。切记剧烈活动，防止减压病的发生。

（6）一旦发生减压病，应立即进行加压治疗，工地有加压舱的立即进舱加压治疗，并制定治疗方案。条件不具备的，立即联系送指定专业治疗医院进行加压治疗，在运送途中，应注意保暖，并向治疗医院医生讲明施工作业情况，包括作业的时间和工作压力，以便医院治疗时确定治疗方案和措施。应仔细分析减压病发生的原因，进一步做好减压病的预防工作。

（7）在完成当天的施工任务后，如采用舱面减压，人员从气压闸（过渡舱）出来后立即转入高压氧舱（加压舱）实施水面减压法，这一过程时间应控制在 6min 时间内，同时务必做到：①迅速脱去有油脂的工作服；②擦洗净手上的油污，进舱后迅速加压，加压至原工作过渡舱的第一停留站（根据减压方案）进行减压，继续完成减压。

（8）一般情况下减压后需在常压下连续休息 12 小时以后，方可参加次日高难度气压作业。特殊情况应征得气压医师的同意应按重复气压施工的减压方案减压，修改减压方案，延长减压时间，绝对不能随意更改或缩短减压时间。

4）急救常识

（1）在高气压作业期间，医务人员应随作业人员在现场值班及医学监护。除对进出高气压环境的人员实施加压指导及制订减压方案外，无论什么时间，对发生的高气压疾病，应及时抢救（或救治）。

（2）如在高气压作业期间，作业人员遇严重高气压疾病伴有昏厥（或昏迷）时，应仔细检查血压、心脏、肺部等生命指标，并详细了解病因，及时制订出相应的加压治疗方案。

（3）在救治的过程中，必要时高气压医务人员可陪同其他临床医疗人员一起进舱救治，并带好必备药械。

（4）在加压治疗过程中，以抢救生命放在第一位，必要时可不考虑鼓膜的情况。

（5）根据加压治疗的情况，及时修订下一步的治疗方案，制订出完整的治疗计划。

（6）病员出舱后，不论是否苏醒，应立即转送至事先安排好的临床医院，做好与病房医生的交接班工作。

16.5.11 沉箱施工的管理

1. 现场管理

沉箱施工涉及多个工作面联合施工。一般管理包括：

（1）每天上班前，施工部门作好施工准备工作，项目管理层应分析各类上报数据，包括：沉箱姿态情况，气压管理情况，设备运转情况，工作室出土情况，支承及压沉系统工作情况，周边环境影响情况，现场相关设备运转情况等。各类数据由相关作业班组按程序上报，由项目管理部门分析后发出施工指令，由施工部门统一调配。

（2）供气系统分为空压机管理及供排气闸门管理，具体包括：空压机日常管理，供气管路日常维护，底板进、排气压力的调节，每天具体压力调节数值由项目管理部门及施工部门讨论，随后施工部门指令供气组长执行。供气组长反馈执行情况至施工部门。

（3）施工部门根据项目管理层指令，指挥沉箱出土施工、支承压沉系统施工、灌水、压沉系统施工等，并同时反馈施工执行情况。

现场测量需连续监测沉箱姿态情况。监测频率由项目管理层根据沉箱下沉情况确定。

①现场刃脚土压力变化，周边环境监测由监测员上报项目管理层。监测频率由项目管理层根据沉箱下沉情况确定。

②当需要作业人员进入工作室时，由医疗保健组长统一管理减压舱操作、过渡舱操作以及对外医疗联系等。如沉箱工作室内出现故障，或遇其他情况需进入沉箱工作室内，施工员应立即报告，经项目管理层讨论后，作业人员才可下至工作室内进行作业。

③现场电工负责维护施工用电（特别是沉箱工作室内）正常。现场配备发电机，当遇到临时停电时，需马上启动备用电源，保证空压机（至少一台）工作室内照明、摄像及地面遥控操作室内各设备的电力供应。

2. 沉箱出土管理

沉箱出土涉及到挖机，皮带机，螺旋出土机以及相关辅助工序的联合运行。以下按工序分别介绍各相关工序操作规程。

1）挖机挖土作业

挖机挖土后将土堆至皮带运输机上，皮带运输机转动将土倒入螺旋出土机下端储土筒内。当土堆满螺旋储土筒后，皮带机停止喂土，此时挖机可继续向皮带运输机上堆土，但不宜堆放过多。

（1）挖机挖土区域必须以工作室中心开始，然后由中心逐渐向四周均匀扩展。

（2）挖土过程须听从工程负责人指挥，对工作室内土体均匀分层开挖，分层厚度以30cm～40cm为宜，禁止在某一处过度开挖。

（3）当沉箱需箱内挖土纠偏时，挖机应根据施工员指挥，有针对性地掏除局部土体，但仍注意不得过度开挖。

（4）现场挖土与支承或压沉系统同步进行，两者之间的协调由各施工班长听取上一级施工部门统一管理。

（5）挖机挖土过程中在无特殊指令情况下，严禁掏挖刃脚处土体。

（6）挖机在挖土过程中，尽量利用斜铲作业，以提高工效。

（7）施工中挖机臂除喂土动作外，其余时间禁止过度上扬，以免碰坏工作室顶板设备。

（8）挖机回转时，应尽量缩臂回转，避免伸臂过长与工作室其他设备发生碰撞，同时回转时应控制回转速度。

（9）作业过程中应避免两台挖机相距太近，特殊情况时，如两台挖机同时清除沉箱中线部位土体，或同时向皮带运输机喂土时，操作员须协调好作业顺序，禁止两台挖机在同一个区域内同时伸臂作业。

（10）挖机在停止向皮带运输机运土期间，禁止挖斗满土等待。

（11）挖机挖斗内如残留大量黏性土无法倾倒，可将挖机开到工作室内特定位置进行清洗。

（12）每次挖机交接班时，操作员应将挖机归零，并填写交接班记录。交接班记录包括：挖机动作情况、工作室内挖土情况、土质情况等。

2）皮带运输机操作

（1）皮带机可在向储土筒喂土过程中连续运转，当储土筒堆满土后，皮带机停止运转，此时挖机仍可以向皮带机倒土，但注意不宜倾倒太多，以免皮带机由于堆载过多启动导致皮带打滑。

（2）挖机往皮带机上堆土时，应注意均匀平摊，避免在局部大量堆载。

（3）随着沉箱的下沉，皮带机下方土体需不断清除。皮带机操作员应注意在沉箱下沉过程中，如皮带机口下土体较多，导致皮带机相对上抬，影响喂土时，即应吊起皮带机，并通知挖机操作员清除皮带机下方土体。

（4）同时皮带机操作员还应注意皮带机在长期动作过程中是否有移位现象，如影响喂土作业，则应报告施工员进行处理。

（5）皮带运输机在长时间运作后，由于皮带变松弛，会出现皮带打滑、跑偏现象，此时应对皮带松紧度进行调整。

（6）操作员交接班需填写操作情况日报表。

3）螺旋出土机操作

（1）螺旋出土机螺杆平时在高位放置，当下部储土筒内装满土后，螺旋出土机操作员开启千斤顶，螺杆旋转并下压。

（2）下压时，操作员应注意，初始压力不宜太大，以保证螺杆能够继续下压即可。

（3）螺杆下压过程中，底板以上出土口同时出土，当土装满出土斗后，或螺旋出土机完成一个下压行程后，起重工指挥行车将土斗吊出井外倒土。

（4）当螺杆下压到底部后，提升螺杆，提升期间螺杆不应转动，尤其严禁反转。在螺杆提升至最高位时，一次动作结束。操作员报告后，皮带机可进行下一次喂土作业。

（5）在下压过程中操作员须观察螺旋出土机油泵压力及储土筒内压力盒读数。当压力大于给定值时，说明储土筒内土体过于密实难于挤出。此时应将螺杆上抬一段，向储土筒内注水、浆以改善土质，然后进行重新下压。一般情况下不宜采取反转螺杆松动土塞的方式。

（6）现场施工员应随时观察螺旋出土机出土口是否有漏气现象，如发现应及时关闭螺旋机出口闸门，同时下压螺杆，观察储土筒内土压力。当储土筒内土压力上升后，再将螺杆上抬。

（7）操作员应随时观察并记录螺旋出土机操作压力，便于及时调整操作压力值和出土口漏气情况，便于决定是否向储土筒内加水、加浆。

（8）同时现场施工员应注意螺旋出土机结构，特别是柱脚、储土筒与底座法兰连接处、盘根密封处，如有结构变形，螺栓松动现象要及时报告，如有盘根松动、漏气现象应及时拧紧，如拧紧无效果及时调换。

（9）当沉箱下沉过程中，现场施工员应同时开动储土筒外高压水枪冲刷筒外土体，在沉箱停止下沉时关闭。

（10）每次交接班时，操作员应填写交接班记录，包括设备运转情况、土质情况以及本班出土量等。

3. 操纵室管理

（1）作业开始前首先应确认作业现场没有人和其他影响操作的障碍物，如有问题及时处理。

（2）每班次开始操作前，首先检查各仪表、开关是否正常。

（3）检查监视、监听系统，调试确认视、听系统正常，合上挖机电控箱电源开关，在操作台上按下启动按钮，空载运行5min，逐步调节变频器，使转速达到1200rpm以上。进行各个空动作以确认挖机状态良好。

（4）确认挖机状态正常后进行作业。作业中应注意因为油缸伸缩速率不同而带来的操作差异，操作尽量缓慢平稳，禁止在一个运动尚未停止前突然将手柄转向相反方向的操作。注意各个视角的盲区，充分利用不同视角之间的互补作用。

（5）操作中须注意油温报警、限位报警等报警信号，发生报警后须立即停止操作，采取措施解除报警，严禁在报警状态下继续操作。每一操作人员在操作结束后，须将挖机停至零位。

（6）作业暂停或结束时，应将铲斗降至地面，缩回长臂，旋转机身至零位。

（7）操作途中发现任何异常，须立即停车，决不可带病工作，并进行必要的维护，维修未完禁止使用，机器在操作中不得实施维护保养，需要维护保养时，必须停机，必要时切断电源。

（8）挖机须进行定期检修，连续工作一周左右需对各螺栓，油缸、油管进行检查，如有松动、漏油等情况及时解决。

（9）挖机操作人员必须经过专门培训，非挖机操作、维护人员不得擅自开动挖机，操作人员操作时须精力集中，头脑清醒，对于带病、过劳等健康欠佳人员不得进行挖机作业。

4. 供气系统管理

（1）供气系统（包括管路、闸门）等日常维修、保养需专人负责，并建立维修、保养交接班制度。

（2）在正常供气以前，应对供气系统进行联合试运行，确定管路、阀件密闭性良好。

（3）在沉箱工作室内开始加气压时，每天工作室内的气压值的维持值由技术部门决定，随后由专职施工员下达指令至空压机管理人员。空压机管理人员根据指令调节空压机出口压力。

（4）在工作室内充满气压后，工作室内气压理论上不应出现大的波动。施工员必须随时监测工作室内气压波动情况，当气压值波动幅度大于 0.1 个大气压时，应立即报告。

（5）工作室内气压在沉箱下沉、沉箱接高、支承及压沉系统作业过程等不同阶段均有不同控制指标，同时须根据地下水位高度、孔隙水压力、承压水的大小、土层的变化等多种影响因素确定。因此要求除各类相关数据由各班组按程序上报外，现场施工员还须随时注意沉箱出土的土质变化，工作室内开挖面水位变化等情况，并及时汇报。

（6）在供气系统正常运行后，空压机操作人员必须每日巡查供气管路、底板预留孔、外井壁处是否有漏气现象。

（7）空压机操作人员应建立交接班制度，交接内容包括：上一班的供气系统运行情况、供气系统的气密性、上一班的气压维持值与气压波动情况等。

（8）现场必须保证配备备用电源，一旦出现停电事故，需马上启动备用电源，保证空压机、工作室内照明、摄像，地面遥控操作室内的电力供应。

（9）在底板上建立上游压力，在空压机出口处建立下游压力。压力控制采用自控和手控双重控制。一般以自控为主。在自控阀门失灵时，关闭自控阀门，采用手控阀门控制。同时检修自控阀门。

（10）一旦发生管路漏气现象，应立即启动备用管路，随后关闭漏气段管路闸门，并进行调换检修。

（11）正常工作时以一台空压机为主要供气源，一旦空压机出现故障，应关闭管路闸门，启动备用空压机。

（12）在机械维修作业人员进入工作室内前，需检测工作室内空气质量，并须进行工作室换气，此时空压机出口气体应注意净化处理。在工作室内气体合格后维修人员才可以下至工作室内。

5. 支承系统管理

1）支承系统的组成

支承系统由下部支承桩、中部砂筒、砂筒上支撑杆件、上部牛腿共同组成。

沉箱荷载由上部牛腿传递给支撑杆件，支撑杆件传递给砂筒内的砂土，最后传递至下部支撑桩。

2）第一次下沉前准备

（1）支承系统在沉箱第一次下沉前安装，在第一次下沉到位后拆除。

（2）沉箱开始第一次下沉前，支承系统应安装到位。支撑杆件下应埋设土压力盒，以便反映上部杆件所受支撑力的大小。

（3）支撑杆件安装时，上端应距离沉箱井壁上钢牛腿有 10cm 左右，使沉箱在开始掏砖胎膜时能够有一定的自沉深度。

（4）刃脚内膜掏除时，必须遵循对称分块的原则，先掏四角处的刃脚内膜，随后逐渐掏除中间部位的内膜。

（5）当局部内膜开始掏除后，沉箱开始出现沉降，此时应记录刃脚下土压力数值，作为砂垫层极限承载力参考数值。

3）支承系统操作

（1）随着刃脚内膜的逐渐掏除，沉箱沉降增大，井壁处牛腿开始压在砂筒内支撑杆件上，此时每根砂筒处应专门指定一名操作人员随时观察砂筒内土压力的变化情况。

（2）当砂筒内土压力增加至最大指定限值时，即开始掏砂作业。

（3）掏砂时必须先从最上方掏砂开始，严禁从最下方掏砂孔开始作业。

（4）在支撑杆件上设立标尺，每次杆件的掏砂下沉量由技术部门决定，原则上每次掏砂使上端杆件下降幅度约 10cm。

（5）由于沉箱下沉的不均匀性，可能一次仅对局部几个砂筒进行泄砂作业。具体每次作业顺序应由技术部门决定。

（6）具体掏砂情况应根据：每只砂筒内土压力变化情况，刃脚下土压力变化情况，沉箱四角高差情况等，并根据沉箱内挖土情况进行作业。沉箱下沉期间，测量员应现场跟班测量。现场施工员需随时掌握上述数值的变化。

（7）支撑杆件每下沉 30cm 左右，将上一段约 30cm 的砂筒割掉。便于杆件的继续下沉。

（8）在沉箱停止挖土的交接班时间，应预先将支撑杆件下降 20cm 左右，以留出沉箱自沉空间。在交接班时间，施工员应定期检查砂筒内土压力盒压力情况，当达到极限压力时，必须马上进行卸砂作业。

（9）由于支承装置涉及工作室内作业人员的重大安全问题，因此在支承系统作业期间，施工员应每日巡查支承系统情况，重点为砂筒、支承牛腿等构件是否出现较大变形，如发现问题，须立即报告，并撤离工作室内作业人员，防止出现重大安全事故。

6. 压沉系统管理

1) 压沉系统的组成

压沉系统由下部抗拉桩、中部探杆、上部牛腿及穿心千斤顶共同组成。

千斤顶产生的反拉力传递给牛腿，再传递给结构，对结构产生下压力，同时千斤顶产生的反拉力由探杆传递给下部抗拉桩。

2) 压沉系统操作

（1）加压前应仔细检查各锚固点的牢固性，确保锚索垂直受力。

（2）千斤顶使用过程中，应每日巡查油路情况、泵车运行情况。

（3）在沉箱接高后下沉初期，由于井壁混凝土还未达到最大强度，应主要依靠工作室内挖土使沉箱下沉。

（4）在下沉的后半阶段，开始使用压沉系统，开始千斤顶下压力不应太大，具体每次加载重量应根据具体情况进行加压。

（5）由于沉箱下沉的不均匀性，可能一次仅启动局部几个千斤顶进行加压作业，或每个角所加压力不相等。具体每次作业顺序应由技术部门决定。

（6）加压过程应结合刃脚下土压力变化情况、沉箱四角高差情况等，并根据沉箱内挖土情况进行综合控制。沉箱下沉期间，测量员应现场跟班测量。现场施工员需随时掌握上述数值的变化。

（7）采用探杆压沉时，应注意千斤顶上端螺母的锚固情况，以及各探杆之间的连接牢固情况。

（8）由于探杆为分段连接，因此在沉箱下沉一定深度后，即应考虑换杆，具体高度根据工作探杆有效长度确定。

（9）为防止出现沉箱牛腿因下沉过快卡住下部限位螺母，限位螺母应随着牛腿下沉而随时调低，并始终保持一定距离，当出现卡死情况时，可松动下部砂箱砂土后再调低限位螺母。

（10）由于探杆采用外套筒连接，当沉箱牛腿下沉过快顶住外套筒时，同样采取松动下部砂箱砂土的方式。

（11）沉箱下沉时需随时监测刃脚下土压力情况，当每次刃脚下土压力大部分即将达到峰值，即考虑进行压重作业，以避免掏挖刃脚。

（12）在沉箱每次机械维修人员进入工作室进行维修作业时，应停止挖土，并所有千斤顶加压一个行程，使刃脚下部土体密实，防止沉箱突沉。

（13）当每次沉箱下沉到位，准备下一次接高时，也应所有千斤顶加压一个行程，使刃脚下部土体密实，防止沉箱因上部结构增大发生突沉。

（14）当沉箱出现气体沿井壁处泄露时，可立即将所有千斤顶加压一个行程，使刃脚下部土体密实，防止沉箱因上部结构增大发生突沉。

（15）加压系统作业时，施工员应仔细检查牛腿、受压区混凝土情况，如出现结构变形、混凝土裂缝等，应及时调小压力值。

16.6 沉井与沉箱对周边环境的影响

沉井与沉箱施工对周边环境的影响主要集中在地层变形、振动及噪声的影响。本节重点讨论这三类影响产生的原因、危害及防治措施。

16.6.1 地层变形

1. 地层变形的原因

通常土木工程施工中，因需从地表向下开挖，故会造成土体的移动和地下水的变化。这就是说开挖出土必然引起地层的变化，特别是周围存在构筑物时，无论采取何种施工方法，均需采用多种防止地层变形及保护原有构造物的措施。沉井、沉箱工法在开挖的同时用刚性较高的钢筋混凝土箱体置换开挖产生的空间。目前，这是一种致使周围地层变形最小的工法，但不等于变形可以忽略，也就是说，当施工位置存在近接构造物时，还应与其他开挖工法一样考虑周围地层变形及导致邻近建（构）筑物的变形（沉降、倾斜等）。

2. 地层变形因素及防治措施

沉井与沉箱对周边地层变形的影响因素如图 16.6.1 所示，下面详细介绍各因素状况及防治措施。

（1）减摩台阶的影响

箱体上的减摩台阶最主要的作用旨在促进沉箱下沉，但是地层和沉箱之间由于设置减摩台阶的原因而产生一定的空隙，这将会诱发地层的松落和坍落，进而导致沉箱周围地层沉降以及变形。防止措施如下：

①在减摩台阶从地表向地中下沉的初期，用砂石时刻填充减摩台阶与地层间的间隙。②作为促进减小周面摩擦力的方法而言，可向沉箱外壁上喷射膨润土泥水，用这种膨润土泥水填充外壁与土层间的空隙。③沉箱沉设到位后，向外壁与土层间的缝隙处注浆，进一步填实缝隙。④设置挡土隔墙限定的影响范围，所谓的隔墙即用抗弯刚性大的材料作成的限制开挖影响范围的设置于地中的挡土墙的总称，通常有排柱桩、地下连续墙、钢板桩和

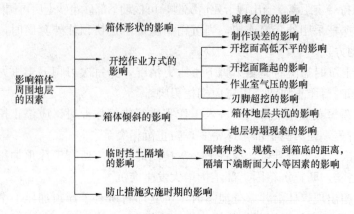

图 16.6.1　沉井与沉箱对周边变形的影响因素

钢管桩等。

（2）沉箱制作误差的影响

由于制作工艺的限制，就可能出现在制作的沉箱外壁局部面上出现凸凹不平的部分，而这将会致使沉箱的下沉阻力由于工艺的限制而增大。这样就使得沉箱周围土体对应的局部范围由于沉箱的下沉而被牵动进而造成一起沉降，这样引发所谓的周围土体共沉。此时须在浇注混凝土时，认真检查模板的布设状况，并及时修正误差。

（3）沉箱倾斜的不利影响

如果在沉箱下沉的过程中发生倾斜，则外壁的一侧将压迫周围地层，此时必发生共沉，而另一侧因脱离土体，故常引发该侧地层倾斜滑落。防止措施如下：①沉箱下沉的竖直精度必须符合规范规定，与此同时还必须降低周面摩阻力。②因为沉箱的倾斜方向是随机的，所以只能靠隔墙限制其影响范围。当考虑对邻近建（构）筑物的影响程度时，还须讨论隔墙的抗弯刚性和入土深度。

（4）开挖面的变形

通常的开挖工程中开挖面会出现凸凹不平和隆胀等变形，这种现象在沉箱开挖时也会出现，这种现象的出现必然会影响到周围地层，另外，隆胀也会引起凸凹不平。作为防止措施有以下几点：

①加强作业气压的管理，使其作业气压始终位于标准值附近。

②设置隔离墙。

回弹现象可用沉箱刃脚限制其扩张，故对周围地层的影响小，但是对于桩柱支承式沉箱基础来说，也可以看成是桩顶的变动。

（5）刃尖超挖的影响

尽管刃尖正下方的超挖有促进作用，但是超挖容易导致外侧地层的土砂坍落，使其土体涌向作业室内。这种现象会引发下面的后果：地层中的细粒成分落下，致使直径较大的砾石间的啮合松动，导致砾石移向壁面，结果砾石周围出现空隙，这种现象还会引发沉箱周围地层的变形；另外，外侧地层中的地下水压与作业室内的气压不平衡时，也会出现上述现象，其防止措施如下：

①在掘削刃脚跟前时，为使沉箱下沉顺利应增大箱体自重，同时避开刃脚正下方的掘

削。当刃脚正下方存在大漂卵石，且该大漂卵石一直伸延到箱体外地层中的情形下，必须考虑对大漂卵石破碎后留下的空隙进行填充等处理。

②严格管理作业室内气压，使其始终维持在管理值附近。

（6）防止措施实施时期的影响

防止地层变形措施的实施时期的正确选择至关重要，若选择不当会导致措施失效，同时也造成经济浪费。通常隔墙及对原有构造物保护措施的施工须在开挖之前实施。其他措施可在开挖过程中实施。

16.6.2　振动

1）振动产生的原因

沉井、沉箱在挖掘、排土、下沉作业中，施工设备的运转会产生振动。振动的破坏程度与振动强度有关。

2）振动防治措施

振动产生破坏的防治措施如下：

（1）在运行设备上装入弹性体以吸收、减弱振动的方法。对于弹性体而言，一般选用软木、防震橡胶、弹簧、气垫等材料，气垫防震效果最佳，故近年使用较多。

（2）在运行设备和建（构）筑物之间设置防震沟，防震沟的深度根据计算确定。

16.6.3　噪声

1）噪声产生的原因

沉井、沉箱施工过程中的噪声主要由空压机运转、料闸排气及漏气产生。

2）防噪声措施

（1）选取合适的空压机

目前空压机主要有往复式空压机、横型空压机、螺旋形空压机三种类型，其中螺旋形空压机振动相对较小，噪声绝对值较低，目前此类空压机在该领域应用极多。

（2）料闸的防噪装置

在料闸处设置防噪装置，在排气管出口处安装多重管消声器消声。

16.6.4　漏气

确保作业气压等于地下水压是箱内作业的基本条件。但如果作业气压比地下水压大，则会漏气。防止漏气的措施是事先在沉箱周边钻孔，设置气孔，万一发生漏气，应及时采取措施迅速回收气体。

16.7　工　程　实　例

16.7.1　江阴北锚沉井特大沉井工程实例

1. 工程概况

江阴大桥北锚墩沉井结构，长 69.0m，宽 51.0m，下沉深度 58.0m，井壁厚度 2.0m；

沉井平面分为 36 个隔舱，隔墙厚 1.0m；沉井第一节高 8m，为钢壳混凝土，以下分为十节，每节高 5m，均为钢筋混凝土结构，沉井总高度为 58.0m，沉井刃脚高 2m，踏面宽 0.20m。

2. 场地工程地质条件

北锚沉井距离长江大堤约 240.0m，地处长江三角洲冲积平原，地形平坦，地下水埋深约 1.60m，土层分布见表 16.7.1。

表 16.7.1

土层分布及其物理力学特性

单元代号	主要岩（土）性	层顶高程(m)	黏聚力(kPa)	内摩擦角(°)	摩阻力(kPa)	容许承载力(kPa)	极限承载力(kPa)
1	亚黏土与亚砂土互层	+2.4	7	25.6	15	110	277
2	亚黏土与粉砂互层	−2.74	10	30.1	40	175	518
3	粉细砂	−17.54～−27.60	12	33.4	50	215	880～699
4	亚黏土	−41.64	28	24.4	45	225	626
5	含砾中粗砂	−51.64	16	34.7	115	375	1028

3. 下沉方案

考虑到北锚沉井的特殊性，最终综合各方面因素，采用两种不同下沉方案：上部 30m 采用排水下沉方案，可使沉井快速下沉；后 28m 采用不排水下沉方案，使沉井不会因承压水层、砂砾层等不良地质而导致坍方，危及长江大堤。

4. 排水下沉施工

根据北锚沉井场地的工程水文地质、工程环境、特大型沉井特点等情况，以及承担沉井工程施工的上海市基础工程集团有限公司以往多个沉井施工的经验，最终确定了按结构极限允许排水下沉 30m，如图 16.7.1 所示。沉井分为十一次制作，四次下沉的实施方案。

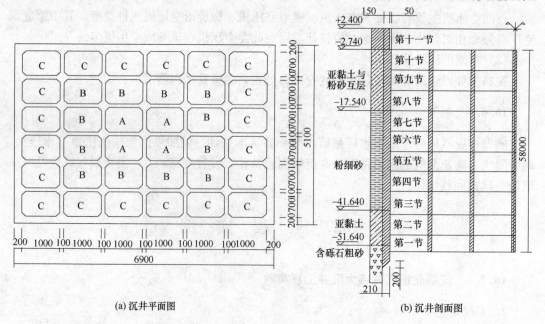

(a) 沉井平面图　　　　　　　(b) 沉井剖面图

图 16.7.1　北锚沉井平面、剖面图（本图尺寸以 cm 计，标高尺寸以 m 计）

即在沉井制作至 13m 时,排水下沉 12.5m;接高至 18m 时,排水下沉至 17.5m;再接高至 33m 时,排水下沉至 30m;之后接高至 53m 时,不排水下沉至 58m。沉井最后一节仅有井壁,分四块在下沉过程中制作,不影响沉井连续下沉。图 16.7.2 为现场施工图。

图 16.7.2　北锚沉井现场施工图

1）降水

沉井场地工程水文地质条件复杂,地层内粗砂砾石层、粉砂、亚砂土层等砂性土层较多,为了验证在亚黏土细砂土层和有承压水的情况下降水是否会对周边环境及江堤安全产生危害,进行了为期一个月的水文地质试验,并根据试验的结果提出施工方案。在实际施工中,沉井下沉至 30m 时,沉井外井壁水位降深在 28m 左右,未发生明显流砂现象,仅在东南角、西北角有少量塌方,对下沉无较大影响。

2）长江大堤及地面沉降控制措施

深层降水将导致地面沉降,影响周边环境,因此,对长江大堤及周围建筑物设点观测,以便对降水过程实行有效控制,因此,在沉井轴线上、十圩河大堤、长江大堤、民舍、桥墩等处布设了 28 个沉降点,沉降点观测在降水初期和水位恢复期间,每星期一次,后期两天一次,当天测量平均沉降值超过 10mm 时每天测量一次。1996 年 9 月底沉井排水下沉完成后,大堤经受了百年不遇的洪水考验,大堤安全稳定。

3）出土方法

大型沉井为保证下沉速度应选择合适的出土方式,江阴大桥北锚沉井采用深井降水降低地下水位,由高压水枪将泥冲成泥浆,再由接力泥浆泵将泥浆吸出井外的施工方案。按此方案,在沉井 36 个格仓内各布置一套冲泥水枪,每套水枪由 1 台 80-50-200B 型高压水泵供水。吸泥设备采用 NL100-28 型高压立式泥浆泵,共 24 台,分别和各个格仓内的水枪相应配合使用。

4）排水下沉施工效果

沉井排水下沉的初始阶段对于沉井能否顺利下沉意义重大,既可检验沉井下沉方案的技术可行性，又可检验第一节钢壳沉井结构受力特性。沉井排水下沉结束后，四角最大偏差为 36mm，最大扭转角 0°20″，满足此深度范围内规范规定及设计要求，为以后的不排水下沉奠定了基础。

5. 不排水下沉施工

在沉井下沉施工中，主要通过克服沉井刃脚及井内隔墙底面的正面反力、沉井侧壁摩阻力来达到下沉效果，本工程考虑到对周围土体扰动的敏感性，采用对土体扰动较小的空气幕法；由于第二层承压水的揭露，沉井井内水位与长江水位有直接联系，不能通过井内降水来减小沉井浮力，因此，北锚沉井在设计标高为 −29.0m 以下部分采用不排水下沉施工方案。

1) 下沉力分析

在计算时取三种工况：

(1) 全截面支承，即刃脚及隔墙全部埋入土中；

(2) 全刃脚支承，即隔墙底悬空，刃脚全部埋入土中；

(3) 半刃脚支承，即隔墙底悬空，刃脚有一半埋入土中。

北锚沉井不同工况下沉系数计算表　　　　　　表 16.7.2

刃脚踏面标高 (m)	工况	沉井自重 (t)	浮力 (t)	侧壁摩阻力 (t)	正面阻力 (t)	施工荷载 (t)	下沉系数 K
−26.6	全截面支承	134450	25924	26030	70440	700	1.13
	全刃脚支承	134450	25924	26030	20600	700	2.28
	半刃脚支承	134450	25924	26030	13200	700	2.77
−41.64	全截面支承	134450	41325	44078	50080	700	0.99
	全刃脚支承	134450	41325	44078	16902	700	1.53
	半刃脚支承	134450	41325	44078	10329	700	1.71
−51.64	全截面支承	138440	51565	54878	82240	700	0.63
	全刃脚支承	138440	51565	54878	27756	700	1.05
	半刃脚支承	138440	51565	54878	16962	700	1.21
−55.60	全截面支承	138440	53060	65808	82240	700	0.58
	全刃脚支承	138440	53060	65808	27756	700	0.91
	半刃脚支承	138440	53060	65808	16962	700	1.03

根据以往多个大型沉井施工的经验，沉井下沉时下沉系数 K 一般在 1.10～1.20 最宜，根据上述计算结果可知：

(1) 刃脚踏面标高在 −41.64m 以上，即穿越粉细砂层时，沉井能顺利下沉。

(2) 刃脚踏面标高在 −51.64m 以上，即穿越亚黏土层时，只有在半刃脚支承下，沉井才能顺利下沉。

(3) 到达设计标高前，即沉井进入含砾中粗砂层，需要采取辅助措施才能保证下沉。

(4) 沉井下沉至设计标高 −55.60m 时，基本可保持稳定。

2) 不排水除土下沉施工方法

(1) 冲、吸泥顺序：北锚沉井 36 个格仓内每格布置一套空气吸泥机，空气吸泥先从中心 A 区四格开始，逐渐向 B 区、C 区对称同步展开。根据沉井下沉受力分析的结果及下沉测量数据，调整对 C 区土体的冲、吸范围，并采取相应措施。

（2）空气幕助沉：根据沉井下沉受力分析，沉井进入含砾中粗砂层后，仅依靠自重下沉已很困难，因此，沉井制作时，在井壁外侧钢筋保护层内预先埋设了空气幕管路及气龛，如图 16.7.3 所示。

空气幕就是通过井壁中预先埋设的空气管路中压高压空气，气流沿管路上的小孔射入井壁外侧的气龛中，当气龛充满空气后即沿井壁产生向上的气流，形成空气幕。

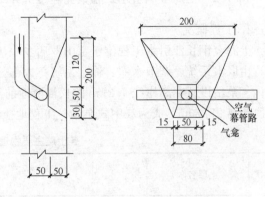

图 16.7.3　空气幕管路及气龛示意图

（3）穿越黏土层：根据地质资料，第四大层为亚黏土层，呈可塑-硬塑状，层厚平均 10m 左右。沉井穿越此层时比较困难，若使用高压水枪在一般压力下，难以破碎，施工中采用了如下措施克服沉井在黏土层中下沉的困难：

①采用反循环钻削式吸泥机，先钻孔，再配合水平向水枪冲泥；

②两台高压水泵并联，以提高水枪压力，达到破坏硬土层的目的；

③位于刃脚处的土体，则利用井壁中预设的高压射水枪冲刃脚下的土体，以减少正面阻力。

④下沉测量

沉井的下沉测量包括：泥面标高测量、下沉速度测量及沉井高差测量。

因无法实时了解井底施工状况，本工程采用测绳测量和潜水员水下探摸的方式来及时了解井底泥面标高，每个井格取 8 个点，每天一次，以指导施工。

沉井的下沉速度及沉井高差测量采用传统的水准仪测量和由上海市基础工程集团有限公司研制的高程自动监测系统。区别于传统的水准仪测量，高程自动监测系统可及时准确地反映沉井下沉状态，保证了沉井下沉施工顺利。

沉井施工中，在沉井的四角及各边的中点共设置 8 个测点，每天测量不少于 4 次，测量结果以 8 个测点下沉量的平均值作为沉井每次的下沉量，并根据结果指导沉井纠偏下沉施工。

（4）不排水下沉施工效果：北锚沉井不排水下沉历时 154d，各项技术指标均达到设计要求，并优于规范标准，沉井下沉施工取得了圆满成功。

6. 实施效果

北锚沉井地处长江北岸岸边，场地的工程水文地质复杂，地层上部为软弱层，下部为硬黏土和粗砂砾石层。沉井周围工程环境要求高，距离长江大堤仅 240m，且工期紧。承担北锚沉井工程施工的上海市基础工程集团有限公司根据以往沉井施工的实践，借鉴国内外众多沉井的施工经验，经过反复分析、研究，制定了周密可行的施工技术方案和施工工艺，解决了地基加固、钢壳制作安装、沉井混凝土浇筑、降水、排水下沉和不排水下沉施工工艺、下沉监控和水下大面积封底等一系列重大技术关键问题，并成功地采用了高压水水力挖泥、空气提升、气龛减阻等有效的机械装置，最终高质量地将北锚沉井顺利下沉到设计标高。北锚沉井工程的施工方案与施工工艺是成功有效的。经检测验收：沉井偏斜度小于 1.1‰，达到高差位移 7cm、轴线位移 13.1cm 的高精度水平。

16.7.2 上海宝钢引水工程钢壳浮运沉井工程实例

1. 工程概况

上海宝钢长江引水工程位于宝山罗店乡小川沙河西，东南距宝钢总厂约 14km，引水工程由取水系统、调节水库、输水系统三大部分组成，通过泵房将库内淡水输送至宝钢厂区内。泵站设置在离岸线 1.2km 的长江滩地前沿，坝中至沉井中心距离 72.90m，坝中至坡脚距离 27.70m，成为江中式泵站。工程地质参见表 16.7.3。

各土层主要物理力学指标   表 16.7.3

层次	土层名称	层面标高（m）	层厚（m）	容许承载力	压缩模量 E_s	固结快剪		快剪	
						φ	c	φ	c
1	亚砂土	−2.0～−4.0	2～2.5	1.5	120	20	0.05	15	0.05
2	淤泥质亚黏土	−5.0	2	0.9	35	13	0.10	10	0.1
3	淤泥质黏土	−15.8～−19.2	12～14	0.7	25	10	0.10	2	0.1
4	亚黏土	−49～−50		1.2	60	18	0.15	13	0.10
5	亚砂土								

2. 结构选型和受力分析

泵房的基础和下部结构采用圆形沉井，外径 Φ43m，高 21.55m。

为保证沉井整体刚度、下沉过程中的稳定性及底板受力的需要，在钢壳沉井中设置了井字交叉钢质 T 形梁，梁高 4.5m，顶宽 3m，纵横各三道，将沉井分隔成约 10m×10m 左右的方格（图 16.7.4）。取水泵房沉井结构见图 16.7.5。

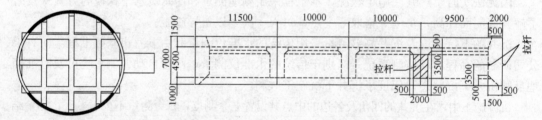

图 16.7.4 底节沉井平面和剖面（尺寸单位：mm）

3. 钢壳沉井制作

钢壳沉井平面和剖面按沉井尺寸制作，以型钢组成骨架，里外表面和底部覆以钢板，上口敞开的空腹薄钢板覆面的桁架结构，可以自浮于水面。钢壳沉井制作组拼以双体船作平台，分块滑入水后合拢。

4. 钢壳沉井拖运和沉放

1）沉井拖运

钢壳沉井制作完成后，在双体船上安装拖运设施，包括发电机、起锚机、锚具、照明设施、通信工具、搭建指挥塔，船尾绑接拖航用 350t 方驳一艘，拖带编队为一拖二顶式，共三艘 900 匹马力拖轮，船队总长 250m，最宽处 43m，最高点 13m，均满足南京长大桥通航过桥规定，详见图 16.7.6。

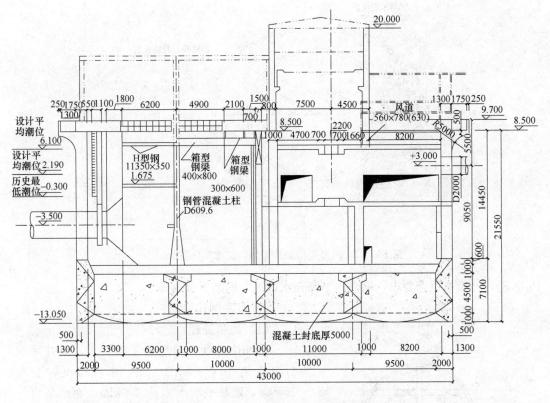

图 16.7.5 沉井结构剖面（尺寸单位：mm）

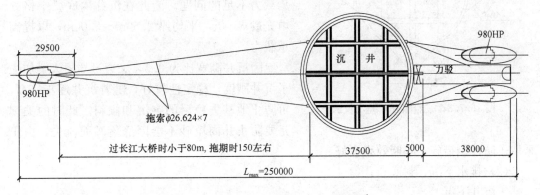

图 16.7.6 钢壳沉井拖航情况（尺寸单位：m）

　　由于长江 A 级航区风浪较大，而双体船宽度、长度均小于被载钢壳沉井，其抗风、抗浪能力差，因而在拖运前必须周密组织，掌握气象变化。

　　2）沉井浮运定位

　　沉井就位采用三艘吃水较浅的 400t～600t 方驳牵曳到位，因沉井阻水作用，导致河床地基被冲刷，故在井外围设置外径 53m、内径 47m、高 0.6m～0.8m 环形防冲潜堤。井内灌水 1200t，增加沉井自身稳定性。在井外壁处打设 $L=18$m、$\Phi 400$mm、桩顶高 5.00m 的定位桩 3 根（见图 16.7.7）。

　　沉井就位采用三船四方九缆实行移位转向定位法，通过三台经纬仪定位测量（图

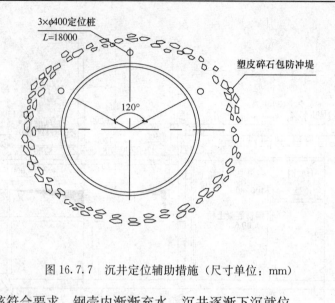

图 16.7.7　沉井定位辅助措施（尺寸单位：mm）

16.7.8），经校核符合要求，钢壳内渐渐充水，沉井逐渐下沉就位。

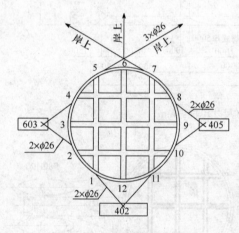

图 16.7.8　三船四方九缆定位法

3）沉井制作接高

（1）地基处理

为加快进度，满足总工期要求，沉井采取分节浇筑一次下沉的方案，本项目沉井总重 16500t，地基平均压力达 300kPa，而地基容许承载力 100kPa～150kPa，须通过各项措施解决承载力不足的问题。为此在沉井内底梁空格处填充砂 3100t，平均厚 2.50m～3.00m，以提高承载力。

因沉井高宽比为 0.5，又通过 6 根大梁加强了沉井刚度，稳定性较好，随着沉井逐步接高，可防止地基失稳后的突沉和倾斜。此时的关键是要防止井内填砂不会因涨落潮而流失，由于采取了防冲刷措施，隔断效果良好。

（2）排水下沉、封底

①沉井下沉

为使沉井顺利下沉，配备了 4 台 150SWF-9 型高压水泵，8 套水力机械，施工时同时开启四套。

沉井下沉经过缜密考虑分三阶段进行：第一阶段采用候潮排水、灌水、空气吸泥交替作业，共下沉 3.37m；因沉井已嵌入淤泥质黏土隔水层，第二阶段采用明排水，水力机械下沉，下沉 6.8m；第三阶段减缓下沉速度以保证下沉质量，下沉 1.30m。

②沉井干封底

因沉井底部淤泥质黏土土质较好，故改为排水干封，并加强措施保证封底质量：

a. 井底保留原状土塞 2.5m～3m，以保持地基稳定，并将封底混凝土厚度减少至 2m。

b. 为弥补封底减薄封闭后抗浮力不足，在底板设置减压井减压，并在每格设置集水井排水。实际施工中集水井几乎无水流出，故干封底取得圆满成功。

c. 为保持地基稳定，浇筑封底混凝土时采用对称分块浇筑方式，并交叉开挖土塞。

5. 实施效果

宝钢取水工程采用圆形浮运式钢壳双壁沉井作为水上沉井下部基础，将临时结构和永久结构相结合，在创新的同时又兼顾了施工质量、工期、成本等方面的因素，为今后国内大型取水工程、海上人工平台、码头船坞、水闸等工程结构提供了借鉴。

16.7.3　上海地铁 7 号线耀华路中间风井工程我国首例远程控制无人化自动挖掘沉箱工程实例

1. 工程概况

我国首例远程控制无人化自动挖掘沉箱以上海市轨道交通 7 号线浦江南浦站——浦江耀华站区间中间风井工程作为工程实例。工程地点位于浦东新区耀华支路上钢三厂厂区内，工程现场照片如图 16.7.9。

图 16.7.9　气压沉箱施工现场

2. 沉箱结构形式

1）沉箱结构

沉箱平面外包尺寸为 25.24m×15.60m，井顶标高＋3.938m，井底标高−23.012m，井底埋深−29.012m（设计地面标高＋6.000），其中，沉箱工作室净高 2.5m，箱体总高度 29.0m。井壁厚度为外井壁厚，上部为 1200mm，下部为 1600mm，井内设截面为 1000mm×600mm 的井字梁作主要承力构件。结合原结构布置，考虑沉箱下沉工艺（增加整体刚度，便于格仓充水加重及纠偏等），在长边、短边处均设了中隔墙，刃脚底踏步宽 600mm，踏步高 2100mm，刃脚高度 2500mm，刃脚最厚处厚度 1800mm。为增加结构横向刚度沿沉箱井壁在每层楼面标高处共计布置了四道水平框架（圈梁形式）。

沉箱结构平剖面图及盾构洞口示意图见图 16.7.10、图 16.7.11。

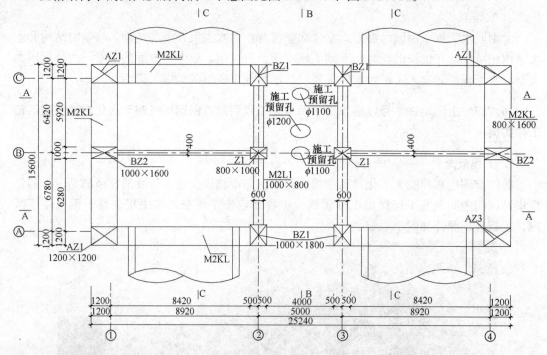

图 16.7.10　沉箱平面图

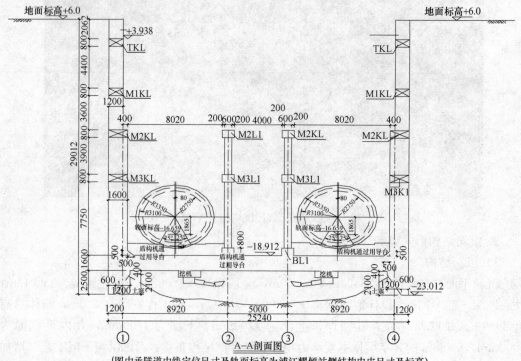

A—A 剖面图

（图中承隧道中线定位尺寸及轨面标高为浦江耀倾站侧结构内皮尺寸及标高）

图 16.7.11　沉箱剖面图

2) 沉箱制作高度

沉箱分六节制作，四次下沉，制作高度见表 16.7.4。

各土层主要物理力学指标

表 16.7.4

工　况	节　段	制作高度	下沉深度	备　注
第一次下沉	1、2、3 节	7.6m	6m	基坑预挖 3m 实际下沉 3m
第二次下沉	4 节	4.2m	10.2m	
第三次下沉	5 节	8.8m	18.0m	
第四次下沉	6 节	8.4m	29.012m	

3) 沉箱纠偏

针对沉箱结构在下沉时出现的过快、过缓及偏心的问题，本工程独创设计了自主支承、压沉及纠偏系统。该系统以钻孔灌注桩作为起到支承时抗压及压沉时抗拔作用的反力桩，支承系统采用砂筒（钢管内填砂）形式，压沉系统采用穿心千斤顶加钢探杆形式，支承及压沉系统承担或施加的外荷载通过架设在沉箱壁上的外挑钢牛腿传递给结构本身，从而以支承或压沉作用自主控制沉箱下沉。

支承作用下的沉箱下沉以控制砂筒泄砂口闸门进行放砂后支撑杆件的缓速下沉来实现，压沉作用下的沉箱下沉以控制千斤顶的行程逐段顶拉探杆来实现。在下沉过程中，可通过调节各处支撑点的下沉高度不同或千斤顶行程不同来形成纠偏力矩达到精确控制沉箱下沉姿态目的。

表 16.7.5 为在施工下沉过程中各工况所受荷载的理论计算值、稳定系数计算值及采用的工程措施。

各土层主要物理力学指标

表 16.7.5

工况	阶段	气压环境 (kPa)	稳定系数 k_{sts}	系统功能	系统受力 (kN)
第一次下沉 下沉 3m	起沉	0	2.24	支承	22223
	2.5m	50	1.98	支承	20263
	3m	55	0.66	支承	3640
第二次下沉 下沉 4m	接高	55	1.49	支承	11665
	4m	95	0.44	助沉	
第三次下沉 下沉 8.8m	接高	95	1.64	支承	
	2.7m	120	1.04	支承	
	8.7m	185	0.17	助沉	
第四次下沉 下沉 11m	接高	185	0.61	助沉	
	6m	200	0.50		
	11m	250	0.49		

3. 施工工艺

1) 出土方式

　　沉箱根据指令使悬挂在工作室顶板上的挖土机进行挖土取土，放入皮带运输机，并将土放入螺旋出土机的底部储土筒内，土渣从螺旋出土机的底部储土筒装满土后，由设置在外套筒上方的出土口连续涌出，落入出土箱内，再由行车或吊车将出土箱提出，并运至井外。连续的土塞隔断了沉箱内、外空气的连通，起到了防止工作室内的高压气体向外界渗透的作用，使出土不必经过物料塔出土须两次开、闭闸门气压调节的过程。另外沉箱物料塔也可作为备用出土口。如图 16.7.12 所示。

图 16.7.12　气压沉箱出土

　　2）气压控制

　　沉箱工作室内气压原则上应与外界地下水位相平衡，以免气压波动太大，对周边土体造成较大扰动。并且为了防止气压超过限值，在底板上设置进排气阀，当沉箱下沉至某一深度时，通过气压传感器进行气压实时量测，超过所设限值时实时启动警示系统，完成对工作室内的自动充、排气，维持工作室内的气压稳定。

　　3）工作室无人化封底

　　沉箱达到终沉稳定要求、关键设备回收完成后，即可进行无人化封底混凝土施工。

　　（1）通过底板预留混凝土导管（设置闸门）向工作室内浇筑自流平混凝土，自然摊铺。

　　（2）混凝土凝结收缩后通过底板预埋注浆管压注水泥浆填充封底混凝土与底板之间的空隙。

　　（3）维持物料塔及人员塔内的气压不变，待封底混凝土达到设计强度后再停止供气。

　　（4）封底完成后，移除相关设备，封堵底板各预留孔。

　　4. 实施效果

　　沉箱下沉期间对周围土体侧向变形很小，最大侧移－12.5mm，离沉箱越远，土体侧移越小。分层沉降在不同深度处各测孔的沉降规律基本一致，沉降量同时增加或减小。第一、二次下沉期间土体分层沉降变化较小，表明周围土体受沉箱下沉的影响很小，第三次下沉期间，各测点的土体下沉幅度增加稍大，最大下沉量为 14mm。煤气管线最大沉降量为 -3.5mm，建筑物最大沉降量为 -7.8mm，表明施工没有对周边管线及建筑物产生影响。

根据实测情况反映，沉箱结构变形小，沉箱下程过程对周边环境造成的影响小，沉箱本身以及周边环境在整个施工过程中完全处于安全状态，表明了本工程的设计和施工是非常成功的。

16.7.4 大连新厂船坞接长工程

1. 工程概况

大连造船新厂位于大连湾臭水套出口，东水域南岸，厂区东侧和北侧面临大海，30万吨级造船坞（老坞）位于厂区东北角，该坞由 20 世纪 90 年代初建成并投入使用。

新厂船坞接长工程是中船重工集团公司的重点工程，也是大连市重点工程之一。工程主要由老坞接长、新增小坞、北码头接长、新增南码头、新增共用水泵房及吊车道工程等组成。

图 16.7.13 30 万吨级造船坞实景

2. 工程特点

（1）本工程由老坞口及原 6 万吨级舾装码头前沿向东，即向海域方向发展，因此整个工程均在海上建设，同时考虑到在施工阶段必须满足原造船坞正常生产，故不能采用先做围堰后在围堰内施工主体结构的常规做法，而用无围堰湿法建坞，即在水域条件下，首先湿法施工永久结构坞墙和坞口，并做好止水围堰和其他止水系统，然后将上述永久结构作为围堰，干法施工坞底板和其他设施，最终形成船坞整体结构。

（2）本工程水下地形和地质条件情况复杂，岩面起伏不平，岩性主要为灰岩，溶沟、溶槽，溶洞较为发育。

（3）止水系统是本工程施工的关键之一，厂区内基岩裂隙的渗透系数较大，为 10^{-3}cm/s～10^{-4}cm/s，深度 10m～15m 后减少，在砂砾层中有承压水，水头略低于海水面 0.3m～0.4m。

3. 工程结构组成

坞墙采用升浆基床上预制钢筋混凝土沉箱加现浇廊道结构，分北坞墙、中间坞墙、南坞墙、西坞墙四个部分。坞口结构为钢浮箱内浇注钢筋混凝土实体的混合结构。

4. 止水施工

止水系统是本湿法施工船坞结构成败的关键之一，大体可分为 3 个部分，即岩面以下岩石内的止水、抛石基床内的止水和各结构物相互之间接缝的止水。

（1）岩面以下（岩石内）止水：根据中船勘院现场压水和抽水试验，本工程基岩裂隙的渗透系数大，考虑岩面以下止水帷幕，分二阶段进行，第一阶段为施工期临时帷幕，共布三排孔，孔距为 2.0m，排距为 1.0m，底标高为 -26.00m；第二阶段为形成干施工条件后，在坞壁内侧做永久性止水帷幕，共布二排孔，孔距为 2.0m，排距为 1.0m，底标高为 -32.00，如图 16.7.14 所示。

图 16.7.14 坞墙下止水帷幕

（2）基床内（包括岩面以上至沉箱底板之间）止水抛石基床施工中考虑到止水的施工需要，在基床内、外两侧及 50m 左右长分段之间铺设土工布，以利于止水。止水采用注浆，利用上述三排帷幕注浆管，先注内外两排，压力略小，后注中间一排，压力增大。

（3）各结构物之间接缝止水：沉箱在预制场预制时，在沉箱表面预埋几条橡胶止水带，为保证沉箱钢筋不被止水带断开，影响受力在止水带处沉箱表面混凝土向外突出 10cm，为防止沉箱在拖运、安装过程中止水带损坏，在止水带两侧加焊保护钢筋，沉箱之间预制时每边做半个企口，安装后合起来为一个 1m 宽的空腔，沉箱侧壁预埋橡胶止水带，在空腔内用竖管法浇注水下混凝土，形成临时（施工期）止水结构。

（4）基床下升浆混凝土：采用无围堰全湿法施工，遇到的首要问题就是根据设计要求做好沉箱坞壁下的基床升浆混凝土和临时帷幕，为做到切实可靠，在正式施工之前做了陆上试验和典型段试验。

通过试验得出下列结论：

①基槽清淤标准应控制：$\gamma=10.5\text{kN/m}^3\sim11.0\text{kN/m}^3$ 之间，厚度应小于 100mm。

②基床骨料的粒宜控制在 80mm～200mm 之间。

③抛石基床沿坞壁纵向应分段，分段长度 20m 左右，用土工布或袋装碎石作为分段材料，基床内、外两侧也应采用土工布或袋装碎石形成挡浆层。

④两次升浆浮浆无固定流向，影响升浆混凝土质量，正式施工应采用一次升浆，将浆液由一端向另一端推进，使浆液和浮泥按固定路径流向远处，其至挤出沉箱底部。

⑤水泥砂浆宜采用高速搅拌机搅拌，这样浆液均匀，粘度好，不易离析。

⑥选用砂浆配合比为：1：1：1.3（水泥：水：砂）。

⑦升浆混凝土注浆率正常情况下大约在 36%～38%左右。

⑧注浆孔布置三排是比较合理的施工时应先注两侧，再注中间。

⑨注浆力控制范围为 0～0.3MPa。

（5）帷幕灌浆：帷幕灌浆是无围堰湿法施工最重要的环节之一，一旦帷幕灌浆处理有问题，则会给工程造成很大麻烦，对工期和工程造价造成无法估量的损失。

帷幕灌浆根据设计要求由三排组成，施工顺序为先灌注两侧边排，后中间排，每排分为三序列，逐排、逐序加密式注浆。每个注浆孔则采用自上而下钻孔灌浆法，并采用孔口封闭，孔内多次循环式压浆法。

（6）夹层旋喷处理：由于船坞湿法施工存在一些结构交接面，而这些交接面极其容易形成漏水通道，因此在岩面与基床面之间采用旋喷加固处理，旋喷形式采用三重管旋喷，孔距 1.0m，对大于 1.2m 者，采用旋摆结合。

（7）止水效果质量检查：止水效果质量检查是对湿法施工坞墙基底下升浆混凝土、旋喷止水和帷幕灌浆的一次综合检查，一般需在相应部位完成灌浆 3d～7d 后进行，检查形式以钻孔后压水试验为主，船坞接长工程湿法施工坞墙和坞口后进行了 118 个检查孔的压水试验，均为合格。

5. 坞口大型钢浮箱施工

大型钢浮箱是船坞接长工程的重要组成部分，坞口预制钢壳浮箱，尺度为长×宽×高 =106m×30m×17.8m，施工难度较大。

（1）基础处理：基础水下整平面积为 110m×34m=3740m²，在该区域内整平后抛石基床面要求标高为 -14.0m，而坞口区岩面标高为 -12.8m～-16.2m 不等，因此有的需要先炸礁、清渣后再做抛石基床，有的需要先挖泥、清淤后再做基床。炸礁质量直接影响到基床的质量，因此在炸药钻孔密度和深度确定时均十分慎重，并采用优质炸药，保证一次清渣达到设计深度，在清理基槽时用不同抓斗对待不同清理对象，保证了清理质量。

（2）抛石、整平、铺设土工布：钢浮箱抛石基床在 110m 纵向分成 5 个隔仓，横向 34m 不分隔仓，与坞墙基床一样，石料规格为粒径 80mm～150mm，孔隙率 45%以上，

图 16.7.15　坞口大型钢浮箱

石料质量要求为无风化，无针片状，新鲜的硬质岩石，抛石方法为人工和机械相结合，根据分仓，并对照陆地标志，确保位置准确无误，抛填时边抛边测水深，避免超高或漏抛。

基床整平是十分关键的内容，直接影响到钢浮箱安装精度和使用效果，具体做法是，抛石接近设计标高时先预留一定高度，然后水下安装纵向刮道，根据刮道逐步填平并用横向刮道刮平，达到细平标准。整个抛石过程由测量工、抛石工、潜水员密切配合，共同完成。

基床土工布的作用主要是确保水下升浆混凝土的施工，因此铺设质量十分重要，实施时首先再次检查抛石基床标高和平整度符合要求后再在基床上标记土工布位置，在岸上、船上、和水下潜水员合作下将土工布铺好并压牢验收合格后，就可安装浮箱。

（3）钢浮箱安装：钢浮箱在船坞内制作完成后，浮运锚固在拟建船坞坞口附近等待安装，钢浮箱安装要求精度高，操作难度大。

钢浮箱采用 6 根钢缆索固定，同时用 4 根缆绳向坞室方向牢引，其外侧由一艘拖轮牢引。

（4）坞口其他施工：水泵房同样采用预制沉箱结构，但其局部深度大于坞口，因此采取了化整为零的方法，将水泵房前、后池放在坞室形成后，进行局部基坑围护和干法施工。

6. 实施效果

无围堰湿法建坞技术研究，结合大连新船重工 30 万吨级船坞接长工程取得圆满成功，充分说明该项技术的可行性和可靠性。在本次工程实施中，多项先进技术均属首次采用：

（1）首次在无围堰条件下，直接采用预制钢筋混凝土沉箱作为坞壁，预制钢壳浮箱作为坞口，在水上拼装组合后，进行止水处理，然后将坞室内水抽干，再进行坞底板等施工。

（2）首次采用沉箱和坞口钢浮箱下基床升浆混凝土作为永久坞壁和坞口结构的组成部分，并依靠它同时解决基床强度、沉降和止水问题。

（3）首次采用长 103m、宽 30m、高 18.7m 的大型预制钢壳浮箱作为坞口，并利用原有坞门，为工程一次性抽水成功奠定了基础。

参 考 文 献

[1]　刘国彬，王卫东主编 . 基坑工程手册[M]. 北京：中国建筑工业出版社，2009.

[2]　李耀良主编 . 远程遥控气压沉箱技术与应用[M]. 北京：中国建筑工业出版社，2010.

[3]　张凤祥主编 . 沉井沉箱设计、施工及实例[M]. 北京：中国建筑工业出版社，2009.

[4]　中国标准化协会标准 . 给水排水工程钢筋混凝土沉井结构设计规程 CECS 137：2002[S]. 北京：中国建筑工业出版社，2002.

[5]　中华人民共和国国家标准 . 建筑地基基础工程施工质量验收规范 GB 50202—2002[S]. 北京：中国建筑工业出版社，2002.

[6]　中华人民共和国国家标准 . 沉井与气压沉箱施工规范 GB/T 51130—2016[S]. 北京：中国计划出版社，2016.

[7]　张凤祥，傅德明，张冠军主编 . 沉井与沉箱[M]. 北京：中国铁道出版社，2002.

[8]　史佩栋主编 . 深基础工程特殊技术问题[M]. 北京：人民交通出版社，2004.

[9]　周申一，张立荣，杨仁杰，杨永灏主编 . 沉井沉箱施工技术[M]. 北京：人民交通出版社，2004.

[10]　葛春辉主编 . 钢筋混凝土沉井结构设计施工手册[M]. 北京：中国建筑工业出版社，2004.

[11]　夏明耀，曾进伦，朱建明，李耀良主编 . 地下工程设计施工手册[M]. 北京：中国建筑工业出版社，1999.

[12]　刘建航，侯学渊主编 . 软土市政地下工程施工技术手册[M]. 上海：上海市政工程局，1990.

[13]　刘建航，侯学渊主编 . 基坑工程手册[M]. 北京：中国建筑工业出版社，1997.

[14]　刘建航主编 . 沉井施工技术[M]. 上海市政工程管理局技术人员学习教材，1989.

[15]　同济大学，天津大学等合编 . 土层地下建筑施工[M]. 北京：中国建筑工业出版社，1982.

[16]　孙更生，郑大同主编 . 软土地基与地下工程[M]. 北京：中国建筑工业出版社，1987.

第17章 边 坡 工 程

17.1 概 述

边坡是地形的一种主要特征，地球表面总是凹凸不平的，到处都存在着或高或低的边坡，只是明显程度不同而已。平原地区的边坡不明显，而山地的边坡则显著陡峭。平缓的边坡对工程影响不大，而高大边坡将给工程建设带来一定的危害，甚至酿成灾害。

我国是一个多山的国家，各类地形占全国陆地面积的百分比大致为：山地33％，高原26％，盆地19％，平原12％，丘陵10％。通常所说的山区，是包括山地、丘陵以及比较崎岖的高原。我国山区面积约占全国陆地面积的三分之二，除个别省市外，大多数省、市、自治区均以山区面积为主，许多省、市、自治区的山区面积达到了90％以上。山区的自然灾害多与边坡有关，诸如坠石、崩塌、滑坡、山崩、泥石流等危害较严重的自然灾害，都是在边坡上发生。1985年发生的湖北省秭归县新滩滑坡，在约半个小时内将拥有475户居民的繁华市镇，整体滑入长江，滑坡滑动时，在长江上激起浪高54m，爬浪高达96m，滑坡体量达3000万立方米。2001年5月1日发生的重庆市武隆县崩塌，将一幢9层的住宅完全摧毁，里面近百的居民无一幸免于难，足见灾害的严重性。

边坡工程是一个比较古老的课题，库仑土压力理论发表在200多年前，是土力学中最早的理论。虽然经历了200多年的实践和研究，但至今研究还很不充分，山区灾害的破坏机制尚未得到完全的揭示，许多山地灾害的产生原因，至今尚未得到合理的解释。例如某些山崩，其崩塌量可达上亿立方，其动力来源很难准确估计；就是普通的滑坡，其滑动机制也未完全被揭示，还不能很准确地计算滑坡的推力，给滑坡的治理带来很大的困难。

边坡问题因牵涉的因素较多，目前还很难在试验室条件下进行全面模拟，只能针对某一专题进行模拟试验研究，因此很多试验研究成果具有较大的局限性。进行现场原位试验，也有较大的困难，首先是边坡的体量较大，边坡在野外的体态各异，岩土性质千变万化，寻找比较典型的边坡非常困难，其次是边坡的稳定性与气候和地理条件息息相关，也与水文和地质条件关系密切。因此甲地的试验研究成果，不一定就能指导乙地。在现有的条件下，边坡处理方法的经验部分还占有较大的比重。

边坡工程是一项综合性的课题，它既是环境工程，又是土木建筑工程的一部分。对边坡进行整治，必须进行综合治理才能获得成效。从工程的可行性论证，到规划、勘察、设计、施工，直到工程投入使用，都要重视对边坡问题的研究、治理和保护。边坡治理的方案选择，是边坡治理中比较关键的一环，优秀的边坡治理方案，将可获得稳妥、可靠、安全、经济的效果。选择边坡治理方案时，必须集中规划、建筑、勘察、结构和岩土工程人员的智慧，考虑使用过程中的环境和使用条件，做到一劳永逸。边坡的治理应提交多个方案进行选择，经各专业的专家进行评审后，选择最佳方案进行技术设计，付诸实施。边坡施工过程中，应加强工程监理和技术监督工作，实施信息法施工。岩土体是蠕变量较大的物质，边坡在施工和使用过程中，必须加强监测工作，以防止由于岩土的蠕变而使支挡结构出现过大的变形。

边坡的治理，应在边坡发生极限破坏之前进行。边坡一旦发生极限破坏，破裂面上的抗剪强度将降低到最低值，其黏聚力将完全遭受破坏，摩擦角也将大幅度降低，这时才进行边坡的整治，事实上是采用工程手段来弥补边坡破坏时所丧失的抗剪强度，是得不偿失之举。

17.2 边 坡 工 程 勘 察

边坡可分为土质边坡和岩石边坡两大类。土质边坡坡度较缓，而岩石边坡则比较陡峻。土质边坡破坏时，常呈滑坡形态，运动速度较缓慢；岩石边坡破坏时，常呈坠石、崩塌、错落等形态，运动速度较快，常猝不及防。

边坡的工程地质勘察工作，不能只局限于边坡的所在范围，必须扩大勘察工作面，通常应在坡顶及坡脚上扩展，扩展宽度不应少于边坡高度的 1～2 倍。边坡工程勘察范围，到坡顶的水平距离，对于可能按土体内部圆弧形破坏的土质边坡不应小于 1.5 倍坡高；对可能沿岩土界面滑动的土质边坡，后部应大于可能滑动的后缘边界，前缘应大于可能的剪出口位置；勘察范围尚应包括可能对建（构）筑物有潜在安全影响的区域。

17.2.1 土质边坡勘察

土质边坡的勘察，主要应查明边坡的形态、环境条件、地质背景、岩土性质，重点判断其稳定性，预测发展趋势，提出防治措施。土质边坡勘察应进行工程地质测绘，其比例尺可选用 1∶200～1∶500，工程地质测绘工作主要包括下列内容：

（1）搜集当地的滑坡分布情况，各滑坡的岩土性质和滑动机制，防治滑坡的经验及支挡措施。

（2）搜集水文、气象资料以及有关的工程地质资料。

（3）调查分析边坡的地质结构。

（4）调查边坡的微地貌形态及演化过程，确定边坡要素，测试岩土的工程性质，调查研究可能出现的滑面形态。

（5）调查研究地下水的状况，调查泉水出露点及其流量、地表水的水位、湿地分布情况及其变迁。

（6）调查边坡坡体及其坡上建（构）筑物变形情况，查明变形时间及过程。

土质边坡的勘察工作，宜采用钻探与掘探相结合。对于可能出现滑坡的边坡，应通过掘探查明可能滑动面的形态和深度，并在可能的滑动面上进行岩土性质测试。

土质边坡的稳定性分析，宜采用破裂面通过坡脚的圆弧条分法，其抗剪参数宜采用自重应力作用下的固结不排水剪切试验指标。

当边坡的下部存在着岩层时，必须查明岩层的表面坡度和风化程度，土质边坡沿着岩层表面滑动时，其下滑力往往大于主动土压力。进行支挡结构设计时，通常是由该下滑力控制。

在一般情况下，当边坡上地下水比较贫乏，坡面上具有比较完整的排水系统，边坡的坡度符合表 17.2.1 的要求时，边坡是比较稳定的。

土质边坡坡度允许值
表 17.2.1

土的类别	密实度或状态	坡度允许值（高宽比）	
		坡高在 5m 以内	坡高为 5m～10m
碎石土	密实	1∶0.35～1∶0.50	1∶0.50～1∶0.75
	中密	1∶0.50～1∶0.75	1∶0.75～1∶1.00
	稍密	1∶0.75～1∶1.00	1∶1.00～1∶1.25
粉土		1∶1.00～1∶1.25	1∶1.25～1∶1.50
黏性土	坚硬	1∶0.75～1∶1.00	1∶1.00～1∶1.25
	硬塑	1∶1.00～1∶1.25	1∶1.25～1∶1.50

注：1. 表中碎石土的充填物为坚硬或硬塑状态的黏性土；

  2. 对于砂土或充填物为砂土的碎石土，其边坡坡度值应按自然休止角确定。

17.2.2 岩石边坡勘察

岩石边坡可分为整体稳定边坡、外倾结构边坡、碎裂结构边坡等三类，即：

（1）整体稳定边坡，是指岩体结构比较完整，裂隙不发育且连通性较差，主要结构面或由结构面组成的棱线，其倾向与边坡倾向呈大角度斜交的边坡。

（2）外倾结构边坡，是指岩体结构还比较完整，裂隙不太发育，但主要结构面或由结构面组成的棱线，其倾向与边坡倾向基本一致，或呈小角度斜交的边坡。

（3）碎裂结构边坡，是指岩体裂隙比较发育，结构已遭受到严重破坏，结构面的规律性较差，且连通性较好，岩体的性质已接近散体结构的边坡。

岩石边坡勘察的主要目的是查明边坡的稳定性，重点调查研究结构面的性状，预测由于工程活动引起边坡稳定性的变化，提交相应的计算参数，对边坡提出最优开挖方案和处理措施，为边坡设计与计算提供依据，并对边坡提出监测要求。

岩石边坡勘察时，应重点查明下列内容：

（1）边坡的地形地貌特征。

（2）岩石的类型、成因、性状、风化程度、层位要素及出露厚度。

（3）边坡的几何形态、坡度，边坡上岩体的类别、厚度和性状。

（4）岩石边坡上的土层覆盖情况及土的性质指标。

（5）主要结构面，特别是软弱结构面的类型、产状、发育程度、延展程度、闭合程度、充填情况、组合关系、力学属性，并应查明结构面与边坡临空面或开挖面的关系，准确地标注在 1∶200～1∶500 的地形图上。

（6）不良地质现象的范围和性质，查明不良地质现象与边坡的关系。

（7）地下水的类型、水位、水压、补给条件及动态变化，地下水在边坡上出露情况、流量和腐蚀性。

（8）坡顶及坡脚建筑物与边坡的关系，建筑物的类型、重要性、荷载条件、基础形式及埋置深度，判断坡顶建筑物对边坡稳定性的影响。

（9）边坡附近及坡体上的地下设施情况，包括地下管线及地下洞穴的分布、状态等条件。

（10）地区的气候和水文条件，特别是降雨期和降水量，山洪暴发的频率及对边坡的冲刷情况，植被的完整性等内容。

岩石边坡在整体稳定、边坡上不存在软弱结构面的条件下，开挖边坡的允许坡度值，应根据当地经验按工程类比的原则，参照本地区已有稳定边坡的坡度值加以确定。当地质条件良好，也可参照表 17.2.2 确定。

岩石边坡坡度允许值　　　　　　　　　表 17.2.2

岩石坚硬程度	风化程度	坡度允许值（高宽比）	
		坡高在 8m 以内	坡高为 8m～15m
硬质岩	微风化	1∶0.10～1∶0.20	1∶0.10～1∶0.20
	中风化	1∶0.20～1∶0.35	1∶0.10～1∶0.20
	强风化	1∶0.35～1∶0.50	1∶0.10～1∶0.20
软质岩	微风化	1∶0.35～1∶0.50	1∶0.50～1∶0.75
	中风化	1∶0.50～1∶0.75	1∶0.75～1∶1.00
	强风化	1∶0.75～1∶1.00	1∶1.00～1∶1.25

注：硬质岩：饱和单轴抗压强度标准值 $f_{rk} > 30$（MPa）；软质岩：$f_{rk} \leqslant 30$（MPa）

17.3　土质边坡稳定性分析

17.3.1　概述

天然存在的土质边坡一旦失稳，将引起不良后果，而且通常还是灾难性的。由于工程活动出现的填土新边坡，发生事故的概率更高，其危害更大。崩塌、塌方、滑坡、泥石流，都是因为边坡处理不当或边坡自然失稳，而造成的严重地质灾害，经常摧毁村镇和大批农田，阻塞水道和陆路交通，历史上血的教训不胜枚举。

在工程设计中，边坡是否安全合理，必须通过边坡的稳定性分析来进行检验。目前分析边坡稳定的方法较多，但大多数理论都是基于极限平衡原理，认为边坡之所以失稳，是由于坡体在自重及外部荷载作用下，达到或超过了极限平衡状态。当边坡达到极限平衡状态时，坡体内某一点的剪应力将与土体的抗剪强度相平衡，这一点称为极限平衡点。所有的极限平衡点，连通成一个面时，则形成一个连续的滑动面，边坡出现失稳破坏。边坡出现稳定性破坏后，可通过地质勘探手段来确定滑动面的位置和形态。

进行边坡稳定性分析时，通常假定边坡的纵向尺度远大于其横向尺度，所以可按平面问题来考虑坡体的受力条件。在进行具体分析时，对于已出现稳定性破坏的边坡，可按勘探确定的滑动面，逐点进行抗剪强度验算。对于目前还属于稳定的边坡，为验算其安全度，或验算其在工程活动后的稳定状态，一般是根据经验首先假定一个可能的滑动面，进行验算。现行的边坡验算，多假定滑动面为平面、圆柱面、对数螺旋曲面、折面等多种形式。对边坡的稳定分析，是一个比较复杂的问题，还不存在一个万能的分析计算模式，来分析计算各种边坡的稳定性。只能在一定的理论指导下，对边坡的现状进行仔细的调查研究和认真的分析，结合已有的经验，确定计算模型，选择切合现场实际的理论，测试出贴合实际的参数，进行计算分析。

对边坡的稳定性分析，精心测试有关分析计算参数至关重要。参数在分析计算中，是一组比较敏感的数据，例如土的内摩擦角和黏聚力，这些参数略有变动，便会较大地影响边坡稳定性的计算结果。参数选择不正确，再严密的理论也是枉然。边坡的计算参数通过现场原位测试，直接在滑动面上进行，才不至于出现较大的误差。现场测试装置和试验方法的设计，还必须贴合所选用的计算理论，不然将导致很大的偏差。

17.3.2 瑞典条分法

瑞典条分法首先由彼德森（K. E. Petterson）于 1915 年提出，经费伦纽斯（W. Fellenius）和泰勒（D. W. Taylor）的进一步发展，已成为边坡稳定性分析的经典方法。该法由于在瑞典首先被采纳应用，因此通常称为瑞典法。

1. 基本假定

瑞典条分法有如下基本假定：

（1）边坡由均质材料构成，其抗剪强度服从库仑定律。

（2）按平面问题进行分析。

（3）剪切面为通过坡脚的圆弧面。

（4）进行分析计算时，不考虑条块之间的相互作用关系。

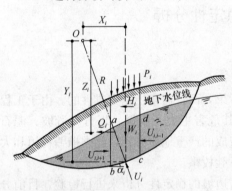

图 17.3.1　瑞典法计算简图

2. 稳定性分析计算式

根据图 17.3.1 所示的计算简图，取第 i 条进行分析，该条块上的荷载有：

（1）竖向荷载，主要为自重及地面的超载，其合力为 W_i。

（2）水平荷载，因不考虑分条之间的相互作用关系，所以没有土压力相互作用。地下水位以上的土体中，存在着孔隙水压力 H_i，地下水位以下的水压力 $U_{i,i-1}$、$U_{i,i+1}$，以及其他的水平荷载，如地震惯性力 $k_d W_i$，其中 k_d 为边坡综合水平地震系数。

（3）滑动面上的孔隙水压力合力 U_i，其作用方向与滑动面正交。

设作用于条块上的水平总合力为 Q_i，则：

$$Q_i = U_{i,i-1} - U_{i,i+1} + H_i + k_d W_i \tag{17.3.1}$$

取滑动面上能提供的抗滑力矩为 M_r，滑动力矩 M_0，两者之比为边坡稳定性系数 k，则有：

$$k = \frac{R \sum [c_i l_i + (W_i \cos\alpha_i - Q_i \sin\alpha_i - U_i) f_i]}{R \sum W_i \sin\alpha_i + \sum Q_i Z_i}$$

$$\approx \frac{\sum [c_i l_i + (W_i \cos\alpha_i - Q_i \sin\alpha_i - U_i) f_i]}{\sum (W_i \sin\alpha_i + Q_i \cos\alpha_i)}$$

其中 $$f_i = \tan\varphi_i \tag{17.3.2}$$

式中　c_i——第 i 条块滑面的黏聚力（kPa）；

　　　φ_i——第 i 条块滑面的内摩擦角（°）；

　　　l_i——第 i 条块滑面长度（m）；

　　　α_i——第 i 条块滑面倾角（°）；

　　　R——滑动半径（m）。

当计算得到的边坡稳定性系数 k 大于等于边坡稳定安全系数 F_{st} 时，边坡是稳定的。边坡稳定安全系数 F_{st} 可根据现行《建筑边坡工程技术规范》确定。

3. 瑞典法存在的问题

瑞典法由于作出了滑动面为圆弧面及不考虑条块间的作用力两个假定，使分析计算工作得到了极大的简化，但也为此而出现一定的误差，现分述如下：

（1）滑动面的形状问题：在现实的边坡失稳破坏中，滑动面并不是真正的圆弧面。但通过大量的试验资料证明，对于均质边坡真正的临界剪切面，与圆弧面相差无几，按圆弧面进行边坡稳定性验算时，所得边坡稳定性系数的偏差约为 0.04。这一假定，对于非均质边坡，则会出现巨大的误差。

（2）条块间的作用力问题：无论何种类型的边坡，边坡内必然存在着一定的应力状态；边坡失稳时，又将出现一种临界应力状态。这两种应力状态的存在，必然在条块间存在着作用力。这些作用力，通常包括条块间的水平压力和竖向摩擦阻力。在进行边坡稳定性分析时，不考虑这些力的存在，不但在理论上说不通，且对边坡稳定性系数也有较大的影响。但是，考虑到条块间的作用力存在时，静力平衡条件则不足以解答所有的未知量，如将边坡分割成 n 条，则缺少 $n-1$ 个方程，即有 $n-1$ 个未知量不能得到解答。这不足的 $n-1$ 个方程，目前尚不能从理论上来建立，现在只能进行某些人为的假定，来解决这些多余未知量的求解。例如传递系数法，假定条块间下接触面上的水平力与竖向摩擦阻力的合力，其作用方向平行于该条块的滑动面，且作用于条块的中部。

4. 孔隙水压力的考虑

孔隙水压力的存在，对边坡稳定性的影响很大，许多边坡都是由于孔隙水压力的作用而遭到破坏。孔隙水压力主要有两种类型，即超水压力和地下水渗透压力。

孔隙水中的超水压力，主要是由于地表荷载下滑坡体没有达到完全固结而引起的，可按照单向固结理论进行计算。当边坡上的地表不存在附加荷载，或在附加荷载下地基已达到完全固结，或者是计算岩坡的稳定性时，不必考虑超水压力对边坡稳定性的影响。

对于渗透压力的计算比较麻烦，在工程设计中，通常有两种作法，即精确解和简化计算法。

（1）精确解：可通过对流线（图 17.3.2）的数学分析，或根据试验求出解答，计算出各点的流速，此即精确解。这种计算方法比较精确，但计算比较麻烦，工程设计中通常不采用。

（2）简化计算法：在工程设计中常采用简化计算法，简化计算法是基于任一点的渗透压力，等于其静水压力，简化计算法能够满足工程设计的要求。简化计算法的实质，是认为条块两侧的渗透压力，即为静水压力的总和。条块底部的渗透压力，又称为浮托力，是条块内地下水的总重力 U，作用方向垂直于滑动面，如图 17.3.3 所示。

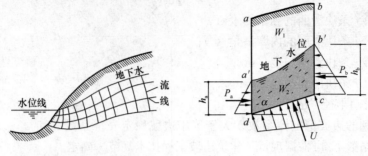

图 17.3.2　流线图　　　　　　图 17.3.3　渗透压力计算简图

17.3.3　毕肖普（Bishop）法

毕肖普法是一种改进的条分法，该法假定分条间有水平力存在，但条块间不存在剪应力。根据这一假定，滑动面上的抗滑阻力 T_i 为：

$$T_i = \frac{c_i l_i}{k} + \frac{N_i f_i}{k}$$

根据图 17.3.4，在滑动面上沿着 X' 轴建立平衡式，这时滑动面上的下滑力 S_i 为：

$$S_i = -\Delta E_i \cos\alpha_i + Q_i \cos\alpha_i + W_i \sin\alpha_i$$

边坡达到极限平衡状态时，滑动面上的抗滑阻力与下滑力相等，可根据上列两式相等的条件，求得分条两侧边的土压力增值 ΔE_i：

$$\Delta E_i = \frac{-(c_i l_i + N_i f_i)}{k\cos\alpha_i} + Q_i + W_i \tan\alpha_i \qquad (17.3.3)$$

根据图 17.3.4，按竖直方向上的平衡条件，可以求得滑动面上的法向力 N_i：

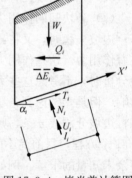

图 17.3.4　毕肖普计算图

$$N_i = \frac{W_i - U_i \cos\alpha_i - \dfrac{c_i l_i}{k}\sin\alpha_i}{\cos\alpha_i + \dfrac{f_i}{k}\sin\alpha_i} \qquad (17.3.4)$$

又根据水平方向的平衡条件，可求得整个边坡的稳定性系数为：

$$k = \frac{\sum\left[c_i l_i + (W_i \sec\alpha_i - U_i)f_i\right]\dfrac{k}{k + f_i \tan\alpha_i}}{\sum Q_i \cos\alpha_i + \sum W_i \sin\alpha_i} \qquad (17.3.5)$$

式中的符号含义同公式 17.3.2。

上式中只含有一个未知量 k，在数学上可以求得最后的解答。但是在等式两边都有未知量 k 存在，计算时将有些困难，其解决途径有两种办法：

（1）克莱法（Krey's method）：该法假定式（17.3.5）右边的边坡稳定性系数 k 值等于 1.0，然后计算出式左边的边坡稳定性系数，即为所求。根据克莱法的假定，使计算工作变得非常简单，但在理论上不太合理，只能认为是毕肖普法的近似解答。

（2）迭代法：计算时先假定一个边坡稳定性系数 k，代入式（17.3.5）的右边，计算

出新的 k 值，又用新的 k 值代入式的右边，反复迭代，直到假定值与计算结果相等为止。另一种办法是在事先假定若干个 k 值，如 k_1、k_2、k_3、……，代入式（17.3.5）的右边，计算出相应的边坡稳定性系数 k'_1、k'_2、k'_3、……，将相对应的 $k-k'$ 在坐标纸上描绘一条光滑的曲线，如图 17.3.5 所示，再在坐标图上绘制一根 45°的射线，两线的交点即为所求的边坡稳定性系数 k 值。为提高计算的精度可将采用作图法得出的边坡稳定性系数 k，再次代入计算式中进行运算。

17.3.4 传递系数法

传递系数法又称为折线法，是验算山区土层沿着岩面滑动最常用的边坡稳定验算法，该计算法有两个基本假定：

（1）每个分条范围内的滑动面为一直线段，即整个滑体是沿着折线进行滑动。进行边坡稳定验算时，可根据岩面的实际情况，分割成若干直线，每个直线段则成为一分条。

（2）分条间的反力平行于该分条的滑动面，且作用点在分隔面的中央，如第 i 块与下面 $i+1$ 块间的反力 P_i，平行于第 i 块的滑动面。

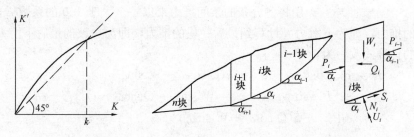

图 17.3.5 迭代法   图 17.3.6 传递系数法计算简图

根据图 17.3.6 及上述假定，根据滑动面上力的平衡条件，可获得分条间的反力 P_i 计算式如下：

$$P_i = P_{i-1}\cos(\alpha_{i-1}-\alpha_i) + Q_i\cos\alpha_i + W_i\sin\alpha_i - \Big[P_{i-1}\frac{f_i}{k_\mathrm{f}}\sin(\alpha_{i-1}-\alpha_i)$$

$$+ W_i\frac{f_i}{k_\mathrm{f}}\cos\alpha_i - Q_i\frac{f_i}{k_\mathrm{f}}\sin\alpha_i - U_i\frac{f_i}{k_\mathrm{f}}\Big] - \frac{c_i l_i}{k_\mathrm{c}} \tag{17.3.6}$$

上列各式中的抗剪强度安全分项系数 k_f、k_c，在数值上是不相同的，其余符号含义同前。

令 $$\psi = \cos(\alpha_{i-1}-\alpha_i) - \frac{f_i}{k_\mathrm{f}}\sin(\alpha_{i-1}-\alpha_i)$$

则式（17.3.6）可写成：

$$P_i = W_i\sin\alpha_i + Q_i\cos\alpha_i - \Big[(W_i\cos\alpha_i - U_i - Q_i\sin\alpha_i)\frac{f_i}{k_\mathrm{f}}$$

$$+ \frac{c_i l_i}{k_\mathrm{c}}\Big] + \psi_{i-1}P_{i-1} \tag{17.3.7}$$

上式中的 ψ_{i-1} 称为传递系数，即对第 i 块而言，上面第 $i-1$ 块对第 i 块作用力的传递系数。计算时从边坡顶部第 1 块开始，顺次一直往下进行计算，直算至最末一块，便可计算出该边坡最后一块的推力 P。如果最后一块的推力 P 为小于 0 的数值，说明该边坡是稳定的。

抗剪强度安全分项系数 k_f、k_c，在数值上是不相同的；摩擦角比较稳定，而黏聚力的破坏因素较多，所以 k_c 通常采用较高的安全分项系数。在边坡工程计算中，摩擦角安全分项系数 k_f 常采用 $1.25\sim1.67$；黏聚力安全分项系数 k_c 常采用 $2.5\sim5.0$。在工程设计中，同一个项目的计算中采用两个不同的边坡稳定性系数，计算比较麻烦，通常采用一个统一的边坡稳定性系数 k 来进行计算。

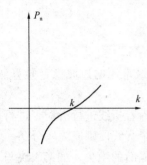

图 17.3.7　k-P_n 关系曲线

利用式 17.3.7 来计算边坡的边坡稳定性系数，为减少计算工作量，可先假定若干个边坡稳定性系数 k，分别计算出最后一块的块间推力 P_n 值，然后在坐标纸上绘制 k 与 P_n 的关系曲线（图 17.3.7），对应于 $P_n=0$ 的边坡稳定性系数 k，就是边坡的实际边坡稳定性系数。为提高计算的精度，可利用该边坡稳定性系数，再逐条进行核算，核对最后分条的 P_n 值是否为 0。

我国工程界常采用传递系数法来计算滑坡的推力，为便于计算，一般不采用上述抗剪强度指标折减的办法，而是采用将各分条的条间推力乘以一个大于 1.0 的系数 k 向下传递，各分条间的推力，即为下滑力。计算到最后一块的推力，即为边坡的最后下滑力。为此传递系数法的计算式改写为：

$$
\begin{aligned}
P_i &= P_{i-1}\cos(\alpha_{i-1}-\alpha_i)+k(Q_i\cos\alpha_i+W_i\sin\alpha_i) \\
&\quad -[P_{i-1}\sin(\alpha_{i-1}-\alpha_i)+W_i\sin\alpha_i-Q_i\sin\alpha_i-U_i]f_i-c_il_i \\
&= \psi_iP_{i-1}+k(Q_i\cos\alpha_i+W_i\sin\alpha_i) \\
&\quad -(W_i\cos\alpha_i-Q_i\sin\alpha_i-U_i)f_i-c_il_i
\end{aligned}
\tag{17.3.8}
$$

式中　ψ_i——传递系数，$\psi_i=\cos(\alpha_{i-1}-\alpha_i)-\sin(\alpha_{i-1}-\alpha_i)f_i$。

17.3.5　分块极限平衡法

分块极限平衡法是假定边坡达到破坏时，除滑动面达到极限平衡条件外，各分条将发生错动，也达到极限平衡状态。

边坡整体达到极限平衡状态时，滑动面上的剪力 S_i，$i-1$ 分块与 i 分块 q 间的剪力 $T_{i-1,i}$，将满足下式要求：

$$
S_i=\frac{N_if_i+c_il_i}{k}\qquad T_{i-1,i}=\frac{R_{i-1,i}f_{i-1,i}+c_{i-1,i}l_{i-1,i}}{k}
\tag{17.3.9}
$$

式中　$R_{i-1,i}$——第 i 分块与 $i-1$ 分块之间的水平作用力（kN）；

　　　$f_{i-1,i}$——第 i 分块与 $i-1$ 分块之间的内摩擦系数；

　　　$c_{i-1,i}$——第 i 分块与 $i-1$ 分块之间的黏聚力（kPa）；

　　　$l_{i-1,i}$——第 i 分块与 $i-1$ 分块之间接触面的竖向距离（m）；

在进行边坡的稳定分析时，先从首块开始计算，然后逐块往下进行计算，计算简图见图 17.3.8。从首块沿着 X、Y 轴的两个方向上，可建立下列两个平衡式：

$$
W_1=N_1\cos\alpha_1+\frac{N_1f_1+c_1l_1}{k}\sin\alpha_1+U_1\cos\alpha_1+\frac{R_{12}f_{12}+c_{12}l_{12}}{k}
$$

$$
U_{12}+R_{12}-Q_{12}=N_1\sin\alpha_1-\frac{N_1f_1+c_1l_1}{k}\cos\alpha_1+U_1\sin\alpha_1
\tag{17.3.10}
$$

这时如果边坡稳定性系数 k 为已知，则可式（17.3.10）求出 N_1 及 R_{12} 来。当边坡稳定性系数 k 为未知时，可假定若干个 k 值，求解出若干组 N_1 及 R_{12} 来。

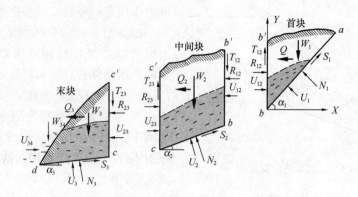

图 17.3.8　分块极限平衡法计算简图

对于中间块，同样可得出两个平衡方程。

$$W_2 + \frac{R_{12}f_{12} + c_{12}l_{12}}{k} = N_2\cos\alpha_2 + \frac{N_2f_2 + c_2l_2}{k}\sin\alpha_2 + U_2\cos\alpha_2$$
$$+ \frac{R_{23}f_{23} + c_{23}l_{23}}{k}U_{23} + R_{23} - Q_2 - U_{12} - R_{12}$$
$$= N_2\sin\alpha_2 - \frac{N_2f_2 + c_2l_2}{k}\cos\alpha_2 + U_2\sin\alpha_2 \qquad (17.3.11)$$

根据首块所假定的 k 值，便可用式（17.3.11）求出相应的 N_2 及 R_{23} 来。如果分块时分有多个中间块，则按上列两个方程式多次联立求解，求出相应的 N_i 及 $R_{i,i+1}$ 来。

对于末块，也同样可建立两个平衡方程式：

$$U'_{34} + W_3 + \frac{R_{23}f_{23} + c_{23}l_{23}}{k} = N_3\cos\alpha_3 + U_3\cos\alpha_3 + \frac{N_3f_3 + c_3l_3}{k}\sin\alpha_3$$
$$U_{34} - Q_3 - R_{23} = N_3\sin\alpha_3 - \frac{N_3f_3 + c_3l_3}{k}\cos\alpha_3 + U_3\sin\alpha_3 \qquad (17.3.12)$$

上面的两个方程式，都是只有一个未数 N_3。如果在首块计算时选择的边坡稳定性系数正确，则由上述两式算出来的 N_3 值相同，该边坡稳定性系数就是该边坡的稳定性系数。一般来说从首块假定的边坡稳定性系数不可能首选就正确。通常的计算方法是从首块开始，就选定若干个边坡稳定性系数 k，对每个边坡稳定性系数从首块计算到末块，根据末块的两个平衡方程式，得出相应的 2 个 N_3 值。然后在直角坐标纸上描绘出两根 $k-N_3$ 曲线，两曲线的交点对应的边坡稳定性系数，就是该边坡的稳定性系数。

分块极限平衡法的计算工作量比较大，特别对分块较多的边坡，其工作量就更大。但对土层中的折线形滑坡，因其考虑到分块间的相对错动，所以计算结果比较切合实际。

17.3.6　詹布法

前已述及，由于条分法平衡方程数量的关系，不能考虑分条间的作用关系。詹布（Nilmar Janbu）为解答分条间的作用关系，假定界面上推力的作用点为已知，并假定界面上的阻力 T 与横推力 E 之间为一定的函数关系，使问题得到了解答。

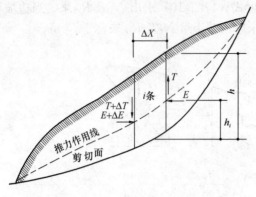

图 17.3.9　詹布法计算简图

分条界面上的推力 E，其作用点大致在分条的下三分点附近，如图 17.3.9 所示。推力作用点的连线，则为推力作用线。

根据图 17.3.10 中的图（a），以滑动面上的法向力 N_i 的作用点为力矩中心，按力矩的平衡条件有：

$$T\Delta X_i + 0.5\Delta T_i\Delta X_i + E\Delta h = \Delta E_i h_i - Q_i Z_i$$

当分条界面上有地下水渗透压力时，如图 17.3.10 中的图（b）所示，可将渗透压力当作外力进行处理，这时的力矩平衡式为：

$$T\Delta X_i + 0.5\Delta T_i\Delta X_i + E\Delta h = \Delta E_i h_i - Q_i Z_i + U_{i,i-1}h_i'' - U_{i,i-1}h_i'$$

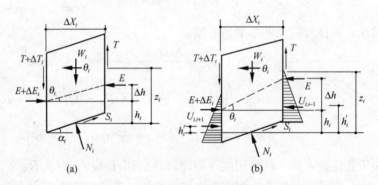

图 17.3.10　詹布分条计算简图

如果对边坡进行条分时，分条数量较多，即每个分条较窄，这时其 ΔT_i、ΔX_i 为高级微量，在进行边坡稳定分析时，可忽略不计。同时注意到有下列关系：

$$\frac{\Delta E_i}{\Delta X_i} = \frac{\mathrm{d}E}{\mathrm{d}X} \qquad \frac{Q_i}{\Delta X_i} = \frac{\mathrm{d}Q}{\mathrm{d}X} \qquad U_{i,i+1}\frac{h_i''}{\Delta X_i} = U_{i,i-1}\frac{h_i'}{\Delta X_i}$$

为此上述的力矩平衡式，经整理后成为：

$$T = -E\tan\theta_i + \left(\frac{\mathrm{d}E}{\mathrm{d}X}\right)_i h_i - \left(\frac{\mathrm{d}Q}{\mathrm{d}X}\right)_i Z_i \tag{17.3.13}$$

式 17.3.13 为界面上的横推力 E 与剪力 T 间的函数关系式。有了这一关系式后，便可根据毕肖普法计算边坡的稳定性系数，计算步骤如下：

1）令所有界面上的剪力 $T_i = 0$，这也是毕肖普法的基本假定，于是可完全采用毕肖普法计算边坡的稳定性系数。这种计算结果，只是詹布法的第一近似值。

第一近似边坡稳定性系数求出后，采用下式计算 E_i 值：

$$\Delta E_i = (Q_i + W_i\tan\alpha_i) - \frac{\sec^2\alpha_i}{k + f_i\tan\alpha_i}(c_i\Delta X_i + W_i f_i - U_i f_i\cos\alpha_i) \tag{17.3.14}$$

累计 ΔE_i 值，便是各分条界面上的 E_i 值。

2）将求得的 E_i 值和 ΔE_i 值，代入式 17.3.13 中，便可求出 T_i 和 ΔT_i 值，然后将 $W_i + \Delta T_i$ 代替原来的 W_i 值，再次代入毕肖普法计算式，重复 1）的计算。重复多次循环计算，直到收敛为止。通常循环计算二、三次，可达到收敛。

詹布法分析边坡的稳定性，其计算工作量较大，且非常烦琐，但其原理比较清晰。

17.4 土 压 力 计 算

土压力计算，是土质边坡支挡结构设计中的关键课题，土压力的通用计算法，目前国际上仍然通用经典土压力理论进行土压力的计算。通称的经典土压力理论，主要是指库仑（Coulomb，1776）理论和朗肯（Rankine，1857）理论。根据经典土压力理论计算出的土压力，无论是数值上或是分布形态上，与实际值都有较大的差别，严重地影响挡土墙设计计算的精度。

17.4.1 土压力的实用计算法

库仑理论和朗肯理论，这两个土压力理论都有其基本假定，计算土压力时必须遵循，不然将产生较大的误差。

库仑土压力理论，是根据挡土墙背面的土体处于极限平衡状态时，将出现一个滑动楔体，从滑动楔体的平衡条件得出的计算式，其基本假定有：

(1) 挡土墙背后的填土是理想的散粒体（土的黏聚力 c =0)；

(2) 滑动破坏面为一平面。

朗肯土压力理论是根据半空间无限体的应力状态，及土的极限平衡条件得出的土压力计算式。其基本假定如下：

(1) 墙背填土的表面为水平面；

(2) 墙背平直光滑。

库仑土压力计算式，是根据俯墙中的陡墙边界条件而推导出来的（图 17.4.1），假定挡土墙破坏时，填土将沿着墙背产生滑移，因此填土对墙背的摩擦角总是小于土的内摩擦角。当挡土墙为坦墙的条件下，填土不可能沿着墙背产生滑

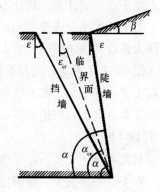

图 17.4.1 俯墙的临界面

移，而是沿着临界破裂面滑移。在这种条件下，库仑土压力计算式中的墙背与土间的摩擦角 δ 应采用土的内摩擦角 φ。

俯墙临界面与铅直线的夹角 ε_{cr} 按下式计算：

$$\varepsilon_{cr} = \frac{1}{2}\left(\frac{\pi}{2}-\varphi\right)-\frac{1}{2}\left(\arcsin\frac{\sin\beta}{\sin\varphi}-\beta\right) \tag{17.4.1}$$

当 $\beta=0$ 时 $\qquad \varepsilon_{cr}=\frac{\pi}{4}-\frac{\varphi}{2} \qquad \alpha_{cr}=\frac{\pi}{2}-\varepsilon_{cr}=\frac{\pi}{4}+\frac{\varphi}{2}$

如果挡土墙的墙背与铅直面间的夹角 $\varepsilon<\varepsilon_{cr}$ 时，称为陡墙。

当 $\varepsilon>\varepsilon_{cr}$ 时，称为坦墙，这时 $\delta=\varphi$。

库仑土压力理论一般只适用于俯墙中的陡墙式挡土墙，对于其他形式的挡土墙，计算出来的土压力将出现较大的误差。古典土压力计算式的适用条件为：

库仑公式：$-15°\leqslant\varepsilon<\varepsilon_{cr}$。

朗肯公式:

$$\varepsilon = \frac{1}{2}\left(\arcsin\frac{\sin\delta}{\sin\varphi} - \delta\right) - \frac{1}{2}\left(\arcsin\frac{\sin\beta}{\sin\varphi} - \beta\right)$$

当 $\varepsilon = \delta = \beta = 0$ 时，库仑公式及朗肯公式都可适用。

这两个土压力理论是殊途同归，当同时能满足两个理论的基本假定时，如填土表面水平、墙背平直光滑、黏聚力为 0 的条件下，按两个计算式计算出来的结果完全相同。朗肯土压力理论的基本假定比较苛刻，库仑土压力理论可适用于多种情况，但只适用于无黏性土，都具有一定的局限性。为了克服这一局限性，在制订国家标准《建筑地基基础设计规范》时，使土压力计算式的适用面更广泛些，经过认真讨论，在库仑土压力计算式基本假定的基础上，再增加一个假定，即假定库仑破裂面上有黏聚力存在，但该破裂面仍然保持为直面，如图 17.4.2 所示。根据增加的这一假定，仍按楔体的平衡条件，推导出了土压力计算式。该计算式实际上已经是一个经验计算式，因为土体中存在黏聚力时，其破裂面已经不再是直面，而是一种曲面，根据《建筑地基基础设计规范》规定，不宜用于高大挡土墙土压力的计算，其计算结果较实际偏小。

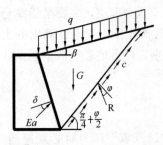

图 17.4.2　土压力计算简图

对于高度小于或等于 5m 的挡土墙，当填土符合图 17.4.3 中有关质量要求时，主动土压力系数 k_a 可按图 17.4.3 进行计算。

图 17.4.3 主动土压力系数计算图，制作时采用如下数据：

Ⅰ类，碎石土，密实度应为中密及其以上，干密度应大于或等于 2.0g/cm^3；

Ⅱ类，砂土，包括砾砂、粗砂、中砂，其密实度应为中密及其以上，干密度应大于或等于 1.65g/cm^3；

Ⅲ类，黏土夹块石，干密度应大于或等于 1.9g/cm^3；

Ⅳ类，粉质黏土，干密度应大于或等于 1.65g/cm^3。

经改进后的主动土压力计算式，即《建筑地基基础设计规范》所推荐的土压力计算式，其主动土压力系数 k_a 的计算式如下：

$$
\begin{aligned}
k_a = \frac{\sin(\alpha+\beta)}{\sin^2\alpha\sin^2(\alpha+\beta-\varphi-\delta)} & \{k_q[\sin(\alpha+\beta)\sin(\alpha-\delta) \\
& + \sin(\varphi+\delta)\sin(\varphi-\beta)] \\
& + 2\eta\sin\alpha\cos\varphi\cos(\alpha+\beta-\varphi-\delta) \\
& - 2[(k_q\sin(\alpha+\beta)\sin(\varphi-\beta) + \eta\sin\alpha\cos\varphi) \\
& (k_q\sin(\alpha-\delta)\sin(\varphi+\delta) + \eta\sin\alpha\cos\varphi)]^{\frac{1}{2}}\}
\end{aligned}
\tag{17.4.2}
$$

$$k_q = 1 + \frac{2q\sin\alpha\cos\beta}{\gamma h\sin(\alpha+\beta)}$$

$$\eta = \frac{2c}{\gamma h}$$

式中　q——以单位水平投影面上的荷载强度计的挡土墙墙背填土表面的均布荷载；

　　　　δ——土对挡土墙墙背的摩擦角，按表 17.4.1 采用。

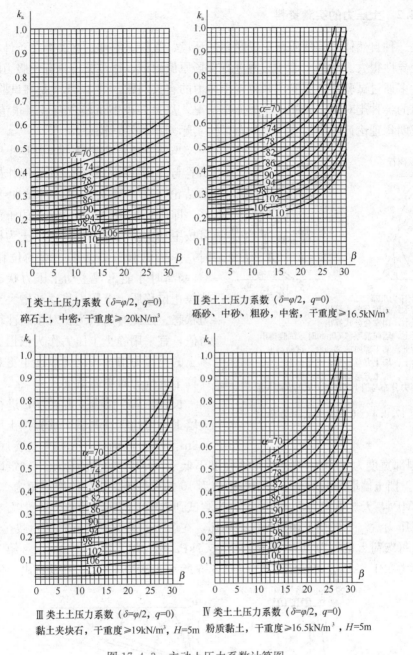

Ⅰ类土土压力系数（$\delta=\varphi/2$，$q=0$）
碎石土，中密，干重度≥20kN/m³

Ⅱ类土土压力系数（$\delta=\varphi/2$，$q=0$）
砾砂、中砂、粗砂，中密，干重度≥16.5kN/m³

Ⅲ类土土压力系数（$\delta=\varphi/2$，$q=0$）
黏土夹块石，干重度≥19kN/m³，$H=5$m

Ⅳ类土土压力系数（$\delta=\varphi/2$，$q=0$）
粉质黏土，干重度≥16.5kN/m³，$H=5$m

图17.4.3 主动土压力系数计算图

土与挡土墙墙背的摩擦角 表17.4.1

挡土墙情况	摩擦角 δ
墙背平滑、排水不良	$(0\sim0.33)\varphi$
墙背粗糙、排水良好	$(0.33\sim0.50)\varphi$
墙背很粗糙、排水良好	$(0.50\sim0.67)\varphi$
墙背与填土间不可能滑动	$(0.67\sim1.00)\varphi$

17.4.2　土压力的实测资料

土是一种自然体，其性质与形成时期的环境、气候、温度、水文等等条件有关，因此性质的变异性很大。对挡土墙土压力进行现场原位测试，很难获得具有说服力的数据。科学家们大多通过试验室内试验，来解答土压力的有关问题。图17.4.4是在试验室条件下，试验得出的各种土对挡土墙的土压力分布情况。从室内模型试验资料可以很清楚地看出，由库仑或朗肯理论计算出的土压力分布，与实际分布的差别较大。

当挡土墙背面的填土为黏性土时，目前的试验与计算资料都较少，还不能作出比较广泛的结论。在工程实践中，当黏性土的质量较好，即比较密实时，挡土墙上的土压力，通常可按主动土压力考虑。但当填土为松软的黏土时，一些试验资料表明，墙的位移量要达到5%墙高时才能出现主动土压力状态。一旦墙体停止位移后，土压力将逐渐增大至静止土压力状态。因此有人认为：对于黏性填土的土压力值，宜采用静止土压力作为依据。对于黏性填土的土压力值，较之无黏性土更难产生，在计算土的抗力时更需慎重。

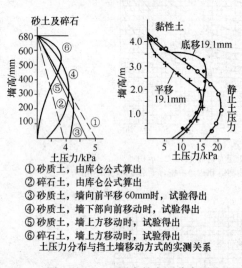

① 砂质土，由库仑公式算出
② 碎石土，由库仑公式算出
③ 砂质土，墙向前平移60mm时，试验得出
④ 砂质土，墙下部向前移动时，试验得出
⑤ 砂质土，墙上方移动时，试验得出
⑥ 碎石土，墙上方移动时，试验得出
土压力分布与挡土墙移动方式的实测关系

图 17.4.4　土压力的实测分布图

长岭炼油厂结合工程实际，进行了一次挡土墙土压力的现场测试。试验挡土墙的墙高为9.2m，基础宽为1.7m，挡土墙底部宽度为1.4m，顶部宽度为0.6m，挡土墙采用强度不低于30MPa的块石砌筑，砌筑砂浆的强度为5MPa。挡土墙墙背的填土，其塑性指数为10的黏性土，土的内摩擦角为25°，其黏聚力为0.5MPa，天然重度为1.69g/cm³。为测试到土压力的实际分布，沿着墙高每间隔1m埋设一只压力盒。为使挡土墙达到极限破坏，在填土的顶部用钢锭施加超载，超载共分7级施加，每级荷重量约为40t，即相当于16.7kPa的均布荷载。最后一级（第7级）的均布荷载值为121.4kPa。测试结果如图17.4.5所示。从图17.4.5可以看出，实测值与理

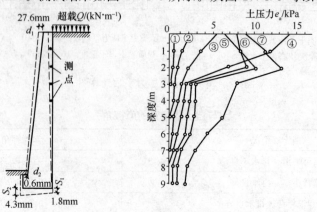

图 17.4.5　9m 高挡土墙土压力分

论计算结果的偏差是比较大的，该挡土墙在试验的最后阶段，其变形已达到较大的数值，实质上已达到极限破坏状态，而实测的土压力值仅仅为 61.7kN/m，按经验该土压力值值得怀疑。

根据重庆市许多挡土墙的经验，高度达 9.2m 的挡土墙，其基础宽度只有 1.7m，填土顶部不施加任何荷载，其安全性也令人担忧。现在居然在填土顶部施加了 121.4kPa 的超载，在超载作用下的土压力，也已接近测试值。但无论如何，其土压力的分布状态应该是比较客观的，说明在高大挡土墙的条件下，其土压力分布不一定服从库仑理论。

根据大量室内模型试验的成果表明，挡土墙背面土压力分布与墙的移动方式有关（图 17.4.6），挡土墙的顶部向外倾覆时，土压力接近于库仑分布；挡土墙底部外移倾覆时，土压力呈倒梯形分布；挡土墙沿基底向外平移时，土压力接近于均匀分布。根据室内模型试验的结果，有人据此对仰斜式挡土墙提出异议，认为仰斜式挡土墙的破坏，主

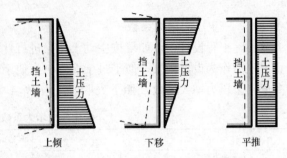

图 17.4.6 墙体位移与土压力分布

要是下移式破坏，其土压力分布与库仑分布正好相反，如果按常规进行稳定性校核，以及构造措施不当，将产生不良后果。

17.4.3 高大挡土墙的土压力

对于挡土高度大于 8m 的挡土墙，一般称为高大挡土墙。经大量的试验室模拟试验与现场原位试验的结果表明，对于高度小于 5m 的挡土墙，其实际土压力小于古典土压力理论公式的计算值，这时采用古典土压力理论进行计算，是属于安全的。对于高度大于 8m 的高大挡土墙，其实际土压力将大于理论计算值，且其分布情况与理论分布也大有区别。在这种情况下，仍然采用古典土压力理论进行土压力计算，其结果将是不安全的。

挡土结构背面填土的土压力，是根据填土达到极限状态的条件下推导出来的，填土要达到极限状态，挡土结构必须达到下列位移量，主动土压力才能发挥：

绕顶部转动变形时：$0.002\,h$（h 为支挡边坡的高度）

绕趾端转动变形时：$0.005\,h$

水平推移时：$0.001\,h$

当挡土结构达不到上列位移要求时，应取静止土压力，或者取主动土压力与静止土压力间的某一中间值。

高大挡土墙因其所支挡的土坡比较高大，垮塌后的后果比较严重，对人民生命财产将造成较大的威胁。据有关现场原位实测资料表明，高大挡土墙当出现发挥主动土压力所需达到的位移量时，其位移量通常是不允许的。在正常的工作状态下，高大挡土墙的土压力总是接近于静止土压力值。为此有人建议，对于高大挡土墙宜采用静止土压力作设计依据。

静止土压力通用的计算式为：$k_0 = 1 - \sin\varphi$

该静止土压力系数实质上是从朗肯主动土压力系数演变而成的，即对朗肯主动土压力

系数乘以 $1+\sin\varphi$。即：

$$k_a = \tan^2\left(45° - \frac{\varphi}{2}\right) = \frac{1-\sin\varphi}{1+\sin\varphi}$$

$$k_0 = k_a(1+\sin\varphi) = 1-\sin\varphi \qquad (17.4.3)$$

土的内摩擦角 φ 一般在 $10°\sim30°$ 之间，则 $1+\sin\varphi$ 实质上为 $1.2\sim1.5$ 之间的数值。据此可以设想：对于高大挡土墙的土压力，仍然可以按照古典土压力理论进行计算，然后再乘以土压力增大系数 ψ_a。即：

$$k_0 = \psi_a k_a \qquad (17.4.4)$$

式中 ψ_a——土压力增大系数。

在实际工程设计中，如果按主动土压力进行计算，其结果将是不安全的，若一律采用静止土压力作为设计依据，似乎过于保守。为便于在工程设计中的应用，建议按支挡的土坡高度，土压力增大系数 ψ_a 照下表取值（表 17.4.2）。

土压力增大系数表　　　　　　　　　　　　表 17.4.2

土坡高度（m）	$\leqslant5$	$5\sim8$	$\geqslant8$
增大系数 ψ_a	1.0	1.1	1.2

17.4.4　有限填土条件下的土压力

在山区建设中，常能遇到有限填土的情况。山区存在着陡峻而稳定岩石边坡，经常在坡脚修建一定高度的挡土墙，以创造一定的平地。陡峻的岩石边坡，其坡角 θ 经常大于库仑破裂面的倾角（$45°+\varphi/2$），称为有限填土。有限填土条件下的土压力，一般都大于主动土压力，如果在这时仍然采用古典土压力理论作为设计依据，将是不安全的。

有限填土条件下的土压力，是介于主动土压力与静止土压力间的数值。这种条件下的

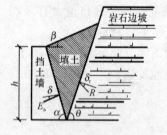

图 17.4.7　有限填土的土

土压力，可采用楔体极限平衡条件求得。有限填土条件下的土压力计算式如下：

$$E_e = \frac{\gamma h^2 \sin(\alpha+\theta)\sin(\alpha+\beta)\sin(\theta-\delta_r)}{2\sin^2\alpha\sin(\theta-\beta)\sin(\alpha-\delta+\theta-\delta_r)} \quad (17.4.5)$$

式中　γ——填土的重度；

　　　h——挡土高度；

　　　δ_r——稳定岩石边坡与填土的摩擦角，根据试验确定。当无试验资料时，可取 0.33φ。

其余符号见图 17.4.7。

17.5　重力式挡土墙的设计与计算

重力式挡土结构是应用较广泛的一种支挡结构，其特点是利用挡土结构自身的重量，来支挡边坡出现的土压力。以前多采用条石砌筑或用混凝土浇筑成墙形结构，所以习惯称之为重力式挡土墙（图 17.5.1）。重力挡土墙的特点是施工比较简单，但不是一种经济型的挡土结构。据测算每一单位的推力，需要 $2.5\sim3.0$ 倍的重力才能得到支护，对于高度

较大的挡土结构很不经济。重力式挡土墙的施工，必须先切坡，后砌筑，在切坡过程中，很容易出现崩塌和滑坡等重大安全事故，建议在土坡高度小于 5m 时使用。

为了节省建筑材料，设计出了钢筋混凝土 L 形挡土墙，或称扶壁式挡土墙，利用钢筋混凝土 L 形结构上的填土作为重力的一部分，从而节约了造价。这种挡土墙仍然属于重力式挡土结构之列。加筋土边坡、锚碇板挡墙，仍然属于重力式挡土结构的范畴，只不过是更进一步地利用了填土本身的自重，节省了建筑材料。

重力式挡土墙的设计比较简单，设计时除应满足构造要求外，主要应验算挡土墙的滑动稳定、倾覆稳定、整体稳定、地基承载力等项目。通过认真设计的、高度小于 5m 的重力式挡土墙，其失效概率是比较低的。但对于高度大于 8m 的高大挡土墙，按照通常的设计计算方法，其破坏的概率就比较高，其原因大致有二：1）高大挡土墙通常不允许出现达到主动土压力状态的位移，实际土压力较计算值高；2）土压力分布不是线性的三角形分布，而是呈一定的曲线分布，其土压力的最大值不在挡土墙的底部出现（图 17.5.2）。

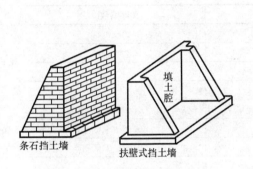

条石挡土墙　　扶壁式挡土墙

图 17.5.1　重力式挡土墙

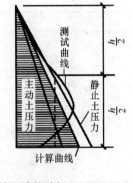

墙体变形　　　　计算曲线

图 17.5.2　重力式挡土墙的破坏

17.5.1　抗滑移稳定性验算

抗滑移稳定验算，就是验算重力式挡土墙在土压力作用下，产生水平滑移的可能性。挡土墙的抗滑移稳定性，与挡土墙基底的摩擦系数 μ 的关系很密切，该摩擦系数应在现场条件下进行原位试验给出。当缺乏现场试验资料时，国家标准《建筑地基基础设计规范》所给出的数据，可供设计时应用。为保证挡土墙设计有一定的安全度，规范给出的数据普遍偏低，所以有条件时，应尽量采用现场试验值。

挡土墙的抗滑稳定安全系数，我国习惯上采用 1.3，《建筑地基基础设计规范》也是采用该数值；该系数似嫌偏高。在进行重力式挡土墙设计时，挡土墙的断面积主要取决于抗滑稳定验算，且根据大量的挡土墙事故调查研究结果表明，由于抗滑稳定而出现的破坏量较少。在有足够经验的情况下，该系数可降低为 1.2～1.25。

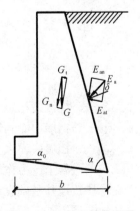

图 17.5.3　挡土墙抗滑移
稳定验算

挡土墙抗滑移稳定性验算（图 17.5.3），按下式进行：

$$F_s = \frac{(G_n + E_{an})\mu}{E_{at} - G_t} \geqslant 1.3 \qquad (17.5.1)$$

$$G_n = G\cos\alpha_0 \quad G_t = G\sin\alpha_0$$

$$E_{at} = E_a \sin(\alpha - \alpha_0 - \delta)$$

$$E_{an} = E_a \cos(\alpha - \alpha_0 - \delta)$$

式中　E_a——每延米主动岩土压力合力（kN/m）；

　　　F_s——抗滑移稳定系数；

　　　G——挡墙每延米自重（kN/m）；

　　　α_0——挡墙底面倾角；

　　　α——墙背与墙底水平投影的夹角；

　　　δ——岩土与墙背摩擦角，可按表 17.4.1 选用；

　　　μ——岩土与挡土墙底面的摩擦系数，宜由试验确定，也可按表 17.5.1 选用

土对挡土墙基底的摩擦系数 μ 　　　　　　　　　　　表 17.5.1

土 的 类 别		摩擦系数 μ
黏性土	可塑	0.25～0.30
	硬塑	0.30～0.35
	坚硬	0.35～0.45
粉土		0.35～0.40
中砂、粗砂、砾砂		0.40～0.50
碎石土		0.40～0.60
软质岩		0.40～0.60
表面粗糙的硬质岩		0.65～0.75

17.5.2　抗倾覆稳定性验算

抗倾覆稳定性验算，是验算挡土墙绕墙趾转动的可能性，其计算式如下（见图 17.5.4）：

$$F_t = \frac{Gx_0 + E_{az}x_f}{E_{ax}z_f} \geqslant 1.6 \qquad (17.5.2)$$

$$E_{ax} = E_a \sin(\alpha - \delta)$$

$$E_{az} = E_a \cos(\alpha - \delta)$$

$$x_f = b - z\cot\alpha$$

$$z_f = z - b\tan\alpha_0$$

式中　F_t——抗倾覆稳定系数；

　　　x_0——挡墙中心到墙趾的水平距（m）；

　　　b——挡墙底面水平投影宽度（m）；

　　　z——岩土压力作用点到墙踵的竖直距离（m）。

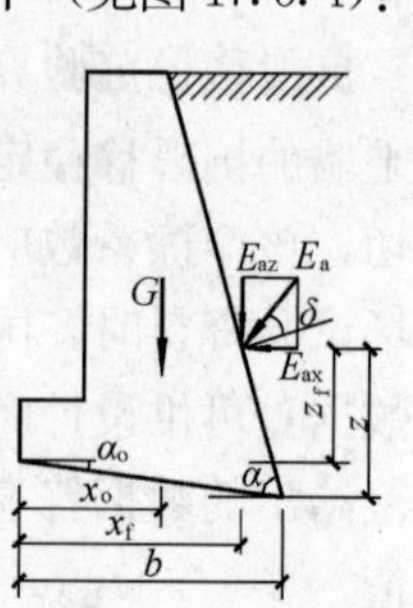

图 17.5.4　挡土墙抗
倾覆稳定验算

在《建筑地基基础设计规范》GBJ 7—89 中，对于抗倾覆稳定安全系数规定采用 1.5，这个规定值偏小了一些。根据众多垮塌的重力式挡土墙的破坏情况分析，许多挡土墙的破坏，都是由于约在墙高中部的 1/3 上下爆突而破坏的，如图

17.5.2 所示。真正沿着通常验算的平推、沿墙趾倾覆破坏的挡土墙相对较少，究其原因是因为土压力值在该处较理论计算值偏大。在通常的重力式挡土墙设计中，土压力是依据库仑理论进行计算的，即土压力按匀变分布，合力点作用于挡土墙高度的 1/3 处，而土压力的实际分布如上图 17.5.5 中的（b）所示，其合力作用点高于 $h/3$，计算出的倾覆力矩较实际值偏小，属于不安全。如果土压力呈均匀分布，

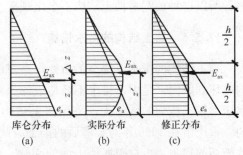

图 17.5.5　挡土墙土压力分布

则其合力作用点将上升到 h/2 的位置，可将土压力分布调整成如上图中的（c）所示，但这种改造后的计算工作量较大，理论依据也欠充分。为了保证挡土墙的安全承载，在现行《建筑地基基础设计规范》（GB 50007）中，将安全系数改用 1.6 是比较合适的。

17.5.3　整体稳定性验算

重力式挡土结构体系的整体稳定性，是指挡土结构连同地基一起产生滑动破坏。重力式挡土结构产生整体稳定性破坏是屡见不鲜的，尤其是当地基浅部埋藏有软弱下卧层时，最容易出现这种破坏。其破裂面基本上呈圆弧状，圆弧破裂面通常通过墙趾（图 17.5.6）。当地基浅部存在着软弱下卧层时，圆弧破裂面将沿着软弱下卧层顶部出现。进行整体稳定性验算时，选择一个圆心，以圆心点到墙趾的距离为半径，画一圆弧，该圆弧就是可能的滑动面，然后采用条分法的计算原理，计算出该圆弧滑动面的安全系数。多次反复选择多个圆心，进行滑动稳定计算分析，确定出安全系数最小的滑动面，如果该滑动面的安全系数≥1.05～1.10 时，该挡土结构的整体稳定性是安全的。如果不能满足整体稳定性要求，应适当加深基础的埋置深度，达到要求为止。

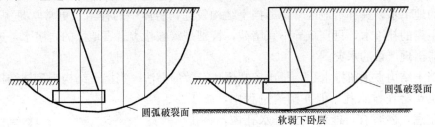

图 17.5.6　挡土墙整体稳定性验算

17.5.4　地基承载力验算

挡土墙地基承载力的验算，与普通扩展基础基本相同，即基底的平均应力值应小于地基承载力特征值，其最大边端压应力值不得大于地基承载力特征值的 1.2 倍。进行普通扩展基础设计时，要求基底边端不得出现拉应力值，即荷载偏心矩 e 不得大于基础宽度的 1/6。对于挡土结构，对偏心矩的要求可以适当放宽，即荷载偏心矩 e 不得大于基础宽度的 1/4。按照材料力学的简化计算法，当荷载偏心矩 e 大于 $b/6$ 时，基础边端将出现拉应力，但是按照弹性力学的精确计算法，荷载偏心矩 e 大于 $b/4$ 时基础边端才会出现拉应力

值，所以这种放宽对挡土结构不会出现安全问题。

17.5.5 挡土结构的排水措施

挡土结构的排水系统至关重要，在对已破坏的挡土结构的调查中发现，大多数挡土结构破坏的原因，是由于排水不畅造成的。众所周知，静水压力的侧压力系数为 1.0，所以水压力较土压力的数值大，采用挡土结构来支挡水压力，在经济上和技术上都是不可取的。重庆市在 1966 年对破坏后的挡土墙调查中，发现由于排水不良或未作排水处理而导致破坏的数量，占总破坏挡土墙的 90%，所以在进行挡土墙设计和施工时，必须重视处理好排水系统。挡土结构顶部应设置截水沟，阻截上部坡体的流水，防止挡土结构的冲刷。顶部的填土面，最好采用植被覆盖，防止水土流失。解决挡土结构的地下水压力问题，最根本的办法还是在挡土结构上设置足够的泄水孔，充分排泄地下水。在一般情况下，泄水孔应沿着挡土结构的墙面上，在横竖两个方向上设置，泄水孔的间距宜取 2m～3m，泄水孔的孔径宜取 50mm～100mm，向外倾斜 3%～5%。在设置泄水孔的墙背处，应铺设倒滤层，防止墙背的填土顺着水流流失（图 17.5.7）。

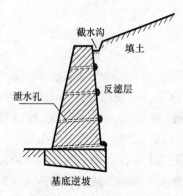

图 17.5.7　挡土墙泄水孔设置

应特别着重指出，在山区或丘陵地区，采用胶凝物质覆盖墙背填土，或挖沟截水，以阻隔水流渗入填土，只能对挡土结构的工作条件有所改善，防止冲刷和水土流失，不是根本解决地下水压力的办法。当挡土结构附近实行覆盖或开挖截水沟后，远处高位山坡降水或水库漏水，仍然可绕过覆盖面和截水沟，从土体孔隙及岩体结构面中渗流到挡土结构上来，形成地下水对挡土结构施加水压力。在很多情况下，挡土结构上的地下水，其补给地区常距离挡土结构较远，岩体中的补给水更常常是源远流长，这种远距离的补给水，只宜疏导不宜堵截，特别是碳酸盐类岩石地区的岩溶水，进行堵截后有可能出现严重的水灾。

从挡土结构中预留排水孔，是比较常用和有效的办法。当挡土结构为砌体结构时，常利用无浆灰缝作排水孔，但在砌筑过程中，施工时稍不注意，砂浆有可能流淌到排水孔内，将排水孔完全堵塞，失去了排水效应，砌体挡土结构为此而发生破坏的，占有较大的比例。为消除此弊病，多采用预埋 50mm 直径 PVC 管或钢管作排水孔，其效果比较好。

挡土结构背面的地下水从墙面排出，很容易污染墙面，有碍观瞻，在建筑物周围通常不允许这种作法，采用暗沟（盲沟）排水可以免除这种污染。其主要作法是在挡土结构的下部设置暗沟（图 17.5.8），让地下水汇集在暗沟内，然后于适当地方排泄。排水暗沟通常是采用滚圆度较好的

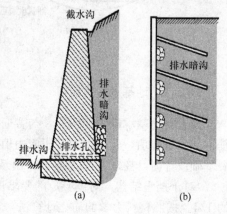

图 17.5.8　挡土墙排水

卵石码砌而成，暗沟的横截面积一般不应小于 500mm×500mm，在填土的一侧，根据倒滤层的作法，分别堆码砾石、粗砂、中砂，以防止墙背的填土流失。

对于岩石边坡的支护结构，也应设置排水暗沟，其作法与挡土结构有所不同，土层中的地下水，是沿着土孔隙进行渗透；而岩石边坡的地下水则是沿着岩体裂隙渗流，岩体裂隙分布的规律性不强，在支挡结构设置集中的排水暗沟不能排泄所有的地下水。通常的做法是在岩石边坡上开凿与地平面大致平行的排水槽，排水槽的坡度为 3‰～5‰，槽内干码卵石或碎石，将地下水导出坡体外部。排水槽应沿着高度方向每间隔 2m～3m 开凿一条，每条排水槽都应与边坡外的排水系统接通。

17.5.6　砌体或混凝土挡土结构的构造要求

重力式挡土结构的构造要求，随着所处的环境和位置不同，可能有不同的要求，这里只能讨论一些基本构造要求。

挡土结构背面填土的填料，应尽量选用透水性较强的无黏性土。若在某些地区无法选用无黏性土作为填料时，在黏性土中应掺入一定数量的碎石，以改变其透水性。在季节性冻土地区，填料应选择如矿渣、碎石、粗砂等非冻胀性填料。

块石砌筑的挡土结构，其顶部宽度不宜小于 400mm。挡土结构所采用的石材，其单轴抗压强度不应小于 30MPa，砌筑砂浆的强度不宜小于 7.5MPa。混凝土挡土结构的最小宽度，不宜小于 300mm，混凝土强度等级不宜低于 C20。

挡土结构为露天构筑物，温差变化较大，必须预留伸缩缝，伸缩缝的间距以 10m～20m 为宜。当地基有变化时，还应在地基变化处设置沉降缝。沉降缝可兼作伸缩缝使用。

重力式挡土结构的外突弧形墙，或外转角墙，是最容易出现裂缝的地段。如果是砌体结构，应在外拐角处加配钢筋；对于钢筋混凝土结构，应在该地段加配适量的钢筋。挡土结构的顶部，必须设置防护栏杆。

挡土结构基础的埋置深度，应根据地基承载力、挡土高度、水流冲刷条件等因素确定。当地基比较软弱，或者岩石地基的裂隙比较发育、风化较厉害时，基础埋置深度应适当加大。当挡土结构放置在土质地基上时，基础的最小埋置深度不应小于 500mm；位于软质岩地基上时，基础的最小埋置深度不应小于 300mm；位于硬质岩地基上时，基础的埋置深度不应浅于排水沟。

为解决抗滑移稳定性问题，采取加大挡土结构宽度的办法，往往是得不偿失的。加大基础宽度的实质是增大挡土结构的重量，基底与地基间的摩擦系数 μ 约为 0.4 左右，即每增加一份的重量，只能发挥 40% 的效率。在工程设计中，采用基底逆坡是一种比较可行的办法，如图 17.5.9 所示，逆坡可设置成单坡或多级坡，在设置基底逆坡时，基础的各个部位不允许出现锐角，以免受力后遭致破坏。基底设置逆坡 α_0 后，在不增大挡土结构体积的条件下，基底的正压力 G' 将得到提高，而滑移力 T' 则有所降低，从而提高了抗滑移稳定安全系数。逆坡 α_0 的角度也不宜过大，不然地基容易出现挤出破坏。在一般情况下，对于土质地基，基底逆坡不宜大于 0.1∶1.0；对于岩石地基，

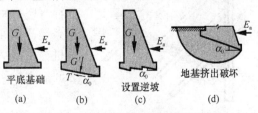

图 17.5.9　挡土墙基底逆坡的设置

基底逆坡不宜大于0.2：1.0。

为解决重力式挡土结构的滑移稳定问题,有人建议采用基底突榫(图17.5.10)或墙踵后拖板(图17.5.11)的办法。这两种办法都是基于充分利用突榫或拖板上的被动土压力,以抵抗挡土结构的水平滑移。采用这种措施以提高挡土结构的抗滑移安全系数时,必须注意两点:

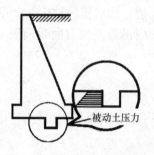
图17.5.10 挡土墙基底突榫

图17.5.11 挡土墙基底拖板

(1)被动土压力发挥的程度:许多研究证明,被动土压力的发挥,需要比主动土压力发挥时所需要的位移增大10~15倍,在通常条件下,挡土结构是不允许出现如此巨大位移的。因此,其最大限度只能取用静止土压力。

(2)必须认真核算结构强度:设置突榫时,突榫与基底的接触部位是剪切应力最大的地区,应认真核算该处的剪切强度。设置拖板时,拖板与拉接板之间将出现较大的张拉应力,必须配置腋筋。

17.6 桩锚挡土结构体系

随着建设的向前发展,挡土高度越来越高,重庆市已成功地建成了高度为50m~60m的桩锚支挡结构数处。对于高大土质边坡,再采用重力式挡土结构体系,实际上是将一座建筑材料大山堆积在土坡脚下,不但占据了大量的建设用地,在经济上很不划算,安全问题也不易得到保证。为解决高大土坡的挡土结构问题,近20年来,发展了桩锚挡土结构体系,安全、经济地解决了高大土坡的支挡问题,所以一经问世,就表现出相当强劲的生命力。这种新型的支挡结构,取得了良好的经济与技术效益,积累了相当丰富的经验,技术已日趋成熟。

桩锚结构体系,是在岩石锚杆理论研究比较成熟的基础上发展起来的一种挡土结构(图17.6.1),它由立柱(竖桩)、岩石锚杆、面板、压顶梁、连系梁等构件组成。立柱(竖桩)和岩石锚杆组成承载体系,面板、压顶梁、连系梁等构件组成构造体系,承载体系和构造体系共同组成桩锚支挡结构体系。面板的作用,主要是维护承载体系之间的土体使其不致塌落,保持墙面的美观。压顶梁和连系梁的主要作用,是协调各榀承载体系间的受力条件,同时加强桩锚结构体系的整体刚度。

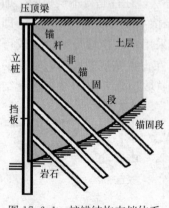
图17.6.1 桩锚结构支挡体系

立柱（竖桩）的顶部，应设置压顶梁，以调节桩锚结构体系的变形。当立柱（竖桩）的高度较大时，为增加桩锚结构体系的平面刚度。应沿着立柱（竖桩）的高度方向，每间隔 3m 左右设置一道连系梁。

锚杆的锚固段放置在稳定的土层中时，称为土层锚杆。锚杆的锚固段放置在稳定的岩层中时，称为岩石锚杆。土层锚杆一般在土层厚度较大，采用岩石锚杆不经济时使用。岩石锚杆因能发挥出较大抗拔能力，能有效地支护土质边坡，所以即使在土层厚达 10m 左右时，在经济上、可靠性上、施工操作上，还是可取的。重庆市大多数高大挡土结构，都采用桩锚支挡结构体系，其效果良好。

17.6.1 桩锚支挡结构体系施工简介

在山区进行工程建设时，为了满足工程的需要，经常将已有的稳定边坡切削成陡峭的人为边坡，称为切坡。或者对平缓的斜坡填筑成陡峭的边坡，称为填坡。切坡和填坡，其施工工艺有所不同。在切坡地带，为防止边坡开挖过程中发生崩塌等事故，施工工艺经常采用逆作法（图 17.6.2），即从上向下随着开挖进程，进行边开挖、边施工支挡结构的工艺流程。填坡工程则应随着填土的填筑进程，逐级向上施工支挡结构体系。

在挖方地区施工桩锚体系时，应采用逆作法进行施工，即从上往下进行作业。在通常的情况下，为使边坡在挖掘过程中不会产生坍塌等不良现象，应在边坡开挖之前，于立柱（竖桩）所在部位，事先采用钻孔灌注桩施工工艺施工竖桩（立柱），并浇注完毕压顶梁，以加强竖桩的整体刚度。待边坡开挖至锚杆所在标高后，进行锚杆钻孔、清孔、投放锚筋、浇筑混凝土

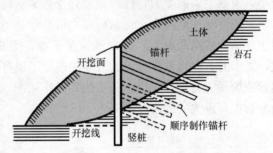

图 17.6.2 桩锚支挡结构体系逆作法施工

等施工工序，作好锚杆与竖桩间的连接，并根据设计图施工连系梁，使桩锚形成能共同受力的桩锚结构体系。挡板可在桩锚结构体系施工完毕后，进行后期制作。

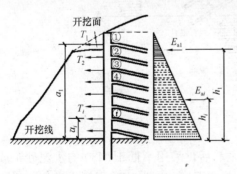

图 17.6.3 逆作法施工图

当开挖工作面到达应该设置第一排锚杆的位置时，应及时进行第一排锚杆的施工作业。第一排锚杆施工作业完毕后，应验算该排锚杆的抗拔承载力，只有在锚杆的抗拔承载力特征值大于开挖时边坡施加给锚杆的拉力 T_1 后，才能继续往下开挖。开挖时边坡施加给锚杆的拉力 T_1，可根据第二排锚杆以上的土压力，如图 17.6.3 按下式计算：

$$T_1 = \frac{E_{a1} h_1}{a_1} \qquad (17.6.1)$$

式中　E_{a1}——第二排锚杆所在位置以上主动土压力的合力；

　　　　h_1——E_{a1} 对基础顶面处的力臂；

　　　　a_1——第一排锚杆对基础顶面处的力臂。

当开挖到第 i 排锚杆位置时，第 i 排锚杆承受的拔力为：

$$T_i = \frac{E_{ai}h_i - \sum_{k=1}^{i} T_k a_k}{a_i} \qquad (17.6.2)$$

式中　T_k、a_k——第 k 排锚杆的拉力和力臂。

在填方地区施工桩锚体系时，应预先施工立柱基础，按照混凝土施工规范预留出立柱的主筋。同时按设计图纸所规定的锚杆位置，施工完毕岩石锚杆的锚固段，并预留出锚筋的接头筋。随着填土的逐渐往上填筑，立柱与锚杆的非锚固段也随即进行浇筑。新填筑的填土将产生自重下沉，并对新施工的斜锚杆施加一个横向荷载，使锚杆产生挠曲，锚杆本身的抗弯刚度较弱，不能承受弯曲荷载。所以除锚杆本身应具有足够的抗弯刚度外，填土时还应在下一级锚杆的立柱与锚杆的结合处，或锚杆在稳定边坡的出露部位，设置一定的斜向支撑，防止锚杆出现挠曲破坏。填土填筑时，还应仔细夯实锚杆下部的填土，最好在上下锚杆间采用块石码砌，防止锚杆出现过大的弯曲应力（图 17.6.4）。基于上述原因，在填坡的桩锚支挡结构体系中，锚杆不宜采用钢丝绳、钢绞线等柔性件杆，柔性杆件无论在经济上或是技术上，认为都是不可行的。柔性杆件位于填土段是一根柔索，其抗弯刚度较小，根据柔索的受力特性，柔索处于悬索状时，才能承受较大的横向力，当处于绷紧状态时，稍许施加横向力，锚索内应力将数倍地增长，将有可能将柔索绷断。此外柔索承受填土施加的横向荷载后，将出现大量下垂，柔索下垂后，锚杆与立柱（竖桩）的接头部位，柔索的方向将发生巨大的改变，改变了锚杆的拉力方向，减少了水平拉拔力。此外对锚索施加预应力后，在填土自重的共同作用下，立柱（竖桩）便有向后倒的趋势，土压力的分布将有重大的改变，如图 17.6.5 所示。

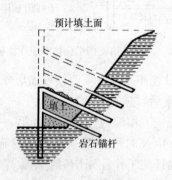
图 17.6.4　填坡施工顺序

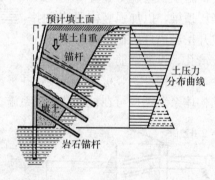
图 17.6.5　预应力锚索的破坏

17.6.2　岩石锚杆

岩石锚杆是在岩石中钻（凿）孔，投放受拉主筋后，采用不低于 M30 的水泥砂浆或不低于 C30 的细石混凝土浇灌而成，灌注水泥砂浆或混凝土时，应采用压力灌注，以增强砂浆与岩体间的黏结力，以及填充岩体中的裂隙。岩石锚杆的直径最小的约为 50mm～100mm，最大的可达数米，甚至数十米，如悬索结构所用的锚杆，重庆市鹅公岩长江大桥东岸悬索结构所设置的锚杆，实际上是在山体内先开挖隧道，然后浇筑混凝土形成的，所以又称为隧道锚。但房屋建筑或边坡治理中，用得较多的锚杆直径，多为100mm～

300mm。

　　岩石锚杆与土体锚杆的侧阻力分布有所不同，如图 17.6.6 所示。在软土中的锚杆，锚杆本身的刚度相对于软土可视为无穷大，锚杆承受拉拔力后，锚杆本身的每点位移都基本相同，锚杆的桩侧阻力在锚杆全长上发挥程度相差无几，所以在软土中的锚杆，其摩阻力的分布是比较均匀的，一般按均匀分布进行计算。但是对于强度较高的土体，锚杆侧阻力的分布就已显得很不均匀。设置在岩石中的锚杆，因锚杆材料的弹性模量与岩石的弹性模量相差不大，有很好的嵌固作用，当锚杆承受拉拔力后，总是位于地表的锚杆顶部的位移远大于锚杆的底部，当锚杆的长度够长时，锚杆的底部不可能产生位移。由于沿锚杆长度方向的位移量不同，锚杆桩侧摩阻力发挥的程度也不同。土体锚杆与岩石锚杆破坏机理也不同，土体锚杆破坏时，通常是以锚杆的底部为锥顶的圆锥体；而岩石锚杆破坏时，大多以长脚漏斗状拔出。鉴于土体中的锚杆主要为摩擦型破坏，而岩石锚杆则主要呈现冲切型破坏，为区分两者的破坏机理，我们将锚杆与岩石间的侧阻力定名为锚固力（Anchoring force）。

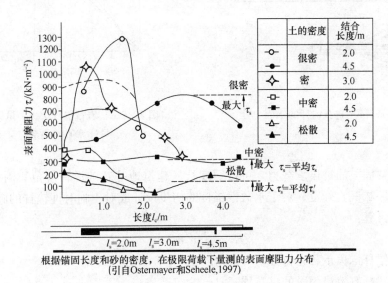

根据锚固长度和砂的密度，在极限荷载下量测的表面摩阻力分布
(引自Ostermayer和Seheele,1997)

图 17.6.6　锚杆周边的锚固力分布试验值

　　根据大量的试验资料表明，岩石锚杆的侧阻力大致呈对数螺旋曲线分布（图 17.6.7，其有效分布范围为 15～20 倍孔径，大约在距锚杆顶部 3 倍锚杆直径处，出现锚固力的最大值 f_b，根据大量试验资料的统计分析，锚固力的最大值 $f_b = 0.07 f_{rk}$。设锚杆的嵌岩深度 h_r 与锚杆直径 d 之比为"锚固比 n"，则岩石锚杆的抗拔极限承载力 Q_b 按下式计算：

　　当 $n \leqslant 3$ 时，
$$Q_b = \pi d^2 f_b \frac{n}{b} \tag{17.6.3}$$

　　当 $n \geqslant 3$ 时，
$$Q_b = \pi d^2 f_b \frac{-n^2 + 30n - 45}{24} \tag{17.6.4}$$

$$f_b = 0.07 f_{rk}$$

　　为检验上式的可靠度和安全性，从收集到的大量试桩资料中，选取资料比较完整的20 根锚杆抗拔试验资料进行检验，检验时以按上式计算得出的岩石锚杆极限抗拔力标准

建筑地基与基础工程

值，与试桩资料中的实测抗拔力极限值之比，称为"计试比"，以计试比作随机变量进行统计分析，获得计试比的平均值为1.03975，变异系数为0.099。充分说明了计算得出的承载力标准值与试验值非常吻合，变异系数属低变异性，说明了计算结果比较准确可靠，可在工程设计中应用。

在修订《建筑地基基础设计规范》时，鉴于上列计算式比较繁琐，而《建筑地基基础设计规范》GBJ 7—89所列计算式比较简单明了，且已为大家所熟悉，将两个计算式进行了拟合，当锚固比 n 在3～13区间时，两者的拟合性很好，如图17.6.8所示。在此区间如按国家标准计算式进行计算，还偏于安全。

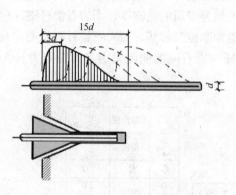

图 17.6.7　岩石锚杆的锚固力分布

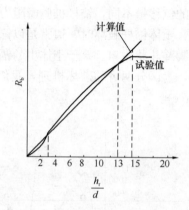

图 17.6.8　岩石锚杆抗拔力试验值
与计算值的关系

岩石锚杆锚固段的抗拔承载力，可按照现行《建筑地基基础设计规范》附录M的试验方法经现场原味试验确定。对于永久性锚杆的初步设计或对于临时性锚杆的施工阶段设计，可按下式计算：

$$R_t = \xi f u_r h_r \tag{17.6.5}$$

式中　R_t——锚杆抗拔承载力特征值（kN）；

　　　u_r——锚杆有效锚固段的桩身周长（m）；

　　　h_r——锚杆有效锚固段的长度（m），当长度>13d 时，按13d 计算；

　　　ξ——经验系数，对于永久性锚杆取0.8，对于临时性锚杆取1.0；

　　　f——砂浆与岩石间的粘结强度特征值（kPa），应由试验确定；当缺乏试验资料，锚杆细石混凝土强度等级 C30 或砂浆强度为 30MPa 时，可按表 17.6.1 取用。

砂浆与岩石间的粘结强度特征值 f (MPa)　　　　　表 17.6.1

岩石坚硬程度	软岩	较软岩	硬质岩
粘结强度	<0.2	0.2～0.4	0.4～0.6

17.6.3　立柱（竖桩）的计算

立柱（竖桩）是桩锚支挡结构体系的主要受力构件，它的任务是将土压力传递给锚杆。

立柱（竖桩）是一根受弯构件，为使立柱（竖桩）的正负弯矩比较均衡，顶部宜设置一定长度的悬臂端，一般悬臂端的长度约 1m～2m，使立柱（竖桩）顶部产生一定的负弯矩。计算时可假定立柱（竖桩）与锚杆的交点为一铰支座，其底部视基础的嵌固情况，可假设为固定支座或铰支座，按连续梁进行计算（图 17.6.9）。基础嵌入稳定的基岩中的深度达到 3 倍竖桩直径时，可按固定端考虑。立柱（竖桩）与锚杆的交点是剪切应力最大的区域，应仔细验算立柱（竖桩）该点的剪切强度。必要时在该处设置抗剪切牛腿，加强立柱（竖桩）的剪切强度。

立柱（竖桩）间应设置连系梁，以增强支挡结构体系的刚度。连系梁的间距以 2m～4m 为宜，并与锚杆竖向间距相同，使锚杆设置在连系梁与立柱（竖桩）的交叉点上，同时可加强锚杆与立柱（竖桩）间的抗剪切强度。连系梁的横断面尺寸，应视立柱（竖桩）距离而定，通常情况下可采用 300mm×300mm，采用与立柱（竖桩）混凝土强度等级相同的混凝土浇筑；梁内配筋不应少于 4 Φ 16，箍筋宜采用 $\phi 8@200$，两端宜设置抗扭箍筋。

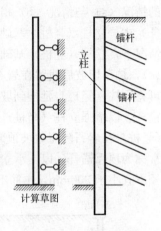

图 17.6.9 立柱计算草图

立柱（竖桩）的顶部，应设置一道横向连续梁，通称为压顶梁，其作用是加强立柱（竖桩）间的连系，使各排立柱（竖桩）能共同工作。支挡结构所支挡的土体，是很不均匀的物质，各榀桩锚结构体系所受的土压力将很不一致；此外由于制作的原因，各榀桩锚结构体系的质量不可能完全相同，设置压顶梁后，可使各榀桩锚结构体系协同工作。压顶梁的主筋配置在梁的两侧，其箍筋应采用抗扭箍。压顶梁上应设置防护栏杆，以保护支挡结构顶部行人安全。

17.6.4 立柱（竖桩）基础的计算

立柱（竖桩）必须插入稳定的地层中一定的深度，才能使立柱（竖桩）的端部满足固定端的要求。立柱（竖桩）基础的埋置深度，应视基础顶部的水平推力而定，在通常条件下，岩石地基上基础的埋置深度不应小于 0.5m，土质地基上不得少于 1.0m。

1. 岩石地基

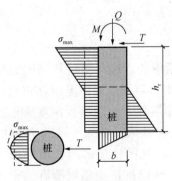

图 17.6.10 岩石地基

当立柱（竖桩）的基础放置在稳定的岩石地基上时，由于桩锚体系的竖向荷载较小，通常地基竖向承载能力总能得到满足。地基验算主要是横向承载能力问题，其横向承载能力应满足下式要求（图 17.6.10）：

$$\sigma_{\max} = 1.27\left(\frac{6M}{bh_r^2} + \frac{T}{bh_r}\right) \leqslant 0.5 f_{rk} \quad (17.6.6)$$

式中 $\sigma_{\max}$——基础侧面的最大应力值；

M、T——立柱（竖桩）传递给基础的力矩和水平推力值；

f_{rk}——地基岩石单轴抗压强度标准值；

h_r——立柱（竖桩）基础的埋置深度；

b——矩形基础的宽度或圆形基础的直径。

桩锚支挡结构体系中的立柱（竖桩）基础，其嵌岩深度应满足下式的要求：

$$h_{\text{r}} \geqslant \frac{T + \sqrt{T^2 + 9.45 f_{\text{rk}} b M}}{0.79 f_{\text{rk}} b} \tag{17.6.7}$$

当立柱（竖桩）基础位于岩石斜坡上时，应在坡脚的上方约 1m～2m 处设置一排结构锚杆，以承受立柱（竖桩）下端的水平推力。在山区进行建设时，桩锚支挡结构体系，经常可能遇到如图 17.6.11 所示的 3 种典型情况，可参照图示的构造方法进行处理。图中的情况（a）与情况（b）相近似，基础嵌入岩石中的深度应大于 3 倍基础的宽度。在情况（b）中，立柱（竖桩）基础位于岩石斜坡上，必须认真验算岩石斜坡的稳定性，在这种情况下，立柱（竖桩）基础的顶部最好设置一根锚杆，以增强斜坡的稳定性。图中的情况（c），是在切坡后残留在岩石陡崖边坡顶部的土质边坡，当岩石陡崖边坡高度不太大时，可将立柱（竖桩）延伸到坡脚的岩层中；当岩石陡崖边坡高度超过 3m 时，应设置一定的锚杆，以增强立柱（竖桩）的纵向稳定性；当岩石陡崖边坡高度超过 5m 时，可将立柱（竖桩）在岩石陡崖边坡顶部下 1m～2m 处切断，同时在该处设置一根强有力的锚杆，通常称为顶撑锚杆，以支承立柱（竖桩）底部的横向和竖向力，锚杆以 45°角设置，锚杆直径不宜小于 300mm，主筋不宜少于 6 Φ 18，箍筋宜采用螺旋箍，且不宜少于 $\phi 8@200$。

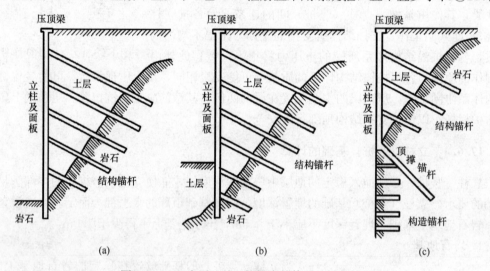

图 17.6.11 岩石地基上桩锚支挡体系的三种情况

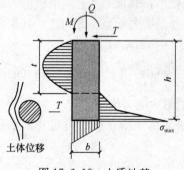

图 17.6.12 土质地基

2. 土质地基

当桩锚支挡结构体系中的立柱（竖桩）基础放置在土层中（图 17.6.12）时，我国普遍采用 m 法进行计算。所谓 m 法是假定基床系数 k_z 为随埋置深度成正比例增加的系数，即假定桩侧基床系数 $k_z = mz$，桩底的竖向基床系数为 $k_0 = mh_0$。我国铁道部门长期采用 m 法进行桩横推力的计算，现已推广应用到所有的土木工程行业。

竖向桩在横向推力作用下，桩周土的抗力和位移不仅分布在桩的截面范围内，而且要分布在截面附近的一定区域。桩的截面形状对土抗力和位移分布也有一定的影响。在进行桩的内力与位移计算时，通常简化为平面问题，为解决桩截面周围土体的影响，计算时取桩的截面计算宽度 b_0 为：

对于圆形桩（柱）：

当 $d \leqslant 1m$ 时，$b_0 = 0.9 (1.5d + 0.5)$

当 $d > 1m$ 时，$b_0 = 0.9 (d + 1)$

对于矩形桩（柱）：

当 $b \leqslant 1m$ 时，$b_0 = 1.5b + 0.5$

当 $b > 1m$ 时，$b_0 = b + 1$

式中　b_0——桩身计算宽度（m）；

　　　d——桩径（m）；

　　　b——桩宽（m）。

根据 m 法进行计算土质地基中立柱（竖桩）基础，基础的埋置深度应满足下式的要求：

$$\sigma_{max} = 0.32 m \omega t^2 \leqslant 0.5 f_a \tag{17.6.8}$$

$$\omega = \frac{36M + 24Th}{b_0 mh^4 + 18m_0 hbW}$$

$$t = \frac{b_0 mh^3 (4M + 3Th) + 6Tm_0 hbW}{2b_0 mh^2 (3M + 2Th)}$$

式中　f_a——地基竖向荷载下的承载力特征值；

　　　h——矩形桩（柱）的截面高度（m）；

　　　W——桩截面抗弯刚度（m³）；

　　　m——见表 17.6.2；

　　　m_0——土质地基时，取值见表 17.6.2。

| m、m_0 值表 | 表 17.6.2 |

土 的 名 称	m、m_0（MN/m⁴）
淤泥、淤泥质土	2.5～6
$0.75 \leqslant I_L < 1$ 的黏性土，松散的细砂，$e \geqslant 0.95$ 的粉土	6～14
$0.25 \leqslant I_L < 0.75$ 的黏性土，稍密或中密的粉细砂，$0.75 \leqslant e < 0.90$ 的粉土	14～35
$0 \leqslant I_L < 0.25$ 的黏性土，中密或密实的中、粗砂，$0.60 \leqslant e < 0.70$ 的粉土	35～100
中密或密实的砾砂、碎石土	100～200

按 m 法进行桩身内力和变形计算时，m 值是一个很重要的参数，应在现场进行试验确定。当无条件进行现场试验时，表 17.6.2 中所列的 m 值，可作为初步设计时的参考。

当立柱（竖桩）基础的位移大于 6mm 时，取表中的小值。

进行现场试验 m 值时，先在现场设置试验桩，桩的埋置深度与基础埋置深度相同，在横向荷载 T 作用下，测定桩的横向位移 S_t，按下列方法计算 m 值。已知桩身变形系数为：

$$\alpha = \sqrt[5]{\frac{mb_0}{EI}} \tag{17.6.9}$$

从上式可以得到圆形桩的 m 值为：

$$m = \alpha^5 \frac{EI}{1.5b + 0.5} \tag{17.6.10}$$

方形桩的 m 值为：

$$m = \alpha^5 \frac{EI}{0.9(d+1)} \tag{17.6.11}$$

只要知道上式中的 α 值，便可计算出式中的 m 值来。根据理论推导，横向荷载 T 及横向位移 S_t 值与 α 值的关系为：

$$m = \sqrt[3]{\frac{2.44066S_t}{TEI}} \tag{17.6.12}$$

当立柱（竖桩）基础穿过数层不同的土层时，应将基础穿越的各个土层的 m_i 值，按下列计算式换算成统一的 m 值。

当存在 2 个土层时：

$$m = \frac{m_1 h_1^2 + m_2(2h_1 + h_2)h_2}{(h_1 + h_2)^2} \tag{17.6.13}$$

当存在 3 个土层时：

$$m = \frac{m_1 h_1^2 + m_2(2h_1 + h_2)h_2 + m_3(2h_1 + 2h_2 + h_3)h_3}{(h_1 + h_2 + h_3)^2} \tag{17.6.14}$$

式中：m_i、h_i 为各层土的 m 值及其相应厚度。

17.6.5 挡板计算

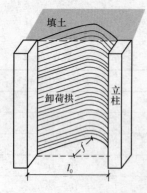

图 17.6.13 土体卸荷拱

在桩锚结构体系中，立柱（竖桩）与锚杆形成的整体结构，是一组刚度较大的结构体系，其变形量较小。两榀桩锚结构间的土体向外产生位移时，必然受到桩锚结构的约束，土压力将以卸荷拱的形式直接传递给桩锚结构（图 17.6.13），而不需要另设传力构件。

试验室内的模型试验和工程实践证明，在具有一定刚度的桩锚结构体系中，卸荷拱确实存在。1989 年建成的重庆市渭沱电站滑坡治理工程，挖方形成高度达 18m 的陡峭边坡，立柱（竖桩）的间距为 3m，立柱（竖桩）间未设置挡板，除有小范围的掉块外，没有出现崩塌或滑塌现象。1993 年建成的西南合成制药厂宿舍区，该处填方高度也是 18m，立柱（竖桩）的间距 2.5m，其挡板只是在连系梁上砌筑了一道厚为 200mm 的轻质砖墙墙体，墙体至今仍然完好无损。

在设计与计算挡板时，应考虑卸荷拱的存在，但至今没有比较成熟的卸荷拱计算办法。抛物线形拱轴是比较理想的拱轴线，土体塌落时一般是按照抛物线塌落，塌落拱的矢高通常为净跨的 $1/4$，如图 17.6.13 中的矢高 $f = 0.25l$。在实际工程应用中，建议采用平行墙土压力的计算式，来计算挡板上的土压力。这时只需将矢高 f 代替平行墙土压力计算式中的两平行墙的距离 b，以这种方式计算出来的静止土压力，可以作为挡板结构设计的依据。某一支挡结构，挡土的高度为 22m，填土的内摩擦角为 30°，其重度为 22kN/m³，按库仑土压力公式计算得出最大主动土压力为：161.33kPa。在计算挡板时，考虑到卸荷拱的作用，按平行墙理论计算挡板的静止土压力为 22.24kPa。经室内模型试验、现场测试、电算等方法进行检验，获得的挡板土压力为 9kPa～15kPa，小于计算值。因此按平行墙理论计算挡板的土压力，有相当的安全储备，是安全可靠的。

17.7　岩石边坡稳定性分析与支护

岩石边坡与土质边坡相比，从整体概念来说，它是比较稳定的。但一旦遭到破坏，将是山崩地裂，其后果将比土质边坡严重得多。

图 17.7.1　巫山崩塌

重庆市云阳县石板沟滑坡、湖北省秭归县新滩滑坡，都是属于岩石边坡破坏而导致的大型边坡破坏，其后果是导致一个乡镇的全部毁灭。即使是极普通的崩塌或坠岩，其能量和规模也很庞大，捣毁建筑物砸死人畜，屡见不鲜，即使是快速行进中的汽车也不能幸免于难。图 17.7.1 是重庆市巫山县望霞乡桐心村 1999 年 7 月 15 日发生山崩时的照片，山崩体积约 400 万立方米，照片中危岩的高度达 70 多米。对于山区建设而言，研究岩石边坡的稳定性，很有必要。

长江三峡曾有千仞绝壁的赞誉，这种说法虽有夸大其词之嫌，但在山区，百米陡崖则比比皆是。这些悬崖绝壁，也只有在岩体裂隙不发育的厚层硬质岩体上才会出现。岩石的质量对边坡的影响较大，当岩石强度大于 50MPa 的硬质岩分布地区，经常形成陡峻的边坡。当岩石强度小于 30MPa 的软质岩分布地区，则其边坡比较平缓，常成为山区的耕植地。

岩石边坡表面剥落现象，是岩石表面风化的结果，也是岩石边坡破坏现象之一。岩石边坡表面剥落，在各种岩石边坡上都有可能发生，只是硬质岩边坡的发展比较缓慢，软质边坡发展比较快，重庆市的泥岩表面剥落速度，约为每年 100mm～200mm。这种表面剥落现象，对于临时性边坡，或很少有人类活动的区域，只要在岩石边坡上以胶凝物质覆面，便可延缓岩石表面风化的进程，从而遏制表面剥落的发展。对于永久性的边坡，则需要进行永久性支护，才能保证边坡的稳定。

天然岩体中总是存在着一定的结构面，如节理、层理、裂隙、断层等等，软弱结构面对岩石边坡的危害性更大。岩石边坡的破坏，其结构面的存在是主要的原因，大型的崩塌和滑坡，往往沿着结构面发生。所以要研究岩石边坡的稳定性，必须深入研究岩体的结构面。当岩体中结构面的倾向与边坡的坡向基本一致时，这种边坡的稳定性较差。数组结构面在边坡上形成不利组合时，容易出现崩塌现象。

比较完整的岩体，即节理、裂隙等结构面不发育的岩体，除强度小于 5MPa 的极软岩外，由于其自身具有较高的抗剪强度，一般不会出现如同土质边坡那样的破坏，即在其自重作用下出现滑坡。岩石滑坡的出现，都与岩体的结构面有关，通常都是沿着结构面滑动。为便于讨论，工程界将岩石滑坡分为平面滑坡和空间滑坡两种。当滑动面由一组结构面，或者多组走向大致平行的结构面组成，结构面走向又与边坡走向基本平行的滑坡，称为平面滑坡。由多组不同走向的结构面组成，但其下滑棱线与边坡的坡向基本一致的滑坡，称为空间滑坡。

岩石结构面上的抗剪强度参数，如摩擦系数 $f = \tan\varphi$，及黏聚力 c，对岩石边坡稳定性的影响极大，应在现场对结构面进行实地测试。其试验方法，目前多采用现场直接剪切试验。

岩体中的构造应力，在一定的条件下，可能转换成为边坡滑动的动力。许多山区，虽然近代没有大的构造运动，但由于原来的构造运动而残留在岩体中的构造应力是比较大的，残余的构造水平向应力值，可以达到岩层自重应力的数倍乃至数十倍，所以在进行岩体的深部开挖时，可能出现岩爆或瓦斯爆炸。岩体中残留的构造应力，虽然是客观存在，但到目前为止，人们对其认识还很肤浅，地应力的测试工作开展得很不够，在工程设计中如何考虑原始构造应力的影响，尚未提上日程。

17.7.1 岩石结构面的几何要素

岩石结构面的空间形态，可采用结构面的走向、倾向、倾角来表示。走向是结构面延伸的方向，倾向是结构面倾斜的方向，走向与倾向都采用方位角来表示，如走向为N180°，说明该结构面的延伸方向是南北向的；再如倾向为N90°，说明该结构面的倾斜方向为东方。倾角是结构面与水平面的夹角，采用符号"∠"表示，如∠30°，说明结构面与水平面的夹角为30°。结构面的走向与倾向两者间相差90°角，因此在地质资料中，通常只标明倾向和倾角，并不一定要标明走向，如上述结构面的几何要素，只需标明N90°∠30°。

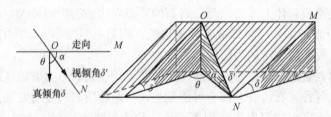

图 17.7.2　结构面几何要素

1. 结构面的视倾角

野外天然的岩石露头，或者人工开挖的边坡，与岩体结构面倾向完全一致的比较少见，更多的是与倾向线呈一定的夹角。这时见到岩石结构面的倾角，不是结构面的真倾角，称为视倾角，有些资料称为假倾角，视倾角总是小于真倾角的。在进行野外调查时，如将视倾角误认为是真倾角，用以判断岩石边坡的稳定，将可能出现严重的偏差。

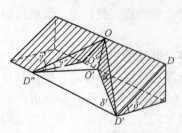

图 17.7.3　倾斜坡面的视倾角

设有一结构面（图 17.7.2）的走向 OM，倾角为 δ，某一剖面 ON 与倾向线的夹角为 θ，与走向线的夹角为 α，则剖面 ON 上的视倾角 δ' 可由下式求得：

$$\tan\delta' = \tan\delta\cos\theta = \tan\delta\sin\alpha \qquad (17.7.1)$$

2. 倾斜剖面的视倾角

在图 17.7.3 中，结构面的走向 OD，倾角为 δ。有一个剖面 $OO'D'$ 面，其 OD' 线与走向线 OD，在平面上的投

影角为 α，OD' 线的视倾角为 δ'。现有一个斜剖面 S，其正剖面 $OO'D''$ 与 $OO'D'$ 面相互垂直，正剖面 $OO'D''$ 的视倾角 γ 可用下式求得：

$$\tan\gamma = \frac{\tan\delta}{\sqrt{1 + \sec^4\delta\,\tan^2\alpha}} \tag{17.7.2}$$

便可用下式求得在 S 面上的视倾角 γ'：

$$\tan\gamma' = \frac{\tan\delta}{\sqrt{1 + \sec^2\delta\,\tan^2\alpha}} \tag{17.7.3}$$

3. 两个结构面交线的视倾角

在岩体中如果存在着两个互不平行的结构面，这两个结构面有可能在岩体中相交，两个结构面的交线，称为棱线，如图 17.7.4 中的 OV 线。两结构面切割出来的部分岩体，称为棱形体，参见图 17.7.4 中的棱形体 OD_1VD_2。

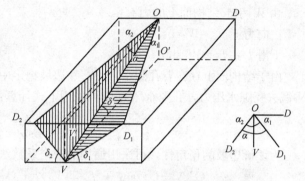

设两个结构面走向线间的水平夹角为 α，及结构面走向线 OD_1、OD_2 与通过棱线的竖直面间的水平夹角分别为 α_1、α_2。

图 17.7.4　结构面交线的视倾角

$$\alpha = \alpha_1 + \alpha_2$$

$$\cot\alpha_1 = \frac{\tan\delta_1}{\sin\alpha\,\tan\delta_2} + \cot\alpha \tag{17.7.4}$$

$$\cot\alpha_2 = \frac{\tan\delta_2}{\sin\alpha\,\tan\delta_1} + \cot\alpha \tag{17.7.5}$$

$$\tan\delta' = \tan\delta_1\sin\alpha_1 = \tan\delta_2\sin\alpha_2 \tag{17.7.6}$$

17.7.2　单结构面外倾边坡的稳定性验算

单结构面外倾边坡，是指边坡上具有一组倾向大致与边坡坡向相同的结构面，结构面以上的岩体，很容易沿着结构面滑动。这种边坡，当结构面的倾角 α 为 $30°\sim70°$ 时，出现稳定性破坏的可能性最大。当边坡的倾角小于 $30°$ 时，由于结构面上具有一定的抗剪强度，一般不容易出现稳定性破坏。但是也有例外的情况，如沉积岩的层面上富集云母矿时，可能在倾角小于 $10°$ 时出现滑塌现象。当边坡的倾角大于 $70°$ 时，其横向推力明显减少，结构面以上岩体向下延伸，直接插入坡脚地面以下，形成一道比较稳定的岩石墙体，所以也不容易产生稳定性破坏。

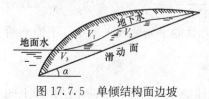

图 17.7.5　单倾结构面边坡

由图 17.7.5 知，V_1 为地下水位线以上坡体体积，V_2 为地下水位线以下地面水位线以上滑动坡体体积，V_3 为地面水位线以下滑动坡体体积；地下水位线以上坡体的重力为 $W_1 = V_1\gamma_1$，由 W_1 引起结构面上的力有：

法向力：$N_1 = W_1 \cos\alpha$

下滑力：$T_1 = W_1 \sin\alpha$

V_3 部分长期处于地面水位以下，计算其重力时采用浮重度 γ'，则该部分的重力为：$W_3 = V_3 \gamma'$。由 W_3 引起结构面上的力有：

法向力：$N_3 = W_3 \cos\alpha$

下滑力：$T_3 = W_3 \sin\alpha$

V_2 部分长期处于地下水位以下，应采用饱和重度 γ_{sat}，则该部分的重力为：$W_2 = V_2 \gamma_{sat}$。由 W_2 引起结构面上的力有：

法向力：$N_2 = W_2 \cos\alpha$

下滑力：$T_2 = W_2 \sin\alpha$

由于结构面上存在着孔隙水压力，在边坡稳定中，将出现负面影响，可在上列法向力 N_2 减去孔隙水压力，孔隙水压力 U 可采用下式计算：

$$U = \frac{V_2 \gamma_w}{\cos\alpha}$$

为评价边坡的稳定性，可采用通用的安全系数法，安全系数 k 的表达式如下：

$$k = \frac{(\sum N - U)\tan\phi + cl}{\sum T} = \frac{[V_1\gamma_1 + (V_2 + V_3)\gamma_1']\cos\alpha\tan\phi + cl}{[V_1\gamma_1 + V_2\gamma_w + V_3\gamma_1']\sin\alpha} \tag{17.7.7}$$

17.7.3　双结构面棱形体破坏的边坡稳定性

边坡岩体中存在着两组结构面，该两组结构面的走向和倾向，均与边坡呈斜交状态。但两组结构面有可能在边坡上形成一个棱形体，在一定的时空条件下，将沿着棱形体的棱线向下滑塌。这种破坏现象，属空间课题，称为棱形体破坏，即通称的塌方或崩塌，是山区常见的地质现象。开挖岩石边坡时，这种现象发生的几率比较高，应引起足够的重视。图 17.7.6 所示的边坡，边坡的走向为 OD。边坡上存在着两组结构面：结构面①的走向为 OD_1，倾角为 δ_1；另一组结构面②的走向为 OD_2，倾角为 δ_2。两组结

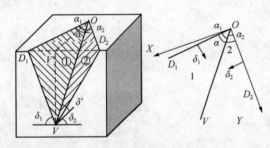

图 17.7.6　岩石边坡的棱形体破坏

构面将在边坡上形成一棱形体，棱形体的棱线为 OV，棱线的倾角为 δ'。

在棱形体的两个结构面上，可能出现的最大剪力值，是结构面上的抗剪强度，即 $Nf + cA$（其中：$f = \tan\varphi$，A 为结构面的面积），前者是由于法向压力产生的摩擦阻力，后者是由于结构面上的黏聚力。若棱形体的下滑力为 T，则该边坡的安全系数可由下式计算：

$$k = \frac{(N_1 f_1 + c_1 A_1) + (N_2 f_2 + c_2 A_2)}{T} \tag{17.7.8}$$

上式中有 3 个未知量，即 N_1、N_2、T，可按空间力系的平衡原理来确定，下面介绍几种求解的办法。

1. 解析几何法

该法的实质是将外力分解为 3 个分力，即平行于棱线的下滑力 T，及两个结构面上的

法向力 N_1、N_2。其计算步骤如下：

（1）计算棱线与两结构面走向线的夹角 α_1、α_2：

$$\cot\alpha_1 = \frac{\tan\delta_1}{\sin\alpha\tan\delta_2} + \cot\alpha \qquad \cot\alpha_2 = \frac{\tan\delta_2}{\sin\alpha\tan\delta_1} + \cot\alpha$$

（2）计算棱线 OV 的方向余弦：

为便于计算，取坐标 Z 轴铅直向下，X、Y 轴在水平面上，同时让 Y 轴与结构面②的走向线重合。在上述坐标轴条件下，棱线 OV 的方向余弦为 (l_0, m_0, n_0)，各方向系数计算如下：

$$l_0 = \frac{-\cot\delta_2}{e_0}$$

$$m_0 = \frac{-\cot\delta_2 \cot\alpha_2}{e_0}$$

$$n_0 = \frac{1}{e_0} \qquad e_0 = \sqrt{1 + \cot^2\delta_2 \cot^2\alpha_2}$$

（3）计算结构面①的法线方向余弦为 (l_1, m_1, n_1)，各方向系数计算如下：

$$l_1 = \frac{-\tan\beta}{e_1} \qquad m_1 = \frac{1}{e_1}$$

$$n_1 = \frac{\cot\delta_2 \cot\alpha_2 - \cot\delta_2 \tan\beta}{e_1}$$

$$e_1 = \sqrt{1 + \tan^2\beta + (\cot\delta_2 \cot\alpha_2 - \cot\delta_2 \tan\beta)^2}$$

$$\beta = \frac{\pi}{2} - \alpha$$

（4）计算结构面②的法线方向余弦为 (l_2, m_2, n_2)，各方向系数计算如下：

$$l_2 = \sin\delta_2$$

$$m_2 = 0$$

$$n_2 = \cos\delta_2$$

（5）建立平衡方程式，计算法向力 N_1、N_2 及下滑力 T：

$$Tl_0 + N_1 l_1 + N_2 l_2 = U$$

$$Tm_0 + N_1 m_1 + N_2 l_2 = V$$

$$Tn_0 + N_1 n_1 + N_2 n_2 = W$$

其中 U、V、W 为外力在各坐标轴上的分力，当外力仅为岩体的自重时，在 x、y 轴上的分力 U、V 为 0。

（6）按式（17.7.8）计算棱形体的安全系数。

2. 外力分解法

外力分解法是先将外力沿棱线进行分解成两个分力，一个是平行于棱线的下滑力 T，另一个与 T 力相垂直的力 N，然后再进一步分解。此法对于仅有重力作用的边坡，计算较简便。其计算步骤如下：

（1）计算棱线与两结构面走向线的平面夹角 α_1、α_2 及棱线的倾角 δ'，计算方法与解析几何法相同。

（2）计算作用于棱线上的下滑力 T 和分力 N：

$$T = W \sin\delta' ; \qquad N = W \cos\delta'$$

（3）计算结构面①、②沿垂直棱线方向的视倾角 δ'_1、δ'_2：

$$\tan\delta'_1 = \frac{\tan\delta_1}{\sqrt{1 + \sec^4\delta_1 \ \tan^2\alpha_1}}$$

$$\tan\delta'_2 = \frac{\tan\delta_2}{\sqrt{1 + \sec^2\delta_2 \ \tan^2\alpha_2}}$$

（4）将 N 值分解成 N_1、N_2：

$$N_1 = \frac{\sin\delta'_2}{\sin(\delta'_1 + \delta'_2)} N$$

$$N_2 = \frac{\sin\delta'_1}{\sin(\delta'_1 + \delta'_2)} N$$

（5）按式（17.7.8）计算棱形体的安全系数。

3. 滑体分割法

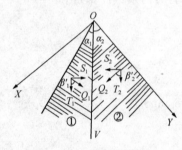

图 17.7.7　滑体分割法

滑体分割法是将下滑的棱形体（图 17.7.7），沿着通过棱线 OV 的铅直平面分割成两块。先计算出两个块体的重力 W_1 和 W_2。然后将 W_1 和 W_2 沿着各自结构面①、②的真倾角再次分解，分解为法向力 N，及平行于结构面的分力 Q。再将 Q 分解为平行于棱线的下滑力 T，及另一垂直力 S。最后计算 S 力产生的法向力校正值。其计算步骤如下：

（1）分块计算其重力 W_1 和 W_2。

（2）将 W_1 和 W_2 沿着各自的结构面真倾角进行分解。

$$N_1 = W_1 \cos\delta_1 \qquad Q_1 = W_1 \sin\delta_1$$

$$N_2 = W_2 \cos\delta_2 \qquad Q_2 = W_2 \sin\delta_2$$

（3）将 Q_1 和 Q_2 沿着棱线方向进行分解：

$$T_1 = Q_1 \cos\beta'_1 \qquad S_1 = Q_1 \sin\beta'_1$$

$$T_2 = Q_2 \cos\beta'_2 \qquad S_2 = Q_2 \sin\beta'_2$$

式中的 β'_1、β'_2 为结构面上的角度，其水平面上的投影角为 β_1、β_2，两者的关系为：

$$\beta_1 = 90° - \alpha_1 \qquad \tan\beta'_1 = \tan\beta_1 \cos\delta_1$$

$$\beta_2 = 90° - \alpha_2 \qquad \tan\beta'_2 = \tan\beta_2 \cos\delta_2$$

计算由于 S_1、S_2 所产生的附加法向力 N'_1、N'_2：

$$N'_1 = \frac{-S_1}{\tan(\delta'_1 + \delta'_2)} + \frac{S_2}{\sin(\delta'_1 + \delta'_2)}$$

$$N'_2 = \frac{S_1}{\sin(\delta'_1 + \delta'_2)} + \frac{S_2}{\tan(\delta'_1 + \delta'_2)}$$

（4）最后的下滑力 $T = T_1 + T_2$

最后的正压力为：$N_1 + N'_1 \quad N_2 + N'_2$

从而便可根据式（17.7.8）计算棱形体的安全系数。

17.7.4　整体稳定边坡支护

整体稳定边坡是比较稳定的边坡。有些软质岩边坡，由于各种原因，边坡开挖出来后两、三年，没有进行任何支护措施，除发生有少量的表面风化剥落外，边坡还基本保存完好。也有些边坡高度小于 10m 的软质岩边坡，表面经采用胶凝物质覆盖，历经数十年而基本完好。以上例子是在人员罕到的地方出现，只能说明整体稳定边坡的稳定性是比较好的，并不能说明整体稳定边坡不需要进行支护。大规模的经济建设，开挖高大边坡的地区，多为人口稠密的地带，特别是人员密集的城区，整体稳定边坡虽然比较稳定，但也必须进行认真的支护，以防不虞。

在边坡支护结构中，常将锚杆分为结构锚杆和构造锚杆两类。

1. 结构锚杆

结构锚杆是指在边坡支护结构中，主要承受边坡横推力的抗拔锚杆，是支护结构中的主要受力杆件，在整体稳定边坡上，常设置在边坡的上部。锚杆直径通常采用 110mm～250mm，与水平面呈 20°～45°角，主筋为 3～5 根 HRB400 级钢筋，焊接成一束。

2. 构造锚杆

构造锚杆是指在边坡支护结构中，于横推力不大的区段，主要用以防止边坡表面风化剥落而设置的锚杆。锚杆直径多采用 50mm～100mm，与水平面呈 15°～20°角，主筋为 1～2 根 HRB400 级钢材钢筋。

整体稳定边坡最容易出现垮塌的地段，是边坡的顶部，边坡的顶部是拉应力区，大量的现场勘察资料表明，新开挖出来的岩石边坡，边坡顶部都发现有新的拉伸裂隙。拉伸裂隙发育的深度与广度，均与边坡的高度有着直接的联系，其深度和广度大致为边坡高度的 0.2～0.3 倍，在距离边坡顶部 0.2 倍坡高的宽度范围内，其拉伸裂隙最为明显。

根据大量的工程实践，对于整体稳定的软质岩边坡，其高度小于 12m 时，或者对于硬质岩边坡，其高度小于 15m 时，可按图 17.7.8 所示的支护结构进行处理。在距坡顶 0.2 倍坡高的高度处，设置一排结构锚杆，锚杆的横向间距不应大于 3m，长度不小于 6m。锚杆直径不小于 130mm，，锚杆内放置 3 Φ 22 的主筋，采用强度不小于 30MPa 的水泥砂浆灌注。其余部分为防止风化剥落，可采用构造锚杆进行防护。构造锚杆的长度宜采用 2m～4m，与水平面呈 15°角，锚杆的间距宜采用 1.5m～2m，边坡表面挂网后采用 C20 混凝土进行封闭处理。

在结构比较完整的岩体中开挖高大边坡，是近 20 来年才出现的事物，测试的资料非常缺乏，对整体稳定边坡上横推力的分布还是一个模糊的概念。从不多的测试资料看来，整体稳定边坡上的横推力分布，与库仑土压力分布有着本质的差别，呈上大下小的趋势，上部的横推力比较明显，坡腰及坡脚的横推力比较微弱。边坡横推力的最大值，通常出现

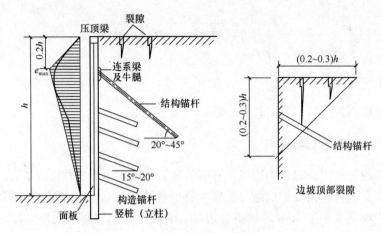

图 17.7.8　整体结构边坡的支护结构

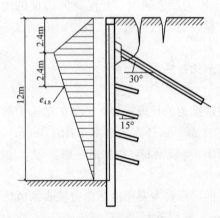

图 17.7.9　整体稳定边坡实例

在拉伸裂隙的尖端部位，即距坡顶向下约 0.2 倍坡高处。根据国内外对液性指数 $I_L \leqslant 0$ 的坚硬黏性土边坡的应力测试，以及室内模型试验证明，边坡横推力的最大值，是在距坡顶向下约 0.2 倍坡高处出现，其最大值为（0.15～0.25）γh（γ 为岩土的重度；h 为边坡的高度）。通过多次试算和现场观测，认为对于岩石边坡，边坡横推力的最大值 $e_{max} = 0.2\gamma h$ 比较合适。

为说明整体稳定边坡支护结构的设计，现举一实例（图 17.7.9），有一泥岩边坡，基本上呈铅直向开挖，开挖高度为 12m，泥岩在天然湿度条件下的单轴抗压强度为 12MPa，泥岩单位体积的重度为 24kN/m³。在离边坡顶部 2.4m（0.2h）处设置一排结构锚杆，锚杆间距为 2.5m，以承受边坡顶部 4.8m 高度的横推力。边坡上的最大横推力为：

$$e_{max} = 0.2\gamma h = 0.2 \times 24 \times 12 = 57.6 \text{kPa}$$

结构锚杆的有效承力范围内的横推力为：

$$e_{4.8} = 0.75 e_{max} = 0.75 \times 57.6 = 43.2 \text{kPa}$$

为此每根锚杆应承受的横推力为：

$$Q_b = [0.5 \times 57.6 \times 2.4 + 0.5(57.6 + 43.2) \times 2.4] \times 2.5 = 475.2 \text{kN}$$

设锚杆与水平面呈 30°角钻进，则要求锚杆提供的抗拔力为：

$$R_b = \frac{Q_b}{\cos\beta} = \frac{475.2}{\cos 30°} = 548.7 \text{kN}$$

结构锚杆所在部位，是边坡的顶部，有 0.2～0.3 倍边坡高度的裂隙开展区，在这区域内的锚杆为非锚固段，所以锚杆的实际长度应为非锚固段加上有效锚固段长度。

17.7.5　单结构面外倾边坡的支护

在实际工程设计中，外倾结构面多为节理、裂隙、层理等构造性断裂，是岩石边坡常见的形态，对边坡附近建筑物的影响极大，必须进行认真治理。

在进行支挡结构设计时，对于单结构面外倾边坡（图 17.7.10）的横推力计算，可采用楔形体法进行。楔形体向下滑动的动力，是楔形体自身的重力 W，其作用点位于楔形体的重心上，因此作用于支挡结构上的横推力，也必然通过楔形体的重心，即其横推力呈倒三角形分布。单结构面外倾边坡的横推力，可按滑动楔体的平衡条件，采用下式进行计算：

$$E_a = (W - c_i l \sin\beta)\tan(\beta - \varphi_i) - c_i l \cos\beta \tag{17.7.9}$$

式中　φ_i、c_i——结构面上的摩擦角和黏聚力，由现场试验确定；

　　　　β——结构面在边坡倾向方向上的视倾角。

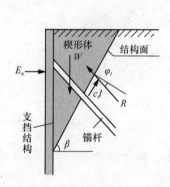

图 17.7.10　单倾结构边坡推力计算

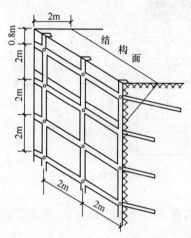

图 17.7.11　单倾结构边坡支护

例如某一直立边坡（图 17.7.11），边坡顶部有一条与边坡倾向一致的结构面，结构面的倾角为 50°，结构面与坡顶边缘的水平距离为 2m。经现场测试，结构面上的摩擦角为 26.5°，其黏聚力 c 为 0。岩石的重度为 24kN/m³。则滑动三角体的重度为：

$$W = 0.5 \times 2 \times 2 \times \tan 50° \times 24 = 57.2 \text{ kN/m}$$

作用在支挡结构上的横推力为：

$$E_a = 24.9 \text{ kN/m}$$

作用于结构面上的反力为：$R = 27.8$kN/m。

可据此设置所需要的锚杆和竖桩（立柱）。

17.7.6　棱形体破坏边坡的支护

棱形体破坏边坡的下滑力，可根据前面关于棱形体边坡稳定性分析中的任一种方法进行计算。但在工程设计中，常采用外力分解法或滑体分割法进行计算，这种方法简明扼要。棱形体破坏边坡的下滑力平行于棱线 OV，下滑力的水平分力由锚杆承担，其竖向分力则由竖桩（立柱）承担。所以在支挡棱形体破坏边坡时，必须设置锚杆和竖桩（立柱）两种主要受力构件。水平连系梁的作用是为了增强支挡结构体系的刚度，同时可调整各组桩锚的受力均衡。竖桩（立柱）的顶部，必须设置一道连系梁，通常称为压顶梁（图 17.7.12）。面板的主要作用，是保护竖桩（立柱）与连系梁间的岩体，不再暴露在大气中，以免发生风化剥落，防止掉块现象。

　　某一准备开挖的岩石边坡，按设计要求为陡立边坡（图17.7.13），边坡的走向为东西方向。边坡的岩石由泥岩构成，泥岩在天然湿度条件下的单轴受压强度为12MPa。结构面上的内摩擦角为14°，黏聚力为0。在边坡的岩层中发现有两组相交的结构面：其中结构面①的走向为N215°，倾向为N125°，倾角 δ_1 为43.3°；结构面②的走向为N140°，倾向为N230°，倾角 δ_2 为57°。结构面②的走向线，由两结构面的交点到边坡顶部边缘的长度（图17.7.13中的 OD_2）为9m。现在计算该棱形滑动体的推力。

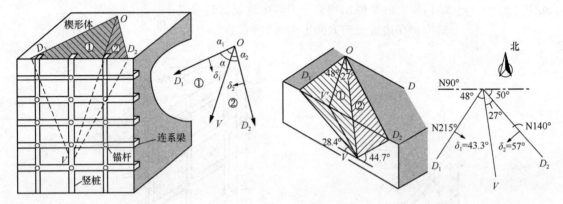

图17.7.12　棱形体破坏边坡支护　　　　图17.7.13　棱形体边坡推力计算实例

　　两结构面走向线间的夹角 α，为两结构面走向线方位角之差：

$$\alpha = 215° - 140° = 75°$$

　　棱形体棱线 OV 在边坡顶部的投影线 OV'，将两走向线间的夹角一分为二，即 α_1 及 α_2，其值如下：

$$\cot\alpha_1 = \frac{\tan\delta_1}{\sin\alpha\tan\delta_2} + \cot\alpha = \frac{\sin43.3°}{\sin75°\tan57°} + \cot75° = 0.9$$

$$\alpha_1 = 48° \qquad \alpha_2 = \alpha - \alpha_1 = 27°$$

　　计算棱线 OV 的视倾角 δ'：

$$\tan\delta' = \tan\delta_1\sin\alpha_1 = \tan43.3°\sin48° = 0.7$$

$$\delta' = 35°$$

　　计算结构面①、②沿垂直棱线方向的视倾角 δ'_1、δ'_2：

$$\tan\delta'_1 = \frac{\tan\delta_1}{\sqrt{1 + \sec^4\delta_1\,\tan^2\alpha_1}} = \frac{\tan43.3°}{\sqrt{1 + \sec^4 43.3°\,\tan^2 48°}} = 0.406$$

$$\delta'_1 = 22.08°$$

$$\tan\delta'_2 = \frac{\tan\delta_2}{\sqrt{1 + \sec^2\delta_2\,\tan^2\alpha_2}} = \frac{\tan57°}{\sqrt{1 + \sec^2 57°\,\tan^2 27°}} = 1.12$$

$$\delta_2' = 48.35°$$

计算图 17.7.11 中的各部尺寸为:

$$OD_2 = 9\text{m} \qquad OD_1 = 8.4\text{m} \qquad D_1D_2 = 10.62\text{m} \qquad OV' = 7.08\text{m}$$

$$V'D_2 = 4.2\text{m} \qquad V'D_1 = 6.42\text{m} \qquad VV' = 4.95\text{m} \qquad OV = 8.64\text{m}$$

计算滑动棱形体的重力 W:

$$W = 4351\text{kN}$$

将滑动棱形体的重力 W 沿棱线方向进行分解,可求出下滑力 T 及正压力 N:

$$T = W\sin\delta' = 4351 \times \sin35° = 2496\text{kN}$$
$$N = W\cos\delta' = 4351 \times \cos35° = 3564\text{kN}$$

再将正压力 N 分解为正交于结构面①、②的 N_1、N_2:

$$N_1 = \frac{\sin\delta_2'}{\sin(\delta_1' + \delta_2')} = \frac{\sin48.35°}{\sin(22.08° + 48.35°)} = 282.36\text{kN}$$

$$N_2 = \frac{\sin\delta_1'}{\sin(\delta_1' + \delta_2')} = \frac{\sin22.08°}{\sin(22.08° + 48.35°)} = 1421.85\text{kN}$$

边坡棱形体下滑力的最后值 E 为:

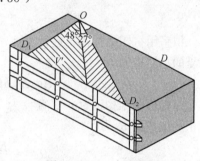

$$E = T - (N_1 + N_2)\tan\varphi_r$$
$$= 2496 - (2826.36 + 1421.85)\tan14°$$
$$= 1437\text{kN}$$

下滑力 E 是平行于棱线的力,可分解为水平和竖向的分力,竖向分力由竖桩(立柱)承担,水平分力由锚杆承担。其纵、横向梁系,可按前面所述进行布置(图 17.7.14)。

图 17.7.14 支挡实例

17.7.7 碎裂结构边坡的支护

碎裂结构边坡,岩体结构的完整性已遭受到严重的破坏,其性质已接近于散体,但其强度比散体高。碎裂结构岩体,主要出现在多次经受大地构造运动比较古老的地层中,例如在重庆市地区,多出现在奥陶系或更古老的地层中,奥陶系地层曾经历加里东、华力西、印支、燕山、喜马拉雅等大地构造运动,裂隙特别发育。而最新的岩层侏罗系地层,因只经受到一次喜马拉雅大地构造运动,裂隙不太发育,所以基本上没有碎裂结构边坡。

碎裂结构边坡的横推力,目前的测试资料较少,主要依据土压力理论进行设计。综合国内外的实测数据,碎裂结构边坡的横推力可按图 17.7.15 的横推力进行计算,横推力呈折线形分布,其最大横推力值为 $0.3\gamma h$,作用在离边坡顶部 $0.6h$ 高度处,坡顶及坡脚的横推力为 0。设计支护结构时,可按照这种横推力进行结构体系的布置与设计。

在碎裂结构边坡上,比较理想的支挡结构是桩锚结构体系,边坡的横推力由竖桩进行支挡,然后再由竖桩将横推力传递给锚杆,形成桩锚支挡结构体系。在边坡开挖之前,预先在设置支挡结构的位置上,采用钻孔灌注桩施工工艺,先施工竖桩,然后随着边坡的开挖进程，分级施工锚杆。

某一碎裂结构边坡（图17.7.16），根据设计，边坡的开挖高度为15m，边坡岩体的重力密度为24kN/m³。设计该边坡的支挡结构。这时边坡上的横推力为：

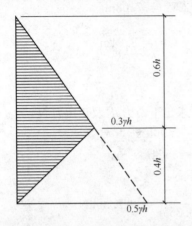

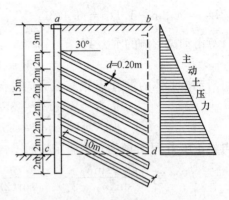

图17.7.15　碎裂结构边坡的横推力　　　　图17.7.16　碎裂结构边坡支挡

$$e_{max} = 0.3\gamma h = 108\text{kN/m}$$

拟采用桩锚结构体系进行支挡，每榀桩锚结构的间距s采用2.5m，则每榀桩锚结构承受的总横推力E为：

$$E = e_{max}hs = 108 \times 15 \times 2.5 = 4050\text{kN}$$

每榀桩锚结构设置6根直径为200mm的锚杆，与水平面呈30°角钻进，则每根锚应提供的抗拔力R_b为：

$$R_b = \frac{E}{n\cos\alpha} = \frac{4050}{6 \times \cos 30°} = 779.4\text{kN}$$

在碎裂结构岩体中的锚杆与岩体的摩擦阻力q_{sk}约为100kPa～200kPa，这里按100kPa考虑；锚固砂浆采用M30水泥砂浆，安全系数（K）取1.6；则要求每根锚杆的锚固深度l为：

$$l = \frac{KR_b}{q_{sk}d\pi} = \frac{1.6 \times 779.4}{100 \times 0.2 \times \pi} = 20.0\text{m}$$

竖桩则按一端固定的连续梁进行计算。竖桩的顶部应设置一根压顶连系梁，并在锚杆与竖桩的交接点上，每间隔一个结点设置一道连系梁，以加强桩锚体系的总体刚度。竖桩间设置挡板，以防止竖桩间的碎块掉落。挡板中留有必需的泄水孔，使碎裂岩体中的地下水能顺利排除。

碎裂结构边坡进行支挡以后，还应验算其整体稳定性。验算时可将设置有锚杆的部分边坡岩体，如图17.7.16中的矩形$abdc$，视作为重力式挡土结构，在后缘主动土压力作用下，验算其滑移、倾覆稳定性。

17.8　崩塌的防治

崩塌是一种重大的自然地质灾害。崩塌发生时，岩体从高处快速坠落，来势凶猛，快速行进中的汽车也有可能被捣毁,大型崩塌可掩埋整个村镇,摧毁建筑物于瞬间,人民生命财产将毁于一旦,危害极大。崩塌包括岩块坠落、危岩崩塌、岩柱崩塌、棱形体崩塌等多种。

崩塌的速度极快,从出现崩塌迹象到完全坍塌,通常只需几分钟的时间,记录其崩塌过程很不容易。如 2001 年 5 月 1 日发生的、震惊全国的重庆市武隆崩塌,在几分钟的时间内,将位于边坡坡脚处的一幢 9 层住宅楼摧毁,失踪近百人。又如 2001 年 11 月 7 日发生在涪陵区四环路的崩塌,仅在几分钟内,将山体中近万方的砂岩推移数米后倒塌,山体倒塌后,坡顶还出现数条一米多宽的缝隙,缝隙深不见底,可见其动力的巨大,图 17.8.1 是在山体发生崩塌过程中拍摄到的一幅照片。

崩塌破坏机理的研究,特别是动力来源的研究还不够深入。如图 17.8.1 所示的崩塌,崩塌体的岩层为厚层砂岩,崩塌方向与岩层倾斜方向几近正交,且岩层层面的倾角小于 20°,砂岩层面上的摩擦角远大于 20°,不可能沿着层面滑动。按粗略估算,欲使偌大山体发生位移,作用在山体上的力,必须具备与崩塌体重量相当的横推力,即大于 5MN/m ~ 6MN/m。这般巨大力量的来源,目前还缺乏计算模型进行计算,给防治工作带来较大的难度。

图 17.8.1 涪陵四环路边坡崩塌

岩体崩塌是一个先兆不太明显,且进程比较短暂的一种自然地质现象,破坏力极大,让治理工作显得措手不及。再加上崩塌体主要出现在悬崖峭壁上,勘探工作比较困难,调查结构面的性状和测试结构面参数的设备也还不完善,主要依靠勘探人员的经验判断,使崩塌防治的依据明显不足。

17.8.1 危岩崩塌

危岩崩塌在硬质岩与软质岩相互成层的边坡上最为常见。在地壳运动中,岩体中必然出现构造裂隙,这些构造裂隙在软质岩中,形成较分散的网状细微裂隙,将岩体分割成肉眼不易辨别的碎裂结构;而在硬质岩中则形成较集中的粗大裂隙,将岩体分割成各种块体结构。边坡形成时,由于地应力释放,边坡的顶部将出现卸荷裂隙,坡顶岩体将出现外移或存在外移的趋势。边坡出现后暴露在大气中,由于风化营力的影响,软质岩部分风化的速度较快,形成洼崖腔,使顶部的部分硬质岩悬空形成危岩,如图 17.8.2 所示,在某些诱发因素的影响下,危岩将沿着结构面发生崩塌。危岩的治理,可采用下列方法进行整治。

图 17.8.2 崩塌的形成

1. 清除危岩

清除危岩是防止崩塌简便而易行的措施,但判断危岩的安全度又确实不容易,主要是危岩上裂隙的开展深度,及裂隙尖端岩体连接处的计算参数难以确定,所以清除危岩常带有一定的盲目性，在山区有"年年清除，年年崩塌"的后果。事实上上部危岩被清除后，处于洼崖腔处的软质岩的遮檐已被取消，软质岩将暴露在边坡面上，直接遭受太阳辐射和雨水的浸淋，加快了风化的进程，时间不过 3～5 年又将出现新的洼崖腔，形成新的危岩，如此反复永无终结。我们在处理危岩的工作中，原则上不轻易去清除危岩，只有当某些危岩严重地威胁着人民生命财产安全时，才进行某些清除工作，且清除危岩后立即采取防止再次出现新危岩的具体措施。

2. 采用墙、柱支撑

比较有效的办法是对危岩体进行支撑，即在危岩下方的适当地方设置柱式或墙式支撑，如图 17.8.3 所示。这种支撑方式，只有在危岩下高度不大处具有比较稳定的平台，且具有足够的承载力时，才有可能实现。如重庆市万州区的太白岩，不少危岩分布在稳定平台以上数十米，采用支撑方式比较困难。此外，在很多情况下，危岩的体积比较庞大，采用墙、柱式支撑有可能因承载力不足而失败。

3. 采用锚杆锚固

在高陡悬崖顶部出现危岩时，采用清除和支撑都比较困难，甚至成为不可能。还有众多的场合也不允许清除，例如江西庐山的"舍身岩"，如果将危岩清除掉，则其风景名胜已不复存在。许多风景名胜都是由于悬崖而闻名，采用支撑方式来维护其稳定性，也将破坏其风貌。由于锚杆技术的发展，采用锚杆支护，经常是比较稳妥而经济的措施，又能完全保持原有的自然风貌。

危岩产生崩塌的主要原因，是坡顶出现的卸荷裂隙，在危岩岩体自重作用及其他因素的影响下，裂隙将逐步延伸扩展，发育到一定阶段，危岩与母岩间的连系遭到剪切破坏，出现崩塌。为了防止崩塌发生，可在危岩顶部设置近于水平向的锚杆，以阻止危岩向外倾覆倒塌。如果施加预应力，还能增加危岩与母岩间的摩阻力，同时迫使危岩向后倾，减小危倾覆破坏的危险性。在危岩的下部，设置以 45°向上钻进的锚杆，用以承托危岩的重力，减小危岩与母间的剪切力，从而彻底消除危岩崩塌的可能性，如图 17.8.4 所示。

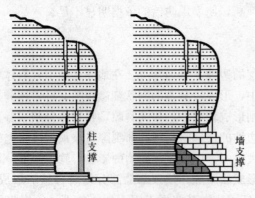

图 17.8.3　危岩墙、柱式支撑

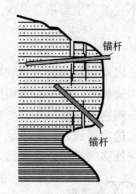

图 17.8.4　锚杆加固危岩

17.8.2　墙（柱）形崩塌

墙（柱）形崩塌是一种危害性较大的崩塌形式。发生墙（柱）形崩塌时，一大片山体顺着一定的结构面整体垮塌，崩塌的体量较大，速度较快，有排山倒海之势，破坏力极大。

山体变形（图 17.8.5）是墙（柱）形崩塌的另一种形式，也是山区常见的一种地质现象。在山体变形范围内，岩体顺着一定方向倾倒，倾倒厚度可达数百米。山体变形后，山顶将出现大量的巨大裂缝，裂缝宽度一般约为 1m～2m，每间隔数米至数十米一条。重庆市万州区武陵镇就位于一个大型山体变形的边缘，有数十户居民住宅位于山体变形区的下方，经常受到崩塌的威胁，不得不进行搬迁。

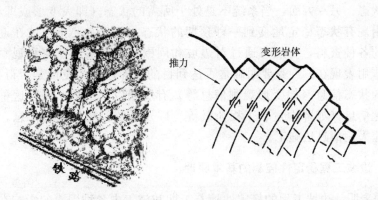

图 17.8.5　山体整体变形

墙（柱）形崩塌与地层中残余的地应力有关，大凡墙（柱）形崩塌高发区，多是残余地应力较大的地区。根据不多的测试数据表明，重庆市由于地壳构造运动后残余的地应力，许多地区可达 30MPa 左右，在如此巨大地应力的长期作用下，岩体出现整体变形便是一种比较自然的现象了。

2001 年 11 月 7 日发生在重庆市涪陵区四环路路堑边坡的崩塌，是一次墙（柱）形崩塌的全过程，如图 17.8.1 的照片所示。场地为厚层砂岩地层，岩层层面的倾角小于20°。发生崩塌的边坡，其坡面平行于岩层层面的倾向，岩层在边坡倾向方向上的视倾角小于 5°，可完全排除顺着层面发生滑动的可能。该砂岩边坡的开挖高度为 11m，是近于直立的边坡，开挖作业已于半年前完成。发生崩塌时，3000 m³～4000m³ 的岩体在开初的几秒钟内出现平行位移，嗣后由于底部的约束，转为倾倒的运动方式，在 5 分钟内完成了崩塌的全过程。根据推算，该崩塌体按孤立物体来考虑，其推力必须在100MN 以上。如果再考虑到崩塌体与母岩的连接力，则每延米所承受到的横推力当在5000kN/m 以上。如此巨大的横推力，不可能是由于重力而产生，比较使人信服的解释是残余地应力的影响。

目前对地应力的测试，还没有被人们所重视，测试的数据不多，因此对墙（柱）形崩塌的治理还缺乏足够的依据，很难提出具有普遍指导意义的治理措施。我们在治理墙（柱）形崩塌的工程上，通常采用锚杆进行支护。其横推力按相类似地层所出现的崩塌体，按崩塌时所需要的横推力，来计算锚杆的需要量。

当建筑物位于陡崖边坡的下沿时，如果陡崖边坡上的危岩无法清除，或者清除比较困难时，除在陡崖边坡上进行绿化外，可在坡脚设置拦石栅栏和落石槽，以拦截下落的危岩，保证建筑物的安全。在道路和铁路工程方面，因为工程营运需要的空间较小，可在陡崖的崖脚设置明硐、御塌棚等建筑物，遮挡下落的危岩。

17.9 边坡工程信息法施工

边坡工程研究的目的，是为了实现边坡工程稳定性的控制。对于边坡工程，将可能失稳的边坡岩体作为被控系统，控制的目的主要表现为两个：一方面，当系统已处于所需要的状态时（如已有的建筑边坡处于不变形或小变形的稳定状态），就力图保持系统原始稳定状态；另一方面，当系统不是处于所需的状态（即大变形或即将失稳）时，则引导系统由现有状态稳定地变到一种预期的状态。信息主要指边坡在勘察、施工及使用过程中的各种资料，一般可通过对边坡和周围环境的实时监测和观察得到。信息在控制中的作用表现在：一是要明确是否达到目的（即边坡稳定性是否得到控制），就必须对系统的状态信息（如变形观测信息等）有所获取；二是要到达这种目的，就要了解环境变化信息（如降雨量、工程荷载等）以及系统偏离目标的信息。对于重要的边坡工程，应采用信息法施工。

17.9.1 边坡工程稳定性控制的基本原理

工程实践表明，边坡工程的稳定性随着工期和施工中各种因素的影响在不断发生变化。边坡工程稳定性控制的基本原理如下：

（1）边坡工程是建筑物的重要组成部分，建筑边坡的安全直接关系到整个建筑主体工程的安全，必须采用综合集成的技术和方法实施对建筑边坡稳定性的主动控制。同时，边坡工程的工程施工受到各种自然因素不确定性的影响，是个开放性的系统。要全面而正确地认识各种因素的影响首先要将边坡工程稳定性控制作为一个系统工程来对待，而不能当作是一个简单的边坡支挡结构设计。

（2）边坡稳定性控制必须在边坡变形破坏机制分析、失稳模式判定和稳定性评价的基础上，研究控制结构与边坡岩体之间的相互作用关系，充分利用岩体自身的强度和自稳能力，实施优化设计。

（3）边坡稳定性控制措施的选择要以减少对边坡的扰动，尽量维持边坡原有的力学状态和环境状态为原则。在扰动边坡的同时，要积极主动的采取措施控制边坡的稳定性，而不是等到边坡已经变形破坏，强度基本丧失后再采取措施。

（4）重视边坡工程施工过程的设计和控制，科学地遵循边坡的动态响应规律，注意保护边坡，在经济合理的前提下因地制宜地运用开挖和支护手段，把有害的影响及隐患控制在较低的限度内。

（5）由于岩体介质物理行为和力学行为的复杂性，边坡稳定性控制过程中，必须对边坡岩体实施信息化监测。通过对边坡监测信息的反馈分析，达到优化控制的目的。

由于自然条件的不确定性，在施工过程中可能实际上出现的条件与原来预期的有差异。此外，目前用以进行边坡稳定和预测分析的手段大体上还没有超过经典力学或连续介质力学的范畴，因而不能考虑到岩体介质在开挖中所表现出的全部特性，必须通过施工过程中的现场监测来检验和修正原先的认识和预测结果，并运用这些新的资料来进行反分析，修正原来设定的边坡力学模型、地质和力学的参数，修订原来的施工设计、支护方法及相应的参数。

（6）强调勘察、设计、施工、科研四个环节紧密结合，互相渗透，不能刻板地遵循前一环节的结论和安排，不顾条件的变化"照图施工"，应在施工过程中不断修改调整原有的结论或设计，使之符合实际情况。要求设计、开挖、加固、量测与信息反馈成为一个整体实施，从而达到设计和施工的最优化。同时由于边坡工程面临的对象—岩土体的复杂性，要做到边坡工程信息化施工、动态设计。

（7）在使用阶段过程，不断利用边坡信息化监测获得的有效信息，根据相应的分析模型及数据处理技术，对边坡稳定性进行动态预报，特别是要报警所出现的危险状况，及提供处理措施。同时要加强使用管理，即时分析工程运营管理的状况，根据相应的管理模型实时分析经营状况，提出经济、高效的管理模式。

边坡工程稳定性控制是一项复杂的系统工程。为了便于叙述，从系统工程的观点分析，边坡工程稳定性控制可简化为是一个由时间维、逻辑维和方法维组成的三维系统。

边坡工程稳定性控制系统时间维反映按时间顺序的设计、施工和使用三个阶段，其中设计阶段包括目标分析、方案设计、技术设计和施工信息反馈设计；逻辑维是进行边坡工程稳定性控制的逻辑步骤，它包括分析、综合、评价和决策；方法维是边坡工程稳定性控制过程中所采取的各种措施，具体内容为工程措施控制、信息化监测控制和预警预报控制三个部分。其中工程措施控制是稳定性控制的主体，它包括岩质边坡的加固控制、排水控制和施工技术控制等；监测控制和预报控制是检验和优化工程控制、保证工程施工和运行安全、避免重大工程事故发生的重要技术手段。设计过程中的每个行为都反映为这个三维空间中的一个点。边坡工程稳定性控制作为一个系统工程，应该从设计阶段、施工阶段到使用阶段整个工程设计基准期内对边坡工程进行全面、主动、动态控制。

综上所述，边坡工程稳定性控制是指：通过对边坡工程进行稳定性分析，在边坡稳定性控制需求度评价和分区的基础上，采取有针对性的工程措施、信息化施工和监测预报相结合的综合集成方法，对边坡稳定性进行控制，使边坡工程在工程设计使用年限内处于稳定状态。

17.9.2　边坡工程稳定性控制体系

边坡工程系统中的很多不确定性，只能在施工过程中通过不断地获得信息加以消除。对于边坡工程来说，设计往往具有超前性，而施工则直接体现了现实性。这样，二者之间不可避免地要产生矛盾，为解决矛盾就需要把施工中不断获得的新信息经处理后传递给设计，经过反馈分析，及时调整初步设计方案和施工方法，直至最终解决矛盾。

边坡工程稳定性控制的核心是动态设计和信息化施工。动态设计和信息化施工方法是目前边坡设计和施工中的一种先进技术，它是充分采用目前先进的勘察、计算、监测手段和施工工艺，利用从边坡的地质条件、施工方法获取信息反馈并修正边坡设计，指导施工。具体做法是：在初步地质调查与边坡分类的基础上，采用工程类比和理论分析相结合的方法，进行初步设计，初步选定边坡加固与施工方案；然后在边坡开挖和加固过程中进行边坡变形监测，作为判断边坡稳定性的依据；并且将施工监测获取的信息，反馈于边坡设计与施工，确认支护参数与施工措施或进行必要的调整。因此，动态设计和信息化施工的关键是信息的收集，信息的来源主要来自以下几个方面。

（1）设计阶段：主要是通过工程勘察和现场地质调查得到的工程地质条件信息，工程技术人员设计与施工经验的总结以及通过理论计算、试验研究等方法所得到的信息。根据上述信息，初步确定边坡设计方案和施工方案。

（2）施工阶段：由于边坡岩体的复杂性，设计阶段取得的信息是很有限的，更多的而且更可靠的信息来自施工阶段，即施工信息。由于岩土材料力学性质的非线性和时空变异性，使得岩土工程的施工结果同施工路径和施工过程有密切关系，对于边坡工程，开挖卸荷路径和过程对最终的边坡稳定性有直接影响。因此，在施工过程中获取有效的信息对于动态设计和后续的施工都有重要的指导作用。施工信息主要有：

① 施工中的观察信息：在每级边坡的开挖过程中，首先从坡体显露部分获取信息，它主要包括：岩性、产状、节理和风化程度。这对设计之初所获得的踏勘信息起着检验和补充的作用。

② 施工中的钻探信息：边坡工程目前常用的支护措施采用的是锚杆支护，在施工过程中采用边开挖边支护的方式。通过前期施工锚杆钻孔岩芯取样，可以进一步获得坡体深层岩体的物理力学性质，进而加深对整个坡体所处的地质力学条件的认识，有助于完善设计。

③ 施工中的监测信息：以工程地质勘察信息和施工过程中监测信息作为确定设计方案和核实施工方法的依据是动态设计和信息化施工方法的主要内容。

（3）使用阶段：主要通过监测获得边坡信息。开展边坡监测与预警预报，是检验设计和施工的重要手段。通过监测可以反馈出设计施工中存在问题，对于某些超限进行提前预警，以便及时采用必要措施，同时也为以后的工程积累经验。

边坡稳定性控制程序如图 17.9.1 所示。

17.9.3　边坡工程信息法施工基本要求

边坡工程采用信息施工法时，准备工作应包括下列内容：

1）熟悉地质及环境资料，重点了解影响边坡稳定性的地质特征和边坡破坏模式。

2）了解边坡支护结构的特点和技术难点，掌握设计意图及对施工的特殊要求。

3）了解坡顶需保护的重要建（构）筑物基础、结构和管线情况，必要时采取预加固措施。

4）收集同类边坡工程的施工经验。

5）参与制定和实施边坡支护结构、临近建（构）筑物和管线的监测方案。

6）制定应急预案。

边坡工程信息施工法应符合下列规定：

1）按设计监测项目制定监测方案，实施监测。

2）编录施工现场揭示的地质现状与原地质资料对比变化图，为地质施工勘察提供资料。

3）按可能出现的开挖不利工况，进行边坡及支护结构强度、变形和稳定验算。

4）建立信息反馈制度，当监测值达到报警值时，应即时向设计、监理、业主通报，并根据设计处理措施调整施工方案。

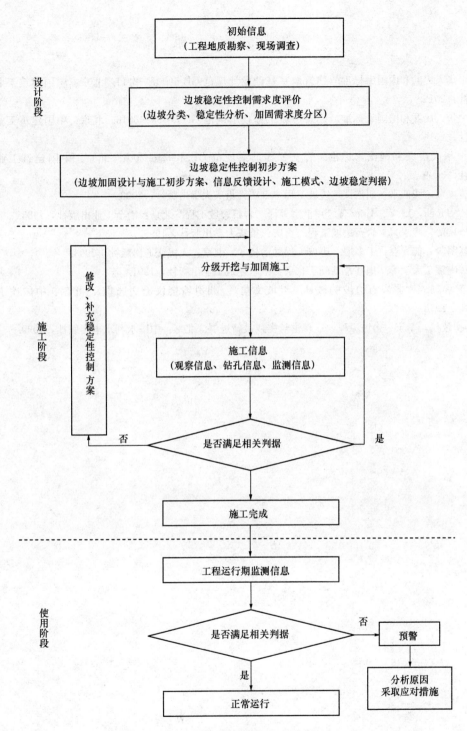

图 17.9.1 边坡工程稳定性控制程序

参 考 文 献

［1］ 中华人民共和国国家标准. 建筑地基基础设计规范 GB 50007—2011. 北京：中国建筑工业出版社，2012.

［2］ 中华人民共和国国家标准. 建筑边坡工程技术规范 GB 50330—2013. 北京：中国建筑工业出版社，2014.

［3］ 中华人民共和国国家标准. 岩土工程勘察规范 GB 50021—2001. 北京：中国建筑工业出版社，2009.

［4］ 黄求顺，张四平，胡岱文. 边坡工程. 重庆：重庆大学出版社，2003.

［5］ E. Hoek，J. W. Bray 著. 卢世宗等译. 岩石边坡工程. 北京：冶金工业出版社，1983.

［6］ 哈秋舲，张永兴. 岩石边坡工程. 重庆：重庆大学出版社，1995.

［7］ 赵明阶，何光春，王多垠. 边坡工程处治技术. 北京：人民交通出版社，2003.

［8］ 华南理工大学等. 地基及基础. 北京：中国建筑工业出版社，1991.

［9］ 黄求顺. 软弱岩石边坡的破坏. 滑坡文集（兰州滑坡会议论文选集）. 北京：中国铁道出版社，1998.

［10］ 崔政权，李宁. 边坡工程——理论与实践最新进展. 北京：中国水利水电出版社，1999.

第18章 基 坑 工 程

随着我国城市建设的发展，地下空间开发利用的规模越来越大，高层建筑地下室、城市轨道交通工程、地下商业文化中心、大型市政管网工程等大量兴建，极大地推动了基坑工程设计理论及施工技术的发展。当前，在基坑支护结构、地下水控制、施工新工艺、基坑监测、环境保护等方面均带来了前所未有的大发展，已形成了全新的基础工程学科体系。

18.1 基坑工程的特点和设计要求

基坑工程通常是指在施工现场建造起一套基坑支护结构体系，形成对地下工程的施工围护（亦称为基坑围护结构），以顺利进行土方开挖及地下工程的施工。

18.1.1 基坑工程的特点

1）基坑工程是岩土工程 中综合性强的学科

基坑工程不仅涉及工程地质、土力学、渗流理论、结构工程、施工技术和监测设计，同时，还涉及这些学科之间的交叉，如：地下水的渗流对土压力、土体稳定的影响；考虑土与支护结构相互作用对土压力大小、分布形式的影响；土体的卸载和加载的不同过程对支护体系的影响；基坑施工中的时空效应；采取对地下水位、土压力、支护和支撑体系的变形等数据的监测及信息化施工；基坑工程引起周围土体应力场、位移场、地下水位的变化对周围环境的影响等。

2）临时性和风险性大

一般情况下，基坑支护是临时措施，支护结构的安全储备较小，风险大，同时基坑工程的经济指标要求特别苛刻，有时甚至是不合理的低安全度。而在大城市密集建筑群中的深基坑工程，周围环境条件要求严格，基坑工程必须安全可靠，而基坑工程造价常较高，因此，临时性和经济指标的矛盾突出。

3）基坑工程的地区性差别大

各地区工程的地质条件不同，如软土地区和黄土地区的工程地质和水文地质条件不同，造成基坑工程差异性很大。同一城市不同区域也有差异，因此，设计要因地制宜，不能简单照搬。

4）基坑周围的环境条件要求严格

邻近的高大建筑、地下结构、管线，地铁等对因基坑开挖而引起的变形限制严格，施工因素复杂多变，气候、季节、周围水体等因素的变化，均可导致基坑周围环境条件的变化。

以上特点决定了基坑工程设计、施工的复杂性。多种不确定因素，容易导致在基坑工程的设计与施工中，出现一些概念性的错误，这是基坑事故的主要原因。

18.1.2 基坑工程的功能

基坑支护结构应保证岩土开挖、地下结构施工的安全，并使周围环境不受损害，为此，基坑支护必须具有以下三方面的功能。

（1）基坑支护结构需起到挡土的作用，这是土方开挖和地下结构施工的必要条件。

（2）控制地下水，基坑支护体系通过截水、止水或降水、排水，做到对地下水进行有效的控制，保证在地下水位以上进行基坑工程施工。

（3）在基坑工程施工的全过程中，应严格控制基坑及其周围土体的变形，保证基坑四周的环境不受损害，对基坑四周的相邻建筑物、地下结构、管线等相应设施不发生影响其正常使用的不利影响。

18.1.3 基坑工程的设计要求

基坑工程设计应包括下列内容和设计要求：

（1）支护结构体系与地下水控制的方案选择；

（2）基坑稳定性验算；

（3）支护结构的承载力和变形计算；

（4）环境影响分析与保护设计；

（5）地下水控制设计；

（6）土方开挖要求；

（7）基坑工程安全监测要求；

（8）支护结构质量检测、检验要求。

18.1.4 基坑工程的等级规定

1. 基坑工程的安全等级

《工程结构可靠性设计统一标准》GB 50153—2008 规定，工程结构应按结构破坏后果的不同划分不同的安全等级，体现结构设计的不同的可靠度水平的要求。基坑工程应按表 18.1.1 的要求，确定不同的安全等级。

工程结构的安全等级 表 18.1.1

安全等级	破坏后果
一级	很严重
二级	严重
二级	不严重

注：对重要的结构，其安全等级应取为一级；对一般的结构，其安全等级宜取为二级；对次要的结构，其安全等级可取为三级。

2. 基坑工程的设计等级

基坑工程根据地质条件的复杂性、工程规模与功能不同及其可能出现破坏的影响程度分为不同的设计等级（详见《建筑地基基础设计规范》GB 5007—2011）。对于复杂地质条件及软土地区的二层及二层以上地下室的基坑，其设计等级为甲级，设计时应进行基坑变形验算。对环境保护严格的基坑也应进行基坑变形设计。设计等级为甲级的基坑工程，在水文地质条件复杂的情况下，应进行基坑专项降水设计。

18.2 基坑支护结构的类型

18.2.1 基坑支护结构的分类

1. 放坡开挖

放坡开挖又称为坡率法，基坑周围具有放坡可能的场地，且场地地质条件较好，地下水位较深时，应优先考虑放坡开挖。

放坡开挖的坡率应按边坡稳定的要求，通过计算确定。

2. 支挡式支护结构

板桩、柱列桩、地下连续墙等支护体均属此类。支护桩、墙插入坑底土中一定深度（一般均插入至较坚硬土层），上部呈悬壁或设置锚撑体系，形成一梁式受力构件，按插入土中的竖向弹性地基梁求解。

此类支护结构应用广泛，适用性强，易于控制支护结构的变形，尤其适用于开挖深度较大的深基坑，并能适应各种复杂的地质条件，设计计算理论较为成熟，各地区的工程经验也较多，是基坑工程中经常采用的主要形式。

3. 重力式支护结构

水泥土搅拌桩挡墙、高压旋喷桩挡墙、土钉墙等类似于重力式挡土墙。此类支护结构截面尺寸较大，依靠实体墙身的重力起挡土作用。墙身也可设计成格构式，或阶梯形等多种形式，墙身主要承受压力，一般不承受拉力，按重力式挡土墙的设计原则计算。无锚拉或内支撑系统，土方开挖施工方便。土质条件较差时，基坑开挖深度不宜过大。适用于小型基坑工程。采用土钉墙结构，适应性较大。各地已有大量应用实体重力式支护结构的工程经验。

土钉可与预应力锚杆、微型桩、止水帷幕墙等组合，形成复合土钉墙，复合土钉墙的支护性能好，适用范围比较广泛。

4. 组合式支护结构

支护结构在上述两种支挡式和重力式支护结构的基础上，可采用几种支护结构相结合的形式，如排桩-复合土钉，或上部放坡接着采用复合土钉墙、下部采用排桩＋内支撑等复合形式，称为组合式支护结构。

18.2.2 支护结构选型

支护结构的选型，应根据场地地质条件、基坑深度及功能、施工条件、环境因素以及地区工程经验等综合考虑下列因素：

(1) 基坑深度；

(2) 土的性状及地下水条件；

(3) 基坑周边环境对基坑变形的承受能力及支护结构失效的后果；

（4）主体地下结构和基础形式及其施工方法、基坑平面尺寸及形状；

（5）支护结构施工工艺的可行性；

（6）施工场地条件及施工季节；

（7）经济指标、环保性能和施工工期。

各种支护结构的适用条件参见表 18.2.1。

各类支护结构的适用条件

表 18.2.1

结构类型		适用条件		
		设计等级	基坑深度、环境条件、土类和地下水条件	
支挡式结构	锚拉式结构	甲级、乙级、丙级	适用于较深的基坑	1. 排桩适用于可采用降水或截水帷幕的基坑 2. 地下连续墙宜同时用作主体地下结构外墙，可同时用于截水 3. 锚杆不宜用在软土层和高水位的碎石土、砂土层中 4. 当邻近基坑有建筑物地下室、地下构筑物等，锚杆的有效锚固长度不足时，不应采用锚杆 5. 当锚杆施工会造成基坑周边建（构）筑物的损害或违反城市地下空间规划等规定时，不应采用锚杆
	支撑式结构		适用于较深的基坑	
	悬臂式结构		适用于较浅的基坑	
	双排桩		当锚拉式、支撑式和悬臂式结构不适用时，可考虑采用双排桩	
	支护结构与主体结构结合的逆作法		适用于基坑周边环境条件很复杂的深基坑	
土钉墙	单一土钉墙	乙级、丙级	适用于地下水位以上或降水的非软土基坑，且基坑深度不宜大于 12m	当基坑潜在滑动面内有建筑物、重要地下管线时，不宜采用土钉墙
	预应力锚杆复合土钉墙		适用于地下水位以上或降水的非软土基坑，且基坑深度不宜大于 15m	
	水泥土桩复合土钉墙		用于非软土基坑时，基坑深度不宜大于 12m；用于淤泥质土基坑时，基坑深度不宜大于 6m；不宜用在高水位的碎石土、砂土层中	
	微型桩复合土钉墙		适用于地下水位以上或降水的基坑，用于非软土基坑时，基坑深度不宜大于 12m；用于淤泥质土基坑时，基坑深度不宜大于 6m	
重力式水泥土墙		乙级、丙级	适用于淤泥及淤泥质土层，且基坑深度不宜大于 6m	
放坡		丙级	1. 施工场地满足放坡条件 2. 放坡与上述支护结构形式结合	

注：1. 当基坑不同部位的周边环境条件、土层性状、基坑深度等不同时，可在不同部位分别采用不同的支护形式；

　　2. 支护结构可采用上、下部以不同结构类型组合的形式。

18.2.3 基坑地下水控制形式

基坑类型选择时，需同时考虑地下水的处理方式，即采用何种方式来控制地下水，是基坑工程设计施工中的一项重要内容。尤其是在砂土及粉土层中，当地下水埋藏较浅，水量丰富，有时在下部含水层中还埋藏有承压水层时，成为影响基坑稳定性的一个重要因素。

高地下水位地区基坑土方开挖时需要进行降水，长时间抽降地下水会引起周边地面沉降，因此当环境条件不允许降水时就要在基坑四周设置止水帷幕，将坑内外含水层的联系切断，避免因坑内降水产生对环境的影响。止水帷幕可以采用地下连续墙、水泥土搅拌桩幕墙或旋喷桩止水帷幕等多种做法。

基坑设计时，尚应进行基坑渗流稳定性的验算，这也是地下水控制的一项重要内容。应防止流砂、流土、管涌以及承压水层对基坑底的突涌等影响。

18.3　基坑工程的勘察与环境调查

18.3.1　基坑工程的勘察要点

基坑工程的勘察与建筑物的勘察相比，有其一定的特点，基坑内外一定范围内的土体随着土方的开挖，会出现地层移动的现象。因此对勘察的范围和深度及岩土指标测试项目有特定的要求。

1. 基坑工程勘察需要查明的情况

（1）基坑及周围的岩土分布及其物理力学性质；

（2）岩土是否具有膨胀性、湿陷性、触变性、冻胀性，以及地震液化等不良性状；

（3）软弱结构面的分布及其产状、充填情况、粗糙度及其组合关系；

（4）场地内是否有溶洞、土洞、人防工事以及其他地下洞穴的存在及其分布；

（5）各层地下水的类型、水位、水压、水量、补给和动态变化及其渗透性；

（6）基坑周围相当基坑深度 1～2 倍范围内相邻建筑物、地铁、道路、管线类型及其重要性，地下、地面贮水、输水等用水设施及其渗漏情况。

2. 勘察及勘探范围

建筑物的详细勘察大多是沿建筑物外轮廓布置勘察工作，致使基坑设计和施工依据的资料不足。基坑的勘察及勘探范围应超出建筑物轮廓线，一般取基坑周围相当于基坑深度的两倍。当有特殊情况时，尚需扩大范围。

勘探点的间距应按基坑的复杂程度及工程地质与水文地质条件确定，一般为 10m～30m。当地层水平方向变化较大或有软弱结构面时，应增加勘探点，查清其分布。

勘探点深度应按基坑的复杂程度及工程地质与水文地质条件确定，并应满足设计计算的要求，一般不应小于基坑深度的 2～3 倍，当在此深度内遇中风化及微风化岩层时，可根据岩石的类别及支护要求适当减少深度。

3. 勘探方法及土性指标

勘探方法主要采用钻探，必要时可辅以坑探和物探。对于砂土宜作标准贯入试验；对于粉土和黏性土宜做静力触探或标准贯入试验；对于软土宜作十字板剪切试验。必要时可作旁压试验和基床系数测试。

通过土的室内试验，获取土的物理力学性质指标，尤其是土的抗剪强度指标、渗透系数、压缩模量和回弹模量。剪切试验的方法应与分析计算的方法配套，可作三轴试验或直接剪切试验，试验的排水条件根据设计要求确定，必要时做残余抗剪强度试验及侧压力系数试验。

4. 地下水类型及动态

基坑工程施工进需要采用降水或止水帷幕等方法控制地下水的运动，因此，勘察时应查明各含水层的类型、埋藏条件、补给条件及水力联系、渗透系数等水文地质条件。对含水层的渗透系数、贮水系数、影响半径等水文地质参数宜采用现场抽水试验确定。并对流砂、流土、管涌等现象可能产生的影响进行评价。

5. 工程地质条件评价

基坑工程的勘察报告的内容，除应符合一般要求外，尚应对以下项目进行评价：

（1）建议的支护类型并论证施工应注意的事项；

（2）提供基坑工程设计所需的参数指标；

（3）评价地下水对基坑工程的影响；

（4）评价场地周边条件对基坑工程的影响；

（5）对施工过程中形成流砂、流土、管涌及整体失稳等现象的可能性进行评价并提出预防措施。对具有膨胀性、湿陷性、冻胀性及其他特殊性质的土，应论证这些特殊性质对基坑工程的影响，并提出设计施工的相应措施。

18.3.2 基坑工程的环境调查

确保基坑工程周边环境安全，是基坑工程设计的基本要求，设计前对基坑周边影响范围内的环境情况作周密调查是十分必要的。

通常应调查基坑周边施工影响范围内建（构）筑物及设施的状况，包括层数、结构形式、基础埋深与形式等，另外附近的管线类型、直径、埋深等。

对重点保护对象，应按有关规定进行房屋结构质量检测与鉴定，以估计其抵抗变形的能力。

18.4 土压力与水压力

基坑支护结构的主要功能是挡土与控制地下水。土压力与水压力是支护结构承受的主要侧向荷载，基坑周围的建筑物及构筑物、地下设施的荷载均通过土压传递机制转化成侧向压力，作用于支护结构。

根据墙的移动情况，作用在挡土墙墙背上的土压力可以分为静止土压力、主动土压力和被动土压力三种，其中主动土压力值最小，被动土压力值最大，而静止土压力值则介乎两者之间，它们与墙位移的关系如图 18.4.1 所示。

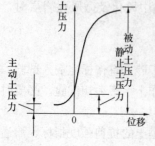

图 18.4.1 墙身位移与土压力的关系

自然状态土体内水平有效应力，可认为与静止土压力相等。土体侧向应变会改变其水平应力状态。最终的水平应力，随着应变的大小和方向可呈现出两种极限状态（主动极限平衡状态和被动极限平衡状态）之间的任何状况，支护结构处于主动极限平衡状态时，受主动土压力作用，是侧向土压力的最小值。

库仑土压力理论和郎肯土压力理论是工程中常用于刚性挡土墙的两种古典土压力理论，支护结构大多采用柔性结构，土压理论的假设与实际情况有一定出入，所以只能视作为是一种实用计算方法。

18.4.1 土压力

在基坑支护结构中，当结构产生一定位移时，可按古典土压力理论计算主动土压力和被动土压力。当支护结构对位移有严格限制时，按静止土压力计算。

（1）静止土压力，按以下公式计算。

$$p_0 = \left(\sum \gamma_i z_i + q_0\right) K_0 \tag{18.4.1}$$

式中 p_0——计算点处的静止土压力强度（kPa）；

γ_i——计算深度内各土层的重度（kN/m³），地下水位以上取天然重度，地下水位以下取浮重度；

z_i——计算深度内各土层的厚度（m）；

q_0——地面的均布荷载（kPa）；

K_0——静止土压力系数。

静止土压力系数可由室内试验或现场原位试验等确定。当有工程经验时，亦可按以下经验公式计算：

$$K_0 = 1 - \sin\varphi' \tag{18.4.2}$$

式中 φ'——土的有效内摩擦角。

通常砂土 $\varphi' = 30° \sim 40°$；黏性土 $\varphi' = 20° \sim 35°$，一般情况下，塑性指数越大，φ' 就越小。

静止土压力系数 K_0 表 18.4.1

土类	坚硬土	硬—可塑黏性土、粉、土砂土	可—软塑黏性土	软塑黏性土	流塑黏性土
K_0	0.2～0.4	0.4～0.5	0.5～0.6	0.6～0.75	0.75～0.8

静止土压力系数 K_0 值随土体密实度、固结程度的增加而增加，当土层处于超压密状态时，K_0 值的增大尤为显著。静止土压力系数 K_0 宜通过试验测定。当无试验条件时，对正常固结土也可按表 18.4.1 估算。

（2）主动土压力和被动土压力计算可按以下公式计算：

① 按朗肯理论计算土压力强度时

主动土压力强度

$$p_0 = (q_0 + \sum \gamma_i h_i) K_a - 2c\sqrt{K_a} \tag{18.4.3}$$

被动土压力强度

$$p_p = (q_0 + \sum \gamma_i h_i) K_p + 2c\sqrt{K_p} \tag{18.4.4}$$

式中 γ_i——计算深度内各土层的重度（kN/m³），地下水位以上取天然重度，地下水位以下取浮重度；

h_i——计算深度内各土层的厚度（m）；

q_0——地面均布荷载（kPa）；

K_a——主动土压力系数；

$$K_a = \tan^2\left(45° - \frac{\varphi}{2}\right)$$

K_p——被动土压力系数；

$$K_p = \tan^2\left(45° + \frac{\varphi}{2}\right)$$

c、φ——土的黏聚力和内摩擦角标准值。

② 按库仑理论计算土压力时：

主动土压力

$$E_a = \frac{1}{2}\gamma H^2 K_a \tag{18.4.5}$$

被动土压力

$$E_p = \frac{1}{2}\gamma H^2 K_p \tag{18.4.6}$$

式中 γ——计算深度内各土层的平均重度（kN/m³）；

H——计算深度；

K_a、K_p——库仑主动与被动土压力系数。

$$K_a = \frac{\cos^2(\varphi - \alpha)}{\cos^2\alpha\cos(\alpha + \delta)\left[1 + \sqrt{\dfrac{\sin(\varphi + \delta)\sin(\varphi - \beta)}{\cos(\alpha + \delta)\cos(\alpha - \beta)}}\right]^2} \tag{18.4.7}$$

$$K_p = \frac{\cos^2(\varphi + \alpha)}{\cos^2\alpha\cos(\alpha - \delta)\left[1 + \sqrt{\dfrac{\sin(\varphi + \delta)\sin(\varphi + \beta)}{\cos(\alpha - \delta)\cos(\alpha - \beta)}}\right]^2} \tag{18.4.8}$$

式中 α——墙背的倾斜角，即墙背与垂直线的夹角（°）；

β——填土面与水平线的夹角；

δ——土与墙背间的摩擦角，应由试验确定。一般情况下可取下列数值：

墙背光滑且排水不良时，$\delta = \left(0 \sim \frac{1}{3}\right)\varphi$；

墙背粗糙且排水良好时，$\delta = \left(\frac{1}{3} \sim \frac{1}{2}\right)\varphi$；

墙背很粗糙且排水良好时，$\delta = \left(\frac{1}{2} \sim \frac{2}{3}\right)\varphi$。

18.4.2 水压力

在高地下水位地区基坑四周采用止水帷幕，在坑内降水，坑内外形成水位差。如果采用水土分算原则时，需要单独计算作用在支护结构上的水压力。按地下水运动的不同情况，可分别按下列情况计算：

（1）无地下水渗流时，作用在支护结构上的水压力，可按坑内外的水位，分别按静水压力计算，如图18.4.2 所示。作用在基坑内外的部分水压力相互抵消后，在坑内水位以下按矩形分布计算。

（2）稳定渗流时，基坑内降水，设坑外地下水位保持不变，即地下水从坑外向坑内产生稳定渗流时，静水压力中的一部分转化为渗流力。在基坑外侧，渗流方向向下，渗流产生向下的渗流力，使水压力减小。在基坑内侧，渗流产生向上的渗流力，使得水压力增大，作用

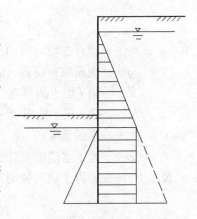

图 18.4.2　无地下水渗流进，作用在支护结构上的承压力

在支护结构上的水压力，应通过流网计算确定。工程上实用的计算方法，也可采用图18.4.3 的简化分布图式计算。

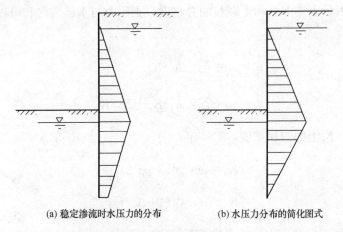

(a) 稳定渗流时水压力的分布　　　　(b) 水压力分布的简化图式

图 18.4.3　稳定渗流时作用在支护结构上的水压力分布简化图式

18.4.3　作用在支护结构上的水土压力计算

由于计算时对采用土的强度理论的不同考虑，通常有两种算法：采用有效抗剪强度指标的水土分算和采用总应力强度指标的水土合算法。

在效应力强度指标具有唯一性，不受土体排水条件的影响，有效应力法在理论上比较严密，能比总应力法更好地反映土的抗剪强度的实质。采用有效应力抗剪强度指标 c'、φ' 进行分析计算时，需要知道被分析的土体中实际存在的孔隙水应力，实际上这是很困难的。

1）水土分算法

土压力与水压力用有效应力表示为以下二部分：有效土压力＋水压力。按朗肯理论计算主动与被动土压力强度时，按下式计算：

$$p_a = (q + \sum \gamma'_i h_i) K_a - 2c' \sqrt{K_a} + \gamma_w Z \tag{18.4.9}$$

$$p_{\mathrm{p}} = (q + \sum \gamma_i' h_i) K_{\mathrm{p}} + 2c'\sqrt{K_{\mathrm{p}}} + \gamma_{\mathrm{w}} Z \qquad (18.4.10)$$

式中 p_{a}、p_{p}——朗肯主动与被动土压力强度（kPa）；

$\qquad q$——地面均布荷载（kPa）；

$\qquad \gamma_i'$——第 i 层土的浮重（kN/m^3）；

$\qquad h_i$——第 i 层土的厚度（m）；

$\qquad \gamma_{\mathrm{w}}$——水的重度；

$\qquad Z$——地下水位处至计算点的深度（m）；

$\quad K_{\mathrm{a}}$、K_{p}——朗肯主动与被动土压力系数；

$$K_{\mathrm{a}} = \tan^2 (45° - \varphi'/2)$$

$$K_{\mathrm{p}} = \tan^2 (45° + \varphi'/2)$$

$\quad c'$、φ'——计算点土的有效抗剪强度指标（kPa）、（°）。

2）水土合算法

以饱和重度表示土体中水和土颗粒的总重度，土压力与水压力之和可以用总应力按下式计算：

$$p_{\mathrm{a}} = (q + \sum \gamma_{\mathrm{m}i} h_i) K_{\mathrm{a}} - 2c\sqrt{K_{\mathrm{a}}} \qquad (18.4.11)$$

$$p_{\mathrm{p}} = (q + \sum \gamma_{\mathrm{m}i} h_i) K_{\mathrm{p}} + 2c\sqrt{K_{\mathrm{p}}} \qquad (18.4.12)$$

式中 $\gamma_{\mathrm{m}i}$——第 i 层土的饱和重度，kN/m^3；

$$K_{\mathrm{a}} = \tan^2(45° - \varphi/2)$$

$$K_{\mathrm{p}} = \tan^2(45° + \varphi/2)$$

$\quad c$、φ——计算点的总应力抗剪强度指标（kPa）、（°）。

基坑工程设计时，通常按总应力法进行水土压力计算，对正常固结黏性土，采用固结不排水强度指标水土合算；对欠固结黏性土，采用不固结不排水强度指标水土合算；对透水性土层均采用水土分算。

采用三轴剪切试验测定土的抗剪强度，是国际上常规的方法。国内常采用直接剪切试验，相比之下，直剪试验虽然简便，但受力条件复杂，无法控制排水条件，应推荐三轴试验。

18.4.4 渗流作用对土压力的影响

在基坑内外存在地下水位差，墙后土体的渗流作用，应通过流网分析计算，计算过程比较繁琐。这里仅对其作一定性分析，供设计人员参考。

从流网图（图 18.4.4）中可以看出，坑外高地下水位处的水流，基本上是向下竖向渗流，经桩底向上达基坑底部，由渗流而产生的渗流压力，按渗流方向产生的渗流力的作用，在基坑外侧主动区的土颗粒受渗流力的作用，使有效应力增大，而水压力减小。在基坑内侧被动区则使有效应力减小而水压力增大。通过计算分析，其综合作用为：考虑渗流力的作用，在坑外主动区，主动土压力增大，水压力减小，水压力减小的幅值大于土压力的增大，故总的水、土压力值减小。在坑内被动区，则情况相反，被动土压力减小，水压力增大，被动土压力减小的幅值大于水压力的增大，故总的水、土压力值仍为减小。从基坑内外两侧的土压力的性质来看，考虑渗流作用，

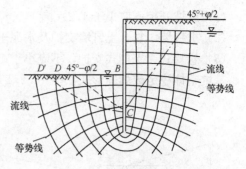

图 18.4.4　均质土层流网

使坑外侧主动区主动土压力减小，这对支护结构的受力来说是有利的。而在基坑内侧被动区的被动土压力也减小，这对基坑的稳定性是不利的。

一般情况下，为使计算比较简便，可不考虑渗流作用对土压力的影响。

18.5　基坑稳定性

基坑工程的稳定问题与支护结构的形式、场地的工程地质条件、水文地质条件等有关。因基坑开挖而引起的基坑内外土体的稳定，实质上相当于土坡稳定问题。因坑内外土体强度不足，产生坑内外土体整体滑动破坏；坑底部土体承载力不足而隆起；地下水渗流作用形成管涌、流土等均属于基坑稳定性的内容，可以说基坑的稳定性破坏是造成基坑工程重大事故的主要原因。

基坑工程稳定性验算应包括下列内容：

（1）整体稳定性；

（2）支护结构抗倾覆稳定性；

（3）支护结构抗滑移稳定性；

（4）抗渗流稳定性；

（5）抗隆起稳定性。

18.5.1　基坑整体稳定验算

基坑的整体稳定可按平面问题采用圆弧动法进行验算，有软土夹层和倾斜岩面等情况时，宜采用非圆弧滑动面计算。土的抗剪强度指标，应根据土质条件、工程实际情况和所采用的稳定性计算方法确定。

基坑整体稳定性验算应符合下式要求：

$$\frac{M_R}{M_S} \geqslant K_s \qquad (18.5.1)$$

式中　M_S、M_R——作用于危险滑弧面上的滑动力矩标准值（kN·m）和抗滑力矩标准值（kN·m）；

　　　　K_s——整体稳定安全系数。

K_s 的取值应符合下列规定：

（1）放坡开挖不应小于 1.2；

（2）土钉墙、复合土钉墙支护及水泥土重力式支护，不应小于 1.25；

（3）悬臂式、支挡式支护，不应小于 1.3。

基坑整体稳定破坏的形式如图 18.5.1 所示。

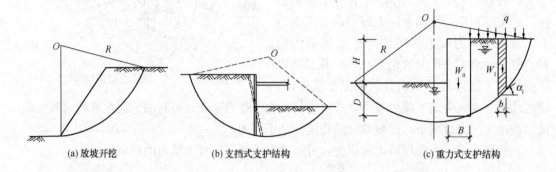

(a) 放坡开挖　　　　(b) 支挡式支护结构　　　　(c) 重力式支护结构

图 18.5.1　基坑整体稳定破坏的形式

按圆弧滑动条分法进行整体稳定验算的计算简图如图 18.5.2 所示：

（1）无地下水时，可按下式验算整体稳定性：

$$\frac{\sum (q_0+\gamma h_i)\ b_i\cos\alpha_i\tan\varphi+\sum cL_i}{\sum (q_0+\gamma h_i)\ b_i\sin\alpha_i}\geqslant K_s \qquad (18.5.2)$$

式中　γ——第 i 土的天然重度（kN/m³）；

　　h_i——第 i 土条高度（m）；

　　α_i——土条底面中心至圆心连线与垂线的夹角（°）；

　　φ——土的内摩擦角（°）；

　　c——土的黏聚力（kPa）；

　　L_i——第 i 土条弧面的长度（m）；

　　q_0——地面超载（kPa）；

　　b_i——第 i 土条宽度（m）；

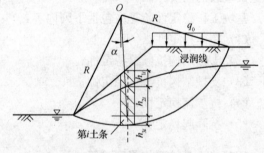

图 18.5.2　整体稳定性验算

　　K_s——基坑整体稳定性安全系数。

（2）当基坑内外有地下水位差时，可按下式验算整体稳定性：

$$\frac{\sum(q_0+\gamma_1 h_{1i}+\gamma'_2 h_{2i}+\gamma'_3 h_{3i})b_i\cos\alpha_i\tan\varphi+\sum cL_i}{\sum(q_0+\gamma_1 h_{1i}+\gamma_{sat.2} h_{2i}+\gamma_{sat.3} h_{3i})b_i\sin\alpha_i}\geqslant K_s \qquad (18.5.3)$$

式中：h_{1i}——第 i 土条浸润线（地下水位渗流线）以上的高度（m）；

　　γ_1——与 h_i 相对应的 i 的天然重度（kN/m³）；

　　h_{2i}——第 i 土条浸润线以下坑内水位以上土条高度（m）；

　　γ'_2、$\gamma_{sat,2}$——与 h_2 相对应的土的浮重度和饱和重度（kN/m³）；

　　h_{3i}——第 i 土条坑内水位以下土条高度（m）；

γ'_3、$\gamma_{sat,3}$——与 h_3 相对应的土的浮重度和饱和重度（kN/m³）。

18.5.2 重力式支护结构倾覆及滑移稳定性

如图 18.5.3 所示，重力式支护结构的抗倾覆稳定性按下式验算：

$$K_a = \frac{E_p b_p + WB/2}{E_a b_a} \qquad (18.5.4)$$

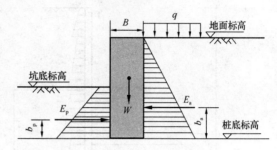

式中　K_a——抗倾覆安全系数，$K_a \geqslant 1.4$；

　　　b_a——主动土压力合力点至墙底的距离（m）；

　　　b_p——被动土压力合力点至墙底的距离（m）；

　　　W——重力式支护体的重力 kN/m；

　　　B——重力式支护体的宽度（m）；

　　　E_a——主动土压力（kN/m）；

　　　E_p——被动土压力（kN/m）；

图 18.5.3　重力式支护结构倾覆及滑移
稳定性验算计算简图

抗滑移稳定性按下式验算：

$$K_h = \frac{W + W\mu}{E_a} \qquad (18.5.5)$$

式中　K_h——抗滑移安全系数，$K_h \geqslant 1.3$；

　　　μ——墙底与土之间的摩擦系数，当无试验资料时，可取：

　　　　　对淤泥质土：$\mu = 0.2 \sim 0.50$

　　　　　黏性土：$\mu = 0.25 \sim 0.4$

　　　　　砂土：$\mu = 0.4 \sim 0.50$

18.5.3 支挡式支护结构的稳定性

1. 悬臂式支护结构

悬臂式支护结构的入土深度（l_d）应满足基坑抗倾覆稳定性的要求（图 18.5.4）：

$$\frac{E_{pk} a_{p1}}{E_{ak} a_{a1}} \geqslant K_e \qquad (18.5.6)$$

式中　E_{ak}、E_{pk}——分别为基坑外侧主动土压力、基坑内侧被动土压力标准值（kN）；

　　　a_{a1}、a_{p1}——分别为基坑外侧主动土压力、基坑内侧被动土压力合力作用点至挡土构件底端的距离（m）；

　　　K_e——抗倾覆稳定安全系数，$K_e \geqslant 1.3$。

2. 单支点支护结构

单支点支挡结构的入土深度（l_d）应满足抗倾覆稳定性的要求（图 18.5.5）：

$$\frac{E_{pk} a_{p2}}{E_{ak} a_{a2}} \geqslant K_e \qquad (18.5.7)$$

式中　a_{a2}、a_{p2}——基坑外侧主动土压力、基坑内侧被动土压力合力作用点至支点的距离

（m）；

K_e——抗倾覆稳定安全系数，$K_e \geqslant 1.3$。

对于多支点支挡结构，取最下一道支撑作用点，类似按单支点支挡结构进行验算。

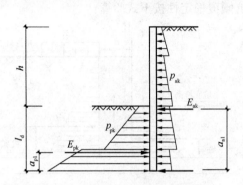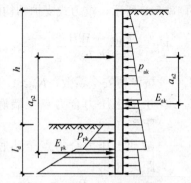

图 18.5.4　悬臂式支护结构抗倾覆　　　图 18.5.5　单支点支挡结构抗倾覆
稳定验算计算简图　　　　　　　　　稳定验算简图

18.5.4　隆起稳定

基坑底土隆起，将会导致支护桩后地面下沉，影响环境安全和正常使用。隆起稳定性验算的方法很多，涉及所选用的计算方法，采取的土的强度指标的条件和相关的安全系数的配套的问题，不能一概而论。对饱和软黏土，抗隆起稳定性的验算是基坑设计的一个主要内容，可按以下条件进行验算：

（1）因基坑外的荷载及由于土方开挖造成基坑内外的压差，使支护桩端以下土体向上涌土，可按式 18.5.8、图 18.5.6 验算。

$$K_D = \frac{N_c \tau_0 + \gamma_1}{\gamma(h+t)+q} \tag{18.5.8}$$

式中　N_c——承载力系数，$N_c = 5.14$；

τ_0——由十字板试验确定的总强度（kPa）；

γ——土的重度（kN/m^3）；

K_D——入土深度底部土隆起稳定安全系数，$K_D \geqslant 1.4$；

t——支护结构入土深度（m）；

h——基坑开挖深度（m）；

q——地面荷载（kPa）。

（2）考虑支护桩墙弯曲抗力作用的基坑底土体向上涌起，可按式 18.5.9、图 18.5.7 验算。

$$K_h = \frac{M_p + \int_0^\pi \tau_0(td\theta)}{(q+\gamma h)t^2/2} \tag{18.5.9}$$

式中　M_p——基坑底部处支护桩、墙横截面抗弯弯矩标准值（$kN \cdot m$）；

K_h——基坑底部处土隆起稳定安全系数，$K_h \geqslant 1.3$。

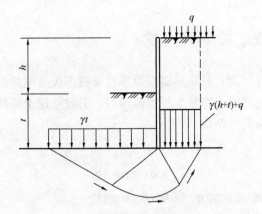

图 18.5.6　基坑底抗隆起稳定性验算　　图 18.5.7　基坑底抗隆起稳定性验算

18.5.5　渗流稳定性

1. 抗渗流稳定性验算

如图 18.5.8（a）所示，基坑内外的水力坡降为：

$$i = \frac{h}{h + 2t} \tag{18.5.10}$$

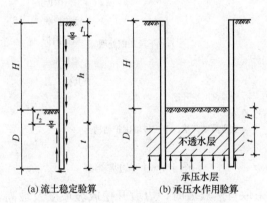

（a）流土稳定验算　　　（b）承压水作用验算

图 18.5.8　抗渗流破坏稳定性验算

当基坑底土的浮重度 $\gamma' \geqslant i\gamma_w$ 时，则可避免发生流土破坏。

2. 承压水对坑底突涌的验算

当坑底土上部为不透水层，坑底下部某深度处有承压水层时，应进行承压水对坑底土产生突涌的验算，如图 18.5.8（b）所示，验算条件为基坑底部至承压水层顶板范围内的土重应大于承压水的压力，按式 19.5.11 验算。

$$K_{RW} = \frac{\gamma_m (t + \Delta t)}{P_w}$$

式中　γ_m——透水层以上土的饱和重度（kN/m³）；

$t + \Delta t$——透水层顶面距基坑底面的深度（m）；

P_w——含水层水压力，kPa；

K_{RW}——基坑底土抗突涌稳定安全系数，$K_{RW} \geqslant 1.2$。

18.6 放 坡 开 挖

当场地土质条件好，周边环境条件许可时，基坑可以采取不放坡或多级放坡开挖，这种基坑造价低，施工期短。当场地条件允许时，在基坑深度范围内，上段可挖土卸载放坡或直立开挖，下段设置挡土及止水桩、墙支护结构。

常见的边坡类型如图 18.6.1 所示。

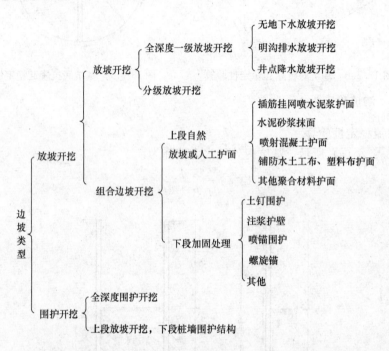

图 18.6.1 边坡类型

在土质或岩质场地采取自然放坡时，边坡开挖放坡坡度及坡高，可按表 18.6.1 及表 18.6.2 确定。软土地区或土中含软弱夹层的边坡，应按 18.5 基坑稳定性的要求，作边坡稳定验算。

土质边坡坡率允许值   表 18.6.1

边坡土体类别	状 态	坡率允许值（高宽比）	
		坡高小于 5m	坡高 5m～10m
碎石土	密实	1：0.35～1：0.50	1：0.50～1：0.75
	中密	1：0.50～1：0.75	1：0.75～1：1.00
	稍密	1：0.75～1：1.00	1：1.00～1：1.25
黏性土	坚硬	1：0.75～1：1.00	1：1.00～1：1.25
	硬塑	1：1.00～1：1.25	1：1.25～1：1.50

注：1. 表中碎石土的充填物为坚硬或硬塑状态的黏性土；
　　2. 对于砂土或充填物为砂土的碎石土，其边坡坡率允许值应按砂土或碎石土的自然休止角确定。

1114

岩质边坡坡率允许值 表 18.6.2

这坡岩体类型	风化程度	坡率允许值（高宽比）		
		$H<8\text{m}$	$8\text{m}\leqslant H<15\text{m}$	$15\text{m}\leqslant H<25\text{m}$
Ⅰ类	未（微）风化	1：0.00～1：0.10	1：0.10～1：0.15	1：0.15～1：0.25
	中等风化	1：0.10～1：0.15	1：0.15～1：0.25	1：0.25～1：0.35
Ⅱ类	未（微）风化	1：0.10～1：0.15	1：0.15～1：0.25	1：0.25～1：0.35
	中等风化	1：0.15～1：0.25	1：0.25～1：0.35	1：0.35～1：0.50
Ⅲ类	未（微）风化	1：0.25～1：0.35	1：0.35～1：0.50	—
	中等风化	1：0.35～1：0.50	1：0.50～1：0.75	—
Ⅳ类	中等风化	1：0.50～1：0.75	1：0.75～1：1.00	—
	强风化	1：0.75～1：1.00	—	—

注：1. 表中 H 边坡高度；

2. Ⅳ类强风化包括各类风化程度的极软岩；

3. 全风化岩体可按土质边坡坡率取值。

分级放坡开挖时，应设置分级过渡平台，对深度大于 5m 的土质边坡，各级过渡平台的宽度为 1.0m～1.5m。必要时台宽可选 0.6m～1.0m，小于 5m 的土质边坡可不设过渡平台。岩石边坡的过渡平台宽度不小于 0.5m，施工时应按上陡下缓原则开挖，坡度不宜超过 1：0.75。对于砂土和砂填充的碎石土，分级坡高 $H<5\text{m}$，坡度按天然休止角确定，人工填土放坡坡度按当地经验确定。

对土质边坡或易于软化的岩质边坡，在开挖时应采取相应的排水和坡脚、坡面保护措施，设排水沟等地面防护措施，防止雨水渗入。并不得在影响边坡稳定的范围内积水。

18.7 支挡式支护结构计算

基坑支护结构体系一般包括两个部分：挡土结构和降水止水体系。支挡式支护结构常采用钢板桩、钢筋混凝土板桩、柱列式灌注桩、地下连续墙等。根据土质条件及基坑规模，可以设计成悬臂式、内支撑式或锚拉式。当支护结构不能起到止水作用时，可同时设置止水帷幕或采用坑外降水，以达到控制地下水的目的，使基坑土方工程可在干作业条件下开挖。

支挡式支护结构（亦称为桩、墙式支护结构）的计算简图，可将支护桩、墙简化成在土压力作用下的一静定梁或超静定梁，或按插入土中的竖向弹性地基梁求解。

此类支护结构应用广泛，适用性强，易于控制支护结构变形，尤其适用于开挖深度较大的深基坑，并能适应各种复杂的地质条件，设计计算理论较为成熟，各地区的工程经验也较多，是深基坑工程中经常采用的主要结构形式。

柱列桩、板桩、地下连续墙等均属此类，支护桩、墙插入坑底土中一定深度（一般插入至较坚硬土层），上部悬臂或设置锚撑体系，形成一梁式锚、撑受力构件。

支挡式支护结构的设计计算，包括支护桩、墙的内力、变形计算以及支护结构的内支

1115

撑或锚杆设计计算两部分,本节介绍桩、墙的内力、变形计算,内支撑和锚杆设计计算在以后章节中介绍。支挡式支护结构桩、墙的插入基坑底下的深度,应满足基坑稳定性的要求,可按 18.5 基坑稳定性中的规定进行验算。这是支护桩、墙进行内力、变形分析计算的前提。

支挡式支护结构常用的分析计算方法有:极限平衡法和弹性抗力法——也称侧向弹性地基反力法两种。

18.7.1 极限平衡法

极限平衡法是假设桩体左右两侧土体都处于极限平衡状态的一种计算方法,即支护桩在一定的插入深度下,基坑外侧土体处于主动极限平衡状态,基坑内侧土体处于被动极限平衡状态,桩在水、土压力等侧向荷载作用下满足平衡条件,作为设计计算的原则。常用的有:静力平衡法和等值梁法:

1. 静力平衡法计算悬臂式支护结构

悬臂式支护桩主要靠插入土内深度形成嵌固端,以平衡上部土压力、水压力及地面荷载形成的侧压力。

静力平衡法假设支护桩在侧向荷载作用下可以产生向坑内移动的足够的位移,使基坑内外两侧的土体达到极限平衡状态。悬臂桩在主动土压力作用下,绕支护桩上某一点转动,形成在基坑开挖深度范围外侧的主动区及在插入深度区内的被动区,如图 18.7.1 所示。

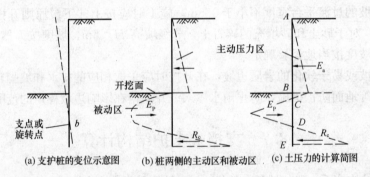

(a) 支护桩的变位示意图　　(b) 桩两侧的主动区和被动区　　(c) 土压力的计算简图

图 18.7.1　悬臂式支护桩的土压力分布示意图

对上述计算图形,H. Blum 建议以图 18.7.2 的图形代替。在插入深度达到旋转点以下部分的作用以一个单力 R_c 代替,在满足绕桩脚 C 点 $\sum H = 0$,$\sum M_C = 0$ 的条件,求得悬臂桩所需的极限嵌固深度。

支护桩的设计长度 L 按下式计算:

$$L = H + x + K \cdot t \tag{18.7.1}$$

由图 18.7.2 所示的计算简图即可求得桩身各截面的内力,最大弯矩的位置在基坑底面以下,可根据剪力为零的条件确定。

2. 静力平衡法计算单支点支护结构

图 18.7.3 所示为单支点支护桩静力平衡法的计算简图,先对 A 点取矩,令 $\sum M_A = 0$,求得插入深度为 x。令 $\sum M_B = 0$,求得 T_A。最大弯矩即在桩顶往下剪力为 0 处。

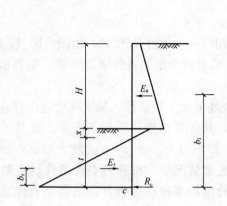

图 18.7.2 悬臂支护桩在无黏性土中的
土压力分布图形

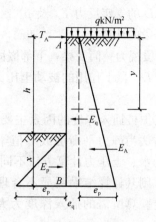

图 18.7.3 静力平衡法计算
单支点支护桩的计算简图

3. 等值梁法

支护桩按插入深度的深浅及土层的坚硬条件，可以有弹性嵌固（铰接）与固定端两种。现假定桩插入坚硬土里比较深作为固定端，形成如图 18.7.4（a）所示的计算条件，在 bc 段中弯矩图的反弯点 d 处切断，并在 d 处设置支点形成 ad 梁的弯矩将保持不变。因此 ad 梁即为 ac 梁上 ad 段的等值梁。

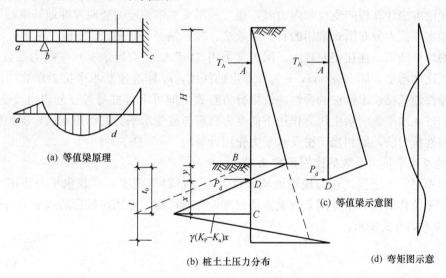

(a) 等值梁原理

(b) 桩土土压力分布

(c) 等值梁示意图

(d) 弯矩图示意

图 18.7.4 等值梁计算单支点桩简图

应用等值梁法计算，首先应知道反弯点的位置，通常与基坑底面下土压力等于零的位置相近，因此计算时常以土压力为零的位置代替，如图 18.7.4（b）（c）所示。

等值梁法计算单支点支护桩的步骤如下：

（1）确定支护桩的嵌固深度：

① 等值梁 AD 段计算

如图 18.7.4（b）（c）所示，先求得土压力为零点的 D 点的位置，得等值梁 AD，求

得简支梁 AD 的支座反力 T_A 及 p_d。

② DC 段的计算：

将 DC 段视为一简支梁，下部嵌固作用以一个单力 R_c 代替，由图（b）按 P_d 对 C 点的力矩等于 DC 段上作用的被动土压力对 C 点的力矩的条件求得 x 值，临界插入深度 t_0 即可求得。

影响支护桩插入深度的因素主要是坑底下的土质条件，插入深度应由计算确定。目前常用的方法为静力平衡法或等值梁法，其计算结果一般偏于安全，尤其是当作用在支护桩上的水、土压力计算方法不同时，影响很大。在 $\varphi = 0$ 的软土地区，如采用朗肯土压理论，则其计算结果明显不合理。通常情况下，按静力平衡条件确定的插入深度较整体稳定验算所需的插入深度为大。故应按多种验算条件，结合工程经验，经综合分析后确定。

按桩底土层硬软条件不同，取经验嵌固系数 $K = 1.1 \sim 1.2$，则嵌固深度 t 即为：

$$t = (1.1 \sim 1.2)t_0 \tag{18.7.2}$$

（2）桩身内力可按图 18.7.4（c）的简图进行计算。

18.7.2 侧向弹性地基反力法（弹性抗力法）

基坑支护结构计算的侧向弹性地基反力法来源于单桩水平力计算的侧向弹性地基梁法。用理论方法计算桩的变位和内力时，通常采用文克尔假定的竖向弹性地基梁的计算方法。地基水平抗力分布图式常用的有：常数法、"k" 法、"m" 法、"c 值" 法等。不同分布图式的计算结果，往往相差很大。国内常采用 "m" 法，假定地基水平抗力系数 K_x 随深度呈正比例增加，即 $K_x = mz$，z 为计算点的深度，m 称为地基水平抗力系数的比例系数。按弹性地基梁法求解桩的弹性曲线微分方程式，即可求得桩身各点的内力及变位值。基坑支护桩在水平侧向水土压力作用下的受力机理与桩受水平力的作用相同，支护桩计算的侧向弹性抗力法，即相当于桩受水平力作用计算的 "m" 法。

1. 地基水平抗力系数的比例系数 m 值

m 值不是一个定值，它与现场地质条件、桩身材料与刚度、荷载水平与作用方式以及桩顶水平位移取值大小等因素有关。通过理论分析可得，作用在桩顶的水平力与桩顶位移 X 的关系如下式所示：

$$X = \frac{H}{a^3 EI}A \tag{18.7.3}$$

式中　H——作用在桩顶的水平力；

　　　　A——弹性长桩按 m 法计算的无量纲系数；

　　　　EI——桩身的抗弯刚度；

　　　　a——桩的水平变形系数，$a = \sqrt[5]{\dfrac{mb_0}{EI}}$ （1/m），其中 b_0 为桩身计算宽度（m）。

通常可由桩的现场水平静载试验结果进行反算取得 m 值，具体计算时，可参照《建筑桩基技术规范》中的相关规定进行，无试验资料时，m 值可从表 18.7.1 中选用。

地基土的水平抗力比例系数 m 值表 (《建筑桩基技术规范》JGJ 94—2008) 表18.7.1

地基土类别	预制桩、钢桩		灌注桩	
	m（MN/m⁴）	相应单桩地面处水平位移（mm）	m（MN/m⁴）	相应单桩地面处水平位移（mm）
淤泥、淤泥质黏土和湿陷性黄土	2～4.5	10	2.5～6.0	6～12
流塑（$I_L>1$）、软塑（$0.75<I_L\leqslant1$）状黏性土，$e>0.9$ 粉土，松散粉细砂，松散、稍密填土	4.5～6.0	10	6～14	4～8
可塑（$0.25<I_L\leqslant0.75$）状黏性土、湿陷性黄土，$e=0.75～0.9$ 粉土，中密填土，稍密细砂	6.0～10.0	10	14～35	3～6
硬塑（$0<I_L\leqslant0.25$）、坚硬（$I_L\leqslant0$）状黏性土、湿陷性黄土，$e<0.9$ 粉土，中密的中粗砂，密实老黄土	10.0～22.0	10	35～100	2～5
中密、密实的砾砂、碎石类土			100～300	1.5～3

2. 基坑支护桩的侧向弹性地基抗力法

借助于单桩水平力计算的 m 法，基坑支护桩内力分析的计算简图如图18.7.5所示。

图18.7.5中，（a）为基坑支护桩，（b）为基坑支护桩上作用的土压力分布图，在开挖深度范围内通常取主动土压力分布图式，支护桩入土部分，为侧向受力的弹性地基梁，如图（c）所示，地基反力系数取 m 法图形。内力分析时，常按杆系有限

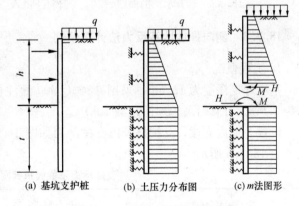

(a) 基坑支护桩　　(b) 土压力分布图　　(c) m 法图形

图18.7.5　侧向弹性地基抗力法

元——结构矩阵分析解法即可求得支护桩身的内力、变形解。

当采用密排桩支护时，土压力可作为平面问题计算。当桩间距比较大时，形成分离式排桩墙。

分离式排桩墙，由于土颗粒之间存在的黏聚力和摩擦力，使其承受的土压力和因桩身变形产生的土抗力不仅仅局限于桩自身宽度的范围内。

从土抗力的角度考虑；桩自身截面的计算宽度和桩径之间有如表18.7.2所示的关系。

桩自身截面计算宽度 b_0（m）　　　　　　表 18.7.2

截面宽度 b 或直径 d（m）	圆柱	方桩
>1	$0.9(d+1)$	$b+1$
≤1	$0.9(1.5d+0.5)$	$1.5b+0.5$

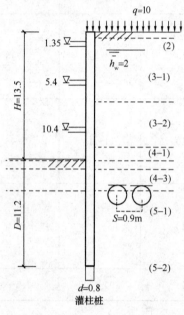

图 18.7.6　计算示例剖面图

由于侧向弹性地基抗力法能较好地反映基坑开挖和回筑过程各种工程和复杂情况对支护结构受力的影响，是目前工程界最常用的基坑设计计算方法进行计算。

侧向弹性地基反力法的计算精度主要取决于一些基本计参数的取值是否符合实际，如土的强度指标，基床系数，土压力的分布，支撑刚度系数等。

由于采用了按弹性地基计算的假定，支护桩的插入深度段的土反力始终处于弹性状态。实际上支护桩被动区土体是处于弹塑性状态。甚至可能出现踢脚、隆起或整体失稳等情况。而支护桩的插入深度是控制以上状况的主要参数。因此侧向弹性地基反力法无法直接求得支护桩的插入深度。计算时，应与极限平衡法求得的插入深度综合比较确定。

18.7.3　侧向弹性地基反力法计算示例

1. 工程概况

基坑开挖深度为 13.5m，采用 Φ800@900 灌注桩围护结构，桩长为 24.7m，桩顶标高为 2.9m。计算时考虑地面超载 10kPa。

设置 3 道内支撑，支护桩及内支撑剖面如图 18.7.6 所示。支撑的标高及截面折算刚度如表 18.7.3 所示。

支撑标高及截面折算刚度表　　　　　　表 18.7.3

中心标高（m）	刚度（MN/m²）	预加轴力（kN/m）
1.55	60	
−2.5	50	
−7.5	50	

2. 土层计算参数

场地地质条件略，土层计算参数如表 18.7.4，地下水位标高为 0.9m。

土层计算参数表   表 18.7.4

土层	层底标高（m）	层厚（m）	重度（kN/m³）	φ（°）	c（kPa）	m（kN/m⁴）
1-2	2.25	0.65	18.5	6	10	1120
2	0.55	1.7	18.8	9.8	30.3	3970
3-1	−4.45	5	17.3	3.1	10.7	950
3-2	−9.35	4.9	19	10.2	13.4	2400
4-1	−10.75	1.4	19.2	12.8	19	3900
4-2	−11.65	0.9	19.9	26.1	13.9	12400
4-3	−13.95	2.3	20.2	21.1	13.6	8150
5-1	−18.25	4.3	20.1	28.7	17.9	15390
5-2	−28.25	10	19.1	14.1	35.9	6160

3. 计算工况

基坑支护结构通常先进行支护桩、墙及止水帷幕施工，然后进行土方分步开挖，逐道进行打设内支撑施工，开挖至坑底后打设地下室底板，随着地下室的墙及楼板施工逐道拆除内支撑，直至打设零层板出地面。支护结构计算时，应按土方开挖的不同深度及打设支撑及拆撑条件分为若干计算工况，分别进行支护结构的内力变形计算，最后按各工况计算的包络结果确定构件截面设计的内力及变形。

本算例按土方分步开挖、3 道内支撑打设及底板打设，然后进行拆撑及侧墙施工等不同施工阶段分为 12 种计算工况，如表 18.7.5 及图 18.7.7 所示。

计算工况表   表 18.7.5

工况编号	工况类型	深度（m）	支撑刚度（MN/m²）	支撑编号	预加轴力（kN/m）
1	开挖	1.7			
2	加撑	1.35	62.74	1	
3	开挖	5.7			
4	加撑	5.4	50	2	
5	开挖	10.7			
6	加撑	10.4	50	3	
7	开挖	13.5			
8	换撑	11.7	1000		
9	拆撑			3	
10	换撑	6.25	500		
11	拆撑			2	
12	拆撑			1	

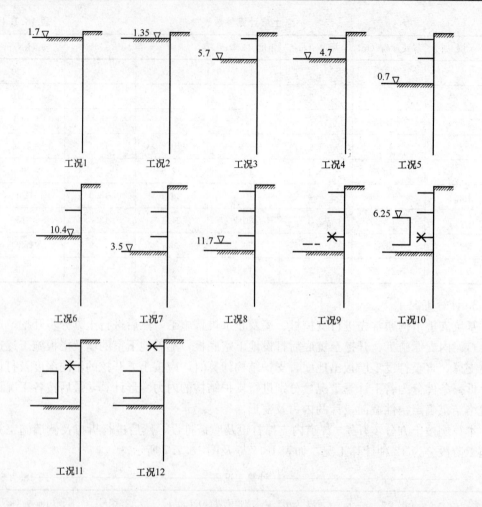

图 18.7.7　计算工况示意图

4. 稳定性验算结果及内力计算包络图

（1）整体稳定验算（图 18.7.8）

（2）抗倾覆验算（水土合算）（图 18.7.9）

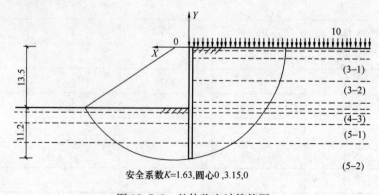

安全系数 K=1.63，圆心 0 ,3.15,0

图 18.7.8　整体稳定计算简图

（3）墙底抗隆起验算（图 18.7.10）

本算例采用止水帷幕，切断了基坑内外地下水之间的水力联系，无地下水的渗流作用。

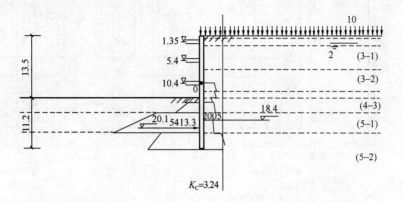

图 18.7.9　坑倾覆稳定计算简图

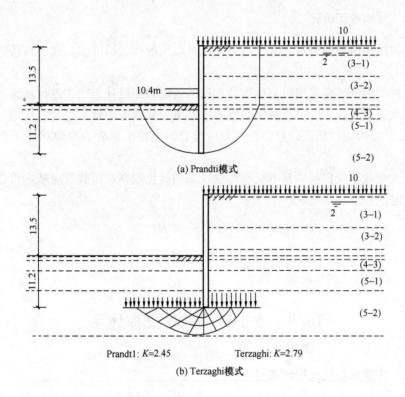

(a) Prandti模式

Prandt1: $K=2.45$　　　　Terzaghi: $K=2.79$

(b) Terzaghi模式

图 18.7.10　抗隆起稳定计算简图

（4）内力计算包络图（水土合算）（图 18.7.11）

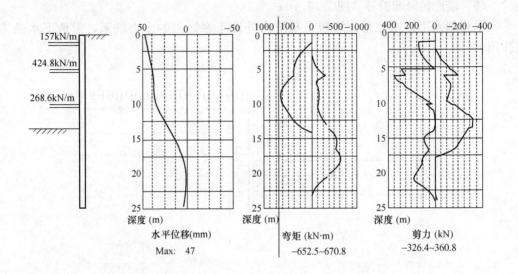

图 18.7.11　内力计算包络图

18.7.4　结构截面设计

基坑支护结构内力分析时，水土压力作用是取用的荷载标准值，属于荷载效应的标准组合。

基坑支护结构设计应采用以分项系数表达的极限状态设计表达式进行计算。基坑稳定性验算的荷载效应组合，应按承载能力极限状态下荷载效应的基本组合，作用分项系数为1.0。基坑支护结构构件截面计算的荷载效应组合，应按承载能力极限状态下荷载效应的基本组合。

对由永久荷载效应控制的基本组合，也可采用简化规则，荷载效应基本组合的设计值 S 按下式确定：

$$S = 1.35 S_k \leqslant R \tag{18.7.4}$$

式中　R——结构构件抗力的设计值，按有关建筑结构设计规范的规定确定；

　　　S_k——荷载效应的标准组合值。

18.8　支护结构的内支撑体系

18.8.1　支撑系统的选型和布置

由支护桩、墙与内支撑系统形成的支护体系是目前基坑工程中采用较多的一种形式，结构受力明确，计算方法比较成熟，施工经验丰富，在基坑工程中应用广泛。

支撑结构常用钢和钢筋混凝土结构，必须采用稳定的结构体系和可靠的连接构造。支护桩、墙在水平方向往往是不连续的，必须通过采用帽梁和腰梁的连接，形成整体结构。帽梁或腰梁与内支撑构成多次超静定的水平框架结构，即使局部构件失效，也不致影响整个支撑结构的稳定。

支撑结构的常用形式有平面支撑体系和竖向斜撑体系。

18.8.2 平面支撑体系

1. 平面支撑体系的组成

一般情况下，平面支撑体系应由腰梁、水平支撑和立柱三部分构件组成，水平支撑应具有较强的整体性和平面刚度，使支撑各部分传力可靠均匀。

腰梁的作用是加强支护桩的整体性，并将支护桩所受到的水平力传递给支撑构件。因此要求腰梁有较大的平面刚度，且与支护桩可靠连接。

立柱的作用是保证水平支撑的纵向稳定，承受水平支撑的自重及其他竖向荷载。要求有较好的刚度和较小的竖向位移。

根据工程具体情况，水平支撑可以用对撑、斜角撑和八字撑等形式组成的平面结构体系如图 18.8.1 及图 18.8.2 所示。

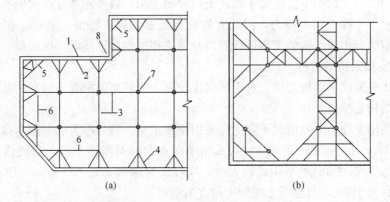

(a)   (b)

18.8.1　水平支撑体系（一）

1—支护墙；2—腰梁；3—对撑；4—八字撑；5—角撑；6—系杆；7—立柱

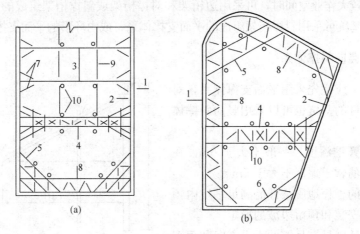

(a)   (b)

18.8.2　水平支撑体系（二）

1—支护墙；2—腰梁；3—对撑；4—桁架式对撑；5—桁架式斜撑；

6—角撑；7—八字撑；8—边桁架；9—系杆；10—立柱

2. 平面支撑体系的布置

在基坑竖向平面内需要布置的水平支撑道数，应根据基坑深度和土方开挖的施工要求，通过计算确定。

上、下层水平支撑轴线应布置在同一竖向平面内。竖向相邻水平支撑的净距不宜小于3m，当采用机械下坑开挖及运输时，不宜小于4m；设定的各层水平支撑标高，不得妨碍主体工程地下结构底板和楼板构件的施工。

一般情况下应利用支护桩顶的水平帽梁兼作第一道水平支撑的腰梁。

3. 立柱的设置

立柱是水平支撑系统在坑内的竖向支承构件。立柱应布置在纵横向支撑的交点处，并应避开主体工程梁、柱及承重墙的位置。立柱的间距一般不宜超过15m。

立柱下端应支承在较好的土层上，开挖面以下的入土长度应满足支撑结构对立柱承载力和变形的要求。

各层水平支撑通过立柱形成空间结构，加强了水平支撑的刚度，对控制支护结构的位移起有效作用。但立柱的下沉或由于坑底土回弹而上抬，以及相邻立柱间的差异沉降等因素，会导致水平支撑产生次应力，因此立柱应有足够的埋入深度。通常应在立柱下布置桩，并尽可能结合主体结构的工程桩设置，并与工程桩整体连接，一次成桩。

4. 平面支撑系统的选材

通常应优先采用钢结构支撑。对于形状比较复杂或环境保护要求较高的基坑，宜采用现浇混凝土结构支撑。

（1）钢结构支撑：一般情况下宜优先采用相互正交、均匀布置的平面对撑或对撑桁架体系，如图18.8.1；对于长条形基坑可采用单向布置的对撑体系，在基坑四角设置水平角撑；当相邻支撑之间的水平距离较大时，应在支撑端部设置八字撑。八字撑宜左右对称，长度不宜大于9m，与腰梁之间的夹角宜为60°。

（2）混凝土结构支撑：混凝土结构支撑除可以按以上方式布置外，还可以按图18.8.2布置。平面形状比较复杂的基坑可采用边桁架和对撑或角撑组成的平面支撑体系。在支撑平面中需要留出较大作业空间时，可采用边桁架和对撑桁架或斜撑桁架组成的平面支撑体系；对规则的方形基坑可采用斜撑桁架组成的平面支撑体系，或内环形的平面支撑体系。

18.8.3 竖向斜撑体系

一般情况下应优先采用平面支撑体系，对于符合下列条件的基坑也可以采用竖向斜撑体系（图18.8.3）。

（1）基坑开挖深度，一般不大于6m，在地下水位较高的软土地区不大于5m。

（2）场地的工程地质条件能满足基坑内预留土堤的斜撑安装和预留边坡的稳定。

（3）斜撑基础具有足够的水平方向和垂直方向的承载能力。

（4）基坑平面尺度较大，形状比较复杂。

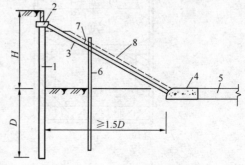

图 18.8.3　竖向斜撑体系

1—支护桩；2—帽梁；3—斜撑；4—斜撑基础；5—基础压杆；6—立柱；7—系杆；8—土堤

1. 竖向斜撑体系的组成

竖向斜撑体系通常由斜撑、腰梁和斜撑基础等构件组成。当斜撑长度大于 15m 时，宜在斜撑中部设置立柱。

斜撑宜采用型钢或组合型钢截面；竖向斜撑宜均匀对称布置，水平间距不宜大于 6m；斜撑与基坑底面之间的夹角一般情况下不宜大于 35°，在地下水位较高的软土地区不宜大于 26°，并与基坑内土堤的稳定边坡相一致。斜撑基础与支护桩之间的水平距离不宜小于支护桩在开挖面以下插入深度的 1.5 倍；斜撑与腰梁、斜撑与基础以及腰梁与围护墙之间的连接应满足斜撑水平分力和垂直分力的传递要求。

2. 竖向斜撑体系的布置

竖向斜撑体系的作用是将支护桩上侧压力通过斜撑传到基坑开挖面以下的地基上。它的施工流程是：支护桩完成后，先对基坑中部的土层采取放坡开挖，然后安装斜撑，再挖除四周留下的土坡。对于平面尺寸较大，形状不很规则，但深度较浅的基坑采用竖向斜撑体系施工比较简单，也可节省支撑材料。

采用竖向斜撑体系时，由于基坑中部土方采用放坡开挖，比较方便，基坑平面尺寸越大，这部分土方量所占的比例也就越大，有利于加快施工进度。对于平面形状复杂的基坑，布置竖向斜撑体系相对比平面支撑体系方便。

18.8.4 作用在支撑系统上的荷载及支撑系统的内力分析

作用在支撑结构上的水平力应包括由水、土压力和坑外地面荷载引起的支护桩对腰梁的侧压力。作用在支撑结构上的竖向荷载应包括结构自重和支撑上可能产生的施工活荷载。

平面支撑体系，多数情况下，可由腰梁和由支撑形成一个平面闭合框架，作用在平面闭合框架上的荷载，即为支护桩的支撑反力。支撑构件的计算长度，可取支撑构件的中心距。分段拼装的钢结构支撑、拼装节点按铰接考虑。现浇钢筋混凝土结构支撑，其构造连续满足刚接要求时，可按刚节点考虑。

(1) 形状比较规则的基坑，并采用相互正交体系时，可采取以下简化计算方法：

在水平荷载作用下，现浇混凝土腰梁的内力与变形可按多跨连续梁计算。计算跨度取相邻支撑之间的距离；钢结构腰梁宜按简支梁计算，计算跨度取相邻支撑中心距；当水平支撑与腰梁斜交时，尚应计算支撑轴力在腰梁长度方向所引起的轴向力。

支撑轴向力按支护桩沿腰梁长度方向分布的水平反力乘以支撑中心距；当支撑与腰梁斜交时，水平反力取支撑长度方向的投影。

(2) 平面形状较为复杂平面支撑体系，宜按平面框架模型计算。

需要说明的是在按平面框架模型分析时，因防止平移或转动所加的水平约束，对平面框架的变形会产生较大影响，计算时应根据具体情况，使水平约束的设置位置和条件尽量减小其对变形的影响。

18.8.5 支撑系统构件截面设计

支撑构件的内力主要是由作为永久荷载的水、土压力及构件自重引起的，可变荷载对内力的影响通常很小。《建筑地基基础设计规范》规定，土体自重的分项系数为 1.0。

支撑构件截面的抗压、抗弯及抗剪等承载力设计应根据所选择的构件材料，应按承载能力极限状态，采用荷载效应的基本组合，按相应的结构设计规范执行。

（1）腰梁的截面承载力计算，一般情况下，可按水平方向的受弯构件计算。当腰梁与水平支撑斜交，或腰梁作为边桁架的弦杆时，还应按偏心受压构件进行验算，此时腰梁的受压计算长度可取相邻支撑点的中心距。

现浇混凝土腰梁的支座弯矩，可乘以 0.8~0.9 的调幅系数，但跨中弯矩需相应增加。

（2）支撑截面设计应按偏心受压构件计算。支撑的受压计算长度：在竖向平面内取相邻立柱的中心距；在水平面内取与支撑相交的相邻横向水平支撑的中心距；斜角撑和八字楼的受压计算长度均取支撑全长。支撑结构内力分析未计温度变化或支撑预加压力的影响时，截面验算的轴向力宜分别乘以 1.1~1.2 增大系数。

（3）立柱的截面设计应按偏心受压构件计算，开挖面以下立柱的竖向承载力可按单桩承载力验算。

18.9 预应力锚杆

锚杆是在岩土层中，在水平或斜向形成钻孔，再在孔中安放钢拉杆，并在拉杆尾部一定长度范围内注浆，形成锚固体，经施加预应力后，形成预应力抗拔锚杆。

在基坑工程中的土层锚杆，一端锚固在基坑外较好的土层中，另一端与支护桩连接，对支护桩的作用如同内支撑，将支护桩所承受的侧向荷载通过锚的拉结，传到远处稳定土层中去。

深基坑支护工程中，为增强锚杆的锚固作用减少变形，通常采用预应力土层锚杆，土层锚杆的施工长度可达 50m，在黏性土中最大锚固力已可达 1000kN。

18.9.1 锚杆的类型和构造

锚杆的基本类型，如图 18.9.1 所示。

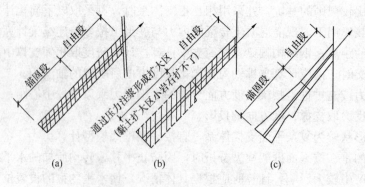

图 18.9.1 锚杆的基本类型

第一种类型如图 18.9.1（a）系一般注浆（压力为 0.3MPa~0.5MPa）圆柱体，孔内注水泥浆或水泥砂浆，适用于拉力不高、临时性锚杆。

第二种类型如图 18.9.1（b），为扩大的圆柱体或不规则体，系用压力注浆，压力从 2MPa（二次注浆）到高压注浆 5MPa 左右，在黏土中形成较小的扩大区，在无黏性土中可以形成较大的扩大区。

第三种类型如图 18.9.1（c）所示，是采用特殊的扩孔机具，在孔眼内沿长度方向扩一个或几个扩大头的圆柱体，这类锚杆用特制扩孔机械，通过中心杆压力将扩张式刀具缓缓张开削土成型，在黏土及无黏性土中都可适用，可以承受较大的拉拔力。

锚杆支护体系由支护桩、腰梁和锚杆三部分组成。

（1）支护桩：可采用钢板桩、钢筋混凝土板桩、柱列式连排桩、地下连续墙等。

（2）腰梁：可采用工字钢或槽钢形成的组合梁或钢筋混凝土梁作为腰梁、腰梁支承在托架上并与支护结构连接固定。其作用是将作用在支护结构上的侧向压力传给锚杆。

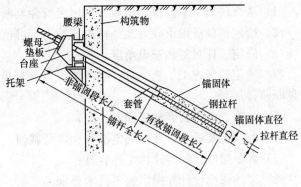

图 18.9.2　锚杆构造

（3）锚杆：锚杆是由锚头、拉杆与锚固体三部分组成（图 18.9.2）。

① 锚头的作用是将拉杆与支护结构连接起来，对支护结构起支点作用，将对支护结构的支承力通过锚头传给拉杆。

锚头由台座承压垫板及紧固器三部分组成。台座的形式如图 18.9.3 所示，可由钢板或钢筋混凝土做成，在拉杆方向不垂直时用以调整拉杆受力方向，并固定拉杆的位置。

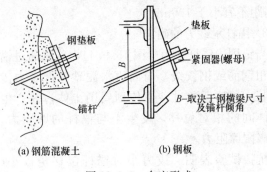

图 18.9.3　台座形式

承压垫板的作用是使拉杆的梁中力分散传递，承压板一般需采用较厚的钢板。

紧固器的作用是可将拉杆与垫板台座支护结构牢固连接在一起，并通过紧固器可以对拉杆施加预应力并实施应力锁定。其作用同预应力锚具。

② 拉杆是将来自锚杆端部的拉力传递给锚固体。拉杆可采用粗钢筋或钢绞线、拉杆的全长包含自由段和锚固段二部分。

③ 锚固体是由水泥砂浆或水泥浆将拉杆与土体粘结在一起形成的，通常呈圆柱状。其作用是将拉杆的拉力通过锚固体与土之间的摩擦力，传递到锚固体周围的土层中去。

18.9.2　锚杆设计

在基坑工程中采用锚杆结构时，首先应根据场地的工程地质及水文地质条件判断是否适宜采用锚杆支护结构，尤其是锚杆对周围环境及邻近场地后期开发使用的影响。在基坑工程中采用锚杆，其使用期限不超过 2 年，属于临时性锚杆工程。

土层锚杆宜在土质较好的条件下使用，在未经处理的下列土层中不宜采用。

（1）淤泥及有机质土层；

（2）液限 $w_l>50\%$ 的土层；

（3）相对密度 $d_r<0.3$ 的土层。

1. 锚杆设计内容

锚杆设计内容包括以下各方面：

（1）调查研究、掌握设计资料、做出可行性判断；

（2）确定锚杆极限承载力及锚杆轴向拉力标准值；

（3）确定锚杆布置和安设角度；

（4）确定锚杆施工工艺并进行锚固体设计（长度、直径、形状等），确定锚杆结构和杆件断面；

（5）计算自由段长度和锚固段长度；

（6）外锚头及腰梁设计，确定锚杆锁定荷载值、张拉荷载值；

（7）必要时应进行整体稳定性验算；

（8）浆体强度设计并提出施工技术要求；

（9）对试验和监测的要求。

2. 锚杆布置

（1）锚固段应设置在主动土压力滑动面以外，且锚固体的上复土层的厚度不宜小于 4m，灌浆时不致在地表冒出砂浆。锚固区离现有建筑物的距离不小于 5m～6m。

（2）锚杆间距大小应通过综合比较确定，锚杆间距大，增大锚杆承载力，增大腰梁应力和截面。间距过小易于产生群锚效应，将使变形增大而影响极限抗拔力。因此，锚杆锚固体上下排间距不宜小于 2.5m，水平方向间距不宜小于 1.5m。

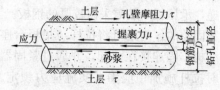

图 18.9.4　锚杆受力机理

τ—孔壁对砂浆的平均摩阻应力；μ—砂浆对钢筋的平均握裹应力

3. 锚杆承载力的确定

当锚固段锚杆受力（图 18.9.4），首先通过锚索（粗钢筋或钢绞线）与周边水泥砂浆握裹力传到砂浆中，然后通过砂浆传到周围土体，并产生与土体间的相对位移，发生土与锚杆的摩阻力，直到极限摩阻力。

抗拔试验表明，拔力小时锚杆位移量极小，拔力增大，位移增大，当拔力达到出现的位移不稳定或不停止时，锚杆达破坏，端杆与土之间的摩阻力达到极限值。

土层锚杆的抗拉承载力应按现场锚杆基本试验确定。

土层锚杆锚固段长度（L_a）应按基本试验确定，初步设计时也可按下式估算：

$$L_a \geqslant \frac{K \cdot N_t}{\pi \cdot D \cdot q_{sk}} \tag{18.9.1}$$

式中　N_t——相应于作用的标准组合时锚杆所承受的拉力值（kN）；

　　　D——锚固体直径（m）；

　　　K——安全系数，可取 1.6；

　　　q_{sk}——土体与锚固体间极限粘结强度标准值（kPa），由当地锚杆抗拔试验结果统计分析算得。初步设计时，也可按表 18.9.1 采用。

锚杆的极限粘结强度标准值 表 18.9.1

土的名称	土的状态或密实度	q_{sk}（kPa）	
		一次常压注浆	二次压力注浆
填土		16～30	30～45
淤泥质土		16～20	20～30
黏性土	$I_L>1$	18～30	25～45
	$0.75<I_L\leqslant1$	30～40	45～60
	$0.50<I_L\leqslant0.75$	40～53	60～70
	$0.25<I_L\leqslant0.50$	53～65	70～85
	$0<I_L\leqslant0.25$	65～73	85～100
	$I_L\leqslant0$	73～90	100～130
粉土	$e>0.90$	22～44	40～60
	$0.75\leqslant e\leqslant0.90$	44～64	60～90
	$e<0.75$	64～100	80～130
粉细砂	稍密	22～42	40～70
	中密	42～63	75～110
	密实	63～85	90～130
中砂	稍密	54～74	70～100
	中密	74～90	100～130
	密实	90～120	130～170
粗砂	稍密	80～130	100～140
	中密	130～170	170～220
	密实	170～220	220～250
砾砂	中密、密实	190～260	240～290
风化岩	全风化	80～100	120～150
	强风化	150～200	200～260

注：1 采用泥浆护壁成孔工艺时，应按表取低值后再根据具体情况适当折减；
   2 采用套管护壁成孔工艺时，可取表中的高值；
   3 采用扩孔工艺时，可在表中数值基础上适当提高；
   4 采用二次压力分段劈裂注浆工艺时，可在表中二次压力注浆数值基础上适当提高；
   5 当砂土中的细粒含量超过总质量的30％时，表中数值应乘以0.75；
   6 对有机质含量为5％～10％的有机质土，应按表取值后适当折减；
   7 当锚杆锚固段长度大于16m时，应对表中数值适当折减。

锚杆预应力筋的截面面积应按下式确定：

$$A \geqslant 1.35 \frac{N_t}{\gamma_P f_{Pt}}$$（18.9.2）

式中　N_t——相应于作用的标准组合时，锚杆所承受的拉力值（kN）；

　　　γ_P——锚杆张拉施工工艺控制系数，当预应力筋为单束时可取 1.0，当预应力筋为多束时可取 0.9；

　　　f_{Pt}——钢筋、钢绞线强度设计值（kPa）。

锚杆自由段长度不宜小于 5.0m，并应超过潜在破裂面 1.0m。保证锚杆自由段长度是为了施加预应力并防止预应力过于损失的需要。潜在破裂面为从基坑底水平方向反向旋转 $45° + \frac{\varphi}{2}$ 的假想破裂面。

18.9.3　锚杆试验

土层锚杆试验的主要目的是确定锚固体在土体中的抗拔能力，以此验证土层锚杆设计及施工工艺的合理性，或检查土层锚杆的质量。

土层锚杆试验主要有基本试验和验收试验两种，在软土中的锚杆，还应进行蠕变试验。

1. 基本试验

任何一种新型锚杆，或已有锚杆用于未曾用过的土层时，都必须进行基本试验。这种试验用以确定锚杆的极限承载力，为土层锚杆的设计与施工提供依据。

基本试验应在土层锚杆的实际施工场地进行，试验数量不少于 3 根。

基本试验必须把荷载加到锚杆破坏为止，以求其极限承载能力。

2. 验收试验

锚杆验收试验是对工程锚杆施加大于设计轴向拉力值的短期荷载试验，目的在于检验锚杆的施工质量及承载力是否满足设计要求，及时发现设计施工中存在的缺陷，以便采取相应措施及时解决，确保锚杆质量和工程安全。

验收试验锚杆的数量应取锚杆总数的 5%，且不得少于 3 根。

3. 蠕变试验

土层锚杆的蠕变是导致锚杆预应力损失的主要因素。大量实践表明，饱和软黏土对蠕变非常敏感，荷载水平对锚杆的蠕变有明显影响。因此，在软黏土地层中，设计锚杆应充分了解蠕变特性，以便合理确定设计参数，采取适当措施，控制蠕变量。

用作蠕变试验的锚杆不应少于 3 根。

18.9.4　锚杆稳定性验算

锚杆支护结构的稳定性，分为整体稳定性和锚杆深部破裂面稳定性两种，须分别予以验算。整体失稳的破坏方式如图 18.9.5 所示，即：包括锚杆与围护结构在内的土体发生整体滑移。这种破坏方式一般可按土坡稳定性分析的条分法进行验算。

锚杆深部破裂面失稳是由于锚杆长度不足，锚杆设计拉力过大，导致围护结构底部到锚杆锚固段中点附近产生深层剪切滑移，使支护结构倾覆。这种稳定性验算目前已有德国 E. Kranz 的简易算法。以下介绍单层锚杆围护结构深部破裂面稳定性验算方法

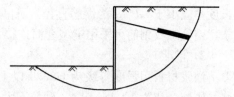

图 18.9.5　锚杆围护结构整体稳定性验算

图 18.9.6 中，G——深部破裂面范围内土体重量；E_a——作用在挡土结构上的主动土压力的反力；E_1——作用在 cd 面上的主动土压力；φ——土的内摩擦角；δ——围护桩与土体间摩擦角；θ——深部破裂面倾角；a——锚杆倾角；q——地面附加荷载，仅当 $\theta > \varphi$ 时才计入。

如图 18.9.6 所示，连接围护桩下端支点滑动线，过 c 点向上作垂线 cd。于是单元楔体 $abcd$ 上作用有：单元体自重 G、作用在围护桩上的主动土压力的反力 E_a、作用在 cd 面上的主动土压力 E_1，以及 bc 面上反力的合力 F。当块体处于平衡状态时，可利用力多边形求得锚杆锚固体所能承受的最大拉力 R_{tmax}。R_{tmax} 与锚杆设计轴向拉力 N_t 之比就是锚杆的稳定安全系数 K_s，一般取 1.5。即

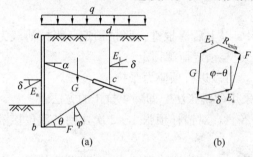

图 18.9.6　单层锚杆围护结构深部破裂面稳定性验算

$$K_s = \frac{R_{tmax}}{N_t} \geqslant 1.5 \qquad (18.9.3)$$

18.9.5　锚杆施工及监测

图 18.9.7 所示为锚杆的施工顺序图。

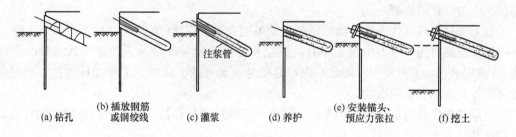

图 18.9.7　锚杆施工顺序示意图

1. 锚杆施工要点

1）钻孔

（1）钻孔前按设计定出孔位做出标记。钻孔深度应超过锚杆设计长度 0.3m～0.5m。

（2）锚杆水平方向孔距误差不大于 50mm，垂直方向孔距误差不大于 100mm。钻孔底部偏斜尺寸，不大于长度的 3%，可用钻孔测斜仪控制钻孔方向。

如遇易塌孔土层，可带护壁套管钻进，不宜采用泥浆护壁，岩层钻孔可采用螺旋钻、冲击钻成孔。

2）设置钢筋或钢绞线束

拉杆可采用钢筋或钢绞线制作，当采用Ⅱ级和Ⅲ级钢筋接长宜采用双面搭接焊，焊缝

长度不应小于 8*d*（*d* 为钢筋直径）。杆体接长或杆体与螺杆焊接都必须按设计要求使用焊条，精轧螺纹钢筋可采用定型套筒连接。

3）灌浆

灌浆材料用强度等级为 C32.5 以上的普通硅酸盐水泥，水灰比 0.4～0.45。如用砂浆，则配合比为 1∶1～1∶2，砂粒不大于 2mm，砂浆仅用一次注浆。

一次注浆管宜与锚杆一起放入钻孔，注浆管内端距孔底宜为 500mm～1000mm，二次高压注浆管的出浆孔和端头应密封，保证一次注浆时浆液不进入二次高压注浆管内。

二次高压注浆应在一次注浆形成的水泥结石体强度达 5.0MPa 时进行，二次注浆压力宜控制在 2.5MPa～4.0MPa 之间，注浆量可根据注浆工艺及锚固体的体积确定，不宜少于一次注浆量。

4）预应力张拉

锚杆应在锚固体和外锚头强度达到 15.0MPa 以上后逐根进行张拉锁定，张拉荷载为设计荷载的 1.05～1.1 倍，稳定 5～10min 后，退至锁定荷载锁定。

锚体养护一般达到水泥砂浆强度的 70% 值，可以进行预应力张拉。

（1）为避免相邻锚杆张拉的应力损失，可采用"跳张法"即隔 1 拉 1 的方法。

（2）正式张拉前，应取设计拉力的 10%～20%，对锚杆预张 1～2 次，使各部位接触紧密，产生初剪。

（3）正式张拉宜分级加载，每级加载后恒载 3min 记录伸长值。张拉到设计荷载（不超过轴力），恒载 10min，再无变化可以锁定。

（4）锁定预应力以设计轴拉力的 75% 为宜。

2. 锚杆监测

随着基坑土方的开挖，锚杆的受力条件在不断变化，对于重大基坑工程的锚杆应进行锚杆预应力变化的监测。

监测锚杆应具有代表性，监测锚杆数量不应少于工程锚杆的 2%，且不应少于 3 根。

锚杆监测时间一般不少于 6 个月，张拉锁定后最初 10d 应每天测定一次。11d～30d 每 3d 测定一次，再后每 10d 测定一次，必要时（如开挖、降雨、下排锚杆张拉、出现突变征兆等）应加密监测次数。

监测结果应及时反馈给有关单位，必要时可采取重复张拉，适当放松或增加锚杆数量以确保基坑安全。

锚杆的质量检验，除常规材质检验外，还应进行浆体强度检验和锚杆验收试验。

浆体强度检验试块数量每 30 根锚杆不少于一组，每组试块数量为 6 块。

18.10　水泥土重力式墙支护结构

18.10.1　概述

水泥土深层搅拌法是通过特制机械——各种深层搅拌机，沿深度将固化剂（水泥浆或水泥粉，外加一定的掺合剂）与地基土强制就地搅拌形成水泥土桩或水泥土块体加固地基的方法。

目前深层搅拌法在我国可分为喷浆深层搅拌法和喷粉深层搅拌法两种。水泥深层搅拌法这项技术最初主要应用于加固饱和软黏土地基，20 世纪 80 年代中期，人们将该法从加固软土地基引入到基坑支护工程中，并取得较好的社会和经济效益。

18.10.2　水泥土的加固机理

水泥土加固的基本原理是水泥与土经过拌合后发生一系列的化学反应而逐步硬化。用水泥土加固时，由于水化和水解反应，生成氢氧化钙、含水硅酸钙、含水铝酸钙及含水铁铝酸钙等化合物；钙离子与土中的钠、钾离子进行当量吸附交换，使较小的黏土颗粒变成较大的土团粒；水泥水化物中游离的氢氧化钙能吸附水中的空气中的二氧化钙，发生碳酸化反应，生成不溶于水的碳酸钙。由于以上各项作用，使水泥土的强度增加。

水泥土的性能与土体本身情况、水泥掺入量、外加剂等有关。工程中一般采用 C32.5 普通硅酸盐水泥和矿渣水泥，掺入量 7%～15%。水泥土的无侧限抗压强度 q_u 随着水泥掺入量的增加而提高，随着水泥标号的提高而增大，随着龄期的增长而增长，随着原天然土体含水量的降低而提高。

18.10.3　水泥土搅拌桩在基坑支护上的应用

深层搅拌技术在基坑支护结构上的应用主要有两个方面：

1）形成水泥土防渗帷幕

水泥土的渗透系数比天然土的渗透系数小，可达 10^{-7} cm/sec 以上，渗透性很小，具有很好的防渗能力，近几年被广泛用于基坑开挖工程的防渗帷幕。

2）形成水泥土支挡结构物

在软土地基中开挖深度为 4m～7m 左右的基坑，应用深层搅拌法形成的水泥土排桩挡墙可以较充分利用水泥土的强度形成水泥土重力式支护结构，而且由于水泥土的防渗性能，同时可兼作防渗帷幕。近几年来常被用于 4m～7m 深基坑工程。

3）深层搅拌水泥土桩墙的形式

随着工程实际经验的积累，搅拌体支护结构的形式在不断发展和优化，有单一型、复合型等多种形式。

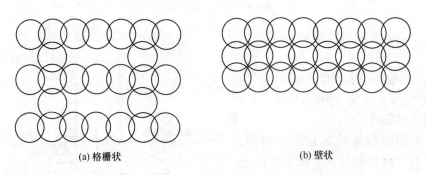

(a) 格栅状　　　　　　　　　　(b) 壁状

图 18.10.1　重力式水泥土墙平面结构布置形状

目前，水泥土搅拌桩重力式挡土墙常做成壁状、格栅状形式（图 18.10.1）。这种形式的搅拌体挡土墙一般只用于基坑开挖深度不大于7m，当场地狭窄或开挖深度很大时，采用重力式水泥土挡墙有一定困难。

18.10.4 重力式水泥土墙的构造要求

（1）水泥土墙的断面应采用连续型或格栅型，当采用格栅型时，水泥土的置换率不宜小于0.7，纵向墙肋净距不宜大于1.8m。

水泥土中的水泥掺量不宜小于15%，水泥强度等级不得低于C32.5。水泥土28d龄期时的无侧限抗压强度不宜小于1MPa。

水泥土墙顶部宜设置厚度为0.2m、宽度与墙身一致的钢筋混凝土顶部压板，并与墙体用插筋连接，插筋深度不少于1m，直径不小于ϕ12。

为保证水泥土挡墙形成连续的挡土结构，桩与桩应搭接200mm。为保证形成复合体，格栅结构的格子不宜过大，格子内的土体面积应满足：

$$F \leqslant (0.5 \sim 0.7)\frac{\tau_0 u}{\gamma} \tag{18.10.1}$$

式中　F——格子内土的面积（m²）；

　　　γ——土的重度；

　　　τ_0——土的十字板抗剪强度（kPa）；

　　　u——格子的周长（m）。

（2）水泥土墙体的28d无侧限抗压强度不宜小于0.8MPa。

（3）水泥土墙顶面宜设置混凝土连接面板，面板厚度不宜小于150mm，混凝土强度等级不宜低于C15。

18.10.5 水泥土重力式墙的设计

1. 初步确定墙体的断面尺寸

挡墙断面需经试算确定。初定尺寸可按式18.10.2，式18.10.3采用。

$$D = (0.8 \sim 1.2)h \tag{18.10.2}$$

$$B = (0.6 \sim 0.8)h \tag{18.10.3}$$

式中　D——墙埋入基坑底面以下深度（m）；

　　　h——墙的挡土高度（m）；

　　　B——墙的底宽（m）。

2. 稳定性验算

水泥土挡墙整体稳定包括抗倾覆、抗水平滑动、抗圆弧滑动、抗基底隆起和抗渗稳定。水泥土挡墙抗滑、抗倾覆稳定计算简图如图18.10.2所示。

（1）支护结构抗滑稳定性应按式

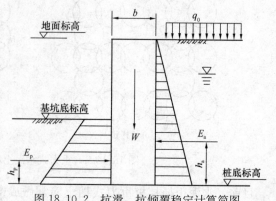

图18.10.2　抗滑、抗倾覆稳定计算简图

（18.10.4）验算：

$$K_s = \frac{E_p + \mu W}{E_a}$$ (18.10.4)

式中 K_s——抗滑安全系数，取 1.2，当设计对位移要求严格时，可适当提高；

E_p——被动土压力合力（kN）；

E_a——主动土压力合力（kN）；

W——水泥土挡墙重力（kN）；

μ——墙体基底与土的摩擦系数，当无试验资料时，可根据下列土类分别取值；

淤泥质土：$\mu = 0.20 \sim 0.25$；

黏 性 土：$\mu = 0.25 \sim 0.40$；

砂 土：$\mu = 0.40 \sim 0.50$。

（2）支护结构抗倾覆稳定性应按式（18.10.5）验算：

$$K_{ov} = \frac{E_p h_p + W b/2}{E_a h_a}$$ (18.10.5)

式中 K_{ov}——抗倾覆安全系数，取 1.3，当设计对位移要求严格时，可适当提高；

h_a——主动土压力合力点至桩底的距离（m）；

h_p——被动土压力合力点至桩底的距离（m）；

b——水泥土挡墙的宽度（m）。

（3）整体稳定性验算

水泥土重力式支护墙的整体稳定性，按圆弧滑动简单条分法验算，见 18.5 节基坑稳定性验算中的规定。

（4）墙身强度验算

① 墙身应力由式 18.10.6 确定。

$$\sigma_{max} \atop \sigma_{min} = \gamma \cdot z + q \pm \frac{M_y x}{I_y}$$ (18.10.6)

式中 σ_{max}、σ_{min}——计算断面水泥土壁应力（kPa）；

γ——土与水泥土壁的平均重度（kN/m³）；

z——自墙顶算起的计算断面深度（m）；

q——墙顶面的超载（kPa）；

M_y——计算断面墙身力矩设计值（kN·m/m）；

I_y——计算断面的惯性矩（m⁴）；

x——由计算断面形心起算的最大水平距（m）。

② 墙身应力必须满足式 18.10.7 的要求

$$\sigma_{max} \leqslant 0.3 q_u$$

$$\sigma_{min} > 0$$ (18.10.7)

式中 q_u——水泥土壁的单轴抗压强度（kPa）。

③墙底地基承载力必须满足式19.10.8的规定。

$$p_{max} \leqslant 1.2f_a \qquad (18.10.8)$$

$$p_{min} > 0$$

式中 p_{max}、p_{min}——相应于荷载效应标准组合时，墙底边缘的最大，最小压力值；

f_a——墙底端处修正后的地基承载力特征值（kPa）。

18.10.6 水泥土重力式挡墙的施工

施工机具应优先选用喷浆型双轴型深层搅拌机械。

深层搅拌机械就位时应对中，最大偏差不得大于2cm，并且调平机械的垂直度，偏差不得大于1‰桩长。当搅拌头下沉到设计深度时，应再次检查并调整机械的垂直度。

深层搅拌单桩的施工应采用搅拌头上下各二次的搅拌工艺。喷浆时的提升（或下沉）速度不宜大于0.5m/min。

水泥浆的水灰比不宜大于0.5，泵送压力宜大于0.3MPa，泵送流量应恒定。

相邻桩的搭接长度不宜小于20cm。相邻桩喷浆工艺的施工时间间隔不宜大于10h。

水泥土挡墙应有28d以上的龄期，达到设计强度要求时，方能进行基坑开挖。

18.11 土 钉 墙

18.11.1 土钉墙与复合土钉墙

土钉墙是近30多年来发展起来的一种挡土结构，可用于基坑支护。在挖方土体的侧壁原位坡面上钻孔置入螺纹钢筋，并沿孔全长注浆，形成锚固于土中的细长杆体，称为土钉。土钉依靠与土体之间的摩阻力，在土体发生变形时被动受力，并主要承受拉力作用，随着土方的分层分步开挖，在坡面上形成纵、横密布的土钉群，再在坡体表面喷射钢筋混凝土面层，使面层与土钉及土钉之间的土体得到加固，形成具有自稳能力的原位挡土墙，称为土钉墙（图18.11.1），从而保持开挖面的稳定。

土钉墙的施工过程如图18.11.2所示。

土钉墙支护时，常采用止水帷幕控制地下水，作为止水帷幕的深层水泥土搅拌桩可以与土钉共同形成联合支护，并可设置微型桩、混凝土排桩、预应力锚杆等共同形成联合支护体，发展成复合土钉墙，大大提高土钉墙的支护作用。这种复合土钉墙在房屋建筑、市政、交通、港口等各

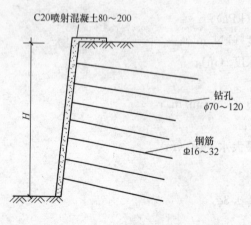

图18.11.1 土钉墙剖面示意图

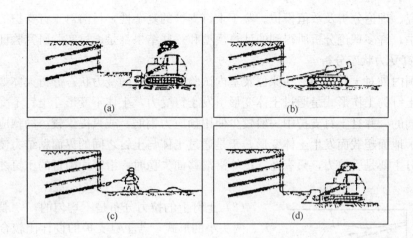

图 18.11.2　土钉墙施工过程简图
(a) 挖土；(b) 旋打土钉；(c) 喷射混凝土面层；(d) 下一步土方开挖

个工程领域已得到了普遍应用。图 18.11.3 即为由土钉墙、止水帷幕、微型桩和预应力锚杆共同组合成的复合土钉墙。

在复合土钉墙中，土钉与预应力锚杆主要起锚拉作用，微型桩及水泥土搅拌桩（止水帷幕）起对侧壁的支护作用。

密布的土钉群是对土体加固的一种形式，相当于一种增强体。经土钉加固以后形成可以自稳的支护体，类似于重力式挡墙。而复合土钉墙，在各种复合构件的共同作用下，其稳定性及抗变形能力大为提高，降低了基坑的风险性。

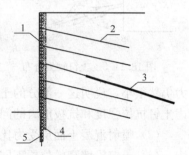

图 18.11.3　复合土钉墙
1—喷射混凝土面层；2—土钉；3—预应力锚杆；4—止水帷幕（搅拌桩等）；5—微型桩

18.11.2　土钉支护的工作机理

1. 土钉工作机理

天然土坡的主要破坏形式，是坡率超过极限坡率以后，发生整体稳定破坏。当土坡采用土钉加固以后，形成了以增强土坡稳定性为主要目的的复合土体，增强了土体的强度及抗变形能力，改变了土坡的变形和破坏形态。由于土钉的存在，使坡体的突发性失稳剪切破坏，演变为土体由呈现出明显的塑性变形、裂缝开展，逐步发展为渐近性的破坏形式，当处于极限平衡状态时，一般也不会发生整体性的坍滑破坏（图 18.11.4）。

土钉支护的机理非常复杂，它与许多因素有关，如土体的物理、力学性质，土钉本身的强度、刚度、布置方式等。目前对土钉支护结构的研究有三种途径，

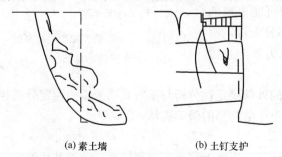

(a) 素土墙　　　(b) 土钉支护

图 18.11.4　土钉支护与素土边坡的破坏形态

即试验研究、理论分析及数值模拟。鉴于土钉支护的复杂性，目前对土钉支护的研究以试验研究为主，许多理论分析所得到的计算模型和一些结果都是通过实验研究验证确定的。

2. 土钉受力状态分析

通过国内外对土钉墙的一些原位及室内试验，对土钉的受力状态分析大体如下：

（1）土钉的工作形式是通过土体变形引发土钉受力，土体不变形，土钉不受力，这与锚杆是不同的，并且土钉支护中一般较少使用预应力钢筋，或只提供较小的预应力。随着土体开挖、地面超载而发生土体变形，于是通过土体与土钉之间的界面粘结力使土钉参与工作，土钉主要是受拉力，只有在支护体沿滑移面失稳时，滑移面附近的土钉才会受到弯剪的作用。

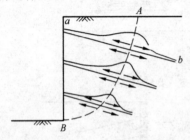

图 18.11.5　土钉轴力分布

（2）土钉上的拉力分布是不均匀的，一般呈现中间大、两头小的形式，若土钉支护的设计比较合理，土钉均有足够的长度深入土体的稳定区，则土钉拉力最大点一般出现在土体的潜在失稳破坏面上；若土钉较短，破坏面可能在土钉之外，此时最大拉力一般出现在土钉中部。深入稳定区一侧的土钉的端点所受的拉力较小，如果土钉有足够的长度，则这一端的土钉拉力将趋近于 0，从图 18.11.5 中可见，当土钉墙失稳时，土顶端部的拉力仍然很小，说明这一部分的土钉粘结力没有被调动起来，因此，设计计算时，应综合考虑土钉抗拉强度和抗拔能力的问题。

（3）喷射混凝土面层受力比较小，因土钉端部传至面层的力较小。

（4）土钉沿墙高的位置不同，钉体所受的最大拉力也不同，土钉最大拉力的分布曲线大体如图 18.11.6 所示。

（5）土钉墙的位移，随着土方分步开挖分层设置土钉时，墙体的水平位移和墙外的地面沉降会累加。

3. 土钉墙的破坏形式

土钉是对边坡土体的一种加固，施工过程中，随时可能发生边坡失稳的滑动破坏，墙体施工完成后形成类似重力式的挡土墙，应避免产生水平滑动、倾覆及墙体的整体稳定类的破坏，因此，土钉支护的破坏形式可归纳为以下两种：

（1）内部整体稳定破坏。边坡土体中可能出现的滑动面发生在支护体内部并穿过全部或部分土钉，滑动面外侧的土钉长度的拉力作用，形成抗力以防止边坡的稳定破坏。

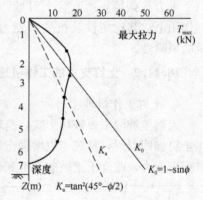

图 18.11.6　土钉最大拉力沿墙高的分布曲线示意图

（2）外部稳定性破坏。土钉支护墙体的外部稳定性分析与重力式挡土墙的稳定分析相同，包括水平滑动、倾覆稳定及连同外部土体沿深部的滑动破坏。

4. 土钉支护的位移

土钉支护的位移，大体如图 18.11.7 所示，通常上部水平位移较大，随着基坑的向下开挖，位移逐渐增大，支护面的位移沿高度大体呈线性变化，类似墙趾部向外转动。土钉支护的破坏是一个连续发展的过程，一般总是先出现局部破坏，产生较大的变形，而后逐渐发展为整体破坏，这是因为局部土钉破坏导致的较大变形，会形成土钉抗力的重分布，从而减缓支护的整体破坏。

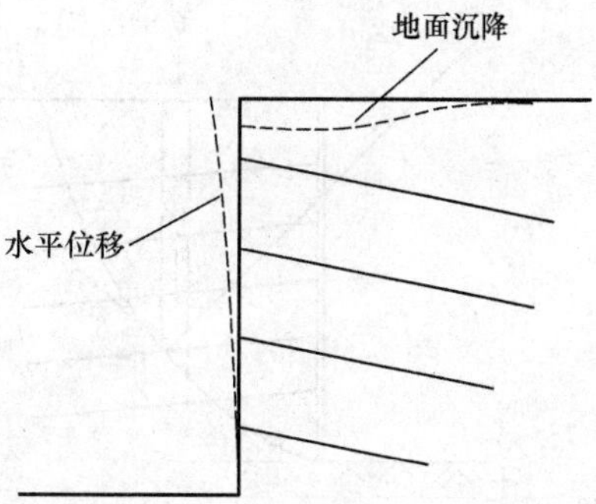

图 18.11.7　土钉墙支护的位移

18.11.3　土钉墙设计计算

1. 土钉墙的设计内容

土钉墙是利用土钉对边坡土体进行加固后形成的重力式挡墙，因此其设计内容包括土坡加固设计和重力式挡墙稳定性验算两部分。土钉支护设计包括以下内容：

（1）确定土钉墙的平面和剖面尺寸及分步施工高度，选择合适的筋体材料、注浆材料及注浆方式，计算确定土钉长度、直径、间距、倾角等。

（2）土钉墙在基坑开挖的各种工况条件下的整体滑动稳定验算。

（3）土钉抗拔承载力验算和筋体材料抗拉承载力验算。

（4）土钉墙基底土承载力验算、沉降估算。

（5）坑底抗渗流及突涌稳定性验算。

（6）喷射混凝土面层设计及土钉与面层连接设计。

（7）基坑变形对周边环境影响的分析。

土钉墙设计时，应根据场地地质条件、环境保护要求等进行基坑支护方案的选择比较。单一土钉墙施工简单、工程造价低，但墙体位移较大，可用于开挖深度不大、环境条件较好的基坑。而复合土钉墙，由于采用了微型桩及预应力锚等起到了联合支护的作用，其受力性状及控制变形的能力明显优于单一土钉墙。

2. 稳定性验算

1）内部稳定性验算

土钉支护的边坡的土体中可能出现的滑动面发生在支护体内部并穿过全部或部分土钉（图 18.11.8），按圆弧滑动面采用条分法对土钉墙进行稳定验算时，与一般土坡稳定验算方法相同。假定滑动面上的土钉只承受拉力，土钉在滑动土体破坏面外一侧伸入稳定土体中的长度所提供的抗拉力将成为土坡稳定抗力的组成部分。内部稳定验算的稳定安全系数不应小于 1.3。

2）外部稳定性验算

土钉墙的外部稳定性问题如图 18.11.9 所示。将土钉加固的整个土体视作重力式挡土墙，分别进行以下验算：

（1）土钉墙沿底面水平滑动［图 18.11.9（a）］，抗水平滑动的安全系数不应小于 1.2。

（2）土钉墙绕基坑底角倾覆［图 18.11.9（b）］，抗倾覆稳定的安全系数不小于 1.3。

（3）土钉墙连同外部土体沿深部的圆弧滑动面丧失稳定［图 18.11.9（c）］，可能引起破坏的滑动面应在土钉的设置范围以外，不考虑土钉抗力，验算方法与土坡整体稳定验算方法相同，相应的安全系数不小于 1.3。

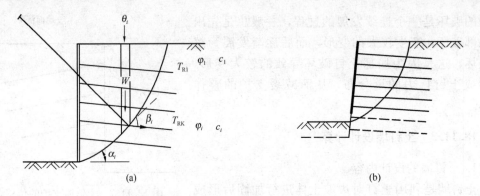

图 18.11.8　内部稳定性验算

（a）内部整体稳定性分析；（b）施工阶段内部稳定性验算

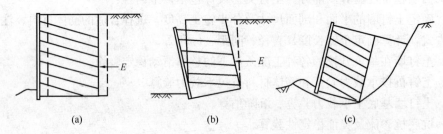

图 18.11.9　土钉墙的外部稳定性验算

3）土钉设计计算

通常基坑开挖后，基坑侧壁土体处于朗肯主动极限平衡状态，侧壁上的土压力呈三角形直线分布，破裂面夹角为 $45° - \dfrac{\varphi}{2}$。土钉墙支护体，由于土钉的存在，对侧壁土体的极限平衡条件将产生影响，试验研究表明，土压力将发生重分布，工程界常采用的土体侧压力分布图形如图 18.11.10 所示。

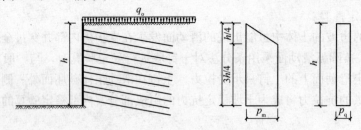

图 18.11.10　侧压力分布图

（1）土钉承受的轴向拉力计算

单根土钉承受的轴向拉力标准值，可按图及下列公式进行计算：

$$T_{jk} = \frac{1}{\cos\alpha_j} \zeta p S_{xj} S_{zj} \tag{18.11.1}$$

$$p = p_m + p_q$$

$$p_m = \frac{8E_a}{7h}$$

$$p_q = q_0 k_a$$

式中　T_{jk}——第 j 根土钉承受的轴向拉力标准值；

　　　α_j——第 j 根土钉与水平面之间的夹角；

　　　S_{xj}——土钉的水平间距，当与相邻土钉的间距不同时，取其平均值；

　　　S_{zj}——土钉的垂直间距，当与相邻土钉的间距不同时，取其平均值；

　　　ζ——荷载折减系数，根据式（18.11.2）确定；

　　　p——土钉所处深度位置的侧压力；

　　　p_m——由土体自重引起的等效侧压力，据图 18.11.10 求出；

　　　p_q——地表均布荷载引起的侧压力；

　　　k_a——主动土压力系数；

　　　E_a——朗肯主动土压力的合力；

　　　h——基坑深度。

土钉墙设计时，常采用倾斜的坡面，坡面倾斜程度对侧土压力的取值有影响，在式中取荷载折减系数 ζ 对侧土压力进行折减。

坡面倾斜时的土压力折减系数 ζ 可按下式计算：

$$\zeta = \tan\frac{\beta - \varphi_{ak}}{2}\left[\frac{1}{\tan\frac{\beta + \varphi_{ak}}{2}} - \frac{1}{\tan\beta}\right]\bigg/ \tan^2\left(45° - \frac{\varphi_{ak}}{2}\right) \qquad (18.11.2)$$

式中　ζ——土压力折减系数；

　　　β——土钉墙坡面与水平面的夹角；

　　φ_{ak}——基坑底面以上各土层内摩擦角标准值的代表值，可取按厚度加权计算的平均值。

（2）土钉抗拔承载力验算

土钉墙后土体的极限平衡条件，通常采用朗肯主动极限平衡条件确定，破裂面的分布如图 18.11.11 所示。

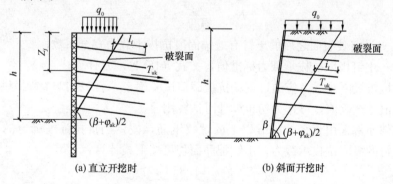

图 18.11.11　土钉抗拔承载力计算简图

土钉在破裂面外伸入到稳定土层中的长度形成的锚固力对坡体起稳定作用，按该锚固长度求得土钉的极限拉拔承载力。土钉的极限抗拔承载力标准值 T_{uk} 可按下式计算确定：

$$T_{uk} = \pi d_j \sum q_{sik} l_i \qquad (18.11.3)$$

式中　T_{uk}——土钉极限抗拔承载力标准值；

　　　d_j——第 j 根土钉锚固体直径；

q_{sik}——土钉穿越第 i 层土、土体与锚固体之间的极限粘结强度标准值，可按表 18.11.1 确定。

l_i——第 j 根土钉在直线破裂面外第 i 层稳定土体内的长度，破裂面与水平面的夹角为 $\dfrac{\beta+\varphi_{ak}}{2}$。

土钉极限侧阻力标准值　　　　　　　　表 18.11.1

土的名称	土的状态	q_{sk}（kPa）
素填土	—	15～30
淤泥质土	—	10～20
黏性土	$I_L>1$	20～30
	$0.75<I_L\leqslant1$	30～45
	$0.25<I_L\leqslant0.75$	45～60
	$0<I_L\leqslant0.25$	60～70
	$I_L\leqslant0$	80～90
粉土	$e>0.90$	30～45
	$0.75<e\leqslant0.90$	45～65
	$e<0.75$	65～80
砂土	松散	35～50
	稍密	50～65
	中密	65～80
	密实	80～100

注：采用二次注浆时，表中侧阻力值可乘以 1.2～1.3 的系数。

土钉的抗拔承载力，应满足下式的验算要求：

$$K_b=\frac{T_{uk}}{T_{jk}}\geqslant1.6 \tag{18.11.4}$$

式中　K_b——设定破裂面之后的土钉有效锚固段抗拔承载力安全系数；

T_{uk}——土钉极限抗拔承载力标准值，按式（18.11.3）计算。

土钉的抗拔极限承载力应通过现场抗拔载荷试验确定，表 18.11.1 所提供的土钉极限侧阻力标准值是经验值，可作为初步设计时估算用。

土钉杆件通常采用直径 20mm 以上的螺纹钢筋，按钢筋抗拉强度确定的土钉轴向拉力应大于土钉的极限抗拔承载力。土钉配筋面积可按下式计算：

$$A_{sj}\geqslant\frac{1.35T_{jk}}{f_{yj}} \tag{18.11.5}$$

式中　A_{sj}——第 j 根土钉筋体配筋面积（mm²）；

f_{yj}——第 j 根土钉筋体抗拉强度设计值（MPa）。

4）土钉墙墙底地基承载力验算

当基抗底部存在软弱土层时，由于坑内挖方减压作用，应对墙底下部软弱土层的承载力进行验算。可将土钉墙视为一实体重力试挡土墙，验算方法同浅基础。土钉墙底部压力的平均值不应大于墙底土层承载力特征值，考虑墙体受偏心力的作用，墙底最大压力值，应小于土层承载力特征值的 1.2 倍。

18.11.4　土钉墙的构造要求

土钉墙的一些构造要求，大多是在实际工程中的经验总结，大体有以下规定：

（1）土钉锚固体直径宜为 800mm～150mm；

（2）土钉墙侧壁坡比宜为 1：0.2，土钉水平方向做角宜为 10°～15°；

（3）土钉钢筋宜用 HRB335 级以上的螺纹钢筋，钢筋直径宜为 20mm～32mm；

（4）土钉长度 L 应由计算确定，L 与开挖深度 h 之比宜为 0.6～1.5；

（5）土钉水平间距可取 1.0m～2.0m，垂直间距应根据土层条件计算确定，宜为 0.8m～2.0m，砂土层中宜取小值；

（6）沿土钉长度高 1m～2m 应设置对中点位支架，以保证土钉钢筋周围有足够厚度的浆体保护层；

（7）打入注浆型钢管土钉适用于不易成孔的填土层和砂土层中；

（8）钢管土钉宜采用外径不小于 48mm、壁厚不小于 3mm 的钢管，沿土钉长每隔 0.2～0.8m 设置倒刺和对开孔，孔径宜为 10mm 左右，孔口 2m～3m 范围内不宜设注浆孔；

（9）钢管土钉接长宜对接焊接，接头处应拼焊不少于 3 根 ϕ16 的加强筋，焊缝长度应与加强筋等长；

（10）喷射混凝土面层厚度宜为 80mm～150mm，混凝土强度等级不低于 C20。面层中应配置钢筋网，钢筋网可采用 HPB235 级钢筋，钢筋直径宜为 6mm～20mm，钢筋网间距宜为 150mm～250mm，钢筋搭接长度应大于 300mm；

（11）土钉钢筋与喷射混凝土面层的连接，对重要的工程或支护面层侧压力较大时，可采用锚板（图 18.11.12a）连接方式；一般工程可在土钉端头部两侧沿土钉长度方向焊短段钢筋（图 18.11.12b），并与面层内连接相邻土钉端部的通长加强筋互相焊接。

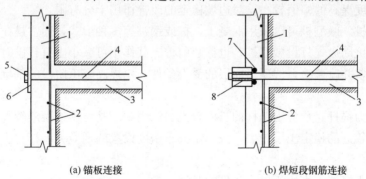

(a) 锚板连接　　　　　　　　　　(b) 焊短段钢筋连接

图 18.11.12　土钉与面层的连接

1—喷射混凝土；2—钢筋网；3—注浆体；4—土钉钢筋；5—螺母；
6—垫板；7—加强筋；8—钉头钢筋

18.11.5　复合土钉墙

1. 复合土钉墙的选型

土钉墙和止水帷幕、微型桩、预应力锚杆等组合成各种形式的复合土钉墙，如图

18.11.13 所示。

复合土钉墙的选型主要根据控制变形的要求，结合工程实际经验选择适当的组合形式。

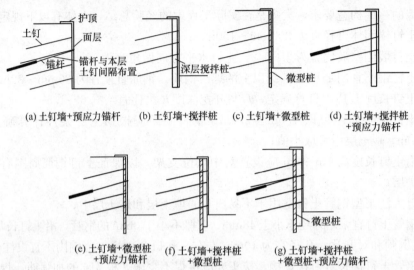

图 18.11.13　复合土钉墙

2. 复合土钉墙的适用性

（1）止水帷幕。土钉墙支护由于受土方开挖及土钉打设的条件限制，适用于在地下水位以上的土层中应用。高地下水位条件下，必须在基坑四周设置水泥土搅拌桩形成封闭的止水帷幕，切断坑内外土体中含水层的水力联系。虽然水泥土的抗剪强度可能高于原状土的抗剪强度，对基坑侧壁稳定性会有所改善，但水泥土强度的离散性很大，且在深度较大的土层中，强度提高的幅值较小，对边坡稳定的改善作用十分有限。

（2）微型桩。微型桩可以采用混凝土，桩或钢桩等多种形式，通常是在土方开挖打设土钉之前在基坑周边先打设微型桩，也称超前桩。其作用可减小土钉打设时分步开挖土方时的边坡变形，并改善喷射混凝土面层的受力条件，是提高施工阶段的基坑安全性的一种有效措施。

（3）预应力锚杆。预应力锚杆的长度较大、锚固端距基坑周边距离较大，可将锚拉力传布到距基坑较远的稳定土层中去。按一定分布密度设置的预应力端杆对土钉支护的变形控制作用明显。

（4）复合土钉墙不宜用于以下条件的基坑支护：

① 基坑开挖深度内有厚度较大的淤泥或淤泥质土层，这类土层的开挖面通常没有足够的自稳时间，易于坍塌。

② 松散的新近填土层强度较低，均匀性差，无法为土钉提供足够的锚固力，在荷载作用下土体变形大，易出现墙体破坏等事故。

③ 基坑底部存在较厚的软弱土层时，坑底土的抗隆起稳定性条件差。

④ 环境保护条件高、对基坑变形要求严格以及开挖深度大于 12m 的基坑。

与传统支护形式相比，土钉支护的造价低、工期短、施工方便、施工机械设备简单等均为其优点，但基坑变形相对较大。

3. 复合土钉墙的设计要求

复合土钉墙设计的基本要求与常规土钉墙基本相同，各种复合构件的选用基本点从控制地下水作用及控制基坑变形等因素确定，通常在进行墙体稳定性等分析时，复合构件的作用不予考虑。因此，复合土钉墙的设计除满足土钉墙设计要求外，尚应包括对所选用的各种复合构件的作用等下列内容：

(1) 根据地质条件和环境条件选择合理的复合土钉墙类型；

(2) 确定锚杆类型并进行锚固体设计（长度、直径、形式等）；

(3) 确定锚杆布置形式和安设角度及锚杆结构；

(4) 计算确定锚杆轴向拉力设计值及锁定拉力值；

(5) 计算确定锚杆自由段长度和锚固段长度；

(6) 确定截水帷幕的形式（搅拌桩和旋喷桩等）；

(7) 确定截水帷幕的平面布置形式、剖面尺寸及施工参数；

(8) 确定微型桩平面布置形式、剖面尺寸、直径及骨架（钢筋笼或型钢等）的结构尺寸；

(9) 锚杆注浆体强度设计和施工技术要求；

(10) 冠梁和腰梁的设计；

(11) 锚杆检验和监测要求。

18.12 基坑工程逆作法

18.12.1 逆作法的特点

1. 顺作法与逆作法

基坑工程的施工方法，通常分为顺作法施工与逆作法施工两类。基坑工程按放坡开挖或设置基坑支护结构后进行土方开挖，自基坑底打设地下结构底板自下而上逐层进行地下结构施工的方法称为顺作法施工。采用逆作法施工时，地下结构自上往下逐层施工，先沿基坑四周施工地下连续墙或密排桩作为地下结构外墙或基坑工程支护结构，同时在坑内按需要打设中间支承柱和支承桩，形成地下结构施工期间的竖向支承体系，然后从地面开始自上而下建造地下结构的楼板，利用结构梁板作为支护结构的水平支撑，随之从上向下挖一层土方即浇筑一层地下结构梁板，直至底板封底。同时，由于地面一层的楼面结构已经完成，有条件时，可同时向上逐层进行上部结构施工，直至工程完成。这种利用主体永久结构的全部或部分作为支护结构，自上而下施工地下结构与基坑开挖交替的施工方法称为逆作法。

2. 基坑支护结构与地下主体结构一体化

基坑工程设计时，将基坑支护结构与地下结构相结合进行一体化设计，这是逆作法施工的一个重要特点。一般情况下，支护结构在地下结构施工完成后即拆除，而逆作法结构一体化设计中，支护结构在地下结构施工期间起支护作用，而在地下结构正常使用时，也作为结构墙体的一部分，即支护墙与地下结构衬墙二墙合一，共同成为地下结构的围护墙。因此，采用逆作法施工时，支护结构大多采用地下连续墙结构同时兼作地下结构外墙，也称为"二墙合一"的支护结构与地下主体结构的一体化设计。这样结合，可减少地下室外墙的厚度，实现建筑节能和可持续发展的基坑支护结构设计，具有重大的社会经济效益。

3. 缩短整体工期

逆作法的特点之一是可以缩短整体工期，尤其是在上下同步施工条件下更为明显，逆作法与顺作法的工期比较如图 18.12.1 所示。

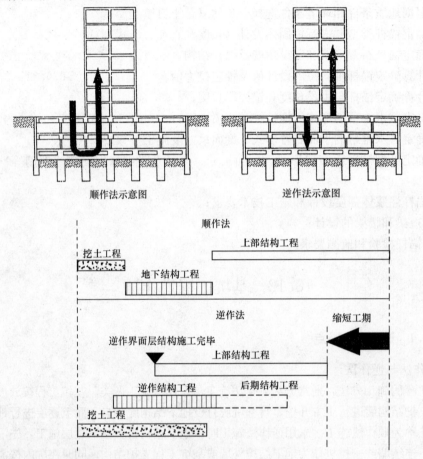

顺作法示意图　　　　　　　逆作法示意图

图 18.12.1　顺作、逆作施工工期对比图

4. 控制周边地面变形，确保环境安全

由于基坑设计时可以采用支护结构与地下主体结构相结合的设计方法，不设置临时支撑，免去了拆撑的施工工况，这对控制支护结构变形十分有利。另外结构楼板作为支护结构的水平支撑体系，支撑刚度大，挡土安全性高，支护结构变形小，对周边环境影响小，这在环境保护要求严格时是十分有利的。

18.12.2　地下连续墙

地下连续墙是板式支护体系的一种围护墙，板式支护体系围护墙有多种形式，包括：混凝土结构地下连续墙、钢板桩、预制混凝土板桩、型钢水泥土搅拌桩、混凝土咬合桩等，逆作法施工中应用最广的为钢筋混凝土板式地下连续墙。

1. 钢筋混凝土板式地下连续墙

目前地下连续墙已经广泛应用于基坑工程，尤以深大基坑和环境保护要求严格的基坑工程以及围护结构与主体结构相结合的工程中应用居多。根据目前国内现有设备的施工能力，现浇地下连续墙的最大墙厚可达 1500mm，采用特制挖槽机械的薄壁地下连续墙，最小厚度仅 450mm。预制地下连续墙在上海地区已有成功实践，采用普通泥浆护壁成槽，插入预制构件并在构件间采用现浇混凝土将其连成一个完整的墙体，然后用水泥浆液置换成槽泥浆。预制地下连续墙具有墙面光洁、墙体质量好、强度高等优点。随着自凝泥浆技术的发展，预制地下连续墙施工流程将进一步简化，可采用自凝泥浆取代普通泥浆进行护壁成槽，以自凝泥浆的凝固体填塞槽壁与墙体之间的空隙，以增强墙体的防水性能。为使预制墙段顺利沉放入槽，预制地下连续墙墙体厚度一般较成槽宽度小 20mm 左右，常用墙厚有 580mm、780mm。

在每一单元槽段内配置整片的钢筋笼时可形成壁板式钢筋混凝土地下连续墙，槽段墙体钢筋笼的配筋如图 18.12.2 所示。

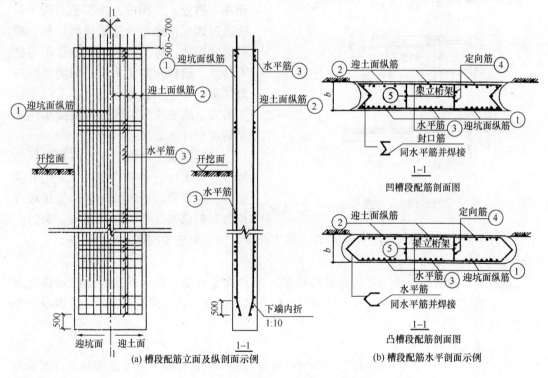

图 18.12.2 地下连续墙槽段配筋示例

地下连续墙单元槽段的平面形状和槽段长度，应根据墙段的结构受力特性、槽壁稳定性、环境条件和施工条件等因素综合确定。单元槽段的平面形状有一字形、L 形、T 形等，单元槽段又可组合成格形或圆筒形等形状。槽段间可选择不同的接头形式，连续施工形成整片的围护墙体。

2. 地下连续墙的设计施工要点

(1) 地下连续墙的设计计算与支挡式支护结构的设计计算相同。

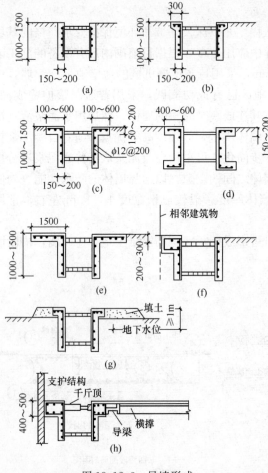

图 18.12.3　导墙形式

（2）地下连续墙的施工要点。地下连续墙的施工由导墙设置、成槽施工、钢筋笼制作及吊装、混凝土浇筑等各工艺过程组成：

① 导墙设置：地下连续墙施工应设置钢筋混凝土导墙，导墙的形式如图 18.12.3 所示。成槽机械沿导墙进行成槽施工，导墙采用现浇混凝土结构，导墙底部应置于地基承载力较高的原状土层上。导墙应满足成槽设备及顶拔接头管时的强度及稳定性要求。

② 成槽施工：地下连续墙成槽施工时，常采用成槽机械在泥浆护壁条件下抓斗入槽挖土成槽的施工工艺。施工前应通过试成槽确定合适的成槽机械、护壁泥浆配比、施工工艺、槽壁稳定等技术参数。槽板间的接头常采用圆形锁口管接头、十字钢板接头、工字形钢等接头形式。地下连续墙体和槽段接头应满足防渗设计要求。

（3）钢筋笼：钢筋笼应在制作场地按设计要求进行拼装成型，保证钢筋接驳器、注浆管、超声波探测管等预埋件位置和钢筋笼几何尺寸的正确。为防止吊装过程中产生不可恢复的变形，应在纵横方向设置加强钢筋笼刚度的构造钢筋。

（4）混凝土浇筑

现浇地下连续墙应采用导管法连续浇筑，导管接缝密闭，按水下混凝土浇筑规定施工。水下灌注的混凝土实际强度会比混凝土标准试块强度低，一般采用提高一级混凝土强度等级进行配置。

（5）施工检测

地下连续墙施工时，应按相应的检测项目进行施工质量检测。通常成槽的垂直度偏差应不大于 1/200。

18.12.3　逆作法的分类

逆作法施工有多种不同的施工类型，一般按照利用地下主体结构的程度可分为以下多种类型：

1. 全逆作法

利用地下结构各层楼板对周边地连墙形成水平支撑，然后在其下挖土，通过楼板上预留的孔洞中向外出土并运入建筑材料。

2. 部分逆作（顺逆结合）法

在工程实践中，根据各种不同要求可以采用主楼先顺作裙楼后逆作、裙楼先逆作主楼后顺作、中心顺作周边逆作等方案，称为部分逆作法。

3. 上下同步施工的逆作法

这种施工方法是在地下主体结构向下逆作施工的同时，同步进行地上主体结构施工的方法。

逆作法又称为盖挖法，盖挖法同样也是先施工支护桩、墙等外围支护结构，然后先在地表打设水平结构板，把基坑封上，这样可在短时间内恢复地面交通。地面采用盖挖封口后，下部施工仍可采用盖挖顺作或盖挖逆作等不同施工方案。

18.12.4 逆作法施工支护结构设计要点

逆作法施工方案中，支护结构的设计计算原理仍与一般基坑设计相同，仅需考虑地下结构兼作支护结构时结构受力的具体工况即可。

1. 墙体与支护结构相结合的设计

通常采用现浇地下连续墙作为地下室外墙与支护结构的结合，即"两墙合一"，结合方式可采用单一墙、分离墙、重合墙与复合墙等不同做法。墙体结合的设计与计算需考虑地下连续墙在施工期、竣工期和使用期不同的荷载作用状况和结构状态。在正常使用期间地下连续墙又作为地下室的外墙，涉及与主体结构之间的连接、变形协调等的整体性的问题，需要采用一系列的设计构造措施，以满足构件之间的受力、构造要求。此外，两墙合一地下连续墙尚需有可靠的止水和防渗功能。

2. 结构楼板与水平支撑相结合的设计

结构楼板在施工阶段兼作基坑支护的水平支撑系统，适应逆作施工的需要。计算时应同时满足施工期和使用期的设计要求。当结构梁板兼作施工栈桥时，应考虑施工荷载的作用，对楼板预留的出土孔应验算孔口处的应力和变形，采取必要的结构加强措施。

3. 竖向构件相结合的设计

竖向构件的结合，指的是地下结构的竖向承重构件、立柱和柱下桩作为逆作法施工过程中结构水平支撑的竖向支承构件，其作用是在逆作施工期间，在地下室底板未浇筑前承受结构各层自重和施工荷载的作用。在地下室底板浇筑后，与底板连成整体作为地下结构的一部分，起竖向荷载传递的作用。竖向支承系统立柱与立柱桩的位置与数量，要根据地下室结构布置和具体的施工方案经计算确定。基坑开挖过程中竖向结构处于一柱一桩或一柱多桩的状态，协调不均匀变形能力较差，因此设计中应采取减少坑内立柱差异沉降的措施。

4. 地下结构与支护墙体间的节点设计

"两墙合一"的设计中，需要考虑地下连续墙与结构墙体连接节点的一系列构造措施，这些连接节点，大致包括地下连续墙与主体结构的顶圈梁、楼板环梁、基础底板及衬墙结构壁柱等的连接。这些节点通常采用钢筋接驳器连接、设置剪力槽预埋件、预埋插筋连接、钻孔植筋连接等连接方法。施工时，应根据设计要求规定的构造做法进行施工。地下结构施工时预留的结构分缝、混凝土结构施工缝、后浇带等处应设计水平传力构件。

18.12.5 逆作法施工要点

对"两墙合一"的地下连续墙因同时作为永久结构使用，因此在施工时的垂直度、平整度，接头防渗、墙底后压浆及清渣等方面均应满足永久结构的使用要求。

1. 垂直度控制

"两墙合一"的地下连续墙，其施工时的垂直度一般需达到 1/300 的要求，成槽机具需有自动纠偏装置，成槽过程中随时注意槽壁垂直度，按需启动垂直度纠偏系统调整垂直度，确保垂直度精度达到规定要求。

2. 平整度控制

防止地下连续墙成槽时可能出现槽壁坍塌造成墙面不平整的施工缺陷。确保泥浆护壁效果是防止槽壁坍塌的主要技术措施。在软弱土层中，可采用水泥搅拌桩等对槽壁土体进行加固，改善软弱地层范围内槽壁的稳定性。

3. 地下连续墙墙底后压浆

"两墙合一"的地下连续墙，应具有较好的抵抗不均匀沉降的能力，墙体施工时，墙底都会有厚度不等的沉渣，应通过后压浆对墙底沉渣进行加固处理，确保墙底持力层承载力的均匀性，并提高持力层抵抗变形的能力。

4. 混凝土浇筑质量

由于逆作法施工中，混凝土结构的混凝土都是由上向下分层浇筑的，因此确保各种节点混凝土浇筑质量是十分重要的施工控制环节。其中施工技术的关键是保证混凝土浇筑的密实度。

5. 逆作土方开挖

逆作法施工基坑设计时，应根据总体施工组织计划，合理布置好出土口的位置。土方开挖时分层分块开挖，按土方运输及出土路线，进行结构楼板加强或布设栈桥，满足挖土施工的需要。

18.13　地下水控制

在高地下水位地区，基坑开挖过程中，必须防止管涌、流砂及与降水有关的地面变形，必须对地下水进行有效的控制。

地下水控制包括基坑开挖影响深度内的潜水与承压水控制，采用的方法包括隔水、集水明排、基坑降水以及地下水回灌等。

当基坑开挖深度较小，通常仅需将浅层潜水位控制在坡面和坑底以下。当基坑开挖深度较大，常常涉及承压水控制，需通过有效的减压降水措施，将承压水位降低至安全埋深以下。为避免基坑侧壁、坑底发生流砂、渗漏等现象，以及满足基坑周边环境的保护要求，需在基坑周边以及坑底局部区域设置可靠的隔水或防渗措施。为控制基坑周边地下水位下降引起的地面沉降，可采取坑外地下水回灌措施，控制地下水位，达到减小地层压缩变形与地面沉降的目的。

基坑工程设计时，应根据基坑设计方案、现场水文地质条件、施工条件和环境条件，进行基坑工程降水设计。

18.13.1　基坑降水

基坑降水常用的方法有：集水明排及井点降水两种，井点降水包括轻型井点、喷射井点，管井、渗井等多种方法。

1. 集水明排

基坑面积不大及开挖深度浅、地下水不丰富的基坑，常可采用集水明排的方法进行基坑降排水，在基坑外侧场地设置集水井、排水沟等地表排水系统进行排水。在基坑开挖过程中，需按开挖阶段在坑内合适位置设置临时排水沟和集水井，并随土方开挖过程适时调整。

2. 井点降水

常用的各种井点降水方法的适用条件如表 18.13.1 所示。

降水井类型及适用条件　　　　　　　　　　　　表 18.13.1

降水井类型 ＼ 适用条件	渗透系数 $(cm \cdot s^{-1})$	可降低水位深度 (m)	土质类别
轻型井点及 多层轻型井点	$1 \times 10^{-7} \sim 2 \times 10^{-4}$	<6 $6 \sim 10$	含薄层粉砂的粉质黏土，黏质 粉土，砂质粉土，粉细砂
喷射井点	$1 \times 10^{-7} \sim 2 \times 10^{-4}$	$8 \sim 20$	同上
电渗井点	$<1 \times 10^{-7}$	根据选定的 井点确定	黏土，淤泥质黏土，粉质黏土
管井	$>1 \times 10^{-6}$	>10	含薄层粉砂的粉质黏土， 砂质粉土，各类砂土，砂砾、卵石
砂（砾）渗井	$>5 \times 10^{-7}$	根据下伏导水层的 性质及埋深确定	含薄层粉砂的粉质黏土，黏质粉土， 砂质粉土，粉土，粉细砂

3. 降水设计

基坑降水可采用真空井点、喷射井点、管井、集水明排等方法，也可多种方法联合运用。

基坑降水设计应包括以下内容：

(1) 确定降水井类型；

(2) 降水深度（不宜小于基坑底面以下 0.5m），计算基坑涌水量和单井出水量；

(3) 设计基坑降水系统：包括降水井的布设（井数、井深、井距、井径、井管结构、人工过滤层的设置要求），水泵选型，集水池和排水管线的布设；

(4) 计算基坑降水域内各典型部位的最终稳定水位及水位降深随时间变化；

(5) 计算降水引起的周边建（构）筑物及地下设施产生的沉降，必要时，预测等水位线和等沉降线；

(6) 采用回灌措施时，回灌井的设置及回灌系统设置；

(7) 水位监测孔的布设；

(8) 降水施工、运营、监测要求。

对于弱透水地层（渗透系数不大于 10^{-7} m/s）中的浅基坑，当基坑环境简单、含水层较薄，降水深度较小时，可考虑采用集水明排；在其他情况下宜采用降水井降水、隔水措施或隔水、降水综合措施。

高地下水位地区，当水文地质条件复杂，基坑周边环境保护要求高，设计等级为甲级的基坑工程，应将基坑降水设计与环境保护设计结合，形成基坑降水和环境保护专项设计，其内容包含：

（1）应具备专门的水文地质勘察资料，基坑周边环境调查报告及现场抽水资料；

（2）基坑降水风险及降水设计；

（3）降水引起的地面沉降及环境保护措施；

（4）基坑渗漏的风险预测及抢险措施；

（5）降水运营、监测与管理措施。

基坑降水设计时对单井降深的计算，通常采用解析法用裘布衣公式计算。使用时，应注意其适用条件。裘布衣公式假定：（1）进入井中的水流主要是径向水流和水平流；（2）在整个水流上流速是均匀一致的（稳定流状态）。要求含水层是均质、各向同性的无限延伸的。单井抽水经一定时间后水量和水位均趋稳定，形成漏斗，在影响半径以外，水位降落为零，才符合公式使用条件。对于潜水，公式使用时，降深不能过大。降深过大时，水流以垂直分量为主，与公式假定不符。常见的基坑降水计算资料，只是一种粗略的计算，解析法不易取得理想效果。

18.13.2 基坑止水

设置竖向止水帷幕，防止地下透水层向坑内渗流。当坑内降水时，由于止水帷幕的隔水作用，使坑外的地下水位在短时间内不致受过大的影响，从而防止因降水而引起基坑周围地面的沉降。

竖向止水帷幕的设置应穿过透水层或弱透水层，真正起到隔水封闭作用。

当坑底下土体中存在承压水时，一般可在承压水层中设置减压井以降低承压水头。当承压水头高、水量大时，也可以既设置水平向止水帷幕，又配合设置一定量的减压井，这样比较经济。

1. 隔水帷幕设计要求

（1）采用地下连续墙或隔水帷幕隔离地下水，隔离帷幕渗透系数不大于 1×10^{-7} cm/s，竖向隔水帷幕深度宜插入下卧不透水层，其插入深度应满足抗渗流稳定的要求；

（2）对坑底抗突涌进行验算，当不满足要求时可设置减压井；

（3）对地下连续墙或隔水帷幕插入弱含水层或透水层（悬挂式帷幕），均应进行抗渗流稳定性计算，渗流的水力梯度应小于临界梯度；

（4）对悬挂式帷幕，可与降水井降低水位或疏干坑内地下水相结合。

2. 常用止水帷幕的形式

（1）深层搅拌法：在支抗桩、墙外侧，用深层搅拌法形成连续的水泥搅拌桩墙的止水帷幕体，是目前最常用的一种施工法。其平面排列方式有单排或双排桩两种，如图18.13.1所示。

采用湿法搅拌时，水泥掺量为 $12\% \sim 15\%$。

深层搅拌桩墙止水帷幕适用于软土地区，在硬土层中成桩困难，一般不适用。

（2）高压喷射注浆法：高压喷射注浆法的水泥浆液在 10MPa～20MPa 的压力下，切割破碎和搅拌桩体形成高压喷射注浆水泥土止水帷幕，喷注方式按帷幕墙的形式的需要，可采用喷旋、定喷、摆喷等方式，如图 18.13.2 所示。

高压喷射注浆止水帷幕适用于砂类土、粉土及黏性土等土层，对含较多大粒径的块石、卵砾石地基，效果较差。高压喷射注浆法水泥用量大，可达 $600kg/m^3$～$700kg/m^3$，造价较高。

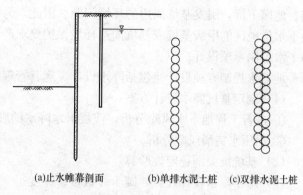

(a)止水帷幕剖面　　(b)单排水泥土桩　　(c)双排水泥土桩

图 18.13.1　深层搅拌桩水泥土桩止水帷幕

（3）止水帷幕设计：为防止流砂及流土现象的出现，止水帷幕的深度通常需进入黏性土层（$k\leqslant1\times10^{-6}$cm/s）1m～2m。可以阻断地下水通过透水层沿竖向向坑内渗流。止水帷幕的宽度，常采用单排深层搅拌桩或高压旋喷桩，为避免施工时桩在垂直方向的偏差而导致搭接失效漏水，可以采用双排桩减少搭接失效的可能性，提高止水效果。

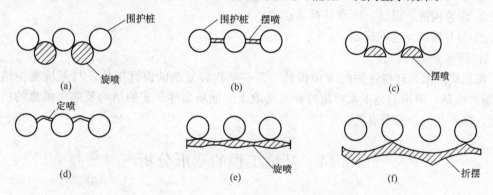

图 18.13.2　高压喷射注浆止水帷幕形式

3. 基坑降水应监测的内容

（1）在基坑中心或群井干扰最小处及基坑四周，宜布设一定数量的观测孔，定时测定地下水位，掌握基坑内、外地下水位的变化及地下水漏水范围；

（2）临时基坑的建筑物及各类地下管线应设沉降观测点，定时观测其沉降，掌握沉降量及变化趋势；

（3）定时测定降水井水位和水泵流量；

（4）定时测定抽出水中微细颗粒的含量；

（5）对封闭式止水帷幕，基坑开挖前应通过抽水试验，检验帷幕的止水效果和质量，开挖过程中也应对坑内外水位进行检测。

18.13.3　地下水控制专项设计

地下水抽降，将引起大范围的地面沉降。基坑围护结构渗漏亦易发生基坑外侧土层坍陷、地面下沉，引发基坑周边的环境问题。因此，为有效控制基坑周边的地面变形，在高地下水位地区的甲级基坑或基坑周边环境保护要求严格时，应进行基坑降水和环境保护的地下水控制专项设计。

地下水控制专项设计应包括降水设计、运营管理以及风险预测及应对等内容：

（1）制定基坑降水设计方案：

① 进行工程地下水风险分析，浅层潜水降水的影响，疏干降水效果的估计；

② 承压水突涌风险分析。

（2）基坑抗突涌稳定性验算。

（3）疏干降水设计计算，疏干井数量、深度。

（4）减压设计，当对下部承压水采取减压降水时，确定减压井数量，深度以及减压运营的要求。

（5）减压降水的三维数值分析，渗流数值模型的建立，减压降水结果的预测。

（6）减压降水对环境影响的分析及应采取的工程措施。

（7）支护桩、墙渗漏风险的预测及应对措施。

（8）降水措施与管理措施：

① 现场排水系统布置；

② 深井构造、设计、降水井标准；

③ 深井施工工艺的确定；

④ 降水井运行管理。

深基坑降水和环境保护的专项设计，是一项比较复杂的设计工作。与基坑支护结构（或隔水帷幕）周围的地下水渗流特征及场地水文地质条件、支护结构及隔水帷幕的插入深度、降水井的位置等有关。

18.14 基坑工程的变形分析

基坑工程的变形分析包括以下两方面的要求：

（1）基坑支护结构，作为一种结构体系，应满足结构设计的对构件变形、刚度、裂缝控制的要求。

（2）基坑周边因出现地面沉降等造成对环境影响的控制的要求。

对结构变形的分析，按相应结构设计规范设计计算即可满足要求，但对基坑周边的地面变形的分析计算仍是基坑设计中的一个难题。需在基坑工程施工过程中通过现场监测加以控制。

18.14.1 基坑变形的影响因素

基坑变形是因土方开挖及施工降水引发的地层移动形成的，由图 18.14.1～2 可见，在基坑周边有效影响范围内的建（构）筑物，均要求进行变形控制的设计。基坑工程施工对环境产生的影响是不可避免的，从基坑支护结构（排桩、地下连续墙等）施工开始，直至基坑建成，一直伴随着地基变形带来的环境保护问题。

1. 支护结构施工

地下连续墙（包括密排灌注桩等）成槽施工过程中，由于护壁泥浆不能完全补偿施工

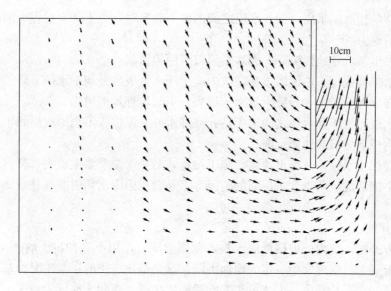

图 18.14.1　地层位移矢量图

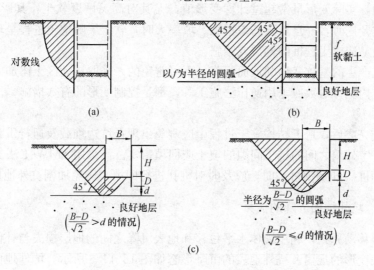

图 18.14.2　基坑工程地层移动影响范围

引起的槽壁应力变化，引起地层移动。在深厚的软土层中，地连墙成槽施工产生的变形量可占一定比例，在周边环境保护要求严格时，要对此给予足够的重视。在软土地区水泥土搅拌桩重力式挡墙施工引起邻近建（构）筑物沉降及变位的现象也时有发生。预应力锚杆锚固段摩阻力在土中的扩散造成地面裂缝开展的现象也是常见的。

2. 基坑降水

基坑长时间的降水使坑外地下水位大幅度下降，引发的地面变形在基坑变形中占的比重较高，有效控制地下水位的变化是控制基坑变形的重要措施。

基坑降水包括土方开挖前的坑内预降水，开挖过程中的坑内疏干降水以及开挖至一定深度时，需要对承压水突涌控制的减压降水等不同降水阶段。开挖前坑内的预降水，由于坑内水位下降，侧向水压力减小，支护结构产生水平位移，可引起坑外地面沉降。随着基坑土方开挖同步进行的坑内疏干降水时，只要止水帷幕不渗漏，坑内潜水层与下部承压水层之间有可靠的相对隔水层，无含水层之间的水力联系时，疏干降水过程中因降水引起的地面变形不明显。

基坑降水引起坑外地面沉降，大多是因以下原因引起：

（1）止水帷幕或地下连续墙渗漏，坑内疏干降水造成坑外地下水位下降。

（2）因渗漏逐渐扩大，导致大量水土流失，引起坑外地面坍陷。

（3）潜水层与承压含水层之间因深钻孔或降水井井深设置不当形成层间水越流，导致坑外含水层水位下降引起地面沉降。

因此，确保止水帷幕及地下连续墙施工质量，防止渗漏及水土流失；严格区分疏干井和减压井的不同功能，防止含水层间的越流等，是避免因降水而引发坑外地面沉降的有效措施。

3. 土方开挖

基坑土方开挖，坑内外地层形成压差，在侧土压力作用下支护桩、墙产生水平位移，坑底土体向上隆起，随之发生一定的地面沉降，这是基坑支护的正常工况。基坑支护结构设计时，预估的变形计算值，大体可与实际观测值接近。在软土地区，由于土的强度条件差，易受扰动，实际变形量常超过计算变形值，尤其对高灵敏度软土，其影响更为明显。软土层中基坑开挖时，一旦挖土高差稍大、坡率大时，软土层随挖土进程呈现明显的地层移动现象，极易造成工程桩的偏位或倾斜。

土方开挖产生的基坑变形和地面沉降是不可避免的。采取被动区土体加固、坑内封底加固、增加坑内支撑道数或采用逆作法施工等，都是控制变形的有效措施。

4. 基坑回筑

土方开挖完成后，地下结构施工过程中应避免出现在坑边堆载及通行重载车辆。支护桩、墙与地下室外墙之间的施工间隙的填土应回填密实。当采用 SMW 工法支护时，施工完成后拔除钢桩（H 型钢桩）时，应及时对桩孔进行回填，避免加剧坑外地面沉降。

18.14.2 坑外地面沉降的估算

根据地层移动原则，利用墙体水平位移和地表沉降之间的地层损失与补偿关系，可以预测坑外地表变形的规律。坑外地表的沉降形态如图 18.14.3 所示。坑外地面沉降可分为三角形和凹槽形两种，悬臂式支挡结构如图 18.14.3（a）所示，带内支撑的支挡结构如图 18.14.3（b）所示。地表沉降曲线物支挡结构变形曲线所包的面积，按地层损失补偿关系分析，大体相同。

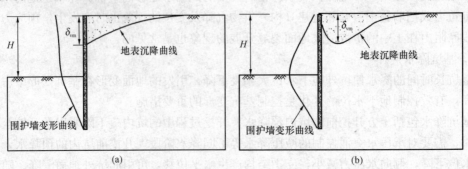

图 18.14.3　墙后地表沉降形态

坑外地面沉降的计算，目前除按数值方法分析计算以外，尚难以按简单的公式进行准确计算。Peck（1969）提出经验曲线法，该经验公式可以用于不同的支护结构形式及不同的地质条件，但其预估计算结果偏于保守。Clough（1990）根据大量的基坑工程实测数据统计发现，在软到中等硬度黏土中的基坑墙后地面最大沉降一般发生在 $0\sim0.75H$（H：基坑挖深）的范围内，而在 $0.75H\sim2.0H$ 的范围内沉降逐渐衰减。Hsieh 和 Ou（1988）根据台北软土地区大量基坑实测数据统计发现，沉降的影响范围为 $4H$，最大地表沉降一般发生于 $0.5H$ 处。

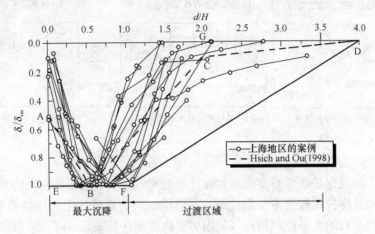

图 18.14.4 上海地区的墙后地表沉降统计分析

上海市在地方标准《基坑工程技术规范》编制时，对上海软土地区若干基坑工程的墙后地表沉降数据进行了统计分析，如图 18.14.4 所示。实测数据统计发现基坑的墙后最大地表沉降一般发生于 $0\sim1.0H$ 处，并大约在 $1.0H\sim4.0H$ 的范围内逐渐衰减。

基于图 18.14.4 的现场实测数据的统计分析，上海市地方标准《基坑工程技术规范》中提出了上海地区地表沉降预估曲线，可以确定沉降的影响范围、最大沉降位置及沉降曲线分布，从而得到墙后不同位置的地表沉降重，如图 18.14.5 所示。

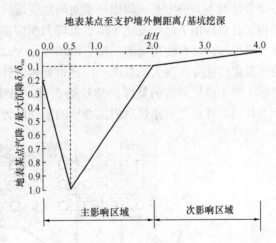

图 18.14.5 上海地区的墙后地表沉降预估曲线

地面沉降分布的统计规律与工程所处的地质条件密切相关。上海提出的墙后地表沉降预估曲线可供参考，不同地区可根据当地的实际统计资料进行修正。

18.14.3 基坑地面变形控制设计

随着城市建设事业的飞速发展，基坑工程周边的环境条件日趋复杂。基坑周边建筑密集，管线繁多，地铁车站密布，地铁区间隧道纵横交错。基坑周边典型的环境条件如图 18.14.6 所示。

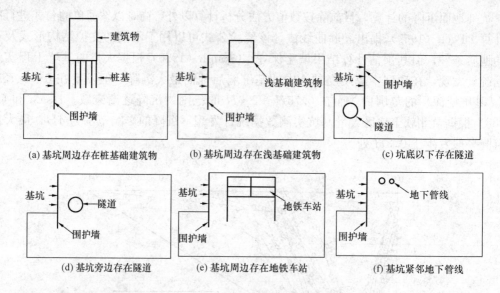

(a) 基坑周边存在桩基础建筑物   (b) 基坑周边存在浅基础建筑物   (c) 坑底以下存在隧道

(d) 基坑旁边存在隧道   (e) 基坑周边存在地铁车站   (f) 基坑紧邻地下管线

图 18.14.6   上海地区基坑周边典型的环境条件

　　由图可见，环境保护条件日益突出，设计难度大。对于环境条件复杂的基坑工程，其设计已由传统的强度控制转变为变形控制。变形控制的关键是确定合理的变形控制指标。严格地讲，基坑工程的变形控制指标（如围护结构的侧移及地表沉降）应根据基坑周边环境对附加变形的承受能力及基坑开挖对周围环境的影响程度来确定。由于问题的复杂性，在很多情况下，确定基坑周围环境对附加变形的承受能力是一件非常困难的事情（涉及建筑物在自重作用下已经发生了多少沉降及沉降的分布、倾斜状况、结构形式、基础形式、材料类型与强度、使用功能、历史沿革等），而要较准确地预测基坑开挖对周边环境的影响程度也往往存在很大的难度，因此也就难以针对某个具体工程提出非常合理的变形控制指标。对于基坑周边的某保护建筑物而言，即使在预测得出地表沉降曲线的情况下（图18.14.7），评价既有建筑对附加变形的承受能力也极为复杂，因此采用间接控制的办法是

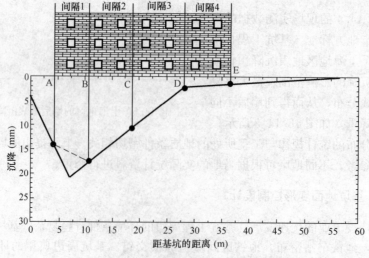

图 18.14.7   预测建筑物承受的地表沉降曲线

较为现实的。先对环境保护对象的保护条件分不同等级，再确定支护结构的变形限值，相当于对地表沉降的控制。在实际施工过程中，再通过对建（构）筑物的实时监测，通过信息施工手段，实现对环境保护的要求。

1. 基坑工程的环境保护等级

上海地方标准《基坑工程技术规范》规定了基坑工程环境保护等级及基坑变形控制指标。根据基坑周围环境保护对象的重要性及其与基坑的距离，基坑工程环境保护等级可分为三级，如表 18.14.1 所示。对不同保护等级的基坑规定不同的基坑变形控制指标，作为基坑变形设计的依据。

基坑工程的环境保护等级 表 18.14.1

环境保护对象	保护对象与基坑的距离关系	基坑工程的环境保护等级
优秀历史建筑、有精密仪器与设备的厂房、其他采用天然地基或短桩基础的重要建筑物、轨道交通设施、隧道、防汛墙、原水管、自来水总管、煤气总管、共同沟等重要建（构）筑物或设施	$s \leqslant H$	一级
	$H \leqslant s \leqslant 2H$	二级
	$2H \leqslant s \leqslant 4H$	三级
较重要的自来水管、煤气管、污水管等市政管线、采用天然地基或短桩基础的建筑物等	$s \leqslant H$	二级
	$H \leqslant s \leqslant 2H$	三级

注：1. H 为基坑开挖深度，s 为保护对象与基坑开挖边线的净距；
    2. 基坑工程环境保护等级可依据基坑各边的不同环境情况分别确定；
    3. 位于轨道交通设施、优秀历史建筑、重要管线等环境保护对象周边的基坑工程，应遵照政府有关文件和规定执行。

2. 基坑变形设计控制指标

严格地讲，基坑工程的变形控制指标（如围护结构的侧移及地表沉降）应根据基坑周边环境对附加变形的承受能力及基坑开挖对周围环境的影响程度来确定。由于问题的复杂性，在很多情况下，确定基坑周围环境对附加变形的承受能力是一件非常困难的事情，而要较准确地预测基坑开挖对周边环境的影响程度也往往存在很大的难度，因此也就难以针对某个具体工程提出非常合理的变形控制指标。此时根据大量的已成功实施的工程实践的统计资料来确定基坑的变形控制指标不失为一种有效的方法。显然，基坑的变形控制指标与基坑的环境保护等级密切相关，环境保护等级越高变形控制也越严格。

当基坑周围环境没有明确的变形控制标准时，可根据基坑的环境保护等级参考表 18.14.2 确定基坑变形的设计控制指标。

基坑变形设计控制指标 表 18.14.2

基坑环境保护等级	围护结构最大侧移	坑外地表最大沉降
一级	$0.18\%H$	$0.15H$
二级	$0.3\%H$	$0.25\%H$
三级	$0.7\%H$	$0.55\%H$

注：H 为基坑开挖深度（m）。

18.14.4 基坑土体加固

对基坑周边地面变形控制要求严的条件下，在地质条件较差的地区，常会考虑采取被动区土体加固的措施，以达到要求的控制标准。支护桩、墙的变形与坑内土体的侧向抗力相关，通过采用水泥土搅拌桩、高压旋喷注浆等，能有效地提高土体的强度如提高土体的侧向抗力，以减小支护桩、墙的位移，满足基坑对环境保护的要求。

1. 加固方法的选择

土体加固设计与地质条件、环境保护要求、基坑稳定性、基坑支护形式、施工要求等密切相关。地质条件主要是指被加固土体的分布范围、含水量、土的颗粒级配、有机质含量、地下水的侵蚀性、孔隙率等因素。土体加固设计应明确对加固范围和加固后的技术指标，以便施工的可操作性，并满足工程安全和环境保护要求。

加固方法可选用水泥土搅拌桩、高压旋喷桩、注浆及降水等方法，各种方法的适用性如表 18.14.3 所示。

基坑土体加固方法的适用范围　　　　　　　　表 18.14.3

地基土性　　加固方法	对各类地基土的适用情况		
	淤泥质土、黏性土	粉性土	砂土
双轴水泥土搅拌桩	○	○	※
三轴水泥土搅拌桩	○	○	○
高压喷射注浆	○	○	○
注浆	※	○	○
降水	—	○	○

注：※表示慎用，○表示可用，—表示不适用。

2. 被动区加固的范围

通常对坑底以下的被动区进行加固时，加固宽度不宜小于基坑开挖深度的 0.4 倍，并不宜小于 4.0m，加固体的厚度不宜小于 3m。加固体的布设可采用满堂加固、抽条加固或格栅式加固等形式，加固体应与坑壁紧密结合不留间隙。

3. 被动区加固体的基本要求

被动区加固体的设计施工参数应通过现场试验及工程经验综合确定，实际工程中，一般可参考以下规定：

（1）双轴水泥土搅拌桩的水泥掺量不宜小于 13%，水灰比宜为 0.5～0.6，水泥土加固体的 28 天龄期无侧限抗压强度 q_u 不宜低于 0.8MPa。

（2）三轴水泥土搅拌桩的水泥掺量不宜小于 20%，水灰比宜为 1.2～1.5，水泥土加固体的 28 天龄期无侧限抗压强度 q_u 不宜低于 0.8MPa。

（3）高压喷射注浆的水泥掺量不宜小于 25%，水灰比宜为 0.7～1.0，水泥土加固体的 28 天龄期无则限抗压强度 q_u 不宜低于 1.0MPa。

（4）注浆加固水泥掺量不宜小于 7%，水灰比宜为 0.45～0.55。注浆加固应考虑加固体的不均匀性影响，注浆加固区域的外围宜采用水泥土搅拌桩或高压喷射注浆封闭。

（5）在含少量有机质或淤泥的土层中，进行基坑土体加固应适当增加水泥掺量；当采用新型固化剂材料时，应进行现场试验确定其适用性；可掺加外掺剂改善水泥土加固体的性能和提高早期强度。

4. 局部深坑周围土体的加固

对基坑中小面积的局部深坑一般应进行支护设计，当坑底下部土体较好，也可对局部深坑周围土体进行加固，形成重力式支护体。支护体的深度宜低于坑底面以下不小于 1m。如局部深坑的面积及开挖深度较大时，加固范围应通过设计计算确定。

18.14.5 基坑周围地面变形的控制措施

基础工程不仅要保证基坑支护结构本身的安全和稳定，而且要控制因基坑开挖引起的地面变形对周围环境的影响。尤其是在城市中建筑密集的地区，基坑邻近有交通干线、建筑物及地下管线等设施，因基坑开挖、降水引起的地层移动、地面沉降对周围环境带来的影响，必须采取有效措施加以防治。

地面变形由三方面的因素造成：

(1) 基坑支护结构的变形，桩墙体的水平位移引起基坑周围地面沉降。

(2) 基坑土方开挖、引起坑内大面积卸荷，坑底土隆起，形成坑外侧土体产生塑性流动，使坑外地面下沉。

(3) 基坑降水使周围地下水位下降，引起地面沉降。

目前，在城市中建筑密集地区，对基坑变形控制的要求越来越严格，成为基坑设计中的重要组成部分。由于基坑变形计算比较复杂，难以反映实际情况，因此设计中，通常是针对引起地面变形的因素，采取一些必要的设计与施工措施，以达到有效地控制变形的目的。

1. 设计措施

(1) 支护结构体系的平面形状对变形很有关系，从受力分析可知圆形、弧形、拱形比直线形要好得多，实际工程经验表明，在最不利的阳角部位，墙后地面和墙面裂缝最易出现，所以支护体系的平面形状，应使围护结构整体均衡受力。在阳角部位应采取加强措施。

(2) 在软土地区，支护体系的插入深度除满足稳定要求外，当有较好下卧土层时，支护桩的根部宜插入好土层。

(3) 当坑底土层比较软弱时，可对被动区土体进行加固。被动区土体加固可改善支护体系的变形已被大量工程实践所证明。被动区土体加固应在基坑开挖前进行，并应有充分的养护期，保证加固土体的强度达到设计要求时，方可开挖基坑。任何土体加固措施如搅拌桩、旋喷桩、压密注浆等都必须经过强度扰动期、强度恢复期和强度增加期三个阶段。如果养护期不够，加固效果不理想。目前已有研究资料表明水泥土地下养护期要比地上长得多。对于这个问题应引起充分重视。

(4) 用钢管或型钢作支撑时，应施加预应力，减少墙体的位移，预应力水平可取设计支撑轴力的 30%～50%。

(5) 当基坑变形不能满足坑外周边环境控制要求时，应对被影响的建筑物、构筑物和各类管线采取防范的措施，如土体加固、结构托换、暴露或架空管线等。

(6) 在软土地区，开挖深度大于 6m 的基坑，除环境简单，基坑面积过大支撑有困难处，不宜采用重力式支护体系。

(7) 在地下水位高的地区，支护体系必须有良好的止水系统，当有渗漏发生时，必须及时采取有效的堵漏措放，防止非正常变形发展。

(8) 基坑的最大水平位移值，与基坑开挖深度、地质条件及支护结构类型等有关，在基坑支护结构体系的设计满足承载能力极限状态（承载能力和结构变形）要求时，支护结构水平位移最大值与基坑底土层的抗隆起安全系数有一定的统计关系，图18.14.8为对上海的部分基坑工程的统计关系曲线。图中 δ_h 为最大水平位移，H 为基坑深度，K_s 为抗隆起安全系数。

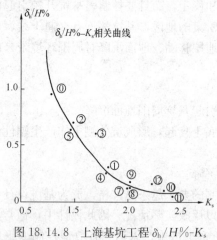

图 18.14.8　上海基坑工程 $\delta_h/H\%\text{-}K_s$ 统计关系曲线

2. 施工措施

（1）根据基坑支护体系的总变形的发生可分两个阶段：第一阶段是开挖至设计标高时的变形；第二阶段是至底板混凝土浇筑结束时的位移。第二阶段变形与基坑暴露时间有关。暴露时间越长，风险性也越大。所以加快施工速度、缩短暴露时间是控制变形的重要措施。

（2）基坑工程的受力特点是大面积卸荷。坑周和坑底土体的应力场从原始条件逐渐降低。基坑暴露后及时铺筑混凝土垫层对保护坑底土不受施工扰动、起到在坑底对支护桩的一定支撑作用、对延缓应力松弛具有重要的作用。特别是在雨季施工作用更明显。

（3）坑周地面超载，会增加墙后土压力，增加滑动力矩，降低支护体系的安全度。在工程实践中，特别在软土地区曾多次发生放坡开挖的工程事故，分析原因都是由于坡高太大，雨季施工，排水不畅，坡顶堆载坡脚扰动等引起。

（4）由于大量卸荷，地面或多或少产生许多微裂缝。降雨或施工用水渗入土体会降低土体的强度和增加土压力，从而降低围护体系的安全度。

3. 应急措施

（1）当基坑变形过大，或环境条件不允许等危险情况出现时，可采用下列措施：

① 底板分块施工；

② 增设斜支撑。

（2）基坑周边环境允许时，可采用墙后卸土。

（3）基坑周边环境不允许时，可采用坑内被动区压重。

18.15　基坑开挖与施工监测

基坑施工监测，是基坑工程的重要组成部分。基坑工程从土方开挖开始，进入了验证设计的可靠性及支护结构施工质量的阶段，存在出现各种预估风险的可能。因此加强施工现场的监测显得十分重要。监测工作从现场支护结构施工开始启动，一直进行到地下结构施工完毕，实施全程跟踪与信息施工。

18.15.1　基坑土方开挖

基坑土方开挖前，应根据基坑设计对各施工阶段的要求，编测土方开挖施工方案。土方开挖施工方案的主要内容，一般包括工程概况和特点、地质勘查资料、周围环境、基坑支护设计、施工平面布置及场内交通组织、挖土机械选型、挖土工况、挖土方法、降排水措施、季节性施工措施、支护变形控制和环境保护措施、监测方案、安全技术措施和应急预案等，施工方案应按照相关规定履行审批手续。

基坑土方开挖在深度范围内进行合理分层，在平面上进行合理分块，并确定各分块开挖的先后顺序，可充分利用未开挖部分土体的抵抗能力，有效控制土体位移，以达到减缓基坑变形、保护周边环境的目的。

软土基坑如果一步挖土深度过大或非对称、非均衡开挖，可能导致基坑内局部土体失稳、滑动，造成立柱桩、基础桩偏移。另外，软土的流变特性明显，基坑开挖到某一深度后，变形会随暴露时间增长。因此，软土地层基坑的支撑设置应先撑后挖并且越快越好，尽量缩短基坑每一步开挖时的无支撑时间。

土方开挖时应分步开挖，分步开挖深度的要求，应按设计工况的规定进行，严禁超挖。土方开挖可分为明挖法和暗挖法，暗挖法一般指的采用逆作法、盖挖法等施工工艺的基坑开挖。

土方开挖过程中，随着挖深的逐步增大，基坑支护结构的变位也逐步累积增大。工程实践经验表明，基坑周边支护体变形的发展与坑内土方开挖的先后次序相关，通常基坑土方先开挖的一侧，支护体的变形较对侧土方后挖侧支护体的变形要大，因此，对环境保护要求严的一侧的土方宜后挖。

18.15.2 基坑监测

由于基坑工程设计理论还不够完善，施工场地也存在着各种复杂因素的影响，基坑工程设计方案能否真实地反映基坑工程实际状况，只有在方案实施过程中才能得到最终的验证，其中现场监测是获得上述验证的重要和可靠手段，因此在基坑工程设计阶段应该由设计方提出对基坑工程进行现场监测的要求。由设计方提出的监测要求，并非是一个很详尽的监测方案，但有些内容或指标应由设计方明确提出，例如：应该进行哪些监测项目的监测，监测频率和监测报警值是多少，只有这样，监测单位才能依据设计方的要求编制出合理的监测方案。

监测的基本要求是：控制支护结构的内力及变形，土压力、孔隙压力值与坑底土体的隆起；监控地下水状态、水位变化及流砂、流土、突涌等的前兆；基坑周边的地面沉降及受保护建（构）筑物的变形及安全状况；出现工程风险征兆时预先进行报警。

基坑监测应先由基坑工程设计方提出对工程监测的总体要求，主要监测项目及手段。再由第三方监测单位完成基坑监测设计方案，按方案中的具体要求实施监测。施工过程中，施工方按施工要求进行的监测则是一次平行的监测工作。第三方监测应独立进行。

监测方案应包括下列内容：

（1）工程概况。

（2）建设场地岩土工程条件及基坑周边环境状况。

（3）监测目的和依据。

（4）监测内容及项目。

（5）基准点、监测点的布设与保护。

（6）监测方法及精度。

（7）监测期和监测频率。

（8）监测报警及异常情况下的监测措施。

（9）监测数据处理与信息反馈。

（10）监测人员的配备。

（11）监测仪器设备及标定要求。

（12）作业安全及其他管理制度。

在环境保护的监测中，会涉及一些存在某种结构安全隐患的建（构）筑物，在监测方案中，应单独将其委托给房屋及构筑物的鉴定设计或检测部门，对其安全性做出专项评价。

基坑支护结构体系的监测项目，根据工程实际从表 18.15.1 中选取。

基坑支护体系监测项目表　　　　　　　　　表 18.15.1

序号	施工阶段 支护形式和安全等级 监测项目	坑内加固体施工和预降水阶段	基坑开挖阶段						
			放坡开挖	复合土钉支护	水泥土重力式围护墙		板式支护体系		
		一	三级	三级	二级	三级	一级	二级	三级
1	支护体系观察	—	√	√	√	√	√	√	√
2	围护墙（边坡）顶部竖向、水平位移	○	√	√	√	√	√	√	√
3	围护体系裂缝	—	—	√	√	√	√	√	√
4	围护墙侧向变形（测斜）	○	—	○	√	○	√	√	√
5	围护墙侧向土压力	—	—	—	—	—	○	○	—
6	围护墙内力	—	—	—	—	—	○	○	—
7	冠梁及围檩内力	—	—	—	—	—	○	○	—
8	支撑内力	—	—	—	—	—	√	√	○
9	锚杆拉力	—	—	—	—	—	√	√	○
10	立柱竖向位移	—	—	—	—	—	√	√	○
11	立柱内力	—	—	—	—	—	○	○	—
12	坑底隆起（回弹）	—	—	—	—	○	√	○	—
13	基坑内、外地下水位	√	√	√	√	√	√	√	√

注：1. √应测项目；○选测项目（视监测工程具体情况和相关单位要求确定）。

　　 2. 逆作法基坑施工除应满足一级板式围护体系监测要求外，尚应增加结构梁板体系内力监测和立柱、外墙垂直位移监测。

基坑周边环境监测项目，根据工程实际需要可从表 18.15.2 中选取。

周边环境监测项目表   表 18.15.2

序号	施工阶段 基坑工程环境保护等级 监测项目	土方开挖前			基坑开挖阶段		
		一级	二级	三级	一级	二级	三级
1	基坑外地下水水位	√	√	√	√	√	√
2	孔隙水压力	○	○	—	○	○	—
3	坑外土体深层侧向变形（测斜）	√	○	—	√	○	—
4	坑外土体分层竖向位移	○	—	—	√	○	—
5	地表竖向位移	√	√	○	√	√	√
6	基坑外侧地表裂缝（如有）	√	√	√	√	√	√
7	邻近建（构）筑物水平及竖向位移	√	√	√	√	√	√
8	邻近建（构）筑物倾斜	√	○	○	√	√	○
9	邻近建（构）筑物裂缝（如有）	√	√	√	√	√	√
10	邻近地下管线水平及竖向位移	√	√	√	√	√	√

注：1. √应测项目；○选测项目（视监测工程具体情况和相关单位要求确定）；

    2. 土方开挖前是指基坑支护结构体施工、预降水阶段。

18.15.3 基坑监测报警

基坑工程设计方在为项目确定监测指标等要求时，尚应根据场地工程地质条件、支护结构设计参数及环境保护控制要求等，并结合实际工程经验，明确各监测指标的报警值。第三方监测单位在实施监测时，对监测指标应及时整理监测结果的变化情况，包括变化速率及累计变化值等，当出现某些风险征兆时，必须立即进行危险报警。出现以下情况时，应对支护结构和周边环境中的保护对象采取应急措施。

（1）监测数据达到监测报警值的累计值。

（2）基坑支护结构或周边土体的位移值突然明显增大或基坑出现流沙、管涌、隆起、陷落或较严重的渗漏等。

（3）基坑支护结构的支撑或锚杆体系出现过大变形、压屈、断裂、松弛或拔出的迹象。

（4）周边建筑的结构部分、周边地面出现较严重的突发裂缝或危害结构的变形裂缝。

（5）周边管线变形突然明显增长或出现裂缝、泄漏等。

（6）根据当地工程经验判断，出现其他必须进行危险报警的情况。

通常可根据实际工程条件，参照表 18.15.3 的规定，选取基坑及支护结构的报警值，参照表 18.15.4 的规定，选取建筑基坑工程周边环境监测报警值。

基坑及支护结构监测报警值　　　　表 18.15.3

序号	监测项目	支护结构类型	一级 累计值 绝对值(mm)	一级 累计值 相对基坑深度(h)控制值	一级 变化速率(mm/d)	二级 累计值 绝对值(mm)	二级 累计值 相对基坑深度(h)控制值	二级 变化速率(mm/d)	三级 累计值 绝对值(mm)	三级 累计值 相对基坑深度(h)控制值	三级 变化速率(mm/d)
1	围护墙(边坡)顶部水平位移	放坡、土钉墙、喷锚支护、水泥土墙	30~35	0.3%~0.4%	5~10	50~60	0.6%~0.8%	10~15	70~80	0.8%~1.0%	15~20
		钢板桩、灌注桩、型钢水泥土墙、地下连续墙	25~30	0.2%~0.3%	2~3	40~50	0.5%~0.7%	4~6	60~70	0.6%~0.8%	8~10
2	围护墙(边坡)顶部竖向位移	放坡、土钉墙、喷锚支护、水泥土墙	20~40	0.3%~0.4%	3~5	50~60	0.6%~0.8%	5~8	70~80	0.8%~1.0%	8~10
		钢板桩、灌注桩、型钢水泥土墙、地下连续墙	10~20	0.1%~0.2%	2~3	25~30	0.3%~0.5%	3~4	35~40	0.5%~0.6%	4~5
3	深层水平位移	水泥土墙	30~35	0.3%~0.4%	5~10	50~60	0.6%~0.8%	10~15	70~80	0.8%~1.0%	15~20
		钢板桩	50~60	0.6%~0.7%	2~3	80~85	0.7%~0.8%	4~6	90~100	0.9%~1.0%	8~10
		型钢水泥土墙	50~55	0.5%~0.6%		75~80	0.7%~0.8%		80~90	0.9%~1.0%	
		灌注桩	45~50	0.4%~0.5%		70~75	0.6%~0.7%		70~80	0.8%~1.0%	
		地下连续墙	40~50	0.4%~0.5%		70~75	0.7%~0.8%		80~90	0.9%~1.0%	
4	立柱竖向位移		25~35	—	2~3	35~45	—	4~6	55~65	—	8~10
5	基坑周边地表竖向位移		25~35	—	2~3	50~60	—	4~6	60~80	—	8~10
6	坑底隆起(回弹)		25~35	—	2~3	50~60	—	4~6	60~80	—	8~10
7	土压力		$(60\%\sim70\%)f_1$	—		$(70\%\sim80\%)f_1$	—		$(70\%\sim80\%)f_1$	—	
8	孔隙水压力										
9	支撑内力		$(60\%\sim70\%)f_2$	—		$(70\%\sim80\%)f_2$	—		$(70\%\sim80\%)f_2$	—	
10	围护墙内力										
11	立柱内力										
12	锚杆内力										

注：1　h 为基坑设计开挖深度，f_1 为荷载设计值，f_2 为构件承载能力设计值；
　　2　累计值取绝对值和相对基坑深度 (h) 控制值两者的小值；
　　3　当监测项目的变化速率达到表中规定值或连续 3d 超过该值的 70% 时，应报警；
　　4　嵌岩的灌注桩或地下连续墙位移报警值宜按表中数值的 50% 取用。

建筑基坑工程周边环境监测报警值 表 18.15.4

监测对象		项目	累计值 (mm)	变化速率 (mm/d)	备注
1		地下水位变化	1000	500	—
2	管线位移	刚性管道 压力	10~30	1~3	直接观察点数据
		刚性管道 非压力	10~40	3~5	
		柔性管线	10~40	3~5	—
3		邻近建筑位移	10~60	1~3	—
4	裂缝宽度	建筑	1.5~3	持续发展	—
		地表	10~15	持续发展	—

注：建筑整体倾斜度累计值达到 2/1000 或倾斜速度连续 3d 大于 0.0001H/d（H 为建筑承重结构高度）时应报警。

参 考 文 献

1. 工程结构可靠性设计统一标准 GB 50053—2008［S］. 北京：中国建筑工业出版社，2008.

2. 建筑地基基础设计规范 GB 50007—2012［S］. 北京：中国建筑工业出版社，2011.

3. 龚晓南. 深基坑工程设计施工手册［M］. 北京：中国建筑工业出版社，1998.

4. 建筑地基基础设计规范理解与应用（第二版）［M］. 北京：中国建筑工业出版社，2012.

5. 刘国彬，王卫东. 基坑工程手册（第二版）［M］. 北京：中国建筑工业出版社，2009.

6. 中国土木工程学会土力学岩土工程分会. 深基坑支护技术指南［M］. 北京：中国建筑工业出版社，2012.

7. 候学渊等. 软土工程施工新技术［M］. 安徽：安徽科学技术出版社，1999.

8. 建筑基坑支护技术规程 JGJ 120—2012［S］. 北京：中国建筑工业出版社，2012.

9. 河南省基坑工程技术规范 DBJ 41/139—2014［S］. 北京：中国建筑工业出版社，2014.

10. 基坑工程技术规范 DG/TJ 08—61—2010［S］. 上海市城乡建设和交通委员会，2010.

11. 深圳市基坑支护技术规范 SJG 05—2011［S］. 北京：中国建筑工业出版社，2011.

12. 建筑基坑工程监测技术规范 GB 50497—2009［S］. 北京：中国计划出版社，2009.

13. 基坑土钉支护技术规程 CECS 96：97［S］. 北京：中国计划出版社，1997.

14. 建筑边坡工程技术规范 GB 50330—2002［S］. 北京：中国建筑工业出版社，2002.

15. 建筑地基基础工程施工质量验收规范 GB 50202—2002. 北京：中国计划出版社，2002.

16. 陈肇元，崔京浩. 土钉支护在基坑工程中的应用［M］. 北京：中国建筑工业出版社，1997.

第 19 章 地 基 处 理

19.1 概 述

19.1.1 地基处理的目的

建筑物的荷载通过基础传给地基。通常我们把±0.0以下的结构部分称为基础，支承基础的土体或岩体称为地基。任何建筑物的地基基础设计都应满足地基承载力、变形和稳定要求。所谓地基承载力，是指由地基土载荷试验测定的地基土压力变形曲线上规定的变形所对应的压力值，或由土的抗剪强度确定，根据其取值确定的基础埋深和基底面积，要满足正常使用极限状态下建筑物的变形和稳定要求；所谓地基变形，是指建筑物的整体沉降量、倾斜值和差异沉降，其限值要满足建筑物的功能和使用要求；所谓地基稳定性是要保证建筑物在承载能力极限状态下的安全，防止整体倾斜和滑移。对于基础设计，还要满足结构强度（抗弯、抗剪、抗冲切验算）和变形要求。

基础直接建筑在未经加固的天然土层上时，这种地基称为天然地基。若天然地基条件不能满足建筑物地基承载力、变形和稳定要求时，须采用人工方法加固地基。加固地基的材料、设备、工艺方法及过程中采用的技术措施，称之为地基处理。

随着我国基本建设的蓬勃发展，不仅事先要选择地质条件良好的场地进行建设，另一方面由于建筑物体量、高度和埋深的多变，许多场地地质条件不能满足建筑物的设计及使用要求，需要对天然地基进行处理。目前，随着基础工程学科的技术发展，按变形控制进行地基基础设计的思想日益为广大技术人员接受。许多工程地基承载力满足的条件下，也可能由于变形条件不能满足建筑物使用功能的要求，而需要对地基进行处理。

地基处理的目的是采取适当的材料、设备及技术措施，改变地基土的强度、压缩性、湿陷性、膨胀性等，满足建筑物在长期荷载作用下，建筑物的正常使用功能和耐久性要求。

19.1.2 处理后地基性状的基本认知

处理后地基与天然地基的工程性状有较大差异，工程设计时必须了解、确认处理后地基的工程特性。在处理后地基上进行工程设计应掌握下列一些基本概念：

（1）处理后的地基，其承载力和变形的测试指标与天然地基基本一致时，长期荷载作用的变形比天然地基要大；

（2）由于土的成因或历史不同，相同的天然地基土性指标，采用相同的地基处理工艺，处理后的地基性状不尽相同，且可能存在较大差异；

（3）采用多种地基处理方法综合使用，其最终结果不一定是"1+1"；

（4）地基处理的效果，在竖向承载力、变形的检验结果满足设计要求时，工程不一定不存在问题，平面或竖向的不均匀也可能引起建筑物开裂等问题，检测技术的局限性可能使工程存在某些隐患；

（5）地基处理工艺较成熟，不同的施工队伍的施工质量不尽相同；

（6）采用强夯、振冲、挤密等施工工艺，处理施工结束后马上进行基础施工，基础会产生开裂或产生影响耐久性的微裂缝。

针对上述地基处理设计的基本概念，地基处理工程应有相应的设计对策：

（1）地基处理工程在结果验证的基础上，对承载力、变形设计指标的取值，应比天然地基严格。地基处理规范对处理后的地基载荷试验，对按变形取值可取 s/b 或 s/d 等于 0.01 所对应的压力（s 为静载荷试验承压板的沉降量；b 和 d 分别为承压板宽度和直径），对有经验的地区，可按当地经验确定相对变形值，但原地基土为高压缩性土层时相对变形值的最大值不应大于 0.015，体现了这一理念。

（2）地基处理工程设计采用的工程地质勘察报告，应重视对土的应力历史进行评价。现在大部分工程地质勘察报告并不重视这项工作，是目前地基处理工程设计的薄弱环节，以至于对处理结果的评价差异较大。

（3）多种地基处理方法综合使用的处理效果评价，应采用接近于工程实际的大载荷板试验进行评价，消除对单一处理结果评价的缺欠。

（4）处理后的地基验收检验，不仅应进行竖向承载力和变形检验评价，还应对处理的均匀性进行检验评价，才能保证工程质量，行业标准《建筑地基处理技术规范》JGJ 79—2012 修订时对处理后的地基检验均增加了均匀性检验的要求，对复合地基增强体增加了施工后进行桩体密实度（对散体材料桩）和完整性检验的要求，对有粘结强度增强体增加了单桩承载力检验要求。

（5）一项成熟的施工工艺，应有严格的操作程序。由于目前工程管理对施工工艺的监督，以及施工队伍自己的管理不到位，国家对专利技术或专有技术的保护不到位，致使某些好的施工技术一换施工队伍，质量就达不到要求，或出现质量事故。例如长螺旋钻压灌混凝土成桩工艺，提拔套管时应保持一定压灌压力才能形成较大的桩端阻力，某些队伍为了进度或为了节省混凝土，先提管再实施压灌，桩端阻力则会明显降低；在提管过程中如果速度过快，可能节省混凝土，但桩的侧阻力明显比速度较慢的带压力灌注的要低。所以，对新的地基处理工艺使用时能否掌握关键工艺要领，质量大不相同。地基处理工程的施工管理很重要，在《建筑地基处理技术规范》JGJ 79—2012 中保留了施工管理要求的条文。

（6）采用强夯、振冲、挤密等施工工艺，处理施工结束后立即进行基础施工，基础可能会产生开裂或微裂缝，这一情况在工程中曾多次出现。其根本原因在于施工后的检测虽满足了地基处理的设计要求，但并不等于满足结构施工的要求，经处理的地基土需要间歇时间，这与施工工艺对土的扰动需要恢复有关，地基处理规范在各工法的条文中均有规定，工程施工中应严格遵守。

19.1.3　地基处理方案选择的原则

我国土地辽阔，幅员广大，地基土质因其成因和固结历史不同，性质各异。软土地基在海相、湖相、河相沉积中有广泛的分布，西北、华北地区湿陷性黄土也有广泛分布。许多特殊条件下形成的土，包括盐渍土、湿陷性土、冻土等，也有特殊的力学性质。因此，地基处理方案必须根据土的性质和条件，因地制宜进行选择，除应满足工程设计要求外，尚应做到就地取材、保护环境、节约资源、经济合理、技术可行。

地基处理方案选择时应掌握下列原则。

1. 必须掌握足够的资料

它包括两大部分，一部分是地质资料，另一部分是有关上部结构的资料。

1）地质资料

地质资料包括各层土的力学性质、土层的空间（包括竖向和横向）分布、地下水的流动规律等。分析地质资料特别应注意土质的成因及地区性对土的力学性质的影响，对于特殊土如新近沉积土、湿陷性土、液化土等应注意土的特殊性对拟建建筑物的影响。

2）上部结构资料

各类结构有不同的适应沉降的能力和允许变形值，地基处理方案选择必须考虑这些结构因素，建筑物体型的复杂程度也会对地基处理产生不同的要求，例如对于体型简单、结构整体刚度好的建筑物，主要控制建筑物的沉降量，对于主裙楼一体的建筑物地基处理方案必须考虑差异沉降的影响。

2. 技术合理性

地基处理方案的技术合理性就是要根据不同建筑物对承载力和变形的要求，针对需要处理的土质情况，采用合理的加固措施，满足建筑物的使用功能要求。

某单位建筑砖砌围墙，表层土为 2m～3m 厚的填土，下部为淤泥质土，由于地基强度不满足设计要求，采用石灰桩进行地基加固。一年后，该段围墙出现了竖向裂缝。部分围墙发生了倾斜。事故调查表明，石灰桩中间部分没有完全熟化。据当地居民反映，围墙建成半年内该地区没有下过大雨，而填土又处于地下水位以上，认为生石灰后期遇水膨胀，是造成围墙损坏的原因。

某三层民用住宅，位于滨海相沉积淤泥、淤泥质土场地，淤泥及淤泥质土层厚度将近30m，采用深层搅拌桩进行地基处理，桩长 10m～12m。三年后，该住宅累积下沉 50 多厘米，一层地面经常积水，已不能使用，分析原因，地基处理仅按强度计算设计，未考虑沉降控制。

地基处理技术方案的合理性，应综合考虑地质情况，建筑的使用功能、结构类型、荷载分布、不均匀沉降可能造成的危害以及地下水等因素，进行综合分析。

3. 施工技术可行性

施工技术可行性，包括施工方案及设备的选择对改变土力学性质的针对性以及环境条件的允许程度。提高地基承载力的地基处理方案可以选择不同加固体的复合地基方案，消除砂土液化的地基处理方案可以选择强夯、振冲等地基处理方法。

选择的地基处理方案同时要在周围环境允许的条件下进行，在地下管线密集地区不能采用强夯方法，在人口居住区不能选择振动沉管工法等。

4. 经济性

任何地基处理方案的选择都应该考虑其经济性。地基处理方案的经济性融于技术合理性及施工技术可行性之中。某工程建造 12 幢 6 层住宅，基础下有 3m 多填土，5 个单位投标，有 4 个单位投了复合地基方案，地基处理费用 30 多万元/幢；一个单位投了振动沉管桩基方案，每幢楼处理费用仅 21 万元，较复合地基方案节省 30%。按一般的概念，复合地基处理方案要比桩基础方案经济指标好。但这个场地条件恰恰相反。从技术合理性、施工可行性满足的条件下，地基处理方案的经济性十分重要。

5. 地基处理方案确定要有上部结构—基础—地基相互作用的观念

随着建筑物高度增大，地下结构深度增大，主裙楼一体结构以及大底盘多塔楼建筑形式的出现，地基处理方案的确定不仅要注重对地基承载力提高、消除液化、消除湿陷性、减少变形等方面，同时要运用上部结构—基础—地基共同作用的观念评价上部结构荷载对地基的作用，合理选择地基处理方案。某场地要处理厚度大于 20m 的低强度、高压缩性淤泥质土，建筑多层住宅房屋。地基处理采用刚性桩复合地基方案。从地基处理角度该方案从技术合理性、施工技术可行性以及经济性都满足要求，但房屋仅用一年多以后，在首层及二层的部位出现了竖向裂缝。原因分析：该住宅基础采用素混凝土刚性基础，由于沉降原因，有桩的部位反力过大，引起砖砌体开裂，而在相同场地，同样采用刚性桩复合地基处理，但基础采用钢筋混凝土基础，房层建成后，使用良好，无一裂缝。可见地基处理方案选择不仅要注重土质条件的处理，同时要运用共同作用的观念，基础设计与地基处理统一考虑才能不出问题。

19.1.4 地基处理方法的分类及其适用性

在 1991 年版和 2002 年版的地基处理规范中，地基处理方法分类的主线是以地基处理工法为主的方式。采用这种分类方法的优点是按设计、施工、质量检验的顺序便于表达。例如振冲碎石桩法，既可用于松散砂土的挤密，消除地基土的液化，又可用于复合地基的竖向增强体；灰土挤密桩法既可用于消除黄土的湿陷性，又可用于复合地基的竖向增强体；水泥搅拌桩法、旋喷桩法既可用于复合地基的竖向增强体，又可用于隔水帷幕使用等等。但是由于我国科技人员发明了和改进了若干新的地基处理工法，这些新的或改进的工法形成复合地基的竖向增强体时，较难按工法进行分类。2012 版规范修订，提出了按处理后的地基性状进行分类的原则，即把地基处理方法分为换填垫层、预压地基、压实夯实挤密地基、复合地基、注浆加固地基、微型桩加固地基。这样把相同处理结果的工法放入一类，把大量有关竖向增强体处理工法放入复合地基一类，便于工程技术人员按处理后的地基特征进行设计、施工、检测的工序控制。

地基处理方法分类可以按照施工方法、处理深度、加固材料等再细分。按照我国地基处理技术规范的方法分类及其适用性见表 19.1.1。

地基处理方法分类及其适用性　　　　　　　　　　　　表 19.1.1

分类	处理方法	适用范围
换填垫层	机械振压	适用于基坑面积宽大和土方开挖量较大的回填土方工程，用于浅层地基处理
	重锤夯实	适用于地下水位以上稍湿的黏性土、砂土、湿陷性黄土、杂填土以及素填土地基
	平板振动	适用于处理无黏性土和黏粒含量少的填土地基

续表

分类	处理方法	适用范围
压实夯实挤密地基	夯实	适用于碎石土、砂土、杂填土以及黏性土、湿陷性填土以及人工填土的夯实
	挤密 (振冲挤密、沉管挤密、柱锤夯扩挤密等)	适用于杂填土、松散砂土、粉土、黏性土地基的挤密
	压实 (冲击压实、振动压实、静力压实等)	适用于砂土、粉土、粉质黏土、素填土和其他填料的压实
预压地基	堆载预压	适用于处理厚度较大的饱和软土和冲填土地基
	真空预压	
	降水预压	
注浆加固地基	硅化灌浆	适用于处理砂土、黏性土、湿陷性黄土以及人工填土地基
	碱液灌浆	
	喷射注浆	
	深层搅拌	
复合地基	刚性桩复合地基	适用于处理黏性土、粉土、砂土和已完成自重固结的素填土地基
	夯实水泥土桩复合地基	适用于处理地下水位以上的粉土、素填土、杂填土、黏性土地基
	柱锤冲扩桩法	适用于处理杂填土、粉土、黏性土、素填土和黄土地基
	树根桩法	适用于淤泥，淤泥质土，黏性土、粉土、砂土、碎石土、黄土、人工填土等地基

19.1.5 地基处理的设计原则

1. 地基处理工程技术控制的总原则

地基处理工程技术控制的总原则是贯彻执行国家的技术经济政策，做到安全适用、技术先进、经济合理、确保质量、保护环境。随时代发展、科技进步和经济实力的提高，这些原则在不同时期也增加了新的含义。1991 年版地基处理技术规范是在 1989 版国家标准体系采用的概率极限状态设计方法的基础上，根据国家标准《建筑地基基础设计规范》GBJ 7—89 的设计原则，进行处理地基的承载力、变形、稳定性计算。1991 年版地基处理技术规范是国际上第一本全面规范地基处理的设计、施工、质量检验工作的国家标准，表现了我国地基处理技术的水平和技术先进性。

2002 年版地基处理技术规范是在国家标准《建筑地基基础设计规范》GB 50007—2002 进一步明确了地基基础设计中概率极限状态设计方法的荷载组合条件和适用范围，强调按变形控制设计的原则的基础上，增加了强夯置换法、水泥粉煤灰碎石桩法、夯实水泥土桩法、水泥土搅拌法（干法）、石灰桩法和柱锤冲扩桩法等地基处理方法的设计和施工规定；对换填法、预压法、强夯法、振冲法、土或灰土挤密桩法、砂石桩法、深层搅拌法、高压喷射注浆法和复合地基载荷试验要点等内容作了修改、补充和完善；保持原规范体系不变，提高了变形计算设计水平。现行规范进一步明确了各种处理地基的使用范围和计算方法；增加了处理地基的耐久性设计、处理地基的稳定性计算、真空和堆载联合预压处理、多桩型复合地基、注浆加固、微型桩加固、检验与监测等内容；完善了加筋垫层、高能级强夯、复合地基承载力和变形计算、处理地基的载荷试验等内容。现行规范内容更加充实和完善，在保证工程质量的基础上适当提高了地基处理工程的可靠性设计水平。

任何建筑物都通过基础将上部结构的各种作用传给地基，处理后的建筑地基的功能要保证建筑物的稳定和正常使用功能。《工程结构可靠性设计统一标准》GB 50153—2008 对结构设计应满足的功能要求作了如下规定：（1）能承受在正常施工和正常使用时可能出现的各种作用，保持良好的使用性能；（2）具有足够的耐久性能；（3）当发生火灾时，在规定的时间内可保持足够的承载力；（4）当发生爆炸、撞击、人为错误等偶然事件时，结构能保持必需的整体稳固性，不出现与起因不相称的破坏后果，防止出现结构的连续倒塌。按此规定，根据地基工作状态地基设计时应当考虑：（1）在长期荷载作用下，地基变形不致造成承重结构的损坏；（2）在最不利荷载作用下，地基不出现失稳现象；（3）具有足够的耐久性能。

因此，地基基础设计应注意区分上述三种功能要求，在满足第一功能要求时，地基承载力的选取以不使地基中出现长期塑性变形为原则，同时还要考虑在此条件下各类建筑物可能出现的变形特征及变形量。由于地基土的变形具有长期的时间效应，与钢、混凝土、砖石等材料相比，它属于大变形材料，从已有的大量地基事故分析，绝大多数事故皆由地基变形过大且不均匀所造成的，故在规范中明确规定了按变形设计的原则、方法；对于一部分地基基础设计等级为丙级的建筑物，当按地基承载力设计基础面积及埋深后，其变形亦同时满足要求时，才不进行变形计算。

对于处理后的建筑地基，要满足上述功能要求，必须按处理后的地基性状进行地基基础设计。处理后的建筑地基，满足建筑物在长期荷载作用下的正常使用要求必须满足下列条件：

首先应满足承载力计算的有关规定，同时应满足地基变形不大于地基变形允许值的要求；对建造在处理后的地基上受较大水平荷载或位于斜坡上的建筑物及构筑物，尚应满足地基稳定性验算要求。

《工程结构可靠性设计统一标准》GB 50153—2008 在设计使用年限和耐久性一节中用强条规定"工程结构设计时，应规定结构的设计使用年限"。对本条强制性条款的执行，修订后的地基处理规范规定：地基处理所采用的材料，应根据场地类别符合有关标准对耐久性设计与使用的要求。大量工程实践证明，地基在长期荷载作用下承载力有所提高，但处理采用的有粘结强度的材料应根据其工作环境满足耐久性设计的要求。《工业建筑防腐蚀设计规范》GB 50046 对工业建筑材料的防腐蚀问题进行了规定，《混凝土结构设计规范》GB 50010 对混凝土的防腐蚀和耐久性提出了要求，应遵照执行。

地基处理工程的安全性、设计计算方法的适用性十分重要。工程施工结束后必须进行必要的检验，检验合格后才能进行基础施工。设计人员应充分考虑，利用建筑物在长期荷载作用下建筑物的沉降观测以及地基反力、基础内力的监测结果，积累经验，实现地基处理的精品工程。

2. 地基处理设计的基本原则

在讨论地基处理设计基本原则的具体问题时，对于处理后地基与天然地基的工程性状，有必要认知如下工况：

（1）处理地基的范围，应是满足建筑物地基承载力、地基变形和稳定性要求的最小范围。例如对于深厚填土的密实处理、液化土层的消除液化处理、湿陷性黄土消除减少湿陷性危害的地基处理等，均要求处理范围大于建筑物的基础底面积，并不小于处理深度的1/2，也就是说，这种工况下的处理后地基，是在有限范围内满足建筑物功能要求。在这种情况下，建筑物地基基础设计应评价没有处理的场地地基在地震荷载、基坑开挖、暴雨及人工边坡等不利工况对建筑物的不利影响。

（2）建造在处理地基上的建筑物地基承载力、地基变形和稳定性计算地基参数，针对深厚填土的密实处理、液化土层的消除液化处理、湿陷性黄土消除减少湿陷性危害的地基处理等，均要求处理范围内全面满足要求。针对这种情况的地基处理，一般应按均匀处理原则满足地基处理要求，这时，处理后地基的设计参数并不与基础平面布置形式有直接关系。

（3）在均匀处理后，建筑物地基承载力、地基变形仍不满足要求时，往往采用在基础内布置增强体的处理方式。此时设计者应对处理后地基上的建筑物与地基共同作用的结果有正确认识和判断。对于处理后地基上的建筑物与地基共同作用结果的认识，目前积累的工程数据尚少，基础研究需进一步深化。一般情况下在实际工程中仍采用线性分布的地基反力进行地基承载力、地基变形简化计算。

建筑地基处理设计的核心问题是使建造在处理地基上的建筑物满足地基承载力、地基变形和稳定性要求。所谓"建筑地基"是指在建筑场地稳定条件的建筑物下的地基，有别于堆场地基、路基等，其地基主要受力层的承载力与上部结构和基础的荷载传递特性和刚度有关，其地基变形不仅与地基处理层有关，还与下卧层有关，处理地基的稳定性计算也需考虑地基处理层与其下卧层土的计算参数的不同。处理后的地基应满足建筑物地基承载力、变形和稳定性要求：

（1）当在受力层范围内仍存在软弱下卧层时，应进行软弱下卧层地基承载力验算；

（2）按地基变形设计或应作变形验算且需进行地基处理的建筑物或构筑物，应对处理后的地基进行变形验算；

（3）对建造在处理后的地基上受较大水平荷载或位于斜坡上的建筑物及构筑物，应进行地基稳定性验算。

换填垫层设计是按下卧土层的承载力要求确定换填厚度的，不再存在软弱下卧层地基承载力验算问题；对压实、夯实、注浆加固地基及散体材料增强体复合地基等应按压力扩散角，按现行国家标准《建筑地基基础设计规范》GB 50007 的方法进行软弱下卧层地基承载力验算；对有粘结强度的增强体复合地基，按其荷载传递特性，按实体深基础方法进行验算。

处理后的地基变形计算应按《建筑地基基础设计规范》GB 50007 的有关规定，稳定性计算可按《建筑地基处理技术规范》JGJ 79 的有关规定进行。

3. 处理地基的承载力修正

《建筑地基处理技术规范》JGJ 79 的规定处理后地基的承载力进行修正时，基础宽度的地基承载力修正系数应取零，基础埋深的地基承载力修正系数应取 1.0。近十年的使用情况良好。有人认为这样的修正太过安全，特别对于复合地基，有时会发生处理地基深、宽修正后的承载力小于天然地基深、宽修正后的承载力的情况。这种情况大多发生在基底土存在较高承载力的硬壳层的情况，承载力本来是满足要求的，采用复合地基的目的是为减少变形，此时可能会出现这个问题。

天然地基承载力是在弹性半无限空间地基表面确定的地基承载力，当基础埋深增加，或基础宽度加大时，地基承载力会相应增加，因此应进行修正。深、宽修正系数是在浅基础极限承载力理论基础上，根据载荷板试验结果和工程验证的基础上确定的。

压实填土地基，如果处理的面积足够大，填土的施工质量严格控制，可以满足承载力修正的条件。现行《建筑地基处理技术规范》规定：基础宽度的地基承载力修正系数应取零；基础埋深的地基承载力修正系数，对于压实系数大于 0.95、黏粒含量 $\rho_c \geqslant 10\%$ 的粉土，可取 1.5，对于干密度大于 2.1t /m³ 的级配砂石可取 2.0。

预压处理地基、强夯处理地基，处理的面积可以足够大，但其地基的特点是存在土的密实程度表面高、下部低的情况，地基承载力的空间分布，也存在表面高、下部低的情况。这种地基在表面确定的承载力，基础埋深增加后，存在地基承载力降低的情况。此时地基承载力不宜按基底土层的修正系数进行修正，仅考虑基础埋深的作用，采用 1.0 的埋深修正系数。采用 1.0 的埋深修正系数时，还应充分注意此时的地基承载力取值应是该标高处的试验结果，基础宽度的地基承载力修正不予考虑。

复合地基的情况更复杂一些。首先，复合地基承载力的确定应是在设计的基础底标高上进行，不论复合地基增强体施工是在地面进行，再开挖至设计标高，还是先开挖接近设计标高，再进行增强体施工，这种检测结果除去载荷板尺寸大小的影响，已包含弹性半无限空间地基土卸荷再加荷的有利影响，即已有部分埋深对承载力的提高产生作用。当载荷板尺寸足够大，接近实际基础尺寸时，应该就是考虑基础埋深的地基承载力。复合地基承载力宽度修正系数取零，深度修正系数取 1.0，使用十年来情况良好。工程中也发生过复合地基深、宽修正后的承载力小于天然地基深、宽修正后的承载力的情况。这也是因为基底土存在较高承载力的硬壳层，而地基处理的主要目的是为了减少地基变形而采用复合地基的情况。

4. 处理地基的整体稳定性分析

对于下列情况，处理后的地基需进行整体稳定性分析：（1）受较大水平荷载或位于斜坡上的建筑物及构筑物；（2）由于不同施工段基础底标高差异较大，采用临时支挡支护；（3）已建成使用的建筑物周边进行深基坑施工等。

预压地基、压实填土地基、强夯处理地基、注浆加固地基等处理地基的整体稳定性分析可采用与天然地基相同的方法，但应采用地基处理后的土性参数。考虑处理后的地基土工程性质与天然地基土工程性质的差异，稳定安全系数的最低要求从 1.2 提高到 1.3。各种稳定分析方法对同一工程，同样土性参数，得到的稳定安全系数不同，这是工程界一致的认识。现行规范规定的最低稳定安全系数是针对圆弧滑动法的，采用其他稳定分析方法时最低稳定安全系数的要求应相应提高。

复合地基上建筑物的稳定性分析方法，对砂桩、碎石桩复合地基，可将砂桩、碎石桩材料的抗剪强度按面积置换率折算为复合土层的抗剪强度，进行计算分析，国内外均有实际工程应用的实例；但对于有粘结强度增强体的复合地基的稳定计算方法存在不同认识，在工程应用中有的直接把有粘结强度增强体材料的抗剪强度按砂桩、碎石桩复合地基同样的方法处理，得到的稳定安全系数很高，看似满足设计要求，但却发生过塌方事故的情况。国内学术界对这个问题进行过讨论，对于失稳机理，可以认为是由于增强体没有钢筋等韧性材料，在下滑力的作用下，桩体受弯产生裂缝，以致桩体断裂，整体抗滑作用降低，并逐渐发展形成连续滑动面，造成失稳。

现行建筑地基处理规范在编制过程中对处理地基的稳定分析方法进行了专题研究。天津大学在"软土地基上复合地基整体稳定计算方法"专题报告中，对同一工程算例采用传统的复合地基稳定计算方法、英国加筋土及加筋填土规范计算方法、考虑桩体弯曲破坏的可使用抗剪强度计算方法、桩在滑动面断开处发挥摩擦力的计算方法、扣除桩分担荷载的等效荷载法等进行了对比分析，提出了可采用考虑桩体弯曲破坏的等效抗剪强度计算方法、扣除桩分担荷载的等效荷载法和英国 BS8006 方法综合评估软土地基上复合地基的整体稳定性的建议。并提出了不同计算方法对应不同最小安全系数取值的建议。

中国建筑科学研究院地基所采用 geoslope 计算软件的有限元强度折减法对实际工程采用砂桩复合地基加固以及采用刚性桩加固进行了稳定性分析对比。砂桩的抗剪强度由砂桩的密实度确定，刚性桩的抗剪强度由桩折断后的材料摩擦系数确定。对比分析结果说明，采用刚性桩加固计算的稳定安全系数与天津大学采用考虑桩体弯曲破坏的等效抗剪强度计算方法的结果较接近。同时其结果说明，如果考虑刚性桩折断，采用材料摩擦性质确定抗剪强度指标，刚性桩加固后的稳定安全系数与砂桩复合地基加固接近（不考虑砂桩排水固结作用）。计算中刚性桩加固的桩土应力比在不同位置分别为堆载平台面处为 $7.3 \sim 8.4$，坡面处为 $5.8 \sim 6.4$。砂桩复合地基加固，当砂桩的内摩擦角取 $30°$，不考虑砂桩排水固结作用的稳定安全系数为 1.06；考虑砂桩排水固结作用的稳定安全系数为 1.29。采用 CFG 桩复合地基加固，CFG 桩断裂后，材料间摩擦系数取 0.55，折算内摩擦角取 $29°$，计算的稳定安全系数为 1.05。

为了便于工程使用，现行规范规定处理后的地基上建筑物稳定分析可采用圆弧滑动法，其稳定安全系数不应小于 1.30。散体加固材料的抗剪强度指标，可按加固体的密实度通过试验确定。胶结材料抵抗水平荷载和弯矩的能力较弱，其对整体稳定的作用（这里主要指具有胶结强度的竖向增强体），假定其桩体完全断裂，按滑动面材料的摩擦性能确定抗剪强度指标，对工程验算是安全的。

规范修订时的验算结果表明，采用无配筋的竖向增强体地基处理，其提高稳定安全性的能力是有限的。工程需要提高整体稳定安全性时应采用配置钢筋，提高增强体的抗剪能力，或采用设置抗滑构件的方法满足稳定安全性要求。

5. 处理地基承载力的偏心荷载作用验算

在偏心荷载作用下，对于换填垫层、预压地基、压实地基、夯实地基、散体桩复合地基、注浆加固等处理后地基可按《建筑地基基础设计规范》GB 50007 的要求进行验算，即满足：

当轴心荷载作用时

$$P_k \leqslant f_{sk} \tag{19.1.1}$$

当偏心荷载作用时

$$P_{kmax} \leqslant 1.2 f_{sk} \tag{19.1.2}$$

式中　f_{sk}——处理后地基的承载力特征值。

对于有一定粘结强度增强体复合地基，由于增强体布置不同，分担偏心荷载时增强体上的荷载不同，应同时对桩、土作用的力加以控制，满足建筑物在长期荷载作用下的正常使用要求。

复合地基的桩土受力可按线性反力分布的假定分析，基本假定是：

（1）基底反力为线性分布；

（2）弯矩作用下，基础仅发生转动。

可按两种情况分析其控制条件：

① 复合地基增强体均匀布置，可推得在纯弯矩作用下，复合地基最大地基反力增量$\Delta P_{\pm max}$ 和增强体最大单桩受力增量 $\Delta Q_{i桩}$ 分别为：

$$\begin{cases} \Delta P_{\pm max} = \dfrac{L}{2} \cdot \dfrac{M_x}{W \cdot \dfrac{L}{2} + \left(\dfrac{\delta_p \cdot A_s}{\delta_s} - A_p\right) \sum\limits_{i=1}^{n} x_i^2} \\ \Delta Q_{i桩} = \Delta P_{\pm max} \cdot \dfrac{\delta_p \cdot x_i \cdot A_s}{\delta_s \cdot \dfrac{L}{2}} \end{cases} \tag{19.1.3}$$

式中　$\Delta P_{\pm max}$——仅受弯矩作用下，基础底面所受最大基底压力（kPa）；

　　　L——力矩作用方向的基础底面边长（m）；

　　　b——垂直力矩作用方向的基础底面边长（m）；

　　　W——基础底面抵抗矩，$W = \dfrac{1}{6} bL^2$（m³）；

　　　x_i——桩 i 至桩群形心的 y 轴轴线的距离（m）；

　　　$\Delta Q_{i桩}$——仅受弯矩作用下，第 i 根桩所承受作用力（kN）；

　　　δ_s——桩间土荷载分担比，$\delta_s = \dfrac{f_{sk} \cdot A_s \cdot \beta}{f_{spk} \cdot A_e}$；

　　　δ_p——增强体荷载分担比，$\delta_p = 1 - \dfrac{f_{sk} \cdot A_s \cdot \beta}{f_{spk} \cdot A_e} = \dfrac{m \cdot \dfrac{Q_a}{A_p} \cdot A_e}{f_{spk} \cdot A_e} = \dfrac{Q_a}{f_{spk} \cdot A_e}$；

　　　A_s——1 根桩所承担的地基处理面积中土体面积（m²）；

　　　A_e——1 根桩所承担的地基处理面积（m²）；

　　　A_p——增强体断面面积（m²）；

　　　f_{sk}——加固后桩间土地基承载力特征值（kPa）；

　　　f_{spk}——复合地基承载力特征值（kPa）；

可得到偏心荷载作用下，复合地基的桩土受力控制条件：

$$\begin{cases} \Delta P_{\pm max} + \dfrac{(F+G)\delta_s}{A - nA_p} \leqslant 1.2 f_{sk} \\ \Delta Q_{桩max} + \dfrac{(F+G)\delta_p}{n} \leqslant 1.2 R_a \end{cases} \tag{19.1.4}$$

式中　A——基础底面积（m²）；

　　　F——部结构传至基础顶面的竖向荷载（kN）；

G——基础自重和基础台阶上的土重（kN）；

n——基础下桩数；

R_a——增强体单桩承载力特征值（kN）。

② 当复合地基增强体不均匀布置时，可按 $P_{\pm\max}$ 等于 $1.2 f_{sk}$ 的条件，推得增强体的分担弯矩：

复合地基上基础承受方向 x 的作用弯矩为 M_x，基底下的土体所承担的弯矩为 $M_{x\pm}$，基底下的增强体所承担的弯矩为 $M_{x桩}$：

$$M_x = M_{x\pm} + M_{x桩} \tag{19.1.5}$$

同样

$$M_y = M_{y\pm} + M_{y桩} \tag{19.1.6}$$

① 地基土的作用

$$M_{x\pm} = \Delta P_{\max} \cdot \left(W - A_p \cdot \frac{2}{L} \cdot \sum_{i=1}^{n} x_i^2 \right)$$

$$= \left[1.2 f_{sk} - \frac{(F+G)\delta_s}{A - nA_p} \right] \cdot \left(W - A_p \cdot \frac{2}{L} \cdot \sum_{i=1}^{n} x_i^2 \right) \tag{19.1.7}$$

② 增强体的作用

$$M_{x桩} = \frac{\Delta Q_{n桩}}{x_n} \cdot \sum_{i=1}^{n} x_i^2 \tag{19.1.8}$$

$$Q_{桩\max} = \left[(M_x - M_{x\pm}) \frac{x_i}{\sum\limits_{i=1}^{n} x_i^2} \right] + \frac{(F+G)\delta_p}{n} \leqslant 1.2 R_a \right] \tag{19.1.9}$$

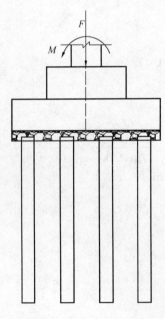

上述控制条件满足复合地基中增强体、地基土受力均不超过其特征值的 1.2 倍的条件。

（3）算例分析

某工程采用 CFG 桩复合地基，采用钢筋混凝土独立基础，基础底面尺寸为 5300mm×2400mm，基础埋深 3.5m，其示意图如图 19.1.1。该地基天然地基承载力标准值 $f_{ak} = 110$kPa，要求处理后地基承载力特征值不小于 460kPa，根据其工程地质状况，对其采用 CFG 桩复合地基，CFG 桩桩径 400mm，桩长 18.0m，桩距为 1450mm×1480mm，该设计中单桩承载力特征值为 600kN，达到承载力要求。现针对如下几种荷载条件进行复合地基承载力验算：

① 相应于荷载效应标准组合时，上部结构传至基础顶面的竖向力 $F_k = 5000$kN，作用于基础底 $M_k = 0$；

② 相应于荷载效应标准组合时，上部结构传至基础顶面的竖向力 $F_k = 5000$kN，作用于基础底面的力矩 $M_k = 870$kN。

③ 相应于荷载效应标准组合时，上部结构传至基础顶面的竖向力 $F_k = 5000$kN，作用于基础底面的力矩 $M_k = 1200$kN·m。

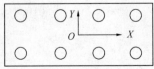

图 19.1.1　工程算例示意图

根据式（19.1.3），进行上述各条件下承载力的验算。

$$\delta_s = \frac{f_{sk} \cdot A_s \cdot \beta}{f_{spk} \cdot A_e} = \frac{110 \times (1.59 - 0.1256) \times 0.9}{460 \times 1.59} = 0.198;$$

$$\delta_p = 1 - \frac{f_{sk} \cdot A_s \cdot \beta}{f_{spk} \cdot A_e} = 1 - 0.198 = 0.802$$

① 为轴心荷载作用

$$\begin{cases} \Delta P_{\pm max} = 0 \\ \Delta Q_{桩 max} = 0 \end{cases}$$

$$\frac{(F+G)\delta_s}{A - nA_P} = \frac{(5000 + 20 \times 3.5 \times 5.3 \times 2.4) \times 0.198}{5.3 \times 2.4 - 8 \times 0.12566} = 99.6 \leqslant f_a$$

$$\frac{(F+G)\delta_P}{n} = \frac{(5000 + 20 \times 3.5 \times 5.3 \times 2.4) \times 0.802}{8} = 590.5 \leqslant R_a$$

② 偏心荷载作用情况一

$$P_{\pm max} = \frac{L}{2} \cdot \frac{M_x}{W \cdot \frac{L}{2} + \left(\frac{\delta_P \cdot A_s}{\delta_s} - A_P\right) \sum_{i=1}^{n} x_i^2}$$

$$= \frac{870 \times 2.65}{11.236 \times 2.65 + \left(\frac{0.802 \times 1.4644}{0.198} - 0.1256\right) \times 4 \times (0.74^2 + 2.22^2)}$$

$$= 14.7 \text{kPa}$$

$$Q_{桩 max} = P_{max} \cdot \frac{\delta_P \cdot x_i \cdot A_s}{\delta_s \cdot \frac{L}{2}}$$

$$= 14.7 \times \frac{0.802 \times 1.4644 \times 2.2}{0.198 \times 2.65} = 72.4 \text{kN}$$

地基土承载力验算：

$$P_{\pm max} + \frac{(F+G)\delta_s}{A - nA_p} = 14.7 + \frac{(5000 + 890.4) \times 0.198}{12.72 - 8 \times 0.12566}$$

$$= 114.3 \text{kPa} < 1.2 f_{ak} = 132 \text{kPa}$$

$$Q_{桩 max} + \frac{(F+G)\delta_p}{n} = 72.4 + \frac{5890.4 \times 0.802}{8}$$

$$= 662.9 \text{kN} < 1.2 R_a = 720 \text{kN}$$

③ 偏心荷载作用情况二

$$P_{\pm max} = \frac{L}{2} \cdot \frac{M_x}{W \cdot \frac{L}{2} + \left(\frac{\delta_p \cdot A_s}{\delta_s} - A_p\right) \sum_{i=1}^{n} x_i^2}$$

$$= \frac{1200 \times 2.65}{11.236 \times 2.65 + \left(\frac{0.82 \times 2.02}{0.18} - 0.12566\right) \times 4 \times (0.74^2 + 2.22^2)} = 20.3\text{kPa}$$

$$Q_{\text{桩max}} = P_{\max} \cdot \frac{\delta_p \cdot x_i \cdot A_s}{\delta_s \cdot \frac{L}{2}}$$

$$= 20.3 \times \frac{0.802 \times 2.22 \times 1.4644}{0.198 \times 2.65} = 100.9\text{kN}$$

地基土承载力验算：

$$P_{\pm\max} + \frac{(F+G)\delta_s}{A - nA_P} = 20.3 + \frac{(5000 + 890.4) \times 0.198}{12.72 - 8 \times 0.12566}$$

$$= 119.9\text{kPa} < 1.2f_{ak} = 132\text{kPa}$$

$$Q_{\text{桩max}} + \frac{(F+G)\delta_P}{n} = 100.9 + \frac{5890.4 \times 0.802}{8}$$

$$= 691.3\text{kN} < 1.2R_a = 720\text{kN}$$

现根据上述假定条件计算结果，对桩、土承载力发挥比例作进一步分析，轴心荷载作用下以桩、土承载力特征值为限值，偏心荷载作用下以 1.2 倍桩、土承载力特征值为限值，见表 19.1.2。

不同荷载条件下桩、土承载力发挥水平对比表　　　　　　　表 19.1.2

对比项 ＼ 荷载条件	条件一	条件二	条件三
土承载力发挥比例	0.905	1.039	1.09
土发挥比例增幅	—	0.134	0.185
桩承载力发挥比例	0.984	1.104	1.15
桩发挥比例增幅	—	0.12	0.166

由表 19.1.2 可见，无论轴心荷载还是偏心荷载作用，桩的承载力发挥水平均高于土的发挥水平，当弯矩增加时，土的承载力发挥水平增幅大于同等条件下桩的增幅，但无论何种荷载条件下，桩的承载力发挥水平都高于土的发挥水平，这一结果既反映了复合地基桩、土共同工作性状，又反映了偏心荷载作用下桩、土荷载分担变化规律。

6. 多种地基处理方法综合使用的检验

工程中往往存在采用单一地基处理方法不能完全满足设计要求的情况，而需要综合使用两种或多种地基处理方法进行地基处理。例如回填土场地，采用强夯处理回填土，由于下卧土层含水量高，采用的强夯能量不能太大；强夯处理后，再采用水泥粉煤灰碎石桩加固地基，提高其承载力，减少地基变形；再如开山填沟场地平整后，对填沟场地进行夯实处理，但建筑物坐落在老土和填土交接的地基上，夯实地基虽然满足承载力要求，但为防止建筑物倾斜，再采用水泥粉煤灰碎石桩进行加固，使处理地基变形均匀，以满足设计要求。在上述情况下，地基处理后的检验，不仅应检验强夯后地基土的强度，还应检验其竖向和水平向的均匀性；对水泥粉煤灰碎石桩应检验其承载力和桩身完整性；对整体承载力不能仅根据夯实地基的承载力及水泥粉煤灰碎石桩的承载力检验结果进行判定，而应再进行大尺寸承压板载荷试验确定。对于天然地基土采用水泥粉煤灰碎石桩复合地基加固，当采用的施工工艺对地基土的扰动很小，而地基土又是正常固结或超固结状态时，仅采用水泥粉煤灰碎石桩承载力检验结果结合天然地基土的承载力及地区经验确定复合地基承载力也是安全的。

检验综合使用多种地基处理方法处理的工程，由于每一种检验方法的局限性，不能代表整个处理效果的检验，所以地基处理工程完成后应进行整体处理效果的检验（例如进行大尺寸承压板载荷试验），其最小安全系数不应小于 2.0。

7. 地基处理工程的耐久性设计

《工程结构可靠性设计统一标准》GB 50153—2008 在设计使用年限和耐久性一节中用强条规定"工程结构设计时，应规定结构的设计使用年限"。对此，修订后的地基处理规范规定：地基处理所采用的材料，应根据场地类别符合有关标准对耐久性设计与使用的要求。

地基处理采用的材料，一方面要考虑地下土、水环境对其处理效果的影响，另一方面应符合环境保护要求，不应对地基土和地下水造成新的污染。地基处理采用材料的耐久性要求，应符合有关规范的规定。《工业建筑防腐蚀设计规范》GB 50046 对工业建筑材料的防腐蚀问题进行了规定，对各种具有胶接强度的固化材料，包括水泥、水玻璃、生石灰、碱液等，均应在土性和水的化学成分及化学作用分析的基础上，考察其可逆反应的条件和可能性。对原污染土的处理，也应遵照这一原则，必要时应进行必要的试验确定。

《混凝土结构设计规范》GB 50010 对混凝土的防腐蚀和耐久性提出了要求，应遵照执行。对水泥粉煤灰碎石桩复合地基的增强体以及微型桩材料，应根据该规范规定的混凝土结构暴露的环境类别，满足结构混凝土材料的耐久性的基本要求。

可以说，地基处理工程的耐久性设计内容，我们积累的经验和数据还相当有限，尚需进行细致、深入的研究工作，系统解决。

19.1.6 处理地基的检验及评价

任何地基处理方法的技术合理性和施工可行性都必须通过检验及监测数据才能证明；针对不同地基处理技术检验方法的可行性和适用性，应有其针对性，需要不断通过工程实践完善。任何一种地基处理方法的检验及监测都有不同侧重点。对换填垫层应检验其密实度及承载力，以确定换填垫层地基的设计强度，是否满足建筑物对地基的强度和变形要求；对压实、夯实、挤密地基应检验其密实度及均匀性，确定密实层的承载力；对排水固结地基应检验其固结度、强度，预测后期加固变形是否满足建筑物的使用要求；对化学加固地基应检验其均匀性、强度和变形；对复合地基应检验加固桩体的质量、复合地基的承载力和变形。根据土质情况和采用的施工方法，还应检验桩体和桩间土的承载力；对加筋法处理的地基，应检验其强度和变形特性。

处理后的地基应满足建筑物对承载力、变形和稳定性要求，当地基受力层范围内仍存在软弱下卧层时，应进行软弱下卧层地基承载力验算；按地基变形设计或应作变形验算且需进行地基处理的建筑物或构筑物，应对处理后的地基进行变形验算；对建造在处理后地基上受较大水平荷载或位于斜坡上的建筑物及构筑物，应进行地基稳定性验算。这是处理后地基满足建筑物在长期荷载作用下正常使用必须满足的基本条件以及设计时应该进行的工作。各类建（构）筑物按其建筑功能的需要，满足设计要求而采用不同形式的基础，各类基础在向地基传递建筑物荷载时存在不同的传递方式，地基的主要受力层和下卧层的分布不同，使得计算地基变形的厚度不同。这些作为建筑地基基本的工程特性，地基处理设计时应全面考虑，处理地基的主要受力层和下卧层均应满足承载力设计要求；处理后地基的承载力验算，应同时满足轴心荷载作用和偏心荷载作用的要求；处理后地基变形计算深度的地基变形量应小于地基变形允许值；存在影响稳定性的问题时，地基处理的设计尚应满足稳定性的要求。

对处理后地基，应针对建筑物的使用功能要求，采用能够全面反映其性状的检验方法，并能正确评价其地基承载力、变形和处理范围和有效加固深度内地基的均匀性，以及复合地基增强体的成桩质量和承载力。

1. 检测方法及其适用性

《建筑地基处理技术规范》JGJ 79—2012 第 10.1.1 条的条文说明针对处理后地基的检测内容和检测方法的选择提出了可供参考的表格。该表按照处理地基的类型和检测内容提出可供选择的应测项目、可选测项目以及需要时进行的检验项目。检测内容包括地基承载力、施工质量和均匀性、复合地基增强体或微型桩的成桩质量等三部分内容。处理后地基的施工质量包括预压地基的抗剪强度、夯实地基的夯间土质量、强夯置换地基墩体着底情况、消除液化或消除湿陷性的处理效果、复合地基桩间土处理后的工程性质等；处理后地基的施工质量和均匀性检验应涵盖整个地基处理面积和处理深度；消除液化或消除湿陷性的处理效果、复合地基桩间土处理后的工程性质等检验仅在存在这种情况时进行；应测项目、可选测项目以及需要时进行的检验项目中两种或多种检验方法检验内容相同时，可根据地区经验选择其中一种方法。

1）关于载荷板的尺寸

载荷板静载荷试验一般为工程验收的应测项目，用于测定承压板下应力主要影响范围内处理地层或复合土层的承载力和变形特性。针对不同基础形式，需要检验的处理后地基承载力，载荷板的尺寸要求不应相同；针对不同的地基处理深度，载荷板的尺寸要求也不应相同。例如强夯处理地基，要求处理深度 5m～6m，如果建筑物采用条形基础，基础宽度 1.8m～2.5m，此时应采用 2m×2m 的载荷板进行试验，检验结果可基本反映建筑物对处理后地基承载力的要求；而如果采用 0.707m×0.707m 的载荷板进行试验，则仅能反映 2m 左右深度范围的地基承载力情况，需要再采用标贯或动探等原位测试手段检验在主要持力层沿深度变化及下卧土层的承载力，才能确定该强夯处理后的地基是否满足地基承载力要求。

当基础尺寸过大时，难以进行大尺寸板试验而采用较小尺寸载荷板试验，对于换填垫层地基、压实或夯实地基、挤密地基，必须辅以其他原位试验手段检验深层地基的加固情况。如果沿深度是逐渐增强，可以和载荷板试验结果共同评价地基承载力和变形的处理效果；如果沿深度存在软弱层，应进行软弱下卧层地基承载力验算，再结合载荷板试验结果进行地基承载力评价。

有人片面认为静载荷试验是检验地基承载力最可靠的方法，但若不能正确使用也可以得到错误的检验结论。一般应采用静载荷试验与其他原位试验相结合的方法才能正确检验和评价地基承载力。

2）复合地基检验的垫层厚度

复合地基检验载荷板下铺设的垫层厚度对单桩复合地基试验结果有较大影响。地基处理规范对于单桩复合地基载荷试验的要求：试验应在桩顶设计标高进行；承压板底面以下宜铺设粗砂或中砂垫层，垫层厚度可取 100mm～150mm；如采用设计的垫层厚度进行试验，试验承压板的宽度对独立基础和条形基础应采用基础的设计宽度，对大型基础试验有困难时应考虑承压板尺寸和垫层厚度对试验结果的影响。这里说明单桩复合地基静载荷试验，由于试验采用的载荷板尺寸小于工程实际的基础尺寸，一般不能采用原设计的褥垫层厚度进行试验；如果要求采用设计的垫层厚度进行试验时，试验承压板的宽度对独立基础和条形基础应采用基础的设计宽度。采有两种或两种以上地基处理技术形成的复合地基，例如挤密砂桩加较厚砂垫层形成的复合地基，一般单桩复合地基试验的载荷板，按一根桩承担的面积在 $1.5m^2$～$2.0m^2$，如果设计褥垫层厚度 500mm，采用 $2m^2$ 的载荷板，大约相当于板的宽度为 1.4m，这时厚度为 500mm 的褥垫层将对板下的地基产生应力扩散作用，使得检验结果不能真实反映实际地基的工作形状而过高地评价地基承载力。

3）关于检验数量

规范一般给出某种检验的最小检测数量要求，而检测数量的确定原则应以能够正确评价处理后的地基性状满足建筑物使用要求为目的。而正确评价处理后地基性状所需要的检验数量，受多种因素影响，主要包括场地工程勘察对原地基评价的正确性、处理工法对于原地基的影响程度以及设计采用参数的可靠性、采用的地基处理工法在本地区的经验和成熟程度、施工队伍对于工法关键技术的质量控制水平以及不同施工队伍在同一建筑物内不同作业班组的质量差异等。一般情况下，工程勘察对原地基评价无重大失误，设计采用的处理工法较成熟且有地区经验，施工单位能掌握工法的技术要领且单位工程是一个施工单位施工，没有出现不满足规范要求的主控项目，建成的建筑物没有发生重大质量事故，可采用规范要求的最少检验数量检验。若施工中出现异常情况，或地基情况与勘察不符，或施工中出现异常情况处理不当，或单位工程两个施工单位或班组施工质量差异过大，出现承载力不满足设计要求或出现处理后地基在同一建筑物下不均匀，可能产生倾斜或差异沉降时，应增加检测数量，以达到处理后地基的评价要求。

4）关于复合地基检验中单桩复合地基静载荷试验和单桩静载荷试验的数量

地基处理规范中关于复合地基的检验规定，单桩复合地基静载荷试验和单桩静载荷试验的总数量不少于桩总数的 1%，且要求复合地基静载荷试验数量不少于 3 台，应该说这是最低要求，而是否能够达到进行正确评价的要求，尚需根据上述影响因素，结合工程情况确定。

复合地基检验应考虑多种影响因素，确定检验方法。复合地基设计，可以在原正常固结土层直接施工增强体，该增强体施工可以采用对原地基土影响小的长螺旋施工机械，也可以采用对原地基土有挤密效果的振动、夯实成桩工法；复合地基在处理具有液化、湿陷等特性的地基土时，需采用具有消除液化、湿陷等特性的挤密工法施工。所以，对于不同的场地条件，原则上都应对设计参数和施工质量进行检验。采用振动、夯实成桩工法以及消除液化、湿陷等特性的挤密工法，应检验处理后的地基性状是否满足设计要求，是否消除液化、湿陷特性等。所以单桩复合地基静载荷试验和单桩静载荷试验的数量是保证复合地基和增强体施工质量满足质量要求而进行的有限数量的静载荷试验。

按照工程经验，评价地基承载力的静载荷试验的最少数量应为 3 台。所以原则上，对于一个单体工程，复合地基检验中单桩复合地基静载荷试验或单桩静载荷试验的数量均不应少于 3 台，才能满足评价要求。

地区经验很重要。有的地区对有的工法有丰富的经验，例如北京地区，在高层建筑地基处理中采用 CFG 复合地基技术，由于地层稳定性好，采用长螺旋压灌混凝土工艺施工，工程勘察给出的设计参数在正常施工后检验均能达到设计要求。这时的复合地基检验，侧重点应为成桩质量及单桩承载力，单桩质量及单桩承载力检验合格的工程，未出现过质量事故。

5）关于两种或两种以上处理技术同时采用时地基性状的检验方法

采用两种或两种以上处理技术进行地基处理，满足地基处理设计要求的工程很多，包括原地基存在液化、湿陷特性，采用消除液化、湿陷特性处理后再采用其他地基处理手段提高承载力或减少变形的地基处理方法；下部采用复合地基处理，上部采用较厚砂或灰土垫层的地基处理方法；多桩型复合地基处理处理等。此时，处理后地基的检测应根据不同的处理目的，分别检验评价。消除液化、湿陷处理后，应采用能够判定消除液化、湿陷特性的检测手段，而对提高承载力或减少变形的地基处理，应在消除液化、湿陷特性检验合格的基础上进行整体处理效果的检测，应避免分别检测结果的叠加效应对承载力或变形结果的影响。地基处理规范规定：采用多种地基处理方法综合使用的地基处理工程验收检验时，应采用大尺寸承压板进行载荷试验，其安全系数不应小于 2.0。

对于下部采用复合地基处理，上部采用较厚砂或灰土垫层的地基处理的检验，下部复合地基应采用复合地基的检验方法，上部垫层地基应采用垫层地基的检验方法，应避免统一采用复合地基检验。而采用原设计垫层厚度进行较小尺寸板的复合地基检验，由于检验时的垫层效果与实际基础垫层的效果不一致，容易产生对承载力和变形处理效果判定的失误。多桩型复合地基处理，在对每一种桩型分别检验后，尚需对多桩型复合地基处理的综合处理效果进行检验评价。

6）出现个别不满足设计要求结果的补充检验

地基处理规范规定：验收检验的抽检位置应按下列要求综合确定：（1）抽检点宜随机、均匀和有代表性分布；（2）设计认为的重要部位；（3）局部岩土特性复杂可能影响施工质量的部位；（4）施工出现异常情况的部位。对此应区分随机抽检和特殊检验两种检验的理念和原则，（1）和（2）点的抽检应符合随机抽检原则，其数量应满足规范最少检测数量的要求，而（3）和（4）点的抽检是对工程特殊性和施工质量问题处理结果的检测，一般不应包含在最少检测数量中。

所以，在工程检验中出现个别不满足设计要求的结果，应根据检验结果判定不合格原因，一般先不要求增加检测数量。仅当原因不确定时，再增加检测数量。此时增加检测数量应遵循（1）和（2）点的抽检原则。

2. 关于检验及评价范围

检验及评价范围应包括平面范围及深度。设计地基处理平面范围及深度，是根据需要处理的地基土特性、建筑物对地基承载力和变形的要求以及保证其正常使用的要求确定的，所以地基处理后的检验及评价范围，应是能满足判定这些要求而需要的范围。

例如，强夯地基，需处理的土层厚度 8m（其下为满足下卧层验算要求的原地基土层），采用 5000kN·m 夯击能进行强夯施工，施工结束后工程验收检验的最小范围应为拟建建筑物平面尺寸外扩 4m，以及深度为 8m 的范围；静载荷试验的试验点应满足每个单体建筑下不少于 3 台的要求，建筑物平面尺寸外的施工质量可采用标贯或动探的方法；若建筑物采用条形基础，基础宽度为 2.0m，载荷板尺寸应采用 2.0m×2.0m。因为宽度为 2.0m 的载荷板的应力影响范围不大于 6m，所以 2m 以下地基的承载力检验必须辅以标贯或动探方法。而采用标贯或动探检测地基承载力时，需有与静载试验比对的结果。

又如，预压地基的验收检验，地基承载力的检验深度应为大气压力的影响深度，即 10m；而地基变形计算深度应为排水板或砂井的设计深度。消除液化、湿陷处理后的检验范围应为拟建建筑物平面外扩的尺寸不小于处理深度的 1/2，检验的深度应为液化或湿陷土层的厚度。

3. 处理后地基性状的评价

处理后地基性状评价的基本要求应是在满足建筑物地基正常使用功能要求的前提下是否满足设计要求。一般情况下，设计要求应高于建筑物地基正常使用功能要求。处理后地基的评价应包括地基承载力和变形评价，处理范围和有效加固深度内地基均匀性评价，以及复合地基增强体的成桩质量和承载力评价。

工程中经常出现问题的理解和评价方法：

（1）关于采用平均值评价地基承载力

地基承载力设计参数取值采用载荷板试验结果的规定：同一土层参加统计的试验点不应少于 3 点，各试验实测值的极差不超过其平均值的 30% 时，取该平均值作为该处理地基的承载力特征值。当极差超过平均值的 30% 时，应分析离差过大的原因，需要时应增加试验数量并结合工程具体情况确定处理后地基的承载力特征值。

该规定确定处理后的地基承载力是有使用条件的。首先，试验点的选取应有场地土的代表性，一般情况下选取的试验地试验结果可保证其他部位均不低于平均值或极差远小于 30%，该结果使用是安全的；若处理后地基性状出现影响变形控制的不均匀性时，该取值可能偏于不安全，应降低使用；对于有增强特性的地基处理方法，例如复合地基增强体或微型桩提高承载力幅度较大时，与采用的基础形式或基础尺寸有关，复合地基增强体对于桩数少于 5 根的独立基础或桩数少于 3 排的条形基础，不应取平均值，而应取最低值。

工程验收检验，采用载荷板检验地基承载力，不建议在某一台试验出现不满足设计要求，而采用其他两台增大试验荷载，用平均值满足设计要求的评价方法。此方法仅在较大基础尺寸，不满足设计要求的点位置是交叉出现，不影响基础整体受力条件下采用才能保证工程安全。此时应结合均匀性检验结果判定是否满足建筑物的使用要求。

（2）关于复合地基单桩复合地基静载荷试验和单桩静载荷试验结果不一致的处理方法

这个问题在工程验收中经常出现。原则上说，只要某一种检验不满足设计要求，该工程即存在质量隐患，原因是多种多样的。在某一地区采用某一种复合地基处理技术，应有地区经验，没有经验时应进行现场试验以及试点工程取得经验后再推广，是成熟技术应采用的技术路线。所以，当勘察提出的地基土性和相关参数符合地区特点，设计单位设计参数取值合理，正常施工的工程，检验结果应能满足设计要求，这是一般规律。复合地基静载荷试验不满足设计要求时，可能存在的原因是地基土性和相关参数符合程度差、设计原理和设计参数不够合理、施工关键技术控制不够好等，所以应全面检查各个环节存在的问题。当单桩静载荷试验结果不满足设计要求时，地基土性和相关参数的符合程度以及施工关键技术控制状况应为主要原因。复合地基单桩复合地基静载荷试验满足要求而单桩静载荷试验结果不满足时，工程存在质量隐患，因为增强体是复合地基提高承载力减少变形的主要承载体；单桩复合地基静载荷试验不满足要求而单桩静载荷试验结果满足时，应首先考虑地基土性或设计参数取值是否合理。如果采用了影响原地基土性状的振动、挤密等施工方法，则应考虑延长休止时间，再进行检测判定。

（3）关于采用两种或两种以上处理技术的地基性状的评价方法

采用两种或两种以上地基处理技术时，应在每一种技术处理后达到设计要求的基础上，进行大尺寸承压板进行载荷试验，检验整体处理效果。大尺寸承压板尺寸应能反映地基处理的主要土层的应力情况，其安全系数不应小于 2.0。

（4）出现个别不满足设计要求时的评价及处理方法

当工程检验结果不满足设计要求时，首先应根据现有检测资料和工程勘察、设计、施工资料，分析原因并提出处理意见。当根据现有资料分析原因有困难时，才需要扩大检测数量。

如前所述，对处理后地基性状的基本要求应是在满足建筑物正常使用要求的前提下是否满足设计要求，一般情况下，设计要求应高于建筑物地基正常使用要求。所以，对于工程检验出现不满足设计要求时，应由设计单位复核是否满足建筑物地基正常使用要求，如果满足了，也可通过工程验收；如果不满足，再考虑进一步处理的方法。

19.2　换　填　垫　层

换填垫层是将基础底面下一定范围内的软弱土层挖去，然后分层换填强度较大的砂、碎石、素土、灰土、矿渣以及其他性能稳定无侵蚀性的材料，并夯（压、振）至要求的密度度，满足建筑物的基础对地基强度、变形及稳定要求。

当在建筑范围内上部软弱土层较薄时，可采用全部换填处理；对于建筑范围内局部存在松散填土、暗沟、暗塘、古井、古墓或紧邻基础的坑穴，可采用局部换填处理。开挖基坑后，利用分层回填夯实，也可处理较深的软弱土层。这时，由于换填所需开挖的深度过大，常因地下水位高，需要采用降水措施；或因坑壁放坡占地面积大，或因防止邻近地面管网、道路及周围建筑物的沉降破坏，或因施工土方量大等因素，需要边坡支护，造成处理费用增大，工期增长，对环境影响较大等不利结果。因此换填垫层一般适用于各类浅层地基处理，对于较深土层处理则需经技术经济比较后采用。这里应该指出，大面积填土产生较大范围地面负荷影响，地基压缩变形量大，变形持续时间长等，与换填垫层法浅层处理的地基特点不同，应按有关规定进行设计施工。

19.2.1　垫层设计

垫层应满足建筑地基的承载力和变形要求，应按《建筑地基处理技术规范》设计。垫层设计应进行垫层材料选择、垫层厚度确定、垫层平面和立面范围、垫层地基承载力及下卧层验算等。

1. 垫层材料选择

垫层材料应根据地区材料、保护环境和节约资源的原则以及垫层地基的设计要求，可选择砂石、粉质黏土、灰土、粉煤灰、矿渣、其他工业废渣、土工合成材料等。各种材料的要求，垫层施工设备及可能达到的垫层地基承载力及变形参数见表 19.2.1。

基层材料选择原则 表 19.2.1

垫层材料	材料质量要求	施工机械及方法	施工标准压实系数 λ_c	可能达到的承载力 (kPa)	压缩模量 (MPa)
碎石卵石	粒径小于 2mm 的部分少于总重的 45%	碾压、振动或夯实	0.94～0.97	200～300	30～50
砂夹石	碎石、卵石占全重的 30%～50%	碾压、振动或夯实	0.94～0.97	200～250	25～30
土夹石	碎石、卵石占全重的 30%～50%	碾压、振动或夯实	0.94～0.97	150～200	20～25
中砂、粗砂、砾砂、圆砂、角砾	粒径小于 2mm 的部分小于总重的 45%	碾压、振动或夯实	0.94～0.97	150～200	20～30
粉质黏土	有机质含量不超过 5%	碾压、振动或夯实	0.94～0.97	130～180	8～10
石屑	含泥量小于 5%	碾压、振动或夯实	0.94～0.97	120～150	10～20
灰土	体积配合比 3:7 或 2:8	碾压、振动或夯实	0.95	200～250	15～25
粉煤灰		碾压、振动或夯实	0.90～0.95	120～150	8～15
矿渣	有机质及含泥量不超过 5%	碾压、振动或夯实		200～300	18～30

注：1. 采用轻型压实试验时，压实参数 λ_c 应取高值；采用重型压实试验时，压实系数 λ_c 可取低值；

2. 矿渣垫层的压实指标为最后二遍压实的压陷差小于 2mm；

3. 土工合成材料加筋垫层设计参数应通过试验确定。

2. 垫层厚度及平、立面设计

垫层设计示意图见图 19.2.1。

垫层厚度应根据建筑物基础对地基承载力和变形要求确定。

（1）根据换填土层的厚度、垫层底层土的地基强度确定垫层最小厚度。垫层底面处的附加压力 P_z 可按下式计算：

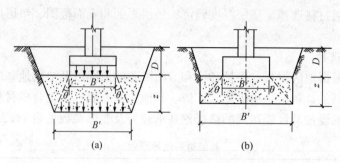

图 19.2.1 垫层设计示意图

条形基础：
$$P_Z = \frac{(P - P_c)B}{B + 2Z\tan\theta} \qquad (19.2.1)$$

矩形基础：
$$P_Z = \frac{(P - P_c) \cdot B \cdot A}{(B + 2Z\tan\theta)(A + 2Z\tan\theta)} \qquad (19.2.2)$$

式中 P——荷载效应标准组合时基础底面平均压力（kPa）；

P_c——基础底面积标高处土的自重应力（kPa）；

A、B——基础底面的长度和宽度（m）；

Z——垫层的厚度（m）；

θ——垫层材料的压力扩散角，可按表 19.2.2 采用。

压力扩散角 θ 表 19.2.2

换填材料 z/b	中砂、粗砂、砾砂、圆砾、角砾、石屑、卵石、碎石、矿渣	粉质黏土、粉煤灰	灰土
0.25	20	6	28
≥0.50	30	23	

注：1. 当 z/b<0.25，除灰土取 θ=28°外，其余材料均取 θ=0°，必要时，宜由试验确定；

2. 当 0.25<z/b<0.5 时，θ 值可内插求得。

（2）垫层宽度的确定：

垫层底宽 B' 应大于等于 $B + 2Z \times \tan\theta$。

垫层厚度一般不宜大于 3m，太厚施工困难，太薄（<$\frac{1}{4}B$），则垫层的作用不明显。

3. 垫层地基的变形计算

垫层地基的变形应按分层总和法计算。沉降量应满足建筑物的沉降允降值。

19.2.2 工程设计实例

某公共建筑地上二层，钢筋混凝土框架结构，其平面图，剖面图见图 19.2.2、图 19.2.3，建筑用地典型地质剖面图见图 19.2.4，基础平面图见图 19.2.5。其中基础尺寸 F_1=1.8m×1.8m，F_2=2.2m×2.2m，F_3=2.6m×2.6m，F_4=3.0m×3.0m。

根据图 19.2.4 地质剖面图，素填土 f_{ak}=70kPa，考虑基础设计尺寸，深宽修正的地基承载力不满足设计要求，应进行处理。

地基处理方案的选择：考虑场地地下水位深，采用独立基础较经济；拟采用垫层处

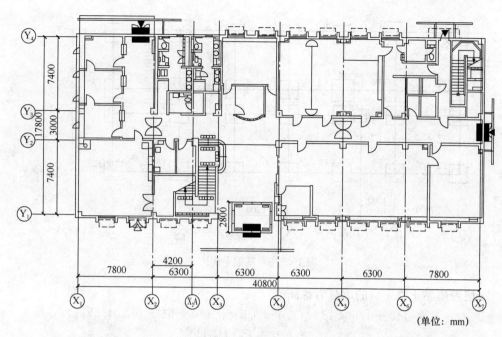

（单位：mm）

图 19.2.2　建筑平面图

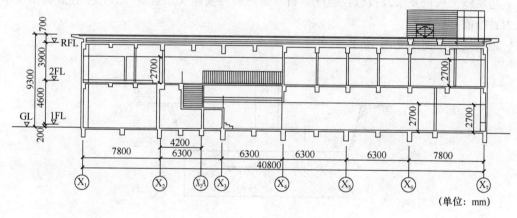

（单位：mm）

图 19.2.3　建筑剖面图

理，要求处理后的地基承载力特征值大于等于 180kPa，处理换填厚度初拟 1.2m。

垫层材料选择：根据表 19.2.1 各种材料的特性及当地经验，选择级配砂石。

验算②粉质黏土地基承载力：$P = 180$kPa　$Pc = 21.6$kPa

根据式（2.2）

$$p_z = \frac{(180 - 21.6) \times 3 \times 3}{(3 + 2 \times 1.2 \tan 20^2)} = 95\text{kPa}$$

$$P_C = (2.4 + 0.5) \times 20 = 58\text{kPa}$$

$$P_z + P_C = 153\text{kPa}$$

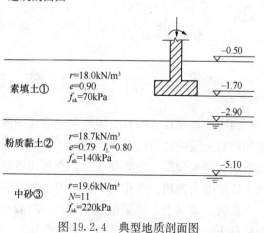

图 19.2.4　典型地质剖面图

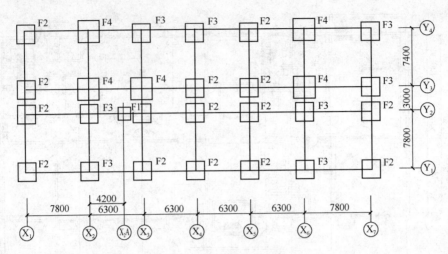

图 19.2.5　基础平面图

② 层粉质黏土修正后的承载力特征值：

$$f_a = 140 + 1.6 \times 18 \times (2.4 - 0.5) = 140 + 61.5 = 201.5 \text{kPa}$$

$$f_a > (P_Z + P_C)（满足）$$

垫层施工质量要求及检验：级配砂石，碾压或夯实压实系数≥0.97，平板载荷试验承载力特征值≥180kPa。

地基处理剖面图见图 19.2.6。

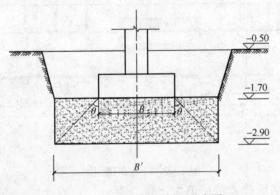

图 19.2.6　地基处理剖面示意图

19.3　预　压　地　基

预压地基是在土的自重固结未完成或预测建筑物的沉降过大等情况下，在建筑的荷载施工前对土层施加荷载，使土层固结，增加强度和减少后期变形的处理地基的方法。常用的方法有排水预压、堆载预压、真空预压或联合使用。在我国常见的采用预压法加固地基的土质情况为湖相、海相沉积的淤泥、淤泥质土、吹填土、尾矿、粉煤灰等。

在软土地基上，如果作用于地基的荷载小于地基的破坏荷载时，则在荷载作用下，饱和软黏土产生孔隙水压力消散，地基会排水固结，土的抗剪强度会得到相应的提高。可以利用土的压缩试验或地基载荷板的试验结果来说明预压加固地基的原理。

在图 19.3.1（a）中，固结压力 P_0 时，孔隙在 a 点，当固结压力增加到 $P_0 + \Delta P$ 时，孔隙比在 b 点。在固结过程中，孔隙由 a 点达到 b 点，孔隙减少了 Δe，此时如进行卸荷，将产生回弹，由 b 点回弹至 d 点；再从 d 点加荷，土样将沿虚线再固结，到达 b 点时，土样孔隙比减少了 $\Delta e'$ 可知 $\Delta e' < \Delta e$。表示加荷卸荷再加荷曲线，土体变形将大大减小。

在图 19.3.1（b）中，荷载板加荷至 P_b，荷载板变形 S_b，在 b 点卸荷，回到 d 点，从 d 点再加荷，曲线将沿虚浅达到 b 点，荷载板变形 S'_b 可知 $S'_b < S_b$，同样表明加荷卸荷再加荷曲线，土体变形将大大减少。

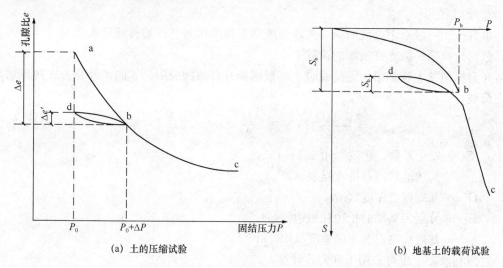

(a) 土的压缩试验　　　　　　　　　　　(b) 地基土的载荷试验

图 19.3.1　土的压缩试验和地基土的载荷试验曲线示意图

预压地基就是利用上述加固原理对地基进行处理后的地基。建筑物建造前，在场地内对地基进行预压，使地基的抗剪强度提高到设计要求后再建造建筑物；或利用建筑物本身的荷载，分级加荷进行预压，直到达到设计荷载为止。例如油罐地基利用试水期间的荷载进行预压，使大部分沉降在试水期间完成，同时使地基强度得到提高。在软土地基上筑路堤时，也可采用分期堆载预压的方法。

抽水预压是将土中孔隙水排出，增大土的有效压力，使土层再固结；堆载预压是在土层上堆放荷载，使土层在荷载作用下固结；真空预压是采用抽真空的方法利用土中孔隙压力与大气压力的压差使土层固结。

预压能否获得满足工程要求的实际效果，取决于地基土层的固结特征、土层的厚度、预压荷载的大小、预压时间等。为了缩短工期，减少建物的预后沉降，工程中常用用超载预压和在土中设置排水砂井、排水板等措施。

预压加固地基的有效深度与预压荷载的施加方法有关。降水预压在降水有效预压荷载的影响深度，堆载预压在堆载的有效影响深度，真空预压在大气压力的影响深度，一般情况下有效影响深度为 8m～12m。在上部土层较好情况下，由于上部土层"拱"效应，影响深度会减少。

19.3.1 设计

预压地基设计应根据场地土质情况、固结特性、处理土层厚度及当地经验，选择预压方法，确定预压荷载大小、预压时间及缩短工期的措施等。

1. 预压加固地基设计所需资料

（1）场地地质勘察报告，应包括土层分布、厚度、地下水位、土层渗透系数、固结特征（e-p 曲线或 p-s 曲线）、压缩系数、土层地基强度指标（c_n、c、φ、f_{ak}）。

（2）拟建建筑物的设计要求。

（3）建设方对工期的要求，能提供的堆载材料。

2. 堆载预压

堆载预压一般采用分级加荷方式，为缩短工期采用砂井或塑料板排水。

（1）计算第一级允许施加的荷载 P_1：

在天然地基上施加第一级荷载时，可根据斯开普敦的极限公式的半经验公式初步估算容许荷载：

$$P_1 = \frac{5.14C_u}{K}\left(1+0.2\frac{B}{A}\right)\left(1+0.2\frac{D}{B}\right)+\gamma D \tag{19.3.1}$$

试中　K——安全系数，建议采用 $1.1\sim1.5$；

　　　C_u——天然地基的不排水强度（kPa）；

　　　D——基础埋置深度（m）；

　A、B——分别为基础的长边和短边（m）；

　　　γ——基底标高以上土的重度（kN/m²）。

对饱和软黏土也可采用下列公式计算：

$$P_1 = \frac{5.14C_u}{K}+\gamma \cdot D \tag{19.3.2}$$

（2）计算地基的强度增长：

在施加荷载后，经过一定停歇预压时间后，地基强度就随固结而增大。对正常固结饱和黏性土地基，某点某时间的抗剪强度可按下式计算：

$$\tau_{ft} = \tau_{fo} + \Delta\delta_z \cdot U_t \cdot \tan\varphi_{cu} \tag{19.3.3}$$

试中　τ_{ft}——t 时刻该点的抗剪强度（kPa）；

　　　τ_{fo}——地基土的天然抗剪强度（kPa）；

　　　$\Delta\delta z$——预压荷载引起的该点的附加竖向应力（kPa）；

　　　U_t——该点土的固结度；

　　　φ_{cu}——三轴固结不排水压缩试验，求得的土的内摩擦角。

（3）计算停歇预压时间：

停歇预压时间是指达到某一固结度（如预先假设固结度为 80%）所需时间 t；计算径向排水的固结度

$$U_r = 1 - \frac{8}{\pi^2}e^{-\beta t}$$

式中　β 为与排水设置有关的参数，$\beta = \dfrac{8 \cdot c_h}{F_n \cdot d_e^2} + \dfrac{\pi^2 c_v}{4H^2}$

可得
$$t = \frac{1}{\beta} \ln \frac{8}{\pi^2 (1 - U_r)}$$

根据（1）、（2）、（3）的计算结果，可以制订预压加荷计划，并根据现场实测数据调整控制加荷速率。

（4）一级或多级加载条件下，当固结时间为 t 时，对应总荷载的地基平均固结度可按下式计算：

$$\overline{U}_t = \sum_{i=1}^{n} \frac{q_i}{\sum \Delta p} \left[(T_i - T_{i-1}) - \frac{\alpha}{\beta} \cdot e^{-\beta t (e^{\beta Ti} - e^{\beta Ti-1})} \right] \qquad (19.3.4)$$

$\overline{U}_t$——T 时间地基的平均固结度；

Q_i——第 i 级荷载的加载速率（kPa/d）

$\sum \Delta P$——各级荷载的累加值（kPa）；

T_{i-1}，T_i——分别为第 i 级荷载加载的起始和终止时间（从零点起算）（d），当计算第 i 级荷载加载过程中某时间 t 的固结度时，T_i 改为 t；

α、β——参数，根据地基土排水固结条件按表 19.3.1 采用。对竖井地基，表中所列 β 为不考虑涂抹和影响的参数值。

参数 α、β 值 表 19.3.1

排水固结条件 / 参数	竖向排水固结 $\overline{U}_z > 30\%$	向内径向排水固结	竖向和向内径向排水固结（竖井穿透受压土层）	说　明
α	$\frac{8}{\pi^2}$	1	$\frac{8}{\pi^2}$	$F_n = \frac{n^2}{n^2-1} \ln(n) - \frac{3n^2-1}{4n^2}$ c_h—土的径向排水固结系数（cm²/s）; c_v—土的竖向排水固结系数（cm²/s）; H—土层竖向排水距离（cm）; $\overline{U}_z$—双面排水土层或固结应力均匀分布的单面排水土层平均固结度
β	$\frac{\pi^2 c_v}{4H^2}$	$\frac{8c_h}{F_n d_e^2}$	$\frac{8c_h}{F_n d_e^2} + \frac{\pi^2 c_v}{4H^2}$	

（5）预压荷载下地基的最终竖向变形量可按下式计算：

$$s_f = \beta \sum_{i=1}^{n} \frac{e_{0i} - e_{1i}}{1 + e_{0i}} h_i \qquad (19.3.5)$$

式中　s_f——最终竖向变形量（m）；

e_{0i}——第 i 层中点土自重压力所对应的孔隙比，由室内固结试验 e-p 曲线点得；

e_{1i}——第 i 层中点土自重压力与附加压力之和所对应的孔隙比，由室内固结试验 e-p 曲线查得；

h_i——第 i 层土层的厚度；

β——经验系数，对正常固结饱和黏性土地基可取 1.1~1.4。荷载较大，地基土较软弱时可取较大值，否则取较小值。

变形计算时，可取附加应力与自重应力的比值为 0.1 的深度作为受压层的计算深度。

3. 真空预压

（1）真空预压是在需要加固的软土地基表面先铺设砂垫层，然后埋设垂直排水通道（袋装砂井或塑料排水板），再用不透气的封闭膜使其与大气隔绝，薄膜四周埋入土中，通过砂垫层内埋设排水管道，用真空装置进行抽气，使其形成真空。当抽真空时，发生在地表砂垫层及竖向排水通道内逐步形成负压，使土体内部与排水通道、垫层之间逐步形成压差，在压差作用下，土体中孔隙水不断由排水通道排水，从而使土体固结。

（2）真空预压荷载的确定

真空预压荷载主要由两部分组成：

① 薄膜外大气压力与薄膜内砂垫层与竖井压力差（负压一般为 70kPa～85kPa）。

② 地下水位下降增加的附加压力。抽气前地下水位 H_1，抽气后地下水位 H_2，附加压力为 $(H_1 - H_1)\gamma_w$。

4. 降水预压法

降水预压的预压荷载应是降低地下水位后土的自重压力增加值；大面积降水预压荷载即为降深 $H \cdot \gamma_w$（kPa）。

19.3.2 工程实例

以某路堤地基处理工程为例。某高等级公路经过河流冲积低洼地，系极软弱地层，地表附近分布有腐殖土层，无侧限抗压强度 $q_u = 20\text{kN/m}^2$。软弱地基对路堤的沉降稳定性极为不利。场地典型地质剖面及路堤标准断面图见图 19.3.2。

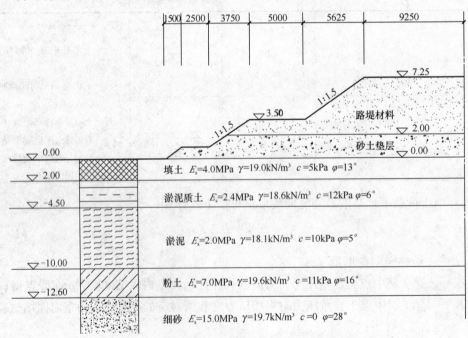

图 19.3.2　场地典型地质剖面及路堤设计断面图

根据地质条件和路堤设计高度及路堤路基预后沉降要求（≤10cm），拟用堆载（利用路堤材料）预压法。为加快工期，减少预后沉降，采用 $\phi400\text{m}$ 砂桩，加速排水固结。设计计算结果如下。

1）路堤地基最大沉降量

经计算路堤顶标高 7.25m，最大固结沉降量 900mm。

2）砂井间距的确定

采用直径为 $\phi400$ 的砂井，以间距 2.0m、2.5m、3.0m 进行固结计算，结果见图 19.3.3，可见砂井 2.0m 固结度达到 90%，时间 70d 左右，工期较短，选择此间距施工，制定施工计划。

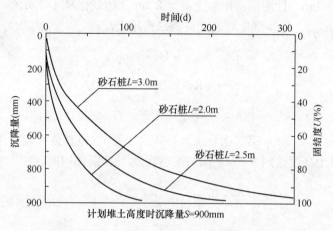

图 19.3.3　不同砂井布置一次加载沉降曲线

方案制定时，有人建议用塑料排水板作为竖向排水措施，进一步节省工程投资，并提出如下经验方案（图 19.3.4）。

考虑到该场地土质情况及加载速率控制，用塑料排水板不能考虑复合地基的承载作用，工期较长，而用 $\phi400$ 砂井可以考虑部分复合地基的承载作用，加快堆载时间，所以仍决定采用 $\phi400$ 砂井排水方案。

3）计算第一级允许施加的荷载 P_1

本工程砂垫层及砾砂排水层厚度共 2m，铺设工作场地稳定性不存在问题，在此基础上计算 P_1。

$$P_1 = \frac{5.14C_u}{K} + \gamma D$$

取 $K = 1.2$

对于②层淤泥质土：

$$P_1 = \frac{5.14 \times 20}{1.2} + 19 \times 2.0$$

$$= 123.7 kN/m^2$$

允许施加荷载高度 $= \dfrac{123.7 - 19 \times 2.0}{20} = 4.30m$

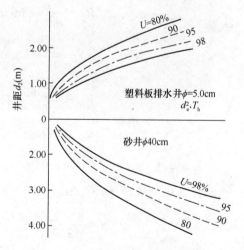

图 19.3.4　砂井与塑料板排水井间的间距换算关系图

对③层淤泥：

$$P_1 = \frac{5.14 \times 20}{1.2} + 19 \times 20 + 2.5 \times 18.6$$

$$= 170.2 \text{kN/m}^2$$

$$\frac{170.2 - 19 \times 2 - 2.5 \times 18.6}{20} = 4.3 \text{m}$$

考虑已施工 2.0m，计划第一次堆土高度 2.5m（达到标高 4.50m）。

4）堆土 2.5m 后，地基强度增长允许的二次堆土高度

$$q_{\text{ft}} = q_{\text{ft}} + \Delta \sqrt{Z} \cdot U_t \cdot \tan\varphi_{\text{cu}}$$

$$= 20 + (4.5 \times 20) \times 0.8 \times 0.105$$

$$= 27.56 \text{kN/m}^2$$

允许堆土总高度 5.9m，第二次堆土允许高度 1.4m（按整体稳定计算结果调整）

5）第一次堆土高度达到 4.5m，固结度达到 80% 所需的时间

$$t = \frac{1}{\beta} \cdot \ln \frac{8}{\lambda^2 (1 - u_r)}$$

$$\beta = \frac{8c_n}{P_n \cdot d_e^2} + \frac{\pi^2 c_r}{4H^2}$$

$$d_e = 226 \text{cm}$$

$$P_n = \frac{n^2}{n^2 - 1} \ln(n) - \frac{3n^2 - 1}{4n^2}$$

$$n = \frac{226}{40} = 5.65$$

$$F_n = \frac{5.65^2}{5.65^2 - 1} \ln 5.65 - \frac{3 \times 5.65^2 - 1}{4 \times 5.65^2}$$

$$= 1.7877 - 0.742$$

$$= 1.04$$

综合取 $C_h = 2.28 \times 10^{-3} \text{cm/s}$　$C_v = 1.21 \times 10^{-3} \text{cm/s}$

$$\beta = \frac{8 \times 2.28 \times 10^{-3}}{1.04 \times 226^2} + \frac{3.14^2 \times 1.21 \times 10^{-3}}{4 \times 1260^2}$$

$$= 0.343 \times 10^{-6} + 0.002 \times 10^{-6}$$

$$= 0.345 \times 10^{-6} \text{1/s}$$

$$= 0.0299 \text{1/d}$$

$$t = \frac{1}{0.0299} l_n \frac{8}{\pi^2 (1 - U_r)}$$

$$= \frac{1.4}{0.0299}$$

$$= 47(d)$$

根据（3）、（4）、（5）的计算结果，初步拟定施工计划：

① 1.0m 砂垫层施工；

② 施工 ϕ400 砂井；

③ 1.0m 砾砂垫层施工；

④ 2.5m 路堤施工（持载 50 天）；

⑤ 1.5m 路堤施工（持载 50 天）；

⑥ 超载 1.25m 施工（持载 70 天）；

⑦ 路面施工。

6）检验路堤稳定性

根据拟定的路堤施工高度，复检整体稳定性。采用圆弧滑动法的结果如表 19.3.2。

路堤施工高度与稳定安全系数   表 19.3.2

路堤高度	砂桩桩距	稳定安全系数
2.0m	2.0m	2.26
4.5m	2.0m	1.77
6.0m	2.0m	1.43
7.25m	2.0m	1.29

19.4 压实、夯实、挤密地基

压实、夯实、挤密地基是指对于大面积填土地基，或天然土体结构松散、孔隙比较大，不能满足地基承载力或变形要求的地基，或砂性土在地震荷载作用下产生液化，湿陷性土在水力作用下发生湿陷下沉等工程危害时，采用压实、夯实或挤密工法使土体结构密实、孔隙减少、消除液化或湿陷影响，满足地基承载力或变形要求的处理后的地基。

压实地基是指利用平碾、振动碾、冲击碾或其他碾压设备将填土分层密实处理的地基。压实技术适用于处理大面积填土地基、浅层软弱地基以及局部不均匀地基的换填处理。

夯实地基是指反复将夯锤提到高处使其自由落下，给地基以冲击和振动能量，将地基土密实处理或置换形成密实墩体的地基。夯实地基可分为强夯和强夯置换处理地基。强夯处理适用于碎石土、砂土、低饱和度的粉土与黏性土、湿陷性黄土、素填土和杂填土等地基。对变形要求不严格的工程，高饱和度的粉土与软塑～流塑的黏性土地基可采用强夯置换处理。

挤密地基是指利用插入土体中的沉管、夯锤或振冲器，利用其夯实功或水平挤压力进行土体密实处理的地基。挤密地基适用于碎石土、砂土、粉土、湿陷性黄土、素填土和杂填土等地基。

19.4.1 压实地基

1. 概述

近年来城市建设和城镇化发展迅速，人口规模和用地规模不断增长，开山填谷、炸山填海、围海造田、人造景观等大面积填土工程越来越多，填土厚度也越来越厚。据资料显示，全国每年填海造地面积约 350km²，中西部地区开山填谷的面积更大，例如广东省"十一五"期间的围海造地面积超过了 146km²，相当于 5.5 个澳门；天津仅滨海新区的填海造陆面积就达到了 200km²；山东省近年的填海造地面积超过 600km²。除了填方面积大，山区填土的厚度也屡创历史新高。目前我国填土厚度和填土边坡最大高度已经达到110m，典型的工程如：云南某县绿东新区削峰填谷项目（填方厚度 110m，挖方和填方边坡高度均为 105m，填料以混碎石粉质黏土为主）、九寨黄龙机场（最大填方厚度 90m，填料以含砾粉质黏土为主）、陕西某煤油气综合利用项目填土工程（黄土，最大填土厚度 70m）等。

大面积大厚度填方压实地基的工程实践成功案例很多，但工程事故也不少，不仅后果严重，带来很多环境问题，而且还凸显了很多岩土工程理论问题，有些问题（特别是大面积深厚填土地基的长期变形）尚待进一步研究，因此应引起足够的重视。

高填方工程的地基处理问题，主要包括以下 8 个方面：

（1）截水与排水渗水导流问题；

（2）原地面土和软弱下卧层（或称基底）处理问题；

（3）填挖交界面的处理问题；

（4）填料搭配及分层填筑施工方法问题；

（5）分层填筑地基处理设计问题；

（6）挖方和填方形成高边坡的稳定问题；

（7）地基加固效果检测及评价方法问题；

（8）高填方的工后沉降量估算问题。

地基的填筑方法是高填方地基加固处理的关键工序，在填筑时，必须采用分层堆填，绝对禁止抛填。分层堆填的厚度可根据运输车辆的吨位，取 1.0m～1.5m。大面积填方是选用压实方法还是夯实方法，要根据项目具体情况（填料类型、设备资源、工期要求等）进行经济技术对比后综合确定。

在强夯法出现以前，传统的填方压实地基多采用分层碾压、重锤夯实的方法。重锤（锤重一般不超过 10t）夯实的处理厚度一般为 1.0m～1.5m。分层碾压法存在很多局限性：①对填料的粒径和级配控制要求很严格，爆破成本随之增高；②回填方法要求很高，需精细化施工和管理；③压实基本上靠振密和挤密，即使是强度较低的泥岩、砂岩块石，也很难压碎，所以，分层碾压的填土材料必须有良好的级配，才能避免在填土中形成架空结构。

另外，地基土的最大干密度随着压实功能的增大而增大，分层碾压的压实功能较小，尽管压实度指标可以定得很高，但其基准是在压实功能较低水平上制定的，故分层碾压的影响深度有限。分层厚度较薄，层与层之间是面接触，上下层之间不能形成嵌固和咬合，对高填方地基的稳定性也是不利的。

2. 压实机械的分类与特性

机械压实密实度每提高 1%，其承载能力可提高 10% 左右。压实机械通常分为压路机（以滚轮压实）和夯实机（以平板压实）两大类。按施力原理不同，压路机又分为静作用压路机、轮胎压路机、振动压路机和冲击式压路机四大系列，夯实机械有振动夯实机、仅以冲击作用的爆炸夯实机和蛙式夯实机，如表 19.4.1 所列。

压实机械的系列与分类　　　　　　　　　表 19.4.1

系　　列	分　　类	主要结构形式	规格（总量）(t)
静碾压路机	三轮静碾压路机	偏转轮转向、铰接转向	10~25
	两轮静碾压路机	偏转轮转向、铰接转向	4~16
	拖式静碾压路机	拖式光轮、拖式羊脚轮	6~20
轮胎压路机	自行式轮胎压路机	偏转轮转向、铰接转向	12~40
	拖式轮胎压路机	拖式、半拖式	12.5~100
压路机 振动压路机	轮胎驱动单轮振动压路机	光轮振动、凸块轮振动	2~25
	串联式振动压路机	单轮振动、双轮振动	12.5~18
	组合式振动压路机	光面轮胎-光轮振动	6~12
	手扶式振动压路机	双轮振动、单轮振动	0.4~1.4
	拖式振动压路机	光轮振动、凸块轮振动	2~18
	斜坡振动压实机	光拖式爬坡、自行爬坡	
	沟槽振动压实机	沉入式振动、伸入式振动	
冲击式压路机	冲击式方滚压路机	拖式	
	振冲式多棱压路机	自行式	
夯实机 振动夯实机	振动平板夯实机	单向移动、双向移动	0.05~0.80
	振动冲击夯实机	电动机式、内燃机式	0.050~0.075
打击夯实机	爆炸夯实机		
	蛙式夯实机		

除表 19.4.1 中所列类别之外，压路机还可以按工作质量大小分为小型、轻型、中型、超重型；按用途不同分为基础用压路机、路面用压路机；按结构形式还可分为更多类型。

3. 冲击压实法

冲击压实技术是继静力碾压、振动碾压之后的又一次重大技术革新，它是采用拖车牵引三边形或五边形双轮来产生集中的冲击能量，达到压实土石料的目的。冲击压实在路基和大面积填筑中的应用越来越广，尤其在以不良土质作为填料的路基压实中有突出的优点。冲击压实技术是一种利用非圆形、大功率、连续滚动的轮辗进行路面和路基冲击压实的技术，20 世纪 50 年代由南非 AubreyBerrange 公司提出，但成为一种成熟的可供实用的非圆滚动冲击压实机则是在 20 世纪 70、80 年代，20 世纪 90 年代开始向全球推广。1995 年南非蓝派公司将这种压实设备传入我国。冲击压实利用动力固结原理，对路基产生强烈冲击波向地下深层传播，使原土体结构被破坏，土颗粒在强大的冲击挤压力下孔隙被压缩挤密，孔隙压力急剧上升，土体形成树状裂隙，使土体中原有的水分和空气逸出，形成二次沉降，地基的压缩性降低，压实度大大提高。

冲击式压路机和传统压路机特点:

(1)冲击式压路机生产效率是传统压路机的4~5倍。一般冲击式压路机行驶速度为12km/h~15km/h,而传统压路机行驶速度为1.5km/h~2.5km/h。这对于提高生产效率,缩短工期是十分重要的。

(2)冲击式压路机有效影响深度是传统压路机的3~4倍。振动压路机激振力通常为500kN,而冲击式压路机的冲击压力为4000kN。冲击压实技术可直接冲击压实,压实影响深度2m,有效深度1.5m左右,可大大提高填土进度。

(3)冲击式压路机对土基含水量要求较传统压路机范围大。传统压路机所要求含水量通常为最佳含水量的±2%,而冲击式压路机所要求含水量为最佳含水量的±5%,对于特别干旱或特别潮湿地区土方施工,其施工的难易程度是完全不一样的。

(4)冲击式压路机对石方填料的压实,最大粒径控制是传统压路机的2~3倍。石方施工一般最大粒径要求为压实层厚的2/3左右,故最大粒径控制十分重要,否则无法压实;同时由于最大粒径要求的不同而必须采用二次爆破,故增大岩石粒径的允许范围节约的费用是相当明显的。

冲击式压路机与传统压路机相比较,具有生产效率高、影响深度大、对填料含水量和最大粒径要求范围宽等优点,因此冲击式压路机在公路、城市道路、机场道路、大面积填土工程施工中,具有广泛的应用前景。除公路工程以外,我国还有多个机场如上海浦东机场、新疆且末机场、重庆万州机场、河北唐山机场、贵州兴义机场等工程也使用了冲击压实技术,并取得了良好的社会效益和经济效果。

4. 轻型击实试验和重型击实试验的区别和联系

击实试验方法种类见表19.4.2。轻型击实试验适用于粒径小于5mm的土;重型击实试验适用于粒径不大于20mm的土,采用三层击实时,最大粒径不大于40mm。轻型击实试验的单位体积击实功约592.2kJ/m³,重型击实试验的单位体积击实功约2684.9kJ/m³。

击实试验方法种类表 表 19.4.2

试验方法	类别	锤底直径(cm)	锤质量(kg)	落高(cm)	试筒尺寸 内径(cm)	试筒尺寸 高(cm)	试样尺寸 高度(cm)	试样尺寸 体积(cm³)	层数	每层击数	击实功(kJ/m³)	最大粒径(mm)
轻型 JTG E40—2007	I-1	5	2.5	30	10	12.7	12.7	997	3	27	598.2	20
	I-2	5	2.5	30	15.2	17	12	2177	3	59	598.2	40
轻型 GB/T 50123—1999		5.1	2.5	30.5	10.2	11.6	11.6	947.4	3	25	592.2	<5
轻型 SL 237—1999		5.1	2.5	30.5	10.2	11.6	11.6	947.4	3	25	592.2	<5
重型 JTG E40—2007	I-1	5.0	4.5	45	10	12.7	12.7	997	5	27	2687.0	20
	I-2	5.0	4.5	45	15.2	17	12	2177	3	98	2677.2	40
重型 GB/T 50123—1999		5.1	4.5	45.7	15.2	11.6	11.6	2103.9	5 3	56 94	2684.9	40
重型 SL 237—1999		5.1	4.5	45.7	15.2	11.6	11.6	2103.9	5	56	2684.9	20

重型比轻型击实试验所得之结果，最大干密度 γ_0 平均提高约 9.9%，而最佳含水量平均降低约 3.5%（绝对值），几种土的对比值，见表 19.4.3 所列。其他类似的多次试验结果，均得到相同的结论，即击实功能愈大，土的最佳含水量愈小，而最大干密度及强度愈高。同时还得知，采用重型击实标准后，土基压实度至少可增加 6%，而土基的强度可以提高 32% 以上。

不同土不同击实法的对比试验结果　　　　　　　　　　　　表 19.4.3

土类 指标 方法	黏土		粉土质黏土		砂质黏土		砂		砂砾土	
	γ_0	w_0	γ_0	w_0	γ_0	w_0	γ_0	w_0	γ_0	w_0
轻型击实法	15.5	26	16.6	21	18.4	14	19.4	11	29.5	9
重型击实法	18.1	17	19.2	11	20.5	11	20.8	9	22.1	7
两者相比	+2.6	−9	+2.6	−7	+2.1	−3	+1.4	−2	+1.5	−2

注：表内 γ_0 以 kN/m^3 计，w_0 以 $\%$ 计。

一般情况下，采用轻型击实标准时，土的最佳含水量（w_0）对于黏性（塑性）土约相当于塑限的含水量；对于非黏性土则约相当于液限含水量的 0.65。采用轻型击实标准时，各种土的最佳含水量和最大密实度，设计施工时可参考表 19.4.4。

几种土的最佳含水量及最大密实度　　　　　　　　　　表 19.4.4

土基本分类	砂土	砂质粉土	粉土	粉质黏土	黏土
最佳含水量（按重量计）w_0（$\%$）	8~12	9~15	16~22	12~20	19~2 及以上
最大密实度（g/cm^3 或 t/m^3）	1.80~1.88	1.85~2.08	1.61~1.80	1.67~1.95	1.58~1.70

注：采用重型击实标准时，γ_0 值平均约提高 10%，w_0 约减小 3.5%（绝对值）。

5. 压实填土地基设计

压实填土地基包括压实填土及其下部天然土层两部分，压实填土地基的变形也包括压实填土及其下部天然土层的变形。压实填土需通过设计，按设计要求进行分层压实，对其填料性质和施工质量应严格控制，其承载力和变形需满足设计要求。

压实填土地基的设计原则及要求：

（1）利用当地的土、石或性能稳定的工业废渣作为压实填土的填料，既经济，又省工、省时，符合因地制宜、就地取材和保护环境、节约资源的建设原则。

工业废渣黏结力小，易于流失，露天填筑时宜采用黏性土包边护坡，填筑顶面宜用 0.3m~0.5m 厚的粗粒土封闭。以粉质黏土、粉土作填料时，其含水量宜为最优含水量，最优含水量的经验参数值为 20%~22%，可通过击实试验确定。

（2）对于一般的黏性土，可用 8t~10t 的平碾或 12t 的羊足碾，每层铺土厚度 300mm 左右，碾压 8 遍~12 遍。对饱和性黏土进行表面压实，可考虑适当的排水措施以加快土体固结。对于淤泥及淤泥质土，一般应予挖除或者结合碾压进行挤淤充填，先堆土、块石、片石等，然后用机械压入置换和挤出淤泥，堆积碾压分层进行，直到把淤泥挤出、置换完毕为止。

杂填土的碾压，可先将建筑范围的设计加固深度内的杂填土挖出，开挖平面从基础纵向放出 3m 左右，横向放出 1.5m 左右，然后将槽底碾压 2 遍～3 遍，再将土分层回填碾压，每层土虚铺厚度 300mm 左右。

采用黏性土和黏粒含量 $\rho_c \geqslant 10\%$ 的粉土作填料时，填料的含水量至关重要。在一定的压实功下，填料在最优含水量时，干密度可达最大值，压实效果最好。填料的含水量太大，容易压成"橡皮土"，应将其适当晾干后再分层夯实；填料的含水量太小，土颗粒之间的阻力大，则不易压实。当填料含水量小于 12% 时，应将其适当增湿。压实填土施工前，应在现场选取有代表性的填料进行击实试验，测定其最优含水量，用以指导施工。

粗颗粒的砂、石等材料具透水性，而湿陷性黄土和膨胀土遇水反应敏感，前者引起湿陷，后者引起膨胀，二者对建筑物都会产生有害变形。为此，在湿陷性黄土场地和膨胀土场地进行压实填土的施工，不得使用粗颗粒的透水性材料作填料。对主要由炉渣、碎砖、瓦块组成的建筑垃圾，每层的压实遍数一般不少于 8 遍。对含炉灰等细颗粒的填土，每层的压实遍数一般不少于 10 遍。

（3）填土粗骨料含量高时，如果其不均匀系数小（例如小于 5）时，压实效果较差，应选用压实功大的压实设备。

（4）有些中小型工程或偏远地区，由于缺乏击实试验设备，或由于工期和其他原因，无条件进行击实试验的情况下，允许按式（19.4.1）计算压实填土的最大干密度，计算结果与击实试验数值不一定完全一致，可按当地经验进行比较：

$$\rho_{d\max} = \eta \frac{\rho_w d_s}{1 + 0.01 w_{op} d_s} \tag{19.4.1}$$

式中 $\rho_{d\max}$——分层压实填土的最大干密度（t/m³）；

η——经验系数，粉质黏土取 0.96，粉土取 0.97；

ρ_w——水的密度（t/m³）；

d_s——土粒相对密度；

w_{op}——填料的最优含水量（%）。

当填料为碎石或卵石时，其最大干密度可取 2.1t/m³～2.2t/m³。

土的最大干密度试验有室内试验和现场试验两种，室内试验应严格按照现行国家标准《土工试验方法标准》GB/T 50123 的有关规定，轻型和重型击实设备应严格限定其使用范围。以细颗粒黏性土作填料的压实填土，一般采用环刀取样检验其质量。而以粗颗粒砂石作填料的压实填土，当室内试验结果不能正确评价现场土料的最大干密度时，不能按照检验细颗粒土的方法采用环刀取样，应在现场对土料作不同击实功下的击实试验（根据土料性质取不同含水量），采用灌水法和灌砂法测定其密度，并按其最大干密度作为控制最大干密度。

（5）压实填土边坡设计应控制坡高和坡比，而边坡的坡比与其高度密切相关。土性指标相同，边坡越高，坡比越小，坡体的滑动势就越大。为了提高其稳定性，通常将坡比放缓，但坡比太缓，压实的土方量则大，不一定经济合理。因此，坡比不宜太缓，也不宜太陡，坡高和坡比应有一合适的关系。表 19.4.5 压实填土的边坡允许值是吸收了铁路、公路等部门的有关（包括边坡开挖）资料和经验，是比较成熟的。

	边坡坡度允许值（高宽比）		压实系数
填土类型	坡高在8m以内	坡高为8～15m	(λ_c)
碎石、卵石	1∶1.50～1∶1.25	1∶1.75～1∶1.50	
砂夹石（碎石、卵石占全重30%～50%）	1∶1.50～1∶1.25	1∶1.75～1∶1.50	
土夹石（碎石、卵石占全重30%～50%）	1∶1.50～1∶1.25	1∶2.00～1∶1.50	0.94～0.97
粉质黏土、黏粒含量$\rho_c \geqslant 10\%$的粉土	1∶1.75～1∶1.50	1∶2.25～1∶1.75	

压实填土的边坡允许值 表 19.4.5

注：当压实填土厚度大于15m时，可设计成台阶或者采用土工格栅加筋等措施验算满足稳定性要求后进行压实填土的施工。

（6）压实填土由于其填料性质及其厚度不同，它们的边坡允许值也有所不同。以碎石等为填料的压实填土，在抗剪强度和变形方面要好于以黏性土为填料的压实填土，前者，颗粒表面粗糙，阻力较大，变形稳定快，且不易产生滑移，边坡允许值相对较大；后者，阻力较小，变形稳定慢，边坡允许值相对较小。

（7）冲击碾压技术是由曲线构成的正多边形冲击轮在位能落差与行驶动能相结合下对工作面进行静压、揉搓、冲击，其高振幅、低频率冲击碾压使工作面下深层土石的密实度不断增加，受冲压土体逐渐接近于弹性状态，具有克服地基隐患的技术优势，是大面积土石方工程压实技术的新发展。与一般压路机相比，考虑上料、摊铺、平整的工序等因素其压实土石的效率提高3～4倍。

（8）压实填土的承载力是设计的重要参数，也是检验压实填土质量的主要指标之一。在现场采用静载荷试验或其他原位测试，其结果较准确，可信度高。

（9）压实填土的变形包括压实填土层变形和下卧土层变形。

6. 压实填土地基的施工与验收

压实填土的施工应符合下列要求：

（1）大面积压实填土的施工，在有条件的场地或工程，应首先考虑采用一次施工，即将基础底面以下和以上的压实填土一次施工完毕后，再开挖基坑及基槽。对无条件一次施工的场地或工程，当基础超出±0.00标高后，也宜将基础底面以上的压实填土施工完毕，并应按本条规定控制其施工质量，应避免在主体工程完工后，再施工基础底面以上的压实填土。

（2）压实填土层底面下卧层的土质，对压实填土地基的变形有直接影响，为消除隐患，铺填料前，首先应查明并清除场地内填土层底面以下的耕土和软弱土层。压实设备选定后，应在现场通过试验确定分层填料的虚铺厚度和分层压实的遍数，取得必要的施工参数后，再进行压实填土的施工，以确保压实填土的施工质量。压实设备施工对下卧层的饱和土体易产生扰动时可在填土底部宜设置碎石盲沟。

冲击碾压施工应考虑对居民、建（构）筑物等周围环境可能带来的影响。可采取以下两种减振隔振措施：①开挖宽0.5m、深1.5m左右的隔振沟进行隔振；②降低冲击压路机的行驶速度，增加冲压遍数。

在斜坡上进行压实填土，应考虑压实填土沿斜坡滑动的可能，并应根据天然地面的实际坡度验算其稳定性。当天然地面坡度大于20%时，填料前，宜将斜坡的坡面挖成高、低不平或挖出若干台阶，使压实填土与斜坡坡面紧密接触，形成整体，防止压实填土向下滑动，此外，还应将斜坡顶面以上的雨水有组织地引向远处，防止雨水流向压实的填土内。

（3）在建设期间，压实填土场地阻碍原地表水的畅通排泄往往很难避免，但遇到此种情况时，应根据当地地形及时修筑雨水截水沟、排水盲沟等，疏通排水系统，使雨水或地下水顺利排走。对填土高度较大的边坡应重视排水对边坡稳定性的影响。

设置在压实填土场地的上、下水管道，由于材料及施工等原因，管道渗漏的可能性很大，为了防止影响邻近建筑或其他工程，设计、施工应采取必要的防渗漏措施。

（4）压实填土的施工缝各层应错开搭接，不宜在相同部位留施工缝。在施工缝处应适当增加压实遍数，此外，还应避免在工程的主要部位或主要承重部位留施工缝。

（5）振动监测：当场地周围有对振动敏感的精密仪器、设备、建筑物等或有其他需要时宜进行振动监测。测点布置应根据监测目的和现场情况确定，一般可在振动强度较大区域内的建筑物基础或地面上布设观测点，并对其振动速度峰值和主振频率进行监测，具体控制标准及监测方法可参照现行国家标准《爆破安全规程》GB 6722执行。对于居民区、工业集中区等受振动可能影响人居环境时可参照现行国家标准《城市区域环境振动标准》GB 10070和《城市区域环境振动测量方法》GB 10071要求执行。

噪声监测：在噪声保护要求较高区域内可进行噪声监测。噪声的控制标准和监测方法可分别按现行国家标准《建筑施工场界噪声限值》GB 12523和《建筑施工场界噪声测量方法》GB 12524执行。

（6）压实填土施工结束后，当不能及时施工基础和主体工程时，应采取必要的保护措施，防止压实填土表层直接日晒或受雨水浸泡。

压实填土地基的验收检验要求：

（1）在压实填土的施工过程中，分层取样检验填土的密实度。分层土的厚度视施工机械而定，一般情况下宜按300mm～500mm分层进行检验。

（2）压实填土地基竣工验收应采用静载荷试验检验填土质量，静载荷试验点宜选择通过静力触探试验或轻便触探等原位试验确定的薄弱点。当采用静载荷试验检验压实填土的承载力时，应考虑压板尺寸与压实填土厚度的关系。压实填土厚度大，承压板尺寸也要相应增大，或采取分层检验，否则，检验结果只能反映上层或某一深度范围内压实填土的承载力。为保证静载荷试验的有效影响深度不小于换填垫层处理的厚度，静载荷试验承压板的边长或直径不应小于压实地基检验厚度的1/3，且不应小于1.0m。

（3）压实填土的施工必须在上道工序满足设计要求后再进行下道工序施工。

19.4.2 夯实地基

夯实地基可分为强夯地基和强夯置换地基。

1. 强夯地基

强夯处理地基是将几十吨的重锤，从高处自由落下，对土体进行强力夯击的方法。质

量 m 的重锤在高度 H 处由落下，具有势能 m_gH，落到地面产生压缩波、剪切波使土体结构破坏，形成土颗粒更紧密的连接，增加地基强度，减少变形量，改善土的抗液化条件，消除湿陷性黄土的湿陷性等。夯击能迫使处理土层的均匀程度提高。

强夯法开始使用时，仅用于加固砂土和碎石土地基，经过二十余年的应用，它已用于杂填土、碎石土、砂土、黏性土、湿陷性黄土及人工填土等地基的处理。

强夯法加固地基的机理，一般认为地基经强夯后，其强度增高的机理是夯击能量转化，同时伴随强制压缩或振密（包括气体的排水、孔隙水压力上升），土体液化或土体结构破坏（表现为土体强度降低或抗剪强度丧失），排水固结压密（表面为渗透性能改变，土体裂隙发展，土体强度提高），触变恢复并绊随固结压密（包括部分自由水又变成薄膜水，土的温度继续提高）。

强夯阶段土的强度增长过程示意图见图 19.4.1（粉性土）。

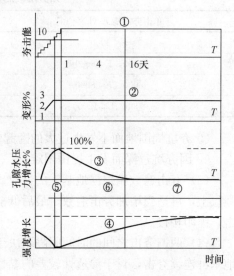

图 19.4.1　强夯阶段土的强度增长过程

2. 强夯地基设计

强夯法地基处理设计包括有效加固深度确定、间歇时间、夯点布置、处理范围等，施工前应在施工现场有代表性的场地上选取一个或几个试验区，进行试夯或试验性施工，确定设计参数。

（1）强夯法的有效加固深度应根据现场试夯或当地经验确定。国内工程经验的数据见表 19.4.6，可作为设计预估值。

强夯的有效加固深度（m）　　　　　　　　　　表 19.4.6

单击夯击能 E（kN·m）	碎石土、砂土 等粗颗粒土	粉土、黏性土、湿陷性黄土等 细颗粒土
1000	4.0～5.0	3.0～4.0
2000	5.0～6.0	4.0～5.0
3000	6.0～7.0	5.0～6.0
4000	7.0～8.0	6.0～7.0
5000	8.0～8.5	7.0～7.5
6000	8.5～9.0	7.5～8.0
8000	9.0～9.5	8.0～8.5
10000	9.5～10.0	8.5～9.0
12000	10.0～11.0	9.0～10.0

注：强夯法的有效加固深度应从最初起夯面算起；单击夯击能 E 大于 12000kN·m 时，强夯的有效加固深度应通过试验确定。

（2）夯点的夯击次数应按现场试夯统计的夯击记数和夯沉量关系曲线确定，控制标准如下：

① 最后两击的平均夯沉量要求见表 19.4.7；

强夯法最后两击平均夯沉量（mm）   表 19.4.7

单击夯击能 E（kN·m）	最后两击平均夯沉量不大于（mm）
$E<4000$	50
$4000 \leqslant E<6000$	100
$6000 \leqslant E<8000$	150
$8000 \leqslant E<12000$	200

② 夯坑周围地面不发生过大的隆起；

③ 因夯坑过深而发生提锤困难。

（3）夯击遍数应根据地基土的性质确定，一般采用点夯 2～3 遍，对渗透性较差的细颗粒土，可适当增加夯击遍数。最后低能量满夯 2 遍，满夯可采用轻锤或低落距锤多次夯击，锤印相接。

（4）两遍夯击之间的时间间隔取决于土中超孔隙水压力的消散时间。对于渗透性好的地基可连续夯击，对于渗透性较差的黏性土地基，时间间隔不能少于 3～4 周。

（5）夯击点位的平面设计，应根据有效加固深度，夯击遍数采用等边三角形、等腰三角形或正方形布置。第一遍夯击点间距可取夯锤直径的 2.5～3.5 倍，第二遍夯击点位于第一遍夯击点之间；以后各遍夯击间距可适当减少。处理深度较深或单点夯击能效大的工程，第一遍夯击点间距应适当增大。

（6）强夯处理的范围应满足建筑地基承载力和变形要求。一般根据地基土应力扩散和影响范围应大于建筑物基础范围，每边超出基础外缘的宽度宜为基底下设计处理深度的 1/2 至 2/3，并不宜小于 3m；对可液化地基，基础边缘的处理宽度，不应小于 5m；对湿陷性黄土地基，应符合现行国家标准《湿陷性黄土地区建筑规范》GB 50025 的有关规定。

（7）强夯地基承载力特征值应通过现场载荷试验确定，根据有效处理深度选择合理的压板尺寸。压板尺寸不得小于有效处理深度的 1/3。对强夯地基的下卧层应根据建筑物载荷和基础设计情况复核下卧层承载力是否满足要求。

3. 工程实例

贵阳某机场位于岩溶地区，场地覆盖层为第四系黏性土，成因类型为坡残积的黏土，主要分布于缓坡及洼地沟谷带，土层厚度变化较大，一般为 6m～8m，最大厚度为 16m，其下部为基岩和少量白云岩，整体结构较好，岩层状平缓，山体边坡稳定。地下水系为地表水系，补给来源主要靠大气降水；机场建设需削山填沟，最大削方高度为 114.67m，最大填方厚度为 64m。工程换填土石方量为 4000 多万 m³。根据机场跑道的技术要求，采用强夯法施工。为确定施工参数，大面积施工前进行了试验区施工，确定填料指标、夯击能、夯击遍数、单点夯击数、夯击间距。

（1）表层处理及挖填方交界面处理：

根据场地坡度及岩层走向，先清除表层腐殖土、草皮及树根，分层做成高宽比为 1：2 的台阶，经稳定分析满足填方场地稳定性要求。

（2）填料指标及填筑方法：

试验区 7 组大块石填料夯后（采用夯击能 3000kN·m，填筑厚度 4m）试验结果见表19.4.8、表 19.4.9、表 19.4.10。

贵州试验场地大块石填料颗粒分析试验结果表　　　　　表 19.4.8

粒径 (mm)	小于该粒径的土重百分数（%）							强夯后	
	01	02	101	I_1-k_1	I_1-k_2	I_1-k_3	I_1-k_4	抛填	堆填
800	97.1	100	95.6	100	100	100	100	—	—
600	92.0	94.8	91.0	88.9	92.7	90.5	92.2	100	100
400	74.2	92.3	74.3	77.9	80.9	87.1	88.4	72.1	94.6
200	46.9	86.0	53.1	64.4	69.4	76.1	69.0	36.1	75.7
100	39.4	71.5	46.6	54.9	51.4	61.0	48.9	27.4	70.4
80	30.3	47.2	37.2	49.6	45.3	55.3	41.9	23.4	61.5
60	22.0	39.5	30.0	43.5	38.3	48.4	34.8	17.8	52.3
40	14.5	31.2	19.1	34.1	28.2	37.3	25.6	11.1	36.2
20	9.6	19.1	11.5	20.2	15.0	22.5	13.7	8.4	24.0
10	7.2	14.2	5.9	10.5	7.0	12.9	6.4	7.0	16.3
<5	4.5	9.6	0	4.7	3.0	7.8	3.3	3.3	0.2
不均匀系数 (C_u)	13.4	14.5	14.3	14.6	10.8	13.6	9.8	5.3	32.1
曲率系数 (C_c)	2.3	2.4	1.5	1.76	1.02	1.35	1.12	1.64	2.78

贵州试验场地不同填筑方法强夯后的干密度表　　　　　表 19.4.9

填筑方法		抛　填				堆　填			
深度（m）		0~1	1~2	2~3	3~4	0~1	1~2	2~3	3~4
采集数据（n）		4	4	4	4	4	4	4	2
ρ_d (g/cm³)	最大值	2.26	2.36	2.19	1.96	2.30	2.30	2.27	2.25
	最小值	2.13	2.07	1.71	1.63	2.02	2.12	2.04	2.18
	平均值	2.19	2.15	1.97	1.87	2.17	2.21	2.20	2.20
标准差（σ）		0.05	0.12	0.18	0.12	0.10	0.07	0.09	0.04
变异系数（δ）		0.023	0.056	0.091	0.066	0.046	0.032	0.041	0.018

贵州试验场地强夯后不同检测结果的干密度表　　　　　表 19.4.10

检测点位置		夯点下				两点间				四夯点间			
深度（m）		0~1	1~2	2~3	3~4	0~1	1~2	2~3	3~4	0~1	1~2	2~3	3~4
采集数据（n）		4	4	4	4	20	20	17	9	16	15	10	5
ρ_d (g/cm³)	最大值	2.31	2.38	2.31	2.18	2.28	2.26	2.27	2.25	2.29	2.22	2.20	2.08
	最小值	2.16	2.30	2.19	1.96	1.99	1.94	1.95	1.93	1.93	1.98	1.93	1.91
	平均值	2.24	2.35	2.24	2.10	2.13	2.10	2.096	2.03	2.15	2.07	2.06	2.00
标准差（σ）		0.066	0.029	0.045	0.086	0.088	0.089	0.098	0.095	0.090	0.071	0.081	0.066
变异系数（δ）		0.029	0.012	0.020	0.041	0.041	0.042	0.047	0.048	0.042	0.034	0.033	0.033

　　根据试验结果，确定大面积施工的填料采用大块石及土石（即现场对大块进行处理后），最大粒径≤800mm，C_U≥10。采用堆填法填筑（分3～4个亚层填筑，每个亚层填筑厚度≤12.5m），最大干密度≥2.0g/cm³。

　　（3）填筑厚度及夯击能

　　根据试验数据及设备资源性能，每层填筑厚度4m，夯击能≥3000kN·m。

　　（4）夯点间距和夯击遍数

　　夯点间距4m～5m，夯击遍数一遍，最后面夯。面夯采用1000K·m夯击能，锤印搭接，单点夯击数3击。

　　（5）单点夯击数

　　单点夯击数16击。

　　（6）地基强度及模量经现场试验

　　地基强度 f_{ak}≥700kPa；

　　变形模量 E_0≥50MPa。

　　贵州机场工程施工结束后，大块石及土夹石高填方地基采用强夯法处理，地基强度、变形模量、固弹模量满足指标要求；工程竣工验收时地基沉降观测252d，累计沉降量1.18mm，满足≤5mm的要求。

　　4. 强夯置换地基

　　强夯置换地基与强夯地基的重要区别在于是否形成密实墩体。强夯置换的加固原理为强夯密实、碎石墩置换、大直径排水井排水固结的综合作用，墩间和墩下的粉土或黏性土通过排水与加密，其密度及状态可以改善。由此可知，强夯置换的加固深度由两部分组成，即置换墩长度和墩下加密范围。墩下加密范围，因资料有限目前尚难确定，应通过现场试验逐步积累资料。强夯置换处理地基，设计前必须通过现场试验确定其适用性和处理效果。

　　1）强夯置换地基的设计

　　（1）强夯置换墩的深度应由土质条件决定，除厚层饱和粉土外，应穿透软土层，到达较硬土层上，深度不宜超过10m。

　　（2）强夯置换的单击夯击能应根据现场试验确定。

　　（3）墩体材料可采用级配良好的块石、碎石、矿渣、工业废渣、建筑垃圾等坚硬粗颗粒材料，且粒径大于300mm的颗粒含量不宜超过30%。

　　（4）夯点的夯击次数应通过现场试夯确定，并应满足下列条件：

　　① 墩底穿透软弱土层，且达到设计墩长；

　　② 累计夯沉量为设计墩长的1.5～2.0倍；

　　③ 最后两击的平均夯沉量可按表19.4.7确定。

　　（5）墩位布置宜采用等边三角形或正方形。对独立基础或条形基础可根据基础形状与宽度作相应布置。

　　（6）墩间距应根据荷载大小和原状土的承载力选定，当满堂布置时，可取夯锤直径的2～3倍。对独立基础或条形基础可取夯锤直径的1.5～2.0倍。墩的计算直径可取夯锤直径的1.1～1.2倍。

　　（7）强夯置换处理范围应按强夯处理的范围要求（本章第3节强夯设计）。

（8）墩顶应铺设一层厚度不小于 500mm 的压实垫层，垫层材料宜与墩体材料相同，粒径不宜大于 100mm。

（9）强夯置换设计时，应预估地面抬高值，并在试夯时校正。

（10）强夯置换地基处理试验方案的确定，除应进行现场静载荷试验和变形模量检测外，尚应采用超重型或重型动力触探等方法，检查置换墩着底情况，以及地基土的承载力与密度随深度的变化。

（11）软黏性土中强夯置换地基承载力特征值应通过现场单墩静载荷试验确定；对于饱和粉土地基，当处理后形成 2.0m 以上厚度的硬层时，其承载力可通过现场单墩复合地基静载荷试验确定。

（12）强夯置换地基的变形宜按单墩静载荷试验确定的变形模量计算加固区的地基变形，对墩下地基土的变形可按置换墩材料的压力扩散角计算传至墩下土层的附加应力，按现行国家标准《建筑地基基础设计规范》GB 50007 的有关规定计算确定；对饱和粉土地基，当处理后形成 2.0m 以上厚度的硬层时，可按复合地基计算的规定确定。

（13）强夯置换后的地基竣工验收，除应采用单墩静载荷试验进行承载力检验外，尚应采用动力触探等查明置换墩着底情况及密度随深度的变化情况。

强夯置换后的地基承载力，对粉土中的置换地基按复合地基考虑，对淤泥或流塑的黏性土中的置换墩则不考虑墩间土的承载力，按单墩静载荷试验的承载力除以单墩加固面积取为加固后的地基承载力，主要是考虑：

（1）淤泥或流塑软土中强夯置换国内有个别不成功的先例，为安全起见，须等有足够工程经验后再行修正，以利于此法的推广应用。

（2）某些国内工程因单墩承载力已够，而不再考虑墩间土的承载力。

（3）强夯置换法在国外亦称为"动力置换与混合"法，因为墩体填料为碎石或砂砾时，置换墩形成过程中大量填料与墩间土混合，越浅处混合的越多，因而墩间土已非原来的土而是一种混合土，含水量与密实度改善很多，可与墩体共同组成复合地基，但目前由于对填料要求与施工操作尚未规范化，填料中块石过多，混合作用不强，墩间的淤泥等软土性质改善不够，因此不考虑墩间土的承载力较为稳妥。

强夯置换处理后的地基情况比较复杂。不考虑墩间土作用地基变形计算时，如果采用的单墩静载荷试验的载荷板尺寸与夯锤直径相同时，其地基的主要变形发生在加固区，下卧土层的变形较小，但墩的长度较小时应计算下卧土层的变形。强夯置换处理地基的建筑物沉降观测资料较少，各地应根据地区经验确定变形计算参数。

2）强夯置换处理地基的施工要求

（1）强夯置换夯锤底面宜采用圆形，夯锤底面接地压力值宜大于 80kPa。

（2）强夯置换施工应按下列步骤进行：

① 清理并平整施工场地，当表层土松软时，可铺设 1.0m～2.0m 厚的砂石垫层；

② 标出夯点位置，并测量场地高程；

③ 起重机就位，夯锤置于夯点位置；

④ 测量夯前锤顶高程；

⑤ 夯击并逐击记录夯坑深度；当夯坑过深，起锤困难时，应停夯，向夯坑内填料直至与坑顶齐平，记录填料数量；工序重复，直至满足设计的夯击次数及质量控制标准，完

成一个墩体的夯击；当夯点周围软土挤出，影响施工时，应随时清理，并宜在夯点周围铺垫碎石后，继续施工；

⑥ 按照"由内而外、隔行跳打"的原则，完成全部夯点的施工；

⑦ 推平场地，采用低能量满夯，将场地表层松土夯实，并测量夯后场地高程；

⑧ 铺设垫层，分层碾压密实。

3）强夯置换地基的验收检验

（1）检查施工过程中的各项测试数据和施工记录，不符合设计要求时应补夯或采取其他有效措施。

（2）处理后的地基承载力检验，间隔时间宜为 28d。

（3）强夯置换地基，可采用超重型或重型动力触探试验等方法，检查置换墩着底情况及承载力与密度随深度的变化，检验数量不应少于墩点数的 3%，且不少于 3 点。

（4）地基承载力检验的数量，应根据场地复杂程度和建筑物的重要性确定，对于简单场地上的一般建筑，每个建筑地基载荷试验检验点不应少于 3 点；对于复杂场地或重要建筑地基应增加检验点数。检测结果的评价，应考虑夯点和夯间位置的差异。强夯置换地基单墩载荷试验检验数量不应少于墩点数的 1%，且不少于 3 点；对饱和粉土地基，当处理后墩间土能形成 2.0m 以上厚度的硬层时，其地基承载力可通过现场单墩复合地基静载荷试验确定，检验数量不应少于墩点数的 1%，且每个建筑载荷试验检验点不应少于 3 点。

19.4.3　挤密地基

挤密地基是指地基土为松散填土、可液化土、湿陷性土等，采用挤密工艺处理，消除或减少液化指数、湿陷性等，满足建筑物地基承载力和变形要求或提高地基稳定性。对于松散砂土（包括深厚填土）、可液化土的挤密工法主要有沉管挤密砂石桩法、振冲挤密碎石桩法、孔内夯实挤密法等；对于湿陷性土的挤密工法主要有土挤密桩法、灰土挤密桩法等。

振冲密实法加固砂土地基，是在高压水的帮助下利用振冲器的强力振动使贯入器插入土中，使饱和砂层发生液化，砂颗粒重新排列，孔隙减少，同时依靠振冲器的水平振动力，在施工过程中通过填料使砂层挤压加密。砂层经填料造桩挤密后，桩间土的承载能力有很大的提高，并消除松散砂层的液化。密实的桩体的承载能力要比桩间砂层大，桩和桩间砂层土构成复合地基，使地基承载力提高，变形减少。在中、粗砂层中振冲，由于周围砂料能自行塌入孔内，也可以采用不加填料进行原地振冲加密的方法。这种方法适用于较纯净的中、粗砂层，施工简便，加密效果好。

振动沉管挤密法是采用振动或锤击在砂土、粉土中沉入桩管时，桩管将地基中等于桩管体积的地基土挤向桩管周围的土层，对其周围产生了很大的横向挤压力，使桩周土体孔隙比减少，密度增加，同时桩管内填入的砂石料在振动作用下形成密实桩体。

灰土挤密桩、土挤密桩在黄土地区广泛采用。用灰土或土分层夯实的桩体，形成增强体，与挤密的桩间土一起形成复合地基，共同承受基础的上部荷载。当以消除地基土的湿陷性为主要目的时，桩孔填料可选用素土；当以提高地基土的承载力为主要目的时，桩孔填料应采用灰土。

大量的试验研究资料和工程实践表明，灰土挤密桩、土挤密桩复合地基用于处理地下水位以上的粉土、黏性土、素填土、杂填土等地基时，不论是消除土的湿陷性还是提高承载力都是有效的。

1. 挤密地基设计

挤密地基设计的主要内容包括处理范围、挤密桩距、桩长、桩径、基础垫层、承载力和地基变形计算、施工检验与检测等内容。

1) 处理范围

挤密地基的处理范围应大于建筑物基础底面面积。

(1) 用于处理液化地基，在基础外缘扩大宽度不应小于基底下可液化土层厚度的 1/2，且不应小于 5m。

(2) 用于湿陷性黄土地基，整片处理时，超出建筑物外墙基础底面外缘的宽度，每边不宜小于处理土层厚度的 1/2，且不应小于 2m；当采用局部处理时，对非自重湿陷性黄土、素填土和杂填土等地基，每边不应小于基础底面宽度的 0.25，且不应小于 0.5m；对自重湿陷性黄土地基，每边不应小于基础底面宽度的 0.75，且不应小于 1.0m。

(3) 用于提高地基承载力、减少地基变形时，在基础外缘扩大 1～3 排桩。

2) 挤密桩距

挤密桩距应满足地基消除液化、湿陷性影响，满足地基承载力和变形要求。

(1) 砂性土挤密，桩距应满足下式要求：

等边三角形布置

$$s = 0.95\xi d\sqrt{\frac{1+e_0}{e_0-e_1}} \tag{19.4.2}$$

正方形布置

$$s = 0.89\xi d\sqrt{\frac{1+e_0}{e_0-e_1}} \tag{19.4.3}$$

$$e_1 = e_{\max} - D_{r1}(e_{\max} - e_{\min}) \tag{19.4.4}$$

式中　s——砂石桩间距（m）；

　　　d——砂石桩直径（m）；

　　　ξ——修正系数，当考虑振动下沉密实作用时，可取 1.1～1.2；不考虑振动下沉密实作用时，可取 1.0；

　　　e_0——地基处理前的孔隙比，可按原状土样试验确定，也可根据动力或静力触探等对比试验确定；

　　　e_1——地基挤密后要求达到的孔隙比；

$e_{\max}$、$e_{\min}$——砂土的最大、最小孔隙比，可按现行国家标准《土工试验方法》GB/T 50123 的有关规定确定；

　　　D_{r1}——地基挤密后要求砂土达到的相对密实度，可取 0.70～0.85。

(2) 湿陷性土挤密，桩距应满足下式要求：

桩孔宜按等边三角形布置，桩孔之间的中心距离，可为桩孔直径的 2.0～3.0 倍，应按下式估算：

$$s = 0.95d\sqrt{\frac{\overline{\eta}_{c}\rho_{dmax}}{\overline{\eta}_{c}\rho_{dmax} - \overline{\rho}_{d}}} \tag{19.4.5}$$

式中　s——桩孔之间的中心距离（m）；

d——桩孔直径（m）；

ρ_{dmax}——桩间土的最大干密度（t/m³）；

$\overline{\rho}_{d}$——地基处理前土的平均干密度（t/m³）；

$\overline{\eta}_{c}$——桩间土经成孔挤密后的平均挤密系数，不宜小于0.93。

桩间土的平均挤密系数 $\overline{\eta}_{c}$，应按下式计算：

$$\overline{\eta}_{c} = \frac{\overline{\rho}_{d1}}{\rho_{dmax}} \tag{19.4.6}$$

式中　$\overline{\rho}_{d1}$——在成孔挤密深度内，桩间土的平均干密度（t/m³），平均试样数不应少于6组。

对于其他地基土，桩距应按处理要求进行现场试验后确定。

3）桩长

挤密地基的桩长应满足处理液化或湿陷性要求处理的深度，有地基承载力和变形要求的挤密地基桩长尚应满足设计要求。

4）桩径

按照目前的工程经验及设备能力，桩径设计一般采用的数值为：

（1）采用振冲法成孔的碎石桩，桩径宜为800mm～1200mm；对采用振动沉管法成桩，桩径宜为300mm～800mm；

（2）湿陷性黄土挤密，桩孔直径宜为300mm～600mm；

（3）其他地基土，桩距应按处理要求进行现场试验后确定。

5）基础垫层

挤密地基处理完成后，应在基础下设置基础垫层，要求如下：

（1）砂性土挤密，桩顶和基础之间宜铺设厚度为300mm～500mm的垫层，垫层材料宜用中砂、粗砂、级配砂石和碎石等，最大粒径不宜大于30mm，其夯填度（夯实后的厚度与虚铺厚度的比值）不应大于0.9。原地基土含泥量小于5％时可直接采用表面压实形成基础垫层。

（2）湿陷性土挤密，地基处理范围内应设置300mm～600mm厚的垫层。垫层材料可根据工程要求采用2∶8或3∶7灰土、水泥土等，其压实系数均不应低于0.95。

（3）其他地基土，应进行表层密实处理。

6）承载力和地基变形计算

挤密地基的地基承载力和地基变形计算，可按《建筑地基处理技术规范》JGJ 79—2012有关砂石桩复合地基、灰土挤密桩复合地基的方法进行。

7）施工检验与检测

挤密地基的施工检验与检测，可按《建筑地基处理技术规范》JGJ 79—2012有关砂石桩复合地基、灰土挤密桩复合地基的方法进行。

2. 挤密地基施工

挤密地基施工，传统的振冲工艺、沉管工艺、孔内夯实挤密工艺等的方法、设备、技术要求按《建筑地基处理技术规范》JGJ 79—2012 的规定执行。

近年来，针对深厚填土地基采用的孔内夯实设备能力有了较大提高，形成套管跟进夯实挤密工艺，针对沿海或河岸新近沉积砂土采用的不填料多探头震插工艺处理等新技术，已在全国合适的场地推广应用。

19.5 复 合 地 基

复合地基是指部分土体被增强或被置换而形成的由地基土和增强体共同承担荷载的人工地基。按照"广义复合地基"的概念，复合地基增强体可以分别是竖向增强体和水平向增强体，本节仅叙述由地基土和竖向增强体组成的复合地基。复合地基设计应满足建筑物承载力和变形要求。目前工程中常用的竖向增强体有砂石桩、水泥搅拌桩、石灰桩、灰土挤密桩、夯实水泥土桩、水泥粉煤灰碎石桩等。按其增强体荷载传递和变形特性，可分为散体材料桩，一般强度桩和高黏结强度桩复合地基。复合地基承载性状按土质情况和增强体性质大致可分为两大类，以散体材料为增强体的复合地基，在上部结构和基础刚度较大时，地基应力沿基底向下扩散，承载性状与浅基础接近；以刚性桩为增强体的复合地基，在上部结构和基础刚度较大时，地基应力的一部分因桩向深层传递，承载性状接近深基础。由于增强体种类多，土质情况和上部结构、基础形式繁多，在许多情况下，复合地基承载性状介于浅基础与深基础之间。例如某 18 层建筑，2 层地下室，箱型基础，框架剪力墙结构，基础尺寸 30.2m×30.2m，采用长度为 6m 的水泥粉煤灰碎石桩复合地基，桩端以下为粉土、细砂，卵石密实层，由于基础埋深 7m，结构和基础刚度较大，在 6m 桩长的复合地基范围内表现为实体深基础的承载性状。

复合地基因增强体不同，可能达到的处理效果见表 19.5.1。

不同增强体的复合地基处理效果　　　　　　　　　　表 19.5.1

增强体桩型	地基承载力（kPa）	地基压缩模量（MPa）
碎石桩、砂石桩	$(1.2\sim1.6)f_{ak}$	$(1.2\sim1.6)E_s$
石灰桩	$120\sim160$	$(1.2\sim2.5)E_s$
水泥搅拌桩	$120\sim180$	$(1.5\sim2.5)E_s$
灰土桩	$220\sim300$（黄土）	$25\sim35$（黄土）
水泥粉煤灰碎石桩	$150\sim650$	$1.2\sim4.0E_s$
夯实水泥土桩	$120\sim220$	$1.2\sim2.5E_s$

注：f_{ak}—天然地基承载力特征值；E_s—天然地基土的压缩模量。

应该指出，目前工程实践得到的测试数据都是在刚性基础下得到的结果，所以复合地基上的建筑物基础一般应具有较好的刚度，才能充分发挥复合地基的承载能力。

随着增强体施工技术水平的提高，有更多桩型的复合地基出现，复合地基综合处理技术的工程实践，为复合地基的发展提供了更多的设计依据。

19.5.1 设计

复合地基设计主要应确定桩型、桩长、桩径、地基承载力、变形验算等。

1. 桩型

桩型选择应根据建筑物特点、土层情况及当地材料，由工程经验确定，无经验时可参照表19.5.1，结合承载力计算及变形计算结果确定。对于地基土为欠固结土、膨胀土、湿陷性黄土、可液化土等特殊土时，要综合考虑土体的特殊性质，选用适当的增强体和施工工艺。

2. 桩长与桩径

桩长与桩径设计应根据承载力和变形计算结果确定，必要时应考虑施工设备能力和经济指标。

桩长的确定，当相对硬层的埋藏深度不大时，应按相对硬层埋藏深度确定；当相对硬层埋藏深度较大时，应按建筑物的变形允许值确定。对于软土地基，切忌设计成桩端位于软弱土层的"浮桩"。

桩径的确定，以摩擦阻力为主要承载体的增强体，桩径较小时，每单位体积提供的摩阻力大，较为经济。

桩径选择还应考虑施工设备情况和施工质量保证率及检验方法的可靠性。对于砂桩、碎石桩复合地基桩径不宜小于300mm，对于夯实水泥土桩、水泥粉煤灰碎石桩桩径不宜小于350mm。

3. 承载力

（1）散体材料和少黏结强度桩复合地基

$$f_{spk} = mf_{pk} + (1+m)f_{sk} \tag{19.5.1}$$

式中　f_{spk}——复合地基承载力特征值（kPa）；

　　　f_{pk}——桩体承载力特征值（kPa），宜通过单桩载荷试验确定；

　　　f_{sk}——处理后桩间土的承载力特征值（kPa），宜按荷载板试验取值，无试验时，可取天然地基承载力特征值。

　　　m——桩土面积置换率，$m = d^2/d_e^2$，d 为桩身平均直径（m），d_e 为一根桩分担的处理地基面积的等效圆直径（m）。

对于小型工程的黏性土地基如无现场载荷试验资料，初步设计时复合地基的承载力特征值也可按下式计算：

$$f_{spk} = [1+m(n-1)]f_{sk} \tag{19.5.2}$$

式中　n——桩土压力比，应按试验资料确定，无试验资料可结合工程经验取值。

（2）高黏结强度桩复合地基

$$f_{spk} = m\frac{R_a}{A_p} + \beta(1-m)f_{sk} \tag{19.5.3}$$

式中　R_a——单桩竖向承载力特征值（kN），应按静载荷试验确定，无试验资料时，可按

$R_a = U_p \sum_{i=1}^{n} q_{si} \cdot L_i + q_p \cdot A_{p'}$ 估算；U_p 为桩的周长（m），n 为桩长范围内所划

分的土层数，$q_{\mathrm{S}i}$，q_{p} 为第 i 层土的侧阻力、桩端阻力特征值，L_i 为第 i 层土的厚度（m）。

（3）桩体强度

对散体材料桩，应按桩土应力比要求，确定材料密度（一般要求中密以上，对变形要求严格的工程要求密实以上），对有一定胶结强度的增强体，应按设计桩土应力比要求桩身强度平均值大于等于 4 倍桩身应力值。

有黏结强度复合地基增强体桩身强度应满足式（19.5.4）的要求。当复合地基承载力进行基础埋深的深度修正时，增强体桩身强度应满足式（19.5.5）的要求。

$$f_{\mathrm{cu}} \geqslant 4 \frac{\lambda R_{\mathrm{a}}}{A_{\mathrm{P}}} \tag{19.5.4}$$

$$f_{\mathrm{cu}} \geqslant 4 \frac{\lambda R_{\mathrm{a}}}{A_{\mathrm{P}}} \left[1 + \frac{\gamma_{\mathrm{m}}(d - 0.5)}{f_{\mathrm{spa}}} \right] \tag{19.5.5}$$

式中　f_{cu}——桩体试块（边长 150mm 立方体）标准养护 28d 的立方体抗压强度平均值（kPa）；对水泥土搅拌桩应采用与搅拌桩桩身水泥土配比相同的室内加固土，边长为 70.7mm 的立方体试块在标准养护条件下 90d 龄期的立方体抗压强度平均值（kPa）；

　　γ_{m}——基础底面以上土的加权平均重度（kN/m^3），地下水位以下取浮重度；

　　d——基础埋置深度（m）；

　　f_{spa}——深度修正后的复合地基承载力特征值（kPa）。

4. 变形计算

复合地基变形应由加固层的变形与下卧层的变形两部分组成（公式 19.5.6）。由于增强体与土层相互作用的复杂性，并不能拿出一个针对所有复合地基变形计算的表达式，目前工程常用的方法是经验方法与实测值符合较好的复合模量法。由于各地土质情况、应力历史等原因，推算的复合地基的经验系数、应根据当地经验确定，无资料时，可按天然地基沉降设计经验系数 φ_{s} 估算。

$$s = \varphi_{\mathrm{sps}} \cdot s' = \varphi_{\mathrm{sps}} \left[\sum_{i=1}^{n} \frac{p_0}{E_{\mathrm{sp}i}} (Z_i \overline{a}_i - Z_{i-1} \overline{a_{i-1}}) + \sum_{i=1}^{L} \frac{p_0}{E_{\mathrm{s}i}} (Z_i \overline{a}_i - Z_{i-1} \overline{a}_{i-1}) \right]$$

$$\tag{19.5.6}$$

式中　　s——复合地基最终变形量（mm）；

　　s'——按分层总和法计算复合地基变形量；

　　$\varphi_{\mathrm{sp}i}$——复合地基沉降经验参数，根据地区沉降观测资料及经验确定；

　　p_0——对应于荷载效应准永久组合时基础底面处的附加压力（kPa）；

　　n——复合土层的分层数；

　　L——复合土层下卧土层的分层数；

　　$E_{\mathrm{sp}i}$——第 i 层复合土层的压缩模量（MPa）；

　　$E_{\mathrm{s}i}$——下卧土层的压缩模量（MPa）；

　　Z_i，Z_{i-1}——基础底至第 i 层土，第 $i-1$ 层土底面的距离；

$\overline{a}_i$，$\overline{a}_{i-1}$——基础底面计算点第 i 层土，第 $i-1$ 层土底面范围内平均附加应力系数。

地基变形深度，应符合《建筑地基基础设计规范》的要求。在计算深度范围内存在基岩时，可计算至基岩表面；当存在较厚的坚硬黏性土层，其孔隙比小于 0.5，压缩模量大于 50MPa 或存在较厚的密实砂卵石层，其压缩模量大于 80MPa 时计算至该层表面。

19.5.2 工程实例

实例 1 夯实水泥土桩复合地基

方庄某住宅楼工程位于北京市南二环南侧，方庄路东侧，建筑结构为 6.5 层砖混结构，条形基础，基础面积 1090m²，设计要求处理后的地基承载力标准值 f_{ak} ≥180kPa。

场地土层由人工堆积及第四纪沉积土组成，人工堆积杂填土及素填土厚度 3.5m～6.0m，堆积时间 $10y$～$12y$，典型土层剖面图 19.5.1。

（1）采用桩径 ϕ350mm 的夯实水泥土桩。

（2）桩长初步定为 5m，桩端持力层②层粉质黏土，f_{ak}＝180kPa，下卧层承载力满足要求。

（3）场地为人工堆积杂填土及素填土，沉积历史短，地质勘察报告给出的承载力为 f_{ak}＝100kPa，因土质不均匀，承载力降低使用，取 f_{ak}＝60kPa，同样考虑土质的不

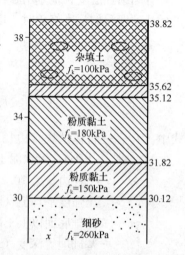

图 19.5.1 地质剖面图

均匀性，采用双排桩布桩形式，单桩承载面积≤0.8m×0.8m，单桩承载力特征值≥100kN。

$$f_{spk} = m \cdot \frac{R_a}{A_p} + \beta(1-m)f_{sk}$$

$$= 0.15 \times \frac{100}{0.096} + 0.8 \times (1-0.15) \times 60$$

$$= 156.2 + 40.8$$

$$= 197\text{kPa（满足要求）}。$$

（4）变形计算

复合土层的复合模量 $E_{ps} = \dfrac{180}{100} \times 5 = 9\text{MPa}$

$s=89\text{mm}$（满足≤100mm 要求）。

该工程每幢楼设计夯实水泥土桩 1450 根（每个居住单元 790 根），混合料配合比水泥（32.5 级矿渣水泥）：土（重量比）＝1：5。典型单元布桩图见图 19.5.2。

施工工艺采用长螺旋钻机成孔，人工洛阳铲清孔，夯底，人工夯实成桩施工。控制混合料压实系数≥0.93。有效工期 12d/幢，于 1994 年 5 月 10 日完成。施工结束后 10d，对两幢楼分别作 2 台单桩复合地基静载荷试验，确定处理后的地基承载力 f_{ak}≥180kPa，试验曲线见图 19.5.3。人员入住后，使用情况良好。

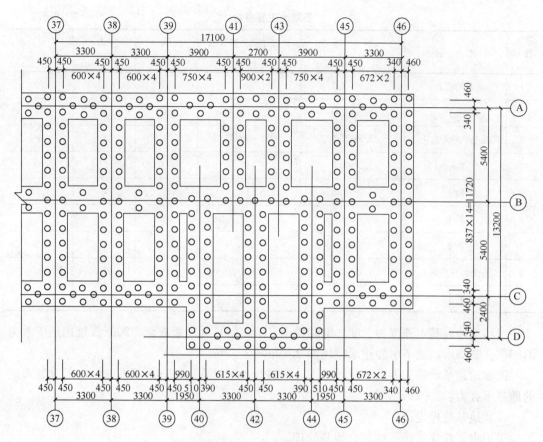

图 19.5.2 典型单元布桩图

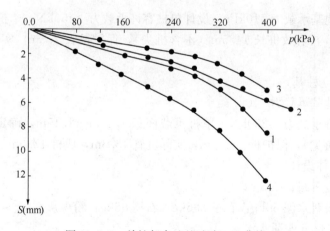

图 19.5.3 单桩复合地基试验 p-S 曲线

实例 2　水泥粉煤灰碎石桩复合地基

德州某银行办公楼地上十二层地下二层，裙房地上三层，地下一层，位于德州市火车站东侧，基础采用箱型基础。场地地质情况：勘探区 20m 深度内地层均为近代河流相沉积层，场区原为一池塘，填有建筑垃圾及生活垃圾，局部填有粉土。地层主要岩性为粉土、黏土及粉质黏土交互层，见表 19.5.2。

各层土主要参数　　　　　　　　　表 19.5.2

序号	地层	层厚 (m)	地基承载力特征值 (kPa)	E_s (MPa)	c_{kpa} (kPa)	φ°
1	人工填土	1.9～3.0	80	6.4	5	20
2	粉土	2.0～6.0	110	20	6	15
3	黏土、粉质黏土	1.8～3.7	100	6	6	9
4	黏土	1.0～3.7	140	8.0	12	10
5	粉土	1.0～1.6	140	18.7	5	20
6	粉土	0.5～1.0	140	6.0	10	10
7	粉土	0.5～1.7	120	11	6	15
8	粉土、粉质黏土	1.2～3.0	100	14	6	4
9	粉土		120	14	6	19

　　该场地地震基本烈度为 7 度，饱和粉土（第二层）为轻微液化，20m 深度内地下水为第四系孔隙潜水，地下水静止水位埋深 2.70m～3.52m。

　　因场地地基承载力不满足设计要求，应进行地基处理。基础面积 633m²，要求处理后的地基承载力≥300kPa。

　　(1) 地基处理设计

　　采用水泥粉煤灰碎石桩复合地基处理。

　　① 主楼部分

　　基底土天然地基承载力 110kPa，设计单桩容许承载力≥450kN，单桩承载面积 1.5×1.5m²，确定 CFG 桩有效桩长 14.5m（不含桩尖），保护桩长 2.5m，实际沉管 18m，成桩 17m。

　　② 裙房及独立柱基

　　基底土天然地基承载力 110kPa。

　　设计单桩容许承载力≥350kN，单桩承载面积 1.45m×1.45m，确定 CFG 桩有效桩长 11.5m（不含桩尖），保护桩长 1.5m，实际沉管 13.3m，成桩 13.0m。

　　③ CFG 桩桩体设计

　　桩体设计强度等级：C15

　　设计配比：每盘水泥 50kg：石子 386kg：石屑 98kg：粉煤灰 60kg

　　材料要求：C32.5 普通水泥

　　　　　　　石子 3cm～5cm

　　　　　　　石屑 0.5cm～1.0cm，含泥量≤5%

　　　　　　　粉煤灰就地取材

　　④ 成桩要求

　　混合料坍落度　2cm～4cm

　　拔管速度　1.5m/min

设计桩径 ϕ380mm，±20mm

桩位偏差 ±8cm，最大不超过 10cm

成桩分二遍进行，第一遍为直接沉管成桩，以桩长控制，桩长偏差≤10cm，第二遍为引孔桩，预估引孔 8m，孔径 ϕ300mm，桩长视试打情况定，以桩长、激振电流、最后 3min 贯入度控制。

（2）CFG 桩施工工艺要求

桩的布设，以设计桩位布置图为准，根据建设方提供的控制轴线点进行布桩，采用网格法布设每一根桩，桩尖埋设后，经甲方验收合格后进行施工。工艺技术要求：

① 施打方法采用隔排不隔桩，第二遍为引孔桩。

② 桩径不小于设计桩径 ϕ380mm，±20mm。

③ 桩长：有效净桩长：主楼 14.5m，裙房条基 11.5m。

④ 桩的垂直度偏差不大于 1%。

⑤ 桩位偏差：箱基下桩±8cm。条基，独立柱基下桩±5cm。

⑥ 混合料坍落度为 2cm～4cm。

⑦ 施工过程中，每两天作一试块（15cm×15cm×15cm），并测定其试件抗压强度。

⑧ 拔管速度为 1.5m/min。

⑨ 所打桩与已打桩间隔时间不小于 10 天。

（3）材料及混合料配制

水泥：C32.5 普通水泥，石屑 0.5cm～1cm，石子 3cm～5cm，含泥量及杂质含量均不超过 5%，均有材料检验单，粉煤灰就地取材。

混合料配比（每盘）：石子 386kg，石屑 98kg，粉煤灰 60kg，水泥 50kg，水量由坍落度控制，搅拌时间均超过一分钟，保证熟料的质量。

（4）成桩工艺

制桩方法采用振动沉管法，桩机型号为 ZD60 型振动沉管机，桩管 ϕ377mm，采用预制桩尖，为一圆锥形，外径 ϕ420mm，高 50cm，锥角为 71.8°。预埋桩尖（地表以下 40cm 左右），桩机就位时桩管对准混凝土桩尖，调整桩管与地面垂直，垂直度偏差不大于 1%，然后沉管。沉管过程中，记录终管前 3m 每 1m 的激振电流，直至沉管至设计标高。上料以沉管过程中及终孔后或拔管过程中进行，采用空中与地基投料相结合的方法，详细记录投料量。制桩采用单打法，边振边拔，拔管速度控制在 1.5m/min。成桩达到设计要求后，测量浮浆厚度，黏土封顶。整个成桩过程均有监理人员监督，严格按照施工质量标准制作每一根桩。

（5）检测及结果

根据设计及施工情况，确定本工程，采用静载荷试验法对施工质量检测，选用 56#（有效桩长 14.5m）、212#（有效桩长 14.5m）319#（有效桩长 11.5m）、单桩复合地基 212 号桩（复合地基板 1.5×1.5m）、319 号（复合地基板 1.45×1.45m）桩。

试验桩情况见表 19.5.3。

检测结果：单桩承载力特征值不低于 470kN，复合地基承载力≥300kPa，裙房单桩承载力特征值 400kN，复合地基承载力≥250kPa。满足设计要求。（本工程设计未考虑复合地基承载力深宽修正）。

试验桩情况　　　　　　　　　　　　　　　　　　表 19.5.3

序号	试验类型	桩号	成桩日期	试验日期	施工桩长（m）	试验桩长（m）	桩径（mm）
1	单桩	56 号	1992.10.9	1992.11.18	16.9	14.5	φ380
2	单桩复合地基	319 号	1992.9.17	1992.11.14	12.3	11.5	φ390
3	单桩复合地基	212 号	1992.10.10	1992.11.21	16.7	14.5	φ360
4	单桩	212 号	1992.10.10	1992.11.30	15.6	14.5	φ380
5	单桩	319 号	1992.9.17	1992.12.2	12.2	11.5	φ390

19.6 注 浆 加 固

国际上认知的注浆加固包括静压注浆加固、水泥搅拌注浆加固和高压旋喷注浆加固等，它是一种常用的工程处理加固方法，广泛应用于城市地下工程、铁路、公路、水利、港口、矿山、建筑地基处理工程。静压注浆加固，是将水泥浆或其他化学浆液注入地基土层中，增强土颗粒间的连接，使土体强度提高、变形减少、渗透性降低的地基处理方法。水泥搅拌注浆加固和高压旋喷注浆加固，是在一定范围内实施定向加固，形成加固体的方法。

注浆加固至今已有近 200 年历史，从其发展可分为四个阶段：

（1）原始黏土浆液阶段（1802～1857 年）：注浆法出现于 19 世纪初，1802 年法国土木工程师查理斯·贝尔格尼采用向地层挤压黏土浆液来修复被水流侵蚀了的挡潮闸的砾土地基，取得了巨大成功，而后用于建筑地基加固，相继传入英国、埃及，但其注入方法简单，浆液也简单。

（2）初级水泥浆液注浆阶段（1858～1919 年）：随着硅酸盐水泥（1826 年英国）的出现，英国人基尼普尔 1858 年采用水泥注浆试验成功，正是在这时，英国研制出了"压缩空气注浆泵"，促进了水泥注浆法的发展。

（3）中级化学浆液注浆阶段（1920～1969 年）：注浆技术的进一步发展和广泛应用，是在矿山竖井的建设中用于防止竖井开挖时地下水的渗入。1920 年荷兰采矿工程师尤斯登首次采用水玻璃—氯化钙双液双系统二次压浆法，首次论证了化学注浆的可靠性，随后研制多种性质各异的化学浆液。这个阶段，相继产生了注浆理论和工艺，从 1938 年马格提出的球形扩散理论到柱状渗透理论逐步形成渗透注浆、压密注浆、劈裂注浆、复合注浆等理论和工艺，注浆设备和检测仪器也不断更新。

（4）现在注浆阶段（1969～）：以 60 年代末出现高压喷射注浆技术为标志，使注浆结石体由散体到结构体，注浆材料向渗透性强、可注性好、无污染、固结体强度较高、凝胶时间易于控制、价格便宜和施工方便的超细水泥方向发展，逐步取代化学浆液，减少环境污染和工程造价。

我国的注浆技术研究起步较晚，20 世纪 50 年代前所作工作甚少，50 年代开始初步掌握注浆技术，1953 年开始研究应用水玻璃作为注浆材料。随着水利水电工程建设的发展和我国的化学工业形成，除水泥、黏土等材料外，50 年代末已形成了环氧树脂、甲基丙烯酸甲酯等注浆材料，60 年代形成了丙烯酰胺注浆材料，70 年代末形成了聚氨酯注浆材料。尤其是进入 80 年代后，根据不同的需要，各种材料在种类、性能上得到进一步的发展。除材料品种外，我国配套的施工技术、工艺、注浆机具和检测手段相应地获得了较大的发展。配套注浆的钻孔机具、高压注浆泵、高压耐磨阀门、高速搅拌机、止浆装置、自动记录仪、集中制浆系统等机具设备的出现，也为注浆技术的稳步发展创造了条件。在监测方面，从目测样品、压水试验等常规方法，发展到声波监测、变形检测、电子显微镜等多种宏观和微观的检测手段。注浆工艺技术上，以高压注浆为代表的整套注浆技术、水泥浓浆注浆技术、水泥浆液和化学浆液联合注浆技术等，为工程中复杂地基的防渗加固处理提供了条件。

近十年来，随着我国工程建设全面展开，注浆工艺和注浆设备不断更新，注浆加固在实际工程中应用日益广泛，如在矿山巷道开挖和支护、地下工程开挖和支护、隧道开挖、水坝止水、建筑物纠偏工程、桩基后压浆工程中应用较广。注浆加固技术的应用见表 19.6.1。

注浆加固技术的应用表

表 19.6.1

工程类别	应用场所	目　的
建筑工程	建筑物因地基土强度不足发生不均匀沉降； 在基桩侧面和桩端	改善土的力学性质，对地基进行加固或纠偏处理； 提高桩周摩擦力和桩端抗压强度，或处理桩底沉渣过厚引起的质量问题
坝基工程	基础岩溶发育或受构造断裂破坏； 帷幕压浆； 重力坝上灌浆	提高岩土密实度、均匀性、弹性模量和承载力； 切断渗流； 提高坝基整体性、抗滑稳定性
地下工程	在建筑物基础下面挖地下铁道、地下隧道、涵洞、管线路等； 洞室围岩	防止地面沉降过大，限制地下水活动及制止土体位移； 提高硐室稳定性，防渗
其他	边坡； 桥基； 路基等	维护边坡稳定，桥墩防护、处理路基病害等
其他		

注浆法按照注浆机理可分为如下几类：

（1）充填注浆。用于坑道、隧道、构筑物基础下的空洞以及土体中孔隙的回填注浆，其目的在于加固整个土层以及改善土体的稳定性。这种注浆法主要是使用水泥浆、水泥黏土浆等粒状材料的混合浆液。一般情况下注浆压力较小，浆液不能充填细小孔隙，所以止水防渗效果较差。

（2）劈裂注浆和脉状注浆。劈裂注浆或脉状注浆是在较高的注浆压力下，把浆液注入渗透性小的土层中，浆液扩散呈脉状分布。不规则的脉状固结物和由于浆液压力而挤密的土体，以及不受注浆影响的土体构成的复合地基，可具备一定的承载能力，其改善的程度则随脉状分布而不同。在浅层的水平浆脉，由于注入压力作用可使地面隆起，往往影响附近构筑物的稳定性，在建筑工程中使用较为广泛。

（3）基岩裂隙注浆。基岩中存在的裂隙使整个地层强度变弱或形成涌水通道，在这种裂隙中进行的注浆称为裂隙注浆，多用于以止水或加固为目的的岩石坝基防渗和加固以及隧洞、竖井的开掘。

（4）渗透注浆。渗透注浆是使浆液渗透扩散到土粒间的孔隙中，凝固后达到土体加固和止水的目的。浆液性能、土体孔隙的大小、孔隙水、非均质性等方面对浆液渗透扩散有一定的影响，因而也就必将影响到注浆效果。

（5）界面注浆、接缝注浆和接触注浆。界面注浆、接缝注浆和接触注浆是指在层面或界面注浆，向成层土地基或结构界面进行注浆时，浆液首先进入层面或界面等弱面，形成片状的固结体，从而改善层面或界面的力学性能。

（6）混凝土裂缝注浆。受温度、所承受的荷载、基础的不均匀沉降及施工质量等的影响，所产生的混凝土裂缝和缺陷，往往可通过注浆进行加固和防渗处理，以恢复结构的整体性。

（7）挤密注浆。当使用高塑性浆液，地基又是细颗粒的软弱土时，注入地基中的浆液在压力作用下形成局部的高压区，对周围土体产生挤压力，在注浆点周围形成压力浆泡，使土体孔隙减小，密实度增加。挤密注浆主要靠挤压效应来加固土体。固结后的浆液混合物是个坚硬的压缩性很小的球状体，它可用来调整基础的不均匀沉降，进行基础托换处理，以及在大开挖或隧道开挖时对邻近土体进行加固。

在建筑地基处理中，注浆加固主要是采用水泥搅拌注浆和高压旋喷注浆形成的增强体，作为复合地基来提高地基承载力。静压注浆加固由于注浆方向和注浆均匀性在实际操作中难度较大，处理后地基的检测难度也较大，因此在建筑地基处理工程中，注浆加固主要是作为一种辅助处理措施和既有建筑物地基的加固措施，当其他地基处理方法难以实施时才予以考虑。注浆材料宜选用水泥浆液、硅化浆液、碱液等固化剂。

19.6.1　注浆加固设计

1. 注浆加固设计内容

和其他地基处理设计一样，注浆加固设计前应明确加固的对象、目的和任务要求，取得相应工程资料和岩土勘察资料。注浆加固设计是在注浆试验资料基础上，根据工程性质提出的具体要求进行，主要内容包括：

（1）注浆材料的选择：浆液类型、配比建议及浆液组成材料质量要求与制备工艺；

（2）注浆钻孔布置设计：包括注浆钻孔的位置、孔距、排距、成孔方法成孔工艺参数等；

（3）施工方法的选择：主要有孔口封闭法、GIN法、常规低压注浆法、双液注浆法；

（4）注浆参数设计：包括注浆压力、注浆段长度、注浆段结束标准、单位注入量等；

（5）注浆技术要求：包括设备要求、材料性能要求、钻孔要求、浆液制备、注浆要求等；

（6）质量检测要求。

由于地质条件的复杂性，要针对注浆加固目的，在注浆加固设计前应进行室内浆液配比试验和现场注浆试验。浆液配比的选择也应结合现场注浆试验，试验阶段可选择不同浆液配比。现场注浆试验包括注浆方案的可行性试验、注浆孔布置方式试验和注浆工艺试验三方面。可行性试验是当地基条件复杂,难以借助类似工程经验决定采用注浆方案的可行性时进行的试验。一般为保证注浆效果,尚需通过试验寻求以较少的注浆量,最佳注浆方法和最优注浆参数,即在可行性试验基础上进行注浆孔布置方式试验和注浆工艺试验。只有在经验丰富的地区可参考类似工程确定设计参数。

2. 注浆试验

注浆试验是一项较为复杂且细致的工作,常常需要对浆材和工艺反复试验调整,同时又受现场条件所限,需要适时、周密地做出安排。注浆试验一般在建筑物位置确定后的工程设计阶段进行、对重要的工程,或地层条件复杂,地基处理对工程有关键性影响时,在初步设计阶段即进行注浆试验。注浆试验的主要内容包括:

(1) 注浆试验组数和试验场地选择的确定:一般情况下,不同地质单元、不同工艺参数、不同灌浆材料均须进行试验。重点工程特殊地段的注浆,应有专门试验。注浆试验场地选择首先应充分考虑其水文、工程地质条件的代表性。

(2) 浆材性能试验:根据注浆对象选择所需的浆材。选用纯水泥浆液进行防渗和固结灌浆时,可直接按照水泥强度等级选择。当试验选用水泥砂浆、水泥水玻璃黏土浆、化学浆材进行注浆时,须进行浆材配比及物理力学性能试验。试验内容包括细度及颗粒级配、不同配合比及其流变参数、沉降稳定性、凝固时间、浆体密度、结石密度及强度、弹性模量等。根据浆材配比试验成果选择最为适宜灌浆对象的灌浆材料与配比。

(3) 注浆试验参数设计:注浆试验参数包括钻孔布置形式、注浆孔径、排距、防渗固结注浆的深度、注浆压力、段长、结束标准、检查手段等。

① 注浆试验孔的布置形式应根据地质条件的复杂程度和注浆目的而定。地质条件简单、注浆加固要求较低时,可按单排布置;地质条件复杂和注浆加固、防渗要求较高时,可按双排布置;当地质条件极为复杂和注浆加固、防渗要求极高时,宜布置三排或多排。质量检查孔根据需要,多布置在同一施工参数的两个或三个注浆孔之间,其多少结合试验选定的参数组数确定。

② 注浆扩散半径是一定工艺条件下,浆液在地层中扩散程度的数学统计的描述值,是确定排数、孔距和排距布置的重要参数。渗入性注浆按注浆扩散理论推导的扩散半径公式来估算,由于地层的不均匀性,浆液扩散往往是不规则的,注浆扩散半径难以准确计算,一般注浆扩散半径与地层渗透系数、孔隙大小、注浆压力、浆液的注入能力等因素有关,可通过调整注浆压力、浆液的注入能力和注浆时间来调整注浆扩散半径。

③ 地层容许注浆压力一般与地层的物理力学指标有关,与注浆孔段位置、埋深、注浆材料、工艺等也有一定的关系。一般情况下注浆试验压力可参照类似工程的经验和有关经验公式初步拟定。

④ 根据选定的浆材种类和室内配合比试验选择拟进行的浆材和适宜于注浆施工的两三种配合比进行试验注浆。以便于浆材及配合比注浆效果对比,从而为施工确定经济适宜的浆材及配合比。

⑤ 注浆结束控制标准应按照注浆方法、注浆材料、选用的施工工艺和注浆加固的目的、重要性进行选择。

⑥ 注浆质量检查,可采用开挖探槽、准贯入试验、轻型动力触探试验、静力触探试验、射线检测、弹性波法、电阻率法、压水试验、室内试验、载荷试验等方法。

　　根据注浆试验结果，结合场地条件等综合因素，进行具体注浆加固设计，在建筑地基的局部加固处理中，加固材料的选择一般应根据地层的可注性及基础的承载要求而定，优先采用水泥为主的浆液，当地层的可注性不好时，可采用化学浆液，如硅化浆液、碱液等。

　　目前，我国注浆加固的工程实践，以水泥为主的浆液、硅化浆液、碱液等有较成熟的设计经验，在《建筑地基处理技术规范》JGJ 79—2012 中有具体规定，在此不再赘述。

19.6.2　注浆加固施工

　　在注浆加固施工前根据注浆试验资料和设计文件，做好施工组织设计，主要包括工程概况、施工总布置、进度安排、注浆施工主要技术方案、设备配置、施工管理、技术质量保证措施等。

　　注浆加固施工一般包括以下步骤内容：注浆孔的布置、钻孔和孔口管埋设、制备浆液、压浆、封孔。对于注浆加固地基，一般原则是从外围进行围堵截，内部进行填压，以获得良好的效果，就是先将注浆区圈围住，再在中间插孔注浆挤密，最后逐步压实。不同地层中所采用的注浆工艺和施工方法是有差异的，如在砂土中和在黏性土在注浆工艺就有较大差别。为使浆液渗透均匀，注浆段不宜过长，对黏性土一般 0.8m～1.0m，无黏性土 0.6m～0.8m，其注浆次序可分为上行式、下行式或混合式。

　　以水泥为主的浆液、硅化浆液、碱液等有较成熟的施工技术要求，可按《建筑地基处理技术规范》JGJ 79—2012 的规定执行。

19.6.3　质量检测要求

　　注浆施工结束后，应对注浆效果进行检查，以便验证是否满足设计要求和地基处理要求，对地基改善效果一般需通过处理前后物理力学性质对比来进行。有承载力要求的，必须通过载荷试验，检验数量对每个单体建筑不应少于 3 点。鉴于压浆加固地基的复杂性，加固地层的均匀性检测十分重要，宜采用多种方法相互验证，综合判断处理结果，同时还应满足建筑地基验收规范的要求。

　　通常的质量检测方法有：标准贯入试验、轻型动力触探试验、静力触探试验、射线检测、弹性波法、电阻率法、压水试验、室内试验、载荷试验等。

　　（1）水泥为主剂的注浆加固质量检验应符合下列规定：

　　① 注浆检验应在注浆结束 28d 后进行，可选用标准贯入、轻型动力触探、静力触探或面波等方法进行加固地层均匀性检测。

　　② 按加固土体深度范围每间隔 1m 取样进行室内试验，测定土体压缩性、强度或渗透性。

　　③ 注浆检验点不应少于注浆孔数的 2%～5%。检验点合格率小于 80% 时，应对不合格的注浆区实施重复注浆。

　　（2）硅化注浆加固质量检验应符合下列规定：

　　① 硅酸钠溶液注浆完毕，应在 7d～10d 后，对加固的地基土进行检验；

　　② 应采用动力触探或其他原位测试检验加固地基的均匀性；

　　③ 必要时，尚应在加固土的全部深度内，每隔 1m 取土样进行室内试验，测定其压

缩性和湿陷性；

④ 检验数量不应少于注浆孔数的 2%～5%。

（3）碱液加固质量检验应符合下列规定：

① 碱液加固施工应作好施工记录，检查碱液浓度及每孔注入量是否符合设计要求；

② 开挖或钻孔取样，对加固土体进行无侧限抗压强度试验和水稳性试验。取样部位应在加固土体中部，试块数不少于 3 个，28d 龄期的无侧限抗压强度平均值不得低于设计值的 90%。将试块浸泡在自来水中，无崩解。当需要查明加固土体的外形和整体性时，可对有代表性加固土体进行开挖，量测其有效加固半径和加固深度；

③ 检验数量不应少于注浆孔数的 2%～5%。

参 考 文 献

[1] 中华人民共和国行业标准. 建筑地基处理技术规范 JGJ 79—2012[S]. 北京：中国建筑工业出版社，2013.

[2] 滕延京等. 建筑地基处理技术规范理解与应用[M]. 北京：中国建筑工业出版社，2013.

[3] 滕延京. 处理地基的工作形状及其工程控制方法[J]. 地基处理，2013.9：28～33.

[4] 滕延京. 复合地基静载试验方法的思考[J]. 建筑科学，2009.9：28～33.

[5] 滕延京. 建筑地基处理技术规范修订中的几个问题[J]. 第 12 届全国地基处理学术讨论会论文集，2012.

[6] 滕延京. 处理后地基的检验与评价[J]. 工程勘察，2014.9[1]：158～163.

第 20 章 地下连续墙与逆作法

20.1 概 述

在我国大规模城镇化进程中，充分利用土地资源，节能省地，建设节约型社会，开发地下空间已成为工程建设首要问题。从发展趋势看，建筑的基础向超深、大跨、大面积方向发展，基础工程的复杂程度及难度增加了，简单的工程地质条件与一般中小建筑物的基础设计与施工方法已难以适应当前基础工程的技术要求，需要对复杂条件下的地基与基础设计施工技术进行研究。深、大基础施工，必须保证其安全，由于基坑开挖、降水引起周边地面沉降，房屋及地下管线受其影响。地下连续墙施工技术因其较高的挡水和挡土可靠性，广泛用于复杂程度较高的地基基础工程。

钢筋混凝土地下连续墙施工技术在国际上的应用始于 20 世纪 30 年代，至今已有七十多年的历史了，在我国应用始于 20 世纪 60 年代末。可以说地下连续墙施工技术的推广应用，对深、大基础施工技术的进步以及地下空间开发利用，起到了巨大的推动作用。

逆作法施工技术是先沿建筑物地下室轴线或周围施工地下连续墙或其他支护结构，同时在建筑物内部的有关位置打设中间支承桩和永久柱，作为施工期间于底板封底之前承受上部结构自重和施工荷载的竖向支撑。然后施工±0.0 楼面或地下楼面结构，兼作地下连续墙的水平支撑。随后逐层向下开挖土方和浇筑各层地下结构，直至底板封底。同时向上逐层进行上部结构的施工。如此地面上、下同步施工，直至工程结束。逆作法施工技术是集地下结构施工技术、周边环境保护技术以及项目总体投资效益先进性的施工方法。

逆作法施工技术的主要优势、特点如下：

(1) 建筑物上部结构的施工和地下基础结构的施工平行作业，在建筑规模大、上下结构层数多时，大约可节省 1/3 工时。

(2) 受力良好合理，围护结构变形量小，对邻近建筑的影响亦小。

(3) 地下部分工程的施工可少受风雨影响，且土方开挖基本不占用项目总工期。

(4) 可最大限度地利用规划用地，扩大地下室建筑面积。

(5) 地下一层结构平面可作为办公、住宿、土石方存储转运的工作平台，可大幅度削减临时设施的费用。

(6) 由于开挖和施工的交错进行，逆作结构的自身荷载由立柱直接承担并传递至地基，减少了大开挖时卸载对持力层的影响，降低了基坑内地基回弹量。

(7) 土石方开挖和地下结构施工不受天气和雨水影响，施工速度反而会加快。

逆作法能够提高地下工程的安全性，缩短施工工期，降低融资成本压力，减小周围地基下沉量，是一种很有发展前途和推广应用价值的地下工程施工和深基坑支护技术，在天津、上海、广州等软土地区得到广泛应用。

按逆作结构的不同，逆作法可分为半逆作法、全逆作法和部分逆作法。

本章主要说明地下连续墙和逆作法的施工与工艺，其设计计算可见本书第 18 章基坑工程。

20.2　地下连续墙

20.2.1　地下连续墙技术应用的优缺点

1. 优点

（1）作为基坑围护结构适用于各种复杂施工环境，几乎各种地质条件都可适用，只是施工难易程度不同而已。在一些特殊的环境条件下，它甚至可能是唯一可采用的有效施工方法。

（2）施工时噪声低，振动小，有利于在城市中施工。

（3）墙体的刚度大，在侧向水土压力作用时变形很小，周围地基沉降也就很小，因此适合于在周围建（构）筑物距离较近及地下管线密集的环境下采用。

（4）防渗效果好，只要确保施工质量，地下连续墙本身是不透水的。只要墙底伸入到低透水层中或保证不受渗透的影响，则因基坑内的降水而导致的周边建（构）筑物和地下管线的沉降变形也将很小。

（5）地下连续墙可设计为建筑物永久性的竖向承重结构和地下室的外墙。

（6）当地下室采用逆作法施工时，地下连续墙是首选的基坑围护结构形式。

（7）地下连续墙是最能充分利用建筑红线范围内地下空间的基坑围护结构，因此可以最大限度地获取土地投资的效益。

2. 缺点

（1）地下连续墙成槽施工时要采用泥浆护壁，泥浆如处理不当，会造成环境的污染，当在城市施工时矛盾更显突出。

（2）地下连续墙如仅作为基坑的挡土、防渗结构或持力层远深于基坑的深度时，采用地下连续墙可能不及其他围护结构经济。

20.2.2　地下连续墙的施工工艺简介

作为基坑围护结构的地下连续墙常用的施工工艺如下：用专用的挖槽设备，例如液压抓斗、液压抓斗和冲孔桩机联合、双轮铣槽机进行成槽作业。抓斗抓土，冲孔桩机入岩并修边，或用铣槽机形成具有一定长度、宽度、深度的单元槽段，槽段以泥浆护壁，然后在槽段内放入预制的钢筋笼，灌注水下混凝土筑成墙段。如此连续施工，使各墙段通过接头相互连接，形成完整的地下墙。

20.2.3　地下连续墙的成槽机械

成槽是地下连续墙施工的首要工序。由于各地地质情况的极大差异，地下连续墙的深度、宽度、形状和技术要求不尽相同，施工单位的经济能力和施工经验也千差万别，因此，选用的成槽机械也各自不同。常用的有冲击式、回转钻进式和抓斗式。

部分成槽机械的性能如表 20.2.1、表 20.2.2、表 20.2.3 所示。

常用冲击式钻机性能表 表 20.2.1

项目 机械型号	钻机卷筒提升能力（t）	钻头自重（t）	钻头冲击行程（m）	冲击次数（次/min）	钻机自重（t）	行走方式
CZ～30	3.0	2.5	0.5～1.0	40，45，50	11.5	轮胎式
CZ～22	2.0	1.5	0.35～1.0	40，45，50	7.0	轮胎式
飞跃-22	2.0	1.5	0.5～1.0	40，45，50	8.0	轮胎式
简易冲击机	3～5	2.2～3.5	1.0～4.0	5～10	5.0	走管移动

宝峨公司生产的双轮铣槽机的技术规格表 表 20.2.2

型　　号	BC～15	BC～20	BC～30	BC～30LJ	BC～30YJ	MBC30
总高度（m）	24.1	27.0	29.5	39	39	5
开挖深度（m）	30	44	50	60	100	55
槽宽（mm）	500～1500	500～1500	640～2100	640～2100	640～2100	640～1500
一次成槽长度（mm）	2200	2200	2790	2790	2790	2790
铣槽机重量（t）	12～20	12～20	26～35	26～35	26～35	17～20
装载机械	履带式吊车	履带式吊车	履带式吊车	履带式吊车	履带式吊车	导轨/履带
备注	备有加长机械，可安装钻进坚硬岩石的滚轮铣刀和导向调节系统					

BH7/12 抓斗主要数据表 表 20.2.3

序号	项　　目	BH12	BH7
1	挖槽厚度（mm）	600～1200	600～1200
2	斗体开度（mm）	2500	2500
3	挖槽深度（m）	70	60
4	配套起重机（t）发动机功率（kW/r/min）	80（7080）180/2000	55（7055）132/2000
5	正常工作压力（MPa）	21	21
6	悬挂（斗+杆）重量（t）	11	8
7	顶部导架重量（t）	4	4
8	斗体容量（m³）	≥1.2	≥1.2
9	单边斗体闭合力矩（kN·m）	390	390
10	主油缸直径（mm）	240	240
11	主油缸推力（kN）	1360	1360
12	动力箱型号	2R～150	2R～100
13	发动机型号发动机功率（kW/r/min）	GM4/53123/2100	GM4/5379.5/2100
14	供油量（L/min）	2×168	2×115
15	最大工作压力（MPa）	30	30
16	油量调节方式	自动	自动
17	油箱容量（L）	480	480

20.2.4　地下连续墙槽孔固壁泥浆的拌制和使用

泥浆的作用在于维护槽壁的稳定、悬浮岩屑和冷却、润滑钻头。一般应选用膨润土制浆。

拌制泥浆前，应根据地质条件、成槽方法和用途等进行泥浆配合比的设计，试验合格后，方可使用，其性能指标应符合表 20.2.4 的规定。新拌制的泥浆应存放 24h 或加分散剂，使黏土或膨润土充分水化后方可使用。

制备泥浆的性能指标 表 20.2.4

项次	项　　目		性能指标	检验方法
1	相对密度		1.03～1.10	泥浆比重计
2	黏度	黏性土	19s～25s	500ml/700ml 漏斗法
		砂性土	30s～35s	
3	含砂率		<5%	含砂量计
4	胶体率		>95%	量杯法
5	失水量		<30ml/30min	失水量仪
6	泥皮厚度		1～3mm/30min	失水量仪
7	静切力	1min	$2N/m^2～3N/m^2$	静切力计
		10min	$5N/m^2～10N/m^2$	
8	稳定性		$30g/mm^3$	稳定试筒
9	pH 值		7～9	pH 试纸

不同施工阶段的泥浆性能指标的测定项目应按下列情况进行：

（1）在鉴定土的造浆性能时，应测定泥浆的含砂率、相对密度、稳定性、黏度和胶体率；

（2）在确定泥浆配合比时，应测定泥浆的相对密度、含砂率、黏度、稳定性、胶体率、静切力、失水量、泥皮厚度和 pH 值；

（3）清槽后，测定槽底以上 0.5m～1m 处泥浆的相对密度、含砂率和黏度。

施工场地应设集水井和排水沟，以防地表水流入槽内，破坏泥浆性能。当地下水含盐或有其他化学成分污染时，必须采取措施以保证泥浆质量。

施工期间，槽内泥浆面必须高于地下水位 1.0m 以上，并且不低于导墙顶面以下 0.3m。

在容易产生泥浆渗漏的土层中施工时，应适当提高泥浆黏度（可掺入适量的羧甲基纤维素），增加泥浆储备量，并备有堵漏材料。当发生泥浆渗漏时应及时堵漏和补浆，使槽内泥浆液面保持正常高度。

在清槽过程中应不断置换泥浆。清槽后，槽底以上 0.5m～1m 处的泥浆相对密度应小于 1.2，含砂率不大于 7%，黏度 20s～30s。

泥浆应进行净化回收重复使用。泥浆净化回收可采用振动筛、旋流器、流槽及沉淀池（凝聚沉淀）或强制脱水等方法。

废弃的泥浆和残渣，应按环境保护的有关规定处理。

20.3 地下连续墙作为围护结构的逆作法工程实例

20.3.1 工程概况及施工组织设计编写依据

1. 工程概况

商业广场占地面积约为 7000m²，总建筑面积 82851.2m²，由一栋 30 层及一栋 26 层塔楼组成。地下 3 层及地下 2 层为机动车库、非机动车库及设备用房。住宅大堂设于地下 1 层临下沉式广场一侧，首层和夹层安排商业及公共配套设施；2～7 层安排商业、餐饮、娱乐用房；8 层（架空转换层）布置绿化及部分公共配套设施；9 层以上为办公及住宅塔楼，住宅面积为 33879.8m²。

2. 工程地质概况

（1）场地地质条件

根据"商业广场岩土工程勘察报告"，地质特征自上而下描述如表 20.3.1 所示。

土层分布及力学指标 表 20.3.1

岩（土）层名称	顶面标高 (m)	层厚 (m)	承载力标准值 f_r（kPa）	岩石饱和单轴抗压强度 f_r（MPa）	备 注
杂填土层	9.65～10.83	0.4～2.6			
粉质黏土层	6.56～9.40		250		
淤泥质土层	7.26～9.80				部分钻孔揭露
全风化细砂岩层	−15.54～−0.4		350		
强风化细砂岩层	−17.0～−2.23	0.6～10.3	500	1.0	
中风化细砂岩层	−22.9～−2.2	0.5～3.1	1500	4.5	
中风化砾岩层			2500		
微风化细砂岩层	—	1.1～6.6	2000	11.7	
微风化砾岩层	−28.65～−4.8		4000	25.0	

（2）场地水文条件

场区内地下水类型为潜水类型，水力特点为无压或局部低压，主要受大气降水影响变化明显。钻探期间地下水稳定水位埋深为 0.5m～1.45m。地下水对混凝土无腐蚀性，对钢筋混凝土结构中的钢筋具弱腐蚀性，对钢结构无腐蚀性。

3. 施工方案考虑

地下室结构施工采用"逆作法"施工方案。围护结构为地下连续墙，墙厚 800mm，深约 17m～23m，第一期周长约 320m。工程桩为人工挖孔桩，第一期 100 根，第二期 33 根，共 133 根，深 23m～28m；中间支承柱采用钢管混凝土柱，柱芯为高强混凝土。设 2 道（局部 3 道）水平支撑，利用首层、负 1 层及局部负 2 层楼板作为地下室围护结构的水平支撑体系。

4. 工程特点

（1）工期紧

本工程地处繁华的路段，寸土寸金，施工工期是建设单位关注的焦点，为此根据该工程结构特点和场地条件，制定严密的施工方案和设计，科学施工，保证按期完成施工任务。

（2）地下室"逆作法"施工

由于地下室为"逆作法"施工，地下结构及地上结构同时施工，施工项目多，多个施工队伍同时进行作业，要配合上部结构施工单位合理进行施工场地的平面布置和空间布置，使整个工程施工能顺利、有序进行。另外地下室有 100 多根钢管柱要进行安装，工艺要求高。

20.3.2　施工准备工作

1. 施工组织部署

（1）组织施工以 ±0.00 以下土建工程为主；

（2）合同工期可划分为地下连续墙围护结构施工工期、工程桩施工工期、土方开挖及地下各层结构施工工期，通过平衡及调度，将各段工期有机地进行组织；

（3）施工期间地下连续墙、桩基础、土方开挖弃运与回填及地下室主体结构施工为进度控制的关键线路，一切施工协调管理和人、材、物的调配应首先满足该关键线路的施工，确保工程的总进度计划的按期完成。

2. 各项工作的准备

（1）技术资料准备

接收建设单位的图纸和相关资料，仔细阅读设计图纸，深刻理解设计意图，掌握设计图中所提出的施工要求，充分考虑施工过程的技术关键，及时发现图纸中的疑点，参加图纸会审，接受建设、监理和设计部门的施工交底，提出可行性的施工方法和图纸修改建议。接收建设单位的测量坐标和水准控制点并对其进行复核、签字移交。

（2）设备投入准备

对本工程所涉及的设备、机具进行整理会合，在设备库中进行运行试验，及时保养，更换有缺陷和有损坏的配件，保证设备在质量和数量上满足施工进度要求，整装待发。

（3）人员工种准备

选择优秀的项目管理人员，调集与本工程相关的技术工种，保证持证上岗，对各工种进行质量、安全技术交底。组织施工管理机构，包括各个技术专业组、项目领导班子。

（4）启动资金准备

根据工程的规模，调配工程启动资金，工程起步时对材料（混凝土、钢筋、板材、配件）等前期投入，保证有充足的资金。

3. 施工总平面布置

（1）施工道路及出口

在建筑红线范围内砌筑围墙，为保证车辆畅通，沿基坑四周铺设 200mm 厚的 C20 混凝土的施工道路，在场地北面及南面围墙上设两个 8000mm 宽的临时大门，大门采用定制的折叠式钢门，并在门边设置纠察间。

（2）下水布置

沿施工道路边设置排水沟，排水沟截面尺寸为 500mm×500mm，并每隔 30m 左右设一个沉淀池，沉淀池尺寸为 800mm×800mm×800mm，排水沟有 0.3% 坡度，排水沟上设置铸铁盖板，污水经沉淀池处理后，通向下水道。

（3）用电计划及布置

由建设单位提供的 630kVA 变电间接出 50mm² 电缆线沿围墙四周布置，然后由总电缆线接出电箱。

（4）临时设施布置

为综合考虑上下施工单位的施工场地需要，将施工用场地划分为南、北及中间 3 个区，南北区（两个出土口范围）为地下室逆作施工用场地，首层楼板中间区为上部施工用场地。

负 1 层及首层的结构施工中钢筋由加工厂加工好后运至施工现场，其他临时材料、机具如模板、木枋、小型机械等在垫层（未浇筑楼板前）或楼板上归堆和周转。

（5）施工机械布置

根据本工程的平面形状及施工道路、施工场地的布置来安排大型施工机械的布置。

地下室结构的混凝土输送采用泵送工艺，本工程使用 2 台混凝土输送泵，放置于裙楼外西南侧的施工道路边及北面出土口边（首层楼板上）。

20.3.3　施工工期

依照"逆作法"设计和施工工艺的要求，整个工程的施工和工期计划安排如下：

第一步：地下连续墙施工，工期 3 个月；

第二步：人工挖孔桩及钢管混凝土柱工程施工，工期 2 个半月；

第三步：－1 层和首层楼板施工，工期 1 个半月；

第四步：－2、－3 层土方开挖，工期 1 个半月；

第五步：－3 层底板和－2 层局部楼板施工，工期 2 个半月；

第六步：－4 层土方开挖、－4 层底板、－4 层核心筒、－3 层核心筒、－2 层楼板、－2 层核心筒、衬墙、楼梯的施工，以及完成封闭预留孔、后浇带等工程，工期 3 个半月。

结构施工工期 14 个半月。建筑、粉饰、粉面施工提前插入，总工程在 16 个月内完成。

20.3.4　施工总流程

详见图 20.3.1。

20.3.5　各阶段的施工组织

1. 地下连续墙施工

1）工程概况

地下室基坑开挖深度约 13.4m（局部 17.4m），采用地下连续墙作为基坑挡土、挡水

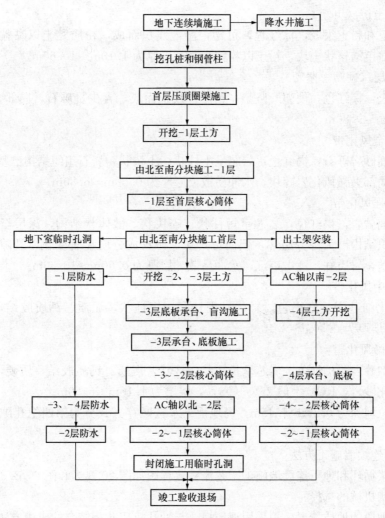

图 20.3.1　施工总流程图

结构，并兼作地下室外墙的一部分，一期地下连续墙总长为 320m，初步划分为 59 槽段；墙厚为 800mm，墙顶高为 −1.45m；墙深约为 17m～23m，其中 AF 轴以南段连续墙深约 23m，墙底为强风化或中风化砂岩。设计墙体混凝土强度等级为 C25，抗渗强度等级为 P8，槽段长度为 4m～6m。

工程地质情况，根据所提供的地质资料，场区工程地质情况大致如下：

① 人工填土层（Q^{ml}）

素填土，厚度在 0.40m～2.60m 之间，杂色、松散，由砂、碎石、生活垃圾、粉质黏土组成。

② 河流相沉积淤泥质土层（Q^{al}）

该层灰黑色，流塑，饱和，含少量粉细砂，见细木屑，层厚为 0.7m～3.20m。

③ 冲积—洪积上层（Q^{al+pl}）

粉质黏土，棕红色、灰白色、黄褐色等，可塑，湿，冲积—洪积，含少量～大量中粗砂，局部质纯及见砾土，层厚为 0.5m～2.60m。

④ 残积土层（可塑）

粉质黏土和粉土组成，棕红色，可塑，湿，残积而成，粉质黏土以黏粒为主，黏性强，局部见白色结核状土块，粉土以粉粒为主，层厚为 1.10m～10.60m。

⑤ 积土层（硬塑—坚塑）

粉质黏土：棕红色，硬塑—坚塑，稍湿，残积而成，含少量砾石，局部含少量粗砂，层厚为 1.10m～9.80m。

⑥ 岩石全风化带

全风化细砂岩砾石，褐红色，岩芯呈土柱状、土块状，岩石组织结构已基本破坏，但尚可辨认，局部夹强风化岩碎块，水冲易散，层厚为 0.50m～6.80m。

⑦ 岩石强风化带

强风化细砂岩，褐红色，岩芯呈短柱状、碎块状，散体状结构，深层至中厚层状造构，岩石组织结构已大部分破坏，但尚可辨认，矿物成分已显著变化，裂隙很发育，泥质、钙质胶结，岩质软，锤击声沉，水冲易散，层厚为 0.60m～10.30m。

⑧ 岩石中风化带

中等风化细砂岩，红褐色，岩芯呈现柱状、短柱状，泥质、钙质胶结，RQD 一般 9%～92%，层厚为 0.50m～3.10m。

⑨ 岩石微风化带

微风化细砂岩，棕红色，岩芯呈长柱状、柱状，泥质、钙质胶结，质硬，锤击声响，底部为微风化砂岩，RQD 一般 35%～95%，层厚为 1.10m～6.60m。

地下水位埋深为 0.5m～1.45m，场地地下水按赋存方式分为第四纪孔隙水和基岩裂隙水。

2）地下连续墙施工方法

（1）泥浆循环和地下连续墙施工工艺流程流程图如图 20.3.2 和图 20.3.3。

（2）成槽机械的选择

鉴于该地段的地质情况，拟采用液压抓斗与冲孔机成孔相结合的成槽方法，采用触变

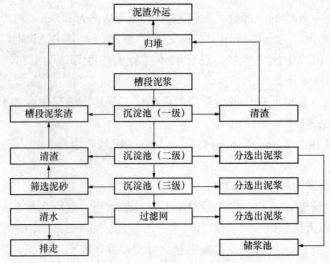

图 20.3.2 泥浆循环流程图

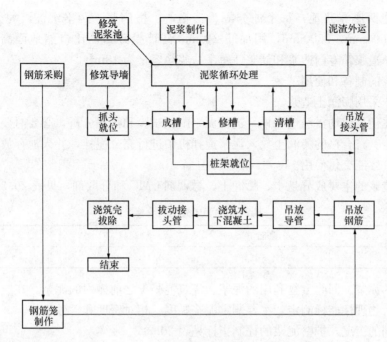

图 20.3.3　地下连续墙墙体施工工艺流程图

泥浆护壁、现浇水下混凝土的施工工艺。

本工程采用意大利进口的 BH-7 型液压抓斗进行槽孔成槽施工。

（3）构筑临时施工道路

为了保护大型施工机械，如吊机、混凝土搅拌车、其他运输车辆施工现场安全行驶，必须在施工现场构筑坚实可靠的临时道路。临时道路拟沿地下连续墙的内侧布置，路宽约为 8m，路基下层铺 400mm 厚片石，中层铺 100mm 粉石。根据现场的情况，设一个 8m 宽的出入口及大型（4m×6m×1m）洗车槽，洗车槽周边砌筑 24 砖墙，上铺轻轨。

（4）修筑导墙

导墙是地下连续墙挖槽之前修筑的临时构筑物，它对挖槽起着重要的作用。由于地表土极不稳定，容易塌陷，而且泥浆对地表土层起不到护壁作用，所以导墙的形式建议为 L 形，导墙的高度为 1.7m，设计导墙顶面标高高出外地面 200mm，导墙的混凝土设计强度等级为 C20。

导墙施工时，首先按设计地下连续墙轴线位置放线开挖土方，按自然坡度放坡。开挖后基底回填土 50mm～100mm，铺平夯实，然后绑扎导墙底板钢筋、立模、浇筑导墙底板混凝土，再绑扎导墙壁板钢筋、立模、捣制壁板混凝土，全部拆模后，导墙内外回填黏土，夯实。当导墙的混凝土强度达设计强度的 75% 时，即可进行成槽施工。

导墙施工可以分段进行，每段大约 30m 左右。

导墙的垂直度、轴线偏差和顶面水平平整度均要控制在 ±30mm 以内。

修筑泥浆沟、泥浆池。泥浆沟分布在导墙的内侧，截面的净空尺寸为 400mm×500mm，利用导墙作为沟边一侧，另一侧用水泥砂浆砌筑 180mm 砖墙，砌筑高度比导墙顶低 150mm。泥浆沟就近与各个泥浆池相连，连接段采用工字钢铺设，便于吊机及车辆的通过，沟底均铺 50mm 厚、C15 素混凝土垫层，并使之有一定的坡度倾向泥浆池。

计划修建两座泥浆池，每个池分隔为三格，一格储浆，两格沉淀，泥浆池尺寸为12000mm×5000mm×2500mm，用加筋240mm砖墙壁砌筑，比自然地面高出100mm，另外设置4个造浆箱专门造浆和储浆，每个造浆箱容量为18m³。

（5）泥浆的制备和使用

泥浆制作采用膨润土造浆。

膨润土在使用前均需经过取样，进行泥浆配比试验和物理分析，必要时要进行化学分析和岩矿鉴定。将合格的膨润土放入泥浆搅拌机中进行充分搅拌，并入池存放24h以上使之充分水化，才能交付使用。

膨润土造浆的主要成分是水、膨润土、增稠剂CMC和分散剂，见表20.3.2。

膨润土主要成分相对含量　　　　　　　　表 20.3.2

水	膨润土	增稠剂 CMC	分散剂
1	8%～12%	0.05%～0.10%	0～0.5%

新制备的泥浆、回收重复利用的泥浆、浇筑混凝土之前槽内的泥浆，在成槽时、清孔后均需要进行物理性能标测定，主要测定泥浆黏度、相对密度和含砂率。

根据不同的工况，护壁泥浆的控制指标见表20.3.3。

泥浆的性能指标　　　　　　　　表 20.3.3

时段	项目	泥浆的性能控制指标
成槽时	相对密度	1.20～1.30
	黏度（s）	25～30
	含砂率（%）	<12
	pH 值	7～9
	胶体率	>95%
	失水量	<30ml/min
清孔后底部	相对密度	<1.20
	黏度（s）	<28
	含砂率（%）	<4
	pH 值	7～9
	胶体率	>95%
	失水量	<30ml/min

被污染后性质恶化了的泥浆，经处理后可重复使用。如污染严重难以处理或处理不经济者则舍弃。泥浆处理采用机械处理和重力沉降处理相结合进行。从槽段中置换出来的泥浆经过机械处理后流入沉淀池进行重力沉淀，重力沉淀16h后稳定。用水泵抽走表面清稀部分浆水到过滤池，并通过4层滤网过滤，将废水排掉，余下的浆体再生重复利用。

沉淀和过滤流程如图20.3.4所示。

（6）成槽、清槽及质量要求

根据该工程的地质结构、槽段深度情况，地下连续墙最深只深入强风化岩3m，所以拟采用以液压抓斗成槽为主，冲桩机修孔成槽，达到充分发挥两种设备的长处，以缩短

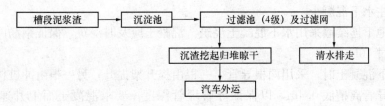

图 20.3.4　沉淀和过滤流程

工期。

清槽：在成槽过程中清渣，用泥浆循环法，即将皮管通向孔底并泵进新浆，使泥渣上浮；对于粗颗粒的岩渣则用专用抽渣筒清除。最后清孔时，采用空气吸泥法反循环清孔，即通过 $4''$ 皮管压下 $6kg/m^2 \sim 8kg/m^2$ 压缩空气至槽底的吸泥装置，将泥砂吸上，同时补充新鲜泥浆，保持所要求的泥浆液面高度。清孔后保证沉渣厚度小于 50mm，1h 内槽底泥浆相对密度小于 1.20。槽孔的垂直度控制在 1/200 以内。

（7）钢筋笼制作、吊放及其质量要求

钢筋笼制作按规范及设计要求进行。为了保证钢筋笼平直，在制作之前，建造专用的焊接平台，根据施工场地情况及工程进度的要求，布置了两个钢筋制作平台，在平台上进行钢筋笼的制作，焊接。并根据设计要求正确预埋钢筋及管线，其标高误差不超过 $\pm$5mm。钢筋笼骨架上以及四边各交叉点采用全部点焊，其余各纵横交点采用 50% 梅花形交叉点焊。钢筋保护层定位块用 3mm 厚的钢板制作，有效宽度 200mm，有效高度 60mm，有效长度 400mm。为了钢筋笼在吊运过程中具有足够的刚度，在纵向钢筋桁架吊点与主筋平面之间焊上斜向拉筋。

钢筋网上的预留胡子筋用 30mm 厚泡沫板覆盖，并用钢丝网盖住泡沫板，与连续墙主筋或水平筋绑扎牢固，保证泡沫板在下钢筋网的过程中不被破坏；钢筋网上预留的钢筋套筒必须用塑料帽封封住，以确保套筒不被混凝土塞住。

地下连续墙钢筋笼制作的允许偏差见表 20.3.4。

地下连续墙钢筋笼制作的允许偏差　　　　　　　　表 20.3.4

项次	项　　目		允许偏差（mm）
1	主筋间距		$\pm$10
2	箍筋间距		$\pm$20
3	笼厚度（槽宽）		$\pm$10
4	笼宽度（段长）		$\pm$20
5	笼长度（深度）		$\pm$50
6	预埋铁件	水平	$\pm$10
		垂直	$\pm$5

根据施工的具体情况，合理安排钢筋网的制作顺序，保证清槽后即可吊放钢筋网。不得让槽孔停置太长时间。钢筋网起吊及入槽过程中，不能产生不可恢复的变形，为此采用主副两台（一台为 50t，一台为 25t）吊机配合起吊。

（8）灌注水下混凝土

本工程地下连续墙采用水下混凝土浇筑。混凝土应及时浇筑，保证钢筋网在槽段中浸泡时间不超过 10h。

灌注水下混凝土时，采用两根导管，一根由提升架提升，另一根由冲桩机或另一台提升架提升，导管离槽底 0.4m，以保证导管埋管深度。要求混凝土面上升速度不宜小于 2m/h，槽内混凝土面高低差小于 300mm，中途停顿时间小于 30min，导管埋深控制在 2m～6m 之间，

导管间距不宜大于 3m，导管距槽段两端不宜大于 1.5m，为保证地下连续墙顶端混凝土质量，混凝土浇灌顶面标高比设计标高高 500mm。

本工程采用商品混凝土，混凝土强度等级为 C25，抗渗等级为 P8。为确保混凝土供应的及时性、连续性，除拟定由本公司搅拌站供应外，还就近联系两个有实力的商品混凝土供应站配合供应。在浇捣混凝土的过程中，严格控制混凝土的坍落度在 180～220mm 之间和水灰比（<0.5）、水泥用量等，以保证混凝土的强度及抗渗等能满足设计要求。每次浇筑混凝土，工地现场都按要求对混凝土进行抽检并留置试块。

3）墙体接头方式和确保墙体密实及接头防漏水的措施

本工程采用工字钢接头作为地下连续墙接头形式，为保证工字钢接头的防渗漏功能及墙体的密实，拟采取如下的施工措施：

（1）保证工字钢与钢筋网的焊接牢固，钢板保证平直，不能绕角。

（2）工字钢靠近后冲槽段部分，预埋 200mm 厚泡沫板，防止先浇槽段的混凝土绕过工字钢，渗流到工字钢背侧。泡沫板须确实紧贴工字钢，确保靠后浇槽段的工字钢表面与后浇混凝土有可靠的结合，保证了整体性及防渗效果。泡沫板与工字钢的绑扎必须牢固紧密，并用钢丝网覆盖绑扎，以保证钢筋网下槽时不浮起，如有泡沫浮起，应吊起钢筋网，重新冲洗干净并绑扎好泡沫板。

（3）成孔后必须用专用的钢丝刷或压缩空气将先施工槽段接头处的夹泥清刷干净，直至没有泥块为止。

（4）保证混凝土的质量，必须有质量安全员、材料试验人员在现场对每车混凝土进行验收，严格控制混凝土水灰比、坍落度。

（5）保证混凝土浇灌连续性和速度的均匀性。

（6）保证接头处的混凝土面向上提升，不至于夹泥。

（7）按规定要求控制泥浆指标，保证泥浆质量。

4）可能遇到的问题及预防处理办法

（1）槽壁塌方

槽壁塌方多发生在地表 0m～4m 的范围内。产生的原因是：泥浆质量不合格或已经变质，槽壁漏浆，在新近回填的地基上施工，单元槽段过长，地面附加荷载过大。

预防的措施是：加强泥浆管理，调整配合比；加大泥浆的比重和黏度，及时补浆，提高泥浆水头，并使泥浆排出与补给量平衡；缩短单元槽段的长度；构筑吊机道路，减少槽孔周边附加荷载；加强导墙结构，建议采用"⌐ ⌐"形结构。

当塌方严重时，用优质黏土（或掺 20%的水泥）回填塌方处，重新冲槽，当浇灌混凝土发生局部塌孔时，用空气吸泥器将混凝土上的泥土吸出，继续浇筑混凝土。

（2）卡锤

卡锤产生的原因是：冲锤牙齿磨损过大，槽孔的宽度变小，中途停电，冲锤留在槽孔内被泥砂埋住，地下障碍物卡住，悬吊钢丝绳破断等。

预防的措施是：经常进行往复扫孔，经常检查冲锤牙齿的宽度和钢丝绳的磨损情况，如有磨损及时修补或更换；中途停止冲孔时及时将冲锤提出。

对已卡住冲锤不能强行提出，可交替紧绳、松绳将冲锤提出；如不能提出，则插入硬管压人泥浆或压缩空气将周围淤积的泥砂排除。

（3）混凝土导管内进浆

混凝土导管内进浆的产生原因是：首批混凝土数量不足，导管底口距槽底间距过大，提拔导管过度，使泥浆挤入导管内。

预防措施是：保持足够的首批混凝土量，导管口离孔底的距离保持不小于 400mm，导管插入混凝土的深度保持在 2m～6m 之间，测定混凝土上升面确定高度后再据此提拔导管。

（4）导管内卡混凝土

导管内卡混凝土产生的原因是：导管口离槽底的距离过小，混凝土的坍落度过小，石子粒径过大砂率过小，浇灌间歇时间过长。

预防措施是：保持导管口离孔底的距离保持不小于 400mm；按要求选定混凝土的配合比，选用 10mm～30mm 石；加强操作管理，尽量保持连续浇筑；浇筑间歇时，上下小幅度提动导管；选用非早强型的水泥，掺入减水剂和缓凝剂。

已堵管时，敲击、抖动、振动或提动导管（高度在 300mm 以内），或用长杆捣导管内混凝土进行疏通，如无效，在顶层混凝土未初凝时，将导管拔出，改用带密封活底盖导管的插入混凝土内，重新浇筑混凝土。

（5）接头管拔不出

接头管拔不出的原因是：接头管本身安装不直，起拔设备能力不足，混凝土硬化的速度较快，提动和拔管时间过晚等。

解决办法：使用专用拔管器提动和拔管，在底部混凝土初凝后半小时内开始拢动接头管，上拢速度与混凝强度增长速度、混凝土浇筑速度相适应，此问题可迎刃而解。

（6）斜孔

当遇到块石或孤石时会造成斜孔，填充优质的黏土块和石块，将斜孔部分填平，低锤密击，往复扫孔纠正。

（7）掉锤

掉锤产生的原因是：钢丝绳过度磨损破断，卡锤后钢丝绳被拉断，吊环磨损破坏。预防措施是：经常检查钢丝绳和吊环的磨损情况，有破损不能继续使用时及时更换。掉锤时，用铁锚进行打捞，如被卡住，则按卡锤的处理方法进行处理。

（8）遇到旧基础木桩

该工程位于老城区，可能会遇到许多旧基础以及木桩。由于导墙的开挖深度达 1.7m，所以，一般在开挖导墙时即能将旧基础挖除，暴露出旧木桩来，这时，可以用吊机将之拔起。若在成槽的过程中还碰到旧基础或木桩，则用冲桩机低锤密击将之打碎。

5）质量验收办法及其验收标准

(1) 槽段验收办法及其验收标准

地下连续墙槽段验收分两部分：槽段验收和泥浆验收。

根据本工程地质结构的特点，在泥浆护壁条件下，采用液压抓斗挖土和强风化岩层，用冲桩机进行修槽。成槽达到深度后检查槽段宽度及垂直度，并在成槽过程中根据不同地层变化提取岩样，鉴定入岩的情况，确保达到设计的入岩要求。槽段经验收合格后方可进行清槽，槽孔验收办法及其验收标准见现行标准。

初步检验方法可见表 20.3.5。

地下连续墙初步检验方法　　　　　　　　　　　　　　表 20.3.5

序号	项　目	验收标准	初步检验方法
1	槽段宽度	≥800mm	用钢尺量冲锤，其外径≥780mm（根据试验槽段灌注混凝土的扩孔系数作适当调整）
2	槽段深度	符合设计要求	用一段绑有特制重锤的标准测量绳，将重锤沉入槽底，拉紧测量绳，读取槽孔深度，并取出测量绳复尺
3	槽壁垂直度	满足设计要求≤0.5%L（L 为槽段深度）	提出冲锤至地面与导墙对中，然后徐徐地放下至孔底，用钢尺在导墙面量测钢丝中心与连续墙中心的距离，即为偏差

清槽，采用正循环与反循环两种方法进行，前期利用正循环，即将输浆皮管通向孔底，用立式泵泵入含砂率少的泥浆，迫使下部泥渣向上悬浮排出槽孔外，沿泥浆沟流入泥浆池；经过前期的正循环清渣之后，槽底剩下的沉渣不多时，撤换输浆皮管，并放入空气吸泥管，压入压缩空气进行吸渣，同时向槽段内注入优质泥浆进行置换，直至符合要求，此为反循环清渣，经清渣后的槽段的泥浆应达到如表 20.3.6 所示技术指标。

泥浆取样时，是提取离孔底 500mm 处的泥浆进行试验。

泥浆技术指标　　　　　　　　　　　　　　表 20.3.6

序号	项　目	验收标准	检验方法
1	泥浆密度	<1.20	由试验人员取样做试验
2	泥浆黏度	28s	由试验人员取样做试验（500mL/700mL 漏斗法）
3	泥浆含砂率	<8%	由试验人员取样做试验（含砂仪）
4	沉渣胶体率	≥95%	由试验人员取样做试验（100mL 量杯法）
5	沉渣厚度	按设计图纸要求	清孔一个小时后，将测量锤缓慢地放入槽孔内，拉紧测量绳读取深度然后将槽孔验收深度减去 h，即是沉渣厚度

经验收合格的槽段即可吊放钢筋网，浇筑水下混凝土。

(2) 钢筋网片制作及其验收标准

钢筋网片制作按规范及设计图纸要求进行。为使钢筋网片平直，符合设计要求，拟在制作台上进行装配、焊接，钢筋网片周边钢筋与纵横钢筋全部采用焊接，钢筋网骨架上的各个交点全部采用点焊，其余交点采用 50% 交错点焊；所有预埋件、预留筋与钢筋网片采用焊接固定，其位置偏差满足设计图纸要求或满足规范要求。钢筋网片采取整体制作一次成型，采用两部吊车分主副钩进行起吊，在起吊、运输及入槽过程中钢筋网片不能产生不可恢复的变形。钢筋网片制作允许偏差见表 20.3.4。

6）施工机械型号、数目及技术性能

（1）主要大型施工机械（见表 20.3.7）

主要大型施工机械表　　　　　　　　　　　表 20.3.7

序号	名称	型号	数量	性能	主要参数
1	抓斗（含吊机）	BH～7	1 台	可入一般强风化岩	最大成孔深度 50m
2	冲孔成槽机	简易冲击机	6 台	能穿过任何障碍物	最大成孔深度 50m
3	泥浆泵	3PNL	6 台	抽出最大颗粒直径 2.00mm	电机 22kW
4	焊机	DJ-630	4 台	焊接最大电流 630A	功率 48kVA
5	吊机	进口	1 台	履带行走	起吊能力 50t•m
6	吊机	进口	1 台	履带行走	起吊能力 25t•m
7	挖土机	WI～100	1 台	履带行走	挖土量 1.0m³
8	汽车	大脱拉	3 台	自卸	限载 15t
9	钢筋弯曲机		1 台	适用直径 Φ≤40mm	功率 7.5kW
10	钢筋切断机		1 台	适用直径 Φ≤40mm	功率 7.5kW
11	水下混凝土导管	Φ250	2 套		
12	空气压缩机	Y250M～6	1 台		37kW
13	泥浆搅拌设备		2 套		

（2）主要用电设备（见表 20.3.8）

商业广场工地主要用电设备情况　　　　　　　表 20.3.8

名称	数量	功率	合计功率
桩机电机	5 台	22kW	110kW
轴流泵	3 台	22kW	66kW
	2 台	4kW	8kW
拔管器	1 台	22kW	22kW
电焊机	5 台	22kW	110kW
对焊机	1 台	75kW	75kW
弯曲机	1 台	3kW	3kW
割断机	1 台	5.5kW	5.5kW
管型镝灯	1 支	3.5kW	3.5kW
	1 支	1kW	1kW
水银灯	15 支	0.45kW	6.75kW
空压机	1 台（6m³）	37kW	37kW
照明、生活用电		15kW	15kW

合计用电：$(110+66+8+22+110+75+3+5.5+3.5+1+6.75+37+15) \times 70\%$
$\approx 324kW$

（3）主要配件（见表 20.3.9）

主要配件一览表　　　　　　　　　　　表 20.3.9

名称	规格	数量	名称	规格	数量
接头方锤带钢丝刷	450	3个	混凝土漏斗	0.7m³	4只
冲锤	Φ780	6个	空气吸泥管		2套
方锤		4个	皮管	1″	200m
钢丝绳	4′	2000kg	乙炔气瓶		4只
钢丝绳	5′	4000kg	氧气		9只
钢丝绳	7′	14000kg	风焊用管		4
混凝土导管	4′	100m	抽砂筒		9
混凝土吊斗	1m³	2只	风管		

2. 钢管柱、钢筋混凝土柱施工

1）钢管柱的制作及吊装

（1）钢管柱的制作

根据设计要求编制相应的材料计划、质量计划并进行详细的工程技术质量交底工作，待准备工作充分后按以下工艺流程（图 20.3.5）进行加工制作：

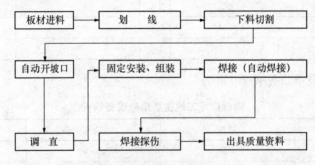

图 20.3.5　钢管柱制作流程图

（2）钢管柱的吊装

钢管柱按＋1层以下一次制作和安装，钢管在加工车间制作，一次成型，根据挖孔桩施工进度的需要从车间运输至现场，因为是超长构件，所以，只能下半夜运输，到现场后，即可组织吊装。整个过程包括：起吊、就位、固定等三项工作。钢管柱及钢管柱混凝土施工与人工挖孔桩施工交叉进行，每完成一根桩，紧接着安装钢管柱和浇筑高强混凝土。在桩顶上安装钢管柱定位器，用两台吊机起吊放入桩孔，并安排人员在桩顶控制钢管柱与定位器的准确结合，地面用经纬仪进行就位控制，当满足设计要求后，桩顶部位用槽钢烧焊固定。由于钢管柱安装好之后要高出现场地面，安装好的钢管柱会影响后面的钢管柱和混凝土施工工作，需要认真做好钢管的保护工作。

（3）钢管柱的质量监测

本工程实行全过程全方位质量控制，对生产的各个工艺环节进行跟踪检验。检验项目有结构尺寸检验、焊接外观缺陷检验和焊缝内部缺陷检验。焊缝外观缺陷检验内容包括：咬边、焊瘤、弧坑、表面气孔、表面裂纹，采用肉眼或低倍放大镜检验。焊缝内部缺陷检验项目有：未焊透、内气孔、内部裂纹、夹渣，采用超声波无损伤检测仪 100% 探伤，按照超声波检验等级 B 级执行。产品质量要求达到设计要求及国家标准《钢结构工程施工质量验收规范》（GB 50205—2001）、《钢结构工程质量检验评定标准》（GB 50221—95）的有关规定。

（4）钢管柱构件防锈、防腐处理

钢结构在制作完成后进行抛丸去锈，质量要求达到国家标准（GB 8923 钢管柱中高强混凝土施工—88）中规定的 Sa2.5 级，并在堆放、运输过程中注意防锈工作。

2）钢管柱中高强混凝土施工

采用导管导入高频振捣法浇筑钢管柱混凝土。根据施工经验，导管导入混凝土高频振捣法是一种可行的施工方法。该方法将会很好地解决高位抛落法和高效减水剂引起的气泡问题，从而确保混凝土的质量。

3）钢筋混凝土柱的施工

钢筋混凝土柱采用现浇法施工。桩钢筋笼吊装后，即下柱钢筋笼并进入桩顶 1m 之后，浇筑桩芯混凝土至桩顶设计标高以上 200mm，混凝土初凝前清除 200mm 浮浆层，待混凝土初凝后即进行柱模的安装并浇筑柱芯混凝土。

4）桩孔回填

在浇筑柱芯混凝土之后，在桩孔和柱之间回填砂土。每回填 3000mm，捣一层 300mm～500mm 厚的速凝混凝土。

3. 土方开挖

1）工程概况及特点

本工程基坑开挖采用地下连续墙作围护结构，地下室楼板（－1 层、首层及部分－2 层）作为内支撑的基坑开挖方案；支撑结构同时是地下室永久结构及塔楼基础的一部分。土方工作量约 73000m³，其中暗挖部分约 48000m³。

工作特点：

（1）暗挖部分的通风、照明工作条件差；

（2）没有堆土场地；

2）土方施工方法

土方开挖的总体思路是：

（1）－1 层及局部－2 层土方直接由挖掘机进入基坑开挖土方，并通过挖掘机直接传土至首层梁板土方装车点。

（2）－2、－3、－4 层土方均采用特制的垂直出土提升架进行出土并自动输送至既定的装车点。

（3）每层开挖深度：第一层挖土中，靠连续墙周围 5m 范围内挖至－1 层梁底以下 300mm，其他挖至－1 层梁底以下 2500mm；第二层挖土挖至－3 层底板垫层底；第三层挖土挖至－4 层底板垫层底。

土方开挖分三个阶段：第一个阶段，施工首层圈梁后开挖－1 层土方及局部－2 层土方；第二个阶段，施工－1 层、首层楼板后开挖－2、－3 层土方；第三个阶段，施工－2 层局部楼板后开挖－4 层土方。

4. 地下室逆作法施工时几个特殊问题的处理

1）逆作部分支模

－1层及首层梁板和剪力墙采用正作法施工；－1层以下梁板则采用逆作法施工，因此模板工程根据不同的情况区别对待。

逆作部分的梁板结构采用垫层加模板的施工方法。

靠连续墙周围5m范围在梁底以下300mm捣制100mm厚的C15素混凝土垫层，底模采用夹板支模加木枋支承及调平，侧模采用组合钢模板。其他范围同样捣制100mm厚的C15素混凝土垫层，支撑为门字架，底模采用夹板加木枋支承及调平，侧模采用组合钢模板。当土方部分开挖到预定标高后，随即平整，捣好垫层，安装梁底支撑木枋或门字架及梁底模、梁侧模，接着安装楼板底模，所有模板表面刷上混凝土隔离剂，以方便下一层土方开挖时方便脱模，并保证楼板梁表面的平整和完整性，且加快了施工进度。

出土口周边梁需预留出土口板筋，为防止螺纹钢筋先弯曲再调直后在弯曲位置强度受影响，预留钢筋用圆钢按等强度代换。主、次梁及楼板施工缝位置采用快易收口网支模，阻挡混凝土的通过。

2）墙、衬墙逆作施工

墙板的钢筋可插入砂垫层，以便与下层后浇筑结构的钢筋连接。在安装下层墙板钢筋和模板之前，必须将上层构件打毛干净，露出新鲜混凝土，并经验收合格方可进行安装。

由于墙的高度超过3m且上层墙板在施工，所以，浇筑混凝土时需要从腰间和顶部的侧面入仓，因此，必须在该构件模板腰部和顶头楼板上分别预留侧向浇灌口（需做凹槽）和顶部浇灌口，侧部口300×300@2000，顶部设口在上层圈梁中，预埋钢管D250@2000。

浇灌混凝土时，先在腰间浇灌口入仓，浇灌达到一定高度后便停止，再迅速封闭腰间浇灌口，之后转向顶部预留孔浇灌。无论从腰间还是从顶部预留孔下料，泵送的混凝土均需经串筒入模，以防止混凝土的离析；施工时尽量使相并联的预留孔同时启用，以保证施工质量和施工进度。为使混凝土密实，振动时用附着式和插入式振动器配合使用。由于墙板难于注水养护，可喷涂养护胶膜养护。另外，由于上、下层构件的结合面在上层构件的底部，不易振捣密实，在结合面容易出现缝隙，为此在衬墙捣制养护收缩变形稳定之后，沿接缝每500mm～1500mm钻孔，埋置细铜管作为二次压浆孔，进行压力灌浆消除缝隙，保证构件连接处的密实性。

5. 土方施工及结构施工时的主要机械设备

主要施工机械、设备见表20.3.10。

主要施工机械设备　　　　表20.3.10

名称	规格	数量	计划进场时间	备注
反铲挖掘机	1m³	6台		
反铲挖掘机	0.3m³	4台		
自卸汽车	12m³	30台		
履带吊	25t	1台		
空压机	6m³	3台		
风镐	G10	30把		
混凝土输送泵		2台		

续表

名称	规格	数量	计划进场时间	备注
垂直运输系统	50t	1 套		
葫芦吊		5 个		
气割设备		6 套		
电焊机	22kVA	8 台		
对焊机	75kVA	1 台		
钢筋弯曲机	GJl-40	2 台		
钢筋切断机	GJ2-40	2 台		
潜水泵	QSX25-4	12 台		
高扬程水泵	30m	6 台		
污水泵	3PNL	3 台		
振捣棒	X～50	30 把		
平板振动器		2 台		
钢模板	全套			
串筒、漏斗		20 套		

6. 施工监测

1）基坑周边环境及监测目的

该工程位于旧城区，附近建（构）筑物密集，交通繁忙，周边大量陈旧的民用建筑，三边靠近街道，地下管线多。考虑到基坑开挖安全的重要性，在施工方法上采用了能确保基坑较为安全的逆作法进行地下室工程的施工，同时加强对工程的监测，以绝对保证周围建（构）筑物及作业人员与居民的安全。

按基坑开挖范围和开挖深度，该基坑属于一级保护的深大型基坑，应对基坑本身及周围环境进行位移、沉降等多项监测。为此，采用先进的监测手段对整个地下室的施工过程进行监控，并在进场施工前做好以下三个方面的准备工作：

（1）对周围原有的建筑物进行仔细调查，并做好记录、拍照、录像等工作。

（2）详细了解周围地下管线的情况，并做好记录。

（3）在建（构）筑物、马路上设置沉降及变形观测点。

2）监测项目、监测仪器及监测方法

（1）地表变形

工程周边有三条街道及旧民居，为此，拟沿三条街道中心线及周边旧建筑物布置 16 个监测点。

监测仪器：精密光学测量收敛仪、精密光学倾角仪。

监测方法：每次沉降观测量均要求从其中一个水准控制点开始，逐点测量各观测点，最后与另一个水准控制点闭合，水准仪置镜点应尽可能在水准和观测点的中间位置，当核算误差符合标准才算一次成功的沉降测量。建筑物的倾斜位移观测，是将经纬仪架于置镜点上，用正镜观测墙上标记点的偏移情况，当发现建筑物或四周场地出现新的裂缝时，应及时通知有关人员并做出妥善处理。

（2）围护结构的稳定性监测

本监测内容包括有地下连续墙墙顶水平位移及沉降、墙体的变形监测。地下连续墙墙顶位移及沉降观测点沿地下连续墙四周设在圈梁顶上，共布置 12 个点。墙体变形监测采用在连续墙钢筋网中预埋长测斜管，一幅槽段设置一根。

监测仪器：精密光学测量滑动倾斜仪、经纬仪、水准仪、0.5kg 线锤。

（3）孔隙水压力监测

在地下连续墙后土体中钻孔，监测地下水位变化。在土体中埋设孔隙水压力计，观测孔隙水压力的变化。共设置 3 个孔。

（4）石方爆破震速监测

采用预埋震速传感器于地下连续墙体内的方法。在每次爆破时进行测读。设置 16 个传感器。

（5）结构侧墙、立柱间水平收敛监测

在地下三层侧墙与立柱间布置 6 个永久观测点。

3）监测要求及仪器一览表（见表 20.3.11）

监测要求及仪器一览表　　　　　　　　　表 20.3.11

监测项目	监测方法	测点数量	量测精度	量测频率	警戒值
毗邻建筑物倾斜与沉降、地表水平位移及沉降、地下管线水平位移及沉降	精密光学测量收敛仪、精密光学倾角仪	观测点 16 个	±1mm ±0.2mm	围护结构施工过程中 1 次/d，开挖过程中，2 次/d，主体施工 1 次/d	设计确定
地下连续墙墙体变形	精密光学测量滑动测斜仪	测斜管 40 根 728m	±1mm	开挖过程中 2 次/d	30mm
墙顶位移及沉降	经纬仪	观测点 12 个	±1mm	开挖过程中 2 次/d	30mm
地下水位监测	水准仪	观测孔 12 个 240m	±10mm	围护结构施工 1 次/2d，土方开挖 1 次/d，主体施工 1 次/2d	待定
石方爆破振速	振速传感器	传感器 8 个		每次爆破测量	待定

20.4　地下连续墙与地下室逆作法的施工工法

本节通过几个工法详细说明地下连续墙与地下室逆作法的施工方法。

20.4.1　多层地下室逆作法施工工法

本工法由广东省基础工程集团有限公司开发。

当前地下空间的开发利用进入了一个全新时期，地下室越来越深，地下空间越来越大，当遇到施工场地狭窄、周围环境复杂、周边环境保护要求高、建筑工期短等一系列施工难题时，采用逆作法施工技术应是首选的施工方法。

广州新中国大厦地下室和广州名汇商业大厦地下室施工中应用了逆作法，并据此总结编写成"多层地下室逆作法施工工法"，推广应用于地铁车站、高层建筑的地下室结构施工中。在实践中逆作法施工技术又得到不断地丰富和发展，主要包括：①逆作结构柱及其桩基的工艺改进：以前几乎都采用人工挖孔，但是随着逆作法应用的地域范围不断扩大，以及成桩工艺的限制和改进，已在逆作法中使用钻（冲）、旋挖成孔等水下混凝土灌注桩基础，逆作工艺作了相应的改变和发展。②支承柱的形式：在钢管混凝土柱的基础上发展了钢筋混凝土预制柱，其施工工艺更为简单，成本较低。③支承柱的定位技术：由于机械成孔泥浆护壁灌注桩基础施工的要求，以及预制钢筋混凝土支承柱的应用，支承柱的定位技术得到了应用和发展。④竖向构件的水平接缝位置和处理方法得到了进一步明确，质量更好，操作方便。

2003年9月至2006年8月施工的南宁佳得鑫水晶城三层地下室应用了逆作法施工，其裙楼支承柱创新地采用了钢筋混凝土预制柱，大大节约了成本，缩短了工期，质量稳定可靠。2004年4月至2006年3月施工的南宁新华街人防工程也采用了逆作法，它解决了在城市中心区道路下进行工程建设，影响交通、场地狭窄等难题。其工程桩下部采用钻（冲）孔灌注桩，上部采用人工挖孔桩的成孔方式，中间支承柱为在人工挖孔内钢套筒形成的圆形现浇钢筋混凝土柱，成功地解决了地下旧有人防工事影响的问题。

1. 特点

（1）建筑物上部结构和地下室结构同时施工，平行立体作业，可大大缩短工程总工期。

（2）楼板作围护结构水平构件，其刚度大，变形小，从而可以解决敏感地段基坑支护桩侧向变形大的问题。

（3）地下室外墙可与基坑围护墙采用两墙合一的形式，从而增加了地下室的有效使用面积。

（4）支承柱采用钢管柱，其梁柱节点的抗震性能明显优于钢筋混凝土结构柱。

（5）由于开挖和施工的交错进行，逆作结构的自身荷载由立柱直接承担并传递至地基，减少了大开挖时卸载对持力层的影响，降低了基坑内地基回弹量。

（6）逆作法时，土方开挖不受天气的影响，地下室开挖的进度更容易得到保证。

2. 适用范围

适用于场地条件差、周边建（构）筑物对变形敏感、施工场地狭窄、地下室层数多、基坑面积大、整体工期紧迫等建筑工程和市政工程（如地铁车站、城市地下广场等）的施工。

3. 工艺原理

多层地下室逆作法施工是以地下连续墙或排桩为基坑围护结构，以人工挖孔桩或钻（冲）孔灌注桩为基础，以钢管柱（或预制钢筋混凝土柱）为承重结构，以地下室梁、板体系为基坑水平支撑构件，完成首层（或次层）楼板后，上部结构与下部结构同时施工，并交替进行土石方开挖作业的一种施工方法。

图 20.4.1　液压抓斗成槽

4. 施工流程

施工流程见图 20.4.2。

5. 施工要点

逆作法施工是由多种工艺组合而成。由地下连续墙或带止水帷幕的排桩墙构成的围护结构是逆作法施工的前提条件，墙式支护结构的施工质量及止水效果是逆作法施工的第一个关键；在基坑内土方未完全开挖的情况下施工结构柱网，如何处理柱网的定位、混凝土的浇筑、接缝的处理，有效地解决结构竖向荷载的传递是第二个关键；土方开挖及出土的快慢是影响逆作法施工的第三个关键；竖向构件的连接处理直接影响到逆作法施工结构质量，是逆作法施工的第四个关键。

1）排桩（带止水措施）或地下连续墙的施工

选用何种工艺及施工机械受地质条件、承建商的施工经验以及施工机械装备能力所制约。常用的成槽机械包括钻机、液压抓斗（图 20.4.1）、液压铣槽机，遇到硬岩时使用冲孔桩机。在施工过程中宜根据地质情况的变化，适当地改变工艺和机械设备，选择合理的技术参数，特别是清孔后泥浆的指标控制，严格遵守和执行国家行业规范或地方标准，应使用带有偏差检测和纠偏的设备控制好垂直度，穿过透水层，以保证施工质量，达到挡土和止水的目的。

2）工程桩和钢管混凝土柱、钢筋混凝土预制柱的施工

结构工程桩可采用钻（冲）孔灌注桩、套管式灌注桩，条件许可时也可以采用人工挖孔桩，但人工挖孔桩易受地质条件和施工安全管理的制约。

（1）钻（冲）孔灌注桩

采用回转钻机、冲击式钻机或者旋挖钻机成孔，泥浆护壁，泥浆反循环排渣、清孔，然后放入钢筋笼，浇筑水下混凝土。

（2）套管式灌注桩

套管式灌注桩的成孔方法是边下套管边用抓斗挖孔。由于有钢套管护壁，可用串筒浇注混凝土，亦可用导管浇注，要边浇注混凝土边上拔钢套管。

（3）人工挖孔桩

从支承柱的定位和施工的方便性出发，采用人工挖孔桩是较合适的，它可在施工护壁时即进行钢管柱定位器的安装，浇灌桩芯混凝土后，在混凝土初凝前应严格按设计要求剔除桩顶的浮渣层，同时做好钢管柱定位器的安装、固定和位置校核的工作。但是由于人工挖孔桩受到地质条件（有厚层淤泥、砂层、岩溶地质时不适用）、桩径（不小于 1.2m）、桩长（不宜大于 25m）、周边环境（降水效果不明显）等因素的制约，因此，其适用的场合被严格控制，只有在一定条件下才能采用。

（4）钢管柱的加工（图 20.4.3）

钢管混凝土柱不但作为逆作法施工时的竖向支撑，而且作为地下室的承重构件，由有资格的相关企业进行加工制造，圆形柱可采用螺旋卷板自动焊接，或直缝半自动手工焊

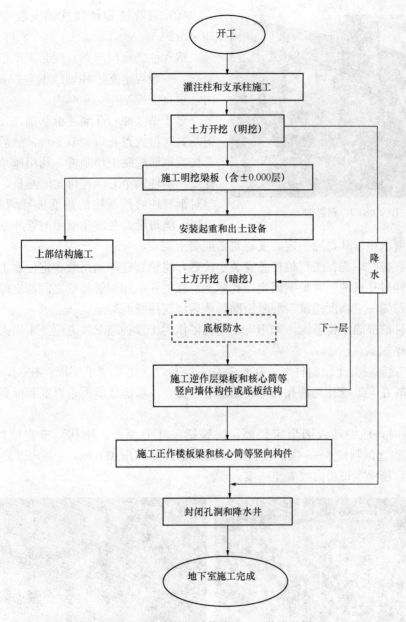

图 20.4.2　深基坑逆作法施工工艺流程图

接，异型柱由拉杆和钢板组合而成，可采用直缝自动焊和手工焊相结合的方法，在加工时一次成型。

（5）钢筋混凝土预制柱的制作

某些工程中裙楼的层数少，荷载不大，中间支承柱可采用钢筋混凝土预制柱，钢筋混凝土预制柱在梁板节点位置须预埋好钢板、钢梁接头和柱底端定位器等。预制柱的钢筋、钢板下料，焊接，浇注混凝土均在预制加工场批量生产，再搬运到现场安装。钢筋混凝土预制柱外模采用特制组合钢模板。底模在铺设钢筋前拼装好，侧模在钢筋绑扎完成后拼装，外模在拼装前均要涂上脱模剂，拼装模板接缝应顺直、密封、防止漏浆。

图 20.4.3　钢管加工

（6）钢管柱和预制柱的安装与定位（图 20.4.4）

钢管柱的定位与垂直度必须严格满足设计要求，一般规定支撑柱轴线偏差控制在 10mm 内，垂直度控制在 1/300 内。

对于钻（冲）孔灌注桩基础，先吊放桩的钢筋笼，再放置孔口调节平台，然后，吊放钢管柱或钢筋混凝土预制柱，利用倾角仪对钢管柱或预制柱四个方向进行角度测量，用调整螺丝对钢管柱或预制柱的角度进行调整和固定，混凝土浇筑后，在桩孔壁和钢管外壁之间的空隙中按设计要求填砂和每隔一定高度浇筑素混凝土圈。

人工挖孔桩时，先在工程桩桩芯安装定位器，将钢管柱准确吊放在定位器上，再对钢管柱调垂，通过孔口的临时型钢固定在孔壁上。在桩孔壁和钢管外壁之间的空隙中按设计要求填砂和每隔一定高度浇筑素混凝土圈，然后浇筑柱身混凝土。

从预制柱的准确定位考虑，采用人工挖孔桩作为工程桩施工较方便。采用人工挖孔桩时，施工顺序如下：

① 制作钢筋混凝土预制柱时，在预制柱下端预埋或焊接"十字形"柱尖，柱尖端头为楔形，同时在人工挖孔桩桩孔内埋设圆形定位器，注意定位器的垂直度和标高满足设计要求。

② 安装时，柱尖插入圆形定位器，浇筑第一斗混凝土，使其高于定位器 30cm～50cm，反复提起预制柱 3～5 次，使柱尖比圆形定位器高出 150mm 左右，以便混凝土灌入定位器内，确保定位器内混凝土密实。

图 20.4.4　预制柱安装效果

③ 在孔口处，从正交的两个轴线方向进行测量，微调钢筋混凝土预制柱，准确定位。

④ 临时固定钢筋混凝土预制柱。

⑤ 继续浇筑桩、柱结合处混凝土。

⑥ 桩孔内柱之间空隙回填砂土，固定钢筋混凝土预制柱。

（7）钢管柱混凝土的浇筑

干作业时，混凝土由搅拌车直接卸入孔口料斗内或由起重机分斗灌入料斗内，用前置式振捣器振捣密实。

浇注水下混凝土时，通过导管将混凝土灌入桩孔内，随混凝土高度抬高，逐节拆除导管。若柱和桩混凝土设计强度等级不一致，交接面应设在钢管柱底以下 1m 处。

3）土石方开挖和地下结构流水作业（图 20.4.5）

流水施工的分段要合理，考虑分块与出土口的远近，分两段进行流水施工，土方施工的同时穿插结构施工，多工序互相交错，合理安排，以保证施工的等节奏流水。

图 20.4.5　明挖施工与流水作业

土方开挖按逆作法的支撑顺序分阶段进行。先进行明挖，施工完首层楼板后，地下室转入逆作法施工，与此同时进行上部结构施工。首层楼板以下一般每两层为一组（视施工机械要求和层高而定）进行土方开挖（图 20.4.6），从出土口向下挖掘到设计标高，再向四周扩大。利用中小型机械实现全机械化土方开挖和出土作业。由挖掘机负责挖土和短距离运输，基坑扩大后，用推土机进行土方水平传送（图 20.4.7），在出土口安排大容量的挖掘机把土石方装上吊斗，利用提土设备将土吊至地面堆放，地面再由挖掘机装车。挖土同时，一边清除柱周杂物，修整连续墙或桩排内壁面，一边平整地坪，浇捣垫层、安装梁模和楼板底模，挖至最后一层时砌筑底板胎模。

除底板外，每层开挖的基底位于逆作盖板面以下 1.5m 处，浇注垫层，以便进行模板支架的安装。

图 20.4.6　盖挖施工

图 20.4.7　土方水平运输

4）钢梁的安装（图 20.4.8）

钢梁用于核心筒钢构架柱的横向连接，是核心筒部位的构架柱和周边钢管柱的连接梁。在地面将钢梁制作成型后，用卷扬机将其吊入基坑内，然后由挖掘机或装载机水平运送到预定位置，利用挖掘机配合手动葫芦与支承柱的钢梁接头对接就位，手工焊接。对于底板处的钢梁，则在基坑底铺设钢轨，用卷扬机拖运到位。

图 20.4.8　钢梁安装效果

钢梁或钢梁牛腿应作为楼板梁的一部分，可采用十字形梁和井字形梁两种形式。对于十字形梁，钢梁与支承柱的钢梁接头对接后，在制作楼盖板梁时，将钢梁包在钢筋骨架内。对于井字形梁，支承柱中的钢梁牛腿与楼板梁垂直，包含在梁的钢筋骨架内（见图 20.4.9）。

5）墙体竖向连接及墙体的施工

衬墙施工需先在外墙上安装拉杆螺丝，同时要凿去外墙侧壁表皮，露出新鲜混凝土后，再将上下接缝凿毛并清理干净。绑扎好衬墙钢筋后安装钢模板，分别套上竖杆和横杆，拉平对齐锁紧。其他墙体和柱采用对拉螺丝和钢模板支模。

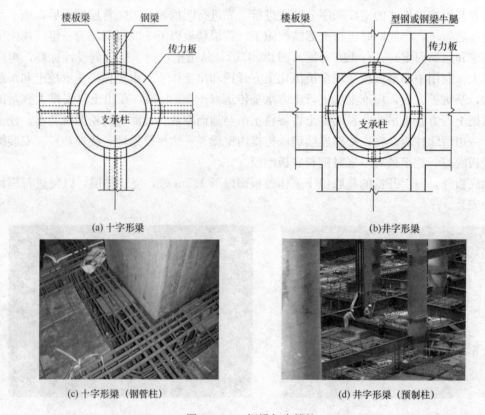

图 20.4.9　钢梁与支撑柱

开挖面和墙体施工缝应位于盖板面以下至少 1.5m。墙体处回填中砂，施作砂垫层。侧墙须预留插筋，但一般不设止水钢板。墙板的预留筋可插入砂垫层，以便与下层后浇筑结构的钢筋连接。施工下一段结构时，要对施工缝进行凿毛处理。隔墙和衬墙难以从上面浇筑混凝土，且隔墙和衬墙每次浇筑高度均不大，所以浇筑混凝土时可以从顶部的侧面入仓，浇筑时，突出的楔形混凝土面要比上下两构件接缝面高出 50cm。混凝土拆模后，将突出墙面的楔形混凝土块凿除。（见图 20.4.10）。

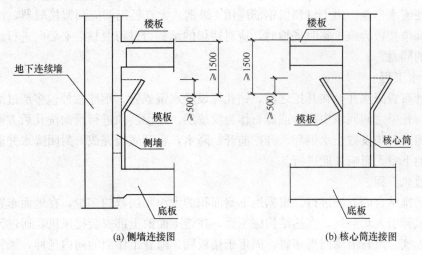

(a) 侧墙连接图   (b) 核心筒连接图

图 20.4.10　板墙连接图

6) 楼板模板施工

底板采用砌砖地梁模和素混凝土垫层板模，水泥砂浆批荡找平抹光。除了底板外，地下室所有楼层的混凝土楼板均采用钢木模板施工。由于模板工程和土方开挖工程在流水施工中分阶段交替进行，在"两层一挖"土方挖至设计标高时即进行平整，捣好垫层后按正常的施工方法安装梁模和板模，在钢木模表面上刷混凝土隔离剂。上一层的梁、楼板采用正作法施工，宜用门式支架进行支顶（图 20.4.11）。

7) 楼板混凝土施工

逆作法施工是在顶部楼盖封闭的条件下进行的，故采用泵送混凝土较为合适。根据工程大小确定输送泵台数进行连续浇筑。要求混凝土的坍落度为 14cm～16cm，初凝时间为 10h～12h，以防冷缝出现。

楼板混凝土按施工进度及考虑混凝土的温度收缩特性进行分块。

浇筑混凝土板时，采取长向推进办法，2 组以上输送泵并排薄层灌注，一个坡度，一次到顶，同时及时用水泵将混凝土泌水排出室外。浇捣过程中平板式和插入式振

图 20.4.11　楼板模板支顶

动器配合使用，确保混凝土密实。混凝土分块施工的临时施工缝处采用免拆除 V 形钢网作侧模。

8) 地下室垂直运输

解决基坑内外的垂直运输的效率问题，是多层地下室逆作法成功的关键之一。地下室土石方需要外运，钢筋、模板、钢构件等材料需要运进地下室，为此，在出土口处安装垂直运输系统，既可吊放材料，又可使用专门的吊土桶来吊运土石方。

出土口的位置根据场地和道路的实际情况及结构施工顺序来选择，应在前后门各设置一个，方便流水作业。出土口预留钢筋应用I级钢，大直径钢筋应预留接驳器，出土口四周及其他部位楼板为施工临时场地时，应对楼板的承载力进行复核，必要时进行加强，并征得设计的同意。

9）降水工程

按设计布置降水井，在开挖之前，钻孔埋设降水钢滤管，钢滤管外包多层过滤网，并在钢滤管与孔壁之间回填中粗砂或砾石作为反滤层。埋设后须进行反向洗孔后方能投入使用。底板施工时须设置止水钢环。开挖前开始降水，直到底板完成。封闭降水井前，须确定浮力对地下室无影响才能进行。

10）通风工程

采用送排结合的方法进行。根据地下室面积的大小和层数的多少，在地面布置多台鼓风机，由风管引入新空气，直达结构施工面，在施工面的上部安装排风机，通过预留孔向地面排出废气。风管沿墙四周布置，固定于楼板底。随着工作面的向内延伸，风管亦不断接长，保证工作面的空气质量。

6. 机具设备

主要机具设备为：抓斗（含吊机）或铣槽机、钻（冲）孔桩机、反铲挖掘机、推土机、吊机、铲车、电动葫芦、机械化吊运的土斗、空压机、风炮机、卷扬机、电焊机（交流电、直流电），钢筋弯曲机、切断机、对焊机，轴流风机，箱式离心风机，手拉葫芦。

7. 劳动组织及安全

1）劳动组织

工种构成有：木工、钢筋工、混凝土工、电工、电焊工、机工、起重工、测量工、试验工、杂工等。

2）安全措施

（1）采用有效的监测手段确保深基坑支护本身的安全及周围建筑物、地下管线的安全使用。

（2）挖土时严格按施工顺序和允许开挖的深度进行，不得有超深挖土和无序挖土。

（3）在开挖到设计要求的深度后，立即进行板和梁的浇筑。

（4）做好施工过程的排水。

（5）用电实行三相五线制，所有电器设备必须装设漏电保护开关。进坑的动力及照明电线应使用电缆，在支撑或坑壁上进行可靠的固定。

（6）坑内应有足够照明度，照明应架设在上层底板下方，并使用低压电气设备。

（7）在封闭的地下室施工，必须加强通风、排烟设施，保证空气的流通。

（8）逆作施工时，坑洞和孔洞较多，要设围护栏杆，上下要设有专用上、下人梯。

（9）起重、司索、指挥等特殊工种持证上岗。起重指挥人员的指挥信号明确，起重机司机应按信号进行操作。施工现场周围必须有明显的隔离标志，起重臂下严禁站人。

8. 质量要求

（1）符合《建筑地基基础工程施工质量验收规范》（GB 50202）、《混凝土结构工程施工质量验收规范》（GB 50204）、《钢结构工程施工质量验收规范》（GB 50205）、《钢管混凝土结构设计与施工规程》（CECS 28）及有关规范标准。

（2）其他相关质量要求

① 支承柱安装与定位要满足以下质量要求（见表 20.4.1）：

支承柱安装与定位质量要求

表 20.4.1

序　号	项　目	允许偏差（mm）	备注
1	轴线位置	±10	纵、横两个方向量测
2	垂直度	≤1/300	
3	标高	±10	一节按单层计

② 侧墙（核心筒）施工缝距板面应不小于 1.5m。

③ 预埋钢筋（或钢板）中心线位置偏差应不大于 10mm（纵横两个方向量测）。

9. 效益分析

（1）在节约工期方面：①充分利用±0.000 层的梁、板作为裙楼施工的工作面，使地上、地下可以同步施工，大幅度缩短工期；②采用本工法的"两层一挖"逆作法施工，土石方开挖可以全部采用大型挖掘机械进行作业，使挖土作业时间相对缩短；③作业人员在地下空间工作，基本不受气候条件的影响。

（2）在成本控制方面：①墙式支护直接作为地下室的外墙，地下室的钢管柱、钢构架柱、混凝土梁、板结构直接作为地下连续墙的内支撑，节约了大量的临时垂直支柱、水平支撑、横撑、斜撑等工程用料和拆除成本，降低了工程造价；②缩短工期，减少了融资压力和融资成本。

（3）环境保护方面：①由于逆作法采用先浇注表层楼面，再往下挖土作业，所以其在施工中的噪声因表层楼面的阻隔而大大降低。②顺作法施工采用开敞开挖，产生大量灰尘，而逆作法施工，由于其施工作业在封闭的地下室，可以最大限度地减少扬尘。③钢筋混凝土预制支承柱相对于钢管柱，减少了钢材的用量，符合节约环保的要求。④钢筋混凝土预制支承柱在工厂制作，相对于桩孔内现浇制作，采用钢模板多次重复使用，减少了木材的用量，且工人劳动强度低，操作环境好，体现了以人为本。⑤逆作法的支护结构变形较明挖法显著减小，大大地提高了对周边建（构）筑物保护的可控度，对环境影响的风险大大降低。

10. 应用实例

实例一：佳得鑫水晶城地下室工程

佳得鑫水晶城位于南宁市新的市中心区，总用地面积为 23745.0m²，地上 31 层，地下 3 层，其中地上由 4 栋 26 层住宅楼、1 层架空绿化、4 层商业裙房组成，建筑高度为 99.95m，总建筑面积为 165998m²。塔楼为框支剪力墙结构，裙房采用框架结构。

佳得鑫水晶城地下室基坑开挖深度达 19.5m，周长 555m，底面积 18850m²，属超大型深基坑，地层中存在较厚的圆砾层，渗透系数大。采用逆作法施工，采用钢管柱和钢筋混凝土预制柱，支撑柱和主体结构柱合二为一，均在工厂进行加工预制。剪力墙、框架柱混凝土强度等级为 C40、C50、C60，其中地下三层至六层楼面的剪力墙框支柱混凝土强度等级为 C60，钢管高强混凝土浇筑采用前置式振动器振捣的施工方法。本工程于 2006 年 8 月 23 日竣工，其中创新性地使用了钢筋混凝土预制柱作为支承柱，保证了工期和工程质量，节省费用约 500 多万元，创造了良好的经济、社会效益。

实例二：新华街二期人防工程

新华街二期人防工程全长约 600m，总建筑面积为 13657.46m²，共划分为六个防护单元，设有十个直通地面的出入口。新华街二期人防地下室与新华街路面基本同宽，两旁建筑物多，车流、人流密集。地下管线密集，且大部分管线无法迁改，需采取保护措施。地下还探明有旧的人防工程，因年代久远，旧人防工事的平面位置、深度等没有详细资料，对围护结构施工影响很大。因此项目的施工场地狭窄，施工用地少，周边环境复杂，工期紧。

该工程采用逆作法施工，于 2004 年 4 月 8 日开工，2006 年 3 月 31 日全部完工，共分四段分期施工。由于旧人防工事的影响，中间支承柱采用人工挖孔桩和钻孔灌注桩的施工工艺，上部采用人工挖孔桩成孔，开挖至旧人防工事时，人工凿除旧人防工程，以下再用钻机成孔到设计桩底，在吊放钢筋笼时，先在钢筋笼上安装钢护筒，防止混凝土流向旧人防工事，成孔完成后即浇注水下混凝土，浇至设计标高。

该工程逆作法的应用不仅保证了基坑的施工安全，而且缩短了占用道路的时间，至少提前了 6 个月恢复地面交通，最大限度地减少了对周边商铺营业和交通的影响，项目得到南宁市政府和建设单位的好评。

20.4.2 冲孔成槽、接头管接头的地下连续墙工法

广东地区工程地质的特点是软硬互层多、岩层埋深大、岩性起伏变化大。地下连续墙采用冲孔施工便能适应多变复杂的地质条件，此外，随着高层建筑事业的发展，地下连续墙多兼做承重墙，要求入岩，此时采用冲孔施工尤显其优越性。

应用冲孔技术的地下连续墙施工，槽段接头采用的接头管可重复使用，节省钢材。

1）特点

本工法采用简易冲桩机冲孔成槽，工艺成熟，易于掌握，冲桩机价格低廉，且能适应多变复杂的地质条件。特别在场地周边有建筑物且距离近的情况下施工可不危及建筑物的安全。

施工时占地面积少、振动小、噪声低、干扰小，在城市施工不受影响。

采用冲孔成槽可做成任意形状的连续墙，电厂的圆形地下水泵房施工更显其优越性。

2）工艺原理

靠冲击钻机在冲锤作用下冲孔成槽，采用泥浆护壁，始终保持泥浆液面高于墙外地下水位（或高潮位）0.5～1.0m。此外，泥浆有悬浮土渣的功能，将土渣排出地面，清槽后浇筑水下钢筋混凝土成墙。

3）工艺流程

测量放线→筑导墙→冲孔成槽→修槽→安放接头管→安放钢筋笼→安放混凝土导管→浇筑水下混凝土→拔接头管。

4）施工程序

（1）划分单元槽段

影响槽段长度的主要因素有：地质条件及相邻建筑物的影响、墙体形状、机械设备吊装能力、混凝土供应能力、连续作业时间。

槽段长度一般为 4m～6m。

（2）筑导墙

① 导墙作用：导向和定标高、作为上部土体挡墙，保证泥浆液面的稳定性。

② 结构断面：一般有 ⌐ ⌐形或 ⌐ ⌐形断面。表层地基土良好可用 ⌐ ⌐形，多用 ⌐ ⌐形。结构多为现浇钢筋混凝土。

外导墙应预留泥浆溢流孔。

③ 现浇导墙施工顺序

平整场地（表层土质差时应先换土）→测量放样（导墙净距较墙厚多 40mm～60mm）→挖槽及处理弃土→绑扎钢筋→支模板（外侧多用土模）→浇筑混凝土→拆模并设置横撑→回填导墙外侧空隙并辗压密实。

（3）成槽

采用冲击钻机冲孔成槽。当软土层厚度占比例较大时，为了提高效率可先钻孔，入岩改用冲孔，最后修槽。

在冲孔过程中，泥浆经沉淀池沉淀后采用正循环方式使用。

① 泥浆的选择

除某些土层能满足泥浆要求自行造浆外，通常采用塑性指数＞20、黏粒含量＞50％、含砂率＜5％的黏土来制浆，并根据地质条件、成槽方法和用途等情况决定是否加入外加剂。

配置泥浆一般用自来水，在海岸附近的工程应测定泥浆的含盐量及进行失水量试验。

② 泥浆的用量

新浆的用量约为总挖方量的 1.2～1.5 倍。

造浆池及循环泥浆池的体积均不少于最大槽段挖方量的 1.5 倍。

一般沿导墙外侧设置泥浆沟，供泥浆循环用。多用砖砌筑。

（4）清槽

土质较好时可用空气吸泥及潜水砂泵法清槽，较差时用泥浆循环或抽砂筒配合清槽，砂砾土层用潜水砂泵或抽砂筒配合清槽。

（5）槽段接头管的安装

接头管常用 10mm～20mm 钢板卷焊成外径比设计墙厚小 1mm～2cm 的圆管，长度同墙深。

（6）钢筋笼的制作和安装

钢筋笼多在现场制作。根据吊装设备的能力决定是否分节制作和吊装，其上应设置控制保护层厚度的垫块，清槽验收合格后应立即吊装。

（7）安装导管

一般采用 250mm 圆形钢管。导管间距不应大于 3m，离槽段接头端不大于 1.5m。

（8）浇筑混凝土

钢筋笼就位后，应进行隐蔽工程验收，合格后应立即按规范要求浇筑水下混凝土。如果间歇时间超过 4h 应复测沉渣厚度。

5）操作要点

影响连续墙质量的最主要因素是槽壁坍塌及槽段接头的渗漏。施工时必须注意：

（1）在冲孔及清槽过程中要保证泥浆面的稳定。

（2）根据不同地质情况，配制掺加不同外加剂的泥浆。

（3）吊装钢筋笼时，应尽量避免碰撞槽壁，以保证沉渣厚度。

（4）除按规范要求浇筑水下混凝土外，还采用保证接头处混凝土密实的措施。

（5）拔接头管的方法及拔管时间。

（6）冲孔入岩时，特别是岩面起伏较大时，应控制落锤高度及钢丝绳松紧，避免卡锤和吊锤。

6）质量要求

必须符合现行施工和验收规范的要求，符合建筑工程质量检验评定标准外，特别要注意：

（1）新制备泥浆的性能指标应符合规范要求。

（2）清槽时槽底以上 0.2m～1.0m 处的泥浆密度应＜1.3，含砂率＜8%，黏度不大于 28s。

（3）槽内沉渣厚度：承重墙≤100mm；非承重墙≤300mm。

7）劳动组织

视工程大小、工期长短、机械设备能力配备如下各工种工人：冲桩工、电工、电焊工、钢筋工、混凝土工、起重工、机工、修理工、测工、普工、司机。

管理人员有工程负责人、技术负责人、施工员、质安员、材料员、保安员等。

8）机械设备

简易冲桩机、起重机、挖掘机（反铲）、电焊气割设备、混凝土搅拌机、运输机具、潜水砂泵或空气吸泥机配抽砂筒、供电设备、供水系统。

9）安全措施

除严格执行现行的安全技术规范、操作规程外，开工前进行安全检查，施工现场由专人负责安全工作。上级机构派人进行检查和监督工作。

10）工程实例——深圳上洞电厂水泵房地下连续墙

地下连续墙厚 60cm，墙深 12m～13m。泵房为直径 20m 的圆环上下各夹一个 3m 长线段，墙长 68.832m。该泵房离海边仅 100m。

（1）地质条件

① 回填土：砂砾混黏性土层 1.2m～2.3m。

② 亚砂土及亚黏土混合层，主要为细砂、黄土、红土、砂夹泥，层厚 8.9m～9.6m。

③ 强风化花岗岩，主要为石英颗粒、长石细碎颗粒，层厚 2m。

（2）导墙

断面为⌐⌐形，结构为钢筋混凝土。

（3）槽段划分

共 12 个槽段，槽段平均长度 5.736m。

（4）成槽

用冲桩机冲孔成槽，泥浆护壁。冲孔顺序为跳孔。新制泥浆池体积约 50m³，新浆及循环泥浆池面积为 10m×5m，深度约为 2.5m。

（5）接头形式：接头管。

（6）混凝土浇筑：

混凝土强度等级 C25，抗渗 P6。设计混凝土量 644m³，钢筋 64.1t。混凝土浇筑采用 3 台 400kg 混凝土搅拌机配翻斗车。每个槽段两条导管，分别由桩架及提升架吊住。

（7）主要施工机具见表 20.4.2。

主要施工机具参数　　　　　　　　　　　　　　　　　表 20.4.2

序号	设备名称	规格	数量	单位	序号	设备名称	规格	数量	单位
1	吊机	15t	1	台	7	混凝土竖管	Φ250mm	6	根
2	吊机	25t	1	台	8	发电机	240kW	1	台
3	卷扬机	3t	5	台	9	电焊机	21kVA	3	台
4	冲桩机	3t	3	台	10	潜水砂泵	30kW	2	台
5	冲锤	Φ578mm	5	个	11	潜水泵	2.2kW	5	台
6	接头管	Φ590mm	6	根	12	混凝土搅拌机	400kg	3	台

（8）劳动组织（表 20.4.3）

主要劳动力　　　　　　　　　　　　　　　　　表 20.4.3

序　号	工　种	人　数	序号	工　种	人　数
1	冲桩工	27	5	起重工、混凝土工	5
2	电工	2	6	试验工	1
3	电焊工	3	7	普工	10
4	测工	2	8	吊车司机	2

（9）工期：26d。

（10）效益：1450 元/m³（深圳地区）。

20.4.3　人工挖孔桩成型地下连墙施工工法

在我国城市繁华地段，建筑物密集，深基坑施工一般均需采用支挡结构，费用相当巨大，而这些支挡结构往往在建筑物地下室施工完成后便不再有使用价值，造成很大的浪费。因而，运用既可挡土又可作为地下室外壁的支挡结构对深基坑施工技术的发展有着积极的促进作用。

人工挖孔桩成型地下连续墙是一种适合我国国情的新型深基坑支挡结构。它是一种由密排人工挖孔桩发展改进而成的新型地下连续墙，既可作为地下室外壁的永久性承重结构，又可作为挡土防渗的基坑围护结构，其基本性能与机械成型的地下连续墙相同，墙内侧只需加做 200mm～300mm 厚的内衬墙以加强防渗功能和修饰内表面，但在造价、工期、质量控制和文明施工方面更具优越性。

1. 特点

（1）经济合理：本法建造的地下连续墙，既可作为挡土防渗的基坑支挡结构，又可作为地下室外壁承重的永久性结构，而且可以使地下室外壁紧贴建筑红线进行设计，最大限度地增大了地下室面积。

（2）施工方便、速度快：本法采用的人工挖孔桩施工工艺简单，可按施工进度要求分组同时作业，又可与工程桩同时施工，施工工期短。

（3）质量可靠；由于人工成孔，便于清底，也便于检查孔壁和孔底以核实桩孔土质情况。灌注混凝土时，可用振捣棒捣实；混凝土灌注质量比机械成型地下连续墙用水下混凝土施工有保证。

（4）对周围环境影响小；作业时无振动、无噪声，而且可以避开机械成型地下连续墙施工过程中泥浆污染环境的弊端，为文明施工创造了条件。

2. 适用范围

（1）适用于地铁车站、地下厂房、地下车库、地下过街隧道、高层和超高层建筑地下室等深基坑工程及围护结构，尤其适用于在城市密集建筑群区域中进行深基坑施工。

（2）适用于人工填土层、黏土层、粉土层、砂土层、无流动性淤泥质土、碎石土层和风化岩层，如需穿越较强的透水土层，则应先做止水幕墙截断透水层，然后施工地下连续墙。对于有流砂、涌水、涌泥、存在有害气体等地质条件，应采取可靠的技术和安全措施，否则，不应采用本工法。

（3）人工挖孔桩成型地下连续墙挖掘深度一般不宜超过 25m，桩径一般不宜小于 1.4m。

3. 工艺原理

人工挖孔桩成型地下连续墙是由密排人工挖孔桩"相切割"而成（详见图 20.4.2a、b 桩平面大样示意）。每根人工挖孔桩沿桩身有两种截面形式，低于基坑底的部分采用全圆桩，高于基坑底的部分采用切去一定矢高的大半圆桩。施工时按 a、b 桩分两批跳挖。第一批桩（a 桩）按人工挖孔桩的施工工艺开挖，成孔后按施工图制作好基坑底以下全圆桩段的钢筋笼与基坑底以上大半圆桩段钢筋笼，并先吊装全圆桩段钢筋笼入桩孔内，然后在桩孔内安装大半圆桩段（基坑底以上）的内侧面模板，模板完成后再吊装大半圆桩墙段钢筋笼就位（或在内绑扎大半圆桩墙段的钢筋笼），最后一次性连续浇筑全桩混凝土。第一批桩（a 桩）施工一天后，可开挖第二批桩（b 桩），并将切入桩内的 a 桩护壁凿除，b 桩护壁在 a、b 桩相切割处仅为两个圆拱，端支承于 a 桩的护壁上，其他做法与 a 桩相同，当 b 桩浇筑混凝土便与 a 桩连接形成地下连续墙。

各桩施工顺序如图 20.4.13。

4. 施工要点

1）成孔工艺

（1）挖孔的方法：采用自上而下逐层用镐和铲进行，遇坚硬土或岩石用风镐挖进，挖土次序先挖中间部分，弃土装入吊桶内，用电动或手摇机提升，吊至地面后，用手推车运到指定土方堆放场，然后用汽车外运。

（2）护壁施工：护壁施工采用一节节组合钢模板拼装而成，拆上节、支下节，循环周转使用。第一节护壁混凝土施工时，要高出地面 15cm～20cm，便于挡水及定位。混凝土用现场机械搅拌，用吊桶运输，人工浇灌。如遇软土层视其具体情况，可采用减少一次成型护壁高度通过软土层或其他处理措施。

（3）桩中心线的控制：桩位轴线采取在南面设十字控制网。桩开挖前，把桩中心位置向桩的四周引出四个桩心控制点，每一节桩孔挖好后，安装护壁模板时，必须用桩心点来校正模板位置。当第一节护壁混凝土拆模后，即把轴线位置标定在护壁上，作为控制桩孔位置和垂直的复核标记。每挖进一节，安装护壁模板时，用十字架对准轴线标记，在十字

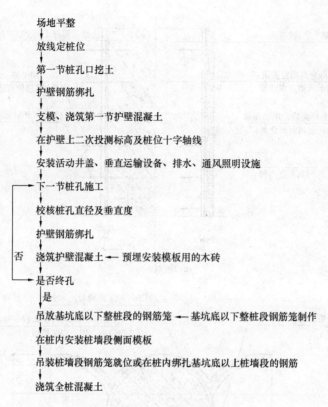

场地平整

放线定桩位

第一节桩孔口挖土

护壁钢筋绑扎

支模、浇筑第一节护壁混凝土

在护壁上二次投测标高及桩位十字轴线

安装活动井盖、垂直运输设备、排水、通风照明设施

下一节桩孔施工

校核桩孔直径及垂直度

护壁钢筋绑扎

浇筑护壁混凝土 ← 预埋安装模板用的木砖

是否终孔

吊放基坑底以下整桩段的钢筋笼 ← 基坑底以下整桩段钢筋笼制作

在桩内安装桩墙段侧面模板

吊装桩墙段钢筋笼就位或在桩内绑扎基坑底以上桩墙段的钢筋

浇筑全桩混凝土

图 20.4.13 桩基施工顺序

交叉中心悬吊垂球以保证桩孔垂直度。

（4）预埋安装桩墙侧面模板及止水凹槽木枋用的木砖考虑到安装桩墙段侧面模板及止水凹槽木枋的需要，在基坑底以上的各节人工挖孔桩护壁混凝土浇捣时，分别预埋 40mm×80mm×100mm 木砖约每 300mm 一度共设 7 度。如图 20.4.12（b）a、b 桩平面大样所示。

（5）桩间连系胡子筋的预留

根据设计图纸的要求，在做第一批桩（a 桩）时，需预留胡子筋伸入第二批桩（b桩），胡子筋预埋大样详见图 20.4.12（a）。

2）钢筋制作与安装

根据人工挖孔桩成型地下连续墙施工工艺的特殊性，采取分段制安、绑扎的方法。

按设计图纸制作好基坑底以下桩段的钢筋笼，用塔吊或汽车吊吊装入桩孔内，然后在桩孔内安装桩墙段侧面模板，完成后再吊装桩墙段钢筋笼就位或在桩孔内绑扎基坑底以上桩墙段的钢筋。

基坑底以下桩段的钢筋笼的制作，可采用现场加工，控制钢筋笼的外径应比桩径小140mm，以确保主筋保护层的厚度 70mm。保护层厚度的控制，可采用预制混凝土垫块绑扎在钢筋笼的外侧设计位置上。主筋需要驳接时，其驳接及接头数量应符合国家有关标准的要求。钢筋笼吊装入孔时，应对准孔位，吊直扶稳，缓慢下沉，钢筋笼一降至桩底后，应立即固定防止移动。

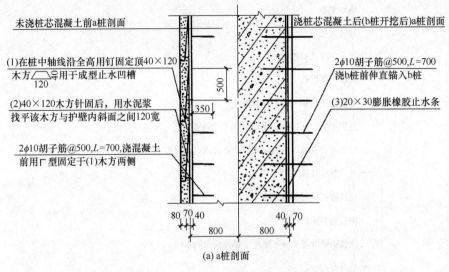

未浇桩芯混凝土前a桩剖面

浇桩芯混凝土后(b桩开挖后)a桩剖面

(1)在桩中轴线沿全高用钉固定顶40×120
木方，用于成型止水凹槽

2φ10胡子筋@500,L=700
浇b桩前伸直锚入b桩

(2)40×120木方针固后，用水泥浆
找平该木方与护壁内斜面之间120宽

(3)20×30膨胀橡胶止水条

2φ10胡子筋@500,L=700,浇混凝土
前用厂型固定于(1)木方两侧

(a) a桩剖面

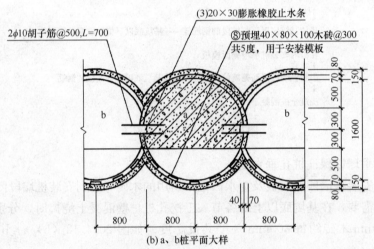

2φ10胡子筋@500,L=700

(3)20×30膨胀橡胶止水条

⑧预埋40×80×100木砖@300
共5度，用于安装模板

(b)a、b桩平面大样

图20.4.12　a、b桩平面大样示意

基坑底以上桩墙段的钢筋，采用现场成型吊装就位或在桩孔内绑扎的方法。但上下段钢筋的搭接应符合国家有关标准的要求。

主筋制作安装完成后，需按施工组织设计及图纸要求预埋胡子筋及其他锚筋。

3）模板工程

人工挖孔桩成孔模板用定型钢模板逐节由上往下施工。桩墙侧面模板成型用20mm厚夹板或25mm厚散模板作面板，40mm×80mm、80mm×80mm木枋做骨架支承；沿支承高度每2000mm设80mm×80mm木枋作为支承点，木枋两端支承于井壁上，然后把支模骨架按图示要求固定，最后把模板面板封钉于支承架上，如此每2000mm高度一层逐层由下往上施工。

墙体接口处的水平支模，采用25mm厚散装木模板一边反钉于80mm×80mm支承木枋上，一边钉固于井壁上，模板间适当预留20mm宽间隙，作为预留钢筋位及浇混凝土时排空气位。详见图20.4.14。b桩也参照a、b桩模板支模做法。

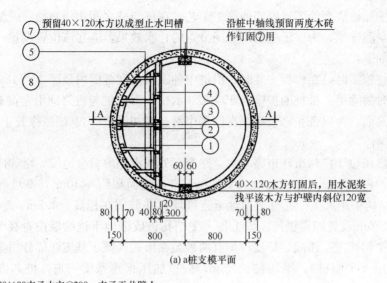

⑦ 预留40×120木方以成型止水凹槽　　沿桩中轴线预留两度木砖
作钉固⑦用

40×120木方钉固后，用水泥浆
找平该木方与护壁内斜位120宽

60 60

80 70 40 80 300　　70 80
120
150　800　800　150

(a) a桩支模平面

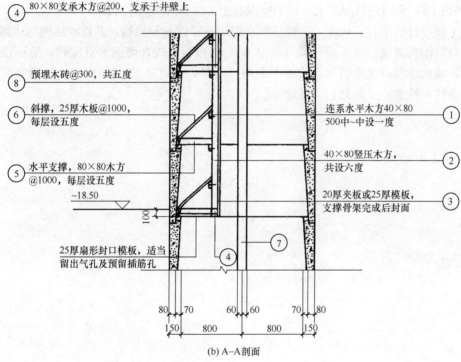

④ 80×80支承木方@200，支承于井壁上

⑧ 预埋木砖@300，共五度

⑥ 斜撑，25厚木板@1000，
每层设五度

⑤ 水平支撑，80×80木方
@1000，每层设五度

-18.50

100

25厚扇形封口模板，适当
留出气孔及预留插筋孔

连系水平木方40×80
500中~中设一度 ①

40×80竖压木方，
共设六度 ②

20厚夹板或25厚模板，
支撑骨架完成后封面 ③

⑦

④

80 70　60 60　70 80
150　800　800　150

(b) A—A剖面

图 20.4.14　a桩支模平面示意图

4）浇灌混凝土

桩芯混凝土浇筑时，必须使溜槽或串筒至混凝土面 2m 以内，同时相邻 10m 范围内的挖孔作业应停止，并且不得在孔底留人。桩芯混凝土采用一次性浇筑的方法。浇筑前，必须把孔底积水抽干。混凝土的浇筑方法为边浇筑边捣实，每层浇筑高度约 800mm。用棒状插入式捣荡器振实。在浇筑混凝土过程中，应注意防止地下水进入，不能有超过 50mm 厚的积水层。

5）止水凹槽的做法

根据人工挖孔桩成型地下连续墙的施工工艺，在桩与桩之间相切割处形成新旧混凝土界面，容易有空隙渗水，为保证相切割桩间节点的止水效果，应在该位置设置一条止水凹槽。具体做法如下：

在第一批桩施工时，在模板安装时，沿桩中轴线全高度范围内预埋 40×120 木枋。在第二批桩施工时凿除第一批桩的护壁及 40×120 木枋，形成桩与桩之间沿全高有 40×120 止水凹槽的相接面，为保证止水效果，在凹槽中沿全高加设 20×30 膨胀橡胶止水条。

5. 工程实例

广州合银广场位于广州市环市路与淘金路交汇处东南侧的黄金地段，毗邻广州花园酒家、世贸中心、白云宾馆，有四层地下室，地下室占地面积约 $4410 m^2$，基坑开挖深度为 18.5m，围护结构采用人工挖孔桩成型地下连续墙，并分别在标高 $-4.5m$、$-8.0m$、$-10.5m$ 和 $-13.70m$ 设置四道锚杆。该工程人工挖孔桩成型地下连续墙由直径为 1600mm 的人工挖孔桩"相切割"而成，每根桩均有两种截面形式（低于基坑底部分用全圆桩，高于基坑底部分用大半圆桩），平均桩长 25m，桩顶加压顶连系梁一道，桩芯混凝土 C35（抗渗等级 P8）采用商品混凝土，桩护壁混凝土 C20 采用现场拌制。

该工程经过三个月完成施工，经挖坑观察、取样试验等检验，其技术性能均达到设计要求。与采用机械成型地下连续墙（墙厚 800mm）相比较，墙面平直度好，墙面没有露筋现象，墙面渗漏点基本消灭，节省工期约一个月，节省造价 25% 以上，且为文明施工提供了条件，技术经济效果相当可观。

第21章 地 下 水

地下水因其复杂性而成为地基基础安全与稳定的重点。受岩土体类别与成因的影响，处于不同赋存状态的地下水，既具有基本的流动特征，在工程中又有不同的流动表现，若控制不当，对地基基础带来的危害是显而易见的。本章主要介绍地下水流动的基本特征、地下水渗流分析、地下水量测、地下水渗流对工程的危害、地下水控制措施等。

21.1 地下水类型与流动特点

21.1.1 地下水类型

地下水按埋藏条件分为上层滞水、潜水和承压水，按赋存条件分为孔隙水、裂隙水和岩溶水，如表21.1.1所示。

地下水类型

表21.1.1

埋藏条件＼赋存条件	孔隙水	裂隙水	岩溶水
上层滞水	孔隙上层水	裂隙上层水	岩溶上层水
潜水	孔隙潜水	裂隙潜水	岩溶潜水
承压水	孔隙承压水	裂隙承压水	岩溶承压水

1. 上层滞水

上层滞水为存于包气带中局部隔水层或弱透水层上部有自由表面的地下水，由大气降水和地表水在下渗过程中局部受阻积累形成。局部隔水层在松散堆积地层中由局部黏土或粉质黏土构成，在基岩裂隙中由裂隙充填介质构成，在岩溶地层中由弱发育岩溶或非可溶岩透镜体构成。上层滞水一般无压力、埋藏浅，呈局部分布、不连续，其主要由大气降水补给，补给区与分布区基本一致，在有的区域由地表水补给。上层滞水排泄方式为蒸发或垂直向下渗透，或在其底板边缘处侧向散流等。受补给方式影响，在雨季、冰雪融化、地表水大量渗入等情况下，上层滞水的地下水位与水量变化较大，且易受地表水的污染。干旱或枯水季节勘察时，可能不会遇见上层滞水，但在雨季及冰雪融化季节，则易见上层滞水，地下水位极不稳定，水量变化明显。

2. 潜水

地表以下第一层稳定隔水层以上具有自由表面的地下水为潜水，该自由表面为潜水的潜水面，其距地表的距离为潜水埋深，潜水面至隔水层顶面的距离为潜水含水层的厚度。潜水一般不承压，下有隔水层，上无隔水顶板。在重力作用下，潜水顺潜水面的坡降由高处向低处流动，受大气降水、地表水及渗漏水的补给；如存在补给通道，亦接受补给。潜水排泄方式通常是蒸发、泉眼流出及流入河溪等。潜水水量依其赋存条件不同而不同，裂隙潜水的水量一般不大，而断层破碎带潜水水量往往很大，岩溶潜水当与地表水连通时水量很大，甚至形成地下暗河。潜水的水位、水量、埋深、水质等呈现较为明显的季节性变化；潜水面的形状与埋深受地形地貌变化的影响和控制，通常与地形地貌的起伏变化基本一致，但相对平缓。

3. 承压水

承压水赋存于上下两个稳定隔水层之间的含水层中，上下隔水层之间为承压含水层厚度，含水层顶面承受静水压力。钻孔时揭穿上层隔水层时遇见的承压水水位为初见水位，随着初见水位不断上升甚至喷出地表，并在一定高度稳定下来，该稳定高度为静止水位，即是该点处承压含水层的测压水位。将各点承压含水层的测压水位连成面即是该承压含水层的测压水位面，其中某点处上层隔水顶面至测压水位面之间的垂直距离即是该点处承压水的承压水头（水头高度）。承压水的补给来源主要有地表水、潜水、河流渗入等，当具备相应的隔水条件时，潜水会转化为承压水。补给区水位较高，水量补给充分，上下隔水层压力不易消散时，承压水水头压力较高并较为稳定，水头一般高于测压点处地面。当地表水系切穿上隔水层直接渗入到含水层，且地表水系水面高于上隔水层底面，含水层具有承压水头，水头压力不高于地表水系水面，水头压力稳定，补给充足。上隔水层上部存在丰富的潜水，并不断下渗到含水层形成水力联系，造成承压水头，水头压力不高于潜水水位，水量受潜水下渗量补给变化的影响。

在地基基础工程中，一般采用孔隙水、裂隙水和岩溶水对地下水进行分类与表述。表21.1.2 和表 21.1.3 为孔隙水、裂隙水与岩溶水的分类、赋存条件、分布范围及复杂程度划分，可作为对地下水分析的参考。

地下水分类、赋存条件与分布范围 表 21.1.2

地下水类型	赋存条件	主要特征	分布范围
孔隙水	填土、填石层 松散沉积层 冲洪积堆积层 黄土层 冰渍层、冻土层 砂类土层 黏性土层	存在大量多尺寸孔隙、空隙、空穴等储水空间，主要由地表水、大气降水等方式补给，水位与水量变化大；通过蒸发、流出、渗出等方式排泄；冲洪积和湖积层中，含水层可由单层过度到多层承压水，富水砂层富含承压水；黄土层以孔隙储水为主，以裂隙导水为主，潜水埋藏深，包气带较厚；黏性土层中的孔隙水埋藏较深时多为承压水	狭长山间河谷地区；具有常水头河流的傍河冲积平原地区；山前冲积、洪积倾斜平原及山间盆地冲积、洪积扇地区；冲积、湖积与滨海平原地区；河流入海口及内陆湖口三角洲地区；填土填石地区
裂隙水	全～强风化带	储水与运移于全风化～强风化带，相互存在水力联系；由上层潜水或地表水补给，通过蒸发、流出、渗出等方式排泄；当全风化至强风化层含砂（砾）量较高时，渗透系数较大，或为承压富水层；含水量受补给条件控制，一般为潜水	风化带分布范围广泛，含水层厚度变化大，埋藏深度变化大
	构造裂隙或断层破碎带	含水层赋存于构造裂隙带或断层破碎带中；当构造裂隙带或断层破碎带延伸至上部土层或地表附近时，与土层中的潜水或地表水存在水力联系，并接受补给，通过渗出、流出方式排泄；含水量受补给条件控制，有时为承压水	受构造裂隙带或断层破碎带分布控制

地下水类型	赋存条件	主要特征	分布范围
裂隙水	中~微风化基岩	包含中风化和微风化基岩裂隙水,与上部风化带裂隙水或潜水存在补给关系;当裂隙强烈发育,形成裂隙网分布时,含水量相对较大,常常以渗流或泉眼方式流出,有时为承压水	赋存于中~微风化基岩中
岩溶水	裸露型岩溶区	埋藏浅,水量丰富但富水程度不均,连通性强;与地表水联系密切,接受大气降水与地表水补给,主要以蒸发、地下暗河、暗沟等方式排泄;侵蚀基准面附近常常发育有地下管道;受溶蚀塌陷等地质作用,常常在地面或地下形成湖泊或地下湖,水量巨大。有的岩溶区域靠近地表缺水干旱,变化大	赋存于可溶岩大片出露或局部出露地区
	覆盖型岩溶区	地下水常常贮存于断裂构造带、接触带、破碎带中,相互连通;水量受补给条件控制,动态变幅不大,但越流补给作用明显;储水带与溶洞中的地下水往往连通,相互补给,形成区域性的地下水系	赋存于可溶岩地层,大部分被土层覆盖
	埋藏型岩溶区	覆盖土层与岩溶接触带一般富含地下水,容易在土层中发育土洞;岩溶地下水多为承压水,动态变幅不大,分布不一	赋存于被土层覆盖的岩溶层,接触带及层状或脉状裂隙地表水与地下水联通不密切地区

地下水类型的复杂程度 表 21.1.3

类型	复杂程度	水文地质特征
孔隙水	简单	简单浅埋的单、双层含水层,厚度比较稳定,补给条件明确,水质较好
	中等	中等双层或多层含水层,岩性、厚度不很稳定,补给条件和水质比较复杂
	复杂	埋藏较深的多层含水层,岩性和厚度变化较大,补给条件不易搞清,水质复杂
岩溶水	简单	地质构造简单,可溶岩裸露或半裸露,岩溶发育比较均匀,补给边界简单
	中等	地质构造比较复杂,可溶岩埋藏较浅,一般小于 20m,岩溶发育不均匀,补给边界较复杂
	复杂	地质构造复杂,可溶岩埋藏较深,岩溶发育极不均匀,补给边界复杂
裂隙水	简单	含水层比较稳定,补给条件及水质较好,埋藏条件比较简单,一般多为层间水、潜水或承压水,或强烈风化带潜水
	中等	含水层不稳定,地质构造、补给条件及水质比较复杂,一般为深埋的断续分布的多层层间承压水或断裂带脉状水
	复杂	地质构造复杂,含水层分布极不均匀,一般为构造裂隙或断裂带脉状水

21.1.2 地下水流动特点

地下水流动分为在饱和土中的稳定渗流与非稳定渗流和非饱和土中的稳定渗流与非稳定渗流,以及岩溶地区洞穴沟槽发育形成的暗河流动,在流动形态上具有复杂多样性。受岩土颗粒大小、裂隙发育程度、饱和程度、水位变化、补给与排泄等多重因素的作用，除岩溶暗河外，岩土体中的地下水基本上都以渗流方式流动，因此有很多表征其流动特征的参数，如渗透系数、不同含义的水头、孔隙水压力与超孔隙水压力、排水固结系数、孔隙比或孔隙率、渗流或绕流、水力梯度、渗流力与渗流压力等。获得这些参数并正确分析与掌握地下水流动特点，是对地下水实施有效控制的前提。

1. 地下水渗流

地下水在孔隙或裂隙中的流动通常表现为渗流。渗流一般分为稳定渗流与非稳定渗流。在稳定渗流过程中，土体内各点的水头不随时间变化，水量大小亦不发生变化。而在不稳定渗流过程中，水头与水量随时间发生变化，渗流状态是时间的函数。在实际工程中因不存在绝对意义上的稳定流，常将变化微小的非稳定流近似作为稳定流，便于进行渗流分析。

地下水渗流形态分为层流与紊流，层流服从 Darcy（达西）定律，紊流服从 Chezy 非线性渗透定律。达西定律的基本表达式为：

$$v = k \cdot i \tag{21.1.1}$$

式中　v——渗流流速；

$\quad\quad i$——水力梯度，二者的比例系数即为土体的渗透系数 k。

当实际土体为水平层状时，考虑渗透方向为水平 x 和垂直 y 两方向，该两方向同性即渗透系数相同 $k_x = k_y$ 时，二维稳定流渗流方程为：

$$\frac{\partial^2 h}{\partial x^2} + \frac{\partial^2 h}{\partial y^2} = 0 \tag{21.1.2}$$

当水平和垂直方向各向异性，$k_x \neq k_y$ 时，渗流方程为：

$$k_x \frac{\partial^2 h}{\partial x^2} + k_y \frac{\partial^2 h}{\partial y^2} = 0 \tag{21.1.3}$$

式中　h——总水头。

相应的一维稳定流渗流方程为：

$$\frac{\partial^2 h}{\partial x^2} = 0 \tag{21.1.4}$$

需要指出的是，达西定律中的渗流速度是通过土层断面的假想平均流速，而非流过孔隙的真实流速，土的孔隙率 n 可反映两者之间的差值。由于 n 值总小于1，因此土层断面上的流速也始终小于真实流速。由于实际土层中的渗流路径比较复杂，因此公式（21.1.1）中的水力梯度 i 是水平层渗流的平均水力梯度，与实际渗流流程并不相同，不反映渗流过程中的真实水头损失。

在紊流条件下，Chezy 非线性渗透定律为：

$$v = k_w \cdot \sqrt{i} \tag{21.1.5}$$

式中　k_w——紊流时的渗透系数。地下水流动发生紊流状态的情况，一般存在于有较大的流动通道，如大裂隙、连通性洞沟、开放性溶洞、暗浜等。在含水砂层中，当水力梯度很大时，也会发生紊流现象。

2. 有关渗流的几个重要参数

1）渗透系数 k

　　用以表征岩土体的渗透性能与渗透能力的大小，是地下水产生渗流的基本条件，也是岩土工程与地基基础分析计算最重要参数之一。由公式（21.1.1），考虑时间因素，在单位时间流过单位土体截面积 A 时的渗透流量为 q：

$$q = kiA = vA \tag{21.1.6}$$

　　式中渗透速度 v 不是地下水的实际渗流速度，表达的是单位时间流过单位土体面积的水量 q，可视作排水速度。由于渗流不是发生在整个截面，而是通过土体中的孔隙流动，受土体孔隙的大小与分布的影响，渗透速度为：

$$v = \frac{ki}{n} \tag{21.1.7}$$

式中　n——土的孔隙率。

　　渗透系数 k 由岩土的性状决定，不同的岩土有不同的渗透系数 k，差别很大，量级变化在 $10^2 \sim 10^{-9}$ cm/s 之间，反映了地下水在不同的岩土体中存在不同的渗流状态。由于岩土体的各向异性，各向渗透系数也呈明显的差异。对成层土，水平向的渗透系数要大于垂直向的渗透系数。影响渗透系数的因素很多，如土的颗粒大小与级配、孔隙率、饱和度、水的粘滞性，以及土的类别、黏性土含量与分布等。这些影响因素的多样性与复杂性，给渗透系数 k 的确定带来了困难。通常需要进行原位抽水或压水试验，取得岩土层的实际抽排水量及补给量后分析确定。也可采取室内试验、公式计算、经验估算等方法初步确定。表 21.1.4 为不同土层渗透系数 k 的经验值。

不同土层渗透系数 k 经验值　　　　　　　　　　表 21.1.4

土的类别	渗透系数 k (cm/s)	土的类别	渗透系数 k (cm/s)
黏土	$<10^{-7}$	细砂	$10^{-3} \sim 10^{-2}$
粉质黏土	$10^{-6} \sim 10^{-5}$	中砂、中粗砂	$10^{-2} \sim 10^{-1}$
粉土	$10^{-5} \sim 10^{-4}$	粗砂	$10^{-1} \sim 10$
粉砂	$10^{-4} \sim 10^{-3}$	砾砂	>10

　　2）水力梯度（水力坡度）i

　　水力梯度是地下水流动的另一个基本条件。当存在地下水水头差 Δh 时，通过渗流路径 l，可以求得实际水力梯度 i。

$$i = \frac{\Delta h}{l} \tag{21.1.8}$$

水头差 Δh 表示地下水流动时的压力损失。

　　3）孔隙水压力 u

　　孔隙水压力是存在于饱和土孔隙中的压力；存在于岩层裂隙、构造带及节理中的则为裂隙水压力。

　　当地下水垂直向上渗流时，在水头 h 作用下，孔隙水压力 u 为

$$\begin{aligned} u &= \gamma_w h + \gamma_w z_w + \gamma_w l \\ &= \gamma_w (h + z_w + l) \end{aligned} \tag{21.1.9}$$

式中　γ_w——水的重度；

　　　z_w——自由水面（地下水水位）以下的深度；

l——地下水向上渗流路径（土层厚度）。

当地下水垂直向下渗流时

$$u = \gamma_w(h + z_w - l) \tag{21.1.10}$$

地下水产生渗流时，渗流场中或边界处的孔隙水压力即是地下水渗透压力。

对孔隙水压力的分类，由稳定渗流产生的渗流孔隙水压力与静水压力合称为初始孔隙水压力，表示单元土体在受到外加荷载前处于初始状态时本身所具有的孔隙水压力。土体的有效应力为

$$\sigma' = \int_0^z \left[\gamma_{sat} dz - \gamma_w dz + \Delta h \gamma_w \right]$$

式中，γ_{sat} 为单元土体土的重度，当土体内水力坡度 i 一致时，$\Delta h = i dz$，上式变为

$$\sigma' = \gamma_{sat}z - \gamma_w z + i\gamma_w z = \gamma_{sat}z - u(z)$$

即在渗流条件下，土体中的渗流孔隙水压力为

$$u(z) = \gamma_w z - i\gamma_w z$$

按照不同的渗流方向，上式可表示为（渗流方向向下者取负号）

$$u(z) = \gamma_w z \pm i\gamma_w z \tag{21.1.11}$$

式中 z 为土体单元在地下水位以下的深度。说明因渗流作用，在土体不同位置存在大小不等的孔隙水压力，从而改变了土体的有效应力分布。向上渗流时，土体各点的孔压都大于静止条件下的孔压（静水压力）；向下渗流时，则小于静止条件下的孔压（静水压力）。在渗流场中，孔压变化取决于边界条件与土体渗透系数。某些条件下如在渗透系数较大的饱和砂类土层中，当水力坡度达到临界水力坡度时，向上的渗流可能会造成明显的水头压力损失，发生严重的流砂现象，使土体丧失稳定性。

4）渗流力 J 与渗透压力 j（动水压力）

静水条件下

$$J = i\gamma_w V \tag{21.1.12}$$

式中 V 为土体单元的体积。J 是渗流对流经土体单元的作用力，其作用方向与渗流方向一致，大小与水力梯度成正比，为体积力。渗透压力 j 定义为单位体积上的平均渗流力，仅与水力梯度有关。

$$j = i\gamma_w \tag{21.1.13}$$

21.2　地下水渗流分析

地下水渗流分析一般采用数值分析法、解析法和流网法，以下分别进行说明。

21.2.1　渗流的数值分析

常用的数值分析方法有有限差分法、有限单元法、边界单元法等，其中有限单元法是近年来应用较为广泛的方法。本节对建立有限元渗流计算模型及矩阵解给以重点介绍，计算模型的推导过程可参阅有关文献资料[1]。

采用数值分析法，应设定相应的渗流边界条件以正确求解。渗流边界条件可按以下步骤确定：

（1）根据土的饱和状态，确定渗流流态，建立二维渗流或三维渗流偏微分方程；

（2）明确渗流的几何边界范围；

（3）定义渗流的水头、流速、流量、渗透系数等边界条件；

（4）定义渗流参数的方向、位置、时间等变量关系；

（5）定义非稳定流的初始条件（稳定流问题不需要）；

（6）定义非饱和渗流中的非线性变化；

（7）求解。

1. 有限差分法

有限差分法是将一个连续的微分渗流方程，在其定义域内切分有限微小段点（参见图21.2.1），用差分法来表达每个微小段点的数值，利用离散化的方法求解二维渗流的水位等势场（水头等值线）与水流方向。

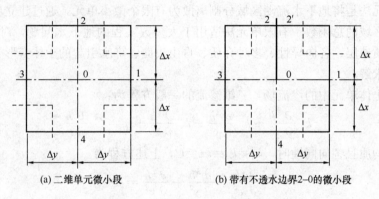

(a) 二维单元微小段　　　　　　(b) 带有不透水边界2-0的微小段

图 21.2.1　二维单元微小段示意图

设定单元饱和土体均质，各向同性（$k_x = k_y$），渗流流态为二维稳定流，则渗流方程为：

$$\frac{\partial^2 h}{\partial x^2} + \frac{\partial^2 h}{\partial y^2} = 0$$

将土体划分为 n 个单元，并使每个单元 $\Delta x = \Delta y$，则每个单元内边界各点的水头 h_1、h_2、$h_3 \cdots h_i$ 之和，等于该单元内中心点的水头 ih_0，即可得到每个单元差分求解公式：

$$h_1 + h_2 + \cdots h_i - ih_0 = 0 \tag{21.2.1}$$

再由各单元中心点的水头计算得到整个土体中心点即计算点的水头。

$$\sum_{j=1}^{n} (h_1 + h_2 + \cdots h_i - ih_0)_j + \cdots + (h_1 + h_2 + \cdots h_i - ih_0)_n = 0 \tag{21.2.2}$$

当土体单元的某一边界为不透水时（$k > 10^{-7}$ cm/s），根据土体各方向的渗流流量 q，单元内流入应等于流出，则

$$h_1 + \frac{1}{2}(h_2 + h'_2) + h_3 + h_4 - 4h_0 = 0 \tag{21.2.3}$$

式中，图 21.2.1（b）中 $2'$ 点为不透水界面以下的区域的象点。由于该不透水界面两侧对称，所以 $2'$ 为实际单元 2 的"映像"，h'_2 则为该"映像"点的水头。利用对称关系设定"映像"水头，可简化水头计算。当土体单元中的渗流为二维非稳定流时（$k_x \neq k_y$），设定水头边界条件和流量边界条件，水量补给方式为垂直渗流补给，二维非稳定渗流方程为：

$$k_x z \frac{\partial^2 h}{\partial x^2} + k_y z \frac{\partial^2 h}{\partial y^2} + \varepsilon(x,y,t) = \mu \frac{\partial h}{\partial t}, (x,y) \in D, t > 0 \qquad (21.2.4)$$

式中　　z——土体含水层厚度；

$\varepsilon(x,y,t)$——地下水补给函数，t 为单位补给时间；

　　μ——给水度；

　　D——求解区域。

差分法对于各种渗流边界条件都适用。在二维渗流差分法计算中，每一个具体工程的地下水问题，都可建立一个与之对应的各点方程组。采用系数矩阵和常数矩阵来求解，需要编制对应的求解程序，比较繁琐。若为不等距差分，则更为繁琐。这是差分法应用的局限与不便。

2. 有限单元法

有限单元法是将地下水流动区域分割离散为有限个微小单元，通过建立单元函数求解来逼近流动区域的总函数。有限单元法适用于大多数工程的地下水问题，对多边界条件、均质与非均质地层、各向异性、多种介质、自由表面、降水引起的土体变形等，均可通过有限元计算求解。

对饱和土体单元中的渗流场，三维渗流的一般方程为：

$$k_x \frac{\partial^2 h}{\partial x^2} + k_y \frac{\partial^2 h}{\partial y^2} + k_z \frac{\partial^2 h}{\partial z^2} + \bar{q} = C \frac{\partial^2 h}{\partial t} \qquad (21.2.5)$$

当土体单元均质且各向同性时，$k_x = k_y = k z = C$，上述方程为：

$$\frac{\partial^2 h}{\partial x^2} + \frac{\partial^2 h}{\partial y^2} + \frac{\partial^2 h}{\partial z^2} = 0 \qquad (21.2.6)$$

式中 h 为确定的边界水头，如边界水头为变量时，采用变量 Ψ 代替；C 为变量的变化梯度，在 y 方向上有：

$$C = \frac{q}{k} = -\frac{\partial \psi}{\partial y}$$

定义单位时间流量 q 为边界条件时，实际上是将变量 Ψ 对 y 坐标的变化率定义在该边界。稳定流三维渗流方程有限元通常采用势函数方法求解。

在直角坐标系中，取三角形土单元，则该单元内任意点 P 的流动势函数为

$$\bar{p} = \begin{bmatrix} 1 & x & y \end{bmatrix} [A]^{-1} \begin{Bmatrix} p_1 \\ p_2 \\ p_3 \end{Bmatrix} \qquad (21.2.7)$$

$$[A]^{-1} = \frac{1}{2A} \begin{bmatrix} x_2 y_3 - x_3 y_2 & x_3 y_1 - x_1 y_3 & x_1 y_2 - x_2 y_1 \\ y_2 - y_3 & y_3 - y_1 & y_1 - y_2 \\ x_3 - x_2 & x_1 - x_3 & x_2 - x_1 \end{bmatrix} \qquad (21.2.8)$$

式中，分母 A 为单元面积。

根据定义，单元内任意点 P 的水力梯度 $\bar{i}$ 为：

$$\{\bar{i}\} = \begin{Bmatrix} i_x \\ i_y \end{Bmatrix} = \begin{Bmatrix} \dfrac{\partial \bar{p}}{\partial x} \\[2mm] \dfrac{\partial \bar{p}}{\partial y} \end{Bmatrix} \qquad (21.2.9)$$

对 (21.2.7) 式求导，并令

$$a_1 = x_3 - x_2 \qquad a_2 = x_1 - x_3 \qquad a_3 = x_2 - x_1$$
$$b_1 = y_2 - y_3 \qquad b_2 = y_3 - y_1 \qquad b_3 = y_1 - y_2$$

代入式 21.2.8 和式 21.2.9 整理后得到：

$$\{\bar{i}\} = \frac{1}{2A}[B]\{\bar{p}\} \tag{21.2.10}$$

$$[B] = \begin{bmatrix} b_1 & b_2 & b_3 \\ a_1 & a_2 & a_3 \end{bmatrix} \tag{21.2.11}$$

根据达西定律，流动速率方程为

$$\{\bar{q}\} = -\frac{1}{2A}[C][B]\{\bar{p}\} \tag{21.2.12}$$

式中：

$$[C] = \begin{bmatrix} k_{xx} & k_{xy} \\ k_{yx} & k_{yy} \end{bmatrix}$$

当渗透系数的最大值 k_{max} 和最小值 k_{min} 的方向与 x、y 坐标方向一致时，矩阵 $[C]$ 中，$k_{xx} = k_x$，$k_{xy} = k_{yx} = 0$，$k_{yy} = k_y$。

对单元节点，流量矩阵为：

$$\begin{Bmatrix} Q_1 \\ Q_2 \\ Q_3 \end{Bmatrix} = \frac{1}{2} \begin{bmatrix} b_1 & a_1 \\ b_2 & a_2 \\ b_3 & a_3 \end{bmatrix} \begin{Bmatrix} q_x \\ q_y \end{Bmatrix} = \frac{1}{2}[B]^T\{\bar{q}\} \tag{21.2.13}$$

将 (21.2.12) 式代入上式整理后得：

$$[Q] = \frac{1}{4A}[B]^T[C][B] \tag{21.2.14}$$

令 $[K]_e = \frac{1}{4A}[B]^T[C][B]$，$[K]_e$ 为刚度矩阵，则上式可化简为：

$$[Q] = [K]_e\{\bar{p}\} \tag{21.2.15}$$

上式即为渗流有限单元任意点流动势和水力梯度函数的矩阵，以及节点流量矩阵。但用离散化的有限单元和节点值来近似描述整个流场存在误差与不足，节点处的流动势或水头值不一定满足单元内各点的渗流方程。解决这一问题引入加权残余法。

在直角坐标系中，渗流的流动势满足下列方程：

$$\bar{p}(x,y) = \sum_{j=1}^{n} p_j \Phi_j(x,y) \tag{21.2.16}$$

式中　Φ_j——内插函数；

　　n——结点数；

　　p_j——结点处的流动势。

利用 Glerkin 方法，令内插函数等于加权函数得到加权残余方程：

$$\int_A \left(k_{xx} \frac{\partial^2 \bar{p}}{\partial x^2} + k_{yy} \frac{\partial^2 \bar{p}}{\partial y^2} \right) \Phi_j(x,y) \mathrm{d}x\mathrm{d}y = 0 \tag{21.2.17}$$

用 Green 原理对上式进行变换，消除二次微分，将面积分转换为沿边界的曲线积分，得到加权残余的有限元方程：

$$\sum_{j=1}^{n} p_j \iint_A \left[k_{xx} \frac{\partial \Phi_i}{\partial x} \frac{\partial \Phi_j}{\partial x} + k_{yy} \frac{\partial \Phi_i}{\partial y} \frac{\partial \Phi_j}{\partial y} \right] dx dy - \int_S q_n \Phi_i ds = 0 \qquad (21.2.18)$$

式中，下标 $i=1, 2, \cdots, n$ 为 Glerkin 方法引入，下标 $j=1, 2, \cdots, n$ 为内插函数自代。上式中

$$\int_S q_n \Phi_i ds = \{F\}_e \qquad (21.2.19)$$

为流量矢量。将 (21.2.18) 式用矩阵表达：

$$[K]_e \{p_j\} - \{F\}_e = 0 \qquad (21.2.20)$$

式中

$$[K]_e = \int_A \left[k_{xx} \frac{\partial \Phi_i}{\partial x} \frac{\partial \Phi_j}{\partial x} + k_{yy} \frac{\partial \Phi_i}{\partial y} \frac{\partial \Phi_j}{\partial y} \right] dx dy$$

$$= \int_A \left[\frac{\partial \Phi_i}{\partial x} \quad \frac{\partial \Phi_j}{\partial x} \right] \begin{bmatrix} k_{xx} & 0 \\ 0 & k_{yy} \end{bmatrix} \begin{bmatrix} \dfrac{\partial \Phi_j}{\partial x} \\ \dfrac{\partial \Phi_j}{\partial y} \end{bmatrix}$$

$$= \int_A [B]^T [C] [B] dA \qquad (21.2.21)$$

式中：

$$[B] = \frac{1}{2A} \begin{bmatrix} b_1 & b_2 & b_3 \\ a_1 & a_2 & a_3 \end{bmatrix}$$

假定单元厚度为 l，单元边界上的单位流量为 q，节点水头向量为 $\{H\}$，稳定流的水头不随时间变化，则有限元方程可简化为：

$$[K]_e \{H\} = \{Q\}_e \qquad (21.2.22)$$

式中：

$$[K]_e = l \int_A [B]^T [C] [B] dA$$

$$\{Q\}_e = l \int_S q_n \Phi_i ds$$

式中，$[C]$ 为单元渗透系数矩阵，$\{Q\}_e$ 为单元流量矢量。

对有限元方程的解，由于单元网格与节点数量很多，计算过程复杂，需要采用专门软件进行求解。求解过程应先确定边界条件，建立相应的有限元计算模型。边界条件不清晰或定义错误，会直接导致计算结果的错误。下面通过工程实例介绍有限单元法的实际应用。

3. 有限单元法工程实例

某地下室抗浮设计对建筑场地地下水渗流进行有限元分析计算，以确定渗流水头与流量。场地主要岩土层物理力学参数见表 21.2.1。

主要岩土层物理力学参数　　　　　　　　　　　　　表 21.2.1

岩土层名称	重度 (kN/m³)	抗剪强度		渗透系数 k (m/d)	富水性	压缩模量 (MPa)
		c (kPa)	φ (°)			
素填土	18.5	19	21	0.05	弱	5.2

岩土层名称	重度 (kN/m³)	抗剪强度		渗透系数 k (m/d)	富水性	压缩模量 (MPa)
		c (kPa)	φ (°)			
淤泥质土	17.6	12	4	0.0002	弱	3.2
细砂				5	中等	
中、粗砂				10	强	
砾砂				20	强	
粉质黏土	18.3	21.4	10.6	0.0015	弱	4.7
砂（砾）质黏土	18.4	24.8	21.7	0.5	偏弱	6.3
全风化花岗岩	18.6	26.3	25	0.5	偏弱	6.4
强风化花岗岩	18.6	27	25	3	中等	6.6

建筑场地地下水类型为土层孔隙水与基岩裂隙水。土层孔隙水主要赋存于海积砂层及砂（砾）质黏土层中，并由大气降水补给，同时受潮汐影响部分区域有海水入侵，水量丰富。地表水与土层孔隙水相互间的水力联系较为密切，相互补给。在降水充沛的丰水期，一般是地表水补给地下水，在降水稀少的枯水期，局部地下水溢流补给低洼处地表水。基岩裂隙水广泛分布于花岗岩风化带及裂隙密集带中，富水性受基岩裂隙发育程度、贯通度与胶结程度与地表水源的连通性等因素控制而变化，主要由大气降水与土层孔隙水补给，具有微承压性。

地下水流动方向受地形控制。场地北侧地势较高处的地下水水位较高，南侧地势较低处则地下水位较低，由此地下水流动方向为由北向南。地下水动态类型分为两种，土层孔隙水为昼夜周期变化型，受海水潮汐影响，水位变化频率较高，水位变幅不大；基岩裂隙水为多年周期变化型，一年之内有一个水位高峰和一个水位低谷，滞后降雨时间较长，水位变幅较大。场地地面标高 4.5m～7.0m，地下水位埋深 2.10m～5.30m，地下室设计抗浮水位为场地低洼处地表高程 4.3m。为合理简化且不影响分析精度，采用如下假定（边界条件）：

（1）地下室开挖面基本为正方形，计算模型简化为与地下室正方形面积相等的轴对称圆形，等效半径为 96.4m；

（2）每层土各向同性，每层土的渗透系数 $k_x = k_y$；

（3）不考虑周边地下建（构）筑对地下水渗流阻挡；

（4）地下室抗浮设计水位取绝对标高 4.3m；

（5）补给条件下渗流的最大水头高度以浸润线表达；

（6）单位渗流量采用圆弧曲线渗流量表达。

基坑采用地下连续墙作为围护结构和止水帷幕，在建成使用期内，围护结构长期存在对地下水排泄水量和浸润线位置会产生明显影响。该工况不适用传统等代大井抽排水计算方法，采用有限元方法对地下室区域渗流场进行分析计算。

考虑到地下室周边场地地层可能的变化，对地下室区域选择 8 个代表性断面，通过有限元渗流分析计算出各断面周边场地的浸润线和单位宽度内渗流量，并对计算结果按断面代表宽度进行加权平均，得到最终计算结果。为便于计算，将上层孔隙水含水层与下层基岩裂隙水含水层的分界线定在中风化岩面；按抗浮设计要求，抗浮水位取标高 4.3m，地下室底板控制水位标高 0.9m，水位差 3.4m；取季节水位变幅 1.7m，即计算水头高差 1.7m，并采用 3.4m 的水头差计算复核最不利条件工况，平面位置见图 21.2.2 所示。

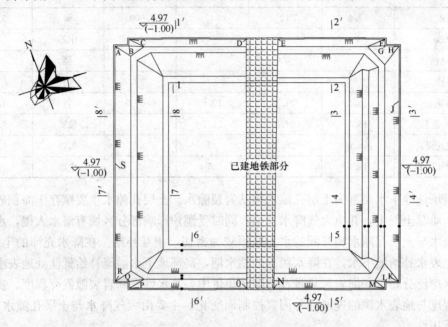

图 21.2.2　地下室平面图

选取地势较低的南侧断面 5 进行分析（图 21.2.3）。该工况下，围护结构外侧的水位变化由通过地下连续墙墙底的绕流引起（设定地下连续墙为不透水）。根据公式（21.2.22），建立有限元计算模型并划分有限元网格如图 21.2.4 和图 21.2.5。

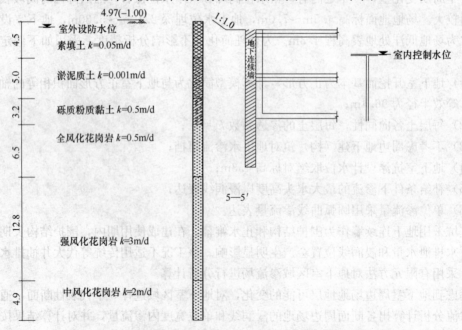

图 21.2.3　断面 5 典型钻孔柱状与地连墙、地下室结构剖面图

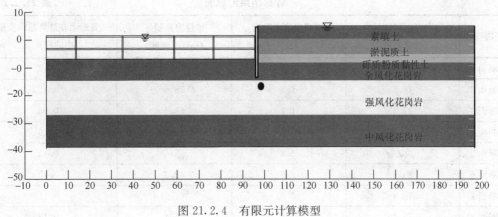

图 21.2.4　有限元计算模型

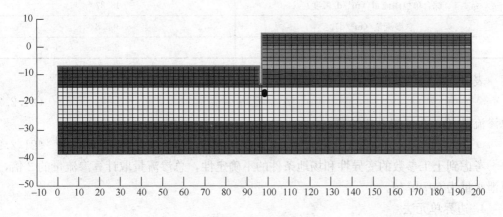

图 21.2.5　有限元网格分配

通过有限元计算，地下室建成使用期间该断面稳定渗流流速矢量、浸润线、单位宽度渗流量如图 21.2.6 所示。

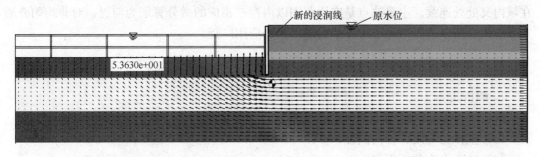

图 21.2.6　地下室使用期间地下水渗流矢量、浸润线与渗流量

图中渗流量为单位弧度渗流量，该断面计算总渗流量为 $336.7\text{m}^3/\text{d}$，浸润线最大降深为 2.8m，围护结构外侧场地因降水产生的沉降为 15.6mm，距离地下室约 15m 的场地因长期抽水而产生的沉降为 6.9mm。

场地各断面计算结果汇总如表 21.2.2 所示：

计算结果汇总表

表 21.2.2

断面序号	各断面代表的计算宽度	浸润线最大降深 (m)	单位渗流量 q_i (m^3/d/弧度)	各断面在计算总渗流量中的权重 μ_i
断面 1	86.5	1.1	40.8	0.13
断面 2	79.5	1.3	79.5	0.12
断面 3	37.4	1.1	65.1	0.06
断面 4	121.4	0.3	3.7	0.19
断面 5	82	2.8	53.6	0.13
断面 6	86.8	2.8	48.3	0.13
断面 7	79.4	2.7	61.5	0.12
断面 8	79.4	2.5	69.1	0.12
综合单位渗流量（m^3/d/弧度）			48.37	
总渗流量（m^3/d）			303.8	
浸润线最大降深			2.8m	

表中，综合单位渗流量（m^3/d/弧度）采用如下公式计算：

$$q_d = \sum q_i \times \mu_i \tag{21.2.23}$$

总渗流量（m^3/d）按下式计算：

$$Q = q_d \times 2 \times \pi \tag{21.2.24}$$

考虑到土工参数的变异性和场地条件的不确定性，总渗流量取计算渗流量的 2 倍，则总泄水量为 $607m^3/d$。

4. 边界单元法

边界单元法是将初始问题的区域积分转换为边界积分，并应用 Green 公式，使 n 维问题转化为 $n-1$ 维问题。只需对边界进行剖分，使边界问题离散化，利用数值计算求出边界上的未知量后，计算区域的任意点都可通过边界上的已知量用简单公式求出，所需原始数据较为简单。只要求出边界值，即可采用积分解析求得域内解，具有较高的解析精度，在域内又处处连续。主要缺点是应用范围以内存在相应的微分算子为前提，对非均匀介质难以应用。所以边界单元法远不如有限单元法应用广泛。

21.2.2 渗流的解析法与流网法

1. 解析法

解析法以 Dupuit（裴布衣）公式为基础。如图 21.2.7 所示，设定以下基本条件：

（1）土体为均质，各向同性；

（2）地下水为非承压水；

（3）渗流为层流；

（4）流动形态为稳定流；

（5）渗流流量不随时间变化。

饱和土体中的稳定渗流，各点水头近似相等，水力坡度在 1/1000～1/10000，渗流可视作水平流动。图 21.2.7 中，将地下水潜水面视为一条渗流流线，当该流线上单位流量

$q=0$ 时，该流线上某一点的压力水头 ϕ（$\phi=p/\gamma_w$，p 为该点水压力，γ_w 为水的重度）等于该点相对于某基准线的高程水头 z，即 $\phi=z$，土体渗透系数 k 的方向沿着该流线方向，根据达西定律有

$$q=-k\frac{d\phi}{ds}=-k\frac{dz}{ds}=-k\sin\theta \tag{21.2.25}$$

式中，用 $\tan\theta=\dfrac{dh}{dx}$ 代替 $\sin\theta$，在 x 方向上高为 $h(x)$ 的垂直面上的单位宽度流量为：

$$Q=k\frac{h_0^2-h(x)^2}{2} \tag{21.2.26}$$

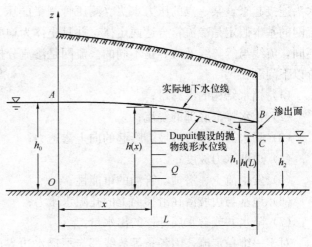

图 21.2.7 稳定流渗流示意图

当地下水渗出时，渗出点至地表水体水面的垂直边界为地下水渗出面。依据 Dupuit 假设，水位线是抛物线形，忽略渗面，使得潜水面在 $x=L$ 处在 C 点到达下游边界（见图 21.2.7），则流量方程为：

$$Q=k\frac{h_0^2-h(L)^2}{2} \tag{21.2.27}$$

该式即为 Dupuit-Forchhemer 流量公式。Dupuit 公式对于稳定流，在渗流路径 L 至渗出点 C 的距离大于 $1\sim2$ 倍且等势面垂直等条件，求解结果的精度可以满足实际工程需要。

2. 流网法

流网可用来描述土体中地下水的流动。二维流的流网是由一系列流线和等势线垂直交织组成，可以直观地表示出整个流场内各点的渗流方向，见图 21.2.8。图中流线表示渗流从 D 点流向 E 点的路径。每条流线都从土体表面压力水头 h_p 的某一点开始，在流动过程中逐步消耗该水头，直至到达出口并形成等势。若干等势面线可以把所有等势线上各总

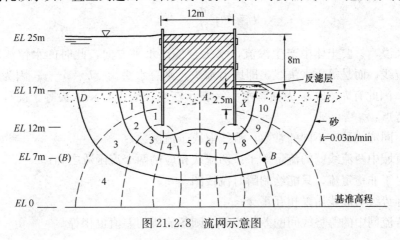

图 21.2.8 流网示意图

水头连接起来，某一点的压力水头（测压管测量的压力水头）即为总水头减去高程水头。流网的基本假定是渗流符合达西定律，并且土体为均质和各向同性。不同土体因渗透系数不同，流线与等势线及边界是不同的。流网是渗流分析的有效工具，在工程上用以分析评价以下问题：

(1) 挡水结构的渗漏量；

(2) 止水帷幕底部的绕流；

(3) 降水开挖或边坡坡脚隆起的向上渗透力；

(4) 边坡水力坡度；

(5) 发生流土、潜蚀、管涌的可能性；

(6) 地基与边坡潜在滑移面上的孔隙水压力；

(7) 降水井或含水层开挖的出水量。

对于一维稳定流，因各条等势线都与不透水边界面相垂直，所有的流线都与之平行。由于等势线的分割，渗流每流过一条等势线时的水头损失为：

$$\Delta h = \frac{h_{\mathrm{L}}}{n_{\mathrm{d}}} \tag{21.2.28}$$

式中，n_{d} 为等势线的分割数，h_{L} 为区域总水头损失。通过流网的每一分道流量为：

$$\Delta q = kiA \tag{21.2.29}$$

式中 $i = \dfrac{\Delta h}{a}$ ——平均水力梯度；

$A = ab$，如图 21.2.8，在流网中使 $a = b$，则可使 $A = b \times 1 = b$；

$\Delta q = \dfrac{q}{n_{\mathrm{f}}}$，$n_{\mathrm{f}}$ 为流线的分道数。

将这几个公式代入式（21.2.29），整理后得：

$$\frac{b}{a} = \frac{q}{kn_{\mathrm{f}}} \cdot \frac{1}{\Delta h} \tag{21.2.30}$$

式中，$a = b$，将 $n_{\mathrm{f}}/n_{\mathrm{d}}$ 定义为形状系数 N_{sf}，得到用总水头 h_{L} 计算总流量的简洁表达式：

$$q = kh_{\mathrm{L}} \frac{n_{\mathrm{f}}}{n_{\mathrm{d}}} = kh_{\mathrm{L}} N_{\mathrm{sf}} \tag{21.2.31}$$

一般来说，只要土体中产生渗流，水头会偏离水平方向，此时的水位线既不是等势线，也非流线，而是等压水头线，即压力水头，则总水头为：$h = p + z$；因为水头压力相等，$p = 0$，因此有 $h = z$，z 为高程水头，表示在水位线上，总水头等于高程水头。流网具有以下特点：

(1) 不同流线具有不同的常数，流线取决于流函数；

(2) 流域中两流线间的流量等于该两流线相应的两个流函数之和；

(3) 对于非稳定流，只能绘制瞬时流线图；

(4) 等势线与流线始终相互正交；

(5) 若流网中的等势线间的差值相等，则各流线的差值也相等；

（6）在均质各向同性的土层中，流网每一网格边长比为常数。

流网可以通过数值求解绘制。当几何边界条件比较复杂时，需要反复对流网进行试探绘制，不断练习直至完成绘制可用于分析的流网。流网的绘制步骤可参阅有关文献[4]。

21.3 地下水勘察与试验

21.3.1 地下水勘察

地下水勘察是了解掌握场地地下水条件，为地下水控制提供依据的不可或缺的基础性工作。地下水勘察需要查明地下水埋藏条件，含水层与隔水层的岩性特征、分布与埋深、地下水类型、水位埋深与变化、单层与多层地下水补排泄方式及相互影响关系、承压水的埋藏条件、承压水水位及其变化、承压水层对其他含水层的影响等。岩溶场地地下水勘察还需要查明岩溶类型与岩溶发育层位、深度，岩溶洞穴通道的空间分布与充填情况，覆盖型岩溶区与埋藏型岩溶区的地下水分布特征与边界条件等。对房屋建筑工程来说，当基础位于含水层中时，需要查明该含水层的岩性、厚度和水力特性，预测对基础的影响；当基础底部有承压含水层时，预测基坑突涌溃底的可能性，提出工程处理对策；当基坑采用降低地下水位方法施工时，需要提供计算基坑涌水量的水文地质参数，预测基坑降水后对周边建筑物地基和基础的影响。

地下水勘察方法主要采用钻探与现场水文地质试验方法，岩溶地区还需要配合采用物探方法，包括电阻率剖面法、浅层地震法、电阻率测深法、高密度电法、激发极化法、钻孔电磁波层析成像、地质雷达、钻孔声波探测、电测井等。通过现场水文地质试验，获取相关的水文地质与地下水参数，评价地下水对工程的影响，是地下水勘察的主要任务。水文地质试验孔应布置在地下水分布变化的区域，试验孔的垂直度偏差不宜大于 1.5°/100m。为避免对地下水量测的影响，试验孔洗孔须采用化学分散剂、气举反循环等方法，满足同降深的单孔出水量增大不超过 5% 或洗孔结束前水中含砂量不大于 1/20000（体积比）的要求。

21.3.2 地下水位分类与量测

1. 地下水位分类

（1）上层滞水水位、静止水位和承压水位。如图 21.3.1 所示静止水位位于水中压力等于大气压力处，其下存在连续饱和土体；上层滞水水位位于一个饱和带上覆于一个不透水层之上，其下为不饱和土体；当地层中存在承压水时，承压水位位于承压含水层之上，其上为不透水层或弱透水层，承压水头大于静止水位。钻穿承压含水层时，承压水上涌超过静止水位或溢出地表，此时上层滞水水位与静止水位都会

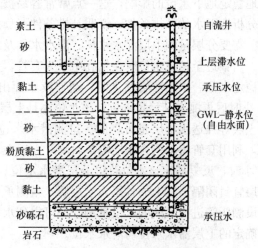

图 21.3.1　地下水位示意图

发生改变，产生动水位。

（2）施工水位：施工水位是指不影响基础施工的地下水位。与勘察期间的水位不同，施工水位实际上是经过人工降水后，维持在基础底板以下一定高程的地下水位。当勘察阶段与施工阶段相距时间较长，且地下水位受季节、降雨或邻近地区降水等因素影响时，地下水位发生变化可能对基础与基坑工程施工带来影响。如果基础施工滞后时间较长，在地下水位容易产生变化的区域，可利用部分勘察钻孔作为场地地下水位长期观测孔，记录地下水位的变化，为基础施工与地下水控制提供依据。

（3）预测水位：预测水位时点应在建筑物使用寿命期限内，是对建筑物可能产生不良影响的地下水位，一般来说该水位为使用寿命期限内的最高水位。在一个较长时间尺度上预测地下水位的变化是一个比较复杂的问题，目前尚无一个确定的方法。所以长期水位变化的预测仍依据系统的地下水长期观测井资料与当地长期气象水文观测资料等进行综合分析预测。当长期观测记录时间不能满足建筑物使用寿命时，水位预测可采用 Gumbel 分布函数法，即将某一样本（某个观测井）的连续观测数据，按从大至小排列进行概率统计，建立回归直线方程，计算建筑物在使用寿命期限内的最高水位概率，查 Gumbel 分布函数表，求出概率最高水位。

近年来对长期地下水位的预测发展了有限元预测方法。通过确定边界条件，建立地下水三维渗流模型并求解，将求解结果绘制相应的地下水位数值等高线图，从而预测建筑物使用寿命期限内的最高水位或最低水位。

上述各种水位均会随着季节、时间、降雨、潮汐、洪水、抽水、排水以及地形地貌、岩土体孔隙等不同而发生变化，所以，在勘察期间量测地下水位时，应特别注意影响水位变化的因素。

2. 地下水位量测

稳定地下水位通常利用勘察钻孔进行量测。钻孔中稳定地下水位的量测应在开孔钻进阶段使用干钻，当钻孔中出现连续水面即初见水位时，必须测定初始水位及孔深，钻孔终孔 24 小时以后，方可量测钻孔中的稳定水位。要求对每个勘察钻孔都需要完成基础量测，据此确定场地稳定地下水位高程。对位于山区丘陵地貌场地，应重视坡上与坡下水位差对场地稳定地下水位的影响，这一点常常容易被忽视。对量测数据资料进行分析的同时，需要分析地下水的补排条件，说明补排条件对稳定水位变化的影响。

需要分层量测上层滞水水位、潜水水位及承压水水位时，一般在水文地质试验孔中进行。当钻进至初见水位时在钻孔中下入套管，量测水面与孔深，然后停止钻进，反复量测至稳定水位。采用套管钻进时，遇连续水面出现，则停止钻进并适量抽取地下水，稳定24 小时后再测定其稳定水位，该水位亦是上层滞水水位。上述方法量测的水位对填土层、砂土层等强透水土层是可靠的。量测潜水水位时，钻孔钻进至潜水含水层底部的不透水层，利用套管将上层含水层隔离封闭，而后在套管内进行抽水，水位恢复稳定时间不少于24 小时，反复测定该水位获得分层潜水水位。量测承压水水位时，将套管下入至承压含水层宜封闭隔离其上的各层含水层后，量测承压水的实际水头高度与稳定水位。还可通过埋设测压管进行不同的水位量测，并可得到水位随时间变化的时程曲线，不同标高抽水试验确定的上层滞水水位与潜水水位。

21.3.3 抽水、压水与注水试验

1. 抽水试验

通过抽水试验获得相关水文地质参数,为地下水控制提供依据。

(1) 测定含水层的富水程度,评价降水井的出水能力;

(2) 查明各岩土层的水文地质参数,确定渗流分析的边界条件;

(3) 为工程降水提供相应的数据资料,如单井出水量、单位出水量、群井抽水干扰系数,降深曲线、水位恢复时间、涌水量以及根据上述数据选择降水方式与水泵型号等;

(4) 分析确定地表水与地下水之间与多层含水层之间的水力联系,以及边界性质、径流方向与径流带位置等。

抽水试验依据相应的井流公式原理和要求,可划分为表 21.3.1 所示类型,并可组合成稳定流单孔抽水试验和稳定流多孔干扰抽水试验,非稳定流单孔抽水试验和非稳定流多孔干扰抽水试验等。

抽水试验方法分类　　　　　　　　　　　　　　　　表 21.3.1

分类依据	抽水试验类型	亚类		主要用途
Ⅰ 按井流理论	Ⅰ-1 稳定流抽水试验			(1) 确定水文地质参数 K、H (r)、R; (2) 确定水井的 Q-S 曲线类型; ①判断含水层类型及水文地质条件; ②下推设计降深时的开采量
	Ⅰ-2 非稳定流抽水试验	Ⅰ-2-1 定流量非稳定流抽水试验		(1) 确定水文地质参数 μ^*、μ、K'/m'(越流系数)、T、a、B(越流因素)、$1/a$(延迟指数); (2) 预测在某一抽水量条件下,抽水流场内任一时刻任一点的水位下降值
		Ⅰ-2-2 定降深非稳定流抽水试验		
Ⅱ 按干扰和非干扰理论	Ⅱ-1 单孔抽水试验	按有无水位观测孔	Ⅱ-1-1 无观测孔的单孔抽水试验	同Ⅰ
			Ⅱ-1-2 带观测孔的单孔抽水试验	(1) 提高水文地质参数的计算精度; ①提高水位观测精度; ②避开抽水孔三维流影响。 (2) 准确求解水文地质参数; (3) 了解某一方向上水力坡度的变化,从而认识某些水文地质条件
	Ⅱ-2 干扰抽水试验	按试验目的规模	Ⅱ-2-1 一般干扰抽水试验	(1) 求抽(取)水时干扰出水量; (2) 求井间干扰系数和合理井距
			Ⅱ-2-2 大型群孔干扰抽水试验	(1) 求允许抽水量; (2) 暴露和查明水文地质条件; (3) 建立地下水流模拟模型
Ⅲ 按抽水试验和含水层数目	Ⅲ-1 分层抽水试验	单独求取含水层的水文地质参数		
	Ⅲ-2 混合抽水试验	求多个含水层综合的水文地质参数		

对建筑场地进行工程降水，以及评估工程降水对周边环境的影响，一般可选用单孔抽水试验；当只需要取得含水层渗透系数和涌水量时，可选用稳定流抽水试验；对于多层含水层，且对地下水控制有要求时，可选择单孔或群孔抽水试验与非稳定流的抽水试验方法，以获得渗透系数、导水系数、释水系数、越流系数及影响半径等更多的水文地质参数。抽水试验的技术要求按稳定流和非稳定流分别为：

对稳定流抽水试验一般要求进行 3 个不同水位降深（落程）的抽水。对富水性较差的含水层一般做一次最大降深抽水试验；对松散空隙含水层，抽水水位降深的次序可由小到大排列；对于裂隙含水层，抽水降深次序可由大到小排列。抽水试验所选择的最大水位降深值（S_{max}）为：潜水含水层，$S_{max}=（1/3\sim1/2）H$（H 为潜水含水层厚度）；承压含水层，S_{max} 小于或等于承压含水层顶板以上的水头高度。3 个不同水位降深抽水试验时，其中两次试验的水位降深，应分别等于最大水位降深值的 1/3 和 1/2。抽水试验前应对最大水位降深时对应的出水量进行估算，以便选择适合的水泵。当水位降深和流量稳定后，抽水的延续时间一般不少于 24h；带有专门水位观测孔得抽水试验，距主孔最远的水位观测孔的水位稳定延续时间应不少于 2h～4h；抽水孔的水位和流量与观测孔的水位都应同步观测，停抽后还应进行恢复水位的观测，直到水位日变幅接近天然状态为止。

非稳定流抽水试验对水位降深一般不作要求，重点确定抽水流量，要求抽水量自始至终均保持定值；对抽水流量和水位的观测应同步进行，时间间隔应比稳定流抽水小；抽水停抽后恢复水位的观测，应一直进行到恢复水位变幅接近天然水位变幅时为止。抽水试验的延续时间，只要水位降深（S）-时间对数（$\lg t$）曲线的形态比较固定和能够明显地反映含水层的边界性质即可停抽，一般不超过 24h。当有越流补给时，如用拐点法计算参数，抽水至少应延续到能可靠判定拐点（S_{max}）为止。当存在隔水边界时，S-$\lg t$ 曲线的斜率应出现明显增大段；当无限定边界时，S-$\lg t$ 曲线应在抽水期内出现匀速的下降。

2. 压水试验

压水试验主要为探查岩土层的渗透性，评价裂隙发育条件下岩土层的渗透量，单位吸水量，导压系数等水文地质参数。工程中使用较为普遍的是分段压水试验、综合压水试验和全孔压水试验，以及一点与多点压水试验方法。

压水试验的主要参数有：稳定流量 Q，稳定压力值下最大流量与最小流量之差小于最终值的 10%，该最终值即为稳定流量 Q；压力阶段与压力值，一般压水试验分三级压力、五个阶段，即：$P_1-P_2-P_3-P_4（=P_2）-P_5（=P_1）$，$P_1<P_2<P_3$，$P_1$、$P_2$、$P_3$，三级压力宜分别为 0.3MPa、0.6MPa 和 1MPa，压水试验的总压力为试段的实际平均压力，均以水柱高度 m 计算，即 1m 水柱压力$=9.8$kPa。

压水试验的压力值应从地下水位起算，若地下水位发生变化，应进行稳定水位观测，以最后一次测得的水位作为稳定水位；压力损耗 p_s，包括管路压力损失、管线接头压力损失、管路截面变化压力损失等；试验段长度，试验段按有关规程规定一般为 5m，若岩芯完好（$q<10$Lu）时，可适当加长试验段，但不宜大于 10m。

钻孔压水现场试验现场工作包括洗孔、设置栓塞隔离试段、水位测量、仪表安装、压力和流量观测等步骤。洗孔时钻具应下到孔底，流量应达到水泵的最大出水量，洗孔时间满足孔口回水清洁，肉眼观察无岩粉；试段隔离下栓塞应准确安设在岩石较完整的部位，下栓塞前应首先观测 1 次孔内水位，试段隔离后，再观测工作管内水位，至水位下降速度连续 2 次均小于 5cm/min 即可结束，用最后的观测结果确定压力计算零线；在工作管内水位观测过程中如发现承压水时，应观测承压水位，当承压水位高出管时，应进行压力和漏水量观测；观测前使试段压力达到预定值并保持稳定，5 次流量读数中最大值与最小值之差小于最终值的 10% 时，取最终值作为计算值。重复上述试验过程，直到完成该试段的试验。在降压阶段，如出现水由岩体向孔内回流现象，应记录回流情况待回流停止，流量达到规定的标准后方可结束本阶段试验。将试验成果绘制 P-Q 曲线，确定曲线类型并进行分析，计算试段透水率、渗透系数等参数。需要指出的是压水试验所求得的渗透系数与抽水试验得到的渗透系数是不同的，应用时要注意区别。压水试验一个压力点试验求出的值，往往低于实际值，对工程设计而言是偏于不安全的。

3. 注水（渗水）试验

当地下水位埋藏较深，或试验层为透水不含水，或无法进行抽水的弱含水层时，可用注水试验代替抽水试验，近似地测定岩土层的渗透系数及渗透能力。特别是当实施地下水人工补给或废水地下处置时，需要进行注水试验。注水试验形成的流场与抽水试验相反，是在地下水天然水位以上形成的反向充水漏斗。对于稳定流注水试验，其渗透系数计算公式的建立过程与抽水井的裘布依 K 值计算公式原理相似，其不同点仅是注入水的运动方向和抽水井中地下水运动方向相反，故水力坡度为负值。

注水试验时可向井内定流量注水，抬高井中水位，待水位稳定并延续一定时间后，可停止注水，观测恢复水位。由于注水试验常常是在不具备抽水试验条件下进行的，故注水井在钻进结束后，往往由于洗井不够彻底，因此用注水试验方法求得的岩土层渗透系数，往往比抽水试验求得的小得多。常用的钻孔注水试验方法有常水头法渗透试验和变水头法渗透试验，常水头法适用于砂、砾石、卵石等强透水地层，变水头法适用于粉砂、粉土、黏性土等弱透水地层。

常水头注水试验分为孔底进水和孔壁与孔底同时进水两种。钻孔至预定深度后，采用栓塞或套管塞进行试段隔离，确保套管下部与孔壁之间不漏水，以确保试验的准确性。对孔底进水的试段，用套管塞进行隔离，对孔壁孔底同时进水的试段。试段隔离后，用带流量计的注水管或量桶向套管内注入清水，使管中水位高出地下水位一定高度（或至管口）并保持固定，保持试验水头不变，观测注入流量，定时记录流量并绘制 Q-t 曲线，直到最终测读流量与最后两个小时内的平均流量之差不大于 10% 时，即可结束试验。

在饱和地层中进行变水头试验，应在试验过程中将试验水头逐渐下降至趋近于零，根据试验水头下降速度与时间的关系，计算试验土层的渗透系数，主要适用于渗透系数比较小的黏性土层。其试验设备、钻孔要求与钻孔常水头方法相同。间隔时间按地层渗透性确定，定时记录流量，绘制流量 $\ln H$ 与时间 t 关系曲线，当流量和时间关系呈直线时说明试验正确，即可结束试验，并可通过图解法确定滞后时间或采用计算法求出滞后时间。

采用试坑注水（渗水）试验是野外测定包气带非饱和岩（土）层渗透系数的简易方法，可参考文献[8]。

21.3.4 与地下水控制有关的水文地质参数

与地下水控制有关的水文地质参数，除渗透系数（前述）外，还有以下一些。

1. 影响半径 R

影响半径实质上是含水层的补给边界，在此边界上始终保持常水头，该影响半径即为裘布依影响半径。但在实际工程中，地层中含水层很少能满足该条件。在抽水过程中形成的降水漏斗范围，只有当观测孔与抽水井的距离 $r \leqslant 0.178R$ 时，水位降深 s 与 r 属于对数关系；当 $r > 0.178R$ 时，s 与 r 转变为贝塞尔函数关系，而贝塞尔函数斜率要小于对数函数，这就是观测孔越远 k 值越大的主要原因。

需要指出的是裘布依影响半径、经验公式计算的影响半径、抽水试验的影响半径以及基坑降水的影响半径实际上不是同一概念。影响半径在裘布衣公式中是一个独立参数，是指在离抽水井半径为 R 的圆周断面上存在一个常水头，但这种情况实际上几乎不存在，是个虚拟的参数。有些规范和手册列出了影响半径的经验公式，如承压水的奚哈德公式为：

$$R = 10s\sqrt{k} \tag{21.3.1}$$

潜水的库萨金公式为：

$$R = 2s\sqrt{kh_0} \tag{21.3.2}$$

这两个公式中的影响半径均与抽水井的水位降深 s、渗透系数 k 和含水层厚度 h_0 等参数有关，R 随上述参数而变化。而在裘布衣公式中，R 是独立的常数，与 s、k、h_0 无关。所以用经验公式求得的影响半径 R 代进裘布衣公式计算，逻辑上是不通的。

有的规范要求通过抽水试验实测影响半径，但抽水试验的影响半径，不仅与 s、k、h_0 有关，还与含水层分布、补给类型和补给强度有关。抽水试验不同的降深，影响半径也不相同，基坑降水的影响半径与单井抽水试验更不是一个值。所以说裘布衣影响半径，经验公式的影响半径，抽水试验影响范围，三者不是一个概念。对于基坑降水计算，有的规范采用"大井法"，将群井简化为"大井"，给出基坑出水量计算公式，不再考虑井群中各井的影响半径。但实际上随着降水持续进行一段时间后，基坑内的地下水逐渐被疏干，井群中各井的 R 均不相同，所谓的"大井"影响半径并不代表单井的影响半径，基坑由"大井"计算得出水量与实际情况是存在很大偏差的。与渗透系数 k 的求取一样，不同的规范和手册给出的影响半径 R 计算公式也很多，使用时亦需要注意区别各个公式的假定条件。

2. 储水率 μ_s 与储水系数 β

储水率 μ_s 和储水系数 β 是含水层的重要水文地质参数。储水率 μ_s 表示当含水层水头变化时，从单位体积含水层中，因水体积膨胀（或压缩）以及介质骨架的压缩（或伸长）而释放（或储存）的弹性水量，是描述地下水三维非稳定流或剖面二维流的水文地质参数。

储水系数 β 表示当含水层水头变化时，选取底面积一个单位、高等于含水层厚度的柱体中所释放（或储存）的水量。潜水含水层的储水系数等于储水率与含水层的厚度之积再加上给水度，即潜水储水系数所释放（储存）的水量，具体包括两部分：一部分是含水层由于压力变化所释放（储存）的弹性水量；另一部分是水头变化达到某一个单位时所疏干（储存）含水层的重力水量，这一部分水量正好等于含水层的给水度，由于潜水含水层的弹性变形很小，可用给水度近似代替储水系数。承压含水层的储水系数等于其储水率与含水层厚度之积，它所释放（或储存）的水量完全是弹性水量，承压含水层的储水系数也称为弹性储水系数。

储水系数 β 是无量纲参数，其确定方法是将野外非稳定流抽水试验获得的数据，用配线法或直线图解法等方法进行推求，推求方法参阅相关文献。

3. 越流系数 σ 与越流因子 B

越流系数 σ 和越流因子 B 是表示含水层越流特性的水文地质参数。越流补给量的大小与弱透水层的渗透系数 k 及厚度 b 有关，即 k 愈大 b 愈小，则越流补给的能力就愈大。当某一含水层底、顶板均为弱透水层时，与相邻的其他含水层存在水力联系，越流则为该含水层的重要补给来源。

越流系数 σ 表示当抽水含水层和供给越流的非抽水含水层之间的水头差为一个单位时，单位时间内通过两含水层之间弱透水层单位面积的水量

$$\sigma = \frac{k}{b} \qquad (21.3.3)$$

显然，当其他条件相同时，越流系数越大，通过的水量就愈多。

越流因子 B 或称阻越系数，其值为主含水层的导水系数 T 和弱透水层的越流系数倒数乘积的平方根。可用式（21.3.4）表示：

$$B = \sqrt{\frac{Tb}{k}} \qquad (21.3.4)$$

式中 T——抽水含水层的导水系数；

B——越流因子。

弱透水层的渗透性愈小，厚度愈大，则越流因子 B 愈大，越流量愈小。自然界越流因子的值变化很大，可以从数米到数千米。对于完全不透水的覆盖岩层来说，越流因子 B 为无穷大，而越流系数 σ 为零。越流因子 B 和越流系数 σ 可通过野外抽水试验获得。越流因子 B 单位为 m。

4. 导水系数 T 与导压系数 α

导水系数 T 表示单位水力坡度下通过单位宽度含水层整个饱和厚度的地下水量，反映岩土层通过地下水的能力。导水系数 T 是渗透系数 k 与含水层厚度的乘积，单位是 m^2/d。导水系数 T 只适用于平面二维流和一维流，在三维流中无意义。

导压系数 α 表示水压力从一点传递到另一点的速率。由于含水层的不均匀性，导压系数 α 实际上是一个变量。导水系数 T 与导压系数 α 一般通过抽水试验方法和数值法反演计算求得。

5. 给水度 μ

给水度 μ 是表征潜水含水层给水能力或储水能力的参数，与包气带的岩性有关，随排水时间、潜水埋深、水位变化幅度及水质变化而变化。不同岩性的给水度 μ 经验值见表 21.3.2。

各种岩性给水度 μ 经验值　　　　　　　　表 21.3.2

岩性	给水度	岩性	给水度
黏土	0.02～0.035	中细砂	0.085～0.12
粉土	0.03～0.045	中砂	0.09～0.13
砂土	0.035～0.06	中粗砂	0.10～0.15
粉砂	0.06～0.08	粗砂	0.11～0.15
粉细砂	0.07～0.10	黏土胶结的砂岩	0.02～0.03
细砂	0.08～0.11	裂隙灰岩	0.008～0.10

6. 降水入渗补给系数 λ

降水是地下水的主要补给源，地下水水量多少与降水入渗补给量密切相关。但地表水不能直接到达潜水面，因为在地面和潜水面中间隔着一个包气带，入渗的水必须经过包气带向下运移才能到达潜水面。降水入渗补给系数 λ 即是表达入渗水向下渗入到潜水层的能力。

降水入渗补给系数 λ 是降水渗入量与降水总量的比值，λ 值的大小取决于地表土层的岩性和土层结构、地形坡度、植被覆盖情况、降水量的大小和降水形式等。一般情况下，地表土层的岩性对 λ 值的影响最显著。降水入渗补给系数 λ 可分为次降水入渗补给系数、年降水入渗补给系数、多年平均降水入渗补给系数，它随着时间和空间的变化而变化。

降水入渗补给系数是一个无量纲系数，其值变化于 0～1 之间。确定 λ 值的方法有近似计算法、地中渗透法、零通量面法及泰森多边形法等，可参阅相关文献。

21.4 地下水对地基基础工程的影响

21.4.1 地下水位下降引起的地基（地面）沉降

地下水位下降通常由开采地下水、工程降水引起。近年来大规模城市地下空间开发、区域环境与气候条件变化等原因也引起了地下水位下降。地下水位下降对建筑物地基或地面沉降的影响是显而易见的，有的破坏后果十分严重，如地基不均匀沉降造成建筑物结构开裂，地表大面积下沉，沿海地带海水侵入增大对基础结构的腐蚀性破坏，部分区域上部土层因盐碱化使土体强度下降，有些地区可能出现沙漠化而改变原有的岩土体结构及岩溶地区引起塌陷等。

地下水位下降反映了水文地质环境的变化，对地基基础工程的影响本质上是因土体中孔隙水的排出，土体体积减小及土体骨架变形产生土体固结，表现为土体的压缩沉降。对不同土层，含水量与孔隙率不同，相同的工况条件下，孔隙水排出量不同，由此产生的土体压缩沉降存在差异。需要指出的是引起地基基础工程沉降的原因是多方面的，这里重点分析地下水位下降引起的沉降。

土体中因孔隙水的存在而产生孔隙水压力。由于土体孔隙是相通的，孔隙水是连续的，因此孔隙水压力也是连续传递的，在各个方向上是相等的。当土体处于加载状态，土体中的孔隙水压力会大于加载前的孔隙水压力，其增加的部分即为超孔隙水压力，通过排水固结而消散，此时排水过程即为土体固结过程。根据太沙基原理，饱和土中任一点的总应力由土的有效应力与孔隙水压力组成。有效应力由于不能直接量测，需要通过总应力与孔隙水压力推算得到。所以有效应力是最重要的参数，理论上所有的分析与计算都应采用有效应力而不是总应力才是正确的。

由于渗流原因，在土体中不同部位产生的孔隙水压力是不同的，由此也改变了土体有效应力分布。当向上稳态渗流时，土体中各点的孔隙水压力均大于静态条件下的孔隙水压力（静水压力）；当向下稳态渗流时，土体中各点的孔隙水压力均小于静态条件下的孔隙水压力（静水压力），参见图 21.4.1 和表 21.4.1[1]。土体中渗流孔隙水压力对压力水头的影响与渗流过程造成的水头压力损失是相一致的。向下渗流会造成水头的明显损失，在压力水头为零处，渗流孔隙水压力也为零，说明静水压力与渗流孔隙水压力有明显区别。

渗流对孔隙水压力和有效应力的影响　　　　　　　　　　　表 21.4.1

部位	分析项目	静 态	向上渗流	向下渗流
A 点	总应力	$H_1\gamma_w$	$H_1\gamma_w$	$H_1\gamma_w$
	孔压	$H_1\gamma_w$	$H_1\gamma_w$	$H_1\gamma_w$
	有效应力	0	0	0
C 点	总应力	$H_1\gamma_w+z\gamma_{sat}$	$H_1\gamma_w+z\gamma_{sat}$	$H_1\gamma_w+z\gamma_{sat}$
	孔压	$(H_1+z)\gamma_w$	$(H_1+z+iz)\gamma_w$	$(H_1+z-iz)\gamma_w$
	有效应力	$z\gamma'$	$z\gamma'-iz\gamma_w$	$z\gamma'+iz\gamma_w$
B 点	总应力	$H_1\gamma_w+h_2\gamma_{sat}$	$H_1\gamma_w+H_2\gamma_{sat}$	$H_1\gamma_w+H_2\gamma_{sat}$
	孔压	$(H_1+H_2)\gamma_w$	$(H_1+H_2+h)\gamma_w$	$(H_1+H_2-h)\gamma_w$
	有效应力	$H_2\gamma'$	$H_2\gamma'-H\gamma_w$	$H_2\gamma'+h\gamma_w$

注：γ'——土的有效重度；

　　γ_{sat}——土的饱和重度；

　　h——在稳定渗流条件下，容器底部 B 点的压力水头与容器高度（H_1+H_2）之差。在向上渗流条件下，B 点的压力水头高于容器高度；在向下渗流条件下，B 点的压力水头低于容器高度。两种情况下，h 都取正值。

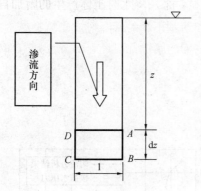

图 21.4.1　渗流模型

通过以上分析可知，地下水位下降引起土的固结压缩沉降与孔隙水压力与水头压力的变化密切相关。地下水位下降越大，有效应力增加越大，或者说土的自重应力越大，相应的沉降量也越大。考虑到土层中孔隙水压力与水头压力分布的不均匀，加上建筑物荷载大小分布不一，就会使地基产生明显的不均匀沉降或地表的区域性沉降。

地下水位下降引起的沉降量，一般采用以下几种计算方法。

（1）考虑有效应力变化及土体的孔隙比、固结系数等土体参数计算沉降量：

$$s = H_0\frac{C_c}{1+e_0}\lg\frac{P_0+\Delta P}{P_0} \tag{21.4.1}$$

式中　s——包括主固结与次固结在内的沉降量；

　　　e_0——固结开始之前的孔隙比；

　　　C_c——土的压缩指数；

　　　P_0——固结开始时的土层垂直有效应力增量；

　　　ΔP——固结完成时作用于土层的垂直有效应力增量；

　　　H_0——固结开始前土层厚度。

（2）考虑土体总应力与压力水头变化（水位差）计算沉降量：

$$s = \sum_{i=1}^{n}\frac{a_{1-2}}{1+e_0}\Delta PH \tag{21.4.2}$$

式中　a_{1-2}——土的压缩系数；

　　　ΔP——因水位变化作用于土层的有效应力增量；

　　　H——计算土层厚度；

　　　n——土层数。

当在某一时间点水头压力发生变化即形成水位差时，对应于该时间点土体固结沉降量（s_t）为

$$s_t = u_t s \qquad (21.4.3)$$

式中　u_t——某一时间点的土体固结度。

将每一水位差作用下的沉降量叠加即为该时间段的总沉降量，并作 s-t 曲线。

（3）考虑储水系数、导水系数等水文地质参数计算沉降量：

$$s = \Delta h \beta \int_t \frac{\mathrm{d}u}{\mathrm{d}t} \qquad (21.4.4)$$

式中：Δh——含水层水位变幅；

　　　β——无压含水层储水系数，$\beta = \beta_e + \beta_y$；

　　　β_e——无压含水层弹性储水系数，通过抽水试验确定；

　　　β_y——滞后储水系数，通过抽水试验确定；

　　　u——土体固结度。

（4）当弱透水层以上土体排水条件好，水位下降明显，采用降水时土体产生的附加自重应力计算沉降量：

$$s = \Delta p \frac{\Delta H}{E_{1-2}} \qquad (21.4.5)$$

式中　Δp——土体降水产生的附加自重应力；

　　　ΔH——降水深度，或水位下降前后的水位差；

　　　E_{1-2}——降水深度范围内土体的压缩模量。

土体因固结压缩产生的沉降量大小与土体自重应力与附加应力大小有直接关系。渗流作用对孔隙水压力存在明显影响，因而对自重应力的影响也不容忽视。图 21.4.2 中，通过有限元渗流分析，传统静水压力分布线与渗流分析得到的孔隙水压力分布线二者的差别显著，采用传统静水压力方法计算沉降量会造成很大的误差，所以在渗流与孔隙水压力条件下，土体的有效自重应力计算如下：

$$p(z) = \int_0^{D+z} \gamma_s \mathrm{d}z - u(z_h) \qquad (21.4.6)$$

或

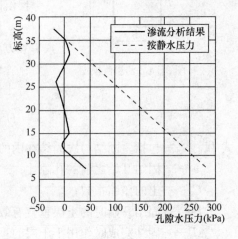

图 21.4.2　渗流对孔隙水压力分布的影响

$$p(z) = \sum_{i=1}^{n} \gamma_{si} \mathrm{d}_i - u(z_h) \qquad (21.4.7)$$

式中　p——土体有效自重应力；

z_h——地面起算的深度；

u——孔隙水压力，$u(z)$ 深度 z 处的原始孔隙水压力；

γ_s——土的重度。

土体降水产生的附加自重应力为：

$$\Delta p = \frac{1}{2}\gamma_w \Delta H \qquad (21.4.8)$$

（5）随降水引起的水位下降，考虑土体压缩沉降、孔隙比、渗透系数和储水系数等进行耦合，通过耦合模型分析孔隙水压力与土体沉降变形相互作用的影响。在本章 21.2.1 节中，采用有限元方法对地下水渗流进行了分析。采用有限元方法分析计算沉降量时，应设定边界上的水头为已知水头、确定边界上的渗流方向两个边界条件，有限元模型通常采用比奥二维固结方程。

需要指出的是，采用太沙基一维固结沉降模型计算沉降量，因该模型是将土体变形视作线性弹塑性变形，而实际土体变形是非线性弹塑性变形，计算与实际情况显然存在差距。

21.4.2 地下水对基础结构上浮的影响

地下水基础结构上浮的影响主要分为两种工况，一种工况是当基础埋深在稳定地下水位以下时，按照设定的抗浮水位计算浮力与抗浮；另一种工况是受补给或排泄条件变化，原来设定的稳定水位及设防水位出现抬升，产生的附加浮力对地基稳定与基础结构的安全带来的危害。

1. 工况一分析

一般认为在透水性较好的饱和土层（含水层），静水压力作用于基础底面的浮力（浮托力）按设定的地下水位计算如图 21.4.3 所示[9]。图中看出对饱和土层，假如不存在弱透水层，基础底面的水头高度依据含水层厚度或水位高度确定。当考虑地下水位变幅及其他情况确定抗浮设防水位后，浮力计算较为简单。

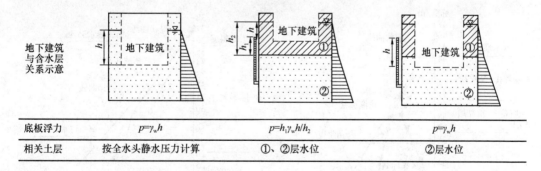

图 21.4.3 饱和砂土层基础底面浮力计算示意图

当存在多层地下水，各含水层之间存在弱透水层时，基础底面浮力受弱透水层厚度的影响而变化，呈衰减趋势见图 21.4.4。

对多层地下水来说，由于渗透系数较低的弱透水层存在，以及各含水层之间的越流补给作用，产生复杂的渗流过程，基础底面所受到的浮力可能小于作用于底面的水头高度。如果

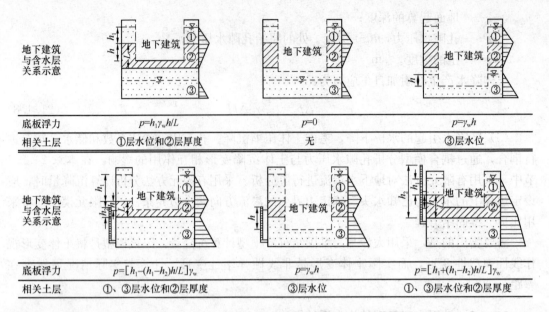

图 21.4.4　多层含水层基础底面浮力计算示意图[9]

存在承压水，位于承压含水层中的基础其底面承受的浮力等于承压水头加上土体中的孔隙水压力，大于地层中的地下水位。弱透水层一般都为黏性土层，而对黏性土层的浮力计算应符合有效应力原理。关于黏性土浮力计算，有观点认为饱和黏性土体中任何一点的总应力 σ 由有效应力 σ' 与孔隙水压力 u 组成，因此计算浮力时静水压力（孔隙水压力）不应折减，而实际上对于存在多层地下水的土层，黏性土体中的静水压力（孔隙水压力）随着黏性土体厚度与渗透系数变化而变化。特别是在实际工程如基坑开挖与使用过程中，基坑内外的水头差产生渗流，在渗透孔隙水压力作用下（见公式（21.1.9）），产生了水头损耗如图 21.4.5，反映出地下水在黏性土层中渗流时，水头衰减明显，静水压力下降。

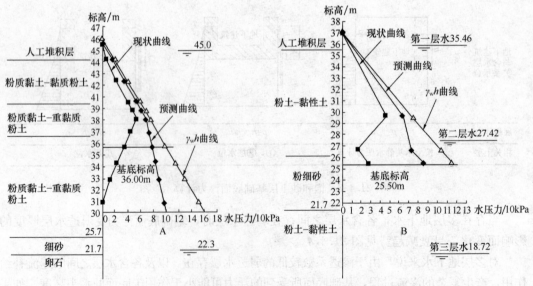

图 21.4.5　弱透水层渗流分析（渗透孔隙水压力）[1]

图 21.4.6 为某工程 37 天实测的水头分布情况。该工程地下室 2～3 层,基底埋深一13.0～−16.0m,建筑±0.00 的相对于高程 47.70m。勘察期间测得场地潜水水位为45.0m,承压水水位为 39.0m,经论证抗浮设防水位取潜水最高水位 47.0m。在潜水及承压水层之间为弱透水、黏性土层,该层层顶高程约 37m,层底高程约 23.0m,厚度 14m,两层地下水基底均埋置于该层中。为研究越流补给关系和水头损失,专门在该层中埋设了敞口测压管和孔隙水压计。可以看出不同量测位置的水头是随深度而衰减的,说明弱透水层补给承压水过程中有较大"水头通过损失",这个"水头损失"在浮力计算中意义重大。

实际上地下水流动受多种条件限制,并不存在所谓的静水环境条件。由于建筑物基础埋深,改变了场地原有地下水流动边界条件,即使在基础埋深范围内仅存在一层地下水,在地下水赋存体系比较复杂的情况下,上层水与下部含水层之间也存在一定的水力联系,在各含水层之间存在弱透水层时更是如此。基底的浮力并不完全取决于地下水位的高低,可以通过渗流分析来计算。

用地下水动力学的方法计算地下水浮力与按现行规范、手册,按静水压力计算地下水浮力存在较大差异,而后者对基底所受浮力的计算结果往往偏大,不一定合理。图21.4.7 为通过渗流分析,得到的压力沿竖向分布图。从图中可见,基底处的水压力为36kPa,比在静水环境中按抗浮设防水位 38.00m 计算的浮力 92kPa 要小得多。

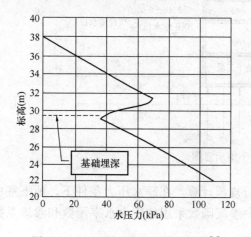

图 21.4.6 不同量测位置水头分布[8]

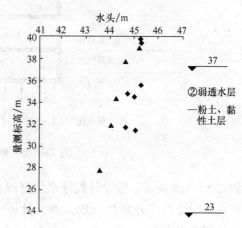

图 21.4.7 渗流分析水压力分布

2. 工况二分析

地下水位下降的影响已在前面作了分析,地下水位抬升的主要影响是引起基础结构或地下构筑物的上浮及对地基承载力与变形的影响。对地基的影响将在下节讨论,这里重点分析对基础结构或地下构筑物的影响。

根据资料统计,基础结构或地下构筑物在施工与使用运营期间,因地下水位抬升引起的基础结构或地下构筑物上浮、开裂、渗漏等损害在国内外较为普遍。地下水位抬升的诱因有控制地下水抽采、大量地表水渗入、海水倒灌、人工回灌、缺水地区大面积补水、大型水利工程建造等,现举例分析。

3. 工程实例分析

某老干部活动中心地上 6 层,地下两层,地下室埋深 10m～12m,天然地基筏板基础，室外地坪±0.00 为绝对标高 9.50m。主要地层为人工填土、粉质黏土、细～中粗砂、砂质黏性土、残积土、全风化～强风化花岗岩。勘察测得钻孔内稳定水位为 6.5m，抗浮水位按勘察期间钻孔稳定水位加上年变幅及强降雨的影响确定，取最高水位值为室外地坪下 2m，设计采用建筑物自重抗浮，部分区域增加配重抗浮。该建筑建成使用 6 年后，因距离其约 60m～80m 远处地铁施工高强度降水，形成超过 100m 范围的降水漏斗，地下水位下降约 3m～12m，大面积的土面因混凝土地面挖除而暴露在外。第二年连续两次特大暴雨，强降水通过大面积裸露的土面超量渗入地下，加上排水管网改迁，地表积水不能及时排走，使地下水得到额外丰沛的补给，地下水位迅速抬升至地表下约 0.5m，引起地下室负二层底板上浮 20cm～40cm，底板多处开裂，梁板连接部位错位变形，损害严重。底板在此前后受到的浮力作用分析如下。

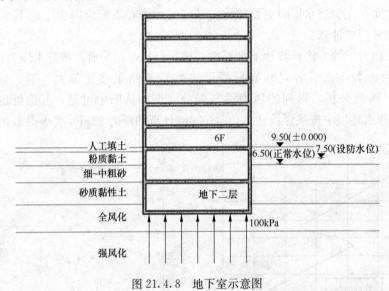

图 21.4.8　地下室示意图

　　如图 21.4.8 所示，按设计抗浮水位与现行规范计算，在静水压力条件下，地下室单位面积底板承受的浮力为 100kPa。渗流分析中渗流函数采用体积含水率函数和渗流系数函数，体积含水率为

$$\Theta = V_{\mathrm{w}}/V \tag{21.4.9}$$

式中　Θ——单位岩土体体积含水率；

　　　V_{w}——通过单位岩土体水的体积；

　　　V——单位岩土体体积。

　　体积含水率与孔隙水压力的关系曲线为含水特性曲线，含水特性曲线斜率表示随孔隙水压变化的土体中水的变化率 m_{w}，用于非稳定流分析。当孔隙水压力为正值时，m_{w} 与一维固结系数相同。土的渗透量可按达西定律使用渗透系数来计算。不饱和土的渗透系数由含水率决定，在饱和时达到最高，随着含水率的降低，渗透系数也相应减小。因含水率是孔隙水压力的函数，而渗透系数是含水率的函数，所以渗透系数也是孔隙水压力的函数。采用三维有限元进行渗流耦合模拟分析计算，计算模型如图 21.4.9 所示。

　　地铁开挖施工降水形成的降水漏斗与静水压力、渗流方向、渗流路径如图 21.4.10～

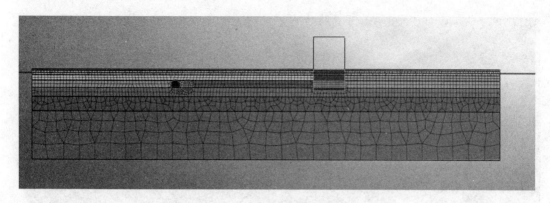

图 21.4.9　渗流计算模型

图 21.4.13 所示，漏斗曲线即为水头线（浸润线）。

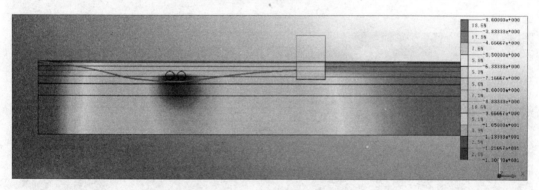

图 21.4.10　降水漏斗示意图

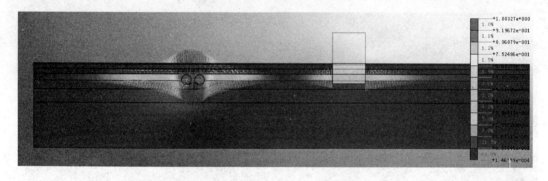

图 21.4.11　静水压力示意图

暴雨后水位升高到地坪标高下 0.5m 的总水压力见图 21.4.14。

通过有限元渗流分析可知，在地下水正常补给条件下，地层中实际水头高度约为 6.0m～6.5m；当地铁施工降水形成漏斗时，地下室以下土层的渗透半径与渗流流量发生变化，见表 21.4.2。

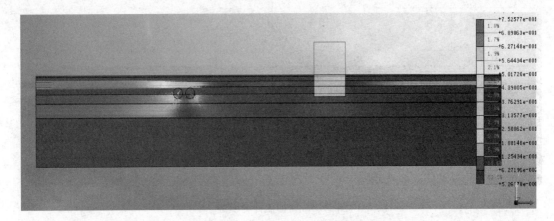

图 21.4.12　渗流方向示意图

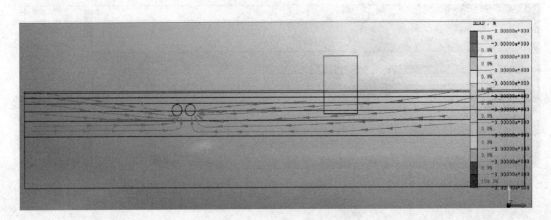

图 21.4.13　渗流路径示意图

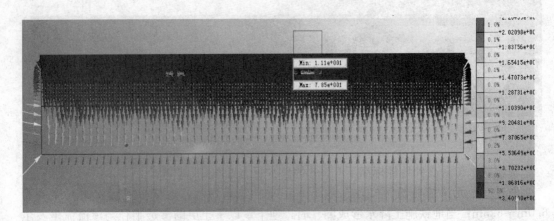

图 21.4.14　暴雨后水位升高的总水压力示意图

各土层渗流参数

表 21.4.2

土 层	渗透系数 (m/d)	渗透半径 (m)	渗流流量 (m³/d)
人工填土	0.5	30	5
粉质黏土	0.005	10	0.04
细~中粗砂	10	140	60
砂质黏性土	0.05	50	0.2
全风化	0.8	80	1.6
强风化	1.0	120	2

注：渗透流量按照地下水位下降10m计算。

与设计采用的抗浮设防水位比较，设防水位高于地层水头高度 1m~1.5m。当地铁施工降水引起的地下水位下降，按漏斗曲线，该地下室所处位置的地下水位下降了约 4m~5m，水位线位于残积土至全风化花岗岩土层中，地下水位下降引起的地层压缩沉降量约为 16mm。由于地下室采用筏板基础，沉降未对其产生影响。但地下水位下降使底板下的水头高度降低约 4m，渗流流量减少。当特大暴雨带来的大面积地表大量渗水，地下水位抬升至地表下约 0.5m 时，渗流分析得到此时地层中水头高度达到 7.8m，附加浮力约 15kPa，单位面积的总浮力约为 115kPa，超过了抗浮设计计算的最大浮力，引起底板上浮。本例中地铁施工开挖与市政排水管网改迁，致土层大面积裸露与建筑物周围排水不畅不及时，是造成地表水大量渗入地下与地下水位迅速抬升的主因。

21.4.3 地下水对地基、基坑与边坡的渗透破坏

渗透破坏包括流土、管涌、接触冲刷和接触流失及潜蚀等。流土与管涌主要出现在单一土层地基中，其中黏性土的渗透破坏主要是流土；接触冲刷与接触流失多出现在多层土层地基中。流土与管涌是常见的渗透破坏形式。

1. 流土

流土是指在向上渗流作用下局部土体表面的隆起、顶穿或土体中粗颗粒群同时浮动而流失的现象。前者多发生于表层由黏性土与其他细粒土组成的土体或较均匀的粉细砂层中，后者多发生在不均匀的砂土层中；发生在颗粒级配均匀而细的粉、细砂中的流土称为流砂，流砂有时会在粉土中发生。流砂的表现形式是所有颗粒同时从一近似于管状通道被渗透水流冲走，流砂发展结果是使基础发生滑移或不均匀下沉，基坑或边坡坍塌，基础悬浮等（见图 21.4.15）。

砂土孔隙度越大，越易形成流砂。

流土通常是由于工程活动而引起的。但是，在有地下水出露的斜坡、岸边或有地下水溢出的地表面也会发生。流土破坏一般是突然发生，对岩土工程危害极大。流土形成的条件包括土层由粒径均匀的细颗粒组成，具有因吸水膨胀，而降低土粒重量的特点。当地下水水力坡度较大、流速增大、沿渗流方向的渗透力大于土的有效重度时，可能发生土颗粒悬浮流动而形成流土。流土的判别方法如下：

1) 按土的细颗粒含量判别[10]

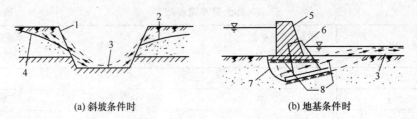

(a) 斜坡条件时　　　　　　　　　　(b) 地基条件时

图 21.4.15　流砂破坏示意图

1—原坡面；2—流砂后坡面；3—流砂堆积物；4—地下水位；5—建筑物原位置；

6—流砂后建筑物位置；7—滑动面；8—流砂发生区

当土的细颗粒含量 P_c 符合公式（21.4.10）时可能发生流土：

$$P_c \geqslant \frac{1}{4(1-n)} \times 100\% \qquad (21.4.10)$$

式中　n——土的孔隙率；

　　　P_c——细粒土的含量，以质量百分比计。

P_c 可按下列方法确定：

（1）对不连续级配的土，当级配曲线中至少有一个以上粒径的颗粒含量小于或等于 3% 的平缓段时，以最小粒径为区分粒径，对应于此粒径的含量为细粒含量 P_c；

（2）对不均匀系数大于 5 的不连续级配土，当 $P_c \geqslant 35\%$ 时，可能发生流土；当 $25\% \leqslant P_c < 35\%$ 时，是可能发生流土或管涌的过渡型土。

2）按水力条件判别

当地下水流动的水力比降 J 大于允许水力比降 J_a 时，即产生流土。允许水力比降 J_a 可按公式（21.4.11）确定：

$$J_a \leqslant \frac{J_{cr}}{F_s} \qquad (21.4.11)$$

式中　J_a——允许水力比降；

　　　F_s——安全系数，$F_s = 1.2 \sim 2.5$，重要工程取大值。

　　　J_{cr}——流土临界水力比降，可按公式（21.4.12）计算：

$$J_{cr} = \frac{\gamma'}{\gamma_w} = (G_s - 1)(1 - n) \qquad (21.4.12)$$

式中　G_s——土的颗粒密度与水的密度之比；

　　　n——土的孔隙率（%）；

　　　γ'、γ_w——土的有效重度和水的重度。

边坡由里向外水平方向渗流作用时流土破坏的临界水力比降，对无黏性土可按公式（21.4.13）计算：

$$J_{cr} = G_w(\cos\theta\tan\varphi - \sin\theta)\frac{1}{\gamma_w} \qquad (21.4.13)$$

对黏性土可按公式（21.4.14）计算：

$$J_{cr} = [G_w(\cos\theta\tan\varphi - \sin\theta) + C]\frac{1}{\gamma_w} \qquad (21.4.14)$$

式中　G_w——土的浮重（即土的浮重度乘土的体积）；

γ_w——水的重度；

φ——土的内摩擦角；

c——土的黏聚力（kPa）；

θ——斜坡坡度。

地基表面土层受自下而上的渗流作用时流土破坏的临界水力比降，对无黏性土可按公式（21.4.15）计算：

$$J_{cr} = \frac{\gamma_d}{G_s} - (1-n) \qquad (21.4.15)$$

对黏性土可按公式（21.4.16）计算：

$$J_{cr} = \frac{\gamma_d}{G_s} - (1-n) + 0.5n + \frac{c}{G_s} \qquad (21.4.16)$$

式中 γ_d——土的干重度；

n——土的孔隙度。

2. 管涌

管涌（图 21.4.16）是指在渗流作用下土体中的细颗粒在粗颗粒形成的孔隙孔道中发生移动并被带出，逐渐形成管形通道，从而掏空地基，使地基或基坑边坡会失稳。管涌主要由工程活动引起，但在有地下水出露的边坡、岸边或地下水溢出地带也发生。

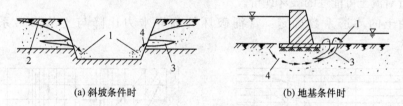

(a) 斜坡条件时   (b) 地基条件时

图 21.4.16　管涌破坏示意图

1—管涌堆积颗粒；2—地下水位；3—管涌通道；4—渗流方向

1）管涌产生的条件

管涌多发生在非黏性土中，其特征是颗粒大小比值差别较大，往往缺少某种粒径，磨圆度较好，孔隙直径大而互相连通，细粒含量较少，不能全部充满孔隙。颗粒多由密度较小的矿物构成，易随水流移动，有较大的和良好的渗透水流出路等。

2）管涌的判别

当土的细粒含量[10] P_c 符合公式（21.4.17）时，可能发生管涌：

$$P_c < \frac{1}{4(1-n)} \times 100(\%) \qquad (21.4.17)$$

式中符号意义同公式（21.4.10）。对于不均匀系数大于 5 的无黏性土，级配不连续时，$P_c < 25\%$ 一般不会发生管涌；当级配连续时则可按以下条件判别：

（1）孔隙直径法： $D_0 > d_5$ 管涌型

                      $D_0 < d_3$ 流土型

                      $D_0 = d_3 \sim d_5$ 过渡型

（2）细料含量法（%）：$P_c < 0.9 P_{OP}$ 管涌型

                           $P_c \geqslant 1.1 P_{OP}$ 流土型

$$P_c = 0.9 - 1.1 P_{OP} \quad 过渡型$$

式中　d_3、d_5——较细一层土的颗粒粒径（mm），小于该粒径的含量占总土重 3%、5% 的颗粒粒径（mm）；

D_0——土孔隙的平均直径，按 $D_0 = 0.63 n d_{20}$ 估算；d_{20} 为等效粒径，小于该粒径的土重占总土重的 20%；

P_{OP}——最优细粒含量；$P_{OP} = (0.3 - n + 3n^2) / (1 - n)$，$n$ 为土的孔隙率。

此外当符合下列条件时可能发生管涌：

（1）土由粗颗粒（粒径为 D）和细颗粒（粒径为 d）组成，其中 $D/d > 10$；

（2）土的不均匀系数 $d_{60}/d_{10} > 10$；

（3）两种互相接触土层渗透系数之比 $k_1/k_2 > 2 \sim 3$；

（4）渗透水流的水力比降（J）大于土的临界水力比降（J_{cr}）。

3）发生管涌破坏的临界水力比降 J_{cr}

（1）按土中细粒含量确定：发生管涌破坏的临界水力比降与土中细颗粒含量关系如图 21.4.17 所示。

应用图 21.4.17 时需要注意，当土中细粒含量大于 35% 时，由于趋向于流土破坏，应同时进行对流土可能性的破坏评价。

（2）由土的渗透系数确定：管涌破坏的临界水力比降与土的渗透系数关系见图 21.4.18。

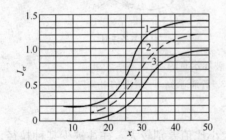

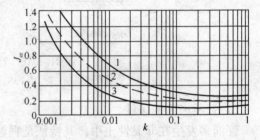

图 21.4.17　临界水力比降与细粒含量关系
x—细粒含量（%）；J_{cr}—临界水力梯度
1—上限；2—中值；3—下限

图 21.4.18　临界水力比降与渗透系数关系图
k—渗透系数；J_{cr}—渗透破坏临界水力比降
1—上限；2—中值；3—下限

（3）利用公式计算发生管涌时的临界水力比降：

$$J_{cr} = 2.2(G_s - 1)(1 - n)^2 \frac{d_5}{d_{20}} \tag{21.4.18}$$

式中　d_5、d_{20}——分别占总土重的 5% 和 20% 的土粒粒径。

（4）工程类比法确定：应用已有工程资料，对比试验成果和相似条件，提供其临界水力比降参考值。

应用上述方法确定的临界水力比降在进行管涌稳定型计算评价时，管涌的安全系数一般取 1.5 ~ 2.0。除以安全系数之后的水力比降为允许水力比降 J_a。表 21.4.3 为不同渗透系数对应的 J_a 经验值，可供参考。

允许水力比降 J_a 经验值[12]

表 21.4.3

渗透系数（cm/s）	允许水力比降 J_a	渗透系数（cm/s）	允许水力比降 J_a
≥0.5	0.1	0.025～0.005	0.2～0.5
0.5～0.025	0.1～0.2	≤0.005	≥0.5

对无黏性土可参考表 21.4.4 经验值。

无黏性土允许水力比降 J_a 经验值[10]

表 21.4.4

允许水力比降	渗透变形形式					
	流土型			过渡型	管涌型	
	$C_u \leqslant 3$	$3 < C_u \leqslant 5$	$C_u \geqslant 5$		级配连续	级配不连续
J_a	0.25～0.35	0.35～0.50	0.5～0.8	0.25～0.4	0.15～0.25	0.10～0.20

3. 接触冲刷和接触流失

（1）接触冲刷是指土体接触地下水时产生的冲刷现象。对多层土地基，当两层土的不均匀系数均等于或小于 10，且符合下式条件时不会发生接触冲刷。

$$\frac{D_{10}}{d_{10}} \leqslant 10 \tag{21.4.19}$$

式中　D_{10}、d_{10}——分别代表较粗层和较细层土的颗粒粒径（mm）和小于该粒径的土重占总土重的 10%。

（2）接触流失是指土颗粒随地下水渗流发生流动。对于渗流向上的情况，符合下列条件不会发生接触流失。

① 不均匀系数等于或小于 5 的土层：

$$\frac{D_{15}}{d_{85}} \leqslant 5 \tag{21.4.20}$$

式中　D_{15}——较粗一层土的颗粒粒径（mm），小于该粒径的土重占总土重的 15%；

　　　d_{85}——较细一层土的颗粒粒径（mm），小于该粒径的土重占总土重的 85%。

② 不均匀系数等于或小于 10 的土层：

$$\frac{D_{20}}{d_{70}} \leqslant 7 \tag{21.4.21}$$

式中　D_{20}——较粗一层土的颗粒粒径（mm），小于该粒径的土重占总土重的 20%；

　　　d_{70}——较细一层土的颗粒粒径（mm），小于该粒径的土重占总土重的 70%。

21.4.4　地下水对基坑、边坡与地基稳定的影响

1. 对基坑稳定的影响

1）对基坑支护侧向荷载的影响

基坑支护侧向荷载主要由土压力和水压力组成。除土压力外，对土层中的静水压力、孔隙水压力及渗流作用对土压力的影响，用经典的土压力理论不能给出符合实际的结果。在很多有关基坑支护的规范中，规定地下水位以下的黏性土、黏质粉土等弱透水土层，采用总应力法即"水土合算"计算侧向荷载，对砂土、砂质粉土、碎石土等渗透系数较大的土层采用有效应力法分别计算土压力和水压力，即"水土分算法"。根据规范给出的水土

压力合算和分算的表达式，无论采用哪一种算法只适用于一层静止水位的情况。当基坑开挖的地层中存在多层地下水时，各含水层内的计算点应从各含水层的水位起算，因各含水层内的孔隙水压力不一样，计算水压力应分别计算。当地下水处于渗流状态，作用于支护结构的侧向水压力不再是静水压力状态，在这种情况下继续按静水压力计算水压力显然是不合理的，需要进行渗流分析来确定水压力。对采用"水土合算"的黏性土，如果存在多层土的情况，当土层之间有非饱和带时，竖向渗流分量明显，表现为止水帷幕墙底绕流。这种绕流常常在基坑开挖降水时不被重视，引起周边地表或已有建筑物或地下构筑物的不均匀沉降。例如某基坑工程，开挖深度约22m，采用地下连续墙用作支护与截水。地连墙嵌固深度8m～10m，墙底为强风化花岗岩，渗透系数为1.5m/d～2.2m/d。基坑支护设计按给定的地下水位与静水条件计算水压力，将残积土至强风化花岗岩层均视作弱透水层，采用总应力法"水土合算"。在基坑开挖施工至接近强风化花岗岩层位时，明排降水的水量较大，引起距离基坑约30m的地铁隧道变形，轨面下沉；开挖至坑底进行人工挖孔桩施工，进一步的降水加大了地铁结构与轨道变形，水平向位移达到72mm，沉降达到66mm，均大大超过允许限值。经渗流分析，主要原因就在于穿过地连墙墙底形成的绕流，坑内连续不断的降水变成了坑外地下水降排，导致地铁结构与轨道变形超限。

2）不同渗流条件对水土压力的影响

（1）存在上层滞水时：基坑开挖遇到的地下水是上层滞水，稳定地下水位（潜水）有时位于深层含水层中如图21.4.19所示。对于单层土体（图a），由于水垂直下渗$J \approx 0$，这时板桩上的水压力为零，计算结果与水土合算结果一致。对于多层土（图b），上层滞水下渗，由于各土层渗透系数不同，其水压力应逐层根据渗流情况分层计算，并应注意到渗透力对土压力的影响。

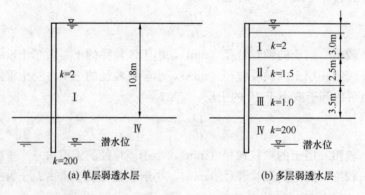

(a) 单层弱透水层　　　　(b) 多层弱透水层

图 21.4.19　有上层滞水时的情况（k 为相对值）

（2）存在承压水时：图21.4.20表示基坑下有一层相对不透水土层。由于基坑内排水，使这一土层下存在承压水。在土层 I 中，板桩作用的水压力接近静水压力；在土层 II 中，除水压力外，向下的渗透力在板桩后产生较大的附加压力。在板桩前由于下部承压水向上渗流，可能发生流土，应验算 J 是否小于 J_{cr}，使不发生流土，因为竖向有效应力会使被动土压力减小，可能导致板桩失稳。

（3）均匀土中基坑内排水：图21.4.21为坑内排水情况。设板桩后作用主动土压力，桩前为被动土压力，一种简化的计算方法是假设水头沿板桩的外轮廓线均匀损失，则桩后为向下渗透力, 桩前为向上渗透力, $J=H/(H+2d)$, 主动土压力增加, 被动土压力减少, 水压力也不同于静水压力, 可采用朗肯方法近似计算。实际上这种情况是二维渗流问题, 可选择绘制流网方法进行较为精确的计算。如果在基坑外降水, 由于有向外的渗透力, 则主动土一侧水土压力降低, 被动土压力一侧水土压力增加。

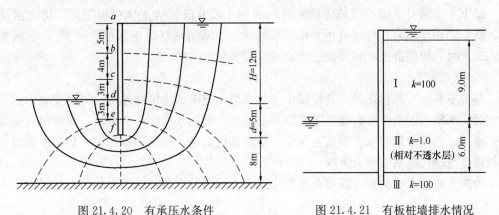

图 21.4.20 有承压水条件　　　　图 21.4.21 有板桩墙排水情况

(4) 超静孔隙水压力的影响: 图 21.4.22 为上部有超载的挡土构造物后土中正负超静孔压的情况及对应的主动土压力。假设墙面是排水的, 墙后土体是饱和度 $S_r=90\%$ 的非饱和土。(a) 图是由于填土及荷载引起的正超静孔压等孔压线分布; (b) 图是由于基坑开挖引起的负超静孔压等孔压线分布, 用库仑土压力理论的图解法分析, 发现正孔压时, 滑裂面与墙夹角大于 $45°-\varphi/2$, 负孔压时, 滑裂面倾角小于 $45°-\varphi/2$; (c) 图表示的是正孔压情况下的主动土压力; (d) 图为负孔压情况下的主动土压力, 其中, P_{a2} 是表示由有效自重应力 σ_z' 引起的主动土压力; P_{a1} 是滑裂面上的超静孔压的水平分量, 实质上是水平方向的渗透力, 表现为作用在墙上的主动土压力增量。P_{a1} 和 P_{a2} 之和 P_a 为墙上总的主动土压力。可见有正孔压时主动土压力的增加, 有负孔压时主动土压力明显减少。

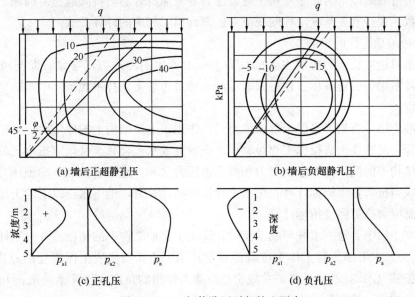

(a) 墙后正超静孔压　　　　　(b) 墙后负超静孔压

(c) 正孔压　　　　　　　　(d) 负孔压

图 21.4.22 超静孔压引起的土压力

通过上述分析可以看出，所谓的"水土合算"是一种经验方法，它无法反映各种水、土不同分布情况下的复杂的水土压力与分布。在实际工程中，需要具体问题具体分析，而有效应力原理应是基本的理论基础。

3）对支护结构整体稳定性的影响

地下水渗流对支护结构整体稳定性的影响主要有降低岩土体强度指标、增大滑动力矩、降低锚固作用力、坑底或止水帷幕墙底绕流、基坑侧壁流土形成"空洞"、坑底为粉土或砂土时，可能造成坑底潜蚀、管涌或隆起等。

4）基坑突涌

基坑下有承压水存在时，开挖减小了含水层上覆不透水层的厚度。当厚度减小到一定程度时，承压水的水头压力能顶裂或顶穿基坑底，承压水喷出形成突涌，并携带大量砂土一同喷出。出现大量喷水冒砂流土现象，造成基坑失稳、基坑严重积水、地基土扰动、土颗粒悬浮流动，地基承载力下降。

为防止基坑产生突涌，需要验算基坑底不透水层重力与承压水水头压力的平衡，即：

$$\gamma H = \gamma_w h \qquad (21.4.22)$$

$$H \geqslant (\gamma_w / \gamma) h \qquad (21.4.23)$$

式中　H——基坑开挖后不透水层的厚度；

　　　γ——土的重度；

　　γ_w——水的重度；

　　　h——承压水头高于含水层顶板的高度。

以上各式中，当 $H = (\gamma_w / \gamma) h$ 时处于极限平衡状态。当基坑开挖后不透水层的厚度符合式（21.4.23）的要求时，基坑不会产生突涌，否则基坑可能产生突涌。实际工程中，应设置一定的安全系数，一般不应小于1.3，具体应根据类似工程经验确定。

当基坑坑底或以下为砂土或粉土时，还需要考虑抗管涌与抗隆起稳定问题，并分别验算安全系数。现行有关基坑工程的规范对此都列出了相应的计算公式。

2. 对边坡稳定性的影响

地下水对边坡稳定的影响主要的是动水压力产生的渗透力，导致坡面与坡脚出现流土、管涌及滑塌等失稳破坏。现行国家标准《建筑边坡工程技术规范》中对边坡渗透力作出如下规定：

当边坡土层中有地下水但未形成渗流时，作用于支护结构上的侧压力，对砂土和粉土按水土分算，对黏性土宜根据工程经验按水土分算或水土合算。又规定按水土分算时，作用在支护结构上的侧压力等于土压力和静止水压力之和，地下水位以下的土压力采用浮重度和有效应力抗剪强度指标计算；按水土合算原则计算时，地下水位以下的土压力采用饱和重度和总应力抗剪强度指标计算。

当边坡土层中有地下水并形成渗流时，作用于支护结构上的侧压力，尚须计算动水压力（渗透力），水下部分岩土体重度取浮重度；第 i 计算条块岩土体所受的总渗透力 P_{wi}（kN/m）按式（21.4.24）计算，并规定总渗透力作用的角度为计算条块底面和地下水位面倾角的平均值，指向低水头方向。

$$P_{\text{wt}} = \gamma_{\text{w}} V_i \sin \frac{1}{2}(\alpha_i + \theta_i) \tag{21.4.24}$$

式中 γ_{w}——水的重度；

$\quad\quad V_i$——第 i 计算条块单位宽度岩土体的水下体积；

$\quad\quad \theta_i$、α_i——第 i 计算条块底面倾角和地下水位面倾角。

当边坡挡墙后的土体出现超孔隙水压力时，主动土压力发生变化，挡墙承受由此产生的附加侧向荷载，降低了边坡挡墙的稳定性。图 21.4.23 为一典型例子，当孔压比分别为 0、0.3 和 0.7 时，安全系数从 2.5 降低到 1.9 和 1.1。

图中的关系用方程式可表达为

$$F = m - n\gamma_{\text{u}} \tag{21.4.25}$$

式中 F——安全系数；

$\quad\quad m$——截距项（图 21.4.22）；

$\quad\quad n$——斜率项（图 21.4.22）；

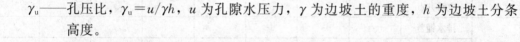

图 21.4.23　边坡稳定性与孔隙水压力比关系
φ'—土的有效内摩擦角；c'—土的有效凝聚力；
β—坡脚水平夹角；D—坡顶与边坡下坚硬地层间竖直距离

$\quad\quad \gamma_{\text{u}}$——孔压比，$\gamma_{\text{u}} = u/\gamma h$，$u$ 为孔隙水压力，γ 为边坡土的重度，h 为边坡土分条高度。

由上式可直观看出孔隙水压力与边坡稳定性的关系。关于采用边坡土体有效应力指标分析孔压与稳定性的关系，及非饱和土边坡稳定与孔压的关系可参阅有关文献。

3. 对地基稳定性的影响

地下水对地基稳定性的影响，主要包括上述的流土（砂）、管涌、冲刷、滑动，以及胀缩、沉陷等。在现行地基基础规范中，规定对地基稳定性的计算以基底的抗滑力矩与滑动力矩之比≥1.2 为地基稳定性安全系数。通常情况下，基础因其埋深而满足抗滑移与抗倾覆稳定性要求。但当地下水位发生升降交替变化，对地基稳定性的影响需要关注，如在膨胀土、盐渍土等特殊土地区，地下水升降引起的干湿交替变化造成地基土的胀缩变形，对地基稳定性影响是很大的。近年来经常遇到的因地下水管漏水造成建筑物地基沉陷、结构开裂破坏等。这种漏水下渗并不一定会引起潜水水位上升，但局部改变了基底土层中包气带的水文地质条件，造成地基下陷。当基底土层含水量大幅增加，强度大幅下降，且土层界面存在倾斜面时，对基础埋深较浅、刚度较低的建筑物，其地基抗滑移稳定性也会发生改变。

21.5　地下水控制工程

基坑工程的地下水控制问题在本书的第 18 章中已作了简要说明，在此仅就地下水的降排水设计与施工、截水帷幕抗渗流、回灌、地下构筑物抗浮等问题再作一些分析。

在地基、基坑、边坡、地下隧道、竖井及堤坝等工程，地下水和渗流控制是需要考虑的重要工程问题，例如开挖中经常碰到地下水，需要降低水位，以便使施工在干燥条件下进行；降水能降低基坑与边坡及基底的渗透压力与侧向水土压力，提高基坑与边坡的稳定性，防止失稳；降水能控制承压水水头高度，防止坑底突涌；改善基底土的密度和压实特征，控制坑底隆起与管涌；通过截水阻断地下水向坑内或边坡产生的渗流或绕流，防止渗透破坏等。常用地下水控制方法见表 21.5.1 和表 21.5.2。

常用地下水控制方法　　　　　　　　　　　　　　　　　　表 21.5.1

控制方法		边坡	挡墙	明挖	地基开挖	基坑	堆载	道路边坡	堤坝
截水	防渗衬砌	√						√	√
	黏土防渗墙		√	√	√	√		√	√
	塑性防渗墙		√	√	√	√		√	√
	冻结帷幕					√			
	混凝土墙		√					√	√
	板桩墙		√	√		√		√	
	注浆帷幕	√	√	√	√	√		√	√
降水	井池降排	√	√	√	√	√	√	√	
	轻型井点			√	√	√			
	管井点			√	√	√			
	电渗井点	√				√			
排水	排水铺盖	√	√				√	√	√
	排水沟渠	√	√	√	√	√		√	√
	排水棱体	√						√	√
	减压井排	√	√		√	√		√	

地下水控制方法在不同粒度特征土中的应用　　　　　　　　表 21.5.2

渗透系数（cm/s）	10^2	10^1	10^0	10^{-1}	10^{-2}	10^{-3}	10^{-4}	10^{-5}	10^{-6}	10^{-7}	10^{-8}
排水性能	自由		中等				差			相对不透水	
土的类型	GW		GP、SW、SP			SM、GM、ML、GC、SC、CL				CH	
管井											
井点											
真空井点											
电渗											
冻结											
水泥砂浆											
水泥浆											
黏土水泥浆											
膨润土凝胶											
硅酸钠											
铬木质素											
树脂											

21.5.1 降排水设计与施工

降排水是地下水控制的重要措施，降排水不当往往会引发严重的工程事故，不但造成工程无法进行，而且对周围地上和地下的建（构）筑物、管线等产生不均匀沉降、地基或地面塌陷、结构开裂等严重危害。正确进行降排水，首先应通过勘察了解掌握场地水文地质条件及地下水流动特点，按工程需要进行降排水设计，编制降排水施工方案，指导降排水施工；施工期间需要对地下水动态变化进行观测，对周边环境实施监测，实现信息化作业。

1. 降排水设计

降排水设计应包括设计依据，场地水文地质资料与地下水特点分析，降排水场地条件与周边环境分析，选择降排水方法，计算降排水水量与降排水位，算分析降排水对周边环境的影响，明确降排水期间的观测要求，进行降排水井点井数量与位置的平面布置，说明降排水施工要求，提出相关的辅助措施与补救措施等。采用三维数值方法进行降排水设计时，应分析包括降水目的层及以下一定深度范围内的各岩土层水文地质参数及各向异性特征，根据抽水试验确定的影响半径，计算确定水头边界和初始水位；建模时应考虑地层起伏及尖灭等变化，合理划分网格，输入抽水井和观测井的井身结构、抽水井流量和抽水时间参数等。常用降排水方法参考表 21.5.3。

常用降排水方法适用范围　　　　　　　　　　表 21.5.3

降排水方法	适用条件 土层类别	渗透系数 (m/d)	降水深度 (m)
集水明排	填土、黏性土、粉土、砂土	<20.0	<5
降水井 真空井点	粉质黏土、粉土、砂土	0.1~20.0	单级<6 多级<12
喷射井点	粉土、砂土	0.1~20.0	<20
管井	粉质黏土、粉土、砂土、碎石土、岩石	>1	不限
渗井	粉质黏土、粉土、砂土、碎石土	>0.1	不限
辐射井	黏性土、粉土、砂土、碎石土	>0.1	不限

1) 明排降水

(1) 排水沟、集水井明排：排水沟、集水井明排截面应根据排水量确定，排水量可按式（21.5.1）计算。

$$V \geqslant 1.5Q \tag{21.5.1}$$

式中　V——排水沟、集水井的降排水量（m³/d）；

Q——基坑涌水量（m³/d），参考表 21.5.5、表 21.5.6 和表 21.5.7 估算。

(2) 渗井明排：通过引流或导渗，将岩土层中的水导入集水井，用水泵排出。导入渗井水量应满足场地疏干或基坑排水的要求。

$$q = kFi \tag{21.5.2}$$

$$Q = nq \tag{21.5.3}$$

式中　Q——井群总涌水量；

　　　　q——单井水量；

　　　　n——渗井数量；

　　　　k——渗井竖向渗透系数；

　　　　F——渗井水平截面积；

　　　　i——渗透坡降。

2) 轻型井点降水

轻型井点一般根据井点管分为两类：一类是自喷式，另一类的井点管是封闭式滤管，滤管直径与井点管相同，滤管长度不宜小于含水层厚度的 1/3，单根井点管的最大允许出水量为：

$$q_{max} = 120 r_w l_w \sqrt[3]{k} \tag{21.5.4}$$

式中　q_{max}——单根井点管允许最大出水量；

　　　　r_w——滤水管半径；

　　　　l_w——滤水管长度；

　　　　k——疏干层渗透系数。

井点管数量 n 为：

$$n \geqslant Q/q_{max} \tag{21.5.5}$$

井点管的长度 L 为：

$$L = D + h_w + s + l_w + r_q/\alpha \tag{21.5.6}$$

式中　D——地面以上的井点管长度；

　　　　h_w——初始地下水位；

　　　　s——疏干含水层中平均水位降深；

　　　　r_q——井点管排距；

　　　　α——计算系数，单排井点 $\alpha=4$，双排或环形井点 $\alpha=10$。

井点数量可按式 21.5.7 确定。

$$n = 1.1Q/q \tag{21.5.7}$$

式中　n——井点数量；

　　　　Q——基坑涌水量；

　　　　q——设计单井出水量。

轻型井点连接真空泵（或射流泵）进行真空降水。真空降水过程一般要求真空泵的工作真空度不小于 0.65，出水量一般按 1.5m³/h～2.5m³/h 选用。

3) 喷射井点降水

喷射井点降水设计与轻型井点类似，通过喷射管喷嘴喷射高速水流，在喷嘴附近形成负压（真空），将水吸入滤管抽出。喷射井点设计出水量参见表 21.5.4。

喷射井点设计出水量 表 21.5.4

型号	外管直径 (mm)	喷射管		工作水压力 (MPa)	工作水流量 (m³/d)	设计单井出水流量 (m³/d)	适用含水层渗透系数 (m/d)
		喷嘴直径 (mm)	混合室直径 (mm)				
1.5 型并列式	38	7	14	0.6~0.8	112.8~163.2	100.8~138.2	0.1~5.0
2.5 型圆心式	68	7	14	0.6~0.8	110.4~148.8	103.2~138.2	0.1~5.0
5.0 型圆心式	100	10	20	0.6~0.8	230.4	259.2~388.8	5.0~10.0
6.0 型圆心式	162	19	40	0.6~0.8	720	600~720	10.0~20.0

4）管井降水

管井出水量可按下列方法确定。

（1）不是圆周等距布置的一般工程的降水井系统的单井的出水量计算：

承压井

$$q = \frac{2\pi k M s}{\lg \dfrac{R^{n}}{r_1 \cdot r_2 \cdots r_n}} \tag{21.5.8}$$

潜水井

$$q = \frac{\pi k (H_0^2 - h^2)}{\lg \dfrac{R^{n}}{r_1 \cdot r_2 \cdots r_n}} \tag{21.5.9}$$

（2）按圆周等距布置的降水井系统的单井出水量计算：

承压井

$$q = \frac{2\pi k M s}{\ln \dfrac{R^{n}}{n \cdot r_w \cdot r^{n-1}}} \tag{21.5.10}$$

潜水井

$$q = \frac{\pi k (H_0^2 - h^2)}{\ln \dfrac{R^{n}}{n \cdot r_w \cdot r^{n-1}}} \tag{21.5.11}$$

以上各式中 　q——单井出水量；

　　　　　　k——含水层的渗透系数；

　　　　　　r_w——各降水井半径；

　　　　　　s——抽水井的计算降深值，$s > s_0$；

　　　　　　n——降水井点数；

　　　　　　R——影响半径；

　　　　　　M——承压力含水层厚度；

　　　　　　H_0——潜水含水层厚度；

　　　　　　h——动水位至含水层底板的距离；

$r_1, r_2, \cdots, r_n$——各井点至基坑中心的距离。

　　各单井出水量之和应大于降水场地的出水量，且单井出水量应小于单井出水能力。单井出水能力的确定应选择群井抽水中水位干扰影响最大的井。

$$q' = 120\pi r l \sqrt[3]{k} \tag{21.5.12}$$

式中 　q'——单井出水能力；

　　　　r——过滤器半径；

l——过滤器进水部分长度。

管井的滤水管长度应与含水层厚度一致。当含水层较厚时，滤水管长度按下式计算：

$$l = \frac{q}{\mathrm{d}n_e v} \tag{21.5.13}$$

式中　q——单井出水量；

n_e——滤水管的孔隙率，宜为滤水管进水表面孔隙率的50%；

d——滤水管的外径（m）；

v——地下水流速，可由经验公式 $v = \frac{\sqrt{k}}{15}$ 求得，k 为土的渗透系数。

降水井点的深度可根据降水深度、含水层的埋藏分布、地下水类型、降水井的设备条件以及降水期间的地下水位动态等因素按式21.5.14确定。

$$H_w = H_{w1} + H_{w2} + H_{w3} + H_{w4} + H_{w5} + H_{w6} \tag{21.5.14}$$

式中　H_w——降水井点深度（m）；

H_{w1}——基坑深度（m）；

H_{w2}——降水水位距离基坑底要求的深度（m）；

H_{w3}——可按 $i \cdot r_0$ 取值，i 为水力坡度，在降水井分布范围内宜为 $1/10 \sim 1/15$；r_0 为降水井分布范围的等效半径或降水井排间距的 $1/2$；

H_{w4}——降水期间的地下水位变幅；

H_{w5}——降水井过滤器工作长度；

H_{w6}——沉砂管长度，一般取 $1m \sim 3m$。

5）辐射井的出水量 q 可按下列公式计算：

承压水
$$q = \frac{2.73kMs}{\lg \frac{R}{r_0}} \tag{21.5.15}$$

潜水
$$q = 1.36k \frac{H^2 - h_w^2}{\lg \frac{R}{r_0}} \tag{21.5.16}$$

式中　k——含水层的渗透系数；

s——设计降水深度；

M——承压水含水层的厚度；

H——潜水含水层的厚度；

h_w——井中动水位；

R——影响半径；

r_0——引用半径；

n——辐射管根数，$r_0 = 0.25^{\frac{1}{n}}L$ 或 $r_0 = \sqrt{\frac{A}{\pi}}$；

A——辐射管控制面积。

6）电渗井点降排水

电渗井点降排水一般与轻型井点或喷射井点结合，井管作为阴极，另插入钢筋、钢管等作为阳极，通入直流电，产生电渗现象，并在电渗与真空双重作用下，实现降排水。

7）涌水量估算

涌水量按等效大井进行估算，见表 21.5.5～表 21.5.7。

等效大井涌水量计算公式（圆形或长宽比小于 2.0 的矩形基坑） 表 21.5.5

等效大井类别	公 式	式中符号意义
潜水完整井	$Q = \dfrac{1.366k(2H-s)s}{\lg[(R+r_0)/r_0]}$	
承压水 完整井	$Q = \dfrac{2.73kMs}{\lg[(R+r_0)/r_0]}$	Q——基坑计算涌水量（m^3/d）； k——含水层的渗透系数（m/d）； H——潜水含水层厚度（m）； M——承压水含水层厚度（m）；
承压转无压 完整井	$Q = 1.366k\dfrac{2HM-M^2-h^2}{\lg\dfrac{R+r_0}{r_0}}$	s——设计降水深度（m）； R——引用影响半径（m）； h——基坑动水位至含水层底板的距离（m）； $\bar{h}$——平均动水位（m），$\bar{h}=(H+h)/2$；
潜水非完整井	$Q = \dfrac{1.366k(H^2-h^2)}{\lg[(R+r_0)/r_0]+\dfrac{\bar{h}-l}{l}(1-0.2\bar{h}/r_0)}$	l——滤管有效工作部分长度（m）； r_0——等效大井半径（m），可按 $r_0=0.565\sqrt{F}$，F 为井点系统的围和面积（m^2）
承压非完整井	$Q = \dfrac{2.73kMs}{\lg[(R+r_0)/r_0]+\dfrac{M-l}{l}(1+0.2M/r_0)}$	

条形基坑涌水量计算公式（长宽比为 2.0～5.0 的基坑） 表 21.5.6

地下水类型	公式	式中符号意义
潜水	$Q = \dfrac{Lk(2H-s)s}{R} + \dfrac{1.366k(2H-s)s}{\lg R-\lg\dfrac{B}{2}}$	L——基坑长度（m） B——条形基坑宽度（m）
承压水	$Q = \dfrac{2kMLs}{R} + \dfrac{2.73kMs}{\lg R-\lg\dfrac{B}{2}}$	其他符号见表 21.5.5

线状基坑涌水量计算公式（长宽比大于 5.0 的基坑） 表 21.5.7

地下水类型	公式	式中符号意义
潜水	$Q = \dfrac{kL(H^2-h^2)}{R}$	见表 21.5.5、表 21.5.6
承压水	$Q = \dfrac{2kLMs}{R}$	

施工降水设计中普遍使用"等效大井"方法，对于完整井使用裘布依和 Forcheimer 假定。虽然计算结果有时与实际情况差异较大，但总体上能够满足工程需要。由于当今的建筑物占地面积越来越大，平面布置越来越复杂，开挖的基坑深度越来越深，涉及的岩土层现状及含水层的渗透系数变化也越来越多，因此"等效大井"方法的缺陷也日益明显，

主要有用面积相等原则或剖面长宽比 η 确定的 r_0 为半径的"假想大井"的覆盖范围与实际情况相差较大；其次是"等效大井"方法不能提供降水对周边环境影响的分析；三是对具有多层土或多层含水层有不同的渗透系数，而"等效大井"计算采用的渗透系数是一个综合的渗透系数，由此得到的降深曲线成为一条光滑曲线，与实际情况不符。在实际工程中应用"等效大井"法时应重视上述差异。

8）承压水降水设计

满足抗渗透与抗突涌稳定性安全的承压地下水水位：

$$Z \geqslant H_0 - \frac{H_0 - h}{f_w} \cdot \frac{\gamma_s}{\gamma_w} \cdots \begin{cases} h \leqslant H_d \\ H_0 - h > 1.50\text{m} \end{cases} \tag{21.5.17}$$

式中 Z——坑内安全承压水位埋深；

    H_0——承压含水层顶板最小埋深；

    h——基坑开挖面深度；

    H_d——基坑开挖深度；

    f_w——承压水分项系数，取 $1.05 \sim 1.2$；

    γ_s——坑底至承压含水层顶板之间土的天然重度的层厚加权平均值；

    γ_w——地下水重度。

降水影响最小处的水位降深 s：

$$s = \frac{0.366Q}{kM}\left[\lg R - \frac{1}{n}\lg(x_1 x_2 \cdots x_n)\right] \tag{21.5.18}$$

式中 M——承压水厚度；

    其余符号意义同前。

2. 降排水施工

1）沟池明排施工

沟池排水是开挖过程中控制地下水简易有效的方法。开挖时，在开挖面按一定间距挖设排水沟，并同集水坑（井）相连，用水泵将水抽出坑外。排水沟与集水坑（井）在开挖过程中逐步加深。明排方法一般适用于封闭性基坑或地下水位埋深较大、土层渗透系数较小、对周边环境影响较小的场地

2）轻型井点施工

在挖方场地周围以一定间距设置系列点井，各井点与水平铺设的集水总管相连，并与真空泵连接（图 21.5.1）。管路系统铺设连接完成后，需要检查管路系统中各接头的密封性，防止漏气。

自喷式井管长度一般 6m 左右，下部滤管长 $0.5 \sim 1.0$m 左右，直径 50mm；采用直径比滤管稍小的钢管，下部滤管采用打孔或开槽的金属管或塑料管，外包铜丝布再包上铁丝布或尼龙丝布。滤管下端安

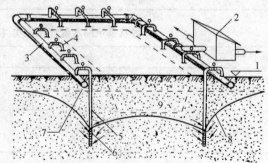

图 21.5.1   轻型井点系统示意图

1—地面；2—水泵房；3—总管；4—弯联管；

5—井点管；6—滤管；7—原有地下水位线；

8—降低后地下水位线；9—基坑

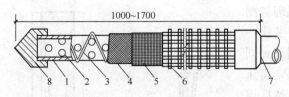

图 21.5.2　滤管构造

1—钢管；2—管壁上的小孔；3—缠绕的塑料管；4—细滤网；

5—粗滤网；6—粗铁丝保护网；7—井点管；8—铸铁头

装橡胶球阀控制的喷头，冲孔时开启，抽水时关闭。采用封闭式滤管（图 21.5.2），的井点管直径一般为 38mm～50mm 的钢管，滤管直径与井点管相同。井管下入前需预钻孔。集水总管采用直径 100mm～127mm 的钢管，分节连接，每节长 4m，每隔 0.8m～1.6m 设一个接头和阀门，用软管与井点管连接。抽水设备主要由真空泵（或射流泵），离心泵和集水箱等组成。

平面上当基坑宽度小于 6m，且降深不超过 5m 时，可在地下水上游一侧布置成单排线性，两端延伸以不小于基坑宽度为宜。如果宽度大于 6m 或土质较差时，则沿基坑两侧布置。在其他情况下，一般布置成闭合环形。井管距坑壁一般为 0.7m～1m，以防局部漏气。井点管的间距与土的渗透性和要求降深有关，可根据当地经验确定或根据计算确定，一般为 0.8m～1.6m 之间，不宜超过 3m。

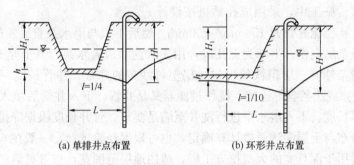

(a) 单排井点布置　　(b) 环形井点布置

图 21.5.3　井点管埋设深度计算

轻型井点的降水深度在管壁处一般可达 6m～7m。井点管所需埋设深度 H（图 21.5.3，不包括滤管）可按下式计算：

$$H > H_1 + h + iL \tag{21.5.19}$$

式中　H_1——开挖深度；

　　　H——降水后的地下水位至坑底距离；

　　　i——渗流坡降，环形井点可取 1/10，单排井点可取 1/4；

　　　L——井点管至基坑中心或槽沟远边点距离。

当按上式计算的 H 值小于 6m 时，可使用一级井点，当 H 大于 6m 时，使用单级井点，应适当降低集水总管标高。当一级井点满足不了降水要求时，需要采用二级井点（图 21.5.4），级差一般小于 4.5m。

轻型井点一般用于砂土、粉土、细砾砂土层。

3）喷射井点施工

喷射点井降深一般为 10m～45m，常用在降深 30m 左右。喷射井点与前述靠真空吸引水的轻型井点不同，

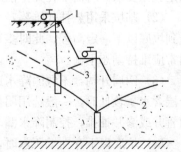

图 21.5.4　二级轻型井点系统的布置

1—地下水静止水位；2—从第二级抽水时地下水位的降落曲线；

3—从第一级抽水时地下水位的降落曲线

它使用高压水或压缩空气。井点的构造原理如图 21.5.5 所示，下部是滤管，紧接滤管上方装设一个喷射器，其上是两根同心管或两根并列管，同心内管中的较细管通过 0.7MPa～1.0MPa 高压水。喷射井点的设置先用套管冲枪成孔，然后用压缩空气排泥，再插入井点管，最后填砂。喷射井点的优点是降深大，但系统效率比较低，喷嘴易损坏。适用于渗透系数较小的土层中进行大深度降水。

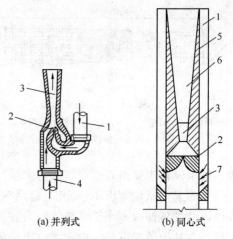

(a) 并列式 (b) 同心式

图 21.5.5 喷嘴构造示意图

1—高压输水管；2—喷嘴；3—混合室（喉管）；
4—滤管；5—内管；6—扩散室；7—工作水流

4）管井降水施工

在计算场地四周以相对一定间距布置若干管井，在每个管井里下入潜水泵抽水，分别的或用统一的排水总管将地下水抽排出。管井降水的降深一般可达 15m～20m，由水泵扬程决定，可满足工程降水所需。施工中，采用成孔钻机按设计进行成孔施工，孔径比井管大 150mm～200mm。然后下入与潜水泵直径匹配的打孔井管，井管可用水泥或金属制作，下部为无孔段，用于沉淀和放置水泵，其上是开孔的过滤段；也常采用钢筋骨架外缠一层粗铁丝再包一层塑料纱布的井管，井管长度一般为 2m/节～3m/节，采用丝扣或法兰盘等连接，既作过滤器又是井管。下入井管后填入级配砾料，填料应超过过滤器长度，下入潜水泵进行洗井至满足要求。管井长度根据降排水要求、场地条件、含水层分布与土层渗透系数计算确定，也可根据经验选择，一般在 6m～40m。

管井降水适用于深且宽的大型挖方工程，适用地层范围宽，布置灵活。

3. 基坑工程降排水

基坑降排水通常采用上述几种方法，可视地层条件、含水层性质、开挖深度、周边环境、施工需要等综合确定采用其中一种方法或几种方法组合使用。基坑降排水有以下几种情况：

（1）基坑四周采用截水帷幕进行封闭，坑底位于弱透水层时，一般采用明排降水即可满足施工要求。若需要在开挖前降水疏干土层，可选择井点降水或管井降水方法。

（2）基坑采用悬挂式帷幕，坑底位于中等透水层，主要通过加大降排水将地下水位下降到坑底以下一定高程，此时多选用管井降排水。由于坑内地下水得到坑外的补给，降水通常应维持动态平衡。

（3）四周开阔，不致因降水造成对周边环境的危害，可不设置基坑截水帷幕。当坑外土层含水量较低时，一般选用明排方法；当含水层埋藏较浅或来自地表水补给丰沛时，采用管井或渗井抽排，控制降水漏斗曲线（浸润线）的稳定。

（4）坑底以下存在承压水时，采用管井加减压井配合降水。

以上几种情况采用管井降排水，根据井群的平面布置，单井出水量可按公式 21.5.8～21.5.11 估算，干扰井的单井抽水量按公式 21.5.12 估算。

如本章前面所分析的，对各向渗透系数相同的单一土体，排出水量与补给水量基本平衡时，地下水处于稳定流状态，按裴布依理论计算的渗透半径、单井出水量和水位降深与实际情况比较接近。但由于基坑开挖的土层有多种，或者含水层也不仅仅是一层，各土层的渗透系数不同，各含水层的水头高度存在差异，与裘布依理论的假定条件出入较大，此时再按裘布依公式计算得到的结果与实际工况存在很大偏差。在现行行业标准《建筑基坑支护技术规程》中，设定在粉土、砂土或碎石土等土层的基坑，按潜水完整井进行降水，给出了单井降水的降深、单井出水量、含水层影响半径等计算公式，并考虑了群井抽水时的干扰。事实上该规范关于基坑降水的规定一直存在较大争议，一是大多数基坑开挖的土层不存在单一土层的情况；其次是对处于地下水位以下的粉土、砂土和碎石土，虽然含水量较高，渗透系数较大，但因截水帷幕的作用，潜水补给来源切断，坑内地下水越抽越少。抽水一开始地下水就处于非稳定流状态，显然以裘布依理论来计算是不太合理的。同样采用本节公式 21.5.8～21.5.12 计算时也要注意公式使用的前提条件。现引用一案例作进一步分析[12]。

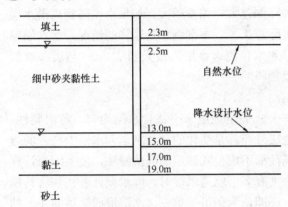

图 21.5.6　降水井与地层示意图

某基坑平面尺寸为 40m×50m，开挖深度为 12.0m，潜水位深度为 2.5m，需降低水位至地面下 13m。基坑降水采用大直径管井，间距为 6.0m，围绕基坑周边布置，共 32 口井，呈封闭状。井深为 17.0m，深入黏土层约 2.0m，为潜水完整井，井的结构符合相关规定。地层与降水井深度见图 21.5.6。

按现行行标《建筑基坑支护规程》（JGJ 120—2012）"大井法"公式（公式 E.0.1）取含水层厚度 H 为 12.5m、设计降深 s_d 为 10.5m、基坑等效半径 r_0 为 25.2m、降水影响半径 R 为 40m，渗透系数 k 概化后取综合值 0.8m/s；计算结果得到总涌水量为 180m³/d，每井平均涌水量为 5.6m³/d。但基坑降水运行情况与计算结果相差甚大，初期出水情况尚可，接着越抽越少，再后来所有井都不能正常出水，一抽就干，一停有水，而坑壁却不断渗水，无法正常开挖作业，采用垒砂袋、明排等措施，勉强完成基坑开挖。本案例的主要问题是：

（1）裘布衣理论适用于稳定流，不适用于非稳定流。

基坑抽水一般初始抽水量较大，以便迅速将水位降至设计要求，主要是疏干含水层，是非稳定流阶段；随着基坑周边疏干范围的不断扩大，水力坡度降低，流量渐渐减少，待抽水量与补给量平衡时达到稳定，这是稳定流阶段。对富水性强，补给条件好，基坑面积和降水深度不大时，降水初期基坑外侧为非稳定流，后期逐渐稳定，达到抽水与补给的平衡成为稳定流；对富水性弱，补给条件差，基坑面积和降水深度大时，可能直到工程结束仍未达到稳定，基坑外侧始终处于非稳定流状态。基坑内处在封闭降水的条件下，因无补给，故自始至终都是非稳定流。因此降水初期可以用稳定流理论计算，但到后期用稳定流理论计算则无意义。

既然基坑降水很多情况符合非稳定流条件，如采用以泰斯公式为基础的非稳定流方法计算。但仍应注意计算假设与实际条件的差别及其带来的问题，基坑降水遇到的主要是潜水，比承压水要复杂得多，主要是导水系数是变数而不是常数；流入井的渗流，既有水平分量，又有垂直分量；含水层中释放出来的弹性储存量很少，而主要是来自含水层的疏干（与给水度有关），与给水度有关的储存水不是瞬间完成，而是逐渐释放的。

（2）裘布依公式假定潜水井降深不能过大，而实际常为大降深。

裘布衣公式假定对于完整井，流入井中的水为径向轴对称流，忽略了渗流矢量的垂直分量。这一假定对于承压水，流线平行于含水层的顶板和底板，如果含水层水平等厚，则流线也全都水平，等势线垂直，水力梯度为 ds/dx。潜水则不然，因有弯曲的潜水面存在，潜水面以下的流线是弯曲的，等势面不垂直，也是弯曲的，水力梯度为 ds/dl（l 为流线微分弧长）。裘布衣假定忽略了垂直分量，意味令 $ds/dx = ds/dl$，即等势面垂直，等势面上不同深度的水力梯度均相等。显而易见，只有在水力梯度相当小的条件下 $ds/dx = ds/dl$ 的假设才能成立，即只有在降深与含水层厚度之比较小的条件下才基本符合实际。因此，按裘布衣假定计算的水位低于实际的自由水位，从基坑降水的角度偏于不安全，且离抽水井越近，偏差越大。抽水井的降深越大，偏差越大。如果水位降到离潜水层底面很近时仍用裘布衣公式计算，就没有实际意义了。本案例正是这样的情况，含水层厚度仅为 12.5m，设计水位降深达 10.5m，降水水位离含水层底板只剩 2.0m，与裘布衣假定出入太大，计算结果严重偏离实际是可以预料的。

（3）影响半径：影响半径的分析参阅前面 21.2.3 节。

（4）弱透水层的阻隔和渗出面：裘布衣公式假定地层水平、含水层均匀、各向同性，但基坑降水多数情况无论水平或垂直方向地层分布都是变化的，特别是含水层中夹有弱透水层的情况，降水后由于受弱透水层的阻隔而形不成公式假定的降落漏斗，使实际与计算严重背离，这一点常常被忽视。当含水层中夹有多层弱透水层时，降水设计者往往将其视为一大层，取一个综合渗透系数进行计算，亦即认为仍可按单一含水层形成降落漏斗。抽水后由于弱透水层的阻隔，形不成单一含水层的降落漏斗，每一小层的水力坡度都很小，流量也很小，井内水位虽然降得很深，但抽不出多少水来，而井外水位降不下去，基坑侧壁依然渗水。潜水渗出面是个普遍现象，裘布衣公式推导时未考虑该问题。如果基坑降水时，潜水层底板高于坑底，这时实际上已经不仅仅是是降低地下水位，而且要求将基坑侧壁土层中的潜水疏干。而在未疏干前基坑侧壁出现渗出面且不断渗水，出现"疏不干"现象。

也有观点认为，如果降水井更深一些，到达砂层也许降水效果就好了。

21.5.2 截水帷幕抗渗流问题

截水是截断地下水向工程场地内的渗流，特别是对于地下水位以下基坑开挖及基础施工，截水效果直接关系到基坑是否稳定。截水的工程措施包括建造防渗墙或地下连续墙、注浆帷幕等。大量文献资料与规范对截水都有详细的论述和规定，本节仅从抗渗透破坏的角度讨论截水设计与施工问题，其余方面可参阅相关规范与文献。

1. 截水帷幕抗渗透稳定性

以基坑工程为例，截水帷幕包括柔性防渗帷幕与刚性防渗墙两类。前者一般采用黏土、水泥土、塑性混凝土等刚度较小的材料建造，设计渗透系数小于 1×10^{-5} cm/s，墙体厚度不小于 60cm，具有适应变形的能力等。后者一般采用混凝土或钢筋混凝土建造，如排桩、咬合桩、地下连续墙等，除了支挡作用外，同时兼具防渗作用。实际上为节省造价，很多支护结构采取支护桩加桩间高压旋喷或搅拌桩形成的水泥土帷幕进行截水。由于设计不当、施工控制不严或地层原因造成水泥土帷幕达不到截水效果要求，坑壁常常出现潜水渗出、流土、管涌及潜蚀等渗透破坏，严重者引起基坑失稳坍塌。

通过前面有关对渗透破坏机理的分析可知，产生流土（砂）的临界条件是实际土体在渗流作用下不发生流土（砂）的条件是实际水力比降 J 小于允许水力比降 J_a。当实际水力比降 J 达到临界水力比降 J_{cr}，且不满足 $J<J_a$ 时，将发生流土（砂）。基坑土层受自下而上渗流作用时的临界水力比降按公式 21.4.12 计算，允许水力比降为：

$$\frac{J_{cr}}{J_a} \leqslant 1.2 \sim 2.5 \tag{21.5.20}$$

渗流作用下产生管涌破坏，临界水力比降也可按式（21.5.21）计算：

$$J_{cr} = \frac{42d_3}{\sqrt{\dfrac{k}{n^2}}} \tag{21.5.21}$$

式中　d_3——占土重 3% 的土粒连接；

　　　　k——土的渗透系数。

防止产生管涌应满足以下条件：

$$\frac{J_{cr}}{J_a} \leqslant 1.5 \sim 2.0 \tag{21.5.22}$$

2. 截水帷幕抗渗流稳定性

悬挂式截水帷幕或截水帷幕未插入不透水层时，可按下列公式验算开挖面以下土层抗渗流稳定性：

$$\gamma_s i \leqslant \frac{1}{\gamma_{RS}} i_c \tag{21.5.23}$$

$$i = h_w / L \tag{21.5.24}$$

$$L = \sum L_h + m_s \sum L_v \tag{21.5.25}$$

$$i_c = (G_s - 1)/(1 + e) \tag{21.5.26}$$

式中　γ_s——渗流作用分项系数，取 1.0；

　　　　i——坑底土的渗流水力梯度；

　　　　h_w——基坑内外土体的渗流水头，取坑内外地下水位差；

　　　　L——最短渗流路径流线总长度；

　　　　$\sum L_h$——渗流路径水平段总长度；

　　　　$\sum L_v$——渗流路径垂直段总长度；

　　　　m_s——渗流路径垂直段换算成水平段的换算系数，单排帷幕墙时，取 $m_s = 1.50$；多排帷幕墙时，取 $m_s = 2.0$；

　　　　i_c——坑底土体的临界水力梯度，根据坑底土的特性计算；

　　　　G_s——坑底土颗粒比重；

　　　　e——坑底土的天然空隙比；

　　　　γ_{RS}——抗渗流分项系数；取 $1.5 \sim 2.0$，基坑开挖面以下土为砂土、砂质粉土或黏性土与粉性土中有明显薄层粉砂夹层时取大值。

当截水帷幕插入不透水层时，插入不透水层的长度 L_b 可按下式估算。

$$L_b = 0.2h_z - 0.5b \tag{21.5.27}$$

式中　h_z——作用水头；

　　　　b——帷幕厚度。

当截水帷幕底部的不透水层之下存在承压含水层时，应验算坑底抗渗流稳定性，并应符合式要求：：

$$\frac{\gamma_m(t+\Delta t)}{P_w} \geqslant 1.1 \qquad (21.5.28)$$

式中　γ_m——透水层以上土的饱和重度；

　　$t+\Delta t$——透水层顶面距基坑底面的深度；

　　　　P_w——含水层水压力。

3. 截水帷幕抗渗流稳定的数值分析

由于基坑开挖降水过程实质上是非稳定流渗流过程，因此采用截水帷幕的基坑，抗渗流稳定性分析计算采用数值方法，其计算结果是可以满足工程帷幕设计所需的。具体计算方法可参见有关书籍。

4. 工程实例

位于珠海横琴填海造地区域的某深基坑工程，设计标高±0.00 相当于绝对标高 4.0m，主体塔楼高度 320m，4 层地下室，基坑开挖底标高 −20.200m（相对标高），坑中坑开挖底标高 −28.700m（相对标高），基坑周长为 580m，面积为 22,224m²。场地地层为人工填土、淤泥、淤泥质土、砾砂层、黏性土等，其中淤泥和淤泥质土厚度达到 20m～24m，为典型的淤泥软土地层。地下水位位于地面下 1.0m，砾砂层内含承压水，水头高度在地面下 2.0m。基坑支护采用直径 1.50m 支护桩加三道环撑加一道锚索，采用三轴搅拌桩防渗帷幕，截水帷幕穿过砂层进入下部黏性土层 1.0m，基坑内布置集水井 20 口，详见图 21.5.7 和图 21.5.8。

为分析本基坑抗渗流稳定性，确定截水帷幕的插入深度，采用三维有限元进行数值渗流模拟分析计算。除各土层渗透系数与模量、地下水位埋深与各土层含水水头高度、降水工况等边界条件外，附加三种工况作为边界条件：止水帷幕未穿过砂层；止水帷幕在砂层底；止水帷幕穿过砂层进入下部黏性土层。三维有限元计算模型见图 21.5.9。

工况一：止水帷幕在砂层中

计算的渗流流速与渗流方向见图 21.5.10 和图 21.5.11。主要渗流发生在帷幕以下部位，形成较大区域渗流场，渗流方向基本平行于含水层。此种工况下，基坑开挖受承压水水头压力作用，会产生大量涌水或突涌，并会伴随较大程度的涌泥涌沙。计算得到最大渗流流速位于截水帷幕底部，渗流流速为 3.07m/d。

工况二：止水帷幕在砂层底部

计算的渗流流速与渗流方向见图 21.5.12 和图 21.5.13。渗流作用位于帷幕底部，主要渗流作用位于帷幕底部，受帷幕的影响，渗流向三个方向流动，渗流场区域减小，水头压力相应减小。表现为基坑开挖时突涌的可能性较低，涌泥涌沙程度较轻，但坑内涌水量仍然较大。计算得到最大渗流流速位于截水帷幕底部，渗流流速为 1.53m/d。

工况三：止水帷幕穿过砂层进入下部粉质黏土层

计算的渗流流速与渗流方向见图 21.5.14 和图 21.5.15。渗流分为三个分量，大小大致相等，渗流场区域进一步减小。由于帷幕的截水作用，使坑内外形成了较大的水土压力

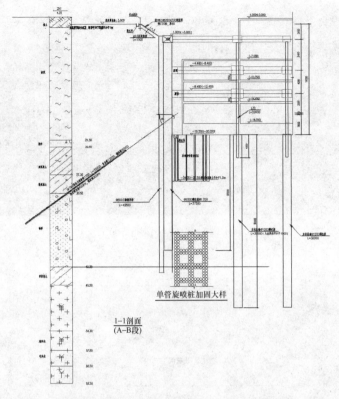

图 21.5.7　地层与基坑支护剖面图

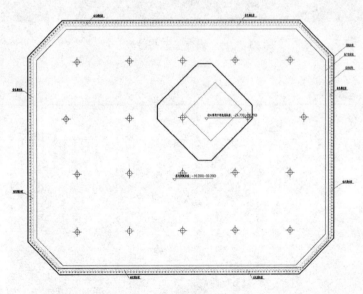

图 21.5.8　基坑降水井平面图

差。基坑开挖时坑内涌水量虽然较小，但因坑内外的水头压力差作用，帷幕底部存在绕流。如果帷幕插入深度不够，会存在管涌或隆起的风险。计算得到最大渗流流速位于截水帷幕底部，渗流流速为 0.13m/d。

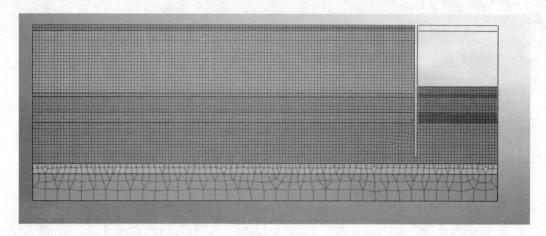

图 21.5.9　有限元计算模型（工况一）

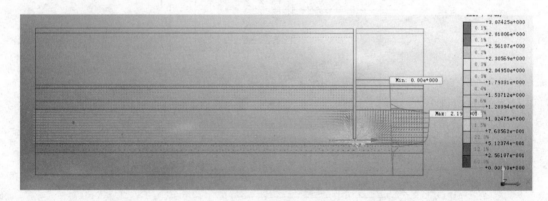

图 21.5.10　渗流流速与渗流方向

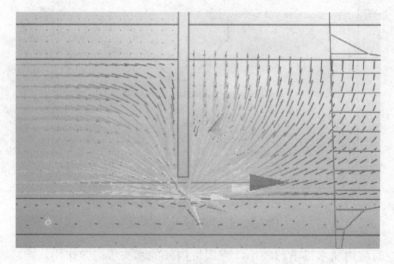

图 21.5.11　截水帷幕底部区域渗流场

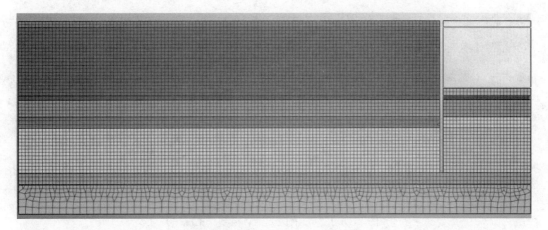

图 21.5.12 有限元计算模型（工况二）

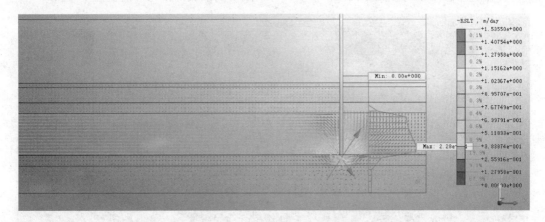

图 21.5.13 渗流流速与渗流方向

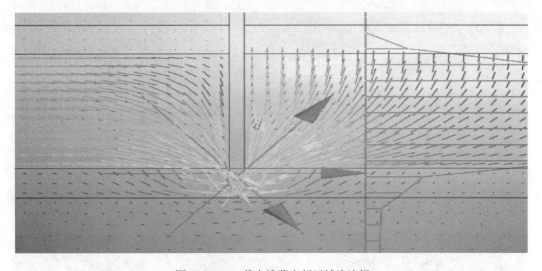

图 21.5.14 截水帷幕底部区域渗流场

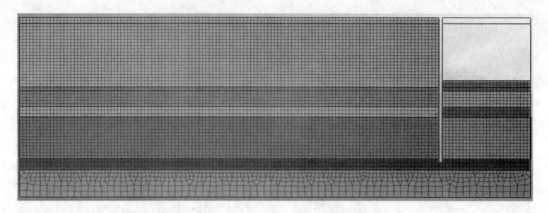

图 21.5.15　　有限元计算模型（工况三）

计算的渗流流速与渗流方向见图 21.5.16。截水帷幕底部最大渗流流速 0.13m。

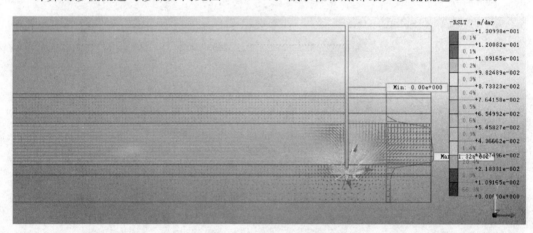

图 21.5.16　渗流流速与渗流方向

参见截水帷幕底部渗流局部放大图 21.5.17。

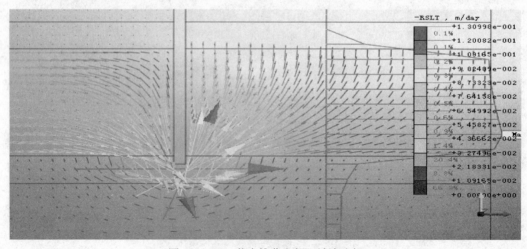

图 21.5.17　截水帷幕底部区域渗流场

　　从以上数值分析看出,附加的三种工况中只有第三种工况条件下,截水帷幕底部的渗流流速最小,按此计算水力比降,均未超过临界水力比降,不会发生渗透破坏失稳。计算承压水头对基坑开挖可能产生的突涌稳定性不满足,在基坑开挖前期采用高压旋喷对坑底进行了加固,同时亦起到提高被动区土压力作用。实际工程中截水帷幕穿过下部砂层进入黏性土层一定深度,切断基坑外侧的承压水,坑内布置的降水井起到降水与承压水减压作用,基坑与基础施工顺利。

21.5.3　回灌[13]

　　回灌一般在降排水引起地下水位下降,对周边环境产生影响,或可能引起较大地面沉降时进行。采取抽水与回灌同步进行,或先抽水后回灌,以控制地下水位下降幅度,进而控制降排水对周边环境的影响。

　　回灌方式有管井、大口井、井点、渗坑等。管井回灌适用于所有的含水层;大口井回灌适用于含水层埋藏不深、含水层厚度不大、富水性条件较好以及地下水位有一定埋深;井点回灌适应于软土、淤泥质黏土、粉性土及地表以下的浅层回灌,用于保护地下管线;渗坑试用于浅部存在粗颗粒地层,且部分含水或无水,简单开挖就能揭露砂卵砾石层或已存在渗坑。这里主要介绍回灌井回灌方式,其他回灌方式可参阅有关文献。

　　回灌井设计时,应掌握回灌区域水文地质条件,明确回灌层与回灌要求,回灌水源与水质,进行回灌井的平面布置与井身结构设计,选择回灌方式,回灌井封井要求,记录回灌流量、监测回灌时的地下水位变化情况等。回灌井设计要符合回灌含水层的特征,有条件时可调查了解附近区域地下水开采资料、回灌历史,分析开采水量、地面沉降量、回灌水量、地面回升(或控制)之间的关系,估算回灌水量。回灌井布设应优先考虑地面沉降敏感区与回灌目的层;

　　有截水围幕但未将含水层隔断时,回灌井宜布设在隔水帷幕外侧与保护对象之间;群井降水时,回灌井应布设于降水井群最大影响区和重点保护区,以控制保护区地下水位的下降。在基坑降水影响范围内进行浅部含水层回灌工作时,回灌井应根据降水方案及地面沉降剖面线布设,同时应考虑与降水井间的间距、与地面沉降监测剖面线方向一致性等因素。透水土层中的回灌井,井管均应设滤水管,上部滤水管应从常年地下水位以上 0.50m 处开始设置,过滤器长度应大于降水井过滤器长度。回灌井的埋设深度应根据降水层深度和降水曲面深度而定,以确定基坑施工安全和回灌效果;回灌过程应对回灌效果进行动态监测,布设回灌井时应同时布设观测井。

　　往井中灌水时,单位时间内地下水位每上升 1m 灌入的水量按下式计算:

$$q_灌 = Q_灌 / S \tag{21.5.29}$$

式中　$q_灌$——回灌量;

　　　S——水位升幅。

　　往井中灌水时,在含水层单位厚度内地下水位每上升 1m 时,单位时间内所能灌入的水量按下式计算:

$$N_灌 = q_灌 / M \tag{21.5.30}$$

式中:M——含水层厚度。

　　回灌水量可按潜水井公式计算:

$$Q = 1.366k \frac{h^2 - H^2}{\lg R - \lg r} \tag{21.5.31}$$

式中　　Q——回灌水量；

k——渗透系数；

R——影响半径，$R = \sqrt{\dfrac{2ktH_0}{u}}$；

r——回灌井点计算半径；

h——要求回灌后达到的动水位；

H——不回灌时的静水位；

H_0——含水层厚度 m；

t——降水天数；

u——给水度。

回灌井应与降水井一起参与地下水渗流计算，可采用渗流有限元方法预测地下水渗流场内各点的水头高度；同层回灌时，回灌井与抽水井的距离可根据含水层的渗透性计算确定，一般不小于6m。对于渗透性高的土，井距离适当增加。

回灌井结构与抽水井结构基本相同，主要有单层鼓形滤水管、单层滤水管和双层笼状滤水管等3种结构，主要由井壁管（实管）、滤水管、沉砂管、填砂层和止水层组成。管井的成孔口径宜为600mm～800mm，井径宜为273mm～325mm；采用双层缠丝过滤器，且孔隙率应大于30%；大口径回灌井的成孔口径宜为1.0m～2.0m。单根井点管长度不超过6m；回灌井过滤器长度应根据场地的水文地质条件及回灌量的要求综合确定，有回灌试验资料的按实际取得的参数确定；井管外侧填筑级配石英砂作过滤层，填砂规格为含水层颗粒级配 d50 的（8～12）倍。

回灌井施工工艺与降水井成井施工工艺基本相同，但过滤层的级配砂填筑可采用动水回填法，以在过滤器周围形成良好过滤层；在回填的过滤砂层之上，填筑5m厚的高膨胀性止水黏土球，黏土球止水层以上至地面的高度内井管四周进行压密注浆，加固深度不小于10m，加固点按双排排列，不少于4个压浆点。回灌井施工完成后，在井内安装深井潜水泵进行试抽水，试抽水时间不少于2小时。

回灌井回灌期间，经常检测回灌水是否符合要求。回灌水不应引起地下水的污染，不得含有使井管和过滤器腐蚀的特殊离子或气体。对回灌压力、流量、观测孔的水位变化情况应及时记录，并分别绘制流量-压力、流量-水位-时间关系曲线。应检查回灌系统的密封状态。

采用自流回灌时，如利用抽取的地下水进行回灌，从抽水井到回灌井之间尽可能采用封闭管路，避免过多的空气随回灌水进入井内，形成气阻，影响回灌量；如回灌水含砂较多，可在回灌管路中增加除砂器；当回灌井内水位升高至设计动水位后控制回灌流量，保持回灌与渗流场的平衡。

采用加压回灌时，要充分考虑回灌系统满足受压要求和回灌含水层的渗透系数与储水系数；加压回灌时要采用分期分级定流量加压，及时记录加压回灌的各项参数，保持回灌量与渗入量的平衡；开始时回灌压力宜采用0.1MPa，间隔0.05MPa加压，间隔时间24小时，最大压力不宜大于0.5MPa；压力回灌时要及时观测压力、流量、水位及回灌井四周地面土体的变化，当回灌井四周出现突涌时，应立即停止回灌进行土体加固处理。

回灌过程中应对回灌量、静水位、动水位、回灌原水和地下水水质、压力等内容进行监测；回灌井回扬过程中应对地下水回扬量、颜色、臭味、悬浮物、气泡等物理性状进行监测；回灌过程中应收集、整理周围建筑、道路、煤气管、自来水管、电缆等环境监测资料，分析回灌与沉降的相互关系。

回灌井回填前应对井深、静水位等内容进行监测；回灌井回填材料，应选用优质黏土做成球（块）状，大小宜为 20mm～30mm，并应在半干（硬塑或可塑）状态下缓慢填入；回灌井回填后，应灌水检查封井效果。

21.5.4 基础与地下构筑物抗浮

引起基础与地下结构上浮的原因前面已作了分析。基础与地下结构抗浮问题涉及的内容较多，属于专门研究讨论的领域，本节只作简要的分析。

1. 关于浮力计算问题

当基础埋置于同一渗透系数土层或同一含水层中，根据太沙基理论，土中各点孔隙水压力相同，水头高度相等。按静水压力计算，基础受到的浮力较为简单。问题在于当基础埋置在渗透系数不同的多层岩土或多层含水层中时，浮力的计算就比降复杂，尤其是地下水渗流或越流主要引起土层中孔隙水压力的变化，使浮力的计算更趋复杂。这种情况下如果用静水压力来计算浮力误差会较大。表 21.5.8 为某工程按实际浸润线位置计算得到的静水压力值与实测的孔隙水压力值的比较，看出实测值均不同程度地低于静水压力。可见按静水压力计算的浮力与按实际观测的孔隙水压力来计算浮力时存在明显差别的。

某工程实测孔隙水压力与计算静水压力对比　　　　　表 21.5.8

项 目	测点编号				
	208	222	237	239	242
实测孔隙水压力 u	56.4	60.5	57.6	—	29.6
计算静水压力 p	74.1	74.1	73.5	61.7	46.1
u/p 比值	0.76	0.82	0.78	—	0.64

在现行国家和地方规范中，对浮力的计算一般都按照抗浮设防水位来计算浮力，未考虑孔隙水压力的作用。工程中这种方法偏于安全但不够合理，也比较浪费。其中存在的风险是，如果抗浮设防水位确定与实际工况有出入时，可能出现基础上浮情况。为此，规范中规定抗浮计算取抗浮稳定安全系数 1.05～1.10。如果抗浮设防水位取自室外地坪高程，应该是最高或者是最不利的水位，此时抗浮计算再取安全系数，相当于继续抬高水位，实际上这种工况对抗浮来说是不存在的。有的规范提出对地基基础、地下结构考虑在最不利情况下地下水对结构物的上浮作用，原则上按设防水位计算浮力；对节理不发育的岩石和黏土且有地方经验或实测数据时，可根据经验确定；有渗流时，地下水的水头和作用通过渗流计算进行分析评价；地下室在稳定地下水位作用下所受的浮力按静水压力计算，对临时高水位作用下所受的浮力，在黏性土地基中可以根据当地经验适当折减；有的规范规定不应对地下水水头进行折减，结构基底面承受的水压力应按全水头计算。可见对浮力的计算并不统一，如何计算浮力还需要进一步研究。

2. 抗浮设防水位确定

抗浮设防水位一般含义是建筑物基础或地下结构物在运营期间的最高水位，主要通过预测来确定。而要预测长期水位特别是某一时间点的最高水位是比较困难的。要进行某区域的最高水位预测，需要掌握该区域气象资料、工程地质和水文地质背景、地下水的补给与排泄条件、赋存状态与渗流规律、地下水位的长期观测资料、影响地下水位变化的主要因素等。还需要分析地下含水层的水位变化与地表水入渗的关系、地下水开采量变化对地下水的影响、建筑物周围环境与周围水系的联系等。

在确定抗浮设防水位之前，首先应确定各层地下水的最高水位。各层地下水最高水位一般可按勘察期间该层地下水最高水位，加上该层地下水位的年变幅确定。同时应分清楚场地有哪几种类型的地下水，例如北京市有台地潜水、层间潜水和承压水，深圳地区一般有潜水和基岩裂隙水等，各层地下水在勘察期间的最高水位应通过分层实测获得。

抗浮设防水位的确定以区域水文地质条件为基础，进行长期地下水位预测；其次是比较各含水层最高水位，选择其中最高者进行综合分析确定。通常情况下应采用第一层潜水的最高水位作为场地抗浮设防水位。当承压水的最高水位超过第一层潜水最高水位时，则应以它的最高水位作为场地抗浮设防水位，主要是因为各层地下水是连通的，而勘探钻孔又把上下层的地下水连通，钻孔连通后的地下水升降一般都反映在第一层潜水的变幅内，因而用第一层潜水作为场地抗浮设防水位是合适的。

需要指出上层滞水水位不应作为场地抗浮设防水位，因为上层滞水可能是处于非饱和土中，且在地下水面以上，直接与大气相通，是地表水和地下水相互转化的过渡带；其次它是局部隔水层、弱透水层上积聚的重力水，因而并没有明确的含水层；虽然具有自由水面，但受局部不透水层层面支配，往往不具连续的自由水面；再是它的一个重要水力特征是水压力小于大气压力，受季节性影响很大，通常是暂时性水。所以严格符合上述意义的上层滞水，不应以它的最高水位作为场地抗浮设防水位，亦即上层滞水不考虑浮力。如若上层滞水面积很大，遍布整个场地，则应另当别论。当上层滞水水面低于临近有水力联系的地面水体（包括江、河、湖、海）的最高水位时，应按后者的最高水位考虑浮力。在实际工程中，有未按此考虑造成上浮事故的实例。

主 要 参 考 文 献

[1] 张在明. 地下水与建筑基础工程. 北京：中国建筑工业出版社，2001.

[2] 王军连. 地下水工程计算. 北京：中国建筑工业出版社，2003.

[3] 刘国斌，王卫东主编. 基坑工程手册. 北京：中国建筑工业出版社，2009.

[4] 张喜发. 岩土工程勘察与评价. 长春：吉林科学出版社，1995.

[5] 顾宝和. 岩土工程案例分析. 北京：中国建筑工业出版社，2015.

[6] 沈小克，周宏磊，王军辉，韩煊. 地下水与结构抗浮. 北京：中国建筑工业出版社，2013.

[7] 工程地质手册编委会. 工程地质手册（第四版）. 北京：中国建筑工业出版社，2007.

[8] 曹建峰. 专门水文地质手册. 北京：中国科学技术出版社，2007.

[9] 广东省土木建筑学会. 张旷成文集. 北京：中国建筑工业出版社，2013.

[10] 中华人民共和国住房和城乡建设部. 建筑地基基础设计规范（GB 5007—2011）. 北京：中国建筑工业出版社，2012.

[11] 中华人民共和国住房和城乡建设部. 建筑基坑支护降水规程(JGJ 10—2012). 北京: 中国建筑工业出版社, 2012.

[12] 中华人民共和国住房和城乡建设部. 岩土工程勘察规范(GB 50021—2001)(2009 年版). 北京: 中国建筑工业出版社, 2012.

[13] 深圳市住房和建设局. 地基基础勘察设计规范(SJG 01—2010). 北京: 中国建筑工业出版社, 2010.

[14] 深圳市住房和建设局. 深圳市基坑支护降水规范(SJG 05—2011). 北京: 中国建筑工业出版社, 2011.

[15] 深圳市勘察研究院有限公司. 珠海横琴新区 IFC 基坑工程设计. 深圳, 2014.

[16] 中国铁道科学研究院深圳研究设计院. 深圳市××大厦人工挖孔桩施工降水对邻近地铁影响的评估报告. 深圳, 2015.

第22章 检验与监测

地基基础工程是隐蔽工程。针对隐蔽工程的若干工序，必须进行检验，检验其是否达到设计或规范的要求，是否可以进行下一步工序施工。建筑地基基础应进行检验验收的工序部位有基槽检验、处理后地基检验、施工完成后的工程桩检验、基坑工程的支护桩及地下连续墙质量检验、抗浮构件质量检验等。

针对隐蔽工程的地基基础工程施工质量检验，目前实行抽检后评价的基本方法，所以验收检验评价时，抽检数量及检验部位代表性、检验方法的局限性等，都可能对地基基础工程总体质量评价产生影响，必须在有可靠经验的基础上认真操作实施。

地基基础工程监测，是检验和验证工程勘察成果的符合性、设计理念、方法及设计参数可靠性、施工质量以及保障基础工程建设和使用安全的基本方法，同时，人们对于地基基础工程，特别是特殊地质条件及复杂工况下的认识，还有待于通过积累工程长期观测资料进行提升。因此，开展地基基础工程监测工作尤为重要。地基基础工程监测的范围包括大面积填方工程、填海地基处理工程、基坑工程和边坡工程，对环境影响大的地基处理和桩基工程，地基基础设计等级为甲级建筑物、软弱地基上的地基基础设计等级为乙级建筑物、经处理的地基上的建筑物、加层、扩建建筑物，受邻近深基坑开挖施工影响或受场地地下水等环境因素变化影响的建筑物，采用新型基础或新型结构的建筑物等。

22.1 检 验

22.1.1 基槽检验

基槽开挖后进行基槽检验，是建筑物开始施工后最初的重要工序，也是岩土工程勘察最后一个环节。基槽检验有两个主要目的：一是检验勘察成果是否符合实际情况，通常勘探孔的数量有限，基槽全面开挖后，地基持力层完全暴露出来，可以检验工程勘察成果与实际情况的一致性、勘察成果报告的结论与建议是否正确和切实可行；二是解决遗留和新发现的问题，当发现基槽检验和设计文件不一致或遇到异常情况时，应提出处理意见。

1. 基槽检验工作的内容

（1）验槽应首先核对基槽的施工位置。

平面尺寸和槽底标高的容许误差，可视具体的工程情况和基础类型确定。一般情况下，槽底标高的偏差应控制在 0mm～50mm 范围内；平面尺寸由设计中心线向两边量测，长、宽尺寸偏差应控制在 −50mm～+200mm；边坡不应偏陡。

验槽以袖珍贯入仪等简便易行的方法为主，必要时可在槽底进行轻便钎探。当持力层下方有下卧砂层且承压水头高于基底时，不宜进行钎探，以免造成涌砂。当开挖揭露的岩土条件与勘察报告有较大差别、验槽人员认为必要时，可针对性地进行补充勘察工作。

（2）熟悉勘察报告、拟建建筑物的类型和基础设计图纸等。

对于下列情况，应作为验槽的重点：

① 持力土层的顶板标高有较大的起伏变化；

② 基础范围内存在两种以上不同成因类型的地层；

③ 基础范围内存在局部异常土质或洞穴、古井、残留的老地基或古迹遗址；

④ 基础范围内遇有断层破碎带、软弱岩脉或古河道、湖、沟、坑等新近回填土不良地质条件；

⑤ 在雨期或冬期严寒等不良气候条件下施工，基底土质可能受到影响。

（3）基槽检验报告是工程的重要技术档案，应做到资料齐全，及时归档。

2. 基槽检验常用方法

1）表面检查验槽

（1）根据槽壁土层分布情况，初步判明基底是否已挖至设计要求的土层；

（2）检查槽底是否已挖至原（老）土，是否需继续下挖或进行处理；

（3）检查整个槽底的颜色是否均匀一致；土的坚硬程度是否一致，有否局部过松软或过坚硬的部位；有否局部含水量异常，走上去有没有颤动的感觉。如有异常部位，应进行处理。

2）钎探检查验槽

基坑挖好后，用锤把钢钎打入槽底的土层内，根据每打入一定深度的锤击次数，判断地基土质情况。

（1）记录每打入土层 30cm 的锤击数；

（2）钎孔布置方式和钎探深度，应根据地基土质的复杂情况和基槽宽度、形状而定，一般可参照表 22.1.1 确定；

钎孔布置方式　　　　表 22.1.1

槽宽（m）	排列方式及图示	间距（m）	钎探深度（m）
小于 0.8	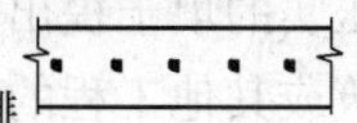 中心一排	1.0～1.5	1.2
0.8～2.0	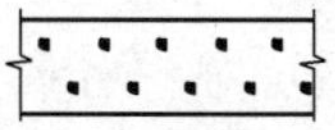 两排错开	1.0～1.5	1.5
大于 2.0	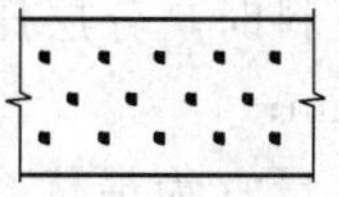 梅花形	1.0～1.5	2.1
桩基	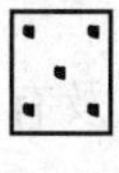 梅花形	1.0～1.5	2.1

（3）钎探记录和结果分析，先绘制基槽平面图，在图上标注钎探点的位置，并依次编号，制成钎探孔平面图，钎探时按平面图标定的顺序进行，并整理出钎探记录表。

钎探完成后，分析钎探记录，然后逐点进行比较，将锤击数明显过多或过少的钎孔在平面图上做上记号，然后在该部位进行重点检查，如有异常情况，要进行处理。

3）洛阳铲钎探验槽

根据建筑物所在地的具体情况或设计要求，可对基坑以下的土质、古墓、洞穴用洛阳铲进行钎探检查。

（1）探孔的布置方式可参照表22.1.2进行。

探孔布置方式   表22.1.2

基槽宽（m）	判别方式及图示	间距L（m）	探孔深度（m）
小于0.2		1.0～2.0	2.0
大于0.2		1.0～2.0	2.0
桩基		1.0～2.0	2.0 （荷载较大时，2.0～5.0）

（2）探查记录和成果分析，先绘制基础平面图，在图上根据要求确定探查的位置，并依次编号，再按编号进行探孔。探查过程中，一般每3～5铲观察一下土质，查看土质变化和含有物的情况。遇有土质变化或含有杂物情况，应测量深度并用文字记录清楚。全部探查完后，绘制探孔平面图和各探孔不同深度的土质情况表，为地基处理提供完整的资料。探完以后，用素土或灰土尽快将探孔回填。

22.1.2　压实填土的分层取样检验

压实填土包括分层压实和分层夯实的填土。压实填土地基是由分层压实填土及下卧的天然土层组成。当利用压实填土作为建筑或其他工程的地基持力层时，在平整场地前，应根据结构类型、填料性能和现场条件等，对拟压实的填土提出质量要求。未经检验查明以及不符合质量要求的压实填土，均不得作为建筑或其他工程的地基持力层。

压实填土的填料，应符合下列规定：

（1）级配良好的砂土或碎石；

（2）性能稳定的矿渣、煤渣等工业废料；

（3）以卵石、砾石、块石或岩石碎屑作填料时，分层压实时其最大粒径不宜大于200mm，分层夯实时其最大粒径不宜大于400mm；

（4）以粉质黏土、粉土作填料时，其含水量宜为最优含水量，并可采用击实试验确定；

（5）不得使用淤泥、耕土、冻土、膨胀性岩土以及有机质含量大于5％的土料。

1. 压实填土的质量控制要求

在压实填土过程中，应分层取样检验土的干密度和含水量，每50m²～100m²面积内应有一个检验点。压实填土的质量以压实系数 λ_c 控制，并应根据结构类型和压实填土的厚度按表22.1.3数值确定。

结构类型	填土部位	压实系数	控制含水量
砌体承重结构 和框架结构	在地基主要受力层范围内	≥0.97	$w_{op}\pm2$
	在地基主要受力层范围以下	≥0.95	
排架结构	在地基主要受力层范围内	≥0.96	
	在地基主要受力层范围以下	≥0.94	

压实填土质量控制　　　　　表 22.1.3

注：1. 压实系数（λ_c）为填土的实际干密度（ρ_d）与最大干密度（ρ_{dmax}）的比值，w_{op} 为最优含水量；

2. 地坪垫层以下及基础底面标高以上的压实填土，压实系数不应小于 0.94。

在压实（或夯）实填土的过程中，取样检验分层土的厚度视施工机械而定，一般情况下宜按 200mm～350mm 分层进行检验。

2. 压实填土地基的检测

（1）压实填土地基的检测，应在施工过程中进行。

分层回填碾压时，每碾压完一层，应检验每层土的平均干密度和含水量。压实填土的最大干密度和最优含水量，宜采用击实试验测定，当无试验资料时，最大干密度可按下式计算：

$$\rho_{dmax}=\eta\frac{\rho_w d_s}{1+0.01w_{op}d_s}\qquad(22.1.1)$$

式中　ρ_{dmax}——分层压实填土的最大干密度（kg/m³）；

　　　η——经验系数，粉质黏土取 0.96，粉土取 0.97；

　　　ρ_w——水的密度（kg/m³）；

　　　d_s——土粒相对密度；

　　　w_{op}——填料的最优含水量（%）。

当填料为碎石、卵石或岩石碎屑时，其最大干密度可取 2100kg/m³～2200kg/m³。

（2）利用贯入仪或钢筋检验垫层质量，首先应进行现场试验。

在达到设计要求压实系数的垫层试验区内，利用贯入仪或钢筋测得标准的贯入深度，然后再以此作为控制施工压实系数的标准，进行施工质量检验。

（3）垫层质量检验点的数量因各地土质条件和经验不同而取值范围不同。

对大基坑较多采用每 50m²～100m² 不少于一个检验点，对基槽每 10m～20m 不应少于一个检验点，每个独立柱基不应少于一个检验点。

（4）当砂垫层采用中、粗砂时，中密状态的干密度一般应控制在 1550kg/m³～1660kg/m³。

设计无规定土垫层的质量时，一般可控制在 1500kg/m³～1550kg/m³。当其压实系数符合设计要求后，才能继续铺填土层。干密度的检验可采用环刀法，对砂石、土夹石、碎石、卵石、矿渣及杂填土可按环刀取样法检验，或用灌水法、灌砂法进行检验。

22.1.3　软弱地基处理的质量检验

软弱地基由淤泥、淤泥质土、冲填土、杂质土或其他高压缩性土层构成，通常采用复合地基方案进行加固处理。复合地基由桩和桩间土构成，因此，需要对桩、桩间土和复合地基分别进行检测。检测点应选在有代表性或土质较差的地段，对于均匀地基也可以随机

1333

抽检。

1. 复合地基载荷试验和单桩载荷试验

大型、重要或场地复杂的地基处理工程应进行复合地基处理效果检验。复合地基的强度及变形模量宜用单桩复合地基载荷试验或多桩复合地基载荷试验方法检验确定，检验点数量可按加固面积大小取 2～4 组。中小型工程可采取单桩载荷试验。

复合地基载荷大小的确定，对于多桩复合地基，板下的置换率必须等于工程桩的置换率；单桩复合地基载荷试验可采用圆板或方板，板的大小等于一根桩加固的地基面积；单桩载荷试验可根据桩的截面形状采用圆板或方板，其直径或边长应与桩的截面尺寸一致。

压板底面高程应与建筑物基础底面高程一致，以真实反映复合地基承载力。由于载荷板尺寸小，影响深度也小（桩顶以下 1.5～2.0 倍板宽），当设计高程处正好遇上相对硬土层，承载力检测结果将会偏高。考虑到实际基础宽度大于载荷板宽度，其影响深度大于载荷试验影响深度，应对载荷试验提供的承载力值修正。

1) 载荷试验主要仪器设备

(1) 反力系统：包括地锚、桁架、混凝土块等；

(2) 位移量测系统：通常用百分表或位移传感器观测；

(3) 加压系统：包括承压板、千斤顶、稳压器、立柱等。

2) 载荷试验

(1) 载荷试验可确定地基的承载力和变形参数等。

(2) 载荷试验应布置在有代表性的地点和基础底面标高处。载荷试验应符合下列技术要求：

① 试验坑宽度或直径不应小于承压板宽度或直径的三倍。复合地基试验时，承压板底面下应铺设中粗砂垫层，当设计无要求时，其厚度取 50mm～150mm，桩身强度高时取大值。

② 承压板应有足够的刚度。承压板可采用圆形、正方形、矩形钢板或钢筋混凝土板。复合地基的承压板面积应等于受检桩（1 根或 1 根以上）所承担的处理面积，承压板形状宜根据受检桩的分布确定。

③ 宜用液压千斤顶均匀加荷。正式试验前应进行预压，预压荷载为最大试验荷载的 5%～10%，预压后卸载至零。加载应分级进行，采用逐级等量加载，分级荷载宜为最大试验荷载的 1/8～1/12，其中第一级荷载可取分级荷载的 2 倍；卸载应分级进行，每级卸载量取加载时分级荷载的 2 倍，逐级等量卸载；加、卸载时应使荷载传递均匀、连续、无冲击，每级荷载在维持过程中的变化幅度不得超过该级增减量的 ±10%。

④ 承压板的沉降量测，采用百分表或位移传感器。除量测承压板的沉降外，需要时可量测承压板下不同深度土层的分层沉降、承压板周围土面的升降、不同深度土层的侧向位移。

当出现下列情况之一时，可终止试验：

① 承压板周围的岩土有明显的侧向挤出、隆起或裂纹。

② 沉降急剧增大（本级荷载下的沉降量超过前级的 5 倍），荷载-沉降（Q-S）出现陡降段；

③ 某级荷载作用下，24h 内沉降速率未能达到相对稳定标准；

④ 累计沉降量超过承压板直径或宽度（矩形承压板取短边）的 6%；

⑤ 加载至最大试验荷载，承压板沉降速率达到相对稳定标准。

2. 载荷试验成果分析

（1）绘制压力与沉降（Q-s）、沉降与时间（s-$\lg t$）曲线；

（2）根据压力与沉降、沉降与时间曲线的特征点或承压板周围地面的变形、承压板下土体的侧向位移，提供地基承载力特征值。

22.1.4　桩身和桩间土的质量检验

由于试验的压板面积有限，考虑到大面积荷载的长期作用与小面积短时荷载作用的试验结果存在差异，还应对竖向增强体及地基土的质量进行检验。

一般散体桩复合地基可采用动力触探法检测桩身和桩间土的密实度，桩间土的加固效果也可采用取土试验的方法确定。通过加固前后土的物理力学性质的变化，可以较直观地判断、评价桩间土的加固效果，此外，桩间土加固效果还可采用静力触探、标贯、轻便触探的方法判断和评价。

水泥土搅拌桩、低强度素混凝土桩、石灰粉煤灰桩应对桩身材料及其连续性进行检验。桩身的质量检验可采用挖开取样试验或抽芯检验，抽样应选在薄弱区段、有疑问的区段或受力较大的部位；也可采用低应变法检验桩身的完整性，检验数量可取总桩数的 10% 左右。

22.1.5　地基载荷试验实例

1. 工程概况

某工程含 5 层框架结构办公楼和 3 层食堂各一座，建筑总面积 6682m²。该项目采用天然独立基础，以天然地基作为持力层，设计要求基底持力层的承载力特征值为 200kPa。

2. 场地工程地质概况

场地属剥蚀残丘地貌单元，大部分经建筑铲平。下覆基岩属白垩系陆相沉积红色砂岩及砂砾岩互层，风化程度较深。场区地层自上而下分布为：

（1）填土（Q_4^{ml}）：该层分布不广，厚度在 1.8m 以内，土质较复杂，灰黑~灰黄色，含有较多建筑垃圾，松散，高压缩性。

（2）坡积粉质黏土（Q_4^{dl}）：黄—黄红色，厚度 2.2m~7m 不等。该层土质黏韧性较好，稍湿，硬塑为主，局部可塑。标贯击数平均值 $N = 10$ 击，建议承载力特征值为 $f_k = 250$kPa。

（3）残积粉质黏土（或粉土）（Q_4^{el}）：褐红色，为泥质粉砂岩和砂砾岩风化残积层而成，该层厚度均在 10m 以上，分布广，普遍含较多砂砾，黏性稍差，稍湿，硬塑—坚硬，属硬塑—坚硬土层。标准贯入试验平均击数 $N = 15$ 击，修正后为 13 击，建议承载力特征值为 $f_k = 300$kPa。

3. 试验方法及技术要求

试验面位于独立基础的基底标高，选取面积为 0.5m² 的圆形刚性压板（直径为 $d = 798$mm）。

试验时采用钢梁平台及重物平台反力装置，通过电动高压油泵给置于压板面

（0.5m²）上的千斤顶逐级施加荷载，4 个行程为 30mm 的 WBD-30 型机电百分表（精度为 0.01mm）对称安装于压板上，测读试验土层在各级荷载下的沉降量。

试验加荷分为九级，第一级荷载为 80kPa（对应荷载 40kN），以后每级均为 40kPa（对应荷载 20kN），加载方式为逐级连续加载方法。卸荷分为三级，第一级卸至 280kPa（对应荷载 140kN），观测 30min，第二级卸至 160kPa（对应荷载 80kN），观测 30min，第三级卸至零，观测 120min，测读回弹值。

4. 试验结果及分析

1）各试点试验情况

各试验点的平面位置见图 22.1.1，试验结果见地基土载荷试验结果汇总表（表 22.1.4）及 p-s 曲线（图 22.1.2）。

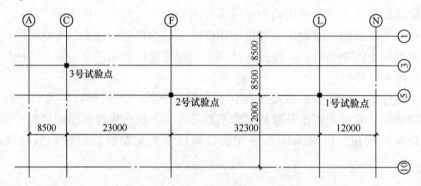

图 22.1.1 试验点平面位置示意图

1号、2号、3号试验点在试验的过程中，随着荷载的逐级增加，在各级荷载的作用下，压板的沉降量逐渐递增；施荷后，沉降能达到稳定标准。达到最大试验荷载 400kPa（对应荷载 200kN）时，各试验点的总沉降量分别为 20.76mm、24.10mm 和 22.35mm，压板下的地基土仅产生竖向位移，没有侧向挤出，压板周围未出现裂缝。从各试验点的 p－s 曲线可知，没有出现陡降段的起始点，说明荷载达到 400kPa 时，压板下的土体仍处于弹塑性变形阶段，极限承载力均为≥400kPa。全部卸荷后，1号、2号、3号试验点的残余沉降量分别为 17.64mm、22.29mm 和 18.75mm，回弹率分别为 15.03%、11.66% 和 12.18%。

地基土静载荷试验成果汇总表　　　　　　　　　　　表 22.1.4

试验点编号	1号	2号	3号
压板规格	0.5m²压板		
要求最大试验荷载（kPa）	400		
实际最大试验荷载（kPa）	400		
最大沉降量（mm）	20.76	24.10	21.35
极限承载力（kPa）	≥400		
s/b=0.01 时承载力特征值 f_0（kPa）	240.1	213.9	248.8
s/b=0.01 时变形模量 E_0（MPa）	17.78	15.94	18.43
承载力特征值（kPa）	234.3		
卸载后 残余沉降量（mm）	17.64	21.29	18.75
卸载后 沉降回弹量（mm）	3.12	2.81	2.60
卸载后 沉降回弹率（%）	15.03	11.66	12.18

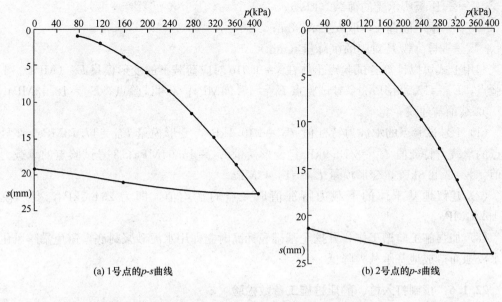

(a) 1号点的p-s曲线　　　(b) 2号点的p-s曲线

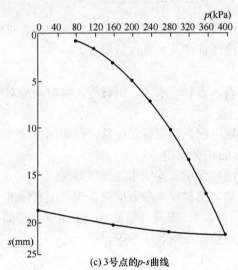

(c) 3号点的p-s曲线

图 22.1.2　1 号、2 号、3 号点的 p-s 曲线

p-s 曲线上没有明确的比例界限。对于低压缩性土，取 $s/b=0.01$ 所对应的荷载值作为承载力特征值。$b=798$mm，故取 $s=7.98$mm 对应的荷载值作为承载力特征值。由 1号、2 号、3 号试验点的 p-s 曲线插值得 $s=7.98$mm 对应的承载力特征值分别为 $f_{01}=240.1$kPa、$f_{02}=213.9$kPa 和 $f_{03}=248.8$kPa。

2）变形模量计算

假定承压板影响范围内土体为均质各向同性半空间，用弹性理论计算土体的变形模量 E_0：

$$E_0 = \omega(1-\mu^2)Pb/s \tag{22.1.2}$$

式中　ω——压板形状系数，对圆形压板取 $\omega=0.79$；

　　　μ——土的泊松比，对于粉质黏土，取 $\mu=0.25$；

P——压板所承受的荷载（kPa）；

b——承压板直径，取 $b=0.798$m；

s——与荷载 P 对应的沉降量（mm）。

利用上式可以计算各试验点土体在 $s=0.01b$ 对应荷载下的变形模量 E_0（MPa）。1 号试验点，$E_{01}=17.78$MPa；2 号试验点 $E_{02}=15.94$MPa；3 号试验点，$E_{03}=18.43$MPa。

5. 结论与建议

（1）1 号试验点的承载力特征值 $f_{01}=240.1$kPa，变形模量 $E_{01}=17.78$MPa，2 号试验点的承载力特征值 $f_{02}=213.9$kPa；变形模量 $E_{02}=15.94$MPa；3 号试验点的承载力特征值 $f_{03}=248.8$kPa，变形模量 $E_{03}=18.43$MPa。

（2）建议地基土体的承载力特征值取三点的平均值，即为 234.3kPa，变形模量取 15.94MPa。

（3）加强施工验槽工作，开挖至基础底标高时立即用水泥砂浆封底，避免暴露风化或雨水浸蚀而造成地基承载力降低。

22.1.6 预制打入桩、静压桩施工参数检验

预制打入桩、静压桩的成桩质量检验主要包括材质检验、桩的制作质量检验、强度检验、打入（静压）深度、停锤标准及垂直度检验等。

1. 材质检验

施工材质检验包括砂料、石料、水泥、钢材等，有时尚应对水、添加剂、电焊条等进行质量检验。

（1）砂料、石料：颗粒级配、含泥量等应符合行业标准《普通混凝土用砂、石质量及检验方法标准》（JGJ 52）的相关规定。

（2）水泥：检验水泥的质保单，鉴定水泥强度等级。

（3）钢材：检验质保单，钢材技术参数应符合现行国家标准《钢筋混凝土用钢第一部分：热轧光圆钢筋》（GB 1499.1）以及《钢筋混凝土用钢第二部分：热轧带肋钢筋》（GB 1499.2）的相关规定，并应检验浮锈和油污等。

2. 制作质量检验

制作质量检验包括模板、钢筋骨架、制作偏差、外观质量等，应符合现行国家标准《建筑地基基础工程施工质量验收规范》GB 50202 等规范的相关要求。

制作允许偏差见表 22.1.5。

混凝土预制桩制作允许偏差 表 22.1.5

桩 类	项 目	允许偏差（mm）
钢筋混凝土实心桩	横截面边长	±5
	桩顶对角线差	≤5
	保护层厚度	±5
	桩身弯曲矢高	不大于 1‰桩长且不大于 20
	桩尖偏心	≤10
	桩端面倾斜	≤0.005
	桩节长度	±20

桩　类	项　目	允许偏差（mm）
钢筋混凝土管桩	直径	±5
	长度	±0.5%桩长
	管壁厚度	−5
	保护层厚度	+10，−5
	桩身弯曲（度）矢高	1‰桩长
	桩尖偏心	≤10
	桩头板平整度	≤2
	桩头板偏心	≤2
混凝土桩的钢筋骨架	主筋间距	±5
	桩尖中心线	10
	箍筋间距或螺旋筋的螺距	±20
	吊环沿纵轴线方向	±20
	吊环沿垂直于纵轴线方向	±20
	吊环露出桩表面的高度	±10
	主筋距桩顶距离	±5
	桩顶钢筋网片位置	±10
	多节桩桩顶预埋件位置	±3

桩的外观质量要求：

（1）桩表面应平整、密实，掉角深度不应超过 10mm，局部蜂窝和掉角的缺损总面积不得超过桩全部表面积的 0.5%，并不得过分集中；

（2）混凝土收缩产生的裂缝深度不得大于 20mm，宽度不得大于 0.25mm，横向裂缝不超过边长的一半；

（3）桩顶和桩尖处不得有蜂窝、麻面、裂缝和掉角。

桩的一般缺陷可进行修整，但影响结构性能的缺陷，必须会同设计等有关单位研究处理。

3. 强度检验

桩的强度检验包括混凝土的配合比、拌制、浇筑、养护、试块抗压强度等。

混凝土配合比检验，包括水灰比、坍落度、和易性、水用量、砂率值、重度及混凝土试块强度。

混凝土拌制检验，包括原材料计量的允许偏差、搅拌加料顺序和搅拌最短时间等。混凝土原材料计量的允许偏差：

（1）水泥、外掺混合料小于±2%；

（2）粗、细骨料小于±3%；

（3）水及外加剂溶液小于±2%。

同时应定期检验各种计量衡器，经常测定骨料含水率。

混凝土搅拌的最短时间，自全部材料装入搅拌筒中起到卸料止。可按表 22.1.6 采用。

混凝土搅拌的最短时间（s）　　　　　　　　　　　　表 22.1.6

混凝土坍落度（cm）	搅拌机型	搅拌机容积（L）		
		<400	400~1000	>1000
≤3	自落式	90	120	150
	强制式	60	90	120
>3	自落式	90	90	120
	强制式	60	60	90

混凝土的浇筑检验，包括混凝土运输离析和预防措施，浇筑前模板和支架的质量检验记录，浇筑分层高度、厚度、程序、时间、振捣等操作，以及气象条件和防雨、防冻等措施进行检验。

混凝土的养护检验，包括养护方式和措施、养护时间和温度、湿度及拆模时间等。

混凝土试块检验，包括试块的制作、取样、数量、养护、强度试验等。混凝土的试块强度的平均值，不得低于 $1.05R_标$；同批混凝土试块强度中最小一组的值不得低于 $0.9R_标$。

4. 沉桩质量检验

沉桩检验，包括桩的接头、桩位偏差、标高偏差、倾斜度偏差、打入（静压）深度、停锤标准及桩的外观质量等。

（1）接头质量检验，应按接头的形式检验接头外观质量、连接件或胶结料、焊接或胶结质量，符合现行国家标准《混凝土结构工程施工质量验收规范》（GB 50204）和《钢结构工程施工质量验收规范》（GB 50205）的质量要求；

（2）桩位偏差检验，应按桩基础的结构特性检验桩位偏差，参见表 22.1.7；

（3）桩的标高偏差检验中，桩顶标高的允许偏差为 ±50mm；

（4）桩的倾斜度偏差检验，直桩的倾斜度不得大于 1‰，斜桩倾斜度的偏差不得大于倾斜角正切值的 15%（倾斜角系桩的纵向中心线与铅垂线间夹角）；

预制桩（钢桩）桩位的允许偏差　　　　　　　　　　　　表 22.1.7

项　目	允许偏差（mm）
盖有基础梁的桩： 1. 垂直基础梁的中心线 2. 沿基础梁的中心线	100+0.01H 150+0.01H
桩数为 1~3 根桩基中的桩	100
桩数为 4~16 根桩基中的桩	1/2 桩径或边长
桩数大于 16 根桩基中的桩： 1. 最外边的桩 2. 中间的桩	1/3 桩径或边长 1/2 桩径或边长

注：H 为施工现场地面标高与桩顶设计标高的距离。

（5）打（压）桩的桩尖标高或贯入度必须符合设计要求和施工规范的规定。

当桩端位于一般土层时，应以控制桩端设计标高为主，贯入度为辅。桩端达到坚硬、硬塑的黏性土、中密以上的粉土、砂土或碎石类土及风化岩层时，应以贯入度控制为主，桩端标高为辅。贯入度已达到设计要求而桩端标高未达到时，应继续锤击 3 阵，并按每阵

10 击的贯入度不应大于设计规定的数值确认，必要时，施工控制贯入度应通过试验确定；

（6）桩的外观检验，包括桩身破碎裂缝和断裂、桩身混凝土掉角露筋、接桩处拉脱开裂等。

22.1.7 混凝土灌注桩的施工参数检验

混凝土灌注桩应提供经确认的施工过程有关参数，包括原材料的力学性能检验报告、试件留置数量及制作养护方法、混凝土抗压强度试验报告、钢筋笼制作质量检查报告。施工完成后尚应进行桩顶标高、桩位偏差等检验。

灌注桩的成桩质量检查主要包括成孔及清孔、钢筋笼制作及安放、混凝土搅拌及浇筑等三个过程的质量检查。

1. 材质检验

施工材质检验包括砂料、石料、水泥、钢材等，有时尚应对水、添加剂、电焊条等进行检验。

（1）砂料：检验颗粒级配、含泥量等应符合现行行业标准《普通混凝土用砂、石质量及检验方法标准》（JGJ 52）。

（2）石料：检验颗粒级配、含泥量、骨料强度等应符合现行行业标准《普通混凝土用砂、石质量及检验方法标准》（JGJ 52）。

（3）水泥：检验水泥的质保单，鉴定水泥强度等级，对活性不稳定的水泥应及时做试验。

（4）钢材：检验质保单，鉴定钢材技术参数符合现行国家标准《钢筋混凝土用钢第一部分：热轧光圆钢筋》（GB 1499.1）及《钢筋混凝土用钢第二部分：热轧带肋钢筋》（GB 1499.2）的相关规定，并应检验浮锈和油污等。

2. 制作质量检验

灌注桩成孔施工的允许偏差应满足表 22.1.8 的要求。

灌注桩成孔允许偏差 表 22.1.8

成孔方法		桩径偏差（mm）	垂直度允许偏差（%）	桩位允许偏差（mm）	
				单桩、条形桩基沿垂直轴线方向和群桩基础中的边桩	条形桩基沿轴线方向和群桩基础中间桩
泥浆护壁钻、挖、冲孔桩	D≤1000mm	±50	<1	D/6 且不大于 100	D/4 且不大于 150
	D>1000mm	±50		100+0.01H	150+0.01H
锤击（振动）沉管振动冲击沉管成孔	D≤500mm	−20	<1	70	150
	D>500mm			100	150
螺旋钻、机动洛阳铲干作业成孔		−20	<1	70	150
人工挖孔桩	现浇混凝土护壁	+50	<0.5	50	150
	长钢套管护壁	+20	<1	100	200

注：1. 桩径允许偏差的负值是指个别断面；
　　2. 采用复打、反插法施工的桩，其桩径允许偏差不受本表限制；
　　3. H 为施工现场地面标高与桩顶设计标高的距离；D 为设计桩径。

钢筋笼除符合设计要求外，尚应符合下列规定：

（1）钢筋笼的制作允许偏差见表 22-1-9。

钢筋笼制作允许偏差 表 22-1-9

项 次	项 目	允许偏差（mm）
1	主筋间距	±10
2	箍筋间距	±20
3	钢筋笼直径	±10
4	钢筋笼长度	±100

（2）分段制作的钢筋笼，其接头宜采用焊接或机械式接头（钢筋直径大于 20mm），并应遵守国家现行标准《钢筋机械连接通用技术规程》JGJ 107、《钢筋焊接及验收规程》JGJ 18 和《混凝土结构工程施工质量验收规范》GB 50204 的相关规定。

（3）主筋净距应大于混凝土粗骨料粒径 3 倍以上。

（4）加劲箍宜设在主筋外侧，当因施工工艺有特殊要求时也可置于内侧。

（5）钢筋笼吊放入孔时，不得碰撞孔壁。灌注混凝土时，应采用措施固定钢筋笼位置。

粗骨料可选用卵石或碎石，其最大粒径对于沉管灌注桩不宜大于 50mm；碎石不宜大于 40mm；配筋的桩不宜大于 30mm，并不得大于钢筋间距的 1/3；对于素混凝土桩，不得大于桩径的 1/4，并不宜大于 70mm。坍落度：水下灌注的宜为 180mm～220mm；套管成孔的宜为 80mm～100mm。

灌注桩的实际浇筑混凝土量不得小于计算体积。套管成孔的灌注桩，应通过浮标观测，测出桩的任何一段平均直径与设计直径之比，不得小于 1。

检查成孔质量合格后应尽快浇筑混凝土。桩身混凝土必须留有试件；直径大于 1m 或单桩混凝土量超过 25m³ 的桩，每根桩桩身混凝土应留有 1 组试块；直径不大于 1m 或单桩混凝土量不超过 25m³ 的桩，每个浇筑台班不得少于 1 组，每组 3 件。

灌注桩的沉渣厚度应符合下列规定：摩擦型桩不应大于 100mm，端承型桩不应大于 50mm，抗拔、抗水平力桩不应大于 200mm。

3. 强度检验

桩的强度包括对混凝土的配合比、拌制、浇筑、养护、试块抗压强度等进行质量检验。

混凝土配合比检验，包括水灰比、坍落度、和易性、水用量、砂率值、重度及混凝土试块强度。

混凝土拌制检验，包括原材料计量的允许偏差、搅拌加料顺序和搅拌最短时间等。

混凝土原材料计量的允许偏差：外掺混合料小于 ±2%，骨料小于 ±3%，水及外加剂溶液小于 ±2%。

同时应定期检验各种计量衡器，经常测定骨料含水率。

混凝土的浇筑检验，包括混凝土运输离析和预防措施，浇筑前模板和支架的质量检验记录，浇筑分层高度、厚度、程序、时间、振捣等操作，以及气象条件和防雨、防冻等措施进行检验。

混凝土的养护检验，包括养护方式和措施、养护时间和温度、湿度及拆模时间等。

混凝土试块检验，包括试块的制作、取样、数量、养护、强度试验等，混凝土的试块强度的平均值，不得低于 $1.05R_标$；同批混凝土试块强度中最小一组的值不得低于 $0.9R_标$。

22.1.8 人工挖孔桩桩端持力层质量检验

人工挖孔桩应逐条对桩进行终孔验收，终孔验收的重点是持力层的岩土特征。单桩单柱的大直径嵌岩桩承载能力主要取决于嵌岩段岩性特征和下卧层的持力性状。人工挖孔桩终孔后，应用超前钻逐孔对孔底下 $3d$ 或 5m 内持力层进行检验，查明是否存在溶洞、破碎带和软夹层等，并提供岩芯抗压强度试验报告。

桩孔断面尺寸、孔的深度和地质应符合设计规定；孔底应平整，无积水、无沉渣、无泥污、孔壁牢固；虚土沉渣必须清理干净，不允许对超挖部分垫土、垫砂，如有扰动或超挖时应在清理干净后用低强度等级混凝土封闭；挖孔桩水下灌注混凝土的质量检验标准除应符合有关规定外，水泥用量不宜少于 $350kg/m^3$，当掺用外加剂时，水泥用量可酌情减少，但不得少于 $300kg/m^3$，水泥的初凝时间，不得少于 2h。

22.1.9 基桩桩身质量检测

工程桩应进行桩身质量检验。对于桩身质量检测，直径大于 800mm 的混凝土嵌岩桩应采用钻孔抽芯法或声波透射法检测，检测桩数不得少于总桩数的 10%，且不得少于 10根，且每根柱下承台的抽检数目不得小于 1 根。直径不大于 800mm 的桩及直径大于800mm 的非嵌岩桩，可根据桩径和桩长的大小，结合桩的类型和当地经验采用钻孔抽芯法、声波透射法或动测法进行检验，检测的桩数不应小于总桩数的 10%，且不得小于 10根；对钻芯法检验结果有怀疑或需进一步判断钻芯孔周围混凝土质量、桩底沉渣厚度时，可采用钻孔成像法检测。

1. 钻芯法

1）仪器设备

钻芯法检测需要液压高速钻岩机、双管单动钻具、锯切机、补平器和磨平机、压力机等设备。

2）方法和要求

采用钻机钻取桩身混凝土芯样，是一种较可靠、直观的检验方法，方法的不足之处在于只是反映局部的"一孔之见"。状态检验指的是桩身是否有断桩、夹泥、混凝土密实度以及沉渣厚度等。强度检验是在压力机上进行抗压强度试验，评定桩身混凝土强度是否满足设计强度要求。钻芯法是局部破损检验法，用岩芯钻具从桩顶沿桩身直至桩端下 3 倍桩径处钻孔，钻头外径不宜小于 100mm，钻头应是金刚石或符合国家专业标准的人造金刚石薄壁钻头，同时应采用双套管结构。钻进过程，钻头和芯样筒在一定外加压力下同时旋转，压力水进入芯管和钻头，通过循环水将岩屑带出孔外。取出的芯样应在样品箱中沿深度编号摆好，岔口对上，以便检验。强度试样的试件宜采用锯切法，芯样应采用夹紧装置固定。抗压试件端面平整度及垂直度要求高，可用研磨或补平方法解决。芯样抗压强度应换算成相应于测试龄期的、边长为 150mm 立方体试块的抗压强度值。芯样的混凝土强度换算值应按下列公式计算：

$$f_{cu}^c = \alpha \cdot (4f/\pi d^2) \qquad (22.1.3)$$

式中　f_{cu}^c——芯样试件混凝土强度换算值（MPa）；

　　　　f——芯样试件抗压试验测得的最大压力（N）；

　　　　d——芯样试件的平均直径（mm）；

　　　　α——混凝土芯样试件抗压强度折算系数，通过试验统计确定，当无试验统计资料时，宜取为 1.0。

抽芯法通过钻取混凝土芯样和桩底持力层岩芯，即可直观地判断桩身混凝土的连续性、持力层岩土特征及沉渣情况，可通过芯样抗压试验得到混凝土和岩样的强度，是大直径桩的重要检测方法之一。但不足之处也是"一孔之见"，存在片面性。通常在一根桩上，桩直径为 0.8m～1.0m 的一般钻 2～3 个孔，桩直径大于 1.0m 的钻 4 个孔。钻芯法要求有较高的操作技术水平和良好钻具才能保证质量。取样率要求达 95% 以上，同时要掌握好钻孔的垂直度，否则，可能出现钻孔偏斜，钻到桩周土层。钻芯法存在速度慢等缺点，一般每小时可钻进 0.5m～1.0m。

2. 基桩孔内摄像法

1）基本原理

利用灌注桩的抽芯孔，沿着抽芯孔采用摄像技术对孔壁进行拍摄及观察，以识别桩身缺陷及其位置、形式、程度，可以校验抽芯质量的真实性，是钻芯法检验桩身质量的重要校验手段。

2）仪器设备

可采用智能钻孔电视成像仪，仪器成像分辨率不应低于 720×576 像素，并应具有深度记录装置和摄像头定位装置。

3）现场检测

检测过程中，应全面、清晰地记录基桩孔内的图像。采用单镜头多次成像检测仪进行检测时，应合理安排检测次数、速度、角度，保证对孔壁进行全面检测。采用多镜头一次成像检测仪进行检测时，应针对可能的缺陷位置放慢行进速度进行重点拍摄。

4）检测报告

基桩孔内摄像法检测报告应包含下列内容：

（1）委托方名称，工程名称、地点，建设、勘察、设计、监理和施工单位，基础、结构形式，层数，设计要求，检测目的，检测依据，检测数量，检测日期；

（2）地质条件描述；

（3）受检桩的桩号、桩位和相关施工记录；

（4）检测方法、检测仪器设备和检测过程叙述；

（5）检测结果描述；

（6）受检桩的孔内摄像照片。

基桩孔内摄像法检测实例

（1）工程概况：广州市某工程为框架结构，地下 1～3 层，地上 27～28 层，建筑面积为 201588.61m²。该工程基础采用冲孔灌注桩基础，桩径 1200mm，单桩承载力特征值为 9000kN。该工程的 2-077 号、2-080 号桩进行了孔内摄像法检测，基桩施工情况见

表 22.1.10。

基桩施工情况汇总表　　　　　　表 22.1.10

序号	桩号	检测桩顶标高（m）	桩径（mm）	实际有效桩长（m）	设计混凝土强度等级	施工日期	设计要求桩端持力层性状	单桩承载力特征值（kN）
1	2-077	−13.9	1200	13.84	C30	2012.1.15	微风化灰岩	9000
2	2-080	−13.9	1200	15.86	C30	2012.1.6	微风化灰岩	9000

（2）测试方法和方案：本次被检桩数为 2 根，每桩检测两孔，共检测 4 个钻孔。检测目的是检测混凝土灌注桩的桩长、桩身缺陷及其位置、桩底沉渣厚度，判定或鉴别桩底持力层岩土性状。

（3）测试仪器：智能钻孔电视成像仪（JL-IDOI（A）），摄像头像素为 134 万，仪器在有效的校准周期内。

（4）检测结果：2-077 号桩-1 孔的代表性成像图见图 22.1.3，检测结果见表 22.1.11。

基桩孔内摄像法检测结果表　　　　　　表 22.1.11

桩号	桩径（mm）	钻孔数	施工记录桩长（m）	检测平均桩长（m）	桩身完整性描述	设计要求桩端持力层岩土性状	检测桩端持力层岩土性状
2-077	1200	2	13.84	13.48	1 孔深度 0.89m～0.98m，钻孔侧壁见一空洞，其余部分混凝土连续完整	微风化灰岩	为微风化灰岩，1 孔桩底与持力层间桩底与持力层交界处见一约 17cm 厚的空洞，2 孔持力层在桩底以下约 20cm 范围内破碎，其余部分岩石连续完整
2−080	1200	2	15.86	15.70	2 个钻孔的钻孔壁多处可见胶结差或蜂窝、麻面现象	微风化灰岩	为微风化灰岩，局部裂隙较发育，2 孔桩端与持力层之间有约 6cm 的裂隙

3. 声波透射法

1）基本原理

声波在正常混凝土中传播的波速一般在 3000m/s～4500m/s 之间，当传播路径上遇到混凝土裂缝、夹泥和密实度差等缺陷时，声波将发生衰减，部分声波绕过缺陷前进，传播时间延长，使波的振幅减小。缺陷破坏了混凝土连续性，使波传播路径变复杂，振幅波速减小，引起波形畸形。

2）仪器设备

声波发射与接收换能器应符合下列要求：

1345

检测孔号	2-077#桩-1孔	直径		1200mm	检测桩顶标高		-13.9m
施工记录桩长	13.84m	检测桩长		13.46m	检测日期		2012年9月17日
高程	深度	展开图(1:9.9)	岩性描述	高程	深度	展开图(1:9.9)	岩性描述

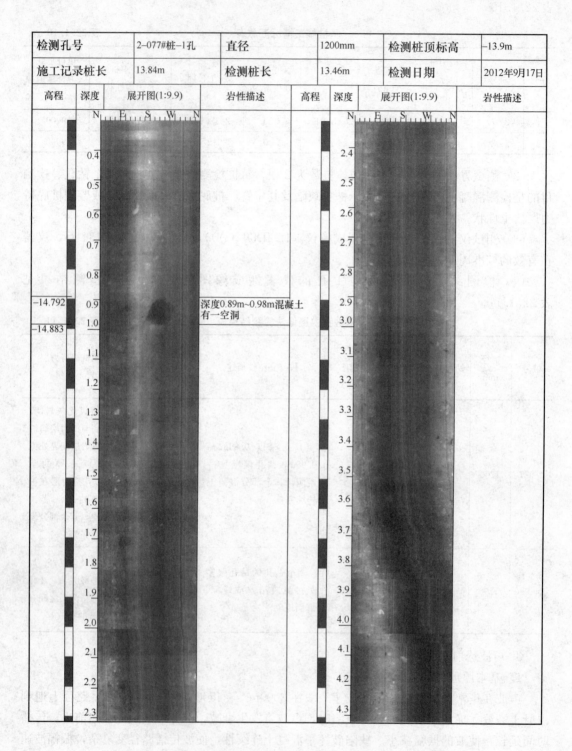

| | | | 深度0.89m~0.98m混凝土有一空洞 | | | | |

图 22.1.3　2-077 号桩-1 孔的代表性成像

（1）圆柱状径向振动，沿径向无指向性；

（2）外径小于声测管内径，有效工作段长度不大于 150mm；

（3）谐振频率宜为 30kHz～60kHz；

（4）水密性满足 1MPa 水压不渗水。

声波检测仪应符合下列要求：

（1）具有实时显示和记录接收信号的时程曲线以及频率测量或频谱分析功能；

（2）声时测量分辨力优于或等于 0.5μs；声波幅值测量相对误差小于 5%，系统频带宽度为 1kHz～200kHz，系统最大动态范围不小于 100dB；

（3）声波发射脉冲宜为阶跃或矩形脉冲，电压幅值为 200V～1000V。

3）测管埋设要点

（1）声测管内径宜比换能器外径大 10mm 左右；

（2）声测管应下端封闭，上端加盖，管内无异物；声测管连接处应光滑过渡，管口应高出桩顶 100mm 以上，且各声测管管口高度宜一致；

（3）浇灌混凝土前应采取适宜方法固定声测管，使之在浇灌混凝土后相互平行；

北

$D \leqslant 800mm$　　　　$800mm < D \leqslant 2000mm$　　　　$D > 2000mm$

图 22.1.4　声测管布置图

（4）声测管埋设数量应符合：$D \leqslant 800mm$，不得少于 2 根管；$800mm < D \leqslant 1600mm$，不得少于 3 根管；$D > 1600mm$，不得少于 4 根管；$D > 2500mm$，宜增加预埋声测管数量；$D$ 为受检桩设计桩径；

（5）声测管应沿桩截面外侧呈对称形状布置，按图 22.1.4 所示的箭头方向顺时针旋转依次编号。

检测剖面编组分别为：1—2；1—2，1—3，2—3；1—2，1—3，1—4，2—3，2—4，3—4。

4）现场检测

现场检测前准备工作应符合下列规定：

（1）采用率定法确定仪器系统延迟时间；

（2）计算声测管及耦合水层声时修正值；

（3）在桩顶测量相应声测管外壁间净距离；

（4）将各声测管内注满清水，检查声测管畅通情况；换能器应能在全程范围内正常升降。

现场检测步骤应符合下列规定：

（1）将发射与接收声波换能器通过深度标志分别置于两根声测管中的测点处。

（2）平测时，发射与接收声波换能器应始终保持相同深度（图 22.1.5a）；斜测时，发射与接收声波换能器应始终保持固定高差（图 22.1.5b），且两个换能器中点连线的水平夹角不应大于 30°。检测过程

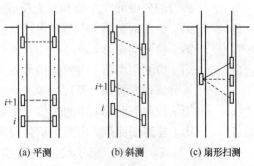

(a) 平测　　　(b) 斜测　　　(c) 扇形扫测

图 22.1.5　平测、斜侧和扇形扫测示意图

中，应将发射与接收声波换能器同步提升，声测线间距不应大于 100mm；提升过程中，应校核换能器的深度和高差，并确保测试波形的稳定性，提升速度不宜大于 0.5m/s。

（3）实时显示和记录每条声测线的信号时程曲线，并读取首波声时、幅值；当需要采用信号主频作为异常声测线辅助判据时，尚应读取信号的主频值；保存检测数据的同时，应保存波列图信息。

（4）将多根声测管以两根为一个检测剖面进行全组合，分别对所有检测剖面完成检测。

（5）在桩身质量可疑的声测线附近，应采用增加声测线或采用扇形扫测（图 22-1-5c）、交叉斜测、CT 影像技术等方式进行复测和加密测试，进一步确定桩身缺陷的位置和范围。采用扇形扫测时，两个换能器中点连线的水平夹角不应大于 40°。

（6）在同一检测剖面的声测线间距、声波发射电压和仪器设置参数应保持不变。

5）检测数据的分析与判定

各测点的声时、声速、波幅及主频，应根据现场检测数据，按下列各式计算，并绘制声速－深度曲线和波幅－深度曲线，需要时可绘制辅助的主频－深度曲线以及能量-深度曲线。

$$t_{ci}(j) = t_i(j) - t_0 - t' \tag{22.1.4}$$

$$v_i(j) = \frac{l'_i(j)}{t_{ci}(j)} \tag{22.1.5}$$

$$A_{pi}(j) = 20\lg \frac{a_i(j)}{a_0} \tag{22.1.6}$$

$$f_i(j) = \frac{1000}{T_i(j)} \tag{22.1.7}$$

式中 i——声测线编号，应对每个检测剖面自下而上（或自上而下）连续编号；

      j——检测剖面编号；

  $t_{ci}(j)$——第 j 检测剖面第 i 声测线声时（μs）；

  $t_i(j)$——第 j 检测剖面第 i 声测线声时测量值（μs）；

    t_0——仪器系统延迟时间（μs）；

    t'——声测管及耦合水层声时修正值（μs）；

  $l'_i(j)$——第 j 检测剖面第 i 声测线的两声测管的外壁间净距离（mm），当两声测管基本平行时，可取为两声测管管口的外壁间净距离；斜测时，$l'_i(j)$ 为声波发射和接收换能器各自中点对应的声测管外壁处之间的净距离，可由桩顶面两声测管的外壁间净距离和发射接收声波换能器的高差计算得到；

  $v_i(j)$——第 j 检测剖面第 i 声测线声速（km/s）；

  $A_{pi}(j)$——第 j 检测剖面第 i 声测线的首波幅值（dB）；

  $a_i(j)$——第 j 检测剖面第 i 声测线信号首波峰值（V）；

    a_0——零分贝信号幅值（V）；

  $f_i(j)$——第 j 检测剖面第 i 声测线信号主频值（kHz），可经信号频谱分析求得；

  $T_i(j)$——第 j 检测剖面第 i 声测线信号周期（μs）。

当采用平测或斜测时，第 j 检测剖面的声速异常判断的概率统计值应按下列方法确定：

（1）将第 j 检测剖面各声测线的声速值 $v_i(j)$ 由大到小依次排序，即：

$$v_1(j) \geqslant v_2(j) \geqslant \cdots v'_k(j) \geqslant \cdots v_{i-1}(j) \geqslant v_i(j) \geqslant v_{i+1}(j) \geqslant \cdots v_{n-k}(j) \geqslant \cdots v_{n-1}(j) \geqslant v_n(j)$$

$$(22.1.8)$$

式中　$v_i(j)$——第 j 检测剖面第 i 声测线声速，$i=1，2，\cdots\cdots，n$；

$\qquad n$——第 j 检测剖面的声测线总数；

$\qquad k$——拟去掉的低声速值的数据个数，$k=0，1，2，\cdots\cdots$；

$\qquad k'$——拟去掉的高声速值的数据个数，$k'=0，1，2，\cdots\cdots$。

（2）对逐一去掉 $v_i(j)$ 中 k 个最小数值和 k' 个最大数值后的其余数据进行统计计算：

$$v_{01}(j) = v_m(j) - \lambda \cdot s_x(j) \qquad (22.1.9)$$

$$v_{02}(j) = v_m(j) + \lambda \cdot s_x(j) \qquad (22.1.10)$$

$$v_m(j) = \frac{1}{n-k-k'} \sum_{i=k'+1}^{n-k} v_i(j) \qquad (22.1.11)$$

$$s_x(j) = \sqrt{\frac{1}{n-k-k'-1} \sum_{i=k'+1}^{n-k} \left[v_i(j) - v_m(j) \right]^2} \qquad (22.1.12)$$

$$C_v(j) = \frac{s_x(j)}{v_m(j)} \qquad (22.1.13)$$

式中　$v_{01}(j)$——第 j 剖面的声速异常小值判断值；

$\qquad v_{02}(j)$——第 j 剖面的声速异常大值判断值；

$\qquad v_m(j)$——（$n-k-k'$）个数据的平均值；

$\qquad s_x(j)$——（$n-k-k'$）个数据的标准差；

$\qquad C_v(j)$——（$n-k-k'$）个数据的变异系数；

$\qquad \lambda$——由表 22.1.12 查得的与（$n-k-k'$）相对应的系数。

统计数据个数（$n-k-k'$）与对应的 λ 值　　　　表 22.1.12

$n-k-k'$	10	11	12	13	14	15	16	17	18	20
λ	1.28	1.33	1.38	1.43	1.47	1.50	1.53	1.56	1.59	1.64
$n-k-k'$	20	22	24	26	28	30	32	34	36	38
λ	1.64	1.69	1.73	1.77	1.80	1.83	1.86	1.89	1.91	1.94
$n-k-k'$	40	42	44	46	48	50	52	54	56	58
λ	1.96	1.98	2.00	2.02	2.04	2.05	2.07	2.09	2.10	2.11
$n-k-k'$	60	62	64	66	68	70	72	74	76	78
λ	2.13	2.14	2.15	2.17	2.18	2.19	2.20	2.21	2.22	2.23
$n-k-k'$	80	82	84	86	88	90	92	94	96	98
λ	2.24	2.25	2.26	2.27	2.28	2.29	2.29	2.30	2.31	2.32
$n-k-k'$	100	105	110	115	120	125	130	135	140	145
λ	2.33	2.34	2.36	2.38	2.39	2.41	2.42	2.43	2.45	2.46
$n-k-k'$	150	160	170	180	190	200	220	240	260	280
λ	2.47	2.50	2.52	2.54	2.56	2.58	2.61	2.64	2.67	2.69
$n-k-k'$	300	320	340	360	380	400	420	440	470	500
λ	2.72	2.74	2.76	2.77	2.79	2.81	2.82	2.84	2.86	2.88
$n-k-k'$	550	600	650	700	750	800	850	900	950	1000
λ	2.91	2.94	2.96	2.98	3.00	3.02	3.04	3.06	3.08	3.09
$n-k-k'$	1100	1200	1300	1400	1500	1600	1700	1800	1900	2000
λ	3.12	3.14	3.17	3.19	3.21	3.23	3.24	3.26	3.28	3.29

（3）按 $k=0$、$k'=0$、$k=1$、$k'=1$、$k=2$、$k'=2$……的顺序，将参加统计的数列最小数据 $v_{n-k}(j)$ 与异常小值判断值 $v_{01}(j)$ 进行比较，当 $v_{n-k}(j) \leqslant v_{01}(j)$ 时，剔除最小数据；将最大数据 $v_{k'+1}(j)$ 与异常大值判断值 $v_{02}(j)$ 进行比较，当 $v_{k'+1}(j) \geqslant v_{02}(j)$ 时剔除最大数据；每次剔除一个数据，对剩余数据构成的数列，重复式（22.1.9）～式（22.1.12）的计算步骤，直到下列两式成立：

$$v_{n-k}(j) > v_{01}(j) \tag{22.1.14}$$

$$v_{k'+1}(j) < v_{02}(j) \tag{22.1.15}$$

（4）第 j 检测剖面的声速异常判断概率统计值，应按下式计算：

$$v_0(j) = \begin{cases} v_{\mathrm{m}}(j)(1-0.015\lambda) & \text{当 } C_{\mathrm{v}}(j) < 0.015 \text{ 时} \\ v_{01}(j) & \text{当 } 0.015 \leqslant C_{\mathrm{v}}(j) \leqslant 0.045 \text{ 时} \\ v_{\mathrm{m}}(j)(1-0.045\lambda) & \text{当 } C_{\mathrm{v}}(j) > 0.045 \text{ 时} \end{cases} \tag{22.1.16}$$

式中　$v_0(j)$——第 j 检测剖面声速异常判断概率统计值。

受检桩的声速异常判断临界值，应按下列方法确定：

（1）根据本地区经验，结合预留同条件混凝土试件或钻芯法获取的芯样试件的抗压强度与声速对比试验，分别确定桩身混凝土声速的低限值 v_{L} 和混凝土试件的声速平均值 v_{p}；

（2）当 $v_{\mathrm{L}} < v_0(j) < v_{\mathrm{p}}$ 时，

$$v_{\mathrm{c}}(j) = v_0(j) \tag{22.1.17}$$

式中　$v_{\mathrm{c}}(j)$——第 j 检测剖面的声速异常判断临界值；

　　　$v_0(j)$——第 j 检测剖面的声速异常判断概率统计值。

（3）当 $v_0(j) \leqslant v_{\mathrm{L}}$ 或 $v_0(j) \geqslant v_{\mathrm{p}}$ 时，应分析原因；

第 j 检测剖面的声速异常判断临界值可按下列情况综合确定：同一根桩的其他检测剖面的声速异常判断临界值；与受检桩属同一工程、相同桩型且混凝土质量较稳定的其他桩的声速异常判断临界值。

（4）对只有单个检测剖面的桩，其声速异常判断临界值等于检测剖面声速异常判断临界值。对具有三个及三个以上检测剖面的桩，应取各个检测剖面声速异常判断临界值的算术平均值，作为该桩声速异常判断临界值。

声速异常应按下式判定：

$$v_i(j) \leqslant v_{\mathrm{c}} \tag{22.1.18}$$

波幅异常判断的临界值，应按下列公式计算：

$$A_{\mathrm{m}}(j) = \frac{1}{n} \sum_{j=1}^{n} A_{\mathrm{p}i}(j) \tag{22.1.19}$$

$$A_{\mathrm{c}}(j) = A_{\mathrm{m}}(j) - 6 \tag{22.1.20}$$

波幅 $A_{\mathrm{p}i}(j)$ 异常应按下式判定：

$$A_{\mathrm{p}i}(j) < A_{\mathrm{c}}(j) \tag{22.1.21}$$

式中　$A_{\mathrm{m}}(j)$——第 j 检测剖面各声测线波幅平均值（dB）；

　　　$A_{\mathrm{p}i}(j)$——第 j 检测剖面第 i 声测线的波幅值（dB）；

　　　$A_{\mathrm{c}}(j)$——第 j 检测剖面波幅异常判断的临界值（dB）；

　　　　n——第 j 检测剖面的声测线总数。

当采用信号主频值作为辅助异常声测线判据时，主频-深度曲线上主频值明显降低的声测线可判定为异常。

当采用接收信号的能量作为辅助异常声测线判据时，能量-深度曲线上接收信号能量明显降低可判定为异常。

采用斜率法作为辅助异常声测线判据时，声时-深度曲线上相邻两点的斜率与声时差的乘积 PSD 值应按下式计算。当 PSD 值在某深度处突变时，宜结合波幅变化情况进行异常声测线判定。

$$PSD(j,i) = \frac{[t_{ci}(j) - t_{ci-1}(j)]^2}{z_i - z_{i-1}} \qquad (22.1.22)$$

式中　PSD——声时-深度曲线上相邻两点的斜率与声时差的乘积（$\mu s^2/m$）；

$t_{ci}(j)$——第 j 检测剖面第 i 测线声时（μs）；

$t_{ci-1}(j)$——第 j 检测剖面第 $i-1$ 声测线声时（μs）；

z_i——第 i 声测线深度（m）；

z_{i-1}——第 $i-1$ 声测线深度（m）。

桩身缺陷的空间分布范围，可根据以下情况判定：桩身同一深度上各检测剖面桩身缺陷的分布；复测和加密测试的结果。

桩身完整性类别应结合桩身缺陷处声测线的声学特征、缺陷的空间分布范围进行综合判定，见表 22.1.13 所列特征。

桩身完整性判定 表 22.1.13

类别	特　　征
I	所有声测线声学参数无异常，接收波形正常； 存在声学参数轻微异常、波形轻微畸变的异常声测线，异常声测线在任一检测剖面的任一区段内纵向不连续分析，且在任一深度横向分布的数量小于检测剖面数量的 50%
II	存在声学参数轻微异常、波形轻微畸变的异常声测线，异常声测线在一个或多个检测剖面的一个或多个区段内纵向连续分布，或在一个或多个深度横向分布的数量大于或等于检测剖面数量的 50%； 存在声学参数明显异常、波形明显畸变的异常声测线，异常声测线在任一个检测剖面的任一区段内纵向不连续分布，且在任一深度横向分布的数量小于检测剖面数量的 50%
III	存在声学参数明显异常、波形明显畸变的异常声测线，异常声测线在一个或多个检测剖面的一个或多个区段内纵向连续分布，但在任一深度横向分布的数量小于检测剖面数量的 50%； 存在声学参数明显异常、波形明显畸变的异常声测线，异常声测线在任一个检测剖面的任一区段内纵向不连续分布，但在一个或多个深度横向分布的数量大于或等于检测剖面数量的 50%； 存在声学参数严重异常、波形严重畸变或声速低于低限值的异常声测线，异常声测线在任一检测剖面的任一区段内纵向不连续分布，且在任一深度横向分布的数量小于检测剖面数量的 50%
IV	存在声学参数明显异常、波形明显畸变的异常声测线，异常声测线在一个或多个检测剖面的一个或多个区段内纵向连续分布，且在一个或多个深度横向分布的数量大于或等于检测剖面数量的 50%； 存在声学参数严重异常、波形严重畸变或声速低于低限值的异常声测线，异常声测线在一个或多个检测剖面的一个或多个区段内纵向连续分布，或在一个或多个深度横向分布的数量大于或等于检测剖面数量的 50%

注：1. 完整性类别由 IV 类往 I 类依次判定。

2. 对于只有一个检测剖面的受检桩，桩身完整性判定应按该检测剖面代表桩全部横截面的情况对待。

检测报告应包括下列内容：

（1）声测管布置图及声测剖面编号；

（2）受检桩各检测剖面声速-深度曲线、波幅-深度曲线，并将相应判据临界值所对应的标志线绘制于同一个坐标系；

（3）当采用主频值、PSD 值或接收信号能量进行辅助分析判定时，应绘制相应的主频-深度曲线、PSD 曲线或能量-深度曲线；

（4）各检测剖面实测波列图；

（5）对加密测试、扇形扫测的有关情况说明；

（6）当对管距修正时，应注明管距修正的范围及方法。

声波透射法检测实例：

（1）工程概况

某大厦是由两个 39 层塔楼及 7 层裙楼组成，有 3 层地下室，基础埋深为 14.3m，基础面积为 81m×43m，柱距 6m、9m、12m 不等，基础采用钻孔灌注桩，桩长约 36m，桩径 800mm。

（2）测试方法

本次被检桩数为 3 根，每根试桩设置 3 根预埋声测钢管，钢管顶部高出桩顶约 0.5m，两端堵严实，以防管道堵塞。

声波检测采用扫测和细测两种方式综合进行。扫测时每点间距为 0.4m，两探头处于同一水平高度，测试中两探头同升同降，扫测时直接测读声时值；细测一般在扫测中发现异常数据位置处进行，细测一般采用斜测法，按探头在两个预埋管中相对高低不同位置各测一遍，此时两探头的高差一般为 0.1m～0.3m，两探头应同步升降，同时观察声时、波幅、波形变化。

（3）测试仪器

CTS-25 型超声仪及与之配套的径向振动式探头（换能器）。

（4）试验概况和分析

试验顺序为 3 号、4 号、5 号试桩。3 号试桩在测试工程中无异常现象发生；4 号试桩在 14.6m 处有两根测管间的超声透射信号很弱，声时值明显偏低，后经了解证实施工过程中曾因商品混凝土供应间断，使混凝土灌注在 14.6m 处停止 1.5h，其间为防止导管凝固住，采用不断拔插和晃动的方法，可能由此造成局部混凝土存在缺陷。5 号试桩在超声测试过程中，发现超声仪显示的接收波形信号衰降很大，杂波较多，首波不易确定。

各试桩的超声声时（T）、PSD、（$S \cdot D$）判据沿桩长 L 的变化曲线详见图 22.1.6～图 22.1.8。

PSD 判据是超声检测灌注桩混凝土质量及缺陷的有效方法，是桩身混凝土内相邻测点间声时的斜率和差值乘积的判据，它对缺陷十分敏感；而对因声测管不平行等原因引起的声时变化基本无反映。因此可排除干扰，突出缺陷信号，利于缺陷的鉴别。

从 L-T 和 L-$S \cdot D$ 曲线上看，3 号试桩在被测的三个测面上曲线数据离散度小，反映该桩施工质量好，混凝土密实度和均匀性好；$S \cdot D_{max} = 11$ 的对应位置是（2）侧面的桩底（50.2m）处，此处的波速很低为 2797m/s，其产生原因可能是孔底沉渣等因素造成，是灌注桩的常见情况，对桩的整体结构强度无影响，另外在（3）侧面 30.2m 处和（1）

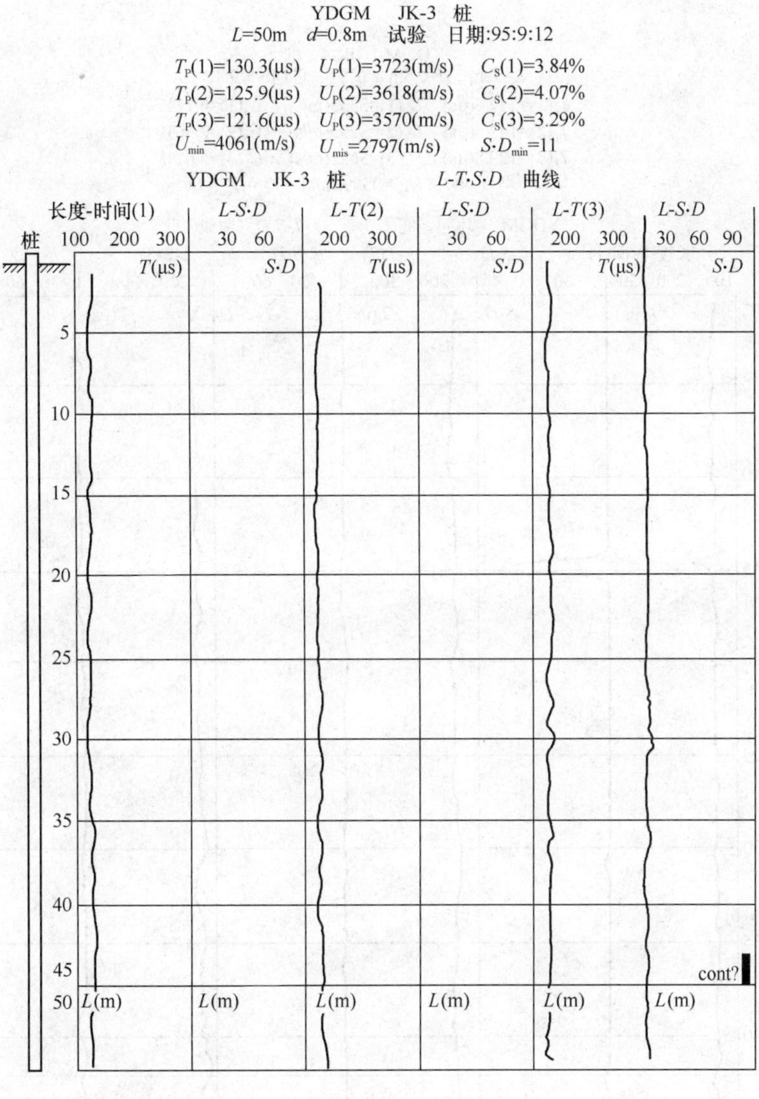
YDGM　JK-3　桩
L=50m　d=0.8m　试验　日期:95:9:12
TP(1)=130.3(μs)　UP(1)=3723(m/s)　CS(1)=3.84%
TP(2)=125.9(μs)　UP(2)=3618(m/s)　CS(2)=4.07%
TP(3)=121.6(μs)　UP(3)=3570(m/s)　CS(3)=3.29%
Umin=4061(m/s)　Umis=2797(m/s)　S·Dmin=11
YDGM　JK-3　桩　L-T·S·D　曲线
长度-时间(1)
L-S·D
L-T(2)
L-S·D
L-T(3)
L-S·D
桩
100　200　300
30　60
200　300
30　60
200　300
30　60　90
T(μs)
S·D
5
10
15
20
25
30
35
40
45
50
cont?
L(m)

图 22.1.6　3 号试桩的 L-T 曲线、L-$S \cdot D$ 曲线

测面 35.8m 处有轻微离析现象。

4 号试桩在（1）侧面（南面）14.6m 处 $S \cdot D$ 达 66.0，结合施工时在此处混凝土停灌 1.5h 情况，分析可能是导管在靠近此面晃动，使混凝土在初凝期时受扰动，或有裂缝，或进泥浆而造成的。另外在桩身个别部位存在轻微缺陷，在 30.6m～33.0m 范围内的混凝土的质量稍差。4 号试桩在 3 根超声检测中整体质量居中。

5 号试桩的（1）、（3）的测面 1m 处的 L-$S \cdot D$ 曲线有明显的峰值；而声时值明显偏低反映该处混凝土质量有较大问题，其原因可能是加固桩头位置的新旧混凝土结合面，或是浮浆清理不净，或是桩头的二次处理造成损伤，但因该处位于桩头加固的钢护筒范围内（1.1m），故对试桩的整体结构强度影响不大；就整体而言，5 号桩的质量较差，主要表现在 L—T 曲线波动较大（混凝土均一性不太好），测试时仪器接收信号波形衰减大、杂波多、波速低、首波不易判定。

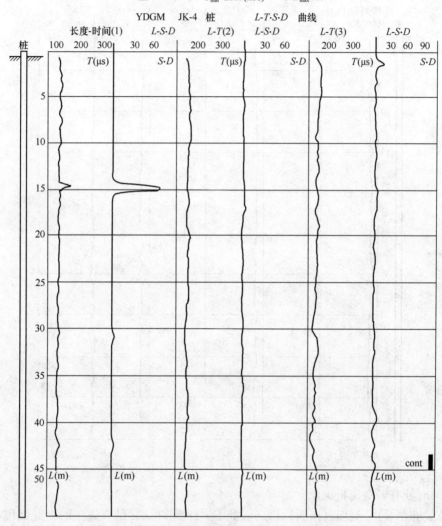

图 22.1.7　4 号试桩的 L-T 曲线、L-$S\cdot D$ 曲线图

4. 低应变法

低应变法的方法很多，用于桩身质量检测的方法有反射波法、机械阻抗法等。应用最为广泛的为反射波法，在此作详细介绍。

1）评价标准

桩身结构完整性等级评定标准根据实测波形对桩身结构完整性等级划分，可参考表 22.1.14。

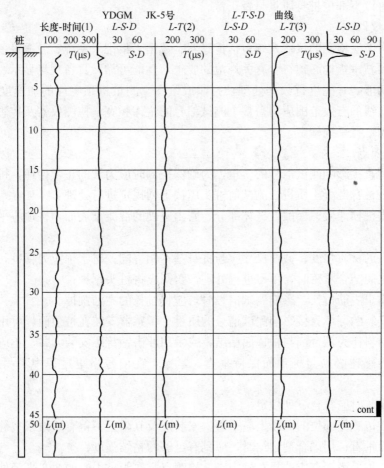

图 22.1.8　5 号试桩的 $L\text{-}T$ 曲线、$L\text{-}S\cdot D$ 曲线图

桩身质量等级划分表　　　　　　　　　　　　　　　　　　　表 22.1.14

类别	时域信号特征	幅频信号特征
I 类	$2L/c$ 时刻前无缺陷反射波，有桩底反射波	桩底谐振峰排列基本等间距，其相邻频差 $\Delta f \approx c/2L$
II 类	$2L/c$ 时刻前出现轻微缺陷反射波，有桩底反射波	桩底谐振峰排列基本等间距，其相邻频差 $\Delta f \approx c/2L$，轻微缺陷产生的谐振峰与桩底谐振峰之间的频差 $\Delta f' > c/2L$
III 类	有明显缺陷反射波，其他特征介于 II 类和 IV 类之间	
IV 类	$2L/c$ 时刻前出现严重缺陷反射波或周期性反射波，无桩底反射波；或因桩身浅部严重缺陷使波形呈现低频大振幅衰减振动，无桩底反射波	缺陷谐振峰排列基本等间距，相邻频差 $\Delta f' > c/2L$，无桩底谐振峰；或因桩身浅部严重缺陷只出现单一谐振峰，无桩底谐振峰

注：对同一场地、地质条件相近、桩型和成桩工艺相同的基桩，因桩端部分桩身阻抗与持力层阻抗相匹配导致实测信号无桩底反射波时，可按本场地同条件下有桩底反射波的其他桩实测信号判定桩身完整性类别。

桩身存在缺陷的基桩，可能会影响正常使用功能，如可能影响竖向承载力、水平承载力、桩的耐久性或导致不均匀沉降等。

在正常情况下，Ⅰ、Ⅱ类桩桩身结构完整性可满足使用要求；Ⅲ类桩应采用其他方法进一步抽检，并根据抽检结果确定是否使用；Ⅳ类桩应进行工程处理，进一步检测确定严重缺陷或断桩以下部位桩身质量是否正常。

2）检测仪器

用于反射波法检测的仪器系统包括传感器、数据采集记录系统、激振设备及其他专用附件等。仪器技术指标必须符合有关规范的要求，性能可靠，具备现场显示、记录、保存实测信号的功能，并能进行数据处理，打印或绘图。测量桩顶响应的加速度或速度传感器，其幅频曲线的有效范围应覆盖整个测试信号的主体频宽。检测仪器及传感器必须按照有关规定定期进行系统检定。

3）测试要点

桩头处理直接影响测试信号的质量，为确保检测时应力波的正常传递，桩顶的混凝土质量应能代表桩身混凝土质量。测试前桩头应按下列规定进行处理：

（1）凿去桩顶浮浆、松散或破坏部分、露出坚硬的混凝土表面，桩顶应平整干净且无积水；

（2）桩头的材质强度、截面尺寸应与桩身基本相等同；对于预应力管桩，当法兰盘与桩身混凝土之间结合紧密时，可不进行处理，否则应将桩头锯平；

（3）当露出主筋过长，影响测试信号时，应将过长的主筋割掉。

传感器安装的好坏直接影响测试信号的质量。传感器安装在桩顶面，可用黄油、橡皮泥、石膏等材料作为耦合剂与桩顶面粘结，或采用冲击钻打眼安装方式，不应采用手扶方式。安装的传感器必须与桩顶面保持垂直、紧贴，在信号采集过程中不得产生滑移或松动。

传感器安装时应符合下列规定：

（1）安装传感器部位的混凝土应平整，安装点及其附近不得有缺损或裂缝；传感器安装应与桩顶面垂直；用耦合剂粘结时，应具有足够的粘结强度；

（2）实心桩的激振点应选择在桩中心，检测点宜在距桩中心的2/3半径处；空心桩的激振点和检测点宜在桩壁厚的1/2处，激振点和检测点与桩中心连线形成的夹角宜为90°。

检测时应合理设置采样时间间隔、采样点数、增益、模拟滤波等参数。根据检测桩长设置采样间隔和采样点数，根据激振能量设置增益。

检测时必须沿桩轴向激振。通过改变锤的质量、材质及锤垫，可使冲击入射脉冲宽度改变。入射脉冲宽时，应力波衰减较慢，但分辨率较低；入射脉冲窄时，应力波衰减较快，分辨率较高。因此，若要获得长桩的桩底反射信息或判断深部缺陷时，入射脉冲应宽一些；当检测短桩或桩的浅部缺陷时，入射脉冲应窄一些。

检测时应随时检查采集信号的质量，信号应不失真，无零漂移现象。每根桩的检测点数应不少于2个，且应随桩径增大而增加。不同检测点所得到的信号一致性差时，应分析原因，增加检测点数量。应根据缺陷位置的深浅及时改变锤击脉冲宽度。对检测信号应作叠加平均处理，以提高实测信号的信噪比。

4）桩身结构的完整性评价

反射波法检测桩的完整性是建立在一维应力理论上，对检测信号的分析应根据一维波动理论进行。采用反射波法分析判断桩身结构完整性，直观简便，对缺陷深度可依据反射波的创造时间进行定量计算，缺陷严重程度必须根据缺陷的反射波的幅值和相位、缺陷的位置，施工记录、工程地质资料，结合经验综合分析。

对工程地质条件相近，成桩工艺相同，同一单位施工的桩基，确定其桩基纵波波速平均值，是信号分析的基础。实测波形有明显的桩底反射，也是信号分析的基础。如果实测波形有较明显的桩底反射，可获得应力波从桩顶传至桩底的准确时间，在桩长已知的情况下，则可计算桩材的平均波速。进而可用统计方法求出整个桩基工程的基桩纵波波速的平均值。当检测桩数较少时，可结合本地区成桩工艺相同的其他桩基工程测试结果，综合设定纵波波速平均值。

当检测信号显示桩身存在缺陷时，应根据缺陷反射波的幅值和相位、缺陷位置、施工记录、工程地质资料，结合经验综合分析缺陷程度。桩身缺陷位置可按下式计算：

$$L = \frac{C\Delta t_x}{2000} \tag{22.1.23}$$

式中　L——桩身缺陷至传感器安装点的距离（m）；

　　　C——受检桩的桩身波速（m/s），无法确定时可用桩身波速的平均值替代；

　　Δt_x——速度波第一峰与缺陷反射波峰间的时间差（如图 22.1.9）。

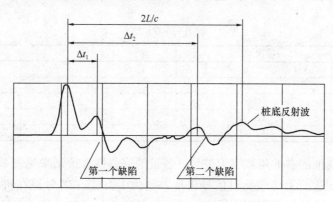

图 22.1.9　缺陷位置时域计算示意图

桩缺陷位置也可用振幅频差进行计算（如图 22.1.10）。

$$L = \frac{C}{2\Delta f} \tag{22.1.24}$$

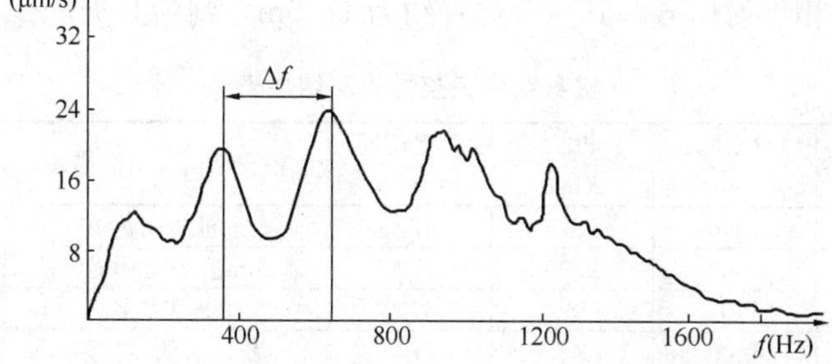

图 22.1.10　缺陷位置频域计算示意图

式中　Δf—幅频信号曲线上缺陷相邻谐振峰间的频差（Hz）。

出现下列情况之一时，桩身结构完整性评价应结合其他检测方法进行：

（1）除冲击入射波外，基本无反射波信号；

（2）实测波形无规律；

（3）根据施工记录桩长计算所得的桩身波速值明显偏高或偏低，且缺乏可靠资料验证。

5）检测报告

检测报告应包括下列内容：

（1）桩身波速取值；

（2）桩身完整性描述、缺陷的位置及桩身完整性类别；

（3）时域信号时段所对应的桩身长度标尺、指数或线性放大的范围及倍数；或幅频信号曲线分析的频率范围、桩底或桩身缺陷对应的相邻谐振峰间的频差。

低应变法检测实例：

（1）人工挖孔灌注桩质量检测实例

某花园 12 层住宅楼，采用 $\phi1000\sim\phi1400$ 人工挖孔灌注桩，桩身混凝土设计强度等级为 C25，桩端持力层为中风化花岗岩，工程地质概况见表 22.1.15。该工程基桩部分实测曲线见图 22.1.11。

钻孔号：ZK25　　　　　　　　　　　　　　　　　　　表 22.1.15

序　号	层深（m）	层厚（m）	描述
1	2.50	2.50	素填土
2	5.20	2.70	粉质黏土
3	10.30	5.10	砂质黏性土
4	12.30	2.00	强风化花岗岩
5	13.20	0.90	中风化岩

图中每条曲线框的右上角数字为桩号，各桩的完整性评价结果见表 22.1.16，其中 29 号桩底反射信号到达前无其他反射信号出现，判为Ⅰ类桩。32 号桩在桩底反射到达前有一明显反射信号。该桩是底部存在缺陷，或是桩长不够，或其他原因无法确认，判定为Ⅲ类桩。需用其他方法进一步检测以确认其可用性。77 号桩实测曲线，入射脉冲过后见一负相桩底反射信号，显示其嵌岩效果良好，判定为Ⅰ类桩，但从入射脉冲上升沿波形呈轻微抖动，可知该桩桩头清理不够彻底或桩头不够平整。108 号桩实测曲线反映桩身完整但桩端较软弱，故判定为Ⅲ类，需用其他方法确定其可用性。109 号桩实测曲线在桩底反射到达之前有一个同相反射信号，其对应位置约为 10.5m，判为Ⅱ类。

桩身结构完整性检测结果表　　　　　　　　　　　　　表 22.1.16

序号	桩号（号）	桩径（mm）	桩长（m）	设定速度（m/s）	桩身结构完整性描述	类别	备注
1	29	1000	8.75	3700	桩身完整	Ⅰ	
2	32	1000	9.90	3700	7.80m 左右有明显缺陷	Ⅲ	
3	77	1000	11.50	3700	桩身完整	Ⅰ	
4	108	1000	11.05	3700	桩底有明显缺陷	Ⅲ	
5	109	1000	15.70	3700	10.5m 有轻微缺陷	Ⅱ	

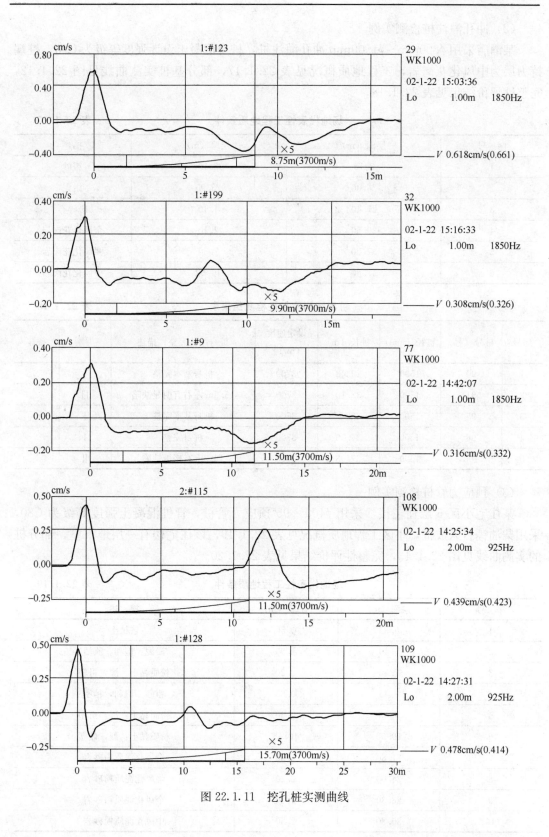

图 22.1.11 挖孔桩实测曲线

（2）冲孔灌注桩检测实例

某酒店采用 $\phi800mm\sim\phi1500mm$ 冲孔灌注桩，桩身混凝土设计强度等级为 C25，桩端持力层为中风化花岗岩，工程地质概况见表 22.1.17，部分基桩实测曲线见图 22.1.12，完整性评价结果见表 22.1.18。

场地代表性工程地质条件 表 22.1.17

序号	层深（m）	层厚（m）	描述
1	2.10	2.10	粗砂
2	26.00	23.90	淤泥
3	27.40	1.40	砾碎石
4	29.50	2.10	全风化花岗岩
5	37.00	7.50	强风化花岗岩
6	47.80	10.80	中风化花岗岩

桩身结构完整性检测结果表 表 22.1.18

序号	桩号（号）	桩径（mm）	桩长（m）	设定速度（m/s）	桩身结构完整性描述	类别	备注
1	90	1500	29.48	3700	桩身基本完整	Ⅰ	
2	91	1500	32.10	3700	15.5m 左右有明显缺陷	Ⅲ	
3	95	1500	33.8	3700	桩身基本完整	Ⅰ	
4	96	1500	34.00	3700	桩身完整	Ⅰ	
5	100	1500	37.03	3700	16.3m 有轻微缺陷	Ⅱ	

（3）预应力管桩检测实例

某住宅小区 6 层住宅楼，采用 $\phi400\times95$ 预应力管桩，管桩混凝土强度等级为 C80，采用柴油锤打入成桩，小区工程地质概况见表 22.1.19，该住宅楼有一层地下室，部分桩的实测曲线见图 22.1.13，完整性评价结果见表 22.1.20。

场地代表性工程地质条件 表 22.1.19

序号	层深（m）	层厚（m）	描述
1	0.50	0.50	耕植土
2	5.40	4.90	淤泥：饱和，流塑
3	7.60	2.20	粉质黏土：湿，可塑
4	8.45	0.85	粗砂：饱和，稍密
5	9.05	0.60	粉质黏土：湿，可塑
6	19.50	10.45	粉质黏土：湿，硬塑
7	21.80	2.30	全风化泥质粉砂岩
8	24.00	2.20	强风化泥质粉砂岩
9	28.30	4.30	全风化泥质粉砂岩
10	30.80	2.50	中风化泥质粉砂岩

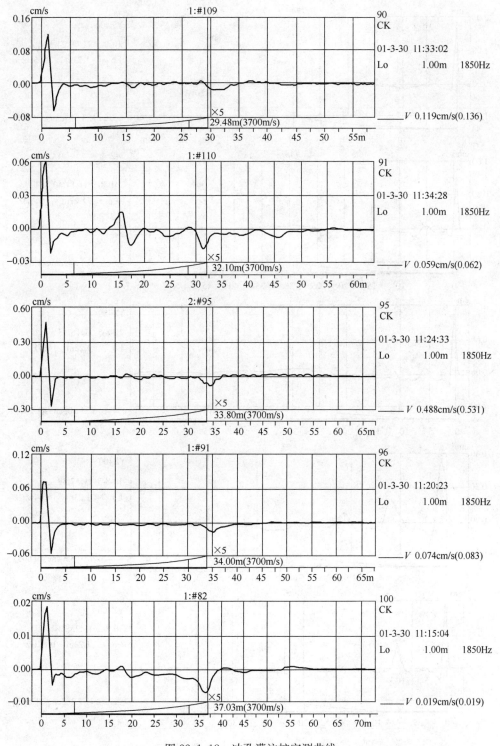

图 22.1.12 冲孔灌注桩实测曲线

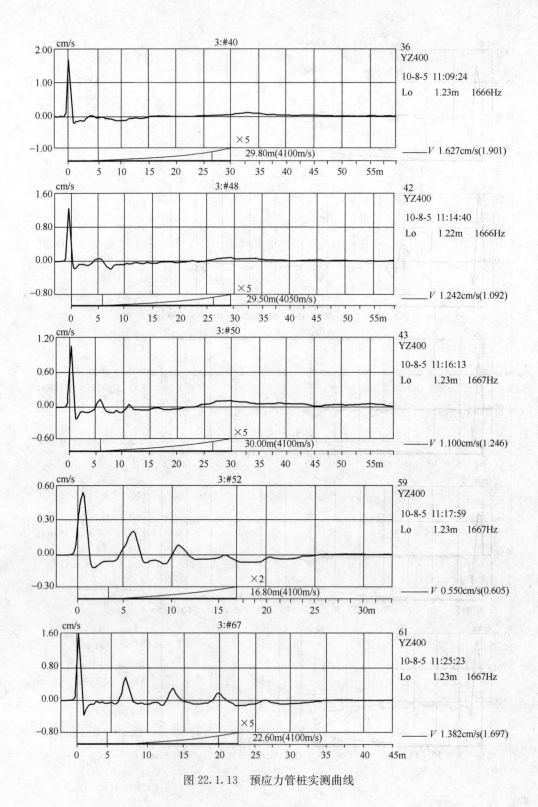

图 22.1.13　预应力管桩实测曲线

桩身结构完整性检测结果表　　　　　　　　表 22.1.20

序号	桩号（号）	桩径（mm）	桩长（m）	设定速度（m/s）	桩身结构完整性描述	类别	备注
1	36	400	29.80	4100	桩身基本完整	Ⅰ	
2	42	400	29.50	4100	6.0m 左右有轻微缺陷	Ⅱ	
3	43	400	30.00	4100	5.0m 左右有明显缺陷	Ⅲ	
4	59	400	16.80	4100	5.0m 左右有明显缺陷	Ⅳ	
5	61	400	22.60	4100	6.3m 左右有严重缺陷	Ⅳ	

5. 高应变法

基桩高应变法就是利用重锤冲击桩顶，实测桩顶附近或桩顶部的速度和力时程曲线，通过波动理论分析，对单桩竖向抗压承载力和桩身完整性进行判定的检测方法。

1）检测仪器

检测仪器包括锤击设备和量测仪器。量测仪器由传感器、信号采集装置、信号分析装置三部分组成。

2）现场测试工作要求

现场试验前要做好以下准备工作：

试桩要求为保证试验时锤击力的正常传递和试验安全，试验前应对桩头进行处理。对灌注桩，应清除桩头的松散混凝土，并将桩头修理平整；对于桩头严重破损的预制桩，应用掺有早强剂的高强度等级混凝土修补，当修补的混凝土达到规定强度时，才可以进行测试；对桩头出现变形的钢桩也应进行必要的修复和处理。也可在设计时采取下列措施：桩头主筋应全部直通桩底，各主筋应在同一高度上，在距离桩顶 1 倍桩径范围内，宜用 3mm～5mm 厚的钢板包裹或距离桩顶 1.5 倍的桩径范围内设置箍筋，箍筋间距不宜大于 100mm。桩顶应设置钢筋网片 1～2 层，间距 60mm～100mm。试桩桩头顶面应水平、平整，桩头中轴线与桩身中轴线重合，桩头截面积与桩身截面积相等；桩头混凝土强度等级宜比桩身混凝土提高 1～2 级，且不得低于 C30。

桩顶应设置桩垫，桩垫可用 10mm～30mm 厚的木板或胶合板等均质材料制成，在使用过程中应根据现场情况及时更换。

为了减少试验过程中可能出现的偏心锤击对试验结果的影响，试验时必须安装应变传感器和加速度传感器各两只。传感器的安装应符合下列要求：

（1）传感器应分别对称安装在桩顶以下桩身两侧，传感器与桩顶之间的距离一般不宜小于 $2d$（d 为桩径或边长），对于大直径桩，传感器与桩顶之间的距离也不得小于 $1d$；

（2）桩身安装传感器的部位必须平整，其周围也不得有缺损或截面突变等情况。安装范围内桩身材料和尺寸必须与正常桩一致；

（3）应变传感器的中心与加速度传感器的中心应位于同一水平线上，两者之间的距离不宜大于 80mm；

（4）当使用膨胀螺栓固定传感器时，螺栓孔径应与膨胀螺栓相匹配，安装完毕的应变传感器应与桩身连接可靠，初始变形值不得超过允许值，测试过程中不得产生相对滑动；

（5）当进行连续锤击试验时，应将传感器连接电缆有效固定。

现场检测时的技术要求：

（1）试验前认真检查整个测试系统是否处于正常状态，仪器外壳接地是否良好；设定测试所需的参数，这些参数包括：桩长、桩径、桩身的纵波波速值、桩身材料的密度和桩身材料的弹性模量；

（2）试验时宜实测每一锤击力作用下桩的贯入度，为使桩周土产生塑性变形，单击贯入度宜为 2mm～6mm；

（3）检测时应及时检查采集数据的质量，如发现测试波形紊乱，应分析原因；桩身有明显缺陷或缺陷程度加剧，应停止试验。

现场记录的力和速度曲线是现场实时分析室内进一步分析的原始数据。现场采集不到高质量的原始数据，也就无从得到准确的测试结果。良好的波形具有以下特征：

（1）两侧记录的力和速度曲线基本一致，也就是说锤击过程中没有过大的偏心；

（2）峰值以前没有其他波形的影响，力和速度曲线重合；

（3）力和速度曲线最终为零。

锤击后出现下列情况之一，其信号不得作为分析计算的依据：

（1）传感器安装处混凝土开裂或出现严重塑性变形使力曲线最终未归零；

（2）严重锤击偏心，两侧力信号幅值相差超过 1 倍；

（3）四通道测试数据不全。

检测承载力时选取锤击信号，应符合下列规定：

（1）制桩初打，宜取最后一阵中锤击能量较大的击次；

（2）制桩复打和灌注桩检测，宜取其中锤击能量较大的击次。

分析计算前，应根据实测信号按下列方法确定桩身平均波速：

（1）桩底反射信号明显时，可根据速度波第一峰的起点到速度反射峰起升（下降）沿的起点之间的时差与已知桩长值确定；

（2）桩底反射信号不明显时，可根据桩长、混凝土波速的合理取值范围以及邻近桩的桩身波速值综合确定。

图 22.1.14 是典型的凯司法波形记录。

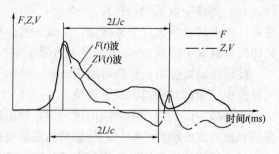

图 22.1.14　凯司法波形记录

3）桩身结构完整性评价

在利用记录信号对桩身的完整性进行评价时，首先要从记录信号上对力和速度波作定性分析，判断桩身缺陷的位置和数量以及连续锤击下的扩大或闭合情况。锤击力作用于桩顶，产生的应力波沿桩身向下传播，在桩截面变大处会产生一个压力回波，这个压力回波返回到桩顶时，将使桩顶处的力增加，速度减少。同时下行的压力波在桩身截面突然减小处或有摩阻力处，将产生一个拉力回波。拉力回波返回桩顶时，将使桩顶处力值减小，速度增加。根据收到拉力回波的时刻就可以估计出拉力回波的位置，即桩身缺损使波阻抗变小的位置。这是根据实测的力波和速度曲线来判断桩身缺陷，评价桩身结构完整性的基本原理。

桩身完整性判定可采用以下方法进行：

（1）采用实测曲线拟合法判定时，拟合所选用的桩、土参数应符合规范《建筑基桩检测技术规范》（JGJ 106—2014）第 9.4.9 条第 1～2 款的规定；根据桩的成桩工艺，拟合时可采用桩身阻抗拟合或桩身裂隙以及混凝土预制桩的接桩缝隙拟合。

（2）等截面桩且缺陷深度 x 以上部位的土阻力 R_x 未出现卸载回弹时，桩身完整性系数 β 和桩身缺陷位置 x 应分别按下列公式（22.1.25）和（22.1.26）计算，桩身完整性可按表 22.1.21 并结合经验判定。

$$\beta = \frac{F(t_1) + F(t_x) + Z \cdot [V(t_1) - V(t_x)] - 2R_x}{F(t_1) - F(t_x) + Z \cdot [V(t_1) - V(t_x)]} \tag{22.1.25}$$

$$x = c \cdot \frac{t_x - t_1}{2000} \tag{22.1.26}$$

式中　　t_x——缺陷反射峰对应的时刻（ms）；

　　　　x——桩身缺陷至传感器安装点的距离（m）；

　　　R_x——缺陷以上部位土阻力的估计值，等于缺陷反射波起始点的力与速度乘以桩身截面力学阻抗之差值；

　　　β——桩身完整性系数，其值等于缺陷 x 处桩身截面阻抗与 x 以上桩身截面阻抗的比值。

桩身完整性判定　　　　　　　　　　　　　　　　表 22.1.21

类　别	β 值	类　别	β 值
I	$\beta = 1.0$	III	$0.6 \leqslant \beta < 0.8$
II	$0.8 \leqslant \beta < 1.0$	IV	$\beta < 0.6$

（3）出现下列情况之一时，桩身完整性判定宜按工程地质条件和施工工艺，结合实测曲线拟合法或其他检测方法综合进行：

① 桩身有扩径；

② 混凝土灌注桩桩身截面渐变或多变；

③ 力和速度曲线在峰值附近比例失调，桩身浅部有缺陷；

④ 锤击入射波上升缓慢，力与速度曲线比例失调；

⑤ 缺陷深度 x 以上部位的土阻力 R_x 出现卸载回弹。

4）凯司法判定桩的承载力

凯司法判定单桩极限承载力的关键是选取合理的阻尼系数值 J_c。我国目前采用的阻尼系数值基本上是参照美国 PDI 公司给出的取值范围，其取值的规律为：随着土中细粒含量的增加，阻尼系数值也随之增加。PDI 公司所建议的取值范围是基于打入式桩提出的，而且只给出砂、粉砂、粉土、粉质黏土和黏土五种土质条件下的取值范围，常见的以风化岩作为桩端持力层的情况未能包括在内。我国灌注桩高应变动力检测的数量较大，应用时难以满足公式推导中关于等截面的假定，加上灌注桩施工工艺不同造成桩端持力层的差异对阻尼系数取值的影响，使用凯司法判定承载力带有较大的经验性和不确定性。为防止凯司法的不合理应用，使用中应积累不同土质、不同桩型的阻尼系数值 J_c，及动静对比资料，特别是地区性资料，应取得合理的 J_c 值。

采用凯司法判定单桩极限承载力，应符合下列规定：

（1）只限于中、小直径桩；

（2）桩身材质、截面应基本均匀；

（3）阻尼系数 J_c 宜根据同条件下静载试验结果校核，或应在已取得相近条件下可靠对比资料后，采用实测曲线拟合法确定 J_c 值，拟合计算的桩数不应少于检测总桩数的 30%，且不应少于 3 根；

（4）在同一场地、地质条件相近和桩型及其截面积相同情况下，J_c 值的极差不宜大于平均值的 30%。

单桩承载力凯司法计算公式如下：

$$R_c = \frac{1}{2}(1 - J_c) \cdot \left[F(t_1) + Z \cdot V(t_1) \right] + \frac{1}{2}(1 + J_c) \cdot \left[F\left(t_1 + \frac{2L}{c}\right) - Z \cdot V\left(t_1 + \frac{2L}{c}\right) \right]$$
$$(22.1.27)$$

$$Z = \frac{E \cdot A}{c} \qquad (22.1.28)$$

式中　R_c——由凯司法计算的单桩竖向抗压承载力（kN）；

　　　J_c——凯司法阻尼系数；

　　　t_1——速度第一峰对应的时刻（ms）；

　$F(t_1)$——t_1 时刻的锤击力（kN）；

　$V(t_1)$——t_1 时刻的质点运动速度（m/s）；

　　　Z——桩身截面力学阻抗（kN·s/m）；

　　　A——桩身截面面积（m²）；

　　　L——测点下桩长（m）。

对于土阻力滞后于 $t_1 + 2L/c$ 时刻桩侧和桩端土阻力均已充分发挥的摩擦型桩，单桩竖向抗压承载力值可用式（22.1.27）计算。对于土阻力滞后于 $t_1 + 2L/c$ 时刻明显发挥或优先于 $t_1 + 2L/c$ 时刻发挥并产生桩中上部强烈反弹这两种情况，宜分别采用以下方法对式（22.1.27）进行提高修正：

① 将 t_1 延时，确定 R_c 的最大值；

② 计入卸载回弹部分土阻力，对 R_c 值进行修正。

5）实测曲线拟合法

实测曲线拟合法采用了较为复杂的桩-土力学模型，选择实测力和速度或上行波作为边界条件进行拟合，拟合完成时计算曲线应与实测曲线基本吻合，桩侧土摩阻力应与地质资料基本相符，贯入度的计算值与实测值基本吻合，从而获得桩的竖向承载力和桩身完整性。

采用实测曲线拟合法分析计算时应符合下列规定：

（1）所采用的力学模型应明确、合理，桩和土的力学模型应能分别反映桩和土的实际力学性状，模型参数的取值范围应能限定；

（2）拟合分析选用的参数应在岩土工程的合理范围内；

（3）曲线拟合时间段长度在 $t_1 + 2L/c$ 时刻后延续时间不应小于 20ms；对于柴油锤打桩信号，在 $t_1 + 2L/c$ 时刻后延续时间不应小于 30ms；

（4）各单元所选用的土的最大弹性位移值不应超过相应桩单元的最大计算位移值；

（5）拟合完成时，土阻力响应区段的计算曲线与实测曲线应吻合，其他区段的曲线应基本吻合；

（6）贯入度的计算值应与实测值接近。

6）检测报告

检测报告应包括下列内容：

（1）计算中实际采用的桩身波速值和 J_c 值；

（2）实测曲线拟合法所选用的各单元桩和土的模型参数、拟合曲线、土阻力沿桩身分布图；

（3）实测贯入度；

（4）试打桩和打桩监控所采用的桩锤型号、桩垫类型，以及监测得到的锤击数、桩侧和桩端静阻力、桩身锤击拉应力和压应力、桩身完整性以及能量传递比随入土深度的变化。

7）基桩高应变法检测实例

某废弃物处理现场办公楼工程，采用锤击沉管夯扩灌注桩，设计桩径为 450mm，扩大头 800mm，桩身混凝土强度等级 C25。各检测桩的成桩参数见表 21-1-22，工程地质概况见表 22.1.23。采用美国 PDI 公司 PAK 型打桩机分析仪进行检测，锤击设备为自由落锤。各桩的检测结果见表 22.1.24 和表 22.1.25。实测及拟合曲线见图 22.1.15～图 22.1.19。

检测桩的有关成桩参数　　　　　　　　　　　　　表 22.1.22

序号	桩号	入土桩长 (mm)	桩径 (mm)	单桩极限承载力设计值 (kN)	打桩锤型			总锤击数	最后三阵贯入度 (cm/10 锤)
					锤型	锤重 (t)	落距离 (m)		
1	1	7.2	450	750				285	1.0, 1.0, 0.8
2	5	7.1	450	750				295	1.6, 1.2, 1.0
3	24	8.2	450	750	自由落锤	2.5	1.5	348	1.3, 1.1, 1.0
4	47	9.9	450	750				397	0.5, 0.5, 0.5
5	48	9.6	450	750				401	0.7, 0.6, 0.6

场地代表性工程地质条件　　　　　　　　　　　　表 22.1.23

序　号	层深 (m)	层厚 (m)	描述
1	0.90	0.90	耕土
2	1.70	0.80	淤泥质土：流塑，饱和
3	9.20	7.50	砂质黏性土：硬塑—坚硬
4	12.60	3.40	全风化混合花岗岩
5	22.00	9.40	强风化混合花岗岩
6	22.60	0.60	中等风化花岗岩

基桩高应变检测结果

表 22.1.24

序号	桩号	测点以下桩长(m)	桩径(mm)	试验重锤参数			弹性波速(m/s)	桩身完好性评价	测点最大动位移(mm)	备注
				锤型	重锤(t)	落距(m)				
1	1	7.6	450	自由落锤	3.5	1.0	3500	桩身基本完整	11.5	
2	5	7.6	450			1.0	3450	桩身基本完整	10.9	
3	24	8.6	450			0.9	3550	桩身完整	9.4	
4	47	10.4	450			1.0	3500	桩身基本完整	7.1	
5	48	10.0	450			0.8	3400	4.0m 左右一般缺陷	13.7	

曲线拟合法分析结果

表 22.1.25

序号	桩号	测点以下桩长(m)	桩径(mm)	承载力标准值(kN)	动测承载力(kN)	摩阻力(kN)	端阻力(kN)	主要土参数			
								Q_s(mm)	Q_t(mm)	J_c	J_t
1	1	7.6	450	750	1678.0	742.4	935.6	2.5	4.0	0.65	0.42
2	5	7.6	450	750	1761.0	756.5	1004.6	2.6	4.0	0.58	0.38
3	24	8.6	450	750	1797.9	805.5	992.4	2.5	4.0	0.73	0.32
4	47	10.4	450	750	1795.8	867.8	928.0	2.5	4.0	0.72	0.53
5	48	10.0	450	750	1523.0	489.0	1034.0	2.6	4.0	0.42	0.53

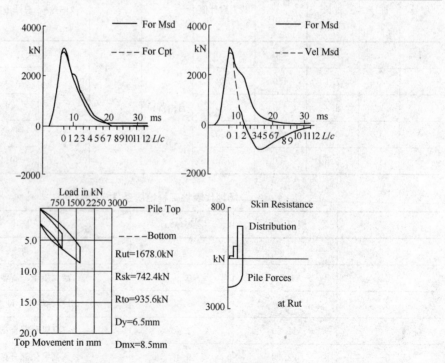

图 22.1.15　1 号桩实测及拟合曲线

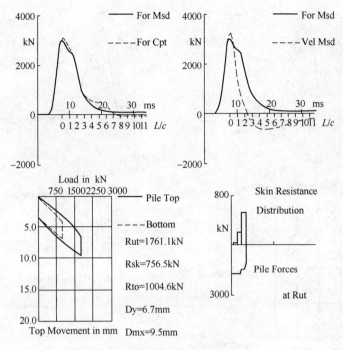

图 22.1.16　5 号桩实测及拟合曲线

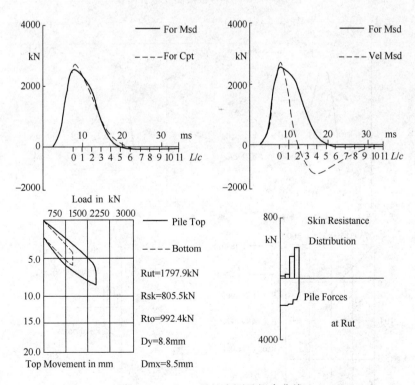

图 22.1.17　24 号桩实测及拟合曲线

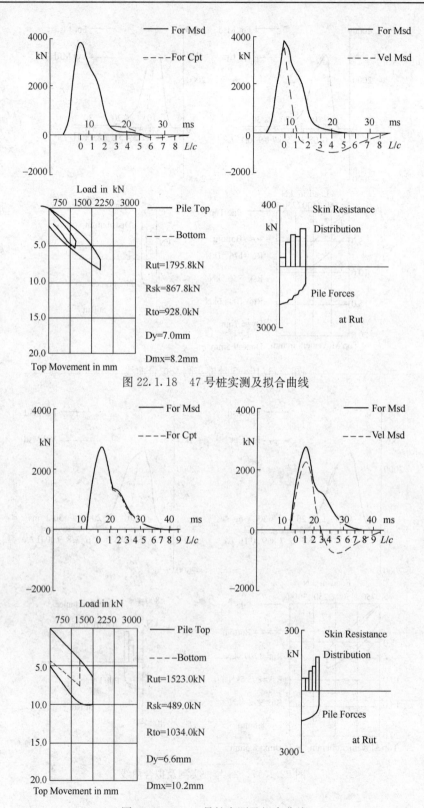

图 22.1.18　47 号桩实测及拟合曲线

图 22.1.19　48 号桩实测及拟合曲线

22.1.10 基桩竖向承载力检验

工程桩应进行承载力检验。对于重要工程的灌注桩基础，一般可分别进行两种单桩静载试验：一种是查明桩的承载力是否符合设计要求的验收试验，试验通常在工程桩上进行，一般加载到基桩竖向承载力特征值的2.0倍，桩内通常不埋设测试元件；另一种是破坏性试验，其目的在于获得桩或地基土达到破坏的试验资料，以确定桩的极限承载力和相应的沉降值或水平位移值，获得设计或科研上所需要的数据，这种试验要在桩内或土中埋置必要的测试元件。

工程桩采用静载荷试验方法进行竖向承载力检验时，检验桩数不得少于同条件下总桩数的1%，且不得少于3根。大直径嵌岩桩的承载力可根据终孔时桩端持力层岩性报告结合桩身质量检验报告核验。

桩的竖向承载力检验包括桩的竖向抗压静载荷试验和竖向抗拔静载荷试验。

1. 桩的竖向抗压承载力检验

1）试验仪器设备和要求

试验加载设备宜采用液压千斤顶。当采用两台或两台以上千斤顶加载时，千斤顶的型号、规格应相同，应并联同步工作，千斤顶的合力中心应与受检桩的横截面形心重合。

加载反力装置可选择锚桩反力装置、压重平台反力装置、锚桩压重联合反力装置、地锚反力装置等。加载反力装置提供的反力不得小于最大加载值的1.2倍。加载反力装置的构件应满足承载力和变形的要求。工程桩作锚桩时，锚桩数量不宜少于4根，且应对锚桩上拔量进行监测。压重宜在检测前一次加足，并均匀稳固地放置于平台上，压重施加于地基的压应力不宜大于地基承载力特征值的1.5倍。

荷载与沉降的量测仪表：荷载可用放置于千斤顶上的应力环、应变式压力传感器直接测定，或采用压力表测定油压，根据千斤顶率定曲线换算荷载。

试桩沉降一般采用百分表或位移传感器测量。对于直径或边宽大于500mm的桩，应在其两个方向对称安置4个位移测试仪表，直径或边宽小于等于500mm的桩可对称安置2个位移测试仪表。沉降测定平面宜设置在桩顶以下200mm的位置，测点应固定在桩身上。固定和支承百分表的夹具和基准梁在构造上应确保不受气温、振动及其他外界因素影响而发生竖向变位。

试桩、锚桩（压重平台支墩边）和基准桩之间的中心距离应符合表22.1.26的规定。

试桩、锚桩和基准桩之间的中心距离　　　　　　　　表 22.1.26

反力装置	试桩中心与锚桩中心 （或压重平台支墩边）	试桩中心与基准桩中心	基准桩中心与锚桩中心 （或压重平台支墩边）
锚桩横梁	≥4（3）D且>2.0m	≥4（3）D且>2.0m	≥4（3）D且>2.0m
压重平台	≥4（3）D且>2.0m	≥4（3）D且>2.0m	≥4（3）D且>2.0m
地锚装置	≥4D且>2.0m	≥4（3）D且>2.0m	≥4D且>2.0m

注：1. D为试桩、锚桩或地锚的设计直径或边宽，取其较大者；

2. 括号内数值可用于工程桩验收检测时多排桩设计桩中心距离小于4D或压重平台支墩下2～3倍宽影响范围内的地基土已进行加固处理的情况。

2）试验桩制作要求

试验桩顶部一般应加强，可在桩顶配置加密钢筋网 2～3 层，或以薄钢板圆筒做成劲箍与桩顶混凝土浇成一体，用高强度等级砂浆将桩顶抹平。对于预制桩，若桩顶未破损可不另作处理。

为安置沉降测点和仪表，试验桩桩顶宜高出试坑底面，试坑底面宜与桩承台底设计标高一致。

试验桩的成桩工艺和质量控制标准应与工程桩一致。为缩短试验桩养护时间，混凝土强度等级可适当提高，或掺入早强剂。从成桩到开始试验的间歇时间：在桩身强度达到设计要求的前提下，对于砂土，不应少于 7d；对于粉土，不应少于 10d；对于非饱和黏性土，不应少于 15d；对于饱和黏性土，不应少于 25d。

试验加载方式：采用慢速维持荷载法，即逐级加载，每级荷载达到相对稳定后加下一级荷载，直到试桩破坏，然后分级卸载到零。当考虑结合实际工程桩的荷载特征可采用多循环加、卸载法（每级荷载达到相对稳定后卸载到零）。当考虑缩短试验时间，对于工程桩的检验性试验，可采用快速维持荷载法，即一般每隔一小时加一级荷载。

3）加卸载与沉降观测

加载分级：分级荷载宜为最大加载值或预估极限承载力的 1/10，第一级可按 2 倍分级荷载加荷；

沉降观测：每级加载后间隔 5min、10min、15min 测读一次，以后每隔 15min 测读一次，累计 1h 后每隔 30min 测读一次，每次测读值记入试验记录表。

4）沉降相对稳定标准

在每级荷载下，每一小时的沉降不超过 0.1mm，并连续出现两次（由 1.5h 内连续三次观测计算），认为已达到相对稳定，可加下一级荷载。

5）终止加载条件

当出现下列情况之一时，即可终止加载：

（1）某级荷载作用下，Q-s 曲线出现陡降段（可取桩的沉降量为前一级荷载作用下沉降量的 5 倍），且桩顶总沉降超过 40mm；

（2）某级荷载作用下，桩的沉降量大于前一级荷载作用下沉降量的 2 倍，且经 24h 尚未达到相对稳定；

（3）已达到设计要求的最大加载值且桩顶沉降达到相对稳定标准；

（4）工程桩作锚桩时，锚桩上拔量已达到允许值；

（5）荷载－沉降曲线呈缓变形时，可加载至桩顶总沉降量 60mm～80mm；当桩端阻力尚未充分发挥时，可加载至桩顶累计沉降量超过 80mm。

6）卸载与卸载沉降观测

每级卸载值为每级加载值的 2 倍。卸载时，每级荷载应维持 1h，分别按第 15min、30min、60min 测读桩顶沉降量后，即可卸下一级荷载，全部卸载后，应测读桩顶残余沉降量，维持时间不得少于 3h，测读时间分别为第 15min、30min，以后每隔 30min 测读一次桩顶残余沉降量。

7）单桩竖向抗压极限承载力的确定、试验报告内容及资料整理

单桩竖向抗压静载试验及相关资料可整理成表格形式（表 22.1.27～表 22.1.31），并

应对成桩和试验过程中出现的异常现象作补充说明。

单桩竖向静载试验概况表　　　　　　　　　　表 22.1.27

工程名称			
工程地点			
建设单位			
勘察单位			
设计单位			
承建单位			
桩基施工单位			
监理单位			
质量监督站			
结构形式		层数	
建筑面积（m²）		开工日期	
桩型		桩径（mm）	
单桩承载力特征值		单桩最大试验荷载	
工程桩总数		试验桩数	
设计桩长		桩端持力层	
试验方法		试验日期	
备注：			

检测桩的成桩参数　　　　　　　　　　表 22.1.28

试验编号	试验桩号	桩径（mm）	入土桩长（m）	单桩竖向抗压承载力特征值（kN）	桩端持力层	混凝土强度等级	施工日期（年 月 日）

试验结果汇总表　　　　　　　　　　表 22.1.29

编号	试验桩号	桩径（mm）	入土桩长（m）	单桩极限承载力（kN）	单桩承载力特征值（kN）	最大沉降量（mm）	残余沉降量（mm）	承载力特征值对应沉降量（mm）

单桩竖向抗压静载试验记录表　　　　　　　　　　表 22.1.30

试桩号：

荷载（kN）	观测时间 日/月时分	间隔时间（min）	读数 表1	表2	表3	表4	平均	沉降（mm） 本次	累计	备注

试验：　　　　　　记录：　　　　　　校核：

单桩竖向抗压静载试验结果汇总表 表 22.1.31

| 序号荷载 | 历时（min） | | 沉降（mm） | |
(kN)	本级	累计	本级	累计

试验： 记录： 校核：

单桩竖向抗压极限承载力的确定：

确定单桩竖向抗压极限承载力应绘制 Q-s，s-$\lg t$ 曲线，以及其他辅助分析所需曲线。当进行桩身应力、应变和桩底反力测定时，应整理出有关数据的记录表和绘制桩身轴力分布、侧阻力分布、桩端阻力-荷载、桩端阻力-沉降关系等曲线。单桩竖向抗压极限承载力可按下列方法综合分析确定：

（1）根据沉降随荷载的变化特征确定极限承载力：对于陡降型 Q-s 曲线，取 Q-s 曲线发生明显陡降的起始点对应的荷载值；

（2）根据沉降随时间变化的特征确定：应取 s-$\lg t$ 曲线尾部出现明显向下弯曲的前一级荷载值；

（3）某级荷载作用下，桩的沉降量大于前一级荷载作用下沉降量的 2 倍，且经 24h 达到相对稳定时，取前一级荷载值；

（4）根据沉降量确定极限承载力：对于缓变形 Q-s 曲线，取 s＝40mm 对应的荷载值；对 D（D 为桩端直径）大于等于 800mm 的桩，可取 s 等于 0.05D 对应的荷载值；当桩长大于 40m 时，宜考虑桩顶沉降量减去桩身弹性压缩量；

（5）按上述方法判断有困难时，可结合其他辅助分析方法并根据试桩位置、实际地质条件、施工情况等综合确定，对桩基沉降有特殊要求时，应根据具体情况定。

2. 竖向抗拔静载荷试验

1）仪器设备

单桩竖向抗拔承载力试验装置主要由加载装置和量测装置组成。

试验加载装置一般采用液压千斤顶，千斤顶的加载反力装置可根据现场情况确定，应尽量利用工程桩为反力锚桩。

荷载可用放置于千斤顶的应力环、应变式压力传感器直接测定，也可采用连接于千斤顶上的标准压力表测定油压，根据千斤顶荷载-油压率定曲线换算出实际荷载值。试桩上拔变形一般用百分表量测。

2）试验方法

（1）试桩要求

从成桩到试验的时间间隔一般应遵循下列要求：对于砂土，不应少于 7d；对于粉土，不应少于 10d；对于非饱和黏性土，不应少于 15d；对于饱和黏性土，不应少于 25d。

（2）加载和卸载要求

单桩竖向抗拔静载荷试验应采用慢速维持荷载法，先逐级加载，每级加载为预估极限荷载的 1/10，第一级加载量可取分级荷载的 2 倍，每级荷载达到相对稳定后加下一级荷载，直到达到终止加载条件，然后逐级卸载到零。也可结合工程桩的实际受荷情况采用多级循环加、卸载方法或恒载法。

（3）变形观测

进行单桩竖向抗拔静载荷试验时，除了要对试桩的上拔量进行观测外，尚应对锚桩的上拔量、桩周地面土的变形情况以及桩身外露部分裂缝开展情况进行观测记录。

试桩上拔量观测，应在每级加载后间隔 5min、10min、15min 各测读一次，以后每隔 15min 测读一次，累计 1h 后每隔 30min 测读一次，每次测读值记录在试验记录中。

（4）上拔量稳定标准

单桩竖向抗拔静载荷试验的上拔量相对稳定标准，应以 1h 内的变形量不超过 0.1mm，并连续出现两次为准。

试验过程中，当出现下列情况之一时，即可终止加载：

（1）按钢筋抗拉强度控制，钢筋应力达到钢筋强度设计值，或某根钢筋拉断；

（2）某级荷载作用下，桩顶上拔位移量大于前一级上拔荷载作用下的上拔位移量 5 倍；

（3）按桩顶上拔位移量控制，累计桩顶上拔量超过 100mm；

（4）对于工程桩验收检测，达到设计或抗裂要求的最大上拔量或上拔荷载值。

试验资料整理及数据处理应符合下列要求：

（1）单桩竖向抗拔静载荷试验概况，可参照表 22-1-27 整理成表格形式并对试验过程中出现的异常现象作补充说明；

（2）单桩竖向抗拔静载荷试验记录表；

（3）单桩竖向抗拔静载荷试验变形汇总表；

（4）绘制单桩竖向抗拔力静载荷试验上拔荷载（U）和上拔量（δ）之间的 U-δ 曲线以及 δ-lg$t$ 曲线；

（5）进行桩身应力、应变量测时，尚应根据量测结果整理出有关表格，绘制桩身应力、桩侧阻力随桩顶上拔荷载的变化曲线。

3）确定单桩竖向抗拔极限承载力

（1）根据上拔量随荷载变化的特征确定：对陡变形 U-δ 曲线，应取陡升起始点对应的荷载值；

（2）根据上拔量随时间变化的特征确定：应取 δ-lg$t$ 曲线斜率明显变陡或曲线尾部明显弯曲的前一级荷载值；

（3）当在某级荷载下抗拔钢筋断裂时，应取前一级荷载值。

单桩竖向抗拔承载力检测实例

1）工程概况

某中学 5 层教学楼，框架结构，建筑面积约 7000m²，设计为 ϕ400mm 预应力管桩基础，单桩竖向承载力设计值 1100kN，工程总桩数 182 根，设计桩长 11m～15m，桩端持力层为强风化泥岩。

2）地质概况

根据工程勘察报告，场地岩土层自上而下依次为：

① 耕植土层（Q^pd）：层厚 1.0m；

② 粉质黏土：冲积成因（Q^al），硬塑，局部夹中砂，层厚为 1.8m～5.2m；

③ 粉土：残积成因（Q^{el}），中密，稍湿；

④ 强风化泥岩（P_2）：岩芯呈半岩半土状，底部呈块状，手可捏碎。

3）成桩情况

试验桩由委托单位选定，共 5 条，要求最大试验荷载为 2200kN（其中一根为 2300kN），其单桩承载力设计值及有关成桩参数见下表 22.1.32。

试验桩成桩参数　　　　　　　　　　表 22.1.32

试验序号	工程桩号	桩径	入土桩长	单桩承载力设计值	配桩情况（m）			备注
					上桩	中桩	下桩	
（号）	（号）	(mm)	(m)	(kN)				
1	55	ϕ400	7.15	1100	7			
2	168	ϕ400	7.15	1100	7			
3	182	ϕ400	7.00	1150	7			
4	79	ϕ400	7.15	1100	7			
5	123	ϕ400	9.15	1100	9			

4）检测方法

试验加载装置：采用钢梁和混凝土块组成的压重平台置于碎石垫层面作为施荷反力系统，重物平台总重量大于预定最大试验荷载的 20% 以上，荷重在试验前一次性加上平台，试验时，由电动高压油泵给置于试桩帽面的一台 YS-500-15C 液压千斤顶逐级加、卸荷载，每级荷载值所需的油压读数由千斤顶的荷载—油压关系率定曲线换算得出，千斤顶试验中心线与试验桩中心线重合。

试验加载方法：采用快速维持荷载法，每级加载为预定最大试验荷载的 1/10，第一级按 2 倍荷载分级加载，每级荷载维持时间为 60min。卸载分五级进行，每级卸载减量为预定最大试验荷载的 1/5，每级荷载维持 1h，全部卸载后维持时间 3h 测读沉降残余值。

沉降观测：在桩顶位置安装 2 个 WBD-30 型机电百分表，百分表的精度为 0.01mm。单桩竖向抗压静载试验成果见汇总表 22.1.33。

单桩竖向抗压静载试验成果汇总表　　　　　　　表 22.1.33

工程桩号（号）		55	168	182	79	123
试验规格		ϕ400mm 静压预制管桩				
单桩承载力设计值（kN）		1100		1150	1100	
要求最大试验荷载（kN）		2200		2300	2200	
实际最大试验荷载（kN）		2200	1540	2300	1540	2200
最大沉降量（mm）		39.64	66.90	20.96	67.76	39.94
极限承载力（kN）		2200	1320	≥2300	1320	2200
极限承载力时桩顶相应沉降量（mm）		39.64	10.98	/	10.36	39.94
当取安全系数 $k=2$ 时单桩承载力特征值（kN）		1100	660	≥1150	660	1100
承载力特征值时桩顶相应沉降量（mm）		9.65	7.24	5.76	6.03	5.07
卸载后	桩顶残余沉降量（mm）	23.87	60.72	14.37	63.92	26.65
	桩顶沉降回弹量（mm）	15.68	6.18	6.59	3.84	13.29
	桩顶沉降回弹率（%）	40.01	9.24	31.44	5.67	33.27

备注：

5）试验结果分析

55 号和 123 号检测桩：从加载到满荷 2200kN，桩顶沉降量随着竖向荷载的增加而逐步递增，没有出现突变现象。在最大试验荷载时，桩顶总沉降量依次为 39.64mm 和 39.94mm；全部卸载后，测得残余沉降量为 23.87mm 和 26.65mm；沉降回弹率分别为 40.01% 和 33.27%。两桩的 Q-s 曲线属于缓变形曲线，即没有出现极限荷载点起始的直线陡降段，但 s-$\lg t$ 曲线相邻线段间距在后三级荷载作用下有增大趋势。由于两根桩的总沉降量已接近 40mm，判定该两根桩的极限承载力取为 $Q_u = 2200$kN；桩的承载力满足设计要求。

182 号试验桩：从加载到满荷 2300kN，桩顶沉降量随着竖向荷载的增加而逐步递增，没有出现突变现象。在最大试验荷载时，桩顶总沉降量为 20.96mm；全部卸载后，测得残余沉降量为 14.37mm，沉降回弹率为 31.44%。182 号桩的 Q-s 曲线没有出现极限荷载点起始的直线陡降段，s-$\lg t$ 曲线相邻线段间距没有出现明显增大、线段尾部没有向下弯的趋势，说明该桩在受荷阶段未出现极限荷载的特征。判定 182 号桩的极限承载力大于等于 2300kN；桩的承载力满足设计要求。

79 号和 168 号试验桩：在前六级荷载作用下，桩顶沉降量随着竖向荷载的增加而逐步递增，试验加载到第六级荷载（1320kN）时，两桩的沉降量分别为 10.36mm 和 10.98mm，但在加第七级荷载（1540kN）时，两桩的沉降量骤增。79 号桩此时油压不稳定，终止加荷后 5min，油压表降至 17.20MPa（约 1215kN）时，总沉降量为 67.76mm，本级沉降增量为 57.4mm，已是上一级沉降增量的 13.3 倍；168 号桩在加压至 19MPa（约 1500kN）时，油压加不上，终止加荷后 5min，油压表降至 17.50MPa（约 1370kN）时，终止加荷后 5min，油压表降至 17.20MPa（约 1215kN）时，总沉降量为 66.90mm，本级沉降增量为 55.92mm，已是上一级沉降增量的 14.9 倍，故终止加载试验。79 号和 168 号试验桩的 Q-s 曲线在 1320kN 处出现了极限荷载点起始的直线陡降段，属于陡降型曲线；第七级荷载（1540kN）作用下的 s-$\lg t$ 曲线的线段间距出现明显增大及明显向下陡斜。按规范判定两根桩的极限承载力分别为：79 号桩，$Q_u = 1320$kN；168 号桩，$Q_u = 1320$kN；桩的承载力未能达到设计要求。

22.1.11　地下连续墙施工质量检验

地下连续墙的质量检查，除对原材料、混凝土和钢筋笼等项内容按国家标准《建筑地基基础工程施工质量验收规范》（GB 50202—2002）的有关规定检验外，尚应对导墙结构、槽段尺寸、槽底标高、槽底岩土性质、入岩（土）深度、终孔泥浆指标、沉渣厚度、槽段垂直度、混凝土灌注量和灌注速度、墙顶及钢筋笼标高、墙顶中心线的平面位置等项目进行检验，每一单元槽段完成后应进行中间验收，填写地下连续墙隐蔽工程验收记录和灌注水下混凝土记录表；当土方开挖后，尚应对墙面平整度、墙身垂直度、墙身质量及接缝质量进行检查并填写验收记录。承重墙尚应保留槽底岩样备查。

地下连续墙的检验可用钻孔抽芯法或者声波透射法检测，检测孔的数量和位置可根据设计、施工等要求确定。

连续墙的施工允许偏差和质量要求应符合下列规定：

（1）槽底沉渣厚度：承重墙≤100mm；

非承重墙≤200mm。

(2) 墙身垂直度：承重墙≤1/300；

非承重墙≤1/150。

(3) 墙顶中心线偏差：±10mm；

(4) 裸露墙面大致平整，表面密实，无渗漏，局部突出部分的允许值可由设计、施工单位根据实际情况研究确定。孔洞、露筋、蜂窝的面积不得超过单元槽段裸露面积的 5%。

(5) 段接缝处仅有少量夹泥，无漏水现象。

22.1.12 抗浮锚杆抗拔力检验

抗浮锚杆的抗拔试验的目的是为了判明锚杆的抗拔承载力能否满足设计要求，同时也为提高设计水平或开发更经济有效的施工方法积累资料，现场试验分为两部分：施工前的极限抗拔试验；锚杆施工完成后的验收检测。

1. 极限抗拔试验

为了验证设计所估算的锚固长度是否足够安全，得出引起锚杆周围岩（土）体破坏、周边抗拔摩擦力消失或使锚杆拔出所需施加的荷载；需测定锚体与岩（土）体之间的极限抗拔力，用以检验所采用的岩土参数是否合理。

极限抗拔力试验应于施工前（与施工地段相同的地质条件）进行，一般试验 2～3 根，当施工量较大，或者地层变化很大的地区应根据具体情况决定增加试验的数量。

2. 仪器设备

锚杆抗拔试验的试验设备主要有加载装置、量测装置及反力装置三部分。加载装置一般采用穿心式液压千斤顶，拉力量测可用压力表或荷载传感器，位移量测可用百分表或位移传感器。

3. 试验方法和步骤

现场施工后的锚杆，待水泥浆或水泥砂浆强度达到设计强度后才能进行抗拔试验。荷载分级施加，每级荷载可按预估极限荷载的 1/10 施加，直至破坏。每级加载后，应立即测读位移量，岩石锚杆按每间隔 5min 测读一次，土层锚杆按第 5、15、30、60min 测读位移量，以后每隔 30min 测读位移量。稳定标准为 30min 内岩石锚杆的锚头位移不大于 0.05mm，土层锚杆一小时内的锚头位移不大于 0.50mm。锚头位移达到稳定后即可加下一级荷载。当出现下列情况之一时，即可终止加载：

(1) 在某级荷载作用下，锚头位移不收敛，岩石锚杆在 1h 或土层锚杆在 3h 内未达到位移相对稳定标准；

(2) 在某级荷载作用下，荷载无法维持稳定；

(3) 在某级荷载作用下，基础锚杆杆体被拔断。

卸载分级可取加载时分级荷载的 2 倍，卸载时，每级荷载维持 15min，按第 5、10、15min 测读锚头位移。

根据试验结果可绘制荷载-位移曲线、位移-时间对数曲线，根据荷载-位移曲线明显的转折点求出锚杆的极限抗拔力。

22.2　监　　测

22.2.1　大面积填方地基处理的监测技术

1. 监测项目选择

大面积填方或填海等地基处理的监测，可分为施工期间监测和使用期间监测两类。施工期间监测，可以进一步检验工程勘察资料的可靠性，验证设计理论的正确性，提供施工对地基的影响，观察可能发生危险的先兆，分析事故发生的原因，积累工程经验等，因而施工期间监测涵盖内容广泛，涉及项目较多，贯穿施工的全过程。使用期间监测主要是考察处理后的地基上的建（构）筑物在使用过程中变形是否稳定，因而监测项目比较单一，主要为沉降观测，监测周期较长。

具体来讲，大面积填方或填海等地基处理的监测项目主要包括：

1）土体水平位移观测（浅层和深层）；
2）孔隙水压力观测；
3）深层沉降观测；
4）地下水水位观测；
5）地表沉降观测。

上述监测项目相关要求详见表 22.2.1。

表 22.2.1

监测项目要求表

序号	测试项目		使用仪器	精度要求	测试方法
1	土体水平位移观测	浅层	全站仪	1+2PPM	布设地表桩，组成闭合回路，三角测量、导线法、极坐标法等
		深层	测斜仪	0.25mm/m	埋设测斜管，每 0.5m 深度采集数据
2	孔隙水压力观测		孔隙水压力计	0.5%F.S	钻孔埋设孔压计，采用频率接收仪接收电信号
3	深层沉降观测		分层沉降仪	1.5mm	埋设磁环式分层沉降标，采用分层沉降仪进行量测，或者埋设深层沉降标、利用水准测量方法进行量测
4	地下水水位观测		水位计	10mm	钻孔埋设水位管，定期测读水位
5	地表沉降观测		水准仪	±1mm	埋设固定沉降测点，组成闭合回路

2. 某软基处理监测方案

1）工程概况

某地铁车辆段及综合基地为三角形地带，三角形边长约为 840m、140m、690m，需地基处理面积达 30 万 m²。场区基本为未开发区，以农业生产为主，主要为果园、池塘、废弃河道等，地势低平，现地面标高为 3.04m～6.43m，设计股道区高程 9.65m，生产区高程为 9.2m，生活区高程 8.83m，根据设计高程与地面高差，经软土地基处理后，最终

1379

填土高度为 3.61m～6.61m，平均 4.15m，采用吹填砂方法填土。采用间距 1.0m×1.0m 塑料插板、土工布、超载预压方式进行软基处理。插塑板施工深度应穿过软土层进入海相冲积砂层层内 0.5m，平均深度 9.0m；边坡区采用 $\phi500mm$、间距 1.2m×1.2m 深层搅拌桩复合地基加固。

2）场地工程地质条件

根据岩土的工程特征及其成因，土层和岩层自上而下可分为九层。各土层分层及其特征如下：

(1) 人工填土层（Q_4^{ml}）

主要为耕植土层，厚度为 0.30m～1.95m 不等。

(2) 淤泥层（Q_4^{mc}）

分为海陆交互淤泥、淤泥质土层及海陆交互淤泥质砂层两个亚层，厚度为 1.45m～12.30m 不等。

海陆交互淤泥、淤泥质土层（Q_4^{mc}）

主要为淤泥质土层，厚度为 0.70m～9.15m 不等，主要由黏粒及有机质组成，具有黏性，为流塑～软塑状，含水饱和。

(3) 砂层（Q_3）

海相冲积砂层（Q_3^{mc}）：以粗砂、中砂为主，分布较广泛，厚度为 2.00m～6.00m；

洪积—冲积砂层（Q_3^{al+pl}）：以细砂、砾砂为主，含水饱和，松散～密实，含砾石，含黏粒，一般分布在冲积-洪积土层之下，分布较少，厚度较薄；

(4) 冲积—洪积土层（Q_3^{al+pl}）

由冲积、洪积作用而形成的黏性土（包括粉质黏土、黏土）和粉土组成。

(5) 残积土层（Q^{el}）

由残积作用而形成的粉质黏土、粉土组成。

3）监测方案

监测项目包括土体沉降、坡脚土体侧向位移（测斜管、短边桩）、孔隙水压力和地下水位等四项内容。各类测点布置详见图 22.2.1。

(1) 土体沉降观测：利用原有华南快速干线旁的水准基点作为沉降观测基准点。考虑到场地地形、不同地质条件及分区加固等因素，沿南北方向间隔约 180m 设置 1 个监测主剖面，共计 4 个沉降主剖面；另外，在场地中部和咽喉区等软土较厚地段加设 3 个辅助沉降剖面，共计 7 个沉降剖面，编号自北向南依次为 A～G。在每个监测剖面上，间隔约 50m 布置 1 个沉降测点，并考虑施工分区影响，共布置 40 个沉降测点。

采用瑞士进口 N3 精密水准仪（精度±0.2mm/km）按二等变形测量精度的技术要求进行施测，线路组成闭合环。

(2) 坡脚土体侧向位移观测：对于在填土过程中坡脚土体的侧向位移，采用坡脚表层土体侧向位移及坡脚不同深度土体侧向位移两种观测方法综合进行评估。

坡脚表层土体侧向位移，在填土外侧 2m、10m 处打入 2 根约 2m 的短桩，组成 1 组顶部侧向位移测点（每组 2 个，2m 和 10m 处），沿坡脚线每隔 50～60m 布置 1 组，其中西边布置 4 组，北面布置 1 组，共计 5 组，10 个坡脚顶部位移测点。短桩顶面粘结特制测点，采用瑞士进口 TCA1800 全站仪（精度 1.0″、1+2PPM）进行定时观测。

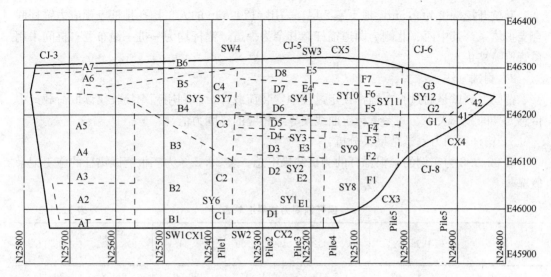

图 22.2.1　各类测点布置详图

说明：1. 图中各类测点编号如下：A～G、41、42 为沉降观测点；SY1～SY12 为孔隙水压力测点；CX1～CX5 为
　　　土体测斜点；SW1～SW4 为水位测点。

　　2. A2、42（沉降观测点）和周边地表桩测点由于现场条件不具备，无法埋设。

　　坡脚不同深度土体侧向位移，沿坡脚边线每隔约 150m 于土体中钻孔埋设一根测斜管，在东边埋设 1 根测斜管，西边埋设 2 根，南边埋设 2 根，共计 5 根测斜管，自西向东顺时针编号依次为 CX1～CX5。采用美国进口 GK603 型测斜仪（分辨率 0.01mm/0.5m、系统精度 7mm/30m）进行侧向位移监测。

　　（3）孔隙水压力观测：考虑场地地质条件以及施工所采取的不同处理方法，在分区较密集的场地中部，沿东西向设一个孔隙水压力监测剖面，布置 4 个孔隙水压力测孔，自西向东编号依次为 SY1～SY4；并在其余分区内布置 8 个测孔，自北向南编号依次为 SY5～SY12，安设孔隙水压力计，共计 12 个孔隙水压力计。

　　（4）地下水水位观测：沿场地西边和东边坡脚适当位置分别钻孔穿过透水层，各埋设 2 根水位管，埋深约为 15.0m，共计 4 个水位测点，自西向东顺时针编号依次为 SW1～SW4。

　　采用精密电子水位计（精度 10mm）用以观测地下水位变化，修正孔隙水压力值。

22.2.2　预应力锚杆锚固力监测

1. 监测方法

锚杆的锚固力监测，通常采用在锚杆锁定前将测试元件安装于锚头位置，采用测试仪表定期测试元件频率，换算成相应的锚杆锚固力。测试元件一般为钢弦式压力传感器，传感器安装前要预先标定。测试仪表为频率接收仪。

2. 某基坑锚杆锚固力监测实例

1）工程概况

该工程场地呈长方形，东西长约 125m，南北宽近 70m，占地面积约 4000m²；四周高度不一，其中东西向高差约 0.8m，南北高差约 15m。拟建主楼 17 层，楼高 70m，裙楼 8 层。

基坑开挖深度为 9.5m，地下室 2 层。采用 φ1200mm 的人工挖孔排桩＋预应力锚杆联合支护体系，其中西、北侧为两道锚杆，其余为一道，锚杆均为一桩一锚布置；桩间采用单管旋喷桩止水。

2）测试方法

锚固力测试是通过先在锚杆锁定过程中安装荷载计，后利用频率接收仪读取荷载计中传感元件的频率大小，并参考标定曲线换算成相应的锚固力值。

3）锚杆锚固力测试结果及分析

表 22.2.2 为实例的三根锚杆的测试结果汇总。表 22.2.3 为三根测试锚杆的施工记录概况。

锚杆锚固力结果汇总表　　　　　　　　　　　表 22.2.2

测点号＼日期	1998.10.25	1998.10.27	1998.11.09	1998.11.14	1998.12.20	1998.11.26
M1	138.08	156.44	174.80	190.00	191.58	194.11
M4		139.20	167.98	172.57	186.65	193.08
M6			41.72	256.46	257.06	258.87

测点号＼日期	1998.12.02	1998.12.15	1999.01.05	1999.03.14	1999.03.31	1999.05.17
M1	194.11	208.99	221.02	85.47	98.83	—
M4	0	1.41	3.86	9.38	16.11	32.34
M6	260.67	260.07	60.67	263.63	72.41	70.86

注：表中锚固力单位为 kN，每根锚杆的第一次测试结果均为其实际锁定荷载。

测试锚杆施工记录概况　　　　　　　　　　　表 22.2.3

测点号	锚杆位置（桩号、道数）	孔径（mm）	倾角（°）	锚杆材料	锚杆长度（m）	锚固段长度（m）	设计轴向拉力（kN）	锁定荷载（kN）	土层类别
M1	135/136（Ⅰ）	φ150	30	3×7φ5 钢绞线	28.0	20.0	350	250	粉质黏土
M4	39/40（Ⅰ）	φ150	8	3×7φ5 钢绞线	25.0	17.0	350	220	淤泥质土
M6	166/167（Ⅱ）	φ150	30	5×7φ5 钢绞线	22.3	17.0	600	450	粉质黏土

图 22.2.2～图 22.2.4 为三根测试锚杆锚固力随时间变化曲线。M1 测点位于第一道锚杆上，M6 测点位于第二道锚杆上，锚杆主要穿越土层均为粉质黏土。M1 测点锚固力随基坑土方开挖不断增加，M6 测点锚固力自锁定后基本没多大变化，只是在施工地下室过程中，由于地下室底板及负二层、负一层梁板的支撑作用，锚杆处于卸压状态，锚固力才呈现"陡降"现象。

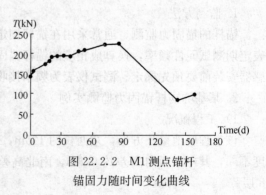

图 22.2.2　M1 测点锚杆锚固力随时间变化曲线

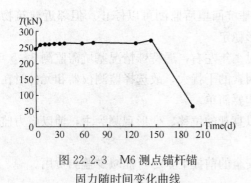

图 22.2.3　M6 测点锚杆锚
固力随时间变化曲线

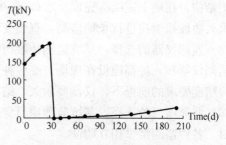

图 22.2.4　M4 测点锚杆锚
固力随时间变化

　　M4 测点位于南侧第一道锚杆上，受场地地形限制，主要穿越土层为淤泥质土。M4 锚杆在锁定后数周内锚固力持续增加，36d 后锚固力为零，表明锚杆已经失效。

　　三根锚杆的实际锁定荷载分别为 138.08kN、139.20kN、241.72kN，远小于设计锁定荷载（250kN、220kN、450kN），说明夹片质量、施工工艺等都有待提高和改进；实测最大锚固力分别 222.02kN、193.08kN、272.41kN，约为其设计轴向拉力（350kN、350kN、600kN）的 45.4%～63.2%，表明锚杆设计是偏于安全的。

22.2.3　基坑工程监测

　　近三十年来，高层建筑地下室、公用地下车库、地下商场、地铁工程、污水工程、人防工程等越来越多，深基坑的面积和深度越来越大。目前，占地面积超过 1 万 m²，深度超过 30m 的基坑非常普遍。在深基坑施工过程中，发生过不少安全事故和事故隐患，致使基坑坍塌，邻近建筑物破坏，地下水管及煤气管爆裂，高压电缆和通讯电缆断裂，甚至发生工程报废或重大人身伤亡事故。主要事故的形式表现为：支护系统破坏，基坑大面积坍塌；支护结构严重倾斜，水平位移过大；基坑周围道路、地下管线严重变形、开裂和坍塌；邻近建筑物开裂；锚杆失效；管涌造成基坑支护结构失稳及邻近建筑物破坏；止水帷幕破裂造成严重渗漏等。鉴于基坑事故造成的严重后果，国家规范和地方标准在深基坑工程中均强调采用监测技术实现动态设计和信息化施工。实践证明，动态设计和信息化施工可及时消除基坑施工过程中发生的安全隐患及险情，收到了良好的效果。

　　1. 基坑监测的原则

　　（1）考虑基坑的地质条件和环境条件：基坑所处的工程地质水文地质条件及周围的环境条件是确定基坑监测项目的重要因素。当基坑内软弱土层厚度大或存在较厚含水砂层以及与周围环境相距较近时，基坑开挖对周边环境影响较大。基坑周边有浅基础的旧建筑物时，在施工之前应对其进行安全性鉴定。

　　（2）满足相关规范的要求：基坑监测项目的选择应符合现行国家标准《建筑地基基础设计规范》（GB 50007—2011）第 10 章关于基坑监测和检测的规定。

　　（3）选择控制剖面和布置监测点：按基坑支护结构的特点选择受力复杂、变形大的剖面，作为基坑监测的安全性控制剖面。如选取有代表性的角点、边中点和面中点作为控制剖面，设置适当数量的监测点。

　　（4）安全监测应分阶段性：施工阶段的监测是安全监测的主要阶段。基坑工程是临时性支护结构，在地下室结构完成至±0.00并基坑回填后监测可以停止。但邻近建筑物及邻近永久边坡挡墙应进行长期监测，直到变形稳定。

（5）监测仪器的选择：基坑监测一般历时1年左右，遇特殊情况基坑需监测3～5年。各种监测仪器和元件都埋设在现场，受各种因素的干扰大，故选择监测仪器和元件时在满足工程精度要求的前提下，仪器要耐久，结构要简单。

（6）监测项目的选择：基坑监测项目应以直观的位移、变形观测为主，辅以应力监测等项目，各种监测结果相互印证。

（7）保证经济适用：在保证基坑及环境安全的前提下，尽可能减少监测费用。

2. 编制基坑监测方案所需资料

编制基坑监测方案应取得如下资料：

（1）工程用地红线图、地下结构物的平面和剖面图以及±0.00的绝对高程；

（2）场地的工程地质和水文地质勘察报告；

（3）基坑周边环境条件的调查资料，包括周边建（构）筑物结构形式、基础形式、埋深，地下管线布置的平面图、剖面图，管线的材料、用途、接头形式和使用年限等；

（4）基坑支护结构的设计图及说明；

（5）施工机械及工艺方法。

3. 基坑监测项目的选择

基坑开挖监测内容包括支护结构的内力和变形，地下水位变化及周边建（构）筑物、地下管线等市政设施的沉降和位移等。监测内容可按照表22.2.4选择。

基坑监测项目选择表　　　　　　　　　　　　表22.2.4

监测项目／地基基础设计等级	支护结构水平位移	邻近建（构）筑物沉降与地下管线变形	地下水位	锚杆拉力	支撑轴力或变形	立柱变形	桩墙内力	地面沉降	基坑底隆起	土侧向变形	孔隙水压力	土压力
甲级	√	√	√	√	√	√	√	√	√	√	△	△
乙级	√	√	√	√	△	△	△	△	△	△	△	△
丙级	√	√	○	○	○	○	○	○	○	○	○	○

注：1. √为应测项目，△为宜测项目，○为可不测项目；

　　2. 对深度超过15m的基坑宜设坑底土回弹监测点；

　　3. 基坑周边环境进行保护要求严格时，地下水位监测应包括对基坑内、外地下水位进行监测。

4. 基坑工程常用监测技术

深基坑工程的监测工作包括两个方面：支护结构的监测和周围环境的监测，支护结构需监测挡土墙墙顶的位移、深层水平位移（测斜）、主钢筋应力、土压力、孔隙水压力、压顶梁、腰梁及内支撑轴力、应变、立柱的沉降与隆起、锚杆的锚固力等。周围环境需监测开挖影响范围内的建筑物、地下管线和土体的沉降、倾斜、水平位移以及地下水位等。根据前期开挖中监测到的应力、变形数据，与设计中支护结构受力和变形进行比较，对原设计进行评价，判断基坑在目前开挖工况下的安全状况，并通过反分析，预测下一步工况下支护结构变形和稳定状况，为优化设计提供可靠的信息，并对后续开挖及支护方案提出建议，对施工过程中可能发生的险情报警，确保基坑工程的安全。信息化施工流程图如图22.2.5 所示。

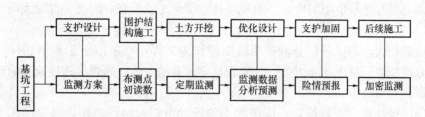

图 22.2.5　基坑工程信息化施工流程图

1）支护结构的监测

（1）支护结构桩墙顶位移监测

支护结构桩墙顶位移监测是基坑工程最常用的安全监测手段，常用经纬仪、全站仪、电子测距仪监测，其特点是测试简单、费用低、数据量适宜。J_2 级经纬仪其水平方向测量一测回方向中误差不超过 $\pm2''$，精度完全满足工程要求。在桩墙顶冠梁上布置测点，其位置和数量根据基坑侧壁安全等级及周围建筑物和地下管线可能受影响的程度而定。对于重要基坑，一般沿地下连续墙顶或支护桩顶每隔 15m～20m 布置一个测点；在现场建立的半永久性测站要求妥善保护，不动基准点设在便于观测，不受施工影响的场地，基准点宜做成深埋式。基坑开挖期间，每隔 2d～3d 监测一次，位移速率达到 5mm/d～10mm/d时，每天监测 1～2 次。当位移速率持续上升不收敛时，每天应连续 24h 不间断监测。

（2）支护结构倾斜监测

支护结构沿基坑深度方向倾斜常用测斜仪监测，也可采用全站仪观测。在桩身或地下连续墙中埋设测斜管，测斜管底端应插入桩墙底以下，使用测斜仪由底到顶逐段测量测斜管的斜率，从而得到整个桩身水平位移曲线。

测斜仪按传感元件的不同分为滑动电阻式、电阻应变式、钢弦式及伺服加速度计式等四种。其中伺服加速度计式测斜仪测量范围大，灵敏度高，价格贵；电阻应变式测斜仪技术指标可满足一般工程要求，价格适用。从工程中使用情况看，美国产 GK 系列测斜仪精度高，自动采集数据，仪器耐用性好。

使用测斜仪必须事先埋设测斜管，测斜管可绑扎在钢筋笼上，与钢筋笼同时下放安装，也可在灌注桩或连续墙施工完成后，钻孔埋设测斜管，测斜管下放到孔底后沿管外壁注浆。埋管时要求内壁的两对导槽口对接准确平滑，以保证探头导轮在导槽中畅通无阻；要求一对导槽方向垂直挡土墙延长方向，每次测量时应严格固定测点位置，否则每次测试时位置不同，带来相当大的误差。测斜管沿基坑周边一般每隔 20m～50m 布置一根，基坑周边有重要建筑物或地下管线时应加密测点。基坑开挖期间，每隔 3d～5d 观测一次，位移速率达到 5mm/d～10mm/d，且呈增长趋势时，监测频率应加密到 1～2 次/d，及时提供支护结构水平位移时间的变化曲线，必要时尽快报警。

（3）支护结构应力监测

用钢筋应力计或混凝土应变计沿桩身钢筋、冠梁和腰梁中较大应力断面处监测主钢筋应力或混凝土应变，对监测应力和设计值进行比较，判断桩身、冠梁、腰梁的应力是否超过设计值。

由于混凝土应变计在测试过程中，应变计导线自接上仪器后，在整个测试过程中不允许拆卸，以免引起接触电阻的变化，而现场往往受到施工干扰，因此，混凝土应变计较少使用。

对基坑面积大，测试桩位分散，测试周期长的工程，可采用钢弦式钢筋计，其优点为：测试方便简单，抗干扰能力强，性能较稳定；其缺点为：须焊接连接或套筒连接，电缆保护困难，价格较贵。

钢筋计比较合理的安装位置，应根据支护设计弯矩包络图确定，布置间距 2m～3m 为宜。钢筋计焊接可采用绑条焊或对接焊，但应符合钢筋焊接规范。接头处清渣后逐个进行外观检查，要求焊缝表面平整，不得有缺陷，接头尺寸偏差不允许超过规范规定值。在焊接过程中，为避免热传导使钢筋计零漂增加，必须采用流水冷却方法。

在焊接钢筋计和吊装钢筋笼时，应避免造成钢筋计较大的初始应力。焊接时由于不对中，或钢筋笼吊装时挤压，都会给钢筋计施加较大的初始应力，给监测带来不利影响。当初始应力为数值较大的拉应力或压应力时，都会使测量范围变小。初始应力过大时，钢筋计测试初期或测试过程中可能失效。

（4）支撑结构应力监测

对于钢支撑，在支撑施加预应力前，将钢筋应力计焊接在钢管外壁，对于混凝土支撑，在钢筋笼绑扎时，将钢筋计焊接在主钢筋上，随基坑开挖，量测支撑轴力的变化，钢筋计应布置在主支撑梁端头附近。基坑开挖期间，每隔 3d～5d 监测 1 次，支护结构变形速率较大时，每隔 1d～2d 监测 1 次，当量测应力超过设计值时，应及时报警。

（5）锚杆锚固力监测

排桩＋预应力锚杆的支护方式使用广泛，这类锚杆一般采用多束钢绞线。锚杆张拉时所产生的预应力，由于张拉工艺和材料特性等原因，会产生预应力损失。根据大量工程监测数据统计，锚头锁定时预应力损失为 10％～30％左右。为保证锚杆张拉时达到设计的预应力值，必须进行超张拉，通过在锚头位置安装锚固力传感器，测定锚杆锁定时的锚固力及开挖过程中锚固力的变化，从而确定锚杆是否处于正常工作状态以及是否达到了极限破坏状态。

测力计有电阻应变计式，也有钢弦式，一般采用钢弦式测力计。

（6）土压力测试

挡土桩侧土压力采用沿挡土桩侧壁土体中埋设土压力传感器进行测试，可采用钢弦式或电阻应变式压力盒，测点布置密度可沿土体深度每隔 2m～3m 布置一个土压力盒。在埋设主动土压力部位的压力盒时，其敏感膜面应对准挡土桩后，并应施加较大的初压力，否则可能测不到主动土压力变化的全过程，甚至测不到数据。在埋设被动侧土压力盒时，其敏感膜面应对准挡土桩前，注意不宜施加较大的初压力，否则，后期土压力值较大时可能会超量程。敏感膜面所接触的土应平整密实，最好用细砂或细土填平压实。

在开挖过程中，实测土压力应在静止土压力和朗肯极限土压力之间变化。若实测值趋于极限主动土压力值，则挡土桩侧主动土体可能达到极限破坏平衡状态。

（7）土体孔隙水压力测试

土体孔隙水压力采用振弦式孔隙水压力计测试，用数字式钢弦频率接收仪读取数据。

孔隙水压力计沿深度方向每隔 2m～3m 埋设一个，可隔 5d～10d 测试一次。孔隙水压力计不能埋在止水帷幕中，必须埋在土层中，钻孔埋设时，应采用中、细砂充填，不能采用注浆封孔。

2）周围环境监测

（1）邻近建筑物的沉降观测

在深基坑开挖过程中，为了掌握邻近建筑物的沉降情况，应进行沉降观测。在被观测建筑物的首层柱上设置测点，在开挖影响范围外的建筑物柱上埋设基准点或通过钻孔至基岩内设置深埋式基准点。基准点个数为 2～3 个。测点布置间距以 15m～20m 为宜。采用精密水准仪，测出观测点的高程，再计算沉降量。在基坑开挖期间，一般每隔 2d～3d 观测一次，沉降速率较大，相邻柱基之间的差异沉降超过规范规定的稳定标准时，应每天观测一次，基坑有坍塌危险时，应连续 24h 观测。

（2）邻近道路和地下管线的沉降观测

邻近道路和地下管线的沉降观测可采用精密水准仪观测。测点布置应根据管线的材料、管节的长度、接头的方式而定。对于承插式和法兰式接头，一般需在接头处布置沉降观测点，测点直接固定在管道上。观测频率同邻近建筑物沉降观测一致。

（3）边坡土体的位移和沉降观测

边坡土体位移采用测斜仪监测。在土体中埋设测斜管，在基坑开挖前，测试 2～3 次作初读数，开挖过程中，监测频率与挡土桩位移监测频率一致。边坡土体的沉降监测可通过在土体中埋设埋设分层沉降标进行观测。通过对土体位移和沉降监测，可及时掌握基坑边坡的稳定性，当边坡潜在滑裂面出现险情预兆时应及时做出报警。

（4）地下水位测试

地下水位采用水位观测孔进行监测。水位观测孔钻孔深度必须达到隔水层，钻孔中应安装带滤网的硬塑料管。一般情况下，每隔 3d～5d 观测一次。当发现基坑侧壁明显渗漏或沿基坑底产生管涌时，每天观测 1～2 次。地下水位的变化对基坑支护结构的稳定性有很大的影响，暴雨或地表水强行补给引起的地下水位快速上升，对支护结构产生的土压力将增加较大，严重时导致支护结构破坏。地下水位明显下降，可能因开挖面以上发生渗漏，或坑底发生渗流导致。

（5）裂缝观察

经验表明，每天对基坑支护结构及周围环境的状况进行巡视是非常重要的，巡视内容包括支护桩墙、支撑梁、冠梁、腰梁结构及邻近地面、道路、建筑物的裂缝、沉陷发生和发展情况，裂缝的快速增多和纵深发展往往是事故发生的预兆。一旦发生裂缝，应在裂缝两侧做出标记，定期量测裂缝的宽度。

上述监测项目中，支护结构的水平位移、邻近建筑物及地下管线的沉降等是必不可少的，其余项目可根据基坑工程安全等级、场地的地质条件及周围环境状况等做出合理的选择。

5. 数据处理

深基坑支护工程对监测仪器和元件的精度、监测频率等都有严格的要求，所有项目的监测精度及监测频率都应能满足工程的需要。在现场测试完成之后，室内数据处理及结果分析要及时，用图表方式定量分析，对开挖过程中出现的危险信号及时报警，并提出相应的处理措施。监测结果的分析包括以下几个方面：

(1) 支护结构的水平位移分析：包括位移速率和累计位移量的计算；绘制位移随时间的变化曲线及位移随深度变化曲线，对引起位移速率增大的原因如开挖深度、超挖现象、支撑不及时，暴雨、积水、渗漏、管涌等进行分析。

(2) 沉降及沉降速率的分析：土体沉降主要由支护结构水平位移和地下水位降低导致土体固结引起的。经验表明，由支护结构水平位移引起相邻地面的最大沉降与水平位移之比在 0.65~1.00 之间，而沉降发生的时间比水平位移发生的时间滞后一周左右。而含水砂层和淤泥等高压缩性土层中地下水位降低会引起地面较大范围和幅度的沉降，有时地下水位降低引起的沉降要比支护结构侧向位移引起的土体沉降要大得多。邻近建筑物和地下管线的沉降观测结果要与有关规范中的沉降值相比较，判断支护结构是否已趋于稳定或是否有继续发展的趋势。

(3) 支撑轴力及锚固力分析：绘制支撑轴力、锚固力随时间变化曲线，支撑轴力及锚固力值变化较大时，应分析变化原因，并与设计值比较，判断支护结构是否有失稳的可能性。

(4) 地下水位分析：当基坑场地中高压缩性土层和强透水砂层的厚度较大时，基坑外围地下水位观测是非常重要的，当水位急剧下降时，反映出基坑支护结构渗漏严重，邻近建筑物特别是天然基础的建筑物在水位大幅下降后 2d~3d 内就会发生裂缝，严重时危及结构安全。地下水位的快速上升，说明支护结构止水效果好，连续几天暴雨引起水位上升应给以重视，水位上升导致支护结构侧壁土压力增加，土体抗剪强度降低，可能导致锚杆失效和支护结构失稳。

(5) 各项监测结果的综合分析和相互比较：用各项监测结果与设计工况进行对比，判断设计、施工方案的合理性，当监测信息显示支护结构出现险情时，应及时加固；当显示安全性很高时，可适当调整支撑密度和刚度，降低工程造价。

(6) 根据监测资料分析基坑开挖对周围环境的影响：通过反分析，推算岩土体的力学参数，对原设计进行校验计算，预测后续开挖及支护的位移和受力状况，进行险情分析和预报，提出处理措施。

6. 报警标准

基坑监测可以捕捉到基坑开挖各工况下的信息。如果加强监测，对于险情是可以做出预报的。实践经验表明，对下列情况之一应进行报警：

(1) 支护结构水平位移速率连续几天急剧增大，如达到 5.0mm/d~10.0mm/d，并且不趋于收敛时。

(2) 支护结构水平位移累计值超过设计容许值，如安全等级为一、二、三级的基坑，支护结构水平位移值分别达到 30mm、50mm、100mm 时，或最大位移与开挖深度的比值达到 0.25%~0.70%，周边有重要的建（构）筑物和地下管线时取小值。

(3) 桩墙主钢筋应力、支撑轴力、锚杆锚固力等实测值超过设计容许值。

(4) 邻近地面及建筑物的沉降超过设计允许值。如地面最大沉降与开挖深度的比值达到 0.4%~0.7%，地面裂缝急剧发展。建筑物的不均匀沉降达到有关规范的沉降限值，如砌体承重结构和多层框架结构基础的局部倾斜达到 0.2%~0.3%，高层建筑基础倾斜达到 0.15%~0.4%，高层取低值。

（5）煤气管、水管等设施的变形超过设计容许值，采用承插式接头的铸铁水管、钢筋混凝土水管两个接头之间的倾斜值达到 0.8%；采用焊接接头的钢水管两个接头之间的倾斜值达到 1%；煤气管局部倾斜达到 0.4% 时。

（6）肉眼巡视发现的各种危险现象，如压顶梁、支撑梁上出现裂缝，邻近地面及建筑物的裂缝宽度和数量不断扩大，基坑渗漏和管涌等。

险情预报的关键在于对监测数据及时分析处理，做出各种图表和曲线，并结合必要的复核计算，做出合理的分析和判断。

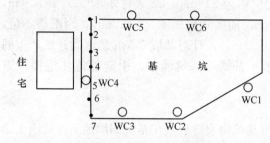

图 22.2.6　测点布置示意图

7. 工程实例

（1）工程概况

某基坑工程北面、东面毗邻道路，西面和南面邻近 3～9 层的住宅楼，基坑平面形状近似为矩形（图 22.2.6），长边 71.8m，短边 50.5m，基坑采用地下连续墙支护，墙厚 0.8m，入土深度为 18.5m～22.0m，基坑开挖深度为 13.0m，采用半逆作法施工。设计第一层土方大开挖深度为 6.7m，然后施工负一层地下室梁板，以下按逆作法施工。当南面局部开挖到 6.7m 深时，连续墙位移显著增加，且不收敛，引起邻近基坑边的地下供水管破裂，临时在基坑顶面增加井字形钢支撑处理，位移得到控制。

场地土层包括杂填土、淤泥质土、粉砂、中粗砂，其厚度为 16.7m，各土层主要物理力学参数见表 22.2.5。

土层主要物理力学参数　　　　表 22.2.5

分层序号	土层名称	层厚 (m)	重度 γ (kN/m³)	天然含水量 w (%)	黏聚力 c (kPa)	内摩擦角 φ (°)
1	杂填土	2.5	17.0			
2-1	淤泥质土	2.2	15.9	65.4	9.0	12.1
2-2	粉砂	3.7	18.1	34.0	23.0	29.0
2-3	中粗砂	3.8	19.3	19.1	34.3	29.0
2-4	淤泥质土	4.5	16.6	52.8	4.6	4.9
2-5	粉土	3.2	22.1	17.1	12.0	4.7
3	粉土	2.6	20.7	20.4	33.0	23.0

（2）地下一层局部开挖时墙顶位移监测

在南面连续墙墙顶布置 7 个测点用经纬仪监测。当开挖深度达到 6.7m 时，连续墙水平位移增加，周围地表下沉加大，离基坑 3.0m 处一条地下水管因变形破裂，水管漏水全部灌入软土层中，之后，连续墙位移显著增加，如表 22.2.6 所示，12 月 5 日、7 日、8 日三天位移速率很大，最大位移速率为 8.5mm/d。随位移增加，连续墙出现裂缝，到 12 月 20 日连续墙顶安装好一道临时钢支撑时，中部位置最大位移已达到 230mm，钢支撑安装后，位移趋于收敛。

墙顶各点实测位移值（mm）　　　　　　　　　　　表 22.2.6

监测点号	1	2	3	4	5	6	7
12 月 5 日	28	75	118	155	122	85	32
12 月 7 日	28	80	126	172	127	92	35
12 月 8 日	28	88	141	178	138	98	48

连续墙位移增大的同时，南侧 4 层住宅楼发生倾斜和裂缝，随后被拆除。

采用修正软件复核计算，连续墙顶最大位移为 216mm，最大弯矩为 927.4kN·m，计算连续墙主、被动侧对称配筋为 $\phi25@80mm$，而实际配筋 $\phi25@120mm$，因配筋不足，连续墙开裂。场地淤泥质土和砂土厚度达到 16.7m，设计对基坑 6.7m 悬臂大开挖产生的位移和弯矩估计不足，造成部分槽段墙体水平开裂，基坑涌水，引起邻近住宅楼严重裂缝。

（3）连续墙测斜监测

基坑南侧局部大开挖时造成连续墙及邻近建筑物裂缝后，在基坑四周地下连续墙上选择 6 个点布置钻孔，安装测斜管。

各测斜孔最大位移及位移速率见表 22.2.7，现以 WC2 孔为例，分析各阶段连续墙位移变化规律。

各测斜孔最大位移及位移速率　　　　　　　　　表 22.2.7

孔　号	WC1	WC2	WC3	WC4	WC5	WC6
最大位移（mm）	39.0	74.5	25.0	30.5	42.2	40.0
最大位移速率（mm/d）	8.7	9.7	4.1	0.34	1.0	2.9

位移随深度变化及位移随时间变化曲线见图 22.2.7 和图 22.2.8。位移总体上地面

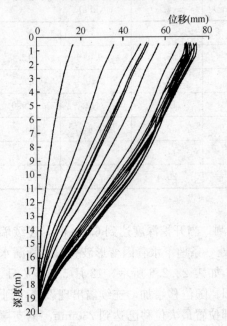

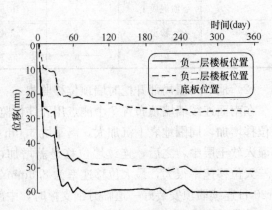

图 22.2.7　WC2 孔位移-深度曲线　　　　图 22.2.8　WC2 孔不同支撑处位移-时间曲线

大，向深部逐渐变小，地面孔口最大位移为 74.5mm。在负一层楼板浇筑前，该处连续墙位移持续增加，最大位移速率为 9.7mm/d，持续时间为 2d。报警后采取局部加固措施。浇筑负一层楼板后，位移增量很小，且在负二层、负三层开挖过程中，位移增量不大，最大位移速率为 0.12mm/d，在楼面支撑位置位移基本不变，地面孔口处位移稍减小，浇筑底板后，位移趋于稳定。

22.2.4 边坡工程监测

1. 监测方案编制原则

(1) 监测项目应突出重点：边坡工程施工和使用期监测的主要目的是保证工程的安全，边坡的安全监测以边坡岩土体为主要监测对象，主要的监测项目包括地表和深部变形监测。

(2) 监测过程应保持连续性：工程开工前应制订详细的监测计划，及时埋设监测元件和测点，施工过程中连续观测，及时整理资料和反馈监测信息。

(3) 重点在施工期的监测，保证必要的使用期的监测：施工监测和使用期监测是边坡工程监测的组成部分，施工期监测可以选择多一些监测项目，但使用期只保留必要的位移等监测项目，直到变形稳定为止，且不少于 3 年。

(4) 监测方案力求经济合理：监测仪器应少而精，在保证安全的前提下，尽可能减少监测断面和测点数，且要考虑监测的分阶段性，监测仪器和元件应结构简单，性能可靠。

(5) 人工巡视为监测的补充手段：仪器监测辅以人工巡视，可提高监测结果的可靠性，也弥补仪器在不连续监测情况下的不足。

2. 编制监测方案所需资料

参见基坑监测所需资料，另外，还需要边坡潜在滑动区内的工程地质和水文地质资料。

3. 监测项目的选择

监测项目应根据地质条件、边坡环境条件、支护结构、边坡的安全等级及阶段性等选定，详见表 22.2.8。

边坡监测项目选择   表 22.2.8

序号	监测项目	人工边坡		天然滑坡	
		施工期	使用期	整治期	整治后
1	水平位移	√	√	√	√
2	垂直位移	√	√	√	√
3	地表裂缝	√	√	√	√
4	钻孔测斜	√	√	√	√
5	爆破影响监测	√		√	
6	渗流监测	√	√	√	√
7	水位监测	√	√	√	√
8	巡视检查	√	√	√	√

(1) 大地水平变形监测对人工边坡和滑坡都适用，常用的监测仪器有进行边长测量的

精密测距仪，及进行角度测量的经纬仪。

（2）垂直位移监测同样对人工边坡和滑坡都适用，常用的监测仪器为精密水准仪。

（3）地表裂缝观测包括断层、裂隙、层面错动的监测，其监测包括裂缝的张开、闭合和剪切、错位等，可以使用测缝计、收敛计、钢丝位移、裂缝放大镜等进行测量。

（4）钻孔测斜可采用测斜仪或钻孔多点位移计进行监测。

（5）爆破影响监测可用于施工期采取爆破施工时监测，其目的在于控制爆破规模、检验爆破效果、优化爆破工艺、减少爆破对边坡及环境的影响，保证施工期边坡稳定和安全。爆破监测包括质点运动参数监测和质点动力参数监测，前者常以质点振动速度监测为主，加速度监测为辅，后者应进行动应变测量。对破碎风化岩体，可选用低频仪器，如 65 型检波器和 CD－1 型速度计，对坚硬完整岩体，可选用频带高的 CDJ-28 型地震检波器，动应变测量可采用超动态应变仪和英国的 DL2808 型瞬态记录仪，为提高抗干扰能力，可选用 YCD－1 型超动态应变仪。

爆破应考虑周围建筑物对安全震动速度的要求。各种建（构）筑物地面质点的安全震动速度应满足下列要求：

一般砖砌体结构≤2cm/s～3cm/s；

钢筋混凝土框架结构≤5cm/s；

水工隧道≤10cm/s；

交通隧道≤15cm/s；

基坑支护结构≤20cm/s。

（6）渗流监测对边坡工程较为重要，水的作用是边坡稳定的重要影响因素，渗流监测一般采用量水堰，根据水量大小选择下列类型：

三角堰适用于渗流量 1L/s～70L/s；

梯形堰适用于渗流量 10L/s～300L/s；

矩形堰适用于渗流量大于 50L/s。

（7）水位监测也是反映地下水作用的一种手段，地下水位的变化对边坡稳定性影响较大，可采用水位观测孔进行观测。

（8）巡视检查，无论是人工边坡还是滑坡，施工期或使用期，都是仪器监测的必要补充。

4. 监测断面布置

（1）人工边坡或滑坡监测一般按断面（或剖面）布置。监测断面应选在地质条件差、变形大、可能破坏的部位，如裂隙、危岩体部位；或边坡高、稳定性差的部位；或结构上有代表性的部位。

（2）当布置多个监测断面时，宜有主次之分，重要断面应比次要断面布置更多的监测项目和仪器，同一监测项目，测点宜平行布置，以保证结果的可靠性和相互比较。

（3）监测断面布置应以控制边（滑）坡的整体稳定性为主，兼顾局部的稳定性。

5. 监测点的布置

1）水平位移测点布置方法

（1）视准线法：视准线法是在垂直于滑坡滑动的方向上，沿直线布设一排观测点，两端点为监测网点，中间的为监测点。以两端点为基准，观测计算中间监测点顺滑坡滑动方向的位移。采用视准线法要求地形适合以下条件：滑坡两侧都适合布置监测网点；监测网点之间要互相能通视；从监测网点能观测到视准线上所有的测点。

对于规模（范围）大、狭长的滑坡，或者对于滑坡的任何一侧是堆积层，找不到稳定的基点，都不宜采用视准线法。

（2）联合交会法：角后方交会法为主、角侧方交会为辅相结合的方法称为联合交会法。

监测点上设站，均匀地观测周围 4 个监测网点，计算监测点坐标的观测方法为角后方交会法。观测精度较高，但要求观测人员素质好；观测工作量大，监测网点分布要均匀；否则会影响监测点的精度。

所谓角侧方交会法，是在少数监测网点上设站观测监测点的一种方法。

（3）边交会法：边交会法是以两个以上的监测网点为基准，观测这些监测网点到某测点的距离与高差。该法观测方便，精度高，可实现观测自动化，但这种方法要求到监测网点的交通方便。

（4）角前方交会法：角前方交会法是在两个以上的监测网点上设站，观测某一个监测点，求取该监测点坐标的一种方法。这种方法特别适合于滑坡快要发生，观测人员不便上滑坡进行监测的情况下，对于交通不便、观测距离太远、图形条件不好时不适用。

2）垂直位移监测点的布置方法

垂直位移监测点布置方法，常用大地测量法，其一是水准测量法，其二是测距高程导线法。

（1）精密水准测量法：此法直观性好，精度高，适合于较平坦的地区；当比高大的时候设站很多，工作量大。但滑坡体的横断面一般沿等高线走，比高不大时，精密水准测量测线采取沿横断面布置较为合适。

（2）测距高程导线法：测距高程导线法是测定两点之间的距离以及高度角以计算两点之间高差的方法，该方法的优点是可以直接确定相互通视的两点的高差，其缺点是要求仪器精度高、观测人员素质好。对于规模大、沿滑动方向窄长且比高大、沿横断面的两端布置水准点困难的边坡和滑坡宜采用测距高程导线法。采用这种方法时，通常以高程工作基点为基准，采用附和、闭合和支线等组成测线；为保证精度，应尽量使相邻两点间的比高小、距离短。

3）地表裂缝测点布置：地表裂缝监测仪器采用跨裂缝、夹层、层面等布置，仪器可布置在边坡台阶或滑坡的地表等地点。

4）钻孔测斜的布置：

（1）人工边坡：钻孔测斜仪布置在边坡监测断面的各级台阶上，上一个钻孔孔底应达到下一个相邻钻孔的孔口高程。一般情况下，钻孔宜铅直布置，但当边坡较缓，钻孔也可靠边坡坡面方向呈斜孔布置，但偏离铅直线不宜太大（10°～15°以内）。钻孔测斜水平位移监测孔宜与地表水平变形测点靠近布置，以便相互比较、印证。

（2）天然滑坡：天然滑坡的监测断面可布置一个，主要控制滑坡的整体稳定性。钻孔测斜孔首先要控制滑坡的前缘和后缘，因此，在前后缘至少各布置一个钻孔，宜在分析、计算的基础上将前后缘之间的钻孔布置在变形大、可能发生破坏的部位，或者地质上有代表性的地段。监测钻孔应穿过潜在滑动面，打到稳定的基岩。钻孔测斜监测孔宜与地表水平变形测点靠近布置，以相互比较。

5）爆破影响监测点的布置

（1）爆破影响监测一般在人工爆破开挖施工时布置。爆破影响监测的目的在于控制爆破规模、优化爆破工艺、减少爆破动力作用，保证边坡稳定。

（2）以质点振动速度监测为主，质点振动加速度监测为辅。

（3）布置若干个典型的断面，可与钻孔测斜剖面一致，或在边坡最高的部位或爆破影响最大的位置。

（4）测点可布置在钻孔中，也可布置在各级台阶、坡脚、坡面上，传感器宜埋在新鲜的基岩上。

（5）为获得爆破影响规律，可在距爆源不同距离布置测点。

6）渗流监测点的布置

（1）选择边坡最高处或边坡的台阶上打水位观测钻孔，进行地下水位监测；

（2）选择典型排水孔，采用容积法监测排水孔的排水量；

（3）在边坡排水沟的出口处布置量水堰。

7）水位监测

选择典型断面或不同地质条件地段布置水位观测钻孔。

8）巡视检查

人工现场巡视检查是十分必要的，并应列入监测计划中。监测报告应反映巡视的结果。方案应包括以下几方面：

（1）按日常巡视、年度巡视和险情巡视三种情况布置巡视检查，并按施工期、使用期的具体情况安排巡视工作。

（2）巡视检查的时间间隔要求：在正常情况下可加大，施工期、雨期、遇险情时应加密。

（3）察看地表的裂缝发生和发展情况、岩土体的坍塌情况、地下水的渗出和变化情况及监测设置损坏情况等。

（4）巡视检查制度，记录要求。

22.2.5 建（构）筑物变形观测

1. 建筑物变形观测

建筑物变形观测包括沉降观测和位移观测。对于建筑物沉降观测，应在其变形区以外，地质条件良好的地方埋设不少于三个水准基点，并根据建筑物的结构形式，参照有关规范，在被观测的建筑物上合理地布设观测点。观测标志应埋设牢固，便于长期保护。

对于建（构）筑物的水平位移观测，应根据不同的观测对象，布设不同的观测控制网，一般来说，对于大型建（构）筑物、滑坡等，应布设监控网，如三角网、测边网、导线网、边角网等，对于分散、单独的小型建（构）筑物，宜采用监测基线或单点。

2. 建筑物变形观测的实施

根据行业标准《建筑变形测量规程》JGJ8 的相关规定选择观测精度，根据仪器精度等级选用观测仪器，一般来说：对于高层建筑物，应选用精度较高的 N3 或 DNA03 等精密水准仪配合铟瓦水准尺，并参照行业标准《建筑变形测量规程》JGJ8 规定的观测周期、观测方法实施观测。

3. 资料整理

变形观测结束后，可根据实际需要，提供下列资料：

（1）变形观测成果表；

（2）观测点平面分布及沉降展开图；

（3）时间－变形量关系曲线图；

（4）变形趋势预测成果分析。

22.2.6　城市地下工程变形自动监测

1. 监测目的

城市地下空间开发利用日益受到重视，地下商场、地下停车场、人防工程、地下隧道等地下工程的建设越来越多，新开发建设的地下工程在施工过程中对既有地下工程的影响很大，许多基坑和地下工程邻近正在运营的城市地下轨道交通，一方面要确保新开挖的基坑工程的安全，另一方面又要保证城市地下轨道交通的正常运营，需要对隧道变形进行监测，技术人员不能在地铁运营期间进入地铁隧道进行监测，这就要求对地铁隧道的变形进行自动监测，实时反馈变形数据，实现信息化施工。自动监测在基坑工程和地铁隧道中应用越来越普遍。

2. 监测项目及监测点布置

城市地下轨道交通隧道工程变形自动监测项目主要包括隧道支护结构水平位移监测和隧道支护结构垂直位移监测，水平位移监测点和垂直位移监测点可共用。可在基坑和地下工程施工影响范围内，沿隧道按每 20m～30m 布置 1 个监测断面，每个监测断面可布置 5 个监测点（图 22.2.9）。基准点应布设在远离变形区以外的隧道中，可在两端最外侧的监测断面的两端各布设 2 个基准点。

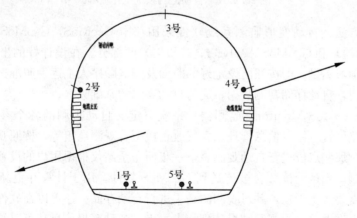

图 22.2.9　监测断面监测点布置示意图

3. 监测要求

（1）观测基站布设：为使各点误差均匀并使全站仪容易自动寻找目标，工作基站宜布设于监测点平均布局中部，先制作全站仪托架，把托架安装在离道床距离 1.2m 左右的隧道侧壁上。

（2）自动监测系统：自动变形监测系统主要由数据采集、数据传输、系统总控、数据处理、数据分析和数据管理等部分组成，自动监测系统工作流程见图 22.2.10。

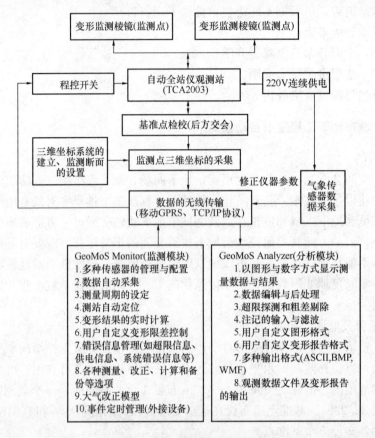

图 22.2.10　自动监测系统工作流程

（3）监测方法：自动变形监测系统软件采用徕卡 GeoMoS，GeoMoS 包含 GeoMoS Monitor（监测器）和 GeoMoS Analyzer（分析器）两部分。在设计好的坐标系统下首先让全站仪进行学习测量，即按照已设定好的断面及测点顺序人工逐一照准选定的观测点的棱镜，进行观测，自动存储观测数据，成为自动观测的基础数据。

然后，在 GeoMoS Monitor（监测器）系统下定义自动观测的各个参数，如观测时段、周期、限差设置、错误信息管理、大气改正模型、观测点组等，按照观测的要求来制定什么时间段对那些点位进行自动观测。下一步便是全站仪根据用户的设置对相应的点位进行的自动观测，测量的读数会被传送到 GeoMoS 软件，用于计算并更新所有被监测点的点坐标，不需要人工干预，并对观测的结果进行自动存储。还可以在软件中预先设定多种级别的变形容许误差，当观测结果达到临界水平，各种警报信息就可以被自动地发送到由 SMS 指定的所有人的移动电话上。

最后可以根据用户的需要在 GeoMoS Analyzer（分析器）系统下对存储结果进行超限探测、粗差剔除、差分改正、数据置信度分析、注记的输入与滤波；可自动计算变形结果，也可进行数据编辑与后处理、用户自定义图形格式、用户自定义变形报告格式、数据的输入与输出。

（4）监测频率：监测频率可根据施工进度、监测结果及设计要求综合确定，一般在基坑和地下工程施工期间监测频率可按 3 次/d～5 次/d。当隧道结构突然发生较大量的变形和不均匀变形，应加密观测。

参 考 文 献

[1]　中华人民共和国行业标准．建筑基桩检测技术规范 JGJ 106—2014.[S]. 北京：中国建筑工业出版社，2014.

[2]　黎淑燕．荔港南湾花园 D 栋住宅基桩高应变动力试桩检测报告[R]. 广州建设工程质量安全检测中心，2001.

[3]　杨晓林．广州市半废弃物处理场办公楼基桩高应变检测报告[R]. 广州建设工程质量安全检测中心，2001.

[4]　徐明江，杨兆坚．景湖花园五期 B4 栋基桩反射波法检测报告[R]. 检字第 02B003-B1.

[5]　杨兆坚．蒲洲大酒店基桩反射波法检测报告[R]. 广州建设工程质量安全检测中心，2001.

[6]　宋兵，徐明江．华南新城一期一区 9～16 栋反射波法检测报告[R]. 广州建设工程质量安全检测中心，2001.

[7]　徐明江．广州市政建设学校花都分校教学楼反射波法检测报告[R]. 广州建设工程质量安全检测中心，2002.

[8]　中华人民共和国行业标准．建筑桩基技术规范 JGJ 94—2008.[S]. 北京：中国建筑工业出版社，2008.

[9]　中华人民共和国国家标准．建筑地基基础设计规范 GB 50007—2011.[S]. 北京：中国建筑工业出版社，2011.

[10]　唐孟雄等．深基坑工程变形控制．北京：中国建筑工业出版社，2006.

[11]　唐孟雄．文昌花园基坑测斜报告[R]. 广州建设工程质量安全检测中心，1997.

[12]　广州市标准．GJB02-98. 广州地区建筑基坑支护技术规定[S]，1998.

[13]　胡春林等．高层建筑深基坑开挖施工期的监测和险情预报[J]. 岩土力学．1996，17(2).

[14]　刘俊峰等．岩土工程安全监测手册[M]. 北京：中国水利水电出版社，1999.

[15]　唐孟雄等．地铁二号线赤沙车辆段及综合基地软基处理监测报告[R]. 广州建设工程质量安全检测中心，2001.

[16]　陈伟．中山医科大学附属一院门诊大楼基坑监测报告[R]. 广州建设工程质量安全检测中心，2000.